SCHÄFFER
POESCHEL

Rainer Bokranz/Kurt Landau

Handbuch Industrial Engineering

Produktivitätsmanagement mit MTM

Band 1: Konzept

2., überarbeitete und erweiterte Auflage

2012
Schäffer-Poeschel Verlag Stuttgart

Autoren
Prof. Dr. Rainer Bokranz, Hochschule RheinMain
Prof. Dr. Kurt Landau, Technische Universität Darmstadt

Das Werk erschien in der ersten Auflage unter dem Titel »Produktivitätsmanagement von Arbeitssystemen«.

MIX
Papier aus verantwortungsvollen Quellen
FSC® C006701

Gedruckt auf chlorfrei gebleichtem, säurefreiem und alterungsbeständigem Papier.

Bibliografische Information der Deutschen Nationalbibliothek:
Die Deutsche Nationalbibliothek verzeichnet diese Publikation in der Deutschen Nationalbibliografie; detaillierte bibliografische Daten sind im Internet über http://dnb.d-nb.de abrufbar.

ISBN Gesamtwerk Band 1 und Band 2: 978-3-7910-2863-7

www.schaeffer-poeschel.de
info@schaeffer-poeschel.de

Einbandgestaltung: Willy Löffelhardt/Jessica Joos
Illustrationen: Atelier f:50, Berlin; colormat – grafisches Büro, Chemnitz
Lektorat: Kerstin Heuse-Mönnich, Dresden; Bernd Marquard, Stuttgart
Bilder Einband: Montageszene links (Foto): Miele & Cie. KG, Gütersloh; Montageszenen Mitte (Fotos): Daimler AG, Stuttgart; 3-D-Szene rechts (Computermodell): visTABLE®touch – Fabrikplanungssoftware, plavis GmbH, Chemnitz
Satz: DTP + TEXT Eva Burri, Stuttgart · www.dtp-text.de
Druck und Bindung: CPI – Ebner & Spiegel, Ulm

Printed in Germany
November 2012

Schäffer-Poeschel Verlag Stuttgart
Ein Tochterunternehmen der Verlagsgruppe Handelsblatt

Vorwort des Herausgebers

Die Deutsche MTM-Vereinigung e. V. ist zu einem weltweit anerkannten Partner für Unternehmen aus der Industrie und den Dienstleistungsbereichen geworden und bietet

- international anerkannte Standards für die Gestaltung produktiver und gesunder Arbeit,
- Plattformen für den Dialog zwischen Industrie, Dienstleistern und Wissenschaftsinstituten,
- praxiserfahrene Berater und Trainer im Produktivitätsmanagement.

Mit diesem Buch wollen wir einen weiteren Beitrag zur Verbreitung des aktuellen Wissens über MTM und Industrial Engineering leisten.

MTM verfolgt den Grundsatz »First time Right – Von Anfang an richtig!«. Produktivitätsmanagement, wie es von der Deutschen MTM-Vereinigung e. V. vertreten wird, leistet einen entscheidenden Beitrag zur Effektivität und Effizienz von Unternehmen und sichert somit einen langfristigen Erfolg. Die Methoden von MTM tragen nicht nur zu produktiven Arbeitssystemen bei, sondern helfen, die Arbeit gesund zu gestalten. Dabei sind die eingesetzten MTM-Methoden wissenschaftlich fundiert und in der Praxis erprobt.

Das vorliegende Handbuch Industrial Engineering der Autoren Prof. Dr. Rainer Bokranz und Prof. Dr. Kurt Landau knüpft an traditionsreiche Vorgänger an, so auch an H. B. Maynards viel zitierte Publikationen aus den 1950er-Jahren. Das hier vorgelegte Werk nimmt diese Traditionslinie bewusst auf, ordnet viele Konzepte und Methoden jüngster Zeit neu ein und weist MTM als Prozesssprache eine zentrale Bedeutung im Produktivitätsmanagement zu.

Das Handbuch erscheint in zwei Bänden und ist in vier Teile gegliedert.

Der erste Teil behandelt das MTM-Produktivitätsmanagement, in dem der Mensch konsequent in den Mittelpunkt gestellt wird. Es ist ein präventives Konzept, weil das Handeln der Gestalter von Arbeitssystemen in eine frühestmögliche Phase der Gestaltungsmöglichkeiten der Wertschöpfungsprozesse verlegt wird – Vermeiden von Fehlern kommt vor Verbessern. Entsprechend dem Grundgedanken der Digitalen Fabrik wird einem konsistenten Datenkonzept über die gesamte Prozesskette hinweg gefolgt – beginnend beim Produktentwurf und endend mit dem Auslauf der Ersatzteilproduktion. Ein Erfolg des MTM-Produktivitätsmanagements beruht auf einem abgestimmten Methodeneinsatz. Je nach Phase im betrieblichen Produktentstehungsprozess (Referenz-PEP der Autoren Bokranz und Landau mit einem Produktlebenszyklus in drei Phasen), werden bedarfsgerecht jene Methoden des Industrial Engineering eingesetzt, die für die jeweilige Phase geeignet sind.

Im zweiten Teil werden methodische Grundlagen zur Analyse und Gestaltung von Arbeitssystemen und Prozessen vermittelt. Dazu gehört ein Grundwissen über arbeitsrelevante Eigenschaften von Menschen. Es wird das MTM-Verfahren behandelt. Eine Anwendungsabsicht beim MTM-Verfahren ist die Prävention, der Anwendungsschwerpunkt also die Planungsphase (»Von Anfang an richtig!«). Abschließend wird das Projektmanagement ausführlich erläutert.

Im dritten Teil geht es um das Entstehen von Arbeitssystemen und Prozessen. Das beginnt in der ersten Phase des Referenz-PEP mit der Produktentwicklung und endet mit der Vorkalkulation. In der zweiten PEP-Phase werden Arbeitssysteme und Prozesse unter Nutzung der MTM-Prozessbausteinsysteme und -Ergonomiewerkzeuge geplant und es wird gezeigt, wie diese Planungen umzusetzen sind.

Im vierten Teil werden der Betrieb (Werkstattmanagement) und die kontinuierliche Verbesserung von Arbeitssystemen und Prozessen behandelt. Dabei kommen die systematisch erarbeiteten und nachhaltig wirksamen Ergebnisse aus den ersten Planungsphasen zum Tragen. Unter Verwendung des lebenszyklusübergreifenden Datenmanagements werden Verbesserungen mit geringstmöglichem Aufwand und bestmöglichem Effekt vorgenommen. In die dritte PEP-Phase gehört auch das klassische »Unterstützungsthema« des Industrial Engineering, die Zeitwirtschaft. Ferner geht es um Unterstützungsinstrumente für das Produktivitätsmanagement, das Arbeitszeitmanagement, die Personalbedarfsermittlung und die Entgeltdifferenzierung.

Das Stichwortverzeichnis enthält die wichtigsten deutschen und englischen Fachbegriffe zum Produktivitätsmanagement und zum Industrial Engineering.

Das Lesen dieses Buches und das so erworbene Wissen ersetzen keine zertifizierte MTM-Ausbildung. Nur dort wird auch das Können zum Einsatz der hier dargestellten Methoden und Werkzeuge vermittelt und die sachgerechte Anwendung trainiert.

Neben den Autoren, deren fundierte Fachkenntnisse, jahrzehntelange Praxiserfahrung und exzellente Fähigkeit zur Darstellung des komplexen Stoffes das Entstehen dieses Buches erst ermöglichten, danken wir den nachfolgend aufgeführten Mitarbeitern und Partnern von MTM, die intensiv an der Entstehung des Handbuches beteiligt waren:

Carl Becks, Dr. Bernd Britzke, Kai Ebert, Thomas Finsterbusch,
Dr. Hans Fischer, Andrea Hilliger, Knuth Jasker, Josef Kilga,
Manfred Laier, Uwe Landau, Dr. Steffen Rast, Dr. Liesbeth Sackewitz,
Gerhard Sanzenbacher, Rainer Schosnig und Thomas Weber.

Hamburg, im September 2012

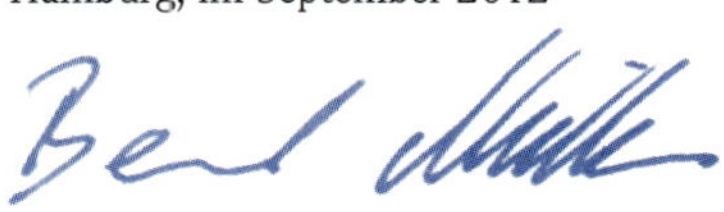

Dr. Bernd Müller

Vorstandsvorsitzender der Deutschen MTM-Vereinigung e. V.

Danksagung der Autoren

An diesem Buch haben sehr viele Fachkolleginnen und -kollegen mitgewirkt, denen wir für ihren Einsatz und ihre engagierte Mitarbeit unseren herzlichen Dank aussprechen. Besonders erwähnt seien an dieser Stelle

Dr. Klaus-Detlev Becker (ifaa, Düsseldorf),
Olaf Bongwald (Magna Electronics, Sailauf),
Carsten Bruns (Premium Aerotec, Nordenham),
Peter Enger (Volkswagen Slovakia, Bratislava),
Thomas Fröhlich (GPM-Sycon, Landensberg),
Thomas Gruber (Brose, Bamberg),
Prof. Dr. Winfried Hacker (Technische Universität Dresden),
Bernd Hildebrandt (GPM-Sycon, Landensberg),
Prof. Dr. Egon Müller (Technische Universität Chemnitz),
Dr.-Ing. Hamed Salmanzadeh (Technische Universität Darmstadt),
Rainer Schleweis (HDM, Heidelberg),
Martin Schnuck (ehemals Karmann, Osnabrück),
Harald Schuster (Ortlinghaus, Wermelskirchen),
Konrad Siegel (Mannheim),

die mit ihrem vielfältigen Erfahrungswissen, ihrer Detailkenntnis und ihren kritischen Anmerkungen zum Manuskript sehr geholfen haben, das vorliegende Handbuch zur Reife zu führen.

Besonderen Dank möchten wir Herrn Thomas Weber sagen, der mit großer Übersicht und Geduld nicht nur Text und Grafik zusammengefügt hat, sondern auch alle Korrekturläufe und Schnittstellen der an der Herstellung Beteiligten koordinierte.

Abschließend sei dem Verlag, seinem Programmbereichsleiter Frank Katzenmayer und den beteiligten Mitarbeitern gedankt, die die Herausforderung eines zweibändigen Handbuches souverän bewältigt haben.

Rainer Bokranz Kurt Landau

Gliederung

Band 1 Konzept

Teil I Konzeptionelle Grundlagen

1 Einleitung 3

2 Produktivität 5

3 Produktivitätsmanagement mit MTM 45

4 MTM-Verfahren 89

Teil II Methodische Grundlagen

1 Einleitung 119

2 Menschliche Arbeit und Leistung 121

3 Aufgaben und Prozesse 275

4 Algorithmen zur Berechnung von Sollzeiten 345

5 Konzeptionelle Grundlagen der MTM-Prozessbausteinsysteme 385

6 MTM-Prozessbausteine für den Prozesstyp 1 405

7 MTM-Prozessbausteine für die Prozesstypen 2 und 3 479

8 Ergänzungstechniken zum MTM-Verfahren 551

9 Projektmanagement 579

Band 2 Anwendung

Teil III Entstehung von Produkten und Arbeitssystemen

1 Einleitung 3

2 Produktentwicklung aus Sicht des Industrial Engineering 5

3 Produktionsdokumente und Kalkulation 93

4 Betriebliche Prozessbausteinsysteme 133

5 Arbeitsplatzgestaltung 163

6 Gestaltung komplexer Arbeitssysteme 339

Teil IV Betrieb und Verbesserung von Arbeitssystemen

1 Einleitung 489

2 Werkstattmanagement 491

3 Veränderungsmanagement 525

4 Arbeitszeitmanagement 591

5 Zeitwirtschaft 617

6 Personalbedarfsermittlung 643

7 Entgeltdifferenzierung 675

Inhalt

Vorwort des Herausgebers V
Danksagung der Autoren VII
Gliederung IX

Teil I Konzeptionelle Grundlagen

1 Einleitung 3

2 Produktivität 5

2.1 Überblick 5
2.2 Produktivitätsbegriff 5
2.2.1 Produktivität aus volkswirtschaftlicher Sicht 5
2.2.2 Produktivität aus betriebswirtschaftlicher Sicht 8
2.2.3 Produktivität und Partizipation der Beschäftigten 11
2.3 Produktivität im betriebswirtschaftlichen Kontext 12
2.3.1 Betriebswirtschaftliche Erfolgskenngrößen 12
2.3.2 Produktivitätsmanagement im Kontext mit dem Verbesserungsmanagement 16
2.3.3 Wirkung der Produktivität auf die Ertragsrentabilität 17
2.4 Produktivitätsmessung 18
2.4.1 Arbeitssystem-Modell 18
2.4.2 Prozess 20
2.4.3 Durchschnitts- und Grenzproduktivität 23
2.4.4 Messkonzepte 24
2.4.5 Messung der Arbeitssystem-Produktivität 26
2.4.6 Produktivitätscontrolling von Arbeitssystemen 29
2.5 Produktivitätsmanagement 31
2.5.1 Der betriebswirtschaftliche Leistungsbegriff 31
2.5.2 Der Wertschöpfungsbegriff 33
2.5.3 Der Produktentstehungsprozess 35
2.5.4 Industrial Engineering 36
2.5.5 Produktivitätsmanagement mit MTM 39
2.6 Zusammenfassung 42

3 Produktivitätsmanagement mit MTM 45

3.1 Überblick 45
3.2 Produktentstehungsprozess 46
3.2.1 Produktentwicklung 46
3.2.2 Prozessentwicklung 51
3.2.3 Betrieb und Verbesserung 54
3.3 Geschäftsstrategie 57
3.3.1 Inhalt von Geschäftsstrategien 57
3.3.2 Vision und Wertesystem 59
3.3.3 Strategien im engeren Sinne 61
3.3.4 Positionierungsstrategien 61

3.3.5 Wertschöpfungsstrategien ... 63
3.3.6 Kernkompetenzen ... 66
3.4 Produktionssystem ... 67
3.4.1 Begriff des Produktionssystems ... 67
3.4.2 Das Toyota Production System ... 68
3.4.3 Ursachen von Produktivitätsverlusten ... 70
3.4.4 Produktionssysteme als Mittel des Wissensmanagements ... 79
3.4.5 Konzepte von Produktionssystemen ... 80
3.5 Absichten und Effekte beim Produktivitätsmanagement mit MTM ... 83
3.5.1 Bezug zum Produktentstehungsprozess ... 83
3.5.2 Prävention ... 85
3.5.3 Nachhaltigkeit ... 86
3.6 Zusammenfassung ... 87

4 MTM-Verfahren ... 89

4.1 Überblick ... 89
4.2 Entwicklung der Systeme vorbestimmter Zeiten ... 91
4.3 MTM-Prozessbausteinsysteme ... 94
4.3.1 Entwicklung von MTM-1 ... 94
4.3.2 Entwicklungsschritte seitens der Deutschen MTM-Vereinigung e. V. ... 97
4.3.3 Entstehen der weiteren MTM-Prozessbausteinsysteme ... 99
4.3.4 Funktionelle Eigenschaften der MTM-Prozessbausteinsysteme ... 100
4.3.5 Anwendungsbedingungen der MTM-Prozessbausteinsysteme ... 101
4.4 Die Institution MTM ... 104
4.4.1 Verbreitung von MTM ... 104
4.4.2 Organisation von MTM ... 108
4.5 Zusammenfassung ... 112

Literaturverzeichnis Teil I ... 113

Teil II Methodische Grundlagen

1 Einleitung ... 119

2 Menschliche Arbeit und Leistung ... 121

2.1 Überblick ... 121
2.2 Mensch-Maschine-Schnittstelle (MMS) ... 122
2.2.1 Schnittstellen im Arbeitssystem ... 122
2.2.2 Strukturanalyse und Funktionsanalyse ... 124
2.2.3 Bediensysteme ... 127
2.2.4 Gebrauchstauglichkeit (Usability) ... 129
2.2.5 Wandel der Schnittstellen im Produktlebenszyklus ... 132
2.3 Arbeitsformen ... 133
2.3.1 Spezifischer Arbeitsinhalt ... 133
2.3.2 Grundformen menschlicher Arbeit ... 135
2.4 Bewertungsebenen ... 138
2.5 Tätigkeitsanforderungen ... 140
2.5.1 Überblick ... 140
2.5.2 Anforderungen an Skelett, Muskulatur und das Herz-Kreislauf-System ... 144

2.5.3 Vom Sinnesreiz zur Wahrnehmung 157
2.5.4 Sensumotorische Anforderungen: Sehen 161
2.5.5 Sensumotorische Anforderungen: Hören 166
2.5.6 Sensumotorische Anforderungen: Tasten, Propriozeption und Gleichgewicht 170
2.5.7 Psychomentale Anforderungen 173
2.6 Belastung 175
2.6.1 Belastungshöhe, -dauer und -verteilung 175
2.6.2 Belastungssuperposition 179
2.6.3 Belastungsmodelle 179
2.6.4 Belastung und Entgelt 180
2.7 Belastungsbewertung 182
2.7.1 Überblick 182
2.7.2 Körperhaltung 183
2.7.3 Körperbewegungen 185
2.7.4 Grenzkräfte und Grenzdrehmomente 186
2.7.5 Lastenmanipulation 195
2.7.6 Leitmerkmalmethode Manuelle Arbeitsprozesse (LMM MA) 209
2.7.7 Ergonomic Assessment Worksheet (EAWS) 212
2.7.8 Psychische Belastung 230
2.8 Die Leistung des Menschen 233
2.8.1 Leistungserwartungen und Leistungsangebot 233
2.8.2 Bezugsleistungen 236
2.8.3 Leistungsbereitschaft 243
2.8.4 Geschlecht und Leistungsfähigkeit 246
2.8.5 Alter und Leistungsfähigkeit 249
2.8.6 Altersmanagement 251
2.8.7 Eignungsdiagnostik und Eignungsprognose 254
2.9 Beanspruchung und Ermüdung 259
2.9.1 Begriffe 259
2.9.2 Beanspruchung bei vorwiegend körperlicher Arbeit 260
2.9.3 Beanspruchung bei vorwiegend nicht körperlicher Arbeit 262
2.9.4 Emotionale Beanspruchung 264
2.9.5 Psychische Ermüdung und ermüdungsähnliche Zustände 265
2.10 Voraussetzungen und Folgen menschlicher Arbeit 268
2.10.1 Umstellung und Anpassung an Arbeit 268
2.10.2 Lern- und Erfahrungskurven 268
2.10.3 Übungskurven 269
2.10.4 Einarbeitung 272
2.11 Zusammenfassung 273

3 Aufgaben und Prozesse 275

3.1 Überblick 275
3.2 Aufgaben 276
3.2.1 Aufgabenbegriff 276
3.2.2 Aufgabenanalyse 277
3.2.3 Aufgabensynthese 278
3.3 Durchführung der Aufgabenanalyse und -synthese 279
3.3.1 Erhebungstechniken 279

3.3.2 Gliederungsprinzipien ... 280
3.3.3 Aufgabenstrukturerhebung ... 281
3.3.4 Mindmapping-Modellierung ... 283
3.3.5 Darstellungen der Aufgabenstruktur ... 285
3.3.6 Aufgabenverteilung und Aufgabennachweis ... 287
3.3.7 Zentralisation und Dezentralisation von Aufgaben ... 289
3.4 Analyse der Aufgabenverteilung ... 290
3.4.1 Verteilungseffekte ... 290
3.4.2 Paretoanalyse ... 290
3.4.3 Funktionsanalyse ... 293
3.5 Prozesse und Abläufe ... 296
3.5.1 Von der Aufgabe zum Prozess ... 296
3.5.2 Prozessarten ... 297
3.5.3 Prozesshierarchien ... 298
3.5.4 Prozessmanagement ... 300
3.6 Dokumentation von Prozessen und Abläufen ... 300
3.6.1 Überblick ... 300
3.6.2 Prozesssprachen ... 301
3.6.3 Zeilenanalysen und Entscheidungstabellen ... 303
3.6.4 Risikoanalysen ... 305
3.6.5 Flowchart- und Blockdiagramm-Darstellungen ... 312
3.7 Gestaltung und Management von Prozessen ... 317
3.7.1 Gestaltungsfelder ... 317
3.7.2 Prozessergebnisse und Prozessmanagement ... 318
3.7.3 Prozesseffektivität und Prozesseffizienz ... 318
3.8 Wertstromanalyse und Wertstromgestaltung ... 321
3.8.1 Grundlagen ... 321
3.8.2 Grundstruktur des Wertstroms ... 323
3.8.3 Wertstrom-Prozesssprache ... 326
3.8.4 Analyse von Wertströmen ... 327
3.8.5 Durchlaufzeit- und Kapazitätsanalyse ... 333
3.8.6 Verbesserungsansätze bei Wertströmen ... 336
3.8.7 Gestaltung von Wertströmen ... 339
3.8.8 Einsatz des MTM-Verfahrens bei Wertstromanalysen und -gestaltungen ... 343
3.9 Zusammenfassung ... 343

4 Algorithmen zur Berechnung von Sollzeiten ... 345

4.1 Überblick ... 345
4.2 Ablaufartenanalyse ... 346
4.2.1 Vorkommnisarten und Vorkommniskategorien ... 346
4.2.2 Ablaufarten und Ablaufartenanalyse ... 348
4.3 Zeitartenanalyse und -synthese ... 351
4.3.1 Grundbegriffe ... 351
4.3.2 Zeitartensynthese bei Stückbezug ... 354
4.3.3 Zeitartensynthese bei Periodenbezug ... 355
4.3.4 Durchlaufzeitsynthese ... 356
4.3.5 Verteilzeitzuschläge ... 362
4.3.6 Gewichtungsfaktoren ... 365
4.3.7 Stück- und Durchlaufzeiten bei nichtlinearen Ablaufstrukturen ... 366

4.4 Sonderfälle bei der Zeitartensynthese ... 368
4.4.1 Überblick ... 368
4.4.2 Gruppenarbeit ... 368
4.4.3 Mehrstellenarbeit ... 369
4.4.4 Fließarbeit ... 373
4.4.5 Wartesysteme ... 380
4.5 Zusammenfassung ... 384

5 Konzeptionelle Grundlagen der MTM-Prozessbausteinsysteme ... 385

5.1 Überblick ... 385
5.2 Kerneigenschaften der MTM-Prozessbausteinsysteme ... 385
5.2.1 Die MTM-Prozesssprache ... 385
5.2.2 Funktionelle Eigenschaften der MTM-Prozessbausteinsysteme ... 389
5.3 Anwendungsbedingungen ... 390
5.3.1 Ist- und Soll-Abläufe ... 390
5.3.2 Methodenniveau ... 392
5.3.3 Die MTM-Normleistung ... 392
5.4 Qualität von Prozessbausteinen ... 393
5.4.1 Genauigkeits-, Fehler- und Qualitätsbegriff ... 393
5.4.2 Qualitätsforderungen und -merkmale bei den MTM-Prozessbausteinsystemen ... 394
5.4.3 Stabilität der MTM-Prozessbausteinsysteme ... 396
5.4.4 Validität der MTM-Prozessbausteinsysteme ... 397
5.4.5 Wirtschaftlichkeit der MTM-Prozessbausteinsysteme ... 401
5.5 Zusammenfassung ... 403

6 MTM-Prozessbausteine für den Prozesstyp 1 ... 405

6.1 Überblick ... 405
6.2 Grundsachverhalte zu MTM-1 ... 405
6.2.1 Kontrollaufwand und Bewegungslänge ... 405
6.2.2 Der Grundzyklus ... 408
6.2.3 Die weiteren Grundbewegungen ... 409
6.2.4 Anwendungsregeln ... 411
6.2.5 Prinzip der MTM-Analyse ... 412
6.2.6 Analysieren mit TiCon® ... 413
6.3 Hand-Arm-Bewegungen und Blickfunktionen ... 417
6.3.1 Bewegungsfolge Aufnehmen ... 417
6.3.2 Bewegungsfolge Platzieren ... 424
6.3.3 Weitere Bewegungen des Hand-Arm-Systems ... 432
6.3.4 Blickfunktionen ... 436
6.4 Körper-, Bein- und Fußbewegungen ... 438
6.4.1 Übersicht ... 438
6.4.2 Bein- und Fußbewegungen ... 438
6.4.3 Körperbewegungen mit Verschieben der Körperachse ... 440
6.4.4 Körperbewegungen mit Neigung der Körperachse ... 442
6.5 Bewegungsfolgen ... 445
6.5.1 Übersicht ... 445
6.5.2 Zeitbestimmende Bewegungen ... 445
6.5.3 Gleichzeitige Bewegungen ... 446
6.5.4 Kombinierte Bewegungen ... 448

6.5.5 Zusammengesetzte Bewegungsfolgen 449
6.5.6 Komplexe Bewegungsfolgen 449
6.6 MTM-Sichtprüfen 451
6.6.1 Grundsachverhalte 451
6.6.2 Bestimmung der Prüffeldgröße und Prüfintervalle 454
6.6.3 Gruppieren Sehobjekte 457
6.6.4 Blick verschieben und Augen einstellen 459
6.6.5 Mentale Prozesse 461
6.6.6 Anwendungsbeispiel unter TiCon® 463
6.7 MTM-Analysen nach Bewegungsablauf-Informationen 464
6.7.1 Übersicht 464
6.7.2 Ausführungs- und Planungsanalyse 465
6.8 MTM-Normleistung und Einarbeitungsdauer 473
6.9 Zusammenfassung 476

7 MTM-Prozessbausteine für die Prozesstypen 2 und 3 479

7.1 Überblick 479
7.2 Gemeinsamkeiten und Unterschiede von UAS und MEK 480
7.3 UAS 485
7.3.1 Aufnehmen und Platzieren 485
7.3.2 Platzieren 487
7.3.3 Hilfsmittel handhaben 488
7.3.4 Betätigen 490
7.3.5 Bewegungszyklen 491
7.3.6 Körperbewegungen 492
7.3.7 Visuelle Kontrolle 493
7.4 MEK 494
7.4.1 Entfernungsbereiche 494
7.4.2 Aufnehmen und Platzieren sowie Platzieren 495
7.4.3 Hilfsmittel handhaben, Betätigen und Bewegungszyklen 496
7.4.4 Körperbewegungen 497
7.4.5 Visuelle Kontrolle 498
7.5 Konzept der UAS- und MEK-Standardvorgänge 498
7.5.1 Standardvorgänge 498
7.5.2 Anwendung am Beispiel der UAS-Standardvorgänge 501
7.6 MTM-Analysen nach Rahmenbedingungen 503
7.6.1 Analyseformen 503
7.6.2 Arbeiten mit Wertschöpfungsindikatoren 511
7.6.3 Anwendungsbeispiel zu UAS und MEK 514
7.7 Standard-Daten Basiswerte 518
7.7.1 Konzept der Standard-Daten 518
7.7.2 Bewegungsfolgen des Hand-Arm-Systems bei den Standard-Daten Basiswerten 522
7.7.3 »Generelle Werte« bei den Standard-Daten Basiswerten 526
7.7.4 Lesen und Schreiben bei den Standard-Daten Basiswerten 531
7.7.5 Körperbewegungen bei den Standard-Daten Basiswerten 532
7.7.6 Anwendungsbeispiel 534
7.8 MTM-2 537
7.8.1 Konzept von MTM-2 537
7.8.2 Bewegungsfolgen von MTM-2 540

7.8.3 Gleichzeitige Bewegungsfolgen bei MTM-2 ... 547
7.8.4 Anwendungsbeispiel ... 548
7.9 Zusammenfassung ... 550

8 Ergänzungstechniken zum MTM-Verfahren ... 551

8.1 Überblick ... 551
8.2 Schätzverfahren ... 552
8.2.1 Prinzip und Anwendung ... 552
8.2.2 Genauigkeit von Schätzergebnissen ... 552
8.2.3 Schätzhilfen ... 553
8.3 Zeitmessung ... 556
8.3.1 Prinzip und Anwendung ... 556
8.3.2 Vertrauensbereich und Stichprobenumfang ... 557
8.3.3 Zeitmessung und Bezugsleistung ... 558
8.4 Videoanalyse ... 559
8.5 Selbstaufschreibung ... 560
8.5.1 Prinzip, Arten und Anwendung ... 560
8.5.2 Analyse von Schichtverläufen ... 561
8.5.3 Erhebung von Zeitdaten, Mengendaten und Durchläufen ... 564
8.6 Multimomentverfahren ... 565
8.6.1 Prinzip und Anwendung ... 565
8.6.2 Statistische Grundlagen ... 566
8.6.3 Planung von Multimomentaufnahmen ... 568
8.6.4 Durchführung von Multimomentaufnahmen ... 574
8.6.5 Auswertung von Multimomentaufnahmen ... 575
8.7 Zusammenfassung ... 578

9 Projektmanagement ... 579

9.1 Überblick ... 579
9.2 Prinzipien des Projektmanagements ... 580
9.2.1 Phasenschema zum Projektmanagement ... 580
9.2.2 Die häufigsten Ursachen erfolgloser Projekte ... 581
9.3 Projekt initiieren ... 583
9.3.1 Anlage des Projekts ... 583
9.3.2 Formulierung des Projekts ... 585
9.3.3 Projektmanagement-Software ... 586
9.4 Projekt planen ... 587
9.4.1 Aufbauorganisation präzisieren ... 587
9.4.2 Projektstrukturplan und Meilensteinplan ... 589
9.4.3 Aufgabenplan ... 592
9.4.4 Projektbudget und Projektantrag ... 596
9.5 Projekt durchführen ... 598
9.5.1 Externe Leistungen ... 598
9.5.2 Arbeitsstand verfolgen und Rückmeldungen sicherstellen ... 600
9.5.3 Fortschrittsberichte und Plankorrekturen ... 602
9.6 Projekt-Controlling durchführen und Projekt abschließen ... 603
9.7 Entscheidungskalküle ... 604
9.7.1 Überblick ... 604
9.7.2 Wirtschaftlichkeitsrechnungen ... 606

9.7.3 Rentabilitäts- und Amortisationsrechnungen 615
9.7.4 Nutzwertanalyse 619
9.7.5 Umgang mit Unsicherheit 621
9.8 Arbeitsrechtliche Aspekte beim Projektmanagement 625
9.8.1 Arbeitsrechtliche Bezüge bei IE-Projekten 625
9.8.2 Arbeitsrechtliche Grundsachverhalte 625
9.8.3 Die gestuften Beteiligungsrechte des Betriebsrats 627
9.8.4 Beteiligungsrechte des Betriebsrats bei der Entwicklung und Implementierung von Arbeitssystemen 629
9.8.5 Beteiligungsrechte des Betriebsrats beim Betrieb und der Verbesserung von Arbeitssystemen 631
9.9 Zusammenfassung 634

Literaturverzeichnis Teil II 635

Stichwortverzeichnis 645

Teil I

Konzeptionelle Grundlagen

1 Einleitung

In diesem Handbuch soll das notwendige Wissen vermittelt werden, um ein effektives und effizientes Produktivitätsmanagement zu betreiben. Das bedeutet in erster Linie ein methodisches Vorgehen unter gezieltem Einsatz der Methoden des Industrial Engineering im Rahmen des Produktivitätsmanagements mit MTM. Hierbei handelt es sich um keinen objektiven, sondern um einen normativen Ansatz:

- Als Subjekt in einer Wissensgesellschaft soll Wissensmanagement praktiziert werden.
- Es sind grundlegende Themen aufzugreifen, z. B. die Geschäftsstrategie des Unternehmens, um das Produktivitätsmanagement an verbindlichen Vorgaben auszurichten.
- Die Methoden des Industrial Engineering sind prozessphasen- und problemadäquat zur Optimierung der betrieblichen Wertschöpfungskette einzusetzen.
- Die Mitarbeiter müssen effektiv in Planungs-, Realisierungs- und Verbesserungsaktivitäten eingebunden werden.

Im folgenden Kapitel 2 geht es um den Produktivitätsbegriff, die Produktivitätsmessung und den Einfluss der Produktivität auf den wirtschaftlichen Erfolg von Unternehmen. Ferner wird in einem ersten Schritt skizziert, wofür der Produktentstehungsprozess steht, was unter Industrial Engineering und unter MTM verstanden wird.

Im Kapitel 3 wird ein MTM-basiertes Produktivitätsmanagement erläutert. Zuerst wird sein Objekt, der Produktentstehungsprozess (PEP), erklärt. Dann wird gezeigt, welche unterschiedlichen Anforderungen in den drei Phasen des PEP an das Produktivitätsmanagement und das Industrial Engineering gestellt werden. Ferner wird begründet, warum Geschäftsstrategien für das Produktivitätsmanagement und die Entwicklung von Produktionssystemen maßgebende Bedeutung haben. Abschließend wird dargelegt, welche Absichten mit einem Produktivitätsmanagement unter Integration des MTM-Verfahrens verfolgt werden, was also mit diesem Konzept zu erreichen ist.

Im Kapitel 4 wird die instrumentelle Seite von MTM erläutert, das MTM-Verfahren. Es gehört zum operativen Kern des hier dargelegten Produktivitätsmanagements, weil es seine beiden Alleinstellungsmerkmale begründet, Prävention und Nachhaltigkeit. Abschließend wird die Institution MTM vorgestellt, deren satzungsgemäße Aufgabe die Verbreitung und Weiterentwicklung des MTM-Verfahrens ist.

2 Produktivität

2.1 Überblick

In diesem Kapitel werden elementare Sachverhalte zur Produktivität dargelegt. Im Abschnitt 2.2 wird erläutert, was Produktivität aus volkswirtschaftlicher Sicht ist. Daran schließt sich die betriebswirtschaftliche Interpretation des Produktivitätsbegriffs an mit dem Fazit, dass wir aus praktischen Gründen den Produktionsfaktor Material ausklammern, also eine Arbeitssystem-Produktivität verwenden. Produktivitätsmanagement, wie es hier vertreten wird, zielt nicht vordergründig auf »Quick Wins«, sondern auf Nachhaltigkeit, und es ist kein Sanierungsansatz. Die entscheidende Rolle spielen die Beschäftigten im Unternehmen. Ihre Qualifikation und ihr Engagement sowie die sie zu Bestleistungen befähigende Organisation, nicht aber allenthalben zu beschaffende Betriebsmittel, begründen Wettbewerbsvorteile von Unternehmen. Diese Sicht spiegelt sich in dem vorgelegten Konzept wider.

Im Abschnitt 2.3 wird Produktivität aus betriebswirtschaftlicher Sicht relativiert, da sie kein wirtschaftliches Letztziel, sondern »nur« ein wichtiges Mittel zum Zweck ist. Dazu werden elementare betriebswirtschaftliche Kenngrößen eingeführt und gezeigt, wie diese durch Produktivitätsmanagement zu beeinflussen sind. Es wird ein in der Praxis oft vernachlässigter, aber betriebswirtschaftlich entscheidender Sachverhalt herausgestellt, nämlich wann Produktivitätsverbesserungen auch zu wirtschaftlichen Erfolgen führen. Genau das muss längerfristig gewährleistet sein, will man sich nicht dem Vorwurf des betriebswirtschaftlichen Dilettantismus aussetzen.

Im Abschnitt 2.4 geht es bei der Produktivitätsmessung um die Arbeitssystem-Produktivität, basierend auf dem OEE[1]-Ansatz. Erreichte Produktivitäten sind einem Produktivitätscontrolling zu unterziehen, um zu prüfen, ob man das konnte, was man wollte.

Im Abschnitt 2.5 geht es um das Managen von Produktivität. Dazu wird erläutert, was Wertschöpfung ist und wie diese über den Verlauf einer Wertschöpfungskette entsteht. Im Mittelpunkt dieses Abschnitts steht die für das Produktivitätsmanagement relevante Form einer Wertschöpfungskette, der Produktentstehungsprozess (PEP). Der PEP ist das Modell von Wertschöpfungsketten in Produktionsbetrieben. Die Gliederung dieses Handbuchs orientiert sich an der PEP-Struktur. Im Teil III werden jene Methoden des Industrial Engineering behandelt, die bei der ersten und zweiten PEP-Phase, im Teil IV jene, die bei der dritten PEP-Phase angewandt werden. Abschließend wird ein Überblick zum Produktivitätsmanagement mit MTM gegeben.

2.2 Produktivitätsbegriff

2.2.1 Produktivität aus volkswirtschaftlicher Sicht

Stabilitätsgesetz

Volkswirtschaften werden, je nach politischem und ökonomischem Standpunkt, als erfolgreich angesehen, wenn der Wohlstand der Bevölkerung steigt, Inflation und Arbeitslosigkeit gering sind oder die Wirtschaftskraft größer als die vergleichbarer Länder ist. Die politischen Entscheidungsträger der Bundesrepublik Deutschland sind in der Auswahl ihrer makroökonomischen Ziele nicht frei, sondern nach § 1 des Gesetzes zur Förderung der Stabilität und des Wachstums der Wirtschaft (StWG, 1967

1 OEE = Overall Equipment Effectiveness, frei übersetzt mit Arbeitssystem-Produktivität. Im Abschnitt 2.4.5 wird dieses Konzept ausführlich behandelt.

– Stabilitätsgesetz) verpflichtet, sich im sogenannten *Magischen Viereck* zu bewegen. Darunter versteht man folgendes vierdimensionale Zielgrößenkonstrukt:

1. Angemessenes und stetiges Wirtschaftswachstum, gemessen mit Hilfe des Bruttoinlandsprodukts BIP (2000–2009 im Mittel 2,4 % p. a.).
2. Geringe Preissteigerungsraten mit dem Ziel, dass der Verbraucherpreisindex nicht mehr als 2 % steigt (2000–2009 im Mittel 1,8 % p. a.).[2]
3. Hohes Beschäftigungsniveau bzw. geringe Arbeitslosigkeit (2000–2010 waren im Mittel ca. 90 % der Erwerbsfähigen beschäftigt).
4. Außenwirtschaftliches Gleichgewicht mit dem Ziel, dass der Außenbeitrag zwischen 1 % und 2 % des BIP betragen soll (2000–2010 im Mittel 3,9 % p. a.).[3]

Die Wirtschaftspolitik ist danach zu optimierendem Handeln verpflichtet und hat im Jahreswirtschaftsbericht über die erzielten Ergebnisse zu berichten. Angesichts moderater Inflationsraten stand in den vergangenen Jahren das Wirtschaftswachstum im Mittelpunkt wirtschaftspolitischer Ausrichtung. Im zu geringen Wirtschaftswachstum sieht man die Hauptursache für ein zu geringes Beschäftigungsniveau. Zwischen den Jahren 2006 und 2008 gewann die Preisniveaustabilität an Bedeutung und das Beschäftigungsniveau stand im Hintergrund.[4] Ab 2009 war es umgekehrt, als beim konjunkturellen Abschwung das Beschäftigungsniveau wieder an Bedeutung gewann und sogar über eine Deflation oder Stagflation spekuliert wurde. Die vier oben aufgeführten Punkte waren ursprünglich als gleichberechtigt postuliert. Durch das Europarecht (Art. 4, Abs. 2; Art. 103 EGV) hat jedoch die Preisniveaustabilität eine herausragende Bedeutung erlangt.

Als Initialzündungen für das Wirtschaftswachstum einer Volkswirtschaft gelten drei Faktoren:

- Innovationsfähigkeit,
- Produktivität,
- Faktorkosten.

Die Produktivität ist in einer hochentwickelten Volkswirtschaft nicht der allein entscheidende Wettbewerbsfaktor[5]. Unstrittig ist jedoch, dass die Produktivität ein wichtiger Faktor ist.

Arbeitsproduktivität

Der Begriff *Produktivität* steht in der Volkswirtschaftslehre für die Ergiebigkeit der Produktionsfaktoren Arbeit, Boden und Kapital. Man spricht von *Arbeitsproduktivität*[6], wenn es um den ökonomischen Erfolg des Handelns der Beschäftigten geht. Die Arbeitsproduktivität wird in der Wirtschaftsstatistik ausgewiesen als »BIP je Erwerbstätigen« (vgl. Abbildung I-1) oder als »BIP je Erwerbstätigenstunde«, differenziert nach Wirtschaftsbereichen und Regionen.

2 Noch im Jahre 2008 sind der Verbraucherpreisindex und das Beschäftigungsniveau deutlich über die oben angeführten langjährigen Mittelwerte gestiegen.

3 Der Außenbeitrag wird als Leistungsbilanzsaldo (Handels- und Dienstleistungsbilanz) ermittelt. Deutschland hat traditionell einen Handelsbilanzüberschuss und ein Dienstleistungsbilanzdefizit.

4 Der Verbraucherpreisindex stieg über die 2 %-Marke, jenem im Stabilitätsgesetz angeführten Schwellenwert, bei dessen Überschreiten der Kaufkraftverlust des Geldes als so stark erachtet wird, dass man von einer inflationären Tendenz spricht. Der Hauptgrund für diese Entwicklung war in der Vergangenheit primär der Preisanstieg bei wichtigen Importgütern, weshalb man auch von importierter Inflation sprach.

5 Bei Entwicklungs- und Schwellenländern stehen nicht Innovationen, sondern die Kosten der Produktionsfaktoren und die Produktivität im Vordergrund. Bei hochentwickelten Industrieländern hat die Innovationsfähigkeit dagegen eine große Bedeutung, bei gleichzeitiger Bedeutung von Kosten und Produktivität.

6 Auf die zweite wichtige volkswirtschaftliche Produktivitätskenngröße, die Kapitalproduktivität, gehen wir hier nicht ein. Als Kapitalproduktivität bezeichnet man den Quotienten aus Inlandprodukt und Kapitalstock (inkl. Nebenpositionen wie z. B. Vorleistungen, Kassenhaltung, Steuernachlässe). Sinkende Kapitalproduktivität (z. B. durch Abwanderung des Kapitals in Wettbewerbsländer) führt ceteris paribus zu sinkenden Lohnquoten bzw. sinkendem Beschäftigungsniveau.

Der volkswirtschaftliche Produktivitätsbegriff unterscheidet sich vom betriebswirtschaftlichen Produktivitätsbegriff unter anderem dadurch, dass die Ergiebigkeit der volkswirtschaftlichen Produktionsfaktoren nicht mit Hilfe von Mengenwerten, sondern mit Hilfe von Geldwerten gemessen wird.

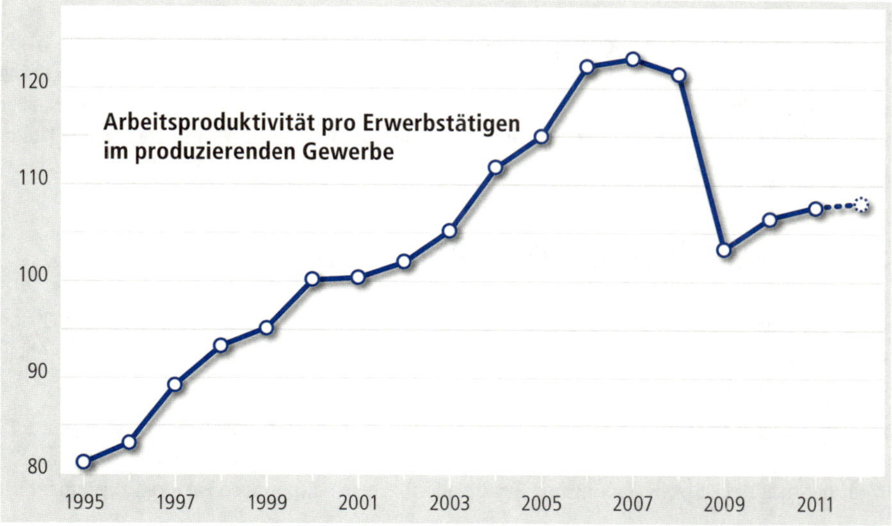

Abbildung I-1 Entwicklung der Arbeitsproduktivität im produzierenden Gewerbe von 1995–2011 als preisbereinigtes BIP je Erwerbstätigen bezogen auf das Basisjahr 2000 (2000 = 100)[7]

Steigende Arbeitsproduktivität gilt als Zeichen dafür, dass die Effektivität und Effizienz der in einer Volkswirtschaft eingesetzten Arbeitssysteme verbessert wird.[8] Das kann z. B. durch technische und organisatorische Verbesserungen, durch rationellere Produktionsweisen, durch verbesserte Qualifikation der Beschäftigten, durch Erhöhung der Regelarbeitszeit oder durch Steigerung der Anstrengungen der Beschäftigten erfolgen.[9] Die volkswirtschaftliche Arbeitsproduktivität ist also kein Synonym für den Fleiß der Beschäftigten, sondern für die Systemeffizienz. Somit ist sie eine isolierte Kenngröße und nur begrenzt aufschlussreich, weil die Faktorkosten darin nicht berücksichtigt sind. Erst im Kontext von Arbeitsproduktivität und Lohnkosten erhält man als aussagefähige Kenngröße für die Wettbewerbsfähigkeit einer Volkswirtschaft die *Lohnstückkosten.* Steigende Arbeitsproduktivität bzw. mindestens längerfristig konstante Lohnstückkosten verbessern die internationale Wettbewerbsfähigkeit.

Produktivitätswachstum

Das *Produktivitätswachstum* hängt neben den ökonomischen Rahmenbedingungen einer Volkswirtschaft auch wesentlich von ihrem Entwicklungsstand ab. Schwellenländer verzeichneten bei ihrem BIP bis zum Jahre 2011 jährliche Zuwachsraten von 5 % und mehr. Dem Statistischen Jahrbuch für

7 Quelle: Statistisches Bundesamt, Fachserie 4, Reihe 2.1, Indizes der Produktion und der Arbeitsproduktivität im Produzierenden Gewerbe, Wiesbaden, Juni 2009.

8 Wir sprechen von Effektivität, wenn es um die wertrationale Seite geht, also darum, »die richtigen Dinge zu tun« (z. B. bei einer technischen Kalkulation zu erwartende Nacharbeit zu berücksichtigen). Von Effizienz sprechen wir, wenn es um die zweckrationale Seite geht, also darum, »die Dinge richtig zu tun« (z. B. für den Mengen- und Zeitansatz bei der Nacharbeit auf Prozessfähigkeitskennzahlen und vorhandene Prozessbausteine zurückzugreifen).

9 Arbeitsproduktivität ist also keine Kenngröße für Fleiß und Können der Beschäftigten, sondern für die Wirksamkeit der in den Unternehmen einer Volkswirtschaft installierten Arbeitssysteme. So stehen die Qualifikation und das Leistungsvermögen der in den Unternehmen wirkenden Menschen im Kontext zu den installierten Produktionstechnologien, den Unternehmensgrößen, dem Ausmaß an Kapitalintensität, der Infrastruktur etc.

die Bundesrepublik Deutschland ist zu entnehmen, dass das mittlere jährliche Wachstum der volkswirtschaftlichen Gesamtproduktivität in den 1960er-Jahren ca. 4,2 %, in den 1970er- und 1980er-Jahren ca. 2,6 %, in den 1990er-Jahren ca. 1,6 % und zwischen 2000 und 2008 nur noch 1,2 % betrug.

Die Erhöhung der Arbeitsproduktivität ist nicht der einzige, aber ein wichtiger Hebel für den Wohlstand und eine notwendige, wenn auch nicht hinreichende Bedingung für den ökonomischen Erfolg entwickelter Volkswirtschaften. Mit anderen Worten: Produktivität ist ökonomisch nicht alles, aber ohne angemessene Produktivität ist ökonomisch alles nichts. Der Weg zur Weltspitze ist jenen Unternehmen versperrt, die nicht auch auf dem Gebiet des Produktivitätsmanagements Weltspitze sind.[10]

2.2.2 Produktivität aus betriebswirtschaftlicher Sicht

Betriebswirtschaftliche Produktionsfaktoren

In der Betriebswirtschaftslehre folgt man noch heute Gutenbergs System der betriebswirtschaftlichen *Produktionsfaktoren* (Leistungsfaktoren).[11] Darin wird der Faktor *menschliche Arbeit*, so Abbildung I-2 zu entnehmen, unterschieden nach

- objektbezogener Arbeit (Arbeit bei der Erstellung intern oder extern absetzbarer Leistungen, z. B. Werkzeuge oder Produkte), die unter den Elementarfaktoren zusammengefasst ist, sowie
- dispositiver Arbeit (z. B. Planung und Organisation), die den dispositiven Faktoren zugeordnet ist.

Die volkswirtschaftlichen Produktionsfaktoren Boden und Kapital werden zum Elementarfaktor *Betriebsmittel* zusammengefasst und schließen Grundstücke, Gebäude, Anlagen, Maschinen, Werkzeuge, Vorrichtungen und finanzielle Mittel ein. Im Elementarfaktor *Werkstoffe* sind Roh-, Hilfs- und Betriebsstoffe sowie bezogene Vorprodukte zusammengefasst.

Bei der Leistungserstellung werden die Elementarfaktoren durch die dispositiven Faktoren ergänzt und unterstützt. Beim Produktivitätsmanagement haben die dispositiven Faktoren und der Elementarfaktor menschliche Arbeit zentrale Bedeutung, weil sie für das Entstehen von Alleinstellungen von Unternehmen maßgebend sind. Bei den originären Faktoren managt die Geschäfts- und Betriebsleitung Kombination und Einsatz der Elementarfaktoren. Das wird ihr so gut gelingen, wie sie dabei durch die derivativen (abgeleiteten) Faktoren der Planung und Organisation unterstützt wird.

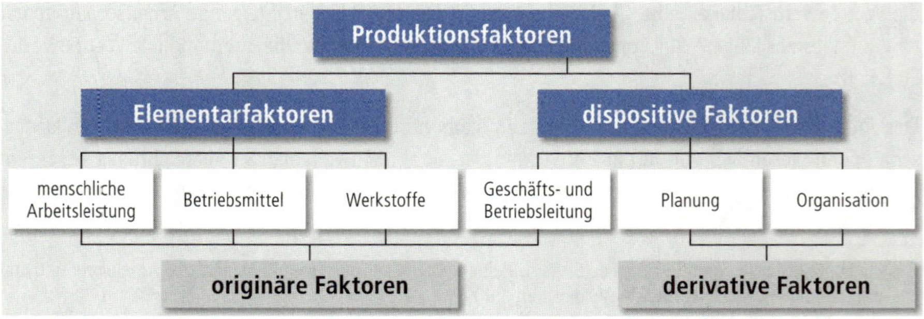

Abbildung I-2 System der betriebswirtschaftlichen Produktionsfaktoren nach Gutenberg

10 So auch Wimmer, E.; Schneider, M. C.; Blum, P.: Antrieb für die Zukunft. Wie VW und Toyota um die Pole Position ringen. Stuttgart: Schäffer-Poeschel, 2010, S. 223 f.

11 Vgl. Gutenberg, E.: Grundlagen der Betriebswirtschaftslehre. Band 1: Die Produktion, 24. Auflage (1. Auflage 1951). Berlin, Heidelberg: Springer, 1983.

Gutenbergs System ist auf die industrielle Produktion bezogen. In der Folgezeit wurden andere Konzepte mit der Absicht publiziert, z. B. dem Erstellen von Dienstleistungen oder der zunehmenden Bedeutung von Information und Wissen besser gerecht zu werden.

Produktivität

Seit Gutenberg wird *Produktivität* in der Betriebswirtschaftslehre als Maßstab für die Ergiebigkeit der Faktorkombination von menschlicher Arbeit, Betriebsmitteln und Material (Werkstoffe) verwendet. Gutenberg hat Produktivität P definiert als:[12]

$$P = \frac{\text{Ergebnis der Faktoreinsatzmengen}}{\text{Faktoreinsatzmengen}}$$

Wir beziehen beim Produktivitätsmanagement den Elementarfaktor Werkstoffe (Material) nicht in die Produktivitätsbetrachtung ein, weil es zweckmäßigere Ansätze für die Planung und Kontrolle von Materialergiebigkeiten gibt.[13] Die beiden anderen Elementarfaktoren sind deshalb von herausragender Bedeutung, weil sie die Bestimmungsgrößen des betrieblichen Kapazitätsbestands und die Ressourcen der Arbeitssysteme sind. Da wir uns hier mit dem Produktivitätsmanagement von Arbeitssystemen befassen, verwenden wir den Produktivitätsbegriff als Maßstab für die Arbeitssystem-Ergiebigkeit. Als *Produktivität* wird der Quotient aus Arbeitsergebnismenge und Einsatzmenge der Ressourcen (Personal und Betriebsmittel) bezeichnet, ein Output-Input-Quotient gebildet aus

- Arbeitsergebnismenge, z. B. 60 im Berichtsmonat gewartete Fahrzeuge, und
- Ressourceneinsatzmenge, z. B. 150 dafür aufgewandte Arbeitsstunden,

und als Produktivitätskenngröße ein Mengenquotient[14] ausgewiesen.

$$P = \frac{\text{60 gewartete Fahrzeuge}}{\text{150 Arbeitsstunden}} = \text{0,4 Std./gewartetes Fahrzeug}$$

Validitätsaspekte zur Produktivitätsbetrachtung

Bei zwei Ansätzen zur Produktivitätsbetrachtung ist unter dem Gesichtspunkt der Validität Vorsicht geboten:

1. Verwendung von Geldgrößen bei der Produktivitätsmessung: Es werden Geldgrößen für den Output verwendet mit dem Argument, dass man ansonsten verschiedene, über eine Periode anfallende Outputmengen verschiedener Produkte nicht addieren kann. Geldgrößen, wie z. B. der Umsatz pro Mitarbeiter, enthalten Markteffekte, so dass man die Ergiebigkeit der Ressourcen damit nicht valide abbildet. Solche Kenngrößen mögen für manche aufschlussreich sein. Man sollte sie jedoch nicht zur Produktivitätsmessung verwenden, weil damit irgendetwas, aber keine Produktivität gemessen wird.
2. Zu hohe Aggregationsstufen bei Produktivitätsvergleichen: Die Produktivität wird für komplexe Produkte (z. B. Anzahl aufgewandter Fertigungsstunden je produziertes Fahrzeug) oder sogar für das Gesamtunternehmen bestimmt und mit von anderen Unternehmen ausgewiesenen Produk-

12 Vgl. Gutenberg, E.: Einführung in die Betriebswirtschaftslehre. Wiesbaden: Gabler, 1958, S. 28.

13 Im Produktentstehungsprozess (PEP) gibt es mehrere Phasen, in denen man Ergiebigkeitsbetrachtungen zum Material anstellen kann, z. B. in der ersten Phase bei der Produktentwicklung, in der zweiten Phase bei der Wertstromplanung und in der Produktion im Rahmen der Qualitätssicherung und Bestandsüberwachung. Ferner werden Materialeinsätze über die permanente Kontrolle der Materialquote bei der Erfolgsrechnung sowie über das Working Capital bei der Liquiditätskontrolle überwacht.

14 Es gibt Vorschläge, den Produktivitätsbegriff auch in der Finanzsphäre des Unternehmens zu verwenden und die Kapital- und Vermögensproduktivität auszuweisen. Dazu sollte man bedenken, dass es für die Finanzsphäre prägnantere Ergiebigkeitskennzahlen gibt. Wir schränken den Produktivitätsbegriff auf die Leistungssphäre des Unternehmens ein. Dort steht er für die Output-Input-Relation, also die Ergebnismengen-Einsatzfaktorenmengen-Relation bei den Arbeitssystem-Ressourcen Mensch und Betriebsmittel.

tivitäten verglichen. Dabei wird vernachlässigt, dass sich Unternehmen in ihren Fertigungstiefen und in der Vielfalt ihrer Produkte unterscheiden, also die Gefahr besteht, sprichwörtlich Äpfel mit Birnen zu vergleichen.

Arbeitssystem-Produktivität

Der Abbildung I-3 ist ein Erklärungsmodell für die Arbeitssystem-Produktivität zu entnehmen, das zeigt, warum Kennzahlen zur Arbeitssystem-Produktivität nur mit Vorsicht überbetrieblich vergleichbar sind. Die Outputbedingungen von Arbeitssystemen werden primär durch Faktoren beeinflusst, die aus der Unternehmens- und Betriebsebene wirken. So spielt die Fertigungstiefe eine Rolle, weshalb man eine gesunkene »Anzahl Fertigungsstunden pro Artikel« auf solche Effekte hin prüfen sollte, bevor man dieses Ereignis feiert. Die Inputbedingungen werden dagegen primär durch Faktoren beeinflusst, die Arbeitssystem-immanent sind.

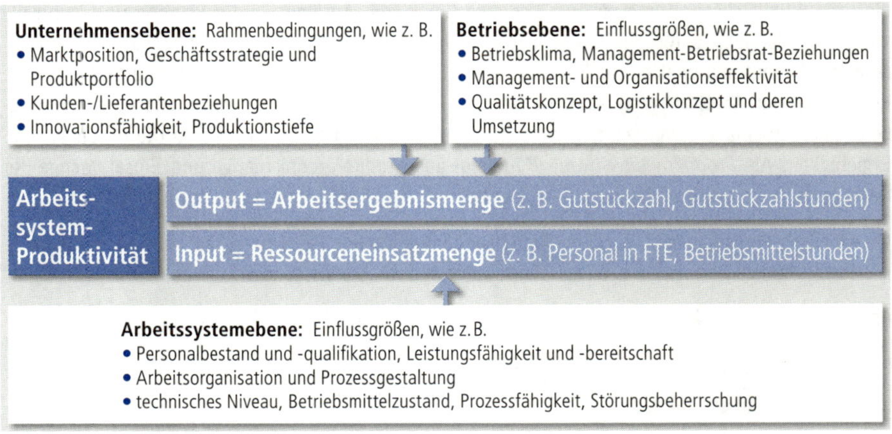

Abbildung I-3 Erklärungsmodell für die Arbeitssystem-Produktivität

Strategien zur Produktivitätserhöhung

Maßnahmen zur Produktivitätserhöhung lassen sich einer der beiden Strategien zurechnen:

1. *Strategie der Outputerhöhung*: Die Maßnahmen sind auf das Erhöhen der Arbeitsergebnismenge gerichtet, unter Beibehalt des quantitativen Inputs und damit unter sonst gleichen Bedingungen des Ertrags. Diese Strategie ist nur dann sinnvoll, wenn ein entsprechendes Auftragsvolumen zu erzielen ist.
2. *Strategie der Inputreduzierung*: Die Maßnahmen sind auf einen reduzierten Einsatz der Elementarfaktoren ausgerichtet. Die Produktivität wird verbessert, indem man den Output beibehält (z. B. weil man nach einem Kundenverbrauchstakt fertigt), diesen jedoch mit geringerem Input (z. B. Übergang zu Mehrstellenarbeit) erzielt. Inwieweit das möglich ist, hängt von der Intensivierbarkeit des Ressourceneinsatzes sowie von einer Reihe prozessexterner und -interner Einflussgrößen ab. Beispielsweise könnte man durch Verbesserung der Prozessfähigkeit oder durch effizientere Störungsbeseitigung den erforderlichen Output mit einem geringeren Input erreichen.

Mit beiden Strategien[15] wird eine höhere Ressourcenergiebigkeit zu erreichen versucht.

15 Darin spiegelt sich das sogenannte ökonomische Prinzip oder Rationalprinzip wider, in der Volkswirtschaftslehre nach dem Statistiker Hermann Gossen (1810–1858) als das »erste Gossen'sche Gesetz« bezeichnet.

2.2.3 Produktivität und Partizipation der Beschäftigten

In den beiden vorhergehenden Abschnitten wurden die volks- und betriebswirtschaftlichen Produktivitätsbegriffe erläutert und auf die Bedeutung des Elementarfaktors menschliche Arbeit hingewiesen, ohne das näher zu begründen. Die im Abschnitt 3.4.3 angeführten Produktivitätsverluste können nur durch die Beschäftigten reduziert werden. Erfolgreiche und weniger erfolgreiche Unternehmen unterscheiden sich unter sonst gleichen Bedingungen kaum durch die Qualität der Ressource Betriebsmittel, jedoch grundlegend durch die Qualität der Ressource Mensch und die Wirksamkeit der sie unterstützenden Organisation.

Produktivitätsmanagement mit MTM

Dem *Produktivitätsmanagement mit MTM* liegt dieser Gedanke zu Grunde, weil Menschen und Organisation insbesondere in den frühen Phasen der Produkt- und Prozessentstehung im Vordergrund stehen. Die Leistungsfähigkeit und -bereitschaft der hier eingesetzten Menschen und die Art und Weise, wie sie planmäßig wirken, bestimmen die Ausgangsproduktivität beim Anlauf der Produktion und auch danach, beim Betrieb und den dabei anstehenden permanenten Verbesserungen.

Sachverhalte zur Arbeitsmotivation

In der Betriebs- und Verbesserungsphase geht es um die Frage, welche Anreize verfügbar sind, um die Beschäftigten auf allen hierarchischen Ebenen zu einer effektiven und effizienten Partizipation zu bewegen und wie das durch eine effektive Organisation zu unterstützen ist. Dabei interessiert nicht irgendeine Motivation, sondern ausschließlich die Arbeitsmotivation. Als *Arbeitsmotivation* eines Menschen bezeichnen wir seine Bereitschaft zu einem zielgerichteten Verhalten im Unternehmen.[16] Arbeitsmotivation ist danach das, was die Beschäftigten dazu bringt, ihre Fähigkeiten und Fertigkeiten zum Erreichen von Zielen einzusetzen. Dabei sind vier Sachverhalte zu beachten:

1. Die Ziele der Beschäftigten müssen nicht in jedem Fall mit denen des Unternehmens übereinstimmen. Sie dürfen aber nicht grundsätzlich konträr zu diesen sein.
2. Motiviertheit oder Einsatzbereitschaft sind keine kollektiven Eigenschaften, sondern etwas Individuelles, weil sie nicht allein durch Befriedigung von Anreizen vermittelt werden.[17] Sie werden auch – der Einflussnahme Dritter weitgehend entzogen – durch die Persönlichkeit, das individuelle Wahrnehmungsvermögen und die situativen Bedingungen einer Person bestimmt.
3. Motivation oder Einsatzbereitschaft wird nur begrenzt »von Haus aus mitgebracht«. Sie entsteht in erheblichem Umfang während der Arbeit.
4. Werden Motiviertheiten langfristig erhalten, verfestigen sie sich zu dauerhaften, nur noch schwer zu verändernden Überzeugungen, die als Grund-Einstellungen bezeichnet werden. Diese Einstellungen können gegenüber betrieblichen Belangen positiv oder negativ sein.

Handlungsfelder zur Partizipations förderung

Monetäre Anreize stehen nicht unbegrenzt zur Verfügung. Nichtmonetäre Anreize können interindividuell unterschiedliche Wirkungen ausüben. Deshalb ist es nicht möglich, Empfehlungen zum Einsatz von Anreizen zu geben, die eine breite Partizipation der Beschäftigten garantieren würden. Dagegen lassen sich *Handlungsfelder* angeben, zu denen Anreize erfahrungsgemäß *partizipationsförderlich* sind.[18]

1. Kommunikation und Information: Ein grundlegendes Bedürfnis der Beschäftigten ist, mögliche Veränderungen antizipieren und sich auf Künftiges einstellen zu können. Darauf zielt z. B. das visuelle Management.

---

16 Vgl. z. B. Kleinbeck, U.: Arbeitsmotivation. Entstehung, Wirkung und Förderung. Weinheim, München: Juventa, 1996, S. 14. Heckhausen, J.; Heckhausen, H.: Motivation und Handeln, 3. Auflage. Berlin: Springer, 2006, S. 45 f.

17 Deshalb können gleiche Anreize bei einem Menschen zur Motivbefriedigung führen, bei einem anderen dagegen nicht, so dass man nicht von standardisierten, generell wirksamen Anreizen ausgehen sollte.

18 Vgl. dazu auch: Britzke, B.; Lorenz, D.: Intelligenter produzieren durch Einbeziehung der Mitarbeiter. In: FAZ, Blick durch die Wirtschaft, Nr. 444, 30.7.1998, S. 3.

2. Eigenvermarktbarkeit fördern: Arbeit sollte die Möglichkeit bieten, sich selbst weiter zu entwickeln und damit die interne und externe Eigenvermarktbarkeit zu verbessern. Darauf zielt z. B. die Personalentwicklung.
3. Selbstachtung ermöglichen: Ein weiteres grundlegendes Bedürfnis ist der Wunsch, Achtung und Respekt zu erfahren und ein grundlegendes Vertrauen zu genießen. Das ist die Voraussetzung für notwendiges Engagement. Darauf zielen z. B. die kooperativen Führungskonzepte.
4. Selbstverwirklichung ermöglichen: Die Chance zur Selbstverwirklichung bei der Arbeit korreliert mit der Hierarchieebene. Je höher jemand in der Hierarchie rangiert, desto größer sind seine Selbstverwirklichungschancen. Ein Ansatz, dieses Streben zu unterstützen, liegt in der Möglichkeit bei der Gestaltung der eigenen Arbeit mitzuwirken.
5. Transparenz von Anforderungen und Ergebnissen: Die Aufgaben, Prozesse, Rahmenbedingungen der eigenen Arbeit und das Entstehen des eigenen Entgelts sollten verständlich sein und richtig interpretiert werden. Die erzielten und erwarteten Arbeitsergebnisse müssen nachvollziehbar sein.
6. Zielorientierung bieten: Für jeden sollte es wenige und verständliche Ziele geben, weil Motivation auch aus der Erkenntnis entsteht, eigene Ziele erreicht zu haben. Wichtig ist zu zeigen, wie eigene Anstrengungen zur Zielerreichung führen, indem man dazu planmäßig Rückmeldungen gibt. Das versucht man mit dem Zielmanagement.

Für den Erfolg des Produktivitätsmanagements über alle Phasen des Produktentstehungsprozesses hinweg ist entscheidend, durch diese und weitere Ansätze die Beschäftigten »mitzunehmen«, sie immer wieder mindestens zur Partizipation, besser noch zur Produktivitätstreiberschaft zu führen.

2.3 Produktivität im betriebswirtschaftlichen Kontext

2.3.1 Betriebswirtschaftliche Erfolgskenngrößen

Betriebswirtschaftliche Erfolgskenngrößen

Hohe Produktivität ist ein Indikator für erfolgreiches Produktivitätsmanagement, aber kein valider Maßstab für den wirtschaftlichen Erfolg von Unternehmen. Der Unternehmenserfolg wird mit Hilfe betriebswirtschaftlicher Erfolgskenngrößen gemessen. Die verbreitetsten Erfolgskenngrößen werden nachfolgend erläutert und anhand des in Abbildung I-5 angeführten Beispiels eines vereinfachten Geschäftsabschlusses verdeutlicht.

Abbildung I-4 Beispiele für wirtschaftliche Erfolgskenngrößen von Unternehmen

Erfolgskenngrößen für die Liquidität

Der Abbildung I-4 sind zwei Erfolgskenngrößen für die *Liquidität* zu entnehmen, der Cashflow und das Working Capital.

1. Der *Cashflow (CF)* weist den Zufluss liquider Mittel pro Periode aus und ist ein Maßstab für die Ertragskraft und Liquiditätssicherheit von Unternehmen. Er wird im Rahmen der Kapitalflussrechnung ermittelt, die nach § 297 Abs. 1 HGB Bestandteil des Jahresabschlusses ist. Der operative (Brutto-)Cashflow[19] wird wie folgt ermittelt:[20]

   CF = Periodenergebnis vor außerordentlichen Positionen
   ± Abschreibungen/Zuschreibungen auf das Anlagevermögen
   ± Zunahme/Abnahme der Rückstellungen
   ± sonstige zahlungsunwirksame Aufwendungen/Erträge
   ± Verlust/Gewinn aus dem Abgang von Anlagevermögen
   ± Abnahme/Zunahme der Vorräte, Forderungen und Verbindlichkeiten aus Lieferungen und Leistungen
   ± Ein- und Auszahlungen aus außerordentlichen Positionen

   Das Periodenergebnis beträgt in Abbildung I-5 8,0 Mio. €. Die nicht einnahmenwirksamen Positionen, z. B. der Abbau von Beständen, seien 0,6 Mio. € und die nicht ausgabenwirksamen Positionen, z. B. Rückstellungszuführungen, seien 1,8 Mio. €.

   $$CF = 8 \text{ Mio. €} - 0{,}6 \text{ Mio. €} + 1{,}8 \text{ Mio. €} = 9{,}2 \text{ Mio. €}$$

   Dieser CF weist aus, dass aus eigener Kraft Mittel in Höhe von ca. 3 % des Umsatzes für Erweiterungen erwirtschaftet wurden.[21]

2. Das *Working Capital (WC)* ist jener Teil des Umlaufvermögens, der durch verzinsliches Kapital zu finanzieren und deshalb zu minimieren ist. Es berechnet sich wie folgt:

   W = Umlaufvermögen (Summe der Vorräte sowie Forderungen aus Lieferungen, Leistungen und sonstigem Umlaufvermögen)
   – kurzfristige, nicht verzinsliche Verbindlichkeiten, z. B. aus Lieferungen und Leistungen, kurzfristige Rückstellungen.

   In Abbildung I-5 beträgt das Umlaufvermögen 65 Mio. € und die kurzfristigen, nicht verzinslichen Verbindlichkeiten 15 Mio. €.

   $$WC = 65 \text{ Mio. €} - 15 \text{ Mio. €} = 50 \text{ Mio. €}$$

   Das bedeutet, 50 Mio. € bzw. mehr als ¾ des Umlaufvermögens sind verzinslich zu finanzieren.

   Verbreitete Kennzahlen sind die Working-Capital-Quote und -Intensität. Bei der Working-Capital-Quote WC_Q fällt die umgekehrte Interpretation an:

   $$WC_Q = 1 - (50 \text{ Mio. €} / 65 \text{ Mio. €}) = 0{,}23$$

19 Es wird unterschieden zwischen operativem Cashflow (aus gewöhnlicher Geschäftstätigkeit) sowie investivem und finanziellem Cashflow. Wir beschränken uns hier auf den operativen Cashflow.

20 Vgl. z. B. Eiselt, A.; Müller, S.: IFRS: Kapitalflussrechnung: Darstellung und Analyse von Cashflows und Zahlungsmitteln. Berlin: Erich Schmidt Verlag, 2008. Kuhn, S.; Scharpf, P.: Rechnungslegung von Financial Instruments nach IFRS. IAS 32, IAS 39 und IFRS 7, 4. Auflage. Stuttgart: Schäffer-Poeschel, 2006.

21 In der Praxis werden meist der Netto-CF (= Brutto-CF – Steuern und Finanzierungsaufwand ± Rücklagenänderungen) und der freie CF (= Netto-CF – Investitionen + Desinvestitionen) verwendet. Letzterer dient Kreditgebern als Indikator für die Schuldendienstfähigkeit.

Es steht also ca. ¼ des Umlaufvermögens in Form kurzfristiger Verbindlichkeiten zinsfrei zur Verfügung, für nicht Umlaufvermögen bindende Aktivitäten. Die relative Working-Capital-Intensität WCI (= WC/Umsatz) weist die WC-Bindung im Verhältnis zum Umsatz aus:

WCI = (50 Mio. € / 183 Mio. €) · 100 % = 27 %

Dies bedeutet, dass pro 1 € Umsatz 0,27 € an Working Capital gebunden sind.

Das Working-Capital-Management zielt auf die Reduzierung des Kapitalbedarfs und wird nach drei Richtungen betrieben:

- Vorratsmanagement: Bestände verringern und Lagerumschlag erhöhen, auch durch Verringerung der Durchlaufzeiten. Kenngrößen sind die Lagerumschlagshäufigkeit und -dauer.
- Forderungsmanagement: Forderungen schnellstmöglich abbauen und den Forderungsumschlag erhöhen. Kenngröße ist die Debitorenlaufzeit, das mittlere von den Kunden beanspruchte Zahlungsziel.
- Verbindlichkeitenmanagement: Maximale Zahlungsziele erreichen und bei umgehender Zahlung skontieren. Kenngröße ist die Kreditorenlaufzeit, die mittlere zum Begleichen von Lieferantenverbindlichkeiten benötigte Zeit.

Erfolgskenngrößen für die Kapitalrentabilität

Für die *Kapitalrentabilität* bzw. den Investmenterfolg werden in Abbildung I-4 drei Erfolgskenngrößen angeführt: die Verzinsung des Gesamtkapitals, des Eigenkapitals und des arbeitenden Kapitals.

1. Der *ROI (Return on Investment*; Gesamtrentabilität) steht für die Verzinsung des Gesamtkapitals. Investoren vergleichen den ROI mit der Rendite anderer Unternehmen in einer Branche. Er wird ermittelt aus dem Quotienten von
   - Jahresüberschuss vor Steuern aus gewöhnlicher Geschäftstätigkeit (in Abbildung I-5: 8 Mio. €) und
   - Gesamtkapital (in Abbildung I-5: 187 Mio. €)

   ROI = (8 Mio. € / 187 Mio. €) · 100 % = 4,3 %

2. Der *ROE* (*Return on Equity*; Eigenkapitalrentabilität) weist die Verzinsung des Eigenkapitals aus. Investoren vergleichen den ROE ihrer Investition mit der Rendite alternativer Investitionsmöglichkeiten. Sie wird ermittelt aus dem Quotienten von
   - Jahresüberschuss vor Steuern aus gewöhnlicher Geschäftstätigkeit (in Abbildung I-5: 8 Mio. €) und
   - Eigenkapital (in Abbildung I-5: 52 Mio. €).

   ROE = (8 Mio. € / 52 Mio. €) · 100 % = 15,4 %

3. Der *ROCE* (*Return on Capital Employment*; Rentabilität des arbeitenden Kapitals) weist die Verzinsung des arbeitenden Kapitals aus. Der Unterschied zum ROI liegt im Einbeziehen von außerordentlichen und Finanzierungseffekten. Der ROCE wird ermittelt aus dem Quotienten von
   - Jahresüberschuss vor Steuern aus gewöhnlicher Geschäftstätikeit zuzüglich außerordentlichem Ergebnis und Zinsaufwendungen (in Abbildung I-5: 8 Mio. € + angenommen 1,8 Mio. € = 9,8 Mio. €) und
   - der Höhe des verzinslichen Eigen- und Fremdkapitals (in Abbildung I-5: 52 Mio. € + 72 Mio. € + 55 Mio. € – 10 Mio. € = 169 Mio. €).

   ROCE = 9,8 Mio. € / 169 Mio. € · 100 % = 5,8 %

Erfolgskenngrößen für die Ertragsrentabilität

In Abbildung I-4 werden drei Erfolgskenngrößen für die *Ertragsrentabilität* bzw. den Geschäftserfolg angeführt, die sich danach unterscheiden, was in die Gewinnbetrachtung einbezogen ist.

1. *EBITDA* (*Earnings before Interest, Taxes, Depreciation and Amortization*; Gewinn vor Finanzierungsaufwand, Steuern, Abschreibungen auf Sachanlagen und Abschreibungen auf immaterielle Vermögensgegenstände). Das EBITDA ist eine Kenngröße für die Fähigkeit eines Unternehmens, Zahlungsüberschüsse zu erzielen.[22]

   In Abbildung I-5 beträgt das EBITDA 7,4 % der Gesamtleistung.

2. *EBIT* (*Earnings before Interest and Taxes*; Gewinn vor Finanzierungsaufwand und Steuern). Das EBIT ist eine Kenngröße für die Fähigkeit eines Unternehmens zur operativen Gewinnerzielung.

   In Abbildung I-5 beträgt das EBIT 5,4 % der Gesamtleistung.

3. *EBT* (*Earnings before Taxes*; Gewinn vor Steuern): Der EBT wird für den Vergleich des Gewinns verschiedener Rechnungsperioden oder Unternehmen verwendet.

   In Abbildung I-5 beträgt das EBT 4,4 % der Gesamtleistung.

Aktiva in Mio. €		Passiva in Mio. €	
Anlagevermögen	122	Eigenkapital	52
Umlaufvermögen	65	Fremdkapital, langfristig	72
		Fremdkapital, kurzfristig (10 Mio. € unverzinsl.)	55
		Ergebnis vor Steuern	8
	187		**187**

Position			€	Quoten
	1.1	eigene Leistungen und Erzeugnisse	176.000.450	
	1.2	andere Erlöse	4.561.200	
	1.3	Werkzeugerlöse	2.200.025	
1		Umsatzerlöse	182.761.675	
	2.1	Erhöhung/Verminderung Fertig- und Halbfertigerzeugnisse	240.234	
	2.2	sonstige betriebliche Erträge	170.386	
2		sonstige Erlöse	410.620	
3		**Gesamtleistung** [= 1 + 2]	**183.172.295**	
	4.1	Produktionsmaterial und -leistungen	-65.200.560	
	4.2	Werkzeuge	-1.942.198	
4		Materialaufwand/*Rohertragsquote*	-67.142.758	*36,7 %*
A		**Rohertrag/Rohertragsquote**	**116.029.537**	**63,3 %**
	5.1	Löhne inkl. Leihkräfte	-54.810.852	
	5.2	Gehälter	-18.946.325	
	5.3	Sozialaufwand	-11.850.518	
5		Personalaufwand/*Personalaufwandsquote*	-85.607.694	*46,7 %*
	6.1	Energie	-4.781.829	
	6.2	Instandhaltung	-5.176.592	
	6.3	sonstiger Betriebsaufwand inkl. Leasing	-6.950.914	
6		sonstige betriebliche Aufwendungen sbA/*sbA-Quote*	-16.909.334	*9,2 %*
B		**EBITDA** (Ergebnis vor Abschreibungen, Finanzierung, Steuern) [= 3 – 4 – 5 – 6]	**13.512.508**	**7,4 %**
7		Abschreibung AfA/*AfA-Quote*	-3.663.000	*2,0 %*
C		**EBIT** (Ergebnis vor Finanzierung, Steuern) [= B – 7]	**9.849.508**	**5,4 %**
8		Finanzierungsaufwand	-1.846.000	
D		**EBT** (Ergebnis vor Steuern) [= C – 8]	**8.003.508**	**4,4 %**

Abbildung I-5 Beispiel einer vereinfachten Bilanz (oberer Bildteil) und Gewinn- und Verlustrechnung eines mittelständischen Unternehmens[23]

22 Bei dieser Betrachtung bleiben Unschärfeeffekte ausgeklammert. So werden z. B. Tilgungszahlungen bei Mietkäufen nicht in der GuV-Rechnung ausgewiesen – obwohl sie zahlungswirksam sind, sondern als Verbindlichkeit in der Bilanz passiviert. Oder der Aufbau von Warenbeständen führt zu einer Erhöhung des EBITDA, obwohl damit das Gegenteil von Zahlungsüberschüssen generiert wird.

23 Vgl. Bokranz, R.: Produktivitätsmanagement – aus Krisenverläufen lernen. In: IfaA (Hrsg.): Methodisches Produktivitätsmanagement, Umsetzung und Perspektiven. Köln: Bachem, 2010, S. 173–191.

2.3.2 Produktivitätsmanagement im Kontext mit dem Verbesserungsmanagement

Im vorhergehenden Abschnitt wurde ausgeführt, dass eine hohe Produktivität zwar ein Indikator für erfolgreiches Produktivitätsmanagement, jedoch kein valider Maßstab für den wirtschaftlichen Erfolg ist. Neben Produktivitätsverbesserungen gibt es zudem noch andere Verbesserungsansätze. Deshalb wird in diesem Abschnitt gezeigt, in welchem Kontext Produktivitätsverbesserungen zu anderen Ansätzen des Verbesserungsmanagements stehen und welche Wirkungen Produktivitätsverbesserungen auf die Ertragsrentabilität haben.[24]

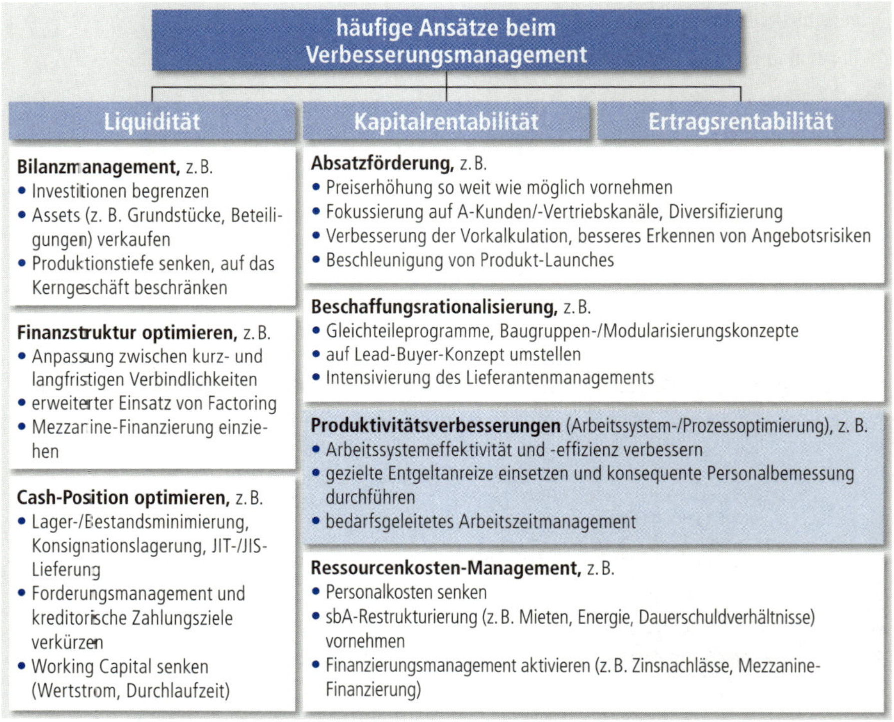

Abbildung I-6 Produktivitätsmanagement im Kontext des Verbesserungsmanagements[24]

Liquidität

Abbildung I-6 ist zu entnehmen, dass Produktivitätsverbesserungen nicht primär auf die Liquiditätsverbesserung zielen. Die Liquidität, insbesondere das Working Capital, ist primär durch Bestands- und Forderungsmanagement, sekundär aber auch durch Produktivitätsmanagement zu verbessern. Durchlaufzeitverkürzungen führen nicht zwingend zu Produktivitätsverbesserungen. Umgekehrt ist das eher der Fall, d. h. Produktivitätserhöhungen führen meistens auch zu Durchlaufzeitverkürzungen[25] mit der Folge sinkender Finanzierungsdauer[26] und damit sinkendem Working Capital.

24 Bokranz, R.: a. a. O., 2010, S. 181.
25 Oft wird unterstellt, dass Durchlaufzeitverkürzungen logischerweise auch zu Produktivitätsverbesserungen führen. Das ist falsch. Produktivität ist eine arbeitssystembezogene, die Durchlaufzeit eine prozessbezogene Kenngröße. Zwischen beiden besteht keine funktionelle Abhängigkeit.
26 Die Zeitdifferenz zwischen debitorischen und kreditorischen Forderungen sinkt und damit die Finanzierungsdauer für das Umlaufvermögen.

Die Kapitalrentabilität ist durch Produktivitätsveränderungen nur indirekt zu beeinflussen. Beispielsweise müsste als Folge erhöhter Betriebsmittelproduktivität die Maschinenverfügbarkeit so steigen, dass man Desinvestitionen vornehmen und das Anlagevermögen reduzieren kann (Strategie der Inputreduzierung). Oder die erreichte Kapazitätserhöhung wird zur Steigerung der Produktionsmenge genutzt und eine Ertragserhöhung generiert (Strategie der Outputerhöhung). Wird beides nicht erreicht, sind Produktivitätserhöhungen erfolgsneutral. Es ist also Vorsicht geboten, vorschnell steigende Kapitalrentabilität als Folge erhöhter Produktivität zu unterstellen.

Kapitalrentabilität

Hauptsächlich zielt Produktivitätsmanagement auf die Verbesserung der Ertragsrentabilität. Abbildung I-6 ist zu entnehmen, dass es auch dazu noch andere Verbesserungsansätze gibt, z. B. solche, die auf die Absatzförderung oder die Beschaffungsrationalisierung zielen. Die Konsequenz daraus ist, Produktivitätsmanagement strategisch abgesichert im Kontext zu den anderen wichtigen Verbesserungsansätzen zu betreiben. Das ist ein Grund, warum die Geschäftsstrategie der Unternehmen ein wichtiges Element beim Produktivitätsmanagement mit MTM ist.

Ertragsrentabilität

2.3.3 Wirkung der Produktivität auf die Ertragsrentabilität

Der ökonomische Zweck von Wirtschaftsunternehmen ist das Erzielen einer angemessenen Profitabilität unter der Nebenbedingung stetiger Liquidität. In welchem Ausmaß die Profitabilität durch erhöhte Arbeitsproduktivität zu verbessern ist, lässt sich der Gewinn- und Verlustrechnung entnehmen. Die Produktivität ist kein Unternehmensziel, sondern »Mittel zum Zweck«.[27] Deshalb kann der Erfolgsspiegel für das Produktivitätsmanagement nur die Gewinn- und Verlustrechnung sein.

Produktivitätsverbesserungen können, müssen aber nicht zu verbessertem Unternehmenserfolg führen. Es ist sogar denkbar, dass man über einen längeren Zeitraum Produktivitätsverbesserungen erzielt, ohne damit den Unternehmenserfolg zu verbessern. Nur wenn eine Cash-wirksame Reduzierung eingesetzter Elementarfaktoren (Inputs), gesunkene Faktorpreise (z. B. Mieten, Zinsen, Löhne) oder eine umsatzwirksame Erhöhung des Outputs entsteht, sind Produktivitätsverbesserungen auch direkt erfolgswirksam. So sind z. B. reduzierte Rüstzeiten nur dann direkt erfolgswirksam[28], wenn

- sie über Personalabbau zu sinkendem Personalaufwand, durch Desinvestition eines Betriebsmittels zu sinkenden Abschreibungen und sonstigen betrieblichen Aufwendungen (= sbA, z. B. Energieverbrauch, Leasingraten) führen,
- durch erhöhten Auftragsdurchsatz höhere Erträge generiert werden.

Indirekt erfolgswirksam bedeutet, die Voraussetzung zum Durchführen einer dann direkt erfolgswirksamen Maßnahme zu schaffen, z. B. aufgrund einer Produktivitätserhöhung auf eine anstehende Investition verzichten zu können. Viele Produktivitätsverbesserungen sind »nur« indirekt erfolgswirksam. Ein indirekter Effekt wäre z. B., durch verbesserte Prozessfähigkeit die Ausschussquote zu reduzieren. Neben geringerem Materialverbrauch führt das zu kürzerer Maschinenbelegung, diese wiederum zur Erhöhung des freien Kapazitätsbestands und das unter Umständen zu Desinvestitionen.

27 Auch die menschengerechte Gestaltung von Arbeitssystemen ist kein Unternehmensziel, sondern »Mittel zum Zweck«, weil ohne sie – allein schon aus rechtlichen Gründen – in unserem Gesellschaftssystem keine Produktionen zu betreiben sind.

28 »Direkt« bedeutet eine im laufenden Geschäftsjahr entstehende Verbesserung des EBIT und damit des Unternehmenserfolgs.

Hauptaufwandsquoten

Die Sachverhalte werden anhand des in Abbildung I-5 angeführten Beispiels zur Gewinn- und Verlustrechnung verdeutlicht.[29] Es sind vier Hauptaufwandsquoten zu entnehmen. Die Chance, durch höhere Produktivität die Profitabilität eines Unternehmens direkt (und damit »sichtbar«) zu verbessern, ist umso größer, je geringer der Rohertragsanteil (in Abbildung I-5: 63,3 %) und je höher die Personalaufwandsquote sowie die sbA-Quote sind.

1. Produktivitätserhöhungen können nur dann zu erhöhten Umsatzerlösen führen, wenn ein entsprechender Auftragsbestand vorhanden ist.
2. Die Personalaufwandsquote beträgt 46,7 % der Gesamtleistung und ist direkt zu beeinflussen. Der Personalaufwand ist die größte durch Produktivitätsmanagement zu beeinflussende Aufwandsposition. Produktivitätsverbesserungen müssen dazu mit einem Personalabbau einhergehen. Das ist mitunter nicht möglich oder nicht gewollt.
3. Die Materialaufwandsquote beträgt 36,7 % der Gesamtleistung. Der Materialaufwand ist die zweitgrößte Aufwandsposition und direkt zu beeinflussen, insbesondere in der Produktentwicklungsphase. Durch Produktivitätsmanagement ist er später, im laufenden Betrieb, nur über die Ausschussquote zu beeinflussen. Das setzt voraus, dass die Auftraggeber nicht dem sogenannten Setzlieferantenkonzept folgen.[30]
4. Die sbA-Quote (9,2 %) ist zwar deutlich geringer als die beiden vorstehend angeführten Quoten, birgt aber oft Einsparungspotenziale (z. B. entmietbare Flächenbelegungen, Reduzierungen des Energieverbrauchs, Kündigung von Dauerschuldverhältnissen).
5. Die AfA-Quote (2 %) birgt bei den meisten Unternehmen nur geringe Verbesserungspotenziale. Sie ist dann zu reduzieren, wenn Produktivitätserhöhungen zu Desinvestitionen führen. Es können auch indirekte Effekte entstehen, z. B. durch Abbau an (indirektem) Instandhaltungspersonal.

Arbeitssystem-Produktivität

Steigende *Arbeitssystem-Produktivität* eröffnet auch die Chance zu steigenden Mitarbeiterentgelten ohne Einbußen an Profitabilität und Wettbewerbsfähigkeit. Hohe Produktivität ist eine notwendige, aber noch keine hinreichende Bedingung für wirtschaftlichen Erfolg. Die Marktgeltung der Produkte, das Verbraucherimage, könnte einen höheren Einfluss auf den Unternehmenserfolg als die Produktivität haben. Deshalb gilt auch aus betriebswirtschaftlicher Sicht, dass eine hohe Produktivität nicht alles, ohne diese aber alles nichts ist, was auch in Abbildung I-6 zum Ausdruck kommt.

Betriebliches Produktivitätsmanagement und Industrial Engineering sind immer wieder auf den betriebswirtschaftlichen Prüfstand zu stellen. Nur wenn ihr Einsatz nachweislich zur Verbesserung der in Abbildung I-4 angeführten wirtschaftlichen Erfolgskenngrößen führt, werden ihre Anwender im Unternehmen jene Wertschätzung erfahren, die sie sich erhoffen.

2.4 Produktivitätsmessung

2.4.1 Arbeitssystem-Modell

Mit Modellen arbeiten

In diesem Abschnitt wird erläutert, woran und wie Produktivität zu messen ist, und gezeigt, was die Objekte des Produktivitätsmanagements sind: Arbeitssysteme und Prozesse. Beides sind Beschreibungs- und Erklärungsmodelle für den Vollzug von Arbeitshandlungen. Mit Modellen arbeiten heißt,

29 Vgl. Bokranz, R.: Produktivitätsmanagement – aus Krisenverläufen lernen, In: IfaA (Hrsg.): Methodisches Produktivitätsmanagement, Umsetzung und Perspektiven. Köln: Bachem, 2010, S. 186 f.

30 Unter anderem in der Automobilindustrie ist es verbreitet, dass man den Auftragnehmern Materiallieferanten vorschreibt, die man dann als Setzlieferanten bezeichnet. Mitunter beschaffen die Auftraggeber die Rohstoffe sogar selbst. Vgl. z. B. Wimmer, E. et al.: a. a. O., 2010, S. 170 f.

1. sich auf das Wesentliche zu beschränken, weil reale Arbeitshandlungen so komplex sind, dass sie nicht verständlich zu beschreiben sind. Man nimmt Informationsverluste durch bewusstes Vereinfachen der Realität hin, indem nur eine gefilterte Teilmenge dieser Realität abgebildet und genutzt wird.
2. zu akzeptieren, dass bei einer vollständigen Beschreibung menschlicher Arbeitshandlungen die meisten Informationen gar keinen praktischen Nutzen hätten. Man benötigt also auch keine exakte Abbildung der komplexen Realität.

Nachfolgend wird erläutert, was ein Arbeitssystem und was ein Prozess ist, wie sie zu beschreiben sind und welche begrifflichen Zusammenhänge zwischen beiden bestehen. Auf die dabei verwendeten Begriffe wird in der Folge immer wieder zurückgegriffen. Das Arbeitssystem ist von grundlegender Bedeutung für das Industrial Engineering.

Begriff des Arbeitssystems

Der Begriff des *Arbeitssystems* wurde 1984 in die Normung (vgl. DIN 33400, 1984) übernommen. Arbeitssysteme werden mit Hilfe von sieben Bestimmungsgrößen (Determinanten) beschrieben (vgl. Abbildung I-7):

1. *Aufgabe*: Aufforderung an eine Ressource, Aktionen auszuführen, die der Zielerreichung dienen. Aufgaben kennzeichnen den Zweck eines Arbeitssystems.
2. *Eingabe* oder Input: Arbeitsobjekte, Informationen, Energie, die in das Arbeitssystem gelangen, um dort im Sinne der Aufgabe verändert oder verwendet zu werden.
3. *Mensch*: Jene Ressource, die (Arbeits-)Handlungen an Arbeitsobjekten vollzieht. Da dem Menschen oder dem Betriebsmittel Aufgaben zugewiesen werden, bezeichnet man sie auch als *Aufgabenträger*.
4. *Betriebsmittel*: Jene Ressource, die technische Operationen an Arbeitsobjekten vollzieht.
5. *Ablauf*: Die aus dem Zusammenwirken der Ressourcen resultierende, räumlich-zeitliche Handlungs- bzw. Operationsfolge zur Transformation der Eingabe in die Ausgabe.
6. *Ausgabe* oder Output: Arbeitsergebnisse in Form von Arbeitsobjekten, Informationen, Energie, Abfällen.
7. *Umwelt*: Physikalische, chemische, biologische, aber auch organisatorische und soziale Wirkungsgrößen, die das Systemverhalten und die Eigenschaften der Bestimmungsgrößen, insbesondere der beiden Ressourcen, beeinflussen.

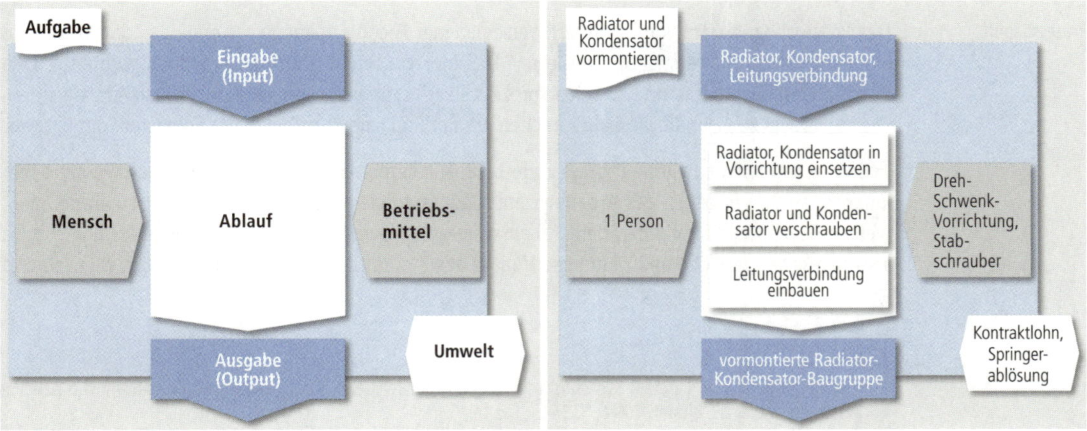

Abbildung I-7 Arbeitssystem-Modell und Anwendungsbeispiel

Wesentliche Sachverhalte

In Abbildung I-7 ist das Arbeitssystem als statisches Modell, d. h. ohne Regelungsbeziehungen dargestellt. Dem sind fünf wesentliche Sachverhalte zu entnehmen:[31]

1. Die Komplexität eines Arbeitssystems wird durch den Betrachter bestimmt. Es könnte einen einzelnen Arbeitsplatz oder mehrere Arbeitsplätze umfassen.
2. Mit dem Hüllraum wird das Arbeitssystem abgegrenzt. Damit werden drei Schnittstellen festgelegt: die Eingabe (Input), die Ausgabe (Output) und die von innen nach außen und von außen nach innen wirkenden Umwelteinflüsse.
3. Es gibt zwei *Ressourcen*: Menschen und Betriebsmittel. Manche betrachten das Arbeitsobjekt zudem als passive Determinante, z. B. bei Durchlaufanalysen.
4. Die Arbeitssystem-Struktur wird durch die Beziehungen zwischen der Eingabe, den Ressourcen und der Ausgabe gebildet.
5. Die Eingabe-Ausgabe-Transformation wird in Form des Ablaufs beschrieben.

Arbeitssystem-Analysen

Mit Hilfe des Arbeitssystem-Modells sind beliebig komplexe Prozesse zu beschreiben, die sich über eine Reihe von Arbeitsplätzen erstrecken können (vgl. Abbildung I-9). Auch komplexe Betrachtungen, z. B. Wertstromanalysen oder Fabrik-Layouts, basieren auf Arbeitssystem-Analysen. Der praktische Nutzen des Arbeitssystem-Modells liegt darin, dass man

- mit den sieben Bestimmungsgrößen jene Aspekte festgelegt hat, zu denen Informationen zu beschaffen und zu dokumentieren sind, um Arbeitssysteme verständlich und nach ihren wesentlichen Eigenschaften zu beschreiben,
- mit den sieben Bestimmungsgrößen jene Aspekte betrachtet, die gestaltungsrelevant sind, identifizierte Mängel lassen sich somit gezielt abstellen,
- eine anschauliche Interpretation des Prozess- und Ablaufbegriffs erhält.

Arbeitssysteme werden beschrieben, um darzulegen, wie sie planmäßig zu betreiben sind. Mit Arbeitssystem-Beschreibungen wird auch dokumentiert, unter welchen Rahmenbedingungen gearbeitet werden sollte. Wer Arbeitssysteme managen will, muss wissen, wie sie grundsätzlich funktionieren und welche Bestimmungsgrößen und Wirkzusammenhänge dabei zu beachten sind.

2.4.2 Prozess

Prozessbegriff

Der Prozessbegriff wird von Vertretern verschiedener Fachdisziplinen verwendet, so dass dazu kein einheitliches Begriffsverständnis vorliegt.[32] Das hier vertretene Konzept ist jedoch verbreitet. Den Begriffen Arbeitsprozess und Geschäftsprozess liegt meist kein anderes Grundverständnis als dem Begriff Prozess zu Grunde. Deshalb sprechen wir der Einfachheit halber in der Folge nur vom Prozess.

Teilweise werden die Begriffe Prozess und Ablauf auch synonym verwandt. Dem folgen wir nicht, um konform zu den Begriffen des Arbeitssystem-Modells zu bleiben.[33] Abbildung I-8 ist zu entnehmen, welche Beziehungen zwischen dem Arbeitssystem und dem Arbeitsprozess bestehen. Danach wird als *Prozess* der zeitliche und räumliche Verlauf des Zusammenwirkens der Ressourcen Mensch und

31 Vgl. Bokranz, R. und Landau, K.: Einführung in die Arbeitswissenschaft. Analyse und Gestaltung von Arbeitssystemen, Stuttgart: Ulmer, 1991, S. 35 f.

32 Die z. B. einem Informatiker, einem Psychologen oder einem Betriebswirt vorliegenden Problemstellungen sind andere als die eines Entwicklungsingenieurs oder eines Industrial Engineers, weil diese anderen Erkenntnisobjekten verpflichtet sind.

33 Vgl. ENV 26385 (1990): Ergonomic principles of the design of work systems. Dort ist der Ablaufbegriff, nicht aber der Prozessbegriff eindeutig festgelegt.

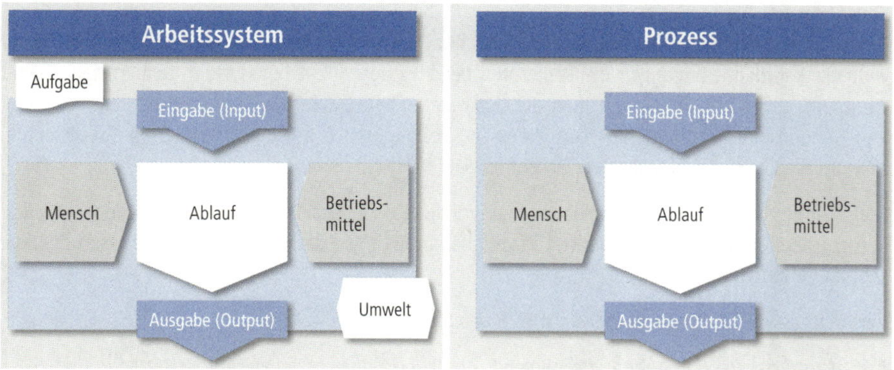

Abbildung I-8 Arbeitssystem und Prozess

Betriebsmittel bezeichnet, bei dem eine Transformation der Eingabe (Prozessinput) in die Ausgabe (Prozessoutput) vollzogen wird. Der Begriff *Ablauf* steht dagegen für die zeitliche Abfolge von Geschehnissen im Prozess.

Abbildung I-9 ist ein weiterer Zusammenhang zwischen dem Arbeitssystem- und dem Prozessbegriff zu entnehmen. Im linken Bildteil wird der Überblick über das komplexe Arbeitssystem »Front-End-Modul-Montage« gegeben. Die Informationen über das Arbeitssystem sind grob, wenn man nur eine Überschau benötigt. Sie werden immer detaillierter, je weiter man in Sub-Arbeitssysteme auflöst. Dabei geht man zur Prozessbetrachtung über. Im rechten Bildteil wird gezeigt, welche tiefergehenden Erkenntnisse durch die Prozessauflösung entstehen, z. B. durch Auflösung auf die in Abbildung I-7 dargestellte »Radiator- und Kondensator-Vormontage«.

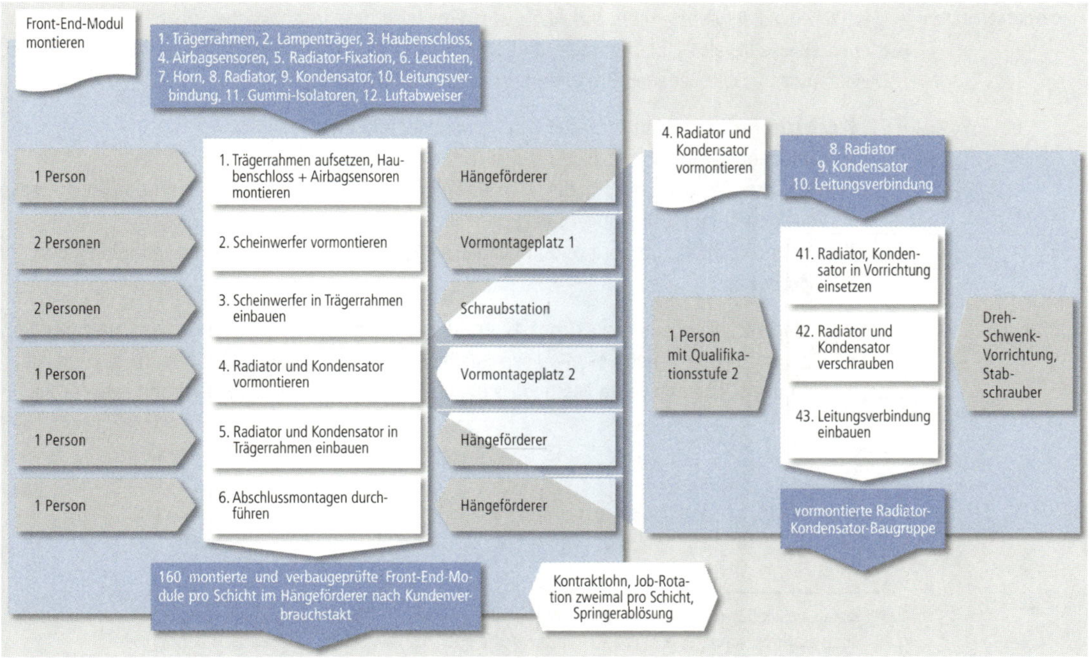

Abbildung I-9 Beispiel für eine Arbeitssystem- und Prozessbeschreibung

Eine Prozessauflösung ist zweckmäßig, weil z. B. bei Betrachtung des Arbeitssystems »Front-End-Modul montieren« erkannt wird, dass pro Schicht acht Personen eingesetzt sind, nicht jedoch, unter welchen Rahmenbedingungen die Radiatoren beim vierten Sub-Arbeitssystem dem Anstellbehälter entnommen werden. Betrachtet man die Subsystem-Ebene, z. B. das Sub-Arbeitssystem »Radiator und Kondensator vormontieren« sowie dessen Verknüpfungen mit den involvierten Subsystemen, gewinnt man sehr viel detailliertere Erkenntnisse.

Gleichgültig, welche Betrachtungsebene man wählt: Mit der Beschreibung nach den sieben Bestimmungsgrößen liegt Arbeitssystem- und Prozessbeschreibungen das gleiche Bestimmungsgrößenkonzept zu Grunde.

Prozessarten

Verbreitet ist die Unterscheidung von drei *Prozessarten*[34]:

1. *Leistungsprozesse*: direkt wertschöpfend, Absatzleistungen erstellend, produzierend.
2. *Unterstützungsprozesse*: den Leistungsprozessen zuarbeitend oder diese ergänzend.
3. *Führungsprozesse*: die Leistungs- und Unterstützungsprozesse managend.

Häufig werden auch die Begriffe Kernprozess und erfolgskritischer Prozess verwendet. Nicht jeder Leistungsprozess ist auch ein Kernprozess und nicht jeder Kernprozess auch ein erfolgskritischer Prozess.

1. Als Kernprozess wird ein Prozess bezeichnet, in dem sich die Kernkompetenzen (vgl. Abschnitt 3.3.6) eines Unternehmens ausprägen.
2. Erfolgskritisch ist ein Prozess dann, wenn er für den Erfolg eines Unternehmens entscheidend ist, weil davon kritische, d. h. maßgebende Erfolgsfaktoren berührt werden.[35]

Im Idealfall sollten die erfolgskritischen Prozesse auch Kernprozesse sein. Bei der Prozessgestaltung sollte das Hauptaugenmerk auf die Kernprozesse und die erfolgskritischen Prozesse gerichtet sein. Im Teil II, Abschnitt 3.5 wird das Thema Prozesse vertiefend behandelt.

Produktionsprinzipien

Das *Produktivitätsmanagement mit MTM* ist auf die leistungswirtschaftliche Sphäre von Industriebetrieben abgestellt, also Unternehmen, die in erster Linie warenwirtschaftliche Leistungen erstellen. Das kann nach verschiedenen Produktionsprinzipien erfolgen:

1. *Werkstattprinzip* in Form ortsfester Arbeitssysteme, und zwar
   - nach dem Fließprinzip (z. B. bei vielen Montagen) oder
   - nach dem Verrichtungsprinzip (z. B. im Werkzeugbau, in der mechanischen Fertigung, in Druckmaschinen-Abteilungen, bei Spritzgießereien oder Lackieranlagen).
2. *Baustellenprinzip* in Form ortsveränderlicher Arbeitssysteme (z. B. in der Instandhaltung oder im Transportwesen).

Prozesstypen

Betriebe sind nicht zwingend nach nur einem dieser Produktionsprinzipien ausgerichtet, sondern können in verschiedenen Betriebsteilen verschiedenen Prinzipien folgen. Die dem Produktivitätsmanagement mit MTM immanente Methodik hebt auf keines dieser Prinzipien ab und schließt keines aus.

34 Dabei werden auch andere Typisierungsbegriffe verwendet. Beispielsweise werden Unterstützungsprozesse auch als Supportprozesse oder Leistungsprozesse auch als Wertschöpfungsprozesse bezeichnet.

35 Vgl. Bokranz, R.; Kasten, L.: Organisations-Management in Dienstleistung und Verwaltung. Gestaltungsfelder, Instrumente und Konzepte, 4. Aufl., Wiesbaden: Gabler, 2003, S. 233 f.

typisierende Merkmale			Prozesstypologie: Prozesstyp 3: **Einzelfertigung**	Prozesstyp 2: **Serienfertigung**	Prozesstyp 1: **Mengenfertigung**
Produktions-bedingungen	1	Produktionsmenge	eine Einheit eines Produkts, ist stets eine Kundenauftragsfertigung	mehrere Einheiten eines Produkts, zeitlich befristet, kann auch eine Kundenauftragsfertigung sein	große Menge an Einheiten eines Produkts, zeitlich zunächst unbefristet
	2	Standardisierungsmöglichkeiten	gering	mittel, die Produkte meist nicht einschließend	hoch, die Produkte einschließend
	3	Flexibilität von Betriebsmitteln und Personal	hoch	mittel bis gering	gering
	4	Relevanz des Rüstens	hoch	mittel bis hoch, Losgrößenbildung relevant	gering
	5	Kapazitätsauslastung	schwankend	kurz- bis mittelfristig konstant	langfristig konstant
Arbeits-system-bedingungen	1	Zyklik	keine zyklischen Wiederholungen	begrenzt längerzyklische Wiederholungen	permanent kurzzyklische Wiederholungen
	2	Ablauf	Gesamtablauf (Rahmenbedingungen des Prozesses)	Teilablauf (Rahmenbedingungen des Prozesses)	Bewegungsablauf (Grundbewegungen)
	3	Arbeitsplatz	für nahezu beliebige Produktvarianten und Prozesse	für ein definiertes Produktspektrum	für eine definierte Produktvariante
	4	Versorgung	Holprinzip	Holprinzip mit Bereitstellung	Bringprinzip
	5	Arbeitsweise	hohe Streuung	mittlere Streuung	geringe Streuung

Abbildung I-10 Prozesstypologie und Merkmale von Prozesstypen

Neben den Produktionsprinzipien werden *Prozesstypen* unterschieden. In Abbildung I-10 sind im

1. oberen Bildteil die Produktionsbedingungen den drei Prozesstypen zugeordnet, der Einzel-, Serien- und Mengenfertigung[36].
2. unteren Bildteil die Arbeitssystem-Bedingungen typisiert, ebenfalls nach diesen drei Prozesstypen. Danach wird auch das für den jeweiligen Prozesstyp optimale MTM-Bausteinsystem bestimmt (vgl. dazu Abschnitt 4.3.3).

2.4.3 Durchschnitts- und Grenzproduktivität

Durchschnittsproduktivität

Es gibt zwei Arten von Produktivitätskenngrößen: Durchschnitts- und Grenzproduktivität. Als *Durchschnittsproduktivität* P_D wird der Arbeitssystem-Output (Ergebnismenge z. B. in Anzahl Teile, Stück) pro Einheit eines Arbeitssystem-Inputs (z. B. in Anzahl Arbeitsstunden) bezeichnet.

$$P_D = \frac{\text{Produktionsergebnismenge}}{\text{Ressourceneinsatzmenge}}$$

Beispiel: Es wurden 60.000 Teile p. a. hergestellt, von 500 *FTE* (Full Time Equivalent, d. h. Vollzeit-Arbeitskräfte), bei einer Arbeitszeit von 1.500 Stunden pro Mitarbeiter und Jahr.

36 In der Realität gibt es Zwischentypen, z. B. Klein- und Großserien- oder Sorten- und Chargenfertigung. Ferner resultieren wichtige Unterschiede in den Prozessen aus dem Kunden-Lieferanten-Verhältnis, d. h. ob die Kunden eines Unternehmens Endverbraucher sind oder ob das Unternehmen in der Prozesskette als Zulieferer oder gar nur als »verlängerte Werkbank« agiert. Diese Differenzierungen werden hier ausgeklammert, weil wir dann einen höheren Abstraktionsgrad wählen müssten, was wiederum der Anschaulichkeit abträglich wäre.

$$P_D = \frac{60.000 \text{ Stück p.a.}}{500 \text{ Pers. p. a.} \cdot 1.500 \text{ Std./Pers.p.a.}} = \frac{60.000 \text{ Stück p.a.}}{750.000 \text{ Std.p.a.}} = 0{,}08 \text{ Stück/Std.}$$

Im Mittel wurden 0,08 Stück pro Mitarbeiterstunde erstellt bzw. 12,5 Mitarbeiterstunden pro Stück aufgewandt. Mit Hilfe von Durchschnittsproduktivitäten wird die Effizienz von Arbeitssystemen verglichen.

Grenzproduktivität

Die *Grenzproduktivität* P_G gibt an, um wie viele Einheiten sich die Ergebnismenge ändert, wenn die Einsatzmenge um eine Einheit variiert wird. Sie ist also eine marginale Änderungsquote (mathematisch: Differenzenquotient).

$$P_G = \frac{\text{Änderung der Produktionsergebnismenge}}{\text{Änderung der Ressourceneinsatzmenge}}$$

Beispiel: Aufgrund erhöhter Nachfrage sind 12.000 Teile p. a. mehr herzustellen, wozu man gestalterische Maßnahmen durchführen und 50 weitere Mitarbeiter einsetzen will.

$$P_G = \frac{(72.000 - 60.000) \text{ Stück p.a.}}{(550 - 500) \text{ Pers. p. a.} \cdot 1.500 \text{ Std./Pers. p.a.}} = \frac{12.000 \text{ Stück p.a.}}{75.000 \text{ Std. p.a.}} = 0{,}16 \text{ Stück/Stc}$$

Die Produktivität beim 72.000sten Teil ist trotz des erhöhten Personaleinsatzes doppelt so hoch wie beim »Durchschnittsteil« vor dieser Maßnahme. Der Gestaltungseffekt hat den erhöhten Personaleinsatz überkompensiert. Es hat sich unter dem Gesichtspunkt der Produktivität »gelohnt«. Auch die Durchschnittsproduktivität steigt bei dieser Maßnahme um ca. 10 %. Mit Grenzproduktivitäten wird die Auswirkung von Änderungsmaßnahmen auf die Arbeitssystem-Produktivität beurteilt. Solange nach einer Änderungsmaßnahme die Grenzproduktivität höher als die Durchschnittsproduktivität vor dieser Maßnahme ist, liegt eine Produktivitätsverbesserung beim betrachteten Arbeitssystem vor.

2.4.4 Messkonzepte

Produktivitätskenngrößen sind wie alle Kennzahlen nur dann informativ, wenn man sie auf Referenzwerte bezieht.[37] Deshalb werden sie nach drei Referenzprinzipien verwendet:

1. Benchmarking-Prinzip, bei dem z. B. die Produktivitäten zwischen vergleichbaren Arbeitssystemen verglichen werden.
2. Zeitreihenprinzip, bei dem die Entwicklung der Produktivität eines Arbeitssystems über den Zeitverlauf beobachtet wird.
3. Soll-Ist-Prinzip, bei dem man die Entwicklung der Produktivität im Verhältnis zu einem Planungswert verfolgt.

Abbildung I-11 sind vier in der Praxis übliche Konzepte zur Produktivitätsmessung sowie gebräuchliche allgemeine Funktionen[38] von und Anforderungen an Kennzahlen zu entnehmen. Nur die Arbeitssystem-Produktivität erfüllt die in Abbildung I-11 angeführten Anforderungen an Kennzahlen. Sie wird im folgenden Abschnitt erläutert.

37 Eine Beanstandungsquote von 20 ppm (parts per million) oder eine Arbeitssystem-Produktivität von 80 % OEE (Overall Equipment Effectiveness) sind nur dann nützliche Informationen, wenn man sie über Vergleiche relativieren kann.

38 In Anlehnung an Osborne, D.; Gaebler, T.: Reinventing Government. Harmondworth: Penguin Books, 1992.

Funktionen von Kennzahlen (nur individuell gültig)	
1. Botschaft	einen wichtigen Sachverhalt vermitteln
2. Kommunikation	zur Auseinandersetzung anregen
3. Anreiz	als Ziel und Ansporn dienen
4. Kontrolle	Zielerreichungen prüfen
5. Werbung	Interesse auslösen, Neugier wecken

Anforderungen an Kennzahlen	
1. Relevanz	messen, was als messenswert erachtet wird
2. Validität	messen, was man zu messen vorgibt
3. Reliabilität	frei von Einflussnahmen durch die Messenden
4. Verständlichkeit	durch die Betroffenen zu interpretieren
5. Zeitnähe	verfügbar, wenn noch korrigierende Prozesseingriffe möglich sind

in der Praxis übliche Arten der Produktivitätsmessung		
1. Einzelproduktivitäten je Elementarfaktor	z. B. Zeitgrad, Nutzungsgrad	Relevanz und Validität können eingeschränkt sein
2. Geldgrößenbezug je Elementarfaktor	z. B. Umsatz/Mitarbeiter	bildet Faktorergiebigkeit nicht valide ab (Geldeffekt)
3. Ressourcenproduktivität je Produkt	z. B. Montagestunden je Fahrzeug	negiert verschiedene Fertigungstiefen, eingeschränkt sind die Validität und Reliabilität, oft auch die Verständlichkeit
4. Arbeitssystem-Produktivität	z. B. Gutstücke pro Monat	erfüllt alle Anforderungen

Abbildung I-11 Funktionen von und Anforderungen an Kennzahlen und gebräuchliche Konzepte zur Produktivitätsmessung

Gebräuchliche Produktivitätskenngrößen

In Abbildung I-12 werden die in der Praxis gebräuchlichen Produktivitätskenngrößen für Elementarfaktoren (Einzelproduktivitäten) angeführt.

1. Der *Zeitgrad* und der *Nutzungsgrad* stehen für eine relative Produktivität[39] und sind Kenngrößen für die Einsatzfaktoren Mensch und Betriebsmittel. Der Zeitgrad[40] wird nicht nur durch den Menschen, sondern z. B. auch durch die Verarbeitbarkeit des Materials beeinflusst. Der Nutzungsgrad wird im Allgemeinen durch den Menschen (z. B. routinierter versus unversierter Umgang mit der Technik) beeinflusst. Der Zeitgrad gilt als valide Kenngröße für die menschliche Effizienz[41] und der Nutzungsgrad als valide Kenngröße für einen effizienten Technikeinsatz. Beide werden mit Hilfe von Zeitreihenanalysen überwacht, und aus erhobenen Datenanomalien wird auf Störeinflüsse geschlossen. Vergleiche zwischen verschiedenen Arbeitssystemen sind nur unter Vorbehalt zulässig.
2. *Stückzeiten* sind Kenngrößen für die absolute Produktivität. Sie liefern nur bei relativen[42] Vergleichen nach dem Benchmarking-Prinzip[43] nützliche Informationen. Auch *Stundenproduktivitäten*

39 Relativ in dem Sinne, als ein Zeitgrad von 125 % oder ein Nutzungsgrad von 75 % aussagen, wie weit sie vom Normalen (100 %) entfernt sind. Absolute Produktivitäten, wie z. B. Stückzeiten, haben »eingebaute Vergleichsmaßstäbe«.

40 In der Praxis werden ähnliche Größen verwendet, z. B. für Personengruppen die Arbeitseffizienz = (Gutstückzahl × Stückzeit)/Anwesenheitsstunden der Mitarbeiter. Vgl. Sauter, M.; Killisch-Horn, G. v.: Produktivitätsmanagement in einer variantenreichen Fertigung, In: IfaA (Hrsg.): Methodisches Produktivitätsmanagement, Umsetzung und Perspektiven. Köln: Bachem, 2010, S. 49.

41 Das ist jedoch nur dann der Fall, wenn die Sollzeiten methodisch korrekt ermittelt und die Istzeiten sicher erfasst werden.

42 Relativ in dem Sinne, als z. B. eine Stückzeit von 0,25 min/Stück erst dann eine Bewertung zulässt, wenn man über einen Vergleichsmaßstab verfügt, entweder unternehmensintern oder durch Vergleich mit Stückzeiten anderer Unternehmen.

43 Vgl. Feggeler, A.; Pfeffer, W.: Benchmarking – Instrument für kennzahlenbasiertes Produktivitätsmanagement. In: IfaA (Hrsg.): Methodisches Produktivitätsmanagement, Umsetzung und Perspektiven, Köln: Bachem, 2010, S. 121–131.

sind Kenngrößen für die absolute Produktivität[44], wobei man Arbeitssysteme nur vorbehaltlich vergleichen sollte.

relative Produktivität

des Menschen	des Betriebsmittels
$= \frac{\text{geplante Ressourceneinsatzzeit}}{\text{geleistete Ressourceneinsatzzeit}}$	$= \frac{\text{geleistete Ressourceneinsatzzeit}}{\text{geplante Ressourceneinsatzzeit}}$
$\text{Zeitgrad} = \frac{\text{Soll-Einsatzzeit}}{\text{Ist-Einsatzzeit}} \cdot 100\,\%$	$\text{Nutzungsgrad} = \frac{\text{Ist-Maschinenlaufzeit}}{\text{Soll-Maschinenlaufzeit}} \cdot 100\,\%$
$\textit{Beispiel} = \frac{\textit{25 Stunden}}{\textit{20 Stunden}} \cdot \textit{100 \% = 125 \%}$	$\textit{Beispiel} = \frac{\textit{120 Stunden}}{\textit{160 Stunden}} \cdot \textit{100 \% = 75 \%}$

absolute Produktivität

$$= \frac{\text{geplante Ressourceneinsatzzeit (Soll)}}{\text{geplante Produktionsmenge (Soll)}}$$

$\text{Stückzeit} = \frac{\text{Zeit je Einheit} \cdot \text{Auftragsmenge}}{\text{Soll-Produktionsmenge}} \cdot 100\,\%$	$\textit{Beispiel} = \frac{\textit{25 Stunden}}{\textit{100 Stück}} = \textit{0,25 Stunden/Stück}$

$$= \frac{\text{erfasste Ressourceneinsatzzeit (Ist)}}{\text{erstellte Produktionsmenge (Ist)}}$$

$\text{Stundenproduktivität} = \frac{\text{Ist-Produktionsmenge}}{\text{Ist-Bearbeitungszeit}}$	$\textit{Beispiel} = \frac{\textit{1.200 Stück}}{\textit{80 Stunden}} = \textit{15 Stück/Stunde}$

Abbildung I-12 Gebräuchliche Produktivitätskenngrößen für Elementarfaktoren

Durchlaufzeiten werden zwar oft bei Produktivitätsdiskussionen verwendet. Ihre Validität ist jedoch erheblich eingeschränkt, weil die Durchlaufzeit auch von den im Wertstrom gehaltenen Beständen und von der Intensität des Ressourceneinsatzes abhängt. Beispielsweise könnte ein Unternehmen bewusst seine Bestände in einem Arbeitsprozess erhöhen, um den Rüstzeitanteil zu senken und die Arbeitssystem-Produktivität trotz verlängerter Durchlaufzeit zu erhöhen. Ob diese Maßnahme die Profitabilität des Unternehmens verbessert, lässt sich nur mit einer Wirtschaftlichkeitsbetrachtung klären. Darin ist zu begründen, ob die Kostensenkung aus der geringeren Rüsthäufigkeit (der Produktivitätseffekt) die mit der Bestandserhöhung verbundenen Mehrkosten (den Kapitalbindungseffekt) überkompensiert oder nicht.

2.4.5 Messung der Arbeitssystem-Produktivität

Overall Equipment Effectiveness (OEE)

Nach Abbildung I-11 sollen Kenngrößen Botschaften übermitteln, die zur positiven Auseinandersetzung mit dem berichteten Sachverhalt anregen. Sie sollen ferner der Zielbildung und dem Prüfen von Zielerreichungen dienen und als wichtig erachteter Sachverhalt zuverlässig, für alle verständlich und zeitnah verfügbar sein. Diese Anforderungen werden bei der Kenngröße »Arbeitssystem-Produktivität« erfüllt, die nachfolgend erläutert wird. Sie basiert auf einer Verbundkenngröße, der *Overall Equipment Effectiveness* (*OEE* = Gesamtproduktivität).[45] Die OEE bzw. Arbeitssystem-Produktivität

44 Für Unternehmen, nicht aber für Arbeitssysteme, werden auch sogenannte Kopf-Produktivitäten ermittelt. Bei dem vorstehenden Beispiel zur Durchschnittsproduktivität würde man eine Kopf-Produktivität von 60.000 Stück p.a./500 Personen = 120 Stück pro Jahr und Person ausweisen.

45 Das OEE-Konzept wurde zu Beginn der 1990er-Jahre vom Japan Institute of Plant Maintenance publiziert. Vgl. z. B. Hartmann, E.: TPM – Effiziente Instandhaltung und Maschinenmanagement, Landsberg: Verlag Moderne Industrie, 2000, S. 77 f.

ist ein wichtiges Element des *MTM-Produktivitätsmanagements.* Wenn in der Folge von Produktivität gesprochen wird, ist damit stets die auf der OEE basierende Arbeitssystem-Produktivität gemeint.[46]

Produktivitätsverluste

Die OEE[47] ist eine Verbundkenngröße, bei der die Arbeitssystem-Produktivität[48] mit Hilfe von drei *Produktivitätsverlust* identifizierenden Bestimmungsgrößen ermittelt wird.[49] 100 %-OEE steht für einen Arbeitssystem-Betrieb, bei dem keine Produktivitätsverluste anfallen, also für einen »theoretischen produktivitätstechnischen Idealzustand«. Als Produktivitätsverluste werden Produktionsstunden bezeichnet, in denen keine absatzfähigen Leistungen (z. B. Gutteile) erstellt wurden. Es handelt sich um ein analytisches Konzept zum Messen von Produktivitätsverlusten, bei dem drei Verlustarten unterschieden werden:

1. Verfügbarkeitsverluste für die Outputerstellung: Diese entstehen durch Rüsten, planmäßige und unplanmäßige Unterbrechungen sowie Nacharbeit. Die Ermittlung des *Verfügbarkeitsfaktors VF* ist Abbildung I-13 zu entnehmen.
2. Effizienzverluste/-gewinne: Sie entstehen, wenn Referenzleistungen (Bezugsleistungen) bzw. geplante Outputs nicht erreicht oder überboten wurden. Die Ermittlung des *Effizienzfaktors EF* ist Abbildung I-13 zu entnehmen. Bei Effizienzfaktoren > 1 wird die verfügbare Arbeitssystem-Kapazität unter höherem, bei Effizienzfaktoren < 1 unter geringerem Niveau als geplant zum Erzeugen von Mengenoutput genutzt. Der Effizienzfaktor steht für die klassische Kenngröße »Zeitgrad« (vgl. Abbildung I-12).
3. Qualitätsverluste: Diese entstehen durch interne und externe Rückweisungen, also Ausschuss. Nacharbeit wird nicht hier, sondern beim Verfügbarkeits- und beim Effizienzfaktor berücksichtigt, weil sie nicht zu geringeren Gutstückzahlen, sondern zu Fertigungsstundenverlusten führt. Durch Qualitätsverluste wird der (Gutteile-)Mengenoutput reduziert. Die Ermittlung des *Qualitätsfaktors QF* ist Abbildung I-13 zu entnehmen. Das zeigt auch, wie eng Qualität und Produktivität zusammenhängen.

100 %-OEE planen

Im ersten Schritt wird die 100 %-OEE geplant, indem vom theoretisch verfügbaren Kapazitätsbestand die geplanten Betriebsruhen subtrahiert werden, z. B. für geplante Wartung, Schichtübergaben oder Pausen. Die 100 %-OEE steht dann für die so korrigierte theoretische Arbeitssystem-Kapazität. Wie in Abbildung I-13 dargestellt, ergibt sich Arbeitssystem-Produktivität durch Subtraktion der Verfügbarkeits-, Effizienz- und Qualitätsverluste von der 100 %-OEE.

1. Bei der *theoretischen Arbeitssystem-Kapazität* wird von einem Zweischichtbetrieb bei fünf Arbeitstagen pro Woche ausgegangen, was im Jahresmittel zu 336 Stunden pro Monat führt. Je Schicht sind zwei *FTE*[50] tätig.
2. Davon werden 20 Stunden für geplante Betriebsruhen subtrahiert, so dass die *100 %-OEE* 316 Stunden beträgt. Das sind 94 % der theoretischen Arbeitssystem-Kapazität.

---

46 Vgl. zur Anwendung der OEE: Pietschmann, R.: Overall Equipment Effectiveness (OEE) – Einsatz in der Praxis. In: IfaA (Hrsg.): Produktionssysteme. Aufbau, Umsetzung, betriebliche Lösungen, Köln: Bachem, 2008, S. 122–137.

47 Es gibt Konzepte, die einen Dreischichtbetrieb an sieben Wochentagen als 100 %-OEE ansetzen, mit der Begründung, dass es sich hier zwar um einen theoretischen Referenzwert handelt, man aber eine sichere Vergleichsbasis hat. Andere legen die üblichen Schichtregime zu Grunde, verwenden z. B. praktizierte fünf Arbeitstage im Zweischichtbetrieb und ggf. ausgedünnte Wochenendschichten für 100 % OEE.

48 Die OEE ist zwar eine Kenngröße, die für »betriebsmitteldominierte« Arbeitssysteme konzipiert wurde. Man kann sie aber auch auf »menschdominierte« Arbeitssysteme anwenden. Wichtig ist, dass parallel zum Betriebsmittel die geplante und die tatsächliche personelle Besetzung vorgegeben und erfasst wird, weil die ausgewiesene Produktivität beide Ressourcen einschließen muss.

49 Das nachfolgend beschriebene Konzept wird nicht einheitlich praktiziert. Bei der Definition des Verfügbarkeitsfaktors bestehen z. B. Auffassungsunterschiede zum Umgang mit Rüstzeiten und zur Unterscheidung zwischen geplanten und ungeplanten Unterbrechungen.

50 FTE = Full Time Equivalent, also Vollzeit-Arbeitsverhältnis.

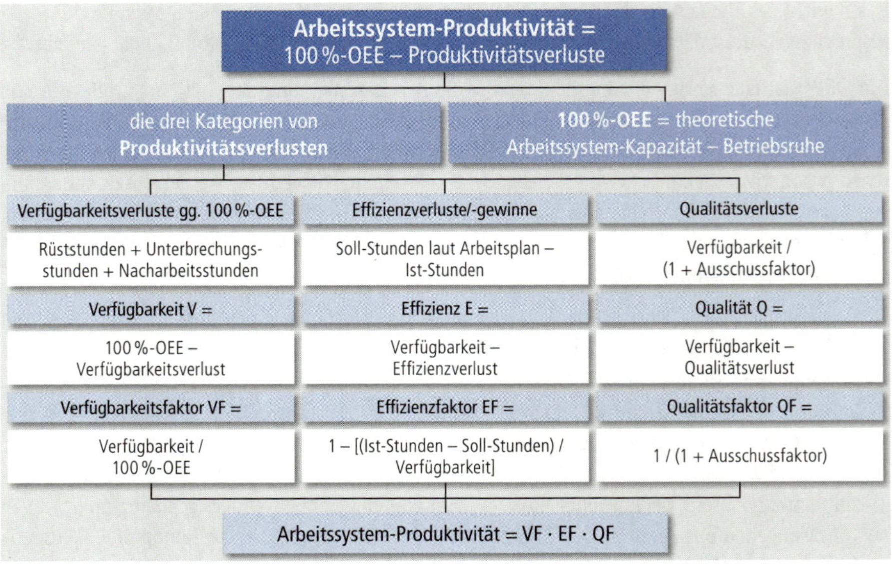

Abbildung I-13 Bestimmung der Arbeitssystem-Produktivität auf der algorithmischen Basis der OEE

3. Als *Verfügbarkeitsverlust* fallen 52 Stunden an, so dass nicht 316 Stunden, sondern nur 264 Stunden für die Produktion von Gutteilen zur Verfügung stehen. Das führt zu einem Verfügbarkeitsfaktor von 264 Std. / 316 Std. = 0,835.
4. Als *Effizienzverlust* werden 11 Stunden für nicht erreichte Referenzleistung ausgewiesen.[51] Dabei wirkt sich auch das Durchführen von Nacharbeiten (Second-Run-Effekt) aus. Für die produzierte Teilemenge wurden 264 Stunden benötigt. Laut Arbeitsplan hätten auf dem Niveau der verwendeten Bezugsleistung (z. B. MTM-Normleistung) aber nur 253 Stunden anfallen dürfen. Das entspricht einem Effizienzfaktor von 1 – [(264 – 253) / 264] = 0,958.
5. Als *Qualitätsverlust* werden 4 Stunden ausgewiesen. Die Ausschussrate beträgt 1,5 % (bezogen auf die Ist-Stunden, also ohne Berücksichtigung der Effizienz[52]), so dass zwar in 264 Stunden Teile produziert wurden. Aber nur in 264 Ist-Stunden/1,015 = 260 Stunden wurden auch Gutteile produziert. Daraus ergibt sich ein Qualitätsfaktor von 1 / 1,015 = 0,985.
6. Die *Arbeitssystem-Produktivität* beträgt dann 0,835 · 0,958 · 0,985 = 0,788 bzw. 78,8 %.
7. Der gesamte *Produktivitätsverlust* beträgt 67 Stunden bzw. 21 % der 316 100 %-OEE-Stunden. 78 % der Produktivitätsverluste waren Verfügbarkeits-, 16 % Effizienz- und 6 % Qualitätsverluste. Daraus ergeben sich für das Verbesserungsmanagement (vgl. Teil IV, Abschnitt 3.4) gezielte Hinweise.

Bei diesem Beispiel stehen weniger als 80 % der theoretischen Arbeitssystem-Kapazität zum Erbringen absatzfähiger Leistungen zur Verfügung. In welchem Ausmaß dabei wirklich Wertschöpfungen entstehen, ist mit Hilfe einer Produktivitätskenngröße nicht zu beurteilen.

---

51 Beim Effizienzverlust wird deutlich, dass beim OEE nicht mit kalendarischen Stunden, sondern mit standardisierten Normalstunden gerechnet wird. Auch daraus wird deutlich, welche große praktische Bedeutung das Arbeiten mit fundierten Prozessbausteinen hat: Die Validität der Arbeitssystem-Produktivität wird entscheidend bestimmt durch die Validität der verwendeten Prozessbausteine. Dem MTM-Verfahren kommt eine qualitätssichernde Funktion zu.

52 Dieser Ansatz ist nicht zwingend. Man könnte den Ausschuss auch auf die Referenzleistung »Bezugsleistung« beziehen.

Beim Verfügbarkeitsfaktor und beim Effizienzfaktor bilden Zeitgrößen und beim Qualitätsfaktor Mengengrößen die Rechenbasis. Die Planungs- und Erhebungsgüte dieser Basisgrößen bestimmt die *Validität der Arbeitssystem-Produktivität.* Analytisch und methodisch erhobene Prozessstandards und zuverlässig erfasste Istwerte sind deshalb die Voraussetzung für deren Brauchbarkeit. Zur Validität der OEE-basierten Arbeitssystem-Produktivität ist allerdings Folgendes zu beachten:

Validität der Arbeitssystem-Produktivität

1. Sinkende Verfügbarkeits- und Qualitätsverluste führen stets zu steigender Arbeitssystem-Produktivität. Durch höhere Losgrößen und steigende Bestände könnte man sich steigende Verfügbarkeiten »erkaufen«, ggf. bei sinkendem Working Capital. Deshalb beschränkt man sich nicht darauf, nur die OEE zu betrachten, sondern in diesem Fall z. B. auch die Entwicklung des Rüstzeitanteils.
2. Das ist auch bei sinkenden Effizienzverlusten bzw. steigenden Effizienzgewinnen der Fall, denn steigende Zeitgrade führen zu höheren »Stückzahl-Verfügbarkeiten«. Erkennt man jedoch, dass dieser Effekt einen Trugschluss impliziert, und passt man die Prozessbausteine den zwischenzeitlich verbesserten Abläufen an, wird man auch die Sollzeiten in den Arbeitsplänen korrigieren. Als Folge dieser Anpassung wird die Referenzleistung erhöht, und die (relative) Arbeitssystem-Produktivität (OEE in %) sinkt. Durch geringere Zeitgrade werden geringere Effizienzen als zuvor ausgewiesen. In Wirklichkeit hat sich die absolute Arbeitssystem-Produktivität (in Gutstückzahlen) dadurch natürlich nicht verändert.

Beide Beispiele zeigen die Grenze der OEE-basierten Arbeitssystem-Produktivität auf. Sie ist eine valide Kenngröße für das aktive Produktivitätsmanagement, mit dem Verfügbarkeits-, Effizienz- und Qualitätsverluste abgestellt werden. OEE-Werte sollten nur mit Vorsicht für Arbeitssystem-Vergleiche verwendet werden.

2.4.6 Produktivitätscontrolling von Arbeitssystemen

Der OEE-Ansatz unterstützt die methodische Industrial-Engineering-Arbeit, weil

1. nicht nur die Soll- und Ist-Produktivität ausgewiesen wird, sondern auch die Quellen von Produktivitätsverlusten identifiziert werden;
2. abzuschätzen ist, wie hoch der zur Wertschöpfung zu nutzende Kapazitätsbestand ist;
3. beim SOP das Produktivitätsmanagement an die Betreiber der Arbeitssysteme und Prozesse auf Basis von Planungsdaten (Verfügbarkeit, Effizienz, Qualität) übergeben wird. Das sind gleichzeitig die Vorgaben für das Veränderungsmanagement (vgl. Teil IV, Kapitel 3).

Das *Produktivitätscontrolling* ist ein zentrales Element des Produktivitätsmanagements[53] in der Betriebs- und Verbesserungsphase:

1. Ab SOP wird beim *Anlaufmanagement* ein produkt- oder kostenträgerbezogenes Produktivitätscontrolling durchgeführt. Dabei wird die Produktivität laut Auftragskalkulation der erreichten Produktivität laut mitlaufender Kalkulation gegenübergestellt, was im Teil IV, Abschnitt 3.2 gezeigt wird.
2. Nach Abschluss des Produktanlaufs wird beim *Verbesserungsmanagement* ein arbeitssystembezogenes Produktivitätscontrolling betrieben, wie nachfolgend erläutert.

In beiden Fällen wird ein Soll-Ist-Vergleich nach dem Regelkreisprinzip durchgeführt, bei dem Produktivitätsverluste in Arbeitssystemen identifiziert und quantifiziert werden. Sind diese signifikant, reagiert man darauf mit Verbesserungsmaßnahmen. Abbildung I-14 ist im oberen Bildteil das Konzept des Produktivitätscontrollings nach dem Regelkreisprinzip zu entnehmen. Bei dem im unteren

Soll-Ist-Vergleich nach dem Regelkreisprinzip

53 Vgl. Sauter, M. et al.: a. a. O., 2010, S. 47 ff.

Bildteil angeführten Beispiel wird die OEE als Führungsgrößengeber verwendet. Um Ansätze zur gezielten Produktivitätsverbesserung zu gewinnen, werden jene Verlustfaktoren identifiziert, die bei geringstem Aufwand die größte Chance zur Produktivitätsverbesserung bergen. Dieses Konzept des Produktivitätscontrollings liegt auch dem Anlaufmanagement zu Grunde (vgl. Teil IV, Abschnitt 3.2).

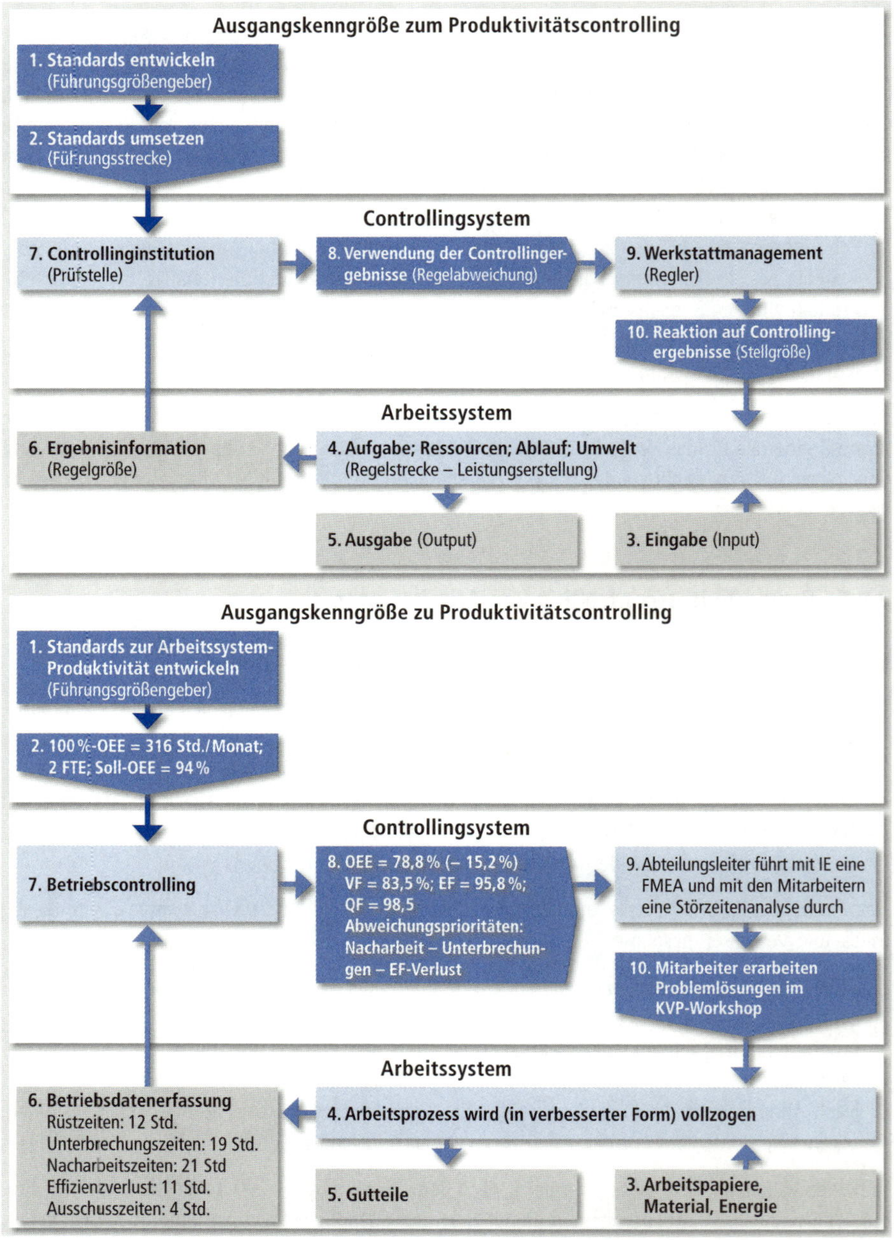

Abbildung I-14 Konzept und Beispiel für das Produktivitätscontrolling auf Grundlage der Arbeitssystem-Produktivität

Im vorliegenden Fall sind beim Verfügbarkeitsverlust die Unterbrechungen und die Nacharbeit als Hauptquellen des Produktivitätsverlustes anzusehen. Auf die Nacharbeit wird mit einer Prozess-FMEA reagiert, und das Störzeitenproblem wird in den KVP-Themenspeicher aufgenommen. Ferner wird das Unterschreiten der Referenzleistung (Zeitgrad < 100 %) als Problem identifiziert, weil das den Arbeitsplänen zu Grunde liegende Leistungsniveau allein aus Wettbewerbsgründen erreicht werden muss. Möglich ist allerdings auch, dass den Vorgabezeiten in den Arbeitsplänen nicht mehr aktuelle Prozessbausteine zu Grunde liegen und demzufolge Effizienzverluste nicht mehr erkannt werden können.

Die Maßnahmenerfolge zeigen sich in den folgenden Controlling-Perioden, wenn eine steigende Verfügbarkeit bestätigt und sich der Effizienzverlust in einen Effizienzgewinn wandelt. Der Hauptnutzen des Produktivitätscontrollings liegt darin, dass Verbesserungsmaßnahmen gezielt durchgeführt werden und man aus Erfolgen und Misserfolgen systematisch lernt.

2.5 Produktivitätsmanagement

2.5.1 Der betriebswirtschaftliche Leistungsbegriff

Leistungen

Wir beschränken uns hier auf das Produktivitätsmanagement in Betrieben, die warenwirtschaftliche *Leistungen* erstellen. In der Betriebswirtschaftslehre werden Leistungen als mengenmäßiges Ergebnis eines Leistungserstellungsprozesses (Produktionsprozess) und Kosten als Ausprägung seiner wertmäßigen Betrachtung verstanden. Leistungen im betriebswirtschaftlichen Sinne entstehen als Ergebnis von Produktionsfaktor-Kombinationen oder Ressourceneinsätzen in Leistungserstellungsprozessen. Sie prägen sich in zwei *Leistungsformen* aus:

1. Absatzleistungen: Warenwirtschaftliche Leistungen oder Dienstleistungen. Sie haben Absatzpreise und führen auf außerbetrieblichen (externen) Märkten zu Erlösen.
2. Interne Leistungen: Warenwirtschaftliche Leistungen oder Verwaltungsleistungen, die für andere Organisationseinheiten erbracht werden und für die es interne Verrechnungspreise gibt.

Neben diesen beiden Leistungsformen werden drei *Leistungsarten* unterschieden: Dienstleistungen, Verwaltungsleistungen und warenwirtschaftliche Leistungen (vgl. Abbildung I-15). Wir befassen uns hier zwar mit dem Produktivitätsmanagement von Arbeitssystemen, in denen warenwirtschaftliche Leistungen (Produkte) erstellt werden. Es entstehen aber immer wieder Berührungspunkte mit Dienst- und Verwaltungsleistungen, weshalb nachfolgend deren Besonderheiten herausgestellt werden.

	Merkmale	Dienstleistung	Verwaltungsleistungen	warenwirtschaftliche Leistung
1	Leistungsempfänger	extern	intern	extern
2	Mitwirkung der Leistungsempfänger	ja	fallweise	nein
3	Immaterialität	ja	ja	nein
4	Lagerbarkeit/Bevorratbarkeit	nein	nein	ja

Abbildung I-15 Unterscheidungsmerkmale für warenwirtschaftliche Leistungen, Dienst- und Verwaltungsleistungen

Warenwirtschaftliche Leistungen

Warenwirtschaftliche Leistungen sind absatzfähige, bevorratungsfähige Leistungen materieller Art für externe, gelegentlich auch für interne Leistungsempfänger.

Dienstleistung

In der Literatur gibt es zahlreiche Definitionen zum Dienstleistungsbegriff[54]. Wir sehen eine *Dienstleistung* durch folgende Eigenheiten gekennzeichnet: Dienstleistungen sind absatzfähige Leistungen, die dem Leistungsempfänger zur Verfügung gestellt (z. B. eine Reparatur, eine Versicherung, ein Kredit) oder real an ihm vollzogen werden, wenn er sie nachfragt (z. B. eine Beratung, eine Schulung). Deshalb kann man sie nicht bevorraten. Dienstleistungen sind für externe Leistungsempfänger (z. B. Kunden, Bürger, Gäste, Gläubiger) erstellte Leistungen. Im Rahmen des Leistungserstellungsprozesses wirken Leistungsersteller und -empfänger zumindest phasenweise zusammen. Für viele Dienstleistungen ist kennzeichnend, dass sie immaterieller Art sind.[55]

Verwaltungsleistung

Der Begriff der *Verwaltungsleistung* wird in der Literatur ebenfalls unterschiedlich interpretiert. Darunter werden z. B. Vermögens- und Ämterverwaltungen ebenso subsumiert, wie Aufgaben im administrativen Bereich privatwirtschaftlicher und öffentlich-rechtlicher Institutionen. Wir sehen Verwaltungsleistungen, anders als z. B. im öffentlichen Dienst gebräuchlich, durch folgende Eigenheiten gekennzeichnet: Verwaltungsleistungen sind nicht absatzfähige Leistungen für interne Leistungsempfänger (sog. interne Kunden). Sie entstehen nicht notwendigerweise im Zusammenwirken von Leistungsersteller und -empfänger, sind stets immaterieller Art und ebenso wie Dienstleistungen nicht zu bevorraten.[56]

In jedem Dienstleistungs- und Produktionsbetrieb werden auch Verwaltungsleistungen erstellt. Unternehmen, die primär warenwirtschaftliche Leistungen erstellen, können auch Dienstleistungen erstellen, und umgekehrt können Unternehmen, die primär Dienstleistungen erstellen, auch warenwirtschaftliche Leistungen anbieten. Beispielsweise erzeugt ein Anlagenhersteller primär warenwirtschaftliche Leistungen. Im Servicebetrieb seiner Werksniederlassungen erbringt er auch (materielle) Dienstleistungen, und seine Overheadbereiche erbringen auch Verwaltungsleistungen.

2.5.2 Der Wertschöpfungsbegriff

Wirtschaftlicher Wert

Ein *wirtschaftlicher Wert* entsteht, wenn Nachfrager in der Leistung eines Anbieters einen geldwerten Nutzen erkennen. Nur einer operational formulierten Güter- und Dienstleistungsnachfrage kann ein wirtschaftlicher Wert beigemessen werden. Besteht z. B. keine Nachfrage nach dem Gut »Sand« oder nach der Dienstleistung »Information über Datum und Uhrzeit«, haben diese auch keinen wirtschaftlichen Wert. Deshalb zielt einer der Hauptkritikpunkte an der Marxistischen Wirtschaftstheorie darauf, dass wirtschaftliche Werte nicht, wie von Marx postuliert, durch Arbeit[57], sondern durch Marktnachfrage entstehen.

Wertschöpfung

Alle wirtschaftlichen Aktivitäten zielen auf das Schaffen von Mehrwerten, auf Wertschöpfung, was im Englischen anschaulich mit »value added« bezeichnet wird. In der Betriebswirtschaftslehre wird

54 Vgl. z. B. Corsten, H.: Betriebswirtschaftslehre der Dienstleistungsunternehmen. München, Wien: Oldenbourg, 1988. Danach lassen sich drei Erklärungsansätze zum Dienstleistungsbegriff unterscheiden. Potenzialorientierte Definitionen: Die kennzeichnenden Eigenheiten sind die Leistungsfähigkeit und -bereitschaft des Leistungserstellers sowie sein Versprechen an die Leistungsempfänger. Prozessorientierte Definitionen: Die kennzeichnende Eigenheit ist die Synchronizität von Leistungserstellung und -inanspruchnahme. Ergebnisorientierte Definitionen: Die kennzeichnende Eigenheit ist die Betonung der Immaterialität der Leistung.

55 Der Dienstleistungsbegriff ist nicht exakt zu definieren, weshalb es eine Reihe von Leistungen gibt, die man nach dieser und anderen in der Literatur verwendeten Definitionen nicht eindeutig den Dienstleistungen oder den warenwirtschaftlichen Leistungen zuordnen kann.

56 Diese Definition deckt sich nicht mit dem, was im öffentlichen Dienst üblicherweise unter einer Verwaltungsleistung verstanden wird: eine Leistung, deren Erstellung durch die Rechtsordnung geboten ist. Eine Reihe von Leistungen in Kommunalverwaltungen sind nach unserem Verständnis Dienstleistungen, werden aber im Sprachgebrauch der Kommunalverwaltungen meist »Verwaltungsaufgaben oder -leistungen« genannt.

57 Mehrwert im Sinne von Marx ist der Wert, den ein Arbeiter über jenen Wert hinaus schafft, den er zur Sicherung seines Existenzminimums benötigt. So lassen sich zwar ideelle oder gesellschaftlich förderliche, aber keine wirtschaftlichen Werte begründen.

Wertschöpfung als Eigenleistung (hinzugefügter Wert, Nettoproduktionswert, Produktionsmehrwert) interpretiert, die als Differenz aus absetzbarer Gesamtleistung (Erträge) und eingesetzten Vorleistungen (bezogene Leistungen und eigener Aufwand) entsteht. Dieser klassische betriebswirtschaftliche Wertschöpfungsbegriff steht für ein Prozessergebnis.[58]

In den 1980er-Jahren breitete sich mit den Publikationen um das Toyota-Produktionssystem (vgl. Abschnitt 3.4.2) und der Verbreitung des *Veränderungsmanagements* (vgl. Teil IV, Kapitel 3) ein anderes Verständnis von *Wertschöpfung* aus. Dort werden Handlungen oder Operationen in Prozessen danach unterschieden, ob sie

- wertschöpfend sind, weil unterstellt[59] wird, dass ein Arbeitsfortschritt im Sinne der Arbeitsaufgabe erzielt wird und dabei ein von den Kunden honoriertes Arbeitsergebnis entsteht oder
- Verschwendung repräsentieren, weil man kein von den Kunden honoriertes Arbeitsergebnis erkennt.

Dieser arbeitswirtschaftlich-organisatorische Wertschöpfungsbegriff steht für Sparsamkeit beim Einsatz der Ressourcen. Er unterscheidet sich also grundlegend vom klassischen betriebswirtschaftlichen Wertschöpfungsbegriff. Aus betriebswirtschaftlicher Sicht handelt es sich dabei »nur« um einen mutmaßlichen *Wertschöpfungsbeitrag*. Wir verwenden hier nicht den betriebswirtschaftlichen, sondern den arbeitswirtschaftlich-organisatorischen Wertschöpfungsbegriff und bezeichnen als

1. *Wertschöpfungen* jene Arbeitsergebnisse, die für einen externen Kunden mutmaßlich[60] einen geldwerten Nutzen repräsentieren,
2. *Wertschöpfungsketten* jene Prozesse, in denen diese Wertschöpfungen entstehen.

In Abbildung I-16 werden nach diesem Wertschöpfungsverständnis vier Arten von Handlungen unterschieden, die im Teil IV, Abschnitt 3.5 ausführlich behandelt werden. Danach gibt es Handlungen, die

1. unstrittig zu keiner Wertschöpfung führen und stets als Verschwendung anzusehen sind.
2. zwar keine Wertschöpfung generieren, aber technisch unumgänglich sind.
3. zwar zu keiner Wertschöpfung führen, aber prozessual zunächst unumgänglich sind.
4. unstrittig zu einer Wertschöpfung führen.

eliminierbare Verschwendung	betriebsmittelbedingter Wertschöpfungsausfall	sonstiger, unabwendbarer Wertschöpfungsausfall	Wertschöpfung im engeren Sinne
• Späne beseitigen • Teile stapeln • Verpackungsmaterial entfernen • Griffverbesserungen • lange Wegstrecken	• warten auf Rückläufe von Werkzeugen • überdimensionierte Maschinenteile • zu kurze oder zu lange Zuführungsbahnen	• Teile prüfen • Maschinenelemente betätigen • Betriebsmittelzustände, Ergebnisse registrieren	• Hauptnutzungen der Maschinen (z. B. Stanz-, Press-, Gießvorgang) • Teile fügen, verschrauben • Teile verpacken

Abbildung I-16 Der bei Effektivitätsbetrachtungen zu Arbeitssystemen und Prozessen gebräuchliche Wertschöpfungsbegriff

58 Prozess ist dabei mehr als Produktionsprozess, weil hier auch Marktpreiseffekte eingeschlossen sind. Wird nämlich für eine Ware oder Dienstleistung aufgrund hoher Wertschätzung durch die Kunden ein extrem hoher Marktpreis erzielt, so liegen auch eine hohe Wertschöpfung und damit ein exzellentes Prozessergebnis vor.

59 Um Setzungen handelt es sich deshalb, weil sich Kunden im Allgemeinen nicht so präzise artikulieren, dass deutlich wird, für welche Detailhandlungen ihrer Lieferanten sie »zu bezahlen« bereit wären.

60 Es gibt Handlungen, bei denen für jeden Kunden ein geldwerter Nutzen entsteht (z. B. beim Einbau von Sicherheitselementen) und andere, bei denen das zweifelhaft ist. Beispielsweise sehen Fahrzeughersteller den Einbau eines Aschenbechers als Wertschöpfung an. Für einen Nichtraucher stellt dieser Aschenbecher aber keinen geldwerten Nutzen dar. Deshalb die begriffliche Einschränkung »mutmaßlich«.

Wertschöpfungsketten

In den 1990er-Jahren begann man, unter dem Einfluss von Publikationen[61], sich verstärkt für die Entstehungsprozesse zur Wertschöpfung zu interessieren, die man als Wertschöpfungsketten bezeichnete. Wie Abbildung I-17 zu entnehmen ist, liegt diesen Betrachtungen der betriebswirtschaftliche Wertschöpfungsbegriff zu Grunde. Die meisten Darlegungen betriebswirtschaftlicher Wertschöpfungsketten orientieren sich an dem Schema von Porter. Damit kann man keine hochkomplexen betrieblichen Wertschöpfungsketten abbilden, erhält aber eine erste Übersicht und ein Grundverständnis zu Wertschöpfungsprozessen. In Abbildung I-17 wird gezeigt, wie Wertschöpfungsprozesse nach primären, direkt zur Wertschöpfung beitragenden und unterstützenden Funktionen zu gliedern sind. Zudem werden die Relationen der Wertschöpfungsphasen zur Gesamtwertschöpfung und zum Umsatz ausgewiesen.

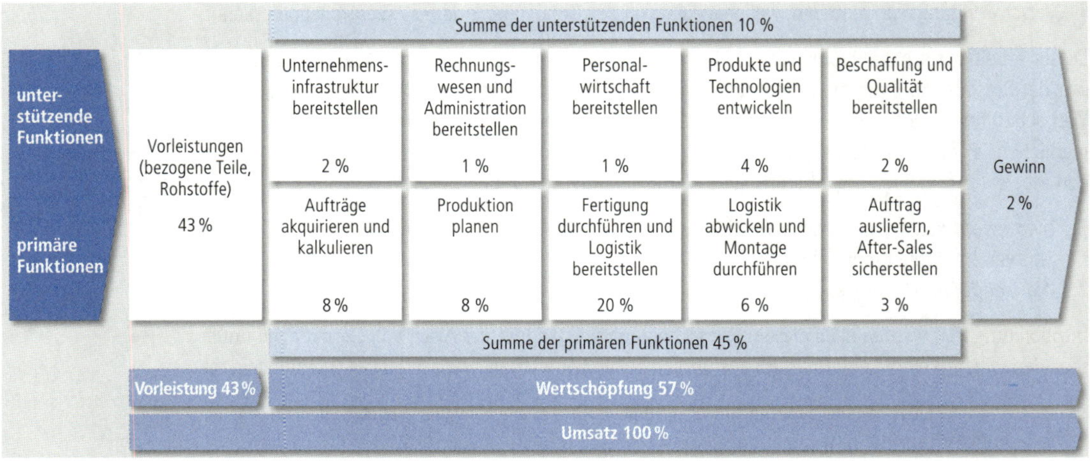

Abbildung I-17 Beispiel für die Strukturierung einer Wertschöpfungskette[62]

Durch Analyse betriebswirtschaftlicher Wertschöpfungsketten will man Schwerpunkte für das Produktivitätsmanagement begründen und Erfolgschancen und -potenziale abschätzen. Zum vorliegenden Beispiel könnte man folgende Einschätzung vornehmen:

1. Die Kosten der Wertschöpfungsfunktionen haben nur einen Anteil von 57 % am Umsatz. Ohne Einbezug der Vorleistungen ist es schwer, das Ergebnis nennenswert zu verbessern.
2. Die Kosten der unterstützenden Funktionen haben zwar einen Anteil von 10 % am Umsatz, die einzelnen Funktionsbereiche jedoch nur Anteile zwischen 1 % und 4 %.
3. Die Kosten der primären, direkt in die Wertschöpfung eingebundenen Funktionen betragen 45 %, sind also nur wenig höher als die der Vorleistungen. Auch das weist auf die Relevanz der Vorleistungen hin.
4. Auf die Produktion entfällt mit 26 % knapp die Hälfte der Wertschöpfung. Sie bildet zwar den Kostenschwerpunkt bei den primären Funktionen, nicht aber den Hebel zur Erfolgsverbesserung. Eine Senkung der Produktionskosten um z. B. 5 % führt nur zu ca. 1,3 % geringeren Herstellungskosten. Würde man hier das Verbesserungsmanagement auf die Produktion beschränken, käme es zu keiner entscheidenden Ergebnisverbesserung.

61 Vgl. z. B. Porter, M. E.: Wettbewerbsvorteile. Spitzenleistungen erreichen und behaupten, 5. Auflage. Frankfurt: Campus, 1999.
62 In Anlehnung an Porter, M. E.: Wettbewerbsvorteile. Spitzenleistungen erreichen und behaupten, 5. Auflage. Frankfurt: Campus, 1999.

2.5.3 Der Produktentstehungsprozess

Produktentstehungsprozess (PEP)

In den letzten Jahren wurde eine spezielle Sicht des Wertschöpfungsprozesses gebräuchlich, der *Produktentstehungsprozess (PEP)*. Als Produktentstehungsprozess wird eine Wertschöpfungsketten-Betrachtung bezeichnet, der die *Leistungs-, Unterstützungs- und Managementprozesse*[63] zu entnehmen sind, die über den Lebenszyklus eines Produkts hinweg zu erbringen sind. Der PEP wird hier branchenneutral dargestellt. In einzelnen Branchen gibt es dazu spezifische Festlegungen, wie z. B. in der Automobilindustrie die APQP (Advanced Product Quality Planning), als Projektmanagementkonzept für die Produkt- und Qualitätsplanung über die beiden ersten Phasen des hier dargestellten PEP hinweg.[64] Der PEP ist Objekt des Produktivitätsmanagements und Bezugspunkt des Industrial Engineering.[65] Sein Modell und Beispiele für typische Aktivitäten in den PEP-Phasen sind der Abbildung I-18 zu entnehmen. Die Inhalte unternehmensspezifischer PEP hängen insbesondere davon ab, ob in der

- ersten Phase (Produktentwicklung) Produkte selbst oder durch den Auftraggeber entwickelt werden.
- zweiten Phase (Prozessentwicklung) produkt-/auftragsspezifische Arbeitssysteme zu entwickeln oder auch bei neuen Aufträgen vorhandene Arbeitssysteme zu nutzen sind.
- dritten Phase (Betrieb und Verbesserung) in Serien- oder in (Auftrags-)Einzelfertigung produziert wird, also welche Chancen zur Routinebildung bestehen.

Weitere, den PEP bestimmende Einflüsse resultieren aus dem Prozesstyp und der Branche:

1. *Prozesstyp*: In der Einzelfertigung stellt man z. B. keine Prototypen her, es gibt keinen Serienanlauf und man produziert für einen bekannten Endkunden. In der Produktentwicklung muss man sich mit dessen spezifischen Bedürfnissen auseinandersetzen und Produktänderungen ggf. auch noch nach Produktionsbeginn hinnehmen.
2. *Branche*: In manchen Branchen ist noch über viele Jahre nach Produktionsende die Ersatzteilversorgung zu gewährleisten. Oder es sind After-Sales-Leistungen zu erbringen, z. B. Wartungs- und Servicearbeiten oder Kundenschulungen.

Wir stellen das Produktivitätsmanagement anhand eines dreiphasigen PEP von Serienherstellern dar, weil man daran methodisch am meisten zeigen kann. Dieses Phasenschema ist das grundlegende Ordnungskriterium (vergleichbar den Produktionsfaktoren in der Betriebswirtschaftslehre) für das Industrial Engineering und das generelle Prozessmodell von Industriebetrieben. Abbildung I-18 ist auch zu entnehmen, worin sich die phasenspezifischen Aufgabenstellungen unterscheiden. Bei der Produktentwicklung gibt es andere Probleme als beim Serienanlauf oder bei der permanenten Prozessverbesserung. Nach seinen Phasen unterscheiden sich die im Industrial Engineering zu lösenden Probleme und die zur Problemlösung geeigneten Methoden. Die drei PEP-Phasen werden im Abschnitt 3.2 erläutert.

63 In den beiden ersten Prozessphasen werden überwiegend Leistungs-/Wertschöpfungsprozesse betrachtet, die einem externen Kunden eindeutig zurechenbar sind. In der dritten Prozessphase treten auch Unterstützungsprozesse (mehreren externen Kunden zuzurechnen, z. B. visuelles Management, Arbeitssystem-Audits) und Managementprozesse auf (nur internen Kunden zuzurechnen, z. B. Produktivitätscontrolling, Werkstattführung).

64 In den letzten 10 Jahren gab es eine Reihe von Veröffentlichungen zum Produktentstehungsprozess, mit dem thematischen Schwerpunkt bei der Produktentwicklung. Vgl. z. B. Ohms, W. J.: Management des Produktentstehungsprozesses. München: Vahlen, 2000. Seidel, M.: Methodische Produktplanung. Grundlagen, Systematik und Anwendung im Produktentstehungsprozess. Karlsruhe: Universitätsverlag Karlsruhe, 2005. Steinhorst, U.: Entwicklung eines Instrumentariums zur Gestaltung von Systempartnerschaften im Produktentstehungsprozess. Wiesbaden: Deutscher Universitätsverlag/GWV Fachverlage, 2005. Ehrlenspiel, K.: Integrierte Produktentstehung. Denkabläufe, Methodeneinsätze, Zusammenarbeit, 3. Auflage. München: Hanser Verlag, 2007. Herstatt, C.; Verworn, B. (Hrsg.): Management der frühen Innovationsphasen. Grundlagen, Methoden, Neue Ansätze, 2. Auflage. Wiesbaden: Gabler Verlag, 2007.

65 Vgl. Stowasser, S.: Produktivität und Industrial Engineering, In: IfaA (Hrsg.): Methodisches Produktivitätsmanagement, Umsetzung und Perspektiven. Köln: Bachem, 2010, S. 15 f.

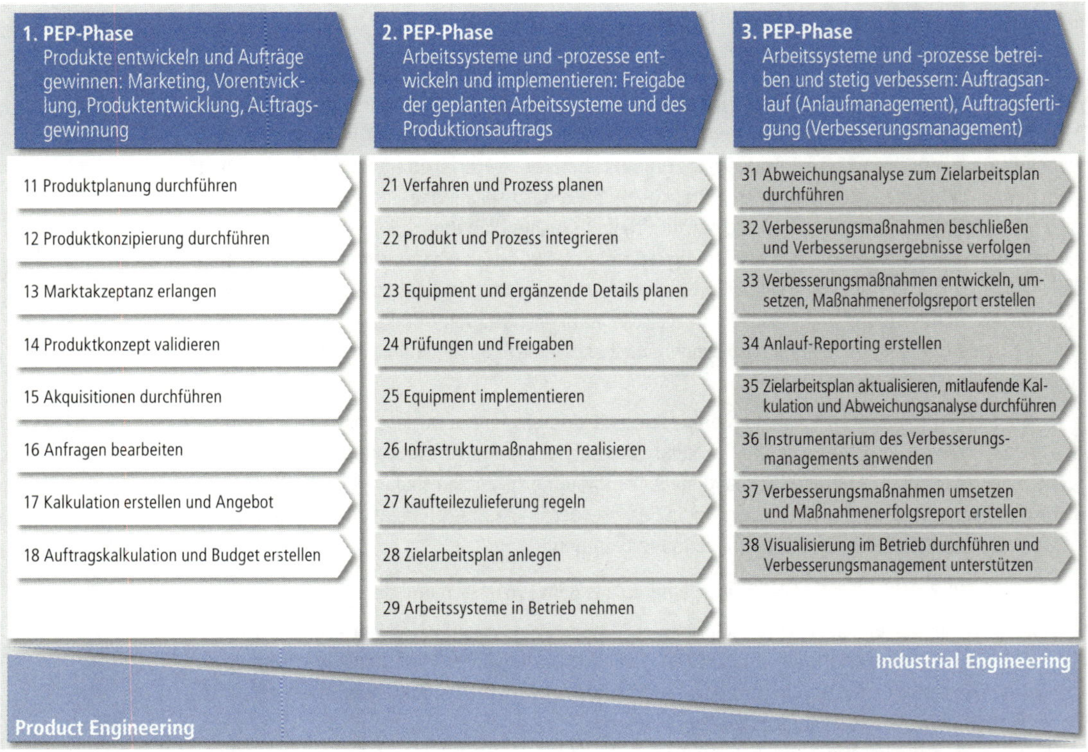

Abbildung I-18 Der PEP als Objekt des Produktivitätsmanagements und des Industrial Engineering, mit Beispielen typischer phasenbezogener Aktivitäten

2.5.4 Industrial Engineering

Industrial Engineering

In den vorhergehenden Ausführungen wurde der Begriff des Industrial Engineering verwendet, ohne ihn näher zu erläutern. Industrial Engineering wird in Deutschland als plakativer Sammelbegriff für Aufgaben und Methoden zum Entwickeln und Verbessern effektiver und effizienter Arbeitssysteme und Prozesse verwendet. Er wurde seit Mitte der 1960er-Jahre durch die deutsche Übersetzung des Industrial Engineering Handbook von Harold B. Maynard[66] populär, ist allerdings auch heute noch in den USA verbreiteter als in Europa.[67] Zum Begriff des Industrial Engineering oder des Industrial Engineer liegt weder in den USA noch in Deutschland ein einheitliches Verständnis vor. Es gibt auch Konzepte, bei denen die Produktionsplanung und -steuerung, also operative Funktionen, eingeschlossen sind.[68] Nach dem Verständnis der Deutschen MTM-Vereinigung e. V. ist *Industrial Engineering* durch folgende Sachverhalte gekennzeichnet:

66 Vgl. Maynard, H. B. (Hrsg.): Industrial Engineering Handbook, 2. Auflage. New York: McGraw-Hill, 1956. Zandin, K. B.: Maynard's Industrial Engineering Handbook, 5. Auflage. New York: McGraw-Hill, 2001.

67 Vgl. Salvendy, G. (Hrsg.): Handbook of Industrial Engineering, Technology and Operations Management, 3 Bände, 5. Auflage. New York: Wiley & Sons, 2001.

68 Vgl. Westkämper, E.: MTM – System mit Zukunft. In: Britzke, B. (Hrsg.): MTM in einer globalisierten Wirtschaft, München: mi-Wirtschaftsbuch, 2010, S. 36.

Verständnis der Deutschen MTM-Vereinigung

1. Es werden im Schwerpunkt nachhaltig produktive, risikobeherrschte, wirtschaftliche und menschengerechte Arbeitssysteme und -prozesse entwickelt (zweite Phase des PEP) und über ihre Betriebsphase hinweg verbessert (dritte Phase des PEP).
2. Das Industrial Engineering beginnt aber bereits in der Produktentwicklung (erste Phase des PEP) und unterstützt die Entwicklung prozessfähiger Erzeugnisse. Dann begleitet es die Produktion über die Lebensdauer des Produkts hinweg und erfüllt dabei in erster Linie Rationalisierungsaufgaben.
3. Die Aufgaben des Industrial Engineering sind in allen PEP-Phasen zeitlich wie folgt zu gliedern:
   - Beschreibung: Analyse und Dokumentation von Ist-Zuständen, d. h. was vorhanden, gegeben und woran Kritik zu üben ist.
   - Planung: Entwicklung von Soll-Zuständen, das ist der Entwurf und die umsetzungsreife Ausplanung künftiger Zustände.
   - Umsetzung: Realisierung von Soll-Zuständen, d. h. das Schaffen verbesserter Ist-Zustände, die nachfolgend weiter zu verbessern sind.

   Die Arbeitstechniken der Industrial Engineers unterstützen diese drei Arbeitsphasen.
4. Der Industrial Engineer leistet Projektarbeit, d. h. Industrial Engineering steht für eine Fach-, nicht aber für eine Managementfunktion. Darum müssen Industrial Engineers umfassende Kompetenz auf dem Gebiet des Projektmanagements haben. Dieses Thema wird deshalb im Teil II, Kapitel 9, ausführlich behandelt.
5. Industrial Engineering ist durch eine Interdisziplinarität gekennzeichnet (vgl. Abbildung I-19).[69] Die Arbeit der Industrial Engineers umfasst technische, arbeitswissenschaftliche, arbeitswirtschaftliche, betriebswirtschaftliche, organisatorische, juristische, psychologische, pädagogische und informationswissenschaftliche Fragestellungen.
6. Durch Anwendung von IE-Methoden sollen die Profitabilität und Wettbewerbsfähigkeit gesichert und dabei Mitarbeiterbelange gebührend berücksichtigt werden.

Abbildung I-19 Der Begriff des Industrial Engineering – Interdisziplinarität über den PEP hinweg[70]

Rolle des IE im Produktivitätsmanagement

Wir verstehen Industrial Engineering als Auswahl und Einsatz problemadäquater Methoden im Rahmen des Produktivitätsmanagements, ausgerichtet auf die präventive[71] und nachhaltige Produktivitätsoptimierung.[72] Abbildung I-20 ist ein Überblick über das in diesem Handbuch behandelte *Me-*

69 Vgl. Westkämper, E.: a. a. O., 2010, S. 33.
70 In Anlehnung an Britzke, B.: MTM – Vom System vorbestimmter Zeiten zum Produktivitätsmanagement. In: Methodisches Produktivitätsmanagement. Angewandte Arbeitswissenschaft, 204, Köln: Bachem, 2010, S. 100.
71 Diese ist nach heute herrschender Auffassung ein unabdingbares Grundelement des Industrial Engineering, so z. B. auch Westkämper, E.: a. a. O., 2010, S. 38.
72 Vgl. dazu Müller, E.: Prozessgestaltung in der digitalen Fabrik. In Britzke, B. (Hrsg.): MTM in einer globalisierten Wirtschaft, München: mi-Wirtschaftsbuch, 2010, S. 156.

thodeninventar des Industrial Engineering zu entnehmen, angeordnet nach seiner Anwendung im PEP[73]. Dem ist auch die Stellung des MTM-Verfahrens im Rahmen der IE-Methoden zu entnehmen. In Abbildung I-19 wird gezeigt, dass die Industrial-Engineering-Arbeit in der ersten PEP-Phase mit der Unterstützung des Product Engineering beginnt. In diesem frühen Stadium hat das IE die in der zweiten PEP-Phase zu berücksichtigenden Belange vertreten, plakativ ausgedrückt mit »Von Anfang an richtig«. Die meisten IE-Methoden zielen auf die zweite und dritte PEP-Phase, das MTM-Verfahren im Schwerpunkt auf die zweite Phase, die Prozessentwicklung. Die in der zweiten PEP-Phase relevanten Methoden werden im Teil III und die in der dritten PEP-Phase benötigten Methoden im Teil IV behandelt. Keine Aufgabe des Industrial Engineering ist z. B. das Product Engineering.

Die Aufgabenstellungen der Industrial Engineers unterscheiden sich branchenbedingt, aber auch innerhalb der Branchen, aufgrund unternehmensspezifischer Strategien, Problemschwerpunkte und Entwicklungsstände.[74] Die angeführten Wesensmerkmale des Industrial Engineering werden allerdings in vielen Unternehmen genauso gesehen. Manche Unternehmen praktizieren Industrial Engineering wie vorstehend beschrieben, ohne den Begriff zu verwenden. Andere verteilen die Aufgaben des Industrial Engineering auf verschiedene Bereiche, wie z. B. Arbeitswirtschaft, Personalwesen, Qualitätsmanagement, Logistik, Organisation, Arbeitsvorbereitung.

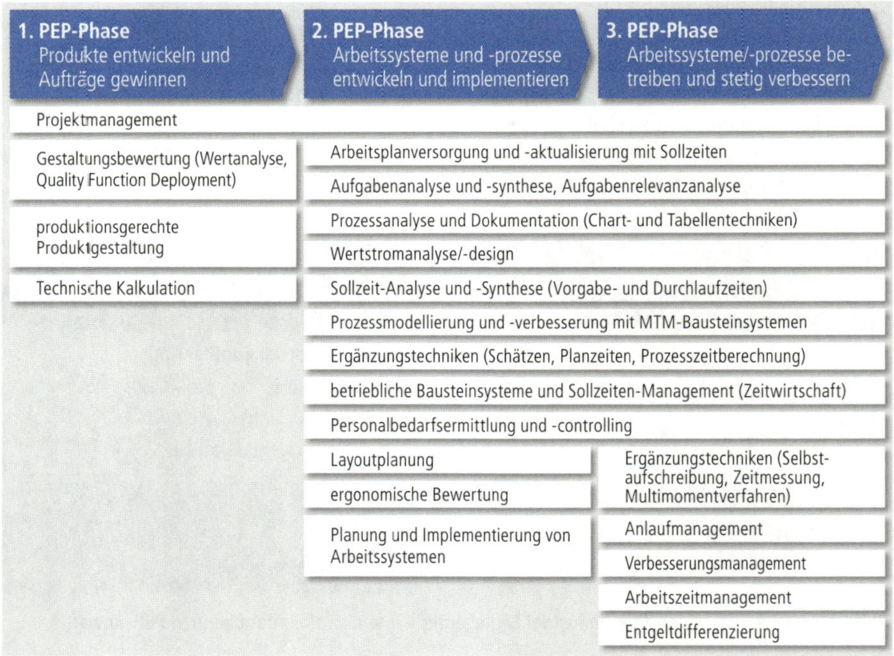

Abbildung I-20 Methoden und Arbeitsfelder des Industrial Engineering über die PEP-Phasen

In Unternehmen mit großen IE-Abteilungen kommt es bei den Mitarbeitern zu Spezialisierungen, z. B. als Zeitwirtschaftler, KVP-Unterstützer, Technischer Kalkulator, Entgeltwirtschaftler. In kleinen

73 So z. B. bei Brombach, J.: Industrial Engineering als Chance für die Zukunft, In: IfaA (Hrsg.): Methodisches Produktivitätsmanagement, Umsetzung und Perspektiven. Köln: Bachem, 2010, S. 31 f.

74 Eine empirische Erhebung zu Aufgaben des Industrial Engineering findet man bei Brombach, J.: a. a. O., 2010, S. 25 f.

und mittelständischen Unternehmen (KMU) sind Industrial Engineers Generalisten. Abbildung I-21 ist ein Beispiel für die Aufgaben in einer IE-Abteilung in einem KMU zu entnehmen.

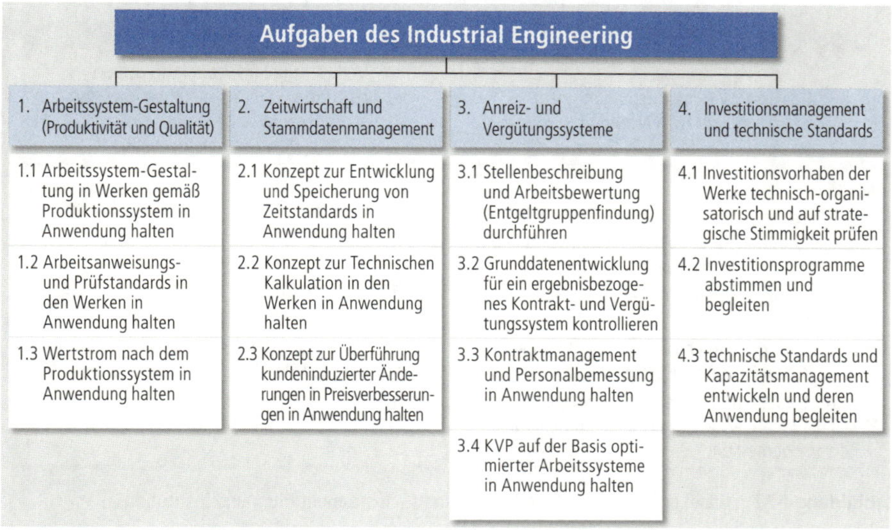

Abbildung I-21 Beispiel für Aufgaben einer IE-Abteilung in einem KMU

Es gibt nicht nur unterschiedliche Auffassungen darüber, welche Aufgabenstellungen dem Industrial Engineering zu übertragen sind, sondern auch darüber, wie es aufbauorganisatorisch einzugliedern ist. Liegt der Aufgabenschwerpunkt in der zweiten PEP-Phase, ist es oft in die Produktionsplanung eingegliedert. Liegt er dagegen in der dritten PEP-Phase, ist es oft der Produktionsleitung unterstellt. Es gibt aber auch Lösungen, bei denen man beide Prinzipien anwendet, also das Industrial Engineering zwischen diesen beiden Bereichen aufteilt.

2.5.5 Produktivitätsmanagement mit MTM

MTM steht für *Methods-Time Measurement*, was man frei übersetzen kann mit »standardisierte Sollzeiten für standardisierte Abläufe«. Im Kapitel 4 wird das näher erläutert.

Methods-Time Measurement

Der Begriff MTM wird in der Praxis oft so benutzt, dass Außenstehenden nicht klar ist, was der sachkundige Gesprächspartner damit meint. Abbildung I-22 sind die Aspekte von MTM zu entnehmen. Danach hat MTM

1. einen instrumentellen Aspekt: Er steht für das Produktivitätsmanagement mit MTM und das MTM-Verfahren. Im Kapitel 3 wird das Produktivitätsmanagement erläutert und im Kapitel 4 ein einführender Überblick zum MTM-Verfahren gegeben.
2. einen institutionellen Aspekt: Er steht für die Deutsche MTM-Vereinigung e. V. und damit für Fragen der autorisierten Verbreitung und Weiterentwicklung des MTM-Verfahrens und des MTM-Produktivitätsmanagements. Er wird im Abschnitt 4.4 vorgestellt.

Das vom MTM-Institut entwickelte Produktivitätsmanagement ist, wie der Methodeneinsatz des Industrial Engineering auch (vgl. Abbildung I-20), am PEP ausgerichtet (vgl. Abbildung I-24). Dabei sollen Wettbewerbsvorsprünge durch gezielt eingesetztes Know-how und Methodenmanagement erarbeitet und effektives *Wissensmanagement* praktiziert werden. Deshalb ist beim Produktivitätsmanagement

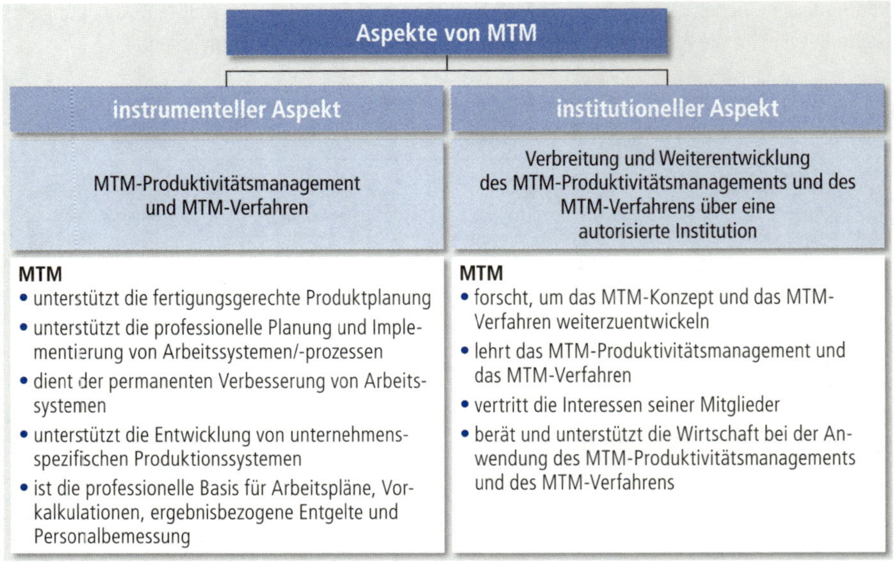

Abbildung I-22 Aspekte, für die der Begriff MTM steht – Instrumentarium und Institution

1. ein Methodenmanagement zu etablieren, mit auf die PEP-Phasen abgestimmten Prinzipien und Methoden,
2. im Rahmen der Zeitwirtschaft ein durchgängiges, sich über den gesamten PEP erstreckendes, von Phase zu Phase fortzuschreibendes Datenkonzept zu etablieren,
3. durch professionelles Methodenmanagement und Rückgriff auf Standards (gespeichertes Know-how) der frühestmögliche Einsatz der richtigen Industrial-Engineering-Methoden sicherzustellen, was von MTM-Anwendern mit dem Slogan »First time right – Von Anfang an richtig« auf den Punkt gebracht wird.[75]

Präventionsfähigkeit

Produktentwicklungs- und Prozessentwicklungsphase stehen im Mittelpunkt des Produktivitätsmanagements. Es muss *präventionsfähig* sein: Beim Entstehen der Produkte und dem Planen der Arbeitssysteme werden antizipierend jene Probleme gelöst, die sich ansonsten später, in der Betriebs- und Verbesserungsphase, offenbaren würden.[76] Das hat zwei Vorteile:

- Antizipative Problemlösungen sind die Voraussetzung für exzellente Kundenbedienung, Kundenzufriedenheit und nachhaltige Kundenbindung.
- Die Kosten sind in der Frühphase bei geringstem Aufwand am stärksten zu beeinflussen (vgl. Abbildung I-23).

Produktivitätsvorsprünge vor Wettbewerbern entstehen als Ergebnis präventiven Handelns in der Vorbereitungs- und in der Entstehungsphase.[77] Die dort erarbeiteten Effekte sind zum SOP

75 Zur Realisierung dieses Konzepts vgl. z. B. Littmann, F, Busenbach, M.: MTM – Anwendung über die Prozesskette. In: IfaA (Hrsg.): Methodisches Produktivitätsmanagement, Umsetzung und Perspektiven, Köln: Bachem, 2010, S. 160 f.

76 Vgl. Deuse, J.: MTM – die Prozesssprache für ein modernes Industrial Engineering. In: Britzke, B. (Hrsg.): MTM in einer globalisierten Wirtschaft, München: mi-Wirtschaftsbuch, 2010, S. 65–79.

77 Vgl. Stowasser, S.: Prozessgestaltung – eine Quelle für Ergebnisverbesserung in Unternehmen. In: Britzke, B. (Hrsg.): MTM in einer globalisierten Wirtschaft, München: mi-Wirtschaftsbuch, 2010, S. 313. In der PEP-Phase 1 werden z. B. weniger als 10 % der Selbstkosten verursacht, aber ca. 70 % der späteren Material- und Fertigungskosten festgelegt.

- *Prävention*: Start auf bereits hohem Produktivitätsniveau,
- *Nachhaltigkeit*: Halten bzw. Ausbau dieses Wettbewerbsvorsprungs durch das Nutzen des integrierten Datenmanagements über den PEP hinweg.

Nachhaltigkeit

Durch gezieltes Wissensmanagement werden alle Aktivitäten und entstehenden Daten integriert, von der Produkt- über die Arbeitssystem- bis zur Logistikentwicklung. Das integrierte Datenmanagement führt dazu, dass zum SOP – dem Gedanken der digitalen Fabrik folgend – ein reproduzierbarer Datenbestand vorliegt[78], auf den über den gesamten PEP hinweg zugegriffen wird, der also nachhaltig ist. Mit diesem Datenbestand

- sind Simulationen zur Absicherung wichtiger Prozessparameter durchzuführen und Alternativen zu bewerten,
- liegt zum SOP eine vollständige Systembeschreibung vor, mit der in der dritten PEP-Phase anstehende Verbesserungsmaßnahmen zu begründen sind und die zu einem gemeinsamen Prozessverständnis[79] verhilft,
- besteht eine hochgradige Datenkonsistenz und -sicherheit sowie eine durchgängige Notation der Datenquellen,
- entstehen personelle Integrationen (z. B. des Designers bis hinein in die Produktion) sowie bestmögliche Wissensnutzung und Risikobegrenzung.

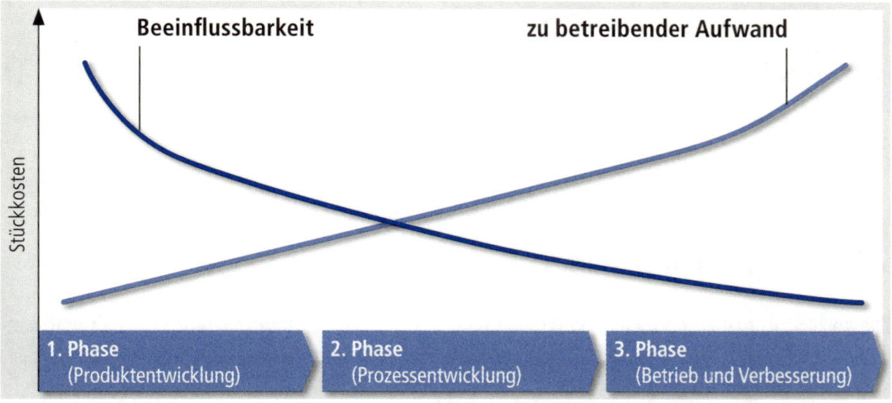

Abbildung I-23 Beeinflussbarkeit der Stückkosten und dafür zu betreibender Aufwand über den Verlauf des PEP

Die Nachhaltigkeit wird also in den beiden ersten PEP-Phasen erarbeitet, um sie in der Betriebs- und Verbesserungsphase für schnelle und sichere Entscheidungen nutzen zu können.

MTM-Verfahren

Als *MTM-Verfahren* werden Methoden des Industrial Engineering zur Unterstützung des Produktivitätsmanagements bei allen drei PEP-Phasen bezeichnet. Das MTM-Verfahren beinhaltet Methoden zur Entwicklungsunterstützung (z. B. ProKon), zur Planungsunterstützung (z. B. MTM*ergonomics*®) und zur Unterstützung des Verbesserungsmanagements (z. B. MTM für KVP-Teams). In Abbildung I-24 wird ein Überblick zu den Anwendungsschwerpunkten des MTM-Verfahrens über die PEP-Phasen hinweg gegeben. Dem ist zu entnehmen, dass das MTM-Verfahren eine Basismethode des Industrial Engineering ist.

78 Vgl. Müller, E.: a. a. O., 2010, S. 156 ff.
79 Vgl. Stowasser, S.: a. a. O., 2010, S. 315 f.

Prozesssprache MTM

Das MTM-Verfahren ist präventionsfähig, weil virtuelle Arbeitssysteme und Prozesse in der zweiten PEP-Phase mit Hilfe der *MTM-Prozesssprache* zu simulieren sind. Die Präventionsfähigkeit des MTM-Verfahrens ist die instrumentelle Voraussetzung dafür, dass in den beiden ersten PEP-Phasen Bestlösungen zu entwickeln sind. Alle anderen Quantifizierungsmethoden, wie z. B. Selbstaufschreibung, Zeitmessung oder Multimomentverfahren, entbehren der Präventionsfähigkeit. Sie werden jedoch bei bestimmten Problemstellungen (vgl. Teil II, Kapitel 8) als Ergänzungstechniken benötigt.

Abbildung I-24 Einsatz des MTM-Verfahrens beim Produktivitätsmanagement

2.6 Zusammenfassung

Volkswirtschaftliche Arbeitsproduktivität

Die volkswirtschaftliche Arbeitsproduktivität wird in Form des Bruttoinlandsprodukts je Erwerbstätigen ausgewiesen. Die Erhöhung der volkswirtschaftlichen Arbeitsproduktivität ist nicht der einzige, aber ein wichtiger Hebel für das Ausmaß an Verteilungsspielräumen in einer Volkswirtschaft und ein Maßstab für ihre Wettbewerbsfähigkeit.

Betriebswirtschaftliche Produktivität

Bei der betriebswirtschaftlichen Produktivität haben wir uns auf die Ressourcenproduktivität beschränkt. Das ist die Ergiebigkeit der Produktionsfaktoren »menschliche Arbeit« und »Betriebsmittel«, ausgedrückt als Output-Input-Mengenquotient. Dazu können zwei Strategien verfolgt werden:

1. Strategie der Outputerhöhung: Bei in etwa konstantem Ressourceneinsatz und Aufwand den Output und damit den Umsatz erhöhen.
2. Strategie der Inputreduzierung: Bei in etwa konstantem Output und Umsatz den Ressourceneinsatz und damit den Aufwand reduzieren.

Partizipation der Beschäftigten durch MTM-Produktivitätsmanagement

Die Partizipation der Beschäftigten hat eine herausragende Bedeutung für den Erfolg des Produktivitätsmanagements, weil die Ressource »Mensch« und das Einbindungs- und Regelungsinstrument »Organisation«, nicht aber die allenthalben zu erwerbende Ressource »Betriebsmittel« die primären Erfolgsfaktoren sind. Mit der Präventionsfunktion des MTM-Produktivitätsmanagements wird dem Rechnung getragen: Beide Erfolgsfaktoren werden darin gezielt und frühestmöglich eingesetzt.

Die Produktivität ist insofern nur »Mittel zum Zweck«, als sie kein betriebswirtschaftliches Letztziel, aber ein wichtiges Mittel zur Verbesserung der Profitabilität und Wettbewerbsfähigkeit ist. Deshalb beschäftigt man sich gezielt mit Produktivitätsmanagement, also der methodisch betriebenen Verbesserung des Output-Input-Mengenquotienten.

Arbeitssystem, Prozess

Das Arbeitssystem und der Prozess sind die Basismodelle für Produktivitätsmanagement und Industrial Engineering. Diese Modelle verdeutlichen grundlegende theoretische Zusammenhänge und schaffen ein Begriffssystem für die weiteren Kapitel.

Arbeitssystem-Produktivität, OEE

Die Arbeitssystem-Produktivität auf der konzeptionellen Basis der OEE ist eine umfassende Kenngröße, mit der

1. in der Entstehungsphase für den SOP und das Anlaufmanagement Standards vorgegeben werden,
2. in der Betriebsphase ein Produktivitätscontrolling durchgeführt und ein gezieltes Verbesserungsmanagement betrieben wird.

Industrial Engineering

Mit dem Produktentstehungsprozess (PEP) wird im Industrial Engineering eine spezielle Wertschöpfungsketten-Betrachtung aufgegriffen. Das Produktivitätsmanagement und das Methodenmanagement des Industrial Engineering werden an den PEP-Phasen ausgerichtet.

Produktivitätsmanagement muss der MTM-Mission folgen: Wettbewerbsvorsprünge durch gezielt eingesetztes Know-how und Methodenmanagement erarbeiten und effektives Wissensmanagement praktizieren. Die Alleinstellungsmerkmale Präventionsfähigkeit und Nachhaltigkeit stehen dabei im Mittelpunkt. In den »virtuellen Frühphasen« der Produkt- und Prozessentstehung werden optimale Lösungen erarbeitet, um

1. bei Produktionsbeginn (SOP) – also von Anfang an – bereits risikoarm und mit hoher Ergiebigkeit zu starten und
2. danach im Anlaufmanagement und im Dauerbetrieb nur noch möglichst wenige Aspekte gezielt verbessern zu müssen, gestützt auf ein transparentes, integratives Datenmanagement.

Im folgenden Kapitel wird dieses Produktivitätsmanagement dargelegt.

3 Produktivitätsmanagement mit MTM

3.1 Überblick

Im Abschnitt 2.5.3 wurde mit dem 3-Phasen-Schema des PEP das Objekt des *MTM-Produktivitätsmanagements* eingeführt. In diesem Kapitel wird der PEP durch Geschäftsstrategie und Produktionssystem ergänzt, um damit die verfolgten Absichten beim MTM-Produktivitätsmanagement in Bezug auf den Produktivitätserfolg zu verwirklichen (vgl. Abbildung I-25). MTM-Produktivitätsmanagement

Im folgenden Abschnitt 3.2 wird der PEP präzisiert[80] und gezeigt, an welchen Punkten wichtige Ergebnisse entstehen, sogenannte Quality Gates vorliegen.

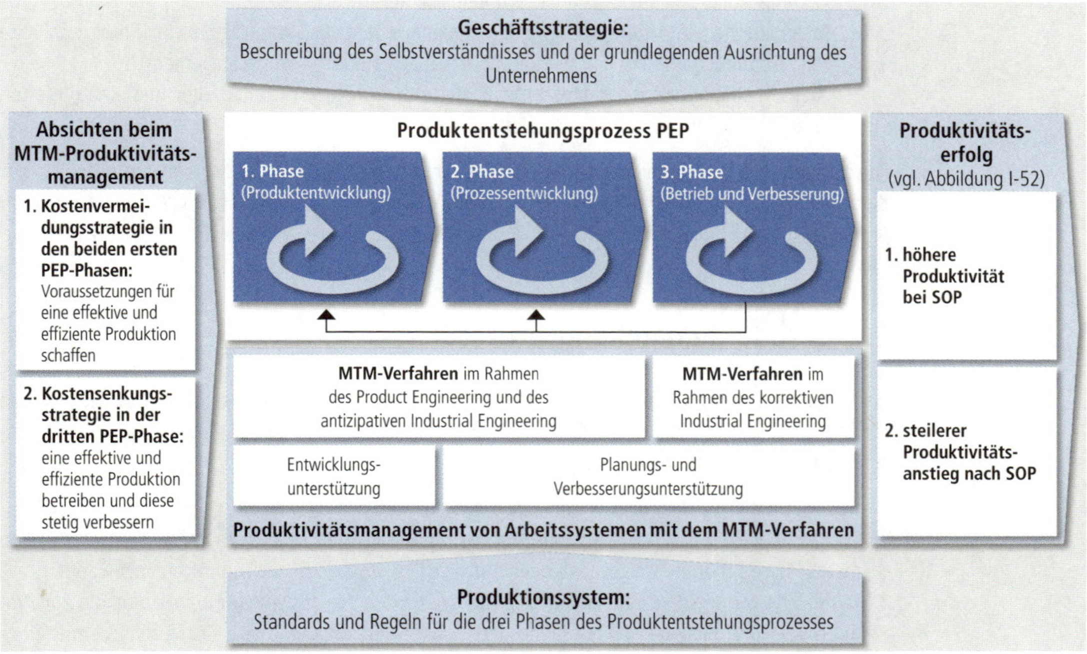

Abbildung I-25 Konzeptioneller Rahmen des Produktivitätsmanagements mit MTM

Im Abschnitt 3.3 wird die *Geschäftsstrategie* erläutert und deren Bedeutung für das Produktivitätsmanagement gezeigt. Abbildung I-25 zeigt, dass Geschäftsstrategien richtungweisend für alle drei Phasen des PEP sind. Je eindeutiger festgelegt ist, auf welchen Wegen man was erreichen will, desto zielkonsistenter sind Produkte und Prozesse zu entwickeln, und desto produktiver sind Arbeitssysteme einzurichten und zu betreiben. Mit anderen Worten: Produktivitätsmanagement kann man auch ohne dokumentierte Geschäftsstrategie betreiben, nur mit dem Risiko, das Erreichen der Unternehmensziele nicht so zu unterstützen, wie es mit einer klar formulierten Strategie möglich wäre. Geschäftsstrategie

Im Abschnitt 3.4 wird das *Produktionssystem* beschrieben und gezeigt, wie Standards zum Planen, Betreiben und Verbessern von Arbeitssystemen und Prozessen zu entwickeln und anzuwenden sind. Produktionssystem

80 In den Teilen III und IV wird der PEP präzisiert, wenn gezeigt wird, welche Instrumente und Werkzeuge des Industrial Engineering in welchen Phasen der Wertschöpfungskette einzusetzen sind. Der PEP ist das Bezugsobjekt beim MTM-Produktivitätsmanagement.

Solche Standards entstehen bei der Produkt- und Prozessentwicklung sowie aus den Erfahrungen beim Betreiben und Verbessern von Arbeitssystemen. Produktionssysteme unterstützen Lernprozesse, indem Daten in Wissen transformiert, also *Wissensmanagement*[81] praktiziert wird. Auch ohne Produktionssystem sind Produkte und Prozesse zu entwickeln und Arbeitssysteme zu betreiben, erfahrungsgemäß jedoch mit geringerer Effektivität und Effizienz.

Prävention und Nachhaltigkeit

Im Abschnitt 3.5 werden die *Absichten* beschrieben, denen man über die drei Phasen des PEP hinweg folgt und die zeigen, wofür MTM steht:

1. Die Absicht, Kosten zu vermeiden, hat Vorrang gegenüber der Absicht, Kosten zu senken. Das führt uns zur Prävention. Produktivitätsvorsprünge zum SOP entstehen in der Produkt- und Prozessentwicklungsphase.
2. Das Zweite ist die Nachhaltigkeit, sie gründet sich auf
   - Informationen: Ein durchgängiges Datenmanagement, bei dem Daten von Phase zu Phase fortgeschrieben und ergänzt werden, führt zu gelebtem Wissensmanagement.
   - Mensch-Organisations-Symbiose: Qualifizierte und engagierte Mitarbeiter und eine diese unterstützende Organisation begründen Nachhaltigkeit.

Durch Kostenvermeidung kommt man von Beginn an dem Optimum näher, gelangt schneller zur Kammlinie und »verteidigt« diese mit geringerem Aufwand als mit Ansätzen, die vorrangig auf spätere Anstrengungen zur Kostensenkung setzen.

3.2 Produktentstehungsprozess

Der Produktentstehungsprozess (PEP) ist Objekt des Produktivitätsmanagements und Gegenstand des Industrial Engineering. In Abschnitt 2.5.3 wurden bereits die in den drei PEP-Phasen zu erfüllenden Aufgaben skizziert (vgl. dazu Abbildung I-20):

1. In der Phase 1 werden, primär mit Hilfe der Methoden des *Product Engineering* Produkte entwickelt. Das wird durch das Industrial Engineering unterstützt. Je nach Branche werden am Ende dieser Phase Produkte freigegeben oder Aufträge gewonnen. Hier wird ProKon angewandt.
2. In der Phase 2 werden, primär mit Hilfe der Methoden des *Industrial Engineering*, die zur Produktion erforderlichen Arbeitssysteme und Prozesse entwickelt. Diese Phase schließt mit einer verbindlichen Produkt- und Prozessfreigabe ab, so dass der Produktanlauf bzw. die Auftragsfertigung beginnen kann.
3. In der Phase 3 wird mit diesen Arbeitssystemen produziert und die Produktion mit Hilfe der Methoden des Industrial Engineering über die Produktlebensdauer hinweg verbessert.

In den folgenden Abschnitten werden diese drei Phasen erläutert.

3.2.1 Produktentwicklung

Abbildung I-26 ist zu entnehmen, dass es in der 1. PEP-Phase um zwei Sachverhalte geht:

1. Marketing, Vorentwicklung und Produktentwicklung, beginnend mit der Planungsidee und endend mit der Marktfreigabe des Produkts.

81 Vgl. z. B. Probst, G.; Raub, St.; Romhardt, K.: Wissen managen. Wie Unternehmen ihre wertvollste Ressource optimal nutzen, 5. Auflage. Wiesbaden: Gabler, 2006, S. 16f.

2. Auftragsgewinnung, beginnend mit der Marktfreigabe des Produkts und endend mit der Auftragsfreigabe und dem Eintritt in die zweite Phase des PEP.

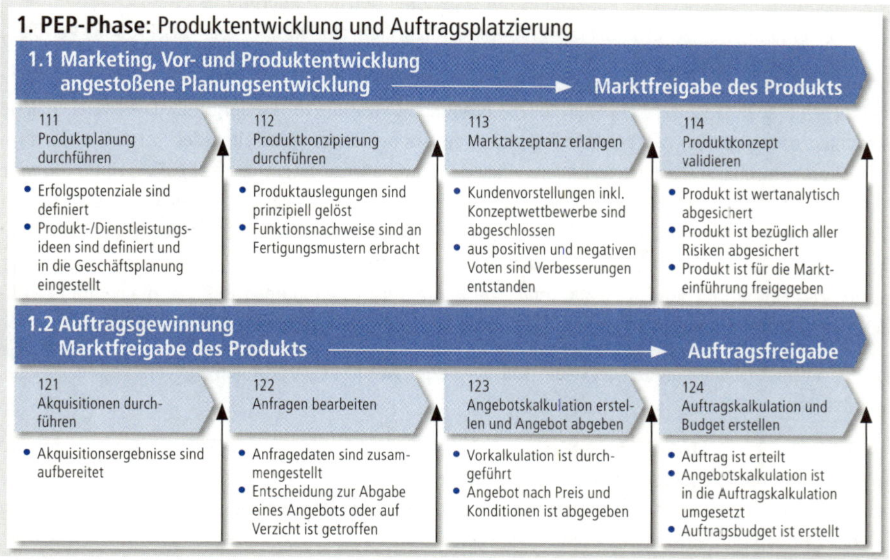

Abbildung I-26 Beispiel für einen PEP in der 1. Phase

Die erste PEP-Phase fällt in manchen Wirtschaftszweigen nur eingeschränkt an und beschränkt sich mitunter auf die Auftragsgewinnung. Eine »Vorentwicklung« ist in manchen Unternehmen gar nicht vorhanden, in anderen nicht dem Organigramm zu entnehmen. In der Automobilindustrie sowie in der Konsumgüterindustrie, seltener in der Investitionsgüterindustrie, wird bei der ersten PEP-Phase unterschieden zwischen

1. der *Vorentwicklung* und
2. der *Produkt-* oder *Serienentwicklung*.

Bei der Vorentwicklung entstehen Produkt- und Produktionskonzepte einschließlich Komponenten- und Technologieentwürfen. Diese werden wirtschaftlich bewertet. Dabei werden Lösungsmöglichkeiten und -alternativen aufgezeigt und abgewogen. Ziel der sich anschließenden Serienentwicklung ist das schnelle Umsetzen[82] der Vorentwicklung in ein profitabel zu fertigendes Serienprodukt. Strategische Planungen zur Vorbereitungsphase müssen auf der *Geschäftsstrategie* basieren (vgl. Abschnitt 3.3), indem strategisch begründete Aufträge an die Vorentwicklung formuliert und Chancen- und Risikoabschätzungen zur Technologieentwicklung vorgenommen werden.

Abbildung I-27 vermittelt beispielhaft einen Überblick zu Aufgaben, Ablauf und wichtigen Instrumenten in der 1. PEP-Phase. Zu den Arbeitsschritten werden die dabei zu erreichenden Meilensteine (Quality Gates) angeführt. Deren Erfüllung ist zu bestätigen und zu dokumentieren, weil damit

- innerbetrieblich ein Zwang zu systematischem und sorgfältigem Arbeiten über die Abteilungsgrenzen hinweg entsteht,
- die Kundenschnittstellen deutlich herausgestellt und
- Beweismittel für eventuelle spätere Rechtsstreitigkeiten gesichert werden.

82 Die schnelle Umsetzung, die sich in der sog. »Time-to-Market-Dauer« ausprägt, ist in vielen Branchen einer der wichtigsten Erfolgsfaktoren.

Leitgedanken bei der Vorentwicklung sind z. B.:

1. Wie schnell kann das Produkt entwickelt werden?
2. Welches Kostensenkungspotenzial besteht gegenüber den Vorläuferprodukten?
3. Wie schnell ist es zu produzieren und wie schnell kann der Kunde über das Produkt verfügen (sog. Time to Market)?

Simultaneous Engineering

Bei diesen Fragen steht der Zeitbedarf für die Produktentwicklung im Vordergrund. Die früher übliche Technik der sequenziellen Produktentwicklung, das nacheinander Abarbeiten der Entwicklungsaufgaben, wurde durch das Concurrent Engineering oder Simultaneous Engineering abgelöst. Unter *Simultaneous Engineering* versteht man das parallele, vorausschauende Entwickeln in bereichsübergreifenden Teams unter fertigungsadäquaten Bedingungen sowie vorbeugenden, qualitätssichernden Maßnahmen[83], unter Einbeziehung der Systempartner (z. B. Zulieferer). Simultaneous Engineering ist also mehr als die Parallelisierung der Entwicklungsphasen. Es steht für eine Optimierung über die gesamte Wertschöpfungskette hinweg und nimmt auf die Arbeitsabläufe aller involvierten Bereiche Einfluss.[84]

Vorentwicklung

In der Vorentwicklung sind zuerst die Kunden- oder Marktanforderungen zu verarbeiten. Daraus werden

- die Entwicklungsstrategie formuliert,
- die Kundenanforderungen in Produktmerkmale und -eigenschaften umgesetzt[85],
- die noch lösungsneutralen Produktmerkmale danach bewertet, welchen Beitrag sie zum Erfüllen der Kundenanforderungen leisten.

Hierbei hat sich die Methode des *Quality Function Deployment* (QFD) als nützliches analytisches Instrument erwiesen.[86] Als Ergebnis einer QFD-Analyse erhält man eine funktionenorientierte Produktstruktur mit technischen Zielwerten (im Prinzip einen Funktionenbaum), denen später mittels *Target Costing*[87] noch Kostenwerte zuzuordnen sind.[88] Durch diese Systematik werden zu frühe Festlegungen auf bestimmte Lösungen vermieden und – als Elemente des Produktionssystems (vgl. Abschnitt 3.4.5) – Lösungsstandards entwickelt, auf die man bei anderen Problemstellungen wieder zurückgreifen kann.

In der Vorentwicklung sind zudem Risikoanalysen durchzuführen, z. B. in Form von System-FMEA[89]. Bevor mit der Serienentwicklung (des später zu fertigenden Produkts) begonnen wird, sind Simulationen durchzuführen, virtuelle Produkte zu entwickeln oder Prototypen herzustellen. In dem in Abbildung I-27 dargestellten Prozess gibt es eine Reihe von Rückkoppelungen, die hier der Übersichtlichkeit wegen nicht angeführt werden. In deren Verlauf kann auch entschieden werden, die Vorentwicklung eines Produkts abzubrechen.

Fertigungsgerechte Produktentwicklung

Vor- und Serienentwicklung stehen unter dem Leitgedanken der *fertigungsgerechten Produktentwicklung.* Die fertigungsgerechte Produktentwicklung schließt auch die produktionsgerechte Konstruktion (ProKon) ein. Zwar existieren bereits seit den 1970er-Jahren Unterstützungsmethoden wie

83 Landau, K.; Hellwig, R.: Projektmanagement – Grundlagen und Anwendungen. Stuttgart: Ergonomia, 2004.
84 Im Detail wird auf Simultaneous Engineering im Teil III, Kapitel 2 eingegangen.
85 Schöler, H.R.: Erfolgreiche Produktkonzepte durch frühzeitige Berücksichtigung der Kundenanforderungen und des Kostenmanagements. In: Bericht zur Veranstaltung »Prozessoptimierung in der Vorentwicklung«, Augsburg: IIR, 2003.
86 Quality Function Deployment (QFD) ist eine ganzheitliche, abteilungsübergreifende Methode zur Ableitung von Produktanforderungen aus Kundenwünschen und soll zu einem markt- oder kundenorientierten Produktkonzept führen.
87 Im Target Costing werden die den Funktionen entsprechenden Kostenziele erarbeitet.
88 Schöler, H.R.: a. a. O., 2003.
89 Vgl. Teil II, Abschnitt 3.4.3.

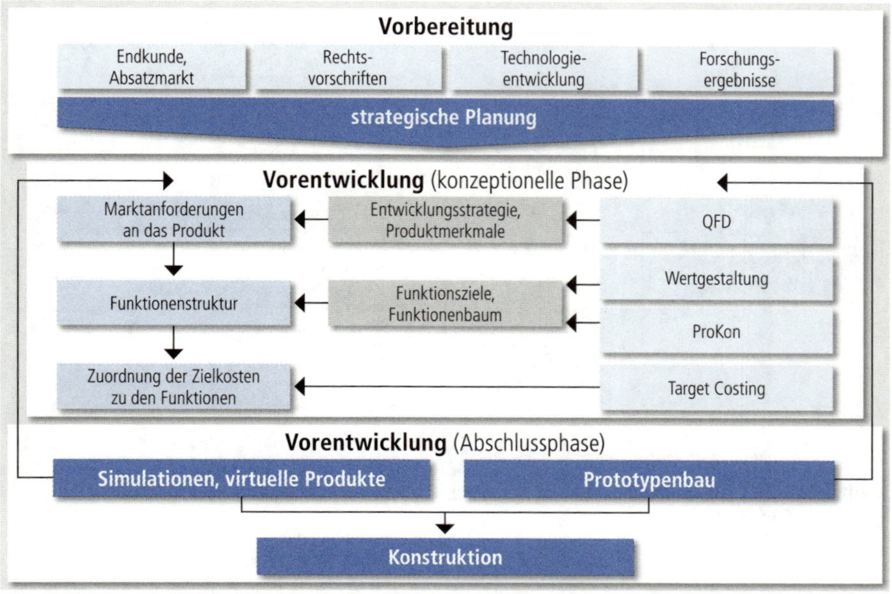

Abbildung I-27 Ablauf einer fertigungsgerechten Produktentwicklung in der Vorentwicklung

»Design for Assembly« (DFA), »Design for Automatic Assembly« (DFAA) oder »Design for Manufacturing« (DFM)[90]. Es zeigte sich jedoch, dass diese Methoden zu einem meist inakzeptablen Aufwand führen. Die Methode der produktionsgerechten Konstruktion (ProKon) führt dagegen rasch, rechnerunterstützt zu montagegerechten Konstruktionslösungen.[91]

Die fertigungsgerechte Produktentwicklung unter Einsatz des MTM-Verfahrens besteht im

- fertigungsadäquaten Vereinfachen des Produkts und des zugehörigen Produktionsprozesses,
- integrativen Behandeln von Produkt und Produktion bereits bei der Produktentwicklung, aber auch in der Entstehung-, Betriebs- und Verbesserungsphase.

Beim Einsatz des MTM-Verfahrens folgt man dem Leitgedanken nachhaltiger Produktivitätsoptimierung, unterstützt durch eine effektive Partizipation der Beschäftigten. Wie Abbildung I-28 zu entnehmen ist, hat ein so entwickeltes Produkt typischerweise

- eine geringere Zahl an Baugruppen und Teilen,
- was zu einer vereinfachten Herstellung führt, vor allem in der Montage, und
- zu zahlreichen Folgewirkungen in der gesamten Lebensdauer des Produkts, von der Integration der Zulieferer bis zum abschließenden Recycling.

90 Vgl. z. B. Boothroyd, G.; Dewhurst, P.; Knight, W.: Product design for manufacture and assembly. New York: Marcel Dekker, 1994.

91 Klein, B.; Sanzenbacher, G.: Kostenreserven ausschöpfen durch produktionsgerechte Konstruktion (ProKon). In: Konstruktion, 2008, 4, S. 1–6.

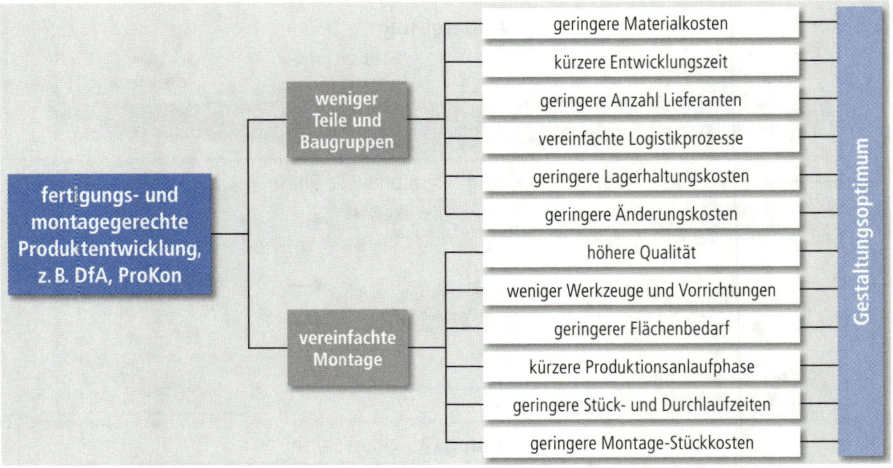

Abbildung I-28 Auswirkungen fertigungsgerechter Produktentwicklung auf Teilezahl und Herstellungsprozess[92]

Die Vorteile fertigungsgerechter Produktentwicklung zeigten sich bereits bei der Produktion von Henry Fords »Modell T«, auch wenn die damaligen Erfolge mehr im Genius von Ford und weniger in einer nachvollziehbaren Methodik begründet waren.[93] Die fertigungsgerechte Produktentwicklung wird durch folgende Instrumente des MTM-Verfahrens unterstützt[94]:

1. In der ersten und zweiten PEP-Phase durch ProKon[95] (vgl. Teil III, Abschnitt 2.6),
2. in der zweiten PEP-Phase durch MTM*ergonomics*® (vgl. Teil III, Abschnitt 5.5) und die MTM-Prozessbausteinsysteme (vgl. Teil II, Kapitel 6 und 7),
3. in der dritten PEP-Phase durch MTM-Know-how in KVP-Teams (Teil IV, Abschnitt 3.7).

Auftragsgewinnung

Bei der *Auftragsgewinnung* können vier Hauptaktivitäten anfallen (vgl. Abbildung I-26):

1. Akquisitionen durchführen. Das kann während der Vorentwicklungs- und Produktentwicklungsphase oder danach erfolgen. Mit dieser wichtigen vertrieblichen Aufgabe setzen wir uns hier nicht auseinander, weil sie nicht zum Industrial Engineering gehört.
2. Anfragen bearbeiten. Das ist der Vorbereitungsschritt zum Erstellen von Kalkulationen. Dabei ist für unser Thema der Vorkalkulation (Angebots- und Auftragskalkulation) die Vollständigkeit der Anfragedaten wichtig.
3. Angebotskalkulation erstellen und Angebot abgeben. Eine Angebotskalkulation wird vor Auftragserteilung erstellt und dient dazu, entweder aufgrund einer Kundenanfrage einen Angebotspreis zu finden oder die Akzeptanz eines angebotenen Preises zu beurteilen. Die praktische Bedeutung sorgfältig erstellter Angebotskalkulationen liegt darin,
   - dass zu hoch kalkulierte Kosten zwar profitable Aufträge, aber geringe Chancen für eine Auftragsgewinnung versprechen und
   - es sich bei zu gering kalkulierten Kosten umgekehrt verhält.

92 Vgl. Eskilander, S.: Design for automatic assembly. Stockholm: Kungl Tecniska Högskolan, 2001.
93 Das Konzept von Ford hatte auch negative Eigenschaften, unter anderem bezüglich der Involvierung und Partizipation der Beschäftigten.
94 Vgl. Littmann, F. et al.: a.a.O., 2010, S. 157f.
95 ProKon führt im Vergleich zur o. a. DFM bei wesentlich niedrigerem Anwendungsaufwand zu vergleichbaren Ergebnissen; vgl. Klein, B. et al.: a.a.O., 2008, S. 83–93.

Das Erstellen von Angebotskalkulationen und dabei insbesondere die Kalkulation der Herstellkosten werden im Teil III, Kapitel 3 behandelt.

4. Auftragskalkulation und Budget erstellen. Wenn ein Auftrag erteilt ist, wird die Angebots- in eine Auftragskalkulation umgesetzt, weil sich im Verlauf der Auftragsverhandlungen Änderungen gegenüber der Angebotskalkulation ergeben können, z. B. aufgrund von Änderungen am Produkt, an dessen Lebenszyklus oder den Auftrags- und Abrufmengen. Sind mit dem Auftrag Investitionen für Maschinen, Werkzeuge, Vorrichtungen oder Messmittel verbunden, werden in den meisten Unternehmen Auftrags- oder Produktbudgets erstellt und in den folgenden PEP-Phasen einem Controlling unterzogen.

Zwischen den Aktivitäten der Vorbereitungs- und der Entstehungsphase gibt es zeitliche Überlappungen und Schleifen, wie in Abbildung I-24 dargestellt. Beispielsweise kann man aus Termingründen mit der Prozessentwicklung bereits vor der Budgetierung beginnen, oder beim Entwickeln und Implementieren von Arbeitssystemen entstehen Erkenntnisse, die nochmals zu konstruktiven Produktänderungen führen.

3.2.2 Prozessentwicklung

Präventives Industrial Engineering

Die Phase des Entstehens von Arbeitssystemen und -prozessen (Prozessentwicklung) erstreckt sich von der Produkt- oder Auftragsfreigabe bis zum Beginn der Produktion (SOP). Abbildung I-19 ist zu entnehmen, dass in dieser 2. PEP-Phase die Bedeutung der Methoden des Product Engineering so abnimmt, wie die Bedeutung der Methoden des Industrial Engineering zunimmt. In der Prozessentwicklung liegt der Schwerpunkt des *Produktivitätsmanagements mit MTM*. Sie ist das Hauptaktionsfeld für das präventive Industrial Engineering (vgl. Abschnitt 2.5.5).

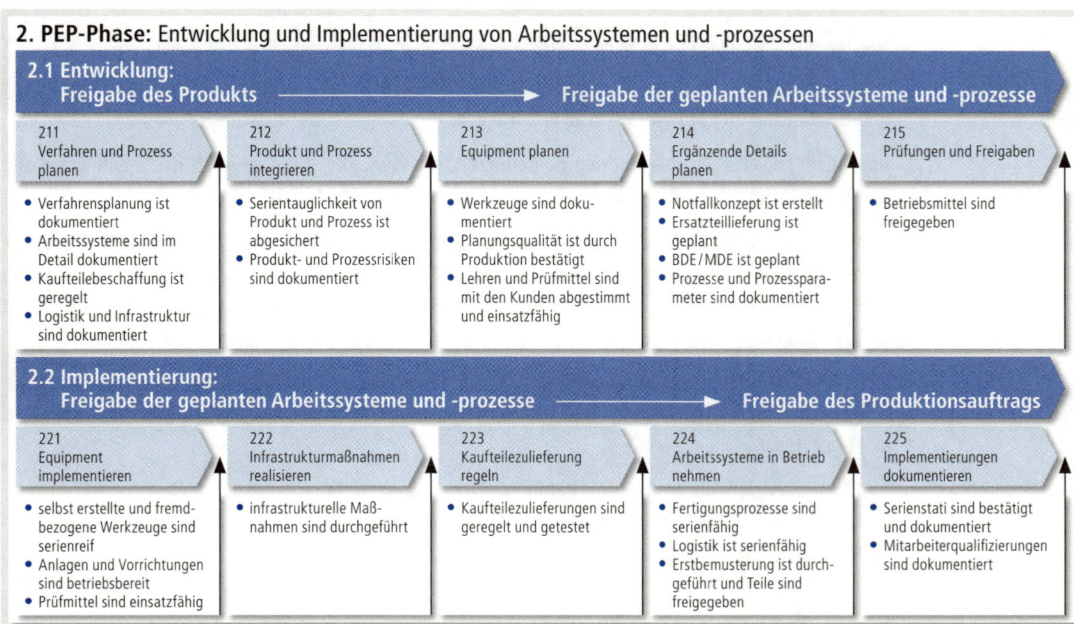

Abbildung I-29 Beispiel für einen PEP in der Prozessentwicklungsphase

Entwicklung und Implementierung von Arbeitssystemen und -prozessen

Die in Abbildung I-29 dargestellte *2. PEP-Phase* ist in zwei Abschnitte gegliedert,

1. Entwicklung (Planung) der für die Produktion des freigegebenen Produkts erforderlichen Arbeitssysteme und -prozesse, beginnend nach der Freigabe des Produkts und endend mit der Freigabe der geplanten Arbeitssysteme und Prozesse,
2. Implementierung (Realisierung, Planungsumsetzung) der freigegebenen Arbeitssysteme und -prozesse, endend mit der Freigabe des Produktionsauftrags, Start of Production (SOP).

Entwicklung

Wie bei der Produktentwicklungsphase werden jedem Arbeitsschritt die zu erreichenden Meilensteine (Quality Gates) zugewiesen. Der erste Schritt in der Entwicklung ist die Verfahrens- und Prozessplanung auf Basis der Auftragskalkulation (vgl. Teil III, Kapitel 3). In der Verfahrensplanung werden die technischen Prozesse detailliert, z.B. Umform-, Trenn-, Füge-, Beschichtungs-, Zerspanungs- und Montageprozesse. Es werden Prozesssimulationen durchgeführt und Prüfpläne angelegt. Dann sind die Arbeitssysteme, Logistik, Infrastruktur und Kaufteilebeschaffung zu planen, einschließlich Fremdfertigungen. Die dazu geltenden *Quality Gates* sind nachweispflichtig und Schritt 211 in Abbildung I-29 zu entnehmen.

Im nächsten Schritt ist die Produkt-Prozess-Integration vorgesehen[96],

- um die Kompatibilität von Produkt und Prozess abzusichern (z.B. durch Toleranzanalysen, durchgängige Spann- und Fixierkonzepte, erweiterte Herstellbarkeits- und Prozessfähigkeitsanalysen)
- und es sind Produkt-Prozess-Risiken abzuschätzen.

Dem folgt im Schritt 213 die Betriebsmittelplanung. Zuerst sind Make-or-buy-Entscheidungen zu treffen und damit die eigene Leistungstiefe festzulegen. Dabei spielt eine Rolle, ob Werkzeuge und Anlagen von den Kunden gestellt oder selbst erstellt werden. Bei fremd zu vergebendem Betriebsmittelbau sind die Ausschreibungsunterlagen zu entwickeln. Für Fremd- und Eigenerstellung müssen Werkzeug-, Vorrichtungs- und Prüfmittelkonzepte spezifiziert und in Konstruktionen umgesetzt werden.

Im Schritt 214 geht es um Detaillierungen und Rahmenplanungen. Dazu gehören Notfallkonzepte (z.B. Ausweicharbeitsplätze, Lochstiche bei Werkzeugen, redundante Stationen), die Ersatzteilfertigung und die Spezifikation der Datenerfassung (BDE, MDE, CAQ), das Reporting, das Monitoring und die Dokumentation von Prüfaufzeichnungen.

Abschließend wird die Gesamtdokumentation erstellt sowie die Planung durch das Engineering und die späteren Betreiber, die eingebundenen Lieferanten und Kunden, geprüft.

Implementierung

In der Implementierungsphase wird in den Schritten 221 und 222 das im Schritt 213 geplante Equipment gebaut oder beauftragt. Nach Anlieferung ist dessen Verwendbarkeit zu bestätigen. Ferner sind Flächenbereinigungen vorzunehmen, bauliche Maßnahmen durchzuführen und die IT-Infrastruktur zu beauftragen.

Je nach Umfang und Bedeutung der Kaufteile sind im Schritt 223 wichtige und risikobehaftete Aufgaben zu erfüllen, um das Quality Gate »Kaufteilezulieferungen sind geregelt und getestet« bestätigen zu können, z.B.

- Lieferantenauswahl treffen und Rahmenverträge aushandeln,
- Qualitätssicherungsvereinbarung, Qualitätsvorausplanung vornehmen, Lieferantenrisikoabschätzung erstellen, Prozessaudits (z.B. nach VDA 6.3) festlegen,
- Produktspezifikation und Bemusterung mit Lieferanten festlegen und Terminabsprachen treffen,

96 Darin prägt sich die Anwendung des Grundgedankens der digitalen Fabrik aus, die das zweite Alleinstellungsmerkmal des MTM-Produktivitätsmanagements begründet, die Nachhaltigkeit. Das ist die weitestgehende Integration der von der Produktentwicklung über die Arbeitssystem- und Logistikentwicklung entstehenden Daten (integriertes Datenmanagement). Vgl. auch Müller, E.: a.a.O., 2010, S. 156.

- sicherstellen, dass die beauftragten Kaufteile Sachnummern haben und bei den Lieferanten abgestimmte Prüfpläne vorliegen,
- Ersatzteillieferung mit Lieferanten vereinbaren.

Im Schritt 224 sind die geplanten Arbeitssysteme in Betrieb zu nehmen. Dazu sind oft drei Aufgabenpakete abzuarbeiten:

1. Fertigungsprozess in Serienreife bringen, z. B.
   - Rüstzeiten und Losgröße bestimmen, OEE-Daten in den (Ziel-)Arbeitsplan für den Serienanlauf einstellen
   - Produkt- und Prozessoptimierungen vornehmen
   - Arbeitspläne, Ablaufbeschreibungen, Prozessablaufbeschreibungen auf SOP-Stand bringen
   - Teilelebenslauf anlegen
   - Fertigungs-Layout auf SOP-Stand bringen
   - Mitarbeiter auswählen, schulen und trainieren
   - Produktionstests analog zu Kundentests durchführen
2. Logistik in Serienreife bringen, z. B.
   - EDI-Anbindung an den Kunden vornehmen
   - Transport- und Verpackungsspezifikation festlegen
   - Transportversuche durchführen und Transportmittelfreigabe herbeiführen
   - Material disponieren
   - Logistische Durchlaufplanung inkl. Abrufmodi in IT-System einpflegen
   - Verfügbarkeit von Transportmitteln und Verpackungen sicherstellen
   - Logistik optimieren
   - Sicherheitsbestand aufbauen
   - Rahmenverträge mit Lieferanten abschließen
3. Qualität zur Erstbemusterung bringen, z. B.
   - Wareneingangs-Prüfpläne für die Serie erstellen und Serien-Prüfanweisungen festlegen
   - Serien-Prüfdokumentation erstellen, an die Fertigung übergeben
   - Lieferantenfreigabe erreichen
   - Freigabe des eigenen Produktionsprozesses erreichen
   - interne IMDS-Daten und für Lieferanten anlegen
   - Requalifikation, Produkt- und Prozessaudits planen, Lieferantenaudits durchführen
   - Erstbemusterung durch den Kunden erreichen

Die Erstbemusterung und Teilefreigabe ist ein besonders wichtiges Quality Gate. Den Abschluss der Implementierung bilden, hier im Schritt 225 eingeschlossen, meist eine Reihe von Prüfungs- und Freigabeprozeduren und die Dokumentation der Ergebnisse.[97] Das können z. B. sein:

- Projektreviews erstellen
- für selbst gefertigte Einzelkomponenten und Kaufteile Serienstatus bestätigen
- für Fertigungseinrichtungen Serienstatus bestätigen
- Produkt verifizieren und validieren (Qualifizierung des Produkts)
- Erstbemusterungsfreigabe für die Lieferanten dokumentieren
- eigene Erstbemusterungsfreigabe durch den Kunden dokumentieren
- Mitarbeiterschulung und -training dokumentieren
- Serienstatus der Fertigungslogistik dokumentieren

97 Dieser Schritt wird in den Unternehmen mit besonderer Sorgfalt durchgeführt, weil hier eine Reihe rechtsrelevanter Sachverhalte zu behandeln ist. Schließlich endet er mit der verbindlichen Auftrags- oder Serienfreigabe.

3.2.3 Betrieb und Verbesserung

Produktionsmanagement

Abbildung I-25 ist zu entnehmen, dass die in der zweiten Phase implementierten Arbeitssysteme und Prozesse in der dritten Phase zu betreiben und zu verbessern sind. Aufgabe des *Produktionsmanagements* ist es, wie geplant zu produzieren und dabei die Produktivität über die Produktlebensdauer hinweg ständig zu verbessern.

Im Teil IV werden jene Aspekte im Detail behandelt, die in die Betriebs- und Verbesserungsphase gehören. Das sind in erster Linie das Werkstatt-, Anlauf- und Verbesserungsmanagement. Die 3. PEP-Phase ist in zwei Abschnitte gegliedert (Abbildung I-31),

1. *Auftragsanlauf – Anlaufmanagement*, beginnend mit dem freigegebenen Produktionsauftrag, endend mit dem Erreichen der Kammlinie[98],
2. *Auftragsfertigung – Verbesserungsmanagement*, beginnend mit dem Erreichen der Kammlinie, endend mit dem Ende des Produktionsauftrags (EOP).

In der Prozessentwicklung ging es unter anderem darum, den geplanten oder vereinbarten SOP-Termin einzuhalten. Bei der Diskussion über *Anlauf-* oder *Hochlaufkurven* (ramp-up curve) ist zu bedenken, dass bei jeder neuen Produktgeneration tendenziell

- die Produktlebensdauern sinken,
- die Produkte komplexer und variantenreicher werden,
- die Herstellkosten zu reduzieren sind und
- der Wettbewerb auf den Absatzmärkten gleichzeitig zunimmt.

Anlaufmanagement

Deshalb muss zu SOP eine höchstmögliche Startproduktivität vorliegen und dann durch Anlaufmanagement schnellstmöglich der Hochlauf der Gutstückmenge auf mindestens Kammlinienhöhe gelingen. Das ist die Voraussetzung dafür,

- dass man auch bei geringerer Produktlebensdauer als geplant noch in die »Gewinnzone« gelangt,
- und zwar erfolgreicher als die Wettbewerber[99] und
- dazu den üblichen jährlichen »Saving-Verpflichtungen« nachkommen kann.

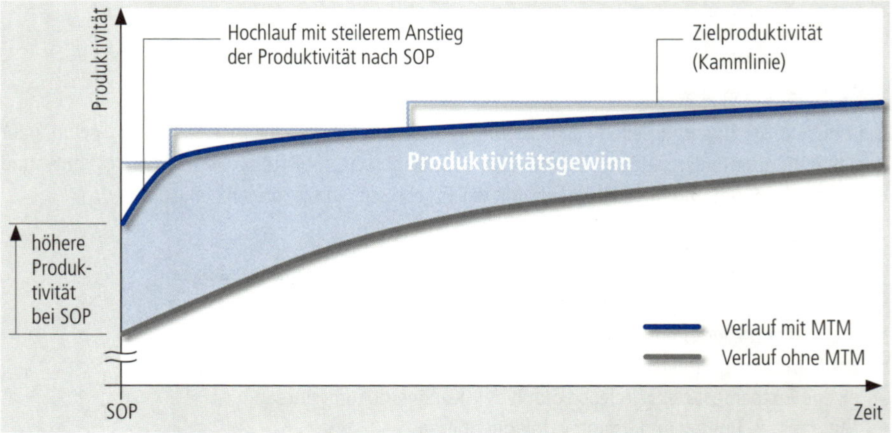

Abbildung I-30 Produktivitätsentwicklung im Serienanlauf mit und ohne MTM-Anwendung

98 Der Begriff »Kammlinie« wird in den meisten Unternehmen für den Zeitpunkt oder den Output verwendet, zu dem die Zielausbringung oder die Zielproduktivität erreicht ist.
99 Vgl. dazu auch Abele, E.; Eichhorn, N.: Richtig planen oder kontinuierlich verbessern? In: Britzke, B. (Hrsg.): MTM in einer globalisierten Wirtschaft, München: mi-Wirtschaftsbuch, 2010, S. 222 ff.

Abbildung I-30 sind die Wirkungen der beiden Alleinstellungsmerkmale des MTM-Verfahrens zu entnehmen:

1. Die *Präventionsfähigkeit*: Die in der Produkt- und Prozessentwicklung eingesetzten Methoden zur Modellierung und Simulation führen beim SOP zu einer höheren (Start-)Produktivität als bei nicht präventionsfähigen Konzepten (vgl. dazu Abbildung I-25 und Abbildung I-53).
2. Die *Nachhaltigkeit*: In der Hochlaufphase wird die Kammlinie früher erreicht und die Distanz wird verteidigt. Das Anlaufmanagement (vgl. Teil IV, Abschnitt 3.2) basiert auf einer datengeleiteten Planung (Nachhaltigkeit durch integratives Datenmanagement). So ist es möglich, schneller an den »richtigen Schrauben zu drehen«, chancenreiche Verbesserungsansätze zu identifizieren und chancenlose zu verwerfen.

Abbildung I-31 sind die wichtigsten Aufgaben beim Anlaufmanagement zu entnehmen. In den Schritten 311 und 312 werden aus dem Abgleich der OEE-Daten mit denen des Zielarbeitsplans (steht für das Erreichen der Kammlinie) durch eine mitlaufende Kalkulation relevante Abweichungen ausgewiesen. Je größer die Abweichungen sind, desto weiter ist man von der Kammlinie entfernt. Häufige Abweichungsursachen sind Werkzeug- und Betriebsmitteländerungen, ungeplante Prüfvorgänge, Kundenänderungen, unzuverlässige Lieferanten.

Im Schritt 313 werden Verbesserungs- und Abstellmaßnahmen entwickelt und im Schritt 314 umgesetzt. Häufige Maßnahmen zur Verkürzung der Hochlaufphase sind z. B.

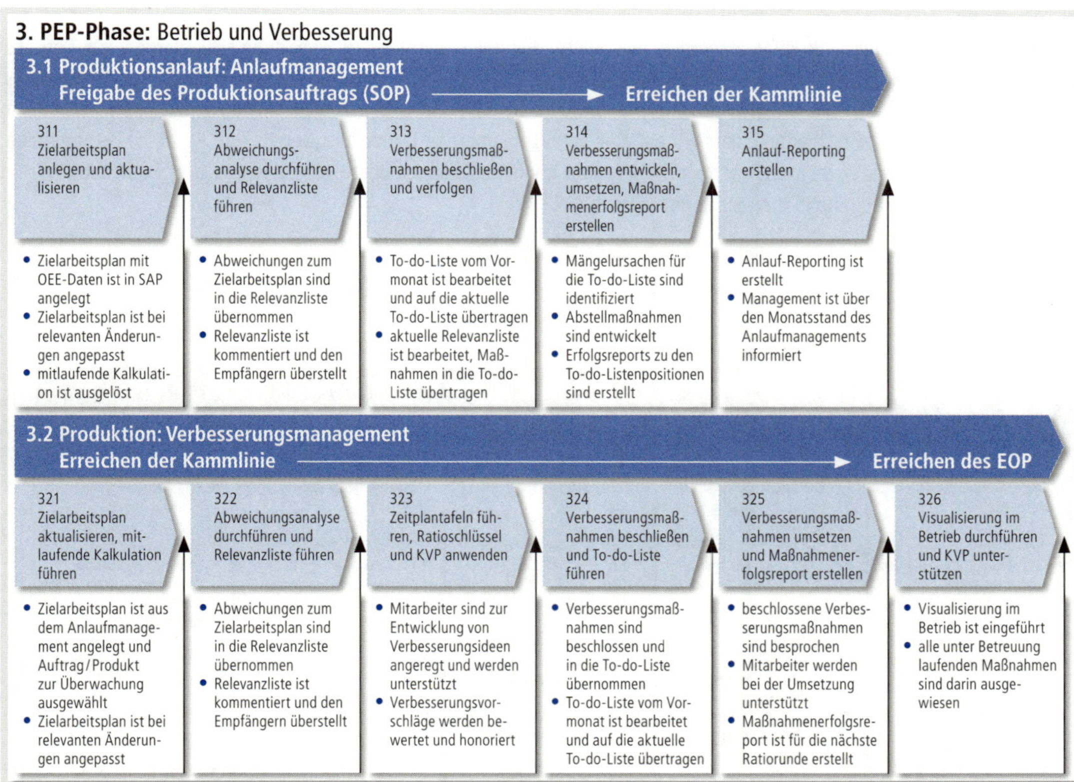

Abbildung I-31 Beispiel für einen PEP in der Betriebs- und Verbesserungsphase

- Lieferanten-Monitoring,
- Coaching des Werkstattmanagements,
- Intensivierung von Qualifikationsmaßnahmen,
- Maßnahmen zur Verbesserung der Prozessfähigkeit und
- KVP-Workshops und »Lessons learned«.

Im Schritt 315 wird ein Berichtswesen bedient, weil insbesondere professionell visualisierte Ergebnisreports eine gewisse Gewähr bieten, dass bei den Beteiligten ein Engagement entsteht und aufrechterhalten wird.

Verbesserungsmanagement

In Abbildung I-31 liegen dem Verbesserungsmanagement die gleichen Prinzipien des zuvor geschilderten Anlaufmanagements zu Grunde. Die meisten Unternehmen unterliegen internen Vorgaben, wonach sie jährlich Verbesserungen nachzuweisen haben, anhand von Produktivitäts-, Kosten- oder Erfolgskennzahlen. Wie beim Anlaufmanagement konzentriert man sich auf jene Arbeitssysteme und Sachverhalte, zu denen die größten Verbesserungschancen identifiziert werden. Das erfolgt durch Vergleich der OEE-Daten der Zielarbeitspläne mit denen der mitlaufenden Kalkulation. Über die Aktivitäten beim Anlaufmanagement hinaus sind weitere Ansätze vorgesehen:

- Im Schritt 323 werden weitere Verbesserungstechniken angewandt, unter größtmöglicher Beteiligung der Beschäftigten.
- Im Schritt 326 wird ein alle Verbesserungsansätze unterstützendes Visualisierungsmanagement eingesetzt.

Ersatzteilproduktion

Diese Aktivitäten werden im Teil IV, Kapitel 3 erläutert. In Abbildung I-32 werden zur Betriebs- und Verbesserungsphase zwei weitere Prozesse angeführt, die Ersatzteilproduktion und After-Sales-Aktivitäten. Letztere sind von Branche zu Branche und auch innerhalb der gleichen Branche so unterschiedlich, dass wir auf eine verallgemeinernde Darstellung verzichten. Auch die Bedingungen, unter denen *Ersatzteilproduktionen* erfolgen, unterscheiden sich zwischen den Branchen. Es sind drei Situationen zu unterscheiden.

- Fall 1: Es sind keine Ersatzteile zu produzieren.
- Fall 2: Begleitend zur Serie ist ein sogenannter Allzeitbedarf zu produzieren.

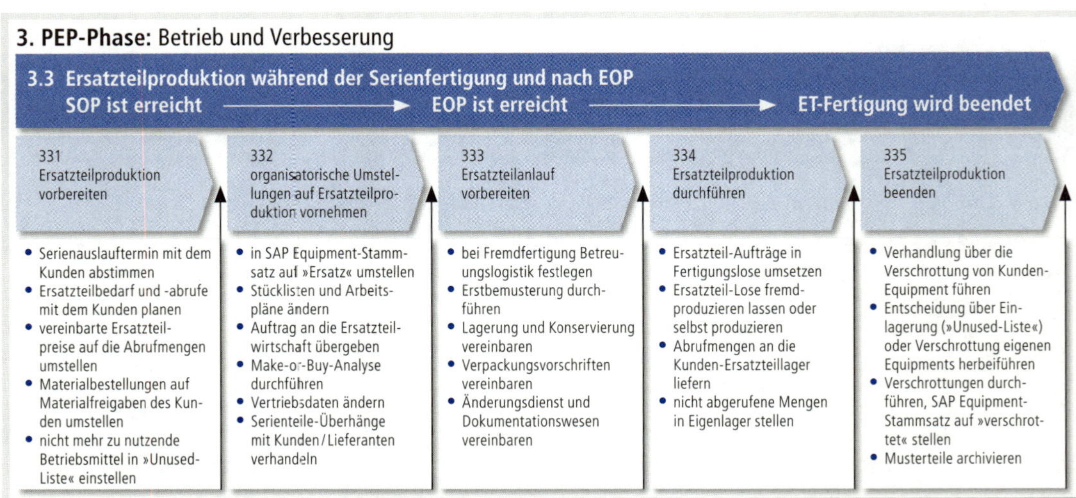

Abbildung I-32 Beispiel für einen PEP-Abschnitt zur Ersatzteilproduktion eines Serienherstellers in der Betriebs- und Verbesserungsphase (Fall 3)

- Fall 3: Begleitend zur Serie und nach Serienauslauf sind Ersatzteile im Rahmen von Ersatzteilaufträgen zu produzieren.

Der in Abbildung I-32 dokumentierte Prozess bezieht sich auf den Fall 3. Die Anzahl an Quality Gates zeigt, dass es sich um einen komplexen Prozess handelt, der schon deshalb einer sorgfältigen organisatorischen Regelung bedarf. Hinzu kommt, dass sich viele Zulieferunternehmen der nicht realistischen Erwartung ihrer Kunden ausgesetzt sehen, Ersatzteile zu gleichen Preisen und Konditionen wie Serienteile liefern zu können. Daraus resultiert die Notwendigkeit, auch die Ersatzteilfertigung hochproduktiv zu gestalten.

3.3 Geschäftsstrategie

3.3.1 Inhalt von Geschäftsstrategien

Strategiebegriff

Die Begriffe Strategie und Management haben eines gemeinsam: Sie sind zum Modewort geworden und stehen damit bei vielen für alles Beliebige. Der *Strategiebegriff* ist dem Griechischen entlehnt und wurde ursprünglich als Synonym für Kriegs- und Staatsführung verwendet. Breite Beachtung fand er erst im 19. Jahrhundert durch seine Verwendung in der militärischen Literatur[100], wo Strategie für ein Rahmenkonzept von Taktiken[101] stand und im Lichte taktischer Erfolge und Misserfolge permanent auf seine Nützlichkeit zu überprüfen war. Damit war man nicht weit von dem entfernt, was heute von vielen darunter verstanden wird[102], nämlich die Festlegung,

1. wie eigene Ressourcen und Potenziale unter Nutzung eigener Stärken einzusetzen sind, um längerfristige Absichten zu verwirklichen,
2. in welche Richtung sich ein Unternehmen entwickeln soll und
3. wie durch Nutzen von Erfolgspotenzialen Wettbewerbsvorteile zu generieren sind.

Geschäftsstrategie

Der Abbildung I-33 ist ein konzeptioneller Rahmen für die Entwicklung und Darlegung von Geschäftsstrategien zu entnehmen, abgestimmt auf das in Abbildung I-25 angeführte Produktivitätsmanagement. Danach verstehen wir unter einer *Geschäftsstrategie* das Ausrichtungssystem eines Unternehmens, im Idealfall bestehend aus

1. der Vision,
2. dem Wertesystem,
3. den Strategien im engeren Sinne und
4. den Kernkompetenzen.

Die Geschäftsstrategie ist eine Dokumentation des Wollens, des elementaren Selbstverständnisses und der Grundausrichtung eines Unternehmens. Häufig entstehen Geschäftsstrategien nicht durch intensives Nachdenken begabter Strategen oder als Ergebnis von Strategie-Workshops. Sie entwickeln sich emergent, d. h. im Laufe der Zeit aus dem Tagesgeschäft heraus und prägen sich z. B. im Marktauftritt aus, also im Verhalten gegenüber Wettbewerbern und Kunden oder in intern praktizierten

---

100 Vgl. Clausewitz, C. v.: Vom Kriege (Erstauflage 1832). Frankfurt, Berlin Wien: Ullstein, 1980.

101 Ein erstes geschlossenes Konzept taktischer Empfehlungen hat Machiavelli bereits vor fast fünfhundert Jahren vorgelegt. Vgl. Machiavelli, N.: Il Principe e Pagine Dei »Discorsi« Delle »Istorie«. Florenz: Dodicesima Edizione, 1532. Erstmals ins Deutsche übersetzt im Jahre 1923.

102 Vgl. Kreikebaum, H.: Strategische Unternehmensplanung, 6. Auflage. Stuttgart, Berlin, Köln: Kohlhammer, 1997, S. 19.

Prinzipien, z. B. wie man mit Mitarbeitern umgeht oder wie man technische und organisatorische Konzepte anwendet.[103]

Oft geht es zuerst darum, eine vorhandene und vielleicht erfolgreiche, aber nicht formalisierte Geschäftsstrategie zu systematisieren und zu dokumentieren. Es ist dann das zu ordnen und darzulegen, was unsystematisch und vielleicht auch nicht bei allen nach gleichem Verständnis vorhanden ist. Diese Relativierung ist vorzunehmen, wenn nachfolgend, z. B. bei der Anwendung der SWOT-Analyse, ein methodisches Vorgehen gezeigt wird. Die Publikation der Geschäftsstrategie ist deshalb wichtig, weil ansonsten die Gefahr besteht, dass sie von den Mitgliedern des Managements nicht einheitlich, in gleicher Weise, interpretiert wird. Das ist jedoch die Voraussetzung dafür, dass sie als verbindliche Handlungsleitlinie wirken kann.

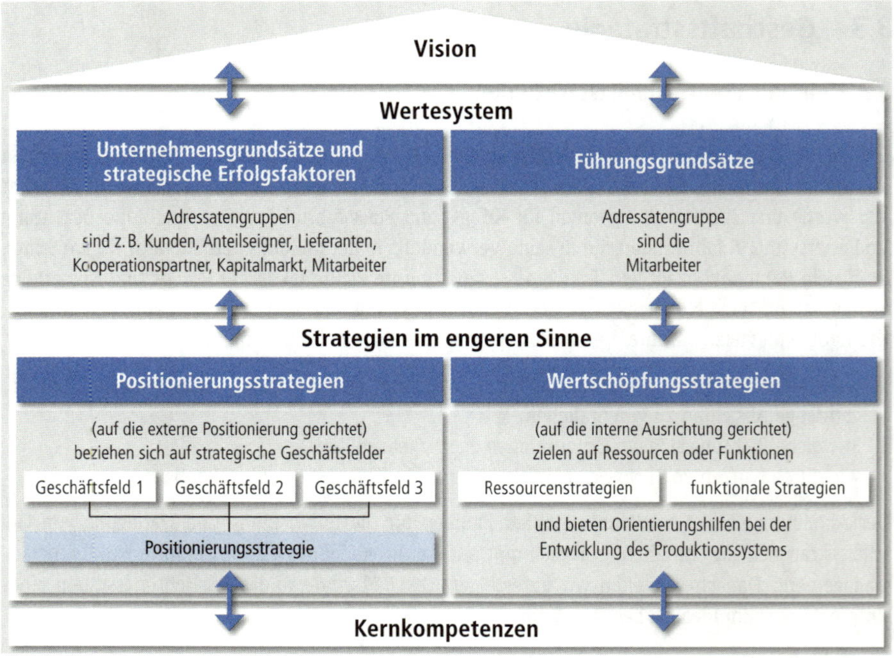

Abbildung I-33 Konzeptioneller Rahmen für die Entwicklung und Darlegung von Geschäftsstrategien

Nicht die Entwicklung, sondern das Verständnis von und der Rückgriff auf das »System der Geschäftsstrategie« ist Bestandteil des MTM-Produktivitätsmanagements. Die Geschäftsstrategie sollte die Basis der Entwicklung des Produktionssystems sein. Abbildung I-50 ist zu entnehmen, wie man Anforderungen an Produktionssysteme aus der Wertschöpfungsstrategie begründen kann. Hat man sich beispielsweise bei den Ressourcenstrategien für das Konzept des selbstverantwortlichen Mitarbeiters entschieden oder bei den funktionalen Strategien für eine Synchronisierung zum Kundenverbrauchstakt, muss sich das in der Produktionsstrategie ausprägen.

103 Die Emergenztheorie, wonach sich Strategien als »Leitmuster« entwickeln, mit dem erkennbar Entscheidungen begründet werden, die undokumentiert in der Denkhaltung des Managements verfestigt sind und irgendwann einmal dokumentiert werden, wurde von Mintzberg empirisch begründet. Vgl. Mintzberg, H.; Ahlstarand, B.; Lampel, J.: Strategy Safari. A guided tour through the wilds of Strategic Management, 6. Auflage. New York, London: Free Press, 2005.

3.3.2 Vision und Wertesystem

Vision

Ausgangspunkt von Geschäftsstrategien sind Leit- oder Zukunftsbilder, in denen auf meist hohem Abstraktionsniveau beschrieben wird, wo man hin will, auf welchem elementaren Wollen die Geschäftsstrategie basiert. Das bezeichnet man als *Vision.*[104] Visionen sollen keine weltentrückten Heilsbotschaften sein[105], sondern in der griffigsten, kürzesten Form ausdrücken, was ein Unternehmen letztlich will. Die Vision sollte nicht »frei schweben«, sondern sich aus dem Wertesystem des Unternehmens begründen lassen. Die Vision eines Automobil-Zulieferunternehmens könnte z. B. lauten: »Wir wollen auf unseren drei strategischen Geschäftsfeldern der schnellste und preiswerteste Systempartner sein, unsere Ressourcen und Prozesse laufend darauf ausrichten und eine über dem Branchenmittel liegende Profitabilität erzielen.«

Werte, Adressatengruppen

Als *Werte* bezeichnen wir jene Sachverhalte, zu denen man sich bekennt und der Auffassung ist, seine Vision nur dann verwirklichen zu können, wenn im Tagesgeschäft jene Werte gelebt werden, die der Vision zu Grunde liegen.[106] Werte sind Ausdruck des eigenen Selbstverständnisses und der unternehmerischen Absichten, also Grundsätze, zu denen man sich gegenüber definierten *Adressatengruppen* verpflichtet fühlt. Adressatengruppen sind Personengruppen oder Institutionen, die gleichartige Ansprüche an das Unternehmen richten und die als so relevant erachtet werden, dass man sich ihnen gegenüber strategisch positioniert. Werte müssen untereinander und gegenüber der Vision widerspruchsfrei sein.

Unternehmens- und Führungsgrundsätze

In Abbildung I-33 werden zwei Wertekategorien unterschieden:

1. *Unternehmensgrundsätze*: Sie richten sich an alle Adressatengruppen. Es wird das Selbstverständnis ausgedrückt und dargelegt, was man anstrebt. Zu ihnen sollten (strategische) Erfolgsfaktoren definiert werden, mit deren Hilfe zu prüfen ist, ob man den Unternehmensgrundsätzen wie beabsichtigt folgt.
2. *Führungsgrundsätze*: Sie richten sich an nur eine Adressatengruppe, die Mitarbeiter. Es wird dargelegt, wie man miteinander umgehen und zielgerichtet zusammenarbeiten will.

Abbildung I-34 ist ein Beispiel für Unternehmensgrundsätze gegenüber Lieferanten und potenziellen Kooperationspartnern zu entnehmen. Zu dem in Abbildung I-34 angeführten Unternehmensgrundsatz »3.1 Wir arbeiten als 1. Tier-Lieferant unserer Kunden mit unseren Lieferanten in gleichem Maße partnerschaftlich zusammen, wie mit unseren Kunden« wird als strategischer Erfolgsfaktor die »Anzahl Verbesserungsvorschläge der Lieferanten« verwendet. Dazu könnte das *strategische Ziel* z. B. lauten: »Im Geschäftsjahr 2009 (= Zeitbezug) werden an verwertbaren Verbesserungsvorschlägen (= Ausmaß) 0,25 Vorschläge pro Lieferant (= Erfüllungsgrad) erreicht«.

104 Manche Unternehmen formulieren auch eine Mission, eine unverwechselbare Botschaft, die man den Leistungsempfängern überbringen möchte. Z. B. lautet die Mission von Wal-Mart: »To give ordinary folk the chance to buy the same things as rich people.«

105 Beispielsweise von einem Telekommunikationsunternehmen: »Wir wollen das kundenfreundlichste, sympathischste und erfolgreichste Unternehmen der Branche sein.« Aber: Wer wollte das nicht?

106 Vgl. Kreikebaum, H.: a. a. O., 1997, S. 53 f. sowie Müller-Stewens, G; Lechner, C.: Strategisches Management. Wie strategische Initiativen zum Wandel führen, 2. Auflage. Stuttgart: Schäffer-Poeschel, 2003, S. 238 f.

Unternehmensgrundsätze zur Adressatengruppe **3. Lieferanten und Kooperationspartner**		**strategische Erfolgsfaktoren** Zeitbezug: Geschäftsjahr
3.1	Wir arbeiten als First-tier-Lieferant unserer Kunden mit unseren Lieferanten in gleichem Maße partnerschaftlich zusammen wie mit unseren Kunden.	Anzahl Verbesserungsvorschläge der Lieferanten
3.2	Wir arbeiten vorzugsweise mit Lieferanten zusammen, für die wir strategische Kunden sind.	Anzahl und Umsatz kundennominierter Lieferanten
3.3	Wir arbeiten mit Lieferanten und Kooperationspartnern zusammen, die uns mit ihrem innovativen Know-how unterstützen.	Anzahl Innovationen
3.4	Wir betreiben eine pro-aktive Entwicklung von Stammlieferanten, indem wir Zukunftstrends unserer Lieferanten aus unseren Audits antizipieren.	Anzahl System-Audits und Lieferantenbewertungen
3.5	Wir gehen Kooperationen mit Partnern ein, wenn wir dadurch unsere strategischen Geschäftsfelder ausbauen bzw. uns darin stärken oder wenn wir gemeinsam neue Märkte erschließen.	Anzahl Kooperationen

Abbildung I-34 Beispiel für Unternehmensgrundsätze und strategische Erfolgsfaktoren zur Adressatengruppe Lieferanten und Kooperationspartner

Abbildung I-35 ist ein Beispiel für Führungsgrundsätze (Ausschnitt aus 14 Führungsgrundsätzen zu drei Führungsaspekten) zu entnehmen.

1. Führungsaspekt: durch Persönlichkeit überzeugen, Führung vorleben	
1.1	**Vorbild sein und Grundwerte vorleben:** Unser Management ist in Verhalten und fachlicher Leistung Vorbild.
1.2	**Persönlichkeit achten und Motivation verstehen:** Unser Management versteht und berücksichtigt die individuellen Eigenheiten seiner Mitarbeiter.
1.3	**für Neues aufgeschlossen sein und Chancen erkennen:** Unser Management fördert Verbesserungsprozesse, leitet die erforderlichen Umsetzungsschritte ein und unterstützt in der Umsetzungsphase.
1.4	**Interessenausgleiche suchen, Konsense anstreben, Kompromissfähigkeit zeigen:** Unser Management folgt dem Leitgedanken, Unternehmens-, Bereichs- und Mitarbeiterinteressen in Einklang zu bringen.
1.5	**Entscheidungen treffen und Führungsverantwortung übernehmen:** Unser Management trifft klare, auch vertretbar riskante, verständliche Entscheidungen in einem angemessenen Zeitraum und erläutert diese in angemessenen Situationen.
2. Führungsaspekt: informieren und Mitarbeiter entwickeln	
3. Führungsaspekt: Ziele setzen, verfolgen und aus Ergebnissen Konsequenzen ziehen	

Abbildung I-35 Beispiel (Ausschnitt) für Führungsgrundsätze

Das Wertesystem ist die Basis für die Formulierung der Vision, für die Darlegung der Kernkompetenzen und die Entwicklung der Strategien im engeren Sinne. Unternehmen können ihre Kernkompetenzen und Strategien im engeren Sinne auch ohne Wertesystem entwickeln. Sie tun es aber gründlicher und methodischer, wenn sie sich dem Zwang aussetzen, Unternehmens- und Führungsgrundsätze zu formulieren und daraus die Strategien im engeren Sinne zu deduzieren.

Ziele zu Erfolgsfaktoren

Ferner sind aus dem Wertesystem Revisionsgrundsätze für die Geschäftsstrategie abzuleiten. Anhand der »Werte-Erfüllungen«, dem Erreichen strategischer Ziele zu den betreffenden Erfolgsfaktoren[107], ist zu prüfen, ob die Strategie das bringt, was beabsichtigt war.

107 Der Begriff Erfolgsfaktor steht für eine formulierte Ausrichtungsabsicht, der Zielbegriff dagegen für das dabei erwartete oder angestrebte Ausmaß. An Erfolgsfaktoren richtet man sein Handeln aus und setzt sich Ziele.

1. *Strategische Erfolgsfaktoren*: Woran zu erkennen ist, ob man sich seinen Unternehmensgrundsätzen entsprechend verhält.[108]
2. *Strategische Ziele*: Beschreibungen von Ausprägungen strategischer Erfolgsfaktoren nach Ausmaß (= was?), Zeitbezug (= bis wann?) und Erfüllungsgrad (= wie viel?).

3.3.3 Strategien im engeren Sinne

Als *Strategien im engeren Sinne* bezeichnen wir Verhaltensweisen, die geeignet sind,

- angestrebte Kernkompetenzen zu erringen und vorhandene Kernkompetenzen zu erhalten,
- vorhandene Kernkompetenzen einzusetzen und dadurch Wettbewerbsvorteile zu erringen,
- Zielerreichungen zu den Erfolgsfaktoren und damit die Umsetzung des Wertesystems zu unterstützen,

was letztlich dazu führen soll, dass man die Vision verwirklicht. Bei den Strategien im engeren Sinne ist zwischen zwei Kategorien zu unterscheiden:[109]

Positionierungs- und Wertschöpfungsstrategien

1. *Positionierungsstrategien* oder externe Strategien zielen auf unternehmensexterne Adressaten und Objekte und stehen für Prinzipien im Umgang mit Kunden und Wettbewerbern. Mit Hilfe von Positionierungsstrategien wird für jedes *strategische Geschäftsfeld*[110] festgelegt, wie man sich insbesondere auf dem Absatzmarkt so aufstellt, dass die Ziele zu den strategischen Erfolgsfaktoren erfüllt werden.
2. *Wertschöpfungsstrategien* oder interne Strategien zielen auf unternehmensinterne Adressaten und Objekte. Werden dabei Ressourcen (z. B. Mitarbeiter, Informationstechnologie) betrachtet, bezeichnet man sie als *Ressourcenstrategien* und spricht z. B. von einer Personalstrategie oder von einer IT-Strategie. Richten sich Wertschöpfungsstrategien auf Funktionen (z. B. Entwicklung, Qualitätsmanagement), bezeichnet man sie als *funktionale Strategien* und spricht z. B. von einer Entwicklungsstrategie oder einer Qualitätsstrategie.

3.3.4 Positionierungsstrategien

Strategien können sich emergent, d. h. über die Zeit hinweg entwickeln. Methodische Ansätze, wie die nachfolgend dargestellte SWOT-Analyse[111], werden dazu genutzt, sowohl Strategien »auf der grünen Wiese« zu erarbeiten, als auch emergent entstandene Strategien auf ihre Schlüssigkeit hin zu prüfen.

108 Oft wird zwischen »harten« und »weichen« Erfolgsfaktoren unterschieden. Manche subsumieren unter »harten« Erfolgsfaktoren jene, die unmittelbar, und unter »weichen« Erfolgsfaktoren solche, die nur mittelbar erfolgswirksam sind, ohne dabei deren Bedeutung zu beurteilen. Andere verstehen dagegen unter »weichen« Erfolgsfaktoren jene, die sie eigentlich nicht für besonders wichtig halten. Dagegen ist einzuwenden, dass man sie dann nicht als Erfolgsfaktoren verwenden sollte.

109 Vgl. zur Begründung dieser Unterscheidung z. B. bei Müller-Stewens, G. et al.: a. a. O., 2003, S. 27 f.

110 Strategische Geschäftsfelder dienen der externen Segmentierung des Unternehmens, meist unter Verwendung der Abgrenzungskriterien Kundenbedürfnisse/Abnehmerfunktionen, eingesetzte Produktionstechnologien und Abnehmergruppen/-regionen. Strategische Geschäftseinheiten dienen dagegen der internen Segmentierung des Unternehmens, indem Organisationseinheiten unter den Aspekten Leistungen, Markt, Wettbewerber und Erfolgszuordnung gegeneinander abgegrenzt werden. Dabei versucht man, Strategische Geschäftseinheiten auf Strategische Geschäftsfelder auszurichten.

111 SWOT steht für Strengths – Weaknesses – Opportunities – Threats, was man übersetzen kann mit Stärken-Schwächen-Chancen-Risiken-Analyse. Ihrer praktischen Bedeutung wegen und weil diese Technik auch für die Bewertung von Projektszenarien zu nutzen ist, stellen wir sie hier anhand eines Beispiels dar.

Chancen und Gefahren/Risiken Stärken und Schwächen	was aus dem Absatzmarkt auf uns zukommen könnte	
	Chancen (Opportunities) 1. Die Kompetenz bei der Entwicklung von Motorabdeckungen mit Funktionsintegration führte zur Vergabe von Entwicklungsaufträgen und vermehrt zu Anfragen (Potenzial für Serienaufträge). 2. Kunststoff-Ölwannen haben Potenzial. Es wurden bei mehreren Kunden Prototypen platziert.	**Gefahren/Risiken (Threats)** 1. Die Entwicklung von Motorabdeckungen mit Funktionsintegration wird auch von potenten Wettbewerbern angeboten. 2. Kunden bevorzugen Globalanbieter. 3. Bei Ölwannen sind wir an einen Kooperationspartner und dessen Markterfolg gebunden.
wie unser Leistungsvermögen im Verhältnis zu Wettbewerbern ist **Stärken (Strengths)** 1. Unsere störungs- und ausschussarme Fertigung führt zu nur wenigen Reklamationen, damit zu relativ hoher Kundenzufriedenheit. 2. Wir haben eine kostengünstige Fertigung durch automatisierte Abkühltechnik. 3. Unser Alternativverfahren zum Standardspritzguss führt zu geringeren Fertigungskosten.	**SO-Strategien:** 1. An der Vorentwicklung der Kunden teilnehmen. 2. Aufgrund des Automatisierungsgrades auf große Stückzahlen mit Funktionsintegration fokussieren. 3. Durch Nutzung des Alternativverfahrens die Wettbewerbsfähigkeit erhöhen.	**ST-Strategien:** 1. Bei Motorabdeckungen als Second-tier-Lieferant mit einem Systemanbieter mit globaler Präsenz kooperieren. 2. Bei Motorabdeckungen mit Funktionsintegration mit einem Entwicklungspartner kooperieren.
Schwächen (Weaknesses) 1. Design-Motorabdeckungen sind von Wettbewerbern leicht zu imitieren. 2. Bei Getrieben und Ölwannen besteht eine Abhängigkeit von nur einem Kooperationspartner.	**WO-Strategien:** 1. Motorabdeckungen ohne Funktionsintegration nur dann produzieren, wenn der Preis deutlich über Vollkosten liegt. 2. Die heutige Kooperation auf eine längerfristige vertragliche Basis stellen.	**WT-Strategien:** Das Geschäftsfeld aufgeben.

Geschäftsfeldstrategie Motorraum

Motorabdeckungen: Wir wollen entwicklungsträchtige Aufträge für Motorabdeckungen mit Funktionsintegration akquirieren: Durch aktive Beteiligung an der Vorentwicklung wollen wir die bestehenden Kundenbindungen stärken und neue Kunden gewinnen.

Ölwannen: Wir wollen mit Kooperationspartnern an den Kunden-Schwerpunkten in Europa, Amerika und Asien präsent sein. Bei Getriebe-Ölwannen mit integriertem Filter wollen wir die heutige Kooperation verstärken und filterlose Motor-Ölwannen als eigenes Zukunftsprodukt platzieren.

Abbildung I-36 Beispiel für eine SWOT-Analyse

SWOT-Analyse

Wir hatten eine Geschäftsstrategie dadurch gekennzeichnet, dass man dabei eigene Ressourcen und Potenziale unter Nutzung eigener Stärken einsetzt und nachhaltig Erfolgspotenziale durch Ausnutzung von Wettbewerbsvorteilen generiert. Das versucht man mit der SWOT-Analyse methodisch zu begründen, und daraus resultiert ihre praktische Bedeutung. Der vorstehenden Abbildung I-36 sind die Prinzipien der *SWOT-Analyse* zu entnehmen.

1. Zu einem Geschäftsfeld werden die eigenen Stärken und Schwächen sowie die aus dem Markt resultierenden Chancen und Risiken aufgeführt.
2. In die Quadranten werden dazu die Verhaltensmöglichkeiten eingetragen und damit die Szenarien-Strategien entworfen. Beim Stärken-Chancen-Szenario »SO« wird dargelegt, wie man die eigenen Stärken bei einem chancenreichen Marktszenario zum Tragen bringen will. Beim Schwächen-Risiko-Szenario »WT«, der ungünstigsten Konstellation, sieht man nur die Möglichkeit, das Geschäftsfeld aufzugeben. Darin zeigen sich die methodischen Vorteile der SWOT-Analyse: alle denkbaren Möglichkeiten zu beleuchten, sich nicht von Wünschen beeinflussen zu lassen und seine Strategie nachvollziehbar auf sein Können und Unvermögen zu gründen.
3. Als Verknüpfung der vier Szenarien-Strategien wird die Positionierungsstrategie für das betreffende Geschäftsfeld, die Geschäftsfeldstrategie, hergeleitet.

Geschäftsfeldstrategien können zur Positionierungsstrategie des Unternehmens verdichtet werden. Beispielsweise könnte diese und die zugehörige Umsetzungstaktik lauten:[112]

Geschäftsfeldstrategien

- »Wir wollen auf allen Ebenen und in allen relevanten Funktionsbereichen unseres Unternehmens ein intensives Beziehungsmanagement zu unseren Kunden und Lieferanten unterhalten. Wir wollen uns in diesem Rahmen in die Kunden-Entwicklungsteams personell integrieren und gleiches mit unseren Lieferanten praktizieren.
- Wir wollen durch vernunftgetriebene strategische Partnerschaften einen Verdrängungswettbewerb vermeiden und außerhalb des deutschen Marktes durch lokale strategische Partnerschaften unseren Kunden eine globale Präsenz bieten.
- Unsere Umsetzungstaktik besteht darin, dass wir eine Marktdurchdringung anstreben, indem wir die bestehenden Marktsegmente mit der derzeitigen Produktpalette stärker ausschöpfen. Dazu wollen wir direkte Konfrontationen mit Wettbewerbern vermeiden. Stattdessen wollen wir neue Technologien anbieten und uns im Vertrieb adäquat gerieren.«

3.3.5 Wertschöpfungsstrategien

Die *Wertschöpfungsstrategien* sollten durch die Positionierungsstrategien begründet werden und nicht umgekehrt.[113] Wurde z. B. bei einem oder mehreren Produkten entschieden, sich so nahe wie möglich am Verbrauchsort des Kunden anzusiedeln, müssen die Wertschöpfungsstrategien geeignet sein, das auch umzusetzen, z. B. über eine Strategie »kundenintegrierter Modulcenter«. Wird dort z. B. die Integration von Entwicklern in Kundenteams thematisiert, muss dieser Aspekt in der Ressourcenstrategie »Projekt-/Wissensstrategie« und der funktionalen »Entwicklungsstrategie« aufgegriffen werden. Im Rahmen von Wertschöpfungsstrategien wird auch festgelegt, ob man den Schwerpunkt seiner Bemühungen auf die beiden ersten PEP-Phasen legt, sich also konsequent an einer Kostenvermeidungsstrategie ausrichtet.[114]

Wertschöpfungsstrategien

Wertschöpfungsstrategien werden in erster Linie für jene Ressourcen (z. B. Mitarbeiter) und Funktionen (z. B. Controlling) entwickelt, denen man einen hohen Stellenwert zubilligt. Beträgt der Materialkostenanteil an den Herstellungskosten z. B. 50 %, wird man auf eine Einkaufsstrategie Wert legen. Begründen z. B. Entwicklungsfunktionen Kernkompetenzen, wird man sich um eine schlüssige Engineering-Strategie bemühen. Im Abschnitt 3.4.5 wird erläutert, wie Wertschöpfungsstrategien als Ausrichtungsbasis für die Entwicklung eines Produktionssystems zu nutzen sind.

Wertschöpfungsstrategien können auch durch entsprechende Positionierungsstrategien bedingt sein. Auch beim Verwenden und Abgrenzen der Funktionen und Ressourcen können wir auf keine generischen (allgemeingültigen) Konzepte zurückgreifen.

112 Zur Entwicklung und Umsetzung von Positionierungsstrategien vgl. z. B. bei Müller-Stewens, G. et al.: a. a. O., 2003. Welge, M. K.; Al-Laham, A.: Strategisches Management. Grundlagen – Prozess – Implementierung, 5. Auflage. Wiesbaden: Gabler, 2008.

113 Ein praktisches Problem liegt darin, eine Schlüssigkeit zwischen den Positionierungs- und den Wertschöpfungsstrategien zu erreichen. Nimmt man sich z. B. bei den Positionierungsstrategien große Kundennähe vor, muss sich das bei den Wertschöpfungsstrategien durch eine dezentralisierte Organisation widerspiegeln.

114 Zur praktischen Seite vgl. z. B. Wimmer, E. et al.: a. a. O., 2010, S. 20 f.

Unsere Personalstrategie basiert auf zwei Grundausrichtungen:

1. Mitarbeiter gewinnen, entwickeln/fördern und erhalten
- Wir versuchen, Mitarbeiter für die erfolgskritischen Unternehmensbereiche durch systematische Kontakte zu externen Ausbildungsstätten und durch Betriebspraktika frühzeitig an uns zu binden.
- Wir wollen für erfolgskritische Stellen und für die Kernbereiche unseres Unternehmens eine Talentförderung betreiben, basierend auf den Ergebnissen der halbjährlichen Beurteilungs- und Fördergespräche.
- Wir fördern Mitarbeiter, die sich nebenberuflich zielgerecht weiterqualifizieren, und bieten ihnen klare Perspektivangebote.

2. Mitarbeiter zu einem Höchstmaß an produktivem und wirtschaftlichem Verhalten bringen
- Wir setzen in erfolgskritischen Stellen und in den zu den Kernbereichen zählenden Organisationseinheiten nur eigene Mitarbeiter ein. Wir führen und motivieren diese über Zielvereinbarungen und bieten ihnen die Chance, attraktive Mehrverdienste zu erreichen.
- Wir setzen dann eigene Mitarbeiter in weiteren Organisationseinheiten ein, wenn es sich um Know-how-trächtige Arbeiten handelt. Dabei entgelten wir nach Zeitlohn und tariflicher Leistungsbeurteilung.
- Ist das nicht gegeben, setzen wir Leihkräfte ein oder vergeben diese Arbeiten fremd.
- Wir setzen Mitarbeiter nach zwei arbeitszeitorganisatorischen Ansätzen ein, indem wir im Presswerk und an der Lackieranlage im Vollkontibetrieb, in allen Arbeitsfeldern mit Arbeitszeitkonten verfahren.

Unsere IT-Strategie basiert auf drei Grundausrichtungen:

1. als Cost Center agieren
- Wir betreiben IT als Cost Center und unterliegen permanent dem Benchmarking mit externen Dienstleistern.
- Wir standardisieren die Geschäftsprozesse auf der Basis von drei Kernsystemen: einem integrierten Business System: SAP als ERP-System, einem Officesystem: Microsoft und einem Engineering: CATIA.
- Wir erfüllen die IT-Anforderungen der Fachbereiche durch die kosten- und nutzenoptimale Einsatzintegration dieser Kernsysteme.

2. IT-Services als sensible Leistungen erbringen
- Wir stellen als interner Dienstleister mit Hilfe eines zentralen Rechenzentrums die Funktions- und Prozessfähigkeit sowie die Sicherheit der Datenbestände auf der Grundlage definierter Unternehmensstandards sicher.

3. als interner Dienstleister agieren
- Wir analysieren gemeinsam mit den Fachbereichen deren Probleme und Aufgabenstellungen und definieren mit Ihnen die IT-Anforderungen und den IT-Lösungsrahmen.
- Die IT verantwortet gemeinsam mit den Fachabteilungen die erfolgreiche Umsetzung und den stabilen Betrieb IT-basierter Anwendungen.

Abbildung I-37 Beispiele für Ressourcenstrategien

Ressourcenstrategien

Abbildung I-37 sind Beispiele für *Ressourcenstrategien* zu entnehmen. Die dort angeführten Personal- und IT-Strategien dürften die am häufigsten dargelegten Ressourcenstrategien sein.

Funktionale Strategien

Bei den *funktionalen Strategien* findet man z. B. häufig Strategien zu den Funktionen Einkauf, Engineering, Qualitätsmanagement, Produktion, Logistik, Organisation und Controlling. Abbildung I-38 sind funktionale Strategien zum Einkauf und zum Qualitätsmanagement zu entnehmen.

Unsere Einkaufsstrategie basiert auf drei Grundausrichtungen:

1. Zentraleinkauf und Lieferantenkonzept
- Wir praktizieren einen zentralen strategischen und operativen Einkauf und unterhalten in den Produktionsstandorten einen lokalen Facheinkauf.
- Wir steuern das Bezugsvolumen lohnintensiver Leistungen aus low cost countries auf mindestens 15 % unseres Einkaufsvolumens.
- Wir entwickeln in Zusammenarbeit mit unseren Lieferanten diese entsprechend den Anforderungen unserer Kunden und steuern die Lieferantenentwicklung durch ein jährliches Ranking mit Hilfe unseres Lieferanten-Auditierungsprogramms.

2. Lead-Buyer-Konzept
- Wir bündeln unser Einkaufsvolumen, getrennt nach Produktions- und Nichtproduktionsmaterial, auf möglichst wenige Hauptlieferanten.
- Wir sichern dieses Konzept durch eine Notfallstrategie in Form eines Konzepts strategischer Alternativlieferanten ab.

3. Prozessintegration des Einkaufs
- Unser Einkauf ist in den PEP eingebunden und sichert in der frühestmöglichen Phase der Wertkette optimale Bezugsbedingungen von Zulieferungen.

Unsere Qualitätsstrategie basiert auf drei Grundausrichtungen:

1. Sicherheit in der Prüfmethodik und Fehlererkennung fördern
- Wir entwickeln und unterstützen die Anwendung von Prüfstandards und standardisierter Korrekturmaßnahmen für alle relevanten Produkte und Prozesse.
- Wir entwickeln mit dem Engineering, der Produktion und IT automatisierte, personenunabhängige Prüfmethoden.

2. Effektivität und Effizienz der Qualitätsorganisation optimieren
- Wir messen mit Kennzahlen keine isolierten Arbeitssysteme, sondern Prozessketten, für die eine klare Managementverantwortung besteht, um diese, unter Nutzung der Kennzahlen, gemeinsam mit dem Management zu optimieren.
- Wir leiten im Rahmen regelmäßiger Führungskreismeetings aus diesen Kennzahlen mit den Prozesskettenverantwortlichen Abstellmaßnahmen ab und unterstützen deren Umsetzung.
- Wir minimieren den Ressourceneinsatz durch Integration des Qualitäts-, Gesundheits- und Arbeitssicherheitsmanagements zu einem wirksamen Unterstützungssystem.

3. Knowledge-Management praktizieren, um von Anfang an das Richtige zu tun und allen Prozessbeteiligten den gleichen Informationsstand zu vermitteln
- Wir entwickeln unser Spektrum der vorbeugenden Methoden (z. B. FMEA, 8 D, Ideenspeicher, BVW) ständig weiter und tragen diese in die Breite des Unternehmens.
- Wir entwickeln im Rahmen des Produktionssystems unser System des durchgängigen Qualitätsdatenmanagements, bei dem über den Engineering- und Produktionsprozess hinweg einheitliche Verfügbarkeiten und Änderungsstände gewährleistet werden.

Abbildung I-38 Beispiele für funktionale Strategien

Die Wertschöpfungsstrategien haben für das Produktivitätsmanagement deshalb besondere Bedeutung, weil sie als Leitlinie für die Entwicklung des Produktionssystems dienen können, denn Standardisierungen bieten sich z. B. insbesondere zu jenen Aspekten an, auf die auch Ressourcenstrategien und funktionale Strategien zielen.

3.3.6 Kernkompetenzen

Kernkompetenz

Um den Strategien im engeren Sinne zu folgen, das Wertesystem zu leben und ihre Vision zu verwirklichen, benötigen Unternehmen bestimmte kollektive Fähigkeiten. Man muss es nicht nur wollen, sondern auch können. Diese kollektiven Fähigkeiten bezeichnen wir als Kernkompetenzen[115] und sprechen von einer *Kernkompetenz* dann, wenn eine bestimmte Art von Leistungsvermögen

1. so wertvoll ist, dass es vom Markt bzw. den Adressatengruppen als interessante, bemerkenswerte Leistung wahrgenommen und honoriert wird,
2. so selten und rar ist, dass kaum ein Wettbewerber darüber verfügt (ansonsten wäre es kein Alleinstellungsmerkmal),
3. auch längerfristig nur schwer zu imitieren ist (ansonsten würden Wettbewerber rasch dafür sorgen, dass es kein Alleinstellungsmerkmal mehr ist),
4. nicht substituierbar ist und ein äquivalenter Ersatz wie eine Imitation wirkt.

Die Kernkompetenz	ist gegeben, wenn …
1. professionelles Management von Schnittstellen	in allen Phasen des PEP antizipiert wird, wir also über begabte und engagierte Mitarbeiter verfügen, die sich für das Unternehmen einsetzen.
	Fehlhandlungen nahezu vermieden werden und nur i. O.-Produkte zu den Kunden gelangen. Es gibt also abgesicherte Prozesse, in denen nur i. O.-Ergebnisse die Quality Gates passieren.
	die Reaktions- und Durchlaufzeiten erkennbar gering sind und Termine sicher eingehalten werden.
2. professionelles Änderungs- und Anpassungsmanagement	wir flexibel und ohne Zeitverzögerungen auf kundeninduzierte Änderungswünsche reagieren und das nicht als Ärgernis, sondern als Normalfall und Chance erleben, uns bei den Kunden zu profilieren.
3. technologische Führerschaft	wir unsere Kunden und unsere Kunden uns kennen. Wir sind für unsere Kunden ein Synonym für ein Unternehmen, das »Kunststoff verarbeitende und veredelnde Technologien und die innovative Umsetzung von Kundenbedürfnissen« beherrscht.

Abbildung I-39 Beispiel für die Formulierung von Kernkompetenzen

Man spricht auch dann von Kernkompetenzen, wenn die betreffenden Fähigkeiten noch nicht vorhanden sind, sondern erst angestrebt werden. Die definierten Kernkompetenzen sollten aus dem Wertesystem zu begründen sein. Als Verhaltensregeln gelten (vgl. dazu auch Abbildung I-39), dass

- man nicht zu viele Kernkompetenzen anstrebt,
- diese widerspruchsfrei sein müssen und
- ihr Erreichen an Erfolgsfaktoren auszumachen ist.

115 In diesem Zusammenhang wird von Fähigkeiten gesprochen, wenn man etwas kann, von Kompetenzen, wenn einem etwas zugebilligt wird. Fähigkeiten sind also zu erwerben, Kompetenzen müssen dagegen durch Dritte zugebilligt werden.

3.4 Produktionssystem

3.4.1 Begriff des Produktionssystems

Begriff des Produktionssystems

Der Begriff des Produktionssystems wurde mit der Diskussion des *Toyota Production System*[116] in den 1990er-Jahren im deutschen Sprachraum gebräuchlich. Das Interesse an diesem Thema wurde durch den Bestseller von Womack, Jones und Ross »Die zweite Revolution in der Autoindustrie«[117] verstärkt. Unter Schlagworten wie *Lean Production* oder *Lean Management*[118] wurde das Interesse aufrechterhalten, auch über die Fachwelt hinaus. Es gibt keine einheitliche Auffassung darüber, welche Sachverhalte unter einem Produktionssystem zu subsumieren sind. Als Folge zahlreicher Veröffentlichungen zum Toyota Production System entstanden in den Unternehmen mehr oder weniger daran angelehnte Sammlungen von Organisations- und Verfahrensprinzipien, meistens unter der Überschrift »Produktionssystem«.

Das Toyota Production System ist auf die Eigenheiten des Automobilbaus bei Toyota abgestellt. Es ist auf gänzlich anders strukturierte Branchen, z. B. die auf Kundenauftragsfertigungen ausgerichtete Druckindustrie, die Möbel- und Bekleidungsindustrie oder die durch Verfahrenstechnik dominierte Chemische Industrie, nur in Teilen zu übertragen. Dort gibt es keine Synchronisierungen zum Kundenverbrauchstakt, ggf. unter gleichzeitiger Teilesequenzierung, keine periodischen Abrufe von Produktionslosen oder keine tief strukturierten Stücklisten. Dagegen sind z. B. die Prinzipien des Visualisierungsmanagements oder des Verbesserungsmanagements auf alle Branchen zu übertragen.

Der Begriff Produktionssystem stand lange Zeit für Prinzipiensammlungen. Wie dem folgenden Abschnitt zu entnehmen ist, stehen das Toyota Production System ebenso wie die Lean-Management-Konzepte nicht für konkrete betriebliche Problemlösungen. Es sind allgemeine Handlungsempfehlungen, teilweise seit Langem bekannt, teilweise neu. Manche Unternehmen begrenzten ihr eigenes Produktionssystem auch nicht auf die Produktion und das Engineering, sondern bezogen auch die indirekten und administrierenden Bereiche ein. Es setzte sich schließlich die Einsicht durch, dass eine unreflektierte Anwendung des Toyota Production Systems zu keinen nachhaltigen Vorteilen führt. Aber viele Unternehmen erhielten Anregungen für die Entwicklung eigener Standards (Best-in-Class-Prinzip).

Sammlungen betrieblicher Standards

Wir bezeichnen als *Produktionssystem* strukturierte Sammlungen verbindlicher betrieblicher Standards und Regeln für die Entwicklung, das Betreiben und das Verbessern von Arbeitssystemen und Prozessen zur Erzeugung von Produkten und Dienstleistungen. Unternehmen werden als lernende Organisationen verstanden und Produktionssysteme als Instrumente zum Betreiben effektiven *Wissensmanagements*. Der Produktionssystem-Begriff ist zwar sprachlich unscharf, weil er bei manchen Unternehmen Sachverhalte einschließt, die außerhalb der Produktion liegen. Er hat sich aber in der Praxis durchgesetzt. So bezeichnet man es z. B. bei der Heidelberger Druckmaschinen AG als »Heidelberg Produktionssystem (HPS)«, bei der Robert Bosch GmbH als »Bosch Produktionssystem (BPS)« und bei der Daimler AG als »Mercedes-Benz Produktionssystem (MPS)«. Andere Unternehmen verwenden davon abweichende Bezeichnungen, wie z. B. »Productivity System« (Brose), »Pro-

116 Vgl. z. B. Monden, Y.: Toyota Production System, 1983. Norcross (USA): Industrial Engineering and Management Press. Cusumano, M.: The Japanese Automobile Industry. Technology and Management at Nissan and Toyota. Cambridge (USA): Harvard University Press, 1985. Ohno, T.: Toyota Production System: Beyond Large Scale Production. Cambridge (USA): Productivity Press, 1988. Suzaki, K.: Modernes Management im Produktionsbetrieb: Strategien, Techniken, Fallbeispiele. München: Hanser, 1989. Shingo, S.: Das Erfolgsgeheimnis der Toyota-Produktion. Landsberg: Verlag Moderne Industrie, 1992.

117 Womack, J. P.; Jones, D. T.; Roos, D.: Die Zweite Revolution in der Autoindustrie. Frankfurt/M.: Campus, 1991.

118 Vgl. Bösenberg, D.; Metzen, H.: Lean Management. Vorsprung durch schlanke Konzepte. Landsberg: Verlag Moderne Industrie, 1992.

sys« (KSB) oder »Magna Factory Concept« (Magna). In manchen Publikationen wird auch der Begriff des »Ganzheitlichen Produktionssystems« verwendet, um zu betonen, dass man einen umfassenden Ansatz verfolgt, dessen Elemente aufeinander abgestimmt sind. Das sollte jedoch selbstverständlich sein, weshalb wir es beim Begriff des Produktionssystems belassen.

Zielsetzungen

Die verbreitetsten Zielsetzungen zu Produktionssystemen sind:

1. Umsetzung der Geschäftsstrategie: Die internen Strategien (Wertschöpfungsstrategien) möglichst konsequent umsetzen.
2. Entwicklung von Arbeitssystemen und Prozessen: So weit wie möglich auf bewährte Standards, Optima, Regeln und Musterlösungen zurückgreifen, unter sichtbar einheitlichen Prinzipien arbeiten und Abweichungen von Standards nur in begründeten Fällen zulassen.
3. Betrieb und Verbesserung von Arbeitssystemen und Prozessen: Verbesserungen sichtbar und erlebbar machen, indem man sie an Standards misst.

Grundlegende Voraussetzungen

Unabhängig davon sind drei grundlegende Voraussetzungen zu schaffen, ohne deren nachhaltige Umsetzung ein Produktionssystem weitestgehend wirkungslos ist:

1. Kontinuierlicher Verbesserungsprozess
   Ein Kontinuierlicher Verbesserungsprozess (jap. KAIZEN, Wandel zum Besseren) und die damit verbundene Entwicklung einer Verbesserungskultur im Unternehmen ist eine Grundvoraussetzung für den Erfolg jeglicher Standards.
2. Methodenplanung
   Die Methodenplanung (z. B. mit Hilfe des MTM-Verfahrens) nimmt eine zentrale Stellung in jedem Produktionssystem ein. Sie muss eine transparente Prozessbeschreibung und die dazugehörigen Zeitstandards als Eingangsgrößen für den PDCA und die Beschreibung von Arbeitsstandards liefern.
3. Standardisierte Arbeit
   Die Verwendung von Verfahrensstandards (z. B. durch Standard Worksheets) unterstützt die Anwendung von Best-Practice-Methoden.[119]

Im folgenden Abschnitt sind die Handlungsempfehlungen des Toyota-Produktionssystema (Toyota Production System) zusammengestellt. Anschließend wird ein Überblick zu den wichtigsten Ursachen potenzieller Produktivitätsverluste gegeben, denen man mit Hilfe betrieblicher Produktionssysteme zu begegnen versucht. Das sind einmal Ursachen, die in der Produktentwicklung und der Entwicklung von Arbeitssystemen und Prozessen (vertieft in Teil III behandelt) liegen. Zum anderen sind es Ursachen, denen man erst in der Betriebs- und Verbesserungsphase der Arbeitssysteme (vertieft in Teil IV behandelt) begegnen kann. Im Abschnitt 3.4.5 wird ein Konzept betrieblicher Produktionssysteme vorgestellt, das in den Teilen III und IV aufgegriffen wird.

3.4.2 Das Toyota Production System

Ursprünglich publizierte Prinzipien

Die wichtigsten ursprünglich publizierten Prinzipien waren:

1. Primäre Zielsetzung: Ausrichtung am Kundenbedarf. Die eigene Produktion mit dem *Kundenverbrauchstakt* abstimmen. Gestaltungsprinzipien wie z. B. das Pull-Prinzip oder das *Just-in-Time-* (JIT) oder *Just-in-Sequence*-Prinzip (JIS) resultieren unmittelbar aus dieser Zielsetzung.
2. Sekundäre Zielsetzung: Eliminierung von *Verschwendung*. Möglichst viele nicht wertschöpfende Vorkommnisse eliminieren, indem man sich auf sieben Arten der Verschwendung konzentriert:

119 Vgl. Verein Deutscher Ingenieure (Hrsg.): VDI-Richtlinie 2870 Ganzheitliche Produktionssysteme (Entwurf). Düsseldorf: VDI, 2010.

- Überproduktion: mehr produzieren als geplant und zu verbrauchen ist,
- überflüssige Aktivitäten: unnötige Handlungen/Operationen,
- Überbearbeitung: in der vorliegenden Intensität nicht notwendige Aktivitäten,
- Wartezeiten: des Menschen auf ein Betriebsmittel oder umgekehrt,
- Transporte: anders als das Prüfen sind Transporte nie wertschöpfend,
- Überbestände: nicht notwendige Materialbestände in der Produktion,
- Nacharbeit und Ausschuss: führen unmittelbar zur Produktivitätsminderung.

3. *Entstehungsschwerpunkte.* Bei der Planung von Arbeitssystemen und Prozessen geht es primär um drei Vorbeuge-Prinzipien:
   - Prozesssynchronisierung und -glättung: Pull-Prinzip, zwischen parallelen und einander folgenden Prozessen abgestimmter Wertstrom, weitest möglicher Anwendung des *One-Piece-Flow*-Prinzips[120], größtmögliche Glättung von JIT-Abruf-Produktionen,
   - Standardisierung der Produktion: Entwicklung und Anwendung einheitlicher Gestaltungsprinzipien und deren Visualisierung,
   - Fehlerprävention: Fehlervermeidung durch logischen Ausschluss und technische Maßnahmen anstelle von Fehlerentdeckung und -abstellung.
4. *Verbesserungsschwerpunkte.* Beim Betreiben der Arbeitssysteme geht es primär um drei Verbesserungsprinzipien:
   - Betriebsmittellaufzeit-Maximierung: effektive Störungsvorbeugung und effiziente Störungsbeseitigung sowie Minimierung der Rüstzeiten,
   - Mitarbeiter-Qualifizierung: Perfektionierung für das Erfüllen der Arbeitsaufgabe und Befähigung zur Entwicklung von Prozessverbesserungen,
   - Mitarbeiter-Involvierung: Initiieren von Verbesserungsvorschlägen und deren schnelle eigenverantwortliche Umsetzung.

Diese Übersicht zeigt, dass es sich beim Toyota Production System um mehr als ein Produktionssystem im hier verwendeten Sinne handelt, auch wenn es eine Reihe von Prinzipien enthält, denen die meisten Unternehmen bei der Entwicklung ihrer Produktionssysteme folgten. Es handelt sich um eine Mischung aus Standards zu geschäftsstrategischen Absichten, Planungsprinzipien, einem produktivitätsförderlichen Managementkonzept und einem relativ klar herausgestellten Menschenbild.[121] Es zeugt von einem Fehlverständnis, wenn man munter mit Erfolgserwartungen isoliert einzelnen Prinzipien folgt (z. B. KVP), weil das Toyota-System mehr als ein Produktionssystem ist, nämlich ein auf japanische Gegebenheiten zugeschnittenes Produktivitätsmanagementsystem.[122] Die höchsten Anforderungen richten sich nämlich an

120 Unter One-Piece-Flow verstehen die meisten Fließmontagen, bei denen die Mitarbeiter nicht an fest zugewiesenen Arbeitsplätzen tätig sind, sondern ein Teil oder Produkt über alle Arbeitsplätze hinweg »begleiten«, allein alle anfallenden Aufgaben erfüllen und nach Fertigstellung wieder an den Ausgangsarbeitsplatz zurückkehren. Dadurch versucht man die »Losgröße 1« zu realisieren, ggf. von Stück zu Stück andere Produktvarianten zu fertigen und Rüstzeiten zu vermeiden. Es handelt sich um keine Gruppenarbeit, den man ist keinem gemeinsamen Arbeitserfolg verpflichtet, auch wenn in One-Piece-Flow-Montagen mehrere Personen eingesetzt sind.

121 Anzumerken ist, dass beim Toyota Production System nicht darauf eingegangen wird, wie Zeiteinsparungen bei den Arbeitsabläufen ermittelt und dargestellt werden. Im Betriebsalltag werden die Differenzen meist nur geschätzt. In diesem Zusammenhang wird auch darauf verwiesen, dass die Mitarbeiter sich an Bestarbeitern oder Bestzeiten orientieren sollen. So sei es einfach und schnell möglich, ein hohes Leistungsniveau über mehrere Abteilungen, Betriebsteile oder Werke zu verallgemeinern. Bestzeiten sind jedoch kein sicherer Indikator für gut gestaltete Arbeitsmethoden. Vielmehr zeigt sich, dass Bestzeiten auch durch eine hohe Arbeitsintensität erreichbar sind. Dies wiederum kann dazu führen, dass Methodenplanung und Arbeitsgestaltung vernachlässigt werden und Zeiteinsparungen durch Arbeitsintensitätserhöhungen realisiert werden. Diese Vorgehensweise ist fragwürdig, weil dem keine definierte oder vereinbarte Bezugsleistung zu Grunde liegt und die schnellsten Mitarbeiter, nicht aber die besten Methoden zum Maßstab gemacht werden.

122 So z. B. auch Wimmer, E. et al.: a. a. O., 2010, S. 140 f.

- die Disziplin und Veränderungsbereitschaft der operativen Mitarbeiter,
- das Know-how im Industrial Engineering und
- die Fähigkeiten des Werkstattmanagements.

3.4.3 Ursachen von Produktivitätsverlusten

Produktivitätsverluste

Als *Produktivitätsverluste* werden vermeidbare, zu Produktivitätsminderungen führende Effekte bezeichnet. Nicht alle Verschwendungen (vgl. Abschnitt 2.5.2), sondern nur Ressourcenverschwendungen führen zu einem Produktivitätsverlust.[123] Nutzt man ein Produktionssystem in der Produkt- und Prozessentwicklungsphase des Produktentstehungsprozesses – so beim MTM-Produktivitätsmanagement vorgesehen –, sinkt der Umfang potenzieller Produktivitätsverluste in der Betriebs- und Verbesserungsphase. Dann sind dort »nur noch« unvermeidbare Mängel abzustellen. Produktionssysteme sind dann leistungsfähig, wenn mit ihnen präventiv Verlustursachen zu begegnen ist.

Ursachen für Produktivitätsverluste

In diesem Abschnitt wird eine Übersicht zu den häufigsten und gravierendsten Ursachen von Produktivitätsverlusten gegeben. Produktivitätsverluste können über den gesamten Produktentstehungsprozess hinweg entstehen. Wir unterscheiden nach drei Arten potenzieller Verlustquellen, nämlich solchen, denen

1. in der Produktentwicklungsphase präventiv zu begegnen ist (vgl. dazu insbesondere in Teil III, Kapitel 2 und 3).
2. in der Prozessentwicklungsphase präventiv zu begegnen ist (vgl. dazu insbesondere in Teil III, Kapitel 4 bis 6).
3. erst in der Betriebs- und Verbesserungsphase korrektiv zu begegnen ist (vgl. dazu insbesondere in Teil IV, aber auch Teil III, Kapitel 5 und 6).

Wir thematisieren Produktivitätsverluste aus zwei Gründen:

1. Beim Entwickeln betrieblicher Produktionssysteme (vgl. Abschnitt 3.4.5) sind primär zu jenen Aspekten Standards zu schaffen, zu denen man Produktivitätsverluste befürchtet. Dort werden nicht die Wirkungen, sondern die Ursachen angeführt, weil man Verbesserungen nur dann erzielt, wenn man Ursachen bekämpft.
2. Im Abschnitt 2.5.5 wurde das Wesen des Produktivitätsmanagements erläutert. Nun zeigen wir, woran man die Wirksamkeit betrieblichen *Produktivitätsmanagements* prüfen kann. Die typischen Ursachen von Produktivitätsverlusten werden in den folgenden Abbildungen so dargelegt, dass man daraus betriebsspezifische Checklisten ableiten kann. Werden aus deren Anwendung viele Verlustquellen identifiziert, sind Defizite im Produktivitätsmanagement zu vermuten. Eine solche pessimistische Einschätzung der eigenen Wettbewerbsfähigkeit sollte als eine »Quelle der Hoffnung« angesehen werden, weil ein erschließbares Verbesserungspotenzial erkannt wurde.

Die ausgewiesenen Ursachen für Produktivitätsverluste basieren auf den Projekterfahrungen der Autoren, auf Erfahrungen von MTM-Anwendern und von Projektingenieuren der Deutschen MTM-Gesellschaft. Die typischen Ursachen für mangelhafte Produktivität sind für jeden funktionellen Bereich nach Mängelgruppen und diese nach (potenziellen) Mängeln gegliedert. Es werden nur solche Mängel angeführt, die mit geringem Aufwand zu identifizieren sind.

123 So ist ein überhöhter Energieverbrauch Verschwendung, ohne dass dadurch die Produktivität berührt wird.

1. PEP-Phase: Produktentwicklung					Teil	Kapitel
1 Produktentwicklung	11	Produkt und Markt	111	Das Markteintrittsdatum bzw. die Kundenübergabe ist nicht bekannt.	III	2
			112	Die Produktentwicklungszeit wird nicht aus dem Termin des geplanten Markteintritts rückgerechnet.		
			113	Es gibt keine Zielgrößen für Stückzahlen über die Produktlebenszeit.		
			114	Es gibt keine Schätzung der Preis-Absatz-Funktionen.		
			115	Es gibt keine Zielvorgabe für die Herstellkosten.		
			116	Es bleibt unberücksichtigt, dass nach Abschluss der Produktentwicklung bereits 80 % der späteren Kosten festliegen.		
			117	Der Umsatzverlust €/Tag durch Verschiebung des SOP ist nicht bekannt.		
	12	Entwicklungs-team	121	Das Entwicklungsteam besteht nicht aus Vertretern der in die Entwicklung involvierten Abteilungen.		
			122	Das Entwicklungsteam ist nicht interdisziplinär zusammengesetzt.		
			123	Der Teamleiter verfügt nicht über die erforderlichen Kompetenzen.		
			124	Der Informationsbedarf jedes Mitglieds eines Konstruktionsteams wird nicht systematisch ausgesprochen.		
			125	Möglichst viele Teammitglieder verfügen über »T-Qualifikation« (Überblick gesamter Prozess und Spezialist).		
	13	Konstruktions-methoden	131	Entwicklungsphasen werden nicht parallelisiert.		
			132	Produkt- und Prozessinformationen werden nicht möglichst früh an alle Teammitglieder weitergegeben.		
			133	Design for Manufacturing mit ProKon wird nicht praktiziert.		
			134	Die VDI-Richtlinien zum Konzipieren technischer Produkte sind dem Entwicklungsteam nicht bekannt.		
			135	Es wird keine Funktionsstruktur des Produkts erstellt.		
			136	Der Montageumfang wird nicht durch die Baugruppeneinteilung übersichtlich.		
	14	Musterbau und Erprobung	141	Es werden nicht gleichzeitig mehrere Typen gebaut.		
			142	Die Fertigung ist in den Musterbau nicht einbezogen.		
			143	Bei Musterbau und Erprobung werden möglicherweise veränderte Kundenwünsche nicht beachtet.		
			144	Beim Musterbau bleiben generative Herstellverfahren (z. B. Stereolithografie) unberücksichtigt.		
			145	Prototypen werden nicht frühzeitig getestet.		
			146	Erprobung virtueller Produkte wird nicht erwogen.		
	15	Schnittstellen	151	Technisch-organisatorische Schnittstellen beim Kunden sind nicht oder nur näherungsweise bekannt.		
			152	Die physikalisch-chemischen Umgebungsbedingungen beim künftigen Produkteinsatz werden nicht beachtet.		
			153	Einbaumaße beim Kunden sind nicht bekannt.		
			154	Es ist unklar, ob auf bestehende Lieferanten zurückgegriffen werden kann.		
			155	Die Auslagerung an Unterauftragnehmer wird nicht bedacht.		
			156	Vereinbarungen mit Prozesspartnern (Qualität, Termine, Kosten) werden nicht getroffen.		
	16	Material und Vorprodukte	161	Methoden der Kostenerkennung werden bei der Werkstoffwahl nicht angewendet.		
			162	Werkstoffwahl beachtet nicht technische Lieferbedingungen.		
			163	Der Einsatz von Standard- und Fremdteilen wird nicht geprüft.		
			164	Es wird nicht auf gießgerechte Konstruktion geachtet.		
			165	Es wird nicht auf schmiedegerechte Konstruktion geachtet.		
			166	Die Abhängigkeiten von Werkstoff und Zerspanungskosten sind nicht bekannt.		
			167	Es wird nicht auf zerspanungsgerechte Konstruktion geachtet.		
			168	Es wird nicht auf schweiß-, klebe- oder lötgerechte Konstruktion geachtet.		
			169	Es wird nicht auf montagegerechte Konstruktion geachtet.		
	17	Betriebsmittel	171	Es wird nicht geprüft, ob bestehende Produktionseinrichtungen verwendet werden können.		
			172	Die Fertigungsgenauigkeit der vorhandenen Betriebsmittel bleibt unbeachtet.		
			173	Konsequenzen neuer Konstruktionen bezüglich Fabrik-Layout bleiben unberücksichtigt.		
	18	einfach konstruieren (vgl. ProKon)	181	Es werden nicht konstruktive Lösungen mit möglichst wenig Bauteilen angestrebt.		
			182	Es werden aufwändige Befestigungen entworfen.		
			183	Es werden keine symmetrischen Lösungen bevorzugt.		
			184	Auswirkungen auf Justage und Umrüsten werden nicht berücksichtigt.		
			185	Handhabung bei Montage und Demontage ist erschwert.		
			186	Anschläge und Fügehilfen fehlen, es gibt zu viele Fügestellen.		
			187	Es werden Teileabmessungen >800 mm möglichst vermieden.		
			188	Es wird nicht auf Verbausicherheit geachtet (Poka-Yoke).		
			189	Zu viele unterschiedliche Werkzeuge sind zur Montage erforderlich.		
	19	Baureihen und Baukästen	191	Konsequenzen von Baureihen/Baukästen für Losgrößen, Spezialmaschinen u. a. bleiben unbeachtet.		
			192	Konsequenzen von Baureihen/Baukästen für Lagerhaltung, Umrüstung, Einarbeitung u. a. bleiben unbeachtet.		
			193	Der hyperbolische Anstieg der Prozesskosten durch die Zahl der Varianten bleibt unbeachtet.		
			194	Funktionsintegration beachtet nicht die Ambivalenz zwischen Herstellkosten und Gebrauchstauglichkeit.		

Abbildung I-40 In der 1. PEP-Phase zu identifizierende Ursachen von Produktivitätsverlusten (Teil 1)

Der Abbildung I-40 und der Abbildung I-41 sind Ursachen von Produktivitätsverlusten zu entnehmen, die in der 1. PEP-Phase entstehen. Diese sind, der Kapitelgliederung von Teil III folgend, nach Bereichen unterschieden.

Die zur Produktentwicklung und zur Kalkulation angeführten Ursachen treffen nicht für jedes Unternehmen zu. Sie sind aber so allgemein gehalten, dass sie für viele Unternehmen gelten. In manchen Branchen gibt es spezifische Gegebenheiten, die wir hier nicht berücksichtigen können.

1. PEP-Phase: Qualität und Kalkulation					Teil	Kapitel
2 Qualität und Kalkulation	20	Qualitäts-management	201	Es ist unbekannt, ob Zertifizierung z. B. nach ISO TS 16949 verlangt wird.	III	2
			202	Die Qualitätsanforderungen von Produkt, Baugruppen und Teilen sind nicht bekannt.		
			203	Es ist nicht bekannt, welche Toleranzen und Oberflächengüten eingehalten werden müssen.		
			204	Es ist nicht bekannt, ob Kunden bestimmte Prüfmethoden vorschreiben.		
			205	Eine gleichbleibend hohe Fertigungsqualität wird nicht in das Produkt »hinein konstruiert«.		
			206	Neue Lieferanten werden nicht auditiert.		
			207	MTM-Sichtprüfen wird nicht konsequent eingeplant.		
	21	Kalkulations-prinzipien	211	Es wird nicht methodisch zwischen Angebots- und Auftragskalkulation unterschieden.	III	3
			212	Es gibt keine »eng« mitlaufende Kalkulation und damit keine frühen kostengetriebenen Eingriffe in die Prozesse.		
			213	Bei Erweiterungsinvestitionen werden zu hohe Auslastungen und damit zu niedrige Stundensätze unterstellt.		
			214	Aus Nachkalkulationen werden keine erkennbaren Folgerungen gezogen.		
			215	Es gibt keine Regeln, wann und wie Teilkosten zu kalkulieren und wie Preisuntergrenzen zu bestimmen sind.		
			216	Es wird mit auftragsbezogenen »Gewinnen« und nicht mit auftragsbezogenen Deckungsbeiträgen argumentiert.		
			217	Es werden keine Preisentwicklungsprognosen erstellt und daraus Preisgleitklauseln formuliert.		
			218	Es werden keine Lernkurven und eigene Savings kalkuliert, obwohl jährliche Kundensavings üblich sind.		
			219	Savings sind mit den Verantwortlichen nicht abgestimmt und folglich nicht durch Maßnahmen abgesichert.		
	22	Kalkulations-organisation	221	Die Anfrageinformationen sind unvollständig, was zu unnötig risikobehafteten Angeboten führt.		
			222	Es gibt keine bereichsübergreifenden Lastenheft-/Anfragedurchsprachen.		
			223	Die technische Kalkulation und die kaufmännische Angebotsgestaltung sind nicht funktionell klar getrennt.		
			224	Kundenartikulierte Änderungswünsche werden umgesetzt, ohne die Kostenkonsequenzen abzusichern.		
			225	Die Zuständigkeiten für die Kalkulation spezieller Positionen (z. B. Werkzeuge) sind nicht geregelt.		
			226	Kosten und Folgekosten von Werkzeugänderungen werden nicht sachgerecht dem Kostenträger zugeordnet.		
			227	Die Planverrechnungssätze (»Stundensätze«) sind nicht nach fixem und variablem Anteil gesplittet.		
	23	Kalkulations-struktur	231	Der Kalkulationsaufbau folgt nicht klar genug dem späteren Fertigungsprozess.		
			232	Auch bei der Auftragskalkulation werden die Arbeitsvorgänge nicht mit OEE-Datensätzen bewertet.		
			233	Die Auftragskalkulation ist nicht ohne Weiteres inhaltsadäquat in einen Arbeitsplan umzusetzen.		
	24	Kalkulations-technik	241	Die Entscheidung zwischen Eigenerstellung und Fremdbezug ist nicht methodisch geregelt.		
			242	Bei Arbeiten in vorhandenen Arbeitssystemen wird nicht verlässlich auf Prozessbausteine zurückgegriffen.		
			243	Bei Arbeiten in zu entwickelnden Arbeitssystemen werden keine verlässlichen Simulationen durchgeführt.		
			244	Entwicklungs- und Projektierungskosten werden nicht realistisch kalkuliert.		
			245	Auftragsspezifische Logistik- und Qualitätskosten werden nicht ausgewiesen.		

Abbildung I-41 In der 1. PEP-Phase zu identifizierende Ursachen von Produktivitätsverlusten (Teil 2)

Industrial Engineers können in der 1. PEP-Phase – im Regelfall ohne Mehrkosten – hohe Nutzwerte von Arbeitssystemen erreichen. Durch eine sorgfältige Arbeitssystem-Planung entstehen zum SOP geringstmögliche Stückkosten, höchstmögliche Produktivität und kürzestmögliche Durchlaufzeiten. Aber es werden auch die Menschen in den Prozessen, unter Berücksichtigung ihrer Eigenheiten und Bedürfnisse, »eingeplant« (vgl. insbesondere Teil II, Kapitel 2). So sollen Fehlzeiten, arbeitsbedingte Erkrankungen und Arbeitsunfälle vermieden werden. Nicht zu vergessen sind aber auch die psychologischen Effekte. So wird den Mitarbeitern signalisiert, dass man

- etwas kann und deshalb Gestaltungslösungen sorgfältig erarbeitet,
- eine solche Sorgfalt auch von den späteren Betreibern erwartet und
- engagierte Mitarbeiter als entscheidenden Wettbewerbsfaktor ansieht.

Viele der in Abbildung I-42 angeführten Mängelursachen führen zu »Blindleistungen« und diese zu ermüdeten, demotivierten Mitarbeitern, die Störungen, Nacharbeit oder Ausschuss ohne emotionale Regungen über sich ergehen lassen.

2. PEP-Phase: Arbeitsplatzgestaltung					Teil	Kapitel
1 Arbeitsplatzgestaltung	11	anthropometrische Arbeitsgestaltung	111	Arbeitsplatzgestaltung ist nicht auf Körpergrößenbereiche ausgelegt.	III	5
			112	Körperhaltung muss den Arbeitsanforderungen untergeordnet werden.		
			113	Einfluss der Sehbedingungen auf die Körperhaltung wird vernachlässigt.		
			114	Langandauerndes Stehen wird nicht vermieden.		
			115	Innere und äußere Arbeitsplatzmaße bleiben unberücksichtigt.		
			116	Wichtige/häufig zu bedienende Betriebsmittel und Arbeitsobjekte liegen außerhalb der optimalen Seh-/Greifräume.		
			117	Es fehlen Körperunterstützungen oder sie sind nicht nach ergonomischen Erkenntnissen ausgelegt.		
			118	Arbeitsflächen sind nicht nach ergonomischen Erkenntnissen ausgelegt.		
			119	Die Beweglichkeit der Körperglieder und die optimalen Gelenkwinkel bleiben unberücksichtigt.		
	12	physiologische Arbeitsgestaltung	121	Energetische und biomechanische Eigenschaften des Menschen sind nicht berücksichtigt.		
			122	Parasitärkräfte kommen häufig vor.		
			123	Maximalkraftvermögen ist nicht an Personenbereiche (Alter, Geschlecht etc.) angepasst.		
			124	Lastenhandhabung überschreitet Grenzwerte lt. Lastenhandhabungsverordnung.		
			125	Es fehlt eine quantitative Beurteilung der biomechanischen Belastungen (EAWS, MTM*ergonomics*®).		
			126	Es gibt keine Verhaltensprävention.		
	13	bewegungstechnische Optimierung	131	Bewegungsvereinfachung wird nicht konsequent praktiziert.		
			132	Greifbehälter und Wirkstellen sind nicht nach Benutzungshäufigkeiten angeordnet.		
			133	Bauteilbewegungen am Arbeitsplatz erfolgen regelmäßig mit Zwischenlagerung.		
			134	Kinetische Energie vorangegangener Bewegungen wird nicht genutzt.		
			135	Bewegungen der Hand erfolgen nicht auf ballistischen Bahnkurven.		
			136	Kraftbetonte Bewegungen verlaufen nicht in Richtung der Gelenke.		
			137	Auf Höhenkonstanz zwischen Arbeitsstellen wird nicht geachtet.		
			138	Auf Führungsschienen und Greifzungen wird verzichtet.		
			139	Hebelbewegungen sind nicht durch Anschläge begrenzt.		
	14	sicherheitsgerechte Arbeitsgestaltung	141	Sicherheitswidriges Verhalten wird z. B. durch Zeitgewinn »belohnt«, sicheres Verhalten dagegen nicht.		
			142	Gefahren werden nicht bereits an der Quelle vermieden.		
			143	Schutzeinrichtungen können umgangen werden.		
			144	Hinweisende Sicherheitstechnik unterbleibt.		
			145	Persönliche Schutzausrüstungen werden nicht bereitgestellt oder sind mangelhaft.		
			146	Hohe Repetitivität oder Monotonie der Verrichtungen erhöht das Verletzungs- und Schadensrisiko.		
			147	Personen arbeiten mit dem Rücken zur Transportlinie; es entsteht damit hohes Verletzungs- und Schadensrisiko.		
			148	Planung und Implementierung erfolgen ohne die Zusammenarbeit der Fachkräfte für Arbeitssicherheit und Betriebsärzte.		
	15	informationstechnische Arbeitsgestaltung	151	Gestaltung der Bildschirmarbeit geschieht nicht nach den gesicherten ergonomischen Erkenntnissen.		
			152	Gestaltung von Anzeigen geschieht nicht nach den gesicherten ergonomischen Erkenntnissen.		
			153	Informationsaufnahme über Betriebszustände ist nicht unter allen Arbeitsbedingungen gewährleistet.		
			154	Gestaltung von Stellteilen geschieht nicht nach den gesicherten ergonomischen Erkenntnissen.		
			155	Anordnung von Anzeigen und Stellteilen erfolgt nicht nach gesicherten ergonomischen Erkenntnissen.		
			156	Mental-informatorische Dauerleistungsgrenzen werden vernachlässigt.		
	16	Gestaltung von Prüfarbeitssystemen	161	Gestaltung von Prüfarbeitssystemen geschieht nicht nach den gesicherten ergonomischen Erkenntnissen.		
			162	Prüfpersonen werden nicht eignungsgerecht eingesetzt.		
			163	Prüfhilfsmittel stehen nicht zur Verfügung.		
			164	MTM-Sichtprüfen wird nicht eingesetzt.		
			165	Es erfolgt keine Prüfplanung.		
			166	Es liegen keine/unzureichende Prüfanweisungen vor.		

Abbildung I-42 In der 2. PEP-Phase zu identifizierende Ursachen von Produktivitätsverlusten (Teil 1)

		2. PEP-Phase: Gestaltung komplexer Arbeitssysteme			Teil	Kapitel
2 Planung und Implementierung komplexer Arbeitssysteme	21	Anordnungs-konzepte	211	Da nach dem Verrichtungsprinzip gefertigt wird, kommt es zu vielen Transportvorgängen.	III	6
			212	Da nach dem Verrichtungsprinzip gefertigt wird, entsteht hoher Aufwand für Produktionsplanung und -steuerung.		
			213	Eine strikte Taktbindung ohne Vorratspuffer führt zu häufigen Störungen oder ablaufbedingten Wartezeiten.		
			214	Ausgedehnte Mehrstellenarbeit führt zu vielen unproduktiven Wegen der Mitarbeiter.		
			215	Es kann nicht auf Stückzahlschwankungen reagiert werden.		
	22	Arbeits-strukturierung	221	Gruppenarbeit ist mit zu breiten Arbeitsinhalten gekoppelt; der angestrebte Übungsgrad wird nicht erreicht.		
			222	Maschinenbediener verzögern Störungsbeseitigungen so, dass Pausenspringer erst Entstörung vornehmen.		
			223	Kurze/einfache Reparaturen werden nicht vom Bediener, sondern vom Wartungspersonal vorgenommen.		
			224	Mitarbeiter einer Gruppe vertreten sich nicht gegenseitig.		
			225	Mitarbeiter einer Gruppe qualifizieren sich nicht gegenseitig.		
			226	Gruppe prüft die von ihr gefertigten Produkte nicht selbst.		
			227	Gruppe hat zu eng begrenzten Dispositionsspielraum.		
			228	Gruppe steht nicht unter Erfolgsverantwortung.		
	23	Teilefertigung	231	Universalmaschinen werden für Fertigung hoher Stückzahlen eingesetzt.		
			232	Für Teile-Abmessungen oder Oberflächengüten werden ungeeignete Fertigungsverfahren eingesetzt.		
			233	Rohlinge werden nicht nach technisch-wirtschaftlichen Kriterien ausgewählt.		
			234	Schaltvorgänge und steuerungsinterne Verarbeitungszeiten führen zu langen Prozesszeiten.		
			235	Fertigungskosten sind nicht nach Schnittgeschwindigkeit und Standzeit des Werkzeugs optimiert.		
			236	Bei Mehrstellenarbeit kommt es durch Einhaltung der Bediensequenz zu langen Maschinenstillständen.		
			237	Werkzeugwechselsysteme stellen den Kapazitätsengpass dar.		
			238	Es wird zu viel Abfall produziert (zu hohe Materialreste).		
	24	Montagesysteme	241	Taktabstimmung ist mangelhaft, so dass Mitarbeiter regelmäßig in die folgende Arbeitsstation mitgehen müssen.		
			242	Das Verhältnis von Primär- zu Sekundärvorgängen führt zu einem schlechten wirtschaftlichen Bandwirkungsgrad.		
			243	Die Montageplanung berücksichtigt die Anbindung an den innerbetrieblichen Materialfluss nur unzureichend.		
			244	Die produktive Nutzfläche ist im Verhältnis zu Hilfs- und Verkehrsflächen zu gering.		
			245	Rennersysteme sind nicht artteilig, Exotensysteme sind nicht mengenteilig organisiert.		
			246	Es wird keine Montagesystembewertung der Alternativen vorgenommen.		
			247	Die Kapazitätsplanung berücksichtigt nicht Leistungsschwankungen und Qualifikation der Mitarbeiter.		
			248	Die Kapazitätsplanung berücksichtigt nicht Störverhalten, Rüstzeitstreuungen, Losgrößen.		
	25	Arbeitsstationen	251	Der Platzbedarf auf dem Montagetisch entspricht nicht Teilezahl und -größe.		
			252	Tisch- und Platz-Layout ist bei Produktänderungen und Varianten nicht flexibel.		
			253	Überdimensionierte Puffer führen zu hoher Kapitalbindung.		
	26	Sicherungs- und Notfallkonzepte	261	Prinzip »Zusammenfassung und Vereinheitlichung« wird nicht umgesetzt.		
			262	Ist- und Soll-Zustand sind nicht eindeutig definiert, rasche Fehlererkennung wird erschwert.		
			263	Es existiert kein Störungsmanagementsystem.		
			264	Risiken des Outsourcings (z. B. Lieferfähigkeit, Qualität, versteckte Kosten) werden nicht beachtet.		
			265	Prinzipien der Rüstzeitverkürzung/-verlagerung/-vermeidung werden nicht umgesetzt.		
			266	Regelmäßige, geplante Wartung wird nicht praktiziert.		
	27	Logistik	271	Prinzipien der Materialbereitstellung und Flussgestaltung werden nicht umgesetzt.		
			272	Arbeitsstationen werden nach dem Push- statt nach dem Pull-Prinzip versorgt.		
			273	Es existiert kein Logistiknetzwerk, das Kunden und Lieferanten einbezieht.		
			274	Die Lagerdimensionierung erfolgt nach dem Maximalbedarf.		
			275	Kommissionierstrategien werden nicht nach dem Paretoprinzip optimiert.		
			276	Behälter, Kleinladungsträger, Paletten etc. werden nicht standardisiert.		
			277	Fördersysteme werden nicht auf Art, Gewicht, Transportumfang etc. der Güter abgestimmt.		
			278	Transport- und Lagerungsprozesse werden nicht mit RFID- oder Barcode-Techniken optimiert.		
			279	Es gibt keine Betrachtung der Wertströme und Durchlaufzeiten.		

Abbildung I-43 In der 2. PEP-Phase zu identifizierende Ursachen von Produktivitätsverlusten (Teil 2)

In Abbildung I-43 werden vorwiegend technisch-organisatorische Ursachen mangelhafter Produktivität angeführt. Oft mangelt es Betriebsmittelkonstrukteuren, Fabrik- und Fertigungsplanern an Grundlagenwissen, um die hier ausgewiesenen Planungs- und Gestaltungsfehler zu vermeiden. Das ist insofern fatal, als sich die in diesem Handbuch dargelegten professionellen Planungsansätze schnell »rechnen«, weil sie nicht zu Mehrkosten führen, sondern nur dem simplen Grundsatz folgen, gute Ideen so früh wie möglich in Planungs- und Gestaltungsprozesse einzubringen und Fehlentwicklungen von vornherein auszumerzen.

In den fünf folgenden Abbildungen werden Quellen von Produktivitätsverlusten angeführt, die in der Betriebs- und Verbesserungsphase zu identifizieren sind. Sie werden nach acht Bereichen unterschieden:

1. Werkstattmanagement
2. Anlaufmanagement
3. Verbesserungsmanagement
4. Ergonomie in Arbeitssystem und Prozess
5. Arbeitszeitmanagement
6. Betriebliche Prozessbausteine
7. Personalbedarfsermittlung
8. Entgeltdifferenzierung

In den jeweiligen Kapiteln werden die angeführten Mängelursachen erläutert und diskutiert, wie diesen zu begegnen ist.

3. PEP-Phase: Werkstatt- und Anlaufmanagement					Teil	Kapitel
1 Werkstattmanagement	11	Standardisierung des Werkstattmanagements	111	Es gibt keine Führungsgrundsätze oder sie werden nicht erkennbar angewandt.	IV	2
			112	Das Werkstattmanagement ist nicht klar nach durchgängigen Management-Stellentypen strukturiert.		
			113	Die Aufgaben des Werkstattmanagements sind nicht standardisiert.		
			114	Es ist nicht sichergestellt, dass jeder Werkstattmanager weiß, was er wie intensiv zu tun hat.		
			115	Die Leitungsspannen im Werkstattmanagement basieren nicht auf den übertragenen Aufgaben.		
	12	allgemeine Instrumente des Werkstattmanagements	121	Es wird keinem Konzept kleiner Regelkreise gefolgt.		
			122	Es werden keine Zielvereinbarungen getroffen, wodurch auch kein Leistungsanreiz entsteht.		
			123	Es werden nur unzulängliche unterperiodische Zielerfüllungskontrollen durchgeführt und Feedbacks gegeben.		
			124	Es liegt kein Belohnungssystem vor.		
			125	Es liegt kein institutionalisiertes Ergebniscontrolling mit methodischen Soll-Ist-Vergleichen vor.		
			126	Die Reaktionen auf Soll-Ist-Vergleichsergebnisse sind nicht methodisch geregelt.		
	13	Personalentwicklung	131	Es gibt keine bewusst und methodisch betriebene Personalentwicklung.		
			132	Es gibt keine methodisch begründbaren aktuellen Qualifikationsprofile.		
			133	Es gibt keine auf die Qualifikationsprofile abgestimmten Trainingsprogramme.		
			134	Es gibt keine aktuellen, auf den Qualifikationsprofilen basierenden Qualifizierungsmatrizen.		
			135	Es gibt keine auf den Qualifizierungsprofilen basierende Personaleinsatzsteuerung.		
	14	Regelkommunikation	141	Eine festgelegte Regelkommunikation (definierte Kommunikationsanlässe und -typen) gibt es nicht.		
			142	Für standardisierte Gesprächstypen gibt es keine Organisations-, Agenden- und Protokollierungsstandards.		
			143	Ein Training in Regelkommunikation gibt es nicht.		
2 Anlaufmanagement	21	Aufbauorganisation	211	Anläufe sind nicht durch die Position des Anlaufmanagers aufbauorganisatorisch geregelt.	IV	3
			212	Es gibt zwar die Position des Anlaufmanagers, aber nur als schwacher Stabsstelleninhaber.		
			213	Die Verantwortungen für Anlauferfolge und -misserfolge sind nicht eindeutig geregelt.		
			214	Es gibt keine Ratiorunden, in denen permanent die in den Anlaufprozess Involvierten tagen.		
	22	Instrumentelles	221	Es gibt keinen die Kammlinie repräsentierenden Zielarbeitsplan als Anlaufmaßstab.		
			222	Es gibt keine mitlaufende Kalkulation und damit keinen Soll-Ist-Vergleich gegen den Zielarbeitsplan.		
			223	Es werden keine aktuellen Relevanzlisten mit Sofortmaßnahmen aufgrund von Soll-Ist-Abweichungen geführt.		
			224	Es werden keine To-do-Listen (noch nicht fertig gemeldete Maßnahmen) geführt.		
	23	Ablauforganisation	231	Die Ursachen für das Nichterreichen der Kammlinie werden nicht analysiert.		
			232	Es gibt keine aktuellen Visualisierungen über den Anlauf-Verlauf.		
			233	Es werden intern keine gezielten Verbesserungsansätze eingeleitet.		
			234	Es wird nicht systematisch auf Lieferanten zugegriffen, um diese zu unterstützen.		
			235	Es wird nicht systematisch mit den Kunden über Anlaufprobleme kommuniziert und deren Hilfe gesichert.		

Abbildung I-44 In der 3. PEP-Phase zu identifizierende Ursachen von Produktivitätsverlusten (Teil 1)

3. PEP-Phase: Verbesserungsmanagement					Teil	Kapitel
3 Verbesserungsmanagement	31	Etablierung des Ideen-managements	311	Es gibt kein systematisches Ideen- und Verbesserungsmanagement.	IV	3
			312	Die Einsicht, dass Wissen ein entscheidender Wettbewerbsfaktor ist, ist nicht verbreitet.		
			313	Ideen, wie man praktisches Wissensmanagement betreiben kann, sind nicht zu erkennen.		
			314	Es werden keine Kennzahlen verwendet (z. B. Beteiligungs-, Annahme-, Umsetzungsquote).		
			315	Es gibt keine Betriebsvereinbarung über irgendeine Form des Verbesserungsmanagements.		
	32	Organisation des KVP	321	Es gibt keine KVP-Teams.		
			322	Es gibt KVP-Teams, in denen aber nicht die operative Ebene eingebunden ist.		
			323	Es gibt einen KVP, aber dafür wird keine PR-Arbeit geleistet.		
			324	Es gibt keine KVP-Roadmap, in der festgelegt ist, wann man mit wem wo sein will.		
			325	Die KVP-Teams bekommen keine klaren Aufgabenstellungen und werden nicht professionell gecoacht.		
			326	Die Rekrutierung und die Arbeit der KVP-Teams ist nicht klar organisatorisch geregelt.		
			327	Die Teammitglieder haben keine grundlegenden Instruktionen und Trainings erhalten.		
			328	Belohnungen und Incentives sind nicht geregelt und den KVP-Teams ist nicht klar, was es wofür gibt.		
	33	Ordnung und Sauberkeit am Arbeitsplatz	331	An den Arbeitsplätzen befinden sich in erheblichem Umfang Dinge, die dort nicht hingehören.		
			332	Es herrscht an den Arbeitsplätze keine Übersicht und Ordnung, aufgrund derer man Suchen ausschließen kann.		
			333	Nahrungsmittel, Getränke, Kleidung oder andere persönliche Dinge liegen an den Arbeitsplätzen herum.		
			334	Die Vorgesetzten haben an unaufgeräumten Arbeitsplätzen nichts Ernsthaftes auszusetzen.		
			335	Es fehlen systematische Visualisierungshilfen (z. B. Farb-, Flächen-, Standort-Standards).		
			336	Es fehlen Standards zur Information/Orientierung der Mitarbeiter (Standard-Arbeitsblatt).		
	34	Betriebsmittel-bestimmte Arbeitssysteme	341	Es gibt oft Maschinenstillstände wegen Rüstoperationen.		
			342	Es gibt oft Maschinenstillstände durch Qualifizierungsdefizite.		
			343	Es gibt oft Maschinenstillstände wegen Wartens auf Teile oder Entscheidungen.		
			344	Es gibt oft Maschinenstillstände wegen fehlender Aufträge.		
			345	Es gibt oft Maschinenstillstände wegen fehlenden Personals.		
			346	Es gibt oft Maschinenstillstände wegen technischer Störungen, ungenügender Prozessfähigkeit.		
			347	Es werden Teile bearbeitet, die für die Maschinen zu groß/zu klein sind.		
			348	Es gibt keine vorbeugende und geplante Instandhaltung (TPM).		
			349	Es fallen auffallend oft Ausschuss und Nacharbeit an.		
	35	Montage-Arbeitssysteme	351	Mitarbeiter warten, stehen aus nicht erkennbarem Anlass herum.		
			352	Die Material- und Werkzeugbereitstellung ist nicht auf den Prozesstyp abgestimmt.		
			353	Es fallen regelmäßig Beugen, Bücken, Körperdrehungen und Schritte an.		
			354	Von vorhergehenden Arbeitsschritten sind Verunreinigungen zu entfernen.		
			355	An den Arbeitsplätzen fallen Kommissionierungen an.		
			356	Es finden keine/sehr wenige Selbstprüfungen statt, deshalb wird überwiegend am Schluss geprüft.		
			357	Mitarbeiter haben keine Prozessstopp-Kompetenz.		
			358	Es sind störende Teile (z. B. Leitungen) beiseite zu legen und Teile am Werkstück sind schwer zugänglich.		
			359	Arbeits- und Prüfanweisungen sind ohne praktischen Belang.		
	36	Prozesssteuerung	361	Es liegt eine Überproduktion vor, weil mehr Teile produziert als momentan benötigt werden.		
			362	Die Produktion ist nicht am Abruftakt interner oder externer Kunden ausgerichtet.		
			363	Obwohl es sich anbietet, wird nicht das Pull-Prinzip, sondern das Push-Prinzip praktiziert.		
			364	Es werden keine Fertigmeldungen zu Teilschritten, sondern nur zum letzten Produktionsschritt abgegeben.		
	37	Transporte	371	Es finden überflüssige Transporte statt.		
			372	Die Transportwege sind zu lang.		
			373	Die Transporttechnik (Gabelstapler) ist auf Ad-hoc-Anforderungen, nicht auf geregeltes Transportwesen abgestellt.		
			374	Es werden Teile transportiert, die am Zielort nicht unmittelbar oder in absehbarer Zeit benötigt werden.		
			375	Es gibt keine Prozessplanung der Logistikprozesse (MTM-Logistikdaten).		
	38	Lagerungen	381	Es finden ungeplante, unnötige Zwischenlagerungen statt.		
			382	Die Lagerbestände sind zu hoch, erkennbar an den Reichweiten.		
			383	Die Lagerbestände sind zu niedrig, erkennbar an zu kleinen Losen und zu häufigem Rüsten.		
			384	Die In-Prozess-Bestände sind zu hoch, erkennbar an den langen Liegezeiten und den großen Liegeflächen.		
			385	Die Fertigwarenbestände sind zu hoch, erkennbar an ihrem hohen Liegezeitanteil an der Durchlaufzeit.		
			386	Ohne effektives Behältermanagement werden viele ungeeignete Behälter verwendet.		
			387	Material, Zulieferteile treffen nicht pünktlich ein.		

Abbildung I-45 In der 3. PEP-Phase zu identifizierende Ursachen von Produktivitätsverlusten (Teil 2)

Das in Abbildung I-45 angeführte »Verbesserungsmanagement« bildet einen Schwerpunkt. Dort finden sich auch Aspekte, die bereits in den vorhergehenden Abbildungen zu den beiden ersten PEP-Phasen angeführt wurden. Zum einen ist auch bei sorgfältig durchgeführten Produkt- und Prozessentwicklungsphasen nicht zu vermeiden, dass zum SOP nicht in jeder Hinsicht ein Optimum erreicht wird. Zum anderen ist die ständige Verbesserung der Arbeitssysteme und Prozesse eine Daueraufgabe, die den Unternehmen von den Märkten auferlegt wird. Verbesserungsmanagement ist also keine Reaktion auf »unerledigte Aufgaben« aus der Prozessentwicklung, sondern eine Notwendigkeit, um auf den Märkten zu bestehen.

3. PEP-Phase: Ergonomie					Teil	Kapitel
4 Ergonomie	41	Körperhaltung	411	Auf den (frei gewählten) Wechsel zwischen verschiedenen Körperhaltungen wird verzichtet.	II	2
			412	Überkopfarbeit ist sehr häufig.		
			413	Die Standsicherheit des Körpers wird durch Eigenschaften von Betriebsmittel oder Produkt beeinträchtigt.		
			414	Arbeitsprozesse rufen langandauernde Zwangshaltungen hervor.		
			415	Es gibt einen langen Kraftfluss durch den Körper.		
	42	Körperbewegung	421	Rhythmische, symmetrische, fließende und harmonische Bewegungen werden nicht angestrebt.		
			422	Es treten häufig Fehlhandlungen bei den Arbeitsbewegungen auf.		
			423	Bewegungen müssen häufig ohne visuelle Kontrolle ablaufen.		
			424	Es fehlen taktile Markierungen, die die Handorientierung unterstützen.		
			425	Die sich aus Kraftausübung, Zeitwichtung u. a. ergebende Belastung übersteigt Grenzwerte (LMM MAP).		
	43	Muskelarbeit und Lasten-handhabung	431	Der Anteil statischer Muskelarbeit ist hoch.		
			432	Ein Gleichgewicht zwischen Be- und Entlastung kommt nicht zustande.		
			433	Die sich aus Lastgewicht, Körperhaltung, Zeitwichtung u. a. ergebende Belastung übersteigen Grenzwerte (LMM HHT).		
			434	Hohe Biege- oder Drehmomente wirken auf das Muskel-Skelett-System.		
	44	informatorische und emotionale Beanspruchung	441	Arbeitsprozesse führen zu reizarmen Arbeitsinhalten.		
			442	Die für das sichere Erkennen notwendigen Reizschwellen werden häufig nicht erreicht.		
			443	Soziale Arbeitsbedingungen (Kommunikation und Kooperation) werden erschwert.		
			444	Arbeitsaufgabe und Arbeitsorganisation können durch Mitarbeiter nicht mitgestaltet werden.		
			445	Erfolgserleben und persönlichkeitsförderliche Entwicklung bleiben aus.		
			446	Arbeitsprozesse und Arbeitsstrukturen sind regelmäßig mit negativen Stressoren gekoppelt.		
	45	Arbeitsprozess	451	Arbeitsprozesse führen zwangsläufig zu hochrepetitiven Verrichtungen mit kurzen Zykluszeiten.		
			452	Es kommt häufig zu sich selbstverstärkenden Belastungssuperpositionen.		
			453	Es kommt zur »Überforderung durch Unterforderung«.		
			454	MTM*ergonomics*® wird nicht eingesetzt.		
	46	Arbeits-umgebung	461	Akkommodations- und Adaptationsfähigkeiten des Auges werden (z. B. durch Blendung) überbeansprucht.	III	5
			462	Beleuchtungsstärken, Lampen und Leuchten sind nicht auf die Sehaufgabe abgestimmt.		
			463	Verkehrswege- und Sicherheitsbeleuchtung ist unzureichend.		
			464	Durch Schalleinwirkung kommt es zu kurzzeitigen oder dauerhaften Beeinträchtigungen/Schädigungen.		
			465	Durch Schalleinwirkung kommt es zu Ablenkungseffekten und Aufmerksamkeitsdefiziten.		
			466	Luftwechselraten sind nicht auf die Art der Arbeit abgestimmt.		
			467	Gefahrstoffe oder Strahlungseinflüsse können Arbeitspersonen schädigen oder belästigen.		
			468	Raumklima ist nicht auf die Art der Arbeit abgestimmt.		
			469	Mechanische Schwingungen können Arbeitspersonen schädigen oder belästigen.		
	47	Übung und Einarbeitung	471	Aktive und mentale Übungsmethoden werden nicht genutzt.	II	2
			472	Die Transferübung durch frühere Arbeitsinhalte wird nicht systematisch genutzt.		
			473	Elementen- und Staminatraining findet keine Anwendung.		
	48	Leistung	481	Der Arbeits(-prozess)gestaltung liegt nicht die MTM-Normleistung als Bezugsleistung zu Grunde.		
			482	Die circadiane Rhythmik des Menschen bleibt bei der Prozessgestaltung unberücksichtigt.		
			483	Eine altersdifferenzierte Arbeitsgestaltung wird nicht praktiziert.		
			484	Ein geschlechtsbezogener Arbeitsschutz wird nicht praktiziert.		
			485	MTM-MAST wird nicht zur Verbesserung des Einsatzes Leistungsgewandelter eingesetzt.		
	49	Beanspruchung und Ermüdung	491	Langfristig werden die energetischen Dauerleistungsgrenzen des Menschen überschritten.		
			492	Langfristig werden die informatorischen und emotionalen Dauerleistungsgrenzen des Menschen überschritten.		
			493	Erholungspausen folgen nicht unmittelbar auf ermüdende Ablaufabschnitte.		
			494	Ermüdungsähnliche Prozesse werden nicht durch Tätigkeitswechsel ausgeglichen.		

Abbildung I-46 In der 3. PEP-Phase zu identifizierende Ursachen von Produktivitätsverlusten (Teil 3)

Auch in der 3. PEP-Phase bestehen noch zahlreiche Möglichkeiten, die Gestaltung der Arbeitssysteme und Prozesse zu verbessern (vgl. Abbildung I-46). Allerdings handelt es sich hierbei um korrektive Gestaltungsmaßnahmen, mit denen in der Regel nicht die günstigen Kosten-Nutzen-Relationen wie mit den konzeptionellen Gestaltungsansätzen in den PEP-Phasen 1 und 2 erreicht werden.

3. PEP-Phase: Arbeitszeitmanagement und Personalbedarf					Teil	Kapitel
5 Arbeitszeitmanagement	51	Arbeitszeit allgemein	511	Die gesetzlichen und tarifvertraglichen Regelungen zur Arbeitszeit werden nicht beachtet.	IV	4
			512	Es wird keine Angleichung von Arbeitsanfall und Betriebszeit vorgenommen.		
			513	Bei verdichteten Arbeitswochen wird kein Steady State von Ermüdung und Erholung angestrebt.		
			514	Bei Mehrarbeit oder Saisonarbeit wird nicht auf die Einhaltung von Dauerbeanspruchungsgrenzwerten geachtet.		
			515	Teilzeitarbeiter und Leiharbeiter werden in Bezahlung oder Aufstiegschancen diskriminiert.		
			516	Es wird kein Pausendurchlauf an »teuren« Arbeitsplätzen erwogen.		
	52	Arbeitszeit-konten	521	Die ökonomischen Potenziale von Arbeitszeitkonten werden nicht genutzt.		
			522	Bei Jahres- oder Lebensarbeitszeitkonten ergibt sich am Jahresende ein hoher positiver oder negativer Saldo.		
			523	Die Verfügbarkeit des technischen Personals wird nicht über versetzte Arbeitszeiten sichergestellt.		
			524	Bei Arbeit auf Abruf werden die besonderen gesetzlichen und tarifvertraglichen Bestimmungen nicht eingehalten.		
			525	Bei Jahres- oder Lebensarbeitszeitkonten werden die Mitarbeiter-Guthaben nicht abgesichert.		
			526	Mit Jahres- oder Lebensarbeitszeitkonten werden saisonale Spitzen nicht abgefangen.		
			527	Jahres- oder Lebensarbeitszeitkonten werden nicht für Familienphasen, Weiterbildungsmaßnahmen o. Ä. genutzt.		
			528	Zwischen Zeitsouveränität der Mitarbeiter und der Bewältigung von Arbeitsspitzen wird kein Ausgleich versucht.		
	53	Schicht- und Nachtarbeit	531	Der Betrieb bietet den Nachtarbeitern keine Möglichkeiten für »warme Mahlzeiten«.		
			532	Bei Schichtarbeitern ist die arbeitsmedizinische Betreuung mangelhaft.		
			533	Das Prinzip der eingestreuten Nachtschicht wird nicht umgesetzt.		
			534	Bei der Planung eines neuen Arbeitszeitregimes werden die Mitarbeiter nicht beteiligt.		
			535	Zwischen den Schichten liegen zu kurze arbeitsfreie Zeiten.		
			536	Nach Ende der Spätschicht fehlen Fahrmöglichkeiten im öffentlichen Nahverkehr.		
			537	Die Abhängigkeit zwischen Schichtdauer und Arbeitsschwere wird nicht berücksichtigt.		
6 betriebliche Prozessbausteinsysteme	61	organisatorische Regelungen	611	Vom Management wird der Gedanke eines geregelten Prozessmanagements nicht getragen.	III	4
			612	Die Bedeutung der drei PEP-Phasen und die wichtigsten dabei anfallenden Aufgaben sind nicht allen klar.		
			613	Die Anforderungen an Prozessbausteine werden sehr unterschiedlich beurteilt.		
			614	Es gibt keine Kennzahlen zur Effektivität und Effizienz des Arbeitens mit Prozessbausteinen.		
	62	professionelle Anwendung	621	Rüstzeiten können überwiegend nicht mit Prozessbausteinen belegt werden.		
			622	Der Anteil an Störungen und Unterbrechungen ist nicht genau zu quantifizieren.		
			623	Vorgabezeiten werden nicht permanent geänderten Gegebenheiten in der Produktion angepasst.		
			624	Für Kalkulation, Entlohnung, Personalbemessung etc. werden nicht die gleichen Prozessbausteine verwendet.		
			625	Reklamationen von Prozessbausteinen führen zu keinen systematischen Verbesserungen/Anpassungen.		
			626	Es wissen nur wenige, was »in den Prozessbausteinen steckt«, inwieweit die »stimmen«.		
			627	Viele halten Prozessbausteine für unumgänglich, aber für nicht so sehr wichtig.		
			628	Es wird keine systematische Prozessarchitektur verwendet.		
7 Personalbedarfsermittlung	71	Personal-bemessung	711	Personalbemessung wird nicht am Arbeitsaufkommen basiert durchgeführt.	IV	6
			712	Es wird nicht zwischen Brutto- und Netto-Personalbedarf und -bestand unterschieden.		
			713	Im direkten Bereich wird die Personalbemessung nicht auf der Grundlage der Arbeitspläne durchgeführt.		
			714	Es wird nicht zwischen Stamm- und Leihkräftebedarf unterschieden.		
			715	Der Personalbedarf an Managementstellen wird ohne Orientierung am Leitungsspannenprinzip bestimmt.		
	72	Stellen- und Qualifikations-planung sowie Personal-entwicklung	721	Es gibt kein dokumentiertes Konzept zur Festlegung aufgabenbegründeter Kompetenzen/Verantwortungen.		
			722	Es gibt keine mittelfristige Stellenplanung auf der Grundlage von Qualifikationsprofilen.		
			723	Stellenanforderungen sind nicht fortschreibbar dokumentiert, z. B. in Form von Stellenbeschreibungen.		
			724	Es wird nicht zwischen fachlichen Qualifikationen und Schlüsselqualifikationen unterschieden.		
			725	Fachliche Qualifikationen werden nicht methodisch geplant, z. B. in Form von Qualifikationsprofilen.		
			726	Schlüsselqualifikationen sind nicht thematisiert, vom Nutzen her verstanden und methodisch geplant.		
			727	Es gibt keine standardisierten Qualifikationsmaßnahmen aufgrund von Qualifikationsprofilen.		
			728	Es gibt keine methodische Qualifizierungssteuerung, z. B. mit Hilfe von Qualifikationsmatrizen.		
	73	Personaleinsatz-planung und Personalbedarfs-controlling	731	Die Personaleinsatzplanung basiert nicht auf einem methodischen Arbeitszeitmanagement.		
			732	Zum Abgleich von Personalüberhängen/-defiziten wird nicht das Personalbörsenprinzip angewandt.		
			733	Der Einsatz von Leihkräften ist nicht über Anforderungsprofile und Einarbeitungspläne geregelt.		
			734	Der Personaleinsatz wird keinem methodischen Produktivitätscontrolling unterzogen.		
			735	Beim Produktivitätscontrolling wird nicht nach Mengen- und Personaleinsatzabweichungen unterschieden.		
			736	Die Verantwortung der Vorgesetzten für die Produktivität ihres Personals ist nicht organisatorisch geregelt.		

Abbildung I-47 In der 3. PEP-Phase zu identifizierende Ursachen von Produktivitätsverlusten (Teil 4)

Ansatzpunkte des Produktivitätsmanagements in der Betriebs- und Verbesserungsphase liegen im Management von Arbeitszeit und Personal (vgl. Abbildung I-47) unter Anwendung einer wirksamen Entgeltdifferenzierung (vgl. Abbildung I-48).

3. PEP-Phase: Entgeltdifferenzierung					Teil	Kapitel
8 Entgeltdifferenzierung	81	Entgeltkonzept	811	Keine klare Ausrichtung am Äquivalenzprinzip.	IV	7
			812	Keine Basierung auf einer Produktions- und Personalstrategie und damit an Entgeltzielen.		
			813	Keine Orientierung an den produktions- und kundenspezifischen Bedingungen.		
			814	Keine differenzierte Betrachtung nach bereichsunterschiedlichen Gegebenheiten.		
			815	Keine Basierung auf einer Analyse des arbeitsrechtlich Machbaren.		
	82	Grundentgelt-differenzierung	821	Es wird dem Stellentypenkonzept nicht gefolgt und dadurch Transparenz und Stringenz eingebüßt.		
			822	Der Tarifvertrag wird ohne betriebliche Einstufungsregeln und -hilfen angewandt.		
			823	Tarifliche Referenzbeispiele werden nicht zur Verdeutlichung, sondern als Einstufungshilfe verwendet.		
			824	Die vorliegenden Stellen-/Anforderungsbeschreibungen sind nicht auf aktuellem Stand.		
			825	Objektivität und Reliabilität sind eingeschränkt, bei verschiedenen Anwendern gibt es verschiedene Ergebnisse.		
	83	Leistungsentgelt-differenzierung	831	Es ist nicht eindeutig, welche Ergebnisparameter in welchen Betriebsbereichen sinnvoll sind.		
			832	Es wird ein Akkord-/Prämien-/Pensumentgelt angewandt, ohne die Anwendungsprämissen zu erfüllen.		
			833	Es wird ein Akkord-/Prämien-/Pensumentgelt angewandt, obwohl die Zeitwirtschaft mangelbehaftet ist.		
			834	Es wird ein Akkord-/Prämien-/Pensumentgelt angewandt, obwohl Zielvereinbarungen zweckmäßiger wären.		
			835	Es wird ein Pensumentgelt angewandt, ohne über Sanktionen gegenüber Minderleistern zu verfügen.		
			836	Es werden Zielvereinbarungen angewandt, ohne den Zielekatalog validiert zu haben.		
			837	Es wird eine Leistungsbeurteilung durchgeführt, aber keine Beurteilungsergebnis-Differenzierung erreicht.		
			838	Die Vorgesetzten sind mit der Handhabung von Zielvereinbarung/Leistungsbeurteilung überfordert.		

Abbildung I-48 In der 3. PEP-Phase zu identifizierende Ursachen von Produktivitätsverlusten (Teil 5)

3.4.4 Produktionssysteme als Mittel des Wissensmanagements

Das Produktionssystem steht für Wissensmanagement

Produktionssysteme stehen für Wissenssammlungen zu Standards beim Entwickeln, Implementieren, Betreiben und Verbessern von Arbeitssystemen und Prozessen. Unternehmen sind lernende Organisationen, die im Rahmen ihres *Wissensmanagements* Daten in Wissen transformieren, um es denjenigen zugänglich zu machen, die es benötigen:

1. Daten sind unstrukturiert, kontextunabhängig, ohne Verhaltenssteuerung (z. B. 1,35 min).
2. Wissen ist strukturiert, kontextabhängig, mit Verhaltenssteuerung (z. B. 1,35 min pro Stück, bei Produkt A, bei Losen bis 100 Stück, ...).

Als *Wissen* bezeichnen wir Kenntnisse und Fähigkeiten, die Menschen zum Erfüllen von Aufgaben oder zum Lösen von Problemen einsetzen.[124] Es prägt sich aus in theoretischen Einsichten, empirisch entwickelten Regeln und Handlungsanweisungen und beruht auf Daten. Wissen ist zuerst an Einzelpersonen gebunden, also Individualwissen. Um Individualwissen einem Unternehmen zunutze zu machen, muss es so aufbereitet werden, dass

- es allen Wissensberechtigten zugänglich und verständlich ist und
- die Gefahr von Wissensverlusten und -abgängen beherrscht wird.[125]

124 In Anlehnung an Probst, G. et al.: a. a. O., 2006, S. 22.
125 In Anlehnung an Probst, G. et al.: a. a. O., 2006.

1. Wissensziele definieren	Festlegen, worüber Wissen bestehen soll, welche Elemente, Methoden und Werkzeuge das Produktionssystem umfassen soll. Damit wird auch der Einsatzzweck abgesteckt.
2. Wissen identifizieren	Erfassen, wo zu welchen relevanten Aspekten (Elemente, Methoden, Werkzeuge) des zu entwickelnden Produktionssystems Wissen vorhanden ist und wo Lücken vorliegen (Wissenstransparenz).
3. Wissen erwerben	Lücken schließen, indem Wissen über Berater, Lieferanten, Kunden oder verbundene Unternehmen beschafft oder dessen Entwicklung im eigenen Hause etabliert wird.
4. Wissen entwickeln	Wissen aus dem Tagesgeschäft, aus dem PEP oder Lessons learned heraus entwickeln und sichtbar machen, prüfen, ob es wirklich relevant und handhabbar ist.
5. Wissen verteilen	Nutzergrenzen, Zugangsbeschränkungen, Wissensschutz und Nutzungssituationen festlegen. Art der Wissensdarbietung (z. B. Netzwerkeinbindung, Best-Practice-Transfer) festlegen und realisieren.
6. Wissen nutzen	Verwendung des Wissens (Methoden, Werkzeuge) über alle drei Phasen des PEP in die Prozesse integrieren und in Workshops oder durch Coaching trainieren. Dabei auch neue Wissenszugänge regeln.
7. Wissen bewahren	Erfahrungsträger, Key Performer daran ausmachen, welchen Beitrag sie zur Fortentwicklung des Wissens leisten könnten, und deren Verbleib im Unternehmen unter dem Aspekte der Wissensbewahrung sichern.

Abbildung I-49 Entwicklung von Produktionssystemen als Wissensmanagement-Prozess[125]

Betriebliche Kernwissenssysteme beim Produktivitätsmanagement

Beim Wissensmanagement geht es um die Abbildung I-49 zu entnehmenden Aspekte. Der dortige *Wissensmanagement-Prozess* gilt für die Entwicklung aller Wissenssysteme, auch für die beiden betrieblichen Kernwissenssysteme beim Produktivitätsmanagement,

1. eine transparente Prozessbeschreibung mit Prozessbausteinen und
2. das Produktionssystem.

Die Prinzipien der Entwicklung betrieblicher Produktionssysteme werden im folgenden Abschnitt und im Teil III erläutert. Die MTM-Prozesssprache ist das technische Mittel zur Entwicklung betrieblicher Prozessbausteinsysteme (vgl. Teil III, Kapitel 4). Diese sind wiederum ein wichtiges Element betrieblicher Produktionssysteme.

3.4.5 Konzepte von Produktionssystemen

In Wertschöpfungsstrategien oder internen Strategien (vgl. Abschnitt 3.3.5) wird festgelegt, wie Ressourcen zu entwickeln und einzusetzen sind und wie man Funktionen gestalten und zum Tragen bringen will. Daraus ergeben sich bereits Ansätze, wie ein Produktionssystem auszurichten ist, welche Schwerpunkte es haben sollte.

Anwendungsziele von Produktionssystemen

Häufige Anwendungsziele von Produktionssystemen sind:[126]

1. Arbeitssysteme und -prozesse unter Rückgriff auf Bestlösungen entwickeln. Auf bewährte Standards und Optima zurückgreifen, um potenzielle Produktivitätsverluste antizipierend »zu umschiffen«.
2. Unter sichtbar einheitlichen Prinzipien produzieren, Unwägbarkeiten weitestgehend ausschließen und Abweichungen von Standards nur in begründeten Fällen zulassen.
3. Den Kunden durch die sich im Produktionssystem ausprägende Professionalität die Einsicht vermitteln, gut aufgehoben zu sein.
4. Den Mitarbeitern optimierte Arbeitssysteme zur Verfügung stellen.
5. Verbesserungen sichtbar und erlebbar machen, indem man sie an Standards misst.
6. Beim Entwickeln des Produktionssystems auf die *Wertschöpfungsstrategien* reflektieren und mit Hilfe des Produktionssystems die Strategieumsetzung unterstützen.

Konzepte von Produktionssystemen

Die Konzepte von Produktionssystemen unterscheiden sich bezüglich ihres *Geltungsbereichs* und der Regelhaftigkeit der Standards:

1. Geltungsbereich: Das Produktionssystem kann dabei
   - nur die Fertigung einschließen oder
   - die gesamte Leistungswirtschaft umfassen oder
   - darüber hinausgehend weite Teile des Unternehmens einbeziehen.
2. Regelhaftigkeit: Unternehmen können
   - sich ausschließlich mit allgemeinen Empfehlungen begnügen, z. B. der Anweisung, »aus logistischer Sicht optimale Transportbehälter verwenden« oder
   - wenn es von der Sache her möglich ist, Musterlösungen erstellen, z. B. indem sie Zuordnungstabellen verwenden, in denen jeder Teileart die geeigneten Transport- und Entnahmebehälter zugeordnet sind.

Unternehmen, die es mit ihrem Wissensmanagement ernst meinen, sehen sich dem letztgenannten Prinzip verpflichtet. Die Produktionssysteme der Unternehmen unterscheiden sich z. B. branchenbedingt. Bei Unternehmen mit ausgeprägtem After-Sales-Geschäft stehen Service- und Dienstleistungen im Fokus, anders als bei jenen, die lediglich ein Ersatzteilgeschäft haben. Das nachfolgend dargelegte Konzept betrieblicher Produktionssysteme ist deshalb nur ein Muster für betriebliche Lösungen.

Abbildung I-50 ist zu entnehmen, wie die Anforderungen an Produktionssysteme aus der Wertschöpfungsstrategie zu begründen sind. Demnach entstehen die grundlegenden Prinzipien für das Produktionssystem unter Rückgriff auf die Wertschöpfungsstrategien. Hat man sich z. B. bei den Ressourcenstrategien für das Konzept des selbstverantwortlichen Mitarbeiters entschieden oder bei den funktionalen Strategien für eine Synchronisierung zum Kundenverbrauchstakt, muss sich das in der Produktionsstrategie ausprägen, z. B. durch die Gestaltungsprinzipien »Gruppen- und Teamarbeit« oder »Pull-Prinzip«. Der Rückgriff auf die Wertschöpfungsstrategien ist deshalb wichtig, weil die erfolgsrelevanten Faktoren weniger im Anlagevermögen als in den Mitarbeitern und der sie leitenden Organisation liegen.

Ferner ist Abbildung I-50 zu entnehmen, dass sich Produktionssysteme hierarchisch ausprägen. Die erste Betrachtungsebene sind die *Gestaltungsprinzipien* (Standardisierungs- und Regelungsgrundsätze), die auf eine oder mehrere PEP-Phasen zielen können. Beispielsweise ist das Gestaltungsprinzip

126 Je globaler Unternehmen ausgerichtet sind, desto stärkere Bedeutung messen sie der Leistungsfähigkeit ihres Produktionssystems bei. Aber auch als strategische Investoren tätige Unternehmen schätzen leistungsfähige Produktionssysteme, weil sie als Beurteilungsmaßstab dafür dienen, wie aufwändig erworbene Unternehmen zu integrieren sind.

»Standardisierte Arbeit«[127] durchgängig und das Gestaltungsprinzip »Visuelles Management« in der Betriebs- und Verbesserungsphase relevant.

Aus strategischen und produktionstechnischen Vorgaben entstehen inhaltliche Anforderungen an das Produktionssystem. Abbildung I-50 ist zu entnehmen, dass sich die inhaltlichen Anforderungen in der Betrachtungsebene »Methoden und Werkzeuge« in *Methoden* ausprägen, die entsprechende Zielbeiträge[128] zu den Gestaltungsprinzipien liefern. Darüber hinaus können Werkzeuge zu den Methoden festgelegt werden. Für jede Phase im PEP können spezifische Standards abgeleitet werden. Diese regeln, wie (mit welchen Methoden und Werkzeugen) die festgelegten Gestaltungsprinzipien umzusetzen sind. So kann sich z. B. die Umsetzung des Pull-Prinzips in der Betriebs- und Verbesserungsphase in einem Standard »Milkrun« ausprägen, der mit seinen Methoden »Kanban« und »Routenplanung« die Zielbeiträge »Nivellierung des Materialflusses«, »Synchronisierung zum Kundenverbrauchstakt« und »Optimierung der Losgrößen« zum Pull-Prinzip liefert. Als Werkzeuge sind dafür der Routenzug, Behälterstandards und eine visuelle Steuerung über Kanban-Karten festgelegt.

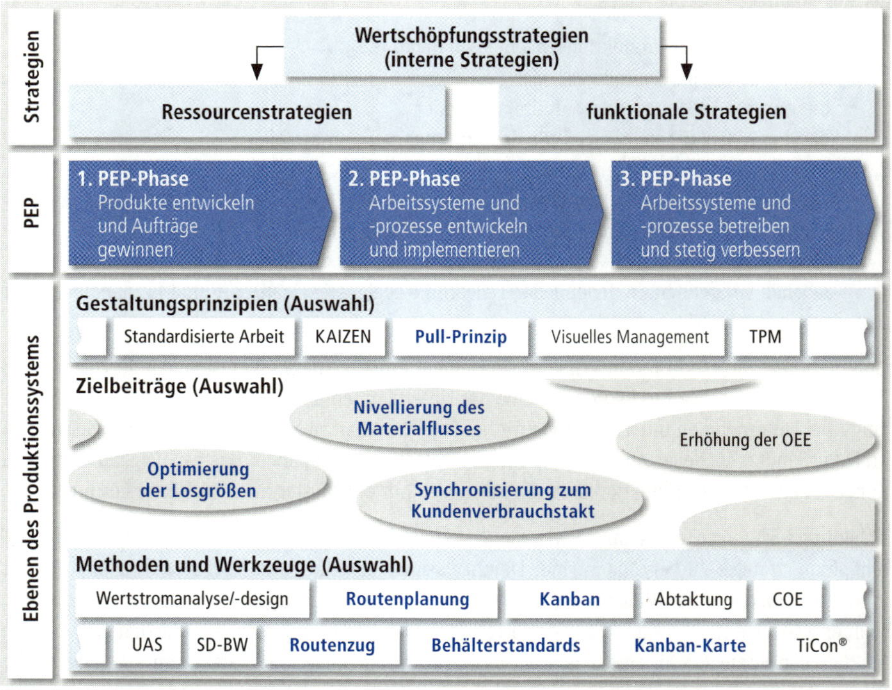

Abbildung I-50 Beispiel (Ausschnitt) für ein nach dem PEP strukturiertes Produktionssystem[129]

Entwicklung von Arbeitsstandards und Regeln

Auch beim Wissenserwerb, der Entwicklung von Arbeitsstandards und Regeln bzw. dem Identifizieren der Methoden und Werkzeuge, gehen Unternehmen unterschiedliche Wege. Es wird die Auffassung vertreten, dass es am zweckmäßigsten ist, Ideen und Wissen in der Produktion entstehen zu lassen und von dort her zu akquirieren, aber auch die Auffassung, dass in der Produkt- und Pro-

127 Standardized Work ist in vielen Toyota-Werken ein Grundprinzip des Produktionssystems, z. B. bei Toyota Motor Manufacturing, Kentucky Inc. (TMMK).

128 Vgl. zum Begriff und zur Funktion des Zielbeitrags: Auf neuen Wegen zu neuen Zielen. Managementleitfaden. Hamburg: Deutsche MTM-Vereinigung e. V., 2001.

129 Vgl. Deutsche MTM-Vereinigung e. V. (Hrsg.): a. a. O., 2001.

zessentwicklungsphase des PEP besonders attraktive Ideen entstehen. Als häufigste Anlässe für das Entwickeln von Wissen über Standards und Regeln gelten[130]:

1. Aus Lessons-learned-Workshops mit Produktionsmitarbeitern (in manchen Unternehmen im PEP vorgesehen) entsteht Wissen.
2. Aus KVP-Ergebnissen in der Produktion entstehen Ideen, kanalisiert durch die KVP-Verantwortlichen.
3. In der Produkt- und Prozessentwicklungsphase des PEP entsteht Wissen.

Wissenshinterlegung im Produktionssystem

Weitgehend einheitlich ist die Auffassung darüber, wie der Schritt vom entwickelten zum genutzten Wissen, also zur Wissenshinterlegung im Produktionssystem, zu vollziehen ist.

1. Die Zuständigkeit für das Management des Produktionssystems (PS-Management) ist zu institutionalisieren. Häufig wird das dem Industrial Engineering übertragen.
2. Erhobene Ideen sind in Innovationsblättern zu formulieren und nach Prüfung, gelegentlich auch nach Abstimmung mit dem Benutzerkreis, durch das PS-Management als sanktioniertes Wissen in die Produktionssystem-Dokumentation[131] einzustellen.
3. Von Zeit zu Zeit ist der Benutzerkreis über Neuerungen zu informieren und neue Mitarbeiter in der Nutzung des Produktionssystems zu schulen.

In den Teilen III und IV wird gezeigt, wie man Produktionssysteme inhaltlich entwickelt und anwendet, um

1. potenziellen Produktivitätsverlusten in der Prozessentwicklung präventiv und
2. in der Betriebs- und Verbesserungsphase korrektiv zu begegnen.

3.5 Absichten und Effekte beim Produktivitätsmanagement mit MTM

3.5.1 Bezug zum Produktentstehungsprozess

In den vorhergehenden Abschnitten wurden die drei Elemente des MTM-Produktivitätsmanagements erläutert, der PEP, die Geschäftsstrategie und das Produktionssystem. Nun werden abschließend die Absichten und die Effekte behandelt. Die Absichten beim MTM-Produktivitätsmanagement folgen dem Leitmotiv »Von Anfang an richtig« und verdeutlichen die MTM-Mission:

- exzellente Produktivität in den Geschäftsprozessen,
- gute Gesundheit und hohe Motivation bei den Mitarbeitern,
- breite Akzeptanz bei allen Beteiligten.

Anders als bei landläufigen Verbesserungskonzepten wird der MTM-Anwender nicht durch Schlagworte geleitet, sondern zu zwei strategisch wichtigen Ergebnissen geführt:

1. *Prävention* steht für das Vermögen, von Beginn an eine effektive und effiziente Produktion zu planen, d. h. Kosten zu vermeiden statt Kosten senken zu müssen. In den beiden ersten Phasen

130 Vgl. Dombrowski, U.; Leichnitz, H.; Hanke, T.: GPS-Einführung bei laufender Produktion. In: Industrial Engineering, 61. Jg. (2008), Heft 1, S. 8–13.

131 Produktionssystem-Dokumentationen werden häufig als Intranetanwendung in Unternehmen implementiert. Die Deutsche MTM-Vereinigung e. V. stellt hierzu das webbasierte Werkzeug eGPS zur Verfügung. Mit eGPS kann die gesamte Entwicklung eines Produktionssystems von der Definition der Ziele bis hin zur Festlegung erforderlicher Gestaltungsprinzipien, Methoden und Werkzeuge unterstützt werden.

kommt es darauf an, Produkte, Arbeitssysteme und Prozesse so zu optimieren, dass nach SOP anfallende Verbesserungen nur noch den Charakter von Weiterentwicklungen haben. Im Teil III wird das dazu notwendige Methodeninventar erläutert.

2. *Nachhaltigkeit* zeigt sich beim Betreiben einer Produktion. Auch optimierte Produkte, Arbeitssysteme und Prozesse bedürfen in ihrem Lebenszyklus, allein aufgrund veränderter Anforderungen der Absatzmärkte, weiterführender Verbesserungen. Deshalb werden in der dritten Phase des PEP gezielte Verbesserungen vorgenommen, gestützt auf ein durchgängiges Datenmanagement. Produktivitätsmanagement mit MTM ist nicht durch ein Streben nach »Quick Wins« geleitet, sondern durch gezieltes Nutzen und Fortschreiben reproduzierbarer Planungsergebnisse, also durch eine hohe Planungsqualität. So wird vermieden, das »Rad immer wieder neu zu erfinden«. Im Teil IV werden die dafür notwendigen Methoden erläutert.

Abbildung I-51 ist zu entnehmen, dass man mit dem MTM-Produktivitätsmanagement bestimmte Absichten verfolgt. Beispielsweise werden im Teil IV, Kapitel 3 (Veränderungsmanagement) Methoden empfohlen, mit der Absicht, »9. Bestmögliche Ergebnisquoten beim KVP« zu erzielen. Welche konkreten Ziele anzustreben sind, z. B. eine »Beteiligungsquote von x %« oder eine »Umsetzungsquote von y %«, bleibt jedem überlassen. Unternehmen kommen nicht umhin, ihre betrieblichen Ziele operational[132] zu definieren, was in Teil IV, Abschnitt 2.5 ausgeführt wird.

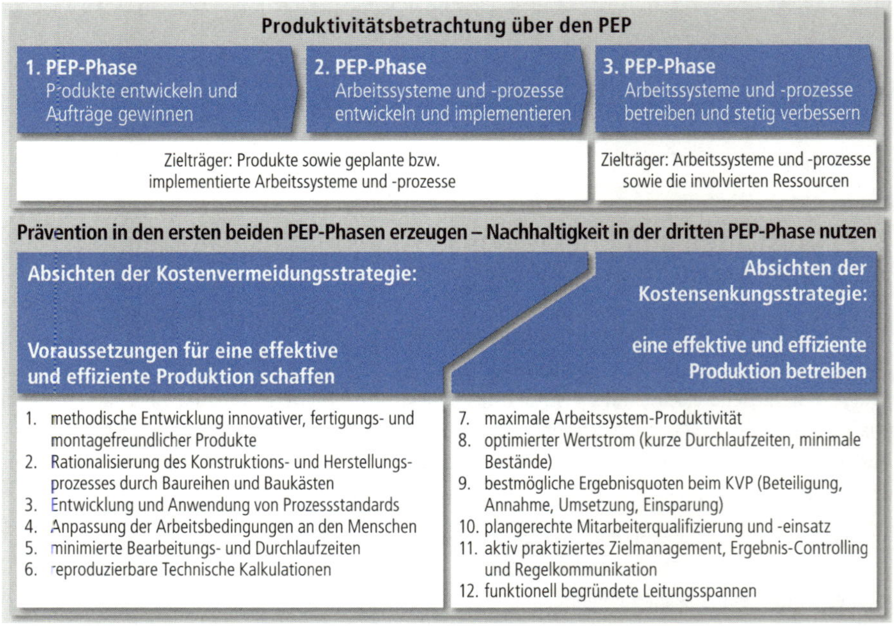

Abbildung I-51 Absichten beim MTM-Produktivitätsmanagement

132 Operational bedeutet, dass man Ziele so konkret beschreibt, dass uns dazu objektive, reliable und valide Ergebnisse ausgewiesen werden.

3.5.2 Prävention

In Abbildung I-52 prägt sich die *Präventionsfähigkeit des MTM-Produktivitätsmanagements* darin aus, dass

1. zum SOP mit einer höheren (Ausgangs-)Produktivität begonnen wird und
2. Kammlinien früher erreicht werden

als bei Konzepten, die sich allein dem Verbessern verpflichtet sehen. Es wird also nicht auf landläufige Verbesserungsversuche gesetzt, sondern zu SOP mit Ergebnissen begonnen, die bei anderen Konzepten erst im Rahmen von Verbesserungsversuchen erreichbar wären.

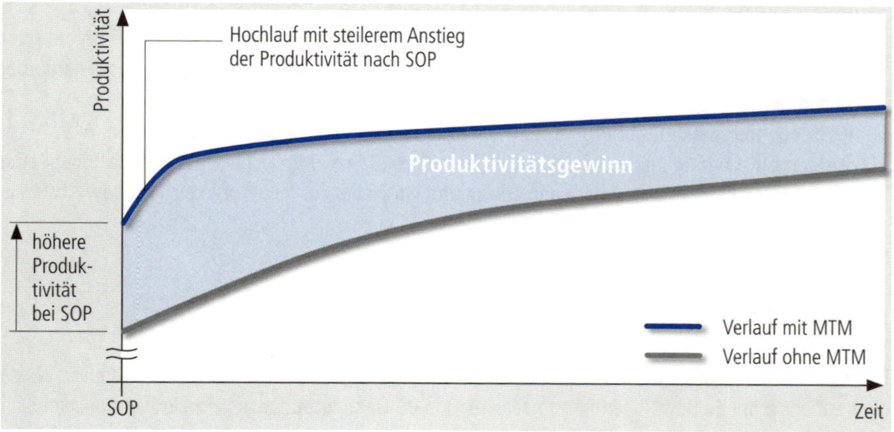

Abbildung I-52 Verbesserter Produktivitätsverlauf durch Nutzung des MTM-Produktivitätsmanagements

Betriebswirtschaftliche und menschbezogene Prävention

Die *Präventionsfähigkeit* zielt auf Produktentwicklung, die Optimierung der Arbeitssysteme und der Logistik sowie auf die Standardisierung der Fertigungs- und Montageprozesse. Die Prävention schließt sowohl betriebswirtschaftliche als auch menschbezogene Sichten ein: Allein nach betriebswirtschaftlichen Kriterien optimierte Produkte, Arbeitssysteme und Prozesse reichen nicht aus; Produkte müssen Kunden einen subjektiv erlebbaren Nutzen vermitteln und Arbeitssysteme müssen den Menschen gerecht werden und ihre Unversehrtheit ein ganzes Arbeitsleben hindurch gewährleisten. Prozesse sollen – auch wenn es ein hohes Ideal ist – den Mitarbeitern die Möglichkeit zur Weiterentwicklung geben. Produkte, Arbeitssysteme und Prozesse müssen umwelt- und sozialverträglich sein. Allein aus technisch-organisatorischer Sicht optimierte Prozesse, ohne Berücksichtigung menschbezogener Aspekte, sind im europäischen Rechts- und Sozialsystem nicht vorgesehen und deshalb bei den Absichten zum Produktivitätsmanagement ausgeschlossen.

Prävention heißt dabei im Einzelnen (vgl. Abbildung I-51):

1. durch methodisches Konzipieren und Ausarbeiten innovative Produkte zu entwickeln. Diese müssen sich in der späteren Produktion als fertigungs- und montagegerecht erweisen. Hierzu gibt es beim MTM-Verfahren mit ProKon die adäquate Methode (vgl. Teil III, Abschnitt 2.6).
2. mit Baureihen und Baukastensystemen den Konstruktions- und Herstellungsprozesses zu rationalisieren, dem Hersteller Mengeneffekte zu erschließen und dem Kunden preisgünstige Erzeugnisse bei kurzen Lieferzeiten und unproblematischer Ersatzteilbeschaffung zu bieten (auch darauf wird in Teil III, Kapitel 2 eingegangen).

3. durch fertigungsgerechte Produktentwicklung im gesamten Produktlebenszyklus zu niedrigen Herstellungs-, Instandhaltungs- und Entsorgungskosten zu gelangen. Die MTM-Prozessbausteinsysteme, vor allem MTM-1, unterstützen die wertanalytische und QFD-begleitete Entwicklung von Einzelteilen, Baugruppen und Produkten. Die vorgegebenen Verwendungszwecke sollen mit geringstem Aufwand und unter Einsatz der »richtigen« Betriebsmittel erfüllt werden (vgl. Teil III, Kapitel 2).
4. mit ergonomisch gestalteten Arbeitssystemen die Arbeitsbedingungen den Eigenschaften, Fähigkeiten und Fertigkeiten des Menschen anzupassen und sowohl Überforderung als auch Unterforderung zu vermeiden. Bewegungstechnische Optimierung führt nicht zu hochgradig arbeitsteiligen Prozessen, in vielen Fällen aber zur ergonomischen Verbesserung (vgl. Teil II, Kapitel 2 und 3 sowie Teil III, Kapitel 5).
5. Arbeitssysteme und Werkstatt-Layouts sowie die logistischen Prozesse so zu gestalten, dass sich minimale Bearbeitungs- und Durchlaufzeiten ergeben. Im Mittelpunkt stehen die Erhöhung der Verfügbarkeit und die Flexibilisierung der Fertigungs- und Montageprozesse, um Kundenanforderungen bei allen Produktvarianten zu erfüllen (vgl. Teil III, Kapitel 6).
6. wertschöpfungsmaximierte Prozesse zu schaffen und diese realistisch zu kalkulieren. MTM-Prozessbausteinsysteme unterstützen das Erstellen reproduzierbarer Technischer Kalkulationen, eine der Kernaufgaben des Industrial Engineering und ein Hebel zur Sicherung der Wettbewerbsfähigkeit (vgl. Teil III, Kapitel 3).

3.5.3 Nachhaltigkeit

Produktivitätsmanagement mit MTM zielt nicht vordergründig auf das Erringen von »Quick Wins« oder auf das schnelle Bewältigen von Krisensituationen. Dazu würde man seine Präventionsfähigkeit nicht benötigen, und für das Entwickeln von Nachhaltigkeit hätte man gar keine Zeit. Wie beim Präventionseffekt werden auch beim Nachhaltigkeitseffekt betriebswirtschaftliche und menschbezogene Aspekte angemessen berücksichtigt. Aufgrund der reproduzierbaren Planungsergebnisse und des durchgängigen Datenmanagements kann man Arbeitssystem- und Prozessoptimierungen gezielt, »an der richtigen Stelle« vornehmen. Dazu werden drei Absichten verfolgt (vgl. Abbildung I-51):

7. Maximale Arbeitssystem-Produktivität: Die implementierten Arbeitssysteme sind in der Anlaufphase auf das geplante Produktivitätsniveau zu bringen, was mit der OEE gemessen wird (vgl. Abschnitt 2.4.5 und Teil IV, Kapitel 3). Anschließend sind sie beim Verbesserungsmanagement (vgl. Teil IV, Abschnitt 3.4–3.6) gezielt weiterzuentwickeln. Gezielt heißt, genau zu jenen Bestimmungsgrößen der Produktivität (z. B. zur Verfügbarkeit und dort durch Reduzierung der Rüstzeiten), die als Systemschwachstellen identifiziert wurden.
8. Optimierter Wertstrom: Im Rahmen des Verbesserungsmanagements ist der Prozess, abgebildet in Form des Wertstroms, permanent zu verbessern (vgl. Teil II, Abschnitt 3.8 und Teil IV, Abschnitt 3.4.4), um Durchlaufzeiten und Bestände zu minimieren.
9. Effizienter KVP: Beim Verbesserungsmanagement sind Verschwendungen zu eliminieren, die bei der Planung nicht zu erkennen waren oder sich zwischenzeitlich eingestellt haben. Ferner sind die Wertschöpfungsbeiträge der Arbeitssysteme und Prozesse zu erhöhen (vgl. Abschnitt 2.5.2 und Teil IV, Abschnitt 3.4). Das setzt einen quantitativ und qualitativ exzellenten KVP voraus.

Im Abschnitt 2.2.3 wurde dargelegt, dass primär die in die Prozesse eingebundenen Menschen, einschließlich des Managements und die sie unterstützende Organisation erfolgsentscheidend sind. Deshalb werden mit dem Produktivitätsmanagement in der Betriebs- und Verbesserungsphase drei ressourcenbezogene Absichten verfolgt:

10. Plangerechte Mitarbeiterqualifizierung und plangerechter Mitarbeitereinsatz: Bei der Arbeitssystem-Planung wurden beherrschte Prozesse unterstellt, mit denen die geplanten Arbeitssystem-Produktivitäten zu erreichen sind. Deshalb ist das erste ressourcenbezogene Ziel erreicht, wenn eine ausreichende Anzahl von Mitarbeitern anforderungsgerecht qualifiziert ist (vgl. Teil IV, Abschnitt 6.3 und Kapitel 7).
11. Aktives Zielmanagement, Ergebniscontrolling und Regelkommunikation: Das Erfüllen dieser drei wichtigen Funktionen des Werkstattmanagements (vgl. Teil IV, Kapitel 2) ist die Voraussetzung dafür, dass die in Punkt 10 angesprochenen Potenziale wirksam werden. Es handelt sich dabei also um keinen »Selbstläufer«. Wenn die Mitarbeiter können und wollen, müssen sie auch dürfen. Gekonntes Werkstattmanagement ist das Mittel, diese Potenziale zu erschließen.
12. Funktionell begründete Leitungsspannen: Das Werkstattmanagement ist personell qualitativ und quantitativ so auszustatten, dass es die Führungsgrundsätze umsetzen und die zugewiesenen Managementaufgaben (vgl. Teil IV, Abschnitt 2.3 und 2.4) erfüllen kann.

Diesen Absichten ist zu entnehmen, dass professionelle Planungen (Kostenvermeidungsstrategie) die notwendige, aber noch keine hinreichende Voraussetzung für ein erfolgreiches Produktivitätsmanagement sind. Hinreichend bedeutet, auch die der Kostensenkungsstrategie zuzuordnenden Aktivitäten mit der notwendigen Stringenz zu betreiben.[133]

3.6 Zusammenfassung

Produktivitätsmanagement mit MTM (vgl. Abbildung I-25) umfasst:

1. Den PEP als Bezugsobjekt: Die Ausrichtung des Produktivitätsmanagements am PEP stellt sicher, dass die Methoden des Industrial Engineering phasenadäquat und frühestmöglich eingesetzt werden, dem Leitmotiv »Von Anfang an richtig« entsprechend. Dabei stehen Menschen und deren Wissen und Können sowie die sie verbindende Organisation im Mittelpunkt. Diese und nicht mehr oder weniger leicht austauschbare Betriebsmittel sind die maßgeblichen Faktoren für den Unternehmenserfolg.

PEP

2. Das verpflichtende Leitbild des Unternehmens, seine Geschäftsstrategie: Jedes Unternehmen verfolgt eine Geschäftsstrategie, aber nicht alle sehen die Notwendigkeit, diese schriftlich darzulegen. Nur dokumentierte, publizierte und immer wieder zur Argumentation verwendete Geschäftsstrategien erlangen ein Mindestmaß an Verbindlichkeit und Akzeptanz. Das wiederum ist die notwendige Bedingung dafür, dass sie nicht nur in einigen Köpfen existieren, sondern der gezielten Ausrichtung des Unternehmens dienen. Beim Produktivitätsmanagement ist nicht vorgesehen, Geschäftsstrategien zu entwickeln, sondern sich daran auszurichten, damit das Produktivitätsmanagement seinen Beitrag zur Umsetzung der Geschäftsstrategie leisten kann.

Geschäftsstrategie

3. Ein PEP-orientiertes Produktionssystem: Jedes Unternehmen entwickelt und verwendet Standards. Aber erst wenn diese in ein methodisch betriebenes Wissensmanagement münden, bei dem
   - ein am PEP ausgerichtetes Produktionssystem entsteht,
   - mit klaren Beziehungen zwischen PEP, Gestaltungsprinzipien, Methoden und Werkzeugen,

   liefern sie auch Wettbewerbsvorteile. Nachhaltige Wettbewerbsvorteile sind nur dann zu erlangen, wenn die Menschen und die sie verbindende Organisation als Erfolgstreiber erkannt und gezielt eingesetzt werden.

Produktionssystem

133 Zur Einführung eines systematischen Produktivitätsmanagements vgl. Sauter, M. et al.: a. a. O., 2010, S. 65 ff.

Prävention und Nachhaltigkeit

4. Absichten und Effekte: Die Absichten zeigen, wovon man sich über den PEP hinweg leiten lässt, worauf das Produktivitätsmanagement abzielt und wofür MTM steht. Der Produktivitätserfolg ergibt sich aus der Konzeptanwendung: Durch Nutzen der Präventionsfähigkeit werden Suboptima vermieden, Kostenvermeidung erzielt und nicht alles auf die »Karte der Kostensenkung« gesetzt. Die Nachhaltigkeit ist wesentlich in einem konsistenten Datenmanagement und der sachorientierten Einbindung der Mitarbeiter begründet. Über den PEP hinweg entstehen so reproduzierbare Datenstrukturen und durch involvierte Mitarbeiter abgesicherte Lösungen.

4 MTM-Verfahren

4.1 Überblick

In Abbildung I-24 wurde das MTM-Verfahren als instrumenteller Kern des MTM-Produktivitätsmanagements dargestellt und gezeigt, in welchen PEP-Phasen welche methodischen Unterstützungen geboten werden. Diese Darstellung wird in Abbildung I-53 aufgenommen und weitergeführt. Die *MTM-Prozesssprache* und die wichtigsten MTM-Bausteinsysteme, in denen sie sich ausprägt, werden im übernächsten Abschnitt in ihren Grundzügen und im Teil II, Kapitel 5–7 ausführlich erläutert. Weitere Instrumente des MTM-Verfahrens sind Abbildung I-53 zu entnehmen.

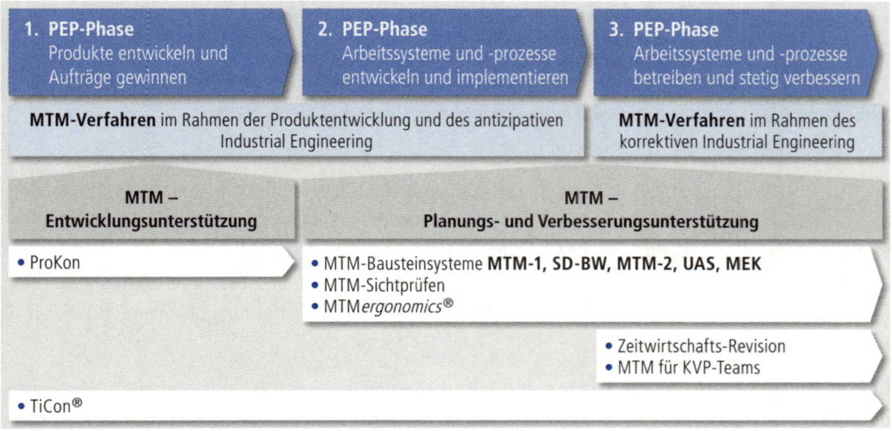

Abbildung I-53 Die Instrumente des MTM-Verfahrens

Verfahrensanwendung über den PEP

In der ersten PEP-Phase (Produktentwicklung) wird *ProKon* (vgl. Teil III, Abschnitt 2.6) eingesetzt, ein Verfahren zur Analyse und Bewertung konstruktiver Lösungen in Bezug auf die sich daraus ergebende Montagefreundlichkeit. Dabei korreliert der ProKon-Punktwert mit dem konstruktiv bedingten Arbeitsinhalt, z. B. der Kennzahl EHPV (Engineered Hours per Vehicle) in der Automobilindustrie.

In der 2. und 3. PEP-Phase wird neben den MTM-Bausteinsystemen mit MTM*ergonomics*® (vgl. Teil III, Abschnitt 5.5) ein softwaregestütztes Instrument zum Erkennen und Bewerten ungünstiger Belastungen durch Körperhaltung, Lastenhandhabung und kurzzyklische, repetitive Verrichtungen eingesetzt. Das beugt arbeitsbedingten Gesundheitsgefährdungen vor und zielt auf Arbeit im Optimalbereich. Mit dem *MTM-Sichtprüfen* (vgl. Teil II, Abschnitt 6.6) wird ein zur Analyse, Bewertung und Gestaltung visueller Prüfaufgaben entwickeltes Prozessbausteinsystem eingesetzt, um Prüfprozesse antizipierend zu optimieren und Durchschlupf (unentdeckte Fehler in der Fertigung) zu vermeiden.

Mit Hilfe der *Zeitwirtschafts-Revision* (vgl. Teil IV, Abschnitt 5.5) wird periodisch geprüft, ob die Zeitwirtschaft so betrieben wird, wie man es sich vorgenommen und im Produktionssystem festgelegt hat. Bei dem Instrument *MTM für KVP-Teams* (vgl. Teil IV, Abschnitt 3.7) handelt es sich um eine Sammlung kompakter Methoden und Gestaltungsregeln zur Unterstützung der Verbesserungsarbeit an Arbeitssystemen und Prozessen. Diese Methoden werden den in KVP-Teams involvierten operativen Mitarbeitern vermittelt, die über keine grundlegende Ausbildung im Industrial Engineering verfügen, um sie zur Entwicklung von Verbesserungslösungen zu qualifizieren.

TiCon® (vgl. Teil IV, Abschnitt 5.4) unterstützt die übrigen MTM-Instrumente unter IT-Aspekten. Das reicht vom Anlegen von Aufgabenstrukturen, geht über das Management von Prozessbausteinen bis hin zur Modellierung und Verwaltung von Wertströmen und Geschäftsprozessen.

MTM-Produktivitätsmanagement	MTM-Verfahren
substanzielle Eigenschaften des MTM-Produktivitätsmanagements • Wissenschaftsbasierung • Praxisbasierung • Qualitätsbasierung • Integrativität	**funktionelle Eigenschaften der MTM-Prozessbausteinsysteme** • Modellbildungsimmanenz • Simulationsfähigkeit • Komplexitätsvariation • Bezugsleistungstreue
Alleinstellungsmerkmale des MTM-Verfahrens • Präventionsfähigkeit • Nachhaltigkeit	

Abbildung I-54 Alleinstellungsmerkmale und wichtige Eigenschaften von MTM

Alleinstellungsmerkmale

Die Alleinstellungsmerkmale Präventionsfähigkeit und Nachhaltigkeit ergeben sich aus der Anwendung des MTM-Verfahrens im Rahmen des MTM-Produktivitätsmanagements. Wie Abbildung I-54 weiter zu entnehmen ist, gibt es *vier funktionelle Eigenschaften* des MTM-Verfahrens, und zwar Modellbildungsimmanenz, Simulationsfähigkeit, Komplexitätsvariation und Bezugsleistungstreue. Diese Eigenschaften begründen die Alleinstellungsmerkmale des MTM-Verfahrens und werden im Teil II, Kapitel 5 ausführlich beschrieben.

Historische Entwicklung

In den folgenden Abschnitten wird zuerst die historische Entwicklung der Systeme vorbestimmter Zeiten und von MTM erläutert, das von einem System vorbestimmter Zeiten hin zum heutigen MTM-Verfahren entwickelt wurde und das MTM-Produktivitätsmanagement begründet. Anschließend wird ein Überblick zu den MTM-Prozessbausteinsystemen, dem Kern des MTM-Verfahrens, gegeben. Im Teil II, Kapitel 6 und 7 werden sie ausführlich behandelt. Die weiteren Instrumente des MTM-Verfahrens werden in den Teilen III und IV vorgestellt.

Produktivitätsmanagement mit MTM hat eine grundlegende Bedeutung für den Umgang mit dem Thema »Produktivität im Unternehmen« und wendet sich an das gesamte Management. Das MTM-Verfahren wendet sich dagegen an spezifische Adressatengruppen:

Adressatengruppen für das MTM-Verfahren

1. In seinen technischen Grundzügen wendet es sich an die Mitarbeiter in den technischen Bereichen, z. B.
   - mit den prognostischen Möglichkeiten von ProKon an das Product Engineering und
   - mit der Versorgung von Arbeitsplänen an das Produktionsmanagement und
   - mit der Gestaltungssystematik an das Industrial Engineering und das Werkstattmanagement.
2. In spezifischen Sachverhalten wendet es sich auch an die Mitarbeiter in den kaufmännischen und administrativen Bereichen, z. B.
   - mit der Bedeutung der Bezugsleistung bei leistungsbezogenen Entgelten oder mit der Personalbedarfsermittlung an den Personalwirtschaftler oder
   - mit der Planung der Fertigungskosten im Rahmen der Technischen Kalkulation an kaufmännische Mitarbeiter, z. B. im Controlling.

Abschließend wird MTM seinem institutionellen Aspekt nach beschrieben und erläutert, welche Leistungen die »Institution MTM« erbringt und wie sie organisiert ist.

4.2 Entwicklung der Systeme vorbestimmter Zeiten

Konzepte des Produktivitätsmanagements

Als Begründer eines systematischen *Produktivitätsmanagements* werden in der Literatur drei Autoren und deren Konzepte am häufigsten angeführt:

1. Produktivitätsmanagement aus volkswirtschaftlicher Sicht als makroökonomische Aufgabe: Der englische Volkswirt *Adam Smith* (1723–1790) legte in seinem Hauptwerk »An Inquiry into the Nature and Causes of the Wealth of Nations« (1776) die zentrale Bedeutung der Arbeitsteilung für die Steigerung der Produktivität dar und erklärte diese zum Schlüssel jeden technischen und menschlichen Fortschrittes. Smith vermochte weder volkswirtschaftliche noch betriebswirtschaftliche Handlungsempfehlungen zu geben.
2. Produktivitätsmanagement aus betriebswirtschaftlicher Sicht als primär zeitwirtschaftliche und lohnanreiztechnische Aufgabe: Der amerikanische Ingenieur *Frederick Winslow Taylor* (1856–1915) war der erste, der ein begründetes Konzept für ein betriebliches Produktivitätsmanagement vorlegte, in dem sich die damaligen Anwendungsverhältnisse und Erkenntnisstände widerspiegeln. Er wird heute als Begründer eines primär zeitwirtschafts- und lohnanreizbasierten Produktivitätsmanagements angesehen.[134]
3. Produktivitätsmanagement aus arbeitswirtschaftlicher Sicht als primär arbeitsgestalterische Aufgabe: Der amerikanische Autodidakt[135] *Frank Bunker Gilbreth* (1868–1924), der Begründer des methodischen Bewegungsstudiums[136] und Initiator der Entwicklung der Systeme vorbestimmter Zeiten[137], ging, obwohl mit Taylor bekannt, eigene Wege. Er wird heute als Begründer eines primär arbeitsgestaltungsbasierten Produktivitätsmanagements angesehen.

Frank Bunker Gilbreth

Gilbreth entwickelte und veröffentlichte bereits vor 100 Jahren ein System zur *Bewegungsgestaltung*, aus 17 Bewegungselementen bestehend, die er in Umkehrung seines Namens als *Therbligs* bezeichnete[138]. Anders als bei den Systemen vorbestimmter Zeiten waren seinen Bewegungselementen noch keine Zeiten zugeordnet. Er beschränkte sich, wie im Bewegungsstudium noch lange üblich, darauf, die analysierten Bewegungselemente und Elemente-Kombinationen qualitativ zu bewerten und damit Ablaufmängel zu identifizieren. Abbildung I-55 sind die Therbligs zu entnehmen. Es bestehen zwar konzeptionelle Analogien zu dem ca. 30 Jahre später entwickelten elementaren Prozessbausteinsystem MTM-1, doch unterscheiden sich beide, so der Abbildung I-55 zu entnehmen, grundlegend in der Struktur ihrer Elemente.

In der Ära von Taylor und Gilbreth war Produktivitätsmanagement, den damaligen Produktionsbedingungen Rechnung tragend, weitestgehend reduziert auf die Rationalisierung menschlicher Arbeit. Aus diesem Grund entstand auch zuerst das MTM-Verfahren und erst ein halbes Jahrhundert später das heutige MTM-Produktivitätsmanagement.

134 Vgl. dazu Deutsche MTM-Vereinigung e.V. (Hrsg.): MTM – von Anfang an richtig. Hamburg: Deutsche MTM-Vereinigung. Hamburg: Deutsche MTM-Vereinigung e.V., 2003, S. 13f. sowie Taylor, F. W.: Principles of Scientific Management, 1911. Ins Deutsche übersetzt von R. Roeseler: Die Grundsätze wissenschaftlicher Betriebsführung. München: Oldenbourg, 1913. Neu herausgegeben und eingeleitet von W. Bungard und W. Volpert: Die Grundsätze wissenschaftlicher Betriebsführung. Weinheim, Basel: Beltz, 1977. Taylors Plädoyer war nicht, dass Betriebe mit wissenschaftlichen Methoden, sondern systematisch geführt werden. Von daher ist die Übersetzung von »scientific« mit »wissenschaftlich« nicht ganz glücklich.

135 Gilbreth qualifizierte sich nicht über einen universitären Ausbildungsgang, sondern erarbeitete sich als gelernter Maurer sein Wissen weitgehend durch praktisches Tun und durch Experimentieren in Beratungsprojekten.

136 Vgl. Gilbreth, F. B.: Bewegungsstudien. Berlin: Springer, 1921.

137 Vgl. Brink, H.-J.; Fabry, P.: Die Planung von Arbeitszeiten unter besonderer Berücksichtigung der Systeme vorbestimmter Zeiten, Wiesbaden: Gabler, 1974, S. 36f. Deutsche MTM-Vereinigung e.V.: a.a.O., 2003, S. 15f.

138 Vgl. Gilbreth, F. B.: Motion Study. New York: D. van Nostrand, 1911. Gilbreth, F. B.; Gilbreth, L.: Applied Motion Study. New York: Sturgis Walton, 1917.

Therbligs				MTM-1 (MTM-Grundbewegungen)
	Bezeichnungen und Kurzzeichen	Zeichen	Bewegungs-klassifikation	
1	Bewegen ohne Last (Transport Empty TE)	hohle Hand	II. grobe Bewegungen	Hinlangen R (Reach)
2	Bewegen mit Last (Transport Loaded TL)	Hand mit Inhalt		Bringen B (Move)
3	Suchen (Search SH)	suchendes Auge	III. zögernde Bewegungen	Greifen G (Grasp)
4	Auswählen (Select ST)	zeigt auf einen Gegenstand		
5	Greifen (Grasp G)	unbelasteter Magnet	I. Hauptbegriffe	
6	Einrichten (Position P)	aufgestellter Kegel		Fügen P (Position)
7	Vorrichten (Preposition PP)	Hand platziert einen Gegenstand		
8	Fügen (Assemble A)	zusammenfügen zum Gestell		
9	Ausführen (Use U)	vom englischen USE		Prozesszeit PT (Process Time)
10	Demontieren (Disassemble DA)	vom Gestell entfernen		Trennen D (Disengage)
11	Loslassen (Release Load RL)	umgekehrte Handfläche		Loslassen RL (Release)
12	Überlegen (Plan PN)	an die Stirn tippen	V. von Überlegungen begleitet	Blickverschieben ET (Eye Travel), Prüfen EF (Eye Focus)
13	Prüfen (Inspect I)	Linse		
14	Halten (Hold H)	haltender Magnet	IV. Verluste	keine adäquaten Prozessbausteine bei MTM
15	Erholen (Rest for overcoming Fatigue R)	ruhende Figur		
16	unvermeidbare Verzögerung (Unavoidable Delay UD)	Figur fällt auf die Nase		
17	vermeidbare Verzögerung (Avoidable Delay AD)	schlafende Figur		
			keine adäquaten Therbligs	Drücken AP (Apply Pressure)
				Drehen T (Turn)
				div. Körper-, Bein-, Fußbewegungen

Abbildung I-55 Die 17 Therbligs von Gilbreth und die ihnen entsprechenden MTM-Grundbewegungen

Systeme vorbestimmter Zeiten (SvZ)

Die Deutsche MTM-Vereinigung e. V. sieht sich mit ihrer Mission »Erfolg ist planbar!« mehr in der Tradition von Gilbreth als von Taylor. Zudem löste Gilbreth mit seinen Arbeiten die Entwicklung der *Systeme vorbestimmter Zeiten* (Predetermined Motion Time Systems) und somit letztlich auch die Entwicklung des MTM-Verfahrens aus.

Schlaich kennzeichnete die Systeme vorbestimmter Zeiten (SvZ) als aus Vorschriften und Zeitwerten bestehende arbeitswirtschaftliche Verfahren, mit denen »Arbeitszeiten für manuelle Verrichtungen, wie sie bei Montagearbeiten und bei der Bedienung von Maschinen in der Industrie üblich sind, im Voraus, d. h. vor ihrer tatsächlichen Ausführung durch eine Arbeitsperson, bestimmt werden können«.[139] Abbildung I-56 ist zu entnehmen, dass im Jahre 1926 mit *Motion-Time Analysis (MTA)* das erste SvZ veröffentlicht wurde. Sein Entwickler, Asa B. Segur, war ein Schüler von Gilbreth. Er verfolgte mit seiner Arbeit das primäre Ziel, Arbeitsmethoden nachvollziehbar zu dokumentieren und als sekundäres Ziel, sie zeitlich zu bewerten. MTA wurde bis in die 1930er-Jahre in einer Reihe US-amerikanischer Unternehmen verwendet.

139 Vgl. Schlaich, K.: Vergleich von beobachteten und vorbestimmten Elementarzeiten manueller Willkürbewegungen bei Montagearbeiten. Entwurf eines neuen Systems vorbestimmter Zeiten, Berlin, Köln, Frankfurt: Beuth, 1967, S. 11.

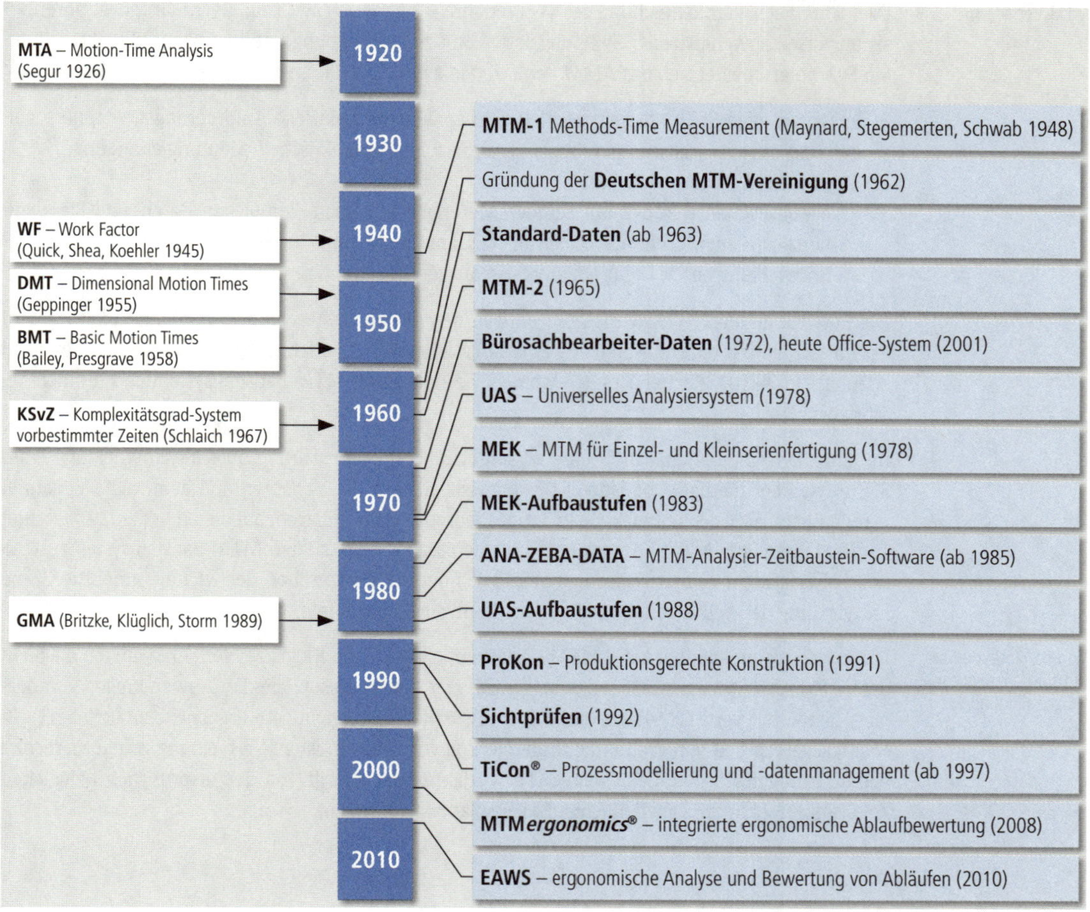

Abbildung I-56 Die Entwicklung der Systeme vorbestimmter Zeiten und wichtige Entwicklungsschritte beim MTM-Verfahren

Work-Factor-Verfahren

In den 1930er-Jahren begann eine Gruppe um Joseph H. Quick mit der Entwicklung eines SvZ, das sie als *Work-Factor-Verfahren (WF-Verfahren)* bezeichneten. Ziel der Verfahrensentwickler war es, ein Instrument zum Bestimmen von Sollzeiten für Montagearbeiten zu schaffen, ohne ein Zeitmessgerät benutzen zu müssen.[140] Sie veröffentlichten das Ergebnis ihrer Arbeit im Jahre 1945 in der amerikanischen Zeitschrift »Factory Management and Maintenance«[141]. Das WF-Verfahren wurde in Deutschland bereits zu Beginn der 1970er-Jahre in drei Komplexitätsstufen publiziert, als WF-Grundverfahren, WF-Schnellverfahren und WF-Kurzverfahren. Es hatte bis in die 1980er-Jahre in der Metall- und Elektroindustrie sowie in der Holzindustrie Bedeutung. In den 1940er- und 1950er-Jahren wurden – ausschließlich in Nordamerika – eine Reihe weiterer Systeme vorbestimmter Zeiten entwickelt. Die allgemein zugänglichen, d. h. publizierten SvZ sind Abbildung I-56 zu entnehmen. Neben den dort angeführten wurde eine Reihe unternehmensintern angewandter Systeme[142] entwickelt.

140 Als Grund dafür wird angeführt, dass in den USA aufgrund der Empfehlung der sog. Hoxie-Kommission die Verwendung von Zeitmessgeräten zur Ermittlung von entgeltrelevanten Vorgabezeiten in amerikanischen Rüstungsbetrieben über einige Jahre per Gesetz verboten war.

141 Vgl. Quick, J. H.; Duncan, J. H.; Malcolm, J. A.: Das Work-Factor-Buch. München: Hanser, 1965.

142 Z. B. das OLSEN-Verfahren (Springfield), Engstrom-Verfahren und MTS (beide General Electric).

MTM-Verfahren

Drei Jahre nach Veröffentlichung des WF-Verfahrens wurde *MTM-1* (sog. MTM-Grundverfahren)[143] als universell anwendbares[144] SvZ publiziert. Von den in Abbildung I-56 im linken Bildteil angeführten SvZ unterscheidet sich das *MTM-Verfahren* in zweierlei Hinsicht:

1. Es ist von allen SvZ[145] das einzige, bei dem veränderte praktische Anforderungen adaptiert werden und das sich weltweit durchgesetzt, also nachhaltig praktische Bedeutung erlangt hat.
2. Es wurde schrittweise von
   - einem elementaren SvZ hin zum MTM-Verfahren – einem komplexen Daten- und Planungskonzept – entwickelt, das wiederum Ausgangspunkt zur
   - Entwicklung des MTM-Produktivitätsmanagements war.

Die Entwicklung des MTM-Verfahrens wird in den folgenden Abschnitten geschildert. Ferner wird das im rechten Bildteil von Abbildung I-56 dargestellte MTM-Verfahren seinen Schwerpunkten nach erläutert. In Teil II, Kapitel 6 und 7 werden die relevanten MTM-Bausteinsysteme ausführlich beschrieben.

Im Jahre 1967 hatte Schlaich[146] eine wissenschaftliche Untersuchung über die Entwicklung eines SvZ sowie über methodische Unterschiede zwischen dem WF-Verfahren und dem MTM-Verfahren veröffentlicht. Schlaich entwickelte wichtige theoretische Grundlagen, auf denen in den 1970er- und 1980er-Jahren jene MTM-Entwicklungsprojekte basierten, die zu den MTM-Bausteinsystemen UAS und MEK führten. Neben Gilbreth war Schlaich der zweite Forscher, der wichtige Impulse für die Entwicklung des MTM-Verfahrens in seiner heutigen Form stiftete.

Von der Zeitermittlung hin zur ganzheitlichen Prozessplanung

Die früheren Anwendungen des MTM-Verfahrens als SvZ bzw. Kleinstzeitverfahren engten die Sicht der MTM-Anwendung auf die Ergebnisgröße Zeit ein. Insbesondere DV-Anwendungen ermöglichen heute, mit der MTM-Prozessmodellierung weitere und wichtigere Ergebnisse zu erzielen (z. B. Montagegerechtheit von Produkten, Minimierung von Taktverlusten, Vermeidung von körperlichen Fehlbelastungen). So wird mit dem MTM-Verfahren der Schritt von der ursprünglich lediglichen Zeitermittlung hin zur ganzheitlichen Prozessplanung vollzogen.

4.3 MTM-Prozessbausteinsysteme

4.3.1 Entwicklung von MTM-1

Elementares MTM-Bausteinsystem

Ein Auslöser für die Entwicklung des elementaren MTM-Bausteinsystems *MTM-1* waren durch den Eintritt der USA in den Zweiten Weltkrieg verursachte besondere Umstände. Die Amerikaner waren auf die damit verbundenen Rüstungsanstrengungen nicht vorbereitet und wollten der Rüstungswirtschaft bestmögliche Bedingungen zur Erhöhung ihrer Produktivität verschaffen. Deshalb wollte man in den Betrieben nicht nur Instrumente zur Leistungsförderung installieren, sondern auch Konfliktpotenziale ausschalten. Als häufigen Konfliktgrund hatte man mit Hilfe von Zeitaufnahmen erstellte

143 Vgl. Maynard, H. B.; Stegemerten, G. J.; Schwab, J. L.: Methods-Time Measurement. New York, Toronto, London: McGraw-Hill, 1948. Antis, W.; Honeycutt, L. M.; Koch, E. N.: Die MTM-Grundbewegungen, 2. Auflage. Düsseldorf: Maynard, 1972.

144 Anders als bei WF haben die Entwickler von MTM beim Greifen und Fügen mehr qualitative als quantitative Zeiteinflussgrößen verwendet. Der Vorteil dieses MTM-Verfahrens liegt darin, dass es auch in Branchen, in denen z. B. Durchmesser-Verhältnisse beim Fügen irrelevant sind (so z. B. im gesamten administrativen Bereich), anwendbar ist. Vgl. dazu auch bei Schlaich, K.: a. a. O., 1967, S. 210 f.

145 Vgl. dazu z. B. Geppinger, H. C.: Dimensional Motion-Times – DMT. New York: Wiley and Sons, 1955. Bailey, G. B.; Presgrave, R.: Basic Motion Times. New York, Toronto, London: McGraw-Hill, 1958.

146 Vgl. Schlaich, K.: a. a. O., 1967. Deutsche MTM-Vereinigung e. V.: a. a. O., 2003, S. 26.

Vorgabezeiten ausgemacht.[147] Diese und weitere Erkenntnisse wurden durch die von der amerikanischen Regierung schon vor dem ersten Weltkrieg berufene Hoxie-Kommission[148] thematisiert, mit der Folge, dass die Durchführung von Zeitaufnahmen in amerikanischen Rüstungsbetrieben verboten wurde. Die Anwendung von Systemen vorbestimmter Zeiten (Predetermined Motion Time Systems) versprach hier einen Ausweg aus dem Dilemma.

Ein zweiter Auslöser waren in der amerikanischen Industrie begonnene unternehmensinterne SvZ-Entwicklungen. Im Jahre 1940 erteilte Westinghouse Electric Harold B. Maynard vom Pittsburgh Methods Engineering Council einen Auftrag zur Untersuchung von Arbeiten an Bohrmaschinen. Mit John L. Schwab und Gustave J. Stegemerten erarbeitete er dabei die Grundlagen für das von ihnen daraufhin entwickelte *Methods-Time Measurement* (MTM). Da die Entwicklergruppe ein möglichst branchenübergreifend anwendbares System[149] anstrebte, basierten sie ihre Forschungsarbeit auf einem gegebenen Branchenszenario.

Grundbewegungen mit Normzeit

Sie formulierten acht elementare Bewegungen des Hand-Arm-Systems sowie zwei Blickfunktionen, später noch neun Ganzkörper-, Bein- und Fußbewegungen (vgl. Abbildung I-57), insgesamt 19 *Grundbewegungen*[150]. Die als *MTM-Normzeitwerte* bezeichneten Sollzeiten für die Ausführung von Grundbewegungen wurden ermittelt, indem Bewegungsabläufe mit einer Aufnahmegeschwindigkeit von 16 Bildern pro Sekunde gefilmt und der Zeitbedarf pro Bewegung durch Auszählen der ihr zuzuordnenden Bilder bestimmt wurde. Die den Filmaufnahmen zu Grunde liegenden Leistungsstreuungen wurden mit Hilfe eines Nivellierungsverfahrens[151] auf ein einheitliches Leistungsniveau gebracht, also atypisch hohe und geringe Bewegungswirksamkeiten und -intensitäten ausgeglichen. Die Zeiten wurden mit Hilfe von Regressions- und Varianzanalysen ausgewertet und in Abhängigkeit von den als signifikant ermittelten Zeiteinflussgrößen tabelliert. Für jede Grundbewegung wurden Datenkarten angelegt, auf denen die relevanten Rahmenbedingungen[152] erfasst wurden. Die Zeiteinheit der in den *MTM-Datenkarten* enthaltenen Normzeitwerte wird als *TMU* (Time Measurement Unit) bezeichnet. Die Zeiteinheit TMU wurde aus der Filmgeschwindigkeit von 16 Bildern pro Sekunde hergeleitet. 1 TMU entspricht 1/100.000 Stunde bzw. 0,0006 Minuten.

---

147 Dabei ging es sowohl um die ermittelten Vorgabezeiten als auch um die Zeitmesstechnik unter Verwendung einer Stoppuhr.

148 Bereits vor dem Ersten Weltkrieg setzte der amerikanische Kongress eine »Kommission zur Prüfung der Verhältnisse in der Industrie« ein, die nach ihrem Vorgesetzten als Hoxie-Kommission bezeichnet wurde. Diese untersuchte z. B. während des Ersten Weltkrieges die Auswirkungen von Taylors wissenschaftlicher Betriebsführung in amerikanischen Industriebetrieben.

149 Dieses Bestreben prägt sich z. B. in der Behandlung von Zeiteinflussgrößen aus. Bei der Entwicklung von Work-Factor bevorzugte man quantitative Einflussgrößen (z. B. beim Fügen das Durchmesser-Verhältnis), bei der Entwicklung von MTM gezielt qualitative Einflussgrößen (z. B. beim Fügen die Passungsklasse) verwendet. Der Vorteil dieses Ansatzes ist, dass man insofern flexibel ist, als man mit qualitativen Einflussgrößen selbst im administrativen Bereich problemlos arbeiten kann.

150 Mit Hilfe der 19 Grundbewegungen sind aus mitarbeiterbestimmten Vorkommnissen bestehende Abläufe zu beschreiben und der Zeitbedarf aus der Ablaufbeschreibung abzuleiten.

151 Dieses seinerzeit in den USA publizierte, als LMS (Lowry-Maynard-Stegemerten) betitelte Verfahren weicht von dem in Deutschland durch den REFA verbreiteten Verfahren zur Leistungsbeurteilung in seinem instrumentellen Teil, vermutlich jedoch nicht in seiner Ergebnislage ab. Die LMS-Geschicklichkeit entspricht in etwa der REFA-Wirksamkeit, die LMS-Anstrengung und LMS-Gleichmäßigkeit aber nicht der REFA-Intensität. Zudem werden mit den LMS-Arbeitsbedingungen Einflüsse berücksichtigt, die beim REFA-Verfahren nicht berücksichtigt werden, weil sie nicht vom Menschen ausgehen, sondern auf ihn wirken. Vgl. Lowry, S. M.; Maynard, H. N.; Stegemerten, G. J.: Motion and Time Study, 3. Auflage. New York, Toronto, London: McGraw-Hill, 1940. Spanner-Ulmer, B.; Hensel, R.: Die MTM-Normleistung – die Konstante unter den Variablen. In: Britzke, B. (Hrsg.): MTM in einer globalisierten Wirtschaft, München: mi-Wirtschaftsbuch, 2010, S. 43–64.

152 Das waren in erster Linie die Versuchsperson (Geschlecht, Alter, Größe, Gewicht, Erfahrung), die Arbeitsaufgabe und die Branche (Werkstück, Arbeitsmittel, Qualitätsforderungen, Losgröße) sowie der Arbeitsplatz (räumliche Verhältnisse, Umgebungseinflüsse).

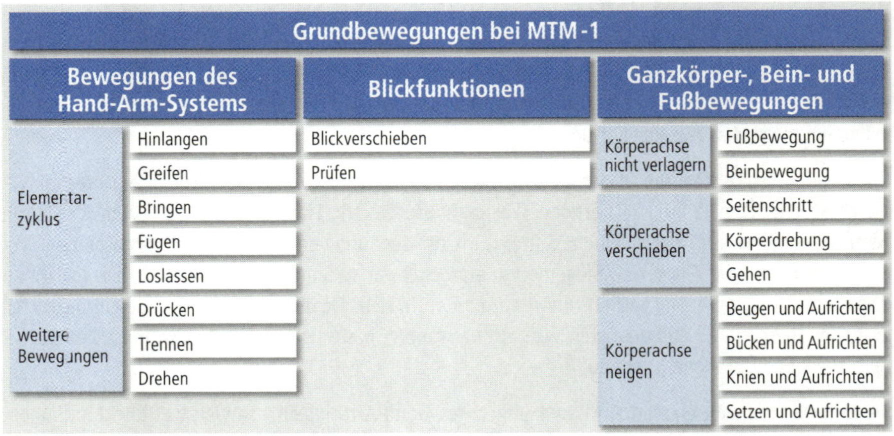

Abbildung I-57 Die 19 Grundbewegungen bei MTM-1

Die MTM-1-Datenkarte wurde seit ihrer ersten Auflage im Jahre 1955 nur unwesentlich verändert, letztmals 2009 im Zuge der Schaffung einer international einheitlichen englischsprachigen Lehrunterlage (Master Manual).

MTM-Normleistung

Die MTM-Bezugsleistung wird als *MTM-Normleistung* bezeichnet. Sie resultiert aus der Anwendung des LMS-Verfahrens und wird von dessen Entwicklern beschrieben als die Leistung eines durchschnittlich geübten Menschen, der diese ohne zunehmende Arbeitsermüdung auf Dauer erbringen kann.[153]

Die Entwicklung von MTM war insofern ein »großer Wurf«, als MTM-1 inzwischen 60 Jahre lang nahezu unverändert blieb. Dennoch wurden, so Abbildung I-58 zu entnehmen, bis Ende der 1960er-Jahre 18 Forschungsvorhaben durchgeführt, insbesondere zur Absicherung von *Anwendungsregeln.* Seit den 1960er-Jahren wurde schrittweise die Entwicklung der heute vorliegenden MTM-Prozessbausteinsysteme vollzogen.

153 Das gilt unter der Voraussetzung ergonomischer Arbeitsgestaltung, vgl. dazu Teil II, Abschnitt 5.3.3.

Report 101	Biel-Nielsen, E.; Lang, A. M. (1951): Preliminary Research Report on Disengage.
Report 102	Lang, A. M. (1951): Research Report on Standards for Reading Operations.
Report 103	Lang, A. M. (1951): Research Progress Report on Simultaneous Motions.
Report 104	Lang, A. M. (1952): An MTM Analysis of Performance Rating Systems.
Report 105	Raphael, D. L.; Clapper, G. C. (1952): A Study of Simultaneous Motions.
Report 106	Raphael, D. L. (1953): An Analysis of Short Reaches and Moves.
Report 107	Raphael, D. L. (1954): A Research Methods Manual. Deutsch: Forschungsmethoden (1954).
Report 108	Raphael, D. L. (1955): A Study of Arm Movements Involving Weight.
Report 109	Raphael, D. L. (1957): A Study of Positioning Movements. I. The General Characteristics. II. Special Studies Supplement. Deutsch: Eine Studie der Fügebewegungen I und II (1962).
Report 110	Raphael, D. L.; Clapper, G. C. (1957): A Study of Positioning Movements. III. Application to Industrial Work Measurement. Deutsch: Eine Studie der Fügebewegungen III (1963).
Report 111	Foulke, J. A.; Hancock, W. M. (1961): Industrial Research on the MTM Element Apply Pressure. Deutsch: Betriebliche Forschung über das MTM-Element »Drücken« (1963).
Report 112	Hancock, W. M.; Foulke, J. A. (1963): Learning Curve Research on Short-Cycle Operations. Phase I: Laboratory Experiments. Deutsch: Eine Studie der Anlernkurven für kurze Arbeitsgänge, 1. Phase: Experimente im Laboratorium (1965).
Report 113	Hancock, W. M.; Clifford, R.R.; Foulke, J. A.; Krystynak, L. F. (1965): Learning Curve Research on Short-Cycle Operations. Phase II: Industrial Studies. Deutsch: Untersuchung über die Lernkurven bei Handarbeiten, 2. Phase: Untersuchungen in der Industrie (1965).
Report 113a	Hancock, W. M.; Sathe P. (1965): Learning Curve Research on Manual Operations: Phase II, Industrial Studies. Revised Edition of Report 113.
Report 114	Chaffin, D. B.; Hancock, W.M. (1966): Factors in Manual Skill Training. Deutsch: Faktoren, die das Lernen von Handarbeiten beeinflussen (1966).
Report 115	Poock, G. K. (1968): Prediction of Elemental Motion Performance Using Personnel Selection Tests. Deutsch: Die Verwendung von Auswahltests zur Voraussage elementarer Bewegungszeiten (1973).
Report 116	Sadowsky, T. L. (1969): Prediction of Cycle Time for Combined Manual and Decision Tasks. Deutsch: Ermittlung von Grundzeiten für kombinierte manuelle und geistige Tätigkeiten (1969).
Report 117	Netter, M. A. (1970): Critical Path Analysis of Repetitive Man-Machine System Operation. Deutsch: CP-Netzplananalyse von repetitiven Vorgängen des Systems Mensch/Maschine (1970).

Abbildung I-58 Durch die MTM Association for Standards and Research, die Deutsche MTM-Vereinigung e. V. und die Schweizerische MTM-Vereinigung veröffentlichte Forschungsberichte

4.3.2 Entwicklungsschritte seitens der Deutschen MTM-Vereinigung e. V.

Bis zu Beginn der 1970er-Jahre bestand das MTM-Verfahren »lediglich« aus einem SvZ (vgl. Abbildung I-56). Den Anwendern diente es bis dahin in erster Linie dazu,

1. Arbeitsmethoden unter dem Primat der Produktivitätsmaximierung und Menschengerechtigkeit zu gestalten und
2. für die so gestalteten Arbeitsmethoden Sollzeiten zu bestimmen.

Deutsche MTM-Vereinigung e. V.

Die Mitgliedsunternehmen der Deutschen MTM-Vereinigung e. V. forderten ab Anfang der 1990er-Jahre zunehmend eine konzeptionelle und instrumentelle Erweiterung von MTM. Mit fortschreitendem Umfang verfügbarer Instrumente (MTM-Verfahren) und immer komplexeren und anspruchsvolleren Anforderungen und Anwendungen entstand nach Gründung des MTM-Instituts unter dessen Federführung schrittweise das hier beschriebene *MTM-Produktivitätsmanagement*[154].

154 Vgl. dazu Britzke, B.; Fischer, H.; Jasker, K.; Sanzenbacher, G.; Schosnig, R.: MTM – gestern – heute – morgen. In: Personal – MTM-Report 2003, S. 3–10. In dem Umfang, wie man instrumentell »aufrüstete«, konnte man darauf basierend auch konzeptionell »abrunden«.

Wichtige Entwicklungsetappen

Wichtige Entwicklungsetappen dabei waren:

1. Kurz nach ihrer Gründung im Jahre 1962 begann die Deutsche MTM-Vereinigung e. V. mit der Entwicklung der *Standard-Daten,* einem auf MTM-1 basierenden System komplexerer Prozessbausteine. In den USA lagen zu dieser Zeit bereits von dortigen Beratungsunternehmen entwickelte Standard-Daten-Systeme[155] vor, die sich aber letztlich nicht durchsetzen konnten.
2. Als vom Internationalen MTM-Direktorat (IMD) koordinierte Entwicklung wurde im Jahre 1966 MTM-2 veröffentlicht, konzeptionell dem UAS ähnlicher als den Standard-Daten.[156]
3. In den Jahren 1972 bis 1975 wurden, als Vorläufer des heutigen Office-Systems, die Bürosachbearbeiter-Daten entwickelt.[157] Damit sollten Unternehmen unterstützt werden, die MTM-Prozessbausteine in ihren administrativen Bereichen anwenden wollten.
4. Einer der wichtigsten Meilensteine bei der Entwicklung des MTM-Verfahrens war die Veröffentlichung der Prozessbausteinsysteme *UAS* (Universelles Analysiersystem, 1978) und *MEK* (MTM für die Einzel- und Kleinserienfertigung, 1978)[158], weil mit UAS und MEK neue Anwendungsfelder erschlossen wurden, z. B. der Schiffs- und Flugzeugbau, die Einzelfertigung oder die sogenannten indirekten Bereiche, wie Werkzeugbau oder Instandhaltung.
5. Ab Mitte der 1980er-Jahre begann die Entwicklung der MTM-Software. Damit wurde unter anderem eine wichtige Voraussetzung für einen professionellen Änderungsdienst von Prozessbausteinen und deren direkte Übernahme in Arbeitspläne geschaffen. Ferner führte dieser Entwicklungsschritt zur Integration von MTM in die rechnergesteuerten Planungsprozesse der Unternehmen.[159]
6. Mit der Entwicklung von *ProKon*[160] wurde, dem MTM-Leitmotiv »Von Anfang an richtig« folgend, die Anwendung des MTM-Verfahrens auf die Produktentwicklung ausgedehnt.
7. Die primäre Gestaltung der Bewegungsabläufe wurde bereits in den 1980er-Jahren hin zur Arbeitssystem-Gestaltung erweitert.[161] Das fand mit der Veröffentlichung von MTM*ergonomics*® auch einen sichtbaren methodischen Ausdruck.
8. Immer komplexere Anwendungen des MTM-Verfahrens führten schließlich dazu, mit Hilfe des Ganzheitlichen Produktionssystems (GPS) die Geschäftsstrategie als Ausrichtungsleitlinie einzubeziehen und die Entwicklung und gezielte Nutzung betriebsspezifischer Produktionssysteme zu integrieren.[162] Damit wurde, abgerundet durch das Management von Industrial-Engineering-Methoden, der Schritt zur Entwicklung des MTM-Produktivitätsmanagements vollzogen.

Während sich die anderen SvZ zumeist nicht durchsetzen konnten und heute nur noch dogmengeschichtlichen Wert haben, entwickelte sich MTM von einem Instrument zur Vorgabezeitermittlung hin zu einem integrierten Produktivitätsmanagement. Es steht heute für ein umfassendes Angebot an instrumentellen Unterstützungen bei der Produktivitätsförderung in den Unternehmen.

---

155 Vgl. z. B. Crossan, R. M.; Nance, H. W.: Master Standard Data. The Economic Approach to Work Measurement. New York, Toronto, London: McGraw-Hill, 1962.

156 Noch heute interessant ist das theoretische Konzept, weil es die Entwicklung von MTM-UAS und MTM-MEK maßgebend beeinflusst hat. Vgl. dazu Evans, F.: MTM-2, Based Maintenance Work-Measurement. Basic concepts and mathematical models. London: United Kingdom MTM-Association, 1969.

157 Vgl. Bokranz, R.: MTM-Applications Today – The MTM-Office-Data-System of the German MTM-Association. In: The MTM-Journal, No. 3/1979, S. 2–6.

158 Vgl. Helms, W.: Neuentwicklungen und Aktivitäten der Deutschen MTM-Vereinigung. In: Mitteilungen des Instituts für angewandte Arbeitswissenschaft, Heft 85, 1980.

159 Vgl. Deutsche MTM-Vereinigung e. V. (Hrsg.): a. a. O., 2003, S. 55 f. Die Softwareentwicklung war ein entscheidender Meilenstein für die instrumentelle Weiterentwicklung von MTM.

160 Vgl. Sanzenbacher, G.: PROKON – wenig Aufwand, große Wirkung. In: Personal – MTM-Report 2003, S. 26–31.

161 Vgl. Landau, K.: MTM als Beitrag zur Erhöhung des Niveaus der Arbeitsgestaltung. In: Personal – MTM-Report 2003, S. 11–14.

162 Vgl. Salwiczek, P.; Fischer, H.: Auf neuen Wegen zu neuen Zielen – Ganzheitliches Produktionssystem für eine stetige Verbesserung der Geschäftsprozesse. In: Personal – MTM-Report 2003, S. 42–46.

4.3.3 Entstehen der weiteren MTM-Prozessbausteinsysteme

Zwischen den Jahren 1960 und 1980 entstanden mehrere auf MTM-1 basierende *Bausteinsysteme*:

1. von Unternehmensberatungen (z.B. MOST von Maynard[163]),
2. von nationalen MTM-Vereinigungen (z.B. SAM von der schwedischen MTM-Vereinigung, die Standard-Daten von der Deutschen MTM-Vereinigung e.V.) und
3. im internationalen Verbund von MTM-Vereinigungen (z.B. MTM-2 und MTM-3)[164] entwickelt.

Nur die von der Deutschen MTM-Vereinigung e.V. und ihren Mitgliedsunternehmen getragenen MTM-Bausteinsysteme erlangten im deutschen Sprachraum praktische Bedeutung.

Für die Deutsche MTM-Vereinigung e.V. lag Ende der 1960er-Jahre eine besondere Situation vor, die mit den Situationen anderer nationaler MTM-Vereinigungen nicht vergleichbar war. Deutsche Unternehmen hatten – MTM-2 lag noch nicht vor – Betriebsvereinbarungen über die Verwendung der *Standard-Daten Basiswerte* (SD-BW) zur Vorgabezeitermittlung bei leistungsbezogenen Entgeltgrundsätzen abgeschlossen. Deshalb bestand zu der Zeit, als MTM-2 veröffentlicht wurde, in der deutschen Wirtschaft, anders als in den europäischen Nachbarländern, kein besonderes Interesse, es zusätzlich zu den oder anstelle der SD-BW anzuwenden. Für die Unternehmen war auch kein »methodischer Quantensprung« zu erkennen, weil zur Ablaufmodellierung bei *MTM-2*, ebenso wie bei den SD-BW, Detailinformationen erforderlich sind, nämlich Vorstellungen über Bewegungsabläufe.[165]

Der Wunsch, komplexere Prozessbausteine als bei den SD-BW und MTM-2 anzuwenden, führte in den 1970er-Jahren zur Entwicklung von UAS (= Universelles Analysiersystem) und *MEK* (MTM für die Einzel- und Kleinserienfertigung). Bei diesen sind keine Informationen über Bewegungsabläufe erforderlich, um Planungsanalysen zu erstellen. Bei UAS und MEK genügt es, allgemeine Rahmenbedingungen zu kennen, unter denen ein Ablauf stattfinden soll, um die Zeiteinflussgrößen zu bestimmen und damit die zutreffenden Prozessbausteine auszuwählen. Die Entwicklung von UAS und MEK wurde von der Wirtschaft und vom Internationalen MTM-Direktorat[166] als methodischer Quantensprung gewertet. Wie den Abbildungen I-59 und I-60 zu entnehmen ist, wurde damit der Weg zu einer leistungsfähigen Zeitwirtschaft, auch bei den Prozesstypen 2 und 3 (vgl. dazu auch Abbildung I-10), geöffnet.

Technische Plattform: MTM-1, MTM-2, UAS, MEK und EAWS

Um sicherzustellen, dass kein instrumenteller Wirrwarr entsteht, hat das *Internationale MTM-Direktorat* vier MTM-Bausteinsysteme über die technische Plattform eines englischsprachigen »Masters« international standardisiert: MTM-1, MTM-2, UAS und MEK. Darüber hinaus wurde in gleicher Weise das Ergonomic Assessment Worksheet (EAWS) als ergonomisches Bewertungssystem standardisiert.

Die SD-BW werden von einigen Unternehmen weiterhin angewandt und deshalb auch durch die Deutsche MTM-Vereinigung e.V. unterstützt. International tätige Unternehmen müssen allerdings damit rechnen, dass man im Ausland die SD-BW nicht kennt.

163 Vgl. Zandin, K. B.: MOST Work Measurement Systems. New York, Basel: Dekker, 1980.
164 Vgl. Evans, F.: a.a.O., 1969.
165 Anders als bei Standard-Daten, UAS, MEK und dem Office-System werden bei MTM-2 noch Beidhandanalysen durchgeführt.
166 Im Gegensatz zu den Standard-Daten und dem Office-System wurden UAS und MEK vom Internationalen MTM-Direktorat als neben MTM-1 und MTM-2 international präsente Bausteinsysteme anerkannt.

MTM-1 (1948)	SD-BW (1963)	MTM-2 (1965)	UAS/MEK (1978)
Bewegungsablauf			Rahmenbedingungen
R Hinlangen	**A** Aufnehmen	**G** Aufnehmen	**A** Aufnehmen und Platzieren
G Greifen			
M Bringen	**P** Platzieren	**P** Platzieren	
F Fügen			
RL Loslassen			**P** Platzieren
T Drehen	**GD** Drehen		**Z** Bewegungszyklen
AP Drücken	**GK** Kraftanwendung	**A** Drücken	**H** Hilfsmittel handhaben
D Trennen	**GT** Trennen		**B** Betätigen
G2 Nachgreifen	**GN** Nachgreifen	**R** Nachgreifen	
ET Blickverschieben	**GB** Blickverschieben	**E** Blickverschieben und Prüfen	**V** Visuelle Kontrolle
EF Prüfen	**GP** Prüfen		
Körperbewegungen	Körperbewegungen	Körperbewegungen	Körperbewegungen

(blau) international standardisiert; (grau) in Deutschland verbreitet, nicht international standardisiert

Abbildung I-59 Übersicht zu den verbreitetsten MTM-Prozessbausteinsystemen

4.3.4 Funktionelle Eigenschaften der MTM-Prozessbausteinsysteme

Die MTM-Prozessbausteinsysteme sind durch vier funktionelle Eigenschaften gekennzeichnet, auf denen ihre *Alleinstellungsmerkmale* wesentlich beruhen.

1. *Modellbildungsimmanenz*: Produktivitätsmanagement basiert auf Ergebnisstandards, das sind Soll-Ergebnisse für den Betrieb von Arbeitssystemen. Ein Arbeitssystem ist ein Modell, weshalb man Soll-Ergebnisse besser direkt bildet und nicht indirekt aus Ist-Ergebnissen ableitet.[167] Dem folgt man bei der Anwendung der MTM-Prozessbausteinsysteme[168], denn dabei werden »automatisch« Modellbildungen vorgenommen, also direkt Soll-Ergebnisse bestimmt.[169] Die Eigenschaft der Modellbildungsimmanenz unterscheidet MTM-Prozessbausteinsysteme von den in Teil II, Kapitel 8 angeführten Ergänzungstechniken, wie z. B. der Zeitmessung.
2. *Simulationsfähigkeit*: Die Anwendung der MTM-Prozessbausteinsysteme ist auch bei virtuellen Arbeitssystemen möglich, z. B. wenn Arbeitssysteme in der Phase des Produktentstehungsprozesses noch in der Planungsphase sind oder wenn man Alternativen »durchspielen« will. Das ist

167 Vgl. zu diesem Thema Becks, C.: a. a. O., 2003.

168 Bei MTM-Prozessbausteinsystemen handelt es sich aus theoretischer Sicht um eine Sammlung von Instrumenten für die Modellierung von Arbeitsabläufen. Diese dienen wiederum als Basis zur Planung von Prozessen und Arbeitssystemen. Deshalb betreibt man bei deren Anwendung zur Bestimmung von Sollzeiten zwangsläufig eine Modellbildung.

169 Das ist grundsätzlich anders, wenn man Sollzeiten mit Hilfe empirischer Verfahren, z. B. durch Selbstaufschreibung oder Zeitmessung, auf indirekte Weise bestimmt: Es werden Istzeiten erhoben, mit Hilfe sogenannter »Bezugsleistungs-Transformationen« in Sollzeiten gewandelt und als Modellbildungsergebnis verwendet. Da man am Ende in Form von Sollzeiten stets eine Modellbildung vornehmen muss, ist den empirischen Verfahren ein Umweg immanent: Erst wird das Ist erhoben, um es dann zu transformieren und das Transformationsergebnis als Soll zu verwenden. Das ist zwar methodisch unbefriedigend, aber praktisch noch immer verbreitet.

möglich, weil bei der Anwendung eines MTM-Prozessbausteinsystems kein real existierendes Arbeitssystem vorausgesetzt wird. Es ist also simulationsfähig.

3. *Komplexitätsvariation*: MTM-Prozessbausteinsysteme sind durch die verschiedenen, untereinander abgestimmten Komplexitätsgrade der MTM-Prozessbausteine hierarchisch organisiert. Damit kann die Granularität der Prozessmodellierung beliebigen praktischen Anforderungen gerecht werden.
4. *Bezugsleistungstreue*: Allen MTM-Prozessbausteinsystemen ist als Bezugsleistung die MTM-Normleistung zu Grunde gelegt. Dabei handelt es sich um eine weltweit verwendete *Bezugsleistung.* Die damit innerbetrieblich entwickelten Prozessbausteine haben eine einheitliche und auf ein weltweit geltendes Niveau referenzierte Bezugsleistung.

4.3.5 Anwendungsbedingungen der MTM-Prozessbausteinsysteme

Prozesstyp

Die Organisation von Arbeitssystemen und damit auch die Charakteristika der Prozesse unterscheiden sich weniger zwischen verschiedenen Branchen als zwischen *Prozesstypen.* Als Prozesstyp wird die Prozessbedingungs-Charakteristik[170] (vgl. Abbildung I-60, unterer Bildteil) bezeichnet, die sich in fünf Merkmalen ausprägt (vgl. dazu auch Abbildung I-10):

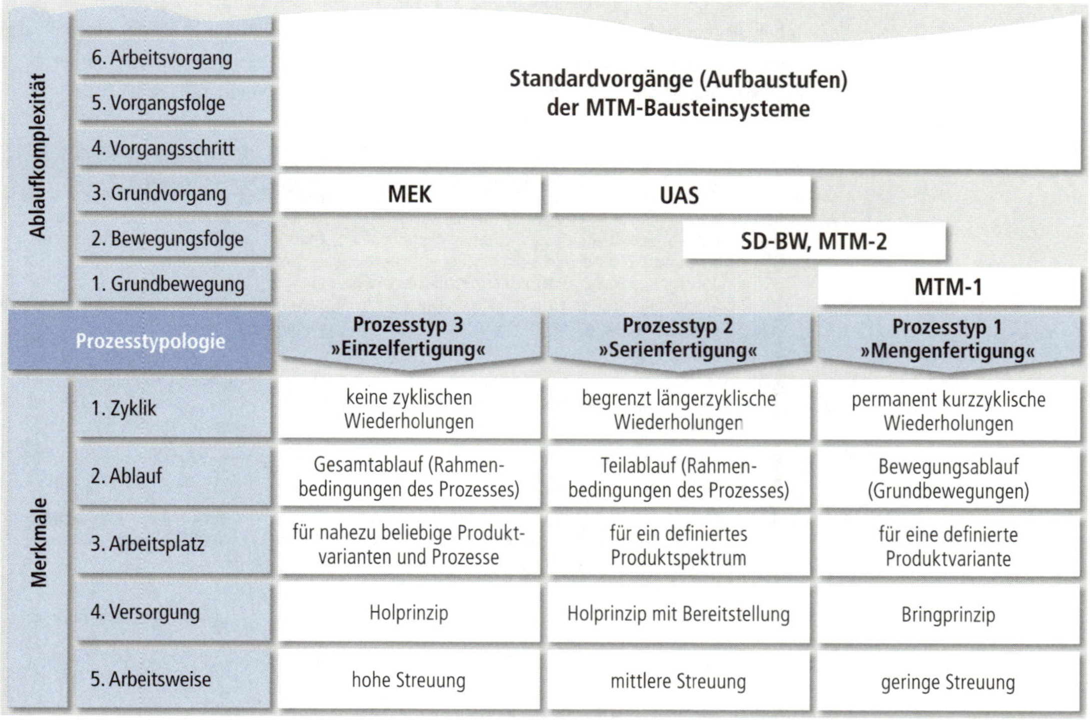

Abbildung I-60 Die wichtigsten Prozessbausteinsysteme des MTM-Verfahrens im Kontext von Prozesstypologie und Ablaufkomplexität

170 Diese Prozesstypologie soll der Verdeutlichung und Charakterisierung dienen und beschränkt sich nicht auf Fertigungsprozesse. So wäre z. B. dem Prozesstyp 2 auch die Eröffnung eines Kontokorrentkontos in einer Geschäftsbank und dem Prozesstyp 1 das Imageclearing in der Zahlungsverkehrsabwicklung zuzuordnen.

1. Zyklik,
2. Ablauf,
3. Arbeitsplatz,
4. Versorgung,
5. Arbeitsweise.

Die Prozesstypen lassen sich nach den in der Praxis gängigen Begriffen Einzel-, Serien- sowie Massen-/Mengenfertigung charakterisieren. Im unteren Bildteil von Abbildung I-60 werden die drei Prozesstypen nach den fünf für die Einsatzbeurteilung der MTM-Bausteinsysteme wesentlichen Merkmalen unterschieden. Die Merkmalsbeschreibungen lassen erkennen, dass diese Prozesstypologie nicht trennscharf ist, sondern nur der Charakterisierung unterschiedlicher Anwendungsfelder der MTM-Bausteinsysteme dienen soll.

Im oberen Bildteil werden die MTM-Bausteinsysteme ihren grundsätzlichen Einsatzfeldern zugewiesen. MTM-1 dem Prozesstyp 1, SD-BW und MTM-2 dem Prozesstyp 2 (aber ggf. auch dem Prozesstyp 1), UAS dem Prozesstyp 2 und MEK dem Prozesstyp 3.

Ablaufkomplexität

Die Ablaufkomplexität wird durch Definition der *MTM-Hierarchieebenen* operational beschrieben (vgl. Abbildung I-61). Mit Hilfe dieser Hierarchieebenen wird die Komplexitätsstufe eines Prozessbausteins gekennzeichnet. Bei den ersten drei Hierarchieebenen handelt es sich um Ebenen der MTM-Bausteinsysteme. Bei den darüber liegenden Hierarchieebenen handelt es sich um *Standardvorgänge* (auch Aufbaustufenebenen genannt), d. h. um *Aggregationen* von Prozessbausteinen der MTM-Bausteinsysteme. Je höher die Hierarchieebene, desto höher ist der Aggregationsgrad der darin befindlichen Prozessbausteine und desto geringer das Ausmaß an Allgemeingültigkeit.[171]

Hierarchieebene		Definition und Kennzeichnung	Beispiele
Standardvorgangsebene	6. Arbeitsvorgang	Summe von Vorgangsfolgen, bei der die Mengeneinheit 1 eines Auftrags erstellt und ein geschlossener Wertschöpfungsschritt erzielt wird. Er wiederholt sich typischerweise beim Erfüllen eines Auftrags und bildet insofern einen geschlossenen Zyklus ab. Arbeitsvorgänge werden in Vorgangsfolgen, manchmal auch in Vorgangsschritte unterteilt. Andere Bezeichnungen sind Vorgang oder Arbeitsgang.	Teil komplett montieren und prüfen; Teile im Schweißautomaten punktschweißen.
	5. Vorgangsfolge	Folge von Vorgangsschritten, die bereits zu Teilresultaten führen und bei einem hohen Arbeitsteilungsgrad bereits geschlossene Arbeitsinhalte ausmachen.	Halterung verschrauben; Teil in eine Vorrichtung spannen und ausrichten.
	4. Vorgangsschritt	Folge von Grundvorgängen, die zu einem sichtbaren, am Arbeitsgegenstand auszumachenden Arbeitsfortschritt führt.	Eine Schraube eindrehen; ein Teil in die Vorrichtung legen.
Grundvorgangsebene	3. Grundvorgang	Kombination einer Folge von bis zu fünf Grundbewegungen, gebildet durch additive Verknüpfung und statistische Bewertung von Häufigkeiten. Grundvorgänge lassen sich zeitlich wieder auf die Grundbewegungen zurückprojizieren, auf denen sie basieren.	Teil aufnehmen und ansetzen; Teil und Hilfsmittel gleichzeitig handhaben.
	2. Bewegungsfolge	Kombination einer Folge von bis zu drei Grundbewegungen, gebildet durch additive Verknüpfung und statistische Bewertung von Häufigkeiten. Bewegungsfolgen lassen sich zeitlich wieder auf die Grundbewegungen zurückprojizieren, auf denen sie basieren.	Teil aufnehmen; Teil platzieren.
	1. Grundbewegung	Prozessbaustein mit höchster Auflösung, der in seiner Beschreibung und in Bezug auf seine Sollzeit nicht mehr zu unterteilen ist.	Hinlangen zu einem Teil.

Abbildung I-61 Die Hierarchieebenen zur Kennzeichnung der Komplexitätsstufe von MTM-Prozessbausteinen

171 Einerseits wünscht man universell, d. h. vielfach verwendbare Prozessbausteine. Dazu dürfen diese nicht zu komplex sein. Andererseits möchten die Verwender der Prozessbausteine möglichst schnell zu Ergebnissen gelangen. Dazu sollten diese möglichst komplex sein.

Die universelle Verwendbarkeit der Bausteine der ersten drei Hierarchieebenen ist durch ihre Abgrenzung, ihren Inhalt und das Konzept ihrer Zeiteinflussgrößen hinreichend gegeben. Ab der vierten Hierarchieebene wurden Aggregationen gebildet, die Beispielcharakter haben, und die vor ihrer Anwendung in der Praxis mit den betrieblichen Bedingungen abzugleichen sind.

Die MTM-Bausteinsysteme dienen zur Modellierung von Prozessen bei mitarbeiterbestimmten Abläufen. Da die meisten Prozesse auch Abschnitte enthalten, die nicht oder nur begrenzt menschbestimmt sind, werden neben den MTM-Bausteinsystemen auch Ergänzungstechniken (vgl. Teil II, Kapitel 8) angewandt. Aber auch bei Abläufen mit *mitarbeiterbestimmten Vorkommnissen* gibt es Anwendungsgrenzen, insbesondere wenn es um sogenannte »*geistige Arbeit*« geht.[172]

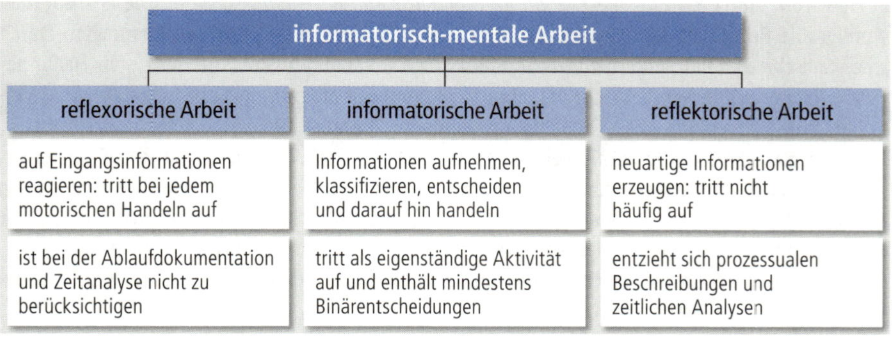

Abbildung I-62 Die Beschreibbarkeit informatorisch-mentaler Arbeit mit Hilfe von MTM-Prozessbausteinen[173]

Zur Anwendung der MTM-Bausteinsysteme auf die sogenannte »geistige Arbeit« sind folgende Hinweise und Restriktionen zu berücksichtigen (vgl. Abbildung I-62):

1. Statt von geistiger Arbeit sollte man von informatorisch-mentaler Arbeit sprechen und die in Abbildung I-62 angeführte Differenzierung vornehmen.
2. Bei reflexorischer Arbeit liegt der zeitliche Engpass des Menschen nicht im neuronalen, sondern im muskulären Bereich. Vereinfacht ausgedrückt: Abläufe bei reflexorischer Arbeit sind schneller zu vollziehen als Abläufe bei energetisch-effektorischer Arbeit, z. B. Bewegungen des Hand-Arm-Systems. Deshalb ist beim Verwenden von MTM-Prozessbausteinen die simultan ausgeführte reflexorische Arbeit eingeschlossen, ohne dass darauf ausdrücklich hingewiesen wird.
3. Abläufe mit informatorischer Arbeit im engeren Sinne lassen sich mit MTM-Prozessbausteinen dann beschreiben und zeitlich bewerten, wenn sie sich auf Ja-Nein-Entscheidungen (sog. 0-1-Entscheidungen oder Binärentscheidungen) reduzieren lassen.[174] Das ist bei vielen Prüfarbeiten der Fall. Ist die Entscheidungssituation bei informatorischer Arbeit aber so komplex, dass sie nicht in eine Kette von Binärentscheidungen aufzulösen ist, bestimmt man den Zeitbedarf z. B. durch Schätzen, Befragen oder durch eine Setzung.
4. Abläufe bei reflektorischer Arbeit, das ist mentale Arbeit im engeren Sinne, kommen wesentlich seltener als informatorische Arbeit im engeren Sinne vor. Solche Abläufe sind mit keiner formalen

172 Mit dem Hinweis, dass in der Wirtschaft die »geistigen Arbeiten« zunähmen und MTM-Prozessbausteine dafür untauglich seien, wird gelegentlich die generelle Tauglichkeit der MTM-Bausteinsysteme in Zweifel gezogen, in erster Linie von Personen mit eher geringen Kenntnissen über MTM.

173 Bei informatorischer Arbeit sind in eine Kette von Binärentscheidungen aufzulösende Informationsverarbeitungen mit Hilfe des MTM-Prozessbausteins »Prüfen« zu beschreiben und zeitlich zu bewerten.

174 Das kann auch eine Kette von Ja-Nein-Entscheidungen sein. Maßgebend ist, dass es sich um Binärentscheidungen handelt.

Prozesssprache zu beschreiben, und der Zeitbedarf ist natürlich auch nicht mit Hilfe von MTM-Prozessbausteinen zu bestimmen.

4.4 Die Institution MTM

4.4.1 Verbreitung von MTM

Internationales MTM-Direktorat (IMD)

Im Jahre 1951 wurde durch einen der drei Entwickler des MTM-Verfahrens, Harold B. Maynard, in New York die *U. S. MTM-Association for Standards and Research* gegründet. Dieser Institution wurden alle Rechte an dem drei Jahre zuvor veröffentlichten MTM-Verfahren übertragen. Durch amerikanische Beratungsunternehmen wurde das MTM-Verfahren bereits in der ersten Hälfte der 1950er-Jahre nach Europa gebracht. Im Jahre 1955 wurde als erste europäische nationale MTM-Vereinigung die schwedische MTM-Vereinigung gegründet. Im Jahre 1957 entstanden in der Schweiz, den Niederlanden und Frankreich weitere nationale MTM-Vereinigungen. Im Jahre 1957 beschlossen die bis dahin entstandenen nationalen MTM-Vereinigungen die Gründung eines *Internationalen MTM-Direktorats.*[175] Diesem wurden durch die U. S. MTM-Association for Standards and Research die Urheberrechte am MTM-Verfahren sowie dessen Verbreitung und Überwachung der sachgerechten Anwendung übertragen. Zu dieser Zeit ging es in erster Linie darum, eine sachgerechte Anwendung des MTM-Verfahrens sicherzustellen.

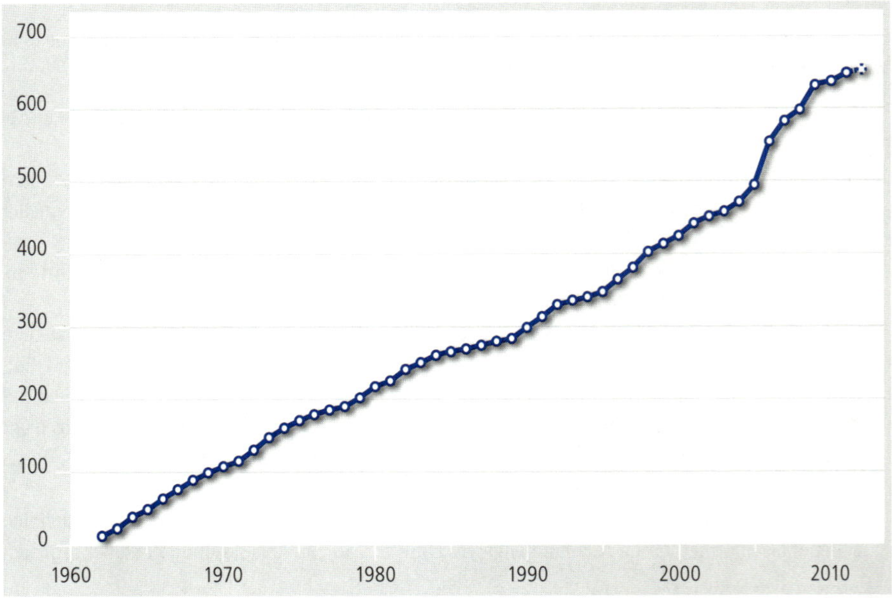

Abbildung I-63 Entwicklung der Anzahl Unternehmensmitglieder der Deutschen MTM-Vereinigung e. V. (Stand: September 2012)

175 Das Internationale MTM-Direktorat wurde im Jahre 1968 als gemeinnütziger Verein in das Vereinsregister von Ohio (U.S.A.) eingetragen.

Deutsche MTM-Vereinigung e. V.

Seit 1958 gab es MTM-Anwendungen auch in Deutschland. Initiativen deutscher Unternehmen führten im Jahre 1962 zur Gründung der *Deutschen MTM-Vereinigung e. V.*[176], um sicherzustellen, dass auch in Deutschland das MTM-Verfahren im Sinne der Verfahrensentwickler angewandt wird.[177]

Der Abbildung I-63 ist zu entnehmen, dass die Anzahl Unternehmensmitglieder (juristische Personen) seit Gründung der Deutschen MTM-Vereinigung e.V. stetig zunahm und Mitte 2011 fast 650 Mitglieder erreicht hatte. Mitte 2011 hatte die Deutsche MTM-Vereinigung e.V. zudem etwa 180 Einzel- und Ehrenmitglieder (natürliche Personen).[178] In gleicher Weise haben sich andere Kenngrößen zur Verbreitung des MTM-Verfahrens entwickelt, z. B. die Anzahl MTM-Ausbildungen mit Qualifikationsnachweisen oder die Mitarbeiterzahl bei der Deutschen MTM-Vereinigung e. V.

Die Mitgliedsunternehmen der Deutschen MTM-Vereinigung e. V. stammen, so der Abbildung I-64 zu entnehmen, aus einem breiten Branchenspektrum. Allerdings gibt es Schwerpunktbranchen, denn fast drei Viertel der Mitgliedsunternehmen gehören den drei Branchen Automobilindustrie, Dienstleistungen und Elektro-/Feinwerktechnik an.

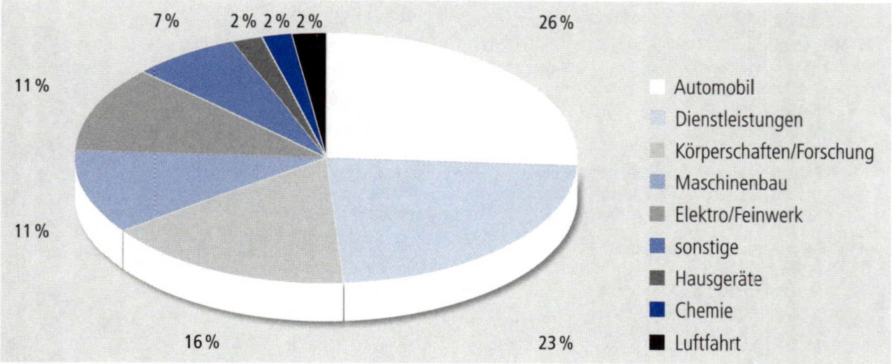

Abbildung I-64 Verteilung der Unternehmensmitglieder der Deutschen MTM-Vereinigung e. V. nach Branchen (Stand: Mitte 2012)

Ausbildungs- und Qualifizierungskonzept der Deutschen MTM-Vereinigung e. V.

Der Abbildung I-65 ist das Ausbildungs- und Qualifizierungskonzept der Deutschen MTM-Vereinigung e. V. zu entnehmen, mit dem diese, so auch die Intentionen des Internationalen MTM-Direktorats, zwei Funktionen erfüllt:

1. Garantenfunktion gegenüber der Wirtschaft: Es wird gewährleistet, dass jenes Wissen und Können sowie jene Qualifikationen vermittelt werden, welche die Wirtschaft, vertreten durch die Unternehmensmitglieder, abfordert.[179]

176 Die Deutsche MTM-Vereinigung e. V. ist als gemeinnütziger Verein in das Vereinsregister des Amtsgerichts Frankfurt am Main eingetragen.

177 In den Jahren 1962 bis 1992 lag die Geschäftsführung in den Händen von Dr. Winfried Helms. Vom Jahre 1992 bis zum Jahre 2000 lag diese in den Händen von Carl Becks, der seit der Gründungsphase die MTM-Arbeit in Deutschland mit prägte. Seit dem Jahre 2000 ist Dr. Hans Fischer Geschäftsführer der Deutschen MTM-Vereinigung e. V.

178 Nach § 4 ihrer Satzung können Unternehmen, Körperschaften und Einzelpersonen eine Mitgliedschaft bei der Deutschen MTM-Vereinigung e. V. erlangen.

179 Vgl. dazu § 2, Ziffer 4 der Satzung der Deutschen MTM-Vereinigung e. V.

2. Verbreiterfunktion im Auftrage des Internationalen MTM-Direktorats: Es wird gewährleistet, dass das MTM-Verfahren im Sinne der Verfahrensschöpfer auf gemeinnütziger Basis weiterentwickelt und verbreitet wird.[180]

	Lehrinhalt	Dauer	Abschluss	LP		
	MTM-Praktiker				Pflichtmodule	MTM-Praktikerdiplom und »Blaue Karte«
L	MTM-1	80 h	MTM-1-Prüfung			
S	MTM-Praktiker-Seminar	40 h	Teilnahmebescheinigung			
	MTM-Praktiker-Hausarbeit		Bewertung			
L	MTM-SD	40 h	MTM-SD-Prüfung	mind. 1 Modul	Wahlmodule	
L	MTM-2	40 h	MTM-2-Prüfung			
L	MTM-UAS	40 h	MTM-UAS-Prüfung			
L	MTM-MEK oder ein anderes Bausteinsystem einer höheren Hierarchiestufe	40 h	MTM-MEK-Prüfung oder entsprechende Bausteinsystem-Prüfung			
S	MTM-Praktiker Auffrischung	24 h	Test/Verlängerung der »Blauen Karte« für 3 Jahre			
	MTM-Organisator					
L	MTM-Organisator	80 h	MTM-Organisatoren-Prüfung			
	MTM-Instruktor (Z: MTM-Praktiker, mind. 1 Jahr Anwendungspraxis)					MTM-Lehrdiplom Lehrlizenz »Grüne Karte«
L	3. Bausteinsystem	40 h	Prüfung			
S	Prozessarchitektur	24 h	Teilnahmebescheinigung			
L	MTM-Instruktor	40 h	Instruktorenprüfung zum Erwerb des Lehr-Diploms			
L	Einzellehrgänge in den Bausteinsystemen MTM-1, MTM-SD, MTM-2, MTM-UAS, MTM-MEK, MTM-Office-System	je 20h	Instruktorenprüfung je Bausteinsystem zum Erwerb/Verlängerung der Lehrlizenz für 3 Jahre			
	MTM-Engineer (Z: MTM-Praktiker)				Pflichtmodule	15 Leistungspunkte (LP) MTM-Engineer-Diplom
S	ProKon	16 h	Teilnahmebescheinigung	2		
S	Prozessarchitektur	24 h	Teilnahmebescheinigung	3		
L	Grundlagen IE	80 h	Prüfung	5		
L	MTM-Logistik	40 h	Prüfung	5	Wahlmodule	
L	MTM im Unternehmen	24 h	Prüfung	3		
S	MTM im GPS	16 h	Teilnahmebescheinigung	2		
L	MTM und Wertstrom	24 h	Prüfung	3		
S	MTM-Sichtprüfen	24 h	Teilnahmebescheinigung	3		
S	TiCon®	32 h	Teilnahmebescheinigung	2		
L	Ergonomiebewertung EAWS	32 h	Prüfung	5		
L	MTM*ergonomics*®	24 h	Prüfung	2		
L	EIE lang/kurz	240/80 h	Prüfung	5		
	vorbereitende und weiterführende Qualifikationen					
S	Gestaltung mit MTM am betrieblichen Fallbeispiel	24 h	Teilnahmebescheinigung			
S	Einführung in MTM-1	24 h	Teilnahmebescheinigung			
S	MTM für Führungskräfte	16 h	Teilnahmebescheinigung			
S	MTM-Logistik für Führungskräfte	8 h	Teilnahmebescheinigung			
S	Führungskräfteseminar MTM und Wertstrom	8 h	Teilnahmebescheinigung			
	für Studenten					
	Basic IE	50 h	Prüfung			
	Basic MTM	100 h	»Basic MTM« inkl.			
L	MTM-1		MTM-1-Prüfung			
L	MTM-UAS		MTM-UAS-Prüfung			
	Basic MTM-Organisator	50 h	MTM-Organisatoren-Prüfung			

L: Lehrgang S: Seminar Z: Zugangsvoraussetzung

Abbildung I-65 Das Ausbildungs- und Qualifizierungskonzept der Deutschen MTM-Vereinigung e. V.[181]

180 Vgl. dazu § 2, Ziffern 1 bis 3 der Satzung der Deutschen MTM-Vereinigung e. V.
181 Stand: Ende 2011, vgl. Ausbildungs- und Prüfungsordnung, siehe www.dmtm.com.

Anwender des MTM-Verfahrens sollen die Verfahrensgrundlagen beherrschen, mit der praktischen Anwendung und mit der Einordnung des MTM-Verfahrens in die Methoden des Industrial Engineering vertraut sein. Darauf ist das Ausbildungsprogramm der Deutschen MTM-Vereinigung ausgerichtet.

Die am häufigsten nachgefragten Ausbildungspakete sind

- MTM-Praktiker,
- MTM-Instruktor und
- MTM-Engineer.

Die Ausbildung zum *MTM-Praktiker* baut auf erworbenem Wissen zum Prozessbausteinsystem MTM-1 und betrieblichen Erfahrungen im Umgang mit höher aggregierten Bausteinsystemen auf. Die Teilnehmer lernen und üben MTM-Praktiker

- die Planung, Gestaltung und Bewertung auch komplexer Arbeitssysteme unter Beachtung von Effizienz- und Ergonomiekriterien,
- das Vergleichen von Gestaltungsalternativen,
- die Auswahl und den Einsatz von Gestaltungselementen für Arbeitssysteme unter Verwendung des MTM-Gestaltungskatalogs.

Das übergeordnete Lernziel hierbei ist die selbstständige Bearbeitung von arbeits- und zeitwirtschaftlichen Problemen. Neben dem Praktikerdiplom erhält der MTM-Praktiker als Befähigungsnachweis die sogenannte »Blaue Karte«, deren Gültigkeit auf drei Jahre begrenzt ist. In einem Auffrischungsseminar, in dem vor allem Fertigkeiten in der Anwendung der MTM-Prozessbausteinsysteme nachzuweisen sind, kann die Gültigkeit der »Blauen Karte« verlängert werden.

Die Ausbildung zum *MTM-Instruktor* zielt auf die Vermittlung von Kenntnissen und Fertigkeiten zur Durchführung innerbetrieblicher MTM-Lehrgänge und -Seminare. Dazu werden folgende Fachthemen behandelt: MTM-Instruktor

- Grundlegende Kenntnisse zum MTM-Produktivitätsmanagement,
- Struktur der MTM-Ausbildung, Ausbildungsunterlagen sowie Ausbildungs- und Prüfungsordnung,
- öffentliche und firmeninterne Ausbildung, Zielsetzung, Durchführung und Organisation der firmeninternen MTM-Ausbildung,
- Vermittlung ausgewählter Lehreinheiten als Lehrprobe.

Die wichtigsten methodisch-didaktischen Themen sind:

- Grundlagen des Lehrens und Lernens,
- der Lernende im Fokus (Lerntypen, Alter, Geschlecht, Charakter),
- Verhalten des Instruktors (Auftreten, Spielregeln, Sprache),
- Unterrichtsformen,
- Lernziele, Entwicklung von Lernzielen,
- MTM-Unterrichtshilfen und deren Einsatz (Präsentations-CD und -Folien, MTM-Übungskoffer, sonstige Hilfsmittel zur Demonstration und für Übungen).

Die Lehrprobe soll insbesondere die didaktischen Fähigkeiten des künftigen Instruktors unter Beweis stellen. Bei erfolgreichem Abschluss erhält der Teilnehmer eine ebenfalls auf drei Jahre limitierte Lehrlizenz (sogenannte »Grüne Karte«), deren Gültigkeit wie beim MTM-Praktiker geschildert verlängert werden kann.

Der *MTM-Engineer* steht für das umfangreichste und anspruchsvollste Ausbildungsangebot. Ziel der Ausbildung ist es, einen fachkompetenten Ansprechpartner für alle Aktivitäten rund um das MTM-Engineer

MTM-Verfahren zu entwickeln. Dazu muss er als Promotor für die MTM-Anwendung im Unternehmen wirken. Deshalb sind die Module »ProKon«, »Prozessarchitektur« und »Grundlagen des IE« verbindliche Ausbildungsinhalte (Pflichtmodule). Als Wahlmodule müssen vertiefende MTM-Ausbildungsangebote wahrgenommen werden, z. B. »MTM-Logistik«, »MTM und Wertstrom« oder »Ergonomiebewertung EAWS«. Damit erreicht der MTM-Engineer einen Wissensstand, der über die unmittelbare Anwendung der MTM-Prozessbausteinsysteme hinausgeht und zur Lösung klassischer IE-Aufgaben befähigt. Er soll z. B.

- in der ersten PEP-Phase Gestaltungsdefizite erkennen, die aus der Produktentwicklung resultieren und Vorteile aus besserer Produktgestaltung quantifizieren,
- in der zweiten PEP-Phase Rückschlüsse für die Planung zukünftiger und den Betrieb bereits existierender Arbeitssysteme ziehen und so
- in der dritten PEP-Phase produktivitätswirksame Synergien in der Produkt- und Prozessgestaltung erzeugen.

Der MTM-Engineer soll damit als Treiber eines auf Prävention und Nachhaltigkeit ausgerichteten Produktivitätsmanagements im Unternehmen wirken.

Entwicklung der von MTM vergebenen Qualifikationen

Ein Maßstab für die MTM-Verbreitung ist neben der steten Zunahme der Unternehmensmitglieder die der Abbildung I-66 zu entnehmende Statistik erlangter Qualifikationen. Seit Bestehen der Deutschen MTM-Vereinigung e. V. wurden bis Ende 2010 ca. 100.000 MTM-Qualifikationen vergeben, davon ca. 81.000 Qualifikationen zu den dort angeführten MTM-Bausteinsystemen, und über 6.000 Personen bis zum MTM-Praktiker-Diplom geführt.

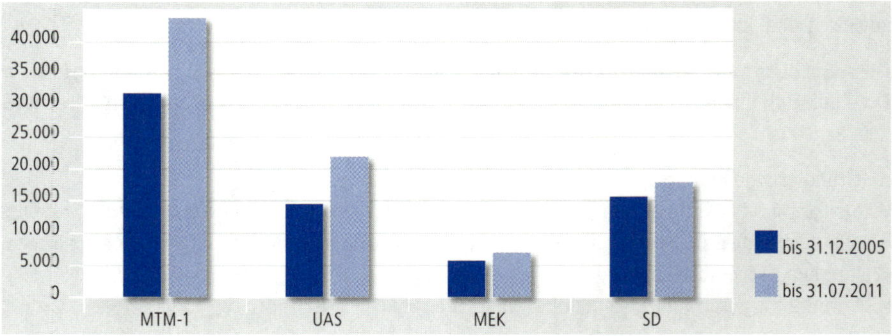

Abbildung I-66 Von der Deutschen MTM-Vereinigung e. V. vergebene Qualifikationen zu den vier hier behandelten MTM-Bausteinsystemen (Stand: Mitte 2011)

4.4.2 Organisation von MTM

Der Abbildung I-67 ist zu entnehmen, welche nationalen MTM-Vereinigungen im Internationalen MTM-Direktorat zusammengeschlossen sind, dass MTM über alle fünf Erdteile verbreitet ist und Europa derzeit einen Verbreitungsschwerpunkt bildet[182]. Die Deutsche MTM-Vereinigung e. V. nimmt aufgrund ihrer Mitgliederzahl, ihres Innovationspotenzials, ihrer Verankerung im nationalen Wirtschaftsleben und ihrer wirtschaftlichen Unabhängigkeit eine herausragende Position unter den

182 In Abbildung I-67 sind die im Internationalen MTM-Direktorat (IMD) organisierten nationalen MTM-Vereinigungen gekennzeichnet. Die dänische, norwegische und schwedische MTM-Vereinigung sind dort als »MTM-föreningen i Norden« (Nordic MTM) vertreten. In den anderen Verbreitungsländern wird das MTM-Verfahren mit und ohne Unterstützung der im IMD vertretenen nationalen MTM-Vereinigungen angewandt.

im Internationalen MTM-Direktorat zusammengeschlossenen nationalen MTM-Vereinigungen ein. Daraus gründet sich die selbst auferlegte Verpflichtung, andere Länder beim Aufbau nationaler MTM-Vereinigungen durch Kooperationen und Know-how-Transfer zu unterstützen.[183]

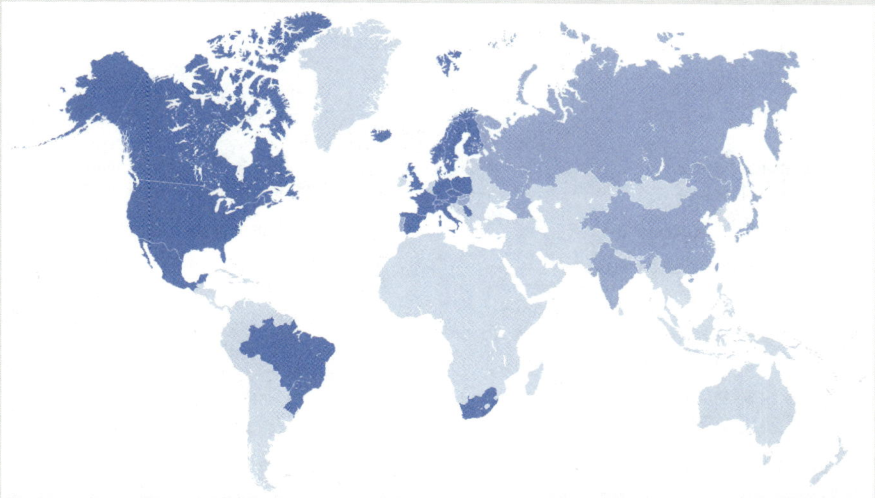

Amerika	Europa			Afrika	Asien
USA/Kanada Brasilien Mexiko	Nordeuropa Großbritannien Spanien Frankreich Deutschland	Polen Tschechien Serbien Italien Österreich	Schweiz (Russland) (Ungarn) (Portugal) (Slowakei)	Südafrika	(Japan) (China) (Indien)

Abbildung I-67 Die weltweite Verbreitung von MTM, mit und ohne Unterstützung durch nationale MTM-Vereinigungen (Stand: Ende 2010)

Organisation der Deutschen MTM-Vereinigung e. V.

Abbildung I-68 ist die Organisation der Deutschen MTM-Vereinigung e. V. zu entnehmen. Ihre satzungsgemäßen Organe sind die Mitgliederversammlung, der Vorstand und die Geschäftsführung. Der Vorstand besteht aus Vertretern MTM anwendender Mitgliedsunternehmen und wählt aus seiner Mitte den Vorsitzenden, der unter Votumsmehrheit der Vorstandsmitglieder den Geschäftsführer bestellt. Während der Vorstandsvorsitzende die Außenvertretung im Sinne des § 26 BGB wahrnimmt, übt der Geschäftsführer die operative Leitung der Deutschen MTM-Vereinigung e. V. aus.

183 Vgl. dazu § 2, Ziffer 5 der Satzung der Deutschen MTM-Vereinigung e. V.

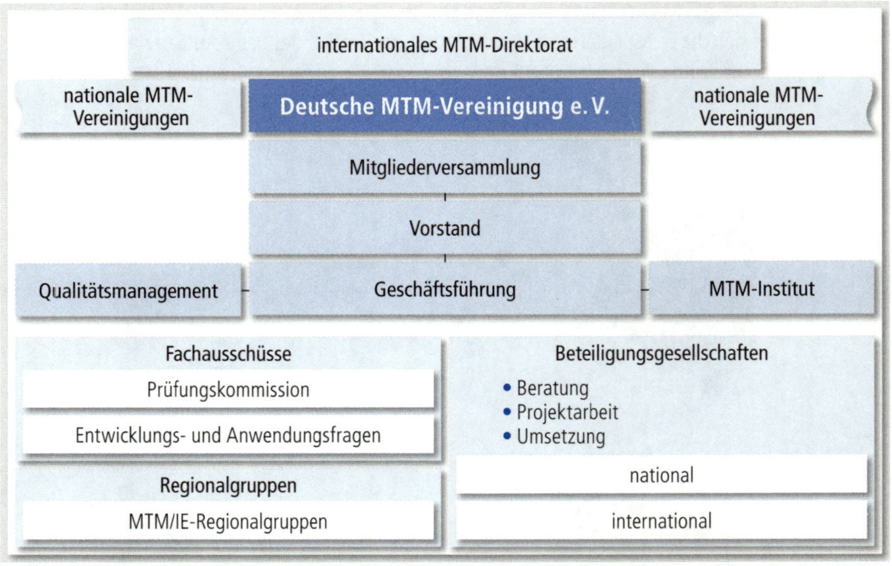

Abbildung I-68 Strukturorganisation der Deutschen MTM-Vereinigung e. V.

Der Geschäftsführer wird durch die Mitarbeiter der Deutschen MTM-Vereinigung e. V. unterstützt sowie durch Ausschüsse, in denen diese mit Vertretern von Mitgliedsunternehmen zusammenarbeiten. Darin kommt die im vorhergehenden Abschnitt beschriebene Garantenfunktion zum Tragen: Bei allen Ausbildungsfragen werden die Bedürfnisse der Mitgliedsunternehmen berücksichtigt, um sicherzustellen, dass man sich auf diese genügend fokussiert.

Die Deutsche MTM-Vereinigung e. V. hat ab dem Jahre 1982 zur Unterstützung betrieblicher MTM-Anwendungen Beratungsgesellschaften und in der Folge auch Softwarehäuser gegründet. Darin sind unter anderem auch alle Aktivitäten im Zusammenhang mit der MTM-Software TiCon® gebündelt.

MTM-Institut

Im Jahre 1999 wurde das MTM-Institut[184] mit der Absicht gegründet, die im vorhergehenden Abschnitt angeführte Verbreiterfunktion zu verstärken, indem insbesondere folgende Arbeiten geleistet wurden und werden.[185]

1. Weiterentwicklung des MTM-Verfahrens hin zu einem geschlossenen Konzept des Produktivitätsmanagements, wie es in dieser Schrift dargelegt wird,
2. Verbreitung des MTM-Produktivitätsmanagements und MTM-Verfahrens durch wissenschaftliche und populärwissenschaftliche Publikationen sowie Kooperation mit Hochschulen, Tarifvertragsparteien und anderen Institutionen,
3. Initiierung von Forschungsprojekten und Verknüpfung institutseigener und institutsfremder Forschungsergebnisse mit dem Ziel, MTM weiterzuentwickeln.

184 Die Leitung des MTM-Instituts in Zeuthen bei Berlin obliegt seit seiner Gründung im Jahre 1999 Dr. Bernd Britzke. Die Deutsche MTM-Vereinigung e. V. ist die einzige nationale MTM-Vereinigung, die eine derartige Institution unterhält.

185 Vgl. dazu die in § 2, Ziffer 3, der Satzung der Deutschen MTM-Vereinigung e. V. festgelegte Verpflichtung.

Abbildung I-69 Verteilung der Nutzer (Universitäten, Hochschulen etc.) des Junior-Konzepts (Stand: 2011)

Zu einem Betreuungsschwerpunkt des MTM-Instituts hat sich die Kooperation mit Hochschulen und anderen Bildungsträgern entwickelt, die sich unter dem Begriff *MTM-Juniorkonzept* etabliert hat[186]. Dabei geht es darum, in den Ausbildungsgängen verschiedener Institutionen der Erwerb von MTM-Qualifikationen zu ermöglichen und die Kooperationspartner in ihrer Lehre zu unterstützen.

4.5 Zusammenfassung

Von einer Reihe in den 1940er- und 1950er-Jahren entstandenen sogenannten »Systemen vorbestimmter Zeiten« (SvZ) hat sich allein MTM weltweit durchgesetzt, weil es gelang, sich den veränderten Anforderungen der Wirtschaft anzupassen. Als Ergebnis dieses langjährigen Anpassungsprozesses entstand das MTM-Verfahren in seiner heutigen Gestalt, als komplexes, universelles Planungsinstrument (MTM-Prozessbausteinsysteme und Instrumente zur Planungsunterstützung). Das MTM-Verfahren verdankt seine Alleinstellung vier funktionellen Eigenschaften: seiner Modellbildungsimmanenz, Simulationsfähigkeit, Komplexitätsvariation und Bezugsleistungstreue. Auf diese funktionellen Eigenschaften des MTM-Verfahrens gründen sich die beiden Alleinstellungsmerkmale des MTM-Produktivitätsmanagements, seine Präventionsfähigkeit und Nachhaltigkeit.

Zu MTM-1, dem grundlegenden MTM-Prozessbausteinsystem, wurde seit seiner Veröffentlichung eine Reihe von Forschungsarbeiten durchgeführt. Diese führten jedoch zu keiner Korrektur an der 1948 veröffentlichten Datenkarte (»Normzeitwertkarte«), sondern lediglich zu verbesserten Anwendungsregeln und damit über eine sicherere Anwendung zur Reduzierung von Anwendungsabweichungen (»Anwendungsfehler«).

Die 1960er- und 1970er-Jahre standen im Zeichen der Entwicklung komplexerer Prozessbausteinsysteme. Das fand mit der Veröffentlichung von UAS und MEK einen vorläufigen Abschluss. Diese »neuen« MTM-Bausteinsysteme wurden gezielt für die Anwendung auf die Prozesstypen der »Serienfertigung« und der »Einzelfertigung« entwickelt. Dies führte dazu, dass das MTM-Verfahren für Branchen attraktiv wurde, in denen man es zuvor nicht anwandte, z.B. im Schiff-, Flugzeug- und Sondermaschinenbau. Mit dem heute vorliegenden MTM-Verfahren wurde ein Sachzusammenhang zwischen Anwendungsfall (= Prozesstyp) und geeignetem MTM-Prozessbausteinsystem geschaffen (vgl. Abbildung I-60).

Die 1962 gegründete Deutsche MTM-Vereinigung e.V. hat sich durch ihre Integration in die deutsche Wirtschaft und die Auseinandersetzung mit den ihr dort angetragenen Problemen zur führenden gemeinnützigen Institution auf dem Gebiet des Produktivitätsmanagements entwickelt. Aufgrund ihrer Verankerung in der Wirtschaft und ihres Innovationspotenzials nimmt sie unter den im Internationalen MTM-Direktorat zusammengeschlossenen nationalen MTM-Vereinigungen eine herausragende Stellung ein.

Zudem unterhält sie mit dem MTM-Institut eine auf die Weiterentwicklung des MTM-Produktivitätsmanagements und des MTM-Verfahrens verpflichtete Institution. Dessen enge Zusammenarbeit mit Praxis und Wissenschaft sowie die von den Unternehmensmitgliedern kommenden Anforderungen haben dazu geführt, dass das Ausbildungsangebot stringent an den Bedürfnissen der Unternehmen, aber auch der Hochschulen, ausgerichtet wurde.

186 Vgl. z.B. o.V.: Basic MTM – Kompaktseminar für Studenten – Das MTM-Juniorkonzept. In: MTMaktuell, 9. Jg. (2004), Heft 2, S. 30–31. o.V.: Basic MTM an der TFH Bochum – Hervorragende Ergänzung des Ausbildungsangebots. In: MTMaktuell, 10. Jg. (2005), Heft 4, S. 26. Kühnle, H., Wagenhaus, G.: Basic MTM im zweiten Jahr an der Universität Magdeburg – Zusatzqualifikation fest etabliert. In: MTMaktuell, 10. Jg. (2005), Heft 4, S. 27. Sackermann, R.: Basic MTM an der Universität Dortmund – Eine feste Größe in der Studentenausbildung. In: MTMaktuell, 11. Jg. (2006), Heft 3, S. 28–29. o.V.: Basic MTM an der FH Zwickau – MTM-Zertifikate verbessern Einstellungschancen. In: MTMaktuell, 12. Jg. (2007), Heft 2, S. 24.

Literaturverzeichnis Teil I

Abele, E.; Eichhorn, N.: Richtig planen oder kontinuierlich verbessern? In: Britzke, B. (Hrsg.): MTM in einer globalisierten Wirtschaft. München: mi-Wirtschaftsbuch, 2010, S. 221–236.

Ackermann, K.-F. (Hrsg.): Balanced Scorecard für Personalmanagement und Personalführung. Wiesbaden: Gabler, 2000.

Antis, W.; Honeycutt, L. M.; Koch, E. N.: Die MTM-Grundbewegungen, 2. Auflage. Düsseldorf: Maynard, 1972.

Bailey, G. B.; Presgrave, R.: Basic Motion Times. New York, Toronto, London: McGraw-Hill, 1958.

Becks, C.: Zur Historie des Prinzips vorbestimmter Zeiten oder eine Methode entwickelt sich zum Maßstab. In: Personal – MTM-Report 2003, S. 15–20.

Bibliographisches Institut (Hrsg.): Duden, Bd. 10 Bedeutungswörterbuch. Mannheim, Wien, Zürich: Dudenverlag, 1970.

Birkwald, R.; Müller, R.: MTM-2, ein Verfahren vorbestimmter Zeiten. Programmierter Lehrgang. Köln: Bund-Verlag, 1971.

Bokranz, R.: MTM-Applications Today – The MTM-Office-Data-System of the German MTM-Association. In: The MTM-Journal, No. 3/1979, S. 2–6.

Bokranz, R.; John, B.: Arbeitsdatenermittlung, 3. Auflage. Gräfelfing: Resch, 1986.

Bokranz, R.; Landau, K.: Einführung in die Arbeitswissenschaft. Analyse und Gestaltung von Arbeitssystemen. Stuttgart: Ulmer, 1991.

Bokranz, R.; Kasten, L.: Organisations-Management in Dienstleistung und Verwaltung. Gestaltungsfelder, Instrumente und Konzepte, 4. Auflage. Wiesbaden: Gabler, 2003.

Bokranz, R.: Produktivitätsmanagement – aus Krisenverläufen lernen. In: IfaA (Hrsg.): Methodisches Produktivitätsmanagement, Umsetzung und Perspektiven. Köln: Bachem, 2010; S. 173–191.

Boothroyd, G.; Dewhurst, W. K.; Knight, W. A.: Product design for manufacture and assembly. New York: Marcel Dekker, 1994.

Bösenberg, D.; Metzen, H.: Lean Management. Vorsprung durch schlanke Konzepte. Landsberg: Verlag Moderne Industrie, 1992.

Brink, H.-J.; Fabry, P.: Die Planung von Arbeitszeiten unter besonderer Berücksichtigung der Systeme vorbestimmter Zeiten. Wiesbaden: Gabler, 1974.

Britzke, B.: MTM – Vom System vorbestimmter Zeiten zum Produktivitätsmanagement. In: IfaA (Hrsg.): Methodisches Produktivitätsmanagement, Umsetzung und Perspektiven. Köln: Bachem, 2010, S. 86–102.

Britzke, B.; Klüglich, U.; Storm, P.: Rationalisierung manueller Arbeitsprozesse. Zentrales Forschungsinstitut für Arbeit: Dresden, 1989

Britzke, B.; Fischer, H.; Jasker, K.; Sanzenbacher, G.; Schosnig, R.: MTM – gestern – heute – morgen. In: Personal – MTM-Report 2003, S. 3–10.

Britzke, B.; Lorenz, D.: Intelligenter produzieren durch Einbeziehung der Mitarbeiter. In: FAZ, Blick durch die Wirtschaft, Nr. 444, 30.7.1998, S. 3.

Brombach, J.: Industrial Engineering als Chance für die Zukunft. In: IfaA (Hrsg.): Methodisches Produktivitätsmanagement, Umsetzung und Perspektiven. Köln: Bachem, 2010, S. 21–34.

Clausewitz, C. v.: Vom Kriege (Erstauflage 1832). Frankfurt, Berlin, Wien: Ullstein, 1980.

Corsten, H.: Betriebswirtschaftslehre der Dienstleistungsunternehmen. München, Wien: Oldenbourg, 1988.

Crosby, P. B.: Qualität ist machbar. London: McGraw-Hill, 1990.

Crossan, R. M.; Nance, H. W.: Master Standard Data. The Economic Approach to Work Measurement. New York, Toronto, London: McGraw-Hill, 1962.

Cusumano, M.: The Japanese Automobile Industry. Technology and Management at Nissan and Toyota. Cambridge (USA): Harvard University Press, 1985.

Deuse, J.: MTM – die Prozesssprache für ein modernes Industrial Engineering. In: Britzke, B. (Hrsg.): MTM in einer globalisierten Wirtschaft. München: mi-Wirtschaftsbuch, 2010, S. 65–79.

Deutsche MTM-Vereinigung e. V. (Hrsg.): Auf neuen Wegen zu neuen Zielen. Managementleitfaden. Hamburg: Deutsche MTM-Vereinigung e. V., 2001.

Deutsche MTM-Vereinigung e. V. (Hrsg.): MTM – von Anfang an richtig. Hamburg: Deutsche MTM-Vereinigung e. V., 2003.

Dombrowski, U.; Leichnitz, H.; Hanke, T.: GPS-Einführung bei laufender Produktion. In: Industrial Engineering, 61. Jg. (2008), Heft 1, S. 8–13.

Ehrlenspiel, K.: Integrierte Produktentstehung. Denkabläufe, Methodeneinsätze, Zusammenarbeit, 3. Auflage. München: Hanser Verlag, 2007.

Eiselt, A. Müller, S.: IFRS: Kapitalflussrechnung: Darstellung und Analyse von Cashflows und Zahlungsmitteln. Berlin: Erich Schmidt Verlag, 2008.

ENV 26385: Ergonomic principles of the design of work systems, 1990.

Eskilander, S.: Design for automatic assembly. Stockholm: Kungl Tecniska Högskolan, 2001.

Evans, F.: MTM-2 Based Maintenance Work-Measurement. Basic concepts and mathematical models. London: United Kingdom MTM-Association, 1969.

Fischer, H.: Das Ausbildungsprogramm der Deutschen MTM-Vereinigung e. V. In: Personal – MTM-Report, 2003, S. 53–56.

Feggeler, A.; Pfeffer, W.: Benchmarking – Instrument für kennzahlenbasiertes Produktivitätsmanagement. In: IfaA (Hrsg.): Methodisches Produktivitätsmanagement, Umsetzung und Perspektiven. Köln: Bachem, 2010, S. 121–131.

Gauhl, K.: Arbeitsorganisation und Zeitwirtschaft mit MTM im administrativen Dienstleistungsbereich. In: REFA-Nachrichten, 27. Jg., 1977, S. 199–210.

Geppinger, H. C.: Dimensional Motion-Times – DMT. New York: Wiley and Sons, 1955.

Gilbreth, F. B.: Bewegungsstudien. Berlin: Springer, 1921.

Gilbreth, F. B.: Motion Study. New York: D. van Nostrand, 1911.

Gilbreth, F. B.; Gilbreth, L.: Applied Motion Study. New York: Sturgis Walton, 1917.

Gutenberg, E.: Einführung in die Betriebswirtschaftslehre. Wiesbaden: Gabler 1958.

Gutenberg, E.: Grundlagen der Betriebswirtschaftslehre. Band 1, Die Produktion, 24. Auflage (1. Auflage 1951). Berlin, Heidelberg: Springer, 1983.

Hartmann, E.: TPM – Effiziente Instandhaltung und Maschinenmanagement. Landsberg: Verlag Moderne Industrie, 2000.

Heckhausen, J.; Heckhausen, H.: Motivation und Handeln, 3. Auflage. Berlin: Springer, 2006.

Helms, W.: Neuentwicklungen und Aktivitäten der Deutschen MTM-Vereinigung. In: Mitteilungen des Instituts für angewandte Arbeitswissenschaft, Heft 85, 1980.

Herstatt, C.; Verworn, B. (Hrsg.): Management der frühen Innovationsphasen. Grundlagen, Methoden, Neue Ansätze, 2. Auflage. Wiesbaden: Gabler Verlag, 2007.

Horvath & Partner (Hrsg.): Balanced Scorecard umsetzen. Stuttgart: Schäffer-Poeschel, 2000.

Hungenberg, H.: Strategisches Management in Unternehmen, 4. Auflage. Wiesbaden: Gabler, 2006.

Institut für angewandte Arbeitswissenschaft (Hrsg.): Produktionssysteme. Aufbau, Umsetzung, betriebliche Anwendungen. Köln: Wirtschaftsverlag Bachem, 2008.

Kaplan, R. S.; Norton, D. P.: Balanced Scorecard. Stuttgart: Schäffer-Poeschel, 1997.

Klein, B.; Sanzenbacher, G.: Kostenreserven ausschöpfen durch produktionsgerechte Konstruktion (ProKon). In: Konstruktion, 2008, 4, S. 83–93.

Kleinbeck, U.: Arbeitsmotivation. Entstehung, Wirkung und Förderung. Weinheim, München: Juventa, 1996.

Kreikebaum, H.: Strategische Unternehmensplanung, 6. Auflage. Stuttgart, Berlin, Köln: Kohlhammer, 1997.

Kuhn, S. Scharpf, P.: Rechnungslegung von Financial Instruments nach IFRS. IAS 32, IAS 39 ind IFRS 7, 4. Auflage. Stuttgart: Schäffer-Poeschel, 2006.

Kühnle, H.; Wagenhaus, G.: Basic MTM im zweiten Jahr an der Universität Magdeburg – Zusatzqualifikation fest etabliert. In: MTMaktuell, 10. Jg. (2005), Heft 4, S. 27.

Landau, K.: MTM als Beitrag zur Erhöhung des Niveaus der Arbeitsgestaltung. In: Personal – MTM-Report 2003, S. 11–14.

Landau, K.; Hellwig, R.: Projektmanagement – Grundlagen und Anwendungen. Stuttgart: Ergonomia, 2004.

Littmann, F.; Busenbach, M.: MTM – Anwendung über die Prozesskette. In: IfaA (Hrsg.): Methodisches Produktivitätsmanagement, Umsetzung und Perspektiven. Köln: Bachem, 2010, S. 153–172.

Lowry, S. M.; Maynard, H. N.; Stegemerten, G. J.: Motion and Time Study, 3. Auflage. New York: McGraw-Hill, 1940.

Machiavelli, N.: Il Principe e Pagine Dei »Discorsi« Delle »Istorie«. Florenz: Dodicesima Edizione, 1532. Erstmals ins Deutsche übersetzt im Jahre 1923.

Maynard, H. N.; Stegemerten, G. J.; Schwab, J. L.: Methods-Time Measurement. New York, Toronto, London: McGraw-Hill, 1948.

Maynard, H. N. (Hrsg.): Industrial Engineering Handbook, 2. Auflage. New York, Toronto, London: McGraw-Hill, 1956.

Mintzberg, H.; Ahlstarand, B.; Lampel, J.: Strategy Safari. A guided tour through the wilds of Strategic Management, 6. Auflage. New York, London: Free Press, 2005.

Monden, Y.: Toyota Production System. Norcross (USA): Industrial Engineering and Management Press, 1983.

Müller, E.: Prozessgestaltung in der digitalen Fabrik. In: Britzke, B. (Hrsg.): MTM in einer globalisierten Wirtschaft. München: mi-Wirtschaftsbuch, 2010, S. 151–163.

Müller-Stewens, G.; Lechner, C.: Strategisches Management. Wie strategische Initiativen zum Wandel führen, 2. Auflage. Stuttgart: Schäffer-Poeschel, 2003.

Nebl, T.: Produktivitätsmanagement. München: Hanser, 2002.

Ohms, W. J.: Management des Produktentstehungsprozesses. München: Vahlen, 2000.

Ohno, T.: Toyota Production System: Beyond Large Scale Production. Cambridge (USA): Productivity Press, 1988.

Osborne, D.; Gaebler, T.: Reinventing Government. Harmondworth: Penguin Books, 1992.

o. V.: Basic MTM – Kompaktseminar für Studenten – Das MTM-Juniorkonzept. In: MTMaktuell, 9. Jg. (2004), Heft 2, S. 30-31.

o. V.: Basic MTM an der TFH Bochum – Hervorragende Ergänzung des Ausbildungsangebots. In: MTMaktuell, 10. Jg. (2005), Heft 4, S. 26.

o. V.: Basic MTM an der FH Zwickau – MTM-Zertifikate verbessern Einstellungschancen. In: MTMaktuell, 12. Jg. (2007), Heft 2, S. 24.

Pietschmann, R.: Overall Equipment Effectiveness (OEE) – Einsatz in der Praxis. In: IfaA (Hrsg.): Produktionssysteme. Aufbau, Umsetzung, betriebliche Lösungen. Köln: Bachem, 2008, S. 122–137.

Porter, M. E.: Wettbewerbsvorteile. Spitzenleistungen erreichen und behaupten, 5. Auflage. Frankfurt: Campus, 1999.

Probst, G.; Raub, St.; Romhardt, K.: Wissen managen. Wie Unternehmen ihre wertvollste Ressource optimal nutzen, 5. Auflage. Wiesbaden: Gabler, 2006.

Quick, J. H.; Duncan, J. H.; Malcolm, J. A.: Das Work-Factor-Buch. München: Hanser, 1965.

REFA (Hrsg.): Methodenlehre des Arbeitsstudiums, Teil 1 Grundlagen, 7. Auflage. München: Hanser, 1984.

Sackermann, R.: Basic MTM an der Universität Dortmund – Eine feste Größe in der Studentenausbildung. In: MTMaktuell, 11. Jg. (2006), Heft 3, S. 28–29.

Salvendy, G. (Hrsg.): Handbook of Industrial Engineering, Technology and Operations Management, 3 Bände, 3. Auflage. New York: Wiley & Sons, 2001.

Salwiczek, P.; Fischer, H.: Auf neuen Wegen zu neuen Zielen – Ganzheitliches Produktionssystem für eine stetige Verbesserung der Geschäftsprozesse. In: Personal – MTM-Report 2003, S. 42–46.

Sanfleber, H.: Untersuchung über die Summierbarkeit von Elementarzeiten, Dissertation. Aachen: Rheinisch-Westfälische Technische Hochschule, 1965.

Sanzenbacher, G.: PROKON – wenig Aufwand, große Wirkung. In: Personal – MTM-Report 2003, S. 26–31.

Sauter, M.; Killisch-Horn, G. v.: Produktivitätsmanagement in einer variantenreichen Fertigung. In: IfaA (Hrsg.): Methodisches Produktivitätsmanagement, Umsetzung und Perspektiven. Köln: Bachem, 2010, S. 35–85.

Schildknecht, J.: Arbeitsorganisation und Zeitwirtschaft mit MTM in der öffentlichen Verwaltung. In: REFA-Nachrichten, 31. Jg., 1977, S. 79–83.

Schlaich, K.: Vergleich von beobachteten und vorbestimmten Elementarzeiten manueller Willkürbewegungen bei Montagearbeiten. Entwurf eines neuen Systems vorbestimmter Zeiten. Berlin, Köln, Frankfurt: Beuth, 1967.

Schöler, H. R.: Erfolgreiche Produktkonzepte durch frühzeitige Berücksichtigung der Kundenanforderungen und des Kostenmanagements. In: Bericht zur Veranstaltung »Prozessoptimierung in der Vorentwicklung«, Augsburg: IIR, 2003.

Seidel, M.: Methodische Produktplanung. Grundlagen, Systematik und Anwendung im Produktentstehungsprozess. Karlsruhe: Universitätsverlag Karlsruhe, 2005.

Shingo, S.: Das Erfolgsgeheimnis der Toyota-Produktion. Landsberg: Verlag Moderne Industrie, 1992.

Spanner-Ulmer, B.; Hensel, R.: Die MTM-Normleistung – die Konstante unter den Variablen. In: Britzke, B. (Hrsg.): MTM in einer globalisierten Wirtschaft. München: mi-Wirtschaftsbuch, 2010, S. 43–64.

Steinhorst, U.: Entwicklung eines Instrumentariums zur Gestaltung von Systempartnerschaften im Produktentstehungsprozess. Wiesbaden: Deutscher Universitätsverlag/GWV Fachverlage, 2005.

Stowasser, S.: Produktivität und Industrial Engineering. In: IfaA (Hrsg.): Methodisches Produktivitätsmanagement, Umsetzung und Perspektiven. Köln: Bachem, 2010, S. 7–20.

Stowasser, S.: Prozessgestaltung – eine Quelle für Ergebnisverbesserung in Unternehmen. In: Britzke, B. (Hrsg.): MTM in einer globalisierten Wirtschaft. München: mi-Wirtschaftsbuch, 2010, S. 307–320.

Suzaki, K.: Modernes Management im Produktionsbetrieb: Strategien, Techniken, Fallbeispiele. München: Hanser, 1989.

Taylor, F. W.: Principles of Scientific Management, 1911. Ins Deutsche übersetzt von R. Roeseler: Die Grundsätze wissenschaftlicher Betriebsführung. München: Oldenbourg, 1913. Neu herausgegeben und eingeleitet von W. Bungard und W. Volpert: Die Grundsätze wissenschaftlicher Betriebsführung. Weinheim, Basel: Beltz, 1977.

Verein Deutscher Ingenieure (Hrsg.): VDI-Richtlinie 2870 Ganzheitliche Produktionssysteme (Entwurf). Düsseldorf: VDI, 2010.

Welge, M. K.; Al-Laham, A.: Strategisches Management. Grundlagen – Prozess – Implementierung, 5. Auflage. Wiesbaden: Gabler, 2008.

Westkämper, E.: MTM – System mit Zukunft. In: Britzke, B. (Hrsg.): MTM in einer globalisierten Wirtschaft. München: mi-Wirtschaftsbuch, 2010, S. 29–42.

Wimmer, E.; Schneider, M. C.; Blum, P.: Antrieb für die Zukunft. Wie VW und Toyota um die Pole Position ringen. Stuttgart: Schäffer-Poeschel, 2010.

Womack, J. P.; Jones, D. T.; Roos, D.: Die Zweite Revolution in der Autoindustrie. Frankfurt/M.: Campus, 1991.

Zandin, K. B.: MOST Work Measurement Systems. New York, Basel: Dekker, 1980.

Zandin, K. B.: Maynard's Industrial Engineering Handbook, 5. Auflage. New York: McGraw-Hill, 2001.

Teil II

Methodische Grundlagen

1 Einleitung

Im Teil II werden Themen behandelt, die grundsätzlicher Art sind und sowohl in der Prozessplanung (Teil III) als auch bei der Betriebs- und Verbesserungsphase von Arbeitssystemen (Teil IV) relevant sind.

Im Kapitel 2 werden unter der Überschrift »Menschliche Arbeit und Leistung« an Menschen gestellte Anforderungen, arbeitsweltrelevante Eigenschaften des Menschen und die wichtigsten Aspekte menschlicher Leistung erläutert. Unter den Themen »Tätigkeitsanforderungen, Belastung und Beanspruchung« werden Sachverhalte behandelt, die neben dem Industrial Engineer alle Personengruppen kennen sollten, die Arbeitssysteme zu planen, zu betreiben und zu verbessern haben. Wir haben es also mit »menschbezogenem Allgemeinwissen« zu tun. Da beim Produktivitätsmanagement der Mensch und die ihn unterstützende Organisation einen herausgehobenen Stellenwert haben, kommt den im Kapitel 2 behandelten Themen eine grundlegende Bedeutung zu; über alle PEP-Phasen hinweg.

Kapitel 3 behandelt das Erheben und Darstellen von Aufgaben und Prozessen, ein elementares Thema des Industrial Engineering. Aufgaben bilden die »Überschrift« von Arbeitssystemen und bei nahezu jeder Fragestellung, von der Kalkulation über die Personalbedarfsermittlung bis hin zur Entgeltdifferenzierung, greift man auf Aufgaben zurück. Es wird gezeigt, wie Aufgaben zu erheben, darzustellen und jenen Stellen zuzuordnen sind, die sie erfüllen sollen. Ferner wird dargelegt, nach welchen Relevanzaspekten Aufgaben zu analysieren sind, z. B. nach ihrer Risikoneigung. Es wird darauf aufbauend gezeigt, wie Prozesse und Abläufe zu erheben und nach verschiedenen Darstellungsformen zu dokumentieren sind. Mit der Wertstromanalyse wird eine spezielle Form der Prozessbetrachtung behandelt, die sowohl für die Planung von Prozessen (Teil III) als auch für deren Verbesserung (Teil IV) in der Praxis stark beachtet wird (vgl. Teil I, Abbildung I-20).

Im Kapitel 4 werden die algorithmischen Grundlagen der Ermittlung von Ist- und Sollzeiten dargelegt. Dabei geht es um die Methodik der Vorgabezeitermittlung und als »Sonderfälle« bezeichnete zeitwirtschaftliche Fragen zu speziellen Formen von Arbeitssystemen, z. B. zu Gruppen- oder Mehrstellenarbeit.

Im Kapitel 5 werden konzeptionelle Grundlagen der MTM-Prozessbausteinsysteme erläutert. Auf die dabei diskutierten Sachverhalte wird in den beiden folgenden Kapiteln, aber auch im Teil III, Kapitel 4 (betriebliche Prozessbausteinsysteme) zurückgegriffen. Dabei geht es im Abschnitt 5.4 auch um das Thema »Genauigkeit von MTM«.

In den Kapiteln 6 und 7 werden die MTM-Prozessbausteinsysteme erläutert. Im Kapitel 6 wird mit MTM-1 die methodische Basis von MTM behandelt. Denn die Kenntnis von MTM-1 ist Voraussetzung für das tiefere Verständnis der MTM-Bausteinsysteme und einer Reihe von Sachverhalten bei der im Teil III erläuterten Arbeitssystem-Gestaltung. Das begründet die herausragende Bedeutung von MTM-1. Das insbesondere für Prüfaufgaben entwickelte Bausteinsystem MTM-Sichtprüfen ergänzt die Prozessbausteine für Prozesstyp 1. Darüber hinaus wird in diesem Kapitel gezeigt, wie die Prozesssprache MTM funktioniert und welchen Nutzen sie stiftet. Im Kapitel 7 werden die Bausteinsysteme für die Prozesstypen 2 und 3 (von der Serien- bis hin zur Einzelfertigung) erläutert. Das sind UAS, MEK, die Standard-Daten und MTM-2. Diese sind relativ leicht zu verstehen und zu erlernen, wenn auf das im Kapitel 6 dokumentierte Wissen zurückzugreifen ist.

Die Anwendung der MTM-Prozessbausteinsysteme setzt, anders als die im Kapitel 8 behandelten Ergänzungstechniken zu den MTM-Prozessbausteinsystemen, keine real existierenden Arbeitssysteme voraus. Bei den Ergänzungstechniken ist zu unterscheiden zwischen

- Techniken zur »MTM ergänzenden« Zeitbedarfsbestimmung, wozu das »Schätzen« und die »Zeitmessung« zählen, und
- allgemeinen Dokumentations- und Schwachstellenanalysetechniken, wozu die Videoanalyse, die Selbstaufschreibung und das Multimomentverfahren gehören.

Im Kapitel 9 geht es unter der Überschrift »Projektmanagement« um Industrial-Engineering-Projekte. Das Projektmanagement zählt ebenfalls zu den Basismethoden des IE (vgl. Teil I, Abbildung I-20). IE-Projekte fallen in den ersten Phasen als Entwicklungsprojekte, in der zweiten Phase als Planungs- und Einführungsprojekte und in der dritten Phase als Verbesserungsprojekte an. Im Mittelpunkt stehen das praktische Tun, das frühe Erkennen von Fehlentwicklungen, die Beachtung kollektivarbeitsrechtlicher Bestimmungen und das systematische Lernen aus Projekten.

2 Menschliche Arbeit und Leistung

2.1 Überblick

In diesem Kapitel werden die Grundlagen der Arbeitsgestaltung mit ihrer Bedeutung für das Produktivitätsmanagement von Arbeitssystemen dargestellt.

Im Abschnitt 2.2 wird das Arbeitssystem-Modell aus Teil I, Abschnitt 2.4.1 aufgegriffen und im Hinblick auf Mensch-Maschine-Schnittstellen erweitert. Unterschiede und Gemeinsamkeiten der Themen »Produkt« und »Produktion« werden behandelt. Auf Bediensystem und Aspekte der Gebrauchstauglichkeit wird eingegangen.

In Abschnitt 2.3 definieren wir Arbeitsformen und spezifische Arbeitsinhalte, anschließend schlagen wir zwei unterschiedliche Bewertungssystematiken menschlicher Arbeit vor (Abschnitt 2.4).

Tätigkeitsanforderungen, insbesondere solche, die für MTM-Prozessbausteinsysteme wichtig sind, werden in Abschnitt 2.5 besprochen.

Auf die definitorischen Grundlagen der Belastung am Arbeitsplatz, die Überlagerung verschiedener Belastungstypen während der Schichtzeit und auf Belastungsmodelle wird in Abschnitt 2.6 eingegangen.

Ein sehr wichtiger Abschnitt ist 2.7. Er befasst sich mit den unterschiedlichen Ansätzen zur Belastungsbewertung. Hier werden u. a. die in deutschen Industriebetrieben eingeführten Verfahren der Bewertung – auch unter dem Aspekt der Anforderungen des Arbeitsschutzgesetzes – sowie tarifvertragliche Neuentwicklungen (ERA) dargestellt. Das von MTM entwickelte und in TiCon® realisierte MTM*ergonomics*® wird besprochen.

Abschnitt 2.8 behandelt das Zustandekommen und die Weiterentwicklung der menschlichen Leistung. Zunächst werden die Determinanten des Leistungsangebots besprochen (Abschnitt 2.8.1). Die physiologische Tagesrhythmik und die Leistungsmotivation des Mitarbeiters wirken sich auf die Leistungsabgabe aus, kann jedoch durch Arbeitsgestaltung nur teilweise beeinflusst werden (Abschnitt 2.8.3). Auch Alter und Geschlecht beeinflussen das Leistungsangebot (Abschnitt 2.8.4 und Abschnitt 2.8.5). Jüngere und ältere Mitarbeiter, Frauen und Männer können bestimmte Leistungen besser erbringen. Von einer Defizit-Theorie darf dagegen nicht ausgegangen werden.

Mit eignungsdiagnostischen Verfahren wird schon in der frühen Phase, aber auch in der Betriebsphase von Arbeitssystemen erreicht, dass der für den jeweiligen Arbeitsplatz geeignetste Mitarbeiter zum Einsatz kommt (Abschnitt 2.8.7). Insbesondere der Anforderungs-/Fähigkeitsabgleich von Arbeitsplatz und Person bietet dafür gute Möglichkeiten.

Abschnitt 2.9 behandelt Beanspruchung und Ermüdung. Beide Erscheinungen sind natürlich, sie gehören zum Menschen dazu und sind daher nicht negativ zu sehen.

Von der Ermüdung sind die ermüdungsähnlichen Zustände, wie Monotonie, herabgesetzte Wachsamkeit und psychische Sättigung, abzugrenzen. Sie sind insbesondere eine Folge mangelhafter Arbeitsgestaltung. Sie können durch Arbeitserweiterung und -bereicherung – nicht jedoch durch Pausen – vermieden werden (Abschnitt 2.9.5).

Einarbeitung, Anpassung an Arbeit, Lern- und Übungskurven müssen ebenso bei der Arbeitsgestaltung berücksichtigt werden (Abschnitt 2.10).

2.2 Mensch-Maschine-Schnittstelle (MMS)

2.2.1 Schnittstellen im Arbeitssystem

Eigenschaften der Mensch-Maschine-Schnittstelle

Bei der Gestaltung des *Arbeitssystems* spielen die Eigenschaften und die Einflusskriterien der *Mensch-Maschine-Schnittstelle* eine große Rolle. Unter Mensch-Maschine-Schnittstelle (MMS) versteht man die zeitvariante Interaktion von Mensch und Technik zur Erzielung möglichst optimaler, technisch-ergonomischer Arbeitsergebnisse unter humanen Arbeitsbedingungen. Das »Teilsystem Maschine« umschreibt alle technischen Systeme in der Produktion, Logistik und Information. Bei dem »Teilsystem Mensch« handelt es sich um eine oder mehrere Personen, die

- in möglichst geordneter Weise und
- in verschiedenen »Phasen« (Herstellung, Inbetriebnahme, Benutzung, Instandhaltung, Entsorgung)

mit der Maschine interagieren.

Für die Zuordnung von Arbeitsaufgaben zu Mensch oder Technik sollte man sich die unterschiedlichen Eigenschaften von Mensch und Maschine in Erinnerung rufen (Abbildung II-1). Es wird daraus deutlich, dass vor allem dort, wo hohe Flexibilität, Wahlmöglichkeiten und Optimierung sowie die allgemeine Erfahrungsverwertung gefragt sind, vorzugsweise der Mensch eingesetzt werden sollte. Geht es dagegen um Leistungskonstanz, auch bei hoher Repetitivität der Arbeitsaufgabe, ist häufig die Maschine überlegen.

Eigenschaftsvergleich Mensch und Maschine		
Eigenschaften	**Maschine**	**Mensch**
1. allgemeine, mechanische Leistung	beliebig groß oder klein	etwa • 4,44 kW bis 10 Sekunden • 0,74 kW einige Minuten • 0,22 kW 8 h (Dauerleistung)
2. manipulative Leistung	spezifisch konstruiert	vielseitig und flexibel
3. Informationsaufnahme		
a) Art (Modalität)	• entsprechend physikalischer Messbarkeit	• entsprechend Sinnesorganen
b) Bereich (Intensität)	• klein (linear)	• groß (logarithmisch)
c) Störabstand (Empfindlichkeit)	• wählbar	• semantisch (Form)
d) Erkennung	• syntaktisch (Zeichen)	• pragmatisch (Bedeutung)
4. Informationsverarbeitung		
a) Algorithmenverarbeitung	• exakt, Fehlerkorrektur nur durch massive Rechnerunterstützung	• ungenau, Fehlerkorrekturmöglichkeit
b) Strategienbildung	• fest programmiert	• Wahlmöglichkeit und Optimierung
c) Verarbeitungsprinzip	• mehrkanalig (parallel)	• möglicherweise einkanalig (seriell)
d) Verarbeitungsart	• knapp	• weitschweifig (redundant)
e) Speicherung	• kleine bis mittlere Speicherkapazität	• große Speicherkapazität
f) Zugriff	• kurze Zugriffszeit	• teilweise lange Zugriffszeit
g) Extrapolation (Vorausschau)	• spezifisch, z. B. Vorhalt (Regelungstheorie)	• allgemein, Erfahrungsverwertung
5. Leistungsverhalten		
a) Geschwindigkeit	• innerhalb technologischer Grenzen	• innerhalb physiologischer Grenzen
b) Konstanz	• groß	• gering, auch unabhängig von Umgebungseinflüssen
c) Zuverlässigkeit	• Ausfall	• Regeneration (Erholung)
d) Lernfähigkeit	• bedingt (bei Rechnerunterstützung)	• groß

Abbildung II-1 Eigenschaftsvergleich Mensch und Maschine[1]

1 Nach Rohmert, W.: Mensch und Kraftmaschine. In: Rohmert, W.; Rutenfranz, J. (Hrsg.): Praktische Arbeitsphysiologie. Stuttgart: Thieme, 1983.

Eine MMS ist ein rückgekoppeltes System: Der Mensch nimmt über Anzeigen- und Bedienelemente der Maschine (sowie auch aus der Arbeitsumgebung) Informationen auf und gleicht diese mit seinen Zielvorgaben und dem jeweiligen Arbeitsauftrag ab. Nach dem Ergebnis dieses Abgleiches wird anschließend das technische System gesteuert. Der Mensch kann diese Steuerung manuell vornehmen, er kann durch kraftverstärkende technische Teilsysteme unterstützt werden, automatisierte Teilsysteme können die Informationsaufnahme und die Prozesssteuerung selbstständig übernehmen.

Mensch-Maschine-Schnittstellen werden als symbiotisch bezeichnet, wenn sich Mensch und Maschine entsprechend ihrer spezifischen Eigenschaften, Fähigkeiten und Fertigkeiten besonders gut ergänzen. Viele Beispiele symbiotischer MMS findet man im Bereich der Fahrerassistenzsysteme oder der Flugführungssysteme.

Insbesondere dort, wo Rechnerleistungen in MMS integriert werden, benutzt man häufig die Begriffe *Benutzerschnittstelle* und *Benutzeroberfläche*. Hierunter fasst man alle wahrnehmbaren Komponenten einer Maschine zusammen (vgl. Abschnitt 2.2.3 und 2.2.4).

Abbildung II-2 weist auf die wichtigsten *Gestaltungsparameter* der MMS hin. Auf der linken Seite sind wichtige Einflussgrößen von Mensch und Maschine dargestellt. Gestaltungsparameter

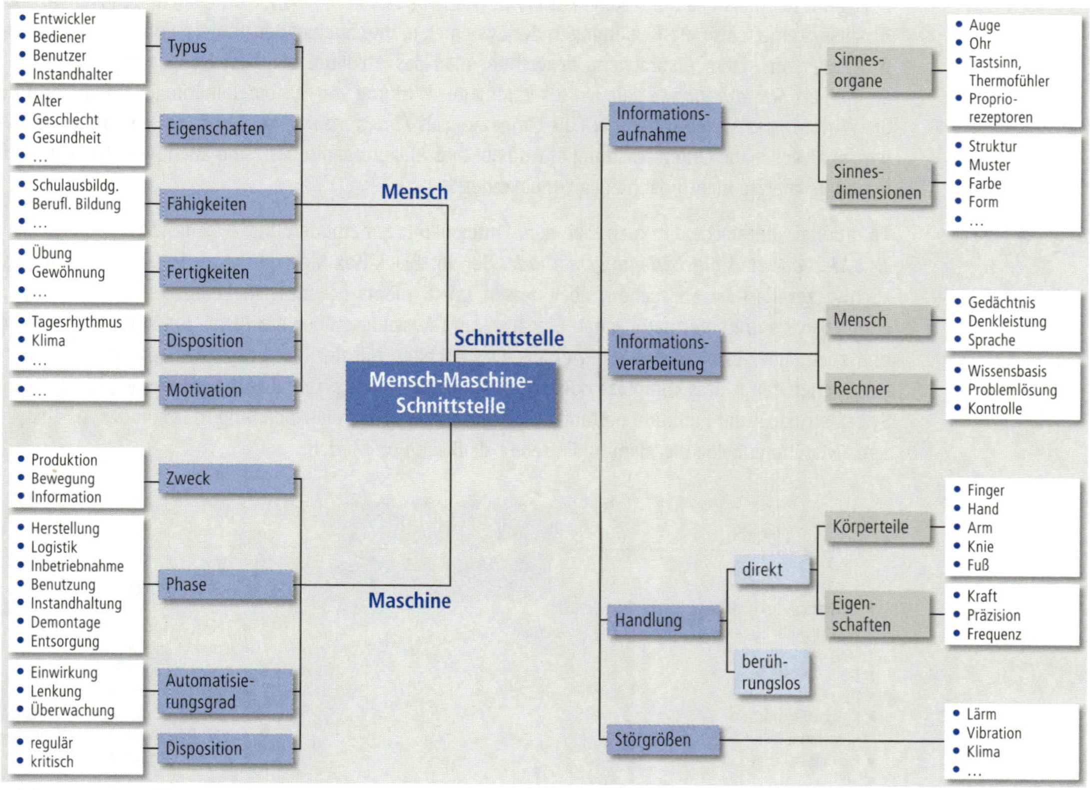

Abbildung II-2 Einflussgrößen (Auswahl) bei der Auslegung der Mensch-Maschine-Schnittstelle

Auf der rechten Seite von Abbildung II-2 sind alle Schnittstellensysteme, vor allem Anzeigen- und Bedienelemente, aufgeführt. Die Einflussgrößen aus der Rubrik »Maschine« lassen sich auch unter den Gesichtspunkten *Unterstützungssystem* und *Automatisierungssystem* gliedern. Der Mensch baut sich selbst eine Wissensbasis auf oder verwendet eine, ihm von einem Unterstützungssystem bereitgestellte Wissensbasis. Die einzelnen Bestandteile der Unterstützungs- und Automatisierungssysteme sind untereinander wieder schwach oder stark gekoppelt. Aus Abbildung II-2 wird weiterhin deutlich, dass die Gestaltung von MMS mit erheblicher *Komplexität* verknüpft ist.

Die Komplexität selbst einer einfachen MMS weist darauf hin, dass von einer linearen, technisch orientierten Gestaltung von MMS nicht ausgegangen werden kann. Es handelt sich stattdessen um parallel-iterative Gestaltungsabläufe, bei denen folgende Fachdisziplinen beteiligt sind:

- Ergonomie,
- Wahrnehmungs- und Denkpsychologie,
- Systemtechnik,
- Softwaretechnik.

2.2.2 Strukturanalyse und Funktionsanalyse

Arbeitssystem-Analyse

Das Arbeitssystem, insbesondere in seiner Ausprägung als Mensch-Maschine-System, interessiert in Bezug auf seinen Aufbau und seine Funktion. Die *Arbeitssystem-Analyse* untersucht den Aufbau von Arbeitssystemen, also die Beziehungen der Systemelemente zueinander und die Funktionsweise des Arbeitssystems. Dementsprechend bezeichnet man das Abklären der Beziehungen von Systemelementen als *Strukturanalyse*; die Untersuchung der Wirkung von Systemelementen aufeinander und die Wirkung des Arbeitssystems auf die Umgebung als *Funktionsanalyse*. Ähnlich wie in der Betriebswirtschaftslehre die Unterscheidung in Aufbau- und Ablauforganisation, sind auch hier Struktur- und Funktionsanalyse nicht unabhängig voneinander.

Black-Box-Methode

Traditionell unterscheidet man bei den Untersuchungsmethoden für Arbeitssysteme die *Black-Box-Methode* und die *Zerlegungsmethode*. Bei der Black-Box-Methode wird das Arbeitssystem als »Schwarzer Kasten« angesehen, über dessen Inhalt nichts bekannt ist. Lediglich die materiellen, energetischen und informatorischen Eingangs- und Ausgangsgrößen der Black Box können bestimmt und zueinander in Bezug gesetzt werden. Das Arbeiten mit der Black-Box-Methode ist also immer ein Zeichen dafür, dass komplexe oder hyperkomplexe Arbeitssysteme analysiert werden, über deren Systemstruktur und Funktion bestenfalls Vermutungen vorliegen. Abbildung II-3 zeigt das Arbeitssystem »Maschinenbelegungsplanung Fräserei« als Black-Box-Modell.

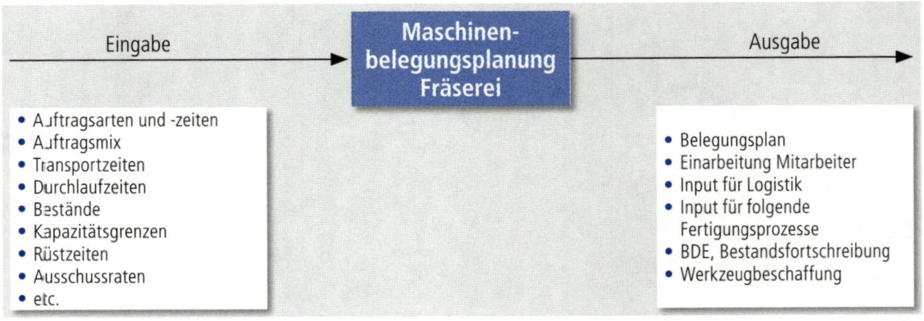

Abbildung II-3 Black-Box-Modell am Beispiel »Maschinenbelegungsplanung Fräserei«

Wenn wir die Eingabe in die Black Box als Ursache, die Ausgabe als Wirkung betrachten, dann unterstellen wir für dieses Black-Box-Modell kausales Verhalten; über eine Kausalbeziehung erklären wir dieses Arbeitssystem in Form von Wenn-Dann-Beziehungen. Realitätsnäher werden diese einfachen

Black-Box-Modelle, wenn wir die verschiedenen Ausgabegrößen mit Wahrscheinlichkeitsfunktionen belegen. Wir gehen dann von einem stochastischen Black-Box-Modell[2] aus.

Black-Box-Modelle als Reiz-Reaktions-Modelle dürfen auch vom theoretischen Ansatz her nicht unkritisiert bleiben: Sie beruhen auf behavioristischem[3] Gedankengut, indem sie ausschließlich die beobachtbaren Sachverhalte der Eingabe und Ausgabe einer Black Box zueinander in Beziehung setzen und auf die Erforschung der wahren Ursachen der Input-/Outputrelationen verzichten. Auch der (oft maßgebliche) Einfluss der Arbeitspersonen bleibt unberücksichtigt, d. h. das Wahrnehmen, Denken, Fühlen und die *Leistungsbereitschaft* des Menschen werden negiert.

Zerlegungsmethode

Kann das Arbeitssystem untergliedert werden, dann bietet sich als zweite Methode der Arbeitssystem-Analyse die *Zerlegungsmethode* an. Hierbei wird die anfängliche Black Box in Teilsysteme bzw. Systemelemente zerlegt (Abbildung II-4). Systemelemente und ihre Verknüpfungen – in Abbildung II-4 also Knoten und Kanten (vgl. Kapitel 9) – können mit graphentheoretischen Methoden untersucht, Metriken[4] von Arbeitsschwierigkeit und Belastung können abgeleitet werden.

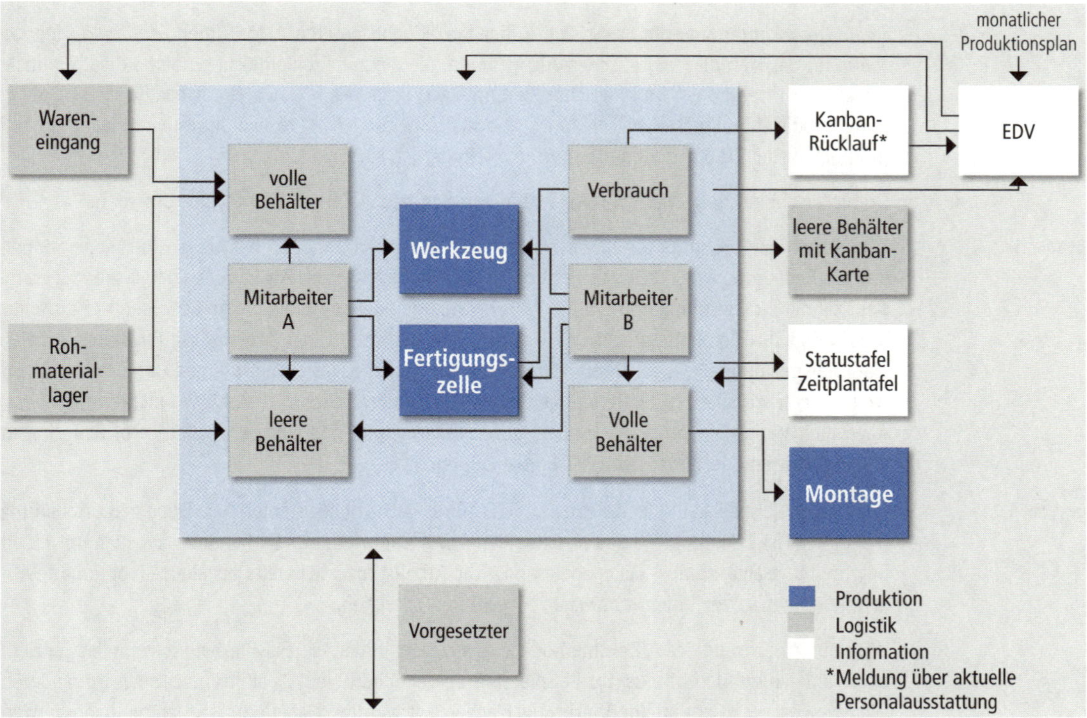

Abbildung II-4 Zerlegung eines Arbeitssystems in Teilsysteme und Systemelemente am Beispiel einer Fertigungszelle (Hinweis: Nicht alle Kanten und Knoten des Netzwerkes werden dargestellt)

Zum Beispiel kann mit der Zahl der in ein Systemelement einmündenden Kanten ein Maß für die *Komplexität*, mit der Zahl der abgehenden Kanten ein Maß für *Kompliziertheit* des Arbeitssystems gebildet werden. Üblich ist auch die schematische Darstellung der zeitlichen Abfolge von Systemele-

2 Stochastisch: Das Modell berücksichtigt auch zufallsbedingte Einflussgrößen.
3 Unter »behavioristisch« versteht man einen Forschungsansatz, der lediglich auf das beobachtbare Verhalten eines Menschen oder eines Arbeitssystems abstellt.
4 Unter einer Metrik versteht man hier eine quantitative Belastungsanalyse und -bewertung (vgl. Abschnitt 2.7).

menten im Sinne eines Flussdiagramms (vgl. Kapitel 9). Dazu müssen die Übergangswahrscheinlichkeiten zwischen den Systemelementen bekannt sein. Damit wird das Arbeitssystem als Netzwerk von Arbeitspersonen, Betriebsmitteln und Arbeitsobjekten in einen arbeitsprozessbezogenen Bearbeitungsalgorithmus überführt. Ein solches Schema kann aus Operatoren (Handlungsschritten) und logischen Bedingungen (Abfragen) bestehen.

Algorithmische Beschreibung

Die *algorithmische Beschreibung* des *Arbeitsablaufs* im Arbeitssystem zeichnet sich durch einen hohen Allgemeingültigkeitsgrad aus und gestattet dadurch, eine Reihe manipulierbarer und informationsverarbeitender Prozesse exakt zu beschreiben. Mit algorithmischen Beschreibungen kann auf mögliche Rückkoppelungskreise aufmerksam gemacht werden. Damit sind auch z. B. Strategienbildung, Anpassungs-, Einarbeitungs- und Übungsprozesse nachweisbar, sofern prozessbedingte von operatorbedingten Verfahrensweisen getrennt werden können.

Wir sprechen von *Beschreibungsalgorithmen*, wenn wir die einzelnen Handlungsschritte (Operationen), die beim Mitarbeiter beobachtbar sind, mit einer formalen Sprache beschreiben. Denkoperationen, die sich nicht in Handlungsphasen äußern, sind dagegen schwierig zu erfassen.

Reale Algorithmen sind die tatsächlich in der Praxis beobachteten Algorithmen, *optimale Algorithmen* sind dagegen die theoretischen Algorithmen, die die zur Problemlösung notwendige minimale Anzahl der Operationen und logischen Bedingungen umfassen – also z. B. für das Beispiel in Abbildung II-4 die Handlungsfolgen, die unter »Normalbedingungen« laut Bedienungshandbuch des MRP (Manufacturing Resource Planning)-Systems erforderlich sind.

Die unterschiedlichen Typen von Algorithmen sollen an zwei Beispielen erläutert werden:

Beispiel 1

Die einzelnen Abschnitte an einem Sitzmontage-Arbeitsplatz mögen manuelle Einlageoperationen und die Bedienung einer Presse umfassen. Die Arbeitsfolge wird als Algorithmus dargestellt. Operatoren sind die Einlegearbeiten und die Pressenbetätigung, logische Bedingungen ergeben sich z. B. aus der Abfrage des Befüllungsgrades der Teilebehälter. Oft wird in der Arbeitskarte für diesen Arbeitsplatz nur der optimale Algorithmus dargestellt. Die realen Algorithmen können darüber hinaus Erweiterungen enthalten (z. B. Heranholen eines Teilebehälters, der dort steht, wo nicht vorgesehen). Aber auch Verkürzungen sind vor allem durch Einarbeitung und Übung möglich (z. B. Baugruppen werden während der Prozesszeit der Presse vorgerichtet).

Beispiel 2

Das zweite Beispiel stellt einen Bezug zu MTM-Prozessbausteinsystemen her. Dazu zeigt Abbildung II-5 die MTM-1-Analyse für das Zuschneiden eines Zahnriemens. Es handelt sich hier um einen Beschreibungsalgorithmus (Zeilenanalyse). Da die Arbeitsprozesse bereits gestalterisch optimiert wurden, könnte man von einem *optimalen* Algorithmus sprechen.

Wird die Ausführung der Arbeitsmethode z. B. auf Eigeninitiative des Mitarbeiters verändert, spricht man vom *realen* Algorithmus. Im Beispiel könnte die Schere vom Ausführenden auch mit anderen Werkzeugen vermischt in eine Werkzeugablage gelegt werden. Dabei würden sich die Bedingungen beim erneuten Ergreifen der Schere verschlechtern, z. B. von G1A auf G4A, was sich mit einem gut dreifachen Zeitbedarf für das Greifen auswirken würde. Dokumentationen von realen Algorithmen mit MTM-Zeilenanalysen werden als *Ausführungsanalysen* bezeichnet.

Kommt es vor, dass das Arbeitsobjekt verölt ist, überlegt der Mitarbeiter ggf., wie das Öl zu beseitigen ist. Diese Denkoperation wird weder im optimalen noch im realen Algorithmus sichtbar; man würde ein solch gelegentliches Ereignis bei der Kapazitätsplanung über Zeitzuschläge berücksichtigen (hier: sachliche Verteilzeit, vgl. Kapitel 4).

Nr.	Bezeichnung	A · H	Kode	TMU	Kode	A · H	Bezeichnung
1	zum Zahnriemen im Behälter	1,0	R70C	25,0	[R–E	1,0	in Bereich Schere
2		1,0	G4A	7,3			
3	Behälter etwas herausziehen	1,0	M20B	10,5			
4	anhaftenden Teile abschütteln	3,0	M4B	12,0			
5	in Arbeitsbereich	1,0	M–B)]	10,0	R20B	1,0	zur Schere
6		1,0	~~G2)}~~	2,0	G1A	1,0	
7				2,0	M2B	1,0	etwas anheben
8				5,6	G2	1,0	Finger am Griff nachsetzen
9				15,1	(M30B	1,0	Schere zum Gurt
10				0,0	~~(G2~~	1,0	Nachgreifen
11				0,0	~~(M4B~~	1,0	Schere öffnen
12				11,2	P1SE	1,0	Griffabstand > 7,5 cm
13				2,0	M2A	1,0	zuschneiden
14	geschn. Zahnriemen ablegen	1,0	M30B	13,3	M30B	1,0	Schere zur Ablage
15		1,0	RL1	2,0	RL1	1,0	
16				0,0			

Abbildung II-5 Optimaler Algorithmus für das Beispiel »Zahnriemen zuschneiden« in MTM-1-Kodierung

Wir definieren die *Kompliziertheit* eines Beschreibungsalgorithmus als Anzahl von Elementarereignissen bzw. Aktionen (in Abbildung II-4 also in der Fertigungszelle z. B. »Werkzeugwechsel ausführen« oder »Behälter schieben«). Die *Komplexität* entspricht der Anzahl der elementaren Entscheidungsmöglichkeiten im Beschreibungsalgorithmus (in Abbildung II-4 also z. B. »Volle Behälter vom Wareneingang erhalten?« oder »Barcode gescannt?«). Der optimale Pfad ist derjenige Pfad mit der minimalen Zahl von Aktionen, daneben gibt es reale Pfade mit höheren Aktionszahlen.

2.2.3 Bediensysteme

Gebrauchstauglichkeit

Eine besondere Rolle bei der Gestaltung der Mensch-Maschine-Schnittstellen spielt das Bediensystem. Das *Bediensystem* steht für die unmittelbare Interaktion zwischen Nutzer und technischem System. Das technische System kann dabei ein Produkt für den Konsumenten sein, hier steht also die *Gebrauchstauglichkeit* im Vordergrund (vgl. Abschnitt 2.2.4), es kann sich aber auch um alle Arten von Bedieneingaben am PC bis hin zum Steuerstand eines Walzwerkes handeln.

Die Optimierung eine Bediensystems wirkt sich unmittelbar auf die Produktivität des Menschen aus (vgl. Teil I, Kapitel 2). Produktivitätskenngrößen, wie z. B. Nutzungsgrad oder Zeitgrad, spiegeln auch die möglichst geschickte, an die Eigenschaften und Fähigkeiten des Menschen adaptierte Auslegung eines Bediensystems. In der Entwicklung und Implementierung von Arbeitssystemen und -prozessen fällt die Optimierung eines Bediensystems vor allem unter die Rubriken »Equipment planen« und »Equipment implementieren« (vgl. Abschnitt 2.2.3).

Benutzungsfreundlichkeit

DIN ISO 9241-11 definiert drei Merkmale für *Benutzungsfreundlichkeit*, die auch für Bediensysteme gewährleistet sein müssen:

- Effektivität – gibt an, wie gut bzw. vollständig eine Aufgabe vom Benutzer ausgeführt werden kann,
- Effizienz – ist der Wirkungsgrad, d. h. die Höhe des Einsatzes, den ein Benutzer erbringen muss, um eine Aufgabe zu lösen,

- Akzeptanz – ist eine subjektive Größe, um die Zufriedenheit des Benutzers in Bezug auf den Umgang mit dem Gerät zu charakterisieren.[5]

Bei der Gestaltung von Bediensystemen wirkt eine Reihe von Einflussfaktoren mit:

- Informationsaufnahme und -weiterverarbeitung beim Bediener (vgl. Abschnitt 2.5.3 bis 2.5.5),
- Beanspruchung und Ermüdung (vgl. Abschnitt 2.9),
- Leistungsbereitschaft und Leistungsfähigkeit (vgl. Abschnitt 2.8.3),
- Kulturelle Einflüsse,
- Geschlecht und Alter (vgl. Abschnitte 2.8.4 und 2.8.5),
- technisch-organisatorische Gestaltung (vgl. Teil III, Kapitel 6),
- Umgebungseinflüsse (vgl. Teil III, Abschnitt 5.7).

Nutzertyp

Daneben spielt es eine große Rolle, welcher *Nutzertyp* das Bediensystem in Anspruch nimmt. Handelt es sich um Novizen, die bisher keinerlei Erfahrung mit diesem Bediensystem hatten, handelt es sich um gelegentliche Benutzer, bei denen zwischen den Nutzungszeitpunkten u. U. große Intervalle liegen oder sind es Experten, die das Bediensystem praktisch täglich benutzen?

Daraus leiten sich die folgenden Prinzipien ab:[6]

1. Gleichberechtigte Benutzung
   Das Bediensystem ist für Menschen mit unterschiedlichen Fähigkeiten einsetzbar.
2. Flexibler Gebrauch
   Die Mensch-Maschine-Schnittstelle kann an einen weiten Bereich individueller Einstellungen und Fähigkeiten angepasst werden.
3. Einfacher und intuitiver Gebrauch
   Die Bedienung ist leicht verständlich – unabhängig von Erfahrung, Wissen, sprachlichen Fähigkeiten oder momentaner Konzentration des Benutzers.
4. Wahrnehmbare Information
   Benötigte Informationen werden unabhängig von Umgebungsbedingungen oder den sensorischen Fähigkeiten des Nutzers verständlich übertragen.
5. Fehlertoleranz
   Das Bediensystem minimiert Fehlfunktionen und unbeabsichtigte Reaktionen auf zufällige oder ungewollte Eingaben.
6. Geringe psycho-physische Anstrengung
   Das Bediensystem kann mit einem Minimum an Ermüdung effizient und bequem genutzt werden.

Gestaltungsphasen

Die Gestaltung von Bediensystemen geschieht üblicherweise in folgenden Phasen:[7]

- Analyse – dient zur Erhebung der benötigten Informationen,
- Bewertung – dazu gehört die Verdichtung der Analysedaten und die Ableitung eines ersten Benutzungsmodells des Bediensystems,
- Eigentliche Gestaltung des Bediensystems – Inhaltsstruktur, Interaktionsarten, Layout, Beschriftung und Ausgestaltung.[8]

5 Kissel, R.: System zur Entwicklung bedienungsfreundlicher und seniorengerechter Benutzerschnittstellen in der Unterhaltungselektronik. Dissertation TU Darmstadt, 2004.
6 Vanderheiden, G.: Principals of Universal Design. N. C. State University, Center for Universal Design, 1997; Kissel, R.: a. a. O., 2004.
7 Zühlke, D.: Useware. In: Landau, K. (Hrsg.): Lexikon Arbeitsgestaltung. Stuttgart: Ergonomia 2007, S. 1274–1276.
8 Die Gestaltungsgrundlagen für Bediensysteme werden im Teil III, Kapitel 5 behandelt.

Ein *Styleguide* ist dabei die Richtschnur für die Feingestaltung des Bediensystems. Der Styleguide besteht aus

- dem Regelwerk – das sind die wichtigsten Grundsätze zur informationsergonomischen Gestaltung eines Bediensystems,
- dem Lexikon – hier werden die für das Bediensystem relevanten Begriffe definiert,
- der Dialogsammlung – sie dient der Vereinheitlichung der Benutzerdialoge.

Am Beispiel einer Montagemaschine wird die Vorgehensweise bei der Auslegung von Bediensystemen deutlich: Beispiel

Im Benutzungsmodell werden Funktionen und Anzeigeinformationen z. B. als Graph strukturiert.[9] Aus dem Benutzungsmodell ergibt sich ein Navigationskonzept, das die Benutzer-Schnittstelle definiert:

1. Welche globalen Informationen und Aktionen sind für diese Montagemaschine erforderlich? z. B. Übersicht, Programm, Start, Stopp, Reset, Hilfe
2. Welche Hauptbedienbereiche ergeben sich aus der Navigationsstruktur? z. B. Import, Export, manuell, automatisch
3. Wie sollen die Startansichten aussehen? z. B. Übersichtsmasken zeigen alle zur Verfügung stehenden Bedieneraktionen
4. Wie soll das Benutzungsmodell im Einzelnen in die Navigationsstruktur übertragen werden? z. B. Entscheidung zwischen Baumstrukturen oder Netzwerkstrukturen. Als günstig haben sich erwiesen:
   - Breite zwischen 4 und 7 Optionen;
   - Tiefe ≤ 3 Ebenen.[10]

2.2.4 Gebrauchstauglichkeit (Usability)

Die Beurteilung und Verbesserung der Gebrauchstauglichkeit von Produkten bezieht sich nicht allein auf den Endkunden, sondern auch auf Mitarbeiter im Betrieb. Auch dort werden Werkzeuge, Maschinen und sonstige Betriebsmittel genutzt, die über eine hohe Gebrauchstauglichkeit verfügen sollten. Dabei versteht man unter Gebrauchstauglichkeit (*Usability*) möglichst einfach und intuitiv ausgelegte Mensch-Maschine-Schnittstellen, die effektives, effizientes und zufriedenstellendes Arbeiten erledigen.[11] Usability

Ebenso wie die Gestaltung der Bediensysteme wirkt sich auch die Optimierung der *Gebrauchstauglichkeit* von Werkzeugen und anderen Betriebsmitteln auf die *Arbeitsproduktivität* aus (vgl. Teil I, Kapitel 2). Die Analyse, Bewertung und Gestaltung der Gebrauchstauglichkeit ist in der Entstehungsphase, also vor SOP, durchzuführen. Berührt werden hier die Funktionen »Verfahren und Prozess planen«, »Produkt und Prozess integrieren« und »Equipment planen«.

Die *Gebrauchstauglichkeit* besteht aus den in Abbildung II-6 aufgeführten Komponenten. Der untere Teil der Abbildung setzt diese Komponenten in das Beispiel »Pneumatikpresse am Montagearbeitsplatz«. Beispiel

9 Vgl. Zühlke, D.: Useware-engineering für technische Systeme. Berlin: Springer, 2004.
10 Auf stochastische Aspekte bei der Auslegung von Bedien- und Wartesystemen wird im Abschnitt 4.4.5 eingegangen.
11 Vgl. dazu auch DIN ISO 9241-11: Anforderungen an die Gebrauchstauglichkeit, 1999.

Abbildung II-6 Komponenten der Gebrauchstauglichkeit (Usability) am Beispiel »Pneumatikpresse«

Diese Komponenten der *Gebrauchstauglichkeit* können folgendermaßen präzisiert und mit Beispielen versehen werden (Abbildung II-7).[12]

Grundsätze der Gebrauchstauglichkeit	Das Gerät oder die Software ...
freier Zugang	... kann durch alle Benutzertypen ohne Einschränkungen genutzt werden.
Flexibilität	... nimmt Rücksicht auf individuelle Präferenzen, Sprache, kulturelle Eigenheiten und Fähigkeiten.
intuitive Benutzung	... ist einfach zu verstehen und zu handhaben. Das Reaktionsverhalten des Geräts oder der Software ist konsistent.
einfache und eindeutige Wahrnehmung	... kommuniziert mit dem Benutzer unter Beachtung der Leistungsfähigkeit der Sinnesorgane und der Umgebungsbedingungen.
Fehlertoleranz	... minimiert die Risiken falscher Wahrnehmung und Handhabung. Es ist unter allen Betriebszuständen sicher zu nutzen.
ermüdungsarme Nutzung	... kann über lange Zeiträume ohne oder nur mit geringer Ermüdung des Nutzers verwendet werden.
Lernförderlichkeit	... unterstützt die mentale und motorische Weiterentwicklung des Nutzers.
echter Nutzen	... bietet dem Nutzer in seiner realen Anwendung einen tatsächlichen Gewinn.

Abbildung II-7 Grundsätze der Gebrauchstauglichkeit

Bleiben diese Grundsätze der Gebrauchstauglichkeit teilweise oder ganz unberücksichtigt, dann sind Interaktionsprobleme an der Mensch-Maschine-Schnittstelle oft unausweichlich.

Usability-Methoden

Mit *Usability-Methoden* kann der gegenwärtige Zustand der Gebrauchstauglichkeit eines Produkts oder eines Prototyps analysiert und bewertet werden. Nicht alle dieser Methoden sind für das Auffinden von Bedienproblemen gleichermaßen geeignet. Oft sind auch Kombinationen von verschiedenen Methoden erforderlich. Man unterscheidet grundsätzlich befragende, beobachtende und messende Methoden. Die Übersicht (Abbildung II-8) fasst die wichtigsten Usability-Methoden zusammen.

12 Hinweis: DIN ISO 9241-10 listet Grundsätze der Dialoggestaltung auf, die sich von dieser Abbildung jedoch unterscheiden.

Usability-Methoden	Erläuterungen
Expertenleitfaden	Prüflisten oder Styleguides werden von erfahrenen Experten eingesetzt.
Heuristische Evaluationen	Mittels Kriterienkatalog inspiziert eine kleine Zahl von Analytikern ein Objekt. Jeder Analytiker testet das Objekt für sich allein, die Ergebnisse werden in einer anschließenden Diskussion zusammengeführt.
Cognitive Walkthrough	Analytiker gehen ein Produkt auf der Suche nach Usability-Problemen durch.
Messungen	Die psycho-mentale Beanspruchung des Benutzers einer Mensch-Maschine-Schnittstelle werden über verschiedene elektrophysiologische Methoden gemessen.
Logfiles	Der Zeitablauf der Interaktion an der Mensch-Maschine-Schnittstelle wird registriert, Bediensequenzen werden ausgewertet.
Beobachtungen oder Videoaufzeichnungen	Es entstehen Benutzungsprotokolle mit Anmerkungen des Analytikers.
Videokonfrontation	Benutzerurteile werden anhand von Videoaufzeichnungen eingeholt.
Lautes Denken	Benutzer werden gebeten, bei Ausführung einer Aufgabe ihre Gedanken auszusprechen. So erhält man Informationen zu Denk- und Problemlösevorgängen.
Interview	Durch Einzelinterviews und Gruppendiskussionen werden Bedienprobleme untersucht.
Akzeptanz-Test	Die Gebrauchstauglichkeit wird anhand der subjektiven Nutzerzufriedenheit sowie anderer, objektiver Parameter (Problemlösezeit, Fehler, Verweilzeit) beurteilt.
Focus Group	Benutzerbedürfnisse und -gefühle werden eingeschätzt.
Doppeltätigkeit	Der Benutzer erhält gleichzeititg zwei unterschiedliche Aufgaben zur Lösung. Durch Messung der Leistung bei der Nebenaufgabe werden Rückschlüsse auf die Gebrauchstauglichkeit der MMS gezogen.
Blickbewegungsanalyse	Die Augenbewegungen werden aufgezeichnet und ausgewertet, anschließend auf Aufmerksamkeitsverteilung und Denkabläufe analysiert.

Abbildung II-8 Usability-Methoden zur Beurteilung von Mensch-Maschine-Schnittstellen[13]

Für das Beispiel einer Software-Schnittstelle lässt sich die Gebrauchstauglichkeit mit folgenden Maßzahlen beurteilen: Beispiel

Effektivität

- Anzahl erfolgreich gelöster Aufgaben
- Anzahl erfolgreicher Benutzer
- Anzahl auf Anhieb gelöster Aufgaben
- Anzahl erfolgreich gelöster Aufgaben nach Periode der Nichtnutzung
- Anzahl erlernter Funktionen

Effizienz

- Zeitbedarf zur Aufgabenlösung
- Zeitbedarf für unproduktive Aktionen
- Zeitbedarf für Hilfe-Funktionen
- Zeitbedarf zum Wiedererlernen bestimmter Funktionen
- Anzahl immer wiederkehrender Fehler

Akzeptanz

- Benutzungshäufigkeit
- Zufriedenheitsindex

13 Vgl. Mussgnug, J.: Usability, Methodik. In: Landau, K. (Hrsg.): Lexikon Arbeitsgestaltung. Stuttgart: Ergonomia, 2007, S. 1269–1273.

2.2.5 Wandel der Schnittstellen im Produktlebenszyklus

Die Betrachtung eines Produkts von der Einführungsphase bis hin zur Verfallphase (vgl. Abbildung II-9) ist für die Analyse der Mensch-Maschine-Schnittstelle nicht ausreichend. Hier wird vor allem die Sichtweise des Endkunden angesprochen.

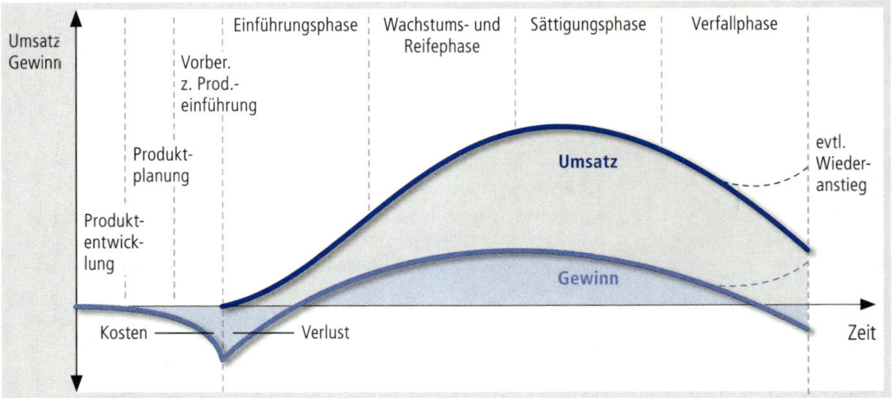

Abbildung II-9 Lebenszyklus eines Produkts[14]

Außer dem Endkunden interagieren jedoch eine ganze Reihe anderer Personenkreise mit dem Produkt, Arbeitsmittel oder Werkzeug.

Die MMS sind in diesen Fällen zum Teil völlig unterschiedlich. Wenn man mit der Entwicklungs- und Prototypenphase beginnt (vgl. Teil III, Kapitel 2), dann sind es Entwickler, Detailkonstrukteure, Versuchsingenieure, Laboranten etc., für die sich eine Schnittstelle zum Prototypen ergibt. MMS unterscheiden sich von der Entwicklungs- und Prototypenphase über die eigentliche Herstellung, die Logistik, die Inbetriebnahme, die Benutzung, die Instandhaltung, die Demontage und die Entsorgung in bedeutsamer Art, da die Nutzertypen in diesen Lebensphasen völlig unterschiedlich sind: Es ist zum einen der Entwicklungsingenieur, zum anderen aber der Transporteur, der Servicetechniker, der eigentliche Endkunde oder der Mitarbeiter in der Entsorgung. Bis heute liegt der Schwerpunkt in der MMS-Gestaltung allein auf dem Endkunden, obwohl andere bei der Herstellung des Produkts, dem Vertrieb, der Inbetriebnahme oder der Instandhaltung durchaus auch lange Benutzungszeiten haben. Die MMS ist jedoch auf deren Bedürfnisse hin nicht optimiert. Abbildung II-10 weist darauf hin, wie sich die *Anforderungsprofile* zum Teil gravierend unterscheiden können.

Beispiel

Es wird hier nur als Beispiel ein Ausschnitt der Anforderungen für vier Nutzergruppen gezeigt, nämlich Herstellung, Logistik, Inbetriebnahme und Benutzung. Die einzelnen Achsen dieses Polaritätsprofils sind so skaliert, dass mit zunehmender Einstufung die Anforderungen an den Menschen zunehmen (vgl. Abschnitt 2.5.2). Der Werker im Herstellungsbetrieb des Produkts hat hohe Anforderungen im Bereich der Hand-Arm-Systeme, der Transporteur aus dem Bereich Logistik zeichnet sich durch Ganzkörpereinsatz aus, in der Inbetriebnahme spielen die körperlichen Anforderungen nur eine sehr geringe Rolle und anschließend, beim Endkunden, ergibt sich ein ausgeglichenes Anforderungsprofil über alle physischen Dimensionen. Diese Anforderungstableaus könnte man auch für die Anforderungsmerkmale im psychomentalen Bereich erstellen, auch hier würde sich zeigen, dass sich unterschiedliche Nutzertypen in unterschiedlicher Weise mit den MMS auseinandersetzen müssen.

14 Kramer, E.: Innovative Produktpolitik. Berlin: Springer, 1986.

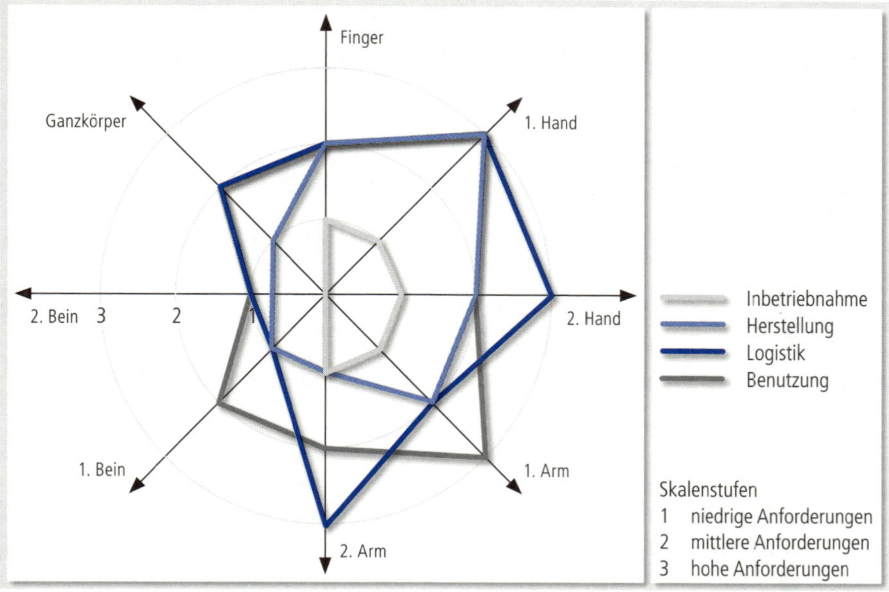

Abbildung II-10 Beispiel eines Anforderungsprofils für unterschiedliche Nutzertypen[15]

Aber nicht nur der Nutzertyp wirkt sich auf die MMS und die sich daraus ergebenden Anforderungsprofile aus. Auch Geschlecht und Alter, Qualifikation und *Fertigkeiten* des einzelnen Werkers generieren unterschiedliche Schnittstellen.

2.3 Arbeitsformen

2.3.1 Spezifischer Arbeitsinhalt

Die durch den Menschen im *Arbeitssystem* geleistete Arbeit kann ganz verschiedene Formen annehmen. Die folgende Taxonomie menschlicher *Arbeitsformen* gliedert nach dem spezifischen Arbeitsinhalt, nach der vorwiegenden *Beanspruchung* von Organen und *Fähigkeiten* und vergibt dafür einen eindeutigen Fachbegriff (Abbildung II-11).

Spezifische Arbeitsinhalte lassen sich recht einfach unterscheiden, wenn die Arbeitsaufgabe entweder das Erzeugen oder Abgeben von Kräften oder das Verarbeiten und Erzeugen von Informationen vom Menschen verlangt.[16] Diese spezifischen Arbeitsinhalte entscheiden sich deutlich durch unterschiedliche *Beanspruchungen* von Organen und Nutzung von besonderen Eigenschaften, *Fähigkeiten, Fertigkeiten* und Bedürfnissen des Menschen. Solche Unterschiede haben zur Formulierung besonderer arbeitswissenschaftlicher Bezeichnungen geführt, die die spezielle Eigenart der unter dieser Bezeichnung zusammengefassten Arbeitsinhalte hervorruft. Die Systematik führt zu einer einfachen Fünfergliederung spezifischer Arbeitsinhalte: Erzeugen von Kräften, Koordination von Motorik und Sensorik, Umsetzen von Information in Reaktion, Umsetzen von Eingangsinformation in Ausgangsinformation, Erzeugen von Information.

15 Zum Anforderungsprofil vgl. Abschnitt 2.5.

16 Vgl. Rohmert, W.; Landau, K.: Arbeitsformen. In: Landau, K.; Stübler, E. (Hrsg.): Die Arbeit im Dienstleistungsbetrieb. Stuttgart: Ulmer, 1992, S. 31–40.

Grundformen menschlicher Arbeit	spezifischer Arbeitsinhalt	ausgewählte Beispiele	vorwiegend Beanspruchung von Organen und Fähigkeiten	arbeitsphysiologische Bezeichnung
vorwiegend körperlich	Erzeugen von Kräften	Transporttätigkeit	Muskeln (ggf. Herz und Kreislauf)	muskuläre Arbeit
	Koordination von Motorik und Sensorik	Montieren, Kraftfahrer	Muskeln/ Sinnesorgane	sensumotorische Arbeit
vorwiegend nicht körperlich	Umsetzen von Information in Reaktion	Kontrolltätigkeit	Sinnesorgane/ Muskeln	vorwiegend nicht muskuläre Arbeit
	Umsetzen von Eingangsinformation in Ausgangsinformation	Programmieren, Verwaltungstätigkeit, Übersetzen	Sinnesorgane/ geistige Fähigkeiten	geistige Arbeit
	Erzeugen von Information	Diktieren, Konstruieren	geistige Fähigkeiten	geistige Arbeit im engeren Sinne

Abbildung II-11 Formen menschlicher Arbeit und beanspruchungsspezifische Arbeitsinhalte[17]

Während bei dem spezifischen Arbeitsinhalt des Erzeugens von Kräften der Muskel abstrakt als eine Kraftmaschine angesehen wird, die bei der Muskelkontraktion chemische Energie in potenzielle mechanische Energie umwandelt, erfolgt die weitere Untergliederung der Muskelkontraktion entsprechend einer mechanischen und einer physiologischen Betrachtungsweise. Im Sinne einer mechanischen Betrachtungsweise besteht der spezifische Arbeitsinhalt bei muskulärer Arbeit im Erzeugen von Muskelkräften. Dabei ist es gleichgültig, ob die entwickelte Kraft in Bewegungsenergie umgesetzt wird (*dynamische Arbeit*) oder nicht (*statische Arbeit*). Im physiologischen Sinne wird sodann alles das als Arbeit bezeichnet, was einen erhöhten *Energieumsatz* im Muskel bedingt.

Arbeitstätigkeiten

Arbeitstätigkeiten sind willensgestützt auf das Erreichen von *Zielen* gerichtet. Ziele erfüllen in Arbeitstätigkeiten mehrere Funktionen: Sie sind nämlich

- Vorwegnahmen (Antizipationen) der erforderlichen Arbeitsergebnisse,
- Absichten (Intentionen), das Ergebnis durch eigene Anstrengungen zu erreichen, sowie
- Abbildungen (Repräsentation) des Ergebnisses und seiner Herstellungsbedingungen im Gedächtnis, mit denen fortlaufend rückkoppelnd der Arbeitsfortgang verglichen wird, um ihn zu regulieren.[18]

Die Möglichkeiten, Arbeitssysteme und Arbeitsprozess selbst zu gestalten, haben eine Voraussetzung: Sie bedürfen eines Mindestausmaßes an Bereitschaft zur Übernahme, d. h. zum Akzeptieren und Befolgen von zumeist ungeschriebenen Verhaltensnormen, in der Arbeitszeit auch ohne Kontrolle gewissenhaft und mitdenkend zu arbeiten. Diese Voraussetzung zur Normübernahme muss auf der Grundlage geeigneter gesellschaftlicher Rahmenbedingungen bereits in der Familie und im Bildungssystem entwickelt werden.[19]

Präzise und anspruchsvolle Arbeitsaufträge mit ausreichendem Tätigkeitsspielraum können zu eigenständigen »schwierigen« Zielsetzungen und damit zu guten Leistungen führen.

Motivation

Das Motivierungspotenzial von Arbeitsaufgaben kann durch folgende Merkmale stimuliert werden:

- Die Vielfalt der Arbeitsanforderungen,
- die Ganzheitlichkeit bzw. Geschlossenheit der Arbeitsaufgaben,

17 Zu diesem Thema vgl. Rohmert, W.; Landau, K.: a. a. O., 1992.
18 Hacker, W.: Arbeitsmotivationen und Arbeitseinstellungen – Ergebnisse und Voraussetzungen von Arbeitsprozessen. Unveröffentlichtes Manuskript, Dresden.
19 Hacker, W.: a. a. O.

- die Bedeutung der Aufgaben für andere,
- die Möglichkeit zu selbstständigen Zielsetzungen und Entscheiden beim Vorgehen, sowie
- Rückmeldungen zur Leistung und ihrer Entstehung von anderen Personen.

Ausreichender Tätigkeitsspielraum und soziale Rückmeldungen sind also unverzichtbar für das Entstehen einer arbeitstätigkeits- bzw. arbeitsinhaltlich verursachten *Motivation.*

2.3.2 Grundformen menschlicher Arbeit

Muskelarbeit

Die physiologische Betrachtungsweise in Abbildung II-11 berücksichtigt, dass bei *Muskelarbeit* nicht nur der Muskel, sondern auch die Körperorgane Herz, Lunge und Kreislauf belastet werden. Muskelarbeit wird häufig durch die Transportfunktionen in den beiden Kreisläufen, dem Atmungs- (oder Lungen-)Kreislauf sowie dem Körperkreislauf limitiert. Der Transport in diesen Kreisläufen dient der Versorgung sowie der Entsorgung des Muskels.

Statische Muskelarbeit

Eine physiologische Unterscheidung der statischen und dynamischen Muskelbelastung ist deshalb notwendig, weil die Blutversorgung und damit das Arbeitsvermögen des Muskels bei diesen beiden Arbeitsformen verschieden sind. Bei *statischer Muskelarbeit* wird als Folge des durch die dauernd wirkende Muskelkontraktion anhaltenden mechanischen Muskelinnendrucks die Durchblutung behindert. Damit sind eine schlechtere Versorgung des Muskels mit Energiestoffen und Sauerstoff sowie eine schlechtere Entsorgung des Muskels von Stoffwechselprodukten verbunden.

Kommt es zu keiner Bewegung, bleibt demnach die Muskellänge konstant, dann spricht man also von statischer Muskelarbeit (Abbildung II-12). Im engeren, physikalischen Sinne leistet der Mensch dann keine äußere Arbeit, da das Produkt aus Kraft mal Weg gleich null ist. Gerade diese Arbeitsform wird jedoch als sehr ermüdend empfunden. Im Unterschied zur dynamischen Arbeit liegt bei statischen Muskelarbeiten eine einzige ununterbrochene Kontraktion vor. Diese Kontraktion, die von wenigen Sekunden bis in den Minutenbereich gehen kann, führt dazu, dass die Blutversorgung sowie die Entsorgung des Muskels von Stoffwechselprodukten leidet, da die Blutgefäße im Muskel zunächst eingeschnürt, später dann abgeschnürt werden.

Eine statische Muskelarbeit wird bei gleichem *Energieumsatz* (vgl. Abschnitt 2.5.2) daher immer als anstrengender und ermüdender empfunden. Statische Muskelarbeit sollte damit bei der Arbeitsgestaltung nach Möglichkeit vermieden werden. Grundlegende Untersuchungen von Rohmert[20] zeigten, dass lediglich 15 % der jeweiligen *Maximalkraft* des Muskels praktisch beliebig lange aufgebracht werden können. Die maximale Ausdauer beim Halten von Kräften ist also umso stärker begrenzt, je größer das Verhältnis der gehaltenen Kraft zur Maximalkraft ist. Dabei ist die maximale Haltezeit unabhängig von der absoluten Größe der Maximalkraft, der Muskelgruppe sowie unabhängig vom Geschlecht, wenn sie auf Relativwerte bezogen wird.

Je nachdem, ob die Kraftwirkung innerlich oder äußerlich ist, unterscheidet man statische Haltungs- und statische Haltearbeit.

Statische Haltungsarbeit

Bei der *statischen Haltungsarbeit* kommt es zu einer Beanspruchung durch Beibehaltung einer bestimmten Körperstellung. Es erfolgt jedoch keine Abgabe von Kräften nach außen. Dies bedeutet, dass für jede menschliche Körperstellung eine bestimmte statische Haltungsarbeit erforderlich ist.

20 Rohmert, W.: Statische Arbeit. In: Rohmert, W.; Rutenfranz, J.: Praktische Arbeitsphysiologie. Stuttgart: Thieme, 1983, S. 34–43.

Auch hier wird bereits bei Anspannungen von etwa 15 % der maximal möglichen Kraft die Durchblutung in der Muskulatur gedrosselt. Fortwährende ungünstige Körperhaltungen können mit folgenden gesundheitlichen Folgewirkungen verbunden sein:[21]

- erhöhter Energieverbrauch zur Erhaltung des stabilen Gleichgewichts des Körpers,
- erhöhte Kreislaufbelastung durch ungünstige hydrostatische Verhältnisse in den Blutgefäßen (z. B. Blutansammlung in den Beinen bei stehender Arbeit),
- als Folge des Blutstaus Bildung von Ödemen (Austritt von Serum ins Gewebe) und Krampfadern,
- vorzeitige Ermüdung der Muskulatur durch gestörte Blutversorgung und Sauerstoffmangel,
- Bildung von Myogelosen[22] aufgrund nicht abgeführter Milchsäure im Muskel.

Weiterhin sind bei ungünstigen Körperhaltungen möglich:

- Deformation der Füße (Senk- und Spreizfuß) durch dauerndes Stehen,
- Kompression der inneren Organe (kann z. B. zu Verdauungsstörungen führen) bei gebeugtem Sitzen,
- Wirbelsäulenverkrümmungen (z. B. Flach- und Rundrücken) bei zeitlich langdauernder unphysiologischer Körperhaltung.

Beispiele für die statische Haltearbeit sind das Halten einer Montagevorrichtung oder das Führen des Schweißbrenners; für statische Haltungsarbeit können als Beispiele herangezogen werden: Arbeiten Arme über Kopf eines Kfz-Monteurs unterhalb eines Fahrzeugs, Körperhaltung sitzend gebeugt bei der Tastaturbedienung, Körperhaltung kniend oder hockend in der Automobilmontage etc.

Statische Kontraktionsarbeit

Eine Zwischenstellung nimmt die sogenannte *statische Kontraktionsarbeit* ein. Darunter versteht man eine Abfolge statischer Kontraktionen, die durch kurze Erschlaffungsphasen unterbrochen wird. Die Haltearbeit währt also nur kurz.

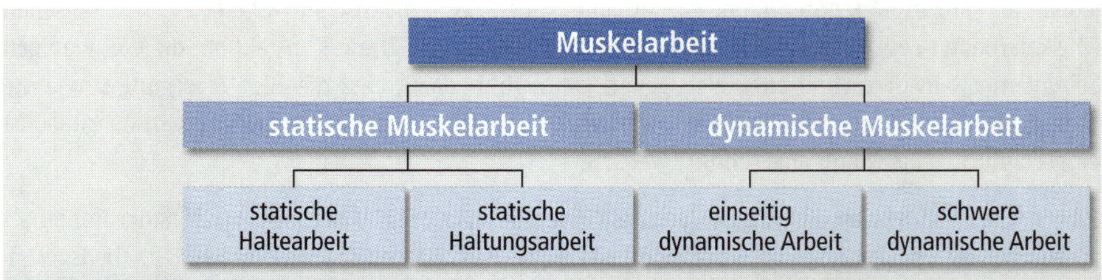

eingesetzte Muskelgruppen	kleine oder große Muskelgruppen	Körper	kleine Muskelgruppen	große (schwere) Muskelgruppen
Engpass	Drosselung der Durchblutung durch ansteigenden Muskelinnendruck; starke Ermüdung auch schon bei niedrigen Aktionskräften	Zwangshaltungen können sehr ermüdend sein, da Durchblutung der Muskelpartien gedrosselt wird	Ermüdung der lokalen Muskelgruppe besonders bei hohen Bewegungsfrequenzen, Belastungsdauern und erforderlichen Kräften	Ermüdung des Herz-/Kreislaufsystems besonders bei langen Arbeitsdauern und eingesetzten Körperkräften
Beispiel	• Gardinenstange montieren • Löten • Schweißen	• Reifenwechsel • Fußleiste anbringen • Teppichboden verlegen	• Textverarbeitung • Stricken • Bestücken	• Mörtel mischen • Lkw beladen • Treppen steigen

Abbildung II-12 Statische und dynamische Muskelarbeit

21 Vgl. Sämann, W.: Charakteristische Merkmale und Auswirkungen ungünstiger Arbeitshaltungen. Berlin: Beuth, 1970.
22 Darunter versteht man knoten- oder wulstförmige, schmerzhafte Muskelverhärtungen.

Im Gegensatz zur statischen Muskelarbeit stellt bei *dynamischer Muskelarbeit* der Wechsel zwischen Anspannung und Entspannung eine bessere Versorgungs- und Entsorgungslage des Muskels her. Die Blutgefäße werden nicht zusammengeschnürt, sondern im Gegenteil sogar erweitert, so dass die Durchblutung des Muskels bis auf das Zwanzigfache der Ruhedurchblutung ansteigen kann. Der Engpass bei der dynamischen Muskelarbeit liegt damit eher im Bereich der Förderkapazität von Herz und Kreislauf. Je nachdem, ob die Spannung in der Muskulatur größer oder kleiner als die außen angreifenden Kräfte ist, spricht man von positiv-dynamischer oder negativ-dynamischer Muskelarbeit. Im ersten Fall wird die chemische Energie im Muskel in Bewegungsenergie umgewandelt, im zweiten wird aus chemischer Energie Bremsenergie erzeugt.

Dynamische Muskelarbeit

Weiterhin wird nach der Größe bzw. Schwere der beteiligten Muskelgruppen die schwere dynamische Muskelarbeit von der einseitig dynamischen Muskelarbeit unterschieden.

Bei der *schweren dynamischen Muskelarbeit* werden mehr als ein Siebtel der Körpermuskelmasse eingesetzt – also z. B. der Schultergürtel oder die Beckenmuskulatur –, bei der einseitig dynamischen Muskelarbeit dagegen weniger als ein Siebtel der Körpermuskelmasse, dafür jedoch mit höheren Bewegungsfrequenzen. Beispiele für schwere dynamische Muskelarbeit sind Sand schaufeln, Gehen mit und ohne Last, Besteigen einer Leiter; Beispiele für einseitig dynamische Muskelarbeit sind Montage von Elektromotoren, Greifbehälter bestücken oder Fahren eines Pkw.

Schwere dynamische Muskelarbeit

Das letzte Beispiel gehört auch zur Gruppe der sogenannten *sensumotorischen Arbeiten*, einer Form der Muskelarbeit also, die durch komplexe Bewegungsabläufe mit unterschiedlichen sensorischen und motorischen Anteilen charakterisiert wird. Die sensorischen Anteile bestehen dabei aus Perzeptionsvorgängen[23], vorwiegend aus dem optischen, akustischen und haptischen Bereich. Die motorischen Anteile, die von der vorangegangenen oder gleichzeitigen Perzeption gesteuert werden, können einfach oder komplex sein (Bearbeiten eines Schmiedestückes versus Goldschmiedearbeit).

Die oben beschriebenen Arbeitsaufgaben, die die Belastungen im Arbeitssystem beschreiben, führen bei verschiedenen Mitarbeitern sowie auch bei einem Mitarbeiter zu unterschiedlichen Zeitpunkten im Regelfall zu unterschiedlichen Beanspruchungen. Es werden damit die Eigenschaften, Fähigkeiten und Fertigkeiten sowie auch die individuellen Freiheitsgrade berücksichtigt, die der Mensch bei Arbeitsvollzügen hat. Seine Konzentration und Motivation beeinflussen die Aktivitäten im Arbeitssystem und damit auch die nach außen abgegebene Leistung.

Hinter den Handlungen bzw. *Aktivitäten* verbergen sich die zeitvarianten Anpassungsvorgänge, die zu einer Verminderung der Beanspruchungen bei konstanten Aktivitäten und Belastungen sowie zu einer Erhöhung der Aktivitäten bei konstanten Beanspruchungen führen können. Dieser Sachverhalt ist also positiv zu interpretieren, denn Übung oder Training bewirkt eine Beanspruchungsminderung bzw. eine Leistungsverbesserung. Negativ ist dagegen die Beanspruchungssteigerung bzw. Leistungsverschlechterung durch z. B. Ermüdung, Monotonie oder psychische Sättigung zu interpretieren. Mit diesem Sachverhalt ist dann zu rechnen, wenn während der Arbeit Dauerleistungsgrenzen (vgl. Abschnitt 2.8) erreicht und überschritten werden. Die Aktivitäten bzw. Handlungen des Menschen sind demnach über Anpassungen und Funktionsminderungen mit den individuellen Eigenschaften, Fähigkeiten und Fertigkeiten rückgekoppelt.

Aktivitäten

Arbeitsformen lassen sich auch nach der Tätigkeitsart und dem *Aktivitätsniveau* gliedern.[24] Stehen zum Beispiel *Kontroll-, Überwachungs- und Steuerungstätigkeiten* im Vordergrund, dann ist die Belastung abhängig von der

Aktivitätsniveau

23 Perzeption = Wahrnehmung; vgl. Abschnitt 2.5.3–2.5.6.
24 Rohmert, W.; Landau, K.: a. a. O., 1992.

- Dauer ununterbrochener Beobachtungsperioden,
- Anzahl zu beobachtender Objekte,
- Häufigkeit der Steuerungstätigkeiten sowie von
- Größe und Toleranzen der zu justierenden oder zu montierenden Objekte.

Beobachtungs- und Steuerungstätigkeiten können durch ungünstige Umgebungseinflüsse erschwert werden (z. B. Blendung, Lichtmangel, Lärm).

Die Belastungsgliederung nach dem Aktivitätsniveau unterscheidet u. a.

- geistige Tätigkeiten im engeren Sinne,
- einförmige Tätigkeiten,
- Mangel an aktiver Betätigung.

Bei geistiger Tätigkeit im engeren Sinne sind das selbstständige Erfassen und Durchdringen von Zusammenhängen, das Vergleichen und Beurteilen von Sachverhalten sowie das Ableiten allgemeiner Schlüsse oder Urteile erforderlich.

Als einförmige (monotone) Tätigkeiten sind solche anzusehen, bei denen sich gleiche Ablaufabschnitte regelmäßig wiederholen und die Tätigkeit bei geringer körperlicher Beanspruchung in einer insgesamt reizarmen Umgebung erfolgt. Der Arbeitsablauf schließt jedoch Nebentätigkeiten aus.

Eine Tätigkeit ohne erkennbare Bewegungen bzw. ohne aktive muskuläre Belastungsmöglichkeit liegt dann vor, wenn an einem Arbeitsplatz eine ständige Arbeits- und Handlungsbereitschaft erforderlich ist, obwohl aufgrund des Arbeitsverfahrens ein Eingreifen des Menschen in das Produktionsgeschehen nur in Ausnahme- oder Störungsfällen notwendig und möglich ist. Eine Beanspruchung durch derartige Tätigkeiten entsteht dann, wenn die Einsatzbereitschaft ständig und über einen längeren Zeitraum hinaus aufrechterhalten werden muss und der Mensch von seiner mitmenschlichen Umgebung weitgehend isoliert ist (z. B. Schaltwarte im Kraftwerk, Überwachung automatischer Fertigungsprozesse).

2.4 Bewertungsebenen

Beurteilungskonzept

Mit den Begriffen Wertschöpfung und Wertstrom ist ohne Zweifel neben der monetären auch die nichtmonetäre Bewertung verbunden. Die MTM-Gestaltungssystematik basiert darauf, dass Arbeitssysteme gleichermaßen ökonomisch und human sein müssen. Zur ökonomischen Bewertung, beispielsweise in Form von Produktivitätskennzahlen, wurde schon Stellung genommen (vgl. Teil I, Kapitel 2). Für die humanitäre Bewertung hat sich in den letzten Jahrzehnten das folgende, auf Rohmert zurückgehende, hierarchische *Beurteilungskonzept*[25] durchgesetzt (Abbildung II-13).

Ausführbarkeit

Die praktische Anwendung arbeitswissenschaftlicher Erkenntnisse muss primär darauf ausgerichtet sein sicherzustellen, dass menschliche Arbeit überhaupt ausführbar ist.

Die zeitlich kurzfristige und als Maximum zu verstehende Grenze menschlicher *Ausführbarkeit* stellt ein anthropometrisches, biomechanisches oder psychophysisches Problem dar. Grenzen dieser Ausführbarkeit sind beispielsweise maximale Reichweiten der Gliedmaßen, maximale Muskelkräfte, Mindestreaktionszeiten.

25 Rohmert, W.: Beurteilungskriterien der Arbeit. In: Landau, K.; Stübler, E. (Hrsg.): Die Arbeit im Dienstleistungsbetrieb. Stuttgart. Ulmer, 1992, S. 8–31.

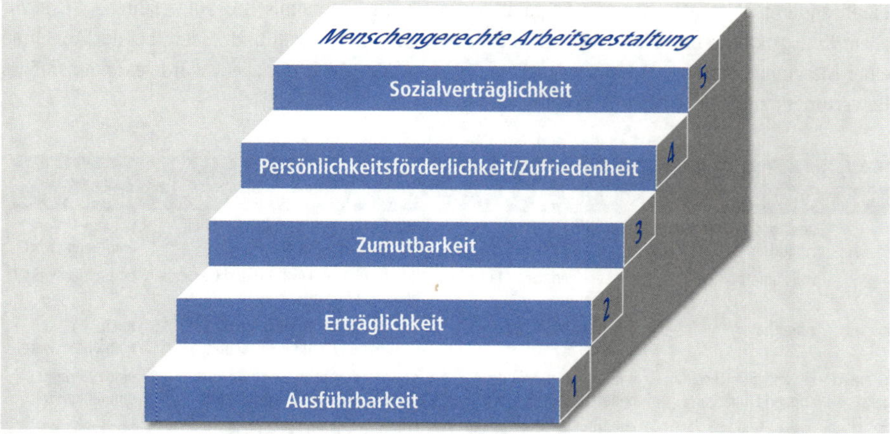

Abbildung II-13 Bewertungshierarchie für Arbeitssysteme

Erträglichkeit

Für den praktischen Arbeitseinsatz des Menschen in Arbeitssystemen interessiert diese – unter Umständen nur ein einziges Mal erreichbare – Ausführbarkeitsgrenze jedoch in der Regel nicht. *Erträglichkeitsgrenzen* sind nicht nur physikalisch gesehen in bestimmter Weise langfristiger als Ausführbarkeitsgrenzen; es handelt sich vielmehr um physiologisch bzw. biochemisch definierte Ausdauergrenzen.

Eine derartige Erträglichkeitsgrenze ist beispielsweise die *Dauerleistungsgrenze*, welche die höchstmögliche Intensität einer bestimmten Belastungsmodalität darstellt, bei der gerade noch keine zeitabhängige Störung von (physiologischen und biochemischen) Gleichgewichtszuständen beim arbeitenden Menschen auftreten. Dabei wird sichergestellt, dass diese Arbeitsintensität bei täglicher Wiederholung einer 8-Stunden-Schicht ein Arbeitsleben lang ohne gesundheitliche Beeinträchtigung möglich ist.[26]

Zumutbarkeit

In der dritten Beurteilungsebene wird die Frage behandelt, ob Arbeitsaufgaben und -umgebung so gestaltet sind, dass sie den Erwartungen der Mehrzahl potenzieller Nutzer entsprechen, also kollektive Konsense ermöglichen. Man spricht hier von der *Zumutbarkeit* der Arbeit.

Zufriedenheit

In der vierten Beurteilungsebene werden Individualaspekte beurteilt. Insbesondere geht es um die zwei Fragen, wie den in arbeitsteiligen Prozessen eingebundenen Menschen unter diesen Arbeitsbedingungen *Zufriedenheit* zu vermitteln ist und wie eine ihrer Persönlichkeitsentwicklung zuträgliche Einbindung in Arbeitsprozesse möglich ist.

Sozialverträglichkeit

In der fünften Beurteilungsebene werden die Fragen nach der *Sozialverträglichkeit* der Arbeitsorganisation sowie die Möglichkeit, aktive Beiträge zur Gestaltung der eigenen Arbeit zu leisten, berücksichtigt.

Durch die hierarchische Gliederung der Bewertungsebenen von der Ausführbarkeit bis zur subjektiven Zufriedenheit und der Sozialverträglichkeit wird gleichzeitig verdeutlicht, dass auch für das Anstreben einer hohen subjektiven Arbeitszufriedenheit der eingesetzten Arbeitsperson die Methoden und Kriterien zur Beurteilung der Ausführbarkeit und Erträglichkeit Voraussetzung sind.

26 Aus Vereinfachungsgründen wird im Folgenden nicht zwischen den Begriffen Dauerleistungsgrenze, Dauerbeanspruchungsgrenze und Erträglichkeitsgrenze unterschieden. Vgl. z. B. Laurig, W.: Grundzüge der Ergonomie, Berlin: Beuth, 1990.

Ergonomisches Prüfverfahren

Einen anderen Weg geht das von Schmidtke vorgestellte Ergonomische Prüfverfahren.[27] Um vor allem Konstrukteure und Planer in der frühen Phase zu unterstützen und zudem bei der Abnahme einer Maschine oder eines Arbeitssystems eine Entscheidungshilfe zu haben, wurde ein neunstufiges Bewertungssystem entwickelt (Abbildung II-14).

Stufe	allgemeine Bedingungskennzeichnung	Zumutbarkeitsgrad für Menschen	Mängelgrad für Arbeitsmittel	Komfort-, Leistungs- und Gesundheitsbeeinträchtigung	ergonomische Empfehlung
1	absolut unkritisch bzw. ausgezeichnet	uneingeschränkt zumutbar	mängelfrei	Komfort, Leistung und Gesundheit nicht beeinträchtigt	uneingeschränkt empfehlenswert
2	unkritisch bzw. sehr gut	voll zumutbar	mit sehr geringen Mängeln behaftet	Komfort leicht, Leistung und Gesundheit nicht beeinträchtigt	empfehlenswert
3	überwiegend unkritisch bzw. gut	zumutbar	mit geringen Mängeln behaftet	Komfort deutlich, Leistung und Gesundheit nicht beeinträchtigt	noch empfehlenswert
4	im Allgemeinen noch unkritisch bzw. befriedigend	mit leichten Einschränkungen zumutbar	mit leichteren Mängeln behaftet	Komfort erheblich, Leistung leicht, Gesundheit nicht beeinträchtigt	eingeschränkt empfehlenswert
5	teilweise kritisch bzw. ausreichend	eingeschränkt zumutbar	mit erheblichen Mängeln behaftet	Komfort schwer, Leistung leicht, Gesundheit nicht beeinträchtigt	noch zulässig
6	überwiegend kritisch bzw. unzureichend	mit erheblichen Einschränkungen zumutbar	mit bedenklichen Mängeln behaftet	Komfort schwerstens, Leistung erheblich, Gesundheit ggf. leicht beeinträchtigt	abzuraten
7	kritisch bzw. mangelhaft	weitgehend unzumutbar	mit sehr bedenklichen Mängeln behaftet	Komfort schwerstens, Leistung schwer, Gesundheit beeinträchtigt	abzulehnen
8	sehr kritisch bzw. ungenügend	weitestgehend unzumutbar	mit schwerwiegenden Mängeln behaftet	Komfort und Leistung schwerstens, Gesundheit schwer beeinträchtigt	unannehmbar
9	in höchstem Maße kritisch bzw. völlig ungenügend	absolut unzumutbar	mit gefährlichen und/oder schwersten Mängeln behaftet	Komfort, Leistung und Gesundheit schwerstens gefährdet. Lebensgefahr!	unzulässig

Abbildung II-14 Bewertungsstufen eines Betriebsmittels oder eines Arbeitssystems[28]

Diese Bewertungsstufen sind etwas einfacher zu operationalisieren als das fünfstufige Schema in Abbildung II-13. Besonders qualitative Elemente, wie z. B. die Persönlichkeitsförderlichkeit, werden nicht abgefragt, stattdessen sind möglichst nachprüfbare technisch-ergonomische Eigenschaften zu beurteilen.

2.5 Tätigkeitsanforderungen

2.5.1 Überblick

Anforderungen

An der *Mensch-Maschine-Schnittstelle* im Arbeitssystem ergeben sich aus dem Arbeitsinhalt und aus der Arbeitsumgebung *Anforderungen* an Organsysteme bzw. an Arbeitsfunktionen. Dazu zählen solche aus der

- Informationsaufnahme (Perzeption),
- Informationsverarbeitung (Kognition),
- Informationsabgabe bzw. Handlung (Motorik).

Abbildung II-15 zeigt ein schematisches und stark vereinfachtes Handlungsmodell des Menschen.

27 Schmidtke, H.: Ergonomische Prüfung. München: Hanser, 1989.
28 Nach Schmidtke, H.: a. a. O., 1989.

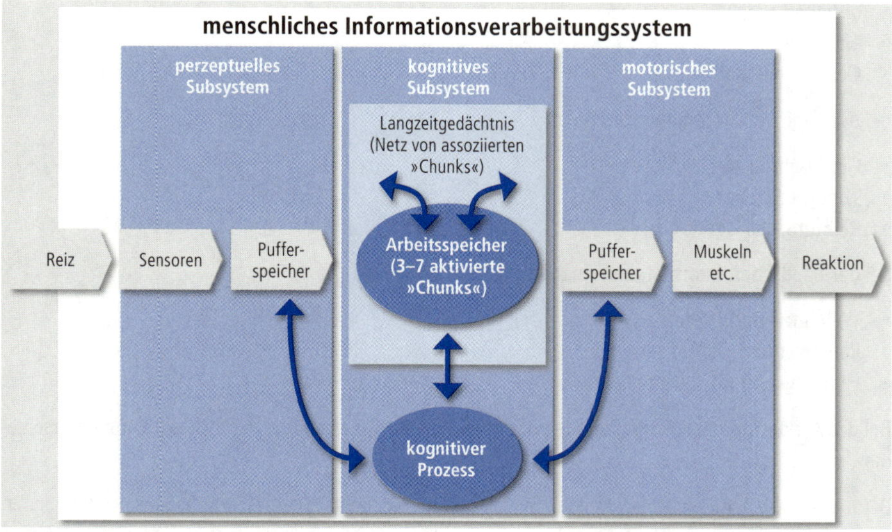

Abbildung II-15 Konzept der Informationsverarbeitung und der Handlung des Menschen[29]

Sobald Tätigkeitsanforderungen unter dem Aspekt der Zeit betrachtet werden, spricht man von Belastungen (vgl. Abschnitt 2.6).

Informationsaufnahme (Perzeption)

Anforderungen aus der *Informationsaufnahme* spielen im Kontext der möglichen Tätigkeitsanforderungen eine besondere Rolle: Der Mensch ist nur dann in der Lage, gemäß der Arbeitsaufgabe zu handeln, wenn die Informationen, die das Arbeitssystem erreichen oder im Arbeitssystem selbst entstehen, durch Sinnesleistungen der Arbeitsperson zu Wahrnehmungen verarbeitet werden. Informationen aus und für den Arbeitsprozess sind demnach die Inputvariablen des Teilsystems »Mensch am Arbeitsplatz«.

Sinnesleistung und Wahrnehmung werden im Folgenden als »Informationsaufnahme« zusammengefasst. Qualität und Quantität der Informationsaufnahme werden nun bestimmt durch:[30]

- die Art der Information,
- die angesprochenen Sinnesorgane,
- die Sinnesdimensionen entsprechend dem aufnehmenden Sinnesorgan,
- die Erkennungsart,
- die Aussagefeinheit und -genauigkeit,
- Störeinflüsse entsprechend dem aufnehmenden Sinnesorgan.

Dabei versteht man unter den Sinnesdimensionen bei der visuellen Informationsaufnahme die Merkmale:

- Struktur,
- Muster,
- Farbe,
- Form,
- Größe,

29 Harmon, P.; King, D.: Expertensysteme in der Praxis. München: Moderne Industrie, 1986.
30 Kirchner, J. H.; Rohmert, W.: Ergonomische Leitregeln zur menschengerechten Arbeitsgestaltung. München: Hanser, 1974.

- örtliche Lage,
- Quantität,
- Geschwindigkeit;

bei der auditiven Informationsaufnahme:

- Geräuschmuster,
- Tonunterschiede,
- Richtung des Geräuschs;

bei der haptischen Informationsaufnahme:

- Weichheit und Härte,
- Rauigkeit und Glätte,
- Feuchtigkeit und Trockenheit.

Bei der Art der Informationsaufnahme wird zwischen absoluter und relativer Beurteilung unterschieden.

Beim *absoluten* Unterscheiden müssen Signale mit im Gedächtnis gespeicherten Mustern verglichen und auf dieser Basis identifiziert werden, während beim *relativen* Unterscheiden lediglich zwei oder mehrere Signale bezüglich einer oder mehrerer Dimensionen verglichen werden müssen.[31] Das relative Unterscheidungsvermögen ist deswegen um mehrere Zehnerpotenzen größer als das absolute. Werden bei der informationstechnischen Arbeitsgestaltung Signaldarbietungen verwendet, die relatives oder absolutes Unterscheiden verlangen, so können damit beträchtliche Unterschiede in der *Arbeitsschwierigkeit* am untersuchten Arbeitsplatz auftreten.

Während bisher unterstellt wurde, dass die Anpassung der Arbeit an den Menschen als das arbeitswissenschaftliche Globalziel in der Regel darin besteht, die Arbeitsperson vor Überlastung zu schützen – hier also vor Überlastung der Sinnesorgane durch Wahrnehmungsprozesse –, ist es gerade dieser Anforderungsbereich Informationsaufnahme, der häufig in unserer industriellen Arbeitswelt auch durch *Unterbeanspruchung* gekennzeichnet werden kann. Dies trifft z. B. dann zu, wenn bei Dauerüberwachungsaufgaben zeitlich seltene Reize entdeckt und erkannt werden müssen. Eine solche Situation wird als *Vigilanzsituation* bezeichnet.

Ein anderer Sachverhalt mit einer Tendenz zur Unterbeanspruchung bei der Informationsaufnahme ist das Erkennen stereotyp sich wiederholender eintöniger Vorgänge. Man spricht hier von der *Monotoniesituation.* Unterbeanspruchung bei der Informationsaufnahme wird auch treffend durch das Schlagwort »Überforderung durch Unterforderung« gekennzeichnet. Aufgabe der Arbeitsgestaltung ist es daher, das Repertoire der wahrzunehmenden Informationen den Möglichkeiten der Arbeitsperson durch Arbeitsstrukturierungsmaßnahmen anzupassen.

Informations-verarbeitung (Kognition)

Das kognitive Teilsystem des Menschen muss die Selektion und die Kodierung der Information durchführen, die in den Pufferspeichern kurzfristig zwischengespeichert wurden. In einer sehr großen Vereinfachung kann man sich die Arbeitsweise des kognitiven Teilsystems wie diejenige einer EDV-Zentraleinheit (CPU) vorstellen, bei der nach einem bestimmten Algorithmus Informationen aus den verschiedenen Pufferspeichern in Form von »Erkennen/Verarbeiten«-Zyklen abgerufen und einer kognitiven Behandlung unterzogen werden. Die Länge eines solchen kognitiven Verarbeitungszyklus wird mit ca. 70 ms angegeben.

31 Zum Beispiel: Vergleich von Stoffen anhand Farbmustern = relatives Unterscheiden. Einschätzen der Temperatur eines gegossenen Bauteils anhand der Farbe = absolutes Unterscheiden.

Je eher der Mensch ihm bereits bekannte Informationen bearbeitet, umso eher werden – der Unterprogramm-Technik in der EDV entsprechend – motorische Routinen abgerufen, die keiner weiteren kognitiven Behandlung bedürfen. Je eher die Arbeitsperson also kurzzyklisch repetitive Tätigkeiten mit demnach hohen Wiederholungsfrequenzen auszuführen hat, umso eher wird eine direkte Beziehung zwischen Informationsaufnahme und Informationsausgabe/Handlung bestehen, bei der das Teilsystem Informationsverarbeitung lediglich der Informationsübertragung dient.

Je komplexer dagegen die zu behandelnde Arbeitsaufgabe ist, desto eher muss das kognitive Teilsystem neben den kurzfristigen Pufferspeichern auch das Langzeitgedächtnis heranziehen. Zur Organisation dieses Langzeitgedächtnisses liegen sehr viele verschiedenartige Modellvorstellungen vor. Diese gehen z. B. davon aus, dass Gedächtnisinhalte in Form ablauforientierter »Scripts« (Drehbücher) oder aber der Vernetzung von »Chunks« (Informationseinheiten) organisiert sind.

Chunks

Durch Lernen und Behalten entstehen Vernetzungen zwischen den »Chunks«. Diese Vernetzungen können sich verstärken oder in anderer Weise verändern. Etwa vier bis sieben solcher »Chunks« können zur gleichen Zeit im Kurzzeitgedächtnis behalten werden. Konzentriert man sich dagegen auf einen einzigen »Chunk«, so können immer mehr Knoten um den Kern des »Chunks« (Abbildung II-16), dem kognitiven Prozessor, verfügbar gemacht werden. Mit dem Fortschreiten zu neuen aktivierten »Chunks« verlieren die zurückliegenden wieder an Zugriffsgeschwindigkeit. Nach diesem Aktivierungsmodell kann man sich demnach das Langzeitgedächtnis als ein Netzwerk von »Chunks« vorstellen, das gleichzeitig an vier bis sieben »Brennpunkten« wie unter einem Mikroskop betrachtet wird.

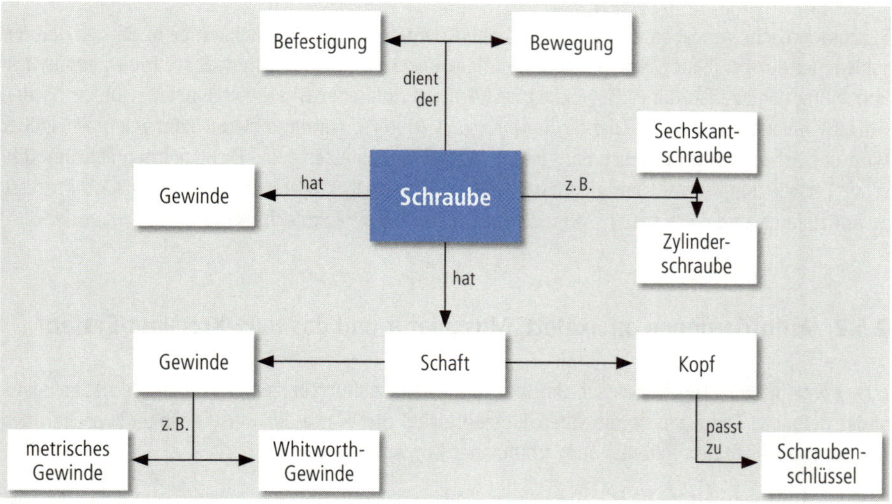

Abbildung II-16 Beispiel für eine Informationseinheit »Chunk«

Die modellmäßigen Darstellungen des *Gedächtnisses* bezeichnet man auch als »interne Repräsentation« für Wissen. Interne Repräsentationen sind gleichermaßen Inhalte des Arbeitsgedächtnisses wie auch des Langzeitgedächtnisses.[32] Man stellt sich das Handeln des Menschen auch auf verschiedenen Regulationsebenen vor, eine automatisierte oder sensumotorische, eine perzeptiv-begriffliche und eine intellektuelle. Von besonderer Bedeutung ist das Handlungswissen des Menschen. Handlungswissen beinhaltet zum einen Sachwissen (siehe weiter oben) und prozedurales Wissen. Das Wissen

32 Hacker, W.: Allgemeine Arbeitspsychologie – Psychische Regulation von Arbeitstätigkeiten. Bern: Huber, 1998.

ist mit den Intentionen des Menschen gekoppelt, d. h. die Absichten, genauer das Zielsystem des Menschen, reguliert die Tätigkeit.

Informationsausgabe/ Handlung (Motorik)

Nach der Informationsaufnahme und -verarbeitung wird die als sinnvoll ausgewählte Reaktion in eine Handlung umgesetzt. Dazu müssen noch motorische Prozessoren Muskelreaktionen auslösen. Hinzu kommt die Organisation und direkte Kontrolle der auszuführenden Handlung. Hier zeigen sich insbesondere die notwendigen Fertigkeiten, die zu hochwirksamen Muskelreaktionen führen können.

Von besonderer Bedeutung sind bei der Koordination von Informationsaufnahme und Handlung die sogenannten *sensumotorischen* Aufgaben und die damit verbundenen Fertigkeiten. Zu den sensumotorischen Verrichtungen gehören z. B.

in der Elektrotechnik

- das Löten oder
- das Verdrahten,

im Maschinenbau

- das Montieren kleiner Teile,
- Justagen,

in der Logistik

- Steuerungstätigkeiten (z. B. Kranführen) oder
- Verpackungsarbeiten.

Sensumotorische Aufgaben erfordern eine hohe Koordinationsgeschicklichkeit beim Einsatz der verschiedenen Körperglieder, insbesondere der Hände und Finger. Die unmittelbare Informationsrückkoppelung nach Ablauf einer Bewegung ist für den Erfolg oder Misserfolg einer sensumotorischen Aufgabe entscheidend. Je effizienter Sensorik und Motorik kommunizieren können, umso größer wird der Arbeitserfolg bei sensumotorischen Aufgaben bemessen sein. Das Anlernen sensumotorischer Fertigkeiten konzentriert sich damit darauf, unmittelbar bevorstehende motorische Prozesse zu antizipieren und diese später – ähnlich der DV-Unterprogrammtechnik – einfach »abzurufen«.[33]

2.5.2 Anforderungen an Skelett, Muskulatur und das Herz-Kreislauf-System

Körperstellung und Körperhaltung

Eine *Körperstellung* ist geometrisch als eine räumliche Beziehung einzelner Körpergliedmaßen zueinander definiert. Die lagebestimmenden Elemente sind die Werte der Einstellwinkel zwischen den Längsachsen einzelner, miteinander verbundener Körpersegmente.

Sowohl als Arbeits- als auch als Ruhestellung spielen drei grundsätzlich verschiedene Stellungen des menschlichen Körpers eine Rolle: das Liegen, das Sitzen und das Stehen. Zusätzlich werden oft in ergonomischer Fachliteratur das Knien und das Hocken berücksichtigt.[34]

Als *Körperhaltung* bezeichnet man Varianten einer bestimmten Körperstellung. Bei gleicher Körperstellung können somit verschiedene Körperhaltungen vorkommen.

---

33 Bei der sensumotorischen Arbeit spielen die Übung und der erreichte Übungsgrad eine besondere Rolle (vgl. Abschnitt 2.10).

34 Zu diesem Absatz vgl. Landau, K.; Wakula, J.: Körperstellungen und Körperhaltungen. In: Landau, K. und Mitarbeiter: Ergonomie I. TU Darmstadt, Institut für Arbeitswissenschaft, 2003, S. 68 ff.

Die in der Arbeitswelt mit Abstand am häufigsten vorkommenden Körperstellungen sind Stehen und Sitzen. Beim Stehen wird die Rumpflast von den Beckengliedmaßen gestützt, und im Wesentlichen werden die Beine belastet. Beim Sitzen wird die Rumpflast unter Ausschaltung der Beckengliedmaße auf die Sitzfläche übertragen, wobei die Beine nur unwesentlich belastet werden. Beim Hocken wird das Körpergewicht von den Füßen aufgenommen, unter maximaler Flexion von Knie- und Hüftgelenken.[35]

Beim Stehen liegt eine Beckenstellung mit einer eher horizontalen Stellung des Kreuzbeins vor, was zu einer Lordose[36] der Lendenwirbelsäule führt. Dabei entsteht bereits eine muskuläre Beanspruchung, denn nur beim Liegen ist das Gleichgewicht ohne Muskelarbeit zu wahren. Die arbeitenden Muskeln können umso mehr entlastet werden, je größer die Stützfläche für den Körper ist, z. B. durch die Möglichkeit des Anlehnens. Fehlt eine solche Entlastungsmöglichkeit, kann der eigene Körper zur Stützung herangezogen werden, z. B. durch Stützen der Arme in die Seiten oder Verschränken der Arme vor der Brust. Diese Neigung, durch Wechsel der Körperhaltung die muskuläre Beanspruchung zu reduzieren, führt zu einem ständigen Wechsel der Körperhaltung beim Stehen. Beim Sitzen liegt eine Rückdrehung des Beckens mit einer eher vertikalen Stellung des Kreuzbeins vor, weshalb man von einem flach gestellten Becken spricht.

Beim Wechsel vom Stehen zum Sitzen wird die Wirbelsäule in den Lendensegmenten gebeugt, wodurch die Rückdrehung des Beckens kompensiert wird. Je stärker die Rückdrehung des Beckens ist, desto stärker ist die Vorbeugung der Wirbelsäule und desto geringer die Hüftneigung.

Sitzen wird vermutlich von den meisten Arbeitnehmern dem Stehen vorgezogen. Als Vorteile der sitzenden gegenüber der stehenden Arbeitsweise gelten:

- Entlastung der Beinmuskulatur,
- Reduzierung der kardiopulmonalen Belastung und
- Reduzierung des Energieumsatzes.

Körperhaltungen können anhand folgender Kriterien beurteilt werden:

- Art der Körperunterstützung,
- Räumliche Anordnung der Körperunterstützungsflächen,
- Größe der Unterstützungsflächen,
- Relative Lage des Körperschwerpunktes zu den Unterstützungsflächen,
- Lage der Kraftangriffspunkte,
- Verlauf des Kraftflusses durch den Körper,
- Standsicherheit,
- Zeitlicher Verlauf der Kräfteeinwirkung.

In sitzender Körperhaltung ist stets eine gewisse Muskeltätigkeit notwendig, damit der Körper im Gleichgewicht bleibt und nicht zusammensinkt.[37] Es sind vor allem die Muskeln des Rückens, des Bauches, aber auch die des Beckens und der Oberschenkel, die in wechselndem Maße an dieser oft als *ent*lastend bezeichneten Körperhaltung beteiligt sind.

Wesentlich größer ist naturgemäß die Versteifungs- und Balancierarbeit beim Stehen. Der Körper befindet sich im labilen Gleichgewicht, das nur durch dauerndes, automatisch erfolgendes Balancieren aufrechterhalten werden kann.

35 Schoberth, H.: Orthopädie des Sitzens. Berlin: Springer, 1989.
36 Lordose: konvexe Verbiegung.
37 Rohmert, W.: Rationelle Arbeit. In: Rohmert, W.; Rutenfranz, J.; Praktische Arbeitsphysiologie. Stuttgart: Thieme, 1983, S. 176–177.

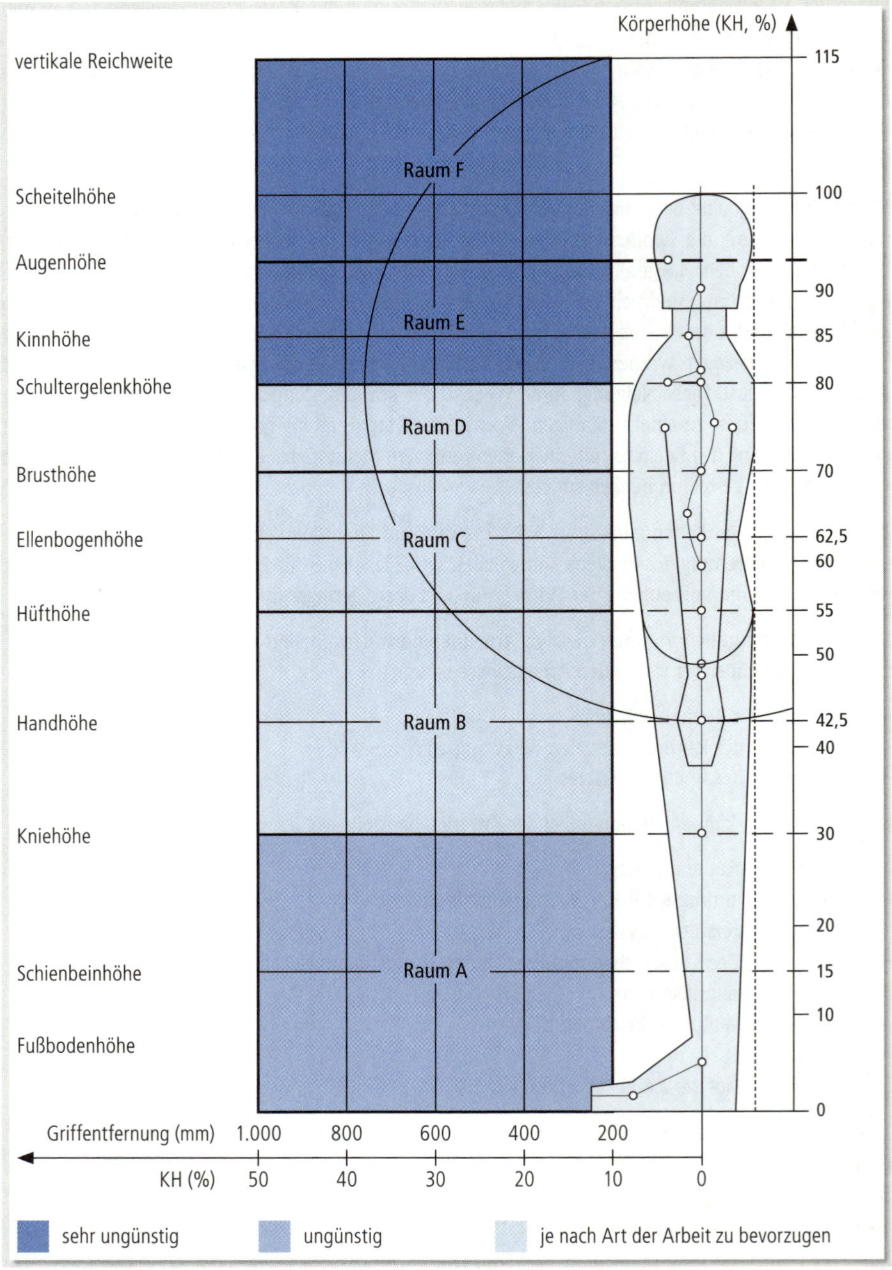

Abbildung II-17 Günstige und ungünstige Arbeitsbereiche des Menschen

Jede Körperhaltung, die längere Zeit eingenommen werden muss, hat eine statische Gewebebeanspruchung zur Folge, die negativ zu bewerten ist. Der Gleichgewichtszustand in den betroffenen Muskeln wird gestört, da der Blutzufluss zum Muskel und die Abfuhr der bei der Verbrennung im Muskel entstandenen Stoffwechselprodukte behindert werden. Mit langandauernden Körperhaltungen wächst ebenfalls der *Diskomfort* in der Schulter-Nacken-Region, im Lendenbereich und in den Armen. Beschwerden und gegebenenfalls Erkrankungen können die Folge sein. Aber auch psychomentale Beanspruchungen können mit Beschwerden der Schulter-Nacken-Region verbunden sein. Langandauernde Sitztätigkeiten mit Bildschirmarbeit wirken sich daher möglicherweise auf zweierlei Weise negativ aus: statische Haltungsarbeit durch das Sitzen und psychomentale Beanspruchung durch die Arbeitsaufgabe.

Überkopfarbeit

Von besonderer Bedeutung ist die *Überkopfarbeit* bezeichnete Körperhaltung. Hierbei muss es sich nicht in jedem Fall um eine Körperhaltung mit den Armen oberhalb der Schädeldecke handeln, es genügt, wenn die Arme oberhalb des Herzens bzw. oberhalb der Schultern im Einsatz sind.

Abbildung II-17 teilt den gesamten *Greifraum* des aufrecht stehenden Menschen in sechs Bereiche ein.[38] Die Räume E und F liegen dabei oberhalb der Schulterhöhe. Sie sind wegen des geringen Kraftausübungsvermögens und der schlechten Durchblutungsbedingungen infolge ihrer relativen Höhe über dem Herzen mit erheblichen Nachteilen für die Arbeitsausführung gegenüber dem darunter liegenden Raum D behaftet.[39]

Ausschlaggebend für die besondere Ermüdung bei Überkopfarbeit ist das Nachlassen der arteriellen Durchblutung des Armes. Allerdings fällt die Durchblutung keineswegs gleichmäßig mit wachsender Arbeitshöhe oberhalb des Herzens ab. Verantwortlich dafür ist eine Arterie, die für die Versorgung des Armes verantwortlich ist (arteria subclavia) und zwischen erster Rippe und Schlüsselbein hindurch läuft. In ungünstigen Oberarmstellungen kann die Arterie zwischen Schlüsselbein und erster Rippe nahezu abgeklemmt werden. Hinzu kommen noch weitere (auch individuelle) anatomische Bedingungen des Muskel-Skelett-Apparates im oberen Brustbereich, die bei der Bewertung der Überkopfarbeit zu beachten sind.

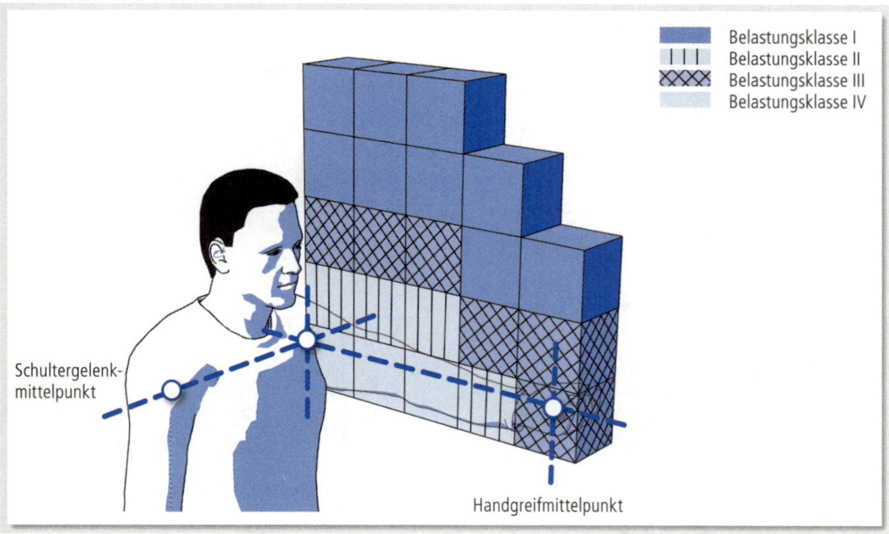

Abbildung II-18 Belastungsklassen des oberen Greifraums[40]

38 Rohmert, W.; Haider, E.: Beanspruchungsorientierte Systematik für Arbeiten im Höhenbewegungsraum der Arme. Int. Arch. Occup. Environ. Health, 44, 1979, S. 233–248.
39 Bier, M.: Ergonomie der Überkopfarbeit. Düsseldorf: VDI, 1991.
40 nach Bier, M.: a. a. O., 1991.

Unter Überkopfarbeit versteht man demnach die Betätigung mindestens einer Hand oberhalb des zu derselben Körperseite gehörenden Schultergelenkmittelpunktes. Statische Überkopfarbeit liegt dann vor, wenn die Anspannung der Schultermuskulatur mindestens vier Sekunden währt. In allen anderen Fällen liegt dynamische Überkopfarbeit vor.

Nach den Ausdauerzeiten in den verschiedenen *Armhaltungen* oberhalb des Herzens lassen sich die in Abbildung II-18 dargestellten Belastungsklassen ableiten.

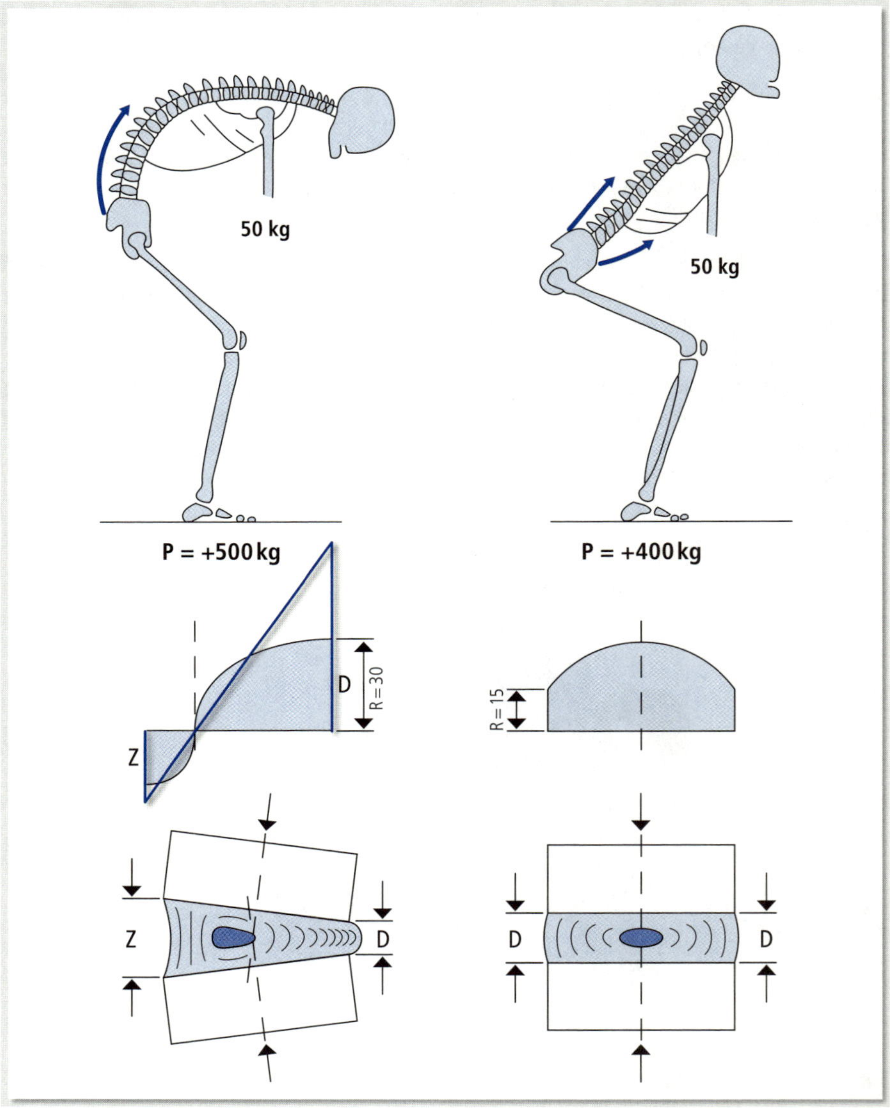

Abbildung II-19 Beanspruchung der Bandscheiben bei gebeugter und gerader Wirbelsäule, D = Druckbeanspruchung, Z = Zugbeanspruchung[41]

41 Bayerisches Staatsministerium für Arbeits- und Sozialordnung: Heben und Tragen von Lasten. Merkblatt des Bayerischen Landesinstituts für Arbeitsschutz, 1980.

Die *Beanspruchung* der *Bandscheiben* bei gebeugter und gerader Wirbelsäule zeigt Abbildung II-19.

Die *Hebetechnik* »gerader Rücken« führt wegen der günstigeren Hebelverhältnisse zu mindestens um 20 % niedrigerer Bandscheibenbelastung. Daneben wird ein schädigungsrelevanter Null-Durchgang Zug/Druck vermieden.

Als wesentliche Einflussfaktoren von Körperhaltungen sind zu beachten:

- Anforderungen der Tätigkeit an die Zugänglichkeit (visuell: z. B. Fixation des Auges an Mikroskopen; manuell: z. B. Handhaltung und Bewegungsabläufe),
- räumliche Anordnung des Arbeitsplatzes (z. B. des Arbeitssitzes und -tisches, der Fuß- und Armstützen);
- biomechanische Parameter (z. B. Kraftrichtung, Bewegungsbahnen);
- Arbeitsgegenstand (z. B. Anordnung, Form, Größe).

Ungünstige Körperhaltungen resultieren vorwiegend

- aus mangelhafter räumlicher Arbeitsgestaltung (die Arbeitsperson passt sich im negativen Sinne an und ordnet bewusst oder unbewusst ihre Körperhaltung den Arbeitsanforderungen unter) oder
- aus mangelhaften Arbeitsweisen (häufig verursacht durch ungenügende Unterweisung sowie geringe Motivation).

Damit sind auch die wesentlichen Ansätze der Gestaltung in Bezug auf Körperhaltungen erkennbar.

Auf der Grundlage einer Anforderungsanalyse sind die geeigneten Körperhaltungen mit ihrer Dynamik tätigkeitsbezogen und physiologisch zu definieren und bei der räumlichen Gestaltung zu berücksichtigen, die Mitarbeiter sind gezielt zu unterweisen und zur adäquaten Verwendung des Arbeitsplatzes zu motivieren.

Wechselwirkungen

Abbildung II-20 zeigt die Wechselwirkungen von arbeitsplatz- und menschbezogenen Faktoren, welche die Körperhaltung bei beruflichen Tätigkeiten beeinflussen. Deutlich wird der maßgebliche Einfluss der Körpermaße auf die arbeitsplatzbezogenen Faktoren und die Körperhaltung.

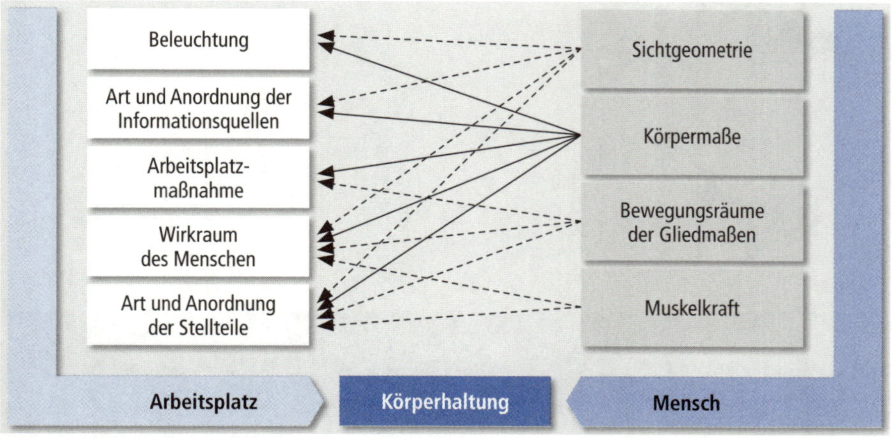

Abbildung II-20 Wechselbeziehungen zwischen den Eigenschaften von Mensch und Arbeitsplatz[42]

42 Nach Sämann, W.: a. a. O., 1970.

Abbildung II-21 Gegenüberstellung von Körperstellungen und -haltungen[43]

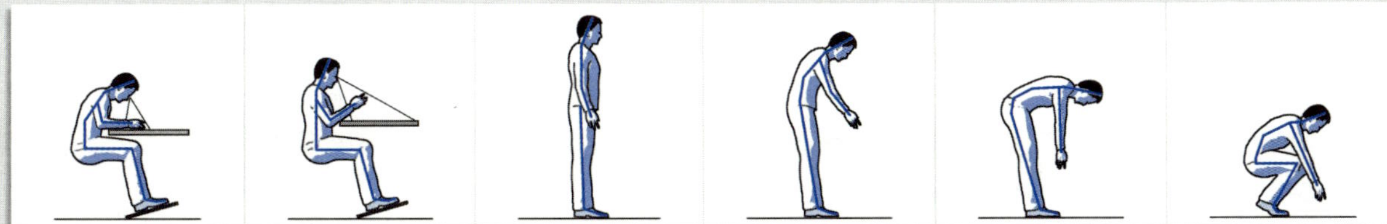

Beschreibung der Körperhaltung	gebeugtes Sitzen	normales Sitzen	normales Stehen	gebeugtes Stehen	gebücktes Stehen	Hocken
Belastung der Muskeln durch Haltungsarbeit	starke Belastung der Rücken- und Nackenmuskulatur	Belastung der Hals- und Rumpfmuskulatur durch Versteifungsarbeit		sehr stark	sehr stark	stark
			zusätzlich Bein- und Fußmuskulatur	Belastung der Nacken-, Rücken-, Oberschenkel- und Fußmuskulatur zusätzlich zur Versteifungsarbeit beim normalen Stehen		
						zusätzlich Wadenmuskulatur
zusätzlicher Energiebedarf gegenüber normalem Sitzen (kJ/min)	0,4	0	0,4	1,3	2,1	0,9
Belastung der Bandscheiben	ungleichmäßig hohe Belastung der Bandscheiben bis etwa zum 3-fachen Wert des normalen Sitzens	gleichmäßige Belastung der Bandscheiben		ungleichmäßige, hohe Belastung der Bandscheiben bis etwa zum		
				3-fachen	10-fachen	3-fachen
				Wert des normalen Stehens		
Auswirkungen	Die Hauptdurchblutung des Gesäßes wird auf Dauer gedrosselt.		erhöhte Blutstauung in den Beinen, besonders bei fehlender Bewegung			Die Durchblutung wird an den Körperknickstellen gedrosselt. Die Atmung und Verdauung wird durch Bauchkompression behindert.
	Zusätzlich wird die Atmung und Verdauung durch Bauchkompression werden behindert.					
Anwendung	vermeiden (durch verbesserte Arbeitsgestaltung)	für feine Arbeiten gut geeignet	ermöglicht einen großen Arbeitsbereich und Greifraum, große Kräfte (evtl. mit Körperunterstützung)	nur für kurze Tätigkeitsabschnitte geeignet		
		gute Körperhaltungen, besonders im Wechsel zwischen normalem Sitzen und Stehen				

Die Abbildung II-21 stellt die verschiedenen Körperhaltungen gegenüber.

Bei der Gestaltung von Montagesystemen (vgl. Teil III, Abschnitt 6.5) wird oft nach dem »richtigen« Verhältnis von Gehen zu Stehen gefragt. Für eine Taktzeit von z. B. einer Minute kann man aus Beanspruchungsgesichtspunkten heraus das Verhältnis von 10 % Gehen zu 90 % Stehen für Beschäftigte aller Altersgruppen empfehlen. Höhere Geh-Anteile sind nur für jüngere Mitarbeiter zu empfehlen (vgl. Abschnitt 2.8.5).

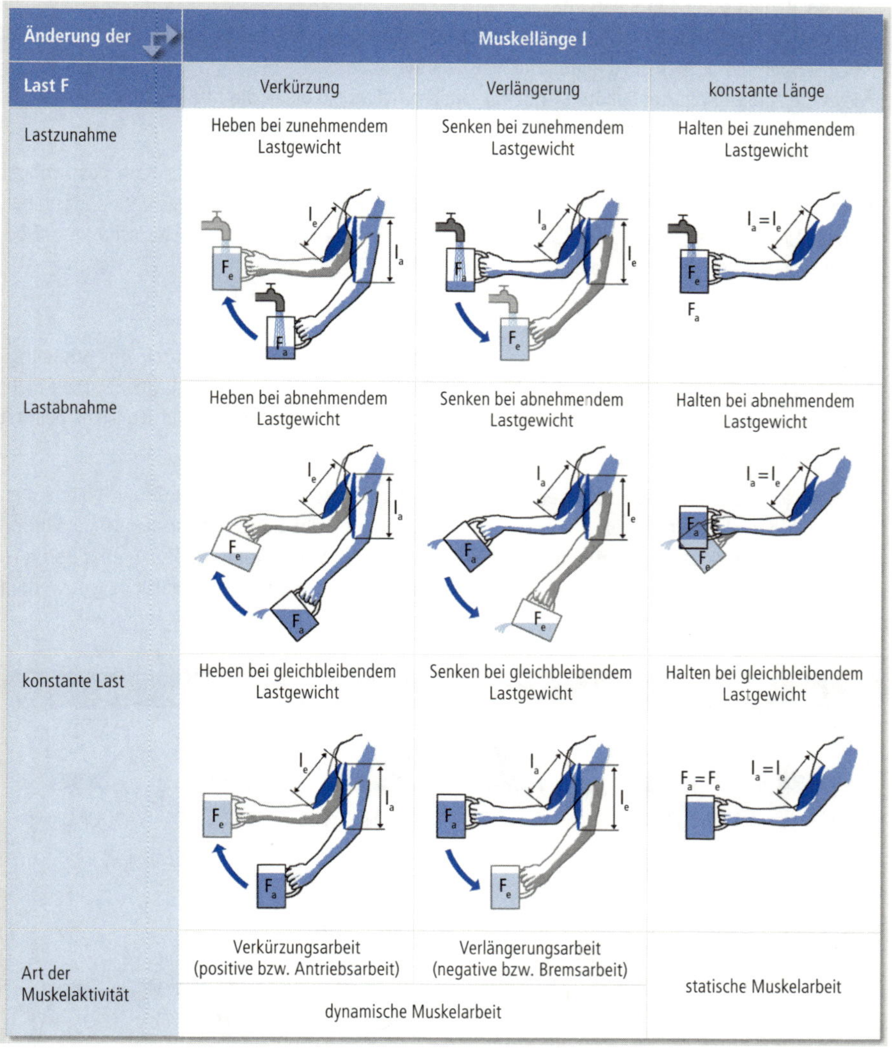

Abbildung II-22 Systematik der elementaren biomechanischen Zustandsänderungen eines aktivierten Muskels (F = Lastgewicht, l = Muskellänge, a = Anfangszustand, e = Endzustand)[44]

43 Nach Sämann, W.: a. a. O., 1970.

44 Nach Rohmert, W.: Beanspruchung, Ermüdung und Erholung. In: Landau, K.; Stübler, E. (Hrsg.): a. a. O., 1983.

Muskelarbeit

Muskelarbeit kann unter den Aspekten der Physik nach der momentanen Länge des aktivierten Muskels und nach der momentan erzeugten Kraft systematisiert werden. Die Änderungen dieser Größen können positiv, negativ oder null sein. So ergeben sich 3 × 3 = 9 mögliche Zustandsarten (Abbildung II-22).

Die einzelnen Arbeitsformen wurden bereits im Abschnitt 2.3 behandelt. Darüber hinaus verdeutlicht Abbildung II-23:

- Übersteigt die Muskelkraft die äußere Kraft, so verkürzt sich der Muskel und man spricht von positiv-dynamischer Muskelarbeit.
- Ist dagegen die Muskelkraft kleiner als die äußere Kraft, so wird der Muskel gedehnt und man bezeichnet dies als negativ-dynamische Muskelarbeit.
- Hält die Muskelkraft der äußeren Kraft das Gleichgewicht, so bleibt die Muskellänge konstant; es liegt statische Muskelaktivität vor.[45]

Im Falle der statischen Muskelaktivität leistet der Muskel keine äußere Arbeit, denn das Produkt aus Kraft × Weg = 0. Im physiologischen Sinne müssen wir all das als Arbeit bezeichnen, das einen erhöhten Energieumsatz im Muskel bedingt. Daher lautet die überspitzte physiologische Begriffsbestimmung der Arbeit demnach besser

Arbeit = Kraft × Zeit.

Diese rein mechanische Betrachtungsweise von Muskelarbeit muss daher stets durch eine physiologische Betrachtungsweise ergänzt werden. Hier wird ferner berücksichtigt, dass bei Muskelarbeit nicht nur das Körperorgan Muskel, sondern auch die Körperorgane Herz, Lunge und Kreislauf belastet werden.

Aus physiologischer Sicht steht bei der Muskelarbeit der Transport von Sauerstoff und Nährstoffen ebenso wie der Abtransport von »Abfallstoffen« im Atmungs- oder Lungenkreislauf und im Körperkreislauf im Mittelpunkt. Bei statischer Muskelarbeit führt die Muskelkontraktion zu einer Behinderung der Durchblutung. Die kleinen Haargefäße im Muskel werden zusammengedrückt, ggf. werden die Blutgefäße im Muskel vollständig abgeschnürt (Abbildung II-23).

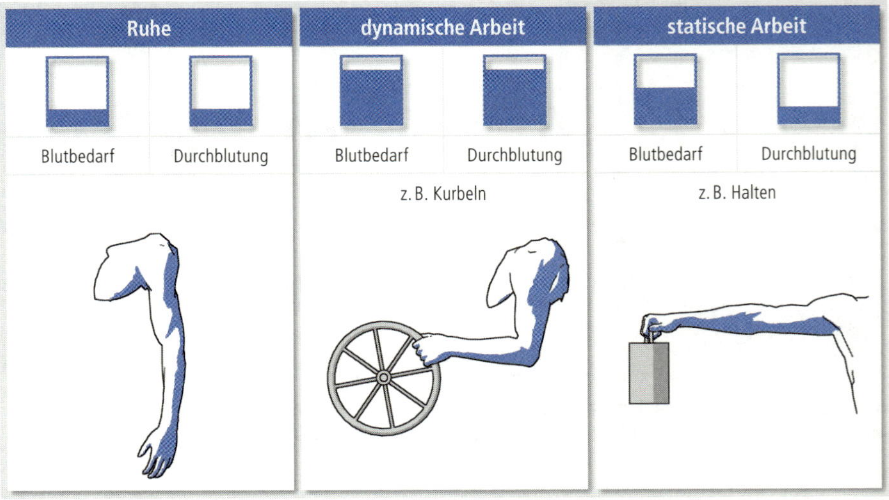

Abbildung II-23 Blutversorgung und Blutbedarf bei statischer und dynamischer Muskelarbeit

45 Vgl. zu diesem Absatz: Rohmert, W.: Beanspruchung, Ermüdung und Erholung. In: Landau, K.; Stübler, E. (Hrsg.): Die Arbeit im Dienstleistungsbetrieb. Stuttgart: Ulmer, 1992, S. 161–185.

Bezieht man die ausgeübte *statische Haltekraft* auf die *Maximalkraft* der eingesetzten Muskelschlinge, so ergibt sich die in Abbildung II-24 dargestellte funktionelle Abhängigkeit.

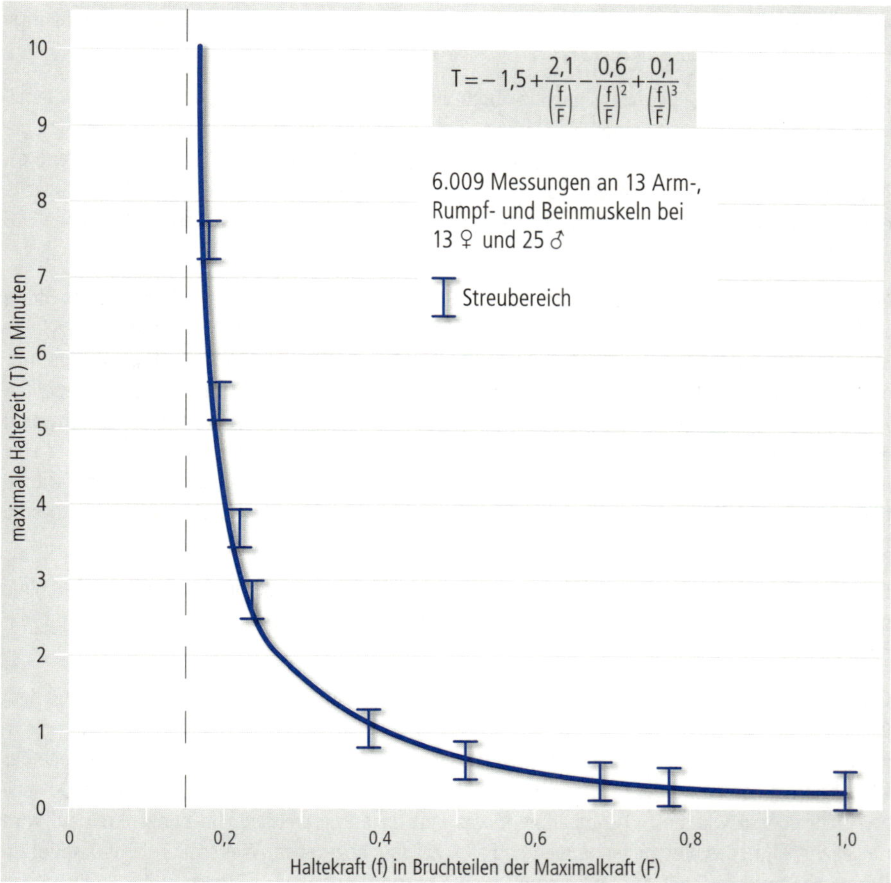

Abbildung II-24 Maximale Haltezeit in Abhängigkeit von der Haltekraft bei statischer Muskelarbeit[46]

Eine Haltekraft von 15 % der Maximalkraft stellt demnach die höchstmögliche Kraftleistung dar, die ermüdungsfrei über lange Zeiten zu leisten ist. Sie ist demnach eine Dauerleistungsgrenze.

Die Problematik der schnellen *Muskelermüdung* ist bei dynamischer Muskelarbeit nicht in diesem Maße gegeben. Auf jede Kontraktion erfolgt eine Erschlaffung der Muskulatur; damit entsteht ein Pumpeffekt, der die Energieversorgung des Muskels und den Abtransport von Stoffwechselprodukten begünstigt. Der Blutbedarf kann besser gedeckt werden als im Falle der statischen Haltearbeit (vgl. Abbildung II-23). Muskelermüdung

Enthält die dynamische Muskelarbeit jedoch auch statische Komponenten, dann sinkt sofort die Ausdauer bzw. steigt die Ermüdung an. Auch zu niedrige oder zu hohe *Arbeitsgeschwindigkeit* verschlechtert den Wirkungsgrad dynamischer Muskelarbeit. Während bei der schweren dynamischen Muskelarbeit die Beanspruchung des Herz-Kreislauf-Systems, des Skeletts und der Wirbelsäule sowie »schwerer« Muskelgruppen im Vordergrund steht, konzentriert sich die einseitig dynamische

46 Nach Rohmert, W.: Statische Haltearbeit des Menschen. Berlin: Beuth, 1960.

Muskelarbeit auf die Bewegungen leichter Muskelgruppen, die weniger als 1/7 der Gesamtmuskelmasse des menschlichen Körpers ausmachen. Man geht bei einseitig dynamischer Muskelarbeit von Kontraktionsfrequenzen > 15 pro Minute aus. Mit wachsender *Bewegungsfrequenz* geht ebenso wie mit den höheren Bestätigungskräften die *maximale Arbeitsdauer* zurück. Zunehmende Betätigungsfrequenzen führen auch zum Anstieg der *Herzschlagfrequenz.*

Energieumsatz

Zur Aufrechterhaltung des Lebens müssen durch Verbrennung in den Zellen des Organismus chemische Energieträger freigesetzt werden. Der zur Verbrennung notwendige Sauerstoff (O_2) gelangt über die Atmung in den Körper. Auf die Körpermaße bezogen benötigt der Mensch im Ruhezustand ca. 4 ml Sauerstoff pro kg; bei körperlicher Arbeit kann sich dieser Wert auf etwa das 15- bis 20-fache erhöhen. Ein durchschnittlich schwerer Mann muss damit – je nach *Arbeitsschwere* – zwischen 300 und 6.000 ml Sauerstoff pro Minute aufnehmen.

Neben der Kapazität der Lunge und der Diffusion ist die Funktionsfähigkeit des Herzens, des Blutes und der Gefäße ausschlaggebend für die spätere Abgabe mechanischer und thermischer Energie im Muskel. Zunächst kennzeichnet das Blutvolumen pro Zeit die Förderleistung des Herzens. Die Förderleistung wird als Herzminutenvolumen angegeben. Es ermittelt sich als Produkt aus *Herzschlagfrequenz* und Schlagvolumen. Zwischen Ruhezustand und schwerer körperlicher Arbeit schwankt es etwas zwischen 5 und 30 l/min. Herzminutenvolumen und Sauerstoffaufnahme sind über eine lineare Beziehung verbunden. Das Blut wird durch das Herz als Pumpe diskontinuierlich in Kontraktions- und Erschlaffungsphasen (Systole und Diastole) bewegt. Während der Systole kommt es zu Brustwanderschütterungen, die als Kardiogramm registriert werden können.

Durch die Arbeit des Herzens erfolgt sowohl eine Druck-Volumen-Änderung als auch eine Beschleunigung; die dabei erzeugte mechanische Energie beträgt ca. 1 Joule bei einem Wirkungsgrad von etwa 30 %.

Das Herz als Pumpe hält über die linke Herzhälfte den Blutkreislauf zwischen dem Lungen- und dem Gefäßsystem, über die rechte Herzhälfte den Blutkreislauf zwischen dem Körper- und dem Lungengefäßsystem in Gang. Körper- und Lungengefäßsystem sind hintereinander, die einzelnen Teile des Körpergefäßsystems sind dagegen parallel geschaltet. Die O_2-Abgabe aus dem Blut an das Gewebe geschieht ebenso wie die CO_2-Aufnahme in das Blut im Körperkreislauf. Im Lungenkreislauf wird umgekehrt O_2 in das Blut aufgenommen und CO_2 aus ihm abgegeben. Weiterhin nimmt das Blut im Darm energiereiche Stoffe auf und besorgt ihren Transport, ebenso den Transport der Stoffwechselprodukte.[47]

Die im Darm aufgenommenen Nahrungsbestandteile setzen sich aus

- Kohlehydraten,
- Eiweißen,
- Fetten

zusammen. Bei der Verbrennung von jeweils einem Gramm dieser Bestandteile werden im Körper folgende Energien freigesetzt:

- Kohlehydrate: 17 Kilojoule,
- Eiweiße: 17 Kilojoule,
- Fette: 39 Kilojoule.

Es ist damit offensichtlich, dass das Fett besonders zur Energiespeicherung herangezogen wird.

47 Vgl. Wetterer, E.: Physiologie. Stuttgart: Thieme, 1979.

Als *Energieumsatz* bezeichnet man nun die Energiemenge, die im Stoffwechsel je Zeiteinheit freigesetzt wird. Man verwendet dazu die Maßeinheit Kilojoule (kJ). Es gelten hierfür die in Abbildung II-25 genannten Umrechnungsfaktoren.

	kJ/min	kcal/min	Watt	l O_2/min
1 kJ/min	1	0,239	16,67	0,049
1 kcal/min	4,186	1	69,76	0,206
1 Watt	0,06	0,0143	1	$2{,}95 \cdot 10^{-3}$
1 l O_2/min	20,36	4,86	339,33	1

Abbildung II-25 Umrechnungsfaktoren für den Energieumsatz

Zur Umrechnung des Sauerstoffverbrauchs wird ein Respirationsquotient (= CO_2-Abgabe/O_2-Aufnahme) von 0,85 angesetzt.

Der Energieumsatz des Menschen lässt sich in drei Bestandteile zerlegen:

- der Ruheenergieumsatz,
- der Arbeitsenergieumsatz
- der Freizeitenergieumsatz.

Zwischen der Energieaufnahme aus der Nahrung, dem Bedarf zur Aufrechterhaltung der Körperfunktion (Grundumsatz), dem *Freizeit- und Arbeitsenergieumsatz* gelten die in Abbildung II-26 dargestellten Beziehungen.[48]

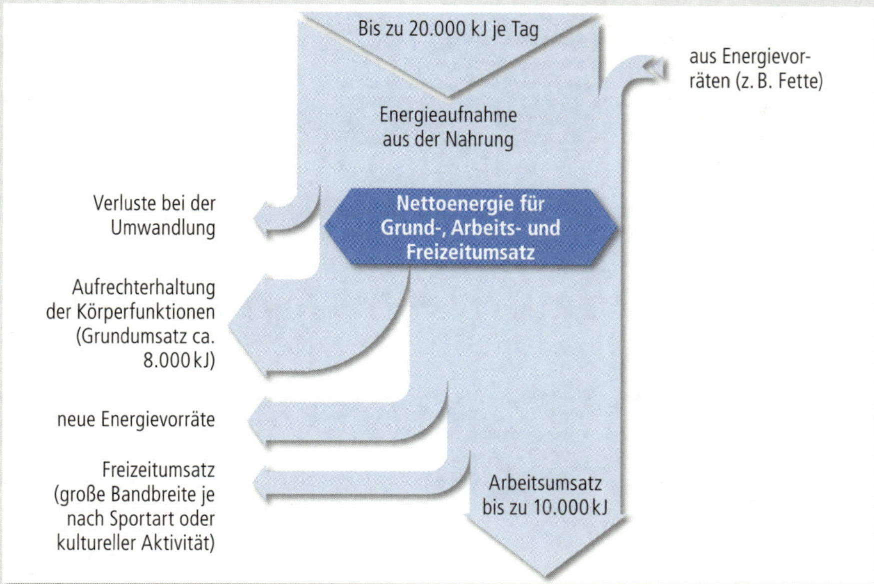

Abbildung II-26 Beziehungen zwischen der Energieaufnahme aus dem Nahrungs-, Grund-, Freizeit- und Arbeitsenergieumsatz[48]

48 Laurig, W.: Grundzüge der Ergonomie. Berlin: Beuth, 1992.

Der *Ruhe-(Energie)umsatz* dient der Aufrechterhaltung der Lebensfunktionen, also der Atmung, der Herztätigkeit, der Verdauung und Wärmeproduktion. Der Ruheumsatz kann als sogenannter *Grundumsatz* präzisiert werden. Dieser wird morgens, nüchtern, liegend bei »normaler« Körper- und Umgebungstemperatur gemessen. Der Grundumsatz des Menschen hängt von der *Körpergröße*, dem Körpergewicht sowie Alter und Geschlecht ab. Auf das Körpergewicht bezogen kann eine grobe Annäherung mit einem Wert von 4,2 kJ pro Kilogramm und Stunde vorgenommen werden. Dies entspricht einem Grundumsatz eines etwa 70 kg schweren Menschen von ca. 7.100 kJ pro Tag.

Grundumsatz

Über den *Grundumsatz* hinaus ist ein Energieumsatzanteil notwendig, der für die Ableistung der Arbeit gebraucht wird – der Arbeits-(Energie)umsatz.

Auf der Basis der jahrzehntelangen Erfahrungen des Dortmunder Max-Planck-Instituts für Arbeitsphysiologie hat Lehmann[49] Erfahrungswerte zur Beurteilung der Schwere der körperlichen Arbeit anhand des Arbeitsenergieumsatzes festgelegt:

- Von leichter körperlicher Arbeit spricht man dann, wenn der Energieumsatz um etwa 2.000 kJ pro Tag ansteigt.
- Bei mäßiger Arbeit erhöht er sich um 4.000 kJ,
- bei mittelschwerer Arbeit um 6.000 kJ,

Tätigkeit				kJ/min
Gehen				
	Ebene, glatter Weg	2 km/h	0,23 kJ/m	**7,6**
	Ebene, glatter Weg	5 km/h	0,22 kJ/m	**18,0**
	Ebene, glatter Weg	8 km/h	0,32 kJ/m	**43,2**
Lasttransport				
	Schieben von Kleinbehältern, Ebene (Vierrad, Leergewicht 40 kg, Behältergewicht 200 kg)		0,52 kJ/m	**12,9**
	Schieben und Ziehen, mechanischer Hubwagen, Ebene (Hubwagengewicht 77 kg, Behältergewicht 64 kg, Lastgewicht 500 kg)		0,58 kJ/m	**14,6**
Schrauben eindrehen				
normaler Schraubendreher			Leistung	
	waagerechte Schraube		8 mkp/min	**2,1**
	senkrechte Schraube		8 mkp/min	**5,0**
Steckschlüssel				
	senkrechte Schraube		8 mkp/min	**2,9**
	senkrechte Schraube		15 mkp/min	**4,2**
	senkrechte Schraube		22 mkp/min	**6,3**
Schraubenschlüssel				
	senkrechte Schraube		8 mkp/min	**3,4**
	senkrechte Schraube		15 mkp/min	**4,2**
	senkrechte Schraube		22 mkp/min	**5,0**
Arbeit an Werkzeugen				
	z. B. Drehen von Getriebewellen und Differentialritzeln auf Fischer-Kopierdrehbank, Stückgewichte 2,2 bis 2,8 kg		31 Stück/h	**6,7**
Büroarbeit				
	allgemeine Büroarbeit			**6,6** (4,6 ... 8,0)
	Stehen und langsames Gehen			**7,8** (6,2 ... 8,0)
	Stehen, leichte Handarbeit			**10,0**
	Sitzen, lesen und schreiben			**2,5** (2,22 ... 2,7)

Abbildung II-27 Arbeitsenergieumsatz für ausgewählte Tätigkeiten[50]

49 Lehmann, G.: Praktische Arbeitsphysiologie. Stuttgart: Thieme, 1962.
50 Spitzer, H.; Hettinger, Th.; Kaminsky, G.: Tafeln für den Energieumsatz bei körperlicher Arbeit, 6. Auflage. Berlin: Beuth, 1982.

- bei schwerer Arbeit um 8.000 kJ und
- bei körperlicher Schwerstarbeit um 10.000 kJ pro Tag.

Der gesamte Energieumsatz wird daher bei körperlicher Schwerstarbeit bei etwa 20.000 kJ pro Tag liegen; bei Frauen kann von einem Höchstwert von ca. 15.000 kJ ausgegangen werden. Rechnet man die tagesbezogenen Werte auf Minutenwerte um, so ergibt sich als energetischer Dauerleistungsgrenzwert für den Mann etwa 17 kJ pro Minute und für die Frau etwa 12 kJ pro Minute. Diesen Dauerleistungsgrenzwerten ist eine 8-Stunden-Schicht zu Grunde gelegt, verkürzte Arbeitsschichten oder auch 12-Stunden-Schichten in manchen Berufen bedürfen anderer Dauerleistungsgrenzwerte.

Weiterhin ist festzuhalten, dass diese *energetischen Dauerleistungsgrenzwerte* im strengen Sinne nur für schwere dynamische Muskelarbeit ohne simultane Klimabelastung gelten. Einseitig dynamische Muskelarbeiten oder statische Muskelarbeiten können nur bedingt anhand dieses Dauerleistungsgrenzwertes im Hinblick auf die Erträglichkeit beurteilt werden.

Zum Energiebedarf bei der Arbeit liegen Tabellensysteme vor. Dabei gründet sich eine Vielzahl der Tabellenwerte auf durchgeführte Messungen, zum Teil wurden jedoch auch Berechnungen und Schätzungen durchgeführt. Die Abbildung II-27 zeigt eine derartige Aufstellung.

Neben einer berufs- bzw. tätigkeitsbezogenen Berechnung des Energieumsatzes kann man auch Schätzungen in Anlehnung an die Körperhaltung und die Art der Arbeit vornehmen.

2.5.3 Vom Sinnesreiz zur Wahrnehmung

Sinnesphysiologie

Um gezielt Arbeitsgestaltung betreiben zu können – nicht nur in Fertigung und Montage, sondern in allen Bereichen des verarbeitenden Gewerbes und auch im Büro – sind Basiskenntnisse der *Sinnesphysiologie* und -psychologie unerlässlich.

Der Mensch verfügt über die klassischen »fünf Sinne«: Sehen, Hören, Tasten, Schmecken und Riechen. Daneben gibt es noch eine ganze Reihe weiterer Sinne, die vor allem auch für die Arbeitswelt große Bedeutung haben: Druck, Kälte, Wärme, Vibrationen und Schmerz. Sinnesreize dienen dazu, die Umwelt des Menschen und seinen eigenen Zustand zu detektieren.

Verschiedene Energieformen wandelt das Nervensystem in verschiedene Empfindungsqualitäten um, die man als *Sinnesmodalitäten* bezeichnet.[51] Jede Sinnesmodalität hat wiederum *Qualitäten*, zum Beispiel sind es beim Gehör die Tonhöhen. Die Sinnesreize werden durch Rezeptoren aufgenommen. Die Rezeptoren sind nach der Lage und nach der Bauart auf die spezifische Qualität der Reize optimiert.

Abbildung II-28 zeigt den Weg eines Sinnesreizes hin zur subjektiven Wahrnehmung als eine Folge von Abbildungen. Die Realität in Arbeits- und Privatleben besteht im Regelfall immer aus komplexen Sinnesempfindungen und nur sehr selten aus einzeln isolierten Sinneseindrücken. Man kann sich – wieder am Beispiel Schraube[52] – den Weg von der objektiven Sinnesphysiologie zur subjektiven Wahrnehmung folgendermaßen vorstellen: Sinnesreize, z. B. in Form einer bestimmten *Leuchtdichte* (vgl. Teil III, Abschnitt 3.4.2) führen, sofern sie oberhalb einer Reizschwelle liegen, zur Nervenerregung. Der Begriff *Abbildung* bedeutet in der linken Hälfte der Grafik, dass zwischen der Schraube und ihrer Abbildung eine durch eine mathematische Funktion genau angebbare Relation besteht. Weiter-

51 Kandel, E. R.; Schwartz, J. H.; Jessell, Th. M.: Neurowissenschaften. Heidelberg: Spektrum, 1996, S. 375–392.
52 Vgl. Abbildung II-16.

hin wird deutlich, dass durch die Projektion in die Bildebene und durch die Abbildungsbedingungen Sinneseindrücke entstehen, die nicht (nur) durch physikalisch-chemische Gesetzmäßigkeiten erklärt werden können (mittlerer Teil des Bildes). Die eigentliche Wahrnehmung, z. B. als Schlitzschraube, setzt einen Menschen mit einer bestimmten, z. B. durch den Maschinenbau geprägten Erfahrung voraus (rechter Teil des Bildes).

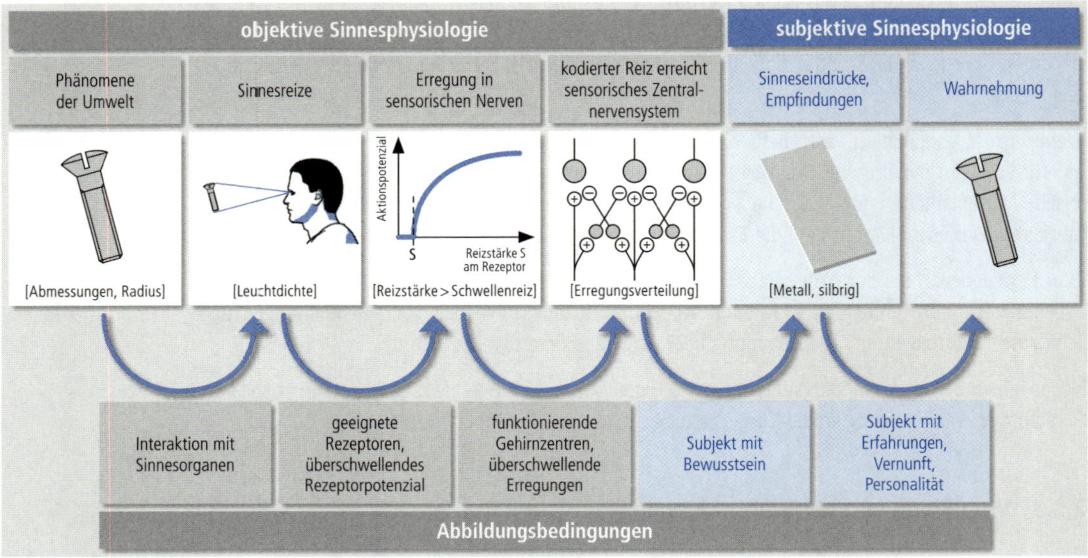

Abbildung II-28 Vom Umweltreiz zur subjektiven Wahrnehmung[53]

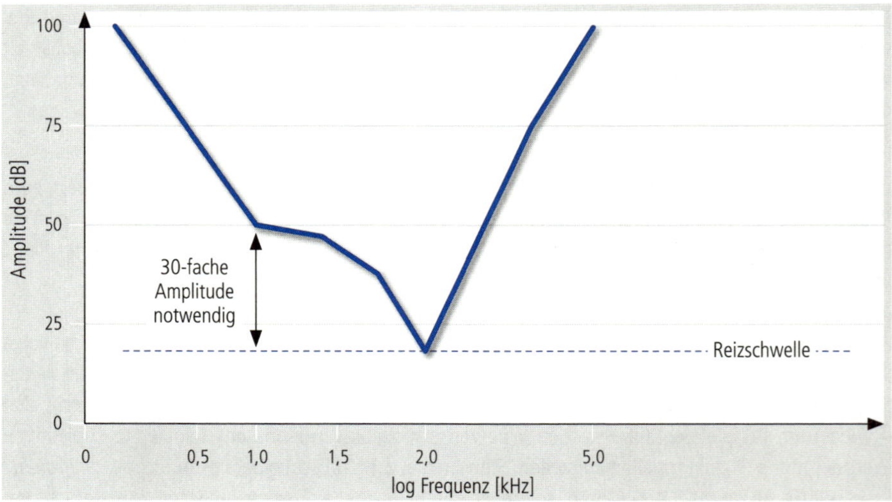

Abbildung II-29 Abstimmung der Rezeptoren auf einen engen Intensitätsbereich[54]

53 Vgl. Dudel, J.: Allgemeine Sinnesphysiologie, Psychophysik. In: Schmidt, R. F. (Hrsg.): Grundriß der Sinnesphysiologie. Berlin: Springer, 1985.

54 Hörrezeptor ist bei Frequenz von 2.000 Hz am empfindlichsten. Je weiter die Frequenz von diesem Optimum abweicht, desto größer muss die Reiz-Amplitude sein; nach Kandel, E. R. et al.: a. a. O., 1996.

Die Stärke des Sinneseindrucks hängt naturgemäß auch von der Stärke des Reizes ab. Allerdings ist die *Reizschwelle* und die Bereichseinstellung der Sinnesorgane zu beachten. Die Reizschwelle und die funktionelle Beziehungen zwischen der Reizstärke am Rezeptor und der Reizempfindung sind von der Sinnesdimensionalität abhängig.

Abbildung II-29 weist darauf hin, dass ein Sinnesrezeptor auf einen engen Intensitätsbereich optimiert ist. In diesem Bild ist es ein Hörrezeptor, der bei 2 kHz am empfindlichsten ist. Natürlich würde der Rezeptor auch bei einem Hörreiz von 1 kHz erregt werden – allerdings bräuchte man dafür die 30-fache Reizstärke.

Adaptation

Mit Abbildung II-30 wird die *Adaptation* der Sinnesorgane erläutert: Es geht zum einen um die Anpassung der Absolutschwelle an die jeweilige Umgebungsreizstärke, zum anderen jedoch vor allem um die Lokalisation der größten Steigung der dynamischen Kennlinien. Dies bedeutet, dass kleinste Reizstärkenunterschiede ausreichen, um möglichst hohe Intensitäten der Sinnesempfindung hervorzurufen.

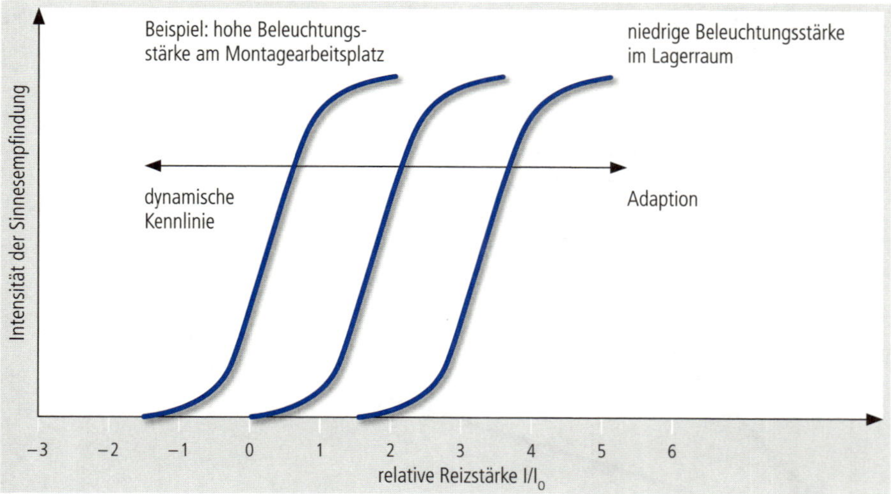

Abbildung II-30 Bereichseinstellung der Sinnesorgane[55]

Sensorische Schwellen sind also keineswegs konstant, sie werden durch Übung, Ermüdung und Umgebungsfaktoren bestimmt. Geht es darum, Unterschiede in der Reizintensität wahrzunehmen, dann ist die Differenz der Reizintensitäten entscheidend (*Webersche Regel*):

$$\Delta S = K \cdot S$$

Δ S ist die gerade noch wahrnehmbare Differenz zwischen den Intensitäten des Reizes und eines Vergleichsreizes, K ist eine Konstante. Möchte man also zwischen zwei Reizen differenzieren, dann muss der Reizunterschied proportional zur Stärke des Vergleichsreizes ansteigen.[56]

In der Verallgemeinerung der Weberschen Regel in Form des *Weber-Fechnerschen Gesetzes* wird gefolgert, dass die Reaktion einer Körperzelle auf einen Reiz dem Logarithmus der Reizamplitude

55 Die »mittlere Anpassung« (statische Kennlinie) wird so verändert, dass die jeweils größte Unterschiedsempfindlichkeit gewährleistet wird (steilster Teil der dynamischen Kennlinie; vgl. auch Dudel, J.: a. a. O., 1985.

56 Beispiel aus der Pkw-Montage: Der Unterschied von 200 Gramm im Gewicht zweier verschiedener Vergaser wird sehr wohl wahrgenommen, die 200 Gramm Unterschied in den Gewichten von Kompletträdern, die auf die Achse aufzustecken sind, können nicht differenziert werden.

proportional ist. Das Weber-Fechnersche Gesetz gilt jedoch nicht für alle Sinnesmodalitäten und Intensitätsbereiche.

Größere Gültigkeit hat dagegen die *Stevensche Potenzfunktion*

$E = K \cdot (S - S_0)^n$

E = Empfindungsstärke

K = Konstante

S_0 = Schwellenreizstärke

S = Istwert der Reizstärke

Die Empfindungsstärke E ist proportional der n-ten Potenz des (überschwelligen) Reizes $(S - S_0)$.

Für das Beispiel »Schraube ertasten« gegenüber »Unterlegscheibe ertasten« zeigt Abbildung II-31 als Schemazeichnung die Abhängigkeit der Empfindungsstärke von der Reizstärke: Bei der scharfkantigen Schraubenkontur (Funktion A) genügen gegenüber der Unterlegscheibe (Funktion B) kleinere Reizstärken, um höhere Empfindungsstärken hervorzurufen.

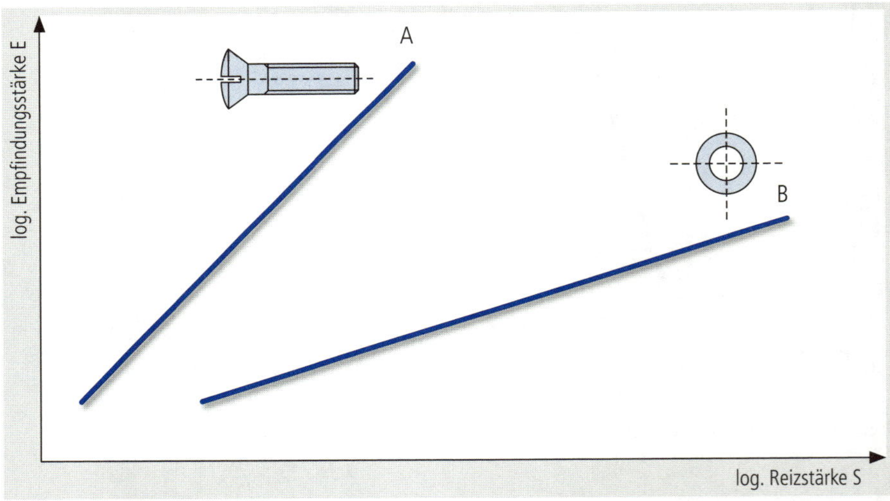

Abbildung II-31 Empfindungsstärke und Reizstärke für zwei Bauteile (schematische Darstellung)

Um die Wahrnehmung der Umwelt verstehen zu können, wurden verschiedene Theorien entwickelt: Manche folgen einem elementaristischen Ansatz und gehen davon aus, dass sich jede Wahrnehmung eines Objektes aus tausenden einzelnen Empfindungen zusammensetzen würde. Dagegen basiert die *Gestalttheorie* darauf, dass die Wahrnehmung eines Objektes weder aus Einzelempfindungen noch aus deren Aufsummierung besteht, sondern ganzheitliche »gestalthafte« Eindrücke entstehen. Die Wahrnehmung gibt die Umwelt nicht »objektiv« wider. Mit gestalthaften Abspeicherungen wird das rasche (Wieder-)Erkennen gefördert. So basieren viele Sichtprüftätigkeiten auf gestalthaft im Gedächtnis gespeicherten Objekten (vgl. Teil III, Abschnitt 5.8).

2.5.4 Sensumotorische Anforderungen: Sehen

Aufgabe des Gesichtssinns ist, das von einem Gegenstand reflektierte Licht einer Lichtquelle durch Brechung und Sammlung auf der Netzhaut abzubilden. Über die Netzhaut wird das Licht in nervöse Impulse verwandelt, die im Gehirn anschließend interpretiert werden. Das Auge ist ein hochkomplexes optisches System mit Cornea (Hornhaut), Kammerwasser und Iris als vorderem Teil, Linse und Glaskörper als mittlerem Teil sowie Netzhaut, Pigmentzellen, Rezeptoren und Nervenzellen als hinterem Teil eines gesamten dioptrischen Apparates (Abbildung II-32).

Sehgegenstand

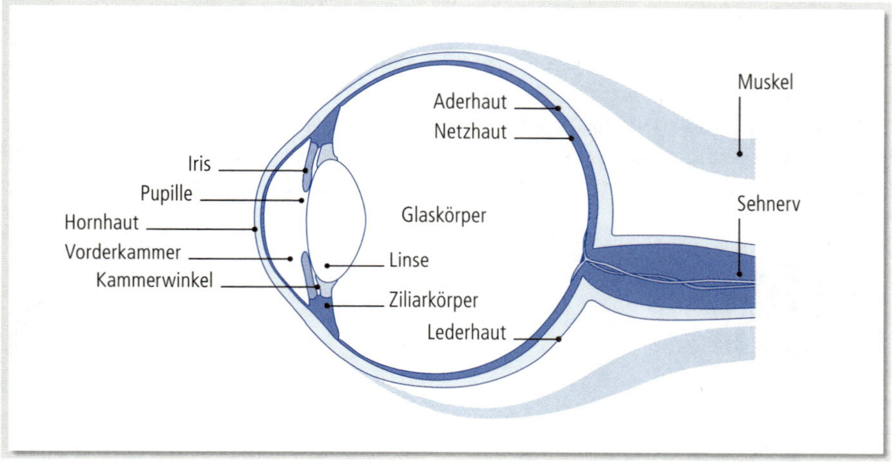

Abbildung II-32 Das Auge des Menschen

Das Bild des Sehgegenstandes, das im Menschen erzeugt wird, ist umgekehrt, verkleinert, aber reell (Abbildung II-33). Die Brechkraft des Linsensystems bestimmt sich in Dioptrien (dpt) aus der Brennweite in Metern:

$$\text{Brechkraft} = \frac{1}{f}(\text{dpt})$$

Die Gesamtbrechkraft des Auges beträgt etwa 59 Dioptrien beim Blick in die Ferne.

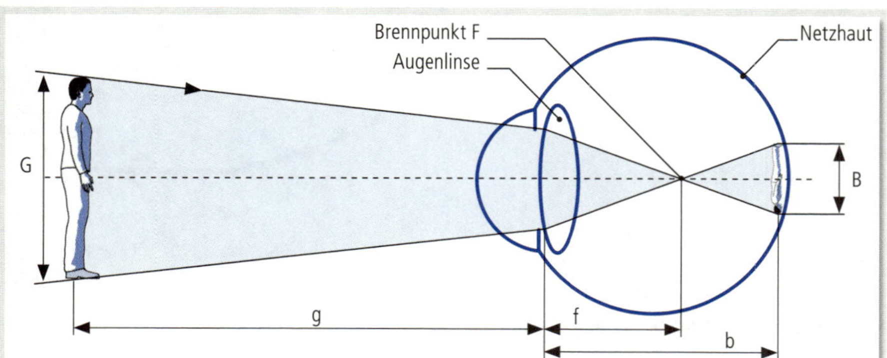

Abbildung II-33 Optisches System und Bildentstehung

Eine Fotokamera ist ein stark vereinfachtes Abbild dieses dioptrischen Apparates. Dieser besitzt drei Grundaufgaben:

- Akkommodation (Scharfstellen der Augen),
- Adaptation (Anpassung an Beleuchtungsstärke),
- Fixation (Ausrichten der Sehachse auf den Sehgegenstand).

Die Hornhaut, die vordere Augenkammer und die Linse entsprechen dem Objektiv, die Netzhaut entspricht dem lichtempfindlichen Film. Der Blende des Fotoapparates entspricht beim Menschen die Regenbogenhaut mit der Pupille. Die Linse ist dabei elastisch, die Krümmung der Linse kann je nach der Sehaufgabe durch die Arbeit der Ziliarmuskeln verändert werden.

Akkommodation

Die Veränderung der Krümmung der elastischen Linse zur scharfen Abbildung des Sehgegenstandes bezeichnet man als *Akkommodation.* Bei flacher Linse werden Gegenstände in über sechs Meter Entfernung scharf auf der Netzhaut abgebildet. Möchte man näher liegende Gegenstände auf der Netzhaut darstellen, so muss die Brechkraft des Auges zunehmen, d.h. der Krümmungsradius der Linse kleiner werden. Die Anspannung der Ziliarmuskeln steigt also umso mehr an, je näher der

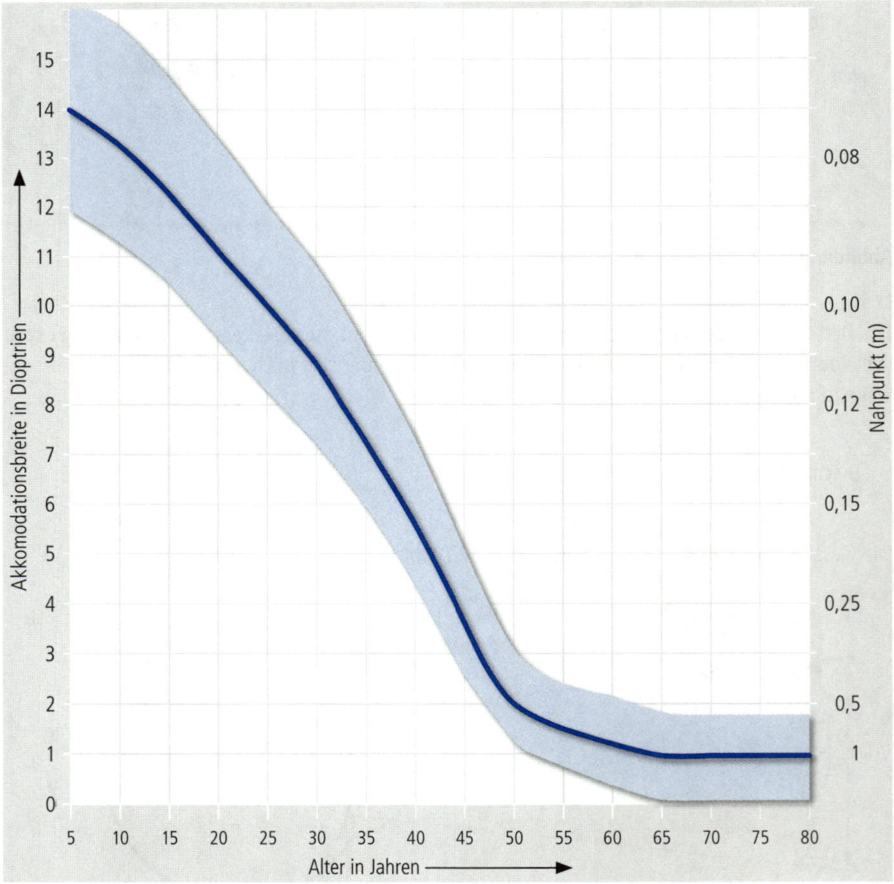

Abbildung II-34 Abnahme der Akkommodationsbreite mit steigendem Lebensalter[57]

57 Schober, H.: Das Sehen. Leipzig: Fachbuchverlag, 1970.

Sehgegenstand am Auge liegt. Der Unterschied in der Brechkraft der Linse bei maximaler Nahakkommodation und bei maximaler Fernakkommodation wird als Akkommodationsbreite bezeichnet. Der Nahpunkt ist der nächstgelegene Sehgegenstand, den das Auge noch scharf einstellen kann. In der Jugend liegt der Nahpunkt bei etwa 8 cm, beim älteren Menschen ist er auf einen Meter verschoben (Abbildung II-34).

Die Akkommodationsfähigkeit des Menschen wird durch den Kehrwert des Nahpunktes mit der Einheit Dioptrie beschrieben. Akkommodiert man aus der Ferne z. B. auf ein Montageobjekt, das sich in etwa 50 cm Entfernung auf einem Arbeitstisch befindet, dann muss die Brechkraft der Augen um 1/0,50 m = 2 Dioptrien zunehmen. Diesen Vorgang bezeichnet man als Nahakkommodation im Unterschied zum Scharfstellen eines Sehobjektes, z. B. am Eingang einer Werkshalle (Fernakkommodation). Da die Akkommodationszeit je nach dem erforderlichen Entfernungssprung variiert, sollten bei schnell ablaufenden Wahrnehmungsvorgängen die Sehgegenstände in der gleichen Entfernung zum Auge liegen. Unterschiedliche Sehentfernungen zu Objekten, die während der Tätigkeit erkannt werden müssen, führen zu fortlaufendem Umakkommodieren. Die Zeitdauer wird beim MTM-Sichtprüfen über den Prozessbaustein »Einstellen Augen« ausgedrückt (vgl. Abschnitt 6.6). Zur Vermeidung von Augenbeschwerden sollte die Akkommodationsfähigkeit der Linse höchstens zu etwa 60 % ausgenutzt werden.

Die *Sehschärfe* (med. Visus) wird in der Netzhautmitte bestimmt. Sie hängt vor allem vom Auflösungsvermögen der Netzhaut ab. Der Aufbau der Netzhaut bedingt, dass infolge mangelnder Auflösung eine ganz beträchtliche Sehschärfentoleranz besteht. Durch die neuronale Fusion der Bilder beider Augen beim stereoskopischen Sehen wird tatsächlich eine wesentlich höhere Auflösung wahrgenommen, als sie der »Bauplan« des Auges erahnen lässt. Die Geschwindigkeit, mit der ein Sehobjekt erkannt wird, wächst mit zunehmendem *Sehwinkel*. Die Zahl der Erkennungsfehler nimmt ab. Sehschärfe

Wird mit der Akkommodation eine Anpassung an die Sehentfernung vorgenommen, so ist die *Adaptation* zur Anpassung der Empfindlichkeit des Auges an die jeweils herrschende Beleuchtung erforderlich. Empfindlichkeitsänderungen können unter Umständen bis zu $1{:}10^6$ betragen. Nur ein kleiner Teil dieser Empfindlichkeitsveränderung wird durch die Regelung des Pupillendurchmessers (Pupillenlichtreflex) vorgenommen. Über das Verhältnis von 1:16 hinaus wird die einfallende Lichtmenge durch fotochemische und neuronale Prozesse gesteuert. Beim Übergang aus einem hell erleuchteten Raum in die Dunkelheit passt sich das Sehsystem langsam an die niedrige Umweltleuchtdichte durch die sogenannte Dunkeladaptation an. Erst nach einem Aufenthalt in der Dunkelheit von über 30 Minuten wird die größte Empfindlichkeit des Auges erreicht. Dagegen erfolgt der zeitliche Verlauf der Helladaptation sehr viel schneller. Nach einem vorübergehenden *Blendungs*effekt ist das Auge innerhalb etwa einer Minute an die hohe Umweltleuchtdichte im Hellen angepasst. Allerdings kann mit diesem vorübergehenden Blendungseffekt auch eine Störung der Formwahrnehmung verbunden sein. Dieser Nachteil ist bei manchen Kontrollaufgaben in abgedunkelten Räumen sowie auch bei Fahrzeugführertätigkeiten zu bedenken. Adaptation

Neben dieser Adaptationsblendung kennt man auch noch die

- Absolutblendung und die
- Relativblendung.

Die Absolutblendung entsteht dann, wenn die Helligkeit der Lichtquelle die Anpassungsfähigkeit des Auges überschreitet; die Relativblendung stellt sich bei großen Helligkeitsunterschieden im *Gesichtsfeld* ein.

Die Leuchtdichteverteilung im Gesichtsfeld bestimmt den Adaptationszustand, der die Sehleistung beeinflusst. Mit steigender *Leuchtdichte* erhöhen sich die Leuchtdichte

- Sehschärfe,
- Kontrastempfindlichkeit (vgl. Abschnitt 6.6),
- Leistungsfähigkeit der Augenfunktionen (wie Akkommodation, Konvergenz, Pupillenveränderung, Augenbewegungen etc.).

Fixation

Die dritte Grundaufgabe des Sehsystems ist das *Fixieren*, also das Ausrichten der Sehachse auf den Sehgegenstand. Eine Fixation ist der Zeitraum, bei dem das Auge, abgesehen von Stabilisierungsbewegungen, relativ unbewegt auf das Objekt ausgerichtet ist. Die zeitliche Dauer des Fixierens stellt der Prozessbaustein »Blick verschieben« beim MTM-Sichtprüfen dar (vgl. Abschnitt 6.6).

Konvergenz

Zielsetzung beim Fixationsvorgang ist die *Konvergenz*, bei der die Augen so auf den Sehgegenstand ausgerichtet werden, dass sich die Sehachsen im fixierten Punkt schneiden. Nur dann können die beiden Seheindrücke der Augen im Gehirn zu einer räumlichen Wahrnehmung verschmelzen.

Die Konvergenz kann bei der Arbeit dadurch gestört werden, dass Glanzbilder durch reflektierende Flächen hervorgerufen werden. In solchen Fällen stellen sich die Augen unabhängig auf diese gespiegelte Lichtquelle ein und es entstehen Doppelbilder.

Untersuchungen an Modelltätigkeiten haben gezeigt, dass eine Erhöhung der *Beleuchtungsstärke* zu einer Zunahme der Leistung, Verringerung der Ermüdung weniger *Ausschuss* und weniger *Arbeitsunfällen* führt. Dabei ist eine Leistungssteigerung bis zu 15 %, bei außergewöhnlich feinen Arbeiten bis zu 40 % möglich. In zahlreichen Modellversuchen wurde die positive Wirkung der Beleuchtungsstärke auf die menschliche Leistung analysiert. Wenn auch die Übertragbarkeit in die Praxis nicht in jedem Fall gesichert ist, kann doch oft davon ausgegangen werden, dass mit einem Anstieg der Beleuchtungsstärke Leistungsverbesserungen zustande kommen und darüber hinaus auch Ermüdung und Unfallzahlen zurückgehen (Abbildung II-35).

Lichtbedarf

Bei der Besetzung von Arbeitsplätzen ist allerdings darauf zu achten, dass der *Lichtbedarf* mit zunehmendem Alter größer wird. Tätigkeiten, die hohe Ansprüche an das Sehvermögen stellen, sollten entweder nur von jungen Arbeitskräften durchgeführt werden, oder die Beleuchtungsstärken sind dem Alter anzugleichen.[58] Die Ursache für Leistungsverbesserung und Ermüdungsrückgang liegt darin, dass sich mit einer Erhöhung der Beleuchtungsstärke die Sehschärfe verbessert. Da ein Großteil unserer Bevölkerung Sehschärfen unterhalb der Normwerte besitzt, ist es erklärlich, dass Verbesserungen in der Güte der Beleuchtung zu Leistungserhöhungen bzw. Beanspruchungsverminderungen führen. Jede Beleuchtung in Industrie und Verwaltung, ob Tageslicht oder Kunstlicht, sollte so gestaltet werden, dass einerseits keine zu hohen Leuchtdichten und Leuchtdichtenunterschiede vorhanden sind, aber andererseits nicht durch völlige Kontrastlosigkeit Monotonie am Arbeitsplatz hervorgerufen wird. Große Helligkeitsunterschiede innerhalb des Bereiches, in dem man sich überwiegend aufhält, haben ständige Adaptationsvorgänge zur Folge, die zu einer verminderten Sehleistung führen und bei Leuchtdichteunterschieden von über 1:40 ggf. gesundheitsschädigend sein können.

Blendung

Eine Beeinträchtigung des Sehens kann auch durch *Blendung* zustande kommen. Man spricht dann von *physiologischer Blendung*, wenn im Auge Streulicht erzeugt wird, so dass die Adaptation an eine mittlere Leuchtdichte nicht mehr möglich ist. Die Sehleistung wird damit durch eine Absenkung der Unterschiedsempfindlichkeit[59] und der Sehschärfe verschlechtert. Bei der *psychologischen Blendung* kommt es durch ein Gefühl der Unbehaglichkeit indirekt zu Leistungsminderungen. Die Blendwirkung hängt ab vom Quotienten aus der Leuchtdichte der Lichtquelle und der Leuchtdichte der Umgebung sowie von der Lage der Lichtquelle im Gesichtsfeld und von der sichtbaren Fläche einer

58 Durch die Trübung der Augenmedien verschlechtert sich die Sehschärfe von 100 % bei einer 20-jährigen Person auf etwa 75 % bei einer 60-jährigen Person.

59 Die Unterschiedsempfindlichkeit ist die Fähigkeit des Auges, Helligkeitsunterschiede (Kontraste) wahrzunehmen.

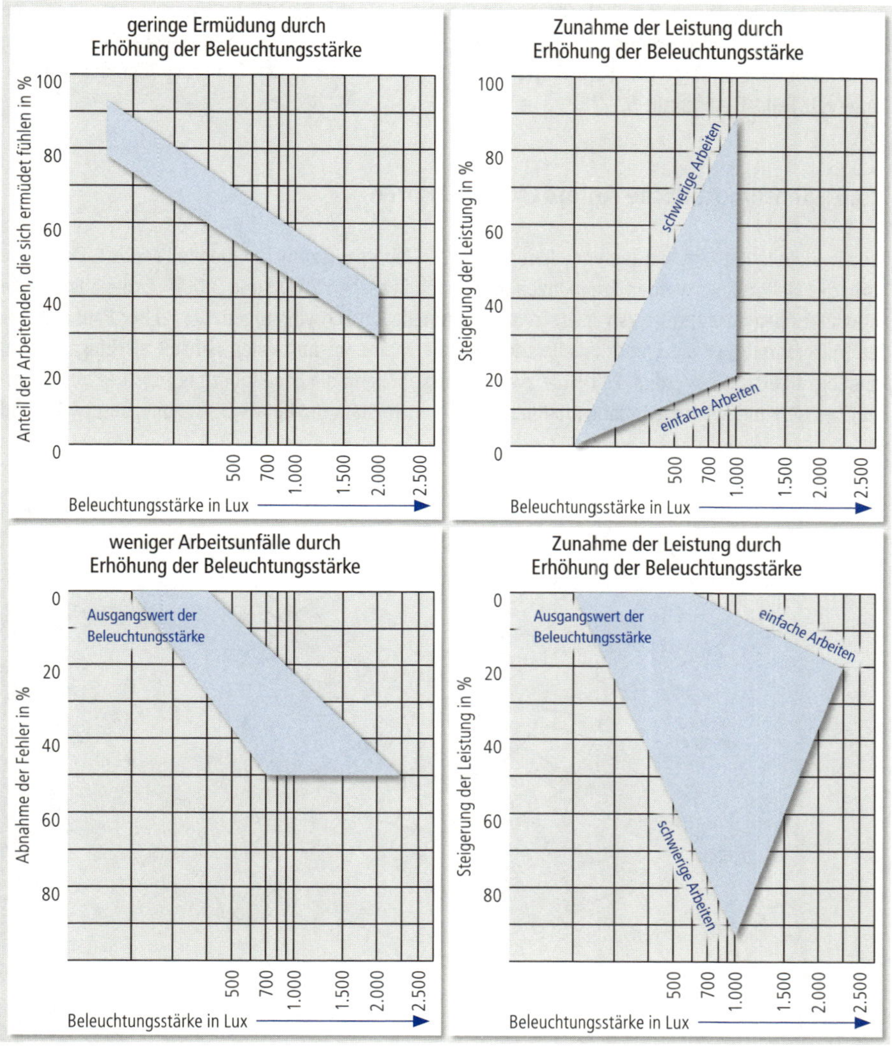

Abbildung II-35 Leistungskriterien und Beleuchtungsstärke[60]

Lichtquelle. Zu hohe Unterschiede der Leuchtdichte im Gesichtsfeld führen zu *Relativ-Blendung.* Beim direkten Einblick in eine Lichtquelle spricht man von *Direkt-Blendung,* bei Spiegelung an glänzenden Flächen von der *Reflex-Blendung.* In allen drei Fällen reicht das Adaptationsvermögen des Auges nicht aus, es kann sich nicht schnell genug an unterschiedliche Leuchtdichten anpassen.

Glänzende Oberflächen können am Arbeitsplatz vor allem bei Kontroll- und Prüfvorgängen zu drastischen Leistungsverschlechterungen führen. Über die Kontrastminderung durch eine glänzende Oberfläche hinaus entstehen beim Menschen Doppelbilder, die dazu führen, dass das Sehobjekt nicht mehr deutlich erkannt werden kann.

60 Die Funktionen beziehen sich auf Modelltätigkeiten und können so nicht direkt in die Betriebspraxis übertragen werden (Quelle: Fördergemeinschaft Gutes Licht FGL).

Lichtfarbe und Farbwiedergabe

Auch die Schattigkeit von Arbeitsgegenständen kann zu Störungen des Sehvorgangs führen. Schatten können zwar das *Tiefensehen* verbessern, zu hohe Kontrastwirkungen verschlechtern jedoch die Sehfunktionen. Lichtfarbe und Farbwiedergabe gehören ebenfalls zu den Einflussgrößen der Beleuchtung (vgl. Teil III, Abschnitt 5.7.2).

2.5.5 Sensumotorische Anforderungen: Hören

Gehör

Schallwellen in der Luft werden vor allem durch den Gehörgang zum Trommelfell geführt. Durch die Form des Gehörgangs werden Frequenzen im Bereich zwischen 2.000 und 3.000 Hz begünstigt. Die Schwankungen des Luftdrucks versetzen das Trommelfell in Schwingungen, die (in der Paukenhöhle des Mittelohrs) über die Gehörknöchelchen auf die Membran im ovalen Fenster als Eingang zum Innenohr übertragen werden. Mit Hilfe zweier Muskeln kann die Schallübertragung über die Gehörknöchelchen in gewissem Umfang modifiziert werden: verstärkend beim »Lauschen«, abschwächend

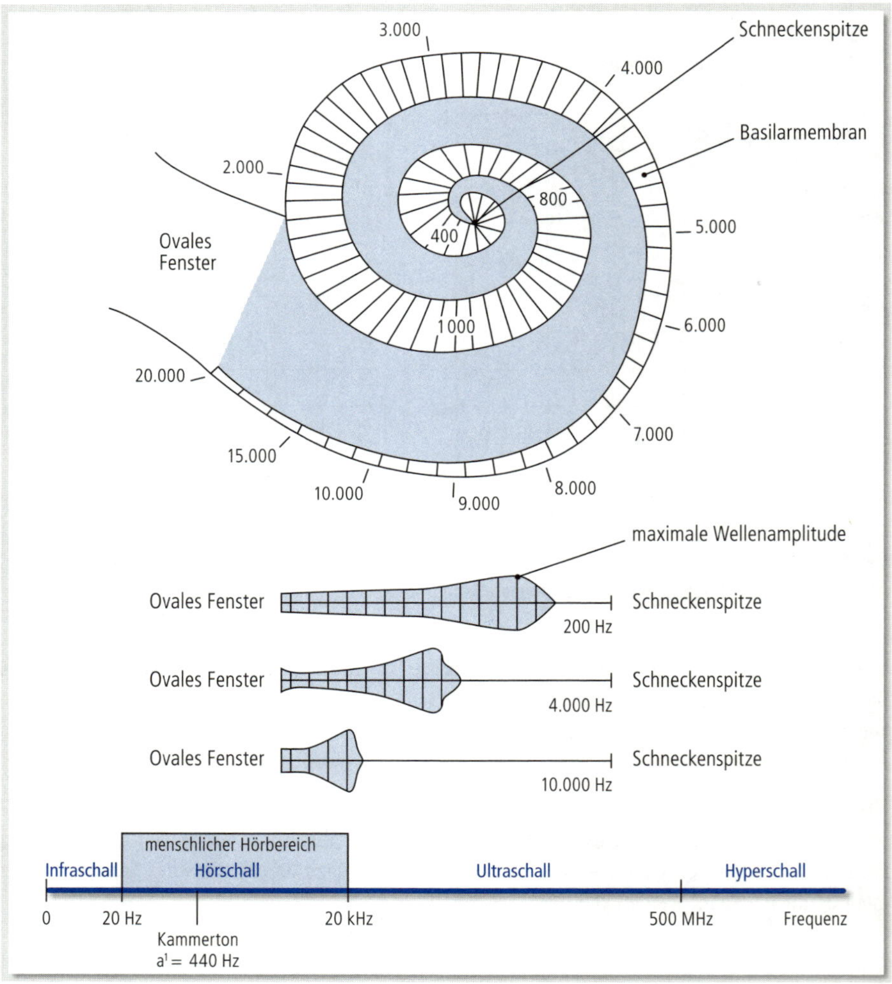

Abbildung II-36 Frequenzempfindlichkeit im Innenohr

beim Empfang zu lauter Geräusche. Das Mittelohr ist über die Ohrtrompete mit dem Rachenraum verbunden; dies ermöglicht einen Druckausgleich für die beiden Seiten des Trommelfells.

Das Innenohr besteht aus einem mit Flüssigkeit gefüllten schneckenförmigen Gang sowie aus dem Gleichgewichtsorgan. Die Membran des ovalen Fensters regt die Flüssigkeit des Schneckengangs zu Schwingungen an. Durch die Schwingungen der Membran des ovalen Fensters entsteht eine Wanderwelle, die im Schneckengang die Sinneszellen des Gehörs anspricht. Je nach der Frequenz werden die Haarzellen unterschiedlicher Bereiche des Schneckengangs erregt (Abbildung II-36): hohe Frequenzen direkt am Eingang, nahe am ovalen Fenster, niedrige Frequenzen in der Nähe der Schneckenspitze. Nach *Schallfrequenzen* getrennt werden die Impulse der Sinneszellen über eine Nervenbahn zur Weiterverarbeitung im Gehirn geleitet. Intensitätsunterschiede werden dabei durch die Häufigkeit der Aktionspotenziale abgebildet, die Richtung des einfallenden Schalls anhand des Intensitätsunterschieds und der zeitlichen Verschiebung der von beiden Ohren empfangenen Schallsignale zugeordnet. Die Dichteschwankung erreicht nach Durchlaufen des Schneckengangs über das runde Fenster wieder die Paukenhöhle.

Das menschliche Gehör vermag Schallereignisse über einen Frequenzbereich von ca. 16 Hz bis ca. 16.000 Hz zu verarbeiten (Abbildung II-37).[61] Der Bereich niedrigerer Frequenzen als die des Hörschalls wird als Infraschall, der höherer Frequenzen als Ultraschall bezeichnet. Innerhalb des Hörbereichs ist die Empfindlichkeit des Gehörs sehr stark von der Frequenz abhängig. Mit maximaler Empfindlichkeit werden Schallereignisse im Bereich zwischen ca. 500 bis 5.000 Hz wahrgenommen, in dem auch die Sprache übertragen wird; Geräusche mit Frequenzen im Bereich von 4.000 Hz werden als besonders lästig empfunden.

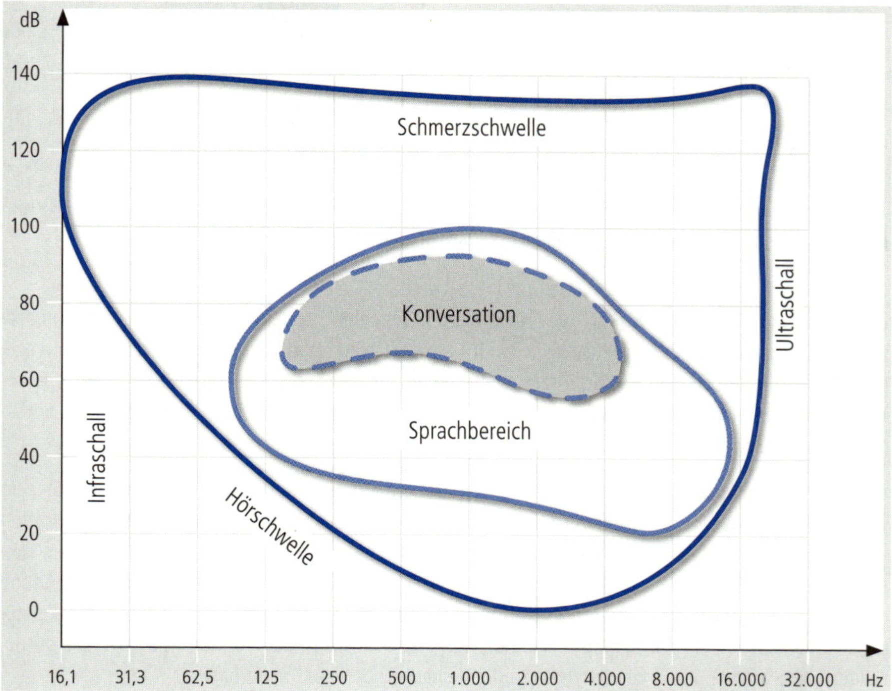

Abbildung II-37 Menschliches Hören und Sprechen in Abhängigkeit von Schalldruck und Frequenz

61 Kinder hören etwa von 16 Hz bis 20 kHz, ältere Personen dagegen nur bis etwa 12 kHz.

Für niedrige und hohe Frequenzen nimmt die Empfindlichkeit des menschlichen Gehörs schnell ab. Beim Maximum der Empfindlichkeit bei ca. 4.000 Hz liegt die Hörschwelle bei einer Schallintensität von 10^{-12} W/m².[62]

Schallquelle

Beispiele für *Schallquellen* mit Intensitäten von etwa der Hörschwelle bis in den schon bei kurzzeitiger Einwirkung schädlichen Bereich oberhalb der Schmerzgrenze (1 W/m²) gibt Abbildung II-38.

	Schallintensitätsfaktor (gibt an, wieviel mal lauter ein Schall gegenüber der Hörschwelle ist)	**Schall-intensität in W/m²**	**Schall-intensitäts-pegel in dB(A)**		**Schallquelle**
schädlicher Bereich	100.000.000.000.000	100	140		Düsentriebwerk (25 m)
	10.000.000.000.000		130		Nietpistole
					Schmerzschwelle
	1.000.000.000.000	1	120		Propellerflugzeug (50 m)
Gefahren-zone	100.000.000.000		110		Gesteinsbohrer, Webstühle
	10.000.000.000	10^{-2}	100		Metallbearbeitungswerkstatt
	1.000.000.000		90		schwerer Lkw, Motorrad
sicherer Bereich	100.000.000	10^{-4}	80		verkehrsreiche Straße
	10.000.000		70		Pkw, Zugabteil
	1.000.000	10^{-6}	60		normales Gespräch (1 m)
	100.000		50		leises Gespräch, Schiffskabine
	10.000	10^{-8}	40		leise Musik
	1.000		30		Flüstern (1 m), Schlafzimmer
	100	10^{-10}	20		ruhige Stadtwohnung
	10		10		raschelndes Blatt, Atmen
	1	10^{-12}	0		
					Hörschwelle

Abbildung II-38 Beispiele von Schallquellen unterschiedlicher Intensität

Schalleinwirkung

In Abhängigkeit des *Schalldrucks*, der Frequenz, der zeitlichen Verteilung der Schalleinwirkung sowie den Eigenschaften der Arbeitsperson kann Lärmbelastung zu psychischen Reaktionen, zu vegetativen Reaktionen, zu Gehörschäden und weiteren organischen Schäden führen. Man unterscheidet *aurale* (im Hörbereich des Menschen) und *extra-aurale Wirkungen* (im vom Menschen nicht hörbaren Bereich, z. B. Infraschall).

Zunächst zu den auralen Wirkungen: Bei dauernder Lärmexposition oberhalb von Schalldruckpegeln von 85 dB(A) muss mit Lärmschwerhörigkeit gerechnet werden. Die Verschlechterung des Hörvermögens lässt sich messtechnisch mittels Audiometrie nachweisen. Die geringsten, noch reversiblen Folgen einer Lärmbelastung sind Hörschwellenverschiebungen, also stoffwechselbedingte Ermüdung des Gehörs. Lärmbedingte Schwerhörigkeit bis zur völligen Taubheit kommt dagegen durch Zerstörung von Sinneszellen im Innenohr zustande. Man geht davon aus, dass Impulslärm bzw. intermittierender Lärm sowie hohe Frequenzen besonders schädigende Wirkungen haben.

62 Zu den psycho-physikalischen Einheiten des Schalls vgl. Teil III, Abschnitt 5.7.4.

Hörverlust

Beginnender *Hörverlust* zeigt sich im Audiogramm durch einen typischen Hörverlust bei etwa 4.000 Hertz (vgl. Abbildung II-39). Dieser Frequenzbereich wird als sogenannte C_5-Senke bezeichnet. Die Kurvenform erlaubt – falls sie idealtypisch auftritt – die Abgrenzung von Alters- und Lärmschwerhörigkeit[63]. Neuere Untersuchungen zeigen jedoch, dass diese Senke auch in anderen Frequenzbereichen auftreten kann. Abgrenzungen zwischen Lärmschwerhörigkeit und anderen Innenohrschwerhörigkeiten, bestimmten Vergiftungen, Innenohrtraumen oder auch Frakturen sind daher oftmals schwierig.

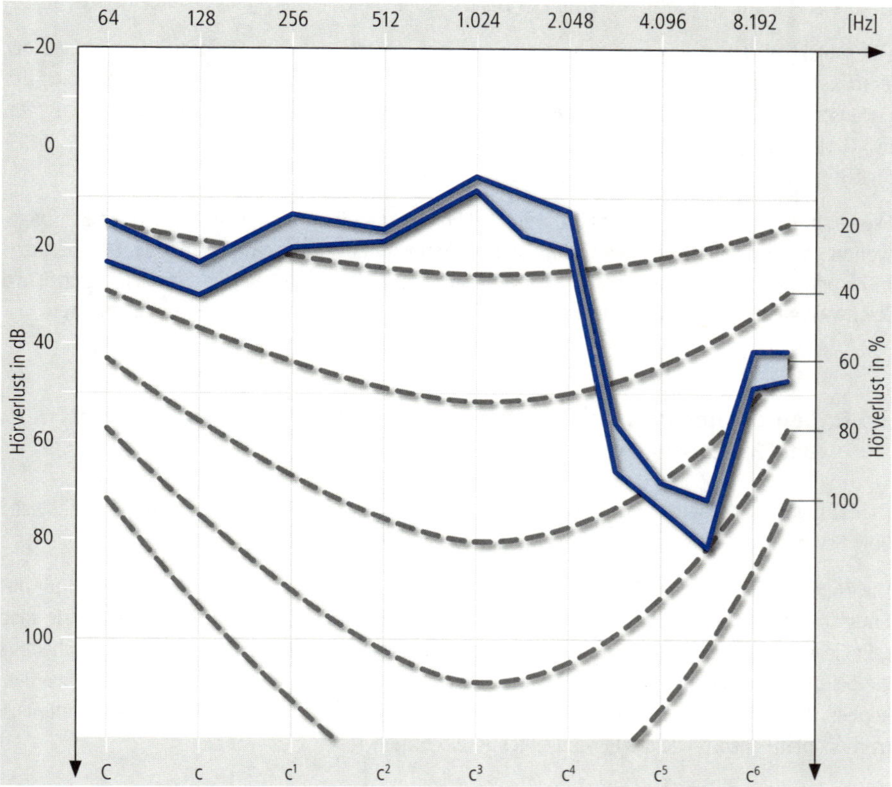

Abbildung II-39 C_5-Senke im Audiogramm als Indikator einer Lärmschwerhörigkeit

Expositionsdauer

Mit wachsender *Expositionsdauer* nimmt auch die Wahrscheinlichkeit zu, dass sich reversible Funktionsminderungen in irreversible Schädigung des Gehörs verwandeln. Bei einer Expositionszeit bis zu etwa zwei Jahren sind Hörschwellenverschiebungen größtenteils einige Tage nach dem Schallereignis wieder zurückgebildet. Nach zehnjähriger Expositionszeit gelingt dies dagegen nicht mehr. Lärmschwerhörigkeit – eine Kombination aus Hörschwellenverschiebung und Fehlhörigkeit – entsteht.

Das vegetative Nervensystem spricht unmittelbar ohne bewusste Empfindung auf *Lärmbelastung* an. Dies macht sich in folgenden Reaktionen bemerkbar:

- Verengung der Blutgefäße,
- Erweiterung der Pupille,
- Verminderung des Herzschlagvolumens,

63 Bei Altersschwerhörigkeit kommt es über der Frequenz zu einem stetigen Verlauf des Hörverlustes.

- Stoffwechselbelastung,
- Veränderungen im Blutbild.

Mit den vegetativen Wirkungen (extra-aurale Wirkungen) können Minderleistungen bei der Informationsaufnahme und -verarbeitung gekoppelt sein. Auch das Auftreten von Blockierungseffekten bei geistiger Arbeit ist möglich. Man spricht dann von den psychischen Wirkungen des Lärms. Neben Ablenkungs- und Überdeckungseffekt kann es auch zu einer negativen Beeinflussung der motorischen Leistungsfähigkeit durch Lärmeinwirkung kommen; insbesondere auf Handgeschicklichkeit und Bewegungsabläufe ist eine Auswirkung feststellbar. Das Unfallrisiko und die Fehlhandlungen können ansteigen.

Subjektive Bewertung

Die subjektive Bewertung von Schallreizen hat einen wesentlichen Einfluss auf das Ausmaß der *Lästigkeit*, mit der man Lärmbelastungen empfindet. Einflussgrößen sind hier u. a. Bekanntheit des Geräusches, bisher gemachte Erfahrungen mit einem Geräusch, Selbst- oder Fremderzeugung, Art des Geräuschs, Informationshaltigkeit, Tageszeit oder Art der Tätigkeit. Der Grad der Anpassungsfähigkeit des Menschen bezüglich der psychischen Lärmwirkungen ist noch nicht geklärt.

Die Leistungsfähigkeit leidet ebenfalls, wenn bei hohen Anforderungen an die Aufmerksamkeit ungewohnte, diskontinuierliche oder hochfrequente Lärmbelastungen wirken (Ablenkung, Blockierung). Insbesondere wenn die sprachliche Kommunikation und das Erkennen von Signalen durch Lärm erschwert werden, kann die erforderliche höhere Konzentration zu schneller Ermüdung führen.

2.5.6 Sensumotorische Anforderungen: Tasten, Propriozeption und Gleichgewicht

Die Haut ist unser größtes Sinnesorgan. Sie liefert uns spezifische Informationen über die Außenwelt, über Schmerz und Klima sowie vor allem über die Bewegungssteuerung.

Hautsinne

Die *Hautsinne* sind für das Produktivitätsmanagement von Arbeitssystemen und damit auch für die Entwicklung und Anwendung von MTM-Prozessbausteinen bedeutsam. Deshalb werden sie hier grundlegend dargestellt. Abbildung II-40 zeigt die ganz unterschiedlichen Objekteigenschaften, die bei der Handhabung, z. B. bei einem Montagevorgang, durch den Mitarbeiter erkannt werden können. Unterschiedliche Objektoberflächen wirken sich auf Höhe und Verlauf der Greifkräfte aus (rechts unten) ebenso wie das Objektgewicht (links unten).

Zu den Hautsinnen gehören

- der Tastsinn,
- der Temperatursinn und
- der Schmerzsinn.

Somatosensorik

Die Hautsinne rechnet man zu den Exterozeptoren, die Reize aus der Umwelt aufnehmen. Daneben gibt es noch die Enterozeptoren, die auf chemische und mechanische Reize der inneren Organe reagieren. Nicht nur die Haut der Hände sind Rezeptororgane des Menschen: die gesamte Hautoberfläche, Gelenke und Muskulatur werden zur Sinneswahrnehmung eingesetzt. Man spricht hier von der *Somatosensorik*.

Über die Hautoberfläche wirken die

- Mechanorezeptoren,
- Thermorezeptoren,
- Chemorezeptoren,
- Nozizeptoren.

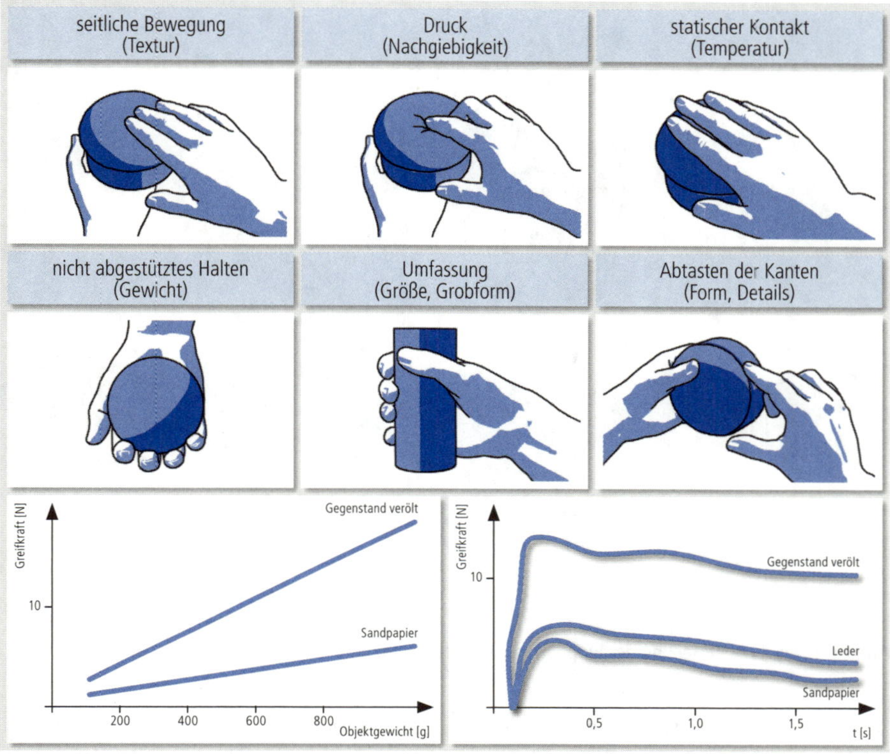

Abbildung II-40 Informationsaufnahme und Kodierung von Objekteigenschaften[64]

Die *Mechanorezeptoren* reagieren auf Druck, Berührung, Vibrationen, Spannungen und Dehnung. Die *Thermorezeptoren* wirken bei Abkühlung und Erwärmung. Die *Chemorezeptoren* sprechen auf verschiedene chemische Verbindungen an. Die *Nozizeptoren* reagieren auf starke mechanische, chemische und thermische Reize (Verletzungen).

Haptik

Die *Propriozeption* (Tiefensensibilität) ist unser Sinn für Bewegung und Stellungen der Gliedmaßen sowie für den Krafteinsatz. Die *Haptik* befasst sich mit der aktiven Wahrnehmung, das heißt, es werden die Information der Hautsinne, der Bewegung und der Propriozeption zusammengefasst.

Die *Empfindungsschwelle* bei mechanischer Hautreizung hat man in der Vergangenheit über Druckreize auf sog. Tastpunkte bestimmt. Tatsächlich sind die Kontakte mit Gegenständen jedoch selten punktförmig, sondern eher flächenförmig.

Abbildung II-41 zeigt die taktilen Empfindungsschwellen in der rechten Handinnenfläche. Die Zahlenangaben geben die Eindrucktiefe der Haut in Mikrometer an der Schwelle der Reizwahrnehmung wieder. Die Eindrucktiefen zur Wahrnehmung eines taktilen Reizes sind an den Fingerspitzen deutlich niedriger als im übrigen Handoberflächenbereich. Entgegen der Erwartung unterscheiden sich die Zeige- und Mittelfingerkuppen nicht von denen der anderen Finger. Die funktionellen Beziehungen zwischen Druckempfindung und Reizstärke ist interindividuell verschieden, intraindividuell jedoch weitgehend gleich.

64 Grafik in Anlehnung an: Jones, L. A.; Lederman, S. J.: Human Hand Function. New York: Oxford, 2006.

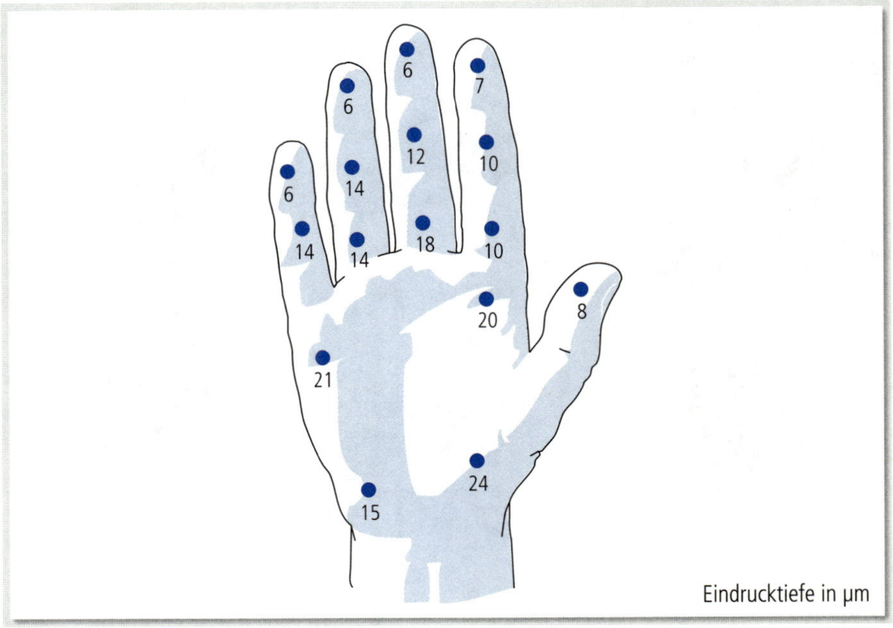

Abbildung II-41 Verteilung der Empfindungsschwellen in µm Eindrucktiefe[65]

Das räumliche Auflösungsvermögen der Haut für taktile Reize ist unterschiedlich groß: z. B. liegt im Bereich der Fingerkuppen das Auflösungsvermögen bei etwa 1–3 Millimeter. Das Auflösungsvermögen ist auch unterschiedlich, je nachdem, ob die Reize simultan oder sukzessiv erfolgen. Das sukzessive Raumempfinden ist deutlich präziser als das simultane.[65]

Abbildung II-42 gibt einen Überblick zu den *Mechanorezeptoren* der Haut. Es ist zu unterscheiden, ob sie sich auf unbehaarter oder behaarter Haut befinden. Je nach ihrer spezifischen Detektionsaufgabe adaptieren sie langsam, mittelschnell oder sehr schnell bei konstantem Druckreiz. Sie sind in der Lage, die Eindrucktiefe und Dauer, die Geschwindigkeit oder Beschleunigung zu detektieren.

Tiefensensibilität

Bei der *Tiefensensibilität* (Propriozeption) geht es um die Wahrnehmung von Lage und Stellung von aktiven und passiven Bewegungen der Gliedmaßen. Beteiligt sind hierbei folgende Muskel-, Gelenk- und Hautsensoren:

- Nervenendigungen der Muskelspindeln,
- Sehnenrezeptoren,
- Nervenendigungen der Gelenkkapseln und Bänder.

Die freien Nervenendigungen der Gelenkkapseln sind als mechanosensitive Rezeptoren zu betrachten. Über die Muskelspindeln wird aus der Dehnungsinformation auf die Kräfte geschlossen. Die Hautrezeptoren über den Gelenken tragen ebenso zur Propriozeption bei.

65 Nach Dudel, J.: a.a.O., 1985, S. 39.

schematische Darstellung	Verteilung auf Handinnenfläche	Eigenschaften	Fläche/Zelle [mm²]	Dichte [1/mm²]	Spitzenwert Empfindlichkeit [HZ]	Zweck
Merkelzelle 	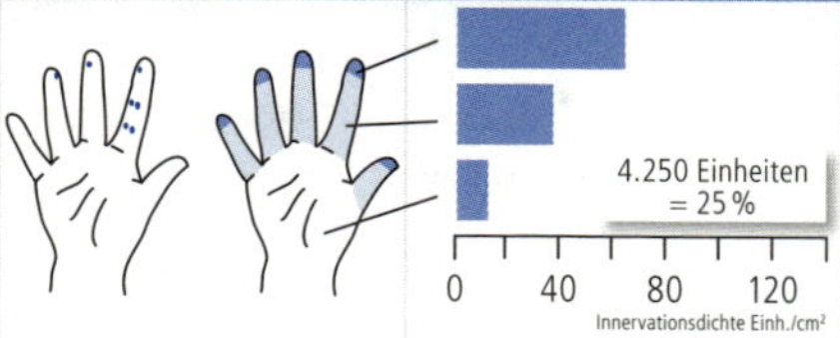	sensitiv für Punkte, Kanten, Kurven, d. h. für Form- und Texturwahrnehmung	3–50; klein, scharf begrenzt	1	5	Intensitätsdetektor
Ruffinikörper 	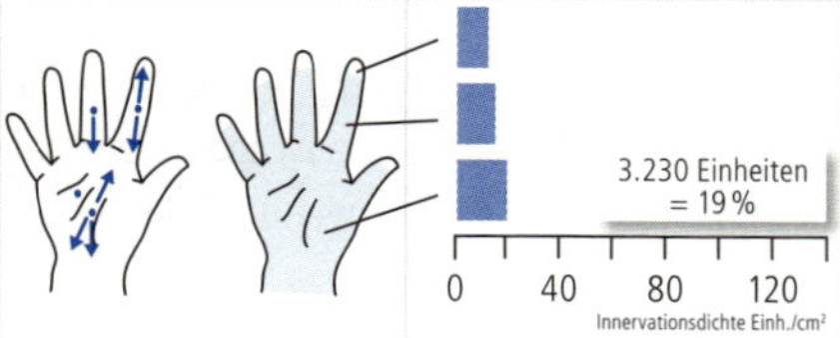	sensitiv für Hautdehnung, Scherkräfte; Beteiligung an Bewegungswahrnehmung	großflächig, fließende Grenzen	0,1	0,5	Intensitätsdetektor
Meissnerkörper 	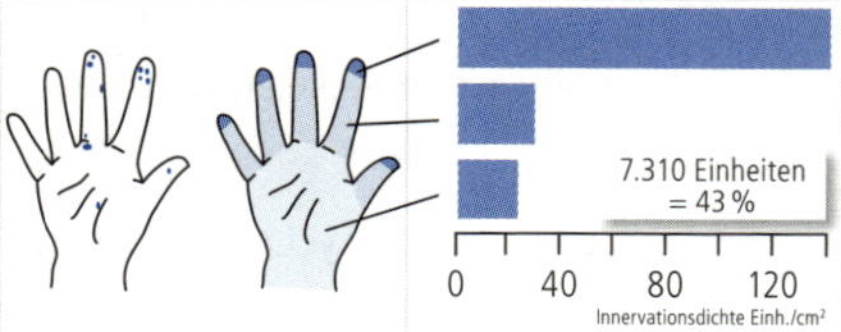	sensitiv für Hautdeformationen, z. B. wichtig für Griffkontrolle	3–50; klein, scharf begrenzt	1,5	50	Geschwindigkeitsdetektor
Pacini-Körper 	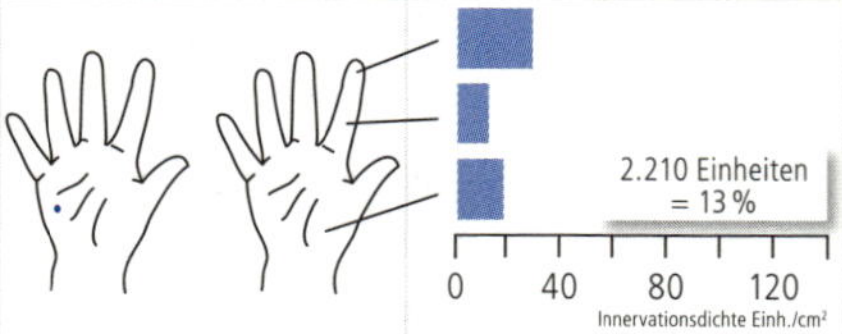	sensitiv für Vibration; wichtig bei Werkzeugbenutzung		0,2	200	Beschleunigungsdetektor

Abbildung II-42 Arten und Eigenschaften der Mechanorezeptoren der Haut

Die Propriozeption des Menschen, dazu gehören also

- Stellungssinn,
- Bewegungssinn und
- Kraftsinn,

ist überaus fein – vor allem bei relativen Vergleichen.[66]

2.5.7 Psychomentale Anforderungen

Durch die Zunahme von Dienstleistungstätigkeiten und Änderungen in den Arbeitsstrukturen in der Produktion gewinnen Belastungen des psychischen Systems des Menschen zunehmend an Bedeutung. Hierunter sind die vorwiegend mentale oder informatorische und die vorwiegend emotionale Belastung zu verstehen.

Psychische Belastung

Psychische Belastung wird definiert als Gesamtheit aller erfassbaren Einflüsse, die von außen auf den Menschen zukommen und psychisch auf ihn einwirken.[67]

66 Beispiel: Zwei Lastgewichte, die sich nur um 0,5 % unterscheiden, können als verschieden erkannt werden.
67 DIN EN ISO 10075-1: Ergonomische Grundlagen bezüglich psychischer Arbeitsbelastung – Teil 1: Allgemeines und Begriffe, 2000.

Psychische Belastungen bei der Arbeit resultieren aus

- den Merkmalen der Arbeitsaufgabe,
- der Arbeitsorganisation und
- den sozialen Bedingungen der Arbeit.

Merkmale der *Arbeitsaufgabe* betreffen vor allem die Aufnahme und Verarbeitung arbeitsbezogener Informationen. Kennzeichnend sind bei der Informationsaufnahme insbesondere die Art, Struktur und Menge der Informationen, die angesprochenen Sinnesorgane, die erforderliche Genauigkeit und Geschwindigkeit und eventuell vorhandene Störeinflüsse. Bei der Informationsverarbeitung sind vor allem die Art und Komplexität der Problemstellung, die zur Lösung verfügbare Zeit und wieder der mögliche Einfluss von Störungen zu nennen. Bei der Informationsausgabe oder Handlung sind besonders die dabei erforderliche Genauigkeit und Geschwindigkeit sowie die Folgen möglicher Fehlhandlungen und die Verantwortung in Betracht zu ziehen.

Neben diesen Merkmalen zur Kennzeichnung der Belastungshöhe ist der Zeitaspekt – z. B. in Form der Dauer ununterbrochener Tätigkeitsabschnitte und deren Häufigkeit während der Arbeitsschicht – zu berücksichtigen.

Regelungen der *Arbeitsorganisation* bestimmen den Umfang psychischer Belastungen wesentlich mit. Neben der Gestaltung der Arbeitsaufgabe sind dies insbesondere deren Aufteilung auf unterschiedliche Mitarbeiter, die Kommunikations- und Kooperationsbeziehungen bei der Arbeit und die Regelungen zu Lage und Verteilung der Arbeitszeit.

Eine (weitgehende) *Arbeitsteilung* nach der Art der Tätigkeit ist durch repetitive Arbeitsvorgänge mit kurzer Zykluszeit und hoher Wiederholungsrate gekennzeichnet. Die Vorgänge stellen oft nur geringe Anforderungen an die Mitarbeiter, binden aber ihre Aufmerksamkeit. Planende, ausführende und kontrollierende Tätigkeiten sind getrennt und werden von verschiedenen Personen ausgeführt. Den Vorteilen – z. B. einer hohen Mengenleistung infolge Übung und Spezialisierung, dem Entfall geistiger Umstellung bei *Tätigkeitswechsel* und der Möglichkeit des Einsatzes gering qualifizierter Mitarbeiter – stehen als Nachteile insbesondere höhere physische (einseitige körperliche) Belastung durch ständige Wiederholung der gleichen Bewegungsfolgen mit der Gefahr der Überforderung) und psychische Belastungen gegenüber: Unterforderung durch die dauernde Wiederholung kurzzyklischer Tätigkeiten, die besonders in reizarmer Umgebung und bei fehlender Möglichkeit zur Kommunikation zu Monotonie führen kann, die fehlende Stimulanz zu Qualifikationserhalt oder -erwerb und der Mangel an Rückmeldung über den Arbeitserfolg dazu, die Bedeutung der eigenen Arbeitstätigkeit kann in solchen Fällen als gering empfunden werden.

Vor allem an verketteten Arbeitssystemen sind Beschäftigte oft zeitlich eng an einen festen, vom Maschinentakt oder von der Arbeitsgruppe vorgegebenen Arbeitsrhythmus und auch räumlich an einen Arbeitsort gebunden. Die fehlende oder zumindest stark eingeschränkte Möglichkeit einer selbstbestimmten Einteilung der Tätigkeit und der Kommunikation mit anderen Personen können emotional belastend wirken.

Die Lage und Verteilung der Arbeitszeit bestimmen die psychomentalen Anforderungen mit: Unregelmäßige *Arbeitszeiten* (z. B. Arbeit auf Abruf) und regelmäßige Arbeitszeiten zu unterschiedlichen Tageszeiten (Schichtarbeit; vgl. Teil IV, Kapitel 4) schränken die Planbarkeit der Tagesabläufe sowie die Möglichkeit sozialer Kontakte in der Freizeit ein und erfordern Arbeitsaktivität auch in Zeiten, in denen der Organismus auf Erholung anstelle von Leistungserbringung eingestellt ist. Diese Arbeit gegen den Verlauf der physiologischen Leistungsbereitschaft (vgl. Abschnitt 2.8.3), also bei eingeschränkten individuellen Leistungsvoraussetzungen, kann zu höherer Beanspruchung führen.

Auswirkungen von *Schichtarbeit* reichen von Anpassungsschwierigkeiten über Befindlichkeitsstörungen bis zu Erkrankungen. Das Erleben auch der physischen Auswirkungen kann die Einstellung zu den Arbeitsbedingungen und zur Tätigkeit insgesamt negativ beeinflussen und psychisch (emotional) belastend wirken.

Soziale Arbeitsbedingungen betreffen die *Möglichkeit* bzw. Erfordernis und Intensität von Kommunikations- und Kooperationsbeziehungen bei der Arbeit, Führungsstruktur und Führungsstil der Vorgesetzten, Gruppenstruktur und Zusammenhalt auf der Mitarbeiterebene, die Berücksichtigung der Belange der Mitarbeiter und ihre Einbeziehung zumindest in Planungs- und Gestaltungsprozesse, die ihre Tätigkeit betreffen sowie die Anerkennung individueller Anstrengung und Leistung z. B. durch Maßnahmen der Personalentwicklung, aber auch bei der Bemessung des Entgelts.

Mängel in der Gestaltung der sozialen Arbeitsbedingungen beanspruchen das psychische (emotionale) System des Menschen. Als Folgen können über mangelnde Kommunikation und Kooperation in Verbindung mit Unterforderung Monotonieerleben und über fehlende Anerkennung und Einbeziehung psychische Sättigung entstehen.

2.6 Belastung

2.6.1 Belastungshöhe, -dauer und -verteilung

Belastung und Beanspruchung

Bei der Behandlung und Gestaltung der Mensch-Maschine-Schnittstelle ist es sinnvoll, zwischen *Belastung* und *Beanspruchung* des Menschen zu unterscheiden. Die Begriffe Belastung und Beanspruchung wurden der Technikersprache entlehnt und sinnentsprechend auf den Menschen angewandt. Aus der Arbeitsaufgabe resultieren die energetische *Arbeitsschwere* und die informatorische *Arbeitsschwierigkeit*, die zusammen mit den physikalischen und organisatorischen Bedingungen die Belastung des Menschen bestimmen. Belastungen werden deshalb nach verschiedenen *Teilbelastungen* unterschieden. Sie heißen *Belastungsgrößen*, wenn sie auf metrischem Skalenniveau, und *Belastungsfaktoren*, wenn sie auf Nominal- oder Ordinalskalenniveau[68] beschrieben sind.

Jede Teilbelastung hat zwei Dimensionen, eine zeitliche, die *Belastungsdauer*, und eine intensitätsmäßige, die *Belastungshöhe* (Abbildung II-43). Entsprechend der von ihnen bewirkten Organanforderungen wird zwischen vorwiegend körperlichen (besser: energetisch-effektorischen) und nicht körperlichen (besser: informatorisch-mentalen) *Belastungsarten* unterschieden.

Zeitabschnitte, in denen Teilbelastungen in konstanter Belastungshöhe auftreten, heißen *Belastungsabschnitte* (Abbildung II-44). Eine Gesamtbelastungshöhe als eine aus der Addition verschiedener Teilbelastungen abgeleitete Kenngröße ist nur dann sinnvoll interpretierbar, wenn in jedem Belastungsabschnitt die gleiche Belastungsart auftritt, was im Regelfall nicht gegeben ist.

Die *Gesamtbelastung* ist durch Angabe folgender Größe/Faktoren zu beschreiben:

- Teilbelastungshöhe und -dauer,
- Reihenfolge der Teilbelastungen,
- Überlagerung von Belastungsarten,
- zeitliche Lage der Belastungsarten im Schichtverlauf.

68 Eine Ordinalskala enthält eine Rangordnung von Mess- oder Beobachtungswerten (z. B. Schulnoten).

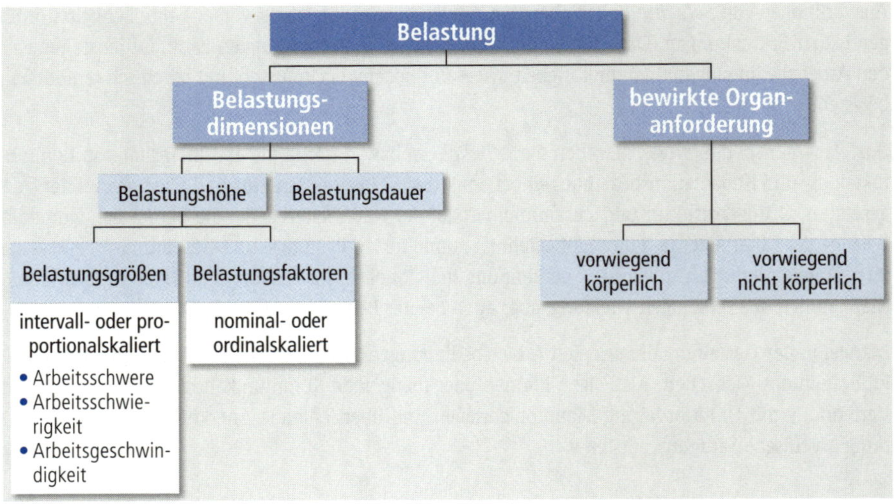

Abbildung II-43 Aspekte des Belastungsbegriffs

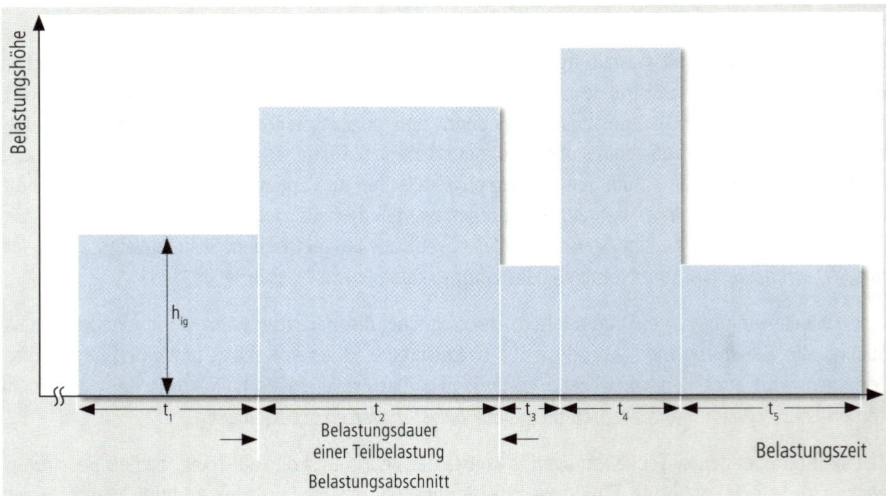

Abbildung II-44 Zusammensetzung der (Gesamt-)Belastung aus Teilbelastungen

Die Belastungshöhe kann über der Zeitachse (z. B. über der Dauer einer Arbeitsschicht) ganz unterschiedlich sein (Abbildung II-45).

Bei der Zerlegung eines *Arbeitsablaufs* in Belastungsabschnitte hat es sich als zweckmäßig erwiesen, die folgenden Schlüsselfragen zu stellen:[69]

- Was? → Was wird verlangt?
  = Frage nach der Arbeitsaufgabe

69 Vgl. Laurig, W.: Grundzüge der Ergonomie. Berlin: Beuth, 1990.

- Wie? → Wie wird die Arbeit ausgeführt?
  = Frage nach der Arbeitsgestaltung

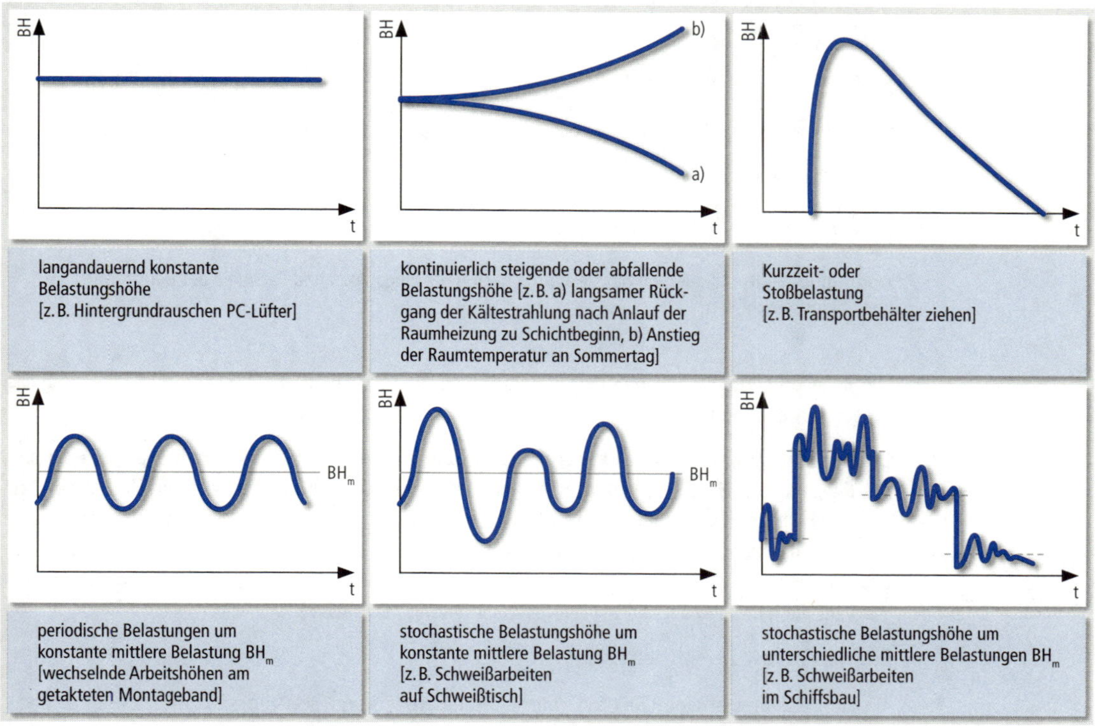

Abbildung II-45 Beispiele für Belastungsverläufe über der Zeitachse

- Womit? → Mit welchen Arbeitsmitteln wird gearbeitet?
  = Frage nach Werkzeugen und Vorrichtungen
- Wie lange? → Wie lange dauert die Ausführung?
  = Frage nach der Dauer von Teilbelastungen
- Wie oft? → Wie häufig wird ausgeführt?
  = Frage nach der Häufigkeit des Zyklus
- Wann? → Wann wird die Arbeit ausgeführt?
  = Frage nach der Belastungszeit
- Wo? → Welche Umgebungsbedingungen bestehen?
  = Frage nach der Arbeitsumgebung

Die Belastungsdauer kann man über *Ablaufstudien* für bereits bestehende Arbeitssysteme, mit MTM-Prozessbausteinsystemen auch für in der Planung befindliche Arbeitssysteme ermitteln.

Die Belastungshöhe lässt sich für unterschiedliche Belastungstypen beispielsweise nach der in Abbildung II-46 dargestellten Systematik festlegen.

Die Belastung ist ein objektiver, personenunabhängiger Parameter, im Gegensatz zur Beanspruchung, welche die subjektive Belastungsauswirkung auf den Menschen meint.

Rücken	Arme	Beispiele für Belastungsfaktoren (qualitativ)	Beispiele für Belastungsgrößen (quantitativ)
energetische Belastung	Schwere oder Schwierigkeit der Arbeit	Bewegungselemente z. B. nach MTM-1	physikalische Größen z. B. Gewicht, Kraft oder Weg
informatorische Belastung	Genauigkeit der Informationsverarbeitung	Art und Veränderung von Signalen	Informationsgehalt von Anzeigen
Belastung aus der physikalischen oder chemischen Umgebung	Intensität eines Umgebungseinflusses	subjektive Feststellung z. B. zur Lautstärke oder Helligkeit	physikalische Größen z. B. Schalldruck oder Leuchtdichte
Belastung aus der sozialen Umgebung	Unterstellungsverhältnisse	Feststellungen zum Betriebsklima	Darstellung von Soziogrammen

Abbildung II-46 Gliederung der Belastung nach Belastungstypen und Beispiele der Belastung nach Belastungshöhen[70]

Die Beanspruchung ist umso höher, je ungünstiger die individuelle Prädisposition ist (gleiche Belastungen führen zu interindividuell verschiedenen Beanspruchungen).

Die Gesamtbeanspruchung wird nach Teilbeanspruchungen unterschieden, z. B. der Sinnesorgane, des Skeletts, des Herz-Kreislaufsystems. Jede Teilbeanspruchung wird nach ihrer Höhe und Dauer analysiert. Da Beanspruchungen nicht direkt messbar sind, verwendet man mehr oder weniger valide Beanspruchungs-Kenngrößen, z. B. die Herzschlagfrequenz als Kenngröße der Herz-Kreislauf-Beanspruchung. Aus den Messergebnissen in der Einheit dieser Kenngrößen, z. B. Herzschläge/min, wird auf die damit abzubildende (Teil-)Beanspruchung geschlossen.

Zusammenfassend ergibt sich also:

- Die Belastung ist eine Funktion von Belastungsgrößen und Belastungsfaktoren sowie der Belastungsdauer:

  $B = f(h_g, h_f, T)$

- Die Belastungsdauer ergibt sich als Summe der einzelnen Belastungsabschnitte. Auch für $h_{1j} = h_{2j} = \dots h_{nj}$ ist eine Addition zur Gesamtbelastungshöhe normalerweise nicht sinnvoll.
- Die individuelle Beanspruchung b ist abhängig von:

  E = Eigenschaften

  F1 = Fähigkeiten

  F2 = Fertigkeiten

  $b = f(B, E, F1, F2)$

In der Praxis ist die individuelle Beanspruchung nicht immer von Interesse, stattdessen ist die Wirkung auf den »mittleren« Mitarbeiter von Bedeutung, d. h. von E, F1, F2 ist weitgehend zu abstrahieren:

$b = f(B)$

Auf die besondere Problematik der Gestaltung für den »mittleren« Mitarbeiter wird im Teil III, Abschnitt 5.2 eingegangen.

70 Laurig, W.: a. a. O., 1990, S. 106.

Fehlbelastung

Es sei festgehalten, dass der Belastungsbegriff – entgegen der umgangssprachlichen Verwendung – nicht negativ, sondern neutral belegt ist. Besonders die physische Belastung ist lebensnotwendig, allerdings sind physische Fehlbelastungen zu vermeiden.

2.6.2 Belastungssuperposition

Überlagerung von Belastungen

Teilbelastungen treten – wie die Bezeichnung schon vermuten lässt – in den seltensten Fällen isoliert, sondern im Regelfall überlagert auf. Man spricht hier von *Belastungssuperposition*. Belastungssuperposition bezeichnet die Überlagerung von Teilbelastungen in ihrer Auswirkung auf einzelne Organe, Organsysteme und den Gesamtorganismus des Menschen.[71] Teilbelastungen können sich untereinander kompensieren, sie können indifferent zueinander sein oder sie können sich kumulieren. Kompensationseffekt bedeutet dabei, dass sich unterschiedliche Belastungsarten in ihrem beanspruchungsbezogenen Auswirkungen verdecken bzw. nach ihrem physikalischen oder physiologischen Zusammenwirken eine insgesamt geringere Beanspruchung hervorrufen, als wenn jede Belastungsart für sich alleine bestünde.[72] So kann bei der Überlagerung von schwerer dynamischer Muskelarbeit und Hitzeklima von einem Kumulationseffekt, bei Überlagerung von schwerer dynamischer Arbeit und Kälteklima von einem Kompensationseffekt ausgegangen werden. Treten dagegen Teilbelastungen auf, die einmal aus körperlichen Anforderungen, zum anderen aus psycho-mentalen Anforderungen herrühren, so kann häufig von einem Indifferenzeffekt ausgegangen werden. Zum Beispiel sind beim Staplerfahren die Belastungen des Fuß-Bein-Systems und des Sehorgans indifferent zueinander.

Weiterhin ist bei den Mehrfachbelastungen der Zeitablauf zu beachten: Treten die Teilbelastungen hintereinander auf, so können natürlich Beanspruchungs- und Ermüdungseffekte von der Vorbelastung in die darauf folgende Teilbelastung mitgeschleppt werden. Treten sie simultan auf, dann kann im schlechtesten Fall von synergistischen Beanspruchungswirkungen[73] ausgegangen werden. Kommt es im Zeitablauf zu häufigem Tätigkeitswechsel, so sind die geringsten Superpositionseffekte zu erwarten. Durch geschickte Arbeitsprozessgestaltung können Teilbelastungen, die denselben organismischen Engpass ansprechen, entzerrt werden. Eine Teilbelastung wirkt nicht nur zum gerade untersuchten Belastungsabschnitt, sie hat außerdem eine Vorauswirkung und eine Nachwirkung.

2.6.3 Belastungsmodelle

Belastungs-Beanspruchungs-konzept

In der arbeitswissenschaftlichen, arbeitsmedizinischen und arbeitspsychologischen Forschung gibt es eine ganze Reihe von Konzepten zur Abhängigkeit von Gesundheit und Belastung. Das *Belastungs-Beanspruchungskonzept* von Rohmert[74] wurde aus psychologischer oder auch aus soziologischer Sicht kritisiert. Es wurde betont, dass es zu statisch, eindimensional, kausal dimensioniert sei und für die Erklärung von Wirkungsmechanismen in einer modernen Arbeit nicht geeignet wäre.[75] Für die Produkt- und Arbeitsgestaltung sind diese Konzepte häufig nicht praxisgerecht genug.

---

71 Luczak, H.: Grundlagen ergonomischer Belastungssuperpositionen. In: Rohmert, W. (Hrsg.): Ergonomie der koordinierten Belastungen. Dokumentation Arbeitswissenschaft, Band 8, Köln: Schmidt-Verlag, 1982, S. 19–46.
72 Luczak, H.: Grundlagen ergonomischer Belastungssuperpositionen. a. a. O., 1982.
73 Synergistisch: Teilbelastungen, die sich addieren oder potenzieren.
74 Vgl. Luczak, H.; Rohmert, W.; Rutenfranz, J.: Praktische Arbeitsphysiologie. Stuttgart: Thieme, 1983, S. 9–16.
75 Scheuch, K.: Arbeitsphysiologie. In: Triebig, G., Kentner, N.; Schiele, R. (Hrsg.): Arbeitsmedizin. Stuttgart: Gentner, 2. Auflage. 2008, S. 435–480. Hier werden einige weit verbreitete Belastungs-Bewältigungs-Gesundheitskonzepte aufgeführt.

Das Belastungs-Beanspruchungskonzept gilt in seiner ursprünglichen Form allein für Tätigkeiten unter Zeitzwang, z. B. am getakteten Band. Für alle anderen Tätigkeiten ist dieses Konzept nicht ausreichend. Eine Erweiterung des Belastungs-Beanspruchungskonzepts besteht darin, dass die Bewältigung der Belastungen durch die Arbeitsperson in die Validierung eingeht (Abbildung II-47).

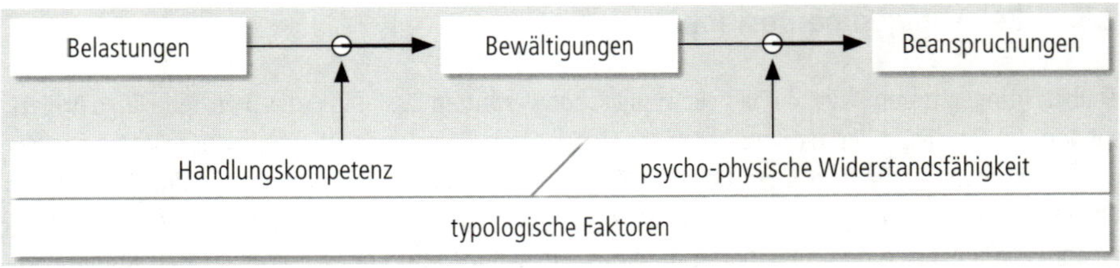

Abbildung II-47 Belastungs-Beanspruchungskonzept

Stark vereinfacht lässt sich die Belastungs-Beanspruchungsfunktion als U-Modell darstellen (vgl. dazu auch Abbildung II-102).

2.6.4 Belastung und Entgelt

ERA

ERA ist ein Entgeltsystem für Arbeiter und Angestellte der Metall- und Elektroindustrie.[76] Es geht darum, eine einheitliche Arbeitsbewertung für alle Arten von Tätigkeiten im Unternehmen (außer denen der leitenden Angestellten) herbeizuführen und eine Durchlässigkeit zwischen den damit verbunden Arbeitsaufgaben zu ermöglichen.[77]

ERA ersetzt die alten Rahmentarifverträge, die eine Anforderungsdifferenzierung nach dem Genfer Schema von 1950 durchführen und im Regelfall die Anforderungsstrukturen heutiger Industrie- und Büroarbeit nicht mehr abdecken konnten.

Der Entgeltrahmentarifvertrag (ERA-TV) regelt für die Tarifparteien, wie arbeitsbedingte Belastungen von Mitarbeitern monetär bewertet werden sollen. Die Umsetzung der Mitarbeiter-Belastung in ein Entgelt erfordert Bewertungsverfahren, die zum einen konsensfähig zwischen Arbeitgeber und Arbeitnehmer sind, zum anderen möglichst praktikabel, ökonomisch und vor allem valide ausgelegt wurden. In Bezug auf die Konsensfähigkeit der Belastungsbewertung unterscheidet sich die Problematik des Entgeltrahmentarifvertrages von den Belastungsbewertungsansätzen, die weiter unten (siehe Abschnitt 2.7) behandelt werden. Dort steht die wissenschaftliche Begründung und praktische Anwendungsfähigkeit im Vordergrund, die Frage des Konsenses zwischen den Betriebsparteien stellte sich jedoch nicht.

Keine Bezahlung für Gesundheitsschäden

In § 1 des ERA-Tarifvertrages wird als Ziel festgelegt, die Gesundheit der Beschäftigten zu schützen und demzufolge keine Bezahlung für mögliche Gesundheitsschäden zu gewährleisten. Abbildung II-48 fasst die Belastungsarten zusammen, die in ERA bewertet und entgolten werden müssen.

76 ERA-TV: Entgeltrahmentarifvertrag für die Beschäftigten der Metall- und Elektroindustrie in Baden-Württemberg, Stuttgart, 2003. ERA ist eine Abkürzung für Entgelt-Rahmen-Abkommen, die ursprünglich im Tarifgebiet Nordrhein-Westfalen entstanden ist. Diese Abkürzung wurde später auch von anderen Tarifgebieten übernommen.

77 Auf arbeitsrechtliche und monetäre Aspekte des ERA-Tarifwerks wird hier nicht eingegangen. Stattdessen sei verwiesen z. B. auf Schweres, M.: Neubewertung von Arbeit. In: Arbeitsrecht im Betrieb, 23, 2002, S. 7, 422–426 oder Reichel, F.-G.: Das Regelungswerk ERA zur Neugestaltung der tariflichen Vergütung in der Metall- und Elektroindustrie. In: Angewandte Arbeitswissenschaft, 183, 2005, S. 2–26.

Belastungsarten

Belastung der Muskeln hängt ab
- vom Kraftaufwand
- von der Körperhaltung
- vom Belastungswechsel während der Arbeitszeit
- ob gleiche oder verschiedene Muskelgruppen abwechselnd beansprucht werden
- ob sie stoßartig auftritt

Reizarmut liegt vor
- bei inhaltlich einförmigen, monotonen, sich ständig wiederholenden Arbeiten mit geringer Kraftanstrengung und hoher Reizarmut
- wenn am Arbeitsplatz die Möglichkeit zu sozialen Kontakten fehlt

Umgebungseinflüsse
1. Lärm über 82 dB(A) bzw. über 86 dB(A)
2. sonstige Umgebungseinflüsse
   - Schmutz, Öl, Fett
   - Hitze, Kälte, Zugluft
   - Nässe, Säure, Lauge
   - Gase, Dämpfe, Staub
   - Blendung, Lichtmangel
   - Unfallgefahr, Schutzkleidung

Abbildung II-48 Belastungsarten, die das ERA-Tarifwerk zur Bewertung vorsieht[78]

Grundentgelt

Im Rahmen von ERA sollen u. a. »höhere« und »hohe« muskuläre Belastungen, welche ein »mittleres Maß« überschreiten, bei der Entgeltfindung gesondert berücksichtigt werden. Mittlere Belastungen sind bereits mit dem Grundentgelt abgegolten. Darüber hinausgehende Belastungen werden bewertet und durch eine Belastungszulage honoriert. Aus arbeitswissenschaftlicher Sicht bedeutet dies, dass nur »zulässige«, d. h. »erträgliche« Belastungen einer Entlohnung zugeführt werden; gefährdende, »nicht zulässige« Belastungen sind zu beseitigen. Um zu verhindern, dass Belastungen zu Gesundheitsschäden führen, hat der Arbeitgeber mit dem Betriebsrat geeignete Maßnahmen zur Minderung der Belastung zu beraten. Dabei sind der Stand der Technik, Arbeitsmedizin und Hygiene sowie sonstige gesicherte arbeitswissenschaftliche Erkenntnisse zu berücksichtigen.

Ampelschema

Da die körperliche Leistungsfähigkeit in der Arbeitsbevölkerung keine Konstante ist, sondern einer Verteilungsform folgt, werden »zulässige« und »nicht zulässige« Belastungen nicht trennscharf nebeneinander liegen, sondern sich in einem »fallweise zulässigen« Bereich überlappen. Zur Klassifikation »zulässig«, »fallweise zulässig« und »nicht zulässig« bietet sich daher ein Drei-Zonen-Bewertungsverfahren (Ampelschema) an, wie es zur Konkretisierung der Maschinenrichtlinie (98/79/EG) in EN 614 Anhang A beschrieben wird. Dieses Vorgehen hat sich auch bei der Umsetzung anderer EU-Richtlinien bewährt (z. B. Leitmerkmalmethoden der Bundesanstalt für Arbeitsschutz und Arbeitsmedizin, siehe Abschnitte 2.7.5 und 2.7.6) und bietet somit Rechtssicherheit im Sinne der Berücksichtigung gesicherter arbeitswissenschaftlicher Erkenntnisse.[79]

Körperliche Belastungen sind durch ungünstige *Körperhaltungen*, aber auch durch das Ausüben von *Aktionskräften*, das *Handhaben von Lasten* sowie *kurzzyklische-repetitive Belastungen* des Finger-Hand-Arm-Systems gekennzeichnet.

Das zur Umsetzung der Belastungsbewertung entwickelte und in die Metall- und Elektroindustrie eingeführte Verfahren IAD-BkB[80] bewertet physisch belastende Arbeitssituationen und vergibt hierfür

78 IG Metall, Bezirk Baden-Württemberg: Der Entgeltrahmentarifvertrag (ERA). Manuskriptdruck, Stuttgart, 2007.

79 Vgl. zu den folgenden Ausführungen auch Ghezel-Ahmadi, K.; Schaub, K.: Bewertung der körperlichen Belastungen am Arbeitsplatz mit dem IAD-BkB im Rahmen des ERA-Tarifwerks. In: Zeitschrift für Arbeitswissenschaft, 4, 2007, S. 255–261 und Ghezel-Ahmadi, K.: Evaluation der Anwendbarkeit eines neuen Verfahrens zur Belastungsbewertung manueller Arbeitsplätze in der Fertigung. Stuttgart: Ergonomia 2008.

80 Institut für Arbeitswissenschaft TU Darmstadt – Bewertung körperlicher Belastung (BkB).

Belastungspunkte, welche sich aus Belastungshöhe und Belastungsdauer bzw. Belastungshäufigkeit ableiten.[81]

2.7 Belastungsbewertung

2.7.1 Überblick

Das Produktivitätsmanagement soll sowohl effiziente Prozesse (Produktivitätsaspekt) als auch eine menschengerechte Arbeitsgestaltung (Humanitätsaspekt) in eine ausgewogene Balance führen. Die Leistungsabforderung im Arbeitssystem wird dabei mit einer langfristigen Strategie der Belastungsminderung bzw. Belastungsoptimierung verknüpft.[82]

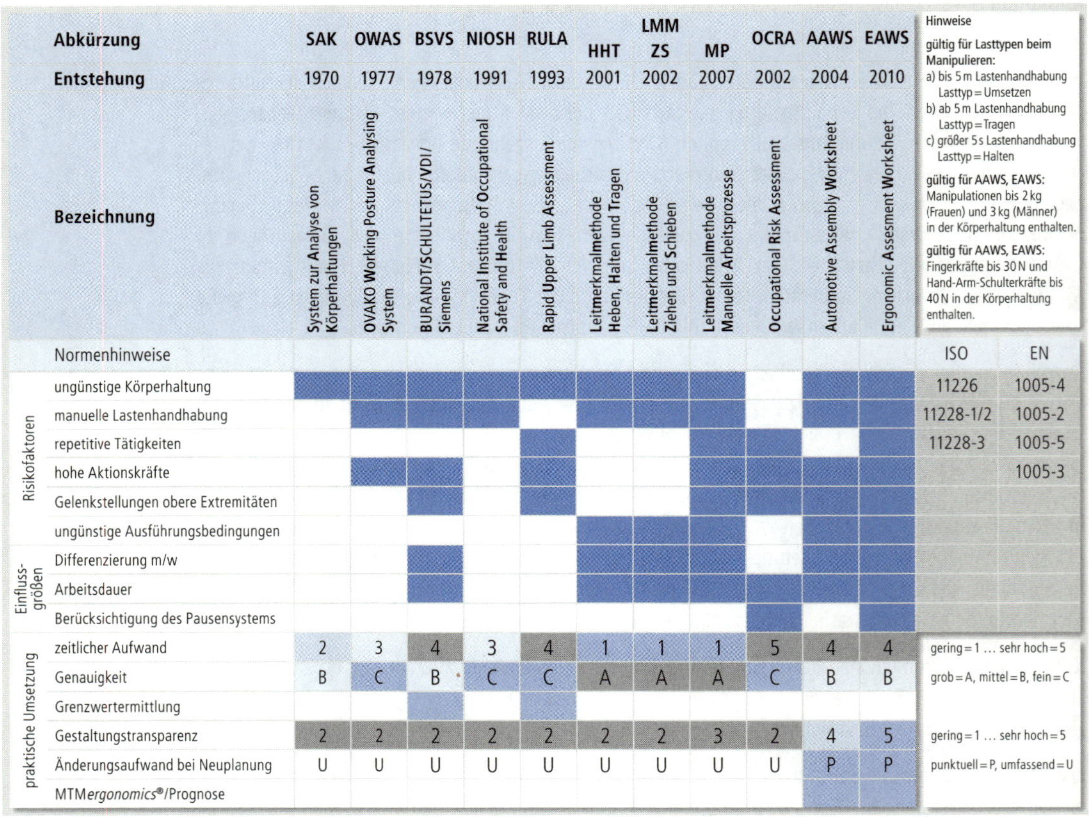

Abbildung II-49 Übersicht zu den Belastungsanalyse- und Belastungsbewertungsverfahren[82]

In diesem Kapitel werden die Werkzeuge vorgestellt, um Arbeitsbelastungen zu erkennen, zu bewerten und zu mindern. Langfristig soll jedes neu gestaltete Arbeitssystem in Bezug auf Gefährdung und

81 Vgl. Ghezel-Ahmadi, K.; Schaub, K.: a. a. O., 2007.
82 Erhebung der Deutschen MTM-Vereinigung e. V., 2011.

Belastung rechtskonform sein[83] und den Kriterien der Erträglichkeit, Zumutbarkeit und Zufriedenheit (vgl. Abschnitt 2.4) genügen.

Der Leser wird zu den Analyse- und Bewertungsverfahren geführt, die für die untersuchten Arbeitssystem-Typen geeignet sind. Abbildung II-49 informiert über die charakteristischen Belastungsengpässe der körperlichen und informatorischen Arbeit und die dazu empfohlenen Bewertungsverfahren.

2.7.2 Körperhaltung

Ist das *Verharren* in einer bestimmten Körperhaltung das Charakteristische einer Tätigkeit (z. B. in den Berufen Installateur, Automechaniker, Friseur etc.), dann wird zur Analyse und Bewertung der *Körperhaltungen* das *OWAS-Verfahren*[84] empfohlen.

- Das Verfahren gestattet die Bewertung von statischen und dynamischen Körperhaltungen und -bewegungen auf Basis ihrer Auftretenshäufigkeiten.
- Das Verfahren kann auf ortsveränderliche (Basisverfahren) und stationäre (punktuelle Verfahren) Arbeitsplätze angewendet werden.[85]

Rücken	Arme	Beinhaltung	Gewicht oder Kraftbedarf	Kopf
1 gerade	1 beide Arme unter Schulterhöhe	1 Sitzen, Beine unter Gesäßhöhe	1 unter 10 kg	1 frei
2 gebeugt	2 ein Arm auf oder über Schulterhöhe	2 Stehen, Beine gerade	2 über 10 kg bis unter 20 kg	2 nach vorn gebeugt
3 gedreht **oder** zur Seite gebeugt	3 beide Arme auf oder über Schulter	3 Stehen auf einem Bein, Bein gerade	3 über 20 kg	3 zur Seite gebeugt
4 gebeugt **und** gedreht **und** zur Seite gebeugt		4 Stehen auf zwei Beinen, Beine gebeugt		4 nach hinten gebeugt
		5 Stehen auf einem Bein, Bein gebeugt		5 zur Seite gedreht
		6 Knien		
		7 Gehen		
		8 Sitzen, Beine oder Gesäß auf gleicher Höhe		
		9 Haltung ohne Unterstützung der Beine		
		0 Kriechen oder Klettern		

Abbildung II-50 Einstufungsblatt des OWAS-Verfahrens

83 Arbeitssicherheit und Gesundheitsschutz im Rahmen des europäischen Binnenmarktes: EU-Rahmenrichtlinie 89/391/EWG bzw. Arbeitsschutzgesetz und EU-Maschinenrichtlinie 98/37/EG.

84 Ovako Work Analysis System: Entwicklung zunächst im finnischen Stahlwerk OVAKO. Später Weiterentwicklung durch den finnischen Rationalisierungsrat unter Beteiligung der Bergwerk-, Holz-, Lebensmittel-, Maschinenbau und Textilindustrie unter Einschluss von Büroarbeiten. Deutsche Übersetzung: Stoffert, G.: Analyse und Einstufung von Körperhaltungen bei der Arbeit nach der OWAS-Methode. Zeitschrift für Arbeitswissenschaft 39, 1985,1, S. 31–38.

85 Vgl. Schaub, K.; Spelten, Chr.: IAD Toolbox körperliche Arbeit. Darmstadt: Institut für Arbeitswissenschaft der Technischen Universität Darmstadt, Version 2.1, 2004.

OWAS

OWAS als eine international anerkannte Methode ist schnell und universell einsetzbar. Jede Körperhaltung wird mit Hilfe eines vier- oder fünfstelligen Zahlenkodes beschrieben und entweder als Ganzkörperhaltung oder als beteiligte Teilkörperhaltung bewertet (Abbildung II-50). Die Erfassung der Haltungen erfolgt üblicherweise als Multimomentstudie (vgl. Abschnitt 8.6).

Abbildung II-51 zeigt Beispiele von Arbeitshaltungen mit dem zugeordneten OWAS-Kode.

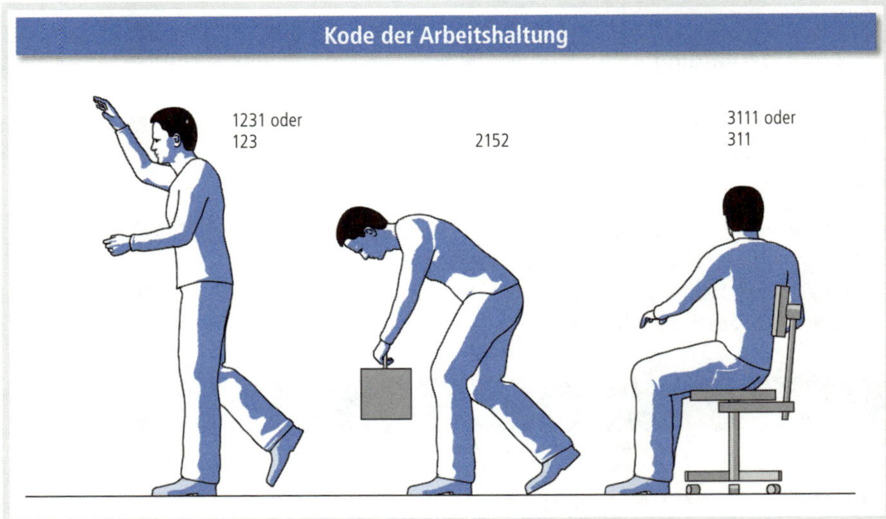

Abbildung II-51 Beispiele von Arbeitshaltungen mit dem zugeordneten OWAS-Kode

Als Analyseergebnis werden Maßnahmenklassen (MK) ausgegeben, die in Abhängigkeit von der Güte der Körperhaltung notwendige Maßnahmen zur Arbeitsgestaltung beschreiben (Abbildung II-52).

MK	Bewertung der Körperhaltung/notwendige Gestaltungsmaßnahmen
1	Die Körperhaltung ist normal. Maßnahmen zur Arbeitsgestaltung sind nicht notwendig.
2	Die Körperhaltung ist belastend. Maßnahmen, die zu einer besseren Arbeitshaltung führen, sind in der nächsten Zeit vorzunehmen.
3	Die Körperhaltung ist deutlich belastend. Maßnahmen, die zu einer besseren Arbeitshaltung führen, müssen so schnell wie möglich vorgenommen werden.
4	Die Körperhaltung ist deutlich schwer belastend. Maßnahmen, die zu einer besseren Arbeitshaltung führen, müssen unmittelbar getroffen werden.

Abbildung II-52 Maßnahmenklassen nach der OWAS-Methode

Abbildung II-53 zeigt die Dringlichkeit von Veränderungsmaßnahmen in Abhängigkeit der eingenommen Körperhaltungen auf.

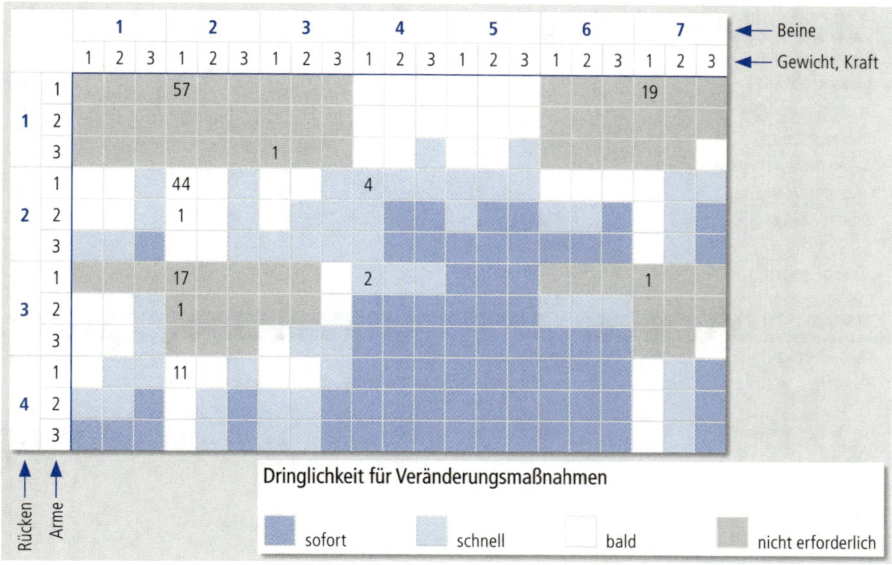

Abbildung II-53 Dringlichkeit von Gestaltungsmaßnahmen nach OWAS-Befunden

OWAS kann papiergestützt oder PC-gestützt angewendet werden.[86]

2.7.3 Körperbewegungen

Liegt der Tätigkeitsengpass in einer ausgeprägten Körperbewegung – und damit letztlich im Herz-Kreislauf-System –, dann kann der *Energieumsatz* folgendermaßen geschätzt werden: Anhand einer (groben) Ablaufstudie von Körperstellung und Körperbewegung ermittelt man die Arbeitsenergieumsätze für die Körperstellung bzw. -bewegung (Teil A von Abbildung II-54) und die jeweils zutreffende Art der Arbeit (Teil B von Abbildung II-54).

86 Schaub, K. u. a.: a. a. O., 2004.

A. Körperstellung bzw. -bewegung	Bedingungen	kJ/min
Ruhen im Liegen		0,2
Ruhen im Sitzen		0,4
Sitzen bei der Arbeit		1,0
ruhiges Stehen		2,6
Stehen nach vorn gebeugt		4,0
Knien oder Hocken		3,2–5,0
Gehen ohne Last	3 km/h	10,8
	6 km/h	23,9
Leiter besteigen	70 Sprossen/min	33,6
Treppe steigen	100 Stufen/min	57,5
B. Art der Arbeit	**Beispiel**	**kJ/min**
Handarbeit, leicht	Manual lesen	1,0–2,5
Handarbeit, mittel	Schraube eindrehen (waagerecht eindrehen = niedriger Wert; senkrecht = höherer Wert)	2,5–4,0
Handarbeit, schwer	Arbeit mit Schraubenschlüssel	4,0–5,5
Einarmarbeit, leicht	Abbrennen mit Schneidbrenner	2,5–4,0
Einarmarbeit, mittel	Bohren an Ständerbohrmaschine	5,0–7,5
Einarmarbeit, schwer	Arbeit mit leichtem (1 kg) Hammer	7,5–10,0
Zweiarmarbeit, leicht	Drehmaschine bedienen	6,0–8,5
Zweiarmarbeit, mittel	Feilen mit Schlichtfeile	5,0–7,5
Zweiarmarbeit, schwer	Montagearbeiten am Motorenfließband	11,0–13,5
Körperarbeit, leicht	Gussputzen, kleine Teile, hängender Putzhammer	11,0–17,0
Körperarbeit, mittel	Werkshalle fegen	17,0–25,0
Körperarbeit, schwer	Flacheisen kalt biegen	25,0–35,0
Körperarbeit, sehr schwer	Arbeit mit Vorschlaghammer	35,0–50,0

Abbildung II-54 Überschlägige Berechnung des Arbeitsenergieumsatzes[87]

Die folgenden Grenzwerte sollen bei täglicher Wiederholung der Arbeit langfristig nicht überschritten werden:

- Für Männer AEU_{grenz} = 17–20 kJ/min
- Für Frauen AEU_{grenz} = 12–13 kJ/min

Kurzfristige Überschreitungen sind bei gesunden Menschen ohne Bedenken möglich.

2.7.4 Grenzkräfte und Grenzdrehmomente

Körperkräfte und Körpermomente

Praktisch alle Arbeiten des Menschen werden von Körperkräften und Körpermomenten bewirkt oder begleitet. Bei den *Körperkräften* unterscheidet man Muskel-, Massen- und Aktionskräfte. Die *Muskelkraft* wirkt innerhalb des Körpers, die *Massenkraft* ist eine Trägheitskraft, die auf die Körpermasse wirkt, die *Aktionskraft* wird dagegen nach außen vom Körper abgegeben. Sie ist damit die Kraftart, die durch Arbeitsgestaltung beeinflusst werden kann. Der Krafteinsatz des Menschen hängt vom Verhältnis der ausgeübten zur maximalen Muskelkraft ab, von der *Kontraktionsdauer* und der Kontraktionshäufigkeit. Man unterscheidet weiterhin statische (isometrische) und dynamische Muskelkräfte. Statische Aktionskräfte wirken auf einen sich nicht bewegenden Kraftangriffspunkt, man bezeichnet

87 Werte in Anlehnung an Diebschlag, W.: Stoffwechsel und Energieumsatz. In: Landau, K.; Stübler, E.: Die Arbeit im Dienstleistungsbetrieb. Stuttgart: Ulmer, 1992, S. 55–64 sowie Ulmer, H.-V.: Energieumsatz. In: Rohmert, W.; Rutenfranz, J.: Praktische Arbeitsphysiologie. Stuttgart: Thieme, 1983, S. 147–164. Um den Gesamtumsatz des Menschen zu berechnen, müssen der Grundumsatz mit etwa 4,9 kJ/min (abhängig von Alter, Geschlecht u. a.) sowie der Freizeitumsatz noch hinzugefügt werden.

sie auch als *Stellungskräfte*. *Statische Aktionskräfte* können auf Körperstützflächen (Rückenlehne, Sitzfläche, Fußstütze, Armlehne etc.) wirken, sie können eine bestimmte Körperhaltung fixieren, sie können aber auch zum Halten von Lasten aufgebracht werden.[88]

Dynamische Aktionskräfte werden auf bewegte Gegenstände durch den direkten Kontakt von Körperteilen übertragen. Man unterscheidet Antriebskräfte, Bremskräfte, Manipulationskräfte und Betätigungskräfte. Eine Körperkraft wird durch folgende Bestimmungsgrößen festgelegt:[89]

- Betrag (Größe, Zahlenwert der Kraft F in N),
- Lage des Kraftangriffspunktes relativ zum Körper,
- Richtung der Wirkungslinie der Kraft relativ zum Körper,
- Kraftrichtungssinn.

Ein Körpermoment wird durch folgende Bestimmungsgrößen festgelegt:[90]

Bestimmungsgrößen

- Betrag des Momentes in Nm (Richtung der Drehachse des Momentes relativ zum Körper,
- Drehsinn des Momentes relativ zum Körper.

Der *Kraftangriffspunkt* der Finger-, Hand- und Armkräfte liegt normalerweise in der Mitte der Handfläche. Der Kraftangriffspunkt der Beinkräfte liegt auf der Längsachse der Fußsohle im Schnittpunkt mit der Verlängerung der Längsachse des Unterschenkels. Der Kraftangriffspunkt der Fußkräfte liegt im Schnittpunkt der Längsachse der Fußsohle mit der Fußballenachse.

Zwar liegen in der arbeitswissenschaftlichen Literatur perzentilierte Kraftwerte vor, unterschieden nach Alter und Geschlecht und anderen Kriterien, für die Arbeitsgestaltung sind jedoch unter Laborbedingungen erreichte Maximalkräfte nicht aussagefähig.[91] Bei der Auslegung von Arbeitssystemen sollte man sich an den Werten des 5. bis 15. Perzentils orientieren, damit auch Personen mit niedrigen Körperkräften die Arbeit ausführen können. Andererseits soll die Festigkeit von Arbeitsmitteln und Arbeitsobjekten nach dem 95. Perzentil ausgelegt werden, damit kräftige Arbeitspersonen Arbeitssystem-Elemente nicht zerstören.

Grenzkräfte

Eine Möglichkeit, *Grenzkräfte* für die Arbeitsgestaltung zu bestimmen, besteht nach der DIN EN 1005-3.[92] Die in der DIN EN 1005-3 verwendeten Referenzkräfte entstammen zum Teil einer französischen Norm. Die dort vorgeschlagene Vorgehensweise hat sich in der praktischen Arbeitsgestaltung bisher kaum durchgesetzt. Stattdessen hat ein von Burandt und Schultetus bei Siemens entwickeltes Verfahren zur Ermittlung maximal empfohlener Aktionskräfte und -momente weitgehend Industriestandard erreicht. Das Verfahren ist von einer Reihe weiterer Verfasser bearbeitet bzw. abgewandelt worden, so zum Beispiel von VDI, REFA oder Bullinger.[93]

Bei ortsfesten Arbeitsplätzen und ähnlichen kraftbetonten Inhalten über eine komplette Schichtdauer können bei Kraftausübungen, welche keinen Ganzkörpereinsatz erfordern und muskuläre Engpässe

88 DIN 33411, Teil 1: Körperkräfte des Menschen. Begriffe, Zusammenhänge, Bestimmungsgrößen. Berlin: Beuth, 1992.
89 DIN 33411, Teil 1: a.a.O., 1992.
90 DIN 33411, Teil 1: a.a.O., 1992.
91 DIN 33411, Teil 5: Körperkräfte des Menschen – Maximale statische Aktionskräfte, Werte. Berlin: Beuth, 1999–11.
92 DIN EN 1005-3: Sicherheit von Maschinen – Menschliche körperliche Leistung – Teil 3: empfohlene Kraftgrenzen bei Maschinenbetätigungen. Berlin: Beuth, 2002.
93 Bullinger, H.-J.: Ergonomie – Produkt- und Arbeitsplatzgestaltung. Stuttgart: Teubner, 1994.
Burandt, U.: Ergonomie für Design und Entwicklung. Köln: Verlag Dr. Otto Schmidt, 1978.
REFA – Fachausschuss Chemie (Hrsg.): Handhabung von Lasten. Darmstadt, 1987.
Schultetus, W.: Montagegestaltung. Köln: TÜV Rheinland GmbH, 1980.
VDI (Hrsg.): Handbuch der Arbeitsgestaltung und Arbeitsorganisation. Düsseldorf: VDI-Verlag GmbH, 1980.

zu erwarten sind, die Verfahren nach Schultetus und Burandt sowie VDI angewendet werden.[94] Werden kraftbetonte Tätigkeiten nur über einen Bruchteil der Schicht ausgeübt und sind energetische Komponenten vorhanden, die einen Engpass des Herz-Kreislauf-Systems vermuten lassen, sollten die Verfahren nach Bullinger bzw. nach REFA angewendet werden.

Grenzkräfte und *Grenzdrehmomente* werden folgendermaßen errechnet: Die Maximalkräfte bzw. maximale Drehmomente – ermittelt für 20- bis 30-jährige Männer – werden mit Faktoren multipliziert, die die jeweilige Benutzergruppe nach Geschlecht, Alter und Trainingszustand berücksichtigen. Unterschieden wird nach den Grenzkräften bzw. Grenzdrehmomenten

- des Finger-Hand-Systems und
- des Hand-Arm-Systems.

Grenzkräfte und Grenzdrehmomente

Die Grenzkräfte und die Grenzdrehmomente des Finger-Hand-Systems ermitteln sich aus (vgl. Abbildungen II-55 und II-56):

$$F_{grenz} = k_A \cdot k_B \cdot k_C \cdot k_D \cdot F_{max}$$

$$M_{grenz} = k_A \cdot k_B \cdot k_C \cdot k_D \cdot M_{max}$$

F_{grenz} = zu berechnende Grenzkraft [N]

M_{grenz} = zu berechnendes Grenzmoment [Nm]

k_A = Faktor für Alter und Geschlecht (Wert aus Bild a)

k_B = Faktor für die Trainiertheit (Wert aus Bild b)

k_C = Faktor für die Häufigkeit des dynamischen Krafteinsatzes (Wert aus Bild c)

k_D = Faktor für die Haltedauer bei statischem Krafteinsatz (Wert aus Bild d, falls Krafteinsatz dynamisch wird = 1,0)

F_{max} = Maximalkraft (Wert aus Bild e oder Bild f)

M_{max} = maximales Moment (Wert aus Bild g oder Bild h)

Abbildung II-55 enthält die Diagramme, aus denen die Faktoren k_A, k_B, k_C und k_D berechnet werden können. In Abbildung II-56 werden die zulässigen Kräfte und Drehmomente des Finger-Hand-Systems aus den jeweiligen Maximalkräften und -drehmomenten abgeleitet.

94 Schaub, K.; Spelten, C.: Toolbox körperliche Arbeit. Darmstadt: Institut für Arbeitswissenschaft der Technischen Universität Darmstadt, 2004.

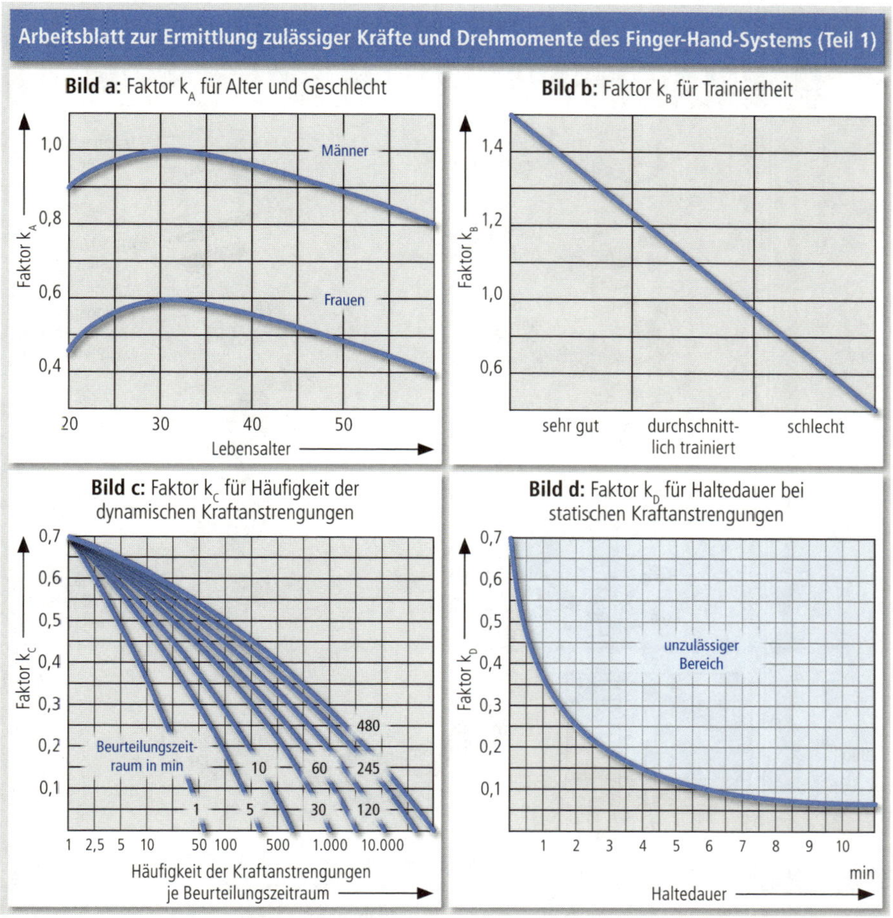

Abbildung II-55 Ermittlung der zulässigen Kräfte und Drehmomente des Finger-Hand-Systems – Teil 1[95]

95 Bullinger, H. J.: a.a.O., 1994, S. 219; vgl. auch Burandt, U.: Ergonomie für Design und Entwicklung. Köln: Verlag Dr. Otto Schmidt, 1978. Schultetus, W.; Lange, W. (Hrsg.); Doerken, W. (Hrsg.): Praxis der Ergonomie – Montagegestaltung. TÜV Rheinland, 1987. Siemens (Hrsg.): Ermitteln zulässiger Grenzwerte für Kräfte und Drehmomente. Firmeninterne Schulungsunterlage zur Arbeitsgestaltung.

Arbeitsblatt zur Ermittlung zulässiger Kräfte und Drehmomente des Finger-Hand-Systems (Teil 2)

	Maximalkraft in N	Datenblatt mit Maximalkräften des Hand-Finger-Systems		Maximalkraft in N	Datenblatt mit Maximalkräften des Hand-Finger-Systems	
Bild e	90	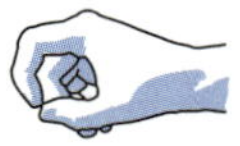	Daumen gegen Zeigefingerspitze	400		Daumenballenschalter
	120	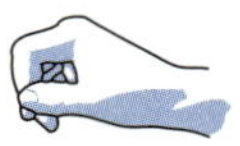	Daumen gegen Zeigefingerseite	250		Mehrfingerdruckknopfschalter
	410		Faustschluss um einen Zylinder mit 40 mm Durchmesser	60		Einfingerdruckknopf (Zeigefinger)
	80	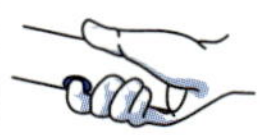	Einfingerdruckknopf an Handschalter	120		Mehrfingerdruckleiste
	100	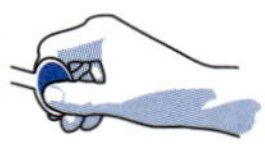	Daumenschalter, Zeigefinger gegenhalten	180	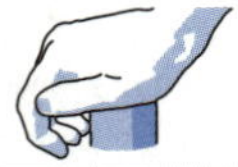	Druckleiste durch Daumenballen bestätigen
	190	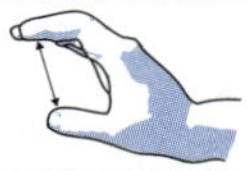	Maximalkraft zwischen Daumen und vier Fingern	100	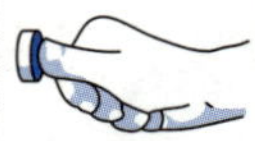	Druckknopf durch Daumen bestätigen

Bild f

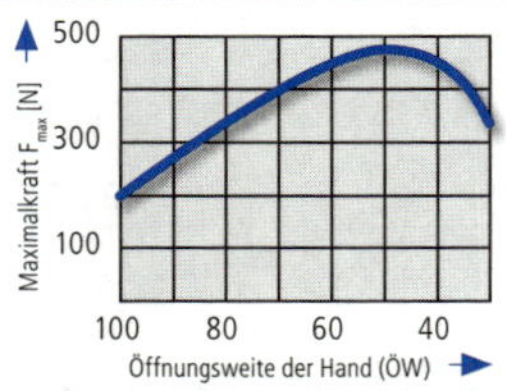

Maximalkräfte beim Schließen von Zangengriffen

Maximales Drehmoment in Nm

Bild g

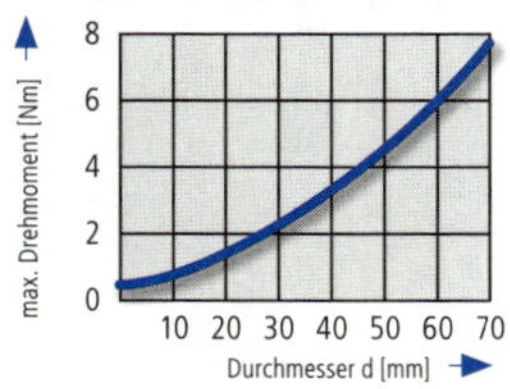

*maximale Drehmomente an Drehknöpfen mit d > 70 mm siehe Hand-Arm-System

Drehknopf*

Bild h

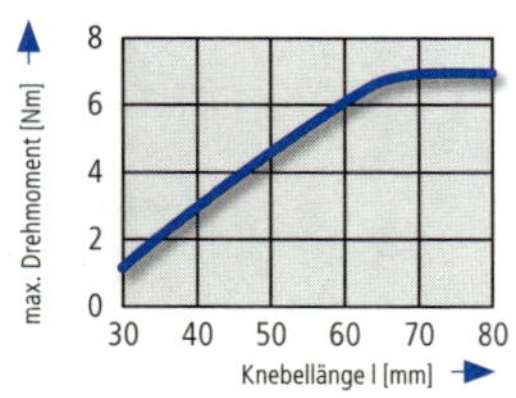

Drehhebel

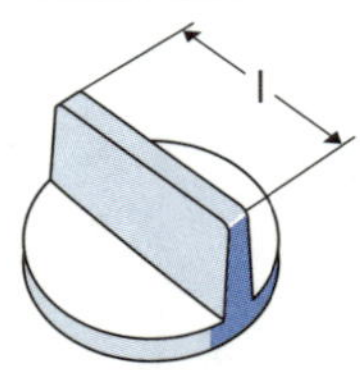

Abbildung II-56 Ermittlung der zulässigen Kräfte und Drehmomente des Finger-Hand-Systems – Teil 2, Maximalkräfte[96]

96 Bullinger, H. J.: a. a. O., 1994, S. 220–222; vgl. auch Burandt, U.: a. a. O., 1978. Schultetus, W.; Lange, W. (Hrsg.); Doerken, W. (Hrsg.): a. a. O., 1987. Siemens (Hrsg.): a. a. O.

Die Ermittlung der Grenzkräfte des Hand-Arm-Systems erfolgt bei den Faktoren k_A bis k_D in gleicher Weise wie für das Finger-Hand-System. Die Maximalkräfte bestimmen sich jedoch nach den in Abbildung II-57 und Abbildung II-58 wiedergegebenen Arbeitsblättern. Ebenso werden bei der

Grenzkräfte des Hand-Arm-Systems

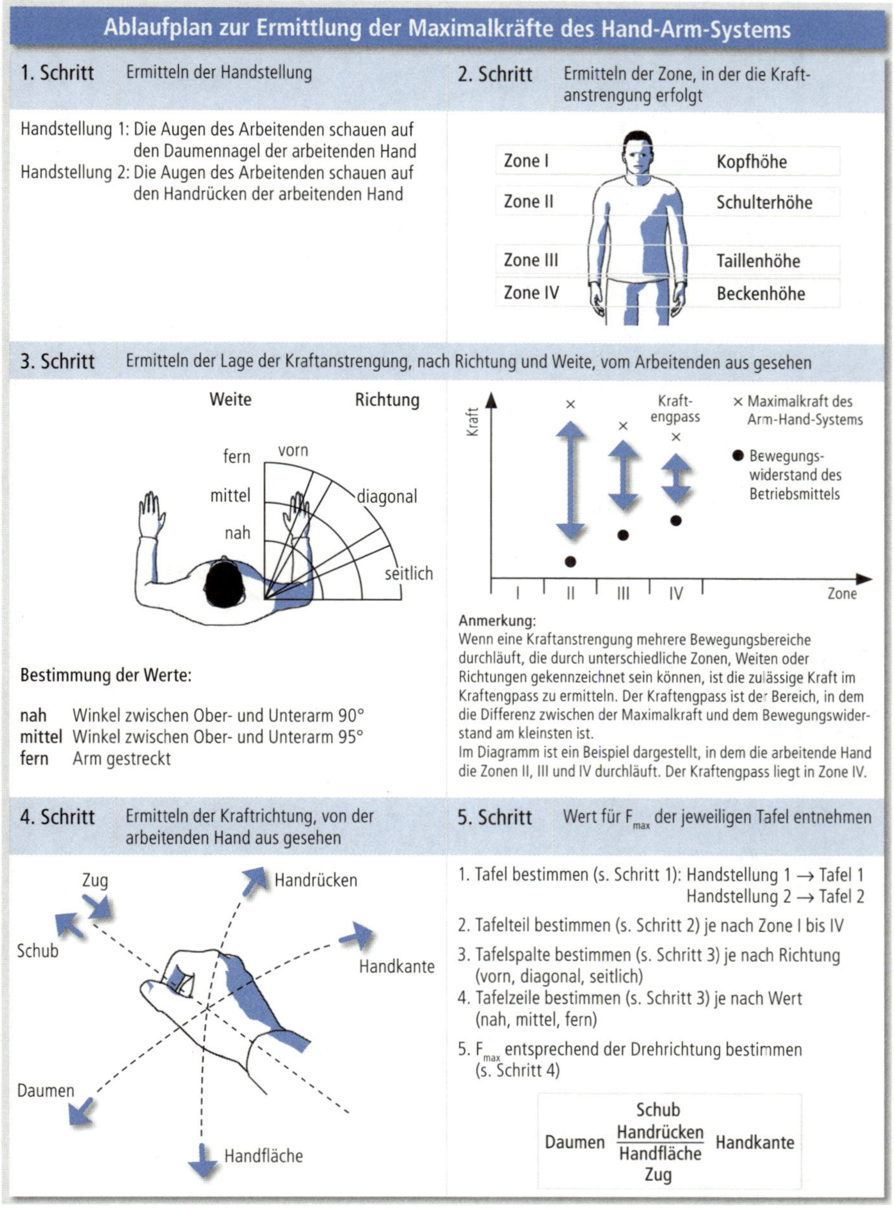

Abbildung II-57 Ablaufplan zur Ermittlung der Maximalkräfte des Hand-Arm-Systems[97]

97 Bullinger, H. J.: a. a. O., 1994, S. 224; vgl. auch Burandt, U.: a. a. O., 1978. Schultetus, W.; Lange, W. (Hrsg.); Doerken, W. (Hrsg.): a. a. O., 1987. Siemens (Hrsg.): a. a. O.

Bestimmung der Grenzmomente des Hand-Arm-Systems zunächst die Faktoren k_A bis k_D berechnet, danach folgt man dem Ablaufplan in Abbildung II-59 und ermittelt das maximale Drehmoment aus Abbildung II-60.

Tafel 1: Handstellung 1

Werte		Richtung: vorn	diagonal	seitlich
Zone I	fern	720 180 150/140 150 555	735 225 115/155 115 490	575 210 110/165 85 480
Zone I	mittel	545 215 140/175 190 475	605 200 105/190 235 510	475 260 105/185 200 465
Zone I	nah	270 205 125/210 175 435	250 200 105/180 150 370	255 200 100/180 135 315
Zone II	fern	660 165 150/180 175 550	675 170 110/180 125 480	460 170 125/165 135 500
Zone II	mittel	440 205 150/195 220 480	535 240 140/205 195 480	435 175 125/190 130 425
Zone II	nah	350 210 150/205 180 475	380 195 120/200 180 440	370 205 100/165 210 365
Zone III	fern	550 115 100/170 185 500	475 125 80/160 160 445	400 110 75/195 170 415
Zone III	mittel	440 195 100/240 245 415	410 190 90/165 175 385	365 145 70/220 170 350
Zone III	nah	365 225 110/235 195 340	375 185 90/175 190 310	355 170 75/210 200 280
Zone IV	fern	465 95 95/175 165 555	395 95 85/165 185 445	400 75 75/135 175 370
Zone IV	mittel	385 160 170/225 175 400	455 140 155/200 175 410	515 135 125/200 180 450
Zone IV	nah			

Tafel 2: Handstellung 2

Werte		Richtung: vorn	diagonal	seitlich
Zone I	fern	610 120 155/130 205 470	625 130 190/100 155 415	490 140 180/70 150 410
Zone I	mittel	465 150 185/160 190 405	515 160 170/200 140 435	405 155 220/170 140 395
Zone I	nah	230 180 175/150 170 370	250 155 170/130 140 315	215 155 170/115 135 270
Zone II	fern	560 155 140/150 205 470	575 155 145/105 150 410	390 140 145/115 170 425
Zone II	mittel	375 165 175/185 205 410	455 175 205/165 190 410	370 160 150/110 170 360
Zone II	nah	300 175 180/155 205 405	325 170 165/155 160 375	315 140 175/180 135 310
Zone III	fern	470 145 100/155 135 425	395 125 105/135 160 380	340 165 95/145 100 355
Zone III	mittel	375 205 165/210 135 355	350 190 160/150 120 350	310 185 125/145 95 300
Zone III	nah	310 200 190/165 150 290	320 150 155/160 120 265	300 180 145/170 100 240
Zone IV	fern	395 150 80/140 130 470	335 140 80/155 115 380	355 115 65/150 100 315
Zone IV	mittel	325 190 135/150 230 340	385 170 110/150 210 350	440 170 115/155 170 385
Zone IV	nah			

Schub
Daumen Handrücken/Handfläche Handkante
Zug

Abbildung II-58 Maximalkräfte des Hand-Arm-Systems[98]

98 Bullinger, H. J.: a. a. O., 1994, S. 225; vgl. auch Burandt, U.: a. a. O., 1978. Schultetus, W.; Lange, W. (Hrsg.); Doerken, W. (Hrsg.): a. a. O., 1987. Siemens (Hrsg.): a. a. O.

Ablaufplan zur Ermittlung der maximalen Drehmomente des Hand-Arm-Systems

1. Schritt Ermitteln der Handstellung

Handstellung 1: Die Augen des Arbeitenden schauen auf den Daumennagel der arbeitenden Hand.
Handstellung 2: Die Augen des Arbeitenden schauen auf die Handfläche der arbeitenden Hand.
Handstellung 3: Die Augen des Arbeitenden schauen auf den Handrücken der arbeitenden Hand.

Anmerkung:
Wenn eine Drehbewegung verschiedene Handstellungen erfordert, ist das zulässige Drehmoment für die Handstellung zu ermitteln, bei der die Differenz zwischen dem maximalen Drehmoment und dem Drehwiderstand des Betriebsmittels am kleinsten ist (Kraftengpass). Im Diagramm ist ein Beispiel dargestellt, in dem die Drehbewegung alle drei Handstellungen durchläuft. Der Kraftengpass ergibt sich bei Handstellung 2.

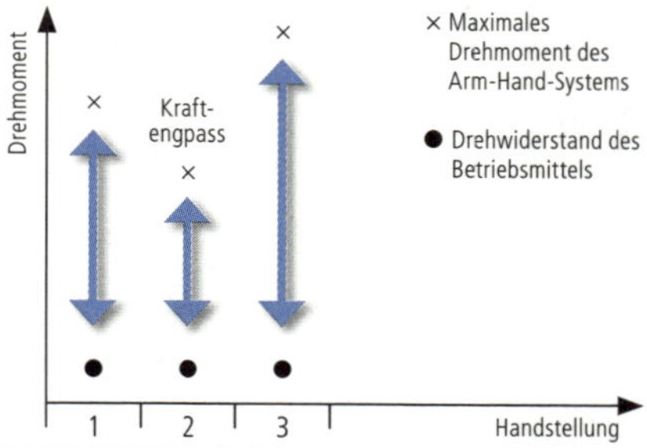

2. Schritt Ermitteln der Zone, in der die Kraftanstrengung erfolgt

Zone I	Kopfhöhe
Zone II	Schulterhöhe
Zone III	Taillenhöhe
Zone IV	Beckenhöhe

3. Schritt Ermitteln der Lage der Kraftanstrengung, nach Richtung und Weite, vom Arbeitenden ausgehend

Bestimmung der Werte: **Weite** **Richtung**

nah Winkel zwischen Ober- und Unterarm 90°
mittel Winkel zwischen Ober- und Unterarm 95°
fern Arm gestreckt

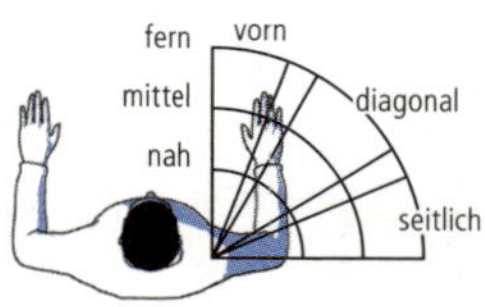

4. Schritt Ermitteln der Drehrichtung

innen: rechte Hand → Drehung gegen Uhrzeigersinn
linke Hand → Drehung im Uhrzeigersinn

außen: rechte Hand → Drehung gegen Uhrzeigersinn
linke Hand → Drehung im Uhrzeigersinn

5. Schritt Wert für M_{max} der jeweiligen Tafel entnehmen

1. Tafel bestimmen (s. Schritt 1): Handstellung 1 → Tafel 1
   Handstellung 2 → Tafel 2
   Handstellung 3 → Tafel 3
2. Tafelteil bestimmen (s. Schritt 2) je nach Zone I bis IV
3. Tafelspalte bestimmen (s. Schritt 3) je nach Richtung (vorn, diagonal, seitlich)
4. Tafelzeile bestimmen (s. Schritt 3) je nach Wert (nah, mittel, fern)
5. M_{max} entsprechend der Drehrichtung bestimmen (s. Schritt 4)

innen
außen

Abbildung II-59 Ablaufplan zur Ermittlung der maximalen Drehmomente des Hand-Arm-Systems[99]

99 Bullinger, H. J.: a. a. O., 1994, S. 227; vgl. auch Burandt, U.: a. a. O., 1978. Schultetus, W.; Lange, W. (Hrsg.); Doerken, W. (Hrsg.): a. a. O., 1987. Siemens (Hrsg.): a. a. O.

		Tafel 1: Handstellung 1			Tafel 2: Handstellung 2			Tafel 3: Handstellung 3		
Werte		Richtung			Richtung			Richtung		
		vorn	diagonal	seitlich	vorn	diagonal	seitlich	vorn	diagonal	seitlich
Zone I	fern	12,0 5,0	13,0 8,0	13,0 6,0	9,5 7,0	10,5 8,5	10,5 8,5	14,5 3,5	15,5 4,0	15,5 4,0
	mittel	18,5 13,5	17,5 15,0	17,0 14,5	11,0 17,5	10,5 19,5	10,0 19,0	24,0 9,5	23,0 10,5	22,0 10,0
	nah	23,0 12,0	22,0 9,0	20,0 9,5	7,0 15,0	6,5 10,0	6,0 11,6	32,0 8,5	31,0 6,5	28,0 6,5
Zone II	fern	12,0 5,0	13,0 6,0	13,0 6,0	9,5 7,0	10,5 8,5	10,5 8,5	14,5 3,5	15,5 4,0	15,5 4,0
	mittel	18,5 13,5	17,5 14,0	17,0 14,5	11,0 17,5	10,5 19,5	10,0 19,0	24,0 9,5	23,0 10,5	22,0 10,0
	nah	23,0 12,0	22,0 9,0	20,0 12,5	7,0 15,0	6,5 10,0	6,0 11,5	32,0 8,5	31,0 6,5	28,0 6,5
Zone III	fern	12,0 5,0	13,0 6,0	13,0 6,0	9,5 7,0	10,5 8,5	10,5 8,5	14,5 3,5	15,5 4,0	15,5 4,0
	mittel	18,5 13,5	17,5 15,0	17,0 14,5	11,0 17,5	10,5 19,5	10,0 19,0	24,0 9,5	23,0 10,5	22,0 10,0
	nah	23,0 12,0	22,0 9,0	20,0 9,5	7,0 15,0	6,5 10,0	6,0 11,5	32,0 8,5	31,0 6,5	28,0 6,5
Zone IV	fern	12,0 5,0	13,0 6,0	13,0 6,0	9,5 7,0	10,5 8,5	10,5 8,5	14,0 3,5	15,5 4,0	15,5 4,0
	mittel	18,5 13,5	17,5 15,0	17,0 14,5	11,0 17,5	10,5 19,5	10,0 19,0	24,0 9,5	23,0 10,5	22,0 10,0
	nah									

oberer Wert: innen
unterer Wert: außen

Abbildung II-60 Maximale Drehmomente des Hand-Arm-Systems[100]

Die berechneten Grenzwerte gelten für Kraftanstrengungen mit oder ohne Bewegung, jedoch nicht für Bewegungen mit Schwung oder bei gleichzeitiger Belastung mehrerer Muskelsysteme.

Im Abschnitt 2.7.5 wird auf die Anwendung dieses Verfahrens für die Lastenhandhabung eingegangen.

Der Faktor »Trainiertheit« ist nur in Ausnahmefällen mit einem Wert größer 1 anzusetzen – z. B. dort, wo ausschließlich kräftige Mitarbeiter eingesetzt werden, z. B. im Mauerwerksbau. Ebenso ist im Regelfall für Frauen und Männer zu gestalten.[101]

Faustregeln

Im Übrigen werden folgende Faustregeln empfohlen:[102]

- hohe Kräfte nur kurzzeitig fordern,
- auf geeignete Körperhaltung und stabiles Gleichgewicht achten,
- geeignete Griffe und Stellteile in günstiger Griffhöhe und Anordnung,
- Griffabstand horizontal: Männer < 110 cm, Frauen < 100 cm,
- günstige Bewegungsrichtung,

100 Bullinger, H. J.: a.a.O., 1994, S. 225; vgl. auch Burandt, U.: a.a.O., 1978. Schultetus, W.; Lange, W. (Hrsg.); Doerken, W. (Hrsg.): a.a.O., 1987. Siemens (Hrsg.): a.a.O.

101 Arbeitsschutzgesetz § 4, Abs. 8: Mittelbar oder unmittelbar geschlechtsspezifisch wirkende Regelungen sind nur zulässig, wenn dies aus biologischen Gründen zwingend geboten ist.

102 Schaub, K.; Spelten, C.: a.a.O., 2004.

- geringe Häufigkeit,
- kurze Haltedauer,
- Einsatz mechanischer Hilfen,
- Einsatz der geeigneten Personen,
- Einsatz ggf. mehrerer Personen,
- Wechsel mit anderen Belastungs- oder Ruhephasen des Muskels.

2.7.5 Lastenmanipulation

Lastenmanipulation

Die Beurteilung manueller *Lastenhandhabung* – etwa durch die Ermittlung von Grenzlasten – erfolgt im Allgemeinen anhand unterschiedlicher Kriterien, die sich grundsätzlich vier Modellansätzen zuordnen lassen. Sie unterscheiden sich neben den betrachteten Auswirkungen auf den Menschen hinsichtlich der berücksichtigten Belastungsfaktoren/-größen und personenspezifischen Einflüssen, des Betrachtungszeitraums (kurz und langfristig) sowie der Zuordnung zu den Bewertungsebenen menschlicher Arbeit (vgl. Abschnitt 2.4) Diese vier Modellansätze lassen sich folgendermaßen beschreiben:[103]

1. Epidemiologische Modelle
   untersuchen mögliche Zusammenhänge zwischen beruflichen Belastungen und ihren vermuteten längerfristigen Auswirkungen in Form von gesundheitlichen Beeinträchtigungen (Befunde und Beschwerden) und sind damit erträglichkeitsorientiert.[104]

2. Biomechanische Modelle
   dienen – unter vereinfachten Annahmen – einer analytischen Ermittlung örtlicher mechanischer Belastungen (bestimmter Muskeln oder der Bandscheibe des Übergangs L5/S1). Sie sind vorwiegend ausführbarkeitsorientiert (z. B. hinsichtlich Standsicherheit, Maximalkräfte).

3. Physiologische Modelle
   beurteilen auf der Basis des Belastungs-Beanspruchungskonzepts die Erträglichkeit auftretender Belastungen anhand peripher- und zentralphysiologischer Beanspruchungsmessgrößen. Der Betrachtungszeitraum ist dabei maximal die Schichtdauer. Aussagen über mögliche längerfristige Folgen (speziell in Form von Erkrankungen) sind aufgrund physiologischer Messungen allein nicht möglich.

4. Psychophysiologische Modelle
   bestimmen akzeptable Lastgewichte durch Ermittlung der individuellen Beanspruchungsempfindungen ausgewählter Personenkollektive beim manuellen Handhaben von Lasten. Eine Überprüfung dieser subjektiven Beurteilung hinsichtlich der Erträglichkeit bleibt notwendig.

Die Körperhaltungen – insbesondere die Rumpf- und Armhaltung – die beim manuellen Handhaben von Lasten von entscheidendem Einfluss für die Belastung der Wirbelsäule sind, werden in den meisten Verfahren berücksichtigt. Einschränkend gehen die Verfahren in der Regel von optimalen Ausführungsbedingungen (z. B. hinsichtlich des Klimas) aus. Zeitliche Aspekte werden zumeist nur für die einzelnen Lastenhandhabungen berücksichtigt, eine Betrachtung der sozialen Arbeitsumgebung erfolgt nicht. Methodenspezifische Anwendungsvoraussetzungen betreffen sowohl die Tätigkeit und ihre Ausführungsbedingungen als auch Anforderungen an den Analytiker und haben somit Auswirkungen auf die Gültigkeit der Ergebnisse sowie auf die Praktikabilität der Methoden. Abbildung II-61 verdeutlicht die unterschiedlichen Fälle.

103 Istanbuli, S.; Mainzer, J.: Heben und Tragen von Lasten. Köln: Prodis Info-Paket, 1987.
104 Zu den Begriffen »erträglichkeitsorientiert« und »ausführbarkeitsorientiert« vgl. Abschnitt 2.4.

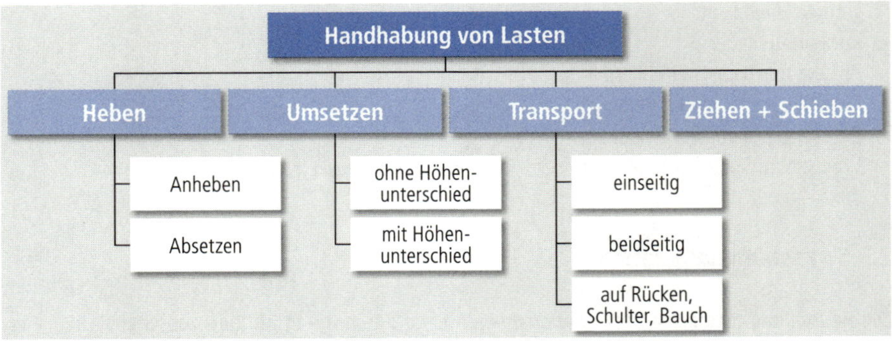

Abbildung II-61 Übersicht zur Lastenhandhabung

Im Folgenden werden bestehende Methoden zur Bestimmung von Grenzlasten beim manuellen Handhaben von Lasten aufgeführt.[105] Danach werden wichtige, in Deutschland weit verbreitete Werkzeuge zur Benutzung der Lastenhandhabung bzw. der körperlichen Arbeit dargestellt:

1. *Grenzlastermittlung nach NIOSH*:
   Das vom National Institute for Occupational Safety and Health (NIOSH) veröffentlichte Verfahren berücksichtigt sowohl in seiner ursprünglichen Version von 1981 als auch in seiner Weiterentwicklung bei der Beurteilung manueller Hebetätigkeiten biomechanische, physiologische und psychophysiologische Kriterien.

2. *ErgonLIFT* nach Vedder und Laurig:
   Das rechnergestützte Verfahren berücksichtigt aufbauend auf der Grenzlastberechnung nach NIOSH alters- und geschlechtsabhängige Lastkonstanten sowie eine geschlechts- und körperhöhenabhängige optimale Griffhöhe. Darüber hinaus gibt es Hinweise auf Gestaltungspotenziale.

3. Reduziertes *Verfahren nach Pangert*:
   Das auf einem vereinfachten biomechanischen Modell beruhende Verfahren ermittelt individuelle Lastgrenzgewichte unter Berücksichtigung der stärksten Rumpfbeugung beim Lasten-Handhaben. Die Beurteilung erfolgt anhand eines Dosismodells, wobei sich die Grenzdosis an einer epidemiologischen Pilotstudie orientiert.

4. Belastungserhebung und Beurteilung von Tätigkeiten mit Heben und Tragen schwerer Lasten oder mit extremer Rumpfbeugehaltung nach Hartung und Dupuis:
   Die zur Belastungsbeurteilung im Rahmen des Anerkennungsverfahrens der BK 2108 für eine Berufsgenossenschaft entwickelte Methode besteht aus einem Kurzerhebungsbogen zur schriftlichen Befragung des Versicherten und der Unternehmen in Kombination mit einem Langerhebungsbogen für einen geschulten Analytiker. Sie baut auf der Ermittlung der Druckkraft auf L5/S1 beim Heben und Tragen von Lasten nach Jäger u. a. sowie deren Abschätzung für extreme Rumpfbeugehaltungen auf.

---

105 Steinberg, U.; Windberg, J.: Leitfaden Sicherheit und Gesundheitsschutz bei der manuellen Handhabung von Lasten – Empfehlungen für den Praktiker. Bremerhaven. Wirtschaftsverlag NW. 1994 – (Schriftenreihe der Bundesanstalt für Arbeitsschutz und Arbeitsmedizin. Sonderschrift, S. 9).
Steinberg, U.; Windberg, J.: Leitfaden Sicherheit und Gesundheitsschutz bei der manuellen Handhabung von Lasten – Empfehlungen für den Praktiker. Bremerhaven. Wirtschaftsverlag NW. 1997 – (Schriftenreihe der Bundesanstalt für Arbeitsschutz und Arbeitsmedizin. Sonderschrift, S. 43).

Es wird eine Belastungsdosis pro Schicht wie folgt errechnet:

$$D = F_{L5/S1} \cdot f_K \cdot T_H$$

mit

f_K Korrekturfaktor

T_H Expositionsfaktor pro Schicht in Stunden

$F_{L5/S1}$ Druckkraft Bandscheiben L5/S1

5. *Grenzlastbestimmung nach DIN EN 1005 Teil 3* (2002–2005):
Das CEN-Verfahren kann als Kombination des Siemens-Burandt- (Abbildung II-64) und des NIOSH-Verfahrens (Abbildung II-63) angesehen werden. Im Unterschied zum NIOSH-Verfahren geht man bei der CEN-Grenzlastbestimmung zusätzlich von der Annahme aus, dass ggf. eine einhändige Lastmanipulation erfolgt und schwere Nebentätigkeiten mit einzubeziehen sind.

6. Leitfaden der Europäischen Gemeinschaft für Kohle und Stahl Luxemburg nach Davis und Stubbs:
Der Leitfaden stellt die maximalen statischen Aktionskräfte (Isodynen) im Bewegungsraum dar. Es wird für unterschiedliche Körperstellungen sowohl zwischen ein- und beidhändigem Heben als auch nach der Art horizontaler Kraftausübung (Ziehen/Schieben) differenziert. Aus der Korrelation von subjektiven Rückenbeschwerden und dem intraabdominalen Druck, den die Lastenhandhabung hervorruft, werden zulässige Lastgewichte abgeleitet. Diese beziehen sich auf männliche Arbeitspersonen mittlerer Körperhöhe und mittleren Körpergewichts bei einer Hubfrequenz von 1/min. Höhere Frequenzen führen zu Abschlägen.

7. Grenzlasten und -kräfte nach Mital u. a.:
In tabellarischer Form werden Empfehlungen nicht nur für Lastgewichte beim Heben, sondern auch für andere Kraftausübungsfälle, auch in ungewöhnlichen Körperhaltungen, gegeben. Dabei werden alle vier genannten Beurteilungskriterien berücksichtigt.

8. Betriebsinterne Berechnungsverfahren zur Grenzlastbestimmung, z. B.:
   - Methode zur Ermittlung empfohlener Grenzwerte beim Lastumsetzen von Hand im Stehen nach Bosch.
   - Ermittlung maximaler Muskelbelastung beim Heben und Tragen nach VDI/Mercedes-Benz.

Gesetzliche Angaben zu *zulässigen Lastgewichten* finden sich in einer Empfehlung des Bundesministeriums für Arbeit, im Mutterschutzgesetz, innerhalb der Verordnung zur Beschäftigung von Frauen auf Fahrzeugen sowie in der Unfallverhütungsvorschrift Forsten.

Die Aufstellungen von in der industriellen Praxis weit verbreiteten Analyse- und Bewertungswerkzeugen (Abbildungen II-62 bis II-64) enthalten jeweils:

- Name und Zielrichtung des Werkzeugs,
- bevorzugte Anwendungsbereiche,
- Vorgehensweise bei der Anwendung,
- Bewertung des Verfahrens.[106]

106 Vgl. auch Schaub, K.: Das »Automotive Assembly Worksheet« (AAWS). In: Landau, K. (Hrsg.): Montageprozesse gestalten. Stuttgart: Ergonomia, 2004, S. 91–111.
Siemens (Hrsg.): Arbeitsunterlage zur Bewertung von Lastenmanipulationen, Firmeninterne Schulungsunterlage und unveröffentlichter gleichnamiger Abschlussbericht des IAD, Darmstadt.
Schaub, K.; Spelten, C.: IAD-Toolbox körperliche Arbeit – Manual und Software. Darmstadt: Institut für Arbeitswissenschaft, 2004.

Name des Werkzeugs	Leitmerkmalmethode 2001 (LMM)
Zielrichtung	Leitmerkmalmethode zur Beurteilung von Heben, Halten, Tragen der Bundesanstalt für Arbeitsschutz und Arbeitsmedizin, Berlin (BAuA).
bevorzugte Anwendungsbereiche	Besonders geeignet bei nicht repetitiven Lastenmanipulationen in unterschiedlichen Lastsituationen.
Vorgehensweise bei der Anwendung	Das Verfahren ist dreistufig aufgebaut: 1. Bestimmung der Zeitwichtung entweder für »regelmäßiges Wiederholen kurzer Hebe- oder Umsetzvorgänge« oder für »langandauerndes Tragen oder Halten« 2. Bestimmung der Wichtung der Leitmerkmale • Lastgewicht (in Abhängigkeit vom Geschlecht) • Körperhaltung, Position der Last • Ausführungsbedingungen am Arbeitsplatz 3. Bewertung der Lastenhandhabung Aus der Summe von Lastwichtung, Haltungswichtung und Ausführungswichtung wird durch Multiplikation mit der Zeitwichtung ein »Punktwert« bestimmt. Im Fall von weiblichen Beschäftigten wird ein Korrekturfaktor von 1,3 eingeführt. Der ermittelte Punktwert liefert je nach Größe einen von vier Risikobereichen (grün bis rot).
Bewertung des Verfahrens	Dem Verfahren liegt eine gewichtete Verknüpfung der »Leitmerkmale« Zeit, Last, Haltung und Ausführungsbedingungen zu Grunde. Ein Eichen der Leitmerkmalmethode erfolgte u. a. an dem NIOSH-Verfahren von 1981. Die LMM unterschätzt in ihrer Originalversion das Risiko bei der Manipulation schwerer Lasten und berücksichtigt nur ungenügend höherfrequente Lastenmanipulationen (keine Differenzierung von mehr als 500 Manipulationen/Schicht). Im Jahr 2001 erschien eine überarbeitete Version dieser Methode, welche die genannten Kritikpunkte weitgehend beseitigt.

Abbildung II-62 Überblick zur Leitmerkmalmethode[107]

107 Steinberg, U.; Windberg, J.: Leitfaden Sicherheit und Gesundheitsschutz bei der manuellen Handhabung von Lasten – Empfehlungen für den Praktiker. Bremerhaven. Wirtschaftsverlag NW. 1994 – (Schriftenreihe der Bundesanstalt für Arbeitsschutz und Arbeitsmedizin. Sonderschrift, S. 9).
Steinberg, U.; Windberg, J.: Leitfaden Sicherheit und Gesundheitsschutz bei der manuellen Handhabung von Lasten – Empfehlungen für den Praktiker. Bremerhaven. Wirtschaftsverlag NW. 1997 – (Schriftenreihe der Bundesanstalt für Arbeitsschutz und Arbeitsmedizin. Sonderschrift, S. 3).
Länderausschuss für Arbeitsschutz und Sicherheitstechnik (LASI) (Hrsg.): Handlungsanleitung zur Gefährdungsbeurteilung beim Heben und Tragen von Lasten. Potsdam 1996 LV 9.
Steinberg, U.; Caffier, G.; Mohr, D.; Liebers, F.; Behrendt, S.: Modellhafte Erprobung des Leitfadens Sicherheit und Gesundheitsschutz bei der manuellen Handhabung von Lasten (Abschlussbericht). Bremerhaven. Wirtschaftsverlag NW. 1998 – (Schriftenreihe der Bundesanstalt für Arbeitsschutz und Arbeitsmedizin. – Forschung – Fb 804).
Caffier, G.; Steinberg, U.; Liebers, F.: Praxisorientiertes Methodeninventar zur Belastungs- und Beanspruchungsbeurteilung im Zusammenhang mit arbeitsbedingten Muskel-Skelett-Erkrankungen. Bremerhaven. Wirtschaftsverlag NW. 1998 – (Schriftenreihe der Bundesanstalt für Arbeitsschutz und Arbeitsmedizin. – Forschung – Fb 850).

Name des Werkzeugs	NIOSH 1993
Zielrichtung	Grenzlastverfahren zur Beurteilung von manuellen Lastenhandhabungen beim Heben, Senken und Umsetzen von Lasten.
bevorzugte Anwendungsbereiche	Ständig wiederkehrendes ähnliches Umsetzen annähernd gleicher Lastgewichte. Werden in einer Schicht Sequenzen unterschiedlicher Lastenmanipulationen ausgeführt, so ist das multiple NIOSH-Verfahren anzuwenden. Treten mehrere ungünstige Lastsituationen gleichzeitig auf, so neigt das Verfahren zur Berechnung von sehr niedrigen Grenzwerten. In diesem Fall liefert die Leitmerkmalmethode (LMM) realistischere Werte.
Vorgehensweise bei der Anwendung	In Abhängigkeit von horizontaler und vertikaler Griffentfernung zu Hubbeginn und Hubende sowie von vertikaler Hubdistanz, Rumpfdrehung, Greifbedingungen, Hubfrequenz und Dauer der Handhabungstätigkeiten wird eine empfohlene Grenzlast (recommended weight limit RWL) berechnet. Der »Lifting index« LI als Quotient aus aktueller Last und empfohlener Grenzlast gibt Auskunft über akzeptable (LI 1) und nicht akzeptable (LI > 1) Arbeitsbedingungen.
Bewertung des Verfahrens	Im Gegensatz zur bereits dargestellten Methodenbatterie beruht das NIOSH-Verfahren (1991) auf einem multiplen Bewertungsansatz, der biomechanische (Kompression der Lendenwirbelsäule L5/S1 < 3400 N), physiologische (Energieumsatz unterhalb 75 cm = 13,0 KJ/min, oberhalb 75 cm = 9,2 KJ/min) und psychophysische Kriterien (das Heben einer Last wird von 75 % der weiblichen und 99 % der männlichen Arbeitspersonen, d. h. von 90 % des Gesamtkollektivs als erträglich erachtet) einschließt. Das Verfahren berücksichtigt Alter und Geschlecht, d. h. Haupteinflussfaktoren auf die physische Leistungsfähigkeit nicht! Dadurch werden in ungünstigen Fällen ca. 25 % der weiblichen Arbeitsbevölkerung überlastet; ein Teil der männlichen Arbeitsbevölkerung arbeitet unter unnötig niedrigen Belastungen. Die gewählten Wirbelsäulenkompressionswerte können bei Frauen zwischen dem 30. und 40., bei Männern zwischen dem 40. und 50. Lebensjahr zu Überlastungen führen. Auch ist die Aussagekraft psychophysischer Verfahren für Kraftausübungsfälle, welche große Muskelmassen einschließen, aber gleichzeitig hohe Wirbelsäulenbelastungen bewirken, zumindest umstritten. Der multiplikative Verknüpfungsansatz führt dazu, dass bei einem gleichzeitigen Vorliegen mehrerer ungünstiger Bedingungen die empfohlene Grenzlast relativ schnell gegen Null strebt. Insgesamt wird durch den dreidimensionalen Bewertungsansatz ein prinzipiell höheres Schutzniveau erreicht, als dies bislang bei den klassischen deutschen Verfahren möglich war, die nur auf Basis von Maximalkraftwerten beruhten. Aufgrund der o. g. Kritik kann es jedoch nicht uneingeschränkt als das Verfahren der Wahl empfohlen werden.

Abbildung II-63 Überblick zum NIOSH-Verfahren[108, 109]

108 National Institute of Occupational Safety and Health (NIOSH): Work Practices Guide for Manual Lifting. DHHS (NIOSH) Publ. No. 81–122, Cincinnati, Ohio, 1981.
Waters, T. R.; Putz-Anderson, V.; Garg, A.: Applications Manual for the Revised NIOSH Lifting Equation. DHHS (NIOSH) Publ. No. 94–110, Cincinnati, Ohio, 1994.
Waters, T. R.; Putz-Anderson, V.; Garg, A.; Fine, L. J.: Revised NIOSH equation for the design and evaluation of manual lifting tasks. Ergonomics 36 (1993) 7.

109 Jäger, M; Göllner, R; Jordan, C; Theilmeier, A; Luttmann, A.: Belastung der Lendenwirbelsäule beim Heben und Umsetzen von Lasten. Zeitschrift für Arbeitswissenschaft 56, 2002, S. 93–105.

Name des Werkzeugs	Schultetus/Burandt
Zielrichtung	Ermittlung von Grenzkräften, -momenten und -lasten
bevorzugte Anwendungsbereiche	Ermittlung von Aktionskräften an Industriearbeitsplätzen, insbesondere ständig wiederkehrendes, regelmäßiges Umsetzen oder Halten annähernd gleicher Lastgewichte. Ausnahmsweise auch bei nahezu ortsfesten, ständig wiederkehrenden Zieh- oder Schiebekräften. Auch für das Umsetzen, Halten und Tragen von Lasten mit geringen Lastgewichten geeignet.
Vorgehensweise bei der Anwendung	Zunächst werden in Abhängigkeit von Alter, Geschlecht und Trainiertheit, den Korrekturfaktoren für »Heben zu zweit« und »einhändiges Heben« die individuellen Maximalkräfte ermittelt, die von der Körpergröße sowie der Griffausgangs- und Griffendhöhe abhängen. In einem zweiten Schritt wird aus der individuellen Maximalkraft und den Korrekturfaktoren für die »Häufigkeiten der Kraftanstrengungen«, »das mitbewegte Rumpfgewicht« und die »schweren Nebentätigkeiten« eine »erträgliche Grenzlast« und anschließend ein Lastindex (LI) errechnet.
Bewertung des Verfahrens	Industriestandard Berücksichtigt jedoch nicht das Schädigungsrisiko der Lendenwirbelsäule. Das Verfahren beruht auf Maximalkraftmessungen und sollte daher nur dann angewendet werden, wenn der Belastungsengpass primär in einer lokalen Muskelermüdung des Hand-Arm-Schulter-Systems liegt, d. h. Lasten mit einer aufrechten nicht gedrehten Körperhaltung im körpernahen Bereich manipuliert werden. Vom Institut für Arbeitswissenschaft der TU Darmstadt liegt eine Weiterentwicklung des Verfahrens im Hinblick auf das Schädigungsrisiko der Lendenwirbelsäule vor.

Abbildung II-64 Überblick zur Schultetus-Burandt-Methode[110]

Neben diesen Werkzeugen gibt es noch weitere, die vor allem auch im internationalen Bereich verbreitet sind.[111]

In den folgenden Auswahlblättern (vgl. Abbildung II-65 und Abbildung II-66) werden stets die Methoden

- Schultetus-Burandt (Siemens-Verfahren[112]),
- NIOSH[113] (Verfahren des US National Institutes of Occupational Safety and Health in der Version von 1991),

110 Burandt, U.: Ergonomie für Design und Entwicklung. Köln: O. Schmidt, 1978.

111 Z.B. Bongwald, O.; Luttmann, A.; Laurig, W. Hauptverband der gewerblichen Berufsgenossenschaften (HVBG) (Hrsg.): Leitfaden für die Beurteilung von Hebe- und Tragetätigkeiten. Sankt Augustin. HVBG, 1995.
EN 1005: Sicherheit von Maschinen – Menschliche körperliche Leistung – Teil 2: Manuelle Handhabung von Gegenständen in Verbindung mit Maschinen und Maschinenteilen. Teil 3: Empfohlene Kraftgrenzen für Maschinenbedienung. Teil 4: Bewertung von Körperhaltungen bei der Arbeit mit Maschinen.
Stoffert, G.: Analyse und Einstufung von Körperhaltungen bei der Arbeit nach OWAS Methode. Zeitschrift für Arbeitswissenschaft, 39 (11NF) 1985/1, S. 31–38.
Mc Atamney, L.: Corlett, E. N.: RULA – A Survey Method for the Investigation of Work – Related Upper Limb Disorders. Applied Ergonomics 24, 1993, 2, S. 91–99.
Colombi, D.; Occipinti, E.; Grieco, A.: Risk Assessment and Management of Repetitive Movements and Exertions of Upper Limbs, Job Analysis. OCRA Risk Indices, Prevention Strategies and Design Principles; EPM Research Unit, CEMOC, Mailand: Elsevier, 2002.

112 Burandt, U.: a. a. O., 1978. Schultetus, W.: a. a. O., 1987. Siemens (Hrsg.): a. a. O.
REFA (Hrsg.): Arbeitsgestaltung in der Produktion. München. Carl Hanser Verlag 1993.
VDI (Hrsg.): Handbuch der Arbeitsgestaltung und Arbeitsorganisation. Düsseldorf, VDI Verlag GmbH 1980.

113 National Institute of Occupational Safety and Health (NIOSH): Work Practices Guide for Manual Lifting. DHHS (NIOSH) Publ. No. 81–122 Cincinnati, Ohio 1981. Waters, T. R.; Putz-Anderson, V.; Garg, A.: Applications Manual for the Revised NIOSH Lifting Equation. DHHS (NIOSH) Publ. No. 94–110 Cincinnati Ohio 1994. Waters, T. R.; Putz-Anderson, V.; Garg, A.; Fine, L. J.: Revised NIOSH equation for the design and evaluation of manual lifting tasks. Ergonomics 36 (1993) 7.

- LMM (Leitmerkmalmethoden der Bundesanstalt für Arbeitsschutz und Arbeitsmedizin zum Heben, Tragen, Halten [überarbeitete Version 2001] sowie zum Ziehen, Schieben von Lasten)

angeboten.[114]

Das Anwenden der Auswahlblätter zur Wahl einer geeigneten Bewertungsmethode für eine gegebene *Lastenmanipulation* setzt Grundkenntnisse über die genannten Methoden voraus. Insbesondere gilt es, deren Anwendungsrestriktionen zu beachten.

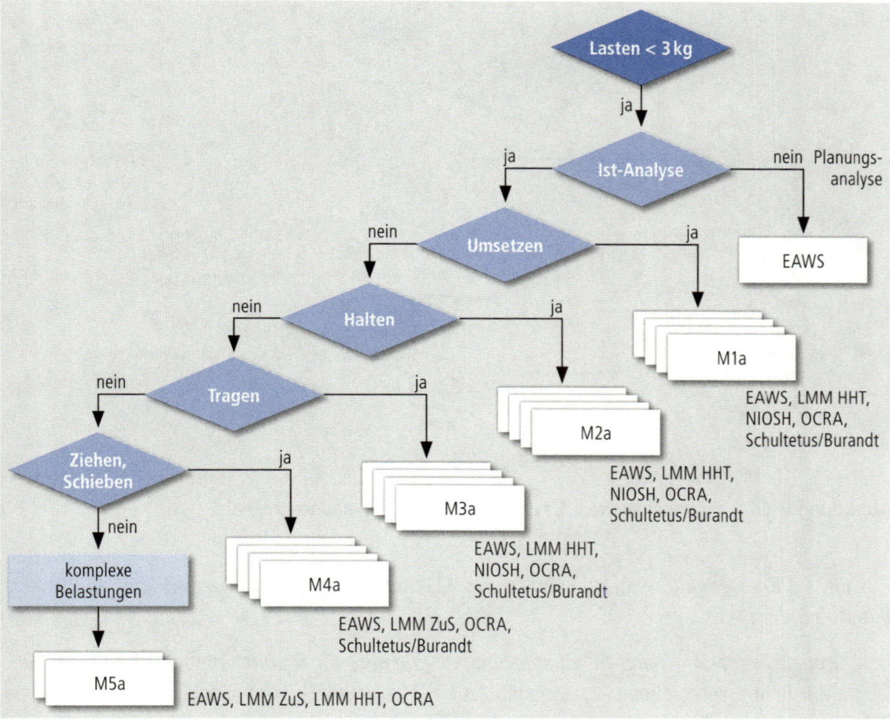

Abbildung II-65 Methodenauswahl für Lasten <3 kg (M = Methodengruppe)

114 Vgl. Schaub, K.; Winter, G.; Berg, K.; Landau, K.: Arbeitsunterlage zur Bewertung von Lastenmanipulationen. Darmstadt: Institut für Arbeitswissenschaft der TU Darmstadt, 2004. Weiterführende Lektüre: Mital, A.; Nicholson, A. S., Ayoub, M. M.: A Guide to Manual Materials Handling. London Washington (DC): Taylor & Francis, 1993.

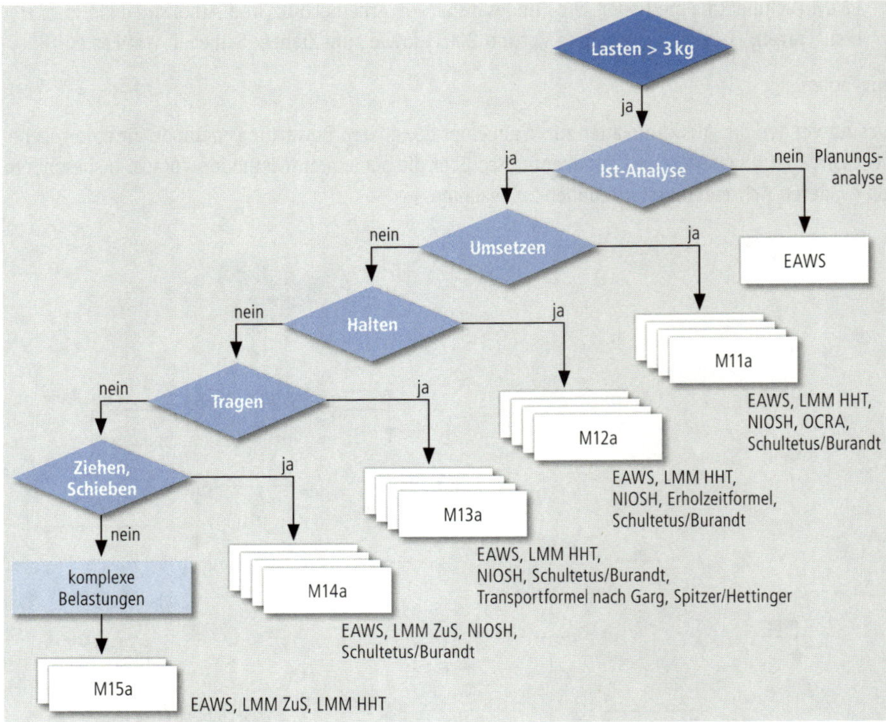

Abbildung II-66 Methodenauswahl für Lasten > 3 kg (M = Methodengruppe)

Auf die *OCRA-Methode* wird im Rahmen des MTM*ergonomics®* eingegangen (vgl. Teil III, Abschnitt 5.5).[115]

Grenzlastverfahren nach Schultetus-Burandt (Siemens-Verfahren)

Das *Grenzlastverfahren nach Schultetus-Burandt (Siemens-Verfahren)* ermittelt eine »zulässige« Grenzlast für die vorgesehene Lastenmanipulation. Das Ergebnis ist abhängig von personen- und tätigkeitsbezogenen Parametern.

Das Verfahren beruht auf Maximalkraftmessungen und sollte daher nur dann angewendet werden, wenn der Belastungsengpass primär in einer lokalen Muskelermüdung des Hand-Arm-Schulter-Systems liegt, d. h. Lasten mit einer aufrechten, nicht gedrehten Körperhaltung im körperlichen Bereich manipuliert werden.

Da sich das Verfahren auf die Bewertung der *Aktionskräfte* beschränkt, liegen die Bereiche maximalen Kraftvermögens im bodennahen Bereich. Dies suggeriert dem ergonomisch nicht versierten Anwender, dass schwere Lasten in Bodennähe manipuliert werden sollten, was jedoch ein hohes Schädigungsrisiko für die Lendenwirbelsäule birgt. Das Siemens-Verfahren berücksichtigt in seiner ursprünglichen Form also nicht das Schädigungsrisiko der Lendenwirbelsäule, das bei der Manipulation schwerer Lasten oder der Lastenmanipulation unter ungünstigen Bedingungen (z. B. körperfern, mit gebeugtem/gedrehtem Rumpf) vorliegt.

115 Ergänzende Information: Colombini, D.; Occipinti, E.; Grieco, A.: Risk Assessment and Management of Repetitive Movements and Exertions of Upper Limbs: Job Analysis, Ocra Risk Indices, Prevention Strategies and Design Principles. Amsterdam: Elsevier Ergonomics Series, 2002.

IAD-Erhebung zur Siemens Grenzlastermittlung

Abteilung:		Arbeitsplatz:	
Firma:	Analytiker/in:	Datum:	Uhrzeit:

1. Schritt: Einfluss des Geschlechtes

Benutzergruppe	Geschlecht (Gs)
Männer	1,0
Frauen oder (Männer und Frauen)[1]	0,65

2. Schritt: Einfluss der Trainiertheit

Benutzergruppe	Trainiertheit (Tr)
Normaler Planungswert[2]	1,0
Ist-Analysen oder Sonderfestlegungen bei Planungen[3]	0,8–1,4

3. Schritt: Einfluss von Alter und Häufigkeit/Zeitdauer

Alter, Häufigkeit, Dauer (AHD)

Eingabe:
- Alter der Person (begrenzt den Faktor)
- Berechnungszeit (1, 4 oder 8 Stunden)
- Häufigkeit der Kraftanstrengungen

Ausgabe:
- Faktor AHD

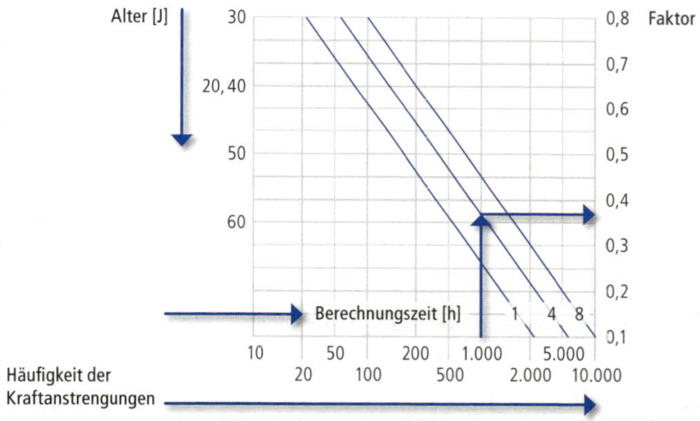

1 Gemäß EU-Rahmenrichtlinie sind Arbeitsplätze so zu gestalten, dass sie für Männer und Frauen gleichermaßen zur Verfügung stehen. Ausnahmen sind nur dann statthaft, wenn dies aus biologischen Gründen zwingend erforderlich ist.

2 Im Normalfall 1,0. Ist der Einsatz von älteren Mitarbeitern vorgesehen oder ist nicht die Muskelkraft für den Einsatz entscheidend, sollte er 0,8 gesetzt werden.

3 Mit Faktor »Trainiertheit« wird die körperliche Konstitution und Geübtheit berücksichtigt. Im Standardfall 1,0 setzen. In Bereichen mit unterdurchschnittlich kräftigen Mitarbeitern sollte er 0,8 gesetzt werden. Bei Gruppen mit überdurchschnittlich kräftigen Mitarbeitern kann er 1,2, bei weit überdurchschnittlich kräftigen 1,4 gesetzt werden. **Bei Werten > 1,0 sollte arbeitsmedizinische Beratung eingeholt werden!**

Abbildung II-67 Siemens-Verfahren zur Grenzlastermittlung (Schritte 1 bis 3; überarbeitet)

Besondere Vorsicht ist beim Faktor »Trainiertheit« geboten. Da hier nicht nur Abschläge, sondern auch Zuschläge in der Dimension von 25–40 % (je nach Verfahren) möglich sind. Die korrekte Bestimmung eines Trainiertheitsfaktors > 1 dürfte selbst ergonomisch versierte Arbeitsgestalter überfordern.

Tätigkeitsbezogene Kenngrößen sind das »Heben zu zweit«, »einhändiges Heben« sowie die Häufigkeit der Lastenmanipulationen, das »mitbewegte Rumpfgewicht« und eventuelle »schwere Nebentätigkeiten«. Das Beurteilungskriterium ist sowohl eine lokale Muskelermüdung (Maximalkräfte, Betätigungshäufigkeiten) als auch über die Faktoren »mitbewegtes Rumpfgewicht«, »Betätigungshäufigkeit« und »schwere Nebentätigkeiten« eine zentralphysiologische Ermüdung.

Das Siemens-Verfahren sollte deshalb in seiner ursprünglichen Form in Situationen, welche eine Gefährdung der Lendenwirbelsäule hervorrufen könnten (z. B. hohe Lastgewichte, große Reichweiten, starke Rumpfbeugungen oder -verdrehungen), nicht angewandt werden.

Im Jahre 2002 wurde das Siemens-Verfahren am Institut für Arbeitswissenschaft der TU Darmstadt überarbeitet. Es wurde ein biomechanisches Beurteilungskriterium hinzugefügt, welches sicherstellt,

4. Schritt: Maximales Lastgewicht ermitteln

Maximales Lastgewicht [kg] (MLG)

Eingabe: • obere Griffhöhe (als Funktion der Körperhöhe) • Griffentfernung vom Körper (gemessen zwischen Handmittelpunkt und Gürtelschnalle) Ausgabe: • MLG	obere Griffhöhe für		Griffentfernung vom Körper		
	Körperhöhe > 165 cm	Körperhöhe ≤ 165 cm	bis 10 cm	bis 25 cm	bis 50 cm
	180	160	35	25	20
	160	140	45	30	20
	140	120	60	40	25
	120	100	65	40	30
	100	90	*65*[4,5]	45	30
	90	80	*65*[4,5]	45	30
	80	70	*65*[4,5]	*45*[5]	*30*[5]
	60	60	*65*[4,5]	*45*[5]	*30*[5]
	40	40	*65*[4,5]	*45*[5]	*30*[5]
	20	20	*65*[4,5]	*45*[5]	*30*[5]

4 Von der ILO werden 60 kg als max. Lastgewicht für manuelle Lastenmanipulation angegeben. Wegen des Faktors für Alter und Häufigkeit/Zeitdauer werden jedoch nur Lastgewichte < 50 kg ermittelt.

5 Kursiv gedruckte Werte kennzeichnen Lastgewichte, die im Hinblick auf eine maximal zulässige Wirbelsäulenkompression nicht überschritten werden sollten (Dortmunder Richtwerte).

Mitbewegtes Rumpfgewicht (MRG)

Eingabe:
- obere Griffhöhe
- untere Griffhöhe
- Bewegungshäufigkeit pro Minute

Ausgabe:
- Faktor MRG

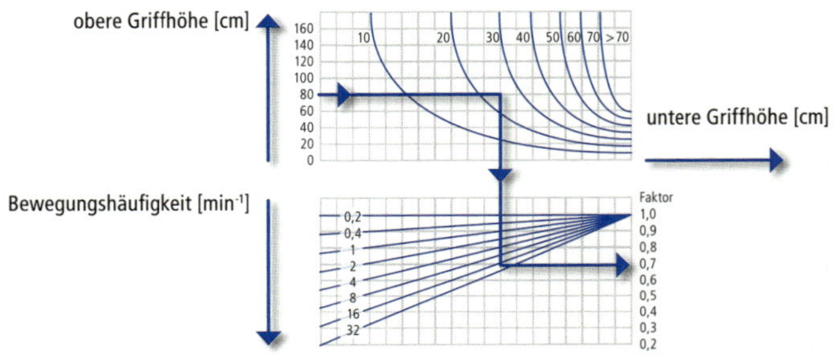

5. Schritt: zulässiges Grenzgewicht G_{grenz} berechnen

G_{grenz}	=	GS	×	Tr	×	AHD	×	MLG	×	MRG
	=		×		×		×		×	

6. Schritt: Lastindex (LI) – Risikobeurteilung nach Ampel-Schema

LI	=	Lastgewicht/G_{grenz}
	=	/

LI	Grün	Gelb	Rot
	0 < LI < 0,85	0,85 < LI < 1	LI ≥ 1

Grün niedriges Risiko – empfehlenswert; Maßnahmen nicht erforderlich
Gelb mögliches Risiko – nicht empfehlenswert; Maßnahmen zur erneuten Gestaltung/Risikobeherrschung ergreifen
Rot hohes Risiko – vermeiden; Maßnahmen zur Risikobeherrschung erforderlich

Abbildung II-68 Siemens-Verfahren zur Grenzlastermittlung (Schritte 4 bis 6; überarbeitet)

dass die Wirbelsäulenkompression die »Dortmunder Richtwerte« nicht übersteigt.[116] Dieses korrigierte Siemens-Verfahren ist in Abbildung II-67 und Abbildung II-68 auch dargestellt.

NIOSH-Verfahren

Das *NIOSH Verfahren* (1991) beruht auf einem multiplen Bewertungsansatz der biomechanische physiologische und psychophysische Kriterien einschließt.

- Kompression der Lendenwirbelsäule L5/S1 < 3.400 N.
- Energieumsatz unterhalb 75 cm ≤ 13,0 kJ/min, oberhalb 75 cm ≤ 9,2 kJ/min.
- Das Heben einer Last wird mit von 75 % der weiblichen und 99 % der männlichen Arbeitspersonen, d. h. von ca. 85 % des Gesamtkollektivs als erträglich erachtet.

Das Verfahren berücksichtigt Alter und Geschlecht – d. h. Haupteinflussfaktoren auf die physische Leistungsfähigkeit – nicht. Dadurch werden in ungünstigen Fällen ca. 25 % der weiblichen Arbeits-

116 Jäger, M.; Luttmann, A.; Göllner, R.: Belastbarkeit der Lendenwirbelsäule bei manueller Lastenhandhabung – Ableitung der »Dortmunder Richtwerte« auf Basis der lumbalen Kompressionsfestigkeit. Zbl Arbeitsmed 51 (2001), S. 354–372.

bevölkerung überlastet; ein Teil der männlichen Arbeitsbevölkerung arbeitet unter unnötig niedrigen Belastungen. Die gewählten Wirbelsäulenkompressionswerte können bei Frauen zwischen dem 30. und 40., bei Männern zwischen 40. und 50. Lebensjahr zu Überlastungen führen. Auch ist die Aussagekraft psychophysischer Verfahren für Kraftausübungsfälle, welche große Muskelmassen einschließen, aber gleichzeitig hohe Wirbelsäulenbelastungen bewirken, zumindest umstritten. Der multiplikative Verknüpfungsansatz führt dazu, dass bei einem gleichzeitigen Vorliegen mehrerer ungünstiger Bedingungen die empfohlene Grenzlast relativ schnell gegen null strebt.

Insgesamt wird durch den dreidimensionalen Bewertungsansatz mit dem NIOSH-Verfahren ein prinzipiell höheres Schutzniveau erreicht, als dies bei den klassischen deutschen Verfahren möglich ist, die nur auf Basis von Maximalkraftwerten beruhen. Aufgrund der o. g. Kritik kann es jedoch nicht uneingeschränkt als *das* Verfahren der Wahl empfohlen werden.[117]

In Abhängigkeit von horizontaler und vertikaler Griffentfernung zu Hubbeginn und Hubende sowie von vertikaler Hubdistanz, Rumpfdrehung, Greifbedingungen, Hubfrequenz und Dauer der Handhabungstätigkeiten wird eine empfohlene Grenzlast (recommended weight limit = RWL) berechnet. Der »lifting index« LI als Quotient aus aktueller Last und empfohlener Grenzlast gibt Auskunft über akzeptable Arbeitsbedingungen ($LI \leq 1$). Für $LI > 1$ werden Gestaltungsmaßnahmen empfohlen.

$$RWL = LK \cdot HF \cdot VF \cdot DF \cdot AF \cdot FF \cdot GF \text{ (kg)}$$

LK Lastkonstante = 25 kg für Männer;

HF Horizontalfaktor = 25 H; H ist der horizontale Abstand in cm zwischen Handmitte und Mitte der Füße bei Hebebeginn;

VF Vertikalfaktor = $1 - (0{,}003 \cdot |V - 75|)$; V ist der vertikale Abstand in cm zwischen Handmitte und Fußboden bei Hebebeginn;
(Bedeutung der »Absolutstriche«: Wenn $V < 75$ cm ist, ergeben sich für $V - 75$ negative Werte. Diese werden bei der weiteren Berechnung positiv eingesetzt.)

DF Differenzfaktor = $0{,}82 + (4{,}5/D)$, D ist die Differenz der Lasthöhe in cm zwischen Hebebeginn und Hebeende;

AF Asymmetriefaktor = $1 - (0{,}0032 \cdot A)$, A ist der Winkel der Torsion in der Horizontalebene zwischen Füßen und Schultergürtel in Grad;

FF Frequenzfaktor, er berücksichtigt Häufigkeit und Dauer der Hebevorgänge;

GF Faktor für Handlichkeit (sicheres *Greifen*).

Abbildung II-69 verdeutlicht die Einflussfaktoren des Arbeitsgestaltens bei der Berechnung (und gegebenenfalls der konstruktiven Optimierung) der empfohlenen Grenzlast.

117 Vgl. dazu Schaub., K. u. a.: a. a. O., 1993.

Zahlenangaben für H, V und D in cm

	V < 75	V ≥ 75
gute Handlichkeit	1,00	1,00
mittlere Handlichkeit	0,95	1,00
schlechte Handlichkeit	0,90	0,90

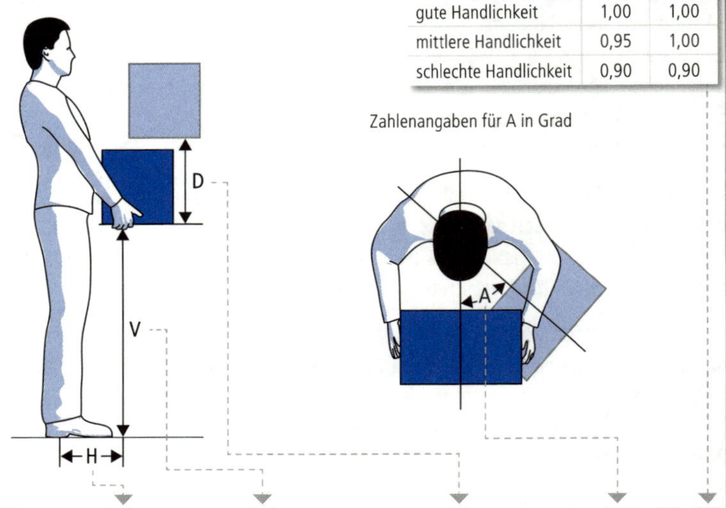

$$\square < 25 \cdot (25/\square) \cdot [1-(0{,}0031\,|\square - 75\,|)] \cdot [0{,}82 + (4{,}5/\square)] \cdot [1-(0{,}0032 \cdot \square)] \cdot \square \cdot \square$$

empfohlene Grenzlast [kg]

Frequenz [Hübe/min]	Arbeitsdauer ≤ 1 h		Arbeitsdauer ≤ 2 h		Arbeitsdauer ≤ 8 h	
	V < 75	V ≥ 75	V < 75	V ≥ 75	V < 75	V ≥ 75
0,2	1,00	1,00	0,95	0,95	0,85	0,85
0,5	0,97	0,97	0,92	0,92	0,81	0,81
1	0,94	0,94	0,88	0,88	0,75	0,75
2	0,91	0,91	0,84	0,84	0,65	0,65
3	0,88	0,88	0,79	0,79	0,55	0,55
4	0,84	0,84	0,72	0,72	0,45	0,45
5	0,80	0,80	0,60	0,50	0,35	0,35
6	0,75	0,75	0,50	0,50	0,27	0,27
7	0,70	0,70	0,42	0,42	0,22	0,22
8	0,60	0,60	0,35	0,35	0,18	0,18
9	0,52	0,52	0,30	0,30	0,0	0,15
10	0,45	0,45	0,26	0,26	0,0	0,13
11	0,41	0,41	0,0	0,23	0,0	0,0
12	0,37	0,37	0,0	0,21	0,0	0,0
13	0,0	0,34	0,0	0,0	0,0	0,0
14	0,0	0,31	0,0	0,0	0,0	0,0
15	0,0	0,28	0,0	0,0	0,0	0,0
> 15	0,0	0,0	0,0	0,0	0,0	0,0

Abbildung II-69 Gestalterische Einflussfaktoren bei der Bestimmung der Grenzlasten nach NIOSH[118]

118 Vgl. Spelten, C.; Schaub, K.; Landau, K.: a. a. O., 1993.

Das NIOSH-Verfahren ist Grundlage oder Bestandteil weiterer Verfahren zur Ermittlung von Grenzlasten, z. B. der EN 1005-2[119] oder der ISO 11228-1[120].

BAuA-Leitmerkmalmethode

Der *BAuA-Leitmerkmalmethode Heben, Halten und Tragen (LMM-HHT)* liegt eine Verknüpfung der »Leitmerkmale« Zeit, Last, Haltung, Ausführungsbedingungen zu Grunde.[121] Die LMM-HHT emuliert das NIOSH-Verfahren von 1981 und liefert gute Übereinstimmung mit dem NIOSH Verfahren von 1991, EN 1005-2, ISO11228-1 sowie »Siemens-neu« und den diesen Verfahren zu Grunde liegenden biomechanischen, physiologischen, muskulären (und psychophysischen) Bewertungsansätzen.

Die BAuA-Leitmerkmalmethode ist eine Entwicklung der Bundesanstalt für Arbeitsschutz und Arbeitsmedizin. Sie wird durch den Länderausschuss für Arbeitsschutz und Sicherheitstechnik (LASI) empfohlen.

Das Verfahren ist dreistufig aufgebaut:

1. Bestimmung der Zeitwichtung
   entweder für »regelmäßiges Wiederholen kurzer Hebe- oder Umsetzvorgänge« oder für »langandauerndes Tragen oder Halten«,
2. Bestimmung der Wichtung der Leitmerkmale
   - Lastgewicht (in Abhängigkeit vom Geschlecht),
   - Körperhaltung, Position der Last,
   - Ausführungsbedingungen am Arbeitsplatz.
3. Gliederung der Belastungwertung der Lastenhandhabung
   Aus der Summe von Lastwichtung, Haltungswichtung und Ausführungswichtung wird durch Multiplikation mit der Zeitwichtung ein »Punktwert« bestimmt. Dieser wird je nach Größe einer von vier Risikostufen zugeordnet.

Die Abbildung II-70 fasst die *Leitmerkmalmethode* und die daraus folgende Bewertung zusammen.

119 EN 1005-2: Sicherheit von Maschinen – Menschliche körperliche Leistung – Teil 2: Manuelle Handhabung von Gegenständen in Verbindung mit Maschinen und Maschinenteilen; 2003, 2008 und 2009.
120 ISO 11228-1: Ergonomie – Manuelles Handhaben von Lasten – Teil 1: Heben und Tragen, 2003.
121 Steinberg, U.; Windberg, J.: Leitfaden Sicherheit und Gesundheitsschutz bei der manuellen Handhabung von Lasten – Empfehlungen für den Praktiker. – Bremerhaven. Wirtschaftsverlag NW. 1997 (Schriftenreihe der Bundesanstalt für Arbeitsschutz und Arbeitsmedizin. Sonderschrift, S. 43, überarbeitete Neuauflage). Länderausschuss für Arbeitsschutz und Sicherheitstechnik (LASI) (Hrsg.): Handlungsanleitung zur Gefährdungsbeurteilung beim Heben und Tragen von Lasten. Potsdam 1996 (Neuauflage 2001).

IAD Erhebung zur BAuA Leitmerkmalmethode 2001

Abteilung:		Arbeitsplatz	
Firma:	Analytiker:	Datum:	Uhrzeit:

1. Schritt: Bestimmung der Zeitwichtung

Heben/Umsetzen (<5 s)		Halten (>5 s)		Tragen (>5 s)	
Anzahl am Arbeitstag	Zeit-wich-tung	Gesamtdauer am Arbeitstag	Zeit-wich-tung	Gesamtweg am Arbeitstag	Zeit-wich-tung
< 10	1	< 5 min	1	< 300 m	1
10 bis < 40	2	5 bis < 15 min	2	300 m bis < 1 km	2
40 bis < 200	4	15 min bis < 1 h	4	1 km bis < 4 km	4
200 bis < 500	6	1 h bis < 2 h	6	4 bis < 8 km	6
500 bis < 1.000	8	2h bis < 4 h	8	8 bis < 16 km	8
≥ 1.000	10	≥ 4 h	10	≥ 16 km	10

2. Schritt: Bestimmung der Wichtung der Leitmerkmale

Wirksame Last[1] für Männer	Last-wichtung	Wirksame Last[1] für Frauen	Last-wichtung
< 10 kg	1	< 5 kg	1
10 bis < 20 kg	2	5 bis < 10 kg	2
20 bis < 30 kg	4	10 bis < 15 kg	4
30 bis < 40 kg	7	15 bis < 25 kg	7
≥ 40 kg	25	≥ 25 kg	25

Charakteristische Körperhaltungen und Lastpositionen[2]		Haltungs-wichtung
	• Oberkörper aufrecht, nicht verdreht • Last am Körper	1
	• Geringes Vorneigen oder Verdrehen des Oberkörpers • Last am Körper oder körpernah	2
	• Tiefes Beugen oder weites Vorneigen • Geringe Vorneigung mit gleichzeitigem Verdrehen des Oberkörpers • Last körperfern oder über Schulterhöhe	4
	• Weites Vorneigen mit gleichzeitigem Verdrehen des Oberkörpers • Last körperfern • Eingeschränkte Haltungsstabilität beim Stehen • Hocken oder Knien	8

1 Mit der »wirksamen Last« ist die Gewichtskraft bzw. Zug-/Druckkraft gemeint, die der Beschäftigte tatsächlich bei der Lastenhandhabung ausgleichen muss. Sie entspricht nicht immer der Lastmasse. Beim Kippen eines Kartons wirken nur etwa 50 %, bei der Verwendung einer Schubkarre oder Sackkarre nur 10 % der Lastmasse.

2 Für die Bestimmung der Haltungswichtung ist die bei der Lastenhandhabung eingenommene charakteristische Körperhaltung einzusetzen; z. B. bei unterschiedlichen Körperhaltungen mit der Last sind mittlere Werte zu bilden – keine gelegentlichen Extremwerte verwenden!

Wirksame Last[1] für Männer	Ausführ.-Wichtung
Gute ergonomische Bedingungen, z. B. ausreichend Platz, keine Hindernisse im Arbeitsbereich, ebener rutschfester Boden, ausreichend beleuchet, gute Griffbedingungen	0
Einschränkungen der Bewegungsfreiheit und ungünstige ergonomische Bedingungen (z. B. 1.: Bewegungsraum durch zu geringe Höhe oder durch eine Arbeitsfläche unter 1,5m² eingeschränkt oder 2.: Standsicherheit durch unebenen, weichen Boden eingeschränkt)	1
Stark eingeschränkte Bewegungsfreiheit und/oder Instabilität des Lastschwerpunktes (z. B. Patiententransfer)	2

3. Schritt: Bewertung

Die für diese Tätigkeit zutreffenden Wichtungen sind in das Schema einzutragen und auszurechnen.

	Lastwichtung				
+	Haltungswichtung				
+	Ausführungsbedingungswichtung	Tätigkeit/ Bemerkungen:			
=	Summe	×	Zeitwichtung	=	**Punktwert**

Anhand des errechneten Punktwertes und der folgenden Tabelle kann eine grobe Bewertung vorgenommen werden.[3] Unabhängig davon gelten die Bestimmungen des Mutterschutzgesetzes.

Risikobereich	Punktwert	Beschreibung
1	< 10	Geringe Belastung. Gesundheitsgefährdung durch körperliche Überbeanspruchung ist unwahrscheinlich.
2	10 bis < 25	Erhöhte Belastung, eine körperliche Überbeanspruchung ist bei vermindert belastbaren Personen[4] möglich. Für diesen Personenkreis sind Gestaltungsmaßnahmen sinnvoll.
3	25 bis < 50	Wesentlich erhöhte Belastung, körperliche Überbeanspruchung ist auch für normal belastbare Personen möglich. *Gestaltungsmaßnahmen sind angezeigt.*[5]
4	≥ 50	Hohe Belastung, körperliche Überbeanspruchung ist wahrscheinlich. *Gestaltungsmaßnahmen sind angezeigt.*[5]

3 Grundsätzlich ist davon auszugehen, dass mit steigenden Punktwerten die Belastung des Muskel-Skelett-Systems zunimmt. Die Grenzen zwischen den Risikobereichen sind aufgrund der individuellen Arebitstechniken und Leistungsvoraussetzungen fließend. Damit darf die Einstufung nur als **Orientierungshilfe** verstanden werden.

4 Vermindert belastbare Personen sind in diesem Zusammenhang Beschäftigte, die älter als 40 oder jünger als 21 Jahre alt, »Neulinge« im Beruf oder durch Erkrankungen leistungsgemindert sind.

5 Gestaltungserfordernisse lassen sich anhand der Punktwerte der Tabelle ermitteln. Durch Gewichtsverminderung, Verbesserung der Ausführungsbedingungen oder Verringerung der Belastungszeiten können Belastungen vermieden werden.

Abbildung II-70 BAuA – Leitmerkmalmethode Heben, Halten und Tragen

Auch für das Ziehen und Schieben gibt es eine *Leitmerkmalmethode* der Bundesanstalt für Arbeitsschutz und Arbeitsmedizin.[122]

Repetitive Tätigkeiten bei manuellen Arbeitsprozessen

Im Gegensatz zur Belastungsbewertung bei der Lastenhandhabung oder beim Krafteinsatz ist die Bewertung (hoch) repetitiver Tätigkeiten wesentlich schwieriger. Eine Vielzahl von Einflussfaktoren auf das Hand-Arm-System des Menschen muss erfasst werden, Geschicklichkeit, Kraft, Schnelligkeit, Beweglichkeit und Ausdauer sind individuell unterschiedlich und in weiten Grenzen trainierbar bzw. übbar. Ebenso spielen bei repetitiver Arbeit die Anreize, durch Leistungslohn die Arbeitsintensität des Beschäftigten zu erhöhen, eine größere Rolle als dies bei der Lastenhandhabung oder auch bei

122 Hierzu sei auf Schaub, K. u. a.: a. a. O., 2004, S. 44 ff. verwiesen.

statischem Krafteinsatz der Fall ist.[123] Zahlreiche medizinische Diagnosen und Beschwerdebereiche im Nacken, Schulter/Oberarm, Ellenbogen, Unterarm und Handgelenk sind bei der Belastungsbewertung manueller Arbeitsprozesse zu beachten.

Trotzdem liegt auch dazu eine Leitmerkmalmethode vor, die schnell ablaufende Handlungsabfolgen mit variierenden Kräften, Greifarten und Hand-Arm-Stellungen bewertet.[124]

2.7.6 Leitmerkmalmethode Manuelle Arbeitsprozesse (LMM MA)

Die Leitmerkmalmethode Manuelle Arbeitsprozesse (LMM MA) berücksichtigt

- die Ausübung von Finger-Hand-Kräften im Bereich bis ca. 50 N bei überwiegendem Einsatz von kleineren Muskelgruppen im Unterarm-Hand-Bereich ohne Oberarm-Schulter-Beteiligung,
- Körperhaltungen sitzend oder stehend und meist statisch,
- hohe feinmotorische Fertigkeiten.

Es ist von einem ständigen Wechsel der Greifart und auch der Greifhöhe auszugehen.

Zunächst ist die Zeitwichtung einzustufen (Schritt 1 in Abbildung II-71). Mit Schritt 2 ist anhand der linken Spalte eine typische Einstufung von Werkzeug- und Werkstückgewichten vorzunehmen. Dauer oder Häufigkeit der jeweiligen Kraftaufwendung sind zu erfassen. Auf die Unterscheidung von Arbeitshand und Nebenhand wurde hier verzichtet. Soll die LMM MA zwischen Arbeits- und Nebenhand differenzieren, müssen getrennte Analysen durchgeführt werden.

Die Wichtung der Arbeitsorganisation ist weitgehend selbsterklärend. Ebenso einfach können die Ausführungsbedingungen der Arbeit eingestuft werden. Die Körperhaltungen werden ähnlich wie bei den bereits beschriebenen Leitmerkmalmethoden eingestuft (rechte Spalte, oben). Die Hand-Arm-Stellungen und -bewegungen werden ihrer Art, Häufigkeit und Dauer berücksichtigt (rechte Spalte, Mitte).

123 Steinberg, U.; Behrendt, S.; Caffier, G.; Scholz, K.; Jakob, M.: Leitmerkmalmethode Manuelle Arbeitsprozesse. Dortmund/Berlin/Dresden: Bundesanstalt für Arbeitsschutz und Arbeitsmedizin, Forschungsbericht F 1994, 2007.

124 Zur Bewertung manueller Arbeitsprozesse kommen auch die bereits seit einigen Jahren eingeführten OCRA- und RULA-Methoden infrage. Vgl. McAtamney, L.; Corlett, E. N.: Rula: A survey method for the investigation of workrelated upper limb disorder. Appl. Ergonom. 24 (1993) 2, S. 91–99. Colombini, D.; Occipinti, E.; Grieco, A.: Risk Assessment and Management of Repetetive Movements and Exertions of Upper Limbs Job Analysis, Ocra Risk Indices, Prevention Strategies and Design Principles. Amsterdam: Elsevier 2002.

Leitmerkmale zur Erfassung von Belastungen bei manuellen Arbeitsprozessen

Die Gesamttätigkeit ist ggf. in Teiltätigkeiten zu gliedern. Jede Teiltätigkit mit erheblichen körperlichen Belastungen ist getrennt zu beurteilen.

Arbeitsplatz/Teiltätigkeit:

1. Schritt: Bestimmung der Zeitwichtung und Information zum Arbeitsablauf

Gesamtdauer dieser Tätigkeit pro Schicht	Zeitwichtung
< 120 min	1
120 – 180 min	2
180 – 240 min	3
240 – 300 min	4
300 – 360 min	5
> 360 min	6

Zusatzinformation	
Zyklische Tätigkeit	
Dauer eines Zyklus	
Anzahl Zyklen/Schicht	
Anteil an Arbeitszeit	%
oder	
Kontinuierliche Tätigkeit	
Anteil an Arbeitszeit	%

Entwurf 2007

zum allgemeinen Praxistest

Hrsg.:
Bundesanstalt für Arbeitsschutz und Arbeitsmedizin Berlin
Gruppe 3.4
www.baua.de

2. Schritt: Bestimmung der Wichtung von Art der Kraftausübung, Arbeitsorganisation, Ausführungsbedingungen, Körperhaltung und Hand-/Armstellung und -bewegung

Art der Kraftausübung(en)		Halten			Bewegen				
		Haltedauer [sec./Minute]			Bewegungshäufigkeiten [Anzahl/Minute]				
		60–30	30–15	15–4	1–4	4–15	15–30	30–60	>60
Höhe *	Beschreibung, typische Beispiele	Wichtung			Wichtung				
sehr gering < 20 g < 0,2 N	**Ausübung von leichtem Druck durch Finger** Tastenbedienung/Verschieben/Ordnen/Halten/Sortieren	2	1	1	1	1	2	3	3
gering 20 … 100 g 0,2 … 1 N	**Ausübung von Druck durch Auflage der Hand oder Fingerzufassung** Halten/Materialführung/Fügen	3	2	2	1	2	3	4	4
mittel 100 … 500 g 1 … 5 N	**Fingerzufassung** Greifen/Fügen von kleinen Werkstücken mit der Hand oder kleinen Werkzeugen	4	3	2	1	2	3	4	–
erhöht 0,5 … 1 kg 5 … 10 N	**Handzufassung** Drehen/Wickeln/Verpacken	–	–	–	1	2	3	4	5
	Fassen/Halten oder Fügen von Teilen/Eindrücken	4	3	2	1	2	3	4	
	Arbeiten mit kleineren, angetriebenen Handwerkzeugen	4	3	2	1	2	3	–	–
hoch 1 … 2,5 kg 10 … 25 N	**Haftbetonte Handzufassung** Schneiden mit Scheren oder Messern/Benutzung von Zangen oder Hand-Tackern/Bewegen oder Halten von Teilen oder Werkzeugen	–	4	3	2	3	4	–	–
sehr hoch 2,5 … 5 kg 25 … 50 N	**Große, manchmal maximale Finger-/Hand-Kräfte**	–	–	7	5	7	–	–	–
	Schlagen mit Handfläche oder Faust	–	–	–	3	4	6	8	–

* Die Zahlenangaben beziehen sich auf Gewichte [g, kg] und Aktionskräfte [N]. 1 kg entspricht 10 N.

Arbeitsorganisation	Wichtung
Keine oder weite Taktbindung: Arbeitsablauf beeinflussbar/Pausen wählbar/Handlungsspielraum vorhanden/Belastungswechsel durch andere Tätigkeiten/unterschiedliche Hand-Arm-Bewegungen	0
	0,5
Enge Taktbindung: Arbeitsablauf fest vorgegeben/wenige Einzelbewegungen pro Zyklus/eingeschränkter Handlungsspielraum/Pausen nur mit Springer/hohes Arbeitstempo	1

In der Tabelle nicht genannte Merkmale sind sinngemäß zu berücksichtigen.

Ausführungsbedingungen	Wichtung
Gut: sichere Detailerkennbarkeit/keine Blendung/gute klimatische Bedingungen/keine Behinderung der Bewegungsfreiheit/Bedien- und Anzeigeelemente im günstigen Bereich/gute Greifbarkeit	0
	0,5
Eingeschränkt: erschwerte Detailerkennbarkeit durch Blendung oder zu kleine Details/Zugluft/Kälte/Nässe/Verschmutzung/Konzentrationsstörungen durch Geräusche/schlechte Greifbarkeit durch grobe Handschuhe	1

In der Tabelle nicht genannte Merkmale sind sinngemäß zu berücksichtigen. Bei sehr ungünstigen Bedingungen kann die Wichtung 2 vergeben werden.

Abbildung II-71 Einstufungsblatt Leitmerkmalmethode »Manuelle Arbeitsprozesse« (Vorderseite)[125]

125 Nach Steinberg, U. et al.: a.a.O., 2007.

Körperhaltung**		Wichtung
	**Gut:** Wechsel von Sitzen und Stehen möglich/Wechsel von Stehen und Gehen/ dynamisches Sitzen ist möglich/Hand-Arm-Auflage bei Bedarf möglich/keine Verdrehung/Kopfhaltung variabel	**0**
	**Eingeschränkt:** Rumpf leicht vorgeneigt und/oder leicht verdreht/Stärkere Neigung des Körpers zum Handlungsbereich/Kopfhaltung zur Detailerkennung vorgegeben/Eingeschränkte Bewegungsfreiheit/ausschließlich Sitzen oder Stehen ohne Gehen	1 **2**
	**Schlecht:** Rumpf stärker verdreht und vorgeneigt/streng fixierte Körperhaltung/visuelle Kontrolle der Handlung über Lupen oder Mikroskope/starke Kopfneigung oder -verdrehung	3 **4**

** Es ist die typische Körperhaltung zu berücksichtigen. Gelegentliche Abweichungen können vernachlässigt werden.

Hand-/Armstellung und -bewegung**		Wichtung
	**Gut:** Stellung oder Bewegung der Gelenke im mittleren (entspannten) Bereich/ nur gelegentliche Abweichungen/überwiegend körpernahe Armhaltung/nur gelegentliches Greifen über Schulterhöhe	**0**
	**Eingeschränkt:** Häufigere Stellung oder Bewegung der Gelenke am Ende der Beweglichkeitsbereiche/häufiges körperfernes Greifen/häufigeres Greifen über Schulterhöhe	**1**
	**Schlecht:** Ständige Stellung oder Bewegung der Gelenke am Ende der Beweglichkeitsbereiche/häufiges oder lang anhaltendes Greifen über Schulterhöhe/langdauerndes statisches Halten der Arme ohne Hand-Arm-Abstützung	**2**

** Es ist die typische Körperhaltung zu berücksichtigen. Gelegentliche Abweichungen können vernachlässigt werden.

3. Schritt: Bewertung

Die für diese Tätigkeit zutreffenden Wichtungen sind in das Schema einzutragen und auszurechnen.

	Art der Kraftausübung				
+	Arbeitsorganisation				
+	Ausführungsbedingungen				
+	Körperhaltung				
+	Hand-/Armstellung	Tätigkeit/ Bemerkungen:			
=	Summe	×	Zeitwichtung	=	**Punktwert**

Anhand des errechneten Punktwertes und der folgenden Tabelle kann eine grobe Bewertung vorgenommen werden.

Risikobereich***	Punktwert	Beschreibung
1	< 10	Geringe Belastung. Gesundheitsgefährdung durch körperliche Überbeanspruchung ist unwahrscheinlich.
2	10 bis < 25	Mittlere Belastung, eine körperliche Überbeanspruchung ist bei vermindert belastbaren Personen möglich. Für diesen Personenkreis sind Gestaltungsmaßnahmen sinnvoll.
3	25 bis < 50	Erhöhte Belastung, körperliche Überbeanspruchung ist auch für normal belastbare Personen möglich. Gestaltungsmaßnahmen sind angezeigt.
4	≥ 50	Hohe Belastung, körperliche Überbeanspruchung ist wahrscheinlich. Gestaltungsmaßnahmen sind erforderlich.

*** Die Grenzen zwischen den Risikobereichen sind aufgrund der individuellen Arbeitstechniken und Leistungsvoraussetzungen fließend. Damit darf die Einstufung nur als **Orientierungshilfe** verstanden werden. Grundsätzlich ist davon auszugehen, dass mit steigenden Punktwerten die Belastungen des Muskel-Skelett-Systems zunimmt.

Abbildung II-72 Einstufungsblatt Leitmerkmalmethode »Manuelle Arbeitsprozesse« (Rückseite)[126]

Die vorgenommenen Einstufungen werden in Schritt 3 zusammengefasst und anschließend einem Risikobereich zugewiesen (Abbildung II-72).

126 Nach Steinberg, U. et al.: a. a. O., 2007, S. 41.

Aus den einzelnen Einstufungsergebnissen können direkt Gestaltungshinweise zur Belastungsminderung abgeleitet werden.

2.7.7 Ergonomic Assessment Worksheet (EAWS)

Das »Ergonomic Assessment Worksheet« (EAWS) wurde in Zusammenarbeit zwischen dem Institut für Arbeitswissenschaft der TU Darmstadt (IAD) und dem Internationalen MTM-Direktorat (IMD) entwickelt[127] und in europäischen Betrieben

- der Automobilindustrie,
- der Automobilzulieferindustrie,
- des Maschinenbaus und
- der Elektroindustrie

getestet. Daher rührte auch die ursprüngliche Bezeichnung *European Assembly Worksheet.* Die Arbeitsweise des EAWS orientiert sich am Vorgänger AAWS: Für ergonomisch ungünstige Situationen werden Belastungspunkte vergeben. Ihre Anzahl steigt mit der Höhe und Dauer der Belastung.[128] Folgende *Belastungsgrößen* werden berücksichtigt:

1. Körperhaltungen/-bewegungen mit geringen äußeren Lasten/Kraftaufwand,
2. statische und dynamische Aktionskräfte und zusätzliche Belastungen,
3. Lastenhandhabungen,
4. kurzzyklische repetitive Belastungen der oberen Extremitäten.

Die Belastungspunkte der drei ersten Kategorien werden zu einer Gesamtbewertung zusammengefasst. Danach werden die Gesamtbelastung aus den Teilbelastungen (1) bis (3) sowie die Teilbelastung (4) nach dem *Ampelprinzip* einem Risikobereich in Anlehnung an EN 614-1 zugeordnet.[129] Die Punktesummen sind dabei kompatibel mit den entsprechenden Bereichswerten der BAuA *Leitmerkmalmethoden* (siehe weiter oben).

Das EAWS verfolgt die Ziele

- belastende Arbeitssituationen zu dokumentieren und zu bewerten
  - in der Planung oder
  - im Ist-Zustand,
- Verbesserungen einzuleiten und
- ein Problemverfolgungssystem (Ergonomie-Auditprozess) zu initialisieren.

Die wichtigsten EAWS-Anwender sind

- Konstrukteure und Fertigungsplaner in Entwicklungszentren,
- IE-Mitarbeiter (interne und externe Mitarbeiter),
- Fertigungsplaner im Werk,

127 Schaub, K.; Caragnano, G.; Fischer, H.; Schosnig, R.; Britzke, B.; Bruder, R.: Integration of new ergonomic evaluation tools into MTMergonomics. Bericht zum 55. Arbeitswissenschaftlichen Kongress vom 4.–6.3.2009 an der TU Dortmund, hrsg. von der Gesellschaft für Arbeitswissenschaft e. V., Dortmund 2009, S. 245–248.

128 Schaub, K.; Ghezel-Ahmadi, K.: Vom AAWS zum EAWS – ein erweitertes Screening-Verfahren für körperliche Belastungen. Bericht zum 53. Arbeitswissenschaftlichen Kongress vom 28.2.–2.3.2007 an der Otto-von-Guericke-Universität Magdeburg, hrsg. von der Gesellschaft für Arbeitswissenschaft e. V., Dortmund 2007, S. 601–604.

129 EN 614-1: Sicherheit von Maschinen – Ergonomische Gestaltungsgrundsätze – Teil 1: Begriffe und allgemeine Leitsätze; Deutsche Fassung EN614-1:2006+A1:2009.

- auch:
  - Linienmanager,
  - Betriebsräte,
  - Werksärzte,
  - Sicherheitsfachkräfte.

Die ergonomische und gesundheitsförderliche Gestaltung von Arbeitssystemen und -abläufen ist noch nicht im Fokus von Entwicklern und Planern. Es ist daher notwendig, Konstrukteure und Planer zunehmend für ergonomische Aufgabenstellungen zu sensibilisieren. Eine erfolgreiche korrektive Produkt- oder Prozessergonomie wird bei immer kürzeren Produktentwicklungs- und -lebenszeiten immer unwahrscheinlicher. Notwendig ist es, insbesondere Prozessplanern Methoden und Werkzeuge zur Verfügung zu stellen, die ergonomische Gestaltung als Bestandteil des Planungsprozesses integrieren.

Gesundheitsförderliche Gestaltung

Das EAWS, das gleichermaßen als »Papier-und-Bleistift-Methode« oder softwaregestützt in EAWS digital und in MTM*ergonomics*® angewendet werden kann, ist folgendermaßen aufgebaut:

1. Datenkopf
2. Körperhaltungen 2 D (symmetrisch) und 3 D (asymmetrisch)
3. Aktionskräfte
4. Lastenhandhabung
5. hochrepetititve Tätigkeiten
6. Extrapunkte
7. Gesamtergebnisse der Risikoanalyse (2 Ampeln)
8. Verbesserungsvorschläge

Im Datenkopf werden die wichtigsten Angaben zum Arbeitssystem und zur Arbeitsperson festgehalten (Abbildung II-73).

Datenkopf

Ergonomic Assessment Worksheet V 1.3.3		
Werk:	Geschlecht Werker/in: m ☐ w ☐	Körpergröße [cm]:
Linie:	MTM-Analyse:	Analytiker/in:
Arbeitsplatz/-aufgabe:	Takt-/Zykluszeit [s]:	Datum:

Abbildung II-73 EAWS-Datenkopf

Betrachtet man die arbeitende Person in der Seitenansicht, dann stuft man ihre *Körperhaltung zweidimensional* nach Art und Zeitdauer ein (Abbildung II-74).

Körperhaltung zweidimensional

Körperstellung/Rumpf- und Armhaltung (inkl. Lasten <3 kg und Aktionskräften von 30 bis 40 N)		(pro Schicht) Bewertung statischer Körperhaltungen und/oder hochfrequenter Bewegungen des Rumpfes/der Arme. Dauer [s/min] = Dauer Körperhaltung(en) · 60 / Taktzeit											Zeilensumme
statische Körperhaltungen >4 s; hochfrequente Bewegungen: 2 Rumpfbeugungen oder 10-mal Arme heben >60° pro Minute		[%]	5	7,5	10	15	20	27	33	50	67	83	
		[s/min]	3	4,5	6	9	12	16	20	30	40	50	
		[min/8 h]	24	36	48	72	96	130	160	240	320	400	
Stehen (und Gehen)													
1		Stehen & Gehen im Wechsel, Stehen mit Abstützung	0	0	0	0	0,5	1	1	1	1,5	2	
2		Stehen, keine Abstützung (für andere Einschränkung siehe Extrapunkte)	0,7	1	1,5	2	3	4	6	8	11	13	
3	20° 0° 60°	nach vorn gebeugt (20°–60°)	2	3	5	7	9,5	12	18	23	32	40	
		mit geeigneter Abstützung	1,3	2	3,5	5	6,5	8	12	15	20	25	
4		stark gebeugt >60°	3,3	5	8,5	12	17	21	30	38	51	63	
		mit geeigneter Abstützung	2	3	5	7	9,5	12	18	23	31	38	
5		aufrecht, Ellenbogen auf/über Schulterhöhe	3,3	5	8,5	12	17	21	30	38	51	63	
6		aufrecht, Hände über Kopfhöhe	5,3	8	14	19	26	33	47	60	80	100	
Sitzen													
7		aufrecht mit Rückstütze, ggf. leicht nach vorn/hinten geneigt	0	0	0	0	0	0	0,5	1	1,5	2	
8		aufrecht ohne Rückstütze (für Einschränkungen siehe Extrapunkte)	0	0	0,5	1	1,5	2	3	4	5,5	7	
9		nach vorn gebeugt	0,7	1	1,5	2	3	4	6	8	11	13	
10		Ellenbogen auf/über Schulterhöhe	2,7	4	7	10	13	16	23	30	40	50	
11		Hände über Kopfhöhe	4	6	10	14	20	25	35	45	60	75	
Knien oder Hocken													
12		aufrecht	3,3	5	7	9	12	15	21	27	36	45	
13		nach vorn gebeugt	4	6	10	14	20	25	35	45	60	75	
14		Ellenbogen auf/über Schulterhöhe	6	9	16	23	33	43	62	80	108	135	
Liegen und Klettern													
15		(Liegen auf Rücken, Brust oder Seite), Arme über Kopf	6	9	15	21	29	37	53	68	91	113	
16		Klettern	6,7	10	22	33	50	66					

Abbildung II-74 Körperhaltungen und Armstellung in 2D-Ansicht

Die Einstufung von 2D-Haltungspunkten bezieht sich auf statische Körperhaltungen. Dafür gilt die folgende Anwendungsregel:

Anwendungsregel zu statischer Körperhaltung bei EAWS

EAWS Regel 1	Haltungen gelten als statisch, wenn sie ≥ 4 s eingenommen werden. Gezählt wird nur die Zeit in diesen statischen Haltungen, nicht die Bewegung hin zu dieser Haltung und aus dieser Haltung zurück.

Die Einstufung der *Neigungswinkel* wird durch Abbildung II-75 erläutert.

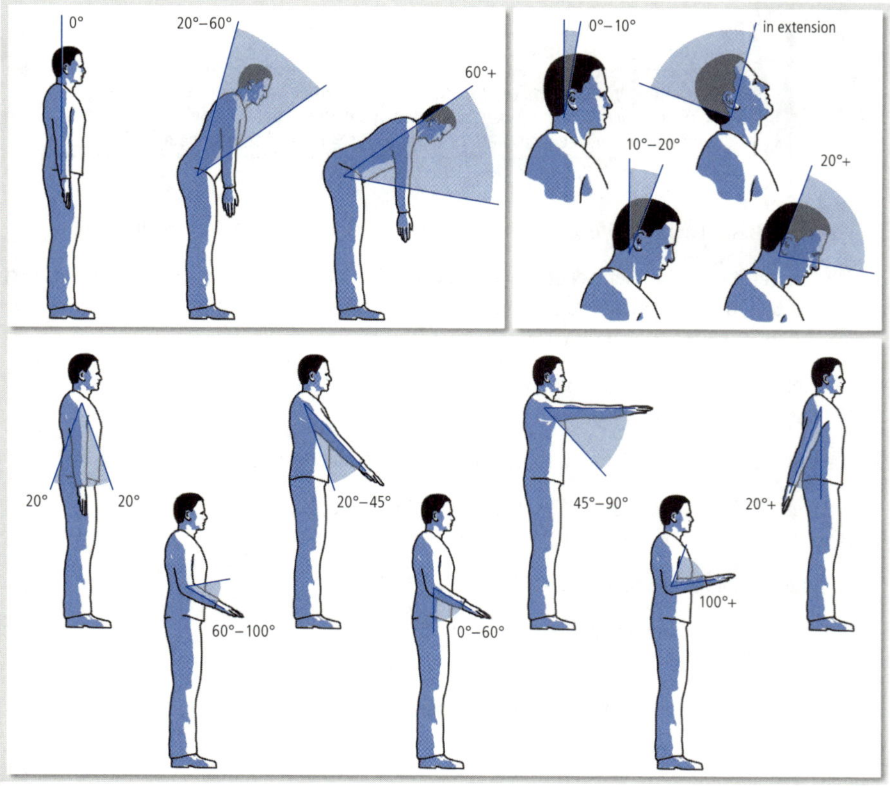

Abbildung II-75 Einstufungshilfe für 2D-Körperhaltungen

Die *2D-Körperhaltungen* in den Zeilen 1–16 sowie andere Belastungsarten in den Zeilen 0, 17, 18 und 20 werden mit dem Schlüssel aus Abbildung II-76 eingestuft.

Einstufungsschlüssel

	Bewertung statischer Körperhaltungen und/oder hochfrequenter Bewegungen des Rumpfes/der Arme									
	Dauer [s/min] = $\frac{\text{Dauer Körperhaltung(en)} \cdot 60}{\text{Taktzeit}}$									
[%]	5	7,5	10	15	20	27	33	50	67	83
[s/min]	3	4,5	6	9	12	16	20	30	40	50
[min/8 h]	24	36	48	72	96	130	160	240	320	400

Abbildung II-76 Zeitdauer-Schlüssel für 2D-Körperhaltungen und weitere Belastungsarten

Anwendungsregeln zur Zeitdauer-Stufung bei EAWS

Die erste Zeile des Zeitdauer-Schlüssels enthält die Intervallgrenzen für eine Prozenteinstufung. Die Prozenteinstufung ist, da sehr einfach, besonders für die ersten EAWS-Anwendungen des Analytikers zu empfehlen. Für die Zeitdauer-Stufung auf Takt- oder Minutenbasis gelten folgende Anwendungsregeln:

EAWS Regel 2

Die Einstufungen der statischen Haltungen und hochfrequenten Bewegungen sind auf Sekundenbasis:

Bei Einstufungsart »Minute« oder »Takt« und einer Dauer ≠ 60 sec werden die Einzeleinstufungen in den Zeilen 0 – 18 sowie 20 wie folgt gewichtet:

$$\text{Punktwert} = \frac{(\text{Haltungs-/Bewegungsdauer}) \cdot 60}{\text{Einstufungsdauer}}$$

Die Einstufungen müssen in jeder Zeile gewichtet werden, bevor sie abschließend zu Summe »Haltungen« oder »Kraft/RSI« addiert werden.

EAWS Regel 3

Treten Haltungen aus einer Zeile mehrfach auf, so werden ihre Zeitanteile addiert (es ist unerheblich, ob der Werker 12 Sekunden am Stück oder 3 · 4 Sekunden in dieser Haltung arbeitet. d. h. einmal stark gebeugt à 30 s = dreimal stark gebeugt à 10 s).

Das folgende Beispiel zeigt die Vorgehensweise bei der Einstufung der 2D-Körperhaltungen:

Beispiel Körperhaltung

Ein Werker versäubert B-Säulen bei einem Automobilzulieferer (Arbeitsplatzmaße ≥ 2 m). Die Taktzeit beträgt 50 s, davon 40 s nach vorne gebeugt und 10 s aufrecht gehend. Daraus ergeben sich zwei Tätigkeiten für die Einstufung im EAWS:

- Tätigkeit 1: 40 s nach vorn gebeugt (20–60 Grad)
- Tätigkeit 2: 10 s Gehen

Die Taktzeit ist ungleich 60 s, darum ist der Punktwert entsprechend Regel 2 umzurechnen:

- Tätigkeit 1: (40 s · 60) / 50 s = 48 s/min für die Einstufung
- Tätigkeit 2: (10 s · 60) / 50 s = 12 s/min für die Einstufung

Durch Interpolation/Schätzung ermittelt man für

- Tätigkeit 1 38,5 Punkte (interpoliert: 38,4) und für
- Tätigkeit 2 0,5 Punkte (direkt abgelesen unter dem Wert 12 s/min).

Es ergibt sich eine 2D-Punktsumme von 39,0 (Abbildung II-77).

Körperstellung/Rumpf- und Armhaltung (pro Schicht)		Bewertung statischer Körperhaltungen und/oder hochfrequenter Bewegungen des Rumpfes/der Arme — Dauer [s/min] = Dauer Körperhaltung(en) · 60 / Taktzeit										Zeilensumme	Körperhaltung – Asymmetrie: Rumpfdrehung[1] (Höhe 0–5, Dauer 0–3, Höhe · Dauer)	Rumpfneigung[1] (Höhe 0–5, Dauer 0–3, Höhe · Dauer)	Reichweite (RW)[2] (Höhe 0–5, Dauer 0–2, Höhe · Dauer)
(inkl. Lasten <3 kg und Aktionskräften von 30 bis 40 N) statische Körperhaltungen >4 s; hochfrequente Bewegungen: 2 Rumpfbeugungen oder 10-mal Arme heben >60° pro Minute	[%]	5	7,5	10	15	20	27	33	50	67	83				
	[s/min]	3	4,5	6	9	12	16	20	30	40	50				
	[min/8 h]	24	36	48	72	96	130	160	240	320	400				
Stehen (und Gehen)															
1 (Tätigkeit 2)	Stehen & Gehen im Wechsel, Stehen mit Abstützung	0	0	0	0	0,5	1	1	1	1,5	2	0,5			
2	Stehen, keine Abstützung (für andere Einschränkung siehe Extrapunkte)	0,7	1	1,5	2	3	4	6	8	11	13				
3 (Tätigkeit 1)	nach vorn gebeugt (20–60°)	2	3	5	7	9,5	12	18	23	32	40	38,5			
	mit geeigneter Abstützung	1,3	2	3,5	5	6,5	8	12	15	20	25				
4	stark gebeugt >60°	3,3	5	8,5	12	17	21	30	38	51	63				
	mit geeigneter Abstützung	2	3	5	7	9,5	12	18	23	31	38				
5	aufrecht, Ellenbogen auf/über Schulterhöhe	3,3	5	8,5	12	17	21	30	38	51	63				
6	aufrecht, Hände über Kopfhöhe	5,3	8	14	19	26	33	47	60	80	100				

Rumpf	0	1	3	5	Reichweite (RW)	0	1	3	5
Höhe	leicht <10°	mittel 15°	stark 25°	extrem >30°	Höhe	körpernah	60 %	80 %	Arm gestreckt
Dauer	0	1,5	2,5	3	Dauer	0	1	1,5	2
	nie 0 %	4 s 6 %	10 s 15 %	13 s 20 %		nie 0 %	4 s 6 %	10 s 15 %	13 s 20 %

Σ (a)	Σ (max. = 15)	Σ (max. = 15)	Σ (max. = 10)
39,0	Σ (max. = 40) (b)		

Achtung: Max. Einstufungsdauer = Taktzeit bzw. Dauer der Tätigkeit oder 100 %!

Achtung: Werte korrigieren, wenn Takt-/Zykluszeit ≠ 60 s

Haltung = Σ Zeilen 1–16	39,0	+	0	=	39,0

Abbildung II-77 Beispiel zur Berechnung der 2D-Haltungspunkte

Durch *Rumpfverdrehung*, seitliche *Rumpfneigung* oder körperferne *Armhaltung* können sich außerordentliche Belastungen des Muskel-Skelett-Systems ergeben (Abbildung II-78).

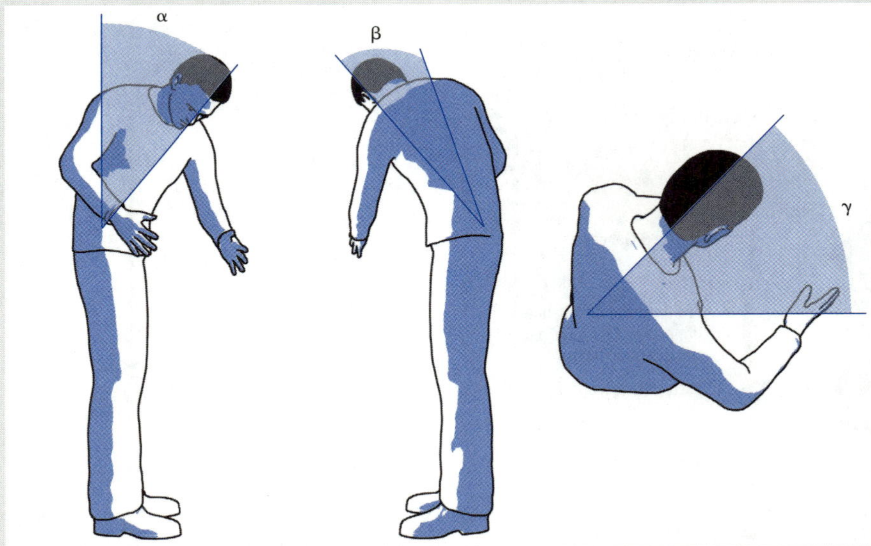

Abbildung II-78 Beispiele für Rumpfdrehung, -neigung und körperferne Arbeitsweise

1)

Rumpf					
	Höhe	0	1	3	5
		leicht < 10°	mittel 15°	stark 25°	extrem > 30°
	Dauer	0	1,5	2,5	3
		nie 0 %	4 s 6 %	10 s 15 %	13 s 20 %

Abbildung II-79 Bewertungsschlüssel für Rumpfdrehung und -neigung

Anwendungsregeln zur Einstufung von Rumpfdrehung und -neigung bei EAWS

Die Einstufung der Rumpfdrehung und -neigung im EAWS erfolgt in 5 Stufen (Abbildung II-79). Diese sind möglicherweise schwer zu unterscheiden, vor allem, wenn man die Person nur von der Seite beobachten kann. Deshalb geben die folgenden *Anwendungsregeln* für die Rumpfdrehung (Oberkörper-Torsion) und die Einstufung der Rumpfneigung eine Hilfestellung. Regel 6 legt die Obergrenzen der Punktzahlen fest.

EAWS Regel 4	Oberkörper-Torsion ergibt sich z. B., wenn Hände in x-Richtung versetzt sind (s. Abb. II-78). Die Abhängigkeit Δx und ° wird natürlich von Arbeits- und Körperhöhe, Rumpfbeugewinkel α und weiteren Einflussgrößen ebenfalls bestimmt.
EAWS Regel 5	Bei der Rumpfneigung ist der Höhenunterschied der Hände in z-Richtung wichtig, ebenso der seitliche Versatz von Werkstück oder Werkzeug gegenüber Körpermedian.
EAWS Regel 6	Grundsätzlich gilt: Eine einzustufende Körperhaltung muss ≥ 4 s sein. Rumpfdrehung P_{max} = 15 Punkte Rumpfneigung P_{max} = 15 Punkte Reichweite P_{max} = 10 Punkte Maximum für 3D: 40 Punkte

Das Bewertungsraster für körperferne Arbeitsweise wird in Abbildung II-80 dargestellt.

2)					
Reichweite (RW)	Höhe	0	1	3	5
		körpernah	60 %	80 %	Arm gestreckt
	Dauer	0	1	1,5	2
		nie 0 %	4 s 6 %	10 s 15 %	13 s 20 %

Abbildung II-80 Bewertungsschlüssel für körperfernes Arbeiten

Anwendungsregel für körperferne Armhaltungen bei EAWS

Hierfür gilt folgende Anwendungsregel:

EAWS Regel 7	Körperferne Armhaltungen werden nur dann eingestuft, wenn die Oberarme innerhalb eines Winkels von 30° unter Schulterhöhe bis 60° über Schulterhöhe liegen (d. h. kann in den EAWS-Zeilen 6, 11, 14, 15 und 16 nicht auftreten!).

Aktionskräfte

Die Ermittlung der *Aktionskräfte* bezieht sich auf den dynamischen und statischen Krafteinsatz, z. B. beim Andrücken einer Handbohrmaschine oder dem Setzen eines Clipse, und darf nicht mit der Lastenhandhabung vermischt werden (Abbildung II-81).

Aktionskräfte (pro Minute/Schicht)

17		Fingerkräfte (z. B. Clipse, Stecker)	0 … 7 … 15 … 25 … 50
			≈ 1/6 F_{max} … ≈ 1/3 F_{max} … ≈ 1/2 F_{max} … ≈ 2/3 F_{max} … F_{max}
			0 … 1 … 1 … 1,5 … 2 … 3,5 … 7
			[s] 3 6 9 12 20 30
			[%] 5 10 15 20 33 50
			0 … 1,5 … 2 … 2,5 … 3
			[n] 4 10 15 20
18		Arm-, Ganzkörperkräfte (**keine** Lasten)	0 … 6 … 15 … 25 … 50
			≈ 1/6 F_{max} … ≈ 1/3 F_{max} … ≈ 1/2 F_{max} … ≈ 2/3 F_{max} … F_{max}
			0 … 1 … 1 … 1,5 … 2 … 4 … 8,5
			[s] 3 6 9 12 20 30
			[%] 5 10 15 20 33 50
			0 … 1,5 … 2 … 3 … 4,5 … 6,5 … 10
			[n] 1–2 3 6 8 10 12

Abbildung II-81 Bewertung der Aktionskräfte bei EAWS

Die Kräfte bestimmt man für die Planungsanalyse aus dem *montagespezifischen Kraftatlas* (Abbildung II-82).

F_{max} Arm-, Ganzkörperkräfte (geschlechtsneutral)

P15 für Planungs- und P40 für Ist-Analysen

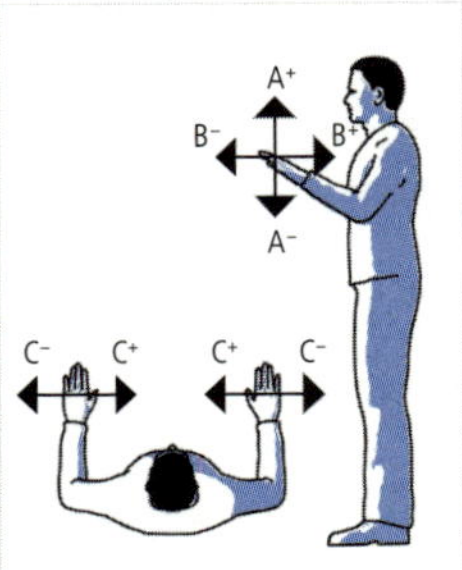

Daten aus: »Montagespezifischer Kraftatlas« (Wakula, Berg, Schaub, Glitsch, Ellegast 2009), so angepasst, dass geschlechtsneutral

Die Punktwerte können sich nach Abschluss des Kraftatlasprojekts ändern

	ST aufrecht P15	ST aufrecht P40	ST gebeugt P15	ST gebeugt P40	ST über Kopf P15	ST über Kopf P40
+A	245	315	210	285	230	280
−A	260	325	200	240	265	320
+B	170	210	206	260	160	200
−B	245	315	285	390	255	310
+C	130	155	145	200	105	140
−C	110	155	90	135	100	140

	KN aufrecht P15	KN aufrecht P40	KN gebeugt P15	KN gebeugt P40	KN über Kopf P15	KN über Kopf P40
+A	210	270	180	245	225	275
−A	225	280	190	225	265	320
+B	215	290	220	320	210	270
−B	240	325	220	290	220	275
+C	145	195	140	190	130	180
−C	115	150	105	135	130	190

	SI aufrecht P15	SI aufrecht P40	SI gebeugt P15	SI gebeugt P40	SI über Kopf P15	SI über Kopf P40
+A	205	265	190	250	215	255
−A	245	285	195	245	260	295
+B	215	260	245	295	195	240
−B	205	250	215	275	210	240
+C	120	155	130	175	100	130
−C	110	155	100	135	100	135

Fingerkräfte (geschlechtsneutral)	F_{max} P15	F_{max} P40
A1 (Umfassungsgriff, Zangengriff, OW 70 %)	150	205
A2 Kontaktgriff	115	155
B1 (Zufassungsgriff, Daumenkontaktgriff)	55	70
B2 (Zeigefinger-Daumen, Zeigefinger)	40	50
C (Daumen auf 2 Finger)	45	55

Abbildung II-82 Bestimmung der Kräfte für die Planungsanalyse

Anwendungsregel zur Bestimmung der Kräfte bei EAWS

Hierfür gilt folgende Anwendungsregel:

EAWS Regel 8	Die maximale Punktzahl beträgt für Arm-/Ganzkörperkräfte 500, für den Fingerbereich 350.

Beispiel Fingerkräfte

Das folgende Beispiel (Abbildung II-83) zeigt die Ermittlung der Bewertungspunkte für das häufige Betätigen einer Taste mit F = 35 N für den Fall der Planungsanalyse (Design) für dynamische Aktionskräfte. Da die Taktzeit hier gleich 60 s ist, muss nicht umgerechnet werden. Die Punkte für die Fingerkräfte können aus Zeile 17 wie folgt berechnet werden:

- Taste viermal pro Minute mit dem Zeigefinger betätigen ergibt 1,5 Punkte.
- Die Maximalkraft F_{max} (P15) kann lt. Abbildung II-83 rechts unten zu 40 N abgelesen werden.
- Die Betätigungskraft von 35 N entspricht 87,5 % F_{max} (35 N/40 N = 0,875) und liegt damit zwischen 2/3 F_{max} und F_{max}. Die Interpolation führt auf 40,5 Punkte.

Die Multiplikation der ermittelten Punktwerte erfolgt in Zeile 17. Für diese Belastungssituation ergeben sich demnach 61,0 Punkte.

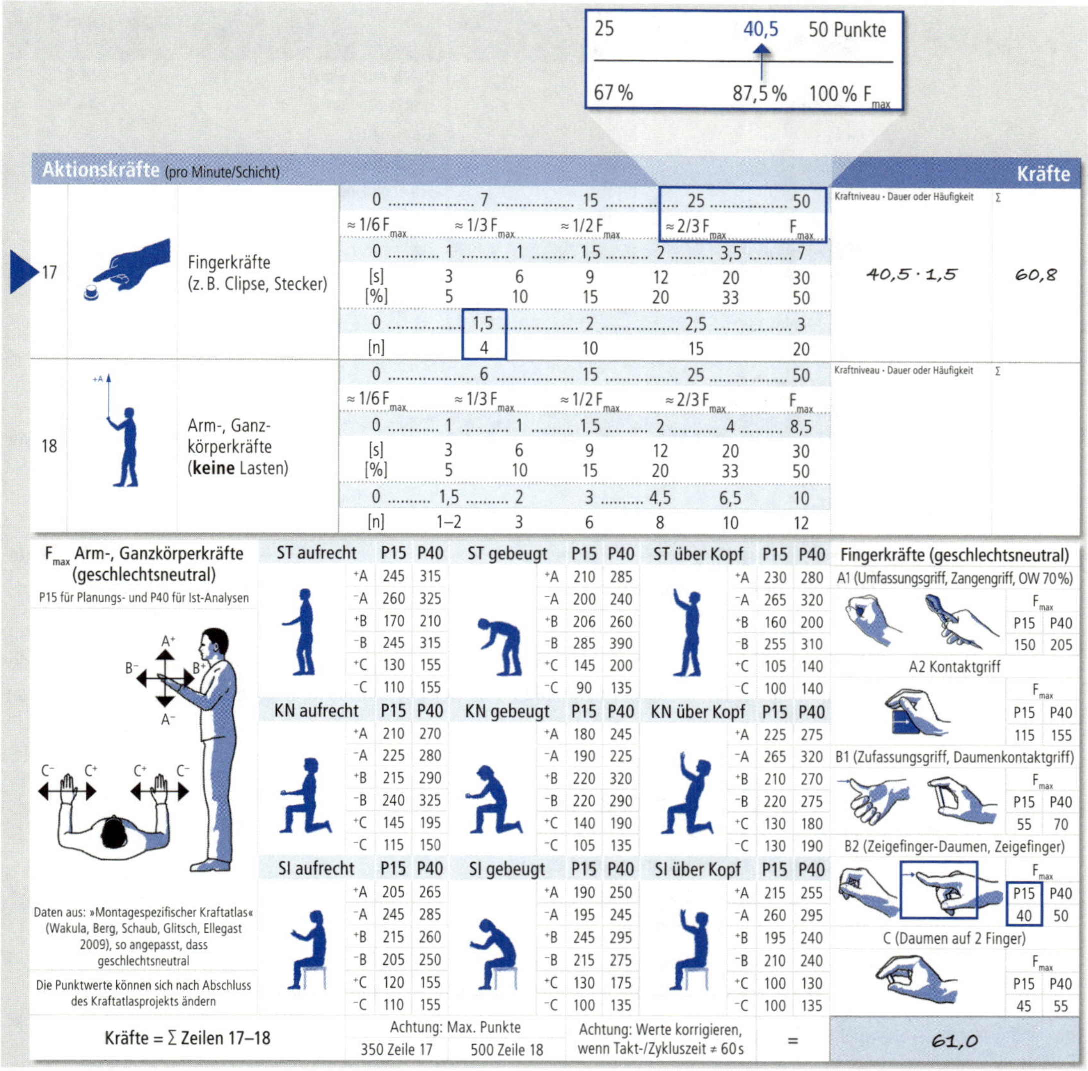

Abbildung II-83 Aktionskräfte für das häufige Betätigen einer Taste (Planungsanalyse)

Bei der Ist-Analyse mit dem EAWS sind nicht die maximal möglichen Kräfte des jeweiligen Perzentilbereichs, sondern die für diese Situation oder dieses Werkzeug üblichen Kräfte zu berücksichtigen (Abbildung II-84).

Bohrschrauber, Typ	Kraftbereich Schalter [N]	Weg [mm]
AEG	8–19	9
Bosch GSR 12 V prof	11–20	7
Fein ABS 12	8–18	9
Festool TDD 12 Fx	10–21	8
Makita	10–19	9
Würth Master BS 12	9–19	8

Typ	F_{gr} [N]	F_{an} [N]	F_{kopp} [N]
Nagler 20/min	16	0	0
Nagler 29/min	25	0	25
Tacker 92/min	23	70	93
Schlagbohrmaschine			100–200

Griffweite [mm]	Männer [N]	Frauen [N]
35	145	89
55	145	89
75	135	82
95	110	66

Stellteil	F [N]
Drucktaster, Finger	1,5–8
Drucktaster, Hand	4–16
Kippschalter	2–10
Wippschalter	1,5–8
Schieber, Finger	1,5–15
Schieber, Hand	20–60
Zugknopf	1,5–20
Zugbügel, Hand	20–100
Joystick	2–10
Schalthebel, Hand, Druck/Zug	50–165
Schalthebel, Hand, links/rechts	25–105
Fußschalter, Fuß ruht auf Schalter	100–150
Fußschalter, Fuß neben Schalter	5–50

F = Betätigungskraft
F_{gr} = Greifkraft
F_{an} = Andruckkraft
F_{kopp} = Kopplungskraft

Abbildung II-84 Typische Aktionskräfte für Werkzeuge und Arbeitssituationen für die Ist-Analyse

Lastenhandhabung

In Bereichen außerhalb der Automobilmontage, in der Zulieferindustrie und in vielen Betrieben des Maschinenbaus spielt die Lastenhandhabung immer noch eine große Rolle. Das einfache, aber durchaus validierte Bewertungsschema der *BAuA-Leitmerkmalmethoden* wurde auf die EAWS-Methodik hin adaptiert. Die Vorgehensweise bei der Einstufung der manuellen Lastenhandhabung ist wie folgt:

1. Lastgewicht auswählen (mind. 3 kg),
2. für Planungsanalyse Männer wählen,
3. Beidhandeinsatz wird angenommen,
4. ggf. Transportmittel auswählen,
5. typische Körperhaltung einstufen,
6. Ausführungsbedingungen (nur bei Ziehen und Schieben) einstufen,
7. Häufigkeit oder Entfernung oder Minuten pro Schicht einstufen.

Anwendungsregeln für die Lastenhandhabung bei EAWS

Dabei sind folgende Anwendungsregeln zu beachten:

EAWS Regel 9	Beim Halten und Tragen ist das Umsetzen schon berücksichtigt! Nur im Falle extrem belastender Körperhaltung (≥ 4 s) zusätzlich Umsetzen einstufen.
EAWS Regel 10	Bei den Transportmitteln werden folgende Unterscheidungen getroffen: Typ I: Schubkarre, Sackkarre etc., Typ II: Dolly (4 drehbare Räder), Typ III: Hubwagen (2 feste u. 2 drehbare Räder), Es gilt das Bruttogewicht!
EAWS Regel 11	Wird eine Last ≥ 3 kg grundsätzlich nur mit einer Hand bewegt, ist das Lastgewicht mit 1,7 zu multiplizieren. Die Summe der Häufigkeits-, Zeit- und Wegpunkte für alle Tätigkeiten der Lastenhandhabung darf maximal 15 sein. Nur schichtbezogene Einstufung möglich. Keine Doppeleinstufungen bei Körperhaltung!

Beispiel Lastenhandhabung

Das folgende Beispiel »Gussgehäuse ablegen« illustriert die Vorgehensweise bei der EAWS-Einstufung der Lastenhandhabung (Abbildung II-85).

Gehäuse, die 15 kg wiegen, werden etwa 400-mal pro Schicht aus Behälter entnommen, auf dem Behälterrand zur Verbesserung des Griffes kurz abgesetzt und anschließend zum Maschinenbett eines Drehautomaten über 6 m getragen. Es ergeben sich die Verrichtungen Umsetzen *und* Tragen. Die Körperhaltung für das Tragen ergibt sich als zeitgewichtetes Mittel aus Haltung 4 und Haltung 2. Das Tragen von 15 kg (= 2 Punkte) geschieht aufrecht (Haltungspunkt = 1), es werden etwa 2,5 km zurückgelegt (= 4 Punkte). Zusammengerechnet kommen aus 36 Punkten für das Umsetzen und 12 Punkten für das Tragen 48 Punkte für die Lastenhandhabung zustande. Der Arbeitsgestalter sieht sofort, wo er ansetzen muss: Wenn diese unergonomische Verrichtung durch Prozessgestaltung und technische Investitionen nicht ganz zu vermeiden ist, dann wäre als erstes ein höhen- und winkelverstellbarer Behälter zu beschaffen, der die ungünstigen Körperhaltungen (3,5 Punkte) reduziert.

manuelles Handhaben von Lasten (pro Schicht) — **Lasten**

Lastgewichte [kg] für Umsetzen (Heben/Absetzen, Tragen und Halten sowie Ziehen und Schieben)

Umsetzen, Tragen und Halten	Männer	3	10	15	20	25	30	35	40	>40
	Frauen	2	5	7	10	12	15	20	25	>25
Lastpunkte		1	1,5	2	3	4	5,5	7	8,5	25

+

Ziehen und Schieben		Transportmittel									
Männer	Karren, Seil-Balancer	<50	75	100	150	200	250			
Frauen	Karren, Seil-Balancer	<40	60	80	115	155	195			
Männer	Transportwagen ohne Bockrollen	<50	75	100	150	250	350	550		
Frauen	Transportwagen ohne Bockrollen	<40	60	80	115	195	270	425		
Männer	Transportwagen mit Bockrollen	<50	75	150	250	350	500	600	800	1250
Frauen	Transportwagen mit Bockrollen	<40	60	115	195	270	385	460	615	960
Lastpunkte	Transportmittel	0,5	1	1,5	2	3	4	5	6	8

Körperhaltung, Position der Last (charakteristische Körperhaltung wählen)

+

Oberkörper aufrecht und nicht verdreht, Last am Körper	geringes Rumpfneigen oder -drehen; Last am Körper oder körpernah	tiefes Beugen oder weites Vorneigen; geringe Vorneigung mit gleichzeitigem Verdrehen des Oberkörpers; Last körperfern oder über Schulterhöhe	weites Vorneigen und Verdrehen; Last körperfern; eingeschränkte Haltungsstabilität beim Stehen, Hocken oder Knien
Haltungspunkte 1	2	4 5	8

Ausführungsbedingungen (nur Ziehen und Schieben von Wagen)

(+)

sehr geringer Rollwiderstand	Wagen ziehen/schieben auf glattem Boden	auf rauem Boden und über kleine Fugen/Kanten	auf Riffelblech, unebenem Boden oder in/aus Lkw	Wagen müssen beim Anfahren losgerissen werden, stark beschädigter Fahrweg	sehr hoher Rollwiderstand
Ausführungspunkte 0	0–2	3	5	6	8

Häufigkeit der Lastenhandhabung [#/Schicht], **Haltedauer** [min] oder **Wegstrecke** [Meter/Schicht]

×

Häufigkeit Umsetz-/Zieh-/Schiebevorgänge	5	25	120	350	750	1000	1500	2000	2500	3000
Haltedauer [min]	2,5	10	37	90	180	>240				
Strecke (Tragen, Ziehen & Schieben) [m]	300	650	2500	6000	12000	16000				
Häufigkeits-, Dauer- bzw. ***Wegpunkte***	1	2	4	6	8	10	11	13	14	15

manuelles Handhaben Lasten (Ergebnis)

19	(Last + Haltung + (Ausführung)) × (#, Dauer bzw. Distanz)	Umsetzen(1)	(2 + 5) × 6 = 42	Halten(1)	(+) × =	Tragen(1)	(2 + 1) × 4 = 12	Ziehen & Schieben(1)	(+ +) × =
	Lasten = Σ Zeile 19	(1) Summe der Häufigkeits-, Zeit- und Wegpunkte für alle Tätigkeiten von Umsetzen, Halten, Tragen, Ziehen und Schieben maximal = 15 Pkt.						=	54,0

Abbildung II-85 Einstufungsbeispiel »Gussgehäuse ablegen«

Repetitive Tätigkeiten

Die Belastung der oberen Extremitäten bei *hoch repetitiven Tätigkeiten* wird – im Gegensatz zu den bisherigen Einstufungen – auf einem Mikro-Niveau vorgenommen. Dies ist vor allem als Planungsanalyse mit MTM*ergonomics*® sinnvoll.

Es werden berücksichtigt:

- Häufigkeit,
- Kräfte,
- Greifart,
- Körperhaltung, insbesondere auch Gelenkstellung,
- Belastungsdauer und Pausenregime,
- weitere Risikofaktoren.

Anwendungsregel zur Berechnung der Belastungspunkte bei hoch repetitiven Tätigkeiten (EAWS)

EAWS Regel 12	Bei repetitiven Tätigkeiten ermittelt man die Belastungspunkte mit RSI = (Fingerpunkte + Haltung + Zusatzpunkte) · Dauerpunkte

Zunächst ist die Anzahl der realen *Aktionen* [min-1] bzw. der prozentualen Anteile zu bestimmen. Zu betrachten ist die am meisten belastete Extremität. Dabei wird nach der Greifart und den Greifbedingungen gefragt. Zwischen statischen und dynamischen Aktionen wird unterschieden. Führt man eine Planungsanalyse durch, ist der *UAS*-Bezug hilfreich (Abbildung II-86).

Kode	Inhalt	Aktionen
AXX	Aufnehmen und Platzieren	1
PXX	Platzieren	1
HXX	Hilfsmittel handhaben	2
EHX	Ergänzungswert Hilfsmittel	1
ZAX, ZBX, ZD	Bewegungszyklen	1
ZCX	Umsetzen + 1 Bewegung	2
BXX	Betätigen	1
KX	Körperbewegung	0
VA	Visuelle Kontrolle	0

Abbildung II-86 Anzahl der Aktionen bei UAS-Bezug

Beispiel repetitive Tätigkeiten

Das folgende Beispiel bezieht sich auf eine elektrotechnische Bestückungsaufgabe (Abbildung II-87). Dabei gelten folgende Randbedingungen:

- 480 min Anwesenheitszeit, 4 Pausen à 10 min, eine Mittagspause zu 30 min, d.h. repetitive Arbeit über 410 min (24.600 s).
- 984 Teile werden hergestellt, das ergibt eine Zykluszeit von 25 s (24.600 s / 984).
- In der Zykluszeit entfallen 15 s auf manuelle statische Aktionen (Lötprozess), d.h. 60 % ungünstige Gelenkstellung Löten.
- In den restlichen 10 s erfolgen 5 manuelle reale dynamische Aktionen (einmal Aufnehmen und Platzieren (A. + P.), dreimal Ausrichten und einmal Platzieren).
- Greifart: Daumen und 4 Finger (b),
- Kräfte dynamisch & statisch: 13 N,
- Unterbrechungen führen zu Prozessunterbrechungen: 2 Punkte.

Belastung der oberen Extremitäten bei (hoch)repetitiven Tätigkeiten — **obere Extremitäten**

Kraft, Häufigkeit & Greifbedingungen

Anzahl der realen Aktionen [min⁻¹] bzw. prozentuale Anteile (zu betrachten ist die am meisten belastete Extremität)

Griff

a 

Umfassungs- oder Kontaktgriff

b 

Daumen-Kontaktgriff oder moderate Fingerzufassung

c 

Starker Fingerzufassungsgriff

Kraft [N]	Kraft & Dauer	Greifbedingungen	relativer Zeitanteil	(Kraft & Dauer) + (Griff · Zeitanteil)	sehr langandauernde statische Aktionen, fast 75 %	langandauernde statische Aktionen, fast 50 %	erheblicher Umfang statischer Aktionen, ≈ 35 %	mittlerer Umfang statischer Aktionen, ≈ 15 %	geringer Umfang statischer Aktionen, ≈ 10 %	sehr geringer Umfang statischer Aktionen, < 5 %	gute Greifbedingungen	mittlere Greifbedingungen	schlechte Greifbedingungen	Armbewegungen selten	langsame Armbewegungen, regelmäßige kurze Unterbrechungen	keine sonderlich schnellen Armbewegungen, kurze Unterbrechungen	relativ schnelle Armbewegungen, kurze oder gelegentlich unregelmäßige Unterbrechungen	schnelle Armbewegungen, gelegentliche und unregelmäßige kurze Pausen	sehr schnelle Armbewegungen, Mangel an Unterbrechungen erschwert Schritt zu halten	sehr hohe Frequenzen, absolut keine Unterbrechungen	noch höhere Frequenzen	(Kraft & Frequenz) + Griff	relativer Zeitanteil	((Kraft & Frequenz) + Griff) · Anteil
	Berechnung stat.				statische reale Aktionen						Greifbeding.			dynamische reale Aktionen								Berechnungen		
	FFS	GS	%	FFGp	≥45	30	20	10	5	3	0	2	4	2–5	10	15	20	25	30	35	≥40	FFG	%	FFGp
0–5					1	1	0	0	0	0	abc			0	0	0	1	2	3	4	7			
> 5–20	2,8	1	60	3,4	4	2	1	1	0	0	ab	bc		0	0	1	[illegible]	[illegible]	4	6	9	4+1	40	2,0
> 20–35					7	3	2	1	1	1	ab	b	c	0	1	2	3	4	6	8	12			
> 35–90					11	8	5	3	2	1	a	b	b	1	2	3	5	7	9	12	18			
> 90–135					16	11	7	4	3	2	a	ab	b	2	3	5	7	9	12	15	*24*			
> 135–225					*21*	14	10	6	4	3	a	a	b	4	5	6	8	11	14	*20*	*32*			
> 225–300					*28*	18	12	8	5	4	a	a	b	5	6	7	9	12	16	*26*	*40*			
20a	FFGS = Σ FFGp		60	3,4	FFG = FFGS + FFGD						7,6			FFGD = Σ FFGp									40	4,2

statisch: 13 N
Greifart b → 1 Punkt (GS)
Taktzeitumrechnung:
(15 · 60) / 25 = 36
→ Interpoliert: 2,8 Pkt. (FFS)
→ 15 s = 60 % von 25 s
Punktwert = 2,8 + 1 · 0,6 = 3,4 Pkt.

dynamisch: 13 N
Greifart b → 1 Punkt (GS)
Taktzeitumrechnung:
(5 · 60) / 10 = 30
→ 4 Punkte (FFG)
→ 10 s = 40 % von 25 s
Punktwert = (4 + 1) · 0,4 = 2,0 Pkt.

Abbildung II-87 Einstufung der repetitiven Aktionen für eine Bestückungsaufgabe

Ungünstige *Gelenkstellungen* beeinflussen maßgeblich mögliche Schäden des Muskel-Skelett-Systems (Abbildung II-88). Bei der Einstufung der repetitiven Tätigkeiten wird deshalb der Zeitanteil der stärksten Belastung von Hand, Unterarm oder Schulter berücksichtigt (Abbildung II-89).

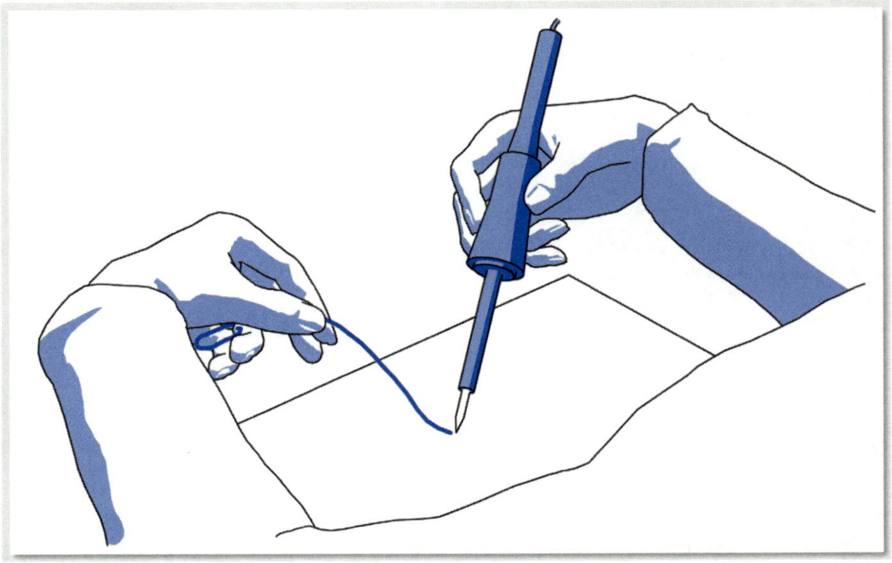

Abbildung II-88 Extreme Handabknickung beim Löten

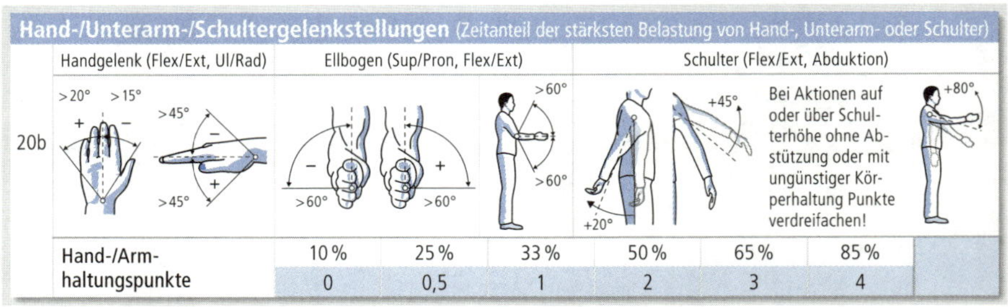

Abbildung II-89 Hand-, Unterarm- und Schultergelenkstellungen

Anwendungsregel zu Gelenkstellungen bei EAWS

Es gilt folgende Anwendungsregel:

EAWS Regel 13	Bei den Gelenkstellungen werden die Punkte verdreifacht, wenn auf oder über Schulterhöhe oder in sonstigen, sehr ungünstigen Körperhaltungen gearbeitet wird.

Zusätzliche Beeinträchtigungen wie *Rückschläge, Arbeit bei Kälte, Vibration* etc. können mit Zusatzpunkten berücksichtigt werden (Abbildung II-90).[130]

130 Diese Zusatzpunkte beziehen sich nur auf repetitive Tätigkeiten. Sie dürfen nicht mit den Extrapunkten verwechselt werden.

Zusatzfaktoren			
20c	ungeeignete Handschuhe müssen über die Hälfte der Zeit verwendet werden	2	☐
	Arbeitsbewegungen implizieren Rückschläge mindestens zweimal pro Minute (z. B. Hämmern, Schlagen auf harter Oberfläche)	2	☐
	Arbeitsbewegungen implizieren Rückschläge (Hand wird als Werkzeug benutzt), mindestens zehnmal pro Stunde	2	☐
	Arbeit bei Kälte oder Kühlung/Kühlströmen (unter 0° C), über die Hälfte der Zeit oder mehr	2	☐
	Arbeit mit vibrierenden Werkzeugen, über ein Drittel der Zeit oder mehr	2	☐
	Verwendung von stark vibrierenden Werkzeugen	4	☐
	die verwendeten Werkzeuge verursachen Kompressionen der Haut (Rötungen, Schwielen, Blasen etc.)	2	☐
	Präzisionsaufgaben (Aufgaben mit einer räumlichen Genauigkeit von < 2–3 mm), über die Hälfte der Zeit oder mehr	2	☐
	zwei oder mehr Zusatzfaktoren treten gleichzeitig und über die ganze Zeit hinweg auf	3	☐
	Zusatzpunkte (den höchsten auftretenden Wert wählen)	=	

Abbildung II-90 Zusatzpunkte bei repetitiven Tätigkeiten

Der Belastungsdauer-Schlüssel berücksichtigt die Zeitanteilspunkte für die repetitiven Tätigkeiten sowie Arbeitsunterbrechungen und *Erholungspausen* (Abbildung II-91).

Die Gesamtbewertung der repetitiven Tätigkeiten ermittelt man aus Finger-, Hand- bzw. Armpunkten, Zusatzpunkten und Dauerpunkten.

Dauer der repetitiven Bewegungen										
20d	Dauer [h/Schicht]	< 1	1,5	3	5	7	> 8			+
	Zeitanteilspunkte	1	1,5	3	5	7	10			
	Arbeitsorganisation	Arbeitsunterbrechung jederzeit möglich (i. d. R. Zykluszeit von > 10 min)	Unterbrechung möglich innerhalb vorgegebener Rahmenbedingungen (i. d. R. Zykluszeit zwischen 1 und 10 min)		Unterbrechungen führen zu Prozessunterbrechung (i. d. R. kürzere Zykluszeit von 1 min)					+
	Organisationspunkte	0	1		2					
	Pausen (≥ 8 min) [h/Schicht]	0	1	2	3	4	5	6	≥ 7	+
	Pausenpunkte Takt ≤ 30 s	3	2	1	0	–1	–2	–3	–4	
	Takt > 30 s	0		–0,5		–1		–1,5	–2	
	Dauerpunkte									=

Gesamtbewertung der Belastungen der oberen Extremitäten bei repetitiven Tätigkeiten					
	(a) Fingerpunkte	(b) Hand-/Armhaltungspunkte	(c) Zusatzpunkte	(d) Dauerpunkte	Obere Extremitäten
20	(+	+	) ·	=	

Abbildung II-91 Bestimmung der Belastungsdauer und Gesamtbewertung

Oft muss nicht während der gesamten Schichtzeit repetitive Arbeit geleistet werden. Zum Zeitabgleich sieht das EAWS die in Abbildung II-92 dargestellte Hilfe vor.

Daten für die Bewertung der repetitiven Tätigkeiten		
Beschreibung	**Formel**	**Ergebnis**
tatsächliche Schichtdauer [min]		
Mittagspause [min]	–	
andere offizielle Pausen [min]	–	
nicht repetitive Tätigkeiten [min] (z. B. Reinigung, Materialbeschaffung, etc.)	–	
Nettodauer der repetitiven Tätigkeit/en (a) [min]	=	
Anzahl an Einheiten (oder Takten/Zyklen)		
Netto-Zykluszeit [s]	(a/b · 60) =	
beobachtete Takt-/Zykluszeit [s]		

Abbildung II-92 Abgleich der Belastungsdauer bei repetitiven Tätigkeiten

Extrapunkte

Trotz der bisher vorgenommenen, recht detaillierten Analyse mag es Sonderfälle geben, deren Belastung noch nicht berücksichtigt wurde. Hierfür ist die Rubrik *Extrapunkte* vorgesehen (Abbildung II-93).

Extrapunkte »Gesamtkörper« (pro Minute/Schicht)									Extrapunkte
0a	Beeinträchtigung durch Arbeit an sich bewegenden Objekten	0	3	8	15				Belastungshöhe
		keine	mittel	stark	sehr stark				
0b	Zugänglichkeit (z. B. Ein-/Aussteigen in Motorraum)	0	2	5	10				Status
		gut	erschwert	schlecht	sehr schlecht				
0c	Rückschlagkräfte, Impulse, Schwingungen 	0	1	2	5				Belastungshöhe · Häufigkeit
		gering	sichtbar	stark	sehr stark				
		0	1	2,5	4	6	8		
		[n]	1–2	4–5	8–10	18–20	>20		
0d	Gelenkstellung (insb. Handgelenk) 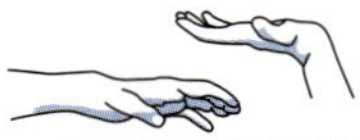	0	1	3	5				Belastungshöhe · Dauer oder Häufigkeit
		neutral	≈ 1/3 max	≈ 2/3 max	maximal				
		0	2	2,5	4	6	8		
		[s]	3	10	20	40	60		
		[n]	1	8	11	16	20		
		[%]	5	17	33	67	100		
0e	andere körperliche Belastungen (bitte beschreiben)	0	5	10	15				Belastungshöhe
		keine	mittel	stark	sehr stark				
	Extra = Σ Zeilen 0a–0e	Achtung: Max. Punktzahl = 40 Pkt. (Zeilen 0c, 0d), 15 Pkt. (Zeilen 0a, 0e) bzw. 10 Pkt. (Zeile 0b)		Achtung: Werte korrigieren, wenn Takt-/Zykluszeit ≠ 60s					=
	Bitte EAWS-Einstufungsanleitung beachten								

Abbildung II-93 Extrapunkte für Schwingungen, Rückschläge u. a.

Anwendungsregeln für Extrapunkte bei EAWS

EAWS Regel 14	Es können in der Summe maximal 40 Extrapunkte vergeben werden. Die Obergrenzen der einzelnen Kriterien sind zu beachten.
EAWS Regel 15	Extrapunkte sind nur für Ist-Analysen, nicht für Planungsanalysen mit MTM*ergonomics*® statthaft.

Treten mehrere *Besondere Belastungen* auf, so werden die Punktwerte addiert. Handelt es sich um ähnliche Belastungen, so empfiehlt es sich, die stärkste Belastung als Basis zu nehmen und für jede weitere einen zusätzlichen Punkt zu addieren.

Die folgenden Beispiele beziehen sich auf besondere Belastungen, die im Fahrzeugbau häufig auftreten (Abbildung II-94 bis Abbildung II-96).

besondere Belastungen	
Punkte (ca.)	je nach Zeitanteil können sich Punktwerte vergrößern oder verringern
3	• Sitzen auf unebener oder unbequemer Oberfläche (z. B. im Auto ohne Sitz) • Sitzen mit Gesäß und Füßen auf einer Ebene
5	• Gehen auf unebenem Metallgitter • Gehen mit schwerer Schutzkleidung und Maske • Gehen auf Zehenspitzen
8	• Gehen auf unebenen und rutschigen Metallgittern • Sitzen auf abschüssiger und unbequemer Oberfläche im Auto
10	• Auf- und Absteigen von einer Palette (wenn Frequenz > 5 mal pro Minute) • Arbeiten an schlecht zugänglichen Teilen
15	• Arbeiten über Kopf mit Blick nach oben (Belastung auf den Hals)

Abbildung II-94 Beispiele für die Punktvergabe bei besonderen Belastungen

Mangelhafte *Zugänglichkeit* am Arbeitsplatz kann sich stark auf die Belastung des Werkers auswirken. Die Beispiele in Abbildung II-95 beziehen sich auf die Automobilindustrie. Sie sind in anderen Branchen sinngemäß anzuwenden.

Zugänglichkeit	
Punkte (ca.)	je nach Zeitanteil können sich Punktwerte vergrößern oder verringern
0	• von außen
3	• Fußraumoperationen
5	• Operationen im Tunnelbereich
8	• Einsteigen in vorderen Innenraum
9	• Einsteigen in hinteren Innenraum
10	• Einsteigen in den Motorraum
Achtung: Für Zugänglichkeit können insgesamt maximal 10 Punkte vergeben werden.	

Abbildung II-95 Beispiele für die Punktvergabe bei Problemen mit der Zugänglichkeit am Arbeitsplatz

Das *Mitlaufen am Band* stellt eine bedeutende Zusatzbelastung dar (Abbildung II-96).

Beeinträchtigung durch Arbeiten an sich bewegenden Objekten	
Punkte (ca.)	je nach Zeitanteil können sich Punktwerte vergrößern oder verringern
0	• aufrecht stehen oder vorwärts gehen während der Tätigkeit, geringe Präzision erforderlich • Schrittgeschwindigkeit v ist kleiner gleich 1 km/h
1	• rückwärts/seitwärts gehen während der Tätigkeit, geringe Präzision erforderlich
2	• vorwärts gehen während der Tätigkeit, geringe Präzision erforderlich
3	• rückwärts/seitwärts gehen während der Tätigkeit, Präzision erforderlich
+ 0	• Schrittgeschwindigkeit v ist kleiner oder gleich 1 km/h
+ 3	• Schrittgeschwindigkeit v ist größer als 1 bis einschließlich 2 km/h
+ 5	• Schrittgeschwindigkeit v ist größer 2 km/h
15	• Gehen mit seitlicher Beugung/Hocken während der gesamten Tätigkeitsdauer
Achtung: Für Beeinträchtigung durch Mitlaufen können maximal 15 Punkte vergeben werden.	

Abbildung II-96 Beispiele für die Punktvergabe beim Mitlaufen am Band

Gesamtbewertung

Nach Abschluss aller Teilbewertungen werden die Einzelergebnisse in der *Gesamtbewertung* zusammengeführt (Abbildung II-97).

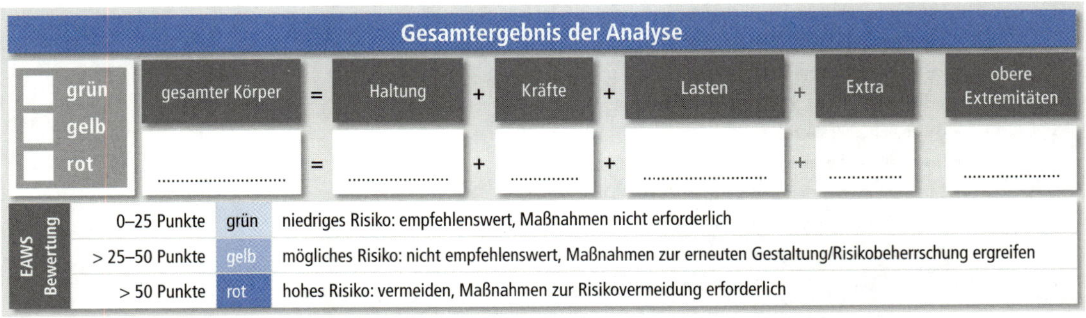

Abbildung II-97 Gesamtergebnis der Analyse

2.7.8 Psychische Belastung

Psychische Arbeitsbelastungen sind von sehr unterschiedlicher Art, auch ihre Auswirkungen im Menschen sind vielgestaltig. Ein einheitliches oder gar eindimensionales Vorgehen zu ihrer Erfassung und Bewertung gibt es daher nicht. Vielmehr hängt das jeweils geeignete Verfahren – d.h. insbesondere der zu erfassenden Aspekte, der anzuwendenden Messmethode und die erforderliche Genauigkeit – vom Zweck der Erhebung ab.

Klassifikation der psychischen Belastung

Unter diesen Aspekten ist bei einer betrieblichen Anwendung festzulegen, auf welcher Stufe des Belastungs-Beanspruchungs-Zusammenhangs angesetzt wird.[131]

- physische (mental/informatorische oder emotionale) Belastung mit den hierfür verantwortlichen Arbeitsbedingungen, mit dem vordringlichen Ziel der Arbeitsgestaltung bzw. der Bewertung des Gestaltungszustands,
- psychische Beanspruchung mit dem Ziel der Beurteilung der Erträglichkeit einer Arbeit,
- Folgen psychischer Beanspruchung (Ermüdung, Monotonie, herabgesetzte Vigilanz, psychische Sättigung), mit dem Ziel, die möglichen Auswirkungen auf Gesundheit, Wohlbefinden und Leistung des Menschen zu erfassen und durch Gestaltungsmaßnahmen zu minimieren.

Messmethoden können beispielsweise Arbeitsaufgaben analysieren, Leistungen erfassen, subjektive Einschätzungen abfragen oder physische und psychophysische Reaktionen ermitteln. Dabei sind physiologische und psychophysiologische Messmethoden nur von betrieblichen oder externen Experten einsetzbar, z.B. durch geschulte Arbeitsmediziner und psychologen.[132]

Verfahrenstypen

Der Zweck der Erhebung bestimmt – unter Berücksichtigung gesetzlicher und vertraglicher Regelungen, aber auch Kosten-Nutzen-Überlegungen – die Art des Vorgehens und insbesondere den erforderlichen Grad der Präzision des anzuwenden Verfahrens.

131 DIN EN ISO 10075, Teil 3: Ergonomische Grundlagen bezüglich psychischer Arbeitsbelastung. Teil 3: Prinzipien und Anforderungen für die Messung und Erfassung psychischer Arbeitsbelastung (02/2003); sowie Nachreiner, F.: Normung im Bereich der psychischen Belastung – die Normen der Reihe DIN EN ISO 10075. DIN-Mitt., 81, 2002, 8, S. 519–524.

132 Ein Themenheft der Zeitschrift für Arbeitswissenschaft befasst sich ausführlich mit der Messung psychischer Belastung und Beanspruchung (Nachreimer, F.; Schütte, M.: Zur Messung psychischer Belastung und Beanspruchung. Zeitschrift für Arbeitswissenschaft, 56, 2002, S. 1–2).

- Orientierende Verfahren (Stufe 3) zielen ab auf die Analyse von Arbeitsaufgaben und auf die subjektive Einschätzung und Akzeptanz von Arbeitsbedingungen in Bezug auf psychische Arbeitsbelastungen. Informationen auf dieser Stufe bilden die Entscheidungsgrundlage für Veränderungen bei Arbeitsaufgaben, -verfahren und -bedingungen, mit deren Hilfe negative Auswirkungen auf die Beschäftigten verhindert oder vermindert werden können.
- Screeningverfahren (Stufe 2) dienen meist zur Gewinnung einer Übersicht vor allem dort, wo Probleme erkennbar sind, die auf eine übermäßige psychische Arbeitsbelastung hindeuten, oder wenn während einer Organisationsmaßnahme derartige Probleme zu erwarten sind.
- Expertenverfahren (Stufe 1) werden eingesetzt, wenn zuverlässige und gültige Daten über die Art einer psychischen Belastung als Ursache von Über- oder Unterforderung gewonnen werden sollen, um die Arbeitsbedingungen auf dieser Grundlage zu optimieren.

Um sicherheitskritische Auswirkungen psychischer Arbeitsbelastung abgesichert zu ermitteln, sind Verfahren mit hoher Zuverlässigkeit und Gültigkeit einzusetzen, während zur Identifizierung psychischer Belastungskomponenten am Arbeitsplatz und zur Ermittlung ihrer subjektiven Bewertung durch die Beschäftigten orientierende Verfahren, z. B. auf Basis kurzer Fragebögen oder Skalierungen, ausreichen.

Toolbox

In einer *Toolbox* mit Instrumenten zur Erfassung psychischer Belastungen beschreibt die Bundesanstalt für Arbeitsschutz und Arbeitsmedizin das Vorgehen insbesondere im Rahmen einer Gefährdungsbeurteilung und stellt eine große Zahl von Instrumenten und Verfahren vor, mit deren Hilfe die psychische Belastung am Arbeitsplatz in ihren unterschiedlichen Aspekten und in der für das Untersuchungsziel erforderlichen Genauigkeit erfasst werden kann.[133] Die Auflistung ist zu den Verfassern verlinkt, so dass umfassende Verfahrensbeschreibungen zugänglich sind. Entsprechend dem Einsatzfeld »Betriebliche Praxis« sind nur Verfahren der Beobachtung und Befragung einbezogen; physiologische und psychophysiologische Messmethoden, deren Einsatzschwerpunkt mehr im wissenschaftlichen Bereich liegt, werden nicht berücksichtigt.

Die Verfahren werden nach Verfahrens- bzw. Erhebungszielen, Erhebungsmethode sowie nach Merkmalen des Einsatzbereichs beschrieben und den Genauigkeitsstufen zugeordnet. Diese Stufenzuordnung gibt auch Auskunft über die möglichen Nutzer des Verfahrens und einen ggf. erforderlichen Schulungsbedarf.

Prüflisten

Orientierende Verfahren sind meist in Form von *Prüflisten* realisiert, deren Merkmale zwei Ausprägungen (ja – nein) aufweisen. Screeningverfahren verwenden in der Regel mehrstufige Skalierungen der Merkmalsausprägung, ggf. auch eine größere Anzahl an Merkmalen; sie werden als Befragungsverfahren oder als Prüfliste realisiert. Expertenverfahren haben durchweg eine größere Anzahl mehrstufiger, oft verbal beschriebener Merkmale; sie sind in der Regel als Beobachtung oder Beobachtungsinterview konzipiert.

Unter dem Gestaltungsbezug werden personen- und bedingungsbezogene Verfahren unterschieden. Personenbezogene Verfahren befassen sich mit unterschiedlichen Strategien zur Bewältigung psychischer Belastungen. Auf ihrer Grundlage werden gezielte personenbezogene Maßnahmen (z. B. Training zur Stressbewältigung) abgeleitet. Diese Verfahren werden im Weiteren nicht berücksichtigt.

Abbildung II-98 zeigt das Vorgehen bei der Verfahrensauswahl, das auch zur Dokumentation im Rahmen der Gefährdungsanalyse verwendet wird.

133 BAuA (Hrsg.): Toolbox: Instrumente zur Erfassung psychischer Belastungen. Dortmund, 2002.

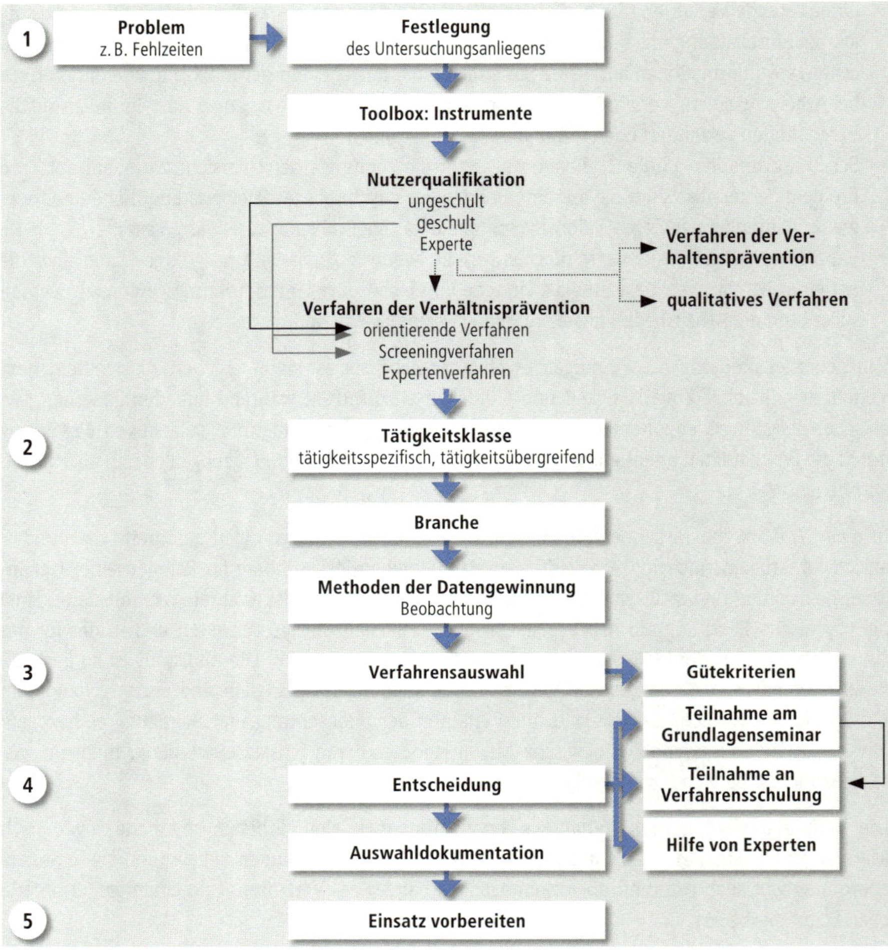

Abbildung II-98 Vorgehen bei der Verfahrensauswahl[134]

Ausgehend vom betrieblichen Problem wird das Ziel der Untersuchung konkretisiert und die erforderliche Genauigkeit der Analyse abgeleitet. Hieraus resultiert auch, welche Nutzergruppe vorgesehen werden muss; ggf. können Trainingsmaßnahmen für betriebliche Nutzer veranlasst werden. Aus den bedingungsbezogenen Instrumenten und Verfahren wird anhand des Einsatzbereichs (Branche, Tätigkeitsklasse) und den betrieblichen Bedingungen (Nutzergruppe, vorliegende Erfahrungen) die Verfahrensauswahl durchgeführt. Nach DIN EN ISO 10075-3 ist auch eine Bewertung der Verfahren nach ihrer statistischen Güte möglich/sinnvoll, um durch die Verfahrensauswahl eine abgesicherte Erfassung der psychischen Belastung am Arbeitsplatz zu gewährleisten.

Abbildung II-99 zeigt für jede der drei Stufen der Analysetiefe bzw. -genauigkeit universell einsetzbare, nicht branchen- und tätigkeitsspezifische Verfahren auf, die der Anwender direkt über die Toolbox der BAuA zugreifen kann.

134 http://www.baua.de/de/Informationen-fuer-die-Praxis/Handlungshilfen-und-Praxisbeispiele/Toolbox/Einfuehrung.html, 2012.

Analyseaspekt / Analysetiefe	Arbeitsbelastung Arbeitsbedingungen	psychische Beanspruchung	Beanspruchungs-folgen
orientierend	BAB/BDS	Mb-PB	ChEF
Screening	KFZA TEBA IG Metall	REBA	BMS IGM Metall
Experten	AET ISTA TBS	RHIA VERA	–

Abbildung II-99 Bedingungsbezogene Verfahren zur Messung und Beurteilung der psychischen Belastung und ihrer Folgen (nach BAuA-Toolbox, zugeordnet den Analyseaspekten und der Analysetiefe)[135]

2.8 Die Leistung des Menschen

2.8.1 Leistungserwartungen und Leistungsangebot

Der Begriff *Leistung* ist aus der Physik als pro Zeiteinheit aufgewendete Energie bzw. erbrachte Arbeit bekannt. In der Ökonomie wird unter Leistung jedes sachzielbezogene geldbewertete Ergebnis eines Wirtschaftsprozesses verstanden. *Arbeitsleistung* in der Arbeitswissenschaft orientiert sich am ökonomischen Verständnis und wird als auf die Zeiteinheit bezogenes Arbeitsergebnis eines Arbeitssystems verstanden. Leistung

In der industriellen Arbeitswelt, in Büro und Verwaltung stehen immer die Leistungserwartungen dem Leistungsangebot des Einzelnen gegenüber. Dieses *Leistungsangebot* setzt sich zusammen aus Leistungsfähigkeit und *Leistungsbereitschaft* (Abbildung II-100). Die *Leistungsfähigkeit* ist geprägt von den Eigenschaften des Menschen. Geschlecht, Alter, Körperbau und Gesundheitszustand spielen hier eine große Rolle. In der Aus- und Weiterbildung werden *Kenntnisse* erworben und während des Berufslebens *Erfahrungen* gesammelt, *Training* und *Übung* verbessern und stabilisieren bestimmte Eigenschaften und *Fertigkeiten.*

Die zweite Komponente des Leistungsangebots wird als *Leistungsbereitschaft* bezeichnet. Sie kennzeichnet das Ausmaß der Leistungsabgabe des Menschen bei unterschiedlichen internen und externen Bedingungen. Die Leistungsbereitschaft setzt sich zusammen aus der physiologischen Leistungsbereitschaft, die abhängig ist von tageszeitlichen oder mit der Jahreszeit einhergehenden Veränderungen und auch von physikalischen Umgebungsfaktoren beeinflusst wird, und der psychologischen Leistungsbereitschaft (auch *Leistungsmotivation*), die von der Einstellung zur Arbeit, von inneren Antrieben und von äußeren Bedingungen der Arbeit abhängt. Leistungsbereitschaft

Die Leistungsmotivation ist nicht mit der Geburt gegeben. Arbeitsmotivation wird durch die Arbeits- und Ausbildungsorganisation erzeugt, also organisiert, konstruiert und ausgebildet oder aber verhindert. Sie ist ein Produkt der Arbeitsverhältnisse.

135 Die Abkürzungen und Eigenschaften dieser Verfahren können aus der BAuA-Toolbox ersehen werden (www.baua.de sowie Richter, G.: Toolbox Version 1.2. Dortmund: Bundesanstalt für Arbeitsschutz und Arbeitsmedizin, 2010).

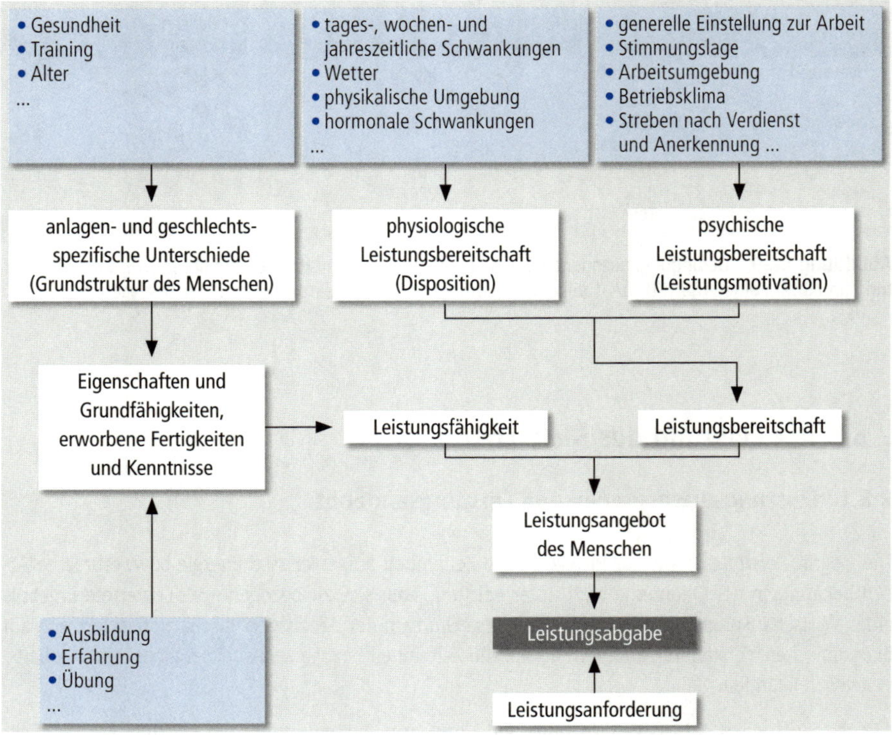

Abbildung II-100 Zusammensetzung des Leistungsangebots

Es gibt daher keine Arbeitsmotive, vergleichbar etwa Hunger als Motiv (Bedürfnis) zur Nahrungssuche. Arbeitstätigkeiten werden vielmehr durch Ziele, die wie Bedürfnisse wirken (Quasibedürfnisse) willentlich veranlasst und geführt.[136]

An erster Stelle gehört hierzu die potenziell anregende (motivierende) Wirkung von *Leistungsrückmeldungen*. Ihre Wirkung ist umso ausgeprägter,

- je rascher die Rückmeldungen erfolgen,
- je mehr sie Einzelheiten des Ergebnisses und seiner Erzeugung betreffen und
- je mehr sie auf Verbesserungsmöglichkeiten der Leistung verweisen.

Eine weitere anregende Bedingung ist das wahrnehmbare Vorhandensein von Lernmöglichkeiten im Arbeitsprozess selbst, die es ermöglichen, den Wert der »Ware Arbeitskraft« am Arbeitsmarkt zu erhalten bzw. sogar zu erhöhen. Damit entsteht ein erweiterter Beitrag zum erforderlichen Erleben des Gleichgewichts von Geben (Arbeitsanstrengungen für das Unternehmen) und Empfangen von Nutzen (Gewährleistung des Lebensunterhalts, Selbstwertsteigerung) im Sinne des »Psychologischen Vertrages« zwischen Arbeitnehmer und Arbeitgeber[137] hinausgehend über den arbeitsrechtlichen Vertrag. Dieses Erleben ist eine Voraussetzung für das Entstehen einer Arbeitsmotivation, die auch Engagement für das Unternehmen einschließt.

136 Lewin, K.: Untersuchungen zur Handlungs- und Affektpsychologie. Psychologische Forschung, 7, 1926, S. 295–385.
Locke, E. A.; Latham, G. P.: What should we do about Motivation theory? Six recommendations for the twenty-first century. Academy of Management Review, 29, 2004, 9, S. 389–403.

137 Rousseau, D. M.: Psychological contracts in organizations. Thousand Oaks: Sage, 1995.

Eine lernbegünstigende Arbeitsgestaltung ist auch eine motivierende Arbeitsgestaltung. Erfahrungsbedingte Leistungsverbesserungen vermögen des Weiteren das Vertrauen in die eigene Leistungsfähigkeit, das Niveau des Anspruchs an sich selbst und an die übertragenen Aufgaben zu erhöhen.

Vor allem sind für die modernen Wettbewerbssituationen um innovative Lösungen qualifizierte und mitdenkende sowie mitgestaltende Mitarbeiter ein unerlässliches Humankapital (vgl. die Konzepte des Organisational Citizenship Behavior und des Entrepeneurship, also Konzepte zu Mitarbeitern mit unternehmerischem Engagement für das Unternehmen insgesamt[138]).

Auch scheinbar untergeordnete allgemeine Bedingungen beeinflussen die Anstrengungsbereitschaft am eigenen Arbeitsplatz und darüber hinaus. Zu denken ist bspw. an die *zeit- bzw. mengenmäßige Arbeitsgliederung* in überschaubare Einheiten als Voraussetzung der stimulierenden Wirkung eines erkennbar voranschreitenden Arbeitsflusses ohne Zeitdruck.

Die Leistungserwartungen der Umwelt haben nicht nur eine zeit- oder mengenmäßige Dimension, sie umfassen auch die Güte der Leistungsbeiträge. Die Leistungsfähigkeit des einzelnen umfasst sowohl eine kurzfristige Höchstleistungsfähigkeit als auch eine in der Regel niedrigere Dauerleistungsfähigkeit, die ein ganzes Arbeitsleben erbracht werden kann. Die aktuelle Leistungsfähigkeit ist keine konstante Größe, sie wird von inneren und äußeren Bedingungen bestimmt, die miteinander in Wechselwirkung stehen, z. B. Veranlagung, Geschlecht, Erfahrung, Grundfähigkeiten, Kenntnisse und erworbene Fertigkeiten.

Die Leistungsfähigkeit stellt dabei die theoretische maximale Kapazität eines Menschen dar, über die er verfügen kann. Inwieweit der Mensch die Leistungsfähigkeit ausschöpft, wird durch die Leistungsbereitschaft ausgedrückt.

Die Leistungsfähigkeit des arbeitenden Menschen hängt demnach von seinen Eigenschaften und Grundfähigkeiten, aber auch von seinen Kenntnissen und Fertigkeiten ab. Fähigkeiten, Kenntnisse und Fertigkeiten unterliegen zum Teil beachtlichen interindividuellen und intraindividuellen Streuungen, deren Beachtung bei der Gestaltung von Arbeitssystemen erforderlich ist. Bei interindividuellen[139] Häufigkeitsverteilungen handelt es sich häufig um Normalverteilungen, z. B. von Körperabmessungen, intraindividuelle[140] Häufigkeitsverteilungen haben dagegen sehr oft eine linkssteile Form, da hier Mindestwerte infolge natürlicher Begrenzungen nicht unterschritten werden können. Hierzu zählt z. B. die Fingergeschicklichkeit einer Arbeitsperson beim mehrfachen Wiederholen eines Geschicklichkeitstests. Eine Vielzahl von Eignungsmerkmalen ist voneinander abhängig und beeinflusst sich gegenseitig, so z. B. Körpergröße und Armreichweite, Berufserfahrung und Alter. Diese Abhängigkeiten können dazu dienen, Leistungsunterschiede infolge interindividueller Unterschiede in den Eignungsmerkmalen zu vermeiden. So kann z. B. geringere Fertigkeit durch größere Arbeitserfahrung kompensiert werden.

138 Frese, M.; Fay, D.; Hillburger, T.; Leng, K.; Tag, A.: The concept of personal initiative: Operationalization, reliability and validity in two German samples. Journal of Occupational and Organizational Psychology, 70, 1997, S. 139–161.
Organ, D. W.: Organizational citizenship behavior: It's construct clean-up time. Human performance, 10, 1997, S. 85–97.

139 Interindividuell = verschiedene Arbeitspersonen werden betrachtet.

140 Intraindividuell = bei derselben Arbeitsperson werden die Leistungsstreuungen bei mehrfacher Wiederholung der Arbeitsaufgabe betrachtet.

2.8.2 Bezugsleistungen

Bedeutung von Bezugsleistungen

Die zentrale Frage bei der Entwicklung und Verwendung von Sollzeiten (Prozessbausteine, Vorgabezeiten, Zeitstandards) ist, welche Leistungsanforderung ihnen immanent und wie ihr Verhältnis zu den benötigen Zeiten (Istzeiten) ist. Das Sollzeiten zu Grunde liegende Leistungsniveau wird als ihre Bezugsleistung bezeichnet. Eine *Bezugsleistung* (Referenzleistung) ist definiert als die einer Sollzeit[141] zu Grunde liegende Arbeitsmenge (Soll-Menge/Zeiteinheit oder Sollzeit/Mengeneinheit). Die Frage nach der Bezugsleistung stellt sich nicht nur bei leistungsbezogenen Vergütungen, sondern bei jeder Verwendung von Sollzeiten. Insbesondere haben Bezugsleistungen Bedeutung im Rahmen der Vorkalkulation, der Personalbemessung, der Kapazitätswirtschaft und der Terminplanung. Unrealistische Sollzeiten können zu irreparablen Fehlern führen, z. B. wenn aufgrund unrealistischer technischer Kalkulationen Angebotspreise abgegeben werden, mit denen keine ausreichenden Deckungsbeiträge zu generieren sind oder mit denen man sich »aus dem Markt kalkuliert«. Den tariflichen Bezugsleistungen kommt nur bei Leistungsvergütungen praktische Bedeutung zu.

	Merkmale von Bezugsleistungen	betriebliche Bezugsleistung	standardisierte Bezugsleistungen		tarifliche Bezugsleistung
			REFA-Normalleistung	MTM-Normleistung	
1	definierte Gültigkeit	nein	ja	ja	ja
2	auf einem Soll-Ablauf basierend	nein	nein	ja	weder festgelegt noch ausgeschlossen
3	Reproduzierbarkeit	nein	nein	ja	
4	auf virtuelle Arbeitssysteme anwendbar	ja	nein	ja	
5	Bezugsleistungstreue	gering	mäßig	hoch	
6	Benchmarking-Fähigkeit	gering	mäßig	hoch	
7	Anwendungs-Universalität	hoch	begrenzt	begrenzt	

Abbildung II-101 Übersicht zu den Eigenschaften der vier Bezugsleistungen

Wie im Abschnitt 2.8.1 erläutert, lässt sich die Frage nach der Angemessenheit abverlangter Leistungen mit Hilfe wissenschaftlich begründeter Methoden nicht beantworten.[142] Das Problem der »Leistungsniveausetzung« ist deshalb per Vorgabe oder konsensual zu lösen, indem man übereinkommt, welche Bezugsleistung Sollzeiten zu Grunde liegen soll. Die vier praxisrelevanten Bezugsleistungen und deren Eigenschaften sind Abbildung II-101 zu entnehmen. Danach sind methodenimmanente, standardisierte Bezugsleistungen und auf Betriebsebene formulierte oder auf Tarifvertragsebene vereinbarte Bezugsleistungen zu unterscheiden.

Betriebliche Bezugsleistungen

Betriebliche Bezugsleistungen sind nicht methodenimmanent, d. h. sie sind nicht durch die Anwendung einer bestimmten Methode zur Sollzeit-Bestimmung definiert. Unter die *Betrieblichen Bezugsleistungen* fallen alle

141 Sollzeiten haben stets Mengenbezüge, z. B. in Form von Stückzeiten (Zeit pro Mengeneinheit oder Menge pro Zeiteinheit). Nur mit Hilfe mengendefinierter Sollzeiten sind Bezugsleistungen zu definieren.

142 Menschliche Leistung ist weder exakt zu beschreiben noch objektiv zu messen. Alle Diskussionen um die menschliche Leistung erfassen nur als relevant erachtete Teilaspekte dieses Phänomens. Auch Teilaspekte, wie in Mengeneinheiten pro Zeiteinheit (z. B. Anzahl montierter Gutstücke pro Stunde) ausgedrückte Arbeitsergebnisse, sind arbeitswissenschaftlich nicht zu begründen. Dessen ungeachtet erfüllen die Standardisierten Bezugsleistungen eine wichtige Funktion, nämlich eine unkontrollierbare Leistungsabforderung von Arbeitnehmern zu verhindern.

1. betrieblich vorgenommenen Setzungen, z. B. für informatorisch-mentale Arbeiten, für hoch gewichtsbelastete Handhabungen oder für Arbeiten mit bewegungsbehindernder Schutzbekleidung, die mit Hilfe standardisierter Bezugsleistungen, der REFA-Normalleistung oder der MTM-Normleistung, nicht zu normieren sind;
2. Erfahrungswerte, z. B. wenn auf Zeitverbräuche in der Vergangenheit reflektiert wird;
3. statistisch ermittelten Werte, auch als *Betriebliche Durchschnittsleistung* bezeichnet, z. B. wenn aus erfassten Istzeiten pro Mengeneinheit (z. B. Stückzeiten) der arithmetische Mittelwert gebildet und als Sollzeit verwendet wird.

Wie Abbildung II-101 und der folgenden Diskussion zu entnehmen ist, werden Betriebliche Bezugsleistungen beim MTM-Konzept benötigt, weil die MTM-Normleistung eine begrenzte Anwendungs-Universalität hat oder weil Sollzeiten z. B. aus wirtschaftlichen Gründen durch Schätzen ermittelt werden.

Problematisch ist es, wenn Betriebliche Bezugsleistungen mit dem erklärten oder erkennbaren Ziel etabliert werden, das Leistungsniveau standardisierter Bezugsleistungen zu überbieten. Deren Standard basiert auf der Verpflichtung, die Arbeitnehmer im Betrieb zu fordern, aber nicht zu überfordern. Würde man davon losgelöst betriebliche Standards setzen, die den Arbeitnehmern ein höheres Niveau der Leistungshergabe abverlangen[143], entstünden schwer einschätzbare gesundheitliche Risiken. Es entstünde nicht nur ein hohes Maß an Unsicherheit für die Arbeitnehmer des betreffenden Unternehmens, sondern auch für andere Unternehmen und die Gefahr, dass Werte und Unwerte aus dem Leistungssport in der Arbeitswelt Eingang finden.

Standardisierte Bezugsleistungen

Ein Vorteil standardisierter Bezugsleistungen liegt darin, dass bei ihrer Entwicklung die gesundheitlichen Interessen der Arbeitnehmer mit betrachtet wurden, was in den Definitionen explizit zum Ausdruck kommt. Ein weiterer Vorteil ist, dass sie einige technisch-methodische Vorzüge bieten, was in den folgenden Ausführungen beschrieben wird.

Die Diskussion über differenzierte Bezugsleistungen

In der Vergangenheit wurde gelegentlich das Thema der geschlechts- und altersspezifischen Differenzierung, also die Abkehr von standardisierten Bezugsleistungen, diskutiert. Prozessbausteine und die damit generierten Vorgabezeiten werden jedoch ermittelt und verwendet, ohne dass die spätere personelle Besetzung in jenen Arbeitssystemen, auf die sie angewendet werden, bekannt ist. Würde man solche Differenzierungen vornehmen, könnte man sie also gar nicht umsetzen.

Geschlechtsspezifische Differenzierung

Werden bei Aufgaben erhöhte muskuläre Anforderungen gestellt[144], z. B. beim Bewegen größerer Lasten, oder erhöhte sensomotorische Anforderungen, z. B. in Form besonderer Handgeschicklichkeiten, wird in den Betrieben darauf mehr oder weniger methodisch mit personellen Eignungs-Vorauslesen reagiert. Bei informatorisch-mentalen Anforderungen oder bei Anforderungen an die Resistenz in Defizitsituationen (z. B. Monotoniefestigkeit) ist das dagegen in der Praxis nur schwer möglich. Es ist zwar seit Langem bekannt, dass Frauen über ca. 2/3 der Maximalkräfte von Männern und diese über eine ca. 5 bis 10 % geringere Handgeschicklichkeit als Frauen verfügen. Bei der Entwicklung von Prozessbausteinen müssen diese Gegebenheiten angemessen berücksichtigt werden. Das war auch bei der Entwicklung des MTM-Verfahrens der Fall. Ferner entstehen durch die Verwendung einer Anzahl von Prozessbausteinen in einer Vorgabezeit Ausgleichseffekte, so dass diese Sachverhalte bei einer Leistungseffizienz in Höhe der Bezugsleistung keine Bedeutung mehr haben. Sie könnten gelegentlich einen Einfluss auf die Länge von Regenerationsphasen haben (Thema: Erholungszeiten).

143 Das bedeutet nicht, dass man Arbeitnehmer unter Entgeltanreiz nicht zu höheren Leistungshergaben stimulieren sollte, sondern dass es mehr als problematisch ist, ihnen aufgrund endogener oder exogener Einflussnahmen a priori ggf. gesundheitliche Risiken aufzubürden. Das ist allerdings mehr ein sozial- oder gar gesellschaftspolitisches als ein arbeitswissenschaftliches Problem.

144 Vgl. zum Thema »Geschlecht und Leistungsfähigkeit« Abschnitt 2.8.4.

Da durch personelle Vorauslesen geschlechtsspezifische Leistungsunterschiede aber nur selten zum Tragen kommen, wird diesem Thema keine praktische Relevanz beigemessen.

Altersspezifische Differenzierung

Beim Thema der altersspezifischen Differenzierung[145] ist festzustellen, dass altersabhängig im muskulären Bereich zwar die Maximalkräfte sinken, die Dauerleistungsfähigkeit davon aber nicht signifikant berührt wird. Bezugsleistungen orientieren sich aber gerade an dem zweiten Aspekt. Gegen Ende des Berufslebens können die Resistenz gegen Zeitdruckbelastungen und die Leistungsfähigkeit bei Dauerwachsamkeits-Anforderungen sinken. Auch hier werden Leistungsanforderungen auf Bezugsleistungsniveau nicht berührt, wenn diesem Sachverhalt durch eine altersadäquate personelle Eignungs-Vorauslese begegnet wird.

Die vorhergehenden Ausführungen sind insofern noch weiter zu relativieren, als Querschnittstudien zeigen, dass das Lebensalter im Gegensatz zur Berufserfahrung keine zuverlässige Prognosegröße für die berufliche Leistung im Alter ist. In einer Studie von Avolio et al.[146] wurde z. B. zwischen Lebensalter und beruflicher Leistung eine Korrelation von $r = 0{,}07$, zwischen beruflicher Erfahrung und Lebensalter jedoch von $r = 0{,}18$ ausgewiesen. Solche Ergebnisse hängen allerdings stark von der Branche und vom Arbeitsinhalt ab, sind also nicht ohne Weiteres zu verallgemeinern. Eine französische Querschnittstudie, in der über 3,9 Millionen Arbeiter in 70.000 Unternehmen erfasst wurden, zeigte, dass Arbeiter über 40 Jahren etwa 5 % produktiver als Arbeiter zwischen 35 und 39 Jahren sind. Arbeiter unter 30 Jahren sind um 15 bis 20 % weniger produktiv.[147] Auch wenn es sich dabei um die Berechnung monetärer Produktivitäten handelte, also geringere Verdienste in jüngeren Jahren ergebniswirksam waren, zeigt auch diese Erhebung, dass zwischen Lebensalter und beruflicher Leistung kein brauchbarer Zusammenhang besteht.

Nicht zu vernachlässigen ist schließlich der von alters- und geschlechtsspezifischen Bezugsleistungen ausgehende Diskriminierungseffekt, so dass bei ihrer Einführung negative Einflüsse auf den sozialen Frieden im Unternehmen nicht auszuschließen sind.

Fazit

Von differenzierten Bezugsleistungen hat man also abgesehen, weil sie praktisch nicht umsetzbar wären und weil geschlechts- und altersspezifischen Unterschieden nicht über differenzierte Bezugsleistungen, sondern durch einen anforderungsgerechten Personaleinsatz zu begegnen ist. Dabei ist der sog. *healthy worker effect* zu beachten – vorgeschädigte Personen werden früher verrentet, und es verbleibt eine »Auslese« älterer, gesunder und leistungsfähiger Mitarbeiter.

REFA-Normalleistung

Historisch und praktisch kommt der *REFA-Normalleistung* große Bedeutung zu.[148] Sie ist definiert als »eine Bewegungsausführung, die dem Beobachter hinsichtlich der Einzelbewegungen, der Bewegungsfolge und ihrer Koordinierung besonders harmonisch, natürlich und ausgeglichen erscheint. Sie kann erfahrungsgemäß von jedem in erforderlichem Maße geeigneten, geübten und voll eingearbeiteten Arbeiter auf die Dauer und im Mittel der Schichtzeit erbracht werden, sofern er die für persönliche Bedürfnisse und gegebenenfalls auch für Erholung vorgegebenen Zeiten einhält und in der freien Entfaltung seiner Fähigkeiten nicht behindert wird«[149]. Die REFA-Normalleistung, bestimmt unter Verwendung der REFA-Methode des Leistungsgradbeurteilens, hat folgende Eigenschaften:

145 Vgl. Zum Thema »Alter und Leistungsfähigkeit« Abschnitt 2.8.5.

146 Avolio, B. J.; Waldmann, D. A.; McDaniel, M. A.: Age and work performance in non managerial jobs: The effects of experience and occupational type. The Academy of Management Journal, 33, 1990, 2, S. 407–422.

147 Aubert, P.; Crépon, B.: Are older workers less productive? Economie et Statistique, 2003, 363, S. 95–119.

148 Neben den beiden hier vorgestellten gibt es noch eine Reihe weiterer standardisierter Bezugsleistungen, wie z. B. die Bedaux-Normalleistung oder die Work-Factor-Normalleistung. Beiden Verfahren kommt heute jedoch nur noch dogmengeschichtliche Bedeutung zu, weshalb auf die Darstellung dieser standardisierten Bezugsleistungen verzichtet wird.

149 Vgl. REFA (Hrsg.): Methodenlehre der Betriebsorganisation, Teil 2, Datenermittlung. München: Hanser, 1997, S. 136.

1. Sie besitzt eine definierte Gültigkeit, wie der vorstehenden Definition zu entnehmen ist. Die Bedeutung dieses Sachverhalts liegt darin, dass ein Maßstab definiert ist.
2. Sie basiert auf einem Ist-Ablauf und auf der Leistungshergabe verfügbarer Arbeitspersonen. Als Ergebnis ist aber eine Sollzeit für einen Soll-Ablauf zu gewinnen.[150] Sie ist aus methodenimmanenten Gründen auch nicht an eine Arbeitsmenge[151], sondern an ein subjektiv zu beurteilendes, normiertes Erscheinungsbild menschlicher Bewegungen geknüpft.
3. Da sie auf einem Ist-Ablauf basiert, ist sie, falls die Arbeitsausführung nicht gefilmt wurde, nicht reproduzierbar.
4. Sie ist nur bei real existierenden Arbeitssystemen zu bestimmen, also irrelevant bei der Planung von Prozessen vor SOP.
5. Die *Bezugsleistungstreue*[152] ist dadurch eingeschränkt, als verschiedene Analytiker verschiedene Vorstellungen von einer Arbeitsmethode sowie der Eignung der vorliegenden Arbeitspersonen haben und erfahrungsgemäß auch darüber, auf welchen Leistungsgrad ein Bewegungsablauf zu normieren ist. Die REFA-Normalleistung ist, wenn auch nicht in dem Ausmaß, wie von Kritikern verschiedentlich unterstellt, anwenderabhängig.
6. Aufgrund der Einschränkungen bei der Bezugsleistungstreue ist auch die Benchmarking-Fähigkeit eingeschränkt.
7. Die REFA-Normalleistung ist nicht für mentale Arbeiten, für statische Haltarbeit und nur eingeschränkt für sensomotorische Arbeiten zu bestimmen. Ferner ist sie nicht anwendbar auf durch den Menschen nicht oder nur begrenzt beeinflussbare Abläufe.

MTM-Normleistung

Den MTM-Bausteinsystemen immanent ist die *MTM-Normleistung*, die von den MTM-Entwicklern beschrieben wird als »jene Leistung, die ein durchschnittlich geübter Mensch ohne zunehmende Arbeitsermüdung auf Dauer erbringen kann«[153]. Die Gemeinsamkeit mit der REFA-Normalleistung liegt darin, dass beide auf eine Dauererträglichkeit abheben. Anders als die REFA-Normalleistung ist die MTM-Normleistung nicht im Sinne von Bramesfeld[154] und Kupke[155] ein evidentes Phänomen, sondern den MTM-Prozessbausteinen immanent. Das führt zu ihrer Andersartigkeit, wie Abbildung II-101 zu entnehmen ist. Die MTM-Normleistung wird im Abschnitt 5.3.3 erläutert.

Tarifvertragliche Bezugsleistungen

Tarifvertragliche Bezugsleistungen sind im Zusammenhang mit der Anwendung von Leistungsentgelten (vgl. Teil IV, Kapitel 7) insofern relevant, als sie in nahezu allen Tarifverträgen rechtsverbindlich

---

150 Nicht in der Nivellierung der Bewegungsintensität und -wirksamkeit der beobachteten Arbeitsperson, also beim Leistungsgradbeurteilen selbst, liegt das methodische Problem der REFA-Normalleistung. Problematisch ist vielmehr, dass eine Reihe von Ist-Zustandseffekten erfasst und ohne methodische Regeln in einen Soll-Zustand überführt werden: Es wird unterstellt, dass die in der Definition beschriebene Arbeitsperson zur Verfügung steht und so arbeitet, dass eine Leistungsgradbeurteilung überhaupt durchzuführen ist. Zum anderen wird unterstellt, dass deren Arbeitsweise (Ist-Ablauf) weitestgehend der Arbeitsmethode (Soll-Ablauf) entspricht. Beides ist in der Mehrzahl praktischer Fälle nicht erfüllt und kann methodisch nicht durch Leistungsgradbeurteilen ausgeglichen werden. Vgl. hierzu auch Becks, C.: Zur Historie des Prinzips vorbestimmter Zeiten oder eine Methode entwickelt sich zum Maßstab. In: Personal – Sonderausgabe MTM-Report, 2003, S. 15–20.

151 Vgl. REFA (Hrsg.): a. a. O., 1997, S. 125: »Die einer Sollzeit zu Grunde liegende Leistung wird mit Bezugsleistung bezeichnet. Im Allgemeinen erhält die Bezugsleistung den Leistungsgrad 100 %«. Dabei wird unterstellt, dass Bezugsleistungen über die Technik der Zeitmessung erhoben werden.

152 Von einer Bezugsleistung wird eine möglichst hohe Einheitlichkeit (interpersonelle Stabilität) insofern gefordert, dass man jeder Sollzeit in etwa das gleiche »Leistungsanforderungsniveau« zu Grunde legen möchte. Dieses Ausmaß an Einheitlichkeit nennen wir Bezugsleistungstreue. Je höher die Bezugsleistungstreue ist, desto brauchbarer ist eine Bezugsleistung.

153 Vgl. Maynard, H. B.; Stegemerten, G. J.; Schwab, J. L.: Methods-Time Measurement. New York: McGraw-Hill, 1948.

154 Vgl. Bramesfeld, E.; Graf, O.: Praktisch-psychologischer und arbeitsphysiologischer Leitfaden für das Arbeitsstudium. München: Hanser, 1951.

155 Vgl. Kupke, E.: Beiträge zur Frage des Leistungsgrades und der Vorgabezeit. München: Hanser 1951.

sind. Insbesondere in älteren Tarifverträgen[156] wird als Bezugsleistung die *Tarifliche Normalleistung* namentlich genannt, wenn es um die Sollzeit-Ermittlung bei Leistungsentgelten geht. Beispielsweise war in § 4 LRTV Metall Nordwürttemberg-Nordbaden (1973) festgelegt: »Bezugsleistung (tarifliche Normalleistung) ist die im Zeitfaktor (in der Vorgabe- oder Sollzeit) zu Grunde gelegte Mengenleistung des Arbeitnehmers. Sie ist so festzusetzen, dass der Akkordarbeiter bei menschengerechter Gestaltung der Soll-Arbeitsbedingungen, nach Einarbeitung, ohne Rücksicht auf Geschlecht, Alter und tägliches Schwanken der Arbeitsleistungsfähigkeit, wie des Arbeitsergebnisses, ohne gesteigerte Anstrengung, den Tariflohn seiner Lohn- oder Arbeitswertgruppe erreichen kann. Schwankungen der Arbeitsleistungsfähigkeit und des Arbeitsergebnisses in längeren Zeiträumen sind entsprechend zu berücksichtigen.« Im ERA Metall Nordrhein-Westfalen ist z. B. die Tarifliche Normalleistung in § 10 definiert als »die Leistung, die von jedem genügend geeigneten Arbeitnehmer nach genügender Übung und Einarbeitung ohne Gesundheitsstörung auf die Dauer erreicht und erwartet werden kann«.

Für die methodische Anwendung der Tariflichen Normalleistung bestehen, je nach Tarifvertrag, zwei Möglichkeiten:

1. Es wird offen gelassen, wie die Tarifliche Normalleistung methodisch zu bestimmen ist, sondern nur definiert, welche Anforderungen sie zu erfüllen hat, so den vorstehend zitierten Beispielen zu entnehmen.
2. Es werden zwar pauschale methodische Hinweise zur Sollzeit-Bestimmung gegeben (z. B. ERA Metall Bayern, § 9, C. 7; vgl. Abschnitt 2.6.4), jedoch weitgehend auch nur definiert, welche Anforderungen sie zu erfüllen hat.

Die beiden vorstehend beschriebenen standardisierten Bezugsleistungen sind insofern methodenimmanent, als man bei der Wahl der Methode zur Sollzeit-Bestimmung auch die Bezugsleistung wählt. Bei der Tariflichen Normalleistung ist das nicht der Fall, denn sie ist in ihrem Kern nicht methoden-, sondern ergebnisbezogen. Wie den oben angeführten Beispielen zu entnehmen ist, wird bei der Tariflichen Normalleistung »nur« festlegt, was Sollzeiten zu gewährleisten haben, nicht aber, wie sie zu ermitteln sind.

Fehlinterpretationen zur ILO 0-100

Einige Unternehmensberater haben in jüngster Vergangenheit die MTM-Normleistung als »low task performance level« erklärt und ihren Klienten die Verwendung einer sogenannten »MTM-120-Leistung« als Bezugsleistung empfohlen. Sie berufen sich dabei auf eine bei der Internationalen Arbeitsorganisation (ILO) in Genf erschienene Schrift von Kanawaty[157] und erwecken den Eindruck, dass

- die Internationale Arbeitsorganisation mit »ILO-100« eine Standard-Performance-Skala entwickelt hätte,
- die mit Zustimmung der Arbeitgeber- und Arbeitnehmerseite zustande kam und
- durch die ILO-Mitgliedstaaten ratifiziert wäre.[158]

156 Z. B. wird bei den ERA der Metall- und Elektroindustrie in Bayern und in Nordwürttemberg-Nordbaden der Begriff der Tariflichen Normalleistung nicht mehr verwendet. Gleichwohl blieb das Konzept unverändert, dass es den Tarifvertrags- bzw. Betriebsparteien obliegt, bei leistungsbezogenen Vergütungen festzulegen, wie die Bezugsleistung zu bestimmen ist.

157 Kanawaty, G. (Hrsg.): Introduction to work study, 4. Auflage. Geneva: International Labour Office 1992, S. 297–312.

158 Es wird hier mit »ILO-100« Desinformation betrieben: »mandated by the United Nations«, »to formulate international labour standards«, »creates a global benchmark for pace of working that does not exploit workers«. Die MTM-120-Leistung sei – unter quellenfreier Berufung auf Maynard – ein für den *unmotivierten* Arbeiter geltender Leistungsstandard.

Es gibt jedoch gar keine ILO-Übereinkunft über eine Performance-Skala.[159] Korrekt wäre dagegen das Zitat der »ILO 0-100« (= Leistungsbeurteilungsskala 0–100 nach ILO aus der vorstehend zitierten Schrift von Kanawaty). Dieser bezieht sich auf eine britische Beurteilungsskala (B. S. I. rating scale), die auf zwei, nicht unbedingt arbeitsweltrelevanten Modelltätigkeiten beruht:

1. Gehen mit einer Gehgeschwindigkeit von 6,4 km/h und
2. Kartenspielen.

Auf Seite 302 postuliert Kanawaty ohne arbeitswissenschaftliche Quellenangaben oder eigene Untersuchungen, also aus wissenschaftlicher Sicht sehr eigenwillig:

»The rate of working most generally accepted in the United Kingdom and the United States as corresponding to the standard rating is equivalent to the speed of motion of the limbs of a man of average physique walking without a load in a straight line on level ground at a speed of 4 miles an hour (6.4 kilometres per hour).«

Und weiterhin:

»It should be noted that the ›standard pace‹ applies to Europeans and North Americans working in temperate conditions.«

Es handelt sich hier also um unbelegte und aus arbeitswissenschaftlicher Sicht ziemlich »windige« Behauptungen. Dem grundlegenden Werk aus dem angelsächsischen Sprachraum von Barnes[160] ist dagegen zu entnehmen: »Walking on the level at 3 miles per hour is frequently used to represent normal tempo.« MTM-1 liegt beim Gehen eine Gehgeschwindigkeit von 5,67 km/h (bei UAS noch weniger) zu Grunde, was ca. 3,5 Meilen entspricht.

Noch fragwürdiger als das verwendete Leistungsniveau ist das Verwenden des »Gehens« als Modelltätigkeit. Industrielle Arbeit ist primär durch sensumotorische und informatorisch-mentale Arbeitsanforderungen geprägt. Zudem hat die körperliche Leistung beim Gehen nichts mit den erzielten Ergebnissen zu tun, und jede Bezugsleistung basiert schließlich auf einem Ergebnisbezug. Diese Betrachtung führt sogar in die Irre, denn in der Arbeitswelt bestimmen Qualifikation, Geschicklichkeit, Teamfähigkeit u. v. m. die Höhe der erzielten Arbeitsergebnisse. Eine hohe Arbeitsleistung, also sehr gute Arbeitsergebnisse, sind mit niedrigen Gehgeschwindigkeiten zu erzielen – eine Durchschnittsleistung allemal. Ferner werden im Verarbeitenden Gewerbe im Regelfall nur kurze Wege zurückgelegt, schließlich entsteht dabei keine Wertschöpfung.[161] Je kürzer die Wege und je häufiger sie zurückzulegen sind, desto häufiger muss die Körpermasse beschleunigt und wieder abgebremst werden, und es sind häufige Wechsel der Körperhaltung erforderlich, wie Bücken und Verdrehen des Oberkörpers. Schließlich ist empirisch belegt, dass statische Halte- und Haltungsarbeit eine wesentlich höhere praktische Relevanz als Gehen besitzt.[162]

Gehen ist also als Modelltätigkeit für die Definition einer Bezugsleistung denkbar untauglich. Vielmehr ist die Berücksichtigung der Intensität und Wirksamkeit (nach REFA) menschlicher Bewegungen bei der Begründung einer Bezugsleistung unumgänglich. Dem haben auch die Entwickler des MTM-Verfahrens mit dem von ihnen verwendeten LMS-Verfahren Rechnung getragen.

159 Dem Übereinkommen 100 über die Gleichheit des Entgelts männlicher und weiblicher Arbeitskräfte für gleichwertige Arbeit (1951) der Internationalen Arbeitsorganisation ist zu dem obigen Thema nichts zu entnehmen.

160 Barnes, R. M.: Motion and time study, 4. Auflage. New York: Wiley 1959, S. 376.

161 Zu beachten ist also, dass man die Bezugsleistung »MTM-120-Leistung« mit einer Modelltätigkeit begründen will, die man in der Praxis so weit wie möglich durch gestalterische Maßnahmen zu eliminieren versucht.

162 Landau, K.; Imhof-Gildein, B., Mücke, S.: On the analysis of sector-related and gender-related stresses at the workplace – An analysis of the AET data bank. In: International Journal of Industrial Ergonomics, 17, 1996, S. 175–186; Landau, K.; Rohmert, W.: Evaluation of Worker Workload in Flexible Manufacturing Industry. In: Int. J. of Human Factors in Manufacturing, 2, 1992, 4, S. 369–388.

In Deutschland bezieht man sich beim Verwenden von Bezugsleistungen auf Betriebsvereinbarungen und Tarifverträge, einschlägige Gesetze und Verordnungen, z. B. das Arbeitsschutzgesetz oder die Lastenhandhabungsverordnung und die Beachtung »gesicherter arbeitswissenschaftlicher Erkenntnisse«.[163] Als gesicherte arbeitswissenschaftliche Erkenntnis gilt z. B., dass eine Gehgeschwindigkeit von 4 km/h zu einem Arbeitsenergieumsatz von etwa 14 kJ/min und von 5 km/h zu einem Arbeitsenergieumsatz von 18 kJ/min führt.[164] Die in Deutschland anerkannten energetischen Dauerleistungsgrenzwerte liegen für

- Frauen bei etwa 13 kJ/min,
- Männer bei etwa 17–19 kJ/min.

Demnach dürfte man die abgeforderte Gehgeschwindigkeit von 4 km/h nicht überschreiten, um die Dauerleistungsgrenzwerte für Frauen nicht zu verletzen.[165] Untersuchungen von Atzler (1927) zufolge beträgt beispielsweise die optimale Gehgeschwindigkeit bei einer Schrittlänge von 75 cm 1,125 Meter pro Sekunde. Bei MTM-1 liegt diese bei 1,39 und bei UAS bei 1,11 Meter pro Sekunde. Abbil-

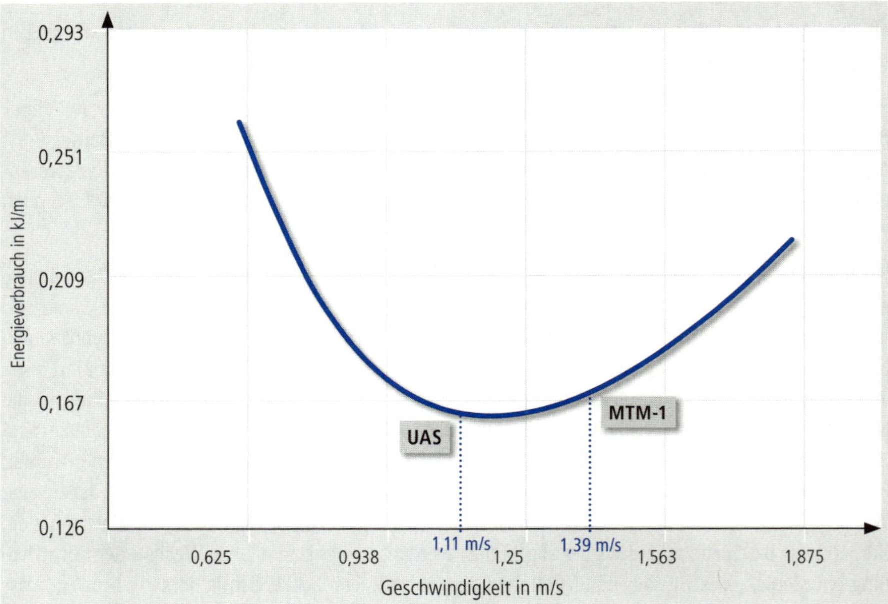

Abbildung II-102 Energieverbrauch in Abhängigkeit von der Geschwindigkeit einer Bewegungsausführung am Beispiel des Gehens[166]

163 Arbeitswissenschaftliche Erkenntnisse gelten (nach §§ 90, 91 BetrVG) dann als gesichert, wenn die bei der Erkenntnisgewinnung oder -anwendung zu erwartende Validität, Objektivität und Reliabilität beurteilt werden kann, Arbeitssystem und Arbeitsprozess reproduzierbar beschrieben sind, die Erkenntnisgewinnung begründet, von jedermann einsehbar und prüfbar ist. Sie können in folgende Kategorien eingeteilt werden: ins kodifizierte Arbeitsrecht übernommene Erkenntnisse, DIN-Normen und ähnliche Regelwerke, methodisch und statistisch gesicherte Erkenntnisse, mehrheitlich vereinbarte Aussagen, eindeutig überwiegende Meinung innerhalb der Fachkreise. Entsprechende Dokumentationen sollten von jedermann einsehbar und prüfbar sein.

164 Spitzer, H.; Hettinger, Th.; Kaminsky, G.: Tafeln für den Energieumsatz bei körperlicher Arbeit. 6. Auflage. Berlin: Beuth 1982, S. 32.

165 Eine gelegentliche Überschreitung ist zulässig, sofern der Arbeitsinhalt auch ausgleichende Elemente mit niedrigerem Energieumsatz enthält.

166 Spanner-Ulmer, B.: Die MTM-Normleistung – Die Konstante unter den Variablen. In: Britzke, B. (Hrsg.): MTM in einer globalisierten Wirtschaft. Arbeitsprozesse systematisch gestalten und optimieren. Landsberg/Lech: MI Verlag, 2010.

dung II-102 stellt die aus den MTM-Normzeitwerten des MTM-1 sowie des MTM-UAS berechneten Gehgeschwindigkeiten der von Atzler ermittelten Optimalgeschwindigkeit gegenüber.

Die MTM-Normleistung ist auf einen durchschnittlich geübten Menschen ohne zunehmende Arbeitsermüdung und auf Dauer ausgelegt. Eine manipulativ erhöhte, sogenannte »MTM-120-Leistung« würde dazu führen, dass nicht nur Frauen und ältere Mitarbeiter, sondern auch einige jüngere Mitarbeiter ausgegrenzt würden.[167]

Je nach der Art des Entgeltanreizes, der tarifvertraglichen Gegebenheiten und der betriebsspezifischen Belange sind in Deutschland bei Arbeit unter Entgeltanreiz Ist-Leistungen zwischen 108 % und 125 % der MTM-Normleistung vereinbart. Bei einer Bezugsleistung von »MTM-120« entspräche das einer Gehgeschwindigkeit von etwa 7 km/h und würde es erforderlich machen, Arbeiten fast rennend auszuführen. Neben der Irrelevanz des Gehens zur Begründung einer Bezugsleistung zeigt auch das: Unternehmen sind gut beraten, sich von derartigen Exzessen wie »MTM-120« zu distanzieren.

2.8.3 Leistungsbereitschaft

Circardiane Rhythmik

Nur wenige Menschen können im Tagesablauf eine nahezu konstante Leistung erbringen, die Mehrzahl der Arbeits- und Privatpersonen weist dagegen eine schwankende Leistungshergabe auf. Es gibt zu diesem Thema eine über einhundert Jahre alte Forschung, die unter dem Motto »*Arbeitskurve*« durch Kraepelin und Graf zu Beginn des 20. Jahrhunderts und später durch skandinavische Forscher geprägt wurde.[168] Später hat sich insbesondere Hildebrandt der Untersuchung der Leistungsrhythmen gewidmet und sie vor allem im Zusammenhang mit der Schichtarbeit diskutiert.[169] Man geht davon aus, dass der Mensch einer ganzen Reihe periodischer Abläufe unterliegt (Kurz-, Mittel- und Langwellen), von denen die sogenannte *biologische Tagesrhythmik* die bedeutsamste zu sein scheint. Synonym werden dazu die Begriffe *circardiane Rhythmik* und Tagesgang der *physiologischen Leistungsbereitschaft* verwendet.

Eine historisch sehr bedeutsame Untersuchung ist die Analyse von Fehlaufschreibungen in den Schichtbüchern eines schwedischen Gaswerkes zwischen den Jahren 1912 und 1931.[170] Etwa 62.000 Notierungen wurden bezüglich der Aufschreibungsfehler bei einer dreischichtigen Arbeit untersucht (Abbildung II-103, oben).

Aus dem Bild ist zu erkennen, dass bei dieser großen Stichprobe, die insgesamt 175.000 Arbeitsstunden abdeckt, zwei Fehlermaxima (etwa 14 und 3 Uhr) und zwei Fehlerminima (etwa 8 und 18 Uhr) auftreten. In Abbildung II-103 (unten) wird diese Kurve einfach gespiegelt. Man spricht dann nicht mehr von Fehlerminima und -maxima, sondern von Leistungsmaxima und -minima.

Man geht demnach von einer ergotropen und trophotropen Phase aus. Dabei versteht man unter *Ergotropie* die Stunden eines 24-Stunden-Tages, in denen der Mensch auf Leistungshergabe eingestimmt ist. Die *Trophotropie* signalisiert die menschliche Einstellung auf Ruhe und Erholung. Solche Schaltungen zwischen ergotropen und trophotropen Phasen wurden außer in den Gaswerkuntersuchungen in einer ganzen Reihe anderer Studien beobachtet, wenn auch die Maxima und Minima

167 Karger, D.W; Hancock, W. M.: Advanced Work Measurement. New York: Industrial Press Inc., 1982.
168 Bjerner, B.; Holm, A.; Swensson, A.: Om Natt-och Skiftarbete, Statens Offentliga Utredningar (Stockholm) 51, 1948, S. 87.
169 Hildebrandt, G.: Rhythmusphänomenologie der Sensumotorik. In: Landau, K.; Luczak, H.; Laurig, W.: Ergonomie der Sensumotorik: Festschrift anlässlich der Emeritierung von Herrn Prof. Dr.-Ing. W. Rohmert. München, Wien: Hanser, 1996, S. 1–19.
170 Bjerner B. et al.: a. a. O., 1948.

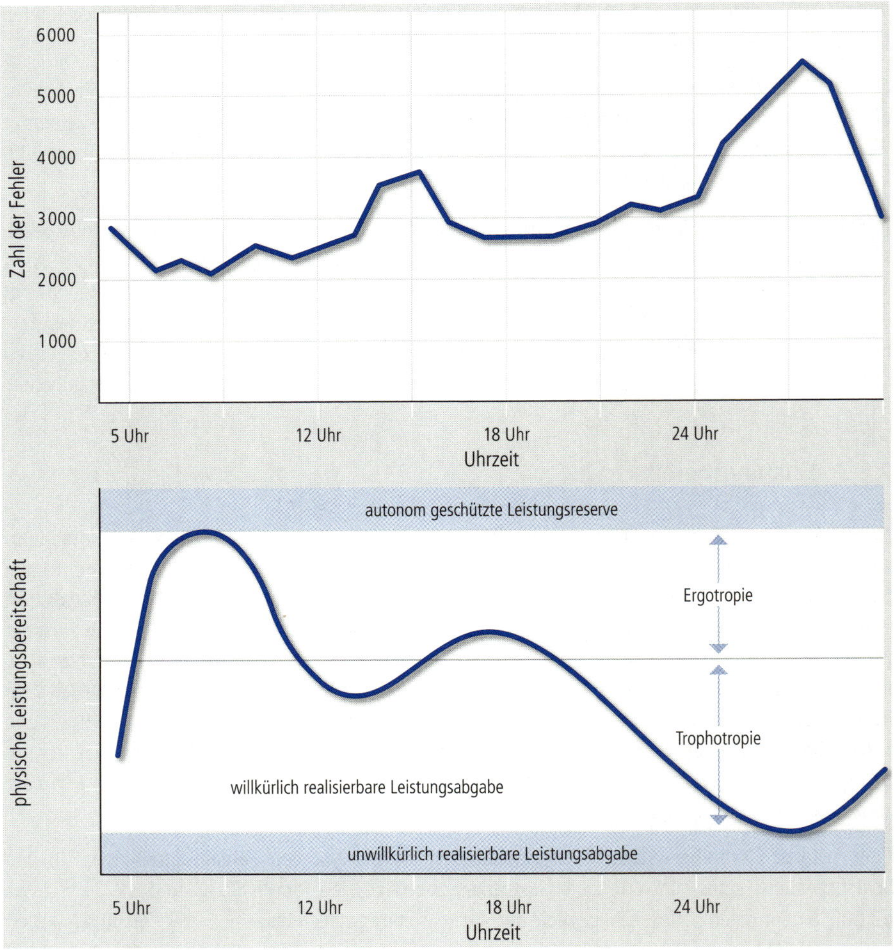

Abbildung II-103 Tagezeitliche Verteilung von 62.000 Ablesefehlern in einem schwedischen Gaswerk in den Jahren 1912–1913 (oben) und daraus abgeleiteter Tagesgang der physiologischen Leistungsbereitschaft (unten)

zum Teil an anderen Zeitpunkten auftraten. So hat z. B. die Arbeitsschwierigkeit einen Einfluss auf den Tagesgang. Die Art der Gedächtnisbelastungen führt zu unterschiedlich lokalisierten Extremen.

Die bis jetzt dargestellten circardianen Rhythmen sind keine unveränderbaren Naturgesetze, sondern Leistungsmodulationen des Menschen, die von natürlichen und künstlichen Zeitgebern sowie von *Arbeitsschwere* und *Arbeitsschwierigkeit* kontrolliert bzw. synchronisiert werden. Führt man sogenannte Bunkerversuche mit Menschen durch, schließt damit zahlreiche oder alle dieser Zeitgeber aus, dann bleiben zwar circardiane Rhythmen erhalten; sie verschieben sich jedoch täglich um etwa eine Stunde nach rechts auf der Zeitachse. Es fehlen die Synchronisationseinflüsse unserer Umwelt. Die Umschaltung zwischen ergotropem und trophotropem Zustand besorgen eine ganze Reihe psycho-physischer Systeme des Menschen. Hierzu gehören u. a. die Sekretion von Hypophyse, Nebennierenrinde und -mark sowie der Schilddrüse.

Es ist auf den toten Punkt um etwa 3 Uhr nachts hinzuweisen, vor allem, wenn eine berufliche Leistung während dieser Zeit zu erbringen oder eine Nachtfahrt mit dem Kraftfahrzeug vorzunehmen ist. Herzschlagfrequenz und Blutdruck erreichen ihre tiefsten Werte, die Blutversorgung der Organe, insbesondere des Gehirns, ist schlecht. Man spricht hier von einer sehr ausgeprägten trophotropen Bremsung. Zu bedenken ist, dass gerade diese sehr ungünstige Phase die *Nachtarbeit* (vgl. Teil IV, Abschnitt 4.6) prägt. Wenn der Mensch nun mit diesen physiologisch ungünstigen Bedingungen fertigwerden muss, dann bedeutet dies zusätzlichen Willenseinsatz, um trotzdem die geforderte Leistung zu erbringen. Über der Kurve der circardianen Rhythmik muss man sich also einen Bereich der zugänglichen Einsatzreserven vorstellen, in die der Mensch willentlich eindringt, um trotzdem noch eine akzeptable Leistung zu ermöglichen.

Darüber hinaus gibt es *Notfallreserven*, die oberhalb der maximalen Leistungsfähigkeit einzelner Organsysteme liegen und die im Notfall quasi automatisch mobilisiert werden. Willentlich kann der Mensch in diesen Notfallreservenbereich nicht eindringen. Am anderen Ende des Schaubildes (Abbildung II-103, unten) gibt es unwillkürliche, automatisierte Leistungen, die vom Tagesgang der Leistungsbereitschaft unabhängig sind.

Es sei noch einmal festgehalten, dass es sich bei der Kurve in Abbildung II-103 (unten) um eine hochgradig geglättete Funktion handelt, die nur unter ganz bestimmten Bedingungen zustande kam. Keineswegs ist davon auszugehen, dass unter allen Einsatzbedingungen des Menschen immer diese Kurve erwartet werden kann. Jeder kennt darüber hinaus den Frührhythmiker und den Spätrhythmiker mit einem ausgeprägten Hoch am Morgen bzw. am Abend. Der Frührhythmiker ist in der Lage, bereits vor 8 Uhr morgens seine Maximalleistung anzubieten, dafür ist jedoch das zweite *Leistungsmaximum* weit vor 18 Uhr, der Abendtyp bringt seine Maximalleistungen am Nachmittag und am späten Abend. Diese starken interindividuellen Unterschiede beim Menschen sind bestimmt durch die genetische Disposition, aber auch durch z. T. jahrelang praktizierte Gewohnheiten. Der Spätrhythmiker ist auch nicht frei von Fehlurteilen, wenn er in den Abendstunden seine höchste Leistungsbereitschaft vermutet: Während dieser Zeit sind oft die arbeitstäglichen Störungen minimiert, so dass allein deshalb eine höhere Leistungshergabe möglich ist. Dies trifft im Übrigen auch für den Nachtarbeiter zu, der durchaus in der Lage ist, nachts überdurchschnittliche Leistungen zu erbringen. Die Erfahrung zeigt, dass durch geringe Ablenkung (und oft auch schlechte Qualitätskontrolle während der Nachtschicht) höhere Stückleistungen erreicht werden können als z. B. in der Frühschicht, wo Vorarbeiter und Meister wesentlich stärker kontrollierend wirken.

Der versuchstechnische Nachweis der Leistungsschwankungen über die Tageszeit kann nun keineswegs mit einer Stückzählung oder einer Qualitätsüberprüfung der erbrachten Leistung festgestellt werden. Dies ist deshalb nicht möglich, da nicht nachvollziehbar ist, inwieweit der Mensch in die seinem Willen zugänglichen Einsatzreserven (vgl. Abbildung II-103) »hineinarbeitet«. Stattdessen eignen sich z. B. die Registrierung des elektrischen Hautwiderstandes oder aber die Analyse der Körperkerntemperatur zur Feststellung der individuellen circardianen Rhythmik.

Eine sowohl sozial als auch ökonomisch bedeutsame Frage ist die der Manipulation der circardianen Rhythmik des Menschen durch gezielten Einsatz von Zeitgebern. So lässt sich bei den meisten Säugetieren die alleinige Abhängigkeit des Tagesgangs vom Hell-Dunkel-Rhythmus nachweisen. Verändert man diesen Rhythmus, so verändert sich die circardiane Rhythmik mit. Beim Menschen dagegen stehen die sozialen bzw. kognitiven Zeitgeber im Vordergrund. Eine Veränderung durch Variation der künstlichen Beleuchtung ist nur bedingt zu erzielen. Dies bedeutet, dass die Stimulanz der Nachtschichtleistung durch gezielten Zeitgebereinsatz nicht möglich ist. Insbesondere ist eine Umkehr der Rhythmik beim Nachtarbeiter nicht zu erwarten. Die sozialen Einflüsse z. B. des Wochenendes (mit den Rhythmen der Familie) sind zu stark, als dass es zu einer Invertierung kommen könnte. Hinzu kommt der gestörte Tagesschlaf beim Nachtarbeiter, so dass sich in der Summe in den meisten Fällen Schlechtleistungen oder Minderleistungen bei Schichtsystemen mit Nachtarbeit ergeben. Auf die oben erwähnten Ausnahmen, die aus ungestörten Arbeitsbedingungen nachts rühren, sei jedoch hingewiesen.

Wochen-, Monats- und Jahresrhythmen

Neben der circardianen Rhythmik stellt sich auch die Frage nach möglichen *Wochen-, Monats- und Jahresrhythmen*. Jedem von uns sind Wochenrhythmen mit Leistungsminima an Montagen und Freitagen bekannt. Diese sind jedoch nicht auf endogene, durch hormonelle Ausschüttungen bestimmte Vorgänge zurückzuführen. Stattdessen stehen montags Übungsverluste (vgl. Abschnitt 2.10) über das Wochenende und Motivationsdefizite im Vordergrund. Ebenso sind Schlechtleistungen am Freitag mit zurückgehender Arbeitsmotivation wegen des bevorstehenden Wochenendes zu erklären. Wissenschaftlich abgesicherte Monatsrhythmen sind nur diejenigen der Frau, die aus dem Menstruations-Zyklus herrühren. Der Menstruations-Rhythmus der Frau kann u. U. leistungsbeeinflussend sein, auch wenn hierzu viele Vorurteile zu beachten sind. Dieser Rhythmus ist endogen durch Hormonausschüttungen gesteuert und kann durch soziale und andere Zeitgeber nicht oder kaum beeinflusst werden.

Im Gegensatz dazu handelt es sich bei den *Jahresrhythmen* nicht um primär endogen gesteuerte, sondern um umweltbezogene Rhythmen. Bekannt ist vor allem die unterschiedliche Trainierbarkeit während des Jahresverlaufs. Diese ist auf schwankende Ultraviolett-Einstrahlung zurückzuführen. Der Körper reguliert über die wahrgenommene Lichtmenge die hormonellen Steuerungsmechanismen des vegetativen Nervensystems. Diese Gegebenheiten sind jedoch für die technische, ergonomische und organisatorische Arbeitsgestaltung irrelevant.

Auch die wetterbedingten Einflüsse auf die Leistungsfähigkeit bzw. Leistungsbereitschaft sind zwar zu beachten, jedoch kaum zu beeinflussen. Wetterumschläge können die Tagesrhythmik stören und das Allgemeinbefinden verschlechtern. Die Klimatisierung des Arbeitsplatzes kann Leistungsschwäche bei schwül-warmem Klima mildern; wesentlich darüber hinausgehende Möglichkeiten der Arbeitsgestaltung bestehen jedoch nicht. Seit einigen Jahren wird versucht, durch lichttherapeutische Maßnahmen die Leistungsbereitschaft des Menschen zu verbessern, insbesondere bei depressiven Patienten. Von der lichttechnischen Industrie gibt es Versuche, die Erkenntnisse daraus auch für die Beleuchtungsplanung zu berücksichtigen. Ohne Zweifel werden hier ethische Grenzen der Arbeitsgestaltung berührt.

Psychische Leistungsbereitschaft

Die *psychische Leistungsbereitschaft* kennzeichnet die Fähigkeit der Arbeitsperson, eine psychische bzw. mentale Leistung zu erbringen. Diesen Begriff setzen wir mit dem der *Leistungsmotivation* gleich.[171] Die Leistungsmotivation des Mitarbeiters bestimmt die Art seines zielorientierten Verhaltens und ist deshalb Gegenstand einer umfangreichen wissenschaftlichen Auseinandersetzung, weil die Güte jeder Vorgesetzten-/Untergebenen-Beziehung davon abhängt. Zur Erklärung der Leistungsmotivation werden Inhaltstheorien und Prozesstheorien verwendet.

Inhaltstheorien versuchen zu erklären, was im Individuum oder in seiner Umwelt Verhalten erzeugt und aufrechterhält. Prozesstheorien fragen danach, wie ein bestimmtes Verhalten hervorgebracht, gelenkt, erhalten und abgebrochen wird. Zur Analyse der Leistungsmotivation kommen verschiedene Verfahrensansätze in Betracht, z. B. Introspektion (Selbstbeobachtung), Verhaltensbeobachtung (Fremdbeobachtung), Analyse der Verhaltensergebnisse, physiologische Methoden.

2.8.4 Geschlecht und Leistungsfähigkeit

Weibliche Arbeitnehmer

Für die Arbeitsgestaltung im Produktionsbetrieb kann die Berücksichtigung der besonderen Eigenschaften und Fähigkeiten weiblicher Arbeitnehmer von Bedeutung sein.

Von den körperlich-biologischen Gegebenheiten ausgehend gelten für die Frau im Verhältnis zum Mann in Bezug auf die Muskelkapazität und Leistungsfähigkeit bei physischer Arbeit folgende Unterschiede:

171 Zur Einführung in dieses Thema: Gebert, D.; Rosenstiel, L. v.: Organisationspsychologie, 5. Auflage. Stuttgart: W. Kohlhammer, 2002.

- Körpergröße und Körpergewicht sind kleiner,
- größerer Fettanteil, weniger Muskelmasse,
- verhältnismäßig kleineres Herzvolumen,
- weniger Hämoglobinmasse,
- kleineres Luftaufnahmevermögen,
- größerer Leistungspulsindex,
- größerer Grundumsatz (kJ/Tag, bezogen auf Alter, Größe und Gewicht),
- weniger Körperoberfläche pro Körpergewichtseinheit.

Weitere morphologische Unterschiede (unterschiedliche Proportionen der einzelnen Körpergliedmaßen) sind zu beachten.

Beim Arbeitseinsatz von Frauen sind daher aus arbeitsphysiologischer Sicht bei der Arbeitsgestaltung folgende Faktoren zu berücksichtigen:

- kleinere Muskelkräfte,
- kleinere Stellungskräfte,
- ungünstigere Kraftübersetzungsverhältnisse (Hebelgesetz),
- höhere Belastung durch Eigengewichte,
- beschränkte Dauer des Stehens,
- niedrigere energetische Dauerleistungsgrenze.

Bei der Betrachtung der Körperkräfte und ihrer Abhängigkeit vom Geschlecht zeigt sich, dass Frauen im Mittel etwa 80 % der von Männern erzeugten Kräfte aufbringen können. Dabei gehen die Körperkräfte ebenso wie beim Mann mit dem Lebensalter zurück (Abbildung II-104).

Die kardiovaskuläre Leistungsfähigkeit[172] der Frau macht durchschnittlich etwa 70–75 % der Leistungsfähigkeit des Mannes aus. Bei solchen verallgemeinernden Aussagen ist jedoch Vorsicht geboten.

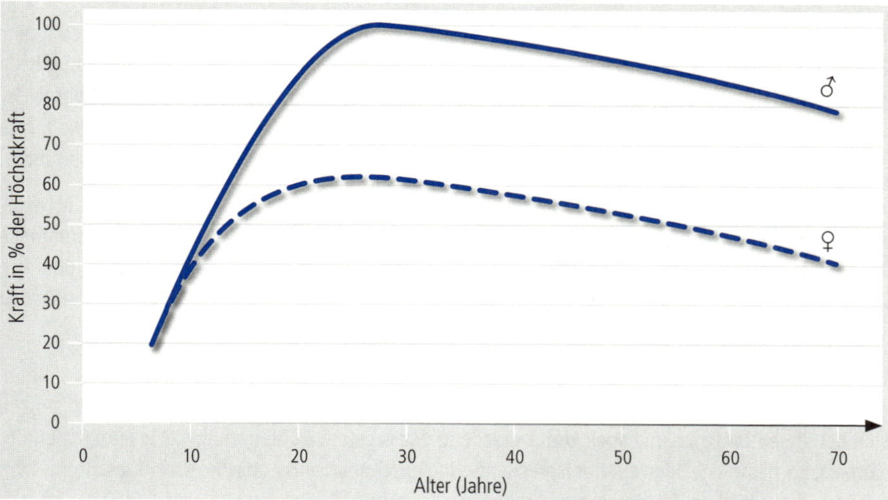

Abbildung II-104 Verlauf der Körperkräfte in Abhängigkeit von Alter und Geschlecht

Fragt man nach der Auswirkung schwerer dynamischer Arbeit auf Frauen, so wird bei weiblichen Arbeitnehmern schneller eine Erhöhung der Herzschlagfrequenz von etwa 30–40 Schlägen oberhalb

172 Die Leistungsfähigkeit des Herz-Kreislauf-Systems.

der Ruheherzschlagfrequenz erreicht als bei Männern. Hierfür ist das leichtere Herz der Frau, das mit einer stärkeren Förderfrequenz auf Belastungen reagieren muss, verantwortlich. Ferner ist der geringere Hämoglobinanteil im Blut der Frau zu bedenken. Damit wird der Sauerstofftransport im Organismus weniger wirksam, für die Sauerstoffversorgung wird mehr Zeit benötigt. Darüber hinaus ist die Vitalkapazität[173] etwa 33 % geringer als beim Mann. Da die Frau bei der Arbeit ihr Atemvolumen nicht so stark wie der Mann vermehren kann, muss sie zur Erreichung höherer Ventilationsgrößen auch bei der Atmung im Wesentlichen die Frequenz steigern.

Geschlechtsunterschiede bestehen jedoch nur im Hinblick auf die Höhe energetisch-effektorischer Dauerleistungsgrenzwerte. Ein gleiches relatives Überschreiten von Dauerleistungsgrenzwerten bedeutet für Männer und Frauen, dass sie mit der gleichen Muskelermüdung zu rechnen haben, die durch gleich lange Erholungspausen kompensiert werden muss. Bei einem gleichen relativen Überschreiten von Dauerleistungsgrenzwerten bestehen also keine Geschlechtsunterschiede. Dies ist für statische Haltearbeit und dynamische Muskelarbeit nachgewiesen und es ist auch für psychisch beanspruchende Tätigkeiten zu vermuten.[174]

Bezüglich Muskulatur und Herz-Kreislauf-System gilt es weiterhin zu bedenken, dass die Trainierbarkeit von Frauen nicht schlechter ist als die der Männer. Trainings- oder Erhaltungsreize aus dem täglichen Leben sowie aus dem Sport können demnach biologisch begründete Nachteile der Frau wieder ausgleichen.

Dennoch hat die Arbeitsgestaltung dem niedrigeren energetisch-effektorischen Dauerleistungsgrenzwert der Frau durch eine systematische Anpassung von Arbeitsplatz, Arbeitsumgebung und Arbeitsorganisation Rechnung zu tragen (vgl. Teil III, Kapitel 5). Dies gilt insbesondere auch für die Arbeitsplatzabmessungen, die auf die geringere Körperhöhe (im Durchschnitt 10 cm) und das geringere Gewicht (durchschnittlich 10 kg weniger) der Frau abgestimmt werden müssen. Das Frauenskelett zeichnet sich durch kürzere und leicht einwärts gestellte Gliedmaßen aus – hier besteht eine Auswirkung auf Unfälle durch Stolpern und Hinfallen.

Bei der Betrachtung der Fingergeschicklichkeit zeigt sich in zahlreichen Geschicklichkeitstests, dass Frauen im Mittel 6–10 % geschickter als die Männer sind. Dieser Vorteil ist vor allem in den günstigeren anthropometrischen Proportionen der weiblichen Hand begründet. Stellt die Praxis höhere Geschicklichkeitsunterschiede zwischen Mann und Frau fest, so ist dies nicht auf konstitutionelle Eigenschaften, sondern auf hochgradige Übung und die Erfüllung von Rollenerwartungen zurückzuführen.

Arbeitsrelevante psycho-physische Differenzen zwischen Männern und Frauen konnten in experimentellen Untersuchungen nicht nachgewiesen werden. So ist z. B. die größere angenommene Monotoniefestigkeit von Frauen primär von der Persönlichkeitsstruktur, d. h. Extraversion oder Introversion, von der Fähigkeit zur Handlungsautomatisierung und der Duldungsbereitschaft aufgrund von Rollenerwartungen abhängig, nicht jedoch primär vom Geschlecht.

Durch Menstruation, Schwangerschaft und Klimakterium der Frau müssen nicht unbedingt Verminderungen der Leistungsfähigkeit hervorgerufen werden. In einer Reihe von Untersuchungen zeigten sich bei diesen Ereignissen jedoch Unterschiede in der vegetativen Steuerung vieler Funktionen des Körpers, so dass auch hier eine entsprechende technische/organisatorische Arbeitsgestaltung zum Schutz der weiblichen Arbeitnehmer vorhanden sein muss.

Der Arbeitseinsatz von Frauen ist durch einen *gesetzlichen Arbeitsschutz* geregelt. Dieser gliedert sich in

173 Vitalkapazität: das maximale Atemhubvolumen.
174 Schmidtke, H.: Ergonomie. München: Hanser, 1993.

- einen Arbeitszeitschutz (gesundheitliches und kulturelles Ziel durch Festsetzung der Höchstdauer der täglichen Arbeitszeit, von Pausen und Ruhezeiten, durch Festlegung der Sonn- und Feiertagsruhe)
- und einen Betriebs- und Gefahrenschutz (Schutz des Lebens und der Unversehrtheit gegen Unfall, Schutz der Gesundheit vor Krankheit und Schutz der werdenden Mutter).

Aus einem gesetzlichen Arbeitsschutz können auch Beschäftigungseinschränkungen und Benachteiligungen arbeitender Frauen entstehen.[175]

2.8.5 Alter und Leistungsfähigkeit

Alter und Leistungsfähigkeit

Das Altern im Beruf muss vor dem Hintergrund der allgemeinen Lebensentwicklung betrachtet werden, d. h. das Altern ist als ein kontinuierlicher Prozess anzusehen und nicht als ein mit der Pensionierung plötzlich auftretendes Phänomen. Der Alterungsprozess bringt Veränderungen psychophysischer Vorgänge, von Handlungsabläufen und sozialen Verhaltensweisen mit sich. So lässt sich der Begriff *älterer Arbeitnehmer* auch nicht eindeutig definieren, sondern nur anhand verschiedener Kriterien umschreiben. Dabei differieren in der Literatur die Auffassungen, ab wann von älteren Mitarbeitern zu sprechen ist, erheblich. Nach der Definition der OECD stehen ältere Arbeitnehmer in der zweiten Hälfte ihres Berufslebens, haben das Pensionierungsalter noch nicht erreicht und sind gesund. Der Anteil der 45- bis 65-Jährigen an der gesamten Arbeitnehmerzahl liegt derzeit bei etwa 33 % mit steigender Tendenz.

Arbeitsmarktsituation

In Anbetracht der derzeitigen Arbeitsmarktsituation ist dies kein unbedeutender Prozentsatz, bedenkt man, dass die Tendenz zu länger andauernder Arbeitslosigkeit bei den über 40-Jährigen anhält und die Arbeitslosenquote älterer Arbeitnehmer, bedingt durch eine erschwerte Wiedereingliederung in den Arbeitsprozess, relativ hoch ist. Andererseits leiden viele Produktionsbetriebe unter einem Mangel an qualifiziertem Fachpersonal. Es wäre daher wünschenswert, ältere Mitarbeiter mit einer großen Arbeits- und Lebenserfahrung wiedereinzugliedern oder aber dort auf Dauer zu halten. Aus diesem Grunde besteht ein gewichtiger Anlass, sich mit dem Phänomen Alter und Leistungsfähigkeit auseinanderzusetzen.

Physische Leistungsfähigkeit

Bei der Betrachtung der *physischen Leistungsfähigkeit* (Abbildung II-105) interessiert die Entwicklung der Körperkräfte. Zunächst ist festzustellen, dass mit dem Alter die Muskelmasse abnimmt. Bei einer männlichen Arbeitsperson zwischen 20 und 30 Lebensjahren liegt die Muskelmasse im Durchschnitt bei etwa 35 Kilogramm, bei einem 70-Jährigen reduziert sie sich auf 20 bis 25 Kilogramm. Damit einher gehen chemische Veränderungen: Die Trockensubstanz in der Muskulatur steigt mit dem Lebensalter an; die Versorgung der Muskulatur mit Mineralien (z. B. Kalium) nimmt dagegen ab. Dementsprechend ist mit dem Höhepunkt der Muskelkraft sowohl bei den Männern als auch bei den Frauen im Alter zwischen 25 und 35 Jahren zu rechnen. Bei Arbeitspersonen, die kurz vor

175 Fragen der Diskriminierung der Frauenarbeit wurden aus arbeitswissenschaftlicher Sicht umfassend untersucht. Hierzu sei auf die einschlägige Literatur verwiesen, z. B.:
Rohmert, W.; Rutenfranz, J; Luczak, H.: Arbeitswissenschaftliche Beurteilung der Belastung und Beanspruchung an unterschiedlichen industriellen Arbeitsplätzen. In: Rohmert, W.; Rutenfranz, J. (Hrsg.): Arbeitswissenschaftliche Beurteilung der Belastung und Beanspruchung an unterschiedlichen industriellen Arbeitsplätzen. Bonn: Bundesminister für Arbeit und Sozialordnung, Referat Öffentlichkeitsarbeit 1975, S. 15–250.
Landau, K.; Rohmert, W.; Rutenfranz, J: Arbeitsanforderungen und Geschlecht – Neue Ergebnisse zur Frage möglicher Diskriminierung der Frauenarbeit. In: Hackstein, R.; Heeg, F.-J.; Below, F. v. (Hrsg.): Arbeitsorganisation und Neue Technologien. Berlin, Heidelberg, New York, London, Paris, Tokio: Springer Verlag, 1986, S. 511–551.
Eckert, R. (Hrsg.): Geschlechtsrollen und Arbeitsteilung. München: C. H. Beck, 1979.

der Erreichung des Rentenalters stehen, kann noch von etwa 80 % der jugendlichen Maximalkraft ausgegangen werden.

Untersuchungen zeigen jedoch, dass sportlich gut trainierte ältere Mitarbeiter durchaus noch die Leistungen jüngerer, jedoch untrainierter Personen erreichen können. Oft kommt es bei älteren sportlich aktiven Mitarbeitern nur zu einem langsamen Nachlassen der Muskelkräfte ohne einen deutlichen Leistungsknick. Auch die kardiopulmonale Leistungsfähigkeit[176] sinkt mit dem Alter. Nach Abschluss der Wachstumsphase wird bei einem 20-jährigen Menschen das Maximum der Sauerstoffaufnahme erreicht (z. B. bei männlichen Arbeitspersonen ca. 3,5 l pro Minute). Bis zur Pensionierungsgrenze sinkt dieser Wert bei Männern auf ca. 2,9 l pro Minute. Mitverantwortlich für das Nachlassen der kardiopulmonalen Höchstleistungsfähigkeit ist eine geringere Flexibilität des Brustkorbs, die Verknöcherung der Rippenknorpel, die größere Starrheit der Wirbelsäule sowie die Abnahme der Elastizität und die Zunahme der Restluft in der Lunge. Diese Veränderungen führen auch zu einem Ansteigen der Blutdruckwerte mit dem Alter.

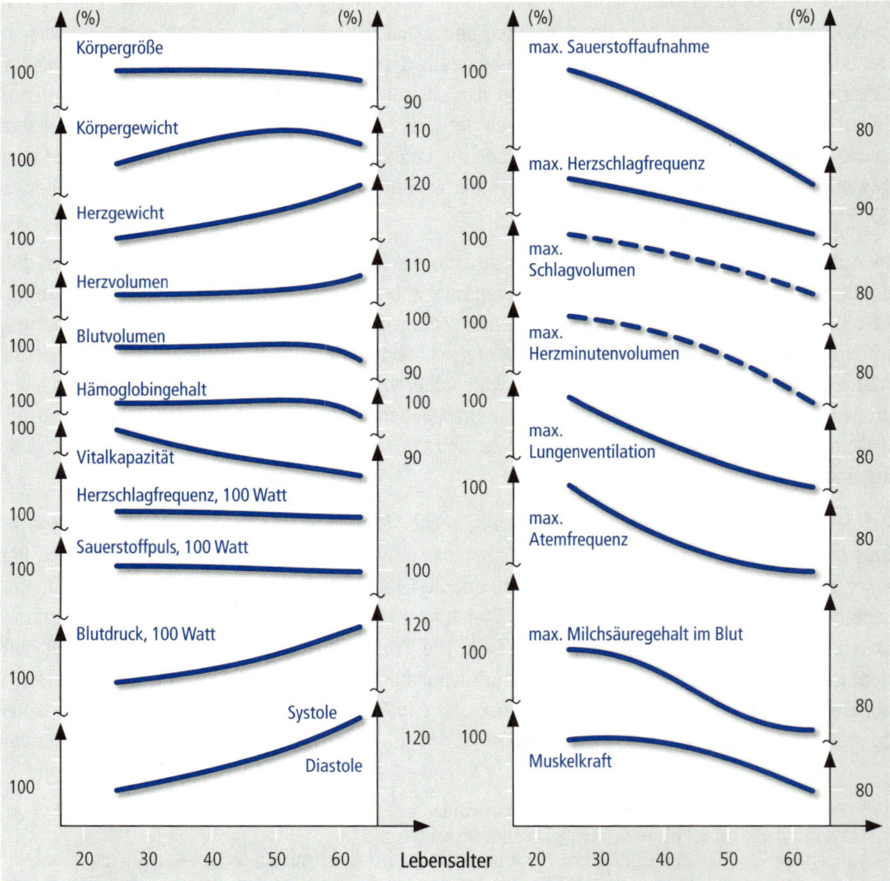

Abbildung II-105 Verlauf einiger ausgewählter Körperfunktionen über dem Alter[177]

176 Leistungsfähigkeit des Herz-Lungen-Kreislaufsystems.

177 Vgl. Landau, K.: Alter und Leistungsfähigkeit. In: Landau, K.; Stübler, E. (Hrsg.): Die Arbeit im Dienstleistungsbetrieb. Stuttgart: Ulmer, 1992, S. 132.

Während die Fähigkeit zu Maximalleistungen mit dem Alter sinkt, erreicht die *energetische Dauerleistungsfähigkeit* bei Frauen ab etwa 15 Jahren und bei Männern ab etwa 20 Jahren einen Dauer- und Höchstwert, der noch bis zur Pensionierungsgrenze Gültigkeit besitzt.

Sensumotorische Arbeit

Die für Produktionssysteme besonders wichtige Fähigkeit zu *sensumotorischer Arbeit* nimmt beim älteren Menschen ab – dies trifft vor allem für einfache Arbeiten zu, die mit hoher Geschwindigkeit verrichtet werden müssen. Auch die rein sensorischen Leistungen gehen mit dem Alter zurück. Die *Akkommodationsbreite* des Auges verringert sich, die *Adaptationsfähigkeit* nimmt ebenfalls ab.[178] Der ältere Mensch hat vor allem Mühe, sich auf große Helligkeiten einzustellen. Beim Arbeitseinsatz älterer Menschen sollte demnach Blendung am Arbeitsplatz vermieden werden. Auf der anderen Seite ist jedoch eine höhere Beleuchtungsstärke zum Ausgleich der im Alter nachlassenden Sehschärfe erforderlich. Hierbei ist darauf zu achten, dass es durch die Erhöhung der *Beleuchtungsstärke* nicht zu einer Zunahme der Blendgefahr kommt.[179]

Auch die auditiven Funktionen des alternden Menschen nehmen ab.[180] Bekannt ist hier vor allem der *Hörverlust* bei hohen Frequenzen, der sich ab dem 45. Lebensjahr besonders deutlich bemerkbar macht. Die Hörverluste durch Altersschwerhörigkeit verlaufen stetig über dem Frequenzgang. Davon unterscheiden sich die Hörverluste durch Lärmschädigungen, die bei etwa 4.000 Hertz ein Maximum erreichen.[181]

Trotz des Nachlassens der sensorischen und motorischen Fähigkeiten und Fertigkeiten des Menschen muss es nicht unbedingt zu einem Leistungsabfall am Arbeitsplatz kommen. Zahlreiche Untersuchungen im Maschinenbau und in der Textilfertigung zeigen, dass der ältere Mitarbeiter das Nachlassen der Leistungsfähigkeit bei sensumotorischen Tätigkeiten durch eine zunehmende Arbeits- und Lebenserfahrung sowie auch durch eine höhere Arbeitszuverlässigkeit (über)kompensieren kann. Irrig ist die Annahme, altersbedingte Leistungsdifferenzen mit einem *Alterskorrekturfaktor* auszugleichen. Stattdessen sind entsprechende Synergien durch individuelle Anpassung von Anforderungs- und Fähigkeitsprofil zu erschließen. Bei getakteter Produktion sollte man Bandabschnitte, die vom Arbeitsablauf stark miteinander gekoppelt sind, mit Arbeitspersonen derselben Altersgruppe besetzen.

Die Untersuchungen der *Intelligenzleistung* über dem Alter sind widersprüchlich. Dies hängt damit zusammen, dass die Definition der Intelligenz in der wissenschaftlichen Auseinandersetzung nicht einheitlich vorgenommen wird. Das Defizit-Modell der geistigen Leistungsfähigkeit, das von einem Altersabbau ausging und durch einige empirische Untersuchungen gestützt wurde, musste inzwischen revidiert werden. Belegt ist lediglich die altersbedingte Abnahme der Anpassungsfähigkeit auf schnell wechselnde Situationen. Andere Komponenten der Intelligenz bleiben jedoch über dem Alter konstant oder nehmen sogar noch etwas zu.

2.8.6 Altersmanagement

Um die Probleme der alternden Belegschaften sinnvoll zu bewältigen, ist ein gezieltes *Altersmanagement* zu empfehlen. Darunter werden alle Maßnahmen der Arbeitsgestaltung, des Personalmanagements, der Arbeitsorganisation und der Gesundheitsförderung, die die Arbeits- und Beschäftigungsfähigkeit der Belegschaft erhöhen, verstanden.

178 Akkommodation: Einstellung auf bestimmte Sehentfernung; Adaptation: Einstellung auf unterschiedliche Helligkeiten; vgl. Abschnitt 2.5.4.
179 Zum Thema Beleuchtungsgestaltung vgl. Teil III, Abschnitt 5.7.
180 Auditiv: über das Gehör.
181 Geräusche und Hörverlust werden mit dem (bewerteten) Schalldruckpegel dB(A) und der Frequenz in Hertz beschrieben; vgl. Teil III, Abschnitt 5.7.

Frühwarnsystem

Durch den Einsatz eines *praxisorientierten Frühwarnsystems*, das zur Vermeidung arbeitsbedingter Gesundheitsgefahren durch frühzeitige Risikobewertung körperlicher Belastung an vorhandenen Arbeitsplätzen bzw. bei einzelnen Tätigkeiten beiträgt sowie im Planungsbereich einsetzbar ist, soll die Integration älterer Arbeitnehmer in den Arbeitsprozess erleichtert werden. Das Frühwarnsystem dient neben der Risikoanalyse des Arbeitsplatzes auch der Feststellung des individuellen Risikos für einzelne *leistungsgewandelte Mitarbeiter*. Durch *Abgleich der Anforderungen* des Arbeitsplatzes mit den Fähigkeiten des Mitarbeiters kann eine fähigkeitskorrigierte Risikobewertung von möglichen Arbeitsplätzen für ältere Arbeitnehmer – auch rechnergestützt – erstellt werden.[182] Es gibt zwei Ansätze, um auf Abweichungen zwischen Fähigkeiten des älteren Mitarbeiters und Anforderungen des Arbeitsplatzes zu reagieren. Zum einen handelt es sich dabei um die ergonomische Arbeitsgestaltung und -organisation, und zum anderen um das Training des Mitarbeiters. Der erste Ansatz ist selbstverständlich vorzuziehen. Der zweite Ansatz kann nur ergänzend zum ersten als sinnvoll betrachtet werden. Beispielsweise mildert oder verhindert frühzeitiges und kontinuierliches Kraft- und Ausdauertraining viele der unerwünschten anatomischen und physiologischen Veränderungen, die letztendlich zu einem erhöhten Risiko von Muskel-Skelett-Erkrankungen und einer reduzierten Gelenkbeweglichkeit führen können.

Altersbezogene Gestaltungsmaßnahmen

Es fällt generell schwer, *altersbezogene Gestaltungsmaßnahmen* zu priorisieren. Besonders ältere Mitarbeiter profitieren von allen Gestaltungsmaßnahmen der Ergonomie. Nachfolgend sollen die verschiedenen Gestaltungsbereiche im Hinblick auf die Besonderheiten für ältere Arbeitnehmer betrachtet werden:

1. Räumliche Arbeitsgestaltung
Die räumliche Gestaltung erfordert, dass Form, Abmessungen und relative Anordnung einzelner Elemente von Arbeitsplätzen bzw. -bereichen (z. B. Arbeitsflächen, Stützflächen, Arbeitsmitteln) in Abhängigkeit z. B. reduzierter Beweglichkeitsbereiche festzulegen sind (vgl. Teil III, Abschnitt 5.2).

2. Handhaben von Lasten
Als vermindert belastbar gelten neben Beschäftigten unter 21 Jahren Beschäftigte über 40 Jahre. Zur Grenzlastbestimmung eignet sich das Siemens-Verfahren. Es berücksichtigt explizit das Alter als wesentliche Einflussgröße (vgl. Abschnitt 2.7.5).

3. Körperkräfte und -bewegungen
Altersgerechtes Design von Arbeitsobjekten, Werkzeugen oder Stellteilen sollte über eine entsprechende Oberflächen-Textur zusätzliches taktiles Feedback ermöglichen. In der Summe sind die Bewegungszeiten des älteren Mitarbeiters länger, weil er längere Beschleunigungs- und Verzögerungszeiten während einer Arbeitsbewegung hat. Zudem führt er zusätzliche Ausgleichs- und Hilfsbewegungen aus. Dieser Sachverhalt ist bei der eingeplanten Zykluszeit zu berücksichtigen. Kurze, hochpräzise Bewegungen sind durch Ältere schlechter zu kontrollieren (z. B. Mausbewegungen). Die Zielinformation (z. B. bestimmtes Icon auf Monitor) sollte sich daher klar von der für diese Arbeitsaufgabe irrelevanten Information abheben. Arbeitsbewegungen, die das Zusammenspiel beider Hände erfordern (z. B. Sicherheitsverschluss lösen) sollten so umgestaltet werden, dass einhändige oder sukzessive zweihändige Bewegungen zum Ziel führen.

4. Visuelle und motorische Anforderungen
Vor allem die Qualitätsprüfung gehört zu den Aufgaben, die arbeitsbereichernd wirken, ein Mehr an Kompetenzen bringen und damit auch helfen, die Belastungswirkungen einförmiger, repetitiver Tä-

182 Auf die methodischen Kritikpunkte und Einschränkungen des Anforderungs-/Fähigkeitsabgleichs wird hingewiesen; vgl. Abschnitt 2.5 sowie Abschnitt 2.8.7.

tigkeiten zu vermindern. Neben der »visuellen Erreichbarkeit« insbesondere des kleinen Greifraums ist eine zumeist leicht nach unten gerichtete Sehachse wichtig, um die Muskulatur des Schulter-/Nacken-Bereiches entspannt zu halten. Bei visuell anspruchsvolleren Tätigkeiten muss man davon ausgehen, dass sich ein Sehabstand von etwa 40 cm einstellt, was sich ebenfalls in einer veränderten Körperhaltung manifestiert.

5. Lebensarbeitszeitkonten[183]

Das Lebensarbeitszeitkonto dient ausschließlich dem langfristigen Aufbau von Zeitguthaben. Das Guthaben kann für den vorzeitigen Ruhestand oder die Inanspruchnahme von Teilzeitarbeit sinnvoll sein, weil damit eine Reduzierung der psychischen und physischen Belastung des älteren Menschen erzielt werden kann.

6. Flexibilisierung der täglichen bzw. wöchentlichen Arbeitszeit

Die Flexibilisierung der Arbeitszeit erfolgt durch die Gestaltung von Lage und/oder Dauer Arbeitszeit. Ein entscheidendes Erfolgskriterium für ein flexibles Arbeitszeitmodell für den älteren Arbeitnehmer liegt darin, dass die Arbeitnehmer die Dauer und Lage der Arbeitszeit selbst beeinflussen und bestimmen können.

7. Fortlaufende und nachhaltige Weiterqualifikation

Für eine fortlaufende und nachhaltige *Weiterqualifikation* älterer Mitarbeiter stehen Maßnahmen wie z. B. persönlicher Entwicklungsplan, Arbeitsplatzwechsel, Arbeitsplatzbereicherung, Tandembildung, Mentoring, Coaching und Partnerschaft, Gruppenarbeit, Projektarbeit, altersgemischte Lerngruppen, Betriebsbesichtigungen, Hospitation sowie Praktika zur Verfügung.

8. Arbeitsstrukturierung

Eines der wesentlichen Ziele mit besonderer Bedeutung für ältere Arbeitnehmer im Rahmen der Arbeitsstrukturierung ist die Erzeugung eines Wechsels zwischen verschiedenen Belastungsarten, um das Risiko arbeitsbedingter Erkrankungen durch die hohe Repetition sehr einseitiger Arbeitsvorgänge zu mindern. Eine Rotation zwischen mehreren Arbeitsplätzen ermöglicht beispielsweise auch eine Verringerung der durchschnittlichen Verweildauer eines Mitarbeiters an einem bestimmten Arbeitsplatz, der hinsichtlich des Gesundheitsrisikos als kritisch einzustufen ist und überdies durch arbeitsgestalterische Maßnahmen nicht mehr verbessert werden kann (vgl. Teil III, Abschnitt 6.3).

9. Gruppenarbeit und altersgemischte Teams[184]

Altersgemischte Teams sollen neben der Steigerung der Arbeitsqualität, der Verringerung von Fehlzeiten und arbeitsbedingten Erkrankungen dienen. Gruppenarbeit unterstützt das ganzheitliche Qualitätsmanagement und dient dem Aufbau eines Wissens- und Erfahrungstransfers bzw. der Nutzung komplementärer Stärken von jüngeren und älteren Mitarbeitern. Die mit dem Alter steigende Kommunikationsfähigkeit und die Eignung älterer Mitarbeiter für zumeist kommunikationsintensive Sekundäraufgaben können Potenzial schaffen, die Effektivität und Effizienz der Gruppen zu verbessern.[185]

183 Vgl. Teil IV, Kapitel 4.

184 Landau, K., Weißert-Horn, M., Rademacher, H., Brauchler, R., Bruder, R., Sinn-Behrendt, A.: Altersmanagement als betriebliche Herausforderung. In Zusammenarbeit mit der Deutschen MTM-Vereinigung und den Kliniken Bavaria. Stuttgart: Ergonomia 2007.

185 Bundesministerium für Arbeit und Soziales: Toolbox »Älter werden im Berufsleben«. 3. aktualisierte Auflage der CD-ROM des Thematischen Netzwerks »Altersmanagement« zum demografischen Wandel. Berlin. Stand: September 2007.

2.8.7 Eignungsdiagnostik und Eignungsprognose

Richtige Mitarbeiter am richtigen Platz

Schon während der Entstehungsphase von Arbeitssystemen, vor allem aber auch in der Betriebs- und Verbesserungsphase stellt sich die Frage nach dem »richtigen Mitarbeiter am richtigen Platz«. Unter *Eignungsdiagnostik* werden die Modelle und Verfahren zur »Passung« von Mitarbeitern zu betrieblichen Funktionen bzw. Tätigkeiten verstanden. Die Eignungsdiagnostik wird sowohl zur Personalselektion bei Einstellung und Umsetzung, aber auch bei der Leistungsbeurteilung, Laufbahnentwicklung und Berufsberatung eingesetzt.

Die Eignungsdiagnostik ist keinesfalls ein statischer Ansatz zur Optimierung von Anforderungen des jetzigen Arbeitsplatzes und Fähigkeiten des betreffenden Mitarbeiters, sondern sie ist dynamisch auf die künftige Produkt- und Personalentwicklung ausgelegt.

Trotzdem darf man die verschiedenen eignungsdiagnostischen Ansätze nicht unkritisch sehen. Zur Grundlage sachgemäßer Eignungsfeststellung gehören einerseits Informationen über

- Personen,
- Anforderungen,
- Interaktionen von Personen und Anforderungen.

Andererseits gehören dazu aber auch Informationen über

- die zu erwartende Konstanz der Personenmerkmale,
- die zu erwartende Konstanz der Anforderungen,
- die zu erwartende Konstanz der Interaktion zwischen Personen und Anforderungen vor dem Hintergrund ihrer wechselseitigen Prägung und Prägbarkeit.[186]

Wird die Auswahl von Mitarbeitern allein auf der Basis des *Anforderungs-/Fähigkeitsabgleichs* im Ist-Zustand vorgenommen, dann wird damit die Fortentwicklung der Persönlichkeit in der Auseinandersetzung mit der Arbeit negiert. Deshalb wird die simple Testung der Eignungsmerkmale und deren Abgleich mit den Tätigkeitsanforderungen häufig als vorwissenschaftliche Methode, die die Persönlichkeitsentwicklung des Mitarbeiters außer Acht lässt, dargestellt.

Die Eignungsdiagnostik in dieser Form hat eine fast hundertjährige Tradition, sie geht auf Anwendungen der Psychotechnik in den 1920er-Jahren des letzten Jahrhunderts zurück, die damals in großem Stil bei fast allen Mittel- und Großunternehmen durchgeführt wurde.[187] Dieser Ansatz der Eignungsdiagnostik setzt die Anforderungsanalyse der infrage kommenden Tätigkeiten voraus. Dabei genügen nicht qualitative Aussagen der Art »die Fähigkeit erfordert gutes Hörvermögen«, sondern es sind stattdessen die Tätigkeitsanforderungen mit einem standardisierten, analytischen Verfahren zu bestimmen.[188] Diese Verfahren verfolgen oft einen atomistischen Ansatz und zergliedern die Tätigkeit in verschiedene psycho-physische-Anforderungen. Das Zusammenwirken dieser Anforderungen bei der Durchführung der Arbeit ist damit jedoch nicht geklärt.

Psychodiagnostische Verfahren

Bei den eignungsdiagnostischen Verfahren unterscheidet man solche Tests, die Eigenschaften kognitiver Art, und solche, die motivationale Eigenschaften erfassen. Viele dieser *psychodiagnostischen Verfahren* zur Eignungsfeststellung von Bewerbern sind jedoch methodisch zweifelhaft. Die Frage

186 Ulich, E.: Arbeitspsychologie. Zürich: Verlag der Fachvereine, 1991, S. 190.

187 Unter Psychotechnik versteht man die Anwendung der Psychologie auf alle Lebensbereiche, insbesondere auf die Anpassung des Mitarbeiters an die Arbeitsbedingungen durch Selektion, Schulung und Führung. Vgl. Münsterberg, H.: Grundzüge der Psychotechnik. Leipzig: J. A. Barth, 1914.

188 Z. B. Frieling, E.: Psychologische Arbeitsanalyse. Stuttgart, Kohlhammer, 1975 oder Landau, K.: Das Arbeitswissenschaftliche Erhebungsverfahren zur Tätigkeitsanalyse. Darmstadt: Institut für Arbeitswissenschaft, 1978.

ihrer prognostischen Validität[189] ist im Regelfall ungeklärt. Ebenso ist das Zusammenspiel von Anforderungsanalyse und Eignungsfeststellung selten wissenschaftlich fundiert dargestellt. Insbesondere die Verbesserung der Qualifikation des Mitarbeiters durch die Ausführung der Arbeitsaufgaben bleibt unberücksichtigt.

Der Anforderungs-/Fähigkeitsabgleich liefert wenig Anhaltspunkte zu den Qualifikationen, die persönlichkeitsförderliche Potenz haben.[190] Im Rahmen von Arbeitsstrukturierungsmaßnahmen (vgl. Teil III, Abschnitt 6.3) geht es darum, die Qualifikation der Mitarbeiter durch entsprechende Aufgaben- und Arbeitssystem-Gestaltung fortzuentwickeln.

Zur Eignungsdiagnostik liegt eine Fülle von Testverfahren vor, auf die hier nicht näher eingegangen werden kann.[191] Neben dem analytischen Anforderungs-/Fähigkeitsabgleich können Eignungsdiagnosen auch durch *Arbeitssimulation* durchgeführt werden. Dies bedeutet, dass in Form eines *Assessment-Centers* bestimmte konkrete Situationen simuliert werden. Dabei wird die Leistungsfähigkeit des Bewerbers oder des Mitarbeiters bei konkreten arbeitstypischen Herausforderungen erfasst.

Beim Assessment-Center werden potenzielle Mitarbeiter über mehrere Tage mit verschiedenen eignungsdiagnostischen Verfahren untersucht. Eine Prioritätenliste der Bewerber mit ihrer Eignung für z. B. Führungspositionen wird erstellt. Dabei hat ein Assessment-Center im Regelfall eine höhere prognostische Validität als traditionelle eignungsdiagnostische Verfahren.

Ähnliche Ansätze – dann jedoch nicht gruppenbezogen – werden mit der *Postkorbtechnik* verfolgt. Ein Bewerber oder ein Mitarbeiter erhält einen Postkorb mit Schriftverkehr, der für die künftige Tätigkeit repräsentativ ist. Der Kandidat hat dann die Schriftstücke durchzuarbeiten, Probleme zu identifizieren, Prioritäten zu setzen und Entscheidungen zu treffen. Diese werden dann anhand einer entsprechenden Anforderungsdimension ausgewertet und geben u. U. Auskunft über die Befähigung in den Bereichen »Überblick, Entscheiden, Konsultieren, rationelles Arbeiten, Delegieren und Belastbarkeit«.[192]

Ein anderer Ansatz besteht darin, aus biografischen Daten und früheren Beschäftigungsverhältnissen des Mitarbeiters auf die Bewährung und die zukünftige Entwicklung bei neuen beruflichen Herausforderungen zu schließen.

Die letztgenannten eignungsdiagnostischen Instrumente dienen vor allem der Personalentwicklung der Team- und Abteilungsleiter.

Die Ergebnisse dieser eignungsdiagnostischen Maßnahmen münden im Regelfall in noch weiteren Personalentwicklungsaktivitäten ein, wie z. B.

- Mitarbeitergespräch,
- Personalentwicklungsgespräch,
- Laufbahnplanung.

Bei all den genannten Methoden der Personalselektion spielt das sozial erwünschte Verhalten eine große Rolle. Darunter versteht man die Neigung von Mitarbeitern oder Stellenbewerbern, sich vorteilhafter darzustellen, als dies der Realität entspricht. Man nennt dies auch Eindruckssteuerung

189 Mit der Validität eines Verfahrens wird gefragt, ob das Verfahren tatsächlich das misst, was es zu messen vorgibt. Unter prognostischer Validität versteht man die Gültigkeit der eignungsdiagnostischen Aussage für die künftige Entwicklung eines Mitarbeiters oder Stellenbewerbers.

190 Ulich, E.; Frei, F.: Persönlichkeitsförderliche Arbeitsgestaltung und Qualifizierungsprobleme. In: Volpert, W. (Hrsg.): Beiträge zur psychologischen Handlungstheorie. Bern: Huber, 1980, S. 71–86.

191 Vgl. z. B. Testzentrale Göttingen: Testkatalog. Göttingen: Hogrefe, 2009.

192 Gebert, D.; von Rosenstiel, L.: Organisationspsychologie. Stuttgart: Kohlhammer, 1981.

(*impression-management*). Die Mehrzahl der eignungsdiagnostischen Instrumente ist in ihren Intentionen von den Bewerbern durchschaubar und damit auch der Manipulation zugänglich.

Es überrascht daher nicht, dass die Validität[193] eignungsdiagnostischer Verfahren nur gering ist. Es wird über folgende Validitätskoeffizienten berichtet:[194]

Verfahren	Validitätskoeffizient*
Interview	0,00 bis 0,25
Intelligenztests	0,20 bis 0,30
Leistungstests	0,10 bis 0,20
Persönlichkeitstests	0,20 bis 0,40
Assessment-Center	0,40 bis 0,75
Biografische Fragebögen	0,40 bis 0,70

*0 = keine Gültigkeit des Tests für die berufliche Situation; 1 = volle Gültigkeit des Tests für die berufliche Situation

Abbildung II-106 Validitätskoeffizienten eignungsdiagnostischer Verfahren

Neben diesen eher ernüchternden Ergebnissen sprechen auch weitere Argumente für eine möglichst vorsichtige Verwendung von eignungsdiagnostischen Verfahren: Ethische Fragen sollen darauf hinweisen, dass die Persönlichkeitssphäre des Mitarbeiters oder des Bewerbers im starken Maße berührt wird.

Verschiedene nationale MTM-Vereinigungen haben auf der Basis des MTM-Prozessbausteinsystems eignungsdiagnostische Verfahren entwickelt, so z. B. die verschiedenen *MAST-Ansätze.*[195]

MTM-MAST-Verfahren

Das *MTM-MAST-Verfahren* verfolgt die nachstehenden Ziele:

- Ermittlung der Fähigkeiten und Fertigkeiten von Personen, definierte Tätigkeiten auszuführen,
- aus einer Reihe von Arbeitsaufgaben/Tätigkeiten diejenigen auszuwählen, die sich für die Fähigkeiten und Fertigkeiten einer Person am besten eignen,
- aus einer Anzahl von Personen diejenige auszuwählen, die sich zur Erfüllung der Anforderungen einer bestimmten Tätigkeit oder eines Arbeitsvorgangs am besten eignet,
- Art und Umfang der Maßnahmen zu ermitteln, aufgrund derer eine Person in der Lage ist, eine Arbeitsaufgabe mit definierten Anforderungen zu erfüllen,
- Ermittlung der erforderlichen Maßnahme zur Anpassung der Arbeitsbedingungen an die Arbeitsperson.

In der Tat ergibt sich mit dem MTM-MAST-Verfahren ein breites Anwendungsspektrum, vor allem für die Eingliederung leistungsgewandelter Personen in die Arbeitswelt.

Mit Hilfe des MTM-MAST-Verfahrens wird ein *Anforderungs-/Fähigkeitsabgleich* durchgeführt, nach dem auch hier die bereits genannten Einschränkungen und Bedenken gelten.

Derzeit sind drei MAST-Testverfahren im Einsatz:

- MAST-1 zielt auf die Wiedereingliederung hochgradig leistungsgeminderter Personen, z. B. nach einem schweren Arbeitsunfall. Es geht hier um einfache Grundbewegungen, vor allem bei der manuellen Montage.

193 Validität = Gültigkeit eines Tests.

194 Staehle, C.: Personalauswahl mittels biografischer Fragebogen. In: Schuler, H.; Staehle, W. (Hrsg.): Biographische Fragebogen als Methode der Personalauswahl, Stuttgart: Verlag für angewandten Psychologie, 1986, S. 17.

195 MAST: manual-abilities-scanning-tests.

- MAST-2 zielt auf die Evaluierung einer fortgeschrittenen, höheren manuellen Geschicklichkeit. Es wird eine Vielzahl hochkontrollierter, beidhändig simultan auszuführender Bewegungen untersucht.
- MAST-3 verfolgt eine umfassende Aussage über die Testperson und die Tätigkeitsanforderungen. MAST-3 beinhaltet qualitative Aussagen über Anforderungen und Fähigkeiten und hat damit die MTM-Plattform verlassen.[196]

MAST-1 wurde in den 1960er- und 1970er-Jahren des vorangegangenen Jahrhunderts in den Niederlanden und in England entwickelt. Seit etwa 1993 ist es in Mittel- und Nordeuropa hauptsächlich in Behinderteneinrichtungen im Einsatz. MAST-1 umfasst 19 Tests unterschiedlicher Komplexität und Schwierigkeit, bei denen standardisierte Grundbewegungen und bestimmte Bewegungsabläufe ausgeführt werden. MAST-1 wird in einem Methodenraum an einem speziellen Tisch durchgeführt, der alle erforderlichen Vorrichtungen, Gegenstände und Werkzeuge enthält. Während und nach den Tests werden ermittelt:

- *Leistungsgrad* (%),
- *Qualitätsindex* (%),
- Gesamtleistung (%).

Der Leistungsgrad drückt die gemessene Zeit im Verhältnis zur Vorgabezeit aus:

$$\text{Leistungsgrad} = \frac{\text{Vorgabezeit}}{\text{gemessene Zeit}} \cdot 100$$

Der Qualitätsindex drückt das Verhältnis der tatsächlich gemachten Fehler zu den möglichen Fehlern aus. Er wird nach folgender Formel berechnet:

$$\text{Qualitätsindex} = \frac{\text{mögliche Fehler} - \text{tatsächliche Fehler}}{\text{mögliche Fehler}} \cdot 100$$

Die Gesamtleistung errechnet sich aus dem Leistungsgrad in Verbindung mit dem Qualitätsindex nach folgender Formel:

$$\text{Gesamtleistung} = \frac{\text{Leistungsgrad} \cdot \text{Qualitätsindex}}{100}$$

Die Abbildung II-107 enthält eine Testübersicht. Abbildung II-108 zeigt Test Nr. 5 als Beispiel.

196 MTM-Gesellschaft (Hrsg.): MAST-3 – the Measured Aspect Survey Technique. Stuttgart: MTM, o. Jg.

Test-Übersicht				
Test-Nr.	**Bewegungsart**	**Beschreibung**	**Standard-zeit (s)**	**mögliche Fehler**
1	Grundbewegungen	25 mm Stahlkugeln aus einem trichterförmigen Behälter in einen offenen Behälter	14,7	40
2		Aluminiumplättchen vom Stapel in offenen Behälter	21,3	40
3	Auswahl und Handling	25 mm Stahlkugeln vermischt aus Behälter in runde Öffnung	34,4	40
4		12 mm Stahlkugeln vermischt aus Behälter in runde Öffnung	37,0	40
5		5 mm große Niete vermischt in runde Öffnungen	38,4	40
6	Symmetrie	Zylinder vermischt aus Behälter in runde Öffnung	40,2	40
7		Quader vermischt in Öffnungen	45,2	40
8		T-förmige Körper vermischt aus Behälter in Öffnung	47,0	40
9	Drücken	Klinkenstecker aus getrennten Behältern in Gegenstecker	70,0	40
10	Trennen	Klinkenstecker aus getrennten Steckkasten herausziehen	23,4	40
11	Anfügen	Zylinder mit 19 mm Durchmesser auf Platte anfügen	51,1	40
12		Zylinder mit 25 mm Durchmesser auf Platte anfügen	63,6	40
13		Quader auf Platte anfügen	52,3	20
14	Drehen	Drehbewegungen mit der linken Hand	10,0	0
15		Drehbewegungen mit der rechten Hand	10,0	0
16	Entscheiden	Klinkenstecker elektrisch prüfen	39,9	40
17	Koordination Hand/Auge/Fuß	Testpapier mit Schlagbolzen markieren	29,0	20
18	Koordination LH/RH	Montage von Klinkenstecker in Gegenstecker	43,8	20
19	Montage	Montageplatte komplett montieren	149,7	30

Abbildung II-107 Übersicht der 19 Einzeltests von MAST-1

Test 5	
5 mm große Niete liegen in einer flachen Mulde. Nahe der vorderen Tischkante ist eine Platte mit runden Öffnungen in die Tischplatte versenkt.	
Ziel des Tests:	Ziel ist die Beurteilung der Testperson hinsichtlich ihrer Fähigkeit, sehr kleine, vermischt liegende Gegenstände einzeln zu greifen und definiert abzulegen.
Beschreibung:	5 mm große Niete vermischt liegend in runde Öffnungen ablegen.
Testausführung:	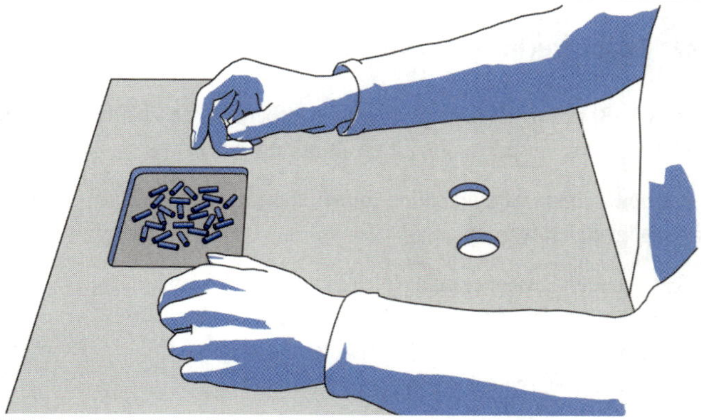
Beginn:	Die Testperson sitzt am Tisch und hat die Hände an den runden Öffnungen.
Verlauf:	Gleichzeitig mit LH/RH zu den Nieten hinlangen, je einen Niet auswählen, greifen, zu den runden Öffnungen bringen und einfügen. Der Zyklus besteht aus 20 Nieten pro Hand.
Ende:	Mit dem Loslassen des 20. Niets.
Qualitätsanforderungen:	Wenn ein Niet nicht ins Loch fällt und nicht wieder gegriffen und eingefügt wird, so zählt dies als Fehler. Wenn zwei oder mehr Niete von einer Hand gegriffen und eingefügt werden, so zählt dies auch als Fehler. Es sind demnach 40 Fehler möglich (2,5 % pro Niet).

Abbildung II-108 Test 5 von MAST-1 als Muster[197]

2.9 Beanspruchung und Ermüdung

2.9.1 Begriffe

Dieser Abschnitt behandelt die physische und psychische *Beanspruchung* und *Ermüdung*.

Die Beanspruchung ist die subjektive Belastungsauswirkung auf den Menschen. Sie ist umso höher, je ungünstiger die individuelle Prädisposition ist. Gleiche Belastungen führen also zu individuell verschiedenen Beanspruchungen.

Unter Ermüdung versteht man die Herabsetzung der Funktionsfähigkeit eines Organs oder des gesamten Organismus.

Biologische Ermüdung kommt allein durch unsere Existenz zustande, Arbeitsermüdung ist die Folge einer Tätigkeit. Ermüdung ist zunächst kein schädlicher Zustand, sondern wird durch ausreichende Erholung wieder kompensiert. Arbeitsermüdung im engeren Sinne ist von den ermüdungsähnlichen Zuständen (*Monotonie*, herabgesetzte *Vigilanz*, *psychische Sättigung*) zu unterscheiden. Weiterhin Arbeitsermüdung

197 Deutsche MTM-Gesellschaft (Hrsg.): MAST-Ruward, ein Verfahren zur Ermittlung manueller Geschicklichkeit. Stuttgart: MTM, o. Jg.; Sanzenbacher, G.: MAST-Test manueller Fähigkeiten und Fertigkeiten. MTM-Konferenz, 1992.

unterscheidet man *periphere* und *zentrale Ermüdung* (z. B. Augenermüdung versus Gesamtermüdung des Menschen nach einem Tag anstrengender Arbeit) sowie physische und psychische Ermüdung.

Ermüdung ist reversibel durch *Erholung*. Erholung wird aufgefasst als ein in der Zeit verlaufender Prozess der Beanspruchungskompensation.

2.9.2 Beanspruchung bei vorwiegend körperlicher Arbeit

Ebenso wie Belastung ist Beanspruchung im arbeitswissenschaftlichen Sprachgebrauch wertfrei: Lediglich bei starker Ausprägung wird sie als negativ eingestuft.

Physische Beanspruchung

Bei der *physischen Beanspruchung* können folgende Organe bzw. Organsysteme durch die Arbeitsbelastung involviert werden:

- Herz-Kreislauf-System einschließlich Lunge und Atmung,
- muskuläre Systeme einschließlich Sehnen und Bänder,
- Skelettsystem einschließlich Wirbelsäule und
- Sinnesorgane einschließlich Nerven und Drüsen.

In Abhängigkeit der vorwiegend beanspruchten Organsysteme oder -funktionen sowie der zur Verfügung stehenden qualitativen und quantitativen Erfassungsmethodik bieten sich physiologische, biochemische, psychologische und weitere Untersuchungsmethoden an. Bei allen Messmethoden der Beanspruchung ist zu bedenken, dass die Belästigung des Menschen durch die Messmethodik möglichst gering sein muss, dass darüber hinaus die Messungen »unblutig« durchzuführen sein müssen und dass daneben die Zuverlässigkeit der Messungen möglichst groß sein soll.

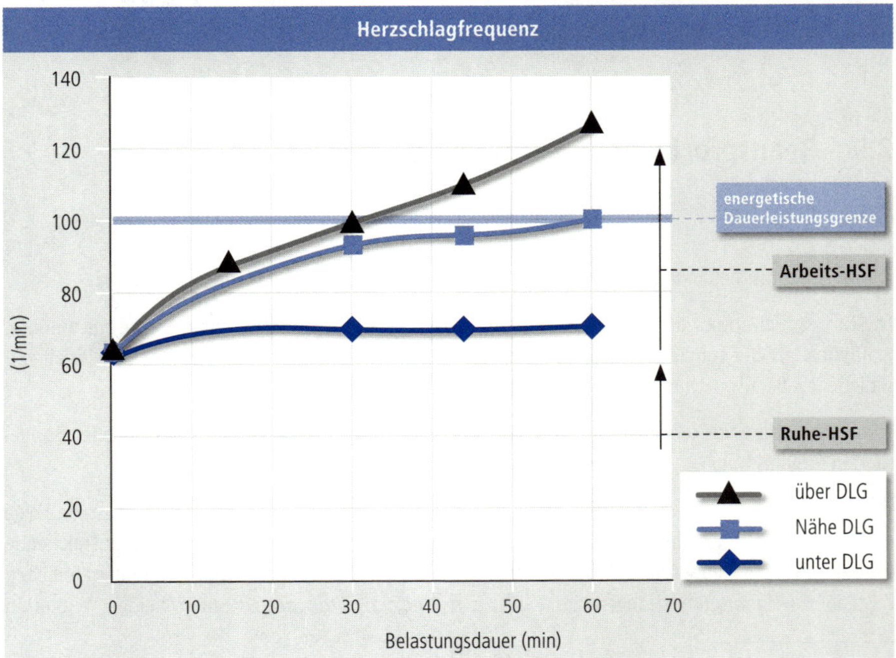

Abbildung II-109 Verlauf der Herzschlagfrequenz über der Arbeitsdauer (HSF = Herzschlagfrequenz, DLG = Dauerleistungsgrenze)

Hier wird auf die Methoden der Beanspruchungsmessungen nicht näher eingegangen, da sie in der Betriebspraxis in der Regel nicht zur Verfügung stehen.[198] Beanspruchungsmessgrößen können über der Zeitachse aufgetragen werden (Abbildung II-109). Aus dem Verlauf kann auf die Unter- oder Überschreitung von Dauerleistungsgrenzen (genauer wäre Dauerbeanspruchungsgrenzen) geschlossen werden.

Die Höhe der *Herzschlagfrequenz* hängt von der *Belastungshöhe*, der *Arbeitsgeschwindigkeit*, der *Belastungsdauer*, der eingesetzten *Muskelmasse* sowie der betreffenden Muskelarbeitsform ab.

Wird die Beanspruchungsgröße nicht über der Arbeitsdauer, sondern über der Belastungshöhe aufgetragen, so ist im Regelfall von nicht proportionalen Beziehungen auszugehen. Ähnliche Kurven ergeben sich nicht nur für die schwere dynamische Arbeit, sondern auch für eine ganze Reihe anderer Arbeitsformen.

Auch die Abhängigkeit zwischen Beanspruchungsgröße und *Arbeitsproduktivität* ist nicht proportional. Dies bedeutet, dass sich die Arbeitsproduktivität nicht beliebig durch eine Erhöhung der Beanspruchung steigern lässt. Während im Bereich niedriger Beanspruchung bereits geringe Veränderungen zu starken Veränderungen der Arbeitsproduktivität führen, ist es im Bereich hoher Beanspruchung umgekehrt.[199]

Arbeitsschwere

Abbildung II-110 enthält eine Klassifizierung der Arbeitsschwere nach der Höhe des Energieumsatzes und der Arbeitsherzschlagfrequenz. Damit ist eine Orientierung auch für die Zwecke der Betriebspraxis möglich.

Belastung	Arbeitsenergieumsatz		Arbeitsherzschlagfrequenz
	kJ/Schicht	kJ/min	1/min
leicht			
Männer	< 4.200	< 9	< 20
Frauen	< 3.000	< 6	< 20
mittelschwer			
Männer	4.200–6.300	9–13	20–30
Frauen	3.000–4.200	6–9	20–30
schwer			
Männer	6.300–8.400	13–17	30–40
Frauen	4.200–5.700	9–12	30–40
sehr schwer			
Männer	> 8.400	> 17	> 40
Frauen	> 5.700	> 12	> 40

Abbildung II-110 Klassifizierung der Arbeitsschwere nach der Höhe des Arbeitsenergieumsatzes und der Arbeitsherzschlagfrequenz[200]

198 Stattdessen sei verwiesen z. B. auf Rohmert, W.; Rutenfranz, J.: Praktische Arbeitsphysiologie. Stuttgart: Thieme, 1983.

199 Laurig, W.: Grundzüge der Ergonomie. Berlin: Beuth, 1990.

200 Abgeändert nach Scheuch, K.: Arbeitsphysiologie. In: Triebig, G.; Kentner, N.; Schiele, R. (Hrsg.): a. a. O., 2008.

2.9.3 Beanspruchung bei vorwiegend nicht körperlicher Arbeit

Psychische Beanspruchung ist die unmittelbare (nicht die langfristige) Auswirkung der psychischen Belastung im Individuum in Abhängigkeit von seinen jeweiligen überdauernden und augenblicklichen Voraussetzungen, einschließlich der individuellen Bewältigungsstrategien.[201] Mögliche Ursachen psychischer Belastung werden in Abbildung II-111 aufgelistet.

Höhe der psychischen Beanspruchung

Die Höhe der *psychischen Beanspruchung* unter der Einwirkung *psychischer Belastung* wird durch die individuell unterschiedlichen Leistungsvoraussetzungen beeinflusst. Hierzu zählen einmal die körperlichen Eigenschaften, die überdauernd z. B. durch Konstitution, Alter, Allgemeinzustand und aktuell durch Verfassung und Aktivierungsniveau beschrieben werden können. Zum anderen die im Verlauf von Entwicklung, Ausbildung und Berufstätigkeit erworbenen Fähigkeiten und Fertigkeiten, Kenntnisse und Erfahrungen sowie die individuellen Erwartungen und Wertmaßstäbe, die z. B. durch Faktoren wie Einstellung zur Arbeit, Anspruchsniveau und Motivation zu beschreiben sind. Beispiele, wie diese Ursachen psychischer Belastung durch Arbeitsgestaltung vermindert oder ganz vermieden werden können, zeigt Abbildung II-113.

Indikatoren psychischer Beanspruchung

Indikatoren psychischer Beanspruchung können physischer oder psychischer Art sein: Physische Indikatoren sind insbesondere die Herzschlagfrequenz und ihre Arrhythmie[202], die Atemfrequenz, Veränderungen des Blutdrucks und der Schweißabgabe (und damit des Hautwiderstands), Veränderungen der elektrischen Signale des Gehirns (EEG), Bewegungen des Augapfels (EOG) und die Lidschlagfrequenz.

Die Eignung physischer Indikatoren zur Beurteilung psychischer Beanspruchung wird sehr kritisch beurteilt: Zum einen reagieren sie nicht spezifisch, sondern werden wesentlich auch durch physische Belastungen beeinflusst, zum anderen ist es nicht gelungen, Kennwerte dieser Indikatoren zu extrahieren, die mit Art und Dauer vorausgegangener emotionaler oder mentaler Belastungen kovariieren.[203]

Die Erfragung der psychischen Indikatoren der Beanspruchung wird als zuverlässiger eingestuft. Sie basiert auf der Selbsteinschätzung und dem Erleben der Arbeitsperson und kann in Form von Beurteilungsskalen (z. B. Anstrengungsempfinden) oder Merkmalsprofilen (z. B. Eigenzustandsskala[204]) erhoben werden. Kritisch angemerkt wird jedoch, dass die aus solchen subjektiven Urteilen abgeleiteten Kennwerte nicht oder nur sehr schwer/unsicher in Urteile hinsichtlich der psychischen Belastung einer Tätigkeit umzusetzen sind.

Folgen psychischer Beanspruchung können in Form von Anregungseffekten und Entwicklungsvorgängen, neutralen Wirkungen und von Beeinträchtigungen und Funktionsverlusten auftreten.[205] Anregungsvorgänge sind beispielsweise der Aufwärmeffekt (die Tätigkeit kann mit weniger Aufwand als eingangs ausgeübt werden) und die Aktivierung (Zustand optimaler Aktivierung mit höchster Funktionstüchtigkeit der beanspruchten individuellen Ressourcen), aber auch Erfolgserleben (bei positiver Rückkopplung aus dem Ergebnis der Arbeitstätigkeit) und Entwicklung (der Leistungsfähigkeit durch Üben, Lernen, Trainieren).

201 Siehe auch DIN EN ISO 10075-1: Ergonomische Grundlagen bezüglich psychischer Arbeitsbelastung, Teil 1: Allgemeines und Begriffe, 2000.
202 Arrhythmie: Unregelmäßigkeit im Verlauf eines ansonsten rhythmischen Vorgangs.
203 Schmidtke, H.: Untersuchungen über den Erholzeitbedarf bei psychisch beanspruchender Tätigkeit. Ein Beitrag zur Theorie über die Erholungspause. In: Arbeitsstudien heute und morgen. Berlin, 1963.
204 Damit wird das momentane Befinden mit einem Fragebogen festgestellt.
205 DIN EN ISO 10075-1, a. a. O., 2000.

	mögliche Ursachen psychischer Belastung
Arbeitsaufgabe	• Arbeitsaufgaben sind repetitiv oder nicht ganzheitlich • Arbeit erfordert ständig hohes Maß an Aufmerksamkeit und Konzentration • Einarbeitung in die Arbeitsaufgabe ist unzureichend • Arbeitsaufgaben sind nicht klar oder widersprüchlich
Arbeitsmittel	• Arbeitsmittel sind für Arbeitsaufgabe ungeeignet, störanfällig oder unsicher • Arbeitsmittel stehen nicht rechtzeitig zur Verfügung
Arbeitsumgebung	• physikalisch-chemische Umgebungseinflüsse (z. B. Lärm) wirken belastungserhöhend • Arbeitsplatz und -raum sind für die Arbeitsaufgabe ungeeignet • der Arbeitsplatz ist isoliert
Arbeitsorganisation	• Arbeit ist abwechslungsarm • Arbeitsunterlagen und Kommunikation sind unzureichend • zu wenig Spielräume für eigene Arbeits- und Zeiteinteilung • zahlreiche Störeffekte • Arbeitstempo ist von außen reglementiert • Arbeitsmenge kann in der vorgegebenen Zeit nicht bewältigt werden • regelmäßiger Termindruck • Übungs- und Einarbeitungszeiten bleiben unberücksichtigt • Arbeitsunterlagen stehen nicht rechtzeitig zur Verfügung • fehlende Rückmeldungen zur Arbeitserledigung • Teamstrukturen sind den Aufgaben und der Qualifikation der Teammitglieder nicht angemessen • Arbeitspausen sind unzureichend • Schichtschema folgt nicht den ergonomischen Erkenntnissen
Unternehmen	• Arbeitsplatz ist langfristig unsicher • fehlende Aufstiegs- und Entwicklungsmöglichkeiten • gestörtes Sozialklima (Diskriminierungen, Verhältnis zum Vorgesetzten, Mobbing u. a.) • Mitarbeiter werden nicht in die Planung der Arbeit einbezogen • Lob und Kritik unterbleiben • fehlende partnerschaftliche Führung • nicht angemessene Überwachungs- und Kontrollmechanismen • Verbesserungsvorschläge können nicht eingebracht werden oder bleiben unberücksichtigt • eine altersbezogene Arbeitsgestaltung unterbleibt • gesellschaftliche Anforderungen bleiben unberücksichtigt
Arbeitsperson	• Arbeitsperson ist über- oder unterqualifiziert • Arbeitsperson hat gesundheitliche Beeinträchtigungen • Arbeitsperson hat überhöhtes Anspruchsniveau an sich selbst • fehlende Bewältigungsstrategien • Arbeitsperson pflegt nicht die eigenen psycho-physischen Ressourcen

Abbildung II-111 Mögliche Ursachen psychischer Belastung

Beeinträchtigende Effekte psychischer Belastung und Beanspruchung sind Ermüdung und ermüdungsähnliche Zustände, Anpassungsverluste und Schädigungen (Abbildung II-112).

	kurzfristige, aktuelle Reaktionen	mittel- bis langfristige chronische Reaktionen
körperlich	• Herzfrequenz ↑ • Blutdruck ↑ • Ausschüttung von Cortisol und Adrenalin ↑ (»Stresshormone«)	• psychosomatische Beschwerden und Erkrankungen ↑ • Unzufriedenheit ↑ • Resignation ↑ • Depressivität ↑ • Burn-out ↑ • Nikotin-, Alkohol-, Tablettenkonsum ↑ • Fehlzeiten ↑ (Krankheitstage) • innere Kündigung ↑
psychisch	• Anspannung ↑ Nervosität ↑, innere Unruhe ↑ • Frustration ↑ • Ärger ↑ • Erleben von Stress ↑, Ermüdung ↑ Monotonie ↑, Sättigung ↑	
leistungsmäßig	• Leistungsschwankungen ↑ • Konzentration ↓ • Fehlhandlungen ↑ • Koordinationsfehler ↑ • Hastigkeit und Ungeduld ↑	
verhaltensmäßig	• Konflikte ↑, Streit ↑ • Mobbing ↑, Aggressionen gegen andere ↑ • Rückzug (Isolierung) inner- und außerhalb der Arbeit ↑	
wirtschaftlich (im Unternehmen)	• Störfälle ↑ • Qualitätsverluste ↑ • Unfälle ↑	• Frühverrentungen ↑ • Berufsunfähigkeit ↑ • Fluktuation ↑

Abbildung II-112 Negative Folgen psychischer Belastung und Beanspruchung[206]

Ständige Unterforderung kann Verluste in der Anpassung der Arbeitsperson an die Arbeitsanforderungen bewirken, z. B. durch Verlernen, Vergessen, aus der Übung kommen. Ständige Überforderung kann dauerhafte körperliche und u. U. auch psychische Schädigung zur Folge haben.

2.9.4 Emotionale Beanspruchung

Aufgabenunspezifische Faktoren

Emotionale Beanspruchung ist der Anteil an der Gesamtbeanspruchung, der auf aufgabenunspezifische Faktoren zurückgeführt werden kann.[207] Emotionale Beanspruchung ist durch Personenmerkmale, Arbeitssituation und Arbeitsmotivation bestimmt. Insbesondere spielt hier die Angstemotion eine Rolle. Gerade in diesem Fall kommt zur Arbeitsaufgabe eine zusätzliche »Aufgabe« hinzu, die Teile der Leistungsfähigkeit des Mitarbeiters bindet, also die Ressourcenbereitstellung und das Zeitmanagement der Person.

Für die emotionale Beanspruchung gibt es verschiedene Bewältigungsstile:

- Defensive Bewältigung (Abwehrung, Verleugnung, bagatellisieren, vermeiden),
- Offensive Bewältigung (Aufmerksamkeit auf nicht-bedrohliche und positive Aspekte der Arbeitssituation richten).

206 Richter, G.: Psychische Belastung und Beanspruchung – Stress, psychische Ermüdung, Monotonie, psychische Sättigung. Dortmund: BAuA, 2000 (Arbeitswissenschaftliche Erkenntnisse Nr. 116). Udris, I.; Freese, M.: Belastung und Beanspruchung. In: Hoyos, Graf C.; Frese, M. (Hrsg.): Arbeits- und Organisationspsychologie. Weinheim: Psychologische Verlagsunion, 1999.

207 Wieland-Eckelmann, R.: Kognition, Emotion und psychische Beanspruchung. Göttingen: Hogrefe, 1992.

Emotionale Beanspruchungen rühren auch häufig aus Konfliktsituationen oder haben solche zur Folge. Auch gravierende gesundheitliche Folgewirkungen auf nicht verarbeitete emotionale Beanspruchungen sind zu bedenken.

2.9.5 Psychische Ermüdung und ermüdungsähnliche Zustände

Psychische Ermüdung ist eine vorübergehende Beeinträchtigung der psychischen und körperlichen Funktionstüchtigkeit, die von Intensität, Dauer und Verlauf der vorangegangenen psychischen Beanspruchung abhängt. Erholung von psychischer Ermüdung kann besser durch eine zeitliche Unterbrechung der Tätigkeit statt durch deren Änderung erzielt werden.[208]

Müdigkeitsempfinden

Die verminderte Funktionstüchtigkeit zeigt sich z. B. im Müdigkeitsempfinden, in einer ungünstigen Beziehung zwischen Leistung und der zu ihrer Erbringung nötigen Anstrengung, in der Art und Häufigkeit von Fehlern. Das Ausmaß dieser Beeinträchtigung wird auch von den individuellen Voraussetzungen bestimmt.

Neben der *Leistungsermüdung* kann psychische Arbeitsbeanspruchung auch zu einer *Antriebsermüdung* führen. Hierbei nehmen das Anstrengungsempfinden bei einer Tätigkeit zu und die Anstrengungsbereitschaft ab. Antriebsermüdung kann auch als zeitweilig verminderte Motivation beschrieben werden.

Ebenso wie Beanspruchung ist Ermüdung als theoretisches Konstrukt einer Messung nicht zugänglich. Erfassbar sind Auswirkungen von Ermüdung, z. B. auf die Arbeitsleistung (in Qualität und/oder Menge), subjektive Urteile der Arbeitsperson und ihre physiologischen Reaktionen.

Für einzelne Arbeitstätigkeiten kann eine Zunahme der Beanspruchung mit der Arbeitsdauer in Abhängigkeit von der Komplexität der Arbeitsaufgabe belegt werden, so z. B. anhand der Herzschlagfrequenz von Fluglotsen, die mit der Arbeitsdauer umso mehr ansteigt, je mehr Flugzeuge jeweils gleichzeitig zu kontrollieren sind.[209]

In Laborexperimenten (Rechentests) wurde auch aufgezeigt, wie der *Erholungsbedarf* als Maßstab der psychischen Ermüdung bei Belastungen oberhalb der für diese Aufgabe ermittelten *Dauerleistungsgrenze* zunimmt. Im Vergleich zu physischen Belastungen zeigen sich bei psychisch belastenden Tätigkeiten ein starker Einfluss der Belastungshöhe und ein geringer Einfluss der Belastungsdauer auf die anhand des Erholungsbedarfs ermittelte Ermüdung.[210]

Folgeerscheinungen der Tätigkeit

In der Regel wird jedoch versucht, Ermüdung infolge psychischer Belastung über *Folgeerscheinungen der Tätigkeit* zu erfassen.[211] Hier sind beispielsweise zu nennen:

- Störungen bei der Wahrnehmung (z. B. von Signalen),
- Störungen bei Koordinationsprozessen (wie Fehlbewegungen, Zeitbedarf für Korrekturbewegungen),
- Störungen der Aufmerksamkeit und Konzentration (z. B. verlängerte Reaktionszeit, Abfall der Wachsamkeit),

208 DIN EN ISO 10075-1, a. a. O., 2000.
209 Rohmert, W.: Beanspruchung Ermüdung und Erholung In: Landau, K.; Stübler, E. (Hrsg.): Die Arbeit im Dienstleistungsbetrieb. Stuttgart: Ulmer, 1992.
210 Schmidtke, H.: Untersuchungen über den Erholzeitbedarf bei psychisch beanspruchender Tätigkeit. Ein Beitrag zur Theorie über die Erholungspause. In: Arbeitsstudien heute und morgen. Berlin, 1963.
211 Rohmert, W.: Umdruck zur Vorlesung Arbeitswissenschaft. Darmstadt: 1993.

- Störungen des Denkens (z. B. Verlangsamung, Fehler bei Begriffsbildung und Abruf von Gedächtnisinhalten),
- Störungen der Antriebsstruktur (z. B. Nachlassen des Interesses, Gleichgültigkeit gegenüber eigenen Fehlern, Überdruss).

Ermüdungsähnliche Zustände

Von der psychischen Ermüdung abzugrenzen sind die *ermüdungsähnlichen Zustände*, die mit ähnlichen Symptomen einhergehen, wie z. B. Schläfrigkeit, Abnahme der Aufmerksamkeit und Unlust. Während Ermüdung aber durch Erholung ausgeglichen werden kann, treten ermüdungsähnliche Zustände häufig sofort nach Ende einer Pause wieder auf; sie können jedoch durch Übergang zu einer interessanten, abwechslungsreichen Tätigkeit schlagartig verschwinden. Zu den ermüdungsähnlichen Zuständen zählen *Monotonie*zustand, herabgesetzte *Vigilanz* und *psychische Sättigung.*

Monotoniezustand

Der *Monotoniezustand* ist ein langsam entstehender Zustand herabgesetzter Aktivierung, der bei lang dauernden, einförmigen und sich wiederholenden Arbeitsaufgaben oder Tätigkeiten auftreten kann und der hauptsächlich mit Schläfrigkeit, Müdigkeit, Leistungsabnahme und -schwankungen, Verminderung der Umstellungs- und Reaktionsfähigkeit sowie Zunahme der Schwankungen der Herzschlagfrequenz einhergeht.[212]

Monotonie wird durch reizarme Arbeitssituationen, durch nur selten erforderliche Eingriffe der Arbeitsperson, das Fehlen körperlicher Aktivität und Wärme im Arbeitsraum gefördert. Als Langzeitfolgen des Monotoniezustands werden das Nachlassen der psychischen Leistungsvoraussetzungen, Unzufriedenheit und Demotivation, das gehäufte Auftreten psychosomatischer Beschwerden und ein erhöhter Krankenstand beschrieben.[213]

Herabgesetzte Vigilanz

Herabgesetzte Vigilanz (herabgesetzte Wachsamkeit) ist ein bei abwechslungsarmen Beobachtungstätigkeiten langsam entstehender Zustand mit verminderter Signalentdeckungsleistung (z. B. bei Radarschirm- und Instrumententafelbeobachtung).[214] Das Nachlassen der Vigilanz fördern beispielsweise reizarme Überwachungsaufgaben, die kontinuierlich die Aufmerksamkeit binden, bei denen aber nur selten eingegriffen oder reagiert werden muss. Wichtigste Folge herabgesetzter Vigilanz ist die Zunahme von Arbeitsfehlern durch das Nichterkennen arbeitswichtiger Signale und Informationen.

Psychische Sättigung

Psychische Sättigung ist ein Zustand der nervös-unruhevollen, stark affektbetonten Ablehnung einer sich wiederholenden Tätigkeit oder Situation, bei der das Erleben des »Auf-der-Stelle-Tretens« oder des »Nicht-weiter-Kommens« besteht.[215] Psychische Sättigung erleben Beschäftigte beispielsweise, wenn sie die Sinnhaftigkeit ihrer Aufgabe infrage stellen oder wenn ihre Tätigkeit den individuellen Zielvorstellungen und Wertmaßstäben zuwiderläuft. Psychische Sättigung kann daher auch antizipativ – vor Aufnahme der jeweiligen Tätigkeit – und nicht erst reaktiv – mit ihrer Ausführung – erlebt werden.

Zusätzliche Symptome psychischer Sättigung sind Ärger, Leistungsabfall und Müdigkeitsempfinden sowie die Tendenz, sich von der Aufgabe zurückzuziehen. Die psychische Sättigung ist im Gegensatz zum Monotoniezustand und zur herabgesetzten Wachsamkeit durch ein unverändertes oder sogar gesteigertes Niveau der Aktivierung, verbunden mit negativer Erlebnisqualität, gekennzeichnet. Arbeitstätigkeit und Umfeld werden allerdings negativ erlebt. Als Konsequenz psychischer Sättigung treten Störungen bei der Leistungserbringung und im Verhaltensbereich auf. Eine Zunahme psychosomatischer Erkrankungen wird als wahrscheinlich angesehen.[216]

---

212 DIN EN ISO 10075-1, a. a. O., 2000.
213 Richter, G.: a. a. O., 2000.
214 DIN EN ISO 10075-1, a. a. O., 2000, Teil 1: Allgemeines und Begriffe. Teil 2: Gestaltungsgrundsätze.
215 DIN EN ISO 10075-1, a. a. O., 2000.
216 Richter, G.: a. a. O., 2000.

Um Beeinträchtigungen der Arbeitsperson durch psychische Belastungen zu vermeiden, muss das Arbeitssystem an die Eigenschaften und Gegebenheiten der dort Beschäftigten angepasst werden. Arbeitsgestaltung kann dabei an der Intensität der psychischen Arbeitsbelastung – durch Gestaltung von Arbeitsaufgaben, Arbeitsorganisation, Umgebungsbedingungen und technischer Ausrüstung – sowie an der Dauer und zeitlichen Verteilung der Einwirkung angreifen. Da auch die individuellen Leistungsvoraussetzungen die Höhe der Beanspruchung des Menschen bei der Arbeit beeinflussen, müssen Maßnahmen der Personalauswahl und der Qualifizierung sicherstellen, dass die eingesetzten Mitarbeiter der Tätigkeit gewachsen sind.

Abbildung II-113 gibt eine Übersicht zu Gestaltungslösungen, mit deren Hilfe Ermüdung und ermüdungsähnliche Zustände als Folgen psychischer Belastung vermieden werden können.

Element im Arbeitssystem bzw. -prozess	Ermüdung	Monotonie	herabgesetzte Wachsamkeit	psychische Sättigung
Arbeitsaufgabe	• einseitige, repetitive Verrichtungen vermeiden • Belastung durch Daueraufmerksamkeit vermeiden • mangelnde Durchschaubarkeit der Aufgabe vermeiden • Angst vor Fehlhandlungen bekämpfen • angemessene Einarbeitung in die Aufgabe	• einseitige, repetitive Verrichtungen vermeiden • Aufgabenerweiterung und -bereicherung herbeiführen • Aufgabenwechselkonzepte realisieren • Veränderung der Mensch-Maschine-Funktionsteilung	• Belastung durch Daueraufmerksamkeit vermeiden • Aufgabenerweiterung und -bereicherung herbeiführen • Aufgabenwechselkonzepte realisieren	• für vollständige Arbeitsaufgaben sorgen • Aufgabenbereicherung anbieten
Arbeitsmittel	• zusätzliche psychische Belastung durch Unfall- und Erkrankungsrisiko senken • eindeutige Informationsdarbietung	• wenn repetitive Verrichtungen nicht vermeidbar sind, besonders auf ergonomisch optimierte Bedienteile und Handwerkzeuge achten	• eindeutige Informationsdarbietung bei Anzeigen und Monitoren • auffällige Signaltypen wählen	
Arbeitsumgebung	• mögliche Belastungskumulation durch mitwirkende Umgebungsbedingungen vermeiden	• zu warmes Klima vermeiden • für angemessene Beleuchtung sowie Farbgestaltung sorgen	• für angemessene Beleuchtung sowie Farbgestaltung sorgen • isolierte Arbeitsplätze vermeiden • einförmige akustische Reize vermeiden	• Möglichkeiten der Farbgestaltung nutzen
Arbeitsorganisation	• für Beeinflussbarkeit des Arbeitsablaufs sorgen • Entscheidungen unter Zeitstress vermeiden • Aufgabenrückmeldung verbessern • Pausensystem organisieren • selbstorganisierte Gruppen bilden	• maschinenbestimmtes Arbeitstempo vermeiden • Pausensystem organisieren • selbstorganisierte Gruppen bilden • Aufgabenrückmeldung verbessern	• Pausensystem organisieren • selbstorganisierte Gruppen bilden • Senkung aktiver Bereitschaftszeiten • falls Schichtarbeit erforderlich, ergonomisch günstig organisieren	• Unter- und Überqualifikation vermeiden • Aufgabenrückmeldung verbessern ggf. Supervidierung • besondere Schulung der Vorgesetzten

Abbildung II-113 Gestaltungsvorschläge zur Senkung der psychischen Beanspruchungsfolgen bei Ermüdung und ermüdungsähnlichen Zuständen

2.10 Voraussetzungen und Folgen menschlicher Arbeit

2.10.1 Umstellung und Anpassung an Arbeit

Anpassung an Arbeit

Mit *Umstellung auf Arbeit* bezeichnet man Vorgänge, die sich in Veränderungen zu Beginn einer Aktivität zeigen, während sich *Anpassung an Arbeit* auf Veränderungen bezieht, die während wochen- und monatelang fortgesetzter Arbeit allmählich herausgebildet werden.[217] Bei körperlicher Arbeit erfolgen sofort nach Arbeitsaufnahme Umstellungsreaktionen von Muskelstoffwechsel, Muskeldurchblutung, Herz- und Atmungstätigkeit sowie Blutzusammensetzung. Bei energetisch leichter Arbeit wird nach einigen Minuten ein neuer Gleichgewichtszustand erreicht, bei schwerer Arbeit kommt es dagegen nicht zu einem Gleichgewichtszustand, erst eine Arbeitspause oder das Arbeitsende führen den Organismus in den *steady state* zurück. Insbesondere kann zu Beginn einer Arbeit die Sauerstoffaufnahme den tatsächlichen Bedarf nicht decken, der Körper geht eine Sauerstoffschuld ein. Bei schwerer körperlicher Arbeit kann diese Sauerstoffschuld über die gesamte Belastungsdauer ständig zunehmen, so dass eine Pause erforderlich wird.

2.10.2 Lern- und Erfahrungskurven

Lernkurve

Der Grundgedanke aller *Lernkurven* wurde vermutlich erstmals 1885 vom Psychologen Hermann Ebbinghaus dargelegt.[218] Mit Hilfe von Lernkurven wird der Erfolgsgrad des Lernens in Abhängigkeit von der Lerndauer abgebildet. Sie fallen typischerweise zu Beginn des Lernens steil ab, weil dort die Lerngewinne relativ hoch sind, und verlaufen mit zunehmender Lerndauer immer flacher. Je steiler

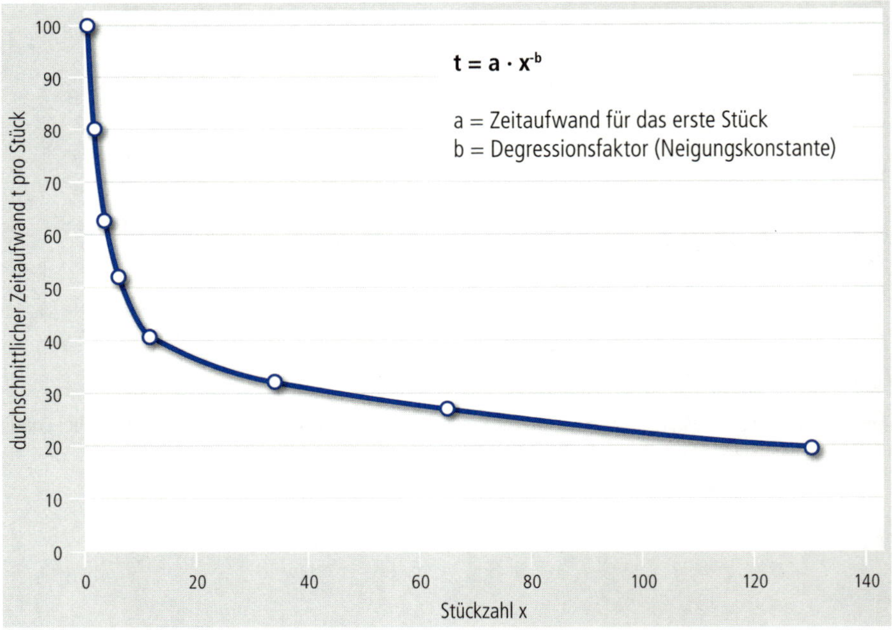

Abbildung II-114 Lernkurve nach Wright

217 Ulmer, H.-V.: Umstellung auf Arbeit. In: Rohmert, W.; Rutenfranz, J. (Hrsg.): a. a. O., 1992.
218 Ebbinghaus, H.: Über das Gedächtnis. Amsterdam: Bonset, 1966.

Lernkurven bzw. je höher anfängliche Lerngewinne sind, desto höher ist der Lernerfolg. Die Steilheit hängt von mehreren Faktoren ab, z. B. dem Ausgangswissen, den individuellen Fähigkeiten, der objektiven Schwierigkeit des Lernstoffes und der Lernmethode.

In der Betriebswirtschaftslehre setzte man sich seit den 1920er-Jahren mit dem Phänomen der Lernkurven von Organisationen auseinander. Der Amerikaner Wright veröffentlichte 1936 aufgrund von Untersuchungen in der amerikanischen Luftfahrtindustrie Lernkurven für Produktionsbetriebe in Form reziproker Potenzfunktionen (Abbildung II-114). Den Ansatz von Wright bezeichnete man als kumulative Durchschnittskurventheorie: Der kumulative Durchschnittswert pro Stück sinkt bei einer Verdopplung der Stückzahl um die gleiche Rate. Daraus entstand die sogenannte 80 %-Lernkurve: Beim Erreichen der Asymptote beträgt der durch die Organisation erzielte Lerngewinn etwa 80 %.[219] Lernkurveneffekte stellen sich nicht automatisch ein: Sie zeigen Potenziale auf, die man durch gezielte Maßnahmen realisieren muss.

Die Erfahrungskurve basiert auf den Grundgedanken des Lernkurveneffekts und wurde in den 1960er-Jahren von Henderson aufgrund umfangreicher Kostenanalysen entwickelt, insbesondere für schnell wachsende Märkte der elektronischen und chemischen Industrie.[220] Die Erfahrungskurve beschreibt den Zusammenhang zwischen Stückkosten, Absatzpreisen und kumulierter Produktionsmenge.[221] Sie impliziert, dass bei jeder Verdopplung der kumulierten Produktionsmenge die Stückkosten potenziell um 20–30 % sinken. Eine der wichtigsten Erkenntnisse aus den Erfahrungskurven von Produkten war die Bedeutung der Markteintrittsgeschwindigkeit (Time to Market). Wettbewerber, die verspätet in den Markt eintreten, tun das zu höheren Kosten und damit geringerer Wettbewerbsfähigkeit, weil sie sich beim Markteintritt noch am oberen Punkt ihrer Erfahrungskurve befinden.

2.10.3 Übungskurven

Übung

In der Ergonomie wird *Übung* meist als Verbesserung der Arbeitsergebnisse von Menschen als Folge wiederholter Aufgabenerfüllungen bezeichnet. Von Übung sprechen wir, wenn der Wiederholungseffekt in einem Lernprozess zu kennzeichnen ist. Nach diesem Verständnis ist Üben jener Aspekt des Lernens, dessen Ergebnis relativ anschaulich ist, nämlich die

- primär quantitative Ergebnisverbesserung,
- Fehlleistungsverringerung,
- Abnahme des Energieaufwands,
- Abnahme zentralphysiologischer und peripher-physiologischer Beanspruchungsparameter (z. B. Herzschlagfrequenz, elektrische Aktivität arbeitender Muskeln).[222]

Im Gegensatz zum *Training* ist bei der Übung keine anatomische Veränderung beim Mitarbeiter nachweisbar.[223]

---

219 Wright, T. P.: Factors Affecting the Cost of Airplanes. In: Journal of the Aeronautical Sciences, 3, 1936, S. 39–44.

220 Eine ausführliche Darstellung insbesondere der funktionalen Aspekte der Lernkurventhematik findet man bei Liebau, H.: Die Lernkurvenmethode. Stuttgart: Ergonomia, 2002.

221 Henderson, B. D.: Die Erfahrungskurve in der Unternehmensstrategie. Frankfurt a. M., New York: Campus, 1986.

222 Gegenüber dem Trainingsbegriff wird der Übungsbegriff meist so abgegrenzt, dass aus wiederholten Aufgabenerfüllungen resultierende Übungen zu keinen nachweisbaren anatomischen Veränderungen, sondern nur zur Routinebildung führen. Gegenüber dem individuellen Lernen ist das Üben nur schwer abzugrenzen. Manche tun das in der Weise, dass sie Lernen als einen psychologischen, sensorischen Prozess und Üben als einen sensumotorischen Prozess interpretieren.

223 Luczak, H.: Koordination von Bewegungen. In: Rohmert, W.; Rutenfranz, J. (Hrsg.): Praktische Arbeitsphysiologie. Stuttgart: Thieme, 1983, S. 52–59.

Die einzelnen sensumotorischen Arbeitsverrichtungen laufen weithin automatisch ab, den Bewegungsablauf kann man sich als »Unterprogramm« vorstellen, das zwar noch bewusstseinsfähig, aber nicht bewusstseinspflichtig ist. Durch Übung wird die Koordination der Bewegungen verbessert, die Bewegungen nähern sich einem optimalen Bahnverlauf.

Lern- und Erfahrungskurven

Mit Hilfe von *Lern- und Erfahrungskurven* werden Routinebildungen von Organisationseinheiten beschrieben und darin vielfältige Ursachen einbezogen. Mit Hilfe von Übungskurven werden dagegen Routinebildungen von Einzelpersonen über den Zeitverlauf durch Verbesserung der neuromuskulären Koordination beschrieben. Sowohl in der Literatur als auch in der Praxis werden der Lern- und der Übungsbegriff oft synonym verwendet.

Beim Produktivitätsmanagement interessiert man sich primär für Übungskurven, sekundär für Lernkurven, kaum jedoch für Erfahrungskurven. In den 1960er-Jahren entstand eine Reihe von Veröffentlichungen zu Übungskurven[224], und zwar ausschließlich zu *sensumotorischer Arbeit*. Abbildung II-115 ist das Prinzip der Übungskurve zu entnehmen[225], die durch folgende Merkmale zu kennzeichnen ist:

1. Übung: Das Ausmaß an Übung wird durch den Zeitbedarf pro Mengeneinheit quantifiziert. Es wird davon ausgegangen, dass alle Arbeitsergebnisse einwandfrei sind.
2. *Anfangsübung*: Der zu Beginn der betrachteten Übungsaufgabe vorliegende Zeitbedarf pro Mengeneinheit. Die Personen A und B haben die gleiche, Person C eine höhere Anfangsübung; es liegt eine Transferübungsdifferenz vor. Die Anfangsübung wird determiniert durch
   - die *Transferübung*[226];
   - die Schwierigkeit der zu erlernenden Arbeitsmethode.

   Diese wird primär bestimmt durch
   - die zu beherrschenden Bewegungen[227] und Informationen, die Beziehungen der Bewegungen und Informationen zueinander sowie deren Redundanz[228];
   - die Motivation und Eignung der übenden Person.
3. Transferübung: Aus zuvor erfüllten ähnlichen Aufgaben resultierende nützliche Fertigkeiten, die sich im Ausmaß an der Anfangsübung ausprägen. Die Person C hat eine höhere Transferübung als die Personen A und B.
4. *Endübung*: Am Ende der Betrachtung vorliegender Zeitbedarf pro Mengeneinheit. Die Endübung steigt bei sensumotorischer Arbeit auch noch nach sehr langer Zeit, wenn auch nur noch geringfügig.
5. *Übungsgewinn*: Differenz zwischen End- und Anfangsübung. Der Übungsgewinn wird primär bestimmt durch
   - die Transferübung;
   - die Schwierigkeit der zu erlernenden Arbeitsmethode;
   - die Motivation und Eignung der übenden Person;

224 Liebau, H.; Landau, K.: Übung. In: Landau, K; Pressel, G. (Hrsg.): Medizinisches Lexikon der beruflichen Belastungen und Gefährdungen, 2. Auflage. Stuttgart: Gentner, 2008.

225 Vgl. z.B. de Jong, J.: Fertigkeit, Stückzahl und benötigte Zeit. Sonderheft der REFA-Nachrichten. Berlin, Köln, Frankfurt: Beuth. Rutenfranz, J.; Iskander, A.: Über den Einfluss von Pausen auf das Erlernen einer einfachen sensumotorischen Fertigkeit. In: Internationale Zeitschrift für angewandte Physiologie einschließlich Arbeitsphysiologie. 1960, S. 207–235.

226 Eine Arbeitsmethode ist in diesem Sinne umso schwieriger, je höher der Anteil an Greif- und Fügebewegungen sowie an Blickfunktionen (perzeptorisch-mentale Elemente) ist und je mehr gleichzeitige kombinierte Bewegungen vorkommen.

227 Dort wird unterstellt, dass drei verschiedene Personen die gleiche Übungsaufgabe erfüllen.

228 Unter Redundanz wird hier das Ausmaß an Wiederholungen gleicher Grundbewegungen durch Gleichzeitigkeit von Bewegungen oder Hintereinanderfolge an gleichen Arbeitsobjekten mit gleichen Informationen verstanden. Beispielsweise liegt Redundanz vor, wenn ein Teilmit beiden Händen transportiert wird oder in einem Zyklus mehrfach hintereinander gleiche Schrauben einzudrehen sind.

- die angewandte Lern- oder Übungsmethode. So kann Üben aktiv (selber machen) und mental (bei anderen zuschauen, sich Bewegungsabläufe vorstellen) erfolgen. Iskander hat nachgewiesen, dass Übungsgewinne ceteris paribus am höchsten sind, wenn eine Kombination aus beiden Übungsprinzipien gewählt wird und planmäßig kürzere Übungspausen eingelegt werden.[229]
- Der Übungsgewinn ist bei Person B etwa gleich groß wie bei Person C und größer als bei Person A (Abbildung II-115).[230]

6. Übungsdauer: Zeit zwischen Übungsbeginn (beim Zyklus Nr. 1) und Übungsende (beim Zyklus Nr. n). Die Übungsdauer ist bei allen drei Personen gleich.

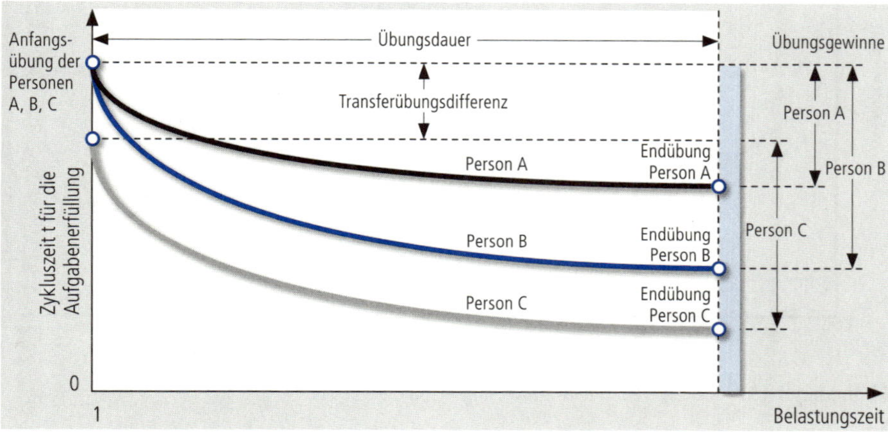

Abbildung II-115 Übungskurven nach de Jong

Unterbricht man die zu übende Tätigkeit durch Pausen, hält also ein bestimmtes Pausenregime ein, kommt es zu höheren Übungsgewinnen, als dies beim fortwährenden Üben der Fall ist (Abbildung II-116).

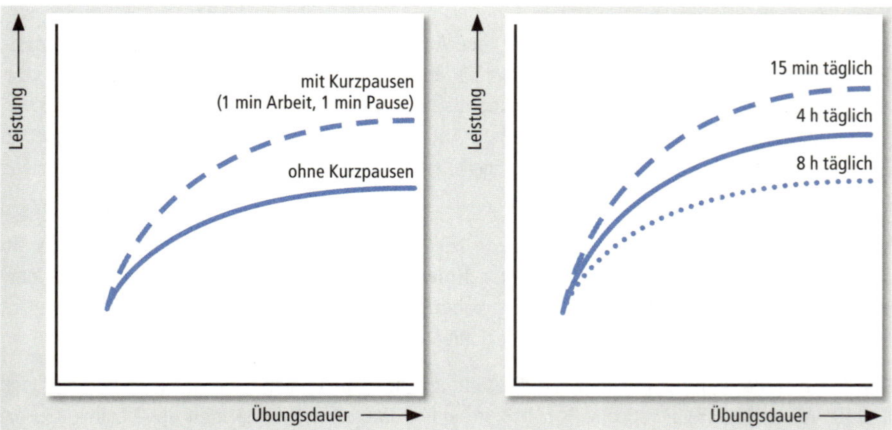

Abbildung II-116 Übungsgewinne bei Einhaltung eines Pausenregimes

229 Vgl. z. B. Schlaich, K.: Vergleich von beobachteten und vorbestimmten Elementarzeiten manueller Willkürbewegungen bei Montagearbeiten. Berlin, Köln, Frankfurt: Beuth, 1967, S. 198.

230 Iskander, A.: Über den Einfluss von Pausen auf das Anlernen sensumotorischer Fertigkeiten. Berlin: Beuth, 1968.

In der Praxis interessiert man sich, insbesondere in der Serien- und Mengenfertigung, für die Prognose des Übungsgewinns, um z. B. beim Erstellen von Angebotskalkulationen abschätzen zu können, ob im Zeitverlauf mit mehr oder weniger sinkenden Stückzeiten zu rechnen ist. Übungsgewinne sind vor allem bei hochkontrollierten Bewegungen, wie z. B. *Greifen* oder *Fügen*, zu erzielen. Die mäßig kontrollierten Bewegungen, wie z. B. *Hinlangen* und *Bringen*, bergen dagegen nur geringe Übungsgewinnpotenziale[231] (Abbildung II-117).[232] Die beiden praktischen Probleme bei der Übungsgewinnprognose liegen in der Quantifizierung der Transferübung und der personellen Eignung.

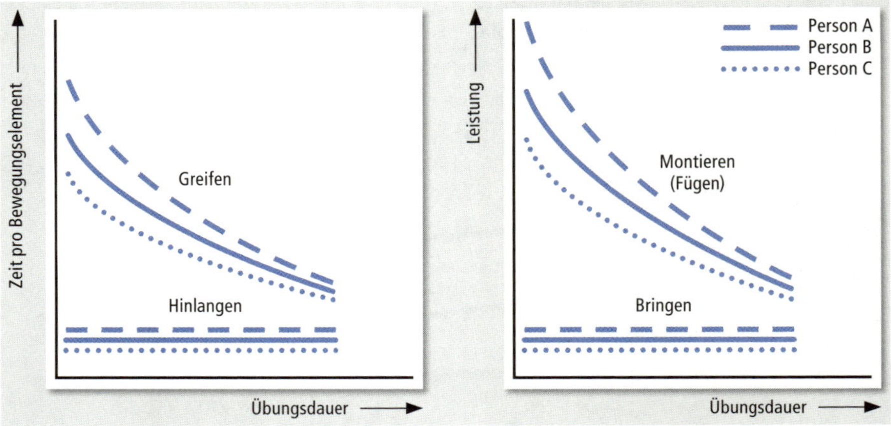

Abbildung II-117 Übungsverläufe für Bewegungselemente

2.10.4 Einarbeitung

Vor vier Jahrzehnten hat bereits Seymour die *Einarbeitung* bei *sensumotorischer Arbeit* systematisiert.[233]

Demnach sind bei der Einarbeitung in eine neue Aufgabe wissensbezogene und fertigkeitsbezogene Elemente zu unterscheiden. Das Umfeld der neuen Aufgabe wird dem Mitarbeiter mündlich oder schriftlich mitgeteilt. Die *Arbeitsmethode* und die notwendigen sensumotorischen Fertigkeiten vermittelt man dagegen mit Übungsprogrammen. Am Anfang steht die Anfertigung eines kompletten Bauteils bzw. die Ausführung des vollständigen Fertigungszyklusses – mit welcher Arbeitseffizienz auch immer.

Danach folgt konsequentes *Elemententraining*, bis die Sollzeit des jeweiligen Elementes erreicht ist. Dies bedeutet natürlich, dass der Mitarbeiter in der Lage wäre, diese Arbeitsgeschwindigkeit eine ganze Arbeitsschicht durchzuhalten. Es folgt daher jetzt das *Stamina-Training*, das schrittweise zur Aufrechterhaltung der Soll-Leistung über die Schicht führt.

Das *Elemententraining* ist Teil der MTM-Gestaltungssystematik und eng mit MTM*ergonomics*® (vgl. Teil III, Abschnitt 5.5) gekoppelt. Es geht zum einen darum, Schwierigkeiten des Mitarbeiters bei

231 Als Übungsverluste werden Einbußen an Routine bezeichnet, die eintreten, wenn eine Aufgabe längere Zeit nicht mehr zu erfüllen war, z. B. durch Krankheit oder Urlaub.

232 Vgl. Abschnitt 6.8.

233 Seymour, W. D.: Industrial skills. London: Pitman, 1966.

einzelnen Operationen zu erkennen und durch speziell adaptiertes Training zu beheben. Auf der anderen Seite ist der Arbeitsprozess nach MTM*ergonomics*® zu optimieren.

2.11 Zusammenfassung

Die Arbeitsleistung des Menschen hängt von der Leistungsfähigkeit und der Leistungsbereitschaft ab. Die Leistungsfähigkeit bestimmt sich nach der jeweiligen genetischen Disposition, nach Alter, Geschlecht, Ausbildung, Einarbeitung und Erfahrung. Die Leistungsbereitschaft ist eine Funktion der Leistungsmotivation, extrinsischen Einflüssen und gegebenenfalls auch der circardianen Rhythmik.

Eine »angemessene« Leistungsabforderung wird durch eine Bezugsleistung – in Form eines sozialen Konsenses – festgesetzt. Die MTM-Normleistung ist die Bezugsleistung des MTM-Prozessbausteinsystems. Sie wird von einem durchschnittlich geübten Mitarbeiter ohne zunehmende Arbeitsermüdung erbracht.

Die tageszeitliche Verteilung der erbrachten Leistung ist u. a. von natürlichen und künstlichen Zeitgebern und vor allem von der Leistungsmotivation abhängig. Es ist sinnvoll, den üblichen Tagesgang der physiologischen Leistungsbereitschaft u. a. bei der Planung eines Schichtregimes zu berücksichtigen.

Auf die Leistungsabgabe haben Geschlecht und Alter einen Einfluss. Frauen und Männer, junge und ältere Mitarbeiter haben Begabungen für bestimmte Leistungsarten. Von einer »Defizit-Theorie« ist jedoch nicht auszugehen. Der demografische Wandel erfordert ein gezieltes Altersmanagement, z. B. durch ergonomische Bessergestaltung der Arbeitsplätze oder durch die Installation altersgemischter Teams.

Schon während der Entstehungsphase von Arbeitssystemen, vor allem aber auch in der Betriebs- und Verbesserungsphase, stellt sich die Frage nach dem »richtigen Mitarbeiter am richtigen Platz«. Hierbei können eignungsdiagnostische Verfahren zum Einsatz kommen, auf deren methodenbezogene Problematik jedoch hingewiesen wird.

Die Beanspruchung ist die subjektive Belastungsauswirkung auf den Menschen. Sie ist umso höher, je ungünstiger die individuelle Prädisposition ist. Gleiche Belastungen führen also zu individuell verschiedenen Beanspruchungen. Arbeitsermüdung ist die Folge einer Tätigkeit, sie wird durch Schlaf und ausreichende Erholung wieder kompensiert. Beanspruchung und Ermüdung sind demnach keine negativ besetzten Begriffe, sondern gehören zum (Arbeits-)Leben dazu.

Die Leistungsabgabe des Menschen ist auch von seiner Einarbeitung, seinem Lern- und Übungsverlauf abhängig.

Übungskurven sind vor allem bei sensumotorischer Arbeit festzustellen. Sie verlaufen nach einer reziproken Potenzfunktion und sind von Übungsübertrag, Übungsdauer, Übungspausen und Übungsgewinnen abhängig.

3 Aufgaben und Prozesse

3.1 Überblick

In diesem Kapitel werden Basismethoden des Industrial Engineering erläutert (vgl. Teil I, Abbildung I-20). In den folgenden Abschnitten 3.2 bis 3.4 geht es beim Thema »Aufgaben« darum, was »zu tun« ist und in den Abschnitten 3.5 bis 3.8 beim Thema »Prozesse«, »wie es zu tun« ist. Das Wesen von Aufgaben zu verstehen, sie erheben und sachgerecht behandeln zu können, gehört zu den Grundanforderungen an einen Industrial Engineer.

Aufgaben

Im Abschnitt 3.2 wird erläutert, welche Arten von Aufgaben es gibt, wie sie zu benennen, zu erheben, zu dokumentieren und auf Aufgabenträger zu verteilen sind. Dabei geht es auch um einige begriffliche Festlegungen, weil auf diese Sachverhalte in der Folge häufig zurückgegriffen wird. Es geht von der Kalkulation bis zur Ersatzteilproduktion darum, das Erfüllen von Aufgaben zu planen und zu bewerten.

Im Abschnitt 3.3 werden die beiden gängigen Aufgabenanalyse-Methoden erläutert: Die Aufgabenstrukturerhebung (Aufgabengliederung) und das Mindmapping. Daran schließt sich die Aufgabensynthese an, in Form der Aufgabenverteilung (»Wer tut was?«) und des Aufgabennachweises (»Was wird von wem getan?«).

Im Abschnitt 3.4 geht es bei der Analyse der Aufgabenverteilung darum, ob Aufgaben zu priorisieren sind oder ob man zweckmäßigen Verteilungsprinzipien folgt. Dazu werden zwei Methoden erläutert:

1. Mit der Paretoanalyse wird untersucht, ob Aufgaben unter dem Aspekt ihrer Ressourcenbindung zu priorisieren sind.
2. Mit der Funktionsanalyse wird geprüft, ob bei der Aufgabensynthese für die Aufgabenträger sinnhafte, sie weder unterfordernde noch überfordernde Aufgabenzuweisungen entstanden sind.

Ablauf, Prozess

Mit der Aufgabenerhebung werden erforderliche Handlungen identifiziert. Dabei wird jedoch nicht betrachtet, in welcher Reihenfolge sie anfallen. Der Reihenfolgeaspekt ist wichtig, weil sich daraus Rückschlüsse auf die Sinnhaftigkeit von Aufgaben ergeben. In Teil I, Abschnitt 2.4.2 wurde erläutert, was wir unter einem Prozess und einem Ablauf verstehen. Im Abschnitt 3.5 wird das vertieft und gezeigt, welche Prozessarten es gibt und welche Bedeutung Prozesshierarchien haben.

Im Abschnitt 3.6 wird gezeigt, was die verbreitetsten Methoden der Ablauf- und Prozessdokumentation und was deren Anwendungsschwerpunkte sind. Dann werden anhand eines Beispiels drei grundlegende Darstellungsformen von Abläufen und Prozessen beschrieben.

Bei der Prozessgestaltung und beim Prozessmanagement im Abschnitt 3.7 geht es um die Entwicklung, den Betrieb und die Verbesserung tagesgeschäftlicher, sich wiederholender Prozesse. Deshalb zählen alle Methoden des Projektmanagements (vgl. Kapitel 9) nicht zum Prozessmanagement. Mit Netzplänen und Balkendiagrammen werden dort zwar auch Abläufe dokumentiert, nicht aber Prozesse im hier verstandenen Sinn, denn sie stehen für einmalige Vorhaben.

Wertströme

Im Abschnitt 3.8 wird die Analyse und Gestaltung von Wertströmen behandelt. Die Besonderheit der MTM-Methodik liegt darin, dass die Arbeitssystem-Daten nach dem OEE-Datensatz strukturiert sind, um über die eigentliche Wertstromanalyse hinausgehende zeitwirtschaftliche Analysen durchführen zu können.

3.2 Aufgaben

3.2.1 Aufgabenbegriff

Aufgabenbegriff

Im Teil I, Abschnitt 2.4.1 wurde der Aufgabenbegriff eingeführt. Eine *Aufgabe* ist die Beschreibung einer vorgesehenen, zielgeleiteten Aktion. Sie weist einen Aufgabenträger an, eine Aktion auszuführen (z. B. »Innenraum komplettieren«) und damit ein Ziel zu erreichen (hier: »komplettierter Innenraum«). Mit einer Aufgabe wird also eine Arbeitsanweisung an eine Ressource formuliert. Im Arbeitssystem gibt es zwei Ressourcen und deshalb zwei Arten von Aktionen,

1. Handlungen von Menschen und
2. Operationen von Betriebsmitteln.

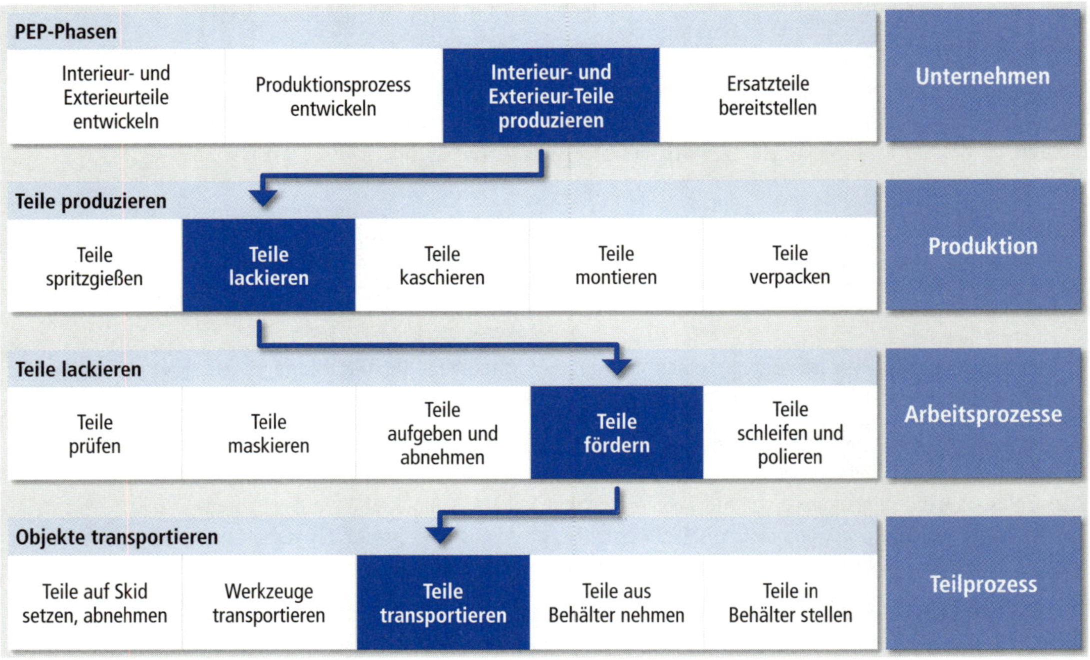

Abbildung II-118 Beispiel für die hierarchische Beziehung von Aufgaben

Tätigkeit

Als *Tätigkeit* bezeichnet man das, was geschieht. Aufgaben sind Beschreibungen von gewollten, Tätigkeiten von geschehenen Aktionen. Um Aufgaben eindeutig zu bezeichnen, sind sie mindestens nach zwei Merkmalen zu beschreiben:

1. *Objekt*: Woran eine Aktion zu vollziehen ist, z. B. am »Innenraum« und
2. *Verrichtung*: worin der Aktionsvollzug besteht, z. B. im »komplettieren«.

Mindestens bedeutet, dass es mitunter hilfreich sein kann, Aufgaben mit Hilfe weiterer Merkmale zu beschreiben.[234]

Aufgaben werden nach Haupt- und Nebenaufgaben unterschieden. Als *Hauptaufgaben* bezeichnet man jene, die sich aus der Zweckbestimmung des Arbeitssystems ergeben und direkt einen Arbeits-

234 Vgl. Kosiol, E.: Organisation der Unternehmung, 2. Auflage. Wiesbaden: Gabler, 1976, S. 71 f.

fortschritt bewirken. Bei einem Schichtleiter könnte das z. B. »Personal einteilen«, bei einem Produktionsmitarbeiter »Teil in Schweißroboter legen« sein. *Nebenaufgaben* sind zu erfüllen, um die Funktionsfähigkeit eines Arbeitssystems aufrechtzuerhalten (z. B. bei einem Produktionsmitarbeiter »Arbeitsplatz aufräumen«).

Abbildung II-118 ist zu entnehmen, dass es Aufgaben von unterschiedlicher Komplexität gibt und dass sie in eine hierarchische Beziehung zu bringen sind. Je höher die hierarchische Ebene ist, auf der sie anfallen, desto komplexer sind sie.

3.2.2 Aufgabenanalyse

Aufgabenanalyse

Als *Aufgabenanalyse* wird die Erhebung und Dokumentation von Aufgaben bezeichnet. Dabei wird festgestellt, was zu tun ist. Wer es zu tun hat, interessiert erst bei der Aufgabensynthese. Bei vielen Fragestellungen führt man eine Aufgabenanalyse durch, um sich einen Überblick zu verschaffen, was zu tun ist, wofür die Ressourcen eingesetzt werden. Aufgabenanalysen werden durch Deduzieren bei realen oder virtuellen Arbeitssystemen durchgeführt.

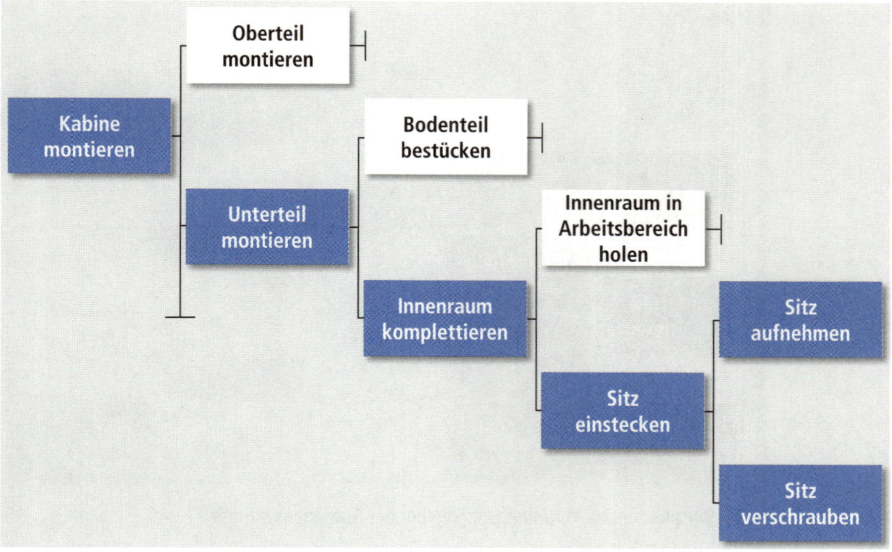

Abbildung II-119 Beispiel für das Erhebungsprinzip bei der Aufgabenanalyse

Aufgabengliederung

Die bei der Aufgabenanalyse angewandte Strukturierungstechnik, die *Aufgabengliederung*, dient der schrittweisen Aufgabenzerlegung. Sie werden bis zu nicht weiter aufzulösenden Aufgabenelementen aufgespalten, die man *Unteraufgaben* nennt (in Abbildung II-119 z. B. »Sitz aufnehmen« und »Sitz verschrauben«). Die bei den Zerlegungsschritten zuvor angefallenen Aufgabenelemente heißen *Teilaufgaben* (in Abbildung II-119 z. B. »Oberteil montieren« oder »Sitz einstecken«). Wie Abbildung II-119 zu entnehmen ist, entsteht bei der Aufgabengliederung eine Baumstruktur. Aufgabenstrukturen benötigt man im Industrial Engineering, z. B. als

- Vorgangsstrukturen bei Arbeitsplänen,
- Aufgabenstrukturen bei Stellenbeschreibungen,
- Arbeitspaketstrukturen bei Projektstrukturplänen,

- Produkt- und Prozessstrukturen bei Prozessplanungen im Rahmen des PEP,
- Grundlage für die Aufgabenkritik, aus der heraus Verbesserungen entstehen sollen,
- Bausteinstrukturen bei der Entwicklung von Prozessbausteinen,
- Aufgabenstrukturen bei der analytischen Personalbemessung.

3.2.3 Aufgabensynthese

Mit Hilfe von Aufgabenanalysen will man sich einen Überblick verschaffen, welche Aufgaben zu erfüllen sind. Es gibt zwei Erhebungssituationen:

1. Aufgaben werden von nur einem Aufgabenträger[235] erfüllt,
2. Aufgaben werden von mehreren Aufgabenträgern erfüllt.

Aufgabensynthese

Im zweiten Fall muss man durch eine Aufgabensynthese feststellen, wer für die Erfüllung welcher Aufgabe zuständig ist oder sein sollte. Bei der *Aufgabensynthese* werden die analysierten Aufgaben auf *Aufgabenträger* verteilt. Das kann ein Mensch oder ein Betriebsmittel sein. Das Übertragen von Aufgaben auf Aufgabenträger wird als *Aufgabenverteilung* oder *Arbeitsverteilung* bezeichnet. Abbildung II-120 ist ein Beispiel zu entnehmen, bei dem vier zu erfüllende Teilaufgaben auf drei Aufgabenträger verteilt werden.

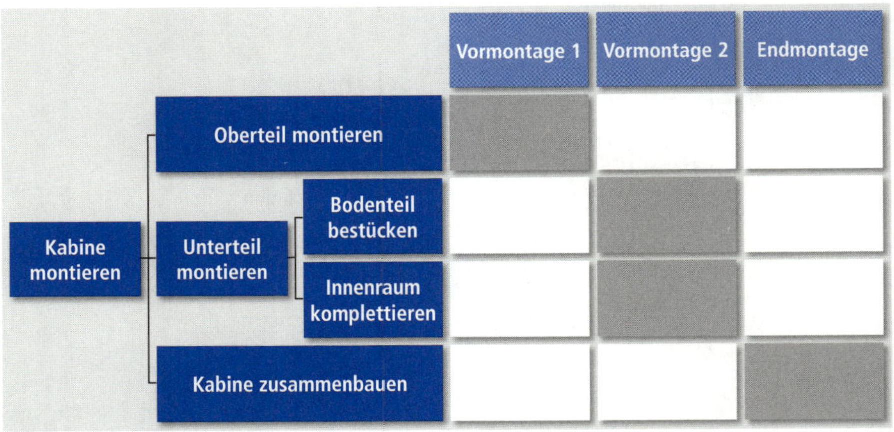

Abbildung II-120 Beispiel für das Verteilungsprinzip bei der Aufgabensynthese

Arbeitsteilungs-prinzipien

Die Aufgabenverteilung erfolgt nach Arbeitsteilungsprinzipien. Unter *Arbeitsteilung* wird der Gesichtspunkt bezeichnet, nach dem die Aufgabenverteilung vorgenommen wird. Es gibt zwei Formen der Arbeitsteilung, Arten- und Mengenteilung.

1. Bei der *Artenteilung* werden Aufgaben einem oder nur wenigen Aufgabenträgern zugewiesen. Das führt im Fertigungsbereich tendenziell zur Spezialisierung.[236] Die Aufgabenträger erfüllen nur einen begrenzten Teil der Gesamtaufgabe, diesen aber häufig, was zu Routinebildung führt.

235 Auch wenn ein Mensch an einem Betriebsmittel arbeitet, bezieht man die Aufgaben entweder auf den Menschen, was der Regelfall ist, oder auf das Betriebsmittel.

236 In manchen Bereichen, z. B. auch im Engineering-Bereich, ist auf bestimmte Artenteilungen nicht zu verzichten, weil dort Aufgabenträger mit verschiedenen Hochschulausbildungen eingesetzt werden, also ein gewisses Ausmaß an sachnotwendiger Spezialisierung unumgänglich ist.

2. Bei der *Mengenteilung* werden Aufgaben vielen oder allen Aufgabenträgern zugewiesen. Das führt tendenziell zur Generalisierung. Die Aufgabenträger erfüllen einen großen Teil der Gesamtaufgabe, was ceteris paribus zu einer geringeren Routinebildung als bei der Artenteilung führt.

Spezialisierung, Generalisierung

Arbeitsteilung kann also zu *Spezialisierung* oder zu *Generalisierung* führen. Als Vorteile der Spezialisierung gelten:

- Routinebildung führt zu Zeit- und Kostendegressionen.
- Es werden routinierte Mitarbeiter eingesetzt, denen selten Fehler unterlaufen.
- Man benötigt weniger und verfügt über besser ausgelastete Betriebsmittel.

Als Nachteile der Spezialisierung gelten:

- Manche Mitarbeiter werden unterfordert, weshalb die Gefahr von Monotonieerleben und geringer Motivation besteht.[237]
- Stellvertretungen können schwierig zu lösen sein.
- Er ergeben sich mehr Schnittstellen und dadurch ein erhöhter Koordinationsaufwand.

Durch Artenteilung entstehen *Schnittstellen*[238], also Übergabepunkte zwischen zwei Aufgabenträgern. Das Problem von Schnittstellen liegt darin, dass es organisatorischer Regelungen bedarf, um das Miteinander der Aufgabenträger zu koordinieren. Je weitgehender man eine Artenteilung vornimmt, desto höher werden die Anforderungen an die Fähigkeit zur Koordination.

3.3 Durchführung der Aufgabenanalyse und -synthese

3.3.1 Erhebungstechniken

Aufgabenanalyse, Erhebungstechniken

Bei der Aufgabenanalyse werden zwei Erhebungstechniken unterschieden und in der Folge erläutert:

1. *Aufgabenstrukturerhebung* durch Experteninterviews: Es werden Interviews nach einer vorgegebenen formalen Struktur durchgeführt. Der Interviewer bringt die Experten dazu, ihre Tätigkeiten zu schildern. Dieses Verfahren wendet man dann an, wenn Arbeitssysteme vorhanden sind und es Experten (z. B. die dort arbeitenden Personen) gibt, die ihre Tätigkeiten schildern können. Mit dem Interviewprotokoll entsteht ein Abbild der Tätigkeiten aus Sicht der Experten, eine Tätigkeitenstruktur. In einem zweiten Schritt, ggf. unter Einbeziehung weiterer Experten, setzt man diese in eine Aufgabenstruktur um. In den meisten Fällen unterscheiden sich Tätigkeiten- und Aufgabenstruktur kaum.
2. *Mindmapping*-Modellierung durch Assoziation: Aufgaben werden introspektiv (per »Innenschau« oder Selbstbefragung) oder im Team, ohne vorgegebene Interviewstruktur, gesammelt und Themenkreisen zugeordnet. Diese Themenkreise stehen für Teilaufgaben. Die Ergebnisse werden mit Sachkundigen diskutiert. Im Vordergrund steht die Inspiration, der Gedankenfunke, die Ideenfindung. Diese Erhebungstechnik bezeichnet man als Mindmapping. Sie wird für Aufgabenanalysen nur dann angewandt, wenn es um virtuelle Arbeitssysteme geht und alle nur vage Vorstellungen über die zu erfüllenden Aufgaben haben.

237 Vgl. Bokranz, R., Landau, K: Einführung in die Arbeitswissenschaft, 2. Auflage. Stuttgart: UTB, 1998, S. 245 f.

238 Schnittstellen werden oft als etwas Negatives, Risikobehaftetes angesehen, weil dort erfahrungsgemäß Konflikte besonders häufig auftreten. Daraus entstand für viele die Maßgabe, so wenige Schnittstellen wie möglich zu schaffen und dem Management von Schnittstellen einen besonderen Stellenwert beizumessen.

3.3.2 Gliederungsprinzipien

Logische und nützliche Struktur

Aufgabengliederungen sollen zu einer logischen und nützlichen Struktur führen:

1. Bei einer logischen Struktur steht jeder Gliederungspunkt für nur eines der vier Abbildung II-121 zu entnehmenden Prinzipien. Zwischen den Gliederungspunkten kann das Gliederungsprinzip wechseln.
2. Eine nützliche Struktur entsteht durch tiefes Gliedern und nicht durch lediglich Aufzählen, weil man dann auch prüfen kann, ob eine sich in der Gliederungskette zeigende logische Struktur vorliegt.

Jede durch Gliederung entstandene Aufgabe ist nur als Bestandteil eines Aufgabenstrings verständlich. Ein *Aufgabenstring* ist eine Gliederungskette in einer Aufgabengliederung, die bei der (Haupt-)Aufgabe beginnt und bei einer Unteraufgabe endet. Beispielsweise steht die Abbildung II-119 zu entnehmende Unteraufgabe »Teilverschrauben«, über den Aufgabenstring interpretiert, für: »Bei der Kabinenmontage, im Rahmen der Unterteilmontage, den Innenraum durch Verschrauben des eingesteckten Sitzes komplettieren.« Teilaufgaben werden so weit gegliedert, bis zu den Unteraufgaben keine Varianten mehr bestehen und sie eindeutig zu verwenden sind. Letztendlich interessiert man sich zwar nur für die Unteraufgaben. Um die Erhebung der Aufgaben auf Logik und Vollständigkeit zu prüfen, muss man jedoch den Deduktionsprozess nachvollziehen können, und dazu benötigt man den gesamten Aufgabenstring, die Gliederungskette.

Vor einer Aufgabenanalyse ist zu entscheiden, ob eine verrichtungsbezogene oder eine objektbezogene Aufgabengliederung zweckmäßiger ist.

- Verrichtungsbezug: Alle zu einem Objekt vorkommenden Verrichtungen werden aufgezählt.
- Objektbezug: Alle zu einer Verrichtung vorkommenden Objekte werden aufgezählt.

An jedem Gliederungspunkt kann eine

- ODER-Gliederung (alternativ, entweder-oder) oder
- UND-Gliederung (aufzählend, sowohl-als-auch)

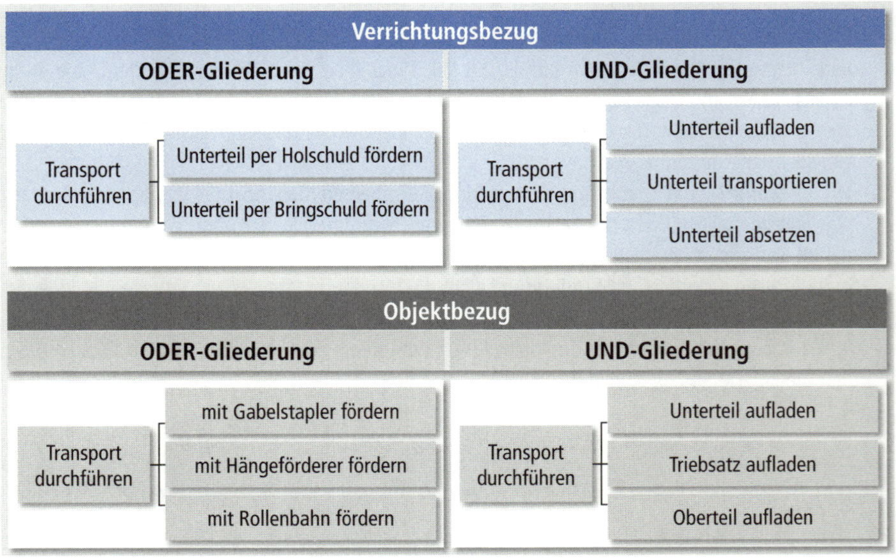

Abbildung II-121 Die vier Gliederungsprinzipien bei der Aufgabenanalyse anfallen. In einer Aufgabengliederung können alle vier in Abbildung II-121 angeführten Prinzipien vorkommen. Bei jedem Gliederungspunkt (Verzweigungsstelle) darf aber nur ein Prinzip[239] verwendet werden.

3.3.3 Aufgabenstrukturerhebung

Aufgabenstrukturen werden in zwei Phasen erhoben:

- Interviewphase: Das Interview wird in einem Vordruck protokolliert, den man als *Rasterblatt* bezeichnet. Darum geht es in diesem Abschnitt.
- Dokumentations- und Verwendungsphase: Das Erhebungsprotokoll wird in eine gut lesbare Darstellung umgesetzt oder direkt – z. B. durch Bildung von Prozessbausteinen – verwendet. Darum geht es im übernächsten Abschnitt.

Interview

Aufgaben werden durch *Interview* der Arbeitsausführenden oder ihrer Vorgesetzten erhoben. Das sollte weniger durch streng logische Deduzierung der Aufgabenstruktur, sondern eher durch Dekonstruktion erfolgen, basierend auf den Vorstellungen des Interviewers oder der Interviewten über Abläufe. Mit anderen Worten: Es muss ein »Minimum an Ablaufkenntnis« beim Interviewer oder beim Interviewten existieren, um eine Aufgabenstruktur formulieren zu können. Einige Hinweise zum handwerklichen Teilvon Interviews:

1. Nach den auslösenden Dingen fragen: was, wie, warum, wo, wann, wer, welches?
2. Nach den Eigenschaften der Dinge fragen: was sie bewirken, wie sie funktionieren.
3. Nach der Reihenfolge fragen: was zu Beginn vorhanden sein und was erfolgen muss, damit ein nächster Schritt beginnen kann, und woran zu erkennen ist, dass ein Abschluss vorliegt.
4. Nach den Hauptaufgaben fragen, mit denen ein direkter Arbeitsfortschritt erzielt wird.
5. Dann nach den Nebenaufgaben fragen, mit denen Hauptaufgaben vorbereitet und ein indirekter Arbeitsfortschritt erzielt wird.
6. Prüfen, ob zwischen Rüsten und Ausführen zu unterscheiden ist.

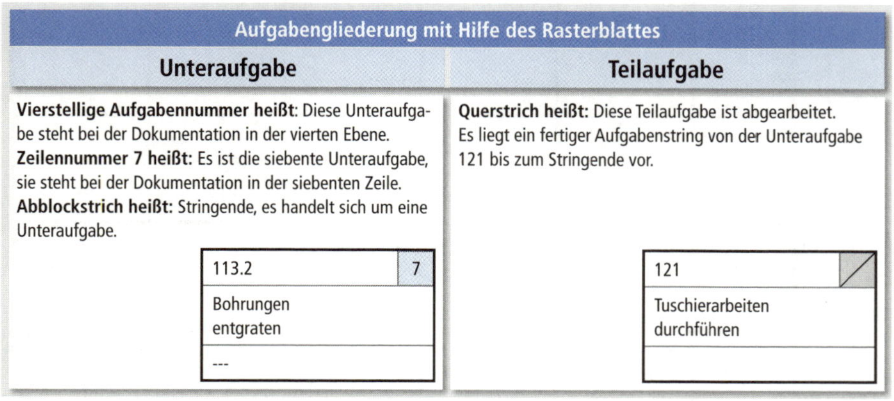

Abbildung II-122 Feldinhalte bei der Interviewprotokollierung im Rasterblatt

239 Das ist ein logisches und praktisches Gebot. Wird eine Aufgabengliederung z. B. für die Personalbemessung verwendet, sind beim UND-Gliederungsprinzip nur die Sollzeiten der Unteraufgaben zu addieren, weil sie stets zu erfüllen sind. Beim ODER-Gliederungsprinzip sind die Produkte aus Sollzeit und Vorkommenshäufigkeit je Unteraufgabe über alle Unteraufgaben zu addieren, denn es ist jeweils nur eine der alternativen Unteraufgaben zu erfüllen.

	a	b	c	d	e	f
1	1 Werkzeuge bauen					
2	11 Zerspanungen durchführen	12 Handhabungen durchführen	13 Transporte durchführen	14 sonstige Aufgaben erfüllen		
3	111 Bohrarbeiten durchführen	112 Schneidarbeiten durchführen	113 Entgratungen durchführen			
4	111.1 [1] mit Auslege-BM bohren ---	111.2 [2] mit Hand-BM bohren ---	111.3 [3] mit Pneumatik bohren ---			
5	112.1 [4] mit Schlagschere schneiden ---	112.2 [5] mit Bandsäge schneiden ---				
6	113.1 [6] Teile entgraten ---	113.2 [7] Bohrungen entgraten ---				
7	121 Tuschierarbeiten durchführen	122 [11] Kennzeichnungen anbringen	123 Mittel auftragen	124 [14] Teile messen und prüfen	125 [15] Teile reinigen	126 Teile einbauen
8	121.1 [8] Teile mit Sandpapier tuschieren ---	121.2 [9] Teile mit Hexe tuschieren ---	121.3 [10] Teile mit Abziehstein tuschieren ---			
9	123.1 [12] Schleifpaste auftragen ---	123.2 [13] Tuschierfarbe auftragen ---				
10	126,1 [16] Buchsen einbauen ---	126.2 [17] Säulen einbauen ---				
11	131 [18] Krantransport durchführen ---	132 [19] E-Loren-Transport durchführen ---	133 [20] Gabelst.-Transport durchführen ---			
12	141 [21] Zeichnungen lesen ---	142 [22] Produktionsauftrag lesen ---	143 Maschinen rüsten ---			
13	143.1 [23] Magnet-BM rüsten ---	143.2 [24] Auslege-BM rüsten ---	143.3 [25] Hand-BM rüsten ---	143.4 [26] Lufthexe rüsten ---		

Abbildung II-123
Beispiel für ein Erhebungsprotokoll für eine Aufgabengliederung (Ausschnitt)

Aufgaben werden so lange in ihre Bestandteile zerlegt, bis man zu verwendbaren Granularitäten gelangt.[240] An den Enden der Aufgabenstrings (Gliederungsäste) entstehen Unteraufgaben. Abbildung II-122 zeigt, wie das in Abbildung II-123 angeführte Beispiel für ein Erhebungsprotokoll zu interpretieren ist.

Beispiel für ein Erhebungsprotokoll

1. Die Bezeichnungen für die Aufgaben, Teilaufgaben und Unteraufgaben werden so knapp wie möglich gehalten und durch möglichst nur ein Objekt und eine Verrichtung bezeichnet.
2. Teil- und Unteraufgaben werden eindeutig bezeichnet, indem sie eine identifizierende Strukturnummer erhalten. Deren Stellenzahl steht für die Gliederungsebene im Strukturbaum. In Abbildung II-124 hat die Unteraufgabe »113.2 Bohrungen entgraten« eine vierstellige Strukturnummer. In Abbildung II-125 findet man sie in der vierten Hierarchieebene, und die Teilaufgabe »121 Tuschierarbeiten durchführen« steht in der dritten Ebene.
3. Ist man beim Interview am Ende eines Aufgabenstrings angelangt, wird das durch einen Abblockungsstrich markiert und (bei manueller Dokumentation einer Aufgabenstruktur) die Abblock-Reihenfolgenummer eingetragen. Bei der Unteraufgabe »113.2 Bohrungen entgraten« wurde gekennzeichnet, dass das Gliederungsende erreicht ist, indem sie abgeblockt wurde (vgl. Abbildung II-122). Für den Interviewer ist das ein Hinweis, dass er keine Fragen mehr stellen will, die zu einer noch tieferen Gliederung führen würden. Bei »113.2 Bohrungen entgraten« handelt es sich um die siebente Unteraufgabe. Sie steht deshalb in der Dokumentation in der siebenten Zeile (vgl. Abbildung II-125).
4. Ist bei einem Aufgabenstring das Ende (die Unteraufgabe) erreicht, wird er mit einem Querstrich versehen (vgl. Abbildung II-122), damit der Interviewer einen besseren Überblick hat, wie weit er mit dem Abarbeiten der Teilaufgaben gekommen ist. Hat er seine Gliederung beendet, enthalten alle Teilaufgaben Querstriche (vgl. Abbildung II-123).
5. Bei den Objekt- und Verrichtungs-Bezeichnungen sollte man eine *semantische Standardisierung* vornehmen. So ist zu gewährleisten, dass für gleiche Objekte und Verrichtungen stets die gleichen Bezeichnungen verwendet werden. Verwendet man die Aufgabenstruktur zur Identifikation von Prozessbausteinen, muss man sicher sein, dass beim Prozessbaustein »Kennzeichnungen anbringen« ein anderes Objekt und eine andere Verrichtung als bei Prozessbaustein »Markierungen vornehmen« vorliegen.[241]
6. Die interviewte Person, gegebenenfalls auch deren Vorgesetzte, sollten die erhobene Aufgabenstruktur auf Vollständigkeit und sachliche Richtigkeit prüfen. Das macht man nicht anhand des Rasterblattprotokolls, sondern anhand einer übersichtlichen Strukturdarstellung (vgl. Abschnitt 3.3.5).

3.3.4 Mindmapping-Modellierung

Mindmapping[242] wird von seinen Verbreitern als Kreativtechnik verstanden und basiert auf der Idee, durch Visualisierung Assoziationen zu erzeugen. Bei der Aufgabenerhebung geht es nicht um Kreativität im Sinne des Findens von Neuartigem. Vielmehr geht es um eine Prognose des Mutmaßlichen, denn es sind die erfüllten oder später einmal zu erfüllenden Aufgaben zu antizipieren. Aufgabenana-

Idee, Assoziationen zu erzeugen

240 Das ist man im Regelfall dann, wenn ein weiterer Zerlegungsschritt zu keinen besseren Informationen und zu keiner besseren »Vielfachverwendbarkeit« führt.

241 Im Teil IV, Kapitel 6, wird gezeigt, wie man in Prozessbaustein-Datenbanken gezielt nach Aufgaben suchen kann, unter der Voraussetzung, dass alle dort gespeicherten Aufgaben nach einer gleichartigen Syntax beschrieben sind.

242 Vgl. z. B. Beyer, M.: Brain Land. Mind Mapping in Aktion. Paderborn: Junfermann, 1993. Buzan, T.; Buzan, B.: Das Mind-Map-Buch, 4. Auflage. Landsberg: Moderne Industrie, 1999. Buzan, T., North, V.: Business Mind Mapping. Wien: Überreuter, 1999.

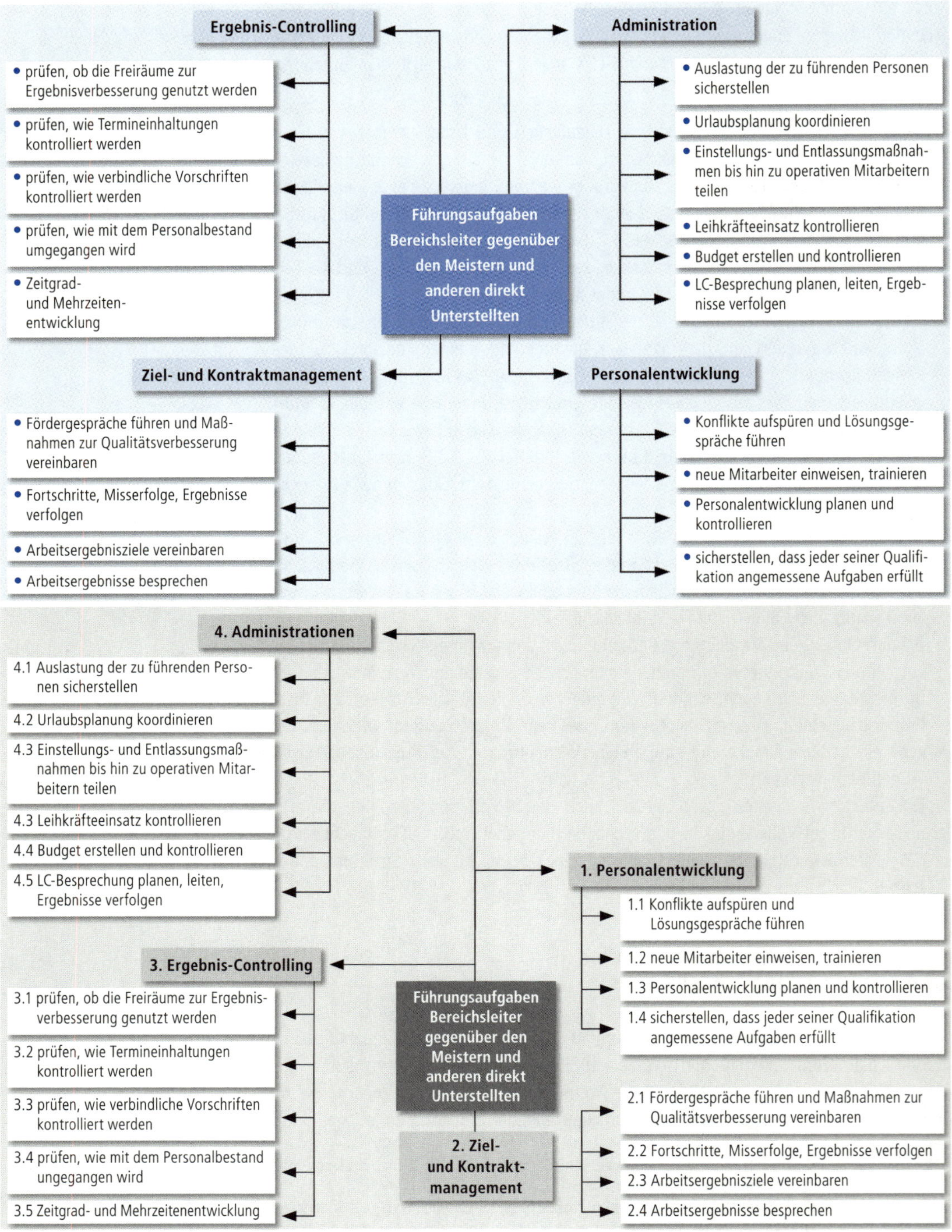

Abbildung II-124 Beispiel für eine Erhebung von Aufgaben nach dem Mindmapping-Prinzip[243]

243 Die Aufgabenstruktur kann unter Einsatz von Software automatisch mit Gliederungsnummern versehen werden (unterer Bildteil).

lysen per Mindmapping durchzuführen ist also dann zweckmäßig, wenn nur vage Vorstellungen über die zu erfüllenden Aufgaben bestehen, es keinen Interviewpartner gibt, der das zu strukturierende Problem »fachlich im Griff hat«, es also in erster Linie um das Anregen der Phantasie bzw. das Initiieren von Ideen geht. Mind Maps (Ideenkarten) können, je nach persönlichen Vorlieben, am Flipchart oder am Bildschirm entwickelt werden. Fertige Mind Maps sollten aber stets in Dateiform gespeichert werden, weil man sie dann mehrfach weiterentwickeln und die Fortschritte erkennen und die Daten direkt weiterverarbeiten kann.

Zu Beginn der Arbeit wird als Zentralbild die Aufgabe platziert (vgl. Abbildung II-124). Dann werden die Hauptäste für die groben, zum Ergebnis führenden Phasen angelegt. Dieses »Phasendenken« ist empfehlenswert, weil Menschen in Abläufen oder Geschehnisfolgen und nicht in hierarchischen Strukturen denken. Die in Abschnitt 3.3.2 angeführten Gliederungsprinzipien für die Baumentwicklung gelten auch bei der Mindmapping-Modellierung.

3.3.5 Darstellungen der Aufgabenstruktur

Zwei Dokumentationsprinzipien

Bei der Dokumentation der erhobenen Aufgaben kann man, je nach Weiterverwendung, zwischen zwei Prinzipien wählen. Jedes dieser Dokumentationsprinzipien kann manuell oder softwaregestützt angewandt werden.

1. *Baumstruktur-Darstellung*: Sie ist am übersichtlichsten und z. B. dann geeignet, wenn man Analyseergebnisse präsentieren oder nur dokumentieren will (vgl. Abbildung II-125). Mindmapping-Ergebnisse lassen sich direkt in Baumstrukturen wandeln (vgl. Abbildung II-124), und die Gliederungsnummern können automatisch erzeugt werden.
2. *Tabellarische Darstellung*: Sie ist am besten weiterzuverarbeiten und z. B. geeignet, wenn die Aufgabenstruktur im Rahmen einer Tabellenkalkulations-Anwendung weiterverwendet wird, z. B. zur Prozessbausteinbildung oder zur Personalbemessung (vgl. Abbildung II-126).

Mit Rasterblättern erhobene Aufgabenstrukturen (vgl. Abbildung II-123) lassen sich manuell oder mit Hilfe von Software in Baumstruktur-Darstellungen umsetzen:

- Jede Unteraufgabe wird aufgrund der Gliederungsnummer und der Zeilennummer in das Baumstrukturraster eingetragen (vgl. Abbildung II-125).
- Dann werden die Teilaufgaben, bei der untersten Gliederungsebene beginnend, eingetragen.
- Die Unteraufgaben werden mit den Teilaufgaben und diese miteinander verknüpft.

Abbildung II-126 ist zu entnehmen, wie Baumstruktur-Darstellungen in tabellarische Darstellungen umzusetzen sind. Dabei bleibt die Zeilen-Spalten-Ordnung erhalten. Jede Unteraufgabe steht in der letzten Spalte, was bei Tabellenkalkulations-Anwendungen (z. B. für überschlägige Personalbedarfsrechnungen) zweckmäßig ist.

	1. Ebene	2. Ebene	3. Ebene	4. Ebene
1	Werkzeuge bauen	Zerspanungen durchführen	Bohrarbeiten durchführen	mit Auslege-BM bohren
2				mit Hand-BM bohren
3				mit Pneumatik bohren
4			Schneidarbeiten durchführen	mit Schlagschere schneiden
5				mit Bandsäge schneiden
6			Entgratungen durchführen	Teile entgraten
7				Bohrungen entgraten
8		Handhabungen durchführen	Tuschierarbeiten durchführen	mit Sandpapier tuschieren
9				mit Hexe tuschieren
10				mit Abziehstein tuschieren
11			Kennzeichnungen anbringen	
12			Mittel auftragen	Kennzeichnungen anbringen
13				Tuschierfarbe auftragen
14			Teile messen und prüfen	
15			Teile reinigen	
16			Teile einbauen	Buchsen einbauen
17				Säulen einbauen
18		Transporte durchführen	Krantransport durchführen	
19			E-Loren-Transport durchführen	
20			Gabelstapler-Transport durchführen	
21		sonstige Aufgaben durchführen	Zeichnungen lesen	
22			Produktionsauftrag lesen	
23			Maschine rüsten	Magnet-BM rüsten
24				Auslege-BM rüsten
25				Hand-BM rüsten
26				Lufthexe rüsten

Abbildung II-125 Beispiel für eine Aufgabendokumentation als Baumstruktur

	1. Ebene	2. Ebene	3. Ebene	4. Ebene
1	Werkzeuge bauen (1)	Zerspanungen durchführen (11)	Bohrarbeiten durchführen (111)	mit Auslege-BM bohren (111.1)
2				mit Hand-BM bohren (111.2)
3				mit Pneumatik bohren (111.3)
4			Schneidarbeiten durchführen (112)	mit Schlagschere schneiden (112.1)
5				mit Bandsäge schneiden (112.2)
6			Entgratungen durchführen (113)	Teile entgraten (113.1)
7				Bohrungen entgraten (113.2)
8		Handhabungen durchführen (12)	Tuschierarbeiten durchführen (121)	mit Sandpapier tuschieren (121.1)
9				mit Hexe tuschieren (121.2)
10				mit Abziehstein tuschieren (121.3)
11			Kennzeichnungen anbringen (122)	
12			Mittel auftragen (123)	Kennzeichnungen anbringen (123.1)
13				Tuschierfarbe auftragen (123.2)
14			Teile messen und prüfen (124)	
15			Teile reinigen (125)	
16			Teile einbauen (126)	Buchsen einbauen (126.1)
17				Säulen einbauen (126.2)
18		Transporte durchführen (13)	Krantransport durchführen (131)	
19			E-Loren-Transport durchführen (132)	
20			Gabelstapler-Transport durchführen (133)	
21		sonstige Aufgaben durchführen (14)	Zeichnungen lesen (141)	
22			Produktionsauftrag lesen (142)	
23			Maschine rüsten (143)	Magnet-BM rüsten (143.1)
24				Auslege-BM rüsten (143.2)
25				Hand-BM rüsten (143.3)
26				Lufthexe rüsten (143.4)

Abbildung II-126 Beispiel für eine Aufgabendokumentation als Tabelle

3.3.6 Aufgabenverteilung und Aufgabennachweis

Aufgabenverteilung, Aufgabennachweis

Als *Aufgabenverteilung* (Arbeitsverteilung) wird die Zuordnung von Aufgaben auf Aufgabenträger, Ressourcen, Arbeitssysteme oder Organisationseinheiten[244] bezeichnet und als *Aufgabennachweis* die Umkehrung dieses Prinzips, nämlich die Zuordnung von Aufgabenträgern auf Aufgaben nach folgenden Prinzipien:

244 Der Einfachheit halber sprechen wir in der Folge nur von Aufgabenträgern. Zu übertragen sind die besprochenen Sachverhalte aber auch auf Fragestellungen, bei denen in Arbeitssystemen oder Organisationseinheiten »gedacht« wird.

1. Verteilungszweck: von der Aufgabe zu den dafür zuständigen Ressourcen. Auf die Aufgabenträger werden jene Aufgaben verteilt, die sie zu erfüllen haben.
2. Nachweiszweck: von der Ressource zu den von ihr zu erfüllenden Aufgaben. Zu jeder Ressource wird nachgewiesen, welche Aufgaben sie zu erfüllen hat.

Aufgaben					Aufgabenträger							
					Projektleitung	Engineering Leitung	Technische Entwicklung	Industrial Engineering	Transport-Planung	Qualitäts-Planung	Werkzeugbau	Prototypenbau
1 Produktentwicklung	21 Arbeitsprozesse entwickeln	221 Equipment implementieren	221.1 Werkzeuge intern bauen	221.101 Werkzeugbau beauftragen	×							
2 Prozessentwicklung	22 Arbeitsprozesse implementieren	222 Infrastrukturmaßnahmen realisieren	221.2 Werkzeuge extern bauen	221.102 Terminplan erstellen und überwachen				×				
3 Betrieb und Verbesserung		223 Kaufteilezulieferung regeln	221.3 Anlagen- und Vorrichtungsbau beauftragen	221.103 Kaufteile definieren und bestellen			×					
		224 Arbeitssysteme in Betrieb nehmen	221.4 Anlagen und Vorrichtungen installieren	221.104 Wirkdaten aufbereiten und NC-Programmierung vornehmen							×	
		225 Implementierungen dokumentieren	221.5 Prüfmittel beauftragen und installieren	221.105 mech. Bearbeitung und Montage							×	
				221.106 Originalmaterial für Ausprobe bestellen	×							
				221.107 Werkzeug testen und Teil vermessen						×	×	
				221.108 Optimierungsschleifen durchführen							×	
				221.109 Mechanisierung und Tryout durchführen				×				
				221.110 Werkzeug auf Serienpresse abnehmen, freigeben						×	×	

Abbildung II-127 Beispiel einer Aufgabenverteilung

Aufgrund von Aufgabenverteilungen ist zu erkennen, was wo geschieht, wer wofür zuständig ist und wo welche Ergebnisse anfallen. Was man noch nicht erkennen kann ist z. B., wie die Aufgabenträger durch ihre Aufgaben zeitlich ausgelastet sind, welche Relevanz einzelne Aufgaben in Bezug auf die zeitliche Auslastung der Aufgabenträger haben oder wo wertschöpfende Ergebnisse entstehen. Für die Entwicklung effektiver und effizienter Prozesse sind Aufgabenverteilungen und -nachweisen nützliche Informationen zu entnehmen, z. B.

- wie man mit Art- und Mengenteilungen umgehen könnte,
- welches Ausmaß an Aufgabenzentralisation oder -dezentralisation anzustreben ist,
- welche Handlungsspielräume man Aufgabenträgern gewähren könnte,
- welche ungefähren Leitungsspannen möglich sind,
- nach welchen Prinzipien Schnittstellen zu koordinieren wären,
- welche Kompetenzen und Verantwortungen zweckmäßig sein könnten.

3.3.7 Zentralisation und Dezentralisation von Aufgaben

Zentralisation und Dezentralisation

Durch Arbeitsteilung kann es zur Aufgabenzentralisation oder zur Aufgabendezentralisation kommen.[245] Mit den Begriffen Zentralisation und Dezentralisation werden die Zuordnungsabsichten ausgedrückt.

1. *Zentralisation* liegt beim Bündeln von Aufgaben auf einen oder nur wenige Aufgabenträger vor und führt zur Spezialisierung. Bei der verrichtungsbezogenen Zentralisation werden Aufgaben nach gleichen Verrichtungen (z. B. »Spritzgießmaschinen rüsten«) zusammengefasst und einem Aufgabenträger übertragen, gleichgültig, an welchen Objekten (z. B. kleine, mittlere, große Anlagen) diese zu vollziehen sind. Das ist z. B. zu erwägen, wenn

   - bei Aufgabenerfüllungen hochgradig entwickelte Fertigkeiten, aber keine räumliche Nähe zu den Kunden erforderlich ist,
   - sich die Verrichtungen zwischen den Objekten nicht zu stark unterscheiden, es z. B. gleichgültig ist, welche Produktvarianten zu montieren sind,
   - man sich an den entstehenden Schnittstellen nicht stört.

   Bei der objektbezogenen Zentralisation werden Aufgaben nach gleichartigen Objekten (z. B. Lackieranlagen betreuen) zusammengefasst und einem Aufgabenträger übertragen, gleichgültig, welche Verrichtungen (z. B. regeln, anfahren, Roboter umrüsten) dazu anfallen. Das ist z. B. zu erwägen, wenn

   - genaue und komplexe Kenntnisse der Objekte (z. B. Kunden, Produkte) notwendig sind,
   - sich die zu erfüllenden Aufgaben zwischen den Objekten stark unterscheiden.

2. *Dezentralisation* liegt bei einer Verteilung von Aufgaben auf mehrere oder alle Aufgabenträger vor. Dezentralisation führt zur Generalisierung. Bei der verrichtungsbezogenen Dezentralisation werden Aufgaben nach gleichartigen Verrichtungen auf mehrere Aufgabenträger verteilt, gleichgültig, an welchen Objekten diese zu vollziehen sind. Das ist zu erwägen, wenn z. B.

   - die Aufgaben in der Nähe der Kunden zu erfüllen sind,
   - sich die Verrichtungen zwischen den Objekten nicht zu stark unterscheiden,
   - eine schnelle Anpassung an veränderte Marktverhältnisse erforderlich ist.

   Bei der objektbezogenen Dezentralisation werden Aufgaben nach gleichartigen Objekten auf mehrere Aufgabenträger verteilt, gleichgültig, welche Verrichtungen dazu anfallen. Das ist zu erwägen, wenn z. B.

   - genaue Kenntnisse der Objekte (z. B. Kunden, Produkte) erforderlich sind,
   - keine suboptimalen Betriebsgrößen und Effizienzverluste durch Nichtteilbarkeit von Ressourcen zu befürchten sind.

245 Vgl. Bleicher, K.: Organisation. Strategien – Strukturen – Kulturen, 2. Auflage. Wiesbaden: Gabler, 1991, S. 48 f.

Weitere Kriterien

Neben den vorstehend angeführten Kriterien »Objekt« und »Verrichtung« werden zur Aufgabenzentralisierung vier weitere Kriterien verwendet:[246]

1. Personale Zentralisation: Aufgaben werden unter dem Gesichtspunkt der Befähigung von Personen zusammengefasst. Personale Zentralisation kann sich an einer Berufsgruppe (sog. Stellenbildung »ad rem«) oder an Einzelpersonen (sog. Stellenbildung »ad personam«) orientieren. Anlass für personale Zentralisation können sowohl quantitative Überlegungen (z. B. Überlastung eines und mangelhafte Auslastung eines anderen Arbeitssystems) als auch qualitative Überlegungen (z. B. sehr breite technische Kenntnisse bei einer Person) sein. Da bei der personalen Zentralisation die Gefahr besteht, Aufgaben zusammenzufassen, die sachlich nicht zusammengehören, sollte sie nur ergänzend zur objekt- und verrichtungsorientierten Zentralisation angewandt werden.
2. Instrumentale Zentralisation: Man orientiert sich an der Betriebsmittelausstattung und zentralisiert Aufgaben dort, wo diese zur Verfügung stehen (z. B. in einem Prüflabor prüfen). Anlass für instrumentale Zentralisierungen sind meist Wirtschaftlichkeitsüberlegungen.
3. Informationelle Zentralisation: Hierbei geht es darum, Wissen an einer Stelle zusammenzufassen, z. B. bei schwierigen Fachthemen oder Geheimhaltungsbedürftigkeit.
4. Lokale Zentralisation: Hierbei geht es darum, Aufgaben räumlich zu zentralisieren, z. B. um Wege zu minimieren oder Durchlaufzeiten zu reduzieren. Eine lokale Zentralisation ist oft die Folge einer der vorstehend angeführten Zentralisierungsaspekte. Es gibt aber auch lokale Dezentralisationen, z. B. in Form von Telearbeit.

3.4 Analyse der Aufgabenverteilung

3.4.1 Verteilungseffekte

Nach der Aufgabensynthese möchte man oft wissen, ob bestimmte Aufgaben besondere Bedeutung haben, z. B. weil sie einen hohen Anteil der Ressourcen binden. Oder es kann um die Frage gehen, warum Aufgabenträgern besonders viele, besonders wenige oder bestimmte Verpflichtungen übertragen werden. In den beiden folgenden Abschnitten werden zwei Methoden zur Analyse von Aufgabenverteilungen erläutert:

1. Paretoanalyse: Binden relativ wenige Aufgaben einen relativ hohen Teil der Ressourcenkapazität, so dass sie besondere Aufmerksamkeit verdienen?
2. Funktionsanalyse: Bestehen bei einzelnen Aufgabenträgern unausgewogene Verpflichtungen, indem sie z. B. wenig dürfen, angesichts dessen, wofür sie geradestehen müssen?

3.4.2 Paretoanalyse

Paretoanalyse, ABC-Analyse

Eine hohe Aufgabenkonzentration liegt vor, wenn relativ wenige Aufgaben einen relativ hohen Anteil der Ressourcenkapazität binden. Die Methode, mit der man diesen Sachverhalt prüft und die betreffenden Aufgaben klassifiziert, wird als *Paretoanalyse* oder *ABC-Analyse* bezeichnet.

Lorenzkurve

Vilfredo Pareto (1848–1923) hatte bei seinen Arbeiten zur Wohlfahrtsökonomik an der Lausanner Schule für Nationalökonomie festgestellt, dass in entwickelten Staaten etwa 20 % der Bevölkerung etwa 80 % des Volksvermögens besaßen. Daraus entwickelte sich in der Praxis als Sinnbild für starke Konzentration die »20-zu-80-Regel«. Durch die nicht zwingende, jedoch verbreitete Verwendung

246 Vgl. Bleicher, K.: a. a. O., 1991, S. 49.

von drei Konzentrationsklassen (A, B und C)[247] entstand später der Begriff ABC-Analyse. Der in Abbildung II-128 ausgewiesene Funktionsverlauf wurde 1905 von dem deutschen Volkswirt Max Otto Lorenz mathematisch gefasst und deshalb später als *Lorenzkurve* bezeichnet. Beim Ermitteln von Aufgabenrelevanzen weist der Verlauf der Lorenzkurve auf folgende Sachverhalte hin:

1. Wenn der Zeitbedarf für relativ wenige Aufgaben (auf der Abszisse dargestellt) einen relativ hohen Anteil der Ressourcenkapazität (auf der Ordinate dargestellt) bindet, entsteht eine stark durchgebogene Lorenzkurve (vgl. Abbildung II-128, linker Bildteil). Es liegt dann im statistischen Sinne eine hohe Konzentration[248] vor.
2. Eine Gerade würde dann entstehen, wenn alle Aufgaben den gleichen Anteil an Ressourcenkapazität binden[249] und keine Konzentration, sondern eine Gleichverteilung vorliegt.
3. Das Ausmaß an Konzentration, also der Kurvendurchbiegung, ist mit Hilfe einer Kennzahl zu quantifizieren, die nach ihrem Schöpfer, dem italienischen Statistiker Conrado Gini, als *Gini-Koeffizient* bezeichnet wird[250] und manuell relativ aufwändig zu ermitteln ist. Ein Gini-Koeffizient von 0 steht für eine Gleichverteilung, und ab etwa 0,65 weist er brauchbare Konzentrationen aus.
4. Nur dann, wenn Lorenzkurven deutliche Konzentrationen ausweisen, erhält man Aufgaben-Priorisierungen. Dann kann man sich ggf. auf die nähere Betrachtung nur weniger Aufgaben beschränken und dabei dennoch den größten Teil der Ressourcenkapazität einschließen.

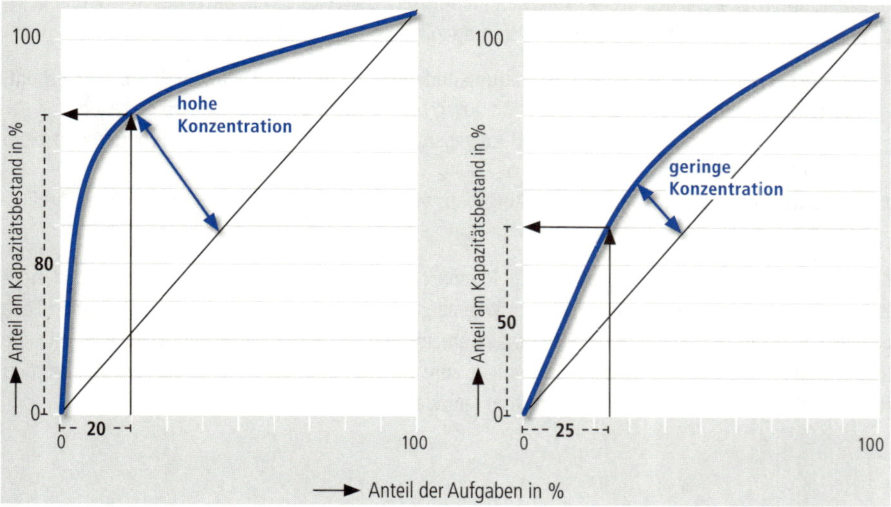

Abbildung II-128 Verlauf der Lorenzkurve bei hoher und geringer Konzentration

247 A-Klassifikationen stehen meist für »sich damit unbedingt beschäftigen«. B-Klassifikationen stehen meist für »wenn noch möglich, sich auch damit beschäftigen«. C-Klassifikationen stehen dann für »lohnt nicht, sich damit zu beschäftigen«.

248 Damit ist gemeint, dass ein relativ geringer Anteil an Abszissenelementen einen relativ hohen Anteil an Ordinatenelementen bindet.

249 Das ist bei Gestaltungs- und Organisationsprojekten insofern problematisch, als keine Aufgabenschwerpunkte zu identifizieren sind und man sich allen Aufgaben mit gleicher Intensität widmen müsste, was ceteris paribus zu hohem Untersuchungsaufwand führt.

250 Grafisch betrachtet ist der Gini-Koeffizient das Verhältnis der Fläche zwischen Gleichverteilungslinie und Lorenzkurve zur Fläche unterhalb der Gleichverteilungslinie.

Dem folgenden Beispiel ist der Rechengang zur Bestimmung der Lorenzkurve zu entnehmen. Für die Aufgaben ist der Zeitbedarf zu bestimmen, sofern man auf keine Prozessbausteine zurückgreifen kann. Das kann überschlägig, z. B. durch Befragen oder Schätzen erfolgen, weil es nur um eine Rangreihenbildung geht. In den meisten Unternehmen wird nach drei Relevanzkategorien klassiert: A-, B- und C-Aufgaben.

A-, B- und C-Aufgaben

1. Als A-Aufgaben werden jene relativ wenigen Aufgaben bezeichnet, die man detaillierter betrachten will. Bei sehr starken Konzentrationen kann der A-Aufgabenanteil nur ca. 20 % und der damit gebundene Ressourcenanteil bis zu ca. 80 % betragen, was zu einem Quotienten von 20 % / 80 % = 0,25 führt. Bei dem in Abbildung II-129 angeführten Beispiel wird eine mittlere Konzentration ausgewiesen. 30 % der Aufgaben werden als A-Aufgaben klassifiziert. Sie binden 67 % der Ressourcenkapazität, was einen Quotienten von 0,45 ergibt.
2. Als B-Aufgaben werden jene Aufgaben klassiert, in denen, über die A-Aufgaben hinaus, der größte Teil der Ressourcen gebunden ist. Es ist im Einzelfall zu entscheiden, wie gründlich man sich damit beschäftigen will. Bei unserem Beispiel könnte man die Aufgaben 1 und 7, eventuell noch die Aufgabe 5, als B-Aufgaben betrachten. Das ergäbe einen Quotienten von 60 % / 93 % = 0,65.
3. Die verbleibenden C-Aufgaben wird man im Allgemeinen nicht näher betrachten, weil sie nur wenige Ressourcen binden.

Auswirkung von Priorisierungen

In Abbildung II-129 werden drei A-Aufgaben identifiziert, die etwa zwei Drittel der Ressourcenkapazität binden. Zur Auswirkung dieser Priorisierung folgende Hinweise:

- Würde bei den A-Aufgaben durch Gestaltung und Organisation die Produktivität um 10 % erhöht, führte das zu einem Produktivitätsgewinn von 6 bis 7 % beim betrachteten Arbeitssystem.
- Würde die Produktivität bei den drei B-Aufgaben um 10 % erhöht, stiege die Produktivität beim betrachteten Arbeitssystem nur um 2 bis 3 %.
- Produktivitätserhöhungen bei den C-Aufgaben wirken sich auf die Produktivität dieses Arbeitssystems nicht merklich aus.

Mit Hilfe der *Paretoanalyse* sind die für die Ressourcenbindung maßgebenden Aufgaben zu identifizieren. B- und C-Aufgaben könnten aber risikogeneigt sein. So ist beim Beispiel die B-Aufgabe »Teile prüfen«. Sie könnte deshalb unter Risikoaspekten sehr wichtig (eine A-Aufgabe) sein, weil hier die letzte Chance liegt, dass fehlerhafte Teile nicht zum Kunden gelangen. Im Abschnitt 3.6.4 werden Relevanz-Betrachtungen unter Risikoaspekten angestellt.

erfasste Daten (3-Schicht-Betrieb, GJ 2008)					Aufgaben-Rangfolge	kumulierter	
	Aufgaben	Anteil in %	Zeitbedarf in Std.	Zeitbedarf in %	Aufgaben-nummer	Aufgaben-anteil in %	Zeitbedarfs-anteile in %
1	Teile prüfen	10	326	7,5	9	10	29,0
2	Teile einlegen, entnehmen	10	698	16,0	3	20	50,9
3	Teile montieren	10	956	21,9	2	30	67,0
4	Teile auf Skid geben, entnehmen	10	126	2,9	7	40	80,8
5	Teile verpacken	10	223	5,1	1	50	88,3
6	Teile von Hand grundieren, lackieren	10	54	1,2	5	60	93,4
7	Teile entgraten, polieren	10	603	13,8	4	70	96,3
8	Maschine ein-/nachstellen	10	19	0,4	10	80	98,3
9	Teile transportieren	10	1.263	29,0	6	90	99,6
10	sonstige Aufgaben erfüllen	10	88	2,0	8	100	100

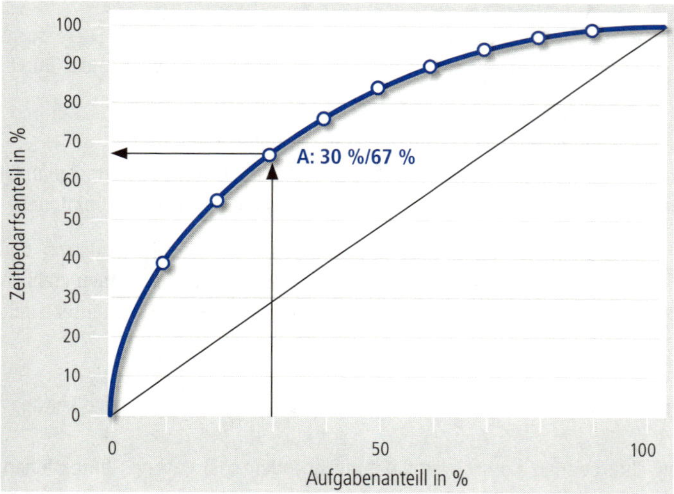

Abbildung II-129 Beispiel für die Ermittlung der Lorenzkurve und die Durchführung der Aufgabenklassifizierung

3.4.3 Funktionsanalyse

Als zweite Methode zur Analyse von Aufgabenverteilungen wurde im Abschnitt 3.4.1 die Funktionsanalyse angeführt. Dabei geht es um die Frage, ob die zu den Aufgaben bestehenden Verpflichtungen[251] der Aufgabenträger produktivitätsförderlich sind. Unter einer Funktion im organisatorischen Sinne wird eine aufgabenbegründete Verpflichtung verstanden (z. B. entscheiden müssen, ein Arbeitsergebnis prüfen müssen). *Funktionsanalysen* dienen der Erhebung und Darlegung der Funktionen relevanter Aufgaben.[252]

Funktion

251 Verpflichtungen der Menschen im Arbeitssystem, die sich auf die Aufgabenerfüllung beziehen, werden als Funktionen bezeichnet. Verpflichtungen, die sich auf die Arbeitsergebnisse beziehen, nennt man Verantwortungen.

252 Vgl. Bokranz, R.; Kasten, L: a. a. O., 2003, S. 188 f.

Funktion		Funktionsinhalt	Symbol	Kürzel
1. Leiten		entscheiden, anordnen, verantworten, initiativ werden		L
2. Ausführen		Aufgaben direkt, operativ erfüllen		A
3. Kontrollieren	3.1. Überwachen	Ergebnisse während der Aufgabenerfüllung kontrollieren	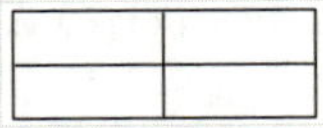	UE
	3.2. Prüfen	Ergebnisse nach der Aufgabenerfüllung kontrollieren		PR
4. Informieren	4.1. Rat erteilen	Informationen abgeben		RE
	4.2. Kenntnis nehmen	Informationen aufnehmen		KN

Abbildung II-130 Die aufgabenbezogenen Funktion nach Nordsiek

Sechs Funktionen

Abbildung II-130 sind die klassischen Funktionen nach Nordsiek[253] zu entnehmen. Diese sechs Funktionen werden auf Aufgabenverteilungen angewandt. Funktionsanalysen sollten nicht durchgeführt werden, wenn

1. nur Ausführungsfunktionen vorliegen, weil das zu keinen Erkenntnissen führt,
2. Aufgabenverteilungen tief gegliedert oder zu wenig gegliedert sind. Bei tiefen Gliederungen findet man nur noch Ausführungsfunktionen und bei flachen Gliederungen zu viele Mischfunktionen.

Abbildung II-131 ist ein Beispiel zur Funktionsanalyse für die Gründung regionaler Vertriebs- und Service-Niederlassungen zu entnehmen. Die Niederlassungen sollen in gemieteten Räumen etabliert werden, auch wenn im Regelfall umfangreiche Bau- und Renovierungsarbeiten durchzuführen sind.

Aufgabenträger prüfen

Folgende Sachverhalte waren dabei in Bezug auf die Aufgabenträger zu prüfen:

1. Liegen beim Management auffällig viele Ausführungsverpflichtungen, aber nur wenige Leitungsverpflichtungen vor?
2. Bestehen Ungleichgewichte bei den Kontrollverpflichtungen, indem z. B. zwar Prüffunktionen, aber keine Überwachungsfunktionen anfallen?
3. Bestehen Ungleichgewichte bei den Informationsverpflichtungen, indem z. B. Kenntnisnahmefunktionen, aber keine Raterteilungsfunktionen (oder umgekehrt) anfallen?
4. Entsprechen die Anteile der Funktionen dem, was man sich für die betreffenden Aufgabenträger vorstellt?

Aufgaben prüfen

Folgende Sachverhalte waren in Bezug auf die Aufgaben zu prüfen (vgl. Abbildung II-131):

1. Gibt es viele Aufgaben, bei denen Leitungsverpflichtungen anfallen? Dann können die Handlungsspielräume bei den operativen Aufgabenträgern gering sein. Leitungsverpflichtungen liegen in Abbildung II-131 in einem Fall beim Vorstand vor und in drei Fällen bei der Bauabteilung.
2. Gibt es viele Aufgaben, zu denen nur ein Aufgabenträger Kontrollverpflichtungen hat? Dann kann dieser große Handlungsspielräume haben. Die Handlungsspielräume sind vor allem bei der Bauabteilung in der Umsetzungsphase groß. Das ist vermutlich nicht beabsichtigt und deshalb zu diskutieren.

253 Nordsiek, F.: Betriebsorganisation, 2. Auflage. Stuttgart: Poeschel, 1972. Es gibt Vorschläge für spezielle (z. B. Informationsverarbeitung) und tiefergehende Funktionsstrukturen, die sich in der Praxis jedoch nicht durchsetzen konnten.

Phase, Aufgaben	Allgemeine Verwaltung	Bauabteilung	Betriebsrat	Datenbanktechnik	Kundenbetreuung	Konzernplanung	Niederlassung	Organisation Managem.systeme	Vorstand
1 Anstoßphase									
11 Standort nach strategischer Vorgabe suchen			|||		≡		///		
12 Standort aufgrund einer Mängelsituation suchen			|||		≡		///		
2 Planungsphase									
21 Mietvertrag bearbeiten							///		
22 Grundrisspläne beschaffen							///		
23 Aufmaßplan erstellen, wenn kein Grundrissplan existiert		///							
24 Vorentwurf erstellen		///			≡		≡	≡	
25 Votum für weitere Verfolgung des Vorhabens abgeben		≡			◇		///		
26 Vorstandsvorlage erstellen					|||	///	///		
27 Entscheidung fällen, ggf. Modifikation aufgeben		|||	≡		|||		///		⊠
3 Umsetzungsphase									
31 Umsetzungsvorbereitung									
311 Mietvertrag abschließen							///		
312 Bauantrag einreichen		///		≡	≡		|||	≡	
313 Ausführungsplan erstellen		///							
314 Votum abgeben, Planung durch Unterschrift freigeben		≡		◇	◇		◇	◇	
315 Betriebsrat über Ausführungsplanung informieren			◇				///		
316 Ausschreibung erstellen		///					|||		
32 Umsetzung									
321 Auftragsvergabe durchführen		///					|||		
322 Bauausführung begleiten		///					|||		
323 Hardware begleiten	///	⊠					|||		
324 Verkabelung und Vernetzung ausführen lassen	///	⊠					|||		
325 Mobiliar bestellen	///	⊠					|||		
326 Endabnahme durchführen		///			◇		|||	◇	

Abbildung II-131 Beispiel für eine Funktionsanalyse (Ausschnitt)

3. Gibt es viele Aufgaben, bei denen die gleiche Funktion bei mehreren Aufgabenträgern liegt? Dann können die Handlungsspielräume gering und die Kompetenzverteilung unklar sein. Die Kompetenzverteilung ist akzeptabel, weil gleiche Funktionen bei verschiedenen Aufgabenträgern kaum vorkommen.

Die Funktionsanalyse ist nicht auf virtuelle Arbeitssysteme anzuwenden, sondern dann, wenn bei vorhandenen Arbeitssystemen z. B.

- Handlungsspielräume zur Diskussion stehen,
- die Kongruenz von Aufgaben, Kompetenzen und Verantwortung bezweifelt wird,
- der Verdacht besteht, dass Blindleistungen erstellt werden, oder
- bezweifelt wird, dass alle in einen Prozess eingebundenen Aufgabenträger sinnvolle Funktionen erfüllen können.

3.5 Prozesse und Abläufe

3.5.1 Von der Aufgabe zum Prozess

Ablauf

Im Teil I, Abschnitte 2.4.1 und 2.4.2, wurden das Modell des *Arbeitssystems* dargelegt und die begrifflichen Zusammenhänge zwischen Aufgabe, Ablauf und Prozess erläutert. Der *Ablauf* ist die Beschreibung der zeitlich-logischen Folge des Erfüllens von Aufgaben im Arbeitssystem (vgl. Abbildung II-132). Beim Soll-Ablauf werden

- zeitliche Folgen durch die Reihenfolge zu erfüllender Aufgaben (Ablaufabschnitte) und
- logische Folgen mit Hilfe vier logischer Elemente beschrieben.

Der Soll-Ablauf steht für eine vorgesehene Ablaufabschnittsfolge (= Aufgabenfolge), der Ist-Ablauf für eine beobachtete Vorkommnis- oder Geschehnisfolge.

Prozess

Ein *Prozess* ist die Beschreibung

- der Transformation der Eingabe (Input, Voraussetzungen oder Bedingungen zum Auslösen von Abläufen) in
- eine zu erzielende Ausgabe (Output, Ergebnisse oder Ereignisse, bei deren Vorliegen der Ablauf beendet wird),
- nach einem geplanten Ablauf,
- bei dem gestellte Aufgaben durch die Ressourcen (Aufgabenträger) erfüllt werden.

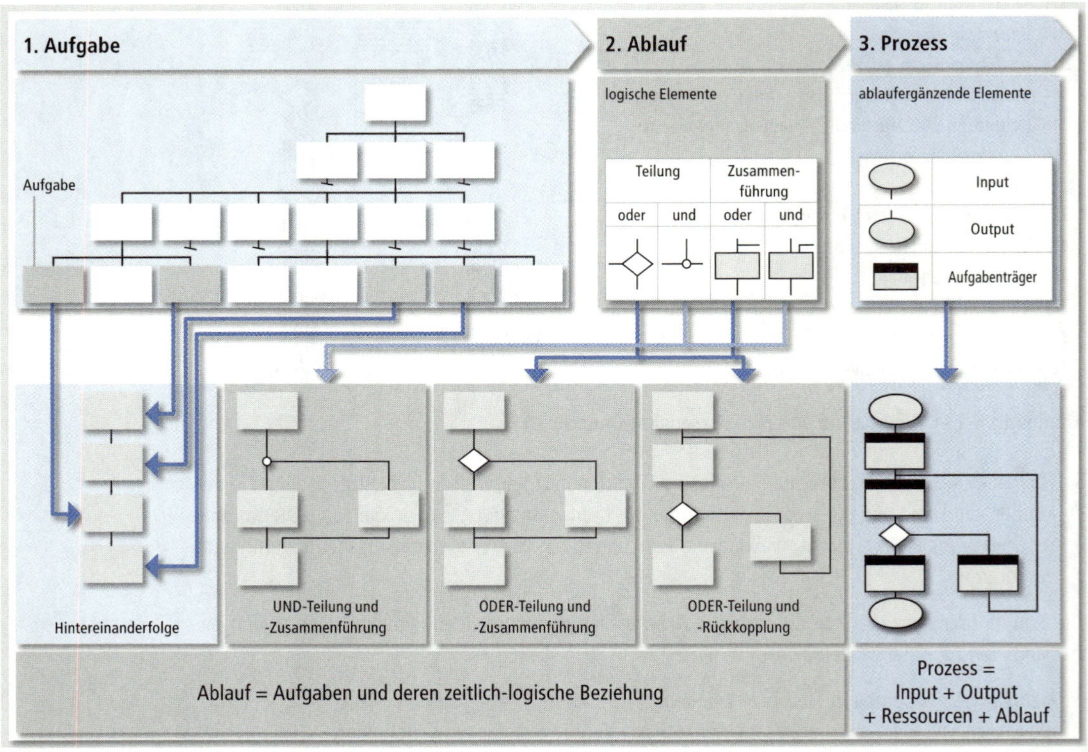

Abbildung II-132 Zusammenhänge zwischen Aufgabe, Ablauf und Prozess

Mit Hilfe von Prozessbeschreibungen wird dokumentiert, wie Input-Output-Transformationen durch aufgabenbegründeten Ressourceneinsatz erfolgen sollen. In Prozessen werden typischerweise mehrere Arbeitssysteme betrachtet, bis hin zu einer gesamtheitlichen Schau, sog. »End-to-End-Prozess«-Betrachtungen. Abläufe werden typischerweise bei einzelnen Arbeitssystemen betrachtet.

Die in Abbildung II-132 dargestellten Schritte entsprechen auch dem Vorgehen bei der systematischen *Entwicklung von Prozessbausteinen* (vgl. Teil III, Kapitel 4)[254].

1. Es werden Aufgabenanalysen durchgeführt, d. h. die erfüllten Aufgaben erhoben und die zu erfüllenden Aufgaben festgelegt.
2. Für Aufgaben werden die bei ihrer Erfüllung notwendigen Abläufe modelliert, d. h. die darin vorgesehenen Handhabungen und Operationen festgelegt.
3. Um zu Prozessen zu gelangen, werden die Abläufe mehrerer Arbeitssysteme durch Input-, Output- und Ressourceninformationen ergänzt und verknüpft.

3.5.2 Prozessarten

Prozessarten

In diesem Abschnitt geht es darum, einige grundlegende Begriffe zu erklären. In der einschlägigen Literatur[255] der 1990er-Jahre wurden ausgiebig die *Prozessarten* diskutiert. In Abbildung II-133 werden drei Prozessarten unterschieden. Im Mittelpunkt der Betrachtung stehen die Leistungsprozesse, in denen absatzfähige Leistungen zu erstellen, also Wertschöpfungen zu generieren sind. Dabei werden drei wichtige Sachverhalte betrachtet.

1. *Kernkompetenzen*: nachhaltig wirksame Ursachen für den Wettbewerbsvorteil eines Unternehmens, basierend auf dem Wissen und Können seiner Mitarbeiter.
2. *Kernprozesse*: Prozesse, in denen sich maßgebende Kernkompetenzen ausprägen, z. B. die Fähigkeit, kurzfristig geänderten Kundenanforderungen Rechnung zu tragen.
3. *Erfolgskritische Prozesse*: für den Unternehmenserfolg maßgebende Prozesse, weil dabei kritische, für den wirtschaftlichen Erfolg maßgebende Erfolgsfaktoren berührt werden, z. B. Kundenzufriedenheit, uneingeschränkte Qualität, kurze Rüstzeiten.

Nicht jeder *Leistungsprozess* muss auch ein Kernprozess und nicht jeder Kernprozess ein erfolgskritischer Prozess sein. Andererseits gibt es erfolgskritische Prozesse, die nicht zwingend auch Kernprozesse sein müssen. Für Produktionsunternehmen ist der Werkzeugbau ein Leistungsprozess. Ob er auch ein Kernprozess ist, hängt von seinem Stellenwert und davon ab, ob diese Kompetenz auch unproblematisch durch Fremdleister ersetzt werden kann. Ob er erfolgskritisch ist, kann auch nur im Einzelfall beurteilt werden. Beispielsweise könnte zwar nicht der Werkzeugbau, aber die Werkzeuginstandhaltung als *Supportprozess* ein erfolgskritischer Prozess sein, weil er unmittelbar auf die *OEE* der Produktion wirkt.

Leistungsprozesse unterscheiden sich von Supportprozessen auch dadurch, dass sie Kernprozesse enthalten. Kernprozesse begründen nachhaltige Wettbewerbsvorteile von Unternehmen, weil sie schwer imitierbar und substituierbar, für die Kunden aber attraktiv sind, und firmenspezifisches Wissen[256] enthalten.

254 Nochmals der Hinweis: Aufgaben, Abläufe und Prozesse sind Modelle, also »Soll-Gebilde«.

255 Vgl. z. B. Österle, H.: Business Engineering. Prozess- und Systementwicklung, Band 1, Entwurfstechniken, 2. Auflage. Berlin, Heidelberg, New York: Springer, 1995. Kunze, M. J.; Sommerlatte, T.: Business Process Reengineering als Ansatz zur Unternehmensmodellierung, In: Liebmann, H.-P. (Hrsg.): Vom Business Process Reengineering zum Change Management, Wiesbaden: Gabler, 1997, S. 17–35.

256 Vgl. Osterloh, M., Frost, J.: Prozessmanagement als Kernkompetenz, 5. Auflage. Wiesbaden: Gabler, 2006, S. 169 f.

Leistungs- oder Wertschöpfungsprozesse	Support- oder Unterstützungsprozesse	Führungs- oder Managementprozesse
sind auf Kunden, also externe Leistungsempfänger, gerichtet; sie stehen für Wertschöpfungen und sind damit für den Unternehmenserfolg von besonderer Bedeutung	dienen der Ressourcen- und Produktunterstützung; sie stehen für Unterstützungsfunktionen, z. B. Qualitätssicherung, Instandhaltung, Arbeitssicherheit	sollen die Leistungs- und Supportprozesse unterstützen; sie stehen für Unternehmensführung und Administration, z. B. Budgetierung, Finanzplanung

Kernprozesse	erfolgskritische Prozesse
sind Leistungsprozesse, in denen sich in maßgeblichem Umfang Kernkompetenzen widerspiegeln	sind Leistungsprozesse, bei denen kritische Erfolgsfaktoren zu beeinflussen sind

Abbildung II-133 Überblick zu den Prozessarten

Die meisten Supportprozesse (z. B. die Instandhaltung) bieten zwar für die Kunden keinen wahrnehmbaren Nutzen, binden aber wertvolle Fähigkeiten bzw. sie machen die Kernprozesse erst zu dem, was sie sind. Selbst wenn sie von Wettbewerbern nicht substituierbar sind, werden sie nur selten erfolgskritisch sein. Im Idealfall sollten alle erfolgskritischen Prozesse auch Kernprozesse sein, und man sollte dazu über Kernkompetenzen verfügen.[257] Nicht die Identifikation der Kernprozesse, sondern der erfolgskritischen Prozesse bildet den Ausgangspunkt von Prozessverbesserungen.

Referenzprozess

Bei der Diskussion über Prozessarten wird auch der Begriff des *Referenzprozesses* verwendet. Darunter werden von manchen überbetrieblich gültige Prozesse, von anderen Vergleichsprozesse (Benchmarkings) verstanden. Die wichtigsten Vorteile beim Arbeiten mit Referenzprozessen sind:

- Sie stellen Musterlösungen (»Strickmuster«) dar, an denen man sich anfangs orientieren kann.
- Sie stellen semantische Standards dar, die für die eigene Standardisierung zu nutzen sind.
- Sie ermöglichen Benchmarkings zwischen eigenen Gegebenheiten und den Referenzstandards, man kann daran einschätzen, »wo man steht«.

3.5.3 Prozesshierarchien

Unternehmensprozesse haben wie Aufgaben unterschiedliche Komplexitäten und werden wie Aufgaben

1. nach funktionellen Bereichen (Phasen) *segmentiert* und
2. innerhalb der Prozesssegmente über mehrere Prozessebenen hinweg *kaskadiert*.

Segmentieren, Kaskadieren

Je komplexer Prozesse sind, desto notweniger ist es, sie zu segmentieren und zu kaskadieren. Durch diese hierarchische Strukturierung werden sie überschaubar, und es sind Mängel oder Wirkungen von Verbesserungsmaßnahmen zu erkennen. Zur hierarchischen Struktur von Prozessen gibt es in der Literatur eine Reihe von Vorschlägen. Alle gehen davon aus, dass den Prozessen eines Unternehmens dessen Geschäftsstrategie (vgl. Teil I, Abschnitt 3.3) überlagert ist bzw. die Prozesse als Mittel zur Strategieumsetzung dienen.[258] Zum Konzept der Prozessebenenbildung gibt es unterschiedliche

257 Vgl. Krüger, W., Homp, C.: Kernkompetenz-Management. Wiesbaden: Gabler, 1997.
258 Vgl. z. B. Gadatsch, A.: Grundkurs Geschäftsprozess-Management, 4. Auflage. Wiesbaden: Vieweg + Teubner, 2005, S. 2. Füermann, T.: Prozessmanagement, 3. Auflage. München: Hanser, 2008. Becker, J., Mathes, C.; Winkelmann, A.: Geschäftsprozessmanagement. Berlin, Heidelberg: Springer, 2009, S. 6 f.

Vorschläge.[259] Wir bezeichnen als *Prozessebenen* die durch gezielte hierarchische Verfeinerung oder Vergröberung entstehenden Granularitäten bzw. Detaillierungsgrade von Prozessen.

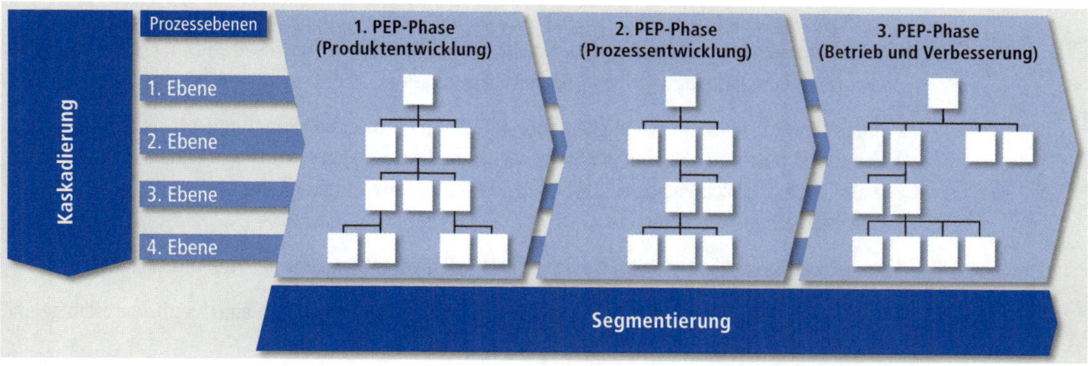

Abbildung II-134 Prinzip der Entwicklung von Prozesshierarchien durch Segmentierung und Kaskadierung

In Teil I wurde in Abbildung I-60 mit den *MTM-Hierarchieebenen* das Segment (Bereich) »Betrieb« kaskadiert, unter dem Aspekt »erzeugtes Produkt«. In anderen Segmenten, in denen man sich nicht an der Produktstruktur ausrichten kann, sind andere Leistungsobjekte zu verwenden.

Der Abbildung II-135 zu entnehmenden Problemstellung liegt eine tiefe Kaskadierung zu Grunde, nicht nach der Produktstruktur, sondern nach der Leistungsstruktur des Vertriebs.

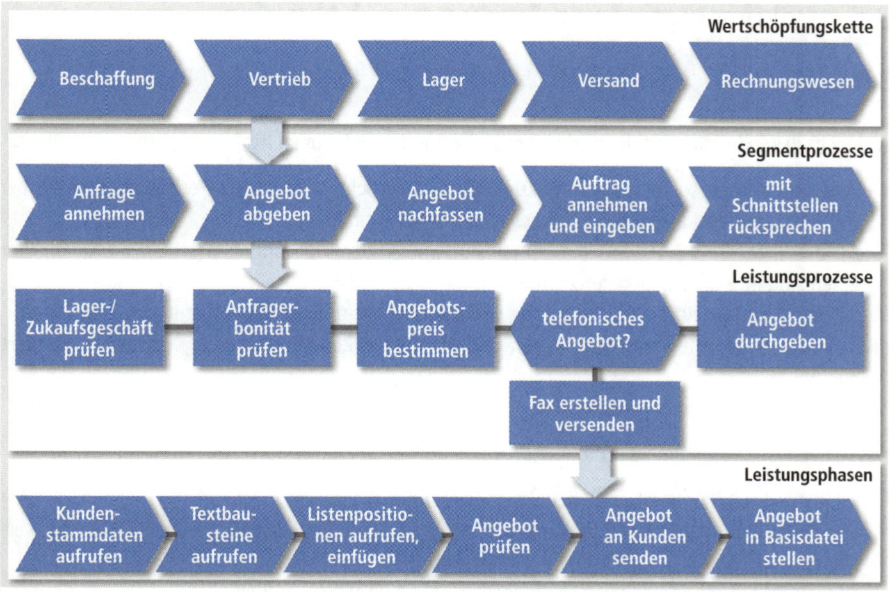

Abbildung II-135 Betriebliches Beispiel für eine Kaskadierung von Vertriebsleistungen

259 Autoren, deren Erkenntnisinteresse auf die Verwendung von Prozessen im Rahmen von IT-Lösungen gerichtet ist, bieten andere Lösungsvorschläge als Autoren, deren Fokus auf das Verbesserungsmanagement gerichtet ist.

3.5.4 Prozessmanagement

Prozessmanagement

In der Literatur wird der Begriff Prozessmanagement unterschiedlich definiert. Wir verstehen unter *Prozessmanagement* alle Aktivitäten im Zusammenhang mit dem Erfassen, Gestalten, Ausführen, Dokumentieren, Quantifizieren, Überwachen und Steuern von Prozessen, um dadurch nachhaltig die aus der Geschäftsstrategie begründeten Ziele zu erreichen.[260]

In der Literatur wird die Wichtigkeit von »End-to-End-Prozess«-Betrachtungen betont. Damit ist gemeint, dass man sich nicht auf die Betrachtung von Prozesssegmenten beschränken, sondern Prozesse als Ganzes betrachten sollte. Dem ist grundsätzlich zuzustimmen, auch wenn das nicht bei jeder Aufgabenstellung erforderlich ist.

Prozessinvolvierte

Beim Prozessmanagement wird zwischen drei Arten von *Prozessinvolvierten* unterschieden.

1. Prozesseigner/-besitzer (Process Owner), das sind diejenigen, die für eine wettbewerbsfähige und sichere Prozessgestaltung verantwortlich sind, z. B. Bereichsleiter.
2. Prozessmanager, das sind jene Personen, die für das operative Funktionieren im Tagesgeschäft und damit auch für personale Fragen verantwortlich sind, z. B. Abteilungsleiter.
3. Prozessbetreiber (Process Participants), das sind diejenigen, die im Prozess operativ tätig sind und die erzielten Arbeitsergebnisse zu vertreten haben.

Beim Prozessmanagement müssen die Prozessinvolvierten funktionsadäquat in Prozessprojekte eingebunden werden.

3.6 Dokumentation von Prozessen und Abläufen

3.6.1 Überblick

Anforderungen an Prozessdokumentationen

Aus Sicht des Industrial Engineering sollten Prozessdokumentationen fünf *Anforderungen* erfüllen:

1. Prozesse werden so transparent dokumentiert, dass Schwachstellen zu erkennen und sie bei gleichartigen Geschäftsvorfällen wieder zu verwenden sind.
2. Bei den Prozessinvolvierten kann ein gemeinsames Prozessverständnis geschaffen werden, und ihnen sind ihre Zuständigkeiten deutlich zu machen.
3. Es liegt eine Basis für die Qualifizierung von Mitarbeitern und zur Vereinbarung von Zielen vor.
4. Rechtlich zu begründende Regelungen und Richtlinien können allgemein verbindlich definiert werden.
5. Auf der Grundlage von Prozessdokumentationen können Sollzeiten und Risiken ermittelt werden.

Die Art der Prozessdokumentation (das gilt auch für Abläufe) hängt davon ab, ob man Prozesse

- lediglich visualisieren will, z. B. beim Verbesserungsmanagement, oder
- ob man sie zur quantitativen Planung, z. B. für die Kalkulation oder die Personalbemessung, verwenden will, oder
- ob man Prozessmodellierungen als Basis für IT-Anwendungen benötigt.

260 Eine ausführliche Diskussion der hier angeführten Aspekte bieten z. B. Schmelzer, H. J.; Sesselmann, W.: Geschäftsprozessmanagement in der Praxis. München: Hanser Verlag, 2008, S. 63 f.

Wir können nicht auf die zahlreichen Methoden zur Analyse und Dokumentation von Prozessen und Abläufen eingehen, sondern behandeln nur die vier grundlegenden und im Industrial Engineering verbreitetsten Dokumentationsmethoden. Diese sind Abbildung II-136 zu entnehmen.

intrasystemische Sicht: Arbeitssystem-Analyse		intersystemische Sicht: Prozessanalyse	
Zeilenanalyse (MTM-Analyse) und Entscheidungstabelle	**Risikoanalyse (Prozess-FMEA)**	**Flowchart-Analyse und Blockdarstellung**	**Wertstrom-analyse**
Eigenheiten und Verwendung • tabellarische Darstellung • Ablaufdokumentation • besondere Eignung für Zeitanalysen	**Eigenheiten und Verwendung** • tabellarische Darstellung • Ablaufdokumentation • auf die Analyse von Fehlerrisiken beschränkt	**Eigenheiten und Verwendung** • grafische und tabellarische Darstellung • Ablauf- und Prozess-dokumentation • Zeitberechnungen sind möglich, erfolgen in separaten Tabellen	**Eigenheiten und Verwendung** • grafische Darstellung • Dokumentation komplexer Prozesse • Zeitberechnungen sowie Analyse logistischer Daten sind möglich, erfolgen in separaten Tabellen

Abbildung II-136 Verbreitete Methoden der Analyse und Dokumentation von Abläufen und Prozessen

1. Mit Hilfe von Zeilenanalysen und Entscheidungstabellen werden Abläufe in Arbeitssystemen analysiert und dokumentiert (vgl. Abschnitt 3.6.3).
2. Die Prozess-FMEA ist eine Methode zur Analyse von Fehlerrisiken in Abläufen und die Prozessfähigkeitsanalyse der Berechnung des »Qualitätsleistungsvermögens« von Arbeitssystemen bezüglich quantitativer (variabler) Qualitätsmerkmale (vgl. Abschnitt 3.6.4).
3. Flowchart-Analysen werden häufiger zur Prozessanalyse als zur Ablaufanalyse verwendet. Blockdiagramme sind tabellarische Darstellungsformen von Flowcharts (vgl. Abschnitt 3.6.5).
4. Die Wertstromanalyse ist die umfassendste Methode zur Prozessanalyse und Prozessgestaltung (vgl. Abschnitt 3.8), bei der Informations- und Warenströme sowie Abläufe dokumentiert werden.

3.6.2 Prozesssprachen

Prozesssprache

Die im vorhergehenden Abschnitt angeführten Anforderungen machen deutlich, dass der »richtigen« Prozessdokumentation eine hohe Bedeutung im Rahmen des Prozessmanagements zukommt. Für die Art und Weise der Dokumentation von Abläufen und Prozessen hat sich der Begriff *Prozesssprache* eingebürgert. Eine Prozesssprache prägt sich in einer *Notation* aus, bei der zu unterscheiden ist zwischen der

1. Syntax (verwendete Elemente/Symbole/Zeichen und deren Darstellung sowie die dazu geltenden Anordnungsregeln) und der
2. Semantik (inhaltliche Bedeutung der Elemente/Symbole/Zeichen – was man damit ausdrücken will).

Dabei sind zwei Klassen von Sprachelementen zu unterscheiden:

1. Formale Elemente: Die zulässige Verwendung (Syntax) und Bedeutung (Semantik) sind eindeutig festgelegt. Beides entzieht sich der Interpretation oder Mitwirkung des Anwenders.

2. Semi-formale Elemente: Die Verwendung ist festgelegt, die Bedeutung zwar grundsätzlich auch, doch lässt sie dem Anwender Ermessensspielräume. Bei den hier behandelten Methoden werden keine semi-formalen Elemente verwendet.

Formale Elemente können

1. inhaltlich strukturiert sein, so dass der Anwender sie nicht auf den vorliegenden Fall zu reflektieren hat. Das ist z. B. beim Prozessbausteinkode in MTM-Analysen, bei den ODER-Verzweigungen in Flowcharts oder bei den Transportprinzipien in der Wertstromanalyse der Fall;
2. inhaltlich unstrukturiert sein, so dass der Anwender sie auf den vorliegenden Fall zu reflektieren hat. Das ist z. B. in MTM-Analysen beim Zuweisen der »Bezeichnung« zu einem Prozessbaustein in der Analyse (Analysenzeile), bei Flowcharts beim Ausfüllen des Aufgabenkästchens oder in der Wertstromanalyse beim Ausfüllen des Prozessschritt-Kästchens der Fall.

Prozesssprachen können unterschiedlich komplex ein. Eine hochkomplexe, weil für alle »denkbaren« Dokumentations-Fragestellungen taugliche, in diesem Sinne universelle Sprache ist die Business Process Management Notation (BPMN)[261]. Insbesondere wenn es um komplexe Vorhaben bis hin zu IT-Realisierungen geht, haben solche mächtigen universellen Prozesssprachen ihre Bedeutung. Bei der universellen Prozesssprache BPMN werden 90 Symbole unterschieden, wovon 6 stets, 23 häufig, 24 immer mal wieder und 37 selten bzw. fast nie verwendet werden.

Im Industrial Engineering geht es, anders als in der Informatik, nicht um universelle, sondern um spezielle Problemstellungen. Bei den dazu anzuwendenden Analyse- und Dokumentationsmethoden ist es erforderlich eine »Dokumentationsqualität« zu erreichen, die sich z. B. im Erfüllen folgender Kriterien ausprägt:

1. Relevanz: Es werden nur die für den Verwendungszweck relevanten Sachverhalte dokumentiert, um den Blick auf das Wesentliche zu lenken.
2. Objektivität und Reliabilität: Das Dokumentationsergebnis ist – geschulte Anwender vorausgesetzt – unabhängig vom Anwender (intra- und interpersonelle Stabilität). Je höher der Anteil formaler Elemente an einer Prozesssprache ist, desto höher ist deren Objektivität und Reliabilität.
3. Validität: Es wird das dokumentiert, was zu dokumentieren vorgegeben bzw. behauptet wird.
4. Verständlichkeit: Die Dokumentation muss für geschulte Leser auch dann verständlich sein, wenn diese die reale Situation nicht kennen.
5. Segmentier- und Kaskadierbarkeit: Die Dokumentation muss durch hierarchische Variation zu vergröbern und zu verfeinern sein.

Die erste und die vierte Anforderung sind durch universelle Prozesssprachen nicht zu erfüllen. Abbildung II-137 gibt einen Überblick zu den wichtigsten hier behandelten Methoden der Analyse und Dokumentation von Abläufen und Prozessen. Für diese haben sich in der Praxis Prozesssprachen mit problemspezifischen Notationen etabliert, mit einem Bruchteil des bei BPMN vorhandenen Notationsumfangs. Gleichwohl sind mit ihnen die vorstehend angeführten Qualitätskriterien zu erfüllen. Die vier Abbildung II-137 zu entnehmenden Methoden haben jeweils eine eigene (spezifische) Prozesssprache und unterscheiden sich durch die bei der Notation verwendete Art und Menge an Sprachelementen, die ausgewiesenen Ergebnisse und Kennzahlen.

261 Vgl. Freund, J.; Rücker, B.: Praxishandbuch BPMN 2.0, 2. Auflage. München: Hanser Verlag, 2010.

intrasystemische Sicht: Arbeitssystem-Analyse		intersystemische Sicht: Prozessanalyse	
MTM-Analyse	**Prozess-FMEA**	**Flowchart-Analyse**	**Wertstromanalyse**
Notation	**Notation**	**Notation**	**Notation**
12 formale Elemente	8 formale Elemente	11 formale Elemente	12 formale Elemente, aber keine genormte Notation
Ergebnisse	**Ergebnisse**	**Ergebnisse**	**Ergebnisse**
Weitestgehender Ausschluss von Interpretationsspielräumen zu Arbeitsmethoden, Sollzeiten werden direkt ausgewiesen, Hinweise auf Wertschöpfungen und Belastungen sind durch Nutzen von Zusatzfunktionen zu erhalten.	Ausweis der Fehlerursachen und damit Identifikation der Zielrichtungen für deren Reduzierung oder Elimination.*	Möglichkeit sehr detaillierter und eindeutiger Dokumentation von Abläufen/Prozessen.*	Ausweis von Verbesserungsnotwendigkeiten in Arbeitssystemen sowie im Waren- und Informationsfluss.*
Kennzahlen	**Kennzahlen**	**Kennzahlen**	**Kennzahlen**
Bearbeitungs-Sollzeit	potenzielles Fehlerrisiko	Durchlauf-Sollzeit*	Teile-Bestandsmengen
Wertschöpfungsanteil		Bearbeitungs-Sollzeit*	Durchlauf-Sollzeit*
Ergonomiekennzahl			Bearbeitungs-Sollzeit*

*Sollzeiten sind durch andere Methoden (z. B. MTM) zu ermitteln und einzugeben.

Abbildung II-137 Merkmale der verbreitetsten Methoden der Analyse und Dokumentation von Abläufen und Prozessen

3.6.3 Zeilenanalysen und Entscheidungstabellen

In Abbildung II-136 wurden Zeilenanalysen und Entscheidungstabellen als Methoden zur Analyse und Dokumentation von Abläufen in Arbeitssystemen ausgewiesen. Die *Zeilenanalyse* ist die bei MTM-Analysen angewandte Form der Ablaufdarstellung. Zeilenanalysen werden durchgeführt, wenn es primär um Zeitanalysen und die Identifikation von Verbesserungsnotwendigkeiten und nicht um filigrane Prozessdokumentationen geht.[262] Bei Zeilenanalysen und Entscheidungstabellen könnte man zwar auch weitere Beschreibungselemente einfügen, z. B. Aufgabenträger, doch belässt man es bei einer Ablaufdokumentation. Geht es nur um Zeitanalysen, ist die Zeilenanalyse die effizienteste Form, weil die Auftretenswahrscheinlichkeiten der Ablaufabschnitte (»Häufigkeiten«) direkt und nicht über den »logischen Weg« bestimmt werden, in dem der Ablaufabschnitt liegt. Sucht man gestalterische Ansätze, z. B. aus welchen Änderungen bei den Auftretenswahrscheinlichkeiten oder den Ablaufabschnitten die größten Effekte entstünden, sind Entscheidungstabellen Hinweise zu entnehmen, die Zeilenanalysen nicht bieten. In den Kapiteln 5 bis 7 wird mit der MTM-Analyse die in der Praxis wichtigste Form der Zeilenanalyse ausführlich behandelt und im Abschnitt 5.2.1 die MTM-Prozesssprache erläutert.

Zeilenanalyse

262 Im Kapitel 5 werden Zeitanalysen ausführlich erläutert und gezeigt, wie Stück- und Durchlaufzeiten bei linearen und nichtlinearen (verzweigten) Prozessstrukturen zu berechnen sind.

Ablaufabschnitte		min/ Ablauf-abschnitt	min/Stück	Auftretens-warschein-lichkeit	gewichtete min/Stück
1	Teile für 8 TSV durch Stücklistenauflösung reservieren	0,40	0,050	1,000	0,050
2	Teile für 8 TSV aus Lager entnehmen und prüfen	0,75	0,094	1,000	0,094
3	Teile sperren, Reklamationsmeldung erstellen und versenden	2,50	2,500	0,005	0,013
4	n. i. O.-Teile erneut aus dem Lager entnehmen und prüfen	0,75	0,750	0,005	0,004
5	TSV montieren und Endprüfung durchführen	19,00	19,000	1,000	19,000
6	TSV sperren, reklamieren	1,60	1,600	0,003	0,005
7	TSV nacharbeiten und Endprüfung durchführen	3,50	3,500	0,007	0,024
8	TSV in JIT-Gestell stellen	0,25	0,250	1,000	0,250
9	JIT-Gestell mit 8 TSV im Wareneingang bereitstellen	1,35	0,169	1,000	0,169
10	JIT-Gestell und Uhrzeit in Warenausgangs-Kontrollliste eintragen	1,50	0,188	1,000	0,188
mittlere Grundzeit t_g					**19,795**

Abbildung II-138 Beispiel für eine Prozessdokumentation in Form einer Zeilenanalyse

Entscheidungstabellen

Entscheidungstabellen sind kompakt und übersichtlich. Anders als bei Flowcharts kommt es auf die genaue Reihenfolge der Ablaufabschnitte nicht an. Im Kopfteil sind die ODER-Teilungsfälle (Bedingungen) angeführt sowie die sich als Ja-Nein-Kombinationen ausprägenden Wege. Bei unserem Beispiel ergeben sich in Abbildung II-139 sechs Wege. Im unteren Teil von Entscheidungstabellen (sog. Aktionenteil) sind die je Weg vorkommenden Ablaufabschnitte angekreuzt. So steht der dritte Ablaufweg (J – N – N) für

- Verbauteile sind in Ordnung,
- aber die montierte Türseitenverkleidung ist nicht in Ordnung,
- und sie ist auch nicht nachzuarbeiten, also Ausschuss.

Abläufe werden in Form von Entscheidungstabellen dokumentiert, wenn damit z. B. »Handlungsmuster«, wie Arbeitsanweisungen, Prüfanweisungen oder Bedienungsanleitungen, zu erstellen oder Zeitberechnungen transparent zu machen sind.

In unteren Teil von Abbildung II-139 wird gezeigt, wie mit Hilfe von Entscheidungstabellen Sollzeiten bei verzweigten Abläufen zu berechnen sind (vgl. dazu auch Abschnitt 4.3.7). Dazu werden

- für jeden Weg die Vorkommens-Wahrscheinlichkeiten ermittelt
  (z. B. beim dritten Weg: 0,995 · 0,01 · 0,3 = 0,00299, also ca. 0,3 %),
- für die im Weg auftretenden Ablaufabschnitte die Sollzeiten/TSV[263] eingesetzt und summiert (z. B. beim dritten Weg 20,744 min),
- das Produkt aus der Summe der Sollzeiten des Weges und seiner Vorkommens-Wahrscheinlichkeit gebildet
  (z. B. beim dritten Weg 20,744 · 0,00299 = 0,062) und seine (auftretens-)gewichtete Sollzeit ausgewiesen.
- Mit der Zeitsumme über alle Wege wird die repräsentative Sollzeit ausgewiesen.

Bei vielen ODER-Teilungen gibt es die Möglichkeit, Entscheidungstabellen durch Redundanzprüfungen zu komprimieren. Ferner kann man komplexe Abläufe mit Hilfe verknüpfter, also einer Folge von Entscheidungstabellen überschaubar halten.[264]

263 TSV = Türseitenverkleidung
264 Vgl. Bokranz, R.; Kasten, L: a. a. O., 2003, S. 187.

Bedingungen			Wege					
A	Teile i. O.?		J	J	J	N	N	N
B	Verkleidung i. O.?		J	N	N	J	N	N
C	Verkleidung nacharbeitbar?		–	J	N	–	J	N
Ablaufabschnitte			**Auftreten der Ablaufabschnitte bei den Wegen**					
1	Teile für 8 TSV durch Stücklistenauflösung reservieren		x	x	x	x	x	x
2	Teile für 8 TSV aus Lager entnehmen und prüfen		x	x	x	x	x	x
3	Teile sperren, Reklamationsmeldung erstellen und versenden					x	x	x
4	n. i. O.-Teile erneut aus dem Lager entnehmen und prüfen					x	x	x
5	TSV montieren und Endprüfung durchführen		x	x	x	x	x	x
6	TSV sperren, reklamieren				x			x
7	TSV nacharbeiten und Endprüfung durchführen			x			x	
8	TSV in JIT-Gestell stellen		x	x		x	x	
9	JIT-Gestell mit 8 TSV im Wareneingang bereitstellen		x	x		x	x	
10	JIT-Gestell und Uhrzeit in Wareneingangs-Kontrollliste eintragen		x	x		x	x	

Bedingungen		Ja =		Wege					
A	Teile i. O.?	0,995		J	J	J	N	N	N
B	Verkleidung i. O.?	0,990		J	N	N	J	N	N
C	Verkleidung nacharbeitbar?	0,700			J	N	–	J	N
Wege-Wahrscheinlichkeiten				0,98505	0,00697	0,00299	0,00495	0,00004	0,00002
Ablaufabschnitte		**min**	**min/TSV**	**Auftreten der Ablaufabschnitte bei den Wegen**					
1	Teile für 8 TSV durch Stücklistenauflösung reservieren	0,40	0,050	0,050	0,050	0,050	0,050	0,050	0,050
2	Teile für 8 TSV aus Lager entnehmen und prüfen	0,75	0,094	0,094	0,094	0,094	0,094	0,094	0,094
3	Teile sperren, Reklamationsmeldung erstellen und versenden	2,50	2,500				2,500	2,500	2,500
4	n. i. O.-Teile erneut aus dem Lager entnehmen und prüfen	0,75	0,750				0,750	0,750	0,750
5	TSV montieren und Endprüfung durchführen	19,00	19,000	19,000	19,000	19,000	19,000	19,000	19,000
6	TSV sperren, reklamieren	1,60	1,600			1,600			1,600
7	TSV nacharbeiten und Endprüfung durchführen	3,50	3,500		3,500			3,500	
8	TSV in JIT-Gestell stellen	0,25	0,250	0,250	0,250		0,250	0,250	
9	JIT-Gestell mit 8 TSV im Wareneingang bereitstellen	1,35	0,169	0,169	0,169		0,169	0,169	
10	JIT-Gestell und Uhrzeit in Warenausgangs-Kontrollliste eintragen	1,50	0,188	0,188	0,188		0,188	0,188	
Summe Sollzeiten je Weg				19,750	23,250	20,744	23,000	26,500	23,994
gewichtete Summe Sollzeiten je Weg				19,455	0,162	0,062	0,114	0,001	0,000
mittlere Grundzeit t_g				19,794					

Abbildung II-139 Beispiel für eine Prozessdokumentation mit einer Entscheidungstabelle, ohne und mit Zeitrechnung (unten)

3.6.4 Risikoanalysen

Risikoaspekte

Abläufe und Arbeitssysteme können unter verschiedenen Risikoaspekten betrachtet werden. Anders als in der Sicherheits- und Softwaretechnik haben im Industrial Engineering Fehlerbaumanalysen und Ereignisbaumanalysen[265] keine praktische Bedeutung. Unter Produktivitätsaspekten ist die Analyse von Fehler-Folgen-Risiken und der Prozessfähigkeit[266] am wichtigsten. In diesem Abschnitt werden deshalb zwei Risikoanalysen erläutert:

265 Die Ereignisbaumanalyse (DIN 25419) ist ein Verfahren, mit dem bei existierenden technischen Systemen mögliche Folgen auftretender Fehler zu ermitteln sind.

266 Wir behandeln die Analyse der Prozessfähigkeit hier unter dem Risikoaspekt mit, obwohl es keine Methode zur Ablauf- oder Prozessanalyse ist. Ungenügende Prozessfähigkeiten stellen Prozessrisiken dar, so dass dieses Thema an dieser Stelle »gut aufgehoben« ist.

1. FMEA: Ablaufanalyse zur Ermittlung von Fehlerrisiken in Abläufen und
2. Prozessfähigkeitsanalyse: Outputanalyse zur Ermittlung der Qualitätsrisiken von Arbeitssystemen.

Grundidee der FMEA

Unter einem Fehler-Folgen-Risiko versteht man das Risiko für das Auftreten ungeplanter, unerwünschter Ergebnisse. Seit den 1980er-Jahren werden solche Risiken mit einer einfachen Analysemethode erhoben, die als FMEA (= Failure Mode and Effects Analysis)[267] bezeichnet wird. Grundidee der FMEA ist, das Entstehen von Fehlern durch vorbeugende Gestaltungsmaßnahmen zu vermeiden, oder falls das nicht möglich ist, ihre Entdeckung zu erleichtern. Abbildung II-140 ist eine Übersicht zur FMEA-Prozesssprache zu entnehmen. Danach werden acht Sprachelemente verwendet.

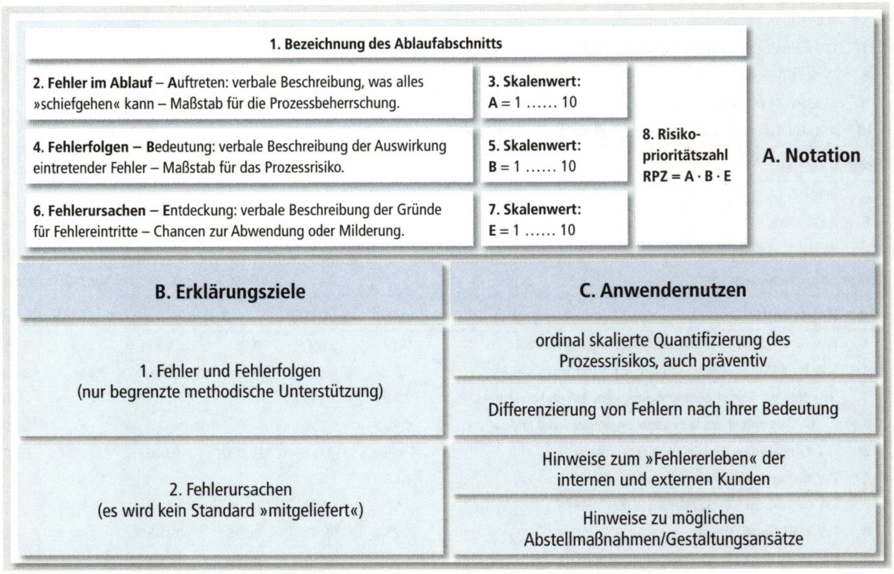

Abbildung II-140 FMEA-Prozesssprache

Prinzip der FMEA

Das Prinzip der FMEA ist Abbildung II-141 zu entnehmen. Sie besteht aus zwei Teilen, der Risikoanalyse und der Risikobewertung. Bei der *Risikoanalyse* geht man in drei Schritten vor:

1. Zu jeder Aufgabe bzw. jedem Ablaufabschnitt wird geprüft, was man falsch machen kann, was schief gehen könnte, welche Fehlhandlungen oder Fehloperationen entstehen könnten, aber auch, was aus der Vergangenheit bekannt ist, welche potenziellen Fehler man kennt.
2. Zu jedem potenziellen Fehler wird geprüft, zu welchen unerwünschten Resultaten er führen könnte, welches Wirkungspotenzial er besitzt, welche potenziellen Folgen aus seinem Auftreten resultieren.
3. Zu jeder potenziellen Folge wird geprüft, warum der Fehler überhaupt auftritt, welche Gründe es dafür geben könnte, welche potenziellen Ursachen sein Auftreten hat.

267 Die FMEA wird in ISO/TS 16949 und als Ausfalleffektanalyse in DIN EN 60812 behandelt. Es wird zwischen Produkt- und Prozess-FMEA unterschieden. Wir gehen hier nur auf die Prozess-FMEA ein.

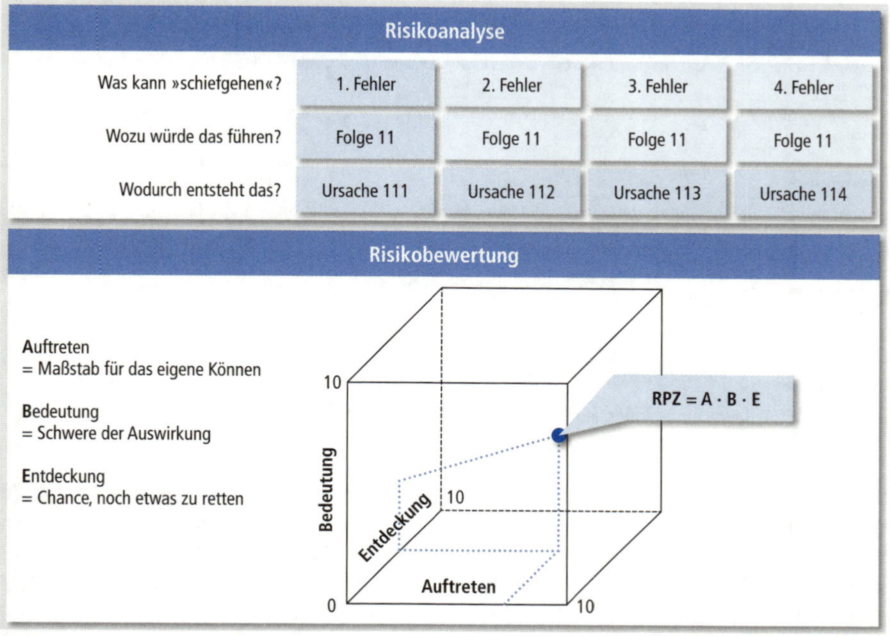

Abbildung II-141 Prinzip der FMEA

Bei der *Risikobewertung* werden drei Sachverhalte beurteilt (vgl. Abbildung II-142):[268]

Risikobewertung

1. Wie wahrscheinlich ist das Auftreten eines potenziellen Fehlers, wie hoch ist seine Auftretenswahrscheinlichkeit (A)? Hohe Wahrscheinlichkeiten sind ein Äquivalent für organisatorisches, technisches oder sonstiges Unvermögen.
2. Wie wahrscheinlich ist das Entdecken des Fehlers, welche Entdeckungswahrscheinlichkeit (E) besteht dazu? Fehler zu entdecken ist zwar der Produktivität abträglich, fatal wäre aber, wenn Fehler erst vom Kunden entdeckt würden.
3. Welche Wirkungen gehen von einer Folge aus, welche Bedeutung (B) hat sie? Es gibt Fehler, die unschön, aber verzeihlich sind. Es gibt aber auch unverzeihliche Fehler. Letztlich entscheidend ist also nicht der Fehler, sondern dessen Auswirkung, die Folge.

Abbildung II-142 ist zu entnehmen, dass diese drei Größen mit Hilfe einer zehnstufigen Bewertungsskala ordinal skaliert sind. Das (potenzielle) Risiko eines Fehlers wird quantifiziert, indem man das Produkt (A · B · E) bildet. Es wird als *Risikoprioritätszahl* (RPZ) bezeichnet.

268 Zur Kritik an diesem klassischen Ansatz zur Bildung der RPZ vgl. z. B. Braband, J.: Beschränktes Risiko. Mit neuem Ansatz zu verlässlichen Risikoprioritätszahlen. In: Qualität und Zuverlässigkeit, 53. Jg. (2008), Heft 2, S. 28–33.
Braband, J.: Mit Logik und Ratio. Mit neuem Ansatz zu verlässlichen Risikoprioritätszahlen. In: Qualität und Zuverlässigkeit, 53. Jg. (2008), Heft 6, S. 31–35.

P_A	Das **Auftreten** des Fehlers …
1	ist nahezu auszuschließen, wurde bei vergleichbaren Aufgaben nie beobachtet.
2	ist unwahrscheinlich, die Aufgabenerfüllung wird grundsätzlich beherrscht.
3	ist gering wahrscheinlich, die Aufgabenerfüllung wird überwiegend beherrscht.
4–6	ist gelegentlich zu beobachten, die Aufgabenerfüllung wird nur begrenzt beherrscht.
7–8	ist häufig zu beobachten, die Aufgaben werden nicht erfüllt.
9–10	ist ständig zu beobachten.

P_B	Die **Bedeutung** der Fehlerfolgen …
1	ist ohne Auswirkung auf das Ergebnis, Kunden bemerken die Folge vermutlich nicht.
2–3	ist unbedeutend und belästigt/stört Kunden nur geringfügig.
4–6	wird bei einigen Kunden zu Problemen bzw. zu Störungen der Prozesse führen.
7–8	ist erheblich, weil sich Kunden über eingeschränkte Leistungen ärgern, Vorschriften werden noch nicht verletzt.
9–10	ist gravierend, Vorschriften werden verletzt, finanzielle Schäden können beim Kunden und/ oder Leistungsersteller entstehen.

RPZ = A · B · E mit: RPZ ≤ 1 ≤ 1.000

P_E	Die **Entdeckung** des Fehlers …
1–2	erfolgt zwangsläufig, z. B. bei der folgenden Aufgabe.
3–4	erfolgt mit hoher Wahrscheinlichkeit, z. B. bei der folgenden Aufgabe.
5–6	ist vor Zugang zum Kunden nur noch durch gezielte Prüfungen möglich.
7–8	ist nicht mehr vor Zugang zum Kunden möglich, der ihn vermutlich bemerkt.
9	ist wahrscheinlich dem »normalen« Kunden nicht möglich, ggf. aber Sachverständigen.
10	ist nicht möglich, wird sich erst im Laufe der Zeit zeigen.

Abbildung II-142 Beispiel für FMEA-Bewertungsskalen zur Risikobetrachtung von Aufgaben

Die meisten potenziellen Fehler haben mehrere potenzielle Ursachen (vgl. Abbildung II-143). Zu jeder potenziellen Ursache interessieren wir uns für Verbesserungsmaßnahmen, die das Entstehen des Fehlers verhindern, zumindest aber abschwächen können. Im unteren Teil der Abbildung II-143 wird gezeigt, wie die Ausgangs-RPZ durch gestalterische Maßnahmen in eine niedrigere Rest-RPZ zu überführen, also das Fehlerrisiko zu minimieren ist. Die Differenz zwischen der Ausgangs- und Rest-RPZ ist ein Maßstab für die erreichbare Reduzierung des Fehlerrisikos. Die Rest-RPZ steht für das verbleibende Fehlerrisiko. Die FMEA ist wie die MTM-Prozessbausteinsysteme präventionsfähig: Verbesserungseffekte sind zu simulieren.

Bei der FMEA sollten alle Festlegungen mit Notizen begründet werden, weil sonst Vollständigkeit und Widerspruchsfreiheit, ohnehin schwer zu erreichen, nicht zu kontrollieren sind. Die FMEA wird gelegentlich wegen ihrer Inkonsistenz aufgrund der Multiplikation ordinal skalierter Daten und der eingeschränkten Objektivität und Reliabilität kritisiert. Dem ist nicht zu widersprechen. Dennoch ist sie eine akzeptable Technik für prophylaktische und korrektive Risikoanalysen. Für praktische Belange ist nicht entscheidend, ob eine RPZ 230 oder 180 beträgt, denn beide werden die meisten Anwender als zu hoch ansehen.

Beispiel

Aufgaben	1 Getriebe auf Bandwagen legen						
potenzielle Fehler	**potenzielle Folgen**	**potenzielle Ursachen**	**Prüfmaßnahmen**	**A**	**B**	**E**	**PRZ**
11. nicht passgenaues Aufsetzen des Getriebes auf den Bandwagen	111. Lackabrieb an Kupplungsglocke und Tragrohren	111.1 zu schnelles Absenken des Krans	Kupplungsglocke im Kraftsatz, Tragrohre in Endrüstung nachstreichen	10	3	7	210
		111.2 Schaukelbewegung des Krans beim Absenken	Kupplungsglocke im Kraftsatz, Tragrohre in Endrüstung nachstreichen	10	3	7	210
		111.3 ungenaues Ausrichten des Krans beim Absenken	Kupplungsglocke im Kraftsatz, Tragrohre in Endrüstung nachstreichen	10	3	7	210

Aufgaben	2 Schlagstelle für Fahrgestell-Nr. schleifen						
potenzielle Fehler	**potenzielle Folgen**	**potenzielle Ursachen**	**Prüfmaßnahmen**	**A**	**B**	**E**	**PRZ**
21. mit Flex beim Schleifen abrutschen	211. Zentrierrand für Motoranbau beim schleifen der Schlagstelle beschädigt	211.1 fehlende Werkzeugführung	keine	1	1	6	6
22. zu wenig Lack abschleifen	221. Farbreste verbleiben auf der Schlagstelle	221.1 zu kurze Schleifzeit	keine	6	5	4	120
		221.2 zu geringer Anpressdruck	keine				

Aufgaben	3 Gummimuffe mit Schlauchschellen über Saugleitung schieben						
potenzielle Fehler	**potenzielle Folgen**	**potenzielle Ursachen**	**Prüfmaßnahmen**	**A**	**B**	**E**	**PRZ**
31. falsches Entfernen des Stopfens an Saugleitung/Pumpe	311. Fremdstoffrückstand in Saugleitung/Pumpe	311.1 durch Schraubendreher abgelöste Kunststoffteile in Saugleitung/Pumpe	keine	5	5	3	75
	312. Metallspäne in Saugleitung/Pumpe	312.1 Span von innerer Rohroberfläche von Saugleitung/Pumpe abgehoben	keine	3	1	8	24
32. Stopfen von Saugleitung/Pumpe nicht entfernt	321. Hydraulikanlage ohne Funktion	321.1 Gummimuffe an Saugleitung montiert, ohne Stopfen zu entfernen	Starten des Fahrzeuges	4	8	3	96

1 Getriebe auf Bandwagen legen										
potenzielle Ursachen	**Prüfmaßnahmen**	**A**	**B**	**E**	**PRZ**	**Verbesserungsmaßnahmen**	**A**	**B**	**E**	**PRZ**
111.1 zu schnelles Absenken des Krans	Kupplungsglocke im Kraftsatz, Tragrohre in Endrüstung nachstreichen	10	3	7	210	langsame Schalterstufe des Krans benutzen, Aufnahmestellen mit Kunststoff belegen	1	1	7	7
111.2 Schaukelbewegung des Krans beim Absenken	Kupplungsglocke im Kraftsatz, Tragrohre in Endrüstung nachstreichen	10	3	7	210	Anschlag an Laufkatze anbringen, um das Getriebe mittig zu richten	4	3	7	84
111.3 ungenaues Ausrichten des Krans beim Absenken	Kupplungsglocke im Kraftsatz, Tragrohre in Endrüstung nachstreichen	10	3	7	210	Anschlag am Kran, in Abstimmung mit der Bandwagen-Arretierung	1	1	7	7

2 Schlagstelle für Fahrgestell-Nr. schleifen										
potenzielle Ursachen	**Prüfmaßnahmen**	**A**	**B**	**E**	**PRZ**	**Verbesserungsmaßnahmen**	**A**	**B**	**E**	**PRZ**
211.1 fehlende Werkzeugführung	keine	1	1	6	6	Aufsteckvorrichtung an der Flex anbringen	1	1	6	6
221.1 zu kurze Schleifzeit	keine	6	5	4	120	Arbeitsanweisung um diesen Sachverhalt ergänzen	1	1	4	4
221.2 zu geringer Anpressdruck	keine									

3 Gummimuffe mit Schlauchschellen über Saugleitung schieben										
potenzielle Ursachen	**Prüfmaßnahmen**	**A**	**B**	**E**	**PRZ**	**Verbesserungsmaßnahmen**	**A**	**B**	**E**	**PRZ**
311.1 durch Schraubendreher abgelöste Kunststoffteile in Saugleitung/Pumpe	keine	5	5	3	75	Stopfen mit größerem Rand verwenden	1	1	3	3
312.1 Span von innerer Rohroberfläche von Saugleitung/Pumpe abgehoben	keine	3	1	8	24	Stopfen mit größerem Rand verwenden	1	1	8	8
321.1 Gummimuffe an Saugleitung montiert, ohne Stopfen zu entfernen	Starten des Fahrzeuges	4	8	3	96	Arbeitsanweisung ergänzen um: Stopfen erst zu Beginn der Leitungsmontage beziehen	1	1	3	3

Abbildung II-143 Beispiel (Ausschnitt) für eine FMEA von Aufgaben (oben: Ist-Zustand; unten: geplante Verbesserungsmaßnahmen)

Prozessfähigkeit

Der zweite Risikoaspekt ist, dass Arbeitssysteme nicht fähig sein können, erforderliche Qualitätsergebnisse zu erreichen. Als *Prozessfähigkeit* wird das Vermögen eines Arbeitssystems bezeichnet, mit gegebener Wahrscheinlichkeit vorgegebene Grenzwerte (Spezifikationen, Toleranzgrenzen) eines relevanten (attributiven oder variablen) Qualitätsmerkmals nicht zu überschreiten. Abbildung II-144 ist im oberen Bildteil zu entnehmen, was ein instabiler Prozess ist und dass dieser nicht fähig sein kann (1. Phase). Erst wenn ein Prozess stabil (beherrscht, statistisch unter Kontrolle) ist, also zu gleichbleibenden und vorhersagbaren Ergebnissen führt, ist die Voraussetzung erfüllt, dass er fähig werden kann (2. und 3. Phase).

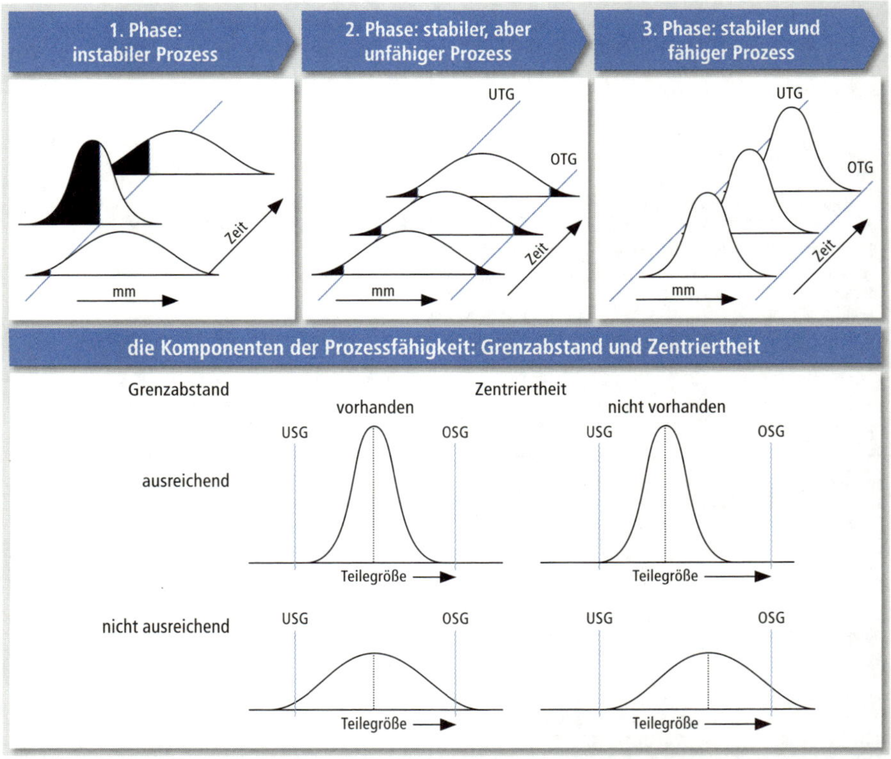

Abbildung II-144 Begriff der Prozessfähigkeit am Beispiel eines metrisch skalierten Qualitätsmerkmals

In Abbildung II-144 wird im unteren Bildteil dargestellt, dass bei einem fähigen Prozess ein ausreichender Grenzabstand zwischen den Toleranz- oder Spezifikationsgrenzen und den kontrolliert streuenden Prozessergebnissen bestehen muss. Dazu muss ein ausreichender Grenzabstand zwischen Ergebnisstreuung und Spezifikationsgrenze bestehen, und der Prozess-Mittelwert muss toleranzzentriert sein. Ferner geht man davon aus, dass es sich um ein relevantes Qualitätsmerkmal handelt, das einem bei Folgeoperationen ggf. Probleme bereiten kann oder das im Kundenfokus steht.

Die Prozessfähigkeit wird rechnerisch mit Hilfe des *Prozessfähigkeitsindexes* c_{pk} bestimmt.[269]

269 Auf die Behandlung attributiver Merkmale und nicht angenähert normalverteilter Merkmalswerte gehen wir hier nicht ein. Vgl. dazu z. B. bei Jahn, W.; Braun, L.: Praxisleitfaden Qualität. München: Hanser, 2006.

$$c_{pk} = \frac{\min\{\mu - USG; OSG - \mu\}}{3\sigma}$$

Darin sind:

c_{pk}	Fähigkeitsindex des Prozesses
μ	Prozess-Mittelwert
σ	Prozess-Standardabweichung
USG	untere Spezifikations- oder Toleranzgrenze
OSG	obere Spezifikations- oder Toleranzgrenze

1. Ist $c_{pk} = 1$ (sog. 3-σ-Fähigkeit), beträgt die Wahrscheinlichkeit[270], dass ein innerhalb der Toleranzgrenzen liegendes Ergebnis (z.B. ein Ausschussteil) vorkommt, 100 % – (100 % – 99,87 %)/2 = 99,73 %. Die Wahrscheinlichkeit, dass ein außerhalb dieser Grenzen liegendes Ergebnis anfällt, beträgt 0,27 %. Bei einer Prozessfähigkeit von $c_{pk} = 1$ ist die Chance für das Vorkommen eines Ausschussteils 1 : 370.
2. Ist $c_{pk} = 1{,}33$ (sog. 4-σ-Fähigkeit), beträgt diese Wahrscheinlichkeit 99,997 %, die Gegenwahrscheinlichkeit also 0,003 %. Die Chance für das Vorkommen eines Ausschussteils ist dann 1 : 33.333.[271]

Beispiel:

USG	160 Nm
OSG	180 Nm
μ	168 Nm (geschätzt mit Hilfe des arithmetischen Mittelwertes $\bar{x}$)
s	2,5 Nm (geschätzt mit Hilfe der Standardabweichung s)

$$c_{pk} = \frac{168-160}{3 \cdot 2{,}5} = \frac{8}{7{,}5} = 1{,}07$$

Wie hoch man eine Prozessfähigkeit ansetzt, hängt von den Kundenanforderungen, den an sich selbst gestellten Anforderungen und den technischen, organisatorischen und wirtschaftlichen Möglichkeiten ab. Es gibt Branchen, in denen man sich bei zweitrangigen Qualitätsmerkmalen mit 3-σ-Fähigkeiten begnügt, andere, in denen 4-σ-Fähigkeiten gefordert und auch 5-σ-Fähigkeiten diskutiert werden. Wie hoch man Soll-Prozessfähigkeiten auch ansetzt, stets sind drei Fakten zu beachten:

1. Arbeitssysteme, deren Fähigkeiten unbekannt sind, bergen unkalkulierbare Risiken.
2. Die Akzeptanz geringer Prozessfähigkeiten bei Arbeitssystemen, zu denen kundenkritische Qualitätsmerkmale vorliegen, ist fahrlässig.
3. Je höher die Prozessfähigkeit ist, desto geringer ist der Ausschuss und desto höher ist die Arbeitssystem-Produktivität.

---

270 Die Wahrscheinlichkeit zu den μ-Faktoren sind Tabellen mit den Integralgrenzen zur Standard-Normalverteilung (μ-Verteilung) zu entnehmen, die jedem Statistik-Lehrbuch zu entnehmen sind.

271 Um sich diese Daten zu verdeutlichen, sollte man sie auf Tagesproduktionen beziehen. Liefert man z. B. an einen Kunden täglich 300 Teile aus, erhält dieser bei $c_{pk} = 1$ nahezu täglich ein Ausschussteil. Bei $c_{pk} = 1{,}33$ wären es alle ca. 110 Tage.

3.6.5 Flowchart- und Blockdiagramm-Darstellungen

Es gibt etwa 10 verschiedene Varianten an Flowchart-Darstellungen. Diese unterscheiden sich z. B. darin, dass

- Ablaufabschnitte in den grafischen Symbolen oder in einer separaten Legende beschrieben werden[272] oder
- Aufgabenträger in den Ablaufabschnittssymbolen oder als Überschriften von Ordnungsspalten oder -zeilen geführt[273] werden.

A. Notation: Elemente und deren Darstellung im Flowchart	
1. **Prozessbezeichnung:** Aufgabe, für deren Erfüllung der Prozess steht	keine
2. **Arbeitsquelle:** Ereignis, das den Prozess auslöst	Lieferabruf des Kunden
3. **Arbeitssenke:** Ereignis, mit dem der Prozess bzw. ein Prozesszweig endet	Versandbereites JIT-Gestell
4. **Aufgabe (Ablaufabschnitt):** Aufgabenbezeichnung, Aufgabenträger, Aufgabeninhalt, Zeitbedarf	3 | Kommissionierung | 2,5 Teile sperren, Reklamationsmeldung erstellen und versenden
5. **Arbeitsergebnis:** nach der letzten in einem Arbeitssystem erfüllten Aufgabe entstehendes Resultat (Schnittstellenergebnis)	montierte TSV
6. **ODER-Teilung, ODER-Zusammenführung:** Entweder-oder-Verzweigung mit Ausgangwahrscheinlichkeiten und Rücksprungstelle	Teile i. O.?
7. **UND-Teilung, UND-Zusammenführung:** Sowohl-als-auch-Verzweigung und Rücksprungstelle	
8. **Dokumentationsabbruch:** Stelle, von der an man an einer weiteren Dokumentation nicht mehr interessiert ist	
9. **Reflektor:** Verweis, unter welchem Titel ein Prozess an anderer Stelle als eigener Ablauf dokumentiert wird	Lagereingang
10. **Ablauf-Unterbrechung:** zeitliche Unterbrechung, nach Ende des Unterbrechungsanlasses wird der Prozess fortgesetzt	härten: 30 min
11. **Konnektor:** Abschluss-Anschluss-Marke bei z. B. Seitenumbrüchen	A A

B. Erklärungsziele	C. Anwendernutzen
1. hochgradig reproduzierbare Beschreibung des Prozesses	je höher die Granularität, desto höher die Reproduzierbarkeit
	keine logischen (aber inhaltliche) Interpretationsspielräume
2. Ausweis von Verbesserungsansätzen	längste Wege durch das Chart zeigen die Prioritäten
	zum Abbruch führende ODER-Teilungen an Prozessanfang legen

Abbildung II-145 Flowchart-Prozesssprache

272 Das hat Vorteile bei komplexen Prozessen. Bei komplexen Prozessen stellt sich allerdings stets die Frage, ob diese nicht – wie in Abbildung II-135 dargestellt – durch Kaskadierung in ihrer Komplexität zu reduzieren sind.

273 Das ist bei Präsentationen relevant, insbesondere bei Prozessen, in denen die Aufgabenträger häufig wechseln.

Abbildung II-145 ist eine Übersicht zur Flowchart-Prozesssprache zu entnehmen. Zu den 12 Sprachelementen sind

1. in der zweiten Spalte die Syntax[274] und
2. in der ersten Spalte deren Semantik angeführt.

Abbildung II-145 ist ferner zu entnehmen, dass die Chartdarstellung zu sehr präzisen Prozessdokumentationen führt. Das heißt jedoch nicht, dass man sie von vorn herein präferieren sollte, weil es Aufgabenstellungen gibt, in denen gar keine hochgradig granulare Prozessdokumentation erforderlich ist, z. B. wenn es primär um die Ermittlung von Stück- oder Durchlaufzeiten geht. Das wäre mit einer Zeilenanalyse (MTM-Analyse) oder einer Entscheidungstabelle einfacher und übersichtlicher zu lösen. Zudem ist zu bedenken, dass Flowcharts, Entscheidungstabellen oder Wertstromcharts mit Zeiten zu versorgen sind, während bei MTM-Analysen die Zeitversorgung »automatisch« (methodenimmanent) erfolgt. Deshalb sollte man zuerst die eigenen Anforderungen an Prozessdokumentationen definieren und sich dann erst für eine Darstellungsform entscheiden.

In Abbildung II-136 werden Flowchart- und Blockdiagramme sowohl der intrasystemischen als auch der intersystemischen Sicht zugeordnet:

1. Sie werden sowohl zur Analyse und Dokumentation von Abläufen verwendet, wenn auch weniger häufig, als auch
2. zur Analyse und Dokumentation von Prozessen, wozu sie von ihrer Prozesssprache her auch ausgelegt sind.

Flowchart-Darstellungen

Mit ihnen sind auch Zeitanalysen durchzuführen (allerdings nicht im Chart, sondern in separaten Tabellen), sofern man das Element Nr. 4 mit Zeiten und das Element Nr. 6 mit Mengen bzw. Häufigkeiten versorgt (vgl. in Abbildung II-145). In der Möglichkeit der Zeitanalyse liegt jedoch nicht der wesentliche Vorzug dieser Methode. Der wesentlichste Vorteil von *Flowchart-Darstellungen* ist, dass auch komplexe Prozesse sehr detailliert, verständlich und übersichtlich zu dokumentieren sind.

Bei dem in Abbildung II-146 und in den folgenden Abbildungen angeführten Beispiel löst ein Lieferabruf des Kunden einen Montageprozess in einem Modulcenter des Lieferanten aus.

1. Aufgaben 1–4: In der Kommissionierung werden Teile dem Lager entnommen, fehlerhafte Teile in ein Sperrlager gestellt, schriftlich reklamiert und durch andere Teile ersetzt. Die kommissionierten Teile gehen in die Montage.
2. Aufgaben 5–8: Die Türseitenverkleidungen (TSV) werden montiert und geprüft. Fehlerhafte TSV werden nachgearbeitet. Ist das nicht möglich, gehen sie an die Kommissionierung zurück, werden der Montage belastet (schriftlich reklamiert) und in ein Sperrlager gestellt. Die Gutteile gehen ins Warenausgangslager.
3. Aufgaben 9–10: Im Warenausgangslager werden die TSV erfasst und versandbereit gemacht.

Die erzielten Arbeitsergebnisse werden an den Arbeitssystem-Schnittstellen (vgl. Element Nr. 5 in Abbildung II-145) dokumentiert. Damit ist schnell zu erkennen, welche Wertschöpfungsfortschritte von Arbeitssystem zu Arbeitssystem erzielt werden. Die Ablaufabschnitte enthalten Sollzeiten. Den ODER-Teilungen sind die Ausgangswahrscheinlichkeiten zu entnehmen, so ist z. B. der Anfall eines relativ geringen Ausschusses zu erkennen. Damit liegen die notwendigen Daten zur Ermittlung von Sollzeiten vor. Zu beachten ist, dass den Ablaufabschnitten unterschiedliche Bezugsgrößen zu Grunde liegen:

274 Es gibt darüber hinaus noch weitere dokumentierbare Sachverhalte, die bei Aufgabenstellungen im Industrial Engineering jedoch nur selten vorkommen und auf deren Darstellung hier verzichtet wird.

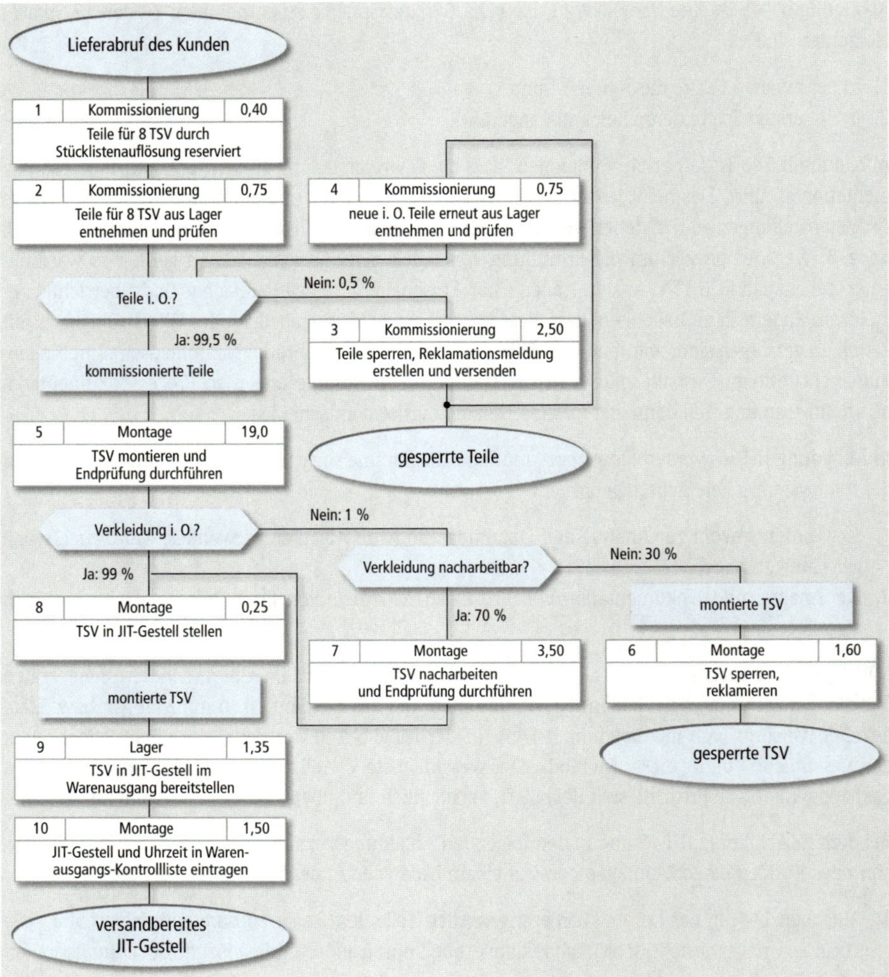

Abbildung II-146 Beispiel für eine Prozessdokumentation als Flowchart (TSV = Türseitenverkleidung; JIT = Just in Time)

- Ein JIT-Gestell enthält acht TSV.
- Eine TSV besteht aus mehreren Verbauteilen.
- Ein Verbauteil besteht aus mehreren Teilen.

TiCon® Prozess-Designer

Der in Abbildung II-146 angeführte Prozess wird in Abbildung II-147 in eine unter TiCon® verwendete Flowchart-Darstellung überführt, den *Prozess-Designer*. Hier werden die Aufgabenträger (Arbeitssysteme, Organisationseinheiten) nicht in die Aufgabenkästchen eingetragen, sondern als Aufgabenträgerspur geführt. Der »Kommissionierungsspur« sind alle beim Kommissionieren anfallenden Aufgaben, Teilungen und Zusammenführungen zu entnehmen; in der darunter angeordneten »Montagespur« deren Vorkommnisse etc.

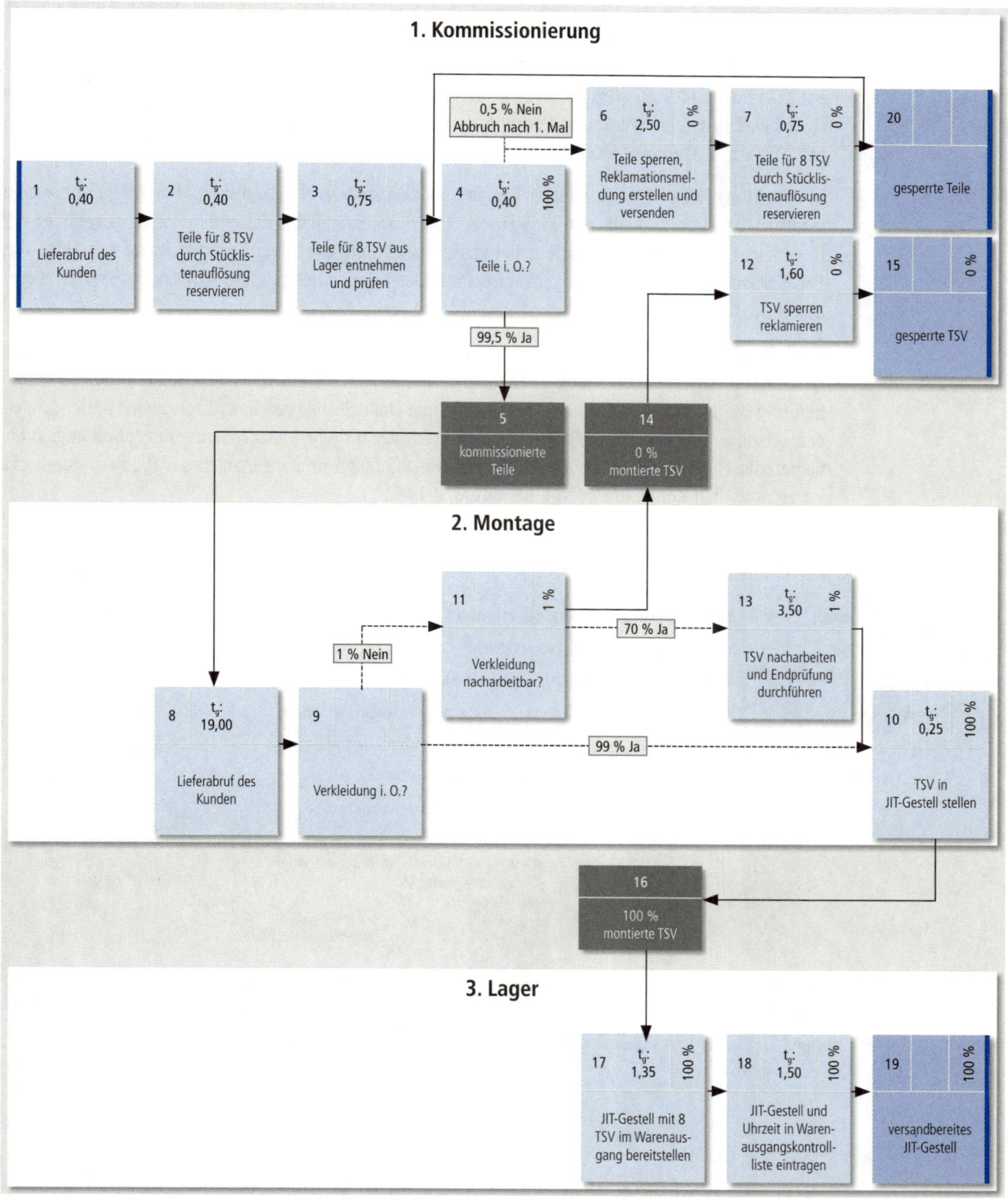

Abbildung II-147 Beispiel für eine Prozessdokumentation nach dem Prozess-Designer (TiCon®)

Auf den Ausweis der Arbeitsergebnisse an den Schnittstellen (vgl. Element 5 in Abbildung II-145) wurde bei dem überschaubaren Beispiel verzichtet. Ein Wechsel der Aufgabenträgerspur steht für eine Schnittstelle, so dass, anders als bei der in Abbildung II-146 angeführten Darstellung, auch die dabei übergebenen Arbeitsergebnisse zu erkennen sind. Bei komplexeren Prozessen werden mit dem

Prozess-Designer auch Arbeitsergebnisse an den Schnittstellen dokumentiert. In den Aufgabenkästchen (vgl. Element 4 in Abbildung II-145) wird im unteren Teil ebenfalls die Aufgabe bezeichnet und im oberen Teil die Ordnungsnummer und die Sollzeit eingetragen. Der Eintrag des Aufgabenträgers entfällt und stattdessen wird die Wahrscheinlichkeit des Vorkommens in Prozent ausgewiesen. Die Aufgabe »TSV nacharbeiten und Endprüfung durchführen« kommt bei 0,7 % aller TSV vor, nämlich bei 70 % von 1 % von 99,5 %.

Blockdiagramm

In Abbildung II-148 ist das gleiche Beispiel als *Blockdiagramm* dargestellt. Blockdiagramme sind tabellarische Umsetzungen von Flowcharts. Die Blockdarstellung hat einen Vorteil gegenüber der Flowchart-Darstellung: Durch die zeilenweise Darstellung der Ablaufstruktur ist sie mit Hilfe von Tabellenkalkulationen gut weiterzuverarbeiten. Das ist auch der primäre Anwendungszweck dieser Methode.

Blockdiagramme führen zwar zu kompakten Darstellungen, haben gegenüber Flowcharts aber zwei Einschränkungen. Die Reihenfolge der Ablaufabschnitte ist nicht mehr in jedem Fall genau zu erkennen und die technischen Grenzen der Querformat-Darstellung (von links nach rechts laufend) werden offenbar. Je mehr ODER-Teilungen auftreten, desto mehr Platzprobleme entstehen angesichts begrenzter Darstellungsbreite. Bei Flowchart-Darstellungen umgeht man dieses Problem durch das Verwenden von Konnektoren (vgl. Abbildung II-145).

<table>
<tr><th>Zeile</th><th>Aufgabenträger</th><th colspan="7">Ablaufstruktur</th><th>Zeit min</th><th>Quelle, Senke</th></tr>
<tr><td>1</td><td>Kommissionierung</td><td colspan="7">Teile für 8 TSV durch Stücklistenauflösung reservieren</td><td>0,40</td><td>Lieferabruf Kunde</td></tr>
<tr><td>2</td><td>Kommissionierung</td><td colspan="7">Teile für 8 TSV aus Lager entnehmen und prüfen</td><td>0,75</td><td></td></tr>
<tr><td>3</td><td>Montage</td><td rowspan="8">prüfen: Teile i. O.?</td><td>J = 0,995</td><td colspan="5">TSV montieren und Endprüfung durchführen</td><td>19,00</td><td></td></tr>
<tr><td>4</td><td>Kommissionierung</td><td rowspan="7">N</td><td colspan="5">Teile sperren, Reklamationsmeldung erstellen und versenden</td><td>2,50</td><td>gesperrte Teile</td></tr>
<tr><td>5</td><td>Kommissionierung</td><td colspan="5">n. i. O.-Teile erneut aus dem Lager entnehmen und prüfen</td><td>0,75</td><td></td></tr>
<tr><td>6</td><td>Montage</td><td rowspan="5">prüfen: Verkleidung i. O.?</td><td rowspan="3">J = 0,99</td><td colspan="3">TSV in JIT-Gestell stellen</td><td>0,25</td><td></td></tr>
<tr><td>7</td><td>Lager</td><td colspan="3">JIT-Gestell mit 8 TSV im Wareneingang bereitstellen</td><td>1,35</td><td></td></tr>
<tr><td>8</td><td>Lager</td><td colspan="3">JIT-Gestell und Uhrzeit in Warenausgangs-Kontrollliste eintragen</td><td>1,50</td><td>versandbereites JIT-Gestell</td></tr>
<tr><td>9</td><td>Montage</td><td rowspan="2">N</td><td rowspan="2">prüfen: Verklei-dung nachar-beitbar?</td><td>J = 0,70</td><td>TSV nacharbeiten und Endprüfung durchführen</td><td>3,50</td><td></td></tr>
<tr><td>10</td><td>Kommissionierung</td><td>N</td><td>TSV sperren, reklamieren</td><td>1,60</td><td>gesperrte TSV</td></tr>
</table>

Abbildung II-148 Beispiel für eine Prozessdokumentation als Blockdiagramm

3.7 Gestaltung und Management von Prozessen

3.7.1 Gestaltungsfelder

Den vier *Gestaltungsfeldern* und Prüffragen aus Abbildung II-149 ist zu entnehmen, worauf Prozessgestaltung hauptsächlich abzielt. Bei spezifischen Prozessen (z. B. Inbetriebnahmen erstellter Anlagen) können darüber hinausgehende Sachverhalte (z. B. rechtliche, kundenbedingte und sicherheitstechnische Aspekte) relevant sein.[275] Bei den beiden ersten Gestaltungsfeldern geht es um allgemeine, über den einzelnen Prozess hinausgehende Sachverhalte. Bei den beiden anderen Gestaltungsfeldern werden nur für den betrachteten Prozess geltende Aspekte angeführt. Dabei werden aufgaben-, arbeitssystemspezifische und logistische Sachverhalte ausgeklammert. Diese werden vertieft in Teil III, Kapitel 5 und 6 behandelt. Die Gestaltung von Prozessen fällt in der zweiten PEP-Phase, bei der Prozessplanung, und in der dritten Phase an, bei der Prozessverbesserung.

Gestaltungsfelder

Gestaltungsfelder	Prüffragen
1 Prozessergebnisse	11 Liegen Zielformulierungen zum Prozessoutput vor?
	12 Haben diese Zielformulierungen einen Einfluss auf das tagesgeschäftliche Handeln?
	13 Sind die zum Prozess geltenden Kundenanforderungen bekannt?
	14 Werden die Kundenbewertungen auf den Prozess reflektiert?
2 Prozessmanagement	21 Ist der Prozess als Kernprozess anzusehen?
	22 Ist der Prozess als erfolgskritisch anzusehen?
	23 Ist der Prozess so dokumentiert, dass daraus der Wertschöpfungsbeitrag abzuschätzen ist?
	24 Ist die Prozessbesitzerschaft geregelt?
	25 Ist den Mitarbeitern der Zweck und die Kostenrelevanz ihres Handelns bewusst?
	26 Sind die Zuständigkeiten an den Prozessschnittstellen geregelt?
	27 Wird in einem gesamtheitlichen Reporting über die Prozessergebnisse berichtet (OEE)?
	28 Gibt es Reaktionen auf diese Ergebnisse?
3 Prozesseffektivität	31 Ist der Prozess mit anderen Prozessen verknüpft und dabei zeitkritisch?
	32 Gibt es Möglichkeiten, durch Aufgabenausweitung Schnittstellen zu vermeiden?
	33 Sind Verantwortung und Kompetenzen, bis hin zur Stopp-Kompetenz, im Prozess geregelt?
	34 Können Prozessschritte zusammengefasst, extern verlagert oder eliminiert werden?
	35 Können zum Prozessabbruch führende ODER-Verzweigungen an den Prozessbeginn gelegt werden?
	36 Ist es zweckmäßig, Prozessvarianten nach dem Triageprinzip zu etablieren?
	37 Gibt es eine geregelte Müllabfuhr, durch die Überflüssiges ausgesondert wird?
	38 Ist die Unterscheidung zwischen Standard- und Sondervorfällen geregelt?
4 Prozesseffizienz	41 Sind mögliche Fehlhandlungen und deren Folgen bekannt?
	42 Ist der Prozess auf relevante Fehlhandlungen hin abgesichert?
	43 Ist bekannt, ob bzw. inwieweit der Prozess fähig ist?
	44 Kann durch Mengenteilung eine Parallelisierung und Reduzierung der Durchlaufzeit erreicht werden?
	45 Eröffnet eine Vertikalbetrachtung, über die Ablaufwege hinweg, eine Durchlaufzeitreduzierung?
	46 Zeigt eine ABC-Analyse (Horizontalbetrachtung) Ansätze zur Durchlaufzeitreduzierung?

Abbildung II-149 Gestaltungsfelder und Prüffragen zur Prozessgestaltung

275 Vgl. z. B. Stöger, R.: Prozessmanagement. Qualität, Produktivität, Konkurrenzfähigkeit, 2. Auflage. Stuttgart: Schäffer-Poeschel, 2009, S. 35 f.

3.7.2 Prozessergebnisse und Prozessmanagement

Prozessergebnisse

Beim ersten Gestaltungsfeld geht es um den richtigen »Einstieg« in den Prozess. Dazu sind Ziele zum Prozessoutput, den *Prozessergebnissen*, festzulegen. Diese können qualitativer (z. B. »Kundenänderungen auch während der Auftragsabwicklung noch berücksichtigen können«) oder quantitativer Art sein (z. B. »30 Stück bis 15 Uhr versandbereit stellen«). Haben Ziele eine so geringe Akzeptanz, dass sie im Tagesgeschäft ohne Belang sind, taugen entweder die Ziele nichts oder man hat ein grundlegendes Umsetzungsproblem. An Prozessergebnisse gerichtete Kundenforderungen sind systematisch zu reflektieren und in die Prozessgestaltung einzubeziehen. Ferner ist zu prüfen, ob man über notwendige Kernkompetenzen und Prozessfähigkeiten wirklich verfügt.

Prozessmanagement

Beim zweiten Gestaltungsfeld geht es um das *Prozessmanagement* und zweckmäßige organisatorische Prinzipien.[276] Zuerst ist zu klären, ob ein Kernprozess oder ein erfolgskritischer Prozess (vgl. dazu Abschnitt 3.5.2) vorliegt. Bei erfolgskritischen Prozessen sind besondere Maßstäbe anzulegen und die Toleranzschwelle muss besonders niedrig sein. Nur wenn komplexe Prozesse anschaulich dokumentiert werden, ist qualifiziert abzuschätzen, ob und in welchem Ausmaß Wertschöpfungsdefizite vorliegen. Wichtig ist die *Prozesseignerschaft* zu klären, d. h. jene Personen zu finden oder zu benennen, die so weitreichende Kompetenzen und Verantwortungen besitzen, dass sie das Prozessergebnis und die Prozessverbesserung zu vertreten haben.

Auf einen wichtigen Sachverhalt zielt die Prüffrage 25. Ist den Mitarbeitern nicht klar, warum sie einer bestimmten Methode folgen sollen und welche Kostenrelevanz ihr Handeln hat, besteht in Notfallsituationen die Gefahr, dass sie das Falsche tun. Bei den Zuständigkeiten an den Prozessschnittstellen (z. B. ob Bringschuld oder Holschuld gilt) geht es um einen erfahrungsgemäß neuralgischen Punkt. Liegen hier Unklarheiten vor, entstehen früher oder später Konflikte zwischen den Beteiligten.

Eine weitere Frage zielt auf das Ergebnisreporting, den periodischen Bericht über den Prozessoutput. Ergebnisdaten müssen zeigen, wo die Stärken und Schwächen des Prozesses liegen.

3.7.3 Prozesseffektivität und Prozesseffizienz

Prozesseffektivität

Beim Gestaltungsfeld *Prozesseffektivität* geht es darum, das Richtige zu tun. Ist der betrachtete Prozess mit anderen verknüpft und zeitkritisch, schränkt das zwar die Gestaltungsmöglichkeiten ein, ist aber ein Grund, auf eine Verkürzung der Durchlaufzeit[277] hinzuarbeiten. Die Prüffragen 32 bis 34 zielen auf Aufgabenerweiterungen und -bereicherungen, also auf arbeitsorganisatorische Aspekte.[278] Bei Prüffrage 35 geht es um das Vermeiden von Verschwendung. Treten in der Mitte oder am Ende eines Prozesses ODER-Verzweigungen auf, die zum Prozessabbruch führen können (z. B. Fehler, die Ausschuss bedeuten), sind Bearbeitungskosten aufgelaufen, die man vermieden hätte, wenn die zu dieser Verzweigung führende Prüfung am Anfang erfolgte. Bei Prüffrage 36 geht es darum, unterschiedliche Typen von Geschäftsvorfällen problemadäquat und dadurch zeitsparend zu behandeln. Beispielsweise könnte man Wareneingangsprüfungen geringwertiger, einfacher Teile anders als die von hochwertigen, komplexen Teilen behandeln und über die Klassifizierung der Eingangsgüter zu einer Differenzierung der Prozesse gelangen. Ein häufiges Übel ist die in Frage 37 angesprochene »ge-

276 Diese Aspekte werden vertieft im Teil IV, Kapitel 2 behandelt. Dort geht es auch um Fragen, die hier der Übersichtlichkeit halber nicht angeführt sind, jedoch einen wesentlichen Einfluss auf das Prozessmanagement haben, wie z. B. die Leitungsspannen der Prozessbesitzer.

277 Die Ermittlung von Durchlaufzeiten wird im Abschnitt 4.3 ausführlich behandelt.

278 Vgl. dazu Teil III, Abschnitt 6.3.

regelte Müllabfuhr«, also ein typischer 5-S-Aspekt (vgl. Teil IV, Abschnitt 3.6.1). Prüffrage 38 zielt darauf, Ablaufstandards zu schaffen und auf Varianten oder Sonderfälle erst abschließend einzugehen.

Prozesseffizienz

Bei der *Prozesseffizienz* geht es um die Prüfung, ob man etwas richtig tut. Die Prüffragen 41 und 42 betreffen die im Abschnitt 3.6.4 erläuterten Risiken. Prüffrage 44 zielt auf eine einfache, meist kostenneutrale Möglichkeit der Durchlaufzeitreduzierung, die Mengenteilung. Bei den beiden letzten Prüffragen geht es um Effizienzverbesserungen in zwei Richtungen:

1. Vertikalbetrachtung des Prozesses über die Wege.
2. Horizontalbetrachtung des Prozesses über die Aufgaben.

Bei der Vertikalbetrachtung über die Wege werden die »logischen Aufgabenketten« analysiert, also der Prozess in seine Wege »zerlegt« und die Sollzeiten je Weg ermittelt (vgl. Abbildung II-150, oben). Im Beispiel hat der erste Weg mit 6,30 min die höchste häufigkeitsgewichtete Wege-Sollzeit. Daraus ergeben sich zwei Folgerungen:

- Bei mehr als der Hälfte aller Geschäftsvorfälle wird der erste Weg durchlaufen. Seine »wegespezifische« Zeit beträgt $t_{w1} = 12$ min. Da er aber bei nur etwa jedem zweiten Geschäftsvorfall auftritt, trägt er zur Grundzeit von 13,45 min nur $0{,}525 \cdot 12$ min = 6,30 min (ca. 47 %) bei.
- Dieser Weg bindet am stärksten Ressourcen. Deshalb bieten sich die Aufgaben 1 und 4 zur Gestaltung an.
- Man könnte auch die Ausgangswahrscheinlichkeit $B_1 = 30\,\%$ erhöhen. Bei z. B. $B_1 = 40\,\%$ würden $f_{w1} = 0{,}45$ und t_{w1} nur noch 4,5 min betragen.

Bei der Horizontalbetrachtung über die Aufgaben wird der Ablauf einer Paretoanalyse unterzogen, um jene Aufgaben zu identifizieren, bei denen sich Reduzierungen des Ressourceneinsatzes am ehesten lohnen.

- Aufgabe Nr. 2 ist mit einer Sollzeit von 6 min am zeitaufwändigsten, tritt jedoch nur beim Weg (3) bzw. bei 25 % aller Geschäftsvorfälle auf. Ihre gewichtete Sollzeit beträgt deshalb nur 1,50 min.
- Dagegen beträgt die Sollzeit der Aufgabe Nr. 6 nur 4 min. Sie tritt jedoch auf allen drei Wegen bzw. jedem Geschäftsvorfall auf, so dass sie eine hohe Priorität hat.

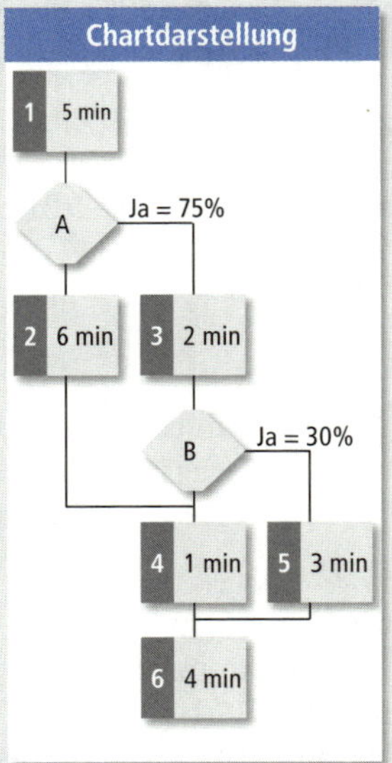

Entscheidungstabelle: Vertikalbetrachtung

		(1)	(2)	(3)
A	Ja = 0,75	Ja	Nein	Nein
B	Ja = 0,30	Nein	Ja	–
	f_{wi}	0,525	0,225	0,250
1	5 min	×	×	×
2	6 min			×
3	2 min	×	×	
4	1 min	×		×
5	3 min		×	
6	4 min	×	×	×
	f_{wi}	12 min	14 min	16 min
	$f_{wi} \cdot f_{wi}$	6,30 min	3,15 min	
	T		13,45 min	

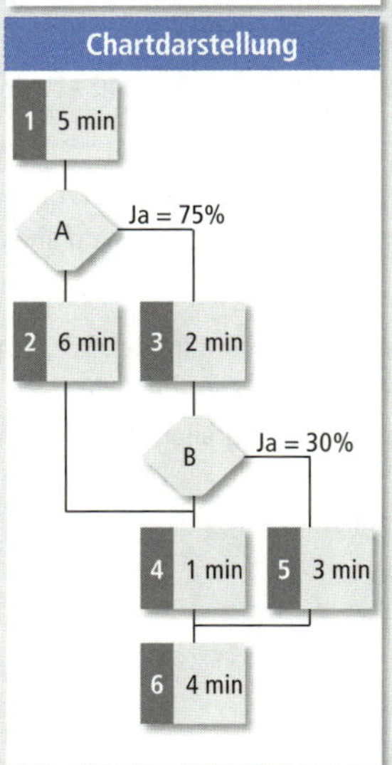

Entscheidungstabelle: Horizontalbetrachtung

		(1)	(2)	(3)	Summe
A	Ja = 0,75	Ja	Nein	Nein	
B	Ja = 0,30	Nein	Ja	–	
	f_{wi}	0,525	0,225	0,250	
1	5 min	2,63	1,13	1,25	5,01
2	6 min			1,50	1,50
3	2 min	1,05	0,45		1,50
4	1 min	0,53		0,25	0,78
5	3 min		0,68		0,68
6	4 min	2,10	0,90	1,00	4,00

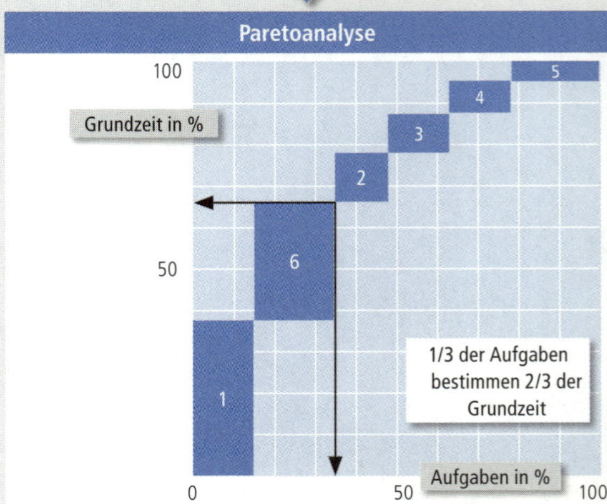

Abbildung II-150
Vertikalbetrachtung zur Identifikation verbesserungsrelevanter Ablaufwege (oben) und Horizontalbetrachtung zur Identifikation verbesserungsrelevanter Aufgaben

3.8 Wertstromanalyse und Wertstromgestaltung

3.8.1 Grundlagen

Wertschöpfungskette

Im Teil I, Abschnitt 2.5.2 wurden der Wertschöpfungsbegriff und das Konzept der Wertschöpfungskette erläutert. In Form von Wertschöpfungsketten werden komplexe Unternehmensprozesse abgebildet, die sich von der Bestellung eines Gutes bis zu dessen Verbrauch erstrecken. Eine spezielle Form einer Wertschöpfungsketten-Darstellung wird als Wertstrom bezeichnet, bei dem man prozessuale Zusammenhänge erkennen und abschätzen will, was aus Gestaltungsmaßnahmen zu erwarten ist. Im Teil I, Abschnitt 3.5.1 wurde der optimierte Wertstrom als eine der zwölf Absichten beim *MTM-Produktivitätsmanagement* ausgewiesen. Spätestens in der dritten PEP-Phase sollte dieser erreicht sein (vgl. auch Teil I, Abbildung I-51).

Unter dem Einfluss des Wertschöpfungsketten-Konzepts wurde in den 1990er-Jahren ein auf die Betrachtung produktionsbetrieblicher Waren- und Informationsströme ausgerichtetes Konzept publiziert, das von seinen Entwicklern als Value Stream Mapping und Value Stream Design[279] bezeichnet und mit Wertstromanalyse und -gestaltung ins Deutsche übersetzt wurde. Anders als bei herkömmlichen Techniken der Materialflussanalyse werden dabei für den Prozessoutput relevante Größen berücksichtigt. Anders als partielle arbeitssystembezogene Betrachtungen richten sich Wertstrombetrachtungen auf komplexe Prozessketten und das zu erzielende Prozessergebnis. Der methodische Nutzen des Wertstromansatzes für das Industrial Engineering liegt darin, partielle, arbeitssystembezogene Ansätze aufzunehmen und zu einer Optimierung des (Gesamt-)Prozesses zu verwenden. Die Optimierung der Arbeitssysteme ist häufig die tragende Säule von Wertstrombetrachtungen.

Wertstromanalyse, Wertstromgestaltung

Wie bei den meisten empirischen Verfahren wird auch bei Wertströmen in einem Analyseschritt, als *Wertstromanalyse* (Value Stream Mapping) bezeichnet, der Ist-Zustand dargelegt und ihm anhaftende Mängel werden identifiziert. In einem zweiten Schritt, der *Wertstromgestaltung* (Value Stream Design), werden daraus Verbesserungen entwickelt, in einen Soll-Zustand umgesetzt und dokumentiert. Die häufigsten Gründe für und Ziele bei der Analyse und Gestaltung von Wertströmen sind:

1. Prozesstransparenz schaffen: Prozesse werden nach ihrem Waren- und Informationsstrom transparent gemacht, um Gemeinsamkeiten, Schnittstellen, logistische Prinzipien und Gesamtzusammenhänge zu erkennen und daraus Gestaltungsoptionen abzuleiten.
2. Prozesseffektivität erkennen und verbessern: Es wird die Effektivität identifiziert, indem die Relation von Durchführungszeiten (Rüst- und Ausführungszeiten) und Durchlaufzeit gebildet wird. Die Effektivität wird umso niedriger eingeschätzt, je geringer der Anteil der Durchführungszeiten an der Durchlaufzeit ist.
3. Kundenbezüge erkennen und gestalten: Sind Prozesse über einen Kundenverbrauchstakt (sog. Kunden-Pull) gesteuert, sind Schwachstellen zu eliminieren, die dem entgegenstehen. Verbleibenden Risiken ist mit Notfallkonzepten zu begegnen.
4. Warenbestände reduzieren: Warenbestände binden Umlaufvermögen und bedingen Flächen. Deshalb werden die Flussprinzipien (z. B. Fertigung auf Zwischenpuffer) analysiert und ggf. durch effizientere Prinzipien (z. B. »FIFO«, »One-Piece-Flow«, »Supermarkt-Management«) ersetzt. Effizienzsteigerungen zeigen sich dann in Form geringeren Flächenbedarfs und Umlaufvermögens. Auch wenn Flächeneinsparungen oft ergebnisneutral sind, z. B. weil die gewonnenen Freiflächen nicht zu entmieten sind, sind sie häufig ein Ziel bei Wertstromprojekten:

279 Vgl. Rother, M.; Shook, J: Sehen lernen. Mit Wertstromdesign die Wertschöpfung erhöhen und Verschwendung beseitigen. Aachen: Lean Management Institut, 2004.

Eingesparte Flächen werden für andere Prozesse benötigt, der Prozess wird beschleunigt und transparenter.[280]

5. Fehlerwirkungen erkennen und berücksichtigen: Ausschuss und Nacharbeit werden am Entstehungsort identifiziert. Dort wird auch geregelt, wie damit umzugehen ist. Dazu gehört zumindest, die Ausschussrate beim Festlegen der Losgröße zu berücksichtigen und Nacharbeiten zu optimieren.
6. Engpässe identifizieren und berücksichtigen: Da beim Wertstrom der OEE-Datensatz verwendet wird, können Kapazitätsengpässe identifiziert und Abstellmaßnahmen analytisch begründet werden.[281]

Erlach postuliert als die vier häufigsten Ziele bei der Wertstromgestaltung:

1. Maximierung der Variabilität des Prozesses,
2. Sicherstellen der Produktqualität,
3. optimales Zeitverhalten des Prozesses und
4. der daraus zu generierende wirtschaftliche Erfolg (eigentlich das überlagerte Ziel).[282]

Wertströme, Zielbeziehungen und -konflikte

Diese vier Ziele sind, so Abbildung II-151 zu entnehmen, nicht isoliert zu verfolgen, weil zwischen ihnen unterschiedliche, auch kontradiktorische Beziehungen bestehen. Wertströme sind deshalb unter Abwägung von Zielbeziehungen und -konflikten zu gestalten.[283] Diese zuvor herauszuarbeiten erspart spätere Diskussionen.

Zielwidersprüche ergeben sich z. B., weil

- Variabilisierungen von Prozessen durch Qualitätsforderungen begrenzt sind. So sind Aufgaben unter Qualitätsaspekten oft nicht beliebigen Personen zu übertragen.
- reduzierte Durchlaufzeiten zu steigenden Stückkosten und damit zu sinkenden Deckungsbeiträgen führen können, aber nicht müssen.

Zielunterordnungen werden z. B. unterstellt, weil

- verbessertes Zeitverhalten von Prozessen nicht zu verschlechterten Qualitätskenngrößen führen darf.
- verbesserte Flexibilität beim Einsatz von Mitarbeitern und Betriebsmitteln nicht zu sinkenden Deckungsbeiträgen führen dürfen.

---

280 Vgl. Hämmerle, M.; Rally, P.: Wertschöpfung steigern. Ergebnisse der Datenerhebung über die Verbreitung und Ausgestaltung von Methoden zur Prozessoptimierung in der Produktion mit besonderem Fokus auf die Wertstrommethode, Hrsg. von D. Spath. Stuttgart: Fraunhofer Verlag, 2010, S. 43.

281 Die Wertstromanalyse basiert in wesentlichen Teilen auf dem Konzept des durchgängigen OEE-Datensatzes.

282 Vgl. Erlach, K.: Wertstromdesign. Der Weg zur schlanken Fabrik. Berlin, Heidelberg, New York: Springer, 2007.

283 Dieser Sachverhalt gilt auch bei einer Reihe anderer Methoden des Industrial Engineering.

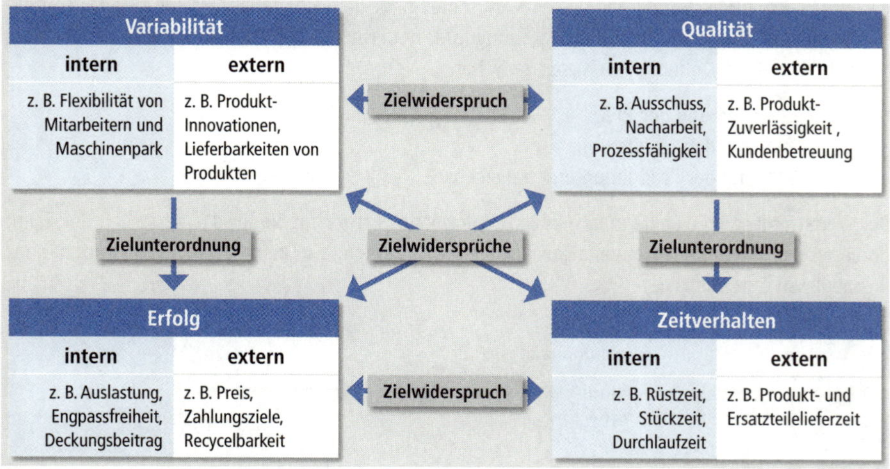

Abbildung II-151 Zielbeziehungen bei der Gestaltung von Wertströmen[284]

Unter Würdigung dieser Sachverhalte wird in den folgenden Abschnitten erläutert, wie

- Wertströme zu analysieren,
- Mängel zu identifizieren und
- Wertströme zu gestalten sind.

3.8.2 Grundstruktur des Wertstroms

In der zweiten PEP-Phase sind Wertströme ohne Rückgriff auf bestehende Zustände, also prospektiv, zu entwickeln (vgl. Teil I, Abbildung I-20). Das kommt in der Praxis etwa gleich häufig wie korrektive Gestaltungen[285] vor. Bei virtuellen Wertströmen hat man Schwierigkeiten mit dem Beschaffen von Mengendaten (z. B. Lagerungsmengen, Nacharbeit, Ausschuss). Nur wer Erfahrungen im Durchführen von Wertstromanalysen hat, sollte sich an prospektive Gestaltungen heranwagen. Auch aus didaktischen Gründen ist es zweckmäßig, sich zuerst mit der Analyse von Ist-Zuständen auseinanderzusetzen, bevor man sich an prospektive Gestaltungen begibt. Dieser Überlegung folgen wir hier.

Grundstruktur von Wertstrom-darstellungen

In diesem Abschnitt werden vier Segmente der Grundstruktur von Wertstromdarstellungen erläutert, die der Abbildung II-152 zu entnehmen sind.

1. Der *Kundenbedarf* bestimmt die »Systemanforderung« an den Produktionsprozess. Er bildet den Ausgangspunkt des Wertstroms, »zieht« ihn.
2. Der *Warenstrom* besteht aus den Produktionsschritten, also einer Arbeitssystem-Kette, und dem sie verbindenden Materialfluss, also Transporten, Liegen und Lagern.
3. Mit der *Lieferantenpflicht* werden die Anforderungen an die Versorgung des Warenstroms mit Rohstoffen, Teilen und Dienstleistungen beschrieben. Sie werden vom Warenstrom »gezogen«.

284 In Anlehnung an Erlach, K.: a. a. O., 2007.
285 Vgl. Hämmerle, M.; Rally, P.: a. a. O., 2010, S. 40. Veröffentlichungen zur Wertstromanalyse sind dagegen fast ausschließlich Beispiele zur korrektiven Gestaltung zu entnehmen.

4. Der *Informationsstrom* sowie dessen Verknüpfung mit dem Kundenbedarf und den Lieferantenpflichten werden durch die Prozessplanung und -steuerung (PPS)[286] kanalisiert. Sie bestehen aus den Daten- und Dokumentenflüssen zwischen
   - dem Kunden und der PPS,
   - der PPS und den Lieferanten,
   - der PPS und der Produktion und umgekehrt.

Bei Wertstromanalysen sollte man sich beim Informationsstrom auf die für das Verstehen und Funktionieren des Wertstroms notwendigen Aspekte beschränken, also keine allgemeinen Informationsflussanalysen durchführen.

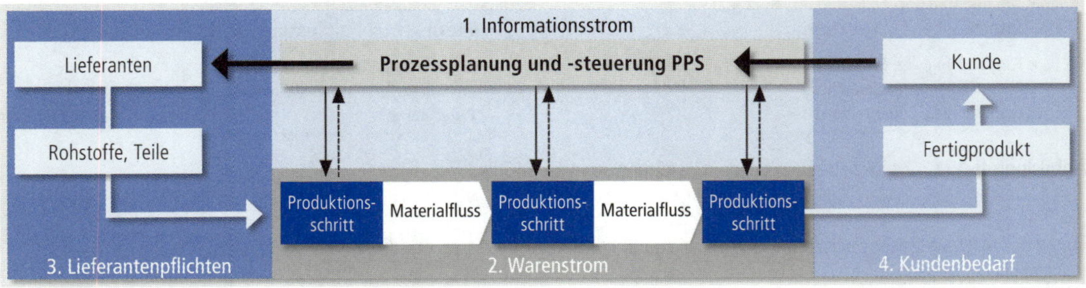

Abbildung II-152 Grundstruktur der Wertstromdarstellung

Produkte und Varianten

Bevor mit der Analyse begonnen wird, ist zu klären, welche Produkte und Varianten zu berücksichtigen sind. Dazu muss das Erkenntnisinteresse geklärt sein, d.h. festliegen, welche der sechs im vorhergehenden Abschnitt angeführten Gründe maßgebend sind und welche der angeführten Ziele man erreichen möchte. Das kann dazu führen, dass man der Analyse kein bestimmtes Produkt, sondern ein repräsentatives Produktspektrum zu Grunde legt. Abbildung II-153 ist das dabei übliche Vorgehen in drei Schritten zu entnehmen:

1. Mit einer ABC-Analyse charakteristische Produkte oder Varianten identifizieren.[287]
2. Produktfamilien (Produktionen mit weitestgehend gleichen oder ähnlichen Produktionsschritten) bilden, für die jeweils ein eigener Wertstrom zu analysieren ist. In Abbildung II-153 werden zwei Produktfamilien bestimmt.
3. Produktfamilien auf Homogenität prüfen, indem man (vgl. Abbildung II-153) bei den Stückzeitsummen (Σt_e) den Quotienten aus Spannweite und Maximalwert bildet. Große Quotienten weisen auf verschiedenartige Wertströme und inhomogene Produktfamilien hin.

286 Das können z. B. eine Arbeitsvorbereitung, eine Produktionsplanung und -steuerung oder ähnliche Organisationseinheiten sein.

287 Auf der Abszisse werden dabei je Arbeitssystem die Produkt-Auftragszeiten und auf der Ordinate die daraus resultierenden Belastungen der Arbeitssystem-Kapazität aufgetragen. Mit einem hohen Gini-Koeffizienten (vgl. Abschnitt 3.4.2) wird darauf hingewiesen, dass nur wenige Produkte bereits einen hohen Anteil des Kapazitätsbestands belasten.

1. Schritt: charakteristische Produkte auswählen, z. B. mit Hilfe einer ABC-Analyse

A- und B Produkte	Schritte im Produktionsprozess							
	Zuschneiden	Stanzen	Entgraten	Schweißen	Lackieren	Montieren	Prüfen	Versenden
Produkt A	×	×	×		×	×	×	×
Produkt B	×	×		×	×		×	×
Produkt C	×	×	×		×		×	×
Produkt D		×	×	×	×	×	×	×
Produkt E	×	×		×	×		×	×
Produkt F	×	×		×	×	×	×	×
Produkt G	×		×		×		×	×
Produkt H	×	×		×	×		×	×
Produkt I	×	×	×		×	×	×	×

2. Schritt: Produktfamilien bestimmen, aufgrund vergleichbarer Produktionsschritte

A- und B Produkte	Schritte im Produktionsprozess							
	Zuschneiden	Stanzen	Entgraten	Schweißen	Lackieren	Montieren	Prüfen	Versenden
Produkt A	×	×	×		×	×	×	×
Produkt B	×	×		×	×		×	×
Produkt C	×	×	×		×	×	×	×
Produkt D		×	×	×	×	×	×	×
Produkt E	×	×		×	×		×	×
Produkt F	×	×		×	×		×	×
Produkt G	×		×		×	×	×	×
Produkt H	×	×		×	×		×	×
Produkt I	×	×	×		×	×	×	×

3. Schritt: Plausibilisierung aufgrund vergleichbarer Stückzeiten t_e

A- und B Produkte	Schritte im Produktionsprozess								Σt_e
	Zuschneiden	Stanzen	Entgraten	Schweißen	Lackieren	Montieren	Prüfen	Versenden	
Produkt A	×	×	0,25		0,48	1,05	0,55	1,10	3,34
Produkt C	×	×	0,31		0,55	0,96	0,70	1,02	3,54
Produkt G	×		0,28		0,60	1,22	0,49	1,30	3,89
Produkt I	×	×	0,40		0,56	1,17	0,63	1,25	4,01
Produkt B	×	×		2,00	0,27		0,66	0,77	3,70
Produkt E	×	×		1,78	0,32		0,84	0,79	3,73
Produkt F	×	×		2,10	0,28		0,88	0,91	4,17
Produkt H	×	×		1,92	0,36		0,91	0,88	4,07
Produkt D		×	×	×	×	×	×	×	

Homogenität einer Produktfamilie, wenn die Stückzeitensummen-Spannweite ≤ 25 % der größten Stückzeitensumme ist.

1. Produktfamilie: [(4,01 – 3,43) / 4,01] · 100 % = 14 %

2. Produktfamilie: [(4,17 – 3,70) / 4,17] · 100 % = 11 %

Abbildung II-153 Prinzip der Identifikation von Produkt- oder Variantenfamilien

Im vorliegenden Beispiel würde man für die beiden herausgearbeiteten Produktfamilien jeweils eine eigene Wertstromanalyse erstellen. Damit wird auch die Grenze der Methode deutlich: Wenn viele gänzlich unterschiedliche Produkte vorliegen und keine Produktfamilien zu bilden sind, entstehen ein großer Erhebungsaufwand und möglicherweise schwer »auf einen Nenner zu bringende« Ergebnisse.

3.8.3 Wertstrom-Prozesssprache

Wertstrom-Prozesssprache

Abbildung II-154 ist eine Übersicht zur *Wertstrom-Prozesssprache* zu entnehmen. Bis auf die Benennung des Wertstroms sind alle anderen Sprachelemente formaler Art. Dieser Abbildung sind zudem Syntax und Semantik zu entnehmen. Dem folgenden Leitbeispiel ist zu entnehmen, dass man im Einzelfall nicht stets alle Symbole benötigt, was auch für die Flowchart-Analyse gilt. Im Beispiel ist bereits weitgehend das First-in-/First-out-Prinzip berücksichtigt, womit das Kanban-Prinzip methodisch ausgeschlossen ist. Kunden und Lieferanten werden als »externe Fabriken« betrachtet. Sie sind mit dem eigenen Warenstrom durch außerbetriebliche Transporte verknüpft, und als Transportart ist der Lkw-Transport vorgesehen[288].

Wertstromanalysen bedingen umfangreiche Datenerhebungen. Dazu folgende Hinweise zu den benötigten Daten und üblichen Quellen/Beschaffungswegen:

1. Kunde/Lieferant (Elemente 1, 2):
   - Produkt und Varianten (befragen, Arbeitspläne)
   - Jahresproduktionsmenge und Kundenverbrauchstakt (befragen, Absatzplanung)
   - Material-Liefermengen und -Lieferzyklen (befragen, Einkauf, Lager)
2. Prozessschritt/Arbeitssystem (Element 5):
   - Anzahl Planstellen (FTE), Regelarbeitszeit, Schichtenzahl (befragen)
   - Rüstzeit, Stückzeit (Arbeitspläne, Prozessbausteine, MTM-Verfahren, Ergänzungstechniken)
   - Ausschuss- und Nacharbeitsquote (QS-Dateien)
   - Brutto- und Netto-Kapazitätsbestand (Berechnung nach OEE-Algorithmus unter Verwendung der vorstehend angeführten Daten)
3. Liegen und Transport, Lagern (Elemente 6, 8):
   - Mittlere Bestandsmenge sowie Sicherheitslager und Supermärkte (befragen, zählen)
   - Mittlere Bestandsreichweite (berechnen aus mittlerer Bestandsmenge, Rüst- und Stückzeit)
   - Fläche pro Stück, Transportmittel und -strecke in m (ausmessen)
   - Transportzeit pro Stück (Zeitmessung oder MTM-Logistikdaten)

288 Bahn-, Schiff- und Lufttransporte kommen in der Praxis als direkte Transportarten in die eigene und aus der eigenen Produktion kaum vor. Sie wären durch entsprechende Symbole zu kennzeichnen.

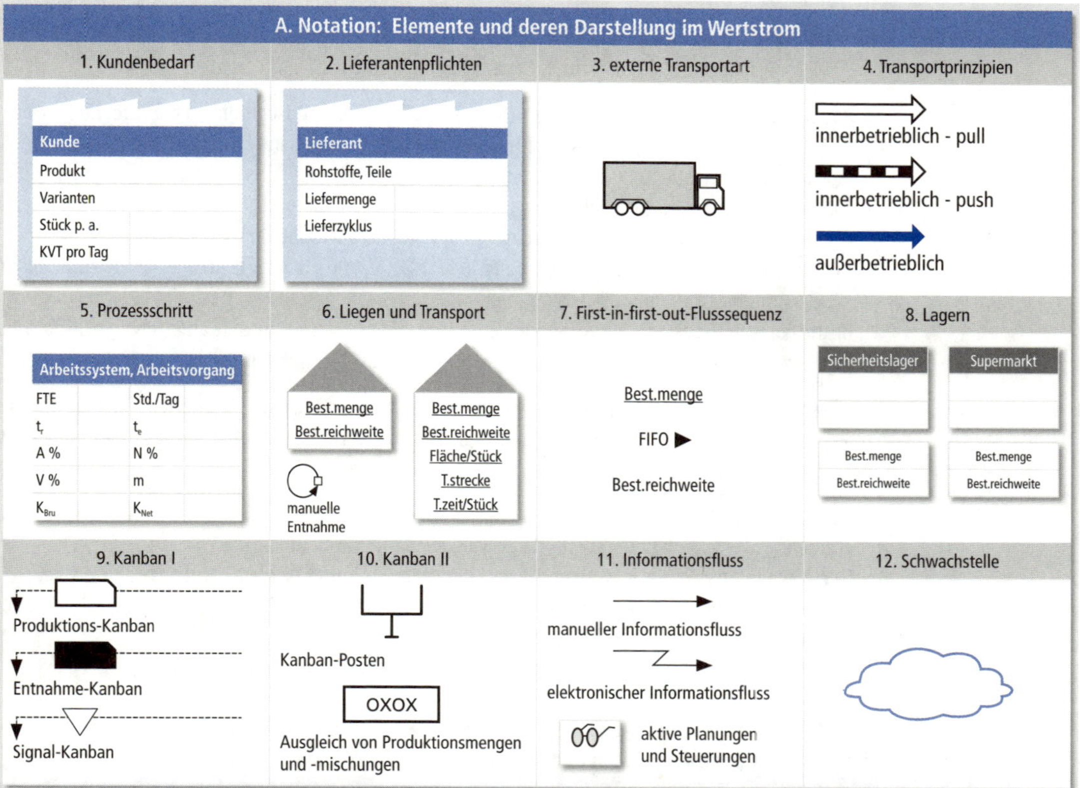

B. Erklärungsziele	C. Anwendernutzen
1. transparenter Waren- und Informationsfluss	Erkennen der Förder- und Lagerprinzipien und deren Mängel
	Erkennen von Schrittmacher-AS, Info-/Rückmeldedefiziten
2. Kapazitätsbedarf, -bestand und Engpässe	Erkennen von Kapazitätsengpässen (Durchsatzbegrenzer)
	Erkennen von Überkapazitäten (Überproduktion)
3. minimal und maximal notwendige Bestände	Hinweis auf Verbesserungen des Fertigungsflusses
	Hinweis auf Puffergrößen, Pitchbildung, Supermarkteinsätze
4. Erkennen von Fehlerrisiken	Erkennen erforderlicher Notfallkonzepte
	Hinweise auf die Wirkung von Ausschuss und Nacharbeit

Abbildung II-154 Wertstrom-Prozesssprache

3.8.4 Analyse von Wertströmen

Erfassen von Ist-Zuständen

Zum Erfassen von Ist-Zuständen verwendet man DIN-A3-Blätter, auf denen der durch Interviews und Datenrecherchen erhobene Wertstrom mit Bleistift skizziert und mit zunehmendem Informationsgewinn immer mehr präzisiert wird. Ein wichtiges Resultat von Wertstromanalysen ist, den Wertstrom erst einmal genau zu verstehen. Es gibt keine traditionelle Methode, mit der das zu erreichen ist, was mit der Wertstromanalyse gelingt: umfassend und detailliert darzulegen, was im Produktionsprozess passiert und wodurch dessen Output getrieben und gefährdet wird.

Die *Produktionsschritte* im Warenstrom werden in Arbeitssystemen vollzogen. Sie werden mit Hilfe jener Daten beschrieben, die auch zur Ermittlung der Arbeitssystem-Produktivität benötigt werden (vgl. Teil I, Abschnitt 2.4.3) und durch kapazitätsbeschreibende Daten ergänzt. Das sind:

1. Rüstzeit tr, Zeit je Einheit t_e, Verfügbarkeit V (100%-OEE – Rüstzeiten – Unterbrechungszeiten – Zeiten für Nacharbeit) und Ausschuss. Bei der Wertstromanalyse versucht man, so weit wie möglich auf vorhandene Prozessbausteine zurückzugreifen. Bei der Wertstromgestaltung kann es auch erforderlich sein, Arbeitssysteme zu planen, also die Rüst- und Stückzeiten virtueller Arbeitssysteme mit Hilfe von MTM-Prozessbausteinsystemen zu simulieren.
2. Anzahl Planstellen PERS im Arbeitssystem in FTE[289], die Anzahl täglicher Arbeitsstunden im Arbeitssystem Std./T und die Losgröße m.
3. Brutto-Kapazitätsbestand K_{Bru} (theoretischer Kapazitätsbestand) zu den angegebenen PERS und Std./T sowie Netto-Kapazitätsbestand K_{Net}, der sich aus $K_{Bru} \cdot V/100\,\%$ ergibt.

Erster Schritt der Wertstromanalyse

Im ersten Schritt der Wertstromanalyse werden der Kundenbedarf, die Lieferantenpflichten und die Produktionsschritte im Warenstrom erfasst (vgl. Abbildung II-152). In Abbildung II-155 wird dazu unser Leitbeispiel eröffnet.

1. Der Kundenbedarf ist durch einen Kundenverbrauchstakt KVT von 3.500 Rädern pro Tag zu erfüllen, in verschiedenen Typen und an verschiedene Kunden.
2. Der Produktionsprozess läuft über 13 Arbeitssysteme mit unterschiedlichen Charakteristika.
   - Beispielsweise beträgt die Durchführungszeit pro Rad beim »7. Waschen« 0,25 min, bei der »4. Wärmebehandlung« 720 min.
   - Bei der »8. Dichteprüfung« liegen 4 Planstellen, beim »9. Entgraten« dagegen 32 Planstellen vor.
   - Nacharbeit entsteht nur beim »11. Lackieren«, aber mit 18% in erheblichem Umfang. Ausschuss fällt in sechs Arbeitssystemen an und schwankt zwischen 1,3% und 8,4%.
   - Die Netto-Kapazitätsbestände schwanken zwischen 3.400 Rädern (KVT = 3.500!) bei der »6. Mechanische Bearbeitung« im Dreischichtbetrieb und 6.500 Rädern im Zweischichtbetrieb bei der »11. Lackierung«.
3. Die Lieferantenpflicht besteht darin, 300 to Rohmaterialien in einem wöchentlichen Anlieferzyklus sicherzustellen. Bei dieser Menge ist berücksichtigt, dass in der Produktion entstandener Ausschuss über alle Produktionsschritte hinweg als Schrott ins Rohstofflager zurückgeführt und von dort aus wieder eingesetzt wird.

Bereits bei diesem ersten Analyseschritt, der Arbeitssystem-Analyse, zeigen sich Auffälligkeiten. Wie bei allen Methoden des Industrial Engineering hängt die Ergebnisqualität von der Zuverlässigkeit der verwendeten Daten ab. Nur wenn

- verlässliche Prozessbausteine (z. B. gepflegte Arbeitspläne mit sicheren technologischen Daten, realistischen Rüst- und Stückzeiten),
- durch ein leistungsfähiges Qualitätsmanagement ausgewiesene Nacharbeits- und Ausschussraten und
- realistische, analytisch abgesicherte Verfügbarkeiten

verwendet werden, gelangt man zu einer validen Darstellung des Wertstroms. Bei der späteren Wertstromgestaltung, der Soll-Zustandsplanung, ist das noch wichtiger als in der Erhebungsphase.

289 FTE (Full Time Equivalent) steht für Vollzeit-Arbeitskraft und hilft, zeitliche Arbeitsleistungen zu standardisieren, indem z. B. zwei Planstellen mit Halbtags-Arbeitsverträgen unter dem Aspekt der zeitlichen Arbeitsleistung 1 FTE ergeben.

3 Lieferant	
T-Barrels, Sows, Massel	
Liefermenge	300 t
Lieferzyklus	1/Woche

1 Kunden	
Leichtmetallräder	
Varianten 16, 17, 18, 19, 20, 21 Zoll	
Stück p. a.	850.000
KVT pro Tag	3.500

2

1 Schmelzen			
FTE	16	Std./Tag	24
t_r	keine	t_e	420
A %	kein	N %	keine
V %	75	m	
K_{Bru}	9.000	K_{Net}	6.750

2 Gießen			
FTE	20	Std./Tag	24
t_r	1	t_e	4,75
A %	8,4	N %	keine
V %	65	m	
K_{Bru}	6.000	K_{Net}	3.900

3 Röntgen			
FTE	12	Std./Tag	24
t_r	keine	t_e	0,60
A %	5,1	N %	keine
V %	65	m	
K_{Bru}	7.400	K_{Net}	4.800

4 Wärmebehandlung			
FTE	keine	Std./Tag	24
t_r	keine	t_e	720
A %	kein	N %	keine
V %	90	m	
K_{Bru}	7.200	K_{Net}	6.500

5 Stempeln, Absetzen			
FTE	16	Std./Tag	24
t_r	keine	t_e	0.4
A %	kein	N %	keine
V %	90	m	
K_{Bru}	10.000	K_{Net}	9.000

6 Mechanische Bearbeitung			
FTE	12	Std./Tag	24
t_r	6	t_e	1,50
A %	3,0	N %	keine
V %	55	m	
K_{Bru}	6.300	K_{Net}	3.400

7 Waschen			
FTE	4	Std./Tag	24
t_r	keine	t_e	0,25
A %	kein	N %	keine
V %	70	m	
K_{Bru}	5.700	K_{Net}	4.000

8 Dichteprüfung			
FTE	4	Std./Tag	24
t_r	1	t_e	0,4
A %	3,0	N %	keine
V %	80	m	
K_{Bru}	7.500	K_{Net}	6.000

9 Entgraten			
FTE	32	Std./Tag	24
t_r	keine	t_e	1,50
A %	2,9	N %	keine
V %	60	m	
K_{Bru}	7.600	K_{Net}	4.500

10 Räder auf Skids hängen			
FTE	6	Std./Tag	24
t_r	keine	t_e	0,15
A %	kein	N %	18
V %	83	m	
K_{Bru}	7.800	K_{Net}	6.500

11 Lackierung			
FTE	34	Std./Tag	16
t_r	0,13	t_e	270
A %	1,3	N %	18
V %	55	m	
K_{Bru}	12.000	K_{Net}	6.500

12 Endprüfung			
FTE	6	Std./Tag	16
t_r	kein	t_e	0,13
A %	kein	N %	18
V %	83	m	
K_{Bru}	7.800	K_{Net}	6.500

13 Verpacken			
FTE	6	Std./Tag	16
t_r	kein	t_e	0,13
A %	kein	N %	18
V %	83	m	
K_{Bru}	7.200	K_{Net}	6.000

Abbildung II-155 Erfassung von Kundenbedarf, Lieferantenpflichten und Produktionsschritten im Warenstrom

Zweiter Schritt der Wertstromanalyse

Nach Beendigung des zweiten Schrittes der Wertstromanalyse ist der Warenstrom erfasst, d. h. der *Materialfluss* ist mit den Produktionsschritten verknüpft (vgl. Abbildung II-152). Dabei ergeben sich bereits komplexe Dokumentationen, bei denen die in Abbildung II-154 angeführten Symbole verwendet werden.

1. Das vorherrschende Transportprinzip ist das »First in, first out« (FIFO). Es liegt also eine weitgehende Fließfertigung vor. Neben den Pufferkapazitäten (z. B. vor dem »9. Entgraten« maximal 30 Räder) sind die mittleren Pufferreichweiten angegeben. Zu diesem Puffer werden 22 min

ausgewiesen. Das bedeutet: bei halb vollem Puffer und einer Störung bei der »8. Dichteprüfung« liegen nach ca. 22 Minuten keine Räder mehr zum Entgraten vor. Aus der Verfügbarkeit bei der »11. Lackierung« (V = 55 %) und der mittleren Pufferreichweite von 0,6 min vor der »12. Endprüfung«, erkennt man, dass dort oft Wartezeiten anfallen werden.[290]

2. Vor der Mechanischen Bearbeitung und vor dem Lackieren sind Liegebestände (Puffer) erforderlich. Bedingt durch Typenvielfalt und teilweise kleine Lose muss hier die Fließfertigung unterbrochen werden. Zu beiden Puffern werden die Ladungsträger (hier: Paletten), die Teilezahl (Bestandsmenge) und die zeitliche Pufferreichweite ausgewiesen. In Abbildung II-154 ist ein erweiterter Datenkasten abgebildet, dem auch Flächen und Transportzeiten pro Stück zu entnehmen sind. Daraus ergeben sich mitunter Hinweise auf das Layout. Da im Beispiel überwiegend das FIFO-Prinzip und eine Fließfertigung vorliegen, wurde auf dessen Anwendung verzichtet. Zudem lassen sich Flächenkalküle in Tabellenkalkulationen verständlicher als in Wertstromanalysen darstellen.
3. In fast der Hälfte der Arbeitssysteme ist eine manuelle Entnahme erforderlich.
4. Es gibt drei Lager, ein »Zwischenlager 1« mit Varianten (Rädertypen) vor dem Beginn der Mechanischen Bearbeitung, ein »Zwischenlager 2« nach dem Entgraten und ein »Fertiglager«.
5. Trotz vorgegebenem Kundenverbrauchstakt liegt an keiner Stelle ein Pull-Prinzip vor. Durch die PPS wird ein durchgängiges Push-Prinzip betrieben.
6. Es wird mit Gabelstaplern transportiert. In einigen Fällen ist das unumgänglich. Ebenfalls mit Gabelstaplern werden die Gitterbox-Paletten mit dem zu verschrottenden Ausschuss ins Rohstofflager zurückgeführt. Von dort wird er bei den planmäßigen Beschickungszyklen wieder zu den Schmelzöfen gefördert.

Von den in Abbildung II-154 angeführten Materialflusssymbolen wurden die Kanban-Symbole (Elemente Nr. 9 und 10) nicht verwendet, weil an keiner Stelle ein Pull-Prinzip vorliegt. Es gibt auch keinen Supermarkt, weil die Rädertypen FIFO-gesteuert werden.

Die Qualität des Ergebnisses hängt, anders als bei der Analyse der Produktionsschritte, weniger von der Qualität der verfügbaren Daten als von der Akribie des Analytikers ab. Die erforderlichen Daten sind überwiegend durch Beobachten, Befragen und Berechnen zu gewinnen.

290 Hier zeigt sich, dass man Wertstromdarstellungen »lesen« muss. Bei der »6. Mechanische Bearbeitung« sind trotz der geringen Verfügbarkeit (V = 55 %) und der Stückzeit von 1,5 min zwei Personen pro Schicht (sechs Personen im Dreischichtbetrieb) für die Versorgung der sechs Roboter eingesetzt. Bei 40 Rädern und sechs Robotern hat jeder Roboter einen Puffer von nur 7 Rädern, und dieser ist ohne Nachfüllung in ca. 10 min leer. Bei verlängerten Rollenbahnen könnte der Puffer auf 20 Räder pro Roboter erhöht werden, wodurch alle sechs Roboter problemlos durch nur eine Person zu betreuen sind.

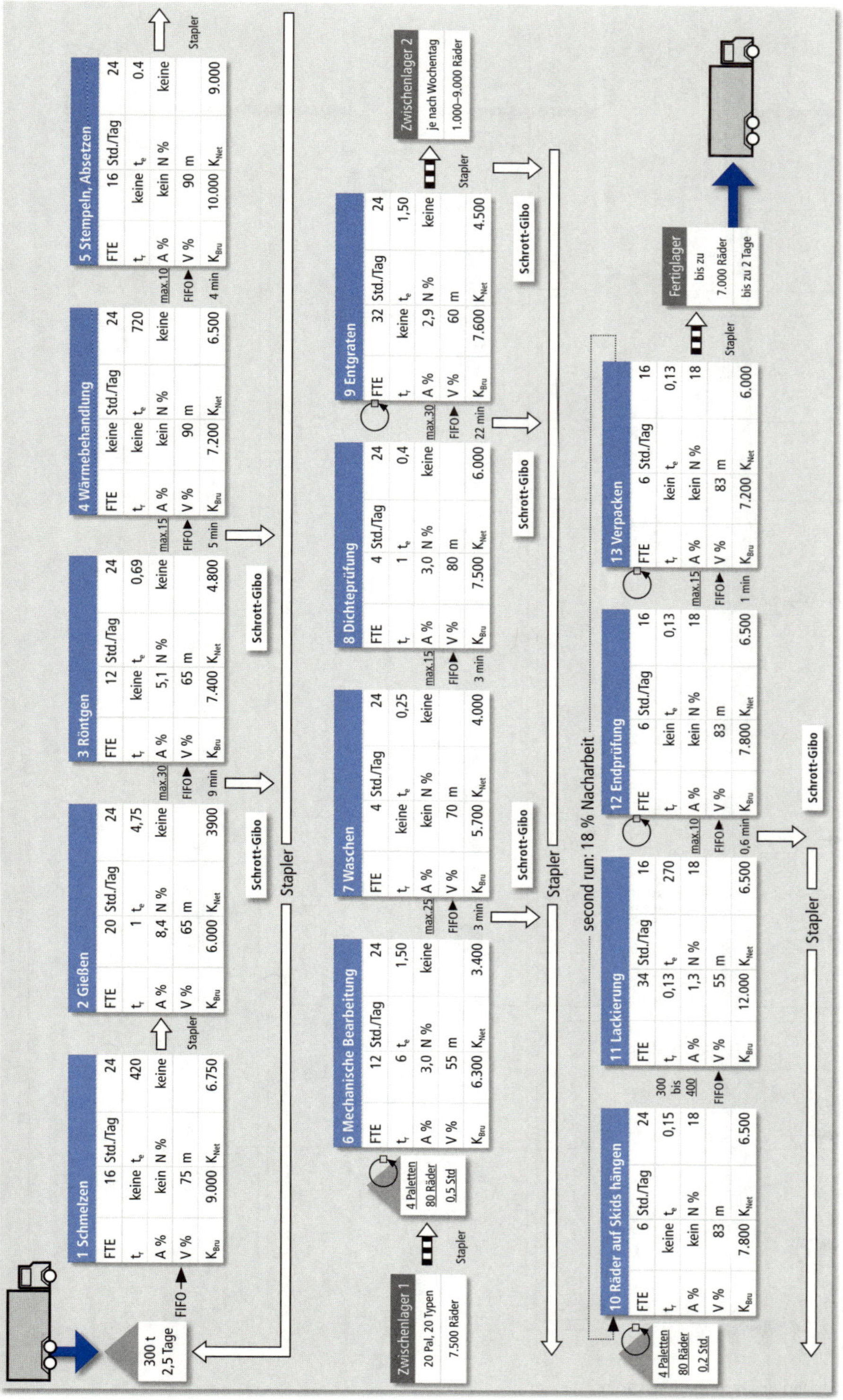

Abbildung II-156 Erfassung des Warenstroms durch Verknüpfung von Produktionsschritten und Materialfluss

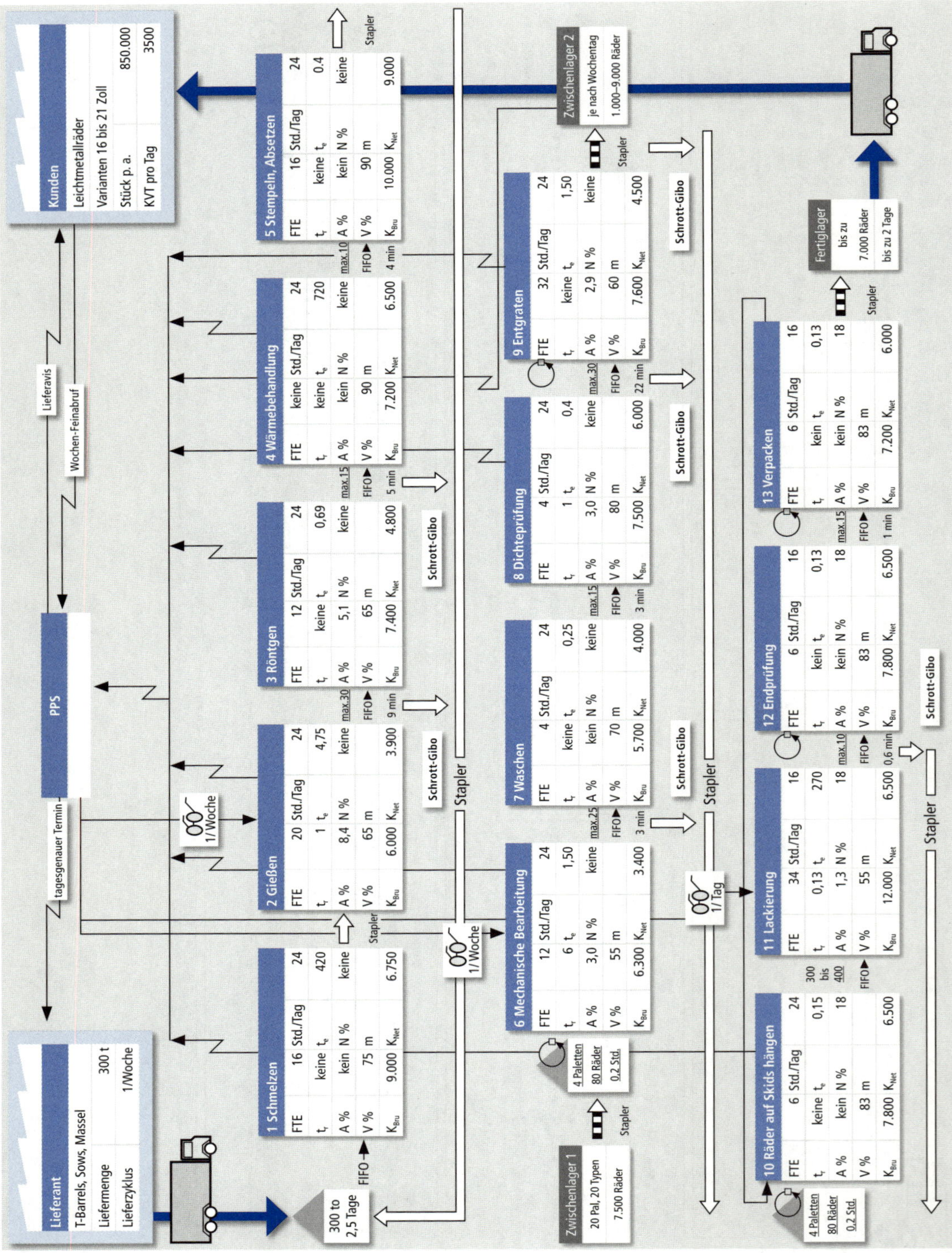

Abbildung II-157 Erfassung des Informationsstroms

Dritter Schritt der Wertstromanalyse

Im dritten Schritt der Wertstromanalyse wird der *Informationsstrom* erfasst, und damit wird sie abgeschlossen. Hierfür werden die in Abbildung II-154 unter Nr. 11 angeführten Informationsfluss-Symbole verwendet. Die Durchlaufzeit- und Kapazitätsanalyse wird bei der anschließenden Auswertung durchgeführt. Der Informationsfluss ist Abbildung II-157 zu entnehmen. Er führt zwar zu einer für den ungeübten Leser nicht mehr einfach zu überschauenden Darstellung.[291] Im vorliegenden Beispiel ist er jedoch einfach und setzt sich aus drei Komplexen zusammen:

1. Kundenbedarfs-Lieferantenpflichten-Ebene: Die Kunden konkretisieren ihre Monatsvorschau und geben wochenweise verbindliche Feinabrufe an die PPS nach Typen und Mengen auf. Die PPS gibt den Lieferanten Feintermine, falls sich aus den Feinabrufen Änderungen gegenüber dem turnusmäßigen Liefertermin ergeben. Aufgrund der Zugangsmeldungen aus dem Fertigwarenlager sendet die PPS den Kunden den stundengenauen Lieferavis.
2. Die meisten Arbeitssysteme senden an die PPS Auftragsbeginn- und Auftragsendemeldungen. Ferner werden am Auftragsende Gut- und Ausschussteile gemeldet.
3. Die PPS verwendet drei *Schrittmacher-Arbeitssysteme* zur Steuerung, die jeweils eine auftragsspezifische Folge von Arbeitsvorgängen einleiten. Es liegen also drei voneinander mehr oder weniger unabhängige Eingriffspunkte vor.
   - Beim »2. Gießen« wird auftrags- und typenbezogen gerüstet, für jeden Radtyp gibt es eine Kokille. Hier werden der zu fertigende Radtyp und die Losgröße eingesteuert.
   - Bei der »6. Mechanischen Bearbeitung« wird ebenfalls auftrags- und typenbezogen gerüstet, so dass auch dort ein Steuerungspunkt vorliegt und die Möglichkeit besteht, Losgrößen zu optimieren. Die planerischen Freiräume werden durch die aktuelle Befüllung von Zwischenlager 1 begrenzt.
   - Bei der »11. Lackierung« besteht die dritte Möglichkeit, Aufträge (Radtypen und Losgrößen) zu steuern, wiederum unter der Restriktion der aktuellen Befüllung von Zwischenlager 2.

Schrittmacher-Arbeitssystem

3.8.5 Durchlaufzeit- und Kapazitätsanalyse

Durchlaufzeit- und Kapazitätsanalyse

In diesem Abschnitt werden zwei Auswertungen des Wertstroms erläutert.

1. *Durchlaufzeitanalyse*: Ermittlung der Relation von Durchführungszeit (Bearbeitungszeit) und Durchlaufzeit (Wertstromdauer), als Maßstab für die Effektivität des Prozesses.
2. *Kapazitätsanalyse*: Ermittlung des prozessbedingten Kapazitätsbedarfs und dessen Abgleich mit dem Kapazitätsbestand.

Zwischenzeit, Durchführungszeit

In Abbildung II-158 sind in der oberen Kästchenzeile die *Zwischenzeiten* und in der unteren Kästchenzeile die *Durchführungszeiten* eingetragen.[292] Die hierbei verwendeten Darstellungselemente werden nicht als Bestandteil der Prozesssprache gewertet, weil es dazu verschiedene Prinzipien gibt und man bei komplexen Fällen die Durchlaufzeitanalyse auch tabellarisch, außerhalb des Wertstromcharts durchführt. Die Summe aller Durchführungszeiten beträgt 23,67 Std., das ist ein 3-Schichten-Arbeitstag. 50 % davon entfallen auf einen Arbeitsvorgang, die Wärmebehandlung. Auf knapp ¼ der Arbeitsvorgänge (Wärmebehandlung, Schmelzen und Lackieren) entfallen 99 % der Durchführungszeit. Die Summe aller Zwischenzeiten beträgt 6,6 Tage, die wiederum zu 99 % durch Rohstofflagerung sowie Zwischen- und Endlagerung verursacht wird.

291 Als primäres Problem bei Wertstromprojekten ist die mangelhafte Akzeptanz der Methode bei operativen Mitarbeitern und Management anzusehen, offenbar bedingt durch die für sie komplizierte Nomenklatur. Vgl. Hämmerle, M.; Rally, P.: a. a. O., 2010, S. 65.

292 Vgl. zur Durchlaufzeitanalyse Abschnitt 4.3.4. Dort werden die hier verwendeten Begriffe erläutert.

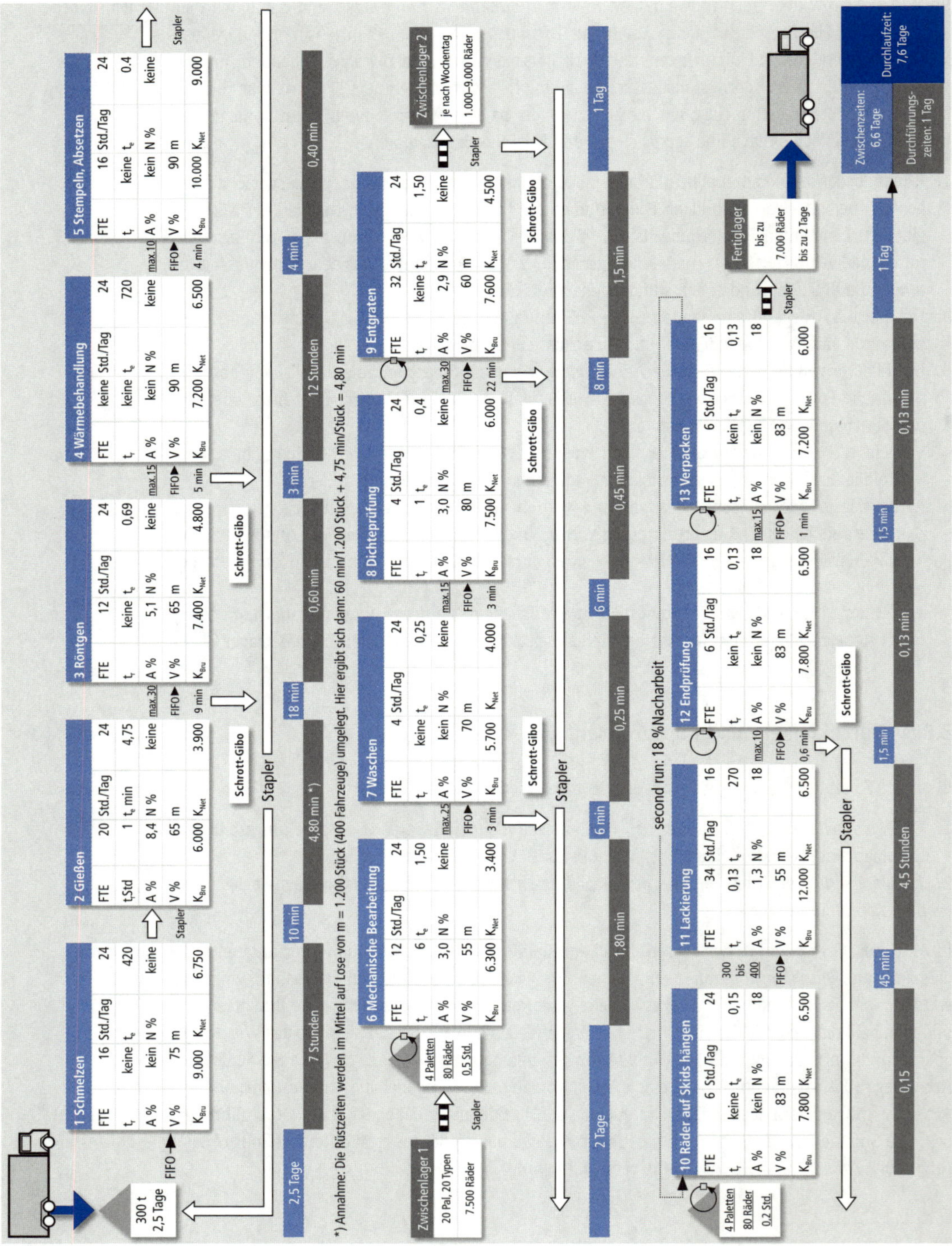

Abbildung II-158 Durchlaufzeitanalyse beim Wertstrom

Die *Durchlaufzeit* ergibt sich aus der Summe aller Durchführungs- und Zwischenzeiten und beträgt 7,6 Tage. Das bedeutet, dass ein nacharbeitsfreies Rad im Mittel 7,6 Arbeitstage nach Anlieferung des Rohstoffs das Werk verlässt. Typisch für Durchlaufzeitanalysen ist die Erkenntnis, dass auf Wertschöpfungshandlungen der geringste Anteil an der Durchlaufzeit entfällt. Hier sind es 13 %. Wollte man die Durchlaufzeit verkürzen, liegt der stärkere Hebel bei den wertschöpfungsfreien Zwischenzeiten. Durchlaufzeiten werden z. B. zu verkürzen versucht, um

Durchlaufzeit

- Lieferzeiten zu reduzieren,
- die Liege- und Lagerflächen und damit den Flächenbedarf zu reduzieren,
- über reduzierte Bestände an Material, Teilen und Halbfabrikaten das Working Capital zu senken.

Bereits bei der Analyse der Produktionsschritte (vgl. Abbildung II-156) war zu erkennen, dass der Kundenverbrauchstakt (KVT) aufgrund von *Kapazitätsengpässen* nicht erfüllt wird.[293] Dabei ist noch nicht abzuschätzen, wie sich der Verlauf der Ausschussrate über den gesamten Prozess hinweg auf den Kapazitätsbedarf auswirken wird. Abbildung II-159 ist der Einsatzmengenverlauf über den Prozess zu entnehmen. Dabei fällt auf, dass ca. 27 % mehr Teile zu gießen sind, als die Abrufmenge beträgt.

Kapazitätsengpässe

3. November		Ausschuss in %											
		Jan.	Feb.	März	Apr.	Mai	Juni	Juli	Aug.	Sep.	Okt.	Mittel	kumuliert
1	**Gießen**	7,34	8,44	6,91	8,08	6,23	10,71	10,31	9,28	7,12	9,80	8,42	
	Materialinput												126,7
	Materialoutput												116,9
2	**Röntgen**	5,49	5,60	4,45	3,06	4,20	4,93	5,58	4,79	6,59	5,84	5,05	
	Materialinput												116,9
	Materialoutput												111,3
3	**Bearbeitung**	4,10	3,32	3,20	3,21	2,79	2,33	2,00	2,15	3,61	3,66	3,04	
	Materialinput												111,3
	Materialoutput												108,0
4	**Dichtigkeit**	4,56	4,37	3,10	2,18	2,79	3,49	3,21	4,34	4,58	3,01	3,56	
	Materialinput												108,0
	Materialoutput												104,3
5	**Entgraten**	2,77	2,58	2,85	2,80	3,47	4,21	2,45	2,72	2,35	2,12	2,83	
	Materialinput												104,3
	Materialoutput												101,4
6	**Lackieren**	1,43	1,57	2,40	1,30	1,22	1,14	0,95	1,91	1,09	1,00	1,40	
	Materialinput												101,4
	Materialoutput												100,0

Abbildung II-159 Ermittlung der Bruttoeinsatzmengen unter Berücksichtigung des Ausschusses über den Prozessverlauf

In Abbildung II-160 wurden aus der Wertstromanalyse die Brutto- und Netto-Kapazitätsbestände für die 13 Arbeitsvorgänge übernommen. Dieser Darstellung lassen sich zwei grundlegende Mängel bei der Kapazitätswirtschaft entnehmen.

293 Im vorliegenden Fall wurde der Kundenverbrauchstakt durch regelmäßige Samstagsarbeit erfüllt.

1. Einerseits Überkapazitäten: Bei der Planung des Prozesses wurde kein akzeptabler Abgleich der Kapazitätsbestände erreicht, so der Beständeverteilung zu entnehmen. Zudem wird eine Lackieranlage eingesetzt, die nur im Einschichtbetrieb laufen müsste, wenn dort ein fähiger Prozess vorläge. Die Fixkostenbelastung der Lackieranlage schränkt die Wettbewerbsfähigkeit des gesamten Prozesses ein.
2. Andererseits Kapazitätsengpässe: Die mechanische Bearbeitung wurde schon als Engpass (Defizit: 100 Räder/Tag) identifiziert, weil man nicht einmal die Tagesbedarfsmenge der Kunden fertigen kann. Es ist aber mehr als der Tagesbedarf zu fertigen, nämlich die *Bruttoeinsatzmenge* (= Tagesbedarfs-Gutteile plus Ausschuss), und dabei liegt sogar ein Defizit von 400 Rädern pro Tag vor. Es gibt noch einen zweiten Kapazitätsengpass, nämlich das Gießen. Der Netto-Kapazitätsbestand beträgt dort 3.900 Stück/Tag. Um 3.500 Stück/Tag zu liefern, sind aufgrund des »In-Prozess-Ausschusses« von ca. 27 % jedoch 4.435 Stück zu gießen, so dass ein Defizit von ca. 500 Rädern pro Tag vorliegt. Wir haben es also bei mehreren Arbeitsvorgängen mit einer eingeschränkten Prozessfähigkeit, also einem massiven Qualitätsproblem zu tun. Beim Waschen liegt ein Netto-Kapazitätsbestand von 4.000 Stück/Tag vor. Um 3.500 Stück/Tag zu liefern, müssen 3.780 Stück auf Dichtigkeit geprüft werde. Damit liegt zwar kein Engpass vor. Da dem Netto-Kapazitätsbestand eine mittlere Verfügbarkeit von 80 % zu Grunde liegt, werden bei überdurchschnittlichem Störungsanfall Defizite entstehen.

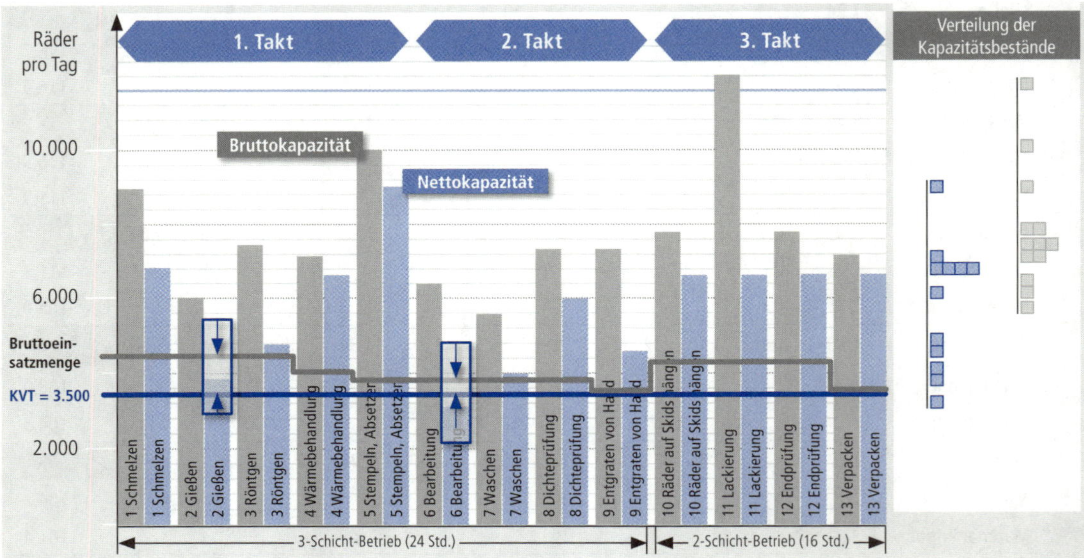

Abbildung II-160 Abgleich des Kapazitätsbestands und -bedarfs auf der Grundlage der Bruttoeinsatzmengen

3.8.6 Verbesserungsansätze bei Wertströmen

Im vorhergehenden Abschnitt wurde gezeigt, wie mit Hilfe der Durchlaufzeit- und Kapazitätsanalyse Mängel und Schwachstellen zu identifizieren sind. Es gibt jedoch Ansätze zur Verbesserung von Wertströmen, die sich dadurch nicht erschließen lassen. Die wichtigsten Verbesserungsansätze sind Abbildung II-161 zu entnehmen. Nach dieser Systematik unterscheiden wir zwischen primär auf den Warenstrom (Arbeitssysteme und Materialfluss) und primär auf den Informationsstrom gerichteten Ansätzen.

Arbeitssysteme

Die Problematik von *Kapazitätsengpässen* wurde im vorhergehenden Abschnitt erläutert. Arbeitssysteme erbringen aber auch *Überproduktionen*, indem sie mehr Teile in den Wertstrom abgeben, als dort aufgrund des Verbrauchstaktes benötigt werden. Überproduktionen werden als Mangel betrachtet, denn sie führen in der Tendenz zu

- verlängerten Durchlaufzeiten,
- vermeidbarem Flächenbedarf,
- verspätet erkennbaren Fehlern,
- erhöhter Kapitalbindung,
- unübersichtlichem Materialfluss.

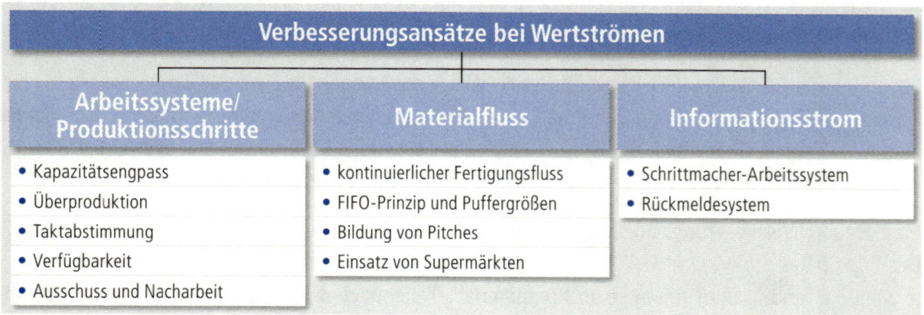

Abbildung II-161 Übersicht zu den wichtigsten Verbesserungsansätzen bei Wertströmen

Um Überproduktionen zu vermeiden, sind *Taktabstimmungen* zwischen den Arbeitssystemen vorzunehmen. Bei unserem Beispiel beträgt der Kundenverbrauchstakt 3.500 Stück pro Tag. Eine Taktabstimmung bzw. ein ausbalancierter Wertstrom liegt vor, wenn dort im Dreischichtbetrieb bei jedem Produktionsschritt pro Minute 2,5 Gutteil-Räder gefertigt werden.

Hinweise auf Verbesserungsansätze liefern die Arbeitssystem-Produktivitäten. Geringe und stark schwankende *Verfügbarkeiten* weisen auf mangelnde Prozessfähigkeit hin (vgl. Abschnitt 3.6.4):

- Geringe Verfügbarkeiten entstehen durch lange Rüstzeiten sowie langdauernde und häufig auftretende störungsbedingte Unterbrechungen.
- Ausgewiesene Verfügbarkeiten sind Mittelwerte[294], so dass bei starken Schwankungen auch Einzelwerte auftreten, bei denen die mindesterforderliche Verfügbarkeit nicht mehr erreicht wird.
- Neben geringen Verfügbarkeiten weisen auch hohe *Ausschuss-* und *Nacharbeitsraten* auf mangelnde Prozessfähigkeit hin.

Findet man sich mit nicht fähigen Prozessen bzw. gering produktiven Arbeitssystemen ab, unterhält man unnötige Kapazitäten und bindet damit unnötigerweise Kapital. Ferner fallen als Verschwendung anzusehende Personalkosten an.

Materialfluss

Beim Materialfluss geht es um einen möglichst *kontinuierlichen Fertigungsfluss* und das Begrenzen der Bestände auf ein unumgängliches Minimum. Bestände sollten nicht primär einer geringeren Kapitalbindung wegen reduziert werden. Das größere Übel überhöhter Bestände ist, dass sie Verschwendungen verdecken, z.B. hohen Ausschuss, vielfache Auftragsunterbrechungen mit entsprechenden

294 Angenommen bei einer (mittleren) Verfügbarkeit V = 70 % beträgt die monatsdurchschnittliche Schwankung (= Standardabweichung) 5 %. Dann liegen, über einen langen Zeitraum betrachtet, ca. 95 % der monatlichen Verfügbarkeiten in der Spanne 60 % ≤ V ≤ 80 %. Verwendet man für die Taktabstimmung den Mittelwert von 70 %, wird man gelegentlich Stillstände bei den Folge-Produktionsschritten erhalten, weil deutlich geringere Verfügbarkeiten anfallen.

Rüstvorgängen oder überhöhte Losgrößen. Bestände dienen dann als Sicherheitspuffer, um sich solche Verschwendungen überhaupt »leisten« zu können.

FIFO-Prinzip

Beim *FIFO-Prinzip* (First in, First out) liegt ein Pull-Effekt aus der Kundenlogistik und ein Push-Effekt der eigenen Produktion vor. Die zuerst eingelagerten (»ältesten«) Teile werden auch zuerst wieder entnommen. Die FIFO-Bahn (vgl. dazu das Symbol Nr. 8 in Abbildung II-154) soll symbolisieren, dass sich der Materialfluss »wie auf Schienen« bewegt. Wartesystemeffekte (vgl. Abschnitt 4.4.5), Verfügbarkeits- und Ausschusseffekte sind nicht gänzlich zu vermeiden. Die *Puffergrößen* zwischen den Arbeitssystemen (Produktionsschritten) sind deshalb so auszulegen, dass diese Effekte »abgefangen« werden. Zudem werden Rüstzeitenpuffer gebildet, wenn die Rüstzeiten bei Nachfolge-Produktionsschritten unter denen ihrer Vorgänger liegen. Störungspuffer sollten so ausgelegt sein, dass die längste mittlere Störungsdauer beim Vorgänger-Produktionsschritt abzufangen ist.

Ein anderer in Abbildung II-161 angeführter Aspekt ist das Bilden von *Pitches*. Darunter versteht man Zeiteinheitenblöcke, mit deren Hilfe man einen besseren Überblick gewinnen möchte. Verwendet man z. B. Teilebehälter mit 10 Teilen bei einer Taktzeit von 3 Minuten, erhält man einen 30-min-Pitch. In diesem Fall wird man versuchen, dem Warenstrom dieses »Pitch-Raster« zu unterlegen.

Eine weitere Verbesserungsmöglichkeit liegt im Einsatz von Supermärkten bei Variantenfertigung. Das Prinzip des *Supermarkt-Pull-Systems* ist Abbildung II-162 zu entnehmen. Dort werden festgelegte Minimal- und Maximalmengen an Rohmaterial-, Teile- oder Baugruppenvarianten für den jeweilig nachgelagerten Prozess gelagert. Das verbrauchende (Kunden-)Arbeitssystem entnimmt dort die benötigten Variantenteile. Das vorgelagerte (Lieferanten-)Arbeitssystem erhält die Information über ein verbrauchtes Variantenteil, produziert es als nächstes und stellt damit jederzeit die Verfügbarkeit der Variantenteile für das verbrauchende Arbeitssystem sicher. Supermärkte werden nach dem FIFO-Prinzip betrieben und so eine »Veralterung« der Teile vermieden.

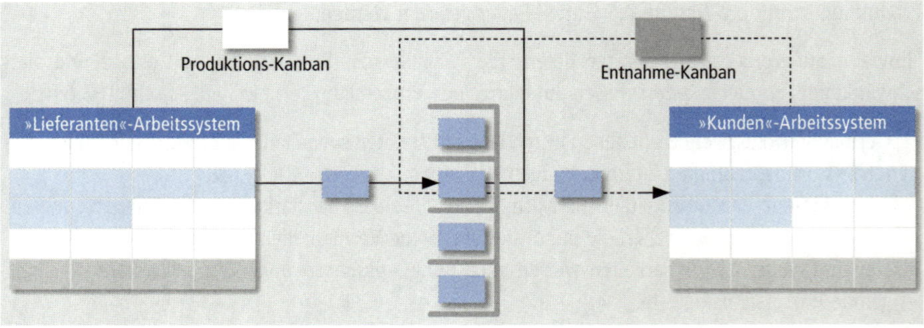

Abbildung II-162 Arbeitsweise des Supermarkt-Pull-Systems

Die meisten Verbesserungsansätze zum Warenstrom zielen auf eine Verkürzung der Durchlaufzeit. Kurze Durchlaufzeiten erleichtern auch die Prozesssteuerung, also das Managen des Informationsstroms.

Informationsfluss

Beim Informationsstrom sind zwei Verbesserungsansätze zu prüfen. Es sollte möglichst nur ein *Schrittmacher-Arbeitssystem* geben. Darunter versteht man jenen Produktionsschritt, bei dem durch die PPS die auftragsbildenden Anweisungen in den Prozess eingesteuert werden. Als ideal werden dafür solche Arbeitssysteme angesehen, vor denen FIFO-Sequenzen und nach denen Supermärkte liegen. Der zweite Verbesserungsansatz zielt auf das *Rückmeldesystem*, in dessen Rahmen Arbeitssysteme Rüstvorgänge, Einzelteile oder Lose fertigmelden und Informationen über erkannten Ausschuss oder Störungen an die PPS leiten. Diese Rückmeldungen sollten nach dem Prinzip des »Management by exception«[295] auf Engpässe und schwierige Operationen beschränkt sein.

3.8.7 Gestaltung von Wertströmen

Verbesserungsansätze formulieren

In den vorhergehenden Abschnitten wurde erläutert, wie Wertstromanalysen durchzuführen und was die häufigsten Verbesserungsnotwendigkeiten und -möglichkeiten sind. Nun sind aufgrund identifizierter Schwachstellen Verbesserungsansätze zu formulieren und Soll-Zustände zu entwerfen. Im ersten Schritt geht es bei der Wertstromgestaltung (Wertstromdesign) um die Identifikation von Mängeln, Schwachstellen und Verbesserungsnotwendigkeiten. Praktiker trennen oft nicht methodisch zwischen Analyse und Gestaltung, wie es hier aus didaktischen Gründen geschieht, weil sie einige der in diesem Abschnitt angeführten Verbesserungsmöglichkeiten schon bei der Wertstromanalyse erkennen.

In Abbildung II-163 sind die identifizierten Mängel mit dem Schwachstellen-Symbol, der »Wolke« (vgl. Symbol Nr. 12 in Abbildung II-154), markiert. Die meisten Mängel sind aufgrund der vorhergehenden Erläuterungen nachzuvollziehen, einige (z. B. Mangel Nr. 8) jedoch nur aus der Kenntnis des Prozesses zu begründen. Da der Materialfluss weitgehend durch das FIFO-Prinzip bestimmt ist, liegt die Mehrzahl der Schwachstellen nicht im Materialfluss, sondern in den Arbeitssystemen, weshalb wir z. B. auf zu verändernde Puffergrößen nicht eingehen. Die wichtigsten identifizierten Schwachstellen in den Arbeitssystemen sind:

Beispiel

1. Schmelzen: Die Umgebungsbelastungen, insbesondere die in diesem Ausmaß vermeidbare Strahlungshitze von den Schmelzöfen, führen zu einer hohen Fluktuation. Ein Schmelzofen wäre stillzulegen, wenn – nach einer überfälligen technischen Überholung – die Verfügbarkeit auf 85 % (es gibt keine Rüstzeiten und keinen Ausschuss!) erhöht würde. Ansonsten entstünde eine Überproduktion.
   Verbesserungsmaßnahmen: Durchführen der geplanten Überholung von zwei Öfen und Stilllegung des dritten Ofens.
2. Gießen: Bei einer Verfügbarkeit von $V = 65\,\%$ und einer Ausschussrate von $A = 8{,}4\,\%$ ist die Prozessfähigkeit des Gießprozesses inakzeptabel. Die Differenz von Brutto- und Netto-Kapazitätsbestand zeigt, dass der Kapazitätsengpass beim Gießen nicht investiv, sondern gestalterisch zu beseitigen ist.
   Verbesserungsmaßnahmen: Projekte »Kokillenoptimierung«, »Rüstzeitsenkung« und »Störungsmanagement«, mit dem Ziel, die Verfügbarkeit binnen sechs Monaten auf 75 % zu erhöhen und den Ausschuss unter 5 % zu senken.
3. Röntgen: Es werden erst nach 3 Stunden Erholungspausen eingelegt (Prozesstechniker lösen ab). Die Mitarbeiter sind gegen die Strahlungswärme der benachbarten Wärmebehandlungsanlage nicht geschützt. In der Nachtschicht gibt es trotz 5,1 % Ausschuss keine Ablösung. Das automatische Röntgen wird nicht genutzt, weil die 3 Maschinen nicht im Block angeordnet sind. Es sind 4 Personen mehr als erforderlich eingesetzt.
   Verbesserungsmaßnahmen: Blockung der Röntgenanlagen und dadurch Anwendung des automatischen Röntgens, 90-Minuten-Pausen-Regime, Wärmeabschirmung und Klimatisierung, Abzug von 4 Personen.

295 Handlungsprinzip, wonach man dem Normalfall, bei dem nichts passiert, wenig Beachtung schenkt, um sich voll auf die Abweichungen vom Normalfall zu konzentrieren, weil nur dabei Reaktionen und Eingriffe erforderlich sind.

4. Stempeln, absetzen: Das Einschlagen des Datumstempels könnte entfallen, denn das Datum ist eingegossen, so dass damit bereits die Anforderungen an Kennzeichnung und Rückverfolgbarkeit erfüllt sind. Ferner liegt ein Zwangsablauf (FIFO zwischen Gießen, Röntgen und Wärmebehandlung) vor, so dass ein Auslassen des Röntgens ausgeschlossen ist. Bis zur Palette mit den fertigen Rädern (Gewicht ca. 20 kg) ist ein Weg von ca. 8 m zurückzulegen, was weder wirtschaftlich noch ergonomisch akzeptabel ist.
   Verbesserungsmaßnahmen: Typenweise Aussteuerung der Räder, so dass die Paletten an den Aussteuerungsbahnen stehen, kurze Transportwege entstehen und Stapellifte einzusetzen sind. Das führt zu einem sicheren Prozess und einem Abzug von 5 Personen (mit UAS-Analyse und MTM*ergonomics*® belegt).

5. Zwischenlager 1: Dieses Zwischenlager begrenzt die Möglichkeiten des folgenden Schrittmacher-Arbeitsgangs. Es ist zu klein und der Lagerbestand zu gering. Bei 20 zu lagernden Typen liegen dort im Mittel 375 Räder/Typ. Die zu geringen Bestände führen dazu, dass in der Mechanischen Bearbeitung zu kleine Lose gebildet werden, und das bei einer mittleren Rüstzeit von 6 Stunden.
   Verbesserungsmaßnahmen: Die Erweiterung des Zwischenlagers 1 führt zu einem Zinsmehraufwand von ca. 2.000 €/Monat, die Reduzierung der Rüstzeiten durch Losgrößenoptimierung zu einer Fertigungskostensenkung von über 6.000 €/Monat.

6. Mechanische Bearbeitung:
   a) Die Zuführungs-Rollenbahnen sind zu kurz, um genügend Räder für die Roboter zu puffern. Dadurch sind Mitarbeiter an die Maschinen gebunden.
   b) Die Rüstzeit von im Mittel 6 Stunden resultiert aus umständlichen und schlecht unterstützen Rüstabläufen.
   c) Die Verfügbarkeit von 55 % resultiert aus zu kleinen Losen bzw. Splittungen von Abrufmengen (vgl. Punkt 5) und begründet den gravierendsten Kapazitätsengpass.

   Verbesserungsmaßnahmen:
   a) Die Rollenbahnen sind so zu verlängern, dass sie ca. 15 Räder aufnehmen. Der Zeitpuffer beträgt dann eine halbe Stunde. Dadurch sind vier Personen abzuziehen.
   b) Es wird, zusammen mit dem »Gießen«, ein Projekt »Rüstzeitsenkung« gestartet, ein Assessment für die Einrichter durchgeführt und ein an die Anlagenverfügbarkeit gebundenes Prämienentgelt für die Einrichter eingeführt.
   c) Die Rüstzeiten werden binnen sechs Monaten auf maximal 2 Stunden gesenkt und die Verfügbarkeit auf mindestens 75 % erhöht (vgl. auch Punkt 5).

7. Waschen: Abbildung II-160 ist zu entnehmen, dass beim Waschen durch die geringe Verfügbarkeit (kein Rüsten) temporär ein Kapazitätsengpass entsteht.
   Verbesserungsmaßnahmen: Es wird eine Analyse der Stillstandsursachen durchgeführt, weil diese im Rahmen der Wertstromanalyse nicht zu erschließen sind.

8. Entgraten: Es wird zentral und an »ausgesiedelten« Arbeitsplätzen entgratet. Die Vorrichtungen ermöglichen es nicht, beide Hände für die Bearbeitung frei zu haben. Die Handhabung und der Rädertransport über ca. 5 m führen zu hohen muskulären Belastungen und einer hohen Stückzeit.
   Verbesserungsmaßnahmen: Bündelung aller Entgrat-Arbeitsplätze, Ausrüstung der Vorrichtungen mit Aufnahme-/Wendekonturen, was zu Beidhandarbeit führt (synchrone Rad- und Werkzeugführung). Investitionsausgaben ca. 28.000 €. Das führt in Verbindung mit einem überfälligen Mitarbeitertraining zu einem sicheren Prozess und zu einer Stückzeitreduzierung von ca. 20 % bzw. zu einem Abzug von 6 Personen (mit UAS-Analyse und MTM*ergonomics*® belegt).

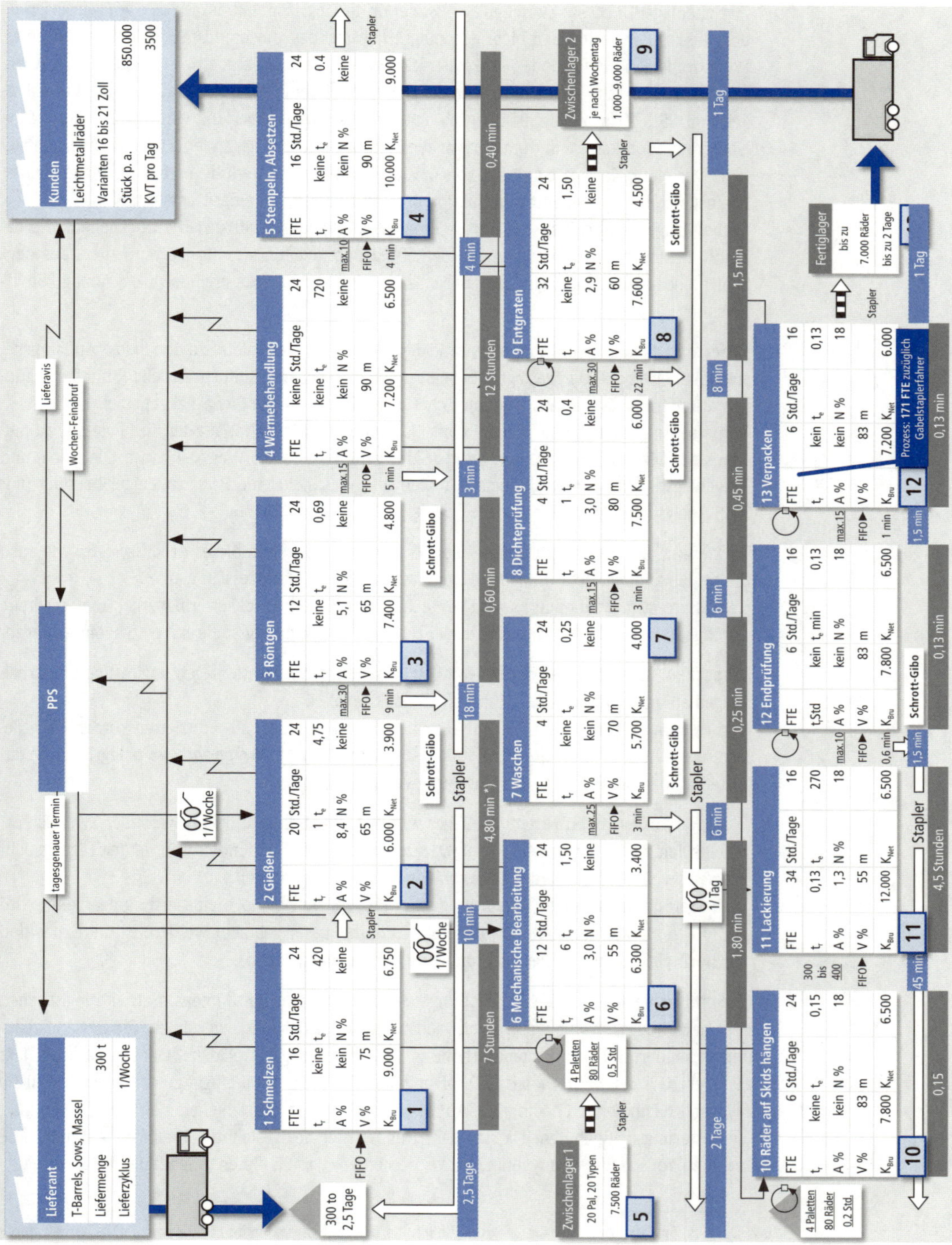

Abbildung II-163 Wertstromanalyse mit den Markierungen der identifizierten Mängel

9. Zwischenlager 2: Dieses Zwischenlager ist der dritte Eingriffspunkt der PPS. Es wird im Informationsfluss nur verwaltet und nicht gemanagt. Hier liegt das gravierendste Problem des gesamten Wertstroms. Bei der folgenden Prozessstrecke wird im Zweischichtbetrieb gearbeitet (vgl. Abbildung II-160, 3. Takt). Das Engpass-Arbeitssystem in diesem Prozesstakt hat bei einer Verfügbarkeit von 55 %[296] im Zweischichtbetrieb einen Netto-Kapazitätsbestand von 6.500 Rädern. Eine Überproduktion kann aufgrund der vor dieser Prozessstrecke liegenden Engpässe nicht entstehen. Der Netto-Kapazitätsbestand von 6.500 Rädern pro Tag würde bereits im mangelhaften Ist-Zustand eine einschichtige Produktion pro Tag zulassen, bei einer Überstunde.
   Verbesserungsmaßnahmen: Im dritten Prozesstakt auf Einschichtbetrieb zurückgehen. Die dadurch entstehenden Lieferzeiten mit den Kundenabrufzeiten synchronisieren. Allein aus dem Schichtabbaueffekt für die im dritten Takt liegende Prozesstrecke ergibt sich ein Abzug von 18 Personen.

10. Räder auf Skids hängen: Die schweren Räder werden von der Palette zu den Skids (Aufhängegestänge) über bis zu 10 m getragen. Bei den unteren Stapellagen sind zusätzliche Rumpfbewegungen erforderlich. Das ist aus ergonomischer und wirtschaftlicher Sicht inakzeptabel.
    Verbesserungsmaßnahmen: Einsatz einer Schwerkraft-Rollenbahn, auf der fünf Paletten zu puffern sind. Diese werden so nahe an die Skids geführt, dass der Weg < 1 m ist. Die Hebe- und Tragebelastungen werden deutlich reduziert und je Schicht eine Person weniger benötigt (mit UAS-Analyse und MTM*ergonomics*® belegt).

11. Lackierung: Die Nacharbeit und der hohe Störungsanteil weisen dieses Arbeitssystem, wie auch die beiden anderen Schrittmacher-Arbeitssysteme, als nicht prozessfähig aus.[297]
    Verbesserungsmaßnahmen: Es wird ein technisches Projekt »Lackierverfügbarkeit und -qualität« durchgeführt, um die Ursachen bei dieser Haupt-Verschwendungsstelle erst einmal offenzulegen.

12. Verpacken: Beim Absetzen der Räder fallen bei den unteren Palettenlagen ungünstige Körperhaltungen an, ergonomisch und wirtschaftlich inakzeptabel.
    Verbesserungsmaßnahmen: Der Einsatz eines Hubtisches führt zu reduzierten körperlichen Belastungen und geringerer Stückzeit (mit UAS-Analyse und MTM*ergonomics*® belegt). Die Mitarbeiter können die Paletten selbst ins Fertigwarenlager fahren.

13. Fertigwarenlager: Beim Fertigwarenlager wird zweischichtig gearbeitet, weil über zwei Schichten aus dem dritten Prozesstakt Fertigware zugeht. An die Kunden wird nur in der Tagesschicht geliefert, weil diese nur in der Tagesschicht Waren vereinnahmen.
    Verbesserungsmaßnahmen: Wenn im dritten Prozesstakt nur noch einschichtig gearbeitet wird und die verpackten Paletten von der Produktion ins Lager gebracht werden, ist die Expedition nur noch einschichtig zu besetzen und eine Person abzuziehen.

Bei diesem Beispiel liegt der Verschwendungsschwerpunkt beim Ressourceneinsatz. Im logistischen Konzept liegen dagegen nur wenige Schwachstellen. Es wird nicht, wie üblich, für Bestandsreduzierungen, sondern für eine Bestandserhöhung im Zwischenlager 1 plädiert. Der Einsparungseffekt ist mit über 20 % der FTE erheblich. Die Durchlaufzeit ist nur geringfügig zu reduzieren, weil sie überwiegend technologisch bedingt ist. Auf die mangelhafte Prozessfähigkeit zielt der Schwerpunkt der Verbesserungsmaßnahmen. Da sich das Grundmuster des gestalteten Wertstroms durch diese Maßnahmen optisch nur wenig verändert, verzichten wir darauf, diesen grafisch darzustellen.

---

296 Darin ist (anders als bei der OEE-Bildung üblich) berücksichtigt, dass beim Lackieren eine Nacharbeitsquote von 18 % anfällt.

297 Alle drei Schrittmacher-Produktionsschritte werden in nicht prozessfähigen Arbeitssystemen vollzogen. Was nochmals zeigt, dass hier in erster Linie die Produktionsschritte, in zweiter Linie die Prozessplanung und -steuerung und nur in dritter Linie der Materialfluss Verbesserungspotenziale bergen.

3.8.8 Einsatz des MTM-Verfahrens bei Wertstromanalysen und -gestaltungen

Fachliche Anforderungen bei der Wertstromanalyse

Unternehmen, die über leistungsfähige betriebliche Prozessbausteinsysteme (vgl. Teil III, Kapitel 4) verfügen, können bei der Wertstromanalyse auf diese bzw. auf die damit versorgten Arbeitspläne zurückgreifen (vgl. Teil III, Abschnitt 3.1). Abbildung II-154 ist zu entnehmen, dass nur die Datenbeschaffung für die Arbeitssysteme im Wertstrom zu nennenswerten fachlichen Anforderungen führt. Die Beschaffung der anderen Daten bedingt Fleiß und Akribie, aber nur geringe fachliche Kenntnisse. Die Erhebung der Arbeitssystem-Daten stellt also die höchsten fachlichen Anforderungen bei der Wertstromanalyse.

Wertstromgestaltung

Dem Beispiel ist zu entnehmen, dass die Arbeitssystem-Gestaltung einen hohen Stellenwert bei der Wertstromgestaltung hat. Mit Hilfe von MTM*ergonomics*® und durch UAS-Analysen wurden Alternativen simuliert, erhebliche Verbesserungen erzielt und eine sichere Entscheidungsbasis geschaffen. Das MTM-Verfahren, die mit diesem zu leistende Datenqualität und die aus der MTM-Prozesssprache resultierende Veranschaulichung von Produktivitätsmängeln führen zu exakt begründeten und sicher umsetzbaren Verbesserungslösungen:[298]

1. Es werden valide Taktabgleiche zwischen den gestalteten Arbeitssystemen ausgewiesen und partielle Produktivitätsverluste minimiert.
2. Die zu erreichenden Produktivitätsverbesserungen oder zu eliminierenden Zeitverschwendungen werden nicht wortreich unterstellt, sondern nachvollziehbar begründet, und sie sind präzise monetär bewertet.
3. Durch die Simulationsfähigkeit des MTM-Verfahrens ist zu veranschaulichen, wie der Wertstrom zuverlässig synchronisiert wird.

3.9 Zusammenfassung

Bei der Aufgabenanalyse gibt es zwei Möglichkeiten, Erkenntnisse zu gewinnen. Aufgabenstrukturen werden mit Hilfe der Methode der Aufgabengliederung über Experteninterviews erhoben. Diese Methode wird dann angewandt, wenn es Personen gibt, die auskunftsfähig, also die Interviews ergiebig sind. Oder es werden mit der Mindmapping-Methode Aufgaben modellierend erhoben, wenn sich auch Experten nicht sicher sind und es deshalb um eine Art Ideenfindung geht.

Bei der Aufgabensynthese werden die Aufgaben auf Aufgabenträger verteilt, weshalb sie auch als Aufgabenverteilung bezeichnet wird. Bei der Aufgabenverteilung kann es zur Artenteilung oder zur Mengenteilung kommen. Eine Artenteilung wird angewandt, wenn Aufgaben nur einem oder nur wenigen Aufgabenträgern zugeordnet und damit Spezialisten-Stellen geschaffen werden. Weist man Aufgaben allen oder den meisten Aufgabenträgern zu, so dass jeder alles können muss, wird eine Mengenteilung angewandt. Dabei schafft man Generalisten-Stellen.

In beiden Fällen kann man eine Zentralisation (nach Verrichtungen oder nach Objekten) oder eine Dezentralisation anstreben. Verrichtungszentralisierung ist dann zweckmäßig, wenn hochgradig entwickelte Fertigkeiten zu nutzen sind, keine Kundennähe erforderlich ist und eine große Schnittstellenzahl akzeptiert wird. Objektzentralisierung bietet sich an, wenn genaue Kenntnisse der Objekte (z.B. Kunden, Produkte) erforderlich sind und sich die notwendigen Verrichtungen zwischen den Objekten nicht stark unterscheiden.

298 Vgl. Littmann, F.; Busenbach, M.: MTM – Anwendung über die Prozesskette. In: IfaA (Hrsg.): Methodisches Produktivitätsmanagement, Umsetzung und Perspektiven. Köln: Bachem, 2010, S. 162f.

Die Paretoanalyse wird angewandt, wenn Aufgaben unter dem Gesichtspunkt der Ressourcenbindung zu priorisieren sind. Die Frage hierbei ist, ob eventuell nur wenige Aufgaben die meisten Ressourcen binden. Mit der Funktionsanalyse wird untersucht, ob eine sinnvolle, nicht schematische, Verteilung der Aufgaben auf die Aufgabenträger vorliegt.

Da die Analyse und Gestaltung von Prozessen relativ zeitaufwändig ist, sind auch hier Prioritäten zu setzen. Priorität haben die Leistungsprozesse und dabei wiederum die Kernprozesse und die erfolgskritischen Prozesse. Mindestens mit diesen sollte man sich eingehender auseinandersetzen. Dazu sind Prozesshierarchien zu entwickeln, um ein überschaubares und aufeinander abgestimmtes Prozessgebilde zu dokumentieren. Bei der Wahl einer Dokumentationsform sollte man sich vom Bestimmungszweck leiten lassen. Für detaillierte Dokumentationen und Visualisierungen werden Flowchart-Darstellungen bevorzugt. Stehen Zeitberechnungen im Vordergrund, bieten sich Entscheidungstabellen oder Zeilenanalysen an. Entscheidungstabellen sind dann übersichtlicher als Zeilenanalysen, wenn bis ca. fünf ODER-Teilungen vorliegen. Darüber hinaus werden sie, trotz Komprimierung und Verknüpfung, immer schlechter lesbar.

Mit der FMEA sind Abläufe unter dem Gesichtspunkt der Risikoneigung zu priorisieren. Aufgaben oder Ablaufabschnitte mit besonders hohen Fehlerrisiken sind durch gestalterische Maßnahmen zu »entschärfen«. Mit der Prozessfähigkeitsanalyse sind Arbeitssysteme danach zu untersuchen, ob sie in der Lage sind, an sie gestellte Qualitätsforderungen (attributive oder variable Merkmale) hinreichend sicher zu erfüllen. Beide Analyseinstrumente zielen auf eine Verbesserung der Nacharbeits- und Ausschussrate und damit der Arbeitssystem-Produktivität.

Eine spezielle Art von Prozessdarstellung ist der Wertstrom. Diese Methode wählt man dann, wenn Warenströme nach ihren Fertigungs- und Materialflusselementen zu analysieren und mit dem Informationsfluss zu verknüpfen sind. Mit Hilfe von Wertstromanalysen sind die Auswirkungen einzelner Elemente auf den Gesamtprozess zu erkennen, z. B. von Rüstzeiten auf Bestände, von Fehlern auf das Entstehen von Engpässen oder von Pull-Sequenzen auf die Durchlaufzeit. Da Wertstromanalysen auch bei komplexen Prozessen ein gemeinsames Verständnis für diese Prozesse schaffen, werden sie auch bei KVP-Vorhaben (vgl. Teil IV, Kapitel 3) durchgeführt. Die Gestaltung von Wertströmen zielt insbesondere auf die sichere Belieferung von Kunden, bei kürzestmöglichen Durchlaufzeiten und sinnvollen – nicht immer geringstmöglichen – Beständen.

4 Algorithmen zur Berechnung von Sollzeiten

4.1 Überblick

Grundlagenwissen für IE-Aufgaben

In diesem Kapitel werden die theoretischen und algorithmischen Grundlagen zur Prognose des Zeitverhaltens von Arbeitssystemen und Prozessen, also zur Sollzeit-Bestimmung erläutert.[299] Dieses Grundlagenwissen ist die Voraussetzung für eine sachgerechte Bearbeitung einer Reihe von Industrial-Engineering-Aufgaben (vgl. Teil 1, Abbildung I-20), z. B. für das

- Entwickeln von Prozessbausteinen,
- Durchführen von Wertstromanalysen,
- Bewerten von Arbeitsgestaltungslösungen,
- Erstellen von Vorkalkulationen,
- Entwickeln von Bezugsgrundlagen für die Entgeltdifferenzierung,
- Durchführen von Personalbemessungen.

Die meisten Absichten zum *MTM-Produktivitätsmanagement* (vgl. Teil I, Abschnitt 3.5.1) sind nur zu realisieren, wenn das Sollzeiten-Management (vgl. Teil IV, Kapitel 5) beherrscht wird. Auch bei den IE-Methoden steht die in diesem Kapitel behandelte »Zeitanalyse und -synthese« im Mittelpunkt (vgl. Teil I, Abbildung I-20).

Ablaufartenanalyse

Im Abschnitt 4.2 wird zur *Ablaufartenanalyse* erläutert, wie bei Ist-Abläufen beobachtete Vorkommnisse so in Ablaufabschnitte segmentiert werden, dass sie zu kategorisieren sind. Alle Ablaufabschnitte mit sachlich gleichartigen Vorkommnissen werden unter einer sie kennzeichnenden Kategorie gesammelt, die Ablaufart genannt wird. Wir haben es also mit einer Strukturierungstechnik zu tun.

Zeitartenanalyse und -synthese

Im Abschnitt 4.3 werden bei der *Zeitartenanalyse* die mit Zeiten belegten Ablaufabschnitte (die Analyseergebnisse) je Ablaufart nach einem Algorithmus in die adäquate Zeitart überführt. Die Zeitarten sind eine Synthesebasis, denn sie werden bei der Zeitartensynthese direkt in verwendungsfähige Sollzeiten überführt,

1. die später zur Entwicklung von Prozessbausteinen verwendet werden oder
2. mit denen vorgegebene Analyseziele zu bestimmen sind. Das können z. B. eine Durchlaufzeit beim Wertstrom, die Anzahl von einer Person zu betreuender Maschinen oder die Anzahl erforderlicher Personen in einem Arbeitsfluss bei vorgegebenem Kundenverbrauchstakt sein.

Die Kenntnis der Zeitartenstrukturen ist die Voraussetzung für eine sachgerechte Bearbeitung zeitwirtschaftlicher Fragestellungen und gilt als eine Art »Allgemeinbildung« im Industrial Engineering. Im Abschnitt 4.4 werden vier Sonderfälle der Zeitartensynthese behandelt, Gruppenarbeits-, Mehrstellenarbeits-, Fließarbeits- und Wartesysteme. Dabei werden über die grundlegenden Aufgabenstellungen hinausgehende Spezialfragen erörtert.

299 Alle Überlegungen zur Planung von Soll-Zuständen gelten auch für die Bewertung von Ist-Zuständen.

4.2 Ablaufartenanalyse

4.2.1 Vorkommnisarten und Vorkommniskategorien

Vorkommnis

In Ist-Abläufen sind Vorkommnisse in Form menschlicher Handlungen (z. B. ein Teil in eine Vorrichtung legen) oder als Betriebsmittel-Operationen (z. B. ein Stanzhub) zu beobachten. Diese *Vorkommnisse* sind sachkategorisch nach Ablaufabschnitten abzugrenzen, zu segmentieren. Diese Vorkommnisse werden in der Folge nach drei Gesichtspunkten unterschieden (vgl. Abbildung II-164):

Vorkommnisarten

1. Aktiviertheit: Vorkommnisse können sich in zwei *Vorkommnisarten* ausprägen:
   - Zum Arbeitsfortschritt führendes Machen: Besteht das in einer menschlichen Handlung, z. B. Werkzeug prüfen, bezeichnet man es als Tätigkeit. Handelt es sich um maschinelle Aktionen, z. B. Stanzhübe, nennt man es Operationen.
   - Zu keinem Arbeitsfortschritt führendes Unterlassen: Das kann als Unterbrechen der Tätigkeit (z. B. eine Ruhepause einlegen, auf eine TÜV-Abnahme warten) oder der Betriebsmittelnutzung (z. B. Auftreten einer Störung) anfallen.
2. Auftretensweise: Vorkommnisse können vorhersehbar, planmäßig (z. B. Werkstück prüfen) oder unvorhersehbar, nicht planmäßig (z. B. einem Kollegen helfen müssen) auftreten. Nach der Auftretensweise werden zwei *Vorkommnisarten* unterschieden:
   - Planmäßig auftretende Vorkommnisse: Ein Vorkommnis ist prognostizierbar, deterministisch, wenn sein Auftretenszeitpunkt vorherzusagen ist.
   - Nicht planmäßig auftretende Vorkommnisse: Ein Vorkommnis ist zufällig, stochastisch, wenn zwar seine Auftretenshäufigkeit pro Periode, nicht aber sein Auftretenszeitpunkt vorhersagbar ist. Nicht planmäßig auftretende Vorkommnisse sind mit Hilfe statistischer Betrachtungen zu relativieren, indem z. B. die »Anzahl technischer Störungen pro Tag« oder die »Anzahl Reißleinenauslösungen pro Monat« erhoben wird.
3. Seinsbezug: Vorkommnisse können für stattfindende (= Ist) oder für geplante (= Soll) Handlungen und Operationen stehen:
   - Ist[300] – das Bestehende: Wird das Auftreten von Vorkommnissen beobachtet, führt man eine Ist-(Zustands-)Analyse durch. Dabei können mehr, weniger oder andere Vorkommnisse auftreten, als für den Soll-Zustand vorgesehen sind.
   - Soll[301] – das Vorgesehene: Soll-Zustände (z. B. in Form von Prozessbausteinen) haben Modellcharakter, weil sie für Gewolltes stehen.

Bei der Ablaufartenanalyse werden Ablaufabschnitte nach der Aktiviertheit und Auftretensweise von Vorkommnissen identifiziert.

Vorkommniskategorien, Zeittreiber

Abbildung II-164 ist zu entnehmen, dass Vorkommnisse nicht nur nach Vorkommnisarten, sondern auch nach *Vorkommniskategorien* klassifiziert werden. Das heißt, sie werden auch danach unterschieden, aufgrund welcher Anlässe sie auftreten, was ihren Zeitbedarf bestimmt und worauf sie deshalb bezogen werden. Vorkommniskategorien werden auch als Zeittreiber bezeichnet, weil z. B. Kundenverhalten, Mitarbeiterverhalten oder Betriebsmittelfunktionalitäten den Zeitbedarf zur Aufgabenerfüllung bzw. zum Ablaufvollzug maßgebend bestimmen. Es sind sechs Vorkommniskategorien zu unterscheiden:

300 Als »Ist« werden erreichte, erzielte, erfasste, vorliegende, angefallene Daten bezeichnet. Werden Tätigkeiten ausgeführt, um Aufgaben (= Soll) zu erfüllen, erfolgen diese im »Ist«. Die Kenntnis von Ist-Zuständen ist oft die »Vorlage« zur Modellierung von Soll-Zuständen.

301 Als »Soll« werden geplante, budgetierte, vorgegebene, erwartete Sachverhalte bezeichnet. Werden Aufgabenerfüllungen mit Hilfe von Prozessbausteinen beschrieben, so stehen diese für das »Soll«.

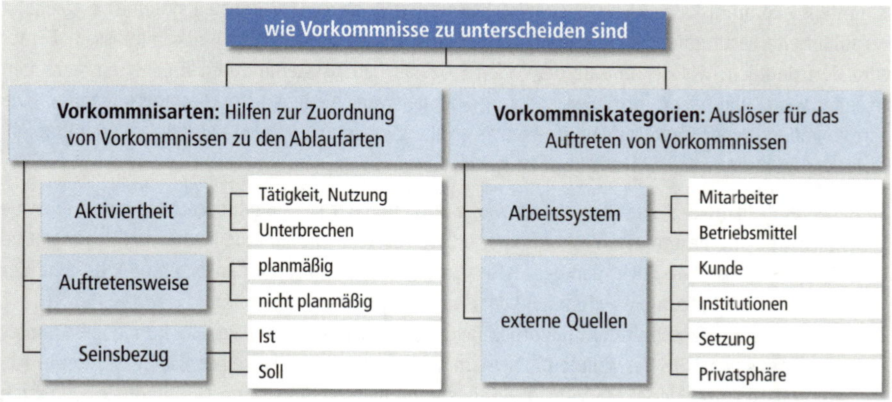

Abbildung II-164 Vorkommnisarten und Vorkommniskategorien

1. Mitarbeiterbestimmte Vorkommnisse: Der Ablauf wird primär durch einen Menschen bestimmt. Diese Vorkommnisse können mental (z. B. nachdenken, auf Erfahrung zurückgreifen) oder motorisch (alle Bewegungsabläufe betreffend) determiniert sein. Mitarbeiterbestimmte Vorkommnisse unterliegen arbeitswirtschaftlich-organisatorischen Maßstäben.
2. Betriebsmittelbestimmte Vorkommnisse: Der Ablauf wird primär durch die funktionellen Möglichkeiten des eingesetzten Betriebsmittels bestimmt, z. B. bei Responsezeiten an Bildschirmarbeitsplätzen, bei Maschinenhüben oder Zylinderdrehungen. Betriebsmittelbestimmte Vorkommnisse unterliegen technischen und arbeitswirtschaftlich-organisatorischen Maßstäben.
3. Kundenbestimmte Vorkommnisse: Der Ablauf wird in erster Linie nicht durch die eigenen Ressourcen, sondern durch externe Leistungsempfänger bestimmt. Kundenbestimmte Vorkommnisse fallen planmäßig (z. B. in Form vereinbarter Reklamationsgespräche) oder nicht planmäßig an (z. B. in Form telefonischer Rückfragen). Sie unterliegen keinen arbeitswirtschaftlich-organisatorischen Maßstäben, sondern z. B. strategischen Festlegungen oder unternehmenspolitischen Setzungen, oder sie sind wie die institutionenbestimmten Vorkommnisse »hinzunehmen«.
4. Institutionenbestimmte Vorkommnisse: Der Ablauf wird durch eine interne oder externe Institution, also durch fremde Arbeitssysteme, bestimmt. Das kann z. B. das Warten auf eine Musterfreigabe durch die Qualitätssicherung oder eine TÜV-Abnahme sein. Institutionenbestimmte Vorkommnisse unterliegen keinen arbeitswirtschaftlich-organisatorischen Maßstäben, sondern sind zunächst einmal als Fakten hinzunehmen.
5. Setzungsbestimmte Vorkommnisse: Der Ablauf ist nur begrenzt oder überhaupt nicht arbeitswirtschaftlich-organisatorisch zu begründen. Vielmehr ist eine Setzung vorzunehmen, z. B. eine bestimmte Anzahl als zweckmäßig erachteter Gruppengespräche pro Monat, die gewünschte Intensität bei der Mitarbeiterführung oder ein gewünschter Aufwand beim Erfüllen von Unterstützungsaufgaben.
6. Privatsphärebedingte Vorkommnisse: Dazu zählen alle Vorkommnisse, die in keinem Zusammenhang mit der Aufgabenerfüllung stehen, sondern bei denen es um persönliche Belange geht. Privatsphärebedingte Vorkommnisse werden im Allgemeinen unter den Gesichtspunkten des »sozialen Konsenses« oder des »allgemein Üblichen« bewertet. Sie entziehen sich also arbeitswirtschaftlich-organisatorischen und damit rationalen Bewertungen.

Verfahren zur Sollzeit-Bestimmung

IE-Methoden sind auf die beiden ersten Vorkommniskategorien uneingeschränkt, auf die beiden folgenden nur eingeschränkt und auf die beiden letzten gar nicht anzuwenden. Das ist Abbildung II-165 zu entnehmen. Dort wird zudem gezeigt, dass jedes Verfahren zur Sollzeit-Bestimmung nur für bestimmte Vorkommniskategorien geeignet ist. Beispielsweise sind MTM-Bausteinsysteme bestgeeignet bei mitarbeiterbestimmten, aber ungeeignet bei betriebsmittelbestimmten Vorkommnissen. Ferner wird dort deutlich, wie der Einsatz der MTM-Prozessbausteinsysteme durch Ergänzungstechniken begleitet wird: Alle haben ihre »Berechtigung« bei den verschiedenen Vorkommniskategorien. Die dort vorgenommenen Zuweisungen sind teilweise als »zwingend«, teilweise als »üblich oder empfehlenswert« zu interpretieren. Dazu zwei Beispiele:

1. Bei einem Ablaufabschnitt »Arbeitsanweisung lesen und der Maschinenbesatzung interpretieren« liegt ein setzungsbestimmtes Vorkommnis vor, weil es keine primär arbeitswirtschaftlich-organisatorische Frage ist, wie hoch man den dafür vorzusehenden Zeitbedarf ansetzen will. Es geht hier primär um eine Setzung, welchen Zeitbedarf man als zweckmäßig ansieht.
2. Bei einem Ablaufabschnitt »Kundenrückfrage telefonisch klären« liegt ein kundenbestimmtes Vorkommnis vor, d. h. der Kunde mit seinem Verhalten ist der Zeittreiber. Dafür werden in Abbildung II-165 drei Verfahren zur Sollzeit-Bestimmung angeführt. Eine Multimomentaufnahme lohnt sich nicht, wenn es nur um die Zeitbedarfsermittlung für einige kundenbestimmte Vorkommnisse geht. Man könnte den Zeitbedarf auch durch Selbstaufschreibung bestimmen, sofern dadurch die Aufgabenerfüllung nicht behindert wird. Sollte das der Fall sein, verbleibt als Erhebungsverfahren noch das Schätzen.

Vorkommniskategorien bzw. Zeittreiber: Die Vorkommnisse sind ...		Sollzeit-Bestimmung durch					
		MTM-Prozessbausteinsysteme	Ergänzungstechniken				Setzungen und Vereinbarungen
			Schätzen	Zeitmessung	Selbstaufschreibung	Multimomentverfahren	
Arbeitssystem	mitarbeiterbestimmt	×					
	betriebsmittelbestimmt			×	×	×	
externe Quellen	kundenbestimmt		×		×	×	
	institutionenbestimmt		×		×		
	setzungsbestimmt						×
	privatsphärebestimmt						×

Abbildung II-165 Vorkommniskategorien und geeignete (empfohlene) Verfahren zur Bestimmung von Sollzeiten

4.2.2 Ablaufarten und Ablaufartenanalyse

Rechnerisch richtige Bestimmung von Sollzeiten

Zur rechnerisch richtigen Bestimmung von Sollzeiten bedient man sich des Analyse-Synthese-Modells nach REFA.[302] Es liegt fast allen Tarifverträgen zu Grunde, in denen die Ermittlung und Verwendung von Sollzeiten geregelt ist. Den Abbildungen II-166 und II-167 ist der Analyseteil dieses Modells, die Ablaufartengliederung, zu entnehmen.

Eine *Ablaufart* ist eine nach der Aktiviertheit und der Auftretensweise (vgl. Abbildung II-164) definierte Ablaufphase. Als *Ablaufartenanalyse* wird die Zuordnung von Ablaufarten zu Vorkommnissen

302 Vgl. REFA (Hrsg.): Methodenlehre der Betriebsorganisation, Teil Datenermittlung, München: Hanser, 1997, S. 20 f. Dabei handelt es sich um Algorithmen, die ihren Ursprung im Bedaux-System haben.

oder Ablaufabschnitten bezeichnet. Ablaufartenanalysen werden meist auf den Menschen oder das Betriebsmittel bezogen. Ziel der Ablaufartenanalyse ist, die unter einer Ablaufart (z. B. »ablaufbedingtes Unterbrechen«) erfassten Vorkommnisse für die Zeitsynthese so zusammenzustellen, dass sie dort korrekt der zugehörigen Zeitart (z. B. »Wartezeit«) zuzuweisen sind.

Auf den Menschen bezogene Ablaufartengliederung

Auf den Menschen bezieht man die Ablaufarten z. B., wenn daraus entstehende Prozessbausteine für die Personalbemessung oder für die Leistungsentgeltdifferenzierung verwendet werden. Auf das Betriebsmittel bezieht man Ablaufarten, z. B. bei Auslastungsuntersuchungen an Anlagen.

<table>
<tr><td rowspan="10">M Mensch</td><td rowspan="3">MT
Aufgabenerfüllung
(»tätig sein«)</td><td>MH Haupttätigkeit:
Planmäßiges Vorkommnis, bei dem ein Handeln des Menschen anfällt und ein unmittelbarer Arbeitsfortschritt entsteht.</td></tr>
<tr><td>MN Nebentätigkeit:
Planmäßiges Vorkommnis, bei dem ein Handeln des Menschen anfällt und nur ein mittelbarer Arbeitsfortschritt entsteht.</td></tr>
<tr><td>MZ zusätzliche Tätigkeit:
Nicht planmäßiges Vorkommnis, seinem Auftretenszeitpunkt nach nicht vorhersagbar, bei dem ein Handeln des Menschen anfällt, jedoch kein Arbeitsfortschritt entsteht.</td></tr>
<tr><td rowspan="4">MK
Unterbrechung der Aufgabenerfüllung
(»nicht tätig sein«)</td><td>MA ablaufbedingtes Unterbrechen:
Planmäßiges Vorkommnis, bei dem ein Handeln des Menschen anfällt und ein Arbeitsfortschritt entstehen kann, aber nicht muss.</td></tr>
<tr><td>MS störungsbedingtes Unterbrechen:
Nicht planmäßiges Vorkommnis, bei dem kein Handeln des Menschen anfällt und kein Arbeitsfortschritt entsteht.</td></tr>
<tr><td>MP persönlich bedingtes Unterbrechen:
Nicht planmäßiges Vorkommnis, bei dem kein aufgabenbezogenes Handeln anfällt, weil persönliche Gründe dafür maßgebend sind.</td></tr>
<tr><td>ME erholungsbedingtes Unterbrechen:
Planmäßiges oder nicht planmäßiges Unterbrechen der Aufgabenerfüllung zum Zwecke der Regenerierung.</td></tr>
<tr><td colspan="2">MR Betriebsruhe (kollektiv gültige Arbeitspausen und vergleichbare Anlässe)</td></tr>
<tr><td colspan="2">ML außer Einsatz (längerfristige Nichtverfügbarkeit/Nichteinsetzbarkeit)</td></tr>
<tr><td colspan="2">MX nicht erkennbar/nicht zuordenbar</td></tr>
</table>

Abbildung II-166 Auf den Menschen bezogene Ablaufartengliederung (nach REFA)

Abbildung II-166 und Abbildung II-167 ist zu entnehmen, dass bei der Ablaufartengliederung in der ersten Gliederungsebene nach der Vorkommnisart »Aktiviertheit« unterschieden wird (vgl. dazu auch Abbildung II-164), ob

1. die Ressourcen einen Arbeitsfortschritt bewirken (Tun in Form der Tätigkeit bzw. der Betriebsmittelnutzung) oder
2. ein Unterlassen vorliegt, also die Aufgabenerfüllung ausgesetzt ist (Unterbrechen der Tätigkeit oder der Betriebsmittelnutzung), oder
3. Betriebsruhe herrscht, also die Ressourcen längerfristig nicht einzusetzen sind.

Auf das Betriebsmittel bezogene Ablaufartengliederung

B Betriebsmittel	**BT Betriebsmittelnutzung**	**BH Hauptnutzung:** Planmäßiges Vorkommnis, bei dem ein Verwenden des Betriebsmittels entsprechend seiner Zweckbestimmung anfällt.
		BN Nebennutzung: Planmäßiges Vorkommnis, bei dem eine Hauptnutzung des Betriebsmittels vorbereitet wird oder ein Rückversetzen in den Ausgangszustand stattfindet.
		BZ zusätzliche Nutzung: Nicht planmäßiges Vorkommnis, seinem Auftretenszeitpunkt nach nicht vorhersagbar, bei dem eine Haupt- oder Nebennutzung des Betriebsmittels anfällt.
	BK Unterbrechen der Betriebsmittelnutzung	**BA ablaufbedingtes Unterbrechen:** Planmäßiges Vorkommnis, bei dem das Betriebsmittel stillsteht.
		BS störungsbedingtes Unterbrechen: Nicht planmäßiges Vorkommnis, bei dem das Betriebsmittel stillsteht.
		BP persönlich bedingtes Unterbrechen: Nicht planmäßiges Vorkommnis, bei dem das Betriebsmittel durch den Menschen verursacht stillsteht.
		BE erholungsbedingtes Unterbrechen: Planmäßiges oder nicht planmäßiges Vorkommnis, bei dem das Betriebsmittel durch den Menschen verursacht stillsteht.
	BR Betriebsruhe (kollektiv gültige Arbeitspausen und vergleichbare Anlässe)	
	BL außer Einsatz (längerfristige Nichtverfügbarkeit/Nichteinsetzbarkeit)	
	BX nicht erkennbar/nicht zuordenbar	

Abbildung II-167 Auf das Betriebsmittel bezogene Ablaufartengliederung (nach REFA)

In der zweiten Gliederungsebene wird nach der Vorkommnisart »Auftretensweise« unterschieden, ob

1. der Auftretenszeitpunkt von Vorkommnissen prognostizierbar ist (in Abbildung II-166 hinterlegte Felder) und dadurch ein planmäßiges Handeln (MH, MN) bzw. eine planmäßige Nutzung (BH, BN) oder ein planmäßiges Nichthandeln (MA) bzw. eine planmäßige Nichtnutzung (BA) vorliegt oder
2. der Auftretenszeitpunkt von Vorkommnissen nicht prognostizierbar ist, also nicht planmäßige Vorkommnisse vorliegen.

Im folgenden Abschnitt wird erläutert, wie die planmäßigen Vorkommnisse in Prozessbausteine »einzubauen« sind und wie mit den nicht planmäßigen Vorkommnissen, die darin nicht enthalten sind, verfahren wird. Die Ablaufartengliederungen sind ein elementares Instrument für die Entwicklung von Prozessbausteinen (vgl. Teil III, Kapitel 4).

Beispiel

Abbildung II-168 ist ein Beispiel einer Ablaufartenanalyse zu entnehmen. Vor Beginn einer Ablaufartenanalyse muss klar sein, welchem Betrachtungsbezug (z. B. Betriebsmittel) zu folgen und wie tief der Ablauf in Ablaufabschnitte zu unterteilen ist. Den Ablaufabschnitten werden die Ablaufarten nach den in Abbildung II-166 und Abbildung II-167 angeführten Schemata zugeordnet. Eine sachlich richtige Zuordnung ist die Voraussetzung für eine sachlich richtige Bestimmung von Sollzeiten.

Ablaufabschnitte bei der Aufgabe Radiator und Kondensator vormontieren	Zeit in min		Ablaufartenanalyse nach dem	
	Fortschritts-zeit	Einzelzeit	Menschen	Betriebs-mittel
1 Arbeitsplatz vorbereiten	10	10	MN	BA
2 Abstimmungsgespräch mit Gruppensprecher	15	5	MZ	BS
3 Radiator und Kondensator vormontieren	55	40	MH	BH
4 Stichprobenprüfung (Dichtigkeit) durchführen	57	2	MN	BA
5 bei Fördererstillstand warten	60	3	MS	BS
6 Radiator und Kondensator vormontieren	95	35	MH	BH
7 Zigarettenpause nehmen	100	5	MP	BP
8 Radiator und Kondensator vormontieren	125	25	MH	BH
9 Frühstückspause (Springerablösung)	140	15	MR	BR

Abbildung II-168 Beispiel (Ausschnitt) für eine Ablaufartenanalyse

Die in den Ablaufabschnitten 3, 6 und 8 erfasste Hauptaufgabe »Radiator und Kondensator vormontieren« würde man in der Praxis tiefer gliedern. Ferner würde man feststellen, dass eine Hauptnutzung der Betriebsmittel nicht über den gesamten Ablaufabschnitt hinweg vorliegt. Je filigraner man Ablaufanalysen durchführt, desto stärker unterscheidet man zwischen den Ablaufarten, insbesondere zwischen Haupt- und Nebentätigkeit bzw. Haupt- und Nebennutzung.

Bei dem hier erläuterten Modell der Ablaufartenanalyse handelt es sich um ein standardisiertes Schema. In der Praxis werden gelegentlich auch andere, auf bestimmte betriebliche Gegebenheiten abgestellte Ablaufarten verwendet, weniger beim Anwenden der MTM-Prozessbausteinsysteme oder der Zeitmessung als bei Multimomentaufnahmen oder Selbstaufschreibungen. Der Grund: Dort sind oft keine Vorgabezeiten, sondern Zeitrelevanzen spezifischer Gegebenheiten zu ermitteln.

4.3 Zeitartenanalyse und -synthese

4.3.1 Grundbegriffe

Eine *Zeitart* ist eine Kategorie des Zusammenwirkens von Menschen, Betriebsmitteln und Inputs bei der Erfüllung einer Aufgabe unter dem Gesichtspunkt der Sollzeit-Bildung. Zeitarten

Bei der *Zeitartensynthese* werden nach festliegenden Algorithmen

- den Ressourceneinsatz beschreibende bzw. qualifizierende Ablaufarten
- in den Ressourceneinsatz quantifizierende Zeitarten überführt,

um Sollzeiten für Prozessbausteine oder *Vorgabezeiten* bzw. *Zeitstandards* für Aufgabenerfüllungen zu bestimmen.

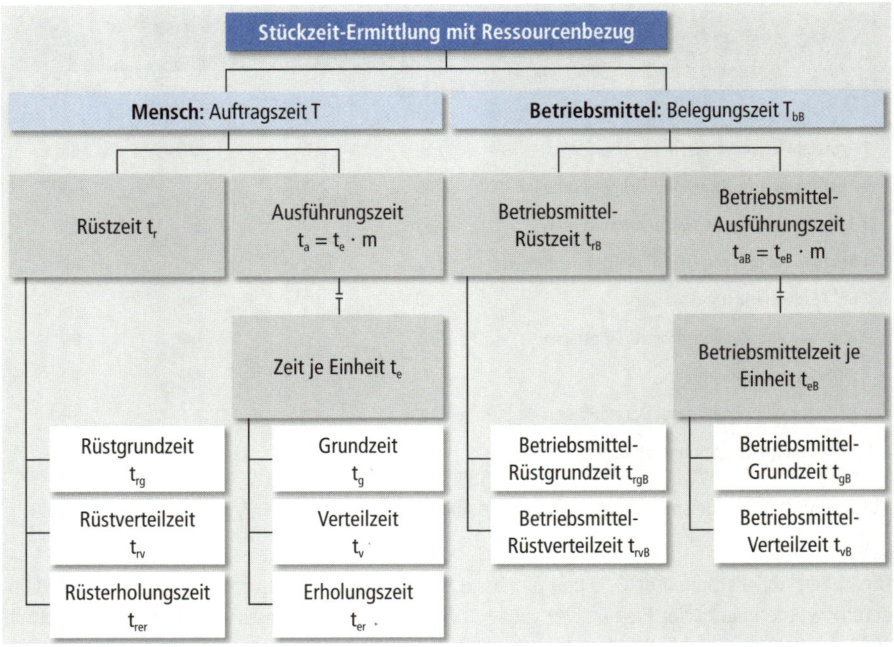

Abbildung II-169 Grundstrukturen zur Stückzeitermittlung für die Ressourcen (nach REFA)

Betrachtungsbezüge

Bei der Zeitartensynthese gibt es drei Betrachtungsbezüge:

1. Stückbezug: Bezugsobjekte sind der Mensch oder das Betriebsmittel. Für diese wird eine *Sollzeit* pro Mengeneinheit, meistens pro Stück[303], bestimmt. Ferner liegt dieser Betrachtung das Prinzip der Auftragsbildung[304] zu Grunde, mit der klassischen Unterscheidung von Rüst- und Ausführungsaufgaben.
2. Durchlaufbezug: Bezugsobjekt ist der Arbeitsgegenstand. Die Sollzeiten werden zur Analyse des Durchlaufs von Arbeitsgegenständen durch Arbeitssysteme verwendet, also Aussagen zur Prozesseffizienz getroffen.
3. Periodenbezug: Bezugsobjekt ist der Mensch, dessen Sollzeiten und -mengen zur Bestimmung des Mitarbeiterbedarfs pro Periode (z. B. pro Monat oder pro Jahr) verwendet werden, z. B. bei der Personalbedarfsermittlung, aber auch beim Pensumentgelt.

Abbildung II-169 sind die Grundstrukturen für ressourcenbezogene Sollzeiten zu entnehmen, die auf den Menschen bezogene Auftragszeit und die auf das Betriebsmittel bezogene Belegungszeit. Beide stehen, so Abbildung II-170 zu entnehmen, für eine linear-inhomogene Funktion[305], denn es ist:

Auftragszeit T = Rüstzeit t_r + Ausführungszeit t_a (= $t_e \cdot m$)

Belegungszeit T_{bB} = Betriebsmittel-Rüstzeit t_{rB} + Betriebsmittel-Ausführungszeit t_{aB} (= $t_{eB} \cdot m$)

303 Bei der Wahl anderer Mengenbezüge, z. B. pro Hundert oder pro Tausend, ändert sich an den Algorithmen nichts.

304 Als Auftrag wird eine schriftliche oder mündliche Aufforderung zur Ausführung einer bestimmten Arbeit bezeichnet.

305 Diesem Grundgedanken folgt man seit über 80 Jahren. Vgl. Reichsausschuss für Arbeitszeitermittlung (Hrsg.): REFA-Buch – Einführung in die Arbeitszeitermittlung, Berlin: Beuth, 1928, S. 9 f.

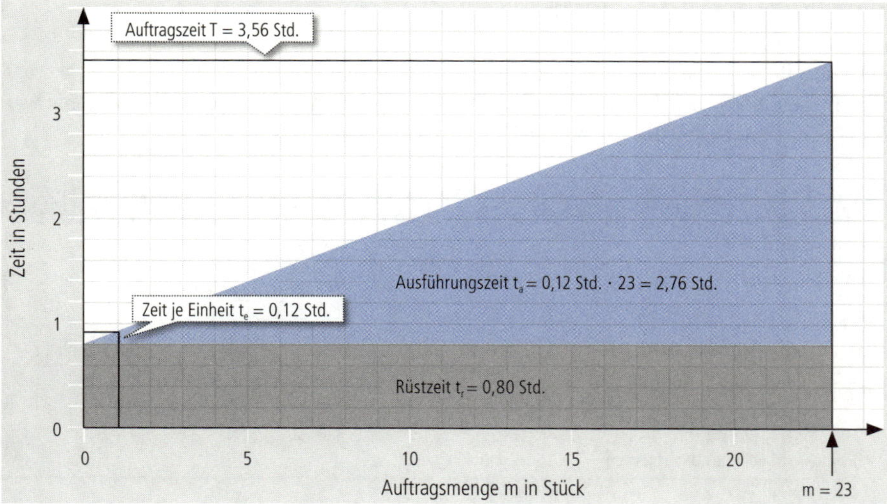

Abbildung II-170 Die Auftragszeitfunktion (Beispiel)

Die *Zeit je Einheit* t_e bzw. die *Belegungszeit je Einheit* t_{eB} steht als *Vorgabezeit* bzw. *Zeitstandard* für die Mengeneinheiten 1, 10, 100 oder 1.000. Es sind alle planmäßigen und nicht planmäßigen Vorkommnisse berücksichtigt. Bei dem in Abbildung II-170 angeführten Beispiel ist t_{e1} = 0,12 Stunden/Stück. Zeitarten

Die *Ausführungszeit* t_a bzw. die *Betriebsmittel-Ausführungszeit* t_{aB} stehen als Vorgabezeiten oder Zeitstandards für das Ausführen einer Auftragsmenge m. Bei dem in Abbildung II-170 angeführten Beispiel ist t_a = 0,12 Std./Stück · 23 Stück/Auftrag = 2,76 Stunden/Auftrag.

Die *Rüstzeit* t_r bzw. die *Betriebsmittel-Rüstzeit* t_{rB} stehen als Vorgabezeiten bzw. Zeitstandards für das auftragsbezogene Vorbereiten des Arbeitssystems sowie dessen Rückversetzen in den ursprünglichen Zustand. Wenn es keine Splittungen in Teilaufträge (Lose) gibt, kommt das Rüsten einmal pro Auftrag vor. Beispielsweise fällt das morgendliche Aufräumen des Arbeitsplatzes nicht auftragsbezogen an und ist deshalb keine Rüstzeit. Bei dem in Abbildung II-170 angeführten Beispiel ist t_r = 0,80 Stunden/Auftrag.

Die *Auftragszeit* T bzw. die *Belegungszeit* t_{bB} stehen als Vorgabezeiten bzw. Zeitstandards für das Erfüllen eines Auftrags und schließen auch das Rüsten ein. Bei dem in Abbildung II-170 angeführten Beispiel beträgt die Auftragszeit T = 0,80 Std. + 2,76 Std. = 3,56 Stunden/Auftrag.

In den folgenden Abschnitten werden produktionstypische lineare Ablaufstrukturen unterstellt. In den Abschnitten 3.6.3 und 3.6.5 wurden bereits nichtlineare Ablaufstrukturen behandelt. Für die Berechnung von Stück- und Durchlaufzeiten sind dabei zusätzliche Rechenvorschriften für das Handhaben der logischen Elemente (UND-/ODER-Teilungen sowie -Zusammenführungen) zu berücksichtigen. Das wird im Abschnitt 4.3.7 erläutert.

4.3.2 Zeitartensynthese bei Stückbezug

Zeit je Einheit

Abbildung II-169 ist zu entnehmen, dass die Rüstzeit und die Zeit je Einheit beim Menschen und beim Betriebsmittel nach dem gleichen Algorithmus zur Verarbeitung der Ablaufarten bestimmt werden. Dieser ist Abbildung II-171 und Abbildung II-173 zu entnehmen.

Ablaufartenanalyse		Zeitartensynthese		
MH Haupttätigkeit	$\Sigma\ t_{MH}$	Tätigkeitszeit t_t	Grundzeit t_g (Prozessbausteine)	Zeit je Einheit t_e
MN Nebenaufgabe	$\Sigma\ t_{MN}$			
MA ablaufbedingtes Unterbrechen	$\Sigma\ t_{MA}$	Wartezeit t_w		
MZ zusätzliche Tätigkeit	$\Sigma\ t_{MZ}$	sachliche Verteilzeit t_s	Verteilzeit t_v	
MS störungsbedingtes Unterbrechen	$\Sigma\ t_{MS}$			
MP persönlich bedingtes Unterbrechen	$\Sigma\ t_{MP}$	persönliche Verteilzeit t_p		
ME erholungsbedingtes Unterbrechen	$\Sigma\ t_{ME}$	Erholungszeit t_{er}		

Abbildung II-171 Auf den Menschen bezogene Zeitartensynthese (nach REFA)

In Abbildung II-171 wird der rechte Teil von Abbildung II-166 und Abbildung II-167 fortgesetzt, d.h. die Ergebnisse der Ablaufartenanalyse werden in die Zeitartensynthese übernommen. Zeitartensynthesen dienen drei Zwecken (vgl. Abbildung II-171):

1. Prozessbausteine bilden
   - Für Vorkommnisse zu den Ablaufarten MH und MN werden die Zeiten summiert zu den Zeitarten Σt_{MH}, Σt_{MN}. Beide Zeitarten werden zur *Tätigkeitszeit* t_t zusammengefasst. Die Zeiten für Vorkommnisse zur Ablaufart MA werden in die Zeitart Σt_{MA} übergeleitet und als *Wartezeit* t_w bezeichnet.
   - Die Tätigkeitszeit und die Wartezeit werden zur *Grundzeit* t_g zusammengefasst. Prozessbausteine werden durch Grundzeiten repräsentiert. Diese steht für eine Erfüllung aller Aufgaben beim planmäßigen Ablaufvollzug durch den Menschen und eine Mengeneinheit 1.
2. Zuschlagsätze bestimmen
   - Die Zeiten für die Vorkommnisse zu den Ablaufarten MS und MZ werden zu den Σt_{MS} und Σt_{MZ} summiert und zur sachlichen Verteilzeit t_s zusammengefasst.
   - Die Zeitensummen Σt_{MP} und Σt_{ME} werden als persönliche Verteilzeit t_p und als *Erholungszeit* t_{er} verwendet. Für die persönliche Verteilzeit wird meist ein tariflich oder betrieblich festgelegter Prozentsatz auf die Grundzeit aufgeschlagen, der oft 5 % beträgt.
   - Die persönliche und die sachliche Verteilzeit werden zur *Verteilzeit* t_v zusammengefasst. Das ist eine Sollzeit zur Erfüllung aller Aufgaben, die über die Grundzeit hinaus vorzusehen sind und nicht zur Erholungszeit gehören.
3. *Vorgabezeiten* bzw. *Zeitstandards* bilden
   - Grund-, Verteil- und Erholungszeit werden zur *Zeit je Einheit* t_e zusammengefasst. Sie ist eine Vorgabezeit bzw. Zeitstandard, in der alle Vorkommnisse berücksichtigt sind. Sie kann, je nach Branche und Leistungserstellungsbedingungen, für die Bezugsmengeneinheiten 1, 10, 100 oder 1.000 stehen.

Beispiel

Beim in Abbildung II-172 dargestellten Beispiel wird ein Prozessbaustein gebildet, für den eine Grundzeit $t_g = 0{,}94$ min ausgewiesen ist. Ferner werden die Zeit je Einheit mit $t_e = 1{,}02$ min/Stück und die Auftragszeit T = 22,6 Std. berechnet.

Ablaufabschnitte		Sollzeit in min	Zeitart M	Zeitart B
1	Labelung vornehmen	0,12	t_{MN}	t_{BN}
2	Carrier einsetzen und Messschlitten positionieren	0,13	t_{MH}	t_{BN}
3	Scheinwerfer einbauen	0,32	t_{MH}	t_{BN}
4	Scheinwerferfunktion im Prüfautomaten prüfen	0,10	t_{MA}	t_{BN}
5	Scheinwerfer verbauen	0,27	t_{MH}	t_{BN}
Tätigkeitszeit $t_t = t_{MH} + t_{MN}$		0,84		
Wartezeit $t_w = t_{MA}$		0,10		
Grundzeit t_g		0,94		
Verteilzeit t_v beim Veteilzeitzuschlagssatz $z_v = 9$ %		0,08		
Zeit je Einheit t_e		1,02		
Rüstzeit t_r		25,00		
Auftragszeit bei m = 1.300 Stück		1.357,00	das sind 22,62 Stunden	

Abbildung II-172 Beispiel »Scheinwerfer vormontieren und einbauen« zur Ermittlung der Zeit je Einheit und der Auftragszeit

Beim Betriebsmittelbezug folgt man grundsätzlich den gleichen Algorithmen (vgl. Abbildung II-171), weshalb auf deren Erläuterung verzichtet wird.

Ablaufartenanalyse		Zeitartensynthese		
BH Hauptnutzung	$\Sigma\, t_{BH}$	Hauptnutzungszeit t_h	Betriebsmittel-Grundzeit t_{gB} (Prozessbausteine)	Betriebsmittelzeit je Einheit t_{eB}
BN Nebennutzung	$\Sigma\, t_{BN}$	Nebennutzungszeit t_n		
BA ablaufbedingtes Unterbrechen	$\Sigma\, t_{BA}$	Brachzeit t_b		
BE erholungsbedingtes Unterbrechen	$\Sigma\, t_{BE}$			
BZ zusätzliche Nutzung	$\Sigma\, t_{BZ}$	Betriebsmittel-Verteilzeit t_{vB}		
BS störungsbedingtes Unterbrechen	$\Sigma\, t_{BS}$			
BP persönlich bedingtes Unterbrechen	$\Sigma\, t_{BP}$			

Abbildung II-173 Auf das Betriebsmittel bezogene Zeitartensynthese (nach REFA)

4.3.3 Zeitartensynthese bei Periodenbezug

Im Teil IV, Kapitel 7 wird bei der Personalbemessung nicht die Bezugsgröße »Stück«, sondern die Bezugsgröße »Planungsperiode« verwendet. Bezugspunkt ist nicht der »Auftrag«, sondern die »Planstelle« oder der »Planstellenbereich«, also Organisationseinheiten. Es liegt dann z. B. als Ergebnis nicht eine Auftragszeit $T_{m=20.000}$ = 33 Stunden vor, sondern z. B. ein Personalbedarf von im Jahresmittel 28 Personen für die Arbeitsgruppe »Vormontage«.

Einsatzlast

Abbildung II-174 ist das Konzept zur Zeitartensynthese beim Periodenbezug zu entnehmen. Im Gegensatz zu dem in Abbildung II-171 dargestellten Schema werden die zusätzlichen Aufgaben der *Grundlast* GL zugeordnet. Die Grundlast repräsentiert alle im Zusammenhang mit dem Erstellen von externen und internen Leistungen zu erfüllenden Aufgaben sowie die anfallenden planmäßigen Unterbrechungen. Der *Verteillast* VL werden die nicht planmäßigen Unterbrechungen zugeordnet. Beim Stückbezug werden die zusätzlichen Aufgaben als nicht planbar, beim Periodenmengenbezug dagegen als innerhalb einer Planungsperiode planbar angesehen.

Ablaufartenanalyse		Zeitartensynthese	
MH Hauptaufgaben	$\Sigma\ t_{MH}$	Grundlast GL (Prozessbausteine)	Einsatzlast EL
MN Nebenaufgaben	$\Sigma\ t_{MN}$		
MA ablaufbedingtes Unterbrechen	$\Sigma\ t_{MA}$		
MZ zusätzliche Aufgaben	$\Sigma\ t_{MZ}$		
MS störungsbedingtes Unterbrechen	$\Sigma\ t_{MS}$	Verteillast VL (inkl. Erholen)	
MP persönlich bedingtes Unterbrechen	$\Sigma\ t_{MP}$		
ME Erholen	$\Sigma\ t_{ME}$		

Abbildung II-174 Auf die Planungsperiode bezogene Zeitartensynthese[306]

Beispiel

Arbeitsgruppe **Vormontage**			
Aufgaben	Zeit in min pro Stück	Menge in Stück pro Monat	Zeitbedarf in Stunden pro Monat
1. Ausrüstungssätze montieren	5	25.000	2.083
2. Kupplungen montieren, fest	3	10.000	500
3. Wellengehäuse montieren	7	7.500	875
Grundlast GL in Stunden pro Monat			3.458
Verteillast VL als Zuschlagssatz (8 %) auf die Grundlast			277
Einsatzlast EL = GL + VL			3.735
Reservelast RL für Abwesenheiten aus der Arbeitsgruppe (20 % auf EL)			747
Personalbedarf in 1/1 Stellen (Regel-AZ: 160 Std./Monat)			28

Abbildung II-175 Beispiel zur Ermittlung des Personalbedarfs

In Abbildung II-174 wird die Zeitensortierung, nicht aber die Mengenzuordnung, das Mengengerüst, berücksichtigt. Bei der Ermittlung des (Brutto-)Personalbedarfs von 28 Personen war deshalb die Auftragsmenge je Aufgabe erforderlich, und es wurde folgender Rechengang durchgeführt (vgl. dazu auch Abbildung II-175):

- Zu jeder Aufgabe werden die geplanten Auftragsmengen (Mengengerüst) eingestellt.
- Durch Produktbildung (Zeiten mit Auftragsmengen) entsteht das Zeiten-Mengen-Gerüst.
- Auf dessen Grundlage wird durch Summation die Grundlast ermittelt.
- Durch Addition von Grundlast und Verteillast wird die Einsatzlast ermittelt.
- In Form der Reservelast wird Vorsorge für Abwesenheiten (z. B. Krankheit, Urlaub) getroffen und dann der (Brutto-)Personalbedarf für die Planungsperiode ausgewiesen.

4.3.4 Durchlaufzeitsynthese

Durchlaufanalyse-Modell

Während beim Stückbezug allein das Analyse-Synthese-Modell nach REFA praktische Bedeutung hat, wird beim Durchlaufbezug von den meisten Praktikern keine Analyse-Synthese-Transformation vorgenommen, und es gibt keinen allgemein verbindlichen Algorithmus. Abbildung II-176 ist ein häufig, auch bei Wertstromanalysen verwendetes Durchlaufanalyse-Modell zu entnehmen. Danach werden drei Systeme betrachtet:

306 Vgl. Bokranz, R.; Kasten, L.: a. a. O., 2003.

1. Arbeitssysteme: Es wird auf die Ergebnisse der Zeitartensynthese bei Stückbezug (vgl. Abschnitt 4.3.2) zurückgegriffen und die Rüst- und Ausführungszeiten verwendet. Darin sind auch arbeitssysteminterne Warte- und Prüfzeiten berücksichtigt.
2. Transportsysteme: Neben dem Transportieren (den Ort von Arbeitsgegenständen durch Transport verändern) kann ein Liegen bzw. Warten innerhalb des Prozesses anfallen, vor und nach einer Durchführung in einem Arbeitssystem.
3. Lagersysteme: Im Gegensatz zum Liegen findet Lagern in vorgesehenen Bereichen außerhalb des Prozesses statt.

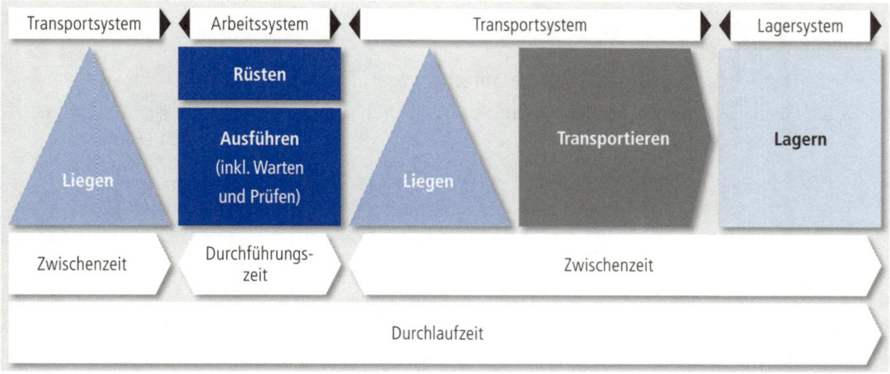

Abbildung II-176 Die Zeitarten bei der Durchlaufanalyse

Bei der Durchlaufbetrachtung, der *Durchlaufanalyse*, wird als quantitatives Ergebnis die *Durchlaufzeit* eines Prozesses bestimmt. Diese setzt sich zusammen aus der

Struktur der Durchlaufzeit

1. in den involvierten Arbeitssystemen benötigten Summe aller Durchführungszeiten und
2. zwischen diesen entstehenden Summe aller Zwischenzeiten.

Das zur *Durchführungszeit* gehörende »Prüfen« wird von den meisten als nicht wertschöpfend, aber unumgänglich angesehen.[307] Bestehen Zweifel, ob der für das Rüsten und Ausführen ausgewiesene Zeitbedarf im vorliegenden Ausmaß zu vertreten ist, muss man den Analyseansatz wechseln und das durch Ressourcenbetrachtung im Detail klären, wie im Abschnitt 4.3.2 erläutert.

Zur *Zwischenzeit* (= die Arbeitsgegenstände verweilen zwischen den Arbeitssystemen) werden Vorkommnisse zusammengefasst, die grundsätzlich[308] nicht erstrebenswert sind, weil keine Wertschöpfung entsteht und Betriebsflächen und Sachmittel »verschwendet« werden. Ob sie im vorliegenden Ausmaß erforderlich oder ggf. zu reduzieren sind, ist im Rahmen der Durchlaufanalyse zu klären.

Die Berechnung von Durchlaufzeiten ist komplizierter als die Stückzeitberechnung. Werden sehr unterschiedliche Produkte produziert, ist zu klären, ob man eine Durchlaufzeit für einzelne Produkte oder für ein repräsentatives Produkt ermitteln will. Darauf wurde bereits im Abschnitt 3.8 bei der Wertstromanalyse eingegangen. In der Serienfertigung ist zudem zu entscheiden, wofür man eine Durchlaufzeit ermitteln will:

307 Es bleibt immer der Wunsch, eines Tages ohne Prüfen auszukommen, indem man das Entstehen von Fehlern durch technisch-organisatorische Maßnahmen ausschließen kann. Dieser Grundgedanke liegt der im Abschnitt 3.4.3 durchgeführten FMEA zu Grunde.

308 Diese Abschwächung erfolgt, weil ablaufbedingtes Liegen in manchen Fällen technologisch unumgänglich ist, z. B. wenn es um Trocknungen oder Aushärtungen geht.

1. Auftragsdurchlauf: Durchlaufzeit $T_{D\text{-}Auftrag}$ für eine Auftragsmenge oder Losgröße m.
2. Stückdurchlauf: Durchlaufzeit $T_{D\text{-}Stück}$ für ein »durchschnittliches« Teil.

Gestaltungsoptionen

Ferner sind drei Gestaltungsoptionen zu klären (vgl. Abbildung II-177):

1. Puffergrößen: Anzahl in den Puffern liegende Teile und die Verweildauern im Puffer.
2. Parallelisierung: Je Arbeitsvorgang ist festzulegen, nach wie vielen im Vorgänger gefertigten Teilen mit dem Rüsten oder Ausführen zu beginnen ist. Es steigen aber auch die Anforderungen an die organisatorischen Fähigkeiten des Unternehmens und an die Managementfähigkeiten der Werkstattführung.
3. Mengenteilung: Durch Mengenteilung wird ein Auftrag bzw. die Auftragsmenge aufgeteilt, und zwar
   - auf mehrere Arbeitssysteme oder
   - in einem Arbeitssystem auf mehrere Aufgabenträger.

   Durch Parallelisierung und Mengenteilung wird die Durchführungs- und die Zwischenzeit reduziert.

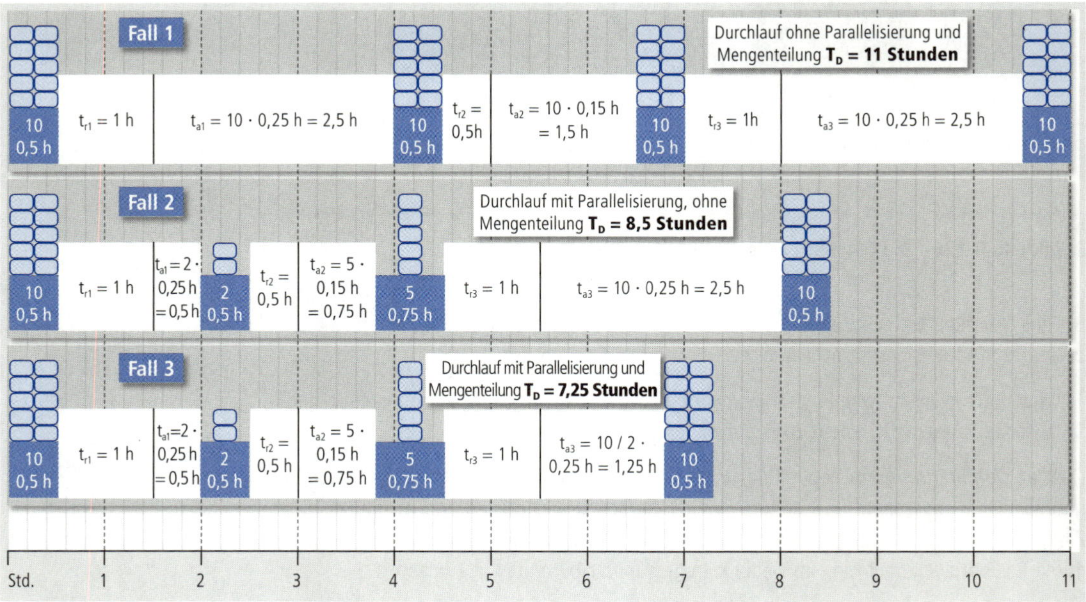

Abbildung II-177 Berechnung der Durchlaufzeit unter Beachtung von Gestaltungsoptionen (Beispiel)

Rechenregeln

Dem Beispiel in Abbildung II-177 sind zu den drei vorstehend angeführten Gestaltungsoptionen von Prozessen folgende Rechenregeln zu entnehmen:

1. Bei Durchläufen ohne Parallelisierungen wird die Durchlaufzeit T_D ermittelt nach:

$$T_{D\text{-}Auftrag} = \Sigma t_{di} + \Sigma t_{zi}$$

$$T_{D\text{-}Stück} = \Sigma t_{ri}/m + \Sigma t_{ei} + \Sigma t_z/2$$

Fall 1:

$$St_{di} = 1 + 2{,}5 + 0{,}5 + 1{,}5 + 1 + 2{,}5 = 9 \text{ Std.}$$

$$St_{zi} = 0{,}5 + 0{,}5 + 0{,}5 + 0{,}5 = 2 \text{ Std.}$$

$$T_{D\text{-}Auftrag} = 9 \text{ Std.} + 2 \text{ Std.} = 11 \text{ Std.}$$

$$T_{D\text{-}Stück} = 0{,}25 + 0{,}65 + 1 = 1{,}9 \text{ Std.}$$

2. Bei Durchläufen mit Parallelisierungen (Fall 2) sowie Parallelisierungen und Mengenteilungen (Fall 3 in Abbildung II-177) wird die Durchlaufzeit T_D ermittelt nach:

$$T_{D\text{-Auftrag}} = \Sigma t_{di} + \Sigma t_{zi} \quad \text{mit: } t_{di} = t_{ri} + t_{ai\text{-Vorlauf}}/P \text{ und mit: } t_{zi} = t_{ai\text{-Vorlauf}}$$

Darin sind:

$t_{ai\text{-Vorlauf}}$ Ausführungszeit für die Vorlaufmenge

P Anzahl bei der Mengenteilung eingesetzte Personen oder Arbeitssysteme

Die Stückdurchlaufzeit T_D-Stück ändert sich gegenüber Fall 1 nicht. Daran ist zu erkennen, dass sie begrenzt valide ist.

Fall 2:	Σt_{di}	=	1 + 0,5 + 0,5 + 0,75 + 1 + 2,5	=	6,25 Std.
	Σt_{zi}	=	0,5 + 0,5 + 0,75 + 0,5	=	2,25 Std.
	$T_{D\text{-Auftrag}}$	=	6,25 Std. + 2,25 Std.	=	8,5 Std.
Fall 3:	Σt_{di}	=	1 + 0,5 + 0,5 + 0,75 + 1 + 1,25	=	5 Std.
	Σt_{zi}	=	0,5 + 0,5 + 0,75 + 0,5	=	2,25 Std.
	$T_{D\text{-Auftrag}}$	=	5 Std. + 2,25 Std.	=	7,25 Std.

Oft werden Durchlauflaufzeitanalysen so unüberschaubar, dass man den Fall zuerst grafisch darstellt, wie bei dem in Abbildung II-178 angeführten Beispiel. Im oberen Bildteil werden die Arbeitssysteme und die Puffer wie bei der Wertstromanalyse (vgl. Abschnitt 3.8) dargestellt. Die Rechengänge sind dem Tabellenteil zu entnehmen:

1. Beim Durchführungszeit-Teil ist zu berücksichtigen, dass durch den Anfall von Ausschuss die Auftragsmenge von 15 Stück auf im Mittel 14,26 Stück (= korrigierte Auftragsmenge) sinkt. Daraus wird deutlich, dass hier ein Modell gebildet wird.
2. In diesem Fall wird keine gezielte Parallelisierung der Arbeitsvorgänge geplant. Bei den Zwischenzeiten wird jedoch insofern eine Mittelwertbetrachtung vorgenommen, als den Puffermengen die halben Auftragszeiten[309] zugewiesen werden.
3. Die Auftragsdurchlaufzeit wird im Beispiel aus der Summe der Durchführungszeiten und der mittleren Zwischenzeiten[310] gebildet. Ob das realistisch ist, kann nur im Einzelfall bestimmt werden. Denkbar ist auch, dass jeder Arbeitsvorgang erst dann beginnt, wenn beim Vorgänger die gesamte Auftragsmenge gefertigt wurde. Dann entsprächen die Zwischenzeiten den Durchführungszeiten ihrer Vorgänger. Als Auftragsdurchlaufzeit ergeben sich bei diesem Ansatz ca. 227 Stunden.
4. Die Stückdurchlaufzeit wurde aus der Stückzeit inkl. Rüstzeit pro Stück und der mittleren Zwischenzeit ermittelt. Als Stückdurchlaufzeit ergeben sich bei diesem Ansatz ca. 86 Stunden.

309 Für die ersten in einen Puffer gelangten Teile wäre diese zu gering, für die letzten zu hoch.

310 Die Annahme ist hierbei, dass beim Folge-Arbeitsvorgang mit dem Rüsten begonnen wird, wenn die halbe Auftragsmenge beim Vorgänger gefertigt ist.

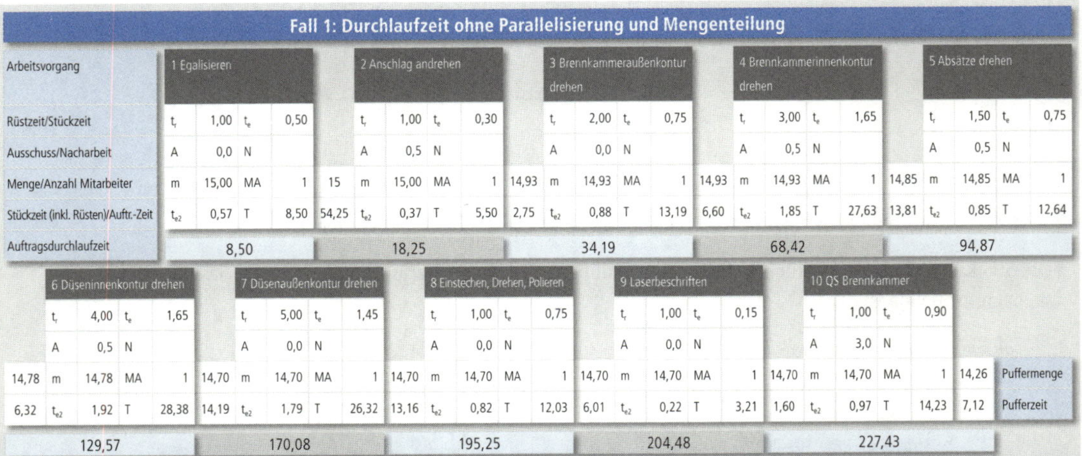

Arbeitsvorgänge		Fall ohne Parallelisierung und Mengenteilung							
	(1)	(2)	(3)	(4)	(5)	(6)	(7)	(8)	(9)
	Startauftragsmenge: 15 Stück, Zeitangaben in Stunden	Rüstzeit t_r	Stückzeit t_e	Ausschuss in %	korrigierte Auftrags-menge	Auftrags-zeit T	Stückzeit 2 (inkl. t_r)	mittlere Zwischen-zeit	Auftrags-durchlauf-zeit
i					$[5_{i-1}]\cdot(1-[4]/100)$	$[2_i]+[3_i]\cdot[5_i]$	$\frac{[6_i]}{[5_i]}$	$\frac{7_{i-1}\cdot[5_{i-1}]}{2}$	$[9_{i-1}]+[6_i]+[8_i]$
1	Rohling egalisieren	1,00	0,50		15,00	8,50	0,57		8,50
2	Anschlag andrehen	1,00	0,30	0,50	15,00	5,50	0,37	4,25	18,25
3	Brennkammeraußenkontur drehen	2,00	0,75		14,93	13,19	0,88	2,75	34,19
4	Brennkammerinnenkontur drehen	3,00	1,65	0,50	14,93	27,63	1,85	6,60	68,42
5	Absätze drehen	1,50	0,75	0,50	14,85	12,64	0,85	13,81	94,87
6	Düseninnenkontur drehen	4,00	1,65	0,50	14,78	28,38	1,92	6,32	129.57
7	Düsenaußenkontur drehen	5,00	1,45		14,70	26,32	1,79	14,19	170,08
8	Brennkammer einstechen, drehen, polieren	1,00	0,75		14,70	12,03	0,82	13,16	195,26
9	Brennkammer laserbeschriften	1,00	0,15		14,70	3,21	0,22	6,01	204,48
10	Qualitätsprüfung für Brenn-kammer durchführen	1,00	0,90	3,00	14,70	14,23	0,97	1,60	227,43
								7,12	

Abbildung II-178 Beispiel zur Ermittlung der Durchlaufzeit ohne Parallelisierungen und Mengenteilungen

Beeinflussung der Durchlaufzeit

In Abbildung II-179 wird gezeigt, wie durch zwei arbeitsorganisatorische Maßnahmen die Durchlaufzeit gravierend zu reduzieren ist.

1. Es wurden gezielte Parallelisierungen implementiert, indem die Nachfolger-Arbeitsvorgänge nicht »nach einer Weile«[311], sondern nach einer genau vorgegebenen Stückzahl beginnen, dem »not-

311 Rechnerisch unterstellt wurde im vorhergehend geschilderten Fall, dass die Nachfolger-Arbeitsvorgänge mit dem Rüsten beginnen, wenn die Vorgänger-Arbeitsvorgänge die Hälfte der Auftragsmenge gefertigt haben. Das war also kein pessimistischer Ansatz.

wendigen Vorlauf«. Beim Arbeitsvorgang Nr. 4 »Innenkontur drehen« sind das z. B. zwei Teile mit gedrehter Außenkontur. Bei allen überlappten Arbeitsvorgängen sinken durch den Parallelisierungseffekt durchlaufwirksame Durchführungszeiten und die meisten Zwischenzeiten.

2. Bei den Arbeitsvorgängen Nr. 8 »Einstechen, drehen, polieren« und Nr. 10 »QS Brennkammer« sind jeweils zwei Personen eingesetzt, so dass die Auftragsmenge zur Durchlaufanalyse rechnerisch zu halbieren ist. Bei Arbeitsvorgängen, zu denen durch Mengenteilung eine Mengensplittung vorgenommen wurde, sinken die Durchführungszeiten und die Zwischenzeiten bleiben unberührt.

Fall 1: Durchlaufzeit mit Parallelisierung von Arbeitsvorgängen und mit Mengenteilungen

Arbeitsvorgang	1 egalisieren					2 Anschlag andrehen					3 Brennkammeraußenkontur drehen					4 Brennkammerinnenkontur drehen					5 Absätze drehen			
Rüstzeit/Stückzeit [min]	t_r	1,00	t_e	0,50	15,00	t_r	1,00	t_e	0,30	1,00	t_r	2,00	t_e	0,75	2,00	t_r	2,00	t_e	1,65	7,00	t_r	1,50	t_e	0,75
Ausschuss/Nacharbeit [%]	A%	0,0	N%		4,25	A%	0,5	N%		1,30	A%	0,0	N%		3,50	A%	0	N%		14,55	A%	0,5	N%	
Menge/Anzahl Mitarbeiter	m	15,00	MA	1	15	m	15,00	MA	1	14,93	m	14,93	MA	1	14,93	m	14,93	MA	1	14,85	m	14,85	MA	1
Stückzeit (inkl. Rüsten)/Auftr.-Zeit	t_{e2}	0,57	T	8,50	54,25	t_{e2}	0,37	T	1,30	2,74	t_{e2}	0,88	T	3,50	6,60	t_{e2}	1,85	T	14,55	13,74	t_{e2}	0,85	T	2,65
Auftragsdurchlaufzeit	8,50				14,05					18,85					36,90					53,70				

	6 Düseninnenkontur drehen					7 Düsenaußenkontur drehen					8 Einstechen, Drehen, Polieren					9 Laserbeschriften					10 QS Brennkammer					
1,00	t_r	4,00	t_e	1,65	5,00	t_r	5,00	t_e	1,45	8,00	t_r	1,00	t_e	0,75	14,70	t_r	1,00	t_e	0,15	14,70	t_r	1,00	t_e	0,90		Vorlaufmenge
2,25	A%	0,5	N%		12,25	A%	0,0	N%		16,60	A%	0,0	N%		12,03	A%	0,0	N%		3,21	A%	3,0	N%			Vorl.-Pufferzeit
14,78	m	14,78	MA	1	14,70	m	14,70	MA	1	14,70	m	14,70	MA	2	14,70	m	14,70	MA	1	14,70	m	14,70	MA	2	14,26	Puffermenge
6,29	t_{e2}	1,92	T	12,25	14,12	t_{e2}	1,79	T	16,60	13,16	t_{e2}	0,82	T	6,51	6,01	t_{e2}	0,22	T	3,21	1,60	t_{e2}	0,97	T	7,62	7,12	Pufferzeit
68,20					97,05					120,16					135,40					153,33						

Arbeitsvorgänge		Fall mit Parallelisierung und Mengenteilung										
(1)		(2)	(3)	(4)	(5)	(6)	(7)	(8)	(9)	(10)	(11)	(12)
	Startauftragsmenge: 15 Stück, Zeitangaben in Stunden	Rüstzeit t_r	Stückzeit t_e	Ausschuss in %	korrigierte Auftr. menge	Auftragszeit T	Stückzeit 2 (inkl. T_r)	Zwischenzeit	Vorlauf Stückzahl	Anzahl Ressourcen	reduz. Auftragszeit	Auftragsdurchlaufzeit
i					$\frac{[5_{i-1}]\cdot\{1-[4_i]\}}{100}$	$[2_i]+[3_i]\cdot[5_i]$	$\frac{[6_i]}{[5_i]}$	$\frac{[7_{i-1}]\cdot[3_{i-1}]}{[9_i]}$			$[2_i]+[3_i]\cdot[9_{i-1}]$	$[12_{i-1}]+[8_i]+[11_i]$
1	Rohling egalisieren	1,00	0,50		15,00	8,50	0,57			1	8,50	8,50
2	Anschlag andrehen	1,00	0,30	0,50	15,00	5,50	0,37	4,25	15	1	1,30	14,05
3	Brennkammeraußenkontur drehen	2,00	0,75		14,93	13,19	0,88	1,30	1	1	3,50	18,85
4	Brennkammerinnenkontur drehen	3,00	1,65	0,50	14,93	27,63	1,85	3,50	2	1	14,55	36,90
5	Absätze drehen	1,50	0,75	0,50	14,85	12,64	0,85	14,55	7	1	2,25	53,70
6	Düseninnenkontur drehen	4,00	1,65	0,50	14,78	28,38	1,92	2,25	1	1	12,25	68,20
7	Düsenaußenkontur drehen	5,00	1,45		14,70	26,32	1,79	12,25	5	1	16,60	97,05
8	Brennkammer einstechen, drehen, polieren	1,00	0,75		14,70	12,03	0,82	16,60	8	2	6,51	120,16
9	Brennkammer laserbeschriften	1,00	0,15		14,70	3,21	0,22	12,03	14,70	1	3,21	135,40
10	Qualitätsprüfung für Brennkammer durchführen	1,00	0,90	3,00	14,70	14,23	0,97	3,21	14,70	2	7,62	153,33
								7,12				

Abbildung II-179 Beispiel zur Reduzierung der Durchlaufzeit durch gezielte Parallelisierungen und Mengenteilungen

Durch diese beiden Maßnahmen wird die Auftragsdurchlaufzeit um ca. 1/3 auf ca. 153 Stunden reduziert. Zu beachten ist, dass reduzierte Durchlaufzeiten zu keiner Kostensenkung führen, sondern – falls die Auftragslage es zulässt – durch einen erhöhten Auftragsdurchsatz zu einer Umsatzerhöhung. Die Stückzeiten und Stückkosten werden nur gering beeinflusst. Die sich aus dem Überlappungsprinzip ergebenden Effekte sind stückneutral. Das Mengenteilungsprinzip führt durch zwei- oder mehrfaches Rüsten zu steigenden Stückkosten. Stückkostensenkungen aus verringerten Durchlaufzeiten sind nur dann zu generieren, wenn diese aus reduzierten Rüst- oder Ausführungszeiten resultieren.

4.3.5 Verteilzeitzuschläge

Verteilzeitkategorien

In den vorhergehenden Abschnitten wurden jene Vorkommnisse noch nicht besprochen, die der

1. Verteilzeit (vgl. Abbildung II-171),
2. Betriebsmittel-Verteilzeit (vgl. Abbildung II-173),
3. Verteillast (vgl. Abbildung II-174)

zugeordnet werden. Zwischen diesen Kenngrößen bestehen inhaltlich so geringe Unterschiede, dass sie nach dem gleichen, nachfolgend beschriebenen Ermittlungsprinzip[312] zu bestimmen sind.

Ermittlungsprinzip

1. Unter den (Verteil-)Zeitarten werden alle Vorkommnisse zusammengefasst, die nicht planmäßig auftreten. Das heißt, die Gemeinsamkeit dieser Vorkommnisse liegt darin, dass ihr Auftretenszeitpunkt im Ablauf nicht vorher zu bestimmen ist.
2. Wenn die Bestimmung ihres Auftretenszeitpunktes nicht möglich ist, muss man auf die Betrachtung eines Auftretenszeitraums (eine Woche oder ein Monat) ausweichen. Deshalb analysiert man die Auftretenshäufigkeit der Vorkommnisse im Betrachtungszeitraum, z. B. mit Hilfe einer Multimomentaufnahme, durch Selbstaufschreibung oder durch Schätzen.[313]
3. Danach bestimmt man die Zeitdauer für jedes Vorkommnis, je nach Bedeutung und Konzept, z. B. mit Hilfe eines MTM-Bausteinsystems, durch Zeitmessung oder Schätzen.
4. Dann wird das Produkt aus Auftretenshäufigkeit und Zeitbedarf gebildet und über alle Vorkommnisse die Summe aller im Betrachtungszeitraum anfallenden Zeiten für nicht planmäßige Vorkommnisse (Verteilzeitensumme) ermittelt.
5. Diese wird zur Summe der im gleichen Betrachtungszeitraum anfallenden Zeiten für planmäßige Vorkommnisse (Grundzeitensumme) ins Verhältnis gesetzt. Es wird unterstellt, dass grundsätzlich eine feste Relation zwischen der Verteilzeitensumme und der Grundzeitensumme besteht. Deshalb belässt man es für den praktischen Gebrauch nicht bei Absolutwerten (= Verteilzeiten), sondern bildet Relativwerte, das sind die Verteilzeitzuschlagssätze.
6. Der Quotient aus beiden Summen weist einen Verteilzeit- oder Verteillastzuschlagssatz für alle nicht planmäßigen Vorkommnisse aus, bezogen auf die in den Prozessbausteinen berücksichtigten planmäßigen Vorkommnisse.

312 Das nachfolgend beschriebene Prinzip stellt insofern eine Vereinfachung dar, als hier zunächst noch nicht zwischen schichtkonstanten und schichtvariablen Verteilzeitbestandteilen unterschieden wird.

313 Aus dieser Betrachtung der Auftretensverteilung in einem Betrachtungszeitraum entstand der Name »Verteilzeit«.

Begriff		Erläuterung, Berechnung
1	Periodenzeit P	Der Betrachtung zu Grunde liegender Zeitraum, der eine gesetzlich, tariflich oder betrieblich festgelegte Arbeitszeit repräsentiert.
2	Grundzeit G	Summe in der Periodenzeit anfallender Grundzeiten.
3	Erholungszeit ER	Summe in der Periodenzeit vorzusehender Erholungszeiten.
4	periodenkonstante, auftragsunabhängige sachliche Verteilzeit V_{sk}	Summe in der Periodenzeit angefallener oder vorzusehender Zeiten für zusätzliche Tätigkeit und störungsbedingtes Unterbrechen, sofern diese schicht- oder wochenkonstant auftreten und keinem bestimmten Auftrag zuzurechnen wären. Beispiele: Arbeitsplatz bei Schichtbeginn/-ende herrichten/aufräumen, planmäßige Wartungen an Arbeitsmitteln.
5	periodenvariable, auftragsabhängige sachliche Verteilzeit V_{sv}	Summe in der Periodenzeit angefallener oder vorzusehender Zeiten für zusätzliche Tätigkeit und störungsbedingtes Unterbrechen, sofern diese auftragsbezogen auftreten, also einem bestimmten Auftrag zuzurechnen wären. Beispiele: Beseitigen kurzer Störungen, kurze Dienstgespräche, kurzzeitige Unterbrechungen wegen fehlenden Materials.
6	persönliche Verteilzeit V_p	Summe in der Periodenzeit angefallener oder vorzusehender Zeiten für persönlich bedingtes Unterbrechen.
7	Verteilzeit V	Summe in der Periodenzeit vorzusehender sachlicher und persönlicher Verteilzeiten.
8	nicht zu verwendende Zeit N	Summe in der Periodenzeit angefallener Zeiten für zusätzliche Tätigkeit und persönlich bedingtes Unterbrechen aufgrund nicht eingehaltener rechtsverbindlicher Vorschriften. Beispiele: Nichteinhalten der Regelarbeitszeit, durch Fahrlässigkeit verursachte Mehrarbeit.
9	fallweise zu verwendende Zeit F	Summe in der Periodenzeit angefallener Zeiten für zusätzliche Tätigkeit oder außer Einsatz aufgrund atypisch lang dauernder Störungen. Beispiele: länger dauernder Energieausfall, länger dauernder Abriss in der Logistikkette, länger dauernde Wartungen. Oft grenzt man in der Praxis F-Zeiten gegen sachliche Verteilzeiten in Höhe von 15 Minuten pro Schicht ab.
10	Verteilzeitzuschlagssätze	$z_{sk} = \frac{V_{sk}}{P - (V+ER)} \cdot 100\ \%$
		$z_{sv} = \frac{V_{sv}}{G} \cdot 100\ \%$
		$z_{sv} = \frac{V_p}{P - (V+ER)} \cdot 100\ \%$
		$z_v = z_s + z_p$ mit: $z_s = z_{sk} + z_{sv}$ In der Praxis wird z_p aufgrund tariflicher oder betrieblicher Regelungen gesetzt.

Abbildung II-180 Begriffe und Berechnungsvorschriften zur Bestimmung von Verteilzeitzuschlägen

Im folgenden Beispiel wird die Ermittlung des *Verteilzeitzuschlagssatzes* zv vorgenommen[314], indem die in Abbildung II-180 angeführten Begriffe und Formeln[315] verwendet werden.

Beispiel

Basis der Verteilzeit-Multimomentaufnahme			
1	erfasste Regel-Wochenarbeitszeit	2.280.00	min
2	erfasste Personenzahl	10	Personen
3	erfasste Arbeitsminuten	22.800,00	min
Ergebnis Verteilzeit-Multimomentaufnahme			
4	erfasster Anteil Grundzeiten ($t_{MH} + t_{MN} + t_{MA}$)	86,2	%
	daraus errechnete Summe Grundzeiten	19.653,60	min
5	erfasster Anteil Erholungszeiten (t_{ME})	2,2	%
	daraus errechnete Summe Erholungszeiten	501,60	min
6	erfasster Anteil auftragsunabhängiger sachlicher Verteilzeiten ($t_{MZ} + t_{MS}$)	2,2	%
	daraus errechnete Summe auftragsunabhängiger sachlicher Verteilzeiten	501,60	min
7	erfasster Anteil auftragsabhängiger sachlicher Verteilzeiten ($t_{MZ} + t_{MS}$)	3,1	%
	daraus errechnete Summe auftragsabhängiger sachlicher Verteilzeiten	706,80	min
8	erfasster Anteil persönlicher Verteilzeiten (t_{MP})	4,5	%
	daraus errechnete Summe persönlicher Verteilzeiten	1.026,00	min
9	erfasster Anteil Verteilzeiten V	9,8	%
	daraus errechnete Summe Verteilzeiten	2.234,40	min
10	erfasster Anteil nicht zu verwendender Zeiten N	1,8	%
	daraus errechnete Summe nicht zu verwendender Zeiten	410,40	min
11	erfasster Anteil zu verwendender Zeiten	-	%
	daraus errechnete Summe zu verwendender Zeiten	-	min
Auswertung der Verteilzeit-Multimomentaufnahme			
12	periodenkonstanter sachlicher Verteilzeitzuschlagssatz z_{sk}	2,5	%
13	periodenvariabler Verteilzeitzuschlagssatz z_{sv}	3,6	%
14	sachlicher Verteilzeitzuschlagssatz z_s	6,1	%
15	rechnerisch ermittelter persönlicher Verteilzeitzuschlagssatz z_p	5,1	%
16	vereinbarter persönlicher Verteilzeitzuschlagssatz z_p	5,0	%
17	Verteilzeitzuschlagssatz z_v	11,1	%

Abbildung II-181 Beispiel zur Bestimmung des Verteilzeitzuschlags mit Hilfe einer Multimomentaufnahme

In den vorhergehenden Ausführungen wurden Mengen verwendet, z. B. Anzahl Verrichtungen/Teil oder Anteil zu prüfender Teile, ohne den Mengenbegriff näher zu erläutern. Das erfolgt im nächsten Abschnitt.

314 Bei der Ermittlung der Betriebsmittel-Verteilzeit, der Verteillast und der Zusatzzeit folgt man dem in den vorstehenden Ausführungen dargelegten Prinzip.
315 In Anlehnung an REFA: a. a. O., 1997, S. 206 f.

4.3.6 Gewichtungsfaktoren

Prinzipien

Ablaufabschnitte treten nicht regelmäßig auf, so dass ihre Sollzeiten zu relativieren sind. Das erfolgt, wie Abbildung II-182 zu entnehmen ist, durch Herstellen von Bezügen. Diese Bezüge werden mit Hilfe von *Gewichtungsfaktoren* quantifiziert. Gewichtungsfaktoren werden mit Hilfe von Bezugsgrößen und Bezugsmengen gebildet. Als *Bezugsgrößen* werden jene Objekte bezeichnet, auf die Sollzeiten bezogen werden. Das können der Auftrag, das Produkt, der Prozess oder die Planungsperiode sein. Als *Bezugsmengen* werden die konkreten Mengenbezüge zu diesen Bezugsgrößen bezeichnet, das sind Anzahlen (Stück) oder Anteile (Häufigkeiten).

		Bezugsgrößen			
		Auftrag	Produkt (Elemente)	Prozess (Ablaufabschnitte)	Planungsperiode (Zeitraum)
Bezugsmengen	Anzahl in Mengeneinheiten	Stück/Auftrag: Beispiel: 1.000 Stück/Auftrag = 1.000 / 1 = 1.000	Stück/Teil: Beispiel: vier Schrauben/Deckel = 4 / 1 = 4 pro Deckel	Abschnitte/Teil: Beispiel: jedes vierte Teil prüfen = 1 / 4 = 0,25 pro Teil	Abschnitte/Periode: Beispiel: jeden dritten Tag Inventur = 1 / 3 = 0,33 pro Tag
	Anteil in % bei ODER-Verzweigungen			Häufigkeit/Ablaufabschnitt: Beispiel: »Schrauben eindrehen« erfolgt zu 80 % mit Schrauber = 0,8 pro Teil 20 % von Hand = 0,2 pro Teil	Häufigkeit/Periode: Beispiel: »Faktura prüfen« erfolgt zu 95 % ohne Korrektur = 0,95 pro Monat 5 % mit Korrektur = 0,05 pro Monat

Abbildung II-182 Bestimmung von Gewichtungsfaktoren aus Bezugsgrößen und Bezugsmengen

- Im Industrial Engineering haben auf den Prozess bezogene Gewichtungsfaktoren eine besondere Bedeutung. Gewichtungsfaktoren können größer, kleiner oder gleich eins sein. Beispielsweise beträgt die Sollzeit für ein visuelles Prüfen einer Gehäuseoberseite 0,12 min. Dazu können z. B. zwei Gewichtungsfaktoren entstehen:
- Bei jedem vierten Gehäuse ist die Oberseite zu prüfen. Dann wird die Sollzeit mit dem Faktor 1/4 = 0,25 gewichtet, also 0,12 min · 0,25 = 0,04 min Prüfzeit pro Gehäuse eingestellt.

Beispiele

Bei jedem Gehäuse sind die Oberseite und die Unterseite zu prüfen. Dann wird die Sollzeit mit dem Faktor 2/1 = 2 gewichtet, also 0,12 min · 2 = 0,24 min Prüfzeit pro Gehäuse verwendet.

Mit Gewichtungsfaktoren wird insbesondere im Teil III, Kapitel 4 bei der Entwicklung von Prozessbausteinen, gearbeitet. Im Produktionssektor werden bei den Bezugsgrößen überwiegend Produkt- und Prozessbezüge verwendet.[316] Dabei gibt es, anders als im Dienstleistungs- und Verwaltungssektor, keine Probleme mit der Datenbeschaffung, weil diese als Planungsgrößen ohnehin vorliegen.

316 In Dienstleistungs- und Verwaltungsunternehmen, bei denen es kein Auftragsprinzip gibt, haben direkte Arbeitsmengen einen Periodenbezug, z. B. Anzahl Versicherungsverträge pro Quartal.

4.3.7 Stück- und Durchlaufzeiten bei nichtlinearen Ablaufstrukturen

In den Abschnitten 4.3.2 und 4.3.4 wurden bei der Ermittlung von Stückzeiten und Durchlaufzeiten nichtlineare Ablaufstrukturen ausgeklammert, in den Abschnitten 3.6.3 und 3.6.5 solche Ablaufstrukturen bei der Erläuterung der Darstellungsformen von Prozessen aber schon behandelt. Bei der Stückzeitbestimmung verfährt man wie folgt:

1. Bei Hintereinanderfolgen sowie bei *UND-Teilungen* und -Zusammenführungen wird wie bei linearen Ablaufstrukturen eine Summation über alle Ablaufabschnitts-Sollzeiten durchgeführt. Diese Fälle sind deshalb in Abbildung II-183 nicht angeführt.
2. Bei *ODER-Teilungen* werden die Abbildung II-183 zu entnehmenden Berechnungsvorschriften angewandt.

Stückzeitbestimmung

Den Anteilsfaktoren f_{wi} ist zu entnehmen, welche Ablaufwege und Aufgaben zeitrelevant sind. Bei dem im rechten Bildteil angeführten Beispiel sind die Ablaufabschnitte 2 und 3 nicht relevant, weil sie bei nur 30 % aller Fälle auftreten und der Zeitbedarf auch nicht extrem hoch ist. Bei dem im linken Bildteil angeführten Beispiel wird für den ersten Ablaufweg zwar die geringste Wegezeit ausgewiesen. Bei dem hohen Anteilsfaktor von 0,80 bestimmt diese aber maßgebend die Stückzeit.

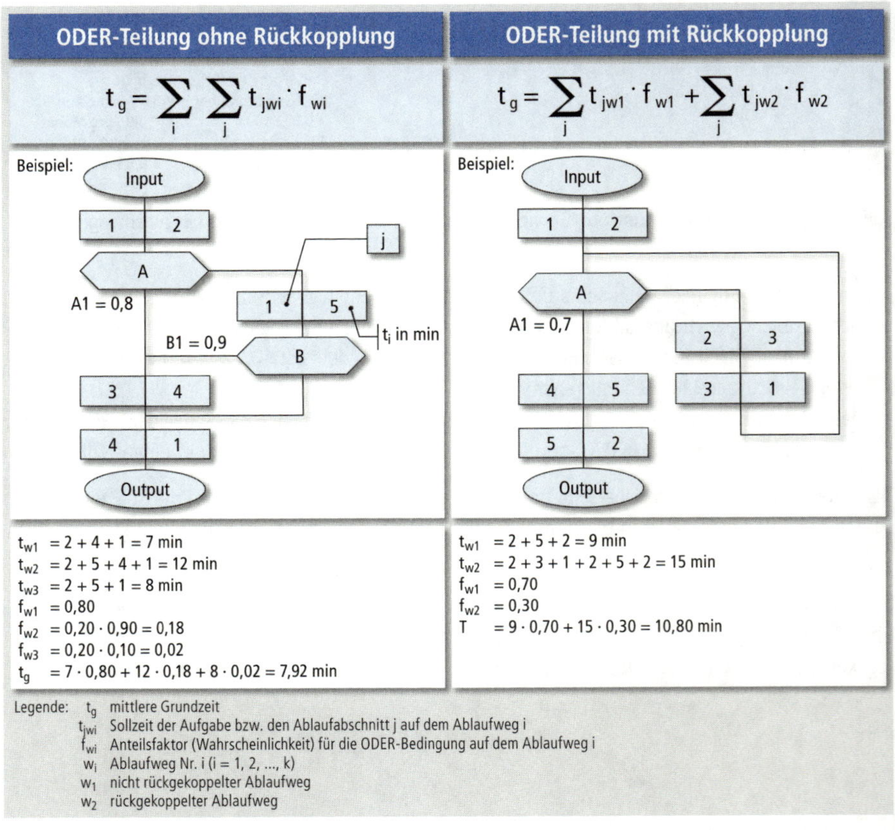

Abbildung II-183 Berechnungsvorschriften zur Bestimmung der Stückzeit bei nichtlinearen Ablaufstrukturen

Durchlaufzeitbestimmung

Bei der Durchlaufzeitbestimmung verfährt man wie folgt:

1. Bei Hintereinanderfolgen wird wie bei linearen Ablaufstrukturen eine Summation über alle Durchlauf- und Zwischenzeiten vorgenommen.
2. Bei UND- und ODER-Teilungen werden die Abbildung II-184 zu entnehmenden Berechnungsvorschriften angewandt.

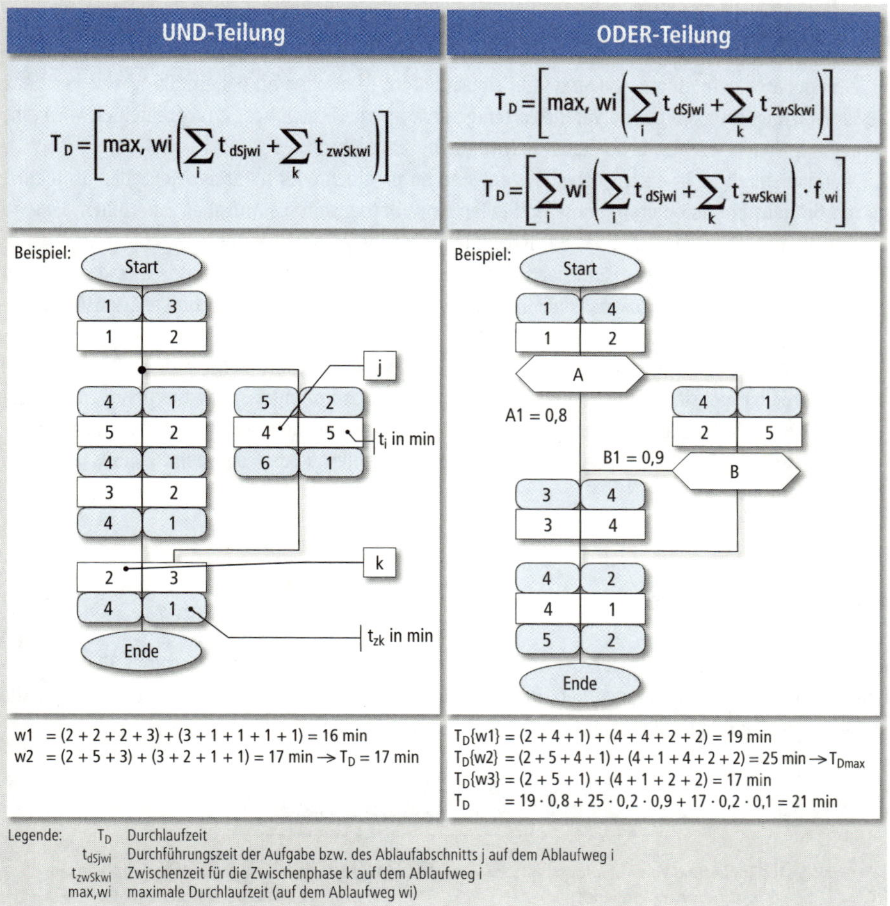

Abbildung II-184 Berechnungsvorschriften zur Bestimmung der Durchlaufzeit bei nichtlinearen Ablaufstrukturen

Für jeden Ablaufweg kann man eine für einen spezifischen Vorfall gültige Durchlaufzeit ermitteln. In der Praxis versteht man unter Durchlaufzeit jedoch meist die maximale Durchlaufzeit, was bei UND-Teilungen auch sinnvoll ist (vgl. Abbildung II-184). Liegen aber ODER-Teilungen vor, sollte man neben der maximalen, für den zeitaufwändigsten Vorfall geltenden Durchlaufzeit, auch die mittlere (gewichtete) Durchlaufzeit bestimmen. Wenn die maximale Durchlaufzeit für einen seltenen Vorfall gilt und man sie dessen ungeachtet auf alle tagesgeschäftlichen Vorgänge anwendet, führt das zu einer pessimistischen Bewertung dieses Sachverhalts.

4.4 Sonderfälle bei der Zeitartensynthese

4.4.1 Überblick

Im Abschnitt 4.3 wurde bei der Zeitartensynthese unterstellt, dass *Einzelarbeit* in einstelligen Arbeitssystemen an ortsfesten Arbeitsplätzen stattfindet. Das trifft in der überwiegenden Zahl praktischer Fälle auch zu. Es gibt jedoch davon abweichende Situationen, die spezifische Verfahrensweisen bei der Zeitartensynthese bedingen:

Die vier Sonderfälle

1. Gruppenarbeit: In einem Arbeitssystem sind mehrere Menschen an der Erfüllung einer gemeinsamen Aufgabe beteiligt und verantworten gemeinsam die Ergebnisse. Im Allgemeinen wird eine auf den Menschen bezogene Zeitartensynthese durchgeführt.
2. Mehrstellenarbeit: In einem Arbeitssystem sind durch einen oder mehrere Menschen an mehreren Betriebsmitteln oder an mehreren Stellen eines Betriebsmittels Aufgaben zu erfüllen. Es wird eine auf den Menschen und das Betriebsmittel bezogene Zeitartensynthese durchgeführt.
3. Fließarbeit: Arbeitssysteme sind nach dem Flussprinzip miteinander verbunden, und diese sind ihren Stückzeiten nach auszubalancieren. Es wird eine auf den Menschen und auf den Arbeitsgegenstand bezogene Zeitartensynthese durchgeführt.
4. Wartesysteme: In einem Arbeitssystem (= Schalter) sind Einheiten (= Menschen, Betriebsmittel oder Arbeitsgegenstände) abzufertigen, wobei es zu Ansammlungen auf Abfertigung wartender Einheiten (Warteschlange) kommen kann. Es wird eine auf den Schalter (das betrachtete Arbeitssystem) und die wartenden Einheiten (andere Arbeitssysteme) bezogene Zeitartensynthese durchgeführt.

4.4.2 Gruppenarbeit

Wesen der Gruppenarbeit

Gruppenarbeit unterscheidet sich bei der Zeitartensynthese von Einzelarbeit dadurch, dass mindestens zwei Personen zusammenwirken und die Sollzeit auf eine Gruppe bezogen wird. Dabei sind die drei in der Abbildung II-183 angeführten Fälle zu unterscheiden:

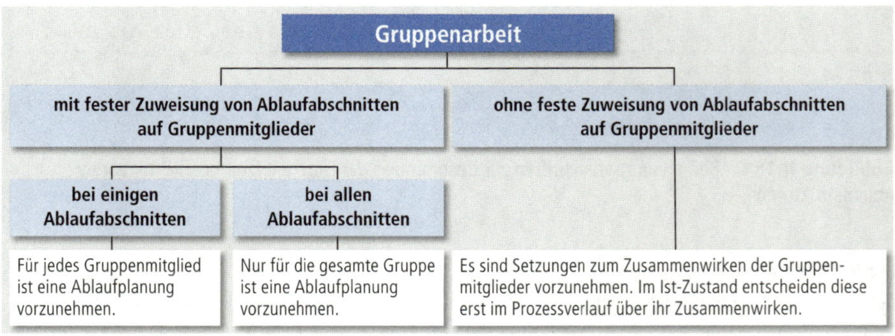

Abbildung II-185 Die drei Fälle der Zeitartensynthese bei Gruppenarbeit

Beispiel

Das Vorgehen bei der Planung und Zeitsynthese von Gruppenarbeit wird an folgendem Beispiel erläutert. Alle Ablaufabschnitte sind auf die Gruppenmitglieder »fest zugewiesen«, wie Abbildung II-186 zu entnehmen ist. Die Auftragsmenge beträgt m = 750 Stück, der Verteilzeitzuschlagssatz beträgt $z_v = 9\,\%$. Es fällt kein Rüsten an.

Ablaufabschnitte		zugewiesen auf		Zeit in min	Ablaufart
		MA 1	MA 2		
1	Werkstück in Hängeförderer einhängen	x	x	0,6	t_{MH}
2	auf Vorlauf beim zweiten Mitarbeiter warten	x		0,4	t_{MA}
3	Halter mit Schrauben befestigen		x	1,8	t_{MH}
4	Rahmenprofile an Haltern anclipsen	x		1,4	t_{MH}
5	Abdeckrahmen aufsetzen und verschrauben	x	x	1,0	t_{MH}
6	zum Ausgangsort zurückgehen	x	x	0,6	t_{MN}

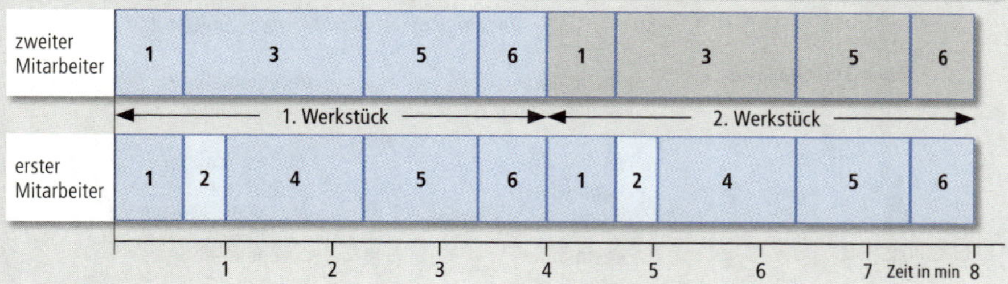

Abbildung II-186 Beispiel zur Zeitartensynthese bei Gruppenarbeit

Die Zeitsynthese wird in drei Schritten durchgeführt:

Schritt 1: Die Abbildung II-186 zu entnehmende zeitliche Abfolge wurde geplant.

Schritt 2: Die Sollzeiten für die Ablaufabschnitte wurden mit Hilfe von MTM-1 bestimmt.

Schritt 3: Es wurden die Stückzeit und die Auftragszeit bestimmt nach:

Mitarbeiter 1: $t_{g1} = \Sigma t_{MH} + \Sigma t_{MN} + \Sigma t_{MA}$

$= 0{,}6 \text{ min} + 1{,}4 \text{ min} + 1{,}0 \text{ min} + 0{,}6 \text{ min} + 0{,}4 \text{ min} = 4{,}0 \text{ min}$

Mitarbeiter 2: $t_{g2} = \Sigma t_{MH} + \Sigma t_{MN}$

$= 0{,}6 \text{ min} + 1{,}8 \text{ min} + 1{,}0 \text{ min} + 0{,}6 \text{ min} = 4{,}0 \text{ min}$

Gruppe: $t_g = t_{g1} + t_{g2} = 4{,}0 \text{ min} + 4{,}0 \text{ min} = 8{,}0 \text{ min}$

Bei einem Verteilzeitzuschlag $z_v = 9\,\%$ ergibt sich die Vorgabezeit t_e für die Gruppe:

$t_e = t_g \cdot (1 + z_v/100\,\%) = 8{,}0 \text{ min} \cdot 1{,}09 = 8{,}72 \text{ min}$

Die Auftragszeit wird ermittelt nach:

$T = t_e \cdot m = 8{,}72 \text{ min} \cdot 750 \cdot 1/60 = 109 \text{ Std.}$

4.4.3 Mehrstellenarbeit

Wesen der Mehrstellenarbeit

Die Besonderheiten der Zeitartensynthese bei *Mehrstellenarbeit* liegen darin, dass

1. die Ablauffolgen beider Ressourcen gegenübergestellt, abgeglichen werden und
2. die kostenoptimale personelle Besetzung des mehrstelligen Arbeitssystems bestimmt wird.

Kostenoptimal bedeutet, dass man zu vermitteln hat zwischen den Wünschen nach geringstmöglichen Wartezeiten des Menschen und minimalen Brachzeiten der Betriebsmittel. Je geringer die Wartezeiten bzw. je höher die zeitliche Auslastung des Menschen sind, desto größer ist die Gefahr, dass die Brachzeiten der Betriebsmittel steigen und damit deren Auslastung sinkt.[317] Bei der Bestimmung der *kostenoptimalen Stellenzahl* gilt folgendes Prinzip.[318]

1. Je höher die Kapitalkosten eines Arbeitssystems sind, desto eher werden Zugeständnisse an die Höhe der Wartezeiten gemacht, weil die Brachzeitminimierung der Betriebsmittel Vorrang hat.
2. Je geringer die Kapitalkosten eines Arbeitssystems sind, desto eher werden Zugeständnisse an die Höhe der Brachzeiten gemacht, weil die Wartezeitminimierung der Mitarbeiter Vorrang hat.

Mehrstellenarbeit		Regelmäßigkeit der Ablaufabschnittsfolge	
		regelmäßige Wiederholung	unregelmäßige Wiederholung
Sollzeit je Ablaufabschnitt	Zeitgleichheit	regelmäßige, zeitgleiche Ablaufabschnittsfolge	unregelmäßige, zeitgleiche Ablaufabschnittsfolge
	Zeitungleichheit	regelmäßige, zeitungleiche Ablaufabschnittsfolge	unregelmäßige, zeitungleiche Ablaufabschnittsfolge

Abbildung II-187 Die vier Fälle der Zeitartensynthese bei Mehrstellenarbeit

Abbildung II-187 sind die vier Fälle der Zeitartensynthese bei Mehrstellenarbeit zu entnehmen. Wir zeigen hier die Zeitartensynthese bei Mehrstellenarbeit nur am einfachsten Fall, der regelmäßigen, zeitgleichen Ablaufabschnittsfolge.[319]

Die Grundidee bei der Analyse von Mehrstellenarbeit ist die getrennte Betrachtung der Ressourcen, indem die Stückzeit beim Menschen und die Stückzeit beim Betriebsmittel gegenübergestellt werden. Primäres Erkenntnisziel bei der Analyse mehrstelliger Arbeitssysteme ist jedoch nicht die Stückzeitermittlung. Vielmehr geht es um die Ermittlung des *Auslastungsgrades* des Menschen und die Stillstände der ihm zugeordneten Betriebsmittel, mit dem Ziel, dem Menschen die kostenoptimale Stellenzahl zuzuweisen.

Beispiel

Abbildung II-188 ist ein Beispiel mit regelmäßiger, zeitgleicher Ablaufabschnittsfolge zu entnehmen. Dabei wird unterstellt, dass kein Überwachen des Maschinenlaufs erforderlich ist.

Die Ausgangsdaten sind:

Betriebsmittelgrundzeit t_{gB}	3,80 min
Grundzeit t_g	1,00 min
Verteilzeitzuschlagssatz z_v	9 % (z_s = 4 %; z_p = 5 %)
Zeit je Einheit t_e	1,09 min
Betriebsmittelzeit je Einheit t_{eB}	3,95 min[320]

317 Zum Stand der Diskussion zur Mehrstellenarbeit vgl. Simon, A.: Mehrstellenarbeit in der Metall- und Elektroindustrie. Köln: Bachem, 1998.

318 Bei der Literatur zur Mehrstellenarbeit handelt es sich durchweg um Schrifttum der 1960er- bis 1980er-Jahre. Vgl. zur Kostenoptimalität Fuchs, D.: Bestimmung der fertigungskostenoptimalen Arbeiterzahl bei Mehrstellenarbeit. Berlin: Beuth-Vertrieb, 1969.

319 Die methodischen Grundlagen der Mehrstellenarbeit werden am ausführlichsten behandelt bei Winkel, A.: Mehrstellenarbeit. München: Hanser; 1963. Ein Beispiel zur unregelmäßigen, zeitungleichen Ablaufabschnittsfolge findet man bei REFA (Hrsg.): a.a.O., 1997, S. 423f.

320 Es wird nur der sachliche Verteilzeitzuschlagssatz z_s = 4 % und keine persönliche Verteilzeit verwendet, weil durch Springer abgelöst wird.

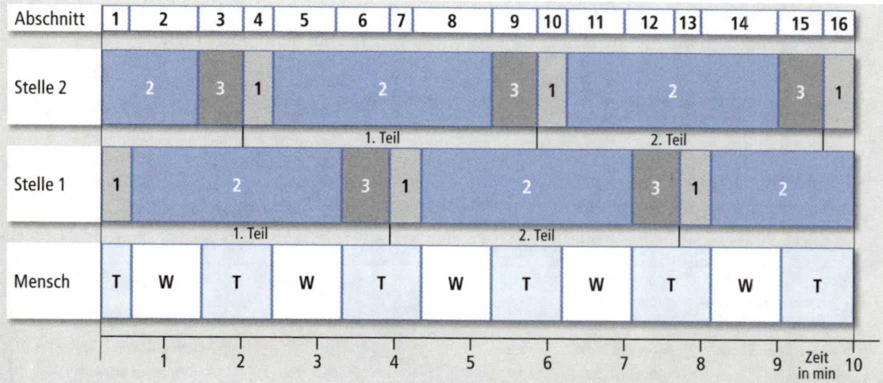

	Ablaufschritte	Stelle 1	Stelle 2	Mensch MA	Mensch MN
		Zeit in min		Zeit in min	
1	(1) Beschicken Maschine 1	0,40			0,40
2	(2) Maschinenlauf Maschine 1	2,80		1,00	
3	(3) Entladen Maschine 2		0,60		0,60
4	(1) Beschicken Maschine 2		0,40		0,40
5	(2) Maschinenlauf Maschine 2		2,80	0,80	
6	(3) Entladen Maschine 1	0,60			0,60
7	(1) Beschicken Maschine 1	0,40			0,40
8	(2) Maschinenlauf Maschine 1	2,80		1,00	
9	(3) Entladen Maschine 2		0,60		0,60
10	(1) Beschicken Maschine 2		0,40		0,40
11	(2) Maschinenlauf Maschine 2		2,80	0,80	
12	(3) Entladen Maschine 1	0,60			0,60
13	(1) Beschicken Maschine 1	0,40			0,40
14	(2) Maschinenlauf Maschine 1	2,80		1,00	
15	(3) Entladen Maschine 2		0,60		0,60
16	(1) Beschicken Maschine 2		0,40		0,40
Betriebsmittelgrundzeit		3,80			
Grundzeit					1,00

Abbildung II-188 Beispiel zur Zeitartensynthese bei Mehrstellenarbeit (regelmäßige, zeitgleiche Ablaufabschnittsfolge)

Abbildung II-189 ist ausschnittsweise zu entnehmen, wie dieser Fall mit Hilfe von TiCon® bearbeitet wurde. Es wurde eine tabellarische Analyse durchgeführt und dabei die vorstehend angeführten Daten sowie die Einzelauslastungen und die Gesamtauslastung bestimmt. Ferner wird der Fall grafisch dargestellt, um den Sachverhalt besser zu verdeutlichen.

Die Zeitsynthese wird in drei Schritten durchgeführt:

Schritt 1: Planung der Abbildung II-188 zu entnehmenden Ablaufstruktur.

Schritt 2: Der Ablauf wird mit MTM-Prozessbausteinen beschrieben. Die Prozessbausteine werden Betriebsmitteln oder/und Personen zugeordnet.

Schritt 3: Abschließend wurden die Stückzeit und die Auftragszeit bestimmt.

Mit Hilfe der Stückzeit (t_e = 1,09 min) und der Betriebsmittel-Stückzeit (t_{eB} = 3,95 min) wurden die Einzelauslastung und die Gesamtauslastung ermittelt, was nachfolgend beschrieben wird.

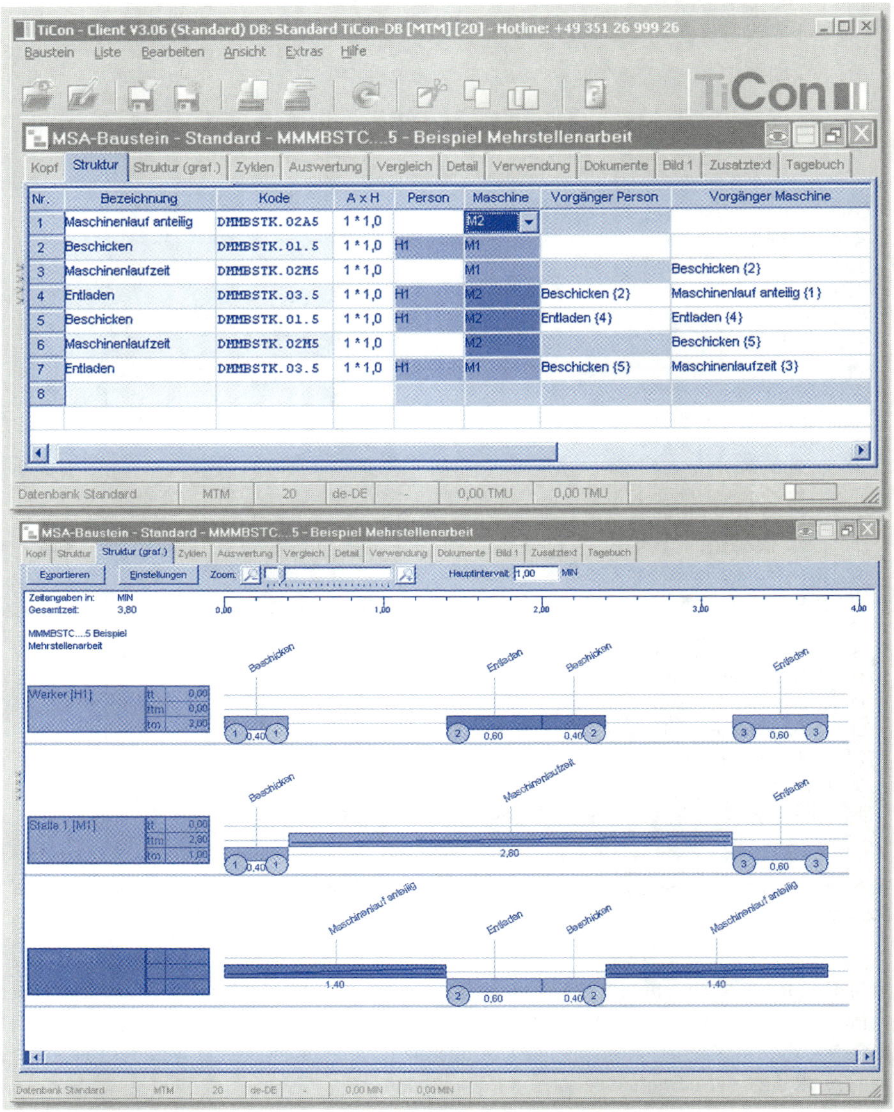

Abbildung II-189 Beispiel (regelmäßige, zeitgleiche Ablaufabschnittsfolge) für die Zeitartensynthese bei Mehrstellenarbeit mit Hilfe von TiCon®

Die *Einzelauslastung* a_i weist aus, wie hoch die Auslastung des Menschen durch die Zuweisung einer Stelle S ist.

$$a_i = \frac{t_e}{t_{eB}} \cdot 100\ \%.$$

Im Beispiel ist das

$$a_i = \frac{1{,}09}{3{,}95} \cdot 100\ \% = 27{,}6\ \%.$$

Würde man im vorliegenden Fall der Person nur eine Stelle zuweisen, hätte sie einen Wartezeitanteil von über 70 %.

Die *Gesamtauslastung* a_{ges} zeigt, wie hoch die Auslastung des Menschen bei Zuweisung von S Stellen (mit S > 1) ist. Es ist

$$a_{ges} = \sum \left(\frac{t_e}{t_{eB}} \cdot 100\ \%) \right)$$

Im Falle einer regelmäßigen, zeitgleichen Ablaufabschnittsfolge ist die Einzelauslastung ai der Stelle S gleich, so dass für die Gesamtauslastung folgende *Stellenzahl* gilt:

$$a_{ges} = S \cdot a_i$$

Der Produktivitätsunterschied zwischen den Stellenzahlen lässt sich durch die dabei anfallenden Arbeitsmengen m_S pro Stunde verdeutlichen. Es ist

$$m_S = \frac{a_{ges} \cdot 60}{t_e \cdot 100}$$

Im Beispiel fallen bei S = 2, 3 und 4 folgende Ergebnisse an:

Stellenzahl S	Gesamtauslastung a_{ges}	Arbeitsmenge des Mehrstellen-Arbeitssystems pro Stunde m_s
2	2 · 27,6 % = 55,2 %	(60 min · 0,552) / 1,09 min/Stück = 30,4 Stück
3	3 · 27,6 % = 82,8 %	(60 min · 0,828) / 1,09 min/Stück = 45,6 Stück
4	4 · 27,6 % = 110,4 %	(60 min · 1,104) / 1,09 min/Stück = 60,8 Stück

Abbildung II-190 Darstellung der Gesamtauslastung in Abhängigkeit von der Stellenzahl

Bei Vorliegen dieser Daten stellt sich die Aufgabe, durch arbeitsgestalterische Maßnahmen schrittweise Dreistelligkeit und evtl. Vierstelligkeit zu erreichen.

4.4.4 Fließarbeit

Als *Fließarbeit* bezeichnet man eine zeitlich gebundene, durch Fließtransporte starr oder lose verkettete Ablauffolge, bei der die Arbeitsplätze (Arbeitsstationen) mehr oder weniger an eine Taktzeit gebunden sind. Fließarbeit findet man überwiegend, aber nicht nur bei Montageprozessen.[321] Das

321 Vgl. Konold, P.; Reger, H.; Hesse, S: Praxis der Montagetechnik, 2. Auflage. Wiesbaden: Vieweg, 2003.

Ausmaß an Taktbindung hängt davon ab, ob und in welchem Umfang *Puffer* (Arbeitsvorratsspeicher zwischen den Arbeitsstationen) vorhanden sind.

Taktabstimmung

Das wichtigste Ziel der Zeitsynthese bei Fließarbeit ist die *Taktabstimmung*. Mit Hilfe der Taktabstimmung sollen die Arbeitsstationen so aufeinander abgestimmt werden, dass in etwa gleich lange *Taktzeiten* entstehen. Als Taktzeit wird jene Zeit bezeichnet, die für das Erstellen einer Mengeneinheit zur Verfügung steht. In einfachster Form wird die Taktzeit bestimmt nach:

$$\text{Taktzeit } t_T = \frac{\text{Kapazität pro Schicht}}{\text{Menge pro Schicht}}$$

Beispiel:

$$t_T = \frac{\text{480 min pro Schicht}}{\text{200 Stück pro Schicht}} = \text{2,4 min/Stück}$$

Die Ermittlungsverfahren zur Taktabstimmung werden unterschieden nach:

1. Heuristischen Verfahren[322],
2. Operations-Research-Verfahren[323].

Hier wird ein heuristisches Verfahren behandelt, das durch TiCon® unterstützte induktive heuristische Verfahren.[324]

Beispiel

Abbildung II-191 ist ein Beispiel einer Fließmontage zu entnehmen, dargestellt

- im oberen Bildteil in Form eines Vorranggraphen,
- im unteren Bildteil in Form eines Abtaktungsdiagramms.

Es gibt 11 Arbeitsvorgänge, die auf 6 Arbeitsstationen (Takte) verteilt sind. Die Arbeitsvorgänge sind im *Vorranggraphen* als Knoten und ihre Abhängigkeitsbeziehungen als Pfeile dargestellt. Arbeitsvorgang 7 kann z. B. erst beginnen, wenn die Arbeitsvorgänge 3, 4 und 5 abgeschlossen sind. Überlappungen kommen in diesem Beispiel nicht vor. Die Stationszeiten (Stückzeiten t_e) jedes Arbeitsvorgangs sind in die Knoten eingetragen.

Dem Abtaktungsdiagramm ist zu entnehmen, dass die Taktzeit t_T = 12 min beträgt und die Stationszeiten stark streuen. Dadurch ergeben sich für die meisten Stationen hohe Wartezeiten, insgesamt 29 min, bei einer Summe der Stationszeiten von 44 min. Der Bandwirkungsgrad (= Σ Stückzeiten / Σ Stationszeiten · 100 %) beträgt deshalb nur 73 %.

322 Vgl. Wucherpfennig, D.: Zeitliche Bindung bei manueller Fließarbeit. Berlin: Beuth, 1978.
323 Vgl. Lutz, L.: Abtakten von Montagelinien. Mainz: Krauskopf, 1974.
324 Das allgemeine Vorgehen bei heuristischen Verfahren ist: 1. Systematisch bis zu einem Ergebnis probieren (einzelne interessante Fälle überprüfen – größere Fallmengen untersuchen und daraus Erkenntnisse sammeln – aus diesen Erkenntnisse Schlussfolgerungen zu den untersuchten Fällen ziehen). 2. Schlussfolgerungen verallgemeinern (Bedingungen/Annahmen fallen lassen – aus konstanten Vorgaben Parameter machen).

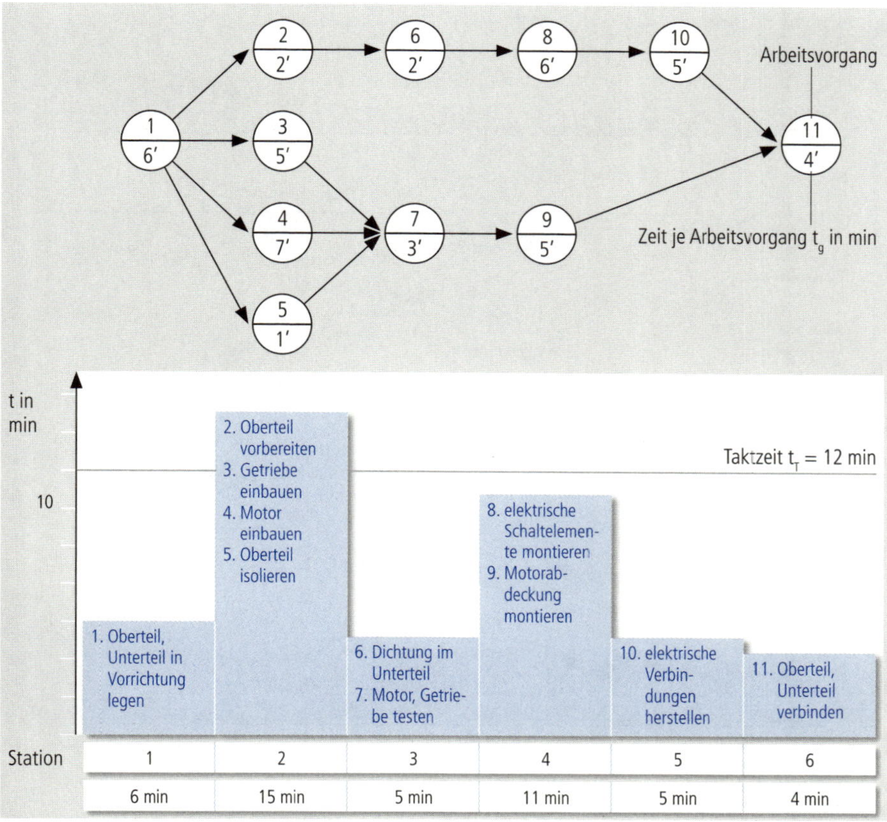

Abbildung II-191 Darstellung eines Fließ-Arbeitssystems in Form eines Vorranggraphen und eines Abtaktungsdiagramms (Beispiel für eine Ausgangssituation)

Im ersten Verbesserungsschritt wurde die Verteilung der Arbeitsvorgänge auf die Arbeitsstationen so geändert, dass die

- Stationszeiten in etwa gleich hoch sind,
- Stationszeit 2 kürzer als die Taktzeit wird,
- Wartezeiten geringer und in etwa gleich hoch sind.

Sind diese drei Anforderungen erfüllt, spricht man von einem ausgeglichenen Fließsystem. Das Ergebnis des ersten Verbesserungsschrittes ist in grafischer Form Abbildung II-192 zu entnehmen. Dabei waren Randbedingungen zu berücksichtigen, z. B. welche Arbeitsvorgänge aus technischen Gründen oder aufgrund begrenzten Raums in einer Station zusammenzufassen sind. In der Sockelzeile wird für jede Station der Anteil der Stationszeit an der Taktzeit ausgewiesen, z. B. für die erste Station 91,67 %, für die letzte Station 33,33 %.

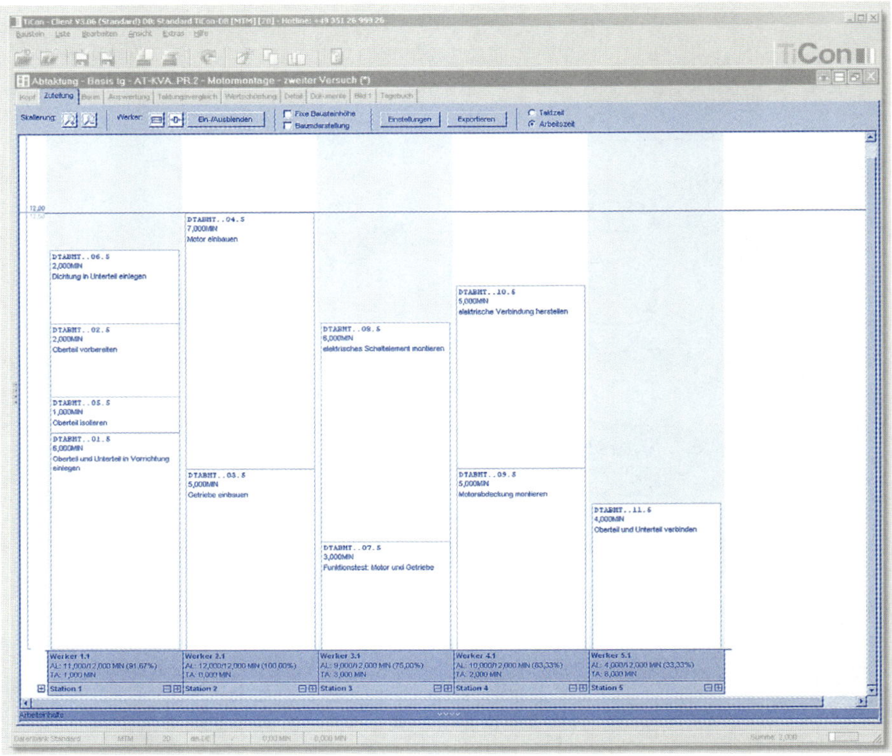

Abbildung II-192 Abtaktungsdiagramm zum ersten Verbesserungsschritt mit Hilfe des induktiven heuristischen Verfahrens (TiCon®)

Kenngrößen zur Taktung

Das Ergebnis von Abtaktungsversuchen ist mit Hilfe von zwei Kenngrößen zu beurteilen.

1. *Taktausgleich* T_a: Das ist die Summe der über alle n Stationen anfallenden Wartezeiten. Sie ist ein Maßstab für die Ausgeglichenheit des Fließsystems.

$$T_a = n \cdot t_T - \sum_{ST=1}^{n} t_e = 5 \cdot 12 - 46 = 14 \text{ min Wartezeiten}$$

2. *Bandwirkungsgrad* B_w: Der Anteil der mittleren Stationszeit an der Taktzeit t_T dient als Maßstab für die Ausgeglichenheit des Fließsystems bzw. die mittlere Auslastung der Stationen.

$$B_w = \left(\frac{\sum_{ST=1}^{n} t_e}{n \cdot t_T} \right) \cdot 100\ \% = (40/60) \cdot 100\ \% = 77\ \% \text{ Bandwirkungsgrad}$$

Station	Arbeitsvorgang	Zeit je Einheit t_e in min	Stationszeit t_s in min	Stationswartezeit t_w in min	Stationsauslastung in % $(t_s/t_T \cdot 100\,\%)$
1	1	6	11	1	91,7
	2	2			
	5	1			
	6	2			
2	3	5	12	0	100,0
	4	7			
3	7	3	9	3	75,0
	8	6			
4	9	5	10	2	83,3
	10	5			
5	11	4	4	8	33,3
Taktausgleich				14	
Summe t_e		46	Σ Taktzeit in min	60	
Bandwirkungsgrad			77 %		

Abbildung II-193 Auswertungstabelle zum ersten Abtaktungsversuch mit Hilfe des induktiven heuristischen Verfahrens

Die Auswertung in TiCon® erfolgt automatisch (Abbildung II-194).

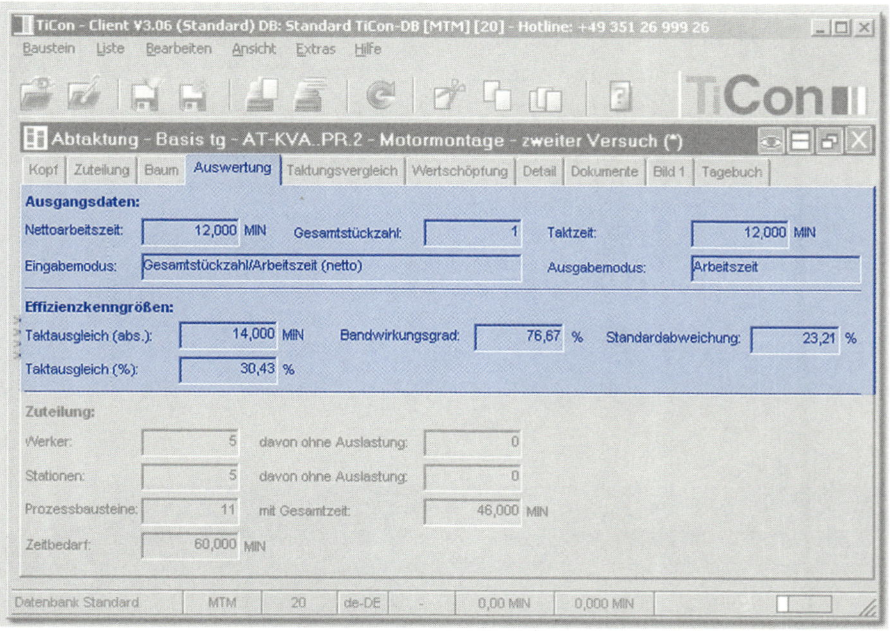

Abbildung II-194 Auswertungstabelle mit Taktausgleich und Bandwirkungsgrad (TiCon®)

Ein Fließsystem ist vollkommen ausgeglichen, wenn der Taktausgleich null bzw. der Bandwirkungsgrad 100 % ist. Das wird in der Praxis selten gelingen, doch sind im vorliegenden Beispiel nach dem ersten Verbesserungsschritt die Wartezeiten noch immer so hoch und der Bandwirkungsgrad so gering (von 73 % auf nur 77 % erhöht), dass ein weiterer Verbesserungsversuch notwendig ist. Abbildung II-193 sind die mit TiCon® bei diesem Abtaktungsversuch erzielten Detailergebnisse zu entnehmen.

Die Taktzeit ist eine Zielgröße, die man im Allgemeinen nicht verändern kann. Deshalb wendet man sich primär jenen Stationen zu, die den größten Anteil am Taktausgleich haben. Hier liegt bei der letzten Station eine so geringe Stationsauslastung vor, dass sich eine Lösung mit nur vier Stationen anbietet. Abbildung II-195 ist das Ergebnis des zweiten Abtaktungsversuchs zu entnehmen:

$T_a \;=\; 4 \cdot 12 - 46 \qquad = \; 2$ min (Verbesserung gegenüber dem 1. Versuch: 12 min)

$B_W \;=\; (46 / 48) \cdot 100\,\% \qquad = \; 96\,\%$ (Verbesserung gegenüber dem 1. Versuch: 19 %)

Gegenüber der Ausgangssituation wurde der Taktausgleich von 29 min auf 2 min reduziert und der Bandwirkungsgrad von 73 % auf 96 % erhöht. Ein Optimum ist erreicht, wenn diese Kenngrößen nicht mehr zu verbessern sind.

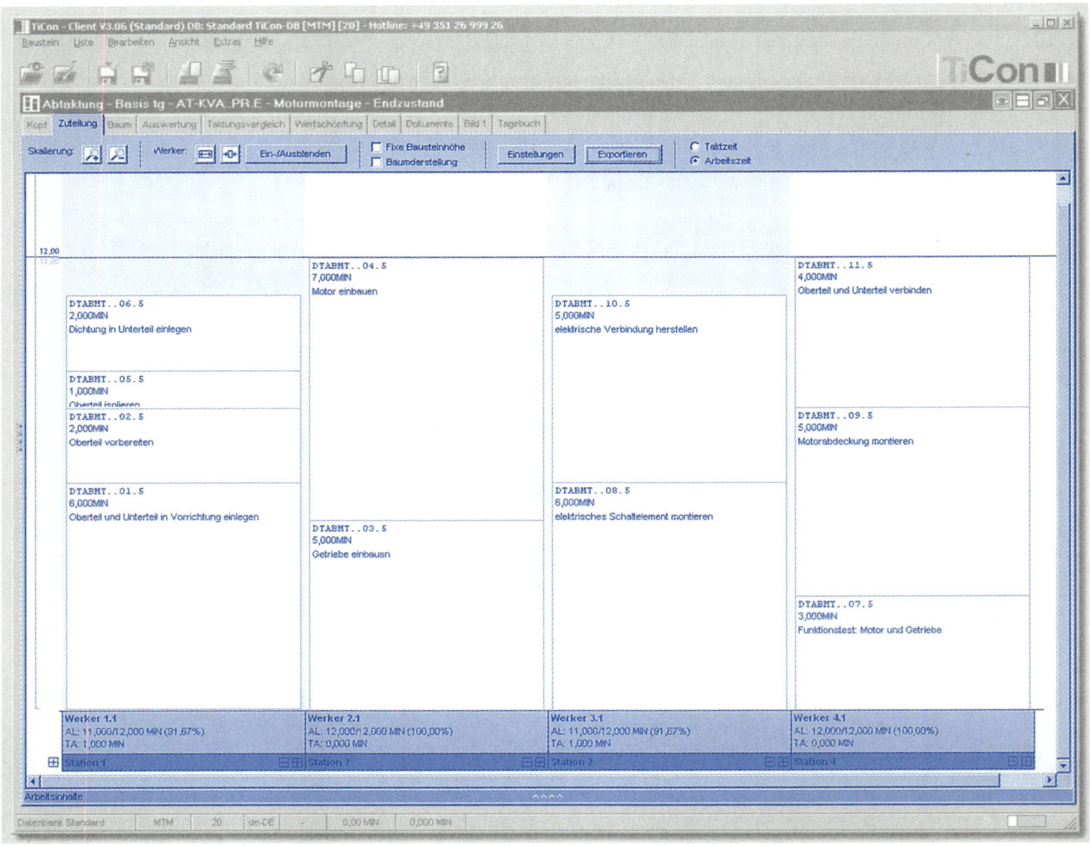

Abbildung II-195 Abtaktungsdiagramm zum zweiten Verbesserungsschritt mit Hilfe des induktiven heuristischen Verfahrens (TiCon®)

Kundenverbrauchstakt

Eine spezifische Aufgabenstellung bei Just-in-Time-Produktionen ist die Berücksichtigung von *Kundenverbrauchstakten* (KVT), das sind Lieferabrufmengen pro Lieferperiode, meist pro Schicht oder pro Woche.

$$\text{KVT} = \frac{\text{Lieferabrufmenge in Stück}}{\text{Lieferperiode in Zeiteinheiten}}$$

Bei Taktungen ist zu beachten, dass nicht nur Stückzeiten t_e, sondern auch Rüstzeiten, Zeiten außer Einsatz, Nacharbeit und Ausschuss zu berücksichtigen sind. Die Lieferperiode kann kürzer (z. B. Lieferung alle 3 Stunden) oder länger als eine Schicht sein (z. B. freitägliche Lieferung). Im Extremfall kann ein stückweiser Liefertakt vorgegeben sein, was hochgradig beherrschte Prozesse voraussetzt. Dazu ein Beispiel:

Bei einer Lieferperiode von 160 Minuten und einer Liefermenge von 200 Stück, einem $z_{vp} = 4\,\%$, einem Ausschuss- und Nacharbeitsanteil von 2 %, ohne Zeiten außer Einsatz und ohne Rüstzeiten, ergibt sich ein Kundenverbrauchstakt von 0,75 min/Stück. Das betreffende Arbeitssystem ist dann so auszulegen, dass eine Taktzeit $\leq 0{,}75$ min/Stück entsteht. Würde man Springer einsetzen, wäre keine persönliche Verteilzeit zu berücksichtigen, so dass dann der Kundenverbrauchstakt 0,78 min/ Stück betragen würde.

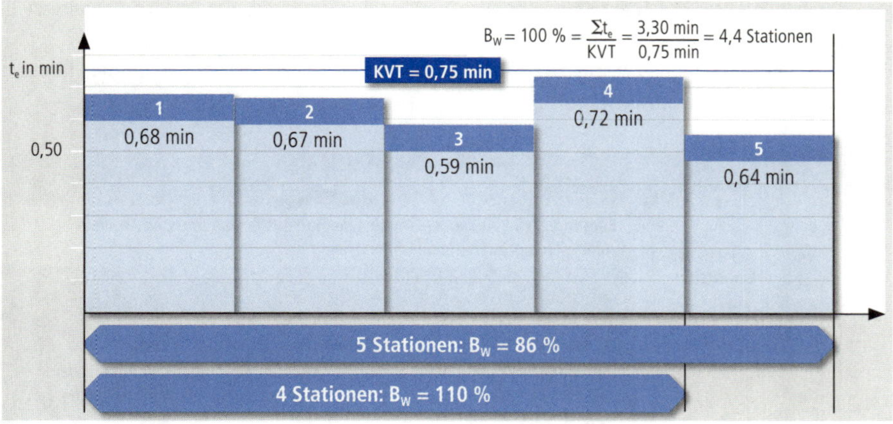

Abbildung II-196 Abhängigkeit des Bandwirkungsgrades vom Kundenverbrauchstakt

Arbeitssysteme sind so auszulegen, dass der Kundenverbrauchstakt sicher erfüllt wird. Dabei sind die vorstehend dargelegten Überlegungen zum Taktausgleich und zum Bandwirkungsgrad zu berücksichtigen. Dazu eine Fortsetzung des vorhergehenden Beispiels:

Im betrachteten Arbeitssystem liegt eine $St_e = 3{,}30$ min/Stück vor. Abbildung II-196 ist zu entnehmen, dass der Kundenverbrauchstakt KVT = 0,75 min/Stück bei 100 % Bandwirkungsgrad zu 4,4 Stationen führen würde. Da nur ganzzahlige Ergebnisse sinnvoll sind, hat man sich zwischen 4 oder 5 Stationen zu entscheiden. Bei 5 Stationen würde der Bandwirkungsgrad 86 %, bei 4 Stationen 110 % betragen. Um den Kundenverbrauchstakt mit 4 Stationen zu erfüllen, müsste durch Gestaltungsmaßnahmen die Summe der Stückzeiten um ca. 10 % auf < 3 min/Stück gesenkt werden.

4.4.5 Wartesysteme

Elemente von Wartesystemen

Wenn abzufertigende Einheiten, das können Menschen, Betriebsmittel (z. B. als stillstehende Maschinen) oder Arbeitsgegenstände (z. B. als Aufträge, Anfragen) sein, vor *Schaltern* (Abfertigungsstellen) darauf warten, bedient, abgefertigt, bearbeitet zu werden, können vorübergehend mehr Einheiten vorhanden sein, als die Schalter abfertigen können. Diese Ansammlung wartender Einheiten bezeichnet man als *Warteschlange*, und das betrachtete Arbeitssystem wird als *Wartesystem* bezeichnet. Warteschlangen müssen keine sichtbar geordneten Ketten von Einheiten (z. B. wartende Werker) sein. Auch ungeordnete Personenansammlungen, zu bearbeitende Aktenstapel oder Wartelisten bilden Warteschlangen.

Abbildung II-197 ist das Modell eines einkanaligen, d. h. über einen Schalter verfügenden Wartesystems zu entnehmen. Warteschlangensituationen können z. B. bei Antragstellungen, Auftragstaus, Materialausgaben, Reparaturstaus, Störungsbeseitigungen, Dokumentenbearbeitungen vorliegen. Dabei interessieren insbesondere drei Fragen:

1. Wie viele Einheiten müssen warten, d. h. wie groß ist die durchschnittliche Warteschlangenlänge? Wie lange müssen die Einheiten warten, d. h. wie hoch ist die durchschnittliche *Wartezeit* und damit das Warterisiko für die Einheiten?
2. Wie oft kommt es vor, dass Schalter keine Einheiten abzufertigen haben? Wie groß ist der dadurch entstehende Anteil der *Leerzeiten* an der Schalterkapazität und damit das Risiko für bereitgestellte, jedoch nicht nachgefragte Ressourcen?
3. Wie ist ein Kompromiss zwischen den Forderungen nach geringem Warterisiko für die Einheiten und geringem Leerzeitrisiko für die Schalter zu schaffen?

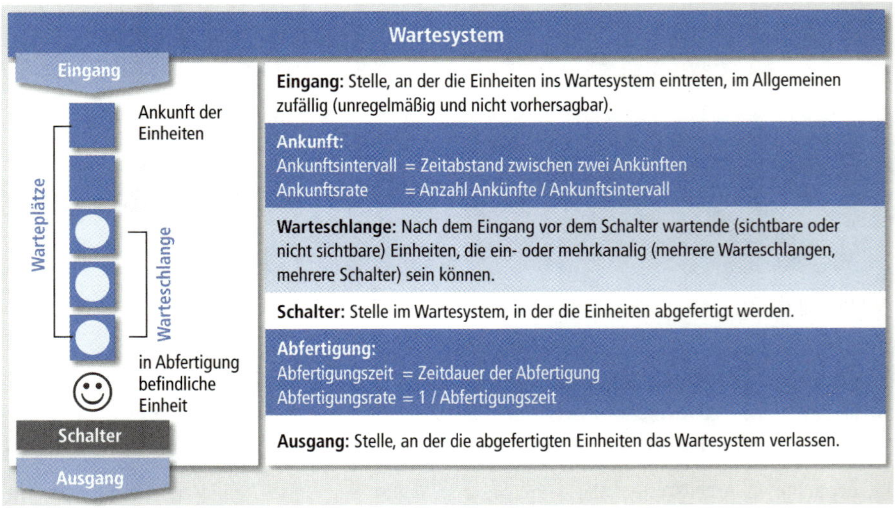

Abbildung II-197 Modell eines einkanaligen Wartesystems

Wartesysteme lassen sich nach neun Grundannahmen beschreiben.[325] Für die Mehrzahl von Wartesystemen treffen folgende fünf Grundannahmen zu, zumindest näherungsweise.

1. Es gibt eine praktisch unendliche Zahl ankommender Einheiten.
2. Abgefertigt wird in Eintreffensfolge, und die *Ankunftsintervalle* sind exponentialverteilt[326].
3. Die Anzahl Warteplätze ist praktisch unbegrenzt.
4. Alle ankommenden Einheiten gliedern sich in die Warteschlange ein und verweilen dort bis zu ihrer Abfertigung. Die *Abfertigungsdauern* bei von Menschen besetzten Schaltern sind exponentialverteilt und nur bei technischen Prozessen konstant.
5. Der Ausgang ist vom Eingang unabhängig.

Stets ist jedoch zu prüfen, ob ein oder zwei oder mehrere Schalter vorliegen, ob dort nur ausgewählte oder alle Aufgaben erfüllt werden und ob die Schalter parallel oder hintereinander angeordnet sind.

Kenngrößen von Wartesystemen

Zur Ankunft und zu Abfertigung der Einheiten wird unterstellt, dass das Ankunftsintervall und die Abfertigungszeit zufällig streuen. Das ist bedingt durch unterschiedliches Verhalten der Einheiten, durch unterschiedliches (Abfertigungs-)Verhalten der Schalter und durch unterschiedliche Arbeitsumfänge. Deshalb verwendet man Mittelwerte.

Die *mittlere Ankunftsrate* λ in Ankünften pro Minute und das *mittlere Ankunftsintervall* $\overline{t}_{an}$ werden als Zeitabstand in Minuten zwischen zwei Ankünften t_{i+1} und t_i berechnet nach:

$$\text{mittlere Ankunftsrate } \lambda = \frac{1}{z}\sum_{i=0}^{k} n_i z_i$$

$$\text{mittleres Ankunftsintervall } \overline{t}_{an} = \frac{1}{\lambda}$$

Die *mittlere Abfertigungsrate* m und die *mittlere Abfertigungszeit* $\overline{t}_{ab}$ werden berechnet nach:

$$\text{mittlere Abfertigungsrate } \mu = \frac{1}{\overline{t}_{ab}}$$

$$\text{mittlere Abfertigungszeit } \overline{t}_{ab} = \frac{1}{z}\sum_{j=0}^{k} t_{abj} \cdot z_j$$

Darin sind:

n_i Anzahl Ankünfte pro Ankunftsintervall (i = 0, 1, 2, …, k)

z_i absolute Häufigkeit für das Vorkommen einer Anzahl Ankünfte (i = 1, 2, …, k)

z_j absolute Häufigkeit für das Vorkommen einer Anzahl Abfertigungen (j = 1, 2, …, k)

z Stichprobenumfang, Gesamthäufigkeit (Σz_i)

325 Vgl. Bokranz, R.; Kasten, L.: a.a.O., 2004, S. 304f.
326 Die Anzahl Ankünfte pro Ankunftsintervall, die Ankunftsrate, wird dann durch eine Poissonverteilung und die Zeitabstände zwischen zwei Ankünften, die Ankunftsintervalle, durch eine Exponentialverteilung beschrieben.

Beispiel

In einem Kundendienst-Center wurden bei n = 1.000 ankommenden Kunden die der folgenden Tabelle zu entnehmenden Ankunftsraten erfasst. Die niedrigste Ankunftsrate waren 0 Ankünfte/min, die höchste 10 Ankünfte/min. Am häufigsten trafen 3 Kunden/min ein. Die Ankunftsrate l und das mittlere Ankunftsintervall $\bar{t}_{an}$ betragen:

$\lambda = 1/1.000 \cdot 3.842 = 3{,}84$ Ankünfte/min $\qquad \bar{t}_{an} = 1/3{,}84 = 0{,}26$ min/Ankunft

Ankunftsrate n_i	**Häufigkeit der Ankunftsraten**		**$n_i \cdot z_i$**	**Ankunftsintervall t_{an}**
	absolut z_i	relativ h_i in %		
0	20	2,0	0	0,05
1	81	8,1	81	0,10
2	160	16,0	320	0,15
3	215	21,5	645	0,20
4	190	19,0	760	0,25
5	150	15,0	750	0,30
6	82	8,2	492	0,35
7	53	5,3	371	0,40
8	26	2,6	208	0,45
9	15	1,5	135	0,50
10	8	0,8	80	0,60
Summen	1.000	100,0	3.842	
Ankunftsrate			3,842	Ankünfte/min
mittleres Ankunftsintervall			0,26	min/Ankunft

Abbildung II-198 Beispiel zur Ermittlung von Ankunftsrate und -intervall

Am Kundendienstschalter wurden die der folgenden Tabelle zu entnehmenden z = 264 Abfertigungszeiten erfasst. Im Einzelfall kommen längere und kürzere Abfertigungszeiten vor, deren Dauer ebenso wenig wie die zu einem bestimmten Zeitpunkt vorliegende Abfertigungsrate vorherzusagen ist. Im Mittel beträgt die Abfertigungszeit pro Kunde 0,205 min bzw. es werden durchschnittlich 4,87 Kunden pro Minute abgefertigt:

$$\mu = \frac{1}{0{,}205} = 4{,}7 \text{ Abfertigungen/min} \qquad \bar{t}_{ab} = \frac{1}{264} 54{,}20 = 0{,}205 \text{ min/Abfertigung}$$

Klassen-Nr.	obere Klassengrenze t'_{abj}	Klassenmitte t_{abj}	Häufigkeit		$t_{abj} \cdot z_j$	Relative Summenhäufigkeit in %
			absolut z_j	relativ h_j in %		
1	0,1	0,05	90	34,1	4,50	100,0
2	0,2	0,15	70	26,5	10,50	65,9
3	0,3	0,25	45	17,0	11,25	39,4
4	0,4	0,35	25	9,5	8,75	22,4
5	0,5	0,45	13	4,9	5,85	12,9
6	0,6	0,55	10	3,8	5,50	8,0
7	0,7	0,65	5	1,9	3,25	4,2
8	0,8	0,75	5	1,9	3,75	3,3
9	0,9	0,85	1	0,4	0,85	0,4
Summen			264		54,2	
Abfertigungsrate					4,87	Abfertigungen/min
mittlere Abfertigungszeit					0,205	min/Abfertigung

Abbildung II-199 Beispiel zur Ermittlung von Abfertigungsrate und -zeit

Der Quotient aus Ankunftsrate l und Abfertigungsrate μ wird als *Auslastungsfaktor* ρ bezeichnet.

$$\rho = \frac{\lambda}{\mu}$$

Der Auslastungsfaktor ρ weist die Kapazitätsauslastung des Wartesystems aus und kann als Wahrscheinlichkeit interpretiert werden, dass eine eintreffende Einheit warten muss. Dann ist $(1 - \rho)$ die Wahrscheinlichkeit dafür, dass eine eintreffende Einheit sofort abgefertigt wird.

Den Quotienten aus Auslastungsfaktor ρ und Schalterzahl S bezeichnen wir als *Einsatzfaktor* ψ. Er gibt bei $S > 1$ die durchschnittliche Auslastung der Schalter an.

$$\psi = \frac{\rho}{S}$$

Beispiel: Es wurden $\lambda = 3{,}84$ Ankünfte/min und $\mu = 4{,}87$ Abfertigungen/min bei einem Schalter ermittelt. Dann ist

$$\rho = \frac{3{,}84}{4{,}87} = 0{,}79$$

Die Schalterkapazität ist im Mittel zu 79 % ausgelastet bzw. mit einer Wahrscheinlichkeit von 79 % wird eine eintreffende Einheit sofort beim Eintreffen abgefertigt.

Nur wenn der Auslastungsfaktor $\rho < S$ bzw. der Einsatzfaktor $\psi < 1$ ist, entsteht eine langfristig ausbalancierte Warteschlange, deren Länge, der zufälligen Ankünfte wegen, kurzzeitig wächst oder sinkt. Diese Zufälligkeit kann aber auch zu Leerlaufzeiten an den Schaltern führen, denn bei Warteschlangen wird nur über einen längeren Betrachtungszeitraum die mittlere Länge realisiert. Ist $\lambda > \mu$, müssen, um das ständige Anwachsen der Warteschlange zu vermeiden, so viele Schalter geöffnet werden, bis $\rho < S$ wird.

Beispiel: Die Ankunftsrate beträgt $\lambda = 8{,}2$ Ankünfte/min und die Abfertigungsrate $\mu = 2{,}4$ Abfertigungen/min/Schalter. Es sind drei Schalter geöffnet. Dann sind

$$\rho = \frac{8{,}2}{2{,}4} = 3{,}42 \text{ und } \psi = \frac{8{,}2}{2{,}4 \cdot 3} = 1{,}14$$

Da $\rho > S$ und $\psi > 1$, entsteht hier eine ständig wachsende Warteschlange. Wird jedoch ein weiterer Schalter geöffnet, ist $\psi = 0{,}85$, also die Schalter im Wartesystem im Mittel zu 85 % ausgelastet. Im Mittel sind dann 0,6 Schalter bzw. 15 % der Wartesystemkapazität nicht ausgelastet.

Diese Warte- und Auslastungsinformationen werden benötigt, um einen Kompromiss zu finden zwischen geringer Wartezeit für die Einheiten in der Warteschlange und geringer Leerlaufzeit für die Schalter.

4.5 Zusammenfassung

Die Ablaufartengliederung ist ein Beschreibungsmodell für Abläufe. Über die Strukturparameter Vorkommnisarten und Vorkommniskategorien werden beliebige Vorkommnisse standardisierten Zustandskategorien von Abläufen zugeordnet, die als Ablaufarten bezeichnet werden. Ablaufarten kategorisieren Zustände von Abläufen. Zur Durchführung der Ablaufartenanalyse bedarf es ausreichender Kenntnisse über die betreffenden Arbeitssysteme und -prozesse.

Die Ablaufarten bilden die Grundlage für die Entwicklung von Sollzeiten, also die Zeitartenanalyse und -synthese. Dazu bedarf es weniger intensiver Kenntnisse über die betreffenden Arbeitssysteme als über die Verarbeitungsalgorithmen. Diese unterscheiden sich, je nach Sollzeitbezug. Wir haben vier Sollzeitbezüge unterschieden, Stückbezüge für den Menschen sowie für das Betriebsmittel, Durchlaufzeitbezüge und Periodenbezüge. Folgt man den hier beschriebenen Algorithmen zur Zeitartensynthese, hat man die Gewähr für die sachgerechte Ermittlung von Sollzeiten.

Bei nichtlinearen Ablaufstrukturen gibt es sowohl bei den Stückzeiten als auch bei den Durchlaufzeiten algorithmische Modifikationen, die zu beachten sind, um Sollzeiten der Ablaufstruktur entsprechend zu bestimmen.

Eine Besonderheit des Zeitverhaltens von Arbeitssystemen ist das planmäßige und das nicht planmäßige Auftreten von Vorkommnissen. Prozessbausteine schließen nur planmäßige Vorkommnisse ein, weil deren Auftretenszeitpunkt vorherzusagen ist. Nicht planmäßige Vorkommnisse können nicht stückbezogen, sondern müssen in einem Zeitraum erfasst und auf einen Zeitraum verteilt werden – daher der Begriff Verteilzeit. Durch Bildung des Quotienten von Zeitbedarf für nicht planmäßige Vorkommnisse und Zeitbedarf für planmäßige Vorkommnisse wird ein Zuschlagssatz bestimmt, der Verteilzeitzuschlag.

Bei den als Sonderfällen angeführten Fragestellungen zur Zeitensynthese haben wir uns auf relativ einfache, allerdings so auch am häufigsten auftretende Fälle beschränkt. Bei Gruppenarbeit, Mehrstellenarbeit und Fließarbeit geht es ebenso wie bei der Auslegung von Wartesystemen vor einer abschließenden Zeitsynthese erst einmal darum, produktive und wirtschaftliche Ablaufstrukturen abzusichern. Das geht aber nur, wenn man über Sollzeiten verfügt, und darin wird die Bedeutung verlässlicher Prozessbausteine deutlich: Eine produktivitäts- und menschengerechte Arbeitsgestaltung und Arbeitsorganisation bedingt deren Verfügbarkeit.

5 Konzeptionelle Grundlagen der MTM-Prozessbausteinsysteme

5.1 Überblick

Alleinstellungsmerkmale von MTM

Im Teil I, Abschnitt 3.5 wurden die substanziellen Eigenschaften des *MTM-Produktivitätsmanagements* und die Alleinstellungsmerkmale von MTM, das sind seine Präventionsfähigkeit (»Von Anfang an richtig.«) und seine Nachhaltigkeit (über »Quick Wins« hinausgehend), beschrieben. Im Abschnitt 4.1 wurden dort ferner die vier funktionellen Eigenschaften des MTM-Verfahrens erläutert, wie sie auch der Abbildung II-200 im Überblick zu entnehmen sind.

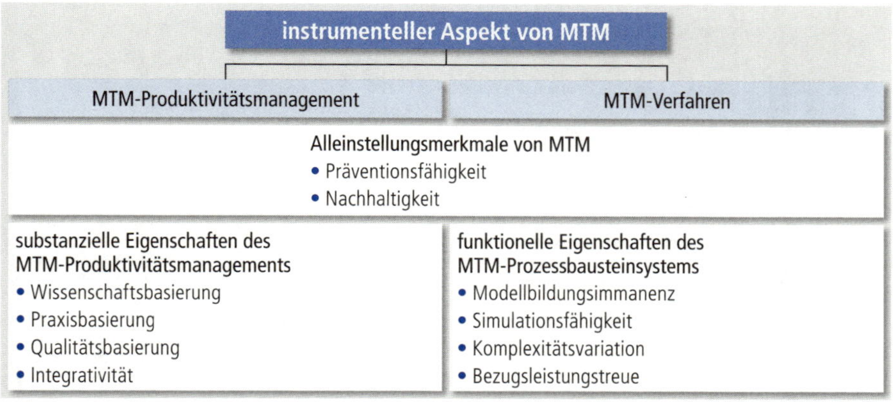

Abbildung II-200 Die instrumentellen Aspekte von MTM im Überblick

MTM-Verfahren

In diesem Kapitel geht es um eine vertiefende Darstellung des *MTM-Verfahrens.* Im Schwerpunkt sind das die MTM-Prozessbausteinsysteme. Im Abschnitt 5.2 wird die Basis des MTM-Verfahrens, die MTM-Prozesssprache, dargelegt und die sich daraus ergebenden funktionellen Eigenschaften der MTM-Prozessbausteinsysteme erläutert.

Im Abschnitt 5.3 werden mit den drei Themen »Ist-Abläufe«, »Soll-Abläufe« und »Methodenniveau« theoretische Grundsachverhalte erläutert, die bei der Anwendung der MTM-Bausteinsysteme relevant sind.

Ein vieldiskutiertes Thema ist die »Genauigkeit« von MTM. Im Abschnitt 5.4 werden dazu Qualitätsmerkmale für MTM-Prozessbausteinsysteme eingeführt und angewandt. Diese Diskussion führt uns zur sachgerechten Auswahl eines MTM-Prozessbausteinsystems für definierte betriebliche Anwendungen.

5.2 Kerneigenschaften der MTM-Prozessbausteinsysteme

5.2.1 Die MTM-Prozesssprache

Im Abschnitt 3.6.2 wurde erläutert, was man unter einer Prozesssprache versteht und in Abbildung II-137 ein Überblick zu wichtigen Prozesssprachen zur Analyse und Dokumentation von Abläufen und Prozessen gegeben. Im Kapitel 3 wurden davon als Methode der Arbeitssystem-Analyse die Prozess-FMEA und als Methoden der Prozessanalyse die Flowchart-Analyse und die Wertstromanalyse behandelt. In diesem Abschnitt wird die MTM-Prozesssprache erläutert, die als einzige eine automatische Generierung von Bearbeitungs-Sollzeiten liefert und damit wichtige Inputs für Flowchart- und Wertstromanalyse.

Beschreibung der MTM-Prozessbausteine

Die im MTM-Prozessbausteinsystem enthaltenen Prozessbausteine sind nach einem syntaktischen und semantischen Standard so beschrieben, dass geschulte Anwender sie im Rahmen der MTM-Notation einheitlich und sachgerecht anwenden können und dadurch eine hohe Objektivität und Reliabilität erzielen (vgl. Abschnitt 5.4). Für diesen Beschreibungsstandard wird der Begriff *MTM-Prozesssprache* verwendet. Er nutzt zur Analyse und Dokumentation von Abläufen die Form der *Zeilenanalyse* (vgl. Abschnitt 3.6.3).

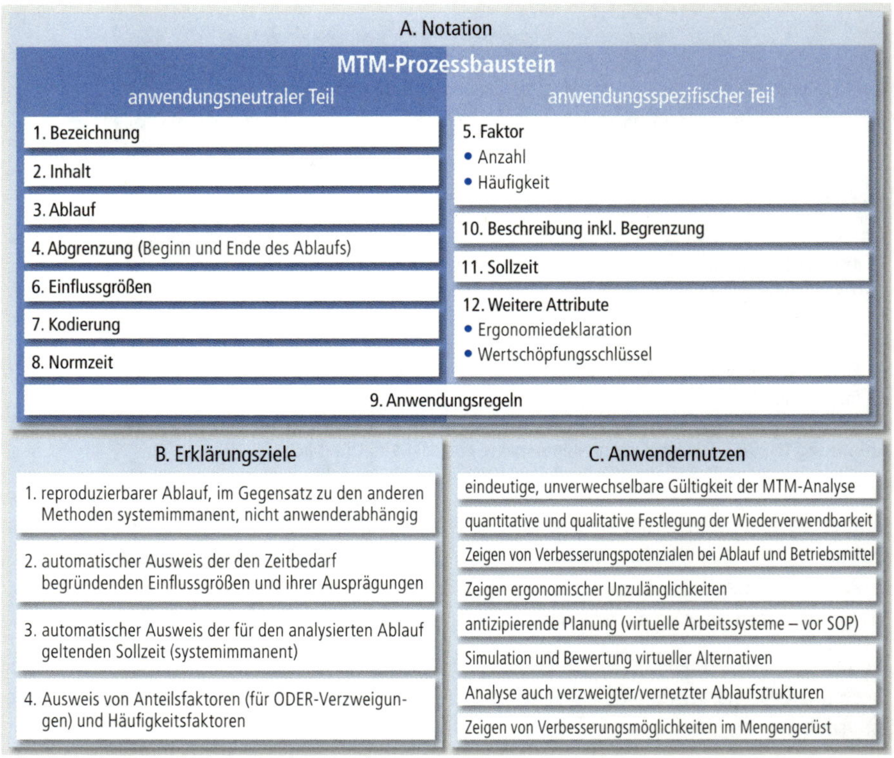

Abbildung II-201 Die Notation der MTM-Prozesssprache

12 Sprachelemente

Die zur Notation der MTM-Prozesssprache verwendeten neun Sprachelemente sind Abbildung II-201 zu entnehmen.

1. Bezeichnung
   Die Prozessbausteine sind ihrem anwendungsneutralen Handlungsumfang nach eindeutig bezeichnet. Ein UAS-Baustein, der beispielsweise beinhaltet, »einen Gegenstand mit Werkzeugcharakter mit Hand oder Finger aufnehmen, an einem Zielort ansetzen und nach dem Verwenden wieder ablegen«, wird als »Hilfsmittel handhaben« bezeichnet.
2. Inhalt
   Der Inhalt steht für eine kurze verbale Beschreibung des anwendungsspezifischen Handlungsumfangs, der mit dem Prozessbaustein modelliert ist. Dieses Sprachelement gewinnt auf höheren

Aggregationsstufen an Bedeutung, da dort mit Hilfe des Inhalts schnell der Überblick zu den im Prozessbaustein abgebildeten umfassenderen bzw. komplexeren Abläufen zu gewinnen ist.

3. Ablauf
   Der Ablauf beschreibt den anwendungsneutralen Handlungsumfang (Struktur) des Prozessbausteins und die spezifischen Prämissen dabei.
   - Der UAS-Baustein »Hilfsmittel handhaben« beinhaltet, »einen Gegenstand mit Werkzeugcharakter mit Hand oder Finger aufnehmen, an einem Zielort ansetzen und nach dem Verwenden wieder ablegen«.
   - Prämissen sind z. B. beim »Hilfsmittel handhaben«, dass »der Hilfsmitteleinsatz (z. B. die Schrauberdrehungen) nicht enthalten« ist und »Stellteile an Betriebsmitteln keine Hilfsmittel« sind.

4. Abgrenzung
   Die Abgrenzung charakterisiert Beginn und Ende des modellierten Ablaufs (hier: »beginnend mit dem Hinlangen zum Hilfsmittel«, »endend mit dessen Loslassen nach dem Ablegen«).

5. Faktor (Prozessbaustein-Gewichtung)
   Es gibt zwei Gründe für das Gewichten von Prozessbausteinen bzw. deren Normzeit.
   - Es können mehrere gleiche Handlungen hintereinander anfallen, so dass eine »Anzahl > 1« vorliegt. Ist z. B. das Herstellen von fünf Bohrungen unter Verwendung von »Hilfsmittel handhaben« zu beschreiben, sind zu dem Baustein »HC2« nach dessen Anwendungsregeln noch vier weitere Versatzbewegungen als »PC1« · »4« (30 TMU · 4) zu analysieren.[327]
   - Eine Handlung kann nicht regelmäßig, sondern mit »einer Häufigkeit < 1«, z. B. bei jedem 10. Teil (Häufigkeit: 0,1), anfallen. Dann wird die vorstehend erläuterte Produktbildung entsprechend vorgenommen.

6. Einflussgrößen
   Dem Anwender werden die Zeiteinflussgrößen der Prozessbausteine vorgegeben (am Beispiel »Hilfsmittel handhaben«: »Fall des Platzierens« und »Entfernungsbereich«) und nach ihren Ausprägungen gestuft. Das ist hier: »ungefähres«, »loses«, »enges« Platzieren (ist jeweils definiert) sowie »≤ 20 cm«, »> 20 bis ≤ 50 cm«, »> 50 bis ≤ 80 cm« als Entfernung. Anders als bei den im Kapitel 3 erläuterten Prozesssprachen liegt hier ein wirklicher Standard vor, weil weder die Möglichkeit noch die Notwendigkeit besteht, eigene Deutungen vorzunehmen.

7. Kodierung
   - Als erste Kodierungskomponente ist die Bezeichnung des Prozessbausteins festgelegt, z. B. mit »H« für »Hilfsmittel handhaben«.
   - Die weiteren Kodierungsstellen beschreiben typischerweise die Zeiteinflussgrößen. Für das Hilfsmittel handhaben sind »A« für »ungefähres«, »B« für »loses« und »C« für »enges« Platzieren festgelegt. Die Entfernungsbereiche sind mit »1«, »2« und »3« verschlüsselt.

8. Normzeit
   Für jede Einflussgrößenausprägung der Prozessbausteine wird ein MTM-Zeitstandard, die Normzeit, ausgewiesen, z. B. für »eine Bohrmaschine über 40 cm aufnehmen, an eine markierte Bohrstelle ansetzen und später wieder an Ausgangort ablegen« lautet die Kodierung »HC2«, wofür als Normzeit 70 TMU ausgewiesen werden.

9. *Anwendungsregeln*
   - Anwendungsregeln können sich auf die korrekte Modellbildung oder die Verknüpfung von Prozessbausteinen beziehen.

327 Der Begriff »Analysieren« bezeichnet hier die Modellbildung nach der MTM-Notation.

- Die Anwendungsregeln für Hilfsmittel handhaben sind, dass »der Entfernungsbereich nach der größten Entfernung« festzulegen und das »Ansetzen eines Hilfsmittels an einer zusätzlichen Wirkungsstelle als Platzieren zu analysieren« ist.

10. Beschreibung inkl. Begrenzung
    - Mit Hilfe der Beschreibung wird klar, welche konkreten Handlungen stattfinden, d. h. ob z. B. eine Bohrmaschine oder ein Winkelschleifer gehandhabt werden. Dazu wird die Kodierung in der Zeilenanalyse mit einem Beschreibungstext ergänzt. Beim Verwenden des Bausteins »Hilfsmittel handhaben« in einen Bohrvorgang ist der Baustein, z. B. »HC2«, mit »Bohrmaschine an erste Bohrstellen-Markierung« zu beschreiben.[328]
    - Die Begrenzung gibt die Gültigkeitsbedingungen und Anwendungsvoraussetzungen für den Prozessbaustein an. Sie wird bei aggregierten Bausteinen im Kopf der Zeilenanalyse ausgeführt.

11. Sollzeit
    Die Sollzeit ergibt sich als Ergebnis der Prozessbaustein-Gewichtung. Bei dem vorstehend angeführten Beispiel für »PC1« · »4« = 30 TMU · 4 = »120 TMU«.

12. Weitere Attribute
    Die MTM-Prozesssprache repräsentiert insofern ein offenes System, als durch Nutzen von Ablaufindikatoren weitere Kenngrößen von Abläufen bzw. Arbeitssystemen auszuweisen sind (vgl. Abbildung II-137). Das können unter Anwendung von TiCon® z. B. Ergonomiedeklarationen (MTM*ergonomics*®) oder Wertschöpfungsschlüssel sein, die den Prozessbaustein als zusätzliche Attribute ergänzen können.

Absolute Referenzwerte

Der substanzielle Unterschied der MTM-Prozesssprache zu allen anderen Prozesssprachen resultiert aus den ersten drei Sprachelementen, und diese begründen im Wesentlichen die funktionellen Eigenschaften der MTM-Bausteinsysteme (vgl. Abbildung II-200). Die damit modellierten Abläufe stellen insofern absolute Referenzwerte dar, als

1. die Prozessbausteinbezeichnungen und die Einflussgrößendefinitionen eindeutig, durch den Anwender nicht zu beeinflussen sind und international gleichartig verwendet werden.[329] Durch das daraus resultierende hohe Maß an Objektivität und Reliabilität entstehen hochgradig reproduzierbare Ablauf- und Prozessbeschreibungen. Im Abschnitt 5.4 wird begründet, warum die *Reproduzierbarkeit* ein Qualitätsmerkmal von Prozessbausteinen[330] ist.
2. den modellierten Abläufen und damit den daraus gebildeten betrieblichen Prozessbausteinen mit den MTM-Normzeitwerten eine durch den Anwender ebenfalls nicht zu beeinflussende Bezugsleistung zugewiesen wird.[331] Während alle anderen Methoden zur Analyse und Dokumentation von Abläufen und Prozessen Sollzeiten mit vom Analytiker oder von Institutionen bestimmten Bezugsleistungen zuordnen, werden diese bei den MTM-Bausteinsystemen »systemisch erzeugt«.

Wissensmanagement

Im Teil I, Abschnitt 3.4.4 wurde erläutert, wie aus Daten Wissen entsteht, das im Rahmen des *Wissensmanagements* gezielt zur Entwicklung von Wissenssystemen eingesetzt wird. Neben dem

328 Geschulte MTM-Anwender verzichten bei der Notation der Prozessbausteine in der Zeilenanalyse auf die Bezeichnung und führen stattdessen nur die Beschreibung aus (vgl. Abschnitt 6.2.5). Dies ist die für die MTM-Bausteinsysteme der »Technischen Plattform« des IMD empfohlene Notation, da die Bezeichnung für jeden dieser Prozessbausteine sowohl international (englisch) als auch landessprachlich standardisiert und somit in der Zeilenanalyse entbehrlich ist.

329 Das wird von keiner anderen Prozesssprache zur Analyse und Dokumentation von Abläufen und Prozessen erfüllt. Damit liegt insofern eine leistungsfähige Prozesssprache vor, als alle im Abschnitt 3.6.2 angeführten fünf Kriterien zur Dokumentationsqualität erfüllt werden.

330 In der Literatur werden Prozessbausteine auch als Planzeitwerte, Richtzeitwerte, Zeitbausteine bezeichnet. Vgl. Bokranz, R.; John, B.: Arbeitsdatenermittlung, 3. Auflage. Gräfelfing: Resch, 1986, S. 86 f. REFA (Hrsg.): a. a. O., 1997, S. 348 f.

331 Darauf gründet sich die funktionelle Eigenschaft der »Bezugsleistungstreue« (vgl. Abbildung II-200).

Produktionssystem sind auf der MTM-Prozesssprache basierende Prozessbaustein-Datenbanken das zweite relevante *Wissenssystem* beim MTM-Produktivitätsmanagement. Mit Hilfe der MTM-Prozesssprache werden Daten in Wissen transformiert, das in Prozess-Wissenssystemen bereitgestellt wird[332]. Dieses Wissen hat insofern eine hohe Qualität, als es nicht nur auf sichere, d. h. sachgerechte Verwendung, sondern auch auf hohe Transparenz und damit auf Nachhaltigkeit ausgerichtet und kritikoffen ist. Nur kritikoffene Wissenssysteme tragen längerfristig zur Verbesserung der Wettbewerbsfähigkeit bei.

5.2.2 Funktionelle Eigenschaften der MTM-Prozessbausteinsysteme

Den Kern des MTM-Verfahrens bilden die MTM-Bausteinsysteme. Sie haben vier *funktionelle Eigenschaften*, welche die Alleinstellung des MTM-Verfahrens begründen:

1. *Modellbildungsimmanenz*: Grundlage des Produktivitätsmanagements sind Soll-Ergebnisse, also Ergebnisvorgaben oder Ergebnisstandards für den Betrieb von Arbeitssystemen[333]. Soll-Ergebnisse bildet man besser direkt und nicht indirekt, indem aus Ist-Ergebnissen Soll-Ergebnisse abgeleitet werden.[334] Dieser Forderung folgt man bei der Anwendung des MTM-Verfahrens zwingend[335], denn dabei werden »automatisch« Modellbildungen vorgenommen, also direkt Soll-Ergebnisse bestimmt[336]. Diese Eigenschaft nennt man die Modellbildungsimmanenz des MTM-Verfahrens. Allein dadurch unterscheiden sich die MTM-Prozessbausteinsysteme von den im Kapitel 8 angeführten Ergänzungstechniken, wie z. B. der Zeitmessung.
2. *Simulationsfähigkeit*: Die MTM-Prozessbausteinsysteme sind auch auf virtuelle Arbeitssysteme anzuwenden, z. B. in der *Prozessplanung* (2. PEP-Phase) oder wenn man Alternativen »durchspielen« will. Das ist möglich, weil beim MTM-Verfahren keine real existierenden Arbeitssysteme notwendig sind, um eine Analyse durchzuführen und Sollzeiten zu bestimmen. Es ist also simulationsfähig[337].
3. *Komplexitätsvariation*: Das MTM-Verfahren ist durch die verschiedenen, aufeinander abgestimmten Komplexitätsgrade der Bausteinsysteme hierarchisch organisiert. Das führte nicht nur zu verschieden komplexen, auf die drei Prozesstypen abgestimmten Bausteinsystemen, sondern auch zu unterschiedlichen Methoden der Prozessanalyse und -modellierung. Diese werden in den Abschnitten 6.7 und 7.6 beschrieben. Dadurch sind beliebige Anforderungen an die Granularität der Ablaufmodellierung wirtschaftlich zu erfüllen.

332 Die Software TiCon® ist ein Instrument zum Betreiben effektiven Wissensmanagements beim Sollzeiten-Management.

333 Ein Arbeitssystem ist ein Beschreibungs- und Erklärungsmodell. Als Modell steht es nicht für etwas Existierendes, für einen Ist-Zustand, sondern für einen Soll-Zustand. Deshalb sind alle Beschreibungsdaten zum Arbeitssystem Soll-Daten, auch die Ergebnisvorgaben. Erst wenn es Rückmeldungen über das Ausführen von Aufträgen gibt, erfolgen diese in Form von Ist-Daten.

334 Vgl. dazu Becks, C.: a. a. O., 2003.

335 Bei den MTM-Bausteinsystemen handelt es sich aus theoretischer Sicht um Instrumente für die Modellierung von Abläufen. Diese dienen wiederum als Basis der Planung von Arbeitssystemen und Prozessen. Dadurch betreibt man bei der Anwendung der MTM-Bausteinsysteme zur Sollzeit-Bestimmung stets eine Modellbildung.

336 Das ist grundsätzlich anders, wenn man Sollzeiten mit Hilfe empirischer Verfahren, z. B. durch Selbstaufschreibung oder Zeitmessung, auf indirekte Weise bestimmt: Es werden Istzeiten erhoben, mit Hilfe sogenannter »Bezugsleistungs-Transformationen« (z. B. Leistungsgradbeurteilen) in Sollzeiten gewandelt und als Modellbildungsergebnis verwendet. Da man am Ende in Form von Sollzeiten stets eine Modellbildung vornehmen muss, ist den empirischen Verfahren ein Umweg immanent: Erst wird das Ist erhoben, um es dann zu transformieren und das Transformationsergebnis als Soll zu verwenden. Das ist zwar methodisch unbefriedigend, aber praktisch noch immer verbreitet und gelegentlich auch nicht vermeidbar.

337 Eine Simulationsfähigkeit könnte man auch der Ergänzungstechnik des Schätzens (vgl. Abschnitt 8.2) zumessen. Die dabei erzielten Ergebnisse besitzen jedoch, da man keine standardisierte Prozesssprache verwendet, eine so geringe Reproduzierbarkeit, dass wir ihr diese Eigenschaft nicht beimessen.

4. *Bezugsleistungstreue*: Allen MTM-Bausteinsystemen liegt als Bezugsleistung die MTM-Normleistung zu Grunde. Durch die weltweite Verbreitung von MTM handelt es sich bei der MTM-Normleistung um eine weltweit verwendete Bezugsleistung (»Soll-Produktivitätsniveau«). Die mit dem MTM-Prozessbausteinsystem entwickelten Prozessbausteine haben folglich eine einheitliche Bezugsleistung[338], was man als Bezugsleistungstreue bezeichnet: eine einheitliche und auf ein weltweit akzeptiertes Niveau referenzierte Bezugsleistung.

Auf der funktionellen Eigenschaft der Simulationsfähigkeit des MTM-Verfahrens gründet sich das erste Alleinstellungsmerkmal des MTM-Produktivitätsmanagements, nämlich seine *Präventionsfunktion*, wie sie in dem MTM-Leitmotiv »Von Anfang an richtig« zum Ausdruck kommt. Das zweite Alleinstellungsmerkmal des MTM-Produktivitätsmanagements, seine *Nachhaltigkeit*, wird durch die Eigenschaften der Modellbildungsimmanenz und der Bezugsleistungstreue begründet. Alle funktionellen Eigenschaften resultieren aus der *MTM-Prozesssprache*. Diese begründet die Qualität MTM-modellierter Prozesse und deren Sollzeiten, und sie sichert eine Nachhaltigkeit, langjährige Fortschreibungsfähigkeit und damit systematisches Anpassungsmanagement. Durch die Eigenschaft der Komplexitätsvariation ist das MTM-Verfahren nicht starr, sondern folgt den Anforderungen der jeweils vorliegenden Prozesstypen (vgl. Teil I, Abschnitt 4.3.5).

5.3 Anwendungsbedingungen

5.3.1 Ist- und Soll-Abläufe

MTM-Prozessbausteinsysteme sind auf zweierlei Weise zur Entwicklung von Prozessbausteinen zu verwenden:

Soll-Abläufe

1. *Soll-Abläufe* unter Kenntnis von *Ist-Abläufen* modellieren: Es werden Ist-Abläufe und damit *Arbeitsweisen* beobachtet. Als Arbeitsweise bezeichnet man die durch einen Menschen in einer realen Arbeitssituation vollzogenen Handlungen. Bei der Modellierung des Soll-Ablaufs sind *Arbeitsmethoden* zu dokumentieren. Als Methode bzw. Arbeitsmethode bezeichnet man die als erforderlich unterstellten Handlungen. Bei der Modellierung nimmt man gegenüber den beobachteten Handlungen mehr oder weniger umfangreiche Korrekturen vor. Das kann notwendig sein, weil beobachtete Personen atypische Routinen zeigen, weil Handlungen auftreten, die objektiv nicht erforderlich sind, oder Handlungen nicht vollzogen werden, die objektiv erforderlich sind.[339] Auf der Kenntnis von Ist-Abläufen basierende Ablaufdokumentationen werden als *Ausführungsanalysen* bezeichnet. Wichtig ist die Erkenntnis, dass mit einer MTM-Analyse keine Arbeitsweisen, sondern Methoden dokumentiert werden. Die beobachteten Ist-Abläufe dienen nur als Informationsbasis bei der Modellierung.
2. *Soll-Abläufe* ohne Kenntnis von *Ist-Abläufen* modellieren: Das geschieht, wenn es keine zu beobachtenden Ist-Abläufe gibt, z. B. weil das betreffende Arbeitssystem noch nicht implementiert ist oder weil den Ist-Abläufen keine nützlichen Informationen für die Modellierung zu entnehmen

338 Diese wichtige Eigenschaft besitzen die im Abschnitt 8 erläuterten Ergänzungstechniken entweder gar nicht oder in wesentlich eigeschränktem Maße.

339 Diese Einschränkung zur Ist-Zustandserhebung zeigt die »Schwäche« der Analyse von Arbeitsweisen auf. Es müssen am Schluss Ergebnisstandards ausgewiesen werden (vgl. Teil IV, Abschnitt 2.6.1). Dazu sind Ablaufstandards festzulegen, die sich mehr (bei bereits hochproduktiven Arbeitssystemen) oder weniger an den beobachteten Arbeitsweisen orientieren. Es ist also stets eine Modellierung vorzunehmen, indem Soll-Abläufe abbildende Arbeitsmethoden entworfen und dokumentiert werden. Ist-Abläufe können deshalb nur als Informationsbasis und nicht als »Kopiervorlage« dienen.

sind. Ohne Kenntnis von Ist-Abläufen oder unter Modifizierung von Ist-Abläufen entstandene Ablaufdokumentationen werden als *Planungsanalysen*[340] bezeichnet.

Soll-Abläufe und Arbeitsmethoden sollen

- ergonomische Anforderungen erfüllen, insbesondere müssen sie ausführbar und erträglich sein,
- betriebswirtschaftliche Anforderungen erfüllen, insbesondere sollen sie für produktive Aufgabenerfüllungen stehen.

Ist-Abläufe

Ist-Abläufe und Arbeitsweisen dienen bei der Entwicklung von Prozessbausteinen als Leitlinie und Orientierungshilfe, nicht aber als »Kopiervorlage«. Anders als bei der Zeitmessung[341] sind bei MTM-Analysen nicht zuerst Ist-Zustände (Arbeitsweisen) zu beschreiben, um daraus Soll-Zustände (Arbeitsmethoden) abzuleiten. Diese Fähigkeit der »direkten Modellierung« ist die Voraussetzung dafür, dass mit Hilfe des MTM-Prozessbausteinsystems auch für virtuelle Arbeitssysteme Prozessbausteine zu entwickeln sind. Diese Eigenschaft wurde im Abschnitt 5.2.2 als Simulationsfähigkeit bezeichnet und ist ein Alleinstellungsmerkmal des MTM-Verfahrens.

Abbildungsvermögen der MTM-Bausteinsysteme

In den 1960er- und 1970er-Jahren wurde gelegentlich in Zweifel gezogen, dass man mit MTM-Prozessbausteinen menschliche Handlungen realistisch abbilden und realistische Sollzeiten für Soll-Abläufe durch Addition von Normzeitwerten bestimmen kann[342]. Das Internationale MTM-Direktorat und die Deutsche MTM-Vereinigung e. V. erheben zum »Abbildungsvermögen« der MTM-Bausteinsysteme folgenden Anspruch:

1. Mit formalen Beschreibungssprachen sind menschliche Handlungen in ihrer hohen Komplexität nicht real abzubilden.
2. Dagegen ist es möglich, menschliche Handlungen unter dem Teilaspekt des Bewegungsablaufs für praktische Problemstellungen ausreichend abzubilden. Das erfolgt beim MTM-Verfahren mit Hilfe der MTM-Prozesssprache.
3. Das MTM-Verfahren dient dem Bestimmen von Kenngrößen für das Produktivitätsmanagement von Arbeitssystemen, zeitbasierter Planungs- und Steuerungsinformationen und zur Identifikation von Gestaltungs- und Organisationsmängeln.
4. Mit Hilfe der MTM-Bausteinsysteme werden menschliche Handlungen nur so weit beschrieben, dass die vorstehend angeführten Anforderungen erfüllt werden. Menschliche Handlungen werden deshalb nur so ausführlich wie unumgänglich nötig und nicht so ausführlich wie möglich beschrieben.

340 Im Teil III wird die Analysiertechnik bei MTM-1 erläutert und dabei der Unterschied zwischen Ausführungs- und Planungsanalysen diskutiert.

341 Vgl. Teil IV. Bei Zeitmessungen, also empirischen Ist-Zustandserhebungen, ist es erforderlich, Ist-Zustände abzubilden und diese in Soll-Zustände zu transformieren. Der Verzicht auf diesen methodischen Umweg, die Modellbildungsimmanenz, ist eines der Alleinstellungsmerkmale von MTM.

342 Vgl. dazu Sanfleber, H.: Untersuchung über die Summierbarkeit von Elementarzeiten, Dissertation. Aachen: Rheinisch-Westfälische Technische Hochschule, 1965. Sanfleber hat nachgewiesen, dass unter den Anwendungsbedingungen von MTM-1 die Addition der Sollzeiten von Prozessbausteinen zu einer realistischen Bestimmung der Sollzeit des Ablaufs führen, für den sie stehen. Zudem gingen die Kritiker davon aus, dass es darum ginge, Ist-Abläufe »nachzubilden«. Das ist jedoch falsch, denn es geht beim MTM-Verfahren stets darum, Soll-Abläufe zu modellieren.

5.3.2 Methodenniveau

Prozesstypologie

In Teil I, Abschnitt 4.3.4 wurden drei *Prozesstypen* unterschieden, für die gezielt MTM-Bausteinsysteme entwickelt wurden. So wurde MTM-1 für den Prozesstyp 1 und MEK für den Prozesstyp 3 entwickelt, weil bei diesen Prozesstypen z. B. unterschiedliche Chancen zur Routinebildung bestehen. Beispielsweise kommen beim Prozesstyp 3 (darunter fallen z. B. Instandhaltungsarbeiten) nur im Ausnahmefall gleichzeitige Bewegungen vor. Derartige Sachverhalte wurden bei der Entwicklung der Bausteinsysteme berücksichtigt (»eingebaut«). Bei der Anwendung von z. B. MEK zur Methodenplanung ist dann darauf abzustellen, dass

- die zum Prozesstyp 3 analysierten Arbeitsmethoden die dort typischen Arbeitsweisen repräsentieren müssen,
- sich die Arbeitsweisen beim Prozesstyp 3 von denen bei den Prozesstypen 1 und 2 unterscheiden.

Methodenniveau

Mit dem Begriff *Methodenniveau* wird die einen Prozesstyp[343] repräsentierende Routinebildungschance bezeichnet.

5.3.3 Die MTM-Normleistung

MTM-Normleistung

Den MTM-Bausteinsystemen immanent ist die *MTM-Normleistung*, die von den MTM-Entwicklern beschrieben wird als »jene Leistung, die ein durchschnittlich geübter Mensch ohne zunehmende Arbeitsermüdung auf Dauer erbringen kann«.[344] Die Gemeinsamkeit mit der REFA-Normalleistung liegt darin, dass beide auf eine Dauerertäglichkeit[345] abheben. Das bedeutet, dass zu beiden Bezugsleistungen nach ergonomischen Kriterien gestaltete Arbeitsmethoden unterstellt werden.[346] Bei diesen wirken dann keine Belastungen, die zu Beanspruchungen deutlich oberhalb von Dauererträglichkeitsgrenzen führen, was sich in zunehmender Arbeitsermüdung ausprägen würde. Solche »ungeplant hohen Belastungen« können beim Arbeiten in ungünstigen Körperstellungen (z. B. Über-Kopf-Arbeit) oder beim Bewegen hoher Gewichte entstehen. Zu solchen extremen Arbeitssituationen ist die MTM-Normleistung nicht definiert, und diese würden ggf. Erholungspausen bedingen. Deshalb wird beim MTM-Produktivitätsmanagement der ergonomischen Gestaltung so große Bedeutung beigemessen – »Von Anfang an richtig« heißt hier: von Beginn an überhöhte Belastungen ausschließen.

Anders als die REFA-Normalleistung ist die MTM-Normleistung kein im Sinne von Bramesfeld[347] und Kupke[348] evidentes Phänomen, sondern den MTM-Prozessbausteinen immanent. Das führt zu ihrer Andersartigkeit:

1. Anders als alle anderen Bezugsleistungen hat die MTM-Normleistung insofern eine universelle Bedeutung, als sie nicht nur überbetrieblich, sondern international gültig ist. Darüber übt das Internationale MTM-Direktorat eine Garantenfunktion aus.

---

343 Vgl. dazu Teil I, Abschnitt 2.4.2, Abbildung I-10.
344 Vgl. Maynard, H. B.; Stegemerten, G. J.; Schwab, J. L.: Methods-Time Measurement, New York: McGraw-Hill, 1948, S. 272 ff. Im Abschnitt 6.8 wird beschrieben, mit welchen Einarbeitungsdauern zum Erreichen der MTM-Normleistung zu rechnen ist.
345 Vgl. Abschnitt 2.9.
346 Das begründet den hohen Stellenwert ergonomisch abgesicherter Arbeitssystem-Gestaltungen beim MTM-Produktivitätsmanagement.
347 Vgl. Bramesfeld, E.; Graf, O.: Praktisch-psychologischer und arbeitsphysiologischer Leitfaden für das Arbeitsstudium. München: Hanser, 1951.
348 Vgl. Kupke, E.: Beiträge zur Frage des Leistungsgrades und der Vorgabezeit. München: Hanser 1951.

2. Sie basiert auf einem Soll-Ablauf und ist damit von zufällig verfügbaren »hinreichend geübten und geeigneten« Arbeitspersonen unabhängig. Sie ist auch an kein normiertes Erscheinungsbild menschlicher Bewegungen geknüpft.
3. Da sie auf einem mit Hilfe der MTM-Prozesssprache nahezu beliebig filigran beschreibbaren Soll-Ablauf basiert, ist sie hochgradig reproduzierbar. Auch nach Ausführung einer Arbeit kann man sie noch diskutieren.
4. Sie ist, das begründet die *Präventionsfunktion des MTM-Verfahrens*, auch bei virtuellen Arbeitssystemen zu bestimmen, also bei der Planung von Prozessen vor SOP.
5. Die *Bezugsleistungstreue* ist deshalb hoch, weil die der MTM-Prozesssprache immanenten detaillierten Anwendungsregeln beim Planen von Soll-Abläufen (Arbeitsmethoden) zu weitgehend einheitlichen und objektivierten Sichten führt.
6. Da die MTM-Normleistung als weltweiter Standard verwendet wird, kommt ihr, in Verbindung mit ihrer hohen Bezugsleistungstreue, eine hohe Benchmarking-Fähigkeit zu.[349]
7. Die MTM-Normleistung ist für mentale Arbeiten[350] nur begrenzt und für statische Haltearbeit gar nicht zu bestimmen. Ferner ist sie, wie die REFA-Normalleistung, nicht anwendbar auf durch den Menschen nicht oder nur begrenzt beeinflussbare Abläufe.[351]

5.4 Qualität von Prozessbausteinen

5.4.1 Genauigkeits-, Fehler- und Qualitätsbegriff

In der Umgangssprache wird der Begriff *Genauigkeit* im Sinne von Sorgfältigkeit, Zuverlässigkeit, Synchronität, Exaktheit, Einwandfreiheit, Treffsicherheit, Übereinstimmung, Abweichungsfreiheit verwendet. Die meisten sehen ihn vermutlich mit dem Begriff Treffsicherheit am besten gekennzeichnet. Wird man mit unerwünschten, inakzeptablen Resultaten konfrontiert, spricht man von einem Fehler. Umgangssprachlich wird als Fehler bezeichnet, was »falsch ist, von der richtigen Form abweicht« oder »schlechte Eigenschaften« hat.[352] In Technik und Wirtschaft versteht man unter einem Fehler ein unerwünschtes, inakzeptables Resultat, das bemängelt, nicht mehr toleriert wird, wenn es auftritt.

Qualitätsbegriff

Der Qualitätsbegriff ist dem lateinischen »qualitas« (= Beschaffenheit, Verhältnis, Eigenschaft) entlehnt. In der Umgangssprache wird Qualität überwiegend für das »Gute« verwendet und oft gewollt emotional von »schlechter Qualität«, von »höchster Qualität« oder von »exzellenter Qualität« gesprochen. Qualität als »das Gute« ist ohne Maßstab, und wir wissen dann nicht, was uns konkret erwartet und ab wann das »Gute« anfängt.[353] In EN ISO 8402 (1995) wird *Qualität* deshalb definiert als »Gesamtheit von Merkmalen und Merkmalsausprägungen einer Einheit[354] bezüglich ihrer Eignung, festgelegte oder vorausgesetzte Erfordernisse zu erfüllen«. Qualität ist danach

349 Auch wenn man auf der Basis der MTM-Normleistung betriebliche Bezugsleistungen definiert, behält man diesen international allgemeingültigen Maßstab.
350 Vgl. Abschnitt 6.6 Sichtprüfen. Hier wird die Grenze der Anwendung der MTM-Bausteinsysteme auf informatorisch-mentale Arbeiten aufgezeigt.
351 Deshalb sind im MTM-Konzept Ergänzungstechniken (vgl. Kapitel 8) vorgesehen, bei denen betriebliche Bezugsleistungen verwendet werden.
352 Vgl. Bibliographisches Institut (Hrsg.): Duden, Bd. 10 Bedeutungswörterbuch, Mannheim, Wien, Zürich: Dudenverlag, 1970, S. 239.
353 Vgl. Crosby, P. B.: Qualität ist machbar, London: McGraw-Hill, 1990, S. 69.
354 Die »Einheit« ist bei unserer Betrachtung ein Prozessbaustein. Welche Qualitätsmerkmale und Merkmalsausprägungen dabei relevant sind, ist Gegenstand der folgenden Ausführungen.

- realisierte Beschaffenheit, erkennbar an Qualitätsmerkmalen,
- im Verhältnis zu dazu gestellten Qualitätsforderungen.

Die Qualität wird ermittelt, indem man

- die Beschaffenheit von Qualitätsmerkmalen (erkennbar an Merkmalsausprägungen) an Einheiten prüft und
- diese mit den dazu vorliegenden Qualitätsforderungen vergleicht.

Die Qualität ist umso höher, je mehr die Qualitätsforderungen durch die Beschaffenheit übertroffen werden. Qualität ist ein Positivbegriff, weil das Ausmaß erfüllter oder übertroffener Qualitätsforderungen für das Ausmaß an Qualität steht. Dabei wird nicht automatisch berücksichtigt, ob das die Zustimmung der Leistungsempfänger findet, weil deren Erwartungen die Basis bei der Formulierung der Qualitätsforderungen sein müssen. Durch den Begriff Qualität wird lediglich beschrieben, inwieweit man das erfüllt hat, was von anderen oder von einem selbst gefordert wurde.[355]

In den folgenden Abschnitten werden die Qualitätsanforderungen an MTM-Prozessbausteinsysteme erläutert. Dabei ist (statistische) Genauigkeit eine von mehreren Qualitätsmerkmalen bei Prozessbausteinen (vgl. Abbildung II-202). Fehler können zu jedem Qualitätsmerkmal anfallen, wenn nicht das erreicht wird, was gefordert war.

5.4.2 Qualitätsforderungen und -merkmale bei den MTM-Prozessbausteinsystemen

Im Abschnitt 5.2.1 ist mit der Reproduzierbarkeit bereits eine *Qualitätsforderung* bzw. ein *Qualitätsmerkmal* zur Beschaffenheit von Prozessbausteinen eingeführt. Qualitätsforderungen sind unter dem Gesichtspunkt der Prozessbausteinverwendung zu stellen, um keine Prozessbausteinqualität anzustreben, die nicht benötigt wird. An die Reproduzierbarkeit von Prozessbausteinen stellt man eher geringe Qualitätsforderungen, wenn sie nur selten benötigt werden und ihr Anteil an der verwendeten Sollzeit gering ist. Es gilt also das Prinzip »nicht so gut wie möglich, sondern so gut wie nötig«.

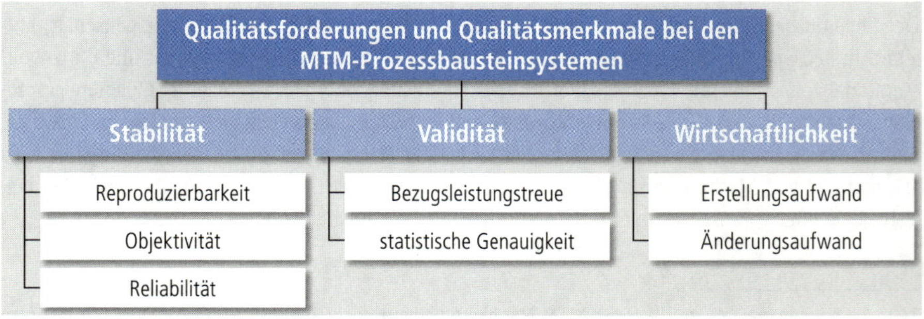

Abbildung II-202 Die wichtigsten Qualitätsforderungen und Qualitätsmerkmale bei den MTM-Prozessbausteinsystemen

355 Diesem Konzept folgen wir. Gleichwohl ist kritisch anzumerken, dass man, wenn wenig gefordert wird, auch wenig leistet. Stellt man also keine nennenswerten Qualitätsforderungen zur Stabilität und Validität von Prozessbausteinen, entscheidet allein die Wirtschaftlichkeit (vgl. Abbildung II-202) über deren Qualität, und dann misst man durch Schätzen ermittelten Zeitstandards die höchste Qualität zu. Daraus wird deutlich, dass nur ein ausgewogenes, alle hier angeführten Qualitätsmerkmale berücksichtigendes Konzept von Qualitätsforderungen auch zu sinnvollen Schlüssen führt.

Qualitätsforderungen an MTM-Prozessbausteinsysteme

Die hier angestellten Überlegungen gelten uneingeschränkt für die MTM-Bausteinsysteme. Die Überlegungen zur Stabilität und zur Validität gelten für alle Prozessbausteine, auch für solche, die mit Hilfe von Ergänzungstechniken entwickelt werden. Im Teil IV werden diese Überlegungen bei der Entwicklung unternehmensspezifischer Prozessbausteine wieder aufgegriffen. Einen Überblick zu den grundlegenden[356] Qualitätsforderungen an MTM-Bausteinsysteme bzw. zu deren Qualitätsmerkmalen[357] vermittelt Abbildung II-202. Abbildung II-203 sind die zwischen diesen Qualitätsforderungen bestehenden Wirkzusammenhänge zu entnehmen. Die darin dargelegten Wirkzusammenhänge werden in den folgenden Abschnitten erläutert.

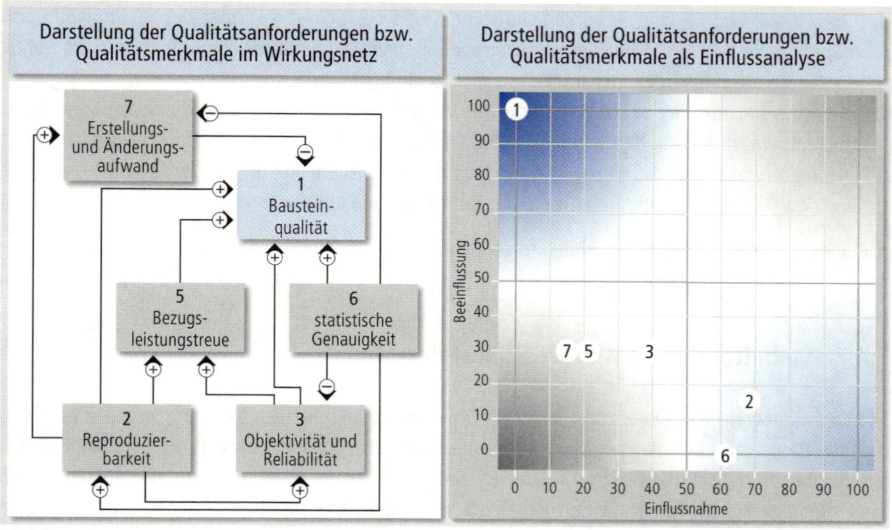

Abbildung II-203 Wirkungszusammenhänge zwischen den Qualitätsforderungen bzw. Qualitätsmerkmalen und deren Einfluss auf die Qualität von Prozessbausteinen[358]

356 Grundlegend deshalb, weil Unternehmen darüber hinaus spezifische Qualitätsforderungen formulieren können, z. B. bedingt durch internationale Verflechtungen.

357 Das MTM-Verfahren war das einzige »System vorbestimmter Zeiten«, für das systematische Qualitätsbetrachtungen durchgeführt wurden.

358 Im rechten unteren Quadranten positionierte Qualitätsforderungen nehmen selbst einen relativ starken Einfluss auf andere, werden durch diese aber relativ wenig beeinflusst. Im linken unteren Quadranten befindliche Qualitätsforderungen üben einen geringen Einfluss auf die Bausteinqualität und die anderen Qualitätsforderungen aus. Im linken oberen Quadranten positionierte Qualitätsforderungen üben einen geringen Einfluss auf die Bausteinqualität und die anderen Qualitätsforderungen aus, werden von diesen aber stark beeinflusst. Die Wirkungsstärke ist umso höher, je breiter der Wirkungspfeil im Wirkungsnetz ist. Ein Pluszeichen in der Pfeilspitze steht für positive, ein Minuszeichen für negative Wirkungstendenz.

1. Die *Reproduzierbarkeit* (2) übt eine starke direkte und indirekte positive Wirkungen auf die Bausteinqualität (1) aus, über die Objektivität und Reliabilität (3), die Bezugsleistungstreue (5) sowie den Erstellungs- und Änderungsaufwand (7). Sie wird selbst nur durch die statistische Genauigkeit (6) positiv beeinflusst.[359]
2. Die in der Literatur strapazierte *statistische Genauigkeit* hat eine geringe direkte Wirkung auf die Bausteinqualität (vgl. im rechten unteren Quadranten von Abbildung II-203). Sie übt indirekte Wirkungen auf andere Qualitätsforderungen aus, wird von diesen aber nicht beeinflusst. Sie hat einen negativen Einfluss auf die Objektivität und Reliabilität sowie auf den Erstellungs- und Änderungsaufwand.[360]
3. *Objektivität und Reliabilität* wirken stark direkt und positiv auf die Prozessbausteinqualität und indirekt positiv über die Bezugsleistungstreue. Sie werden durch die Reproduzierbarkeit positiv und durch die statistische Genauigkeit negativ beeinflusst.
4. Die *Bezugsleistungstreue* übt eine starke direkte positive Wirkung auf die Prozessbausteinqualität aus und wird durch die Reproduzierbarkeit, Objektivität und Reliabilität positiv beeinflusst.
5. Der *Erstellungs- und Änderungsaufwand* hat den geringsten Einfluss und wird selbst durch die Reproduzierbarkeit positiv und durch die statistische Genauigkeit negativ beeinflusst.

Auf diese Zusammenhänge wird in den folgenden Abschnitten zurückgegriffen.

5.4.3 Stabilität der MTM-Prozessbausteinsysteme

Anwendungs- oder Ergebnisstabilität

Die erste Kategorie von Qualitätsforderungen oder -merkmalen ist die *Stabilität*. Damit ist gemeint, dass die Bausteine eines Bausteinsystems so beschaffen sein müssen, dass sie zu gleichen, stabilen Ergebnissen führen.[361] Anwendungs- oder Ergebnisstabilität prägt sich in den Qualitätsmerkmalen Reproduzierbarkeit, Objektivität und Reliabilität aus. Abbildung II-203 ist zu entnehmen, dass die Stabilität neben der Bezugsleistungstreue den stärksten Einfluss auf die Qualität eines MTM-Bausteinsystems hat.

1. Eine hohe *Reproduzierbarkeit* liegt vor, wenn die Prozessbausteine so beschrieben sind, dass man erkennt, wofür sie zu verwenden sind, wofür sie »gedacht« waren und wofür nicht. Je höher die Reproduzierbarkeit, desto höher ist ceteris paribus die Gewähr dafür, dass Prozessbausteine nur für jene Prozesse verwendet werden, für die sie vorgesehen sind. Im Abschnitt 5.2.1 wurde dargelegt, wie Prozessbausteine zu beschreiben sind, um eine hohe Reproduzierbarkeit zu gewährleisten. Die Reproduzierbarkeit von Prozessbausteinen ist dann ausreichend hoch, wenn man sie so wie dort beschrieben dokumentiert. Diese Qualitätsforderung zu erfüllen, lag in der Verantwortung der Entwickler der MTM-Bausteinsysteme.[362] Die allen MTM-Prozessbausteinsystemen immanente MTM-Prozesssprache gewährleistet diese hohe Reproduzierbarkeit.
2. Eine hohe *Objektivität* (Vergleichbarkeit, interpersonelle Stabilität) liegt vor, wenn die Prozessbausteine nur für den vorgesehenen Zweck verwendet werden. Hohe Reproduzierbarkeit ist eine notwendige, aber noch nicht hinreichende Bedingung für hohe Objektivität. So könnte zwar allen

359 MTM-1 kommt z. B. eine höhere statistische Genauigkeit als z. B. UAS zu. Mit MTM-1 beschriebene Arbeitsmethoden sind aufgrund der höheren Granularität reproduzierbarer als mit UAS beschriebene Arbeitsmethoden.

360 MTM-Bausteinsysteme mit höherer statistischer Genauigkeit (z. B. MTM-1) führen zu deutlich sinkender Objektivität und Reliabilität und damit zu steigenden Anwendungsabweichungen.

361 Dieser Sachverhalt wird auch als Anwendungsfehler bezeichnet. Vgl. dazu z. B. Schlaich, K.: Die Systeme vorbestimmter Zeiten. Bilanz einer zehnjährigen Anwendung in der deutschen Industrie. In: TZ für praktische Metallbearbeitung, 63. Jg., 1969, S. 587–593.

362 Das im Abschnitt 5.4.2 dargelegte Konzept liegt den MTM-Prozessbausteinsystemen zu Grunde. Deshalb gewährleistet dessen Anwendung eine hohe Reproduzierbarkeit.

klar sein, wofür die Prozessbausteine von UAS gelten. Aber der Anwendungsfall, das praktische Problem, könnte von verschiedenen Anwendern unterschiedlich eingeschätzt und daraufhin doch verschiedene Prozessbausteine verwendet werden. Die Ursache kann in einer unzureichenden Qualifikation der Anwender oder in einer unzulänglichen Reproduzierbarkeit liegen.

3. Eine hohe *Reliabilität* (Wiederholbarkeit, intrapersonelle Stabilität) ist gegeben, wenn die Prozessbausteine bei mehrfacher Verwendung durch verschiedene Verwender, über einen längeren Zeitraum hinweg, durch jeden Verwender immer wieder wie vorgesehen verwendet werden.

Die Erfüllung der Objektivitäts- und Reliabilitätsanforderungen hängt hauptsächlich ab von

- der Reproduzierbarkeit der Prozessbausteine,
- der Schwierigkeit/Komplexität des zu analysierenden Prozesses,
- dem Ausbildungsstand und der Erfahrung des Anwenders.

Das im Teil I, Abschnitt 4.4.1 beschriebene Ausbildungs- und Qualifizierungskonzept der Deutschen MTM-Vereinigung e.V. bietet die Gewähr, dass Personen mit den dort angeführten Qualifikationen und ausreichender Erfahrung eine hohe Objektivität und Reliabilität erzielen. Dazu gehört auch, dass Anwender die Eignungsgrenzen der MTM-Bausteinsysteme und der Ergänzungstechniken beachten.

5.4.4 Validität der MTM-Prozessbausteinsysteme

Validität von Prozessbausteinen

Die zweite Kategorie von Qualitätsforderungen bzw. -merkmalen ist die *Validität*. Die Verwendung von Prozessbausteinen führt dann zu validen (gültigen) Ergebnissen, wenn man das ermittelt und ausweist, was man auszuweisen vorgibt. Je höher die Validität von Prozessbausteinen ist, desto nützlicher sind sie, weil man bei ihrer Verwendung das »erstellt, was man zu erstellen versprochen hat«. Eine hohe Validität liegt vor, wenn zwei Qualitätsforderungen erfüllt werden:

1. die *Bezugsleistungstreue*[363] und
2. die *statistische Genauigkeit*.

Bezugsleistungstreue

Abbildung II-203 ist zu entnehmen, dass die *Bezugsleistungstreue* einen starken direkten Einfluss auf die Qualität von Prozessbausteinen hat.

- Bezugsleistungstreue bedeutet, dass die den MTM-Prozessbausteinsystemen immanente Bezugsleistung, die MTM-Normleistung[364], bei sachgerechter Anwendung[365] allen damit entwickelten Prozessbausteinen zu Grunde liegt. Die Bezugsleistungstreue ist eine wichtige funktionelle Eigenschaft der MTM-Prozessbausteinsysteme. Eine hohe Bezugsleistungstreue entsteht, wenn Prozessbausteine weitestgehend mit Hilfe eines MTM-Bausteinsystems entwickelt werden, unter Beachtung der dazu geltenden Anwendungsregeln. Je mehr mit Ergänzungstechniken gearbeitet wird, desto eingeschränkter ist die Bezugsleistungstreue.

363 Bezugsleistungstreue ist, anders als der in der Literatur (vgl. z.B. Schlaich, K., a.a.O., 1967) verwendete Begriff des »Leistungsfehlers« eine verfahrensimmanente Größe. Es geht hierbei um die Frage, inwieweit die Sollzeiten von Prozessbausteinen für eine stets in etwa gleich hohe Leistungsanforderung stehen. Dagegen werden dabei nicht die Abweichungen zwischen Sollzeiten für Prozessbausteine (Bezugsleistung: MTM-Normleistung) und betrieblichen Istzeiten (Bezugsleistung: betriebliche Durchschnittsleistung) betrachtet.

364 Vgl. dazu Becks, C.: a.a.O., 2003, S. 19f.

365 Das hat den Charakter einer Ceteris-paribus-Klausel. Wenn einem Prozessbaustein ein Ablauf zu Grunde liegt, der nicht regelgerecht modelliert wurde (z.B. indem ein unzutreffendes Methodenniveau unterstellt wurde), liegt bei dem Prozessbaustein durch eine Anwendungsabweichung eine eingeschränkte Stabilität vor. Die dadurch zu »optimistischen« oder zu »pessimistischen« Sollzeiten sind also kein Zeichen eingeschränkter Bezugsleistungstreue bzw. eingeschränkter Validität.

- Es besteht keine quantifizierbare Beziehung zwischen der MTM-Normleistung und einer betrieblichen Durchschnittsleistung. Dagegen besteht nach Schlaich eine empirisch begründbare und nicht unplausible[366] Beziehung zwischen der MTM-Normleistung und der REFA-Normalleistung: Sie sind in etwa gleich[367]. In vielen Tarifverträgen wird der Begriff der »Tariflichen Normalleistung« verwendet, ohne diese zu definieren. Verständigt man sich darauf, diese als der REFA-Normalleistung vergleichbar anzusehen, kommt man zu dem Schluss, dass die MTM-Normleistung in etwa der »Tariflichen Normalleistung« entspricht. Das bedeutet, dass auf der MTM-Normleistung basierende Sollzeiten höher als die in vielen Unternehmen benötigten Istzeiten sein werden. Mit anderen Worten: Auf der MTM-Normleistung basierende, mengenbezogene Ergebnisstandards werden in den Unternehmen typischerweise überboten.
- Die funktionelle Eigenschaft, für unterschiedliche Prozesstypen unterschiedliche Bausteinsysteme anwenden zu können, wurde im Abschnitt 6.2.2 als *Komplexitätsvariation* bezeichnet. Das führt uns zum Qualitätsmerkmal der statistischen Genauigkeit.

Statistische Genauigkeit

Bei der *statistischen Genauigkeit* geht es um zwei Fragen:

1. Wie hoch ist die Abweichung zwischen dem wirklichen Zeitbedarf für einen Bewegungsvollzug (z. B. einem Hinlangen über 40 cm zu einem einzeln liegenden Gegenstand) und dem MTM-Normzeitwert des dafür geltenden MTM-Prozessbausteins (z. B. R40B)? Diese Abweichung wird als *Systemabweichung von MTM-1* bezeichnet. Dabei werden *Anwendungsabweichungen* durch Fehlanwendung des MTM-Prozessbausteinsystems, also Stabilitätsmängel, ausgeschlossen.
2. Wie hoch ist die Abweichung gegenüber dem mit MTM-1 analysierten Zeitbedarf, wenn anstelle von MTM-1 ein komplexeres Bausteinsystem verwendet wird, z. B. MEK bei Vorliegen des Prozesstyps 3? Diese Art von Abweichung wird als *Systemabweichung gegenüber MTM-1* bezeichnet. Dabei interessiert auch die sogenannte *Ausgleichszeit*, also jene Zeitdauer, bei der das komplexere MTM-Bausteinsystem zur gleichen statistischen Genauigkeit wie MTM-1 führt.

Bei der Entwicklung von MTM-1 wurden insbesondere zwei Arten konstruktiver Vereinfachungen vorgenommen, um es überschaubar und anwendbar zu halten, auch für Personen, die es nicht täglich anwenden:

1. Es wurden nicht alle relevanten, sondern nur die statistisch begründbaren, signifikanten Zeiteinflussgrößen berücksichtigt.[368]
2. Die Ausprägungen der Zeiteinflussgrößen wurden grober gestuft.[369]

Die statistische Genauigkeit prägt sich in der *Systemabweichung von MTM-1* aus. Dort beträgt für eine repräsentative Grundbewegung

366 Anders als bei Work-Factor waren bei der Entwicklung von MTM-1 die Versuchspersonen im Zeitlohn Beschäftigte, und das Levelling-Verfahren ist dem REFA-Verfahren zur Leistungsgradbeurteilung ähnlich.

367 Vgl. Schlaich, K.: a. a. O., 1967, S. 209. Schlaich, K.: a. a. O., 1967, S. 591.

368 Beim MTM-1-Baustein »Hinlangen« werden drei Zeiteinflussgrößen berücksichtigt: »Bewegungslänge«, »Bewegungsfall« und »Typ des Bewegungsverlaufs«. Wenn man es »ganz genau nehmen« würde, hätte man noch weitere Einflussgrößen berücksichtigen können, z. B. die »Bewegungsrichtung« (zum Körper hin oder vom Körper weg) und den »Bewegungsvektor« (zwischen 0 und 90 Grad, horizontal und vertikal). Schlaich (vgl. Schlaich, K., a. a. O., 1967, S. 148.) hat für die Bewegungsrichtung ein partielles Bestimmtheitsmaß von 7 % erhoben und diese Zeiteinflussgröße deshalb als insignifikant eingestuft.

369 Beim MTM-1-Baustein Fügen wurde die Zeiteinflussgröße Passungsklasse nach drei Ausprägungsstufen unterteilt: »lose«, »eng« und »fest«. Dabei wurde z. B. nicht berücksichtigt, dass sich Teile mit angefasten Fügeebenen leichter und schneller fügen lassen. Man hätte also die Passungsklassen noch feiner stufen können. Die Frage war aber, wie oft das praktisch vorkommt, und ob Einflussgrößen und Anwendungsregeln nicht auch so schon komplex genug sind. Bei einer weiteren Verfeinerung würde die relevantere Anwendungsabweichung unverhältnismäßig zunehmen.

- der »mittlere Normzeitwert« 9,5 TMU, und
- dieser hat eine »mittlere Systemabweichung« von ca. ± 0,5 TMU.[370]

Das bedeutet, dass bei einer repräsentativen Grundbewegung mit einer Wahrscheinlichkeit von 95 % (t-Faktor = 1,96) ein

- im Mittel bis zu ca. 1 TMU (0,5 TMU · 1,96 = 1 TMU) bzw. 10 % höherer (9,5 TMU + 1 TMU = 10,5 TMU) oder
- bis zu ca. 10 % niedrigerer Normzeitwert (dann 8,5 TMU)

gerechtfertigt sein könnte.

Bei Körperbewegungen ist die Systemabweichung am größten.[371] Bei der Systemabweichung handelt es sich um keinen Fehler, sondern um eine bewusst hingenommene, »eingebaute« Toleranz. Bewusst hingenommen heißt, dass eine geringere Systemabweichung zu einem komplizierteren Verfahren und zu unverhältnismäßig höheren Anwendungsabweichungen geführt hätte.[372]

Zentraler Grenzwertsatz der Statistik

Nach dem zentralen Grenzwertsatz der Statistik (sog. Fehlerfortpflanzungsgesetz) führen diese Vereinfachungen zu keiner eingeschränkten statistischen Genauigkeit, wenn die mit Hilfe von MTM-1 bestimmte Sollzeit (Zyklusdauer) lang genug ist. Mit anderen Worten: Die statistische Genauigkeit ist nur dann ein praktisches Problem, wenn MTM-1 auf zu kurzzyklische Prozesse angewandt wird. Auf höher aggregierte Prozessbausteine wirkt sich die Systemabweichung in so geringem Maße aus, dass sie vernachlässigbar ist. Qualitätsrelevant ist also nicht die Systemabweichung der verwendeten MTM-Prozessbausteine, sondern der Vertrauensbereich der verwendeten Sollzeit, auf den sich der sogenannte Fehlerausgleichseffekt wie folgt auswirkt:[373]

$$Abw_{Zyklus} = \pm \frac{Abw_{MTM\text{-}1}}{\sqrt{n}} \cdot 100\ \%$$

Abw_{Zyklus}	Vertrauensbereich für die verwendete Sollzeit (Zykluszeit) bei einer Aussagewahrscheinlichkeit von 95 %
$Abw_{MTM\text{-}1}$	mittlere Systemabweichung von MTM-1 bei einer Aussagewahrscheinlichkeit von 95 %
n	Sollzeit-Summe (Zykluszeit), gebildet aus den Normzeitwerten der verwendeten MTM-1-Prozessbausteine

Bei einem Verwendungs-Prozessbaustein mit einer Sollzeit t_i = 1 min ergibt sich folgende Rechnung:

$$Abw_{Zyklus} = \pm \frac{0{,}98}{\sqrt{1667}} \cdot 100\ \% = \pm\ 2{,}4\ \%$$

370 Vgl. Hancock, W. M.: The System Precision of MTM-1. In: MTM Journal, 15. Jg., 1970, Nr. 3, S. 9.

371 Bei einer repräsentativen Hinlangbewegung beträgt die mittlere Systemabweichung ca. 0,23 TMU, bei einer repräsentativen Fügebewegung ca. 0,69 TMU und bei einer repräsentativen Körperbewegung ca. 1,05 TMU.

372 Vgl. dazu die Argumentation bei Schlaich, K.: a. a. O., 1969, S. 591: Die Systemabweichung von MTM-1 ist im Gegensatz zur Anwendungsabweichung (die nicht quantifizierbar ist) aus drei Gründen kein praktisches Problem. Erstens ist es eine Zufallsabweichung und damit gleich wahrscheinlich positiv wie negativ. Zweitens hat die Systemabweichung nur bei Zyklusdauern unter ca. 0,5 Minuten überhaupt praktische Bedeutung, wird also umso irrelevanter, je länger der vorliegende Zyklus ist. Dagegen wird die Anwendungsabweichung dann erfahrungsgemäß immer höher, ohne sie quantifizieren zu können. Schlaich leitete daraus die Empfehlung ab, die Systemabweichung nicht zu strapazieren, jedoch die Anwendungsabweichung ernst zu nehmen.

373 Diese Betrachtung impliziert, dass der Vertrauensbereich im varianzanalytischen Sinne keine systematische, sondern eine zufällige Abweichung ist.

Bei einem Verwendungs-Prozessbaustein, dessen Sollzeit t_i = 1 min mit Hilfe von MTM-1 analysiert wurde, würde sich mit hoher Wahrscheinlichkeit (95 %) ein aus der »Konstruktion« von MTM-1 resultierender Vertrauensbereich in Höhe von maximal ca. ± 2,4 % ergeben. Das bedeutet, dass der eigentlich zutreffende Normzeitwert höchstwahrscheinlich maximal zwischen ca. 0,976 min und ca. 1,024 min betragen, in der Mehrzahl der Fälle jedoch näher bei 1 min liegen wird. Vertrauensbereiche stehen also für den »worst case«. Gemessen an anderen Stabilitäts- und Validitätsrisiken ist das aus der statistischen Genauigkeit resultierende Risiko vernachlässigbar. Die Verwendungs-Prozessbausteine müssen lediglich eine Sollzeit von nicht weniger als ca. 0,5 min/Stück haben.

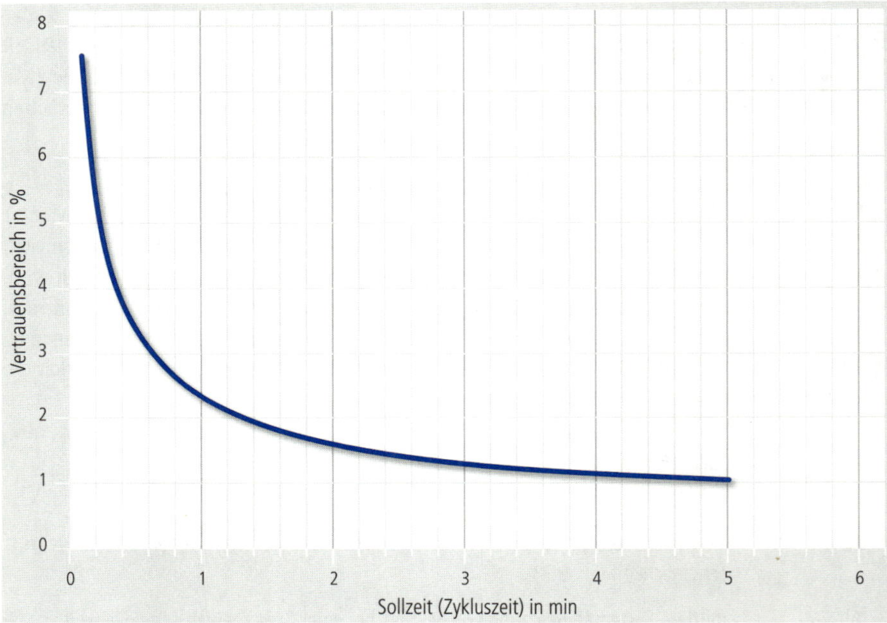

Abbildung II-204 Der Vertrauensbereich mit MTM-1 ermittelter Sollzeiten

Entwicklungsziele für UAS und MEK

Der Entwicklung von UAS und MEK lagen zwei Ziele zu Grunde, nämlich gegenüber MTM-1 Vereinfachungen zu erzielen, um

1. bei längerzyklischen oder nichtzyklischen Abläufen (Prozesstypen 2 und 3) den Erstellungs- und Änderungsaufwand gegenüber MTM-1 (Prozesstyp 1) zu reduzieren und
2. durch die systemimmanenten Vereinfachungen eine Verringerung der Anwendungsabweichung und damit eine Stabilitätsverbesserung zu erreichen.

Dazu wurden

- Grundbewegungen zu Grundvorgängen zusammengefasst, so in Teil I, Abschnitt 4.3.3 beschrieben,
- Ergänzungsbewegungen, z. B. Nachgreifen, Drücken, kurze Hinlang- und Bringbewegungen, in den Grundvorgängen berücksichtigt (»systemimmanentes Methodenniveau«),
- Zeiteinflussgrößen vereinfacht oder zu neuen Einflussgrößen kombiniert,
- die Ausprägungen der Zeiteinflussgrößen grober gestuft,
- Anwendungsregeln aufgrund dieser Vereinfachungen reduziert und
- darauf verzichtet, Bewegungsabläufe im Detail abbilden zu müssen.

Ausgleichszeiten

Die Folge dieser Vereinfachungen ist, dass die Systemabweichung erheblich größer, die Anwendungsabweichung aber erheblich geringer als bei MTM-1 wurde. Die aus praktischer Sicht relevantere Anwendungsabweichung lässt sich nicht berechnen und wird in der Praxis erfahrungsgemäß unterschätzt. Dagegen wird die Systemabweichung über Gebühr diskutiert. Begleitend zu den Entwicklungsarbeiten wurden *Ausgleichszeiten* gegenüber MTM-1 ermittelt[374], um zu prüfen, ob eine dem unterstellten Prozesstyp entsprechende Ausgleichszeit erreicht wird. Die Ausgleichszeiten sind – so die Entwicklungsvorgaben für UAS und MEK – etwa so hoch wie die prozesstypische Zyklusdauer. Als Ausgleichszeit wird also jene Zykluslänge bezeichnet, die als prozesstypisch vorgegeben ist und ab der die Systemabweichung von UAS und MEK etwa der von MTM-1 entspricht. Die Ausgleichszeiten betragen z. B. bei UAS ca. 3,5 min und bei MEK ca. 19 min. Wurde ein dem vorliegenden Prozesstyp adäquates MTM-Bausteinsystem gewählt, interessieren die Ausgleichszeiten nicht mehr, weil diese auf den Prozesstyp abgestellt sind.

Erfahrungen aus Projekten zeigen, dass Praktiker aus falsch verstandenem »Sicherheitsdenken«, ohne Beachtung des vorliegenden Prozesstyps gern auf MTM-1 zurückgreifen, um vermeintlich »genauere Analysen« zu erstellen. Solche Versuche führen, solange man sich an die Anwendungsempfehlungen hält, wissenschaftlich und durch Erfahrung begründet, nicht zu höherer Bausteinqualität. Der statistische Effekt wird durch den Anwendungseffekt überkompensiert: UAS und MEK führen zu höherer Objektivität und Reliabilität, also zu einer höheren Stabilität als MTM-1 (vgl. dazu auch die in Abbildung II-203 ausgewiesenen Beziehungen). Anwender sollten sich deshalb nicht an den Ausgleichszeiten, sondern an den Prozesstypen orientieren. Die Entscheidung für ein MTM-Bausteinsystem ist also unter Beachtung des Prozesstyps (vgl. Teil I, Abschnitt 4.3.5) und nicht auf die Ausgleichszeit fokussiert zu treffen.

5.4.5 Wirtschaftlichkeit der MTM-Prozessbausteinsysteme

Die dritte Kategorie von Qualitätsforderungen an Bausteinsysteme ist die *Wirtschaftlichkeit*. Wirtschaftlichkeitsüberlegungen lassen sich prinzipiell anstellen

- bezüglich der Anwendung der MTM-Bausteinsysteme im Verhältnis zur Anwendung von Ergänzungstechniken und
- zwischen den MTM-Bausteinsystemen.

Wirtschaftlich werden Prozessbausteine dann erstellt und verwendet, wenn für die Entwicklung der Prozessbausteine und den Änderungsdienst[375] kein unverhältnismäßig hoher Aufwand[376] entsteht.

1. Der *Erstellungsaufwand* ist der zur Entwicklung der Prozessbausteine erforderliche Zeitaufwand. Beispiel: Es sollen bei einem Unternehmen Rüstzeiten entwickelt werden für ca. 100 Spritzgussmaschinen. Die Rüstgrundzeiten werden, je nach Maschinentyp, zwischen etwa 1½ und 2½ Stunden betragen. Insgesamt werden an den Spritzgussmaschinen etwa 25.000 Stunden p. a. für Rüsten anfallen. Es ist geplant, MEK anzuwenden, und der Erstellungsaufwand für die

374 Vgl. MTM (Hrsg.): Statistische Relationen der MTM-Datensysteme UAS und MEK zur Begründung von Anwendungsempfehlungen. Entwicklungsreport der Entwicklungsgruppe »Standard-Daten« der Deutschen MTM-Vereinigung. Hamburg: Deutsche MTM-Vereinigung e. V., 1982.

375 Als Änderungsdienst wird die permanente Anpassung des Prozessbausteinbestands an veränderte Produktionsbedingungen bezeichnet.

376 Welcher Aufwand als akzeptabel betrachtet wird, unterscheidet sich zwischen Unternehmen. Erfahrungsgemäß akzeptieren sie einen umso höheren Aufwand, je intensiver ein gezieltes Produktivitätsmanagement betrieben wird. Werden Prozessbausteine und Zeitstandards dagegen nur für gelegentliche Angebotskalkulationen benötigt, liegt nur eine geringe Akzeptanzschwelle vor.

Rüst-Prozessbausteine wird mit etwa 350 Stunden veranschlagt. Eine Rüststunde würde dann im Erstellungsjahr mit einem Erhebungsaufwand von ca. 0,8 min belastet. Ob man diesen Aufwand als gering, angemessen oder hoch einstuft, muss jedes Unternehmen für sich entscheiden. Problematisch ist, einen Wirtschaftlichkeitsvergleich gegenüber einer der im Kapitel 8 erläuterten Ergänzungstechniken zu führen. Beispielsweise könnte man eine Multimomentaufnahme durchführen, wofür ein Erhebungsaufwand von etwa 200 Stunden angesetzt wird. Die mit Hilfe des Multimomentverfahrens erhobenen Prozessbausteine hätten in Bezug auf Stabilität und Validität eine wesentlich geringere Qualität als bei Anwendung eines MTM-Bausteinsystems, so dass man Dinge vergleichen würde, die nicht vergleichbar sind.

2. Der *Änderungsaufwand* ist der zur Aktualisierung der Prozessbausteine erforderliche Zeitaufwand. Für den Änderungsaufwand gilt zwar grundsätzlich das Gleiche wie für den Erstellungsaufwand. Gegenüber der Zeitmessung, Selbstaufschreibung und dem Multimomentverfahren haben MTM-Bausteinsysteme jedoch zusätzlich den Vorteil, dass man bei Änderungen nicht gesamte Prozesse erneut zu analysieren hat, sondern gezielt änderungsrelevante Prozessbausteine identifizieren und ändern kann. Deshalb stellen bezüglich des Änderungsaufwands die MTM-Bausteinsysteme stets die wirtschaftlichere Lösung dar.

Die Auswahl eines MTM-Prozessbausteinsystems sollte sich primär am Prozesstyp orientieren. Wurde ein dem vorliegenden Prozesstyp adäquates Bausteinsystem gewählt, interessieren die Ausgleichszeiten nur noch sekundär, weil diese auf den Prozesstyp abgestellt sind. Gleichwohl sollte man sich diese vergegenwärtigen, bevor man UAS anwendet, wenn die mittleren Zykluszeiten z. B. bei ca. 1,5 min liegen. Im Abschnitt 5.4.4 wurden unter Qualitätsaspekten (Ausgleichszeit) bereits Anwendungsempfehlungen gegeben. Typische Zykluszeiten für die weltweit am häufigsten genutzten MTM-Bausteinsysteme (sogenannte Technische Plattform des Internationalen MTM-Direktorats) sind:

- MTM-1: bis ca. 0,6 min,
- MTM-2: von ca. 0,6 min bis ca. 2,5 min,
- UAS: von ca. 2,5 min bis ca. 9 min,
- MEK: über 9 min.

Analysieraufwand

Diese Empfehlungen negierend werden in Unternehmen oft noch Wirtschaftlichkeitsbetrachtungen zur Auswahl von MTM-Bausteinsystemen angestellt, die auf dem sogenannten *Analysieraufwand*[377] basieren. Dabei wird spekuliert, wie viel schneller MTM-Analysen z. B. mit UAS gegenüber MTM-1 durchzuführen sind. Dieser Betrachtungsweise folgen wir aus den vorstehenden und aus praktischen Erwägungen nicht. Die Relationen der Zeitaufwendungen für die Hauptaktivitäten beim Durchführen von MTM-Analysen sind Abbildung II-205 zu entnehmen.

Praktische Erfahrungen gehen dahin, dass die Relation zwischen den drei in Abbildung II-205 ausgewiesenen Aufwandspositionen, je nach Prozesstyp und Bausteinsystem, etwa 1 : 6,5 : 2,5 beträgt. Wenn der Analysieraufwand für die Analysenniederschrift für MTM-1 aufgrund der Entwicklungsreports auf etwa das Doppelte gegenüber MTM-1 angesetzt wird, ist das angesichts dieser Relationen von untergeordneter Bedeutung für die Wirtschaftlichkeit. Entscheidend ist der Prozesstypbezug, wie er in Teil I, Abschnitt 4.3.5 unter Bezug auf die fünf Typisierungsmerkmale dargelegt wurde. Wirtschaftlichkeitsbetrachtungen sind deshalb zwischen den MTM-Bausteinsystemen und den Ergänzungstechniken möglich[378], zwischen den MTM-Bausteinsystemen aber obsolet. Schließlich ist

377 Als Analysieraufwand wird die bei Anwendung eines Bausteinsystems für die Niederschrift der Analyse für einen Ablauf mit einer Sollzeit von 1 Minute benötigte Zeit bezeichnet. Das ist nur ein Teil jener Zeit, welche für die Arbeitsmethoden-Modellierung mit Hilfe des betreffenden MTM-Bausteinsystems benötigt wird. Der Analysieraufwand ist deshalb kein brauchbarer Maßstab für die Beurteilung der Wirtschaftlichkeit von MTM-Bausteinsystemen.

378 Auch dabei ist zu bedenken, dass man Qualitätsaspekte nicht außer Acht lassen sollte.

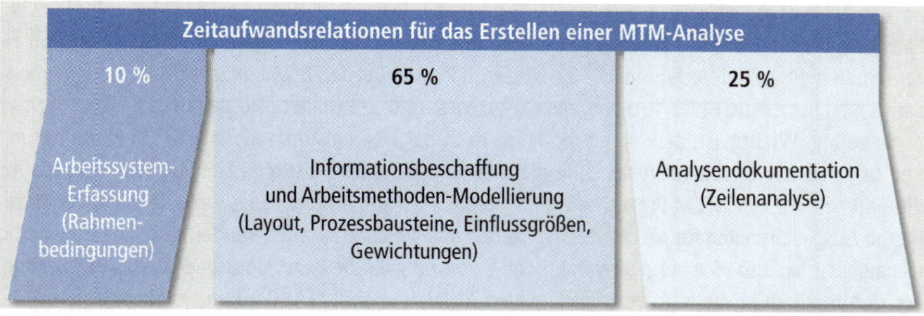

Abbildung II-205 Relationen der Zeitaufwendungen für die Hauptaktivitäten beim Durchführen von MTM-Analysen

zu berücksichtigen, dass man versuchen wird, in einem Betriebsbereich, z. B. in der mechanischen Fertigung oder in der Montage, mit nur einem MTM-Bausteinsystem auszukommen.

5.5 Zusammenfassung

Die MTM-Prozesssprache ist die elementare Grundlage des MTM-Verfahrens, denn bei allen wesentlichen instrumentellen Aspekten ist sie die letztendliche Begründung für dessen Vorzüge. Durch klare Regeln und Handlungsanweisungen gelangt der Anwender der MTM-Prozessbausteinsysteme zu reproduzierbaren Dokumentationen.

Die MTM-Prozesssprache und die Präventionsfunktion begründen im Wesentlichen auch die vier funktionellen Eigenschaften der MTM-Bausteinsysteme. Diese machen deutlich, dass damit eine hohe Qualität bei der Prozessmodellierung und -dokumentation erreicht wird.

Bei der Prozessmodellierung entstehen zwangsläufig Soll-Abläufe. Anders als z. B. bei Zeitmessungen werden mit dem MTM-Verfahren nicht erfasste Ist-Abläufe in Soll-Abläufe transformiert, sondern Soll-Abläufe direkt modelliert. Das kann ohne oder mit Kenntnis von Ist-Abläufen erfolgen.

Bei den drei Qualitätsmerkmalen zur *Stabilität* ist die Reproduzierbarkeit durch die Anwender nicht zu beeinflussen. Solange sie das MTM-Verfahren sachgerecht anwenden, werden sie hochgradig reproduzierbare Prozessbausteine entwickeln, weil die MTM-Prozessbausteine selbst hochgradig reproduzierbar sind. Einschränkungen bei der Reproduzierbarkeit können sich jedoch ergeben, wenn Ergänzungstechniken anzuwenden sind. Die Reproduzierbarkeit sinkt zwar mit sinkender statistischer Genauigkeit bzw. steigender Systemabweichung. Sie ist bei Prozessbausteinen, die zum Prozesstyp 3 erstellt wurden, geringer als bei jenen zum Prozesstyp 1. Aber es bestehen auch geringe Anforderungen an die Reproduzierbarkeit. Das Ausmaß an Objektivität und Reliabilität ist dagegen durch den Anwender zu beeinflussen. Hier geht es um die sachgerechte Anwendung der MTM-Prozessbausteinsysteme, denn wenn diese gegeben ist, führt das auch zu hoher Objektivität und Reliabilität. Werden sie von Personen mit ausreichender Qualifikation und Erfahrung angewandt, ist eine gute Gewähr für hohe Objektivität und Reliabilität gegeben.[379] Dazu gehört auch, dass die Prozessbausteine nicht auf Vorkommniskategorien angewandt werden, auf die sie nur uneingeschränkt anwendbar sind. Unter diesen Voraussetzungen ist dem MTM-Verfahren eine hohe Stabilität immanent.

379 Die Anwendung der in den folgenden Kapiteln dargelegten MTM-Bausteinsysteme ohne gründliche Schulung und sachgerechtes Training führt deshalb zu einer eingeschränkten Qualität der entwickelten Prozessbausteine.

Bei den beiden Qualitätsmerkmalen zur *Validität* ist die Bezugsleistungstreue MTM-basierter Prozessbausteine hervorzuheben. Die hohe Bezugsleistungstreue ist eine der vier wichtigen funktionellen Eigenschaften des MTM-Verfahrens.[380] Sie ist stets höher als bei den Ergänzungstechniken zur Prozessbausteinbildung. Auch hier gilt, wie zur Objektivität und Reliabilität, die Bedingung sachgerechter Anwendung. Wichtig ist, dass damit die Frage nach der Übereinstimmung von MTM-Normleistung und betrieblicher Durchschnittsleistung nicht berührt ist. Die statistische Genauigkeit war eine für die Entwicklung der MTM-Prozessbausteinsysteme wichtige Anforderung, weil die damit repräsentierten Ausgleichszeiten für den Prozesstyp stehen, auf welchen sie anzuwenden sind. Die statistische Genauigkeit hat also eine geringere praktische Bedeutung als die Bezugsleistungstreue, weil sie lediglich der Begründung einer prozesstypadäquaten Auswahl eines MTM-Bausteinsystems dient.

Die beiden Qualitätsforderungen zur *Wirtschaftlichkeit* sollten nicht zum Vergleich der MTM-Bausteinsysteme verwendet werden, weil man – unter Beachtung des Prozesstyps – stets das komplexeste Bausteinsystem anwenden wird. Erstellungs- und Änderungsaufwand sind deshalb nur mit dem Aufwand zu vergleichen, der bei Anwendung von Ergänzungstechniken entstehen würde. Diesem ggf. höheren Aufwand wird man eine umso geringere Bedeutung beimessen, je höher die Verwendungshäufigkeit der zu entwickelnden Prozessbausteine ist.

Die Qualität von Prozessbausteinen ist nicht durch oberflächliche »Genauigkeitsbetrachtungen« zu beurteilen. Bei dem hier dargelegten Qualitätskonzept ist die »statistische Genauigkeit«, die über viele Jahre strapaziert wurde, eine eher nebensächliche Komponente. Als Resümee der Qualitätsdiskussion lässt sich zusammenfassen: Wird das für einen Anwendungsfall geeignete MTM-Bausteinsystem von qualifizierten Analytikern sachgerecht angewandt, werden stets hohe Qualitätsforderungen erfüllt.

380 Allein die hohe Ausprägung zum Qualitätsmerkmal »Bezugsleistungstreue« dient bei vielen Unternehmen als Begründung dafür, dass man die Ergänzungstechniken (vgl. Kapitel 8) nur dann anwendet, wenn aufgrund vorliegender Vorkommniskategorien (z. B. arbeitsmittelbestimmte Vorkommnisse) die MTM-Bausteinsysteme nicht anwendbar sind.

6 MTM-Prozessbausteine für den Prozesstyp 1

6.1 Überblick

Im Abschnitt 3.6.3 wurde die Zeilenanalyse als geeignetste Form einer Prozessdarstellung postuliert, wenn es primär um Zeitanalysen und nicht um filigrane Prozessdokumentationen oder Ergebnispräsentationen geht. MTM-Analysen sind in der Praxis die mit Abstand verbreitetste Form von Zeilenanalysen. Das resultiert aus den beiden Hauptverwendungszwecken der MTM-Prozessbausteinsysteme:

1. Zeitverhalten von Arbeitssystemen bzw. -prozessen erklären und vorhersagen.
2. Methodische Hinweise zu gestalterischen und organisatorischen Mängeln bei geplanten und existierenden Arbeitssystemen bzw. -prozessen liefern.

Gelegentlich wird unterstellt, dass Letzteres nur durch MTM-1, nicht aber durch die im Kapitel 7 erläuterten MTM-Bausteinsysteme geleistet wird, diese also eher »Zeitprognosesysteme« als »Arbeitsgestaltungsunterstützer« seien. Das ist falsch, weil dabei verkannt wird, dass alle MTM-Bausteinsysteme einen Prozesstypbezug haben. UAS ist wie MTM-1 zur Identifizierung von Gestaltungs- und Organisationsmängeln geeignet, nur nicht beim Prozesstyp 1, sondern bei den Prozesstypen 2 und 3.

In diesem Kapitel werden MTM-1 und das MTM-Sichtprüfen insbesondere unter zeitwirtschaftlichen Aspekten behandelt, nicht aber die arbeitsgestalterischen Aspekte. Das erfolgt im Teil III, wo es um Fragestellungen aus den beiden ersten Phasen des PEP geht, die Entwicklung von Produkten und das Entstehen von Arbeitssystemen und Prozessen. Dort wird MTM-1 wieder aufgegriffen, um seine gestalterisch-organisatorischen Aspekte darzulegen.

Im folgenden Abschnitt 6.2 werden grundlegende, auch theoretische Sachverhalte zu MTM-1 erläutert, die zum Verständnis dieses und der anderen Prozessbausteinsysteme erforderlich sind. Dann werden in den Abschnitten 6.3 bis 6.6 die Prozessbausteine von MTM-1 und MTM-Sichtprüfen sowie deren Anwendung beschrieben. Im Abschnitt 6.7 wird gezeigt, wie mit MTM-1 zu analysieren ist.

Eine häufig gestellte Frage ist, unter welchen Voraussetzungen die Bezugsleistung der MTM-Prozessbausteinsysteme, die MTM-Normleistung, gilt. Im Abschnitt 6.8 wird deshalb dargelegt, welche Routinen, in Abhängigkeit von Arbeitsmethoden zu unterstellen sind, um die analysierten Sollzeiten zu erreichen oder zu unterbieten

6.2 Grundsachverhalte zu MTM-1

6.2.1 Kontrollaufwand und Bewegungslänge

Im Teil I, Abschnitt 4.3.1 wurde mit den *MTM-Grundbewegungen* bereits ein Überblick zu den Prozessbausteinen von MTM-1 gegeben. Das für MTM-1 adäquate Einsatzfeld ist der Prozesstyp 1, bildhaft bezeichnet mit »Massen- oder Mengenfertigung«. *MTM-1* vermittelt grundlegende Kenntnisse für die systematische Prozessplanung und -verbesserung. Es ist auf der untersten hierarchischen Ebene der Grundbewegungen und zur Modellierung von Prozessen konzipiert, die durch den Prozesstyp 1 repräsentiert werden. Es besteht aus Grundbewegungs-Prozessbausteinen, denen in Abhängigkeit von Einflussgrößen MTM-Normzeitwerte zugeordnet sind.

Der in Abbildung II-209 dargestellten *Datenkarte* ist zu entnehmen, von welchen Zeiteinflussgrößen die Höhe der Normzeitwerte bei MTM-1 abhängen. In den folgenden Abschnitten werden spezifische, d. h. bei den jeweiligen Grundbewegungen gültige Zeiteinflussgrößen erläutert. Vorab werden zwei übergeordnete Einflussgrößen[381] erläutert, die bei MTM-1 eine grundlegende Bedeutung haben:

1. Kontrollaufwand bei Bewegungen,
2. Bewegungslänge von Bewegungen.

Kontrollaufwand

Unter dem Begriff *Kontrollaufwand* werden qualitative Einflussgrößen zusammengefasst, mit denen die erforderliche Koordination und der Steuerungsaufwand bei muskulären, visuellen und mentalen Funktionen abgebildet werden.[382] In der Datenkarte zu MTM-1 ist keine Einflussgröße mit der Bezeichnung »Kontrollaufwand« angeführt, weil dieser ein Konstrukt zur Verdeutlichung der Wirkung mehrerer qualitativer Einflussgrößen ist. Abbildung II-206 ist das Kontrollaufwand-Konzept zu entnehmen. Die erforderliche Koordination und der notwendige Steuerungsaufwand werden durch zwei überlagerte Einflussgrößen repräsentiert:

1. *Kontrollgrad*: Das ist die Beschreibung der Kontrollintensität. Der Kontrollgrad prägt sich primär am Bewegungsende aus und wird nach den drei Stufen »gering«, »mäßig« und »hoch« unterschieden.
2. *Kontrollaktivität*: Das ist die Kennzeichnung der eingesetzten Rezeptoren. Sie wird nach den drei Kategorien »muskulär«, »visuell« und »gedanklich« (reflexorisch und informatorisch) unterschieden.[383]

Die bewegungsphysiologischen und -psychologischen Zusammenhänge zwischen den Grundbewegungen beim Grundzyklus bestehen z. B. darin, dass ein hoher Kontrollaufwand bei Hinlang- und Bringbewegungen durch hohe Präzisionsanforderungen folgender Greif- und Fügebewegungen bedingt ist. Deshalb betrachtet man die fünf Grundbewegungen im Grundzyklus nicht getrennt, sondern im Rahmen der Bewegungsfolgen »Aufnehmen« und »Platzieren« (vgl. Abbildung II-208).

381 Einflussgrößen sind unabhängige Variable (Parameter), mit denen die Größe einer abhängigen Variablen, dem MTM-Normzeitwert, erklärt wird. So ist z. B. $t_{Hinlangen}$ = f (Kontrollaufwand, Bewegungslänge, Typ des Bewegungsverlaufs). Aus den Zeiteinflussgrößen ist zwar auf Belastungshöhen und Belastungsdauern zu schließen, aber keine valide Belastungsanalyse abzuleiten. Um dieser Anforderung gerecht zu werden, wurde MTM*ergonomics*® entwickelt.

382 Das Konstrukt des Kontrollaufwands wurde bei der Erstveröffentlichung von MTM-1 noch nicht in der heutigen Prägnanz dargelegt. Es wurde erstmals präzisiert und veröffentlicht in: Raphael, D. L.; Clapper, G. C.: A study of simultaneous Motions (Report 105). Pittsburgh: MTM Association for Standards and Research, 1952.

383 Der Kontrollgrad ist danach ordinal skaliert und die Kontrollaktivität nominal skaliert gestuft.

Kontrollgrad		geringer Kontrollaufwand	mäßiger Kontrollaufwand	hoher Kontrollaufwand
Kontrollaktivität	muskuläre Kontrolle 	durch den Bewegungsempfindungs- und Tastsinn	durch den Bewegungsempfindungs- und Tastsinn	bereits am Bewegungsbeginn, erhebliche Muskelkoordination am Bewegungsende
Kontrollaktivität	visuelle Kontrolle 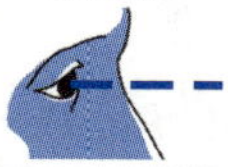	keine	flüchtiger Blick zu Beginn der Bewegung und eventuell am Bewegungsende	bei kurzen Bewegungslängen am Bewegungsbeginn, stets am Bewegungsende
Kontrollaktivität	gedankliche Kontrolle 	keine	keine	am Bewegungsbeginn, mitunter auch im Bewegungsverlauf und stets am Bewegungsende
Bewegungsbeginn		einfache Beschleunigung durch die ausführenden Muskelgruppen	einfache Beschleunigung durch die ausführenden Muskelgruppen	mäßige Koordination von ausführenden und entgegenwirkenden Muskelgruppen
Bewegungsende		einfache Verzögerung durch entgegenwirkende Muskelgruppen	mäßige Koordination von ausführenden und entgegenwirkenden Muskelgruppen, visuelle Kontrolle	genaue Koordination von ausführenden und entgegenwirkenden Muskelgruppen
Kennzeichen der Bewegungsausführung		• Die Bewegung ist ohne visuelle Kontrolle ausführbar. • Es handelt sich um eine im Unterbewusstsein, automatisch, sorglos auszuführende Bewegung. • Die geringe muskuläre Kontrolle wird durch den Bewegungsempfindungs- und Tastsinn ausgeübt.	• flüchtiges Hinsehen am Bewegungsanfang • am Bewegungsende zeigen sich bei geringer Routine Bewegungskorrekturen	• Es ist eine Vielzahl von Sinneswahrnehmungen erforderlich. • Auch bei hoher Routine ein zumindest geringes Zögern bzw. Korrigieren am Bewegungsende.
Auswirkung auf die Bewegungsausführung		keine Verzögerung am Bewegungsbeginn und Bewegungsende	keine Verzögerung am Bewegungsbeginn, leichte Verzögerung am Bewegungsende	leichte Verzögerung am Bewegungsbeginn und erhebliche Verzögerung am Bewegungsende

Abbildung II-206 Konzept des Einflussgrößenkonstrukts »Kontrollaufwand«

Bewegungslänge

Als *Bewegungslänge* wird die mit der Hand oder den Fingern zurückzulegende, bogenförmige Bewegungskurve beim Hinlangen und Bringen bezeichnet (vgl. Abbildung II-208). Sie wird in Zentimetern gemessen.[384] Dabei verwendet man bei Handbewegungen die Zeigefingerwurzel, bei Fingerbewegungen die Fingerspitze zur Bestimmung der Messpunkte.[385]

384 Bei Planungsanalysen wird die Entfernungsstrecke mit 10 % für den bogenförmigen Verlauf beaufschlagt.

385 Zu Besonderheiten bei kleinen Bewegungslängen vgl. Raphael, D. L.: An Analysis of Short Reaches and Moves (Report 106). Pittsburgh: MTM Association for Standards and Research, 1953.

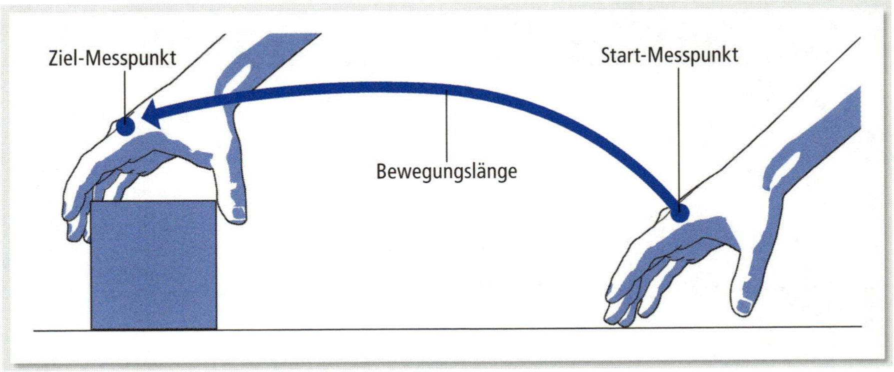

Abbildung II-207 Konzept des Einflussgrößenkonstrukts »Bewegungslänge«

6.2.2 Der Grundzyklus

Der Grundzyklus beschreibt eine typische, in realen Bewegungsabläufen besonders häufig auftretende Bewegungsfolge.[386]

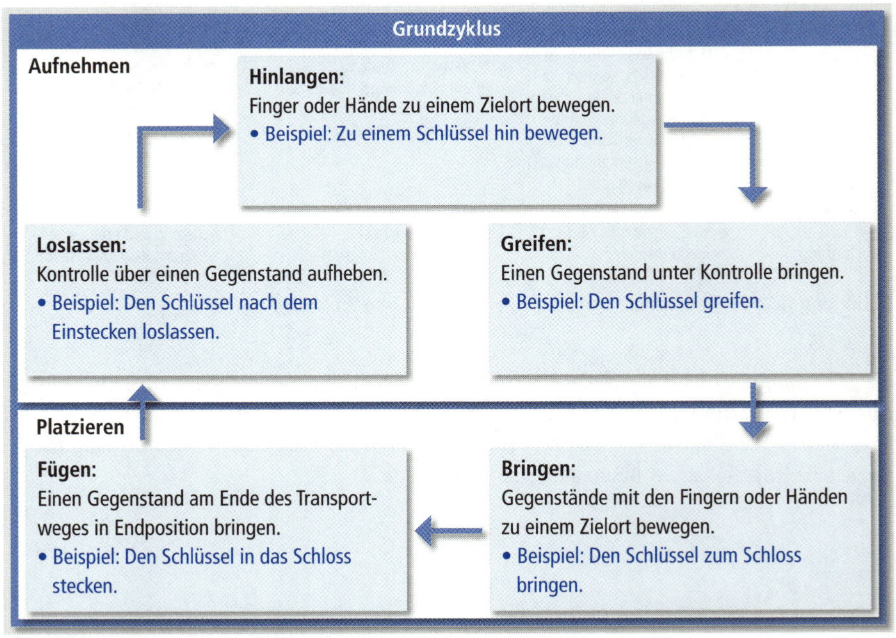

Abbildung II-208 Der Grundzyklus bei MTM-1

386 Vgl. Appelgren, L.; Magnusson, K.-E.; Skargard, K.: The MTM-2 Project. A report of the international applied Research Project MTM-2. London: International MTM Directorate, 1971.

Er wird, so Abbildung II-208 zu entnehmen, unterschieden nach den Bewegungsfolgen[387] Aufnehmen und Platzieren. Im Abschnitt 6.2.2 wird der Grundzyklus so dargestellt, dass die zwischen dessen fünf Grundbewegungen bestehenden Zusammenhänge deutlich werden. Die Grundbewegungen wurden von den Entwicklern nicht so abgegrenzt, wie sie in der Realität vollzogen werden, sondern so, wie es für die Kennzeichnung der Bewegungscharakteristika nützlich ist. Beispielsweise ist die Abgrenzung zwischen »Bringen« und »Fügen« das Ergebnis einer Modellbildung[388] und als solches sinnvoll. In der Realität verlaufen beide Grundbewegungen miteinander verknüpft und nicht in deutlich wahrnehmbarer Sequenz. Das Wissen um die Zusammenhänge zwischen den Grundbewegungen ist wichtig, weil die Gefahr besteht, dass bei der Ablaufmodellierung den Interdependenzen zu wenig entsprochen wird. Abbildung II-209.2 sind für die zum Grundzyklus gehörenden Grundbewegungen die Normzeitwerte zu entnehmen, funktionell abhängig von den Zeiteinflussgrößen.

6.2.3 Die weiteren Grundbewegungen

Im Abschnitt 6.3.3 werden die drei weiteren Grundbewegungen des Hand-Arm-Systems behandelt: »Drehen«, »Drücken« und »Trennen«. Diese drei Grundbewegungen treten in der Praxis relativ selten auf. Ihr Vorkommen führt bei Praktikern zur »Anfangsvermutung«, sie durch gestalterische Maßnahmen eliminieren zu können.[389] Sie kommen wesentlich weniger als die Grundzyklus-Grundbewegungen vor. Das gilt auch für die beiden im Abschnitt 6.3.4 behandelten Blickfunktionen »Blick verschieben« und »Prüfen«.

Die Auftretenshäufigkeit der im Abschnitt 6.4 erläuterten Körper-, Bein- und Fußbewegungen ist branchenabhängig. Bei Montagesystemen mit stehender Körperhaltung, wie sie z. B. für die Automobil- oder die Luftfahrtindustrie typisch sind, haben sie eine größere Bedeutung als bei Sitzarbeitsplätzen, wie sie z. B. für die Elektro-/Feinwerktechnik oder für viele Dienstleistungsunternehmen typisch sind.

Den Abbildungen II-209.1 und II-209.2 ist die *Datenkarte zu MTM-1* zu entnehmen.

387 Die Bewegungsfolgen stellen insofern »logische Einheiten« dar, als kein Hinlangen ohne anschließendes Greifen (Ausnahme: R-E) und letztlich immer ein Loslassen erfolgt. Ferner folgt einem Bringen immer dann auch ein Fügen, wenn am Ende eine erhöhte Zielgenauigkeit erforderlich ist.

388 So hätte man Bringen und Fügen auch zu einer Grundbewegung zusammenfassen und Fügen als Schwierigkeitszuschlag auf Bringbewegungen verwenden können, mit dem Argument, dass beide Grundbewegungen für den Beobachter als eine Transportbewegung auftreten. Da es aber in erster Linie darum geht, transparente Ablaufdokumentationen zu liefern, stellt die Trennung in die Grundbewegungen Bringen und Fügen die bessere Lösung dar.

389 Beim Drücken und Trennen versucht man, z. B. durch Teilegestaltung oder mechanische Hilfen Arbeitsmethoden zu entwickeln, in denen diese Grundbewegungen nicht erforderlich sind. Dabei strebt man einen Produktivitätsgewinn und eine Belastungsreduzierung an, weil beide Grundbewegungen meist nicht wertschöpfend sind und einseitig dynamische Belastungen repräsentieren.

Drehen – T (Turn)

Kode	Kraftaufwand/Gewicht (daN/kg)	Normzeitwerte in **TMU** für Drehwinkel 30°	45°	60°	75°	90°	105°	120°	135°	150°	165°	180°
T-S	klein: ≤1	2,8	3,5	4,1	4,8	5,4	6,1	6,8	7,4	8,1	8,7	9,4
T-M	mittel: > 1 bis ≤5	4,4	5,5	6,5	7,5	8,5	9,6	10,6	11,6	12,7	13,7	14,8
T-L	groß: > 5 bis ≤16	8,4	10,5	12,3	14,4	16,2	18,3	20,4	22,2	24,3	26,1	28,2

Körper-, Bein- und Fußbewegungen

Kode	TMU	Bewegungslänge	Beschreibung der Bewegungen
FM	8,5	bis 10 cm	**Fußbewegung** Drehachse: Knöchel
FMP	19,1		Fußbewegung mit starkem Druck
LM-	7,1 0,5	bis 15 cm jeder weitere cm	**Beinbewegung** Drehachse: Knie- oder Hüftgelenk in beliebige Richtung
			Seitenschritt: seitliche Verschiebung der Körperachse
		< 30 cm	**Hinlangen** oder **Bringen** analysieren
SS-C1	17,0 0,2	30 cm jeder weitere cm	Fall I: Der Seitenschritt ist beendet, wenn das bewegte Bein wieder auf dem Boden steht.
SS-C2	34,1 0,4	30 cm jeder weitere cm	Fall II: Das nachgezogene Bein muss den Boden wieder berühren, bevor die folgende Bewegung ausgeführt werden kann.
			Körperdrehung nach links oder rechts um 45° bis 90°
TBC1	18,6		Fall I: Die Körperdrehung ist beendet, wenn das bewegte Bein wieder auf dem Boden steht.
TBC2	37,2		Fall II: Das nachgezogene Bein muss den Boden wieder berühren, bevor die folgende Bewegung ausgeführt werden kann.
B, S, KOK AB, AS, AKOK	29,0 31,9		**Beugen, Bücken** oder **Knien auf ein Knie** **Aufrichten** vom **Beugen, Bücken, Knien auf ein Knie**
KBK AKBK	69,4 76,7		**Knien auf beide Knie** **Aufrichten** vom **Knien auf beiden Knien**
SIT STD	34,7 43,4		**Setzen** **Aufstehen**
W - P W - PO	15,0 17,0	pro Schritt pro Schritt	**Gehen** **Gehen** behindert und/oder mit Last > 23 kg

MTM-Institut
Eichenallee 11, 15738 Zeuthen
Telefon: +49 33762 2066-31
Telefax: +49 33762 2066-40
institut@dmtm.com

MTM-1 Datenkarte

Ohne gründliche Ausbildung können der Gebrauch dieser MTM-Normzeitwertkarte und jede andere Anwendung von MTM zu falschen Resultaten führen

	Zeiteinheiten TMU	Sekunden	Minuten	Stunden
Die Normzeitwerte dieser Karte entsprechen einer Leistung von 100 % nach LMS	1	0,036	0,0006	0,00001
	27,8	1		
	1 666,7		1	
	100 000			1

Gleichzeitige Bewegungen

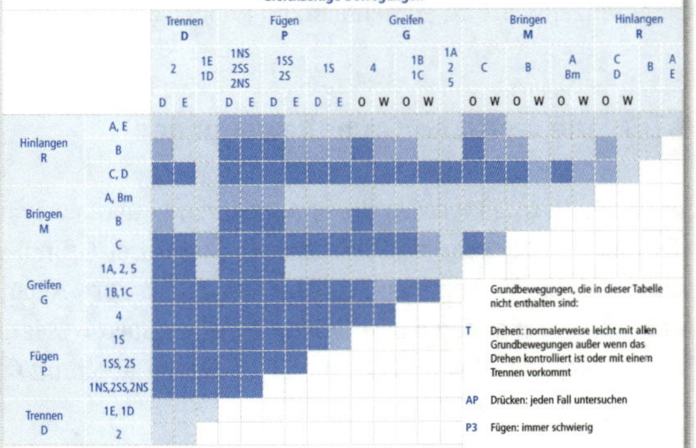

Möglichkeiten der gleichzeitigen Ausführung:

leicht	W: innerhalb des normalen Blickfeldes
mit Übung	O: außerhalb des normalen Blickfeldes
schwierig, Bewegungen nacheinander analysieren	E: einfach zu handhaben
	D: schwierig zu handhaben

Grundbewegungen, die in dieser Tabelle nicht enthalten sind:

- **T** Drehen: normalerweise leicht mit allen Grundbewegungen außer wenn das Drehen kontrolliert ist oder mit einem Trennen vorkommt
- **AP** Drücken: jeden Fall untersuchen
- **P3** Fügen: immer schwierig
- **D3** Trennen: normalerweise schwierig
- **RL** Loslassen: immer leicht
- **D** Trennen: jede Passungsklasse kann schwierig sein, wenn Übung bzw. Vorsicht erforderlich ist wegen Verletzungs-/Beschädigungsgefahr

Blickfunktionen

Kode	TMU	Beschreibung
ET	15,2 × T/D max. 20,0	**Blickverschieben (Eye Travel)** T = Abstand zwischen den Blickpunkten D = Abstand der Augen von der Verbindungslinie der Blickpunkte
EF	7,3	**Prüfen (Eye Focus)**

Abbildung II-209.1 Datenkarte zu MTM-1 – Vorderseite

Hinlangen - R (Reach)

Bewegungslänge in cm	R-A	R-B	R-C R-D	R-E	mR-A R-Am	mR-B R-Bm	m-Wert für B	Beschreibung der Fälle
	Normzeitwerte in TMU							
bis 2	2,0	2,0	2,0	2,0	1,6	1,6	0,4	A Hinlangen zu einem Gegenstand, der sich immer an einem genau bestimmten Ort befindet, in der anderen Hand liegt oder auf dem die andere Hand ruht.
4	3,4	3,4	5,1	3,2	3,0	2,4	1,0	
6	4,5	4,5	6,5	4,4	3,9	3,1	1,4	
8	5,5	5,5	7,5	5,5	4,6	3,7	1,8	
10	6,1	6,3	8,4	6,8	4,9	4,3	2,0	
12	6,4	7,4	9,1	7,3	5,2	4,8	2,6	B Hinlangen zu einem alleinstehenden Gegenstand, der sich an einem von Arbeitszyklus zu Arbeitszyklus veränderten Ort befindet.
14	6,8	8,2	9,7	7,8	5,5	5,4	2,8	
16	7,1	8,8	10,3	8,2	5,8	5,9	2,9	
18	7,5	9,4	10,8	8,7	6,1	6,5	2,9	
20	7,8	10,0	11,4	9,2	6,5	7,1	2,9	
22	8,1	10,5	11,9	9,7	6,8	7,7	2,8	C Hinlangen zu einem Gegenstand, der mit gleichen oder ähnlichen Gegenständen so vermischt ist, dass er ausgewählt werden muss.
24	8,5	11,1	12,5	10,2	7,1	8,2	2,9	
26	8,8	11,7	13,0	10,7	7,4	8,8	2,9	
28	9,2	12,2	13,6	11,2	7,7	9,4	2,8	
30	9,5	12,8	14,1	11,7	8,0	9,9	2,9	
35	10,4	14,2	15,5	12,9	8,8	11,4	2,8	D Hinlangen zu einem Gegenstand, der klein ist oder sehr genau oder mit Vorsicht gegriffen werden muss.
40	11,3	15,6	16,8	14,1	9,6	12,8	2,8	
45	12,1	17,0	18,2	15,3	10,4	14,2	2,8	
50	13,0	18,4	19,6	16,5	11,2	15,7	2,7	
55	13,9	19,8	20,9	17,8	12,0	17,1	2,7	E Verlegen der Hand in eine nicht bestimmte Lage, sei es zur Erlangung des Gleichgewichtes, zur Vorbereitung der folgenden Bewegung oder um die Hand aus der Arbeitszone zu entfernen.
60	14,7	21,2	22,3	19,0	12,8	18,5	2,7	
65	15,6	22,6	23,6	20,2	13,5	19,9	2,7	
70	16,5	24,1	25,0	21,4	14,3	21,4	2,7	
75	17,3	25,5	26,4	22,6	15,1	22,8	2,7	
80	18,2	26,9	27,7	23,9	15,9	24,2	2,7	

Greifen - G (Grasp)

Kode	TMU	Beschreibung der Fälle	
G1A	2,0	**Zufassungsgriff:** Greifen eines leicht zu fassenden, allein liegenden Gegenstandes.	
G1B	3,5	**Ankantgriff:** Greifen eines sehr kleinen Gegenstandes oder eines Gegenstandes, der flach auf einer Ebene liegt.	
G1C1	7,3	Ø > 12 bis ≤ 25 mm	**Abrollgriff:** Greifen eines ungefähr zylindrischen Gegenstandes, wobei dies durch Hindernisse von einer Seite und von unten erschwert wird.
G1C2	8,7	Ø ≥ 6 bis ≤ 12 mm	
G1C3	10,8	Ø < 6 mm	
G2	5,6	**Nachgreifen:** Verlegen des Kontrollpunktes an einen Gegenstand, ohne die Kontrolle über diesen zu verlieren.	
G3	5,6	**Übergabegriff:** Eine Hand übernimmt die Kontrolle über einen Gegenstand, während die andere Hand diese aufgibt.	
G4A	7,3	> 25 × 25 × 25 mm	**Auswählgriff:** Greifen eines mit anderen vermischten Gegenstandes, so dass er ausgesucht und ausgewählt werden muss.
G4B	9,1	≥ 6 × 6 × 3 bis ≤ 25 × 25 × 25 mm	
G4C	12,9	< 6 × 6 × 3 mm	
G5	0,0	**Berührungsgriff:** Durch Berührung genügend Kontrolle über einen Gegenstand erhalten, so dass die nachfolgende Grundbewegung ausgeführt werden kann.	

Loslassen - RL (Release)

Kode	TMU	Beschreibung	Kode	TMU	Beschreibung
RL1	2,0	durch Öffnen der Finger	RL2	0,0	durch Aufheben des Kontaktes

Bringen - M (Move)

Bewegungslänge in cm	M-A	M-B	M-C	mM-B M-Bm	m-Wert für B	in daN/kg	stat. Konst. SC in TMU	dynam. Faktor	Beschreibung der Fälle
	Normzeitwerte in TMU					mit Kraftaufwand/Gewicht			
bis 2	2,0	2,0	2,0	1,7	0,3	1	0,0	1,00	
4	3,1	4,0	4,5	2,8	1,2				
6	4,1	5,0	5,8	3,1	1,9	2	1,6	1,04	A Einen Gegenstand zur anderen Hand oder gegen einen Anschlag bringen.
8	5,1	5,9	6,9	3,7	2,2				
10	6,0	6,8	7,9	4,3	2,5	4	2,8	1,07	
12	6,9	7,7	8,8	4,9	2,8				
14	7,7	8,5	9,8	5,4	3,1	6	4,3	1,12	
16	8,3	9,2	10,5	6,0	3,2				
18	9,0	9,8	11,1	6,5	3,3	8	5,8	1,17	
20	9,6	10,5	11,7	7,1	3,4				B Einen Gegenstand in eine ungefähre oder unbestimmte Lage bringen. Spiel: > 25 mm
22	10,2	11,2	12,4	7,6	3,6	10	7,3	1,22	
24	10,8	11,8	13,0	8,2	3,6				
26	11,5	12,3	13,7	8,7	3,6	12	8,8	1,27	
28	12,1	12,8	14,4	9,3	3,5				
30	12,7	13,3	15,1	9,8	3,5	14	10,4	1,32	
35	14,3	14,5	16,8	11,2	3,3				
40	15,8	15,6	18,5	12,6	3,0	16	11,9	1,36	
45	17,4	16,8	20,1	14,0	2,8				
50	19,0	18,0	21,8	15,4	2,6	18	13,4	1,41	C Einen Gegenstand in eine genau bestimmte Lage bringen. Spiel: > 12 bis ≤ 25 mm
55	20,5	19,2	23,5	16,8	2,4				
60	22,1	20,4	25,2	18,2	2,2	20	14,9	1,46	
65	23,6	21,6	26,9	19,5	2,1				
70	25,2	22,8	28,6	20,9	1,9	22	16,4	1,51	
75	26,7	24,0	30,3	22,3	1,7				
80	28,3	25,2	32,0	23,7	1,5				

Fügen - P (Position)

Kode	Passung	Passungsklasse Einfügen	Anfügetoleranz	Symmetriefall	Handhabung E	Handhabung D
P1	lose	kein Druck notwendig	> ± 1,5 bis ≤ ± 6,0 mm	S	5,6	11,2
				SS	9,1	14,7
				NS	10,4	16,0
P2	eng	leichter Druck notwendig	*> ± 0,4 bis ≤ ± 1,5 mm*	S	16,2	21,8
				SS	19,7	25,3
				NS	21,0	26,6
P3	fest	starker Druck notwendig	*> 0 bis ≤ ± 0,4 mm*	S	43,0	48,6
				SS	46,5	52,1
				NS	47,8	53,4

Drücken - AP (Apply Pressure)

Kode	TMU	Beschreibung	Komponenten	Kode	TMU	Beschreibung
				AF	3,4	Kraftaufbau
APA	10,6	ohne Nachgreifen	AF + DM + RLF	DM	4,2	minimale Festhaltezeit
APB	16,2	mit Nachgreifen	G2 + APA	RLF	3,0	Kraftabbau

Trennen - D (Disengage)

Kode	Passung	Beschreibung	E	D
D1	lose	sehr kleine Kraft – geringer Rückschlag (bis ca. 2,5 cm)	4,0	5,7
D2	eng	mittlere Kraft – leichter Rückschlag (bis ca. 12 cm)	7,5	11,8
D3	fest	große Kraft – starker Rückschlag (bis ca. 30 cm)	22,9	34,7

Abbildung II-209.2 Datenkarte zu MTM-1 – Rückseite

6.2.4 Anwendungsregeln

In Abbildung II-201 werden bei den strukturellen Elementen der MTM-Prozessbausteine auch die *Anwendungsregeln* angeführt. Anwendungsregeln sind Handlungsanweisungen zur Verwendung eines oder mehrerer Prozessbausteine.[390] Anwendungsregeln sind keine Erläuterungen, Sinndeutungen oder Handhabungsempfehlungen zu den Prozessbausteinen, sondern zwingend zu befolgende Arbeitsvorschriften. Sie beziehen sich auf die in Abbildung II-201 angeführten strukturellen Elemente eines MTM-Prozessbausteins:

- Abgrenzungen und Restriktionen von Prozessbausteinen (z. B. Regeln 15 und 20),
- Anweisungen zur Kombination und Gleichzeitigkeit (Verknüpfungsregeln, z. B. Regel 50),

390 Die komplexeste Anwendungsregel zur Verwendung mehrerer Bausteine ist die in der Normzeitwertkarte angeführte Tabelle zur Planung gleichzeitiger Grundbewegungen (vgl. Abbildung II-231).

- Situationen, in denen mit einem Prozessbaustein anders als vermutet zu verfahren ist (z. B. Regel 11),
- Abgrenzung der Einflussgrößenausprägungen untereinander, z. B. der Fälle (z. B. Regel 12),
- Anweisungen zu Interpolationen und Extrapolationen (z. B. Regel 1),
- Situationen, in denen die Bewegungsfälle spezifisch zu handhaben sind (z. B. Regeln 3 und 7).

6.2.5 Prinzip der MTM-Analyse

Dokumentationsformen der Zeilenanalyse

Als *MTM-Analyse* wird die Dokumentation von Abläufen in Form einer Zeilenanalyse bezeichnet. Es gibt zwei Dokumentationsformen für MTM-Analysen:

- zweispurige Analyse (sog. Beidhandanalyse[391]): angewandt bei MTM-1 und MTM-2,
- einspurige Analyse: angewandt bei den Standard-Daten, UAS und MEK.

Abbildung II-210 ist das Schema einer zweispurigen MTM-Analyse zu entnehmen, bei der aus den Bezeichnungs- und Kodespalten erkennbar ist, welche Grundbewegungen der linken Hand und welche der rechten Hand bzw. anderen Körperteilen zugeordnet werden.

❶	❷	❸	❹	❺		❹	❸	❷
Nr.	Bezeichnung	A · H	Kode	TMU		Kode	A · H	Bezeichnung
1	zu den Stegen		R20C	11	4	[R-E		in Nähe Stege
2			G4B	9	1			
3				2	0	R2C		Restweg zu Stegen
4				9	1	G4B		
5	zur Vorrichtung		M16C)	10	5	(M16C		zur Vorrichtung
6			~~G2)~~			~~(G2~~		

Abbildung II-210 Beispiel für eine MTM-1-Analyse

Die in Abbildung II-210 in der obersten Zeile mit Nummern gekennzeichneten Spalten haben folgende Bedeutung:

Spalte 1: Fortlaufende Nummerierung der verwendeten Prozessbausteine, falls das als notwendig erachtet wird.

Spalte 2: Angabe anwendungsspezifischer Erläuterungen[392], wenn allein mit Hilfe des Kodes (Spalte 4) keine reproduzierbare Arbeitsmethode zu dokumentieren ist, getrennt nach linker und rechter Hand bzw. anderer Körperteile.

Spalte 3: Bei Spalte 3 handelt es sich um eine Faktorspalte, die üblicherweise die Faktoren A (Anzahl) und H (Häufigkeit) zur Gewichtung von Prozessbausteinen enthält.

- Unter A wird eine Zahl eingetragen, wenn bei einer Grundbewegung eine Mengeneinheit > 1 vorliegt (z. B. wird dort eine »2« eingetragen, wenn nicht ein Teil, sondern zwei Teile aufgenommen werden). Anzahl steht für »wie viele?«.

391 MTM-1 ist ein sehr fein auflösendes Bausteinsystem. Bei der MTM-1-Analyse geht es um eine detaillierte Beschreibung der Arbeitsmethode, und deshalb werden auch Grundbewegungen dokumentiert, die nicht zeitbestimmend sind. Dieses Analyseprinzip wird von Praktikern auch als »Beidhandanalyse« bezeichnet.

392 Vgl. dazu Abschnitt 5.2.1.

- In die Spalte H wird eine Zahl eingetragen, wenn eine Grundbewegung nicht regelmäßig auftritt (z. B. wird dort »1/10« eingetragen, wenn ein Nachgreifen nicht bei jedem, sondern nur bei jedem zehnten Teil erforderlich ist) oder mehrfach hintereinander auftritt. So wird z. B. eine »3« eingetragen, wenn beim Fügen an verdeckter Fügestelle drei zusätzliche M-C-Bewegungen erforderlich sind. Häufigkeit steht für »wie oft?«.

Spalte 4: In die Kode-Spalten werden der Kode der Prozessbausteine sowie ggf. Kodierungen zu gleichzeitigen und kombinierten Bewegungen eingetragen, z. B. steht beim Kode »R20C« das »R« für Hinlangen, »C« für den Bewegungsfall C und »20« für 20 cm Bewegungslänge.

Spalte 5: In die TMU-Spalte wird zum jeweiligen Kode ein der MTM-Datenkarte zu entnehmender Normzeitwert eingetragen (z. B. für M10B: 6,8 TMU). Liegt ein Eintrag in der Spalte A · H vor, wird der Tabellenwert mit dem Faktor multipliziert. Wären z. B. zum Kode M10B die Anzahl A = 2 und die Häufigkeit H = 1/10 eingetragen, ergäbe sich die Sollzeit aus 6,8 TMU · 2 · 1/10 = 1,4 TMU.

6.2.6 Analysieren mit TiCon®

Im Jahre 1982 begann die Deutsche MTM-Vereinigung e. V. mit der Entwicklung einer ersten Generation von Datenermittlungs- und Kalkulations-Software[393], die ab dem Jahre 1983 unter dem Namen ANA-ZEBA-DATA an zahlreiche MTM-Anwender ausgeliefert wurde. Es handelte sich um eine DOS-orientierte Datenbanksoftware, die zunächst hauptsächlich auf Großrechnern lief. ANA-ZEBA-DATA wurde ständig funktionell verbessert und ihr Anwendungsspektrum auf mehrere Module ausgeweitet. Im Jahre 1995 wurden diese Module unter einer Windows-Oberfläche zusammengefasst und 1997 in einem umfassenden Konzept – TiCon® – integrativ verknüpft. Einen ersten Überblick zu den fachlichen Funktionalitäten von TiCon® im Bereich des Prozessbaustein-Managements vermittelt (Abbildung II-211). Im Teil IV, Kapitel 5 wird TiCon® umfassend behandelt.

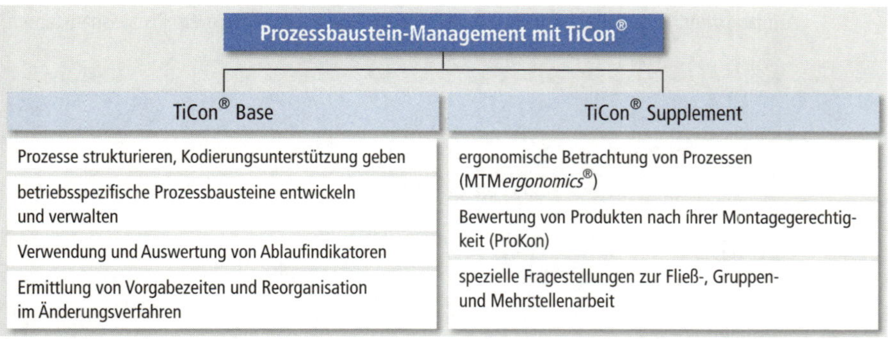

Abbildung II-211 Funktionalitäten von TiCon® zum Prozessbaustein-Management

Gründe für den TiCon®-Einsatz

Die überwiegende Zahl deutscher Unternehmen[394], die MTM-Bausteinsysteme anwenden, setzen TiCon® ein. Die häufigsten Gründe dafür sind:

---

393 Vgl. Becks, C.; Bokranz, R.: MTM – Entwicklung und Anwendung. In: IfaA-Mitteilungen, Heft 21, 1983, S. 8–23.

394 Das schließt auch deren Auslandstöchter ein, die sich die Sprachwahl zwischen derzeit deutsch, englisch, tschechisch, spanisch und portugiesisch zunutze machen.

1. Bei der Prozessbausteinentwicklung:
   - TiCon® stellt sämtliche MTM-Prozessbausteine für die Prozesstypen 1 bis 3 in Form von Datenkarten (Tabellen) zur Verfügung.
   - TiCon® ermöglicht einen hierarchischen Aufbau zur Entwicklung unternehmensspezifischer Prozessbausteine
2. Bei der Prozessbausteinverwaltung:
   - Auch bei einer Vielzahl von Prozessbausteinen sind diese leicht zu handhaben und vermindern nicht die Transparenz der Datensammlung.
   - Es sind systematische Prozessbausteinrevisionen möglich. Revisionsbedürftige Sachverhalte können aufgrund des hierarchischen Aufbaus und der Transparenz gezielt untersucht und ausgewertet werden.
   - Im Verfahren sogenannter »Massenänderungen« sind partielle Korrekturen (z. B. bei organisatorischen oder technischen Änderungen) bei allen davon betroffenen Prozessbausteinen automatisch und sicher durchzuführen.
3. Bei der Prozessbausteinverwendung:
   - Es sind standardisierte spezifische Auswertungen durchzuführen, z. B. der Ausweis von Ablaufgestaltungsmängeln in einem Prozessbaustein mit Hilfe von Wertschöpfungsindikatoren.
   - Arbeitspläne sind über standardisierte Schnittstellen oder individuell entwickelte Schnittstellen automatisch mit Sollzeiten zu versorgen.
   - Bei Unternehmen mit mehreren dezentralen Nutzern (z. B. Werken) ist gewährleistet, dass Prozessbausteine nach einheitlichen Prinzipien entwickelt und angewandt werden und Synergien entstehen.

Beim Analysieren mit TiCon® werden wie bei der manuellen Analyse zwei Vorgehensphasen unterschieden (vgl. Abbildung II-246):

Phase 1: Vorbereitung

Phase 1: Vorbereitung (Register »Kopf«)
Es werden Stammdaten angelegt. Das sind Informationen zum Arbeitssystem und zur Aufgabe. Für jede Aufgabe und ihre Ablaufabschnitte (den späteren Prozessbausteinen)

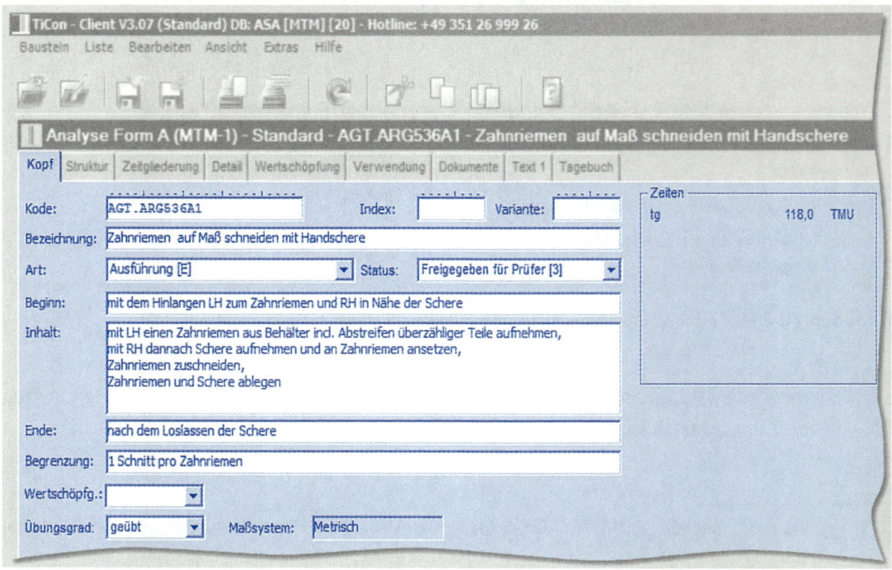

Abbildung II-212 Anlage der Stammdaten im Register »Kopf«

werden im Kopfblatt deren Bezeichnung und Kode, ihr Beginn und Ende, der Inhalt und die Begrenzung angeführt. Diesem Dokumentationsteil lassen sich erläuternde Dokumente, Bilder, Zeichnungen (vgl. Abbildung II-274), Videosequenzen sowie geschlossene Arbeitssystem-Beschreibungen zuordnen. TiCon® erfüllt damit die Anforderungen eines integrierten Prozessinformationssystems.

Phase 2: Ablaufanalyse

Phase 2: Ablaufanalyse (Register »Struktur«).
Die Aufgabe wird in Ablaufabschnitte gegliedert. Je Ablaufabschnitt wird ein Prozessbaustein mit dem ausgewählten MTM-Bausteinsystem erstellt. Optional können je Prozessbaustein Arbeitsanweisungen erstellt oder durch Verknüpfung aus anderen Systemen übernommen werden.

Es gibt drei Modi der Analysenerstellung. Die Prozessbausteine werden:

- per Tastatur in die Analyse eingegeben[395],
- nach dem Match-Kode-Prinzip aus Suchlisten in die Analyse übernommen,
- aus eingeblendeten Datenkarten per »drag and drop« in die Analyse übertragen (vgl. Abbildung II-213).

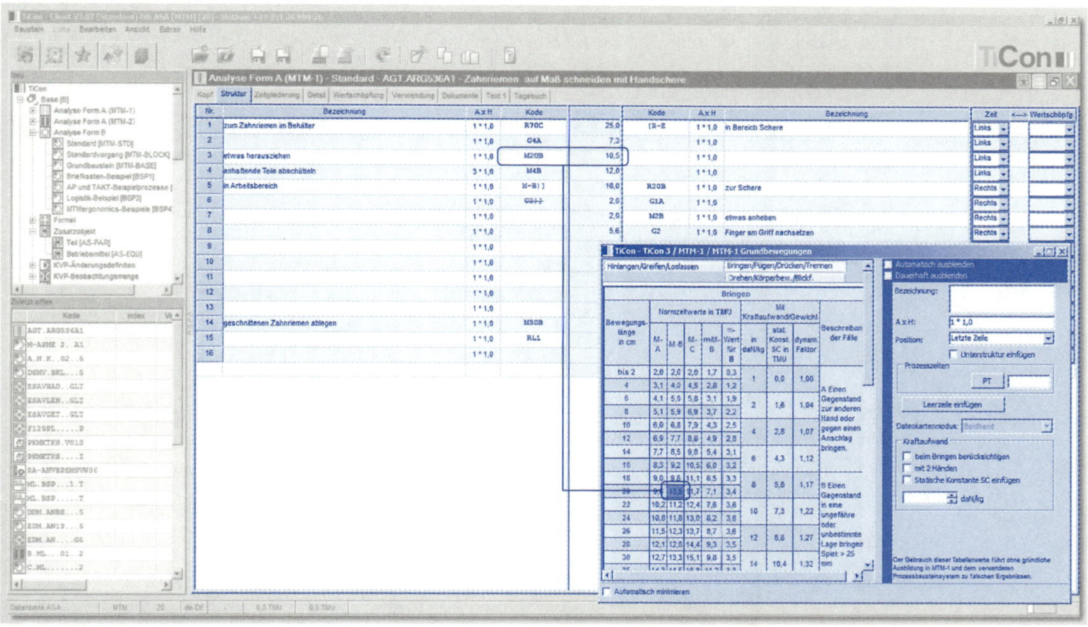

Abbildung II-213 Ablaufanalysephase bei der TiCon®-Analyse: Übernahme der Bausteine und ihrer Sollzeiten aus der eingeblendeten MTM-1-Datenkarte per »drag and drop«

Optional können je Prozessbaustein Arbeitsanweisungen erstellt und über das Register »Arbeitsgangbeschreibung« hinterlegt werden. Ferner lassen sich für Prozessbausteine die mitgeltenden Hintergrundanalysen anzeigen, z. B. wenn sich Anwender über deren Begrenzungen unsicher sind.

395 Der Kode kann in unterschiedlichen Schreibweisen (z. B. vollständige Kodebezeichnung und Kurzkode) eingetragen werden.

Aufgrund des ausgewählten Kodes werden automatisch der Normzeitwert und eine standardisierte Beschreibung ausgewiesen. Diese enthält in Form eines »Rohtextes« den Hinweis, was im Beschreibungstext zum Ausdruck kommen sollte. Diesen Rohtext ersetzt man durch einen spezifischen, dem vorliegenden Sachverhalt angepassten Text. Werden in die Spalte »A · H« eine Anzahl und eine Häufigkeit eingetragen, wird der zum Kode geltende Normzeitwert automatisch in eine Sollzeit umgerechnet.

TiCon

MTM-Analyse

☐ Planungsanalyse ☒ Ausführungsanalyse

Seit(e): 1 / 1
gedruckt am: 02.12.2010
gedruckt von: MTM

Kode:	AGT.ARG536A1
Bezeichnung:	**Zahnriemen auf Maß schneiden mit Handschere**
Beginn: Inhalt:	mit dem Hinlangen LH zum Zahnriemen und RH in Nähe der Schere mit LH einen Zahnriemen aus Behälter incl. Abstreifen überzähliger Teile aufnehmen, mit RH danach Schere aufnehmen und an Zahnriemen ansetzen, Zahnriemen zuschneiden, Zahnriemen und Schere ablegen
Ende: Begrenzung:	nach dem Loslassen der Schere und des Zahnriemens 1 Schnitt pro Zahnriemen
Erstellt: Zuletzt geändert:	tg 118,0 TMU te 118,0 TMU

Nr.	Bezeichnung	A · H	Kode	TMU	Kode	A · H	Bezeichnung
1	zum Zahnriemen im Behälter	1 * 1,0	**R70C**	25,0	[R-E	1 * 1,0	in Bereich Schere
2		1 * 1,0	**G4A**	7,3			
3	Zahnriemen etwas herausziehen	1 * 1,0	**M20B**	10,5			
4	anhaftende Teile abschütteln	3 * 1,0	**M4B**	12,0			
5	in Arbeitsbereich	1 * 1,0	M-B)]	10,0	**R20B**	1 * 1,0	zur Schere
6		1 * 1,0	~~G2)]~~	2,0	**G1A**	1 * 1,0	
7				2,0	**M2B**	1 * 1,0	etwas anheben
8				5,6	G2	1 * 1,0	Finger am Griff nachsetzen
9				15,1	**(M30C**	1 * 1,0	Schere zum Gurt
10				0,0	~~(G2~~	1 * 1,0	Nachgreifen
11				0,0	~~(M4B~~	1 * 1,0	Schere öffnen
12				11,2	**P1SD**	1 * 1,0	Griffabstand > 7,5 cm
13				2,0	**M2A**	1 * 1,0	Zuschneiden
14	geschnittenen Zahnriemen ablegen	1 * 1,0	**M30B**	13,3	**M30B**	1 * 1,0	Schere zur Ablage
15		1 * 1,0	**RL1**	2,0	**RL1**	1 * 1,0	
16				0,0			
Gesamtzeit:				118,0			

Abbildung II-214 Ausdruck der Analyse

Nach Abschluss der Analyse wird die Sollzeit für den Ablaufabschnitt durch automatische Addition der Sollzeiten gebildet und die Analyse als Prozessbaustein abgespeichert.

Die je Prozessbaustein ermittelten Sollzeiten können unter Verwendung beliebiger Zuschläge zu einer Vorgabezeit zusammengestellt und die Rüst-, Ausführungs- und Auftragszeit berechnet werden.

6.3 Hand-Arm-Bewegungen und Blickfunktionen

6.3.1 Bewegungsfolge Aufnehmen

Hinlangen ist die Grundbewegung, bei der die Finger oder die Hand zu einem Zielort bewegt werden. Beginn und Ende des Hinlangens werden durch den mit der Bewegungsbahn definierten Anfangs- und Endpunkt festgelegt.

Hinlangen

Die Zeiteinflussgrößen sind:

- Bewegungslänge in cm,
- Bewegungsfall,
- Typ des Bewegungsverlaufs.

Die auf dieser Einflussgrößenkonstellation basierende Kodierung lautet:

Kodierung beim Hinlangen

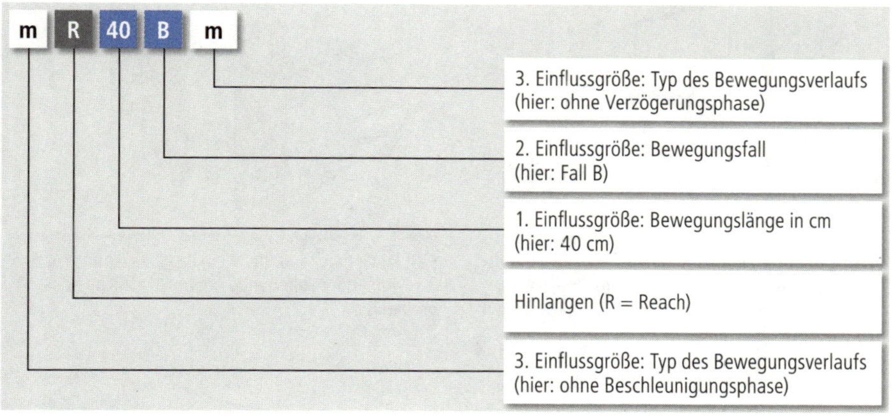

Die Einflussgröße *Bewegungslänge* wurde im Abschnitt 6.2.1 behandelt. Zu dieser Einflussgröße gibt es zwei Anwendungsregeln:

Anwendungsregeln und Beispiel zum Hinlangen bezüglich der Einflussgröße Bewegungslänge

MTM-1 Regel 1	Bewegungslängen > 80 cm werden in der Kodierung eingetragen und die Zeitwerte werden durch Extrapolation in Sprüngen zu je 5 cm ermittelt.
MTM-1 Regel 2	Wird die Bewegungslänge für die Finger oder Hände durch Mithilfe anderer Körperteile (sog. Körperhilfe) verkürzt, ist diese Verkürzung von der Gesamtbewegungslänge abzuziehen.

Beispiel:
Das Hinlangen über 60 cm zu einem allein liegenden Gegenstand wird auf eine tatsächliche Bewegungslänge von 40 cm verkürzt, da durch das Vorbeugen des Oberkörpers eine Handbewegung von nur 40 cm erforderlich ist.

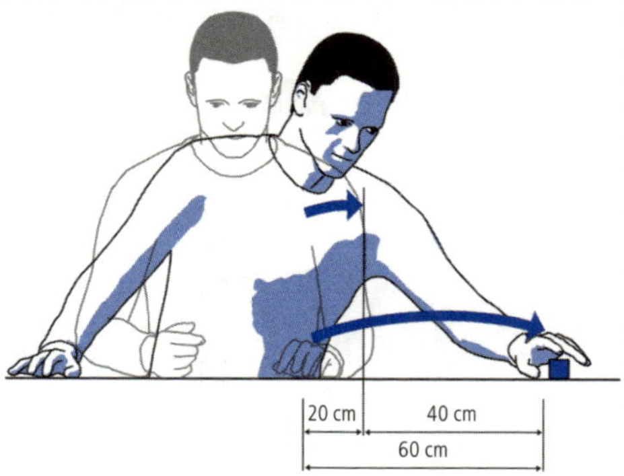

Mit der Einflussgröße *Bewegungsfall* wird der im Abschnitt 6.2.1 behandelte Kontrollaufwand berücksichtigt. Abbildung II-215 ist zu entnehmen, wodurch sich die fünf Bewegungsfälle unterscheiden. In Bezug auf den *Kontrollgrad* (vgl. Abbildung II-206) unterscheiden sich die fünf Bewegungsfälle beim Hinlangen wie folgt:

1. Fälle A, E: Der Kontrollgrad ist gering. Die Kontrollaktivität beschränkt sich auf eine muskuläre Kontrolle, d.h. weder zu Beginn noch am Ende des Hinlangens ist eine visuelle Kontrolle erforderlich.

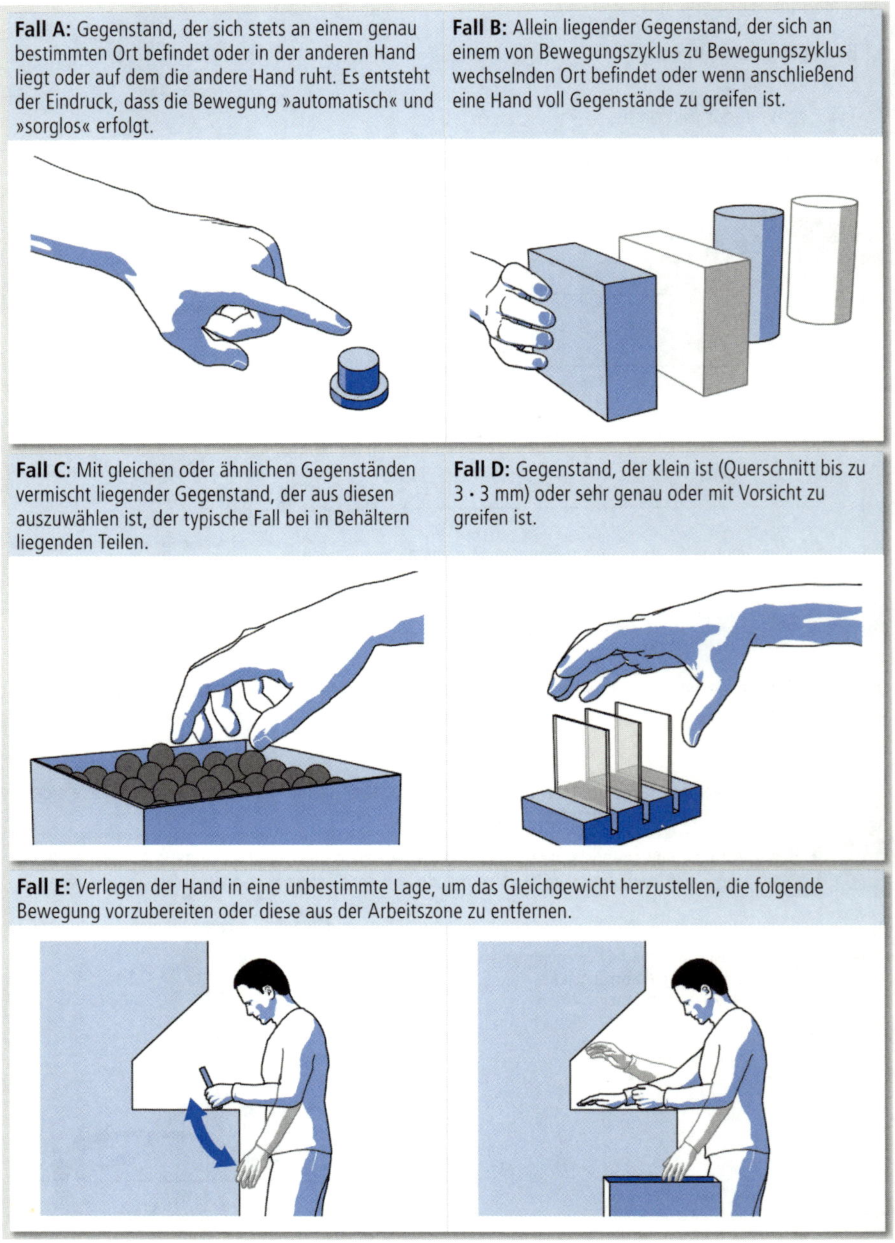

Abbildung II-215 Die fünf Bewegungsfälle beim »Hinlangen«

2. Fall B: Der Kontrollgrad ist mäßig. Die Kontrollaktivität schließt stets eine visuelle Kontrolle am Zielort, bei sehr kurzen Bewegungslängen auch am Startort, ein. Dieser Fall steht für die meisten realen Hinlangsituationen.
3. Fälle C, D: Der Kontrollgrad ist hoch. Die Kontrollaktivität schließt stets eine gedankliche Kontrolle am Zielort ein, häufig auch am Startort, gelegentlich auch im Bewegungsverlauf.

Die Normzeitwerte für die Fälle C und D sind gleich. Sie stehen zwar für unterschiedliche Zielort-Situationen, unterliegen jedoch dem gleichen Kontrollaufwand. Dieses Einflussgrößenkonstrukt und nicht die reale »Gegenstandslage und -beschaffenheit« begründen den Zeitbedarf.

Zur Einflussgröße Bewegungsfall gibt es sechs Anwendungsregeln:

Anwendungsregeln und Beispiele zum Hinlangen bezüglich der Einflussgröße Bewegungsfall

MTM-1 Regel 3 Bewegungsfall »A« wird beim Hinlangen zu einem in der anderen Hand liegenden Gegenstand nur dann analysiert, wenn der Griffabstand ≤ 7,5 cm ist. Bei größeren Griffabständen wird der Bewegungsfall »B« analysiert (vgl. Regel 14).

MTM-1 Regel 4 Bewegungsfall »A« wird beim Hinlangen zu einem Gegenstand, der sich stets an einem genau bestimmten Ort befindet, nur dann analysiert, wenn dieser wirklich ohne visuelle Kontrolle, unter Nutzung des kinästhetischen Sinnes, erreicht wird.

MTM-1 Regel 5 Folgt einem Hinlangen ein Greifen einer Hand voll gestapelter oder vermischter Gegenstände, wird das Hinlangen als Bewegungsfall »B« analysiert.

MTM-1 Regel 6 Ein Hinlangen wird auch analysiert, wenn dabei ein Gegenstand gehalten wird, der nicht bewegungshinderlich ist und nach dem Hinlangen ein Greifen mit den Fingern erfolgt.

Beispiel: Teile werden mit Pinzette eingelegt, und diese verbleibt auch beim Auslösen einer Maschinenoperation in der Hand.

Nr.	Bezeichnung	A · H	Kode	TMU		Kode	A · H	Bezeichnung
	zum Pilztaster		R30A	9	5	R30A		zum Pilztaster

MTM-1 Regel 7 Liegen sowohl die für den Bewegungsfall »C« als auch für den Bewegungsfall »D« typischen Merkmale vor, wird der Bewegungsfall »C« analysiert.

Beispiel: Hinlangen über 30 cm zu einer Pinnadel, die mit anderen vermischt in einem Behälter liegt.

Nr.	Bezeichnung	A · H	Kode	TMU		Kode	A · H	Bezeichnung
				14	1	R30C		zur Pinnadel

MTM-1 Regel 8 Erfolgt im Verlauf des Hinlangens eine Richtungsänderung, die nahezu oder gänzlich zu einem Bewegungsstopp führt, sind zwei hintereinander erfolgende Hinlangbewegungen zu analysieren.

Einflussgröße Typ des Bewegungsverlaufs

Mit der Einflussgröße *Typ des Bewegungsverlaufs* werden, wie in Abbildung II-216 dargestellt, drei Typen des Bewegungsverlaufs unterschieden.

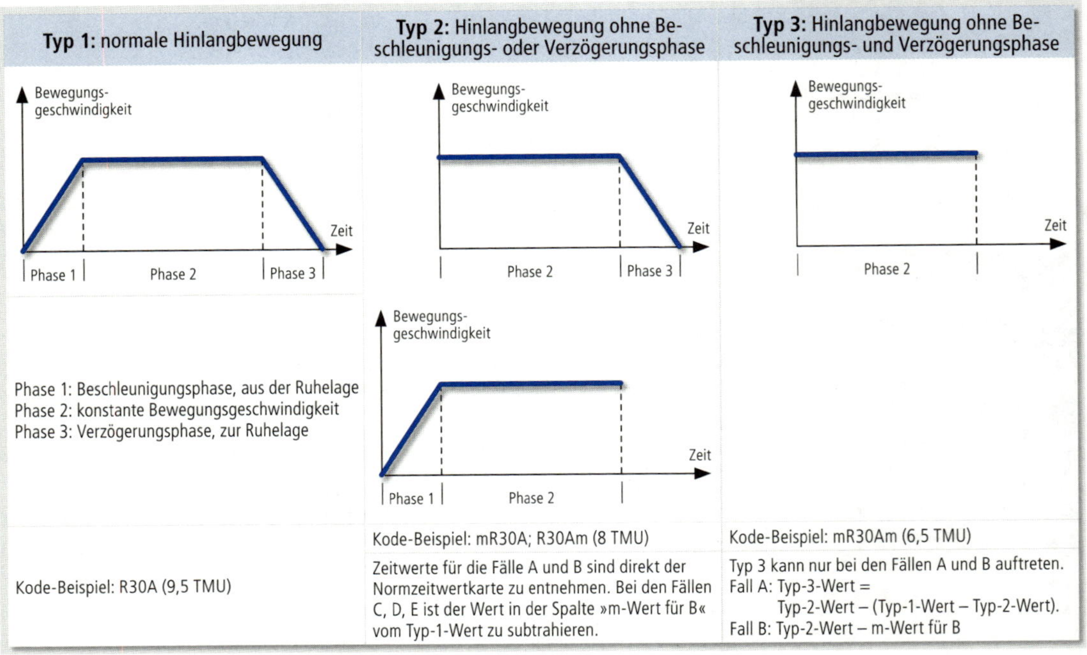

Abbildung II-216 Die drei Typen des Bewegungsverlaufs beim Hinlangen

Greifen

Greifen ist die Grundbewegung, bei der mit den Fingern oder der Hand so weit Kontrolle über einen oder mehrere Gegenstände gewonnen wird, dass die nächste Grundbewegung auszuführen ist. Der Beginn des Greifens ist durch das Ende der vorhergehenden Hinlangbewegung und sein Ende durch die erlangte Kontrolle festgelegt.

Einflussgrößen und Kodierung beim Greifen

Die Zeiteinflussgrößen sind:

- Art des Greifens,
- Lage des Gegenstandes,
- Beschaffenheit des Gegenstands (Form und Abmessungen).

Die Kodierung lautet:

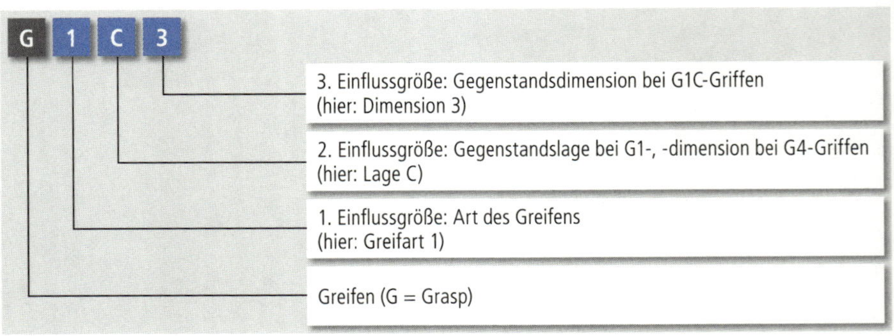

Greifen wird zwar als eigenständige Grundbewegung verwendet und wurde so auch entwickelt. Sie lässt sich jedoch als Kombination mehrerer anderer Grundbewegungen, insbesondere kleinen, mit den Fingern ausgeführten Hinlang- und Bringbewegungen, begründen.[396]

Die Einflussgröße *Art des Greifens* bildet den Kontrollaufwand ab. Ein Greifen, bei dem ein Gegenstand aus mehreren gleichartigen Gegenständen auszuwählen ist (= G4), hat etwa den vierfachen Zeitbedarf eines Zufassungsgriffs (= G1A). Die Art des Greifens wird in Abbildung II-217 verdeutlicht. Die Hinweise zur Gegenstandslage und -beschaffenheit sind der Datenkarte für MTM-1 zu entnehmen.

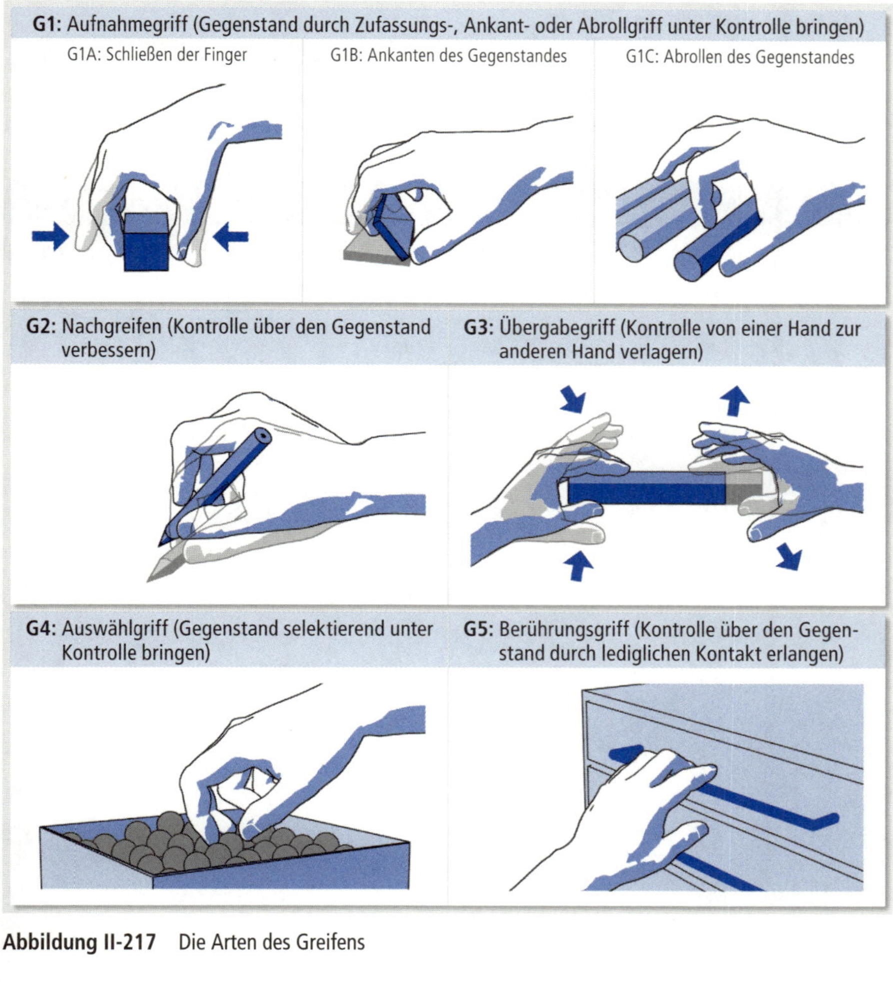

Abbildung II-217 Die Arten des Greifens

396 Vgl. Antis, W.; Honeycutt, J. M.; Koch, E. N.: Die MTM-Grundbewegungen, 2. Auflage. Düsseldorf: Maynard, 1972, S. 108. Dort und in der Lehrgangsunterlage der Deutschen MTM-Vereinigung e. V. werden die Prozessbausteine für das Greifen unter der Überschrift »Modelle für das Greifen« bzw. »Theorie des Greifens« dadurch zu verdeutlichen versucht, dass man sie als Ergebnis einer Kombination von Grundbewegungen darstellt. So wird z. B. ein G4A (7,3 TMU) als bestehend aus einem Fügen P1SE (5,6 TMU) und einem Greifen G1A (2,0 TMU) erklärt. Die Addition beider Bewegungen weist eine Zeit von 7,6 TMU aus. Diese Differenz resultiert daraus, dass die Zeitwerte für das Greifen empirisch erhoben wurden und die »Greifmodelle« lediglich Erklärungsmuster sind.

Abbildung II-217 ist zu entnehmen, dass fünf Arten des Greifens unterschieden werden:

1. G1 »Aufnahmegriff«: Der »Zufassungsgriff« G1A kommt in der Praxis am häufigsten, der »Ankantgriff« G1B seltener und der »Abrollgriff« G1C nur selten vor.
2. G2 »Nachgreifen«: Es dient entweder der Kontrollverbesserung oder dem Vorrichten des Gegenstandes in eine fügegerechte Lage.
3. G3 »Übergabegriff«: Er wird meist als notwendiges Übel betrachtet, weil er keine Wertschöpfung bewirkt.
4. G4 »Auswählgriff«: Er kommt insbesondere bei Montageaufgaben häufig vor.
5. G5 »Berührungsgriff«: Es findet lediglich ein Kontakt der Finger- oder Handfläche statt, wobei die Finger auch gekrümmt sein können.

Greifen wird, um die Charakteristika der Greifarten zu verdeutlichen, als eine Folge kleinster Hinlang- und Bringbewegungen interpretiert, so Abbildung II-218 zu entnehmen. Diese Greifmodelle werden auch als »Theorie des Greifens« bezeichnet. Anders als bei den komplexeren MTM-Bausteinsystemen

Kode		modellierte Bewegungsfolge		theor. Zeitwert	empir. Zeitwert	Normzeitwert
G1	A	RfA (2,0) + G5 (0)	=	2,0	1,972	**2,0**
G1	B	RfA/RfD (2,0) + G5 (0) + MfB (2,0)	=	4,0	4,351	**3,5**
G1	C1	G5 (0) + MfB (2,0) + RL2 (0) + RfA (2,0) + G5 (0) + MfB (2,0)	=	6,0	7,850	**7,3**
G1	C1	G5 (0) + MfB (2,0) + G2 (4,0/6,0)	=	6,0 oder 8,0		
G1	C2	RfD (2,0) + G5 (0) + MfB (2,0) + RL2 (0) + RfA (2,0) + G5 (0) + MfB (2,0)	=	8,0		**8,7**
G1	C3	P1SE (5,6) + G5 (0) + MfB (2,0) + RL2 (0) + RfA (2,0) + G5 (0) + MfB (2,0)	=	11,6		**10,8**
G2		RL2 (0) + RfA (2,0) + G5 (0) + RL2 (0) + RfA (2,0) + G5 (0) + MfB (2,0)	=	6,0	5,899	**5,6**
G2		RL2 (0) + RfA (2,0) + G5 (0) + MfB (2,0) + RL2 (0) + RfA (2,0) + G5 (0)	=	6,0		
G2		MfB (2,0) + RL2 (0) + RfA (2,0) + G5 (0) + RL2 (0) + RfA (2,0) + G5 (0)	=	6,0		
G2		RL2 (0) + RfA (2,0) + G5 (0) + MfB (2,0)	=	4,0		
G3		RfA (2,0) + G5 (0) + Reaktionszeit (1,6) + RL2 (0) + RfE (2,0)	=	5,6	5,257	**5,6**
G4	A	P1SE (5,6) + G1A (2)	=	7,6	9,204	**7,3**
G4	B	P1SE (5,6) + G1B (4)	=	9,6		**9,1**
G4	C	P1SE (5,6) + G1C2 (8)	=	13,6		**12,9**
G4	C	P1SE (5,6) + G1A (2) + G2 (4,0/6,0)	=	13,6 oder 11,6		
G5		Berührungsgriff	=	0	0	**0**

Abbildung II-218 Greifmodelle (»Theorie des Greifens«)[397]

397 »f« steht für »fraction« und symbolisiert in den Greifmodellen die Bewegungslängen bis 2 cm.

ist bei MTM-1 wichtig, dass die Anwender ein Verständnis für menschliche Bewegungen besitzen, um Arbeitsmethoden menschengerecht zu modellieren. Die Greifmodelle sollen das unterstützen. Die MTM-Normzeitwerte für das Greifen wurden nicht nach den in den Greifmodellen dargelegten Bewegungssequenzen, sondern für die Bewegungsfälle ermittelt. Die Greifmodelle wurden im Nachhinein unter didaktischen Aspekten entwickelt.

Anwendungsregeln und Beispiele zum Greifen

Beim Greifen gibt es folgende Anwendungsregeln:

MTM-1 Regel 9 Wird die Bewegungsausführung durch das Tragen von Handschuhen behindert, muss die Behinderung bei der Anwendung der Prozessbausteine berücksichtigt werden.

MTM-1 Regel 10 Ein Nachgreifen »G2« ist als zeitbestimmende Bewegung nur dann anzusetzen, wenn eine Bringbewegung auch bei hoher Routine durch dieses Nachgreifen verzögert wird.

MTM-1 Regel 11 Wenn ein Gegenstand mit einer Hand gehalten, mit der anderen Hand gegriffen und die folgende Grundbewegung beidhändig ausgeführt wird, liegt kein Übergabegriff »G3«, sondern ein Aufnahmegriff »G1A« oder »G1B« vor.

Beispiel: Mit der linken Hand über 40 cm ein Verbindungsrohr aufnehmen, es über 30 cm zur anderen Hand bringen, die gleichzeitig über 20 cm entgegen kommt, um es dann mit beiden Händen zum Einbauort zu bringen.

Nr.	Bezeichnung	A · H	Kode	TMU		Kode	A · H	Bezeichnung
	zum Rohr		R40B	15	6			
			G1A	2	0			
	zur rechten Hand		M30B	13	3	[R20B		zum Rohr
				2	0	G1A		
	zum Einbauort		M...			M...		zum Einbauort

MTM-1 Regel 12 Sind vermischt liegende Gegenstände so groß, dass sie wie ein allein liegender Gegenstand zu greifen sind, wird für das Greifen kein »G4A«, sondern ein »G1A« angesetzt.

Beispiel: Über 40 cm Aufnehmen einer Kugel Ø 80 mm aus einem Behälter.

Nr.	Bezeichnung	A · H	Kode	TMU		Kode	A · H	Bezeichnung
				15	6	R40B		zum Teil
				2	0	G1A		

Loslassen

Loslassen ist die Grundbewegung, bei der die mit den Fingern oder der Hand ausgeübte Kontrolle über einen Gegenstand aufgegeben wird.

Einflussgröße und Kodierung beim Loslassen

Die Zeiteinflussgröße ist der Bewegungsfall.

1. Loslassen Fall 1: Loslassen durch Öffnen der Finger, z. B. wenn ein Gegenstand zuvor mit einem Aufnahme- oder Auswahlgriff unter Kontrolle gebracht wurde.
2. Loslassen Fall 2: Loslassen durch Aufheben des Kontaktes, z. B. wenn ein Gegenstand zuvor mit einem Berührungsgriff unter Kontrolle gebracht wurde.

Die auf dieser Einflussgröße basierende Kodierung lautet:

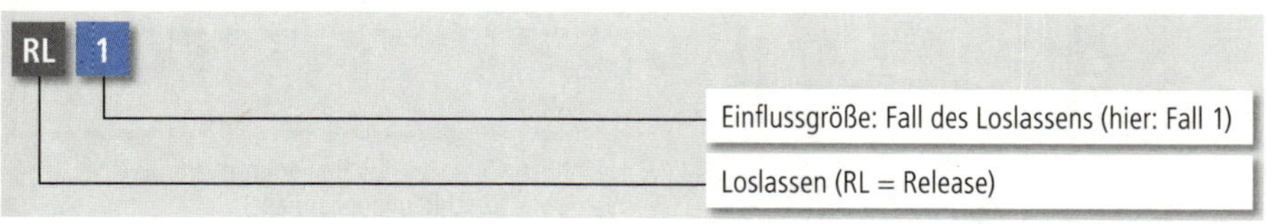

Anwendungsregel und Beispiel zum Loslassen

Beim Loslassen gibt es eine Anwendungsregel:

MTM-1 Regel 13 Bei einer Wurfbewegung (»M-B«) erfolgt das Loslassen während des Bewegungsverlaufs und wird zeitlich nicht berücksichtigt.

Beispiel: Teil über 60 cm in einen Behälter abwerfen.

Nr.	Bezeichnung	A · H	Kode	TMU		Kode	A · H	Bezeichnung
				20	4	(M60B		Teil zum Behälter
						~~(RL1~~		

6.3.2 Bewegungsfolge Platzieren

Die Bewegungsfolge *Platzieren* steht für den Transport eines Gegenstandes zu einem Zielort. Wenn dort keine zu große Zielgenauigkeit gefordert wird, ist dieser Transport durch ein Bringen abzubilden. Werden an die Zielgenauigkeit und die Zielerfordernisse erhöhte Anforderungen gestellt, ist darüber hinaus ein Fügen vorzusehen.

Bringen

Bringen ist die Grundbewegung, bei der mit den Fingern oder der Hand ein oder mehrere Gegenstände zu einem Zielort bewegt werden. Beginn und Ende des Bringens werden durch den mit der Bewegungslänge definierten Anfangs- und Endpunkt festgelegt.

Einflussgrößen und Kodierung beim Bringen

Die Zeiteinflussgrößen sind:

- Bewegungslänge in cm,
- Bewegungsfall,
- Typ des Bewegungsverlaufs,
- Kraftaufwand in daN/Gewicht in kg.

Die Kodierung lautet:

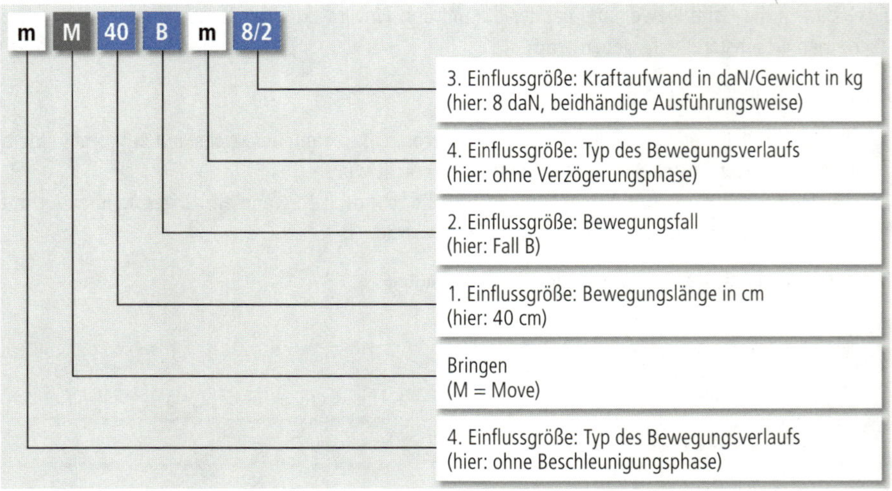

Die Einflussgröße *Bewegungslänge* wurde im Abschnitt 6.2.1 behandelt. Beim Bringen gelten die beim Hinlangen angeführten Anwendungsregeln 1 (Extrapolation) und 2 (Körperhilfe).

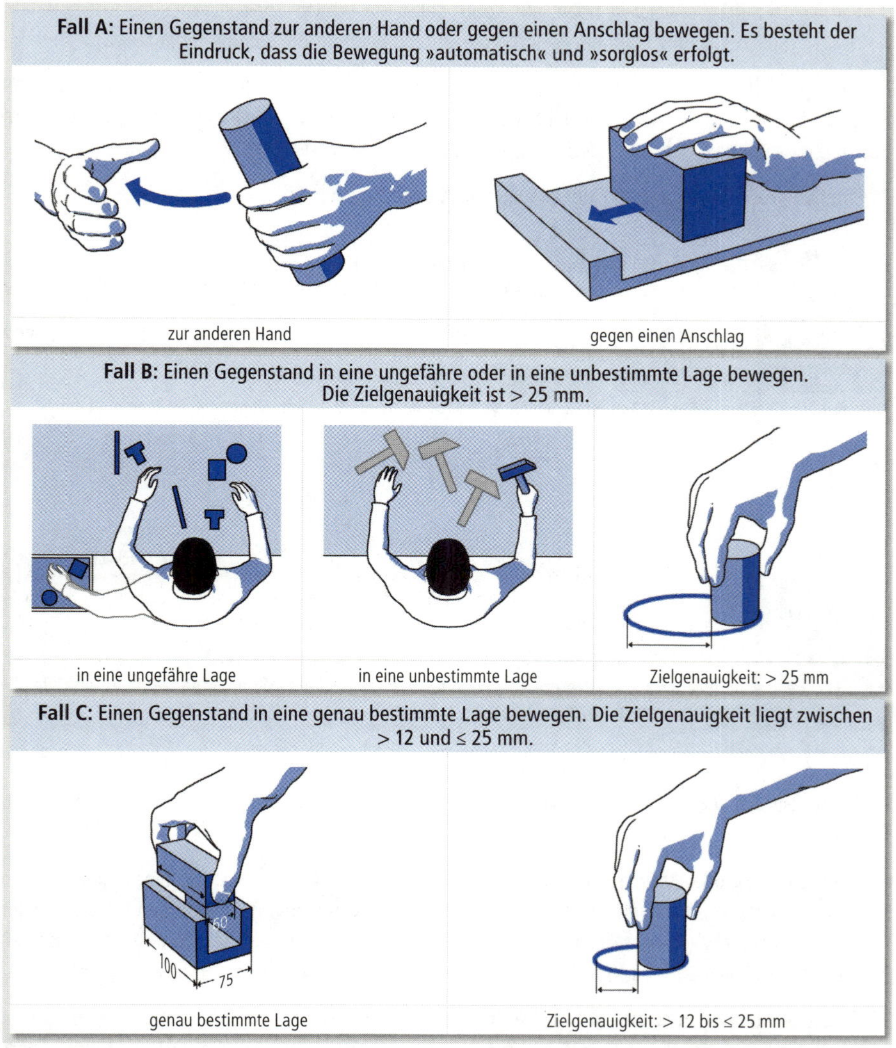

Abbildung II-219 Die drei Bewegungsfälle beim Bringen

Mit der Einflussgröße *Bewegungsfall* wird der im Abschnitt 6.2.1 behandelte Kontrollaufwand berücksichtigt. Abbildung II-219 ist zu entnehmen, wodurch sich die drei Bewegungsfälle unterscheiden. In Bezug auf den *Kontrollgrad* (vgl. Abbildung II-206) unterscheiden sie sich beim Bringen wie folgt:

1. Fall A: Der Kontrollgrad ist gering, die Kontrollaktivität beschränkt sich auf eine muskuläre Kontrolle.
2. Fall B: Der Kontrollgrad ist mäßig, die Kontrollaktivität schließt eine visuelle Kontrolle am Zielort, bei sehr kurzen Bewegungslängen auch am Startort, ein.[398]

398 Die Normzeitwerte für das Bringen M-A liegen bis zu einer Bewegungslänge von 35 cm unter denen für das Bringen M-B, bedingt durch den vorstehend beschriebenen Unterschied beim Kontrollaufwand. Bei darüber hinausgehenden Bewegungslängen ist das nicht mehr der Fall, weil dann am Bewegungsende ein Ausmaß an Vorsicht notwendig ist, der über die »einfache Verzögerung durch entgegenwirkende Muskelgruppen« (vgl. Abbildung II-209) hinausgeht.

3. Fall C: Der Kontrollgrad ist hoch, die Kontrollaktivität schließt eine gedankliche Kontrolle am Startort, häufig auch am Zielort, gelegentlich auch im Bewegungsverlauf, ein.

Abbildung II-219 ist zu entnehmen, dass die Zielgenauigkeit von Bringbewegungen auf ein Spiel > 12 mm begrenzt ist. Ist am Zielort eine darüber hinausgehende Genauigkeit erforderlich, wird dem dadurch entsprochen, dass nach dem Bringen ein Fügen analysiert wird.

Anwendungsregeln und Beispiel zum Bringen bezüglich der Einflussgröße Bewegungsfall

Zur Einflussgröße Bewegungsfall gibt es folgende Anwendungsregeln:

MTM-1 Regel 14	Bewegungsfall »A« wird beim Bringen eines Gegenstandes zur anderen Hand nur dann analysiert, wenn der Griffabstand ≤ 7,5 cm ist. Bei größeren Griffabständen wird der Bewegungsfall »B« analysiert (vgl. Regel 3).
MTM-1 Regel 15	Ist ein Gegenstand mit Hilfe von Werkzeugen, z. B. Pinzette oder Zange, unter Kontrolle zu bringen, wird das nicht als Greifen, sondern als Bringen analysiert.

Beispiel: Mit einer Pinzette über 20 cm einen Hohlniet (Ø 5 × 2 mm) erfassen, der mit anderen vermischt liegt.

Nr.	Bezeichnung	A · H	Kode	TMU		Kode	A · H	Bezeichnung
				11	7	(M20C		Pinzette zum Niet
						~~(G2~~		
				14	7	P1SSD		Platzmangel
				2	0	M2A		Pinzette schließen

MTM-1 Regel 16	Erfolgt im Verlauf des Bringens eine Richtungsänderung, die nahezu oder gänzlich zu einem Bewegungsstopp führt, sind zwei hintereinander erfolgende Bringbewegungen zu analysieren.
MTM-1 Regel 17	Wird eine Hand als Werkzeug verwendet, z. B. zum Falzen oder Klopfen, wird das mit Hilfe von Bringbewegungen analysiert.

Zur Einflussgröße *Typ des Bewegungsverlaufs* gelten sinngemäß die beim Hinlangen angeführten Hinweise.

Mit der Einflussgröße *Kraftaufwand/Gewicht*[399] wird berücksichtigt, dass Bringbewegungen, bei denen ein Gegenstand mit einem Kraftaufwand > 1 daN/Gewicht > 1 kg gehoben, gezogen oder geschoben wird, zeitverzögert verlaufen. Um dem zu entsprechen, werden in der Datenkarte zu MTM-1 in Abhängigkeit vom Kraftaufwand in daN/Gewicht in kg zwei Daten ausgewiesen:

1. Statische Komponente: die statische Komponente SC (SC = static component) zum Kraftaufbau, unabhängig von der Bewegungslänge. Zur Bestimmung der Sollzeit für die statische Komponente wurde eine Regressionsgleichung ermittelt:

   $$\text{K-Wert (TMU)} = 0{,}475 + 0{,}7685 \cdot x$$

   mit: x = Kraftaufwand in daN/Gewicht in kg

   Diese Regressionsgleichung liegt den in der Datenkarte tabellierten Werten zu Grunde. In der Spalte »SC« wird der Zeitwert in TMU ausgewiesen, der in einer separaten Zeile als eigenständiges Element in der MTM-Analyse angeführt wird. Bei z. B. 8 daN wird »SC8« analysiert und dafür 5,8 TMU verwendet.

2. Dynamischer Faktor W: die dynamische Komponente zur Krafthaltung während des Bewegungsverlaufs, in Form eines Faktors, der mit dem Zeitwert für das Bringen multipliziert und an den Bringbewegungs-Kode angehängt wird. Die Sollzeit für die dynamische Komponente steigt pro-

399 Der MTM-1-Datenkarte ist zu entnehmen, dass der Kraftaufwand in daN/kg-Stufen tabelliert ist und in der Normzeitwertkarte die oberen Grenzwerte enthalten sind.

portional mit der Erhöhung des Gewichts bzw. Kraftaufwands. Für die Bestimmung der Sollzeit wurde folgende Regressionsgleichung entwickelt:

$$\text{W-Wert (TMU)} = y\,(1 + 0{,}0243 \cdot x)$$

mit: y = Normzeitwert für die Bringbewegung,
x = Gewicht in kg oder Kraftaufwand in daN

Bei M50B und 5 kg Gegenstandsgewicht ergibt sich für »M50B5« folgender Normzeitwert:[400]

$$18{,}0\,(1 + 0{,}0243 \cdot 5) = 18{,}0 \cdot 1{,}12 = 20{,}2 \text{ TMU}$$

Der in der MTM-1-Datenkarte angeführte Kraftaufwand/Gewicht bezieht sich auf einhändige Arbeitsweise. Wird ein Gewicht beidhändig bewegt, verteilt man den Kraftaufwand auf beide Hände (vgl. das Beispiel zu Regel 19). Liegt der Kraftaufwand/Gewicht zwischen zwei auf der Karte angegebenen Gewichts- bzw. Kraftaufwandsklassen, so wird der nächsthöhere Wert für die Zeitbestimmung gewählt.

Anwendungsregeln und Beispiele zum Bringen bezüglich der Einflussgröße Kraftaufwand

Zur Einflussgröße Kraftaufwand gibt es folgende Anwendungsregeln:

MTM-1 Regel 18

Ganzzahlige Werte sind in die Kodierung und Bezeichnungsspalte einzutragen. Dezimalzahlen sind auf eine ganze Zahl aufzurunden und so in die Kodierung einzutragen, während in der Bezeichnungsspalte der Dezimalwert eingetragen wird.

Beispiel: Ein leicht zu greifender Behälter (Gewicht 2,1 kg) wird mit der rechten Hand über 30 cm aufgenommen und über 60 cm auf einen Arbeitstisch gestellt.

Nr.	Bezeichnung	A · H	Kode	TMU		Kode	A · H	Bezeichnung
				12	8	R30B		zum Behälter
				2	0	G1A		
				2	8	SC3		Gewicht 2,1 kg
				21	8	M60B3		Behälter auf Tisch

MTM-1 Regel 19

Bei beidhändiger Arbeitsmethode wird pro Hand nur die Hälfte des Gewichtes berücksichtigt, wenn sich die Last gleichmäßig auf beide Hände verteilt, d. h. in der Kodierung steht das »Gesamtgewicht/2« und zur Ermittlung des Zeitwerts wird das Gewicht durch 2 geteilt und dann der entsprechende Wert auf der Datenkarte ausgewählt.

Beispiel: Ein Maschinenteil mit einem Gewicht von 15 kg wird nach dem Lösen der Befestigungsteile mit beiden Händen auf dem Werkzeugschrank abgestellt (Bewegungslänge 70 cm).

Nr.	Bezeichnung	A · H	Kode	TMU		Kode	A · H	Bezeichnung
			SC15/2	5	8	SC15/2		Gewicht 15 kg
	Teil abstellen		M70B15/2	26	7	M70B15/2		Teil abstellen

MTM-1 Regel 20

Wenn sich bei einem Bringen mit einem Gewicht > 1 kg bzw. einem Kraftaufwand > 1 daN das Gewicht bereits unter Kontrolle befindet, darf die statische Komponente nicht nochmals analysiert werden.

Beispiel: Ein Kolben mit einem Gewicht von 6 kg wird aus einem Zylinder herausgehoben und danach seitwärts abgelegt. Durch den Gewichtseinfluss führt der notwendige Richtungswechsel fast zu einem Stillstand der Bewegung. Beide Bewegungslängen 30 cm.

Nr.	Bezeichnung	A · H	Kode	TMU		Kode	A · H	Bezeichnung
				4	3	SC6		Gewicht 6 kg
				14	9	M30B6		aus Zylinder
				14	9	M30B6		ablegen

400 Vgl. Raphael, D. L.: A Study of Arm Movements Involving Weight (Report 108). Pittsburgh: MTM Association for Standards and Research, 1955.

Fügen

Fügen ist die Grundbewegung, bei der mit den Fingern oder der Hand ein Gegenstand in einen anderen eingesteckt oder an einen anderen angelegt wird.[401] Der Beginn des Fügens liegt in der Modellbetrachtung nach der Beendigung der vorhergehenden Bringbewegung. Es endet mit dem Beginn der folgenden Grundbewegung.

Zeiteinflussgrößen und Kodierung beim Fügen

Die Zeiteinflussgrößen sind:

- Passungsklasse,
- Symmetriefall,
- Handhabung.

Die auf dieser Einflussgrößenkonstellation basierende Kodierung lautet:

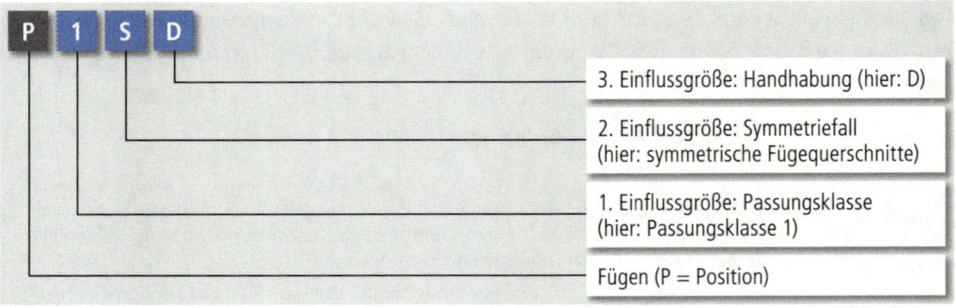

Abbildung II-220 ist der Unterschied zwischen dem *Anfügen* und *Einfügen* zu entnehmen. Dieser liegt nur im Handhaben der *Passungsklasse*.

Bei den beiden anderen Einflussgrößen, Symmetriefall und Handhabung, wird bei beiden Fügearten gleich verfahren. Ferner sind die Bewegungsphasen[402] beim Einfügen dargestellt, wobei Zentrieren und Ausrichten meist nicht sequenziell, sondern phasenüberlappt verläuft.

Die Behandlung der Einflussgröße Passungsklasse beim Ein- und Anfügen ist der Abbildung II-219 zu entnehmen. Beim Einfügen ist der Kraftaufwand, beim Anfügen die Anfügetoleranz maßgebend. Da die Zielgenauigkeit der Bringbewegung M-C >12 mm ist, liegt ein Fügen erst dann vor, wenn diese ≤ 12 mm ist. Beim Bestimmen der Passungsklasse zum Einfügen dürfen keine Zieltoleranzen wie beim Anfügen verwendet werden. Ist trotz geringster Zieltoleranz keine Druckausübung erforderlich und keine Verzögerung erkennbar, liegt die Passungsklasse P1 vor. Wie den Fügen-Modellen (»Theorie des Fügens«) in Abbildung II-223 zu entnehmen ist, bildet der Fall P1SE den »Basisfall« des Fügens. Erst wenn durch Druckanwendung und Asymmetrie weitere Dreh- und Drückbewegungen und durch erschwerte Handhabung Nachgreifbewegungen erforderlich werden, führt das zu aufwändigeren Fügefällen.

401 Vgl. Raphael, D.L.: A Study of Positioning Movements. I. The General Characteristics. II. Special Studies Supplement (Report 118). Pittsburgh: MTM Association for Standards and Research, 1957. Deutsche Fassung: Eine Studie der Fügebewegungen I und II, hrsg. von der Deutschen und Schweizerischen MTM-Vereinigung, 1962. Raphael, D.L.; Clapper, G.C.: A Study of Positioning Movements. III. Application to Industrial Work Measurement. (Report 119). Pittsburgh: MTM Association for Standards and Research, 1957. Deutsche Fassung: Eine Studie der Fügebewegungen III, hrsg. von der Deutschen und Schweizerischen MTM-Vereinigung, 1963.

402 Dieses Phasenschema liegt auch dem »Modell für das Einfügen« bzw. der »Theorie des Fügens« zu Grunde, das eine Analogie zu den »Modellen für das Greifen« darstellt. Vgl. dazu Antis, W.; Honeycutt, J.M.; Koch, E.N.: a.a.O., 1992, S. 118.

Anfügen	Einfügen
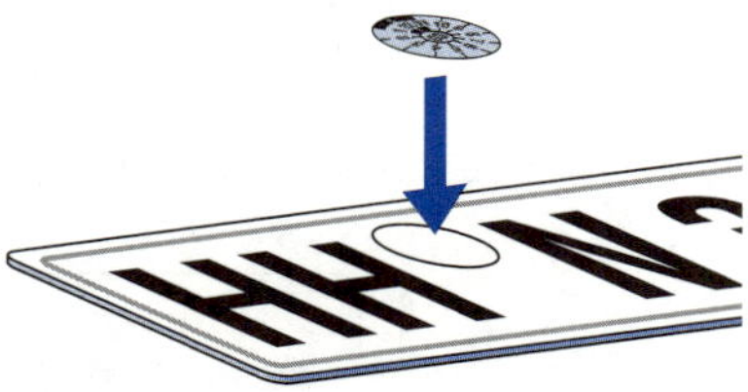	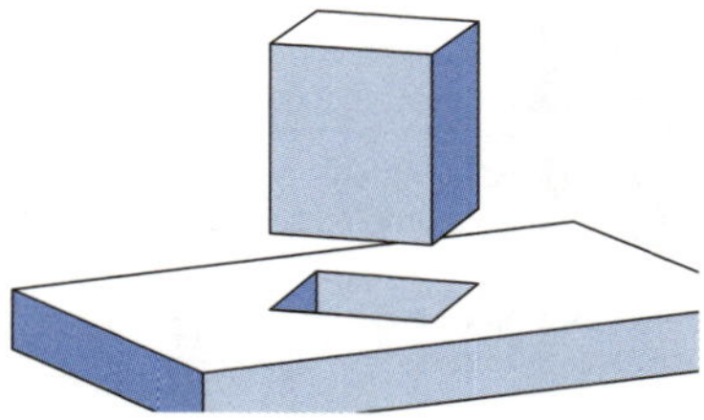
Gegenstand an einen anderen heranschieben, anlegen oder ansetzen	Gegenstand in einen anderen einstecken

mögliche Bewegungsphasen beim Einfügen		
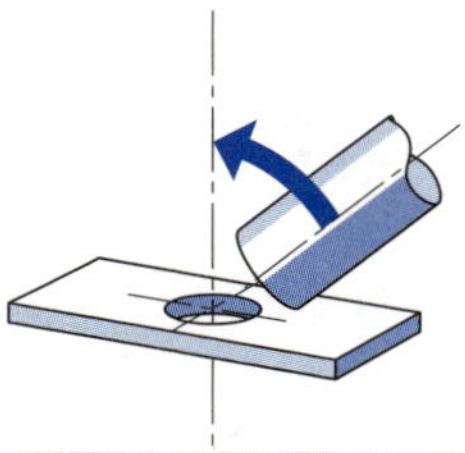	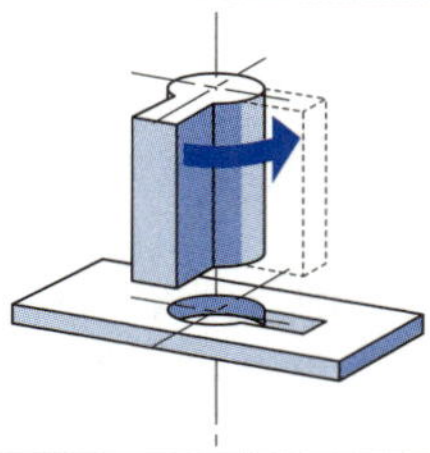	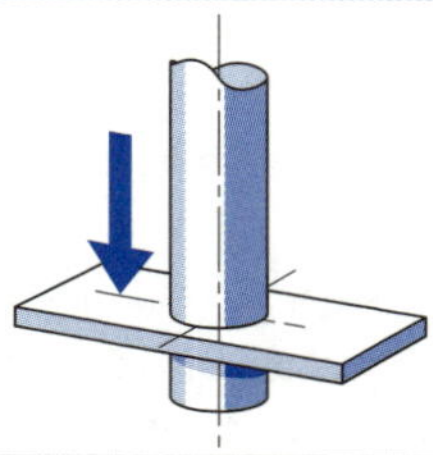
Zentrieren: Entstehen einer gemeinsamen Fügeachse, ist stets erforderlich	Ausrichten: um die gemeinsame Fügeachse drehen, bis die Fügequerschnitte deckungsgleich sind, tritt nicht bei symmetrischen Fügequerschnitten auf	Ineinander setzen: ineinander schieben der zu fügenden Gegenstände, ist stets erforderlich

Abbildung II-220 Die Fügearten und die Bewegungsphasen beim Einfügen

Einfügen			
Passungsklasse	P1	P2	P3
Pasung (Fügetiefe bis 2,5 cm)	lose	eng	fest
	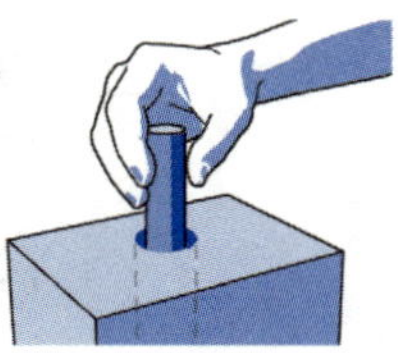	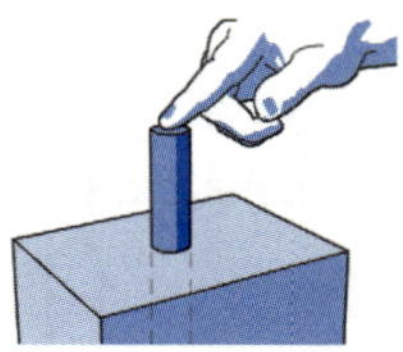	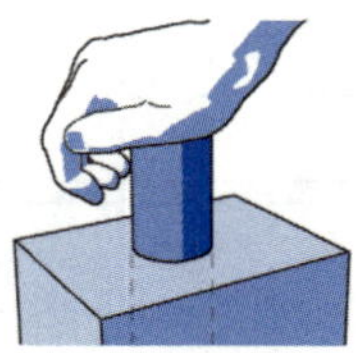
erforderlicher Kraftaufwand	kein Druck – Gegenstände fallen ineinander	leichter Druck – Gegenstände fallen nicht mehr ineinander	starker Druck – Gegenstände werden von Hand ineinandergepresst
Bewegungs-verlauf	fließende, kaum erkennbare Verzögerung	nicht mehr fließend, deutlich erkennbare Verzögerungen	
Anfügen			
Passungsklasse	P1	P2	P3
Anfügetoleranz	von: > ± 1,5 mm bis: ≤ ± 6,0 mm	von: > ± 0,4 mm bis: ≤ ± 1,5 mm	von: 0 mm bis: ≤ ± 0,4 mm
Anfügespiel	von: > 3,0 mm bis: ≤ 12,0 mm	von: > 0,8 mm bis: ≤ 3,0 mm	von: 0 mm bis: ≤ 0,8 mm

Abbildung II-221 Behandlung der Passungsklasse beim Fügen

Anwendungsregeln und Beispiel zum Fügen bezüglich der Einflussgröße Passungsklasse

Zur Einflussgröße Passungsklasse gibt es zwei Anwendungsregeln:

MTM-1 Regel 21	Fügetiefen > 2,5 cm müssen durch zusätzliche Analyse von Bring- bzw. Bring- und Fügebewegungen berücksichtigt werden.
MTM-1 Regel 22	Ist im Anschluss an das Fügen ein Kraftaufwand erforderlich, ist dieser durch ein zusätzliches Drücken zu analysieren.

Beispiel:
Auf einen Filzschreiber wird eine Schutzkappe aufgesteckt.

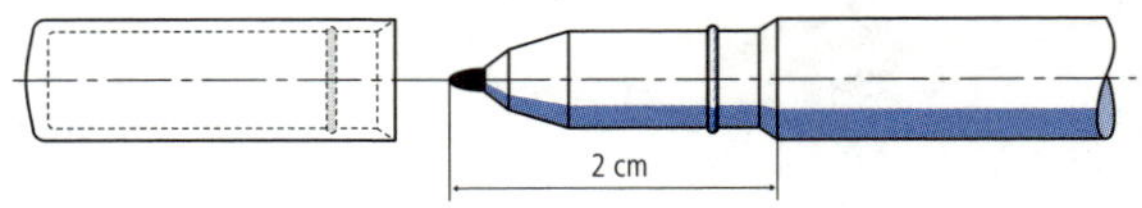

Nr.	Bezeichnung	A · H	Kode	TMU		Kode	A · H	Bezeichnung
				15	1	(M30C		aufstecken
						~~(G2~~		
				5	6	P1SE		
				10	6	APA		andrücken

Die Einflussgröße *Symmetriefall* wird mit Hilfe von Abbildung II-222 verdeutlicht. Sie steht für den beim Ausrichten zusätzlich erforderlichen Bewegungsaufwand. Da es sich um Flächensymmetrien[403] handelt, gelten die Regeln für Ein- und Anfügen in gleicher Weise. Unsymmetrisches Fügen wird selten analysiert, weil zu fügende Gegenstände bei genügend großer Bringbewegungslänge bereits im Verlauf der Bringbewegung vorzurichten sind.

symmetrisch (S = symmetrical)	halbsymmetrisch (SS = semi-symmetrical)	unsymmetrisch (NS = non-symmetrical)
die Fügequerschnitte ermöglichen ein Fügen in jeder Stellung	die Fügequerschnitte ermöglichen ein Fügen in mehreren Stellungen	die Fügequerschnitte ermöglichen ein Fügen in nur einer Stellung
kein Ausrichten erforderlich	Ausrichten erforderlich (Annahme: mittlerer Drehwinkel 45°)	Ausrichten erforderlich (Annahme: mittlerer Drehwinkel 75°)

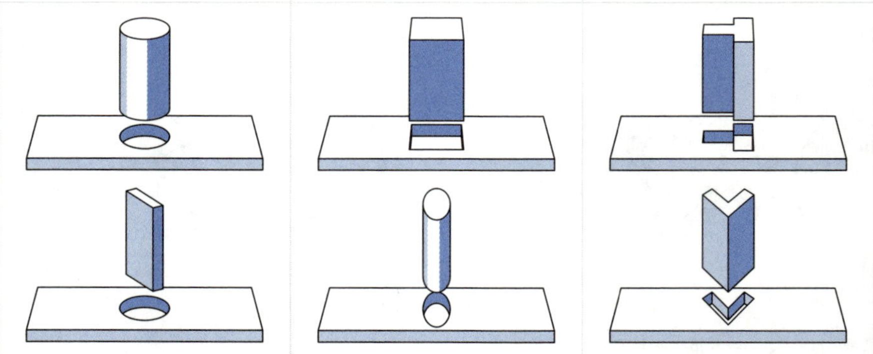

Abbildung II-222 Behandlung der Symmetriefälle beim Fügen

403 Der hier verwendete Symmetriebegriff entspricht nicht dem in der Umgangssprache und in der Geometrie üblichen Begriffsverständnis.

Zur Einflussgröße Symmetriefall gibt es folgende Anwendungsregel:

Anwendungsregel zum Fügen bezüglich der Einflussgröße Symmetriefall

MTM-1 Regel 23 Das Einfügen der Hand oder der Finger ist immer als symmetrisches Fügen »S« zu analysieren. Die vorangehende Bewegung wird in diesem Fall immer als ein »M - C« analysiert.

Bei der Einflussgröße *Handhabung* wird zwischen einfach (E = easy) und schwierig (D = difficult) unterschieden. Schwierige Handhabung liegt vor, wenn

1. erschwerende Arbeitsumstände vorliegen wie
   - Fingerversetzen während des Fügens,
   - Sichtbehinderung an der Fügestelle,
   - Behinderung durch Platzmangel an der Fügestelle,
   - Griffabstand > 7,5 cm.
2. Erschwernisse durch Form, Beschaffenheit und Gewicht der Gegenstände vorliegen, wie
   - Verletzungsgefahr (z. B. scharfkantige Teile),
   - Beschädigungsgefahr (z. B. zerbrechliche Teile),
   - extrem glatte oder flexible Teileoberfläche,
   - Teilegewicht > 1 kg.

Zur Einflussgröße Handhabung gibt es folgende Anwendungsregel:

Anwendungsregel und Beispiel zum Fügen bezüglich der Einflussgröße Handhabung

MTM-1 Regel 24 Ist die Fügestelle nicht einzusehen (sog. blindes Fügen), sind die wirklichen Grundbewegungen zu analysieren.

Beispiel: Eine Abdeckplatte über 50 cm mit einem in der Mitte befindlichen Loch auf einen Zentrierstift fügen, der bereits gegen Ende der Bringbewegung nicht mehr einzusehen ist. Für den zusätzlichen Bewegungsaufwand werden 4 M4C-Bewegungen vorgesehen.

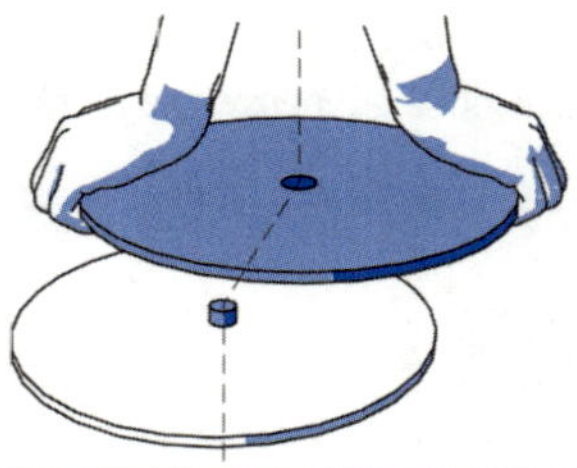

Nr.	Bezeichnung	A · H	Kode	TMU		Kode	A · H	Bezeichnung
	Abdeckplatte zum Stift		M50C	21	8	M50C		Unterstützung linke Hand
	Stift suchen	4	M4C	18	0	M4C	4	Unterstützung linke Hand
	Abdeckplatte auf Stift		P1SE	5	6	P1SE		Unterstützung linke Hand

Abbildung II-223 sind die Fügen-Modelle (»*Theorie des Fügens*«) für das Einfügen zu entnehmen. Anders als bei den Greifmodellen wurde in den experimentellen Untersuchungen zum Fügen der Basiswert P1SE ermittelt, das ist der einfachste, elementare Fügefall. Alle weiteren Fügefälle, bei denen engere Passungsklassen, Asymmetrien und schwierige Handhabung vorkommen, wurden durch Addition weiterer Grundbewegungen synthetisch ermittelt.

Füge-klasse	Symme-triefall	Hand-habung	Zentrieren/Grundbewegung	Norm-zeitwert
P1	S	E	Z	5,6
		D	Z + G2	11,2
	SS	E	Z + T45S	9,1
		D	Z + T45S + G2	14,7
	NS	E	Z + T75S	10,4
		D	Z + T75S + G2	16,0
P2	S	E	Z + APA	16,2
		D	Z + APA + G2	21,8
	SS	E	Z + T45S + APA	19,7
		D	Z + T45S + APA + G2	25,3
	NS	E	Z + T75S + APA	21,0
		D	Z + T75S + APA + G2	26,6
P3	S	E	Z + APA + APA + APB	43,0
		D	Z + APA + APA + APB + G2	48,6
	SS	E	Z + T45S + APA + APA + APB	46,5
		D	Z + T45S + APA + APA + APB + G2	52,1
	NS	E	Z + T75S + APA + APA + APB	47,8
		D	Z + T75S + APA + APA + APB + G2	53,4

Abbildung II-223 Fügen-Modelle (»Theorie des Fügens«)

6.3.3 Weitere Bewegungen des Hand-Arm-Systems

Drücken (MTM-1)

Drücken ist die Grundbewegung, bei der durch die Finger, die Hand, seltener auch durch andere Körperteile ohne nennenswerte räumliche Bewegung Kraft[404] auf einen Gegenstand ausgeübt wird.[405]

Einflussgröße und Kodierung beim Drücken (MTM-1)

Die Zeiteinflussgröße ist der Bewegungsfall. Die auf dieser Einflussgröße basierende Kodierung lautet:

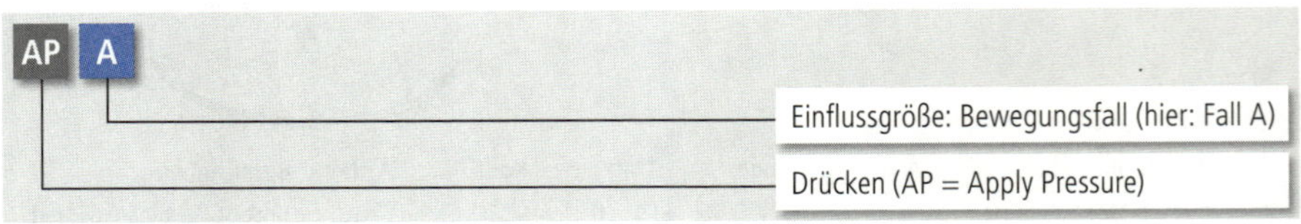

Beim *Bewegungsfall* »A« werden die Abbildung II-224 zu entnehmenden Komponenten berücksichtigt. Der Bewegungsfall »B« enthält ein zusätzliches Nachgreifen G2 und wird angewandt, wenn nur dadurch über den Gegenstand ausreichende Kontrolle zu erlangen ist.

404 Beim Bringen liegt bei der statischen Komponente ein Kraftaufwand vor, um so weit Kontrolle über einen Gegenstand zu erhalten, dass man ihn anschließend räumlich bewegen kann. Beim Drücken und Trennen befindet sich ein Gegenstand unter Kontrolle, und es ist nur ein Widerstand zu überwinden, ohne dass eine nennenswerte räumliche Bewegung stattfindet. Drücken und Trennen treten in der Fertigung sehr selten, im Werkzeug- und Vorrichtungsbau häufiger und in der Instandhaltung häufig auf. Vgl. Foulke, J. A.; Hancock, W. M.: Industrial Research on the MTM Element Apply Pressure (Report 111). Pittsburgh: MTM Association for Standards and Research, 1961.

405 Deutsche Fassung: Betriebliche Forschung über das MTM-Element »Drücken«, hrsg. von der Deutschen und Schweizerischen MTM-Vereinigung, 1963.

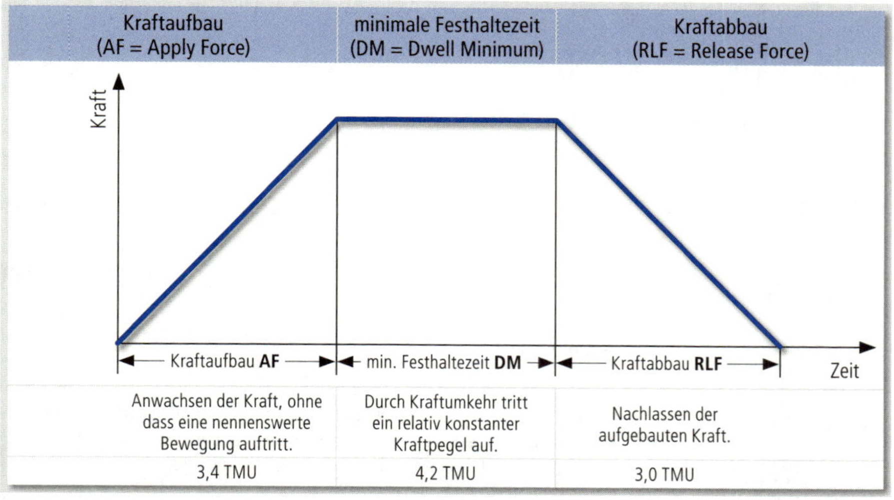

Abbildung II-224 Der Bewegungsfall »A« beim Drücken

Zum Drücken gibt es eine Anwendungsregel:

Anwendungsregel zum Drücken (MTM-1)

MTM-1 Regel 25	Wenn die Komponenten AF, DM und RLF nicht in definierter Weise auftreten, wird jede Komponente einzeln analysiert.

Trennen (MTM-1)

Trennen[406] ist die Grundbewegung, bei der durch die Finger oder die Hand die Verbindung zwischen zwei Gegenständen gelöst und ein Widerstand plötzlich aufgehoben wird[407].

Einflussgrößen und Kodierung beim Trennen (MTM-1)

Die Zeiteinflussgrößen sind:

1. Passungsklasse,
2. Handhabung.

Die auf dieser Einflussgrößenkonstellation basierende Kodierung lautet:

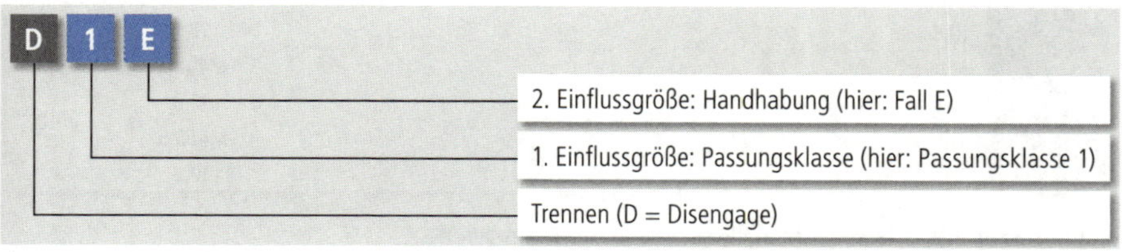

406 Vgl. Biel-Nielsen, E.; Lang, A. M.: Preliminary Research Report on Disengage (Report 101). Pittsburgh: MTM Association for Standards and Research, 1951.

407 Das kennzeichnende Merkmal beim Trennen ist ein Rückschlag, der auftritt, wenn die Verbindung zwischen den zu trennenden Gegenständen aufgehoben wird, wie es typischerweise beim Herausziehen eines Korkens aus einer Flasche auftritt.

Bei der Einflussgröße *Passungsklasse* wird zwischen drei Passungsklassen[408] unterschieden:

- D1 – lose Passung: geringer Rückschlag bis ca. 2,5 cm,
- D2 – enge Passung: leichter Rückschlag bis ca. 12 cm,
- D3 – feste Passung: starker Rückschlag, bis ca. 30 cm.

Bei der Einflussgröße *Handhabung* wird zwischen einfach und schwierig unterschieden:

1. Einfache Handhabung (E = easy) liegt vor, wenn die Finger beim Trennvorgang nicht verschoben werden, keine besondere Vorsicht erforderlich und die Rückschlagbewegung nicht behindert ist.
2. Schwierige Handhabung (D = difficult) liegt vor, wenn die Bedingungen für einfache Handhabung nicht erfüllt sind.

Anwendungsregeln zum Trennen (MTM-1)

Zum Trennen gibt es zwei Anwendungsregeln:

MTM-1 Regel 26	Bei Verletzungsgefahr für die Finger oder Beschädigungsgefahr für den Gegenstand wird in die nächst höhere Passungsklasse analysiert. Liegt bereits die Passungsklasse »3« vor, ist die Methode zu ändern und die zusätzlichen Bewegungen sind zu analysieren.
MTM-1 Regel 27	Tritt beim Trennen ein Verkanten eines Gegenstandes auf, wird beim »D2« zusätzlich ein »G2« und beim »D3« zusätzlich ein »APB« analysiert.

Abbildung II-225 sind die Trennen-Modelle (»Theorie des Trennens«) zu entnehmen.

Trennen	Modelle des Trennens – Lösen der Verbindung	Modelle des Trennens – Rückschlag	Normzeitwert TMU
D1E		M9Bm 4,0	= 4,0
D1D	M2B 2,0	+ M9Bm 4,0	= 5,7
D2E		M22Bm 7,6	= 7,5
D2D	RL2 0,0 + R2A 2,0 + G5 0,0 + M2B 2,0	+ M22Bm 7,6	= 11,8
	RL2 0,0 + R2A 2,0 + G5 0,0 + M2B 2,0 + RL2 0,0 + R2A 2,0 + G5 0,0	+ M22Bm 7,6	
D3E	APA 10,6	+ M40Bm 12,6	= 22,9
D3D	APA 10,6 + APA 10,6	+ M40Bm 12,6	= 34,7
	G2 5,6 + APA 10,6 + G2 5,6	+ M40Bm 12,6	

Abbildung II-225 Trennen-Modelle (»Theorie des Trennens«)

Drehen (MTM-1)

Drehen ist die Grundbewegung, bei der die Hand belastet oder unbelastet um die Längsachse des Unterarms bewegt wird.

Einflussgrößen und Kodierung beim Drehen (MTM-1)

Die Zeiteinflussgrößen sind:

- Drehwinkel,
- Kraftaufwand/Gewicht.

408 Die Passungsklassen beim Trennen sind nicht mit den Passungsklassen beim Fügen identisch.

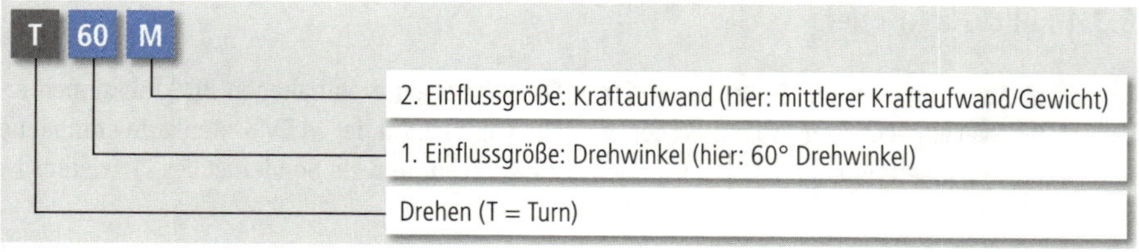

Die Einflussgröße *Drehwinkel* entspricht der Bewegungslänge beim Bringen und wird am Knöchel des Zeigefingers, Daumen oder kleinen Fingers bestimmt (vgl. Abbildung II-226).

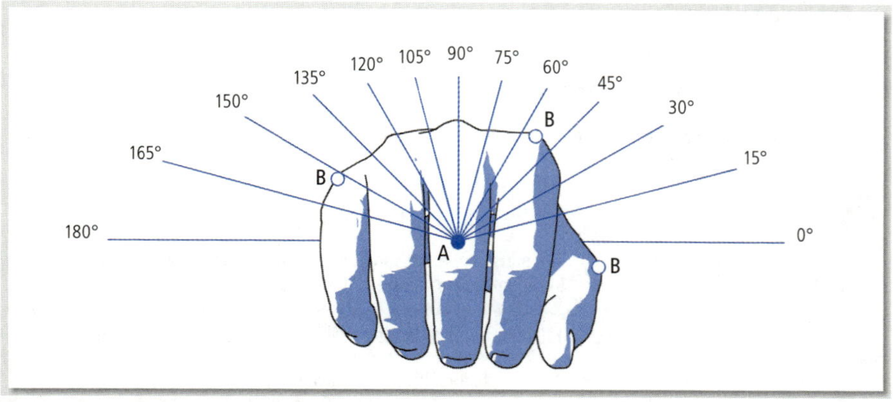

Abbildung II-226 Drehachse (A) und mögliche Messpunkte (B) für den Drehwinkel beim Prozessbaustein »Drehen«

Die Einflussgröße *Kraftaufwand/Gewicht* entspricht vom Prinzip her der gleichnamigen Einflussgröße beim Bringen. Sie ist in drei Bereiche gestuft:

1. Kleiner Kraftaufwand/Gewicht (S = small): ≤ 1 daN/kg.
2. Mittlerer Kraftaufwand/Gewicht (M = medium): > 1 daN/kg bis ≤ 5 daN/kg.
3. Großer Kraftaufwand/Gewicht (L = large): > 5 daN/kg bis ≤ 16 daN/kg.

Zum Drehen gibt es zwei Anwendungsregeln:

Anwendungsregeln und Beispiel zum Drehen (MTM-1)

MTM-1 Regel 28 Für Drehbewegungen der leeren Hand wird die Kraftaufwandsstufe »S« verwendet, das Symbol »S« jedoch nicht im Kode angeführt.

Beispiel: Drehen der leeren Hand um 60°.

Nr.	Bezeichnung	A · H	Kode	TMU		Kode	A · H	Bezeichnung
				4	1	T60		Hand drehen

MTM-1 Regel 29 Folgt dem Drehen ein Fügen, ist dazwischen noch eine kurze Bringbewegung »M-C« vorzusehen.

6.3.4 Blickfunktionen

In diesem Abschnitt werden die beiden in der MTM-1-Datenkarte enthaltenen Blickfunktionen erläutert, Blickverschieben und Prüfen. Ferner werden zwei nicht in der MTM-Datenkarte enthaltene Sonderfälle behandelt. Ein Sonderfall des Prüfens ist das Lesen, und ein Sonderfall des Platzierens ist das Schreiben.

Blickverschieben (MTM-1)

Blickverschieben ist die Grundbewegung, bei der die Blickachse von einer Stelle zu einer anderen Stelle verschoben wird. Das Blickverschieben kann in horizontaler und in vertikaler Richtung erfolgen. Die Formel zur Bestimmung der MTM-Normzeitwerte für das Blickverschieben ist Abbildung II-209 zu entnehmen.

Die Zeiteinflussgrößen[409] sind:

- Abstand zwischen den Blickpunkten T (= Target Separation) in cm,
- Abstand der Augen von der Verbindungslinie der Blickpunkte D (= Distance) in cm.

Die auf dieser Einflussgrößenkonstellation basierende Kodierung lautet:

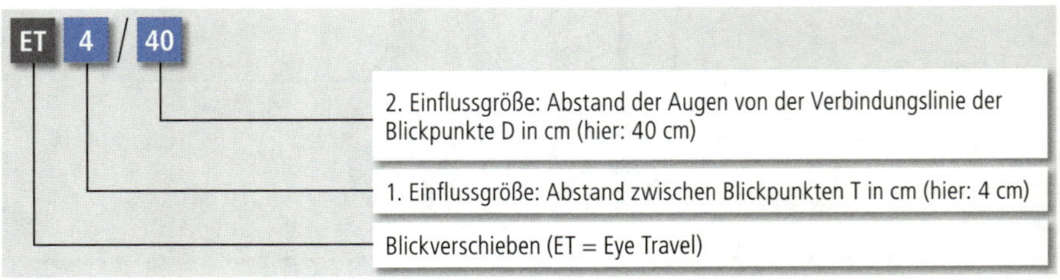

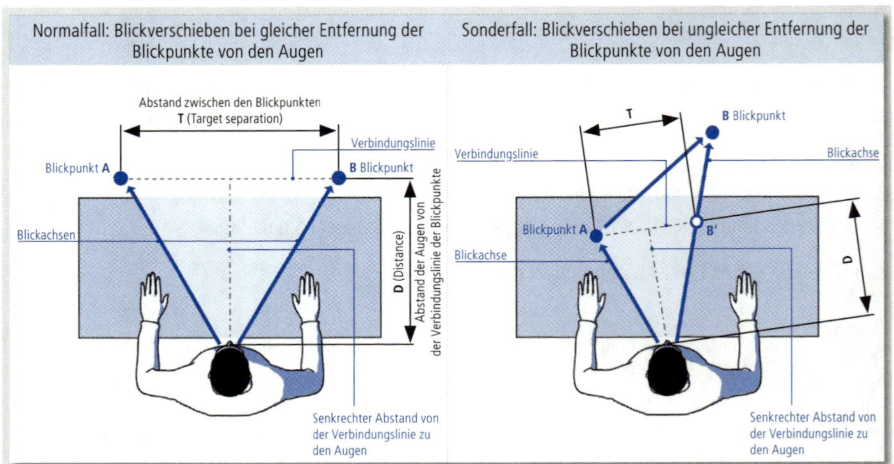

Abbildung II-227 Bestimmung der beiden Einflussgrößen-Ausprägungen beim Blickverschieben

In Abbildung II-227 ist im linken Bildteil der Normalfall dargestellt, wonach Ausgangs- und Endblickpunkt den gleichen Abstand zu den Augen haben. Im rechten Bildteil wird dargestellt, wie verfahren wird, wenn dabei ein ungleicher Abstand vorliegt.

409 Die maßgebende Einflussgröße ist eigentlich der Winkel der Blickachsen-Verschiebung. Da dieser in der Praxis schwer zu bestimmen ist, bildet man sie mit den beiden Abstandsmaßen T und D nach.

Der Zeitwert für das Blickverschieben wird mit folgender Formel ermittelt:

ET in TMU = 15,2 · (T/D)

mit: T = Abstand zwischen den Blickpunkten in cm

D = Abstand der Augen von der Verbindungslinie der Blickpunkte in cm

Der Blick ist ohne unterstützende Kopfbewegung um maximal 70 Grad zu verschieben. Für das Blickverschieben wurde ein Zeitwert von 0,285 TMU pro Grad ermittelt. Deshalb beträgt der maximale Normzeitwert für ein Blickverschieben 20 TMU.

Anwendungsregel zum Blickverschieben (MTM-1)

Für das Blickverschieben gibt es eine Anwendungsregel:

MTM-1 Regel 30	Blickverschieben wird nur dann als Grundbewegung analysiert, wenn es zeitbestimmend auftritt.

Prüfen (MTM-1)

Prüfen ist die Grundbewegung, bei der an einem Gegenstand ein binär ausgeprägtes, leicht erkennbares Merkmal innerhalb des normalen Blickfeldes mit den Augen zu prüfen und aufgrund des Prüfergebnisses eine Entscheidung zu treffen ist. Der MTM-Normzeitwert für das Prüfen ist Abbildung II-209 zu entnehmen.

Die Kodierung lautet:

EF — Prüfen (EF = Eye Focus)

Für das Prüfen gibt es folgende Anwendungsregeln:

MTM-1 Regel 31	Prüfen wird nur dann als Grundbewegung analysiert, wenn es zeitbestimmend auftritt.
MTM-1 Regel 32	Liegen innerhalb eines Blickfeldes mehrere Merkmale mit einer eigenen Ja-Nein-Entscheidung vor, müssen entsprechend viele Prüfen analysiert werden.

Lesen (MTM-1)

Einen Sonderfall des Prüfens stellt das *Lesen* dar. Als Lesen wird das mentale Erfassen von Fließtexten einschließlich des dabei notwendigen Blickverschiebens sowie das Erfassen von Einzelwörtern, Buchstaben, Ziffern und Sonderzeichen bezeichnet.[410] Es wird unterschieden zwischen

- Lesen pro Wort in einem Fließtext: 5,05 TMU[411] Lesezeit. Es gibt eine Anwendungsregel zum Lesen von Fließtexten, resultierend aus der Übertragung der Erkenntnisse zu englischsprachigen Texten auf deutschsprachige Texte.
- Lesen eines Einzelworts, bis zu drei Buchstaben, Ziffern, ein Zeichen: 7,3 TMU Lesezeit.

410 Diese Grundbewegung wurde nicht im Rahmen der Entwicklungsarbeiten für MTM-1 untersucht, sondern ist das Ergebnis eines der ersten MTM-Forschungsberichte (Report 102). Vgl. Lang, A. M.: Research Report on Standards for Reading Operations. Pittsburgh: MTM Association for Standards and Research, 1951.

411 Als Ergebnisse des vorstehend zitierten Forschungsberichts sind zu beachten: Es wurden englischsprachige Texte untersucht, die nicht schwer verständlich oder schlecht lesbar waren. Mit einem EF können 1,56 englischsprachige Wörter erfasst werden. Das Blickverschieben zwischen den Wörtern und Zeilen beträgt ca. 8 % der reinen Wörter-Erfassungszeit. Daraus ergibt sich die Lesezeit pro Wort: (7,3 TMU/1,56) · 1,08 = 5,05 TMU.

Anwendungsregeln zum Lesen (MTM-1)

Für das Lesen gibt es folgende Anwendungsregeln:

MTM-1 Regel 33	Wörter mit mehr als drei Silben werden als zwei Wörter analysiert. Satzzeichen werden nicht berücksichtigt.
MTM-1 Regel 34	Mit einem Prüfen können bis zu drei zusammenhängende Zeichen, Ziffern oder Buchstabenkombinationen erfasst werden, auch beim Vorkommen in einem zusammenhängenden Text.

Im Abschnitt 6.6 wird das MTM-Bausteinsystem »Sichtprüfen« erläutert, mit dem kompliziertere Prüfaufgaben zu planen sind.

6.4 Körper-, Bein- und Fußbewegungen

6.4.1 Übersicht

Körper-, Bein- und Fußbewegungen werden nach drei Kategorien unterschieden:

1. ohne Verlagerung der Körperachse (Fußbewegung und Beinbewegung),
2. mit Verschieben der Körperachse (Seitenschritt, Körperdrehung, Gehen),
3. mit Neigen der Körperachse (Beugen und Aufrichten, Bücken und Aufrichten, Knien und Aufrichten, Setzen und Aufrichten).

6.4.2 Bein- und Fußbewegungen

Fußbewegung (MTM-1)

Fußbewegung ist die Grundbewegung, bei der der Fuß nach oben oder nach unten abgekippt wird, mit dem Knöchel als Drehachse.

Die Zeiteinflussgröße ist der Bewegungsfall, die sich durch die Höhe des Kraftaufwands ausprägt. Die auf dieser Einflussgrößenkonstellation basierende Kodierung lautet:

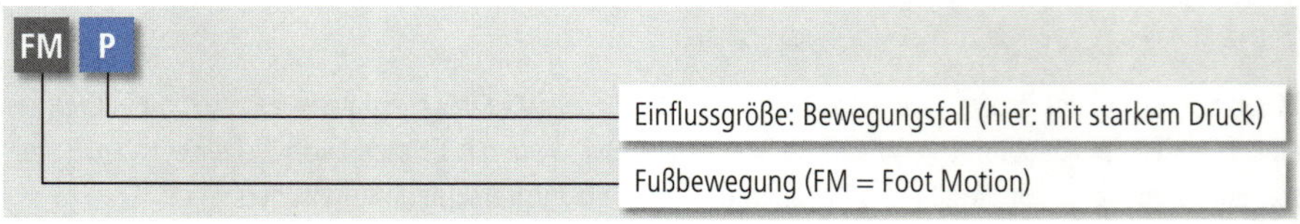

Es gibt eine Anwendungsregel zur Fußbewegung:

MTM-1 Regel 35	Die Bewegungslänge des Fußes ist auf 10 cm begrenzt. Bei größeren Bewegungslängen wird keine Fuß-, sondern eine Beinbewegung analysiert.

Beinbewegung

Beinbewegung ist die Grundbewegung, bei der das Bein vorwärts, rückwärts oder seitwärts um das Knie- oder Hüftgelenk bewegt wird, ohne die Körperachse zu verschieben, wie in Abbildung II-228 dargestellt.

Die Zeiteinflussgröße ist die Bewegungslänge. Die auf dieser Einflussgröße basierende Kodierung lautet:

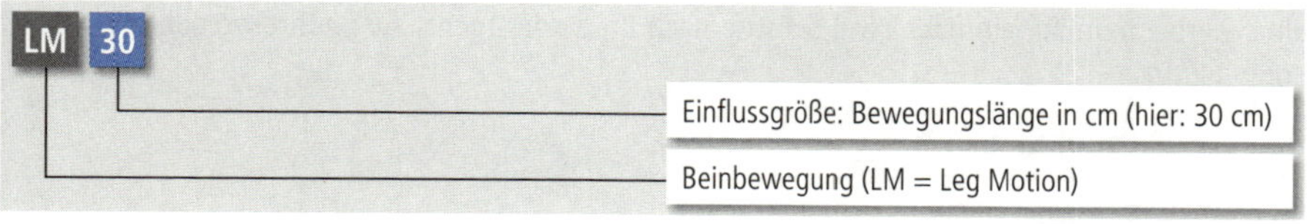

Beinbewegungen bis zu einer Entfernung[412] von 15 cm sind als Konstante im Zeitwert von 7,1 TMU enthalten. Für jeden weiteren Entfernungs-Zentimeter ist ein Zuschlag von 0,5 TMU anzusetzen.

Es gibt eine Anwendungsregel zur Beinbewegung:

MTM-1 Regel 36	Wird zusätzlich zur Beinbewegung Druck ausgeübt, ist ein zusätzliches »APA« zu analysieren.

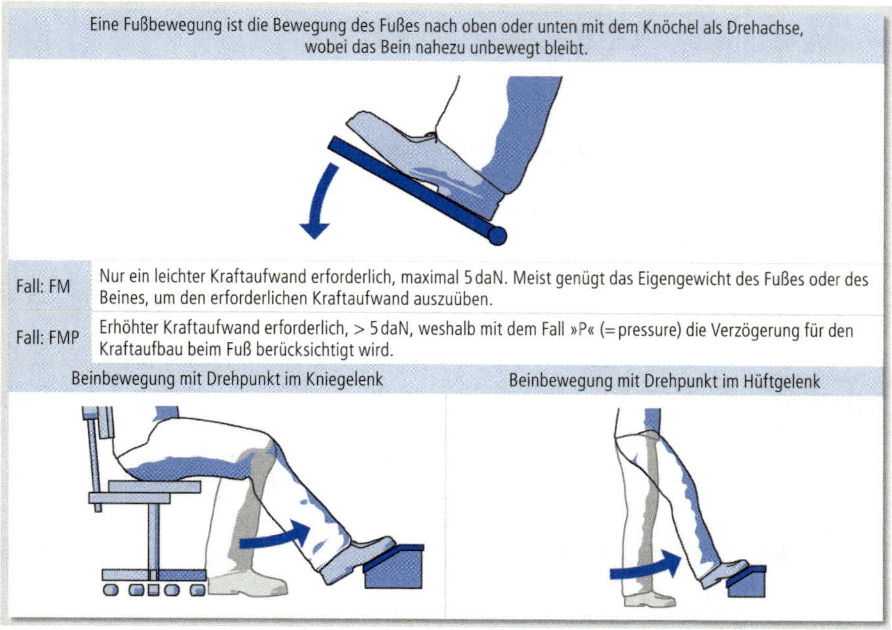

Abbildung II-228 Fälle der Fußbewegung und Beinbewegung

412 Als Bewegungslänge wird, wie beim Hinlangen und Bringen, der tatsächlich zurückgelegte Weg in cm angesetzt. Als Messpunkte werden der Knöchel, der Spann oder das Knie verwendet.

6.4.3 Körperbewegungen mit Verschieben der Körperachse

Seitenschritt

Seitenschritt ist die Grundbewegung, bei der unter seitlicher Verschiebung der Körperachse, jedoch ohne Körperdrehung, ein oder zwei Schritte nach links oder rechts ausgeführt werden (vgl. Abbildung II-229).

Einflussgrößen und Kodierung beim Seitenschritt

Die Zeiteinflussgrößen sind:

- Bewegungslänge[413] in cm,
- Bewegungsfall (C1, C2).

Die auf dieser Einflussgrößenkonstellation basierende Kodierung lautet:

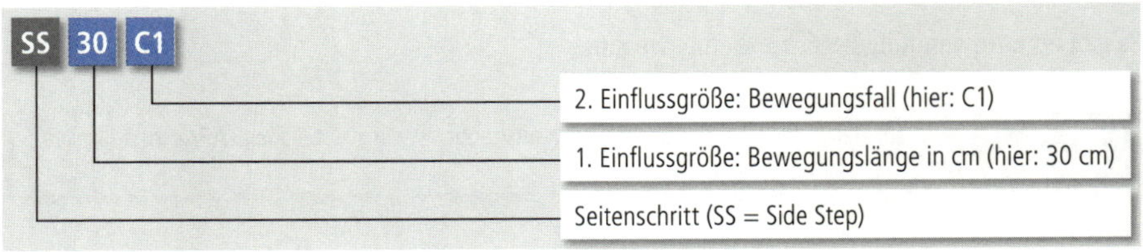

Bei der Einflussgröße *Bewegungsfall* werden unterschieden:

1. Fall C1: Ein Schritt, bei dem am Bewegungsende das bewegte Bein wieder auf dem Boden steht. Für Bewegungslängen bis 30 cm gilt eine Konstante von 17,0 TMU. Für jeden weiteren Entfernungs-Zentimeter ist ein Zuschlag von 0,2 TMU anzusetzen.
2. Fall C2: Zwei Schritte, bei denen das erste Bein ausgestellt, das zweite Bein nachgezogen wird und am Bewegungsende wieder auf dem Boden stehen muss, bevor die nächste Bewegung ausgeführt werden kann. Für Bewegungslängen bis 30 cm gilt eine Konstante von 34,1 TMU. Für jeden weiteren Entfernungs-Zentimeter ist ein Zuschlag von 0,4 TMU anzusetzen.

Anwendungsregeln zum Seitenschritt

Es gibt drei Anwendungsregeln zum Seitenschritt:

MTM-1 Regel 37	Kurze Seitenschritte (< 30 cm) sind nicht zeitrelevant, wenn sie von gleichzeitig ausgeführten Hinlang- und Bringbewegungen zeitlich überlagert werden.
MTM-1 Regel 38	Wird bei einem Seitenschritt Fall »C2« das Nachziehen des zweiten Beines von Hinlang- und Bringbewegungen zeitlich überlagert, wird ein Seitenschritt Fall »C1« analysiert.
MTM-1 Regel 39	Werden zwei Seitenschritte nacheinander in einer Richtung ausgeführt, wird der erste stets als Seitenschritt Fall »C2« analysiert.

Körperdrehung

Körperdrehung ist die Grundbewegung, bei der der Oberkörper unter Ausführung von einem oder zwei Schritten nach rechts oder links um seine Längsachse gedreht wird (vgl. Abbildung II-229).

Einflussgrößen, Kodierung und Anwendungsregeln bei der Körperdrehung

Die Zeiteinflussgröße ist der Bewegungsfall (C1, C2). Die auf dieser Einflussgröße basierende Kodierung lautet:

---

413 Als Bewegungslänge wird, wie beim Hinlangen und Bringen, der tatsächlich zurückgelegte Weg in cm angesetzt. Als Messpunkt wird die Lage der Wirbelsäule verwendet.

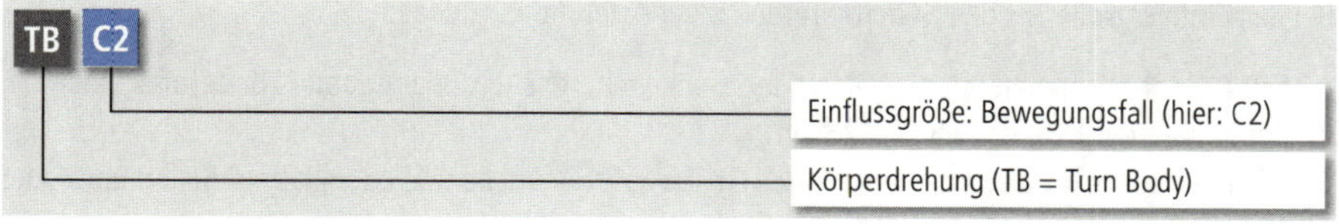

Es gibt vier Anwendungsregeln zur Körperdrehung:

MTM-1 Regel 40	Körperdrehungen unter 45° gelten als Körperhilfe und werden nicht analysiert.
MTM-1 Regel 41	Werden zwei Körperdrehungen nacheinander in einer Richtung ausgeführt, wird die erste als Körperdrehung Fall »C2« analysiert.
MTM-1 Regel 42	Fällt nach einer Körperdrehung > 90° ein Gehen an, wird analysiert: • mit Gewichtsbelastung: »TBC2« und »TBC1« • ohne Gewichtsbelastung: »TBC1« • das Nachziehen des zweiten Beines in beiden Fällen als 1. Schritt beim Gehen.
MTM-1 Regel 43	Wird bei einer Körperdrehung Fall »C2« das Nachziehen des zweiten Beines von Hinlang- und Bringbewegungen zeitlich überlagert, wird eine Körperdrehung Fall »C1« analysiert.

Gehen (MTM-1)

Gehen ist die Grundbewegung, bei der der Körper unter Ausführung von Schritten vorwärts oder rückwärts bewegt wird.

Einflussgrößen und Kodierung beim Gehen (MTM-1)

Die Zeiteinflussgrößen sind:

- Anzahl Schritte,
- Art des Gehens (unbehindert, behindert und/oder mit Last).

Die auf dieser Einflussgrößenkonstellation basierende Kodierung lautet:

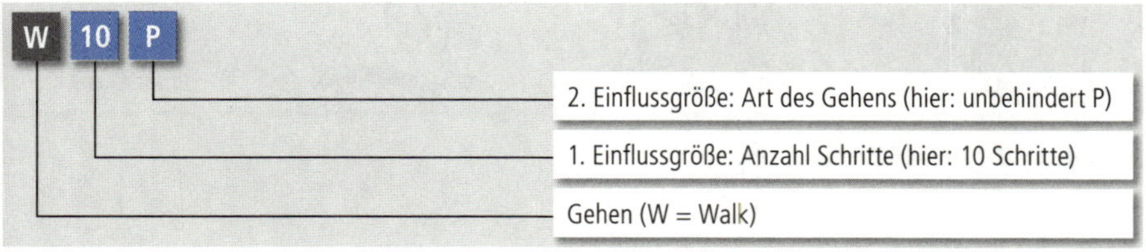

Die Anzahl Schritte kann man per Beobachtung zählen oder aus der zurückzulegenden Strecke (Entfernung in m) ableiten. Die Schrittlänge ist abhängig vom Lastengewicht und der Bodenbeschaffenheit. Zur Planung der Anzahl Schritte können folgende Richtwerte dienen:[414]

- Lastengewicht ≤ 2,5 kg: Entfernung in m / 0,85 m
- Lastengewicht > 2,5 kg bis ≤ 15 kg: Entfernung in m / 0,75 m
- Lastengewicht > 15 kg: Entfernung in m / 0,60 m

414 Die Körperhöhe wird hier ausgeklammert, weil bei der Ermittlung von Prozessbausteinen offen ist, auf welche Personen diese später einmal angewandt werden.

Bei der Einflussgröße Art des Gehens werden zwei Arten unterschieden:

1. Fall P (= pace): unbehindertes Gehen auf trockenem, ebenen Boden, ohne Hindernisse oder Gehen mit einem Lastengewicht ≤ 23 kg.
2. Fall PO (= pace obstructed): behindertes Gehen auf z. B. unebenem oder glattem Boden und/oder Gehen mit einem Lastengewicht > 23 kg.

Anwendungsregel zum Gehen (MTM-1)

Es gibt folgende Anwendungsregel zum Gehen:

MTM-1 Regel 44	Treppen auf- und absteigen wird als Gehen analysiert, wenn die Tritthöhe ≤ 30 cm ist.

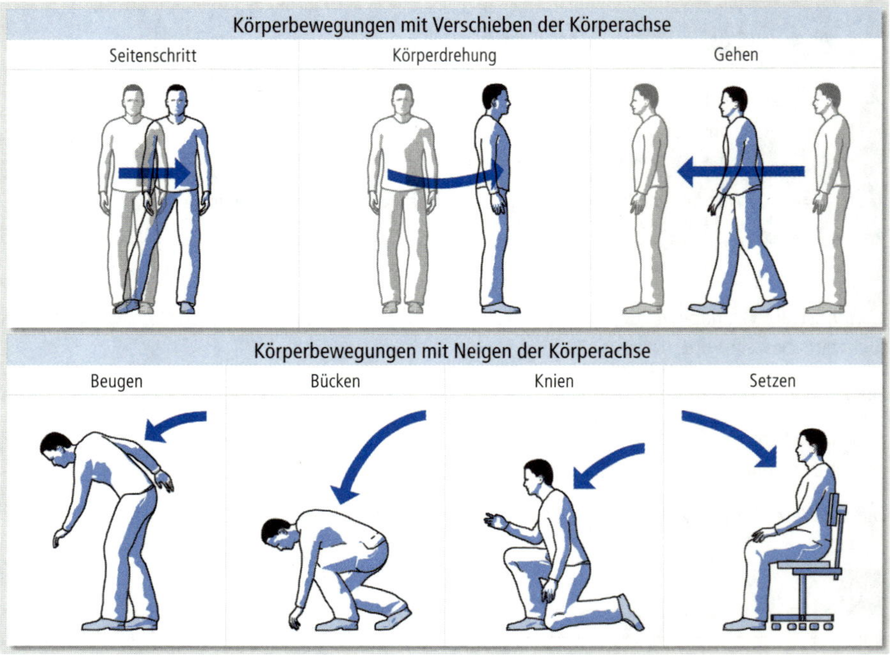

Abbildung II-229 Körperbewegungen

6.4.4 Körperbewegungen mit Neigung der Körperachse

Beugen und Aufrichten vom Beugen

Beugen ist die Grundbewegung, bei der aus stehender Körperhaltung der Oberkörper so weit nach vorn geneigt wird, dass die Hände bis zu den Knien oder darunter reichen (vgl. Abbildung II-229).

Aufrichten vom Beugen ist die Grundbewegung, mit welcher der gebeugte Oberkörper wieder in eine aufrechte Köperhaltung zurückgebracht wird.

Die Kodierungen lauten:

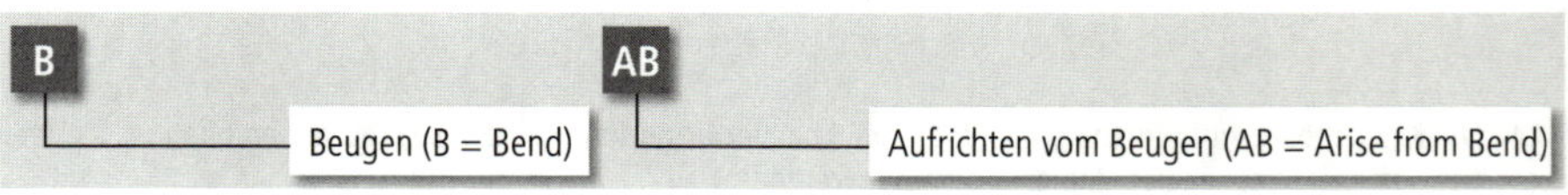

Es gibt eine Anwendungsregel zu diesen beiden Prozessbausteinen:

MTM-1 Regel 45 Während des Beugens und Aufrichtens vom Beugen können Grundbewegungen des Hand-Arm-Systems ausgeführt werden. Bei Hinlang- und Bringbewegungen sind jedoch Restwege von ca. 10 cm zu analysieren.

Bücken und Aufrichten vom Bücken

Bücken ist die Grundbewegung, bei der aus stehender Körperhaltung der Oberkörper unter gleichzeitigem Einknicken der Knie so weit nach vorn geneigt wird, dass die Hände den Boden erreichen können (vgl. Abbildung II-229).

Aufrichten vom Bücken ist die Grundbewegung, mit welcher der gebückte Oberkörper wieder in eine aufrechte Körperhaltung zurückgebracht wird. Die MTM-Normzeitwerte für das Beugen/Aufrichten vom Beugen sind Abbildung II-209 zu entnehmen.[415] Die Kodierungen lauten:

S – Bücken (S = Stoop)

AS – Aufrichten vom Bücken (AS = Arise from Stoop)

Es gibt eine Anwendungsregel zu diesen beiden Prozessbausteinen:

MTM-1 Regel 46 Während des Bückens und Aufrichtens vom Bücken können Grundbewegungen des Hand-Arm-Systems ausgeführt werden. Bei Hinlang- und Bringbewegungen sind jedoch Restwege von ca. 10 cm zu analysieren.

Beispiel: Einen Behälter mit Teilen (1,2 kg), der direkt neben der Werkbank auf einer Palette am Boden steht, mit der rechten Hand auf die Werkbank stellen.

Nr.	Bezeichnung	A · H	Kode	TMU	Kode	A · H	Bezeichnung
				29 0	S		zur Palette
				4 3	mR10B		zum Behälter
				2 0	G1A		Behälter
				1 6	SC2		Gewicht 1,2 kg
				4 5	M10Bm2		Anheben
				31 9	AS		zur Werkbank
				4 5	mM10B2		auf Werkbank
				2 0	RL1		Behälter

Knien auf ein Knie und Aufrichten vom Knien

Knien auf ein Knie ist die Grundbewegung, bei der aus stehender Körperhaltung der Körper nach vorn geneigt und unter gleichzeitigem Vor- oder Zurücksetzen eines Beines auf einem Knie gelastet wird.

Aufrichten vom Knien auf einem Knie ist die Grundbewegung, mit welcher der auf einem Knie lastende Körper wieder in eine aufrechte Körperhaltung zurückgebracht wird. Die MTM-Normzeitwerte für das Knien auf ein Knie/Aufrichten vom Knien auf einem Knie sind Abbildung II-209 zu entnehmen.[416]

415 Sie entsprechen den Normzeitwerten beim Beugen/Aufrichten vom Beugen, weil Bücken ein »Beugen mit gleichzeitigem Einknicken der Knie« ist.

416 Der Normzeitwert für Knien auf einem Knie entspricht dem Normzeitwert für das Bücken, weil es sich dabei um ein »Bücken mit gleichzeitigem Niederlassen auf ein Knie« handelt.

Die Kodierungen lauten:

KOK – Knien auf ein Knie (KOK = Kneel on One Knee)

AKOK – Aufrichten vom Knien auf einem Knie (AKOK = Arise from Kneel on One Knee)

Es gibt eine Anwendungsregel zum Knien auf ein Knie bzw. zum Aufrichten vom Knien auf einem Knie:

MTM-1 Regel 47: Während des Kniens auf ein Knie und Aufrichtens vom Knien auf einem Knie können Grundbewegungen des Hand-Arm-Systems ohne hohen Kontrollaufwand ausgeführt werden. Bei Hinlang- und Bringbewegungen sind jedoch Restwege von ca. 10 cm zu analysieren.

Knien auf beide Knie und Aufrichten vom Knien auf beiden Knien

Knien auf beide Knie ist die Grundbewegung, bei der aus stehender Körperhaltung der Körper unter Vor- und Zurücksetzen eines Beines auf beide Knie niedergelassen und gelastet wird.

Aufrichten vom Knien auf beiden Knien ist die Grundbewegung, mit welcher der auf beiden Knien lastende Körper wieder in eine aufrechte Körperhaltung zurückgebracht wird. Knien auf beiden Knien kommt dann vor, wenn – z. B. bei Instandhaltungsarbeiten – längere Zeit in dieser Körperstellung zu arbeiten ist.

Die Kodierungen lauten:

KBK – Knien auf beide Knie (KBK = Kneel on Both Knees)

AKBK – Aufrichten vom Knien auf beiden Knien (AKBK = Arise from Kneel on Both Knees)

Setzen und Aufstehen

Setzen ist die Grundbewegung, bei der aus stehender Körperhaltung der Körper auf eine Sitzfläche niedergelassen, der Oberkörper zurückgelehnt und damit eine Sitzposition eingenommen wird.

Aufstehen ist die Grundbewegung, mit der der Körper aus der Sitzposition wieder in stehende Körperhaltung zurückgebracht wird.

Die Kodierungen lauten:

SIT – Setzen (SIT = Sit)

STD – Aufstehen (STD = Stand)

Es gibt eine Anwendungsregel zu diesen beiden Prozessbausteinen:

MTM-1 Regel 48: Während des Setzens bzw. Aufstehens können gleichzeitig Grundbewegungen des Hand-Arm-Systems ohne hohen Kontrollaufwand (z. B. zur Armlehne) ausgeführt werden.

6.5 Bewegungsfolgen

6.5.1 Übersicht

Bei der Ablaufmodellierung mit MTM-1 sind folgende Bewegungssequenzen darzustellen:

1. Bewegungen treten als Hintereinanderfolge auf, ohne zeitliche Überlappung oder Unterbrechung.
2. Mit Hilfe des gleichen Körperteils werden im Bewegungsablauf mehrere Bewegungen gleichzeitig vollzogen (sog. kombinierte Bewegungen).
3. Mit der linken und rechten Hand werden im Bewegungsablauf mehrere Bewegungen gleichzeitig vollzogen (sog. gleichzeitige Bewegungen).
4. Bewegungen des Hand-Arm-Systems werden gleichzeitig mit Körperbewegungen, Augenfunktionen oder zu Prozesszeiten ausgeführt (sog. komplexe Bewegungsfolgen).

In den folgenden Abschnitten wird die Analyse zeitbestimmender, gleichzeitiger und kombiniert erfolgender Bewegungen sowie von Bewegungen während der Hauptnutzungszeit (sog. Prozesszeit) von Betriebsmitteln erläutert.

6.5.2 Zeitbestimmende Bewegungen

Zeitbestimmende Bewegungen bei MTM-1

Bei gleichzeitig ausgeführten Bewegungen mit unterschiedlichem Zeitbedarf wird die Bewegung mit dem höchsten Zeitbedarf als *zeitbestimmende Bewegung* bezeichnet. Zur zeitbestimmenden Bewegung wird der Normzeitwert eingetragen und die nicht zeitbestimmende(n) Bewegung(en) mit einer eckigen Klammer an der Seite der TMU-Spalte gekennzeichnet. Durch diese Schreibweise erreicht man eine hochgradig reproduzierbare *Ablaufbeschreibung*[417]. Abbildung II-230 ist ein Beispiel für die Behandlung zeitbestimmender Bewegungen zu entnehmen.

Nr.	Bezeichnung	A · H	Kode	TMU		Kode	A · H	Bezeichnung
1	zum Teil	①	R30B	12	8	[M20B	②	zur Ablage
2		③	G1A	2	0	RL1	③	

① Der zeitbestimmenden Bewegung ist der Normzeitwert von 12,8 TMU zugeordnet.
② Der nicht zeitbestimmenden Bewegung ist der Normzeitwert 10,5 TMU zugeordnet. Diese erhält eine rechteckige Klammer auf der Seite der TMU-Spalte, um auszuweisen, dass ihr Normzeitwert geringer ist als der Normzeitwert der zeitbestimmenden Bewegung.
③ Beide Bewegungen haben den gleichen Normzeitwert und es wird keine Klammer gesetzt.

Abbildung II-230 Behandlung von zeitbestimmenden Bewegungen bei der MTM-Analyse

417 Dieses hohe Ausmaß an Reproduzierbarkeit benötigt man weniger für die Bildung von Prozessbausteinen als für die Methodenbeschreibung zur Arbeitsunterweisung. Mit MTM-1 dokumentierte Arbeitsmethoden können so auch von Personen gelesen und verstanden werden, die das betreffende Arbeitssystem aus eigener Anschauung nicht kennen.

6.5.3 Gleichzeitige Bewegungen

Gleichzeitige Bewegungen bei MTM-1

Gleichzeitige Bewegungen sind einzelne oder eine Folge von Bewegungen, die von der linken und rechten Hand gleichzeitig ausgeführt werden.[418] Bewegungen sind nur dann gleichzeitig auszuführen, wenn sie gering oder mäßig zu kontrollieren sind. Ferner setzt das Beherrschen gleichzeitiger Bewegungen eine ausreichende Übung voraus, und es spielt, je nach vorliegenden Grundbewegungen, eine Rolle, ob ein einfaches oder schwieriges Handhaben sowie ein Ausführen innerhalb oder außerhalb des normalen Blickfeldes vorliegt. Abbildung II-231 sind die in der MTM-Datenkarte enthaltenen Anwendungsregeln zur Planung gleichzeitiger Grundbewegungen zu entnehmen.[419] Sie werden der Übersichtlichkeit wegen nicht in der üblichen Darstellungsweise der Anwendungsregeln, sondern in Tabellenform dokumentiert.

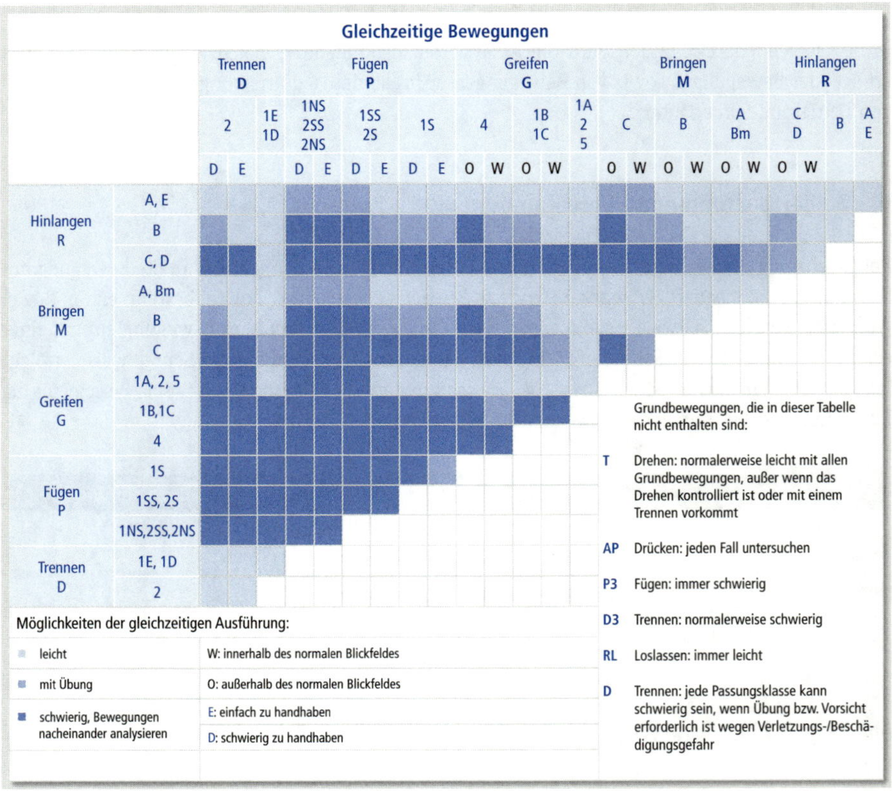

Abbildung II-231 Anwendungsregeln zur Planung gleichzeitiger Grundbewegungen (Ausschnitt aus der MTM-1-Datenkarte)

Drei Möglichkeiten gleichzeitiger Bewegungsausführung

In Abbildung II-231 werden drei Möglichkeiten gleichzeitiger Bewegungsausführung angeführt.

418 Gleichzeitig symmetrische Grundbewegungen liegen vor, wenn durch die rechte und linke Hand die genau gleiche Grundbewegung ausgeführt wird. Werden verschiedene Grundbewegungen ausgeführt, bezeichnet man das als gleichzeitig unsymmetrische Grundbewegungen.

419 Vgl. Lang, A. M.: a. a. O., 1951.

1. »Leicht« gleichzeitig ausführbar bedeutet, dass die dazugehörenden Grundbewegungen uneingeschränkt synchron auszuführen sind, so die gering kontrollierten Bewegungen des Hand-Arm-Systems.
2. »Mit Übung« ausführbar bedeutet, dass die dazugehörenden Grundbewegungen bei Vorliegen des Prozesstyps 1 synchron auszuführen sind. Wird MTM-1 dagegen in Arbeitssystemen angewandt, die dem Prozesstyp 2 zuzurechnen sind, sollte man selten eine synchrone Bewegungsausführung unterstellen.
3. »Schwierig« bedeutet, dass nur in seltenen Fällen, durch wenige Personen die dazugehörenden Grundbewegungen synchron ausgeführt werden, was man bei Prozesstyp 1-Arbeitssystemen nicht unterstellen sollte.

Ausgleichsverhalten

Bei der Analyse gleichzeitiger Bewegungen sind das Ausgleichsverhalten und die Interaktionswegregelungen zu beachten. *Ausgleichsverhalten* drückt das naturgemäße Bestreben des Menschen aus, Bewegungen mit beiden Händen gleichzeitig zu beginnen und zu beenden, was dazu führt, dass eine kürzere Bewegung zum Ende hin automatisch verlangsamt wird, damit sie zu demselben Zeitpunkt endet wie die längere Bewegung. Dabei gibt es bei keiner Hand Überlappungen mit der vorhergehenden oder nachfolgenden Bewegung. Jede solche Gleichzeitigkeit wird einzeln und eigenständig betrachtet.

Nr.	Bezeichnung	A · H	Kode	TMU		Kode	A · H	Bezeichnung
1			R40B	15	6	[R20B		
2			G1A	2	0	G1A		

Abbildung II-232 Beispiel für Ausgleichsverhalten

Interaktionsweg-regelung bei MTM-1

Die *Interaktionswegregelung* ist zu beachten, wenn die gleichzeitige Ausführung der Bewegungen Hinlangen/Hinlangen, Bringen/Bringen oder Hinlangen/Bringen nach der Tabelle »Gleichzeitige Bewegungen« als schwierig erachtet wird. Dann wird wie folgt analysiert:

- Den Bewegungsfall der kürzeren Bewegung auf den einfachsten Fall reduzieren (R-E, M-B) und als nicht zeitbestimmende Bewegung kennzeichnen. Wenn die vereinfachte Bewegung zeitbestimmend ist, gelten die Gleichzeitigkeitsregelungen der Tabelle »Gleichzeitige Bewegungen« nicht. Wenn keine Vereinfachung des Bewegungsfalls möglich ist, entfällt dieser Schritt. Die kürzere Bewegung geht dann einfach zeitlich unter.
- Unmittelbar nach dem vereinfachten Bewegungsfall folgt eine kurze Bewegung (2 cm) in dem ursprünglichen Bewegungsfall. Diese Bewegung kann nicht gleichzeitig mit einer anderen Bewegung ausgeführt werden.

Nr.	Bezeichnung	A · H	Kode	TMU		Kode	A · H	Bezeichnung
1			M20C	11	7	[M-B		
2				2	0	M2C		

Abbildung II-233 Beispiel zur Interaktionswegregelung

Bei Vorliegen des Prozesstyps 1 treten oftmals gleichzeitige Bewegungsfolgen unterschiedlicher Zeitdauer auf. Als Beispiel ist ein Teil über 40 cm mit der linken Hand abzulegen, was gleichzeitig mit der rechten Hand unterstützt wird.

Nr.	Bezeichnung	A · H	Kode	TMU		Kode	A · H	Bezeichnung
	Teil ablegen		M40B	15	6	[R10B		zum Teil
						[G1A		
						[M-B		mit ablegen
			RL1	2	0	RL1		

Abbildung II-234 Beispiel für gleichzeitige Bewegungsfolgen

Über die Tabelle »Gleichzeitige Bewegungen« hinausgehend gilt folgende Regelung: Bei gleichzeitigem Hinlangen außerhalb des diffusen Blickfeldes muss bei den Bewegungsfällen »C« und »D« ein sogenannter Interaktionsweg berücksichtigt werden. Das geschieht, indem für die zweite Hand ein Interaktionsweg von mindestens 4 cm analysiert wird.

Anwendungsregel und Beispiel zu gleichzeitigen Bewegungen bei MTM-1

Zu den gleichzeitigen Bewegungen gibt es eine Anwendungsregel.

MTM-1 Regel 49

Beim Fügen an zwei Punkten außerhalb des normalen Blickfeldes werden zwei nacheinander erfolgende Fügebewegungen analysiert. Vor dem zweiten Fügen ist ein kurzes Bringen »M-C« zu analysieren. Davor ist noch ein Blickverschieben zu analysieren, sofern es erforderlich und zeitbestimmend ist.

Beispiel: Eine Leiste über 50 cm frontal vom Körper weg bewegen und an zwei 60 cm voneinander entfernten Punkten genau ansetzen.

Nr.	Bezeichnung	A · H	Kode	TMU		Kode	A · H	Bezeichnung
	an 1. Ansatzpunkt		M50C	21	8	[M-B		Nähe 2. Ansatzpunkt
			P2SE	16	2			
				20	0	ET60/40		
				2	0	M2C		an 2. Ansatzpunkt
				16	2	P2SE		

6.5.4 Kombinierte Bewegungen

Kombinierte Bewegungen bei MTM-1

Kombinierte Bewegungen sind von einem Körperteil gleichzeitig ausgeführte Grundbewegungen. Bewegungen sind nur dann kombiniert auszuführen, wenn eine Grundbewegung so zeitdominant ist, dass dazu noch eine oder mehrere weitere Grundbewegungen sicher und den Bewegungsverlauf nicht hemmend ausführbar sind. Häufige Bewegungskombinationen sind z. B.:

- Hinlangen mit Drehen,
- Bringen mit Nachgreifen oder Drehen und Loslassen,
- Bringen mit Drehen und Nachgreifen.

Abbildung II-235 ist zu entnehmen, dass alle Bewegungen in der Kombination mit einer runden Klammer auf der Seite der TMU-Spalte gekennzeichnet werden, die nicht zeitdominanten (»untergehenden«) Grundbewegungen durchgestrichen und nur der Normzeitwert der zeitbestimmenden Grundbewegung in die TMU-Spalte eingetragen wird.

Nr.	Bezeichnung	A · H	Kode	TMU		Kode	A · H	Bezeichnung
				11	7	(M20C		
						(~~G2~~		
Nr.	**Bezeichnung**	**A · H**	**Kode**	**TMU**		**Kode**	**A · H**	**Bezeichnung**
				15	6	(M40B		
						(~~G2~~		
						(~~T90S~~		
Nr.	**Bezeichnung**	**A · H**	**Kode**	**TMU**		**Kode**	**A · H**	**Bezeichnung**
			~~M10B~~)					
			T165S)	8	7			
			~~G2~~)					
Nr.	**Bezeichnung**	**A · H**	**Kode**	**TMU**		**Kode**	**A · H**	**Bezeichnung**
				9	2	(M16B		
						(~~T120S~~		
						(~~G2~~		

Abbildung II-235 Beispiele für die Analyse kombinierter Bewegungen

6.5.5 Zusammengesetzte Bewegungsfolgen

Zusammengesetzte Bewegungsfolgen sind kombinierte Bewegungen, die gleichzeitig mit der linken und rechten Hand ausgeführt werden und deren Dauer von der zeitbestimmenden Bewegung abhängt.

Zusammengesetzte Bewegungsfolgen

Nr.	Bezeichnung	A · H	Kode	TMU		Kode	A · H	Bezeichnung
	Teil zur Ablage		M40B	15	6	[(R10B		zum Teil
						[(~~T90~~		
			RL1	2	0	G1A		

Abbildung II-236 Beispiel für die Analyse zusammengesetzter Bewegungsfolgen

6.5.6 Komplexe Bewegungsfolgen

Komplexe Bewegungsfolgen sind nacheinander erfolgende oder nicht nacheinander erfolgende Bewegungen des Hand-Arm-Systems, die gleichzeitig mit Prozesszeiten, Körperbewegungen oder Augenfunktionen ausgeführt werden.

Komplexe Bewegungsfolgen

Bewegungen des Hand-Arm-Systems und/oder Augenfunktionen können im Allgemeinen gleichzeitig mit Körperbewegungen ausgeführt werden, weil Körperbewegungen einen geringen Kontrollaufwand erfordern.

Hierzu gibt es eine Anwendungsregel.

Anwendungsregel und Beispiele

MTM-1 Regel 50	Die Kodes für die zu den Blickfunktionen sowie den Körper-, Bein- und Fußbewegungen gehörenden Grundbewegungen werden in die rechte Kodespalte eingetragen; das gilt auch für Prozesszeiten.

Körper-, Bein- und Fußbewegungen sowie Blickfunktionen, die gleichzeitig mit Bewegungen der rechten Hand ausgeführt werden, trägt man untereinander in die rechte Kodespalte ein. Alle Bewegungen einer komplexen Bewegungsfolge werden mit einem senkrechten Strich auf der Seite der TMU-Spalte gekennzeichnet. Für die nicht zeitbestimmenden Bewegungen wird kein Zeitwert eingetragen.

Nr.	Bezeichnung	A · H	Kode	TMU		Kode	A · H	Bezeichnung
				17	0	|SS30C1		
	zum Teil		R-A|			|M10A		Teil zur linken Hand
			G3|					
Nr.	**Bezeichnung**	**A · H**	**Kode**	**TMU**		**Kode**	**A · H**	**Bezeichnung**
				13	3	|M30B		
						|EF		

Abbildung II-237 Beispiele für die Analyse komplexer Bewegungsfolgen mit Körperbewegungen und Augenfunktionen

Prozesszeit

Als *Prozesszeit* (PT = Process Time) werden in den englischsprachigen Ländern betriebsmittelbestimmte Ablaufabschnitte bezeichnet, die für den Menschen

- zu einem ablaufbedingten Unterbrechen führen können oder
- die er zur Ausführung von Grundbewegungen nutzen kann und die dann eine Fortführung seiner Haupt- oder Nebentätigkeit darstellen.

Bei Betrachtung des Betriebsmittels läge dabei eine Haupt- oder Nebennutzung vor. Da man bei der Bildung von MTM-Prozessbausteinen jedoch eine auf den Menschen bezogene Ablauf- und Zeitartengliederung verwendet (vgl. Abbildung II-238), vermeidet man den Haupt-/Nebennutzungsbegriff und verwendet den etablierten Begriff »Prozesszeit«. Die Prozesszeit wird als PT kodiert und in TMU umgerechnet. In der Analyse komplexer Bewegungsfolgen mit Prozesszeit erhalten alle Bewegungen einen vertikalen Strich an der Seite der TMU-Spalte und in der TMU-Spalte erscheinen nur die Zeitwerte der zeitbestimmenden Bewegung(en) bzw. die Prozesszeit, wenn diese zeitbestimmend ist.

Wartezeiten

Ablaufbedingte Unterbrechungen führen zu *Wartezeiten.* Diese können durch Prozesszeiten, durch Abtaktungen oder organisatorische Gegebenheiten (z. B. auf ein Prüfergebnis warten) bedingt sein. Sie werden in die TMU-Spalte und in die Kode-Spalte als »PT« eingetragen und in der Bezeichnungsspalte erläutert. Das gilt auch für Haltezeiten, bei denen ein Gegenstand nach Beendigung einer Grundbewegung weiterhin zeitbestimmend unter Kontrolle gehalten wird. Prozesszeiten sind nicht mit einem MTM-Bausteinsystem zu analysieren, sondern mit einer der im Kapitel 8 erläuterten Ergänzungstechniken zu bestimmen.

Nr.	Bezeichnung	A · H	Kode	TMU		Kode	A · H	Bezeichnung
				25	0	|PT		0,015 min/Schraube
	zum Teil		R12A|					
Nr.	**Bezeichnung**	**A · H**	**Kode**	**TMU**		**Kode**	**A · H**	**Bezeichnung**
			R50B|	18	4	|R50B		
						|PT		0,01 min/Niet
Nr.	**Bezeichnung**	**A · H**	**Kode**	**TMU**		**Kode**	**A · H**	**Bezeichnung**
				100	0	|PT		Maschinenlauf
	Teil ablegen		M20B|			|M20B		Teil ablegen
			RL1|			|RL1		

Abbildung II-238 Beispiele für die Analyse von Prozesszeiten

6.6 MTM-Sichtprüfen

6.6.1 Grundsachverhalte

Entwicklung MTM-Sichtprüfen

Mit dem *MTM-Sichtprüfen* wurde ein Prozessbausteinsystem entwickelt, das die Planung und zeitliche Bewertung[420] 133 typischer industrieller Sichtprüfungen unter Verwendung optischer Hilfsmittel wie Lupen, Mikroskope, Monitore und Technoskope erlaubt.[421]

Das Sichtprüfen wurde von der Projektgruppe »Prüfen« der Deutschen MTM-Vereinigung e. V. erarbeitet und 1992 veröffentlicht.[422] Es ist, analog MTM-1, unter dem Aspekt der Ablaufkomplexität auf der Ebene der Grundbewegungen und unter dem Aspekt der Prozesstypologie dem Prozesstyp 1 zugeordnet (vgl. Teil I, Abschnitt 2.4.2). Der Prozesstyp 1 prägt sich bei Prüfaufgaben insbesondere durch zwei Eigenschaften des Arbeitssystems aus:

1. Gestalteter Prüfarbeitsplatz, zweckmäßiger Einsatz von Prüfmitteln (z. B. Lupe, Mikroskop, Monitor) sowie geeignete (z. B. in Bezug auf Sehschärfe und Akkommodationsfähigkeit) und eingearbeitete Mitarbeiter.
2. Detaillierte und eindeutige Prüfanweisungen, denen neben den Qualitätsmerkmalen (z. B. Fehlerart, Fehlerausmaß, zulässige Toleranz) auch das Vorgehen bei der Erfüllung der Prüfaufgabe und die zu fällenden Entscheidungen (z. B. sortieren nach Fehlerarten oder Korrektur eines Fehlers) zu entnehmen sind.

Die Prozessbausteine des Sichtprüfens basieren auf dem WF-Mento-Grundverfahren.[423] Die Validität des WF-Mento-Grundverfahrens wurde von Samli untersucht und grundsätzlich bestätigt.[424] Aus dem filigranen Datenmaterial des WF-Mento-Grundverfahrens wurden durch die Projektgruppe »Prüfen« nach den in Kapitel 5 und im Teil III, Abschnitt 4.2.4 erläuterten Prozessbaustein-Entwicklungsmethoden (z. B. Bildung komplexerer Prozessbausteine durch statistisch begründete Zusammenfassungen, Eliminierung von Zeiteinflussgrößen und Reduzierung ihrer Ausprägungen[425]) die in der Abbildung II-239 dargestellten Prozessbausteine des Sichtprüfens entwickelt.[426]

420 Vgl. Fechner, W., Heinz, K.: Zeitermittlung für das visuelle Prüfen und Kontrollieren. In: REFA-Nachrichten, 46. Jg., 1993, S. 10–18.

421 Die ergonomischen Grundlagen visueller Prüfaufgaben werden in Teil III, Abschnitt 5.8 behandelt.

422 Der Projektgruppe »Prüfen« gehörten Vertreter folgender MTM-Mitgliedsfirmen und Institutionen an: BMW, Robert Bosch, IBM Deutschland, Kodak, Mahle, Mercedes-Benz, Stiebel-Eltron, Volkswagen sowie Work-Factor-Gemeinschaft und Universität Dortmund, Lehrstuhl für Fertigungsvorbereitung.

423 Das WF-Mento-Grundverfahren basiert auf Datenmaterialien der Work-Factor-Gemeinschaft und der Science Management Corporation, Moorestown, N. J. (USA). Vgl. Santen, A. F. van: Work-Factor Mento. Darmstadt: Work-Factor Gemeinschaft für Deutschland, 1973.

424 Vgl. Samli, S.: Arbeitswissenschaftliche Untersuchungen zum Work-Factor-Mento-Grundverfahren. Dissertation. Berlin: Technische Universität, 1987. Samli hat die unterschiedenen Prüfaufgaben, die verwendeten Zeiteinflussgrößen und die ausgewiesenen Zeitstandards als realistisch bestätigt und eine gute Übereinstimmung von analysierten WF-Mento-Zeiten und zur Kontrolle gemessenen Istzeiten festgestellt.

425 Vgl. Fechner, W.: Ein objektorientiertes Konzept zur Planung mentaler Abläufe beim Prüfen und Kontrollieren, Dissertation, Universität Dortmund, 1993.

426 Mit Hilfe von Feldversuchen wurde bestätigt, dass die erarbeiteten vier Grundbausteine (gegenüber den 16 Grundbausteinen beim WF-Mento-Grundverfahren) genügen, um betriebliche Prüfabläufe zu beschreiben. Die Zeiteinflussgrößen der vier Grundbausteine entsprechen weitestgehend denen bei WF-Mento, die Anzahl der Ausprägungsstufungen ist dagegen geringer als dort.

Prüffeldgröße bei 40 cm Sehabstand

Sehobjektgröße y (µm)	Quadrat, Schenkellänge (cm) Kontrast gut	schlecht	Sehobjektgröße y (µm)	Quadrat, Schenkellänge (cm) Kontrast gut	schlecht
0 ≤ y < 117	nicht lesbar		293 ≤ y < 303	7,1	5,3
117 ≤ y < 120	2,7	nicht sichtbar	303 ≤ y < 312	7,4	5,6
120 ≤ y < 122	3,0		312 ≤ y < 320	7,7	5,8
122 ≤ y < 125	3,3		320 ≤ y < 325	8,1	6,1
125 ≤ y < 128	3,7		325 ≤ y < 336	8,5	6,4
128 ≤ y < 131	4,3		336 ≤ y < 344	9,0	6,8
131 ≤ y < 134	4,5		344 ≤ y < 349	9,3	7,0
134 ≤ y < 139	4,7		349 ≤ y < 357	9,8	7,4
139 ≤ y < 157	5,0		357 ≤ y < 365	10,4	7,8
157 ≤ y < 211	5,2		365 ≤ y < 374	10,8	8,1
211 ≤ y < 229	5,4	4,1	374 ≤ y < 379	11,3	8,5
229 ≤ y < 245	5,6	4,2	379 ≤ y < 384	11,9	8,9
245 ≤ y < 266	5,9	4,4	384 ≤ y < 386	12,5	9,4
266 ≤ y < 277	6,2	4,7	386 ≤ y < 392	13,1	9,8
277 ≤ y < 285	6,5	4,9	392 ≤ y < 395	13,7	10,3
285 ≤ y < 293	6,7	5,0	395 ≤ y < 398	15,1	11,3
			y ≥ 398	18,4	13,8

MTM-Institut
Eichenallee 11, 15738 Zeuthen
Telefon: +49 33762 2066-31
Telefax: +49 33762 2066-40
Email: institut@dmtm.com

MTM-Sichtprüfen

Zeiteinheiten

TMU	Sekunden	Minuten	Stunden
1	0,036	0,0006	0,00001

Der Gebrauch dieser Tabelle führt ohne gründliche Ausbildung im MTM-Sichtprüfen zu falschen Ergebnissen.

Kontrastklassen

G = guter Kontrast
S = schlechter Kontrast

Nr.	Farbton	1	2	3	4	5	6	7	8	9	10	11	12	13	14	15
		Farbnummer wie vertikal														
1	violett	-	S	S	S	G	G	G	G	G	G	G	S	S	G	S
2	violett-blau	S	-	S	S	S	G	G	G	G	G	G	S	S	G	S
3	blau	S	S	-	S	S	G	G	G	G	G	G	S	S	G	S
4	blau-grün	S	S	S	-	S	S	G	G	G	G	G	S	S	G	S
5	grün	G	S	S	S	-	S	G	G	G	G	G	G	G	G	S
6	grün-gelb	G	G	G	S	S	-	S	G	G	G	G	G	G	G	S
7	gelb-grün	G	G	G	G	G	S	-	S	S	S	G	G	G	G	G
8	gelb	G	G	G	G	G	G	S	-	S	S	G	G	G	S	G
9	orange-gelb	G	G	G	G	G	G	S	S	-	S	S	G	G	G	G
10	orange	G	G	G	G	G	G	S	S	S	-	S	G	G	G	G
11	orange-rot	G	G	G	G	G	G	G	G	S	S	-	S	S	G	G
12	rot	S	S	S	S	G	G	G	G	G	G	S	-	S	G	S
13	rot-violett	S	S	S	S	G	G	G	G	G	G	S	S	-	G	S
14	weiß	G	G	G	G	G	G	G	S	G	G	G	G	G	-	G
15	schwarz	S	S	S	S	S	S	G	G	G	G	G	S	S	G	-

Einstellen Augen EA

größter Sehabstand (cm) / kleinster Sehabstand (cm)	Kode	TMU
1,02 < S ≤ 1,5	EA1	5,8
1,5 < S ≤ 2,0	EA2	8,4
S > 2,0	EA3	10,0

Blick verschieben BV

Abstand zwischen den Blickpunkten bei normalem Sehabstand (cm)	Kode	TMU
0 < A ≤ 7	BV1	0,8
7 < A ≤ 15	BV2	1,3
15 < A ≤ 29	BV3	2,3
A > 29	BV4	6,7

Gruppieren Sehobjekte GS

Anordnung	Anzahl Sehobjekte	Kode	TMU
geordnet oder vertraut	1–2	GS0	0,0
	3–6	GS1	0,3
	7–9	GS2	0,7
	10–12	GS3	1,8
ungeordnet	3	GS4	1,8
	4–6	GS5	3,2
ungeordnet mit Umgebungseffekt	3	GS6	5,1
	4–6	GS7	8,3

Mentale Prozesse MP

Fehlerhäufigkeit je Prüfintervall	Kode	Anzahl Aktionen 2	3–4	5–6	> 6
		1	2	3	4
		TMU			
0 % ≤ H ≤ 10 %	MPA.	3,9	4,7	5,7	6,5
10 % < H ≤ 25 %	MPB.	4,3	5,9	7,5	8,5
25 % < H ≤ 50 %	MPC.	5,3	7,5	10,1	11,7
50 % < H ≤ 100 %	MPD.	5,9	8,7	11,9	13,9
Ergänzungswert für Sehobjektgröße < 211 µm	MPE	0,6			

Abbildung II-239 Datenkarte Sichtprüfen

Definition MTM-Sichtprüfen

Sichtprüfen ist ein MTM-Bausteinsystem auf der hierarchischen Ebene der Grundbewegungen und zur Modellierung von visuellen Prüfprozessen konzipiert, die durch den Prozesstyp 1 repräsentiert werden. Es besteht aus vier Grundbausteinen, denen in Abhängigkeit von Zeiteinflussgrößen MTM-Normzeitwerte zugeordnet sind.

Abbildung II-239 sind die Prozessbausteine und Normzeitwerte des Sichtprüfens zu entnehmen. Der mittlere Zeitwert beträgt ca. 6 TMU. Das Kodierungsprinzip wird bei der Erläuterung der Prozessbausteine dargelegt.

Der Grundbaustein »Mentale Prozesse« ist bei jedem Prüfintervall zu analysieren. Die Bausteine »Blick verschieben« und »Einstellen Augen« sind nur dann zu verwenden, wenn den mentalen Prozessen keine zeitbestimmenden manuellen Bewegungen oder Transportvorgänge vorausgehen. Pro Prüfintervall kann nur ein Grundbaustein, entweder »Blick verschieben« oder »Einstellen Augen«, zeitlich bewertet werden.

Der Prozessbaustein »Gruppieren Sehobjekte« wird nur verwendet, wenn einzelne Gruppen von Sehobjekten gedanklich vom restlichen Prüfgegenstand zu trennen und dann nicht einzelne Sehobjekte, sondern Sehobjektegruppen zu prüfen sind.

Der Abbildung II-240 ist das Vorgehen bei der Anwendung des Bausteinsystems Sichtprüfen zu entnehmen.

1. Prüfaufgabe festlegen	Prüfaufgabe definieren bzw. Prüfanweisungen entnehmen. Dabei auch die Prüffolge festlegen, das ist die geplante Reihenfolge des Prüfens der Prüfgegenstände.
2. Prüffeldgröße bestimmen	2.1 Kleinste Sehobjektgröße, bezogen auf 40 cm Sehabstand, bestimmen. Werden Mitarbeiter in der Wahrnehmung des kleinsten Sehobjekts überfordert, sind Prüfmittel (z. B. Lupe, Mikroskop, Monitor) vorzusehen.
	2.2 Prüffeldgröße in Abhängigkeit von → Sehobjektgröße und → Kontrast bestimmen. Den Prüfgegenstand in Prüffelder einteilen.
3. Prüfintervalle bestimmen	3.1 Prüfen, ob in den abgegrenzten Prüffeldern mehrere Sehobjekte zu Sehobjektgruppen zusammenzufassen und diese in einem Prüfintervall (Prüfsequenz) zu prüfen sind. Ist das möglich, muss für jede Sehobjektgruppe (= Prüfintervall) entsprechend → der Anzahl der Sehobjekte im Prüfintervall und → der Anordnung der Sehobjekte im Prüfintervall ein Prozessbaustein »Gruppieren Sehobjekte« analysiert werden.
	3.2 Anzahl Prüfintervalle bestimmen, um die Häufigkeiten für die Prozessbausteine »Mentale Prozesse«, »Blick verschieben« und »Einstellen Augen« bestimmen zu können. Dazu wird wie folgt entschieden: → sind Sehobjekte gruppiert worden, entspricht die Anzahl der Sehobjektgruppen der Anzahl der Prüfintervalle, → sind keine Sehobjekte gruppiert worden, entspricht die Anzahl der Prüffelder der Anzahl der Prüfintervalle.
4. Prozessbausteine anwenden	4.1 Prozessbausteine »Blick verschieben« und »Einstellen Augen« analysieren.
	4.2 Prozessbaustein »Mentale Prozesse« analysieren.
	4.3 Sollzeit für die Prüfaufgabe ermitteln.

Abbildung II-240 Vorgehen bei der Anwendung des MTM-Bausteinsystems Sichtprüfen

Das MTM-Prozessbausteinsystem Sichtprüfen dient einer detaillierten Betrachtung von Blickfunktionen und kann somit die entsprechenden Bausteine anderer MTM-Bausteinsysteme in der Anwendung ersetzen.

6.6.2 Bestimmung der Prüffeldgröße und Prüfintervalle

Ein *Prüffeld* ist die Fläche, auf der eine Prüfaufgabe ohne Bewegung der Augen durchgeführt werden kann. Die Größe des Prüffeldes hängt von den Abmessungen des kleinsten wahrzunehmenden Sehobjektes und dem Kontrast ab. Prüfgegenstände (z. B. Oberfläche eines Gehäuses) werden in Prüffelder unterteilt.

Die Prüffeldgröße wird mit Hilfe der Abbildung II-241 zu entnehmenden Tabelle bestimmt. Die Sehobjektgröße ist auf 40 cm Sehabstand zu normieren, wenn

Prüffeldgröße bei 40 cm Sehabstand

Sehobjektgröße y (µm)	Quadrat, Schenkellänge (cm) Kontrast		Sehobjektgröße y (µm)	Quadrat, Schenkellänge (cm) Kontrast	
	gut	schlecht		gut	schlecht
$0 \le y < 117$	nicht lesbar		$293 \le y < 303$	7,1	5,3
$117 \le y < 120$	2,7	nicht sichtbar	$303 \le y < 312$	7,4	5,6
$120 \le y < 122$	3,0		$312 \le y < 320$	7,7	5,8
$122 \le y < 125$	3,3		$320 \le y < 325$	8,1	6,1
$125 \le y < 128$	3,7		$325 \le y < 336$	8,5	6,4
$128 \le y < 131$	4,3		$336 \le y < 344$	9,0	6,8
$131 \le y < 134$	4,5		$344 \le y < 349$	9,3	7,0
$134 \le y < 139$	4,7		$349 \le y < 357$	9,8	7,4
$139 \le y < 157$	5,0		$357 \le y < 365$	10,4	7,8
$157 \le y < 211$	5,2		$365 \le y < 374$	10,8	8,1
$211 \le y < 229$	5,4	4,1	$374 \le y < 379$	11,3	8,5
$229 \le y < 245$	5,6	4,2	$379 \le y < 384$	11,9	8,9
$245 \le y < 266$	5,9	4,4	$384 \le y < 386$	12,5	9,4
$266 \le y < 277$	6,2	4,7	$386 \le y < 392$	13,1	9,8
$277 \le y < 285$	6,5	4,9	$392 \le y < 395$	13,7	10,3
$285 \le y < 293$	6,7	5,0	$395 \le y < 398$	15,1	11,3
			$y \ge 398$	18,4	13,8

Kontrastklassen

G = guter Kontrast
S = schlechter Kontrast

Nr.	Farbton	Farbnummer wie vertikal														
		1	2	3	4	5	6	7	8	9	10	11	12	13	14	15
1	violett	-	S	S	S	G	G	G	G	G	G	G	S	S	G	S
2	violett-blau	S	-	S	S	S	G	G	G	G	G	G	S	S	G	S
3	blau	S	S	-	S	S	G	G	G	G	G	G	S	S	G	S
4	blau-grün	S	S	S	-	S	S	G	G	G	G	G	S	S	G	S
5	grün	G	S	S	S	-	S	G	G	G	G	G	G	G	G	S
6	grün-gelb	G	G	G	S	S	-	S	G	G	G	G	G	G	G	S
7	gelb-grün	G	G	G	G	G	S	-	S	S	S	G	G	G	G	G
8	gelb	G	G	G	G	G	G	S	-	S	S	G	G	G	S	G
9	orange-gelb	G	G	G	G	G	G	S	S	-	S	S	G	G	G	G
10	orange	G	G	G	G	G	G	S	S	S	-	S	G	G	G	G
11	orange-rot	G	G	G	G	G	G	G	G	S	S	-	S	S	G	G
12	rot	S	S	S	S	G	G	G	G	G	G	S	-	S	G	S
13	rot-violett	S	S	S	S	G	G	G	G	G	G	S	S	-	G	S
14	weiß	G	G	G	G	G	G	G	S	G	G	G	G	G	-	G
15	schwarz	S	S	S	S	S	S	G	G	G	G	G	S	S	G	-

Abbildung II-241 Bestimmung der Prüffeldgröße aus der normierten Sehobjektgröße und dem Kontrast

- der Sehabstand geringer oder größer als 40 cm ist,
- die Form der Sehobjekte die Erkennbarkeit erschwert oder erleichtert,
- die Sehobjekte bewegt oder
- Vergrößerungseinrichtungen verwendet werden.

Der Kontrast entsteht durch unterschiedliche Leuchtdichten von Sehobjekt- und Hintergrundfläche. Er hängt primär von den Farben dieser beiden Flächen und deren Oberflächenstruktur ab.

Anwendungsregeln für die Prüffeldgröße

Zur Bestimmung der Prüffeldgröße gelten fünf Anwendungsregeln.

Sichtprüfen Regel 1 Wird eine Vergrößerungseinrichtung verwendet (z. B. Mikroskop), so gilt:
Sehobjektgröße = tatsächliche Sehobjektgröße · Vergrößerungsfaktor

Beispiel: Mikrochips unter einem Mikroskop bei 80-facher Vergrößerung Sichtprüfen. Die kleinste Sehobjektgröße beträgt 5 mm. Die Sehobjektgröße ist dann 5 mm · 80 = 400 mm.

Sichtprüfen Regel 2 Handelt es sich bei Sehobjekten um Linien, Buchstaben oder scharfkantige Konturen, wird die Sehobjektgröße bei 40 cm Sehabstand nach folgenden Formeln berechnet:

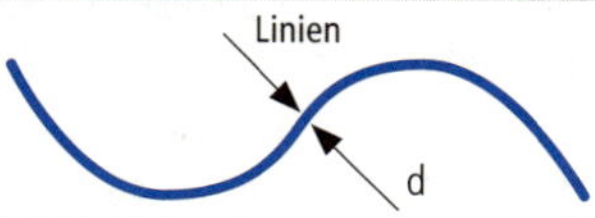

(ab einer Länge von 4 mm)
Sehobjektgröße = 20 · tatsächliche Linienstärke d

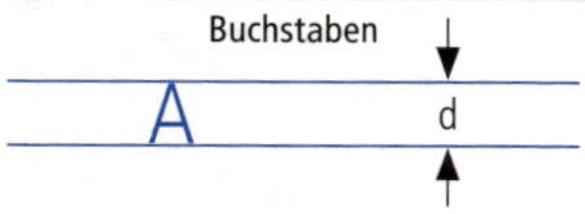

Sehobjektgröße = 1/5 · Buchstabenhöhe d

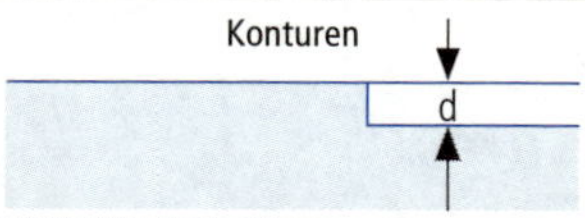

Sehobjektgröße = 5 · Konturstärke d

Anwendungsregeln für Sehabstand und bewegte Objekte

Sichtprüfen Regel 3

Beträgt der Sehabstand mehr als 40 cm (normaler Sehabstand), ist die Sehobjektgröße gemäß nachstehender Formel zu reduzieren:

$$\text{Sehobjektgröße} = \text{tatsächliche Sehobjektgröße} \cdot \frac{\text{normaler Sehabstand}}{\text{tatsächlicher Sehabstand}}$$

Sichtprüfen Regel 4

Die in der Tabelle »Prüffeldgröße« angegebenen Werte beziehen sich auf den normalen Sehabstand von 40 cm. Wird, sofern die kleinste Sehobjektgröße das zulässt, ein größerer Sehabstand gewählt, so vergrößert sich die Prüffeldabmessung entsprechend.

Beispiel: Einen Gegenstand beim Sehabstand von 100 cm und einer Sehobjektgröße von 400 µm prüfen, der Kontrast ist gut.

1. Schritt: Sehobjektgröße bei normalem Sehabstand (40 cm) berechnen:

$$\text{Sehobjektgröße} = 400\ \mu m \cdot \frac{40\ cm}{100\ cm} = 160\ \mu m$$

2. Schritt: Ablesen der Prüffeldgröße bei normalem Sehabstand (40 cm):
Quadrat mit Schenkellängen = 5,2 cm aus Tabelle »Prüffeldgröße«

3. Schritt: Berechnen der Prüffeldgröße bei tatsächlichem Sehabstand:

$$\text{Schenkellänge} = 5{,}2\ cm \cdot \frac{100\ cm}{40\ cm} = 13{,}0\ cm$$

Sichtprüfen Regel 5

Bewegte Objekte sind für das menschliche Auge schwieriger zu erkennen als ruhende Objekte. Deshalb muss beim Prüfen bewegter Objekte die Prüffeldgröße entsprechend angepasst werden. Dazu ist die Sehobjektgröße, mit der die Prüffeldgröße bestimmt wird, dem folgenden Diagramm zu entnehmen:

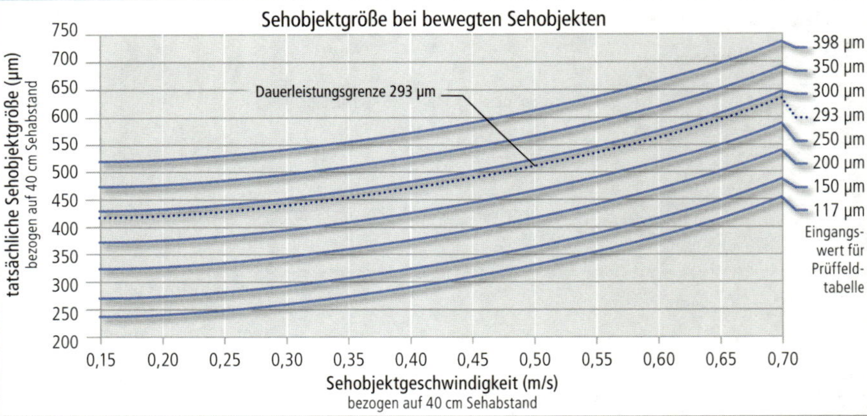

Die Prüfgegenstände sind in Prüffelder aufzuteilen – daraus ergibt sich die Anzahl benötigter Prüfintervalle. Als Prüfintervall wird ein einzelner Prüfvorgang in einer Prüffolge bezeichnet. In Abbildung II-242 wird ausgewiesen, dass die Anzahl Prüfintervalle

1. der Anzahl Prüffelder entspricht,
2. der Anzahl Sehobjektgruppen entspricht.

Als *Sehobjektgruppe* werden Sehobjekte bezeichnet, die in einem Prüfintervall gleichzeitig wahrzunehmen sind.

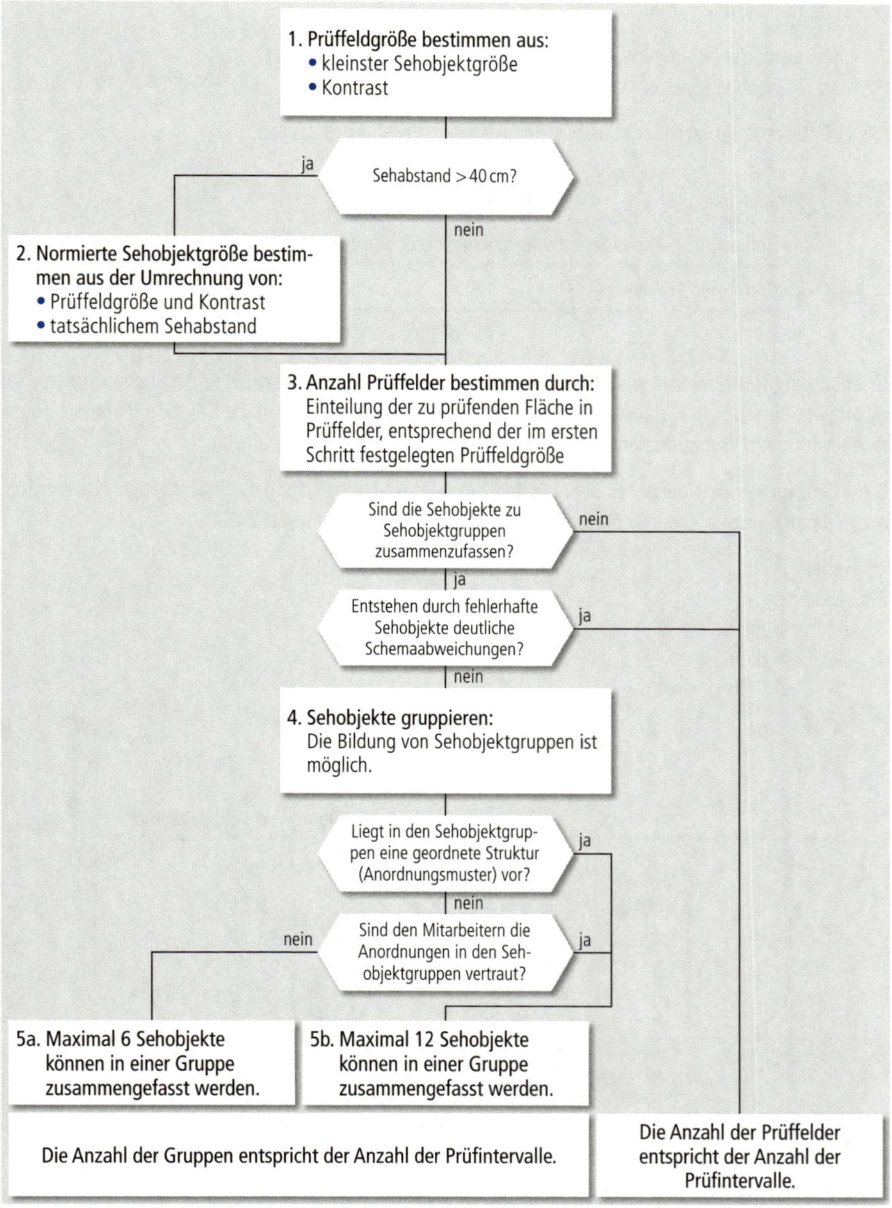

Abbildung II-242 Entscheidungsmodell zur Bestimmung der Anzahl Prüfintervalle

6.6.3 Gruppieren Sehobjekte

Gruppieren Sehobjekte ist der Grundbaustein, bei dem innerhalb eines Prüffeldes Sehobjekte gedanklich so zu einem Bild zusammengefasst werden, dass sie gemeinsam in einem Prüfintervall zu prüfen sind. Der Beginn des Prozessbausteins ist durch den Start des gedanklichen Prozesses und das Ende durch die gedankliche Abgrenzung der Sehobjektegruppe festgelegt.

Einflussgrößen und Kodierung beim Gruppieren Sehobjekte

Die Zeiteinflussgrößen sind:

1. Anordnung der Sehobjekte zueinander,
2. Anzahl Sehobjekte innerhalb der Sehobjektegruppe.

Die auf dieser Einflussgrößenkonstellation basierende Kodierung lautet:

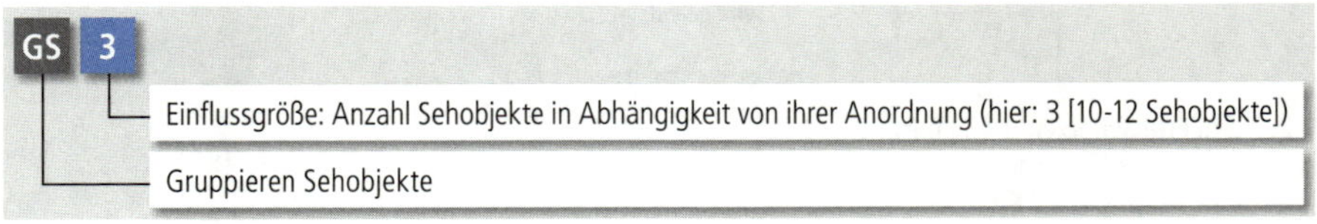

In Abbildung II-242 wurde angeführt, dass Sehobjektegruppen aus maximal sechs ungeordneten oder zwölf geordneten Sehobjekten zu bilden sind. Die Abbildung II-243 soll die Taxierung von Sehobjekte-Anordnungen verdeutlichen.

Die »Ordnungskraft«, nach der Sehobjekte vom Menschen zu Gruppen zusammengefasst werden, hängt danach primär von vier Sehobjekteigenschaften ab (Abbildung II-243):

1. Nähe,
2. Symmetrie,
3. Geschlossenheit,
4. Gleichartigkeit.

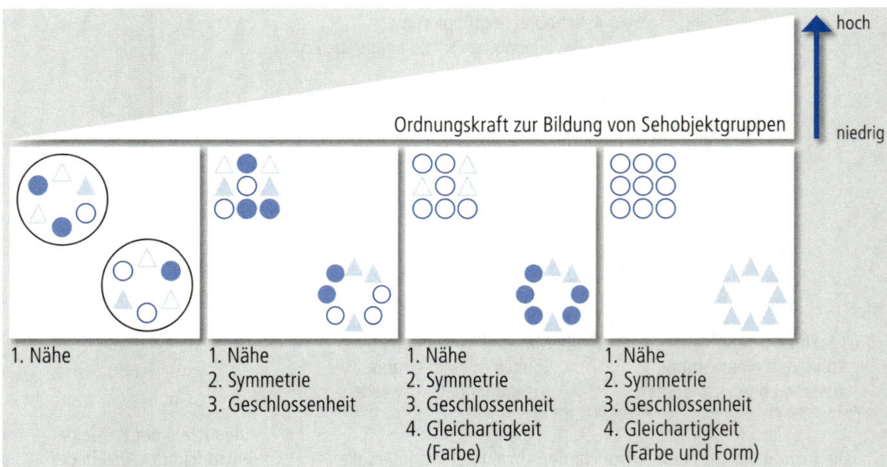

Abbildung II-243 Taxierung von Sehobjektanordnungen

Die Bedeutung der räumlichen Abgrenzung und der Geschlossenheit (vertraute Anordnung) überwiegt dabei gegenüber der Gruppierung aufgrund von Gleichartigkeit sowie Form und Farbe der Sehobjekte. Identische, nahe beieinander liegende Sehobjekte, deren Anordnung ein geschlossenes, vertrautes Bild ergibt, sind leichter zu gruppieren als unterschiedliche Sehobjekte, die ungeordnet sind und sich räumlich nicht von anderen Sehobjekten abgrenzen. Bei Gruppen ungeordneter Sehobjekte, die von weiteren Gruppen umgeben sind, fällt die Abgrenzung besonders schwer. Die Augen werden von umgebenden Sehobjekten abgelenkt; die Gruppen selbst haben nur eine geringe Ordnungskraft und müssen willkürlich abgegrenzt werden. Dieser Störeffekt wird als »Umgebungseffekt« bewertet.

Der Abbildung II-239 ist die Datenkarte für den Grundbaustein »Gruppieren Sehobjekte« zu entnehmen. Die Ausprägungen der Einflussgröße Anordnung der Sehobjekte sind wie folgt zu interpretieren:

1. Geordnet: Die Sehobjekte sind in Zeilen oder Spalten, ähnlich wie Worte in einem Satz, oder nach einem festen Schema geordnet, das als solches auch erwartet wird.
2. Vertraut: Die Sehobjekte sind nach keinem festen Schema geordnet. Von Intervall zu Intervall unterscheiden sich die Schemata, ähneln sich aber weitgehend. Das Schema ist dem Wahrnehmenden bekannt, z. B. eine Serie von Schweißpunkten.
3. Ungeordnet: Die Anordnung bzw. Lage der Sehobjekte zueinander variiert von Prüfintervall zu Prüfintervall und ist nicht voraussehbar.
4. Ungeordnet mit Umgebungseffekt: Eine Sehobjektgruppe wird von mindestens zwei anderen Sehobjektgruppen in einer Weise umgeben, dass dadurch die Augen abgelenkt werden.

Zum »Gruppieren Sehobjekte« gelten folgende Anwendungsregeln:

Anwendungsregeln und Beispiel für die Gruppierung von Sehobjekten

Sichtprüfen Regel 6
Sehobjekte, die so nahe beieinander liegen oder so vertraut sind, dass sie ein gemeinsames Ganzes bilden, erfordern kein Gruppieren Sehobjekte.

Sichtprüfen Regel 7
Wenn Sehobjekte einer Gruppe nicht als gesonderte, selbständige Objekte wahrgenommen werden müssen, sondern
- als fester Komplex,
- als Zeichnung, die ein Ganzes bildet, oder
- als einheitlich wahrzunehmende Masse gesehen werden können,

ist kein Gruppieren Sehobjekte zu analysieren.
Es wird dann nur festgestellt, dass ein bestimmtes Sehobjekt eine Abweichung im Schema verursacht, weil
- es fehlt,
- es vorhanden ist oder
- es innerhalb des Schemas eine deutliche Abweichung verursacht.

Prüfen, ob ein Firmenetikett oder ein anderes Etikett aufgeklebt wurde. Das Firmenetikett ist dem Prüfer vertraut, er erkennt das Schriftbild, das Firmenemblem mit einem kurzen Blick. Deshalb wird hier kein Gruppieren Sehobjekte analysiert.

Sichtprüfen Regel 8
Ein Umgebungseffekt tritt nur bei ungeordneten Strukturen auf. Bei geordneter oder vertrauter Anordnung folgt das Auge der geordneten bzw. vertrauten Struktur.

Sichtprüfen Regel 9
Sind mehr als 6 ungeordnete bzw. 12 geordnete Sehobjekte zusammenzufassen, müssen diese mit weiteren Prüfintervallen erfasst werden.

6.6.4 Blick verschieben und Augen einstellen

Blick verschieben (MTM-Sichtprüfen)

Blick verschieben ist der Grundbaustein, bei dem durch Augen- und Kopfbewegungen der Blick von einem Blickpunkt zu einem anderen Blickpunkt verschoben wird. Der Blickpunkt ist als

- Sehobjekt,
- Sehobjektgruppenmitte bzw.
- Prüffeldmitte

definiert. Der Beginn des Prozessbausteins ist als Beginn des Verschiebens und das Ende durch die scharfe Abbildung auf der Netzhaut festgelegt.

Die Zeiteinflussgröße ist der Abstand zwischen den Blickpunkten, bezogen auf den normalen Sehabstand von 40 cm. Die auf dieser Einflussgrößenkonstellation basierende Kodierung lautet:

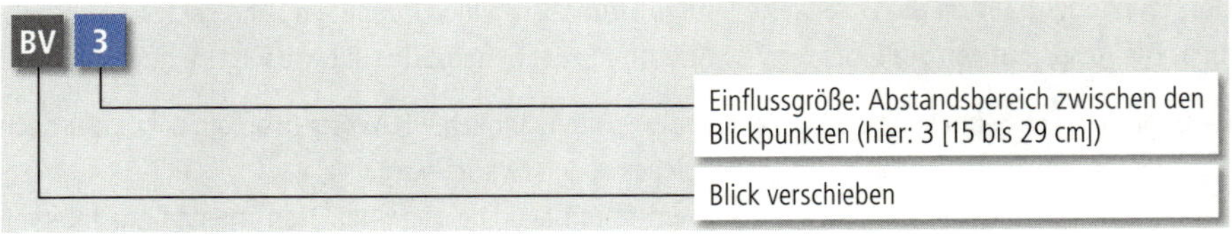

Abbildung II-239 ist die Datenkarte für den Prozessbaustein »Blick verschieben« zu entnehmen.

Anwendungsregeln und Beispiel für das Blick verschieben (MTM-Sichtprüfen)

Es gelten folgende Anwendungsregeln:

Sichtprüfen Regel 10 Bei einem Sehabstand größer als 40 cm muss der Abstand der Blickpunkte auf den normalen Sehabstand von 40 cm umgerechnet werden:

$$\text{Abstand der Blickpunkte bei normalem Sehabstand} = \text{Abstand der Blickpunkte bei tatsächlichem Sehabstand} \cdot \frac{\text{normaler Sehabstand}}{\text{tatsächlicher Sehabstand}}$$

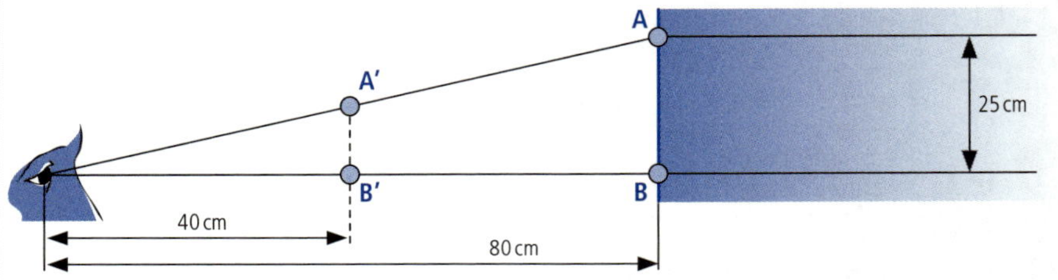

Abstand = 25 cm · (40 cm / 80 cm) = 12,5 cm; dann analysiert man BV2 mit 1,3 TMU.

Sichtprüfen Regel 11 Bei Augenbewegungen bzw. Änderungen des Sehabstands, die gleichzeitig mit manuellen Bewegungen erfolgen, ist zu prüfen, welche Prozessbausteine zeitbestimmend sind.

Sichtprüfen Regel 12 Werden »Einstellen Augen« und »Blick verschieben« gleichzeitig ausgeführt, ist der Prozessbaustein mit dem größten Zeitwert zu verwenden.

Einstellen Augen

Einstellen Augen ist das Grundbaustein, bei dem die Augenlinse auf einen Sehabstand eingestellt wird, damit das Sehobjekt auf der Netzhaut scharf abgebildet wird.[427] Der Beginn des Prozessbausteins ist durch das erste Bewegen der Augenmuskulatur und das Ende durch die scharfe Abbildung des Sehobjektes auf der Netzhaut festgelegt.

Die Zeiteinflussgröße[428] ist das Verhältnis zwischen größtem und kleinstem Sehabstand, die auf dieser Einflussgrößenkonstellation basierende Kodierung lautet:

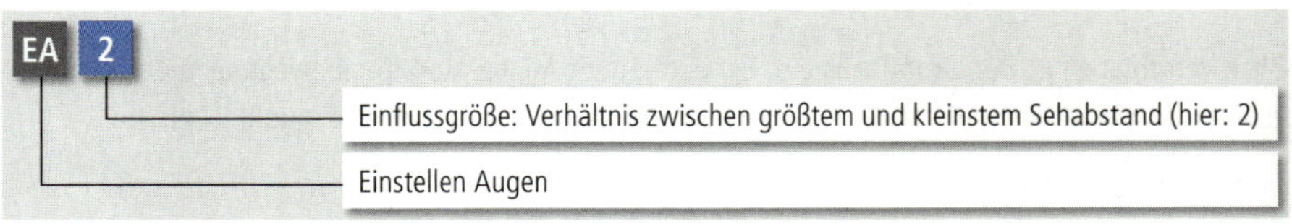

427 Sehobjekte, die bezogen auf einen normierten Sehabstand von 40 cm größer als 1 mm sind, können noch wahrgenommen werden, ohne dass die Augen vollständig auf die neue Sehentfernung akkommodiert sind. Bei kleineren Sehobjekten hingegen muss der Akkommodationsvorgang beendet sein, damit die volle Sehschärfe erreicht ist und das Sehobjekt geprüft werden kann.

428 Zeitgleich zur Akkommodation werden die Sehachsen der Augen auf ein Sehobjekt ausgerichtet (Vergenz). Diese Vergenzbewegung ist mit der Akkommodation gekoppelt und daher nicht zeitbestimmend.

Abbildung II-239 ist die Datenkarte für den Grundbaustein »Einstellen Augen« zu entnehmen.

Zum »Einstellen Augen« gilt folgende Anwendungsregel:

Anwendungsregel und Beispiel für Einstellen Augen

Sichtprüfen Regel 13

Ein »Einstellen Augen« ist nur dann zu analysieren, wenn zwei Bedingungen erfüllt sind:
1. Abstandsverhältnis größter Sehabstand zu kleinstem Sehabstand > 1,02.
2. Sehobjektgröße bei normalem Sehabstand < 1000 µm.

Ansonsten ist nur »Blick verschieben« zu analysieren.

Beispiel: Oberfläche A prüfen, anschließend Boden B daraufhin prüfen, ob dort eine Bohrung vorhanden ist.
Die Sehobjektgröße ist auf beiden Flächen 1 mm.

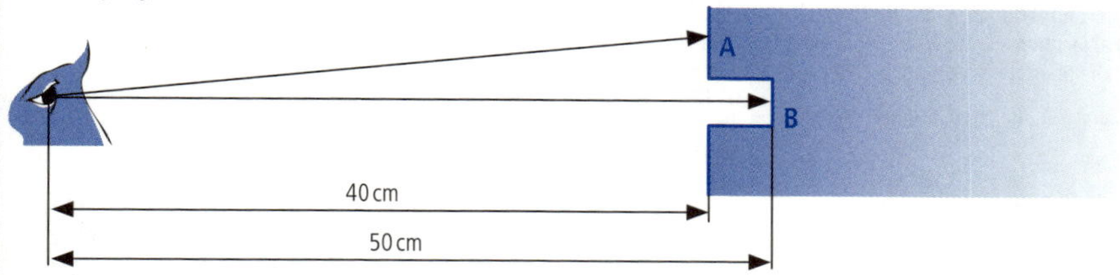

1. Größter Sehabstand zu kleinstem Sehabstand > 1,02? 50 cm/40 cm = 1,25.
   Also ist > 1,02 erfüllt.
2. Sehobjektgröße bei normalem Sehabstand < 1 mm? 1 mm · (40 cm / 80 cm) = 0,8 mm. Also ist < 1 mm erfüllt.

Nr.	Bezeichnung	Kode	TMU	A · H	Gesamt TMU
	Oberfläche, Bohrung	EA1	5,8		5,8

6.6.5 Mentale Prozesse

Mentale Prozesse ist der Grundbaustein, bei dem im Gehirn und Nervensystem durch Sehen, Erkennen und Entscheiden das Prüfen im engeren Sinne erfolgt. Der Beginn des Prozessbausteins ist das Umwandeln von Lichtenergie-Unterschieden in Nervenimpulse und das Ende ist durch das Aktionssignal festgelegt.

Einflussgrößen und Kodierung bei Mentale Prozesse

Die Zeiteinflussgrößen sind:

1. Fehlerhäufigkeit je Prüfintervall: Je seltener Fehler auftreten, desto mehr gehen die Prüfer davon aus, keinen Fehler zu entdecken, und desto geringer ist der Zeitbedarf für mentale Prozesse.
2. Anzahl möglicher Aktionen: Diese ist abhängig von der Anzahl möglicher verschiedener Impulse, welche an die Muskulatur der Gliedmaßen oder Augen zu leiten sind.

Die auf dieser Einflussgrößenkonstellation basierende Kodierung lautet:

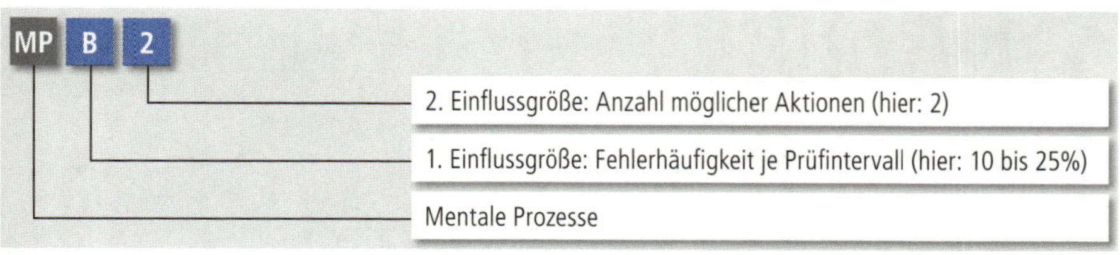

Abbildung II-239 ist die Normzeitwertkarte für den Prozessbaustein »Mentale Prozesse« zu entnehmen.

Anwendungsregeln und Beispiele für Mentale Prozesse

Es gelten folgende Anwendungsregeln:

Sichtprüfen Regel 14

Die Fehlerhäufigkeit je Prüfintervall ergibt sich als Quotient aus folgenden Parametern:

$$\text{Fehlerhäufigkeit je Prüfintervall} = \frac{\text{Anzahl Fehler je Prüfgegenstand} \cdot 100\ \%}{\text{Anzahl Prüfintervalle}}$$

Beispiel: Bestückte Leiterplatten auf fehlerhafte Lötstellen prüfen. Die fünf möglichen Fehler sind: überschüssiges Lot, Lötstelle nicht ausreichend verzinnt, kalte Lötstelle, Flussmitteleinschluss, Lötschluss zwischen zwei Anschlüssen.

Bei einem festgestellten Fehler soll der Prüfer diesen mittels Lötkolben und Lötpumpe beheben und in eine Fehlersammelkarte eintragen. Je Leiterplatte treten im Mittel 12 Fehler auf. Zusätzlich wird der Prüfablauf dreimal wegen scheinbarer Fehler unterbrochen. Aufgrund der Anzahl und Anordnung der Lötstellen ergeben sich 47 Prüfintervalle.

1. Anzahl Aktionen: sechs Aktionen, denn jeder der fünf möglichen Fehler führt zur Aktion »Fehler beheben und in Fahlersammelkarte eintragen«. Liegt im Prüffeld keine fehlerhafte Lötstelle vor, oder handelt es sich um einen scheinbaren Fehler, folgt die (sechste) Aktion »weiter zum nächsten Prüffeld«.
2. Fehlerhäufigkeit je Prüfintervall $= \frac{(12 + 3) \cdot 100\ \%}{47} = 31{,}9\ \%$
3. Ergebnis:

Nr.	Bezeichnung	Kode	TMU	A · H	Gesamt TMU
	Lötstelle prüfen	MPC3	10,1	47	474,7

Sichtprüfen Regel 15

Sind innerhalb einer Prüfung Abweichungen zu erkennen, ist zu berücksichtigen:

- Abweichungen < 15 % sind nicht zuverlässig zu erkennen.
- Abweichungen > 50 % sind von geübten Personen zu erkennen und mit dem Prozessbaustein »MP« zu analysieren.
- Bei Toleranzen ≥ 15 % bis ≤ 50 % ist ein zusätzliches »MP« pro Prüfintervall zu analysieren.

Sichtprüfen Regel 16

Für das Prüfen sehr kleiner Sehobjekte (< 211 µm) ist je Prüfintervall zum Prozessbaustein »MP« ein Ergänzungswert »MPE« zu analysieren.

Beispiel: Beim Sichtprüfen von Graugussteilen liegt die Toleranzgrenze des Fehlers »Einschlüsse« bei 200 µm. Es betragen der Ausschuiss 6 % und die Nacharbeit 5 %. Die Teile sind, getrennt nach Ausschuss, Nacharbeit und Gutteilen, in drei verschiedene Behälter zu legen. Je Prüfungsgegenstand sind fünf Prüfintervalle anzusetzen. Der Anteil scheinbarer Fehler (lösen eine Unterbrechung aus, das Teil wird aber auf Grund der Prüfung als »gut« erachtet) beträgt 4 %. Fehlerarten:

1. Lunker/Risse/Fremdkörper führen zu Ausschuss
2. Kratzer/Schmutz führen zu Nacharbeit

1. Anzahl möglicher Aktionen: drei Aktionen, denn jeder der beiden Fehlerarten und scheinbare Fehler führen zu je einer Aktion.
2. Fehlerhäufigkeit je Prüfintervall $= \frac{(6\ \% + 5\ \% + 4\ \%)}{5\ \text{Prüfintervalle}} = 3\ \%$
3. Analyse:

Nr.	Bezeichnung	Kode	TMU	A · H	Gesamt TMU
	Fehlerprüfung	MPA2	4,7	5	23,5
	Sehobjektgröße < 211 µm	MPE	0,6	5	3,0

6.6.6 Anwendungsbeispiel unter TiCon®

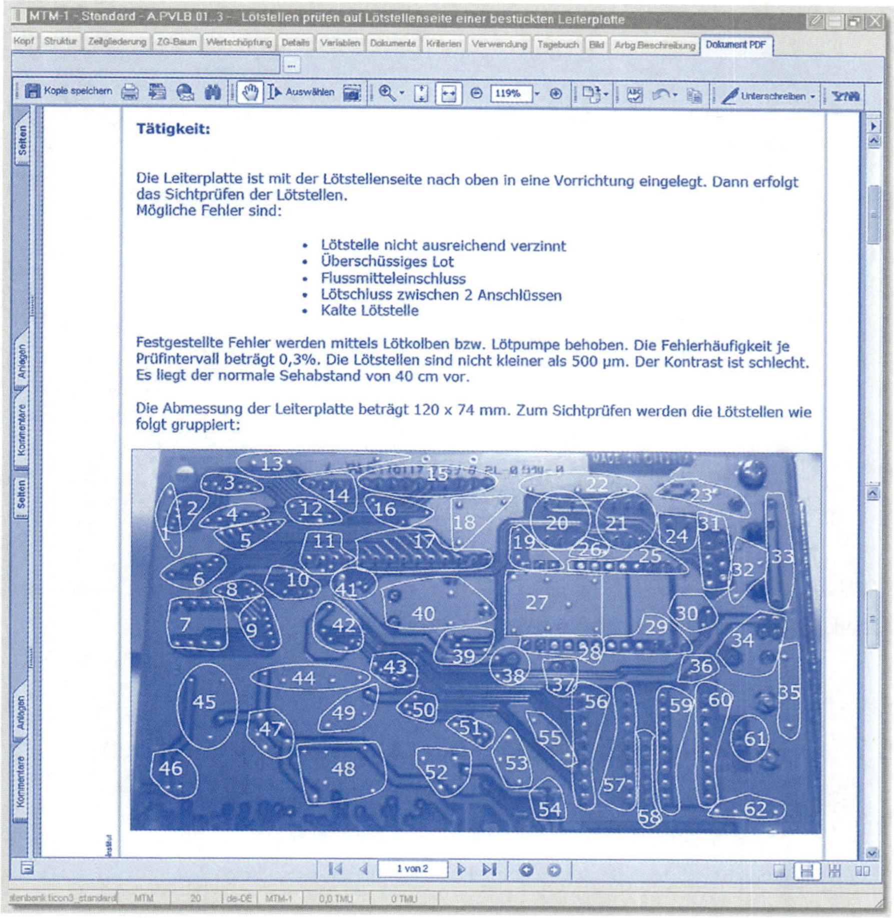

Abbildung II-244 Beschreibung der Prüfaufgabe unter TiCon®

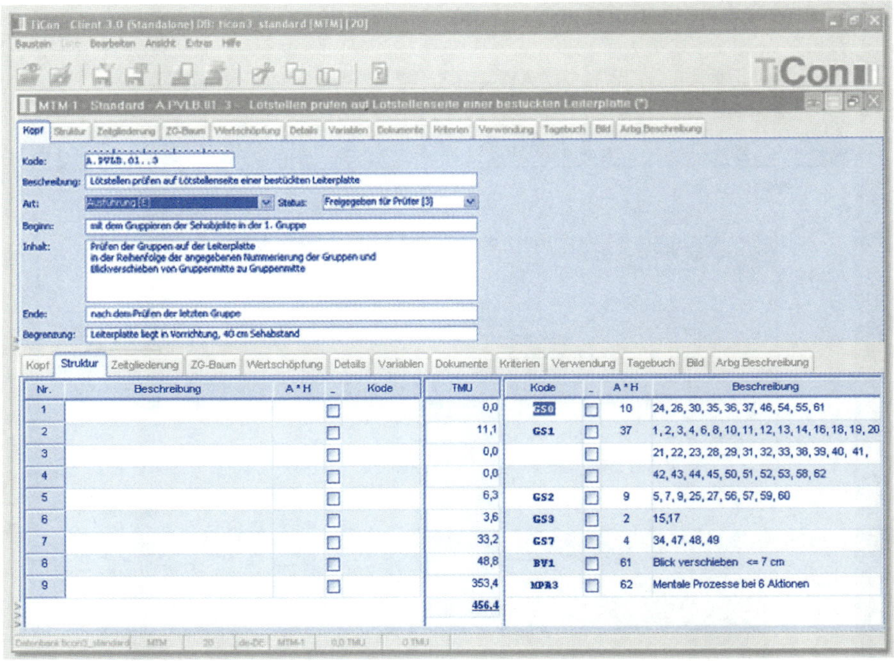

Abbildung II-245 Sichtprüfen-Analyse unter TiCon®

6.7 MTM-Analysen nach Bewegungsablauf-Informationen

6.7.1 Übersicht

Das Erstellen von MTM-Analysen ist nach drei Gesichtspunkten zu unterscheiden:

Reale und virtuelle Prozesse

1. Existenzform zu analysierender Prozesse
   - Real existierende Prozesse: Es können Ist-Abläufe beobachtet und die dort vollzogenen *Arbeitsweisen* als Orientierungshilfe für die Entwicklung einer Arbeitsmethode genutzt werden. Unter Kenntnis real existierender Prozesse erstellte MTM-Analysen werden als *Ausführungsanalysen* bezeichnet. Damit will man zum Ausdruck bringen, dass die Arbeitsmethode unter Kenntnis »ausgeführter« Abläufe modelliert wurde.
   - Virtuelle Prozesse: Es können keine Ist-Abläufe beobachtet werden, z. B. weil Arbeitssysteme real nicht existieren oder nicht zugänglich sind. Dann sind *Arbeitsmethoden* ohne Kenntnis »ausgeführter« Abläufe, aus der Vorstellung heraus, für »virtuelle« Arbeitssysteme zu planen. Deshalb bezeichnet man so erstellte Analysen als *Planungsanalysen.*

Informationsbasis

2. Informationsbasis für die Analyse
   - Bewegungsablaufanalyse: Werden MTM-Analysen bei Arbeitssystemen erstellt, die den Prozesstyp 1 repräsentieren, ist von einem hohen Methodenniveau auszugehen und eine sehr granulare Analyse zu erstellen. Dafür werden detaillierte Vorstellungen über die Bewegungsabläufe benötigt.
   - Analyse nach Rahmenbedingungen: Sind MTM-Analysen bei Arbeitssystemen zu erstellen, die den Prozesstyp 2 oder 3 repräsentieren, ist von einem geringeren Methodenniveau auszu-

gehen. Über detaillierte Vorstellungen zu Bewegungsabläufen verfügt man (insbesondere bei Prozesstyp 3) nicht und benötigt diese auch nicht. Die MTM-Analysen werden hier nur unter Kenntnis relevanter Aspekte des Arbeitssystems erstellt.

3. Analyseform
   - Zweispurige Analyse: Bewegungsabläufe werden typischerweise bei MTM-1 und MTM-2 in zweispuriger, nach rechter und linker Hand unterschiedener Schreibweise dokumentiert.[429] Sie werden auch als Beidhandanalyse bezeichnet.
   - Einspurige Analyse: Arbeitsabläufe werden z. B. bei SD oder Analysen nach Rahmenbedingungen in einspuriger Schreibweise dokumentiert.

Analyseform

In den folgenden Abschnitten wird das Durchführen von MTM-Analysen bei MTM-1 erläutert.[430] Dabei handelt es sich um Bewegungsablaufanalysen in zweispuriger Form (Beidhandanalysen), als Planungs- und als Ausführungsanalysen. Zuerst werden die Besonderheiten von Planungs- und Ausführungsanalysen erläutert. Anschließend wird gezeigt, wie mit Hilfe der MTM-Software TiCon® Analysen zu erstellen sind.

6.7.2 Ausführungs- und Planungsanalyse

Vorgehensschritte

Abbildung II-246 ist zu entnehmen, dass sich die beiden Analysearten grundsätzlich bei zwei Vorgehensschritten unterscheiden:

1. In der ersten Phase, der Vorbereitung, ist bei *Ausführungsanalysen* die Auswahl einer geeigneten Beobachtungsperson und deren Information ein wichtiger Schritt. Er entfällt bei Planungsanalysen.
2. In der zweiten Phase erfolgt das Listen der Grundbewegungen. Bei der Ausführungsanalyse erfolgt das orientiert an beobachteten Arbeitsweisen, bei der Planungsanalyse aus der Vorstellung heraus.

Bei den anderen Vorgehensschritten unterscheiden sich die beiden Analysearten nicht grundsätzlich, jedoch in einigen Details:

Beim Schritt 1.1 versucht man durchschnittlich geeignete und geübte Personen zu beobachten, weil aus ihren Arbeitsweisen ein Eindruck über die Machbarkeit gleichzeitiger und kombinierter Bewegungen zu gewinnen ist. Geringe Eignung und Übung werden z. B. zu grundsätzlich nacheinander ausgeführten Bewegungen oder zu häufigem Nachgreifen und zu Korrekturbewegungen führen. Außergewöhnliche Eignung und Übung prägen sich dagegen z. B. in atypisch vielen gleichzeitigen und kombinierten Bewegungen aus. Die Arbeitsweisen dienen zwar als Grundinformation für die Formulierung einer Arbeitsmethode (Schritt 2.1), sollten aber im Regelfall geringere Priorität als die in der MTM-1-Datenkarte angeführte Entscheidungstabelle zu gleichzeitigen Bewegungen (vgl. Abschnitt 6.5.3) haben.

Auch wenn die arbeitsrechtlichen Bestimmungen nichts vorschreiben, wird man, allein schon aus dem betriebsverfassungsrechtlichen Grundsatz der vertrauensvollen Zusammenarbeit heraus, die betroffenen Personen, deren Vorgesetzte und den Betriebsrat über die Beobachtung der Arbeitsweisen informieren.

429 Der Begriff »Spur« kennzeichnet die Kode-/Beschreibungsspalte bei Zeilenanalysen. Werden z. B. die Bewegungen des rechten und des linken Hand-Arm-Komplexes getrennt analysiert, liegt eine Zweispurigkeit vor. Unterscheidet man nicht, ob in einer Ablaufphase die rechte oder linke Körperhälfte eingesetzt wird, liegt eine Einspurigkeit vor.

430 Im Abschnitt 7.8 (MTM-2) wird diese Analyseform ebenfalls verwendet.

Vorbereitung

Beim Schritt 1.2 geht es noch um die *Vorbereitung* der Analyse im engeren Sinne, indem das betrachtete Arbeitssystem gegenüber anderen abgegrenzt und festgelegt wird, worum man sich beim vorliegenden Vorhaben kümmern und was man ausklammern will, z. B. die Logistik außerhalb des betrachteten Arbeitssystems oder die Qualitätsprüfung. Ferner prüft man, ob es Benchmarks gibt, z. B. mit anderen Werken oder Wettbewerbern. Allein die beobachteten Arbeitsweisen als Grundlage für die Methodenmodellierung zu nutzen, birgt die Gefahr, dass man sich vom Marktstandard, vom Üblichen entfernt.

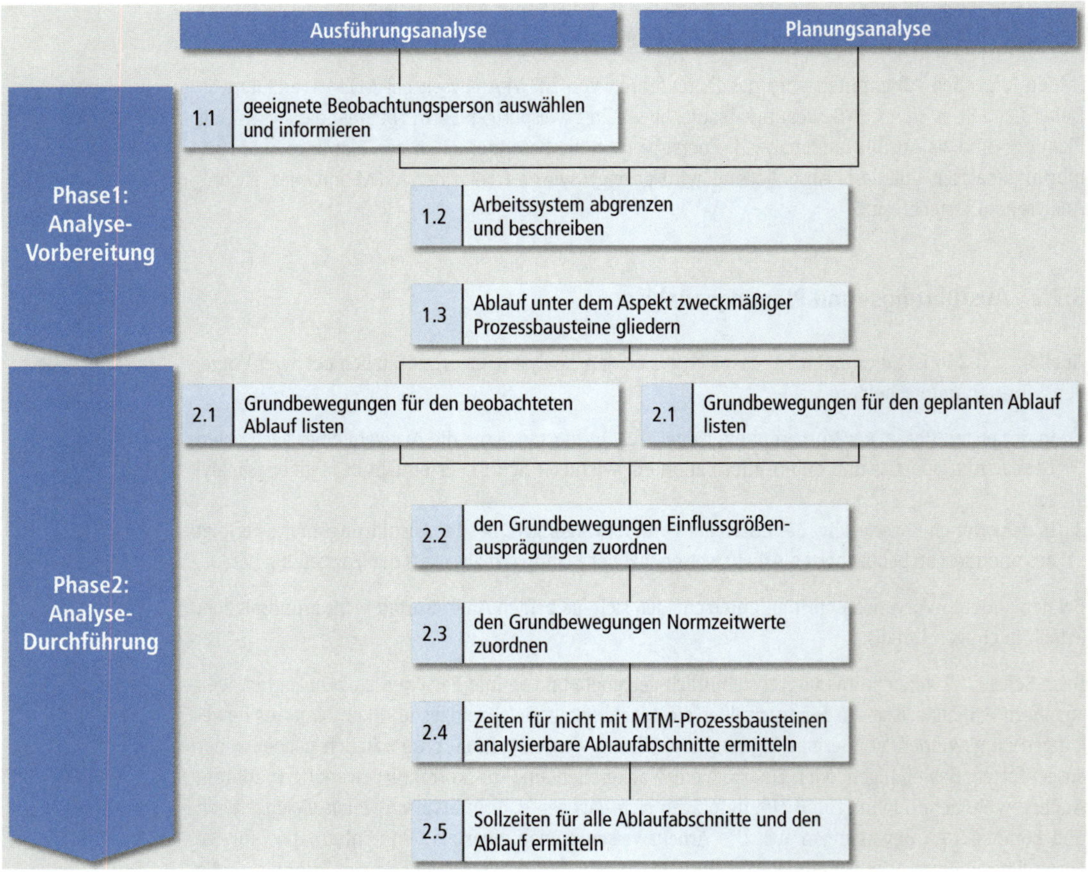

Abbildung II-246 Vorgehen bei der Durchführung von Bewegungsablaufanalysen (MTM-1, MTM-2)

Bei *Planungsanalysen* ist es noch wichtiger als bei Ausführungsanalysen, die betrachteten Arbeitssysteme zu beschreiben, weil man Zweifel nicht durch Betrachten des Ist-Zustands ausräumen kann. Benchmarks haben hier noch größere Bedeutung als bei Ausführungsanalysen, weil man sich an keinem Ist-Zustand orientieren kann. Ferner sind die an das technische Wissen gestellten Anforderungen besonders hoch. Die Beschreibung des Arbeitssystems wird bei manueller Analyse im MTM-Formblatt 001 vorgenommen, wie in Abbildung II-247 und Abbildung II-248 dargestellt.

Arbeitssystembeschreibung

☒ Planungsanalyse ☐ Ausführungsanalyse

Ablage-Nr.	Zeiger
Blatt	1/1
Aufgabe	Zeigerstellwelle komplettieren
Organisationseinheit	Montage
Bearbeiter	Grube
Datum	11.4.2009

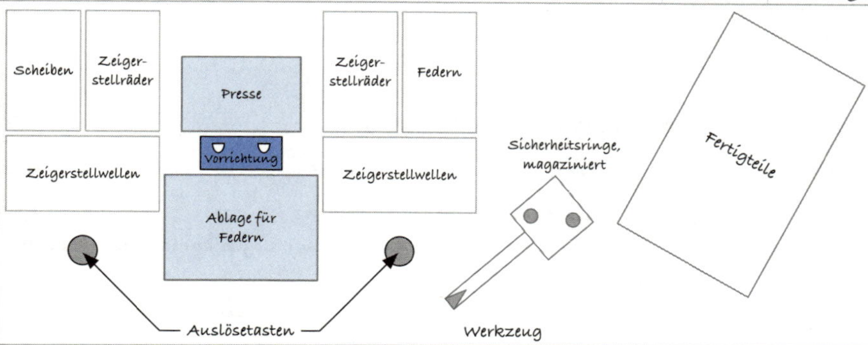

	Hinlangen- und Bringenbewegungen	Bewegungslänge in cm (Planungsgrößen)
1	zu Zeigerstellrädern	10/50
2	Zeigerstellräder in Vorrichtung	14
3	zu Zeigerstellwellen	30
4	Zeigerstellwelle in Vorrichtung	30
5	zusätzliches Einstecken	4
6	zum Montagewerkzeug	40
7	Sicherungsring auf Welle	40/45
8	Montagewerkzeug zum Spender	40/45
9	Montagewerkzeug einschieben	6
10	zu den entwirrten Federn	10/40
11	Federn über Welle	30
12	zu Scheiben	30
13	Scheiben über Wellen	30
14	zur Vorrichtung	10
15	Vorrichtung einschwenken	2
16	zu Auslösetasten	30
17	Zeigerstellräder aufpressen	30 TMU
18	zur Vorrichtung	30
19	Vorrichtung ausschwenken	2
20	zu Zeigerstellwellen	4
21	Zeigerstellwellen aus Vorrichtung	8
22	Zeigerstellwellen ablegen	50

Abbildung II-247 Vorbereitungsphase bei MTM-1-Analysen (MTM-Formblatt 001, Vorderseite): abgegrenztes und beschriebenes Arbeitssystem, Darstellung der räumlichen Verhältnisse

Auf der Vorderseite werden die räumlichen Verhältnisse im Arbeitssystem beschrieben, mit Hilfe von Skizzen oder Fotos. Auf der Rückseite werden fünf Bestimmungsgrößen des Arbeitssystems beschrieben (vgl. Teil I, Abschnitt 2.4.1):

1. Arbeitssystem-Eingabe,
2. Personen,
3. Betriebsmittel,
4. Arbeitssystem-Ausgabe,
5. Umwelteinflüsse.

MTM	Arbeitssystembeschreibung ☒ Planungsanalyse ☐ Ausführungsanalyse	Ablage-Nr. / Blatt	Zeiger / 1/2
Arbeitssystemeingabe	Arbeitsanweisung hängt am Arbeitsplatz Alle Teilebehälter werden pro Schicht 1x von Logistikmitarbeitern bestückt Sitzarbeitsplatz Blattfedern im Greifbehälter sind häufig ineinander verhakt und werden je Hand voll auf einer Ablage bereitgelegt, vereinzelt und ggf. entwirrt		
Arbeits- und Sachmittel	4 Greifbehälter 80 x 40 x 240, 2 Greifbehälter 160 x 40 x 240 1 Euronormbehälter 300 x 400 1 hydraulische Presse mit 2 Auslösetasten und Doppelvorrichtung Sicherungsringe, magaziniert Spezialwerkzeug zum Aufsetzen eines Sicherungsringes		
Personen			
Relevante Umgebungseinflüsse	keine		
Relevante Anforderungen an die Ausgabe	Fertigteile werden im Euronormbehälter abgelegt und von Logistikmitarbeitern nach Aufforderung abgeholt		

Abbildung II-248 Vorbereitungsphase bei MTM-1-Analysen (MTM-Formblatt 001, Rückseite): abgegrenztes und beschriebenes Arbeitssystem, Beschreibung der Bestimmungsgrößen des Arbeitssystems

Diese Beschreibung hält man knapp, wenn nicht beabsichtigt ist, die zu entwickelnden Prozessbausteine auf künftige Arbeitssysteme oder auf Arbeitssysteme an anderen Standorten zu übertragen. Ist jedoch beabsichtigt, die zu entwickelnden Prozessbausteine z. B. auf ausländische Tochtergesellschaften zu übertragen, entstehen erhöhte Anforderungen an die Reproduzierbarkeit der *Arbeitssystem-Beschreibung*. Dann muss man z. B. wissen, welche Maschinen und Werkzeuge eingesetzt, welche Mitarbeiterqualifikationen unterstellt werden oder welche Informationen den Mitarbeitern zur Verfügung stehen. Liegt keine Arbeitssystem-Beschreibung vor, sollte man vorsichtig mit dem Übertragen von Prozessbausteinen auf »fremde« Arbeitssysteme sein.

Ablaufanalyse

Beim Schritt 1.3 beginnt die Phase der *Ablaufanalyse*. Der Ablauf wird so in Ablaufabschnitte[431] gegliedert, dass sich daraus später Prozessbausteine ergeben (vgl. Abbildung II-249). Erst wenn die Abläufe in Ablaufabschnitte gegliedert sind, kann mit der eigentlichen *Bewegungsablaufanalyse* (Schritt 2.1) begonnen werden.

431 Die Unterteilung eines Ablaufs führt zu Ablaufabschnitten. Werden diesen Ablaufabschnitten in der Zeitsynthese Sollzeiten zugeordnet, entstehen Prozessbausteine. Das wird unter dem Thema »Betriebliche Prozessbausteine« (Teil III, Kapitel 4) im Detail erläutert.

MTM	**Zusammenstellung der Prozessbausteine**	Ablage-Nr.	Zeiger
	☒ Planungsanalyse ☐ Ausführungsanalyse	Blatt	3 von 11
Kode	C . M . Z R B K . . . 1		
Bezeichnung	Zeigerstellwelle komplettieren		
Beginn	mit dem gleichzeitigen Hinlangen zu Zeigerstellrädern		
Inhalt			
Ende			
Begrenzung	Doppelvorrichtung		

Nr.	Bezeichnung	Kode	TMU	A · H	Gesamt-TMU
1	2 Zeigerstellräder aufstecken			1/2	
2	2 Zeigerstellwellen in Vorrichtung stecken			1/2	
3	2 Benzingscheiben montieren mit Werkzeug			1/2	
4	2 Federn auf Wellen stecken			1/2	
5	2 Scheiben auf Wellen stecken			1/2	
6	Vorrichtung zuklappen und aufklappen			1/2	
7	2 Zeigerstellräder aufpressen			1/2	
8	2 komplettierte Zeigerstellwellen abwerfen			1/2	
9	Federn vereinzeln			1/20	

	Grundzeit t_g in TMU		
	Grundzeit t_g in ☒ min, ☐ h		
	Unternehmensspezifische Zuschläge		
Verteilzeit t_v in ☒ min, ☐ h	bei Verteilzeitzuschlag z_v =	7%	
Zeit je Einheit t_e in ☒ min, ☐ h	bei e =	100	
Ausführungszeit t_a in ☐ min, ☒ h	bei m =	2000	
	Rüstzeit t_r in ☐ min, ☐ h		
	Auftragszeit **T** in ☐ min, ☐ h		

Abbildung II-249 Gliederung des Ablaufs »Zeigerstellwelle komplettieren« in Ablaufabschnitte

Beim Schritt 2.1, der Analyse im engeren Sinne, wird für jeden Prozessbaustein ein Analysenbogen (MTM-Formblatt 003) angelegt (vgl. Abbildung II-250). Nachdem der Kopf des Analysenbogens ausgefüllt ist, wird bei der Ausführungsanalyse die Arbeitsweise einer oder mehrerer Personen so lange beobachtet, bis man die Folge der MTM-1-Grundbewegungen niederschreiben kann.

MTM-Analyse		
☒ Planungsanalyse ☐ Ausführungsanalyse	Ablage-Nr.	Zeiger
	Blatt	4 von 11

Kode	B F M 0 2 Z R B K 0 2 1
Bezeichnung	2 Zeigerstellwellen in Vorrichtung stecken
Beginn	mit dem gleichzeitigen Hinlangen zu den Zeigerstellwellen
Inhalt	mit jeder Hand eine Zeigerstellwelle aufnehmen, in die Doppelvorrichtung platzieren und in Position drehen
Ende	nach dem Loslassen der Zeigerstellwellen
Begrenzung	Doppelvorrichtung

Nr.	Bezeichnung	A · H	Kode	TMU	Kode	A · H	Gesamt-TMU
	zur Zeigerstellwelle		R30C	14 1	R30C		zur Zeigerstellwelle
			G4C	12 9			
				12 9	G4C		
	in Vorrichtung		M30C)	15 1	(M30C		in Vorrichtung
			~~G2~~)		(~~G2~~		
			P1SE	5 6	P1SE		
	nach unten schieben		mM4A	1 9	mM4A		nach unten schieben
	erste Bewegung		M2B	2 0	M2B		erste Bewegung
		3	RL1	6 0	RL1	3	
	zur Zeigerstellwelle	3	R2A	6 0	R2A	3	zur Zeigerstellwelle
		3	G1A	6 0	G1A	3	
	positionieren	3	M2B	6 0	M2B	3	positionieren
			RL1	2 0	RL1		
				90 5			

Abbildung II-250 Analysephase bei MTM-1-Analysen: Sollzeiten für Ablaufabschnitte bestimmen und damit Prozessbausteine bilden

Bewegungsabläufe durch Grundbewegungen modellieren

MTM-1 wird angewandt, wenn durch den Prozesstyp 1 repräsentierte Arbeitssysteme vorliegen. Dabei werden Abläufe so weit aufgelöst, bis Bewegungsabläufe durch Verwendung von Grundbewegungen zu modellieren sind. Anders als bei den Prozesstypen 2 und 3 sind hier menschliche Bewegungsmuster sowie die Eigenheiten energetisch-effektorischer Arbeit in der Arbeitsmethode zu berücksichtigen. Diese Fertigkeit kennzeichnet einen professionellen Analytiker, und diese lässt sich nicht anlesen, sondern nur in der MTM-Ausbildung durch Training erwerben. Körperbewegungen werden z. B. typischerweise bei gleichzeitigen Hand-Arm-Bewegungen und Blickfunktionen vollzogen, in einem »flüssigen, verwobenen« Bewegungsablauf. Bei Hinlang- und Bringbewegungen werden z. B. oft kleine, der Bewegungskontrolle oder dem Vorbereiten der Folgebewegungen dienende Zusatzbewegungen durchgeführt, die nicht zeitbestimmend sind.

In den Bezeichnungsspalten werden die Bewegungsziele eingetragen. Wichtig ist, dass man zwar die Arbeitsweise beobachtet, in der Analyse aber nicht diese, sondern die Arbeitsmethode (Soll-Ablauf) analysiert. Die von »1« abweichenden Häufigkeiten und Anzahlen werden zusammen mit den Bewegungen in der Spalte »A · H« notiert. Bei Planungsanalysen muss eine klare Vorstellung über das Arbeitssystem und die Arbeitsmethode vorliegen, wobei Arbeitsplatzskizzen oder Prinzipskizzen von Maschinen, Vorrichtungen und Werkzeugen meist die einzigen Orientierungshilfen sind. Im

Schritt 2.2 werden jeder Grundbewegung die Einflussgrößen (z. B. Bewegungslänge, Bewegungsfall) und deren Ausprägungen (z. B. 30 cm oder 40 cm; Fall B oder C) zugeordnet. Kombinierte, gleichzeitige, zusammengesetzte und komplexe Bewegungsfolgen werden entsprechend gekennzeichnet.

MTM	**Zusammenstellung der Prozessbausteine** ☒ Planungsanalyse ☐ Ausführungsanalyse	Ablage-Nr.	Zeiger
		Blatt	3 von 11
Kode	C . M . Z R B K . . . 1		
Bezeichnung	Zeigerstellwelle komplettieren		
Beginn	mit dem gleichzeitigen Hinlangen zu Zeigerstellrädern		
Inhalt			
Ende			
Begrenzung	Doppelvorrichtung		

Nr.	Bezeichnung	Kode	TMU	A · H	Gesamt-TMU
1	2 Zeigerstellräder aufstecken	B.M.Z01.01.1	100,8	1/2	50,4
2	2 Zeigerstellwellen in Vorrichtung stecken	B.M.Z01.02.1	89,7	1/2	44,9
3	2 Benzingscheiben montieren mit Werkzeug	B.M.Z01.03.1	223,1	1/2	111,5
4	2 Federn auf Wellen stecken	B.M.Z01.04.1	65,3	1/2	32,5
5	2 Scheiben auf Wellen stecken	B.M.Z01.05.1	100,6	1/2	50,3
6	Vorrichtung zuklappen und aufklappen	B.M.Z01.06.1	16,2	1/2	8,1
7	2 Zeigerstellräder aufpressen	B.M.Z01.07.1	41,5	1/2	20,8
8	2 komplettierte Zeigerstellwellen abwerfen	B.M.Z01.08.1	38,0	1/2	19,0
9	Federn vereinzeln	B.M.Z01.09.1	84,1	1/20	4,2

	Grundzeit t_g in TMU		341,8
	Grundzeit t_g in ☒ min, ☐ h		0,205
	Unternehmensspezifische Zuschläge		
Verteilzeit t_v in ☒ min, ☐ h	bei Verteilzeitzuschlag z_v =	7%	0,0143
Zeit je Einheit t_e in ☒ min, ☐ h	bei e =	100	21,9
Ausführungszeit t_a in ☐ min, ☒ h	bei m =	2000	7,30
	Rüstzeit t_r in ☐ min, ☐ h		
	Auftragszeit T in ☐ min, ☐ h		

Abbildung II-251 Zeitanalysephase bei MTM-1-Analysen: Zusammenstellung der Prozessbausteine beim Beispiel »Zeigerstellwelle komplettieren« und Ermittlung der Zeit je Einheit

Sollzeiten zuordnen

Im nächsten Schritt werden den Grundbewegungen ihre Sollzeiten aus der MTM-1-Datenkarte zugeordnet. Treten Vorkommnisse auf, die nicht mit MTM-1 zu analysieren sind, z. B. technologische Prozesse oder Wartephasen, sind diese mit Hilfe einer Ergänzungstechnik (vgl. Kapitel 8) zu ermitteln. Abschließend werden durch Summenbildung die Sollzeiten je Ablaufabschnitt bestimmt (vgl. Abbildung II-250). Hier werden die in Abbildung II-249 angeführten Ablaufabschnitte als Prozessbausteine zusammengestellt und die Zeit je Einheit bestimmt, wie im Kapitel 4 erläutert.

Aus diesen neun in Abbildung II-251 angeführten Prozessbausteinen wird ein Arbeitsvorgang (»Zeigerstellwelle komplettieren«) entwickelt. Für diesen wird die Grundzeit t_g, die Zeit je Einheit te (hier: e = 100) sowie die Ausführungszeit ta (hier für m = 2.000) ausgewiesen.

6.8 MTM-Normleistung und Einarbeitungsdauer

Übungskurven

Es liegen drei Forschungsberichte aus den 1960er-Jahren über Übungskurven beim Verwenden von MTM-Prozessbausteinen vor.[432] Sie beziehen sich auf MTM-1, sind aber, was die Grundaussagen betrifft, auf die später entstandenen Bausteinsysteme zu übertragen.[433] Anstelle des Übungsbegriffs wird in den zitierten Forschungsberichten der Lern- und Einarbeitungsbegriff verwendet, denn im Mittelpunkt des Forschungsinteresses stand die Bestimmung der Einarbeitungsdauer. Diese wird ausgedrückt durch die Anzahl Zyklen (Aufgabenwiederholungen, Auftragsmenge), die erforderlich sind, damit die Istzeiten den MTM-Normzeitwerten entsprechen. Ziel dieser Forschungsvorhaben war nicht die Entwicklung einer Methode zur Übungsgewinnprognose, sondern die Validierung der MTM-Normleistung.

In Bezug auf die Lern- oder Einarbeitungsdauer hat man *Arbeitsmethoden* nach drei Parametern klassifiziert:

1. Schwierigkeitsgrad,
2. Kopplungs-Redundanzen,
3. Linearität.

Schwierigkeitsgrad einer Arbeitsmethode

Der Schwierigkeitsgrad einer Arbeitsmethode prägt sich primär in den darin vorkommenden Grundbewegungen und nur sekundär in der Zykluslänge aus. Chaffin und Hancock (1966) haben die Grundbewegungen ihrem Lernaufwand nach quantifiziert, in Form sogenannter Schlüsselreiz-Informationen[434] (cues). Als Schlüsselreize werden durch Lernen im Gedächtnis zu speichernde und dort wieder abzurufende Steuerungsinformationen bezeichnet, die notwendig sind, eine Grundbewegung auszuführen. Die Ausführung von Bewegungen wird also über den Abruf mehr oder weniger komplexer Schlüsselreiz-Informationen gesteuert. Bei der Ausführung von Bewegungen haben die Personen die dazu gespeicherten Schlüsselreiz-Informationen mit der Bewegungsausführung zu koppeln. Schlüsselreize können durch alle menschlichen Sinne aufgenommen werden.

432 Vgl. Hancock, W. M.; Foulke, J. A.: Learning Curve Research on Short-Cycle Operations. Phase I: Laboratory Experiments (Report 112). Pittsburgh: MTM Association for Standards and Research, 1963. Deutsche Fassung: Eine Studie der Anlernkurven für kurze Arbeitsgänge, 1965.

433 Vgl. z. B. Rackel, K.: Ermittlung von Einlernzeiten. Ein System auf MTM-Basis. In: Angewandte Arbeitswissenschaft – Mitteilungen des IfaA, Heft 58, 1977, S. 36–52. Rackel hat die Erkenntnisse aus diesen Forschungsprojekten auf die Standard-Daten angewandt.

434 In den Schlüsselreiz-Informationen prägt sich auch, aber nicht nur, der im Abschnitt 6.2.1 beschriebene Kontrollaufwand aus. Je höher der Kontrollaufwand ist, desto komplexer sind auch die Schlüsselreiz-Informationen.

Das Ausmaß notwendiger Schlüsselreize unterscheidet sich zwischen den Grundbewegungen erheblich. Beispielsweise sind die grobmotorischen Körper-, Bein- und Fußbewegungen durch so geringe Schlüsselreiz-Informationen aus dem Gedächtnis abzurufen (zu koppeln), dass bei neuen Aufgaben praktisch keine Kopplungen erforderlich sind, es also nicht erforderlich ist, sie aufgabenspezifisch zu lernen.

Chaffin und Hancock (1966) haben den Grundbewegungen Schlüsselreiz-Informationen in Form sogenannter C-M-Werte (= Cue Motion Data) zugewiesen. Abbildung II-252 sind die in den Forschungsberichten ausgewiesenen C-M-Werte für die relevanten Grundbewegungen zu entnehmen. Je größer ein C-M-Wert ist, desto komplexer ist die durch ihn repräsentierte Schlüsselreiz-Information und desto übungsnotwendiger ist die betreffende Grundbewegung.

Hinlangen	C-M
R-A	1,0
R-B	1,9
R-C	1,5
R-D	1.5
R-E	1,2

Trennen	C-M
D1E	1,0
D1D	1,4
D2E	1,9
D2D	2,9
D3E	5,7
D3D	6,7

Greifen	C-M
G1A	1,0
G1B	1,6
G1C1	3,6
G1C2	4,4
G1C3	5,4
G2	2,8
G3	2,8
G4A	3,6
G4B	3,6
G4C	6,4
G5	0

Bringen	C-M
M-A	1,4
M-B	1,4
M-C	1,6

Loslassen	C-M
RL1	1,0
RL2	0

Drücken	C-M
APA	2,6
APB	3,9

Drehen	C-M
T	1,0

Fügen Fall E	nur Ausrichten	Einfügetiefe in mm		
		0	≤ 12,5	≤ 2,5
P1S	1,0	1,0	2,2	2,8
P1SS	1,0	3,1	4.5	4,9
P1NS	1,3	5,2	6,2	6,6
P2S	2,4	2,4	4,0	4,3
P2SS	2,7	5,0	6,5	6,9
P2NS	3,2	6,7	8,3	8.7
P3S	3,2	3,2	5,4	6,2
P3SS	3,5	5,8	8,0	8,8
P3NS	4,1	7,6	9,9	10,7

Blickfunktion	C-M
ET	1,0

Abbildung II-252 C-M-Werte für die schlüsselreizrelevanten Grundbewegungen[435]

Aus Abbildung II-252 sind zwei Erkenntnisse zu begründen:

1. Bei Aufgaben mit einem hohen Zeitanteil für Greif-, Trenn-, Drück- und Fügebewegungen ist mit einer relativ geringen Lerngeschwindigkeit und einem relativ hohen Übungsgewinn zu rechnen. Es dauert lange, bis man es kann.
2. Bei Aufgaben mit einem hohen Zeitanteil für Hinlang-, Bring- und Körperbewegungen ist mit einer hohen Lerngeschwindigkeit und einem relativ geringen Übungsgewinn zu rechnen. Es geht schnell, bis man es kann, und manches kann man von vornherein.

Kopplungs-Redundanzen

Kopplungs-Redundanzen bei einer *Arbeitsmethode* berücksichtigen Wiederholungs- oder Kopiereffekte. Diese führen zu tendenziell sinkender Einarbeitungsdauer und treten in zwei Effekten auf:

1. Redundanzeffekt in Form gleichzeitiger Bewegungen, d.h. beide Körperhälften folgen dem gleichen Kopplungsmuster. Es wird, analog zu den Anwendungsregeln für die Zeitbestimmung, nur der C-M-Wert für eine Körperhälfte berücksichtigt.

435 Chaffin, D.B.; Hancock, W.M.: Factors in manual skill training. In: MTM-Report, The University of Michigan, Ann Arbor, 1966, S. 11.

2. Redundanzeffekt in Form sich am gleichen Gegenstand wiederholender Bewegungen, d.h. jede dieser Bewegungen folgt dem gleichen Kopplungsmuster. Die Wiederholungen werden nicht berücksichtigt.

Lineare Arbeitsmethode

Eine *Arbeitsmethode* ist linear, wenn der Ablauf frei von ODER-Verzweigungen ist. Beispielsweise ist ein Teil »in Ordnung« oder es ist »nicht in Ordnung«. Die Bewegungsfolge ist umso mehr zu variieren, je mehr ODER-Verzweigungen der Ablauf einer Arbeitsmethode enthält. Je geringer das Ausmaß an Linearität ist, desto länger ist die Einarbeitungsdauer.

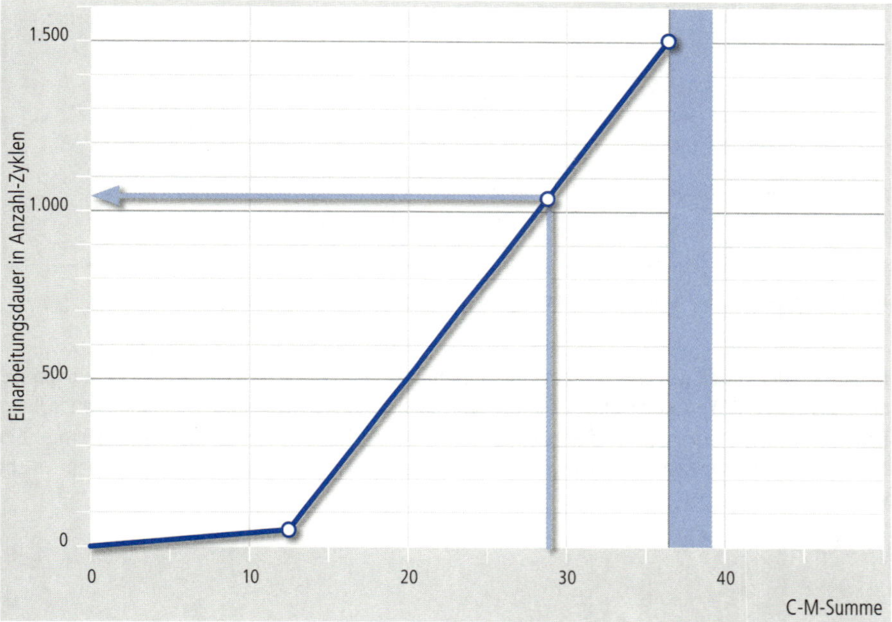

Abbildung II-253 Abhängigkeit der Einarbeitungsdauer von der C-M-Summe[436] unter Verwendung des in Abbildung II-254 angeführten Beispiels

Einarbeitungsdauer

Abbildung II-253 ist der Zusammenhang zwischen der Summe der C-M-Werte einer Aufgabe und der dazu anzusetzenden Einarbeitungsdauer zu entnehmen. Die Einarbeitungsdauer wird dort ausgedrückt als »Anzahl durchzuführender Zyklen bis zum Erreichen der MTM-Normleistung«. Die C-M-Summe ist auf 37 begrenzt, woraus deutlich wird, dass diese Methode seinerzeit für eine Anwendung auf kurzzyklische Abläufe und für die Validierung der MTM-Normleistung entwickelt wurde. In Abbildung II-253 wird für die in Abbildung II-254 angeführte Analyse die C-M-Summe ermittelt. Dabei treten keine Redundanzen auf, und die Arbeitsmethode ist linear. Der Summenwert von 28,8 ist in Abbildung II-253 über der Abszisse eingetragen, und auf der Ordinate wird eine Einarbeitungsdauer von 1.050 Zyklen abgelesen. Für die in Abbildung II-254 analysierte Aufgabe gilt eine Sollzeit von ca. 131 TMU bzw. 0,08 Minuten. Dafür würde die Übungsdauer bei ununterbrochener Ausführung dieser Aufgabe etwa 1.050 mal 0,08 Minuten, also ca. 1,5 Stunden betragen. Das bedeutet, dass diese Aufgabe keiner nennenswerten Einarbeitung bedarf und die analysierte Sollzeit in kürzester Zeit erreicht und ggf. unterboten wird.

436 Vgl. Chaffin, Hancock: a.a.O., 1966.

Nr.	Bezeichnung	A · H	KODE	Zeit in TMU	C-M	KODE	A · H	Bezeichnung
1	zum Zahnriemen im Behälter	1	R70C	25,0	1,5	[R-E	1	in Bereich Schere
2		1	G4A	7,3	3,6			
3	etwas herausziehen	1	M20B	10,5	1,4			
4	anhaftende Teile abschütteln	3	M4B	12,0	1,4			
5	in Arbeitsbereich	1	M-B)]	10,0	1,9	R20B	1	zur Schere
6		1	~~G2~~)]	2,0	1,0	G1A	1	
7				2,0	1,4	M2B	1	etwas anheben
8				5,6	2,8	G2	1	Finger am Griff nachsetzen
9				15,1	1,6	(M30C	1	Schere zum Gurt
10						(~~G2~~	1	Nachgreifen
11						(~~M4B~~	1	Schere öffnen
12				11,2	3,8	P1SD	1	Griffabstand > 7,5 cm
13				2,0	1,4	M2A	1	zuschneiden
14	geschnitt. Zahnriemen ablegen	1	M30B	13,3	1,4	M30B	1	Schere zur Ablage
15		1	RL1	2,0	1,0	RL1	1	
				118,0	24,2			

Abbildung II-254 Beispiel zur Bestimmung der C-M-Summe für einen Prozessbaustein

In den 1990er-Jahren gab es eine Reihe interessanter Ansätze zur Entwicklung von Lernkurven auf der Basis des C-M-Wert-Konzepts.[437] Darin wurde die Bedeutung systematischen Lernens und Übens herausgestellt und gezeigt, wie man unternehmensspezifische Lernkurven entwickeln könnte. Ein Modell, dem man eine gewisse Allgemeingültigkeit bescheinigen könnte, liegt jedoch bis heute nicht vor.

6.9 Zusammenfassung

Die herausragende Bedeutung des Bausteinsystems MTM-1 innerhalb des MTM-Verfahrens ist dadurch begründet, dass es

1. die Entwicklungsbasis aller später entstandenen MTM-Bausteinsysteme ist (vgl. Kapitel 7),
2. terminologische Grundlagen für die Arbeitsgestaltung liefert (im Teil III wird häufig darauf zurückgegriffen),
3. für Unternehmen, deren Prozesse durch den Prozesstyp 1 repräsentiert werden, das adäquate Bausteinsystem für die Arbeitsmethodenplanung und -verbesserung sowie für die Entwicklung unternehmensspezifischer Prozessbausteine ist.

Durch seine Zweckbestimmung (Prozesstyp 1) wurde es als Instrument des Bewegungsstudiums konzipiert. Das prägt sich insbesondere in zwei Sachverhalten aus:

1. Prozessbausteingröße: Grundbewegungen lassen sich zwar noch ihren Bewegungsphasen nach betrachten (z. B. mit Hilfe der Theorien des Greifen, Fügen und Trennen), nicht aber weiter in noch filigranere Bausteinen aufteilen.

437 Vgl. z. B. Ullrich, G.; Brock, H.; Elbracht, D.: Wirtschaftliches Anlernen in der Montage – Ein Beitrag zur Lernkurventheorie. In: REFA-Nachrichten, 47. Jg., 1994, Heft 5.

2. Analysiertechnik: Prozesse werden aufgrund von Informationen über notwendige oder vorzusehende Bewegungsabläufe modelliert. Die Dokumentationsform ist dabei die zweispurige Analyse (Beidhandanalyse), bei der eine exakte chronologische Niederschrift von Abläufen erfolgt.

Der methodische Nutzen von MTM-1 wird, wie von Praktikern seit Langem vertreten, durch drei Eigenschaften begründet:

1. Mit den MTM-Bausteinsystemen wurde die *MTM-Prozesssprache* für das standardisierte Erstellen von Zeilenanalysen entwickelt. Diese besteht aus den Abbildung II-201 zu entnehmenden Beschreibungselementen.
2. Es sind Sollzeiten auch für virtuelle Arbeitssysteme sicher zu bestimmen, und diese werden mit Hilfe der prozesssprachlichen Elemente reproduzierbar begründet.
3. Die prozesssprachlichen Elemente, insbesondere die Zeiteinflussgrößen, ermöglichen es, Abläufe auf ihre Verbesserungspotenziale hin zu bewerten. Damit setzen wir uns im Teil III ausführlich auseinander.

7 MTM-Prozessbausteine für die Prozesstypen 2 und 3

7.1 Überblick

In Kapitel 6 wurde mit MTM-1 das für den Prozesstyp 1 (»Mengenfertigung«) konzipierte MTM-Bausteinsystem beschrieben. Dabei wurden bei den im Abschnitt 6.1 erläuterten Grundsachverhalten Aspekte behandelt, die auch für dieses Kapitel relevant sind. Ferner ist die Kenntnis von MTM-1 die Voraussetzung dafür, dass sich einem die in diesem Kapitel vorgestellten MTM-Bausteinsysteme erschließen. Ihnen liegt als »Ausgangsmaterial« MTM-1 zu Grunde. Insofern handelt es sich um keine eigenständigen Entwicklungen, sondern um Weiterentwicklungen. Auch diese MTM-Bausteinsysteme basieren auf der *MTM-Prozesssprache* (vgl. Abbildung II-201).

Relevante MTM-Bausteinsysteme

In den folgenden Abschnitten werden die vier, im deutschen Sprachraum relevanten MTM-Bausteinsysteme für den Produktionssektor erläutert:

1. UAS und MEK,
2. Standard-Daten Basiswerte,
3. MTM-2.

Zu den vier vorstehend angeführten MTM-Bausteinsystemen wird jeweils ein Überblick gegeben, indem anhand eines Entscheidungsmodells die Verwendung der Prozessbausteine gezeigt wird. Durch Vergleich dieser Entscheidungsmodelle sind die verschiedenen Entwicklungskonzepte leicht zu erkennen.

Zu jedem MTM-Bausteinsystem werden die Datenkarten gezeigt, denen – in Abhängigkeit von den Zeiteinflussgrößen – die MTM-Normzeitwerte zu entnehmen sind. Dann werden die Prozessbausteine erläutert und abschließend jedes Bausteinsystem ein Beispiel verdeutlicht.

Im Abschnitt 7.5 werden die Standardvorgänge zu UAS und MEK erläutert, das sind mit Hilfe dieser Bausteinsysteme entwickelte komplexere Prozessbausteine. Diese dienen einmal der wirtschaftlicheren Anwendung der Prozessbausteine, zum anderen bilden sie den ersten Schritt zur Entwicklung komplexerer betrieblicher Prozessbausteine, was im Teil III, Kapitel 4 ausführlich erläutert wird.

Im vorhergehenden Kapitel 6 wurde im Abschnitt 6.7 als adäquate Analysiertechnik die Bewegungsablaufanalyse oder Beobachtungsanalyse erläutert. Im Abschnitt 7.6 wird das für UAS und MEK kennzeichnende Analysieren nach Rahmenbedingungen dargelegt. Damit wird deutlich, dass sich die MTM-Bausteinsysteme nicht nur in Bezug auf ihre Bausteine, sondern auch durch verschiedene Analysiertechniken unterscheiden.

7.2 Gemeinsamkeiten und Unterschiede von UAS und MEK

In Teil I, Abschnitt 4.3.3 wurde bereits erläutert, was die Hauptbeweggründe waren, UAS[438] und MEK aus MTM-1 heraus zu entwickeln und welche Bausteine diese MTM-Bausteinsysteme enthalten.[439]

UAS

UAS (= Universelles Analysiersystem) ist ein MTM-Bausteinsystem auf der hierarchischen Ebene der Grundvorgänge. Es wurde zur Modellierung von Prozessen konzipiert, die den Prozesstyp 2 repräsentieren.

MEK

MEK (= MTM für Einzel- und Kleinserienfertigung) ist ein MTM-Bausteinsystem auf der hierarchischen Ebene der Grundvorgänge und zur Modellierung von Prozessen konzipiert, die den Prozesstyp 3 repräsentieren.

UAS und MEK bestehen aus Grundvorgängen, denen in Abhängigkeit von Zeiteinflussgrößen MTM-Normzeitwerte zugeordnet sind. Abbildung II-118 ist zu entnehmen, dass bei UAS und MEK die gleichen sieben Grundvorgänge und die gleiche Kodestruktur verwendet werden. Sie wurden zusammen nach dem gleichen Konzept entwickelt und unterscheiden sich aufgrund ihrer Anwendungsfelder. Das sind dem Prozesstyp 2 entsprechende Prozesse bei UAS und dem Prozesstyp 3 entsprechende Prozesse bei MEK. Dadurch unterscheiden sie sich zwar nicht in den Prozessbausteinbenennungen und -Inhalten, jedoch in den Zeiteinflussgrößen und deren Ausprägungsstufen.

Mit UAS und MEK werden, im Gegensatz zu MTM-1,

keine Bewegungsablaufanalysen in Form zweispuriger MTM-Analysen (sog. Beidhandanalysen) durchgeführt, sondern

in Kenntnis der Rahmenbedingungen von Arbeitssystemen Arbeitsinhaltsanalysen in Form einspuriger MTM-Analysen erstellt.

Rahmenbedingungen

Als *Rahmenbedingungen* (des analysierten Ablaufs) werden die Grundfunktionen und räumlichen Gegebenheiten des Arbeitssystems bezeichnet, zu dem eine UAS- oder MEK-Analyse zu erstellen ist.

Es werden also aus methodischer Sicht keine Bewegungsablaufanalysen, sondern Analysen von Aufgabensequenzen durchgeführt. In beiden Fällen kann man Planungsanalysen, z. B. vor SOP, und Ausführungsanalysen nach SOP erstellen. Jede MTM-Analyse, also auch Ausführungsanalysen aufgrund beobachtbarer Prozesse, ist eine Ablaufmodellierung, weil MTM-Prozessbausteine »Ablaufmodelle« sind. Auch wenn MTM-Analysen auf vorliegenden Arbeitssituationen (Ist-Zuständen) basieren, bestimmt man Sollzeiten. Das Erstellen von Ablaufmodellen ist also MTM-immanent[440].

---

438 UAS (= Universelles Analysiersystem) wurde für den Prozesstyp 2 (»Serienfertigung«) entwickelt. In der Prozesstypenbeschreibung (siehe Teil I, Abschnitt 4.3.5) werden auch die Einsatzfelder von UAS und MEK (= MTM in der Einzel- und Kleinserienfertigung) definiert.

439 Zum Entwicklungsgang von UAS und MEK vgl. z. B. Glatz, H.: Das MEK-Datensystem für die Einzel- und Kleinserienfertigung. In: REFA-Nachrichten, 31. Jg., 1978, S. 273–281.
Becks, C.: Das neue MTM-Datensystem MTM-UAS. In: REFA-Nachrichten, 32. Jg., 1979, S. 3–8.
O'Neal, M. H.: MEK/UAS. Fair Lawn: MTM Association for Standards and Research, 1982.
Zur Beurteilung der statistischen Genauigkeit von UAS und MEK vgl. MTM (Hrsg:): a. a. O., 1982.

440 Vgl. Abschnitt 5.2.2 zum Stichwort Modellbildungsimmanenz.

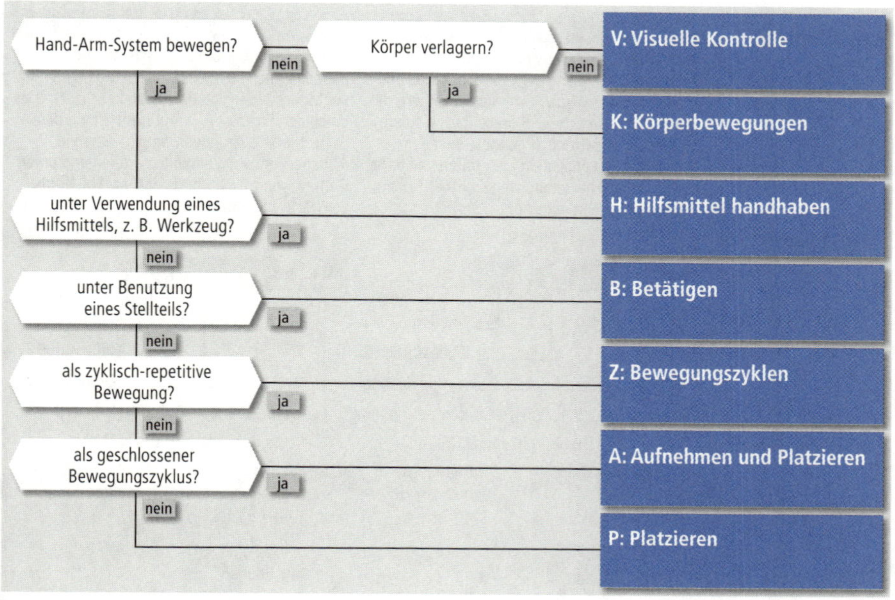

Abbildung II-255 Vereinfachtes Entscheidungsmodell zur Auswahl von Prozessbausteinen bei UAS und MEK

Abbildung II-118 ist zu entnehmen, dass bei UAS und MEK die gleichen sieben Grundvorgänge verwendet werden, es also weitgehende Gemeinsamkeiten gibt. Diese und die wesentlichen Unterschiede sind Abbildung II-256 zu entnehmen.

Abbildung II-257 und Abbildung II-258 sind die die UAS- und MEK-Datenkarten zu entnehmen. Für die in Abbildung II-118 angeführten Prozessbausteine sind dort die Einflussgrößen und deren Ausprägungen, die Bausteinkodierungen und die MTM-Normzeitwerte zu entnehmen.

<table>
<tr><th>Aspekt</th><th colspan="2">UAS</th><th colspan="2">MEK</th></tr>
<tr><td>Definition</td><td colspan="2">UAS ist das MTM-Bausteinsystem auf der hierarchischen Ebene der Grundvorgänge und zur Modellierung von Prozessen konzipiert, die durch den Prozesstyp 2 repräsentiert werden. Es besteht aus Grundvorgängen, denen in Abhängigkeit von Zeiteinflussgrößen und unter Geltung von Anwendungsregeln MTM-Normzeitwerte zugeordnet sind.</td><td colspan="2">MEK ist das MTM-Bausteinsystem auf der hierarchischen Ebene der Grundvorgänge und zur Modellierung von Prozessen konzipiert, die durch den Prozesstyp 3 repräsentiert werden. Es besteht aus Grundvorgängen, denen in Abhängigkeit von Zeiteinflussgrößen und unter Geltung von Anwendungsregeln MTM-Normzeitwerte zugeordnet sind.</td></tr>
<tr><td>mittlere Bausteingröße</td><td colspan="2">50 TMU</td><td colspan="2">100 TMU</td></tr>
<tr><td>Kodestruktur</td><td colspan="2">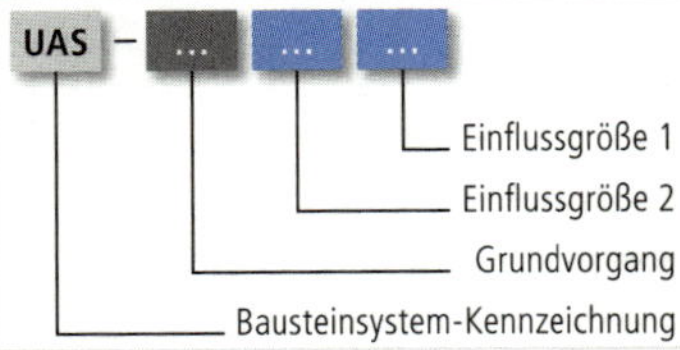
</td><td colspan="2">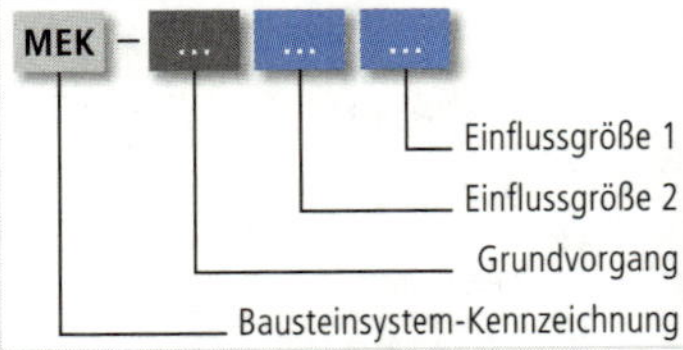
</td></tr>
<tr><td>Analysieraufwand</td><td colspan="2">ca. 1/10 bis 1/20 von MTM-1</td><td colspan="2">ca. 1/10 bis 1/30 von MTM-1</td></tr>
<tr><td rowspan="6">Entfernungsbereich</td><td>Bewegungslänge in cm</td><td>Entfernungs-bereichs-Kode</td><td>Bewegungslänge in cm</td><td>Entfernungs-bereichs-Kode</td></tr>
<tr><td>≤20</td><td>1</td><td>≤ 20 ohne Beugen</td><td>1</td></tr>
<tr><td>> 20 bis ≤ 50</td><td>2</td><td rowspan="2">> 20 bis ≤ 80 ohne Beugen</td><td rowspan="2">3</td></tr>
<tr><td>> 50 bis ≤ 80</td><td>3</td></tr>
<tr><td colspan="2" rowspan="2"></td><td>> 80 bis ≤ 200 ohne Beugen</td><td>4</td></tr>
<tr><td>≤ 200 mit Beugen</td><td>5</td></tr>
<tr><td rowspan="3">Kraftaufwand</td><td colspan="2">≤ 1 kg/daN</td><td colspan="2" rowspan="2">≤ 8 kg/daN</td></tr>
<tr><td colspan="2">> 1 bis ≤ 8 kg/daN</td></tr>
<tr><td colspan="2">> 8 bis ≤ 22 kg/daN</td><td colspan="2">> 8 bis ≤ 22 kg/daN</td></tr>
<tr><td>Sperrigkeit</td><td colspan="4">Sperriger Gegenstand, wenn eine Abmessung > 80 cm oder die Fläche der 2 Hauptabmessungen > 900 cm²</td></tr>
<tr><td rowspan="3">Platziergenauigkeit</td><td>ungefähr</td><td>Spiel > 12 mm oder gegen Anschlag</td><td>ungefähr</td><td>Spiel > 12 mm oder gegen Anschlag</td></tr>
<tr><td>lose</td><td>Einfügen: Spiel ≤ 12 mm, ohne Druck und/oder erkennbare Verzögerung am Ziel

Anfügen: Zieltoleranz > ± 1,5 mm bis ≤ ± 6 mm</td><td rowspan="2">genau</td><td rowspan="2">Einfügen: Spiel ≤ 12 mm, mit Druck und/oder erkennbarer Verzögerung am Ziel

Anfügen: Zieltoleranz < ± 6 mm</td></tr>
<tr><td>eng</td><td>Einfügen: Spiel ≤ 12 mm, mit Druck und/oder erkennbarer Verzögerung am Ziel

Anfügen: Zieltoleranz < ± 1,5 mm</td></tr>
</table>

Abbildung II-256 Gemeinsamkeiten und Unterschiede bei UAS und MEK

MTM-Institut
Eichenallee 11, 15738 Zeuthen
Telefon: +49 33762 2066-31
Telefax: +49 33762 2066-40
institut@dmtm.com

MTM-UAS Grundvorgänge

Zeiteinheiten

TMU	Sekunden	Minuten	Stunden
1	0,036	0,0006	0,00001
27,8	1		
1 666,7		1	
100 000			1

Der Gebrauch dieser Tabellenwerte führt ohne gründliche Ausbildung in MTM-1 und MTM-UAS zu falschen Ergebnissen.

		Bewegungslänge in cm	≤ 20	> 20 bis ≤ 50	> 50 bis ≤ 80
		Entfernungsbereich	1	2	3
Aufnehmen und Platzieren		Kode	1	2	3
				TMU	
	Fall des Aufnehmens	Fall des Platzierens			
≤ 1 kg leicht	ungefähr	AA	20	35	50
≤ 1 kg leicht	lose	AB	30	45	60
≤ 1 kg leicht	eng	AC	40	55	70
≤ 1 kg schwierig	ungefähr	AD	20	45	60
≤ 1 kg schwierig	lose	AE	30	55	70
≤ 1 kg schwierig	eng	AF	40	65	80
≤ 1 kg Hand voll	ungefähr	AG	40	65	80
> 1 kg bis ≤ 8 kg	ungefähr	AH	25	45	55
> 1 kg bis ≤ 8 kg	lose	AJ	40	65	75
> 1 kg bis ≤ 8 kg	eng	AK	50	75	85
> 8 kg bis ≤ 22 kg	ungefähr	AL	80	105	115
> 8 kg bis ≤ 22 kg	lose	AM	95	120	130
> 8 kg bis ≤ 22 kg	eng	AN	120	145	160

Platzieren		Kode	1	2	3
				TMU	
	ungefähr	PA	10	20	25
	lose	PB	20	30	35
	eng	PC	30	40	45

Bewegungslänge in cm		≤ 20	> 20 bis ≤ 50	> 50 bis ≤ 80
Entfernungsbereich		1	2	3
Hilfsmittel handhaben	Kode	1	2	3
			TMU	
ungefähr	HA	25	45	65
lose	HB	40	60	75
eng	HC	50	70	85
Betätigen	Kode	1	2	3
einfach	BA	10	25	40
zusammengesetzt	BB	30	45	60
Bewegungszyklen	Kode	1	2	3
eine Bewegung	ZA	5	15	20
Bewegungsfolge	ZB	10	30	40
Umsetzen und eine Bewegung	ZC	30	45	55
Festmachen oder Lösen	ZD		20	
Körperbewegung	Kode		TMU	
Gehen/m	KA		20	
Beugen, Bücken, Knien (inkl. Aufrichten)	KB		60	
Setzen und Aufstehen	KC		110	
Visuelle Kontrolle	VA		15	

Abbildung II-257 UAS-Datenkarte

MTM-Institut
Eichenallee 11, 15738 Zeuthen
Telefon: +49 33762 2066-31
Telefax: +49 33762 2066-40
institut@dmtm.com

MTM-MEK Grundvorgänge

Zeiteinheiten

TMU	Sekunden	Minuten	Stunden
1	0,036	0,0006	0,00001
27,8	1		
1 666,7		1	
100 000			1

Der Gebrauch dieser Tabellenwerte führt ohne gründliche Ausbildung in MTM-1 und MTM-MEK zu falschen Ergebnissen.

2004 © MTM-Institut
Urheberrechtlich geschützt! - Nachdruck verboten!

Wege in cm	≤ 20	> 20 bis ≤ 80	> 80 bis ≤ 200	≤200 mit Beugen
Entfernungsbereich	1	3	4	5

Aufnehmen und Platzieren		Kode	1	3	4	5
			TMU			
nicht sperrig, ≤ 8 kg	ungefähr	AA	30	50	120	150
	genau	AB	50	90	160	190
sperrig und/oder > 8 - 22 kg	ungefähr	AC		150	220	250
	genau	AD		190	260	290

Platzieren	Kode	1	3	4	5
		TMU			
ungefähr	PA	20	30	40	70
genau	PB	40	50	60	90

Hilfsmittel handhaben	Kode	1	3	4	5
		TMU			
ungefähr	HA		70	140	170
genau	HB		100	160	190

Betätigen	Kode	1	3	4	5
		TMU			
einfach	BA	20	30	50	110
zusammengesetzt	BB	40	50	70	130

Bewegungszyklen		Kode	TMU
ohne Umsetzen (Bewegungslänge in cm)	≤ 10	ZA	10
	> 10 bis 30	ZB	20
	> 30 bis 80	ZC	40
mit Umsetzen (Hebellänge in cm)	≤ 20	ZD	40
	> 20 bis 45	ZE	60
	> 45 bis 100	ZF	120
Festmachen oder Lösen		ZZ	30

Körperbewegung	Kode	TMU
Gehen/m	KA	25
Beugen, Bücken, Knien (inkl. Aufrichten)	KB	60
Setzen und Aufstehen	KC	110
Visuelle Kontrolle	VA	40

Abbildung II-258 MEK-Datenkarte

7.3 UAS

7.3.1 Aufnehmen und Platzieren

Aufnehmen und Platzieren ist der Grundvorgang, bei dem mit den Fingern oder der Hand ein oder mehrere Gegenstände unter Kontrolle gebracht und zu einem Zielort bewegt werden. Aufnehmen und Platzieren beginnt mit einem Hinlangen und endet mit einem Loslassen.

Kodierung beim Aufnehmen und Platzieren (UAS/MEK)

Die Kodierung und die darin berücksichtigten Zeiteinflussgrößen sind:

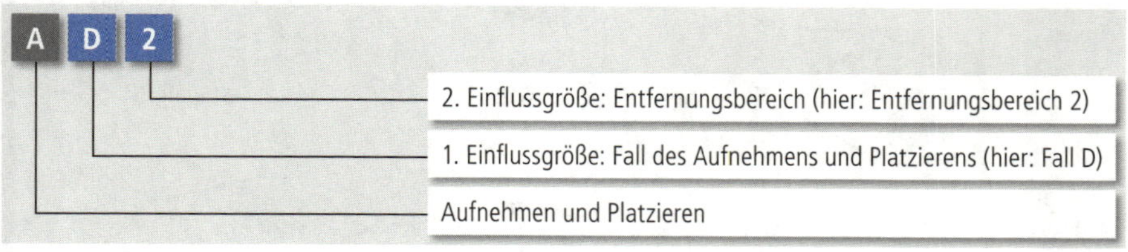

Die Einflussgrößen Fall des Aufnehmens und Fall des Platzierens sind in Abbildung II-259 beispielhaft verdeutlicht.

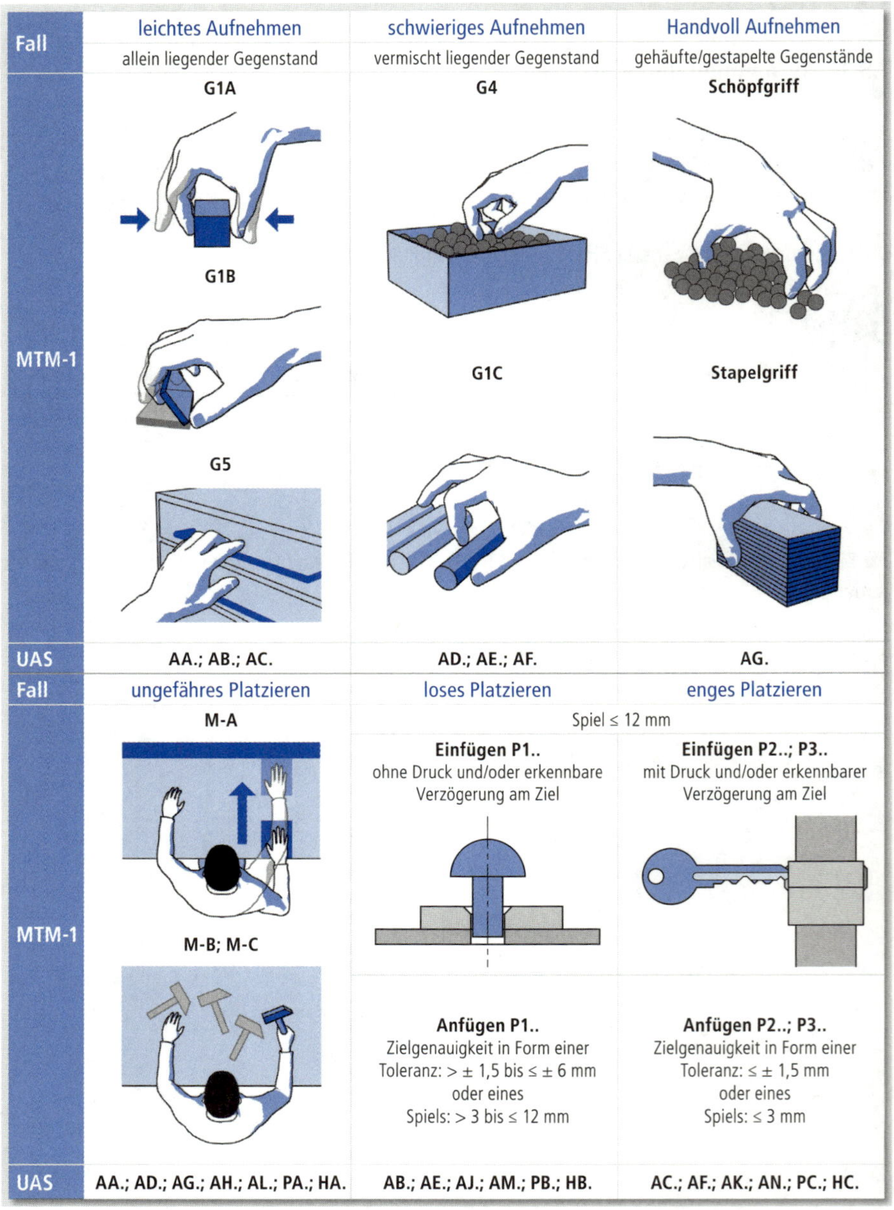

Abbildung II-259 Fälle des Aufnehmens und des Platzierens bei UAS im Vergleich mit MTM-1

Anwendungsregeln und Beispiele zum Aufnehmen und Platzieren (UAS)

Anwendungsregeln beim Aufnehmen und Platzieren sind der folgenden Übersicht zu entnehmen. Die Regeln 1 und 4 gelten sinngemäß auch bei den Prozessbausteinen Platzieren und Hilfsmittel handhaben, Regel 4 darüber hinaus auch beim Betätigen und bei den Bewegungszyklen.

UAS Regel 1 Aufnehmen und Platzieren enthält die bei Prozessen zum Prozesstyp 2 typischen Hilfsbewegungen, die durch Größe, Form, Gewicht oder Art der Gegenstände bedingt sind.

UAS Regel 2 Bei der Bestimmung der Gewichtsklasse ist es unerheblich, ob ein Gegenstand mit einer oder beiden Händen aufgenommen wird.

UAS Regel 3 Sperrige Gegenstände (eine Hauptabmessung > 80 cm oder Fläche der Hauptabmessungen > 900 cm²) führen zu einer Einstufung in die nächst höhere Gewichtsklasse.

UAS Regel 4 Bei gleichzeitigen Bewegungen mit hohem Kontrollaufwand wird ein zusätzlicher (Interaktions-) Grundvorgang für die zweite Hand (üblich: Entfernungsbereich 1) analysiert.

Folgende Entscheidungsregeln gelten für gleichzeitige Bewegungen:

gleichzeitige Bewegungen		rechte Hand	
		ohne Kontrollaufwand	mit Kontrollaufwand
linke Hand	ohne Kontrollaufwand	gleichzeitig	gleichzeitig
	mit Kontrollaufwand	gleichzeitig	Interaktions-Grundvorgang

UAS Regel 5 Aufnehmen und Platzieren wird als ein Grundvorgang analysiert, auch wenn zwischen dem Aufnehmen und Platzieren Körperbewegungen ausgeführt werden.

Beispiel: Einen leeren Greifbehälter (15 cm · 20 cm · 15 cm) vom Tisch über 40 cm aufnehmen, 5 m zum Arbeitsplatz gehen und ihn dort auf dem Tisch über 20 cm abstellen.

Nr.	Bezeichnung	Kode	TMU	A · H	Gesamt TMU
	Greifbehälter auf Tisch stellen	AA2	35		35
	vom Tisch zum Arbeitsplatz	KA	25	5	125

UAS Regel 6 Wird das Aufnehmen und Platzieren durch einen eigenständigen Grundvorgang, ausgenommen Körperbewegungen, oder technische Prozesse unterbrochen, ist anschließend ein zusätzliches Platzieren zu analysieren.

Beispiel: Einen einzeln liegenden Gegenstand (< 1 kg) vom Tisch aufnehmen, ins Blickfeld bringen und prüfen, ob eine Kontrollmarke vorhanden ist. Anschließend den Gegenstand wieder auf dem Tisch ablegen (Wege: im Entfernungsbereich 2).

Nr.	Bezeichnung	Kode	TMU	A · H	Gesamt TMU
	Gegenstand ins Blickfeld	AA2	35		35
	Prüfen auf Vorhandensein Kontrollmarke	VA	15		15
	Gegenstand auf Tisch	PA2	20		20

UAS Regel 7 Sind bei einem Platzieren mehrere Fügen notwendig, ist jedes zusätzliche Fügen als Platzieren zu analysieren.

UAS Regel 8 Beim Aufnehmen und Platzieren ist die größte Entfernung für die Bestimmung des Entfernungsbereichs maßgebend.

Beispiel: Einen einzeln liegenden Gegenstand (< 1 kg) über 40 cm aufnehmen und über 60 cm ablegen.

Nr.	Bezeichnung	Kode	TMU	A · H	Gesamt TMU
	Gegenstand ins Blickfeld	AA3	50		50

7.3.2 Platzieren

Platzieren ist der Grundvorgang, bei dem ein oder mehrere bereits unter Kontrolle befindliche Gegenstände mit den Fingern oder der Hand zu einem weiteren Zielort bewegt werden oder das Ansetzen eines bereits unter Kontrolle der Hand oder der Finger befindlichen Hilfsmittels an einer zusätzlichen Verwendungsstelle. Das Platzieren beginnt mit einem Bringen und endet am Zielort.

Kodierung beim Platzieren (UAS/MEK)

Die Kodierung und die darin berücksichtigten Zeiteinflussgrößen sind:

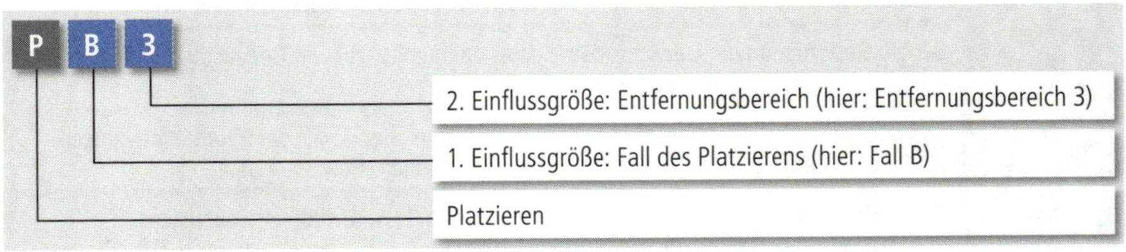

Anwendungsregel beim Platzieren (UAS)

Das Handhaben der Einflussgröße Fall des Platzierens ist Abbildung II-259 zu entnehmen. Beim Platzieren gibt es eine Anwendungsregel:

UAS Regel 9	Die durch das Teilegewicht bedingte Verzögerung der Geschwindigkeit wird nicht gesondert berücksichtigt. Sie ist in den Tabellenwerten für das Aufnehmen und Platzieren bereits enthalten.

7.3.3 Hilfsmittel handhaben

Hilfsmittel handhaben ist der Grundvorgang, bei dem mit den Fingern oder der Hand ein oder mehrere Hilfsmittel[441] aufgenommen, an einem Zielort (Verwendungsstelle) angesetzt und nach dem Verwenden wieder abgelegt werden. Das »Hilfsmittel handhaben« beginnt mit einem Hinlangen zu einem Hilfsmittel[442] und endet mit dem Ablegen und Loslassen des Hilfsmittels. Die eigentliche Verwendung des Hilfsmittels, z. B. eines Schraubers zum Lösen einer Schraube, ist Bestandteil der Bewegungszyklen oder der Prozesszeit. Stellteile an Arbeitsmitteln sind keine Hilfsmittel. Sie werden »betätigt«, was mit dem Prozessbaustein »Betätigen« zu analysieren ist.

441 Hilfsmittel handhaben ist der Grundvorgang, bei dem mit den Fingern oder der Hand ein oder mehrere Hilfsmittel aufgenommen, an einem Zielort (Verwendungsstelle) angesetzt und nach dem Verwenden wieder abgelegt werden. Der Grundvorgang beginnt mit einem Hinlangen zu einem Hilfsmittel und endet mit dem Ablegen und Loslassen des Hilfsmittels. Die eigentliche Verwendung des Hilfsmittels, z. B. eines Schraubers zum Lösen einer Schraube, ist nicht Bestandteil dieses Grundvorgangs, sondern des Grundvorgangs Bewegungszyklen oder der Prozesszeit. Stellteile an Arbeitsmitteln sind keine Hilfsmittel. Sie werden »betätigt«, was mit Hilfe des Grundvorgangs Betätigen zu analysieren ist.

442 Als Hilfsmittel werden Gegenstände bezeichnet, die Werkzeugfunktionen haben, z. B. ein Lappen, mit dem eine Fläche zu säubern ist; ein Schlüssel, mit dem eine Schraube einzudrehen ist; ein Hammer, mit dem ein Niet einzuschlagen ist. Das Gewicht von Hilfsmitteln ist keine gesonderte Einflussgröße. Für die typischen Werkzeuge in der Serienfertigung ist es in den UAS- und MEK-Bausteinen berücksichtigt.

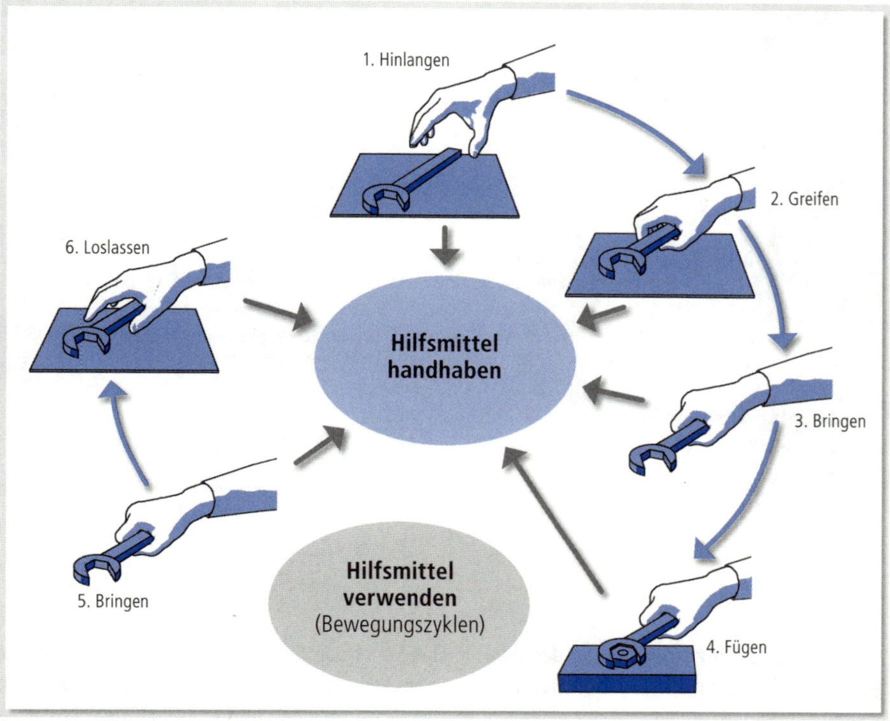

Abbildung II-260 Inhalt des Grundvorgangs »Hilfsmittel handhaben« bei UAS

Kodierung beim Hilfsmittel handhaben (UAS/MEK)

Die Kodierung und die darin berücksichtigten Zeiteinflussgrößen sind:

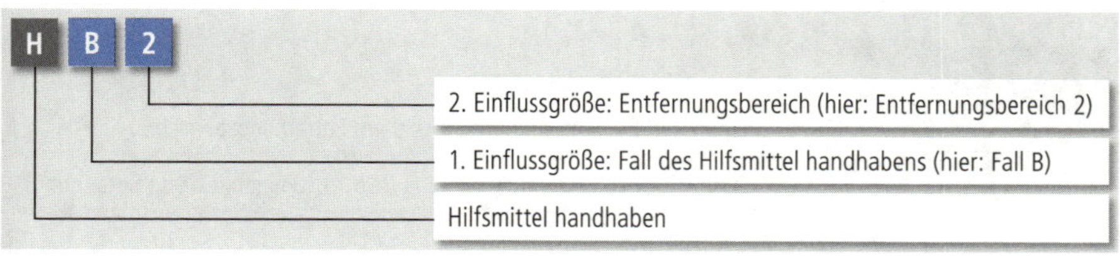

Das Handhaben der Einflussgröße Fall des Platzierens ist Abbildung II-259 zu entnehmen. Es gibt zwei Anwendungsregeln:

Anwendungsregeln und Beispiele zum Hilfsmittel handhaben (UAS)

UAS Regel 10 Beim Hilfsmittel handhaben ist die größte Entfernung für die Bestimmung des Entfernungsbereichs maßgebend.

Beispiel: Vom Arbeitstisch über 40 cm ein Messer aufnehmen, sich zu einem 1 m entfernten, auf dem Boden liegenden Karton drehen, diesen über eine Länge von 60 cm aufschneiden und das Messer wieder ablegen.

Nr.	Bezeichnung	Kode	TMU	A · H	Gesamt TMU
	zum Karton und zurück	KA	25	1 · 2	50
	Bücken, Aufrichten	KB	60		60
	Messer	HC2	70		70
	Karton aufschneiden	ZA3	20		20

UAS Regel 11 Das Ansetzen eines Hilfsmittels an einer zusätzlichen Verwendungsstelle ist als Platzieren zu analysieren.

Beispiel: In einer Platte mit einer Bohrmaschine (Gewicht 1,8 kg) fünf markierte Löcher (Abstand je 16 cm) bohren (PT = 100 TMU). Die Bohrmaschine liegt im Arbeitsbereich und wird dort auch wieder abgelegt.

Nr.	Bezeichnung	Kode	TMU	A · H	Gesamt TMU
	Bohrmaschine an 1. Bohrung	HC2	70		70
	Bohrmaschine an 2. bis 5. Bohrung	PC1	30	4	120
	Bohrvorgang	PT	100	5	500

7.3.4 Betätigen

Betätigen ist der Grundvorgang, bei dem mit der Hand oder dem Fuß ein Stellteil[443] unter Kontrolle gebracht und ein einfacher oder zusammengesetzter Stellvorgang ausgeführt wird. Das Betätigen beginnt mit einem Hinlangen oder einer Fußbewegung zum Stellteil und endet mit dem Loslassen des Stellteils nach ausgeführtem Stellvorgang. Beim Betätigen von Stellteilen treten – anders als beim Aufnehmen und Platzieren – im Allgemeinen keine Korrektur-, Ausgleichs- oder Hilfsbewegungen auf, wie z. B. Übergeben, Nachgreifen, Vorrichten, Prüfen.

Kodierung beim Betätigen (UAS/MEK)

Die Kodierung und die darin berücksichtigten Zeiteinflussgrößen sind:

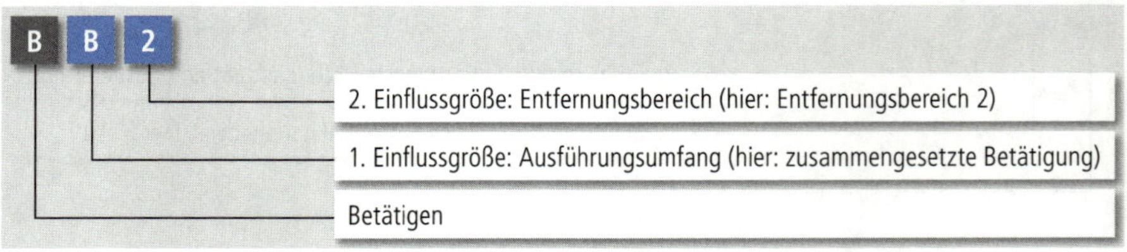

443 Unter Stellteilen versteht man an Arbeitsmitteln fest angebrachte Hebel, Schalter, Handräder, Kurbeln und Knebelgriffe sowie auch Schrauben und bereits eingedrehte Muttern, z. B. bei Pratzen und Vorrichtungen.

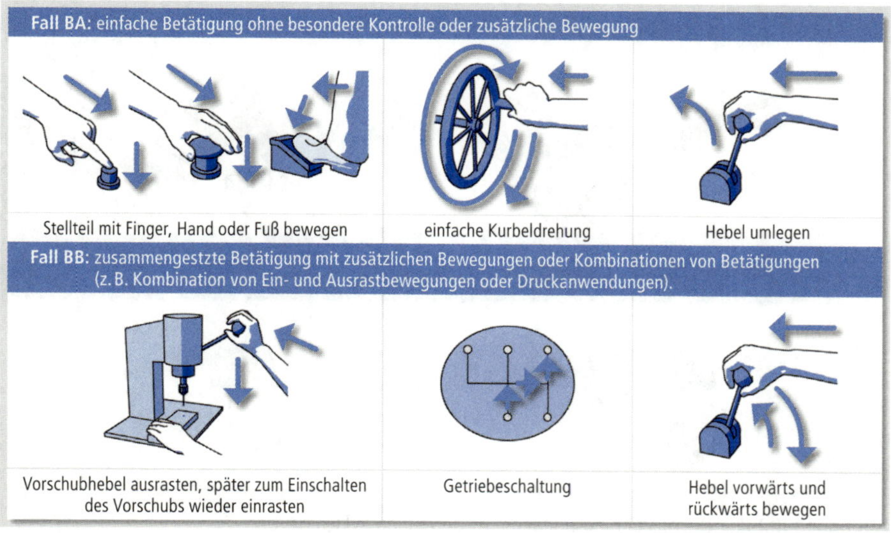

Abbildung II-261 Die Ausführungsumfänge des Betätigens bei UAS

Anwendungsregel und Beispiel zum Betätigen (UAS)

Beim Betätigen gibt es eine Anwendungsregel:

UAS Regel 12 Beim Betätigen wird der Entfernungsbereich auf Grund der Bewegungslänge beim Hinlangen bzw. des Fußes bis zum Stellteil bestimmt.

Beispiel: Einen Transportbandvorschub auslösen. Dazu den Fuß zum Fußschalter über 25 cm bewegen und den Vorschub auslösen.

Nr.	Bezeichnung	Kode	TMU	A · H	Gesamt TMU
	Fußschalter	BA2	25		25

7.3.5 Bewegungszyklen

Bewegungszyklen ist der Grundvorgang, bei dem mit oder ohne Werkzeug mit den Fingern, der Hand oder dem Fuß ein sich zyklisch wiederholender Bewegungsablauf ausgeführt wird. Prozessbausteine zu Bewegungszyklen beginnen damit, dass durch vorhergehende Bewegungen die Ausgangsposition für einen Bewegungszyklus eingenommen ist, und enden, wenn diese wieder erreicht wird.

Kodierung und Einflussgrößen bei »Bewegungszyklen« (UAS/MEK)

Die Kodierung und die darin berücksichtigten Zeiteinflussgrößen sind:

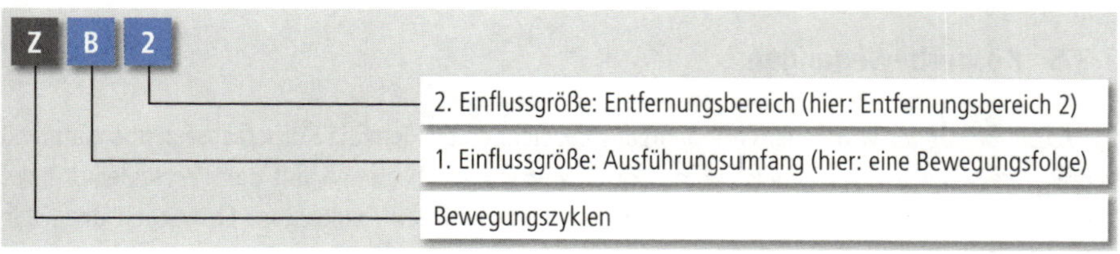

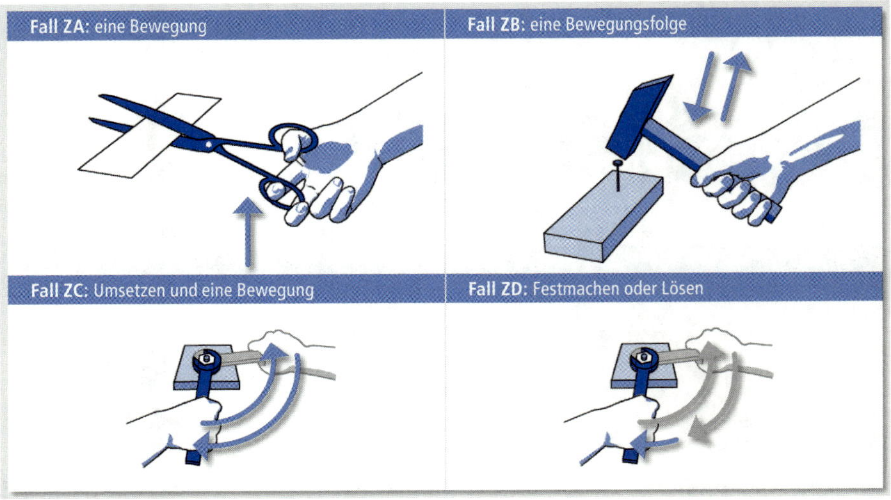

Abbildung II-262 Die Ausführungsumfänge der Bewegungszyklen bei UAS

Anwendungsregeln und Beispiel zu Bewegungszyklen (UAS)

Bei den Bewegungszyklen gibt es drei Anwendungsregeln:

UAS Regel 13 Der Entfernungsbereich bei den Bewegungszyklen wird auf Grund der für den einfachen Weg notwendigen Bewegungslänge bestimmt.

Beispiel: Eine Mutter aus einem Behälter über 45 cm aufnehmen und über 40 cm an einem Bolzen mit 4 Schraubzyklen von Hand andrehen. Mit der Ratsche die Mutter durch insgesamt 4 Anzugsbewegungen mit jeweils 24 cm festziehen. Ratsche aufnehmen (30 cm) und nach dem Eindrehen weglegen (30 cm).

Nr.	Bezeichnung	Kode	TMU	A · H	Gesamt TMU
	Mutter an Bolzen	AF2	65		65
	4 Schraubzyklen andrehen von Hand	ZB1	10	4	40
	Ratsche	HC2	70		70
	1. Anzugsbewegung	ZA2	15		15
	2.–4. Anzugsbewegung	ZC2	30	3	90
	Festziehen	ZD	20		20

UAS Regel 14 Beim Kurbeldrehen ist die tatsächlich mit den Fingern oder der Hand zurückgelegte Bewegungslänge je Umdrehung maßgebend.

UAS Regel 15 Das Schreiben je Ziffer, Zeichen oder Buchstabe wird als Fall »ZB« mit der Häufigkeit 2 analysiert.

7.3.6 Körperbewegungen

Als *Körperbewegung* wird jener Grundvorgang bezeichnet, bei dem die Körperachse zeitbestimmend gedreht, verschoben oder geneigt wird. Körperbewegungen beginnen mit dem Verschieben bzw. Verdrehen der Körperachse und enden mit dem Erreichen der Zielposition. Es werden drei Fälle unterschieden:

- Gehen (KA),
- Beugen, Bücken, Knien inkl. Aufrichten (KB),
- Setzen und Aufstehen (KC).

Kodierung bei Körperbewegungen (UAS/MEK)

Die Kodierung und die darin berücksichtigte Zeiteinflussgröße sind:

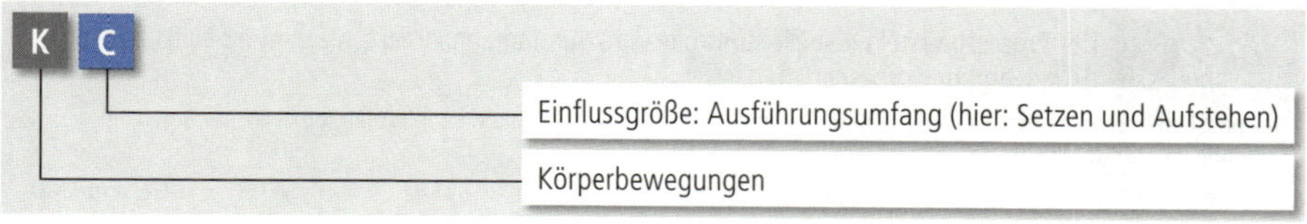

Beim »Beugen, Bücken, Knien inkl. Aufrichten« (KB) sind alle beim Senken und Aufrichten des Rumpfes, beim »Setzen und Aufstehen« (KC) alle zum Niederlassen auf die und zum Aufstehen von der Sitzfläche anfallenden Bewegungen enthalten.

Anwendungsregeln zu Körperbewegungen (UAS)

Bei den Körperbewegungen gibt es folgende Anwendungsregeln:

UAS Regel 16	Zeitbestimmende Körperdrehungen > 90° werden als »KA« mit der Anzahl 1 analysiert. Folgt der Körperdrehung ein Gehen, wird das Drehen mit dem ersten »KA« ausgeführt und ist damit berücksichtigt.
UAS Regel 17	Stufen- oder Leitersteigen wird pro Tritt mit »KA« mit der Anzahl 1 analysiert.
UAS Regel 18	Knien auf beide Knie und wieder Aufrichten wird mit »KB« mit der Häufigkeit 2 analysiert.
UAS Regel 19	Setzen und wieder Aufstehen bei einem Sitz-Steh-Arbeitsplatz wird mit »KC« mit der Häufigkeit 2 analysiert.
UAS Regel 20	Arm- oder Handbewegungen im Anschluss an Körperbewegungen sind im Entfernungsbereich 1 (als Restentfernung) zu analysieren.

7.3.7 Visuelle Kontrolle

Als *Visuelle Kontrolle* wird jener Grundvorgang bezeichnet, bei dem durch Inaugenscheinnahme geprüft und aufgrund des Prüfergebnisses eine Entscheidung getroffen wird. Der Prozessbaustein Visuelle Kontrolle beginnt (nach dem Unterbrechen oder Beendigen des vorhergehenden Grundvorgangs) mit dem zeitbestimmenden Bewegen der Augen zu einem Prüfmerkmal und endet, wenn der Blick wieder zum Ausgangspunkt zurückgekehrt oder die letzte Entscheidung getroffen ist.

Kodierung bei Visuelle Kontrolle (UAS/MEK)

Die Kodierung und die darin berücksichtigte Zeiteinflussgröße sind:

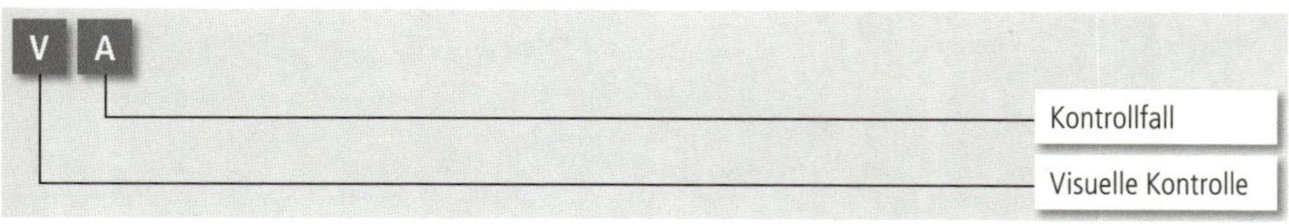

Zur Visuellen Kontrolle gelten alle bei MTM-1 zu den Blickfunktionen angeführten Hinweise. Sie beinhaltet maximal ein Prüfen mit Blickverschieben.

Anwendungsregeln und Beispiel für Visuelle Kontrolle (UAS)

Bei der Visuellen Kontrolle gibt es zwei Anwendungsregeln:

UAS Regel 21 Der Prozessbaustein Visuelle Kontrolle wird nur dann analysiert, wenn er als selbständiger Grundvorgang vorgeschrieben ist.

Beispiel: Einen Gegenstand (100 mm · 100 mm) aufnehmen, ins Blickfeld bringen und prüfen, ob in 5 Bohrungen ein Gewinde geschnitten ist.

Nr.	Bezeichnung	Kode	TMU	A · H	Gesamt TMU
	Teil ins Blickfeld	AA2	35		35
	Prüfen Vorhandensein 5 Gewinde	VA	15	5	75

UAS Regel 22 Das Lesen von bis zu drei Ziffern, Zeichen, Buchstaben, von Wörtern mit bis zu drei Silben sowie von einfachen Symbolen wird mit »VA« in der Häufigkeit 1 analysiert.

7.4 MEK

7.4.1 Entfernungsbereiche

Da die Kodestruktur bei MEK der von UAS entspricht, werden in diesem Abschnitt keine Kodierungen angeführt. Die *Entfernungsbereiche* unterscheiden sich von denen bei UAS und sind wie folgt gestuft:

- Der Entfernungsbereich »1« (≤ 20 cm) wird auch bei MEK verwendet, der Entfernungsbereich »3« aber auf > 20 cm bis ≤ 80 cm ausgedehnt, so dass es keinen Entfernungsbereich »2« gibt.
- Zusätzlich werden bei MEK die Entfernungsbereiche »4« und »5« verwendet (vgl. Abbildung II-263).

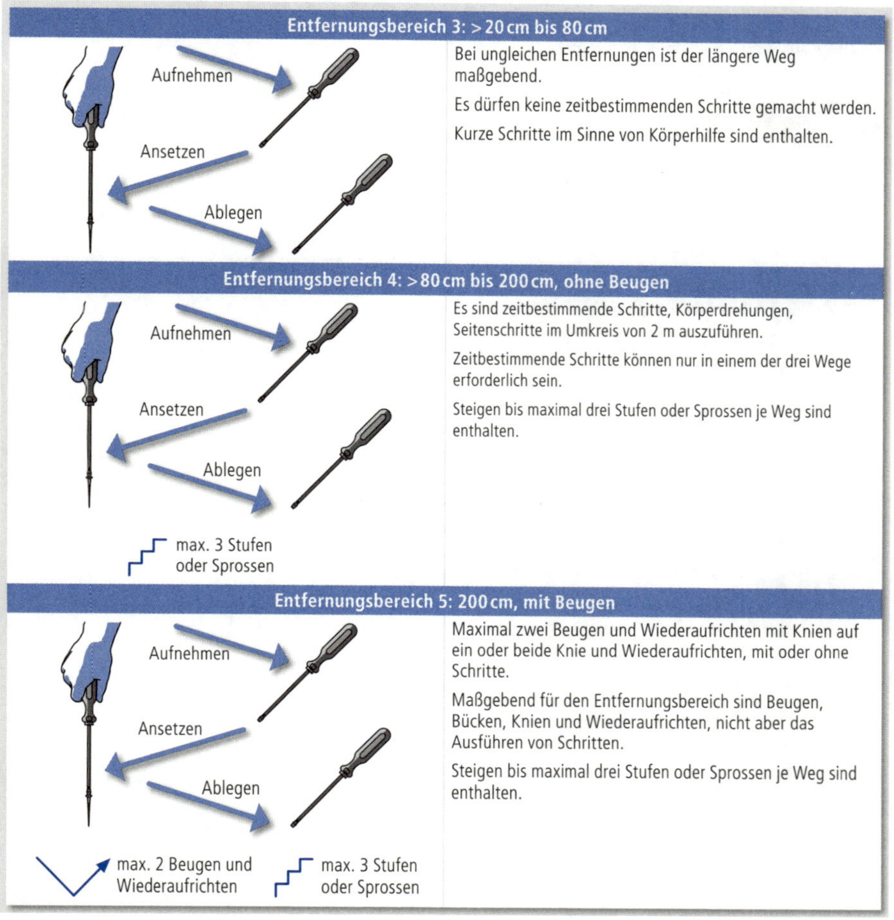

Abbildung II-263 Abgrenzung der Entfernungsbereiche bei MEK am Beispiel Hilfsmittel handhaben

7.4.2 Aufnehmen und Platzieren sowie Platzieren

Aufnehmen und Platzieren (MEK)

Das *Aufnehmen und Platzieren* unterscheidet sich, so Abbildung II-256 zu entnehmen, in der Definition der Entfernungsbereiche, der Gewichtsklassen und der Platziergenauigkeit. Bei den Einflussgrößen liegen bei MEK gegenüber UAS folgende Vereinfachungen vor:

1. Bei der Einflussgröße Teilegewicht werden die beiden UAS-Gewichts-/Kraftaufwandsklassen ≤ 1 kg bzw. daN und > 1 bis ≤ 8 kg bzw. daN zu einer MEK-Gewichts-/Kraftaufwandsklasse ≤ 8 kg bzw. daN zusammengefasst.
2. Bei der Einflussgröße Fall des Platzierens gilt der UAS-Platzierfall »A« auch bei MEK. anstelle der Fälle »B = lose« und »C = eng« wird nur ein Fall »B = genau« verwendet.

Anwendungsregeln und Beispiel für Aufnehmen und Platzieren (MEK)

Es gibt vier Anwendungsregeln. Die Regel 1 gilt sinngemäß auch beim Platzieren und Hilfsmittel handhaben.

MEK Regel 1 Aufnehmen und Platzieren enthält die bei Prozessen zum Prozesstyp 3 typischen Hilfsbewegungen, die durch Größe, Form, Gewicht oder Art der Gegenstände bedingt sind.

Beispiel: Eine Welle (5 kg) über 2 m von der Werkbank holen, in eine Lagerstelle (normale Arbeitshöhe) einfügen und dann weitere 10 cm einschieben.

Nr.	Bezeichnung	Kode	TMU	A · H	Gesamt TMU
	Welle in Aufnahmeschale	AB4	260		260

MEK Regel 2 Sind bei einem Platzieren mehrere Fügen notwendig, wird jedes zusätzliche Fügen als Platzieren analysiert.

Beispiel: Eine Welle (5 kg) über 2 m von der Werkbank holen, in eine Lagerstelle (normale Arbeitshöhe) einfügen, ausrichten und dann weitere 10 cm einschieben.

Nr.	Bezeichnung	Kode	TMU	A · H	Gesamt TMU
	Welle in Aufnahmeschale	AB4	260		260
	Ausrichten	PB1	40		40

MEK Regel 3 Wird Aufnehmen und Platzieren durch einen eigenständigen Grundvorgang, ausgenommen Körperbewegungen, oder technische Prozesse unterbrochen, wird anschließend ein zusätzliches Platzieren analysiert.

MEK Regel 4 Durch Gewicht oder Sperrigkeit verursachtes Vorplatzieren mit anschließendem Fertigplatzieren ist in den Fällen »AC« und »AD« bereits berücksichtigt.

Platzieren (MEK)

Das *Platzieren* bei MEK unterscheidet sich vom Platzieren bei UAS durch die vorstehend erläuterten Modifikationen. Es gibt eine Anwendungsregel:

MEK Regel 5 Wenn beim Platzieren das Gewicht > 8 kg und/oder der Gegenstand sperrig ist, wird ein Aufnehmen und Platzieren Fall »AC« oder »AD« analysiert.

7.4.3 Hilfsmittel handhaben, Betätigen und Bewegungszyklen

Hilfsmittel handhaben (MEK)

Beim *Hilfsmittel handhaben* unterscheiden sich MEK und UAS nur durch die vorstehend erläuterte Behandlung der Einflussgrößen.

Es gibt eine Anwendungsregel:

MEK Regel 6 Das Ansetzen eines Hilfsmittels an einer zusätzlichen Verwendungsstelle wird als Platzieren analysiert.

Betätigen (MEK)

Beim *Betätigen* unterscheiden sich MEK und UAS nur durch die vorstehend erläuterte Behandlung der Einflussgrößen. Es gibt keine Anwendungsregel.

Bewegungszyklen (MEK)

Beim Prozessbaustein *Bewegungszyklen* unterscheiden sich MEK und UAS nur durch die vorstehend erläuterte Behandlung der Einflussgrößen. Die Unterscheidung der Ausführungsumfänge wird in Abbildung II-264 verdeutlicht.

Bewegungszyklen ohne Umsetzen

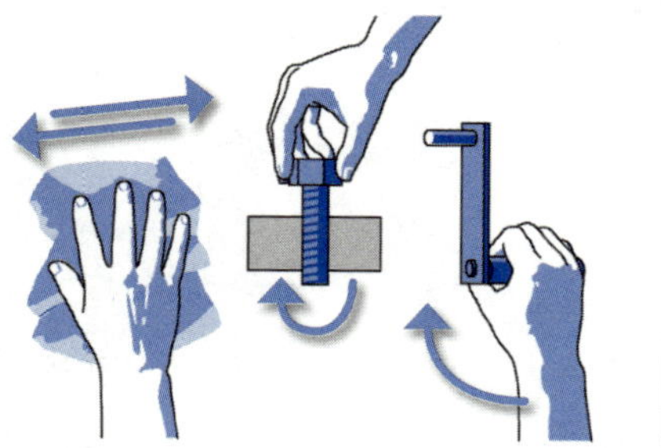

Doppelhub: z. B. Hammerschlag, Feilenhub, Fußschalter, Wischbewegung, Ratschenschlüssel.

Schraubturnus: z. B. Eindrehen von Schrauben, Drehen eines Schraubendrehers, Sterngriffes oder Heizungsventils.

Kurbeldrehen: Es wird nicht der tatsächlich zurückgelegte Weg der Hand, sondern der Kurbeldurchmesser berücksichtigt.

Rundumdrehen: z. B. Inbusschlüssel, Ringschlüssel, Kurbelschlüssel, Hebelwerkzeug.

Bewegungszyklen mit Umsetzen (genaues Platzieren mit anschließendem Hub/Doppelhub o. ä.)

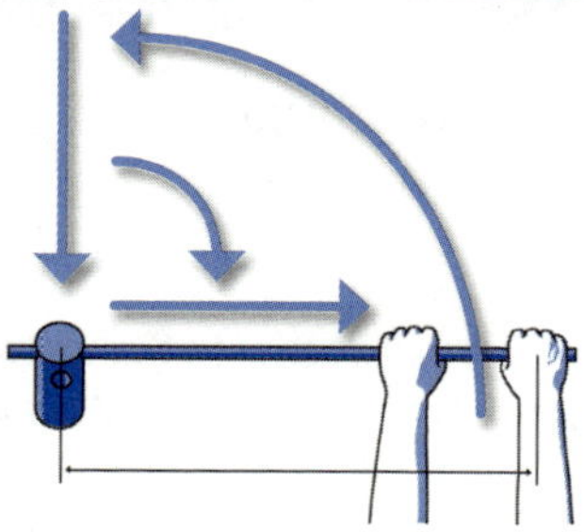

Das Werkzeug am gleichen Verwendungsort erneut genau ansetzen und einen erneuten Hub/Turn ausführen.

Gabelschlüssel

Ringschlüssel

Inbusschlüssel (wenn rundum nicht möglich)

Hebelwerkzeuge

Abbildung II-264 Die Bewegungszyklen ohne und mit Umsetzen bei MEK

Es gibt zwei Anwendungsregeln:

Anwendungsregeln bei Bewegungszyklen (MEK)

MEK Regel 7	Wird bei Bewegungszyklen durch Einflüsse wie hohes Gewicht, Kraftaufwand oder besondere Kontrolle die Bewegungsgeschwindigkeit merklich herabgesetzt, ist zum jeweiligen Bewegungszyklus zusätzlich ein »ZZ« zu analysieren.
MEK Regel 8	Das Schreiben je Ziffer oder Buchstabe wird als Fall »ZA« in der Häufigkeit 2 analysiert.

7.4.4 Körperbewegungen

Bei den *Körperbewegungen* sind die Kodes und Zeitwerte bei MEK und UAS gleich. Es gibt jedoch, bedingt durch die unterschiedliche Stufung der Entfernungsbereiche, MEK-spezifische Anwendungsregeln:

Anwendungsregeln bei Körperbewegungen (MEK)

MEK Regel 9	Grundvorgänge über den 2-Meter-Bereich hinaus werden in die Entfernungsbereiche 4 oder 5 eingestuft. Darüber hinaus wird jeder Meter mit einem »KA« analysiert.
MEK Regel 10	Stufen oder Leitersteigen bis maximal drei Stufen/Tritte/Sprossen ist im 2-Meter-Bereich enthalten. Darüber hinaus wird jede Stufe/Tritt/Sprosse mit einem »KA« analysiert.
MEK Regel 11	Stufen- oder Leitersteigen mit Lasten > 8 kg oder Sperrigkeit ist pro Stufe/Tritt/Sprosse mit zwei »KA« zu analysieren.
MEK Regel 12	Knien auf beide Knie und Wiederaufrichten wird mit »KB« in der Häufigkeit 2 analysiert.

7.4.5 Visuelle Kontrolle

Bei der *Visuellen Kontrolle* unterscheiden sich UAS und MEK darin, dass ein »VA« bei

- UAS maximal ein Prüfen mit Blickverschieben,
- MEK maximal drei Prüfen mit Blickverschieben enthält.

Anwendungsregel bei Visuelle Kontrolle (MEK)

Es gibt eine Anwendungsregel:

MEK Regel 13	Der Prozessbaustein Visuelle Kontrolle wird nur dann analysiert, wenn er als selbständiger Grundvorgang vorgeschrieben ist.

7.5 Konzept der UAS- und MEK-Standardvorgänge

7.5.1 Standardvorgänge

Standardvorgänge von UAS und MEK

In Teil I, Abschnitt 4.3 wurde dargelegt, dass es zu den MTM-Bausteinsystemen Standardvorgänge gibt. Als *Standardvorgänge* werden Sammlungen aggregierter Prozessbausteine für Aufgaben bezeichnet, die in allen Unternehmen in gleicher Weise zu erfüllen sind. Sie sind also Standards in dem Sinne, dass diese Prozessbausteine überbetrieblich gültige Arbeitsmethoden repräsentieren. Die weitaus größte praktische Bedeutung haben die in diesem Abschnitt erläuterten Standardvorgänge von UAS und MEK.

Die Standardvorgänge wurden primär aus zwei Gründen entwickelt:

- Wirtschaftlicheres Analysieren: Der Analysieraufwand bei UAS und MEK sollte reduziert werden. Das betrifft weniger das Einsparen von Analysenzeilen als das Basieren der Prozessmodellierung auf den Rahmenbedingungen.
- Übersichtlichere Prozessbausteinsammlungen: Man wollte mit einer möglichst geringen und damit überschaubaren Anzahl von »Entwicklungs-Prozessbausteinen« möglichst viele geschlossene Vorgangsfolgen analysieren, z. B. Schraubverbindungen herstellen, Normteile montieren, Flächen reinigen oder Teile kennzeichnen.

Standardvorgänge repräsentieren überbetriebliche Methodenstandards, deren Universalität[444] zwar gegenüber den UAS- und MEK-Prozessbausteinen eingeschränkt ist. Bei den Anwenderbranchen, für die sie entwickelt wurden, führen sie jedoch zu einer schnelleren und sicheren Erstellung von Analysen.

UAS- und MEK-Standardvorgänge

UAS- und MEK-Standardvorgänge gibt es derzeit für folgende Aufgaben:

1. Auspacken
2. Behandeln
3. Festspannen und Lösen
4. Klebearbeiten (nur bei UAS)
5. Körperbewegungen (nur bei MEK)
6. Markieren

444 Beispielsweise sind die UAS-Prozessbausteine für Aufnehmen und/oder Platzieren uneingeschränkt in allen Branchen anwendbar. Die Prozessbausteine des Standardvorgangs »Normteile montieren« sind nur noch in einigen Branchen anwendbar.

7. Normteile montieren
8. Prüfen und Messen
9. Schraubarbeiten
10. Transportieren (nur bei MEK)

Abbildung II-265 ist das Grundkonzept für die Entwicklung der UAS- und MEK-Standardvorgänge zu entnehmen, das Kernwerte-Ergänzungswerte-Modell.

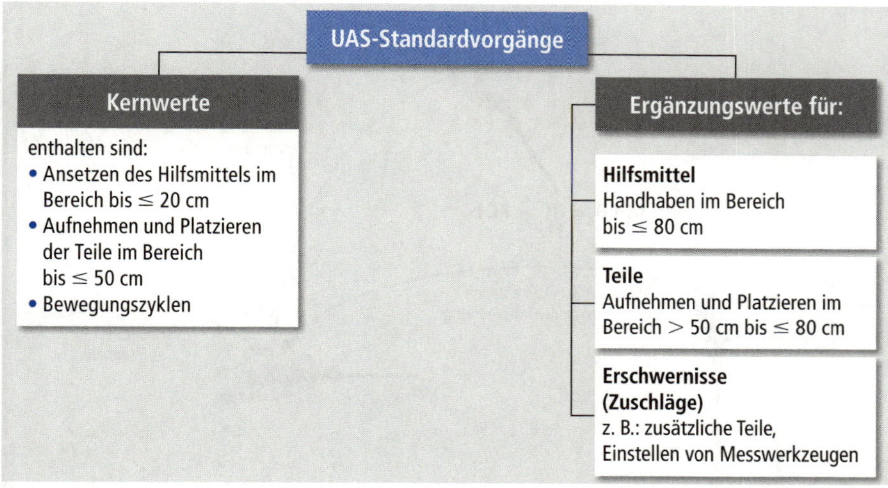

Abbildung II-265 Kernwerte-Ergänzungswerte-Modell, dargestellt am Beispiel von UAS

Kern- und Ergänzungswerte

Durch die Unterscheidung zwischen Kern- und Ergänzungswerten kommt man mit relativ wenigen Standardvorgängen aus. Durch vielfache Kombination weniger Kernwerte für typische betriebliche Aufgaben (z. B. Schrauben, Transportieren) mit wenigen Ergänzungswerten (z. B. Entfernungsbereiche von Teilen und Werkzeugen) sind viele unternehmensspezifische Prozessbausteine zu bilden. Das Konzept zielt darauf ab, mit

- *Kernwerten* jenen Teil des Aufgabeninhalts von Prozessbausteinen abzudecken, der unabdingbar auszuführen, also ein »absolutes Handlungsminimum« ist;
- *Ergänzungswerten* jenen Teil des Aufgabeninhalts eines Prozessbausteins abzudecken, der dem Kernwert unter bestimmten Bedingungen zuzufügen ist, um den vorliegenden Aufgabeninhalt »ergänzend abzudecken«.

So beinhaltet beispielsweise der Prozessbaustein »Blechschraube mit Schraubendreher« einen Kernwert (vgl. dazu Abbildung II-265), bei dem

1. eine Schraube aufzunehmen, bis 50 cm (Entfernungsbereich 2) zu bringen, anzusetzen (= Aufnehmen und Platzieren),
2. mit einem Hilfsmittel (hier: Schraubendreher) einzuschrauben und festzuziehen ist (= Bewegungszyklen) sowie
3. das Ansetzen des Hilfsmittels im Entfernungsbereich 1 (= Hilfsmittel platzieren).

Diesem Kernwert sind Ergänzungswerte zuzufügen:

1. in jedem Fall für das Hilfsmittel handhaben (hier: Schraubendreher) und
2. bei Aufnehmen und Platzieren der Teile (hier: Schraube) im Entfernungsbereich 3, was hier nicht notwendig ist.

Das Konzept der Ergänzungswerte-Bildung wird in dem Abbildung II-266 zu entnehmenden Beispiel veranschaulicht.

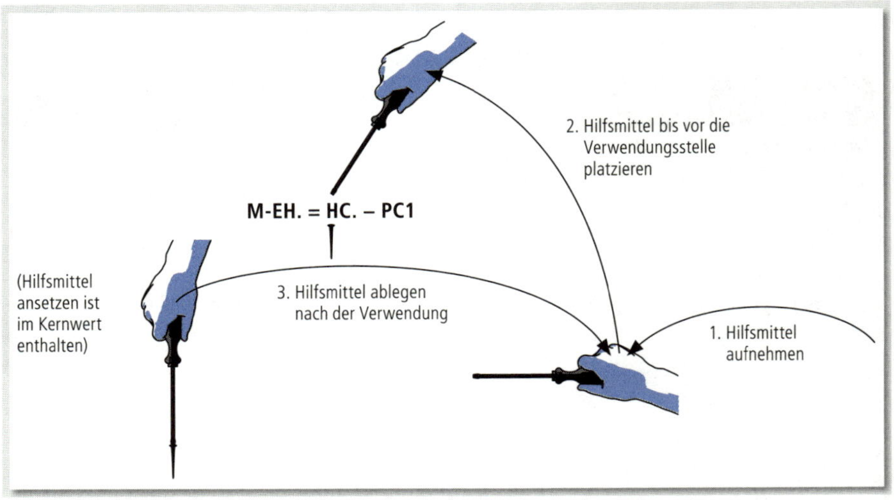

Abbildung II-266 Konzept der Ergänzungswerte-Bildung am Beispiel des UAS-Standardvorgangs Schraubarbeiten

Kodierung der UAS-Standardvorgänge

Die UAS-Standardvorgänge haben vier Kodestellen. An der ersten Stelle steht ein »M« für den Standardvorgang »Montage«. Bei den Kernwerten werden an der zweiten Stelle die Tätigkeit und an der dritten und vierten Stelle Einflussgrößen verschlüsselt. Bei den Ergänzungswerten steht an der zweiten Stelle ein »E« für »Ergänzungswert«, an der dritten Stelle ein »H« für Hilfsmittel oder ein »T« für Teile und an der vierten Stelle der Entfernungsbereich (gleiche Entfernungen wie bei den UAS-Grundvorgängen) verschlüsselt.

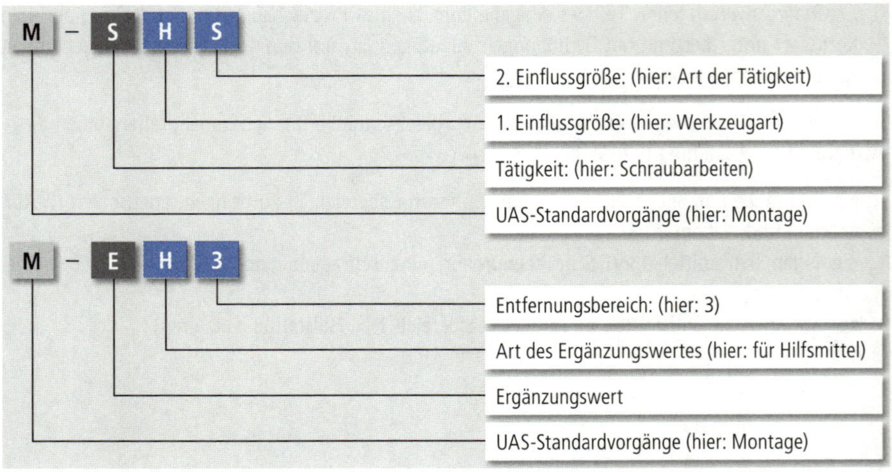

7.5.2 Anwendung am Beispiel der UAS-Standardvorgänge

Die UAS-Standardvorgänge entstehen aus Aggregationen von UAS-Grundvorgängen. Das sei an folgendem Beispiel verdeutlicht (vgl. Abbildung II-267).

Ein 2 kg schweres Gehäuse ist lose in eine Vorrichtung zu legen, eine Abdeckung mit Bohrungen auf dem Gehäuse zu platzieren und mit vier M8-Schrauben zu befestigen. Das Gehäuse liegt in Wellpappe verpackt auf einem 2 m entfernten Transportwagen. Messer, Abdeckung und Schrauben befinden sich im Arbeitsbereich, der Schrauber hängt am Arbeitsplatz (Entfernungsbereich 3). Der Ablauf beginnt mit dem Holen des Gehäuses an den Arbeitsplatz und endet nach dem Ablegen der Baugruppe auf dem Tisch im Entfernungsbereich 3.

Nr.	Bezeichnung	Kode	TMU	A · H	Gesamt TMU
	zum Transportwagen und zurück	KA	25	1 · 2	50
	Gehäuse aus Transportwagen auf Tisch	AH1	25		25
	Gehäuse auspacken	M-AHC	310		310
	Messer	M-EH2	40		40
	Gehäuse in Vorrichtung	AJ2	65		65
	Abdeckung auf Gehäuse	AB2	45		45
	Abdeckung auf Bohrung ausrichten	PB1	20		20
	Schrauben paarweise andrehen von Hand	M-SBA	125	2	250
	Schrauben festziehen	M-SHS	60	4	240
	Schrauber	M-EH3	55		55
	Baugruppe aus Vorrichtung auf Tisch	AH3	55		55

Abbildung II-267 Beispiel für eine UAS-Analyse unter Verwendung von UAS-Standardvorgängen

Es gibt neun UAS-Standardvorgänge, die in Standardvorgangs-Datenkarten zusammengefasst sind. Abbildung II-268 sind für den Standardvorgang »Schraubarbeiten« die zugehörigen Prozessbausteine zu entnehmen. Dort ist, durch Kreise markiert, die Quelle der in Abbildung II-267 markierten Prozessbausteine zu entnehmen. In den Spalten »EH« (Ergänzungswert »Hilfsmittel«) und »ET« (Ergänzungswert »Teile«) stehen häufig Kreuze (»+«), das sind Entscheidungshilfen, die besagen, dass dem betreffenden Kernwert die Ergänzungswerte »M-EH« und/oder »M-ET« zuzufügen sind, wenn das Hilfsmittel nicht unter Kontrolle ist oder die Teile nicht im Arbeitsbereich liegen.

MTM-Institut
Eichenallee 11, 15738 Zeuthen
Telefon: +49 33762 2066-31
Telefax: +49 33762 2066-40
institut@dmtm.com

UAS
Standardvorgänge
Montage

Der Gebrauch dieser Tabellenwerte führt ohne gründliche Ausbildung in MTM-1 und UAS zu falschen Ergebnissen.

Schraubarbeiten		Kode	TMU	EH	ET	Ergänzungswerte: Hilfsmittel M–EH 1	M–EH 2	M–EH 3	Teile M–ET 3
von Hand									
Stecken und Gang suchen	eine Hand	M-SAA	85		+				
	zwei Hände	M-SBA	125		+				
Stecken und eindrehen	eine Hand	M-SCA	145		+				
	zwei Hände	M-S DA	185		+				
metrische Schrauben (M2,5 bis M14) **einschrauben und festziehen mit Hilfsmittel,** je Schraubstelle									
Maschinenschrauber		M-SHS	60	+					
Drillschrauber		M-SJS	85	+					
Schraubendreher		M-SKS	135	+					
Ratsche		M-SLS	140	+					
Gabel-, Ring-, Sechskantschlüssel mit Umsetzen		M-SMS	210	+		20	40	55	15
Blechschrauben (≤ 6 mm) **ansetzen, einschrauben, festziehen mit Hilfsmittel,** je Schraubstelle									
Maschinenschrauber		M-SNS	125	+	+				
Drillschrauber		M-SOS	170	+	+				
Schraubendreher		M-SPS	320	+	+				
Zuschläge									
zusätzliches Festziehen		M-SHA	55	+					
2. Schraubteil (Schraube oder Mutter mit Werkzeug)		M-SGA	95	+	+				
Gegenschlüssel ansetzen an 2. Schraubteil		M-SZA	30	+					
Zusatzteile (Unterleg-, Federscheibe)	eine Hand	M-SZB	55		+				
	zwei Hände	M-SZC	85		+				

Abbildung II-268 Datenkarte für den UAS-Standardvorgang »Schraubarbeiten«

Beispiel

Abbildung II-269 ist ein Beispiel für eine TiCon®-Analyse zu entnehmen. Die Sollzeit für den Prozessbaustein »Schraubverbindung herstellen« beträgt 0,159 min, für den Kernwert 0,126 min. Der begründenden Analyse ist zu entnehmen, dass »nach bestem Wissen« zur Hälfte kurze und zur Hälfte mittlere Bewegungsfolgen unterstellt wurden. Damit deckt man mehr Anwendungsfälle ab, als wenn man nur einen Entfernungsbereich zu Grunde gelegt hätte.

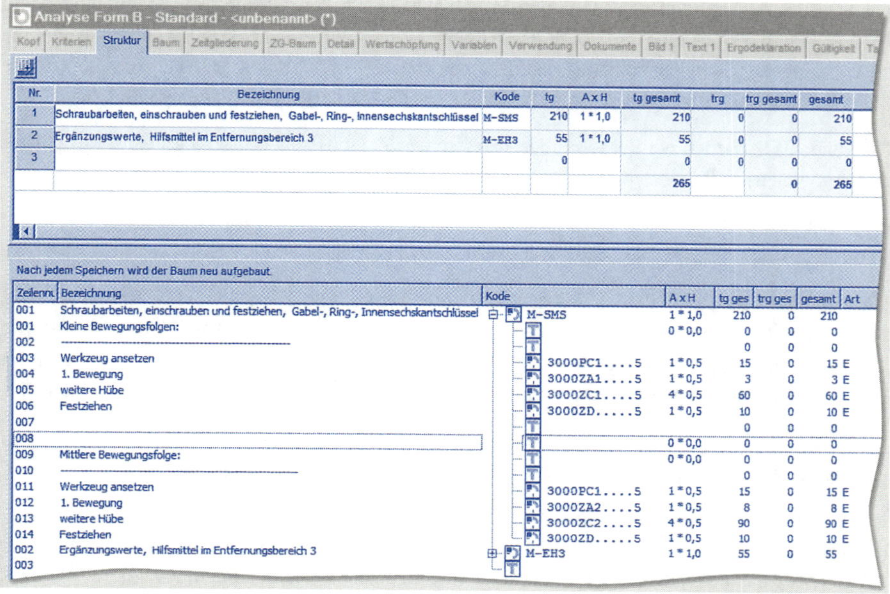

Abbildung II-269 Beispiel für eine Analyse »Schraubverbindung herstellen« mit UAS-Standardvorgängen unter TiCon®

7.6 MTM-Analysen nach Rahmenbedingungen

7.6.1 Analyseformen

Beidhandanalyse

Im Abschnitt 6.7 wurde das Vorgehen beim Analysieren von Bewegungsabläufen und dabei auch der Unterschied zwischen einer Ausführungs- und einer Planungsanalyse erläutert. Die auf der Kenntnis zu vollziehender Bewegungsabläufe basierende Analyseform wird auch als *Beidhandanalyse* bezeichnet. Diese Form der MTM-Analyse wird unter Verwendung der Bausteinsysteme MTM-1 und MTM-2 angewandt (vgl. Abbildung II-270).

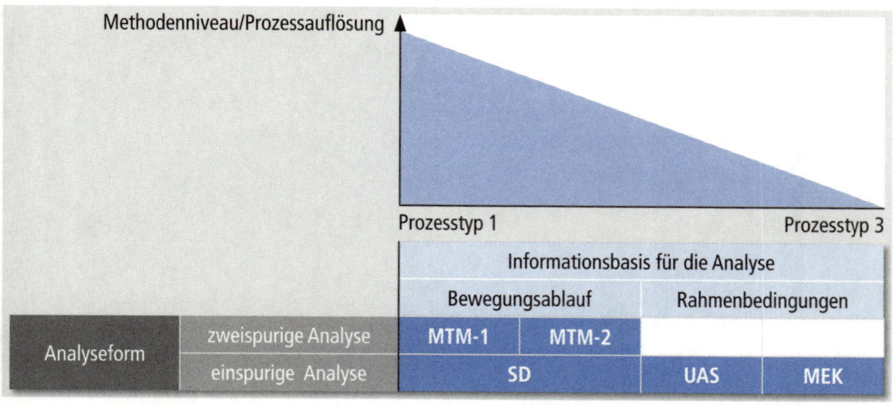

Abbildung II-270 Zusammenhänge zwischen Methodenniveau, Prozesstyp, MTM-Bausteinsystem und Analyseform

Einspurige MTM-Analyse

Die SD-BW wurden – anders als UAS und MEK – ausschließlich durch additive Verknüpfungen von MTM-1-Grundbewegungen entwickelt. Deshalb setzt ihre Anwendung ebenfalls Kenntnisse über die zu vollziehenden Bewegungsabläufe voraus. Anders als bei MTM-1 und MTM-2 wird die Analyse nicht in Form einer zweispaltigen, sondern in Form einer einspurigen MTM-Analyse durchgeführt.

UAS und MEK werden bei Vorliegen der Prozesstypen 2 und 3 angewandt, weshalb so detaillierte Analysen wie beim Prozesstyp 1

- weder erforderlich[445]
- noch möglich[446] sind.

UAS- und MEK-Analysen werden deshalb nicht unter Kenntnis zu vollziehender Bewegungsabläufe, sondern nur unter Kenntnis relevanter Aspekte des Arbeitssystems erstellt. Diese für das Erstellen von UAS- und MEK-Analysen relevanten Aspekte von Arbeitssystemen nennt man *Rahmenbedingungen.* Die dabei angewandte Analyseform wird in der Praxis von der zweispurigen Analyse (Beidhandanalyse) begrifflich nicht unterschieden.

In Abbildung II-270 sind die vorstehend erläuterten Zusammenhänge dargestellt:

1. Ein hohes *Methodenniveau* bedingt sehr detaillierte (granulare) Ablaufdokumentationen.
2. Beide Sachverhalte werden durch den *Prozesstyp* repräsentiert. So steht z. B. der Prozesstyp 1 für ein hohes Methodenniveau, und er bedingt hochgranulare Ablaufdokumentationen.
3. Dem Prozesstyp entsprechend sind mehr oder weniger detaillierte Informationen über den Prozess erforderlich. Beim Prozesstyp 1 sind Kenntnisse oder Vorstellungen über die zu vollziehenden Bewegungsabläufe notwendig. Beim Prozesstyp 3 sind diese nicht notwendig und im Allgemeinen auch nicht vorhanden. Es werden jedoch Kenntnisse über die Rahmenbedingungen benötigt.
4. Bei MTM-1 und MTM-2 werden unter Bewegungsablauf-Informationen zweispurige MTM-Analysen (Beidhandanalysen) erstellt.
5. Bei UAS und MEK werden unter Rahmenbedingungen-Informationen einspurige MTM-Analysen erstellt.
6. Bei den Standard-Daten werden unter Bewegungsablauf-Informationen ebenfalls einspurige MTM-Analysen erstellt.

Die Analyse nach Rahmenbedingungen kann als Planungs- oder als Ausführungsanalyse erstellt werden. Letzteres dann, wenn man nach SOP auf die realisierten Rahmenbedingungen zurückgreifen kann. Abbildung II-271 ist das Vorgehen bei der Durchführung von MTM-Analysen nach *Rahmenbedingungen* zu entnehmen.

445 Z. B. kommt es bei der Planung einer Instandhaltungsarbeit von einer Stunde Dauer auf die Berücksichtigung exakter Entfernungen und genauer Greif- und Fügepositionen nicht an.

446 Z. B. weiß man bei dieser Instandhaltungsarbeit vielleicht nicht, ob sich eine Abdeckung leicht oder schwer oder mit erheblichem Aufwand lösen lässt.

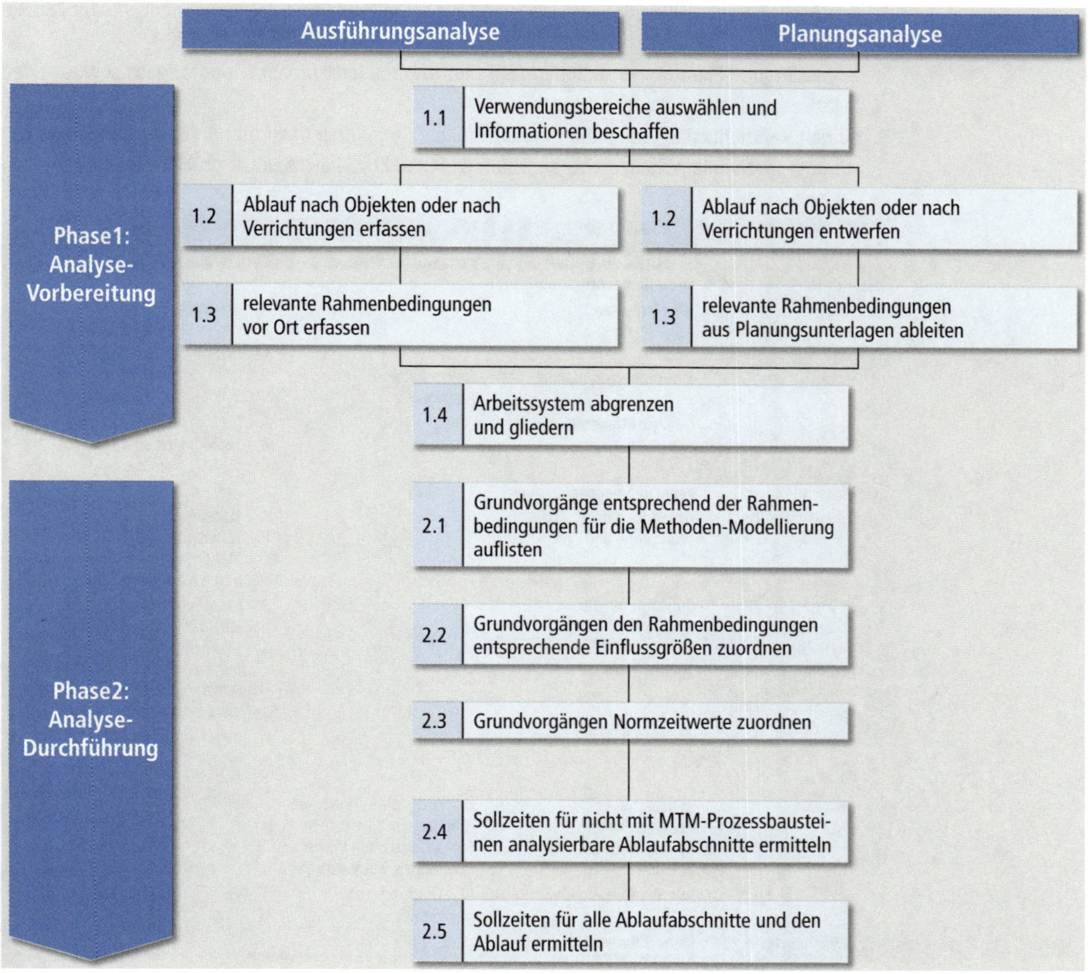

Abbildung II-271 Vorgehen bei der MTM-Analyse nach Rahmenbedingungen

Beispiel

Im Folgenden wird anhand eines Beispiels, »Kondensmodul, Motorlager und Kondensantrieb einsetzen«, das Analysieren nach Rahmenbedingungen und die Form einer Zeilenanalyse gezeigt, unter Nutzung von TiCon®. Es werden zwei Analysephasen unterschieden, die Vorbereitung, das betrifft im Wesentlichen Abgrenzungssachverhalte, und die »eigentliche« Durchführung der Analyse.

Im ersten Vorbereitungsschritt (vgl. zu den folgenden Ausführungen Abbildung II-271) wird der Verwendungsbereich (z. B. Arbeitsplanversorgung, Entgelt, Kalkulation, Personalbemessung) abgegrenzt, also festgelegt, wozu man die Analyseergebnisse verwenden will und wozu nicht. Dann werden die benötigten Informationen beschafft.

Im zweiten Vorbereitungsschritt wird der Ablauf in Ablaufabschnitte gegliedert, um zu erkennen, »was zu tun« ist. Im dritten Vorbereitungsschritt sind die relevanten Rahmenbedingungen zu erfassen, strukturiert nach den sieben Bestimmungsgrößen des Arbeitssystems (vgl. Abbildung II-272). Dabei werden

1. den Bestimmungsgrößen des Arbeitssystems die als relevant erachteten Rahmenbedingungen zugeordnet,
2. zu beachtende Planungsrestriktionen (z. B. zur Informationsaufnahme und -abgabe sowie zu den logistischen Zuständigkeiten) erfasst,
3. zu den Rahmenbedingungen die mutmaßlichen Zeiteinflussgrößen und deren Ausprägungen bestimmt, die für alle Ablaufabschnitte gelten (z. B. die Zugänglichkeiten von Wirkstellen).

Bestimmungsgrößen des Arbeitssystems	relevante Rahmenbedingungen	Planungsrestriktionen	Zeiteinflussgrößen
1. Aufgabe	keine Rahmenbedingungen		
2. Eingabe (insbesondere Arbeitsgegenstand)	Anlieferzustand		A: vereinzelt B: vereinzelt und verpackt C: vermischt
	Informationsaufnahme	A: Dokumente B: Anzeigen	
	Gewicht/Abmessungen		A: bis 1 kg und nicht sperrig B: bis 5 kg oder sperrig C: bis 8 kg oder sperrig
3. Mensch	keine Rahmenbedingungen		
4. Arbeitsmittel	Anordnung der Werkzeuge und Teile		A: Nahzone (bis 50 cm) B: Arbeitsplatzzone (bis 80 cm) C: Stationszone (bis 2 m) D: Bereichszone (bis 5 m)
5. Ablauf (insbesondere räumliche Verhältnisse und arbeitsorganisatorische Prinzipien)	Zugänglichkeiten von Wirkstellen		A: leicht, ohne Beugen/Bücken B: leicht, mit Beugen/Bücken C: schwierig, ohne Beugen/Bücken, mit zusätzlichem Platzieren D: schwierig, mit Beugen/Bücken, mit zusätzlichem Platzieren
	Ablagen, Platzierungen		U: ungefähr L: lose E: eng
6. Ausgabe	logistische Zuständigkeiten (gilt auch für die Eingabe)	A: Holprinzip ohne Versorger B: Holprinzip mit Versorger C: Bringprinzip ohne Versorger D: Bringprinzip mit Versorger	
	Informationsabgabe	A. i. O.-Quittung B: ohne Freigabe	
7. Umgebungseinflüsse	keine Rahmenbedingungen		

Abbildung II-272 Relevante Rahmenbedingungen und deren Ausprägungen bei einer Motoren-Montagelinie

Die Planungsrestriktionen stehen für den arbeitsorganisatorischen Rahmen, unter dem Abläufe vollzogen werden. In Abbildung II-272 werden zwei Arten von Informationsaufnahmen unterschieden, das Lesen von Dokumenten und von Anzeigen. Die Zeiteinflussgrößen und deren Ausprägungen sind beim betreffenden Arbeitssystem als realistische Setzungen zu interpretieren. Im vorliegenden Fall wurden für die Anordnung von Werkzeugen und Teilen z. B. vier Entfernungszonen festgelegt. Beim Analysieren werden die Entfernungen nach einer dieser vier Entfernungszonen klassifiziert.

Abbildung II-273 ist ein Erfassungsblatt zu entnehmen, in dem der Ablauf erfasst und die Rahmenbedingungen und ihre Ausprägungen identifiziert werden.

Bereich/Station:												
Datum:			**Bearbeiter:**									
Nr.	Objekt **WAS?**	Verrichtung **WIE?**	Hilfsmittel **WOMIT?**	Entfernungsbereich T/W	Zugänglichkeit/Verbauort	Gewicht/Dimension	Platziergenauigkeit	Anzahl/Verbaurate	Teile gleichzeitig	Anlieferungszustand	Prozesszeit	**Bemerkung**
1	Kondensmodul	in Rahmen einsetzen		C	A	A	L			A		
2	Motorlager	fetten		C	A	A	L			B		
			Fettvorrichtung	A	A	A					20	
		positionieren und eindrücken		C	A	A	L					wird in Kondens-modul eingedrückt
3	Antriebe positionieren	in Kondensmodul		A	A	A	L			A		
		verschrauben		B	A	A	E	2		C		
			Drehmoment-schrauber	A	A	A	E				50	PT je Schraube

(In the printed header, "**Produkt/Variante:**" stands above the Hilfsmittel column, in the same row as "Bereich/Station:".)

Abbildung II-273 Arbeitsblatt zur Erfassung von Rahmenbedingungen

Im vierten Vorbereitungsschritt ist das Arbeitssystem zu beschreiben. Abbildung II-274 ist ein Ausschnitt aus der Beschreibung des Arbeitssystems zu entnehmen, die als Dokument mit TiCon® verknüpft ist.

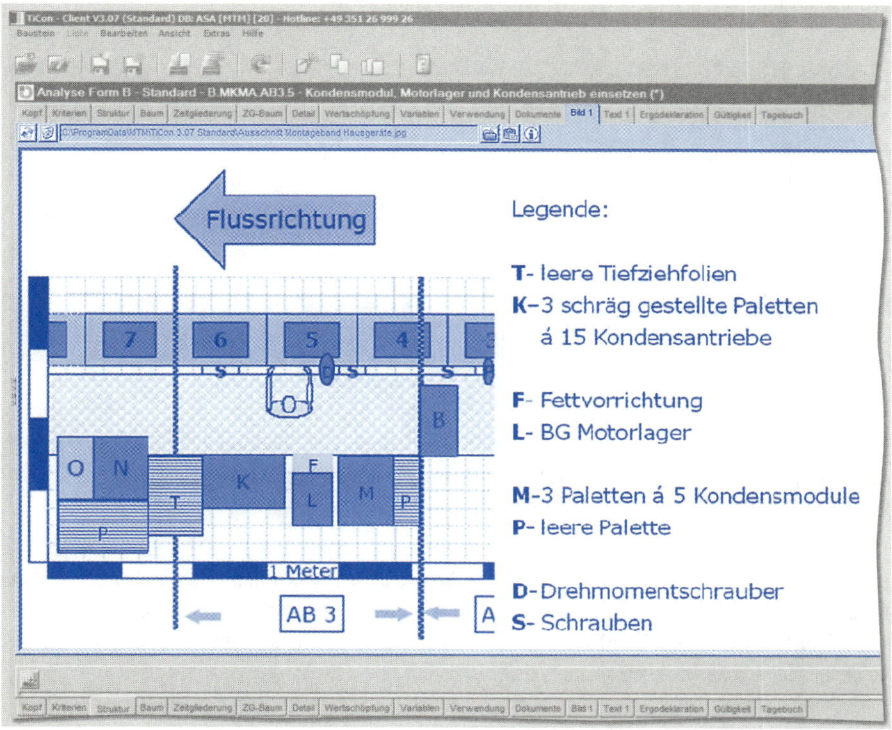

Abbildung II-274 Arbeitssystem-Layout als verknüpftes Dokument unter TiCon®

Im ersten Durchführungsschritt sind aus dem in der Vorbereitungsphase gegliederten Ablauf die Ablaufabschnitte in TiCon® zu übernehmen. In den TiCon®-Masken »Kopf« und »Struktur« werden sie nach Beginn, Inhalt, Ende und Begrenzung beschrieben (vgl. Abbildung II-275).

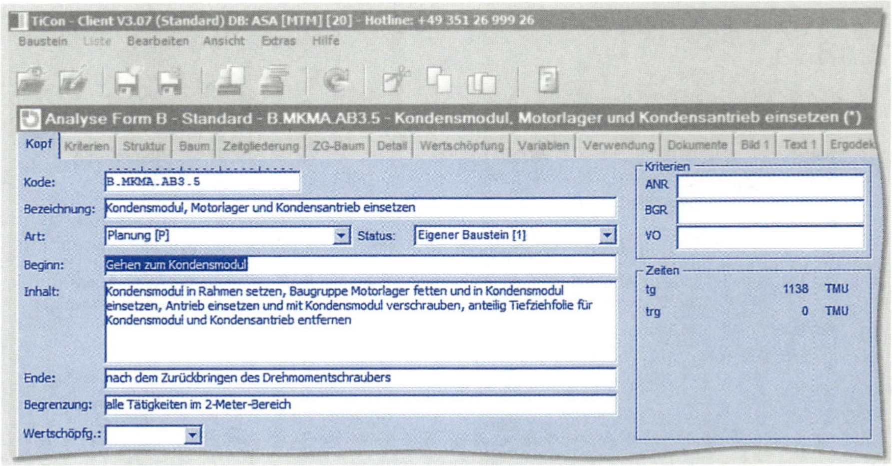

Abbildung II-275 Beschreibung des Prozessbausteins »Kondensmodul, Motorlager und Kondensantrieb einsetzen« unter TiCon®

Damit sind die späteren Prozessbausteine definiert und können so weit wie möglich mit vorhandenen Prozessbausteinen »aufgefüllt« werden (vgl. Abbildung II-276).

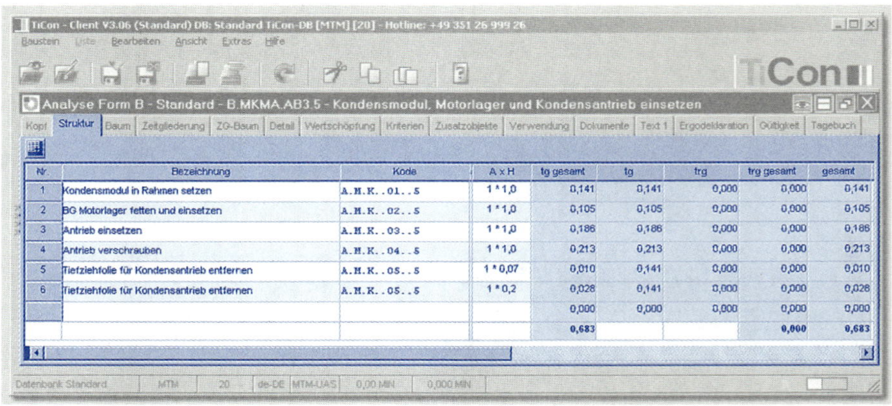

Abbildung II-276 Ablaufgliederung des Prozessbausteins »Kondensmodul, Motorlager und Kondensantrieb einsetzen« unter TiCon®

In den folgenden Abbildungen wird anhand des Prozessbausteins »Antrieb verschrauben« (der vierte Baustein in der Gliederung in Abbildung II-277) dargestellt, dass zunächst mit Hilfe der hierarchischen Bausteinstruktur ein Überblick über die Möglichkeiten gewonnen wird, nach dem »Auffüllen« verbleibende »Lücken« zu schließen.

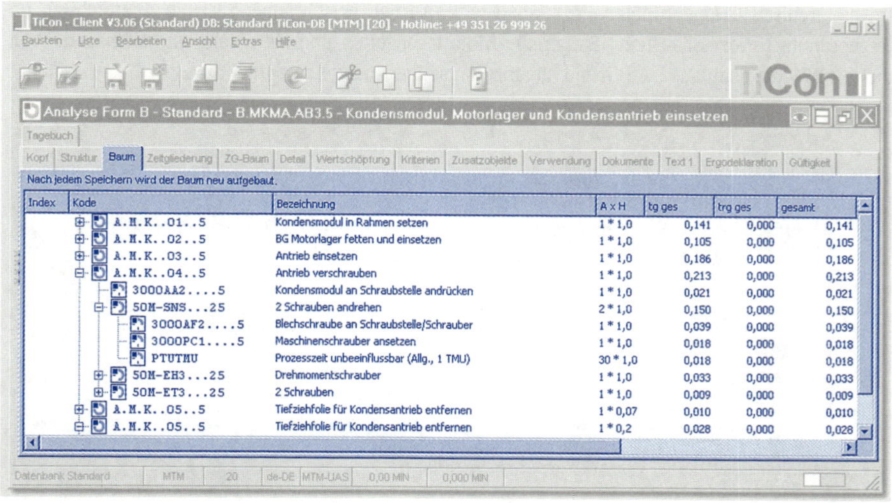

Abbildung II-277 Auflösung des Prozessbausteins »Antrieb verschrauben« in UAS-Grund- und Standardvorgänge unter TiCon®

Für den in Abbildung II-277 angeführten Prozessbaustein »Antrieb verschrauben« ergibt sich unter Verwendung von UAS-Standardvorgängen (Schraubarbeiten) die in Abbildung II-278 dargestellte Analyse.

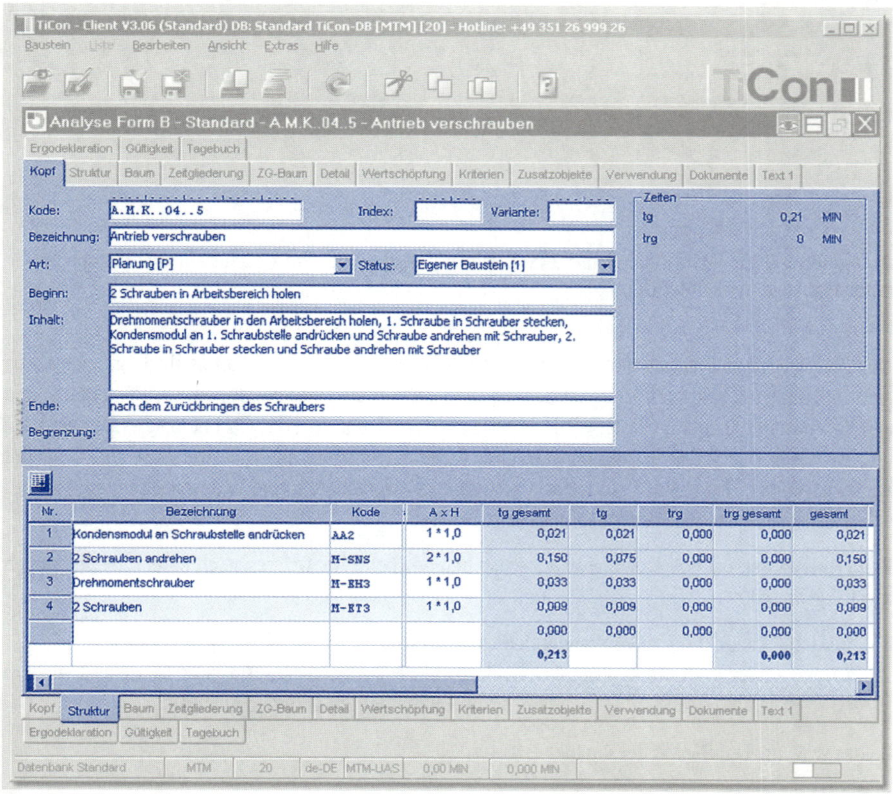

Abbildung II-278 MTM-Analyse mit UAS-Standardvorgängen für den Prozessbaustein »Antrieb verschrauben« unter TiCon®

Im hierarchisch übergeordneten Prozessbaustein »Antrieb verschrauben« ist ein (hierarchisch untergeordneter) Prozessbaustein »Baugruppe Motorlager fetten und einsetzen« enthalten und Abbildung II-279 die dazu aus UAS-Grundvorgängen erstellte Analyse zu entnehmen.

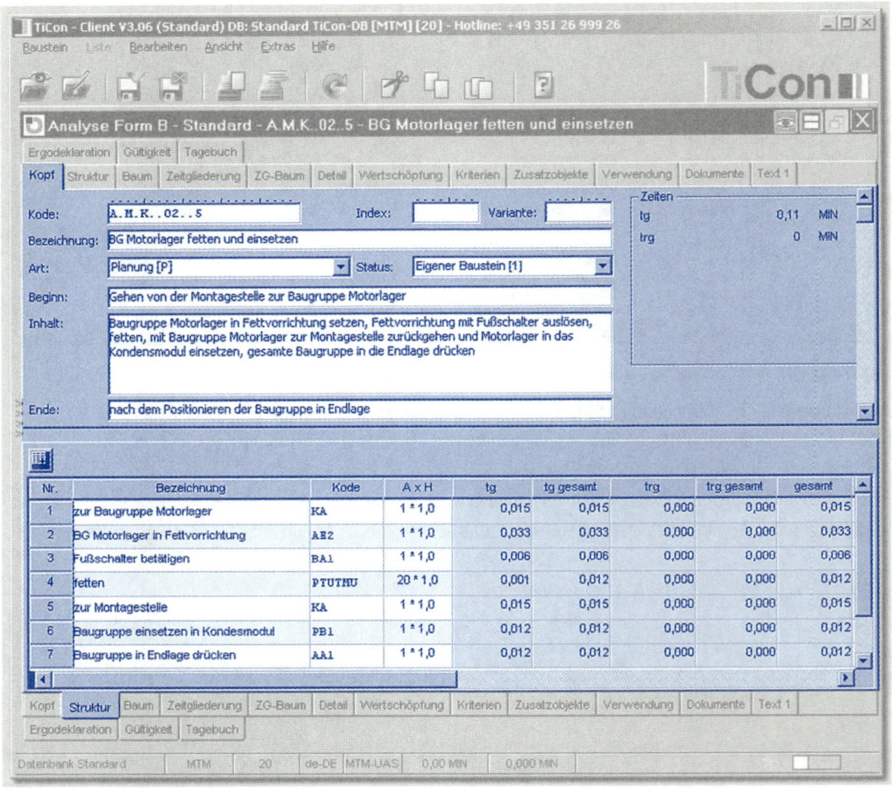

Abbildung II-279 MTM-Analyse mit UAS-Grundvorgängen für den Prozessbaustein »BG Motorlager fetten und einsetzen« unter TiCon®

Den Beispielen ist zu entnehmen, dass beim Erstellen von Analysen nach Rahmenbedingungen schon beim Prozesstyp 2 nur noch begrenzt dem Chronologieprinzip (= es kommt auf die Reihenfolge und auf die Vollständigkeit an) gefolgt wird. Beim Prozesstyp 3 gibt man das Chronologieprinzip ganz auf und ersetzt es durch das Deduktionsprinzip (= es kommt nur auf die Vollständigkeit an). Oder mit anderen Worten: Das beim Prozesstyp 1 notwendige Modellieren von Bewegungssequenzen wird ersetzt durch ein Modellieren von Aufgabenstrukturen.

Beim Analysieren nach Bewegungsablauf entstehen wie beim Analysieren nach Rahmenbedingungen zwei Ergebnisse:

1. direkt zur Kalkulation zu verwendende Prozessbausteine,
2. Prozessbausteine, die ihrer Komplexität nach den Hierarchieebenen 4 oder 5 zuzuordnen und erst nach weitergehenden Aggregationen zur Kalkulation zu verwenden sind.

Beides wird im Teil III, Kapitel 4 näher erläutert.

7.6.2 Arbeiten mit Wertschöpfungsindikatoren

Wertschöpfungsindikatoren

Wertschöpfungsindikatoren sind Ablauf-Kenngrößen, mit denen der Wertschöpfungsbeitrag von Abläufen zu quantifizieren ist. Um einen Wertschöpfungsindikator zu bilden, formuliert man zuerst ein Auswertungskriterium, das geeignet ist, Hinweise auf mutmaßliche Wertschöpfungsausfälle zu liefern. Derartige Auswertungskriterien sind zum Beispiel die Verrichtungen:

- Prüfen,
- Körperbewegungen,
- Transporte,
- Justagen,
- Werkzeugverwendungen,
- Auspacken, Umstapeln etc.,
- Informationsverarbeitung, z. B. Lesen.

Prospektiven Arbeitssystem-Gestaltungen liegt die Absicht zu Grunde, die Effektivität und Effizienz der Arbeitssysteme bereits in der zweiten PEP-Phase so weit zu optimieren (»Von Anfang an richtig«), dass in der dritten PEP-Phase nur noch marginale Verbesserungen notwendig sind. In beiden Phasen sind mit Hilfe von Wertschöpfungsindikatoren Hinweise auf lohnende Verbesserungsansätze zu gewinnen.

1. Mit Hilfe von Wertschöpfungsindikatoren können mutmaßliche, später noch zu validierende Ablaufmängel identifiziert werden.
2. Geprüft wird dabei, ob die Verwendungshäufigkeit von Prozessbausteinen als Hinweis auf ineffektive Methoden zu werten ist.

Wertschöpfungsindikatoren sind keine »allgemeingültigen Warnsignale«, sondern fallspezifische Hinweise auf mögliche Wertschöpfungsausfälle. So kann man z. B. das Prüfen als gewollt und wertschöpfend ansehen. In einem anderen Fall kann dem strikt widersprochen und das Prüfen als Verschwendung betrachtet werden. Die Auswahl von Wertschöpfungsindikatoren hängt u. a. auch vom Prozesstyp ab. So wird man beim Prozesstyp 1 z. B. eine 180-Grad-Körperdrehung vermutlich als Mangel diagnostizieren, beim Prozesstyp 3 dagegen nicht.

Zum vorliegenden Prozesstyp definiert man zuerst einen Sachverhalt, der einen Verdacht zum Vorliegen ablauforganisatorischer Mängel begründen könnte. Beispielsweise erwartet man, dass bestimmte Körperbewegungen gar nicht oder nur sehr selten vorkommen, und definiert dazu eine Klasse von Prozessbausteinen, deren Vorkommen man als Indiz für einen ablaufgestalterischen Mangel werten will. So wird man beim Prozesstyp 2 nur einen bestimmten Zeitanteil für das Gehen tolerieren.

Da der Zeitanteilswert eines Prozessbausteins von der Höhe seiner Sollzeit abhängt, weist man nur einen mutmaßlichen Mangel aus. Es ist stets die Validität der Wertschöpfungsindikatoren zu prüfen. Beispielsweise würde man bei einer Summe von 250 TMU für den Baustein »KA« (10 Schritte) und einer Sollzeit für den Prozessbaustein von 2.000 TMU einen Wertschöpfungsindikator von »12,5 % für Gehen« ausweisen. Ob der Anteilswert eines Wertschöpfungsindikators signifikant ist, hängt insbesondere ab

- vom Prozesstyp,
- von der Verwendungshäufigkeit des betrachteten Prozessbausteins und
- vom Anteil der Sollzeit des betrachteten Prozessbausteins an der Auftragszeit.

Abbildung II-280 zeigt Beispiele für die Bildung von Wertschöpfungsindikatoren. Die Chancen, mit diesem Ansatz relevante Mängel zur Ablaufgestaltung zu identifizieren, steigen mit der Komplexität der Prozessbausteine und mit dem Prozesstyp.

Auswertungskriterium	Beschreibungsanteil
Körperbewegung	Zeit für Körperbewegungen oder für bestimmte Körperbewegungen
Ein-/Auspacken	Zeit für nicht Arbeitsfortschritt bewirkende Bewegungen (z. B. Nachgreifen, Übergeben an die andere Hand, Drücken, Trennen, Hinlangen D und E)
Prüfen und Messen	Zeit für hochkontrollierte Fügebewegungen (z. B. enge Passung, halb-/unsymmetrische Fügeflächen, schwierige Handhabung) und Greifbewegungen (z. B. Auswählgriff)
Transporte	Zeit für Bewegungslängen über 40 cm und Bewegungsfälle C
Rest	alle übrigen Zeitsummen

Abbildung II-280 Beispiele für die Formulierung von Wertschöpfungsindikatoren zur Identifikation mutmaßlicher Mängel bei Bewegungsabläufen

Beispiel

Anhand des in Abbildung II-281 angeführten Beispiels soll das Arbeiten mit Wertschöpfungsindikatoren verdeutlicht werden. Dazu werden vier Auswertungskriterien definiert:

- Laufwege,
- Materialbereitstellung,
- ablaufbedingtes Warten,
- unmittelbarer Arbeitsfortschritt (wertschöpfend).

In der Analyse werden die Prozessbausteine diesen Auswertungskriterien zugeordnet (Abbildung II-281, unten). Das kann auf jeder Hierarchieebene erfolgen. Zweckmäßig ist, oft verwendete Standardprozesse zu nutzen, weil so gewonnene Erkenntnisse dann auf ein breites Spektrum betrieblicher Prozesse zu reflektieren sind.

Die Auswertung kann auf jeder Hierarchieebene und zu jeder Bezugsgröße erfolgen, z. B. der Anteil Laufwege pro Auftrag, Produkt oder Ablauf. Aus MTM-Analysen sind Wertschöpfungsindikatoren mit TiCon® automatisch zu bestimmen (vgl. Abbildung II-281, oben). Der Zeitanteil zum unmittelbaren Arbeitsfortschritt führender Prozessbausteine, der Wertschöpfungsanteil, an der Sollzeit des Gesamtablaufs beträgt im Beispiel ca. 72 %. Die nicht unmittelbar zum Arbeitsfortschritt beitragenden Zeitanteile verteilen sich zu:

- ≈ 10 % auf Laufwege,
- ≈ 10 % auf Material- oder Werkzeugbereitstellung,
- ≈ 7 % auf ablaufbedingtes Warten.

Die Wertschöpfungsindikatoren zeigen an, dass beim vorliegenden Beispiel Potenziale zur Produktivitätssteigerung bei der Materialbereitstellung und den Wegstrecken liegen.

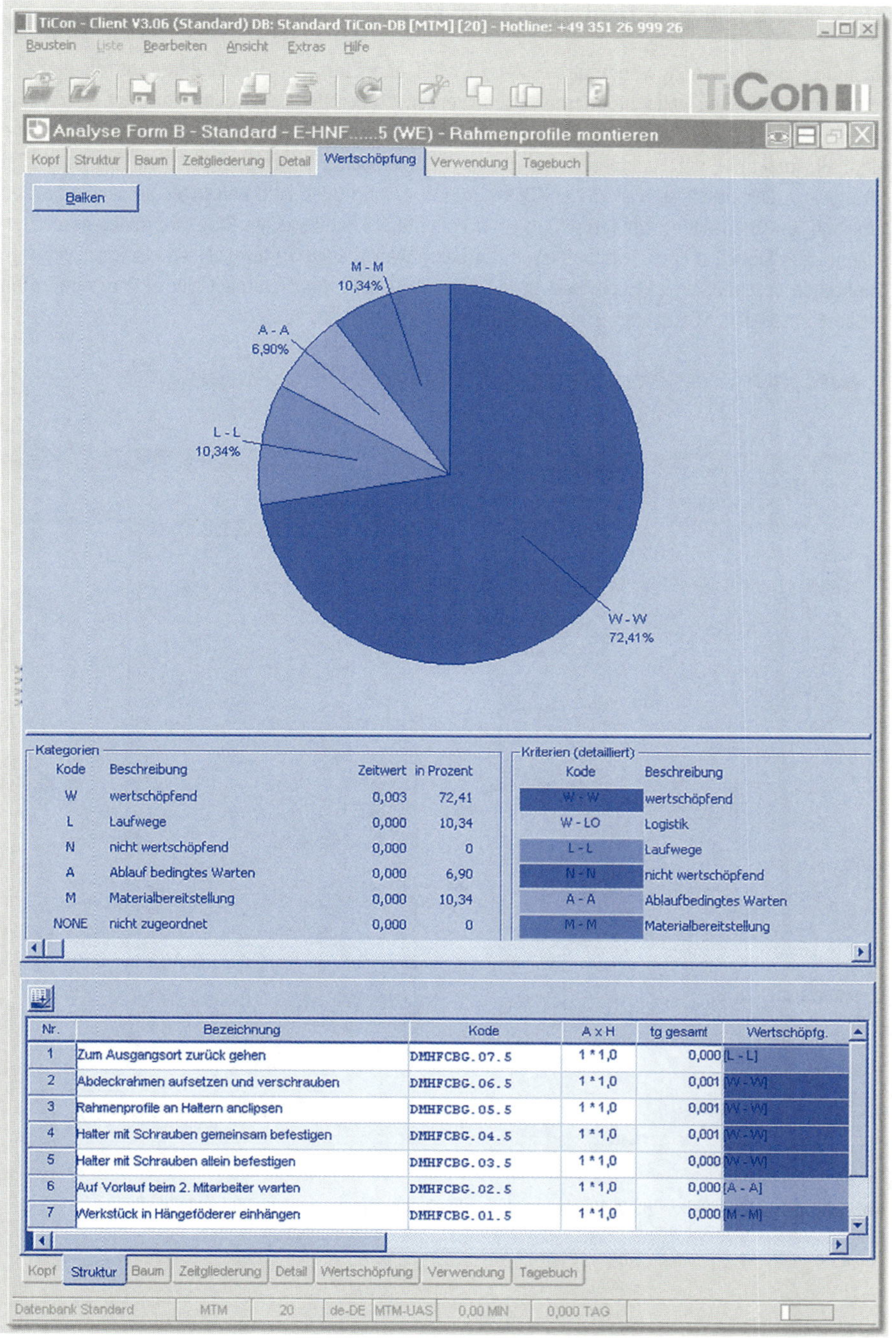

Abbildung II-281 UAS-Analyse und Darstellung der Wertschöpfungsindikatoren unter TiCon®

7.6.3 Anwendungsbeispiel zu UAS und MEK

Nachfolgend wird ein Anwendungsbeispiel zu MEK angeführt. Ein Handwerker soll einen Briefkasten an einer Hauswand montieren. Dazu werden vorbereitend aus dem Auto der Werkzeugkasten (Messer, Gliedermaßstab, Wasserwaage, Stift, Hammer, Satz Bohrer, Schraubendreher), die Akkubohrmaschine, der Handbesen und der in Folie verpackte Briefkasten auf dem Treppensockel bereitgelegt. Der Briefkasten ist an der Rückwand mit 4 Bohrungen zum Befestigen an der Hauswand versehen. Im Briefkasten befinden sich in einer Folientüte 3 Schlüssel am Ring und in einer weiteren Folientüte 4 Dübel, 4 Unterlegscheiben und 4 Schrauben (Länge 30 mm). Nach erfolgter Montage Briefkasten abschließen und Schlüssel in die Tasche stecken, Folienverpackung in 5 m entfernten Behälter entsorgen, Werkzeugkasten und Hilfsmittel ins Auto bringen.

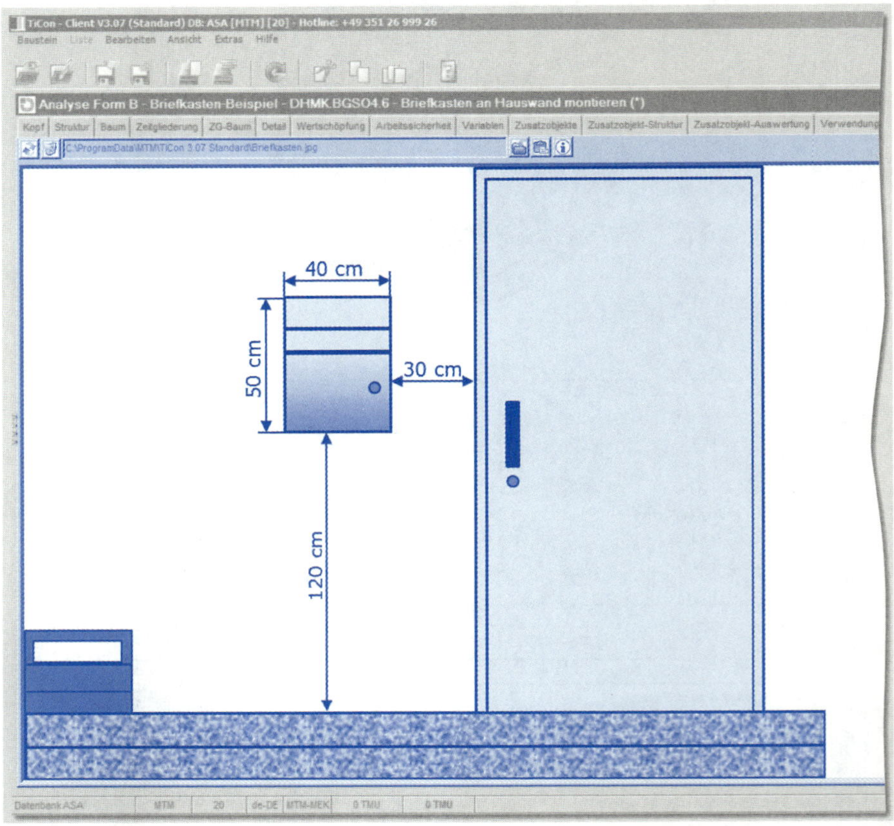

Abbildung II-282 Skizze zur Arbeitssystem-Beschreibung als verknüpftes Bild in TiCon®

Bereich: Hausmeister Datum: 26.1.2011				Arbeitsauftrag: Briefkasten an Hauswand montieren Bearbeiter: Lehmann								
Nr.	Objekt/Ablauf	Verrichtung	Hilfsmittel	Betätigungsumfang	Abmessungen Teilegewicht	Anlieferungszustand	Verpackungsart	Platziergenauigkeit	Anzahl Teile/Stellen/Zyklen	Prüfen	Prozesszeit	Entfernungsbereich
				A einfach **B** zusammengesetzt	**A** ≤ 8 kg, nicht sperrig **B** > 8 kg, sperrig	**A** vereinzelt **B** einzeln verpackt **C** vermischt **D** vermischt verpackt	**A** Folie **B** Folientüte	**U** ungefähr **G** genau	**2T** 2 Teile gleichzeitig **2S** 2 Stellen **x Z** Anzahl Zyklen	**x VA** Häufigkeit	Je Vorgang	**1** Nahbereich ≤ 20 cm **3** Arbeitsbereich **4** 2m-Bereich **5** mit Bücken **10** Bereich zus. Weg Ø 8 m
	Montage vorbereiten											
1	Knopf Kofferraum	betätigen		A								4
2	Kofferraumklappe	öffnen			A	A		U				3
3	Werkzeugkasten	auf Sockel			B	A		U				5 + 10
3		öffnen			A	A						5
4	Bohrmaschine	auf Sockel			A	A		U	2T			5 + 10
5	Handbesen	auf Sockel			A	A		U				
6	Briefkasten	aufnehmen			A	B	A	U				4
2	Kofferraumklappe	schließen			A	A		U				3
6	Briefkasten	auf Sockel			B	B	A	U				5 + 10
6		auspacken			A		A	U				
7			Messer									5
8	Briefkastentür	öffnen			A	A		U				3
9	Schlüsselsatz	auspacken			A	D	B	U	1T	1		3
10	Kleinteile	auspacken			A	D	B	U		1		3
	Montage nachbereiten											
11	Verpackungsmat.	entsorgen			B	C		U				5 + 10
8	Briefkastentür	abschließen										
9			Schlüssel						1Z			5
3	Werkzeugkasten	schließen			A	A		U				5
3		zum Auto			B	A		U				5 + 10
1	Knopf Kofferraum	betätigen		A								4
2	Kofferraumklappe	öffnen			A	A		U				3
3	Werkzeugkasten	in Kofferraum			B	A		U				3
4	Bohrmaschine	in Kofferraum			A	A		U	2T			5 + 10
5	Handbesen				A	A		U				
2	Kofferraumklappe	schließen			A	A		U				4

Abbildung II-283 Erfassung der Rahmenbedingungen (Ausschnitt)

Abbildung II-284 bis Abbildung II-286 sind die Gliederung in 4 Ablaufabschnitte sowie die Analysen zum ersten und vierten Ablaufabschnitt zu entnehmen.

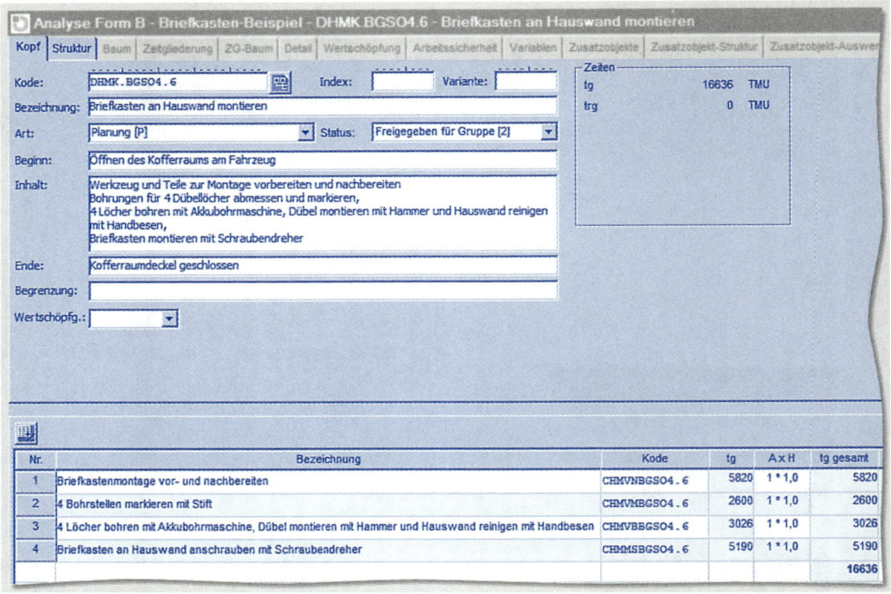

Abbildung II-284 Gliederung der Ablaufabschnitte unter TiCon®

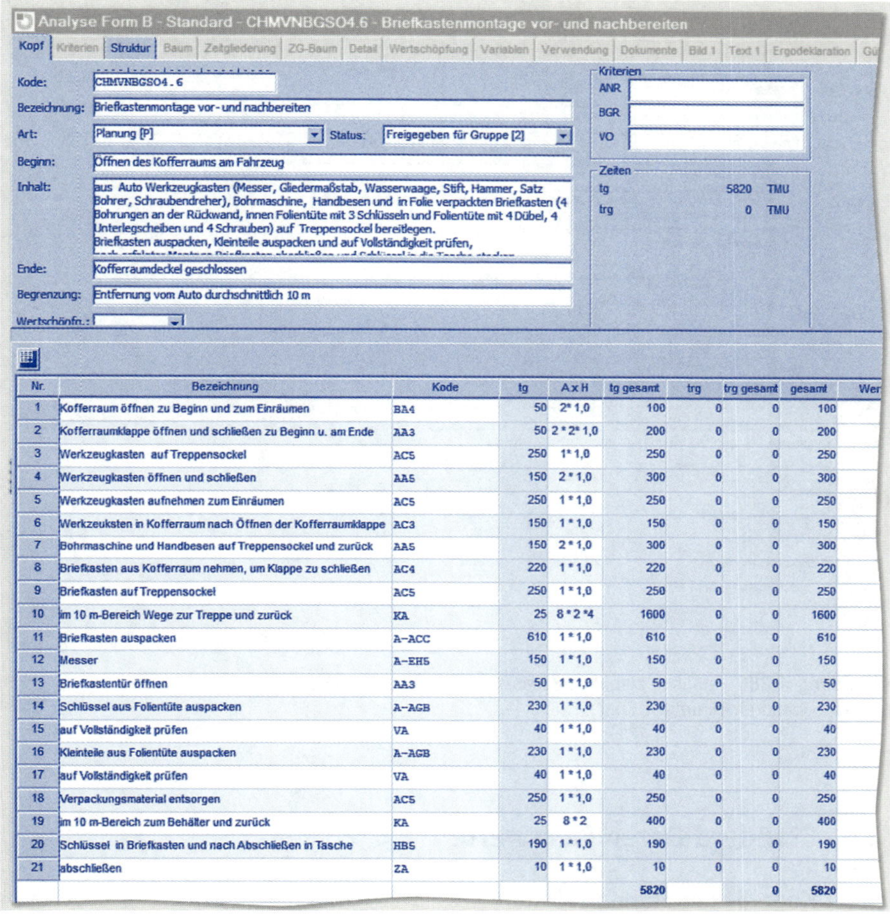

Analyse Form B - Standard - CHMVNBGSO4.6 - Briefkastenmontage vor- und nachbereiten

Kopf | Kriterien | Struktur | Baum | Zeitgliederung | ZG-Baum | Detail | Wertschöpfung | Variablen | Verwendung | Dokumente | Bild 1 | Text 1 | Ergodeklaration

Kode: CHMVNBGSO4.6

Bezeichnung: Briefkastenmontage vor- und nachbereiten

Art: Planung [P] Status: Freigegeben für Gruppe [2]

Beginn: Öffnen des Kofferraums am Fahrzeug

Inhalt: aus Auto Werkzeugkasten (Messer, Gliedermaßstab, Wasserwaage, Stift, Hammer, Satz Bohrer, Schraubendreher), Bohrmaschine, Handbesen und in Folie verpackten Briefkasten (4 Bohrungen an der Rückwand, innen Folientüte mit 3 Schlüsseln und Folientüte mit 4 Dübel, 4 Unterlegscheiben und 4 Schrauben) auf Treppensockel bereitlegen.
Briefkasten auspacken, Kleinteile auspacken und auf Vollständigkeit prüfen,

Ende: Kofferraumdeckel geschlossen

Begrenzung: Entfernung vom Auto durchschnittlich 10 m

Wertschöpfg.:

Kriterien: ANR / BGR / VO

Zeiten: tg 5820 TMU; trg 0 TMU

Nr.	Bezeichnung	Kode	tg	A x H	tg gesamt	trg	trg gesamt	gesamt	Wer
1	Kofferraum öffnen zu Beginn und zum Einräumen	BA4	50	2* 1,0	100	0	0	100	
2	Kofferraumklappe öffnen und schließen zu Beginn u. am Ende	AA3	50	2 * 2* 1,0	200	0	0	200	
3	Werkzeugkasten auf Treppensockel	AC5	250	1* 1,0	250	0	0	250	
4	Werkzeugkasten öffnen und schließen	AA5	150	2 * 1,0	300	0	0	300	
5	Werkzeugkasten aufnehmen zum Einräumen	AC5	250	1 * 1,0	250	0	0	250	
6	Werkzeuksten in Kofferraum nach Öffnen der Kofferraumklappe	AC3	150	1 * 1,0	150	0	0	150	
7	Bohrmaschine und Handbesen auf Treppensockel und zurück	AA5	150	2 * 1,0	300	0	0	300	
8	Briefkasten aus Kofferraum nehmen, um Klappe zu schließen	AC4	220	1 * 1,0	220	0	0	220	
9	Briefkasten auf Treppensockel	AC5	250	1 * 1,0	250	0	0	250	
10	im 10 m-Bereich Wege zur Treppe und zurück	KA	25	8 * 2 *4	1600	0	0	1600	
11	Briefkasten auspacken	A-ACC	610	1 * 1,0	610	0	0	610	
12	Messer	A-EH5	150	1 * 1,0	150	0	0	150	
13	Briefkastentür öffnen	AA3	50	1 * 1,0	50	0	0	50	
14	Schlüssel aus Folientüte auspacken	A-AGB	230	1 * 1,0	230	0	0	230	
15	auf Vollständigkeit prüfen	VA	40	1 * 1,0	40	0	0	40	
16	Kleinteile aus Folientüte auspacken	A-AGB	230	1 * 1,0	230	0	0	230	
17	auf Vollständigkeit prüfen	VA	40	1 * 1,0	40	0	0	40	
18	Verpackungsmaterial entsorgen	AC5	250	1 * 1,0	250	0	0	250	
19	im 10 m-Bereich zum Behälter und zurück	KA	25	8 * 2	400	0	0	400	
20	Schlüssel in Briefkasten und nach Abschließen in Tasche	HB5	190	1 * 1,0	190	0	0	190	
21	abschließen	ZA	10	1 * 1,0	10	0	0	10	
					5820		0	5820	

Abbildung II-285 Analyse zum Prozessbaustein »Briefkastenmontage vor- und nachbereiten« unter TiCon®

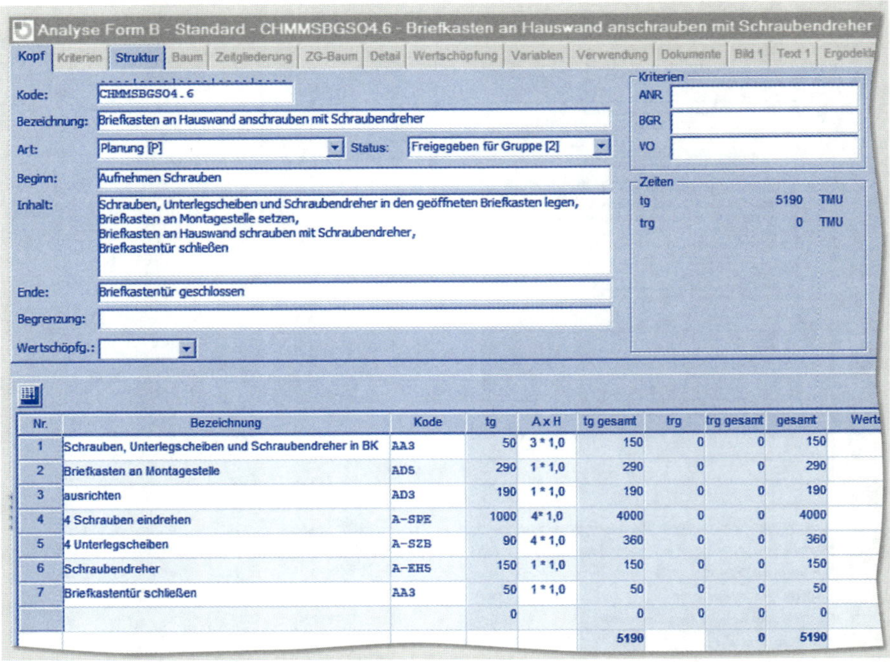

Nr.	Bezeichnung	Kode	tg	A x H	tg gesamt	trg	trg gesamt	gesamt	Werts
1	Schrauben, Unterlegscheiben und Schraubendreher in BK	AA3	50	3 * 1,0	150	0	0	150	
2	Briefkasten an Montagestelle	AD5	290	1 * 1,0	290	0	0	290	
3	ausrichten	AD3	190	1 * 1,0	190	0	0	190	
4	4 Schrauben eindrehen	A-SPE	1000	4* 1,0	4000	0	0	4000	
5	4 Unterlegscheiben	A-SZB	90	4 * 1,0	360	0	0	360	
6	Schraubendreher	A-EHS	150	1 * 1,0	150	0	0	150	
7	Briefkastentür schließen	AA3	50	1 * 1,0	50	0	0	50	
			0		0	0	0	0	
					5190		0	5190	

Abbildung II-286 Analyse zum Prozessbaustein »Briefkasten an Hauswand anschrauben mit Schraubendreher« unter TiCon®

7.7 Standard-Daten Basiswerte

7.7.1 Konzept der Standard-Daten

In Teil I, Abschnitt 4.3 wurde ein Überblick über die wichtigsten MTM-Prozessbausteinsysteme gegeben. Davon wurden in den Abschnitten 7.3 und 7.4 UAS und MEK erläutert. In diesem und dem folgenden Abschnitt werden die beiden anderen, im deutschsprachigen Raum relevanten MTM-Bausteinsysteme erläutert; die Standard-Daten Basiswerte (SD-BW) und MTM-2. Beide Bausteinsysteme wurden für die Prozesstypen 1 und 2 konzipiert. Ein weiteres MTM-Bausteinsystem ist das Office-System (MOS)[447]. Es wird hier nicht erläutert, weil es für den administrativen Bereich vorgesehen ist, der in diesem Handbuch nicht betrachtet wird.

---

447 Vgl. Bakkenens, H. P.: Standards for Office Work. Ann Arbor: MTM Association for Standards and Research, 1961.
Steele, P. M.: The MTM Data System for Office. Fair Lawn: MTM Association for Standards and Research, 1972.
Bokranz, R.: MTM-Applications Today – The MTM-Office-Data-System of the German MTM-Association. In: The MTM-Journal, No. 3 (1979), S. 2–6;
Helms, W.: Personalbemessung mit MTM im administrativen Bereich. In: Personal MTM-Report 1993/1994, S. 416–430.

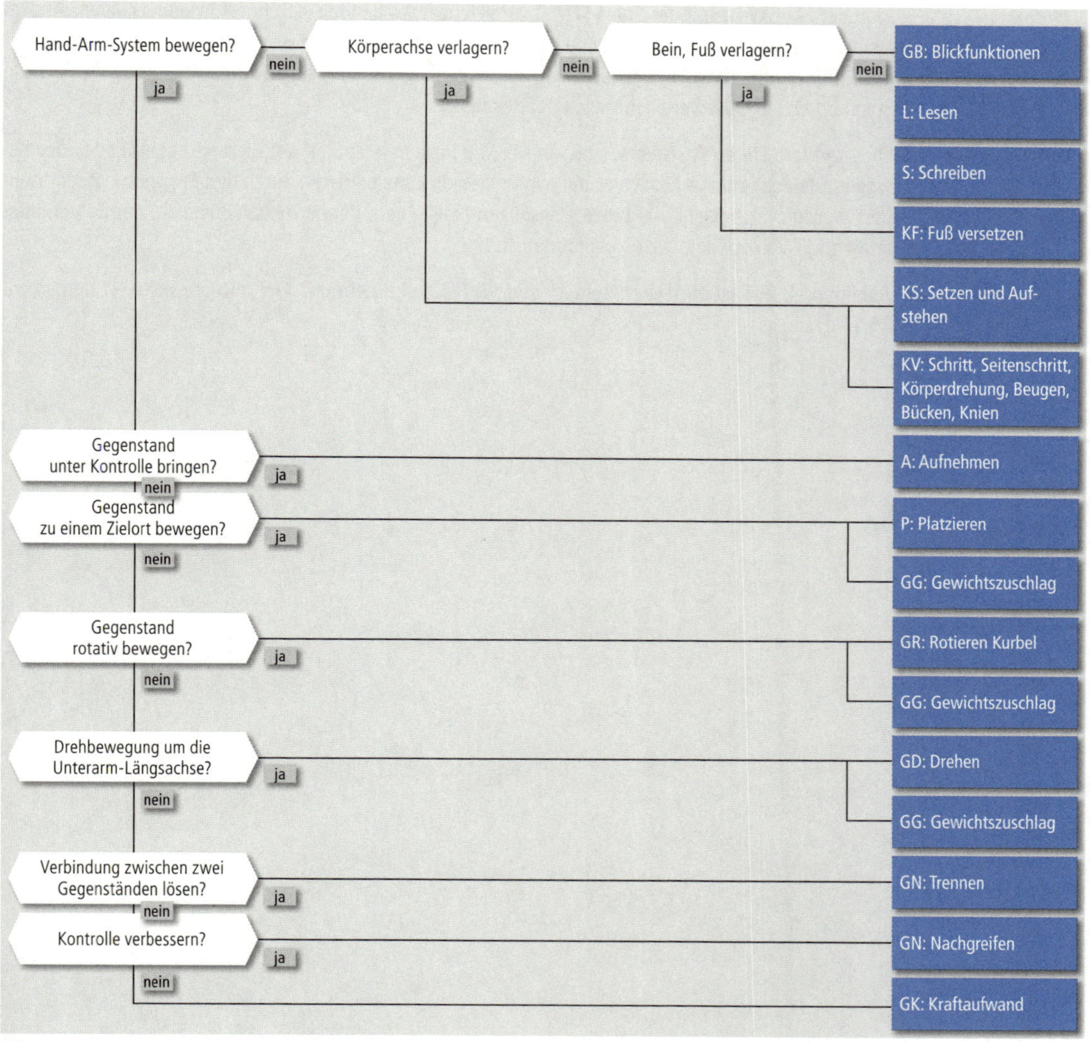

Abbildung II-287 Vereinfachtes Entscheidungsmodell zur Auswahl von Prozessbausteinen bei den SD-BW

Standard-Daten Basiswerte

Im Teil I, Abschnitt 4.3 wurde bereits gezeigt, durch welche Vereinfachungen die SD-BW aus MTM-1 abgeleitet wurden.[448] Abbildung II-287 sind die Prozessbausteine des 1963 veröffentlichten MTM-Bausteinsystems der *Standard-Daten Basiswerte*[449] (SD-BW) zu entnehmen. Zum System der Standard-Daten gehören weiterhin die »Mehrzweckwerte«, die durch Aggregation aus den Basiswerten entstanden, heute aber keine nennenswerte praktische Bedeutung mehr haben. Die Bausteinkomple-

448 Die Standard-Daten wurden im Jahre 1963 durch eine vom Fachausschuss »Feinwerktechnik« gebildete Projektgruppe entwickelt, der Vertreter der Firmen Bosch, BMW, Felina, Mercedes-Benz, SEL sowie der Deutschen MTM-Vereinigung e.V. angehörten. Entwicklungsbasis war eine US-amerikanische Entwicklung, die General Purpose Data (GPD). Vgl. MTM (Hrsg.): MTM General Purpose Data. Ann Arbor: MTM Association for Standards and Research, 1962. Die o.a. Projektgruppe hat sich bei der Entwicklung der Standard-Daten eng an die mit den GPD verfügbare Vorlage angelehnt.

449 Vgl. zu den bei der Entwicklung der Standard-Daten vorliegenden praktischen Aufgabenstellungen bei Schrickel, K.: Praktische Erfahrungen mit der Einführung und Anwendung von MTM-Standarddaten. Hamburg: Deutsche MTM-Vereinigung e.V., 1966.

xität der SD-BW ist mit der von MTM-2 vergleichbar, es handelt sich um Bewegungsfolgen. Anders als bei MTM-2 werden jedoch keine zweispurigen Analysen, sondern einspurige Zeilenanalysen erstellt. Informationsbasis sind jedoch, wie bei MTM-2, Bewegungsabläufe (vgl. Abbildung II-270). Die Standard-Daten Basiswerte sind wie folgt definiert:

Definition

Die *Standard-Daten Basiswerte* sind ein MTM-Bausteinsystem auf der hierarchischen Ebene der Bewegungsfolgen und zur Modellierung von Prozessen konzipiert, die durch den Prozesstyp 2 repräsentiert werden. Es besteht aus Bewegungsfolgen-Bausteinen, denen in Abhängigkeit von Zeiteinflussgrößen MTM-Normzeitwerte zugeordnet sind.

Abbildung II-288 ist die *Datenkarte zu den SD-BW* zu entnehmen. Der mittlere Zeitwert beträgt ca. 26 TMU.

MTM-Institut
Eichenallee 11, 15738 Zeuthen
Telefon: +49 33762 2066-31
Telefax: +49 33762 2066-40
institut@dmtm.com

MTM-Standard-Daten Basiswerte

Zeiteinheiten			
TMU	Sekunden	Minuten	Stunden
1	0,036	0,0006	0,00001
27,8	1		
1 666,7		1	
100 000			1

Der Gebrauch dieser Tabellenwerte führt ohne gründliche Ausbildung in MTM-1 und MTM-SD BW zu falschen Ergebnissen.

Bewegungslänge in cm	0 - ≤3	>3 - ≤9	>9 - ≤22	>22 - ≤37	>37 - ≤52	>52 - ≤67	>67 - ≤82
Entfernungs-bereich (EB)	**02**	**05**	**15**	**30**	**45**	**60**	**75**

Aufnehmen

EB	Kontakt	leicht	mittel		schwierig		Hand voll	
			1 Hand	2 Hände	1 Hand	2 Hände	gestapelt	vermischt
	AKE AKZ	ALE ALZ	AME	AMZ	ASE	ASZ	AHG	AHV
02	2	6	8	11	13	27	16	33
05	4	8	10	13	17	31	18	35
15	9	13	14	18	21	35	23	40
30	13	17	18	22	25	39	27	44
45	17	21	23	26	29	44	31	48
60	21	25	27	30	33	48	35	53
75	26	30	31	35	38	52	40	57

Platzieren

EB	andere Hand	ungefähre Lage		lose		eng	
		1 Hand	2 Hände	1 Punkt	2 Punkte	1 Punkt	2 Punkte
	PAE	PUE	PUZ	PLE	PLZ	PEE	PEZ
02	4	2		8	13	18	24
05	7	5		11	16	21	38
15	11	9		16	21	26	43
30	15	13		21	26	31	48
45	19	17		26	31	36	53
60	22	20		31	36	41	58
75	26	24		36	42	47	63

Beachte: Zuschläge für Gewicht, Passungsklasse, Symmetrie, schwierige Handhabung und Blickverschieben.

Generelle Werte		Kode	TMU
Gewichtszuschlag - Kraftaufwand pro 1kg/daN		GGZ	1
Nachgreifen - Verharren - Übergeben		GNV	6
Kraftanwendung	klein	GKK	11
	groß	GKG	16
Trennen	enge Passung	GTE	8
	feste Passung	GTF	23
Drehen	kleiner Winkel ≤ 90°	GDK	4
	großer Winkel > 90°	GDG	7
	pro Turnus	GDT	16
Rotieren Kurbel	Start und Stopp	GRS	5
	pro Umdrehung	GRU	14
Blickfunktion	Blick verschieben	GBV	4
	Prüfen	GBP	7

Körperbewegungen		Kode	TMU
Fußversetzen (Fuß- oder kleine Bewegung)		KFV	9
Verlagerung des Körpers	Schritt, Seitenschritt, Körperdrehung	KVS	17
	Beugen, Bücken, Knien (incl. Aufrichten)	KVB	61
Setzen und Aufstehen	normaler Sitzplatz	KSN	108
	Sitz-Stehplatz	KSS	246

Lesen	Kode	TMU
pro Wort im Satzgefüge	LWS	5
bis zu drei Ziffern, Zeichen, Buchstaben; Einzelwort	LZB	7

Schreiben		Kode	TMU
kleiner Buchstabe	Handschrift	SKH	15
	Druckschrift	SKD	20
großer Buchstabe, Hand- oder Druckschrift		SGB	25
Zeichen, Ziffer, Interpunktion		SZZ	20

Abbildung II-288 Normzeitwertkarte zu den SD-BW

7.7.2 Bewegungsfolgen des Hand-Arm-Systems bei den Standard-Daten Basiswerten

Aufnehmen (SD-BW)

Aufnehmen ist die Bewegungsfolge, bei der mit den Fingern oder der Hand ein oder mehrere Gegenstände unter Kontrolle gebracht und diese später wieder aufgegeben wird. Die Bewegungsfolge beginnt mit einem Hinlangen und endet mit einem Loslassen.

Kodierung und Einflussgrößen beim Aufnehmen (SD-BW)

Die Kodierung und die darin berücksichtigten Zeiteinflussgrößen sind:

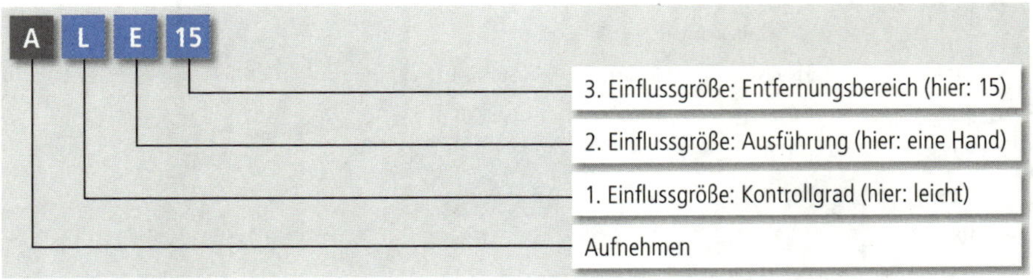

Die Einflussgröße Kontrollgrad ist nach sechs Fällen des Greifens gestuft:

1. Fall AKE/AKZ:	Kontaktgriff G5 (K = Kontakt; E = einhändige, Z = zweihändige Ausführungsweise).
2. Fall ALE/ALZ:	Zufassungsgriff G1A (L = leicht; E = einhändige, Z = zweihändige Ausführungsweise).
3. Fall AME/AMZ:	Ankantgriff G1B (M = mittel; E = einhändige, Z = zweihändige Ausführungsweise).
4. Fall ASE/ASZ:	Auswählgriff G4 oder Abrollgriff G1C (S = schwierig; E = einhändige, Z = zweihändige Ausführungsweise).
5. Fall AHG:	Stapelgriff (HG = Hand voll gestapelt, nur einhändig).
6. Fall AHV:	Schöpfgriff (HV = Hand voll vermischt, ein- oder beidhändig).

Die Einflussgröße Ausführungsweise ist nach zwei Fällen gestuft:

1. Fall E:	Einen Gegenstand mit einer Hand unter Kontrolle bringen.
2. Fall Z:	Mit beiden Händen einen Gegenstand oder mit jeder Hand je einen Gegenstand unter Kontrolle bringen.

Die Einflussgröße Entfernungsbereich ist in sieben Klassen gestuft. Der Entfernungsbereich wird durch Schätzen bestimmt.

- Entfernungsbereich »02«: bis < 3 cm
- Entfernungsbereich »05«: ≥ 3 bis ≤ 9 cm
- Entfernungsbereich »15«: > 9 bis ≤ 22 cm
- Entfernungsbereich »30«: > 22 bis ≤ 37 cm
- Entfernungsbereich »45«: > 37 bis ≤ 52 cm
- Entfernungsbereich »60«: > 52 bis ≤ 67 cm
- Entfernungsbereich »75«: > 67 bis ≤ 82 cm

Es gibt sieben Anwendungsregeln:

Anwendungsregeln zum Aufnehmen (SD-BW)

SD-BW Regel 1 Sind Gegenstände beidhändig mit unterschiedlichem Kontrollgrad aufzunehmen, werden beide Aufnahmebewegungen hintereinander analysiert und jene mit dem höheren Zeitbedarf zeitlich in Ansatz gebracht.

Beispiel: Mit der linken Hand über 25 cm aus einem Greifbehälter eine Schraube aufnehmen und mit der rechten Hand über 30 cm einen Schrauber aufnehmen.

Nr.	Bezeichnung	Kode	TMU	A · H	Gesamt TMU
	Schraube	ASE30	25		25
	Schrauber	ALE30	17	0	0

SD-BW Regel 2 Bei beidhändigem Aufnehmen mit gleichem Kontrollgrad und verschiedenen Bewegungslängen wird der Entfernungsbereich für die größere Bewegungslänge analysiert.

Beispiel: Mit der linken Hand über 45 cm, mit der rechten Hand über 15 cm je ein Teil aus vermischter Teilelage aufnehmen.

Nr.	Bezeichnung	Kode	TMU	A · H	Gesamt TMU
	2 Teile	ASZ45	44		44

SD-BW Regel 3 Die Bewegungsfolge »AHV« gilt für ein- und beidhändige Ausführungsweise, weil die darin enthaltenen Grundbewegungen gleichzeitig auszuführen sind. Eine beidhändige Ausführungsweise muss der Beschreibung zu entnehmen sein.

Beispiel: Mit beiden Händen aus einem Behälter über 30 cm je eine Handvoll vermischter Teile entnehmen.

Nr.	Bezeichnung	Kode	TMU	A · H	Gesamt TMU
	Teile mit beiden Händen	AHV30	44		44

SD-BW Regel 4 Die Bewegungsfolge »AHG« gilt für einhändige Ausführungsweise, weil die darin enthaltenen Grundbewegungen nicht gleichzeitig auszuführen sind. Bei beidhändiger Ausführungsweise ist ein Interaktionsweg »AHG02« zu analysieren.

Beispiel: Mit jeder Hand über 30 cm einen Stapel Bestückungsplatten aufnehmen.

Nr.	Bezeichnung	Kode	TMU	A · H	Gesamt TMU
	Stapel Bestückungsplatten	AHG30	27		27
	Interaktionsweg	AHG02	16		16

SD-BW Regel 5 Wird durch die Hand, mit der bereits ein Gegenstand gehalten wird, ein weiterer Gegenstand unter Kontrolle gebracht, handelt es sich um ein Aufnehmen, sofern der zuvor schon gehaltene Gegenstand nicht als Bewegungshemmnis wirkt.

Beispiel: Mit einer Hand, die eine Anreißnadel hält, über 15 cm ein Teil aufnehmen.

Nr.	Bezeichnung	Kode	TMU	A · H	Gesamt TMU
	Teil	AME15	14		14

SD-BW Regel 6 Zeitbestimmende Hinlangbewegungen des Falles »E« werden mit »AKE« oder »AKZ« analysiert.

Beispiel: Nach dem Einlegen eines Teils mit beiden Händen in die Presse beide Hände aus dem Lichtschrankensektor der Maschine zurücknehmen.

Nr.	Bezeichnung	Kode	TMU	A · H	Gesamt TMU
	Hände zurücknehmen	AKZ30	13		13

SD-BW Regel 7 Bei Bewegungslängen über 82 cm werden die Zeitwerte durch Extrapolation auf der Basis des letzten Entfernungsbereichs-Sprunges bestimmt.

Beispiel: Ein allein liegendes Teil über 90 cm aufnehmen:
t(ALE90) = t(ALE75) + t[(ALE75) – t(ALE60)] = 30 TMU + [(30 – 25) TMU] = 30 TMU + 5 TMU = 35 TMU

Nr.	Bezeichnung	Kode	TMU	A · H	Gesamt TMU
	Teil	ALE90	35		35

Platzieren (SD-BW)

Platzieren ist die Bewegungsfolge, bei der bereits unter Kontrolle befindliche Gegenstände zu einem Zielort gebracht werden. Die Bewegungsfolge beginnt, wenn der Gegenstand unter Kontrolle ist, und endet, wenn er sich am Zielort befindet, die Kontrolle aber noch ausgeübt wird.

Kodierung und Einflussgrößen zum Platzieren (SD-BW)

Die Kodierung und die darin berücksichtigten Zeiteinflussgrößen sind:

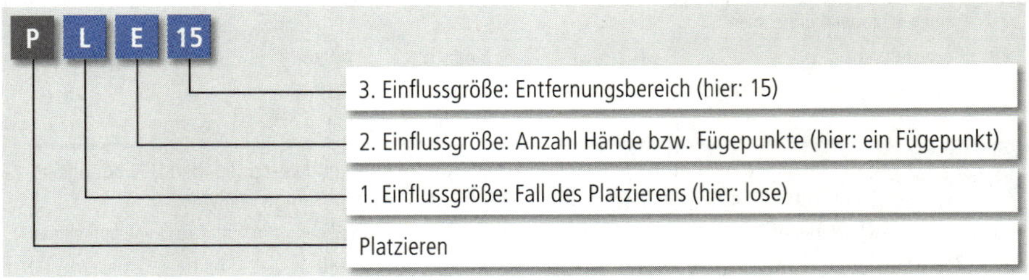

Die Einflussgröße Fall des Platzierens ist nach vier Bring- und Fügefällen gestuft:

1. Fall PAE: Einen Gegenstand zur anderen Hand bringen (M-B und gleichzeitig mit der anderen Hand hinlangen [R-B danach den Gegenstand mit unter Kontrolle nehmen G1A; A = andere Hand; E = einhändige Ausführungsweise).
2. Fall PUE/PUZ: Einen Gegenstand in eine ungefähre Lage oder gegen Anschlag bringen (M-A, M-B oder MC; U = ungefähre Lage; E = einhändige, Z = zweihändige Ausführungsweise).
3. Fall PLE/PLZ: Einen Gegenstand am Zielort mit loser Passung platzieren (M-C und P1SE; L = lose Passung; E = eine Fügestelle, Z = zwei Fügestellen innerhalb des normalen Blickfeldes).
4. Fall PEE/PEZ: Einen Gegenstand am Zielort mit enger Passung platzieren (M-C und P2SE; E = enge Passung; E = eine Fügestelle, Z = zwei Fügestellen innerhalb des normalen Blickfeldes).

Die Einflussgröße Anzahl Fügestellen und Anzahl Hände hat folgende Bedeutung:

Anzahl E: Einen Gegenstand/mehrere Gegenstände mit einer Hand zur anderen Hand, in ungefähre Lage oder gegen Anschlag bringen; einen Gegenstand mit einer Hand/beiden Händen an einer Fügestelle platzieren.

Anzahl Z: Einen Gegenstand/mehrere Gegenstände mit beiden Händen in ungefähre Lage oder gegen Anschlag bringen oder an zwei Fügestellen innerhalb des normalen Blickfeldes platzieren.

Die Einflussgröße Entfernungsbereich ist wie beim Aufnehmen in sieben Klassen gestuft.

Es gibt 12 Anwendungsregeln:

Anwendungsregeln und Beispiele zum Platzieren (SD-BW)

SD-BW Regel 8 Ist die beim Platzieren aufzubringende Kraft > 1 daN bzw. das Gewicht > 1 kg pro Hand, ist pro 1 daN/kg ein Gewichtszuschlag »GGZ« (in der Häufigkeit) zu analysieren.

Beispiel: Mit der linken Hand über 7 cm einen Hebel unter Aufwendung von 4 daN durchschieben.

Nr.	Bezeichnung	Kode	TMU	A · H	Gesamt TMU
	Hebel	PUE05	5		5
	Kraftaufwand 4 daN	GGZ	1	4	4

SD-BW Regel 9 Bei einem Fügen der Passungsklasse 3 sind zu dem »PEE« die Kraftanwendungen »GKK« und »GKG« zu analysieren.

Beispiel: Eine Reißnadel ist mit einer Genauigkeit von ± 0,4 mm anzusetzen.

Nr.	Bezeichnung	Kode	TMU	A · H	Gesamt TMU
	Reißnadel	PEE30	31		31
		GKK	11		11
		GKG	16		16

SD-BW Regel 10 Bei halb- und unsymmetrischen Fügequerschnitten wird einmal je Fügefall ein zusätzliches »GDK« analysiert.

Beispiel: Einen Schlüssel über 30 cm in einen Schließzylinder stecken.

Nr.	Bezeichnung	Kode	TMU	A · H	Gesamt TMU
	Schlüssel	PEE30	31		31
	Ausrichten	GDK	4		4

SD-BW Regel 11 Bei schwieriger Handhabung beim Fügen wird je Fügefall ein zusätzliches »GNV« analysiert.

Beispiel: Einen 20 cm langen Gabelschlüssel über 15 cm an eine Sechskantschraube ansetzen.

Nr.	Bezeichnung	Kode	TMU	A · H	Gesamt TMU
	Gabelschlüssel	PLE15	16		16
	Ausrichten	GDK	4		4
	Griffabstand > 7,5 cm	GNV	6		6

SD-BW Regel 12 Liegen zwei Fügepunkte außerhalb des normalen Blickfeldes, werden nach dem ersten Fügen ein Blickverschieben zur zweiten Fügestelle und ein Interaktionsweg im Entfernungsbereich »02« analysiert.

Beispiel: Zwei Schrauben sind beidhändig über 40 cm an zwei 20 cm voneinander entfernte Gewindelöcher zu setzen.

Nr.	Bezeichnung	Kode	TMU	A · H	Gesamt TMU
	2 Schrauben	PEE45	36		36
	zur 2. Bohrung	GBV	4	2	8
	Interaktionsweg 2. Bohrung	PEE02	18		18

SD-BW Regel 13 Bei Fügetiefen > 2,5 cm wird für die zusätzliche Tiefe ein weiteres Platzieren analysiert.

Beispiel: Eine Magnetkarte über 30 cm in den Schlitz eines Lesegeräts einschieben

Nr.	Bezeichnung	Kode	TMU	A · H	Gesamt TMU
	Magnetkarte in Schlitz	PLE30	21		21
	Ausrichten	GDK	4		4
	Einschieben	PUE02	2		2

Anwendungsregeln und Beispiele zum Platzieren (SD-BW)

SD-BW Regel 14 Bei beidhändigem Platzieren mit gleicher Zielgenauigkeit, aber verschiedenen Bewegungslängen, wird nur der größere Entfernungsbereich analysiert.

Beispiel: Hammer über 45 cm und Körner über 30 cm gleichzeitig in ungefährer Lage ablegen.

Nr.	Bezeichnung	Kode	TMU	A · H	Gesamt TMU
	Hammer und Körner	PUZ45	17		17

SD-BW Regel 15 Bei Bewegungslängen über 82 cm werden die Zeitwerte durch Extrapolation auf der Basis des letzten Entfernungsbereichs-Sprunges bestimmt (vgl. Regel 7).

SD-BW Regel 16 Werden nach einem Hinlangen die Finger oder Hand ein- oder angefügt, wird das nicht als Aufnehmen, sondern als Platzieren analysiert.

Beispiel: Über 30 cm einen Zeigefinger in das Griffloch eines Ordners stecken.

Nr.	Bezeichnung	Kode	TMU	A · H	Gesamt TMU
	Finger in Griffloch	PLE30	21		21

SD-BW Regel 17 Das Erfassen eines Gegenstandes mit Hilfsmitteln, z. B. Pinzette, Zange wird als Platzieren analysiert.

SD-BW Regel 18 Wird ein Gegenstand in die andere Hand übergeben, wird das mit einem »PUE« und einem »GNV« bewertet. Der Entfernungsbereich wird nach der größten Bewegungslänge bestimmt.

Beispiel: Ein Werkzeug über 30 cm zur anderen Hand bringen, die über 15 cm entgegen kommt, und übergeben.

Nr.	Bezeichnung	Kode	TMU	A · H	Gesamt TMU
	zur anderen Hand	PUE30	12		13
	Übergeben	GNV	6		6

SD-BW Regel 19 Wird eine Hand als Werkzeug verwendet, z. B. zum Wischen, Falzen oder Klopfen, wird das mit Hilfe von Platzierbewegungen analysiert.

7.7.3 »Generelle Werte« bei den Standard-Daten Basiswerten

Mit »Aufnehmen und Platzieren« wird bei den Standard-Daten der Grundzyklus von Bewegungen des Hand-Arm-Systems abgebildet, mit den *Generellen Werten* zusätzliche Bewegungen des Hand-Arm-Systems und der Augen.

Gewichtszuschlag

Der *Gewichtszuschlag* steht für den Aufbau muskulärer Kraft, um das Gegenstandsgewicht oder einen zu überwindenden Widerstand beim Bewegen eines Gegenstandes unter Kontrolle zu bringen. Der Gewichtszuschlag wird jeweils zu Beginn der Bewegungen »Platzieren«, »Drehen« oder »Rotieren« berücksichtigt.

Die Kodierung (es gibt keine Zeiteinflussgröße) lautet:

Es gibt drei Anwendungsregeln:

SD-BW Regel 20	Dezimalstellen von Kräften bzw. Gewichten werden auf ganze daN bzw. kg aufgerundet.
SD-BW Regel 21	Wird ein > 2 kg schwerer Gegenstand mit beiden Händen platziert, wird der Zeitwert für das »GGZ« an Hand des halben Gegenstandsgewichts bestimmt.

Beispiel: Eine 3,1 kg schwere Bohrmaschine ist über 30 cm mit beiden Händen an eine Markierung anzusetzen.

Nr.	Bezeichnung	Kode	TMU	A · H	Gesamt TMU
	Bohrmaschine an Markierung	PEE30	31		31
	Gewicht 3,1 kg	GGZ	1	4/2	2
	Gegenstandsgewicht > 1 kg (Regel 11)	GNV	6		6

SD-BW Regel 22	Befindet sich das Gewicht eines zu platzierenden Gegenstandes bereits unter Kontrolle, wird kein Gewichtszuschlag verwendet.

Nachgreifen/Verharren/Übergeben

Der Generelle Wert »Nachgreifen/Verharren/Übergeben« steht für die Grundbewegungen Nachgreifen (G2: Kontrollpunkt am Gegenstand verlegen), Übergeben (G3: Gegenstand in die andere Hand übergeben) oder die Komponente des Drückens, Verharren (DM: kurzzeitige muskuläre Kraftausübung auf einen Gegenstand).

Die Kodierung (keine Zeiteinflussgrößen) lautet:

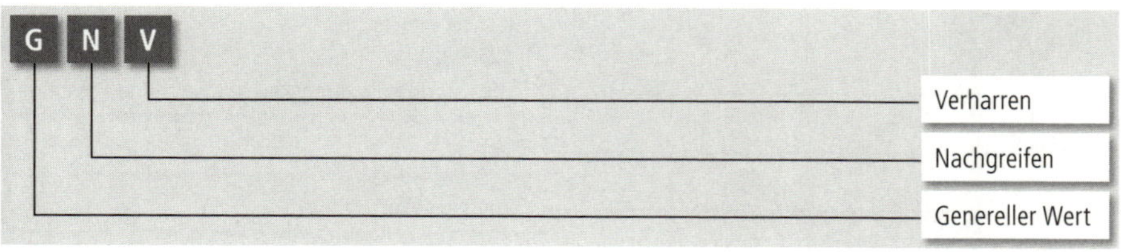

Es gibt zwei Anwendungsregeln:

SD-BW Regel 23	Nachgreifen, um einen Gegenstand während einer Platzierbewegung vorzurichten, wird nur dann als »GNV« analysiert, wenn der Entfernungsbereich < 15 ist.
SD-BW Regel 24	Kein Übergeben, sondern ein Platzieren liegt vor, wenn ein Gegenstand mit einer Hand gehalten und auch mit der anderen Hand unter Kontrolle gebracht wird, um dann mit beiden Händen die nächste Bewegung auszuführen.

Beispiel: Ein aufgenommenes Teil über 15 cm zur anderen Hand und dann mit beiden Händen über 15 cm zum Verbauort bringen.

Nr.	Bezeichnung	Kode	TMU	A · H	Gesamt TMU
	zur anderen Hand	PAE15	11		11
	zur Anbaustelle	PLE30	21		21

Kraftanwendung

Kraftanwendung ist die Bewegungsfolge, bei der durch Einsatz der Finger, der Hand, seltener auch durch andere Körperteile, ohne nennenswerte räumliche Bewegung, Kraft auf einen Gegenstand ausgeübt wird. Die »Bewegungsfolge« beginnt damit, dass ein Kontakt zum betreffenden Gegenstand gehalten wird und endet nach dem Kraftabbau, wenn noch immer Kontakt zu ihm gehalten wird.

Die Kodierung und die darin berücksichtigten Zeiteinflussgrößen sind:

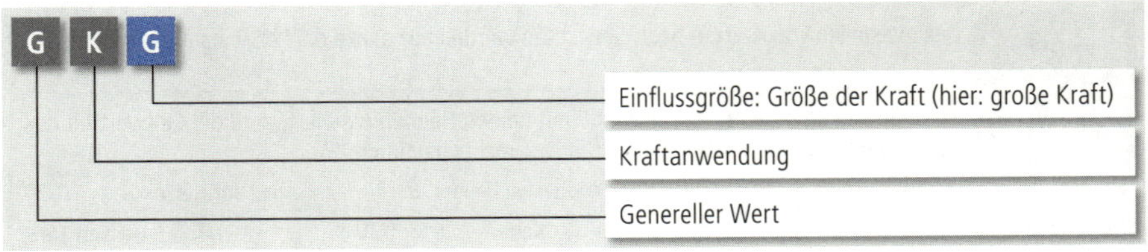

Die Einflussgröße Größe der Kraft ist nach den zwei Fällen des Drückens wie bei MTM-1 gestuft:

1. GKK: Drücken APA, ohne Griffverbesserung bei MTM-1.
2. GKG: Drücken APB, mit Griffverbesserung bei MTM-1.

Es gibt keine Anwendungsregel.

Trennen (SD-BW)

Trennen ist die Bewegungsfolge, bei dem durch Einsatz der Finger oder der Hand die Verbindung zwischen zwei Gegenständen gelöst und dadurch ein Bewegungswiderstand plötzlich aufgehoben wird. Die »Bewegungsfolge« beginnt damit, dass ein Kontakt zum betreffenden Gegenstand gehalten wird und endet, wenn noch immer Kontakt zu ihm gehalten wird.

Die Kodierung und die darin berücksichtigte Zeiteinflussgröße sind:

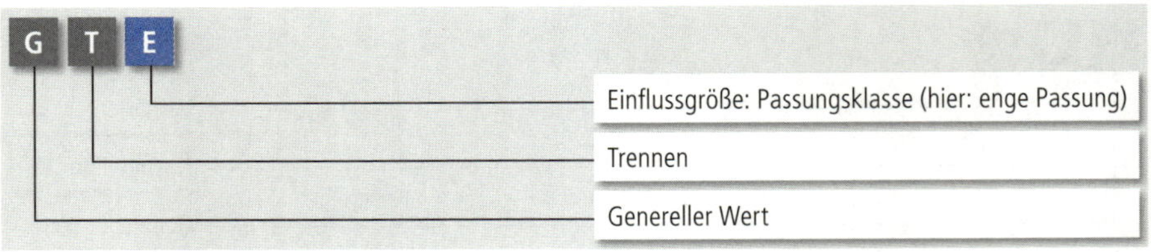

Die Einflussgröße Passungsklasse ist wie folgt nach den zwei Fällen des Trennens wie bei MTM-1 gestuft:

1. GTE: Enge Passung, Rückschlag > 2,5 bis 12 cm bei MTM-1.
2. GTF: Feste Passung, Rückschlag > 12 bis 30 cm bei MTM-1.

Es gibt vier Anwendungsregeln:

SD-BW Regel 25	Schwierige Handhabung oder erschwerende Umstände, die eine erhöhte Kontrolle beim Trennen bedingen, werden durch einen zusätzlichen »GNV« analysiert.
SD-BW Regel 26	Tritt ein Verkanten auf, das zu wiederholtem Ansetzen führt, wird bei »GTE« zusätzlich ein »GNV«, bei »GTF« zusätzlich ein »GKG« analysiert.
SD-BW Regel 27	Bei vorsichtiger Handhabung wegen Beschädigungs- oder Verletzungsgefahr wird anstelle von »GTE« ein »GTF« analysiert. Bei einem »GTF« sind zusätzliche Bewegungen zu analysieren.
SD-BW Regel 28	Ein Trennen mit loser Passung (Rückschlag ≤ 2,5 cm) wird als »PUE05« bzw. »PUZ05« analysiert.

Drehen (SD-BW)

Drehen ist die Bewegungsfolge, bei dem ein Drehen der leeren oder belasteten Hand um die Längsachse des Unterarms erfolgt. Die Bewegungsfolge beginnt mit dem Drehen der Hand (bei GDT mit dem Loslassen) und endet, wenn der Gegenstand noch immer kontrolliert wird.

Die Kodierung und die darin berücksichtigte Zeiteinflussgröße sind:

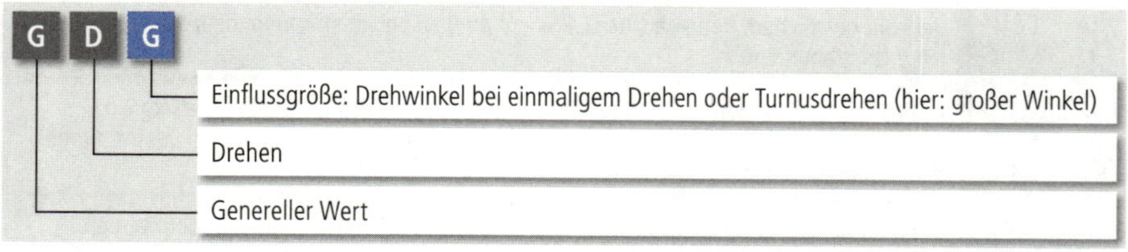

Die Einflussgröße Drehwinkel/Turnusdrehen ist wie folgt nach drei Fällen des Drehens gestuft:

1. GDK: Kleiner Drehwinkel, einmaliges Drehen, ≤ 90 °, T60S bei MTM-1.
2. GDG: Großer Drehwinkel, einmaliges Drehen, > 90 °, T135S bei MTM-1.
3. GDT: Turnusdrehen, RL1, T 105, G1A, T105S bei MTM-1.

Es gibt zwei Anwendungsregeln:

SD-BW Regel 29	Ist der Kraftaufwand bzw. das Gewicht > 1 daN bzw. 1 kg, wird pro weiterem 1 daN/kg ein zusätzliches »GGZ« analysiert.
SD-BW Regel 30	Befindet sich das Gewicht des zu drehenden Gegenstandes zu Beginn der Drehbewegung unter Kontrolle, wird kein Gewichtszuschlag »GGZ« analysiert.

Rotieren Kurbel (SD-BW)

Rotieren Kurbel ist die Bewegungsfolge, bei der kreisförmige, durch ein Betätigungselement geführte Bringbewegungen ausgeführt werden. Die Bewegungsfolge beginnt damit, dass sich der Gegenstand unter Kontrolle befindet und endet damit, dass eine Umdrehung ausgeführt ist. Zusätzlich werden die Beschleunigung am Bewegungsanfang und Verzögerung am Bewegungsende durch den generellen Wert »Start und Stopp« berücksichtigt.

Die Kodierung und die darin berücksichtigte Zeiteinflussgröße sind:

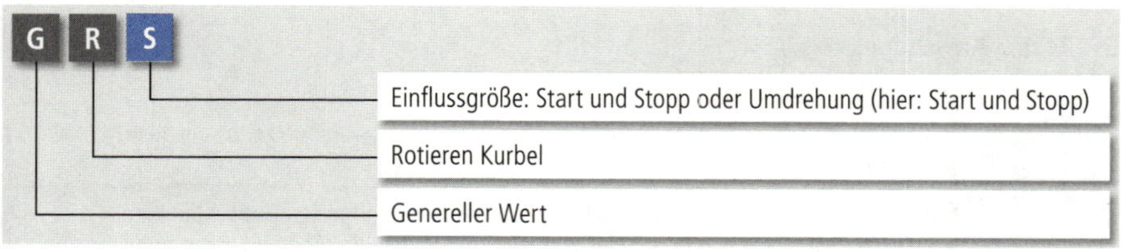

Die Bewegungsfolge Rotieren Kurbel setzt sich zusammen aus den Generellen Werten »Start und Stopp« sowie Umdrehungen. Sie werden wie folgt unterschieden:

1. GRS: Start und Stopp. Das repräsentiert die Beschleunigung und Verzögerung bei einer mittleren Bewegungslänge von 55 cm bzw. einem Drehkreisdurchmesser von 16 bis 20 cm. Dafür wird zweimal der m-Wert von M55B aus MTM-1 analysiert.

2. GRU: Umdrehung. Das repräsentiert eine Umdrehung ohne Beschleunigung und Verzögerung bei einer mittleren Bewegungslänge von 55 cm bzw. einem Drehkreisdurchmesser von 16 bis 20 cm. Dafür wird einmal der Baustein mM55Bm aus MTM-1 analysiert.

Es gibt drei Anwendungsregeln:

SD-BW Regel 31	Bei kontinuierlichem Rotieren tritt »GRS« nur einmal, bei intermittierendem Rotieren bei jeder Umdrehung auf.
SD-BW Regel 32	Ist der Kraftaufwand bzw. das Gewicht > 1 daN/kg, wird pro weiterem 1 daN/kg ein zusätzliches »GGZ« analysiert, bei kontinuierlichem Rotieren nur einmal, bei intermittierendem Rotieren für jede Umdrehung.
SD-BW Regel 33	Teilumdrehungen im Anschluss an vollständige intermittierende Umdrehungen werden entsprechend der geforderten Kontrolle als Platzieren »PUE«, »PLE« oder »PEE« analysiert.

Blickfunktionen (SD-BW)

Blickfunktionen stehen dafür, an einem Gegenstand ein binär ausgeprägtes Merkmal innerhalb des normalen Blickfeldes mit den Augen zu prüfen und aufgrund des Prüfergebnisses eine Entscheidung zu treffen oder den Blick von einer Stelle zu einer anderen Stelle zu verschieben.

Die Kodierung lautet:

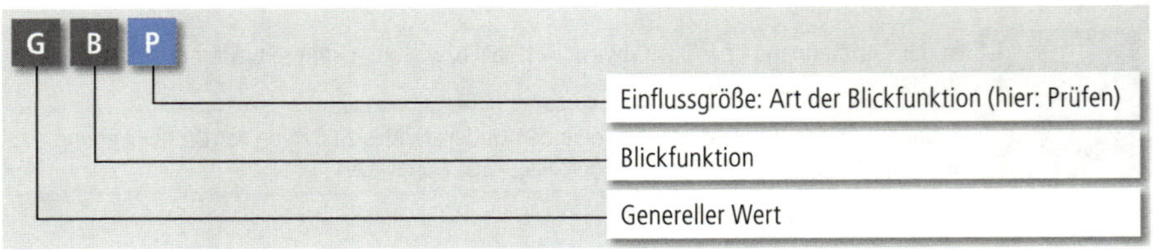

Die Einflussgröße Blickverschieben oder Prüfen ist wie folgt unterschieden:

1. GBV: Blickverschieben. Der Blick wird von einer Stelle (Blickpunkt) zu einer anderen Stelle gelenkt (ET10/40 aus MTM-1).
2. GBP: Prüfen. Das ist das Feststellen der zutreffenden Merkmalsausprägung bei einem binär ausgeprägten Merkmal an einem Gegenstand innerhalb des normalen Blickfeldes (EF bei MTM-1).

Es gibt drei Anwendungsregeln:

SD-BW Regel 34	Blickverschieben und Prüfen werden nur dann analysiert, wenn sie zeitbestimmend auftreten.
SD-BW Regel 35	Die Häufigkeit für das Blickverschieben zwischen zwei Merkmalen (= Blickpunkten) außerhalb des normalen Blickfeldes wird ermittelt, indem der Abstand in cm zwischen den Blickpunkten durch 10 dividiert und auf- oder abgerundet wird.

Beispiel: An einem Werkstück sind zwei 34 cm voneinander entfernte Bohrungen auf Gratfreiheit zu prüfen.

Nr.	Bezeichnung	Kode	TMU	A · H	Gesamt TMU
	Bohrung auf Gratfreiheit	GBP	7	2	14
	zur zweiten Bohrung	GBV	4	3	12

SD-BW Regel 36	Liegen innerhalb des Blickfeldes mehrere Merkmale einer eigenen Ja-Nein-Entscheidung vor, so müssen entsprechend viele »GPB« analysiert werden.

7.7.4 Lesen und Schreiben bei den Standard-Daten Basiswerten

Lesen (SD-BW)

Als *Lesen* wird das mentale Erfassen von Fließtexten, Einzelwörtern, Buchstaben, Ziffern und Sonderzeichen, einschließlich des dabei notwendigen Blickverschiebens, bezeichnet. Das Lesen beginnt mit dem Anpassen der Augen und endet nach dem Erfassen. Schwer verständliche oder schwer lesbare Texte können mit Lesen »LWS« nicht analysiert werden.

Die Kodierung und die darin berücksichtigten Fälle sind:

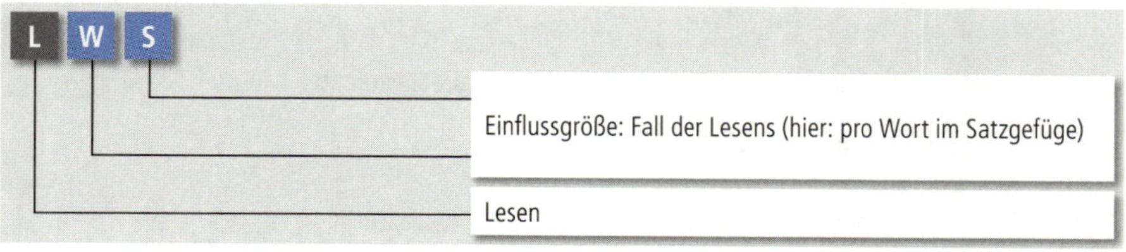

Die Fälle »Satzgefüge/Einzelsymbole« sind wie folgt abgegrenzt:

1. LWS: Lesen eines Wortes im Satzgefüge. Das erfolgt bei kontinuierlichem Lesen eines zusammenhängenden Textes durch Anpassen der Augen und Blickverschieben (1,56 Wörter pro EF bei MTM-1).
2. LZB: Lesen einer Ziffer, eines Zeichens, eines Buchstabens, eines Einzelwortes oder einer ungeläufigen Zeichenkombination durch Anpassen der Augen (EF bei MTM-1).

Es gibt vier Anwendungsregeln:

SD-BW Regel 37 Wörter mit mehr als drei Silben oder zusammengesetzte Substantive werden als zwei »LWS« analysiert.

SD-BW Regel 38 Mit einem »LZB« können bis zu drei zusammenstehende Zeichen, Ziffern oder Buchstabenkombinationen zusammengefasst werden.

Beispiel: Folgender Text ist zu lesen: Die Gesamtkosten belaufen sich auf 3.000 €.

Nr.	Bezeichnung	Kode	TMU	A · H	Gesamt TMU
	Text mit 6 Wörtern	LWS	5	6	30
	3.000 €	LZB	7	3	21

SD-BW Regel 39 Zeichen, Ziffern oder Buchstaben sind in einem zusammenhängenden Text mit »LZB« zu analysieren.

SD-BW Regel 40 Satzzeichen werden beim Lesen nicht analysiert.

Schreiben (SD-BW)

Als *Schreiben* wird das Beschriften von Gegenständen mit Hilfe eines handgeführten Schreibgeräts bezeichnet. Das Schreiben beginnt mit einer kurzen Bringbewegung zur ersten Schreibstelle und endet nach der letzten Schreibbewegung.

Die Kodierung und die darin berücksichtigten Zeiteinflussgrößen sind:

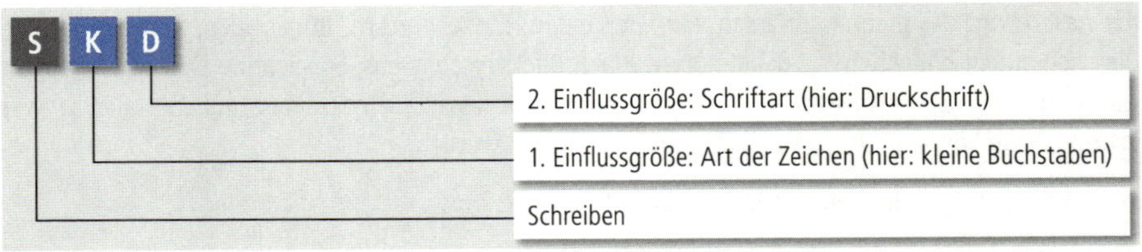

Die Einflussgrößen Buchstaben- und Schriftart sind wie folgt abgegrenzt:

1. SGB: Großbuchstaben in Hand- oder Druckschrift
2. SKD: Kleinbuchstaben in Druckschrift
3. SKH: Kleinbuchstaben in Handschrift
4. SZZ: Zeichen bzw. Ziffern

Es gibt eine Anwendungsregel:

SD-BW Regel 41

In den Bausteinen ist eine Platzierbewegung von 2 cm enthalten. Darüber hinausgehende Bewegungslängen für das Ansetzen des Schreibgerätes sind als Platzieren »PUE« zu analysieren.

7.7.5 Körperbewegungen bei den Standard-Daten Basiswerten

Bei den SD-BW werden vier Körperbewegungen unterschieden.

1. Fußversetzen
2. Schritt, Seitenschritt, Körperdrehung
3. Beugen, Bücken, Knien und Aufrichten
4. Setzen und Aufstehen

Fußversetzen

Fußversetzen ist die Bewegungsfolge, bei der ein Fuß nach oben oder nach unten abgekippt wird, mit dem Zehengelenk oder dem Knöchel als Drehachse oder bei der eine Beinbewegung ($<$25 cm) um das Knie- oder Hüftgelenk ausgeführt wird. Die Bewegungsfolge beginnt mit dem Fuß oder Bein in Ruhelage und endet, wenn sich der Fuß oder das Bein am Zielort befindet.

Die Kodierung ist:

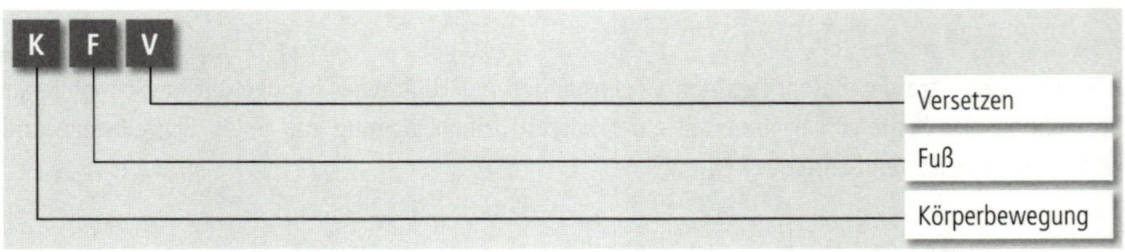

Es gibt eine Anwendungsregel:

SD-BW Regel 42	Wird eine Kraft > 5 daN ausgeübt, ist zusätzlich ein »GKK« zu analysieren.

Schritt, Seitenschritt, Körperdrehung

Schritt, Seitenschritt, Körperdrehung ist die Bewegungsfolge, bei der die Körperachse durch Ausführen einer Beinbewegung vorwärts, rückwärts oder seitwärts bewegt wird. Die Bewegungsfolge beginnt mit dem Bein in Ruhelage und endet, wenn sich das Bein am Zielort befindet.

Die Kodierung ist:

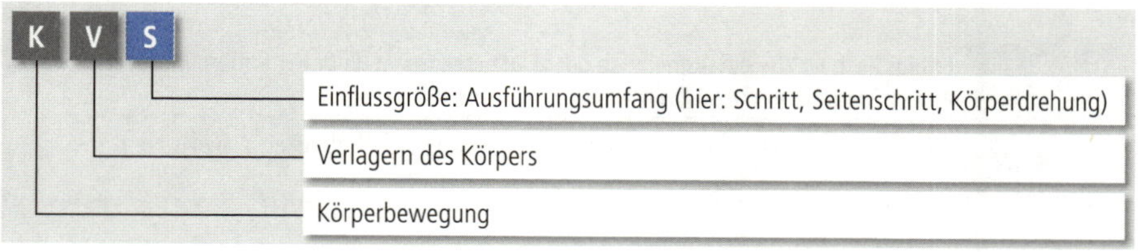

Der Normzeitwert für das KVS wurde als arithmetischer Mittelwert aus folgenden Grundbewegungen gebildet:

1. Gehen unbehindert: W1P bei MTM-1
2. Gehen behindert und/oder mit Last > 23 kg: W1PO bei MTM-1
3. Seitenschritt: SS30C1 bei MTM-1
4. Körperdrehung: TBC1 bei MTM-1

Es gibt drei Anwendungsregeln:

SD-BW Regel 43	Muss bei einem Seitenschritt oder bei einer Körperdrehung das zweite Bein nachgezogen werden, bevor die nächste Bewegung ausgeführt werden kann, ist »KVS« in der Häufigkeit 2 zu analysieren.
SD-BW Regel 44	Bei einer Körperdrehung > 90° ist »KVS« mit der Häufigkeit 3 zu analysieren.
SD-BW Regel 45	Erfolgt nach »KVS« ein Aufnehmen oder Platzieren, so ist dafür der Entfernungsbereich »05« (Restentfernung) zu analysieren.

Beugen, Bücken, Knien und Aufrichten

Beugen, Bücken, Knien und Aufrichten ist die Bewegungsfolge, bei der der Oberkörper aus aufrechter Haltung so weit nach vorn geneigt wird, dass die Hände mindestens auf Kniehöhe zu bringen sind, oder sich auf ein Knie niedergelassen sowie später wieder aufgerichtet wird. Die Bewegungsfolge beginnt mit dem Beugen des Oberkörpers aus aufrechter Haltung und endet mit dem Körper in aufrechter Haltung.

Die Kodierung ist:

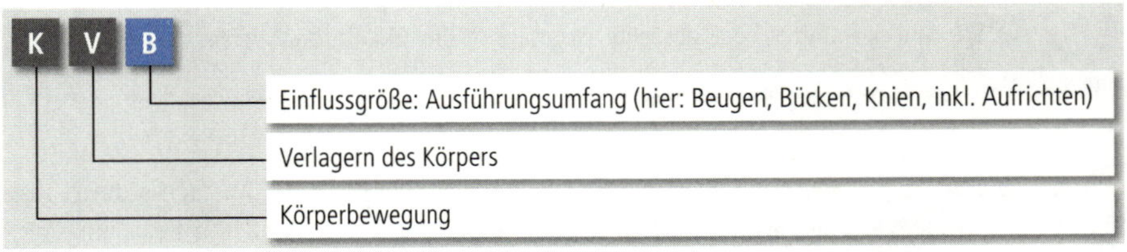

Für »KVB« gibt es zwei Anwendungsregeln:

SD-BW Regel 46	Erfolgt nach »KVB« ein Aufnehmen oder Platzieren, so ist dafür der Entfernungsbereich »05« (Restentfernung) zu analysieren.
SD-BW Regel 47	Bei Knien auf beide Knie und Aufrichten ist »KVB« mit der Häufigkeit 2 analysieren.

Setzen und Aufstehen

Setzen und Aufstehen ist die Bewegungsfolge, bei der der Körper aus stehender Körperhaltung auf eine Sitzfläche niedergelassen, der Oberkörper zurückgelehnt, damit eine Sitzposition eingenommen und aus der Sitzposition später wieder in stehende Körperhaltung zurückgebracht wird. Sie beginnt mit dem Hinlangen zum Arbeitssitz und endet mit dem Loslassen des Arbeitssitzes beim Aufstehen.

Die Kodierung ist:

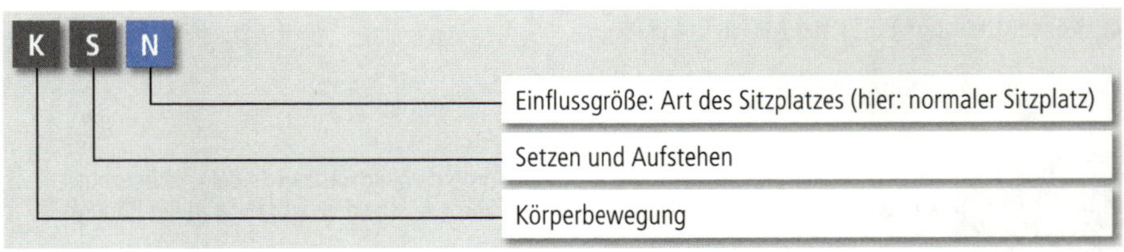

Die Einflussgröße Art des Sitzplatzes ist wie folgt abgegrenzt:

1. KSN: Normaler Sitzplatz (Arbeitshöhe ca. 80 cm, so dass nur im Sitzen gearbeitet wird)
2. KSS: Sitz-Stehplatz (Arbeitshöhe > 100 cm, so dass wechselweise im Sitzen und im Stehen gearbeitet werden kann)

7.7.6 Anwendungsbeispiel

Die bei den Standard-Daten verwendete Analysenform ist die einspurige Analyse. Abbildung II-289 ist ein Ausschnitt aus der Arbeitssystem-Beschreibung zu entnehmen, die auch in TiCon® als verknüpftes Dokument gehalten werden kann.

Arbeitsplatz

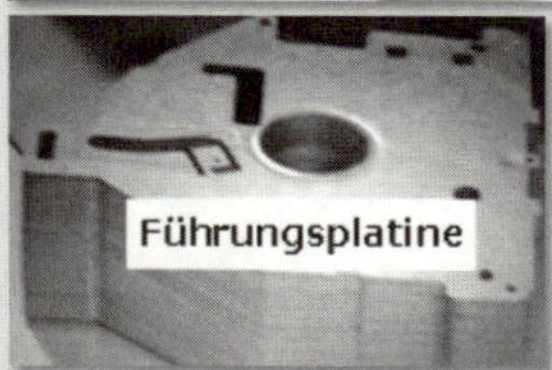

Führungsplatine

- vom Stapel entnehmen und ins Blickfeld bringen, Oberfläche beidseitig auf grobe Beschädigungen prüfen und in Vorrichtung einlegen
- Vorrichtung mit Führungsplatine nach links gegen Anschlag schieben

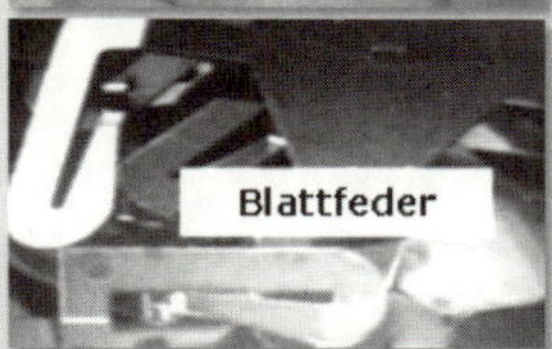

Blattfeder und Andruckwelle

- Blattfeder und Andruckwelle aufnehmen
- verhakte Blattfedern abschütteln
- Andruckwelle in Aufnahme einsetzen
- jede 2. Blattfeder ist mit einer anderen verhakt und muss vereinzelt werden
- Blattfeder in Vorrichtung einlegen

Abbildung II-289 Beschreibung des Arbeitssystems bei Anwendung der SD-BW

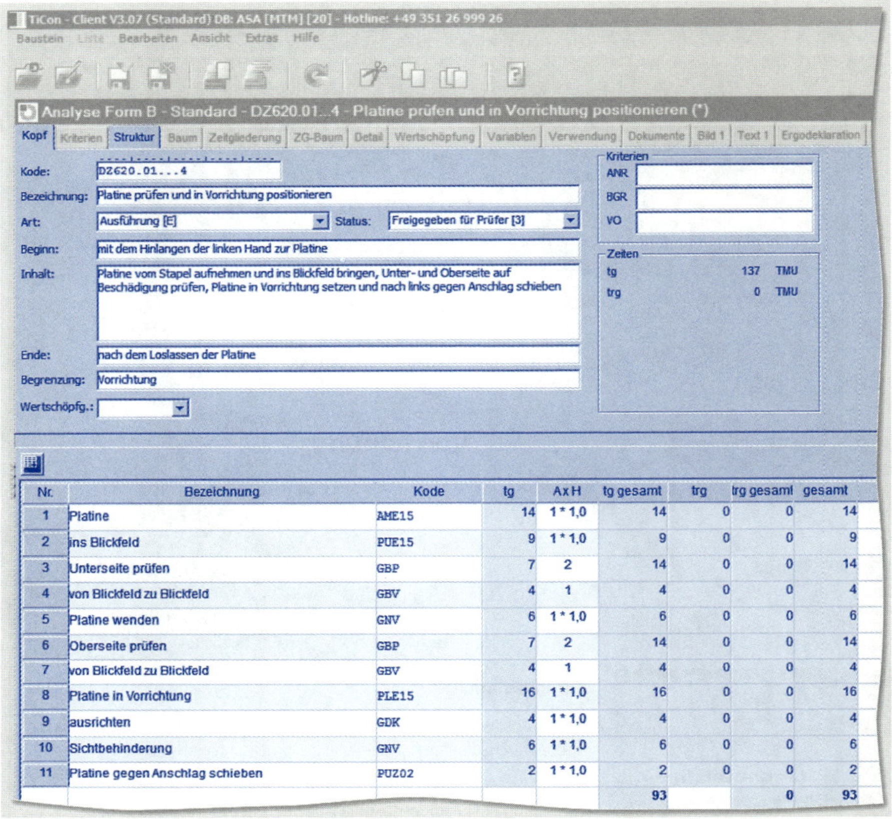
TiCon - Client V3.07 (Standard) DB: ASA [MTM] [20] - Hotline: +49 351 26 999 26

Baustein Liste Bearbeiten Ansicht Extras Hilfe

Analyse Form B - Standard - DZ620.01...4 - Platine prüfen und in Vorrichtung positionieren (*)

Kopf | Kriterien | Struktur | Baum | Zeitgliederung | ZG-Baum | Detail | Wertschöpfung | Variablen | Verwendung | Dokumente | Bild 1 | Text 1 | Ergodeklaration

Kode: DZ620.01...4

Bezeichnung: Platine prüfen und in Vorrichtung positionieren

Art: Ausführung [E] Status: Freigegeben für Prüfer [3]

Beginn: mit dem Hinlangen der linken Hand zur Platine

Inhalt: Platine vom Stapel aufnehmen und ins Blickfeld bringen, Unter- und Oberseite auf Beschädigung prüfen, Platine in Vorrichtung setzen und nach links gegen Anschlag schieben

Ende: nach dem Loslassen der Platine

Begrenzung: Vorrichtung

Wertschöpfg.:

Kriterien: ANR, BGR, VO

Zeiten: tg 137 TMU; trg 0 TMU

Nr.	Bezeichnung	Kode	tg	AxH	tg gesamt	trg	trg gesamt	gesamt
1	Platine	AME15	14	1 * 1,0	14	0	0	14
2	ins Blickfeld	PUE15	9	1 * 1,0	9	0	0	9
3	Unterseite prüfen	GBP	7	2	14	0	0	14
4	von Blickfeld zu Blickfeld	GBV	4	1	4	0	0	4
5	Platine wenden	GNV	6	1 * 1,0	6	0	0	6
6	Oberseite prüfen	GBP	7	2	14	0	0	14
7	von Blickfeld zu Blickfeld	GBV	4	1	4	0	0	4
8	Platine in Vorrichtung	PLE15	16	1 * 1,0	16	0	0	16
9	ausrichten	GDK	4	1 * 1,0	4	0	0	4
10	Sichtbehinderung	GNV	6	1 * 1,0	6	0	0	6
11	Platine gegen Anschlag schieben	PUZ02	2	1 * 1,0	2	0	0	2
					93		0	93

Abbildung II-290 Zeitanalyse mit SD-BW unter TiCon®: Ermittlung der Sollzeit für den ersten Prozessbaustein

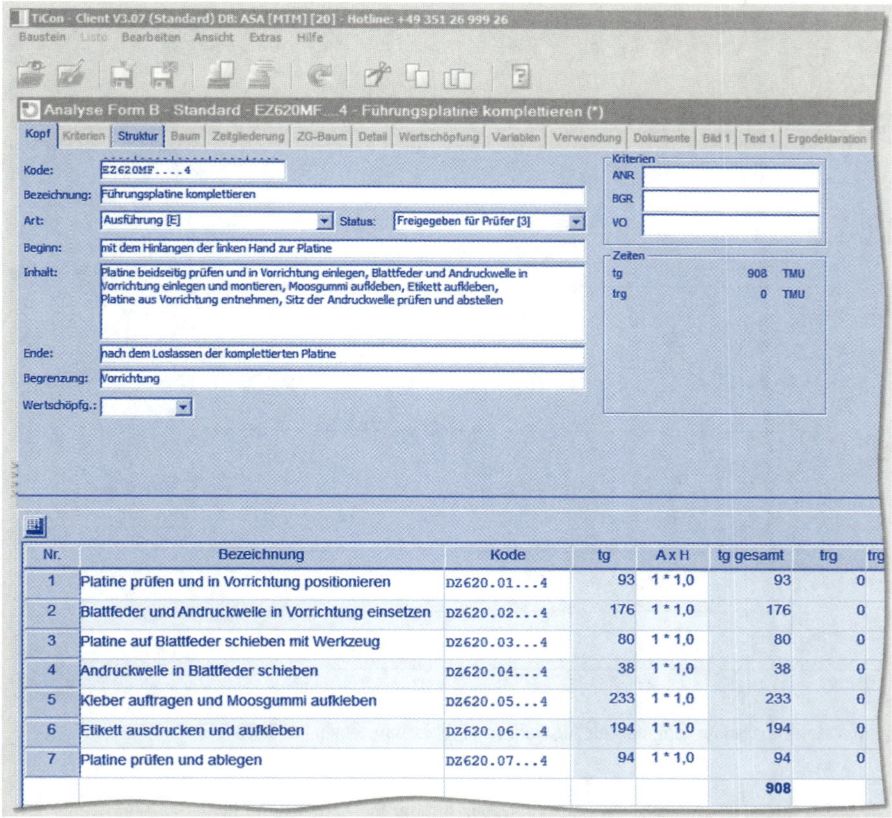

Nr.	Bezeichnung	Kode	tg	A x H	tg gesamt	trg	trg
1	Platine prüfen und in Vorrichtung positionieren	DZ620.01...4	93	1 * 1,0	93	0	
2	Blattfeder und Andruckwelle in Vorrichtung einsetzen	DZ620.02...4	176	1 * 1,0	176	0	
3	Platine auf Blattfeder schieben mit Werkzeug	DZ620.03...4	80	1 * 1,0	80	0	
4	Andruckwelle in Blattfeder schieben	DZ620.04...4	38	1 * 1,0	38	0	
5	Kleber auftragen und Moosgummi aufkleben	DZ620.05...4	233	1 * 1,0	233	0	
6	Etikett ausdrucken und aufkleben	DZ620.06...4	194	1 * 1,0	194	0	
7	Platine prüfen und ablegen	DZ620.07...4	94	1 * 1,0	94	0	
					908		

Abbildung II-291 Ergebnis der Zeitanalyse mit SD-BW unter TiCon®: Zusammenstellung der Prozessbausteine

7.8 MTM-2

7.8.1 Konzept von MTM-2

Konzept von MTM-2

Im Teil I, Abschnitt 4.3 wurde gezeigt, welche Vereinfachungen man bei der Entwicklung von MTM-2 gegenüber MTM-1 erreichte[450] und welche Prozessbausteine es bei MTM-2 gibt. Abbildung II-292 sind die Prozessbausteine von MTM-2 und das dazu geltende Entscheidungsmodell zu entnehmen.

450 Vgl. Evans, F.: MTM-2 Based Maintenance Work-Measurement. Basic concepts and mathematical models. London: United Kingdom MTM-Association, 1969.
Appelgren, L.; Magnusson, K.-E.; Skargard, K.: The MTM-2 Project. A report of the international applied Research Project MTM-2. London: International MTM Directorate, 1971.
Hanft, K. K.: Das MTM-2-System. In: Zeitschrift für wirtschaftliche Fertigung, 3. Jg., 1965.

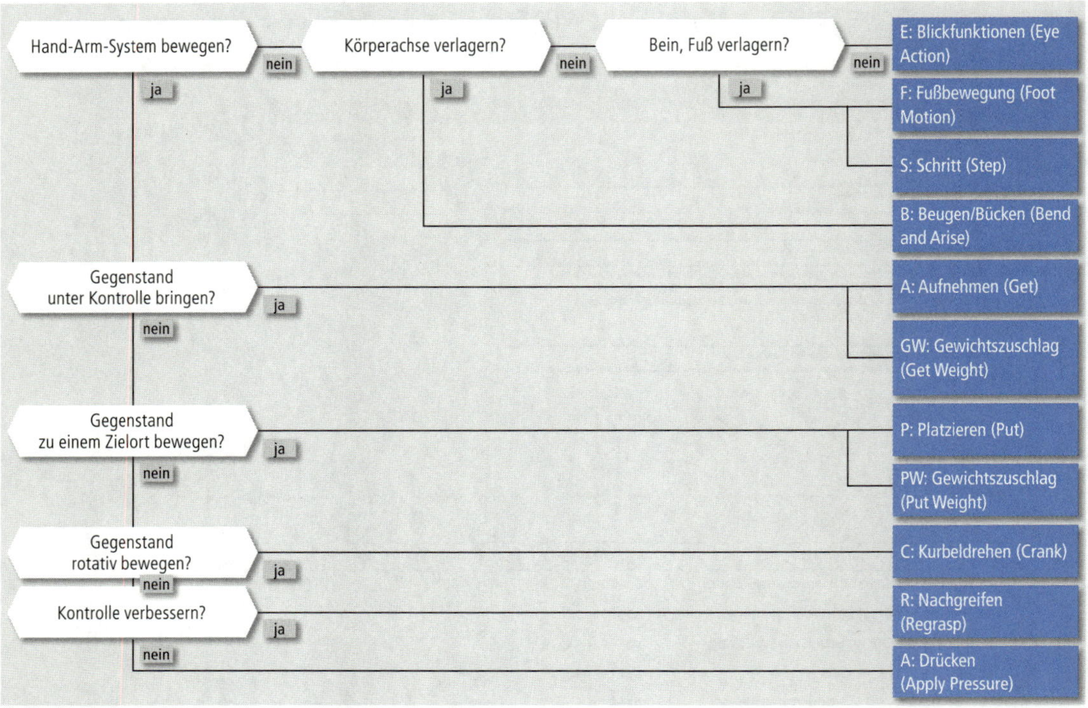

Abbildung II-292 Vereinfachtes Entscheidungsmodell zur Auswahl von Prozessbausteinen bei MTM-2

Definition

MTM-2 ist definiert als ein MTM-Bausteinsystem auf der hierarchischen Ebene der Bewegungsfolgen und zur Modellierung von Prozessen, die durch den Prozesstyp 2 repräsentiert werden. Es besteht aus Bewegungsfolgen-Bausteinen, denen in Abhängigkeit von Zeiteinflussgrößen MTM-Normzeitwerte zugeordnet sind.

Unter dem Gesichtspunkt der Bausteinkomplexität sind die Bewegungsfolgen von MTM-2 mit denen der Standard-Daten vergleichbar. Die Bausteine der Standard-Daten wurden nur durch additive Verknüpfung von MTM-1-Prozessbausteinen gebildet. MTM-2 basiert dagegen als erstes MTM-Bausteinsystem auf Erkenntnissen über die Vorkommenshäufigkeiten von Grundbewegungen in realen Arbeitsprozessen. Die Kenntnis der Vorkommens-Wahrscheinlichkeiten von MTM-1-Prozessbausteinen war die Entwicklungsbasis für MTM-2. Anders als bei den Standard-Daten wird aber eine Beidhandanalyse durchgeführt.[451]

Abbildung II-293 ist die *Datenkarte zu MTM-2* zu entnehmen. Der mittlere Zeitwert beträgt 15 TMU.

451 Vgl. Böhmer, K.F.: Instandhaltungsdaten auf MTM-2-Basis. In: REFA-Nachrichten, 27. Jg., 1974, S. 199–210.

Entscheidungsmodell – **Aufnehmen**

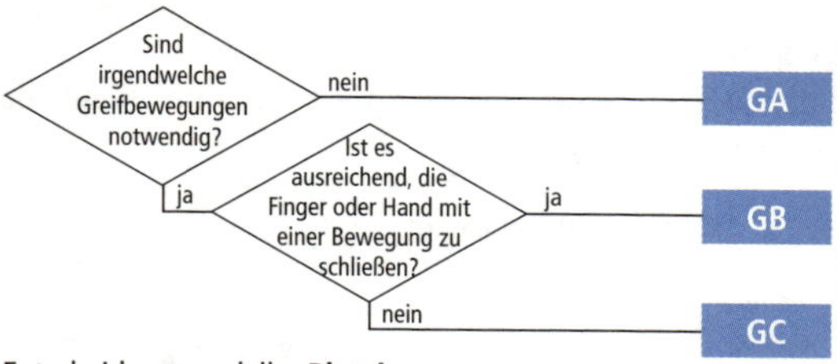

Entscheidungsmodell – **Platzieren**

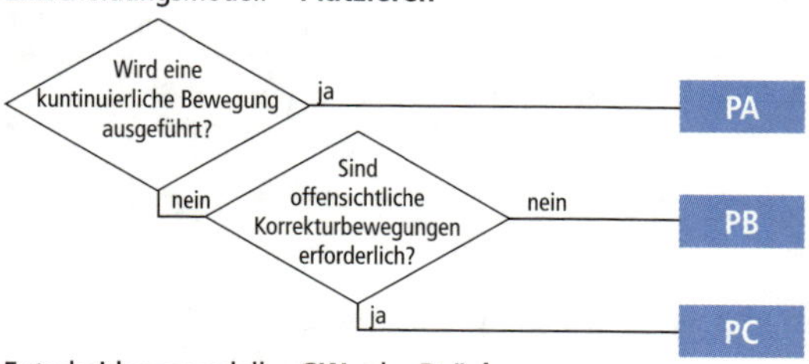

Entscheidungsmodell – **GW** oder **Drücken**

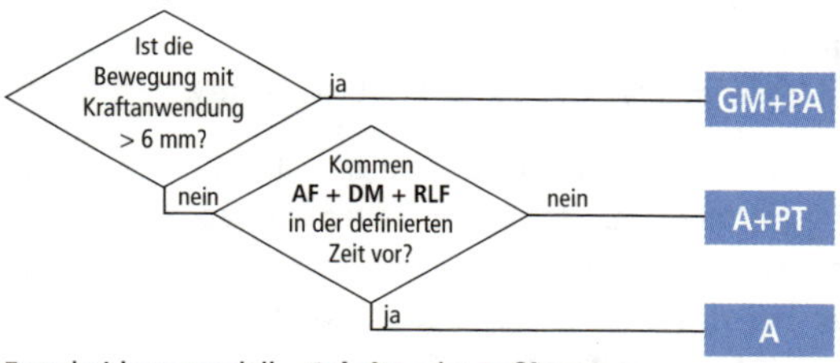

Entscheidungsmodell – **Schritt** oder **Fußbewegung**

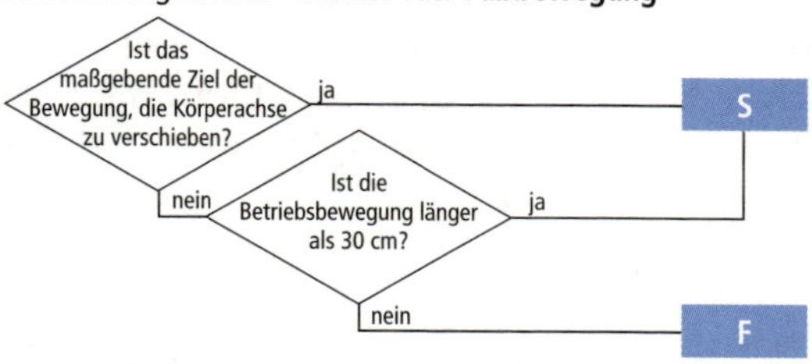

Bewegungslänge in cm	0 bis ≤ 5	> 5 bis ≤ 15	> 15 bis ≤ 30	> 30 bis ≤ 45	> 45
Entfernungsbereich	**5**	**15**	**30**	**45**	**80**

Aufnehmen Get

Fall	Kode	Entfernungsbereich 5	15	30	45	60
		TMU				
keine Greifbewegung	PA	3	6	9	13	17
eine Greifbewegung	PB	7	10	14	18	23
mehr als eine Greifbewegung	PC	14	19	23	27	32
Gewicht/Kraft	PW	1 TMU pro 1 kg/daN für Gewicht/Kraft ≥ 2 kg/daN pro Hand				

MTM-Institut
Eichenallee 11, 15738 Zeuthen
Telefon: +49 33762 2066-31
Telefax: +49 33762 2066-40
institut@dmtm.com

MTM-2

Zeiteinheiten

TMU	Sekunden	Minuten	Stunden
1	0,036	0,0006	0,00001
27,8	1		
1 666,7		1	
100 000			1

Der Gebrauch dieser Tabellenwerte führt ohne gründliche Ausbildung in MTM-1 und MTM-2 zu falschen Ergebnissen.

Platzieren Put

Fall	Kode	Entfernungsbereich 5	15	30	45	60
		TMU				
keine Korrektur	PA	3	6	11	15	20
eine Korrektur	PB	10	15	19	24	30
mehr als eine Korrektur	PC	21	26	30	36	41
Gewicht/Kraft	PW	1 TMU pro 5 kg/daN für Gewicht/Kraft ≥ 2 kg/daN pro Hand				

weitere Bewegungsfolgen		Kode	TMU
Drücken	Apply Pressure	A	14
Nachgreifen	Regrasp	R	6
Kurbeldrehen	Crank	C	15
Blickfunktion	Eye Action	E	7
Fußbewegung	Foot Motion	F	9
Schritt	Step	S	18
Beugen und Aufrichten	Bend and Arise	B	61

gleichzeitige Bewegungsfolgen

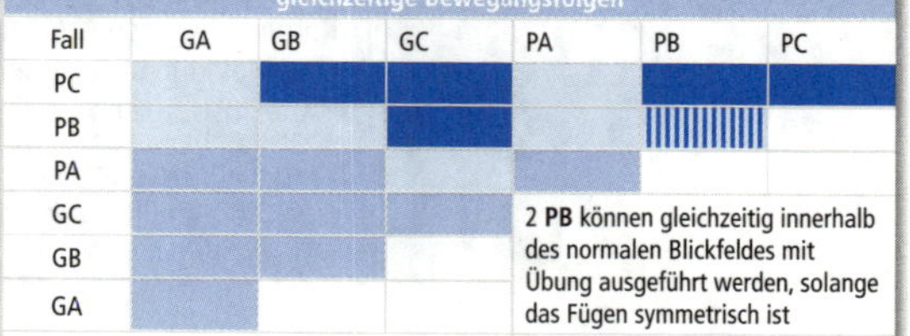

einfach	mit Übung	schwierig
einfach gleichzeitig ausführbar	nur mit Übung gleichzeitig aufführbar	kann auch nach langer Übung kaum gleichzeitig ausgeführt werden, Bewegungsfolgen nacheinander analysieren

Abbildung II-293 Datenkarte zu MTM-2

7.8.2 Bewegungsfolgen von MTM-2

Aufnehmen (MTM-2)

Aufnehmen ist die Bewegungsfolge, bei der mit den Fingern oder der Hand ein oder mehrere Gegenstände unter Kontrolle gebracht und diese später wieder aufgegeben wird. Die Bewegungsfolge beginnt mit einem Hinlangen und endet mit einem Loslassen.

Kodierung und Einflussgrößen beim Aufnehmen (MTM-2)

Die Kodierung und die darin berücksichtigten Zeiteinflussgrößen sind:

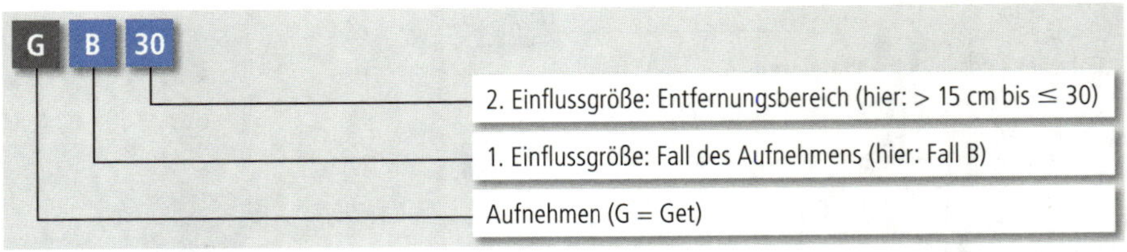

Die Einflussgröße Fall des Aufnehmens ist nach drei Fällen des Greifens gestuft:

1. Fall A: keine Greifbewegung (Kontaktgriff G5 oder Verlegen einer Hand R-E)
2. Fall B: eine Greifbewegung (Zufassungsgriff G1A)
3. Fall C: mehr als eine Greifbewegung (Ankantgriff G1B, Abrollgriff G1C oder Auswählgriff G4)

Das Aufnehmen einer Hand voll Gegenstände ist nach dem Entscheidungsmodell für Aufnehmen in Abbildung II-293 zu analysieren. Einem Aufnehmen Fall GC folgt nur selten ein Nachgreifen R, z. B. wenn abgezählte Muttern aufgenommen werden. Das Verlegen einer Hand in eine unbestimmte Lage (Fall R-E bei MTM-1) wird als GA analysiert. Wenn die Finger gefügt werden müssen, bevor sie den Gegenstand berühren, ist üblicherweise GC zu analysieren.

Die Einflussgröße Entfernungsbereich ist, wie Abbildung II-293 zu entnehmen, in fünf Klassen gestuft. Die Entfernungen werden, anders als bei den Standard-Daten, als obere Grenzwerte der Entfernungsbereiche ausgewiesen. Die Bewegungslänge wird durch Schätzen der Bewegungsbahnlänge bestimmt.

Anwendungsregeln zum Entfernungsbereich (MTM-2)

Zum Entfernungsbereich gibt es drei Anwendungsregeln:

MTM-2 Regel 1	Entfernungen werden weder interpoliert noch extrapoliert.
MTM-2 Regel 2	Die Entfernungen werden als tatsächlich zurückgelegter Weg der Hand oder der Finger ohne Körperhilfe geschätzt. Anfangs muss der Analytiker die geschätzten Entfernungen durch eine Messung überprüfen bis er einen hohen Genauigkeitsgrad erreicht hat. Es muss eine klare Einschätzung der Entfernungen 5, 15, 30 und 45 cm entwickelt werden.
MTM-2 Regel 3	Wird die Bewegungslänge für die Finger oder Hände durch Mithilfe anderer Körperteile (sog. Körperhilfe) verkürzt, ist diese Verkürzung von der Gesamtbewegungslänge abzuziehen.

Zum Aufnehmen gibt es folgende Anwendungsregeln:

Anwendungsregeln zum Aufnehmen (MTM-2)

MTM-2 Regel 4	Nach dem Aufnehmen »GC« wird normalerweise kein Nachgreifen »R« analysiert.
MTM-2 Regel 5	Ein dem Greifen vorausgehendes Drehen des Handgelenks wird als Aufnehmen analysiert.
MTM-2 Regel 6	Das Übergeben eines Gegenstandes in die andere Hand wird als »GB5« der übernehmenden Hand analysiert, wenn das Platzieren mit der anderen Hand zeitbestimmend ist.

Beispiel: Mit der linken Hand über 20 cm ein Teil aufnehmen, es über 30 cm zur anderen Hand bringen, die gleichzeitig entgegenkommt, um es dann in die rechte Hand zu übergeben und über 30 cm abzulegen.

Nr.	Bezeichnung	A · H	Kode	TMU	Kode	A · H	Bezeichnung
	Teil		GB30	14			
	zur anderen Hand		PA30	11	(G–)		in Richtung Teil
				7	GB5		übernehmen*
				11	PA30		Teil ablegen

Der *Kraftaufwand beim Aufnehmen* wird als »eigenständige Bewegungsfolge« dokumentiert und steht für den Kraftaufbau, um ein zu bewegendes Gewicht oder einen zu überwindenden Widerstand unter Kontrolle zu bringen. Die Bewegungsfolge beginnt nach dem Ende des Greifens und endet, wenn die erlangte Kontrolle ausreicht, um mit dem folgenden Platzieren zu beginnen.

Kraftaufwand beim Aufnehmen

Die Kodierung und die darin berücksichtigten Zeiteinflussgrößen sind:

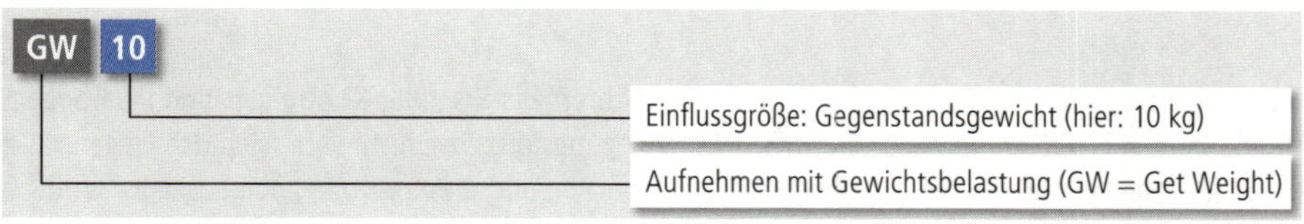

Beim Tragen von Lasten entspricht der Kraftaufwand (in daN) betragsmäßig dem Gewicht (in kg). Beim Schieben wird der Kraftaufwand als Produkt aus Gewicht und Reibungskoeffizienten m (üblich: m = 0,4) bestimmt.

Anwendungsregeln zum Kraftaufwand beim Aufnehmen (MTM-2)

Es gibt drei Anwendungsregeln:

MTM-2 Regel 7 Beträgt das Gewicht/der Kraftaufwand weniger als 2 kg/daN pro Hand, wird kein »GW« berücksichtigt. Ist das Gewicht/der Kraftaufwand ≥ 2 kg/daN, wird 1 TMU pro kg/daN einschließlich der ersten zwei kg/daN analysiert.

MTM-2 Regel 8 Das Gewicht bzw. der Kraftaufwand ist zu schätzen, wenn keine genaue Angabe verfügbar ist. Bei Gewichten bzw. beim Kraftaufwand wird auf volle kg bzw. auf volle daN aufgerundet.

Beispiel: Mit der rechten Hand über 30 cm einen leicht zu greifenden Behälter (Gewicht 2,1 kg) aufnehmen und über 60 cm auf dem Arbeitstisch abstellen.

Nr.	Bezeichnung	A · H	Kode	TMU	Kode	A · H	Bezeichnung
				14	GB30		Behälter
				3	GW3		Gewicht 2,1 kg
				20	PA80		Abstellen
				1	PW5		Gewicht 2,1 kg

MTM-2 Regel 9 Bei beidhändiger Arbeitsmethode wird pro Hand nur die Hälfte des Gewichtes berücksichtigt, wenn sich die Last gleichmäßig auf beide Hände verteilt, d. h. in der Kodierung steht das »Gewicht bzw. Kraftaufwand/2« und zur Ermittlung des Zeitwerts wird das Gewicht durch 2 geteilt und dann der entsprechende Wert auf der Datenkarte ausgewählt.

Beispiel: Ein Maschinenteil mit einem Gewicht von 15 kg mit beiden Händen aufnehmen und abstellen (Bewegungslängen 70 cm).

Nr.	Bezeichnung	A · H	Kode	TMU	Kode	A · H	Bezeichnung
	Maschinenteil beidhändig		GB80	23	GB80		Maschinenteil beidhändig
	Gewicht 15 kg		GW15/2	8	GW15/2		Gewicht 15 kg
	Abstellen beidhändig		PA80	20	PA80		Abstellen beidhändig
	Gewicht 15 kg		PW15/2	2	PW15/2		Gewicht 15 kg

Platzieren (MTM-2)

Platzieren ist die Bewegungsfolge, bei der ein oder mehrere bereits unter Kontrolle befindliche Gegenstände zu einem Zielort gebracht werden. Die Bewegungsfolge beginnt, wenn sich der Gegenstand unter Kontrolle befindet und endet, wenn er am Zielort ist und die Kontrolle noch ausgeübt wird.

Die Kodierung und die darin berücksichtigten Zeiteinflussgrößen sind:

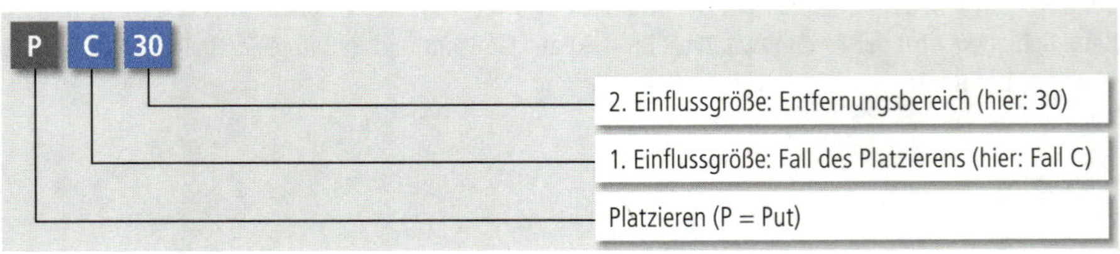

Die Einflussgröße Fall des Platzierens ist wie folgt gestuft:

1. Fall A: keine Korrekturbewegung (Bringen Fall M – A, M – B, M – C)
2. Fall B: eine Korrekturbewegung (Bringen und Fügen P1SE oder P1SSE)
3. Fall C: mehr als eine Korrekturbewegung (Bringen und ein aufwändigeres Fügen als P1SE)

Für die Einflussgröße Entfernungsbereich gelten sinngemäß die zum Aufnehmen angeführten Regeln.

Wird ein Gegenstand mit Hilfe eines Werkzeuges erfasst, wird das als Platzieren analysiert.

Anwendungsregeln zum Platzieren (MTM-2)

Es gibt drei Anwendungsregeln:

MTM-2 Regel 10 Eine Handgelenkdrehung mit einem Gegenstand in der Hand wird mit Platzieren analysiert.

MTM-2 Regel 11 Wird die Hand als Werkzeug verwendet, werden das Positionieren der Hand mit Aufnehmen und die nachfolgenden Bewegungen mit Platzieren analysiert. Wird eine Hand als Werkzeug verwendet, wird das als Platzieren analysiert.

MTM-2 Regel 12 Ist die Einfügetiefe beim Platzieren mit Korrekturbewegung größer als 2,5 cm, wird ein zusätzliches Platzieren analysiert. Dieses zusätzliche Platzieren berücksichtigt die restliche Einfügetiefe.

Beispiel: Eine Achse aus einem Behälter aufnehmen und in eine Bohrung stecken. Hierbei kommt es zu einigen deutlichen Korrekturbewegungen. Die Einfügetiefe beträgt 6 cm.
Restliche Wege: 30 cm

Nr.	Bezeichnung	A · H	Kode	TMU	Kode	A · H	Bezeichnung
				14	GB30		Achse
				30	PC30		in Bohrung
				3	PA5		(6 – 2,5 cm) einfügen

Schreiben (MTM-2)

Das Schreiben wurde in MTM-2 nicht untersucht. Für das Schreiben in Hand- oder Druckschrift mit lateinischen Buchstaben wurde mit Hilfe von MTM-1-Analysen ein durchschnittlicher Zeitwert von 20 TMU pro Buchstabe gefunden. Deshalb gilt folgende Empfehlung für das Analysieren des Schreibens: Das Schreiben wird mit einem PB5 × 2 je Ziffer, Zeichen oder Buchstabe analysiert. Das Ansetzen zum Schreiben wird mit PB analysiert.

Kraftaufwand beim Platzieren (MTM-2)

Der *Kraftaufwand beim Platzieren* wird als »eigenständige Bewegungsfolge« analysiert. Er steht für das Aufrechterhalten muskulärer Kraft, um das Gewicht oder einen zu überwindenden Widerstand beim Bewegen eines Gegenstandes unter Kontrolle zu halten. Die Bewegungsfolge beginnt mit dem Bringen und endet nach dem Bringen bzw. dem Fügen.

Die Kodierung und die darin berücksichtigten Zeiteinflussgrößen sind:

PW 10

- 10 – Einflussgröße: Gegenstandsgewicht (hier: > 5 bis 10 kg)
- PW – Platzieren mit Gewichtsbelastung (PW = Put Weight)

Es werden nur Gewichte/Kräfte ≥ 2 kg/daN pro Hand berücksichtigt.

Es gibt eine Anwendungsregel:

MTM-2 Regel 13

»PW« wird analysiert, wenn das Gewicht bzw. der Kraftaufwand beim Platzieren ≥ 2 kg/daN pro Hand ist. Das Gewicht bzw. der Kraftaufwand wird analog wie »GW« beim Aufnehmen berücksichtigt:

- für das Gewicht bzw. den Kraftaufwand ≥ 2 bis ≤ 5 kg/daN beträgt der Zeitwert 1 TMU und wird mit »PW5« kodiert
- für das Gewicht bzw. den Kraftaufwand > 5 bis ≤ 10 kg/daN beträgt der Zeitwert 2 TMU und wird mit »PW10« kodiert usw.

Beispiel: Einen 2,6 kg schweren Elektroschrauber über 45 cm aufnehmen und an eine Schraube ansetzen.

Nr.	Bezeichnung	A · H	Kode	TMU	Kode	A · H	Bezeichnung
				18	GB45		Elektroschrauber
				3	GW3		2,6 kg
				36	PC45		zur Schraube
				1	PW5		2,6 kg

Bei beidhändiger Arbeitsmethode sind folgende Kodierungen möglich:

- PW5/2 mit 1 TMU,
- PW10/2 mit 1 TMU,
- PW15/2 mit 2 TMU etc.

Im Allgemeinen wird ein GW im Zusammenhang mit einem Aufnehmen analysiert. Im Ausnahmefall kann GW auch im Zusammenhang mit einem Platzieren analysiert werden[452].

Trennen (MTM-2)

Trennvorgänge werden in Abhängigkeit vom Rückschlagweg mit GW und Platzieren wie folgt analysiert:

Entfernungsbereich des Rückschlagwertes	Kraftanwendung	Rückschlagbewegung der Hand
5		PA5
15	GW3	PA15
30	GW5	PA30

Abbildung II-294 Analysieren von Trennvorgängen bei MTM-2

Nachgreifen (MTM-2)

Nachgreifen ist die Bewegungsfolge, bei der eine notwendige Verbesserung der muskulären Kontrolle über einen Gegenstand erreicht wird. Die Bewegungsfolge beginnt damit, dass sich der Gegenstand unter Kontrolle befindet und endet, wenn sich die Finger an einem neuen Griffpunkt befinden.

Kodierung und Anwendungsregeln zum Nachgreifen (MTM-2)

Die Kodierung ist:

R — Nachgreifen (R = Regrasp)

452 Beispielsweise sei eine Schraube mit einem Gabelschlüssel anzuziehen. Dazu ist beim Anziehen ein Kraftaufwand von 4 daN erforderlich. Die Analyse lautet dann: GB30 [Gabelschlüssel] + PC30 [an Schraube ansetzen] + GW4 [Kraftaufwand 4 daN] + PA15 [anziehen] + PW5 [Kraftaufwand 4 daN].

Es gibt drei Anwendungsregeln:

MTM-2 Regel 14	Das Nachgreifen besteht aus maximal drei kurzen Fingerbewegungen. Bei mehr als drei Fingerbewegungen ist zusätzliches Nachgreifen zu analysieren.
MTM-2 Regel 15	In der Bewegungsfolge Drücken »A« ist das Fingerversetzen, um die Kraft ausreichend zu übertragen, Bestandteil dieser Bewegungsfolge. In Verbindung mit Drücken »A« wird deshalb kein Nachgreifen »R« analysiert.
MTM-2 Regel 16	Sobald die Hand oder die Finger die Kontrolle über einen Gegenstand aufgeben und nachfolgend am gleichen Gegenstand ein Greifen stattfindet, handelt es sich nicht mehr um Nachgreifen sondern um Aufnehmen.

Drücken (MTM-2)

Drücken ist die Bewegungsfolge, bei der durch die Finger, die Hand, seltener auch durch andere Körperteile, ohne nennenswerte räumliche Bewegung Kraft auf einen Gegenstand ausgeübt wird. Die Bewegungsfolge beginnt damit, dass ein Kontakt zum betreffenden Gegenstand gehalten wird und endet nach dem Kraftabbau, wenn noch immer Kontakt zu ihm gehalten wird.

Die Kodierung ist:

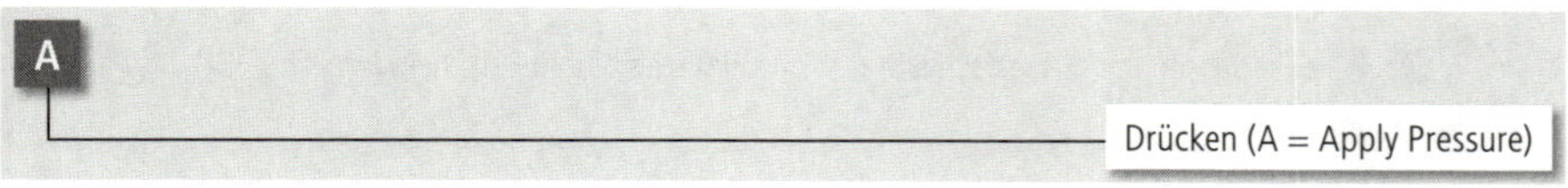

Die Bewegungslänge ist beim Drücken auf 6 mm begrenzt. Das Drücken enthält nur eine minimale Reaktionszeit. Längeres Verharren und Halten sind gesondert zu analysieren.

MTM-2 Regel 17	Ein Drücken »A« darf nur analysiert werden, wenn die drei Komponenten AF, DM und RLF vorkommen.

Kurbeldrehen (MTM-2)

Kurbeldrehen ist die Bewegungsfolge, bei der kreisförmige Bringbewegungen ausgeführt werden. Die Bewegungsfolge beginnt damit, dass sich der Gegenstand unter Kontrolle befindet und endet damit, dass mehr als eine halbe Umdrehung ausgeführt ist.

Die Kodierung ist:

Es gibt zwei Anwendungsregeln:

MTM-2 Regel 18	Die Anzahl der Kurbelumdrehungen wird immer auf die nächste ganze Zahl aufgerundet und auf dem Analysenblatt in der Faktorenspalte unter Anzahl eingetragen.
MTM-2 Regel 19	»GW« wird bei kontinuierlichem Kurbeldrehen einmal, bei unterbrochenem Kurbeldrehen pro Umdrehung analysiert. »PW« wird pro Umdrehung analysiert, unabhängig davon, ob es sich um kontinuierliche oder unterbrochene Umdrehungen handelt.

Das Kurbeldrehen enthält keine solchen Korrekturbewegungen am Ende wie das Platzieren. Wenn solche Korrekturbewegungen beim Platzieren eines Gegenstandes an einen bestimmten Ort auftreten, muss ein zusätzliches Platzieren analysiert werden.

Blickfunktion (MTM-2)

Blickfunktion ist die Bewegungsfolge, bei der an einem Gegenstand ein binär ausgeprägtes Merkmal innerhalb des normalen Blickfeldes mit den Augen zu prüfen und aufgrund des Prüfergebnisses eine Entscheidung zu treffen ist. Die Bewegungsfolge beginnt nach dem Unterbrechen oder Beendigen der vorhergehenden Bewegungsfolge. Sie beinhaltet entweder ein Blickverschieben von einem Blickpunkt zum anderen oder das Prüfen von Merkmalen im normalen Blickfeld. Die Bewegungsfolge endet mit dem Beginn der nächsten Bewegungsfolge.

Die Kodierung ist:

E — Blickfunktion (E = Eye Action)

Es gibt eine Anwendungsregel:

MTM-2 Regel 20	Die Wahrnehmungszeit schließt nur eine einfache binäre Entscheidung ein.

Eine Blickfunktion wird nur dann analysiert, wenn sie als selbstständige, zeitdominante Bewegung auftritt, d. h. die Prüfentscheidung muss getroffen sein, bevor die nächste Bewegung auszuführen ist. Eine Blickfunktion E schließt das Lesen von bis zu 3 Ziffern, Zeichen oder Buchstaben ein. Der Kode wird in die rechte Kodespalte geschrieben.

Fußbewegung (MTM-2)

Fußbewegung ist die Bewegungsfolge, bei der der Fuß nach oben oder nach unten abgekippt wird, mit dem Knöchel als Drehachse oder eine Beinbewegung < 30 cm ausgeführt wird. Die Bewegungsfolge beginnt mit dem Fuß oder Bein in Ruhelage und endet, wenn sich der Fuß oder das Bein am Zielort befinden. Der Kode wird in die rechte Kodespalte geschrieben.

Die Kodierung ist:

F — Fußbewegung (F = Foot Motion)

Zu beachten ist, dass ein oder mehrere Drücken A vor, während oder nach einer Fußbewegung vorkommen können.

Schritt (MTM-2)

Schritt ist die Bewegungsfolge, bei der die Körperachse durch Ausführen einer Beinbewegung vorwärts oder rückwärts bewegt wird oder entspricht einer Beinbewegung > 30 cm. Die Bewegungsfolge beginnt mit dem Bein in Ruhelage und endet, wenn sich das Bein am Zielort befindet. Der Kode wird in die rechte Kodespalte geschrieben.

Die Kodierung ist:

S	Schritt (S = Step)

Es gibt zwei Anwendungsregeln:

MTM-2 Regel 21	Die Anzahl Schritte wird danach bestimmt, wie oft der Fuß auf den Boden aufsetzt.
MTM-2 Regel 22	Treppensteigen wird pro Stufe in der Regel mit einem »S« analysiert.

Beugen und Aufrichten (MTM-2)

Beugen und Aufrichten ist die Bewegungsfolge, bei der durch Bewegungen des Rumpfes oder anderer Körperteile die Hände mindestens auf Kniehöhe gebracht werden sowie das spätere Aufrichten. Die Bewegungsfolge beginnt mit dem Beugen des Oberkörpers aus aufrechter Haltung und endet mit dem Körper in aufrechter Haltung. Die Grundbewegungen Beugen, Bücken, Knien auf ein Knie und Setzen sowie das Aufrichten aus diesen Positionen werden auch mit Beugen und Aufrichten analysiert. Der Kode wird in die rechte Kodespalte geschrieben.

Die Kodierung ist:

B	Beugen und Aufrichten (B = Bend and Arise)

Es gibt folgende Anwendungsregel:

MTM-2 Regel 23	Knien auf beide Knie wird als Beugen und Aufrichten mit der Häufigkeit 2 analysiert.

7.8.3 Gleichzeitige Bewegungsfolgen bei MTM-2

Abbildung II-293 ist zu entnehmen, welche (markierten) Bewegungsfolgen bei MTM-2 nicht gleichzeitig auszuführen sind.

Wenn GA oder GB mit Schritten oder Beugen vorkommt, sind diese Fälle sehr selten zeitbestimmend. Wenn GC mit Schritten oder Beugen vorkommt, finden oft überlappte Bewegungsfolgen statt, wobei die zu berücksichtigende Entfernung selten 5 cm überschreitet.

Während PW in Körperbewegungen zeitlich untergehen kann, darf GW niemals in Körperbewegungen zeitlich untergehen.

Wenn PA mit Schritten oder Beugen vorkommt, wird es sehr selten zeitbestimmend sein, jedoch wenn sich diese Bewegungen mit PB oder PC überlappen, dann wird der zu berücksichtigende Entfernungsbereich selten 5 cm überschreiten.

Anwendungsregel zu gleichzeitigen Bewegungsfolgen bei MTM-2

Zudem gibt es folgende Anwendungsregel:

MTM-2 Regel 24	Die Kodes für Körper- und Fußbewegungen sowie für Blickfunktionen werden in die rechte Kodespalte eingetragen; das gilt auch für Prozesszeiten (PT).

Die in MTM-2 anzuwendende Schreibweise für zeitbestimmende und nicht zeitbestimmende Bewegungsfolgen hängt von folgenden zwei Umständen ab:

1. Werden die zeitbestimmenden und nicht zeitbestimmenden Bewegungsfolgen in dieselbe Spalte geschrieben, dann wird die nicht zeitbestimmende Bewegungsfolge unter der zeitbestimmenden Bewegungsfolge in Schrägstriche gesetzt.

Nr.	Bezeichnung	A · H	Kode	TMU	Kode	A · H	Bezeichnung
				24	PB45		Stift zum Papier
					/R/		

Nr.	Bezeichnung	A · H	Kode	TMU	Kode	A · H	Bezeichnung
				61	B		
					/GB-/		Teil

Abbildung II-295 Beispiele für die Schreibweise gleichzeitiger Bewegungsfolgen in einer Spalte

2. Werden die zeitbestimmenden und nicht zeitbestimmenden Bewegungsfolgen in verschiedene Spalten geschrieben, dann wird die nicht zeitbestimmende Bewegungsfolge in runde Klammern gesetzt.

Nr.	Bezeichnung	A · H	Kode	TMU	Kode	A · H	Bezeichnung
	Teil 1		GB30	14	GB30		Teil 2
	zur Ablage 1		PA45	15	(PA30)		zur Ablage 2

Nr.	Bezeichnung	A · H	Kode	TMU	Kode	A · H	Bezeichnung
				61	B		
	Teil		(GB-)				

Abbildung II-296 Beispiele für die Schreibweise gleichzeitiger Bewegungsfolgen in verschiedenen Spalten

7.8.4 Anwendungsbeispiel

Die bei MTM-2 verwendete Analyseform ist die Beidhandanalyse, wie bei MTM-1 auf der Informationsbasis des Bewegungsablaufs. Es wird auf das gleiche Beispiel wie bei den SD-BW in Abbildung II-289 Bezug genommen.

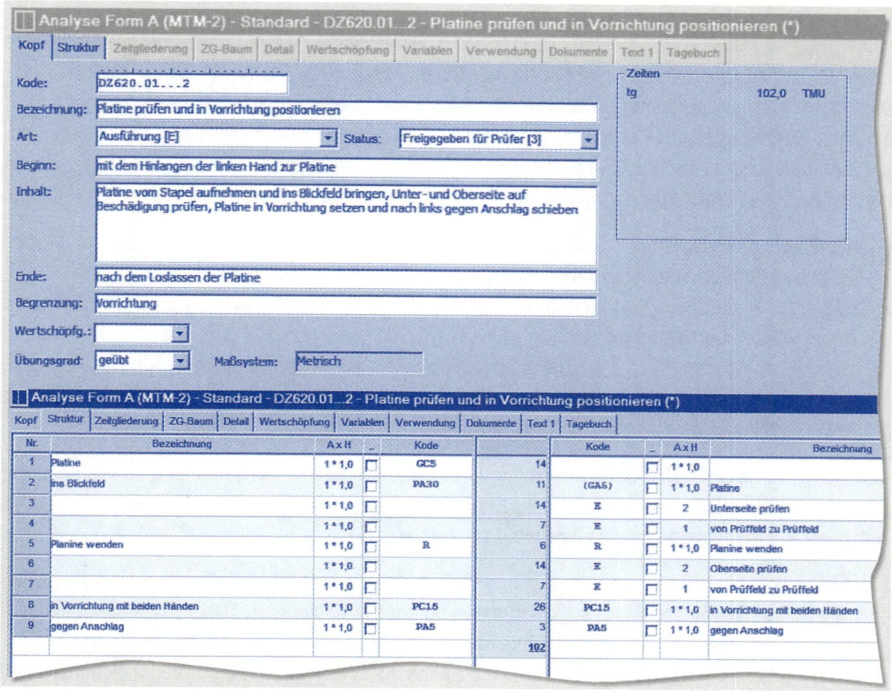

Nr.	Bezeichnung	AxH	_	Kode		Kode	_	AxH	Bezeichnung
1	Platine	1 * 1,0	☐	GC5	14		☐	1 * 1,0	
2	ins Blickfeld	1 * 1,0	☐	PA30	11	(GA5)	☐	1 * 1,0	Platine
3		1 * 1,0	☐		14	E	☐	2	Unterseite prüfen
4		1 * 1,0	☐		7	E	☐	1	von Prüffeld zu Prüffeld
5	Planine wenden	1 * 1,0	☐	R	6	R	☐	1 * 1,0	Planine wenden
6		1 * 1,0	☐		14	E	☐	2	Oberseite prüfen
7		1 * 1,0	☐		7	E	☐	1	von Prüffeld zu Prüffeld
8	in Vorrichtung mit beiden Händen	1 * 1,0	☐	PC15	26	PC15	☐	1 * 1,0	in Vorrichtung mit beiden Händen
9	gegen Anschlag	1 * 1,0	☐	PA5	3	PA5	☐	1 * 1,0	gegen Anschlag
					102				

Abbildung II-297 Zeitanalyse mit MTM-2 unter TiCon®: Ermittlung der Sollzeiten für den Prozessbaustein Nr. 1 des Beispiels in Abschnitt 7.7.6

7.9 Zusammenfassung

Allen MTM-Bausteinsystemen gemeinsam ist die in Abschnitt 5.2.1 verdeutlichte Methodik der Prozessbaustein-Beschreibung, die als *MTM-Prozesssprache* bezeichnet wird. Diese Methodik und ein guter Ausbildungsstand der MTM-Anwender sind die Voraussetzung dafür, dass MTM-dokumentierte Abläufe das im Abschnitt 5.4 erläuterte Qualitätsniveau erlangen. Der praktische Nutzen dieses hohen Qualitätsniveaus liegt darin, dass mit Hilfe eines MTM-Bausteinsystems beschriebene Abläufe

1. hochgradig reproduzierbar dokumentiert sind, man sie also auch bei Arbeitssystemen und -prozessen an »entfernten Standorten« verstehen, verwenden oder modifizieren kann;
2. auf immer wieder neue und weitere Verwendungen zu übertragen sind und man »das Rad nicht immer wieder neu erfinden« muss;
3. wie z. B. im Abschnitt 7.6.2 erläutert, systematisch auf Schwachstellen prüfen und danach optimieren kann, um (vor SOP) von Anfang an produktive Prozesse zu schaffen und (nach SOP) an Prozessen genau das zu verbessern, was verbesserungswürdig ist.

Der Entwicklung der MTM-Bausteinsysteme lagen unterschiedliche Zielsetzungen zu Grunde, wie sie in Abbildung II-270 angeführt werden. Entwicklungsabsicht war in allen Fällen, ein auf MTM-1 aufbauendes Prozesstyp-adäquates Bausteinsystem zu schaffen.

1. MTM-1 wurde als Bausteinsystem für den Prozesstyp 1 entwickelt, bei dem zur Ablaufmodellierung bis auf Bewegungsablauf-Informationen »hinunterzusteigen« ist. Dabei ist die Beidhandanalyse eine angemessene Analyseform. Die Standard-Daten bedingen die gleiche Informationsbasis. Sie ermöglichen lediglich eine »sparsamere« Analysenschreibweise, in Form von Zeilenanalysen.
2. MTM-2 wurde als Bausteinsystem für den Prozesstyp 2 entwickelt. Der Grund, warum sich im deutschen Sprachraum nicht MTM-2, sondern UAS durchsetzen konnte, wird aus Abbildung II-270 ersichtlich. Es wurde wie UAS für den Prozesstyp 2 konzipiert. Anders als UAS bedingt es jedoch Bewegungsablauf-Informationen, was nur beim Prozesstyp 1 angemessen ist. Der Umstand, dass Beidhandanalysen zu erstellen sind, ist von nachgeordneter Bedeutung.
3. UAS und MEK sind dagegen klar profiliert: konzipiert für die Prozesstypen 2 und 3, als Informationsbasis nur die Rahmenbedingungen (des Arbeitssystems) benötigend und als Analyseform die Zeilenanalyse verwendend.

Diese Sachverhalte führten dazu, dass im deutschen Sprachraum heute die verbreitetsten Prozessbausteinsysteme sind:

1. Prozesstyp 1: MTM-1,
2. Prozesstyp 2: UAS,
3. Prozesstyp 3: MEK.

8 Ergänzungstechniken zum MTM-Verfahren

8.1 Überblick

Fünf Ergänzungstechniken zur Datenerhebung

Die MTM-Prozessbausteinsysteme haben Anwendungsgrenzen. Diese wurden im Teil I, Abschnitt 4.3.5 beschrieben. In diesem Kapitel werden fünf Techniken erläutert, die eingesetzt werden, wenn diese Anwendungsgrenzen erreicht sind: die Schätzverfahren, die Zeitmessung, die Videoanalyse, die Selbstaufschreibung und das Multimomentverfahren. Bis auf die Schätzverfahren sind die Ergänzungstechniken nur bei existierenden Arbeitssystemen einzusetzen. Dann ergänzen die in diesem Kapitel beschriebenen Verfahren die MTM-Bausteinsysteme bei der Datenerhebung.

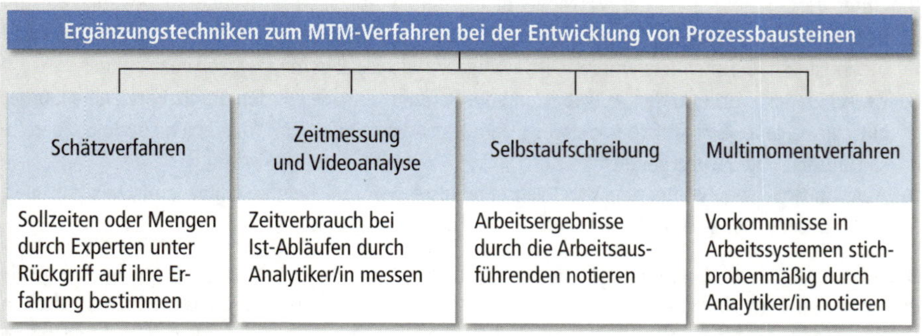

Abbildung II-298 Ergänzungstechniken zum MTM-Verfahren für die Entwicklung von Prozessbausteinen

Im folgenden Abschnitt 8.2 wird erläutert, wie durch systematisches Schätzen Sollzeiten zu bestimmen sind, z. B. für kundenbestimmte oder institutionenbestimmte Vorkommnisse oder für Vorkommnisse, die selten auftreten. Während mit den vier anderen Ergänzungstechniken Istwerte erhoben werden, ermittelt man durch Schätzen Sollwerte.

In den Abschnitten 8.3 und 8.4 wird erläutert, wie Zeitmessungen und Videoanalysen durchzuführen und welche methodischen Probleme dabei zu lösen sind. Die Zeitmessung ist eine wichtige Ergänzungstechnik bei der Sollzeit-Bestimmung für arbeitsmittelbestimmte Vorkommnisse. Die Videoanalyse hat als Datenerhebungsverfahren nur geringe Bedeutung.

Im Abschnitt 8.5 wird erläutert, welche Arten von Selbstaufschreibung es gibt und welche Erhebungsmöglichkeiten bestehen. Die Selbstaufschreibung ist einerseits eine Art Konkurrenztechnik zum Multimomentverfahren, andererseits als introspektives Verfahren auch in Situationen anzuwenden, die sich einer Fremderhebung entziehen.

Im Abschnitt 8.6 wird das Multimomentverfahren beschrieben, das z. B. für die Ermittlung von Verteilzeitzuschlagssätzen angewandt wird, sofern man diese nicht durch Schätzen bestimmt. Es hat mit der Selbstaufschreibung insofern eine Gemeinsamkeit, als beide zur Identifikation von Mängeln eingesetzt werden, denn sie ermöglichen es auch, Mängelbeziehungen und -korrelationen offenzulegen. Die praktische Bedeutung des Multimomentverfahrens geht deshalb über die des Schätzverfahrens oder der Zeitmessung hinaus, weil sie auch ein Mängeldiagnoseverfahren ist.

8.2 Schätzverfahren

8.2.1 Prinzip und Anwendung

Schätzen

In der Umgangssprache bedeutet Schätzen, dass man etwas ungefähr bestimmt. Im Industrial Engineering wird mit *Schätzen* das ungefähre Bestimmen metrisch skalierter Daten bezeichnet und z. B. zur Sollzeit-Bestimmung bei Aufgaben mit kunden- und institutionenbestimmten Vorkommnissen anwendet (vgl. Kapitel 3). Auch Mengen (Anzahlen und Anteile) werden durch Schätzen bestimmt, wenn sie nicht aus Dateien oder durch Zählen zu gewinnen sind. Das methodische Vorgehen beim Schätzen von Sollzeiten[453] ist:

1. Die »vorliegende Aufgabe«, für die eine *Sollzeit* zu bestimmen ist, wird beschrieben.
2. Unter vergleichbaren, in der Vergangenheit erfüllten Aufgaben wird jene ausgewählt, die mit der vorliegenden Aufgabe am besten übereinstimmt, an die man sich evtl. noch gut erinnert und deren Istzeit dokumentiert wurde. Diese Aufgabe wird als *Referenzaufgabe* bezeichnet.
3. Zwischen der »vorliegenden Aufgabe« und der Referenzaufgabe werden durch *Vergleichen*, unter Nutzung eigener Erfahrungen oder der Erfahrungen von Experten[454], Unterschiede und Übereinstimmungen herausgearbeitet.
4. Aufgrund der so gewonnenen Vergleichsergebnisse wird die Referenzaufgaben-Istzeit korrigiert und damit die Sollzeit für die »vorliegende Aufgabe« bestimmt.

Beim Schätzen ist wichtig, dass man Sollzeiten nicht für komplexe Gesamtaufgaben bzw. Abläufe bestimmt, sondern ein unterteiltes Schätzen durchführt. Diese Empfehlung basiert auf statistischen Überlegungen, dem zentralen Grenzwertsatz (Streuungsfortpflanzungsgesetz), der nachfolgend so weit wie hier notwendig erläutert und auf die Technik des Schätzens angewandt wird.[455]

8.2.2 Genauigkeit von Schätzergebnissen

Unterteiltes Schätzen

Um die Bedeutung des unterteilten Schätzens auf die Qualität des Schätzergebnisses zu verdeutlichen, werden zunächst Beziehungen zwischen Lagemaß- und Streuungsmaß-Kenngrößen formuliert.

1. Für eine normalverteilte Gesamtheit von Einzelzeiten $t_1; t_2; \ldots; t_i; \ldots; t_N$ wird der Einzelzeiten-Mittelwert μ_i und die Einzelzeiten-Standardabweichung σ_i gebildet.
2. Aus dieser Gesamtheit werden k Stichproben erhoben mit konstantem Stichprobenumfang $n \geq 5$. Aus diesen k Stichproben werden die Stichproben-Mittelwerte $\bar{t}_1; \bar{t}_2; \ldots; \bar{t}_k$ bestimmt. Diese sind wiederum angenähert normalverteilt. Aus den Stichproben-Mittelwerten $\bar{t}_i$ wird wiederum der Mittelwert (der Stichproben-Mittelwerte) μ gebildet.
3. Der Mittelwert der Einzelzeiten-Mittelwert μ_i und der Mittelwert der Stichproben-Mittelwerte μ sind betragsmäßig gleich, d. h.

$$\left\{\mu = \frac{1}{N}\sum_{i=1}^{N} t_i\right\} = \left\{\mu_{\bar{t}} = \frac{1}{k}\sum_{i=1}^{k} \bar{t}_i\right\}$$

453 Beim Schätzen von Mengen und Häufigkeiten folgt man prinzipiell diesem Vorgehen.

454 Als Experten werden entweder diejenigen befragt, welche die Arbeit ausführen, oder es werden Experten moderiert, welche die Arbeit gut kennen.

455 Die hier angestellte Betrachtung entspricht den Betrachtungen zu den Anwendungsgrenzen der MTM-Prozessbausteinsysteme (vgl. Teil I, Abschnitt 4.3.5).

4. Für eine normalverteilte Gesamtheit von Einzelzeiten wird die Varianz σ^2 und die Standardabweichunge σ gebildet. Ferner werden aus den k Stichproben-Mittelwerten $\bar{t}_i$ Mittelwerte-Varianzen $\sigma_{\bar{t}}^2$ bzw. Mittelwerte-Standardabweichungen $\sigma_{\bar{t}}$ bestimmt. Die Varianzen und Standardabweichungen der Einzelwerteverteilung σ^2 bzw. σ und der Mittelwerteverteilung $\sigma_{\bar{t}}^2$ bzw. $\sigma_{\bar{t}}$ sind betragsmäßig verschieden, d. h.

$$\left\{\sigma^2 = \frac{1}{N}\sum_{i=1}^{N}(t_i-\mu)^2\right\} \neq \left\{\sigma_{\bar{t}}^2 = \frac{1}{k}\sum_{i=1}^{k}(\bar{t}_i-\mu_{\bar{t}})^2 = \frac{1}{k}\sum_{i=1}^{k}(\bar{t}_i-\mu)^2\right\}$$

Daraus folgt für die Relation von Einzel- und Mittelwerten:

- Die Mittelwerte-Varianz $\sigma_{\bar{t}}^2$ ist das $1/n$-fache der Einzelwerte-Varianz σ^2 bzw.
- die Mittelwerte-Standardabweichung $\sigma_{\bar{t}}$ ist das $1/\sqrt{n}$ -fache der Einzelwerte-Standardabweichung σ.

Für die Relation von Gesamtheit und Mittelwerten gilt:

1. Die Gesamtheits-Varianz σ^2 beträgt das n-fache der Mittelwerte-Varianz $\sigma_{\bar{t}}^2$ bzw.
2. die Gesamtheits-Standardabweichung σ beträgt das $\sqrt{n}$ -fache der Mittelwerte-Standardabweichung $\sigma_{\bar{t}}$.

$$\sigma_{\bar{t}}^2 = \frac{\sigma^2}{n} \quad \text{und} \quad \sigma_{\bar{t}} = \frac{\sigma}{\sqrt{n}}$$

Wird z. B. ein Ablauf in n = 25 Ablaufabschnitte unterteilt, die Sollzeiten je Ablaufabschnitt geschätzt und der durchschnittliche Schätzfehler pro Ablaufabschnitt auf $\sigma = \pm 20\,\%$ taxiert, beträgt der Schätzfehler für den Ablauf

$$\sigma_{\bar{t}} = \frac{\pm 20\ \%}{\sqrt{25}} = \pm 4\ \%$$

Bei der Unterteilung in 25 Ablaufabschnitte relativiert sich der Schätzfehler der Ablaufabschnitts-Sollzeiten von ±20 % für das zu verwendende Ergebnis, die Ablauf-Sollzeit, auf ±4 %. Schätzfehler bei Ablaufabschnitts-Sollzeiten sind also umso tolerierbarer, in je mehr Ablaufabschnitte man einen Ablauf unterteilt. Diese Betrachtung wurde bereits im Abschnitt 5.4 bei der Diskussion der Qualität der MTM-Prozessbausteine angestellt.

8.2.3 Schätzhilfen

In diesem Abschnitt werden Methoden zur Verbesserung von Schätzergebnissen erläutert:

Methoden zur Verbesserung von Schätzergebnissen

1. das Zeitklassenschätzen – wenn man erkennt, dass sich Interviewpartner nur widerstrebend zu Punktschätzungen bewegen lassen;
2. die Delphi-Methode – wenn man erkennt, dass einige Interviewpartner zu extremen Schätzungen neigen, man deren Zeitschätzungen z. B. aus psychologischen Gründen aber verwenden will;
3. die PERT-Methode – wenn man Extremwerte, die das Ergebnis verfälschen könnten, nivellieren muss, ähnlich wie bei der Delphi-Methode.

Zeitklassenschätzen

Expertenschätzungen können anstelle von Punktschätzungen (z. B. »es dauert 12 Minuten«) auch als Intervallschätzungen (z. B. »es dauert zwischen 10 und 15 Minuten«) durchgeführt werden. Die Intervallschätztechnik wird als *Zeitklassenschätzen* bezeichnet. Dabei wird als Schätzwert der Mittelwert jener Zeitklasse verwendet, welche durch die Experten ausgedeutet wurde.[456] Oft ringen sich Interviewpartner leichter zur Abgabe von Schätzdaten durch, wenn sie nicht um Punkt-, sondern um Intervallschätzungen gebeten werden. Zeitklassenschätzungen führen jedoch weder zu genaueren noch zu ungenaueren Ergebnissen als Punktschätzungen.

Zeitklassenreihen sind Einordnungsskalen, die Experten zum Platzieren ihrer Schätzungen vorgelegt werden. Um betriebsspezifische Zeitklassenreihen zu bestimmen, werden einige Rahmendaten benötigt:[457]

T_{per} Periode in Minuten, in der ε' null wird (z. B. ein Monat)

ε' Differenz in Prozent zwischen dem Ergebnis bei Punkt- und Intervallschätzung

t_{iunten} Untergrenze einer Zeitklasse in Minuten

f_i halbe Klassenbreite einer Zeitklasse in Minuten

Die Bestimmungsgleichung zur Ermittlung der halben Klassenbreite einer Zeitklasse lautet:

$$f_i = \frac{G \cdot T_{per}}{2} + \sqrt{\left(\frac{G \cdot T_{per}}{2}\right)^2 + G \cdot T_{per} \cdot t_{iunten}} \quad \text{mit: } G = \left(\frac{\varepsilon'}{100}\right)^2$$

Beispiel: Es sind T_{per} = 10.000 min/Monat, ε' = 1 %. Die kürzeste Bearbeitungszeit liegt unter 1 Minute, die höchste Bearbeitungszeit bei 1 Stunde. Dann ist G = (1 %/100 %)² = 0,0001.

$$f_1 = \frac{0{,}0001 \cdot 10000}{2} + \sqrt{\left(\frac{0{,}0001 \cdot 10000}{2}\right)^2 + 0{,}0001 \cdot 10.000 \cdot 0} \approx 1$$

Dann ist: $t_{1\,unten} = 0$; $f_1 = 1$; $t_{1\,oben} = t_{1\,unten} + 2 \cdot f_1 = 0 + 1 \cdot 1 = 2$; $t_{2\,unten} = t_{1\,oben} = 2$

$$f_2 = \frac{0{,}0001 \cdot 10000}{2} + \sqrt{\left(\frac{0{,}0001 \cdot 10000}{2}\right)^2 + 0{,}0001 \cdot 10.000 \cdot 2} \approx 2$$

Dann ist: $t_{2\,unten} = 2$; $f_2 = 2$; $t_{2\,oben} = t_{2\,unten} + 2 \cdot f_2 = 2 + 2 \cdot 2 = 6$; $t_{3\,unten} = t_{2\,oben} = 6$

Zeitklassen-Nr.	Untergrenze in min	Mittelwert in min	Mittelwert in min
1	0	2	2
2	2	4	6
3	6	9	12
4	12	16	20
5	20	25	30
6	30	36	42
7	42	49	56
8	56	64	72

Abbildung II-299 Beispiel für eine Zeitklassenreihe

456 Bei der vorstehend angeführten Zeitklasse »10 bis 15 Minuten« wird dann der Klassenmittelwert von 12,5 Minuten verwendet, wenn der Experte sich für diese Zeitklasse entschieden hat.

457 Vgl. zur mathematischen Begründung der Zeitklassenberechnungen: Bokranz, R.: Die mathematischen Grundlagen des Zeitklassenverfahrens. Darmstadt: REFA, 1979.

Das Schätzen mit Hilfe von Zeitklassen (Zeitklassenverfahren) sollte man erwägen, wenn sich die Experten schwer zur Abgabe von Schätzwerten entschließen. Dabei ist zu prüfen, ob die mit dem Verwenden von Zeitklassenreihen verbundenen Prämissen zu erfüllen sind:[458]

1. Der Genauigkeitsbetrachtung liegt ein Periodenbezug und kein Auftragsbezug zu Grunde, d.h. stückbezogene Genauigkeitsaussagen sind nicht möglich.
2. Die Inhalte der Ablaufabschnitte, für die Sollzeiten zu schätzen sind, weichen zufällig voneinander ab. Das wird im Allgemeinen zutreffen.
3. Jedem Mitarbeiter werden zufällig Aufgaben zugewiesen, ungeachtet seiner Qualifikation oder Zuständigkeit. Aufgaben werden in der Praxis aber nicht zufällig irgendeinem, sondern demjenigen übertragen, der dafür zuständig oder am besten geeignet ist.
4. Einstufungen in eine falsche Zeitklasse werden nicht betrachtet. Aber: Einstufungen der Ablaufabschnitte durch Experten in eine falsche Zeitklasse kommen natürlich vor.

Delphi-Methode

Eine weitere Schätzhilfe ist die *Delphi-Methode*, bei der in einer ersten Schätzrunde Experten Zeitschätzungen durchführen. Dabei ist keiner der Experten über die Schätzungen der anderen informiert. Zu Beginn einer zweiten Schätzrunde erhält jeder Experte die Schätzwerte der anderen und wird gebeten, seine Schätzungen unter Berücksichtigung dieser Informationen noch einmal zu überdenken. In einer abschließenden dritten Runde werden die Ergebnisse der zweiten Runde gemeinsam diskutiert und versucht, einen Konsens zwischen allen Beteiligten zu finden. Die Anwendung der Delphi-Methode ist zu erwägen, wenn man sich auf mehrere Interviewpartner stützen will, ausreichend Zeit zur Verfügung steht und man stärker divergierende Einschätzungen nicht durch Rechentechnik ausgleichen will wie beim PERT-Verfahren.

Dreizeiten-Schätzmethode

Als *PERT-Verfahren*[459] oder als *Dreizeiten-Schätzmethode* wird ein Ansatz bezeichnet, bei dem man Sollzeiten für Ablaufabschnitte aus drei Zeitdauerschätzungen bestimmt, der

- minimalen, als optimistisch gewerteten Zeitdauer $t_{minimal}$,
- häufigsten, mittleren, am wahrscheinlichsten angesehenen Zeitdauer t_{normal},
- maximalen, als pessimistisch gewerteten Zeitdauer $t_{maximal}$.

Die Sollzeit t wird bestimmt nach:

$$t = \frac{t_{minimal} + 4 \cdot t_{normal} + t_{maximal}}{6}$$

Wurde in einer Expertengruppe z.B. geschätzt, dass für die Erfüllung einer Aufgabe vermutlich 30 min benötigt werden, maximal 45 min, weniger als 20 min aber nicht vorstellbar sind, wird eine Sollzeit t = (20 min + 4 · 30 min + 45 min) / 6 ≈ 31 min verwendet. Eine theoretisch haltbare Begründung für diesen Ansatz gibt es nicht, aber er wird in der Praxis häufig angewandt, mehr aus psychologischen als aus statistischen Überlegungen.

458 Vgl. Bokranz, R.: a.a.O., 1979, S. 17.

459 PERT = Program Evaluation and Review Technique ist ein 1958 im Rahmen des Polaris-Projekts entwickeltes Ereignisknoten-Netzplantechnik-Verfahren. Die dabei empfohlene Technik zum Schätzen des Vorgangs-Zeitbedarfs auf der Basis Beta-verteilter Einzelschätzungen wird in der Praxis meist ebenfalls als PERT-Verfahren bezeichnet. Die Annahme einer Beta-Verteilung ist anschaulich, aber theoretisch nicht zu begründen.

8.3 Zeitmessung

8.3.1 Prinzip und Anwendung

F. W. Taylor

Frederick W. Taylor (1856–1915) gilt als Urheber methodischer Zeitmessungen in der Industrie. Er stoppte für »den besten Mann unter idealen Umständen« die kürzeste Zeit und verstand sie als »sportliche Herausforderung für die Besten«. Um sie praktisch anwenden zu können, versah er sie mit drei Zuschlägen:

1. einem Zuschlag, um die minimale Zeit für den Besten zur minimalen Zeit für den Durchschnittlichen zu transformieren,
2. einem Zuschlag, um auftretende Störungen abzugelten und
3. einem Zuschlag für Arbeitsermüdung.[460]

C. E. Bedaux

Der in den USA als Berater tätige Franzose Charles E. Bedaux (1886–1944) koppelte als erster die gemessenen (Ist-)Zeiten mit der wahrgenommenen Bewegungsgeschwindigkeit und -wirksamkeit und wies eine »für die normale Person geltende Sollzeit« aus. Bedaux schuf damit jenes methodische Konzept, dem man bei Zeitmessungen noch heute folgt.[461]

Zeitaufnahme

Mit Hilfe von *Zeitmessungen* (Zeitaufnahmen) werden *Istzeiten* erfasst und in *Sollzeiten* transformiert. Die Messung erfolgt mit Hilfe einer Stoppuhr oder eines elektronischen Erfassungsgerätes.[462] Dabei wird das der Abbildung II-300 zu entnehmende Messprinzip angewandt.

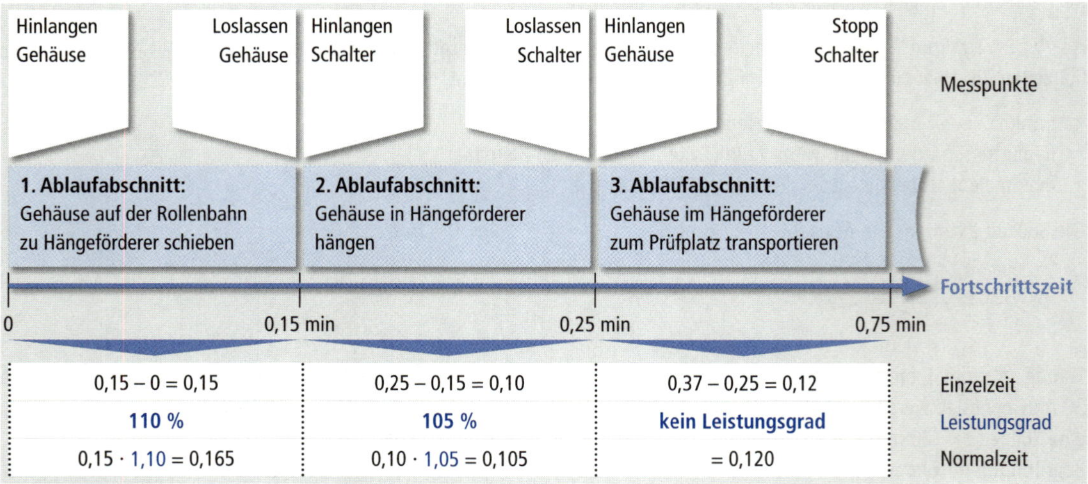

Abbildung II-300 Messprinzip bei der Zeitmessung

Der Ablauf wird in Ablaufabschnitte unterteilt, um Einzelzeiten für diese Ablaufabschnitte zu messen. Während der gesamten Messstichprobe läuft ununterbrochen ein Zähler, um die Fortschrittszeit zu

460 Vgl. Taylor, F. W.: Principles of Scientific Management, 1911. Ins Deutsche übersetzt von R. Roeseler: Die Grundsätze wissenschaftlicher Betriebsführung. München: Oldenbourg, 1913.

461 Bedaux veröffentlichte noch vor Gründung des REFA eine Methodenlehre des Arbeitsstudiums, das durch sein Beratungsunternehmen, die Bedaux-Gesellschaft, bei deutschen Unternehmen eingeführt wurde. Vgl. Rochau, E.: Das Bedaux-System. Praktische Anwendung und kritischer Vergleich mit dem REFA-System, 3. Auflage. Würzburg: Konrad Triltsch, 1952.

462 Vgl. REFA (Hrsg.): a. a. O., 1997, S. 90 f.

ermitteln. Die Einzelzeit ti pro Ablaufabschnitt ergibt sich als Differenz der Fortschrittszeit Fi am Ende des Abschnitts und der am Ende des vorhergehenden Abschnitts F_{i-1}, d.h. es ist $t_i = F_i - F_{i-1}$. Bei Abläufen mit zyklischen Ablauffolgen wird aus n Einzelzeiten t_i der Einzelzeiten-Mittelwert $\bar{t}$ für einen Ablaufabschnitt gebildet, d.h.

$$\bar{t} = \frac{1}{n}\sum t_i$$

8.3.2 Vertrauensbereich und Stichprobenumfang

Absoluter Vertrauensbereich

Der Einzelzeiten-Mittelwert $\bar{t}$ hat als Stichproben-Kenngröße einen *Vertrauensbereich*, der vom Stichprobenumfang (Anzahl zyklischer Wiederholungsmessungen) und von der Standardabweichung der gemessenen Einzelzeiten abhängt. Der absolute Vertrauensbereich für den Einzelzeiten-Mittelwert $\bar{t}$ eines Ablaufabschnitts wird ermittelt nach:

$$\mu_{UNTEN}^{OBEN} = \bar{t} \pm \frac{s_{ti}}{\sqrt{n}} \cdot t_{95\%;n-1}$$

μ^{OBEN}	obere absolute Vertrauensgrenze für den Einzelzeiten-Mittelwert
μ_{UNTEN}	untere absolute Vertrauensgrenze für den Einzelzeiten-Mittelwert
$\bar{t}$	Mittelwert aus n Einzelzeiten
s_{ti}	Standardabweichung aus n Einzelwerten t_i
$t_{95\%;\,n-1}$	beidseitiger Schwellenwert der t-Verteilung zur Aussagewahrscheinlichkeit (95 %) und der Anzahl Freiheitsgrade (n – 1)

Beispiel: Es wurde für einen Ablaufabschnitt bei 20 Wiederholungsmessungen eine mittlere Istzeit von 1,25 min, mit einer Standardabweichung von 0,25 min ermittelt. Der absolute Vertrauensbereich ergibt sich nach:

$$\mu_{UNTEN}^{OBEN} = 1{,}25 \pm \frac{0{,}25}{\sqrt{20}} \cdot 2{,}093 = 1{,}15 \pm 0{,}12,$$

d.h. es sind

$\mu_{UNTEN} = 1{,}13$ min und $\mu^{OBEN} = 1{,}37$ min.

Die wahre mittlere Istzeit liegt mit 95 %iger Wahrscheinlichkeit zwischen 1,13 min und 1,37 min.

Zu große Vertrauensbereiche

Ob ein Vertrauensbereich angemessen oder zu groß ist, ist nur für eine konkrete Situation zu beurteilen. Je größer der Vertrauensbereich ist, desto geringer ist die statistische Genauigkeit des Zeitmittelwertes. Auf zu große Vertrauensbereiche kann man wie folgt reagieren:

1. Die Streuungsursache ist abzustellen: Die Streuungsursache (z. B. Schwankungen der Lötbadtemperatur) wird erkannt und abgestellt bzw. reduziert. Dann führen Wiederholungsmessungen zu einem engeren Vertrauensbereich.
2. Die Streuungsursache ist nicht abzustellen: Die Streuungsursache ist nicht systematischer, sondern zufälliger Art und somit nicht zu erklären, z. B. weil man bei der Aufgabe »Reparaturaufwand taxieren« das Spektrum der Schäden nicht systematisieren kann. Dann führen auch Wiederholungsmessungen zu keinem gravierend engeren Vertrauensbereich.

3. Die Streuungsursache ist zu erklären. Sie ist nicht zufälliger, sondern systematischer Art und mit Hilfe anderer statistischer Ansätze zu erklären, z. B. der Regressionsanalyse (vgl. Teil III, Kapitel 4). Durch Verwendung von Zeiteinflussgrößen (z. B. Teilegewicht) wird dann die Streuung aufgelöst, indem nicht Durchschnittswerte, sondern Zeitfunktionen verwendet werden.

8.3.3 Zeitmessung und Bezugsleistung

Im Kapitel 3 wurde die Zeitmessung als geeignetes Verfahren zur Bestimmung von Sollzeiten bei Ablaufabschnitten mit arbeitsmittelbestimmten Vorkommnissen ausgewiesen. Dagegen sind bei Abläufen, in denen mitarbeiterbestimmte Vorkommnisse auftreten, zwei Probleme zu lösen:

1. Es ist das im vorhergehenden Abschnitt angeführte statistische Problem zu lösen.
2. Die Istzeiten sind auf eine Bezugsleistung zu nivellieren, um normierte Sollzeiten zu gewinnen.

Leistungsgradbeurteilen

Die bei Zeitmessungen angewandte Nivellierungstechnik wird als *Leistungsgradbeurteilen*[463] (nach REFA) bezeichnet. Verzichtet man auf das Leistungsgradbeurteilen, besteht die Gefahr, atypisch hohe oder atypisch geringe Leistungen unnivelliert zu verwenden, also eine geringe *Bezugsleistungstreue* hinzunehmen.

Leistungsgrad

Der Bezugsleistung beim Leistungsgradbeurteilen entspricht ein *Leistungsgrad* von 100 %. Dieser drückt das Verhältnis von beeinflussbarer Ist-Leistung zu beeinflussbarer Bezugsleistung aus.[464] Beim Leistungsgradbeurteilen werden zwei Aspekte des Bewegungsablaufs beobachtet und beurteilt,

- die Intensität, das ist die Effizienz der Bewegungsausführung, in Form von Geschwindigkeit und Kraftanspannung, z. B. erkennbar an den Grundbewegungen Hinlangen und Bringen und
- die Wirksamkeit, das ist die Effektivität der Bewegungsausführung, z. B. erkennbar an den Grundbewegungen Greifen und Fügen.

Durch das Leistungsgradbeurteilen wird der REFA-Leistungsgrad[465] bestimmt, der definiert ist als

$$L = \frac{\text{beobachtete Ist-Leistung}}{\text{vorgestellte Bezugsleistung}} \cdot 100\ \%$$

Für die rechnerische Nivellierung der Istzeiten wird der *Leistungsfaktor* $L_f = L/100\,\%$ verwendet. Die den nivellierten *Istzeiten* zu Grunde liegende Bezugsleistung wird als *REFA-Normalleistung*[466] und die ausgewiesene *Sollzeit* als REFA-Normalzeit t bezeichnet. Es ist

$$t = t_i \cdot L_f \text{ bzw. } t = \bar{t} \cdot L_f.$$

In Abbildung II-301 werden beispielhaft Normalzeiten ausgewiesen und gezeigt, dass Leistungsgrade über 100 % zu Sollzeiten führen, die höher als die Istzeiten sind, und Leistungsgrade unter 100 % zu geringeren Sollzeiten führen, die unter den Istzeiten liegen.

463 Das heute in Deutschland ausschließlich praktizierte Verfahren der Leistungsgradbeurteilung ist das des REFA. Bei der MTM-Anwendung entfällt die Leistungsgradbeurteilung, da den Prozessbausteinen eine Normleistung immanent ist (vgl. Abschnitt 2.8.2).
464 Vgl. REFA (Hrsg.): a. a. O., 1997, S. 127.
465 Vgl. REFA (Hrsg.): a. a. O., 1997, S. 126.
466 Der Begriff und die Ermittlung der Normalleistung sind problematisch, weil sie stark vom Erfahrungshintergrund des Beobachters abhängig sind. »Einen schlüssigen und quantitativen Beweis dafür, ob diese Erscheinung der Normalleistung tatsächlich existiert, gibt es nicht.« REFA (Hrsg.): Methodenlehre des Arbeitsstudiums. Bd. 2, Datenermittlung. München: Hanser, 1978, S. 135.

Ablaufabschnitt Nr.	Ist-Einzelzeit t_i in min	Sollzeit (Normalzeit) t in min
1	0,15	0,165
2	0,10	0,105
3	0,12	0,120

Abbildung II-301 Rechnerische Nivellierung von Istzeiten

Leistungsgrade sind nur bei Bewegungsabläufen, also grob- bis sensomotorischem Handeln, zu beurteilen. Bei statischer Haltearbeit oder informatorisch-mentaler Arbeit müssen die gemessenen unnivellierten Ist-Leistungen verwendet werden.[467] Das Leistungsgradbeurteilen ist deshalb meist auf einige Ablaufabschnitte beschränkt, so dass die *Bezugsleistungstreue* für den gesamten Ablauf eingeschränkt ist. Methodisch problematischer ist aber, dass das Messen von Istzeiten und deren Umwandlung in Sollzeiten, im Gegensatz zur sofortigen Bestimmung von Sollzeiten mit einem MTM-Bausteinsystem, einen methodischen Umweg darstellt. Beide Einschränkungen gelten nicht, wenn man die Anwendung der Zeitmessung auf Ablaufabschnitte mit arbeitsmittelbestimmten Vorkommnissen beschränkt.

8.4 Videoanalyse

Bewegungsgestaltung

Das Erfassen von Arbeitsmethoden durch Filmaufzeichnungen hat eine lange Tradition. Bei der Bewegungsgestaltung haben Film- oder Videoaufzeichnungen den Vorteil, dass Details von Ist-Abläufen besser als beim Beobachten zu erkennen sind. Ferner hat man die Möglichkeit, genau gleiche Bewegungssequenzen immer wieder betrachten zu können. Aus den Filmsequenzen sind auch Istzeiten abzuleiten, was für eine grobe Orientierung bei der Bewegungsgestaltung ausreicht. Videoaufzeichnungen sind also im Rahmen der korrektiven Arbeitsgestaltung ein nützliches Hilfsmittel. Das Erfassen von Bewegungsabläufen durch Film- und Videoaufzeichnungen unterliegt nach § 87 I Nr. 6 BetrVG der Mitbestimmung des Betriebsrats (vgl. Teil II, Abschnitt 9.8.5). Das unterscheidet die Videoanalyse von den anderen Ergänzungstechniken und auch von den MTM-Bausteinsystemen.

Videoanalyse

Seit einigen Jahren werden auch Videoaufzeichnungen anstelle von Zeitmessungen durchgeführt. Mit der Methode der *Videoanalyse* hat man sich in Fachpublikationen bisher nur wenig auseinandergesetzt. Die Vertreter der Videoanalyse verstehen diese als Alternative zur Zeitmessung, nicht zu den MTM-Bausteinsystemen, weil sie an existierende Arbeitssysteme und dort zu beobachtende Bewegungsabläufe gebunden ist. Durch Zeitmessungen sind auch betriebsmittelbestimmte Vorkommnisse zu erfassen, durch Videoaufnahmen zweckmäßig nur menschbestimmte Vorkommnisse.

Anders als bei Zeitmessungen werden bei Videoanalysen während der Datenerhebung keine Leistungsgrade beurteilt. Allerdings könnte man das, mit einigen Einschränkungen, im nach hinein tun. Videoanalysen sind wie Zeitmessungen auszuwerten, indem für jeden Ablaufabschnitt

- die Einzelzeiten t_i ausgewiesen und
- daraus deren Mittelwert $\bar{t}$ gebildet wird.

Zeitaufnahme vs. Videoanalyse

Statistische Auswertungen sind, wie im Abschnitt 8.3.2 zur Zeitmessung beschrieben, durchzuführen. Der substanzielle Unterschied bei der Sollzeit-Bestimmung zwischen Zeitmessungen und Videoanalysen besteht darin, dass

467 Vgl. REFA (Hrsg.): a. a. O., 1997, S. 128 f.

- den mit Zeitaufnahmen gewonnenen Sollzeiten eine standardisierte Bezugsleistung (REFA-Normalleistung) zu Grunde liegt,
- mit Zeitaufnahmen Sollzeiten für betriebsmittelbestimmte Vorkommnisse zu erfassen sind,
- die mit Videoanalysen ermittelten Sollzeiten auf einer betrieblichen Bezugsleistung (Istleistungs-Mittelwert), also auf keiner standardisierten Bezugsleistung basieren und auf menschbestimmte Vorkommnisse beschränkt ist.

Der Wert der Videoanalysetechnik liegt nicht darin, dass sie eine nützliche Ergänzungstechnik im hier verstandenen Sinne, sondern ein nützliches Hilfsmittel bei der korrektiven Arbeitsgestaltung ist.

8.5 Selbstaufschreibung

8.5.1 Prinzip, Arten und Anwendung

Universell einsetzbare Ergänzungstechnik

Als *Selbstaufschreibung* wird das Erheben von Istzeiten und Mengen durch jene Personen bezeichnet, welche die Arbeit ausführen. Zum Entwickeln von Prozessbausteinen wird die Selbstaufschreibung im Produktionsbereich nur selten angewandt.[468] Die Selbstaufschreibung ist insofern eine universell einsetzbare Ergänzungstechnik, als man betriebsmittel-, kunden- und institutionenbestimmte Vorkommnisse erfassen kann. Aber auch bei mitarbeiterbestimmten Vorkommnissen ist sie oft als Ergänzungstechnik nützlich, z. B. wenn es um die Erfassung von Kommunikationsbeziehungen oder um Aufgaben geht, die durch Fremderhebungen schwer zu identifizieren sind. Ferner wendet man Selbstaufschreibungen an, wenn erst nach der Aufgabenerfüllung klar ist, welche Ablaufabschnitte zu vollziehen waren. Das kommt z. B. in der Instandhaltung vor.

Vorgegebene Struktur

Selbstaufschreibungen sollten anhand einer vorgegebenen Struktur durchgeführt werden, weil sie sonst nicht methodisch auszuwerten sind. Das bedeutet, dass man alle aufzuschreibenden Sachverhalte bestimmten, zuvor festgelegten Kategorien zuordnet. In Abbildung II-302 werden die häufigsten Anwendungen von Selbstaufschreibungen angeführt. In den meisten Fällen werden Ressourcen analysiert, seltener auch Prozesse. Wie beim Multimomentverfahren liegt der Schwerpunkt bei der Selbstaufschreibung nicht in der Entwicklung von Prozessbausteinen, sondern in der Identifikation von Mängeln.

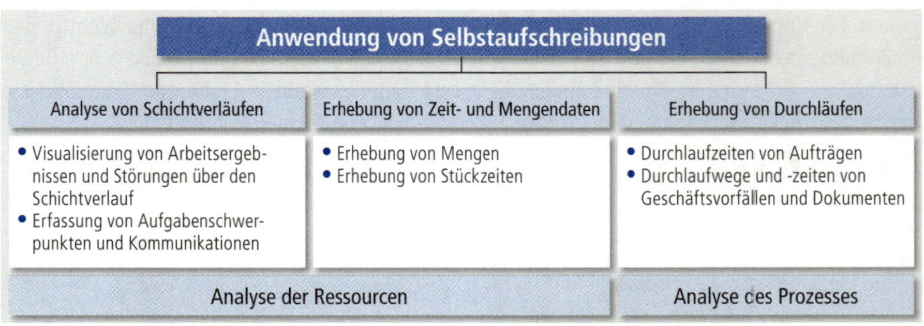

Abbildung II-302 Die häufigsten Anwendungen von Selbstaufschreibungen

468 Im Dienstleistungs- und Verwaltungsbereich wird die Selbstaufschreibung dagegen häufiger für die Erhebung von Istzeiten und zur Analyse der Kommunikationsbeziehungen angewandt. Vgl. Bokranz, R.; Kasten, L.: a. a. O., 2004, S. 376 f.

Drei Anwendungsbereiche

In der Produktion werden, anders als im Dienstleistungs- und Verwaltungsbereich, in erster Linie Schichtverläufe analysiert. Arbeitsergebnisse und Störungen werden bei der Arbeitssystem- und Prozessgestaltung, jedoch kaum beim Entwickeln von Prozessbausteinen visualisiert. Ein Vorteil bei der Erhebung von Schichtverläufen ist, dass aus dem Kontext mit dem Tagesverlauf Erkenntnisse zu gewinnen sind, die sich bei zeitlich begrenzten Untersuchungen nicht offenbaren. Das sind z. B. Aufgaben- und Störungsschwerpunkte, Kommunikationen oder Auswirkungen externer Einflüsse, z. B. von Lieferanten und Kunden.

Der zweite Anwendungsbereich von Selbstaufschreibungen ist die Erhebung von Zeit- und Mengendaten in Arbeitssystemen. Geht es um eine gezielte Datenerhebung, z. B. zur Dauer telefonischer Rückfragen, zu Nacharbeitsmengen oder Störungshäufigkeiten, liegen Einzelfragestellungen vor, bei denen der Kontext zum Tagesverlauf nicht interessiert.

Beim dritten Anwendungsbereich geht es nicht um Ressourcen-, sondern um Prozessdaten, wenn die Frage zu beantworten ist, wie Durchlaufwege und Durchlaufzeiten zu verkürzen sind.

8.5.2 Analyse von Schichtverläufen

Schichtverläufe können nach zwei Prinzipien erfasst und dokumentiert werden:

1. Visualisierungsprinzip: Arbeitsergebnisse werden für alle sichtbar, in Tages-Flipchart-Vordrucken über den Schichtverlauf hinweg durch die Mitarbeiter in den Arbeitssystemen notiert und meist durch diese auch ausgewertet.
2. Datenbeschaffungsprinzip: Schichtverläufe werden für die Auswertung durch Vorgesetzte oder Fachabteilungen in Vordrucken im Format DIN A4 notiert.

Visualisierungsprinzip

Die zur *Visualisierung* verwendeten Vordrucke im Flipchartformat werden auch als *Zeitplantafeln* oder »Toyotablätter« bezeichnet.[469] Darin werden durch die Vorgesetzten die geplanten Arbeitsmengen in Stundensprüngen von Hand eingetragen und der vorbereitete Bogen im betreffenden Arbeitssystem ausgehängt. Die Zeitplantafeln werden lückenlos von Schichtbeginn bis zu Schichtende in den entsprechenden Arbeitssystemen geführt. Im Schichtverlauf werden, wie in Abbildung II-303 anhand eines Beispiels dargestellt, durch die Mitarbeiter stündlich eingetragen

- die produzierte Gutteilestückzahl,
- der Ausschuss,
- die Soll-Ist-Stückzahlabweichung,
- Störungen und Störungsgründe.

Die Gutteilestückzahl wird auch beim Rüsten und allen Unterbrechungen fortgeschrieben. Dadurch werden der Outputverlauf und die Abweichungen zwischen Plan und Ist sichtbar. Die Gründe für die Abweichungen (z. B. Auftragsunterbrechungen, Störungen) und deren Auswirkung auf den Output sind für jeden sofort zu erkennen. In die Erklärungsspalte werden die Gründe für das Verfehlen der Soll-Stückzahl eingetragen.

Das bei den Zeitplantafeln angewandte Visualisierungsprinzip dient zwei Zwecken:

1. Vorgesetzte unterstützen ihre Mitarbeiter beim Identifizieren von Verbesserungsnotwendigkeiten und -möglichkeiten.

469 Vgl. z. B. Suzaki, K.: Modernes Management im Produktionsbetrieb, München, Wien: Hanser, 1989 S. 92 f.

2. Mitarbeiter entwickeln zu den von ihnen erfassten Mängeln mit Unterstützung durch Vorgesetzte und Industrial Engineering Verbesserungsmaßnahmen und setzen diese so weit wie möglich auch selbst um (vgl. Teil IV, Kapitel 3).

Vor dem Wochenende werden die Tagesergebnisse in Teambesprechungen (Mitarbeiter und Vorgesetzte, ggf. Unterstützung durch Industrial Engineering) zu einem Wochen-Flipchart zusammengefasst und visualisiert. Typische Verbesserungsansätze, die man hier zu erreichen hofft, sind insbesondere das

- Senken von Ausschuss und Nacharbeit sowie
- Reduzieren von Rüstzeiten und Störungen.

Frühschicht	**Presswerk 1**		
Maschine	MP 107/108	**Datum**	25.03.2009
Ident.-Nr.	903 423	**Anlagenführer**	Schliemann
Produkt	Längsträger NCV3	**Schichtplan**	Konti

Zeittakte		**Soll Stück/h** Plan	kum.	**Ist Stück/h** Ist	kum.	**Wartung/ Rüsten** Beginn	Ende	**Störungsart** S1	S2	S3	S4	S5	S6	S7	S8	andere, Erläuterungen	**AZO-Pause à 30 min**
1	06:00–07:00	285	285	285	285												
2	07:01–08:00	285	570	285	520										10		
3	08:01–09:00	285	855	285	755	8:30	8:40					10				Stillstand Schrottband	
4	09:01–10:00	285	1440	285	1039			1									
5	10:01–11:00	285	1425	285	1324												
6	11:01–12:00	285	1590	285	1489												P 2
7	12:01–13:00	285	1875	285	1787												
8	13:01–14:00	285	2160	285	1929	13:15	13:45	5					30			Stanzköpfe ausbauen und wechseln	
Schicht			2160		1929			6	0			10	30		10		

S 1	Ausschuss Stück	S 3	Maschinenwartungstermin	S 5	Maschinenstörung in min	S 7	fehlende Teile, Personen
S 2	Rüsten in min	S 4	Werkzeugwartungstermin	S 6	Werkzeugstörung in min	S 8	Pausendauer in min

Abbildung II-303 Beispiel für eine Selbstaufschreibung mit Hilfe von Zeitplantafeln

Letztlich zielt man beim Visualisierungsprinzip auf ein Verbessern der *Arbeitssystem-Produktivität.* Erste Verbesserungsmaßnahmen werden hier schon beschlossen. Für die Folgewoche wird dann das Auswertungsergebnis für alle sichtbar und die Umsetzung der beschlossenen Maßnahmen ist dann wiederum zu dokumentieren.

Das hier angeführte Beispiel einer Zeitplantafel wurde für Serienfertigungen entwickelt. In der Einzelfertigung haben die Erfassungsblätter einen anderen Aufbau, weil dort keine Outputmengen-Verläufe zu visualisieren sind.

Datenbeschaffung für Tagesablaufanalysen

Beim *Datenbeschaffungsprinzip* gibt es drei erfassungstechnische Möglichkeiten zur Durchführung von *Tagesablaufanalysen* (vgl. Abbildung II-304):

1. Fortschrittsliste: Der aufschreibenden Person wird eine leere vierspaltige Liste und für die zu erfassenden Aufgaben ein Aufgabenschlüssel (Kodierungsliste) vorgegeben. Sie trägt die Ende-Uhrzeit[470] bei jeder erfüllten Aufgabe ein (z.B. »107 = Arbeitsplatz vorbereiten«) und ggf. die Arbeitsmenge. Aufgrund des erheblichen Planungsaufwands wird diese Erfassungsform nur dann verwendet, wenn viele Personen in die Untersuchung einzubeziehen sind. Die Vorteile liegen darin, dass eingabefähige Datensätze entstehen[471] und strukturelle Beziehungen zwischen verschiedenen Stellen durch beliebige Schlüssel-Kombinationen zu identifizieren sind. Fortschrittslisten werden zum Erheben von Stückzeiten und für Kommunikationsanalysen verwendet.
2. Fortschrittszeitstrahl: An einer vorgedruckten Zeitskala werden die erfüllten Aufgaben und angefallenen Arbeitsmengen eingetragen und die Zeitdauer in Form von Begrenzungsstrichen markiert. Es entstehen für die aufschreibenden Personen übersichtliche Dokumentationen.[472] Die Nachteile liegen in der aufwändigeren Auswertung und darin, dass keine häufigen Aufgabenwechsel anfallen dürfen. Diese Form wird zum Erheben von Erstinformationen über Abläufe und zum Erfassen von Mengen verwendet.
3. Fortschrittstabelle: Die bei der Fortschrittsliste einzutragenden Aufgaben (-Schlüssel) sind vorgedruckt, ebenso Kurzzeit-Vorkommnisse wie z.B. Telefonate, Kurzstörungen (vgl. Abbildung II-304: St 1, St 2). Wie bei der Fortschrittsliste wird die Ende-Uhrzeit einer Aufgabenerfüllung eingetragen und angekreuzt, um welche Aufgabe es sich handelt. Zudem werden während der Aufgabenerfüllung auftretende Kurzzeit-Vorkommnisse mit Hilfe von Strichlisten erfasst. Der Vorteil gegenüber der Fortschrittsliste ist, dass man keine separaten Aufgabenschlüssel benötigt und durch das Strichlistenprinzip auch kürzeste Vorkommnisse zu erfassen ist. Der Nachteil liegt darin, dass nur eine begrenzte Anzahl Aufgaben im Vordruck unterzubringen sind. Mit Fortschrittstabellen werden Stückzeiten, Häufigkeiten/Arbeitsmengen sowie Kommunikationsbeziehungen erfasst.[473]

Fortschrittsliste

von …	bis	Aufgabe	Menge
8:00	8:20	107	
	8:35	205	1
	8:55	117	12
	9:10	201	
	9:25	205	4
	9:45	104	
	10:05	106	
	10:25	205	1
	10:50	117	14

Fortschrittszeitstrahl

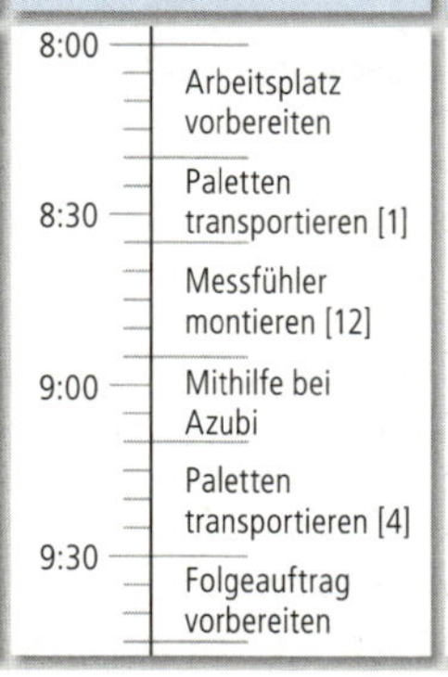

Fortschrittstabelle

von …	bis	102	104	106	107	115	116	117	201	205	St. 1	St. 2
8:00	8:20				×							
	8:35								1		I	
	8:55							12				III
	9:10								×		II	
	9:25									4		
	9:45		×									
	10:05			×								
	10:25									1	I	
	10:50							14				I

Abbildung II-304 Die drei technischen Möglichkeiten bei Tagesablaufanalysen

470 Nach Eintragen der ersten Beginn-Uhrzeit (in Abbildung II-304: 8 Uhr) steht die Ende-Uhrzeit gleichzeitig als Beginn-Uhrzeit der folgenden Aufgabe. Wenn im Beispiel das Vorbereiten des Arbeitsplatzes bis 8:20 Uhr dauert, beginnt das Transportieren der Paletten um 8:20 Uhr.

471 Diese Form der Selbstaufschreibung begründet eine Mitbestimmung des Betriebsrats nach § 87 Abs. I Nr. 6 BetrVG. Der Einsatz von Zeitplantafeln fällt so lange nicht unter diese Bestimmung, wie die damit gewonnenen Ergebnisse nicht rechnergestützt ausgewertet werden, was eigentlich nicht Zweck dieses Ansatzes ist.

472 Diese Erfassungsform ist deshalb geeignet, um KVP-Teams Ist-Zustände zu verdeutlichen und sie zum Entwickeln zu stimulieren.

473 Vgl. zu Durchführung von Kommunikationsanalysen mit Hilfe von Tagesablaufanalysen bei Bokranz, R.; Kasten, L.: a.a.O., 2003, S. 382 f.

Bei Tagesablaufanalysen sind folgende Sachverhalte zu beachten:

1. Das Notieren zu erhebender Daten führt zu Arbeitsunterbrechungen. Es ist zu bedenken, inwieweit das zu vertreten ist.
2. Häufigkeitsnotierungen zu Kurzzeit-Vorkommnissen, z. B. Kurztelefonate, Beantwortung kurzer Fragen, können die aufschreibenden Personen überfordern.
3. Die Daten müssen sofort nach Aufgabenerfüllung notiert werden. Deshalb dürfen die zu erfassenden Aufgaben weder zu filigran noch zu komplex sein.
4. Bei manchen Vorkommnissen, z. B. Störungen, kann durch die aufschreibenden Personen erst nach längerer Zeit festzustellen sein, welche Ursache vorlag.

Notierungsfehler entstehen bei Selbstaufschreibungen eher als bei Fremderhebungen (z. B. Multimomentaufnahmen). Manipulationen durch die aufschreibenden Mitarbeiter sind dagegen erfahrungsgemäß bedeutungslos.

8.5.3 Erhebung von Zeitdaten, Mengendaten und Durchläufen

Einzelaufgabenanalyse

Bei der *Einzelaufgabenanalyse* interessieren nicht die über den Tagesverlauf anfallenden, sondern nur ausgewählte Aufgaben, z. B. Rüsten, Transporte oder Durchführung von Nacharbeiten. Bei Einzelaufgabenanalysen werden meist Fortschrittstabellen verwendet.

Ein Beispiel zur Einzelaufgabenanalyse ist Abbildung II-305 zu entnehmen. Dabei werden für drei interessierende Aufgaben (Rüsten, Transporte und Ausschuss/Nacharbeit) deren tageszeitliche Lage, Zeitdauer und Mengen erfasst. Derartige Erhebungsvordrucke können auch mit ohnehin benutzen Vordrucken, z. B. Auftragszetteln, verknüpft werden, indem man sie auf die Rückseite kopiert.

Datum	von …	bis	Rüsten ohne Helfer	Transporte	Anzahl Skids	Ausschuss	Nacharbeit	Anzahl Teile
17. Juli	7:20	8:25	×					
18. Juli	11:00	11:55						
	12:00	12:10		×	25			
19. Juli	8:50	9:30					×	8
	10:45	12:00	×					

Abbildung II-305 Beispiel für eine Einzelaufgabenanalyse (Ausschnitt)

Durchlaufzeitanalyse

Die in Abbildung II-302 dargestellte *Durchlaufzeitanalyse* unterscheidet sich von der vorhergehend beschriebenen Einzelaufgabenanalyse dadurch, dass man keine ressourcen-, sondern prozessbezogene

Abteilung	erhalten			weitergegeben			Bearbeitungszeit in Abt. (Stunden)	Wartezeit zwischen Abt. (Stunden)
	Name	Datum	Uhrzeit	Name	Datum	Uhrzeit		
ASG	Mü	15.4.	10:00	Be	23.4.	16:00	54:00	–
CAD	Re	27.4.	9:00	Re	6.5.	16:00	54:00	10:00
ASG	Mü	13.5.	8:00	Mü	24.5.	10:00	50:00	33:00
Versuch	Rk	3.6.	13:00	Rk	11.6.	17:00	43:00	63:00
CAD	Re	14.6.	8:00	Re	15.6.	12:00	12:00	0:00
Prototyp	Sa	28.6.	8:00	Sa	12.7.	12:00	92:00	52:00

Abbildung II-306 Beispiel für die Durchlaufanalyse bei einem Entwicklungsauftrag (Ausschnitt)

Erkenntnisse gewinnen will. Oft werden sie in Form von Aktendurchlaufanalysen durchgeführt. Abbildung II-306 ist ein Beispiel für eine einfache Durchlaufanalyse zu entnehmen. Solche Erhebungstabellen werden z. B. Auftragstaschen beigelegt oder auf Aktendeckel geklebt. Bei diesem Beispiel wird zwischen »in Bearbeitung innerhalb einer Abteilung« und »warten auf den Beginn der Bearbeitung in der Folge-Abteilung« unterschieden. Es kann ermittelt werden, welchen Anteil Liegezeiten an der Durchlaufzeit haben und inwieweit sich die Durchlaufzeit beschleunigen ließe.

8.6 Multimomentverfahren

8.6.1 Prinzip und Anwendung

Beim *Multimomentverfahren*[474] werden Auftretenshäufigkeiten von Vorkommnissen mit Hilfe stichprobenmäßig durchgeführter Kurzzeitbeobachtungen ermittelt. Beobachtet werden bei Rundgängen in Arbeitssystemen zum Beobachtungszeitpunkt auftretende Vorkommnisse. Aufgrund vieler Notierungen wird ein Abbild der Anteile dieser Vorkommnisse am üblichen Tagesgeschehen gewonnen. Das Prinzip des Multimomentverfahrens wurde erstmals in den 1920er-Jahren des vergangenen Jahrhunderts publiziert.[475] Es wird an einem einfachen Beispiel veranschaulicht.

Beispiel

An Spritzgießmaschinen werden die zu erfüllenden Aufgaben drei Vorkommnisarten zugeordnet, »Teilehandhabungen«, »Teiletransporte« und »Unterbrechungen«. Abbildung II-307 ist ein Ausschnitt aus dem Tagesverlauf an einer Spritzgießmaschine zu entnehmen, in dem in unregelmäßiger Folge Vorkommnisse zu den drei Vorkommnisarten auftreten. Bei den Rundgängen wurden 1.000 Beobachtungen durchgeführt und folgende Daten erhoben:

- in 490 von 1.000 Fällen = 49 % der Vorkommnisse zu »Teilehandhabungen«,
- in 320 von 1.000 Fällen = 32 % der Vorkommnisse zu »Teiletransporte«,
- in 190 von 1.000 Fällen = 19 % der Vorkommnisse zu »Unterbrechungen«.

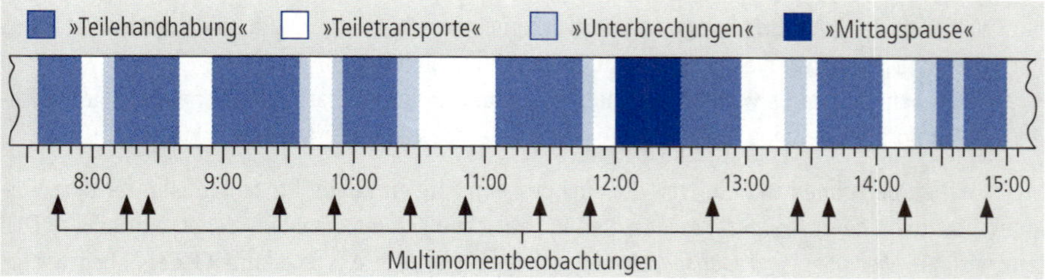

Abbildung II-307 Beobachtungsprinzip beim Multimomentverfahren

Gründe für Multimomentaufnahmen

Multimomentaufnahmen werden hauptsächlich aus drei Gründen durchgeführt:

1. Identifikation von Mängeln bei Prozessen: Treten Vorkommnisse atypisch oder inakzeptabel häufig auf (z. B. beim vorstehend angeführten Beispiel der hohe Transportanteil), ist das ein Anlass für weitergehende Analysen.
2. Ermittlung von sachlichen Verteilzeitzuschlagssätzen: Es sind die Anteile für die Ablaufarten zusätzliche Tätigkeit und störungsbedingtes Unterbrechen zu ermitteln.

474 Lat. multum = viel; momentum = Augenblick.
475 Vgl. Haller-Wedel, E: Das Multimomentverfahren in Theorie und Praxis, München: Hanser, 1964, S. 17 f.

3. Datenbasis für Prozessbausteine ermitteln: Ermittlung von Häufigkeiten für Fallarten oder Periodenmengen, z. B. um MTM-Prozessbausteine gewichten zu können.

Phasen

Multimomentaufnahmen werden in drei Phasen durchgeführt:

1. Planungsphase: Hier ist festzulegen, welche Arbeitssysteme zu beobachten und welche beobachteten Personen und Vorgesetzte zu informieren sind. Ferner geht es um die Frage, welche Vorkommnisse zu beobachten sind und wann die Ergebnisse vorliegen müssen. Dazu ist zu klären, wie viele Beobachtungen insgesamt und pro Schicht durchzuführen sind und wie viele Beobachter zur Verfügung stehen.
2. Durchführungsphase: Die Beobachter gehen zu festgelegten Zeitpunkten zu den zu untersuchenden Arbeitssystemen, notieren die beobachteten Vorkommnisse und führen erste Kontrollauswertungen durch. Dadurch sind starke Schwankungen der Anteilswerte frühzeitig zu erkennen, woraus z. B. auf mangelnde Repräsentativität zu schließen ist. Um aus den Anteilswerten Prozessbausteine oder sachliche Verteilzeitzuschlagssätze abzuleiten, sind parallel zur Multimomentaufnahme die Arbeitszeiten der Mitarbeiter sowie Arbeitsmengen und Häufigkeiten zu erfassen.
3. Auswertungsphase: Nach Abschluss der Beobachtungen werden Auswertungen durchgeführt, je nach Untersuchungsziel und den Möglichkeiten, die durch ggf. verwendete elektronische Erfassungsgeräte und Auswertungssoftware bestehen. Abschließend sind die Ergebnisse zu interpretieren, d. h. auf die vorliegende Aufgabenstellung zu reflektieren.

8.6.2 Statistische Grundlagen

Würde man nur zwei Vorkommnisarten beobachten, z. B. »Maschine läuft« und »Maschine steht«, erhielte man eine binomiale Verteilung und bei mehr als zwei verschiedenen Vorkommnisarten eine multinomiale Verteilung der Beobachtungsergebnisse. Beide Verteilungen sind durch die einfach zu handhabende Normalverteilung zu ersetzen, wenn die Bedingung $n \cdot p \cdot q > 50.000$ erfüllt wird, was in der Praxis stets der Fall ist.[476] Ferner müssen drei Bedingungen erfüllt sein:

Bedingungen

- Repräsentativität: Im Erfassungszeitraum liegen typische Verhältnisse vor.
- Zufälligkeit: Jeder im Erfassungszeitraum vorkommende Zeitpunkt und damit jedes Vorkommnis wird mit gleicher Wahrscheinlichkeit in die Erhebung einbezogen.
- Stichprobenumfang: Es wird für die interessierende Vorkommnisart eine ausreichend große Anzahl Vorkommnisse beobachtet, um die wahren Anteilswerte treffsicher zu schätzen.

Absoluter Vertrauensbereich

Statistisch zu berechnen ist, wie weit der stichprobenmäßig ermittelte Prozentanteil p für eine Vorkommnisart von deren wahren Prozentanteil P wahrscheinlich maximal abweichen wird. Diese Distanz wird als *absoluter Vertrauensbereich* f bezeichnet. Der wahre Prozentanteil P liegt höchstwahrscheinlich in diesem absoluten Vertrauensbereich.

$$f = \pm 1{,}96 \sqrt{\frac{p(100-p)}{n}}$$

f	absoluter Vertrauensbereich in Prozent für den Anteil der betrachteten Vorkommnisart
p	Prozentanteil der betrachteten Vorkommnisart
n	Anzahl der Beobachtungen (Stichprobenumfang)

476 Bei $n = 1.000$ Beobachtungen und einem Anteilswert $p = 49\,\%$ für eine Vorkommnisart ist $q = 100 - p = 51\,\%$. Dann ergibt sich mit $1.000 \cdot 49 \cdot 51 \approx 1{,}5$ Millionen eine sehr gute Erfüllung der Approximationsbedingung.

1,96 Konstante (Faktor der Summenfunktion der Standard-Normalverteilung) für eine Aussagewahrscheinlichkeit von 95 %

Eine 95 %ige Aussagewahrscheinlichkeit bedeutet, dass man, würde die Multimomentaufnahme unter unveränderten Bedingungen wiederholt, bei 95 % dieser Wiederholungen Anteilswerte ermittelt, die innerhalb des Vertrauensbereichs p ± f liegen. Der Vertrauensbereich ist ein Maßstab für die Schätzgenauigkeit der ermittelten Anteilswerte und hängt ab von der Anzahl Beobachtungen und vom ermittelten Prozentanteil für die betrachtete Vorkommnis- oder Ablaufart.

Für das vorstehend angeführte Beispiel ergeben sich folgende absolute Vertrauensbereiche:

Beispiel

Vorkommnisart	Beobachtungen	Anteil p in %	absoluter Vertrauensbereich f in %	untere Vertrauensgrenze p_{min} in %	obere Vertrauensgrenze p_{max} in %
Teilehandhabungen	490	49	$\pm 1{,}96 \cdot \sqrt{\frac{49 \cdot (199-49)}{1.000}} = \pm 3{,}1\ \%$	45,9	52,1
Teiletransporte	320	32	$\pm 1{,}96 \cdot \sqrt{\frac{32 \cdot (199-32)}{1.000}} = \pm 2{,}9\ \%$	29,1	34,9
Unterbrechungen	190	19	$\pm 1{,}96 \cdot \sqrt{\frac{19 \cdot (199-19)}{1.000}} = \pm 16{,}6\ \%$	16,6	21,4
Σ	n = 1.000	100			

Abbildung II-308 Berechnungsbeispiel für absolute Vertrauensbereiche bei einer Multimomentaufnahme

Gelegentlich wird neben dem absoluten Vertrauensbereich f auch der *relative Vertrauensbereich* ε ermittelt:

Relativer Vertrauensbereich

$$\varepsilon \text{ in } \% = \pm \frac{f}{p} 100 \quad \text{bzw.} \quad \varepsilon \text{ in } \% = \pm 1.96 \sqrt{\frac{100-p}{n \cdot p}} \cdot 100$$

Auf das vorstehende Beispiel übertragen, ergeben sich folgende absolute und relative Vertrauensbereiche:

Vorkommnisart	Anteil p in %	absoluter Vertrauensbereich f in %	relativer Vertrauensbereich ε in %
Teilehandhabungen	49	3,1	$\pm 1{,}96 \cdot \sqrt{\frac{100-49}{1.000 \cdot 49}} = \pm 3{,}1\ \%$
Teiletransporte	32	2,9	$\pm 1{,}96 \cdot \sqrt{\frac{100-32}{1.000 \cdot 32}} = \pm 2{,}9\ \%$
Unterbrechungen	19	2,4	$\pm 1{,}96 \cdot \sqrt{\frac{100-19}{1.000 \cdot 19}} = \pm 16{,}6\ \%$

Abbildung II-309 Berechnungsbeispiel für relative Vertrauensbereiche bei einer Multimomentaufnahme

Bei der Planung von Multimomentaufnahmen ist die erforderliche Anzahl Beobachtungen, der Stichprobenumfang, festzulegen, um die Untersuchungsdauer abschätzen und die täglichen Beobachtungsrundgänge planen zu können. Dazu wird die Formel zur Bestimmung des absoluten Vertrauensbereichs f nach der Anzahl Beobachtungen n aufgelöst, und man erhält die Formel für die näherungsweise Bestimmung der *Anzahl erforderlicher Beobachtungen* n' (darin ist f' der gewünschte, erforderliche Vertrauensbereich):

Anzahl erforderlicher Beobachtungen

$$n' = \frac{3{,}84 \cdot p \cdot (100-p)}{f'^2}$$

Ist z. B. für die Vorkommnisart »Teilehandhabungen« (p = 49 %) mit einem gewünschten Vertrauensbereich f' = 2,5 % der Beobachtungsumfang zu bestimmen, ist

$$n' = \frac{3{,}84 \cdot 49 \cdot (100 - 49)}{2{,}5^2} = 1.535 \text{ Beobachtungen}$$

Da bereits n = 1.000 Beobachtungen durchgeführt wurden, wären noch (n' – n) = 535 weitere Beobachtungen durchzuführen.

Vorgehen bei Multimomentaufnahmen

Im Folgenden wird das Vorgehen bei Multimomentaufnahmen beschrieben. Da es sich dabei um eine komplexe Methode handelt, wird in Abbildung II-310 ein Überblick zum Vorgehen gegeben.

1. Planung	1.1	Erhebungsziele festlegen
	1.2	Untersuchungsfeld und Untersuchungszeitraum festlegen
	1.3	Vorkommnis- und Ablaufartenkataloge anlegen, Anzahl erforderlicher Beobachtungen festlegen, Rundgangsplan erstellen
	1.4	Beobachtungszeitpunkte festlegen, Beobachtungsformblätter anlegen, Proberundgänge durchführen
2. Durchführung	2.1	Beobachtungsrundgänge absolvieren
	2.2	Kontrollauswertung durchführen
3. Auswertung	3.1	rechnerische Auswertung durchführen
	3.2	Ergebnisse aufbereiten
	3.3	Ergebnisse interpretieren

Abbildung II-310 Vorgehen bei Multimomentaufnahmen

8.6.3 Planung von Multimomentaufnahmen

Erster Schritt: Erhebungsziele festlegen

Je komplexer ein Vorhaben ist, desto akribischer sind die vier in Abbildung II-310 angeführten Planungsschritte durchzuführen. Im ersten Planungsschritt sind die Erhebungsziele festzulegen. Die häufigsten Erhebungsziele sind:

1. Identifikation von Mängeln bei Prozessen,
2. Ermittlung von sachlichen Verteilzeitzuschlagssätzen,
3. Häufigkeiten für Fallarten oder Periodenmengen bei indirekten Bezugsgrößen,
4. Auslastung der Ressourcen prüfen und Schwachstellen identifizieren.

Aus den Erhebungszielen sind für den weiteren Untersuchungsgang erforderliche Schlüsse zu ziehen, insbesondere, welche

1. Arbeitssysteme zu untersuchen sind,
2. Vorkommnisse oder Ablaufarten von besonderem Interesse sind,
3. Erhebungszeiträume repräsentative Ergebnisse liefern werden,
4. Vertrauensbereiche bei der Erhebung anzustreben sind,
5. Personen und Institutionen zu informieren sind.

Die beobachteten Personen sollten angeregt werden, ihr übliches Arbeitsverhalten während der Erhebung beizubehalten, weil nur dann auch der Schluss von den Erhebungsergebnissen auf den tagesgeschäftlichen Normalfall zulässig ist.

Zweiter Schritt: Untersuchungsfeld und Untersuchungszeitraum festlegen

Im zweiten Planungsschritt sind das Untersuchungsfeld (zu erfassende Arbeitssysteme) und der Untersuchungszeitraum festzulegen. Oft werden nicht alle Arbeitssysteme im Untersuchungsbereich erfasst. Dann müssen die ausgewählten Arbeitssysteme repräsentativ für den gesamten Untersuchungsbereich sein, z. B. hinsichtlich der auftretenden Vorkommnisse und Ablaufarten, der Mengen oder der Mitarbeiterqualifikation. Besonders zu beachten sind Aushilfs-, Teilzeit- und Leihkräfte, Mitarbeiter an ortsveränderlichen Arbeitsplätzen sowie Personen, die während der Untersuchung hinzukommen oder ausscheiden. Je umfangreicher Multimomentaufnahmen sind, desto empfehlenswerter ist es, Erhebungsfelder hierarchisch zu strukturieren. Für die Durchführung einer Multimomentaufnahme in mehreren Werken eines Unternehmens wurde z. B. folgende sechsstufige hierarchische Struktur gewählt:

1. Werk (z. B. Oldenburg)
2. Fertigungsbereich (z. B. Stoßfänger)
3. Untersuchungsbereich (z. B. Montage)
4. Teiluntersuchungsbereich (z. B. Stoßfänger-JIT-Montage)
5. Stellengruppe (z. B. Verpackungslinie)
6. Stelle (z. B. Registrierplatz)

Der Untersuchungszeitraum ist so festzulegen, dass ein repräsentativer Ist-Zustand erfasst wird. Sollen z. B. Spitzenwerte bei den Arbeitsbelastungen ermittelt werden, wird man den Untersuchungszeitraum in den Ultimo legen. Sind dagegen Jahresmittelwerte zu bestimmen, wird man einen Monat mit durchschnittlichem Mengenanfall wählen, z. B. März, April, September oder Oktober. Wenn Mengen erfahrungsgemäß periodisch schwanken, sollte sich eine Erhebung über mindestens einen Monat erstrecken.

Dritter Schritt: Ablaufartenkatalog, Beobachtungsanzahl und Rundgangsplan festlegen

Im dritten Planungsschritt sind

- der Vorkommnis- und Ablaufartenkatalog zu entwickeln,
- die Anzahl erforderlicher Beobachtungen zu bestimmen und
- der Rundgangsplan mit den Rundgangsfolgen festzulegen.

Gliederung und Umfang von Vorkommnis- und Ablaufarten-Katalogen werden zwar durch das Untersuchungsziel bestimmt. Drei Sachverhalte sind aber stets zu beachten:

1. Vorkommnisbeschreibung: Die Vorkommnisse sind zweifelsfrei zu beschreiben, um alle realen Situationen eindeutig einem Vorkommnis zuordnen zu können. Jedes Vorkommnis muss im Augenblick der Beobachtung anhand eines Erkennungsmerkmals zu identifizieren sein.
2. Vorkommnisarten-Differenzierung: Die Vorkommnisse müssen ausreichend differenziert sein, im Zweifelsfall eher mehr als weniger, weil bei der Auswertung ein Zusammenfassen, aber kein Untergliedern möglich ist. Bei Multimomentaufnahmen werden je Untersuchungsbereich oft zwischen 20 und 50 Vorkommnisse unterschieden.[477]
3. Vorkommnisarten-Strukturierung: Der Vorkommnisarten-Katalog muss sinnvoll gegliedert sein, um dem Beobachter seine Arbeit zu erleichtern und auch umfangreiches Zahlenmaterial bei der späteren Ergebnisinterpretation übersichtlich darstellen zu können.[478]

477 Gegen eine zu starke Differenzierung spricht, dass Vorkommnisse/Ablaufarten dann schwieriger zu unterscheiden sind. Einige Vorkommnisse/Ablaufarten werden zudem so selten auftreten, dass für akzeptable Vertrauensbereiche inakzeptabel hohe Beobachtungszahlen erforderlich werden (Faustregel: Anteilswerte für interessierende Vorkommnisse sollten nicht unter 2 % liegen).

478 Sammel-Vorkommnisse sollten auf ein Minimum beschränkt werden. Wenn Beobachtungen unter »Sonstiges« und »Nicht erkennbar« notiert werden, lässt sich nach Abschluss eines Rundgangs nur schwer rekonstruieren, was sich dahinter verbirgt.

Vorkommnisarten		Erkennungsmerkmale zu den Vorkommnissen
1	Prüfen	Teile am Tisch, Skid, Band, ... prüfen; Funktionsprüfungen durchführen etc.
2	Maskieren	Teile maskieren, abkleben; Maskierschablone anbringen etc.
3	Maschine	bestücken Teile in/aus Maschine, Anlage, Vorrichtung, ... einlegen/entnehmen
4	Montieren	Teile einbauen, verschrauben, verklipsen, verrasten, einsetzen, ... Anbauteil, Stoßleiste, Kabelstrang, Sensor, NSW, SRA, Einlegeteil, Feder, ... montieren etc.
5	Verpacken	Teile in Folie, Papier, Karton, ... verpacken etc.
6	Versandarbeiten	Warenanhänger ausfüllen, anbringen; Palette/Box bereitstellen u. vorbereiten; Palette/Box mit Folie abdecken; Karton/Behälter mit Spannband umwickeln; Karton aufschlagen, zukleben etc.
7	Grundieren/Lackieren von Hand	Teile zum Grundieren/Lackieren vorbereiten; Teile von Hand grundieren/lackieren etc.
8	Vor-/Be-/Nacharbeiten	Teile reinigen, entgraten, schleifen, polieren, befönen, beflammen etc.
9	Schäumen von Hand	Trennmittel aufbringen; Füllmasse einspritzen; Schaumstoffband zuschneiden, aufkleben etc.
10	Kaschieren von Hand	Teile beschneiden, umbugen, befönen, ... ; Trennmittel, Kleber auf Teile auftragen; Teile von Hand/Klebepistole verkleben; Schablone anbringen, entfernen etc.
11	Material vorbereiten	SMC-Material abwiegen, zuschneiden; Folie von SMC-Material abziehen; Rollen in Schneidvorrichtung einhängen etc.
12	Teile, Werkzeuge, ... transportieren, Handling	Gehen mit/ohne Teile, Werkzeuge, ... ; Teile mit Hubwagen, ... befördern; Teile auf/vom Skid, Band, ... aufgeben/abnehmen; Teile in/aus Palette, Box, Behälter, ... ablegen/entnehmen etc.
13	untätig	Ablaufbedingtes Warten; Störungsbedingtes Warten, z. B. wegen Maschinen-/Anlagenstörung; untätig wegen Materialmangel; untätig (Ursache nicht erkennbar)
14	Gespräche	zwei oder mehrere Personen sind im Gespräch; dienstliche Besprechnung in der Gruppe
15	Arbeitsplatz aufräumen, säubern etc.	Arbeitsplatz aufräumen und säubern; Arbeitsplatz bei Schichtbeginn vorbereiten; Vorrichtungen wechseln; Betriebsmittel, Werkzeuge reinigen; Maschinen ein-/nachstellen (kein planmäßiges Einrichten/Rüsten) etc.
16	Verwaltungsangelegenheiten	Arbeiten am PC; telefonieren; Unterlagen, Arbeitspläne, Schriftstücke lesen; Statistiken führen; Schreiben von Hand etc.
17	außerhalb des Untersuchsbereiches unterwegs	Rücksprache nehmen; Informationen beschaffen; Material holen; Grund der Abwesenheit nicht erkennbar etc.; Ablösen (Waschplatz, Kontrollplatz, ...); versetzt in anderen Arbeitsbereich; zum Maskieren in der Lackieranlage etc.
18	Pause	Frühstücks- und Mittagspause
19	Persönliches	jegliche persönliche Bedürfnisse, inkl. Speisen und Getränke holen; Essen, Trinken, Rauchen etc.
20	sonstiges	Teil mit Edding/Fettstift kennzeichnen

Abbildung II-311 Beispiel eines Vorkommnisarten-Katalogs

Bei dem Abbildung II-311 zu entnehmenden Vorkommnisarten-Katalog stehen die ersten 11 Vorkommnisarten für »unmittelbar Arbeitsfortschritt bewirkend« und die folgenden sechs Vorkommnisarten für »nur mittelbar zum Arbeitsfortschritt führend«. Die Beschreibung der Erkennungsmerkmale ermöglicht auch eingeschränkt sachkundigen Beobachtern eine sichere Notierung.

Die Bestimmung der Anzahl erforderlicher Beobachtungen n‘ wurde im Abschnitt 8.3.2 erläutert. Wird ein bestimmter Vertrauensbereich für einzelne Arbeitssysteme gefordert, muss die Anzahl erforderlicher Beobachtungen für diesen Vertrauensbereich ermittelt werden. Wenn man die Prozentanteile je Vorkommnis nur für eine Gruppe gleichartiger Arbeitssysteme (z. B. für alle Spritzgussmaschinen) benötigt, verteilt man die Beobachtungszahl auf diese. Die Anzahl der vermutlich erforderlichen

Beobachtungen ergibt sich als Quotient aus den insgesamt erforderlichen Beobachtungen und der Anzahl zusammengefasster Arbeitssysteme.

Beim Bestimmen der Rundgangsfolgen sind die *Beobachtungszeitpunkte*, die Anzahl Rundgänge und die Rundgangspläne festzulegen. Die Beobachtungen müssen zufällig erfolgen und einen zeitlichen Mindestabstand haben, der über der Rundgangsdauer liegt. Dauert ein Rundgang z. B. 10 Minuten, sollten zwischen zwei Rundgängen mindestens 15 Minuten liegen. Die *Anzahl möglicher bzw. erforderlicher Rundgänge pro Tag* wird bestimmt durch

- den zeitlichen Mindestabstand zwischen zwei Beobachtungsrundgängen,
- die Länge der Schichtzeit,
- den erwünschten Vertrauensbereich der Anteilswerte (je höher dieser ist, desto mehr erforderliche Beobachtungen),
- die Länge des Untersuchungszeitraums,
- ob eine Einzelaufnahme (Aussage pro Arbeitssystem) oder eine Gruppenaufnahme (Aussagen über mehrere gleichartige Arbeitssysteme) durchgeführt wird.

Die theoretisch[479] maximale Rundgangszahl pro Beobachtungstag R_{Tmax} ist:

$$R_{Tmax} = \frac{AZ}{(MIN + (MAX/2))}$$

AZ tägliche Arbeitszeit in Minuten

MIN, MAX zeitlicher Mindest-/Maximalabstand in Minuten zwischen zwei Beobachtungszeitpunkten

Bei einer Rundgangsdauer von z. B. 10 Minuten, einem Maximalabstand zwischen zwei Rundgängen von 20 Minuten sowie 8 Stunden täglicher Arbeitszeit sind theoretisch maximal 24 Rundgänge pro Tag durchzuführen.

$$R_{Tmax} = \frac{8 \cdot 60}{(10 + (20/2))} = 24 \text{ Rundgänge pro Tag}$$

Die Anzahl der erforderlichen Rundgänge pro Beobachtungstag R_T wird wie folgt ermittelt:

Einzelaufnahme: $$R_T = \frac{n'}{T}$$

Gruppenaufnahme: $$R_T = \frac{n'}{T \cdot n_R}$$

T Anzahl der Beobachtungstage

n' Anzahl erforderlicher Beobachtungen

n_R Anzahl Beobachtungen pro Rundgang

479 Die Einschränkung »theoretisch« erfolgt, weil die Rundgangszeitpunkte zufallsmäßig bestimmt werden, wobei es vorkommen kann, dass der mittlere Abstand von [MIN + (MAX/2)] bei den für einen Beobachtungstag bestimmten Zeitpunkten überschritten wird.

Werden bei einer Gruppenaufnahme pro Rundgang z. B. fünf Arbeitssysteme erfasst und sind innerhalb von 15 Tagen 1.535 Beobachtungen durchzuführen, bedingt das

$$R_T = \frac{1.535}{15 \cdot 5} \approx 20 \text{ Rundgänge pro Tag}$$

Um die Zufälligkeitsbedingung zu erfüllen und um bei mehreren Beobachtern ein einheitliches Beobachtungsprinzip zu sichern, erstellt man *Rundgangspläne*. Diese enthalten die Arbeitssysteme in der Reihenfolge, in der sie zu beobachten sind. Rundgangspläne gibt es in grafischer Form (Lagepläne mit Wegeskizzen) und in tabellarischer Form. Darin sollten mehrere Rundgangsfolgen geplant und zwischen ihnen im Verlauf der Multimomentaufnahme gewechselt werden. Für jedes Arbeitssystem sollte ein Beobachtungsstandpunkt eingetragen sein, von dem aus die Beobachtung vorzunehmen ist.

Vierter Schritt: Beobachtungszeitpunkte festlegen und Proberundgänge durchführen

Im vierten Planungsschritt sind die Beobachtungszeitpunkte festzulegen, die Beobachtungsformblätter anzulegen[480] und Proberundgänge durchzuführen. Bei manueller Planung wird nach dem Festlegen der Rundgangszahl pro Beobachtungstag aus einer Stunden-Minuten-Zufallszahlentafel für jeden Beobachtungstag der Rundgangszeitplan festgelegt. Dazu tippt man in der Abbildung II-312 zu entnehmenden Tabelle blindlings auf einen Stunden-Zahlenblock (z. B. auf Block 22), wählt z. B. 24 Stundenwerte durch spaltenweises Lesen des Blocks aus und trägt sie in einer Tabelle unsortiert untereinander ein. Dann geht man zu einem Minuten-Zahlenblock und übernimmt die Minutenwerte auf gleiche Weise.

Stunden										
11						12				
10	8	12	11	9		7	12	15	11	9
12	15	11	7	16		14	8	17	12	16
6	9	10	17	15		11	16	8	7	13
14	15	15	8	17		6	17	13	9	10
16	17	14	13	8		17	9	7	10	6
21						22				
11	14	7	15	6		9	15	8	17	15
9	13	6	11	17		12	14	6	7	11
14	12	9	7	15		7	16	15	6	9
16	10	12	8	14		14	9	16	12	7
6	9	13	10	15		13	12	10	11	8

Minuten										
11						12				
10	37	29	12	31		52	22	19	7	50
11	9	44	51	15		5	52	24	20	16
42	32	4	0	35		36	4	50	14	57
59	46	32	19	45		25	49	8	58	34
30	18	54	38	48		55	12	40	33	29
21						22				
3	14	49	42	50		48	15	58	54	40
46	28	17	54	4		1	21	37	24	58
58	6	30	38	26		54	42	26	4	46
32	49	57	48	21		23	4	49	43	30
12	26	38	19	9		0	34	24	51	19

Abbildung II-312 Stunden-Minuten-Zufallszahlentafel (Ausschnitt)

Beispielsweise liegt eine Arbeitszeit von 8:00 bis 16:45 Uhr vor, mit einer Pause von 12:00 bis 12:40 Uhr, und die Rundgangsdauer beträgt 10 min. Bei 20 Rundgängen pro Tag sind 24 Rundgänge theoretisch maximal möglich. Deshalb werden zunächst 24 Zufallszeitpunkte in aufsteigender Folge sortiert (vgl. Abbildung II-313). Zu dicht aufeinander folgende Beobachtungszeitpunkte werden eliminiert und durch andere ersetzt. Auf diese Weise entstehen die Rundgangszeitpunkte für alle Beobachtungstage.

480 Beim Einsatz elektronischer Erfassungsgeräte sind keine Erfassungsformblätter erforderlich, die Rundgangszeitpunkte werden automatisch erzeugt, und es wird durch einen Signalton zum Rundgang aufgefordert. Beim Einsatz einer Software werden die Rundgangszeitpunkte nach Eingabe der Arbeitszeit, Pausen und Rundgangsdauer automatisch erzeugt und beim Erfassungsgerät angezeigt oder mit den Beobachtungsblättern ausgedruckt.

Zufallszeiten		sortiert		ergänzt		Rundgangszeitpunkte		
Std.	min.	Std.	min.	Std.	min.	Tag	Std.	min.
09	48	~~08~~	~~13~~	08	00	1	08	99
~~12~~	~~01~~	~~08~~	~~19~~	08	34		08	13
~~07~~	~~54~~	08	58				08	34
14	23	~~09~~	~~04~~				08	58
13	10	09	33				09	33
15	15	~~09~~	~~36~~				09	46
14	21	09	46				09	58
16	42	~~09~~	~~48~~				10	24

Abbildung II-313 Beispiel (Ausschnitt) zur Ermittlung der Rundgangszeitpunkte mit Hilfe einer Stunden-Minuten-Zufallszahlentafel

Die Rundgangszeitpunkte werden bei manueller Durchführung auf Beobachtungsformblätter übertragen, die spaltenweise nach den Rundgängen und zeilenweise nach den zu beobachtenden Vorkommnissen gegliedert sind. Jede Beobachtung wird durch einen Strich in der Zeile des festgestellten Vorkommnisses notiert.

	Rundgänge →														
	Tag	18. August													
	Nr.	1													
	Uhr	8:00													
	Platz	1	2	3	4	5	6	7	8	9	10	11	12	13	14
11	STF in Montagevorrichtung setzen	I											I		
12	Gehen ohne Transport														
13	Gehen mit Transport				I		I								
14	STF auf Rutsche legen														
15	Rutsche in Pufferfläche schieben														
16	Anbaumaterial transportieren														
17	STF von Rutsche nehmen														I

	Rundgänge →							
	Tag	18. August						
	Nr.	1	2	3	4	5	6	7
	Uhr	8:00	8:19	8:34	8:58	9:33	9:46	9:58
11	STF in Montagevorrichtung setzen	I		II	I	I		
12	Gehen ohne Transport						I	II
13	Gehen mit Transport	I	I					
14	STF auf Rutsche legen				I		I	
15	Rutsche in Pufferfläche schieben		I		I		II	
16	Anbaumaterial transportieren		I	II				
17	STF von Rutsche nehmen		I	I				I

Abbildung II-314 Beispiel (Ausschnitt) für die Notierung von Beobachtungen bei Multimoment-Einzelaufnahmen (oben) und -Gruppenaufnahmen

8.6.4 Durchführung von Multimomentaufnahmen

Beobachtungsrundgänge

Das Durchführen von Multimomentaufnahmen besteht in erster Linie darin, die Beobachtungsrundgänge zu absolvieren, dabei die beobachteten Vorkommnisse zu notieren sowie begleitend die Arbeitszeiten der einbezogenen Personen und Mengen zu erfassen. Die beobachteten Vorkommnisse werden bei manueller Auswertung in Strichlistenform notiert. Beim Einsatz von Erfassungsgeräten werden die Beobachtungen durch Tastenbetätigung erfasst. Sowohl die Arbeitszeiten der beobachteten Personen als auch die Mengen werden zusätzlich zur eigentlichen Multimomentaufnahme erfasst.

Kontrollauswertung

Nach etwa 500 Beobachtungen führt man bei manueller Erfassung eine erste Kontrollauswertung durch.[481] Bei *Kontrollauswertungen* sind:

1. die Anzahl aller und die je Vorkommnis angefallenen Beobachtungen zu ermitteln,
2. die Prozentanteile p und die Vertrauensbereiche f für die Vorkommnisse zu bestimmen,
3. die erforderliche Beobachtungsanzahl n' zu ermitteln, falls der erwünschte Vertrauensbereich f' noch nicht erreicht wurde.

Dem in Abbildung II-315 angeführten Beispiel sind folgende Sachverhalte zu entnehmen:

1. Für das betrachtete Vorkommnis wird ein Anteil p = 40 % erwartet (Nr. 4).
2. Über bisher 5 Tage wurden täglich $n_i = 100$ Beobachtungen, insgesamt also n = 500 Beobachtungen durchgeführt.
3. Im rechten Bildteil wurde die geplante, erwartete Entwicklung des Vertrauensbereichs (Nr. 5) zum geschätzten mittleren Anteilswert von 40 % (Nr. 4) auf n = 500 Werte kumuliert eingetragen.
4. Im linken Bildteil sind die täglich angefallenen Anteilswerte (Nr. 3) und die kumulierten Anteilswerte (Nr. 6) eingetragen.
5. Den täglich angefallenen Anteilswerten sind ferner die täglich angefallenen Vertrauensbereiche (Nr. 7) zugeordnet, bezogen auf den kumulierten Anteilswert bei n = 500, das ist p = 45,6 %. Der tägliche Anteilsverlauf liegt im oberen Teil dieses »Vertrauensbereichstrichters« und der Anteilswert des vierten Beobachtungstages liegt sogar außerhalb. Das ist ein Beleg dafür, dass sich die täglichen Anteilswerte erst langsam zu einem stabilen Niveau hin bewegen.

Über den Aufnahmeverlauf hinweg werden für die wichtigen Vorkommnisse die Anteilswerte und Vertrauensbereiche kontrolliert, wie Abbildung II-315 zu entnehmen ist. Im Verlauf der Aufnahme wird der Vertrauensbereich immer enger. Die Anteilswerte stabilisieren sich zwar hin zum erwarteten Anteilsmittelwert (= 40 %), weichen von diesem aber doch deutlich ab.

481 Beim Einsatz von Auswertungssoftware werden die Notierungen täglich ausgewertet und die Ergebnisse tageweise kumuliert, so dass permanent Kontrollauswertungen anfallen. Durch diese permanenten Kontrollauswertungen ist frühzeitig zu erkennen, wenn Ungereimtheiten entstehen.

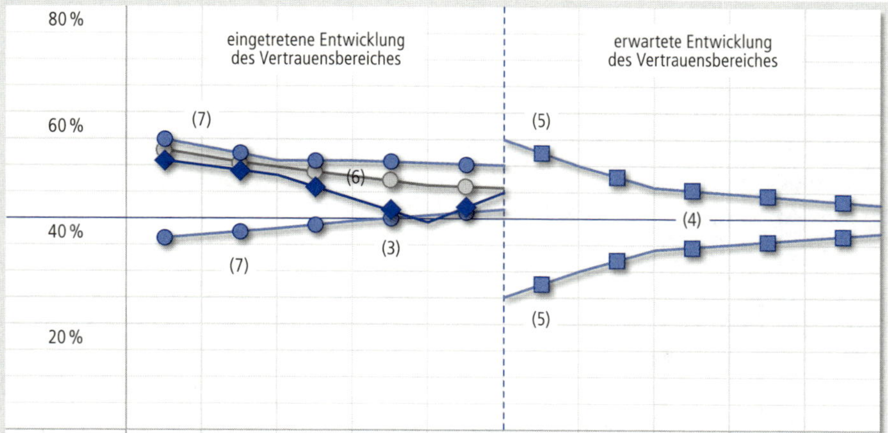

(1)	Tag	1	2	3	4	5	1	2	3	4	5
(2)	n =	100	200	300	400	500	100	200	300	400	500
(3)	p =	52	48	44	40	44					
(4)									$p_{geschätzt} = 40$		
(5)	f zu 40 %						9,6	6,8	5,5	4,8	4,3
(6)	Σp =	52,0	50,0	48,0	46,0	45,6					
(7)	Σf (+/–)	9,8	6,9	5,7	4,9	4,4					

Abbildung II-315 Beispiel (Ausschnitt) für eine Kontrollauswertung bei einer Vorkommnisart

Den Kontrollauswertungen ist zu entnehmen, ob die am Ende anfallenden Anteilswerte erheblich von den Schätzungen bei der Planung abweichen werden. Gegebenenfalls ist die vorgesehene Anzahl Beobachtungen zu erhöhen oder zu reduzieren.

8.6.5 Auswertung von Multimomentaufnahmen

Rechnerische Auswertung

Bei der *Auswertung* der Multimomentaufnahme geht es um die rechnerische Auswertung, um Ergebnisaufbereitungen und -interpretationen. Auswertungen sind nach zwei strukturellen Aspekten zu unterscheiden; nach dem hierarchischen und nach dem sachlich-funktionalen Aspekt.

Im Abschnitt 8.6.3 wurde zum hierarchischen Aspekt ein Beispiel für eine sechsstufige hierarchische Arbeitssystem-Struktur gegeben, die von der Organisationseinheit »Werk« bis hinunter zur Organisationseinheit »Stelle« reicht. Abbildung II-316 ist ein Beispiel für eine Auswertung über alle Vorkommnisarten und untersuchten Bereiche auf Werksebene zu entnehmen. Dabei werden das Gesamtergebnis und Mängelschwerpunkte dargelegt. So fallen z. B. die hohen Anteile für Nacharbeit und Untätigkeit auf. Ob diese typisch für das Werk sind oder ob sie sich zwischen Werksbereichen unterscheiden, ist zu erkennen, wenn man sich auf eine darunter liegende hierarchische Ebene begibt.

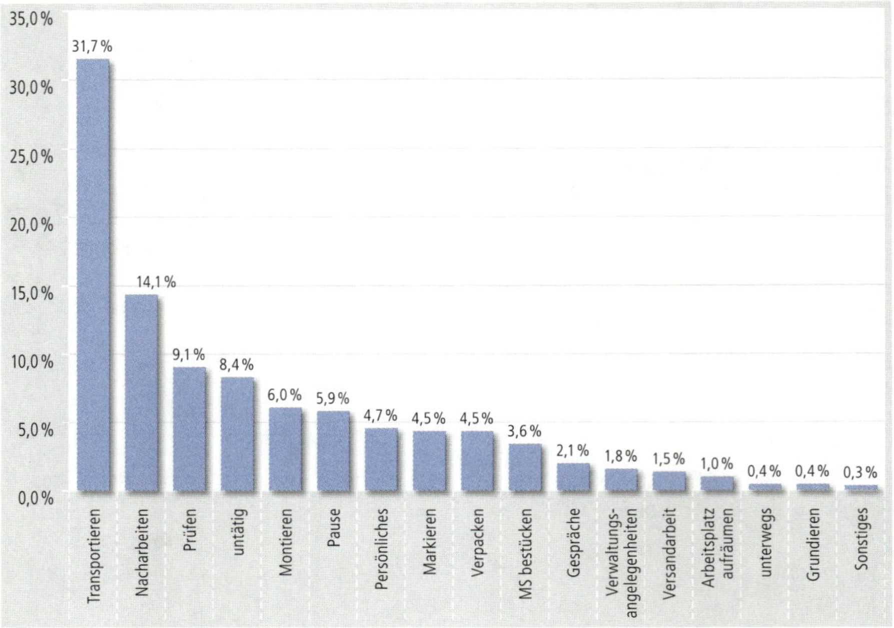

Abbildung II-316 Beispiel für eine Auswertung über alle Vorkommnisarten und untersuchten Bereiche auf Werksebene

Abbildung II-317 ist eine Auswertung auf der vierten hierarchischen Ebene (Teiluntersuchungsbereich) zu entnehmen, nach Vorkommnisarten. Eine tiefergehende Auswertung ist möglich, wird aber schnell unübersichtlich.

Das in Abbildung II-317 angeführte Auswertungsschema nach dem sachlich-funktionalen Aspekt ist verbreitet. Dem ist zu entnehmen:

1. Anzahl durchgeführter und je Vorkommnisart erfasster Beobachtungen: Im Beispiel wurden insgesamt 2.834 Beobachtungen durchgeführt, wovon 363 Prüfvorkommnisse notiert wurden.
2. Anteilswerte und kumulierte[482] Anteilswerte: Im Beispiel wurde für das Prüfen ein Anteil von 12,8 %, für das Transportieren, Montieren und Prüfen zusammen von 85,3 % ermittelt.
3. Absolute Vertrauensbereiche: Beim Prüfen beträgt $f = \pm 1{,}23\,\%$.
4. Relative Vertrauensbereiche (hier ausgeblendet): Beim Prüfen ist $\varepsilon = 1{,}23\,\% \,/\, 12{,}81\,\% \cdot 100\,\% = 9{,}6\,\%$.

482 Durch Kumulierungen kann besser entschieden werden, wofür man sich weitergehend interessieren möchte und was man für nicht verfolgenswert hält.

Vorkommnisarten	Anzahl Beob.	p in %	p kum.	f in %
Transportieren (Teile entnehmen, transportieren, bewegen, ...)	1.189	41,95	41,95	1,82
Montieren (Teile einsetzen, verschrauben, ...)	865	30,52	72,48	1,70
Prüfen (Teile am Skid, Band, Tisch, ... kontrollieren)	363	12,81	85,29	1,23
Persönliches (Getränke holen, Toilette, ...)	95	3,35	88,64	0,66
untätig (ablaufbedingtes Warten, Maschinenstörung, Material-/Behältermangel, ...)	66	2,33	90,97	0,56
Verwaltungsangelegenheiten (Lese-/Schreibarbeit, Telefon, ...)	62	2,19	93,15	0,54
Mitarbeiter-/Kollegengespräche	57	2,01	95,17	0,52
Maschinen bestücken (Teile einlegen/entnehmen)	33	1,16	96,33	0,39
Nacharbeiten (Teile entgraten, reinigen, Angüsse entfernen, ...)	28	0,99	97,32	0,36
außerhalb des Untersuchungsbereichs unterwegs	26	0,92	98,24	0,35
Sonstiges	23	0,81	99,05	0,33
Arbeitsplatz rüsten, aufräumen, säubern ...	11	0,39	99,44	0,23
Versandarbeiten (Boxen vorbereiten, umreifen, ...)	9	0,32	99,75	0,21
Pause	4	0,14	99,89	0,14
Verpacken (Teile in Folie, Karton, Behälter, ... verpacken)	3	0,11	100,00	0,12
Summe:	**2.834**	**100,00**		

Abbildung II-317 Beispiel für eine Auswertung nach Vorkommnisarten und der Ebene eines Teiluntersuchungsbereichs (Stoßfänger-JIT-Montage)

Tageszeitlicher Auftretensverlauf von Vorkommnissen

Weitere Auswertungsmöglichkeiten bestehen zum tageszeitlichen Auftretensverlauf von Vorkommnissen oder zur Ableitung von Sollzeiten. Bei der Ermittlung der *Sollzeiten* werden die parallel zur Multimomentaufnahme erfassten Arbeitsstunden pro Vorkommnis sowie die dabei erstellten Mengen verwendet. Die Sollzeiten/Stück je Vorkommnis werden ermittelt nach:

$$\frac{\text{erfasste Arbeitsstunden} \cdot \text{Anteilswert je Vorkommnis}}{\text{Arbeitsmenge} \cdot 100\ \%}$$

Bei der »Stoßfänger-JIT-Montage« wurden im Erhebungszeitraum für die dort tätigen Personen 1.950 Arbeitsstunden erfasst. Bei einem Anteilswert für das Prüfen von 12,8 % entfielen darauf 250 Stunden. Während des Erhebungszeitraums wurden 12.800 Stoßfänger produziert und damit auch geprüft. Dann beträgt die Sollzeit für das Prüfen ca. 1,2 min/Stoßfänger.

Aus so ermittelten Sollzeiten sollten nicht unbesehen Prozessbausteine abgeleitet werden. Die Qualität (vgl. Abschnitt 5.4) derartiger Sollzeiten ist eingeschränkt und qualitativ hochwertige Sollzeiten sind mit Hilfe eines MTM-Bausteinsystems wesentlich schneller zu entwickeln. Der Ausweis von Sollzeiten bei Multimomentaufnahmen-Auswertungen dient vielmehr der Plausibilisierung und Relativierung der Ergebnisse.

Auswertungsergebnisse interpretieren

Die Auswertungsergebnisse sollten interpretiert werden, indem man sie erläutert oder, wie vorstehend, anhand einer Sollzeit plausibilisiert. Darüber hinaus kann das Verwenden von Beziehungszahlen, z. B. Ressourcenkosten, Leistungstreibern, Betriebsflächen oder Kundenkennzahlen, zu informativen Interpretationen führen. Bei der Erläuterung sollten auch notwendige Relativierungen und Einschränkungen vorgenommen werden, z. B. zur Repräsentativität, zu zeitlichen Begrenzungen oder zur Möglichkeit der Verallgemeinerung.

8.7 Zusammenfassung

Bei den in diesem Kapitel erläuterten Verfahren handelt es sich um Ergänzungstechniken zu den MTM-Prozessbausteinsystemen. Sie besitzen spezifische Eignungen und werden für das Entwickeln von Prozessbausteinen zu Vorkommnissen eingesetzt, bei denen die MTM-Prozessbausteinsysteme nicht anwendbar sind oder man den dabei entstehenden Aufwand scheut. Die vorstehend erläuterten Ergänzungstechniken zur Entwicklung von Prozessbausteinen haben aber teilweise beim Identifizieren von Schwachstellen eine größere Bedeutung als bei Prozessbaustein-Projekten.

Der Zeitbedarf für das Erfüllen von Aufgaben wird nur teilweise mit Hilfe von Prozessbausteinen bestimmt. Bei Kalkulationen (vgl. Teil III, Kapitel 3) oder beim Projektmanagement (Kapitel 9) werden Zeiten häufig geschätzt, weil es bei Vorkalkulationen noch keine Prozessbausteine gibt bzw. beim Projektmanagement nicht geben wird. Von allen in der gesamten Wirtschaft verwendeten Sollzeiten werden die meisten durch Schätzen bestimmt. Deshalb sind die Schätzverfahren elementar.

Die Videoanalyse hat als Ergänzungstechnik bei der Entwicklung von Prozessbausteinen keine nennenswerte Bedeutung. Sie ist aber ein nützliches Hilfsmittel beim Beschaffen von Informationen über Bewegungsabläufe.

Die Zeitmessung hat keine gestalterische Relevanz, ist aber die geeignetste Methode zur Sollzeit-Bestimmung bei betriebsmittelbestimmten Vorkommnissen.

Die Selbstaufschreibung wird im Produktionsbereich als Ergänzungstechnik zum MTM-Verfahren nur selten angewendet. Häufiger wendet man Selbstaufschreibungen zur Analyse organisatorischer Sachverhalte an. Mit Hilfe von Zeitplantafeln (Toyotablättern) werden Abweichungen zu geplanten Ergebnissen visualisiert und damit korrigierenden Eingriffen zugängig gemacht. Deshalb sind sie eine geschätzte und wirksame Methode beim Verbesserungsmanagement (vgl. Teil IV, Kapitel 3).

Ähnlich verhält es sich mit dem Multimomentverfahren. Bei Projekten zur Entwicklung von Prozessbausteinen werden Multimomentaufnahmen seltener durchgeführt als bei Gestaltungs- oder Restrukturierungsprojekten. Der primäre Nutzen des Multimomentverfahrens resultiert aus seinen diagnostischen Möglichkeiten und weniger aus der Möglichkeit, Zeit- und Mengenwerte zu erheben.

9 Projektmanagement

9.1 Überblick

In diesem Kapitel wird das Management von Projekten behandelt, fokussiert auf Industrial-Engineering-Projekte. Das vorgeschlagene Vorgehen ist allerdings auch auf andere Projekte zu übertragen, z. B. Organisationsprojekte oder die Installation technischer Systeme.

Projekt

Ein *Projekt* ist ein Vorhaben, das

1. auf Entwicklung, Einführung oder Verbesserung (allesamt Neuartigkeiten hervorbringend, im Gegensatz zum Tagesgeschäft) ausgerichtet ist,
2. einmalig und komplex ist (eine große Anzahl von Einzelaktivitäten umfasst),
3. eine begrenzte Dauer, einen definierten Beginn und ein definiertes Ende hat (also zeitliche Befristung, im Gegensatz zum Tagesgeschäft),
4. vorgegebene (Projekt-)Ziele zu erreichen gestattet.

Projekte werden in der Literatur, über unsere Definition hinausgehend, auch durch weitere Merkmale charakterisiert:[483]

- Projekte bergen ein höheres Maß an Risiken und Unsicherheiten[484] als das Erfüllen tagesgeschäftlicher Aufgaben.
- Projekte sollen im Gegensatz zum Tagesgeschäft schnell zu Veränderungen führen.
- In Projekte sind typischerweise Mitarbeiter aus verschiedenen betrieblichen Bereichen involviert.
- Es sind die Interessen verschiedener Bereiche abzustimmen und zu einem verbindenden Ganzen zusammenzufassen.

Oft wird erst dann von einem Projekt gesprochen, wenn ein Vorhaben budgetierungs- und genehmigungspflichtig ist. Wir betrachten auch Voruntersuchungen und Machbarkeitsstudien als Projekte, wenn die vorstehend angeführten Kriterien zutreffen.

Projektmanagement

Der Begriff *Projektmanagement* wird unterschiedlich definiert:

1. In DIN 69901 wird unter Projektmanagement die Gesamtheit von Führungsaufgaben, -organisation, -techniken und -mitteln für die Abwicklung eines Projekts verstanden.
2. Der weltweit größte Projektmanagement-Verband, das Project Management Institute (PMI), definiert: »Project Management is the application of knowledge, skills, tools and techniques to project activities to meet project requirements.«
3. Da Projekt (lat.) für »Plan«, »Vorhaben« und Managen (engl.) für »Bewirken, zustande bringen« steht, verstehen wir unter Projektmanagement die Planung und Durchführung aller Aufgaben, die zu erfüllen sind, um ein einmaliges, komplexes Vorhaben erfolgreich zu realisieren.

Seit Langem ist bekannt, dass ein erheblicher Teil betrieblicher Projekte vorzeitig abgebrochen wird und bei der Mehrzahl der Projekte die Ziele nicht erreicht werden. Das liegt fast nie an methodischen

483 Vgl. Madauss, B. J.: Projektmanagement, 6. Auflage. Stuttgart: Schäffer-Poeschel, 2000, S. 37.

484 Risiko (Gefahr, Chance) bedeutet, abschätzen zu können, wie wahrscheinlich das Entstehen eines Ergebnisses, das Eintreten eines Ereignisses ist. Die sich aus dem Eintreten des Ereignisses ergebenden Konsequenzen (Folgen) werden jedoch nicht betrachtet. Unsicherheit bedeutet, nicht zu wissen, wie wahrscheinlich das Eintreten eines Ereignisses ist. Die sich aus dem Eintreten des Ereignisses ergebenden Konsequenzen sind jedoch bekannt und nicht Gegenstand der Betrachtung.

Unzulänglichkeiten. Überwiegend ist fehlendes Engagement der involvierten Personen[485] infolge schlechten Projektmanagements die Ursache.[486] Ferner besteht ein Problem darin, dass ein großer Anteil der Beschäftigten auf allen Hierarchieebenen an Veränderungen von vornherein nur begrenzt interessiert ist, so dass der PR-Arbeit bei Projekten große Bedeutung zukommt.[487]

9.2 Prinzipien des Projektmanagements

9.2.1 Phasenschema zum Projektmanagement

Phasenschemata

Der Literatur ist eine Vielzahl von Phasenschemata zum Vorgehen in Projekten zu entnehmen, die sich nur wenig unterscheiden. Wir folgen beim Management von Industrial-Engineering-Projekten den Abbildung II-318 zu entnehmenden Phasen.[488] Die in den beiden ersten Phasen anfallenden Aktivitäten werden oft auch unter dem Begriff Projektplanung zusammengefasst. Das Projekt-Controlling basiert auf dem genehmigten, freigegebenen Projektplan und verläuft synchron zur Projektdurchführung. In den folgenden Abschnitten wird erläutert, welche formalen Schritte in diesen Phasen erforderlich und empfehlenswert sind.

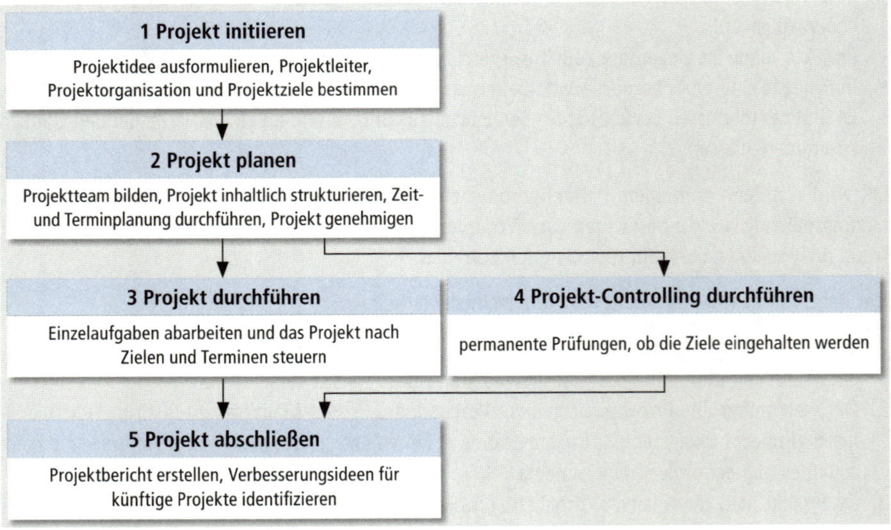

Abbildung II-318 Vorgehen beim Management von Industrial-Engineering-Projekten

485 Laut Gallup-Pressemitteilung vom September 2002 wurde in einer umfangreichen Untersuchung erhoben, dass in Deutschland zum Zeitpunkt der Untersuchung nur ca. 15 % der Arbeitnehmer in ihrem Job engagiert waren. Der aus unengagierten Mitarbeitern entstehende Schaden betrug nach dieser Studie ca. 220 Mrd. € p. a. Als wichtigster Grund für mangelndes Engagement wurde schlechtes Management ausgemacht. Das legt den Schluss nahe, dass ein erheblicher Teil erfolgloser Projekte durch unzulängliches Projektmanagement zu vertreten ist.

486 Vgl. Börjeson, L.: Handbuch für Projektkiller – Projekte verzögern, blockieren, sabotieren. Köln: Lund Verlagsgesellschaft, 2007.

487 Vgl. Litke, H.-D.: Projektmanagement – Methoden, Techniken, Verhaltensweisen, 5. Auflage. München: Hanser, 2007.

488 Für andere Projektarten werden abweichende Phasenschemata verwendet, z. B. für Softwareentwicklungsprojekte folgendes: Analyse – Machbarkeitsstudie – Entwurf – Umsetzung – Test – Pilotierung – Breitenrollout – Abschluss.

Da es hier um Industrial-Engineering-Projekte geht, orientieren wir uns an den in der zweiten und dritten Phase des PEP anfallenden Projekten. Abbildung II-319 ist zu entnehmen, dass dabei drei Projektarten zu unterscheiden sind:

1. *Entwicklungsprojekte*: Das sind solche Projekte, bei denen im ersten Teil der PEP-Entstehungsphase Arbeitssystem-Planungen so durchgeführt und validiert werden, dass man sie im zweiten Teil implementieren kann. In den meisten Branchen sind bei Entwicklungsprojekten, im Gegensatz zu Einführungs- und Verbesserungsprojekten, Externe zu involvieren, insbesondere Kunden und Lieferanten. Entwicklungsprojekte basieren meist auf Richtlinien für das Projektmanagement, die im PEP festgelegt sind und werden hochgradig DV-gestützt gemanagt.
2. *Einführungsprojekte*: Dabei werden Arbeitssystem-Planungen bis hin zum SOP umgesetzt. Ferner sind auch Instrumente und Methoden zu etablieren, z. B. das MTM-Verfahren, mit dem die zu SOP geltenden Standards entwickelt wurden. Eingeführt werden sowohl geplante Arbeitssysteme als auch Instrumente und Methoden. Einführungs- und Verbesserungsprojekte werden auch als interne Projekte bezeichnet, weil weitestgehend Interne involviert sind, auch die betroffenen Mitarbeiter und der Betriebsrat. Auch Einführungsprojekte werden nach im PEP festgelegten Richtlinien gemanagt, sofern diese Arbeitssysteme und -prozesse betreffen.
3. *Verbesserungsprojekte*: Während des nach SOP beginnenden Anlaufs und dann über die gesamte Lebensdauer von Prozess und Produkt sind die Arbeitssysteme zu verbessern. Auch im Rahmen von Verbesserungsprojekten sind ggf. Instrumente und Methoden zu etablieren, z. B. Kreativitätstechniken für KVP-Teams.

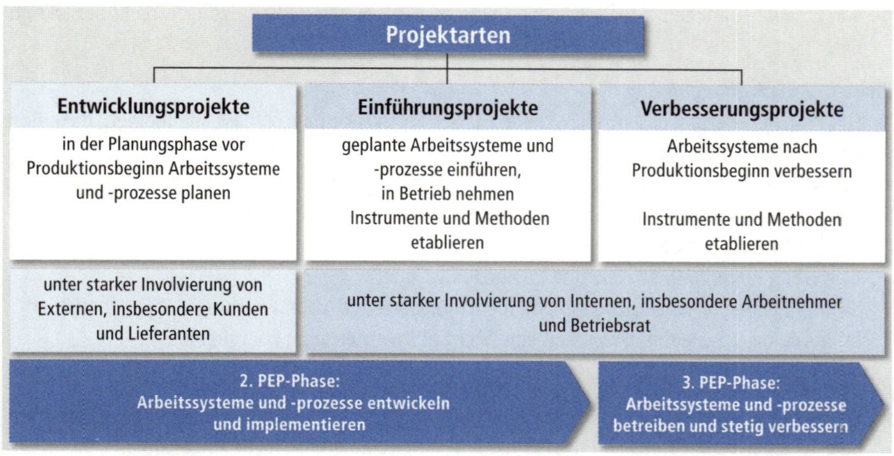

Abbildung II-319 Die drei häufigsten Projektarten im Industrial Engineering

9.2.2 Die häufigsten Ursachen erfolgloser Projekte

Im Abschnitt 9.1 wurde darauf hingewiesen, dass es bei Projekten eine hohe Misserfolgsquote gibt. Deshalb haben wir in diesem Abschnitt die erfahrungsgemäß häufigsten *Ursachen erfolgloser Projekte* zusammengestellt. Im Schwerpunkt liegen sie in den drei ersten Projektphasen.

Hohe Misserfolgsquote

Phase 1: *Projektinitiierung*

- Es gibt keine klaren Grundsätze für die Projektplanung, so dass zu viele emotionale Effekte einfließen.

- Es ist kein Bezug zur Geschäftsstrategie oder zu brennenden Themen auszumachen.
- Es mangelt an Öffentlichkeitsarbeit, teilweise ist das Projekt geheimnisumwittert.
- Es gibt konkurrierende Projekte, oder die Zahl laufender Projekte ist unüberschaubar.
- Aufgaben, Kompetenzen und Verantwortung der Mitglieder des Projektteams sind nicht eindeutig geregelt.
- Projektmitarbeiter sind nicht verfügbar, wenn sie benötigt werden, oder sie sind demotiviert, z. B. aufgrund erwarteter Konflikte mit ihren Bereichsinteressen.
- Dem Projektleiter mangelt es an Willen oder Können, er ist Technokrat, aber kein Manager.
- Es gibt keine Prioritäten und dazu noch eine mangelhafte Kommunikation innerhalb des Projektteams.

Phase 2: *Projektplanung*
- Die Ziele sind nicht so eindeutig definiert, dass enge Zielbezüge zu planen sind.
- Es wurden sehr unterschiedlich komplexe Arbeitspakete (Teilprojekte) gebildet oder zu detailliert oder zu grob geplant.
- Die Linieninstanzen sind nicht eingebunden und stimmen allein deshalb wichtigen Grundannahmen nicht zu. Das Gleiche gilt für die späteren Betroffenen und den Betriebsrat.
- Die Planungswerkzeuge sind unzureichend oder zu kompliziert, oder die Planungsergebnisse werden zu ausschweifend berichtet (Regel: je Report nur eine Seite).
- Die Planung ist zu sehr auf einen Endtermin fixiert, die einzelnen Zeit- und Kostenschätzungen sind nicht nachvollziehbar.
- Es werden Aufgaben vergessen oder unterschiedlich fein strukturiert oder »Verlustzeiten« infolge von Urlaub, Krankheit, Meetings oder Tagesgeschäft bei den Zeitschätzungen nicht berücksichtigt.

Phase 3: *Projektdurchführung*
- Die Projektsteuerung basiert nicht mehr auf der Projektplanung, so dass alle merken, dass diese zur Farce geworden ist.
- Die Mitglieder des Projektteams oder die Betroffenen verstehen nicht den Zweck der Steuerung, machen darin bürokratische Gängeleien aus und akzeptieren ihre Notwendigkeit nicht. Ergebnisse werden nicht verlässlich rückgemeldet.
- Es werden unkontrolliert Ziele und Planungen geändert.
- Dem Projektleiter werden zunehmend mehr Aufgaben und Verantwortungen zugeschanzt.
- Es wurde das Problem unterschätzt, eine Vielzahl Involvierter zu koordinieren.

Phasen 4 und 5: *Projekt-Controlling* und *Projektabschluss*
- Die Verantwortlichen liefern ohne nachhaltige Mahnungen keine Rückmeldungen zum Stand oder Abschluss ihrer Aufgaben. Das Prinzip der Bringschuld wird nicht eingehalten.
- Aufgaben werden nicht oder nicht vollständig erfüllt, ohne dass das erfasst und darauf reagiert wird.
- Es wird zwar erkannt, dass die Projektziele (z. B. in Bezug auf Qualität und Kosten) unausgewogen sind, jedoch nicht darauf reagiert.
- Umsetzbare Teilergebnisse werden nicht sofort umgesetzt, sondern alles »auf einen Schlag«.
- Die Erkenntnisse aus dem Projekt werden nicht so aufbereitet, dass man daraus einen Nutzen für andere Projekte oder für Ergänzungen des Produktionssystems ziehen könnte.

Erfolgsprinzipien

Abbildung II-320 sind aufgrund von Erfahrungswerten die Zeitaufwandsanteile für die fünf Projektphasen zu entnehmen. Diese unterscheiden sich zwar zwischen den Projektarten und Branchen, zeigen aber eine generelle Tendenz. Die Hauptaufmerksamkeit sollte man auf die beiden ersten Projektphasen richten, weil hier die meisten Ursachen erfolgloser Projekte liegen. Abschließend drei Erfolgsprinzipien:

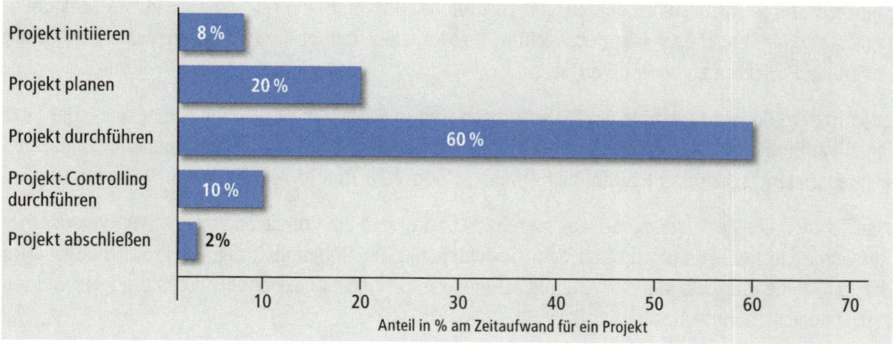

Abbildung II-320 Zeitaufwandsanteile für die fünf Projektphasen in einem typischen IE-Projekt

1. Primär Ergebnisse und nur sekundär Aufgaben im Sinn haben. Deshalb stellen wir eine Projektplanung auf zwei Ebenen vor: auf einer ergebnisorientierten (Meilensteinplan) und einer aufgabenorientierten Ebene (Aufgabenpläne).
2. Projektplanung als einen mit Instrumenten lediglich unterstützten kreativen Prozess begreifen: Software schafft Effizienz, aber keine Effektivität. Projekte sind auch nach sorgfältiger Ausplanung noch mehrfach zu überarbeiten.
3. Sich nicht vorschnell für einen Projektleiter entscheiden, denn er nimmt eine Schlüsselstellung für den Projekterfolg ein. Ein guter Projektleiter wird die häufigsten klassischen Fehler zu vermeiden wissen.

9.3 Projekt initiieren

9.3.1 Anlage des Projekts

In dieser ersten Projektphase sind alle Voraussetzungen zu schaffen, um mit der eigentlichen Projektplanung zu beginnen. Der Abbildung II-322 sind die acht wichtigsten Aufgaben bei der Initiierung zu entnehmen. Der erste Schritt umfasst die ersten vier Aufgaben und führt zur Anlage des Projekts. Im zweiten Schritt wird das Projekt formuliert.

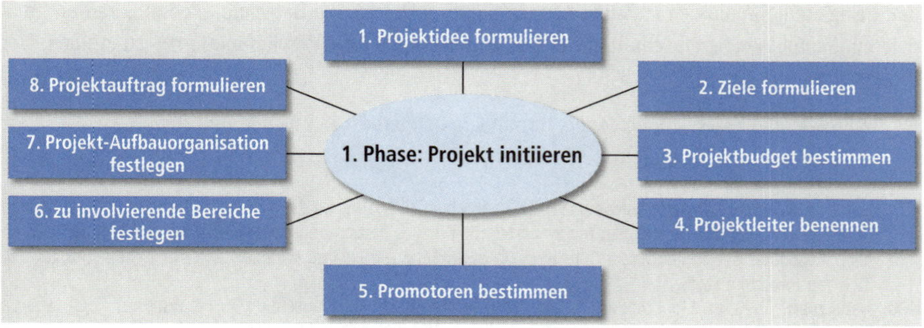

Abbildung II-321 Die wichtigsten Aufgaben in der ersten Projektphase

Projektidee und -ziele

Die *Projektidee* ist auszuformulieren und zu prüfen, ob sie evtl. im Widerspruch zur Geschäftsstrategie steht, ob ähnliche Projekt durchgeführt werden oder wurden und ob das geplante Projekt mit laufenden Projekten zu verknüpfen ist.

Die mit dem Projekt verbundenen Zielsetzungen sind in Form von Eckwerten festzulegen. Das Festlegen verbindlicher *Projektziele* (und nicht die verzweifelte Suche der Projektgruppe nach gut klingenden Zielen) ist erforderlich, um beim Projekt-Controlling den Projekterfolg beurteilen zu können.

Projektbudget

Der Rahmen des *Projektbudgets* ist abzugrenzen und es sind die Prinzipien der Involvierung externer Ressourcen festzulegen, auch unter dem Gesichtspunkt der Geheimhaltung. Als Projektbudget wird der finanzielle und personelle Verfügungsrahmen eines Projekts bezeichnet. Projektbudgets werden z. B. unterschieden nach:

- Ressourcenbudget für den Einsatz interner Ressourcen (nicht ausgabenwirksam),
- Finanzbudget[489] für die Beschaffung von Sachleistungen, Fremdleistungen und den Bezug externer Dienstleistungen (ausgabenwirksam).

Zu entscheiden ist auch, auf welcher Basis das Projektbudget in der Planungsphase zu bestimmen ist, auf Kosten- oder auf Ausgabenbasis.

Handelt es sich um ein Entwicklungsprojekt, so ist es oft möglich, auf Vorkalkulationen zurückzugreifen und, darauf gestützt, bereits in der Initiierungsphase eine gut fundierte Budgetierung vorzunehmen. Ein für das Controlling verbindliches und genehmigungsfähiges Budget wird erst am Ende der Planungsphase erstellt.

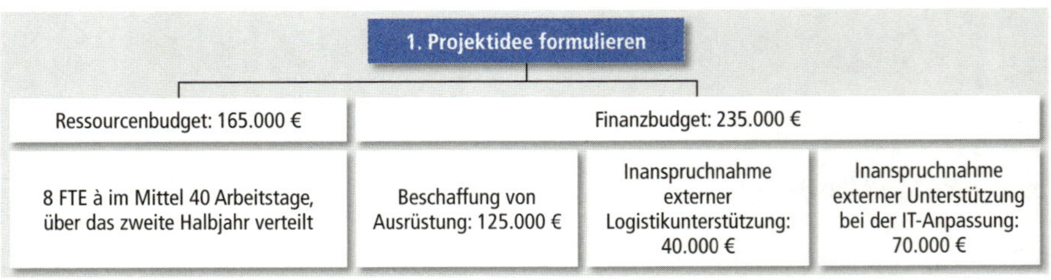

Abbildung II-322 Beispiel für ein Projektbudget im ersten Projektschritt

Projektleitung

Es ist der *Projektleiter* zu benennen, der nach Abschluss der ersten Phase alle weiteren Aktivitäten zu verantworten hat. Die Kompetenzen und persönlichen Merkmale des Projektleiters haben für den Projekterfolg entscheidende Bedeutung.[490] Projektleiter müssen managen und nicht nur verwalten und delegieren. Sie müssen auf allen Ebenen kommunizieren, die Beteiligten koordinieren und motivieren. Sie müssen bereit sein, in Details einzusteigen und eine Vorbildfunktion[491] zu erfüllen. Der Projektleiter muss

- die Projektarbeit sachlich, personell, terminlich, budgetbezogen planen und steuern,
- die Verantwortung für diese Aspekte tragen,

489 Das Finanzbudget kann vorgegeben sein. Es kann aber auch Aufgabe des Projektleiters sein, es im nächsten Projektschritt, bei der Projektplanung zu erstellen. Wird es bereits im ersten Schritt vorgegeben, sollte man nach Abschluss der Projektplanung prüfen, ob es einzuhalten ist und welche Ziele mit diesem Budget ggf. nicht zu erreichen sind.

490 Hauschildt, J.; Keim, G.: Projektleiter als Prozeßpromotoren. In: Hauschildt, J.; Gemünden, H. G. (Hrsg.): Promotoren. Champions der Innovation, 2. Auflage. Wiesbaden: Gabler, 1999, S. 213.

491 Bildhaft wird der gute Projektleiter mit einer Ente verglichen: Betrachtet man die Wasseroberfläche, sieht man ein ruhiges und besonnenes Agieren. Unter der Wasseroberfläche wird dagegen emsig gerudert. Der Projektleiter muss in Bezug auf seine Schlüsselqualifikationen (vgl. Teil IV, Abschnitt 7.3.5) ohne Tadel sein.

- den Projektfortschritt im Griff und bei Problemen einen »kurzen Draht« zu den Entscheidungsträgern haben,
- sich auf eine detaillierte Projektplanung, ein formalisiertes Planungs- und Steuerungsverfahren und seine Erfahrung stützen können.

Der Projektleiter sollte einen maßgeblichen Einfluss auf die Auswahl der Projektmitarbeiter haben und muss ihm vorgeschlagene Personen auch begründet ablehnen können. Ihm sollte deshalb das fachliche Weisungsrecht gegenüber den Projektmitarbeitern obliegen. Je länger Projekte dauern und je risikoreicher sie sind, desto überdenkenswerter ist es, ihm auch disziplinarische Weisungsrechte zu übertragen. Mit der Bestimmung des Projektleiters ist das Projekt angelegt. Ihm obliegt es, das Projekt (aus-)zu formulieren.

9.3.2 Formulierung des Projekts

Promotoren

Es sind Promotoren zu bestimmen. Der Erfolg von Projekten hängt insbesondere bei innovativen Projekten davon ab, ob sie durch *Promotoren* (Förderer) unterstützt werden. Hilfreich sind drei Arten von Promotoren:

- Machtpromotoren: Sie fördern das Projekt durch ihre hierarchische Position.
- Fachpromotoren: Sie fördern das Projekt durch ihr Fachwissen und ihre Authentizität.
- Prozesspromotoren: Sie fördern das Projekt durch Geschick und Überzeugungsfähigkeit. Zumindest der Projektleiter muss als Prozesspromotor wirksam werden.

Es ist nicht zwingend notwendig, aber vorteilhaft, wenn man in der Initiierungsphase festlegt, welche Bereiche im Projektteam vertreten sein müssen. Dagegen sollten in dieser Phase noch keine bestimmten Personen delegiert werden. Beispielsweise sollte man hier entscheiden, ob ein Vertreter des Einkaufs oder des Personalwesens im Projektteam vertreten sein soll, nicht aber, ob es z. B. ein Personalreferent oder die Personalleiterin sein sollte.

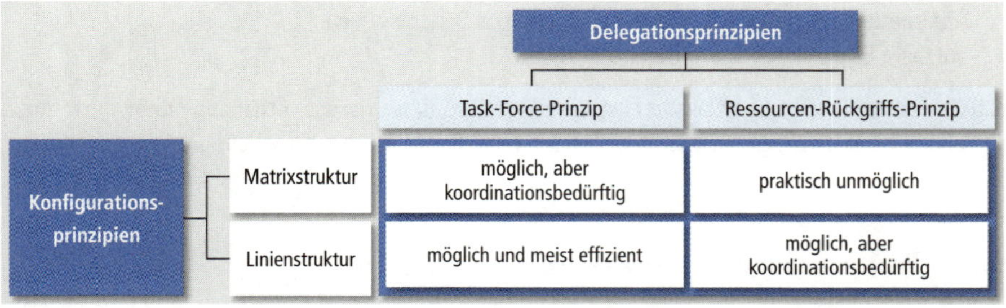

Abbildung II-323 Delegationsprinzipien und Strukturkonzepte bei Projektorganisationen

Projekt-Aufbauorganisation

Es ist die Art der *Projekt-Aufbauorganisation* festzulegen. Bei der Delegation von Mitarbeitern in Projekte gibt es, so Abbildung II-323 zu entnehmen, zwei Möglichkeiten:

- *Task-Force-Prinzip*: Die Projektmitglieder werden vollständig von ihren Verpflichtungen aus dem Tagesgeschäft entbunden und für das Projekt freigestellt.
- *Ressourcen-Rückgriffsprinzip*: Die in das Projekt delegierten Mitarbeiter sind von ihrem Tagesgeschäft nur zeitweise für das Projekt freigestellt.

Bei der Konfiguration der Projektstruktur gibt es ebenfalls zwei Möglichkeiten:

- Bei einer *Linienstruktur* sind die Projektmitarbeiter während ihrer Tätigkeit für das Projekt dem Projektleiter fachlich und disziplinarisch unterstellt.
- Bei einer *Matrixstruktur* unterstehen die Projektmitarbeiter weiterhin disziplinarisch jenen Organisationseinheiten, die sie entsenden, und fachlich dem Projektleiter jenes Projekts, in das sie entsandt wurden.

Abbildung II-323 ist zu entnehmen, dass wir bei komplexeren Projekten für eine Aufbauorganisation nach dem Linienprinzip und für eine Delegation nach dem Task-Force-Prinzip plädieren. Werden Projekte nicht nach dem Linienprinzip konfiguriert und die Projektmitarbeiter nicht nach dem Task-Force-Prinzip delegiert, sollte man dafür gute Gründe haben.

Projektauftrag

Durch den Projektleiter ist der *Projektauftrag* zu formulieren. Dieser enthält alle in der ersten Phase festgelegten Sachverhalte. Wenn es keine festgelegten Prinzipien für die Projektorganisation gibt, müssen auch die grundlegenden Planungs- und Steuerungsleitlinien festgelegt werden. Dazu gehören folgende Aspekte:

- Art und Ausmaß der Einbindung von Betroffenen,
- geplante Macht- und Fachpromotionen, sowie Prozesspromotion[492] durch die Projektleitung,
- interne und externe PR-Arbeit für das Projekt,[493]
- Delegationsprinzipien bei den im zweiten Projektschritt zu involvierenden Projektmitarbeitern,
- Strukturkonzept zur Konfiguration und Koordination mit anderen Projekten.

Projektaufträge werden bei komplexen Projekten in vielen Unternehmen in *Projektstart-Klausuren* oder -Workshops ausformuliert. Daran nehmen die relevanten Beteiligten und Betroffenen teil. Typische Themen bei Projektstart-Klausuren sind z. B.

- Funktionen der Teammitglieder und an sie gerichtete Erwartungen,
- Vollständigkeit und Operationalität von Zielen und Pflichtenheft,
- Promotionsmanagement,
- Sinnhaftigkeit der Projekt-Aufbauorganisation,
- Anforderungen an das Rückmeldesystem und das Berichtswesen,
- nutzbare Erfahrungen aus anderen Projekten.

Ein Zweck von Projektstart-Klausuren ist sicherzustellen, dass man das vorhandene Know-how nutzt. Ein anderer Zweck ist, ein möglichst großes Interesse für das Projekt zu schaffen.

9.3.3 Projektmanagement-Software

Professionelles Management von Entwicklungsprojekten ist ohne Software kaum möglich. Hohe Projektkomplexität, viele Beteiligte oder die Integration in unternehmensweite ERP-Systeme[494] bedingen den Einsatz leistungsfähiger Software. Verbesserungsprojekte bedingen dagegen meist keinen Softwareeinsatz, weil der Hauptnutzen von *Projektmanagement-Software* in der Datenintegration liegt.

492 Vgl. Hauschildt, J.; Keim, G.: a. a. O., 1999, S. 213–231.
Hauschildt, J.; Chakrabarti, A. K.: Arbeitsteilung im Innovationsmanagement. In: Hauschildt, J.; Gemünden, H. G. (Hrsg.): Promotoren. Champions der Innovation, 2. Auflage. Wiesbaden: Gabler, 1999, S. 69–87.

493 Ein Projekt, über das keiner spricht und das die meisten nicht kennen, hat von vornherein nur eingeschränkte Erfolgschancen.

494 Als ERP = Enterprise Resource Planning (= Einsatzplanung von Unternehmensressourcen) bezeichnet man Konzepte, die Betriebsmittel und die Mitarbeiter möglichst effizient in den Geschäftsprozessen zu nutzen.

Es gibt eine große Anzahl Anbieter von Projektmanagement-Software. Nach ihrem Funktionsumfang lassen sich diese nach drei Kategorien unterscheiden:

1. Einzelprojektfähigkeit: Projekte lassen sich nicht mit anderen Projekten verknüpfen.
2. Mehrprojektfähigkeit: Es sind mehrere Projekte zu verknüpfen.
3. Integrationsfähigkeit: Das Projektmanagement kann in eine unternehmensweite Softwareplattform integriert werden, z. B. bei SAP PS.

Es gibt branchenspezifische Lösungen, die es z. B. ermöglichen, Unternehmen beim Projektmanagement mit Kunden und Lieferanten zu vernetzen oder spezielle Anforderungen an die Verwaltung von Ressourcen zu erfüllen. Ferner werden verschiedene Nutzungsstufen angeboten:

- Einzelplatzversionen,
- Mehrplatzversionen: ein Projekt kann von mehreren Nutzern bearbeitet werden, aber nicht gleichzeitig,
- Multi-User-Versionen: ein Projekt, aber nicht ein einzelner Datensatz kann von mehreren Nutzern gleichzeitig bearbeitet werden.

Angesichts dieser vielfältigen Möglichkeiten und weil sich beim Verwenden von Software keine grundsätzlich anderen methodischen Aspekte ergeben, klammern wir die Besonderheiten des Softwareeinsatzes aus.

9.4 Projekt planen

9.4.1 Aufbauorganisation präzisieren

Die wichtigsten *Planungsaufgaben* und damit die Projektplanung im engeren Sinne, sind der Abbildung II-324 zu entnehmen.

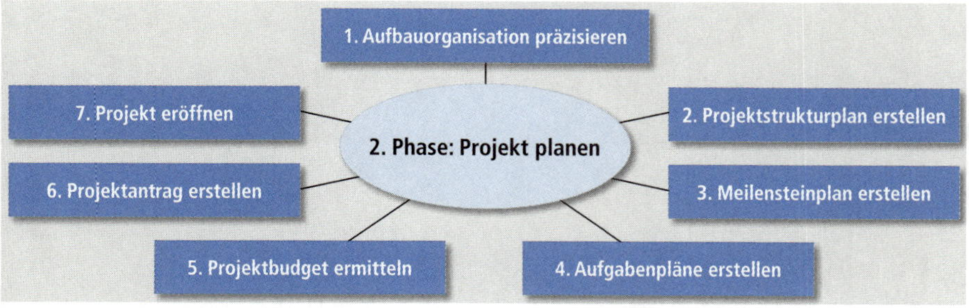

Abbildung II-324 Die wichtigsten Aufgaben in der zweiten Projektphase

Projektteam

In der ersten Projektphase wird geklärt, welche Bereiche im Projekt vertreten sein müssen. Das unterscheidet sich zwischen Entwicklungs-, Einführungs- und Verbesserungsprojekten. Typisch für Entwicklungsprojekte ist, dass die Teammitglieder für klar abgegrenzte Teilprojekte zuständig sind. Für Verbesserungsprojekte ist das eher atypisch. Der Abbildung II-325 ist ein Beispiel für eine standardisierte Aufbauorganisation bei Entwicklungsprojekten zu entnehmen, gegliedert nach Teilprojekten. Dort sind die Fachvertreter des *Projektteams* einzutragen sowie die für Detailfragen sporadisch hinzuzuziehenden Ergänzungsmitglieder. Da es sich bei Entwicklungsprojekten um komplexe und oft über ein Jahr dauernde Vorhaben handelt, ist neben einem Projektleiter auch ein Stellvertreter vorgesehen. Darauf wird bei Einführungs- und Verbesserungsprojekten meist verzichtet. Ferner wird man dort kaum einen dauerhaften Kontakt des Projektleiters mit dem Kunden vorsehen oder die Projektadministration institutionalisieren.

Die Mitglieder des Projektteams müssen überdurchschnittlich gute Fachkenntnisse und Erfahrungen in dem Sachgebiet besitzen, für das sie im Projekt eingesetzt sind. Zusätzlich müssen sie über gute Schlüsselqualifikationen (vgl. Teil IV, Abschnitt 6.3.5) verfügen. Probleme in der Zusammenarbeit können sich ergeben, wenn die Mitglieder des Projektteams unterschiedlichen Hierarchieebenen angehören, erhebliche Altersunterschiede bestehen, sie aus Organisationseinheiten kommen, zwischen denen Spannungen bestehen oder wenn sie mit sehr unterschiedlichen Verhaltensanweisungen und Zielinterpretationen in das Projekt delegiert wurden.

Lenkungsausschuss

Unternehmen, in denen komplexere Projekte vorkommen, haben meist ein »oberstes Lenkungsgremium« installiert[495], für das der Begriff Lenkungsausschuss[496] üblich ist. Dieser ist das oberste entscheidungskompetente Gremium in der Projektorganisation und übernimmt eine Auftraggeberrolle. Dort sind – oft neben einem Vertreter der obersten Führungsebene – die Vertreter der tangierten Bereiche und die Projektleitung, mitunter auch ein Betriebsratsdelegierter, vertreten. Der Lenkungsausschuss wird meist erstmals tätig, wenn

1. die Projektziele festzulegen sind,
2. die Projektleitung zu benennen ist und
3. der Projektantrag in genehmigungsfähiger Fassung vorliegt.

Danach obliegen dem Lenkungsausschusssitzungen insbesondere

1. die Überwachung der Zwischenergebnisse auf Zielkonsistenz, manchmal auch die ausdrückliche Freigabe von Projektphasen,
2. die Entscheidung, wie mit Planabweichungen umzugehen ist, bis hin zur Entscheidung auf einen Projektabbruch und
3. das Sponsoring des Projekts, und Treffen von Entscheidungen, welche die Kompetenz der Projektleitung überschreiten.

495 Bei kleineren Einführungs- oder Verbesserungsprojekten wird diese Funktion oft die zuständige Bereichsleitung übernehmen.

496 Andere Bezeichnungen dafür sind z. B. auch Steering Committee, Steering Board, Steuerungsausschuss, Lenkungskreis, Steuerungskreis.

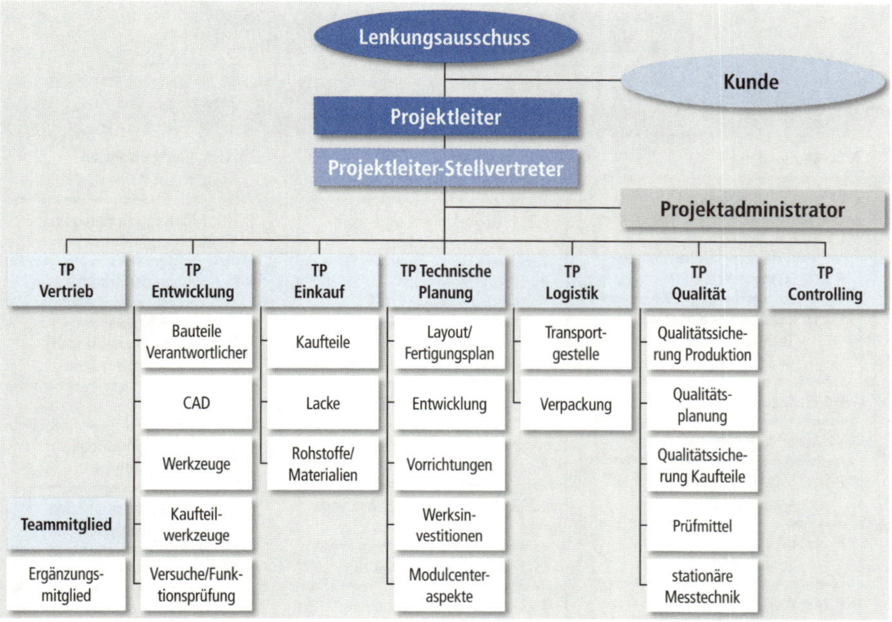

Abbildung II-325 Beispiel für eine Aufbauorganisation bei einem Entwicklungsprojekt

9.4.2 Projektstrukturplan und Meilensteinplan

Die Projektplanung im engeren Sinne beginnt damit, sich inhaltlich einen Überblick über das Projekt zu verschaffen. Die meisten tun das, indem sie einen *Projektstrukturplan* erstellen. Als Projektstrukturplan wird die per Deduzierung gewonnene hierarchische Darstellung aller Arbeitspakete (Teilprojekte) eines Projekts bezeichnet.

Arbeitspakete

Ein *Arbeitspaket* ist ein im Projektstrukturplan nicht weiter gegliedertes, logisch geschlossenes Teilprojekt. Erst beim Erstellen eines Aufgabenplans, wenn der Aspekt »zeitliche Abhängigkeiten« eingebracht wird, »öffnet« man die Arbeitspakete, indem man jene Aufgaben formuliert, die zu dem betreffenden Arbeitspaket zu erfüllen sind. Projektstrukturpläne werden durch deduzierendes Gliedern entwickelt. Die dabei eingesetzten Techniken sind im Kapitel 3 beschrieben.

Meilensteine

Projektstrukturpläne werden in Meilensteinpläne umgesetzt.[497] Ein *Meilenstein* ist nach DIN 69900 ein Ereignis von besonderer Bedeutung. Meilensteine können, müssen aber nicht den Teilzielen entsprechen. Als *Meilensteinplan* wird die logische und terminliche Folge der Meilensteine eines Projekts bezeichnet. Die Planung von Meilensteinen soll die Ergebnisorientierung des Projekts sicherstellen und ausweisen, was herauskommen, aber noch nicht, wie es geschehen soll. Der Meilensteinplan ist jenes Planungsergebnis, mit dem zu prüfen ist, was, also mit welchen Teilergebnissen, auf dem Weg zur Zielerfüllung geschehen soll.[498] Meilensteinpläne sollten folgende Anforderungen erfüllen:

497 Bei komplexeren Projekten sollte man nicht auf das Entwickeln von Meilensteinplänen verzichten. Bei kleinen Projekten sind sie ggf. entbehrlich.

498 Meilensteinberichte sind eine wichtige Grundlage für Due Diligences (Sorgfaltsprüfungen), bei denen Projekte mitunter durch einen vom Kunden entsandten oder bestellten Sachverständigen begutachtet werden.

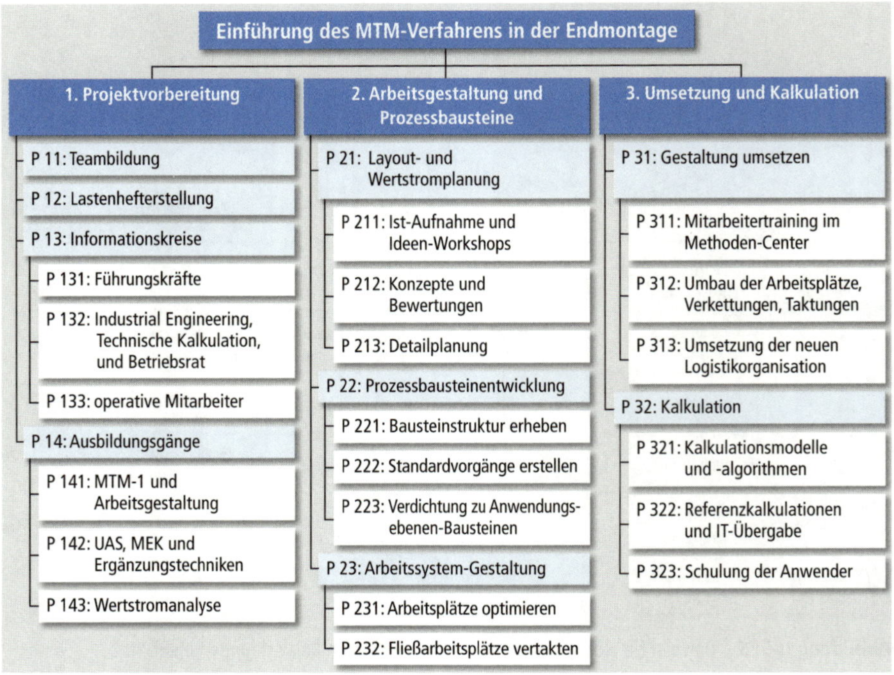

Abbildung II-326 Beispiel für einen Projektstrukturplan bei einem Einführungsprojekt

- Sie dürfen nicht zu viele Meilensteine enthalten, weil man sonst den Überblick verliert, und gerade den soll ein Meilensteinplan vermitteln. Es dürfen aber auch nicht zu wenige sein, weil dann dem Meilenstein unüberschaubar viele Aufgaben zuzuordnen sind. Umfänge zwischen 8 und 15 Meilensteinen führen zu überschaubaren Darstellungen.
- Sie müssen für alle Beteiligten verständlich und kontrollierbar sein.
- Die Meilensteine müssen für das Erreichen der Projektziele wichtige Ereignisse sein.
- Die Meilensteine sollten in etwa gleiche Zeitumfänge haben, also nicht ein Meilenstein für ein Arbeitsvolumen von 5 Monaten und ein anderer für 14 Tage stehen. Jedem Meilenstein sollten in etwa gleich viele Aufgaben zugeordnet sein.

Bei Produktentstehungsprozessen liegen in den meisten Branchen *standardisierte Meilensteine* vor, auf die technischen und wirtschaftlichen Eigenheiten der Branche abgestimmt. Abbildung II-327 ist ein Beispiel einer branchenspezifischen Standardisierung von Meilensteinen bei PEP in der Automobilindustrie zu entnehmen.[499] Im oberen Bildteil wird der PEP mit Hilfe von sechs Aufgaben beschrieben. Im unteren Bildteil sind dazu die standardisierten Meilensteine, sogenannte *Quality Gates*, angeführt.

Quality Gates

Zu jedem Quality Gate sind detailliert die

1. Voraussetzungen, die zu erfüllen sind, um ein Durchschreiten zu bestätigen, und
2. Parameter/Ergebnisse zu definieren, mit deren Hilfe das zu beurteilen ist.

499 Nach Hab, G.; Wagner, R.: Projektmanagement in der Automobilindustrie, 2. Auflage. Wiesbaden: Gabler, 2006, S. 23.

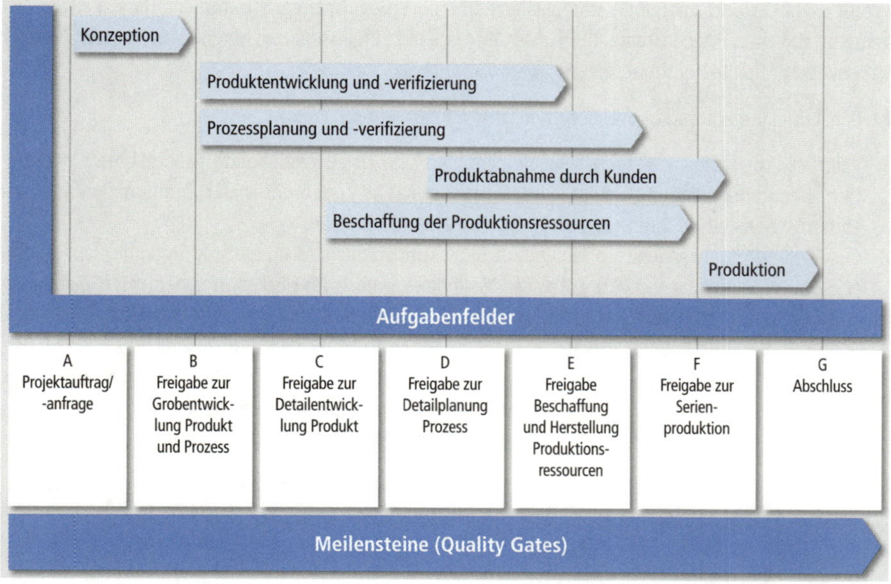

Abbildung II-327 Beispiel für eine branchenspezifische Standardisierung von Meilensteinen (nach VDA, 2003)

Meilensteine oder Quality Gates stehen für den fortschreitenden Reifegrad eines Projekts, und dieser sollte damit verdeutlicht werden. Abbildung II-328 ist ein Beispiel für einen Meilensteinplan zu entnehmen. Dort sind die Meilensteine ihrer logischen Folge nach angeordnet und verknüpft. Beim Verknüpfen lautet die Frage: Welches Ergebnis kann nur dann eintreten, wenn welche anderen Ergebnisse zuvor eintraten? Es kann aber mit Aufgaben zum Nachfolger-Meilenstein (i + 1) schon begonnen werden, bevor der Vorgänger-Meilenstein (i) erreicht wurde (Prinzip der Überlappung).

Meilensteinplan

Termine				
	PM	Projektmanagement	Projekt	IKD 0309 MTM-Einführung in der Endmontage
	IE	Industrial Engineering	Planungsleitung	Gellert
	MTM	MTM-Gesellschaft	Planungsversion	1.2
	MT	Montagebereich	Ausgabedatum	7.4.2010
	TK	Technische Kalkulation	Verteiler	Lenkungsausschuss, Projektteam, Betriebsrat, Montageleitung

Termine	PM	IE	MTM	MT	TK	Meilensteine: Kurzzeichen/Beschreibung/enthaltene Arbeitspakete	
30/04/10	PM1					PM1	Einführungsprojekt vorbereitet (P 11, P 12)
07/05/10	PM2					PM2	Projektinformation durchgeführt (P 13)
30/06/10			MTM1			MTM1	Ausbildungsmaßnahmen durchgeführt (P 14)
14/07/10		IE1				IE1	Layout- und Wertstromplanung durchgeführt (P 21)
25/08/10		IE2				IE2	Arbeitssystem-Gestaltung geplant (P 22)
22/09/10				MT1		MT1	Mitarbeiter trainiert (P 331)
22/09/10				MT2		MT2	Arbeitssystem-Gestaltung und Logistikorganisation umgesetzt (P 312, P 313)
13/10/10		IE3				IE3	Prozessbausteine entwickelt (P 23)
27/10/10					TK1	TK1	Kalkulationen durchgeführt (P 32)

Abbildung II-328 Beispiel für einen Meilensteinplan bei einem Einführungsprojekt

Ergebnispfade

Wenn es das Projekt »hergibt«, sind Meilensteine zu Ergebnispfaden zusammenzufassen. Damit ist gemeint, dass man Meilensteine, die »unter eine Überschrift passen, also einen gemeinsamen Nenner haben«, einer Spalte zuordnet, die als *Ergebnispfad* bezeichnet wird.

Meilensteinpläne können in drei Schritten entwickelt werden:

1. Aus den Projektzielen werden Teilziele deduziert und als zu erreichende Teilergebnisse interpretiert. Beim vorliegenden Beispiel »Einführung des MTM-Verfahrens in der Endmontage« wird als erster Meilenstein »Einführungsprojekt vorbereitet« formuliert.
2. Die Meilensteine werden ihren logischen Beziehungen nach verknüpft und Ergebnispfade ausgewiesen. In Abbildung II-328 werden die Meilensteine nach fünf Ergebnispfaden (hier: Zuständigkeitsbereichen) gruppiert. Dadurch werden Abhängigkeiten zwischen den Meilensteinen deutlich, und die mutmaßliche Arbeitsbelastung für jeden Ergebnispfad ist abzuschätzen.
3. Die in Abbildung II-328 eingetragenen Termine werden erst nach der Aufgabenplanung eingetragen, weil erst nach Definition der zum Erreichen des Meilensteins zu erfüllenden Aufgaben der Zeitbedarf zu schätzen ist. Meilenstein-Termine werden immer vom Projektende her geplant.

Der Planungsstand und damit die Aktualität der Planungsversion werden in den Feldern »Planungsversion« und »Ausgabedatum« ausgewiesen. Verantwortlich ist stets der Projektleiter.

9.4.3 Aufgabenplan

Für jeden Meilenstein ist ein Aufgabenplan (Vorgangsplan, Aktivitätenplan) zu erstellen, der jene Aufgaben enthält, die zum Erreichen des Meilensteins erforderlich sind. In der Netzplantechnik, aber auch von manchen Projektmanagern wird anstelle von »Aufgaben« von »Vorgängen« gesprochen. Als *Aufgabenplan* (Vorgangsplan) wird die Darstellung der logischen und zeitlichen Folge jener Aufgaben bezeichnet, die erforderlich sind, um einen Meilenstein zu erreichen. Aufgaben sollten, wie im Kapitel 3 erläutert, durch Benennung von Objekt (z. B. Kostenbudget) und Verrichtung (z. B. erstellen) beschrieben werden. Delegiert der Projektleiter die wichtigsten Aufgaben eines Meilensteins auf einen Projektmitarbeiter, z. B. weil dieser über die besten Sachkenntnisse verfügt, sollte er ihm auch die Aufgabenplanung für diesen Meilenstein übertragen. Ansonsten sollte die Meilenstein- und Aufgabenplanung so weit wie möglich im Team erarbeitet werden, um später ohnehin einsetzende Diskussionen zu versachlichen.

Balkendiagramm

In Abbildung II-329 werden Aufgaben in Form eines Balkendiagramms geplant. Für den Meilenstein »Arbeitssystem-Gestaltung geplant« sind 11 Aufgaben zu erfüllen, für die

- Bearbeitungszeiten[500] (in Abbildung II-329: rechter Tabellenteil) und Durchlaufzeiten geschätzt sind,[501]
- Aufgabenträger bestimmt (rechter Tabellenteil) und
- Anordnungsbeziehungen zwischen den Aufgaben festgelegt und in Balkenform eingetragen sind.

500 Gerechnet wird bei Projektplänen mit Durchlaufzeiten. Bearbeitungszeiten schätzt man, um die Reproduzierbarkeit der Planung zu verbessern und weil man sie zur Projektbudgetierung benötigt (vgl. Abbildung II-332).

501 Eine beliebte Methode der Zeitschätzung ist die in Abschnitt 8.2 beschriebene PERT-Methode. Deren Anwendung wird damit begründet, dass man sich über den Inhalt einer Aufgabe unsicher ist und deshalb auch nur mit hohem Fehlerrisiko behaftete Sollzeiten schätzen kann. In dem Fall sollte man auf das Schätzen von Bearbeitungszeiten je Aufgabe verzichten und nur deren Durchlaufzeiten bestimmen.

Dann wird für den Meilenstein die Durchlaufzeit (im Beispiel: 40 Kalendertage) und der Durchlauftermin (im Beispiel: 25.8.2010) ermittelt. Dieser wird in den Meilensteinplan zurückgeschrieben (vgl. Abbildung II-328). Die Fortschreibung des Meilensteinplans und der Aufgabenpläne sind Angelegenheit der Projektsteuerung (vgl. Abschnitt 9.5) und Grundlage für das Projekt-Controlling.

Aufgabenplan

Projekt	IKD 0309 MTM-Einführung in der Endmontage
Meilenstein	IE 2 Arbeitssystem-Gestaltung geplant (Start: 1.7.2010)
Planungsversion	2.3
Ausgabedatum	7.4.2010
Verteiler	Projektteam, Betriebsrat, Leitung Industrial Engineering, Einkauf, Montageleitung

DLZ-Tage	Termine	Perioden in Tagen nach Meilensteinstart: 5	10	15	20	25	30	35	40	Kurzzeichen/Beschreibung		Aufgabenträger: IE-AG	IE-BMB	IE-DATA	Controlling	Einsatz: Anzahl Personen	Bearbeitungstage
2	02/07/10									IE2-1	Arbeitsplätze erfassen	x				2	1
6	12/07/10									IE2-2	Mängeldiagnose erstellen	x				2	4
12	28/07/10									IE2-3	räumliche Gestaltung entwerfen	x				2	12
8	30/07/10									IE2-4	MTM-1-Simulationen durchführen			x		3	6
8	30/07/10									IE2-5	FMEA erstellen			x		2	6
5	06/08/10									IE2-6	Betriebsmitteländerungen ermitteln		x			1	4
2	06/08/10									IE2-7	Beleuchtung und Inf.-Angebot bearbeiten	x				2	2
5	13/08/10									IE2-8	Wirtschaftlichkeitsrechnungen erstellen				x	1	3
7	20/08/10									IE2-9	Endfassungen erstellen	x				1	5
1	23/08/10									IE2-10	Endfassungen präsentieren	x				1	1
2	25/08/10									IE2-11	Korrekturen durchführen	x				1	2

Abbildung II-329 Beispiel für eine Aufgabenplanung in Form eines Balkendiagramms bei einem Einführungsprojekt

Eine andere Möglichkeit der Aufgabenplanung besteht darin, diese mit Hilfe der *Netzplantechnik* durchzuführen. Netzpläne sind unübersichtlicher als Balkendiagramme, haben aber zwei Vorteile: Netzplan

1. Die Abhängigkeiten zwischen den Aufgaben (Vorgängen) werden deutlich.
2. Es ist einfacher, Beschleunigungsansätze zum Verkürzen der Durchlaufzeit zu identifizieren.

Vorgänge werden als Netzplanknoten dargestellt. Für die Beziehung zwischen zwei Vorgängen gibt es vier mögliche *Anordnungsbeziehungen*, die Abbildung II-330 zu entnehmen sind. Ferner ist dort der (Mindest-)Inhalt der Netzplankonten zu entnehmen:

1. Vorgangsbezeichnung,
2. Vorgangsdauer,
3. Vorwärts- und Rückwärtsrechnungsdaten,
4. Pufferzeit.

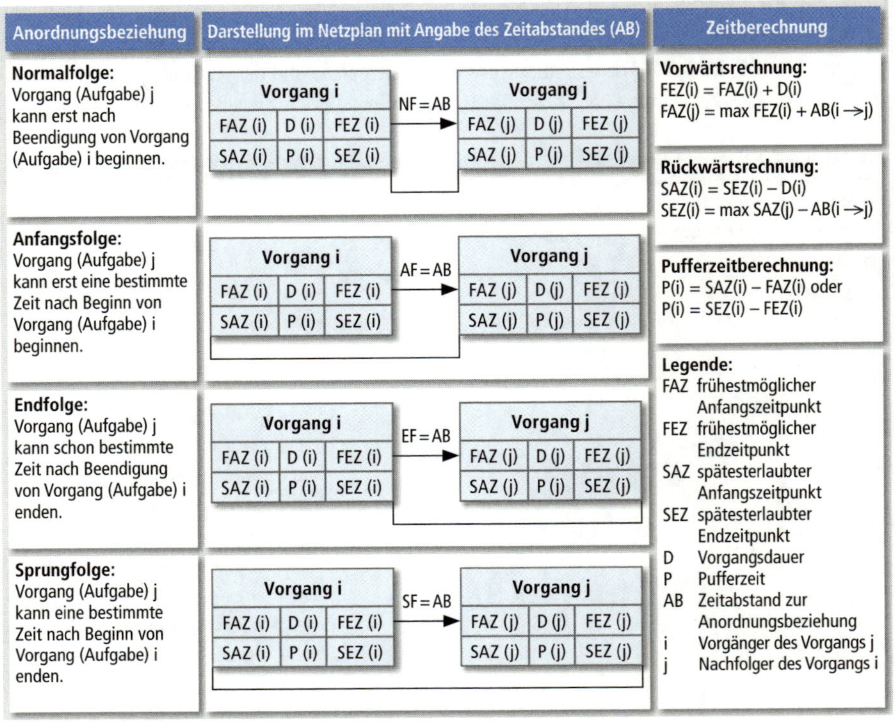

Abbildung II-330 Die vier Arten der Anordnungsbeziehung von Vorgängen (Aufgaben) in der Netzplantechnik

Vom Balkendiagramm zum Netzplan

In Abbildung II-331 wird gezeigt, wie das in Abbildung II-329 angeführte Balkendiagramm in einen Netzplan umzusetzen ist.[502]

1. Im ersten Schritt wird die Ablaufstruktur mit den Anordnungsbeziehungen entworfen und es werden die Zeitdauern eingetragen. Vorgang »IE2-9 Endfassungen erstellen« dauert 7 Arbeitstage. Er kann beginnen, wenn Vorgang »IE2-7« und 3 Tage, nachdem Vorgang »IE2-6« beendet ist. Für diesen ersten Schritt werden Sachkenntnisse benötigt. Die drei weiteren Schritte sind rein algorithmische Schritte, die man allerdings verstehen muss, um mit dem Ergebnis etwas anfangen zu können.[503]
2. Aufgrund dieser Informationen wird eine Vorwärtsrechnung durchgeführt (vgl. Abbildung II-330). Vorgang »IE2-1« fängt am Tage 0 an, dauert 2 Tage und ist nach dem zweiten Tag abgeschlossen. Frühestens dann kann Vorgang »IE2-2« beginnen, der 6 Tage dauert und am 8. Tag abgeschlossen ist. Dann kann sein Nachfolger »IE2-3« beginnen. Seine beiden anderen Nachfolger sind durch einen Zeitabstand »NF = + 6« verknüpft, was bedeutet, dass sie nicht nach dem 8. Tag, sondern erst nach dem 14. Tage beginnen können. Diese Vorwärtsrechnung führt mit dem frühestmöglichen Endzeitpunkt des letzten Vorgangs zu einer Durchlaufzeit von 40 Tagen.

502 In der Praxis würde man umgekehrt verfahren, nämlich zuerst den (informativeren) Netzplan erstellen und diesen dann in das für die meisten leichter verständliche Balkendiagramm umsetzen.

503 Bei Verwendung einer Software müssen den Vorgängen nur ihre Anordnungsbeziehungen und Zeitdauern zugeordnet werden. Die hier in den Schritten 2 bis 4 erläuterten Rechnungen und die Druckausgabe des Netzplans erfolgt dann ohne weiteres Zutun.

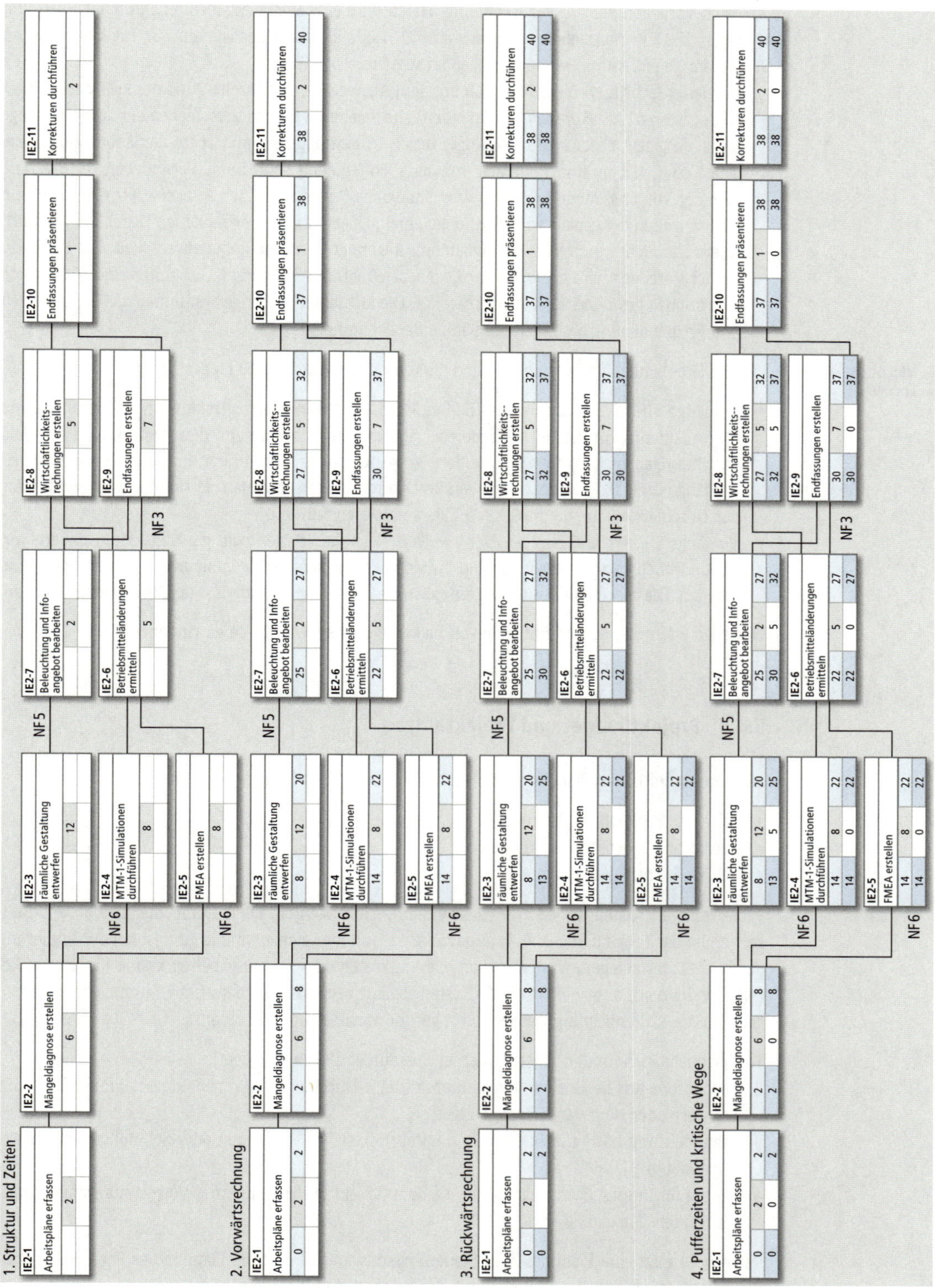

Abbildung II-331 Beispiel für eine Aufgabenplanung in Form eines Netzplans bei einem Einführungsprojekt

3. Nach Vorliegen der Vorwärtsrechnungs-Daten wird eine Rückwärtsrechnung durchgeführt. Vorgang »IE2-11« muss auch spätestens am 40. Tag enden und deshalb am 38. Tag beginnen. An diesem Tag muss sein Vorgänger beendet sein etc.
4. Im vierten Schritt wird der Netzplan mit dem Ausweis der Pufferzeiten und des kritischen Weges abgeschlossen. Als *Pufferzeit* wird der zeitliche Spielraum für das Verschieben der zeitlichen Lage eines Vorgangs bezeichnet. Vorgänge, deren frühestmögliche und spätest erlaubte Zeitpunkte gleich sind, haben eine Pufferzeit von null. Pufferzeiten sind durch Verschieben oder Verlängern der Vorgangsdauer zu nutzen. Vorgänge ohne Pufferzeit heißen *kritische Vorgänge*, weil ein Überschreiten der geplanten Zeitdauer zu einem Überschreiten der geplanten Durchlaufzeit führt, sofern das nicht durch Verkürzung anderer folgender Vorgänge kompensiert wird. Die Kette kritischer Vorgänge wird als *kritischer Pfad* bezeichnet. In Abbildung II-331 unten sind diese durch eine doppelt gestrichene Kopflinie markiert. Die kritischen Vorgänge bestimmen die Durchlaufzeit und verdienen eine besonders sorgfältige Beobachtung.

Durchlaufzeitverkürzung

Um die Durchlaufzeit zu verkürzen, sind die relevanten Vorgänge zu identifizieren:

- Vorgänge »IE2-2«, »IE2-6« und »IE2-9«: Mit 5 bis 7 Tagen liegen relativ lange Zeitdauern vor. Sie verlaufen nicht parallel zu anderen kritischen Vorgängen, denn dann würde man mit Zeitverkürzungen nichts gewinnen. Andere Vorgänge werden auch nicht kritisch, wenn diese drei Vorgänge um z. B. jeweils 2 Tage verkürzt würden. Deshalb bieten sie sich für eine Verkürzung der Durchlaufzeit an, die man um 6 Tage reduzieren würde.
- Vorgänge »IE2-4« und »IE2-5«: Mit jeweils 8 Tagen liegen hier zwar die längsten Zeitdauern vor. Da sie jedoch parallel verlaufen, sind für jeden einzusparenden Durchlauftag 2 Arbeitstage aufzuwenden. Diese beiden Vorgänge bieten sich deshalb für eine Verkürzung der Durchlaufzeit nicht an.

Derartige Erkenntnisse sind mit Hilfe von Balkendiagrammen nicht zu gewinnen.

9.4.4 Projektbudget und Projektantrag

Für den Abschluss der Planung sind in Abbildung II-324 drei Schritte vorgesehen:

- Schritt 5: Projektbudget ermitteln
- Schritt 6: Projektantrag erstellen
- Schritt 7: Projekt eröffnen

Projektbudget

Projektbudgets sollten für jeden Meilenstein aufgestellt werden. Die Summe aller Meilenstein-Budgets ergibt das Projektbudget. Falls es dazu keine Unternehmensrichtlinie gibt, ist bei der Initiierung des Projekts festzulegen, was man plant, Gesamtkosten oder nur ausgabenwirksame Kosten. Im Regelfall werden nur ausgabenwirksame Kosten geplant, also z. B. kalkulatorische Kosten nicht einbezogen. Bei der Kostenplanung werden meist vier Kostenarten unterschieden:

1. Personalkosten für den Einsatz interner Ressourcen (Personalbudget),
2. Sachkosten für die Bezüge von Betriebsmitteln, Durchführung von Baumaßnahmen, Kauf von Software oder Hardware (Finanzbudget),
3. Fremdleistungskosten, z. B. für Beratungsleistungen, TüV-Gebühren oder Schulungsmaßnahmen (Finanzbudget),
4. Kosten für interne Dienstleistungen, die dem Projekt mit Hilfe interner Verrechnungssätze belastet werden (Finanzbudget).

Verwendet man eine Planungs- und Steuerungssoftware, ist dort die Planung des finanziellen Rahmens vorgegeben, z. B. bei SAP PS durch das Eröffnen von PSP-Elementen.

In das Finanzbudget eingestellte Kosten sind Projekt-Grenzkosten. Sie fallen an, wenn das Projekt durchgeführt wird, und sie entfallen, wenn man auf seine Durchführung verzichtet. Sie sind Einmal-Kosten, fallen also künftig nicht mehr an. Das Projekt wird also rechnerisch wie ein Investitionsvorhaben behandelt.

Projektkalkulation

Anders ist es bei der *Projektkalkulation*, die man insbesondere bei Verbesserungsprojekten erstellt. Dabei sind, wie bei jeder Wirtschaftlichkeitsrechnung, neben den Projektkosten auch die Folgekosten zu berücksichtigen. Beide sind den Einsparungen gegenüberzustellen, also den mit dem Projekt bewirkten Kostensenkungen, Mehrerträgen oder Mehrnutzen. Die Projektkalkulation ist bei Verbesserungsprojekten die Entscheidungsbasis bei der Projektgenehmigung.

Bei der Planung des Personalbudgets werden die Aufgaben und Bearbeitungszeiten aus den Aufgabenplänen übernommen und bilden die Basis für die Ermittlung der Personalkosten beim Einsatz interner Ressourcen (vgl. Abbildung II-332). Dazu werden (interne) Tagesverrechnungssätze eingestellt. Das Produkt aus Tagesverrechnungssatz und Bearbeitungszeit ergibt die Personalkosten je Ressource und Aufgabe. Ferner werden die Sachkosten ausgewiesen. Dazu gehören aktivierbare und geringwertige Wirtschaftsgüter (GWG). Wenn man über entsprechende Erfahrungen verfügt, kann der schwer abzuschätzende Bedarf an geringwertigen Wirtschaftsgütern prozentual auf die Hauptpositionen aufgeschlagen werden.

Meilensteinbudget												
Projekt	IKD 0309 MTM-Einführung in der Endmontage			**Budget:**		**Personalkosten in €**				Einsatz		
Meilenstein	IE 2 Arbeitssystem-Gestaltung geplant			1. Brutto-Sachkosten	4.644							
Planungsversion	2.3			2. Fremdleistungskosten	6.000							
Ausgabedatum	7.4.2010			3. Personalkosten	26.600							
Verteiler	Projektteam, Leitung IE, Einkauf, Montageleitung			**Gesamt**	**37.244**	IE-AG	IE-BMB	IE-DATA	Controlling	Anzahl Personen	Bearbeitungstage	Summe Arbeitstage
Zuschlagsatz auf die Netto-Sachkosten für die Pauschlierung von Sachnebenkosten: 8 %												
Kurzzeichen/Beschreibung		**Netto-Sachkosten** - s. Anlage	€	**Fremdleistungskosten** - s. Anlage	€	350	300	280	300			
						€ pro Arbeitstag						
IE2-1	Arbeitsplätze erfassen					700				2	1	2
IE2-2	Mängeldiagnose erstellen					2.800				2	4	8
IE2-3	räumliche Gestaltung entwerfen	Hardwareerweiterung	2.800	Beratungsleistungen	5.000	8.400				2	12	24
IE2-4	MTM-1-Simulationen durchführen							5.040		3	6	18
IE2-5	FMEA erstellen	Software-Leasing	1.500					3.360		2	6	12
IE2-6	Betriebsmitteländerungen ermitteln						1.200			1	4	4
IE2-7	Beleuchtung und Infangebot bearbeiten			Beratungsleistungen	1.000	1.400				2	2	4
IE2-8	Wirtschaftlichkeitsrechnungen erstellen								900	1	3	3
IE2-9	Endfassungen erstellen					1.750				1	5	5
IE2-10	Enfassungen präsentieren					350				1	1	1
IE2-11	Korrekturen durchführen					700				1	2	2
			4.300		**6.000**				**26.600**			

Abbildung II-332 Beispiel für ein Meilensteinbudget bei einem Einführungsprojekt

Projektantrag

Ein *Projektantrag* sollte auf folgenden Dokumenten basieren:[504]

1. Projektauftrag,
2. Meilensteinplan und Aufgabenpläne,
3. Meilensteinbudgets und Projektbudget (bei Verbesserungsprojekten zusätzlich eine Projektkalkulation).

504 Projektanträge sind in den meisten Unternehmen formalisiert, weshalb wir hier auf die Darstellung eines Beispiels verzichten.

Projektanträge werden vom *Projekt-Controlling* erfasst, das Projektnummern vergeben sollte, unter denen die Projekte administriert und abgerechnet werden.

Viele Unternehmen führen bei komplexen Projekten eine formelle *Projekteröffnung* (Kick-off-Veranstaltung) durch, je nach Art des Projekts und des betroffenen Personenkreises in Form eines Workshops oder einer Promotionsveranstaltung. Bei kleineren Projekten beschränkt man sich meist auf Einstiegstreffen für das Projektteam und das Lenkungsgremium.

9.5 Projekt durchführen

9.5.1 Externe Leistungen

Die wichtigsten Durchführungsaufgaben beim Abarbeiten des Projekts sind der Abbildung II-333 zu entnehmen.

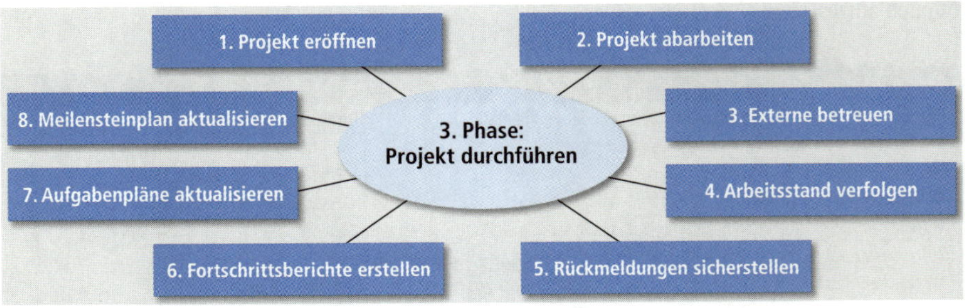

Abbildung II-333 Die wichtigsten Aufgaben in der dritten Projektphase

Projektstart

In vielen Unternehmen startet man komplexere Projekte mit *Kick-off-Veranstaltungen*, zu denen der Projektleiter einlädt. Hier sollte ein Vertreter des *Lenkungsausschusses* eine aktive Rolle in Sachen Promotion übernehmen. Je nach Art des Projekts werden dazu auch Kunden und Lieferanten eingeladen. Interne Teilnehmer sollten neben dem Betriebsrat alle Personen sein, die aktiv in das Projekt involviert sind. Das Projekt wird in seinen Grundzügen vorgestellt und jene Teile diskutiert, an denen die Teilnehmer besonders interessiert sind. In dieser Phase sollen keine projektbeeinflussenden Beiträge mehr gewonnen, sondern über das Projekt informiert und für das Projekt geworben werden.

Externe Ressourcen

In der Durchführungsphase sind externe Ressourcen (Fremdfirmen) zu betreuen, auf die man bei komplexen Projekten zurückgreift, wenn

- benötigtes Know-how nicht vorhanden ist,
- benötigte Kapazitäten nicht zur Verfügung stehen,
- Leistungen durch Externe sicherer, besser, schneller, kostengünstiger zu erstellen sind.

Der Einsatz externer Ressourcen sollte bereits in der ersten Projektphase geregelt werden. Dazu sind zumindest die Vertragsform, der Leistungsinhalt und die Preisstellungsart festzulegen. Die Vertragsform legt die Art der Ergebnisverpflichtung, die Preisstellungsart das Fakturierungsprinzip fest. Externe Ressourcen werden sowohl über Werkverträge (z. B. Beratungsunternehmen, Leihkräfte) als auch über Dienstverträge (z. B. Bauhandwerker) verpflichtet.

Werkvertrag

Bei einem *Werkvertrag* nach § 631 BGB verpflichtet sich der Anbieter zur Herstellung der zugesagten Leistung und der Abnehmer zur Entrichtung der vereinbarten Vergütung. Gegenstand des Werkvertrages kann die Herstellung/Veränderung einer Sache (z. B. Software) oder ein durch Arbeitsleistung herbeizuführender Erfolg (z. B. das Ausplanen einer Montagelinie) sein. Im Rahmen seiner Gewährleistungspflicht ist der Anbieter innerhalb gesetzlicher oder vertraglicher Fristen verpflichtet, Mängel zu beseitigen. Werkverträge lassen sich bei fest umrissenen Aufgabenstellungen schließen, bei denen der Anbieter nicht in erheblichem Maße von der Mitwirkung des Abnehmers oder Dritter abhängig ist.[505]

Dienstvertrag

Bei einem *Dienstvertrag* nach § 611 BGB verpflichtet sich der Anbieter, seine Leistung gemäß der vertraglichen Regelungen zur Verfügung zu stellen. Ein Dienstvertrag verpflichtet also nicht zum Herbeiführen eines Erfolgs. Deshalb sollten bei der Verpflichtung von Fremdfirmen über Dienstverträge insbesondere Ziele, Aufgabenstellungen, Vorgehensweisen, einzusetzende Personen, zu vermeidende Ergebnisse und persönliche Verpflichtungen festgelegt werden.

Bei der Rechnungslegung von Fremdfirmen gibt es die Möglichkeit, dass diese nach dem Festpreis- oder Aufwandsnachweisprinzip fakturieren. Beim Festpreis wird dieser auch dann fällig, wenn der vom Anbieter kalkulierte Zeitaufwand überschritten oder unterschritten wird. Beim Aufwandsnachweis bewegt sich die Rechnungslegung des Anbieters üblicherweise in einem vereinbarten Rahmen, erfolgt aber unter Nachweis des angefallenen Zeitaufwands.

Nur in Ausnahmefällen wird man bei Fremdleistungen auf das Einholen mehrerer Angebote verzichten. Dabei sollte man vorab klären, ob die Abgabe detaillierter Angebote kostenpflichtig ist, weil z. B. Beratungsunternehmen dazu gegebenenfalls Vorstudien durchführen müssen. Ferner sollte für jedes Ausschreibungskriterium entschieden werden, ob es unabdingbar oder nur möglichst zu erfüllen ist. Da Angebote über den Einkauf eingeholt werden, sind diesem vor Abgabe der Anfrage die Bewertungskriterien vorzugeben. Das können z. B. sein:

- Leistungsumfang und Detaillierung des Angebots,
- Vertragsform und Rechnungslegung,
- unabdingbare Termine,
- Referenzen, die einen Rückschluss auf Seriosität, Zuverlässigkeit und Erfahrung zulassen, dazu gehören auch Rechtsform, Bestandsdauer und Größe des Unternehmens.

Verträgen müssen detailliert gegenseitige Rechte und Pflichten zu entnehmen sein. Bezugsgrundlage des Vertrages ist ein Angebot. Die Annahme des Angebots sollte durch eine schriftliche Auftragsbestätigung erfolgen, z. B. abgefasst durch den Projektleiter und unterschrieben nach den geltenden Unterschriftsregelungen. Das Vorliegen einer Auftragsbestätigung sollte die Voraussetzung für die Arbeitsaufnahme von Fremdfirmen sein. Die Kopie der Auftragsbestätigung gehört in die Projektakte und ist Grundlage für die Rechnungsprüfung und Prüfungsunterlage für die Revision.

Um Vermögensschäden abzusichern, sollte jeder Fremdleister eine Vermögenshaftpflicht-Versicherung nachweisen. Auch diese Dokumente gehören in die Projektakte, wenn es sich um einen Erstvertrag mit einem Geschäftspartner handelt.

505 Deshalb verpflichtet man Beratungsunternehmen, die in Industrial-Engineering-Projekte eingebunden sind, überwiegend über Dienstverträge.

9.5.2 Arbeitsstand verfolgen und Rückmeldungen sicherstellen

Projekte sind in zwei Ebenen zu steuern und zu berichten:

1. Aufgabenbezogen: Für das Projektteam ist der Projektstand auf Aufgabenebene anhand der Aufgabenpläne zu verfolgen.
2. Ergebnisbezogen: Der Lenkungsausschuss ist über den Projektstand auf Meilensteinebene anhand des Meilensteinplans zu informieren.

Arbeitsstandreport

Abbildung II-334 ist ein Arbeitsstandreport (per 3.8.2010 für den in Abbildung II-329 angeführten Aufgabenplan) zu entnehmen. Als *Arbeitsstandreport* wird der aktuelle Arbeits- und Terminstand eines für einen Meilenstein stehenden Aufgabenplans bezeichnet. Mit Hilfe des Arbeitsstandreports behält das Projektteam den Überblick über das aktuelle Geschehen »innerhalb« der Meilensteine. Der Projektleiter erkennt

- Terminverzüge, die den Meilensteintermin gefährden könnten,
- bei Absenzen von Mitgliedern des Projektteams, ob dadurch Aufgabentermine gefährdet sind.

Aufgabenplan-Arbeitsstand

Projekt	IKD 0309 MTM-Einführung in der Endmontage
Meilenstein	IE 2 Arbeitssystem-Gestaltung geplant
Planungsversion	2.3
Ausgabedatum	3.8.2010
Verteiler	Projektteam

Ist		Soll		Perioden in Tagen nach Meilensteinstart: 5 10 15 20 25 30 35 40	Kurzzeichen/Beschreibung		Aufgabenträger				Einsatz	
DLZ	Termine	DLZ	Termine				IE-AG	IE-BMB	IE-DATA	Controlling	Anzahl Personen	Bearbeitungstage
2	02/07/10	2	02/07/10		IE2-1	Arbeitsplätze erfassen	x				2	1
8	14/07/10	6	12/07/10		IE2-2	Mängeldiagnose erstellen	x				2	4
11	29/07/10	12	28/07/10		IE2-3	Räumliche Gestaltung entwerfen	x				2	12
7	29/07/10	8	30/07/10		IE2-4	MTM-1-Simulationen durchführen			x		3	6
6	29/07/10	8	30/07/10		IE2-5	FMEA erstellen			x		2	6
		5	06/08/10		IE2-6	Betriebsmitteländerungen ermitteln		x			1	4
		2	06/08/10		IE2-7	Beleuchtung und Inf.-Angebot bearbeiten	x				2	2
		5	13/08/10		IE2-8	Wirtschaftlichkeitsrechnungen erstellen				x	1	3
		7	20/08/10		IE2-9	Endfassungen erstellen	x				1	5
		1	23/08/10		IE2-10	Endfassungen präsentieren	x				1	1
		2	25/08/10		IE2-11	Korrekturen durchführen	x				1	2

Abbildung II-334 Beispiel für einen Arbeitsstandreport bei einem Einführungsprojekt

Arbeitsstandreports entstehen aufgrund von Rückmeldungen der Aufgabenträger. Ohne *Rückmeldungen* über Arbeitsergebnisse, entstandene Zeitaufwände und erkennbare Probleme an die Projektleitung ist ein Projekt nicht zu steuern. Abgearbeitete Aufgaben und Meilensteine sollten sofort, Zwischenstände am letzten Wochenarbeitstag rückgemeldet werden. Die Projektleitung hat aber auch selbst Rückmeldungen gegenüber dem Lenkungsausschuss abzugeben (vgl. Abschnitt 9.5.3), mindestens

- über grundlegende Änderungen gegenüber dem Projektantrag,
- periodisch den Arbeitsstand zu den Meilensteinen.

To-do-Liste

erfasst	Teilprojekt	Arbeitspaket	Aktion	wer	Termin	Stand, Status	Priorität	beendet	Status
6-Mar	2 TB	202 Kapa-Management	Febr.-Auswertung bewerten, ob diese nützlich ist	Steffen, Sasse	16-Mar	1	A		
5-Mar	2 TB	202 Kapa-Management	Gliederung der Kapazitätsbedarfe	Steffen	6-Mar	3	A	6-Mar	Höhere Transparenz im TB zu schaffen, um die Ressourcen auf validen Daten zu lenken. Gliederung z. B. nach: erlösfähige Adminaufgaben, FuE, auftragsbezogene Einzelteilkonstruktion, Service, Vertriebsunterstützung, GK-Aufwand, Angebotserstellung.
6-Mar	2 TB	202 Kapa-Management	Controlling-Konzept für TB auf Stundenbasis vorlegen	Steffen, Sasse, Graf	16-Mar	1	A		Für die Aufgabenkategorieen (s. o.) Zeitplanungen und Zeitverbräuche abgleichen. Wo und ggf. warum werden Budgets überschritten? Sollen für die Beteiligten Basis zum Personaleinsatz und zurPriorisierung sein. Ferner muss der Arbeitsstand von Projekten ersichtlich sein, um sie zu steuern.
5-Mar	2 TB	202 Kapa-Management	Aufschreibung weiterhin wie bisher	Steffen	6-Mar	3	A	6-Mar	Die laufenden Aufschreibungen weiter durchführen, jedoch kann es bei Änderung der Aufgabenstruktur (s. o.) zu einer anderen Systematik kommen.
5-Mar	2 TB	209 PEP	weiteres Vorgehen festlegen	Berger	16-Mar	1	B		Für den PEP Verantwortlichkeiten undMeilensteine festlegen, um die Durchlaufzeit und die Fehlerrisiken zu verringern.
5-Mar	2 TB	211 Terminüberwachung	TB und Produktion enger koppeln, TB an der Produktionsbesprechung teilnehmen	Steffen, Will	9-Mar	1	A		
5-Mar	3 Controlling	303 Kalkulationsvalidierung	Preisdeckung der Entwicklungsaufwendungen prüfen	Haase	16-Mar	1	B		Wie werden die Entwicklungsaufwendungen (Stunden, Versuchsteile, Fremdleistungen) in der Kalkulation berücksichtigt.
5-Mar	4 Vertrieb	401 Qualifizierung	weiteres Vorgehen stärkere Einbindung Entwicklungskompetenzen in Vertrieb	Dory	16-Mar	1	B		Die Wirksamkeit des Vertriebes soll durch professionelle Ingenieurunterstützung (mit dem Ingenieur des Kunden »auf Augenhöhe«) erhöht werden.
5-Mar	5 Fehlteile	501 Vertrieb	Analyse der Auftragsänderungen	Haase	16-Mar	1	A		Erkennen, wie oft »Störgrößen« die laufende Produktentwicklung behindern, welche Auswirkungen das hat. Kundenwünsche in eine bessere Preisqualität umsetzen können oder bei selbstverursachten Änderungen mit Abstellmaßnahmen dagegen steuern.
6-Mar	5 Fehlteile	502 Ursachenanalyse	Analyse der Fehlteilursachen	Will	16-Mar	1	A		
5-Mar	6 Produkt.-lenkung	603 AV	IE- Funktion besetzen, Investitionsantrag erstellen	Steffen, Will	16-Mar	1	A		Kompetenter Ansprechpartner für die Entwicklung, um fertigungs- und kostengerechte Konstruktionen (Wertanalyse, ProKon) zu sichern. Personalanforderung mit Kosten-Nutzen-Analyse begründen.
4-Mar	7 Produktion	701 Kapa Montage	weiteres Vorgehen Controlling-Konzept vortragen	Drews, Sasse, Will	16-Mar	1	A		Terminplan, Start nicht mit dem laufenden Geschäft, sondern mit neuen Aufträgen.
4-Mar	7 Produktion	702 Kapa Mechan. Fert.	Maschinenstillstand wg. Personalmangel ermitteln	Will	16-Mar	1	B		Es gibt an Maschinen mit hohem Maschinenstundensatz, häufiger Stillstände aufgrund fehlenden Personals.
6-Mar	8 Begriffe, Definitionen	801 Glossar	in Projektserver legen	Haase	16-Mar	1	A		

	Status grün (Bearbeitung, Termine, Kosten sind im Plan, kein Risiko erkennbar)
	Status gelb (beherrschbare Planabweichungen, keine Gefährdung vonProjektzielen)
	Status rot (durch das Projektteam nicht korrigierbare Planabweichungen, die Projektziele gefährden)
Stände	1 = in Arbeit 2 = Termin überzogen 3 = abgeschlossen

Abbildung II-335
Beispiel für eine To-do-Liste bei einem Verbesserungsprojekt

To-do-Liste

Allein mit Hilfe von Arbeitsstandreports wird noch keine aktive Projektsteuerung betrieben, weil dort zwar ausgewiesen wird, was zu tun ist, nicht aber, wie es zu tun ist. Zur aktiven Projektsteuerung, bei der das tägliche Handeln präzisiert wird, verwendet man sogenannte *To-do-Listen.* To-do-Listen werden in Projektteam-Sitzungen entwickelt, enthalten die kurzfristigen und aktuellen Verpflichtungen der Projektteam-Mitglieder. Sie sind das wichtigste kurzfristige Steuerungsinstrument bei der Projektdurchführung.

Bei Verbesserungsprojekten werden in einer To-do-Liste oft auch mehrere Teilprojekte zusammengefasst, wenn Personen in mehreren Teilprojekten involviert sind. Abbildung II-335 ist ein Beispiel für eine kurzfristig abzuarbeitende Liste zu entnehmen.

9.5.3 Fortschrittsberichte und Plankorrekturen

Im vorhergehenden Abschnitt wurden die Instrumente der (projekt-)internen, aufgabenbezogenen Steuerung beschrieben. Die Empfänger aufgabenbezogener Reports haben Aufgaben zu erfüllen, wofür sie in kurzen Zeitabständen Informationen auf der Aufgabenebene benötigen. Der *Lenkungsausschuss* benötigt weder so detaillierte Informationen noch muss er in so kurzen Zeitabständen informiert werden. Zu Projektbeginn wurde der Lenkungsausschuss anhand des Meilensteinplans ergebnisbezogen informiert. Sein Erkenntnisinteresse sollte darauf gerichtet sein,

- ob die beim Projektstart prognostizierten Ergebnisse auch erreicht werden,
- was Projektleitung und Projektteam gegen Abweichungen tun und tun sollten und
- wie er das Projektteam in seiner Arbeit unterstützen kann.

Meilensteinplan-Fortschrittsplan

Termine			
PM	Projektmanagement	Projekt	IKD 0309 MTM-Einführung in der Endmontage
IE	Industrial Engineering	Planungsleitung	Gellert
MTM	MTM-Gesellschaft	Planungsversion	1.2
MT	Montagebereich	Ausgabedatum	7.4.
TK	Technische Kalkulation	Verteiler	Lenkungsausschuss, Projektteam, Betriebsrat, Montageleitung

geplant per 7.4.	erreicht per 31.8	PM	IE	MTM	MT	TK	Meilensteine: Kurzzeichen/Beschreibung/enthaltene Arbeitspakete	
30.04.	30.04.	PM1					PM1	Einführungsprojekt vorbereitet (P 11, P 12)
07.05.	07.05.	PM2					PM2	Projektinformation durchgeführt (P 13)
30.06.	05.07.			MTM1			MTM1	Ausbildungsmaßnahmen durchgeführt (P 14)
14.07.	17.07.		IE1				IE1	Layout- und Wertstromplanung durchgeführt (P 21)
25.08.	in Arbeit + Termin		IE2				IE2	Arbeitssystem-Gestaltung geplant (P 22)
22.09.					MT1		MT1	Mitarbeiter trainiert (P 331)
22.09.					MT2		MT2	Arbeitssystem-Gestaltung und Logistikorganisation umgesetzt (P 312, P 313)
13.10.			IE3				IE3	Prozessbausteine entwickelt (P 23)
27.10.						TK1	TK1	Kalkulationen durchgeführt (P 32)

Abbildung II-336 Beispiel für einen Meilenstein-Fortschrittsplan

Dem Lenkungsausschuss berichtet man folglich nicht auf der Grundlage von Arbeitsstandreports. Fortschrittsberichte für den Lenkungsausschuss sollten mindestens aus vier Informationsteilen bestehen:

1. *Meilenstein-Fortschrittsplan* (vgl. Abbildung II-336), in dem der Meilensteinplan fortgeschrieben wird, indem man ggf. Meilensteine modifiziert und die aktuelle Terminsituation einsetzt,
2. Entwicklung des Budgets, um bei unerwartet auftretenden Problemen ggf. auf Modifikationen der Projektziele oder auf Erhöhung des Budgets entscheiden zu können,
3. besondere positiv oder negativ zu wertende Vorkommnisse und
4. Vorschläge zu sofort umsetzbaren Erkenntnissen.

Entscheidungen des Lenkungsausschusses können dazu führen, dass man den Projektplan nochmals überarbeiten muss oder das Projekt abgebrochen wird.

9.6 Projekt-Controlling durchführen und Projekt abschließen

Institution

Der Begriff *Projekt-Controlling* hat eine institutionelle und eine instrumentelle Bedeutung.

1. Er steht für jene Organisationseinheit, die einen Überblick über alle Projekte gewährleisten und den Projektleitern Informationen liefern soll, mit deren Hilfe diese ggf. erforderliche Korrekturmaßnahmen so früh wie möglich einleiten können.
2. Er ist auch die Bezeichnung für jene Aufgaben des Projektleiters, die er erfüllen muss, um sein Projekt im Griff zu behalten.

Wie jedes Controlling basiert auch Projekt-Controlling auf der Analyse von Soll-Ist-Abweichungen. Diese sind nur dann festzustellen, wenn die vorliegende Projektsituation mit dem Projektplan zu vergleichen ist, was voraussetzt, dass es eine detaillierte und nachvollziehbare Projektplanung gibt.

Instrument

Durch Institutionalisierung des Projekt-Controllings will man über zahlreiche Projekte den Überblick behalten, also auch erkennen, wenn Projekte mit inhaltlichen Überschneidungen geplant werden. Ferner erhofft man sich Synergieeffekte, wenn jedem interessierten Bereich Informationen zur Verfügung gestellt werden.[506] Projekt-Controllern werden z. B. folgende Aufgaben übertragen:

- Verwaltung der Projekte,
- formale Prüfung und Erfassung der Projektanträge,
- monatliche Budgetfortschreibung und Planungsänderungen,
- Bericht einer Projektstandsübersicht über alle Projekte,
- Pflege der Projektdatenbank.

Projekterfolg und Abschlussbericht

Zum Projektabschluss müssen Projektleiter prüfen, ob alle Aufgaben erfüllt und alle Projektziele erreicht wurden. Die *Projekterfolgskontrolle* soll sicherstellen, dass nach Abschluss eines Projekts der prognostizierte und der erzielte Erfolg gegenübergestellt werden.

Zu jedem Projekt sollte ein *Abschlussbericht* erstellt werden, dessen Detailliertheit der Lenkungsausschuss vorgeben sollte, falls es dazu keine Unternehmensrichtlinie gibt. Dem Abschlussbericht müssen die Ergebnisse der Projekterfolgskontrolle zu entnehmen sein. Aus den Abweichungen sollten Konsequenzen und Empfehlungen für vergleichbare Projekte abgeleitet werden. Mit Abgabe des Abschlussberichts wird der Projektleiter entlastet.

506 Auch hier sollte man sich, wie stets bei der Verheißung von Synergieeffekten, ein gewisses Ausmaß an Skepsis bewahren.

9.7 Entscheidungskalküle

9.7.1 Überblick

In verschiedenen Projektphasen ist über Vorschläge, Maßnahmen oder Lösungsalternativen zu entscheiden. Anhand welcher Bewertungs- oder Entscheidungskriterien das zu erfolgen hat, ist in größeren Unternehmen festgelegt, z. B. in Projekthandbüchern, Investitionsrichtlinien oder Controllingvorschriften. In der Literatur werden Entscheidungskalküle meist unter Investitionsbetrachtungen subsumiert.[507] Wir behandeln Entscheidungskalküle problembezogen, indem wir uns an Fragestellungen in Industrial-Engineering-Projekten orientieren. Entscheidungskalküle sind zu allen drei im Industrial Engineering vorkommenden Projektarten durchzuführen (vgl. Abbildung II-337).

In größeren Unternehmen werden komplexere Entscheidungskalküle, z. B. Platzkostensimulationen oder umfangreiche Investitionsrechnungen, nicht durch das Industrial Engineering, sondern durch das Controlling durchgeführt. Das Verständnis für die hier erläuterten Entscheidungskalküle ist aber erforderlich, weil das Projektmanagement

- die Wertmaßstäbe kennen,
- meist das Mengengerüst erstellen und
- weniger komplexe Rechnungen auch eigenverantwortlich durchführen muss.

			Projektarten		
			Entwicklungsprojekte	Einführungsprojekte	Verbesserungsprojekte
Entscheidungskalküle			Arbeitssysteme und -prozesse planen	Instrumente und Methoden etablieren	Arbeitssysteme verbessern
Arbeitssystem-Kostensimulation	Wirtschaftlichkeit	Arbeitssystem-Kostensimulation	X		
		Stückkostenvergleiche	X	X	X
		Grenzstückzahlen	X		
		optimale Losgröße/Bestellmenge	X		
		Eigen- vs. Fremderstellung	X	X	X
	Rentabilität/Amortisation	Break-even-Punkt	X	X	X
		Rationalisierungseffekt	X	X	X
		Erweiterungseffekt	X		X
nichtmonetäre Aspekte		Nutzwert	X	X	X
		Risiko	X	X	X
		Ungewissheit		X	X

Abbildung II-337 Entscheidungskalküle beim Projektmanagement

507 Die traditionelle Gliederung ist dort z. B. die Unterscheidung zwischen statischen und dynamischen Rechenverfahren.

In den folgenden Abschnitten werden zwei Arten von Entscheidungsaspekten behandelt (vgl. Abbildung II-337):

1. monetäre Aspekte, also Argumentationen mit Geldwertgrößen,
2. nichtmonetäre Aspekte, also Argumentationen, die nicht auf der Basis von Geldwertgrößen zu führen sind.

Monetäre Aspekte

Bei den monetären Aspekten wird zwischen Wirtschaftlichkeit, Rentabilität und Amortisation unterschieden. Wirtschaftlichkeitsrechnungen sind Kostenbetrachtungen. Bei Rentabilitätsrechnungen liegen Ausgabenbetrachtungen vor.[508] Amortisationsrechnungen werden meist ergänzend zu Rentabilitätsrechnungen durchgeführt (vgl. Abbildung II-338).

absolute Wirtschaftlichkeit	relative Wirtschaftlichkeit von Maßnahme 2	Rentabilität	Amortisationszeit
$\frac{\text{Ertrag}}{\text{Kosten}} > 1$	$\frac{\text{Kosten Maßnahme 1}}{\text{Kosten Maßnahme 2}} > 1$	$\frac{\text{Erfolg}}{\text{Kapitaleinsatz}} \cdot 100\,\%$	$\frac{\text{Kapitaleinsatz}}{\text{Erfolg + kalk. Abschreibung + kalk. Zinsen}}$

Abbildung II-338 Die elementaren Kenngrößen bei den Methoden zur Bewertung monetärer Aspekte

Einer Maßnahme ist

1. *absolute Wirtschaftlichkeit* zuzubilligen, wenn die daraus resultierenden Erträge größer als die damit verbundenen Kosten sind.[509] Die Annahme eines Auftrags, der zu Umsatzerlösen von 130.000 € p. a. und zu Kosten von 145.000 € p. a. führt, ist wegen 130.000 € / 145.000 € ≈ 0,9 absolut unwirtschaftlich.
2. *relative Wirtschaftlichkeit* zu bescheinigen, wenn ihre Kosten unter denen einer Alternative liegen. Wenn die Kosten einer Fremdvergabe 115.000 € p. a. betragen, wäre diese wegen 145.000 € / 115.000 € ≈ 1,3 relativ wirtschaftlich. Wegen 130.000 € / 115.000 € ≈ 1,1 wäre diese Alternative auch absolut wirtschaftlich.

Die *Rentabilität* steht für das Verhältnis einer Erfolgsgröße (z. B. Gewinn, Ersparnis) und dem dafür eingesetzten Kapital. Der Quotient weist die relative Kapitalverzinsung (Kapitalrendite) aus. Wenn bei einem Rationalisierungsvorhaben Investitionsausgaben von 700.000 € erforderlich sind, um 140.000 € p. a. einzusparen, beträgt die Rentabilität dieses Vorhabens (140.000 € / 700.000 €) · 100 % = 20 %. Ob diese als angemessen anzusehen ist, lässt sich nur unter Würdigung der Besonderheiten des Einzelfalles beantworten.

Die *Amortisation* (Amortisationszeit) steht für jene Zeitdauer, in der eingesetztes Kapital durch daraus entstehende Erfolge rückverdient wird. Mit der Länge der Amortisationszeit eines Vorhabens steigt das damit verbundene finanzielle Risiko. Bei dem vorstehend angeführten Fall wird man neben den Einsparungen von 140.000 € p. a. weitere Rückflüsse aus kalkulatorischen Abschreibungen über 8 Jahre in Höhe von 87.500 € p. a. und für kalkulatorische Zinsen in Höhe von 2.625 € p. a. (6 % von 350.000 über 8 Jahre) ansetzen. Dann beträgt die Amortisationszeit [700.000 € / (140.000 € + 87.500 € + 2.625 €)] = 3 Jahre. Unternehmen, die kurzfristigen Veränderungen ausgesetzt sind, könnten diese Rückverdienstdauer als unangemessen ansehen.

508 Ausgaben sind zahlungswirksam. Einige Kostenarten sind zahlungswirksam, andere nicht, z. B. Abschreibungen.

509 Hier wird also mit (Voll-)Kosten argumentiert. Es gibt aber auch Unternehmen, in denen mit Aufwand oder Ausgaben gerechnet wird. Dem folgen wir aus sachlichen Gründen nicht.

Nichtmonetäre Aspekte

Nicht alle entscheidungsrelevanten Kriterien sind mit Hilfe von Geldgrößen zu bewerten. So können bei einer Arbeitssystem-Planung Pflichtenheftkriterien wie z. B. »Eignung für Gruppenarbeit«, »Produktvarianten-Flexibilität« oder »Integrierbarkeit eines Notfallkonzepts« zu erfüllen sein. Mit Hilfe von *Nutzwert-Betrachtungen* lassen sich relative Vorzugswürdigkeiten von Lösungsalternativen bezüglich dieser Kriterien ermitteln.

Entscheidungen sind unter mehr oder weniger Unsicherheit zu fällen.[510] Das heißt, es ist nicht mit Sicherheit vorauszusagen, ob angestrebte künftige Zustände eintreten. Deshalb geht es abschließend darum, für diesen Sachverhalt zu sensibilisieren und um zwei Arten von Entscheidungskalkülen:

1. *Entscheidung unter Risiko*, wenn die Eintrittswahrscheinlichkeiten von Sachverhalten aufgrund von Erfahrungen abzuschätzen sind (z. B. Anwendung der Bayes-Regel).
2. *Entscheidung unter Ungewissheit*, wenn die Eintrittswahrscheinlichkeiten von Sachverhalten völlig unbekannt sind (z. B. Anwendung der Hurwicz-Regel).

9.7.2 Wirtschaftlichkeitsrechnungen

Simulation der Arbeitssystem-Kosten (Platzkostenrechnung)

Werden Arbeitssysteme geplant, sind oft Stückkosten zu ermitteln oder zu vergleichen. Dazu benötigt man Stundenverrechnungssätze und Zeitstandards. Aus der Betriebsabrechnung (Kostenstellenrechnung) sind Stundenverrechnungssätze nur für existierende Arbeitssysteme erhältlich. Für geplante Arbeitssysteme kann man Verrechnungssätze schätzen, sofern diese für ähnliche Arbeitssysteme vorliegen. Ist das nicht der Fall, werden durch das Controlling Verrechnungssätze durch *Simulation der Arbeitssystem-Kosten* geschätzt, was auch als *Platzkostenrechnung* bezeichnet wird. Abbildung II-339 ist ein Beispiel für die Ermittlung von Verrechnungssätzen für geplante Arbeitssysteme durch Kostensimulation zu entnehmen.[511]

Im oberen Teil sind die Arbeitssystem-Daten angeführt, die teilweise durch das Industrial Engineering und teilweise durch das Controlling beschafft werden. Im unteren Teil wird die eigentliche Platzkostenrechnung durch Simulation der Kostenarten durchgeführt. Wie in der Folge noch gezeigt wird, ist für die Planung von Arbeitssystemen und -prozessen zwischen variablen und fixen Kosten zu unterschieden. Die praktische Bedeutung dieses Prinzips wird in Teil III, Kapitel 3 bei der Vorkalkulation gezeigt. Das Ergebnis der Platzkostenrechnung ist den Positionen D, E und F zu entnehmen:

- Variable Kosten pro Stunde: 65,31 €
- Fixe Kosten pro Stunde bei 100 % Beschäftigung: 128,88 €
- Fixe Kosten pro Stunde bei 80 % Beschäftigung: 161,10 €
- Kosten pro Stunde bei 100 % Beschäftigung: 194,20 €
- Kosten pro Stunde bei 80 % Beschäftigung: 226,42 €

510 Entscheidungen unter Sicherheit werden hier vernachlässigt, weil sie in realen Situationen kaum vorkommen.

511 Das vorliegende Beispiel zeigt, dass Platzkostenrechnungen nach den in einem Unternehmen praktizierten Kostenrechnungsprinzipien durchgeführt werden, weil es sich dabei im Sinne der Betriebsabrechnung um die Simulation einer Kostenstelle handelt. Da sich die Kostenstellenrechnungen zwischen den Branchen und innerhalb einer Branche auch zwischen den Unternehmen unterscheiden, findet man in der Praxis zwar ähnliche, im Detail aber mehr oder weniger stark von unserem Beispiel abweichende Rechenschemata.

Arbeitssystem-Daten					
1. Arbeitssystem-Daten	1.01	Flächenbedarf in qm	*50*	*kursiv*	Eingabefelder
	1.02	Raumkosten in € pro qm und Jahr	*115*	normal	Rechenfelder
	1.03	Motorleistung in kW	*15*		
	1.04	Kraftstrompreis in €/kWh	*0,16*		
	1.05	Bruttoentgelt Mitarbeiter 1 in € pro Monat	*2.400*		
	1.06	Bruttoentgelt Mitarbeiter 2 in € pro Monat	*2.200*		
	1.07	Arbeitsstunden Mitarbeiter 1 pro Monat	*155*		
	1.08	Arbeitsstunden Mitarbeiter 2 pro Monat	*155*		
	1.09	Bruttoentgelt Mitarbeiter 1 in € pro Stunde	15,48	= 1.05 / 1.07	
	1.10	Bruttoentgelt Mitarbeiter 1 in € pro Stunde	14,19	= 1.06 / 1.08	
	1.11	Personalnebenkosten in %	*68*		
	1.12	Abschreibungsdauer in Jahren	*5*		
	1.13	kalkulatorische Zinskosten in %	*5,5*		
	1.14	Anlagenverfügbarkeit in %	*85*		
	1.15	Instandh.kosten p. a. in % des Einstandspreises	*8*		
	1.16	Umlagekosten des Betriebes auf die direkt zurechenbaren Kosten (Position A) in %	*40*		
2. Investitionen	2.01	Einstandspreis Equipment o. Mwst. in €	*240.000*		
	2.02	Transport- und Montagekosten in €	*6.200*		
	2.03	Aufstellkosten in €	*3.300*		
	2.04				
	2.05				
	2.0	**Investitionsbetrag in €**	**249.500**	= 2.01 + 2.02 + 2.03	
3. Arbeitszeiten	3.01	bezahlte Tage in Tagen pro Jahr	*250,0*		
	3.02	bezahlte Feiertage in Tagen pro Jahr	*9,0*		
	3.03	bezahlte Urlaubstage in Tagen pro Jahr	*25,0*		
	3.04	bezahlte arbeitsfreie Tage in Tagen pro Jahr	*1,0*		
	3.05	Arbeitstage in Tagen pro Jahr	215,0	= 3.01 – 3.02 – 3.03 – 3.04	
	3.06	Arbeitszeit in Stunden pro Tag	*7,75*		
	3.0	**Arbeitsstunden pro Jahr**	**1416**	= 1.14/100 · 3.05 · 3.06	

Kostenarten in € pro Jahr			variabel	fix	Erläuterungen	
4. P.kosten	4.01	Grundentgelte		57.500	= 3.01 · 3.06 · (1.09 + 1.10)	
	4.02	Leistungsentgelte L		5.750	= 4.01 · 1.11 / 100	
	4.021	Leistungszuschlag aus Leistungsbeurteilung	*10 %*			
	4.03	Personalnebenkosten		39.100	= 4.01 · 1.11 / 100	
	4.04					
	4.0	**Personalkosten**		**102.350**		
5. Fertigungsgemeinkosten	5.01	Hilfs-/Betriebsstoffekosten (Schätzwert) pro Jahr	600	900	Schätzwert:	*1.500*
	5.011	davon Anteil fixe Kosten in %	*40*			
	5.02	Ausrüstungskosten (Schätzwert) pro Jahr	1.125	3.375	Schätzwert:	*4.500*
	5.021	davon Anteil fixe Kosten in %	*25*			
	5.03	Raumkosten pro Jahr		5.750		
	5.04	Kraftstromkosten pro Jahr	3.399		= 1.03 · 1.04 · 3.0	
	5.05	Wartungskosten pro Jahr	7.680	11.520	= 2.01 · 1.11 / 100	
	5.051	davon Anteil fixe Kosten in %	*40*			
	5.06					
	5.07					
	5.0	**Fertigungsgemeinkosten**	**12.804**	**21.545**		
6. Kapitalkosten	6.01	kalkulatorische Abschreibungskosten pro Jahr	44.910	4.990	= 2.0/1.12 · 6.011 / 100	
	6.011	davon Anteil fixe Kosten	*90 %*			
	6.02	kalkulatorische Zinskosten pro Jahr	6.861		= 2.0 · 0,5 · 1.14 / 100	
	6.03	kalkulatorische Wagniskosten pro Jahr	1.500	1.500	Schätzwert:	*3.000*
	6.031	davon Anteil fixe Kosten in %	*50*			
	6.0	**Kapitalkosten**	**53.271**	**6.490**		
A		**direkt zurechenbare Kosten in € pro Jahr**	**66.075**	**130.385**	= 4.0 + 5.0 + 6.0	
B		**Umlagekosten des Betriebes in € pro Jahr**	**26.430**	**52.154**	= A · 1.16 / 100	
C		**Arbeitssystem-Kosten in € pro Jahr**	**92.506**	**182.539**	= A + B	
D		**variable Arbeitssystem-Kosten in € pro Stunde**		**65,31**	= Cvariabel/3.0	
E		**fixe Arbeitssystem-Kosten in € pro Stunde bei einem Beschäftigungsgrad von**	100 %	**128,88**	= Cfix / 3.0 · 100 / E %	
			80 %	**161,10**	= Cfix / 3.0 · 100 / E %	
			60 %	**214,81**	= Cfix / 3.0 · 100 / E %	
F		**Arbeitssystem-Kosten in € pro Stunde bei einem Beschäftigungsgrad von**	100 %	**194,20**	= D + E (100 %)	
			80 %	**226,42**	= D + E (80 %)	
			60 %	**280,12**	= D + E (60 %)	

Abbildung II-339 Ermittlung von Verrechnungssätzen für geplante Arbeitssysteme durch Kostensimulation (Platzkostenrechnung)

In Abbildung II-340 wird mit dem *Degressionseffekt der fixen Kosten* ein klassisches wirtschaftliches Planungsrisiko gezeigt. Obwohl die fixen Kosten nur ca. 1/3 Anteil an den Gesamtkosten haben, führen sie bei sinkender Auslastung zu einem deutlich steigenden Stundenverrechnungssatz. Daraus folgt, dass Planungen unter dem Gesichtspunkt der Auslastung umso risikoreicher werden, je höher die Fixkostenanteile sind. Mit diesem Effekt werden wir bei der Break-even-Analyse wieder konfrontiert.

Bei der Platzkostenrechnung handelt es sich um keine Wirtschaftlichkeitsrechnung, sondern um das Schaffen einer Voraussetzung, um Wirtschaftlichkeitsrechnungen überhaupt durchführen zu können.

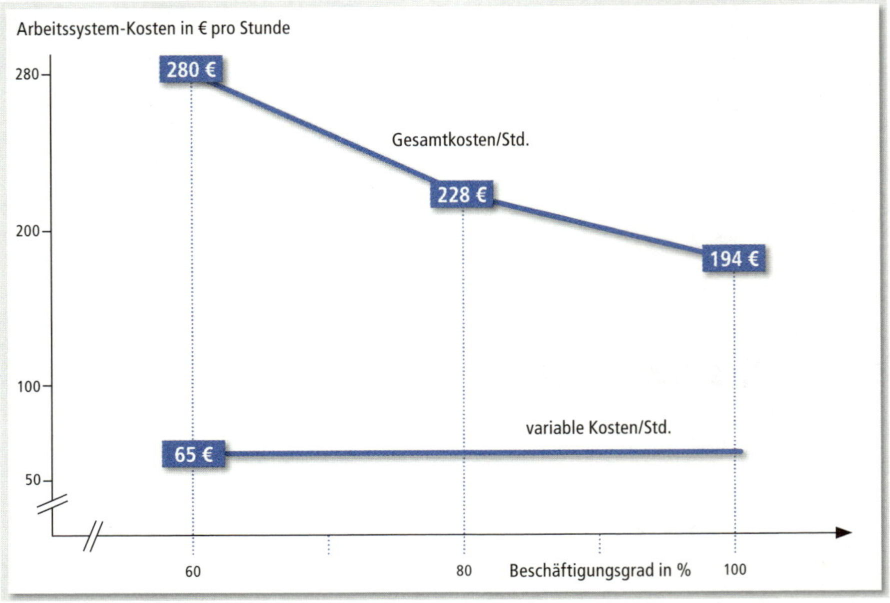

Abbildung II-340 Der Stundenverrechnungssatz als Funktion des Beschäftigungsgrades – Degressionseffekt der fixen Kosten

Stückkostenvergleiche

Abbildung II-337 ist zu entnehmen, dass *Stückkostenvergleiche*[512] zu den elementaren und universellen Entscheidungskalkülen gehören, denn bei allen drei Projektarten werden sie durchgeführt. Die Entscheidungsregel lautet: Von zwei oder mehr Alternativen wird jene bevorzugt, die zu den geringsten Stückkosten führt. In Abbildung II-341 wird ein einfaches[513] Beispiel angeführt, bei dem zwischen drei Alternativen zu entscheiden ist. Um aufgrund dieses Ergebnisses entstehende, weitergehende Fragen beantworten zu können, ist bei Stückkostenvergleichen nach fixen und variablen Kosten zu unterscheiden. Bei dem geplanten Auftragsprogramm von 48.000 Stück zwischen SOP und EOP ergibt sich eine klare Abstufung nach dem Entscheidungskriterium »Stück-Herstellkosten«. Wären diese das einzige Entscheidungskriterium, würde man sich für die dritte Alternative entscheiden.

512 Wir gehen auf Gesamtkostenvergleiche nicht ein, weil Alternativlösungen fast immer auch unterschiedliche Leistungsfähigkeiten repräsentieren, die man nur durch den Vergleich der Stückkosten berücksichtigen kann.
513 Einfach u. a. deshalb, weil bei den Alternativen 2 und 3 unterstellt ist, dass die Stückzeiten gleich sind.

Positionen		Einheiten	Alternative 1: Fremdbezug		Alternative 2: automatische Teilezuführung		Alternative 3: manuelle Teilezuführung	
			fix	variabel	fix	variabel	fix	variabel
1	Investitionsausgaben	€	keine		580.000		250.000	
2	Nutzungsdauer	Jahre	nicht begrenzt		8		8	
3	Auftragsmenge	Stück p. a.	12.000		12.000		12.000	
4	Auftragslaufzeit	Jahre	4		4		4	
	Auftragsvolumen	Stück Auftragslaufzeit	48.000		48.000		48.000	
5	kalkulatorischer Zinsatz	%			6		6	
6	Materialkosten	€ p. a.		20.640		18.360		17.400
		€/Stück		1,72		1,53		1,45
8	Personalkosten	€ p. a.			65.000		102.500	
						65.000		102.500
9	Fertigungs-gemeinkosten	€ p. a.			48.000		22.000	
					14.400	33.600	6.600	15.400
10	Kapitalkosten	€ p. a.			89.900		38.750	
					80.910	8.990	34.875	3.875
11	Fertigungskosten	€ p. a.	175.000		95.310	107.590	41.475	121.775
					202.900		163.250	
		€ Auftragslaufzeit	700.000		381.240	430.360	165.900	487.100
					811.600		653.000	
		€/Stück	14,58		7,94	8,97	3,46	10,15
12	Herstellkosten	€ p. a.	195.640		95.310	125.950	41.475	139.175
					221.260		180.650	
		€ Auftragslaufzeit	782.560		381.240	503.800	165.900	556.700
					885.040		722.600	
		€/Stück	16,30		7,94	10,50	3,46	11,60
					18,44		**15,05**	

Abbildung II-341 Beispiel für einen Stückkostenvergleich

Wirtschaftliche Grenzstückzahl

Bei dem Beispiel in Abbildung II-342 wird ein feststehendes Auftragsprogramm unterstellt: In vier Jahren sind 48.000 Stück herzustellen. Treten Zweifel auf, ob man am Ende wirklich über dieses Auftragsvolumen verfügen wird, entsteht eine modifizierte Fragestellung, bei der die Ermittlung der *wirtschaftlichen Grenzstückzahl* erforderlich ist. Die Entscheidungsregel bei diesem Kalkül lautet: Es ist zwischen zwei oder mehr Alternativen jene Auftragsmenge zu ermitteln, bis zu der bei einer Alternative geringere Stückkosten als bei anderen Alternativen anfallen. Die Produktionsmenge, bei der die Alternativen-Stückkosten gleich sind, nennt man die *kritische Produktionsmenge.*

Die wirtschaftliche Grenzstückzahl m_G wird ermittelt nach:

$$m_G = \frac{K_{f1} - K_{f2}}{k_{v2} - k_{v1}}$$

Darin sind:

K_f fixe Kosten in € der Alternativen 1 und 2 für die Betrachtungsperiode

K_v variable Kosten in € der Alternativen 1 und 2 pro Mengeneinheit

Im Zähler steht die gesamte Fixkostendifferenz zwischen zwei Alternativen und im Nenner die Differenz ihrer variablen Stückkosten. Mit dem Quotienten wird jene Menge (Stückzahl) ermittelt, bei dem der Fixkostennachteil einer Alternative durch ihren Vorteil bei den variablen Stückkosten »aufgebraucht« ist. Die wirtschaftlichen Grenzstückzahlen zu dem in Abbildung II-341 angeführten Beispiel sind Abbildung II-342 zu entnehmen.

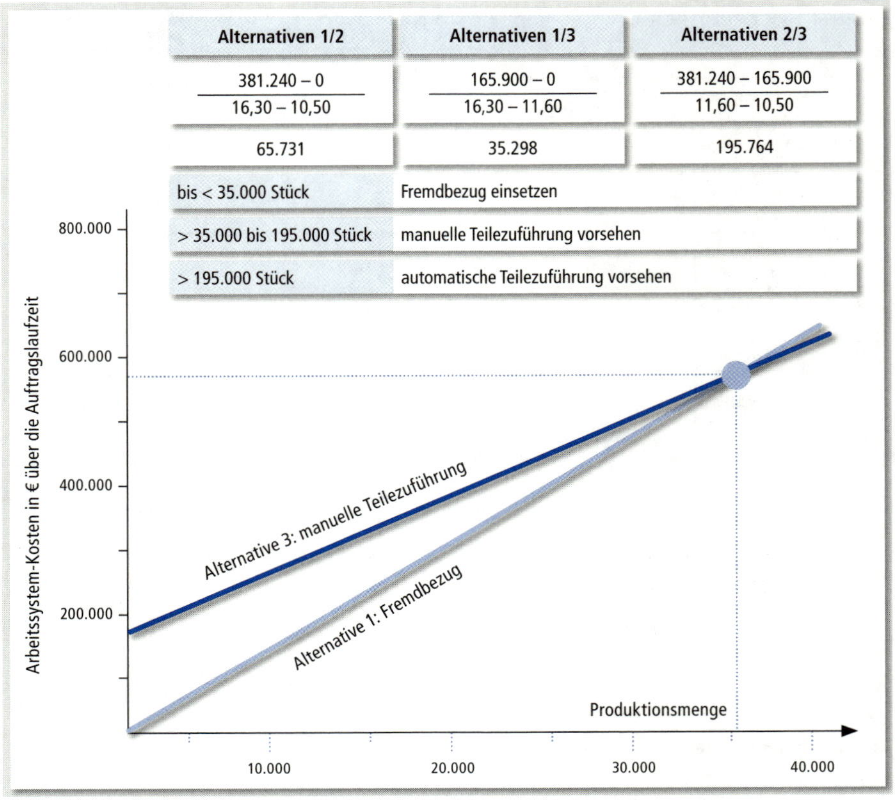

Abbildung II-342 Beispiel zur Ermittlung wirtschaftlicher Grenzstückzahlen

1. Alternative 1 wäre bei Produktionsmengen bis ca. 35.000 Stück die kostengünstigste Alternative. Diese Grenzstückzahl liegt unter dem Auftragsvolumen von 48.000 Stück.
2. Alternative 2 hat zwar beim Auftragsvolumen von 48.000 Stück geringere Stückkosten als Alternative 2. Ab ca. 66.000 Stück wäre sie aber gegenüber Alternative 1 wirtschaftlich vorteilhafter.
3. Alternative 3 ist insofern die überzeugendste, als sie ab ca. 35.000 Stück bis ca. 195.000 Stück am kostengünstigsten ist.

Optimale Losgröße

Neben Grenzstückzahlen werden oft Losgrößen- und Bestellmengenoptima berechnet, um z. B. bei Just-in-Time-Planungen abschätzen zu können, ob Kundenabrufe und kostenoptimale Losgrößen aus wirtschaftlicher Sicht in Einklang zu bringen sind. Das gilt dann auch für die Lieferantenseite, wenn man prüft, ob die eigenen Lieferabrufe in etwa den kostenoptimalen Bestellmengen entsprechen. Wir stellen hier den einfachen, in der Praxis aber noch immer verbreiteten »klassischen« Ansatz von Andler[514] dar. Er wurde für einstufige Fertigungen und unlimitierten Kapazitätsbestand entwickelt. Optimalität wird zwischen zwei Größen gesucht:

1. Auftragsfixen bzw. mengenunabhängigen Kosten, gebildet durch die Rüstkosten, deren Gewicht mit steigender Losgröße abnimmt. Je häufiger durch geringe Losgrößen zu rüsten ist, desto geringer ist die Arbeitssystem-Verfügbarkeit.

514 Vgl. Andler, K.: Rationalisierung der Fabrikation und optimale Losgröße. München: Oldenbourg, 1929.

2. Auftragsvariablen bzw. mengenabhängigen Kosten, die hier durch die Lagerungskosten gebildet werden. Deren Gewicht nimmt mit steigender Losgröße zu. Lagerungskosten sind bei kurzfristiger Betrachtung aus Kapitalbindung, bei längerfristiger Betrachtung auch aus Ressourcennutzung begründete Kosten.

Das Kostenoptimum ist erreicht, wenn die Summe der Rüst- und Lagerungskosten (vgl. Abbildung II-343) minimal ist. Anwender der Andlerschen Formel sollten sich folgender Prämissen bewusst sein:

1. Absatz und Finanzierung: exakte Bedarfsprognose, unendlicher Planungshorizont, keine Schwankungen bei Abrufen und damit bei Losen, die Finanzierung optimaler Losgrößen ist möglich.
2. Fertigung: einstufig, ohne Nacharbeit und Ausschuss, mit unlimitierten Kapazitätsbeständen, beliebige Teilbarkeit von Losgrößen.
3. Lagerung: kontinuierlicher Lagerabgang in die Produktion, unbegrenzte Lagerkapazität.

Unter Beachtung dieser Restriktionen wird die optimale Losgröße m_{opt} nach der Andlerschen Formel wie folgt bestimmt:

$$m_{opt} = \sqrt{\frac{2 \cdot m_{ges} \cdot K_R}{k_v \cdot i}}$$

Darin sind:

m_{ges} Jahresbedarf in Stück

K_R losgrößenfixe Kosten (Rüstkosten) in € pro Los

k_v variable Kosten (insb. Material- und Personalkosten) in € pro Stück

i Lagerungszinsfaktor ($0 < i < 1$)

Bei einem Jahresbedarf von 12.000 Stück, Rüstkosten von 300 € pro Los, variablen Stückkosten von 11,60 € und einem durch das Controlling bestimmten Lagerungszinssatz von 8 % ergeben sich:

$$m_{opt} = \sqrt{\frac{2 \cdot 12.000 \cdot 300}{11{,}60 \cdot 0{,}08}} = 2.785$$

Das führt zu einer kostenoptimalen Auflage von 12.000 Stück p. a. / 2.785 Stück pro Los, also zu vier bis fünf Losen pro Jahr.

Der Andlerschen Formel zur Bestimmung der *optimalen Bestellmenge* liegt das gleiche Konzept wie bei der optimalen Losgröße zu Grunde. Sie unterliegt deshalb den gleichen Prämissen.

$$x_{opt} = \sqrt{\frac{2 \cdot m_{ges} \cdot K_B}{k_E \cdot i}}$$

Darin sind:

m_{ges} Jahresbedarf in Stück

K_B bestellfixe Kosten (Kosten der Bestellung) in € pro Bestellvorgang

K_E Einstandskosten in € pro Stück

i Lagerungszinsfaktor für Lagerhaltung und Kapitalbindung ($0 < i < 1$)

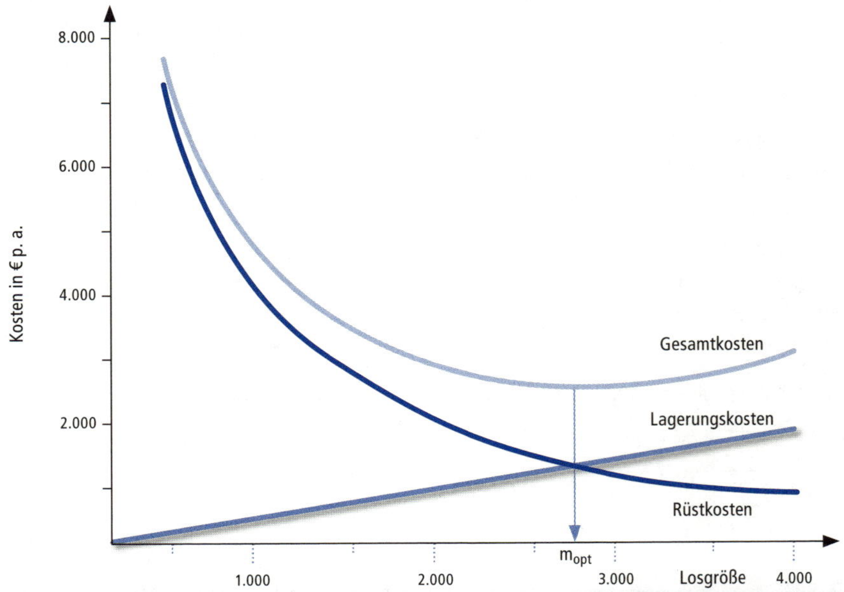

Losgröße	Kosten p. a. in €			Anzahl Lose p. a.
	Rüstkosten	Lagerungskosten	Gesamtkosten	
500	7.200	232	7.432	24
1.000	3.600	464	4.064	12
1.500	2.400	696	3.096	8
2.000	1.800	928	2.728	6
2.500	1.440	1.160	2.600	5
3.000	1.200	1.392	2.592	4
3.500	1.029	1.624	2.653	3
4.000	900	1.856	2.756	3
4.500	800	2.088	2.888	3
5.000	720	2.320	3.040	2
5.500	655	2.552	3.207	2
5.500	655	2.552	3.207	2

Abbildung II-343 Beispiel zur Ermittlung der optimalen Losgröße nach der Andlerschen Formel

Bei einem Jahresbedarf von 12.000 Stück, Bestellkosten von 100 € pro Bestellung, Einstandskosten von 1,50 € pro Stück und einem durch das Controlling bestimmten Lagerungszinssatz von 8 % ergeben sich:

$$x_{opt} = \sqrt{\frac{2 \cdot 12.000 \cdot 100}{1,50 \cdot 0,08}} = 4.472$$

Das führt zu 12.000 Stück p. a. / 4.472 Stück pro Bestellung, also drei Bestellungen pro Jahr.

Eigenerstellung vs. Fremdbezug

Eine Entscheidung, die bei allen drei Projektarten anfallen kann, ist die Wahl zwischen *Eigenerstellung und Fremdbezug*. Die beiden Entscheidungsregeln lauten:

1. Wenn eigene freie Kapazitäten vorliegen, ist Eigenerstellung so lange zu präferieren, wie die eigenen variablen Kosten unter den Kosten des Fremdbezugs liegen.

2. Wenn die eigenen Kapazitäten ausgelastet sind, ist Fremdbezug so lange zu präferieren, bis die Opportunitätskosten bei Fremdbezug minimal sind.

In Abbildung II-341 wird für Fremdbezug ein Stückpreis von 16,30 € ausgewiesen. Angenommen die für Alternative 3 »manuelle Teilezuführung« stehenden Arbeitssysteme verfügen über ausreichende freie Kapazität. Bei variablen Herstellkosten von 11,60 € wird man sich dann für die Eigenerstellung entscheiden. Für die zweite Entscheidungssituation wird im Teil III, Abschnitt 3.3 ein Beispiel angeführt, weshalb wir auf dieses Thema an dieser Stelle nicht eingehen.

Break-even-Analyse

Bei den bisher erläuterten Entscheidungskalkülen wurden ausschließlich Kosten berücksichtigt. Bei der *Break-even-Analyse* werden auch Erlöse und die Auslastung (Beschäftigungsgrad) betrachtet. Die Entscheidungsregel bei der Break-even-Analyse lautet: Ein längerfristig wirksames Vorhaben ist nur dann zu präferieren, wenn die dadurch verursachten Kosten bei einem vorgegebenen Beschäftigungsgrad durch die Erlöse gedeckt sind. Break-even-Analysen werden z. B. durchgeführt, wenn durch ein Verbesserungsprojekt die Fixkosten steigen. Dann ist zu prüfen, ob sie durch geringere variable Kosten und/oder höhere Erlöse zu kompensieren sind. Es gibt zwei Betrachtungsansätze für den *Break-even-Punkt* (BEP):

1. Der Beschäftigungsgrad, bei dem die Kosten gerade durch die Erlöse gedeckt sind, heißt kritischer Beschäftigungsgrad. Dieser wird durch eine Leistungsmenge repräsentiert, die man dann als kritische Leistungsmenge bezeichnet.
2. Der Erlös, der zu erzielen ist, damit die Kosten gerade gedeckt sind, heißt kritischer Erlös.

Der *kritische Beschäftigungsgrad* B_{kr} wird bestimmt nach:

$$B_{kr} = \frac{K_f}{E - K_v} \cdot 100\ \%$$

Der *kritische Erlös* E_{kr} wird bestimmt nach:

$$E_{kr} = \frac{K_f}{1 - \frac{K_v}{E}}$$

Darin sind:

K_f fixe Kosten in € p.a.

K_v variable Kosten in € p.a. bei 100 %igem Beschäftigungsgrad

E Erlöse in € p.a. bei 100 %igem Beschäftigungsgrad

Abbildung II-344 ist ein Beispiel zur Break-even-Analyse zu entnehmen. Im Ist-Zustand (oberer Bildteil) fallen 450.000 € Fixkosten und bei Vollauslastung variable Kosten in Höhe von 1.050.000 € an. Dazu werden 1,7 Mio. € Erlöse erzielt, so dass ein operatives Ergebnis von 200.000 € entsteht. Als Ergebnis eines Verbesserungsprojekts wird erwartet, dass die variablen Kosten bei 100 %igem Beschäftigungsgrad auf 600.000 € p.a. sinken, allerdings unter einem Anstieg der Fixkosten auf 850.000 € p.a. Das würde zu einer Erhöhung des operativen Ergebnisses auf 250.000 € p.a. führen. Die Break-even-Punkte im Ist-Zustand und nach der geplanten Verbesserungsmaßnahme sind:

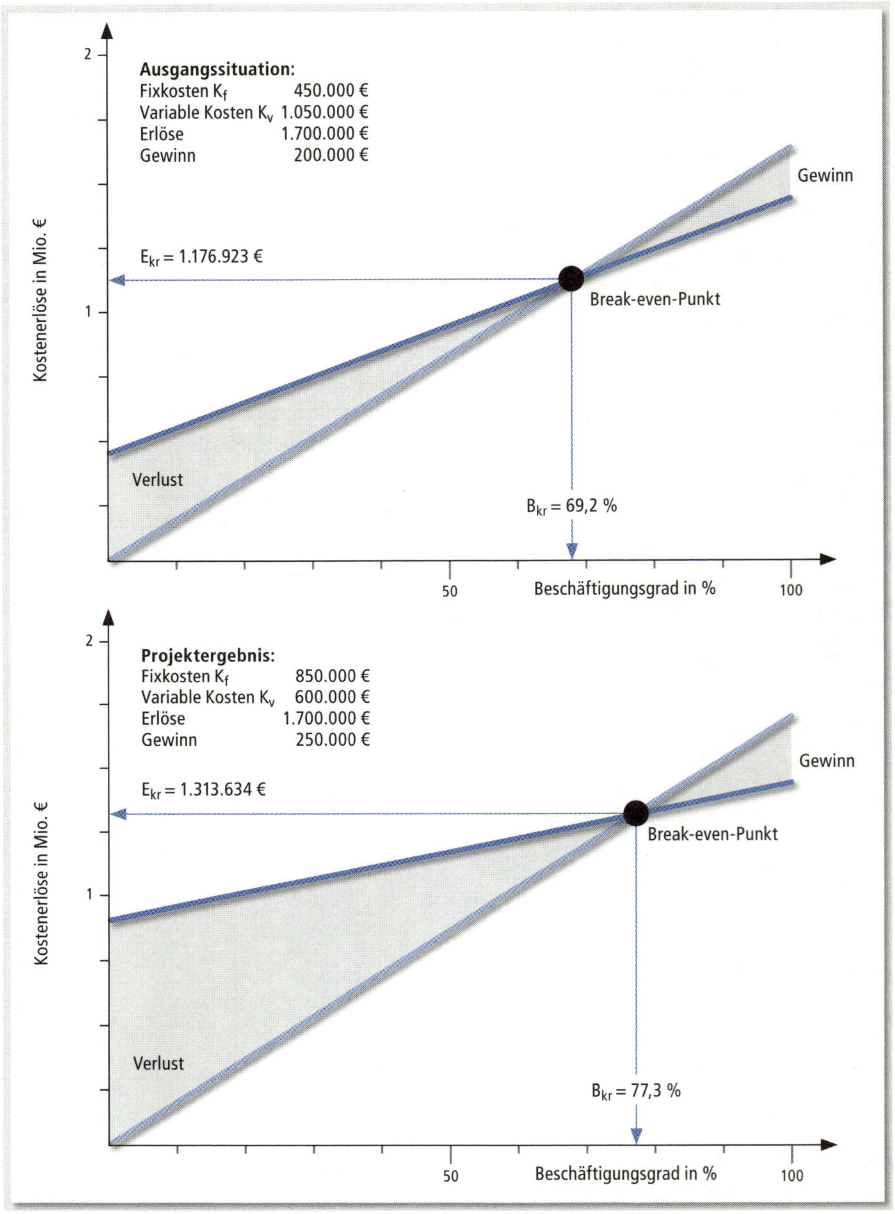

Abbildung II-344 Beispiel zur Ermittlung des Break-even-Punktes

Ist-Zustand

kritischer Beschäftigungsgrad:

$$B_{kr} = \frac{450.000}{1.700.000 - 1.050.000} \cdot 100\ \% = 69{,}2\ \%$$

kritischer Erlös:

$$E_{kr} = \frac{450.000}{1 - \frac{1.050.000}{1.700.000}} = 1.176.923\ €$$

Geplante Verbesserungsmaßnahme

kritischer Beschäftigungsgrad:

$$B_{kr} = \frac{850.000}{1.700.000 - 600.000} \cdot 100\ \% = 77{,}3\ \%$$

kritischer Erlös:

$$E_{kr} = \frac{850.000}{1 - \frac{600.000}{1.700.000}} = 1.313.634\ €$$

Dieser Rechnung und der vorstehenden Abbildung ist zu entnehmen, dass sich zwar das operative Ergebnis um 50.000 € erhöhen wird – unter der Voraussetzung, dass der betrachtete Betriebsteil zu 100 % ausgelastet ist. Dabei wird in Kauf genommen, dass der »Auslastungsdruck« auf den Vertrieb zunehmen wird, denn der Break-even-Punkt, die »Gewinnschwelle«, hat sich um 8 % erhöht. Das versuchen jedoch Unternehmen zu vermeiden, denn je niedriger der Break-even-Punkt liegt, desto geringer ist das Risiko, bei sinkender Auslastung in die Verlustzone zu geraten. Die beim vorliegenden Projekt zu erkennende Strategie, sich die Senkung der variablen Kosten durch eine Erhöhung des Fixkostenblocks zu »erkaufen«, ist aus Sicht des Break-even-Analytikers erfolglos.

9.7.3 Rentabilitäts- und Amortisationsrechnungen

Die *Rentabilität* steht für das Verhältnis einer Erfolgsgröße (z. B. Gewinn, Ersparnis) zum dafür eingesetzten Kapital. Die *Amortisation*(-szeit) steht für jene Zeitdauer, in der eingesetztes Kapital durch daraus entstehende Erfolge gedeckt, rückverdient ist. Die Ermittlung der Rentabilität oder Amortisation wird danach unterschieden, ob ein

1. Rationalisierungseffekt (bei einem Projekt wird investiert, um Kosten zu senken) oder
2. Erweiterungseffekt (bei einem Projekt wird investiert, um die Kapazität zu erweitern)

angestrebt wird.[515]

Statische Investitionsrechnung

Um *Rationalisierungseffekte* mit Hilfe *statischer Investitionsrechnungen* zu beurteilen, werden folgende Rechenvorschriften angewandt:

Rentabilität:

$$R_{Ratio} = \frac{\text{Ausgabenersparnis}}{\text{Investitionsausgaben}} \cdot 100\ \%$$

Amortisation:

$$A_{Ratio} = \frac{\text{Investitionsausgaben}}{\text{Ausgabenersparnis} + \text{kalk. Abschreibungen} + \text{kalk. Zinsen}}$$

Bei einem Verbesserungsprojekt fallen 170.000 € an Investitionsausgaben für einen Rundlaufförderer an. Die Einsparungen sollen aus (ausgabenwirksamen) Personalkosten in Höhe von 45.000 € p. a. entstehen. Den Einsatz des Betriebsmittels hat man für 5 Jahre vorgesehen (kalk. Abschreibung: 34.000 € p. a.). Nach Ablauf der Nutzungsdauer wird ein erlösbarer Restwert von 30.000 € erwartet. Als Zinsfuß wird 6 % angesetzt (kalk. Zinsen: [170.000 € / 2] · 0,06 = 5.100 € p. a.). Rentabilität und Amortisation ergeben sich wie folgt:

515 In der Literatur wird als dritter Effekt der Ersatzeffekt behandelt. Wir verzichten darauf, weil es nahezu keine Projekte gibt, bei denen dieser auftritt. Werden Betriebsmittel infolge von Alterung oder Verschleiß ersetzt, ergibt sich durch den technischen Fortschritt stets ein Rationalisierungs- und/oder Erweiterungseffekt.

Rentabilität:

$$R_{Ratio} = \frac{45.000}{140.000} \cdot 100\ \% = 32\ \%$$

Amortisation:

$$A_{Ratio} = \frac{170.000 - 30.000}{45.000 + 34.000 + 5.100} = 1{,}7 \text{ Jahre}$$

Bei diesem einfachen statischen[516] Kalkül weist man zwar eine beachtliche Verzinsung aus. Die Frage, ob man bei einem (Ratio-)Verbesserungsprojekt eine Amortisationszeit von deutlich mehr als einem Jahr akzeptiert, werden Unternehmen unterschiedlich beantworten.

Erweiterungseffekte

Um *Erweiterungseffekte* zu beurteilen, werden folgende Rechenvorschriften angewandt:

Rentabilität:

$$R_{Erweit} = \frac{\text{Erfolg bzw. Mehrerfolg}}{\text{Investitionsausgaben}} \cdot 100\ \%$$

Amortisation:

$$A_{Erweit} = \frac{\text{Investitionsausgaben}}{\text{Erfolg bzw. Mehrerfolg} + \text{kalk. Abschreibungen} + \text{kalk. Zinsen}}$$

Bei einem Verbesserungsprojekt fallen 320.000 € an Investitionsausgaben für die Beschaffung eines weiteren Schweißroboters an. Ein nennenswerter Restwert wird nicht erwartet. Es wird mit Mehrerlösen in Höhe von 56.000 € p. a. gerechnet. Den Einsatz des Roboters hat man für 5 Jahre vorgesehen (kalk. Abschreibung: 64.000 € p. a.).

Als Zinssatz wird 6 % angesetzt (kalk. Zinsen: [320.000 € / 2] · 0,06 = 9.600 € p. a.). Rentabilität und Amortisation ergeben sich wie folgt:

Rentabilität:

$$R_{Erweit} = \frac{56.000}{320.000} \cdot 100\ \% = 17{,}5\ \%$$

Amortisation:

$$A_{Erweit} = \frac{320.000}{56.000 + 64.000 + 9.600} = 2{,}5 \text{ Jahre}$$

Ob man ein solches (Erweiterungs-)Projekt bei einer Amortisationszeit von 2,5 Jahren als attraktiv ansieht, wird bei vielen Unternehmen auch von anderen Gesichtspunkten tangiert. So könnte es sich um eine notwendige Erweiterung handeln und dieses Entscheidungskalkül wurde lediglich durchgeführt, um den Rentabilitäts- und Amortisationsaspekt in eine Gesamtbeurteilung einzubeziehen.

Dynamische Investitionsrechnung

Im Rahmen von Projekten zu tätigende Investitionen werden umso eher »dynamisch gerechnet«, je höher die Investitionsausgaben sind.[517] Die *dynamische Investitionsrechnung* wurde in den 1960er-Jahren publik, maßgeblich beeinflusst durch die Arbeiten von Erich Schneider[518]. Praktische Bedeutung haben drei Methoden:

1. Kapitalwert-Methode: Ermittlung des Gegenwartswertes (Barwertes) aller aus einer Investition über deren Lebensdauer entstehenden Überschüsse.

---

516 Statisch deshalb, weil von fünf vorgesehenen Nutzungsjahren nur ein repräsentatives Jahr betrachtet und Zinseffekte unbeachtet bleiben. Nachfolgend wird dieses Projekt noch einmal mit Hilfe eines dynamischen Kalküls beurteilt, bei dem Zinseffekte und über den Nutzungsverlauf sich verändernde Ausgaben und Einnahmen berücksichtigt werden.

517 Im Jahre 1996 hatten ca. 60 % deutscher Großunternehmen dynamische und statische, ca. 30 % nur dynamische und ca. 10 % nur statische Investitionsrechnungsmethoden angewandt. Vgl. Däumler, K.-D.; Grabe, J.: Grundlagen der Investitions- und Wirtschaftlichkeitsrechnung, 12. Auflage. ohne Verlagsort: Neue Wirtschafts-Briefe, 2007, S. 165.

518 Vgl. Schneider, E.: Wirtschaftlichkeitsrechnung, Theorie der Investition, 8. Auflage (1. Auflage 1957). Tübingen: Mohr, 1973.

2. Interner-Zinsfuß-Methode: Ermittlung jenes Zinsfußes, bei dem der Kapitalwert gerade null ist.
3. Annuitäten-Methode: Umrechnung des Kapitalwertes in gleiche Jahresbeträge.

Die Kapitalwert-Methode ist die grundlegende Methode der dynamischen Investitionsrechnung und in der Praxis verbreitet, weshalb wir uns hier auf diese Methode beschränken. Bevor wir uns damit beschäftigen, ist es erforderlich, die Grundidee der dynamischen Rechenverfahren zu verdeutlichen, die Verwendung des *Barwertes*. Diese Grundidee beruht darauf, zukünftige Einnahmen und Ausgaben mit einer Art »Abschlag« zu versehen, weil man zum Gegenwartszeitpunkt

- noch nicht über die später zu erzielenden Einnahmen verfügen kann (Zinsverlust)
- und deren adäquate Ausgaben auch noch nicht anfallen (Zinsgewinn).

Barwert

Deshalb werden sie mit dem bis zum Auftretenszeitpunkt anfallenden »Zinsaufschub« bewertet. Die so korrigierte Einnahmen-Ausgaben-Differenz wird als Barwert (Gegenwartswert) bezeichnet. Im Barwert wird ausgedrückt, welchen Wert ein erst in n Jahren anfallender Zinsgewinn-Zinsverlust-Saldo derzeit hat. Der Ausdruck

$$\frac{1}{1+\left(\frac{i}{100\%}\right)^{n}}$$

wird *Abzinsungsfaktor* (Diskontierungsfaktor) genannt. Dabei steht i für den Kalkulationszinsfuß und n für die Anzahl Jahre, auf die abzuzinsen ist. Das Produkt aus »Zeitwert im Jahre j« und »Abzinsungsfaktor« ergibt den Barwert der Einnahmen-Ausgaben-Differenz des Jahres j. Abbildung II-345 ist ein Beispiel zur Barwertermittlung zu entnehmen, bei dem vier Jahre lang Einnahmenüberschüsse von 10.000 € p. a. erzielt werden, die mit einem Kalkulationszinsfuß[519] von 7 % abzuzinsen sind. Die über vier Jahre anfallenden Überschüsse haben einen Gegenwartswert von nur ca. 85 % der Überschusssumme.

$$\frac{1}{1+\left(\frac{i}{100\,\%}\right)^{n}}$$

Jahr	Ermittlung des Abzinsungsfaktors	Abzinsungsfaktor	Überschussbetrag in €	Barwert des Überschussbetrags in €
1	1 / (1 + 7 / 100)	0,9346	10.000	9.346
2	1 / (1 + 7 / 100)²	0,8734	10.000	8.734
3	1 / (1 + 7 / 100)³	0,8163	10.000	8.163
4	1 / (1 + 7 / 100)⁴	0,7629	10.000	7.629
			40.000	**33.872**

Abbildung II-345 Beispiel zur Ermittlung des Barwertes

Kapitalwert

Als *Kapitalwert* C_0 eines Investitionsbetrages C wird der Barwert aller damit erzielten Überschüsse zum Investitionszeitpunkt t_0 bezeichnet. Nach der Kapitalwertmethode wird er ermittelt nach:

$$C_0 = e_r \frac{1}{\left(1+\frac{i}{100\%}\right)^{n}} + \sum_{j=1}^{n-1} ü_j \frac{1}{\left(1+\frac{i}{100\%}\right)^{n}}$$

519 Jenen Zins, mit dem kalkuliert wird, nennt man Kalkulationszinsfuß. Er kann aus einem Basiszins (z. B. Habenzins des Kapitalmarktes) und einem Risikozuschlag bestehen.

Darin sind:

a_j Ausgaben in € im Jahre j

e_j Einnahmen in € im Jahre j

j j-tes Nutzungsjahr (j = 1, 2, …., n)

$ü_j$ $e_j - a_j$

i Kalkulationszinsfuß in Prozent

e_r Restwert des Investitionsobjektes in € nach Ablauf von n Jahren

Abbildung II-346 ist dazu ein Beispiel zu entnehmen. Das zu beurteilende Projekt bedingt Investitionsausgaben in Höhe von 170.000 €. Nach Ablauf der fünfjährigen Nutzung wird ein erlösbarer Restwert von 30.000 € erwartet. Als Zinsfuß wird 6 % angesetzt. Bei den Ausgaben wird unterstellt, dass eine jährliche Einsparung von 5 % erzielt wird. Auf der Einnahmenseite ist ein jährliches Kunden-Saving von 3 % berücksichtigt. Als Ergebnis dieser Rechnung sind zwei Erkenntnisse herauszustellen.

1. Würde man nach statistischer Betrachtung die Überschüsse und den erlösbaren Restwert summieren, erhielte man einen Überschussbetrag von 256.658 €. Die Differenz zur Investitionsausgabe beträgt dann 86.658 € und die Rentabilität ca. 51 %.
2. Der barwertige Überschussbetrag, der Kapitalwert, beträgt dagegen nur 212.040 € und die Differenz zur Investitionsausgabe nur 42.040 €. Die Rentabilität beträgt dann ca. 25 %.

Jahr	Ausgaben in € (5 % jährliches Ratio)	Einnahmen in € (3 % jährliches Saving)	Überschuss-betrag in €	Abzinsungs-faktor bei i = 6 %	Barwert des Überschussbetrages in €
0	**170.000**				
1	80.000	125.000	45.000	0,943	42.453
2	76.000	121.250	45.250	0,890	40.272
3	72.200	117.613	45.413	0,840	38.129
4	68.590	114.084	45.494	0,792	36.036
5	65.161	110.662	45.501	0,747	34.001
6		**30.000**		0,705	21.149
			256.658		**212.040**

Abbildung II-346 Beispiel zur Ermittlung des Kapitalwertes

Dynamische Entscheidungskalküle führen im Allgemeinen zu vorsichtigeren und realistischeren Einschätzungen, ohne dass ein nennenswerter Mehraufwand gegenüber statischen Rechnungen anfällt.[520] Es sind zinsstrukturkonforme Rechnungen durchzuführen, indem der Kalkulationszinsfuß in jedem Geschäftsjahr den Markterwartungen angepasst wird.

Auch wenn den dynamischen Rechenverfahren ein paar problematische Prämissen anhaften, wie z. B. Gleichheit von Soll- und Habenzinssatz, sofortige Wiederanlage der Überschüsse zu Kapitalmarktkonditionen, Vorausschaubarkeit der Datenströme über mehrere Jahre, überwiegt der Vorteil: Entscheidungen über Investitionsausgaben auf detailliertere Kalküle als bei den statischen Verfahren zu gründen.

520 Der Hauptaufwand fällt bei der Datenbeschaffung und nicht bei der Rechnung an.

9.7.4 Nutzwertanalyse

Seit den 1970er-Jahren wurden im Projektmanagement Entscheidungskalküle nicht nur anhand monetärer, sondern auch nichtmonetärer Aspekte durchgeführt.[521] Die bekannteste und praktisch relevanteste Methode ist die *Nutzwertanalyse*. Seit den 1980er-Jahren ist sie ein im Industrial Engineering etabliertes Entscheidungskalkül.[522] Nutzwertanalysen für vorliegende Alternativen werden in drei Schritten durchgeführt:

Bewertungskriterien

1. *Bewertungskriterien* aussuchen und gewichten: Bewertungskriterien sollten wie die zu vergleichenden Alternativen aus den Projektplanung (z. B. aus dem Pflichtenheft) vorliegen. Abbildung II-347 ist dazu ein Beispiel zu entnehmen. Da nicht alle Kriterien gleich bedeutsam sind, gewichtet man sie, meist mit Hilfe eines paarweisen Vergleichs. Wenn beim paarweisen Vergleich das

   - Kriterium K_i wichtiger als das Kriterium K_j ist, erhält K_i 2 und K_j 0 Punkte,
   - Kriterium K_i gleichwichtig wie Kriterium K_j ist, erhalten beide 1 Punkt.

   Im Beispiel ist K_1 wichtiger als K_3 und K_4 wichtiger als K_5. K_1 und K_8 sowie K_3 und K_5 sind gleich wichtig.

   Den paarweisen Vergleich führt man im Team durch und protokolliert die Begründungen, um sich kritischen Fragen zu öffnen und weil die Ergebnisse nach einiger Zeit nur schwer nachvollziehbar sind. Die Gewichtungspunkte werden zeilenweise summiert und die *Gewichtungsfaktoren* je Bewertungskriterium ermittelt nach:

   $$G = \frac{\Sigma \text{ der Bewertungspunkte je Bewertungskriterium}}{\Sigma \text{ der Bewertungspunkte über alle Bewertungskriterien}}$$

   Um das Ergebnis auf Plausibilität zu prüfen, wird jedem Bewertungskriterium seine Rangplatznummer zugeordnet.

521 Vgl. z. B. Zangemeister, C.: Nutzwertanalyse in der Systemtechnik. Eine Methodik zur multidimensionalen Bewertung und Auswahl von Projektalternativen. München: Wittemannsche Buchhandlung, 1970. Rinza, P.; Schmitz, H.: Nutzwert-Kosten-Analyse. Düsseldorf: VDI-Verlag, 1977.

522 Vgl. z. B. Metzger, H.: Planung und Bewertung von Arbeitssystemen in der Montage. Mainz: Krausskopf, 1977. Grob, R.; Haffner, H.: Planungsleitlinien Arbeitsstrukturierung. München: Siemens-Verlag, 1982.

Bewertungskriterien									Relevanzfindung		
2 = ist bedeutsamer 1 = ist gleich bedeutsam 0 = ist weniger bedeutend	1. Flexibilität bei Variantenvielfalt	2. Flexibilität bei Abrufschwankungen	3. Flexibilität bei wechselndem Personalbedarf	4. Fehlhandlungsstabilität	5. Einarbeitungsfreundlichkeit	6. Einsatzmöglichkeit höher Qualifizierter	7. Spielräume zur individuellen Leistungsentfaltung	8. Aufnahme von Notfallstationen	Summe der Gewichtungspunkte	Gewichtungsfaktoren	Rangplatz Nr.
1. Flexibilität bei Variantenvielfalt		1	2	0	2	2	2	1	10	0,18	4
2. Flexibilität bei Abrufschwankungen	1		2	1	2	2	2	1	11	0,20	2
3. Flexibilität bei wechselndem Personalbedarf	0	0		0	1	2	2	0	5	0,09	5
4. Fehlhandlungsstabilität	2	1	2		2	2	2	1	12	0,21	1
5. Einarbeitungsfreundlichkeit	0	0	1	0		1	2	0	4	0,07	6
6. Einsatzmöglichkeit höher Qualifizierter	0	0	0	0	1		1	0	2	0,04	7
7. Spielräume zur individuellen Leistungsentfaltung	0	0	0	0	0	1		0	1	0,02	8
8. Aufnahme von Notfallstationen	1	1	2	1	2	2	2		11	0,20	2
									56	1,0	

Abbildung II-347 Beispiel zur Ermittlung der Gewichtungsfaktoren bei der Nutzwertanalyse

Kriterienerfüllung

2. Für jede Alternative zu jedem Bewertungskriterium den *Erfüllungsgrad* bestimmen: Die Bewertungskriterien werden bei den Alternativen A_i unterschiedlich erfüllt, was mit Hilfe einer zehnstufigen Erfüllungsfaktoren-Skala gemessen wird. Dabei steht die Stufe 1 z. B. für »in keiner Weise erfüllt« und die Stufe 10 z. B. für »ist höchstmöglich, unübertrefflich erfüllt«. Abbildung II-348 ist zu entnehmen, dass beim Kriterium »7. Spielräume zur individuellen Leistungsentfaltung« bei A_1 8 Punkte, bei A_2 4 Punkte und bei A_3 5 Punkte vergeben werden. Diese Einstufungen werden wie beim paarweisen Vergleich im Team durchgeführt und die Begründungen protokolliert. Wenn die Spalten »E« ausgefüllt sind, ist der fachliche Teil der Nutzwertanalyse abgeschlossen.

Nutzwert

3. Für jede Alternative den Nutzwert ermitteln und das Ergebnis interpretieren: In der Spalte »G · Ej« werden durch Produktbildung die Teilnutzwerte (je Alternative und Bewertungskriterium) bestimmt. Diese sind umso höher, je höher der Erfüllungsgrad und der Gewichtungsfaktor sind. Der höchste Teilnutzwert liegt bei Alternative A_1 zum Kriterium »8. Aufnahme von Notfallstationen« vor. Die Summe der Teilnutzwerte je Alternative wird summiert und damit der *Nutzwert* der Alternative ausgewiesen. Der Nutzwert drückt die relative Vorzugswürdigkeit einer Alternative gegenüber den anderen aus. A_1 führt zu einer geringfügig höheren Nutzenstiftung als A_3, denn deren Nutzwert beträgt 95 % des Nutzwertes von A_1. Der Nutzwert von A_2 liegt dagegen deutlich unter dem der beiden anderen Alternativen. Der »Näherung an einen idealen Nutzwert« ist zu entnehmen, dass bei diesem Projekt keine überzeugenden Nutzenstiftungen erreicht werden, denn alle Alternativen stiften weniger als 50 % des maximal erreichbaren Nutzwertes.

Bewertungskriterien G = Gewichtungsfaktoren E = Erfüllungsfaktoren	G	A1 verkettete Einzelplätze		A2 Montageinsel		A3 U-Form	
		E	G · E	E	G · E	E	G · E
1. Flexibilität bei Variantenvielfalt	0,18	8	1,43	7	1,25	7	1,25
2. Flexibilität bei Abrufschwankungen	0,20	8	1,57	7	1,38	8	1,57
3. Flexibilität bei wechselndem Personalbedarf	0,09	8	0,71	5	0,45	7	0,63
4. Fehlhandlungsstabilität	0,21	6	1,29	7	1,50	7	1,50
5. Einarbeitungsfreundlichkeit	0,07	8	0,57	6	0,43	7	0,50
6. Einsatzmöglichkeit höher Qualifizierter	0,04	7	0,25	6	0,21	7	0,25
7. Spielräume zur individuellen Leistungsentfaltung	0,02	8	0,14	4	0,07	5	0,09
8. Aufnahme von Notfallstationen	0,20	9	1,77	7	1,38	8	1,57
		Nutzwert:	7,73	Nutzwert:	6,66	Nutzwert:	7,36
Relationen der Nutzwerte		100 %		86 %		95 %	
Näherung an einen idealen Nutzwert		48 %		41 %		46 %	
Rangfolge		1		3		2	

Abbildung II-348 Beispiel zur Ermittlung der Nutzwerte

Der Nutzwertanalyse werden oft zwei Mängel angelastet. Bei der Gewichtung der Bewertungskriterien und der Bestimmung ihrer Erfüllungsgrade bestehen Ermessensspielräume. Das ist richtig, und deshalb sollte man diese Bewertungsschritte im Team vornehmen, um diesen Mangel zu mildern. Bei der Ermittlung der Teilnutzwerte werden zwei ordinal skalierte Daten (»G · Ej«) multipliziert, was aus mathematischer Sicht unzulässig ist. Auch das ist richtig. Daraus resultierende Fehlbewertungen sind jedoch erfahrungsgemäß ohne praktische Bedeutung.

9.7.5 Umgang mit Unsicherheit

Die vorstehend erläuterten Entscheidungskalküle liefern Informationen für das Treffen rationaler Entscheidungen. Damit sollen jene Alternativen ausgewählt werden, die am wahrscheinlichsten dazu führen, dass sich die mit der Entscheidung präferierten Zustände einstellen. Solche angestrebten Zustände können z. B. sein:

- Nach fünf Jahren ist der Auftrag erfolgreich abgearbeitet.
- Die Arbeitssystem-Verfügbarkeit der wichtigsten Maschinengruppen ist signifikant erhöht.
- Dem Planungsabschluss folgte ein erfolgreicher Produktanlauf.

Beim Treffen von Entscheidungen ist aber nicht sicher, ob sich die präferierten Zustände auch wirklich einstellen. So könnte es sein, dass

- nach fünf Jahren der errechnete Kapitalwert oder Deckungsbeitrag nicht erreicht wurde,
- die Arbeitssystem-Verfügbarkeiten zwar verbessert wurden, nicht aber bei der wichtigsten Maschinengruppe,
- der Planung kein erfolgreicher Produktanlauf folgte.

Entscheidungssituationen bei Unsicherheit

Entscheidungen sind also stets mit Unsicherheit behaftet. Dabei werden zwei Entscheidungssituationen unterschieden:

1. *Risiko-Entscheidungen*: Die Eintrittswahrscheinlichkeiten prognostizierter Zustände (z. B. Anlagen-Stillstände) sind zu schätzen, z. B. aufgrund von Erfahrungen oder Aufzeichnungen. Als Beispiel für den Umgang mit Risiko-Entscheidungen wird nachfolgend die Anwendung der Bayes-Regel gezeigt.

2. *Ungewissheits-Entscheidungen*: Die Eintrittswahrscheinlichkeiten prognostizierter Zustände sind nicht zu schätzen, z. B. weil es keine verlässlichen Vergleichsmaßstäbe gibt. Als Beispiel für den Umgang mit Ungewissheits-Entscheidungen wird nachfolgend die Anwendung der vier gebräuchlichsten Entscheidungsregeln gezeigt.

In diesem Abschnitt geht es, anders als bei den vorhergehenden Abschnitten, nicht um das Vermitteln von Methoden, sondern um eine Sensibilisierung für die Existenz des Unsicherheitsproblems.

Risiko-Entscheidungen

Risiko-Entscheidungen sind mit Wahrscheinlichkeits-Kalkülen abzusichern, z. B. mit Hilfe der *Bayes-Regel*, deren Anwendung nachfolgend anhand eines Beispiels erläutert wird, das Abbildung II-349 zu entnehmen ist.

			A_1	A_2	A_3	A_4	
1	Maschinengruppe nach Schließkraft		SGM 500 t	SGM 1.000 t	SGM 1.500 t	SGM 2.000 t	Summe
2	Anzahl eingesetzter Maschinen		6	7	5	2	20
3	Arbeitsstunden bei 100 %-OEE		3.000	3.500	2.500	1.000	10.000
4	Kostenäquivalenz		0,6	0,8	0,9	1	
5	kostenäquivalente Stunden		1.800	2.800	2.250	1.000	7.850
6	Anteile kostenäquivalenter Stunden	$(B\|A_i)$	0,229	0,357	0,287	0,127	1,000
7	Wahrscheinlichkeit der Verfügbarkeit		0,90	0,89	0,90	0,87	
8	Wahrscheinlichkeit B für das Auftreten von Rüsten oder störungsbedingtem Unterbrechen	B	0,10	0,11	0,10	0,13	
9	Wahrscheinlichkeit für das Auftreten eines kostenäquivalenten Stillstands in der Spätschicht in der jeweiligen Maschinengruppe		0,023	0,039	0,029	0,017	0,107
10	Wahrscheinlichkeit, dass ein kostenäquivalenter Stillstand in der Maschinengruppe auftritt	$P(A_i\|B)$	0,214	**0,365**	0,267	0,154	1,000

$$P(A_i|B) = \frac{P(B|A_i) \cdot P(A_i)}{\sum_{i=1}^{n} P(B|A_i) \cdot P(A_i)}$$

$P(B\|A_i) \cdot P(A_i)$	= 0,229 · 0,1	= Zeile (6) · Zeile (8)
$\Sigma\, P(B\|A_i) \cdot P(A_i)$	= 0,023 + 0,039 + 0,029 + 0,017	= Summe Zeile (9)
$P(A_i\|B)$	= 0,023 / 0,107	= Zeile (9) / Summe Zeile (9)

Abbildung II-349 Beispiel zur Anwendung der Bayes-Regel

1. Die Ausgangssituation: 20 Spritzgießmaschinen (Zeile 2) werden nach ihrer Schließkraft in vier Maschinengruppen unterschieden (Zeile 1). Ihnen werden die Arbeitsstunden bei 100 %-OEE (Zeile 3) sowie die Kostenäquivalenzen zugewiesen (Zeile 4). Die Kostenäquivalenz von 0,6 bedeutet, dass dort ca. 60 % der Kosten anfallen, die bei einer Kostenäquivalenz von 1 anfallen.[523] Danach werden die Zeitstunden in kostenäquivalente Stunden umgerechnet. Bei einer Kostenäquivalenz von 0,8 und 3.500 Arbeitsstunden ergeben sich 2.800 kostenäquivalente Stunden (Zeile 5). Diese sind in Zeile 6 in Anteilswerte umgerechnet. Beispielsweise hat die Maschinengruppe mit 2.000 to Schließkraft einen Anteil von 12,7 % an den 7.850 kostenäquivalenten Stunden.
2. Die Fragestellung: Es ist zu entscheiden, um welche Maschinengruppe sich in der dritten Schicht ein zusätzlicher Einrichter aus betriebswirtschaftlicher Sicht bevorzugt kümmern sollte.
3. Die Basisdaten: In den Zeilen 7 und 8 sind die Verfügbarkeiten sowie die Nichtverfügbarkeiten ausgewiesen. Diese und die Anteile kostenäquivalenter Stunden (Zeile 6) sind für die Anwendung der Bayes-Regel erforderlich.
4. Errechnung der Bayes-Wahrscheinlichkeiten: Die im Zähler stehende Größe (Zeile 9) weist die (sog. bedingte) Wahrscheinlichkeit aus, mit der an dieser Maschinengruppe die (kostenäquivalen-

523 Das Kostenäquivalenz-Prinzip wendet man an, um zu vermeiden, dass Maschinen mit hohen Stundenverrechnungssätzen die gleiche Bearbeitungsintensität zuteil wird wie denen mit niedrigen Verrechnungssätzen.

te) Verfügbarkeit unterbrochen wird. Bei der Maschinengruppe A_1 beträgt sie absolut 2,3 % (10 % von 22,9 % oder 0,229 · 0,1). Anders ausgedrückt: Die kostenäquivalente Chance, dort bei einem zufälligen Rundgang eine Nichtverfügbarkeit vorzufinden ist 1 : 44.
Die Summe der Wahrscheinlichkeiten in Zeile 9 beträgt über alle vier Maschinengruppen 0,107. Sie steht im Nenner der Bayes-Formel. Auf Basis der kostenäquivalenten Stunden besteht also eine Wahrscheinlichkeit von 10,7 %, dass an irgendeiner Maschine eine Nichtverfügbarkeit vorliegt.
In Zeile 10 werden die relativen (Bayes-)Wahrscheinlichkeiten ausgewiesen, indem die absoluten Wahrscheinlichkeiten relativiert werden. Beispielsweise entfallen 21,4 % der Nichtverfügbarkeiten auf die Maschinengruppe A_1.

5. Entscheidungsempfehlung: Der in der dritten Schicht eingesetzte zusätzliche Einrichter sollte sich vorwiegend um die Maschinengruppe A_2 kümmern, weil dort das größte Risiko für das Auftreten einer Nichtverfügbarkeit ausgewiesen wird.

Ungewissheits-Entscheidungen

Ungewissheits-Entscheidungen liegen vor, wenn man über keine so »komfortable Datenlage« wie bei Risiko-Entscheidungen verfügt: die Eintrittswahrscheinlichkeiten prognostizierter Zustände sind nicht verlässlich zu bestimmen. Die Anwendung der folgenden Entscheidungsregeln zwingt dazu, das vorliegende Problem klar zu formulieren und zu »durchdenken«. Darin und nicht im eigentlichen Rechnen liegt der Nutzen dieser Regeln.

In Abbildung II-350 wird ein Beispiel für die Problemformulierung angeführt. Das geplante Vorhaben lautet »Arbeitsmethoden lernen«. Dazu gibt es drei Alternativen. Die Vorzugswürdigkeit dieser Alternativen wird anhand von vier Zielparametern beurteilt. Diese haben unterschiedliche Bedeutungen, weshalb ihnen Gewichtungsfaktoren zugeordnet sind. Das Vorgehen erfolgt in zwei Schritten:

1. Nutzenmatrix entwickeln,
2. Entscheidungsregeln anwenden.

Vorhaben: Arbeitsmethoden lernen – die drei Lösungsalternativen		Betriebskosten in € p. a.	Betriebskosten gewichtet	Zielparameter und Gewichtungsfaktoren: P1: Akquise-unterstützung	P2: Verbesserung der PEP-Effektivität	P3: Beschleunigung der Anlaufzeit	P4: Mitarbeiter-Assessment
				0,4	0,7	1	0,5
A_1	zentrales Methodenlabor einrichten	800.000	0,68	50	70	100	80
				14	33	68	27
A_2	Methodenraum in der Lehrwerkstatt installieren	540.000	1	10	60	70	80
				4	42	70	40
A_3	portable Methodenbänke in der Produktion etablieren	640.000	0,84	30	20	60	50
				10	12	51	21

Abbildung II-350 Beispiel für eine Nutzenmatrix zur Anwendung von Entscheidungsregeln bei Ungewissheit

Die Nutzenmatrix wird in sechs Schritten entwickelt (vgl. Abbildung II-350):

1. Lösungsalternativen A_i festlegen: Es wurden drei Lösungsalternativen ausgearbeitet und deren Betriebskosten kalkuliert. Je geringer die Betriebskosten sind, desto attraktiver ist (zunächst einmal) eine Alternative.
2. Lösungsalternativen gewichten: Um die Rechnung nicht mit unnötig großen Zahlen durchzuführen, werden die Betriebskosten normiert, indem man sie in Gewichtungsfaktoren GA_i transformiert. Da A_i die geringsten Betriebskosten verursachen würde, erhält sie den höchsten Gewichtungsfaktor $GA_i = 1$.
3. Zielparameter P_j definieren: Es wurden vier Zielparameter definiert, an denen auszumachen ist, welche Lösungsalternative den größten Nutzen stiftet.

4. Zielparameter gewichten: Die Gewichtungen GP_i kann man, wie bei der Nutzwertanalyse, durch einen paarweisen Vergleich oder durch das Bilden einer Rangreihe vornehmen. Zielparameter P_3 wurde am wichtigsten eingestuft und mit dem Gewichtungsfaktor $GP_3 = 1$ belegt.
5. Zielerfüllungen bestimmen: Zu jeder Lösungsalternative A_i und jedem Zielparameter P_j werden die Zielerfüllungen E_{ij} (0 = keinerlei Effekt .... 100 = vollständig, nicht zu übertreffender Effekt) bestimmt, nach dem gleichen Prinzip wie die Erfüllungsfaktoren bei der Nutzwertanalyse. Beispielsweise wird der Alternative »A_2 Methodenraum in der Lehrwerkstatt« nur eine geringe »P_1 Akquiseunterstützung« (10 Punkte), der »A_1 Zentraler Methodenraum« die höchstmögliche »P_3 Beschleunigung der Anlaufzeit« (100 Punkte) zugebilligt.
6. Nutzwerte ermitteln: Die Nutzwerte N_{ij} werden berechnet nach $N_{ij} = GA_i \cdot GP_j \cdot E_{ij}$. Beispielsweise wurde der Nutzwert N_{33} ermittelt nach $0{,}84 \cdot 1 \cdot 60 \approx 50$.

Die Nutzenmatrix ist die Ausgangsbasis für die Anwendung der Entscheidungsregeln[524] (vgl. Abbildung II-351).

1. *Laplace-Regel* (Risikoneutralität): Zu jeder Lösungsalternative werden die Mittelwerte gebildet, z. B. für die erste Zeile »A_1 zentralen Methodenraum einrichten« (14 + 33 + 68 + 27) / 4 = 35. Als Entscheidungskriterium wird der größte mittlere Nutzen (hier: 57) verwendet.
2. *Maximin-Regel* (pessimistische Sicht – geringe Risikobereitschaft): Zu jeder Lösungsalternative wird der Minimalwert bestimmt, z. B. für die erste Zeile »A_1 zentralen Methodenraum einrichten« 14. Als Entscheidungskriterium wird der größte Minimalwert (hier: 14) verwendet.
3. *Maximax-Regel* (optimistische Sicht – hohe Risikobereitschaft): Zu jeder Lösungsalternative wird der Maximalwert bestimmt, z. B. für die erste Zeile »A_1 zentralen Methodenraum einrichten« 68. Als Entscheidungskriterium wird der größte Maximalwert (hier: 70) verwendet.
4. *Hurwicz-Regel* (Optimismus-Pessimismus-Steuerung): Hierbei wird ein sogenannter Optimismusparameter λ (mit: $0 \ldots \lambda \ldots 1$) verwendet. Die Entscheidungswerte werden ermittelt nach: [max. Wert · λ] + [min. Wert · $(1 - \lambda)$]. Je pessimistischer die Entscheider sind, desto geringer stellt man den gewählten λ-Wert ein. Bei $\lambda = 0$ entsteht das gleiche Ergebnis wie bei der Maximin-Regel. Im Beispiel wird mit $\lambda = 0{,}25$ »vorsichtig taktiert«. In der ersten Zeile »A_1 zentralen Methodenraum einrichten« wurde $68 \cdot 0{,}25 + 14 \cdot 0{,}75 = 27$ ermittelt. Als Entscheidungskriterium wird der größte Wert (hier: 27) verwendet.

Vorhaben: **Arbeitsmethoden lernen** – die drei Lösungsalternativen		Zielparameter				Anwendung der Entscheidungsregeln			
		P_1: Akquiseunterstützung	P_2: Verbesserung der PEP-Effektivität	P_3: Beschleunigung der Anlaufzeit	P_4: Mitarbeiter-Assessment	1. Laplace-Regel	2. Maximin-Regel	3. Maximax-Regel	4. Hurwicz-Regel = 0,25
A_1	zentralen Methodenraum einrichten	14	33	68	27	35	14	68	27
A_2	Methodenraum in der Lehrwerkstatt installieren	4	42	70	40	39	4	70	21
A_3	portable Methodenbänke in der Produktion etablieren	10	12	51	21	23	10	51	20

Abbildung II-351 Beispiel Anwendung von Entscheidungsregeln bei Entscheidungen unter Ungewissheit

524 Zu den hier verwendeten und weiteren Entscheidungsregeln vgl. z. B. Bamberg, G.; Coenenberg, A.: Betriebswirtschaftliche Entscheidungslehre, 13. Auflage. München: Vahlen, 2006.

Abbildung II-351 ist zu entnehmen, welchen Einfluss das Ausmaß an Risikobereitschaft auf Entscheidungen hat und warum es keine objektiv richtigen oder falschen Entscheidungen gibt:

- A_3 kommt nach keiner Entscheidungsregel in Betracht. Gleichgültig wie die Risikopräferenzen sind, ist der Nutzen der dritten Alternative deutlich am geringsten.
- A_2 wird beim Anwenden der Maximax-Regel und der Laplace-Regel vor A_1 präferiert. Ab durchschnittlicher Risikobereitschaft wird man sich für die zweite Alternative entscheiden.
- A_1 wird beim Anwenden der Maximin- und der Hurwicz-Regel, also bei risikoaverser Neigung präferiert. Je geringer die Risikobereitschaft, desto eher wird man A_1 gegenüber A_2 bevorzugen.

9.8 Arbeitsrechtliche Aspekte beim Projektmanagement

9.8.1 Arbeitsrechtliche Bezüge bei IE-Projekten

Projekte im Industrial Engineering haben zahlreiche arbeitsrechtliche Bezüge. In Abbildung II-319 wird ein Überblick zu den Projektarten und deren Vorkommen in den PEP-Phasen gegeben. Arbeitsrechtliche Relevanz haben diese Projekte dann, wenn personelle Bezüge entstehen, denn das Arbeitsrecht ist ein Arbeitnehmerschutzrecht. Sind bei Projekten keine personellen Bezüge gegeben, also irgendwelche Wirkungen auf die Beschäftigten mit Sicherheit auszuschließen, haben sie auch keine arbeitsrechtliche Relevanz. Dennoch gibt es kaum Projekte ohne arbeitsrechtliche Relevanz. Selbst Vorentwicklungen in der ersten PEP-Phase sind von einem bestimmten Stadium an dem Wirtschaftsausschuss zu berichten.

In der zweiten Phase des PEP, der Entstehungsphase, fallen im ersten Schritt Entwicklungsprojekte an, bei denen Arbeitssysteme und -prozesse geplant werden. Dabei sind bereits arbeitsrechtliche Vorschriften zu beachten. Das verstärkt sich, wenn im zweiten Schritt Einführungs- oder Umsetzungsprojekte anfallen, weil es beim Implementieren von Arbeitssystemen stets personelle Bezüge gibt, z. B. weil dabei ein Gruppenarbeitskonzept oder eine Werkerselbstprüfung anzuwenden ist.

In der dritten Phase des PEP, beim Betrieb und der Verbesserung von Arbeitssystemen, fallen typischerweise Verbesserungsprojekte an, die stets personelle Bezüge haben. Deshalb sind hier besonders viele arbeitsrechtliche Normen zu beachten. Ferner fallen hier Datenerhebungen an, die alle personelle Bezüge haben.

Im Industrial Engineering sollten keine arbeitsrechtlich relevanten Aktivitäten entfaltet werden, die nicht durch das Personalwesen rechtlich abgesichert sind. Das Personalwesen übernimmt häufig die Funktion des Arbeitgebers im betriebsverfassungsrechtlichen Sinne und hat in dieser Eigenschaft sicherzustellen, dass alle arbeitsrechtlichen Verpflichtungen erfüllt werden. Gleichwohl muss im Industrial Engineering eine »arbeitsrechtliche Sensibilität« bestehen, weil ansonsten nicht erkannt wird, wenn man sich, ohne es zu wollen, auf »rechtlich dünnem Eis« bewegt.

9.8.2 Arbeitsrechtliche Grundsachverhalte

Günstigkeitsprinzip und Regelungssperre

In Abbildung II-352 sind die drei Kategorien arbeitsrechtlicher Quellen ihrer Stärke oder Rangfolge nach geordnet. Bis auf eine Ausnahme darf nach dem *Günstigkeitsprinzip* in einer rangniedrigeren Rechtsquelle gegenüber einer ranghöheren Rechtsquelle nicht zu Ungunsten eines Arbeitnehmers abgewichen werden.[525] Diese praktisch wichtige Ausnahme betrifft das Rechtsverhältnis zwischen Tarifvertrag und Betriebsvereinbarung und wirkt als *Regelungssperre*. Nach § 77 Abs. III BetrVG dürfen

- in Betriebsvereinbarungen Arbeitsentgelte und sonstige Arbeitsbedingungen nicht geregelt werden,
- die durch Tarifvertrag (üblicherweise) geregelt sind,
- es sei denn, dass es im geltenden Tarifvertrag ausdrücklich vorgesehen ist.[526]

Bei tarifgebundenen Unternehmen ist geboten, den geltenden Tarifvertrag gründlich zu analysieren, weil dort z. B. Arbeitnehmern und Betriebsrat Beteiligungsrechte eingeräumt oder Maßnahmen ausgeschlossen sein können, die man nach dem Betriebsverfassungsgesetz ohne diese Beteiligungsrechte durchführen könnte. Wir klammern in den folgenden Abschnitten tarifvertragliche Bestimmungen aus, weil sich diese zwischen den Tarifverträgen erheblich unterscheiden. Bei den folgenden Ausführungen steht das meiste jedoch unter Tarifvorbehalt, was bedeutet, dass zuerst die tarifvertraglichen Bestimmungen zu prüfen sind. Erst wenn dort keine Vorbehalte bestehen, ergeben sich Möglichkeiten für betriebliche Regelungen. Ferner ist für die Arbeit im Industrial Engineering empfehlenswert, sich mit den in Abbildung II-352 angeführten Arbeitsgesetzen vertraut zu machen.

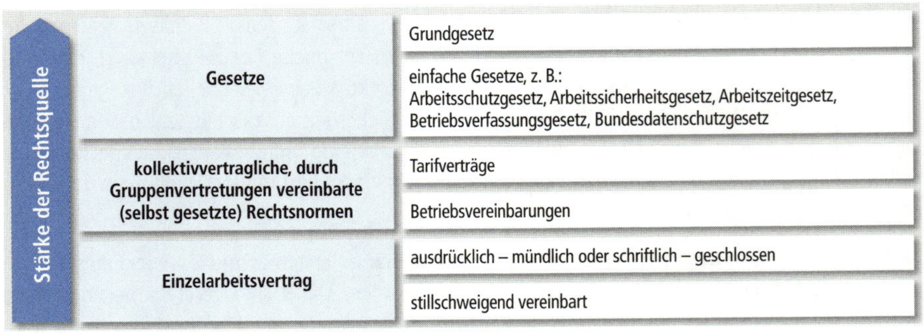

Abbildung II-352 Rangfolge der Rechtsquellen im Arbeitsrecht

Die wichtigsten Rechtseinflüsse auf das Projektmanagement resultieren aus kollektivrechtlichen Bestimmungen, insbesondere aus dem Tarifvertrag und dem Betriebsverfassungsgesetz. Individualrechtliche Aspekte stehen dagegen im Hintergrund und fallen in die Aufgabensphäre des Personalwesens.[527]

Nachwirkung

Eine wichtige Eigenschaft kollektivrechtlicher Vereinbarungen ist die sogenannte *Nachwirkung*. Tarifverträge und Betriebsvereinbarungen bleiben nach ihrer Kündigung so lange rechtswirksam, bis sie

525 Nach dem Günstigkeitsprinzip darf z. B. in einem Tarifvertrag kein geringerer, aber ein höherer Urlaubsanspruch als im Bundesurlaubsgesetz vereinbart werden. Im Einzelarbeitsvertrag kann man dann auch eine für den Arbeitnehmer günstigere Regelung der Urlaubsansprüche, als im Tarifvertrag vorgesehen vereinbaren.

526 Zweck der Regelungssperre nach § 77 Abs. III BetrVG ist die in Art. 9 Abs. III GG begründete Koalitionsfreiheit zu schützen, worauf sich das Konstrukt der Tarifvertragsparteien gründet. Würde man es zulassen, auf Betriebsebene die tarifvertraglichen Vorschriften umzugestalten oder zu unterlaufen, könnte das auf Dauer die Positionen der Koalitionen destabilisieren und deren im Grundgesetz verankerte Funktionen infrage stellen. So soll z. B. verhindert werden, dass Betriebsräte praktisch als »Ersatzgewerkschaft ohne Beitragspflicht« tätig werden können.

527 Auch bei den hier behandelten kollektivrechtlichen Bestimmungen sollte man das Personalwesen hinzuziehen. Um in der Projektarbeit die Relevanz arbeitsrechtlicher Bestimmungen überhaupt erkennen zu können, bedarf es jedoch einiger Grundkenntnisse im kollektiven Arbeitsrecht.

durch eine andere Abmachung ersetzt werden (vgl. § 4 Abs. V TVG; § 77 Abs. VI BetrVG[528]). Deshalb überlegen sich die Unternehmen gründlich, welchen Inhalts sie Betriebsvereinbarungen abschließen.

Gremien zur Arbeitnehmervertretung

Im Betriebsverfassungsgesetz sind mehrere Gremien zur Arbeitnehmervertretung vorgesehen. Beim Projektmanagement sind die wichtigsten Gremien der Betriebsrat und der Wirtschaftsausschuss:

1. *Betriebsrat*: nach den §§ 7 ff. BetrVG begründete Arbeitnehmervertretung, dessen Aufgaben sich primär aus § 80 BetrVG ergeben. Die Mitglieder des Betriebsrats wählen nach § 26 Abs. I BetrVG aus ihrer Mitte den Vorsitzenden und dessen Stellvertreter.[529] Allein die sich aus § 80 Abs. I Nr. 1 BetrVG ergebende Verpflichtung, »darüber zu wachen, dass die zugunsten der Arbeitnehmer geltenden Gesetze, Verordnungen, Unfallverhütungsvorschriften, Tarifverträge und Betriebsvereinbarungen durchgeführt werden« begründet eine intensive Zusammenarbeit im Tagesgeschäft mit dem Werkstattmanagement und im Projektgeschäft mit dem Industrial Engineering.
2. *Wirtschaftsausschuss*: Nach § 107 Abs. II BetrVG ernennt der Betriebsrat dessen Mitglieder. Der Arbeitgeber hat nach § 106 Abs. III BetrVG den Wirtschaftsausschuss monatlich über die wirtschaftliche und finanzielle Situation, Fabrikations- und Arbeitsmethoden[530], Einschränkung, Schließung sowie über Zusammenschluss oder Teilung vor Betrieben sowie die Änderung der Unternehmensziele zu informieren. Der Wirtschaftsausschuss informiert den Betriebsrat.

Schon die aus § 2 Abs. I BetrVG gebotene vertrauensvolle Zusammenarbeit zwischen Arbeitgeber und Betriebsrat gebietet dessen Involvierung in Industrial-Engineering-Projekte. Im Betriebsverfassungsgesetz sind dazu, je nach Sachverhalt, unterschiedliche Beteiligungsintensitäten vorgesehen. Deshalb werden zuerst die gestuften Beteiligungsrechte des Betriebsrats erläutert. Dann wird gezeigt, bei welchen Sachverhalten diesen in Entwicklungs-, Einführungs- und Verbesserungsprojekten Rechnung zu tragen ist.

9.8.3 Die gestuften Beteiligungsrechte des Betriebsrats

Die fünf Beteiligungsstufen

In der Projektarbeit kommt es immer wieder vor, dass *Beteiligungsrechte des Betriebsrats* weniger ernst genommen werden, wenn sie sich nicht in Mitbestimmungsrechten ausprägen. Die Wirksamkeit von Maßnahmen ist jedoch daran gebunden, dass eine Beteiligung des Betriebsrats auch dann erfolgt, wenn er »lediglich« zu informieren ist. Im Betriebsverfassungsrecht sind abgestufte Beteiligungsrechte vorgesehen, von der Unterrichtung bis zur Mitbestimmung. In Abbildung II-353 sind diese zusammengestellt. In den beiden folgenden Abschnitten wird erläutert, bei welchen Projekt- und Maßnahmenaspekten diese Beteiligungsrechte relevant sind.

1. *Unterrichtungsrechte* bedingen eine Einsicht in Vorhaben, z. B. auch anhand von Planungsdokumenten und deren Erläuterung. Sie bedingen jedoch noch kein Recht auf die Entgegennahme von Rückäußerungen. Ob es immer zweckmäßig ist, darauf zu beharren, sei allerdings dahingestellt.
2. *Anhörungsrechte* bedingen die Entgegennahme von Rückäußerungen, erzwingen aber noch keinen Meinungsaustausch.

528 Das schließt bei Betriebsvereinbarungen nur Sachverhalte ein, zu denen Betriebsvereinbarungen erzwingbar sind.

529 Da die meisten Kontakte zum Betriebsrat über die Person des Vorsitzenden gehen, trifft man häufig auf die irrige Meinung, dass dieser den Betriebsrat darstellt. Das ist nicht der Fall, sondern Vorsitzender und Stellvertreter vertreten das »Gremium Betriebsrat« nur im Rahmen der von ihm gefassten Beschlüsse, und sie sind befugt, gegenüber dem Betriebsrat abgegebene Erklärungen entgegenzunehmen.

530 Mindestens diese Verpflichtung betrifft das Industrial Engineering. Deshalb sollte beim Projektmanagement festgelegt werden, wie das notwendige Informationsmaterial bereitzustellen ist.

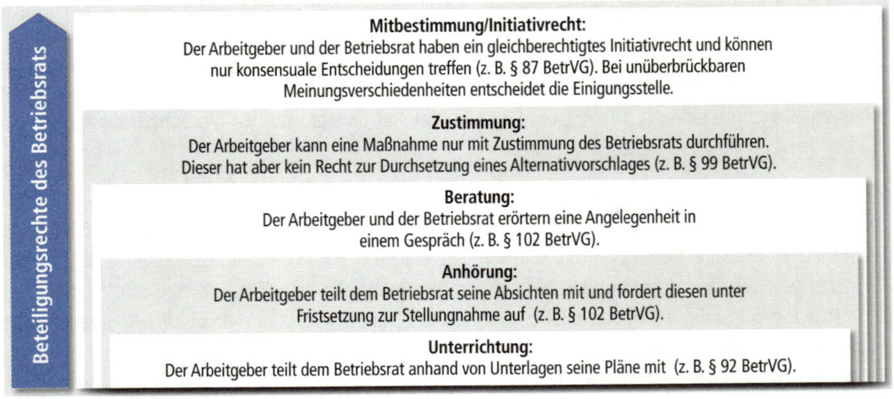

Abbildung II-353 Die gestuften Beteiligungsrechte des Betriebsrats

3. *Beratungsrechte* verpflichten den Arbeitgeber dazu, mit dem Betriebsrat in einem qualifizierten Gespräch nach einer konsensualen Lösung zu suchen. Wird diese nicht gefunden, behält der Arbeitgeber das alleinige Entscheidungsrecht.[531]
4. *Zustimmungsrechte* gebieten, dass der Arbeitgeber eine Maßnahme (z. B. personelle Einzelmaßnahmen i. S. von § 99 BetrVG) nur dann durchführen darf, wenn er zuvor das Einverständnis des Betriebsrats eingeholt hat. Verweigert dieser sein Einverständnis, kann der Arbeitgeber beim Arbeitsgericht beantragen, diese Zustimmung zu ersetzen.
5. *Mitbestimmungsrechte* bedingen, dass zwischen Arbeitgeber und Betriebsrat eine Übereinkunft erzielt wird. Die in der Praxis bedeutsamste Form einer Einverständniserklärung ist die Betriebsvereinbarung. *Initiativrecht* heißt, dass Arbeitgeber und Betriebsrat angestrebte Regelungen oder Maßnahmen so thematisieren können, dass es zu Verhandlungen und letztlich zu einer Einigung kommen muss. Wird zwischen den Parteien keine Einigung erzielt, wird diese über das Anrufen einer *Einigungsstelle*[532] herbeigeführt.

Betriebsvereinbarung

Der Begriff der *Betriebsvereinbarung* ist im Arbeitsrecht nicht definiert. Sie ist ein Vertrag zwischen Arbeitgeber und Betriebsrat, der Rechte und Pflichten der Betriebsparteien begründet und verbindliche Normen für die Arbeitnehmer formuliert. Es gibt erzwingbare und freiwillige Betriebsvereinbarungen. Inhalt zwingender Betriebsvereinbarungen können alle Fragen sein, bei denen dem Betriebsrat ein im Betriebsverfassungsgesetz ausdrücklich vorgesehenes Mitbestimmungsrecht zusteht. Im Rechtsverhältnis von Betriebsvereinbarung zu Einzelarbeitsvertrag gilt das Günstigkeitsprinzip: Einzelvertraglich für die Arbeitnehmer günstigere Regelungen gehen der Betriebsvereinbarung vor. Betriebsvereinbarungen bedürfen der Schriftform und haben wie Tarifverträge Nachwirkung, dürfen aber im Gegensatz zu diesen nicht Arbeitskampfziel sein.

Betriebsabsprache

Die Betriebsvereinbarung ist wie die *Betriebsabsprache* (= Regelung eines mitbestimmungsbedürftigen, nur vorübergehend bestehenden Problems) eine kollektiv wirksame Regelung. Erzwingbare Betriebsvereinbarungen haben zwar Nachwirkung, doch werden davon nicht die Einzelarbeitsverträ-

531 Unterrichtungs-, Anhörungs- und Beratungsverpflichtungen müssen ebenso ernst genommen werden wie Mitbestimmungssachverhalte. § 23, Abs. III BetrVG eröffnet dem Betriebsrat die Möglichkeit, bei groben Verstößen gegen diese Verpflichtungen beim Arbeitsgericht eine Unterlassungsklage zu erheben.

532 Die Einigungsstelle entscheidet verbindlich und ersetzt die fehlende betriebliche Einigung. Der »Spruch« der Einigungsstelle hat die Wirkung einer Betriebsvereinbarung. Das birgt für beide Parteien das Risiko, dass eine Einigung entsteht, wie sie von keiner Seite angestrebt wurde. Der Spruch der Einigungsstelle hat also die Rechtsqualität einer Betriebsvereinbarung.

ge berührt. Anders ist das bei der Betrieblichen Übung, die zu individuell einklagbaren Ansprüchen führt.

Betriebliche Übung

Betriebliche Übung entsteht, wenn eine Leistung in regelmäßiger Wiederholung vorbehaltslos über einen längeren Zeitraum gewährt wird. Das ist z.B. der Fall, wenn in der Nachtschicht seit drei Jahren ohne Betriebsvereinbarung eine Zusatzpause von 20 Minuten gewährt wird. Die Begünstigten können dann darauf vertrauen, dass ihnen diese Regelung dauerhaft zugutekommt. Das Problem bei der Betrieblichen Übung ist, sie ggf. beenden zu können, weil es dazu einer Änderungskündigung gegenüber jedem Begünstigten bedarf.

9.8.4 Beteiligungsrechte des Betriebsrats bei der Entwicklung und Implementierung von Arbeitssystemen

Abbildung II-354 sind die wichtigsten Beteiligungsrechte des Betriebsrats bei der zweiten Phase des PEP zu entnehmen, der Entwicklung und Implementierung von Arbeitssystemen und -prozessen. Im Gegensatz zur dritten Phase des PEP sind diese zwar noch nicht so zahlreich, aber: Maßnahmen sind nur dann wirksam, wenn den Beteiligungsrechten entsprochen wurde.

2.1 Entwicklung von Arbeitssystemen und -prozessen 2.2 Implementierung von Arbeitssystemen und -prozessen				
Aktivitäten		Anspruchsgrundlagen		Beteiligung des Betriebsrats
1	Planung von Arbeitssystemen	1.1	§ 90BetrVG; § 111 BetrVG	Unterrichtung und Beratung
		1.2	§ 87, I, 7 BetrVG - ArbStVO; ArbStRi; ArbSiG; UVV	
		1.3	§ 92 BetrVG	
2	Implementierung von Arbeitssystemen	2.1	§ 87, I, 2 BetrVG	Mitbestimmung
		2.2	§ 87, I, 6 BetrVG	
		2.3	§ 87, I, 7 BetrVG	
		2.4	§ 87, I, 13 BetrVG	
		2.5	§ 91 BetrVG	
		2.6	§ 98 BetrVG	

Abbildung II-354 Beteiligungsrechte des Betriebsrats bei der Entwicklung und Implementierung von Arbeitssystemen

Planung von Arbeitssystemen

1. Bei der *Planung von Arbeitssystemen und -prozessen* fallen folgende *Beteiligungsrechte* des Betriebsrats an:
   1.1. Nach § 90 BetrVG hat der Betriebsrat über Planungen[533] von Arbeitsplatz, Arbeitsablauf und Arbeitsumgebung ein Unterrichtungs- und Beratungsrecht. Bei der Beratung sollen die »gesicherten arbeitswissenschaftlichen Erkenntnisse« berücksichtigt werden. Das sind solche Erkenntnisse, die gesetzlich verankert sind, sich praktisch bewährt haben oder die Meinung einer Fachschaft repräsentieren. Ein Unterrichtungs- und Beratungsrecht nach § 111 BetrVG hat der Betriebsrat zudem dann, wenn Planungen vorliegen, nach denen

      - Betriebe oder wesentliche Betriebsteile eingeschränkt, stillgelegt, verlagert oder mit anderen Betrieben fusioniert werden,

533 Dabei wird vorausgesetzt, dass man das Stadium der »Erstüberlegungen« verlassen hat und es sich um einen Planungszustand handelt, der aus Arbeitgebersicht eine ernsthafte Option darstellt.

- die Betriebsorganisation, der Betriebszweck oder Betriebsanlagen grundlegend geändert werden,
- grundlegend neue Arbeitsmethoden und Fertigungsverfahren eingeführt werden.

1.2. Nach § 87 Abs. I Nr. 7 BetrVG hat der Betriebsrat die Beachtung arbeitsschutzrechtlicher Bestimmungen, wie z. B. der Arbeitsstättenverordnung, zu überwachen. Bei der Implementierung (vgl. Punkt 2) hat er ein Mitbestimmungsrecht. Deshalb liegt nahe, auch über diese Aspekte zu unterrichten und zu beraten, also die Planungsunterlagen ausführlich zu besprechen.

1.3. Nach § 92 BetrVG hat der Betriebsrat Unterrichtungsrechte über die mit der Planung von Arbeitssystemen verbundene Personalplanung. Dabei ist der Arbeitgeber zu keiner bestimmten Art oder Form der Personalplanung verpflichtet. Die Beratungsrechte sind darauf gerichtet, bereits in der Planungsphase über das Vermeiden erkennbarer Härten zu beraten. Aber auch die Frage, wie z. B. ein höherer Personalbedarf zu decken ist (z. B. durch Überstunden, Leihkräfteeinsatz, Neueinstellungen), sollte hier erörtert werden.

Implementierung von Arbeitssystemen

2. Bei der *Implementierung von Arbeitssystemen und -prozessen* fallen folgende *Beteiligungsrechte* des Betriebsrats an:

2.1. Sind Änderungen im Arbeitszeitmanagement (z. B. die Etablierung einer Kontischicht) erforderlich, die durch keine bestehende Betriebsvereinbarung gedeckt sind, entsteht ein Mitbestimmungsrecht des Betriebsrats aus § 87, Abs. I Nr. 2 BetrVG.

2.2. Sind *Betriebsdatenerfassungen* (BDE) notwendig, ohne dass es dazu eine Betriebsvereinbarung gibt, entsteht hier ein Mitbestimmungsrecht des Betriebsrats nach § 87 Abs. I Nr. 6 BetrVG. Aber auch notwendige manuelle Aufschreibungen der Arbeitnehmer, die rechnergestützt ausgewertet werden, fallen unter diese Bestimmung, sofern die Auswertungsergebnisse Einzelpersonen zuzuordnen sind.[534] Dieser Gesichtspunkt ist allerdings erst in der dritten PEP-Phase relevant.

2.3. Nach § 87 Abs. I Nr. 7 BetrVG hat der Betriebsrat, wie unter 1.2 angeführt, ein Mitbestimmungsrecht bezüglich der Beachtung arbeitsschutzrechtlicher Bestimmungen.

2.4. Eine Mitbestimmung beim Praktizieren von *Gruppenarbeit* entsteht im Sinne von § 87 Abs. I Nr. 13 BetrVG nicht generell, sondern nur dann, wenn dabei Grundsätze und ein Organisationsrahmen postuliert werden. Da man das kaum vermeiden kann (Gruppenarbeit ist ohnehin schwieriger als Einzelarbeit »zum Funktionieren zu bringen«), kommt man bei einer erstmaligen Einführung von Gruppenarbeit um eine Betriebsvereinbarung über die dabei anzuwendenden Grundsätze und Rahmenbedingungen nicht herum. Liegt eine derartige Betriebsvereinbarung vor, geht es nur darum, deren Inhalt zu berücksichtigen.

2.5. Unter 1.1 wurde auf die sich in der Planungsphase aus § 90 BetrVG ergebenden Unterrichtungs- und Beratungsrechte des Betriebsrats hingewiesen. Oft ist jedoch erst in der Implementierungsphase zu erkennen, ob

- Änderungen der Arbeitsplätze, Arbeitsabläufe oder Arbeitsumgebung,
- bei denen ein offensichtlicher Widerspruch zu den *gesicherten arbeitswissenschaftlichen Erkenntnissen zur menschengerechten Arbeitsgestaltung* vorliegt,
- die Arbeitnehmer in besonderer Weise belasten.

534 Im Gesetzestext geht es um »technische Einrichtungen, die dazu bestimmt sind, das Verhalten oder die Leistung der Arbeitnehmer zu überwachen«. Dabei gibt es zwei Aspekte, den Erfassungs- und den Auswertungsaspekt. Beim Erfassungsaspekt wird vorausgesetzt, dass technische Einrichtungen eingesetzt, die erfassten Daten ausgewertet werden und einzelnen Arbeitnehmern zuzuordnen sind. Das begründet ein Mitbestimmungsrecht. Beim Auswertungsaspekt gilt die eingesetzte DV als technische Einrichtung, so dass manuelle Aufschreibungen von Arbeitnehmern, die diesen zuzuordnen sind, bei einer DV-Auswertung ebenfalls ein Mitbestimmungsrecht begründen.

Will der Betriebsrat ein Initiativrecht ausüben, obliegt ihm die Beweislast, dass das alles gegeben ist. In der Praxis ergeben sich offenbar kaum Streitigkeiten um diese Sachfrage.

2.6. Wenn bei der Implementierung von Arbeitssystemen Qualifizierungsmaßnahmen vorgesehen sind, hat der Betriebsrat nach § 98 BetrVG bei der Durchführung der Maßnahmen mitzubestimmen. Deshalb ist es zweckmäßig, mit ihm darüber schon in der Planungsphase zu beraten, wenn die Planungen dort bereits entsprechend ausgereift sind.

9.8.5 Beteiligungsrechte des Betriebsrats beim Betrieb und der Verbesserung von Arbeitssystemen

Abbildung II-355 sind die wichtigsten Beteiligungsrechte des Betriebsrats bei der dritten Phase des PEP zu entnehmen, der Betriebs- und Verbesserungsphase. Da Analysen und Untersuchungen an realen Arbeitssystemen erst in der dritten Phase durchführen sind, werden hier auch die Beteiligungsrechte bei der Datenerhebung sowie beim Einsatz von Instrumenten behandelt, die im Teil V dargestellt werden. Es sei nochmals darauf hingewiesen, dass Tarifverträge Regelungen enthalten können, die andere Gebote oder Verbote auslösen können.

3.1 Auftragsanlauf: Anlaufmanagement 3.2 Auftragsfertigung: Verbesserungsmanagement				
Aktivitäten		Anspruchsgrundlagen		Beteiligung des Betriebsrats
3	MTM-Analysen, Zeitaufnahmen, Multimomentaufnahmen, Interviews, Schätzen, Selbstaufschreibungen ohne DV-Auswertung	3.1	-	Information empfehlenswert
	Selbstaufschreibungen mit DV-Auswertung	3.2	§ 87, I, 6 BetrVG	Mitbestimmung
4	Personalbedarfsermittlung	4.1	§ 92 BetrVG	Unterrichtung
		4.2	§ 93 BetrVG	Initiativrecht
		4.3	§ 95, 1, 2 BetrVG	Mitbestimmung
		4.4	§ 99 BetrVG	Zustimmung
5	Arbeitszeitmanagement und Entgelt	5.1	§ 87, I, 2, 3 BetrVG	Mitbestimmung
		5.2	§ 87, I, 10, 11 BetrVG	
		5.3	§ 87, I, 12 BetrVG	
6	Änderungen an Arbeitssystemen und -prozessen	6.1	§ 87, I, 7 BetrVG	
		6.2	§ 89 BetrVG	Beratung
		6.3	§ 91 BetrVG	Mitbestimmung
		6.4	§ 111 BetrVG	

Abbildung II-355 Beteiligungsrechte des Betriebsrats bei der Verbesserung von Arbeitssystemen

3. Bei den in Abbildung II-355 angeführten *Datenermittlungsmethoden* fallen folgende *Beteiligungsrechte* des Betriebsrats an: Datenermittlung

   3.1. Das Erstellen von MTM-Analysen, die Durchführung von Zeitaufnahmen, Multimomentaufnahmen, Interviews und Schätzungen, also Fremderhebungen, bedingen keine Beteiligungsrechte des Betriebsrats. Bei Selbstaufschreibungen, also Eigenerhebungen, ist – so bereits unter 2.2 ausgeführt – die Erhebung selbst ebenfalls an keine Beteiligung gebunden. Gleichwohl ist es zweckmäßig, allein aus dem Grundsatz der vertrauensvollen Zusammenarbeit heraus, den Betriebsrat über derartige Vorhaben zu informieren. Schließlich wird er in solchen Fällen mit Fragen von Arbeitnehmern konfrontiert, bei denen man solche Erhebungen durchführt.

3.2. Werden die durch Selbstaufschreibung erhobenen Daten per DV ausgewertet und sind die Ergebnisse Einzelpersonen zuzuordnen, entsteht ein Mitbestimmungsrecht des Betriebsrats nach § 87 Abs. I Nr. 6 BetrVG. Nach BAG-Rechsprechung fallen unter diese Bestimmung auch Fremderhebungen, bei denen Bilder entstehen, die einen Rückschluss auf Verhalten oder Leistung einzelner Arbeitnehmer zulassen. Das gilt für Fotos ebenso wie für Videoanalysen, weil sinnhafte Schlüsse nur möglich sind, wenn dabei zu erkennen ist, wie Menschen arbeiten. Während also das Durchführen einer MTM-Analyse, also einer Modellierung, formal beteiligungsfrei ist, löst die Durchführung einer Videoanalyse im Regelfall ein Mitbestimmungsrecht aus.

Personalbedarfsermittlung

4. Bei der *Personalbedarfsermittlung* fallen folgende *Beteiligungsrechte* des Betriebsrats an:

4.1. Unter 1.3 wurde bereits das Unterrichtungsrecht des Betriebsrats aus § 92 BetrVG angeführt. Das ist nicht an eine irgendwie geartete methodische Personalplanung gebunden, wie sie im Teil IV, Kapitel 6 vorgestellt wird. Der Arbeitgeber ist lediglich verpflichtet, den Betriebsrat über seine Planung zu unterrichten. Der Betriebsrat hat allerdings ein Vorschlagsrecht zur Einführung und Durchführung einer Personalplanung. Im Rahmen der qualitativen Personalplanung kann er auch keine bestimmte Art von Stellenbeschreibung oder Qualifikationsprofilen verlangen.[535]

4.2. Sind neu geschaffene oder freigewordene Arbeitsplätze personell zu besetzen, hat der Betriebsrat ein Initiativrecht aus § 93 BetrVG: Er kann deren innerbetriebliche Ausschreibung verlangen. Das gilt kollektiv, nicht aber für eine bestimmte Planstelle. Im Ermessen des Arbeitgebers liegt, ob er eine innerbetrieblich ausgeschriebene Planstelle mit einem internen oder externen Bewerber besetzt.

4.3. In Betrieben mit mehr als 500 Arbeitnehmern hat der Betriebsrat aus § 95 Abs. II BetrVG ein Initiativrecht bezüglich des Schaffens von Richtlinien für die personelle Auswahl bei Einstellungen, Versetzungen, Umgruppierungen und Kündigungen. Bei deren Gestaltung kommt ihm nach § 95 Abs. I BetrVG ein Mitbestimmungsrecht zu. Auch hier gilt grundsätzlich die Entscheidungsfreiheit des Arbeitgebers beim Einzelbewerber.

4.4. Nach § 99 Abs. I BetrVG hat der Arbeitgeber den Betriebsrat

- bei Einstellungen, Versetzungen, Ein- und Umgruppierungen zu unterrichten,
- unter Beifügen von Unterlagen Auskunft über die Auswirkungen (bei Einstellungen und Versetzungen über die Arbeitsplätze und Eingruppierungen) der geplanten Maßnahme zu erteilen und
- dessen Zustimmung einzuholen. Diese kann der Betriebsrat verweigern, wenn damit ein Rechtsverstoß verbunden ist oder er für die Arbeitnehmer des Betriebes vermeidbare Nachteile zu erkennen glaubt.

Arbeitszeitmanagement und Entgelt

5. Bei *Arbeitszeitmanagement und Entgelt* fallen folgende *Beteiligungsrechte* des Betriebsrats an:

5.1. Nach § 87 Abs. I Nr. 2, 3 BetrVG hat der Betriebsrat ein Mitbestimmungsrecht bei der Gestaltung der wesentliche Grundzüge der Arbeitszeitorganisation, nämlich

- der zeitlichen Lage der Arbeitszeit und Pausen,
- deren Verteilung auf die Wochentage und
- die vorübergehende Verkürzung oder Verlängerung der betriebsüblichen Arbeitszeit.

535 Eine Mitbestimmung zu diesem Sachverhalt ergibt sich erst, wenn diese Instrumente zur Entgeltfindung eingesetzt werden, vgl. § 87 Abs. I Nr. 11 BetrVG.

5.2. Die Bestimmungen des § 87 Abs. I Nr. 10, 11 BetrVG begründen die weitestgehende Mitbestimmung des Betriebsrats, stehen aber unter der Tarifüblichkeitssperre des § 77 Abs. III BetrVG. Die Mitbestimmung bezieht sich bei der Ziffer 10 auf Grundsätzliches:

- Entlohnungsgrundsätze, z. B. Zeitentgelt oder Prämienentgelt,
- Entlohnungsmethoden, das sind Umsetzungsprozedere bei einem Entlohnungsgrundsatz, z. B. Verfahren bei Störungen, Mindermengen, Auftragsmangel, Art und Weise der Arbeitsbewertung.

Die Mitbestimmung bezieht sich auf den formellen Teil, die Art der Entgeltfindung. Sie schließt den materiellen Teil, die Entgelthöhe, nicht ein.
Bei der Ziffer 11 geht es nur um leistungsbezogene Entgelte und dabei um die Festsetzung von Leistungs- oder Ergebnisstandards (meist Zeitstandards) und die Beziehung zwischen diesen und dem erzielbaren Mehrverdienst. Nach herrschender Auffassung der Kommentatoren erstreckt sich die Mitbestimmung nicht nur auf die Auswahl der Ermittlungsmethoden[536] (z. B. UAS, Multimomentaufnahme), sondern auch auf die technischen Details ihrer Anwendung (z. B. Mindestzyklusdauer, Vertrauensbereiche der Anteilswerte). Das führt in den meisten Betrieben zu umfänglichen Betriebsvereinbarungen über leistungsbezogene Entgelte.

5.3. Im Teil IV, Kapitel 3 wurde beim Verbesserungsmanagement nicht auf die dazu vorliegenden Beteiligungsrechte des Betriebsrats eingegangen, die sich aus § 87 Abs. I Nr. 12 BetrVG zum betrieblichen Vorschlagswesen ergeben. Der Betriebsrat hat danach ein Initiativrecht, das Verbesserungsmanagement im Rahmen einer Betriebsvereinbarung zu regeln, sofern der Arbeitgeber dieses Instrument benutzt. Der Mitbestimmung unterworfen ist auch hier der formelle, nicht der materielle Teil. Dem Arbeitgeber verbleibt die Entscheidung über die Dotierungshöhen. Gegenstand einer Betriebsvereinbarung sind also alle Sachverhalte, die auf dem »Weg von der Verbesserungsidee zu deren Dotierung« liegen.

6. Bei *Änderungen an Arbeitssystemen und -prozessen fallen folgende Beteiligungsrechte* des Betriebsrats an: Arbeitsgestaltung

6.1. Die Bestimmung des § 87 Abs. I Nr. 7 BetrVG wurde bereits unter Punkt 2.3 behandelt.

6.2. Nach § 89 BetrVG hat der Betriebsrat Beratungsrechte beim Arbeitsschutz und beim betrieblichen Umweltschutz.

6.3. Die Mitbestimmungsrechte aus § 91 BetrVG wurden unter Punkt 2.5 erläutert. Sie wirken bei allen Änderungen an Arbeitssystemen in gleicher Weise wie bei deren Implementierung.

6.4. Dagegen wird der § 111 BetrVG erst in der Betriebs- und Verbesserungsphase relevant. Nehmen Änderungen ein Ausmaß an, das den Status einer *Betriebsänderung* begründet, ist nach § 112 BetrVG ein Interessenausgleich erforderlich. Darunter versteht man eine Einigung zwischen Arbeitgeber und Betriebsrat über den Ausgleich oder die Milderung der sich daraus für die Arbeitnehmer ergebenden wirtschaftlichen Nachteile (Sozialplan). Den Status einer Betriebsänderung haben Änderungsmaßnahmen dann, wenn

- wesentliche Betriebsteile oder der Gesamtbetrieb eingeschränkt, stillgelegt, verlagert, abgespalten oder mit anderen Betrieben fusioniert,
- die Betriebsorganisation, der Betriebszweck oder Betriebsanlagen grundlegend geändert oder
- grundlegend neue Arbeitsmethoden oder Fertigungsverfahren eingeführt werden.

536 Die Erstellung von MTM-Analysen und die Durchführung von Zeitaufnahmen, Multimomentaufnahmen, Interviews und Schätzungen sind mitbestimmungsfrei. Werden die damit gewonnenen Ergebnisse jedoch zur Bestimmung leistungsbezogener Entgelte verwendet, unterliegen sie der Mitbestimmung des Betriebsrats nach § 87 Abs. I Nr. 11 BetrVG.

9.9 Zusammenfassung

Das Vorgehen beim Projektmanagement sollte unabhängig von der Projektart nach einem verallgemeinerbaren Phasenschema erfolgen. Im Detail bestehen jedoch grundlegende Unterschiede zwischen Entwicklungs-, Einführungs- und Verbesserungsprojekten. Bei Projekten gibt es hohe Misserfolgsquoten. Deshalb sollte man sich immer wieder die typischen Ursachen erfolgloser Projekte veranschaulichen. Sie liegen weniger im methodischen als im menschlichen Bereich. Deshalb hat die Wahl des richtigen Projektleiters eine herausragende Bedeutung für den Erfolg eines Projekts.

Beim Initiieren von Projekten tragen die Initiatoren im ersten Schritt bis zur Benennung des Projektleiters die Verantwortung für das Entstehen eines sinnvollen, erfolgversprechenden Projekts. Im zweiten Schritt, bis hin zum ausformulierten Projektauftrag übernimmt der Projektleiter diese Verantwortung. Bereits in der Initiierungsphase kann er durch Akquisition von Promotoren und Involvierung von Leistungsträgern in das Projektteam sowie eine stringente Aufbauorganisation eine gute Erfolgsbasis schaffen.

Die Projektplanung ist – auch vom Zeitaufwand her – der Nukleus des Projektmanagements. Geplant werden sollte nach zwei Bezügen. Dem ereignisbezogenen Meilensteinplan sollten die wichtigen Teilprojektziele (Ereignisse) zu entnehmen sein. Er bildet den Masterplan und wird meilensteinweise in (vorgangsbezogene) Aufgabenpläne aufgelöst. Die Aufgabenpläne enthalten die notwendigen Aktivitäten und stehen für den operativen, handwerklichen Teil des Projektmanagements. Sie sind die Grundlage der Finanzplanung, d. h. für die Ermittlung des Projektbudgets. Zum Abschluss der Projektplanung wird ein formeller Projektantrag erstellt, basierend auf dem Projektauftrag aus der Initiierungsphase, dem Meilensteinplan, zugehörigen Aufgabenplänen sowie dem Projektbudget. Der Projektantrag ist die Basis für das Projekt-Controlling und führt – sofern er keine gravierenden Mängel enthält – zur Freigabe und Eröffnung der Projektdurchführung.

In der Durchführungsphase sind durch die Projektleitung zwei wichtige Aufgaben zu erfüllen. Beim Projektteam sind aufgabenweise die Arbeitsstände zu betreuen, um bei Ziel- und Terminabweichungen unverzüglich reagieren zu können. Dem Lenkungsausschuss ist über das Erreichen von Ergebnissen und das Erfüllen der Projektziele zu berichten. Dabei kann das Projektteam bei länger währenden Projekten durch ein Projekt-Controlling unterstützt werden. Am Ende des Projekts erstellt der Projektleiter einen Abschlussbericht, der die Basis für seine Entlastung ist.

Bei Projekten, die in der zweiten und dritten PEP-Phase anfallen, entstehen zahlreiche Beteiligungsrechte des Betriebsrats. Projektleiter müssen diese kennen, um sicherzustellen, dass geplante und durchgeführte Maßnahmen auch rechtswirksam sind. Entgegen verbreiteter Meinung ist der Betriebsrat nicht nur im Falle massiver Beteiligungsrechte – Mitbestimmungsrechten – zu involvieren, sondern auch bei den viel häufiger vorkommenden schwächeren Beteiligungsrechten. Der professionelle Projektmanager wird sich den Betriebsrat zum Partner und nicht zum Kontrahenten machen.

Literaturverzeichnis Teil II

Andler, K.: Rationalisierung der Fabrikation und optimale Losgröße. München: Oldenbourg, 1929.

Antis, W.; Honeycutt, J.M.; Koch, E.N.: Die MTM-Grundbewegungen, 2. Auflage. Düsseldorf: Maynard, 1972.

Appelgren, L.; Magnusson, K.-E.; Skargard, K.: The MTM-2 Project. A report of the international applied Research Project MTM-2. London: International MTM Directorate, 1971.

Aubert, P.; Crépon, B.: Are older workers less productive? Economie et Statistique, 2003, 363, S. 95–119.

Avolio, B.J.; Waldmann, D.A.; McDaniel, M.A.: Age and work performance in non managerial jobs: The effects of experience and occupational type. The Academy of Management Journal, 33, 1990, 2, S. 407–422.

Bakkenens, H.P.: Standards for Office Work. Ann Arbor: MTM Association for Standards and Research, 1961.

Bamberg, G.; Coenenberg, A.: Betriebswirtschaftliche Entscheidungslehre, 13. Auflage. München: Vahlen, 2006.

Barnes, R.M.: Motion and time study, 4. Auflage. New York: Wiley, 1959.

BAuA (Hrsg.): Toolbox: Instrumente zur Erfassung psychischer Belastungen. Dortmund: o.V., 2002.

Bayerisches Staatsministerium für Arbeits- und Sozialordnung (Hrsg.): Heben und Tragen von Lasten. Merkblatt des Bayerischen Landesinstituts für Arbeitsschutz, 1980.

Becker, J., Mathes, C.; Winkelmann, A.: Geschäftsprozessmanagement. Berlin, Heidelberg: Springer, 2009.

Becks, C.: Das neue MTM-Datensystem MTM-UAS. In: REFA-Nachrichten, 32. Jg., 1979, S. 3–8.

Becks, C.: Zur Historie des Prinzips vorbestimmter Zeiten oder eine Methode entwickelt sich zum Maßstab. In: Personal – MTM-Report 2003, S. 15–20.

Becks, C.; Bokranz, R.: MTM – Entwicklung und Anwendung. In: IfaA-Mitteilungen, Heft 21, 1983, S. 8–23.

Beyer, M.: Brain Land. Mind Mapping in Aktion. Paderborn: Junfermann, 1993.

Bibliographisches Institut (Hrsg.): Duden, Bd. 10, Bedeutungswörterbuch. Mannheim, Wien, Zürich: Dudenverlag, 1970.

Biel-Nielsen, E.; Lang, A.M.: Preliminary Research Report on Disengage (Report 101). Pittsburgh: MTM Assoziation for Standards and Research, 1951.

Bier, M.: Ergonomie der Überkopfarbeit. Düsseldorf: VDI, 1991.

Bjerner, B.; Holm, A.; Swensson, A.: Om Natt-och Skiftarbete, Statens Offentliga Utredningar (Stockholm) 51, 1948, S. 87.

Bleicher, K.: Organisation. Strategien – Strukturen – Kulturen, 2. Auflage. Wiesbaden: Gabler, 1991.

Böhmer, K.F.: Instandhaltungsdaten auf MTM-2-Basis. In: REFA-Nachrichten, 27. Jg., 1974, S. 199–210.

Bokranz, R.: MTM-Applications Today – The MTM-Office-Data-System of the German MTM-Association. In: The MTM-Journal, No. 3 (1979), S. 2–6.

Bokranz, R.: Die mathematischen Grundlagen des Zeitklassenverfahrens. Darmstadt: REFA, 1979.

Bokranz, R.; John, B.: Arbeitsdatenermittlung, 3. Auflage. Gräfelfing: Resch, 1986.

Bokranz, R.; Kasten, L.: Organisations-Management in Dienstleistung und Verwaltung, 4. Auflage. Wiesbaden: Gabler, 2004.

Bokranz, R.; Landau, K.: Einführung in die Arbeitswissenschaft, 2. Auflage. Stuttgart: UTB, 1998.

Hauptverband der gewerblichen Berufsgenossenschaften (HVBG) (Hrsg.): Leitfaden für die Beurteilung von Hebe- und Tragetätigkeiten. Sankt Augustin. HVBG, 1995.

Börjeson, L.: Handbuch für Projektkiller – Projekte verzögern, blockieren, sabotieren. Köln: Lund Verlagsgesellschaft, 2007.

Braband, J.: Beschränktes Risiko. Mit neuem Ansatz zu verlässlichen Risikoprioritätszahlen. In: Qualität und Zuverlässigkeit, 53. Jg. (2008), Heft 2, S. 28–33.

Braband, J.: Mit Logik und Ratio. Mit neuem Ansatz zu verlässlichen Risikoprioritätszahlen. In: Qualität und Zuverlässigkeit, 53. Jg. (2008), Heft 6, S. 31–35.

Bramesfeld, E.; Graf, O.: Praktisch-psychologischer und arbeitsphysiologischer Leitfaden für das Arbeitsstudium. München: Hanser, 1951.

Bullinger, H.-J.: Ergonomie – Produkt- und Arbeitsplatzgestaltung. Stuttgart: Teubner, 1994.

Burandt, U.: Ergonomie für Design und Entwicklung. Köln: Verlag Dr. Otto Schmidt, 1978.

Buzan, T.; Buzan, B.: Das Mind-Map-Buch, 4. Auflage. Landsberg: Moderne Industrie, 1999.

Buzan, T.; North, V.: Business Mind Mapping. Wien: Überreuter, 1999.

Caffier, G.; Steinberg, U.; Liebers, F.: Praxisorientiertes Methodeninventar zur Belastungs- und Beanspruchungsbeurteilung im Zusammenhang mit arbeitsbedingten Muskel-Skelett-Erkrankungen. Bremerhaven: Wirtschaftsverlag NW. 1998 (Schriftenreihe der Bundesanstalt für Arbeitsschutz und Arbeitsmedizin – Forschung – Fb. 850).

Chaffin, D. B.; Hancock, W. M.: Factors in Manual Skill Training. Deutsch (Report 114). Pittsburgh: MTM Association for Standards and Research, 1964. Deutsche Fassung: Faktoren, die das Lernen von Handarbeiten beeinflussen, hrsg. von der Deutschen und Schweizerischen MTM-Vereinigung, 1966.

Colombini, D.; Occipinti, E.; Grieco, A.: Risk Assessment and Management of Repetitive Movements and Exertions of Upper Limbs: Job Analysis, Ocra Risk Indices, Prevention Strategies and Design Principles. Amsterdam: Elsevier Ergonomics Series, 2002.

Crosby, P. B.: Qualität ist machbar. London: McGraw-Hill, 1990.

Däumler, K.-D.; Grabe, J.: Grundlagen der Investitions- und Wirtschaftlichkeitsrechnung, 12. Auflage. Ohne Verlagsort: Neue Wirtschafts-Briefe, 2007.

de Jong, J.: Fertigkeit, Stückzahl und benötigte Zeit. Sonderheft der REFA-Nachrichten. Berlin, Köln, Frankfurt: Beuth, o. J.

Deutsche MTM-Gesellschaft (Hrsg.): MAST-Ruward, ein Verfahren zur Ermittlung manueller Geschicklichkeit. Stuttgart: MTM, o. J.

Deutsche und Schweizerische MTM-Vereinigung (Hrsg.): Betriebliche Forschung über das MTM-Element »Drücken«, 1963.

Dickersbach, J.; Keller, G.; Weihrauch, K.: Produktionsplanung und -steuerung mit SAP, 2. Auflage. Bonn: Galileo Press, 2006.

Diebschlag, W.: Stoffwechsel und Energieumsatz. In: Landau, K.; Stübler, E.: Die Arbeit im Dienstleistungsbetrieb. Stuttgart: Ulmer, 1992, S. 55–64.

DIN 1005-1: Sicherheit von Maschinen – Menschliche körperliche Leistung, Teil 1: Begriffe; Berlin: Beuth, Deutsche Fassung EN 1005-1:2001+A1:2008.

DIN 1005-2: Sicherheit von Maschinen – Menschliche körperliche Leistung, Teil 2: Manuelle Handhabung von Gegenständen in Verbindung mit Maschinen und Maschinenteilen; Berlin: Beuth, Deutsche Fassung EN 1005-2:2003+A1:2008.

DIN 1005-3: Sicherheit von Maschinen – Menschliche körperliche Leistung, Teil 3: Empfohlene Kraftgrenzen bei Maschinenbetätigung; Berlin: Beuth, Deutsche Fassung EN 1005:2002+A1:2008.

DIN 1005-4: Sicherheit von Maschinen – Menschliche körperliche Leistung, Teil 4: Bewertung von Körperhaltungen und Bewegungen bei der Arbeit an Maschinen; Berlin: Beuth. Deutsche Fassung EN 1005-4:2005+A1:2008

DIN 33411-1: Körperkräfte des Menschen, Teil 1: Begriffe, Zusammenhänge, Bestimmungsgrößen. Berlin: Beuth, 1992.

DIN 33411-5: Körperkräfte des Menschen, Teil 5: Maximale statische Aktionskräfte, Werte. Berlin: Beuth, 1999-11.

DIN EN 1005-3: Sicherheit von Maschinen – Menschliche körperliche Leistung, Teil 3: empfohlene Kraftgrenzen bei Maschinenbetätigungen. Berlin: Beuth, 2002.

DIN EN ISO 10075-1: Ergonomische Grundlagen bezüglich psychischer Arbeitsbelastung, Teil 1: Allgemeines und Begriffe, 2000.

DIN EN ISO 10075-2: Ergonomische Grundlagen bezüglich psychischer Arbeitsbelastung, Teil 2: Gestaltungsgrundsätze, 2000.

DIN EN ISO 10075-3: Ergonomische Grundlagen bezüglich psychischer Arbeitsbelastung, Teil 3: Prinzipien und Anforderungen für die Messung und Erfassung psychischer Arbeitsbelastung, 2003.

Dudel, J.: Allgemeine Sinnesphysiologie, Psychophysik. In: Schmidt, R. F. (Hrsg.): Grundriß der Sinnesphysiologie. Berlin: Springer, 1985.

Ebbinghaus, H.: Über das Gedächtnis. Amsterdam: Bonset, 1966.

Eckert, R. (Hrsg.): Geschlechtsrollen und Arbeitsteilung. München: C. H. Beck, 1979.

EN 614-1: Sicherheit von Maschinen – Ergonomische Gestaltungsgrundsätze, Teil 1: Begriffe und allgemeine Leitsätze; Deutsche Fassung EN614-1: 2006 + A1: 2009.

ERA-TV: Entgeltrahmentarifvertrag für die Beschäftigten der Metall- und Elektroindustrie in Baden-Württemberg. Stuttgart, 2003.

Erlach, K.: Wertstromdesign. Der Weg zur schlanken Fabrik. Berlin, Heidelberg: Springer, 2007.

Evans, F.: MTM-2 Based Maintenance Work-Measurement. Basic concepts and mathematical models. London: United Kingdom MTM-Association, 1969.

Fechner, W.; Heinz, K.: Zeitermittlung für das visuelle Prüfen und Kontrollieren. In: REFA-Nachrichten, 46. Jg., 1993, S. 10–18.

Fechner, W.: Ein objektorientiertes Konzept zur Planung mentaler Abläufe beim Prüfen und Kontrollieren, Dissertation, Universität Dortmund, 1993.

Foulke, J. A.; Hancock, W. M.: Industrial Research on the MTM Element Apply Pressure (Report 111). Pittsburgh: MTM Association for Standards and Research, 1961. Deutsche Fassung: Betriebliche Forschung über das MTM-Element »Drücken«, hrsg. von der Deutschen und Schweizerischen MTM-Vereinigung, 1963.

Frese, M.; Fay, D.; Hillburger, T.; Leng, K.; Tag, A.: The concept of personal initiative: Operationalization, reliability and validity in two German samples. Journal of Occupational and Organizational Psychology, 70, 1997, S. 139–161.

Freund, J.; Rücker, B.: Praxishandbuch BPMN 2.0, 2. Auflage. München: Hanser Verlag, 2010.

Frieling, E.: Psychologische Arbeitsanalyse. Stuttgart: Kohlhammer, 1975.

Fuchs, D.: Bestimmung der fertigungskostenoptimalen Arbeiterzahl bei Mehrstellenarbeit. Berlin: Beuth-Vertrieb, 1969.

Füermann, T.: Prozessmanagement, 3. Auflage. München: Hanser, 2008.

Gadatsch, A.: Grundkurs Geschäftsprozess-Management, 4. Auflage. Wiesbaden: Vieweg + Teubner, 2005.

Gebert, D.; von Rosenstiel, L.: Organisationspsychologie. 5. Auflage. Stuttgart: W. Kohlhammer, 2002.

Gebert, D.; von Rosenstiel, L.: Organisationspsychologie. Stuttgart: Kohlhammer, 1981.

Ghezel-Ahmadi, K.: Evaluation der Anwendbarkeit eines neuen Verfahrens zur Belastungsbewertung manueller Arbeitsplätze in der Fertigung. Stuttgart: Ergonomia 2008.

Ghezel-Ahmadi, K.; Schaub, K.: Bewertung der körperlichen Belastungen am Arbeitsplatz mit dem IAD-BkB im Rahmen des ERA-Tarifwerks. In: Zeitschrift für Arbeitswissenschaft, 4, 2007, S. 255–261.

Glatz, H.: Das MEK-Datensystem für die Einzel- und Kleinserienfertigung. In: REFA-Nachrichten, 31. Jg., 1978, S. 273–281.

Grob, R.; Haffner, H.: Planungsleitlinien Arbeitsstrukturierung. München: Siemens-Verlag, 1982.

Hab, G.; Wagner, R.: Projektmanagement in der Automobilindustrie, 2. Auflage. Wiesbaden: Gabler, 2006.

Hacker, W.: Allgemeine Arbeitspsychologie – Psychische Regulation von Arbeitstätigkeiten. Bern: Huber, 1998.

Hacker, W.: Arbeitsmotivationen und Arbeitseinstellungen – Ergebnisse und Voraussetzungen von Arbeitsprozessen. Unveröffentlichtes Manuskript, Dresden.

Haller-Wedel, E.: Das Multimomentverfahren in Theorie und Praxis. München: Hanser, 1964.

Hämmerle, M.; Rally, P.: Wertschöpfung steigern. Ergebnisse der Datenerhebung über die Verbreitung und Ausgestaltung von Methoden zur Prozessoptimierung in der Produktion mit besonderem Fokus auf die Wertstrommethode, hrsg. von D. Spath. Stuttgart: Fraunhofer Verlag, 2010.

Hancock, W. M.: The System Precision of MTM-1. In: MTM Journal, 15. Jg., 1970, Nr. 3, S. 9.

Hancock, W. M.; Foulke, J. A.: Learning Curve Research on Short-Cycle Operations. Phase I: Laboratory Experiments (Report 112). Pittsburgh: MTM Association for Standards and Research, 1963. Deutsche Fassung: Eine Studie der Anlernkurven für kurze Arbeitsgänge, 1965.

Hanft, K. K.: Das MTM-2-System. In: Zeitschrift für wirtschaftliche Fertigung, 3. Jg., 1965.

Harmon, P.; King, D.: Expertensysteme in der Praxis. München: Moderne Industrie, 1986.

Hauschildt, J.; Chakrabarti, A. K.: Arbeitsteilung im Innovationsmanagement. In: Hauschildt, J.; Gemünden, H. G. (Hrsg.): Promotoren. Champions der Innovation, 2. Auflage. Wiesbaden: Gabler, 1999, S. 69–87.

Hauschildt, J.; Keim, G.: Projektleiter als Prozeßpromotoren. In: Hauschildt, J.; Gemünden, H. G. (Hrsg.): Promotoren. Champions der Innovation, 2. Auflage. Wiesbaden: Gabler, 1999, S. 213.

Helms, W.: Personalbemessung mit MTM im administrativen Bereich. In: Personal MTM-Report 1993/1994, S. 416–430.

Henderson, B. D.: Die Erfahrungskurve in der Unternehmensstrategie. Frankfurt a. M., New York: Campus, 1986.

Hildebrandt, G.: Rhythmusphänomenologie der Sensumotorik. In: Landau, K.; Luczak, H.; Laurig, W.: Ergonomie der Sensumotorik: Festschrift anlässlich der Emeritierung von Herrn Prof. Dr.-Ing. W. Rohmert. München, Wien: Hanser, 1996, S. 1–19.

Horvath, P.: Controlling, 6. Auflage. München: Vahlen, 1996.

IG Metall, Bezirk Baden-Württemberg: Der Entgeltrahmentarifvertrag (ERA). Manuskriptdruck, Stuttgart, 2007.

Iskander, A.: Über den Einfluss von Pausen auf das Anlernen sensumotorischer Fertigkeiten. Berlin: Beuth, 1968.

ISO 11228-1: Ergonomie – Manuelles Handhaben von Lasten, Teil 1: Heben und Tragen, 2003.

Istanbuli, S.; Mainzer, J.: Heben und Tragen von Lasten. Köln: Prodis Info-Paket, 1987.

Jäger, M.; Göllner, R.; Jordan, C.; Theilmeier, A.; Luttmann, A.: Belastung der Lendenwirbelsäule beim Heben und Umsetzen von Lasten. Z. f. Arbeitswissenschaft 56, 2002, S. 93–105.

Jäger, M.; Luttmann, A.; Göllner, R.: Belastbarkeit der Lendenwirbelsäule bei manueller Lastenhandhabung – Ableitung der »Dortmunder Richtwerte« auf Basis der lumbalen Kompressionsfestigkeit. Zbl. Arbeitsmedizin 51 (2001), S. 354–372.

Jahn, W.; Braun, L.: Praxisleitfaden Qualität. München: Hanser, 2006.

Jones, L. A.; Lederman, S. J.: Human Hand Function. Oxford: Univerity Press, 2006.

Kanawaty, G. (Hrsg.): Introduction to work study, 4. Auflage. Geneva: International Labour Office, 1992.

Kandel, E. R.; Schwartz, J. H.; Jessell, T. M.: Neurowissenschaften. Heidelberg: Spektrum, 1996.

Karger, D. W.; Hancock, W. M.: Advanced Work Measurement. New York: Industrial Press Inc., 1982.

Kilger, W.; Pampel, J.; Vikas, K.: Flexible Plankostenrechnung und Deckungsbeitragsrechnung, 12. Auflage. Wiesbaden, Gabler, 2007.

Kirchner, J. H.; Rohmert, W.: Ergonomische Leitregeln zur menschengerechten Arbeitsgestaltung. München: Hanser, 1974.

Kissel, R.: System zur Entwicklung bedienungsfreundlicher und seniorengerechter Benutzerschnittstellen in der Unterhaltungselektronik. Diss. TU Darmstadt, 2004.

Konold, P.; Reger, H.; Hesse, S.: Praxis der Montagetechnik, 2. Auflage. Wiesbaden: Vieweg, 2003.

Kosiol, E.: Organisation der Unternehmung, 2. Auflage. Wiesbaden: Gabler, 1976, S. 71 f.

Kramer, E.: Innovative Produktpolitik. Berlin: Springer, 1986.

Krüger, W.; Homp, C.: Kernkompetenz-Management. Wiesbaden: Gabler, 1997.

Kunze, M. J.; Sommerlatte, T.: Business Process Reengineering als Ansatz zur Unternehmensmodellierung. In: Liebmann, H.-P. (Hrsg.): Vom Business Process Reengineering zum Change Management, Wiesbaden: Gabler, 1997, S. 17–35.

Kupke, E.: Beiträge zur Frage des Leistungsgrades und der Vorgabezeit. München: Hanser 1951.

Landau, K.: Alter und Leistungsfähigkeit. In: Landau, K.; Stübler, E. (Hrsg.): Die Arbeit im Dienstleistungsbetrieb. Stuttgart: Ulmer, 1992, S. 132.

Landau, K.: Das Arbeitswissenschaftliche Erhebungsverfahren zur Tätigkeitsanalyse. Darmstadt: Institut für Arbeitswissenschaft, 1978.

Landau, K.; Imhof-Gildein, B., Mücke, S.: On the analysis of sector-related and gender-related stresses at the workplace – An analysis of the AET data bank. In: International Journal of Industrial Ergonomics, 17, 1996, S. 175–186.

Landau, K.; Rohmert, W.: Evaluation of Worker Workload in Flexible Manufacturing Industry. In: Int. J. of Human Factors in Manufacturing, 2, 1992, 4, S. 369–388.

Landau, K.; Rohmert, W.; Rutenfranz, J.: Arbeitsanforderungen und Geschlecht – Neue Ergebnisse zur Frage möglicher Diskriminierung der Frauenarbeit. In: Hackstein, R.; Heeg, F.-J.; Below, F. v. (Hrsg.): Arbeitsorganisation und Neue Technologien. Berlin, Heidelberg, New York, London, Paris, Tokio: Springer Verlag, 1986, S. 511–551.

Landau, K.; Wakula, J.: Körperstellungen und Körperhaltungen. In: Landau, K. und Mitarbeiter: Ergonomie I. TU Darmstadt, Institut für Arbeitswissenschaft, 2003, S. 68 ff.

Landau, K.; Weißert-Horn, M.; Rademacher, H.; Brauchler, R.; Bruder, R.; Sinn-Behrendt; A.: Altersmanagement als betriebliche Herausforderung. In Zusammenarbeit mit der Deutschen MTM-Vereinigung und den Kliniken Bavaria. Stuttgart: Ergonomia 2007.

Länderausschuss für Arbeitsschutz und Sicherheitstechnik (LASI) (Hrsg.): Handlungsanleitung zur Gefährdungsbeurteilung beim Heben und Tragen von Lasten. LV 9, Potsdam 1996 (Neuauflage 2001).

Lang, A. M.: Research Report on Standards for Reading Operations (Report 102). Pittsburgh: MTM Association for Standards and Research, 1951.

Laurig, W.: Grundzüge der Ergonomie, Berlin: Beuth, 1990.

Lehmann, G.: Praktische Arbeitsphysiologie. Stuttgart: Thieme, 1962.

Lewin, K.: Untersuchungen zur Handlungs- und Affektpsychologie. Psychologische Forschung, 7, 1926, S. 295–385.

Liebau, H.: Die Lernkurvenmethode. Stuttgart: Ergonomia, 2002.

Liebau, H.; Landau, K.: Übung. In: Landau, K.; Pressel, G. (Hrsg.): Medizinisches Lexikon der beruflichen Belastungen und Gefährdungen, 2. Auflage. Stuttgart: Gentner, 2008.

Litke, H.-D.: Projektmanagement – Methoden, Techniken, Verhaltensweisen, 5. Auflage. Hanser: München, 2007.

Littmann, F.; Busenbach, M.: MTM – Anwendung über die Prozesskette, In: IfaA (Hrsg.): Methodisches Produktivitätsmanagement, Umsetzung und Perspektiven. Köln: Bachem, 2010, S. 162 f.

Locke, E. A.; Latham, G. P.: What should we do about Motivation theory? Six recommendations for the twenty-first century. Academy of Management Review, 29, 2004, 9, S. 389–403.

Luczak, H.: Grundlagen ergonomischer Belastungssuperpositionen. In: Rohmert, W. (Hrsg.): Ergonomie der koordinierten Belastungen. Dokumentation Arbeitswissenschaft, Band 8, Köln: Schmidt-Verlag, 1982, S. 19–46.

Luczak, H.: Koordination von Bewegungen. In: Rohmert, W.; Rutenfranz, J. (Hrsg.): Praktische Arbeitsphysiologie. Stuttgart: Thieme, 1983, S. 52–59.

Rohmert, W.; Rutenfranz, J. (Hrsg.): Praktische Arbeitsphysiologie. Stuttgart: Thieme, 1983.

Lutz, L.: Abtakten von Montagelinien. Mainz: Krauskopf, 1974.

Madauss, B. J.: Projektmanagement. 6. Auflage. Stuttgart: Schäffer-Poeschel, 2000.

Maynard, H. B.; Stegemerten, G. J.; Schwab, J. L.: Methods-Time Measurement. New York: McGraw-Hill, 1948.

Mc Atamney, L.; Corlett, E. N.: RULA – A Survery Method for the Investigation of Work-Related Upper Limb Disorders. Applied Ergonomics 24, 1993, 2, S. 91–99.

Metzger, H.: Planung und Bewertung von Arbeitssystemen in der Montage. Mainz: Krausskopf, 1977.

Mital, A.; Nicholson, A. S.; Ayoub, M. M.: A Guide to Manual Materials Handling. London Washington (DC): Taylor & Francis, 1993.

MTM (Hrsg.): MTM General Purpose Data. Ann Arbor: MTM Association for Standards and Research, 1962.

MTM (Hrsg.): Statistische Relationen der MTM-Datensysteme UAS und MEK zur Begründung von Anwendungsempfehlungen. Entwicklungsreport der Entwicklungsgruppe »Standard-Daten« der Deutschen MTM-Vereinigung. Hamburg: Deutsche MTM-Vereinigung e. V., 1982.

Münsterberg, H.: Grundzüge der Psychotechnik. Leipzig: J. A. Barth, 1914.

Mussgnug, J.: Usability, Methodik. In: Landau, K. (Hrsg.): Lexikon Arbeitsgestaltung. Stuttgart: Ergonomia, 2007, S. 1269–1273.

Nachreiner, F.: Normung im Bereich der psychischen Belastung – die Normen der Reihe DIN EN ISO 10075. DIN-Mitteilungen, 81, 2002, 8, S. 519–524.

Nachreiner, F.; Schütte, M.: Zur Messung psychischer Belastung und Beanspruchung. Zeitschrift für Arbeitswissenschaft, 56, 2002, S. 1–2.

National Institute of Occupational Safety and Health (NIOSH): Work Practices Guide for Manual Lifiting. Cincinnati, Ohio: DHHS (NIOSH) Publ. No. 81–122, 1981.

Nordsiek, F.: Betriebsorganisation, 2. Auflage. Stuttgart: Poeschel, 1972.

O'Neal, M. H.: MEK/UAS. Fair Lawn: MTM Association for Standards and Research, 1982.

Organ, D. W.: Organizational citizenship behavior: It's construct clean-up time. Human performance, 10, 1997, S. 85–97.

Österle, H.: Business Engineering. Prozess- und Systementwicklung, Band 1, Entwurfstechniken, 2. Auflage. Berlin, Heidelberg, New York: Springer, 1995.

Osterloh, M.; Frost, J.: Prozessmanagement als Kernkompetenz, 5. Auflage. Wiesbaden: Gabler, 2006.

Rackel, K.: Ermittlung von Einlernzeiten. Ein System auf MTM-Basis. In: Angewandte Arbeitswissenschaft – Mitteilungen des IfaA, Heft 58, 1977, S. 36–52.

Raphael, D. L.: A Study of Arm Movements Involving Weight (Report 108). Pittsburgh: MTM Association for Standards and Research, 1955.

Raphael, D. L.: A Study of Positioning Movements. I. The General Characteristics. II. Special Studies Supplement (Report 118). Pittsburgh: MTM Association for Standards and Research, 1957. Deutsche Fassung: Eine Studie der Fügebewegungen I und II, hrsg. von der Deutschen und Schweizerischen MTM-Vereinigung, 1962.

Raphael, D. L.: An Analysis of Short Reaches and Moves (Report 106). Pittsburgh: MTM Association for Standards and Research, 1953.

Raphael, D. L.; Clapper, G. C.: A Study of Positioning Movements. III. Application to Industrial Work Measurement. (Report 119). Pittsburgh: MTM Association for Standards and Research, 1957. Deutsche Fassung: Eine Studie der Fügebewegungen III, hrsg. von der Deutschen und Schweizerischen MTM-Vereinigung, 1963.

Raphael, D. L.; Clapper, G. C.: A Study of Simultaneous Motions (Report 105). Pittsburgh: MTM Association for Standards and Research, 1952.

REFA-Fachausschuss Chemie (Hrsg.): Handhabung von Lasten. Darmstadt, 1987.

REFA (Hrsg.): Arbeitsgestaltung in der Produktion. München. Carl Hanser Verlag 1993.

REFA (Hrsg.): Methodenlehre der Betriebsorganisation, Teil 2, Datenermittlung. München: Hanser, 1997.

REFA (Hrsg.): Methodenlehre der Planung und Steuerung, 5 Bände (Bd. 3: APL). München: Hanser, 1985.

REFA (Hrsg.): Methodenlehre des Arbeitsstudiums, Band 2, Datenermittlung. München: Hanser, 1978.

REFA (Hrsg.): REFA-Buch – Einführung in die Arbeitszeitermittlung. Berlin: Beuth, 1928.

Reichel, F.-G.: Das Regelungswerk ERA zur Neugestaltung der tariflichen Vergütung in der Metall- und Elektroindustrie. In: Angewandte Arbeitswissenschaft, 183, 2005, S. 2–26.

Reichsausschuss für Arbeitszeitermittlung (Hrsg.): REFA-Buch – Einführung in die Arbeitszeitermittlung, Berlin: Beuth, 1928.

Richter, G.: Psychische Belastung und Beanspruchung – Stress, psychische Ermüdung, Monotonie, psychische Sättigung. Dortmund: BAuA, 2000 (Arbeitswissenschaftliche Erkenntnisse Nr. 116).

Richter, G.: Toolbox Version 1.2. Dortmund: Bundesanstalt für Arbeitsschutz und Arbeitsmedizin, 2010.

Riebel, P.: Einzelkosten- und Deckungsbeitragsrechnung, 7. Auflage. Wiesbaden: Gabler, 1994.

Rinza, P.; Schmitz, H.: Nutzwert-Kosten-Analyse. Düsseldorf: VDI-Verlag 1977.

Rochau, E.: Das Bedaux-System. Praktische Anwendung und kritischer Vergleich mit dem REFA-System, 3. Auflage. Würzburg: Konrad Triltsch, 1952.

Rohmert, W.: Beanspruchung, Ermüdung und Erholung. In: Landau, K.; Stübler, E. (Hrsg.): Die Arbeit im Dienstleistungsbetrieb. Stuttgart: Ulmer, 1992, S. 161–185.

Rohmert, W.: Beurteilungskriterien der Arbeit. In: Landau, K.; Stübler, E. (Hrsg.): Die Arbeit im Dienstleistungsbetrieb. Stuttgart. Ulmer, 1992, S. 8–31.

Rohmert, W.: Mensch und Kraftmaschine. In: Rohmert, W.; Rutenfranz, J. (Hrsg.): Praktische Arbeitsphysiologie. Stuttgart: Thieme, 1983.

Rohmert, W.: Rationelle Arbeit. In: Rohmert, W.; Rutenfranz, J. (Hrsg.): Praktische Arbeitsphysiologie. Stuttgart: Thieme, 1983.

Rohmert, W.: Statische Arbeit. In: Rohmert, W.; Rutenfranz, J. (Hrsg.): Praktische Arbeitsphysiologie. Stuttgart: Thieme, 1983.

Rohmert, W.: Statische Haltearbeit des Menschen. Berlin: Beuth, 1960.

Rohmert, W.: Umdruck zur Vorlesung Arbeitswissenschaft. Darmstadt: TU Darmstadt, 1993.

Rohmert, W.; Haider, E.: Beanspruchungsorientierte Systematik für Arbeiten im Höhenbewegungsraum der Arme. Int. Arch. Occup. Environ. Health, 44, 1979, S. 233–248.

Rohmert, W.; Landau, K.: Arbeitsformen. In: Landau, K.; Stübler, E. (Hrsg.): Die Arbeit im Dienstleistungsbetrieb. Stuttgart: Ulmer, 1992, S. 31–40.

Rohmert, W.; Rutenfranz, J. (Hrsg.): Praktische Arbeitsphysiologie. Stuttgart: Thieme, 1983.

Rohmert, W.; Rutenfranz, J.; Luczak, H.: Arbeitswissenschaftliche Beurteilung der Belastung und Beanspruchung an unterschiedlichen industriellen Arbeitsplätzen. In: Rohmert, W.; Rutenfranz, J. (Hrsg.): Arbeitswissenschaftliche Beurteilung der Belastung und Beanspruchung an unterschiedlichen industriellen Arbeitsplätzen. Bonn: Bundesminister für Arbeit und Sozialordnung, Referat Öffentlichkeitsarbeit 1975, S. 15–250.

Rother, M.; Shook, J.: Sehen lernen. Mit Wertstromdesign die Wertschöpfung erhöhen und Verschwendung beseitigen. Aachen: Lean Management Institut, 2004.

Rousseau, D. M.: Psychological contracts in organizations. Thousand Oaks: Sage, 1995.

Rutenfranz, J.; Iskander, A.: Über den Einfluss von Pausen auf das Erlernen einer einfachen sensumotorischen Fertigkeit. In: Internationale Zeitschrift für angewandte Physiologie einschließlich Arbeitsphysiologie. 1960, S. 207–235.

Sämann, W.: Charakteristische Merkmale und Auswirkungen ungünstiger Arbeitshaltungen. Berlin: Beuth, 1970.

Samli, S.: Arbeitswissenschaftliche Untersuchungen zum Work-Factor-Mento-Grundverfahren. Dissertation. Berlin: Technische Universität, 1987.

Sanfleber, H.: Untersuchung über die Summierbarkeit von Elementarzeiten, Dissertation. Aachen: Rheinisch-Westfälische Technische Hochschule, 1965.

Santen, A. F. van: Work-Factor Mento. Darmstadt: Work-Factor Gemeinschaft für Deutschland, 1973.

Sanzenbacher, G.: MAST-Test manueller Fähigkeiten und Fertigkeiten. MTM-Konferenz, 1992.

Schaub, K.: Das »Automotive Assembly Worksheet« (AAWS). In: Landau, K. (Hrsg.): Montageprozesse gestalten. Stuttgart: Ergonomia, 2004, S. 91–111.

Schaub, K.; Caragnano, G.; Fischer, H.; Schosnig, R.; Britzke, B.; Bruder, R.: Integration of new ergonomic evaluation tools into MTMergonomics. Bericht zum 55. Arbeitswissenschaftlichen Kongress vom 4.–6.3.2009 an der TU Dortmund, hrsg. von der Gesellschaft für Arbeitswissenschaft e.V., Dortmund 2009, S. 245–248.

Schaub, K.; Ghezel-Ahmadi, K.: Vom AAWS zum EAWS – ein erweitertes Screening-Verfahren für körperliche Belastungen. Bericht zum 53. Arbeitswissenschaftlichen Kongress vom 28.2.-2.3.2007 an der Otto-von-Guericke-Universität Magdeburg, hrsg. von der Gesellschaft für Arbeitswissenschaft e.V., Dortmund 2007, S. 601–604.

Schaub, K.; Spelten, C.: IAD Toolbox körperliche Arbeit. Darmstadt: Institut für Arbeitswissenschaft der Technischen Universität Darmstadt, Version 2.1, 2004.

Schaub, K.; Spelten, C.: IAD-Toolbox körperliche Arbeit – Manual und Software. Darmstadt: Institut für Arbeitswissenschaft, 2004.

Schaub, K.; Winter, G.; Berg, K.; Landau, K.: Arbeitsunterlage zur Bewertung von Lastenmanipulationen. Darmstadt: Institut für Arbeitswissenschaft der TU Darmstadt, 2004.

Scheuch, K.: Arbeitsphysiologie. In: Triebig, G., Kentner, N.; Schiele, R. (Hrsg.): Arbeitsmedizin, 2. Auflage. Stuttgart: Gentner, 2008, S. 435–480.

Schlaich, K.: Die Systeme vorbestimmter Zeiten. Bilanz einer zehnjährigen Anwendung in der deutschen Industrie. In: TZ für praktische Metallbearbeitung, 63. Jg., 1969, S. 587–593.

Schlaich, K.: Vergleich von beobachteten und vorbestimmten Elementarzeiten manueller Willkürbewegungen bei Montagearbeiten. Entwurf eines neuen Systems vorbestimmter Zeiten. Berlin, Köln, Frankfurt: Beuth, 1967.

Schlick, C.; Bruder, R.; Luczak, H.: Arbeitswissenschaft. Berlin: Springer, 2010.

Schmelzer, H.J.; Sesselmann, W.: Geschäftsprozessmanagement in der Praxis. München: Hanser Verlag, 2008.

Schmidtke, H.: Ergonomie. München: Hanser, 1993.

Schmidtke, H.: Ergonomische Prüfung. München: Hanser, 1989.

Schmidtke, H.: Untersuchungen über den Erholzeitbedarf bei psychisch beanspruchender Tätigkeit. Ein Beitrag zur Theorie über die Erholungspause. In: Arbeitsstudien heute und morgen. Berlin, 1963.

Schneider, E.: Wirtschaftlichkeitsrechnung, Theorie der Investition, 8. Auflage (1. Auflage 1957). Tübingen: Mohr, 1973.

Schober, H.: Das Sehen. Leipzig: Fachbuchverlag, 1970.

Schoberth, H.: Orthopädie des Sitzens. Berlin: Springer, 1989.

Schrickel, K.: Praktische Erfahrungen mit der Einführung und Anwendung von MTM-Standarddaten. Hamburg: Deutsche MTM-Vereinigung e.V., 1966.

Schultetus, W.: Montagegestaltung. Köln: TÜV Rheinland GmbH, 1980.

Schultetus, W: Praxis der Ergonomie – Montagegestaltung. TÜV Rheinland, 1987.

Schweres, M.: Neubewertung von Arbeit. In: Arbeitsrecht im Betrieb, 23, 2002, S. 7, 422–426.

Seymour, W. D.: Industrial skills. London: Pitman, 1966.

Siemens (Hrsg.): Arbeitsunterlage zur Bewertung von Lastenmanipulationen. Firmeninterne Schulungsunterlage und unveröffentlichter gleichnamiger Abschlussbericht des IAD, Darmstadt, 2003.

Simon, A.: Mehrstellenarbeit in der Metall- und Elektroindustrie. Köln: Bachem, 1998.

Spanner-Ulmer, B.: Die MTM-Normleistung – Die Konstante unter den Variablen. In: Britzke, B. (Hrsg.): MTM in einer globalisierten Wirtschaft. Arbeitsprozesse systematisch gestalten und optimieren. Landsberg/Lech: MI Verlag, 2010.

Spitzer, H.; Hettinger, T.; Kaminsky, G.: Tafeln für den Energieumsatz bei körperlicher Arbeit, 6. Auflage. Berlin: Beuth, 1982.

Staehle, C.: Personalauswahl mittels biographischer Fragebogen. In: Schuler, H.; Staehle, W. (Hrsg.): Biographische Fragebogen als Methode der Personalauswahl, Stuttgart: Verlag für angewandten Psychologie, 1986, S. 17.

Steele, P.M.: The MTM Data System for Office. Fair Lawn: MTM Association for Standards and Research, 1972.

Steinberg, U.; Behrendt, S.; Caffier, G.; Scholz, K.; Jakob, M.: Leitmerkmalmethode Manuelle Arbeitsprozesse. Dortmund/Berlin/Dresden: Bundesanstalt für Arbeitsschutz und Arbeitsmedizin, Forschungsbericht F 1994, 2007.

Steinberg, U.; Caffier, G.; Mohr, D.; Liebers, F.; Behrendt, S.: Modellhafte Erprobung des Leitfadens Sicherheit und Gesundheitsschutz bei der manuellen Handhabung von Lasten (Abschlussbericht). Bremerhaven. Wirtschaftsverlag NW. 1998 (Schriftenreihe der Bundesanstalt für Arbeitsschutz und Arbeitsmedizin. – Forschung – Fb 804).

Steinberg, U.; Windberg, J.: Leitfaden Sicherheit und Gesundheitsschutz bei der manuellen Handhabung von Lasten – Empfehlungen für den Praktiker. Schriftenreihe der Bundesanstalt für Arbeitsschutz und Arbeitsmedizin. Sonderschrift. Bremerhaven: Wirtschaftsverlag NW., 1997.

Stoffert, G.: Analyse und Einstufung von Körperhaltungen bei der Arbeit nach der OWAS-Methode. Zeitschrift für Arbeitswissenschaft 39, 1985,1, S. 31–38.

Stöger, R.: Prozessmanagement. Qualität, Produktivität, Konkurrenzfähigkeit, 2. Auflage. Stuttgart: Schäffer-Poeschel, 2009.

Suzaki, K.: Modernes Management im Produktionsbetrieb. München, Wien: Hanser, 1989.

Taylor, F. W.: Principles of Scientific Management, 1911. Ins Deutsche übersetzt von R. Roeseler: Die Grundsätze wissenschaftlicher Betriebsführung. München: Oldenbourg, 1913.

Testzentrale Göttingen: Testkatalog. Göttingen: Hogrefe, 2009.

Udris, I.; Freese, M.: Belastung und Beanspruchung. In: Hoyos, Graf C.; Frese, M. (Hrsg.): Arbeits- und Organisationspsychologie. Weinheim: Psychologische Verlagsunion, 1999.

Ulich, E.: Arbeitspsychologie. Zürich: Verlag der Fachvereine, 1991.

Ulich, E.; Frei, F.: Persönlichkeitsförderliche Arbeitsgestaltung und Qualifizierungsprobleme. In: Volpert, W. (Hrsg.): Beiträge zur psychologischen Handlungstheorie. Bern: Huber, 1980, S. 71–86.

Ullrich, G.; Brock, H.; Elbracht, D.: Wirtschaftliches Anlernen in der Montage – Ein Beitrag zur Lernkurventheorie. In: REFA-Nachrichten, Heft 5, 47. Jg., 1994.

Ulmer, H.-V.: Umstellung auf Arbeit. In: Rohmert, W.; Rutenfranz, J. (Hrsg.): Praktische Arbeitsphysiologie. Stuttgart: Thieme, 1983.

Ulmer, H.-V.: Energieumsatz. In: Rohmert, W.; Rutenfranz, J. (Hrsg.): Praktische Arbeitsphysiologie. Stuttgart: Thieme, 1983, S. 147–164.

VDI (Hrsg.): Handbuch der Arbeitsgestaltung und Arbeitsorganisation. Düsseldorf: VDI Verlag, 1980.

Vonderheiden, G.: Principals of Universal Design. N. C. State University, Center for Universal Design, 1997.

Waters, T. R.; Putz-Anderson, V.; Garg, A.: Applications Manual for the Revised NIOSH Lifting Equation. DHHS (NIOSH) Publ. No. 94–110, Cincinnati, Ohio, 1994.

Waters, T. R.; Putz-Anderson, V.; Garg, A.; Fine, L. J.: Revised NIOSH equation for the design and evaluation of manual lifting tasks. In: Ergonomics 36 (1993) 7.

Wetterer, E.: Physiologie. Stuttgart: Thieme, 1979.

Wieland-Eckelmann, R.: Kognition, Emotion und psychische Beanspruchung. Göttingen: Hogrefe, 1992.

Winkel, A.: Mehrstellenarbeit. München: Hanser; 1963.

Wright, T. P.: Factors Affecting the Cost of Airplanes. In: Journal of the Aeronautical Sciences, 3, 1936, S. 39–44.

Wucherpfennig, D.: Zeitliche Bindung bei manueller Fließarbeit. Berlin: Beuth, 1978.

Zangemeister, C.: Nutzwertanalyse in der Systemtechnik. Eine Methodik zur multidimensionalen Bewertung und Auswahl von Projektalternativen. München: Wittemannsche Buchhandlung, 1970.

Zühlke, D.: Useware. In: Landau, K. (Hrsg.): Lexikon Arbeitsgestaltung. Stuttgart: Ergonomia 2007, S. 1274–1276.

Zühlke, D.: Useware-engineering für technische Systeme. Berlin: Springer, 2004.

Stichwortverzeichnis

4-M-Checkliste (4-M checklist) **Bd. 2:** 581
4-M-Methode (4-M method) **Bd. 2:** 555
5 S (5 S) **Bd. 2:** 559
6-W-Checkliste (6-W checklist) **Bd. 2:** 581
6-W-Methode (6-W method) **Bd. 2:** 554
8-D-Report (8-D report) **Bd. 2:** 550
20-Keys-Konzept (20 Keys) **Bd. 2:** 556
100 %-OEE (100 %-OEE) **Bd. 1:** 27, 28

A

ABC-Analyse (ABC classification, ABC analysis) **Bd. 1:** 290; **Bd. 2:** 121
Abfertigungsrate (server rate, dispatch rate, handling rate) **Bd. 1:** 381
-zeit (service time, dispatch time, handling time, processing time) **Bd. 1:** 381
Ablauf (work process, workflow) **Bd. 1:** 21, 296; **Bd. 2:** 119, 133, 336, 351, 510, 563, 567
–, als Bestimmungsgröße des Arbeitssystems (as determinant of the work system) **Bd. 1:** 19
Ablaufabschnitt (process step, workflow step, phase) **Bd. 1:** 312, 346, 556; **Bd. 2:** 118, 127
-art (operation category, category of workflow activities) **Bd. 1:** 348
-beschreibung (process description, workflow description) **Bd. 1:** 445; **Bd. 2:** 240
-indikator (workflow indicator) **Bd. 1:** 413
-organisation (process organization) **Bd. 1:** 75, 124; **Bd. 2:** 420, 527
-weg (flow path, flow branch) **Bd. 1:** 320, 366, 367
Abkanten (bevel) **Bd. 2:** 90
Ableseentfernung (distance from display, read-off distance) **Bd. 2:** 314, 317
-fehler (read-off error, reading error) **Bd. 1:** 244
-zeit (read-off time, read cycle time) **Bd. 2:** 317
Abschreibung (depreciation) **Bd. 1:** 13, 15, 17, 605; **Bd. 2:** 102, 463, 464
Absentismus (absenteeism) **Bd. 2:** 359
Abzinsungsfaktor (discount(ing) factor, discount(ing) rate) **Bd. 1:** 617
Abteilung (department) **Bd. 1:** 39
Adaptation, visuelle (adaptation, visual) **Bd. 1:** 159, 163
Adressaten (addressees) **Bd. 1:** 58
Änderungsaufwand (modification cost, change expenditure) **Bd. 1:** 182, 394, 402
Aerosol (aerosol) **Bd. 2:** 303
Aggregation von Prozessbausteinen (aggregation of process building blocks) **Bd. 1:** 102
Akklimatisation (acclimatization) **Bd. 2:** 278
Akkomodation (accomodation) **Bd. 1:** 162
-sbreite (amplitude of accommodation) **Bd. 1:** 251
Akkordentgelt (piece rate, piece wage) **Bd. 2:** 693
Aktendurchlaufanalyse (analysis of files, file scan analysis) **Bd. 1:** 565
Aktion (action) **Bd. 1:** 127, 224, 461
-skraft (applied force) **Bd. 1:** 181, 186, 202, 219; **Bd. 2:** 194
-skraft, dynamisch (applied force, dynamic) **Bd. 1:** 187
-skraft, statisch (applied force, static) **Bd. 1:** 187
Aktivität (activity) **Bd. 1:** 137; **Bd. 2:** 517
-sniveau (level of activity) **Bd. 1:** 137

Alter (age) **Bd. 1:** 188; **Bd. 2:** 202
-smanagement (age management) **Bd. 1:** 251
Amortisationsrechnung (depreciation schedule, calculation of payback period, discounted cash flow) **Bd. 1:** 615
Ampelprinzip (green, yellow, red color classification of workplace) **Bd. 1:** 212
Amplitude (amplitude) **Bd. 1:** 158, 166
Analyseblatt (analysis sheet/form) **Bd. 1:** 467, 468, 470, 471; **Bd. 2:** 77, 79
Analysieraufwand (analysis costs) **Bd. 1:** 402
Anforderung (job requirement, job demand) **Bd. 1:** 132, 140; **Bd. 2:** 680
–, physisch (physical) **Bd. 1:** 134, 149, 176, 179, 181, 254
–, psychomental (psychomental) **Bd. 1:** 173
Anforderungsart (job characteristic, type of job requirement) **Bd. 1:** 254; **Bd. 2:** 680, 687
-beschreibung (description or definition of job requirements/job demands) **Bd. 1:** 133, 149, 254; **Bd. 2:** 172
-liste (component requisition form) **Bd. 2:** 22
-merkmal (job demand characteristic) **Bd. 2:** 132
Angebotskalkulation (cost estimate, bid calculation, price quotation) **Bd. 1:** 272
Ankunftsintervall (arrival interval) **Bd. 1:** 380
-rate (arrival rate) **Bd. 1:** 381
Anlagevermögen (fixed assets, capital assets) **Bd. 1:** 15
Anlaufkurve (ramp-up curve, startup curve) **Bd. 1:** 54
-management (management of production ramp-up, production startup management) **Bd. 1:** 29, 54; **Bd. 2:** 99, 129, 525, 527, 588
Anordnungsbeziehung (interdependency) **Bd. 1:** 593, 594
Anordnungskonzept (machine layout plan) **Bd. 2:** 339, 342
Anpassung an Arbeit (adjustment to working/job demands, readiness to adjust to job demands) **Bd. 1:** 268
Anspruchsniveau (level of aspiration, expected standard) **Bd. 1:** 263
Anthropometrie (anthropometrics) **Bd. 2:** 163, 240
Anwendungsebene (application level) **Bd. 2:** 135
-regel (application rule) **Bd. 1:** 96, 386, 387, 411
Anzeige (display) **Bd. 1:** 123; **Bd. 2:** 311
, analog (analogue display) **Bd. 2:** 312, 315
, digital (digital display) **Bd. 2:** 312, 315
Anzeigenanordnung (display layout) **Bd. 2:** 316, 317
-gestaltung (display design) **Bd. 2:** 313
Arbeit (work) **Bd. 1:** 8
–, dynamische (dynamic work) **Bd. 1:** 134; **Bd. 2:** 298
–, energetisch-effektorische (energetic and effectual work) **Bd. 1:** 175
–, informatorisch-mentale (mental work) **Bd. 1:** 175; **Bd. 2:** 311
–, menschliche (work, labor) **Bd. 1:** 8, 42; **Bd. 2:** 163, 238
–, repetitive (repetitive work) **Bd. 1:** 208, 224, 267; **Bd. 2:** 59, 209, 235, 241, 359
–, sensumotorische (sensomotoric work) **Bd. 1:** 137, 270, 272; **Bd. 2:** 266, 297
–, statische (static work) **Bd. 1:** 134, 152; **Bd. 2:** 193
–, taktgebundene (fixed-cycle work) **Bd. 1:** 174; **Bd. 2:** 344
Arbeitsablauf (work process, working method/sequence, sequence of operations) **Bd. 1:** 126, 176; **Bd. 2:** 66
-anweisung (job specification, job assignment, instruction) **Bd. 2:** 585
-aufgabe (work task) **Bd. 1:** 174; **Bd. 2:** 179, 250

-bedingungen (work conditions) **Bd. 2:** 12, 136, 193, 250, 252, 407
-beschreibung (job description) **Bd. 2:** 679
-bewertung (job evaluation, job rating) **Bd. 2:** 679
-bewertung, analytische (analytic job evaluation) **Bd. 2:** 683
-bewertung, summarische (factor comparison system) **Bd. 2:** 680
-dauer (work duration, working hours) **Bd. 1:** 154
-energieumsatz (work metabolism) **Bd. 2:** 212
-ergebnis (work result, work issue, outcome of work) **Bd. 1:** 9, 19, 33, 122, 134, 233, 240, 269, 312, 551; **Bd. 2:** 357, 550, 660, 675, 679
-fläche (work surface) **Bd. 2:** 189
-form (work form) **Bd. 1:** 133; **Bd. 2:** 192, 232, 410
-fortschritt (work progress) **Bd. 1:** 33; **Bd. 2:** 99, 344, 357, 400, 550
-gang (operation) **Bd. 1:** 102, 415; **Bd. 2:** 145, 342, 410, 585
-gegenstand (work object) **Bd. 1:** 19; **Bd. 2:** 134, 159, 172, 189, 250, 345
-geschwindigkeit (operating speed, working speed) **Bd. 1:** 153, 261; **Bd. 2:** 193
-gesetz (labor law(s)) **Bd. 1:** 626
-gestaltung (work design, job design) **Bd. 2:** 163
-gestaltung, anthropometrische (anthropometric work/job design) **Bd. 2:** 163
-gestaltung, bewegungstechnische (kinesthetic work/job design) **Bd. 2:** 203
-gestaltung, konzeptive oder prospektive (conceptual or prospective work/job design) **Bd. 1:** 323, 511; **Bd. 2:** 238, 250, 253
-gestaltung, korrektive (corrective work/job design) **Bd. 1:** 323; **Bd. 2:** 238, 252, 253
-gestaltung, organisatorische (organizational work/job design) **Bd. 2:** 250, 354, 499, 525
-gestaltung, physiologische (physiological work/job design) **Bd. 2:** 192
-gestaltung, sicherheitstechnische (safety-oriented work/job design) **Bd. 2:** 251
-gruppe (team, working group) **Bd. 2:** 359, 546
-haltung (posture) **Bd. 1:** 184; **Bd. 2:** 448
-höhe (work(ing) height) **Bd. 2:** 179
-inhalt (work content) **Bd. 1:** 133; **Bd. 2:** 357
-leistung (work performance, (job) performance, (work) output) **Bd. 1:** 233
-menge ((quantitative) work load) **Bd. 1:** 236, 373, 563; **Bd. 2:** 363, 566
-menge, direkte (work quantity in units, work load in (physical) units) **Bd. 1:** 365; **Bd. 2:** 643, 646, 651
-menge, indirekte (work quantity in frequency terms) **Bd. 2:** 643, 646, 655
-methode (work method, method of working) **Bd. 1:** 272, 390, 464, 473, 474, 475
-mittel/Sachmittel (working equipment, work materials, tools) **Bd. 1:** 140, 263, 488, 506; **Bd. 2:** 163, 192, 203, 256, 308, 311, 318, 350, 381
-motivation ((work) motivation) **Bd. 1:** 11; **Bd. 2:** 163, 266, 360
-objekt (work object) **Bd. 1:** 19; **Bd. 2:** 96, 163, 203, 215, 352, 379
-organisation (work organization) **Bd. 1:** 174; **Bd. 2:** 250, 309, 331, 345
-physiologie (occupational physiology) **Bd. 1:** 135
-plan (production schedule, flow sheet/chart, bill of activities) **Bd. 2:** 96, 620
-platz (work station, workplace) **Bd. 2:** 163
-platzgrenzwert (maximum/minimum (official/internal) permissible limits at workplace) **Bd. 2:** 304
-platzmaße (work station layout, workplace layout, working space, workplace dimensions) **Bd. 2:** 174
-platztyp (type of job, type of workplace) **Bd. 2:** 191
-platzwechsel (job rotation, change of job) **Bd. 2:** 356

-produktivität ((work) productivity, labor productivity) **Bd. 1:** 6, 129, 261
-raum (work space) **Bd. 2:** 228
-schutz (safety at work, work safety (regulations)) **Bd. 2:** 251, 252
-schwere (work-related physical demand) **Bd. 1:** 154, 175, 244, 261
-schwierigkeit (task load, task complexity) **Bd. 1:** 142, 175, 244
-sicherheit (occupational safety, job/work safety) **Bd. 2:** 251
-sitz (working seat, seat at workplace) **Bd. 2:** 185
-stättenregel (official/internal) work safety regulations) **Bd. 2:** 257
-stättenverordnung (Factories Act) **Bd. 2:** 256, 285
-strukturierung (work structure, job structure) **Bd. 1:** 253; **Bd. 2:** 354
-system (work system) **Bd. 1:** 19, 122, 127, 133, 296
-system-Analyse (work system analysis) **Bd. 1:** 124
-system-Beschreibung (work system description) **Bd. 1:** 468
-system-Produktivität (work system productivity) **Bd. 1:** 18, 24, 28; **Bd. 2:** 511, 561, 578, 586, 698
-teilung (work sharing, division of labor) **Bd. 1:** 91, 174, 278, 289; **Bd. 2:** 235, 405
-umgebung (work(ing) environment, workplace environment) **Bd. 1:** 77; **Bd. 2:** 266
-unfall (industrial accident) **Bd. 1:** 164; **Bd. 2:** 461, 252
-unterweisung (job instruction) **Bd. 2:** 585
-vereinfachung (work simplification) **Bd. 2:** 412, 566
-verteilung (task distribution, work distribution) **Bd. 1:** 278
-vertrag (employment contract, labor contract) **Bd. 1:** 626; **Bd. 2:** 591, 593, 595
-vorbereitung (production scheduling, production planning) **Bd. 2:** 18, 71
-vorgang (work operation) **Bd. 1:** 101, 102
-weise (manner of working, method of operation) **Bd. 1:** 390, 464; **Bd. 2:** 172, 193
-wissenschaft (ergonomics, human factors, labor science) **Bd. 1:** 233, 242
-wert (labor value) **Bd. 2:** 687
-zeit (working time, labor time, auch: working hours) **Bd. 1:** 174; **Bd. 2:** 591, 608, 611
-zeitkonto ((labor) time account) **Bd. 2:** 610, 670
-zeitmanagement ((labor) time management) **Bd. 2:** 591, 670
-zone (z. B auf dem Tisch) (work zone) **Bd. 2:** 181
-zufriedenheit (job satisfaction) **Bd. 1:** 139
-zyklus (work cycle) **Bd. 1:** 411
Armstütze (arm support) **Bd. 2:** 172, 184
Artteilung (variety splitting, qualitative division of labor, task sub-division) **Bd. 1:** 278
Asset **Bd. 2:** 535
-Deal **Bd. 2:** 536
Aufbauorganisation (organizational structure) **Bd. 1:** 75, 585; **Bd. 2:** 529
Aufbaustufe (level II data) **Bd. 1:** 93, 101
Aufgabe (task) **Bd. 1:** 276; **Bd. 2:** 659
–, relevante (relevant tasks) **Bd. 1:** 293, 320
–, stellenspezifische (position-specific task, job-specific task) **Bd. 2:** 684
–, stellentypspezifische (task specific to this type of job/position, position-type specific task, job-type specific task) **Bd. 2:** 662, 684, 685
Aufgaben, Klassifizierung von (task classification) **Bd. 1:** 293
-analyse (task analysis) **Bd. 1:** 277
-bereicherung (job enrichment) **Bd. 2:** 356, 358, 359, 361
-beschreibung (job description) **Bd. 2:** 684
-erweiterung (job enlargement) **Bd. 2:** 356, 359, 361

-gliederung (task structuring, task classification) **Bd. 1:** 277
-nachweis (task inventory, task record, task evidence) **Bd. 1:** 287
-plan (task plan, operating plan) **Bd. 1:** 592
-schwerpunkte (task focus, main/principal tasks/duties/responsibilities) **Bd. 1:** 560; **Bd. 2:** 645
-string (task string, series of tasks) **Bd. 1:** 280
-struktur (task structure) **Bd. 1:** 285
-synthese (task synthesis) **Bd. 1:** 278
-träger (person/worker responsible) **Bd. 1:** 19, 278
-verteilung (task distribution) **Bd. 1:** 278, 287
-wechsel (job rotation, task rotation) **Bd. 2:** 356
Aufrichten (arise)
–, vom Beugen bei MTM-1 (Arise from Bend) **Bd. 1:** 442
–, vom Bücken bei MTM-1 (Arise from Stoop) **Bd. 1:** 443
–, vom Knien bei MTM-1 (Arise from Kneel) **Bd. 1:** 443
Aufstehen vom Sitzen bei MTM-1 (Stand) **Bd. 1:** 444
Auftragsfertigung (order production) **Bd. 1:** 54
-menge (order quantity) **Bd. 1:** 353, 356, 358; **Bd. 2:** 102, 109
-zeit (order processing time) **Bd. 1:** 352; **Bd. 2:** 137
Ausführbarkeit (practicability, feasibility) **Bd. 1:** 138; **Bd. 2:** 280
Ausführungsanalyse (actual activity analysis, execution analysis, performance analysis) **Bd. 1:** 390, 464
-zeit (execution time, order time, production time) **Bd. 1:** 353; **Bd. 2:** 98
Ausgabe (output) **Bd. 1:** 19
Ausgleichszeit (balance time, equalizing/compensating time) **Bd. 1:** 398
Auslastung, zeitliche (capacity utilization (in hours)) **Bd. 1:** 288, 370, 613; **Bd. 2:** 115, 383, 566, 573, 643
-sfaktor (capacity utilization factor) **Bd. 1:** 383
-sgrad (degree of utilization, utilization level) **Bd. 1:** 370
Ausrichten (align, adjust) **Bd. 2:** 48, 50
Austaktung (line balancing) **Bd. 1:** 374
Ausschuss als Verschwendungsart (rejects, scrap, waste) **Bd. 1:** 164; **Bd. 2:** 553
Außenmaße (external dimensions) **Bd. 2:** 174
Automatisierung (automation) **Bd. 2:** 234
-sgrad (degree of automation) **Bd. 2:** 262, 384, 434
Automobilmontage (automobile/car assembly) **Bd. 2:** 362

B

Bandförderer (band conveyor) **Bd. 2:** 485
Bandwirkungsgrad (line effectiveness/efficiency) **Bd. 1:** 370
Barwert (cash value) **Bd. 1:** 617
Basiswert (basic value) **Bd. 2:** 70, 80
Bauelement (component) **Bd. 2:** 68, 220
-gruppe (subassembly) **Bd. 2:** 39, 57, 62, 77, 378
-kasten (construction kit) **Bd. 2:** 91
-reihe (series) **Bd. 2:** 10, 24, 29, 89, 91
-teil (part, component, prefabricated part) **Bd. 2:** 31, 50, 51
-teilgeometrie (component geometry) **Bd. 2:** 365
Baustellenfertigung (external site work) **Bd. 2:** 343

Beanspruchung (strain) **Bd. 1:** 128, 133, 135, 138, 147, 149, 175, 259, 264; **Bd. 2:** 212
–, emotional (emotional) **Bd. 1:** 264
–, vorwiegend körperlich (predominantly physical) **Bd. 1:** 134
–, vorwiegend nicht körperlich (predominantly non-physical) **Bd. 1:** 134
–, psychisch (mental) **Bd. 1:** 262
Bearbeitung, mechanisch (mechanical processing) **Bd. 2:** 152, 364, 368, 393
-skosten (processing costs) **Bd. 2:** 119, 366
-ssystem (processing system) **Bd. 2:** 373
-szeit (operating time, processing time) **Bd. 2:** 120, 384, 424, 444
Bediensystem (control system) **Bd. 1:** 127
Bedienteil (control) **Bd. 2:** 311, 318
Behälter (container, bin) **Bd. 2:** 452
Behaglichkeit (comfort) **Bd. 2:** 283
-thermische (thermal comfort) **Bd. 2:** 285
-sbereich (comfort range) **Bd. 2:** 281, 285
Beidhandanalyse (two-handed process chart) **Bd. 1:** 503, 504
Beinbewegung (leg motion, leg movement) **Bd. 2:** 319
– bei MTM-1 (Leg Motion) **Bd. 1:** 438
-freiraum (legroom) **Bd. 2:** 179, 189, 191, 388
Bekleidungsisolation (jacketing, cladding) **Bd. 2:** 280, 284
Belastung (stress, workload) **Bd. 1:** 174, 175, 176, 179, 264; **Bd. 2:** 58
–, obere Extremitäten (upper limb load) **Bd. 2:** 246
Belastungsabschnitt (constant load period) **Bd. 1:** 175; **Bd. 2:** 242
-sbewertung (stress evaluation) **Bd. 1:** 182
-sdauer (load duration) **Bd. 1:** 175, 261
-sdosis (stress level) **Bd. 1:** 197
-sfaktor (load/stress factor) **Bd. 1:** 175
-sgröße (load rate, load metric, load level) **Bd. 1:** 175, 212
-shöhe (stress level) **Bd. 1:** 174, 175, 261
-smodell (stress model) **Bd. 1:** 179
-superposition (stress superimposition) **Bd. 1:** 179
Belastungs-Beanspruchungskonzept (stress-strain-model) **Bd. 1:** 179
Belegungszeit je Einheit (holding time per unit) **Bd. 1:** 353
Beleuchtung (illumination, lighting or lighting system) **Bd. 2:** 266
-smessung (measurement of illumination, photometric measurement) **Bd. 2:** 268
-splanung (illumination planning) **Bd. 2:** 276, 333
-sstärke (brightness, luminance (intensity)) **Bd. 1:** 164, 165, 251; **Bd. 2:** 269
Benchmarking (benchmarking) **Bd. 2:** 13, 557
Benutzerschnittstelle (user interface) **Bd. 1:** 123
-freundlichkeit (user friendliness) **Bd. 1:** 127
-oberfläche (user surface/interface) **Bd. 1:** 123
Bereitschaftsdienst (on-call duty, standby service)) **Bd. 2:** 598
Bereitstellung (provisioning, preparation) **Bd. 2:** 442
Berufskrankheit (occupational disease) **Bd. 2:** 252, 297
Beschaffungslager (supply warehouse) **Bd. 2:** 436
Beschichten (coat) **Bd. 2:** 66
Beschwerde (complaint) **Bd. 2:** 600
-Management (complaint management, trouble-shooting) **Bd. 2:** 702
Best-Practice-Prinzip (best practice principle) **Bd. 2:** 493

Bestandsdaten (inventory data) **Bd. 2:** 94
Bestimmtheitsmaß (coefficient of determination) **Bd. 2:** 161
Bestückung (Montage) (component placement, pick and place) **Bd. 2:** 203, 348
Betrieb (workshop, plant, operational unit, facility) **Bd. 1:** 10, 22, 31; **Bd. 2:** 93, 96, 133
Betriebliches Vorschlagswesen (employee suggestions scheme, idea-box system) **Bd. 2:** 526, 542, 545
Betriebsmittel (work materials, equipment, production facilities, accounting: consumables and supplies) **Bd. 1:** 8, 19, 26
Betriebsvereinbarung (employer/works council agreement) **Bd. 1:** 628
Beugen, bei MTM-1 (Bend) **Bd. 1:** 442
Beugung, seitlich (lateral bending) **Bd. 2:** 201
Beurteilungskonzept, hierarchisches (hierarchic appraisal concept) **Bd. 1:** 138
-pegel (noise rating level) **Bd. 2:** 289
-zeitraum ((noise) exposure period) **Bd. 2:** 288
Bewegung, automatisierte (automated movement) **Bd. 2:** 203
–, feinmotorisch (pertaining to fine motor function, fine motor(ial)) **Bd. 2:** 203
–, grobmotorisch (pertaining to gross motor function, gross motor(ial)) **Bd. 2:** 203
–, kraftbetont (more powerful) **Bd. 2:** 208, 224
–, unterarmbetont (using predominantly lower arm force) **Bd. 2:** 222
–, zeitbestimmende (time-determining motion) **Bd. 1:** 445
Bewegungen, gleichzeitige (simultaneous motions/movements) **Bd. 1:** 446
–, kombinierte (combined motions/movements) **Bd. 1:** 448
Bewegungsablauf (motion pattern, process of motion sequence) **Bd. 2:** 172, 185, 203, 204, 205, 234, 235, 291, 567, 587
-sanalyse (motion analysis) **Bd. 1:** 469; **Bd. 2:** 204
-sbeschleunigung (motion acceleration) **Bd. 2:** 203
-selement (motion element) **Bd. 1:** 91, 272
-sdaten (transaction data) **Bd. 2:** 94
-sfolge (motion sequence) **Bd. 1:** 101, 102, 238, 408, 417, 522, 540, **Bd. 2:** 40, 133, 143
-sform (form of motion) **Bd. 2:** 204
-sfrequenz (motion frequency, frequency of motion) **Bd. 1:** 154
-sgenauigkeit (motion accuracy) **Bd. 2:** 203, 208, 232
-sgeschwindigkeit (speed of motion) **Bd. 1:** 420, 497, 556; **Bd. 2:** 176, 204
-slänge (motion distance) **Bd. 1:** 405; **Bd. 2:** 204, 565, 566
-sgestaltung (motion designing) **Bd. 1:** 91; **Bd. 2:** 203
-skontrollaufwand (effort required to control motion) **Bd. 1:** 405; **Bd. 2:** 40, 204
-sökonomie (motion economy) **Bd. 2:** 214
-sraum (motion space) **Bd. 2:** 180
-srichtung (direction of motion) **Bd. 2:** 48, 204, 222, 317, 322
-sspur (path of motion) **Bd. 2:** 237
-sstudium (motion study) **Bd. 2:** 204
-svereinfachung (motion simplification) **Bd. 2:** 214
-swinkel (angle of motion) **Bd. 2:** 207
-sziel (target of motion) **Bd. 1:** 471; **Bd. 2:** 40, 204, 215
Bewertungsebenen der Arbeit (work/job ratings) **Bd. 1:** 138
Bezugsgröße (reference parameter, reference value, reference magnitude/quantity, reference factor) **Bd. 1:** 365; **Bd. 2:** 139, 154
-leistung (reference performance) **Bd. 1:** 101, 236, 558; **Bd. 2:** 691

-leistungstreue von MTM (trusty of reference performance of MTM) **Bd. 1:** 239, 390, 396, 397, 558, 559; **Bd. 2:** 99
-menge (reference quantity) **Bd. 1:** 365; **Bd. 2:** 139
Bilanz (result, outcome, accounting: balance sheet) **Bd. 1:** 15
Bildschirmarbeit (computer screen work) **Bd. 2:** 276, 326
-sverordnung (regulations for computer screen work) **Bd. 2:** 326
Biomechanik (biomechanics) **Bd. 2:** 194
Black-Box-Methode (black-box method) **Bd. 1:** 124
Blendung (dazzle, glare) **Bd. 1:** 163, 164; **Bd. 2:** 258, 274, 335
Blick verschieben, bei MTM-Sichtprüfen (Eye Travel, MTM visual inspection) **Bd. 1:** 459
-funktion bei MTM-2 (Eye Action) **Bd. 1:** 546
-gesichtsfeld (field of vision) **Bd. 2:** 177
-verschieben, bei MTM-1 (Eye Travel) **Bd. 1:** 436
Blindleistung (blind performance in terms of non-benefit contribution, apparent power, reactive idle power) **Bd. 2:** 38, 91
Blockbildung (segmentation, block formation) **Bd. 2:** 348
-lager (thrust block, pad thrust) **Bd. 2:** 436
Bodenbeschaffenheit (floor conditions) **Bd. 1:** 441
Bohren (drill) **Bd. 2:** 54, 90
Break-even-Analyse (break-even analysis) **Bd. 1:** 613
Break-even-Point (break-even point, Out-of-Pocket-Point) **Bd. 1:** 613; **Bd. 2:** 576
Bringen (move) **Bd. 1:** 272; **Bd. 2:** 40, 204, 218
–, bei MTM-1 (Move) **Bd. 1:** 424; **Bd. 2:** 45, 49
Bücken, bei MTM-1 (Stoop) **Bd. 1:** 443

C

Chunk (chunk) **Bd. 1:** 143
Circadiane Rhythmik (circadian rhythm) **Bd. 1:** 77, 273; **Bd. 2:** 600, 610
Clipsverbindung (snap-fit connection) **Bd. 2:** 56, 57, 58
Cost Center (cost-center) **Bd. 1:** 64

D

Dämpfe (vapor(s)) **Bd. 2:** 304
Dämpfung (damping, akustisch: muffling) **Bd. 2:** 23, 126, 292
Datenkarte (data card, data sheet) **Bd. 2:** 98, 115, 116, 142, 149, 161, 162, 242
Dauerleistungsfähigkeit (consistent performance ability, sustainable performance (level)) **Bd. 1:** 235, 251
-grenze (endurance limit, consistent/sustainable performance limit) **Bd. 1:** 139, 153, 265
Dauerschallpegel (permanent noise level) **Bd. 2:** 288, 289
Deckungsbeitrag (cross margin, variable gross margin) **Bd. 1:** 236; **Bd. 2:** 4, 12, 103, 106, 115, 532, 572, 574, 690
-srechnung (direct costing, break-even analysis) **Bd. 2:** 572
Delegation (delegation (of authority)) **Bd. 1:** 585, 586; **Bd. 2:** 252
Delphi-Methode (Delphi method) **Bd. 1:** 555; **Bd. 2:** 646
Dezentralisation (decentralization) **Bd. 1:** 289, 343
Dezibel (decibel) **Bd. 2:** 286
Dialoggestaltung (dialog design/form) **Bd. 1:** 130
Dienstleistung (service) **Bd. 1:** 9, 31, 32, 67; **Bd. 2:** 70, 193, 360, 407, 533
Dienstvertrag (employment contract, service agreement) **Bd. 1:** 599

Digitale Fabrik (digital factory) **Bd. 1:** 37, 41, 52
Direktbeleuchtung (direct lighting) **Bd. 2:** 266, 333
Direktblendung (direct glare endurance limit) **Bd. 2:** 273, 275, 276
Diskomfort (discomfort) **Bd. 1:** 147; **Bd. 2:** 172
Disposition (materials and resource planning, order placing) **Bd. 1:** 123, 234; **Bd. 2:** 358, 359, 363, 377
–, persönliche (individual disposition) **Bd. 1:** 234, 245
-spielraum (freedom of action) **Bd. 1:** 74; **Bd. 2:** 234, 355, 356, 358, 613, 614, 616
Distributionslager (distribution warehouse) **Bd. 2:** 436
Drehen (turn) **Bd. 2:** 90
–, bei MTM-1 (Turn) **Bd. 1:** 434
–, bei den SD-BW (turn) **Bd. 1:** 529
Drehmoment (torque) **Bd. 2:** 210
Drücken (MTM: apply pressure, aber z. B. Hubwagen: pushing) **Bd. 2:** 49
–, bei MTM-1 (Apply Pressure) **Bd. 1:** 432
–, bei MTM-2 (Apply Pressure) **Bd. 1:** 545
Durchfahrregal (drive-through (pallet) rack(ing)) **Bd. 2:** 448
Durchführungszeit (performance time, operation time) **Bd. 1:** 333, 357
Durchlaufanalyse (throughput analysis) **Bd. 1:** 357
-zeit (transit time, throughput time) **Bd. 1:** 26, 335, 357
-regal (roll-through rack(ing)) **Bd. 2:** 435, 446, 448
Durchschnittsproduktivität (average productivity) **Bd. 1:** 23

E

Effektivtemperatur (effective temperature) **Bd. 2:** 280
Eigenerhebung (personal investigation, self-appraisal) **Bd. 1:** 631
-erstellung versus Fremdbezug (make-or-buy (decision)) **Bd. 1:** 613; **Bd. 2:** 114, 533
-kapitalrentabilität (return on equity) **Bd. 1:** 14; **Bd. 2:** 505
Eignungsdiagnostik (aptitude diagnosis) **Bd. 1:** 254
-prognose (aptitude prognosis) **Bd. 1:** 254
Einarbeitung ((initial) training, familiarization) **Bd. 1:** 272
Einarbeitungsdauer (break-in time, familiarization period) **Bd. 1:** 392, 473, 474, 475
Einbaulage, falsche (fitting position) **Bd. 2:** 81, 91
Einfahrregal (drive-in rack(ing)) **Bd. 2:** 448
Einflussgröße (influencing factor, variable) **Bd. 2:** 240, 645
Einführungsprojekt (initial project, introductory project) **Bd. 1:** 581
Eingabe (input) **Bd. 1:** 124, 125, 128, 203, 204, 296, 506; **Bd. 2:** 510, 555, 623, 626, 627
Einsatzbedarf (input requirement) **Bd. 2:** 649
-faktor (input factor) **Bd. 1:** 25, 383, **Bd. 2:** 131
-last (assignment load, input load) **Bd. 1:** 355, 356; **Bd. 2:** 672
Einstellenarbeit (single station work) **Bd. 1:** 368; **Bd. 2:** 339
Einstufungshilfe (classification aid) **Bd. 1:** 215, **Bd. 2:** 244
Einzel- und Kleinserienfertigung (one-off and small batch production) **Bd. 1:** 93, 98, 99, 480; **Bd. 2:** 25, 378, 391, 444, 449
Einzelarbeit (individual work) **Bd. 1:** 368; **Bd. 2:** 351
Einzelfertigung (single-part production, one-off item, custom manufacture) **Bd. 2:** 379
Einzelkosten (direct costs, direct expenses, itemized expenses, individual cost items) **Bd. 2:** 368
Elektro-Hängebahn (motor-driven overhead trolley conveyor) **Bd. 2:** 457
Ellbogenhöhe (elbow height endurance limit) **Bd. 2:** 192

Emission (emission) **Bd. 2:** 70, 306, 327
Empfindungsschwelle (threshold sensitivity) **Bd. 1:** 171
Endmontage (final assembly) **Bd. 1:** 278, 590, 600; **Bd. 2:** 27, 41, 351, 378, 406, 423, 572
Endübung (end-of-training performance) **Bd. 1:** 270
Energieumsatz (metabolism) **Bd. 1:** 134, 135, 154, 155, 185; **Bd. 2:** 173, 279
Energieverbrauch (energy consumption) **Bd. 1:** 136, 242; **Bd. 2:** 327, 329, 420
Engpass-Arbeitssystem (bottleneck work system) **Bd. 2:** 571
Entgelt (fee, remuneration, consideration) **Bd. 1:** 175, 180, 505, 631; **Bd. 2:** 94, 99, 608, 675
-findung (wage/price negotiations, negotiations on compensation/remuneration) **Bd. 1:** 181
-gruppe (pay grade, wage category) **Bd. 2:** 96, 97, 544, 657, 661
-grundsatz (remuneration principle) **Bd. 2:** 691, 692, 694, 707
Entscheidungskompetenz (powers of decision, authority) **Bd. 2:** 660, 661
-regel (decision rule) **Bd. 1:** 487, 608, 609, 612, 613, 622, 623, 624, 625; **Bd. 2:** 114,
-situation (decision situation) **Bd. 2:** 604
-tabelle (decision table) **Bd. 1:** 304
Entwicklungsprojekt (development project) **Bd. 1:** 581
Erfahrungskurve (experience curve, learning curve) **Bd. 1:** 268, 269, 270
Erfolgsfaktor (success factor) **Bd. 1:** 297; **Bd. 2:** 12, 76, 422, 548, 588
–, kritischer (critical success factor) **Bd. 1:** 298
–, strategischer (strategic success factor) **Bd. 1:** 58, 59, 60, 61
Ergänzungstechnik (supplementary technique) **Bd. 1:** 38, 100, 551
Ergänzungswert (supplementary value) **Bd. 1:** 138; **Bd. 2:** 224, 452, 462, 470, 499
Ergebniscontrolling (controlling of results) **Bd. 2:** 512
-pfad (path of results) **Bd. 1:** 592
-standard (standard of results) **Bd. 1:** 100, 389, 398, 633
-verantwortung (responsibilty for results) **Bd. 2:** 660
Ergodeklaration (Ergo declaration) **Bd. 2:** 246
Ergonomie (ergonomics) **Bd. 1:** 75, 124, 212, 252, 269; **Bd. 2:** 164, 236, 250, 288, 327, 471
-bewertung (ergonomic evaluation) **Bd. 1:** 106, 108; **Bd. 2:** 246, 248
-kode (ergonomics code) **Bd. 2:** 242, 244, 246, 249
-kodegenerator (ergonomics code generator) **Bd. 2:** 240, 242, 243, 244
-prozess (ergonomic process) **Bd. 2:** 248, 249
Erholung (recovery) **Bd. 1:** 243, 259, 260, 266
-sbedarf (need for a rest/break) **Bd. 1:** 265
-szeit (recovery time, rest allowance) **Bd. 1:** 237, 352, 354, 363, 364; **Bd. 2:** 372
Erkenntnis, gesicherte arbeitswissenschaftliche (fully substantiated ergonomic knowledge) **Bd. 1:** 138, 181, 242, 629, 630; **Bd. 2:** 239, 257, 354
Erkrankung, arbeitsbedingte (job-related disease) **Bd. 1:** 72, 253; **Bd. 2:** 163, 252
Ermüdung (fatigue) **Bd. 1:** 128, 259
–, peripher (fatigue of peripheral functions, peripheral fatigue symptoms) **Bd. 1:** 260
–, psychisch (emontinal/mental fatigue) **Bd. 1:** 265
–, zentral (cardiovascular fatigue, extrem: heart failure, cardiac insufficiency) **Bd. 1:** 260
ermüdungsähnliche Zustände (fatigue-like conditions/states) **Bd. 1:** 266
Ersatzteil (spare part) **Bd. 1:** 56, 57, 276, **Bd. 2:** 29, 33, 91, 404, 702
-produktion (spare part production) **Bd. 1:** 56, 275
Erschwerniszulage (hardship allowance, allowance for extreme working conditions) **Bd. 2:** 679
Erstellungsaufwand (construction/production cost) **Bd. 1:** 395, 401, 402

Ertrag (earnings, profit, revenue, gain, yield) **Bd. 1:** 10, 13, 17, 33
-srentabilität (gain profitability) **Bd. 1:** 12, 14, 16, 17
Erträglichkeit (tolerability) **Bd. 1:** 139; **Bd. 2:** 280
Erzeugnisgliederung (product classification, product order) **Bd. 2:** 26
Expositionsdauer (exposure time) **Bd. 1:** 169
extrinsisches Motiv (extrinsic motive) **Bd. 2:** 676

F

Fabrikmodul (factory module) **Bd. 2:** 349
-planung (factory planning) **Bd. 2:** 340
Fachbodenregal ((supermarket) shelving) **Bd. 2:** 447
Fähigkeit (ability) **Bd. 1:** 127, 133, 252, 269
Fahrantrieb (drive) **Bd. 2:** 461
Fallart (case type) **Bd. 1:** 556, 568
Farbwiedergabe (color rendition (TV), color reproduction) **Bd. 1:** 166
-index (color reproduction index) **Bd. 2:** 274
Fase (bezel, basil) **Bd. 2:** 42, 49, 51, 62, 77, 91, 120, 219
Feedback, taktil (tactile feedback) **Bd. 1:** 252
Felder, elektromagnetisch (electromagnetic fields) **Bd. 2:** 309
Fehler (defect, failure, error, flaw) **Bd. 1:** 307
-erkennung (error detection) **Bd. 2:** 403
-risiko (failure risk, error risk) **Bd. 1:** 303, 308
Fehlleistung (lapse, substandard performance, malfunction) **Bd. 2:** 38
Fehlzeit (absence) **Bd. 2:** 359
Feinplanung (detailed planning, fine tuning) **Bd. 2:** 386
Fertigkeit (skill) **Bd. 1:** 133, 209, 233, 270
Fertigungsfläche (production/manufacturing area) **Bd. 2:** 377
-insel (manufacturing cell) **Bd. 2:** 374, 415, 451
-kosten (production costs) **Bd. 2:** 117
-linie (assembly line) **Bd. 2:** 345, 348, 362, 363, 382, 426, 456
-planung (production planning) **Bd. 2:** 18, 75, 87, 94, 95, 239, 338, 423
-qualität (manufacturing quality) **Bd. 2:** 45, 92
-segmentierung (production segmentation) **Bd. 2:** 349
-steuerung (production control) **Bd. 2:** 18, 382, 407
-system (production system) **Bd. 2:** 364
-toleranz (manufacturing tolerance) **Bd. 2:** 365
-verfahren (manufacturing process) **Bd. 2:** 38
-zeit (production time) **Bd. 2:** 117
-zelle (manufacturing cell) **Bd. 2:** 373
Festigkeit (strength) **Bd. 1:** 187; **Bd. 2:** 58, 66, 68, 69, 295, 460
Finanzbudget (financial budget) **Bd. 1:** 584, 596, 597
Fingergeschicklichkeit (dexteritiy) **Bd. 1:** 235, 248; **Bd. 2:** 42
-kraft (finger force(s)) **Bd. 1:** 182, 219, 220, 221
Fixation (beim Auge) (fixation) **Bd. 1:** 164
Flächennutzungsgrad (percentage space utilization) **Bd. 2:** 435
Fließarbeit (continuous production) **Bd. 1:** 373
-fertigung (assembly-line manufacture, line-production system) **Bd. 2:** 340, 345
-montage (line assembly) **Bd. 2:** 379, 446
-prinzip (flow principle) **Bd. 2:** 346, 343

Flimmerfreiheit (freedom from flicker) **Bd. 2:** 329
Flimmern (flicker) **Bd. 2:** 329
Fluktuation (labour turnover, fluctuation) **Bd. 2:** 359
Flussmittel (flux, fluxing agent) **Bd. 2:** 67
-prinzip (line-production principle) **Bd. 2:** 344
FMEA (failure mode and effects analysis) **Bd. 1:** 301
–, Auftretens-Wahrscheinlichkeit bei der (occurrence probability in FMEA) **Bd. 1:** 308
–, Entdeckungs-Wahrscheinlichkeit bei der (detection probability in FMEA) **Bd. 1:** 308
–, Fehler bei der (fault in FMEA) **Bd. 1:** 307
–, Folgen bei der (effects/consequences in FMEA) **Bd. 1:** 307
–, Folgenbedeutung bei der (significance of consequences in FMEA) **Bd. 1:** 307
–, Risiko-Prioritätszahl bei der (risk priority number in FMEA) **Bd. 1:** 307
–, Ursachen bei der (cause in FMEA) **Bd. 1:** 309
Folgebewegung (follow-up motion/movement) **Bd. 1:** 471
Fräsen (mill, cut) **Bd. 2:** 90
Freiformschmieden (hammer forge, hand forge) **Bd. 2:** 90
Frequenzbewertung (frequency test/determination/analysis) **Bd. 2:** 296, 298
Fügen (position, join) **Bd. 1:** 272; **Bd. 2:** 9, 39
–, bei MTM-1 (Position, MTM-1) **Bd. 1:** 428
Fügeachse (tie beam) **Bd. 2:** 48, 77
-hilfe (assembly aid) **Bd. 2:** 52, 75, 91
-stelle (joint, seam) **Bd. 2:** 77, 80, 81
-zeit (assembly time) **Bd. 2:** 45
Führungsbewegung (guiding motion/movement) **Bd. 2:** 204
-grundsätze (management principles) **Bd. 1:** 59
-schiene (guide rail/bar, track) **Bd. 1:** 73; **Bd. 2:** 226
Füllen (pack, packing) **Bd. 2:** 40, 42, 378
Funktionalität (functionality) **Bd. 1:** 413; **Bd. 2:** 72, 623
-sanalyse (function analysis, analysis of functions) **Bd. 1:** 124, 293; **Bd. 2:** 72
-sintegration (function integration) **Bd. 2:** 50
-smaße (reach distance) **Bd. 2:** 164
-ssicherheit (operating safety, safety in use) **Bd. 2:** 257
-sträger (person responsible for function) **Bd. 2:** 36, 252
Funktionenstruktur (function structure) **Bd. 1:** 49; **Bd. 2:** 3
Fußbewegung (foot motion, foot movement) **Bd. 1:** 92, 95, 96, 474
–, bei MTM-1 (Foot Motion) **Bd. 1:** 410, 438, 439, 449, 490
–, bei MTM-2 (Foot Motion) **Bd. 1:** 538, 539, 546
Fußstütze (footrest) **Bd. 2:** 188
-nneigung (footrest inclination, angle of footrest inclination) **Bd. 2:** 192
Fußvorstoßraum (workspace for feet) **Bd. 2:** 185, 388

G

Ganzkörperschwingung (whole-body vibration) **Bd. 2:** 298
Gase (gases) **Bd. 2:** 304
Gebrauchstauglichkeit (serviceability, fitness for use) **Bd. 1:** 127, 129, 130; **Bd. 2:** 89
Gefährdungsbeurteilung ((health) risk assessment) **Bd. 1:** 231; **Bd. 2:** 163, 258, 259, 260, 302
Gefährdungskatalog (hazard classification list) **Bd. 2:** 256
Gefahrstoff (dangerous substance, hazardous substance) **Bd. 1:** 77; **Bd. 2:** 259, 303
–, technische Regeln (technical regulations on hazardous substances) **Bd. 2:** 308

Gehen (walk) **Bd. 1:** 96, 137, 151, 156, 183, 186, 211, 214, 216, 217, 226, 241, 410, 438, 441, 442, 483, 484, 492, 493, 511, 533, 570, 573; **Bd. 2:** 173, 470
Gehör (hearing, (sense of), audition) **Bd. 1:** 166; **Bd. 2:** 288
-schutzmittel (ear muffs, ear plugs) **Bd. 2:** 295
Gelenkwinkel (joint angle) **Bd. 2:** 163, 183, 319; **Bd. 2:** 73
Gemeinkosten (overhead costs, indirect costs) **Bd. 2:** 662, 685
Gemeinkostenwertanalyse (overhead costs value, analysis of overheads (level)) **Bd. 2:** 493, 525
Generalisierung (generalization) **Bd. 1:** 279, 289
Genfer Schema (Geneva job classification system) **Bd. 2:** 683
Geräte- und Produktsicherheitsgesetz ((Cosumer) Product Safety Act) **Bd. 2:** 239
Gesamtkapitalrentabilität (return on overall investment, return on invested capital (ROIC)) **Bd. 2:** 504
Geschäftsfeld, strategisches (strategic business segment) **Bd. 1:** 61
-sprozess (business process) **Bd. 1:** 20, 64, 83; **Bd. 2:** 641, 643, 662, 686, 708
-sstrategie (business strategy) **Bd. 1:** 45, 47, 57
Geschicklichkeit (aptitude) **Bd. 1:** 208, 241, 257; **Bd. 2:** 280, 684
Geschlecht (gender) **Bd. 1:** 188
Gesichtsfeld (field of vision, visual field) **Bd. 1:** 163, 164; **Bd. 2:** 176
Gestaltung, korrektiv (design, corrective) **Bd. 1:** 323; **Bd. 2:** 253
–, prospektiv (conceptual, prospective) **Bd. 2:** 250
–, schweißgerecht (weldable) **Bd. 2:** 64
Gestaltungsparameter (design parameter) **Bd. 1:** 123
-prinzip (design principle) **Bd. 1:** 81
-standard (design standard) **Bd. 2:** 620
Gesundheitsschutz (health precautions, health risk avoidance) **Bd. 2:** 252
Gewicht (weight) **Bd. 1:** 74, 159, 171, 247, 248, 340, 410, 411, 424, 426, 427, 431, 435, 443, 487, 490, 506, 525, 541, 543, 610; **Bd. 2:** 568
Gewinn- und Verlustrechnung (income statement, profit and loss account) **Bd. 1:** 15, 17, 18
Gleitzeit (flextime) **Bd. 2:** 597, 615
Greifachse (grip axis) **Bd. 2:** 244
-art (type of grip) **Bd. 2:** 208
-form (form of grip) **Bd. 2:** 58
-kraft (grip strength) **Bd. 2:** 209
-raum (work area, reach radius) **Bd. 1:** 147; **Bd. 2:** 181
-raum, geometrisch maximal (maximal geometric work area, maximal geometric reach radius) **Bd. 2:** 181
-raum, kleiner (normal work area, small work area, proximal reach radius, stretch-free reach radius) **Bd. 2:** 181
-raum, physiologisch maximal (maximal physiological work area) **Bd. 2:** 181, 182
-zunge (gripping aid) **Bd. 1:** 73; **Bd. 2:** 227, 388
Greifen (grasp) **Bd. 1:** 205, 272; **Bd. 2:** 42, 43, 44
–, bei MTM-1 (Grasp, MTM-1) **Bd. 1:** 408, 411, 420, 421
Greifer (grab bucket, claw) **Bd. 2:** 365, 398
Grenzkosten (marginal costs, incremental costs) **Bd. 1:** 597
Grenzlastverfahren (maximum (permissible) load test) **Bd. 1:** 199, 202
Grenzproduktivität (marginal productivity) **Bd. 1:** 24
Grobplanung (rough/preliminary planning) **Bd. 2:** 381
Großserie (mass production) **Bd. 2:** 379

Grundbewegung (basic motion) **Bd. 1:** 95, 96, 101, 102, 405, 406, 409, 412, 413, 417, 420, 421, 423, 424, 428, 431, 433, 434, 436, 438, 440; **Bd. 2:** 133, 143, 568
-entgeltdifferenzierung (basic payment differentiation) **Bd. 2:** 678
-last (basic load) **Bd. 1:** 355; **Bd. 2:** 649
-umsatz (basal metabolism) **Bd. 1:** 156
-vorgang (basic operation) **Bd. 1:** 101, 400, 480, 485, 496, 505; **Bd. 2:** 133, 143, 155
-zeit (basic time) **Bd. 2:** 367
-zyklus (basic cycle) **Bd. 1:** 408
Gruppe (team, group) **Bd. 1:** 74, 93, 137, 210, 368, 369, 457, 459, 570; **Bd. 2:** 240, 321, 323, 359, 360, 362, 363, 364, 497, 511, 548, 584, 633, 666, 693, 699, 700, 701, 705
Gruppenarbeit (team work/group work) **Bd. 1:** 253, 368, 630; **Bd. 2:** 351, 357, 359
-montage (group assembly) **Bd. 2:** 379
Gurtförderer (belt conveyor) **Bd. 2:** 458

H

Händigkeit (right- or left-handedness, hand preference (right or left)) **Bd. 2:** 201
Haltearbeit, statische (static work) **Bd. 1:** 135, 136, 153, 248, 393, 559; **Bd. 2:** 65, 236
Haltekraft (cohesion) **Bd. 1:** 153
Haltungsarbeit, statische (work in a static posture) **Bd. 1:** 135
Handabmessung (hand measurement(s)) **Bd. 2:** 170
Hand-Arm-Bewegung (hand-arm movement) **Bd. 2:** 204
Hand-Arm-Schwingung (vibration affecting hand-arm system) **Bd. 2:** 298
Hand-Arm-System (hand-arm system) **Bd. 1:** 188, 191; **Bd. 2:** 59
Handgelenkauflage (wrist rest) **Bd. 2:** 329
Handhaben/Handhabung (handling) **Bd. 2:** 39, 149, 340, 378, 381, 418, 432
Handhabung von Lasten (load handling) **Bd. 1:** 196; **Bd. 2:** 197
Handhängebahn (hand-operated overhead trolley conveyer, hand-operated trolley system) **Bd. 2:** 457
Handlungsfähigkeit (capability, capacity to act, competence) **Bd. 2:** 279
-spielraum (freedom of action, handling range) **Bd. 2:** 355, 357
Handwerkzeug (hand tool) **Bd. 1:** 210, 267; **Bd. 2:** 83
Haptik, haptisch (haptics, the science of touch) **Bd. 1:** 171
Häufigkeit (frequency) **Bd. 1:** 228, 365, 382, 383, 515
Haupttätigkeit (main activity, key activity) **Bd. 1:** 349, 354; **Bd. 2:** 373
-abmessung (length, leading dimensions) **Bd. 2:** 80
-flussprinzip (key flow principle) **Bd. 2:** 346
-szeit (effective time, productive time) **Bd. 2:** 370
Hebelbewegung (leverage, levering movement) **Bd. 1:** 73
Hebetechnik (lifting technique) **Bd. 1:** 149
Helligkeit (brightness) **Bd. 1:** 163, 178, 251; **Bd. 2:** 329
Herstellkosten (manufactoring costs) **Bd. 2:** 36, 37, 45, 50, 73
Herzschlagfrequenz (heart rate, pulse rate) **Bd. 1:** 154, 261, 262; **Bd. 2:** 278
Hinlangen (reach) **Bd. 1:** 272; **Bd. 2:** 566
–, bei MTM-1 (Reach, MTM-1) **Bd. 1:** 408, 411, 417
Hitzearbeit (exposure to heat, work at elevated temperatures) **Bd. 2:** 282
Hochregallager (high-rise racking, high-rise warehouse) **Bd. 2:** 447
Hocken (crouching) **Bd. 1:** 144, 145, 150, 186, 208, 214, 223, 229
Höhenkonstanz (equal height) **Bd. 1:** 73; **Bd. 2:** 225
Höhenverstellung (height adjustment, elevation adjustment, adjustable height) **Bd. 1:** 185

Hörschwelle (hearing threshold) **Bd. 2:** 286
-verlust (loss of hearing) **Bd. 1:** 169, 251
Hubfrequenz (lift frequency) **Bd. 1:** 197, 199, 205
-geschwindigkeit (lifting speed) **Bd. 2:** 199
-häufigkeit (lift frequency) **Bd. 2:** 198
-höhe (height of lift) **Bd. 2:** 198

I

Ideallayout (ideal layout) **Bd. 2:** 341
Ideenmanagement (ideas management) **Bd. 2:** 542, 544
Immission (immision) **Bd. 2:** 288
Improvisation (improvisation) **Bd. 2:** 416
Impuls (impulse) **Bd. 1:** 94, 161, 167, 228, 461; **Bd. 2:** 538, 668
Indikator (indicator) **Bd. 1:** 12, 16; **Bd. 2:** 7, 278, 335, 600
Industrial Engineering (industrial engineering) **Bd. 1:** 37, 46
Informationsaufnahme (perception) **Bd. 1:** 141
-ausgabe (information output) **Bd. 1:** 143, 144, 174
-system (information system) **Bd. 2:** 515, 698
-verarbeitung (cognition, information/data processing) **Bd. 1:** 142
informatorisch-mentale Arbeit (mental work) **Bd. 1:** 103
Input (input) **Bd. 1:** 10, 17, 19, 20, 30; **Bd. 2:** 510, 676
Inspektion (inspection) **Bd. 2:** 412, 413
Instandhaltung (maintenance) **Bd. 2:** 144, 209, 232, 253, 339, 363, 403, 493, 540, 557, 655
-sintensität (maintenance interval, servicing frequency) **Bd. 2:** 414
-skosten (maintenance costs) **Bd. 2:** 34
Instandsetzung (repair) **Bd. 2:** 30, 401, 402, 403, 404, 412, 414
Instanz (authority, instance) **Bd. 2:** 253, 500, 660
Intelligenz (intelligence) **Bd. 2:** 668
Interaktionsweg (interaction channel) **Bd. 1:** 448, 523
Interview (interview) **Bd. 1:** 131, 256, 279, 281, 283, 327, 631; **Bd. 2:** 539
Intralogistik (Materialbewegungen in der Fabrik) (internal logistics, in-house logistics) **Bd. 2:** 418
Investitionsrechnung (pre-investment analysis, capital expenditure account) **Bd. 1:** 604
Ist-Ablauf (actual process) **Bd. 1:** 390
-zeit (real time, actual time) **Bd. 1:** 556, 558

J

Jahresarbeitszeit (annual working time, annual working hours) **Bd. 2:** 595
Job-Rotation (job rotation) **Bd. 2:** 351, 352, 356
-Enlargement (job enlargement) **Bd. 2:** 356
-Enrichment (job enrichment) **Bd. 2:** 356
Justage (adjustment) **Bd. 2:** 82

K

Kältearbeit (cold work, work under cold conditions) **Bd. 1:** 226; **Bd. 2:** 283
KAIZEN-Prinzip (Kaizen principle) **Bd. 2:** 526
Kalkulation (calculation) **Bd. 2:** 100
–, mitlaufende (ongoing calculation) **Bd. 2:** 100, 129
-sblatt (calculation sheet, cost sheet) **Bd. 2:** 150
-formel (calculation formula) **Bd. 2:** 109

Kapazitätsanalyse (capacity analysis) **Bd. 1:** 333
-angebot (available capacity) **Bd. 2:** 385
-auslastung (capacity utilization) **Bd. 1:** 23, 383; **Bd. 2:** 553
-bedarf (capacity requirements) **Bd. 2:** 385
-bestand (capacity stock, capacity resources, available capacity) **Bd. 1:** 291, 328, 333, 610
-bestand, Netto- (net capacity stock, net available capacity) **Bd. 1:** 326, 336, 339, 342
-engpass (capacity bottleneck, capacity constraint) **Bd. 2:** 375
-feld (capacity range) **Bd. 2:** 384
-planung (capacity planning) **Bd. 2:** 383
Kapitalrentabilität (return on investment, return on invested capital (ROIC)) **Bd. 1:** 14
-wert (capital value, capitalized value) **Bd. 1:** 617
-wertkalkül (calculation of capital value) **Bd. 1:** 621
Kapselung (encapsulation), auch: casing, shielding) **Bd. 2:** 292
Kehlnaht (throat seam, fillet weld/joint, flat-lap weld) **Bd. 2:** 92
Kerneigenschaft (core attribute, core property) **Bd. 1:** 385
-geschäft (core business) **Bd. 2:** 534
-kompetenz (core competence) **Bd. 1:** 22, 66, 297
-prozess, siehe auch Schlüsselprozess (core process) **Bd. 1:** 22, 297
-wert (core value) **Bd. 1:** 499
-zeit (core time) **Bd. 2:** 597
Kettenförderer (chain conveyor) **Bd. 2:** 458
Kinästhetik (kinesthetics) **Bd. 2:** 62, 236
Kippsicherheit (stability) **Bd. 2:** 186, 258, 459
Kleben (stick, glue, paste) **Bd. 2:** 40, 68, 92, 378
Klebstoff (adhesive, glue, gum, paste) **Bd. 2:** 68, 69
-verbindung (glued joint) **Bd. 2:** 69
Kleinserie (small-scale series, short run) **Bd. 2:** 379
Klemmverbindung (clumping joint) **Bd. 2:** 92
Klima (climate) **Bd. 2:** 277
-belastung (climatic stress) **Bd. 1:** 157; **Bd. 2:** 280, 281, 282
-beurteilung (climate assessment) **Bd. 2:** 280
-komfort (climatic comfort) **Bd. 2:** 284
-summenmaß (cumulative climate indicator) **Bd. 2:** 280
Knien (kneeling) **Bd. 1:** 144, 183, 214; **Bd. 2:** 565
–, bei MTM-1 (Kneel, MTM-1) **Bd. 1:** 96, 410, 443
–, bei UAS (MTM-UAS) (Kneel, MTM-UAS) **Bd. 1:** 483
–, bei MEK (MTM-MEK) (Kneel, MTM-MEK) **Bd. 1:** 443, 484
–, bei SD-BW (Kneel, SD-BW) **Bd. 1:** 519, 521, 533
Kodierung (coding) **Bd. 1:** 386, 417; **Bd. 2:** 133, 141, 162
Können (skill, ability) **Bd. 1:** 62, 87, 105, 297, 307, 317, 582; **Bd. 2:** 194, 210, 361, 508, 680, 684, 688
Körperbautyp (type of physique/build/anatomic structure) **Bd. 2:** 166, 198
-bewegung (body movement) **Bd. 1:** 77, 100, 185, 224, 483, 484, 492, 532
-drehung (turn body) **Bd. 1:** 76, 96, 493, 519, 532, 410, 438, 440
-gewicht (body weight) **Bd. 2:** 202
-größe (body size/height) **Bd. 1:** 156; **Bd. 2:** 167, 202
-größensystem (body size system) **Bd. 2:** 167
-haltung (posture) **Bd. 1:** 144, 181, 183, 207, 209; **Bd. 2:** 296
-haltungsprediktor (posture predictor) **Bd. 2:** 244

-höhe (body height, stature) **Bd. 2:** 166, 168
-kerntemperatur (core temperature) **Bd. 2:** 278
-kraft (physical strength) **Bd. 1:** 186
-maß (body dimensions) **Bd. 1:** 149; **Bd. 2:** 164
-schall (structure-borne sound/noise) **Bd. 2:** 285
-schalldämpfung (internal soundproofing) **Bd. 2:** 294
-stellung ((body) position) **Bd. 1:** 144
-unterstützung (body support) **Bd. 2:** 184
Kommissionieren (order picking, prepare orders for dispatch) **Bd. 2:** 440
Kommissionierlager ((order) picking warehouse) **Bd. 2:** 440
-leistung ((order) picking rate) **Bd. 2:** 444
-prozess ((order) picking process) **Bd. 2:** 444
-strategie ((order) picking strategy) **Bd. 2:** 442
-zeit ((order) picking time/rate) **Bd. 2:** 444
Kommunikation (communication) **Bd. 1:** 11, 25, 77, 170, 560, 263; **Bd. 2:** 240, 291, 337, 494, 635, 657
-sanalyse (communication analysis) **Bd. 1:** 563
-sbeziehung (relation of communications) **Bd. 1:** 174, 175, 560, 563
Kompatibilität (compatibility) **Bd. 2:** 59
Kompetenz (authority, competence) **Bd. 1:** 37, 62, 252, 289, 318, 584; **Bd. 2:** 12, 355, 408, 659
-art (type of authority) **Bd. 2:** 660
Komplexitätsvariation (variation of complexity) **Bd. 1:** 101
Konfiguration (configuration) **Bd. 1:** 585; **Bd. 2:** 628
Konstruktionsmethodik (design method(ology)) **Bd. 2:** 19
Kontinuierlicher Verbesserungsprozess (continuous/ongoing improvement process) **Bd. 2:** 543, 546
Kontraktionsarbeit (contraction work) **Bd. 1:** 136
Kontrast (contrast, Farbkontrast: color contrast) **Bd. 1:** 452; **Bd. 2:** 272
Kontrollaufwand (degree of control) **Bd. 1:** 406
-aktivität (control activity, monitoring) **Bd. 1:** 406
-grad (degree of control) **Bd. 1:** 406, 418
-tätigkeit (inspection work) **Bd. 1:** 134; **Bd. 2:** 190, 266
Konvektion (convection) **Bd. 2:** 278
Konvergenz (convergence) **Bd. 1:** 164
Koordination (coordination) **Bd. 1:** 133, 144, 258, 270, 406, 586; **Bd. 2:** 377, 417
Kosten, auftragsfixe (costs stipulated in customer's order, fixed-cost order) **Bd. 2:** 102, 104
–, fixe (fixed costs) **Bd. 1:** 608; **Bd. 2:** 102, 372, 505
–, variable (variable costs, running costs) **Bd. 1:** 608; **Bd. 2:** 102, 505
Kostenfunktion (cost function) **Bd. 2:** 109, 370
-vergleich (cost comparison) **Bd. 2:** 451, 463
-verrechnungssatz (cost rate, charge rate) Bd 2: 624
Kraft, isometrische (isometric strength) **Bd. 2:** 196, 197
–, parasitär (non-productive force) **Bd. 1:** 73; **Bd. 2:** 194
Kraftangriffspunkt (point of application of force) **Bd. 1:** 187
-aufwand (effort) **Bd. 1:** 181, 212, 410, 411, 424, 482, 497, 519, 541; **Bd. 2:** 45, 175, 322, 328
-einsatz (use of force) **Bd. 1:** 171, 186, 188, 208, 209, 219; **Bd. 2:** 324
-griff (power grip) **Bd. 2:** 208
-richtung (direction of force) **Bd. 1:** 149, 191; **Bd. 2:** 172, 182, 194, 195, 196, 204

Kragarmregal (shelf supported by brackets) **Bd. 2:** 448
Kreisförderer (circular conveyor) **Bd. 2:** 457
kritische Produktionsmenge (marginal quantity, break-even quantity) **Bd. 1:** 609
kritischer Beschäftigungsgrad (marginal degree of employment) **Bd. 1:** 613
– Erfolgsfaktor (critical success factor) **Bd. 1:** 298
– Erlös (marginal return) **Bd. 1:** 613
– Pfad (critical path) **Bd. 1:** 596
– Vorgang (critical operation) **Bd. 1:** 596
Kühlschmierstoff (cooling lubricant, coolant, cutting fluid) **Bd. 2:** 304
Kundenbindung (customer binding, customer loyalty) **Bd. 1:** 40, 62
-nutzen (customer benefit) **Bd. 2:** 10, 408
-wünsche (customer needs) **Bd. 1:** 71, 601; **Bd. 2:** 25, 33, 89
-takt (customer (ordering) cycle) **Bd. 2:** 341
-verbrauchstakt (customer demand cycle) **Bd. 1:** 68, 379; **Bd. 2:** 698
-zufriedenheit (customer satisfaction) **Bd. 1:** 40, 62, 297; **Bd. 2:** 9, 77, 509, 513

L

Ladeeinheit (load unit) **Bd. 2:** 436
Lager (warehouse, store) **Bd. 2:** 433
–, dezentral (decentralized warehouse/storage facility, satellite warehouse) **Bd. 2:** 436
–, dynamisch (dynamic warehouse/warehousing) **Bd. 2:** 434
–, statisch (static warehouse/warehousing) **Bd. 2:** 434
–, zentral (central warehouse/warehousing) **Bd. 2:** 436
Lagerbestand (inventory (level)) **Bd. 1:** 76, 340; **Bd. 2:** 433, 436, 447
-dimensionierung (inventory levels) **Bd. 2:** 433
-kenngrößen ((target) inventory levels) **Bd. 2:** 434
-platzzuordnung (allocation of warehouse space) **Bd. 2:** 436
-system (inventory (management) system) **Bd. 2:** 434
-type (types of inventory) **Bd. 2:** 435
Lagern (store) **Bd. 1:** 323, 326, 327, 357; **Bd. 2:** 41, 181, 418, 419, 432, 433, 434, 451, 453
Lagerung, vermischt (mixed storage) **Bd. 2:** 61, 216
Lampe (lamp) **Bd. 1:** 77; **Bd. 2:** 84, 273, 334
Laser (laser) **Bd. 2:** 25, 258, 310
-strahlung (laser radiation) **Bd. 2:** 310
Last (load) **Bd. 1:** 92, 137, 151, 186, 198, 199, 204, 205, 207, 208, 222, 223, 427, 441, 542, 553; **Bd. 2:** 119, 158, 193, 197, 198, 201, 242, 460, 461
-halten (holding) **Bd. 2:** 201
-umsetzen (repositioning) **Bd. 1:** 199
-tragen (carrying) **Bd. 1:** 541
Lastenhandhabung ((manual) material handling, load handling) **Bd. 1:** 181, 194, 195, 222, 252; **Bd. 2:** 197
Lastenheft (specification) **Bd. 2:** 23
Lastgewicht (load(ing) weight) **Bd. 2:** 198
Layoutgestaltung (layout work, layout design) **Bd. 2:** 265, 339, 387, 422
Längsachse (longitudinal axis, roll axis) **Bd. 1:** 144, 187, 434, 440, 519, 539; **Bd. 2:** 210, 298
Lärm (noise) **Bd. 2:** 286
-ausbreitung (noise diffusion) **Bd. 2:** 292
-entstehung (noise generation) **Bd. 2:** 292
-immission (noise emission/pollution) **Bd. 2:** 288

-minderung (noise abatement/reduction) **Bd. 2:** 291, 292, 293
-schutz (noise protection) **Bd. 2:** 290
-schwerhörigkeit (noise-induced hearing loss) **Bd. 2:** 290
-wirkungen (noise-induced effects) **Bd. 2:** 290
Lebensarbeitszeit (working lifetime, working life) **Bd. 2:** 595
Leistung (output, performance, payment) **Bd. 1:** 233
Leistung, menschliche ((human) performance) **Bd. 1:** 164, 236
-sbereitschaft (willingness to perform, readiness to work) **Bd. 1:** 125, 128, 174, 233
-sbeurteilung (assessment of performance, appraisal) **Bd. 2:** 703
-sentgelt (payment by results, performance-linked pay, piece rate) **Bd. 1:** 239, 607; **Bd. 2:** 145, 192, 221
-serwartung (expected standard(s)) **Bd. 1:** 233, 235
-sfähigkeit (capability, efficiency) **Bd. 1:** 128, 233, 249
-sfähigkeit und Alter (age-related capabilities) **Bd. 1:** 204, 233
-sfähigkeit und Geschlecht (gender-related capabilities) **Bd. 1:** 204, 233
-sfaktor (performance factor) **Bd. 1:** 558
-sformen (kinds of performance) **Bd. 1:** 31
-grad (performance rate, perfomance index, performance level) **Bd. 1:** 257
-sgradbeurteilung (levelling, estimating the performance rate, evaluation of performance rate) **Bd. 1:** 558
-smerkmal (output characteristic, perfomance feature) **Bd. 2:** 137, 138, 139, 140
-motivation (achievement motivation, motivation to perform) **Bd. 1:** 233, 246
-sstandard (performance standard) **Bd. 1:** 240
-szulage (performance bonus) **Bd. 2:** 703
Leitmerkmalmethode (summary job evaluation) **Bd. 1:** 198, 201, 207, 208
Leitungsspanne (span of control, span of management) **Bd. 2:** 500, 656
-stelle (management position) **Bd. 2:** 172
Lendenbausch (lumbar support, lumbar support curvature) **Bd. 2:** 188
Lenkungsausschuss (steering committee) **Bd. 1:** 588, 598, 602
Lernkurve (learning curve) **Bd. 1:** 268
Leuchtdichte (luminance, luminous density) **Bd. 1:** 157, 163, 164, 164, 455; **Bd. 2:** 267, 270, 271, 272, 274, 329, 334
Leuchtdichteverteilung (light diffusion) **Bd. 1:** 163
Leuchte (light fitting) **Bd. 1:** 77; **Bd. 2:** 321, 388
Lichtbedarf (light requirements) **Bd. 1:** 164
-farbe (light coloration) **Bd. 1:** 166; **Bd. 2:** 272, 274
-stärke (luminous intensity) **Bd. 2:** 268
-strom (luminous flux) **Bd. 2:** 268
Lieferant (supplier, vendor) **Bd. 2:** 47, 51, 53, 395, 404, 417, 455, 465
Lieferabruf (call-off) **Bd. 1:** 312, 313, 314, 315, 316; **Bd. 2:** 430
Lieferfähigkeit (ability to deliver) **Bd. 2:** 52, 53, 538
Liegezeit (idle time, downtime) **Bd. 1:** 357
Linienmontage (line assembly) **Bd. 2:** 379
-speicher (working storage) **Bd. 2:** 397
-struktur (line structure) **Bd. 2:** 373
Liquidität (liquidity, solvency) **Bd. 1:** 12
LMS-Verfahren (LMS technique) **Bd. 1:** 96, 241
Logistik (logistics) **Bd. 2:** 418
-insel (logistics cell) **Bd. 2:** 424

-kette (logistic chain) **Bd. 2:** 454
-kosten (logistics costs) **Bd. 2:** 125
-netzwerk (logistic network) **Bd. 2:** 426
Lohnstückkosten (unit labor costs) **Bd. 1:** 7
Lorenzkurve (Lorenz curve, ABC classification curve) **Bd. 1:** 291
Los (lot, batch) **Bd. 1:** 611; **Bd. 2:** 137
Loslassen (release) **Bd. 1:** 92, 96, 100, 259, 387, 408, 423, 448, 485, 488, 490, 522, 529, 534, 540, 556; **Bd. 2:** 321
Löten (solding) **Bd. 2:** 66, 92
Lötverbindung (soldered joint) **Bd. 2:** 66, 67
Lüftung (ventilation) **Bd. 2:** 277, 305, 308, 309, 461
Luftschall (air-borne sound) **Bd. 2:** 285, 295
Lux (lux) **Bd. 1:** 165; **Bd. 2:** 269, 270, 276

M

Magazinieren (store) **Bd. 2:** 398
MAK-Wert (maximum acceptable concentration) **Bd. 2:** 305
Managementaufgabe (management task, management responsibility) **Bd. 2:** 496
-funktion (management function) **Bd. 2:** 495
-grundsätze (management principles) **Bd. 2:** 493
Markteintrittsgeschwindigkeit (time to market) **Bd. 1:** 269; **Bd. 2:** 7, 58
Marktsegmentierung (market segmentation) **Bd. 1:** 61, **Bd. 2:** 349
Massenfertigung (mass production, bulk production) **Bd. 2:** 379
Materialkosten (material costs) **Bd. 1:** 50, 609; **Bd. 2:** 87, 103, 104, 105, 109, 111, 113, 123, 131
-bereitstellung (provision of materials) **Bd. 2:** 419
-bestand (raw materials inventories) **Bd. 2:** 426
-bewirtschaftung (materials management) **Bd. 2:** 416
-einzelkosten (material prime costs, material prime expenses, itemized material costs) **Bd. 2:** 113
-fluss (materials flow) **Bd. 2:** 345, 379, 417
-gemeinkosten (indirect material costs, material burden costs, material burden expenses) **Bd. 2:** 37, 102, 113
Matrix-Organisation (matrix organization) **Bd. 1:** 585; **Bd. 2:** 529
Maus (mouse) **Bd. 2:** 330
Maximalkraft (maximum force) **Bd. 1:** 135, 153, 187, 188, 191, 203, 220, 237, 250; **Bd. 2:** 173
-vermögen (maximum physical powers) **Bd. 1:** 73
Mean Time to Failure **Bd. 2:** 403
Mean Time to Repair **Bd. 2:** 403
Mechanisierung (mechanization) **Bd. 2:** 234
Mechanorezeptor (mechanoreceptor) **Bd. 1:** 171, 172
Mehrmaschinenbedienung (multiple machine operation) **Bd. 2:** 351, 352, 372
Mehrstellenarbeit (multiple station work) **Bd. 1:** 369; **Bd. 2:** 351, 352
Meilenstein (milestone) **Bd. 1:** 589
-plan (milestone plan) **Bd. 1:** 589
Mengenbezugsbasis (quantity-related base) **Bd. 1:** 236, 365
-einheit (unit of quantity) **Bd. 1:** 353; **Bd. 2:** 95, 109, 139
-fertigung (mass production, bulk production) **Bd. 1:** 405
-teilung (task division by quantity) **Bd. 1:** 279

Mensch (man, human being, person, operator, operative) **Bd. 1:** 11; **Bd. 2:** 163, 192, 203, 339
Mensch-Maschine-Schnittstelle (man-machine interface) **Bd. 1:** 122, 132, 140; **Bd. 2:** 327
Mentale Prozesse (mental processes) **Bd. 1:** 452, 453, 461
Merkmalsausprägung (characteristic value) **Bd. 1:** 321, 393, 394, 530
Messwertanzeige (measurement data display/indicator) **Bd. 2:** 326
Methodeninventar (methods inventory) **Bd. 1:** 84
-management (methods management) **Bd. 1:** 39, 40, 43
-niveau (level of method) **Bd. 1:** 392, 504
-raum (methods laboratory) **Bd. 2:** 583
Mikroskoparbeit (microscope work) **Bd. 2:** 333
Mission (mission) **Bd. 1:** 92
Mobilitätsgrad ((degree of) mobility) **Bd. 2:** 353
Modellbildungsimmanenz von MTM (immanence of modeling) **Bd. 1:** 389
Modulbauweise (modular design) **Bd. 2:** 28
-strategie (modular (design) strategy) **Bd. 2:** 349
Monotonie (monotony) **Bd. 1:** 142, 164, 259, 266
Montageinsel (assembly cell) **Bd. 2:** 379, 400
-maschine (assembly machine) **Bd. 2:** 378
-nest (team assembly) **Bd. 2:** 350
-planung (assembly planning) **Bd. 2:** 377
-plattform (assembly platform) **Bd. 2:** 464
-prozess (assembly process) **Bd. 1:** 313; **Bd. 2:** 399
-station (assembly station) **Bd. 2:** 401, 402
-system (assembly system) **Bd. 2:** 377
-tisch (assembly surface) **Bd. 2:** 389
Montieren (assemble) **Bd. 2:** 39
Motivation (motivation) **Bd. 1:** 135
Motorik (motoricity, motor system, motor function) **Bd. 1:** 144
MTM (Methods-time Measurement, MTM) **Bd. 1:** 89, 104
-1 (MTM-1) **Bd. 1:** 94, 405; **Bd. 2:** 47
-2 (MTM-2) **Bd. 1:** 99, 538
-Analyse (MTM analysis) **Bd. 1:** 412
-*ergonomics*® (MTM*ergonomics*®) **Bd. 1:** 89; **Bd. 2:** 239
-Grundbewegung (basic motion) **Bd. 1:** 405
-Hierarchieebenen (hierarchical levels of MTM process building blocks) **Bd. 1:** 102, 299
-Instruktor (MTM Instructor) **Bd. 1:** 107
-MEK (MTM-MEK) **Bd. 1:** 99, 479, 484, 494
-Normleistung (MTM standard performance) **Bd. 1:** 96, 239, 392, 473
-Normzeitwert (MTM standard time) **Bd. 1:** 95
-Produktivitätsmanagement (productivity management) **Bd. 1:** 17, 27, 51, 87, 97, 98; **Bd. 2:** 101, 491, 543, 643
-Prozessbaustein (MTM process building block) **Bd. 1:** 170
-Praktiker (MTM Practitioner) **Bd. 1:** 107
-Prozessbausteinsysteme (MTM system of process building blocks) **Bd. 1:** 100, 101
-Prozesssprache (MTM process language) **Bd. 1:** 42, 80, 89, 386, 390, 396, 477, 479, 550; **Bd. 2:** 628
-UAS (MTM-UAS) **Bd. 1:** 99, 483, 485
-SD (MTM-Standard Data) **Bd. 1:** 99, 518, 521

-Sichtprüfen (MTM visual check/inspection) **Bd. 1:** 89, 163, 451, 453; **Bd. 2:** 335, 338
-Verfahren (MTM method) **Bd. 1:** 42, 89, 94, 385; **Bd. 2:** 101
Müdigkeitsempfinden (fatigue/exhaustion state) **Bd. 1:** 265
Multimomentverfahren (activity sampling, ratio delay study) **Bd. 1:** 565
–, Anzahl Beobachtungen beim (number of observations in ratio delay studies) **Bd. 1:** 567, 570
–, Anzahl Rundgänge beim (number of turns/tour in ratio delay studies, number of inspection rounds in ratio delay studies) **Bd. 1:** 571
–, Beobachtungszeitpunkte beim (observation times in ratio delay studies) **Bd. 1:** 571
–, Erkennungsmerkmal beim (identification characteristic in ratio delay studies) **Bd. 1:** 570
–, Rundgangsplan beim (inspection round schedule in ratio delay studies) **Bd. 1:** 572
–, Vorkommnis-Katalog beim (catalog of occurrences in ratio delay studies) **Bd. 1:** 569
Muskelanspannung (muscular tension, muscular tone) **Bd. 2:** 193, 201, 290
Muskelarbeit (muscular work) **Bd. 1:** 135, 152
–, dynamische (dynamic muscular work) **Bd. 1:** 137, 153
–, einseitig dynamische (one-sided dynamic muscular work) **Bd. 1:** 137
–, schwere dynamische (heavy dynamic muscular work) **Bd. 1:** 137
–, statisch (static muscular work) **Bd. 1:** 186
Muskelermüdung (muscular fatigue) **Bd. 1:** 153
-kraft (muscular strength) **Bd. 1:** 186; **Bd. 2:** 194
Muskel-Skelett-System (musculoskeletal system) **Bd. 1:** 77

N

Nacharbeit (reworking) **Bd. 1:** 7, 27, 30, 31, 69, 72, 76; **Bd. 2:** 498, 503, 513, 515, 522, 531, 551, 552, 553, 559, 569, 570, 578, 587, 598, 624, 657, 677
Nachhaltigkeit (sustainability) **Bd. 1:** 3, 5, 41, 43, 46, 55, 84, 86, 88, 90, 108, 112, 385, 389, 390; **Bd. 2:** 5, 6, 549, 618
Nachkalkulation (recalculation/re-assessment) **Bd. 2:** 100, 129
Nachrichten (readjust, reset) **Bd. 2:** 79, 81, 82, 85, 86
Nachtarbeit (night work) **Bd. 1:** 254; **Bd. 2:** 592, 601, 602, 608
Nahtdicke (seam/joint thickness) **Bd. 2:** 65
-nvorbereitung (preparation of joint/seam (for welding/soldering)) **Bd. 2:** 66
Nanopartikel (nanoparticle) **Bd. 2:** 304
Nebel (aerosol) **Bd. 2:** 304
Nebenflussprinzip (tributary line assembly) **Bd. 2:** 347
Neigungsverstellung (adjustment of inclination, chair with adjustable seat and backrest) **Bd. 2:** 185
Netzplantechnik (network analysis, critical path analysis) **Bd. 1:** 593; **Bd. 2:** 122
Normalverteilung (normal distribution) **Bd. 1:** 566, 706; **Bd. 2:** 167
Normleistung (standard performance) **Bd. 1:** 236
Normung (standardization) **Bd. 1:** 19; **Bd. 2:** 6, 23, 42, 253, 273
Normzeitwert (standard time (factor)) **Bd. 1:** 399, 400, 416, 422, 427, 432, 437, 445, 448, 533; **Bd. 2:** 45, 568
Nutzerpopulation (user population) **Bd. 2:** 241, 626
Nutzertyp (user type) **Bd. 1:** 128
Nutzungsgrad (degree of utilization) **Bd. 1:** 127; **Bd. 2:** 90
Nutzungsprämie (utilization bonus, efficiency bonus) **Bd. 2:** 696
Nutzwertanalyse (value benefit analysis, utility analysis) **Bd. 1:** 619; **Bd. 2:** 580, 588

O

Objektivität (objectivity) **Bd. 1:** 302, 308, 386, 388, 395, 396, 397, 401, 403, 404
Objektivität von Prozessbausteinen (objectivity of process building blocks) **Bd. 1:** 396; **Bd. 2:** 689, 706
Objektorientierung (object focus) **Bd. 1:** 289
ODER-Rückkopplung (or-else feedback) Bd 1: 296
-Teilung (or-else splitting) **Bd. 1:** 296; **Bd. 2:** 625
-Zusammenführung (or-else collection/combination) **Bd. 1:** 296
OEE (Overall Equipment Effectiveness) **Bd. 1:** 26, 30; **Bd. 2:** 508, 531, 562, 624
– Datensatz (OEE data record) **Bd. 1:** 322; **Bd. 2:** 99
Opportunitätskosten (lost profits, foregone profits, (lost) opportunity costs) **Bd. 2:** 106, 108
optimale Bestellmenge (optimal order quantity) **Bd. 1:** 611
optimale Losgröße (optimal batch/lot size) **Bd. 1:** 604, 610, 611; **Bd. 2:** 424
Optimierung, bewegungstechnisch (motion optimization) **Bd. 2:** 203
Ordnen (arrange, order) **Bd. 2:** 399
Organigramm (organizational chart/diagram) **Bd. 1:** 47
Organisationseinheit (organizational unit) **Bd. 1:** 31, 64, 270, 287, 314, 355, 467, 575, 586, 588, 603; **Bd. 2:** 94, 124, 535, 547, 623, 649, 668, 702, 706
-entwicklung (organization development) **Bd. 2:** 508
-maßnahme (organizational measure) **Bd. 1:** 231
-methoden (organizational method) **Bd. 1:** 275
-projekt (organizational project) **Bd. 1:** 579
-struktur (organizational structure) **Bd. 2:** 355, 379, 684, 704

P

Palette (pallet) **Bd. 1:** 229, 340, 342, 443, 570; **Bd. 2:** 116, 138, 140, 390, 420, 425, 427, 436, 443, 448, 453, 467, 470
-nplatzkosten (pallet space cost) **Bd. 2:** 436
-nspeicher (pallet store/storage, pallet stacker) **Bd. 2:** 375
Passungsklasse (fit/clearance category, table of clearances and fits) **Bd. 2:** 49
Paternosterregal (endless-chain shelving/racking) **Bd. 2:** 448
Pause (break) **Bd. 1:** 266, 268, 271, 570, 572, 576, 577; **Bd. 2:** 278, 633
Pedal (pedal) **Bd. 2:** 320, 323
Pensumentgelt (payment by set task, stint pay, workload pay) **Bd. 2:** 698
Personalaufwand (personnel expenses/expenditure, labor costs) **Bd. 1:** 15, 17, 18; **Bd. 2:** 434
-bedarf (manpower requirements, personnel requirements) **Bd. 2:** 439
-bedarfsplanung (manpower planning, personell requirements planning, staff planning) **Bd. 2:** 644
-bemessung, Kennzahlen-Verfahren zur (personnel planning by index method) **Bd. 2:** 648
-bemessung, Schätzverfahren zur (personnel planning by estimation) **Bd. 2:** 645
-bemessung, Stellenplan-Verfahren zur (personnel planning by organizational plan/staffing schedule method) **Bd. 2:** 647
-bemessung, Zeitreihen-Verfahren zur (time line method of personnel dimensioning, personnel planning by time-series method) **Bd. 2:** 647
-bemessungs-Verfahren, analytische (personnel planning by analytical method) **Bd. 2:** 648
-bemessungs-Verfahren, summarische (personnel planning by summary method) **Bd. 2:** 646
-budget (personnel budget) **Bd. 1:** 596, 597
-einsatz (personnel/staff deployment) **Bd. 1:** 24, 238; **Bd. 2:** 3, 118, 187, 254, 436
-einsatzplanung (staff deployment planning) **Bd. 2:** 644, 652, 670

-entwicklung (personnel development) **Bd. 2:** 513, 633, 659
-kosten (personnel costs, manpower costs, personnel expenses, labor costs) **Bd. 1:** 337, 383, 463, 596, 597, 611, 615; **Bd. 2:** 48, 103, 111, 117, 157, 167, 169, 189
-planung (personnel planning, human resources planning) **Bd. 1:** 630, 632
-Reservebedarf (labor reserve requirements) **Bd. 2:** 650
Persönlichkeit (personality) **Bd. 1:** 11, 60, 254; **Bd. 2:** 8
Perzentil (percentile) **Bd. 1:** 187; **Bd. 2:** 167, 168, 169, 170, 179, 184, 191, 197, 240, 241, 299, 391, 469
Pflichtenheft (performance, specification, specs) **Bd. 2:** 23
Planstelle (established post, permanent post) **Bd. 2:** 649, 680. 684
Planung (planning) **Bd. 1:** 8, 52
-sanalyse (planning analysis) **Bd. 1:** 224, 391, 464
-saufwand (planning effort, planning expenditure) **Bd. 1:** 563; **Bd. 2:** 99, 407
-speriode (planning period) **Bd. 1:** 355, 356, 365; **Bd. 2:** 158, 443
Planzeit (standard time) **Bd. 1:** 38; **Bd. 2:** 146, 151, 160
Plattformkonzept (platform concept) **Bd. 1:** 34
Platzieren (Place) **Bd. 1:** 408, 424
–, bei MEK (Place, MEK) **Bd. 1:** 481, 484, 496
–, bei UAS (Place, UAS) **Bd. 1:** 481, 483, 487
–, bei SD-BW (Place, SD-BW) **Bd. 1:** 519, 521, 524
Platzkostenrechnung (workplace cost accounting) **Bd. 1:** 606
Portfolio-Analyse (portfolio analysis) **Bd. 2:** 5
Positionierhilfe (positioning aid) **Bd. 2:** 77, 82
-zeit (positioning time) **Bd. 2:** 367
Positionierungsstrategie (positioning strategy) **Bd. 2:** 503
Prämienentgelt (bonus pay) **Bd. 2:** 695
Präventionsfähigkeit (preventive capability) **Bd. 1:** 42, 43, 55, 85, 86, 88, 90, 112; **Bd. 2:** 131
Präzisionsgriff (precision operation) **Bd. 2:** 208
Preisfindung (price discovery, price-fixing, pricing) **Bd. 2:** 101
-untergrenze (price floor, bottom price, lowest price limit) **Bd. 2:** 108
Presspassung (press-fit) **Bd. 2:** 49
Produkteigenschaften (product properties) **Bd. 2:** 2, 17, 21, 41, 408
-entstehungsprozess PEP (product engineering process) **Bd. 2:** 238
-entwicklung (product development) **Bd. 2:** 25, 89
-familie (product family) **Bd. 2:** 9, 341
-haftung (product liability) **Bd. 2:** 53
-lebenszyklus (product life-cycle) **Bd. 2:** 23
-struktur (product structure) **Bd. 2:** 26
-typologie (product typology) **Bd. 2:** 5
Produktionsfaktoren, betriebswirtschaftliche (production factors) **Bd. 1:** 8
-ablaufschema ((production) flow diagram) **Bd. 2:** 10
-system (production system) **Bd. 1:** 45, 67, 79; **Bd. 2:** 532, 545, 548, 576, 580, 638
-system, ganzheitliches (comprehensive production system) **Bd. 1:** 68
Produkt-Markt-Matrix (product-market matrix) **Bd. 2:** 6, 8
Produkt-Portfolio-Analyse (analysis of product portfolio) **Bd. 2:** 5, 6, 15
Produktionslager (production warehouse) **Bd. 2:** 436
Produktivitätscontrolling (productivity controlling) **Bd. 1:** 29; **Bd. 2:** 512
-erhöhung (productivity increase) **Bd. 1:** 10
-management (productivity management) **Bd. 1:** 70, 91

-verbesserung (productivity improvement) **Bd. 1:** 5, 16, 17, 18, 24, 30, 343; **Bd. 2:** 3, 28, 57, 29, 105, 222, 363, 385, 407, 455
-verlust (productivity loss) **Bd. 1:** 70
-wachstum (productivity growth) **Bd. 1:** 7
Projekt (project) **Bd. 1:** 579
-abschlussbericht (final project report) **Bd. 1:** 603, 634
-antrag (project proposal, application) **Bd. 1:** 597
-budget (project budget) **Bd. 1:** 584, 596
-controlling (project controlling) **Bd. 1:** 582, 598, 603
-erfolgskontrolle (project success inspection, project evaluation, (retrospective) project appraisal) **Bd. 1:** 603
-gruppe (project team/group) **Bd. 1:** 451, 584; **Bd. 2:** 75
-kalkulation (project calculation) **Bd. 1:** 597
-leiter (project manager) **Bd. 1:** 584
-management (project management) **Bd. 1:** 579
-mitarbeiter (project assistant, team member) **Bd. 1:** 582, 585, 586, 592
-planung (project planning) **Bd. 1:** 582
-strukturplan (structural project plan, work breakdown structure) **Bd. 1:** 589
Promotor (promoter) **Bd. 1:** 108, 583, 585, 634
Propriozeption (proprioception) **Bd. 1:** 171
Prototyp (prototype) **Bd. 2:** 25, 89
Prozess (process) **Bd. 1:** 20, 296
-baustein (process building block) **Bd. 1:** 371, 384, 386, 387, 388, 390, 391, 392, 393, 405; **Bd. 2:** 3, 79, 134, 153, 205, 211, 212, 412, 466
-baustein, betriebsspezifischer (company-specific process building block) **Bd. 1:** 413
-baustein-Aggregation (aggregation of process building blocks) **Bd. 2:** 137
-bausteinsystem (system of process building blocks, building block system) **Bd. 1:** 305, 385, 389, 390, 391, 394; **Bd. 2:** 132
-dokumentation, rocess documentation) **Bd. 1:** 275, 300, 301, 303, 313, 405; **Bd. 2:** 177
-ebene (hierarchical process level) **Bd. 1:** 299
-effektivität (process effectivity) **Bd. 1:** 318
-effizienz (process efficiency) **Bd. 1:** 319
-entwicklung (process development) **Bd. 1:** 35, 38, 46, 51, 54, 55, 77, 83, 288; **Bd. 2:** 3, 4, 11
-ergebnis (process output, process result) **Bd. 1:** 318
-fähigkeit (process capability) **Bd. 1:** 310
-funktion (process function) **Bd. 2:** 375
-gestaltung (process design) **Bd. 1:** 22, 180, 223, 275, 300, 301, 317, 318, 561; **Bd. 2:** 57, 81, 139, 240, 350
-kosten (process costs) **Bd. 2:** 111, 124, 131
-management (process management) **Bd. 1:** 300, 318
-manager (process manager) **Bd. 1:** 300
-planung (process planning) **Bd. 1:** 389
-Stückkosten (process costs per unit, unit cost) **Bd. 1:** 41, 321
-typ (process type) **Bd. 1:** 23, 101, 392, 504
-typologie (process typology) **Bd. 1:** 23, 102
-zeit (process time, processing time) **Bd. 1:** 450
Prüfablauf (test-/inspection procedure) **Bd. 2:** 331
-arbeitssystem (inspection work system) **Bd. 2:** 327, 331, 332, 333
-aufgabe (duty(ies) as an inspector/tester) **Bd. 2:** 331

-feld (inspection area, test field) **Bd. 1:** 454
-feldgröße (size of inspection area) **Bd. 1:** 454
-hilfsmittel (testing aid) **Bd. 2:** 331
-intervall (interval between inspections, test schedule) **Bd. 1:** 456
-liste (checklist) **Bd. 1:** 231
-objekt (test object) **Bd. 2:** 331
-person (test person, tester) **Bd. 2:** 331
-planung (inspection planning, test planning) **Bd. 2:** 338
-verfahren, ergonomisch (ergonomic testing method/procedure) **Bd. 1:** 140
Prüfen (check, inspect, test) **Bd. 1:** 437; **Bd. 2:** 39, 331
Puffer (buffer) **Bd. 2:** 385
-größe (buffer factor, dimension of buffer) **Bd. 1:** 338
-form (form of buffer) **Bd. 2:** 348
-system (buffer system) **Bd. 2:** 347, 379

Q

Qualifikation (skill, qualification) **Bd. 2:** 363, 660
-smatrix (qualification matrix) **Bd. 2:** 585, 669
-sprofil (qualification profile) **Bd. 2:** 643, 665
Qualifizierung (qualification) **Bd. 1:** 601; **Bd. 2:** 494, 682
Qualität (quality) **Bd. 1:** 27, 29, 34, 39, 50, 53, 393
-s-Managementsystem (quality management system) **Bd. 1:** 389; **Bd. 2:** 360
-sforderung (quality requirements, quality specification) **Bd. 1:** 322, 344, 394, 395, 396, 401, 404
-skosten (quality costs) **Bd. 1:** 72; **Bd. 2:** 122, 508, 655
-smanagement (quality management) **Bd. 1:** 38, 61, 64, 65, 72, 253, 328; **Bd. 2:** 360, 492, 526, 528, 538, 539, 540, 553, 577, 630, 653, 655, 665
-smerkmal (quality characteristic/feature) **Bd. 1:** 301, 310, 311, 385, 388, 394, 395, 396, 403, 404, 451
-splanung (quality planning) **Bd. 1:** 35, 52, 589; **Bd. 2:** 663, 665, 666
-sprüfung (quality testing) **Bd. 1:** 252, 360, 361; **Bd. 2:** 466, 569, 653, 654, 655
-ssicherung (quality assurance) **Bd. 1:** 298, 347; **Bd. 2:** 555
-sstandard (quality standard) **Bd. 2:** 539, 556
-sverbesserung (quality improvement) **Bd. 2:** 36

R

Rasterblatt zur Erhebung der Aufgabenstruktur (Survey sheet for analysis of task structure) **Bd. 1:** 281
Rationalisierung (rationalization) **Bd. 1:** 91; **Bd. 2:** 6, 180, 471
REFA-Normalleistung (REFA standard performance) **Bd. 1:** 238, 558
Referenz-Aufgabe (reference task) **Bd. 1:** 552
Referenz-Prozess (reference process) **Bd. 1:** 298
Reflexionsgrad (reflection factor, reflectance) **Bd. 2:** 271
Regelkommunikation (core communication) **Bd. 2:** 520
Regelkreis (control circuit/loop, closed-loop control circuit) **Bd. 2:** 3, 5, 31, 37, 54, 57, 83
– des Werkstattmanagements (control circuit of shop-floor management) **Bd. 2:** 24
Regressionsanalyse (regression analysis) **Bd. 2:** 160, 647
Reichweite (span of reach, auch: range, radius of action, operating span, far reach) **Bd. 1:** 138, 203; **Bd. 2:** 164, 183, 313, 324, 460

Reihenfertigung (serial/mass production) **Bd. 2:** 344
Reliabilität (reliability) **Bd. 1:** 25, 79, 396, 397; **Bd. 2:** 512, 689
Rentabilität (return on investment, profitability, earning power) **Bd. 1:** 14, 605, 615, 616, 618; **Bd. 2:** 7, 19
-skalkül (calculation of return on investment, ROIC caculation, auch: discounted cash flow (DCF)) **Bd. 2:** 504
Reproduzierbarkeit (reproducibility) **Bd. 1:** 388, 396
Rezeptor (receptor) **Bd. 1:** 157, 406, 158, 159, 161, 172; **Bd. 2:** 312
Rhythmik, circadian (circadian rhythm) **Bd. 1:** 77, 243, 245, 246, 273
Risikobewertung (risk assessment) **Bd. 2:** 247
-stufe (risk level) **Bd. 1:** 207
Rohertrag (gross yield, gross profit, gross proceeds, gross earnings) **Bd. 2:** 87, 90
Rohling (blank, unworked/unfinished part) **Bd. 2:** 365
Rollenbahn (gravity-roll(er) conveyor) **Bd. 2:** 458
Rückenlehne (backrest) **Bd. 1:** 187; **Bd. 2:** 188, 194, 197
Rückmeldung (feed-back) **Bd. 1:** 12, 135, 174, 234, 339, 582, 600; **Bd. 2:** 203, 235, 321, 358, 362
Rückschlagkraft (counter shock) **Bd. 1:** 226, 411, 434, 528, 544
Rückstandsanalyse (backlog analysis, chem.: residue analysis) **Bd. 2:** 571
Rüsten (set-up) **Bd. 1:** 27, 281, 340, 353, 357, 358, 362, 368, 401, 561, 564; **Bd. 2:** 4, 77, 117, 211, 222, 339, 409, 412
Rüstzeit (set-up time, installation time) **Bd. 2:** 37, 409
Rumpfdrehung (trunk rotation) **Bd. 1:** 217

S

Sägen (saw) **Bd. 2:** 90
Sättigung, psychische (burn-out) **Bd. 1:** 175, 259, 266
Schätzen (estimate) **Bd. 1:** 552
Schall (sound) **Bd. 1:** 166, **Bd. 2:** 285
-beurteilung (sound assessment) **Bd. 2:** 288
-dämmung (sound insulation) **Bd. 2:** 294, 295
-dämpfung (sound absorption) **Bd. 2:** 293, 295
-druck (sound pressure) **Bd. 2:** 286
-einwirkung (influence of sound) **Bd. 1:** 77, 168; **Bd. 2:** 288, 290
-emmission (sound emission) **Bd. 2:** 288
-frequenz (audio-frequency, acoustic frequency) **Bd. 2:** 288
-immission (sound immission) **Bd. 2:** 288
-intensität (sound intensity) **Bd. 2:** 286
-leistung (sound power) **Bd. 2:** 286
-messung (sound measurement, sound ranging) **Bd. 2:** 288
-pegel (sound pressure level) **Bd. 2:** 286
-quelle (acoustic source, sound source) **Bd. 1:** 168
-schutz (soundproofing, sound insulation) **Bd. 2:** 292
Schattigkeit (shade, shadiness) **Bd. 1:** 166; **Bd. 2:** 334
Schichtarbeit (shift work) **Bd. 1:** 175; **Bd. 2:** 591, 598
-arbeit, voll-kontinuierliche (continuous shift work) **Bd. 2:** 112, 118
-länge (shift duration) **Bd. 2:** 573, 591
-plan (shift schedule) **Bd. 2:** 591, 599
-system (shift system) **Bd. 2:** 591

Schieben, Last (pushing load) **Bd. 2:** 197

Schleifen (grind) **Bd. 1:** 51; **Bd. 2:** 16, 91, 160, 347

Schlüsselreiz-Information (cue information, information on key stimuli) **Bd. 1:** 473, 474

Schlüsselqualifikation (key qualification) **Bd. 2:** 533, 667

Schnittstelle (point of interaction, interface) **Bd. 1:** 279

Schnittgeschwindigkeit (cutting speed) **Bd. 2:** 369

Schrauben (screw, bolt) **Bd. 1:** 55, 499, 501

Schritt (step), bei MTM-1 (Step) **Bd. 1:** 410, 440, 519

–, bei MTM-2 (Step) **Bd. 2:** 539, 546

–, bei MTM-Standard-Daten (Step) **Bd. 1:** 521, 532

Schrittmacher-Arbeitssystem (pacesetter work system) **Bd. 1:** 333, 338

Schutzausrüstung, persönliche (protective clothing/equipment) **Bd. 2:** 254, 282, 295

Schutzvorrichtung (safety device, guard, shield) **Bd. 2:** 254

Schwachstellenanalyse (analysis of weak points, weak-point analysis, critical point analysis, vulnerability analysis) **Bd. 2:** 93, 138

Schweißen (weld) **Bd. 2:** 63, 91

Schweißarbeitsplatz (welder's job) **Bd. 2:** 65

-folgeplan (welding sequence) **Bd. 2:** 91

-gut (objects to be welded) **Bd. 2:** 92

-naht (welded joint/seam, line of weld) **Bd. 2:** 64, 65

-prüfung (weld inspection/testing) **Bd. 2:** 92

-verfahren (welding process) **Bd. 2:** 63, 64

Schwingung, mechanisch ((mechanical) vibrations) **Bd. 1:** 77; **Bd. 2:** 295

Schwingungsamplitude (vibrational amplitude, amplitude of oscillation) **Bd. 2:** 296

-belastung (stress caused by vibrations) **Bd. 2:** 296

-beschleunigung (acceleration of oscillatory motion) **Bd. 2:** 297

-bewertung (assessment of vibrations) **Bd. 2:** 298

-einwirkung (effect/influence of vibrations) **Bd. 2:** 296

-exposition (exposure to vibration(s)) **Bd. 2:** 300

-frequenz (frequency of vibration(s), vibration frequency, oscillation frequency) **Bd. 2:** 298

-richtung (direction of vibrations) **Bd. 2:** 298

-schutz (protection against vibration) **Bd. 2:** 302

Sehabstand (distance from eye, viewing distance) **Bd. 2:** 332

-achse (optic axis, visual axis, line of vision) **Bd. 2:** 176

-aufgabe (visual task) **Bd. 2:** 267

-bedingung (visibility (conditions)) **Bd. 2:** 332

-leistung (vision, eyesight) **Bd. 2:** 297

-objekt (visible object) **Bd. 1:** 163, 452

-objekt, gruppieren (to group visible objects) **Bd. 1:** 457

-schärfe (visual actuity) **Bd. 1:** 163

-winkel (angle of view) **Bd. 1:** 163

Seitenschritt bei MTM-1 (Side Step) **Bd. 1:** 440

Selbstaufschreibung (self recording) **Bd. 1:** 560

Selbstkosten (actual/direct/original/own/prime cost, cost price) **Bd. 2:** 100, 101, 102, 103, 104, 105, 131

Selbstprüfung (self-inspection, internal audit, automatic checking, psych.: introspection) **Bd. 1:** 76; **Bd. 2:** 331

sensorisch (sensory) **Bd. 1:** 128, 137, 158; **Bd. 2:** 163, 203, 266, 336

Sensomotorik (sensorimotor function) **Bd. 1:** 144; **Bd. 2:** 297, 325

Serienfertigung (serial/quantity production) **Bd. 1:** 112, 357, 562; **Bd. 2:** 3, 11, 15, 31, 96, 98, 99, 101, 102, 104, 119, 121, 144, 364, 466
Setzen, bei MTM-1 (Sit) **Bd. 1:** 444
Sicherheitsabstand (safe distance) **Bd. 1:** 53; **Bd. 2:** 165, 264, 265, 447
-sanforderung (safety requirement) **Bd. 2:** 255, 259
-smaßnahme (safety precaution) **Bd. 2:** 261
-stechnik (safety engineering) **Bd. 1:** 207, 305; **Bd. 2:** 257
Sichtprüfung (visual inspection) **Bd. 2:** 332
Sichtverbindung (visual contact) **Bd. 2:** 273
Sinnesphysiologie (sensory physiology) **Bd. 1:** 157
Simulationsfähigkeit von MTM (simulation capability of MTM) **Bd. 1:** 389
Simulationswerkzeug (simulation tool) **Bd. 2:** 26
Sitzen, aufrecht (sitting upright) **Bd. 1:** 214, 220
–, gebeugt (sitting bent) **Bd. 1:** 136, 214, 220
Sitzfläche (seat, seating) **Bd. 2:** 145, 187, 444, 493, 534
Soll-Ablauf (projected process, standard procedure/process/sequence) **Bd. 1:** 390
-zeit (allowed time, allocated time, standard time, target time, rated time) **Bd. 1:** 352, 552, 556, 558; **Bd. 2:** 618
-zeit-Formel (standard time formula) **Bd. 2:** 157
Somatografie (a method of portraying the human body in technical drawings using a set scale) **Bd. 2:** 182
Somatosensorik (somatosensory technology) **Bd. 1:** 170
sonstige betriebliche Aufwendungen – sbA (other operating expenses) **Bd. 1:** 17
Sortieren (separate, sort) **Bd. 2:** 399
Sozialverträglichkeit (social acceptability) **Bd. 1:** 139
Spannstation (tension station) **Bd. 2:** 375
Speicherarbeit (storage work, warehouse work) **Bd. 2:** 161
Spezialisierung (spezialization) **Bd. 1:** 38, 174, 278, 279, 289; **Bd. 2:** 175, 235, 355
Springer (swing man) **Bd. 2:** 351
Stammdaten (master data, reference data) **Bd. 2:** 94
Standard-Daten (standard data) **Bd. 1:** 98
-vorgang (standard operation) **Bd. 1:** 102, 500; **Bd. 2:** 133, 136, 155, 466, 470
-vorgangs-Ebene (level of standard operations) **Bd. 2:** 135, 143
Standzeit (useful life, service life) **Bd. 1:** 74; **Bd. 2:** 292, 369, 370, 371
Stapeleinheit (stacker unit)) **Bd. 2:** 397
Statistische Genauigkeit von Prozessbausteinen (statistical accuracy of process building blocks) **Bd. 1:** 396, 398
Staub (dust) **Bd. 2:** 303
Stehen (stand) **Bd. 1:** 144, 150, 214, 534; **Bd. 2:** 173, 184, 298, 324
Stehhilfe (support, standing aid) **Bd. 2:** 188
Stellenart (kind/type of job, job type, type of position) **Bd. 1:** 356, 632; **Bd. 2:** 662
-beschreibung (job description) **Bd. 1:** 39, 632; **Bd. 2:** 660, 684
-bezeichnung (job title) **Bd. 2:** 662
-bildung, Prinzipien der (principles of job design) **Bd. 1:** 290
-inhaber (job holder, incumbent, occupant) **Bd. 2:** 158, 174, 198
-typ (kind/type of job, job type, type of position) **Bd. 2:** 648, 680, 684
Stellkraft (controlling force, displacement force) **Bd. 2:** 319
-weg (regulating distance, correcting displacement) **Bd. 2:** 318, 319
-widerstand (variable resistance, rheostat) **Bd. 2:** 318, 319

Stellteil (control, control element, control actuator) **Bd. 2:** 318
-anordnung (control layout, control arrangement) **Bd. 2:** 323
-gestaltung (control design) **Bd. 2:** 318
Stellteil-Kodierung (control coding) **Bd. 2:** 324
Stellvertretung (representation, substitution, proxy, substitute, deputy) **Bd. 1:** 279; **Bd. 2:** 540, 659
Stereolithographie (stereolithography) **Bd. 2:** 25, 89
Stillstandszeit (downtime, period of disuse) **Bd. 2:** 409
Störung (disturbance, interference, disruption, breakdown) **Bd. 1:** 139, 163, 330, 346; **Bd. 2:** 59, 116, 286, 289, 290, 291, 297, 309, 343, 348, 352, 358, 399, 402, 403, 416, 428, 460
-smanagement (trouble-shooting, disturbance management) **Bd. 2:** 403
Strategie (strategy) **Bd. 1:** 10, 42, 57, 80; **Bd. 2:** 12, 72, 94
–, funktionale (functional strategy) **Bd. 1:** 61, 64, 81; **Bd. 2:** 20
Stückliste (parts list) **Bd. 2:** 95
Stückzeit (piece time (rate)) **Bd. 1:** 25
Stützfläche (supporting surface) **Bd. 2:** 174, 184
Stuhlhöhe (seat height) **Bd. 2:** 191
Stunden-Verrechnungssatz (cost rate per hour, hourly rate/charge) **Bd. 1:** 606, 608; **Bd. 2:** 117, 120
Styleguide (style guide) **Bd. 1:** 129
Supportprozess (supporting process) **Bd. 1:** 297
Symmetrie (symmetry) **Bd. 2:** 46
-winkel (symmetrical angle) **Bd. 2:** 46, 91
Synchronmechanismus (automatic synchronizer) **Bd. 2:** 186
Systeme vorbestimmter Zeiten (times/rates predetermined (imposed) by systems) **Bd. 1:** 90, 91, 92, 93

T

Tagesdosis (daily dose/dosage) **Bd. 2:** 299
Tageslichtbeleuchtung (daylight illumination, daylight source) **Bd. 1:** 164
-quotient (daylight factor) **Bd. 1:** 164
Tagesrhythmik, circardiane (circadian rhythm) **Bd. 1:** 243, 273
Tätigkeit, repetitiv (repetitive activity/task) **Bd. 2:** 241
-szeit (working time) **Bd. 1:** 354
Taktabstimmung (line balancing, takting) **Bd. 1:** 74, 337, 374
Taktausgleich (line balancing loss, takt loss) **Bd. 1:** 376, 377, 378, 379; **Bd. 2:** 140, 379
-bindung (fixed-cycle operation) **Bd. 2:** 346
-zeit (cycle time) **Bd. 1:** 151, 216, 338, 373, 374, 375, 376, 378, 379; **Bd. 2:** 77, 80, 178, 241, 344, 382, 394
Taktung (line balancing) **Bd. 1:** 376; **Bd. 2:** 135, 140, 155, 246
Tastatur (keyboard) **Bd. 1:** 415; **Bd. 2:** 50, 327, 329
Tätigkeitsspielraum (freedom of action) **Bd. 1:** 134, 135; **Bd. 2:** 355, 356, 358
-szeit (working time) **Bd. 1:** 354, **Bd. 2:** 12
Tarifvertrag (collective agreement, union agreement) **Bd. 1:** 79, 240, 626; **Bd. 2:** 105, 107, 134, 193, 194, 199, 207, 222
Teilaufgabe (partial task) **Bd. 1:** 277
-kostenrechnung (direct costing) **Bd. 2:** 102, 130
Teiledimension (component dimensions) **Bd. 2:** 80
-fertigung (component manufacture) **Bd. 2:** 364
-vereinfachung (component simplification) **Bd. 2:** 77
-vereinheitlichung (component standardization) **Bd. 2:** 77

Teilzeitarbeit (part-time employment) **Bd. 1:** 253, **Bd. 2:** 107, 109, 129, 138
Temperatursinn (temperature sense, temperature sensitivity) **Bd. 1:** 170
Thermoregulation (thermoregulation, heat regulation) **Bd. 2:** 277
Tischhöhe (table/work surface height) **Bd. 2:** 174, 191, 192
TMU (time measurement unit) **Bd. 1:** 95
Tragkettenförderer (suspension chain conveyor) **Bd. 2:** 458
Trainiertheit (level of qualification, training status) **Bd. 1:** 194
Transferübung (transfer of training, transfer of exercise) **Bd. 1:** 270
Transportmittel (means of transport(ation)) **Bd. 1:** 222, 223, 326; **Bd. 2:** 49, 109, 345, 346, 439, 440, 446
-zeit (transport time) **Bd. 1:** 326; **Bd. 2:** 125, 129, 424
Trennen (disengage), bei MTM-1 (Disengage) **Bd. 1:** 410, 411, 433, 466
–, bei MTM-Standard-Daten (Disengage) **Bd. 1:** 521, 528, 544

U

Überkopfarbeit (overhead work) **Bd. 1:** 147; **Bd. 2:** 232
-produktion (overproduction, surplus production) **Bd. 1:** 337, **Bd. 2:** 551
Übung (practice, practical training) **Bd. 1:** 126, 144, 233, 269
-sdauer (training period, learning period, practice period) **Bd. 1:** 271, 273, 475
-sgewinn (training effect, training bonus) **Bd. 1:** 270
-sgrad (level of experience) **Bd. 1:** 74; **Bd. 2:** 42, 336, 347, 382
-skurve (learning curve) **Bd. 1:** 473
Umblickgesichtsfeld (maximum field of vision when head and eyes are rotated) **Bd. 2:** 177
Umfassungsgriff (power grip) **Bd. 1:** 220, 221; **Bd. 2:** 209, 320
Umformen (conversion) **Bd. 2:** 38, 39, 40, 144, 378
Umlaufprinzip (revolving principle) **Bd. 2:** 347
Umlaufvermögen (current assets) **Bd. 1:** 13, 14, 15, 321; **Bd. 2:** 216
Umschlaghäufigkeit (turnover rate, fast-moving, slow-moving items) **Bd. 2:** 436
-leistung (throughput (rate)) **Bd. 2:** 437
UND-Teilung (as-well-as splitting) **Bd. 1:** 296, 312, 367
Ungewissheit, Entscheidung bei (non-fact-based decision, unsubstantiated decision, doubtful decision) **Bd. 1:** 622
Unstetigförderer (non-continuous conveyor) **Bd. 2:** 459
Unteraufgabe (subtask, meaning the lowest task at the end of a task branch) **Bd. 1:** 277
Unternehmenskultur (corporate culture) **Bd. 2:** 12, 57, 58, 62, 103, 120, 124
Unternehmung (enterprise, undertaking) **Bd. 1:** 276
Unterstellung (subordination, presumption, suggestion, insinuation) **Bd. 2:** 176, 199
Unterstützungsprozess (supporting process) **Bd. 1:** 22, 35
-system (support(ing) system) **Bd. 1:** 123
Usability (usability, serviceability) **Bd. 1:** 129

V

Validität (validity) **Bd. 1:** 9, 25, 255, 302, 394, 397, 402, 404, 511; **Bd. 2:** 26, 141
Variantenvielfalt (wide range of variants) **Bd. 2:** 27, 89
Veränderungsmanagement (change management) **Bd. 1:** 33; **Bd. 2:** 525
Verantwortung (responsibility) **Bd. 2:** 659
Verarbeitung, spanend (metal-cutting) **Bd. 2:** 90
Verbesserungsmanagement (improvement management) **Bd. 1:** 29, 54; **Bd. 2:** 130, 514, 526, 589
-projekt (improvement project) **Bd. 1:** 581

-vorschlag (improvement suggestion) **Bd. 1:** 59, 69, 213; **Bd. 2:** 12, 56, 57, 59, 60, 75, 95, 100, 102, 103, 214
Vereinzelung (singling up, single feeding, separate processing) **Bd. 2:** 398
Vergleichen (n. comparison, v. compare) **Bd. 1:** 552
Verkettung (interlinking, linking) **Bd. 2:** 346
vernetztes Denken, Methodik des (method of complex thinking) **Bd. 2:** 182
Verrichtung (activity, performance) **Bd. 1:** 276
-sprinzip (work shop structure) **Bd. 1:** 22; **Bd. 2:** 343
Verschwendung (waste, profusion, extravagance) **Bd. 1:** 33; **Bd. 2:** 340, 550
Verstellbarkeit (adjustability) **Bd. 2:** 175, 184
Verteillast (distributed load) **Bd. 1:** 355; **Bd. 2:** 649
Verteilzeit (additional time, delay allowance, allowance time) **Bd. 1:** 126, 354, 379, 384; **Bd. 2:** 99, 120, 137, 149, 160, 206, 348
Verteilzeitzuschlag (delay allowance) **Bd. 1:** 362, 364; **Bd. 2:** 117, 139
Vertrauensarbeit (unsupervised work, independent record of working hours) **Bd. 2:** 111, 129
Vertrauensbereich, absoluter (absolute confidence interval) **Bd. 1:** 566, 567, 576
–, erwünschter (desired confidence interval) **Bd. 1:** 568, 571
–, relativer (relative confidence interval) **Bd. 1:** 567
Verwaltungsleistung (administrative performance) **Bd. 1:** 32
Vibration (vibration) **Bd. 1:** 266; **Bd. 2:** 295
Videoanalyse (video analysis) **Bd. 1:** 559
Vigilanz (vigilance) **Bd. 1:** 142, 259, 266
Vision (vision) **Bd. 1:** 57, 58, 59, 60, 61, 66
visuelles Management (visual management) **Bd. 2:** 514
Vorentwicklung (pre-development, research, preliminary development) **Bd. 1:** 47
Vorgabezeit (standard time/rate, allowed time)) **Bd. 1:** 351, 353, 354; **Bd. 2:** 619
Vorgang (operation) **Bd. 1:** 102, 153, 163, 515, 594, 596
Vorgangsfolge (operation sequence) **Bd. 2:** 466
Vorgangsschritt (operation step) **Bd. 2:** 466
Vorkalkulation (pre-calculation, preliminary calculation, cost estimate) **Bd. 2:** 100, 102
Vollkosten (absorbed cost, full cost) **Bd. 2:** 103, 105
-rechnung (absorption costing, full-cost pricing) **Bd. 2:** 130
Vorkommnis (occurrence) **Bd. 1:** 346
-art (type of occurrence) **Bd. 1:** 346
-kategorie (type of occurrence, occurrence category) **Bd. 1:** 346
Vormontage (preliminary assembly) **Bd. 2:** 41, 57
Vorranggraph (assembly priority chart) **Bd. 1:** 374
Vorrichten (prepare) **Bd. 2:** 42, 43, 44, 47

W

Wärmeleitung (heat conduction) **Bd. 2:** 278
Wärmestrahlung (heat radiation) **Bd. 2:** 278
Wahrnehmung (perception) **Bd. 1:** 124, 141, 157, 158, 160, 164, 171, 172, 265; **Bd. 2:** 28, 51, 59, 88, 127, 177, 226, 267, 286, 311, 313, 325, 335, 336
warenwirtschaftliche Leistung (commodity supply, without services, goods without services) **Bd. 1:** 22, 31, 32
Wartesystem (queuing system) **Bd. 1:** 345, 368, 379, 380, 383, 384; **Bd. 2:** 147
-zeit (waiting time, queue time) **Bd. 1:** 69, 74, 330, 349, 354, 369, 370, 450, **Bd. 2:** 65, 352, 367, 368, 372, 380, 403, 439

Wechselplattensystem (exchangeable tabletop system) **Bd. 2:** 409
Wechselschichtsystem (alternate shift system) **Bd. 2:** 105, 112, 117
Werkbank, verlängerte (extended work bench) **Bd. 2:** 51, 406
Werkerselbstkontrolle (worker self-control) **Bd. 2:** 569
Werkstattmanagement (shop-floor management) **Bd. 1:** 56, 70, 75, 87, 90, 627; **Bd. 2:** 3, 24, 31, 40, 52, 216, 222
-montage (workshop assembly) **Bd. 2:** 379
-prinzip (workshop principle) **Bd. 2:** 343
Werkstoff, schweißgeeignet (weldable material) **Bd. 2:** 66
Werkstückspeicher (work tray) **Bd. 2:** 376
-träger (component/workpiece holder, auf Drehbank: chuck) **Bd. 2:** 4, 339, 348, 379, 383, 393, 394, 395, 397, 402, 432, 446, 454, 458, 465
-wechsel (workpiece change) **Bd. 2:** 392, 409
Werkvertrag (work contract) **Bd. 1:** 599
Werkzeugbau (tool making, tool shop) **Bd. 1:** 22, 98, 288, 297; **Bd. 2:** 11, 114, 131, 151, 153, 154, 179, 214, 358
-kosten (tool costs, tooling costs) **Bd. 2:** 115
Wertanalyse (value analysis) **Bd. 2:** 70, 71
-gestaltung (value structure) **Bd. 2:** 70
-kette (value chain) **Bd. 1:** 65
Wertesystem (system of values) **Bd. 1:** 57, 59, 60, 61, 66; **Bd. 1:** 8, 13, 128
Wertschöpfung (value added) **Bd. 1:** 33
-sbeitrag (value chain contribution) **Bd. 1:** 33
-skette (value chain, value-added chain, supply chain) **Bd. 1:** 33
-strategie (value-creation strategy) **Bd. 1:** 63, 81; **Bd. 2:** 503
Wertstrom (value stream) **Bd. 2:** 340, 422
-analyse (value stream analysis) **Bd. 1:** 321; **Bd. 2:** 9, 339
-gestaltung (value stream design) **Bd. 1:** 321; **Bd. 2:** 339
Wettbewerbsvorteile (competitive advantages) **Bd. 1:** 5, 57, 61, 62, 87, 297; **Bd. 2:** 10, 12, 408
Wirbelsäulenerkrankung (spinal disease/disorder) **Bd. 2:** 197
Wirkraum (effective range) **Bd. 1:** 149
Wirksamkeit (effectiveness, efficacy) **Bd. 1:** 11, 70, 241, 558, 627; **Bd. 2:** 250, 256, 284, 309, 351
Wirkstelle (point/site of action) **Bd. 1:** 73, 506; **Bd. 2:** 220, 244
Wirkungsgrad, mechanischer (mechanical efficiency) **Bd. 2:** 193
Wirkungsnetz (cause-effect network) **Bd. 1:** 395
Wirtschaftlichkeit (economic efficiency, profitability) **Bd. 1:** 395, 401, 402, 404, 605
-srechnung (profitability calculation, profit calculation, economic appraisal) **Bd. 1:** 593, 597
Wissenschaftliche Betriebsführung (scientific management) **Bd. 2:** 234
Wissensmanagement (knowledge management) **Bd. 1:** 142, 259, 266; **Bd. 2:** 532, 544
Wochenarbeitszeit (weekly working time, weekly working hours, working hours per week) **Bd. 2:** 594

Z

Zeiger (indicator, pointer) **Bd. 2:** 311, 317, 321, 325
Zeit je Einheit (time per unit, unit time) **Bd. 1:** 353, 354
Zeitart (time category) **Bd. 1:** 351
-engliederung (classification by time categories) **Bd. 1:** 352, 354
-ensynthese (synthesis of time categories) **Bd. 1:** 345, 351

Zeitbindung (deadline, maximum time limit) **Bd. 2:** 348
Zeiteinflussgröße (influencing factor) **Bd. 2:** 140, 154
-einheit (time unit) **Bd. 1:** 95, 155, 233, 236, 378; **Bd. 2:** 107, 127, 192, 212, 286, 300, 336, 368, 382
-grad (actual/target-time ratio per period) **Bd. 1:** 127; **Bd. 2:** 99, 134, 207, 208, 213
-guthaben (time credit) **Bd. 2:** 605
-klassenreihe (time rating scale) **Bd. 1:** 554
-klassenschätzen (estimation of time rating scales) **Bd. 1:** 553
-messung (time study, time measurement) **Bd. 1:** 556
-plantafeln (daily routine wall chart) **Bd. 1:** 561; **Bd. 2:** 517, 532
-schätzung (time estimation) **Bd. 1:** 553, 555, 582, 592
-standard (time standard) **Bd. 1:** 351, 353, 354
-wirtschaft (time management) **Bd. 2:** 97, 617, 619, 641
-wirtschaftsrevision (time mangement review) **Bd. 1:** 89
Zeiten-Synthese (time synthesis, meaning collecting of time data for all time categories to determine a standard time) **Bd. 1:** 38, 345
Zeiten-Mengen-Gerüst (time-quantity-frame) **Bd. 1:** 356; **Bd. 2:** 160, 163, 185, 187, 188
zentraler Grenzwertsatz (central limiting value theorem in statistics) **Bd. 1:** 399, 552
Zentralisation (centralization) **Bd. 1:** 289, 290, 343; **Bd. 2:** 436
Ziehen (pulling) **Bd. 1:** 197, 201, 208, 222; **Bd. 2:** 62, 197, 318
Ziel, operationales (operational goal) **Bd. 1:** 511, 586
–, strategisches (strategic goal) **Bd. 1:** 59, 61
Zielbewegung (aiming movement/motion) **Bd. 2:** 204
-management (target management, management by objectives) **Bd. 2:** 511
-punkt (aiming point) **Bd. 2:** 222
-system, hierarchisches (hierarchical target system) **Bd. 1:** 144; **Bd. 2:** 5, 17, 18, 22
-vereinbarung (agreement of objectives/targets) **Bd. 2:** 511, 700
Zufassungsgriff (pinch actuation) **Bd. 1:** 220, 221, 411, 422, 522, 540; **Bd. 2:** 82, 215, 320
Zufriedenheit ((job) satisfaction) **Bd. 1:** 139
Zugänglichkeit (accessibility) **Bd. 1:** 229; **Bd. 2:** 57, 65
Zugluft (drafts) **Bd. 2:** 284
Zulage (bonus) **Bd. 2:** 679
Zumutbarkeit (reasonability) **Bd. 1:** 139
Zwangshaltung (forced posture) **Bd. 2:** 65, 201
Zwischenzeit (interim period, transition time, time for temporary transport, storage or delay) **Bd. 1:** 333, 357
Zyklografie (film-assisted motion study) **Bd. 2:** 205
Zykluszeit (cycle time) **Bd. 1:** 77, 174, 224, 252, 271, 399, 400, 402; **Bd. 2:** 148, 235

SCHÄFFER
POESCHEL

Rainer Bokranz/Kurt Landau

Handbuch Industrial Engineering

Produktivitätsmanagement mit MTM

Band 2: Anwendung

2., überarbeitete und erweiterte Auflage

2012
Schäffer-Poeschel Verlag Stuttgart

Autoren
Prof. Dr. Rainer Bokranz, Hochschule RheinMain
Prof. Dr. Kurt Landau, Technische Universität Darmstadt

Das Werk erschien in der ersten Auflage unter dem Titel »Produktivitätsmanagement von Arbeitssystemen«.

MIX
Papier aus verantwortungsvollen Quellen
FSC® C006701

Gedruckt auf chlorfrei gebleichtem, säurefreiem und alterungsbeständigem Papier.

Bibliografische Information der Deutschen Nationalbibliothek:
Die Deutsche Nationalbibliothek verzeichnet diese Publikation in der Deutschen Nationalbibliografie; detaillierte bibliografische Daten sind im Internet über http://dnb.d-nb.de abrufbar.

ISBN Gesamtwerk Band 1 und Band 2: 978-3-7910-2863-7

www.schaeffer-poeschel.de
info@schaeffer-poeschel.de

Einbandgestaltung: Willy Löffelhardt/Jessica Joos
Illustrationen: Atelier f:50, Berlin; colormat – grafisches Büro, Chemnitz
Lektorat: Kerstin Heuse-Mönnich, Dresden; Bernd Marquard, Stuttgart
Bilder Einband: Montageszene links (Foto): Miele & Cie. KG, Gütersloh; Montageszenen Mitte (Fotos): Daimler AG, Stuttgart; 3-D-Szene rechts (Computermodell): visTABLE®touch – Fabrikplanungssoftware, plavis GmbH, Chemnitz
Satz: DTP + TEXT Eva Burri, Stuttgart · www.dtp-text.de
Druck und Bindung: CPI – Ebner & Spiegel, Ulm

Printed in Germany
November 2012

Schäffer-Poeschel Verlag Stuttgart
Ein Tochterunternehmen der Verlagsgruppe Handelsblatt

Gliederung

Band 1 Konzept

Teil I Konzeptionelle Grundlagen

1 Einleitung 3
2 Produktivität 5
3 Produktivitätsmanagement mit MTM 45
4 MTM-Verfahren 89

Teil II Methodische Grundlagen

1 Einleitung 119
2 Menschliche Arbeit und Leistung 121
3 Aufgaben und Prozesse 275
4 Algorithmen zur Berechnung von Sollzeiten 345
5 Konzeptionelle Grundlagen der MTM-Prozessbausteinsysteme 385
6 MTM-Prozessbausteine für den Prozesstyp 1 405
7 MTM-Prozessbausteine für die Prozesstypen 2 und 3 479
8 Ergänzungstechniken zum MTM-Verfahren 551
9 Projektmanagement 579

Band 2 Anwendung

Teil III Entstehung von Produkten und Arbeitssystemen

1 Einleitung 3
2 Produktentwicklung aus Sicht des Industrial Engineering 5
3 Produktionsdokumente und Kalkulation 93
4 Betriebliche Prozessbausteinsysteme 133
5 Arbeitsplatzgestaltung 163
6 Gestaltung komplexer Arbeitssysteme 339

Teil IV Betrieb und Verbesserung von Arbeitssystemen

1 Einleitung 489

2 Werkstattmanagement 491

3 Veränderungsmanagement 525

4 Arbeitszeitmanagement 591

5 Zeitwirtschaft 617

6 Personalbedarfsermittlung 643

7 Entgeltdifferenzierung 675

Inhalt

Gliederung V

Teil III Entstehung von Produkten und Arbeitssystemen

1 Einleitung 3

2 Produktentwicklung aus Sicht des Industrial Engineering 5

2.1 Grundlagen 5
2.1.1 Produkttypologie 5
2.1.2 Lebensphasen von Produkten 10
2.2 Vorgehen bei der Produktentwicklung 12
2.2.1 Innovationsstrategie und Entwicklungsprozesse 12
2.2.2 Bedeutung der Konstruktion im Rahmen der Produktentwicklung 17
2.2.3 Methoden der Produktentwicklung 18
2.2.4 Anforderungsliste, Lasten- und Pflichtenheft 22
2.2.5 Simultaneous Engineering 23
2.2.6 Rapid Prototyping und Virtual Reality 24
2.3 Modulare Produktstrukturen 26
2.3.1 Produktstruktur 26
2.3.2 Module 28
2.3.3 Baureihen und Baukästen 29
2.3.4 Variantenzahl 31
2.3.5 Plattformkonzepte 34
2.4 Fertigungsgerechtes Konstruieren 35
2.4.1 Kostenwirkungen 35
2.4.2 Übersicht zu Fertigungsverfahren 38
2.4.3 Überblick Fügen 39
2.4.4 Fügen durch Zusammensetzen, Füllen und Anpressen 42
2.4.5 Fügen durch Schweißen 63
2.4.6 Fügen durch Löten 66
2.4.7 Fügen durch Kleben 68
2.5 Wertanalyse 70
2.5.1 Ziele 70
2.5.2 Durchführung der Wertanalyse 71
2.6 ProKon 74
2.6.1 Grundlagen 74
2.6.2 ProKon-Analyse 77
2.6.3 ProKon-Analysierkriterien 80
2.6.4 Anwendungsbeispiel 83
2.6.5 ProKon und Verfahren zur montagefreundlichen Produktgestaltung 87
2.7 Checkliste zur Produktentwicklung 89

3 Produktionsdokumente und Kalkulation 93

3.1 Produktionsdokumente 93
3.1.1 Überblick 93
3.1.2 Stamm-, Bewegungs- und Bestandsdaten 94

3.1.3 Stücklisten ... 95
3.1.4 Arten und Inhalt von Arbeitsplänen ... 96
3.1.5 Arbeitsplanversorgung mit Sollzeiten ... 97
3.2 Kalkulation ... 100
3.2.1 Überblick ... 100
3.2.2 Grundstruktur von Kalkulationen ... 102
3.2.3 Preisfindung und Preisakzeptanzprüfung ... 105
3.2.4 Technische Kalkulation ... 108
3.2.5 Organisation des Kalkulationsprozesses ... 111
3.3 Durchführung von Technischen Kalkulationen ... 113
3.3.1 Kalkulation der Materialeinzelkosten ... 113
3.3.2 Kalkulation der Werkzeug-, Vorrichtungs- und Prüfmittelkosten ... 114
3.3.3 Kalkulation der Fertigungskosten ... 117
3.3.4 Kalkulation der Produkt- und Prozessentwicklungskosten ... 124
3.3.5 Kalkulation der Logistikkosten ... 125
3.4 Abweichungsanalyse ... 129
3.5 Zusammenfassung ... 130

4 Betriebliche Prozessbausteinsysteme ... 133

4.1 Überblick ... 133
4.2 Identifikation von Prozessbausteinen ... 134
4.2.1 Abgrenzen des Anwendungsbereichs ... 134
4.2.2 Erheben des Prozessbausteinbedarfs ... 135
4.2.3 Festlegen der Anwendungsebenen ... 135
4.2.4 Prinzipien der Prozessbaustein-Aggregation ... 137
4.2.5 Arbeitssystemübergreifend gültige Prozessbausteine ... 139
4.3 Planung der Prozessbausteinerstellung ... 139
4.3.1 Planen von Bezugsgrößen und -mengen ... 139
4.3.2 Planen von Zeiteinflussgrößen ... 140
4.3.3 Qualitätsforderungen an Prozessbausteine ... 141
4.3.4 Festlegen der Prozessbausteinbezeichnung und -kodierung ... 142
4.4 Erstellen von Prozessbausteinen ... 147
4.4.1 Anwendung der MTM-Prozessbausteinsysteme ... 147
4.4.2 Verwendung von Prozessbausteinen ... 148
4.4.3 Beispiel zur Entwicklung betriebsspezifischer Prozessbausteine ... 151
4.4.4 Arbeiten mit Sollzeit-Formeln ... 157
4.4.5 Sollzeit-Formeln für technische Prozesse ... 158
4.4.6 Sollzeit-Formeln aus empirisch erhobenen Istzeiten ... 160
4.5 Zusammenfassung ... 162

5 Arbeitsplatzgestaltung ... 163

5.1 Überblick ... 163
5.2 Anthropometrische Arbeitsgestaltung ... 163
5.2.1 Grundlagen ... 163
5.2.2 Körpermaße ... 164
5.2.3 Körperstellungen und -haltungen ... 172
5.2.4 Innere und äußere Arbeitsplatzmaße ... 174
5.2.5 Seh- und Greifräume ... 176
5.2.6 Somatografie ... 182

5.2.7 Körperunterstützungen beim Sitzen und Stehen 184
5.2.8 Arbeitsflächen 189
5.3 Physiologische Arbeitsgestaltung 192
5.3.1 Grundlagen 192
5.3.2 Körperkräfte 194
5.3.3 Handhabung von Lasten 197
5.4 Bewegungstechnische Optimierung 203
5.4.1 Grundlagen 203
5.4.2 Bewegungsstudium 204
5.4.3 Greifarten und Bewegungswinkel 207
5.4.4 Bewegungsökonomische Aspekte 214
5.4.5 Bewegungen im Arbeitsraum 228
5.4.6 Kritik der bewegungstechnischen Arbeitsgestaltung 234
5.4.7 Regeln zur bewegungstechnischen Arbeitsgestaltung 235
5.4.8 MTMmotion 236
5.5 Präventive Ergonomie im MTM-Produktivitätsmanagement 238
5.5.1 Grundlagen 238
5.5.2 Verfahrensablauf 242
5.5.3 Ergonomiekodegenerator 244
5.5.4 Bewertungsgenerator 246
5.5.5 Bewertungsaggregator 247
5.5.6 Anwendung im Unternehmen 248
5.5.7 Ausbildungsvoraussetzungen 251
5.6 Sicherheitsgerechte Arbeitsgestaltung 251
5.6.1 Grundlagen 251
5.6.2 Rechtsrahmen 254
5.6.3 Vorgehen 257
5.7 Gestaltung der Arbeitsumgebung 266
5.7.1 Grundlagen 266
5.7.2 Beleuchtung 266
5.7.3 Klima und Lüftung 277
5.7.4 Schall 285
5.7.5 Mechanische Schwingungen 295
5.7.6 Sonstige physikalische-chemische Umgebungseinflüsse 303
5.8 Informationstechnische Arbeitsgestaltung 311
5.8.1 Grundlagen 311
5.8.2 Anzeigen 311
5.8.3 Stellteile 318
5.8.4 Bildschirmarbeitsplätze in der Produktion 326
5.8.5 Prüfarbeitssysteme 331

6 Gestaltung komplexer Arbeitssysteme 339

6.1 Überblick 339
6.2 Anordnungskonzepte 339
6.2.1 Vom Wertstrom zum Prozess-Layout 339
6.2.2 Grundsachverhalte zur Gestaltung von Arbeitsprozessen 341
6.2.3 Arbeitsprozesse zwischen Arbeitsplätzen 343
6.2.4 Arbeitsprozesse am Arbeitsplatz 350
6.3 Arbeitsstrukturierung 354

6.3.1 Entwicklungsstränge 354
6.3.2 Handlungsspielraum 355
6.3.3 Gruppenarbeit 359
6.4 Teilefertigung 364
6.4.1 Eigenschaften von Fertigungssystemen 364
6.4.2 Zeitberechnungen in der Teilefertigung 367
6.4.3 Fertigungskosten bei mechanischer Bearbeitung 368
6.4.4 Mehrstellenarbeit in der Teilefertigung 372
6.4.5 Flexible Fertigungssysteme 373
6.4.6 Flächenberechnung für Maschinenarbeitsplätze 376
6.5 Montagesysteme 377
6.5.1 Begriffe 377
6.5.2 Grobplanung 381
6.5.3 Kapazitätsplanung 383
6.5.4 Feinplanung 386
6.5.5 Layout manueller Arbeitsstationen 387
6.5.6 Bereitstellung von Handwerkzeugen 391
6.5.7 Werkstückträger 393
6.5.8 Bereitstellung im Arbeitssystem 395
6.5.9 Hybride Montagesysteme 400
6.6 Sicherungs- und Notfallkonzepte 402
6.6.1 Technische Störungen 402
6.6.2 Risiken durch Outsourcing 404
6.6.3 Rüstarbeit 409
6.6.4 Instandhaltung 412
6.7 Logistik in Arbeitsprozessen 416
6.7.1 Logistik 416
6.7.2 Materialbewirtschaftung und Materialbereitstellung 419
6.7.3 Kanban 426
6.7.4 Fördern und Lagern 432
6.7.5 Kommissionieren 440
6.7.6 Behälter und Paletten 452
6.7.7 Fördersysteme 455
6.7.8 Barcodes und RFID 465
6.7.9 MTM-Prozessbausteine für die Logistik 466
6.8 Zusammenfassung 471

Literaturverzeichnis Teil III 473

Teil IV Betrieb und Verbesserung von Arbeitssystemen

1 Einleitung 489

2 Werkstattmanagement 491

2.1 Überblick 491
2.2 Grundlagen 492
2.2.1 Managementbegriff 492
2.2.2 Entwicklung der Managementlehre 492

2.3 Managementgrundsätze, Führungsgrundsätze und Managementfunktionen 493
2.3.1 Managementgrundsätze 493
2.3.2 Führungsgrundsätze 494
2.3.3 Managementfunktionen 495
2.4 Managementhandlungen 496
2.4.1 Vorgehen 496
2.4.2 Stellentypen beim Werkstattmanagement 496
2.4.3 Aufgaben des Werkstattmanagements 497
2.4.4 Verteilung der Managementaufgaben auf die Stellentypen 499
2.4.5 Ermittlung von Leitungsspannen 500
2.5 Zielsysteme 504
2.5.1 Geschäftsstrategie und Zielbildung 504
2.5.2 Hierarchische Zielsysteme 504
2.5.3 Deduktion von Zielen 508
2.6 Managementinstrumente 510
2.6.1 Regelkreis des Werkstattmanagements 510
2.6.2 Zielmanagement 511
2.6.3 Ergebnis-Controlling mit Hilfe von Production Scorecards 512
2.6.4 Visuelles Management 514
2.6.5 Regelkommunikation 520
2.7 Zusammenfassung 523

3 Veränderungsmanagement 525

3.1 Überblick 525
3.2 Anlaufmanagement 527
3.2.1 Anlaufprobleme und Handlungsfelder beim Anlaufmanagement 527
3.2.2 Ablauforganisation von Anläufen 527
3.2.3 Aufbauorganisation des Anlaufmanagements 529
3.2.4 Änderungsmanagement im Anlauf 531
3.2.5 Risiko- und Wissensmanagement 532
3.3 Outsourcing und Insourcing 533
3.3.1 Prinzipien 533
3.3.2 Formen des Outsourcings 535
3.3.3 Outsourcing von Produktionsaufgaben 538
3.3.4 Insourcing von Produktionsaufgaben 540
3.4 Konzepte des Verbesserungsmanagements 542
3.4.1 Ideenmanagement 542
3.4.2 Voraussetzungen für erfolgreiches Ideenmanagement 544
3.4.3 Betriebliches Vorschlagswesen 545
3.4.4 Kontinuierlicher Verbesserungsprozess 546
3.5 Verschwendungsartenbezogene Verbesserungskonzepte 550
3.5.1 Der Verschwendungsbegriff 550
3.5.2 Verschwendungsarten in direkten Bereichen 551
3.5.3 Verschwendungsarten in indirekten Bereichen 553
3.5.4 Checklisten beim Verbesserungsmanagement 554
3.6 Arbeitssystembezogene Verbesserungskonzepte 559
3.6.1 Ordnung und Sauberkeit 559
3.6.2 Verbesserungen bei betriebsmitteldominierten Arbeitssystemen 562
3.6.3 Verbesserungen bei Montage-Arbeitssystemen 562

3.6.4 Verbesserungen der Steuerung ... 569
3.6.5 Identifikation von Engpass-Arbeitssystemen ... 571
3.6.6 Auswirkung von Engpässen ... 572
3.6.7 Auflösung von Engpässen ... 575
3.7 Arbeiten mit KVP-Teams ... 576
3.7.1 Organisation und Rahmenbedingungen von KVP-Workshops ... 576
3.7.2 Klärung von Ausgangssituationen ... 578
3.7.3 Entwicklung und Bewertung von Verbesserungsmaßnahmen ... 579
3.7.4 Methodenraum – Begriff und Funktionen ... 583
3.7.5 Qualifizierungsfunktion von Methodenräumen ... 584
3.7.6 Erprobungsfunktion von Methodenräumen ... 585
3.7.7 Qualifizierung von KVP-Teammitgliedern ... 586
3.8 Zusammenfassung ... 588

4 Arbeitszeitmanagement ... 591

4.1 Überblick ... 591
4.2 Grundlagen ... 591
4.2.1 Definitionen ... 591
4.2.2 Rechtliche Rahmenbedingungen ... 592
4.3 Bemessungszeiträume ... 593
4.3.1 Tägliche Arbeitszeit ... 593
4.3.2 Wöchentliche Arbeitszeit ... 594
4.3.3 Jahres- und Lebensarbeitszeit ... 595
4.4 Flexibilisierung der Arbeitszeit ... 596
4.5 Schichtarbeit ... 598
4.6 Nachtarbeit ... 601
4.7 Einführung eines Arbeitszeitmodells ... 603
4.7.1 Menschbezogene Kriterien ... 603
4.7.2 Wirtschaftliche Kriterien ... 604
4.7.3 Umsetzung von Arbeitszeitmodellen in Schichtpläne ... 608
4.7.4 Arbeitszeitmanagement und Personalführung ... 612
4.8 Zusammenfassung ... 614

5 Zeitwirtschaft ... 617

5.1 Überblick ... 617
5.2 Grundzüge der Zeitwirtschaft ... 617
5.2.1 Begriff der Zeitwirtschaft ... 617
5.2.2 Aufgaben und Funktionen der Zeitwirtschaft ... 619
5.2.3 Organisation der Zeitwirtschaft ... 620
5.3 Fachkonzept von TiCon® ... 621
5.3.1 Die fachlichen Funktionen von TiCon® ... 621
5.3.2 Nutzungsmanagement ... 622
5.3.3 Die Module von TiCon® ... 623
5.3.4 Die Dienstleistungsfunktionen von TiCon® ... 626
5.4 IT-Konzept, Einbindung und Einführung von TiCon® ... 627
5.4.1 IT-Konzept von TiCon® ... 627
5.4.2 IT-Einbindung von TiCon® ... 628
5.4.3 Einführung von TiCon® ... 629
5.5 Revision der Zeitwirtschaft ... 630

5.5.1 Grundbegriffe ... 630
5.5.2 Systemprüfung der Zeitwirtschaft ... 631
5.5.3 Vorgehen bei der Zeitwirtschaftsrevision ... 638
5.5.4 Audit zum MTM-Verfahren ... 639
5.6 Zusammenfassung ... 641

6 Personalbedarfsermittlung ... 643

6.1 Überblick ... 643
6.2 Personalbemessung ... 645
6.2.1 Planungshorizonte und Einflussgrößen auf den Personalbedarf ... 645
6.2.2 Summarische Personalbemessungsverfahren ... 646
6.2.3 Modell der analytischen Personalbemessung ... 648
6.2.4 Analytische Personalbemessung bei direkter Mengenversorgung ... 651
6.2.5 Analytische Personalbemessung bei indirekter Mengenversorgung ... 655
6.2.6 Personalbemessung mit Hilfe von Leitungsspannenkalkülen ... 656
6.3 Personalentwicklung ... 659
6.3.1 Überblick ... 659
6.3.2 Grundbegriffe ... 659
6.3.3 Stellenplanung ... 661
6.3.4 Planung der fachlichen Qualifikation ... 663
6.3.5 Planung der Schlüsselqualifikationen ... 667
6.3.6 Qualifizierungssteuerung ... 669
6.4 Personaleinsatzplanung ... 670
6.5 Personalbedarfscontrolling ... 671
6.5.1 Modell des Personalbedarfscontrollings ... 671
6.5.2 Durchführung des Personalbedarfscontrollings ... 672
6.6 Zusammenfassung ... 674

7 Entgeltdifferenzierung ... 675

7.1 Überblick ... 675
7.2 Prinzipien und Konzepte der Entgeltdifferenzierung ... 677
7.3 Grundentgeltdifferenzierung ... 679
7.3.1 Überblick ... 679
7.3.2 Summarische Arbeitsbewertungsverfahren ... 680
7.3.3 Analytische Arbeitsbewertungsverfahren ... 683
7.3.4 Stellenbeschreibungen ... 684
7.3.5 Durchführung der Arbeitsbewertung ... 687
7.4 Leistungsentgeltdifferenzierung ... 690
7.4.1 Konzepte ... 690
7.4.2 Akkordentgelt ... 693
7.4.3 Prämienentgelt ... 695
7.4.4 Pensumentgelt ... 698
7.4.5 Zielvereinbarung ... 700
7.4.6 Leistungsbeurteilung ... 703
7.5 Zusammenfassung ... 707

Literaturverzeichnis Teil IV ... 709
Stichwortverzeichnis ... 713
Die Autoren ... 747

Teil III

Entstehung von Produkten und Arbeitssystemen

1 Einleitung

Teil III dieses Handbuches beschäftigt sich mit Vorbereitung und Entstehung von Arbeitssystemen. Die beiden ersten PEP-Phasen stehen im Mittelpunkt des MTM-Produktivitätsmanagements, weil hier – dem Prinzip »Von Anfang an richtig« folgend – die Voraussetzungen für nachhaltige Wettbewerbsfähigkeit von Unternehmen geschaffen werden.

Auf der Basis der strategischen Unternehmensplanung werden in der Vorentwicklung

- die Marktanforderungen an das Produkt,
- die Funktionenstruktur der Produkte oder Produktfamilien und
- die Zuordnung von Kostenzielwerten zu Funktionen

bestimmt.

Anschließend können über Virtual Reality oder Simulationen Marktanforderungen und Produkteigenschaften gegenübergestellt (und optimiert) werden. Der Bau von Prototypen ist möglich. Nach der Freigabe des Entwicklungsprojekts folgt die eigentliche Konstruktion.

Sowohl die Vorentwicklung als auch die Serienentwicklung sollte unter dem Leitgedanken der fertigungsgerechten Produktentwicklung mit MTM stehen. Durch die Präventivfunktion von MTM liegen in der frühen Phase außerordentliche Chancen

- nicht am Markt vorbeizuproduzieren,
- die Zeit bis zur Vermarktung zu verkürzen,
- den Grundstein einer möglichst hohen OEE (Overall Equipment Effectiveness, vgl. Teil I, Abschnitt 2.4.5) zu legen,
- insbesondere die Arbeitsproduktivität in der Serienfertigung zu stimulieren,
- und dennoch ergonomisch und menschengerecht zu fertigen.

Wir verstehen unter der fertigungsgerechten Produktentwicklung mit MTM

- die Vereinfachung des Produkts und des damit verbundenen Herstellungsprozesses,
- die integrative Behandlung von Produkt und Produktion bereits in der frühen Phase, aber auch in der Prozessentwicklungs-, Betriebs- und Verbesserungsphase,
- mit dem Ziel der Produktivitätsverbesserung und unter den Randbedingungen einer möglichst effektiven und effizienten Partizipation der Beschäftigten.

Ein mit MTM entwickeltes Produkt hat im Regelfall eine geringere Zahl an Teilen und Baugruppen, dies führt zur Vereinfachung in der Herstellung, vor allem in der Montage, und zu zahlreichen Folgewirkungen in der gesamten Lebensdauer des Produkts, von der Integration der Zulieferer bis hin zum abschließenden Recycling oder der stofflichen Verwertung.

Deshalb haben wir in Teil III mit der Produktentwicklung (Kapitel 2) einen Schwerpunkt gesetzt. Entscheidungen bei der Produktgestaltung werden in den Produktionsdokumenten niedergelegt. Im Kapitel 3 werden zwei Themen behandelt, (die wichtigsten) »Produktionsdokumente« und das Durchführen von »Vorkalkulationen«. Unter den Produktionsdokumenten haben Arbeitspläne insofern eine besondere Bedeutung, als sie, wie Abbildung III-89 zu entnehmen ist, die Datenbasis für andere Anwendungen sind. Kalkulationen, Produkt- und Prozessentwicklungen, das Anlaufmanagement in der Serienfertigung, Personalbedarfsermittlungen, leistungsbezogene Entgeltdifferenzierungen oder Terminierung und Kapazitätswirtschaft basieren direkt oder indirekt auf Arbeitsplandaten. Deshalb wird die Bedeutung und Funktionsweise von Stücklisten und Arbeitsplänen erläutert und gezeigt, welche Möglichkeiten es gibt, Arbeitspläne mit Prozessbausteinen und Sollzeiten bzw. OEE-Datensätzen zu versorgen.

Die Bedeutung des Themas »Kalkulation« liegt darin, dass damit eine Entscheidungshilfe für die Auftragsakquisition geliefert wird. Kalkulationsfehler können dazu führen, dass Aufträge angenommen werden, die man hätte ablehnen sollen, weil dabei unzulängliche Deckungsbeiträge erwirtschaftet werden. Sie können aber auch dazu führen, dass man Aufträge mit eigentlich auskömmlichen Deckungsbeiträgen an Wettbewerber verliert. Mit der Vorkalkulation wird auch eine wichtige Orientierungshilfe für die Produkt- und Prozessentwicklung geschaffen. Realistische Vorkalkulationen haben für die Unternehmensführung deshalb eine herausragende Bedeutung.

Im Kapitel 4 geht es um das Thema »Betriebliche Prozessbausteinsysteme«. Das Entwickeln betriebsspezifischer Prozessbausteine ist eine Kernaufgabe des Industrial Engineering, eine Kernkompetenz von MTM-Anwendern und eine Kernaufgabe in der Zeitwirtschaft. Sie werden in vielen Unternehmen bereits in der zweiten PEP-Phase, also vor dem SOP angelegt, um sie bei der Planung neuer Arbeitssysteme oder zur Kalkulation neuer Aufträge zu nutzen.

Kapitel 5 befasst sich mit der Arbeitsplatzgestaltung. Dabei berücksichtigt die räumliche Arbeitsgestaltung Körpermaße und Körperhaltungen bei der Auslegung von Arbeitssystemen und weiteren Betriebsmitteln. Die physiologische Arbeitsgestaltung stellt sicher, dass Wirkungsgrade der menschlichen Arbeit, Körperkräfte und Lastenhandhabung mit den körperlichen Eigenschaften und Fähigkeiten des Menschen im Einklang stehen. Die bewegungstechnische Optimierung hat den direktesten Bezug zu den MTM-Prozessbausteinsystemen. Das Industrial Engineering kommt ohne die Berücksichtigung sicherheitstechnischer Belange nicht aus. Die Arbeitsumgebung soll so gestaltet werden, dass physikalische, chemische und biologische Bedingungen keine schädlichen Auswirkungen auf den Menschen besitzen. Insbesondere steht die beleuchtungstechnische Gestaltung im engen Zusammenhang mit dem MTM-Sichtprüfen.

In Kapitel 6 geht es um die Planung der Arbeitsprozesse in komplexen Arbeitssystemen. Die Themen Fabrik-Layout und Materialbewirtschaftung werden unter dem Aspekt des Wertstroms behandelt. Die Strukturierungsprinzipien Einzelarbeit, Gruppenarbeit, Job-Rotation und Mehrstellenarbeit werden ebenso wie Job-Enrichment und Job-Enlargement besprochen. Einflussgrößen auf die Produktivität in der Teilefertigung werden behandelt. Die Planung von Montagesystemen – als dem für das MTM-Produktitvitätsmanagement wichtigsten Thema – wird vertieft. Weitere Schwerpunkte sind die Gestaltung von Werkstückträgern, die Bereitstellung von Teilen und Hilfsmitteln sowie die Verkettung von einzelnen Arbeitsstationen. Unter der Rubrik Sicherungs- und Notfallkonzepte werden Rüsten, Wartung, Inspektion und Instandhaltung besprochen. Der Text zur Logistik in Arbeitsprozessen umfasst den innerbetrieblichen Materialfluss zum und am Arbeitsplatz und diskutiert die durch das MTM-Verfahren erschließbaren Produktivitätsreserven.

2 Produktentwicklung aus Sicht des Industrial Engineering

2.1 Grundlagen

2.1.1 Produkttypologie

Produkttypen

Viele betriebliche oder unternehmerische Entscheidungen setzen an einer *Produkttypologie* an. Produkttypen können nach ganz verschiedenen Kriterien gebildet werden. Abbildung III-1 zeigt einige Möglichkeiten, Produkttypologien zu bilden.

Produkte kann man nach den Unternehmenszielen klassifizieren, vor allem nach der Umsetzung von strategischen Zielen, z. B. nach den Aspekten der Nachhaltigkeit. Ein Automobilhersteller könnte seine Erzeugnisse gliedern in

- Kraftfahrzeuge mit Verbrennungsmotoren,
- Kraftfahrzeuge mit Hybrid-Antrieb,
- Kraftfahrzeuge mit vollelektrischem Antrieb.

Unter dem Aspekt der Globalisierung könnte dieser Automobilhersteller auch folgende Produkttypen bilden:

- Kraftfahrzeuge für den asiatischen Markt,
- Kraftfahrzeuge für den amerikanischen Markt,
- Kraftfahrzeuge für den europäischen Markt,
- Kraftfahrzeuge für den Rest der Welt.

Eine andere Typenbildung wäre nach dem Herstellerland möglich.

Produkt-Portfolio-Analyse

Weitverbreitet ist die Produkttypenbildung nach Absatz- bzw. Marketinggesichtspunkten. Seit den 1960er-Jahren hat sich die *Produkt-Portfolio-Analyse* der Boston Consulting Group durchgesetzt.[1]

Die Produkte oder Produkttypen stellt man in einer *Marktwachstum-Marktanteil-Matrix* dar (Abbildung III-2).

Nimmt man z. B. an, dass ein Automobilhersteller vier Typen produziert:

- das Fahrzeug F1 mit »verunglücktem« Design, das zwar technisch ausgereift ist, aber von den Verbrauchern nicht angenommen wird und bei dem auch keine Verbesserung zu erwarten ist,
- das Fahrzeug F2, das schon vier Jahre produziert wird und bisher hervorragende Verkaufszahlen liefert,
- das Fahrzeug F3 mit Hybrid-Technologie und
- das Fahrzeug F4, eine preisgünstige Offerte, das sich hervorragend in China und Indien verkauft,

1 Mit einem Portfolio stellt man eine zunächst unübersichtliche Situation nach Vereinfachungen möglichst anschaulich dar. Dazu werden zwei Achsen mit qualitativen oder quantitativen Stufungen versehen. Durch Größe, Position und Farbgebung von Symbolen in der x/y-Ebene werden vor allem Marktsituationen klassifiziert und mögliche Entscheidungen abgeleitet.

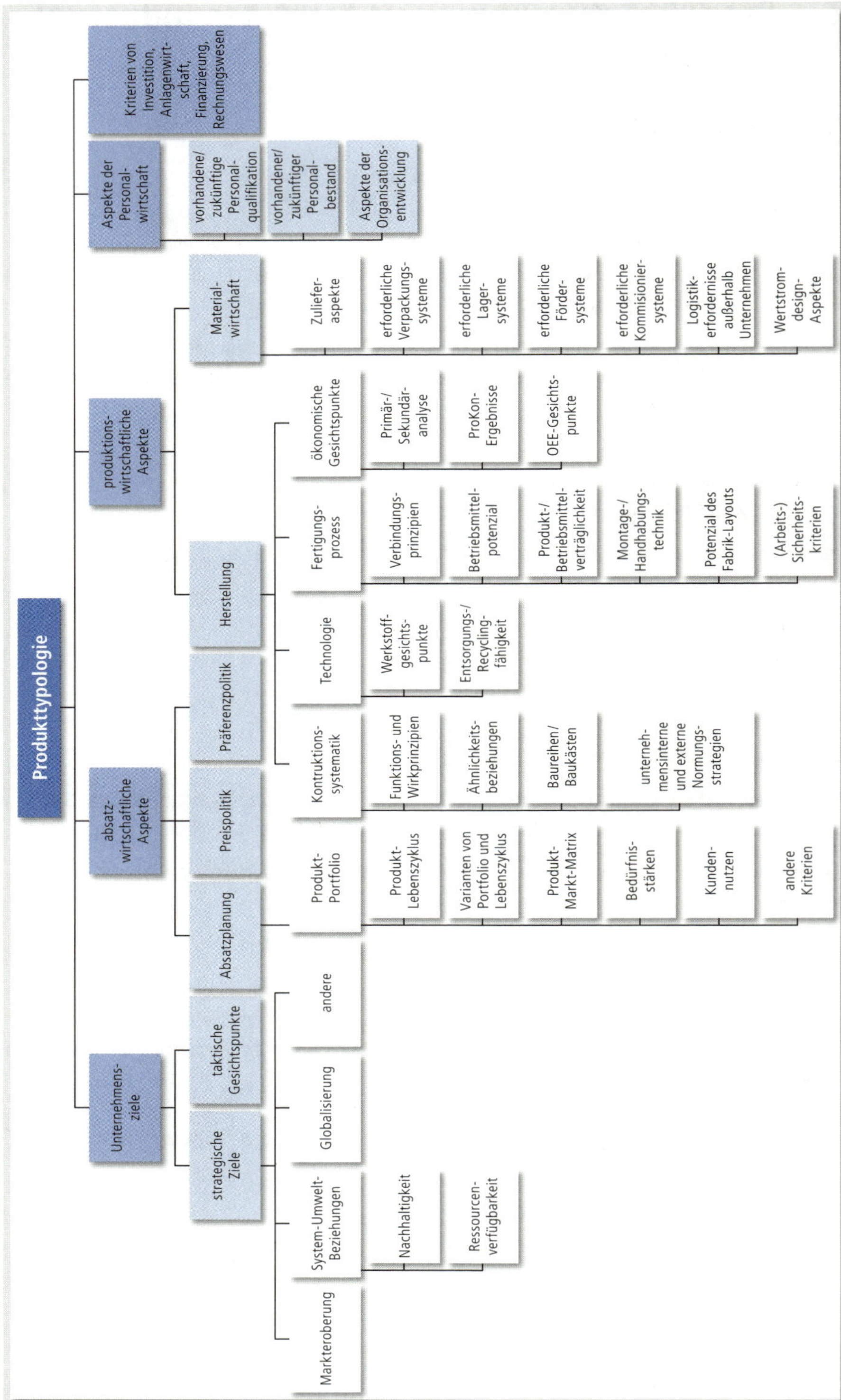

Abbildung III-1
Übersicht zu den wichtigsten Kriterien, nach denen Produkttypologien gebildet werden können

dann bezeichnet man

- F1 als *Poor Dog*,
- F2 als *Cash Cow*,
- F3 als *Question Mark*,
- F4 als *Star*.

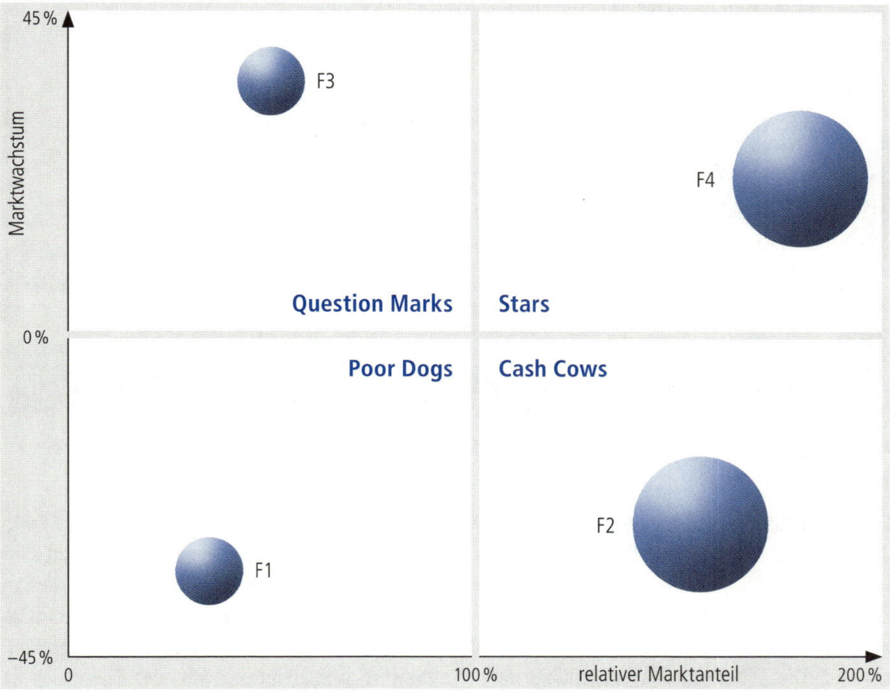

Abbildung III-2 Marktwachstums-Marktanteil-Matrix: Darstellungsweise der Boston Consulting Group

Die Kreisdurchmesser in der Abbildung III-2 kennzeichnen den Umsatz des jeweiligen Kraftfahrzeugs.

Die Produkttypologie nach der Boston-Matrix ist keineswegs unumstritten. Der derzeitige Marktanteil muss nicht unbedingt ein guter Indikator für künftige Cash-Zuflüsse sein. Eine Aussage zur Rentabilität der jeweiligen Fahrzeugproduktion ist auf der Basis dieser Matrix nicht zulässig. Die Trennlinie zwischen niedrigem und hohem Marktanteil ist willkürlich und wird normalerweise bei 100 % gesetzt. Dies bedeutet, dass nur der Marktführer *Cash Cows* und *Stars* in seinem Portfolio haben kann.[2]

Strategische Maßnahmen der Unternehmensführung, wie F1 möglichst schnell vom Markt zu nehmen, die *Cash Cow* weiter zu »melken«, sehr viel Entwicklungskapazität in F3 zu stecken und mit F4 noch stärker in den asiatischen Markt zu investieren, können Fehlentscheidungen sein, da z. B. politische Setzungen in den Abnehmerländern oder Ressourcenausfall u. v. m. unberücksichtigt bleiben.

Produktlebenszyklus-Modell

Die *Produktlebenszyklus-Modelle* von McKinsey entwickeln die Boston-Matrix weiter und vermeiden durch etwas differenziertere Darstellung einige dieser Nachteile (Abbildung III-3). Die Marktattrak-

2 Eine fundierte und teilweise auch kritische Auseinandersetzung mit Portfolio-Analysen findet man z. B. bei Müller-Stewens, G.; Lechner, C.: Strategisches Management, 2. Auflage. Stuttgart: Schäffer-Poeschel, 2003.

tivitätsachse (y-Achse) setzt sich dabei aus Faktoren wie Marktwachstum, Marktgröße, Marktrisiko, Markteintrittskosten, Konkurrenzsituation, Investitionsattraktivität zusammen.[3] Die Unternehmensachse (x-Achse) kann aus dem relativen Marktanteil, der Produktqualität oder aus Preisvorteilen abgeleitet werden.

Marktattraktivität

selektiver Ausbau • auf begrenzte Anzahl von Stärken spezialisieren • Überwindung von Schwächen • Rückzug bei ausbleibendem Wachstum	**Ausbau mit Investition** • um Marktführerschaft kämpfen • selektiv vorhandene Stärken ausbauen • anfällige Bereiche verstärken	**Positionen verteidigen** • Investieren auf maximal verkraftbares Tempo • Kräftekonzentration auf vorhandene Stärken
expandiere begrenzt oder ernte • risikoarme Expansion suchen • Arbeitsprozesse rationalisieren	**Selektion/Gewinnorientierung** • laufendes Programm verteidigen • Konzentration der Investition auf gewinnträchtige und risikoarme Segmente	**selektiver Ausbau** • umfangreich in attraktive Segmente investieren • Konkurrenzabwehr stärken • Produktivitätssteigerung
Desinvestition • zum höchsten Verkaufswert veräußern • Fixkosten senken	**Gewinnorientierung** • Position in rentabelsten Segmenten verteidigen • Sortiment optimieren • Investitionen minimieren	**Verteidigung und Schwerpunktverlagerung** • gegenwärtigen Gewinn realisieren • auf attraktive Segmente konzentrieren • vorhandene Stärken verteidigen

relativer Marktanteil

Abbildung III-3 Produktlebenszyklus-Portfolio-Matrix nach McKinsey[4]

Lebenszyklus

Die Typenbildung nach *Lebenszyklus* und künftiger Marktentwicklung führt zu einer *Produkt-Markt-Matrix.* Hierbei werden der Stand der Technik und die Abschätzung künftiger Entwicklungen stärker berücksichtigt, als dies nach der McKinsey-Matrix möglich ist.[5] Man unterscheidet in diesem Zusammenhang Produkte mit Basis-, Schlüssel- und Schrittmachertechnologien. Investitionen in die Basistechnologie (z. B. Griffigkeit der Pneus in Abbildung III-4) weisen nur geringe Wachstumschancen auf. Die Differenzierung gegenüber dem Wettbewerb gelingt nur schwer, der Preisdruck ist enorm. Mit Schlüssel- oder Schrittmacherprodukten vermag ein Hersteller dagegen, das Markttempo zu bestimmen und Marktanteile zu gewinnen.[6] Abbildung III-4 wird auch als KANO-Modell zur Kategorisierung von Kundenbedürfnissen bezeichnet.[7] Am Beispiel des Fahrrades betrachtet wäre die Verminderung des Tretwiderstands eine Schlüsselleistung, die Speicherung bzw. Abgabe der Bremsenergie eine Schrittmacherleistung.

Produktionswirtschaftliche Kriterien

Produkttypen nach produktionswirtschaftlichen Kriterien können auf Merkmale von Fertigung, Montage oder Materialwirtschaft Bezug nehmen (Abbildung III-1, Bildmitte). Werden Aspekte der Konstruktionssystematik oder der Fertigungstechnologie herangezogen, dann kann damit sehr gut eine systematische Lösungssuche verknüpft werden, z. B. nach der Methode des morphologischen Kastens[8]. Aus

3 Vgl. Müller-Stewens, G. et al.: a. a. O., 2003.

4 Modifiziert nach Day, S.: Analysis for Strategic Marketing Decisions, St. Paul, Minn.: West Publishing 1986, S. 202–204.

5 Vgl. Kramer, F.: Erfolgreiche Unternehmensplanung. Berlin: Beuth, 1998.

6 Sommerlatte, T.: Management erfolgreicher Produkte. Düsseldorf: Symposium, 2008.

7 Kano, N.; Seraku, N.; Takahashi, F.; Tsuji, S.: Attractive quality and must be Quality. In: Quality Journal, 14, 1984, 2, S. 39–48.

8 Der morphologische Kasten ist ein tabellarisches Ordnungsschema, das die Kombinationsmöglichkeiten von Funktionen und gestalterischen Lösungen aufzeigt. Er wird als Methode zur systematischen Lösungssuche benutzt.

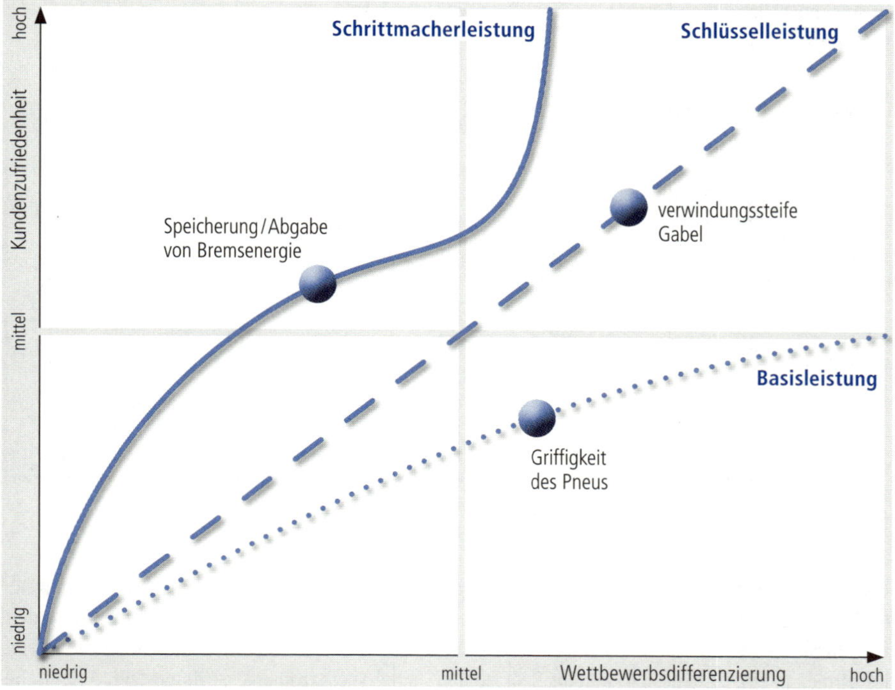

Abbildung III-4 Strategische Entwicklungsschwerpunkte am Beispiel Fahrrad[9]

Funktions- und Wirkstrukturen des Konstrukteurs entwickelt man Lösungsvarianten, die wiederum Basis einer Produkttypologie sein können.

Weiter unten in diesem Kapitel wird insbesondere auf Gliederungskriterien des *Fügens* im Hinblick auf die Gestaltungsmittel des Konstrukteurs eingegangen (vgl. Abschnitt 2.4). Produktionstypen, die sich nach Fertigungs-, Montage- und Logistikaspekten ableiten lassen, werden in Kapitel 6 behandelt.

Die *Wertstromanalyse* (vgl. Teil II, Abschnitt 3.8) verlangt die Bildung von *Produktfamilien.* Dabei wird nach Unterschieden im Produktionsablauf gegliedert. Für jede Produktfamilie ist ein eigener Wertstrom darzustellen.[10] Damit unterscheidet sich die Produkttypologie der Wertstromanalyse grundlegend von z. B. der Typologie nach Marketing-Gesichtspunkten. Wertstromanalyse

Die Bildung von Produktfamilien kann nach dem *Bottom-up-Prinzip* oder dem *Top-down-Prinzip* erfolgen.[11] Im ersten Falle erstellt man eine Matrix aus Produkten und deren Betriebsmittelnutzung. Alle Produkte, die zur (annähernd) gleichen Betriebsmittelnutzung führen, gehören zu einer Produktfamilie (vgl. Teil II, Abschnitt 3.8.2, Abbildung II-153).[12]

Bei breitem Produktspektrum und differenzierten Fertigungs- und Montageprozessen kann die Bottom-up-Vorgehensweise nur bei Anwendung multivariater Analysemethoden zum Ziel führen. Selbst erfahrenen Industrial Engineers gelingt die Produktfamilienbildung nach der »Methode des genauen Hinsehens« nicht.

9 Darstellungsart nach Little, A. D.: ADL Product Innovation Survey. Cambridge, Mass., 1992.
10 Bei Großserienfertigung können auch einzelne Produkte in der Wertstromanalyse analysiert werden.
11 Vgl. Erlach, K.: Wertstromdesign. Berlin: Springer, 2007.
12 Im Teil II, Abschnitt 3.8.2 wird die Produktfamilienbildung nach dem Bottom-up-Prinzip noch weiter detailliert.

Produktionsablaufschema

In solchen Fällen empfiehlt sich als Top-down-Vorgehensweise die Bildung von *Produktionsablaufschemata* (vgl. Abbildung III-5).

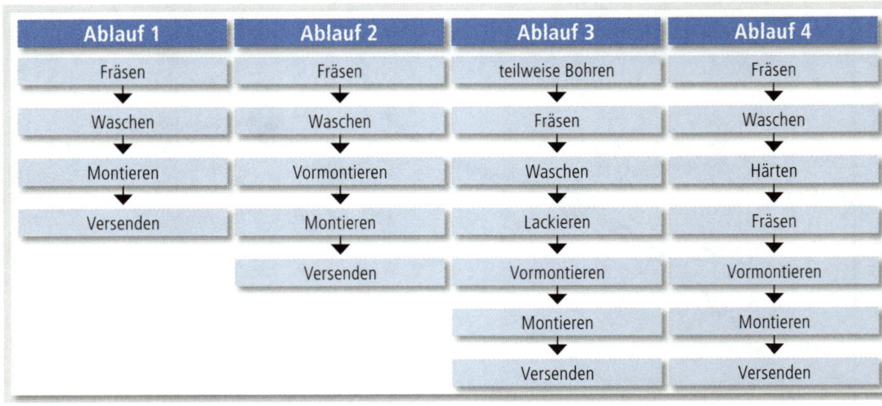

Abbildung III-5 Produktionsablaufschema nach Top-down-Prinzip[13]

Damit sind die grundsätzlich im Betrieb bzw. Unternehmen möglichen Fertigungs- und Montageablauffolgen festgelegt.[14] Die Merkmale, nach denen die Ablaufschemata weiter differenziert werden, entnimmt man den produktionswirtschaftlichen Kriterien der Abbildung III-1. Für jede Produktfamilie wird dann ein einzelnes Produkt als Repräsentant in der Wertstromanalyse dargestellt. Ablaufschemata und Definition der Produktfamilie müssen schriftlich fixiert werden. Neue Produkte sind somit problemlos den vorhandenen Produktfamilien (oder gegebenenfalls auch neuen Produktfamilien) zuzuordnen.

Baureihen/Baukästen

Baureihen oder *Baukästen* (vgl. Abschnitt 2.3.3) können – müssen aber nicht – gleichzeitig Produkttypen sein. Da das Wertstromdesign aus Kundensicht und nachfrageorientiert bzw. marktorientiert durchgeführt wird, sind alle Elemente einer Baureihe oder eines Baukastens keineswegs automatisch auch einer Produktfamilie bzw. einem Produktionssegment zugehörig.[15]

2.1.2 Lebensphasen von Produkten

Kostensenkungspotenzial

In Teil I, Kapitel 2 wurden beim PEP in der Produktentwicklungsphase die entwicklungsrelevanten Aktivitäten angeführt. Das Verlaufsprinzip des Kostensenkungspotenzials und der Änderungskosten über die Wertschöpfungskette hinweg, wie es Abbildung III-6 zu entnehmen ist, ist in der Praxis seit Langem bekannt. Je früher man mit einer gezielten Produktivitätsförderung beginnt, desto

- höher sind die in Produkt und Prozessen begründeten Wettbewerbsvorteile und damit der Kundennutzen,
- geringer sind die bei später notwendigen Verbesserungsmaßnahmen anfallenden Kosten.

13 Erlach, K.: Wertstromdesign. Berlin: Springer, 2007.

14 Die Ablaufschemata können später auch als Strukturgrafiken des Wertschöpfungsprozesses weiterentwickelt und Basis für das Ideal-Layout sein (vgl. Abschnitt 6.2).

15 Z.B. kann es sinnvoll sein, »Orchideen«-Produkte einer Baureihe mit sehr geringer Nachfrage in Einzel- oder Kleinserienfertigung nach dem Werkstattprinzip herzustellen und aus dem Wertstrom der Produktfamilie herauszulösen.

Fertigungsgerechte Produktentwicklung

Durch *fertigungsgerechte Produktentwicklung* in der frühen Phase des PEP sind potenzielle Produktivitätsverluste in Arbeitssystemen und -prozessen vorbeugend zu vermeiden.

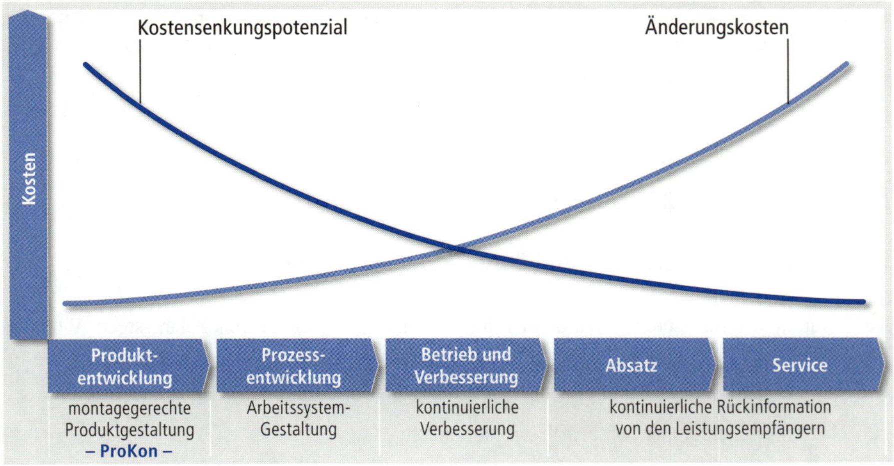

Abbildung III-6 Kostensenkungspotenzial und Änderungskosten über den Produktlebenszyklus[16]

Entwicklung und Konstruktion legen im Regelfall etwa 75 % der Herstellkosten fest. Durch Arbeitssystem-Gestaltung kann ebenfalls noch ein hohes Kostensenkungspotenzial umgesetzt werden (in Abbildung III-6: Phase »Prozessentwicklung«, vgl. Kapitel 5 und 6). Systematisches Verbesserungsmanagement hat dagegen ein geringeres Kostensenkungspotenzial und führt im Regelfall auch zu höheren Änderungskosten (Phase »Betrieb und Verbesserung«, vgl. Teil IV). Rückinformation vom Kunden (Phase »Absatz«) kann dagegen nur für künftige Entwicklungsschritte verwendet werden. Ist das Produkt in der Nutzung, dann gibt es nur geringe Einflussmöglichkeiten auf Betriebs- und Wartungskosten. Betriebs-, Wartungs- und später auch die Entsorgungskosten wurden in der Produktentwicklungsphase durch die Art der Konstruktion, die Wahl der Werkstoffe und die angestrebte Fertigungsqualität weitgehend festgelegt. Die laufenden Kosten der Nutzungsphase steigen gewöhnlich über der Nutzungsdauer an.

Beispiel

Die besonders hohe Bedeutung der Änderungskosten zeigt das Beispiel eines Werkzeugmaschinenherstellers:[17] Der gesamte Entwicklungsaufwand von 168 Personenjahren pro neuer Werkzeugmaschine besteht zu 20 % aus der Entwicklungstätigkeit bis zur Übergabe an die Fertigung, zu 35 % aus Änderungs- und Detaillierungsaufwand in der Konstruktions- und Entwicklungsabteilung bei der Vorbereitung für die Serienfertigung und zu 45 % aus Änderungsaufwand nach Beginn der Serienproduktion. Durch organisatorische Verbesserungen konnten sehr schnell 40 % des Änderungsaufwands eliminiert und über 10 % der Entwicklungskosten sowie über 20 % der Werkzeugkosten eingespart werden.

MTM-Produktivitätsmanagement

Das MTM-Produktivitätsmanagement steht auch für eine abgestimmte Optimierung von Kunden-, Unternehmens- und Mitarbeiternutzen. Bei der Produktentwicklung ist deshalb die gesamte Lebensdauer des Produkts »durchzuspielen«. Gesetzliche Rahmenbedingungen im Kontext der Nachhaltigkeitsdiskussion, wie z. B. das »Kreislaufwirtschaftsgesetz«[18] fordern die Integration ökologischer

16 Vgl. Lindemann U.; Kiewert A.: Kostenmanagement im Entwicklungsprozess – marktgerechte Kosten durch Target Costing. Schäppi, B. et al. (Hrsg.): Handbuch Produktentwicklung. München, Wien: Hanser, 2005.

17 Sommerlatte, T.: Management erfolgreicher Produkte. Düsseldorf: Symposion, 2008, S. 81.

18 KrW-/AbfG – Gesetz zur Förderung der Kreislaufwirtschaft und Sicherung der umweltverträglichen Beseitigung von Abfällen. Stand 27. September 1994.

Aspekte schon in der frühen Phase der Entwicklung. Ein zusätzlicher Aspekt ist das – zumindest international – wachsende Interesse der Kunden an den Arbeitsbedingungen im Herstellungsprozess.[19] Konzepte zur *Integrierten Produktentwicklung* müssen die Konsequenzen der Produktgestaltung für die Arbeitssysteme und die Auswirkungen auf die späteren Nutzer betrachten. In hart umkämpften Märkten werden Wettbewerbsvorteile auch durch nutzungsgerecht gestaltete Produkte erschlossen, was bis heute offenbar nicht alle Unternehmen so sehen.

2.2 Vorgehen bei der Produktentwicklung

2.2.1 Innovationsstrategie und Entwicklungsprozesse

Produktentwicklungsprozess

Der Produktentstehungsprozess wurde in Teil I, Abschnitt 2.5.3 als Überblick dargestellt (Abbildungen I-18 und I-19). In diesem Kapitel wird der *Produktentwicklungsprozess* detailliert und die Erfolgsfaktoren einer geglückten Produktentwicklung werden beschrieben.

Zunächst unterscheidet man, ob es sich darum handelt,

- mit neuen Produkten neue Märkte zu erschließen,
- mit Veränderungen im Produktmix sich Vorteile im Wettbewerb zu verschaffen,
- bestehende Produkte an veränderte Normen oder gesetzliche Vorschriften anzupassen,
- die Eigenschaften, Erlöse, Deckungsbeiträge etc. von Produkten oder Produktfamilien zu verbessern.

Die erfolgreiche Produktentwicklung wird durch die Faktoren

- Innovationsstrategie des Unternehmens,
- Kompetenzen und Unternehmenskultur,
- Ressourcen und
- Entwicklungsprozess

bestimmt (Abbildung III-7).

19 Vgl. Zink, K; Eberhard, D.: Integration arbeitswissenschaftlicher Aspekte in ein lebenszyklusorientiertes Produktmanagement, Zeitschrift für Arbeitswissenschaft (62) 2008/2.

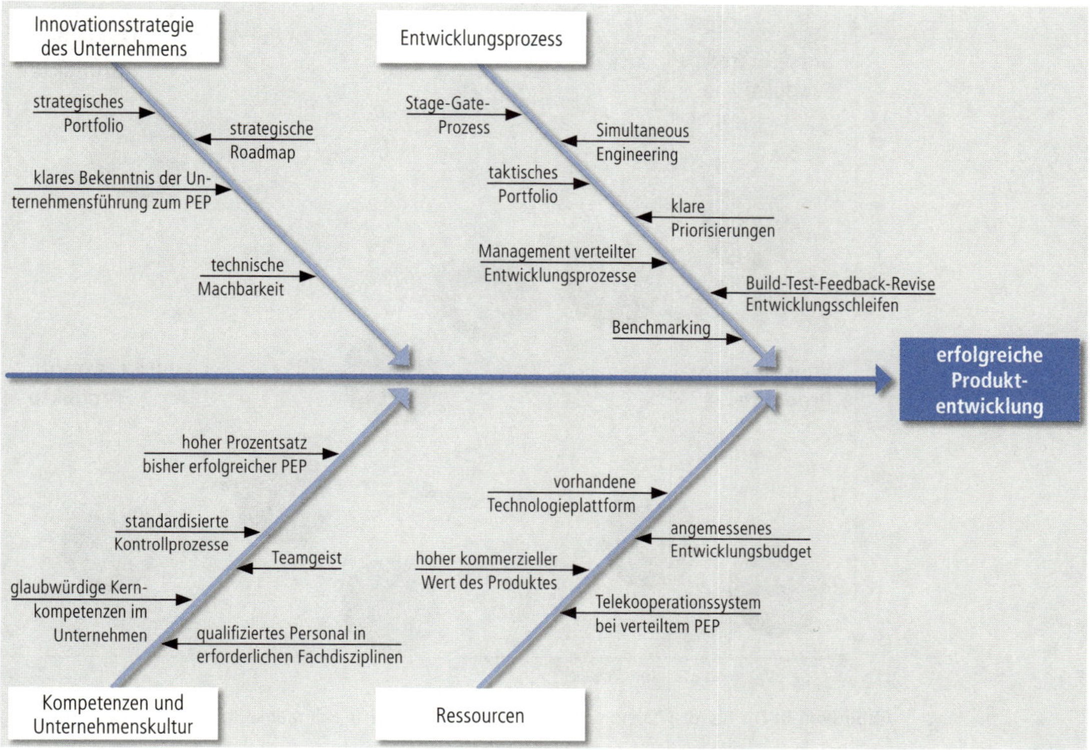

Abbildung III-7 Ishikawa-Diagramm[20] für erfolgreiche Produktentwicklungen

Strategisches Portfolio

Die Innovationsstrategie des Unternehmens setzt am *strategischen Portfolio* an (Ast links oben des Ishikawa-Diagramms, Abbildung III-7). Das strategische Portfolio ist Teil der Geschäftsstrategie und von Vision, Wertesystem, Geschäftsfeldern und Kernkompetenzen abhängig (vgl. Teil I, Abschnitt 3.3). Das strategische Portfolio kann man als Vierfelder-Tafel – ähnlich Abbildung III-2 – darstellen (Abbildung III-8). In der Senkrechten werden die Marktattraktivität, in der Waagrechten die erwarteten Umsätze aufgetragen. Jedes (potenzielle) Produkt wird in den beiden Dimensionen mit einer einfachen Checkliste nach der Erfahrung von Entwicklern und Geschäftsleitung eingestuft. Die Mittel- oder Modalwerte werden im Diagramm dargestellt. Das Feld links oben »aussichtsreiche Produkte« enthält die Entwicklungen, die als erste verfolgt werden sollten.

20 Das Ishikawa-Diagramm (Ursache-Wirkungs-Diagramm oder Fischgrät-Diagramm) ist eine von Kaoru Ishikawa entwickelte Diagrammform, die Kausalitätsbeziehungen darstellt.

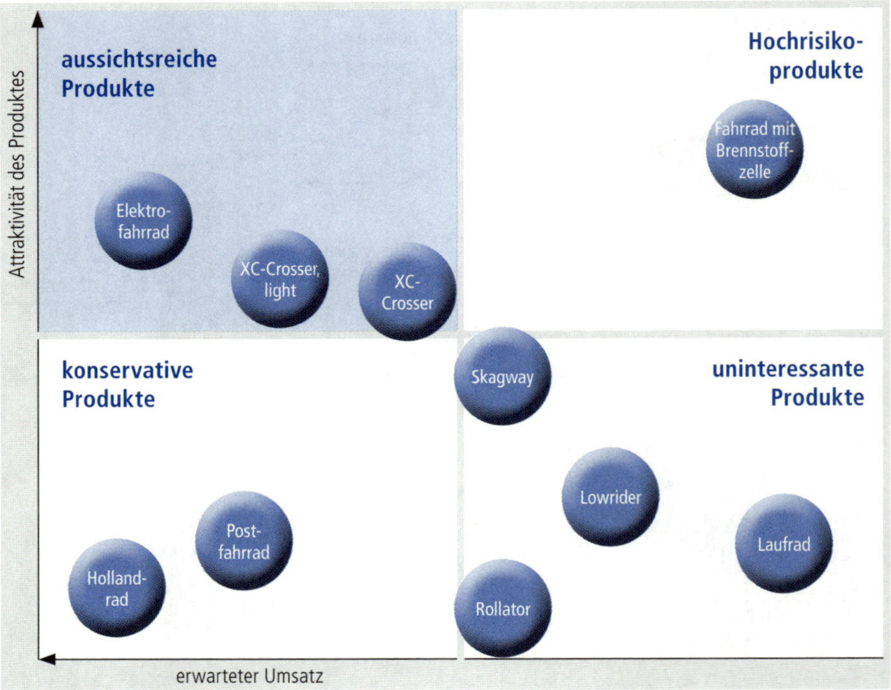

Abbildung III-8 Beispiel für ein strategisches Portfolio aus dem Fahrradmarkt

Stage-Gate-Darstellung

Es gibt mannigfaltige Ansätze, den Produktentwicklungsprozess als Phasenschema darzustellen.[21] Die *Stage-Gate-Darstellung* hat sich in vielen Industrieanwendungen bewährt. Der Produktentwicklungsprozess wird hierbei in etwa vier bis sechs Phasen zerlegt, die jeweils in *Gates* überprüft werden.[22]

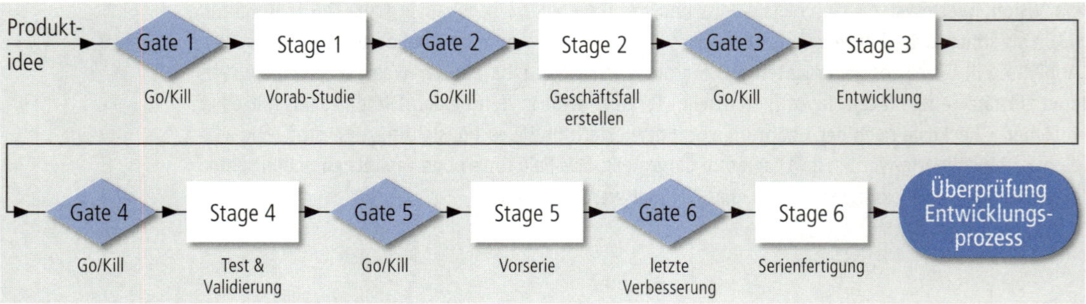

Abbildung III-9 Stage-Gate-Entwicklungsprozess[23]

21 An dieser Stelle wird der Entwicklungsprozess aus einer Makro-Sicht dargestellt. Führungskräfte im Unternehmen können anhand von Abbildung III-9 sehen, wie das derzeitige Entwicklungsstadium ist und ob sich z. B. ein Vorhaben mit vertretbaren Kosten noch stoppen lässt. Für das Entwicklungsteam reicht diese Darstellung nicht aus. Insbesondere wird daraus die Vernetzung innerhalb der Entwicklungsaufgaben nicht sichtbar. Für diese Fälle bevorzugen wir deshalb die Darstellung in einem Netzwerk, z. B. mit dem Münchener Vorgehensmodell (Abschnitt 2.2.3).

22 Die Vorgehensweise ist mit den *quality gates* im Qualitätsmanagement verwandt (vgl. Teil IV, Abschnitt 3.2).

23 Cooper, R. G.: Doing it right – winning with new products. Ivey Business Journal, July-August 2000, S. 54–60.

Gates

Die Vorgehensweise erfolgt vom Groben zum Feinen. Wichtig sind diese *Gates* deshalb, weil nach jeder Phase eine harte Prüfung erfolgt, so dass Fehlentwicklungen nach menschlichem Ermessen vermieden oder rechtzeitig abgebrochen werden können. An jedem *Gate* müssen vorher definierte Soll- und Kann-Anforderungen erfüllt werden. Hier werden die Entscheidungen »Go«, »Kill«, »Hold« oder »Recycle« getroffen. Weiterhin erfolgt eine Qualitätskontrolle des Projekts. In alle Phasen sind Entwickler und Entscheider aus unterschiedlichen Fachdisziplinen bzw. Unternehmensbereichen involviert. Herkömmliche Phasenschemata wie »F&E«, »Marketing« werden vermieden.

An Gate 1 werden Produktideen aus anderen Projekten, von Kunden, aus dem Forschungsbereich des Unternehmens etc. ausgewählt und anhand des strategischen Produkt-Portfolios überprüft.[24] Nur wenige, qualitative Entscheidungskriterien kommen hier zum Zuge. Danach werden – üblicherweise niedrige – Mittel für eine Vorabstudie (Stage 1) freigegeben. Die Vorabstudie kann im Regelfall mit nur wenigen Personentagen durchgeführt werden. Sie konzentriert sich auf überblicksmäßige Studien des Marktes und der technischen Machbarkeit. An Gate 2 erfolgt eine strengere Prüfung. Erfolgt hier die Freigabe, dann wird ein Geschäftsfall (*Business Case*) mit einem größeren Budget installiert. Gate 3 ist die letzte Stopp-Möglichkeit vor der eigentlichen Entwicklungsphase. Nach Stage 3 liegt ein Prototyp vor, der im Labor getestet werden kann (Stage 4). Nach Gate 5 kann eine Vorserie hergestellt werden. Wenn die Prüfung in Gate 5 letzte Produktverbesserungen ergibt, kann die Serienfertigung beginnen (Stage 6). Das Entwicklungsvorhaben wird jetzt beendet, das Team aufgelöst. Das Produkt wird zum »Standard« in der Produktpalette des Unternehmens. Wichtig ist jetzt auch eine Überprüfung des Entwicklungsprozesses, um aus Fehlern für künftige Entwicklungsprozesse zu lernen.

Während die meisten Faktoren in Abbildung III-7 selbsterklärend sind, müssen neben dem strategischen Portfolio und dem Stage-Gate-Prozess noch erklärt werden:

- Strategische Roadmap,
- Taktisches Portfolio,
- Management und Telekooperation verteilter Entwicklungsprozesse,
- Simultaneous Engineering und
- Build-Test-Feedback-Revise-Entwicklungsschleifen.

Strategische Roadmap

Die *Strategische Roadmap* zeigt über dem Zeitstrahl die wichtigsten mittel- und langfristig angelegten Entwicklungsprojekte und eventuelle Entwicklungsplattformen auf (Abbildung III-10). Taktische Roadmaps listen dagegen alle Produkte und Varianten über der Zeitachse auf. Die Betrachtung ist hier kurz- bis mittelfristig.

Verteilter Produktentwicklungsprozess

Durch Globalisierung, Komplexität der Aufgaben, hohe Entwicklerkompetenz an verschiedenen Orten und Minimierung von Entwicklungszeiten ist der *verteilte Produktentwicklungsprozess* heute nicht mehr die Ausnahme, sondern fast die Regel.[25] Hierfür ist jedoch eine angemessene Kommunikations- und Kooperationsumgebung im Unternehmen die Voraussetzung. Für Standardprozesse werden formalisierter Datenaustausch und *Workflow-Management* notwendig. Gleichzeitig müssen aber unstrukturierte und Ad-hoc-Aufgaben in einem Entwicklernetzwerk realisiert werden können. Hierfür sind Videokonferenzen und Desktop-Videokonferenzen[26] erforderlich – nicht nur, um die technische Qualität der Lösung zu verbessern, sondern auch um die soziale Präsenz zwischen den Entwicklern herzustellen. Für die gemeinsame Bearbeitung müssen den (autorisierten) Mitgliedern

24 Cooper, R. G.; Kleinschmidt, E. J.: Stage-gate process for new product success. Product Development Institute Inc., 2010.

25 Koppenhöfer, C.; Johannsen, A.; Krcmar, H.; Bumiller, J.: Bedarf und Nutzung von Telekooperationssystemen im verteilten Produktentwicklungsprozess. http://www.w-infobase.de/lehrstuhl\publikat.nsf, 2010.

26 Desktop-Videokonferenzen benötigen keinen Videokonferenzraum. Sie werden DV-unterstützt direkt am Arbeitsplatz durchgeführt.

der Entwicklungsgruppe eine Datenbasis sowie Werkzeuge zum *Joint Viewing* und *Joint Editing* zur Verfügung gestellt werden.[27]

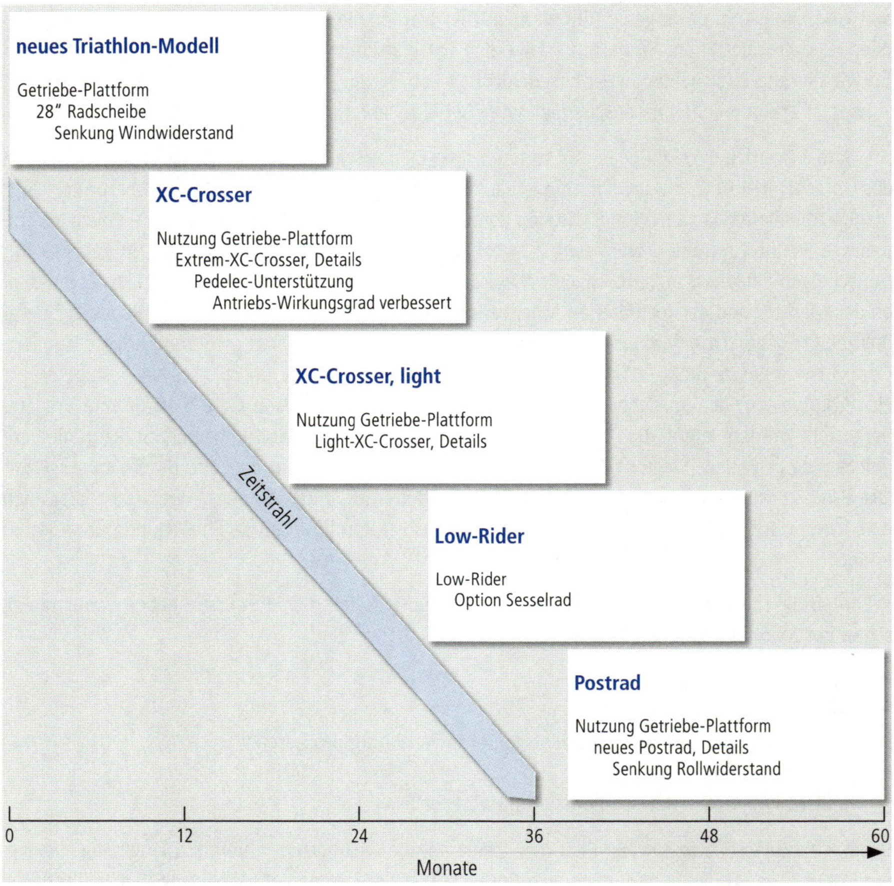

Abbildung III-10 Strategic Roadmap am Beispiel einer Fahrradentwicklung

Simultaneous Engineering

Simultaneous Engineering ist ein wichtiges Instrument zur Verkürzung der Markteintrittszeit. Hierauf wird im Abschnitt 2.2.5 eingegangen.

Build-Test-Feedback-Revise

Bei anspruchsvollen technischen Neuentwicklungen, insbesondere bei Hochrisiko-Produkten (vgl. z. B. Abbildung III-8, Elektrofahrrad mit Brennstoffzelle), sind nicht alle Phasen im *Stage-Gate*-Prozess möglich.[28] Produktspezifikationen sind noch unklar, Marktanalysen nicht möglich, da der Markt noch nicht eingeschätzt werden kann. Hierfür kommen modifizierte Stage-Gate-Prozesse infrage, z. B. mit einfacheren Beurteilungsinstrumenten. Üblicherweise werden solche Produktentwicklungen iterativ ablaufen, d. h. der Stage-Gate-Prozess wird Schleifen haben (*Build-Test-Feedback-Revise*).

27 So wird z. B. Electronic Data Interchange (EDI) für den Austausch elektronischer Geschäftsdokumente bei über 80 % der europäischen Automobilindustrie eingesetzt. Auf dieser Basis ist jedoch ein Telekooperationssystem mit der erforderlichen sozialen Präsenz nicht möglich.

28 Cooper, R. G.: Managing Technology Development Projects. IEEE Engineering Management Review, 35, 2007, 1, S. 67–76.

2.2.2 Bedeutung der Konstruktion im Rahmen der Produktentwicklung

Vorgehensmodelle

Die Einbettung des *Konstruktionsprozesses* in den PEP, also das eigentliche Product Engineering, kann man nach verschiedenen Gesichtspunkten vornehmen. Vorgehensmodelle dienen

- als Hilfsmittel zur Planung von Entwicklungsprozessen,
- als Orientierungshilfe bei der Problemlösung,
- zur Analyse und Reflexion des Vorgehens (auch im Nachhinein).[29]

Konstruieren

Konstruieren ist eine Ingenieurtätigkeit, die

- alle Gebiete des menschlichen Lebens berührt,
- sich der Gesetze und Erkenntnisse der Naturwissenschaft bedient,
- zusätzlich auf speziellem Erfahrungswissen aufbaut und
- die Voraussetzungen zur stofflichen Verwirklichung von Lösungsideen schafft.[30]

Konstrukteure arbeiten insbesondere im Maschinen- und Anlagenbau, in der Metallverarbeitung, im Fahrzeugbau, in der Elektrotechnik, in der Kunststoffindustrie, in der Luft- und Raumfahrt sowie in Ingenieurbüros verschiedener Branchen. Sie konzipieren, entwerfen und berechnen. Ihre Arbeit beginnt mit der Anforderungsanalyse und setzt umfangreiche Kenntnisse und Erfahrungen in den naturwissenschaftlich-technischen Grundlagen, der Mechanik, Elektrotechnik, Mechatronik und der Konstruktionsmethodik[31] voraus.

Bevor Zeichnungen und Berechnungen entstehen, sind Lösungsprinzipien zu entwickeln[32]. In der Startphase werden oft Handskizzen angefertigt. Zunehmend wird jedoch von Beginn an mit CAD gearbeitet, weil sich durch die virtuelle Entwicklung des Konstruktionsobjektes spätere Eigenschaften (z. B. die Gebrauchstauglichkeit) sehr früh testen lassen. Im Verlaufe des Konstruktionsprozesses werden die erzielten Eigenschaften immer wieder mit den Lastenheft-Kriterien abgeglichen und das Konstruktionsobjekt so iterativ den gegebenen Anforderungen angenähert.

Produkteigenschaften

Bei der *Konstruktion* werden alle wichtigen Produkteigenschaften bestimmt, z. B. die Funktionserfüllungen, Handhabungssicherheit, ergonomischen Eigenschaften, wirtschaftliche Produzierbarkeit, leichte und sichere Transportierbarkeit, Servicefreundlichkeit und die Entsorgbarkeit.[33] Deshalb arbeitet die Konstruktion im Rahmen des PEP insbesondere mit der Produktion, dem Industrial Engineering und dem Qualitätsmanagement eng zusammen (vgl. Abbildung III-11). Eine Voraussetzung für ein wettbewerbsfähiges Produkt ist seine kostengünstige Konstruktion. Der Konstrukteur kann die späteren Herstellungs-, Nutzungs- und Entsorgungskosten maßgeblich beeinflussen. Zunehmende Bedeutung gewann in den letzten Jahren die sogenannte »nachhaltige Konstruktion«, bei der die Recylinggerechtheit des Konstruktionsobjektes im Mittelpunkt steht. Konstrukteure haben auch wichtige Managementfunktionen. Beispielsweise beobachten und analysieren sie technische Trends und leiten daraus Empfehlungen und Vorschläge ab für die zukünftige Produktpolitik des Unternehmens.

29 Lindemann, U.: Methodische Entwicklung technischer Produkte, 3. Auflage. Berlin: Springer, 2009.
30 Martyrer, E.: Der Ingenieur und das Konstruieren, Konstruktion 12 (1960), S. 1–4.
31 Hacker, W.; Wetzstein, A.; Römer, A.: Gibt es Vorgehensmerkmale erfolgreichen Entwickelns von Produkten? Zeitschrift für Arbeitswissenschaft, 56 (2002) 05, S. 305–317.
32 Das methodische Entwickeln von Lösungsprinzipien wird in der Richtlinie VDI 2222 (Blatt 1) behandelt. Diese Richtlinie enthält eine Anleitung, wie das Finden der »prinzipiellen Lösung« eines technischen Produkts methodisch vollzogen und dokumentiert werden kann.
33 Pahl, G.; Beitz, W.; Feldhusen, J.; Grote, K. H.: Konstruktionslehre. Berlin: Springer, 2003.

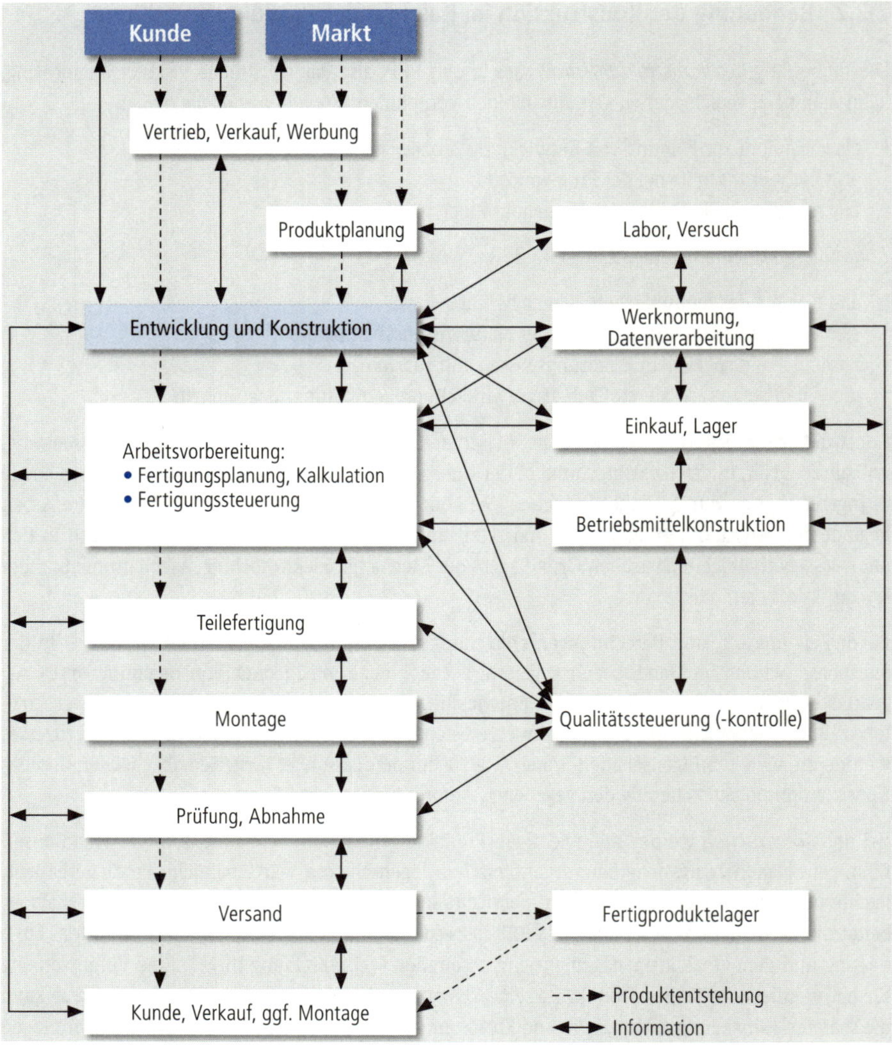

Abbildung III-11 Stellung von Entwicklung und Konstruktion im Unternehmen[34]

2.2.3 Methoden der Produktentwicklung

Allgemein verbindliche *Methoden der Produktentwicklung* gibt es nicht. Stattdessen steht dem Konstrukteur bzw. dem Entwicklungsteam eine Reihe von Vorgehensweisen zur Verfügung, die je nach Ausbildung, Vorlieben und dem aktuellen Problem angewendet werden kann (Abbildung III-12).

34 Pahl, G. et al.: a. a. O., 2003.

Methode	Inhalt	Ziele
Analysieren	Informationsgewinnung durch Zerlegen und Aufgliedern; Untersuchen der Eigenschaften einzelner Elemente.	Erkennen, Definieren, Einordnen, Strukturieren, Problemanalyse, Schwachstellenanalyse.
Abstrahieren	Durch Verallgemeinern und Vereinfachen einen übergeordneten Zusammenhang finden.	Problem so definieren, dass es von Zufälligkeiten befreit ist und einer möglichst allgemeingültigen Lösung zugeführt werden kann.
Synthese	Informationsverarbeitung durch Bilden von Verbindungen, durch Verknüpfen von Elementen; Aufzeigen einer neuen Ordnung; Ganzheits- oder Systemdenken anwenden; Anwendung von Systemtechnik, Wertanalyse etc.	Systemdarstellung des Problems.
Methode des gezielten Fragens	Auf selbst gestellte oder vorgelegte Fragen konzentrieren; Intuition anregen; Checklisten verwenden.	Mit gezielten Fragen zu einer neuen Sichtweise des Problems kommen.
Methode der Negation und Neukonzeption	Mit bewusster Negation von bekannten Lösungen ausgehen; Weglassen von Elementen; methodisches Zweifeln.	Aus bewusster Umkehrung neue Lösungsmöglichkeiten generieren.
Methode des Vorwärtsschreitens	Von einem ersten Lösungsansatz ausgehen, dann alle denkbaren oder möglichst viele Wege einschlagen; Methode des morphologischen Kastens anwenden.	Mit divergentem Denken Lösungssuche beschreiten.
Methode des Rückwärtsschreitens	Von der Zielsituation ausgehen; rückwärts schreitend alle nur denkbaren Wege entwickeln, die zu diesem Ziel führen; von idealem System ausgehen.	Idealsystem als Messlatte schaffen.
Methode des Systematisierens	Durch systematische Variation ein vollständiges Lösungsfeld schaffen; schematisierte Darstellung von Merkmalen und Lösungen.	Durch Aufbau und Ergänzung einer Ordnung neue Lösungen finden.
Arbeitsteiligkeit und Zusammenarbeit	Bei komplexen Fragestellung ist die Arbeitsteilung nach Qualifikationen und Fachrichtungen unumgänglich; Methoden: Brainstorming, Methode 6-3-5, Delphi-Methode, Synektik etc.	Durch Arbeitsteilung Informationsdefizite abbauen und gegenseitige Anregungen schaffen.

Abbildung III-12 Übersicht zu den Konstruktionsmethoden[35]

Konstruktionsmethodik

In der Vergangenheit hat sich die in Abbildung III-13 dargestellte Vorgehensweise vor allem aus didaktischer Sicht bewährt.[36] Sie hilft jungen und unerfahrenen Entwicklern, sich zurechtzufinden und nach einem »Rezept« eine Produktentwicklung durchzuführen.

Die Realität lässt sich aber in der Mehrzahl der Fälle nicht durch linear-sequenzielle Vorgehensmodelle beschreiben. Stattdessen muss man von einer »Entwicklungslandkarte« mit Netzwerkcharakter ausgehen. Es sind ganz verschiedene Wege in diesem Netz möglich – je nach der zu lösenden Entwicklungsaufgabe.

35 Pahl, G. et al.: a. a. O., 2003, S. 72–77.

36 VDI-Richtlinie 2221: Methodik zum Entwickeln und Konstruieren technischer Systeme und Produkte. Düsseldorf: VDI-Verlag 1993; VDI-Richtlinie 2222, Blatt 1: Methodisches Entwickeln von Lösungsprinzipien. Düsseldorf: VDI-Verlag 1997; VDI-Richtlinie 2220: Produktplanung; Ablauf, Begriffe und Organisation. Düsseldorf: VDI-Verlag 1980.

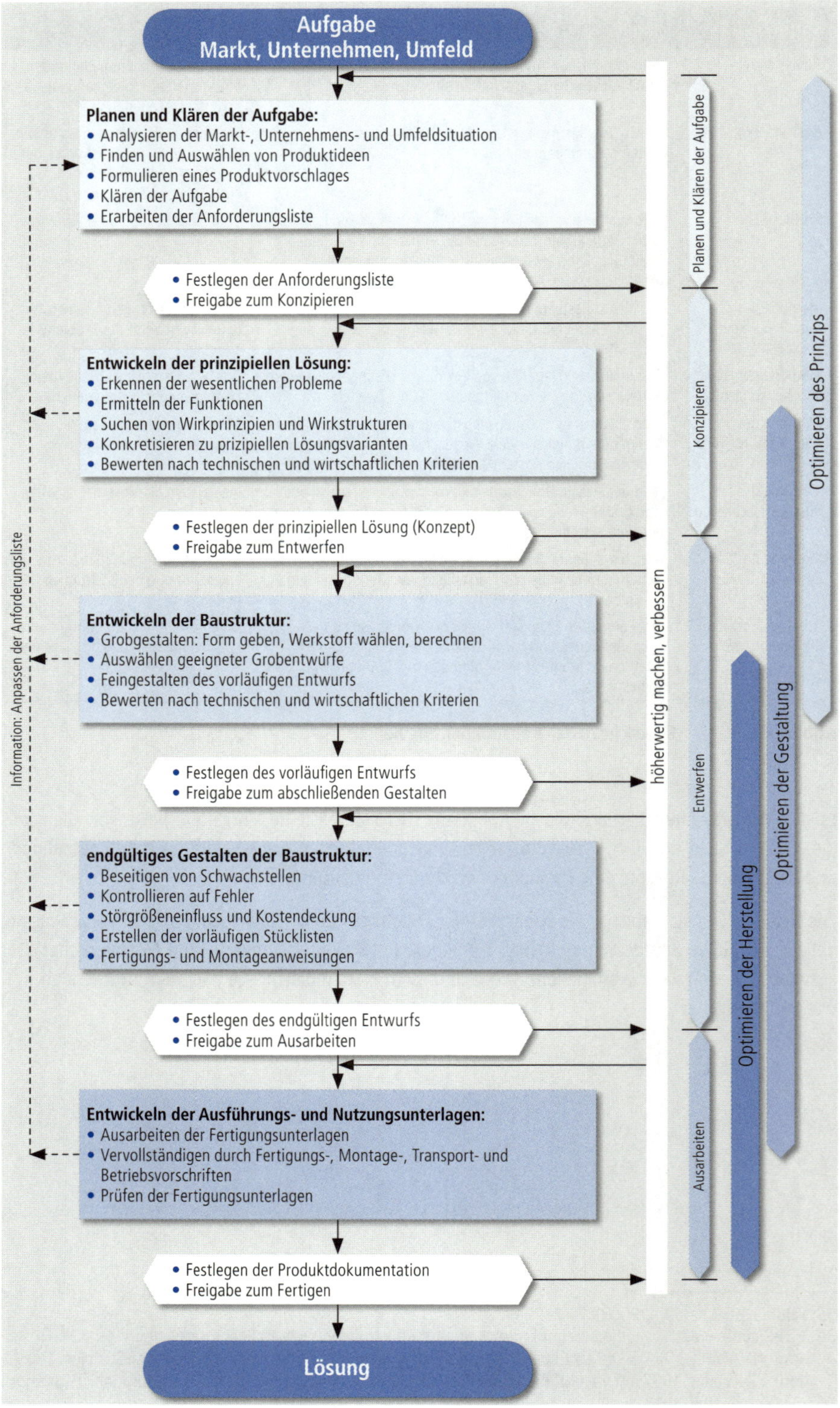

Abbildung III-13
Die wichtigsten Arbeitsschritte bei der Produktentwicklung[37]

Münchener Vorgehensmodell

Das »*Münchener Vorgehensmodell*«, das hier stellvertretend für viele andere Entwicklungsnetzwerke dargestellt wird (Abbildung III-14), enthält die folgenden Schritte:[38]

- Ziel planen (Kunden, Märkte, Produkte, Wettbewerber werden analysiert, eine Entwicklungsprognose wird erstellt),
- Ziel analysieren (detaillierte Untersuchung von Funktionen, Normen, Vorschriften, Fertigungsverfahren etc.),
- Problem strukturieren (Entwicklungsschwerpunkte identifizieren, Transparenz schaffen),
- Lösungsideen ermitteln (systematische Ideensuche und -bewertung),
- Eigenschaften ermitteln (Erkennen von Produkteigenschaften und -schwachstellen),
- Entscheidungen herbeiführen (strukturierte Auswahl einer Gestaltungslösung),
- Zielerreichung absichern (präventive Maßnahmen zur Qualitätssicherung, Vermeidung von Imageverlusten und Schadensersatz).

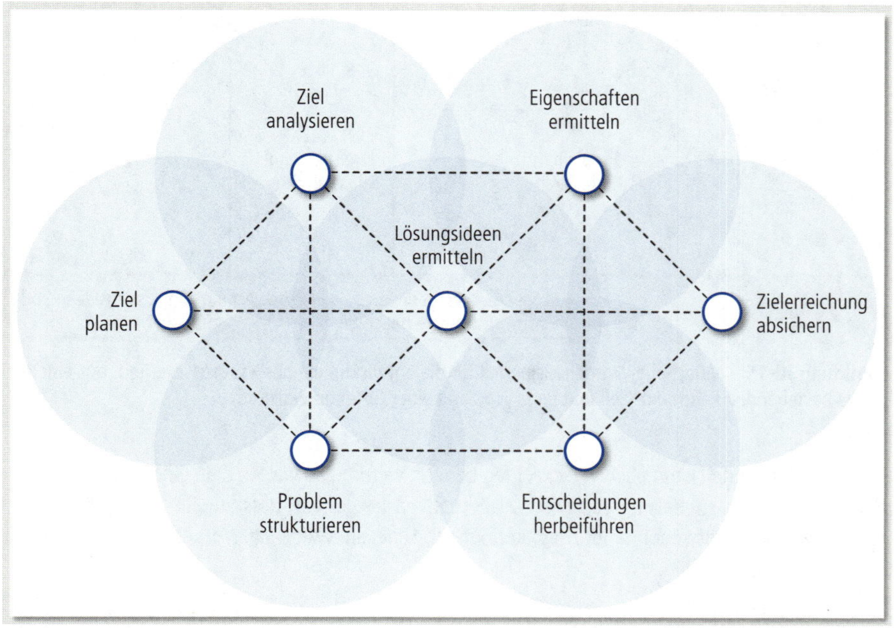

Abbildung III-14 Münchener Vorgehensmodell als Beispiel eines Entwicklungsnetzwerkes[39]

Beispiel

Am Beispiel Entwicklung eines »XC-Crossers, light« unter Plattform-Nutzung (Getriebe-Plattform und Bauteile des XC-Crossers, normal) aus dem Beispiel »Fahrradmarkt« (vgl. Abbildung III-8; Abbildung III-10) wird deutlich, dass nicht alle Wege im Netzwerk des Münchener Vorgehensmodells gegangen werden müssen (Abbildung III-15): Nach Klärung der Marktchancen für ein Light-Modell wird eine Anforderungsliste erstellt, Lösungsideen werden generiert, Eigenschaften der verschiedenen Lösungsalternativen werden untersucht – dieser Weg wird mehrfach gegangen – eine abschließende Entscheidung wird danach herbeigeführt.

37 Pahl, G. et al.: a. a. O., 2003, S. 170.
38 Lindemann, U.: a. a. O., 2009.
39 Lindemann, U.: Methodische Entwicklung technischer Produkte, 3. Auflage. Berlin: Springer, 2009, S. 47.

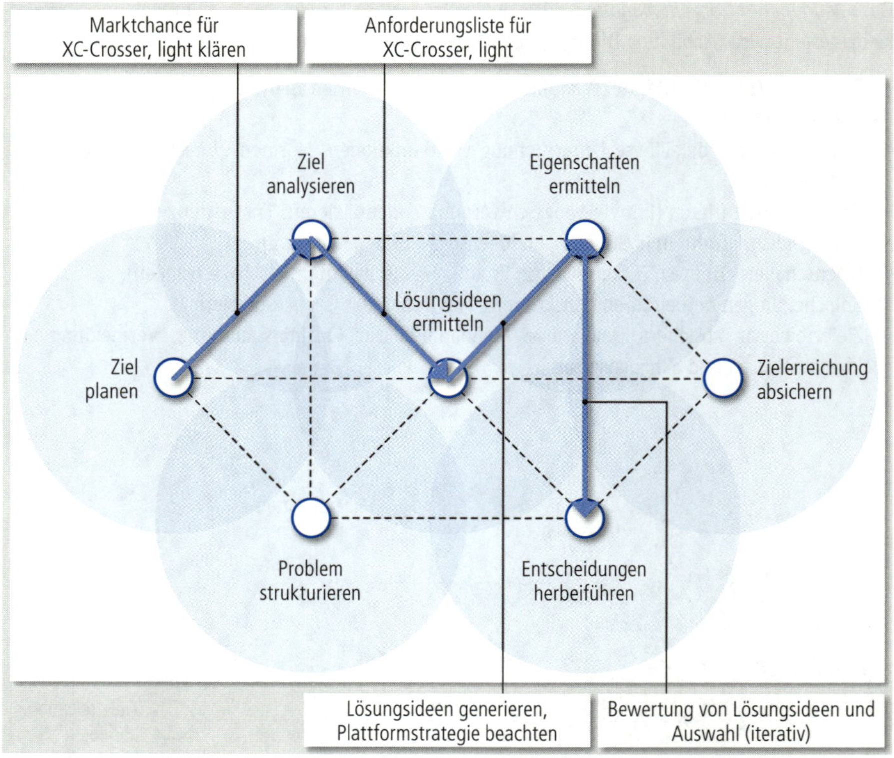

Abbildung III-15 Münchener Vorgehensmodell für die Entwicklung eines XC-Crossers, light aus einem bereits bestehenden Fahrradmodell und unter Nutzung einer Getriebe-Plattform

Das Vorgehensmodell kann auch verschachtelt benutzt werden. So wird z. B. in einem Entwicklungsprozess nach der Generierung von Lösungsalternativen festgestellt, dass zur Ermittlung der Eigenschaften Versuche notwendig sind. Diese können mit Hilfe eines Versuchs-Vorgehensmodells geplant und durchgeführt werden.[40]

2.2.4 Anforderungsliste, Lasten- und Pflichtenheft

Anforderungsliste

Die *Anforderungsliste* ist ein wichtiges Dokument, um die Ergebnisse der Zielanalyse (in Abbildung III-14) festzuhalten und während des jetzt anlaufenden Entwicklungsvorhabens für alle Teammitglieder die wichtigsten Informationen stets präsent zu haben (Abbildung III-16). Oft ist die Anforderungsliste (oder ein Teil davon) Bestandteil des Vertrages mit dem Kunden. Anhand der Anforderungsliste kann die spätere Produktabnahme erfolgen.[41]

Die Anforderungsliste in Abbildung III-16 zeigt am Beispiel Cross-Fahrrad für ausgewählte Baugruppen die zu erfüllenden technischen Bedingungen (»Minimum, Maximum und/oder Mittelwert«). Sie informiert über die Herkunft dieser Anforderungen (»Quelle«) und kennzeichnet farbig nach einem

40 Lindemann, U.: a. a. O., 2009, S. 47.
41 DIN 69901-5: Projektmanagement – Projektmanagementsysteme – Teil 5: Begriffe; VDI 2519, Blatt 1: Vorgehensweise bei der Erstellung von Lasten-/Pflichtenheft.

Ampelschema Kosten- und Nutzentrends. Weiterhin ist die Unterscheidung nach den Kategorien »Forderung« oder »Wunsch« möglich.

Die Anforderungen sollen lösungsneutral, positiv formuliert, klar und eindeutig sein.[42] Andere Begriffe für die Anforderungsliste sind:

Lastenheft, Pflichtenheft

- *Lastenheft*: Dies ist die Anforderungsliste des Kunden, die bei Auftragserteilung zum Vertragsbestandteil wird.
- *Pflichtenheft*: Das ist die Anforderungsliste des Herstellers. Sie enthält das Lastenheft des Kunden sowie darüber hinaus Pflichten, die aus Fertigungsverfahren, innerbetrieblicher Normung etc. resultieren.

ID	Kategorie	Quelle	Forderung/ Wunsch	Min.	Mittel	Max.	Beschreibung	Kostentrend	Nutzentrend	Bemerkung
Federgabel	...	...	...	...	...	...	...	...	...	...
	Federweg	Team	F	40 mm		100 mm				
	Right-side-up-Prinzip	Kundenvorschlag	F						hoch	
	Dämpfung	intern	W				open cartridge	niedrig		
	...	...	...	...	...	...	...	...	...	...
Rahmen	Höhe	Marktanalyse	F	440 mm		610 mm				
	Oberrohrlänge	Marktanalyse	F	575 mm		630 mm				
	Kettenstrebenlänge	Marktanalyse	F	440 mm		440 mm				
	...	...	...	...	...	...	...	...	...	...

Abbildung III-16 Auszug aus einer Anforderungsliste

2.2.5 Simultaneous Engineering

Produktlebenszyklus

Mitte der 1980er-Jahre wurde in vielen Industrieunternehmen immer deutlicher, dass die lange Zeitdauer für die Entwicklung neuer Produkte erhebliche Wettbewerbsnachteile mit sich brachte. Wer mit einem neuen Produkt als erster auf dem Markt erschien, konnte nicht nur größere Marktanteile gewinnen, sondern auch die Preise für sein Produkt wesentlich mitbestimmen. Hinzu kam, dass in vielen Bereichen die Produktlebenszyklen durch die zunehmende Entwicklung neuer Technologien und Fertigungsverfahren immer kürzer wurden. So tat sich eine gefährliche Kluft zwischen der viel zu langen Produktentwicklungszeit und der nachfolgenden Lebensdauer des Produkts auf.[43]

Abbildung III-17 zeigt das »Aneinander-vorbei-Arbeiten« – das im PEP häufig anzutreffen ist – und die vielen, zum großen Teil unnötigen Entwicklungsschleifen (oberer Teil der Abbildung) und die Potenziale zur Zeiteinsparung (unterer Teil der Abbildung).

CIM-Strategien

Zunächst versuchten viele Unternehmen, durch die datentechnische Vernetzung in der Produktion unter früher Einbeziehung der Daten aus der Konstruktion die Produktentstehungszeiten abzukürzen, was jedoch nur begrenzt möglich war, da die Ursachen langer Entwicklungszeiten nur zum geringen Teil beseitigt wurden. Diese CIM-Strategien (CIM = Computer Integrated Manufacturing) waren jedoch eine wichtige Voraussetzung für die grundlegende organisatorische Änderung der Entwicklungsabläufe im Sinne von Simultaneous Engineering (SE).

42 Lindemann, U.: a. a. O., 2009.
43 Zu diesem Abschnitt vgl. Landau, K.; Hellwig, R.: Projektmanagement – Grundlagen und Anwendungen. Stuttgart: Ergonomia, 2004.

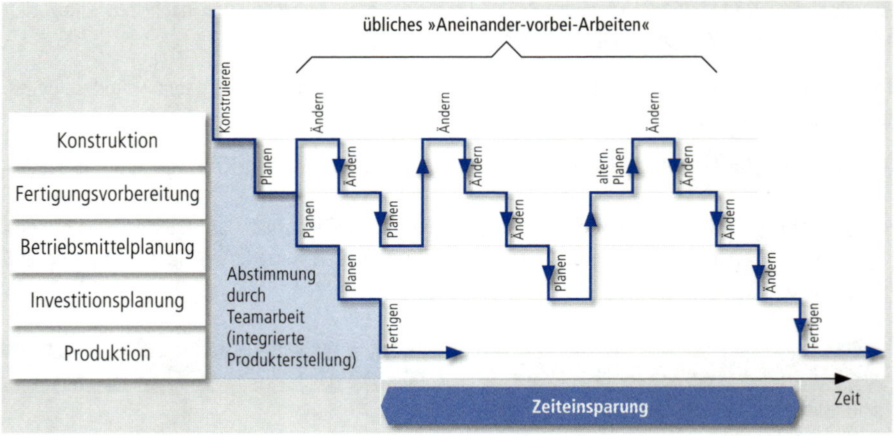

Abbildung III-17 Potenziale für Zeit- und Kosteneinsparung[44]

Parallelisierung

Heute wird SE in vielen Firmen angewendet, vor allem in der Automobilindustrie, wobei insbesondere die vielen Systempartner (Zulieferer) sehr frühzeitig mit in die Entwicklung einbezogen werden. Jedoch muss man bei genauer Analyse der dort praktizierten Abläufe feststellen, dass man unter SE lediglich die Parallelisierung der Entwicklungsphasen versteht. Das ist jedoch nur die halbe Wahrheit, denn der gesamtheitliche, professionelle Ansatz von SE beinhaltet auch die Optimierung der gesamten Prozesskette auf den verschiedensten Ebenen, was automatisch zur Umstellung von Arbeitsabläufen innerhalb einzelner Bereiche und innerhalb der Projektphasen führt. Daher haben viele Unternehmen, die bereits SE anwenden, noch weitere, nicht ausgeschöpfte Möglichkeiten (von erfahrungsgemäß etwa 20 bis 30 %), um ihre Produktentwicklungszeiten zu verkürzen.

Meilensteine

Das Simultaneous Engineering wird durch das *wegmarkenorientierte* Entwickeln vervollständigt: An den definierten Wegmarken (Meilensteinen) wird über die Gewerke hinweg der Reifegrad des Produkts gemessen. Der Fachbegriff hierfür ist *Maturity Driven Engineering*. Im SE-Projektteam werden schon zu Beginn der Entwicklungsarbeit die den Reifegrad treibenden Informationen identifiziert und im Laufe des Projektfortschrittes auch den Beteiligten verfügbar gemacht. Es ist zulässig, auch »unreife« Informationen zwischen Teams auszutauschen, da diese oft nur die einzigen Datenquellen sind, um anstehende Entwicklungsschritte nicht zu verzögern.

2.2.6 Rapid Prototyping und Virtual Reality

Neben Simultaneous Engineering kann der PEP – und damit auch die Zeit bis zum Markteintritt des Produkts bzw. der Baureihe – noch durch eine Reihe weiterer Techniken verkürzt bzw. optimiert werden. Eine Reihe schillernder englischer Begriffe – von *Rapid Prototyping* bis hin zu *E-Manufacturing* – hat sich eingebürgert.

44 Vgl. Ehrlenspiel, K.: Integrierte Produktentwicklung, 2., überarbeitete Auflage. München, Wien: Hanser Verlag, 2003.

Zunächst geht es um den möglichst schnellen Muster-, Modell- und *Prototypenbau*. Der Akzent liegt hier auf dem gegenständlichen Modell, das im PEP folgende Vorteile bietet: Prototypenbau

- schnelle Verfügbarkeit für die Erprobung, Evaluierung, Optimierung und Freigabe,
- bessere Berücksichtigung sich verändernder Kundenwünsche,
- Unterstützung bei der Vermarktung,
- kurzfristige Einzel- und Kleinserienfertigung,
- Realisierung hochkomplexer Bauteile,
- Wegfall von (kundengebundenen) Werkzeugen,
- Verringerung von Herstell- und Montagezeiten für *Prototypen*,[45]
- durchgängig digitale Produktbeschreibung und -herstellung.

Das *Rapid Prototyping* (deutsch: schneller Prototypenbau) ist ein generatives Herstellverfahren von Musterbauteilen und Modellen. Es setzt ein vollständiges 3-D-Geometriemodell sowie weitere Konstruktionsdaten des Objektes voraus. Rapid Prototyping

Prototypen werden mit Urformverfahren, die das Werkstück schichtweise aus formlosem oder formneutralem Material unter Nutzung physikalischer und/oder chemischer Effekte aufgebaut. Von besonderer Bedeutung haben sich in der letzten Dekade die Stereo-Lithografie und das Laser-Sintern erwiesen.

In der *Stereolithographie* wird ein lichtaushärtender Kunststoff (flüssiges Epoxidharz oder Acrylharz) von einem Laser Schicht um Schicht ausgehärtet. Der Laserstrahl wird durch die geometrischen Steuerdaten, die aus den 3-D-CAD-Daten des Werkstücks generiert wurden, geführt. Gegebenenfalls müssen Stützkonstruktionen hinzugefügt werden, um z. B. Überhänge erzeugen zu können. Die Stereolithographie ermöglicht sehr präzise Fertigung mit sehr feinen Strukturen (Details bis zu 0,02 mm) und glatten Oberflächen, können aber bezüglich Temperaturbeständigkeit und mechanischer Belastbarkeit Defizite gegenüber Prototypen haben, die lasergesintert wurden. Stereolithographie

Beim *Laser-Sintern* erhitzt und schmilzt ein Laserstrahl einen pulverförmigen Werkstoff (z. B. Polyamid 12). Die Pulverpartikel werden durch Anschmelzen miteinander verbunden und bilden eine Schicht des späteren Bauteils. Durch die Körnigkeit des Pulvers ergeben sich aber rauere Oberflächen als bei der Stereolithografie. Laser-Sinter-Prototypen sind dafür jedoch temperaturbeständiger und belastbarer. Laser-Sintern

Eine Reihe weiterer Verfahren wird für das Rapid Prototyping benutzt, z. B. Lasergenerieren, Fused und Laminated Deposition Modeling, 3-D-Printing.[46] Alle diese Entwicklungen können unter der Überschrift Rapid Product Development zusammengefasst werden.

Über den PEP hinaus können diese Verfahren, insbesondere das Laser-Sintern, auch für die Herstellung von individualisierten Kleinstserien (»Mass Customization«, Rapid Manufacturing) herangezogen werden.

Prototypen müssen nicht unbedingt gegenständlich sein – auch eine Softwarelösung kann ein Prototyp sein. So ist in der Datenverarbeitung das Prototyping eine Methode der Softwareentwicklung, die – ebenso wie oben für den PEP ausgeführt – schnell zu einer dem Kunden vorzeigbaren Oberfläche führt und damit frühzeitiges Feedback bezüglich der gewählten Lösung gestattet. Nach Freigabe z. B. der Benutzeroberfläche und des Programmablaufs erfolgt die weitere Produktentwicklung iterativ. Softwarelösung

45 Unter einem Prototyp versteht man ein voll oder teilweise funktionsfähiges, möglicherweise vereinfachtes Versuchsmodell eines geplanten Produkts oder Bauteils.

46 Vgl. Gebhardt, A.: Rapid Prototyping – Werkzeuge für die schnelle Produktentstehung, 2. Auflage. München: Hanser, 2000.

Virtuelle Produktentwicklungsmethoden

In einer Reihe von Branchen ist heute das Product Engineering ohne die virtuellen Produktentwicklungsmethoden nicht mehr denkbar. Dies trifft vor allem auf den Fahrzeugbau und die Luft- und Raumfahrtindustrie zu. In bestimmten Anwendungsbereichen kann ganz auf gegenständliche Prototypen zugunsten virtueller Prototypen verzichtet werden. Ebenso sind aber auch Zwischenformen von gegenständlichem und virtuellem Prototyp im Sinne von Augmented Reality oder Mixed Reality möglich. Allerdings ist die Generierung virtueller Prototypen methodisch sehr anspruchsvoll. Vor allem in KMUs kann nicht davon ausgegangen werden, dass die DV- und Simulations-Qualifikation der Mitarbeiter im Product Engineering vorhanden ist.

Simulationswerkzeuge

Zu den virtuellen Produktentwicklungsmethoden gehören auch *Simulationswerkzeuge* und *Finite-Elemente-Modelle*, mit deren Hilfe eine Leistungsprüfung der neu konstruierten Bauteile und -gruppen auf der Basis der CAD-Daten vorgenommen werden kann.

Ein *Digital Mock-Up* (digitale Nachbildung) stellt Methoden und Funktionen bereit, um eine vollständig digital repräsentierte Produktbeschreibung handhaben, darstellen und analysieren zu können.[47]

Prototypen von Produkten mit eigener Software können mit Hardware-in-the-Loop-Simulation frühzeitig getestet werden. Zahlreiche Beispiele aus dem Automobilbau und der Zulieferindustrie, z. B. elektro-hydraulische Bremssysteme oder radargestützte Tempomaten, belegen die Funktionsfähigkeit und die Ökonomie dieses Product-Engineering-Ansatzes.

Am anspruchsvollsten ist die Generierung einer virtuellen Realität und die Einbettung eines neu entwickelten Produkts in eine dreidimensionale Computergrafik, die auf Aktionen des Nutzers, wie beispielsweise Kopf- und Handbewegungen, Gesten und verbale Kommandos reagiert. Das Produkt besitzt dann Echtzeit-Interaktivität, d. h. Nutzeraktionen führen ohne wahrnehmbare Zeitverzögerung zur Applikation des Produkts in der zu erwartenden Nutzungsumgebung. Man spricht hier von Immersion, d. h. dem Gefühl des direkten Einbezogenseins in die Umgebung.[48]

2.3 Modulare Produktstrukturen

2.3.1 Produktstruktur

Eine *Produktstruktur* wird durch die Zusammensetzung eines Erzeugnisses aus Elementen (Teile und Baugruppen) und die Zuordnung der Elemente zueinander gekennzeichnet. Die Entscheidung für eine bestimmte Produktstruktur impliziert Kostenwirkungen und hat immense strategische Bedeutung für das Unternehmen. Die Erzeugnisgliederung ist das Abbild einer Produktstruktur.

Integrale und differentiale Bauweisen

Zunächst unterscheidet man grundsätzlich *integrale und differentiale Bauweisen.* Bei der integralen Bauweise besteht das gesamte Bauteil aus einem einzigen Teil, während bei der differentialen Bauweise die Strukturen aus Einzelkomponenten gefügt werden. Integrale Bauteile sind gewöhnlich weniger fehleranfällig, weniger korrosionsanfällig und haben – wegen des durchgängigen Stoffschlusses – auch die bessere Wärmeleitfähigkeit. Differentiale Bauweisen weisen demgegenüber Nachteile auf, haben vor allem auch lokale, unerwünschte Spannungskonzentrationen. Allerdings können bei differentialer Bauweise öfter Gleichteile verwendet werden, was durch Skaleneffekte[49] zur Senkung

47 Pahl, G. et al.: a. a. O., 2003.

48 Auf Aspekte der Usability – allein aus der Sicht des späteren Nutzers – gehen wir über die Betrachtungen in Teil II, Abschnitt 2.2.4 hinaus nicht ein. Stattdessen sei z. B. verwiesen auf Jordan, P. W.: An Introduction to Usability. London: Taylor&Francis, 1998.

49 Kostenersparnisse, die bei gegebener Produktionstechnik infolge konstanter Fixkosten auftreten, wenn die Ausbringungsmenge wächst.

der Herstellkosten führen kann. Das Fertigprodukt entsteht daher erst am Ende der Prozesskette bei der Montage.

Variantenvielfalt

Differentiale Bauweise begünstigt die *Variantenvielfalt*. Durch Variantenvielfalt sollen neue Kundengruppen erschlossen und die Anwendungsbreite des Produkts erhöht werden. Die Produktstrukturierung in vormontierbare und vorprüfbare Baugruppen erleichtert die Endmontage, verkürzt Lieferzeiten und verringert durch bessere Austauschbarkeit von Teilen die Instandhaltung. Viele Varianten bedeuten aber auch:

- höherer Aufwand im Einkauf,
- erhöhter Pflegeaufwand für Zeichnungen, Stücklisten und Prüfpläne,
- Verbreiterung der Mitarbeiter-Schulung,
- gegebenenfalls höhere Lagerkosten.[50]

Produktstrukturkonzepte

Die Variantenvielfalt von Produkten kann durch verschiedene *Produktstrukturkonzepte* erreicht werden (vgl. z. B. Abbildung III-18):

- Module,
- Baureihen,
- Baukästen,
- Pakete,
- Plattformen.

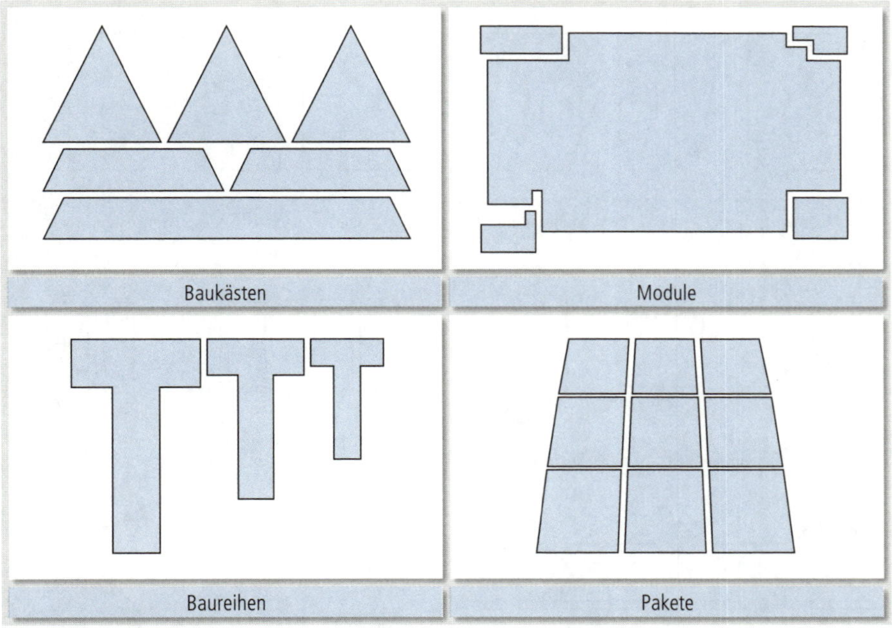

Abbildung III-18 Strukturtypen[51]

50 In der Automobilindustrie rechnet man damit, dass etwa 20 % der Gesamtkosten durch die Variantenvielfalt entstehen.

51 Schuh, G.: Gestaltung und Bewertung von Produktvarianten. Fortschritt-Berichte VDI, Reihe 2. Düsseldorf: VDI, 1989.

2.3.2 Module

Die verschiedenartige Kombinierbarkeit von Teilen oder Baugruppen kann durch *Module* ermöglicht werden. Module sind Anbauteile mit unterschiedlichen Funktionen aber einheitlichen Schnittstellen.[52] Die Modulbauweise findet man insbesondere in der Elektrotechnik. Im Automobilbau versteht man unter Modulbauweise etwas anderes: Durch Auslagerung von Baugruppen aus der Bandmontage in den Vormontagebereich wird die Bandmontage übersichtlicher. Module können u. U. an anderen Standorten kostengünstiger gefertigt werden.

Modularität kann auf verschiedene Weise erreicht werden (Abbildung III-19):

1. Modularität durch Gemeinsamkeit von Bauteilen: Die gleichen Bauteile werden in verschiedenen Produkten eingesetzt – Kostensenkung durch Skaleneffekte;
2. Modularität durch Austausch von Bestandteilen: Standard-Ausgangsprodukt mit verschiedenartigen Anbauteilen;
3. Modularität durch passenden Zuschnitt: Teile können in Größe variieren, ohne die Schnittstellen zu beeinflussen;
4. Mischmodularität: Gemenge von verschiedenen Substanzen (z. B. Farben);
5. Bus-Modularität: Eine Grundstruktur (Bus) wird mit verschiedensten Bauteilen gekoppelt;
6. Teil-Modularität: Wie (1) und (2), der Umfang des Produkts ist jedoch nicht von vornherein definiert.[53]

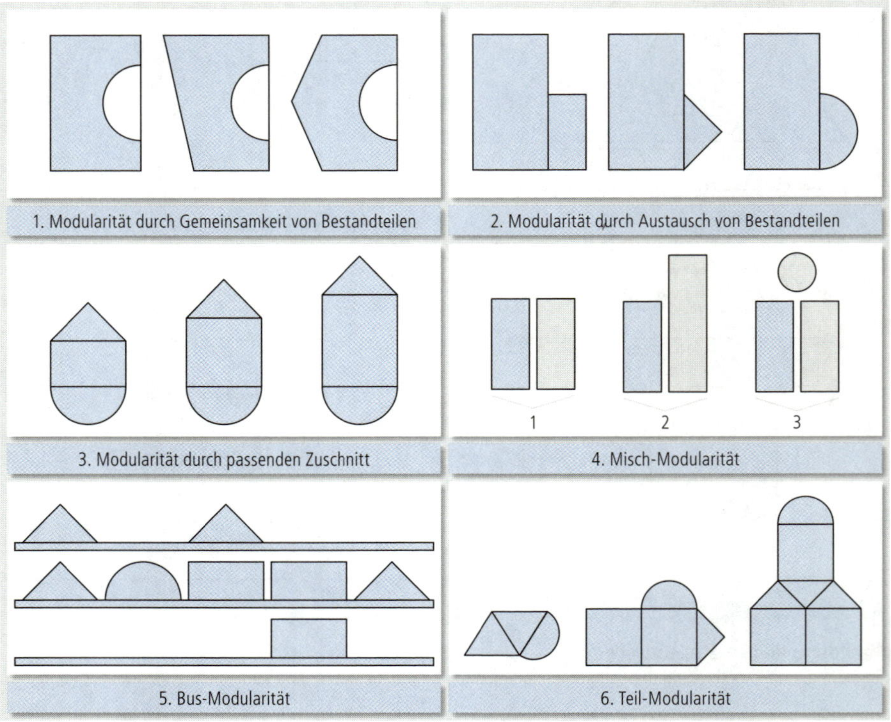

Abbildung III-19 Verschiedene Arten von Modularität[54]

52 Rapp, T.: Produktstrukturierung. Norderstedt: Books on Demand, 2010, S. 52–55.
53 Hinweis: Produkte können u. U. mehreren Modularitätstypen zugeordnet werden.
54 Pine, B. J.: Maßgeschneiderte Massenfertigung: Neue Dimensionen im Wettbewerb. Wien: Überreuter, 1994.

In den meisten Fällen versucht man, durch Gleichteile und Normteile Skaleneffekte zu erzielen und gleichzeitig auch Ersatzteilwesen und Instandhaltung zu vereinfachen. Die Bildung von Teilefamilien hat für das *Wertstromdesign* Bedeutung (vgl. Abschnitt 2.1.1).

2.3.3 Baureihen und Baukästen

Unter einer *Baureihe* versteht man Elemente einer technischen Gesamtlösung, die dieselbe Funktion in mehreren Größenstufen bei möglichst ähnlicher Fertigung erfüllen. Baureihe

Ausgangspunkt ist ein Grundentwurf, aus dem dann auf der Basis von Ähnlichkeitsgesetzen Folgeentwürfe abgeleitet werden. Nach Möglichkeit werden dezimalgeometrische Normzahlreihen zur Größenstufung herangezogen. Übergeordnete Aufgabenstellungen oder Wirtschaftlichkeitserwägungen machen oft geometrisch ähnliche Baureihen mit dezimal-geometrischer Stufung unmöglich (z. B. wachsen Bediener nicht mit der Größe der Anlage mit). In solchen Fällen werden dann halbähnliche Baureihen entwickelt.[55]

Baureihen werden oft bei anspruchsvollen Konstruktionen im Maschinen- und Anlagenbau gebildet.

Ebenso wie Baureihenentwicklung und -produktion zu deutlichen Produktivitätsverbesserungen bei ein und derselben technischen Funktion führt, haben *Baukastensysteme* Produktivitätswirkungen bei der Realisierung verschiedener technischer Funktionen. Baukastensystem

Unter einem Baukastensystem versteht man eine technische Gesamtlösung, mit deren Hilfe Bauteile, Baugruppen, Vor- und Endprodukte durch Kombination für unterschiedliche Zwecke verwendet werden können. Baukästen stellen eine Erweiterung des Modulprinzips dar. Eine bestimmte Funktionsvariante wird also durch Kombination von Funktionsbausteinen erfüllt.

Damit werden zwar der konstruktive Aufwand und die Gestaltung der Fertigungsprozesse nicht immer vereinfacht, Vermarktungsmöglichkeit und Service jedoch erheblich erweitert bzw. verbessert:

- es können möglichst viel Wiederholteile entstehen,
- mit steigender Losgröße ist der Übergang zur Großserien- oder Massenfertigung möglich,
- anstelle von Universalmaschinen können hochleistungsfähige Spezialmaschinen eingesetzt werden,
- Umrüstvorgänge werden reduziert bzw. vereinfacht,
- die Lagerhaltung von Ersatzteilen wird vereinfacht,[56]
- die Einarbeitung des Servicepersonals wird vereinfacht.

Abbildung III-20 zeigt als Beispiel ein *Baukastensystem* aus vier Motortypen, die einen großen Leistungsbereich abdecken (unterer Teil der Abbildung); die oben dargestellten Bausteine bilden fünf Stator- und Rotorgrößen mit vier Wellendurchmessern.

Für Hersteller und Käufer dieses Motortypen-Baukastensystems ergeben sich Vorteile und Nachteile, die Vorteile überwiegen jedoch im Regelfall deutlich (vgl. Abbildung III-21).

55 Vertiefende Darstellung von Baureihen und Baukästen findet man bei Pahl, G. et al.: a. a. O., 2003.
56 In der Förder- und Materialflusstechnik gibt es eine Fülle von Baukastenlösungen für Logistikanwendungen, auf die hier nicht näher eingegangen wird. Stattdessen sei auf Abschnitt 6.7 verwiesen.

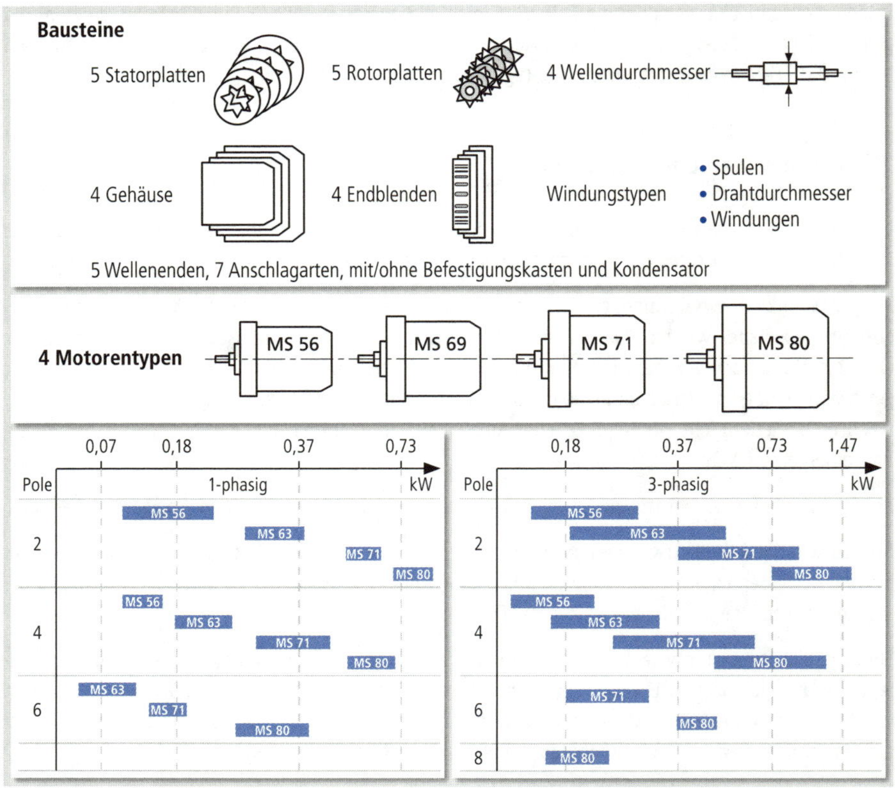

Abbildung III-20 Baukastensystem aus vier Motortypen[57]

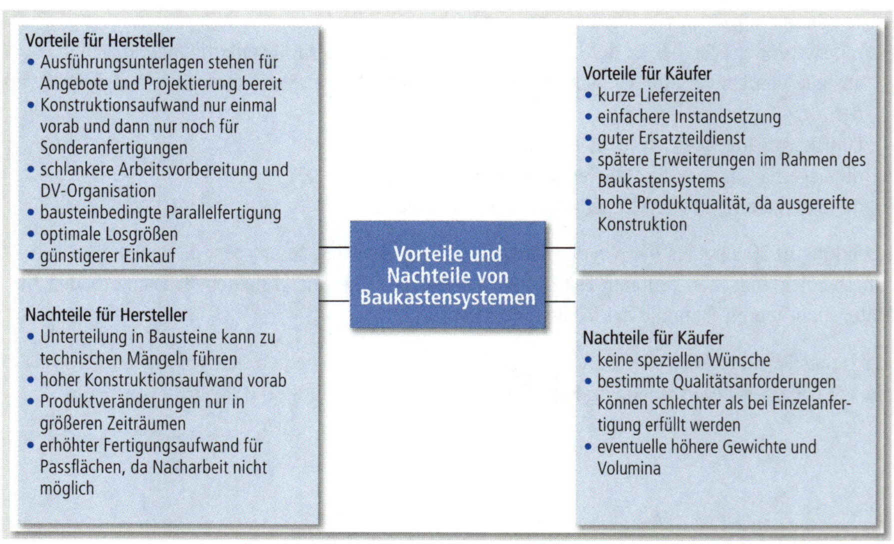

Abbildung III-21 Vor- und Nachteile eines Baukastensystems für Hersteller und Käufer[58]

57 Vgl. Andreasen, M. M. et al.: a. a. O., 1985, S. 116.
58 Vgl. Pahl, G. et al.: a. a. O., 2003.

Abbildung III-22 zeigt zunächst Baukastensysteme für einfache Konstruktionen auf, die noch nicht dezimalgeometrischen Normzahlreihen zur Größenstufung genügen, jedoch bereits die Handhabung durch den Werker erheblich erleichtern können.

Bauteil	Erläuterung
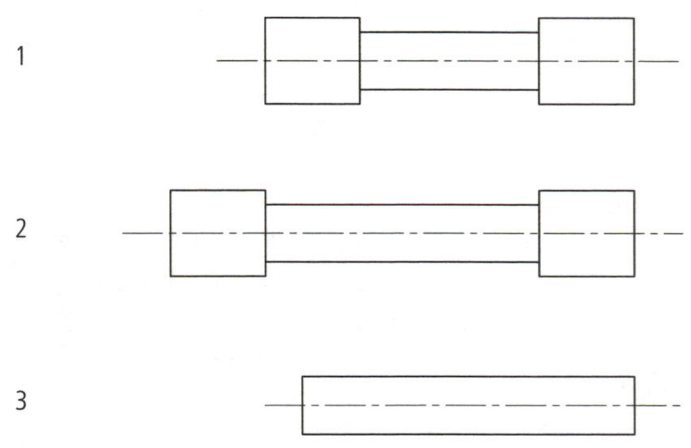	Stiftelemente werden symmetrisch gestaltet und führen damit zur einheitlichen Handhabung
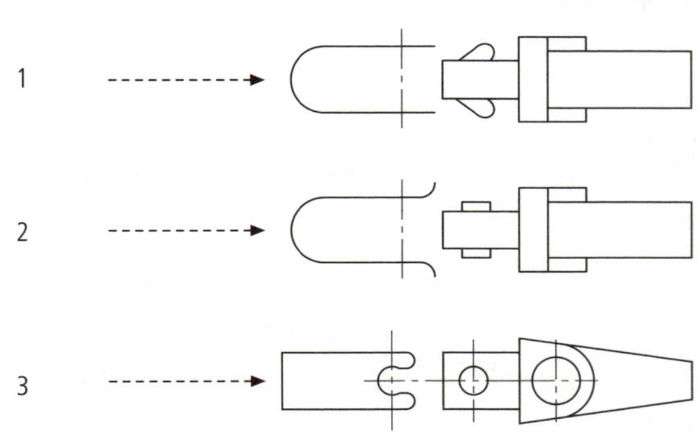	Bügel unterschiedlicher Ausführung lassen sich trotzdem einheitlich fügen, da die Fügerichtung gleich ist

Abbildung III-22 Beispiele für Bauelementfamilien[59]

2.3.4 Variantenzahl

Variantenbaum

Die Variantenvielfalt eines Erzeugnisses kann man mit einem Variantenbaum darstellen. Am Beispiel »Auspuffkrümmer« wird die Vorgehensweise deutlich (Abbildung III-23).[60] Die drei technischen Merkmale »Lenkseite«, »Abgasreinigung« und »Getriebeart« lassen insgesamt zwar acht Varianten zu, aber nicht alle Kombinationsmöglichkeiten werden auch tatsächlich realisiert; zum Beispiel werden Fahrzeuge ohne Katalysator nur als Rechtslenker angeboten.

Ausgangspunkt ist eine Maximalstückliste (vgl. Abschnitt 3.1.3), die Muss-Teile und Kann-Teile enthält. Muss-Teile können Standardteile sein, die immer verbaut werden, und Variantenteile, die ebenfalls immer, aber in unterschiedlichen Ausführungen vorkommen. Kann-Teile können nur in einer Ausführung oder in verschiedenen Ausführungen enthalten sein.

59 Vgl. Bürger, E.: a. a. O., 1986, S. 24.
60 Rapp, T.: a. a. O., 2010.

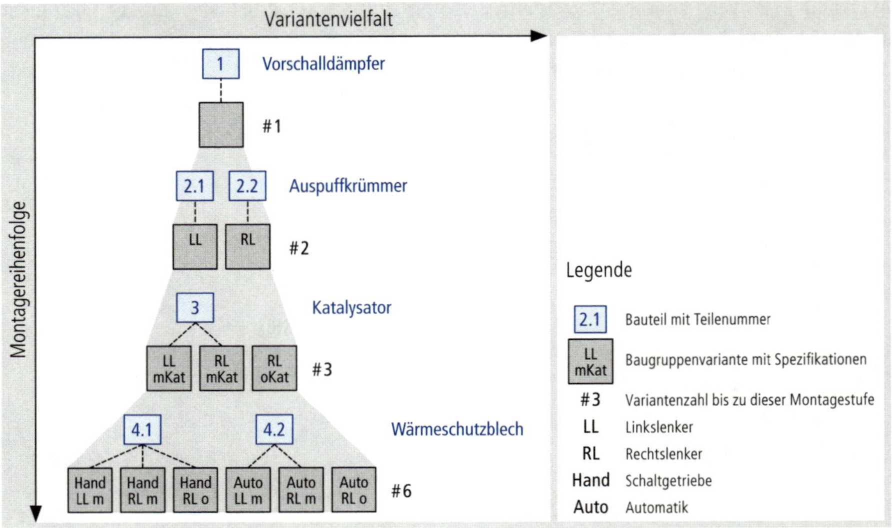

Abbildung III-23 Variantenbaum einer Pkw-Auspuffanlage[61]

Mit der Zahl der *Varianten* ist ein hyperbolischer Anstieg der Prozesskosten zu erwarten. Am Beispiel »Außenspiegel Pkw« wird deutlich, wie sich die Zahl der Varianten auf die Kosten auswirkt – selbst wenn eine Baukastenlösung (Abschnitt 2.3.3) angestrebt wird (Abbildung III-24).

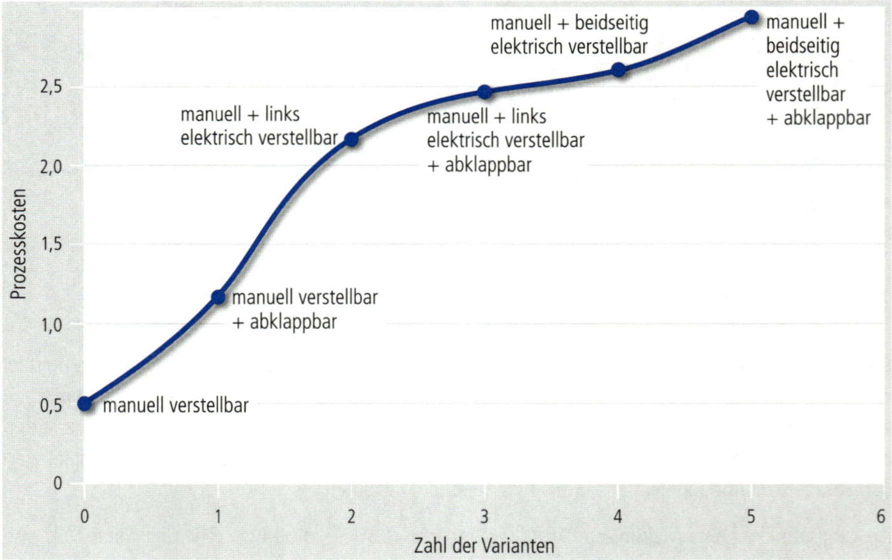

Abbildung III-24 Einfluss der Variantenzahl auf die Prozesskosten am Beispiel »Pkw-Außenspiegel«

61 Rapp, T.: a. a. O., 2010, S. 109.

Es ist also sinnvoll, die Varianten, die am Markt angeboten werden, zu reduzieren. Um solche Varianten zu lokalisieren, die künftig nicht mehr angeboten werden, gilt folgende Prüfliste:[62]

Prüfliste Variantenzahl

1. Verwendung
   - Absolute Variantenzahl eines Produkts
   - Anzahl neuer Varianten pro Jahr
   - Durchschnittlicher Verbrauch der Varianten
   - Durchschnittlicher Verbrauch der Varianten als Ersatzteile
2. Kosten
   - Durchschnittliche Kosten der Varianten
   - Kostenreduzierungspotenzial
3. Geometrie
   - Ähnlichkeit der Varianten
4. Werkstoff
   - Anzahl der Werkstoffvarianten
5. Technik
   - Weiterentwicklungspotenzial
   - Schwachstellen
6. Produktion
   - Durchschnittliche Losgröße
   - Lagerhaltung
7. Kunde
   - Häufigkeit »exotischer« Kundenwünsche
   - Markttrends

Passive Varianten

Auf die Kostenkurve in Abbildung III-24 sowie auch auf die Prüfliste zur Reduktion der Variantenzahl wirken sich nur die tatsächlich aktiven Varianten aus. Die Reduzierung passiver Varianten – also der »Karteileichen« ohne Kundennachfrage – macht sich dagegen kaum bemerkbar. Hier fallen lediglich zum Entwicklungsbeginn Einmalkosten an. Das Einsparpotenzial bei den laufenden Kosten ist gering.

Die Variantenreduzierung ist vor allem ein Thema für KVP-Teams, die z. B. im Rahmen des Simultaneous Engineering eingesetzt werden (vgl. Abschnitt 2.2.5).

Gegenüber einem Ist-Zustand mit den Kosten K_1 und der Variantenzahl V_1 können die Kosten im verbesserten Zustand K_2 mit weniger Varianten V_2 folgendermaßen abgeschätzt werden:

$$K_2 = K_1 \left\{ \frac{V_2}{V_1} \right\} \cdot \lambda$$

λ liegt zwischen 0,23 und 0,42, durchschnittlich bei 0,32.[63]

Wird also ein Produkt anstatt in zehn Varianten nur in acht Varianten produziert, dann ist mit einem Rückgang der Kosten von 100 % auf etwa 93 % zu rechnen.

Paketprinzip

Besonders aus der Automobilindustrie ist das Paketprinzip bekannt. *Pakete* setzen sich aus Anbauteilen für verschiedene Ausstattungen und Funktionen zusammen, die jeweils nur gemeinsam, nicht aber in einem anderen Paket auftreten.[64]

62 Kohlhase, N.; Schnorr, R.; Schlücker, E.: Reduzierung der Variantenvielfalt in der Einzel- und Kleinserienfertigung. In: Konstruktion, 50, 1998, 6, S. 15–21.
63 Kohlhase, N. et al.: a. a. O., 1998, S. 17.
64 Rapp, T.: a. a. O., 2010, S. 73.

Die Kombinationsmöglichkeiten des Käufers werden dadurch eingeschränkt. Pakete senken also die Variantenvielfalt, sie sind die Umkehrung der Modularisierung.

2.3.5 Plattformkonzepte

Plattform

Unter einer *Plattform* versteht man einen Satz von Subsystemen und Schnittstellen, die eine gemeinsame Struktur bilden. Aus dieser Struktur können Produkte abgeleitet und produziert werden.[65] Durch Vorausplanung von Produktfamilien kann der Gleichteileanteil über die verschiedenen Produktvarianten erhöht werden. Baugruppen können über mehrere Produktgenerationen eingesetzt und der Innovationszyklus kann dadurch verkürzt werden.[66]

Nicht nur die Automobilindustrie, sondern auch die Konsumgüterindustrie, die Elektrotechnik sowie der allgemeine Maschinenbau haben mit Plattformkonzepten in Vergangenheit und Gegenwart bedeutsame Skaleneffekte realisiert. Die Ziele hierbei sind:

- Mehrfachverwendbarkeit innerhalb des Unternehmens oder über das Unternehmen hinaus,
- Anschlussfähigkeit verschiedener Baugruppen an die Plattform.

Die dadurch entstehenden Vorteile sind mannigfaltig: Die Zahl der zu produzierenden Varianten wird herabgesetzt, die unternehmenseigene Standardisierung wird forciert, Investitionen in weitere Betriebsmittel entfallen, Qualitäts- und Instandhaltungskosten sinken u. a.

In der Automobilindustrie können Plattformen für mehrere Marken eines Herstellers, aber auch für andere Unternehmen im Konzernverbund verwendet werden. Oft werden annähernd gleiche Fahrzeuge unter ganz verschiedenen Marken angeboten (*Badge Engineering* – Beispiel: nur Kühlergrill, Scheinwerfer und Logo sind unterschiedlich).

Der VW-Konzern ist mit seinem Plattformkonzept führend. Zum Beispiel steht die Plattform PQ35 für

P = Plattform

Q = Einbaulage des Motors; hier quer

3 = Fahrzeugklasse; hier Kompaktklasse (»Golfklasse«)

5 = Entwicklungsstand; hier 5. Generation

Die Plattform beinhaltet außer der Rohkarosse fast alle technisch anspruchsvollen Teile von Motor über Getriebe bis zur Verkabelung. Eine besonders hohe Zahl von Gleichteilen innerhalb des Konzerns ist die Folge dieses Konzepts.

65 Meyer, M.; Lehnerd, A. P.: The power of product platforms. New York: Free Press, 1997.
66 Rapp, T.: a. a. O., 2010, S. 73.

2.4 Fertigungsgerechtes Konstruieren

2.4.1 Kostenwirkungen

Zeit- und Kostendaten

Die Nutzung von Zeit- und Kostendaten in der Produktentwicklung und der Prozessplanung ist mit entscheidend für den wirtschaftlichen Erfolg eines Produkts (Abbildung III-25). Etwa 80 % der Kosten sind nach Abschluss der Produktentwicklung und Prozessplanung festgelegt. Werkzeugen, die in der frühen Phase der Produktentwicklung eingesetzt werden, kommt daher eine hohe Bedeutung zu.[67]

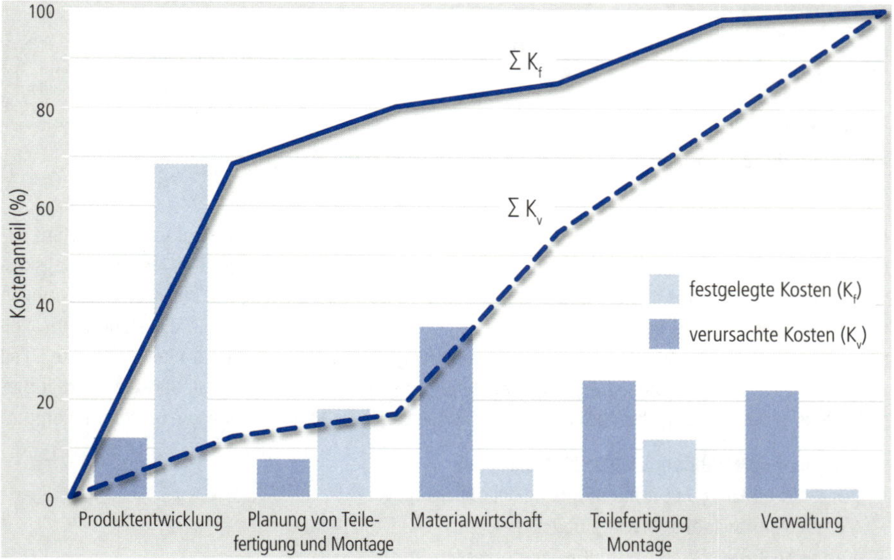

Abbildung III-25 Zusammenhang zwischen Kostenverantwortung und Kostenentstehung[68]

Abbildung III-25 weist auf die Kostenwirkungen hin, die in der frühen Phase durch Product Engineering erzielt werden können. Eine geringere Zahl von Bauteilen und vereinfachte Montageprozesse führen zu einer ganzen Reihe von Einsparungen, die allerdings nicht immer genau in ihrer Höhe beziffert werden können (vgl. Abbildung III-26).

Fertigungsgerechte Produktentwicklung

Der aus IE-Sicht wichtigste Aspekt der Produktentwicklung ist die Fertigungsgerechtheit. Eine fertigungsgerechte Produktentwicklung schöpft Kostenreserven systematisch aus durch produktionsgerechte Konstruktion (ProKon). Zwar existieren bereits seit den 1970er-Jahren Unterstützungsmethoden wie *Design for assembly* (DFA), *Design for automatic assembly* (DFAA) oder *Design for manufacturing* (DFM)[69], es zeigte sich jedoch, dass die Anwendung dieser Methoden in der täglichen Praxis umständlich und aufwändig ist. Mit der produktionsgerechten Konstruktion (ProKon) ist dagegen eine praxisorientiertere Methode entstanden, welche auch rechnerunterstützt ein bedeutsames Rationalisierungspotenzial in der montagegerechten Konstruktion bietet.[70]

67 Picker, C.: Prospektive Zeitbestimmung für nichtwertschöpfende Montagetätigkeiten. Dissertation, Universität Dortmund, 2006.
68 VDI 2234, Wirtschaftliche Grundlagen für den Konstrukteur, 5.
69 Vgl. z. B. Boothroyd, G.; Dewhurst, P.; Knight, W.: Product design for manufacture and assembly. New York: Marcel Dekker, 1994.
70 Klein, B.; Sanzenbacher, G.: Kostenreserven ausschöpfen durch produktionsgerechte Konstruktion (ProKon). In: Konstruktion, 2008, 4, S. 1–6.

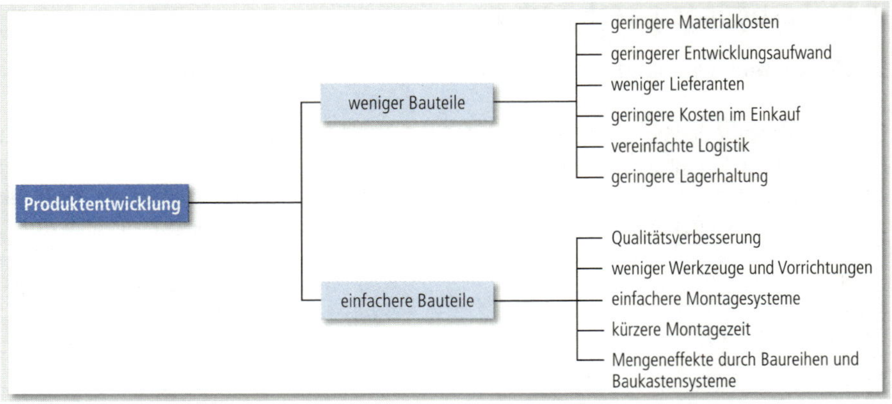

Abbildung III-26 Kostensenkungspotenzial in der Produktentwicklung

Herstellkosten

Die späteren *Herstellkosten* eines Produkts werden vor allem durch die konstruktive und fertigungstechnische Komplexität bestimmt. Leicht können die Montagekosten bis zu 50 % der Fertigungskosten ausmachen. Dies vor allem dann, wenn die Anzahl der Wirkflächen, der Funktionsbeziehungen und Systemzustände die konstruktive und fertigungstechnische Komplexität in die Höhe treibt. »Lineares Denken« der Konstrukteure – also jede erforderliche Funktion wird mit einem separaten Teil umgesetzt – führt zu ansteigenden Teilzahlen und damit erheblichen Herstellkosten. Fertigungstechnische Produktentwicklung mit *ProKon* setzt dagegen eine Reihe grundlegender Richtlinien um:

- Minimiere die Zahl der Teile und Baugruppen.
- Sorge für einfache Zusammenführung bei der Montage.
- Vermeide aufwändige Befestigungen.
- Vermeide Teile, die als Wirrgut gelagert werden (müssen).
- Bevorzuge symmetrische Teile.
- Unterstütze die visuelle und taktile Orientierung durch entsprechende Formgebung.

Teilezahl

Es geht also darum, einzelne Funktionen zusammenzufassen, um damit Funktionsträger im Produkt überflüssig zu machen. Es kann eine Hilfe sein, die theoretisch minimale *Teilezahl* zu ermitteln[71], wenngleich dieses Minimum in der betrieblichen Praxis im Regelfall nicht zu erreichen ist. Diese minimale Teilezahl dient dem Konstrukteur jedoch als wichtige Orientierungsgröße.

Zur Charakterisierung der konstruktiven und prozessrelevanten Schwierigkeiten in der Montage haben sich folgende Kriterien bewährt:[72]

- das Gewicht und die Hauptabmessungen,
- die Anzahl an Fügestellen,
- die Zugänglichkeit und Sichtfreiheit,
- die Lage- und Positionseindeutigkeit,
- die Ein- oder Zweihandmontage,
- die Füge- und Befestigungsrichtung,
- der Befestigungsprozess und
- der notwendige Werkzeugeinsatz.

Im Einzelnen wird darauf in Abschnitt 2.6 eingegangen.

71 Vgl. Boothroyd, G. et al.: a. a. O., 1994.
72 Klein, B. et al.: a. a. O., 2008.

Werkstoff

Die Wahl des »richtigen« Werkstoffs hat auf die Herstellkosten des Produkts einen nachhaltigen Einfluss. Dies trifft nicht nur auf die Werkstoffeinzel- und -gemeinkosten zu, sondern auch auf die Fertigungskosten und die späteren Service- und Recyclingkosten.

Die Brutto-*Materialeinzelkosten* MEK_b lassen sich (näherungsweise) schon in der frühen Phase aus dem Brutto-*Materialvolumen* V_b und den auf das Volumen bezogenen spezifischen Werkstoffkosten k_{v0} berechnen:[73]

$$MEK_b = V_b \cdot k_v$$

mit

$k_v \;= k_v \cdot k_{v0}$

$k_{v0} = k_{G0} \cdot \rho$

k_{G0} = kg-Preis

ρ = Dichte des Basismaterials.

Als Basismaterial wird Rundstahl USt 37-2 mit $k_v = 1$ angesetzt. Die für den jeweiligen *Werkstoff* geltenden k_v-Werte liest man aus Tabellen ab.[74]

Fertigungseinzelkosten

Die *Fertigungseinzelkosten* FEK bestimmen sich aus den Fertigungszeiten für alle Fertigungs- und Montagevorgänge, die mit den zugeordneten Lohnsätzen k_L multipliziert werden.[75]

$$FEK = k_L \cdot (t_h + t_n + t_r)$$

mit

t_h = Hauptzeiten

t_n = Nebenzeiten

t_r = Rüstzeiten

Aus der Summe der Fertigungseinzelkosten und den Materialeinzelkosten bestimmen sich dann die variablen Herstellkosten zu

$$VHK = MEK + \Sigma\, FEK$$

Die Haupt-, Neben- und Rüstzeiten sind häufig Potenzfunktionen[76] mit kostenbeeinflussenden Parametern x_{ij} mit den zugehörigen Exponenten p_{ij} und Konstanten C_i.

Herstellkosten

Damit erhält man eine allgemeine Form für die variablen Herstellkosten

$$VHK = \Sigma\, C_i \cdot \Pi\, x_{ij}^{p_{ij}}$$

Wegen des mit dieser Gleichung verbundenen Berechnungsaufwands hilft man sich oft mit einfachen Regressionsgleichungen

$$VHK = a + bx^p$$

oder einer Hochrechnung aufgrund von Ähnlichkeitsbeziehungen[77].

---

73 Zu diesem Absatz vgl. VDI-Richtlinie 2225, Blatt 2: Technisch-wirtschaftliches Konstruieren. Düsseldorf: VDI-Verlag, 1998.
74 Zu den k_v-Werten vgl. Pahl, G. et al.: a. a. O., 2003.
75 Pahl, G. et al.: a. a. O., 2003.
76 Z. B. geht bei Dreharbeiten der Durchmesser des Drehteils mit Exponent 2 in die Materialeinzelkosten und mit Exponent 1 in die Hauptzeiten ein.
77 Vgl. Pahl, G. et al.: a. a. O., 2003.

Zu bedenken ist, dass bei der Schätzung der Herstellkosten in der frühen Phase nur die planbaren Kosten berücksichtigt werden. Kosten für *Stützleistung*, *Blindleistung* und *Fehlleistung* werden bestenfalls im Nachhinein unter den Gemeinkosten oder gar nicht erfasst (vgl. Abbildung III-27). Somit ergibt sich für die Gestaltung des PEP, solche Konstruktionslösungen zu wählen, die möglichst nicht anfällig für Stütz-, Blind- und Fehlleistungen sind.

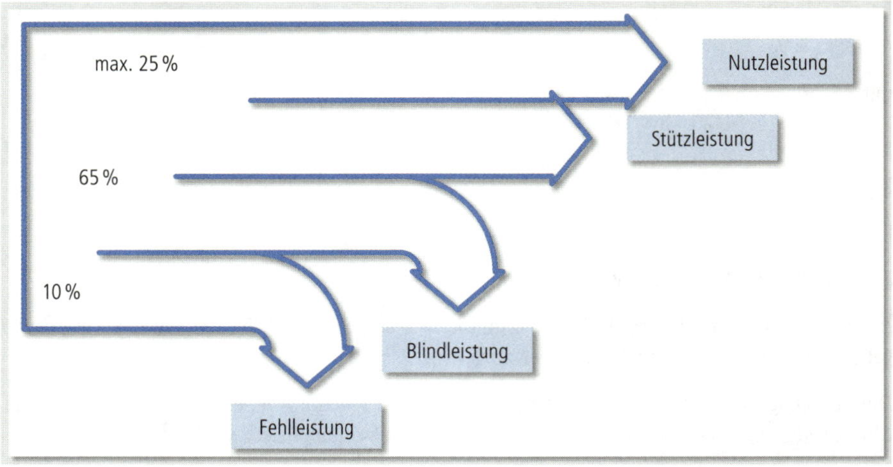

Abbildung III-27 Beispiel für die Aufteilung der planbaren und nicht planbaren Kosten[78]

2.4.2 Übersicht zu Fertigungsverfahren

Mit Hilfe von *Fertigungsverfahren* werden unter Nutzung physikalischer und chemischer Gesetze mit einer kaum überschaubaren Vielzahl Maschinen metallische und nichtmetallische Werkstoffe ur- und umgeformt, getrennt und gefügt, beschichtet oder deren physikalischen oder chemischen Eigenschaften geändert (vgl. Abbildung III-28).

Ausgangspunkt ist der Rohling, dessen »richtige« Auswahl neben den technischen Kriterien auch nach Kostenwirkungen vorzunehmen ist. Die durch die Fertigungsverfahren erzeugten Objekte können sein:

- Maschinenteile: sie bestehen nur aus einem Material,
- Formloses Material: z. B. Flüssigkeiten, Kleber, Granulat, Farben,
- Basiskomponente: Ausgangsteil, in das andere Komponenten montiert werden,
- Komponenten: bestehen aus mehreren Teilen,
- Baugruppen sind das Ergebnis einer Vormontage.

Die Fertigungsverfahren Urformen, Umformen, Trennen, Beschichten und Stoffeigenschaften verändern, werden bezüglich ihrer Kostenwirkungen in diesem Buch nicht weiter behandelt.[79] Gestaltungsempfehlungen dazu sind jedoch in der Checkliste zur Produktentwicklung (Abschnitt 2.7) enthalten.

78 Vgl. Kamiske, G. F.; Tomys, A. K.: Die Rationalisierungspotentiale des TQM. Qualität und Zuverlässigkeit, 1993, S. 403–405

79 Stattdessen sei verwiesen auf Landau, K.: Urformen, Umformen und Trennen im Product Engineering. Darmstadt: Institut für Arbeitswissenschaft, 2009.

Form	schaffen	ändern			beibehalten	
	Urformen	Umformen	Trennen	Fügen	Beschichten	Stoffeigen-schaften ändern

Bearbeitung	Aus formlosem Stoff entsteht ein fester Körper bestimmter Form.	Die Form eines festen Körpers wird durch plastisches Umformen verändert.	Die Form eines festen Körpers wird durch örtliches Aufheben des Zusammenhangs verändert.	Durch Fügen werden mindestens zwei Werkstücke miteinander verbunden.	Ein formloser Stoff wird als festhaftende Schicht auf ein Werkstück aufgetragen.	Durch Umlagern, Aussondern oder Einbringen von Stoffteilchen ändern sich die physikalisch/ chemischen Eigenschaften.
	Verfahren: • Gießen • Sintern • Extrudieren	**Verfahren:** • Walzen • Schmieden • Tiefziehen • Abkanten	**Verfahren:** • Schneiden • Zerspanen (Drehen, Bohren, Sägen, Fräsen, Schleifen) • Schneidbrennen	**Verfahren:** • Einlegen • Schrauben • Schweißen • Löten • Kleben	**Verfahren:** • Aufdampfen • Galvanisieren • thermisches Spritzen	**Verfahren:** • Härten, Anlassen • Entkohlen • Aufkohlen • Nitrieren • Hartverchromen

Abbildung III-28 Hauptgruppen von Fertigungsverfahren[80]

2.4.3 Überblick Fügen

Fügen

Mit dem Begriff *Fügen* bezeichnet man das dauerhafte Verbinden von mindestens zwei Bauteilen.[81] Es kann sich dabei um feste Werkstücke oder um formlosen Stoff handeln. Die hergestellte Verbindung kann lösbar oder unlösbar, fest oder beweglich sein. Über die Wirkflächen der Verbindung werden die auftretenden Betriebskräfte übertragen.

Die weitere Unterteilung des Fügens wird nach der Art des Zusammenhalts in acht Gruppen vorgenommen (vgl. Abbildung III-29).

Montieren

Fügen ist eine Untermenge des *Montierens*. Beim Montieren kommen zum Fügen noch die damit verbundenen Handhabungsvorgänge sowie ggf. das *Messen* und *Prüfen* hinzu. Beim *Handhaben* werden ein oder mehrere Teile bzw. *Baugruppen* in eine bestimmte räumliche Anordnung gebracht.

Beim Messen wird ein (möglichst verlässlicher) Wert für eine bestimmte physikalische Eigenschaft eines Teils, einer Baugruppe oder eines Produkts bestimmt. Weiterhin erfolgt eine Aussage über die Messabweichung[82].

Beim Prüfen werden Ist-Zustand und Soll-Zustand verglichen, es wird festgestellt, ob ein produziertes Objekt festgelegte Bedingungen erfüllt.

Auf Messen und Prüfen wird in Abschnitt 5.8.5 näher eingegangen.

80 Vgl. Neudörfer, A.: Metallbearbeitung. In: Landau, K.; Pressel, G. (Hrsg.): Medizinisches Lexikon der beruflichen Belastungen und Gefährdungen, 2. Auflage. Stuttgart: Gentner, 2008, S. 678.
81 DIN 8593 Fertigungsverfahren – Begriffe, Einteilung. Berlin: Beuth, 2003.
82 DIN 1319-1 Grundlagen der Messtechnik. Berlin: Beuth, 1995.

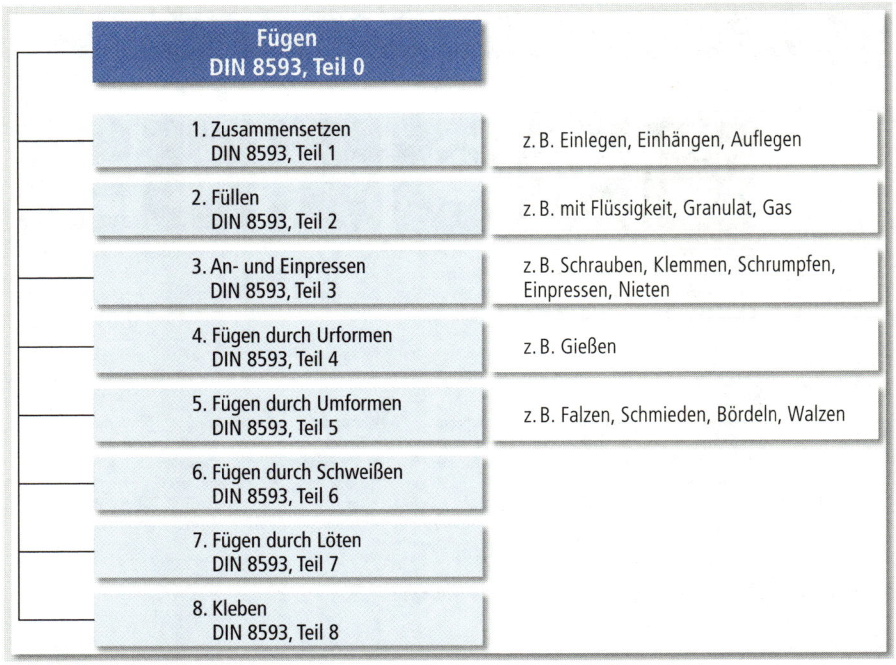

Abbildung III-29 Aufgliederung des Fügens[83]

Gesamtplatzier-
bewegung

Das Fügen laut DIN 8593 entspricht der *Gesamtplatzierbewegung*, also der Bewegungsfolge Platzieren bei MTM-1 (vgl. Teil II, Abschnitt 6.3.2). Zur Gesamtplatzierbewegung (Fügen i. w. S.) gehören Transportbewegungen und Richtbewegungen (Abbildung III-30). Wenn in diesem Kapitel von Fügen gesprochen wird, dann wird dieser Begriff immer im weiteren Sinne verstanden.

Der Zeitbedarf für das Ausführen einer Gesamtplatzierbewegung hängt neben der Bewegungslänge wesentlich vom Kontrollaufwand ab. Der Kontrollaufwand ist umso höher, je höher die erforderliche Zielgenauigkeit am Bewegungsende und je geringer das *Spiel* am Bewegungszielpunkt ist.

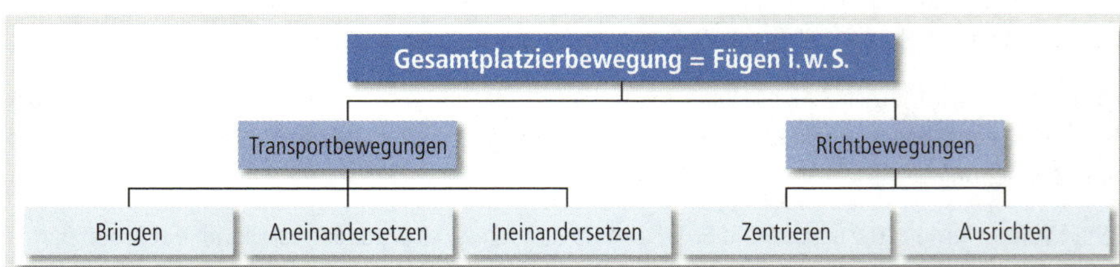

Abbildung III-30 Gesamtplatzierbewegung entspricht Fügen i. w. S.

Aufgabe der *Montage* ist es also, Baugruppen, Einzelteile und gegebenenfalls formlose Werkstoffe zu einem komplexen Produkt zusammenzufügen (Abbildung III-31).

83 Nach DIN 8593 Allgemeines; Einordnung, Unterteilung, Begriffe.
Wiedergegeben mit Erlaubnis des DIN Deutsches Institut für Normung e. V. Maßgebend für das Anwenden der DIN-Norm ist deren Fassung mit dem neuesten Ausgabedatum, die bei der Beuth Verlag GmbH, Burggrafenstraße 6, 10787 Berlin, erhältlich ist.
Hinweis: Das Fügen durch Urformen und Umformen wird in diesem Buch nicht behandelt.

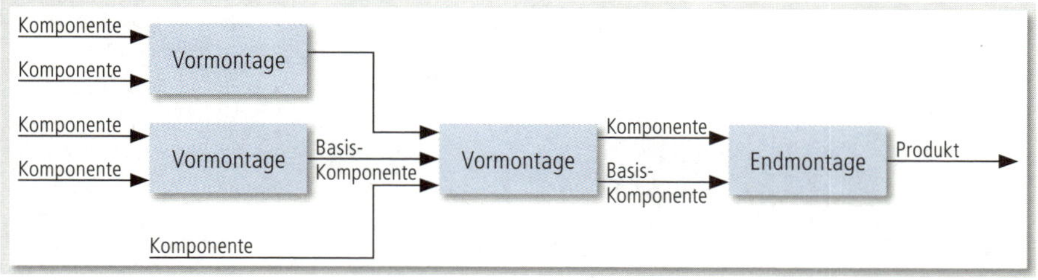

Abbildung III-31 Begriffe zum Montagesystem

Man spricht von *Vormontage*, wenn Einzelteile und formlose Werkstoffe (Komponenten) zu Baugruppen zusammengefügt werden. Vormontage

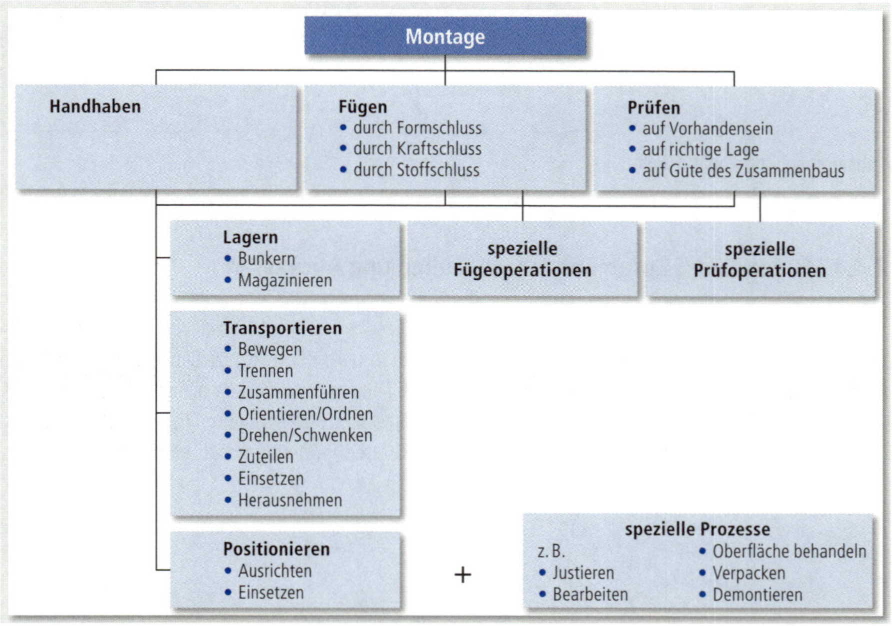

Abbildung III-32 Montagevorgänge setzen sich aus Handhaben, Fügen und Prüfen zusammen[84]

Dementsprechend enthält ein Montagesystem die in Abbildung III-32 dargestellten Teilsysteme, auf die in Kapitel 6 vor allem aus dem Blickwinkel des Industrial Engineering eingegangen wird. Das Handhaben und Fügen ist jedoch sehr stark mit der Produktgestaltung verbunden, deshalb ist es ein Schwerpunkt in diesem Kapitel.

Abbildung III-33 listet die Montageeinflussgrößen auf. Die Merkmale zur Fabrikplanung, die Produktions- und Montagebedingungen, die hier nicht dargestellt sind, können mit Methoden des Industrial Engineering optimiert werden. Hervorgehoben sind dagegen die Produkteigenschaften unter Zeit-, Ergonomie- und Kostenerwägungen. Nach diesen Kriterien ist die Darstellung in Abbildung III-33 geordnet.

84 Vgl. Andreasen, M M.; Kähler, S.; Lund, T.: Montagegerechtes Konstruieren. Berlin: Springer, 1985.

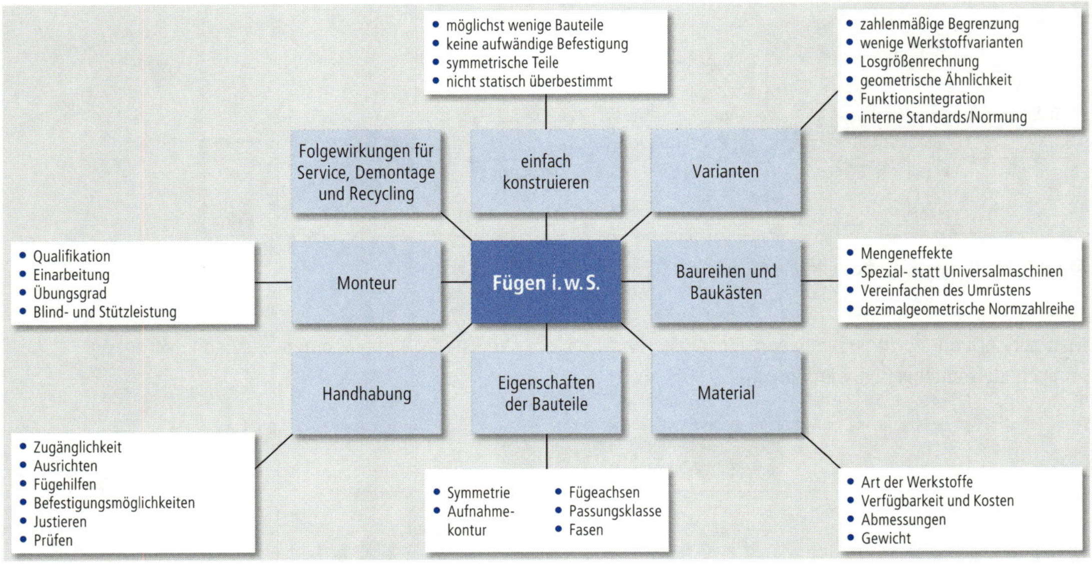

Abbildung III-33 Wirkzusammenhänge beim Fügen

2.4.4 Fügen durch Zusammensetzen, Füllen und Anpressen

Materialstärke und Bauteilgröße

Die Dicke von Bauteilen hat starken Einfluss auf das *Greifen* und *Vorrichten*. Abbildung III-34 weist Relativkosten für unterschiedliche Bauteildicken aus. Ab etwa 2 mm Dicke entstehen kaum Erschwernisse beim Greifen und Vorrichten. Dünnere Teile müssen dagegen mit Hilfsmitteln (z. B. Pinzette) gegriffen werden oder erfordern bei der Manipulation beträchtliche Fingergeschicklichkeit. Weiterhin ist zwischen zylindrischen und nicht zylindrischen Bauteilen zu unterscheiden.

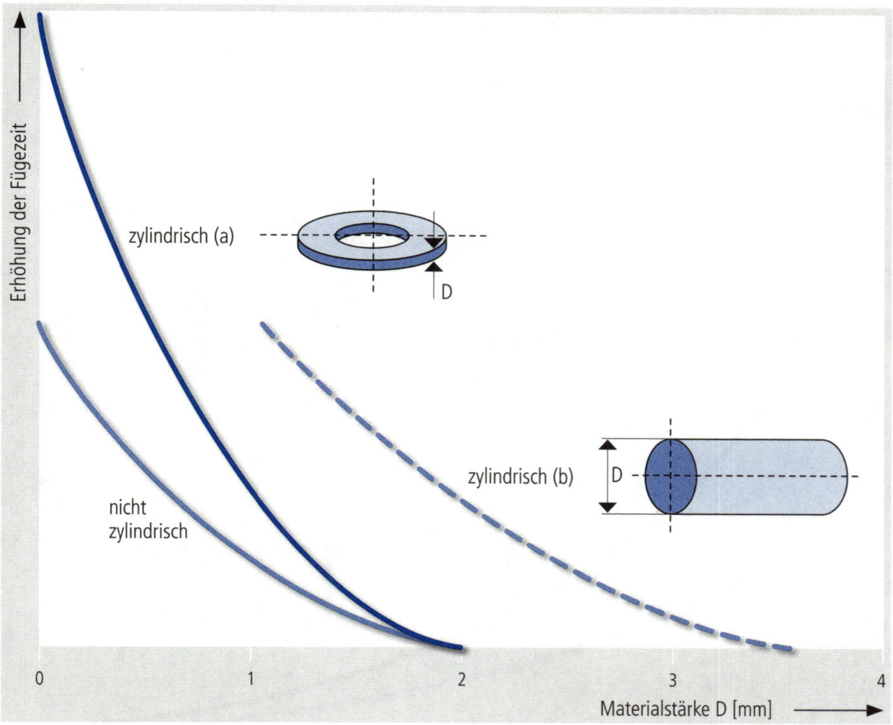

Abbildung III-34 Zusatzaufwand für das Greifen und Vorrichten dünner Bauteile[85]

85 Vgl. Boothroyd, G. et al.: a. a. O., 1994.

Die Größe des Bauteils wirkt sich ebenfalls auf den *Zeitbedarf* aus (Abbildung III-35). Die Handhabung zylindrischer Teile ist aufwändiger als bei nicht zylindrischen.

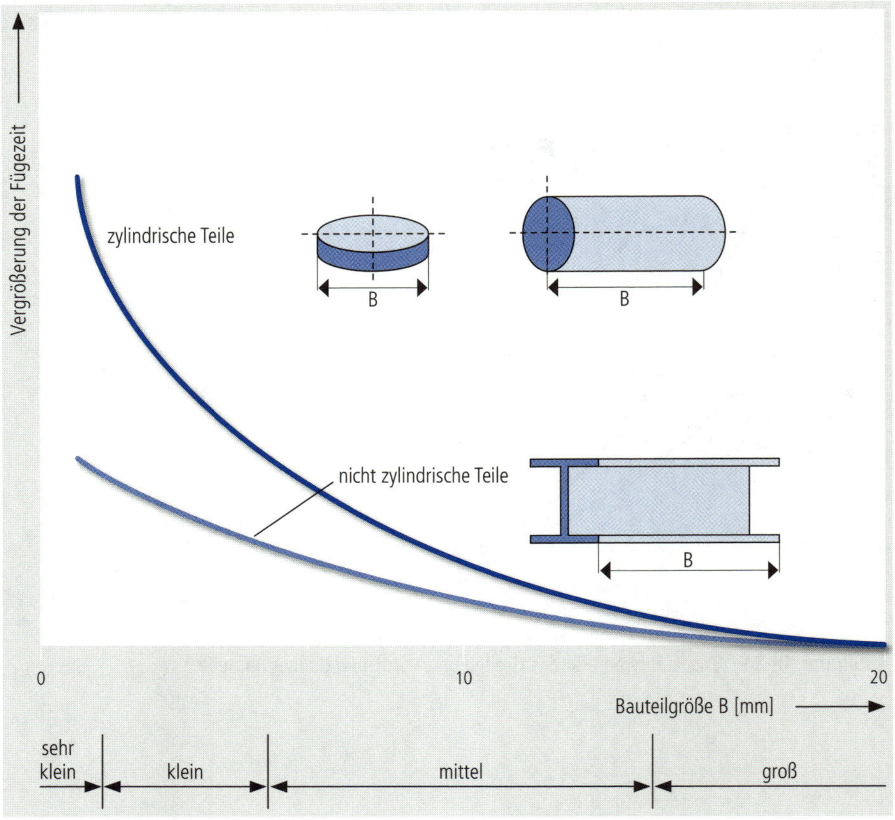

Abbildung III-35 Zusatzaufwand für das *Greifen* und *Vorrichten* kleiner bzw. kurzer Teile[86]

86 Vgl. Boothroyd, G. et al.: a. a. O., 1994, S. 80.

Natürlich hat auch das *Bauteilgewicht* einen Einfluss auf das Greifen, Bringen und Vorrichten (Abbildung III-36). Auch die *Fügezeiten* hängen vom Gewicht (und vom Volumen) der jeweiligen Bauteile ab, dieser Einfluss ist gegenüber den Auswirkungen der Passung und der Symmetrie jedoch sekundär.

Gewicht

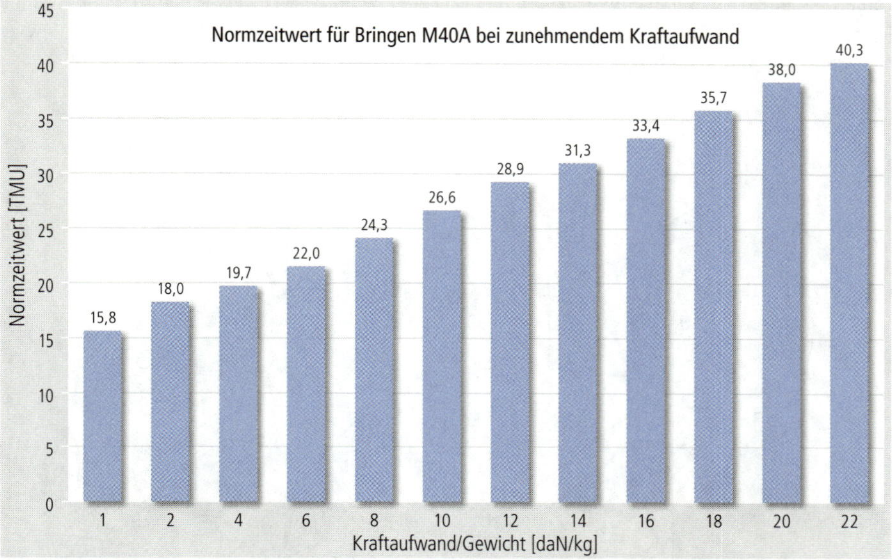

Abbildung III-36 Veränderung des Normzeitwertes für das Bringen M-A mit unterschiedlichen Gewichten bei einer Bewegungslänge von 40 cm

Das Fügen großer und/oder schwerer Bauteile, z. B. im Schwermaschinenbau, erfordert eine gesonderte Optimierung unter dem Gesichtspunkt der Lastenhandhabung[87].

Trotz des Gewichtseinflusses auf den Zeitbedarf und damit auch die *Herstellkosten* ist aber doch gelegentlich eine Überdimensionierung zu erwägen, da hierdurch Fügevorgänge erleichtert und die *Fertigungsqualität* verbessert werden kann.

87 Auf das Thema Lastenhandhabung wird im Teil II, Abschnitte 2.6 und 2.7 eingegangen.

Symmetrie

Man kann die *Symmetrie* von Bauteilen wie in Abbildung III-37 definieren.

Die Werte von α und β geben an, um wie viele Grad das Einzelteil gedreht werden muss, um wieder die richtige Ausrichtung für die Platzierbewegung zu erreichen. Die Werte von α und β werden addiert. Je größer die Summe dieses zusammengefassten *Symmetriewinkels* ist, umso mehr wird im Mittel um die angegebenen Achsen gedreht werden müssen (vgl. die Umsetzung der Symmetriewinkel in ProKon, Abschnitt 2.6).

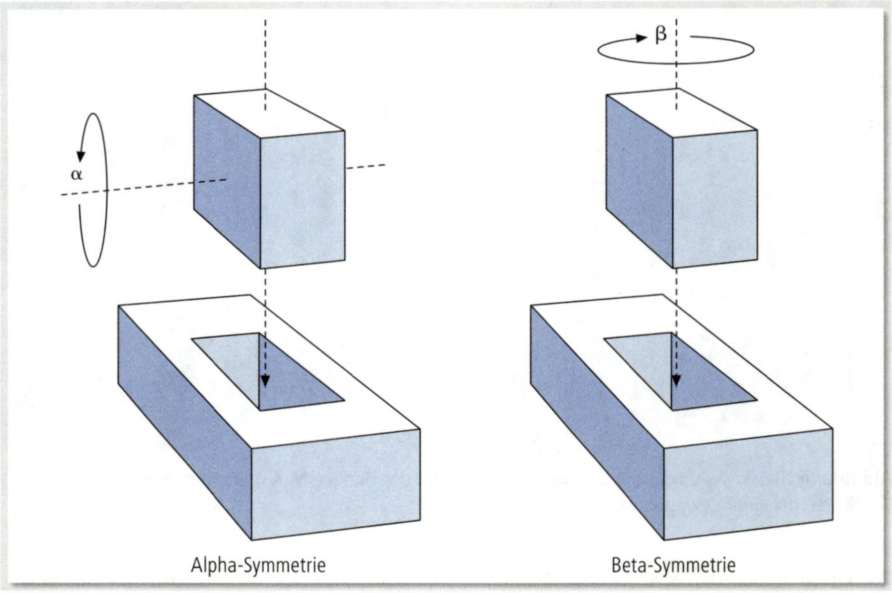

Abbildung III-37 Die Symmetriewinkel α und β sind ein Maß für die Symmetrie des zu fügenden Teils

Abbildung III-38 zeigt ein mit MTM-1 kodiertes Beispiel für die drei Fügesituationen. Beim symmetrischen Fügen (oben) brauchen die Teile nicht um die Fügeachse gedreht zu werden. Sie können aus jeder Stellung ineinander gefügt werden. Beim halbsymmetrischen Fügen (Bildmitte) ermöglichen die Querschnitte ein Fügen in mehreren Stellungen. Es wird ein durchschnittlicher Drehwinkel von 45° für das Ausrichten angenommen. Das unsymmetrische Fügen (unten) ist nur in einer Stellung möglich. Hier wird ein durchschnittlicher Drehwinkel von 75° für das Ausrichten angesetzt.

Zunehmende Asymmetrie führt demnach zu höherem Fügeaufwand, allerdings verringert das *Vorrichten* während der Bringbewegung den Zeitbedarf. So würde man im unteren Beispiel von Abbildung III-38 davon ausgehen, dass bei einer Bewegungslänge von 50 cm beim Bringen ein Vorrichten des Bauteils erfolgt; das Fügen wäre dann halbsymmetrisch und würde hier wie im mittleren Beispiel mit P2SSE analysiert.

Bauteil	Kodierung				Bemerkung
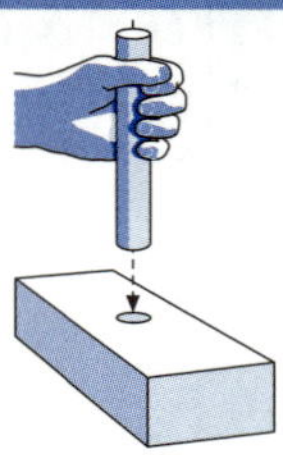	**TMU**	**Kode**	**A · H**	**Beschreibung**	Bauteil mit rechter Hand aufnehmen und in Durchbruch einfügen. Das Bauteil liegt allein bzw. kann wie ein alleinliegendes Teil gegriffen werden. Annahme: Während der Bringbewegung wird nicht vorgerichtet.
	18,4	R50B		zum Bolzen	
	2,0	G1A			
	21,8	M50C		zur Bohrung	
		~~G2~~			
	16,2	P2SE		symmetrisches Fügen	
	2,0	RL1			
	60,4				
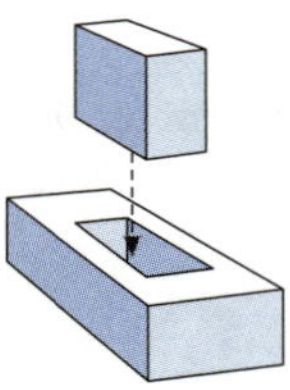	**TMU**	**Kode**	**A · H**	**Beschreibung**	
	18,4	R50B		zum Bauteil	
	2,0	G1A			
	21,8	M50C		zum Durchbruch	
		~~G2~~			
	19,7	P2SSE		halbsymmetrisches Fügen	
	2,0	RL1			
	63,9				
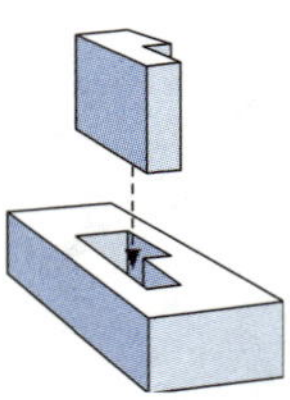	**TMU**	**Kode**	**A · H**	**Beschreibung**	
	18,4	R50B		zum Bauteil	
	2,0	G1A			
	21,8	M50C		zum Durchbruch	
		~~G2~~			
	21,0	P2NSE		unsymmetrisches Fügen	
	2,0	RL1			
	65,2				

Abbildung III-38 Vergleich der MTM-1-Kodierungen (nur rechte Hand) für symmetrische, halbsymmetrische und unsymmetrische Fügebeispiele

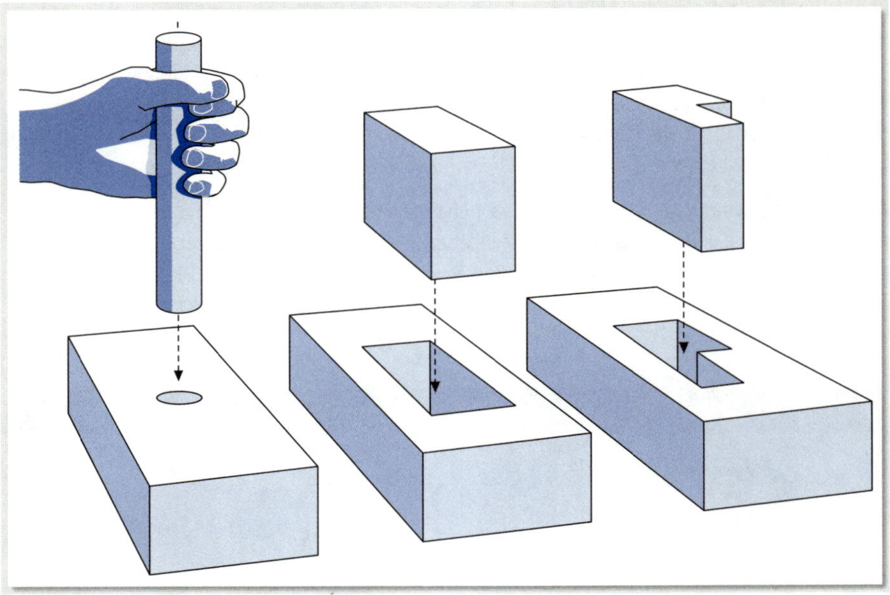

Abbildung III-39 Beispiele für nur eine Fügeachse

Fügeachsen

Die Zahl der *Fügeachsen* wirkt sich auf den Zeitbedarf beim Fügen aus.

In Abbildung III-39 entspricht die Fügeachse der Bewegungsrichtung des Einfügens. Die Fügeachse eines Bauteils kann bei verschiedenen Bestimmungsorten unterschiedlich sein (vgl. Abbildung III-40). Der Gegenstand allein erlaubt also keinen Rückschluss auf die Fügeachse.

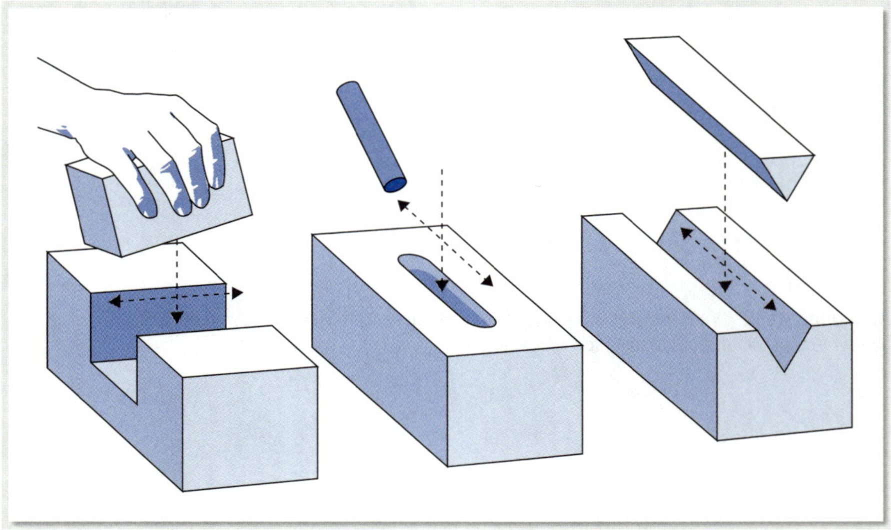

Abbildung III-40 Beispiele für zwei Fügeachsen

Zentrieren und *Ausrichten* beschreiben jeweils Drehbewegungen des Bauteils. Das Ausrichten erfolgt dabei um die Fügeachse, das Zentrieren ist ein Drehen oder Kippen des Gegenstandes.

Aufnahmekontur

Im Gegensatz zu den Fügevorgängen in Abbildung III-39 handelt es sich in der Abbildung III-41 um Fügen bzw. bündiges Einsetzen bei teilweise offener *Aufnahmekontur*; lediglich in einer Achse ist die Kontur definiert. Dies bedeutet, dass bis auf den im mittleren Bild dargestellten Fall ein Ausrichten des Bauteils mit P2SD = 21,8 TMU erforderlich wird.[88] Eine geschlossene Kontur vermeidet zusätzliches Ausrichten, sie erspart in diesen Beispielen etwa 30 % der Zeit für das Handhaben.[89]

Bauteil	Kodierung*				Bemerkung
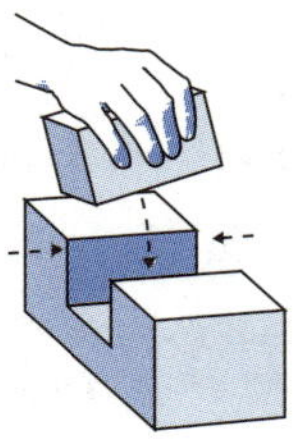	**TMU**	**Kode**	**A · H**	**Beschreibung**	
	18,4	R50B		zum Bauteil	
	2,0	G1A			
	21,8	M50C		zur Nut	
		~~G2~~			
	19,7	P2SSE		erkennbare Verzögerung	
	2,0	M2C		bündig	
	21,8	P2SD		bündig, mit Finger versetzen	
	2,0	RL1			
	87,7				
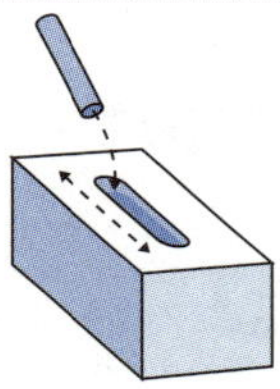	**TMU**	**Kode**	**A · H**	**Beschreibung**	Das runde Bauteil wird schräg eingesetzt; Zielgenauigkeit > ± 6 mm; Platzieren ist Bringbewegung Fall C
	18,4	R50B		zum Bauteil	
	2,0	G1A			
	21,8	M50C		zum Durchbruch	
		~~G2~~		Zielgenauigkeit > ± 6 mm	
	2,0	RL1			
	44,2				
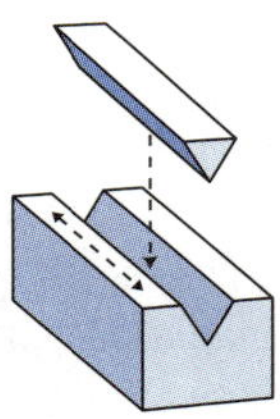	**TMU**	**Kode**	**A · H**	**Beschreibung**	Bauteil von oben platziert; kein Fügen; Bringen Fall B
	18,4	R50B		zum Bauteil	
	2,0	G1A			
	18,0	M50B		in Formteil	
		~~G2~~		Zielgenauigkeit > 25 mm	
	2,0	M2C		bündig	
	21,8	P2SD		bündig, mit Finger versetzen	
	2,0	RL1			
	64,2				

* Die Teile liegen vereinzelt im Arbeitsbereich (max. 50 cm).

Abbildung III-41 Fügen bei teilweise offener *Aufnahmekontur*

Passungsklasse, Fasen und Spiel

Die *Passungsklasse* wirkt sich auf die Fügezeit aus. Von Passungsklasse 1 bis Passungsklasse 3 nimmt die Fügezeit zu, da das Spiel kleiner wird.[90] Beim Einfügen in den Passungsklassen 2 und 3 wird der zusätzlich benötigte Zeitaufwand zu P1 mit *Drücken* bewertet (vgl. Teil II, Abschnitt 6.3). Durch das Anbringen von Fasen o. Ä. kann eine günstigere Passungsklasse erreicht werden.

Presspassungen

Presspassungen, z. B. zwischen Bolzen und Bohrung, führen außerdem zu einer hohen Belastung des Finger-/Hand-/Armsystems – sofern sie händisch montiert werden.

88 Zur Erklärung dieser Kodierung vgl. Teil II, Abschnitt 6.3.2.
89 Zum Thema Ausrichten vgl. den weiter unten folgenden Abschnitt.
90 Zur Definition der Passungsklasse vgl. Teil II, Abschnitt 6.3.2, insbesondere Abbildung II-221.

Funktionsintegration

Unter *Funktionsintegration* versteht man die Vereinigung mehrerer Funktionen in einem Bauteil. Sie leistet einen erheblichen Beitrag zur Senkung der Herstellkosten, kann aber durchaus auf negative Wirkungen auf die Gebrauchstauglichkeit beim Endkunden haben.

Abbildung III-42 stellt ungünstige und günstige Lösungen aus dem Blickwinkel der Funktionsintegration dar.

ungünstig	günstig	Begründung
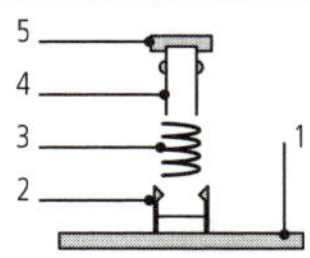	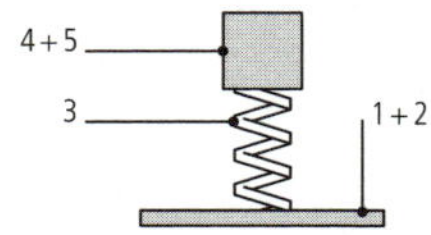	Die Einzeltaste bei einer Tastatur besteht links aus drei unabhängigen Komponenten, rechts aus zwei. Ein Fügevorgang entfällt, allerdings hat die rechte Lösung Nachteile bei der Tastenführung.
ungünstig	**günstig**	**Begründung**
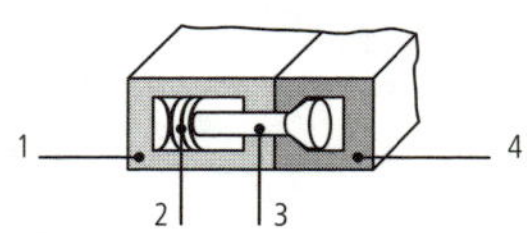	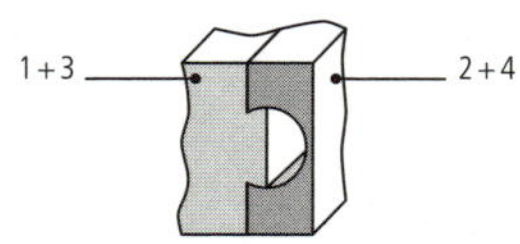	Der Schiebe-Steckverschluss links besteht aus vier Komponenten, die bessere Lösung rechts lediglich aus zwei. Die Feder 2 links erübrigte sich durch das Kunststoffteil (2 + 4) rechts.
ungünstig	**günstig**	**Begründung**
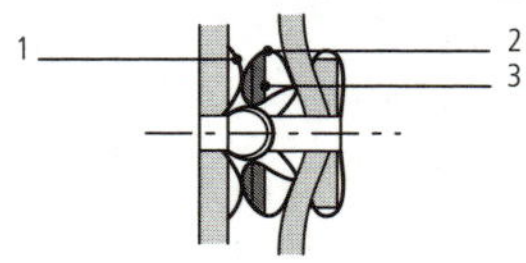	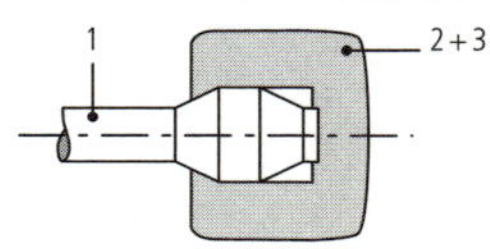	Der komplizierte Clips-Verschluss links wurde durch einen einfacheren Clips nur aus zwei Komponenten ersetzt. Die Feder 3 links erübrigt sich durch das Kunststoffteil (2 + 3) rechts.

Abbildung III-42 Funktionsintegration von Bauteilen – Beispiele[91]

Ausrichten eines Bauteils und Fügehilfen

Das *Ausrichten* von Bauteilen während des Zusammenbaus ist oft sehr zeitaufwändig. Abbildung III-43 zeigt links die ursprüngliche Konstruktion, die sich aus zwei Teilen unterschiedlicher Werkstoffe zusammensetzte und ein Ausrichten erforderlich machte. Die Lösung rechts in Abbildung III-43 stellt das Bauteil aus einem Werkstoff her, so dass das Ausrichten beim Zusammenbau entfällt.

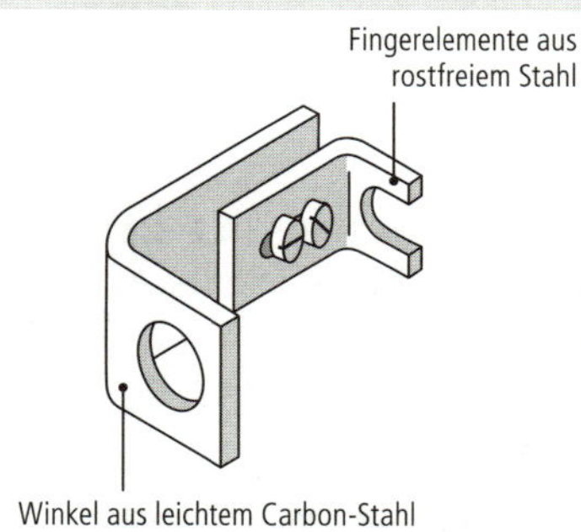

mit Ausrichten

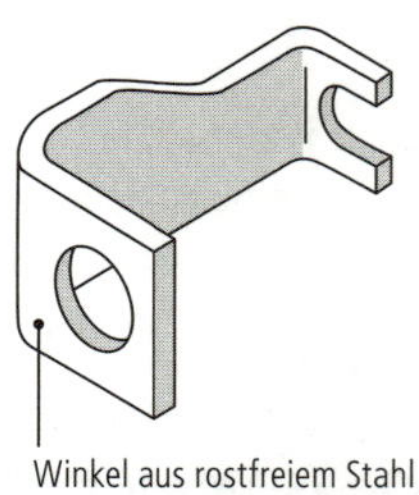

ohne Ausrichten

Abbildung III-43 Gestaltungsalternativen für ein Verbindungsteil[92]

91 Vgl. Bürger, E.: Robotergerechte Gerätekonstruktion. TU Chemnitz, 1986.
92 Vgl. Boothroyd, G. et al.: a. a. O., 1994, S. 107.

Vor dem Bereitlegen muss der Winkel aus leichtem Carbon-Stahl und das Fingerelement aus rostfreiem Stahl mit leichtem Druck zusammengefügt werden. Die Analysen zeigen den Unterschied zwischen dem Bereitlegen von zwei Bauteilen, die vorher montiert werden müssen und dem Bereitlegen eines konstruktiv geänderten Bauteils (nur noch ein Teil) auf. Werden Winkel und Fingerelement verschraubt, ist die zeitliche Differenz noch höher.

Orientierungs- und Führungshilfen

Orientierungs- und Führungshilfen am Bauteil erleichtern die Handhabung und verkürzen die Fügezeit. Diese konstruktiven Elemente verbessern die taktile Wahrnehmung und vereinfachen damit den Fügevorgang. Die Orientierungshilfen müssen deutlich über den Bauteilkörper hinausragen, damit sie rechtzeitig wirksam werden können (Abbildung III-44).

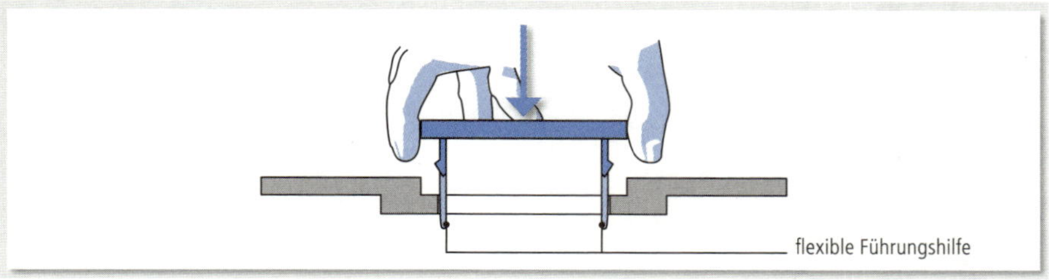

Abbildung III-44 Führungshilfen am Bauteil

So zeigt Abbildung III-45 als Beispiel einen Dimmerschalter, der im alten Zustand ohne Führungsnasen eingebaut wurde (a). Bringt man an allen vier Seiten Führungsnasen an, die mit einer großzügigen Fase ausgebildet sind (b), verkürzt dies die Fügezeit auf etwa den halben Wert.

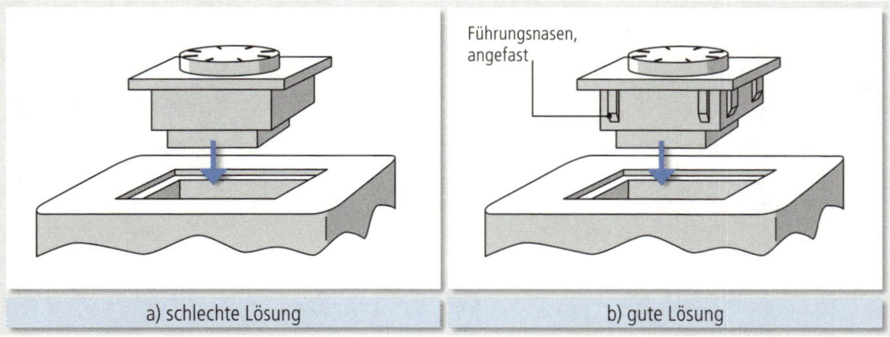

Abbildung III-45 Verkürzung der Fügezeit durch Orientierungshilfen an einem Dimmer

Bei Schraubenverbindungen (und vielen anderen Maschinenelementen ebenfalls) ergeben sich durch einfache Fügehilfen ebenfalls beträchtliche Zeitvorteile (Abbildung III-46).

Besonders beim Fügen an engen Stellen machen sich Kegelspitzen oder zylindrische Fügehilfen bei Fügen von Schrauben durch beträchtliche Zeitersparnisse bemerkbar.

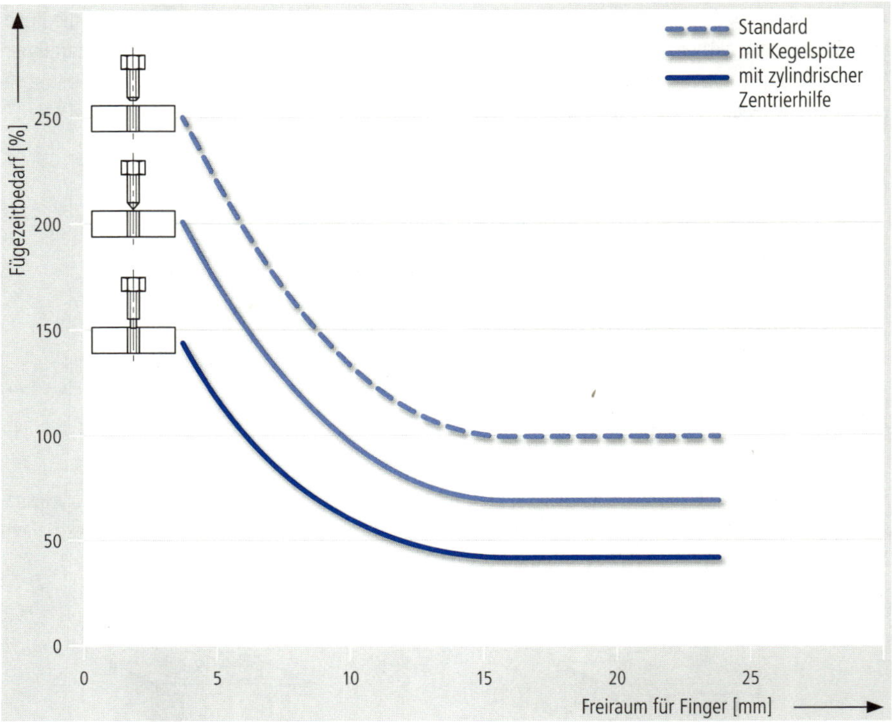

Abbildung III-46 Fügezeitbedarf an engen Stellen bei Schrauben mit und ohne Führungshilfen

Das Verhaken von Bauteilen beim Fügen kann im Regelfall konstruktiv vermieden werden. Die Einrichtung von Schrägen vermeidet das Verhaken (Abbildung III-47).

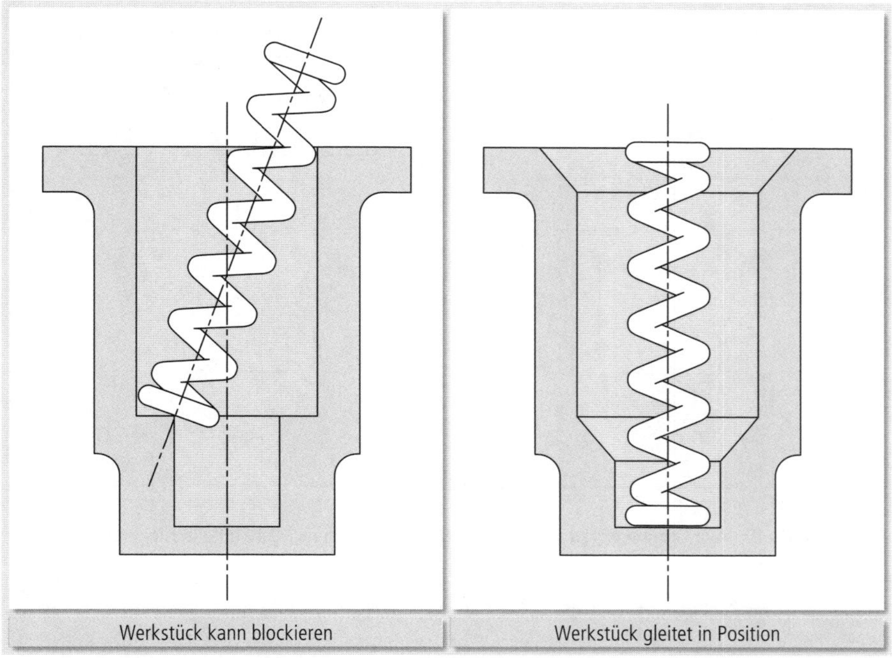

Abbildung III-47 Schrägen verhindern Verhaken von Bauteilen[93]

Scheiben, die in Bohrungen einzuführen sind, können ebenfalls leicht blockieren. Die zylindrische Ausführung des Bauteils vermeidet dagegen das Blockieren (Abbildung III-48).

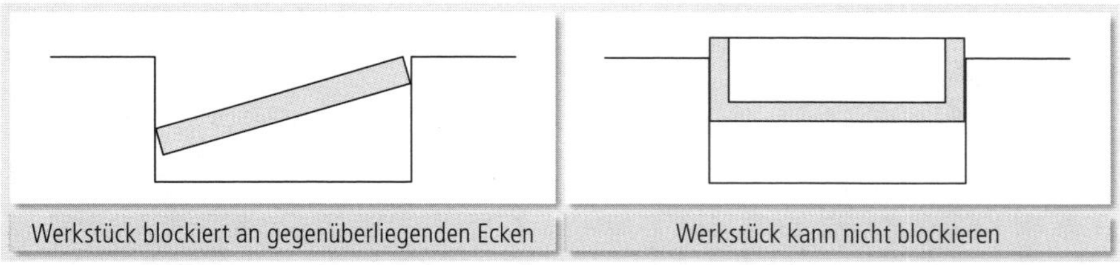

Abbildung III-48 Zylindrische Ausführung eines Bauteils vermeidet das Verhaken in Bohrungen[94]

Flachteile mit hohem Ordnungsgrad erleichtern das Handhaben – insbesondere bei Montageautomatisierung (Abbildung III-49).

93 Vgl. Boothroyd, G. et al.: a.a.O., 1994, S. 67.
94 Vgl. Boothroyd, G. et al.: a.a.O., 1994, S. 66.

Falsches Bild (Bild III-18)

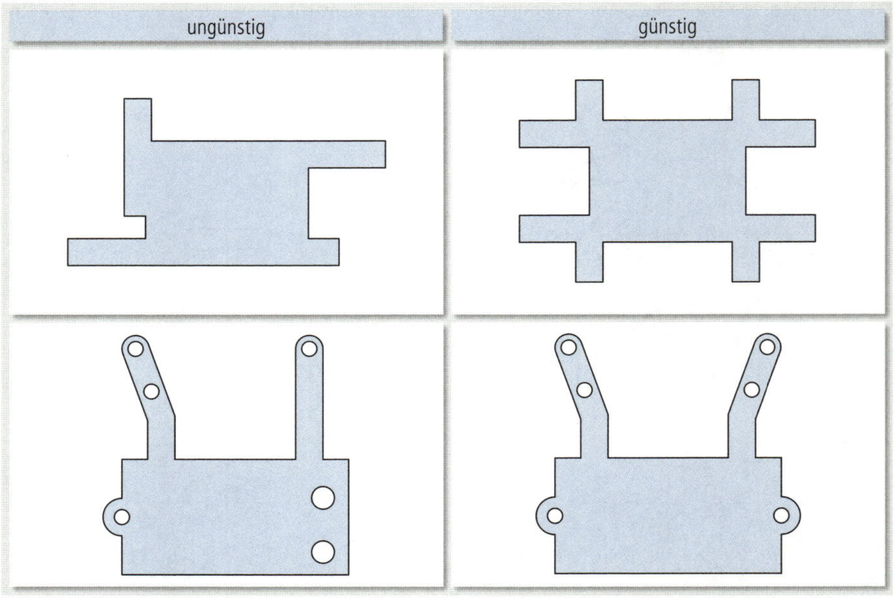

Abbildung III-49 Der Ordnungsgrad spielt bei der handhabungsgerechten Bauteilauslegung eine Rolle[95]

Bohren

Das *Bohren* von Sacklöchern und die spätere Weiterverarbeitung sind mit Erschwernissen verbunden: Beim Bohren eines Sackloches ist der *Spanfluss* und das Entfernen der Späne aufwändiger als beim Bohren eines Durchgangsloches. Ebenso ist die genaue Bohrtiefe einzuhalten. Bei späteren Fügevorgängen kann eine Entlüftungsöffnung die Einführung eines Bolzens erleichtern (Abbildung III-50).

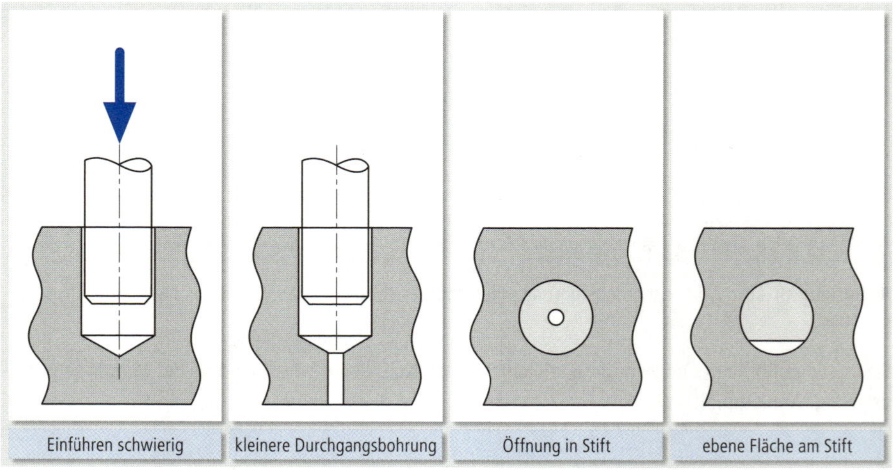

Abbildung III-50 Entlüftungsöffnung verbessert Fügen von Bolzen in Sacklöchern[96]

95 Vgl. Bürger, E.: a. a. O., 1986, S. 24.
96 Vgl. Boothroyd, G. et al.: a. a. O., 1994, S. 66.

Es gibt sehr unterschiedliche Kabelhalterungen am Markt. Je nach Ausführung werden ein oder mehrere Einzelteile und ein, zwei oder gar kein Werkzeug benötigt. Der relative Zeitbedarf ist Abbildung III-51 zu entnehmen.

Kabelhalterungen

1. Ist-Zustand	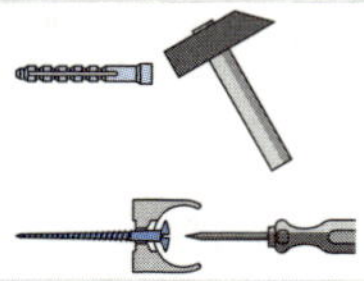	1. Dübel in vorgebohrtes Loch einsetzen 2. Dübel einschlagen 3. Klemmschelle auf Dübel ansetzen 4. Schraube ansetzen und eindrehen Ergebnis: 3 Teile ≙ 100 %
2. Variante A	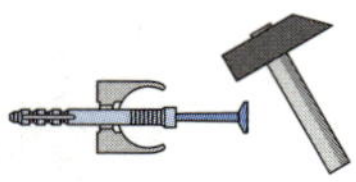	1. Klemmschelle ansetzen 2. Nageldübel ansetzen und einschlagen Ergebnis: 2 Teile ≙ 66 %
3. Variante B	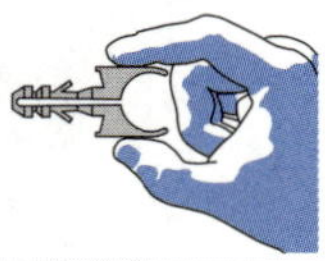	1. Klemmschelle in (vorgebohrtes) Loch einsetzen und eindrücken Ergebnis: 1 Teil ≙ 35 %

Abbildung III-51 Verschiedene Befestigungen von Kabelhaltern im Vergleich

Auch andere Befestigungselemente unterscheiden sich bei der Fügezeit (Abbildung III-52); das Clipsen geht am schnellsten, an zweiter Stelle folgen Bolzen mit Biegezungen. Aufwändiger sind dagegen Niete und Schrauben.

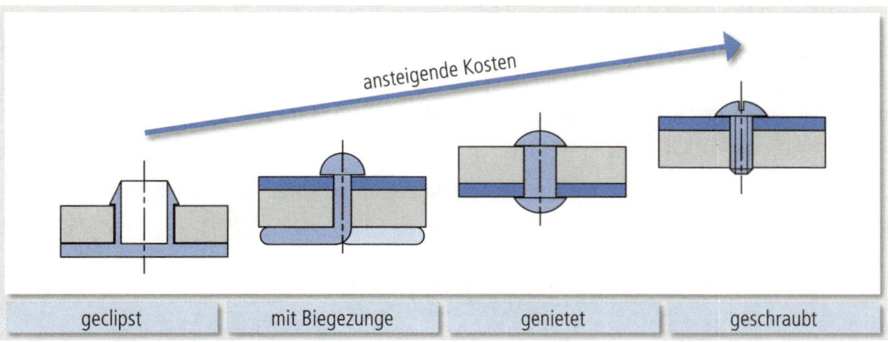

Abbildung III-52 Befestigungsmethoden mit ansteigender Fügezeit[97]

Der Konstrukteur sollte *statisch überbestimmte Bauteilauslegungen* nach Möglichkeit vermeiden, da sie die Fügezeiten erhöhen können (Abbildung III-53).

Statisch überbestimmte Bauteilauslegungen

97 Vgl. Boothroyd, G. et al.: a. a. O., 1994, S. 69.

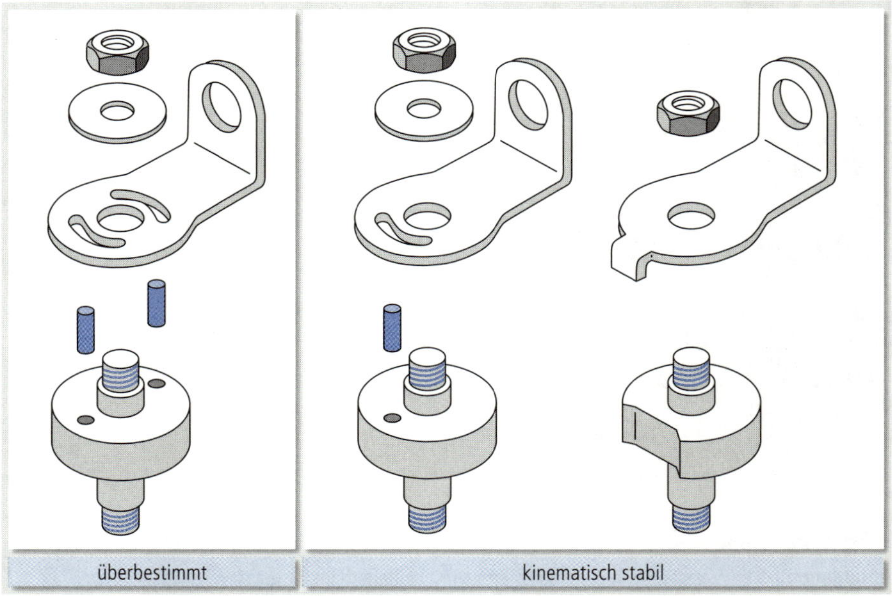

Abbildung III-53 Statisch überbestimmte Konstruktionen erhöhen auch die Zeit für das Fügen[98]

In der linken konstruktiven Lösung mit zwei Stiften und zwei Langlöchern sind ein Stift und ein Langloch überflüssig. Die Fügezeit erhöht sich dadurch beträchtlich. Die beiden rechten Lösungen erfüllen den beabsichtigten Zweck genauso gut.

Clips- oder Schnappverbindungen

Eine *Clipsverbindung* bezeichnet eine formschlüssige Verbindung zwischen zwei Bauteilen unter Ausnutzung der Materialelastizität ohne zusätzliches Fügeelement. Während des Zusammensteckens muss eine Wulst überwunden werden, die sich kurzzeitig verformt und dann in die Ausgangslage zurückfedert.

Abbildung III-54 gibt einen Überblick zu der breiten Palette der Clipse, die vor allem im Automobilbau und der Konsumgüterindustrie eingesetzt wird.

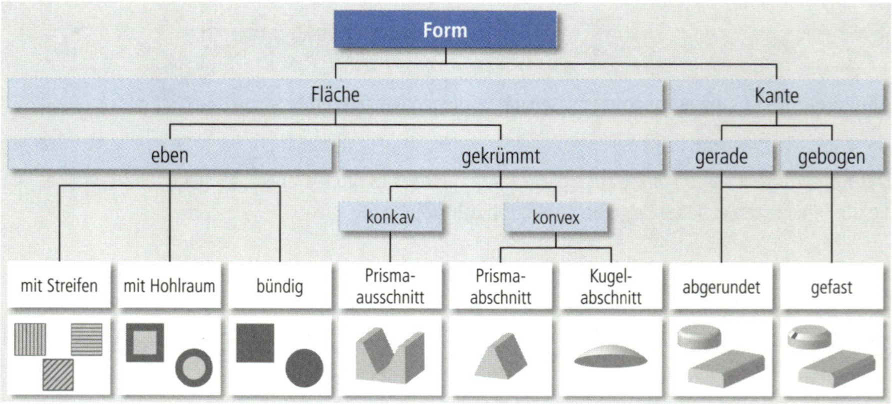

Abbildung III-54 Systematik der Clipsverbindungen

98 Vgl. Boothroyd, G. et al.: a.a.O., 1994, S. 108.

Der Einsatz von *Clipsverbindungen* nimmt (nicht nur) in der Automobilindustrie stark zu. Ursache dieser Entwicklung sind vor allem Kostenvorteile, die durch Reduzierung des Montageaufwands entstehen können. Clipsverbindungen erhöhen die Prozesssicherheit der Montage, sie erlauben z. B. im Fahrzeugbau einen Toleranzausgleich von etwa ±2 mm, sie sind robust und korrosionsbeständig. Clipsverbindungen machen deshalb in der Fahrzeugmontage mehr als 20 % der Verbindungselemente aus.[99] Bereits seit einigen Jahren kann eine Verschiebung von Schraub- hin zu Clipsverbindungen konstatiert werden. Vorteile wie

- Gewichtsreduktion,
- Vereinfachung der formschlüssigen Verbindungen und damit auch
- Reduktion der Material- und Fertigungskosten,
- Reduktion des Anlernaufwands

spielen eine Rolle.

Nachteile des Clipsens können sich jedoch aus den Handhabungsbedingungen und auch aus dem Recycling ergeben.

Durch *Integralbauweise* kann zum einen die Anzahl der Montagevorgänge reduziert werden, zum anderen kann durch Clipse die Abdeckung der Fügestelle (z. B. bei der Innenverkleidung in der Fahrzeugmontage) ermöglicht werden.

Vormontage

Das Clipsen begünstigt zudem die modulare *Vormontage*, was zur besseren Zugänglichkeit und auch zu kürzeren Fertigungszeiten führt. Mit der Vormontage von Baugruppen ist im Allgemeinen eine Belastungssenkung der Werker verbunden, da die Vormontage unter anthropometrisch günstigeren Bedingungen durchgeführt werden kann.

Gestaltelemente

Clipse lassen sich anhand verschiedener Parameter untergliedern. Zum einen durch die verwendeten Gestaltelemente, welche unterschiedlichen Funktionen dienen. Im Wesentlichen handelt es sich dabei um schließende Elemente (locks) und positionierende Elemente.

Zu einem Clips gehören zum einen ein block- oder plattenförmiger *Clipsträger*, der eigentliche *Schnapphaken* (Verschluss) sowie *Orientierungs- und Führungshilfen* für das Fügen (locators und enhancements, vgl. Abbildung III-55).

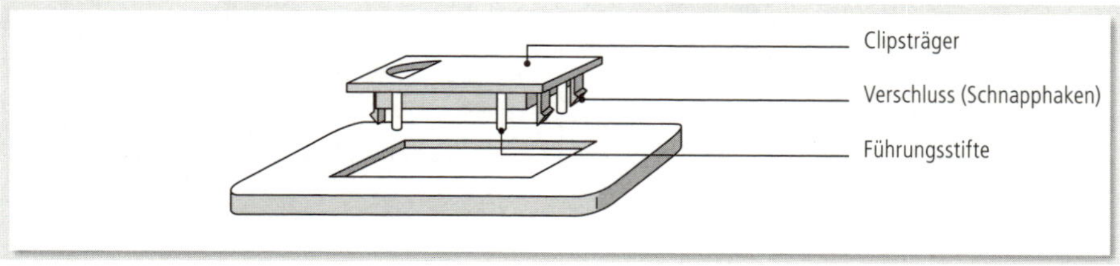

Abbildung III-55 Bestandteile eines Clipses

Der *Schnapphaken* funktioniert häufig nach dem Biegebalkenprinzip (Abbildung III-56) jedoch sind auch andere konstruktive Lösungen möglich (Abbildung III-57).

99 Hübner, A.; Irmer, W.; Martinek, M.; Pieschel, J.; Zwickert, H.; Zinke, M.: Studienmaterial Fertigungslehre. Universität Magdeburg, Institut für Werkstoff- und Fügetechnik, 2006.

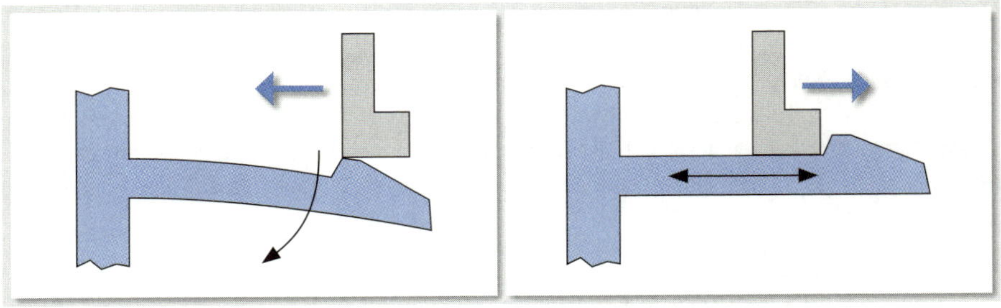

Abbildung III-56 Schnapphaken nach dem Biegebalkenprinzip[100]

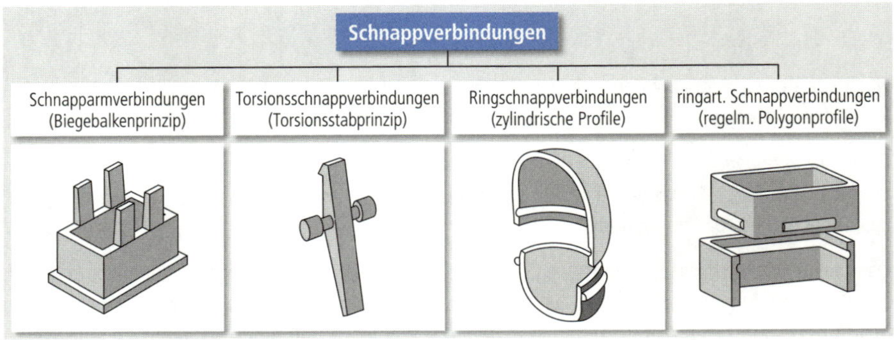

Abbildung III-57 Unterschiedliche mechanische Prinzipien führen zu vielfältigen Schnappverbindungen

Zum anderen sind aus ergonomischer Sicht darüber hinaus auch die Parameter *Fügekraft*, Fügebewegung, Oberfläche und Greifform von Interesse (Abbildung III-58).

Fügekraft	Fügemoment (sofern vorhanden)	Fügebewegung	Freiheitsgrad	Oberfläche	Greifform	funktionale Elemente
2 N bis 250 N	< 3 Nm	• Drücken (push) • Schieben (slide) • Kippen (tip) • Drehen (twist)	≤ 12	• eben und glatt • scharfkantig • gebogen	• Drücken mit Fingerspitze • Pinzettengriff • Druck	• schließend (lock) • positionierend (locator) • erweiternd (enhancement)

Abbildung III-58 Klassifikation des Clipsens

Grundvoraussetzungen

Eine zuverlässige Clipsverbindung erfüllt die folgenden vier konstruktiven Grundvoraussetzungen:[101]

- Festigkeit ist die Eigenschaft des Materials, den Belastungen im montierten Zustand zu widerstehen. Eine Clipsverbindung, die nicht fest genug ist, versagt im Einsatzfall.
- Halt (constraint) ist die Funktion eines Clips, mit der Aufnahme eine fixierende Verbindung einzugehen. Ein Clip kann in allen 12 Freiheitsgraden fixieren oder aber kontrollierte relative Bewegungen erlauben.

100 Bonenberger, P. R.: The first snap-fit handbook. München: Hanser, 2005.
101 Bonenberger, P. R.: a. a. O., 2005, S. 43.

- Kompatibilität bedeutet, dass Clips und Aufnahme in ihrer Form so zueinander passen, dass sowohl Fügebewegung als auch Demontagebewegung nicht durch die funktionalen Elemente des Clips behindert werden.
- Robustheit ist die Toleranz der Clipse gegenüber allen variablen bzw. unbekannten Einflussfaktoren in Entwicklung, Herstellung, Montage und Einsatz. Ein montage-robuster Clip bietet beispielsweise Hilfselemente, die einen Fehleinbau verhindern. Weiterhin erleichtert er das Zentrieren und Einfügen durch Führungsnasen, die nach Möglichkeit angefast sind.

Von Sonderfällen abgesehen, können Clipse aufgedrückt (Abbildung III-59(a)), eingehängt und danach aufgedrückt (b) oder eingeschoben (c) werden. Hinzu kommt noch das Fügen mit Dreh-Drück-Bewegungen (hier nicht dargestellt). Im Falle (a) ist die Orientierung der Finger, die Fügebewegung und die Arretierung des Clipses eine Einheit, bei (b) und (c) sind Orientierung der Finger, Fügen und Arretieren dagegen getrennt.

Die Ergebnisrückkoppelung erfolgt beim Fügen von Clipsen schwerpunktmäßig über taktile und/oder auditive Wahrnehmung (Teil II, Abschnitt 2.5.6). Im verarbeitenden Gewerbe werden oft mehrere Tausend Clipse pro Mitarbeiter und Schicht gesetzt. Die damit verbundene dynamische und quasi-statische Kraftaufbringung kann u. U. zu schmerzhaften Störungen und langwierigen Erkrankungen des Finger-/Hand-/Arm-Systems führen (»*Repetitive Strain Injuries*«, RSI; vgl. Teil II, Abschnitt 2.7.7).

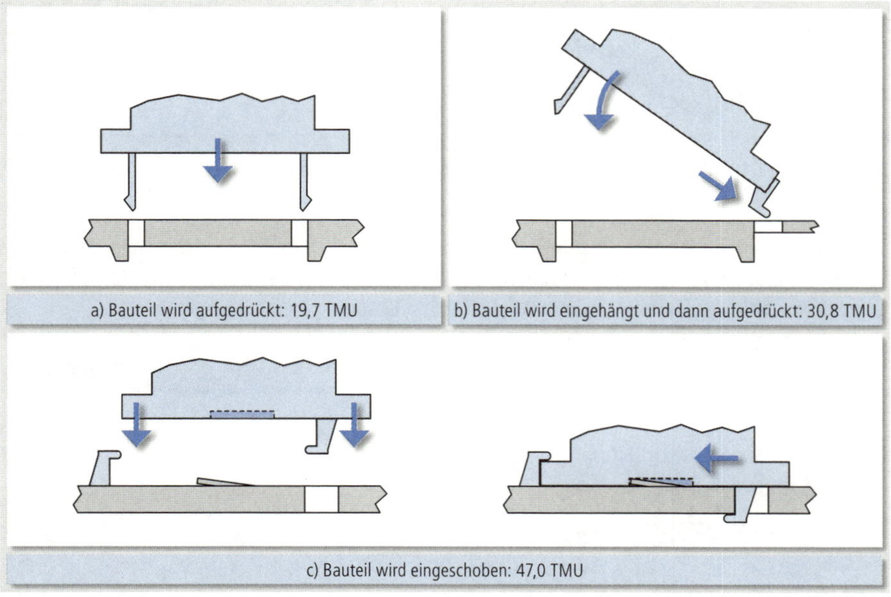

Abbildung III-59 Vergleich verschiedener Fügeoperationen[102]

Einsetzen des Clips

Beim Einsetzen des Clipses wirkt sich die Stärke der Werkstückaufnahme aus: Handelt es sich um ein dünnes Blech oder aber mehrere Zentimeter Vollmaterial (Abbildung III-60)? Bleche, die sich beim Fügen durchbiegen, können dazu führen, dass sich das einzufügende Bauteil verkantet. Unter Umständen kommt es in solchen Fällen zu Spitzenwerten der notwendigen Fügekraft und damit auch zu hohen Hand-/Arm-Beanspruchungen.

102 Vgl. Bonenberger, P. R.: a. a. O., 2005, S. 235.

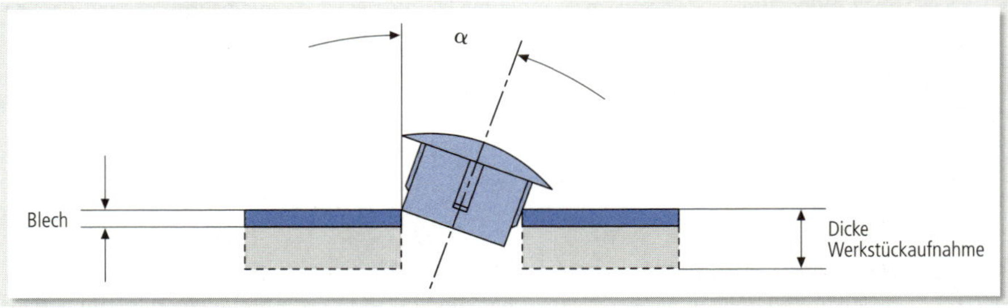

Abbildung III-60 Einfluss der Dicke der Werkstückaufnahme auf das Setzen von Clipsen

Gegenüber dem Setzen eines Stopfens mit einer einfachen Drückbewegung bedeutet ein kombinierter Fügevorgang aus Drücken und Schieben oft bis zu 40 % mehr an Zeit (Abbildung III-61).

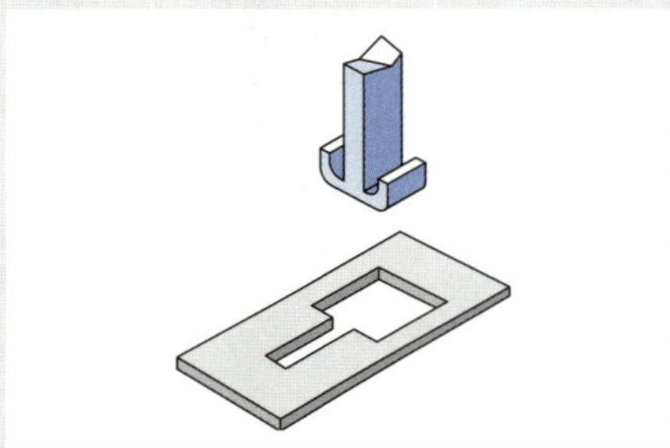

TMU	Kode	A·H	Beschreibung
19,6	R50C		zum Clips
9,1	G4B		
21,8	M50C		zur Öffnung
	~~G2~~		
25,3	P2SSE		halbsymmetrisches Fügen
2,0	M2A		Arretieren (schieben)
2,0	RL1		
79,8			

Abbildung III-61 MTM-1-Analyse für Clips eindrücken und schieben

Sonderausführungen von Clipsen können mit erhöhtem Zeitbedarf und u. U. *Belastungsspitzen* beim Fügen verbunden sein. So kann es erforderlich sein, einen spritzwassergeschützten Clip mit starkem Druck in die Bohrung einzusetzen. Abbildung III-62 zeigt dafür eine MTM-Analyse.

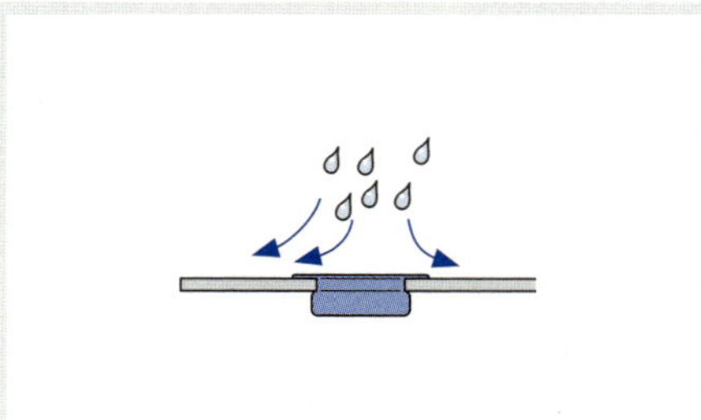

TMU	Kode	A·H	Beschreibung
19,6	R50C		zum Clips
9,1	G4B		
21,8	M50C		zur Öffnung
	~~G2~~		
48,6	P3SD		Fügen mit Finger versetzen
2,0	RL1		
101,1			

Abbildung III-62 MTM-1-Analyse für das Setzen eines spritzwassergeschützten Clips

Zusatzarbeiten, wie z. B. *Biegezungen* mit Werkzeug oder Hand umlegen, können die Fügezeit stark erhöhen, vor allem dann, wenn noch ein entsprechendes Werkzeug geholt oder gesucht werden muss. Abbildung III-63 schlüsselt den Zeitbedarf für das Setzen des Clipses und das Umbiegen per Hand auf.

Annahme:
Entfernungsbereich 50 cm; vermischte Lagerung

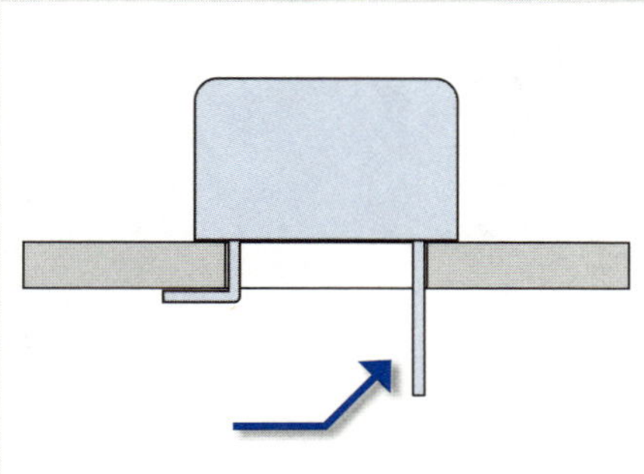

TMU	Kode	A·H	Beschreibung
19,6	R50C		zum Clip
9,1	G4B		
21,8	M50C		zur Öffnung
	~~G2~~		
16,2	P2SE		Biegezungen fügen
2,0	RL1		
12,6	R10B		zur 1. Biegezunge
3,4	R4B		zur 2. Biegezunge
0,0	G5	2	
32,4	APB	2	starker Druck
4,0	M2A	2	umbiegen
4,0	RL1	2	
125,1			

Abbildung III-63 MTM-1-Analyse für das Setzen eines Clips mit Biegezunge

Der Zeitbedarf für das Fügen verschiedener *Clipsarten* ist beispielhaft in Abbildung III-64 und Abbildung III-65 dargestellt.

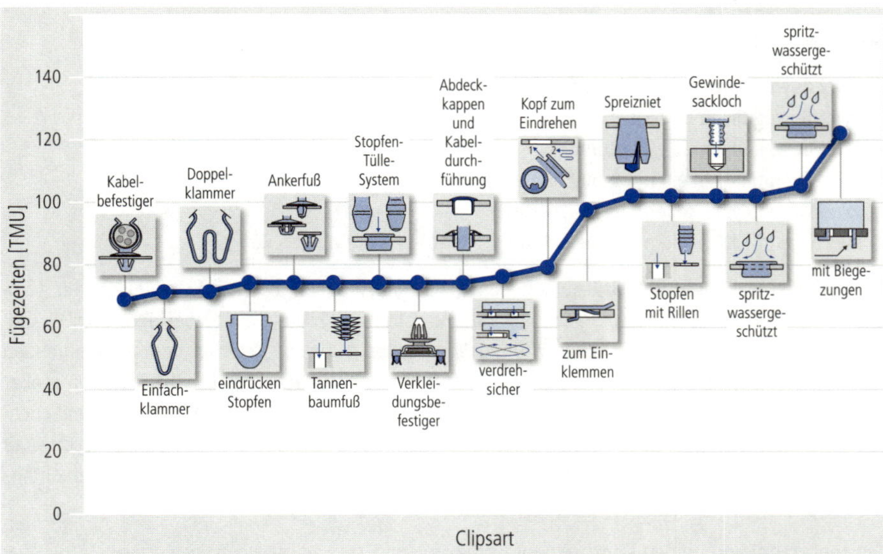

Abbildung III-64 Fügezeiten für verschiedene Clipsarten

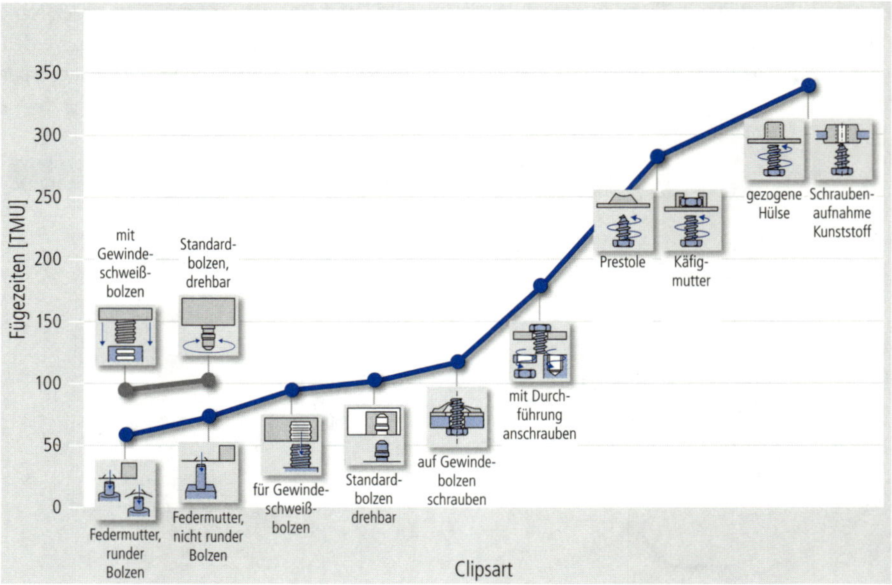

Abbildung III-65 Fügezeiten für verschiedene Bolzentypen und Schraubenaufnahmen

Es gibt verschiedene Möglichkeiten, Clipsverbindungen z. B. für Service oder Reparatur wieder zu lösen (sofern überhaupt zerstörungsfreie Lösbarkeit gewünscht ist): mit oder ohne Werkzeug. Zu bevorzugen sind Lösungen, bei denen die *Demontagemöglichkeit* schon in das Bauteil mit hinein konstruiert wurde.

Zusammengefasste Bewertung von Baugruppen

Beim Fügen von Bauteilen oder *Baugruppen* liegen 12 *Freiheitsgrade* vor:

- zwei Bewegungen in x-Richtung,
- zwei Bewegungen in y-Richtung,
- zwei Bewegungen in z-Richtung,
- zwei Drehmöglichkeiten um die x-Achse,
- zwei Drehmöglichkeiten um die y-Achse,
- zwei Drehmöglichkeiten um die z-Achse.

Diese werden realisiert durch Drücken, Ziehen, Schieben, Antippen, Drehen, Schwenken oder Kombinationen dieser Bewegungen.[103] Die gewählte konstruktive Lösung soll dabei dem Werker Orientierungshilfen geben, z. B. durch *Führungshilfen* am Bauteil selbst oder an dem aufnehmenden Teil, durch Schrägen, Fasen oder Freiräume. Taktiles bzw. kinästhetisches Feedback ist von großer Bedeutung (vgl. Teil II, Abschnitt 2.5.6). Akustische Hilfen, z. B. ein Klick beim Einrasten, sind ebenfalls möglich, sollten aber mit Bedacht gewählt werden, um »akustische Umweltverschmutzung« zu vermeiden. Diese Fügehilfen sind auch im Hinblick auf die möglichst beschädigungsfreie Demontage und den Service mit Bedacht zu konstruieren.

Konstruktionsausführung

Negativ im Hinblick auf den Konstruktionsausführung und Zeitbedarf sind zu bewerten:

- Wenn das zu montierende Teil gegenüber den bereits montierten Teilen eine Relativbewegung macht.

103 Zur Definition von Drücken nach MTM-1 vgl. Teil II, Abschnitt 6.3.3.

- Wenn das zu montierende Teil aus anderem Werkstoff als die bisher montierten Teile besteht.
- Wenn eine bereits montierte Baugruppe demontiert werden muss.

Aus der Sicht der Beanspruchung des Hand-/Arm-Systems ist für das Fügen durch Zusammensetzen festzuhalten:

- Die gewählte Passungsklasse hat einen starken Einfluss auf die erforderliche Fügekraft. Presspassungen können zu hohen Muskel- und Gelenkbeanspruchungen führen, sofern die Fügeoperation manuell durchgeführt wird.
- Verkanten der zu fügenden Bauteile erhöhen nicht nur die Fügezeit, sondern auch Fügekräfte und Hand-/Armbeanspruchung des Mitarbeiters. Natürlich sind durch das Verkanten auch Qualitätseinbußen möglich.
- Dünne Bleche zur Aufnahme von Bauteilen können sich beim Fügen durchbiegen. Auch das begünstigt das Verkanten und erhöht wiederum Kraftbedarf und Beanspruchung.

2.4.5 Fügen durch Schweißen

Schweißverfahren

Schweißen ist das Vereinigen von Werkstoffen in der Schmelzzone unter Anwendung von Energie (Wärme oder Kraft), mit oder ohne Schweißzusätze (Abbildung III-66). Nach dem Zweck wird Schweißen unterteilt in Verbindungsschweißen und Auftragsschweißen. Beim Verbindungsschweißen wird eine unlösbare Verbindung von Fügeteilen hergestellt, beim Auftragsschweißen ein Werkstück beschichtet.

Die zum Schweißen nötige Energie kann durch brennbares Gas, elektrischen Strom, energiereiche Strahlung oder Druck und Bewegung aufgebracht werden.

Beim Schmelzschweißen werden die *Stoßstellen* der Fügeteile in den Schmelzbereich erwärmt und ohne Anwendung von Kraft und mit oder ohne Zusätze geschweißt. Beim Pressschweißen werden die auf Schweißtemperatur (1.200 °C) erwärmten Stoßstellen unter Druck und ohne Zusatzwerkstoff verbunden.

Schweißen wird besonders häufig für die Verbindung von Metallen verwendet, jedoch auch für Glas (z. B. bei Glasfasern) und Kunststoffe. Die Verbindung kann je nach Schweißverfahren punktförmig, nahtförmig oder flächig sein.

Schweißverfahren

Gasschmelzschweißen

offenes Lichtbogenschweißen
- Lichtbogenhandschweißen
- Kohlelichtbogenschweißen
- ...

Schutzgasschweißen
- Inertgasschweißen
- Aktivgasschweißen
- Plasmaschweißen
- ...

Widerstandsschmelzschweißen

Widerstandspressschweißen
- Punktschweißen
- Buckelschweißen
- Rollennahtschweißen
- ...

Pressschweißen mit unterschiedlicher Energiezufuhr

Strahlschweißen
- Laserstrahlschweißen
- Elektronenstrahlschweißen
- ...

Abbildung III-66 Übersicht Schweißverfahren

Das gewählte *Schweißverfahren* hat dabei starken Einfluss auf die Schweißzeit (Abbildung III-67).

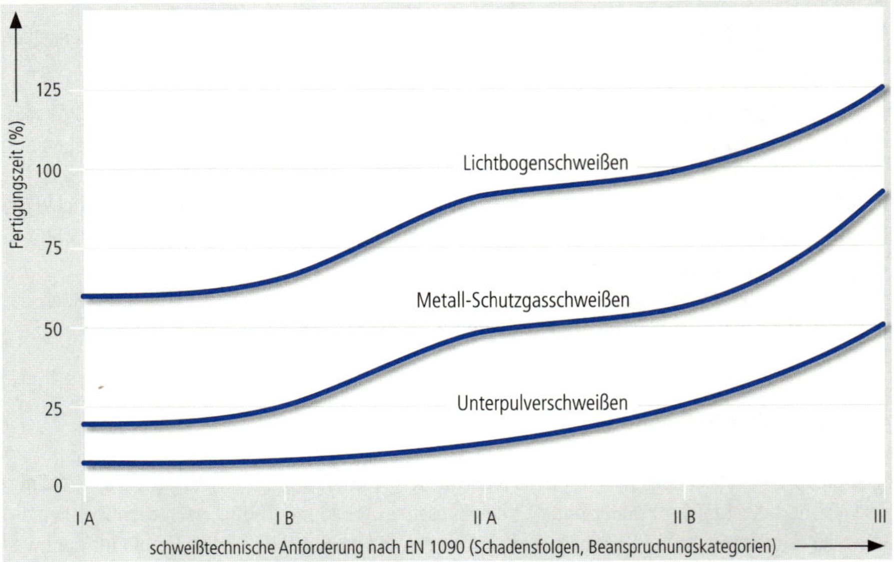

Abbildung III-67 Einfluss des Schweißverfahrens auf die Schweißzeit[104]

Bei der Vorbereitung der Einzelteile ist auf möglichst geringen Verschnitt durch einen Zuschnitt- oder Brennplan zu achten.

Schweißgerechte Gestaltung

In vielen Fällen können *Schweißnähte* dadurch vermieden werden, dass vermehrt abgekantet wird. Kaltumgeformte Profile helfen, aufwändige *Schweißkonstruktionen* zu vermeiden (Abbildung III-68). Nahtanhäufungen und Nahtkreuzungen sind sowohl aus Gründen des Verzugs als auch aus Kostenerwägungen zu bedenken.

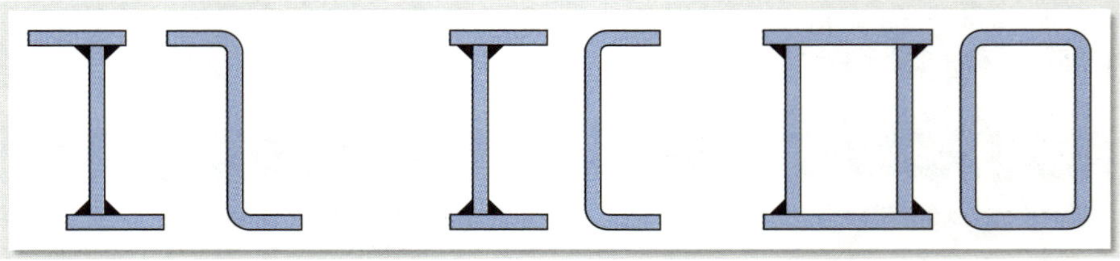

Abbildung III-68 Kaltumgeformte Profile helfen, Schweißkonstruktionen zu vermeiden[105]

Ebenso können Klemm- oder Schnappverbindungen (vgl. Abschnitt 2.4.4) Schweißkonstruktionen vereinfachen oder ganz vermeiden.

104 Vgl. Neumann, A.: a. a. O., 1984.
105 Vgl. Fahrenwaldt, H. J. et al.: a. a. O., 2006, S. 341.

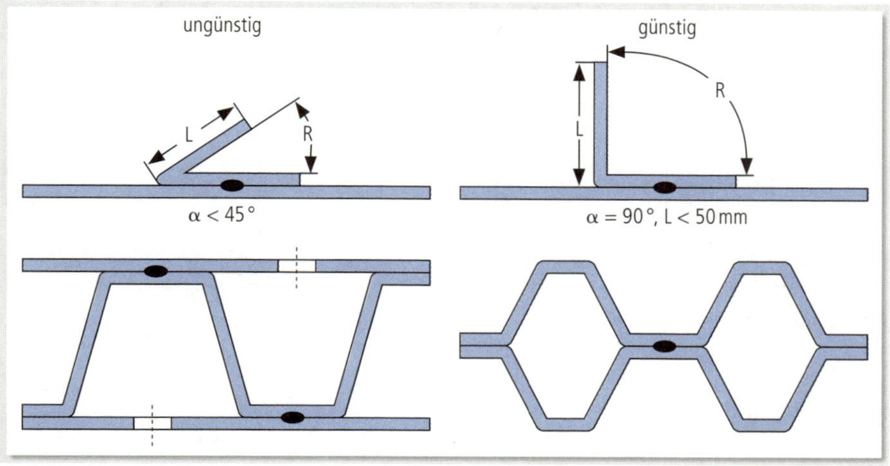

Abbildung III-69 Schlechte Zugänglichkeit der Schweißnaht (links) und verbesserte Lösung (rechts)[106]

Unterbrochene Nähte haben gegenüber durchgehenden Nähten Kostennachteile. Deshalb sind dünne, durchgehende Nähte dicken, unterbrochenen Nähten vorzuziehen.

Zugänglichkeit der Naht

Die Zugänglichkeit der Naht wirkt sich stark auf die Schweißzeit aus. Eine Naht ist dann gut zugänglich, wenn sie die Hand/Armbewegungen des Schweißers, das Brennervolumen bzw. den Neigungswinkel der Elektrode berücksichtigt (vgl. Abbildung III-69).

Bei dünnwandigen Werkstücken sind Sicken zur Dehnungsaufnahme vorzusehen, um dem Verzug vorzubeugen. Richtarbeiten können leicht oberhalb 20 % der Schweißzeit liegen. Verzug kann durch Hohlkastenprofile, minimale Kehlnahtdicken und durch Entfall von Stützrippen begrenzt werden.[107]

Schweißarbeitsplatz

Einseitige körperliche Belastungen wie z. B. *Zwangshaltungen* bei Schweißen an ungünstigem Arbeitsort oder statische Haltearbeit durch das Halten von Elektrode oder Brenner und zusätzlich des Schweißerschutzschilds können chronische Verspannungen besonders im Schulter-Nacken-Bereich, Rückenschmerzen und Haltungsschäden zur Folge haben. Abhilfe kann in vielen Fällen durch Maßnahmen der ergonomischen Arbeitsgestaltung erfolgen, etwa durch die Möglichkeit zur individuellen Anpassung der Arbeitshöhe und durch Berücksichtigung der Zugänglichkeit von Arbeitsorten bei der Konstruktion.

Die ergonomisch ungünstige Gestaltung des Schweißarbeitsplatzes wirkt sich auf die Ermüdung des Werkers und damit auf dessen quantitative und qualitative Leistung aus. Soweit an stationären Arbeitsplätzen geschweißt wird, sollte das Schweißobjekt so angeordnet werden, dass mit herabhängenden, möglichst wenig abgespreizten Oberarmen gearbeitet werden kann. In jedem Fall sind *Schweißnähte* unterhalb Kniehöhe und oberhalb Brusthöhe zu vermeiden. Bei instationären Schweißarbeiten, z. B. in der Werftindustrie, sind diese Vorgaben allerdings selten einzuhalten.

Die Zugänglichkeit beim Schweißen von Rippen, Stegen und an Durchbrüchen und Hohlkörpern ist sicherzustellen. Beim Schweißen handelt es sich um statische Haltearbeit, häufig verbunden mit Zwangshaltungen, so dass ermüdungsbedingte Minderleistungen absehbar sind (vgl. Teil II, Kapitel 2).

106 Vgl. Fahrenwaldt, H. J. et al.: a. a. O., 2006, S. 344.
107 Neumann, A.: Schweißtechnisches Handbuch für Konstrukteure, Teil I. Düsseldorf: Deutscher Verlag für Schweißtechnik, 1984.

Kraftfluss

Durch die ungünstige Nahtlage in Abbildung III-70 wird der *Arbeitsablauf* suboptimal. Ein Überlappstoß hilft dies zu vermeiden. Allerdings kommt es hierbei zur Verschlechterung des Kraftflusses.

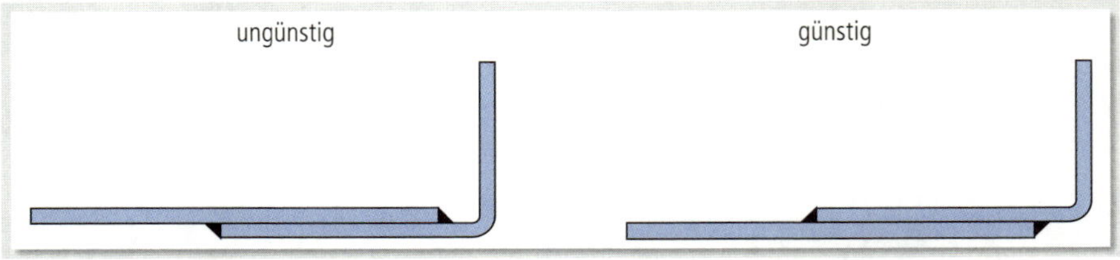

Abbildung III-70 Durch andere Nahtlage verbesserte Zugänglichkeit[108]

2.4.6 Fügen durch Löten

Löten

Löten ist ein thermisches Verfahren zum stoffschlüssigen Fügen und Verbinden oder *Beschichten* von Werkstoffen, wobei eine flüssige Phase durch Schmelzen eines Lotes (Schmelzlöten) oder durch Diffusion an den Grenzflächen (Diffusionslöten) entsteht.[109] Beim Lötvorgang wird das Lot geschmolzen, während die Werkstoffe der Fügeteile im festen Zustand bleiben. Beim Verbindungslöten werden zwei Fügeteile mit Hilfe eines metallischen Zusatzwerkstoffs (Lot; vgl. Abbildung III-71) verbunden, beim Beschichtungslöten wird ein Werkstück mit einem (ggf. anderen) Metall beschichtet.

Das in aller Regel manuell ausgeführte *Fugenlöten* (vor allem von verzinkten Stahlrohren) ähnelt in der Nahtvorbereitung und Ausführung dem Gasschmelzschweißen. Beim Spaltlöten werden die Fügeteile so vorbereitet, dass die Verbindungsstelle als Spalt ausgebildet ist. Bei Erwärmung der Werkstücke über der ganzen Spaltfläche auf Löttemperatur füllt das flüssige Lot durch Kapillarwirkung den Spalt. Lötaufgaben werden überwiegend im leicht mechanisierbaren Spaltlötverfahren ausgeführt.

Lötverbindung

Obwohl die *Lötverbindung* durch Erwärmen wieder gelöst werden kann, zählt die Lötverbindung zu den nicht lösbaren Verbindungen, da sich beim Lötvorgang die Materialeigenschaften an den Fügeflächen verändern. Durch das Zusammentreffen unterschiedlicher Metalle an Lötverbindungen können bei Anwesenheit eines Elektrolyten (z. B. Wasser) galvanische Elemente entstehen, die Korrosion befördern.

Neben metallischen Bauteilen können auch Fügeteile aus Glas oder Keramik mittels Glaslot oder – nach Metallisierung – mit Metalllot untereinander oder mit Metallteilen verbunden werden.

Nach der Liquidustemperatur des Lotes (das ist die Temperatur, ab der eine Legierung oder ein Glas homogen geschmolzen ist) werden Lötverfahren unterteilt in Weichlöten (bis 450 °C), Hartlöten (ab 450 °C) und Hochtemperaturlöten (oberhalb 900 °C). Hartlötverbindungen weisen in der Regel eine höhere Festigkeit als Weichlötverbindungen, aber eine geringere Festigkeit als Schweißverbindungen auf.

Werkstoffe

Lötbarkeit ist die Eigenschaft eines Bauteils, durch Löten derart gefügt zu werden, dass es die gestellten Anforderungen erfüllt. Voraussetzungen für die Lötbarkeit sind die Löteignung des Werkstoffs, die Lötmöglichkeit in der Fertigung, also die Anwendbarkeit von Lötverfahren, und die Lötsicherheit der Konstruktion, d. h. die Zuverlässigkeit des Bauteils unter den Einsatzbedingungen in der Praxis.

108 Vgl. Fahrenwaldt, H.J. et al.: a. a. O., 2006, S. 381.
109 DIN 8593-7: Fertigungsverfahren Fügen – Teil 7: Fügen durch Löten; Einordnung, Unterteilung, Begriffe, 2003.

Nach ihrer Löteignung werden die Werkstoffe in drei Gruppen eingeteilt:

- Werkstoffe, die mit allen üblichen Verfahren unter Einsatz von Universalloten und -flussmitteln gelötet werden können, wie Kupfer und Nickel und ihre Legierungen, beliebige Stähle und Eisenwerkstoffe sowie Edelmetalle.
- Werkstoffe, die mit üblichen Lötverfahren unter Einsatz spezieller Lote oder Flussmittel gelötet werden können, wie Aluminium und seine Legierungen.
- Werkstoffe, die nur mit speziellen Verfahren und Loten gelötet werden können, wie Titan, Zirkon, Beryllium, Keramiken.

Mittels Löttechnik können praktisch alle lötgeeigneten Werkstoffe miteinander kombiniert werden, die Lötparameter sind nach dem löttechnisch schwierigeren Werkstoff auszuwählen.

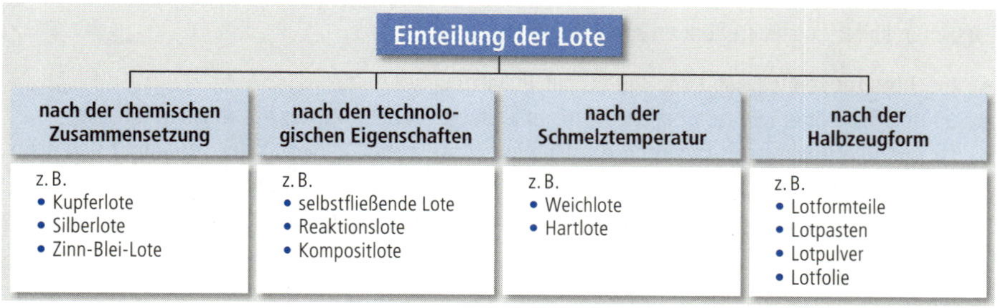

Abbildung III-71 Einteilung der Lote

Lötverbindungen

Lötverbindungen setzen eine gute Benetzung des Lotes auf dem Fügeteil, eine ausreichende Kapillarwirkung des Lotes im Fügespalt und die Entstehung von Bindungen zwischen Grundwerkstoffen und Lot voraus. Voraussetzung für gute Lötverbindungen sind metallisch reine Oberflächen der Fügeteile, frei von Verschmutzung und insbesondere von Oxiden. Über eine mechanische Vorbehandlung hinaus müssen bei Lötungen unter Lufteinwirkung in der Regel Flussmittel verwendet werden, um restliche oder sich beim Lötvorgang bildende Oxidschichten zu entfernen, die Fließ- und Benetzungseigenschaften des Lots zu verbessern und die Oberflächenspannung des Lots zu verringern (Abbildung III-72).

Flussmittel

Flussmittel mit korrosiver Wirkung müssen nach dem Lötvorgang entfernt werden. Auf Flussmittel verzichtet werden kann beim Löten unter Schutzgas oder im Vakuum, wo Oxidation verhindert wird und bestimmte Schutzgase auch eine reduzierende Wirkung auf Oxidschichten haben.

Herstellung einer Lötverbindung:

- Lötflächen von mechanisch oder chemisch von Fremdschichten (z. B. Farben, Oxide) befreien,
- die zu lötenden Fügeteile gegeneinander fixieren, z. B. mit Lötvorrichtungen,
- Lötstoß und Lot auf Arbeitstemperatur bringen, Oxidbildung durch Zugabe von Flussmitteln verhindern,
- Lötverbindung frei von Erschütterungen und Bewegungen abkühlen lassen,
- Lötverbindung zur Vermeidung von Korrosion, Zunder und Rückständen von Flussmitteln befreien,
- Qualität der Lötverbindung prüfen, z. B. Füllgrad des Lötspalts, Risse in der Lötnaht.

Abbildung III-72 Oberflächenaktivierung beim Löten

Qualität von Lötverbindungen

Besonders bei Lötverbindungen elektronischer Bauelemente sind mangelhafte (»kalte«) Lötstellen ein schwer erkennbarer Fertigungsfehler. Sowohl elektrische wie mechanische Eigenschaften kalter Lötstellen sind mangelhaft, sie erzeugen Probleme der Zuverlässigkeit elektronischer Baugruppen.

Ursachen kalter Lötstellen können sein:

- Erschütterungen während der Zeit bis zur Erstarrung des Lots,
- zu niedrige Löttemperatur, bei der keine vollständige Benetzung der Fügeflächen erfolgte,
- zu hohe Löttemperatur, wodurch das Flussmittel zu schnell zersetzt oder verdampft und schon während des Lötvorgangs Oxidation im Bereich der Fügeflächen eintrat,
- unzureichend vorbereitete (verschmutzte, oxidierte) Fügeflächen.

Vorteile von Lötverbindungen

Vorteile von Lötverbindungen sind je nach Anwendungsfall:

- elektrische Leitfähigkeit,
- Dichtigkeit gegen Gase und Flüssigkeiten,
- niedrige Arbeitstemperaturen, die die Fügeteile nicht beeinträchtigen,
- keine Schwächung der Fügeteile durch Bohrungen,
- Verbindung unterschiedlicher Werkstoffe,
- Möglichkeit der Automatisierung,
- parallele Herstellung mehrerer Lötverbindungen an einem Werkstück oder an mehreren Werkstücken.

Nachteile von Lötverbindungen

Nachteile von Lötverbindungen sind:

- geringere Festigkeit im Vergleich zu Schweißverbindungen,
- höherer Aufwand bei der Vorbereitung,
- mögliche Korrosion durch Flussmittelreste,
- hohe Kosten des meist teuren Lots mit hohen Anteilen von Silber und Zinn.

2.4.7 Fügen durch Kleben

Kleben

Kleben ist – wie Schweißen und Löten – ein stoffschlüssiges Fügeverfahren der Fertigungstechnik. Fügeteile werden mittels Klebstoff (stoffschlüssig) verbunden.

Die Festigkeit der geklebten Verbindung hängt von der Eigenfestigkeit des Klebstoffs (Kohäsion) und von dessen Verformungseigenschaften sowie von den Bindekräften zwischen Klebstoffschicht und den Oberflächen der Fügeteile (Adhäsion) ab, darüber hinaus von den Werkstoffeigenschaften der Fügeteile und von der Größe der Klebefläche.

Mittels Kleben können nahezu alle Werkstoffe miteinander verbunden werden. Da keine größere Hitze zum Kleben erforderlich ist, werden die Fügeteile thermisch nicht stark beansprucht, so dass Wärmeverzug (Verformung), Spannungen beim Abkühlen und Gefügeveränderungen der Fügeteile vermieden werden. Anders als bei Schraub- oder Nietverbindungen sind beim Kleben auch keine eventuell die Struktur der Fügeteile schwächenden Löcher erforderlich. Kleben eignet sich besonders zum Verbinden dünner Fügeteile, bei denen Nieten oder Schweißen allenfalls unter großem Aufwand möglich ist.

Vorteile und Nachteile des Klebens

Vorteile des Klebens gegenüber anderen Fügemethoden sind beispielsweise:

- Verbindung unterschiedlicher Stoffe,
- keine Schwächung der Fügeteile durch Gewinde oder Löcher,
- gas- und flüssigkeitsdichte Verbindungen, die Korrosion weitgehend verhindern,
- gleichmäßige Kraftverteilung in der Klebefuge,
- Gewichtsersparnis.

Nachteile beim Kleben können sein:

- aufwändige Vorbehandlung der Klebeflächen,
- eine im Vergleich zu z. B. Schweiß- oder Schraubverbindungen geringere thermische Beständigkeit der Klebeverbindungen,
- begrenzte Möglichkeiten der Reparatur: Nur Klebeverbindungen mit Schmelzklebern können (durch Erwärmung) wieder gelöst werden.

Festigkeit von Klebstoffen

Die *Festigkeit von Klebstoffen* ist auf den ersten Blick im Vergleich zu den Materialien vieler Fügeteile wie z. B. Metalle, Holz, Keramiken eher gering (Abbildung III-73). Damit die Tragfähigkeit einer Klebung und die der geklebten Werkstoffe annähernd gleich sind, müssen die Klebeflächen ausreichend groß sein. Im Automobilbau ersetzen jedoch Klebeverbindungen durch ausgefeilte Rezepturen zunehmend Schweiß- oder Schraubverbindungen, ohne dass die Steifigkeit der Karosserie leidet. Zudem verbesserte man durch Klebeverbindungen die Resistenz gegen Lösungsmittel, Hitze, Feuchtigkeit und Verwitterung.

Beanspruchung von Klebeverbindungen			
Beanspruchung	**Zugfestigkeit**	**Umgebung**	**Einsatzgebiete**
niedrig	bis 5 MPa	Raumklima, kein Wasserkontakt	Feinmechanik, Elektrotechnik, Modellbau, Möbelindustrie
mittel	5–10 MPa	moderate Klimabedingungen, Einwirkung von Feuchte, Öl, Treibstoffe	Maschinenbau, Fahrzeugbau, Reparaturen
hoch	über 10 MPa	beliebiges Klima, Kontakt mit wässrigen Lösungen, Ölen, Treibstoffen, Lösungsmitteln	Fahrzeugbau, Flugzeugbau, Schiffbau, Behälterbau
(1 MPa = 1 N/mm²)			

Abbildung III-73 Beanspruchung von Klebeverbindungen

Voraussetzungen guter Klebeverbindungen

Voraussetzungen einer guten Klebeverbindung sind:

- gute und gleichmäßige Benetzbarkeit der Klebeflächen durch den Klebstoff,
- möglichst geringe innere Spannungen im Klebstoff nach dem Abbinden (geringe Schrumpfung), keine Luft- oder Gaseinschlüsse,
- saubere Klebeflächen (frei von Schmutz, Fetten und Ölen und anderen Verunreinigungen), ggf. aufgeraut.

2.5 Wertanalyse

2.5.1 Ziele

Wertanalyse als organisierter und kreativer Ansatz

In der ursprünglichen Definition verfolgt die *Wertanalyse* das Ziel, die Funktionen eines Produkts für die niedrigsten Kosten zu erstellen, ohne dass die

- erforderliche Qualität,
- Zuverlässigkeit und
- Marktfähigkeit

des Produkts negativ beeinflusst werden.[110] Wertanalyse ist also ein organisierter und kreativer Ansatz, der einen funktionenorientierten und wirtschaftlichen Gestaltungsprozess mit dem Ziel der Wertsteigerung eines Produkts oder eines Einzelteils zur Anwendung bringt.[111] Die Wertanalyse bezieht sich in Form der Wertverbesserung auf bereits vorhandene Teile oder Produkte, die *Wertgestaltung* richtet sich auf Objekte, die noch in der Entwicklung sind. Eine Wertanalyse kann sowohl für gegenständliche Objekte als auch für Fertigungsprozesse und Dienstleistungen durchgeführt werden.

Bereits in Abbildung III-6 wurde deutlich, dass *Kostenwirkungen* schon sehr früh im PEP festgelegt werden und die Möglichkeiten der Kostenbeeinflussung mit fortschreitendem PEP immer geringer werden. Nicht notwendige Kosten müssen rechtzeitig erkannt werden.

Die Wertanalyse geht ausschließlich von den *Funktionen* eines Produkts aus, Geometrie, Material und Design bleiben unberücksichtigt. Unter Funktion versteht man in der Diktion der Wertanalyse jede einzelne Wirkung des Wertanalyse-Objektes. Wirkung wird sowohl als Vorgang als auch als Ergebnis verstanden. Die Wertanalyse bezieht sich auf den vom Kunden gesehenen Gebrauchswert eines Objektes, ggf. auch auf den Prestigewert.

Der *Gebrauchswert* ermittelt sich aus den Hauptfunktionen und eventuellen unterstützenden Nebenfunktionen. Unnötige Funktionen müssen beseitigt werden. Das folgende Beispiel erläutert diesen Zusammenhang anhand eines Pkw-Motors.

Beispiel

Pkw-Motor, 4,2 Liter Hubraum, 250 kW Leistung.

Hauptfunktion:

1. Pkw antreiben (Gebrauchswert)
2. sportliche Motorleistung garantieren (Prestigewert)

Nebenfunktionen:

- Energie für Klimaanlage, Audio, Beleuchtung etc. bereitstellen

Unerwünschte Funktion:

- extrem hohe CO_2-Emission

Die Einteilung der Funktionen in *Funktionsklassen* führt zu einer Rangordnung bzw. einer Funktionenhierarchie.

110 Miles, L. D.: Technique of Value Analysis and Engineering. New York: Wiley, 1961.
111 DIN EN 1325: Value Management, Wertanalyse, Funktionenanalyse, 1996.

2.5.2 Durchführung der Wertanalyse

Wertanalyse im Team

Die Wertanalyse funktioniert nur im Team. Wie bereits in Abschnitt 2.2.3 gezeigt wurde, sind die Erfolge im interdisziplinären Team – das in der Regel aus fünf bis sieben Personen besteht – am höchsten. Zum Team gehören Mitarbeiter aus den Bereichen Entwicklung, Fertigung, Beschaffung, Absatz, Arbeitsvorbereitung und Controlling. Ein Wertanalyse-Koordinator ist für das Teammanagement verantwortlich. Die Teamsitzungen können durch den Wertanalyse-Koordinator oder aber einen gesonderten Wertanalyse-Moderator geleitet werden (vgl. auch Thema Verbesserungsmanagement, Teil IV, Abschnitt 3.4).

Die Wertanalyse wird relativ streng nach einem *Arbeitsplan* durchgeführt (Abbildung III-74).[112] Möglich sind auch Wertanalyse-Module, die zur besseren Strukturierung der Teamarbeit beitragen können.[113]

Mit der Wertanalyse sollen *Wertverbesserungen* von mindestens 15 % erreicht werden, sie geht also über normale Rationalisierungsprojekte hinaus und hat stärker innovative Züge.

Die Wertanalyse ist wegen des Teameinsatzes recht aufwändig, sie erfordert gut geschulte, auch bezüglich der Sozialkompetenz ausgesuchte Mitarbeiter und ist oft auch mit einer langen Projektlaufzeit verbunden. Der Projektablauf ist in Abbildung III-74 dargestellt.

Grundschritt	Teilschritte
1. vorbereitende Maßnahmen	1.1 Auswählen des Wertanalyse-Objekts und Stellen der Aufgabe 1.2 Festlegen des quantifizierten Ziels 1.3 Bilden der Arbeitsgruppe 1.4 Planen des Ablaufs
2. Ermitteln des Ist-Zustands	2.1 Informationsbeschaffung und Beschreibung des Wertanalyse-Objekts 2.2 Beschreibung der Funktion 2.3 Ermitteln der Funktionskosten
3. Prüfen des Ist-Zustands	3.1 Prüfen der Funktionserfüllung 3.2 Prüfen der Kosten
4. Ermitteln der Lösungen	4.1 Suchen nach allen denkbaren Lösungen
5. Prüfen der Lösungen	5.1 Prüfen der sachlichen Durchführbarkeit 5.2 Prüfen der Wirtschaftlichkeit
6. Vorschlag und Verwirklichung einer Lösung	6.1 Auswählen der Lösungen 6.2 Empfehlen einer Lösung 6.3 Verwirklichung einer Lösung

Abbildung III-74 Wertanalyse-Arbeitsplan[114]

In der *Informationsphase* werden zunächst alle relevanten Daten des Objektes im Ist-Zustand (sowie auch die Produktdaten des Wettbewerbs) gesammelt. Hierzu gehören nach Möglichkeit alle Konstruktionsunterlagen, Stücklisten, Spezifikationen, Prüfverfahren sowie die Beschaffungs- und Herstellkosten. Diese Daten münden üblicherweise in einer ABC-Analyse (vgl. Teil II, Abschnitt 3.4.2).

112 VDI 2800 Blatt 2: Technische Regel, Entwurf, Wertanalyse-Arbeitsplan nach DIN EN 12973 – Formularsatz – Wertanalyse-Arbeitsplan, 2006.
113 VDI-Bericht 849: Wertanalyse – Wertgestaltung – Value Management. VDI Verlag, Düsseldorf, 1990.
114 Nach VDI 2800 Blatt 2, Technische Regel, Entwurf, 2006–07.
Wiedergegeben mit Erlaubnis des DIN Deutsches Institut für Normung e. V. Maßgebend für das Anwenden der DIN-Norm ist deren Fassung mit dem neuesten Ausgabedatum, die bei der Beuth Verlag GmbH, Burggrafenstraße 6, 10787 Berlin, erhältlich ist.

In der *Funktionsanalyse* werden aus den recherchierten Daten Haupt-, Neben- und unnötige Funktionen abgeleitet (Abbildung III-75).[115]

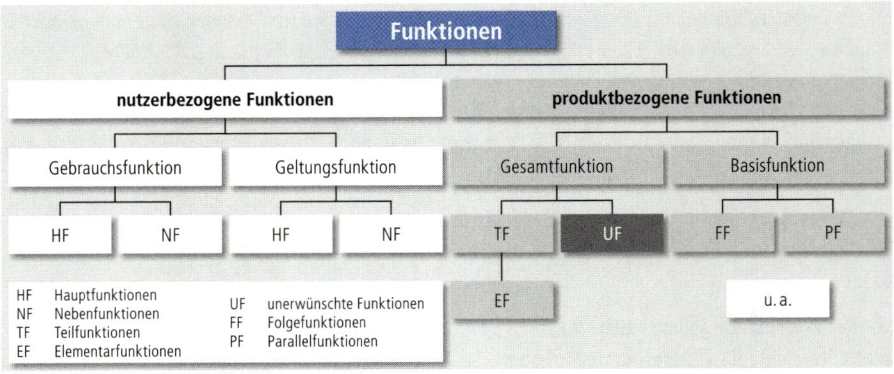

Abbildung III-75 Aufgliederung der Funktionen des Wertanalyse-Objektes[116]

Abbildung III-76 weist darauf hin, wie Funktionen im Ist-Zustand von einem kritischen, unerwünschten Bereich in einen Zielbereich mit niedrigen Kosten, aber hoher Bedeutung verlagert werden. Mit unterschiedlichen Wertstrategien lässt sich die Relation »Funktion/Kosten« verbessern: Bei Strategie 1 vermindert man lediglich die Kosten, die Bedeutung der Funktion bleibt unverändert. Für ein neues Fahrrad würde man dieser Strategie folgend z. B. den Gepäckträger aus einem billigeren, aber voraussichtlich ebenso haltbaren Werkstoff fertigen. Die Wertstrategien 2 und 3 verbessern die Funktionalität bei gleichen (3) oder verminderten (2) Kosten. Beim Beispiel Fahrradgepäckträger würde die Kombination mit einem Einkaufskorb in einem Bauteil diese Strategien beispielhaft verdeutlichen. Den Übergang zwischen den Funktionen im Ist-Zustand und den neu ermittelten und bewerteten Funktionen nach der kreativen Phase zeigt Abbildung III-77.

115 VDI 2803 Blatt 1: Funktionenanalyse – Grundlagen und Methode, 1996.
116 Bronner, A.; Herr, St.: Vereinfachte Wertanalyse. Berlin: Springer, 2006.

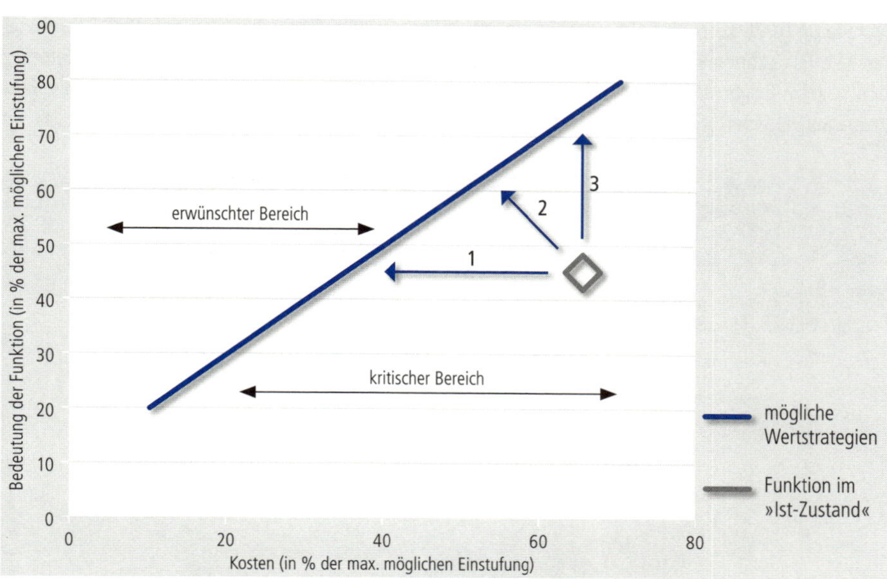

Abbildung III-76 Verbesserungen der Funktionen vom kritischen, unerwünschten Bereich in den Zielbereich[117]

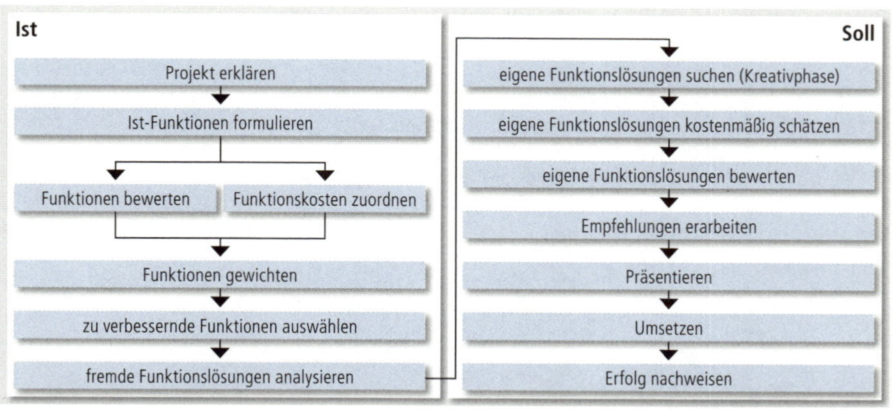

Abbildung III-77 Übergang von den Funktionen des Ist-Zustands zu den neuen Funktionslösungen nach der kreativen Phase[118]

Die Funktionen werden bewertet und ihrem Kostenanteil gegenübergestellt. Diskrepanzen zwischen Funktionen, den *Herstellkosten* im Ist-Zustand und Funktionskosten werden hiermit sichtbar gemacht (Abbildung III-78). Pro Funktion werden im Team Kostenziele festgelegt (vgl. Abschnitt 3.2). Es erfolgt eine Kosten-/Nutzen-Bewertung im Hinblick auf die Funktionen.

117 Schoder, H.: Einführung in die Wertanalyse. Manuskript, Eggenstein, o. Jg.
118 DIN EN 12973: Value Management, 2002. Wiedergegeben mit Erlaubnis des DIN Deutsches Institut für Normung e. V. Maßgebend für das Anwenden der DIN-Norm ist deren Fassung mit dem neuesten Ausgabedatum, die bei der Beuth Verlag GmbH, Burggrafenstraße 6, 10787 Berlin, erhältlich ist.

Abbildung III-78 zeigt einen Ausschnitt aus einer Funktionskostentabelle für einen Pkw-Türfeststeller. Die Funktionen sind nach einer dreistufigen Hierarchie gegliedert. Die Herstellkosten betreffen den gegenwärtigen Ist-Zustand. In den Zeilen darunter sind die Funktionskosten je Teil oder Baugrupe aufgegliedert. Sie ergeben sich aus dem Kostenziel, das prozentual aufgeschlüsselt wurde.

Funktionen			Teile oder Baugruppen					
			Kostenziel	Funktions-kosten	Montage – Einbau	Montage – Türsteller	Befesti-gungsteile	Ver-stärkung
Herstellkosten			2,81	3,92	1,1	0,51	0,18	0,57
Türöffnungswinkel begrenzen			1,42	2,01				
	Haltearm drehlagern			0,97	0,32		0,04	0,57
	Gehäuse befestigen			0,77	0,66		0,05	
	Anschlagkräfte übertragen			0,27				
		Festrolle lagern		0,17		0,1		
		Federrolle lagern		0,07		0,02		
		Rasthebel verbreitern		0,03				
Raststellung halten			1,29	1,7				

Abbildung III-78 Ermittlung der Funktionskosten für Türfeststeller[119]

In der schöpferischen Phase ermittelt man für die notwendigen bzw. erwünschten Funktionen möglichst viele Alternativen. Dabei löst man sich vollständig vom Produkt im Ist-Zustand.

In der Bewertungsphase kristallisieren sich die erfolgversprechenden Lösungen heraus. Dafür werden jetzt Projektplanungen durchgeführt (vgl. Teil II, Kapitel 9). In der Vorschlagsphase werden die alternativen Lösungen den Entscheidungsträgern präsentiert. Eine Lösung wird schließlich ausgewählt und umgesetzt.

2.6 ProKon

2.6.1 Grundlagen

Einflussmöglichkeiten des Konstrukteurs

In den Abschnitten 2.1 bis 2.4 wurden die Einflussmöglichkeiten des Konstrukteurs in der frühen Phase durch viele Beispiele erläutert. Die Verläufe des Kostensenkungspotenzials und der Änderungskosten über die Wertschöpfungskette hinweg ist eine jedem Praktiker bekannte Wirkungstendenz bei Produktivitätsförderprogrammen. Je früher man in der Wertschöpfungskette mit Maßnahmen zur Produktivitätsförderung beginnt,

119 Vgl. Bronner, A.: Einsatz der Wertanalyse in Fertigungsbetrieben. Köln: TÜV Rheinland, 1989, S. 139.

- desto höher sind die zur Umsetzung der Verbesserungsmaßnahmen erforderlichen Kostensenkungspotenziale und
- desto geringer sind die sich aus Verbesserungsmaßnahmen ergebenden Änderungskosten.

Aus diesen Überlegungen resultierende Anforderungen aus Mitgliedsunternehmen führten zu Beginn der 1990er-Jahre dazu, dass die Deutsche MTM-Vereinigung e.V. das Bewertungssystem *ProKon* (= produktionsgerechte Konstruktion) entwickelte, mit dem Ziel, die dem MTM-Prozessbausteinsystem immanenten methodischen Hinweise auf Schwachstellen zur Bewertung von Produktkonstruktionen zu nutzen.[120]

Die praktische Relevanz des mit ProKon verfolgten Ansatzes mag man sich daran verdeutlichen, dass eine zu Beginn der 1990er-Jahre durchgeführte Untersuchung der Ford Motor Company ergab, dass die Kosten für das Produktdesign ca. 5% der Stückkosten ausmachen, jedoch ca. 70% der Herstellkosten beeinflussen. Die in Kapitel 5 und 6 dargestellten Gestaltungsansätze zielen fast ausschließlich auf die Planungs- und Leistungserstellungsphase in der Wertschöpfungskette. Mit ProKon wird ein auf die Entwicklungsphase, den »Einstieg« in die Wertschöpfungskette, zielender Ansatz vorgestellt.

ProKon ist ein MTM-basiertes Verfahren zur Analyse und Bewertung konstruktiver Lösungen, wobei der Schwerpunkt auf der Montage bzw. der Montagefreundlichkeit liegt. Mit ProKon werden systematisch Hinweise zur Verbesserung konstruktiver Lösungen identifiziert und in Bezug auf ihre Produktivitätswirkung quantifiziert. Dazu werden in einem Analyseblatt die »Montageerschwernisse«, welche in der Montagefolge auftreten, systematisch erfasst und mittels vorgegebener ProKon-Einheiten bewertet. Dabei handelt es sich um dimensionslose Einheiten, ähnlich der RPZ (Risiko-Prioritäts-Zahl) bei der FMEA, die in Summe eine Aussage über die Qualität der Konstruktion im Hinblick auf die Montagetauglichkeit ermöglichen. Diese dimensionslose Zahl zur Gewichtung einzelner Erschwernisse in der ProKon-Matrix (Abbildung III-79) wurde aus einer Vielzahl statistisch ausgewerteter Analysen für typische Montageeinzelschritte ermittelt und in umfangreichen Praxistests validiert. Mit ProKon wird demzufolge ein Montagevorgang aus seinen konstruktiven Gegebenheiten heraus beschrieben, ohne das Umfeld und eventuelle arbeitsgestalterische Maßnahmen zu berücksichtigen. Aus dieser Betrachtung ergibt sich eine Reihe von Ansätzen zur Veränderung der Konstruktion in Richtung auf größere Montagefreundlichkeit.

Zur Durchführung von ProKon-Projekten werden Mitarbeiter aus Entwicklung/Konstruktion, Fertigungsplanung/Industrial Engineering, Fertigung, Qualitätsmanagement, Einkauf und Vertrieb in Projektgruppen delegiert. Entwickler und Konstrukteure fokussieren sich dabei primär auf die konstruktive Auslegung von Einzelteilen unter den Aspekten Funktionsfähigkeit und -sicherheit, Preis und Qualität. Der Aufgabenschwerpunkt der Fertigungsplaner und Industrial Engineers liegt primär in der Entdeckung von Montageerschwernissen, wie z.B. fehlenden Fügehilfen, großer Anzahl Einzelteile oder Sicht- und Bewegungsbehinderungen.

Voraussetzungen hoher Wirksamkeit

Bei folgenden Voraussetzungen wird ProKon besonders wirksam:

1. Der Produktentstehungsprozess ist so zu strukturieren, dass produktionsgerechte Konstruktion aktiv abgefragt wird.
   Produktionsgerechtes bzw. montagegerechtes Konstruieren ist für den Konstrukteur eine von vielen Anforderungen. Betriebswirtschaftlich wächst die Bedeutung montagegerechter Konstruktion. In den Arbeitsabläufen der Konstrukteure ist die montagegerechte Produktgestaltung, z.B. gegenüber Qualitätsanforderungen, von untergeordneter Bedeutung. Aus diesem Grund ist es sinnvoll, im Laufe des Produktentstehungsprozesses (PEP) zu überprüfen, welche Konstruktionsvarianten

120 Vgl. Sanzenbacher, G.: ProKon – Produktionsgerechte Konstruktion – Bewertung der Montagetauglichkeit von Erzeugnissen. In: Personal – MTM-Report 1993, S. 418–421.

hinsichtlich des zu erwartenden Montageaufwands die besten Ergebnisse ausweisen. Diese Überprüfung sollte methodisch in einfacher Form und anhand objektiver Kriterien durchgeführt werden. ProKon erfüllt als einfach zu handhabende und schnell erlernbare Methode zur Bewertung von Montageaufwänden diese Anforderung. Subjektive Einschätzungen der aus Konstruktionen entstehenden Montageaufwände sind für die Auswahl der besten Konstruktionsvariante zu ungenau.[121]

2. Die Bewertung der Produktionsgerechtheit (ProKon-Punktzahl) ist im PEP fest zu verankern.
Montagegerechtes Konstruieren wirkt besonders auf die Effektivität, wenn hohe Stückzahlen gefertigt werden. Sinnvoll ist es, dass beispielsweise bei der Entwicklung von Zulieferteilen Projektteams gebildet werden, in denen Konstrukteure, Qualitätsplaner, Prozessplaner und Einkäufer zusammenarbeiten. In der Phase der Konzepterstellung wird mit der Aktivität »Produktgespräch Montage« die fertigungs- und montagegerechte Konstruktion sichergestellt. Als Output aus den Produktgesprächen werden Dokumente wie Lastenhefte für Einzelteile, Prüfmittel, Lehren und Betriebsmittel erstellt.

3. Komplexitätsbetrachtungen mit dem Ziel der möglichen Reduzierung sind Aufgabe der OEMs.
Damit werden die Voraussetzungen geschaffen, Teile und Baugruppen vorwiegend in nicht sichtbaren Bereichen des Produkts zu vereinheitlichen. Beispielsweise ist bei Automobilherstellern in Entwicklungs- und Planungsprozessen eine hohe Arbeitsteilung ausgeprägt. Daraus resultiert eine hohe Spezifik der einzelnen Produktvarianten. Dringend erforderlich ist es, beginnend bei Einzelteilen, zu hinterfragen, in welcher Vielfalt die Teile wirklich benötigt werden. Klar ist, dass weniger Teile geringeren administrativen (Teileverwaltung) und logistischen Aufwand (Teiletransport) erfordern. Zudem sinkt das Risiko, falsche Teile zu montieren. Komplexitätsreduzierung ist der Schlüssel für Vereinfachungen in vielen anderen Bereichen.

4. Montagegerechtes Konstruieren entspricht auch den Zielsetzungen einer logistikorientierten Fabrik.
Dafür ist ein fertigungsflussorientiertes Mitarbeiterdenken zu etablieren. Dazu ist es notwendig, konsequent Gestaltungs- und Optimierungsmethoden anzuwenden. Wichtig ist ferner, in den Unternehmen einige grundlegende Methoden fest zu verankern, die als Referenzpunkte gelten. MTM fungiert dabei als Bezugssystem und Prozesssprache zugleich. Transparenz in den Prozessen ist die Voraussetzung dafür, dass Veränderungen (im Regelfall Einsparungen, ggf. aber auch Mehraufwände) sofort zeitwirksam gemacht werden. Um die Ziele der logistikorientierten Fabrik zu erreichen, muss Prozesstransparenz bis ins Detail hergestellt werden. Das ist die Voraussetzung dafür, dass die Umsetzung von Planungen verlustarm und mit hoher Anfangsproduktivität realisiert wird.

5. Entwicklungs- und Konstruktionsbereiche haben oft Nachholbedarf bezüglich konsequenter Methodenanwendung.
Studien beweisen, dass DV-Hilfsmittel, Methoden und Systeme die drei Erfolgsfaktoren für innovative Unternehmen sind. Bei der Auswahl der richtigen Methode können zwei Drittel des Aufwands gespart werden.[122] Festgestellt werden kann, dass der Bekanntheitsgrad von Methoden zur fertigungsgerechten Produktgestaltung bei den Konstrukteuren eher niedrig ist. Nach wie vor werden zu diesem Thema in der Konstrukteursausbildung hauptsächlich Regeln vermittelt. Nicht selten kollidieren diese Regeln mit anderen Gestaltungshinweisen, beispielsweise zum umweltgerechten oder demontagegerechten Konstruieren. So bleibt das Konstruktionsergebnis häufig ein Kompromiss, der vor allem die Erfüllung von Muss-Kriterien beinhaltet. Die Scheu vor der

121 Vgl. Klein, B.; Sanzenbacher, G.: Kostenreserven ausschöpfen durch produktionsgerechte Konstruktion (ProKon). In: Konstruktion, April 4-2008.

122 Klein, B. et al.: a.a.O., 2008.

Methodenanwendung ist nicht unbegründet. Hoher Aufwand und damit auch fehlende Routine bei der Methodenanwendung führt nicht selten zur Skepsis. Besonderer Wert muss deshalb auf die Entwicklung einfacher Bewertungsinstrumente gelegt werden. ProKon ist ein hervorragendes Beispiel für ein anwenderfreundliches Methodenangebot.

ProKon wird in der Entwicklungsphase häufig mit weiteren Methoden kombiniert angewendet, um ganzheitlich zu gestalten:

1. Wertanalyse: Geforderte technische Funktionen des Produkts zu möglichst geringen Kosten realisieren.
2. FMEA (Failure Mode and Effects Analysis = Fehler-Möglichkeits- und Fehler-Einfluss-Analyse): Aus Fehlhandlungen und -funktionen entstehende Fehlerrisiken im Produkt und im Prozess minimieren.
3. QFD (Quality Function Deployment = Merkmal-Funktionsdarstellung): Bevorzugt jene Produktfunktionen oder Prozessphasen gestalten, die einen besonderen Einfluss auf die Kundenzufriedenheit haben.

Bei der Anwendung von ProKon ergeben sich häufig folgende *Verbesserungsansätze*:

Verbesserungsansätze

1. *Teilevereinfachung*: Vereinfachung der Fügevorgänge durch z. B. einfache Teilegeometrie oder einfache Fügerichtung.
2. *Positionierhilfen*: Vereinfachung der Fügevorgänge durch z. B. Anschläge, Fasen, Zentrierdorne.
3. *Teilevereinheitlichung*: Reduzierung der Anzahl unterschiedlicher zu montierender Teile, einfachere Teileherstellung, einfachere Montage durch z. B. einheitliche Werkzeuge.
4. Reduzierung der *Teilezahl*: Vereinfachte Montage, indem weniger Teile zu montieren sind, Integration von Teilen (z. B. von Schraube und Unterlegscheibe).
5. Reduzierung und Vereinheitlichung von *Fügeachsen*: Vereinfachte Fügevorgänge durch z. B. Zuführmöglichkeit aller Teile von oben, verbesserten Werkzeugeinsatz, z. B. nur eine Anwendungsrichtung.

2.6.2 ProKon-Analyse

ProKon-Analysenblatt

Durch das standardisierte *ProKon-Analyseblatt* (Abbildung III-79) wird der Anwender angehalten, Montagehandlungen so zu beschreiben, wie sie sich aus dem konstruktiven Aufbau des Produkts und dessen Einzelteilen ergeben. Der Schwierigkeitsgrad einer Montagearbeit ergibt sich aufgrund folgender Merkmale:

1. Aus dem zu montierenden Teil bzw. der zu montierenden Baugruppe resultierende Faktoren. Das sind:
   - Gewicht,
   - Hauptabmessungen,
   - Anzahl *Fügestellen*.
2. Aus dem *Montageort* bzw. der Fügestelle resultierende Faktoren. Das sind:
   - Zugänglichkeit,
   - Sichtfreiheit,
   - Erschwerte Handhabungsbedingungen.

Jede Baugruppe und jedes Teil wird für sich analysiert und bewertet. Es bleibt hier also unberücksichtigt, dass z. B. zwei Teile mit zwei Händen gleichzeitig montiert werden und dabei Schraube und Unterlegscheibe gleichzeitig aufzunehmen, die Scheibe auf die Schraube zu stecken und danach die Schraube zu montieren ist. In der *ProKon-Analyse* wird die Montage von Teilen nur auf die Fügestelle bezogen. Deshalb wird zunächst das Fügen der Scheibe auf das Gewindeteil und anschließend deren gemeinsames Fügen auf das Gewinde analysiert. Das Analysierprinzip von ProKon orientiert sich ausschließlich an den konstruktiven Merkmalen eines Teils bzw. einer Baugruppe und der sich daraus ergebenden Montageaufgabe.[123]

Anwendungsregeln zur ProKon-Analyse

Es gibt hierzu zwei Anwendungsregeln:

ProKon Regel 1	Bauteile bzw. Baugruppen werden nacheinander bewertet.
ProKon Regel 2	Ist mehr als 1 Mitarbeiter zur Montage eines Bauteils erforderlich, so ist der Montageinhalt je Mitarbeiter in der ProKon-Analyse zu berücksichtigen.

Abbildung III-79 ist zu entnehmen, dass im ProKon-Analyseblatt in vertikaler Richtung die Teile-Reihenfolge und in horizontaler Richtung die sich dafür ergebende Montagesituation beschrieben wird. In die betreffenden Zeilen werden Häufigkeiten eingetragen. Sind z. B. in ein Gehäuse vier Schrauben einzudrehen, erscheint beim Basiswert »< 8 daN« die Häufigkeit »4«. Aus dem Produkt von Häufigkeitssumme und ProKon-Einheit wird die Summe aller ProKon-Einheiten gebildet.

123 Produktkonstruktionen bergen oft Montageerschwernisse, die man durch Montagehilfsmittel zu mildern versucht, z. B. durch Spezialwerkzeuge, Fügehilfen oder spezielle Vorrichtungen. Derartige Montagehilfsmittel werden bei ProKon-Analysen nicht berücksichtigt, weil es gerade das Anwendungsziel von ProKon ist, ohne derartige Hilfen auszukommen.

ProKon-Analyseblatt

MTM

Teileprojekt-Nr.:
Bearbeiter:
Datum

Baugruppe:
Teilprojekt:

Anzahl Bauteile:	Basiswert		Montageerschwernisse																
	Gewicht 1. Fügestelle		Hauptabmessung > 300 × 300 mm	Teiledimensionen > 800 mm	Anzahl Fügestellen			mit Behinderung		falsche Einbaulage möglich	mit Festhalten	Nachrichten beim Fügen	ohne Positionierhilfen	Änderung Füge-/Befestigungsrichtung pro Achse (x, y, z)	Justage/Prüfen	Prozess			Anzahl der verwendeten Werkzeuge
Montagefolge	≤ 8 kg	> 8 kg			2	3	> 3	Sicht	Raum							P1	P2	P3	
Σ Häufigkeit:																			
ProKon-Einheiten:	40	55	10	100	10	15	40	15	35	15	20	10	15	20	100	50	150	300	40
Σ Gesamt:																			
																		Σ ProKon-Einheiten:	

Abbildung III-79
ProKon-Analyseblatt

Aus der ProKon-Analyse sind Erkenntnisse über die bei Einzelteilen und Baugruppen auftretenden Montageerschwernisse und deren Relevanz zu gewinnen.

Dazu werden spaltenweise die ProKon-Einheiten betrachtet. Jedes Montageerschwernis deutet auf partielle konstruktive Verbesserungsnotwendigkeiten hin, umso gravierender, je höher die ProKon-Einheit ist. Mit dem Gesamtwert wird die Verbesserungsrelevanz der konstruktiven Lösung ausgewiesen.

2.6.3 ProKon-Analysierkriterien

Abbildung III-79 sind als Spaltenüberschriften die 13 *Analysierkriterien* von ProKon zu entnehmen. Sie werden nachfolgend erläutert.

Mit dem Kriterium 1 »*Basiswert*« werden Teile- oder Baugruppenmontage belegt, wenn die konstruktiven Merkmale zu keinen Montageerschwernissen führen. Der Basiswert wird für jedes analysierte Teil ausgewiesen.

Mit dem Kriterium 2 »*Hauptabmessung* > 300 × 300 mm« werden erschwerende Abmessungen eines Teils beschrieben. Sind zwei Teileabmessungen > 300 mm, so beeinflusst das entscheidend das Fügen. Solche Teile werden z. B. bei UAS als sperrig bezeichnet.

Mit dem Kriterium 3 »*Teiledimension* > 800 mm« wird ein Teil gekennzeichnet, wenn mindestens eine Teileabmessung > 800 mm ist. Das führt zu besonders aufwändigen Teilehandhabungen und erfordert mitunter auch den Einsatz einer zweiten Person.

Das Kriterium 4 »Anzahl *Fügestellen*« steht für die konstruktiv gegebene Anzahl Fügestellen (vgl. Abbildung III-80). Mit zunehmender Anzahl Fügestellen steigt die Schwierigkeit des Fügens.

Anwendungsregeln und Beispiel zu »Anzahl Fügestellen«

Es gibt hierzu zwei Anwendungsregeln:

ProKon Regel 3	Bei Bauteilen, die an mehr als 3 Fügestellen an- oder eingefügt werden müssen, ist der Wert > 3 in der entsprechenden Häufigkeit zu bewerten. Entsprechende Hilfs- und Korrekturbewegungen sind in dem Wert enthalten.
ProKon Regel 4	Große Fügetiefen (> 25 mm) werden, wenn das Bauteil von Hand geführt werden muss, mit einem zusätzlichen P1 (Prozess) bewertet.

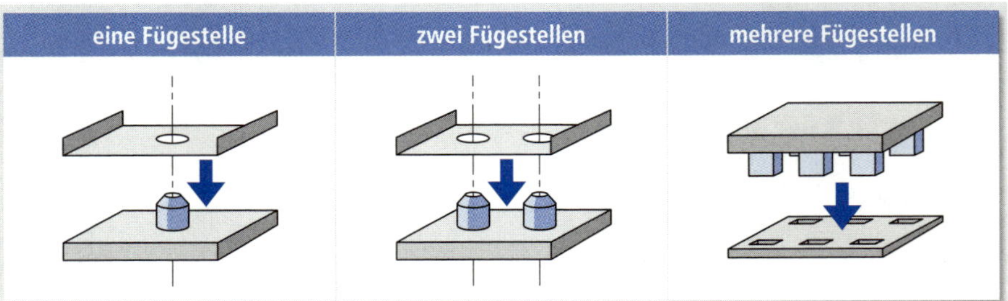

Abbildung III-80 Beispiele zur Fügestellenanzahl

Mit dem Kriterium 5 »mit Behinderung« werden durch eingeschränkte Sicht- oder Raumverhältnisse verursachte Erschwernisse beschrieben. Eingeschränkte Sicht bedeutet, dass die Fügestelle nicht oder nur bedingt einzusehen und keine visuelle Kontrolle möglich ist. Eingeschränkte Raumverhältnisse führen dazu, dass die Fügestellen nicht frei zugänglich und deshalb Korrekturbewegungen erforderlich sind.

Es gibt hierzu zwei Anwendungsregeln:

Anwendungsregeln zu »mit Behinderung«

ProKon Regel 5	Ist eine Behinderung in Raum oder Sicht gegeben, wird diese in der entsprechenden Spalte mit der Häufigkeit 1 bewertet.
ProKon Regel 6	Ist eine Behinderung in Raum und Sicht gegeben, werden beide Arten der Behinderung mit der Häufigkeit 1 bewertet.

Mit dem Kriterium 6 »*falsche Einbaulage möglich*« wird eine Montagesituation beschrieben, bei der das zu fügende Teil in mehr als einer Einbaulage gefügt werden kann, jedoch nur eine Einbaulage richtig ist. Dadurch können zusätzliche Bewegungen erforderlich oder die Teilefunktion gefährdet sein. Deshalb sollten Teile bzw. Baugruppen so konstruiert sein, dass keine falsche Einbaulage möglich ist.[124]

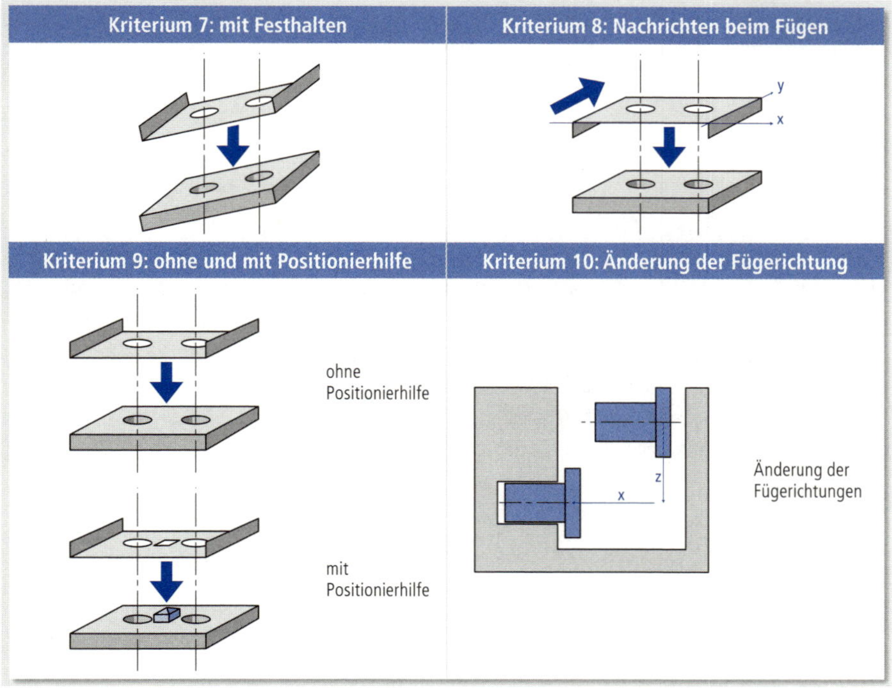

Abbildung III-81 Beispiele zu den ProKon-Analysierkriteren

Mit dem Kriterium 7 »mit *Festhalten*« wird eine Montage bewertet, wenn das zu fügende Teil nach dem Fügen und bis zur folgenden Montageoperation noch keine stabile (endgültige) Lage hat und deshalb nicht losgelassen werden kann (Abbildung III-81).

124 Vgl. Hirano, H.: Poka-yoke. 240 Tips für Null-Fehler-Programe. Landsberg: Moderne Industrie, 1992.

Mit dem Kriterium 8 »*Nachrichten beim Fügen*« wird gekennzeichnet, dass an der Fügestelle trotz vorgesehener Fügehilfen noch zusätzliche Korrekturbewegungen anfallen werden.

Mit dem Kriterium 9 »*ohne Positionierhilfen*« wird gekennzeichnet, dass weder am Teil noch an der Fügestelle zweckdienliche Positionierhilfen vorhanden sind, z. B. Anschläge oder Führungen.

Das Kriterium 10 »*Änderung Füge-/Befestigungsrichtung*« während eines Fügens ist dann erforderlich, wenn ein Teil in mehr als einer Fügerichtung entlang einer definierten Fügeachse zu fügen ist.

Mit dem Kriterium 11 »*Justage/Prüfen*« werden Erschwernisse identifiziert, die daraus resultieren, dass vor der Ausführung der folgenden Montageoperationen Justage- bzw. Prüfvorgänge zwingend erforderlich sind.

Anwendungsregeln zur Justage

Es gibt hierzu drei Anwendungsregeln:

ProKon Regel 7	Ist nach einem abgeschlossenen Fügevorgang (inkl. eines eventuellen Nachrichtens) auf Grund konstruktiver Toleranzen eine Prüfung (visuell/von Hand) und ein damit verbundenes Ausrichten des Bauteils erforderlich, wird ein »Justage/Prüfen« bewertet.
ProKon Regel 8	Einstellarbeiten sind im Wert »Justage/Prüfen« enthalten.
ProKon Regel 9	De- und Remontagetätigkeiten, die auf Grund der Prüfung anfallen und zum Ausrichten des Bauteils erforderlich sind, sind separat zu bewerten.

Mit dem Kriterium 12 »*Prozesse*« werden bei ProKon alle Vorgänge beschrieben, die über das unmittelbare Fügen[125] hinausgehen. Prozesse werden nach drei *Erschwernisklassen* unterschieden, »P1«, »P2« und »P3«. Diese sind betriebs- bzw. prozessspezifisch zu bilden, nach den in Abbildung III-82 dargestellten Zuordnungsbeispielen.

Mit dem Kriterium 13 »*Anzahl verwendeter Werkzeuge*« wird die Anzahl einzusetzender Werkzeuge berücksichtigt. Dazu gehören auch Werkzeugwechsel, wie z. B. das Austauschen eines Bohrers oder einer Schraubernuss. Werden an einem Teil zur Befestigung unterschiedliche Befestigungselemente verwendet, erfordert dies üblicherweise den Einsatz mehrerer Werkzeuge. Wird z. B. ein Bauteil mit je einer Schraube M8 und M6 befestigt, also mit unterschiedlichen Schlüsselweiten, sind zwei Schraubwerkzeuge einzusetzen oder die Schraubernuss auszutauschen.

125 Fügen wird hier i. e. S. als An- oder Einfügen von Bauteilen im Sinne der MTM-Grundbewegung Fügen verstanden.

Bauteil		Verrichtung/Werkzeug	Prozess P1	P2	P3
Einrastvorgang von Hand, z. B. Clipsen bzw. Deckel, Klappen, Türen etc. öffnen und schließen			×		
Schraube befestigen (oder Schrauben und Muttern, die wie eine Blechschraube gehandhabt werden, bzw. angefädelte Mutter festziehen)	**Maschinenschraube**	mit Schrauber		×	
		mit Handwerkzeug			×
	Blechschraube	mit Schrauber	×		
Schraube anfädeln		mit Schrauber		×	
		mit Handwerkzeug		×	
		von Hand	×		
Schraube auf Drehmoment anziehen (Werkzeugwechsel beachten)			×		
Pop-Niet setzen (Niet handhaben muss zusätzlich bewertet werden)		mit Handzange		×	
		mit Pistole (Einzelzuführung)	×		
		mit Pistole (Magazin)	×		
Taumelnieten				×	
Präge-, Klemm-, Kant-, Bördel- und/oder Stanzvorgang			×		
Buckelschweißen / Lötvorgang				×	
Medium auftragen (Öl, Fett, Kleber, Farbe, Primer etc.)		Punkt/Strich je 10 cm	×		
		Fläche < 100 cm²		×	
		Fläche > 100 cm²			×
Aufkleber (Etikett, Dämmmatte etc.)		< 100 cm		×	
		> 100 cm			×
Werkzeugverwendung (Hammer, Schere, Zange, Schrauber, Pinsel etc.)		1 Werkzeug	×		
Stellteile bewegen (Hebel, Schalter, Kurbel etc.)			×		
Handlinggerät (Großteile mit Handlinggerät umsetzen)					×

Abbildung III-82 Beispiele für Prozesszuordnungen

2.6.4 Anwendungsbeispiel

Der folgenden Abbildung III-83 »Anschluss Frischwasserleitung« ist beispielhaft die Bewertung von Produktgestaltungen mit Hilfe von ProKon zu entnehmen. Dabei sind eine Beschreibung des Ist-Zustands sowie zweier Konstruktionsalternativen dargestellt.

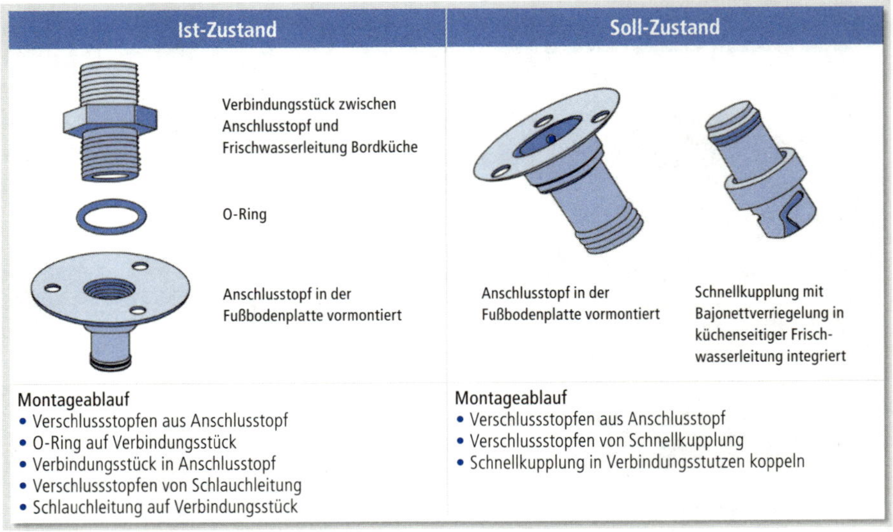

Abbildung III-83 Beispiel für mit ProKon gegenüber Ist-Zustand erzielte Verbesserung: Anschluss Frischwasserleitung in Flugzeug-Bordküche

Der Abbildung III-84 ist die Bewertung des Ist-Zustands zu entnehmen. Abbildung III-85 weist die deutlichen Verbesserungen im Soll-Zustand aus.

ProKon-Analyseblatt																			
Teileprojekt-Nr.: 0815																			
Bearbeiter: Schulz, S.																			
Datum: 30.04.2008																			
Baugruppe: Bordküche																			
Teilprojekt: Anschluss Frischwasserleitung Fußboden (Ist-Stand)																			
Anzahl Bauteile: 3	**Basiswert**		**Montageerschwernisse**																
	Gewicht 1. Fügestelle		Hauptabmessung > 300 × 300 mm	Teiledimensionen > 800 mm	Anzahl Fügestellen			mit Behinderung		falsche Einbaulage möglich	mit Festhalten	Nachrichten beim Fügen	ohne Positionierhilfen	Änderung Füge-/Befestigungsrichtung pro Achse (x, y, z)	Justage/ Prüfen	Prozess			Anzahl der verwendeten Werkzeuge
Montagefolge	≤ 8 kg	> 8 kg			2	3	> 3	Sicht	Raum							P1	P2	P3	
Verbindungsstück aus Anschlusstopf:																			
Verschlussstopfen	1																	1	1
Verbindungsstück	1										1		1			1		1	1
O-Ring	1										1	1	1						
Schlauchleitung an Verbindungsstück:																			
Verbindungsstück	1										1	1	1			1		1	
Überwurfmutter der Schlauchleitung	1															1			1
Σ Häufigkeit:	5	0	0	0	0	0	0	0	0	0	3	2	3	0	0	3	0	3	3
ProKon-Einheiten:	40	55	10	100	10	15	40	15	35	15	20	10	15	20	100	50	150	300	40
Σ Gesamt:	200	0	0	0	0	0	0	0	0	0	60	20	45	0	0	150	0	900	120
																		Σ ProKon-Einheiten:	**1495**

Abbildung III-84
ProKon-Beispiel Frischwasserleitung Flugzeug-Bordküche – Ist-Zustand

Abbildung III-85
ProKon-Beispiel Frischwasserleitung Flugzeug-Bordküche – Soll-Zustand

ProKon-Analyseblatt

Teileprojekt-Nr.:	0815
Bearbeiter:	Schulz, M.
Datum:	30.04.2008

Baugruppe: Bordküche
Teilprojekt: Anschluss Frischwasserleitung Fußboden (Soll-Stand)

Anzahl Bauteile: 3	**Basiswert**		**Montageerschwernisse**																	
	Gewicht 1. Fügestelle		Hauptabmessung > 300 × 300 mm	Teiledimensionen > 800 mm	Anzahl Fügestellen			mit Behinderung		falsche Einbaulage möglich	mit Festhalten	Nachrichten beim Fügen	ohne Positionierhilfen	Änderung Füge-/Befestigungsrichtung pro Achse (x, y, z)	Justage/Prüfen	Prozess			Anzahl der verwendeten Werkzeuge
Montagefolge	≤ 8 kg	> 8 kg			2	3	> 3	Sicht	Raum							P1	P2	P3	
Anschlusstopf:																			
Verschlussstopfen	1															1			1
Schlauchleitung an																			
Verbindungsstück:																			
Verschlussstopfen	1															1			1
Schlauchleitung mit	1				1						1	1	1			1		1	
Schnellkupplung																			
Σ Häufigkeit:	3	0	0	0	1	0	0	0	0	0	1	1	1	0	0	3	0	1	2
ProKon-Einheiten:	40	55	10	100	10	15	40	15	35	15	20	10	15	20	100	50	150	300	40
Σ Gesamt:	120	0	0	0	10	0	0	0	0	0	20	10	15	0	0	150	0	300	80
																		Σ ProKon-Einheiten:	**705**

Folgende Vorteile von ProKon werden an diesem Beispiel deutlich:

- ProKon zwingt zur analytischen Auseinandersetzung mit der konstruktiven Lösung.
- Durch frühzeitige Anwendung im Konstruktionsprozess werden kostspielige nachträgliche Erzeugnisänderungen vermieden.
- Die Analyse-Ergebnisse sind eine wertvolle Grundlage für die Fertigungsplanung.
- ProKon fördert die Kreativität und bereichsübergreifende Teamarbeit.[126]

Dabei ist ProKon

- leicht erlernbar und
- hat eine hohe Analysiergeschwindigkeit.

2.6.5 ProKon und Verfahren zur montagefreundlichen Produktgestaltung

Hohe Flexibilität und beherrschbare Komplexität

»Flexibilität erzeugen wir nicht, indem wir auf allen Ebenen der Architektur Variationen gestalten. Das produziert nur Chaos. Flexibilität auf hohen Ebenen entsteht aus Standardisierung auf niedrigen Ebenen. Paradoxerweise ist Struktur der Schlüssel zur Freiheit.«[127]

Um Montagekosten gering zu halten, wurden zuerst entsprechende Regeln wie

- Reduziere die Anzahl der Fügestellen,
- Vereinheitliche die Fügerichtungen,
- Verwende Gleichteile,
- Halte die Anzahl der zu fügenden Teile gering

formuliert.

Aufgrund der Vielzahl konstruktiver Erfordernisse (Demontagegerechtheit, Anpassung an logistische Vorgaben etc.) wirkt die Umsetzung der Regeln zur montagefreundlichen Produktgestaltung in verschiedenste Richtungen. Deshalb und um die Effekte der Bemühungen um montagefreundliches Konstruieren zu quantifizieren, wurden Bewertungsverfahren entwickelt. Hohe Bekanntheit haben vor allem DFM[128] (Design for Manufacturing) und DFA[129] (Design for Assembly).

Bei diesen Vorgehensweisen wird nach Vorliegen einer Konzeptskizze oder einer Fertigungszeichnung ein Teil des Produkts als Basisteil deklariert. Dieses Teil wird als Träger der anderen Teile gesehen und ist unverzichtbar. Die Sinnfälligkeit aller weiteren Teile ist dann in einem Vorklärungsdialog und mit Leitfragen zu klären (Abbildung III-86).

126 Auf Abschnitt 2.2.5 Simultaneous Engineering wird noch einmal hingewiesen.
127 Vgl. Reinertsen, D. G.: Die neuen Werkzeuge der Produktentwicklung. Hanser, München, 1998.
128 Boothroyd, G.: Assembly Automation and Product Design. New York – Basel: Marcel Dekker, Inc., 1992.
129 Boothroyd, G.; Dewhurst, P.; Knight, W.: Product Design for Manufacture and Assembly. New York – Basel: Marcel Dekker, Inc., 2002.

Vorklärungsdialog		Ja	Nein
VKD1:	Dient das Teil nur zur Befestigung anderer Teile?	Teil eliminieren	Teil bleibt zunächst erhalten
VKD2:	Dient das Teil nur zur Verbindung anderer Teile?	Teile direkt verbinden	

Leitfragenkatalog	
Wenn ein Teil bisher erhalten bleibt, so muss es einen anderen Zweck erfüllen, der wie folgt zu hinterfragen ist.	
LFD1	Müssen sich zwei miteinander in Beziehung stehende Teile bei der Wahrnehmung ihrer Funktion relativ zueinander bewegen können? (Kleine Bewegungen, die durch eine elastische oder plastische Materialverformung aufgenommen werden können, genügen nicht für eine Ja-Antwort.)
LFD2	Müssen zwei miteinander in Beziehung stehende Teile aus einem anderen Material sein als das bereits montierte? (Nur fundamentale Gründe, die sich auf Materialeigenschaften beziehen, sollen als Ausschlusskriterium akzeptiert werden.)
LFD3	Muss ein Teil von bereits montierten Teilen getrennt sein, weil sonst die Montage oder Demontage anderer Teile unmöglich wird?
Ergebnis	3 x Nein = Kandidat 1 x Ja = notwendiges Teil

Abbildung III-86 Vorklärungs- und Leitfragendialog[130]

Gegenüber ProKon ist diese Vorgehensweise aufwändig. Klein verglich über einen Zeitraum von mehreren Monaten mehrere Analyseteams und die von ihnen erreichten Ergebnisse. Es wurde festgestellt, dass die prognostizierten Montagezeiten nur unwesentlich voneinander abweichen (Abbildung III-87), während der Anwendungsaufwand für ProKon nur bei einem Drittel des Aufwands für DFA lag.[131] ProKon kann sehr schnell erlernt und bereits bei geringer Anwendungspraxis effektiv eingesetzt werden. Demgegenüber erfordert DFA den hochspezialisierten Anwender. Durch eine sehr detaillierte Methodik birgt DFA eine Vielzahl von Fehlerquellen. Mit ProKon können bis zu 60 % der Teile und bis zu 50 % der Montagezeit eingespart werden.

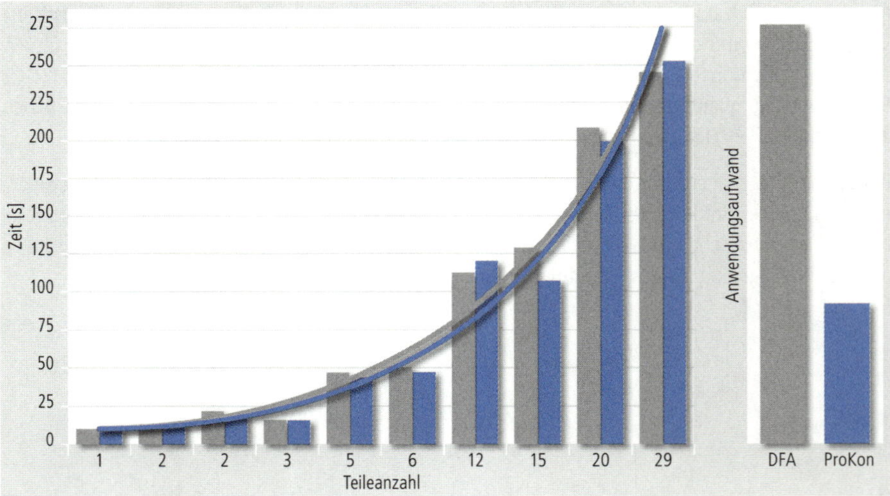

Abbildung III-87 Methodenvergleich anhand der Montagezeit zwischen DFA und ProKon[132] und Vergleich des durchschnittlichen Anwendungsaufwands

130 In Anlehnung an Boothroyd, G.; Dewhurst, P.; Knight, W.: Product Design for Manufacture and Assembly. New York – Basel: Marcel Dekker, Inc., 2002.

131 Klein, B.; Sanzenbacher, G.: Kostenreserven ausschöpfen durch produktionsgerechte Konstruktion (ProKon). In: Konstruktion April 4-2008.

132 Klein, B.: Kostenoptimiertes Produkt- und Prozessdesign. München, Wien: Hanser, 2010.

Mit DFA und ProKon stehen demnach zwei Vorgehensweisen zur Verfügung, die sowohl methodisch als auch im Aufwand sehr unterschiedlich sind, wenngleich ihre Endergebnisse sich nur wenig unterscheiden.

2.7 Checkliste zur Produktentwicklung

1. Planung von Konstruktionsaufgaben und -prozessen
   - Formuliert jeder Beteiligte an einem Entwicklungsprojekt frühzeitig seinen Informationsbedarf gegenüber den anderen Teammitgliedern?
   - Werden rechtzeitig (= frühzeitig) für die jeweils nachgeschalteten Bereiche eines Entwicklungsprojekts die dort benötigten Informationen bereitgestellt?
   - Werden die einzelnen Entwicklungsaufgaben auf die Möglichkeit zur Parallelisierung geprüft?
   - Werden mehrere aussichtsreiche Lösungen parallel detailliert?
   - Werden statt der Entwicklung eines bestimmten Produkts Baureihen entwickelt und optimiert?
   - Wird der Musterbau (Prototypenbau) gleichzeitig für mehrere Typen der Baureihe veranlasst?
   - Werden schon während der Erprobung der ersten gebauten Muster die anderen Typen einer Baureihe konstruktiv detailliert?
   - Wird schon während der Erprobung der Muster die Vorbereitung der Fertigung und der Logistik eingeleitet?
2. Prototypen
   - Wird beim Prototypenbau der Einsatz von Stereolithographie oder Laser-Sintern geprüft?
   - Wird verstärkt mit virtuellen Produktentwicklungsmethoden (*digital mock-ups*) gearbeitet?
   - Ist bereits während der Produktentwicklung Echtzeit-Interaktivität (auch für die Bewertung der Gebrauchstauglichkeit) möglich?
3. Einfach konstruieren
   - Wird eine konstruktive Lösung mit möglichst wenigen Bauteilen angestrebt?
   - Werden aufwändige Befestigungen vermieden?
   - Werden symmetrische Teile bevorzugt?
   - Lassen sich Teile problemlos an Unterauftragnehmer auslagern?
   - Werden statisch überbestimmte Konstruktionen vermieden?
   - Wird bedacht, dass bei Teileabmessungen > 800 mm aufwändige Handhabung, eventuell mit zweiter Person, erforderlich wird?
4. Variantenvielfalt
   - Wird auf die geometrische Ähnlichkeit der Varianten geachtet?
   - Wird die Zahl der Werkstoffvarianten begrenzt?
   - Wird eine Losgrößenrechnung durchgeführt?
   - Werden exotische Kundenwünsche vermieden?
5. Gießen
   - Werden bei zu gießenden Teilen spitz zulaufende Konturen und scharfe Kanten vermieden?
   - Werden schroffe Wanddickenübergänge vermieden?
   - Werden Aushebeschrägen vorgesehen?
   - Werden möglichst wenig Kerne vorgesehen?
   - Werden in der Gießkonstruktion später eventuell erforderliche Spannflächen berücksichtigt?
   - Werden in die Form reichende dünne Formstoffbereiche wegen des Aufheizens beim späteren Abgießen vermieden?

- Werden Materialanhäufungen vermieden?
- Werden Wabenkonstruktionen bevorzugt?
- Kann das Gießen durch Separierung einfacher Bauteile (und z. B. späteres Hartverlöten) ganz entfallen?

6. Schmieden
   - Werden bei der Gestaltung von Schmiedeteilen die später folgenden Fertigungsverfahren berücksichtigt (Spann- und Anlageflächen)?
   - Wird bei geringer Stückzahl Freiformschmieden erwogen?
   - Werden bei Gesenkschmiedeteilen die (hohen) Werkzeugkosten in die Produktkalkulation einbezogen?
   - Werden scharfe Kanten, starke Vorsprünge, geringe Radien, dünne Böden und schmale Rippen an den Werkstücken vermieden?
   - Werden rotationssymmetrische Teile angestrebt?
   - Wird Gesenkteilung in etwa der halben Werkstückhöhe in Richtung der geringeren Ausdehnung vorgesehen?
   - Werden geknickte Trennfugen (Grate) vermieden?
   - Werden Seitenschrägen zur Erleichterung des Lösens aus dem Gesenk berücksichtigt (aber an die sich daraus ergebende spanende Bearbeitung gedacht)?
   - Wird die beim Schmieden auftretende thermische Ausdehnung und elastische Verformung der Gesenke berücksichtigt?

7. Spanende Verarbeitung allgemein
   - Wird unnötige Zerspanarbeit vermieden?
   - Wird die Zahl der Bearbeitungsflächen reduziert?
   - Werden hohe Anforderungen an die Oberflächengüte und Toleranzen nur dann vorgesehen, wenn sie für Montage und Produktqualität unabdingbar sind?
   - Sind die Bearbeitungsflächen parallel oder senkrecht zur Aufspannfläche?
   - Wird Drehen und Bohren gegenüber Fräsen und Hobeln bevorzugt?
   - Werden die hohen Zerspanungskosten nitrierter oder vergüteter Stähle bedacht?
   - Ist die Konstruktion auf hohe Nutzungsgrade der Bearbeitungsmaschinen ausgelegt?
   - Verlangt die spätere Teilefertigung möglichst wenig Spezialkenntnisse (z. B. vertiefte CNC-Kenntnisse)?

8. Abkanten und Sägen
   - Werden einfache Schnittformen und abgeschrägte Ecken angestrebt?
   - Werden Rundungen vermieden?
   - Werden scharfkantige Übergänge angestrebt?
   - Werden zu dünne Stempelausführungen vermieden?
   - Werden Blechstreifen verschachtelt, um den Abfall zu minimieren?
   - Werden spitzwinklige Ausschnittformen und zu enge Lochabstände vermieden?

9. Fräsen
   - Werden gerade Fräsflächen angestrebt?
   - Sind Satzfräser einsetzbar?
   - Sind bei Verwendung von Scheibenfräsern auslaufende Nuten an den Teilen vorgesehen?
   - Ist der Werkzeugauslauf an Fräserdurchmesser angepasst?
   - Werden lange Fräswege vermieden?
   - Werden gewölbte Bearbeitungsflächen zugelassen?
   - Werden Fräsflächen in gleicher Höhe und parallel zur Aufspannung vorgesehen?

10. Bohren
    - Werden Sacklöcher nur mit Bohrspitze zugelassen?
    - Folgt auf Schräglöcher eine Auslauffläche?
11. Drehen
    - Werden Werkzeugauslauf und Spannmöglichkeiten bei der Konstruktion bedacht?
    - Werden einfache Formmeisel angestrebt?
12. Schleifen
    - Werden die Schleifflächen so konstruiert, dass unbehinderte Bearbeitung und Schleifscheibenauslauf möglich ist?
    - Werden Ausrundungsradien und Neigungen standardisiert?
13. Spätere Montage
    - Wird bei der späteren Montage besonderen Wert auf das Vermeiden von Blindleistung und Stützleistung gelegt?
    - Werden Teile vermieden, die als Wirrgut gelagert werden (müssen)?
    - Wird die visuelle und taktile Orientierung durch entsprechende Formgebung sowie durch Orientierungs- und Fügehilfen unterstützt?
    - Wird bedacht, dass mit wachsendem Symmetriewinkel auch die Fügezeit anwächst?
    - Ist Freiraum für die Finger vorgesehen?
    - Wird bedacht, dass durch wachsende Passungsklassen die Fügezeit zunimmt?
    - Wird durch geschlossene Konturen zusätzliches Ausrichten vermieden?
    - Werden für das Platzieren möglichst wenig Werkzeuge und Vorrichtungen benötigt?
    - Wird bedacht, dass die Handhabung kleiner zylindrischer Teile ($< 3 \times 3$ mm) aufwändiger als die von nicht zylindrischen kleinen Teilen ist?
    - Wird die Verwendung von Pinzetten, Lupen, Mikroskope auf das unbedingt Notwendige begrenzt?
    - Werden Bohrungen bzw. Bolzen mit Fase vorgesehen?
    - Wird Verhaken von Bauteilen durch entsprechende Formgebung vermieden?
    - Wird anstelle von Schrauben und Nieten geclipst oder geklebt?
    - Wird Verkanten von Bauteilen beim Einfügen vermieden?
    - Wird auf kombinierte Fügebewegungen (z. B. Drücken + Schieben) zugunsten einfacher Drückbewegungen verzichtet?
    - Wird darauf geachtet, dass beim Einfügen eines neuen Bauteils keine bereits vorhandene Baugruppe wieder demontiert werden muss?
    - Wird die Situation »falsche Einbaulage« konstruktiv vermieden?
14. Baukasten und Baureihen
    - Sind Mengeneffekte durch Baureihen und Baukästen erzielbar?
    - Können bei steigender Losgröße durch Baureihen/Baukästen Spezialmaschinen statt Universalmaschinen eingesetzt werden?
    - Werden Umrüstvorgänge vereinfacht oder reduziert?
    - Werden durch Baureihen/Baukästen Lagerhaltung von Ersatzteilen und Einarbeitung von Servicepersonal vereinfacht?
    - Werden vorzugsweise dezimalgeometrische Normzahlreihen zur Größenstufung verwendet?
15. Schweißen
    - Wird Schweißfolgeplan mit Werkstoffen, Abmessungen, Gewichten, Nahtarten, Nahtvorbereitung, Schweißverfahren, Schweißfolge und -richtung sowie Anforderungen an die Qualifikation des Schweißers vorbereitet?

- Wird bedacht, dass mit der Bemessung der Kehlnaht die Schweißgutmenge exponentiell zunimmt?
- Wird bedacht, dass die Schweißzeit vom Lichtbogenschweißen über das Metall-Schutzgasschweißen hin zum Unterpulverschweißen abnimmt?
- Werden dünne, durchgehende Nähte gegenüber dicken, unterbrochenen Nähten bevorzugt?
- Wird auf die Zugänglichkeit der Naht beim Schweißen von Rippen und Stegen sowie an Durchbrüchen und Hohlkörpern geachtet?
- Wird die Durchbruchgefahr bei der Wurzelschweißung durch Badsicherung verhindert?
- Wird bei der Schweißprüfung auf die Möglichkeit der Prüfkopfbewegung problemlos neben der Naht geachtet?
- Wird Schweißen durch kaltumgeformte Profile sowie auch durch Klemm- und Schnappverbindungen vermieden?

16. Löten und Kleben
    - Wird ggf. auf Flussmittel durch Löten unter Schutzgas verzichtet?

17. Qualität
    - Sind Teile so konstruiert, dass die Fertigungsqualität gleichbleibend und hoch sein wird?
    - Wird der Zeiteinfluss bedacht, wenn vor der Ausführung einer weiteren Montageoperation zwingend ein Justage- oder Prüfvorgang der bisher montierten Teile erforderlich ist?

3 Produktionsdokumente und Kalkulation

3.1 Produktionsdokumente

3.1.1 Überblick

Produktionsdokumente

Als *Produktionsdokumente* werden Datenträger bezeichnet, mit denen das Erfüllen von Arbeitsaufgaben beschrieben, angewiesen oder unterstützt wird. Mit ihrer Hilfe werden Produkte und Prozesse beschrieben und die Produktion prozessbegleitend unterstützt. Abbildung III-88 sind die wichtigsten Produktionsdokumente zu entnehmen. Beim Produktivitätsmanagement interessieren uns vorwiegend Stücklisten und Arbeitspläne. Aus betriebswirtschaftlicher Sicht sind das jene Dokumente, mit denen die Produktionsfunktionen von Betrieben beschrieben werden.

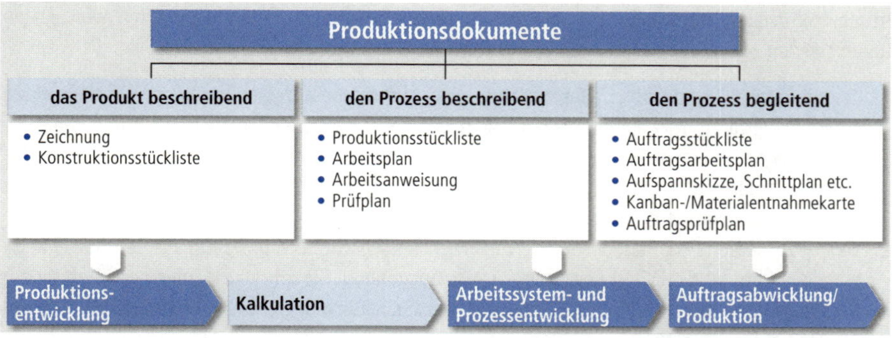

Abbildung III-88 Die wichtigsten Produktionsdokumente

Anforderungen an Arbeitspläne

Der Abbildung III-89 ist zu entnehmen, dass Arbeitspläne bei einer Reihe betrieblicher Kernaufgaben benötigt werden. Arbeitspläne sind die Datenbasis der in Abbildung III-89 angeführten Kernaufgaben. Systematisch entwickelte, zuverlässige Zeitstandards sind wiederum die notwendige Bedingung dafür, dass Arbeitspläne an sie gestellte Anforderungen erfüllen können. Die wichtigsten *Anforderungen an Arbeitspläne* sind:

1. Alle zur Auftragsabwicklung notwendigen Arbeitsvorgänge und deren Reihenfolge sind enthalten.
2. Es werden jene Arbeitssysteme einschließlich verwendeter Werkzeuge, Vorrichtungen und Prüfmittel ausgewiesen, in denen die Arbeitsvorgänge ausgeführt werden.
3. Für jeden Arbeitsvorgang werden die Zeitstandards, die Rüstzeit t_r und die Zeit je Einheit t_e, ausgewiesen.
4. Zu jedem Arbeitsvorgang werden die benötigten Materialien, Teile und Baugruppen aufgeführt.

In den folgenden Abschnitten werden zuerst einige Grundsachverhalte zu Stücklisten und Arbeitsplänen erläutert und dann gezeigt, wie Arbeitspläne mit Zeitstandards zu versorgen sind.

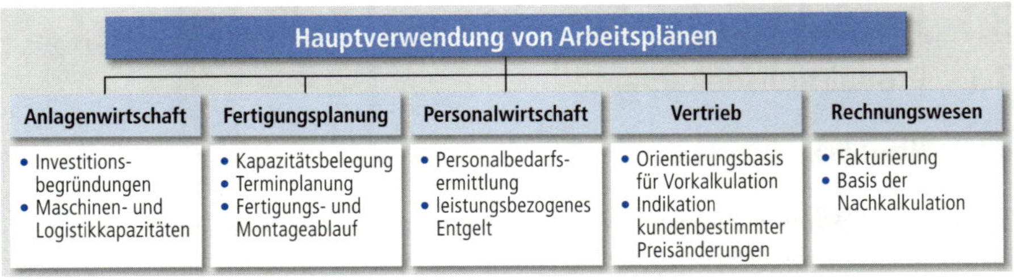

Abbildung III-89 Die wichtigsten Verwendungen von Arbeitsplänen

3.1.2 Stamm-, Bewegungs- und Bestandsdaten

Stamm-, Bewegungs- und Bestandsdaten

In der Wirtschaftsinformatik und in der Produktionsplanung werden drei Arten von Daten unterschieden:[133]

1. *Stammdaten* (Grunddaten, Referenzdaten) sind zustandsbeschreibende Daten, die über einen längeren Zeitraum unverändert bleiben. Sie haben meist keinen Zeitbezug und werden von mehreren Anwendungen genutzt, z. B. Artikelstämme von der Entwicklung, Fertigungsplanung, Logistik, vom Einkauf, Vertrieb, und Rechnungswesen. In Abbildung III-90 wird ein Überblick zu den Stammdatenarten gegeben.
2. *Bewegungsdaten* (Transaktionsdaten) sind arbeitsflussbeschreibende Daten, aus den Bewegungsvorgängen der betrieblichen Leistungsprozesse entstehend. Sie führen zu einer Veränderung der Bestandsdaten, haben meist einen Zeitbezug, werden zeitlich begrenzt benötigt und von wenigen Anwendungen genutzt.
3. *Bestandsdaten* sind die betriebliche Mengen- und Wertestruktur beschreibende Daten. Sie unterliegen durch die Verarbeitung der Bewegungsdaten systematischen Änderungen. Wie die Stammdaten werden auch die Bestandsdaten langfristig gehalten.

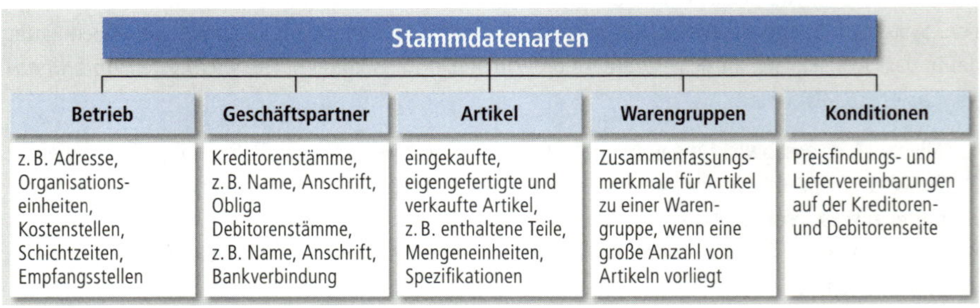

Abbildung III-90 Stammdatenarten nach SAP® Retail

In der Materialwirtschaft sind z. B. die

- Artikeldaten Stammdaten,
- Lagerzugänge und -abgänge Bewegungsdaten,
- verfügbaren Materialmengen Bestandsdaten.

133 Vgl. Kurbel, K.: Produktionsplanung und -steuerung im Enterprise Resource Planning und Supply Chain Management, 6. Auflage. München: Oldenbourg, 2005, S. 57 f.

In der Fertigungsplanung und -steuerung sind z. B. die

- Stücklisten und Arbeitspläne Stammdaten,
- die Auftrags- und Liefermengen Bewegungsdaten,
- die ausgelasteten und freien Kapazitäten Bestandsdaten.

Stammdaten werden im DV-System hinterlegt, damit sie allen Anwendungen zur Verfügung stehen. Die sorgfältige Anlage und konsequente Pflege von Stammdaten ist eine Kernaufgabe der Produktionsplanung und -steuerung (PPS). Die wichtigsten aus den Artikelstämmen gewonnenen Dokumente für das Produktivitätsmanagement sind die Stückliste, der (Teile-)Verwendungsnachweis und der Arbeitsplan.

3.1.3 Stücklisten

Stückliste

Als *Stückliste* wird in Industriebetrieben mit »stückweiser Produktion«[134] das Verzeichnis aller zu einem Artikel (Produkt, Erzeugnis, Baugruppe, Einzelteil) gehörenden, nach ihren strukturellen Eigenschaften geordneten Objekte bezeichnet, die mindestens durch Benennung, Sachnummer, Mengeneinheit und Menge beschrieben werden. Nach der Art der Darstellung am Bildschirm oder im Ausdruck wird in der Literatur[135] überwiegend unterschieden nach:[136]

1. Mengenübersichts-Stückliste: Das ist eine Aufzählung der für einen Artikel benötigten Mengen je Objekt. Diese werden nicht zu Baugruppen zusammengefasst.
2. Struktur-Stückliste: Diese zeigt die Zusammensetzung eines Artikels über alle Fertigungsstufen und weist alle Baugruppen und Einzelteile aus.

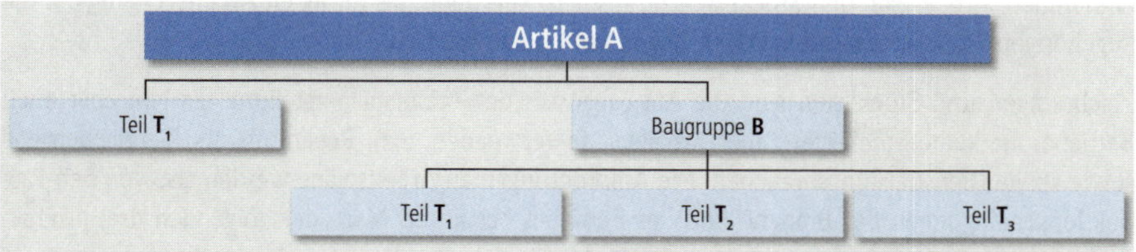

Mengenübersichts-Stückliste

Benennung	Anzahl
T_1	2
T_2	1
T_3	2

Struktur-Stückliste

Baugr. 1	Baugr. 2	Anzahl
T_1		1
B		1
	T_1	1
	T_2	1
	T_3	2

Baukasten-Stückliste

Artikel A

Benennung	Anzahl
T_1	1
B	1

Baugruppe B

Benennung	Anzahl
T_1	1
T_2	1
T_3	2

Abbildung III-91 Die drei Stücklisten-Grundformen

134 In Branchen mit »verfahrenstechnischer Produktion«, z. B. Nahrungsmittelindustrie oder Pharmazie, wird stattdessen der Begriff Rezeptur verwendet.

135 Vgl. Dickersbach, J.; Keller, G.; Weihrauch, K.: Produktionsplanung und -steuerung mit SAP, 2. Auflage, Bonn: Galileo Press, 2006, S. 101 f. Domschke, W.; Scholl, A; Voß, S.: Produktionsplanung. Berlin: Springer, 2005, S. 50 f. REFA (Hrsg.): Methodenlehre der Planung und Steuerung, Band 1. München: Hanser, 1985, S. 400 f.

136 Neben diesen Grundformen gibt es artikelspezifische Stücklistenarten wie Plus-Minus-Stückliste, Varianten-Stückliste oder Mehrfach-Stückliste sowie zweckspezifische Stücklistenarten wie Montage-Stückliste und Dispositions-Stückliste (aus Struktur-Stücklisten überführt).

3. Baukasten-Stückliste: Dabei wird jeweils nur eine Ebene der Artikelstruktur (= Baugruppe) betrachtet. Für jede Baugruppe gibt es eine Stückliste, auf die in den Stücklisten der übergeordneten Baugruppen Bezug genommen wird.

Grundformen

In der Abbildung III-91 werden diese drei Grundformen an einem kleinen Beispiel verdeutlicht.

Die Stückliste enthält die zentrale Datenstruktur der Artikelstämme und ist die Basis zur Ermittlung des Materialbedarfs, für die Bestellung und letztlich für die Fakturierung. Stücklisten können auftragsneutral oder auftragsspezifisch sein. Neben den drei Grundformen gibt es eine Reihe spezieller Stücklistenformen, z. B. Montage-Stückliste, Plus-Minus-Stückliste, Gleichteile-Stückliste.

Stücklisten gliedern Artikel, indem sie deren Objekte und ggf. deren Struktur abbilden. Beim *(Teile-) Verwendungsnachweis* wird dagegen festgestellt, in welchen Artikeln die Objekte enthalten sind. Teileverwendungsnachweise werden analog den Stücklisten unterschieden nach Mengenübersichts-Verwendungsnachweis, Struktur-Verwendungsnachweis und Baukasten-Verwendungsnachweis.

3.1.4 Arten und Inhalt von Arbeitsplänen

Arbeitsplan

Als *Arbeitsplan* wird die tabellarische Zusammenstellung der zur Fertigung eines Artikels (Produkt, Erzeugnis, Baugruppe, Einzelteil) vorgesehenen (Reihen-)Folge von Aufgabenerfüllungen (Arbeitsvorgänge, Operationen) bezeichnet.[137] Je Arbeitsvorgang werden die Arbeitsobjekte, die Arbeitssysteme (Arbeitsplätze, Betriebsmittel, Werkzeuge, Vorrichtungen), die Zeitstandards/Vorgabezeiten und ggf. die Entgeltgruppen angeführt. Während in der Stückliste dokumentiert wird, woraus sich ein Artikel zusammensetzt, sind dem Arbeitsplan die Arbeitsschritte zur Erstellung dieses Artikels zu entnehmen. Arbeitsplan und Stückliste sind insofern verknüpft, als für jeden Arbeitsvorgang auf die zugehörigen Stücklistenspezifikationen Bezug genommen wird.

Arbeitsplanarten

Zeichnungen und Stücklisten sind die Ausgangsbasis der Arbeitsplanerstellung. Es gibt aber auch Betriebe, die keine Stücklisten, aber Arbeitspläne verwenden, z. B. Reparatur- und Servicebetriebe sowie einige Dienstleistungsbranchen. Die Anforderungen an Arbeitspläne werden also von den Produktionsbedingungen der Branche und des Betriebes bestimmt. Nach den folgenden drei produktionstechnischen Aufgabenstellungen sind drei *Arbeitsplanarten* zu unterscheiden:

1. Fertigung gering strukturierter Einzelteile: Es wird nur aufzählend strukturiert. Analog zur Mengenübersichts-Stückliste verwendet man einen Mengenübersichts-Arbeitsplan.
2. Fertigung von Produkten, Baugruppen und Einzelteilen: Es wird dem Gesichtspunkt des Zusammenbaus, also dem Ablauf gefolgt. Diese Ablauf-Arbeitspläne werden analog zu den zu Grunde liegenden Stücklisten als Struktur- und Baukasten-Arbeitspläne gegliedert.
3. Montage von Produkten und Baugruppen: Es wird primär dem Gesichtspunkt des Zusammenbaus gefolgt. Das entspricht dem Strukturprinzip der Montage-Stückliste, weshalb man diese Arbeitsplanart als Montage-Arbeitsplan bezeichnet.

Wie bei den Stücklisten werden bei den Arbeitsplänen neben den Grundformen eine Reihe spezieller Pläne verwendet, z. B. Plus-Minus-Arbeitspläne, Prüf(-arbeits-)pläne. Ferner gibt es, wie bei den Stücklisten, in der Auftragsfertigung unter dem Aspekt des Auftragsbezugs auftragsneutrale und auftragsbezogene Arbeitspläne. In der Serienfertigung wird diese Unterscheidung nicht angestellt.

137 Vgl. Dickersbach, J. et al.: a. a. O., 2006, S. 127 f.; Domschke, W. et al.: a. a. O., 2005, S. 48 f.

Nicht nur die zweckmäßige Arbeitsplanform wird durch die Branche, die Eigenheiten des Betriebes und die Verwendungen der Arbeitspläne bestimmt, sondern auch der *Inhalt der Arbeitspläne.* Neben den der Abbildung III-92 zu entnehmenden Daten wird man deshalb im Einzelfall gegebenenfalls auf einige Daten verzichten oder weitere Daten verwenden.

Inhalte von Arbeitsplänen

allgemeine Daten	Ausgangsdaten	Ablaufdaten	Ergebnisdaten
auftragsneutral • Arbeitsplan-Nr. • Verwendungsrestriktionen • Ersteller/Prüfer/Änderer – inkl. Status und Datum auftragsspezifisch • z. B. Auftragsart, -Nummer, -bezeichnung, -menge • z. B. Losnummer, -menge • z. B. Prüfvorschriften	auftragsneutral • Teile-Nummern, -bezeichnungen • Menge, Mengeneinheiten • Ausgangsmaße, -gewichte auftragsspezifisch • z. B. Rohmaße, -gewichte • z. B. Lieferanteninforma-tionen	auftragsneutral • Vorgangs-Nummer, -bezeichnung • Arbeitsplatz, Kostenstelle • Entgeltgruppe • Werkzeuge, Vorrichtungen • Zeit- und Mengeneinheit • (Mehr-)Stellenzahl • Rüst- und Stückzeit auftragsspezifisch • z. B. Rüst- und Stückzeit	auftragsneutral • Artikelbezeichnungen (Produkt, Baugruppe, Teil) • Dokumentationsvor-schriften auftragsspezifisch • z. B. Qualitätsvorschriften

Abbildung III-92 Die verbreitetsten Inhalte von Arbeitsplänen

3.1.5 Arbeitsplanversorgung mit Sollzeiten

In Teil IV, Abschnitt 5.2.2 werden die funktionelle Eingliederung der Arbeitspläne in die *Zeitwirtschaft* und die Aufgaben des Sollzeiten-Managements erläutert (vgl. dort Abbildung IV-71). Arbeitsvorgängen sind grundsätzlich zwei Arten von Zeitstandards[138] zuzuordnen:

1. Rüstzeit t_r
2. Zeit je Einheit (z. B. pro Stück) t_e

Dazu gibt es, klammert man manuelle Prozeduren aus[139], zwei Konzepte[140]: Konzepte

1. *Aktivkonzept*, d.h. die Prozessbausteine werden in TiCon® gehalten. Dort werden betriebliche Prozessbausteine entwickelt, wie in Kapitel 4 erläutert. Ferner wird dort die Kalkulation der Rüstzeit bzw. der Zeit je Einheit durchgeführt, wenn es noch keine verwendungsfertigen Prozessbausteine gibt. Die Zeitstandards werden über eine Schnittstelle in das PPS-System (z. B. SAP® PP) bzw. in den Arbeitsplan exportiert.
2. *Passivkonzept*, d.h. die Prozessbausteine werden wie beim Aktivkonzept in TiCon® gehalten, wo auch die betriebsspezifischen Prozessbausteine entwickelt werden. Im PPS-System gibt es eine Importfunktion, mit der die betriebsspezifischen Prozessbausteine aus TiCon® importiert werden. Im PPS-System wird die Kalkulation der Rüst- und Stückzeiten durchgeführt, so dass diese schnittstellenfrei in den Arbeitsplan übernommen werden.

138 Beim OEE-Konzept werden zusätzlich Störungsanteile und Ausschussraten eingestellt. Je nach Prozesstyp (z. B. Mengenfertigung) und Arbeitssystem-Typ (z. B. bei manchen Montagen) kommt es aber auch vor, dass keine Rüstzeiten anfallen.

139 Diese bestehen darin, Rüstzeiten und Stückzeiten direkt von Hand in die Arbeitspläne einzugeben, was unter dem Gesichtspunkt der Aktualisierung der Arbeitspläne wenig effektiv und zudem eine unsichere Methode ist.

140 Vgl. auch Roesgen, R.; Schmidt, C.: Auswahl und Einführung von ERP-/PPS-Systemen. In: Schuh, G. (Hrsg.): Produktionsplanung und -steuerung. Grundlagen, Gestaltung und Konzepte. Berlin, Heidelberg, New York: Springer, 2006, S. 330–375.

Standardarbeitsplan

Den Abbildungen III-93 und III-94 ist ein Beispiel aus dem Maschinenbau zur Anwendung des Passivkonzepts zu entnehmen. In Abbildung III-93 ist ein Standard-Arbeitsplan für eine Baugruppe (hier: »Farbwerk Fertigmontage«) zu entnehmen (Feld 1). Zu diesen wird ein Arbeitsvorgang (hier: »Lagergehäuse montieren«) betrachtet. In Feld 2 werden die zu diesem Arbeitsvorgang vorhandenen allgemeinen Daten gezeigt. Zu entscheiden ist nun, mit welchen spezifischen Daten dieser Arbeitsvorgang zu ergänzen ist (Feld 3). Zu ergänzen ist er unter anderem mit Sollzeiten (SAP: »Vorgabewerte«), zu entnehmen dem betrieblichen Prozessbausteinsystem, gehalten unter TiCon®. Dabei ist zu wählen, ob Prozessbausteine für Rüst-, Ausführen-, Logistik- oder Kommissionieraufgaben benötigt werden. Im nächsten Schritt geht es darum, den Arbeitsvorgang mit den dafür anzusetzenden Sollzeiten zu »versorgen«, indem vorhandene und unverändert zu übernehmende Prozessbausteine identifiziert oder diese kalkuliert werden.

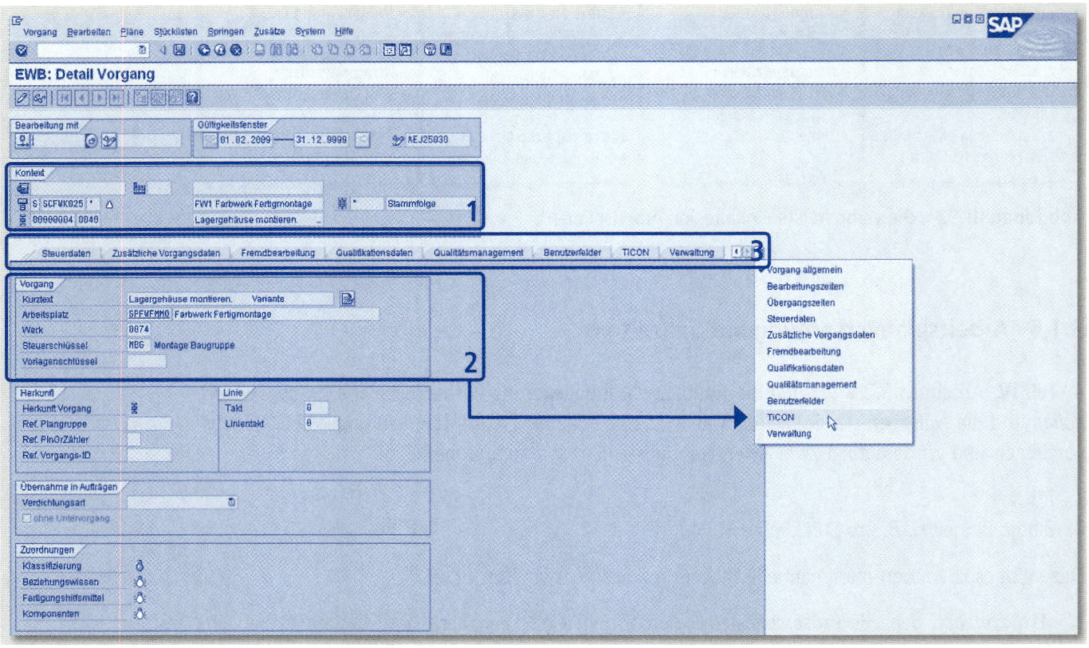

Abbildung III-93 Beispiel für einen mit Zeitstandards zu versorgenden Arbeitsplan[141]

Ausführungszeit kalkulieren

Im Beispiel ist eine Ausführungszeit zu kalkulieren. Für die vorliegende Variante gibt es zwar eine Reihe von Prozessbausteinen, aber noch keine Kalkulation. In Abbildung III-94 ist dem Kopfteil (Feld 1) zu entnehmen, für welchen Arbeitsvorgang die durchgeführte Kalkulation gilt (hier: »Lagergehäuse montieren«). Der Arbeitsplaner hat in der Spalte »Beschreibung« (Feld 5) dazu für diesen Arbeitsvorgang den Ablauf in Form von Arbeitsschritten geplant. Die anderen Spalten wurden erst im Verlauf der nun folgenden Kalkulation gefüllt.

Dem mit Feld 2 markierten Maskenteil ist eine Strukturübersicht zu den unter TiCon® gehaltenen Prozessbaustein-Datenkarten zu entnehmen. Diese sind nach Baugruppen gegliedert, weil die Arbeitsvorgänge im Arbeitsplan baugruppenweise kalkuliert werden. Unter der Baugruppenbezeichnung »Farbwerk, allgemein« sind die dafür benötigten Prozessbausteine zusammengefasst. Wird diese gewählt, öffnet sich die unter TiCon® gehaltene Datenkarte (Feld 3). Von dort aus werden den

141 SAP® PP, Heidelberger Druckmaschinen AG.

in der Beschreibungsspalte (Feld 5) angeführten Arbeitsschritten (vgl. Feld 4) per »Drag and Drop« die Kodierung (Spalte Kode) und die Sollzeit (Spalte t_g) zugewiesen (Feld 5). Der Arbeitsplaner gibt dann Anzahl und Häufigkeit (Spalte A × H) ein, und als Kalkulationsergebnis wird die Sollzeit für den Arbeitsschritt (Spalte $t_g \times A \times H$) ausgewiesen.

Die mit W-W markierten Positionen weisen aus, dass dort eine definierte Wertschöpfung bzw. ein unmittelbarer Arbeitsfortschritt vorliegt. Die so kalkulierte Zeit wird mit Zuschlägen (mindestens für Verteilzeit) versehen und als Vorgabewert in den SAP®-Arbeitsplan übernommen.

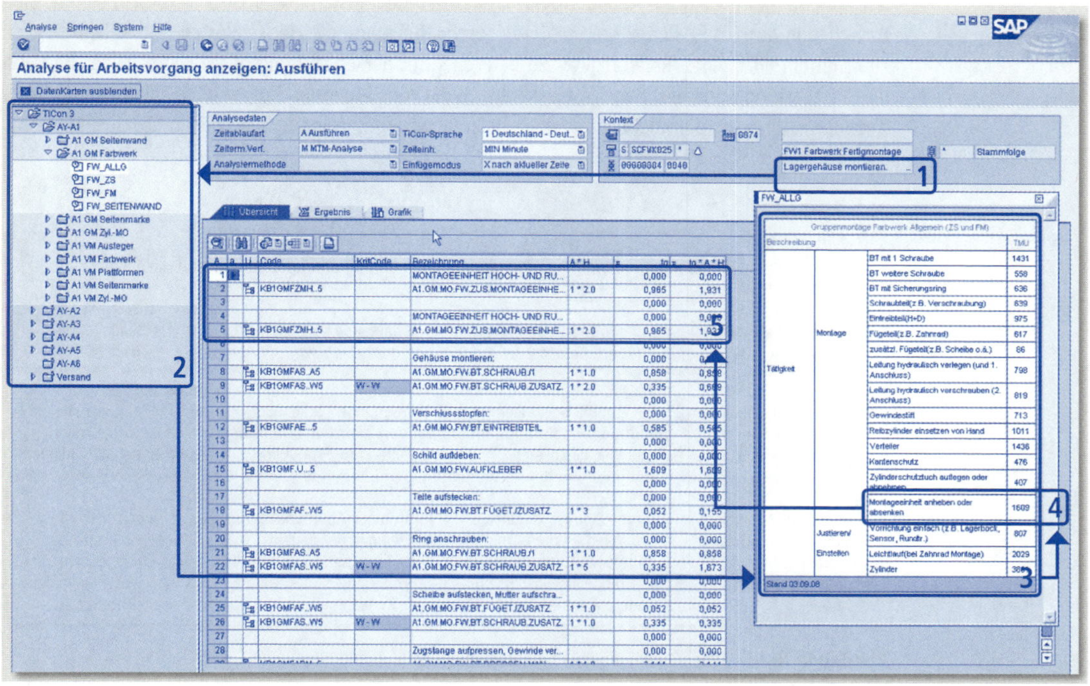

Abbildung III-94 Beispiel für die Kalkulation der Sollzeit für einen Arbeitsvorgang nach dem Passivkonzept[142]

Bezugsleistung

Im vorliegenden Beispiel werden die Arbeitspläne mit Sollzeiten versorgt, denen als Bezugsleistung die MTM-Normleistung zu Grunde liegt. Der Vorteil gegenüber dem Prinzip, die Zeitstandards mit den betrieblichen Zeitgraden zu bewerten, liegt darin, dass man für alle Arbeitsplan-Verwendungen, von der Vorkalkulation bis zum leistungsbezogenen Entgelt, eine einheitliche und reproduzierbare Bezugsleistung verwendet. Damit nutzt man die funktionelle Eigenschaft der *Bezugsleistungstreue* des MTM-Verfahrens. Bei Kalkulationen, Personalbemessungen oder Kapazitäts- und Terminplanungen ist im Einzelfall zu entscheiden, inwieweit die erreichten Zeitgrade zu berücksichtigen sind.

Anlaufmanagement

Es gibt Unternehmen in der Serienfertigung, die mit Arbeitsplänen das *Anlaufmanagement* (vgl. Teil IV, Abschnitt 3.2) unterstützen wollen und dazu über die Rüstzeit und Stückzeit hinaus die geplante Verfügbarkeit sowie den erwarteten Ausschuss, also den vollständigen *OEE-Datensatz*, in den Arbeitsplan einstellen. Das führt zwar zu einem höheren Planungsaufwand, zwingt aber zu einem sorgfältigen Durchdenken der Planung und lässt Risiken leichter erkennen.

142 TiCon®, SAP® PP, Heidelberger Druckmaschinen AG

3.2 Kalkulation

3.2.1 Überblick

Das MTM-Produktivitätsmanagement zeichnet sich durch seine Präventionsfunktion aus. Daher besitzt das Thema Vorkalkulation einen besonders hohen Stellenwert, weil dabei die Weichen für das Gewinnen profitabler Aufträge gestellt werden. Dem wird auch dadurch Rechnung getragen, dass »Reproduzierbare Technische Kalkulationen« eine der zwölf mit dem MTM-Produktivitätsmanagement verfolgten Absichten ist (vgl. Teil I, Abbildung I-51). Beim Produktentstehungsprozess werden in den meisten Branchen in der 1. PEP-Phase *Kalkulationen* durchgeführt, um die Herstellkosten[143] und Selbstkosten zu ermitteln oder einen Referenzpreis zu beurteilen. In der Entstehungsphase sowie in der Betriebs- und Verbesserungsphase ist dann festzustellen, ob die vorkalkulierten Kosten eingehalten werden. Der Abbildung III-95 ist zu entnehmen, welche Kalkulationsarten in Industriebetrieben üblich sind.

Abbildung III-95 Die vier häufigsten Kalkulationsarten

Vorkalkulation

Die Kalkulationen vor SOP werden als *Vorkalkulationen* bezeichnet. In manchen Branchen, z. B. in den Zulieferindustrien, werden neben Angebots- auch Auftragskalkulationen durchgeführt. Damit wird ermittelt, ob in der zweiten Phase des PEP, der Arbeitssystem- und Arbeitsprozessentwicklung, kostenrelevante Änderungen gegenüber dem Zeitpunkt der Angebotsabgabe entstanden sind. Diese können selbst oder vom Kunden verursacht sein.

Nachkalkulation

Die projektbegleitenden Kalkulationen bei der zweiten und dritten PEP-Phase werden als *mitlaufende Kalkulation* bezeichnet, wenn man, begleitend zur Produktion, zu einem frühestmöglichen Zeitpunkt feststellen will, ob und warum evtl. Fehlkalkulationen entstanden sind. Als *Nachkalkulation* bezeichnet man die nach EOP durchgeführte Prüfung, ob und wodurch man Fehleinschätzungen unterlegen war und was man daraus für künftige Planungen und Vorkalkulationen lernen kann.[144]

Vorkalkulationen, Fragestellungen

Wir setzen uns hier nur mit dem Durchführen von Vorkalkulationen auseinander, weil mitlaufende Kalkulationen und Nachkalkulationen Themen des Controlling und nur die Verwendung der Ergeb-

143 Als Herstellkosten wird die Summe aus Materialkosten, Fertigungskosten und Sondereinzelkosten der Fertigung bezeichnet. Verwaltungs- und Vertriebskosten sind also nicht eingeschlossen. Als Herstellungskosten wird nach § 255 HGB der zulässige bilanzielle Wert selbst erstellter Vermögensgegenstände bezeichnet.

144 Vgl. Teil IV, Abschnitt 3.2.

nisse Themen des Industrial Engineering sind. Vorkalkulationen können zwei Fragestellungen zu Grunde liegen:

1. *Preisfindung*: Es existiert kein Referenzpreis in Form eines Marktpreises oder eines zugestandenen Preises. Dann wird eine *Vollkostenkalkulation* durchgeführt, um einen mindestens kostendeckenden Preis zu ermitteln.[145]
2. *Preisakzeptanzprüfung*: Es existiert ein Referenzpreis, z. B. weil Wettbewerber einen Preis bereits akzeptiert haben. Dann wird eine *Teilkostenkalkulation* durchgeführt, um entscheiden zu können, ob man zu diesem Referenzpreis anbieten, eventuell sogar unterbieten oder von einem Angebot Abstand nehmen will.

Oft treten beide Situationen auf, so dass sich die Frage, welcher dieser beiden Ansätze »richtig« sei, eigentlich gar nicht stellt. Es ist nur situativ zu beantworten, ob eine Voll- oder eine Teilkostenkalkulation[146] zielführender ist. Deshalb sollte man kombinierte voll- und teilkostenbasierte Kalkulationen durchführen, weil damit kein Mehraufwand verbunden ist.

Kostenrechnerische Aspekte von Vorkalkulationen

Im folgenden Abschnitt werden zunächst kostenrechnerische Aspekte von Vorkalkulationen diskutiert, anhand eines kleinen Beispiels, wie es typisch für Zulieferindustrien ist. Im Maschinen- und Anlagenbau fallen sehr viel komplexere Kalkulationen an, die für grundlegende Erläuterungen ungeeignet sind.[147] Wir verzichten darauf, die Vorzüge und Nachteile von Kalkulationsverfahren oder die Prinzipien zur Bestimmung von Verrechnungssätzen zu diskutieren.[148] Es wird hier also ein Verständnis zu kostenrechnerischen Grundsachverhalten vorausgesetzt. Im Abschnitt 3.2.2 wird erläutert, welche Überlegungen bei Vorkalkulationen anzustellen und welche Anforderungen an die Durchführung von Vorkalkulationen zu stellen sind.

Technische Kalkulationen

Im Abschnitt 3.2.4 wird gezeigt, wie man Technische Kalkulationen durchführt. Das umfasst das Vorgehen bis zur Ermittlung der Selbstkosten. Das Erstellen Technischer Kalkulationen ist eine Kernaufgabe des Industrial Engineering, weil sie in der ersten Phase des Produktentstehungsprozesses anfällt und nicht nur Wissen über die betrieblichen Arbeitssysteme und -prozesse erforderlich ist. Bei der Technischen Kalkulation ist es, insbesondere in der Serienfertigung, auch erforderlich, technische Lösungen zu antizipieren. Entsprechend dem *MTM-Konzept zum Produktivitätsmanagement* geht es bei der Technischen Kalkulation auch darum, durch einen frühestmöglichen Einsatz des *MTM-Verfahrens*

- einerseits die Produktion auf »Machbarkeit« hin abzusichern, also Risiken zu minimieren und
- andererseits dem Angebot effektive und effiziente Produktionsprozesse zu unterlegen, um damit die Wettbewerbsfähigkeit zu maximieren.[149]

In Branchen, bei denen z. B. nur etwa 10 % aller abgegebenen Angebote zu Auftragserteilungen führen und Aufträge in wenigen Tagen abgearbeitet werden, führt man pauschalere Vorkalkulationen als hier dargestellt durch. Andererseits gibt es Branchen, z. B. Massenkonsumgüterhersteller, bei denen noch detailliertere Kalküle erstellt werden.

145 Eine Vollkostenkalkulation ist darüber hinaus nach den »Leitsätzen für die Preisermittlung von Selbstkosten« (LSP) auch bei Angeboten an öffentlich-rechtliche Institutionen erforderlich. Ferner benötigt man sie als Basis für die Bewertung von Halb- und Fertigfabrikaten in der Handels- und Steuerbilanz und für die Bildung von Verrechnungspreisen bei Beteiligungsverflechtungen.

146 Ein wesentliches Ziel von Teilkostenkalkulationen ist die Ermittlung von Deckungsbeiträgen. Das ist das Vermögen von Aufträgen, über die Abdeckung der auftragsbegründeten (variablen) Kosten einen Beitrag zur Abdeckung des Fixkostenblocks des Unternehmens zu leisten.

147 Spezielle Produktionstypen, wie z. B. Baustellen- oder Kuppelproduktion, werden hier nicht berücksichtigt.

148 Vgl. Kilger, W.; Pampel, J; Vikas, K.: Flexible Plankostenrechnung und Deckungsbeitragsrechnung, 12. Auflage. Wiesbaden: Gabler, 2007. Riebel, P.: Einzelkosten- und Deckungsbeitragsrechnung, 7. Auflage. Wiesbaden: Gabler, 1994.

149 Bei Angebotskalkulationen geht es immer auch darum, wirtschaftlichste Produktionsmöglichkeiten aufzuzeigen und sich dadurch gegenüber Wettbewerbern zu positionieren.

3.2.2 Grundstruktur von Kalkulationen

Vorkalkulation eines Produkts oder eines Auftrags

Bei der *Vorkalkulation* eines Produkts oder eines Auftrags ist jener betriebliche Produktionsprozess zu planen, der bei seiner späteren Herstellung mutmaßlich anfallen wird. In den Abschnitten 3.3.2 und 3.3.3 wird gezeigt, wie man mit Hilfe des MTM-Verfahrens Werkzeug- und Fertigungskosten sicher kalkuliert. Da sich die Produktionsprozesse zwischen den Branchen erheblich unterscheiden, trifft das auch für deren Vorkalkulationen zu. Den in Abbildung III-96 dargestellten Grundaufbau wird man in vielen Industriebetrieben vorfinden, aber auch davon mehr oder weniger abweichende Prinzipien. Wichtig ist, die Stückkosten nach ihren variablen und fixen Bestandteilen zu splitten[150], weil man dann sowohl Preisfindungen als auch Preisakzeptanzprüfungen vornehmen kann.

Beispiel

In der Folge werden anhand eines kleinen Beispiels der Grundaufbau einer Vorkalkulation und die Verwendung der Rechenergebnisse erläutert. Als Verrechnungssätze werden *Planverrechnungssätze* verwendet, die zwei Eigenschaften haben:

1. Die Planverrechnungssätze (z. B. Personalkostensätze, Materialgemeinkostenzuschlagssätze) gelten für eine Planperiode, meist für ein Geschäftsjahr.
2. Sie werden nicht auf der Basis von Ist-Kosten der Vergangenheit, sondern auf der Basis standardisierter periodenrepräsentativer (z. B. für das Geschäftsjahr 2009) Ressourcenpreise (inkl. Preis- und Tariferwartungen) gebildet.[151]

Abbildung III-96 ist zu entnehmen, dass nach dem Kostenbezug bzw. Kostenverhalten drei Kostenkategorien unterschieden werden:

1. *Auftragsfixe Kosten* als Folge auftragsbezogener Investitionsausgaben: Im folgenden Beispiel fallen unabhängig von der Gesamtauftragsmenge (850.000 Stück in 5 Jahren) 670.000 € auftragsbezogene Investitionsausgaben an. Die daraus resultierenden Abschreibungskosten betragen 134.000 € p. a. und die auftragsfixen Stückkosten 0,79 €.
2. *Stückfixe Kosten*: Bei 170.000 Stück p. a. (in 5 Losen zu je 34.000 Stück) und Fixkosten von 4,78 €/Stück fallen pro Jahr 2.638.124 € an stückfixen Herstellkosten an.
3. *Stückvariable Kosten*: Die von der Auftragsmenge und Losgröße unabhängigen Herstellkosten pro Stück (variable Stückkosten) betragen 15,52 €. Bei der vorliegenden Jahresstückmenge betragen diese 813.280 €.

Die weiteren Positionen sind:

- Herstellkosten p. a. 3.451.404 €
- Selbstkosten p. a. 3.861.516 €
- Erlöse p. a. 3.825.000 €

Die Kostenunterdeckung p. a. beträgt 36.516 €, über die Produktionsdauer von 5 Jahren ca. 183.000 €. Dieses Ergebnis wird in der Folge diskutiert. Zuvor sind die wichtigsten Positionen der Kalkulation zu erläutern.

150 Das ist zwar ein betriebswirtschaftliches und kein Industrial-Engineering-Thema. Bei der dem Industrial Engineering zuzurechnenden Technischen Kalkulation ist aber ein Verständnis für die Prinzipien der Teilkostenrechnung erforderlich (z. B. der Deckungsbeitragsrechnung).

151 Da bei Vorkalkulationen die Kosten künftiger Aufträge zu ermitteln sind, sollte das nicht auf der Basis von Vergangenheitskosten erfolgen, was man beim Verwenden von Normalkosten (= Kostenmittelwerte aus der Vergangenheit) tun würde.

„Außenspiegel LL elo" – angefragte Auftragsmenge p.a.			170.000	€ pro Stück		€/ Projekt	Anteil an den SK
Produktionsdauer in Jahren			5	variabel	fix		
MK	11	Rohstoffe		4,10			60,0 %
	12	Kaufteile		9,20			
	13	Abfallerlöse		-0,32			
	14	Materialeinzelkosten MEK (= 11 + 12 + 13)		12,98			
	15	Materialgemeinkostenzuschlag MGKZ auf MEK	5 %	0,65			
	16	**Materialkosten MK (= 14 + 15)**		13,63			
FK	21	Personalkosten		0,95			28,8 %
	22	Fertigungsgemeinkostenzuschlag auf Personalkosten	35 %	0,33			
	23	Betriebsmittelkosten		0,44	1,68		
	24	Fertigungsgemeinkostenzuschlag auf Betriebsmittelkosten	180 %		3,02		
	25	Rüstkosten		0,02	0,07		
	26	Fertigungskosten FK 1 (= Summe 21 bis 25)		1,74	4,77		
	27	Ausschusskosten – bezogen auf MEK	2,6 %	0,02			
	28	**Fertigungskosten FK 2 (= 26 + 27)**		1,76	4,77		
LK	31	Transport- und Verpackungskosten		0,13			0,6 %
	32	Lagerungskosten			0,01		
	33	**Logistikkosten LK (= 31 + 32)**		0,13	0,01		
HK	**41**	**Herstellkosten**		**15,52**	**4,78**		89,4 %
	42			**20,30**			
AI	51	Produkt- und Prozessentwicklungskosten				125.000	3,5 %
	52	Werkzeug-/Vorrichtungs- und Prüfmittelkosten				140.000	
	53	Betriebsmittelkosten				325.000	
	54	IT-Kosten				80.000	
	55	**auftragsbezogene Investitionsausgaben AI (= Summe 51 bis 54)**			0,79	670.000	
VVGK	**60**	**Verwaltungs- und Vertriebsgemeinkosten auf HK**	**8 %**	1,24	0,38		7,2 %
SK	**71**	**Selbstkosten (= HK + AI + VVGK)**		**16,76**	**5,95**		
	72			**22,71**			
Er-geb-nis	**81**	**angefragter Verkaufspreis VKP bzw Nettoerlös (exkl. MwSt.)**			**22,50**		
	82	**Erfolg bei Vollkosten E (= 81 – 72)**			**-0,21**		
	83	**Deckungsbeitrag DB (= 81 – 41 variabel)**			**6,98**		

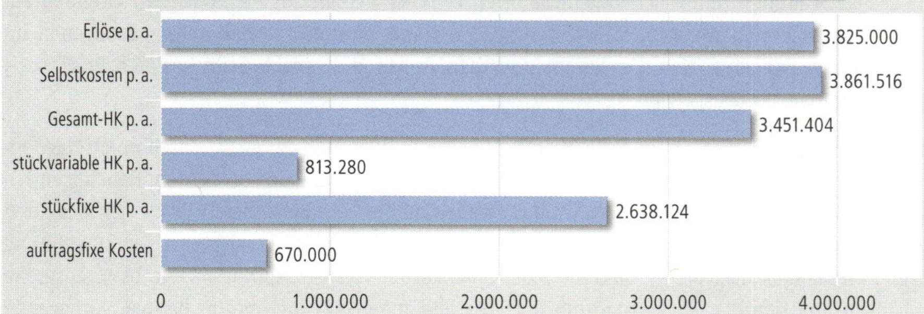

Abbildung III-96 Beispiel für eine Vorkalkulation

1. Die Materialkosten (MK) sind variable Kosten. Sie betragen bei unserem Beispiel 60 % der Selbstkosten und bilden den stärksten Hebel für eine Beeinflussung der Stückkosten. So würde z. B. eine Reduzierung der Materialkosten um 5 % zu einer Senkung der Selbstkosten um ca. 3 % führen. Dagegen müssten die Personalkosten halbiert werden, um den gleichen Effekt zu erhalten. Die Materialkosten bestehen überwiegend aus Kaufteilekosten. Das Unternehmen hat also eine relativ

Materialkosten

geringe Fertigungstiefe. Werden in unserem Beispiel die Kaufteile durch den Kunden geordert (sogenanntes Setzlieferantenprinzip), liegt ein Problem darin, dass 43 % der Herstellkosten nicht aktiv beeinflussbar sind, obwohl es sich um variable Kosten handelt. Es können auch negative Materialkosten entstehen, nämlich dann, wenn Abfallerlöse erzielt werden.

Fertigungskosten

2. Die Fertigungskosten (FK) sind nur zu ca. 18 % variabel, werden also als überwiegend fix eingestuft. Dabei wurden in unserem Beispiel pauschalisierende Vereinfachungen vorgenommen, indem z. B. die in der Position 24 enthaltenen variablen Kosten (z. B. Energiekosten) nicht als solche ausgewiesen werden. Hier würde man in der Praxis stärker differenzieren.

Logistikkosten

3. Der Anteil der Logistikkosten (LK) an den Selbstkosten ist ebenfalls gering. Je weiter jedoch die Produktionsstandorte vom Kundenverbrauchsort entfernt sind, z. B. in weit entfernten Niedriglohnregionen liegen, desto mehr nähern sich die Fertigungs- und Logistikkosten an und die Niedriglohnregion verliert an Attraktivität. In unserem Beispiel bestehen die Logistikkosten aus »Transport- und Verpackungskosten«, die in manchen Unternehmen als Sondereinzelkosten der Fertigung ausgewiesen werden.

Herstellkosten

4. Die Herstellkosten (HK) betragen in diesem Beispiel ca. 90 % der Selbstkosten und sind zu ca. 77 % als variabel eingestuft. Die Höhe der Periodenkosten, die dieser potenzielle Auftrag verursachen würde, ist überwiegend von der Auftragsmenge abhängig. Der hohe Kaufteileanteil von 45 % der Herstellkosten birgt eine Einsparungschance, wenn die Kaufteile nicht durch den Kunden, sondern selbst eingekauft werden. Er birgt aber ein Risiko, wenn mit Setzlieferanten gearbeitet wird, weil er dann nur durch den Kunden zu beeinflussen ist.

Auftragsbezogene Investitionsausgabe

5. Die auftragsbezogenen Investitionsausgaben (AI) werden in manchen Fällen auch von Kunden getragen, zumindest bei den drei ersten Positionen. Dann würde man sie hier nicht anführen. In unserem Beispiel sind sie vom Anbieter zu tragen und haben so investiven Charakter[152], führen zu auftragsfixen Kosten und sind über den Stückpreis bzw. Stückerlös zurückzuverdienen. Bei der angefragten Auftragsmenge von 170.000 Stück p. a. und einer Produktlaufzeit von 5 Jahren haben sie einen Anteil von 3,5 % an den Selbstkosten. Würden jedoch jährlich z. B. nur 100.000 Stück abgerufen, stieg dieser Anteil auf 4,2 %. Ohne Abnahmegarantie würden dann bei jährlich 70.000 weniger abgerufenen Teilen über 5 Jahre hinweg 350.000 kalkulierte, aber nicht abgerufene Teile zu nicht erlösgedeckten Investitionsausgaben von ca. 275.000 € führen. Damit wird das Risiko auftragsbezogener Investitionsausgaben deutlich.

Selbstkosten

6. Die Verwaltungs- und Vertriebsgemeinkosten (VVGK) werden aus methodischen Gründen auf die Herstellkosten bezogen. Sie werden zu den Herstellkosten und den auftragsbezogenen Investitionsausgaben addiert. Die Summen werden als fixe und variable Selbstkosten bzw. (Stück-) Selbstkosten (SK) ausgewiesen.

In unserem Beispiel werden die Stückkosten nach ihrem fixen und variablen Anteil unterschieden. Variable Kostenanteile sind Positionen, die als mengenproportional erachtet werden. Bei einigen Positionen, z. B. bei den Materialkosten, ist das zweifelsfrei der Fall. Bei anderen Positionen, z. B. den Transportkosten, liegt keine strikte Mengenproportionalität vor. Das Problem bei der Zurechnung fixer Kostenanteile liegt darin, dass die fixen Stückkosten von der Auftragsmenge bzw. Losgröße abhängen und sich die Stückkosten mit der Losgröße ändern. Würde die im Beispiel vorliegende Jahresmenge von 170.000 Stück bzw. die Losgrößen von 34.000 Stück reduziert, stiegen die fixen Stückkostenanteile.

Serienfertigung, Trends

In der Serienfertigung, insbesondere dann, wenn sich die Auftragsdauer über mehrere Jahre erstreckt, sind bei der Selbstkostenermittlung bei jeder Kostenposition zu zwei Sachverhalten Trends auszuweisen:

152 In der Praxis würde man diese Investition abzinsen. Darauf verzichten wir hier, um das Beispiel übersichtlich zu halten.

1. In den Planverrechnungssätzen sind zwar Ressourcenpreis-Änderungen für das laufende Geschäftsjahr eingepreist, nicht aber darüber hinaus. Deshalb weisen manche Unternehmen für die interne Verwendung je Kostenposition die für die folgenden Jahre prognostizierte Preisentwicklung mit aus. Bei den Materialkosten, deren Höhe durch eigene Anstrengungen nicht zu beeinflussen ist, versucht man sich der Preisrisiken durch eine Zeitstaffelung der Preise oder durch eine Preisindizierung (Preisgleitklausel) zu entledigen.
2. Über den Auftragsverlauf wird die erwartete Lernkurve prognostiziert, weil in den meisten Branchen von den (internen oder externen) Kunden »Savings« (jährliche Preissenkungen für die Produktlebensdauer bzw. den mehrjährigen Auftragsablauf hinweg) erwartet und verhandelt werden. Deshalb weisen manche Unternehmen für den internen Gebrauch je Kostenposition die für die nächsten Jahre erwarteten Reduzierungen bei den Ressourceneinsätzen aus. Je weniger Chancen man dazu sieht, desto geringer sollte die Bereitschaft sein, unter Vollkosten liegende Preise zu akzeptieren.

3.2.3 Preisfindung und Preisakzeptanzprüfung

Bei unserem Beispiel liegt ein angefragter Netto-Verkaufspreis von 22,50 € vor. Mit einer Vollkostenkalkulation werden in Position 72 Selbstkosten von 22,71 € ausgewiesen. Damit entsteht eine Stückkostenunterdeckung (»Stückverlust«) von 0,21 €. Das entspricht ca. 1 % des angefragten Verkaufspreises. Bei der angefragten Gesamtauftragsmenge würden dabei, so vorstehend schon ausgeführt, über die fünfjährige Auftragslaufzeit ca. 183.000 € ungedeckte Kosten auflaufen. Deshalb wird man zuerst die in der Kalkulation angesetzten Positionen darauf prüfen, ob es nicht kostengünstigere Produktionslösungen gibt. Bei Übernahme der auftragsbezogenen Investitionsausgaben durch den Kunden würde eine Kostenüberdeckung von 0,58 €/Stück verbleiben. Wird keine Lösung zum Vermeiden eines »Stückverlustes« gefunden, stellt sich die Frage, ob man den Auftrag ablehnen oder annehmen will.

Würde es für das betreffende Unternehmen nur diesen Auftrag geben, müsste es ihn aus wirtschaftlichen Gründen ablehnen[153], auch auf das Risiko einer Betriebsschließung hin.[154] Da Betriebe aber im Allgemeinen

- mehrere Kunden haben und
- häufig von jedem Kunden mehrere Aufträge,
- und wenn sie zudem noch über freie Kapazitäten verfügen,

stellt sich für viele die Frage ganz anders. Würde man – freie, ansonsten nicht auszulastende Kapazitäten unterstellt – diesen Auftrag ablehnen[155], würden zwar die variablen Kosten nicht entstehen. Die fixen Kosten (ausgenommen die auftragsbezogenen Investitionsausgaben) würden aber weiterhin anfallen.[156] Als Entscheidungshilfe führt man hier eine Teilkosten- oder Deckungsbeitrags-Betrachtung durch.

153 Wir vernachlässigen hier Taktiken, die darauf hinauslaufen, solche Aufträge dennoch anzunehmen, mit der Absicht, den Kunden im Zeitverlauf immer wieder mit von ihm zu vertretenden Unvorhersehbarkeiten zu konfrontieren (sogenannte Taktik der »Preisqualitäts-Verbesserung«). Zu bedenken ist aber, dass in vielen Branchen von den Kunden jährlich »Cost Savings« erwartet werden, durch die sich die Erfolgsposition ceteris paribus über die Auftragslaufzeit weiter verschlechtern würde.

154 Es würden ansonsten vorsätzlich und mit Sicherheit Vermögenswerte vernichtet und das Unternehmen in eine Krise, evtl. sogar in die Insolvenz geführt.

155 »Diesen Auftrag« weist darauf hin, dass die hier vorgetragene Teilkostenbetrachtung nur für eine isolierte Entscheidungssituation zweckmäßig ist. Sie ist als grundsätzlicher Ansatz zur Preisbildung dagegen nicht geeignet, weil man insgesamt an einer Überdeckung der Vollkosten nicht vorbeikommt.

156 Prämisse ist also, dass die fixen Kosten nicht oder erst nach einem längeren Zeitraum abzubauen sind oder dass man aus anderen Gründen auf einen solchen Abbau verzichtet.

Deckungsbeitrag

Der *Deckungsbeitrag* DB wird ermittelt als Differenz aus Netto-Stückerlös E und variablen Herstell-Stückkosten k_{var}. Er ergibt sich hier wie folgt:

$$DB = 22{,}50\ € - 15{,}52\ € = 6{,}98\ €$$

Bei Annahme des Auftrags würde bei jedem produzierten Stück ein Beitrag von 6,98 € zur Abdeckung des Fixkostenblocks des Unternehmens geleistet, der bei Ablehnung des Auftrags ausbliebe. Würde man den Auftrag zum angefragten Preis annehmen, würde man mit jährlich 170.000 Stück und einem Deckungsbeitrag von 6,98 € pro Stück[157] fixe Kosten in Höhe von ca. 1,19 Mio. € abdecken, die bei unausgelasteten Kapazitäten ansonsten ungedeckt blieben.

Das praktische Problem liegt nicht darin, zu erkennen, dass eine Vollkostendeckung vorzuziehen wäre, sondern darin, zu entscheiden, ob eine Teildeckung der fixen Kosten eine Alternative ist oder ob man auf einer Vollkostendeckung beharren sollte. Ein verbreitetes Entscheidungsmuster für diese Situation lautet: Man nimmt diesen Auftrag dann an, wenn

- die freien Kapazitäten ansonsten unausgelastet blieben und
- man nicht die Gefahr sieht, mit dem Akzeptieren dieses Preises die Preisstabilität anderer Aufträge oder Produkte zu gefährden,
- man noch über andere profitable Aufträge verfügt und
- keine weiteren profitableren Aufträge in Aussicht sind.

Eine solche Entscheidung kann nur im Einzelfall getroffen werden, weil man damit von der grundsätzlichen Pflicht zur Vollkostendeckung nicht entbunden wird. Um solche Überlegungen überhaupt anzustellen zu können, müssen die Kostenarten so weit detailliert werden, dass sie nach fixen und variablen Bestandteilen zu splitten sind.

Ausgelastete Kapazitäten, Kapazitätsengpässe

Bei der vorstehend beschriebenen Entscheidung sind wir von freien Kapazitäten ausgegangen. Liegen dagegen ausgelastete Kapazitäten vor, könnten weitere Aufträge aufgrund der Kapazitätsengpässe nicht angenommen werden, es sei denn, dass man sich durch Fremdvergaben die benötigte Kapazitätserweiterung verschaffen kann. Kapazitätsengpässe können in der Produktion oder im Engineering entstehen, und man kann ihnen auf zweierlei Weise begegnen:[158]

1. Investition: Es wird eine Erweiterungsinvestition getätigt. Vorsichtige, gewissenhafte Kaufleute erwarten dann, dass bei dem zusätzlichen Auftrag der Deckungsbeitrag so hoch ist, dass er auch die investitionsbegründeten Kosten trägt. Insbesondere dann, wenn die durch die Investition geschaffene Kapazitätserweiterung nicht sicher mit anderen Aufträgen auszulasten ist.
2. Auftragsablehnung: Man trennt sich von einem vorhandenen Auftrag, lehnt einen angefragten Auftrag ab oder vergibt diesen an ein Subunternehmen.[159] Dabei verliert man mit dem abgelehnten, verdrängten Auftrag auch dessen Deckungsbeitrag. Dieser wird dem zusätzlichen Auftrag »geopfert«. Den für den abgelehnten/verdrängten Auftrag entgangenen Deckungsbeitrag bezeichnet man als *Opportunitätskosten* (= durch opfern einer Alternative entfallende Deckungsbeiträge). Vorsichtig agierende Kaufleute werden den alternativen Auftrag nur dann annehmen, wenn dessen Deckungsbeitrag höher als der des abgelehnten/verdrängten Auftrags ist.

---

157 Die SK wurden nicht verwendet, weil die Verwaltungs- und Vertriebsgemeinkosten zwar in der Kalkulation variabilisiert wurden, in der tagesgeschäftlichen Realität aber als über einen längeren Zeitraum fix anzusehen sind.

158 Zum Umgang mit Engpässen vgl. z. B. Macha, R.: a. a. O., 2006, S. 93 f.

159 Es sei hierbei vernachlässigt, dass das in den meisten Branchen zu erheblichen Problemen mit den Kunden führen wird und dass es häufig aus vertragsrechtlichen Gründen nicht oder nur schwer lösbar ist.

Dazu ein Beispiel: Es sei unterstellt, dass die Annahme des in Abbildung III-96 kalkulierten Auftrags dazu führt, dass man einen anderen angefragten Auftrag ablehnen muss oder umgekehrt. Somit werden dort zwei Alternativen verglichen:

Beispiel

- Alternative 1, ein angefragter, ggf. anzunehmender Auftrag versus
- Alternative 2, einem vorhandenen, dafür ggf. zu verdrängenden Auftrag.

Durch eine kostenrechnerische Engpassanalyse ist festzustellen, welche Alternative aus finanzwirtschaftlicher Sicht[160] vorzuziehen ist. Die Kalkulation entspricht bis zur Position 7 der bei freien Kapazitäten. Man könnte argumentieren, dass die Auftrags-Alternative 2 vorzuziehen ist, weil sie zu höheren Deckungsbeiträgen führt. Dabei werden aber noch nicht die Engpass-Situation und der damit verbundene Umstand gewürdigt, dass man nur einen der beiden Aufträge fertigen kann, also einen der beiden Aufträge ablehnen oder fremdvergeben müsste.

Funktionen		Rechengrößen und Formeln	Alternative 1: angefragt und ggf. hereinzunehmen	Alternative 2: vorhanden und ggf. zu verdrängen
1	angefragte Menge in Stück p. a.	m_j	170.000	145.000
2	Produktlaufzeit in Jahren	n	5	3
3	Gesamtauftragsmenge in Stück	$m = m_j \cdot n$	850.000	435.000
4	Nettoerlös in €/Stück	E	22,50	16,45
5	variable Herstellkosten in €/Stück	k_{var}	15,52	9,27
6	Deckungsbeitrag in €/Stück	$DB = E - k_{var}$	6,98	7,18
7	Deckungsbeitrag in €/Auftrag	$DB_{Auf} = DB \cdot m$	5.933.000	3.123.300
8	Engpass-Stückzeit in Std./Stück	$t_{e,Eng}$	0,08	0,12
9	spezifischer Deckungsbeitrag in €/Std.	$DB_{spez} = DB_{verd} / t_{e,Eng}$	87,25	59,83
10	Opportunitätskosten in €/Stück	$K_{Opp} = DB_{spez} \cdot t_{e,Eng,Alternative}$	10,47	4,79
11	Preisuntergrenze in €/Stück	$p_{min} = k_{var,Altern.} + K_{Opp}$	20,31	19,74
12	Restdeckungsbeitrag in €/Stück	$DB_{Rest} = DB_{zus} - K_{Opp}$	2,19	–3,29
13	Restdeckungsbeitrag in €/Auftrag	$DB_{Rest,Auf} = DB_{Rest} \cdot m$	1.864.333	–1.431.150

Abbildung III-97 Beispiel für die Kalkulation spezifischer Deckungsbeiträge und Opportunitätskosten zur Entscheidung bei Engpass-Situationen und zur Bestimmung von Preisuntergrenzen

In Position 8 werden die Stückzeiten im Engpass angeführt. Für Alternative 1 sind das 0,08 Std. und 0,12 Std. für Alternative 2. Diese hat also eine um 50 % höhere Engpass-Stückzeit:

- Alternative 2 belastet den »wertvollen« Engpass erheblich mehr als Alternative 1 bzw.
- bei gleichem Stück-Deckungsbeitrag würde Alternative 2 gegenüber Alternative 1 pro Stunde einen um 50 % geringeren Deckungsbeitrag generieren.

Auf diesem Grundgedanken beruhen die folgende Entscheidungsrechnung und die Bestimmung von spezifischem Deckungsbeitrag und Opportunitätskosten:

Spezifischer Deckungsbeitrag, Opportunitätskosten

1. Spezifischer Deckungsbeitrag (Position 9): Die dort ausgewiesenen spezifischen Deckungsbeiträge von 87,25 €/Std. (Alternative 1) und 59,83 €/Std. (Alternative 2) sind jene Deckungsbeiträge, die dem Unternehmen beim Verdrängen der jeweiligen Alternative pro Stunde entgehen würden. Beim Verdrängen von Auftrags-Alternative 1 wäre der »Deckungsbeitrags-Verlust« um 87,25 €/Std. – 59,83 €/Std. = 27,42 €/Std. (ca. 30 %) höher als bei Verdrängung von Auftrags-Alternati-

160 Es gibt andere Sichten, z. B. vertriebsstrategischer Art, bei denen man zu anderen Ergebnissen gelangt. Im Gegensatz zur finanzwirtschaftlichen Sicht sind diese jedoch nicht zu verallgemeinern.

ve 2. Die finanzwirtschaftliche Entscheidungsempfehlung lautet also: bei dem gegebenem Netto-Stückerlös die Auftrags-Alternative 1 annehmen.

2. *Opportunitätskosten* (Position 10): Die angeführten Opportunitätskosten werden zur Bestimmung der Preisuntergrenzen benötigt und ermittelt nach:
   - Opportunitätskosten Alternative 1: 87,25 €/Std. × 0,12 Std./Stück = 10,47 €/Stück wären Auftrags-Alternative 2 zu belasten, würde man Alternative 1 ablehnen.
   - Opportunitätskosten der Alternative 2: 59,83 €/Std. × 0,08 Std./Stück = 4,69 €/Stück wären Auftrags-Alternative 1 zu belasten, würde Alternative 2 abgelehnt.

Die Opportunitätskosten stehen also für jenen Deckungsbeitrag, mit dem jedes Teil der anderen Auftrags-Alternative im Ablehnungs-/Verdrängungsfall zu belasten wäre. Aufgrund der niedrigeren Engpass-Stückzeit wird Alternative 1 mit deutlich geringeren Opportunitätskosten als die Alternative 2 belastet.

Preisuntergrenze

Die Opportunitätskosten werden auch zur Ermittlung der *Preisuntergrenze* bei ausgelasteten Kapazitäten benötigt. Bei freien Kapazitäten entspricht die Preisuntergrenze[161] den variablen Herstellkosten. Bei ausgelasteten Kapazitäten entspricht sie der Summe aus variablen Herstellkosten und Opportunitätskosten. Bei unserem Beispiel wird als Preisuntergrenze für die Alternative 1 20,31 €/Stück ermittelt, was noch zu einem positiven Restdeckungsbeitrag führt. Würde man sich (aus finanzwirtschaftlicher Sicht zu Unrecht) für die Alternative 2 entscheiden, läge deren Preisuntergrenze bei 19,74 €/Stück. Bei einem Nettoerlös von 16,45 €/Stück (Pos. 4), würde mit –3,29 €/Stück ein negativer Restdeckungsbeitrag entstehen. Die Alternative 2 ist also aus finanzwirtschaftlicher Sicht auch deshalb abzulehnen, weil der erzielbare Netto-Stückerlös ca. 15 % unter der Preisuntergrenze liegt.

3.2.4 Technische Kalkulation

Als Technische Kalkulation wird die Ermittlung aller Informationen und Daten bezeichnet, die zur Selbstkostenermittlung erforderlich sind. Grundlage Technischer Kalkulationen ist ein technisch-organisatorisches Konzept für das Erstellen der (eigentlichen) Vorkalkulation (vgl. Abbildung III-96).

Anforderungen

Die wichtigsten Anforderungen an Technische Kalkulationen sind:

1. Technische Detaillierung unter Darlegung des Produktionsprozesses, um mit Kunden technische und organisatorische Details besprechen und verhandeln zu können. Dabei sollte der Kalkulationsaufbau bei den Fertigungskosten dem späteren Ablauf bei der Auftragsausführung folgen.
2. Realistische und sichere technische Lösung, die im Falle der Auftragserteilung so wie kalkuliert umzusetzen ist. Die Inhalte der späteren Stücklisten und Arbeitspläne sollten nicht wesentlich von den bei der Technischen Kalkulation getroffenen Annahmen abweichen, sondern diese im Idealfall lediglich konkretisieren.
3. Innovative technische Lösung, in der sich ein Vorsprung gegenüber Wettbewerbern ausprägt, sofern es die Kundenspezifikationen zulassen. Diese und die vorhergehende Anforderung verhalten sich kontradiktorisch, sie schließen einander also aus.

Anfragenformationen

Eine notwendige Bedingung für eine Vorkalkulation ist das Vorliegen ausreichender Anfragenformationen und dabei z. B. insbesondere folgender Informationen:

- Kunde und Ansprechpartner beim Kunden für technische Fragen,
- Produktbezeichnung,

161 Stets unter den Nebenbedingungen, dass keine auftragsspezifischen Investitionsausgaben anfallen und durch diese Entscheidung keine anderen Produktpreise gefährdet werden.

- CAD-Modell, Zeichnungen und sonstige produktbezogene Daten des Kunden,
- Lasten-/Pflichtenheft und sonstige verbindliche Spezifikationen,
- Verbindliche produktionsbegleitende Prüfungs- und Freigabeprozeduren,
- Zielpreise,
- Setzlieferanten und Materialpreisvorgaben des Kunden,
- Prototypen, Muster, Beistellteile,
- Stückzahlen über die Produktlebensdauer einschließlich Peak-Stückzahlen und Ersatzteilkonzept,
- SOP und EOP,
- Variantendefinitionen und -verteilungen (Anteile der Varianten an der Stückzahl),
- vom Kunden geforderter Produktionsstandort,
- Transportmittel, Verpackung und Anlieferungsstandort des Kunden,
- Lieferkonditionen und Belieferungskonzept (Lager, JIT, JIS ...).

Der Aufbau Technischer Kalkulationen sollte dem Ausführungsprozess entsprechen, der bei Auftragserteilung entstehen würde. Deshalb versucht man so weit wie möglich

- auf in der Vergangenheit erstellte Kalkulationen zurückzugreifen – ein Grund, warum Technische Kalkulationen transparent und die darin getroffenen Annahmen reproduzierbar sein sollten,
- zumindest Teile vorhandener Stücklisten und Arbeitspläne zu nutzen,
- Analogien zu vorhandenen Werkzeugen und Vorrichtungen herzustellen,
- sich an abgeschlossenen Produkt- und Prozessentwicklungsprojekten zu orientieren.

Bei jedem zu kalkulierenden Leistungsblock, insbesondere aber bei Werkzeugen, Vorrichtungen, Prüfmitteln sowie den Fertigungs- und Logistikprozessen, ist abzuwägen, ob Leistungen zweckmäßiger und kostengünstiger selbst erstellt oder fremdbezogen werden. Diese Entscheidung bez. der Wertschöpfungstiefe wird oft unter strategischen Gesichtspunkten getroffen. Deshalb sollte man die Wertschöpfungsstrategien so klar darlegen, dass dieser Aspekt nicht mehr im Einzelfall zu diskutieren ist.

Kalkulationsformel

In Branchen mit Kundenauftragsfertigung werden häufig *Kalkulationsformeln* verwendet, um Herstellkostenfunktionen und daraus Staffelpreise bei alternativen Anfragemengen bestimmen zu können. Ferner sind damit die Degressionseffekte fixer Kosten aufzuzeigen (vgl. Abbildung III-98). Im einfachsten Fall bestehen Kalkulationsformeln aus vier Positionen:

K_{af} auftragsfixe Kosten (z. B. Werkzeuge, Vorrichtungen)

K_r Rüstkosten für alle Rüstvorgänge zu einem Auftrag

K_{av} Fertigungs- und Materialkosten pro Mengeneinheit (z. B. pro 1.000 Stück)

m Auftragsmenge

Die Herstellkosten pro Auftrag HK_A und pro Stück $HK_{Stück}$ werden bestimmt nach:

$$HK_A = K_{af} + K_r + K_{av} \cdot m$$

$$HK_{Stück} = \frac{(K_{af} + K_r + K_{av} \cdot m)}{m}$$

Betragen z. B. die auftragsfixen Kosten 5.000 €, die Rüstkosten 1.800 € und die auftragsvariablen Kosten 6.500 €/1.000 Stück, ergeben sich alternative Herstellkosten z. B. wie folgt:

$$HK_{(1.000)} = 6.800\,€ + 6.500\,€ = 13.300\,€$$

$$HK_{Stück\ (1.000)} = \frac{6.800\,€ + 6.500\,€ \cdot \frac{1.000}{1.000}}{1.000} = 13{,}30\,€\,/\,Stück$$

$$HK_{(5.000)} = 6.800\,€ + 6.500\,€ \cdot 5 = 39.300\,€$$

$$HK_{Stück\ (5.000)} = \frac{6.800\,€ + 6.500\,€ \cdot \frac{5.000}{1.000}}{5.000} = 7{,}86\,€\,/\,Stück$$

$$HK_{(10.000)} = 6.800\,€ + 6.500\,€ \cdot 10 = 71.800\,€$$

$$HK_{Stück\ (10.000)} = \frac{6.800\,€ + 6.500\,€ \cdot \frac{10.000}{1.000}}{10.000} = 7{,}18\,€\,/\,Stück$$

Der Abbildung III-98 sind die Herstellkostenfunktionen zu diesem Beispiel zu entnehmen.

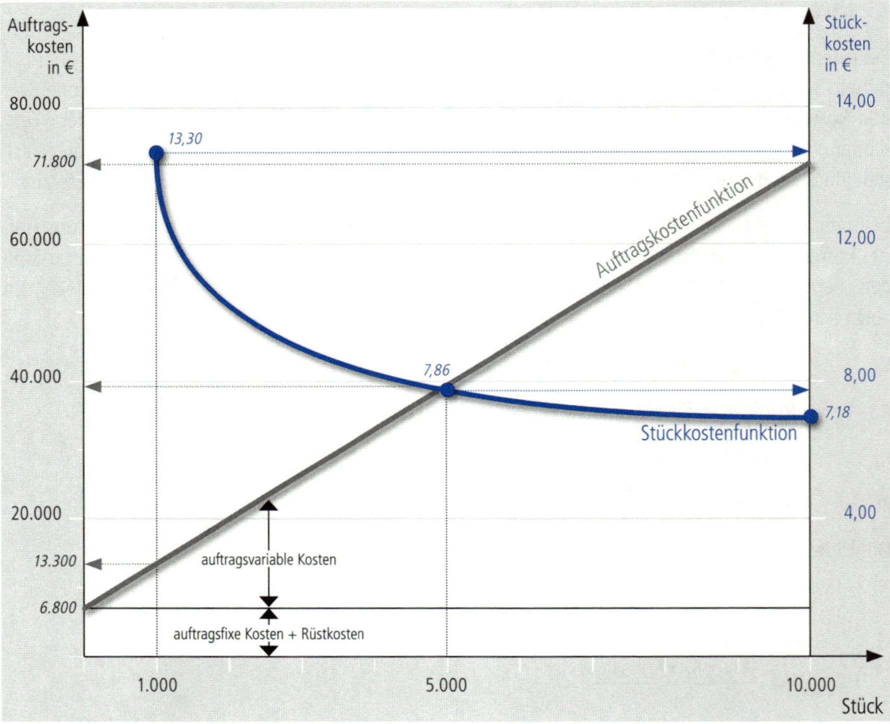

Abbildung III-98 Beispiel für Herstellkostenfunktionen

3.2.5 Organisation des Kalkulationsprozesses

Standardisierter Prozess

Abbildung III-99 und Abbildung III-113 sind Beispiele für einen standardisierten Prozess zur Technischen Kalkulation zu entnehmen, mit dem man sicherstellen will, dass die oben angeführten Anforderungen erfüllt werden. Dieser ist in folgende Prozessphasen gegliedert:

1. Einsatzmittel- und Fertigungskosten
   - Materialkosten
   - Werkzeug-, Vorrichtungs-, Prüfmittelkosten
   - Fertigungskosten
2. Entwicklungs- und Logistikkosten
   - Produktentwicklungskosten
   - Prozessentwicklungskosten
   - Logistikkosten

Zu jeder Prozessphase ist festgelegt, wer welche Aufgaben zu erfüllen hat. Bei Detailproblemen, z. B. der Kalkulation von Tests und Versuchen oder von Produkt- und Prozessentwicklungskosten, werden zudem Unterstützungen durch Fachspezialisten geleistet. Je komplexer Produkte sind, desto notwendiger ist es, Technische Kalkulationen im Rahmen solcher Projektorganisation zu erstellen (vgl. Abbildung III-99 und Abbildung III-113).

Quality Gates

Wie beim PEP sollten Quality Gates (Meilensteine) definiert werden, um sicherzustellen, dass alle wichtigen Arbeitsschritte mit der notwendigen Sorgfalt ausgeführt werden. So ist z. B. die Kalkulation der Fertigungskosten erst dann abgeschlossen, wenn die Betriebsmittelkosten, die Personalkosten, die IT-Kosten und die Qualitätskosten kalkuliert sind.

Zur Angebotsabgabe liegen oft noch keine vollständigen Anfrageinformationen vor, wie sie im vorhergehenden Abschnitt angeführt wurden. Man spricht dann von einer Angebotskalkulation, und Anbieter und Nachfrager konzedieren, dass sich bis zur möglichen Auftragserteilung noch nachvollziehbare Änderungen gegenüber der Angebotskalkulation ergeben können. Endgültige Vorkalkulationen werden als Auftragskalkulation bezeichnet und basieren auf endgültigen, auch rechtsgültigen, Anfrageinformationen.

Prozess der Technischen Kalkulation

Abbildung III-99 ist ein Beispiel für den Prozess der Technischen Kalkulation zu entnehmen, und zwar für

1. Einsatzmittel (Material, Werkzeuge, Vorrichtungen, Prüfmittel) und
2. Fertigung (Maschinen-/Anlagekosten, Personalkosten, IT-Kosten, Qualitätskosten).

Die Kalkulationsschemata unterscheiden sich zwar zwischen den Branchen. Den in den Abbildungen III-99, III-112 und III-113 beschriebenen Prozess findet man aber in vielen Branchen.

A. Materialeinzelkosten → B. Werkzeug-, Vorrichtungs-, Prüfmittelkosten → **C. Fertigungskosten** → D. Produktentwicklungskosten → E. Prozessentwicklungskosten → F. Logistikkosten

Prozessphasen und Teilphasen		Aufgaben / Meilensteine		Technische Kalkulation	Product Engineering	Industrial Engineering	BM- und WZ-Konstruktion	Qualitätsplanung	Logistikplanung	Einkauf	Controlling	IT
A	**Materialeinzelkosten**											
A1	Rohstoff-, Halbzeugekosten	A11	einzusetzendes Material bestimmen		■							
		A12	Materialmenge ermitteln	■								
		A13	Materialpreis bei freien Lieferanten anfragen							■		
		A14	Abfallmaterial und dessen Verwertbarkeit bestimmen		■							
		A15	Abfallmaterialpreis bei Verwertern anfragen							■		
		A1	*Rohstoff-Stückkosten sind kalkuliert*	■								
A2	Normalkaufteilekosten	A21	Anzufragende Teile definieren	■								
		A22	Normkaufteile bei freien Lieferanten anfragen							■		
		A2	*Normkaufteile sind festgelegt und Stückkosten kalkuliert*	■								
A3	andere Kaufteilekosten	A31	Make-or-buy-Analyse durchführen und Entscheidungen treffen	■								
		A32	Kaufteile spezifizieren, Handling der Übernahmeteile berücksichtigen		■							
		A33	Kaufteilepreise bei freien Lieferanten anfragen							■		
		D3	*Kaufteilekosten sind festgelegt und Stückkosten kalkuliert*	■								
B	**Werkzeug-, Vorrichtungs- und Prüfmittelkosten**											
B1	Werkzeugkosten	B11	Grobmethode festlegen			■	■					
		B12	Konstruktions- und Fertigungskosten ermitteln	■			■					
		B13	Werkzeugkosten bei Fremdbezug anfragen							■		
		B1	*Werkzeugkosten sind kalkuliert*	■								
B2	Vorrichtungskosten	B21	Vorrichtungskonzept entwickeln			■						
		B22	Vorrichtungskosten bei Fremdbezug anfragen							■		
		B2	*Vorrichtungskosten sind kalkuliert*	■								
B3	Prüfmittelkosten	B31	Grundlegende Spezifikation (Grobkonzept) festlegen				■	■				
		B32	Prüfmittelkosten anfragen							■		
		B3	*Prüfmittelkosten sind kalkuliert*	■								
C	**Fertigungskosten**											
C1	Maschinen-/Anlagenkosten	C11	AVOs festlegen und je AVO Spezifikationen der Standard- oder Sondermaschinen			■						
		C12	Stückzeiten und Rüstzeiten bei den Standardmaschinen bestimmen			■						
		C13	Investabschätzung Sondermaschinen auf Basis von C11 vornehmen			■						
		C14	Sondermaschinen auf Basis von C11 anfragen							■		
		C15	Verbrauchswerte, Flächenbedarf, Leistung, Rüst-/Stückzeiten für C14 festlegen			■						
		C16	Stundensätze für die Sondermaschinen auf Basis C12–C14 ermitteln								■	
		C1	*Betriebsmittelkosten sind kalkuliert*	■								
C2	Personalkosten	C21	direktes Personal und deren EG, ggf. Head Counts, Stück-/Rüstzeiten bestimmen			■						
		C22	(anteiliges) indirektes Personal nach Maßgabe von CO, inkl. EG, festlegen			■						
		C2	*Personalkosten sind kalkuliert*	■								
C3	IT-Kosten	C31	Investabschätzung für Hardware, Software, Datensicherung und Vernetzung									■
		C32	Abschätzung für laufende Sachkosten									■
		C3	*IT-Kosten sind kalkuliert*	■								
C4	Qualitätskosten	C41	Qualitätsprüfungen festlegen (Eingang, Fertigung, Ausgang)					■				
		C42	Fehlerkosten aus Nacharbeit bestimmen	■								
		C43	Fehlerkosten aus Ausschuss bestimmen	■								
		C44	Gewährleistungsrisiken abschätzen und für den Vertrieb dokumentieren					■				
		C4	*Qualitätskosten sind kalkuliert*	■								

Abbildung III-99 Beispiel für einen standardisierten Prozess zur Technischen Kalkulation (Teil I: Einsatzmittel- und Fertigungskosten)

3.3 Durchführung von Technischen Kalkulationen

3.3.1 Kalkulation der Materialeinzelkosten

Materialeinzelkosten

Unter der Kostenart *Materialeinzelkosten* werden die Kosten zusammengefasst für

- eingesetzte Rohstoffe/Halbzeuge (z. B. Granulate, Stähle, Gewebe),
- Normkaufteile (z. B. Schrauben, Nieten, Simmerringe®),
- andere Kaufteile (insbesondere Zulieferteile).

Kaufteile werden stets als Einzelkostenmaterial betrachtet. Bei Rohstoffen ist das nicht immer der Fall. Die Abgrenzung zwischen Einzel- und Gemeinkostenmaterial wird nach zwei Prinzipien vorgenommen:

1. Jedes im einzelnen Produkt nachzuweisende und diesem eindeutig zuzurechnende Material wird als Einzelkostenmaterial behandelt, ungeachtet seiner Stückkostenrelevanz.
2. Jedes in der Stückliste angeführte Teil wird, ungeachtet seines Geldwertes, als Einzelkostenmaterial behandelt.

Danach würde man z. B. in geringen Mengen eingesetzte Klebstoffe oder Fette nach dem erstgenannten Prinzip als Einzelkostenmaterial, nach dem zweitgenannten Prinzip als Gemeinkostenmaterial betrachten.

Bei den meisten Materialien sind Zuschläge zu geben für Verschnitte, Zuschuss (z. B. bei Coils und für Rüstvorgänge) und zu erwartendem Ausschuss. Der Abbildung III-100 ist ein Beispiel für die Kalkulation der Materialkosten bei einem einfachen Teil zu entnehmen.

Materialkostenkalkulation
A-Säule, Spritzguss, stoffverkleidet

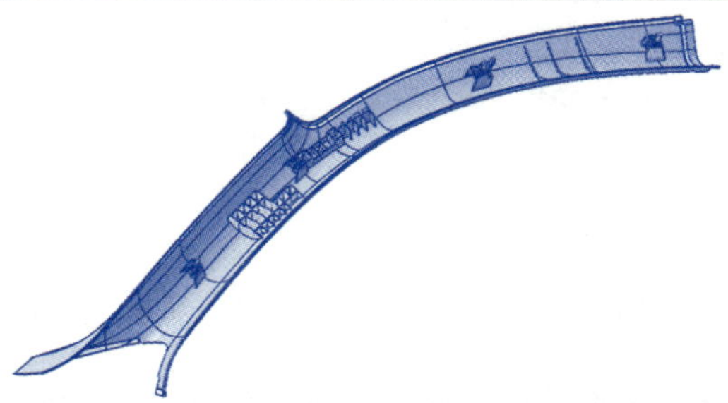

Rohmaterial					
Bezeichnung Komponente 1	**SAP-Nr.**	**Dichte g/cm³**	**kg**	**€/kg**	**€/Stück**
PC ABS Pulse XZ 93064.00 Natur	R51-000174	1,13	0,561	2,430	1,362
Σ Kosten Rohmaterial				€/Stück	1,362
Kaufteile					
Bezeichnung	**SAP-Nr.**	**Anzahl**		**€/Stück**	**Σ €/Stück**
Clip 4D0 867 276 D	K51-002245	4		0,040	0,158
Stoff	106007-8031	1		1,404	1,404
Σ Kosten Kaufteile				€/Stück	1,562
Materialeinzelkosten				**€/Stück**	**2,924**
Materialgemeinkosten	MGK-Satz: 6,0 %			€/Stück	0,175
Σ Materialkosten				**€/Stück**	**3,100**

Abbildung III-100 Beispiel für eine Materialkostenkalkulation

3.3.2 Kalkulation der Werkzeug-, Vorrichtungs- und Prüfmittelkosten

Eigenerstellung versus Fremdbezug

Bei der Kalkulation benötigter Werkzeuge, Vorrichtungen und Prüfmittel sind die zuständigen Technischen Bereiche einzubeziehen[162], z. B. der Betriebsmittel- oder Werkzeugbau. Ferner stellt sich die Frage, ob diese Positionen *eigenerstellt* oder *fremdbezogen* werden. Wenn man diese Positionen fremdvergibt, verbleibt im Extremfall die Frage, ob man auch deren Konstruktion fremdvergeben oder als letzte Kernkompetenz im Hause behalten will. Ist das Thema »Fremdvergaben« im Rahmen der Wertschöpfungsstrategie (interne Strategie, vgl. Teil I, Abschnitt 2.2.3) nicht bereits geregelt, bieten sich zwei Überlegungen an:[163]

1. Strategische Überlegung: Ungeachtet wirtschaftlicher Aspekte kann es als Kernkompetenz angesehen werden, z. B. Werkzeuge selbst zu bauen und/oder selbst zu konstruieren. Besitzen viele Werkzeugbauunternehmen uneingeschränkt diese Fähigkeit, ist fraglich, ob hier wirklich eine erhaltenswerte Kernkompetenz vorliegt oder ob man sich auf die Werkzeuginstandhaltung zurückziehen kann. Häufig werden Argumente wie Terminsicherheit, Qualitätsfähigkeit oder Sicherung von Arbeitsplätzen im eigenen Hause verwendet, um Fremdvergaben abzuwehren.
2. Wirtschaftliche Überlegung: Spielen strategische Aspekte keine Rolle, trifft man eine betriebswirtschaftlich begründete Entscheidung. Entscheidungsregeln für die Wahl zwischen Eigenerstellung und Fremdbezug sind der Abbildung III-101 und den weiteren Ausführungen zu entnehmen.

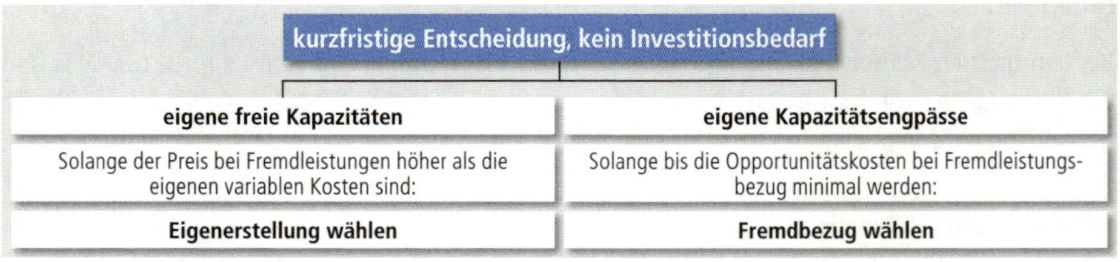

Abbildung III-101 Entscheidungsregeln für die Wahl zwischen Eigenerstellung und Fremdbezug von Leistungen

Fall 1: Freie eigene Kapazitäten

Die variablen Kosten eines in vier Varianten herzustellenden Teils betragen 4,80 €/Stück. Solange die eigene Kapazitätsgrenze nicht erreicht ist und Fremdanbieter die Herstellung für nicht weniger als 4,80 €/Stück anbieten, sollte man das Teil selbst herstellen.

Fall 2: Ausgelastete eigene Kapazitäten

Die Ausgangsdaten für diese Situation sind dem oberen Teil von Abbildung III-102 zu entnehmen. Die Engpasskapazität beträgt 750 Stunden/Monat, und es ist zu entscheiden, welche Produktvariante man selbst erstellen und welche man fremdvergeben sollte.

162 Zur Kalkulation von Werkzeugkosten vgl. z. B. Menges, G.; Michaeli, W.; Mohren, P.: Spritzgießwerkzeuge. Auslegung, Bau, Anwendung, 6. Auflage. München: Hanser, 2007, S. 102 f.
163 Vgl. dazu auch Teil IV, Abschnitt 3.3, Outsourcing und Insourcing.

Ausgangsdaten					
Position		Variante 1	Variante 2	Variante 3	Variante 4
1	niedrigster Fremdpreis in €/1.000 Stück	864	960	768	672
2	eigene variable Kosten in €/1.000 Stück	480	576	576	384
3	Opportunitätskosten bei Fremdbezug in €/1.000 Stück	384	384	192	288
4	Engpassbelegungszeiten in Stunden/1.000 Stück	2	1	2	2
5	Engpasskapazität in Stunden/Monat	750			
6	Opportunitätskosten bei Fremdvergabe in €/Engpassstunde	192	384	96	144
7	anfallende Auftragsmenge in Stück/Monat	200.000	300.000	35.000	130.000
8	Opportunitätskosten in € je Variante	76.800	115.200	6.720	37.440
9	Opportunitätskosten in € bei Fremdvergabe aller vier Varianten	236.160			

Entscheidungskalkül					
Position		Variante 1	Variante 2	Variante 3	Variante 4
1	Auftragsmenge in Stück/Monat	300.000	200.000	130.000	35.000
2	Engpassbelegungszeiten in Stunden/Monat	300	400	260	70
3	Engpassbelegungszeiten in kumulierten Stunden/Monat	300	700	960	1.030
4	Auslastung eigener freier Kapazitäten in Stunden/Monat und relativ	700	93 %	Überhang	
5	minimale Opportunitätskosten in €/Monat			44.160	
5	Entscheidung	selbst erstellen		fremdvergeben	

Abbildung III-102 Beispiel für ein Entscheidungskalkül bei der Wahl zwischen Eigenerstellung und Fremdbezug von Leistungen

Die Engpasskapazität reserviert man primär für jene Produktvarianten, deren Fremdvergabe zu den höchsten Opportunitätskosten, also zu den höchsten entgehenden Deckungsbeiträgen führen. Aufgrund der Opportunitätskosten/Engpassstunde lautet die Prioritätsreihenfolge für eine Fremdvergabe:

1. Variante 3: 96 €/Std.
2. Variante 4: 144 €/Std.
3. Variante 1: 192 €/Std.
4. Variante 2: 384 €/Std.

Werden die Produktvarianten 3 und 4 fremdvergeben, also nur die Varianten 1 und 2 selbst gefertigt, wird die Kapazitätsgrenze nicht mehr überschritten, und die (nun minimalen) Opportunitätskosten betragen:

$$70 \text{ Std./Monat} \cdot 96 \text{ €/Std.} + 260 \text{ Std./Monat} \cdot 144 \text{ €/Std.} = 44.160 \text{ €/Monat}$$

Werkzeugkosten

Ein Beispiel einer Kalkulation der *Werkzeugkosten* für ein Beschneide-Loch-Werkzeug (Größe ca. 2×4 m) ist den beiden Abbildungen III-103 und III-104 zu entnehmen. In Abbildung III-104 ist im oberen Bildteil der zu kalkulierende Werkzeugbauauftrag in fünf Prozessschritte unterteilt.

Mit Hilfe von in Datenkarten enthaltenen Prozessbausteinen wird zuerst die Ablaufkalkulation durchgeführt (siehe Abbildung III-103, oberer Bildteil). Im unteren Bildteil von Abbildung III-103 ist der geplante Ablauf angeführt, unter TiCon® erstellt. Darin werden zuerst nur die den Datenkarten entnommenen Prozessbausteine und deren Anzahl und Häufigkeit angeführt. Erst wenn die Ablaufkalkulation verprobt und ggf. korrigiert ist, wird die Zeitkalkulation durchgeführt.

Kalkulationsbasis: in TiCon® hinterlegte Datenkarten

Ziehwerkzeuge	Bei jedem Baustein muss in der Kalkulation der Faktor festgelegt werden! **Basis ist Faktor 1**	Kodierung	Werkzeug-Nummer
Transport pro Bauteil			
Laufkran 10/32 t	Längsbewegung 50 m	BOWZ.LAUFKRAN.50	
Laufkran 10/32 t	Drehen hin und zurück	BOWZ.LAUFKR.DREH.32	
Laufkran 10/32 t	Transport in den Aufbau	DOWA.TRANS.AUFBAU	
Wagen	Lager	BOWZ.WAGEN.LAGER	
Wagen	Kaufteillager	BOWZ.WAGEN.KAUFTEIL	
Härteversand auf Palette	Mischbaustein von 8 bis 50 Teile	DOWA.HÄRTEV.PALETTE	
Handwagen, Härteversand	Bringen, abholen 4 Teile	DOWA.HÄRTEV.HANDWAGEN	
Begleitkarte pro Bauteil			
Auftragsbegleitkarte	analysieren	DOWA.BEGLEITKARTE	
Matrize/Stempel			
montieren	bis 6 Bohrungen	DOWZ.MONTAGE.6BO	
montieren	bis 12 Bohrungen	DOWZ.MONTAGE.12BO	
montieren	bis 24 Bohrungen	DOWZ.MONTAGE.24BO	
Keil montieren mit und ohne Passung			
1 Keil	2 Bohrungen	DOWZ.MONTAGE.KEIL.PAS	
Führungsplatte montieren 2 bis 4 Bohrungen			
Führungsplatten	2 bis 4 Bohrungen	DOWZ.FÜHRUNGSPL	
Stollen- und Niederhalter/Blechhalterführungsflächen			
Führungsflächen (8 Stk.)	abziehen	DOWZ.FÜHRUNGSFL.ABZIEHEN	
Führungsbuchse			
Säulengestell/Niederhalter	2 Befestigungen	DOWZ.MONTAGE.FÜHR.BUCHSE	

Ablaufplanung: in TiCon® unter Nutzung der hinterlegten Prozessbausteine

Nr.	Beschreibung	Kode	Index	Variante	A · H
1	Transport mit Laufkran 10/32i, 50 m	BOWA.LAUFKRAN.5(			10
2	Transport: Drehen mit Laufkran 32T (	BOWA.LAUFKR.DREH			8
3	Transport mit Lore zur Bank	BOWB.LORE			8 · 2
4	Transport mit Wagen vom Lager (2 m	BOWA.WAGEN.LAGE			2
5	Transport mit Wagen vom Kaufteillag	BOWA.WAGEN.KAUF			1
6	Härteversand der Teile mit Handwag	DOWA.HÄRTEV.HAN			1
7	Auftragsbegleitkarte analysieren (2 n	DOWA.BEGLEITKART			10 · 2
8	Matrize/Stempel montieren bis 12 Bc	DOWA.MONTAGE.12			2 · 2
9	Schneidmatrize, Rund-/Formloch einp	DOWA.MATR.EIND.N			2 · 2
10	Keil montieren mit 2 Bohrungen	DOWA.MONTAGE.12			18
11	Führungsplatte montieren 2 bis 4 Bio	DOWA.FÜHRUNGSPL			34
12	Führungsbuchse 2 Befestigungen für	DOWA.MONTAGE.KE			8
13	Niederhalter/Blechhalter 2 mal ein- u	DOWA.MONT/DEMOI			2 · 2
14	Unterlegen der Trennmesser auf der	DOWA.UNTER.TRENN			1 · 12
15	Schnittmesser montieren	DOWA.MESSER.MON			58
16	Schnittmesser tuschieren und montie	DOWA.MESSER.GER			58
17	Schieber tuschieren und einbauen kle	DOWA.SCHIEBER			2
18	Schieber tuschieren und einbauen nn	DOWA.SCHIEBER.3			2
19	Schieber ein-/ausbauen	DOWA.SCHIEBER.EIN			4 · 2
20	Deckplatte Montage, Demontage un	DOWA.DECKPL.MON			14 · 2
21	Bohren von Hand (schwer zugänglich	DOWA.BOHREN.HAN			4
22	Säule einbauen für Niederhalter mit S	DOWA.SÄULE.NH.B			8

Abbildung III-103
Beispiel für den Kalkulationsablauf bei einem Werkzeug unter TiCon®, Teil 1: Ablaufplanung

In Abbildung III-104 ist diese Ablaufkalkulation in eine Zeitkalkulation umgesetzt, indem unter TiCon® die Sollzeiten für die Prozessbausteine in die Analyse eingestellt wurden. Die Summe der Sollzeiten für die verwendeten Prozessbausteine wird als Grundzeit in die Zusammenstellung (oberer Bildteil) übernommen. Dort wird sie mit einem Verteilzeitzuschlag versehen und als Stückzeit t_e je Prozessschritt ausgewiesen. Die Summe der Stückzeiten über die fünf Prozessschritte ergibt die Fertigungszeit, hier ca. 953 Stunden. Multipliziert mit dem Stunden-Verrechnungssatz (hier 102 €/Std.) ergeben sich die Fertigungskosten für das Werkzeug, im Beispiel 97.226 €. Um die Herstellungskosten für das Werkzeug zu ermitteln, sind zu den Fertigungskosten noch die Materialkosten (im Beispiel: 20.870 €) zu addieren, so dass die Herstellkosten 118.096 € betragen

Ziehwerkzeug (vordere Kotflügel)		
1. Aufbaugruppe Kotflügel	t_g = 215,1 Std.	t_e = 225,9 Std.
2. Regelgeometrie	t_g = 234,0 Std.	t_e = 245,7 Std.
3. Wirkflächen fräsen	t_g = 79,1 Std.	t_e = 82,9 Std.
4. Werkzeugfertigung	t_g = 282,2 Std.	t_e = 296,3 Std.
5. Tryout inkl. 2 Personen	t_g = 97,5 Std.	t_e = 102,4 Std.
Fertigungszeit		953,2 Std.
Fertigungskosten		97.226 €

Nr.	Beschreibung	Kode	Faktor	gesamt t_g (h)
1	Transport mit Laufkran 10/32t, 50 m	BOMA.LAUFKRAN.50	10	2
2	Transport: Drehen mit Laufkran 32t (hin und zurück)	BOMA.LAUFKRAN.DREH.32	8	2
3	Transport mit Lore zur Bank	BOMB.LORE	8×2	1
4	Transport mit Wagen vom Lager (2-mal)	BOMA.WAGEN.LAGER	2	1
5	Transport mit Wagen vom Kaufteillager	BOMA.WAGEN.KAUFTEIL	1	0
6	Härteversand der Teile mit Handwagen hin und zurück	DOMA.HÄRTEN.HANDWAGEN	1	0
7	Auftragsbegleitkarte analysieren (2-mal pro Werkzeug)	DOMA.BEGLEITKARTE	10×2	14
8	Matrize/Stempel montieren bis 12 Bohrungen	DOMA.MONTAGE.12BO	2×2	2
23	Schneidmatrize, Rund-/Formloch einpassen und montieren	DOMA.MATR.EIND.MONTAGE	2×2	3
	Summe			215,1

Abbildung III-104 Beispiel für die Kalkulation der Werkzeug-Fertigungskosten unter TiCon®, Teil 2: Zeitkalkulation

3.3.3 Kalkulation der Fertigungskosten

Fertigungskosten

Bei der Kalkulation der *Fertigungskosten* werden meist Betriebsmittel- und Personalkosten getrennt kalkuliert, um die Auswirkungen von Mehrstellenarbeit, Gruppenarbeit, Springereinsatz oder Rüsten durch Einrichter erkennen zu können. Die Rüstkosten werden deshalb separat ausgewiesen, weil sie auftrags- bzw. losgrößenfix sind. Bei der Kalkulation der *Fertigungszeiten* (Rüstzeiten, Zeiten je Einheit) wird auf *betriebliche Prozessbausteine* zurückgegriffen (vgl. Kapitel 4), wenn mit Hilfe vorhandener Arbeitssysteme produziert wird. Sind auftrags- oder produktspezifische Arbeitssysteme zu entwickeln, greift man bei manuellen Tätigkeiten auf ein MTM-Prozessbausteinsystem zurück (vgl. Abbildung III-106). Bei technischen Prozessen versucht man, Analogien zu vergleichbaren Prozessen herzustellen und Informationen von einem potenziellen Betriebsmittellieferanten zu gewinnen. Die üblichen Grundformeln für jeden Fertigungsvorgang sind in Abbildung III-105 gezeigt (vgl. auch Abbildung III-111).

	Positionen	Beispiel
1	Betriebsmittel-Rüstkosten = $t_r \cdot KB_€$	160 min · 150 €/Std. / 60 = 400 €
2	Personal-Rüstkosten = $t_r \cdot KP_€$	160 min · 30 €/Std. / 60 = 80 €
3	Betriebsmittel-Stückkosten = $t_s \cdot KB_€$	0,85 min · 150 €/Std. / 60 = 2,25 €
4	Personal-Stückkosten = $t_s \cdot KP_€$	0,85 min / 2* · 25 €/Std. / 60 = 0,18 €

* 2-Maschinen-Bedienung

Abbildung III-105 Verbreitete Grundformeln zur Kalkulation der Fertigungskosten

Zeitkalkulation für die Montage

Abbildung III-106 ist die *Zeitkalkulation* für die *Montage* eines Produkts zu entnehmen, für das im Falle einer Auftragserteilung produktspezifische Arbeitssysteme zu entwickeln wären.

In der Spalte »Verteilung« ist die Vorkommenshäufigkeit pro Stück eingetragen, z. B. 5 % bei Nacharbeit, was bedeutet, dass bei jedem zwanzigsten Teil eine Nacharbeit kalkuliert ist. Jeder Ablaufabschnitt ist mit einer UAS-Analyse hinterlegt. Es ergibt sich ein Personaleinsatz von sechs Mitarbeitern pro Schicht. Aus der Spalte »Abtaktung« ist zu erkennen, dass es sich um eine Vorkalkulation handelt, denn die Aufteilung der Aufgaben auf die einzusetzenden Mitarbeiter ist noch verbesserungsbedürftig. Je Ablaufabschnitt sind jene Werkzeuge, Hilfsmittel und Vorrichtungen angeführt, deren Verfügbarkeit in den UAS-Analysen unterstellt wird. Damit sind die Grunddaten für zwei Kostenpositionen ermittelt:

1. Es werden 6 FTE (Full Time Equivalent) pro Schicht benötigt.
2. Die Werkzeug-, Vorrichtungs-, und Prüfmittelkosten betragen ca. 230.000 €.

Takt	Nr.	Ablaufschritte	Verteilung	min. inkl. z_v	FTE	Abtaktung	FTE/Schicht	FTE/AT	Werkzeuge, Vorrichtungen, Prüfmittel	Anzahl	Invest/Stück	Invest ges.
Start	01	Teil kommisionieren, JIT-Auftrag aus Drucker, Oberflächenkontrolle	100 %	0,98	1,0		1,00	2,99	Kommissionierwagen für max. 6 Teile	6	12.000 €	72.000 €
Takt 1	11	SRA Stanzen										
	12	Teil in Stanzvorrichtung SRA	13 %	0,19			0,03	0,08	Werkstückträger	11	5.000 €	55.000 €
	13	Stanzen SRA Öffnung	13 %	0,46			0,06	0,18	Andrückvorrichtung	1	3.000 €	3.000 €
	14	Teil in Montageaufnahme	100 %	0,19			0,20	0,59	Ablagewagen für KLT	2	500 €	1.000 €
	15	Emblem aufkleben	100 %	0,33	1,0	91 %	0,34	1,01	Ablagewagen für KLT	2	500 €	1.000 €
	16	Bezel Air links, rechts	55 %	0,28			0,16	0,47	Ablagewagen für KLT	2	500 €	1.000 €
	17	Bezel Nebellampen Air links, rechts	45 %	0,28			0,13	0,39	Ablagewagen für KLT	2	500 €	1.000 €
Takt 2	21	Protector rechts, links einclipsen	100 %	0,32			0,32	0,97	Ablagewagen für KLT	2	500 €	1.000 €
	22	Grill unten einclipsen	100 %	0,13	1,0	103 %	0,13	0,40	Setzhilfe	6	200 €	1.200 €
	23	Radiator Grill rechts, links einclipsen	100 %	0,42			0,42	1,27				
	24	je 2 Blechmuttern für Nebellampen einclipsen	45 %	0,33			0,15	0,45	Schrauber ohne Zuführung	4	1.200 €	4.800 €
Takt 3	31	Towing Hook aus Stf. in PE-Tüte	100 %	0,30			0,31	0,93	drehbare Montageaufnahme	11	2.500 €	27.500 €
	32	Nebellampe mit je 2 Schrauben befestigen	45 %	0,64	1,0	80 %	0,29	0,88	Ablagewagen	2	500 €	1.000 €
	33	Teil in Monatgeaufnahme	100 %	0,19			0,20	0,59	drehbare Montageaufnahme	11	1.000 €	11.000 €
Takt 4	41	Airguide beidseitig einclipsen und schrauben	100 %	0,47	1,0	113 %	0,48	1,43	Schrauber ohne Zuführung	4	2.500 €	10.000 €
	42	Spoiler einclipsen	100 %	0,64			0,65	1,95	Hilfsmittel/Vorrichtung	4	500 €	2.000 €
Takt 5	51	SRA mit je 2 Schrauben befestigen	13 %	0,70			0,09	0,28	Schrauber ohne Zuführung	4	1.200 €	4.800 €
	52	SRA Deckel einclipsen	13 %	0,13			0,02	0,05				
	53	SRA Schlauch in Stf. mit Kabelbinder	13 %	1,17	1,0	50 %	0,15	0,46	Klebestreifenspender	1	200 €	200 €
	54	Teil wenden	100 %	0,08			0,08	0,25	Wendevorrichtung	1	2.000 €	2.000 €
	55	eingetütete Towing Hook in Stf. clipsen	100 %	0,14			0,15	0,44	Werkzeuge	4	2.000 €	8.000 €
Takt 6	61	Teil nach JIT-Label kontrollieren und etikettieren	100 %	0,95			0,96	2,89				
	62	Teil in JIT-Gestell ablegen	100 %	0,19			0,20	0,59				
	63	JIT-Gestell verriegeln	100 %	0,08	1,0	74 %	0,08	0,24	Scanner, Drucker	1	5.000 €	5.000 €
	64	Warenbegleitschein an JIT-Gestell	100 %	0,02			0,02	0,07				
	65	Nacharbeit	5 %	10,00			0,51	1,53	Nacharbeitsplatz	1	16.000 €	16.000 €
Summe				19,63	6,0		6,13	18,39				228.500 €

Ablaufschritt		Teil kommisionieren, JIT-Auftrag aus Drucker, Oberflächenkontrolle				
Nr.	Ablauf	Kode	Zeit in TMU	Häufigkeit	Zeit in TMU	Zeit in min
1	Werker steht am Drucker				0,00	0,00
2	JIT Zettel aufnehmen	AD2	45,00	1,00	45,00	0,03
3	Abreißen	ZA2	15,00	1,00	15,00	0,01
4	lesen	VA	15,00	5,00	75,00	0,05
5	zum Wagen gehen	KA	25,00	0,50	12,50	0,01
6	Wagen anfassen	AD3	60,00	0,25	15,00	0,01
7	Drücken	ZD	20,00	0,25	5,00	0,00
8	Schieben unter Last	AL3	115,00	0,25	28,75	0,02
9	gehen	KA	25,00	8,75	218,75	0,13
10	Stf. in Wagen	AAAHTTBUB1.5	265,00	1,00	265,00	0,16
11	zurückgehen	KA	25,00	8,75	218,75	0,13
12	Lappen aufnehmen	AD3	60,00	0,33	20,00	0,01
13	Wischzyklen	ZB3	40,00	5,00	200,00	0,12
14	Sichtkontrolle	VA	15,00	20,00	300,00	0,18
Grundzeit					1.418,75	0,85
Verteilzeit		15,0 %			212,81	0,13
Zeit je Einheit					1.631,56	0,98

Abbildung III-106 Beispiel für eine Kalkulation der Montagezeit in einer Serienfertigung

Abbildung III-107 ist ein Beispiel für die Kalkulation von *Bearbeitungskosten*, hier der Fertigungskosten für das Drehen eines Werkstücks, zu entnehmen.[164] Die Ermittlung der Fertigungskosten (die Rüstkosten sind im Beispiel nicht mit angeführt) erfolgt in vier Schritten:

1. Anhand der Teilezeichnung wird zuerst der aus Plan- und Längsdrehoperationen bestehende Bearbeitungsprozess geplant. Dieser besteht aus fünf Schritten, bei denen jeweils ein anderes Werkzeug benötigt wird, also vier Werkzeugwechsel anfallen.

164 Zur Ermittlung von Prozesszeiten vgl. Abschnitt 5.4 und Abschnitte 4.4.4 bis 4.4.6.

2. Mit Hilfe der angeführten Prozesszeitformeln werden die (unbeeinflussbaren) Hauptnutzungszeiten t_{h1} bis t_{h5} ermittelt.
3. Die Bearbeitungszeit wird als Summe der Hauptnutzungszeiten ermittelt, hier 54,9 min. Dazu werden die Nebenzeiten t_n addiert und die Grundzeit t_g ausgewiesen, hier 66,38 min. Darauf wird die Verteilzeit zugeschlagen und die Stückzeit ausgewiesen, hier 1,28 Stunden.
4. Durch Multiplikation der Stückzeit mit dem Stunden-Verrechnungssatz werden die Fertigungsstückkosten ermittelt, hier ca. 123 €.

Aus diesem Beispiel ist zu erkennen, worin der Schwerpunkt bei der Ermittlung der Fertigungskosten liegt, nämlich in der detaillierten Planung des späteren Prozesses. Das setzt weniger kostenrechnerische als fertigungstechnische Kenntnisse voraus und macht deutlich, welche Bedeutung das professionelle Industrial Engineering für die Technische Kalkulation und diese für das Erstellen von Angeboten hat.

1. Schritt
Kante an Planfläche und Reibfläche Ø 782 vordrehen mit Kante hinten und Ø 750 vordrehen
V = 120, f = 0,25, l = je 1 — t_h = **8,20 min**

2. Schritt
Planfläche und Reibfläche (0,7 Aufmaß) planen
V = 140, f = 0,35, l = je 1 — t_h = **18,00 min**

3. Schritt
Ø 750 und Ø 782 fertigdrehen (Plan 0,2 mm Aufmaß)
V = 120/140, f = 0,35/0,25, l = je 1 — t_h = **21,20 min**

4. Schritt
Ø 300 mit Ø 336 vordrehen
V = 150, f = 0,35, l = je 1 — t_h = **2,20 min**

5. Schritt
Ø 336 fertigdrehen mit Fase (Plan 0,2 mm Aufmaß)
Fase/Boh./Pl.
V = 120/144/160, f = 0,25/0.3/0,25, l = je 1 — t_h = **5,30 min**

Sollzeit-Formel Plandrehen

$$t_h = \frac{D \cdot Pi \cdot (D - d) \cdot l}{f \cdot 2.000 \cdot V}$$

Sollzeit-Formel Langdrehen

$$t_h = \frac{D \cdot Pi \cdot L \cdot l}{f \cdot 1.000 \cdot V}$$

D	großer Durchmesser
d	kleiner Durchmesser
Pi	konstanter Kreiswert
L	Bearbeitungslänge in mm
l	Anzahl der Zerspanschritte
f	Vorschub in mm/Umdrehung
V	Schnittgeschwindigkeit in m/min
2.000	Umrechnung m in mm
1.000	Umrechnung m in mm

Zeitgrößen:

t_h	Hauptzeit
t_n	Nebenzeit
z_v	Verteilzeitzuschlagssatz
t_e	Zeit je Stück

Summe t_h	54,90	min
Werkzeugwechsel t_n	4,81	min
weitere Nebenzeiten t_n	6,67	min
Grundzeit t_g	66,38	min
Verteilzeit t_v bei z_v = 15 %	9,98	min
Stückzeit t_e	1,28	Std.
Fertigungsstückkosten (96,00 €/Std.)	123	€

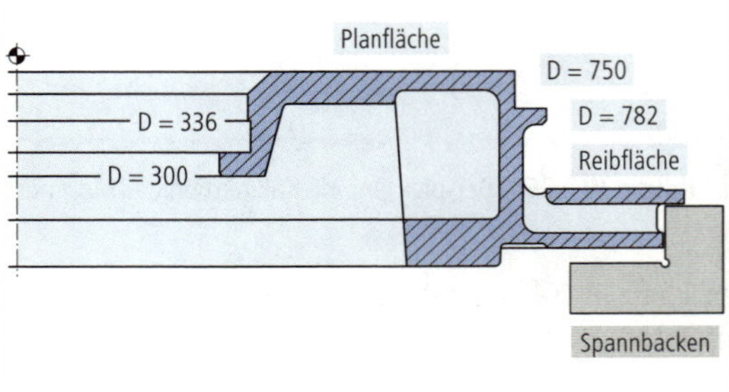

An-/Überlauf je 5 mm

Abbildung III-107 Beispiel für eine Kalkulation der Bearbeitungskosten (Drehen)

In der Einzelfertigung (z. B. im Sondermaschinenbau), insbesondere in kleinen und mittelständischen Unternehmen, gibt es im Allgemeinen keine so stabilen Prozesse und weniger Standards als in der Serienfertigung. Ferner sind oft Zeitvolumina von mehreren Tausend Stunden zu kalkulieren und die Kunden sehen sich oft nicht in der Lage, so präzise Spezifikationen wie in der Serienfertigung üblich zu erstellen. Dieses höhere Maß an Unsicherheit betrifft weniger die Teilefertigung als die Montage. Dennoch müssen auch Montageprozesse zuverlässig kalkuliert werden. Der Abbildung III-108 ist die Kalkulation eines Montagevorgangs bei einem kleinen Sondermaschinenbauer zu entnehmen. Es handelt sich um einen von insgesamt elf Montagevorgängen. Die Ausführungszeit für den Montagevorgang wurde mit 51 Stunden kalkuliert, was ca. 24 % der Gesamtmontagezeit entspricht.

Kleine und mittelständische Unternehmen

Mit solchen Zeitkalkulationen sind alle Vorgänge des in Abbildung III-109 dargestellten *Montagenetzplans* hinterlegt. Die Netzplantechnik wurde im Teil II, Abschnitt 9.4.3 erläutert, weshalb hier keine methodischen Fragen behandelt werden. Die Bearbeitungszeiten und -kosten werden differenziert nach Vormontagen (11 % der Montagekosten), mechanischen Montagen (54 % der Montagekosten) und Elektromontagen (35 % der Montagekosten). Die Durchlaufzeiten je Vorgang sind gleichzeitig auch die Bearbeitungszeiten, wenn nur ein FTE eingesetzt ist. Ansonsten sind sie mit der Anzahl FTE zu multiplizieren. Für den Vorgang M06 ergibt sich die Bearbeitungszeit von 32 Stunden aus der Multiplikation der Durchlaufzeit von 16 Stunden mit 2 FTE. Liegezeiten zwischen den Bearbeitungsvorgängen werden für die auf dem kritischen Weg liegenden Vorgänge ausgeschlossen. Bei den nichtkritischen Vorgängen stehen die Pufferzeiten für die maximalen Liegezeiten. Diese Montagekalkulation ist wesentlicher grober als die in Abbildung III-106 angeführte Kalkulation. Das lässt sich insofern rechtfertigen, als die Stückzeit dort ca. 20 Minuten und bei der in Abbildung III-109 angeführten Montagekalkulation 210 Stunden beträgt.

Montagenetzplan

Vorgang M3		Sollzeit in Std.
1	Umlenksterne montieren und einstellen	8
2	Dichtlippen anpassen, kleben und montieren	6
3	UV-Absaugung vorbereiten und Abdeckungen anpassen	4
4	Kühlkanal verlegen und Anschlüsse vorbereiten	4
5	Schmiersystem anschließen und testen	7
6	Temperiereinheit anbauen, anschließen und Probelauf	6
7	Verschlauchung der Druckwerke vorbereiten	4
8	Farbpumpen montieren und anschließen	3
9	UV-Absaugung und Kühlgerät anschließen	4
10	Probelauf und Antriebssystem feinjustieren	5
Ausführungszeit (Grund- und Verteilzeiten)		**51**

Abbildung III-108 Beispiel für die Kalkulation von Montagevorgängen mit Hilfe von Richtwerten, Prozessbausteinen und Schätzwerten

Für die Vorkalkulation werden zwar nur die Bearbeitungszeit und die Bearbeitungskosten (Montagekosten) benötigt. Will man das Kalkulationsergebnis jedoch nicht einfach hinnehmen, sondern zu einem preislich oder terminlich attraktiveren Angebot kommen, muss man sich mit zwei Arten von Vorgängen auseinandersetzen. Nach dem ABC-Analyse-Prinzip bergen

ABC-Analyse-Prinzip

1. Vorgänge mit hohen Bearbeitungszeiten (in Abbildung III-109 z. B. V03, V04, V06, M07/M08, E03) große Chancen, dass Verbesserungen zu geringeren Montagekosten führen,
2. kritische Vorgänge (= Vorgänge ohne Pufferzeit) um so höhere Chancen zur Verkürzung der Montage-Durchlaufzeit, je höher deren eigene Durchlaufzeit ist.

Bei dem angeführten Beispiel wurden keine Überlappungen der Vorgänge vorgesehen. Diese führen zwar nicht zur Reduzierung der Montage- und damit der Herstellkosten, jedoch zur Verkürzung der Auftragsdurchlaufzeit. Allerdings besteht dabei die Gefahr, insbesondere bei klein- und mittelständischen Unternehmen, dass zu viele Vorgänge kritisch werden und dann Terminüberschreitungen im Montageverlauf in den folgenden Vorgängen nicht mehr zu kompensieren sind.

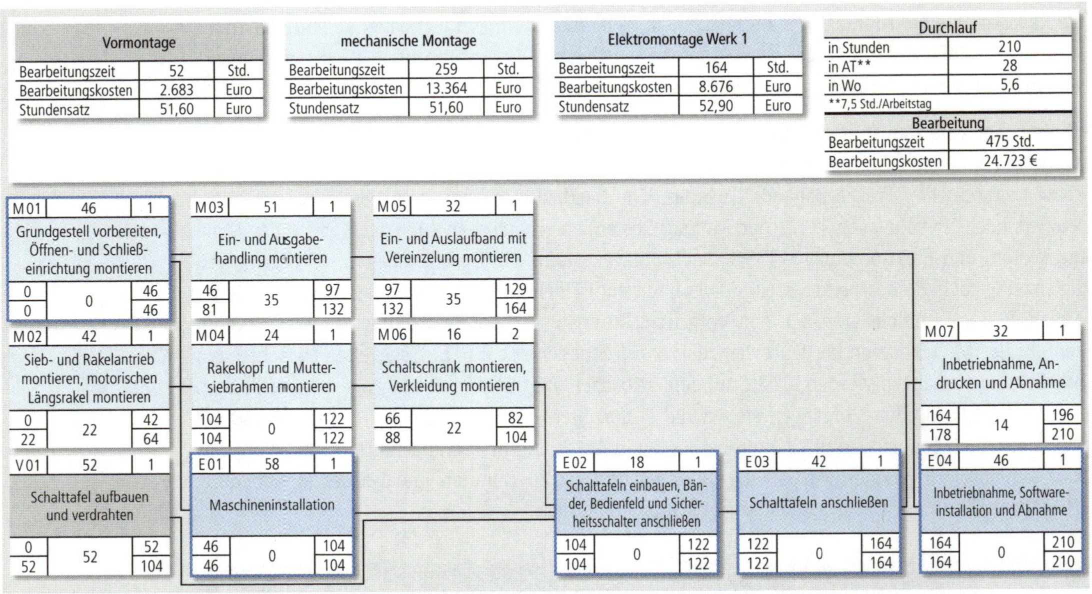

Abbildung III-109 Beispiel für die Kalkulation eines Montageauftrags im Sondermaschinenbau mit Hilfe eines Netzplans

IT-Kosten

IT-Kosten fallen z. B. an, wenn für die BDE (z. B. Zeit-, Qualitäts-, Betriebsmitteldaten) Vernetzungen vorzunehmen oder Hardware zu installieren ist.[165] Bei dem in Abbildung III-111 dargestellten Beispiel wurden keine IT-Kosten eingestellt.

Qualitätskosten

Als vierte Position der Fertigungskosten sind in Abbildung III-99 *Qualitätskosten* angeführt. Ein in der Praxis verbreitetes Verständnis zum Qualitätskostenbegriff ist Abbildung III-110 zu entnehmen. Fehlerverhütungskosten wird man im Allgemeinen nicht als Fertigungskosten-Bestandteil in Vorkalkulationen aufnehmen, sondern als Kostenstellengemeinkosten (Qualitätsmanagement) verrechnen.

Qualitätsprüfungskosten werden nur Unternehmen kalkulieren können, die einen hohen organisatorischen Reifegrad haben. Deshalb findet man in Vorkalkulationen unter der Position Qualitätskosten oft nur Fehlerkosten. Dabei beschränken sich viele Unternehmen auf die Kalkulation der Ausschusskosten, weil die anderen Qualitätskostenarten auch über Analogieschlüsse zu anderen Produkten schwer abzuschätzen sind. Ausschussprognosen sind methodisch wesentlich schwieriger als Zeitbedarfsprognosen. Bei der Verrechnung von Qualitätskosten bestehen zwischen den Unternehmen noch größere Unterschiede als bei den Fertigungskosten. In dem Beispiel in Abbildung III-111 sind als Qualitätskosten nur Ausschusskosten ausgewiesen.

165 Zur Kalkulation von IT-Kosten vgl. Gadatsch, A.: IT-Controlling – operative und strategische Werte umsetzen. In: Tiemeyer, E.: Handbuch IT-Management: Konzepte, Methoden, Lösungen und Arbeitshilfen, 2. Auflage. München: Hanser, 2007, S. 408 f.

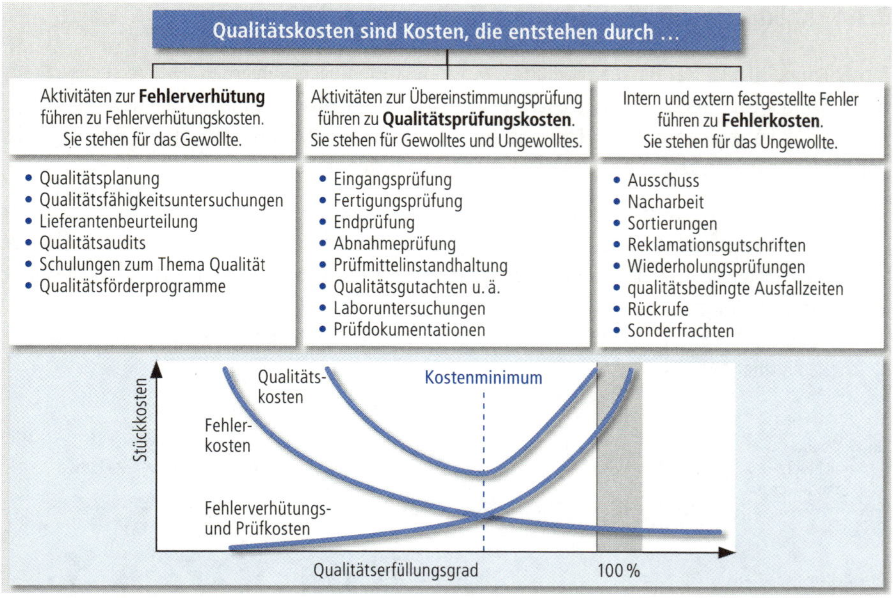

Abbildung III-110 Der Qualitätskostenbegriff nach DIN 5530

In Abbildung III-111 sind die in Abbildung III-100 ermittelten Materialkosten und Fertigungskosten, nicht aber die Werkzeugkosten in die Herstellkosten eingestellt. Es wurden keine Entwicklungskosten angesetzt, weil in vorhandenen Arbeitssystemen produziert werden soll.

FK und HK: ***A-Säule, Spritzguss, stoffverkleidet***					**A. Personalkosten**				**B. Betriebsmittelkosten**			Menge/h	**FK A/ Stück**	**FK B/ Stück**	**FK B/ Stück**
Pos.	*Arbeitsbeschreibung*	Spritzguss t	Kostenstelle	Rüstkosten €	Pers.-zahl	Std.-Satz	Stückzeit	Lohnsatz	BM-Kosten	Stückzeit	Kostensatz				
						€/h	min	€/min	€/h	min	€/min	Stück	€	€	€
10	*Spritzen*	950	2109	416	1	36,34	0,5	0,606	52,42	0,5	0,8737	120	0,303	0,437	0,740
20	*Schiebetisch für Stoffzufuhr, allgemein*								2,08	0,5	0,0347	120		0,017	0,017
30	*Schiebetisch für Stoffzuschnitt, artikelspezifisch*								0,33	0,5	0,0055	120		0,003	0,003
40	*3× Montagebank*								3,66	0,5	0,0610	120		0,031	0,031
50	*Umbiegen inkl. montieren, verpacken*				1	19,26	2,143	0,321	3,06	2,143	0,0546	28	0,688	0,117	0,805
60	*1× Montagebank*								1,22	2,143	0,0218	28		0,047	0,047
70	*Handbeschnittanlage*								2,85	2,143	0,0509	28		0,109	0,109
80	*Handbedampfungsanlage*								2,85	2,143	0,0509	28		0,109	0,109
Stückzeiten							2,643			10,572					

Fertigungskosten €/Stück	0,991	0,869	1,860
Rüstkosten €/Stück			0,084
Materialkosten			3,100
Logistikkosten			0,101
Herstellkosten €/Stück ohne Ausschusskosten			5,145
Ausschusskosten €/Stück, 3 % Ausschussanteil			0,154
Herstellkosten €/Stück inkl. Ausschusskosten			5,300

Abbildung III-111 Beispiel für eine Fertigungs- und Herstellkostenkalkulation

3.3.4 Kalkulation der Produkt- und Prozessentwicklungskosten

Produktentwicklungskosten

In Abbildung III-112 werden die Produktentwicklungskosten nach Konstruktions-, Versuchs-, Prototypen- und Berechnungskosten gegliedert. Ferner ist als zuständige Organisationseinheit das Product Engineering vorgesehen und der Technischen Kalkulation die Zuständigkeit für das Bestätigen der Quality Gates übertragen.[166] Die Produktentwicklungskosten trägt

1. der Auftraggeber. Das ist in Zulieferbranchen oft der Fall. Dann ist in einer Leistungsbeschreibung festzulegen, was darunter fällt. Alle später anfallenden Arbeiten sind zu erfassen und dem Kunden zu belasten. Dennoch benötigen Kunden Rahmenbudgets, weshalb diese Position stets zu kalkulieren ist.
2. der Auftragnehmer: Dann sind sie in die Kalkulation einzustellen. Sie sind auftragsbezogene Investitionsausgaben (vgl. Abbildung III-96) und über die Auftragsdauer mindestens wieder »zurückzuverdienen«.

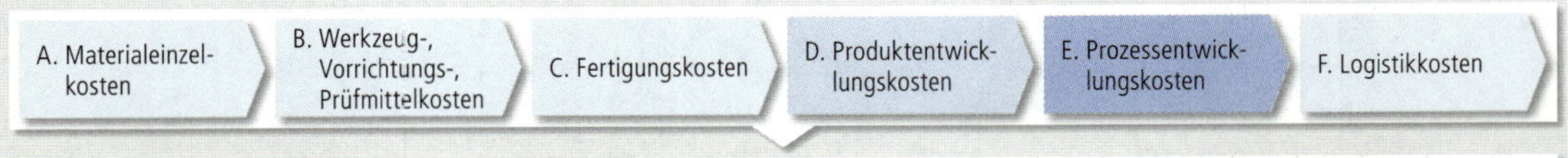

Prozessphasen und Teilphasen		Aufgaben / Meilensteine		Technische Kalkualtion	Product Engineering	Industrial Engineering	BM- und WZ-Konstruktion	Qualitätsplanung	Logistikplanung	Einkauf	Controlling	IT
D	**Produktentwicklungskosten**											
D1	Konstruktionskosten	D11	interne Kosten für Konstruktion/CAD-Arbeit abschätzen		■							
		D12	externe Kosten für Konstruktion/CAD-Arbeit abschätzen		■							
		D13	Lastenheft, gesetzl./kundenspezif. Vorgaben, Patent- und Lizenzsituation prüfen		■							
		D14	Aspekte Umweltschutz, IMDS und Recycling prüfen		■							
		D1	*Konstruktionskosten sind kalkuliert*	■								
D2	Versuchskosten	D21	interne Kosten für Tests und Versuche abschätzen		■							
		D22	externe Kosten für Tests und Versuche abschätzen		■							
		D2	*Test- und Versuchskosten sind kalkuliert*	■								
D3	Prototypenkosten	D31	interne Kosten für Prototypen abschätzen		■							
		D32	externe Kosten für Prototypen abschätzen		■							
		D3	*Kosten für Prototypen sind zusammengestellt*	■								
D4	Berechnungskosten	D41	interne Kosten für technische Berechnungen abschätzen		■							
		D42	externe Kosten für technische Berechnungen abschätzen		■							
		D4	*Kosten für technische Berechnungen sind zusammengestellt*	■								
E	**Prozessentwicklungskosten**											
E1	Prozessentstehungskosten	E11	interne Kosten für das Industrial Engineering abschätzen			■						
		E12	externe Kosten für das Industrial Engineering abschätzen			■						
		E13	Kunden- und gesetzliche Anforderungen auf eingesetzte Technologien bewerten			■						
		E1	*interne und externe Kosten der Prozessentwicklung sind kalkuliert*	■								
E2	Prozesssimulationskosten	E31	interne Kosten für Prozesssimulation abschätzen			■						
		E32	externe Kosten für Prozesssimulation abschätzen			■						
		E3	*Kosten für Prozesssimulationen sind zusammengestellt*	■								

Abbildung III-112 Beispiel für einen standardisierten Prozess zur Technischen Kalkulation (Teil II: Entwicklungskosten)

Prozessentwicklungskosten

Prozessentwicklungskosten fallen an, wenn nicht mit vorhandenen Arbeitssystemen produziert wird, sondern Arbeitssysteme zu entwickeln sind. Es gibt zwar auch Fälle, in denen Kunden und nicht die produzierenden Unternehmen auftragsbezogene Betriebsmittel tragen, überwiegend beschränkt sich das jedoch auf Werkzeuge oder produktspezifische Investitionen.

166 Zur entwicklungsbegleitenden Kalkulation vgl. Wasmuth, K.: Kostenmanagement im Service Engineering industrieller Dienstleistungen. Hamburg: Dr. Kovac, 2009.

3.3.5 Kalkulation der Logistikkosten

Logistikkosten

Die *Logistikkosten* werden in unserem Beispiel nach Transport-, Verpackungs- und Lagerungskosten unterschieden.[167] Verpackungen und Behälter werden oft durch Kunden festgelegt und gestellt. Dagegen ergeben sich bei den Transportkosten meistens Gestaltungsspielräume. Transportkosten werden oft unterschätzt, und man entdeckt ihren Stellenwert spätestens beim Anlaufmanagement. Es folgen zwei Beispiele zur Kalkulation der Logistikkosten. Manche Unternehmen haben solche »Grundkalkulationen« standardisiert und daraus »Logistik-Zuschlagssätze« auf die Herstellkosten gebildet.

A. Materialkosten | B. Werkzeug-, Vorrichtungs-, Prüfmittelkosten | C. Fertigungskosten | D. Produktentwicklungskosten | E. Prozessentwicklungskosten | **F. Logistikkosten**

Prozessphasen und Teilphasen		Aufgaben / Meilensteine		Technische Kalkualtion	Product Engineering	Industrial Engineering	BM- und WZ-Konstruktion	Qualitätsplanung	Logistikplanung	Einkauf	Controlling	IT
F	**Logistikkosten**											
F1	Transport-/ Verpackungskosten	F11	Transporte innerbetrieblich und extern (Lieferanten, zwischenbetrieblich, Kunde)						■			
		F12	Ladungsträger kalkulieren						■			
		F13	Verpackungs- und Konservierungsmaßnahmen kalkulieren						■			
		F1	*interne und externe Transportkosten sind kalkuliert*	■								
F2	Lagerungskosten	F21	Lagerungskosten kalkulieren						■			
		F22	Logistikanlaufkosten kalkulieren						■			
		F2	*Lagerungs- und Anlaufkosten sind zusammengestellt*	■								

Abbildung III-113 Beispiel für einen standardisierten Prozess zur Technischen Kalkulation (Teil III: Logistikkosten)

Transportkosten, Wertstromanalyse

Transportkosten lassen sich z. B. detailliert mit Hilfe einer Wertstromanalyse kalkulieren. Wie Abbildung III-115 zu entnehmen ist, werden alle relevanten Daten der Warenstromdokumentation entnommen. Es werden drei Transportarten unterschieden:

1. Gabelstapleroperationen beim Beladen und Entladen von Lkw,
2. Gabelstapleroperationen bei innerbetrieblichen Transporten,
3. Lkw-Transporte.

Die Transportzeiten wurden mit Hilfe betrieblicher Richtwerte bestimmt, weil in frühen Angebotsphasen keine Informationen vorliegen, die eine exaktere Rechnung rechtfertigen. So kennt man die innerbetrieblichen Transportstrecken noch nicht und verfügt über keine genauen Informationen zu Ladungsträgern oder Behältern.

Bei Lkw-Fahrten sind einfache Wegstreckenentfernungen anzusetzen, wenn die Spediteure auch Rücktransportaufträge erhalten. Andernfalls setzt man die doppelte Wegstrecke an. Die Transportkosten pro Stück betragen in unserem Beispiel 1,33 €. Davon sind ca. 0,75 €, also ca. 55 %, durch die beiden »verlängerten Werkbänke« (externe Fertigung) bedingt. Hier wird man sich ggf. überlegen, ob es nicht wirtschaftlicher wäre,

- entweder auch die Vorgänge 1, 2 und 5 extern zu vergeben oder
- die Vorgänge 3 und 4 selbst durchzuführen.

167 Zur Kalkulation von Logistikkosten vgl. z. B. Gudehus, T.: Logistikkosten und Leistungsrechnung, 3. Auflage. Berlin, Heidelberg, New York: Springer, 2005.

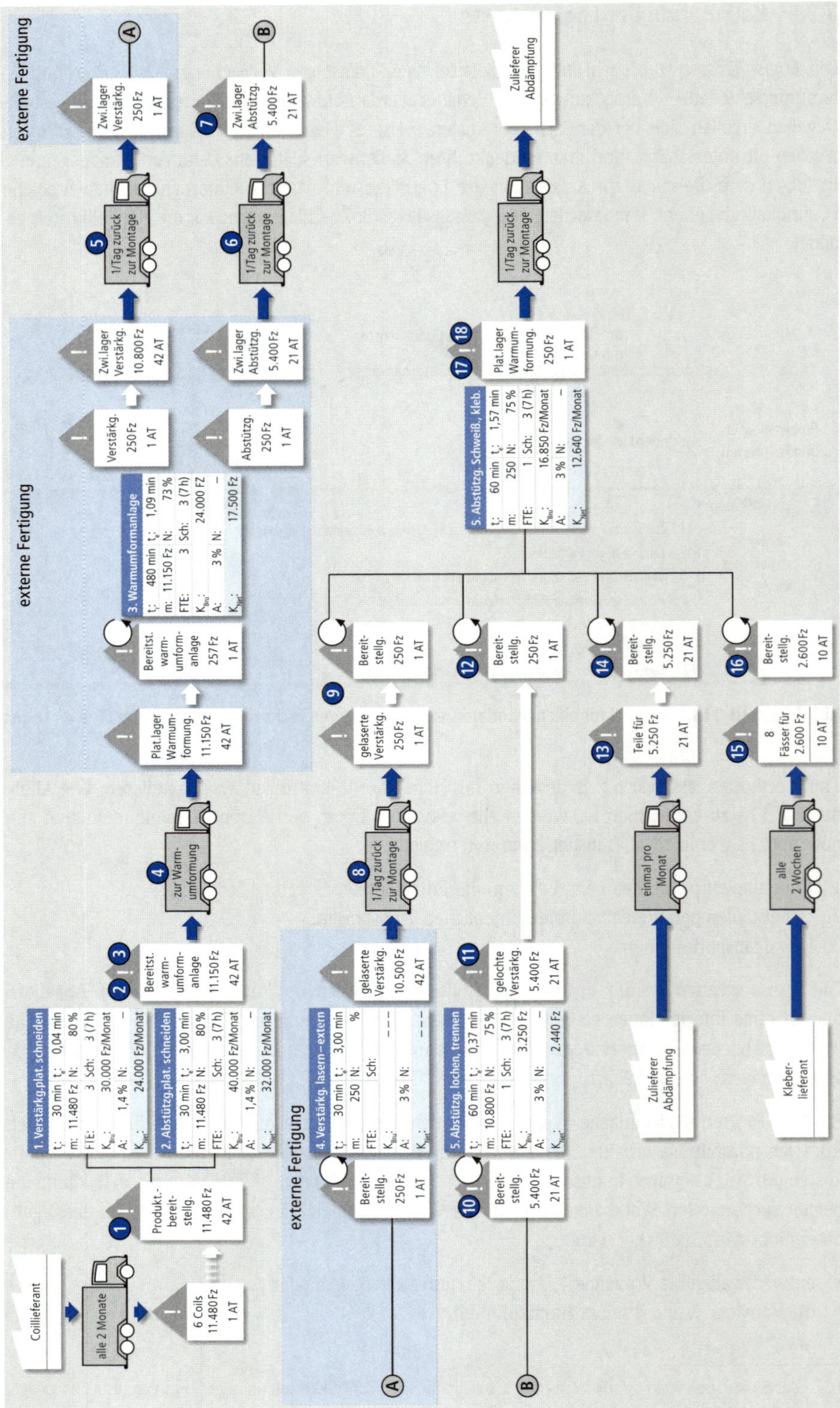

Abbildung III-114
Wertstromanalyse als Grundlage der Transportkostenkalkulation

Vorgang		(1) Gabelstapler – aufnehmen, fördern, absetzen, Lkw-Transport			(2) Gabelstapler – innerbetrieblicher Transport			(3) Lkw-Transport		
		Verrechn.-Satz €/Std.		34,00	Verrechn.-Satz €/Std.		28,00	Verrechn.-Satz €/km		1,10
Nr.	Zweck	Anz. FZ	Zeit in Std.	€/Fz	Anz. FZ	Zeit in Std.	€/Fz	Fz/Fahrt	km/Fahrt	€/Fz
1	Coils abladen	11.480	0,50	0,00148						
2	Platinen in Zw.-Lager	11.150	1,25	0,00381						
3	Platinen auf Lkw	11.150	1,25	0,00381						
4	Lkw zur Warmumformung							11.150	74	0,00730
5	Lkw zum Lasern							250	88	0,38720
6	Lkw zurück ins Werk							5.400	74	0,01507
7	Abstützung abladen	5.400	0,75	0,00472						
8	Lkw zurück ins Werk							250	74	0,32560
9	Verstärkg. bereitstellen				250	0,25	0,02800			
10	Abstützg. bereitstellen				5.400	1,00	0,00519			
11	gel. Abstützg. Zw.-Lager				5.400	1,25	0,00648			
12	gel. Abstützg. bereitstellen				250	0,25	0,02800			
13	Abdämpfg. abladen	5.250	0,25	0,00162						
14	Abdämpfg. bereitstellen				5.250	0,25	0,00133			
15	Kleber abladen	2.600	0,25	0,00327	2.600	0,25	0,00269			
16	Kleber bereitstellen				2.600	0,25	0,00269			
17	Tagesproduktion ins Lager				240	0,25	0,02917			
18	auf Versand-Lkw	240	0,25	0,03542						
19	Sammel-Lkw zum Kunden							240	316	0,43450
Summen				**0,05413**			**0,10355**			**1,16967**
Gesamt						**1,327**				

Abbildung III-115 Kalkulationsbeispiel für die Transportkosten auf Grundlage der Wertstromanalyse aus Abbildung III-114

Der Abbildung III-116 ist eine Kalkulation der (innerbetrieblichen) Transportkosten zu entnehmen. Diese wird mit Hilfe eines Kalkulationsblattes durchgeführt, das auf der Grundlage der MTM-Logistikdaten entwickelt wurde. Dabei wird gezeigt, wie man die im vorstehenden Beispiel verwendeten Zeiten fundiert kalkuliert, wenn die räumlichen Bedingungen bekannt sind, unter denen man produzieren will.

Für die Kalkulation eines Auftrags sind in die markierten Felder die auftragsspezifischen Daten einzutragen (in Kursivschrift). Diese betreffen die

1. Anzahl Ladungsträger im Lkw (hier: 28),
2. Anzahl pro Staplerhub zu bewegenden Ladungsträger (hier: 1),
3. Vorkommensanteile pro Fahrt (z. B. 10 % der Fahrtstrecke »vorsichtig« fahren),
4. Fahrtweglänge (hier: 120 m).

In Spalte [1] sind die geplanten Ablaufabschnitte angeführt und in Spalte [2] deren Sollzeiten. Für den ersten und dritten Ablaufabschnitt ist im unteren Bildteil beispielhaft gezeigt, wie diese mit Hilfe von MTM-Logistikdaten bestimmt wurden. Die Anwendung des Kalkulationsblattes erfolgt in drei Schritten:

1. Je Ablaufabschnitt wird entschieden, ob er im vorliegenden Fall zu berücksichtigen ist (Spalten [3], [4]).
2. Für Ablaufabschnitte, die eine Feldmarkierung in den Spalten [5] und [6] haben, werden die Anteilswerte pro Fahrt und die Fahrweglängen eingetragen.
3. In Spalte [7]
   - wird für die vorkommenden Ablaufabschnitte (in Spalte [3] angekreuzt) der Zeitwert aus Spalte [2] direkt übernommen,

Kalkulationsblatt »Produktionsversorgung mit Leergut« (Ladungsträger vom Trailer über Station A zum Verbauort)							
	Anzahl der Ladungsträger am Lkw						28
	Anzahl der Ladungsträger/Hub						1
	Verrechnungssatz in €/Stunde						28,00
		t_i in Minuten	fällt an		Kalkulationswerte		kalkulierte t_i in Minuten
			ja	nein	Anteil je Fahrt	Fahrtweg in m	
	[1]	[2]	[3]	[4]	[5]	[6]	[7]
1	Auftrag annehmen, Informationen verarbeiten	0,078	×				0,078
2	vom letzten Vorgang zum Verbauort fahren (80 Meter)	0,640	×				0,640
3	Palettenumsetzer entladen und beladen	1,321					
4	1 leeren Ladungsträger (LT) aufnehmen (Gestell/Rollenbahn)	0,290	×		100 %		0,290
5	auf 2. LT stapeln (2 LT aufnehmen, wenn 2 LT/Weg)	0,650		×			
6	zum Lkw fahren	0,008	×			120	0,960
7	LT auf Lkw und LT stellen	0,360	×				0,360
8	ersten beiden leeren LT abstellen und am Ende aufladen	0,470	×				0,017
9	Teile-Nummer lesen	0,011	×				0,011
10	vollen LT aufnehmen; vom Lkw/und LT abladen	0,360	×				0,360
11	zum Verbauort fahren	0,008	×			120	0,960
12	bei labilem Ladezustand behutsam/langsam fahren	0,004	×		10 %	120	0,048
13	LT auf Gestell/Rollenbahn abstellen	0,290	×				0,290
14	am Boden abstellen und verteilen; wenn 2 LT/Weg	1,120		×			
15	Informationen verarbeiten und Auftrag abschließen	0,053	×				0,053
Sollzeit für planmäßige Aufgaben							**4,067**
16	liegt im Fahrweg eine Schubplattform	0,132	×		6 %		0,008
17	ist im selben Fahrweg ein zweiter Stapler tätig (Wartezeit)	0,060	×		80 %		0,048
18	sind im selben Fahrweg 3 Stapler tätig (Wartezeit)	0,120	×		20 %		0,024
19	LT-Breite > 0,5 × Fahrwegbreite und Stapleranzahl > 2	0,160	×		40 %		0,100
20	2 Umreifungen abschneiden und entsorgen	0,365		×			
21	Deckel vom LT abnehmen und entsorgen	0,324		×			
22	Aufkleber am leeren LT entfernen (mit Absteigen)	0,370		×			
Sollzeit für nicht planmäßige Aufgaben							**0,180**
Grundzeit t_g							**4,247**
Verteilzeitzuschlagssatz in % und Verteilzeit						**10,15**	**0,431**
Transportzeit t_e in min (pro Ladungsträger)							**4,680**
Transportkosten in € pro Ladungsträger							**2,180**
Transportzeit t_a in Std. (pro Lkw)							**2,180**
Transportkosten in € pro Lkw							**61,120**

Bezeichnung	Auftrag annehmen und lesen			
Beginn:	Auftrag aufnehmen			
Inhalt:	Auftrag ins Blickfeld bringen, Worte und Zeichen lesen			
Ende:	Auftrag ablegen			
Begrenzung:	maximal 20 Worte und 30 Zeichen			
Kode	Bezeichnung	TMU	A · H	Gesamt-TMU
4LHIAHA....5	Auftrag annehmen und wieder ablegen	70	1 · 1,0	70
4LHIAVW....5	Auftrag lesen (20 Worte)	45	1 · 1,0	45
4LHIALE....5	Auftrag lesen (30 Zeichen)	15	1 · 1,0	15
Sollzeit				**130**

Bezeichnung	Palettenumsetzer entladen und beladen			
Beginn:	zum Palettenumsetzer fahren			
Inhalt:	Leeren LT mit Stapler aus Palettenumsetzer herausnehmen, absetzen, neuen LT einsetzen			
Ende:	zum Ausgangspunkt zurückfahren			
Begrenzung:				
Kode	Bezeichnung	TMU	A · H	Gesamt-TMU
5LTSAABFM..L	Ladungsträger mit Stapler aus Palettenumsetzer	980	1 · 1,0	980
5LTSABBFM..L	neuen Ladungsträger mit Stapler in Palettenumsetzer	1.081	1 · 1,0	1.081
4LTSFISF...P	Fahren geradeaus 6 Meter	13	6	78
4LTSFKSF...P	Fahren Kurven 4 Meter	16	4	64
Sollzeit				**2.203**

Abbildung III-116
Beispiel für eine Kalkulation von Transportkosten mit Hilfe eines Kalkulationsblattes

- bei den Ablaufabschnitten 6, 11, und 12 wird das Produkt aus den Spalten [2] und [6] gebildet,
- bei den Ablaufabschnitten 4, 12 und 16 bis 22 wird das Produkt aus den Spalten [2] und [5] gebildet.

Ausgewiesen werden

1. die Transportzeit pro Ladungsträger (hier: 4,68 min) und pro Lkw-Beladung (hier: 2,18 Std.) sowie
2. die dazu anfallenden Kosten (hier 2,18 € pro Ladungsträger und 61,12 € pro Lkw).

So ermittelte Daten sind, solange sich die Arbeitsabläufe und Verrechnungssätze nicht ändern, auch auf vergleichbare Vorkalkulationen zu übertragen.

3.4 Abweichungsanalyse

Es werden zwei Arten von *Abweichungsanalysen* durchgeführt:

1. Parallelschau: Auftragskalkulation versus *mitlaufende Kalkulation*[168],
2. Nachschau: Auftragskalkulation versus *Nachkalkulation*[169].

Bei der Parallelschau, wie sie z. B. beim *Anlaufmanagement* (vgl. Teil IV, Abschnitt 3.2) praktiziert wird, geht es darum,

1. so früh wie möglich die Ursachen von Abweichungen gegenüber der Vorkalkulation zu erkennen,
2. durch Beseitigen dieser Ursachen so schnell wie möglich die Kammlinienhöhe zu erreichen und
3. ggf. Verbesserungsmaßnahmen einzuleiten, damit sich mindestens der kalkulierte Erfolg einstellt.

Anders als bei der Nachschau ist bei der Parallelschau am laufenden Auftrag »noch etwas zu retten«. Das Nachschauprinzip taugt aber dazu, aus Fehlkalkulationen zu lernen. Abbildung III-117 sind die wichtigsten Abweichungsursachen zu entnehmen.

---

168 Mitlaufende Kalkulationen werden nicht in allen Branchen durchgeführt. Sie sind üblich in der Massenfertigung und verbreitet bei Serienfertigern, bei denen Aufträge über Monate oder Jahre hinweg laufen. Vgl. Ehrenspiel, K.; Kiewert, A.; Lindemann, U.: Kostengünstig entwickeln und konstruieren, 6. Auflage. Berlin, Heidelberg, New York: Springer, 2007, S. 449 f.

169 Nachkalkulationen werden insbesondere in der Kundenauftragsfertigung durchgeführt, bei der auf mitlaufende Kalkulationen verzichtet wird. Daneben werden Nachkalkulationen auch als Konsolidierungen mitlaufender Kalkulationen erstellt.

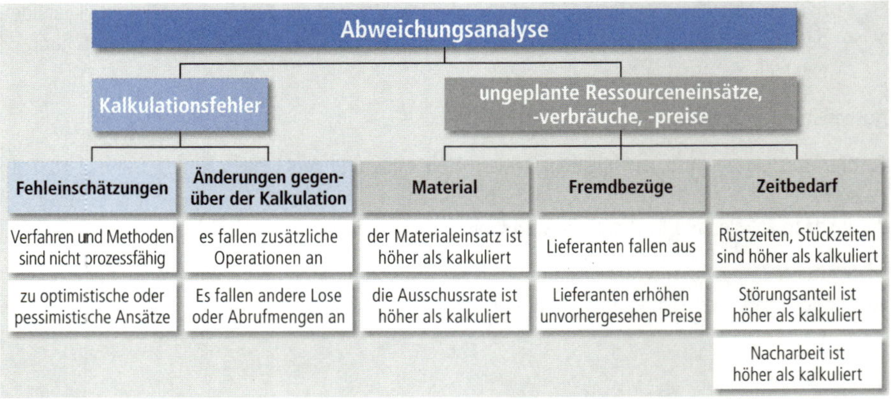

Abbildung III-117 Die wichtigsten Ursachen für Abweichungen zwischen Vorkalkulationen und mitlaufenden bzw. Nachkalkulationen

Verantwortung des IE für gezielten KVP

Abweichungsanalysen durchzuführen ist eine der wichtigsten Industrial-Engineering-Aufgaben in der dritten PEP-Phase. Unternehmen sind gut beraten, wenn sie ihr *Verbesserungsmanagement* auf Abweichungsanalysen gründen, weil man sich dann gezielt den produktivitäts- und profitabilitätsrelevanten Aspekten und Bereichen zuwendet.

3.5 Zusammenfassung

Stücklisten und Arbeitsplan

Aus betriebswirtschaftlicher Sicht werden mit Stücklisten und Arbeitsplänen die Produktionsfunktionen von Betrieben abgebildet. Aus technischer Sicht sind sie die »Rezepturen« für die Produktion. Sie haben deshalb eine grundlegende Bedeutung für alle technischen und kaufmännischen Prozesse. Fehlerhafte, nicht aktuelle oder lückenhafte Stücklisten und Arbeitspläne sind Indikatoren für unbeherrschte und risikobehaftete Geschäftsabläufe.

Stücklisten und Arbeitspläne entstehen in der Vorbereitungsphase des PEP, unter konstruktionstechnischen Gesichtspunkten bei der Produktentwicklung (vgl. Kapitel 2). In der Entstehungsphase werden sie unter produktionsorganisatorischen Gesichtspunkten umgesetzt, z. B. in Mengenübersichten oder Strukturschemata, wie z. B. Montage-Stücklisten und -arbeitspläne. Im Industrial Engineering, in der Zeitwirtschaft, sind sie mit Sollzeiten zu versorgen. Das wird in Teil IV, Kapitel 5 ausführlich erläutert.

Vorkalkulationen

Vor SOP durchgeführte Kalkulationen werden als Vorkalkulationen bezeichnet. Wenn diese bei Anfragen oder Akquisitionen zur Preisbildung oder -beurteilung verwendet werden, bezeichnet man sie als Angebotskalkulationen. Werden sie nach Auftragserteilung durchgeführt, nennt man sie Auftragskalkulationen. Vorkalkulationen werden für zwei Aufgabenstellungen benötigt:

1. Preisfindung mit Hilfe einer Vollkostenrechnung,
2. Preisakzeptanzprüfung, einschließlich der Ermittlung von Preisuntergrenzen mit Hilfe einer Teilkostenrechnung.

Aufgabe des Industrial Engineering

Eine wichtige Aufgabe des Industrial Engineering ist das Erstellen Technischer Kalkulationen. Dazu gehören die Ermittlung der notwendigen Material- und Ressourceneinsätze, also die Planung des mutmaßlichen Verbrauchs an Einsatzfaktoren. Die Filigranität Technischer Kalkulationen und die

Kostenartenstruktur sind branchenabhängig. Manche Unternehmen gliedern ihre Technische Kalkulation in die Blöcke:

1. Herstellkosten (= Materialkosten + Fertigungskosten + Logistikkosten),
2. Selbstkosten (= Herstellkosten + Werkzeug-/Vorrichtungs-/Prüfmittelkosten + Produkt-/Prozessentwicklungskosten).

Andere entscheiden sich für die Blöcke:

1. Einsatzmittel- und Fertigungskosten (= Materialkosten + Werkzeug-/Vorrichtungs-/Prüfmittelkosten + Fertigungskosten),
2. Entwicklungs- und Logistikkosten (= Produktentwicklungskosten + Prozessentwicklungskosten + Logistikkosten).

MTM-Verfahren, Planungstransparenz

Wichtiger als die Anwendung einer bestimmten Kostenartenstruktur ist die Sorgfalt bei der Planung des mutmaßlichen Verbrauchs an Einsatzfaktoren sowie die Entscheidung über die Eigenerstellung oder den Fremdbezug von Leistungen, insbesondere bei Werkzeugen, Vorrichtungen und Fertigungsvorgängen.

Bei allen Arbeitsprozessen, vom Werkzeugbau über die Fertigung bis hin zur Logistik, bietet das MTM-Verfahren aufgrund seiner hohen Planungstransparenz vier Vorteile:

1. Es wird die Voraussetzung dafür geschaffen, dass den Kunden bei Auftragserteilung gegenüber der Angebotskalkulation entstandene und von ihnen zu vertretende Änderungen anschaulich zu vermitteln sind.
2. Es wird eine Datenbasis angelegt, die es ermöglicht, bei Vorkalkulationen anderer Produkte oder Aufträge zumindest auf Teile der Vorkalkulation zurückzugreifen.
3. In Abweichungsanalysen können nicht nur Abweichungen identifiziert, sondern auch deren Ursachen begründet werden.
4. Produktionsalternativen (Varianten, Eigenerstellung vs. Fremdbezug) können detailliert verglichen und die Auswirkungen von Produkt- und Prozessmodifikationen simuliert werden.

Schließlich erlaubt es das MTM-Verfahren, aufgrund seiner Präventionsfähigkeit, Abläufe in virtuellen Arbeitssystemen so präzise zu planen, dass das Risiko fehlkalkulierter Arbeitsgänge gering ist.

4 Betriebliche Prozessbausteinsysteme

4.1 Überblick

Betriebliche Prozessbausteinsysteme sind ein wichtiger Bestandteil der Zeitwirtschaft (vgl. Teil IV, Kapitel 5). Beim *MTM-Produktivitätsmanagement* (vgl. Teil I, Abschnitt 3.5) werden drei Absichten durch betriebliche Bausteinsysteme unterstützt:

- minimierte Bearbeitungs- und Durchlaufzeiten,
- maximale Arbeitssystem-Produktivität,
- optimierter Wertstrom.

Bei der Prozessbausteinhierarchie (vgl. Teil I, Abschnitt 4.3.5) stehen die ersten drei Ebenen (Grundbewegung, Bewegungsfolge, Grundvorgang) für branchen- und unternehmensunabhängige Prozessbausteine. Die bereits höher aggregierten Standardvorgänge der Hierarchieebenen 4 bis 6 können die Anwendung beschleunigen, sind aber schon nicht mehr universell einsetzbar und müssen für ihre betriebliche Verwendung im Einzelfall geprüft werden. Für viele Unternehmen ist es daher sinnvoll, eigene, höher aggregierte Prozessbausteine zu entwickeln, um

- den Anwendungsaufwand bei der Prozessmodellierung zu reduzieren,
- einen höheren Abdeckungsgrad mit Prozessbausteinen bei vergleichbarem Aufwand zu erreichen,
- um den Pflege- und Änderungsaufwand bei den Prozessbausteinen zu reduzieren,
- eine transparente und einfach handhabbare Datenbasis für die Vorkalkulation, KVP-Maßnahmen oder eine umfassende Arbeitssystem-Gestaltung zu erreichen.

In diesem Kapitel werden die beim Entwickeln betrieblicher Prozessbausteine zu lösenden Aufgaben und ein standardisiertes Vorgehen nach drei Phasen geschildert, das Abbildung III-118 zu entnehmen ist.

<table>
<tr><th>Vorgehens-phasen</th><th colspan="2">Vorgehensschritte</th><th>Elemente der Prozess-baustein-Notation</th></tr>
<tr><td rowspan="4">Phase 1: Identifikation</td><td>1.1</td><td>Anwendungsbereich abgrenzen, Ziel und Verwendungszweck (z. B. Angebotskalkulation, Taktung) festlegen</td><td rowspan="4"></td></tr>
<tr><td>1.2</td><td>Bausteinbedarf durch Produkt- und Aufgabengliederung erheben</td></tr>
<tr><td>1.3</td><td>oberste Aggregationsebene festlegen und Rahmenbedingungen beschreiben</td></tr>
<tr><td>1.4</td><td>darunter liegende Aggregationsebenen gemäß der Anwendererfordernisse festlegen</td></tr>
<tr><td rowspan="3">Phase 2: Planung</td><td>2.1</td><td>Bezugsgrößen und Bezugsmengen festlegen</td><td rowspan="3">1. Bezeichnung
5. Faktor
6. Einflussgrößen
7. Kodierung</td></tr>
<tr><td>2.2</td><td>Zeiteinflussgrößen/Ausprägungen, anzuwendende MTM-Bausteinsysteme/Ergänzungstechniken sowie Ausmaß an Arbeitssystembeschreibung festlegen</td></tr>
<tr><td>2.3</td><td>Bezeichnung und Kodierung festlegen</td></tr>
<tr><td rowspan="3">Phase 3: Erstellung</td><td>3.1</td><td>Inhalt, Ablauf und Abgrenzung der Prozessbausteine festlegen</td><td rowspan="3">2. Inhalt
3. Ablauf
4. Abgrenzung des Bausteins
10. Beschreibung inkl. Begrenzung
11. Sollzeit</td></tr>
<tr><td>3.2</td><td>Sollzeiten ermitteln (MTM-Analyse)</td></tr>
<tr><td>3.3</td><td>Restriktionen (Begrenzungen und Anwendungsregeln) festlegen</td></tr>
</table>

Abbildung III-118 Vorgehen beim Entwickeln betrieblicher Prozessbausteinsysteme

4.2 Identifikation von Prozessbausteinen

4.2.1 Abgrenzen des Anwendungsbereichs

Verwendungszweck

Je nach Zweckbestimmung eines Prozessbausteinsystems sind die Bedingungen für das Erstellen, Anwenden und die Pflege verschieden. Folgende Sachverhalte sollten zu Beginn der Prozessbausteinentwicklung geklärt werden:

- Produkt-, Teile- und Verrichtungsspektrum,
- Auswahl der Arbeitssysteme, die Prozessbausteinen zu entwickeln sind,
- Ausbildungsstand und Kapazität des für die Entwicklung verfügbaren Personals,
- fachliche Voraussetzungen der Nutzer der Prozessbausteine,
- Informationstransfer aus vorhandenen Prozessplanungsunterlagen,
- notwendige Prozessauflösung,
- geforderte Anwendungsgeschwindigkeit,
- angestrebte Übertragbarkeit auf andere Anwendungsbereiche,
- Bedingungen aus den arbeitsrechtlichen Regelungen.

Anwendungsbereich

Abbildung III-119 ist zu entnehmen, dass bei der Identifikation von Prozessbausteinen zuerst jene betrieblichen Bereiche festgelegt werden, für die man Bausteine benötigt. *Anwendungsbereiche* stehen für Arbeitssysteme, die ähnliche Aufgaben erfüllen (z. B. Kundendienst, Vormontage), in denen ähnliche Betriebsmittel und Arbeitsgegenstände vorliegen und für die es deshalb gleiche oder ähnliche Prozessbausteine geben wird. Um Anwendungsbereiche abzugrenzen, gliedert man die betrieblichen Leistungsbereiche so, dass sie ähnliche Arbeitssysteme repräsentieren. Dadurch erhofft man sich, die innerhalb eines Anwendungsbereichs identifizierten Prozessbausteine in mehreren Arbeitssystemen verwenden zu können.

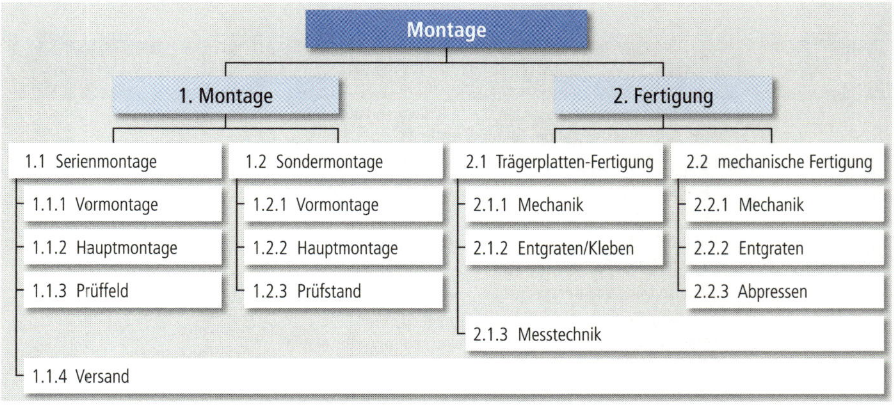

Abbildung III-119 Beispiel für die Festlegung eines Anwendungsbereichs von Prozessbausteinen

4.2.2 Erheben des Prozessbausteinbedarfs

Nun sind die in den Anwendungsbereichen zu erfüllenden Aufgaben zu erheben. Prozessbausteine werden für Abläufe mit planmäßigen Vorkommnissen gebildet. Im Teil II, Abschnitt 4.2 wurde erläutert, was planmäßig auftretende Vorkommnisse sind.[170] Beim Ermitteln des *Prozessbausteinbedarfs*[171] werden Aufgabenanalysen durchgeführt, wie in Teil II, Abschnitt 3.3 beschrieben. Abbildung III-120 ist ein Ausschnitt aus einer unter TiCon® verwalteten Aufgabenstruktur zu entnehmen, die für die spätere Prozessbausteinstruktur steht, also die geplanten Prozessbausteine ausweist.

Aufgaben

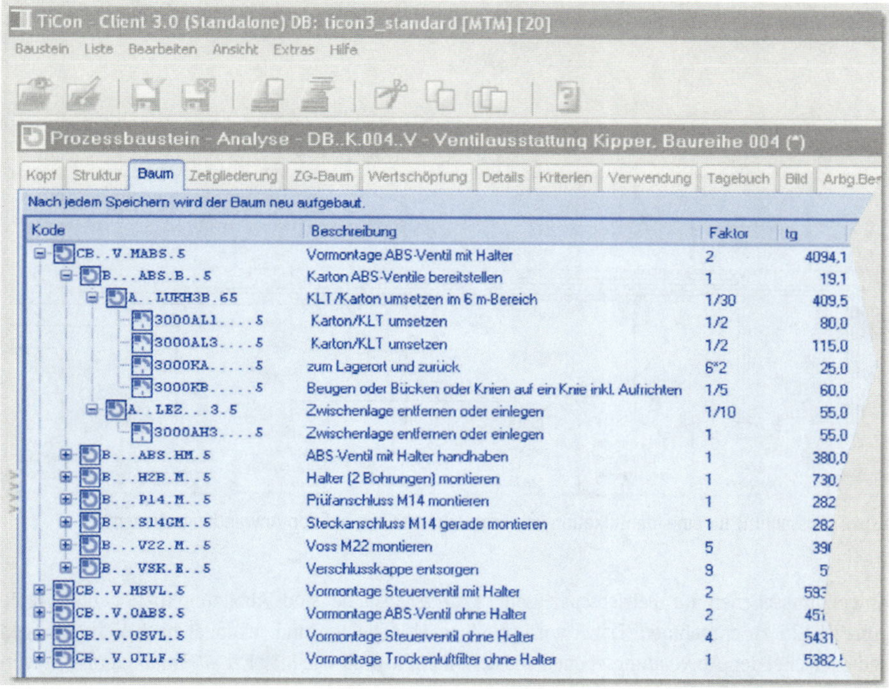

Abbildung III-120 Beispiel (Ausschnitt) für eine Aufgabengliederung zur Identifizierung von Prozessbausteinen

4.2.3 Festlegen der Anwendungsebenen

In Teil II wurde bei der Aufgabenanalyse und -synthese erläutert, wie Aufgaben und Prozessbausteine zu benennen sind. Auf den Standardvorgangsebenen (Vorgangsschritt, Vorgangsfolge, Arbeitsvorgang) werden sie durch mindestens einen Objekt- und Verrichtungsbegriff bezeichnet (z. B. Kabel abmanteln, Reibahle in Bohrfutter einsetzen). Zuerst werden Prozessbausteine für besonders häufig vorkommende Verrichtungen (z. B. Schrauben, Transportieren, Normteile montieren) entwickelt, die ein hohes Ausmaß an Allgemeingültigkeit haben. Die Deduzierungsprinzipien[172] beim Bilden von

170 Die Berücksichtigung nicht planmäßig auftretender Vorkommnisse im Rahmen von Verteilzeitzuschlagssätzen wurde bereits im Teil II, Abschnitt 4.3.5 erläutert, so dass dieses Thema hier nicht zu behandeln ist.

171 Mutmaßlich deshalb, weil noch nicht darüber entschieden wurde, ob die identifizierten Aufgaben nicht durch Kombinationen und Verdichtungen mit einer geringeren Menge an Prozessbausteinen »abzudecken« sind.

172 Damit ist gemeint, dass es verschiedene Prinzipien gibt, die man bei der Bildung der hierarchischen Gliederungsebenen verwendet, nach denen man den »Verzweigungsgang« betreiben kann.

Standardvorgängen wurden bereits in Teil I, Abschnitt 4.3.5 mit den Hierarchieebenen des MTM-Prozessbausteinsystems beschrieben. Die Anwender müssen die dort angeführten Definitionen der Hierarchieebenen kennen.

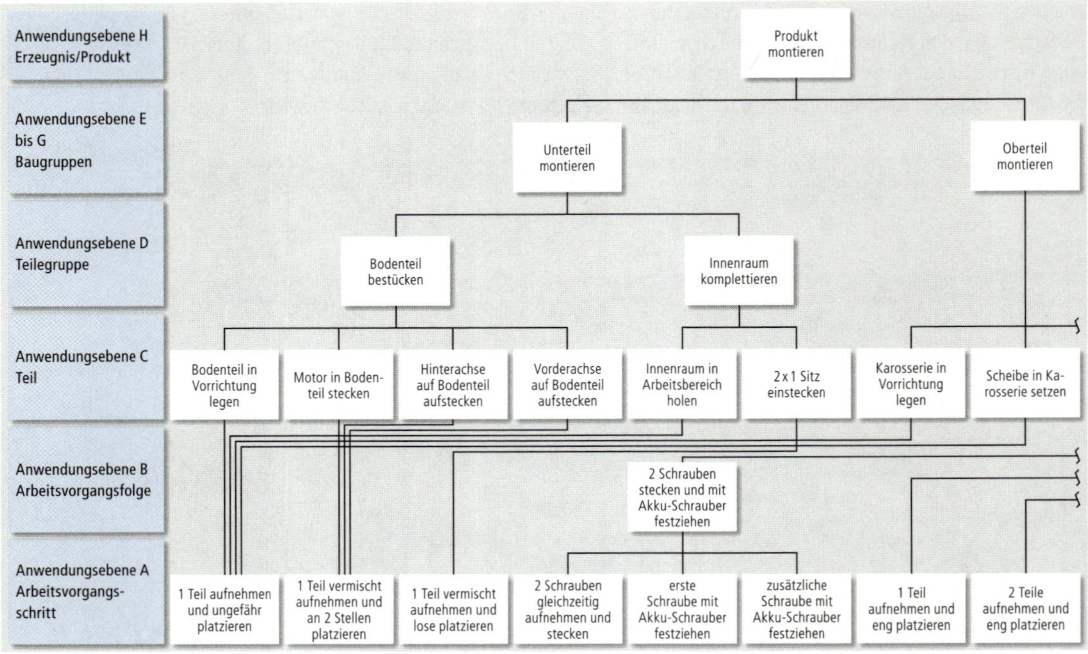

Abbildung III-121 Beispiel (Ausschnitt) für eine Identifikation von Prozessbausteinen auf den Anwendungsebenen

Anwendungsebenen

Anwendungsebenen für betriebsspezifische Prozessbausteine sind Abbildung III-121 und Abbildung III-125 zu entnehmen. Dabei wird primär nach Objekten und sekundär nach Verrichtungen deduziert. Bei den Anwendungsebenen versucht man, so weit wie möglich *allgemeingültige*, universell verwendbare *Prozessbausteine* zu bilden, die

1. produktneutral, zumindest aber bei den meisten Produkten verwendbar und
2. arbeitssystemneutral, zumindest aber für die meisten Arbeitssysteme gültig sind.

Auf der Ebene A erfasste Aufgaben kommen häufig in gleicher Weise und unter gleichen Arbeitsbedingungen vor, wie z. B. Schraubarbeiten, Klebearbeiten, Transportarbeiten. Prozessbausteine der Ebene B entstehen durch Kombination von Prozessbausteinen der Ebene A, z. B. indem man ein »Ansetzen und Andrehen von Schrauben« und ein »Schraubeneindrehen mit Maschinenschrauber« zu einem komplexeren Baustein zusammenfasst. Auch dieser ist noch allgemeingültig. Werden dagegen zwei oder mehr Prozessbausteine der Ebene B kombiniert und in die Ebene C eingestellt, entsteht bereits ein produkt- oder arbeitssystemspezifischer Prozessbaustein (vgl. Abbildung III-121). Ab diesen Ebenen entstehen so nur noch für bestimmte Produkte oder Arbeitssysteme gültige Prozessbausteine.

4.2.4 Prinzipien der Prozessbaustein-Aggregation

Im Abschnitt 4.2.2 wurde erläutert, wie man Prozessbausteine identifiziert und durch Deduzieren von Aufgaben[173] den mutmaßlichen Bausteinbedarf festlegt. Um möglichst wenige Prozessbausteine zu erhalten, versucht man diese so zu aggregieren, dass sie für mehrere Aufgaben gelten. Bei der *Prozessbaustein-Aggregation* (Verdichtung) gibt es zwei Richtungen:

Aggregation von Prozessbausteinen

1. Horizontale Aggregation (Segmentierung): Es werden ähnliche Prozessbausteine auf der gleichen Hierarchieebene zusammengefasst, um die Anzahl notwendiger Bausteine zu verringern. Dabei entstehen umfassendere, aber keine komplexeren Bausteine.
2. Vertikale Aggregation (Kaskadierung): Es werden in einem prozesslogischen Zusammenhang stehende Prozessbausteine aus einer, seltener auch aus mehreren Hierarchieebenen zusammengefasst, um die Anzahl notwendiger Bausteine zu verringern. Dabei entstehen umfassendere und komplexere Bausteine.

Jede Aggregationsrichtung steht für bestimmte Aggregationsprinzipien. Für die horizontale Aggregation gibt es sechs Aggregationsprinzipien:

Aggregationsprinzipien, horizontal

1. Mittelwertbildung: Weichen die Sollzeiten gleichartiger Bausteine nur gering voneinander ab und haben diese nur einen geringen Anteil an der Auftragszeit, können sie unter einer mittleren Sollzeit zusammengefasst werden.

Baustein	Zeit in TMU	Abweichung vom Mittelwert in %
Ein-/Zweinutzenform ausblasen	613	+ 0,2
Dreinutzenform ausblasen	590	– 3,6
Viernutzenform ausblasen	633	+ 3,4
Formen ausblasen	612	

2. Häufigkeitsgewichtung: Unterscheiden sich die Sollzeiten mittlerer bis großer gleichartiger, unterschiedlich häufig vorkommender Bausteine, können sie unter einem häufigkeitsgewichteten Mittelwert zusammengefasst werden.

Baustein	Zeit in TMU	Häufigkeit/ 1.000 Stück	Gewichtungsfaktor	häufigkeitsgewichtete Zeit in TMU
Späne ausblasen	120	8	0,8	96
Späne in Sammelbehälter fegen	230	1,5	0,15	45
Späne in Behälter kippen	240	0,5	0,05	12
Späne handhaben			1	153

3. Einflussgrößenelimination: Bei kleinen bis mittleren Bausteinen können ggf. insignifikante Zeiteinflussgrößen zu verschiedenen Sollzeiten führen. Eliminiert man diese, gelangt man durch Mittelwertbildung oder Häufigkeitsgewichtung zu einem komplexeren Baustein. Beim unter 1. angeführten Beispiel hängt die Sollzeit von zwei Einflussgrößen ab, der »Nutzenzahl« und der »Fläche«. Eliminiert man die Einflussgröße »Nutzenzahl«, führt das zu ca. 3 % Abweichung vom Mittelwert. Da die »Fläche« noch insignifikanter als die »Nutzenzahl« ist, ist diese ebenfalls zu vernachlässigen.

173 Durch das Gliedern einer Aufgabe entstehen Teilaufgaben, ggf. über mehrere Gliederungsebenen hinweg. Die dabei entstehenden Äste des Gliederungsbaumes nennt man Aufgabenstrings. Die am Ende des Deduktionsgangs, am Ende der Aufgabenstrings, entstandenen kleinsten Aufgabenteile nennt man Unteraufgaben.

4. Reduzierung der Ausprägungen: Bei kleinen bis mittleren Bausteinen führen Ausprägungsstufungen der Zeiteinflussgröße oft nur zu geringen Sollzeiten-Stufungen. Dann kann man die Anzahl Bausteine durch gröbere Stufung reduzieren. Bei der Einflussgröße »Teilezahl« wurden die Ausprägungen z. B. um eine Stufe reduziert.

Teilezahl je Transport	Transportweg in m					
	≤ 2		> 2 bis ≤ 5		> 5 bis ≤ 10	
≤ 3 Teile	150 TMU		225 TMU		320 TMU	
> 3 Teile bis ≤ 8 Teile	180 TMU	185 TMU	240 TMU	250 TMU	340 TMU	350 TMU
> 8 Teile bis 15 Teile	190 TMU		260 TMU		360 TMU	

5. Bausteinsubstitution: Wenn sich die Sollzeiten eines selten und eines häufig vorkommenden gleichartigen Bausteins unterscheiden, kann man den selten vorkommenden Baustein durch den häufig vorkommenden ersetzen. Dabei verwendet man eine abstrakte Bezeichnung[174], der zu entnehmen ist, dass beide eingeschlossen sind. Bei dem unter 2. angeführten Beispiel kommt es gelegentlich (ca. alle 75 Teile) vor, dass Späne durch Ausblasen nicht zu entfernen und mit einem Stichel herauszukratzen sind. Die Sollzeit beträgt zwar 40 TMU mehr, aber angesichts der geringen Äquivalenz (1/75 = 0,013) wirkt sich das nicht aus (40 TMU × 0,013 = 0,52 TMU), denn für den Substitutionsbaustein »Späne entfernen« wird ebenfalls die Sollzeit von 120 TMU verwendet.

Baustein	Zeit in TMU	Äquivalenz	Äquivalenz-faktor	äquivalenzgewichtete Zeit in TMU
Späne ausblasen	120	1	1	120,00
Späne herauskratzen	160	75	0,013	120,52
Späne entfernen				120

6. Funktionsbildung: Nach ihrem funktionalen Verhalten[175] werden Prozessbausteine unterschieden nach einem
   - konstanten Bestandteil: stets vorkommend, z. B. »Teil spannen und erste Schraube lösen« (310 TMU) und
   - variablen Bestandteil (sog. Ergänzungswerte): zusätzlich vorkommend, z. B. »weitere Schraube lösen« (90 TMU).

Baustein	Zeit in TMU	Differenz/Schraube	Funktion
Teil spannen und eine Schraube lösen	310	—	310 TMU
Teil spannen und zwei Schrauben lösen	400	90 TMU	90 TMU je weitere Schraube
Teil spannen und vier Schrauben lösen	580	270 TMU	
Teil spannen und acht Schrauben lösen	940	630 TMU	

Bei der vertikalen Aggregation werden zwei Aggregationsprinzipien unterschieden:

Aggregationsprinzipien, vertikal

1. Sequenzielle Addition: Zwischen den Prozessbausteinen gleicher oder verschiedener Hierarchieebenen bestehen prozesslogische, sequenzielle Zusammenhänge. Dann kann man diese zu einem komplexeren Baustein zusammenfassen und den Baustein einer höheren Ebene zuordnen. Für

174 Dieses Prinzip wird auch als Abstraktionsprinzip bezeichnet.

175 Aus mathematischer Sicht handelt es sich bei den Konstanten um eine linear-inhomogene Funktion vom Typ $t = a + bx$, bei der Variablen um eine Funktion vom Typ $t = bx$. In der Praxis wird das auch als »Erster-und-weiterer-Prinzip« bezeichnet.

eine Montagearbeit gibt es z. B. die Bausteine »20 Teile von der Palette auf den Arbeitstisch setzen« (285 TMU) und »20 Teile vom Arbeitstisch auf die Rollenbahn schieben« (135 TMU). Beide treten gleich häufig auf. Deshalb werden sie nach dem Prinzip der sequenziellen Addition zum Baustein »Teil auf den Arbeitstisch setzen und absetzen« (= 420 TMU/20 Teile = 21 TMU/ Teil) zusammengefasst.

2. Häufigkeitsgewichtung: Prozessbausteine gleicher oder verschiedener Hierarchieebenen treten in unterschiedlicher Kombination und Häufigkeit auf. Dann wird, wie bei der horizontalen Aggregation erläutert, ein gewichteter Mittelwert bestimmt. Wären im vorstehenden Beispiel beim ersten Baustein 30 Teile und beim zweiten Baustein 10 Teile zu handhaben, würde man sie häufigkeitsgewichten, also die Sollzeit bestimmen nach 285 TMU / 30 Teile + 135 TMU / 10 Teile = 23 TMU/Teil.

4.2.5 Arbeitssystemübergreifend gültige Prozessbausteine

Es wird versucht, solche Prozessbausteine zu identifizieren, die in mehreren Arbeitssystemen zu verwenden sind. Im ersten Schritt wurden die Anwendungsbereiche unter dem Gesichtspunkt der Synergiegewinnung abgegrenzt. Nun wird geprüft, ob Synergien wirklich entstehen. Das kann z. B. bei Prüfaufgaben, bei Informationsaufnahmen und -abgaben, bei der Zu- und Abführung sowie dem Transport von Werkstücken oder bei Standardverrichtungen (Bohren – Senken – Nieten) der Fall sein.

Arbeitssystemübergreifend gültige Prozessbausteine sind den Hierarchieebenen A oder B zuzuweisen (vgl. Abbildung III-125). Bei der nun folgenden Planung der Prozessbausteinerstellung ist zu prüfen, welche Einflussgrößen in den artgleichen Arbeitssystemen auftreten und was zu berücksichtigen ist, damit diese Prozessbausteine später tatsächlich arbeitssystemübergreifend gültig sind.

4.3 Planung der Prozessbausteinerstellung

4.3.1 Planen von Bezugsgrößen und -mengen

In der Planungsphase sind für jeden Prozessbaustein zu planen:

1. Ablaufabschnittsbenennung und -kodierung,
2. Bezugsgrößen und Bezugsmengen,
3. Zeiteinflussgrößen und deren Ausprägungen,
4. zu verwendendes MTM-Bausteinsystem und ggf. Ergänzungstechniken.

Bezugsgröße, Bezugsmenge

Bezugsgrößen werden durch praktische Überlegungen bestimmt. Bei der Wahl der *Bezugsmenge* sollte man möglichst Stückbezüge wählen, weil mit Sollzeiten letztlich Zeiten je Einheit (z. B. »Stückzeiten«) zu bestimmen sind (vgl. Abbildung III-122). Die Bezugsgröße kann von Prozessbaustein zu Prozessbaustein wechseln und gilt oft für ganze Produktgruppen.[176] Die Bezugsmenge ist ein Vielfaches, das Einfache oder der Bruchteil der Mengeneinheit der Bezugsgröße. Mit diesem ist die Sollzeit eines Prozessbausteins zu multiplizieren, um die Sollzeit rechnerisch korrekt zu bestimmen.

176 Beispielsweise werden in Druckereien im Allgemeinen nur zwei Bezugsgrößen verwendet. Bis zur Druckstockerstellung wird die Bezugsgröße »Auftrag« (z. B. pro 1 Auftrag die Bezugsmenge = 1 Stück), danach die Bezugsgröße »Bogenzahl« (z. B. pro 1.000 Bögen, also die Bezugsmenge 1.000 Stück) verwendet.

Bezugsgröße:	Gerät	Anzahl pro 1 Gerät*	Bezugsmenge
Bezugsmenge:	1 Stück		
Prozessbausteine:			
1	Gerät auf den Tisch stellen	1	1
2	15 Schrauben auf den Tisch legen	4	4 / 15 = 0,27 pro Stück
3	bei jedem 5. Gerät Lötstelle prüfen	1	1 / 5 = 0,20 pro Stück
4	Karton mit 10 Geräten abstellen	1	1 / 10 = 0,10 pro Stück
5	Palette mit 5 Kartons transportieren	1	(1 / 5) / 10 = 0,02 pro Stück

*Jedes Gerät erhält 4 Schrauben und 1 Lötstelle.

Abbildung III-122 Beispiel für die Bestimmung von Bezugsgrößen und -mengen

4.3.2 Planen von Zeiteinflussgrößen

Zeiteinflussgrößen

Nach dem Zuweisen der Bezugsgrößen und -mengen sind für die Prozessbausteine die signifikanten[177] Zeiteinflussgrößen zu planen. Erst in der dritten Phase, nach der Ermittlung der Sollzeiten, ist der Nachweis zu erbringen, ob die geplanten Zeiteinflussgrößen wirklich signifikant sind. Erfahrungsgemäß sind die meisten Praktiker in der Lage, signifikante Zeiteinflussgrößen so zu planen, dass spätere Modifikationen nur selten erforderlich sind.

Bezugsgröße:	Ventil		Bezugsmenge bei					Zeiteinflussgrößen								
Bezugsmenge:	1 Stück															
Prozessbausteine:																
Nr.	Objekt	Verrichtung	Anzahl	ABS-Ventil	Trockenluftfilter	Steuerventil	Bremsventil	Gewicht > 1 daN	Entfernung in m	Entfernungsbereich	Bücken/Beugen	Aufnehmen	Platzieren	Anzahl Platzierstellen	Betätigen	Anzahl Bewegungszyklen
1	Karton ABS-Ventile	in Arbeitsbereich holen	1	1/30				10	6		1/5					
2	Zwischenlage	entfernen	1	1/10				sperrig	3			leicht	ungef.			
3	Gehäuse ABS-Ventil	in Arbeitsbereichsmitte holen	1	1						2		leicht	ungef.			
4	Gehäuse ABS-Ventil	in Vorrichtung setzen	1	1						2			lose	2		
5	Verschlusskappe	entsorgen	1	9		10				3		leicht	ungef.			
6	Vorrichtung	spannen und lösen	1	1						2					zus.	
7	Vorrichtung	schwenken	1	2						2					einfach	
8	ZB ABS-Ventil	in Karton ablegen	1	1						3		leicht	ungef.			
9	Karton ZB ABS-Ventile	zum Lagerort transportieren	1	1/30				11	6		1/5					
10	Zwischenlage	einlegen	1	1/10						3		leicht	ungef.			
11	KLT Gehäuse Steuerventil	in Arbeitsbereich holen	1			1/12		10	4		1/5					
12	Gehäuse Steuerventil	in Arbeitsbereichsmitte holen	1			1				2		leicht	ungef.			
13	Gehäuse Steuerventil	in Vorrichtung setzen	1			1				2			lose	2		
14	Vorrichtung	spannen und lösen	1			1				2					zus.	

Abbildung III-123 Beispiel für die Planung von Zeiteinflussgrößen (Ausschnitt)

177 Signifikant bedeutet wichtig oder wesentlich. Eine Zeiteinflussgröße ist dann signifikant, wenn ihre Verwendung bzw. der Verzicht auf ihre Verwendung einen praktisch bedeutsamen Einfluss auf die Höhe der Sollzeit eines Prozessbausteins hat.

Dem in Abbildung III-123 angeführten Beispiel ist zu entnehmen, wie zu Prozessbausteinen die

- Bezugsgrößen und -mengen sowie
- Zeiteinflussgrößen und Ausprägungen geplant werden.

Planung der Zeiteinflussgrößen

Zeiteinflussgrößen sind sehr detailliert zu planen, wenn der Prozesstyp 1 vorliegt und man MTM-1 anwendet. Beim Prozesstyp 2 (UAS) und beim Prozesstyp 3 (MEK) nimmt die notwendige Granularität ab. Die Planung der Zeiteinflussgrößen und ihrer Ausprägungen wird benötigt

1. als Basis für die Kodierung, weil die Zeiteinflussgrößen der wesentlichste Verschlüsselungssachverhalt sind, und
2. als Leitlinie für die Ermittlung der Sollzeiten, weil darin festgelegt wird, welches MTM-Bausteinsystem anzuwenden und bei welchen Prozessbausteinen Ergänzungstechniken einzusetzen sind.

Der *Einflussgrößenplanung* ist zu entnehmen,

- inwieweit vorhandene Prozessbausteine zu nutzen oder zu modifizieren sind,
- ob verschiedene Prozessbausteine zwar unterschiedliche Benennungen haben, inhaltlich aber vergleichbar sind. Dann werden sie, ggf. durch Abstraktion, zu einem Baustein zusammengefasst.
- ob zu den Arbeitssystemen ein Gestaltungsbedarf vorliegt, weil man keine Bausteine entwickeln möchte, die man in absehbarer Zeit verändern will.

Bei der Einflussgrößenplanung ist zu prüfen, ob die Verwender der Prozessbausteine deren Ausprägungen vor Auftragsbeginn bestimmen können.[178]

4.3.3 Qualitätsforderungen an Prozessbausteine

Prozessbausteinqualität

Im Teil II, Abschnitt 5.4 wurde erläutert, was man unter Prozessbausteinqualität versteht und welche Qualitätsforderungen an Prozessbausteine zu stellen sind. Eine hohe Stabilität wird erreicht, wenn sie wie hier erläutert beschrieben werden und die Entwickler ausreichend qualifiziert sind. Die Anforderungen an die Reproduzierbarkeit von Prozessbausteinen sind umso höher, je breiter ihr Verwendungsspektrum ist. In manchen Unternehmen will man sie in anderen inländischen Standorten und in anderen Ländergesellschaften anwenden. In jedem Unternehmen will man sie aber zumindest auf künftige ähnliche Arbeitssysteme übertragen. Je höher die Anforderungen an die Übertragbarkeit sind, desto reproduzierbarer sind Prozessbausteine zu dokumentieren.

Beim Planen der Bezugsgrößen und -mengen sowie der Zeiteinflussgrößen sind auch die anzuwendenden MTM-Bausteinsysteme und Ergänzungstechniken festzulegen. Eine hohe Validität wird erreicht, indem man

1. ein prozesstypadäquates MTM-Bausteinsystem bestimmt und
2. dieses so weit wie technisch möglich anwendet, also
3. den Einsatz von Ergänzungstechniken auf ein Mindestmaß beschränkt.[179]

Das MTM-Bausteinsystem und die eingesetzten Ergänzungstechniken werden in der Prozessbaustein-Kodierung vermerkt. Je höher die Anforderungen an die Übertragbarkeit der Prozessbausteine

178 Die Zeitstandards müssen vor Auftragsbeginn vorliegen, d.h. bevor man einen realen Arbeitsvollzug sowie die Bedingungen im Arbeitssystem beobachten kann. Das ist nur möglich, wenn die Verwender der Prozessbausteine die Ausprägungen der Zeiteinflussgrößen ebenfalls ohne Beobachtung eines realen Arbeitsvollzugs vorherbestimmen können.

179 Im Teil II, Abschnitt 5.4 wurde erläutert, welche Bedeutung diese Maßnahmen auf die System- und Anwendungsabweichung und damit auf die Validität von Prozessbausteinen haben.

sind, desto präziser müssen der Geltungsbereich und die Anwendungsvoraussetzungen beschrieben werden.

4.3.4 Festlegen der Prozessbausteinbezeichnung und -kodierung

Kodierung

Das Prinzip der Prozessbaustein-Kodierung hängt nicht davon ab, ob man TiCon® nutzt oder Analysen mit Tabellenkalkulationen erstellt. In beiden Fällen strebt man eine effektive Kodierung an, weil das die Voraussetzung für die effektive Verwendung der Prozessbausteine und für einen sicheren Änderungsdienst ist. Prozessbausteine lassen sich also, mit ein paar Einschränkungen, grundsätzlich auch ohne TiCon® entwickeln, z. B. in Form von Datenkarten oder Kalkulationsblättern. Ein effektiver und effizienter Änderungsdienst ist dagegen ohne TiCon® nicht möglich.

In den folgenden Ausführungen werden die dem MTM-Prozessbausteinsystem zu Grunde liegenden Kodierungsprinzipien erläutert.

1. Produktneutrale Kodierung: Verschlüsselungsschema für überbetriebliche und damit produktneutrale Prozessbausteine.
2. Produktspezifische Kodierung: Verschlüsselungsschema für betriebliche und damit produktspezifische Prozessbausteine.

Bei beiden Prinzipien handelt es sich um keine zwingenden Vorschriften, sondern um vielfach bewährte Schemata der Deutschen MTM-Vereinigung e. V., denen viele Unternehmen folgen. Das betrifft sowohl die 12 Kodierungsstellen[180] als auch die zu kodierenden Sachverhalte.

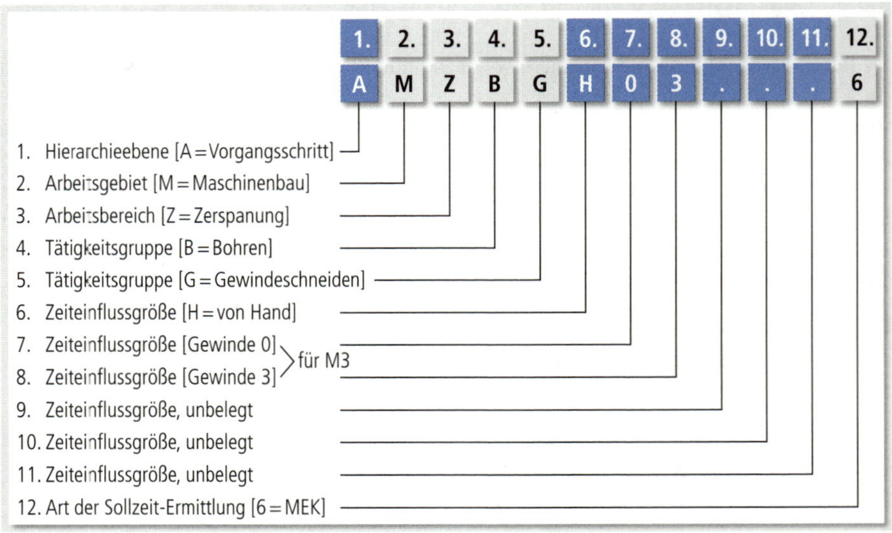

Abbildung III-124 Kodierungsbeispiel für produktneutrale Prozessbausteine

180 Beispielsweise sind bei TiCon® 50 Kodierungsstellen zugelassen. Es wird jedoch relativ wenige Unternehmen geben, die mehr als 12 Kodierungsstellen benötigen.

Das der Abbildung III-124 zu entnehmende Beispiel zeigt ein Verschlüsselungsschema für produktneutrale Prozessbausteine, bei dem produktneutrale Arbeitsinhaltsbeschreibungen und Zeiteinflussgrößen verwendet werden.[181] Es gibt vier Verschlüsselungssachverhalte:

1. Hierarchieebene (1. Stelle, vgl. Abbildung III-125),
2. Arbeitsinhalts- oder Aufgabenspezifikation (2. bis 5. Stelle, vgl. Abbildung III-126),
3. Zeiteinflussgrößen (6. bis 11. Stelle) und
4. Art der Sollzeit-Ermittlung (12. Stelle).

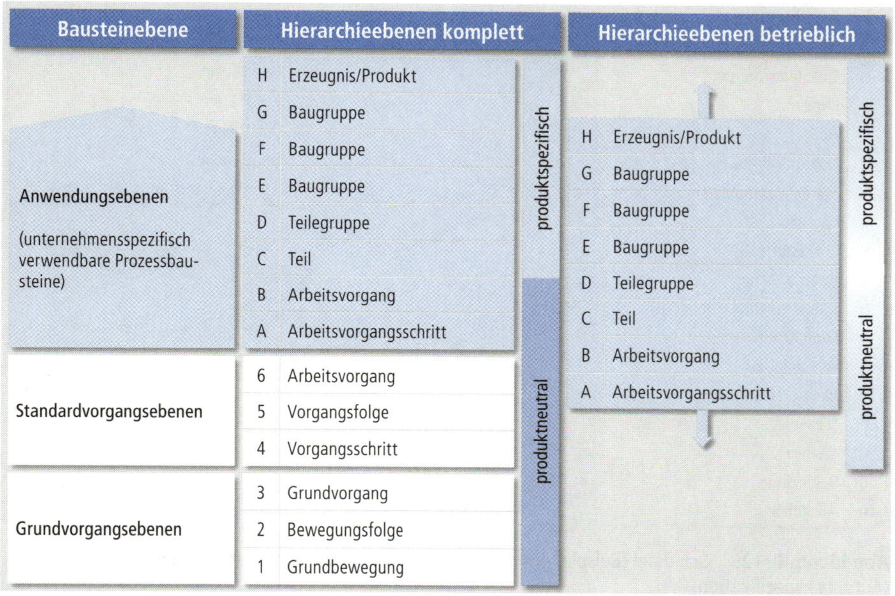

Abbildung III-125 Schlüssel (Beispiel) für die Kodierung der ersten Stelle (Hierarchieebene)

Für die Kodierung der ersten Stelle gibt es aufgrund der standardisierten Hierarchieebenen des MTM-Hierarchiekonzepts eine zwingende Vorgabe.[182] Die Arbeitsinhalts- bzw. Aufgabenspezifikation ist dagegen nicht zwingend, jedoch verbreitet. Konzeptionelle Grundlage ist das Abbildung III-126 zu entnehmende, von der Deutschen MTM-Vereinigung e. V. praktizierte Schema, bei dem in der

- zweiten Stelle das Arbeitsgebiet angeführt wird,
- dritten Stelle der Arbeitsbereich ausgewiesen wird (hier »M – Metall/Maschinenbau«),
- vierten Stelle nach der Tätigkeitshauptgruppe differenziert wird, das ist eine Untermenge des Arbeitsbereichs (im vorliegenden Beispiel von »Z – Zerspanen«),

181 Bei der produktspezifischen Kodierung werden produktbegründete und damit betriebsspezifische Zeiteinflussgrößen verwendet. Die beiden Kodierungsprinzipien stehen also für zwei verschiedene Prinzipien der Definition von Zeiteinflussgrößen.

182 Logisch nicht ganz befriedigend ist die Einlagerung von Prozesszeiten, z. B. betriebsspezifische Zerspanungsformeln oder Pressenhubzeiten. Dafür bieten sich zwei Lösungen an. Einerseits entspricht ihre Bausteinkomplexität jener der Hierarchieebene »1«, denn sie sind nicht »weiter zu unterteilen«. Andererseits handelt es sich um betriebsspezifisch verwendbare Prozessbausteine, die ab der Hierarchieebene »A« eingelagert sind. Zwischen diesen beiden Möglichkeiten kann man sich entscheiden. Praktische Vor- oder Nachteile birgt keine dieser beiden Lösungen.

2.	Arbeitsgebiet
Z	Agrar-/Forstwirtschaft
Y	Bau
X	Sozialbereich
W	Werkzeugbau u. ä.
V	Verwaltung/Administration
U	Handel und Transport
T	Textil
S	Schiffbau
R	Reinigung/Dienste
Q	Qualitätssicherung
P	Papier
O	Holz
N	Nahrungsmittel
M	Metall/Maschinenbau
L	Logistik
K	Kunststoffe
I	Instandhaltung
H	Handwerker (alle Bereiche)
G	Grundstoffe
F	Fahrzeugbau
E	Elektro/Elektronik
D	Dienste
C	Chemie
B	Bekleidung
A	Allgemein

3.	Arbeitsbereich
Z	Zerspanen
V	Verbinden
U	Umformen etc.
T	Trennen
S	Spanlose Bearbeitung
P	Pressen/Umformen
M	Montieren (lösbar)
B	Beschichten
A	Allgemein

4.	Tätigkeitsgruppe
W	Werkzeug verwenden
S	Schleifen
R	Reinigen
P	Packen
O	Oberflächen behandeln
N	N-/NC-Drehen
K	Kopierdrehen
J	Justieren
I	Informationen verarbeiten
H	Hobeln
F	Fräsen
D	Drehen
B	Bohren
A	allgemeine Angaben

Abbildung III-126 Schlüssel (Beispiel) für die Kodierung der zweiten bis vierten Stelle (Aufgabenspezifikation)

Abbildung III-124 ist zu entnehmen, dass man bis zu sechs Zeiteinflussgrößen berücksichtigen kann. Das wird nur selten ausgeschöpft. Im Beispiel werden die Einflussgrößen-Stellen wie folgt genutzt:

- Fünfte Stelle: Tätigkeitsuntergruppe, z. B. »G = Gewindeschneiden«.
- Sechste Stelle: Ausführungsart, z. B. »H = Gewindeschneiden von Hand«.
- Siebente und achte Stelle: Werkstückausprägungen, z. B. »03« für Gewinde M3, »05« für Gewinde M4/M5, »10« für Gewinde M6 bis M10.
- Neunte bis elfte Stelle: Man hätte weitere Einflussgrößen berücksichtigen können, z. B. Material, Gewindetiefe oder Lochart, worauf hier verzichtet wurde.
- Zwölfte Stelle: Die Art der Sollzeit-Ermittlung wird verschlüsselt, z. B. steht die Schlüsselziffer »6« für MEK.

Dieser produktneutralen Kodierung können praktisch alle Unternehmen folgen. *Kodierungsmodelle* für produktspezifische Prozessbausteine sind dagegen betriebsspezifisch festzulegen, z. B. aufgrund von Branchenspezifika, Eigenheiten der Produkte und Fertigungstypologien (z. B. Kundenauftragsfertigung versus Serienfertigung) oder logistischen Konzepten. Das Abbildung III-127 zu entnehmende Schema ist deshalb nur ein Beispiel. Wichtig ist eine Richtlinie für die betriebsspezifische Kodierung zu schaffen, durch Involvierung der Beteiligten und Betroffenen abzusichern und in das Produktionssystem aufzunehmen.

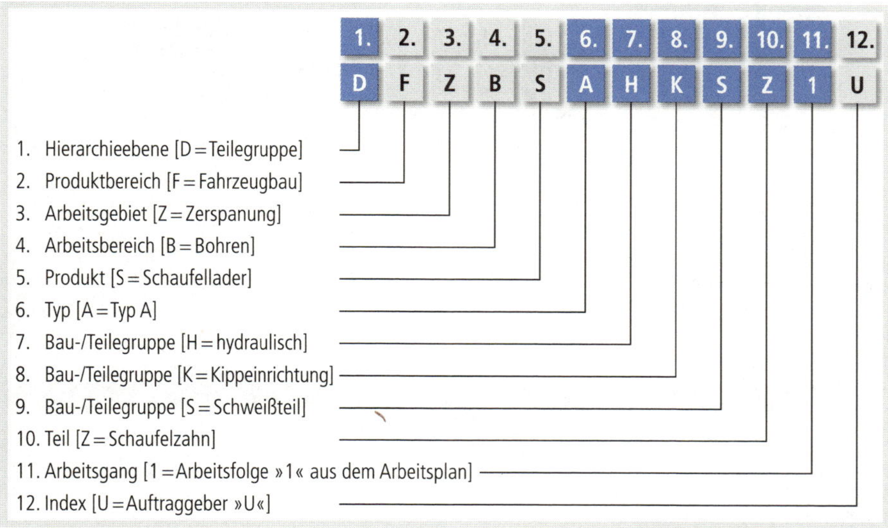

Abbildung III-127 Kodierungsbeispiel für produktspezifische Prozessbausteine

Abbildung III-128 zeigt eine betriebsspezifische Kodierung, basierend auf dem in Abbildung III-127 angeführten Kodierungsmodell. Es handelt sich um noch produktneutrale Prozessbausteine[183] (vgl. Abbildung III-125) der Hierarchieebene A (betriebliche Standardbausteine). Darüber rangieren noch produktneutrale Prozessbausteine der Hierarchieebene B (Teile und Zusammenbauten). Die Prozessbausteine der weiteren Hierarchieebenen C (Teile) und D (Teilegruppen) sind dann produktspezifisch.

183 Das bedeutet nicht, dass diese unternehmensinternen produktneutralen Prozessbausteine ohne Weiteres auf andere Unternehmen übertragen werden können.

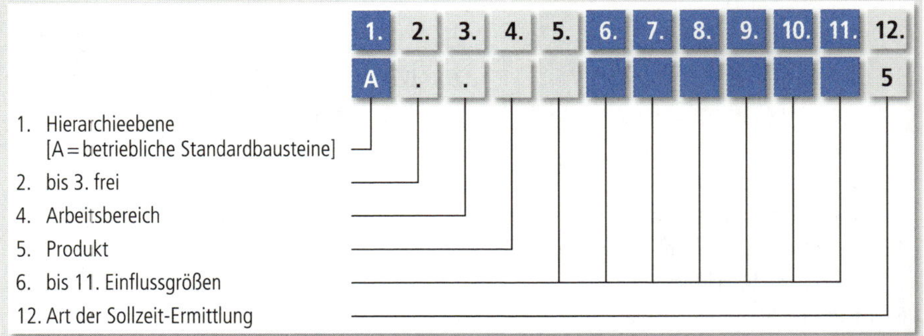

Nr.	4. Stelle: Tätigkeitsgruppe	5. Stelle: Tätigkeitsgruppe	Einflussgrößen 6. Stelle	7. Stelle	8. Stelle	9. Stelle	10. Stelle	11. Stelle	Kodierung 1	2	3	4	5	6	7	8	9	10	11	12
Logistikaufgaben									A	.	.	L								U
Umsetzen			Aufnehmen	Platzieren	Gewicht > 1 daN	Bücken/ Beugen	Entfern.-Bereich	Entfernung in m												
1	Karton ABS-Ventile	in Arbeitsbereich holen			10	1/5		6												
2	Karton ZB ABS-Ventile	zum Lagerort bringen			11	1/5		6												
3	KLT Gehäuse Steuerventil	in Arbeitsbereich holen			10	1/5		4												
4	KLT ZB Steuerventil	zum Lagerort bringen			11	1/5		4												
			Teil		Gew.-Klasse 1 bis 3			Entf. in m	A	.	.	L	U		H					U
			KLT/Karton	von Hand	3	mit Beugen		4	A	.	.	L	U	K	H	3	B	.	4	U
			KLT/Karton		3			6	A	.	.	L	U	K	H	3	B	.	6	U
5	Ventilgehäuse T+A	in Arbeitsbereich holen	leicht	ungefähr	2/1,5	1/3		2												
			Einzelteil		2	Beugen		2	A	.	.	L	U	E	H	2	B	.	2	U
6	Halter	in Arbeitsbereich holen	Hand voll	ungefähr	2	Beugen		2	A	.	.	L	U	H	H	2	B	.	2	U
Ablegen ZB			ZB aufnehmen	ZB platzieren	Gewicht > 1 daN	Bücken/ Beugen	Entfernungsbreich	Entfernung in m	A	.	.	L	L							U
7	ZB Steuerver til	in KLT ablegen	ZB leicht	ungefähr	1		3		A	.	.	L	L	B	.	2	B	.	1	U
8	ZB ABS-Ventil	in Karton ablegen	leicht	ungefähr	1		3													
9	ZB Ventile T+A	in Etagenwagen ablegen	ZB leicht	ungefähr	2	1/3		1	A	.	.	L	L	B	.	2	B	.	1	U
10	ZB ventile/ Halter	in Etagenwagen ablegen	leicht	ungefähr	2	1/3		1												
Entfernen/Einlegen Zwischenringe			Aufnehmen	Platzieren			Entfernungsbereich		A	.	.	L	E							U
11	Zwischenlage	Entfernen Zwischenlage	Zwischenlage	ungefähr	sperrig		3		A	.	.	L	E	Z	.	.	.	3	.	U
12	Zwischenlage	Einlegen Zwischenlage	leicht	ungefähr	sperrig		3													
Auspacken aus Folie				Art der Verpackung				Entfernung in m	A	.	.	L	A							U
13	Ventilgehäuse T+A	Auspacken aus Folie		Folie				2	A	.	.	L	A	.	F	.	.	.	2	U
Betätigen Vorrichtung									A	.	.	B								U
14	Vorrichtung	spannen und lösen	Hebel	1	zusammengesetzt		2		A	.	.	B	F	H	1	Z	.	2	.	U
		schwenken	Hebel	1	einfach		2		A	.	.	B	S	H	1	E	.	2	.	U

Abbildung III-128 Beispiel einer betrieblichen Kodierung

Die zweite und dritte Kodestelle ist bei dem in Abbildung III-128 angeführten Beispiel nicht belegt. Die vierte Stelle steht für fünf Arbeitstechnik-Kategorien:

- Logistikaufgaben L,
- Betätigen von Vorrichtungen B,
- Handhaben von Teilen H,
- Schraubarbeiten S,
- Prüfen P.

Die fünfte Stelle steht für die zugehörigen Aufgaben. Bei der Arbeitstechnik-Kategorie »Logistikaufgaben« sind das z. B. die vier Aufgaben:

- Umsetzen U,
- Ablegen von Zusammenbauten L,
- Entfernen/Einlegen von Zwischenlagen E und
- Auspacken aus Folie A.

4.4 Erstellen von Prozessbausteinen

4.4.1 Anwendung der MTM-Prozessbausteinsysteme

In der zweiten Phase werden die zur Prozessbausteinentwicklung notwendigen Ausgangsdaten zusammengetragen. In der dritten Phase der Prozessbausteinerstellung sind zuerst die Inhalte und Abläufe zu beschreiben, die Abgrenzungen (Beginn, Inhalt, Ende) der Prozessbausteine vorzunehmen und notwendige Anwendungsregeln festzulegen.

Abbildung III-129 zeigt, wie bei der Entwicklung von Prozessbausteinen unter TiCon® auf die »Hintergrundanalysen«, also den Entwicklungsgang von Prozessbausteinen, zuzugreifen ist. Das ist notwendig, um über deren Verwendung oder Modifikation für das Erstellen eines komplexeren Prozessbausteins zu entscheiden. Gesucht werden in unserem Beispiel Bausteine für den Arbeitsvorgang »Bremskraftverstärker herstellen«. Im ersten Schritt wird geprüft, ob dazu Bausteine auf der Teilgruppenebene D vorliegen. Dort liegt der Baustein »Bremskraftverstärker montieren« vor, der aus drei Bausteinen der Arbeitsvorgangsebene A gebildet wurde. Für den A-Baustein »Bremskraftverstärker in Öffnung einsetzen« wird wiederum die Hintergrundanalyse aufgerufen. Das ist auf der Bausteinebene 3 bereits eine UAS-Analyse. Bei jedem Deduktionsschritt kann entschieden werden, ob der jeweilige Baustein verwendbar oder anpassungsnotwendig ist.

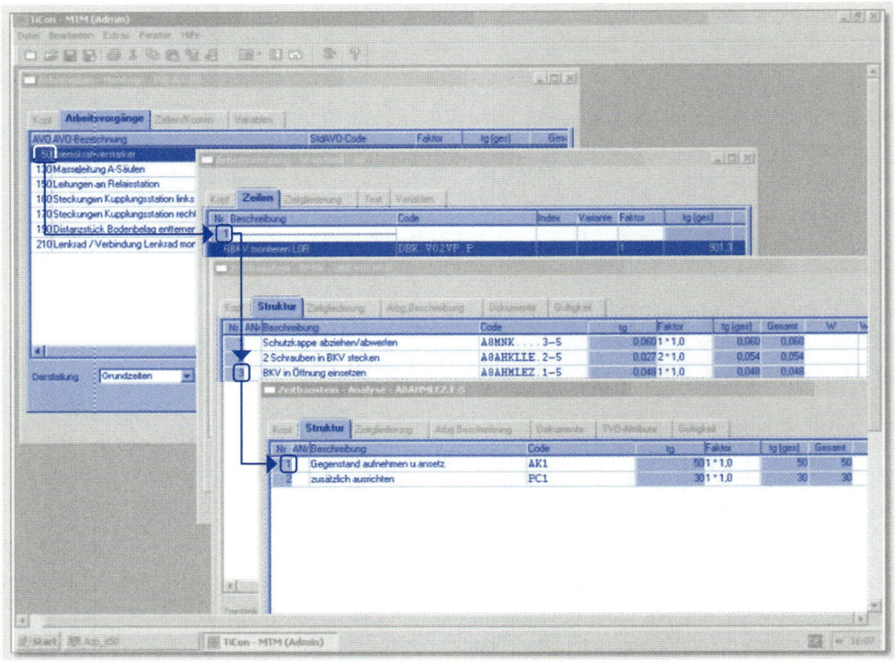

Abbildung III-129 Beispiel für die Entwicklung eines Prozessbausteins der Hierarchieebene D unter Rückgriff auf Bausteine niedrigerer hierarchischer Ebenen

Sollzeiten für Prozessbausteine sind darauf zu prüfen, ob

1. zeitliche Differenzierungen zwischen verschiedenen Prozessbausteinen plausibel sind,
2. Arbeitsmethoden von den Fachvorgesetzten vertreten und von den Mitarbeitern in den Arbeitssystemen bestätigt werden,
3. Besonderheiten und Erschwernissen Rechnung getragen wird und die notwendigen Hinweise darauf in Form von Restriktionen und Anwendungsregeln beschrieben sind,
4. eine hohe Stabilität vorliegt, indem die Anwender bei Verprobungen hochgradig objektive und reliable Ergebnisse erzielen.

4.4.2 Verwendung von Prozessbausteinen

Prozessbausteine sind

1. direkt zu verwenden, indem damit aus TiCon® z. B. Arbeitspläne, Kalkulations- oder Personalbemessungsprogramme versorgt werden (vgl. Abbildung III-94).
2. indirekt zu verwenden, indem aus ihnen Prozessplanungsunterlagen, z. B. zur Kalkulation, entwickelt werden.

Logistikarbeiten				
Umsetzen				
Gegenstand		m-Bereich	Kode	TMU
Karton/KLT		4	LUKA	310
		6	LUKB	410
Einzelteil		2	LUEA	145
Hand voll Teile		2	LUHA	160
Ablegen ZB				
Ablageort	EB	m-Bereich	Kode	TMU
in Karton/KLT	3		LLBA	50
Etagenwagen		1	LLBA	95
Entfernen/Einlegen				
Gegenstand	EB		Kode	TMU
Zwischenlage	3		LEZA	55
Auspacken				
Packart		m-Bereich	Kode	TMU
aus Folie		2	LAFA	270

Handhaben Teile					
Aufnehmen und Platzieren					
Teile-gewicht	Platzier-genauigkeit	EB	Anzahl Fügestellen	Kode	TMU
≤ 1 daN	ungefähr	2		HAUA	35
		3		HAUB	50
	lose	3	1	HALC	60
		3	2	HALD	80
Platzieren				Kode	TMU
	lose	2	2	HPLA	40

Schraubarbeiten				
Stecken				
Gegenstand	Platzier-genauigkeit	EB	Kode	TMU
Teil/Schraubteil stecken	eng	2	SSSA	65
Schraubzyklen von Hand				
Schraubteil andrehen		EB	Kode	TMU
mit Aufnehmen Schraubteil	erster Turnus	2	SHEA	75
mit Spezialwerkzeug		2	SHEB	50
Schraubteil andrehen	weiterer Turnus	1	SHWA	10
Schrauben mit Werkzeug				
Schraubteil anziehen		EB	Kode	TMU
Anziehen mit Schlüssel	erster Hub	1	SWSA	28
(Ring-, Gabelschlüssel)	weiterer Hub	1	SWSB	30
Schraubteil festziehen (drehmomentfest)				
mit Ratsche			SWRA	110
mit Powerflex			SWPA	140
mit E-Schrauber			SWEA	60
Zuschläge				
Art		EB	Kode	TMU
Festziehen und Drehmoment abknicken			SZFA	25
Gegenschlüssel ansetzen		1	SZGA	20
Hilfsmittel handhaben		3	SZHA	55

Betätigen Vorrichtung			
Verrichtung	EB	Kode	TMU
Teil in Vorrichtung spannen und lösen	2	BFHA	90
Teil in Vorrichtung schwenken	2	BSHA	60

Prüfen			
Verrichtung	EB	Kode	TMU
Kontrollieren mit Prüfdorn	1	PKPA	55

Abbildung III-130 Beispiel zur Entwicklung einer Datenkarte für die Hierarchieebene A

Bei der indirekten Verwendung werden die Prozessbausteine zu eigenständigen Dokumentationen, Prozessplanungsunterlagen, zusammengefasst. Die verbreitetsten Formen von Prozessplanungsunterlagen sind Datenkarten und Kalkulationsblätter.

Datenkarten

Als *Datenkarten* werden tabellarische Darstellungen von Prozessbausteinen bezeichnet. Den folgenden Beispielen ist zu entnehmen, wie man die in zwölfstelligen Kodes steckenden Informationen so zusammenfasst, dass (hier z. B. vierstellige) Kurzkodes entstehen (vgl. Abbildung III-130). Dabei bleiben die ersten drei Stellen unverändert und die vielen Einflussgrößenstellen werden an der vierten Stelle durch eine Verschlüsselung in alphabetischer Folge (A, B, C, …) ersetzt.[184] Datenkarten und Kalkulationsunterlagen können über TiCon® generiert werden (vgl. Abbildung III-131).

184 Dieses Prinzip wurde auch bei der UAS- und der MEK-Normzeitwertkarte angewandt.

Hierarchieebene D

Objekte: Ventilausrüstung der Baumuster		
Kipper Baumuster	Kode	MIN
004	K004	33,71
005	K005	34,21
Sattelschlepper Baumuster		
003	S003	45,55
008	S008	39,13
Transporter Baumuster		
006	T006	44,66
012	T012	34,58

Hierarchieebene C

Objekte: Ventile		
mit Halter	Kode	MIN
ABS-Ventil	MABS	2,46
Steuerventil	MSVL	3,56
ohne Halter		
ABS-Ventil	OABS	2,71
Anhänger-Bremsventil	OABV	2,57
Steuerventil	OSVL	3,26
Trockenluftfilter	OTLF	3,23

Hierarchieebene B

Prüfen			
Verrichtung	EB	Kode	TMU
Kontrollieren mit Prüfdorn	1	PKPA	55

Betätigen Vorrichtung			
Verrichtung	EB	Kode	TMU
Teil in Vorrichtung spannen und lösen	2	BFHA	90
Teil in Vorrichtung schwenken	2	BSHA	60

Handhaben Teile					
Aufnehmen und Platzieren					
Teile-gewicht	Platzier-genauigkeit	EB	Anzahl Fügestellen	Kode	TMU
≤ 1 daN	ungefähr	2		HAUA	35
		3		HAUB	50
	lose	3	1	HALC	60
		3	2	HALD	80
>1 daN ≤ 2 daN	lose	2	2	HALE	80
Platzieren				Kode	TMU
	lose	2	2	HPLA	40

Logistikarbeiten				
Umsetzen				
Gegenstand		m-Bereich	Kode	TMU
Karton/KLT		4	LUKA	310
		6	LUKB	410
Einzelteil		2	LUEA	145
Hand voll Teile		2	LUHA	160
Ablegen ZB				
Ablageort	EB	m-Bereich	Kode	TMU
in Karton/KLT	3		LLBA	50
Etagenwagen		1	LLBA	95
Entfernen/Einlegen				
Gegenstand	EB		Kode	TMU
Zwischenlage	3		LEZA	55
Auspacken				
Packart		m-Bereich	Kode	TMU
aus Folie		2	LAFA	270

Abbildung III-131 Beispiel für die Entwicklung von Datenkarten für die Hierarchieebenen B, C und D

Kalkulationsblatt

Kalkulationsblätter sind tabellarische Darstellungen von Prozessbausteinen, mit denen man Zeitstandards (z. B. Vorgabezeiten) nachvollziehbar berechnet. Kalkulationsblätter sind nicht nur »Bausteinspeicher«, sondern auch »Verwendungsleitfäden«. Abbildung III-132 ist ein einfaches[185] Kalkulationsblatt zu entnehmen. Wird ein Baustein im Rechengang verwendet, trägt man seine Vorkommenshäufigkeit in die Spalte »Faktor« ein. In der Spalte »Gesamt TMU« wird das Produkt aus der Sollzeit des Bausteins (Spalte »TMU«) und dem »Faktor« gebildet. Im vorliegenden Beispiel werden 8 von 25 verfügbaren Prozessbausteinen verwendet.

185 Einfach bedeutet, dass nur Operatoren und keine Vektoren oder Kreuztabellen verwendet werden.

Kode:	K...VV.....5	
Bezeichnung:	Kalkulationsblatt Vormontage	ABS-Ventile ohne Halter

Nr.	Beschreibung	Kode	TMU	Faktor	Gesamt TMU
1	Karton ABS-Ventile bereitstellen	B...ABS.B..5	19	1	19
2	ABS-Ventil mit Halter handhaben	B...ABS.HM.5	380		
3	ABS-Ventil ohne Halter handhaben	B...ABS.HO.5	335	1	335
4	Karton ZB ABS-Ventile ohne Halter zum Lagerort bringen	B...ABS.W..5	19	1	19
5	Anhänger Bremsventil bereitstellen	B...ABV.B..5	415		
6	Anhänger Bremsventil handhaben	B...ABV.H..5	385		
7	Anschlussstutzen M22 montieren	B...ASS.M..5	350		
8	Dichtring aufstecken	B...DRG.E..5	65		
9	Halter (1 Bohrung) montieren	B...H1B.M..5	480		
10	Halter (2 Bohrungen) montieren	B...H2B.M..5	730		
11	Prüfanschluss M14 montieren	B...P14.M..5	283	1	283
12	Steckanschluss M14 gerade montieren	B...S14GM..5	283	1	283
13	Steckanschluss M14 Winkel montieren	B...S14WM..5	283		
14	KLT Gehäuse Steuerventile bereitstellen	B...SVL.B..5	26		
15	Gehäuse Steuerventil mit Halter handhaben	B...SVL.HM.5	260		
16	Gehäuse Steuerventil ohne Halter handhaben	B...SVL.HO.5	215		
17	KLT ZB Steuerventile ohne Halter zum Lagerort bringen	B...SVL.W..5	26		
18	Trockenluftfilter bereitstellen	B...TLF.B..5	415		
19	Trockenluftfilter handhaben	B...TLF.H..5	385		
20	Voss M10 montieren	B...V10.M..5	568		
21	Voss M16 montieren	B...V16.M..5	588	2	1.176
22	Voss M22 montieren	B...V22.M..5	390	5	1.950
23	Verschlusskappe entsorgen	B...VSK.E..5	50	9	450
24	Verschlussschraube M10 montieren	B...VSS10..5	263		
25	Verschlussschraube M16 montieren	B...VSS16..5	313		
					4,515
				Grundzeit t_g in min	**2,71**
				Verteilzeit in min bei $z_v = 10\,\%$	**0,27**
				Zeit je Einheit t_e in min	**2,98**

Abbildung III-132 Beispiel für die Verwendung eines Kalkulationsblattes

4.4.3 Beispiel zur Entwicklung betriebsspezifischer Prozessbausteine

Beispiel Werkzeugbau

In den vorhergehenden Abschnitten wurde erläutert, wie betriebsspezifische Prozessbausteine zu entwickeln sind. In diesem Abschnitt wird anhand eines Beispiels aus dem Werkzeugbau (Werkzeugbearbeitung und -montage) gezeigt, wie Prozessbaustein-Sammlungen zu entwickeln sind, mit denen

1. Arbeitspläne zu versorgen und
2. Werkzeugkostenkalkulation durchzuführen sind.

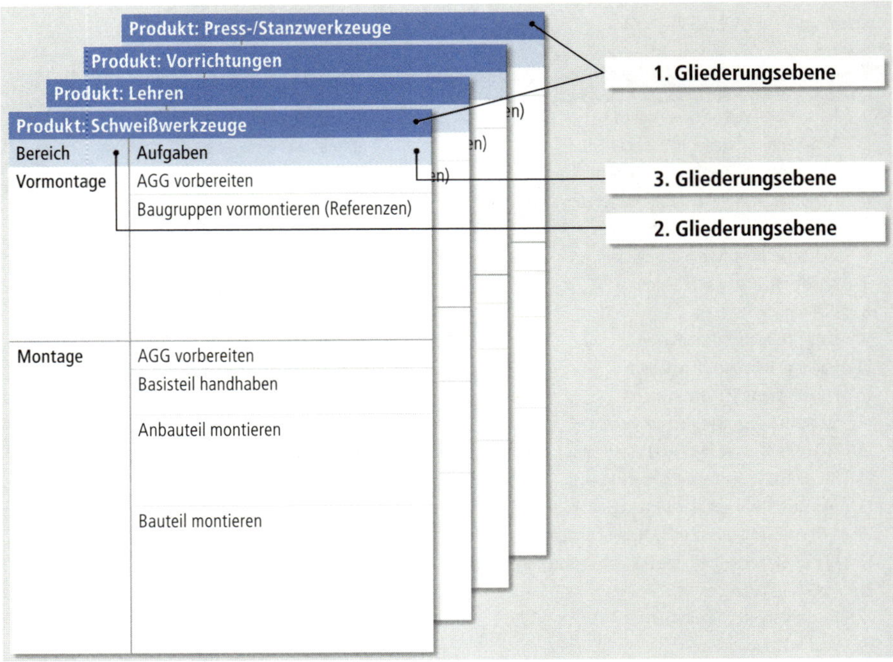

Abbildung III-133 Beispiel (Ausschnitt) für die Erhebung des Prozessbausteinbedarfs

Abbildung III-133 ist die Erhebung des Bausteinbedarfs zu entnehmen. Oberstes Gliederungskriterium ist die Produktebene, bei der z. B. nach Schweißwerkzeugen, Lehren, Vorrichtungen, Press-/Stanzwerkzeugen unterschieden wird.

In der nächsten Gliederungsebene wird nach Bereichen unterschieden, z. B. nach mechanischer Bearbeitung, Schweißen, Anpassen/Heften/Putzen, Vormontage, Montage, Inbetriebnahme. Nicht alle Werkzeuge durchlaufen alle Bereiche, aber jedes Werkzeug durchläuft die Vormontage, Montage und Inbetriebnahme. Es gibt also bereits auf dieser Ebene viele Gemeinsamkeiten.

In der dritten Gliederungsebene wird nach Aufgaben gegliedert. Bei der tiefergehenden Gliederung der Aufgaben wird

1. von der Ausrichtung an Objekten auf die Ausrichtung an Verrichtungen übergegangen und
2. versucht, Synergien zu erzielen, indem so weit wie möglich bereichsneutrale Standardverrichtungen, also universell verwendbare Bausteine der fünften und sechsten Hierarchieebene, verwendet werden.

Beim Erstellen von Prozessbausteinen sollten also möglichst wenige spezifische Bausteine gebildet und weitestgehend vorhandene Standardverrichtungs-Bausteine verwendet werden. Ein Beispiel für die Verwendung von Standardverrichtungen im Werkzeugbau ist Abbildung III-134 zu entnehmen.

Standardabschnitte	Objekte, Verrichtungen	Standardabschnitte	Objekte, Verrichtungen
Festspannen/Lösen	Schraubstock	Teilebearbeitung manuell	Bohren
	Backenfutter		Gewindeschneiden
	Maschinentisch		Zentrierbohrung
Informationen bearbeiten	Einbauposition kennzeichnen		Senken
	Bauteil skizzieren		Reiben
	Informationsgespräch		Schleifen
Justieren	Maß- oder Form		Feilen
	Einmessen (Messmaschine)		Putzen
	Einstellen		Entgraten
	Einpassen (Presse)	Teilhandhabungen	Hand
	Richten (Richtpresse)		Kran
Verbindungen	Schraubverbindungen	Touschieren	Vorbereiten
	Pressverbindungen		Touschieren
	Steckverbindungen	Transporte	Kran
	Heftverbindungen		Hand
	Schweißverbindungen		Hubwagen
	Klebverbindungen	Kennzeichnen	Körner
	Nietverbindungen		Stift/Pinsel
Vorbereiten	Auftragsinformation		Schlagzahl
	Werkzeuge	Prüfen, Messen	Maß- oder Formlehre
	Material		Messgeräte
	Bauteile		Sichtprüfung
Pneumatik	Schlauchverlegung		Dichtigkeit
	Schlauchverbindung		Funktion

Abbildung III-134 Beispiel (Ausschnitt) für Standardverrichtungen im Werkzeugbau

Nach Abschluss der Identifikationsphase liegt die Bausteinstruktur vor, die späteren Prozessbausteine sind »herausgearbeitet«. Auf dieser Grundlage werden Prozessbausteine geplant, indem Bezugsgrößen und -mengen, Zeiteinflussgrößen und Kodierungen festgelegt werden. Das wird in Abbildung III-135 zu dem in Abbildung III-133 angeführten Beispiel gezeigt.

Produkt: Schweißwerkzeuge				
Bereich	**Aufgaben**	**Einflussgröße 1**	**Einflussgröße 2**	**Bezugsgröße**
Vormontage	AGG vorbereiten			je AGG
	Baugruppen vormontieren (Referenzen)	Elektrodenhalter		je BG
		Zangengriff		je BG
		Pneumatikzylinder		je BG
		Verteiler		je BG
		Wasseranschluss		je BG
		Klemmaufnahme		je BG
		Schwenkaufnahme		je BG
		Kühleinheit		je BG
Montage	AGG vorbereiten			je AGG
	Basisteil handhaben	Kran		je Basisteil
		Hand		je Basisteil
	Anbauteil montieren	ohne Schrauben		je BT
		bis 2 Schrauben		je BT
		bis 4 Schrauben		je BT
		> 4 Schrauben, Zuschlag verstiften		je BT
	Bauteil montieren	mit Konus		je BT
		Bolzen/Stutzen/ Verschluss	gesteckt	je BT
			geschraubt	je BT
		Klemmen	bis 2 Schrauben	je BT
			> 2 Schrauben	je BT
		Iso-Platte	zuschneiden/bohren	je BT
			montieren	je BT
		Typenschild		je BT
		Elektrodenhalter		je BT

Abbildung III-135 Beispiel (Ausschnitt) zur Planung der Einfluss- und Bezugsgrößen im Werkzeugbau

Typische *Zeiteinflussgrößen* im Werkzeugbau sind z. B.:

- Entfernungszonen,
- Werkzeugart,
- Gewichte und Sperrigkeiten von Teilen,
- verwendete Hilfsmittel (z. B. Kran),
- Prinzipien der Teile- und Hilfsmittelbereitstellung.

Typische *Bezugsgrößen* im Werkzeugbau sind z. B. die Anzahl

- Zyklen/Vorgang,
- Schrauben/Anbauteil.

Um die Effekte von Prozessänderungen zu veranschaulichen und die Simulationsfähigkeit von MTM zu nutzen, sollte man nicht zu viele Einfluss- und Bezugsgrößen verwenden. So könnte z. B. interessieren, welche Effekte aus der Änderung des Bereitstellungsprinzips, dem Ersatz einer Flur- durch eine Kranförderung oder durch den Einsatz von Mehrfachwerkzeugen entstehen.

Nach Planungsabschluss werden die Prozessbausteine erstellt, so weit wie möglich mit Hilfe von Standardverrichtungen oder vorhandenen Prozessbausteinen niedrigerer Hierarchieebenen. Abbildung III-136 ist ein Beispiel für eine nach diesem Arbeitsprinzip entstandene Bausteinstruktur zu entnehmen.

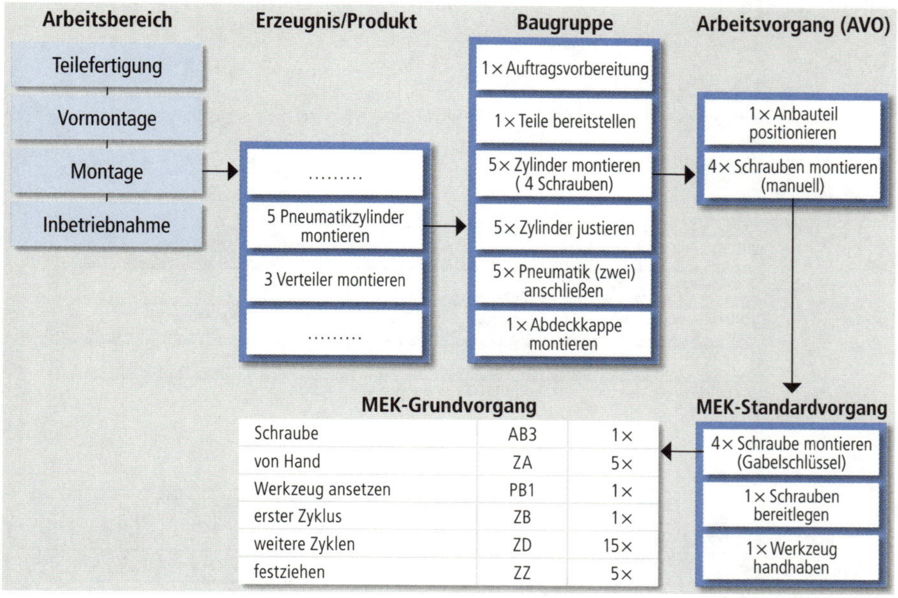

Abbildung III-136 Beispiel (Ausschnitt) für eine Bausteinstruktur im Werkzeugbau

In Abbildung III-137 wird gezeigt, wie man solche Bausteinstrukturen unter TiCon® handhabt. Dabei ist der Kodespalte die strukturelle Position und die Bestandteile des jeweiligen Bausteins (hier: »Führungsplatte montieren«) zu entnehmen.

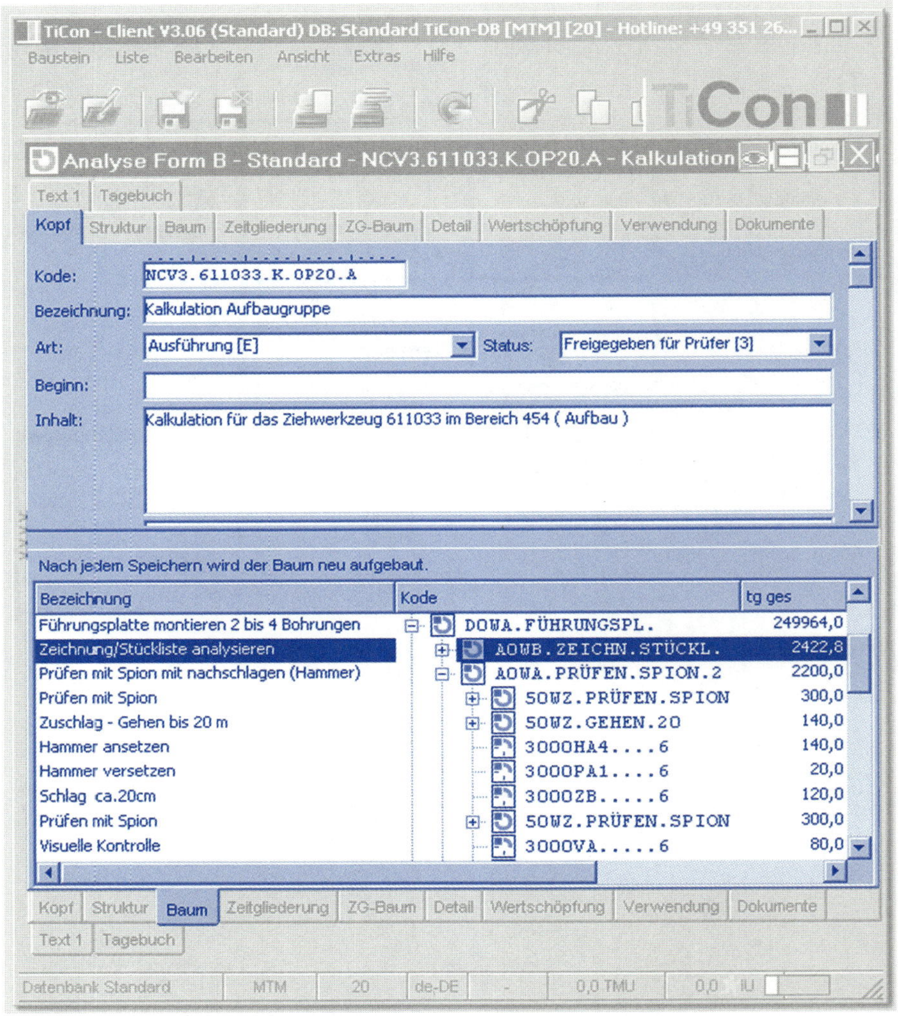

Abbildung III-137 Beispiel zur Bildung und Gliederung von Prozessbausteinen unter TiCon®

Die Prozessbausteine werden abschließend in eine für die Anwender günstige Darstellungsform gebracht (vgl. Abbildung III-138), hier ein produktbezogenes Kalkulationsblatt. Dort findet man in der zweiten Zeile auch den in der vorhergehenden Abbildung ausgewiesenen Baustein »Führungsplatte montieren«.

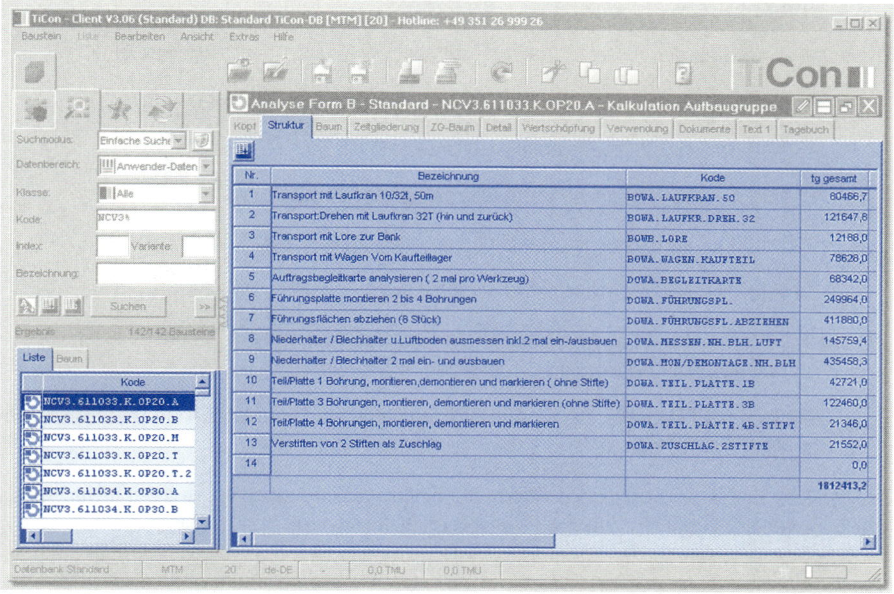

Abbildung III-138 In TiCon® hinterlegtes Kalkulationsblatt für Ziehwerkzeuge

4.4.4 Arbeiten mit Sollzeit-Formeln

Im vorhergehenden Abschnitt wurde gezeigt, wie Sollzeiten für Prozessbausteine in tabellarischer Form darzustellen sind. Es kann jedoch zweckmäßig sein, sie nicht zu tabellieren, sondern *Sollzeit-Formeln* zu verwenden. Dabei werden Ausprägungen von Zeiteinflussgrößen in eine Bestimmungsgleichung eingesetzt und als Ergebnis eine Sollzeit ausgewiesen. In der Folge wird dieses Prinzip erläutert und gezeigt, wie

1. Prozessbaustein-Sollzeiten in Form von Bestimmungsgleichungen darzustellen sind.
2. In Abschnitt 4.4.5 wird erläutert, wie man mit Sollzeit-Formeln für technische Prozesse arbeitet.
3. In Abschnitt 4.4.6 wird gezeigt, wie Sollzeit-Formeln aus empirisch erhobenen Istzeiten zu gewinnen sind.

Wenn Tabellen zu umfangreich werden oder ohnehin eine DV-Anwendung ansteht, werden Sollzeiten mit Hilfe von Bestimmungsgleichungen berechnet, die in der Praxis oft als »Zeitformeln« bezeichnet werden. Der Grundtyp aller Bestimmungsgleichungen zur Sollzeit-Berechnung t für einen Prozessbaustein ist:

$$t = f\,(\text{Einflussgrößen})$$

Der Abbildung III-139 ist eine Sollzeit-Formel für den Baustein »Lasten mit Gabelstapler transportieren« zu entnehmen. Dabei handelt es sich um eine Funktion des Typs:

$$t = a + bx$$

Darin stehen a für eine Konstante, b für ein Steigungsmaß (pro Einheit der Zeiteinflussgröße) und x für die Ausprägung der Zeiteinflussgröße. Sind mehrere Zeiteinflussgrößen zu berücksichtigen, wie beim folgenden Beispiel, liegt eine erweiterte Funktion vor, vom Typ

$$t = a + b_1x_1 + b_2x_2 + \ldots + b_ix_i + \ldots + b_px_p$$

Die Sollzeit-Formel für den Prozessbaustein »Lasten mit Gabelstapler transportieren« lautet:

	981 TMU		als Konstante für das Aufnehmen und Absetzen der Last (SAABFM)
+	13 TMU	×	Fahren pro Meter mit stabiler Ladung (SFISF)
+	56 TMU	×	Verzögerungen Start/Stopp beladenes Fahrzeug (SFVBF)
+	30 TMU	×	Verzögerungen Start/Stopp unbeladenes Fahrzeug (SFVUF)
+	16 TMU	×	Anzahl zu durchfahrender 90°-Kurven (SFKSF)

Für eine Fahrtstrecke von 20 m, zwei Start/Stopps bei beladenem und drei bei unbeladenem Fahrzeug sowie drei 90-Grad-Kurven ergibt sich folgende Sollzeit-Bestimmung:

t_g = 981 TMU + 13 TMU/m × 20 m + 56 TMU/Start/Stopp × 2 Start/Stopps + 30 TMU/Start/Stopp × 3 Start/Stopps + 16 TMU/Kurve × 3 Kurven = 1.491 TMU bzw. 0,89 min.

In Abbildung III-139 sind der Spalte »Wert« die Einflussgrößen-Ausprägungen zu entnehmen. Als Ergebnis wird die Sollzeit als t_g für den Prozessbaustein ausgewiesen, 1.491 TMU.

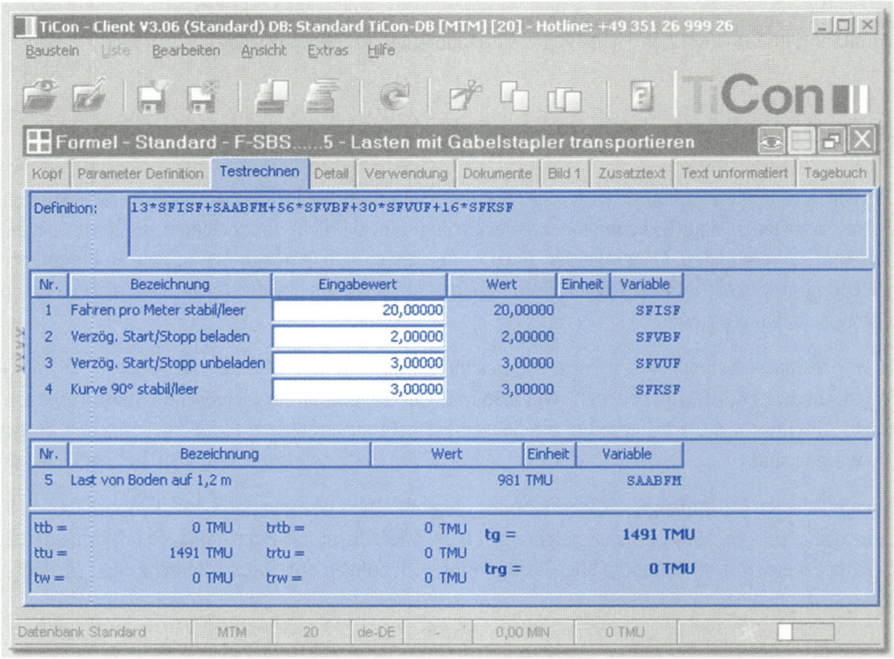

Abbildung III-139 Beispiel für die Verwendung einer Sollzeit-Formel aus der Logistik

4.4.5 Sollzeit-Formeln für technische Prozesse

Sollzeiten für technische Prozesse

Bestimmungsgleichungen zur Ermittlung von Sollzeiten für Prozessbausteine technischer Prozesse, die vom Menschen unbeeinflussbar ablaufen, sind manchmal von Maschinenherstellern zu beziehen, mitunter auch durch in der Maschine installierte Prozessrechner zu ermitteln. Oft müssen aber bei

Betriebsmitteln anfallende Istzeiten mit Hilfe von Selbstaufschreibungen oder Zeitmessungen erhoben und mit Hilfe einer Regressionsanalyse zu Bestimmungsgleichungen verarbeitet werden.

Sollzeiten für technische Prozesse stehen bei Betriebsmitteln für Hauptnutzungen. Sie werden in der Praxis auch als *Prozesszeiten* bezeichnet. Die meisten Formeln zur Berechnung von Prozesszeiten sind vom Typ:

$$t_{hu} \text{ bzw. } PT = \frac{\text{Maße des zu bearbeitenden/verarbeitenden Arbeitsgegenstands}}{\text{Arbeitsgeschwindigkeit des Betriebsmittels}}$$

Sollzeit-Formeln in der mechanischen Bearbeitung liegen meist Wege-Geschwindigkeits-Relationen zu Grunde. Die Grundformeln für die Prozesszeitberechnung beim Bohren und Drehen sowie für das Fräsen lauten:

Bohren und Drehen:

$$t_{hu} \text{ bzw. } PT = \frac{\text{Anzahl Schnitte/Späne} \times \text{Bohr-/Drehlänge}}{\text{Drehzahl} \times \text{Vorschub}}$$

Fräsen:

$$t_{hu} \text{ bzw. } PT = \frac{\text{Bearbeitungslänge} \times \text{Schnitt-/Spanzahl}}{\text{Vorschubgeschwindigkeit}}$$

Abbildung III-140 ist die Berechnung einer durch den Menschen unbeeinflussbaren Hauptnutzungszeit t_{hu} (Prozesszeit für einen Bohrvorgang) an einer Bohrmaschine zu entnehmen. Nach Eingabe der Parameter (Ausprägungen der Zeiteinflussgrößen), hier B = 4 Bohrungen und T = 10 mm Bohrtiefe, wird die Prozesszeit mit 824 TMU bzw. 0,49 min ausgewiesen.

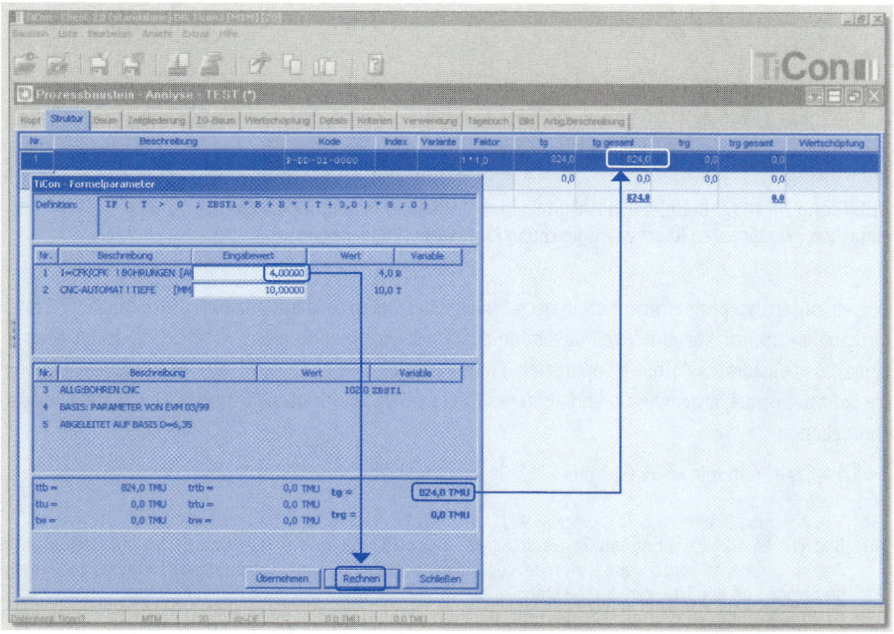

Abbildung III-140 Beispiel für die Verwendung einer Sollzeit-Formel für die Prozesszeit eines Zerspanungsvorgangs (Bohren)

4.4.6 Sollzeit-Formeln aus empirisch erhobenen Istzeiten

Die Regressionsanalyse wird seit Langem zur Ermittlung von Sollzeit-Formeln aus empirisch erhobenen Istzeiten angewandt, um Sollzeiten für Prozessbausteine mit mitarbeiterbestimmten oder betriebsmittelbestimmten Vorkommnissen zu quantifizieren. Die Regressionsanalyse wurde in den 1970er- und 1980er-Jahren vielfach publiziert[186], weshalb hier auf eine Erläuterung der Rechentechnik verzichtet wird. Bei Einsatz einer Software werden zudem nur relativ geringe Anforderungen an statistisches Methodenwissen gestellt.

Der folgenden Abbildung III-141 ist ein Beispiel einer einfachen nichtlinearen Regressionsanalyse[187] bei einem Prozessbaustein »Maschinenmesser schleifen« zu entnehmen. Für den Schleifprozess wurde unterstellt, dass es ausreicht, nur eine Einflussgröße, die »Messerlänge in m«, zu betrachten, obwohl z. B. auch der Verschleißgrad, der sich in der Einflussgröße »Abschleifbreite in mm« ausprägt, erfahrungsgemäß signifikant ist.

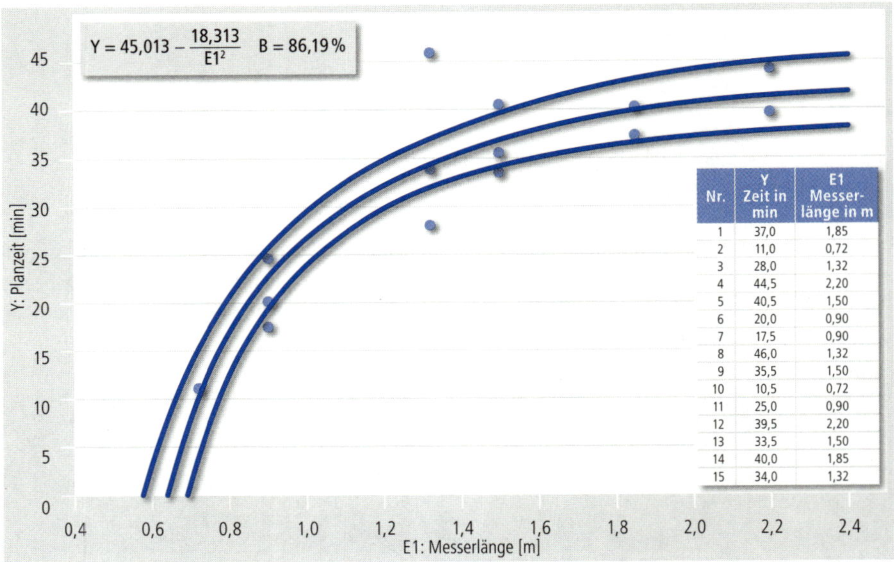

Nr.	Y Zeit in min	E1 Messerlänge in m
1	37,0	1,85
2	11,0	0,72
3	28,0	1,32
4	44,5	2,20
5	40,5	1,50
6	20,0	0,90
7	17,5	0,90
8	46,0	1,32
9	35,5	1,50
10	10,5	0,72
11	25,0	0,90
12	39,5	2,20
13	33,5	1,50
14	40,0	1,85
15	34,0	1,32

Abbildung III-141 Beispiel (Einflussgröße in m, Zeitbedarf in min) für die Ermittlung einer einfachen, nichtlinearen Regressionsgleichung (Software: Drigus Regressa)

Regressionsanalyseprogramme weisen nach Eingabe der Datensätze automatisch die optimale[188] Transformationsvorschrift für die Zeiteinflussgröße aus. Im Beispiel lautet diese: »1 dividiert durch Messerlänge zum Quadrat«. Zu dieser optimalen Transformationsvorschrift wird die *Regressionsgleichung*, die Sollzeit-Formel, ausgewiesen und als deren Gütemaß das Bestimmtheitsmaß B. Die Regressionsgleichung lautet:

Schleifzeit[189] in min = 45,013 min – 13,313 min/m · 1/m²

186 Vgl. Bokranz, R. et al.: a. a. O., 1986, S. 92 f.

187 Einfach bedeutet, dass nur eine Zeiteinflussgröße berücksichtigt wird und mehrfach, dass mindestens zwei Zeiteinflussgrößen berücksichtigt werden. Nichtlinear besagt, dass der Zusammenhang zwischen der Zeiteinflussgröße und den Istzeiten durch keine Gerade wiederzugeben ist.

188 Optimal ist jene Transformationsvorschrift, die zum höchsten Bestimmtheitsmaß B führt. Im vorliegenden Beispiel gibt es keine Transformationsvorschrift, die zu einem B > 86,19 % führt.

189 Dabei handelt es sich bei der Ressource Mensch um eine Wartezeit t_w, bei der Ressource Arbeits-/Sachmittel um eine Hauptnutzungszeit t_h (vgl. Teil II, Abschnitt 4.3.2).

Die Schleifzeit für eine Messerlänge von 2 m beträgt dann:

$$45{,}013 \text{ min} - 13{,}313 \text{ min/m} \times 1/(2 \text{ m})^2 = 45{,}013 \text{ min} - 3{,}328 \text{ min} = 41{,}7 \text{ min}$$

Sollzeit-Formeln können in TiCon® übernommen oder in Datenkarten tabelliert werden. In Abbildung III-142 wird diese Formel nach Klassenmittelwerten tabelliert. Da sich die Stufensprünge als Klassen ausprägen, z. B. »> 100–115 cm«, gelten nach diesem Prinzip die zugehörigen Zeitwerte für alle Schleiflängen zwischen 100 cm und 115 cm, und dafür wird eine Sollzeit von 33,5 min[190] verwendet, also nicht interpoliert. Wenn man aus Genauigkeitsgründen auf Interpolationen nicht verzichten will, sollte man besser keine Tabelle, sondern direkt die Sollzeit-Formel verwenden.

Messerlänge in cm									
70–85	>85–100	>100–115	>115–130	>130–145	>145–160	>160–175	>175–190	>190–205	>205–220
	29,5	33,5	36,1	38,0	39,3	40,3	41,0	41,6	42,3
Schleifzeit in min									

Abbildung III-142 Beispiel für das Tabellieren einer Regressionsgleichung [$t = 45{,}013 - 13{,}313 \times (1/m^2)$]

Bestimmtheitsmaß

Abbildung III-141 ist zu entnehmen, dass ein *Bestimmtheitsmaß* B = 86,19 % ausgewiesen wird. Das bedeutet, die Zeitbedarfsstreuung, dort der Tabellenspalte »Zeit in min« und dem Streubild zu entnehmen, kann zu ca. 86 % durch unterschiedliche Messerlängen erklärt werden. 14 % der Streuung sind damit nicht zu begründen, sondern resultieren aus anderen, hier vernachlässigten oder nicht erkannten Einflussgrößen, z. B. der Abschleifbreite. Zur Höhe des erforderlichen Bestimmtheitsmaßes kann man sich an folgenden Richtwerten orientieren:

1. Prozesstyp 1: B > 95 %
2. Prozesstyp 2: B > 90 %
3. Prozesstyp 3: B > 85 %

Hätte man im vorliegenden Beispiel die Abschleifbreiten mit erfasst, wäre das Bestimmtheitsmaß vermutlich auf ca. 95 % gestiegen. Daraus leitet sich die Empfehlung ab, im Zweifelsfall eher eine Zeiteinflussgröße mehr zu erfassen. Wenn man sie nicht benötigt, weil sie keinen Erklärungsbeitrag zur Zeitbedarfsstreuung leistet, wird sie durch das Regressionsanalyse-Rechenprogramm automatisch eliminiert.

Multiple Regression

Diese Empfehlung führt uns zur *multiplen Regression*, d. h. der Verarbeitung mehrerer Zeiteinflussgrößen. Für den Prozessbaustein »Brennschneiden von Blechen« (ausschließlich betriebsmittelbestimmte Vorkommnisse) wurde folgende Sollzeit-Formel durch Auswertung maschineller Selbstaufschreibungen (BDE) ermittelt, bei einem Bestimmtheitsmaß B = 94,4 %.

$$\begin{aligned} t_{\text{Länge; Stärke; Ausbrüche, Brennerzahl}} = {} & [7{,}22 \\ & + 9{,}45 \cdot (\text{Länge in mm} / 10.000) \\ & + 0{,}33 \cdot (\text{Länge in mm} \cdot \text{Stärke in mm} / 10.000) \\ & + 1{,}15 \cdot \text{Anzahl Ausbrüche} \\ & - 2{,}22 \cdot \text{Brennerzahl}] / 60 \end{aligned}$$

190 Diese wurde ermittelt nach 45,013 – 13,313 / 1,0752.

Bei einem Blech von 50 mm Stärke, einer Brennlinienlänge von 2,45 m, zwei Ausbrüchen und zwei eingesetzten Brennern ergibt sich für den Brennprozess folgende Sollzeit:

$$
\begin{aligned}
t_{50\,\text{mm};\,2{,}45\,\text{m};\,2;\,2} &= (7{,}22\ \text{min} \\
&\quad + 9{,}45\ \text{min} \cdot 0{,}245 \\
&\quad + 0{,}33\ \text{min} \cdot 12{,}25 \\
&\quad + 1{,}15\ \text{min} \cdot 2 \\
&\quad - 2{,}22\ \text{min} \cdot 2) / 60 \\
&= 0{,}19\ \text{Std.}
\end{aligned}
$$

4.5 Zusammenfassung

Das Entwickeln betrieblicher Prozessbausteine ist eine Kernaufgabe des Industrial Engineering (vgl. Teil I, Abbildung I-20). Dabei sind Methoden anzuwenden, die in Teil II und in den vorhergehenden Ausführungen erläutert wurden.

Wie bei anderen Methoden des Industrial Engineering auch, bildet die Planungsphase, das sind die beiden ersten Phasen in Abbildung III-118, den methodischen Schwerpunkt. In der ersten Phase ist festzulegen, welche Prozessbausteine es am Ende geben soll und nach welchem hierarchischen Gefüge sie zu aggregieren sind. Bei der vertikalen Aggregation (Kaskadierung) orientiert man sich am MTM-Konzept der Hierarchieebenen, bei der horizontalen Aggregation (Segmentierung) an betrieblichen Gegebenheiten. Durch Prozessbaustein-Aggregation versucht man, bereits in der ersten Phase die identifizierten (mutmaßlich benötigten) Prozessbausteine zu reduzieren.

In der zweiten Phase sind für jeden Prozessbaustein die Bezugsgröße und -menge sowie die Zeiteinflussgrößen zu planen und zu entscheiden, welche MTM-Bausteinsysteme und welche Ergänzungstechniken anzuwenden sind. In manchen Unternehmen sind diese Festlegungen dem Produktionssystem zu entnehmen. Die Planungsphase wird mit dem Kodierungsentwurf abgeschlossen. Die Kodierung hat bei der MTM-Prozesssprache eine herausgehobene Bedeutung. Nicht nur, weil es eine technische Notwendigkeit war, sondern weil man dabei logische Verknüpfungen aller bis dahin geleisteten Arbeiten auf Plausibilität prüfen kann, vergleichbar mit der Anlage eines Inhaltsverzeichnisses bei einer schriftlichen Ausarbeitung. Mit Hilfe der Prozessbaustein-Aggregation wird hier wiederum versucht, die Anzahl benötigter Bausteine zu reduzieren.

In der dritten Phase werden die so vorbereiteten Prozessbausteine »gefüllt«, insbesondere durch die Beschreibung des Ablaufs und die Zuordnung der Sollzeiten. Die erstellten und getesteten Prozessbausteine werden entweder direkt verwendet, indem man sie z. B. in Arbeitsplandateien übernimmt oder indirekt, indem sie zu einer eigenständigen Dokumentation zusammengefasst werden, zu Darstellungstabellen (z. B. Datenkarten, Vorgabezeittabellen), Formeln oder Zeitberechnungstabellen (z. B. Kalkulationsblätter).

5 Arbeitsplatzgestaltung

5.1 Überblick

Gestaltung von Arbeitsplätzen

Der folgende Abschnitt befasst sich mit der Gestaltung von Arbeitsplätzen. Dabei behandeln wir zunächst einen Einzelarbeitsplatz mit einem Mitarbeiter. Beide bilden ein Arbeitssystem[191] auf der untersten hierarchischen Ebene. Komplexere Arbeitssysteme setzen sich aus mehreren Arbeitsplätzen mit im Regelfall mehreren Mitarbeitern zusammen (vgl. Kapitel 6). Dort werden Phänomene wie z. B. die Gruppenarbeit behandelt, hier geht es dagegen um die räumliche, informations-, bewegungs- und sicherheitstechnische Arbeitsgestaltung.

Die räumliche Arbeitsgestaltung berücksichtigt Körpermaße und Körperhaltungen bei der Auslegung von Arbeitssystemen und weiteren Betriebsmitteln. Dabei soll der Arbeitsplatz dem Mitarbeiter angepasst werden und nicht umgekehrt. Die physiologische Arbeitsgestaltung stellt sicher, dass Wirkungsgrade der menschlichen Arbeit, Körperkräfte und Lastenhandhabung mit den körperlichen Eigenschaften und Fähigkeiten des Menschen im Einklang stehen. Die bewegungstechnische Optimierung hat den direktesten Bezug zum MTM-Prozessbausteinsystem. Weite, Stärke, Geschwindigkeit und Häufigkeit der Bewegungen werden aufeinander abgestimmt.[192] Das Industrial Engineering kommt ohne die Berücksichtigung sicherheitstechnischer Belange nicht aus. Die sicherheitstechnische Arbeitsgestaltung basiert auf einer Gefährdungsbeurteilung der Arbeit und leitet daraus sicherheitstechnische Maßnahmen ab. Die Arbeitsumgebung soll so gestaltet werden, dass physikalische, chemische und biologische Bedingungen keine schädlichen Auswirkungen auf den Menschen besitzen. Insbesondere steht die beleuchtungstechnische Gestaltung im engen Zusammenhang mit der Auslegung von Prüfarbeitsplätzen. Auch Klima, Lärm und Schwingungen können sehr stark die Leistungsabgabe und die Erträglichkeit einer Arbeit beeinflussen. Schließlich stellt die informationstechnische Gestaltung die Brücke zu den sensorischen und mentalen Funktionen dar, die in den MTM-Prozessbausteinen Blickverschieben, Prüfen und vergleichbaren Prozessbausteinen enthalten sind.

5.2 Anthropometrische Arbeitsgestaltung

5.2.1 Grundlagen

Unter *anthropometrischer Arbeitsgestaltung* versteht man die Anpassung von Arbeitsplatz und Arbeitsmittel an die menschliche Gestalt.

Es geht dabei um die Beachtung der Abmessungen, Gelenkwinkel und der weiteren Funktionsparameter des Mitarbeiters bei der Auslegung von Arbeitssystemen. Insoweit ist die anthropometrische Arbeitsgestaltung ein zentraler Punkt im MTM-Produktivitätsmanagement (vgl. Teil I, Kapitel 3), da optimierte räumliche Beziehungen zwischen Mensch, Arbeitsmittel und Arbeitsobjekt weniger arbeitsbedingte Erkrankungen, höhere Arbeitsmotivation und Leistung und auch Wohlbefinden bei der Arbeit erwarten lassen. Anthropometrische Arbeitsgestaltung stimuliert also alle Ergebnisparameter beim Management von Arbeitssystemen.

191 Vgl. Teil I, Abschnitt 2.4.1, Abbildung I-7.
192 ISO 6385, Prinzipien der Ergonomie in der Auslegung von Arbeitssystemen, 1990.

Konkret bedeutet dies, die Form, Abmessungen und relative Anordnung einzelner Elemente von Arbeitsplätzen bzw. -bereichen (z. B. Arbeitsflächen, Stützflächen, Arbeitsmitteln) festzulegen. Als wesentliche Einflussgrößen der räumlichen Gestaltung sind dabei

- die Arbeitsaufgabe und daraus resultierende räumliche Anforderungen (z. B. an visuelle und manuelle Zugänglichkeit, an Körperhaltungen und -bewegungen),
- die räumlichen Anforderungen aus sonstigen Gestaltungsansätzen (z. B. biomechanische, physiologische, informatorische Gestaltung) sowie
- die Abmessungen des menschlichen Körpers mit ihrer interindividuellen Variabilität einzubeziehen.

Ihre systematische Berücksichtigung und gezielte Umsetzung bei der räumlichen Gestaltung setzen eine integrative Vorgehensweise bei der räumlichen Gestaltung voraus.

5.2.2 Körpermaße

Gestaltung für große und kleine Personen

Die Gestaltung eines Dauerarbeitsplatzes für »den« durchschnittlichen Mitarbeiter ist falsch! Es kann leicht gezeigt werden, dass es *den* Menschen, der in allen Körperparametern und -proportionen durchschnittlich ist, nicht gibt. Stattdessen sind die Häufigkeitsverteilungen der Körperabmessungen zu beachten, insbesondere sind Arbeitssysteme auszulegen, die für kleine und große Menschen gleichermaßen optimales Arbeiten ermöglichen.

Sowohl allgemeingültige als auch fallbezogene *Körpermaße* bzw. geometrische Parameter können im Wesentlichen nach der Art ihres Ursprungs und ihrer Verwendung in drei Gruppen aufgeteilt werden:

- räumliche Begrenzungsmaße des menschlichen Körpers (aus Skelett- und Umrissmaßen abgeleitet);
- Funktionsmaße des menschlichen Körpers (z. B. Beweglichkeitsbereiche, Reichweiten, Sichtmaße);
- anthropometrische Parameter als zu berücksichtigende Einflussgrößen innerhalb anderer Problemkreise (Physiologie, Biomechanik etc.).

DIN-Normen

Die Ergebnisse aktueller Untersuchungen einzelner Körpermaße mitteleuropäischer Bevölkerung sowie weiterführende Erläuterungen sind in folgenden *DIN-Normen* zugänglich (es handelt sich lediglich um eine Auswahl von Grundlagennormen, weitere gestaltungsorientierte DIN-Normen mit anthropometrischem Bezug sind zu beachten):

- DIN 33402 Teil 1 (03.08)
  Ergonomie – Körpermaße des Menschen; Begriffe, Messverfahren
- DIN 33402 Teil 2 (12.05)
  Ergonomie – Körpermaße des Menschen; Werte
- DIN 33402 Teil 2 – Berichtigung (05.07)
  Ergonomie – Werte, Berichtigungen zu DIN 33402 Teil 2 (12.05)
- DIN 33402 Teil 2 (08.06)
  Beiblatt 1, Körpermaße des Menschen; Werte; Anwendung von Körpermaßen in der Praxis
- DIN 33402 Teil 3 (10.84)
  Körpermaße des Menschen; Bewegungsraum bei verschiedenen Grundstellungen und Bewegungen
- DIN 33406 (07.88)
  Arbeitsplatzmaße im Produktionsbereich; Begriffe, Arbeitsplatztypen, Arbeitsplatzmaße

- DIN 33408 Teil 1 (01.87)
  Körperumriss-Schablonen für Sitzplätze
- DIN 33408 Teil 1 (01.87)
  Beiblatt 1, Körperumriss-Schablonen für Sitzplätze, Anwendungsbeispiele
- DIN EN 547 Teil 1 (01.09) Sicherheit von Maschinen – Körpermaße des Menschen
  Teil 1: Grundlagen zur Bestimmung von Abmessungen für Ganzkörperzugänge an Maschinenarbeitsplätzen; Deutsche Fassung EN 547-1:1996 + A1:2008
- DIN EN 547 Teil 2 (01.09) Sicherheit von Maschinen – Körpermaße des Menschen
  Teil 2: Grundlagen für die Bemessung von Zugangsöffnungen; Deutsche Fassung EN 547-2: 1996 + A1:2008
- DIN EN 547 Teil 3 (01.09) Sicherheit von Maschinen – Körpermaße des Menschen
  Teil 3: Körpermaßdaten; Deutsche Fassung EN 547-3:1996 + A1:2008 sowie
- DIN EN ISO 7250 (10.97) Wesentliche Maße des menschlichen Körpers für die technische Gestaltung (ISO 7250:1996); Deutsche Fassung EN ISO 7250:1997.

Weiterführende anthropometrische Daten sind u. a. auch enthalten in:

- DIN 31001 (04.83), Sicherheitsgerechtes Gestalten von technischen Erzeugnissen – Sicherheitsabstand für Schutzeinrichtungen,
- DIN EN ISO 14738 (03.05), Sicherheit von Maschinen – Anthropometrische Anforderungen an die Gestaltung von Maschinenarbeitsplätzen.

Die Mehrzahl der oben genannten Normen enthält statistisch und pragmatisch begründete Festlegungen und Vereinfachungen. Tabellarische Angaben von Werten und ihren Streuungen für einzelne Körpermaße (DIN 33402) haben einen anthropometrischen Grundlagencharakter, für die Gestaltungspraxis ist jedoch die notwendige Verknüpfung der Einzelmaße zur funktionalen Einheit der menschlichen Gestalt durch geeignete Methoden (z. B. DIN 33408, DIN 33416) zu gewährleisten. Die Verknüpfung einzelner Körpermaße zum maßstabgetreuen Modell des menschlichen Körpers gelingt mit Hilfe entsprechender Schablonen oder der Computer-Anthropometrie[193].

Angesichts der großen Anzahl von Einzelmaßen des menschlichen Körpers und ihrer interindividuellen Streuung (auch hinsichtlich der Proportionalität) ist die Festlegung

- eines anthropometrischen Modells des menschlichen Körpers sowie
- eines Systems der Köpergrößen

als eine Grundlage für praxisgerechte Gestaltungsmethoden notwendig.

Die DIN 33408 sowie die zurückgezogene DIN 33416[194] stellen zwei unterschiedliche Ansätze dar. DIN 33408 konzentriert sich auf die Sitzhaltungen, die der DIN 33416 zu Grunde liegende Methode – die Somatografie[195] – ermöglichte eine dreidimensionale Darstellung von unterschiedlichen Körperhaltungstypen. Von dieser Methode gingen auch die »Arbeitshilfen für ergonomische Gestaltung« aus.[196]

193 Die Begriffe Computer-Anthropometrie und Computer-Somatografie werden synonym verwendet.
194 DIN 33416: Zeichnerische Darstellung der menschlichen Gestalt in typischen Arbeitshaltungen, 1985 (zurückgezogen).
195 Jenik, P.: Maschinen menschlich konstruiert. MM-Industriejournal, 78, 5, 1972, S. 87–90.
196 Robert Bosch GmbH (Hrsg.): Arbeitshilfen für die ergonomische Arbeitsgestaltung. Jenner, R.-D; Kaufmann, H., Schäfer, D. und Bauer, O.: Bosch-Arbeitshilfen für die ergonomische Arbeitsplatzgestaltung, Zeichenschablonen für die menschliche Gestalt. Stuttgart, 1985.

Als grundlegendes anthropometrisches Maß, von dem alle anderen Körpermaße abgeleitet werden, dient die *Körperhöhe*. Die wichtigsten Einflussfaktoren der individuellen Körperhöhe sind folgende:

- Geschlecht,
- Lebensalter,
- Körperbautyp,
- überwiegende Arbeitsform bis zum betreffenden Lebensalter,
- Geburtsjahr bzw. die Angehörigkeit zu einer bestimmten Generation,
- Bevölkerungsgruppe (Stadtbevölkerung, Landbevölkerung etc.),
- Regionalität (Angehörigkeit zu einem geografischen Gebiet),
- Volkszugehörigkeit (z. B. »Skandinavier«, »Südländer«, »Mitteleuropäer«),
- Volksgruppenzugehörigkeit (Weiße, Farbige etc.).

Die Proportionalität der Körpermaße (d. h. das Verhältnis einzelner Körpermaße zur Körperhöhe) wird im ganzen Körperhöhenbereich ohne Unterschied des Geschlechts und Alters zwischen 15 und 65 Jahren als konstant vorausgesetzt.

Abbildung III-143 weist auf eine (weitgehend) normalverteilte Grundgesamtheit der Körpergrößen hin. Die Arbeitsgestaltung sollte im Regelfall die Körpergrößen von 90 % der erwachsenen Bevölkerung berücksichtigen. Die restlichen 10 % der sehr kleinen und sehr großen Personen können aus Kostengründen in die Gestaltung eines Standardarbeitsplatzes nicht einbezogen werden.

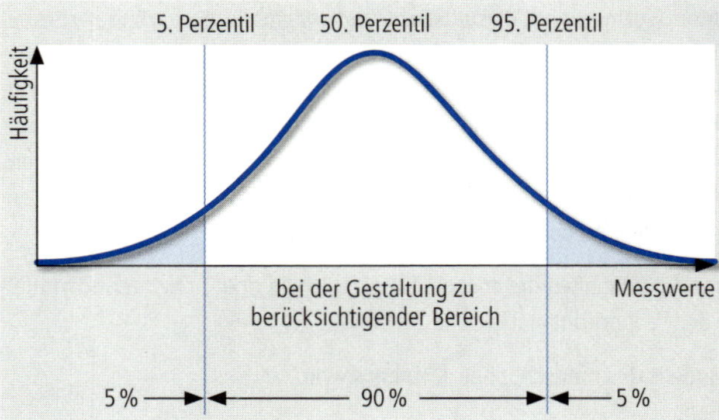

Körpergröße	Frauen	Männer
< 150 cm	0,6 %	0,1 %
150 – 154 cm	4,0 %	0,1 %
155 – 159 cm	12,7 %	0,3 %
160 – 164 cm	27,0 %	2,3 %
165 – 169 cm	29,1 %	9,0 %
170 – 174 cm	17,6 %	19,2 %
175 – 179 cm	6,9 %	26,1 %
180 – 184 cm	1,8 %	23,9 %
185 – 189 cm	0,2 %	12,8 %
> 190 cm	< 0,1 %	6,3 %

Abbildung III-143 Häufigkeitsverteilung der Körperhöhen in der Bevölkerung und für die Gestaltung zu berücksichtigender Körperhöhenbereich[197]

Die noch bei vielen betrieblichen Anwendungen verwendete DIN 33402 aus 1986 enthält aus mehreren Gründen überholte Daten, die nicht mehr verwendet werden sollten: Die Datengrundlage ist die der alten Bundesrepublik, die Akzeleration und die demografische Entwicklung der Erwerbsbevölkerung, die in Deutschland lebenden ausländischen Erwerbspersonen u. a. sind unberücksichtigt. Weiterhin wurde nach 1986 mit der EN ISO 7250 eine verbindliche Messmethode für anthropometrische Maße vorgelegt.

197 Quelle (Tabellenwerte): Sozio-ökonomisches Panel (SOEP), 2006.

Die neue DIN 33402-2 ist nicht nach der Staatsangehörigkeit der Erwerbspersonen ausgerichtet, sondern umfasst alle Personen im Untersuchungsgebiet. Die Norm enthält 70 Tabellen der wichtigsten Begrenzungs- und Funktionsmaße des menschlichen Körpers[198] in perzentilierter Form[199].

Das *Körpergrößensystem* der DIN 33402 Teil 2 bezieht sich auf 90 % der gesamten Erwerbsbevölkerung, d. h. die Personen, die zu den kleinsten und größten 5 % gehören, sind nicht in die Norm einbezogen. Da die Streuung in den beiden Restgruppen sehr groß ist, wäre die darauf rücksichtnehmende Arbeitsgestaltung sehr unökonomisch. Bei Personen der Altersgruppe 18–65 Jahre liegt die Körperhöhe zwischen

- etwa 1.535 mm für die »kleine« Frau (5. Perzentil der Häufigkeitsverteilungskurve für Frauen) und
- etwa 1.855 mm für den »großen« Mann (95. Perzentil der Häufigkeitsverteilungskurve für Männer)[200]

bei jeweils vorausgesetzter annähernder Normalverteilung (Abbildung III-144). Die Maße müssen für die praktische Arbeitsgestaltung noch um 30 mm Schuhwerk erhöht werden.

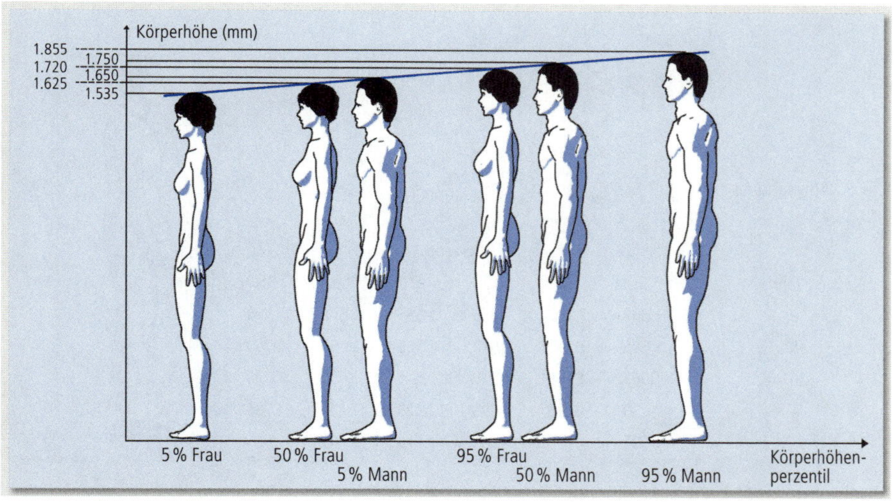

Abbildung III-144 Verteilung der Körpergrößen von Männern und Frauen in der Bundesrepublik (ohne Schuhwerk)

Die möglichen Körperhöhenunterschiede für rund 90 % der Bevölkerung betragen demnach maximal 1.855 – 1.535 = 320 mm. Für diesen Bereich werden zwei weitere praktisch wichtige Werte der Körperhöhe abgeleitet:

- etwa 1.625 mm für die »durchschnittliche« Frau (Summenhäufigkeit 50 %) und näherungsweise auch für den »kleinen« Mann (Summenhäufigkeit ca. 5 %),

198 Hinweis: Tabellenwerte der DIN 33402-2 dürfen wegen kinematischer und statistischer Effekte nicht ohne Weiteres addiert werden. So unterscheidet sich beispielsweise die Summe der tabellierten Werte aus Oberarm-, Unterarm- und Handlänge von der gesamten Armlänge vom Schultergelenk bis zu den Fingerspitzen.

199 Die Norm hat auch Auswirkungen auf zahlreiche andere Betriebsmittelnormen, z. B. DIN EN ISO 9241-5: Ergonomische Anforderungen für Bürotätigkeiten mit Bildschirmgeräten – Teil 5: Anforderungen an Arbeitsplatzgestaltung und Körperhaltung, 1999.

200 Zu anderen Altersgruppen vgl. DIN 33402-2.

- etwa 1.750 mm für den »durchschnittlichen« Mann (Summenhäufigkeit 50 %) und näherungsweise auch für die »große« Frau (Summenhäufigkeit ca. 95 %).

Grundlegender Ansatz für die räumliche Gestaltung

Als grundlegender Ansatz für die räumliche Gestaltung ist zu beachten:[201]

Ein Arbeitsplatz kann in der Regel nicht lediglich für einen konkreten Mitarbeiter »maßgeschneidert« gestaltet werden. Es muss davon ausgegangen werden, dass Personen mit unterschiedlichen Körperabmessungen abwechselnd am gleichen oder einzeln an mehreren verschiedenen Arbeitsplätzen arbeiten werden.

Wenn keine Gründe für die Wahl eines besonderen Körpergrößenbereiches vorliegen, sind folgende Spannen bei der Arbeitsgestaltung zu verwenden:

- Körpergrößenbereich für Männer von 1.680–1.880 mm (inkl. 30 mm Schuhwerk)
- Körpergrößenbereich für Frauen von 1.565–1.750 mm (inkl. 30 mm Schuhwerk)

Wichtige Körperabmessungen für die Arbeitsplatzgestaltung werden in Abbildung III-145 bis Abbildung III-149 aufgeführt.

Altersgruppe	Körperhöhe (mm)					
	Männer			Frauen		
	Perzentil					
Jahre	5.	50.	95.	5.	50.	95.
18–65	1.650	1.750	1.855	1.535	1.625	1.720
18–25	1.685	1.790	1.910	1.560	1.660	1.760
26–40	1.665	1.765	1.870	1.545	1.635	1.725
41–60	1.630	1.735	1.835	1.525	1.615	1.705
61–65	1.605	1.710	1.805	1.510	1.595	1.685

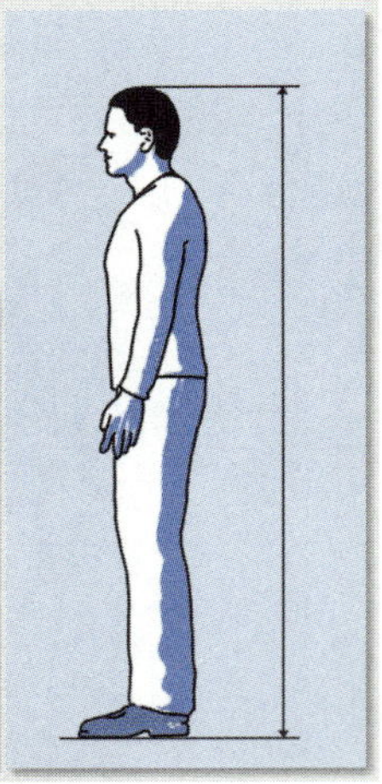

Abbildung III-145 Perzentile für die Körperhöhe in Abhängigkeit von Altersgruppen[202]

201 Rohmert, W. u. Mitarb.: Umdruck zur Vorlesung Arbeitswissenschaft I. TU Darmstadt, 1993.
202 DIN 33402 Teil 2, Ergonomie – Körpermaße des Menschen; Werte.
Wiedergegeben mit Erlaubnis des DIN Deutsches Institut für Normung e. V. Maßgebend für das Anwenden der DIN-Norm ist deren Fassung mit dem neuesten Ausgabedatum, die bei der Beuth Verlag GmbH, Burggrafenstraße 6, 10787 Berlin, erhältlich ist.

Altersgruppe	Schulterhöhe (mm)					
	Männer			Frauen		
	Perzentil					
Jahre	5.	50.	95.	5.	50.	95.
18–65	1.345	1.450	1.550	1.260	1.345	1.425
18–25	1.375	1.480	1.600	1.285	1.370	1.460
26–40	1.360	1.465	1.565	1.270	1.355	1.435
41–60	1.330	1.435	1.535	1.255	1.340	1.415
61–65	1.300	1.410	1.500	1.230	1.315	1.385

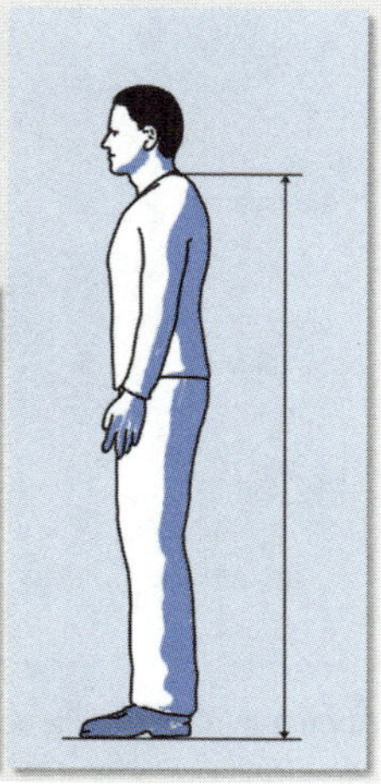

Abbildung III-146 Perzentile für die Schulterhöhe in Abhängigkeit von Altersgruppen[203]

Altersgruppe	Augenhöhe, stehend (mm)					
	Männer			Frauen		
	Perzentil					
Jahre	5.	50.	95.	5.	50.	95.
18–65	1.530	1.630	1.735	1.430	1.515	1.605
18–25	1.565	1.665	1.785	1.450	1.550	1.645
26–40	1.545	1.640	1.750	1.440	1.525	1.615
41–60	1.510	1.620	1.720	1.420	1.505	1.590
61–65	1.490	1.595	1.690	1.395	1.480	1.570

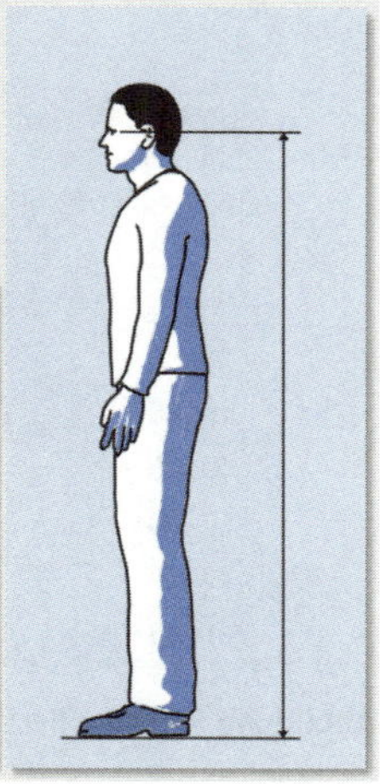

Abbildung III-147 Perzentile für die Augenhöhe stehend in Abhängigkeit von Altersgruppen[204]

203 DIN 33402 Teil 2, Ergonomie – Körpermaße des Menschen; Werte.
Wiedergegeben mit Erlaubnis des DIN Deutsches Institut für Normung e. V. Maßgebend für das Anwenden der DIN-Norm ist deren Fassung mit dem neuesten Ausgabedatum, die bei der Beuth Verlag GmbH, Burggrafenstraße 6, 10787 Berlin, erhältlich ist.

204 DIN 33402 Teil 2, Ergonomie – Körpermaße des Menschen; Werte.
Wiedergegeben mit Erlaubnis des DIN Deutsches Institut für Normung e. V. Maßgebend für das Anwenden der DIN-Norm ist deren Fassung mit dem neuesten Ausgabedatum, die bei der Beuth Verlag GmbH, Burggrafenstraße 6, 10787 Berlin, erhältlich ist.

Altersgruppe	Augenhöhe, sitzend (mm)					
	Männer			Frauen		
	Perzentil					
Jahre	5.	50.	95.	5.	50.	95.
18–65	740	795	855	705	755	805
18–25	760	810	870	720	770	820
26–40	745	805	860	710	760	810
41–60	730	785	850	700	750	800
61–65	710	770	830	685	735	795

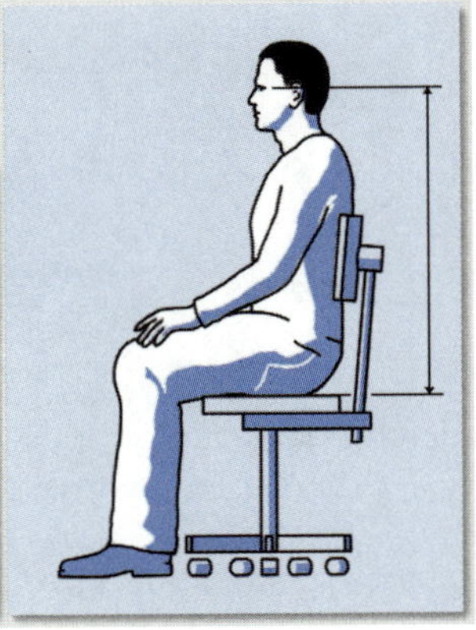

Abbildung III-148 Perzentile für die Augenhöhe sitzend in Abhängigkeit von Altersgruppen[205]

Altersgruppe	Körpertiefe, stehend (mm)					
	Männer			Frauen		
	Perzentil					
Jahre	5.	50.	95.	5.	50.	95.
18–65	260	285	380	245	290	345
18–25	225	255	305	235	265	310
26–40	260	280	360	245	285	335
41–60	275	300	415	250	300	365
61–65	260	290	400	245	290	355

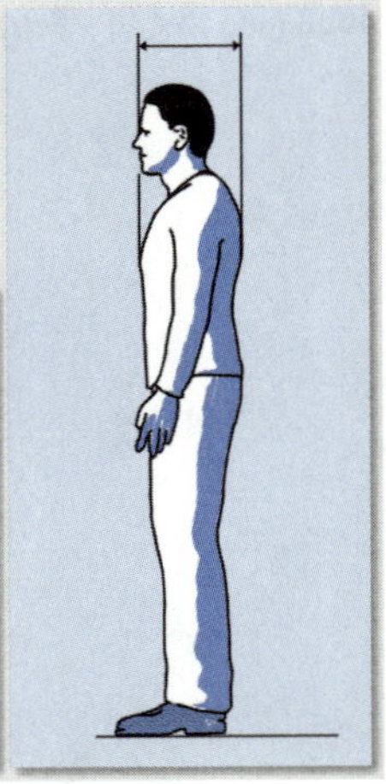

Abbildung III-149 Perzentile für die Körpertiefe in Abhängigkeit von Altersgruppen[206])

Handabmessungen

Gerade für die Montagegestaltung ist die Kenntnis der *Handabmessungen* wichtig – sowohl für die Arbeitsplatzauslegung mit MTM-Prozessbausteinen (Prozesstyp 1, vgl. Teil II, Kapitel 6) als auch für Produktergonomie und Gebrauchstauglichkeit (Abbildung III-150).

205 DIN 33402 Teil 2, Ergonomie – Körpermaße des Menschen; Werte.
Wiedergegeben mit Erlaubnis des DIN Deutsches Institut für Normung e. V. Maßgebend für das Anwenden der DIN-Norm ist deren Fassung mit dem neuesten Ausgabedatum, die bei der Beuth Verlag GmbH, Burggrafenstraße 6, 10787 Berlin, erhältlich ist.

206 DIN 33402 Teil 2, Ergonomie – Körpermaße des Menschen; Werte.
Wiedergegeben mit Erlaubnis des DIN Deutsches Institut für Normung e. V. Maßgebend für das Anwenden der DIN-Norm ist deren Fassung mit dem neuesten Ausgabedatum, die bei der Beuth Verlag GmbH, Burggrafenstraße 6, 10787 Berlin, erhältlich ist.

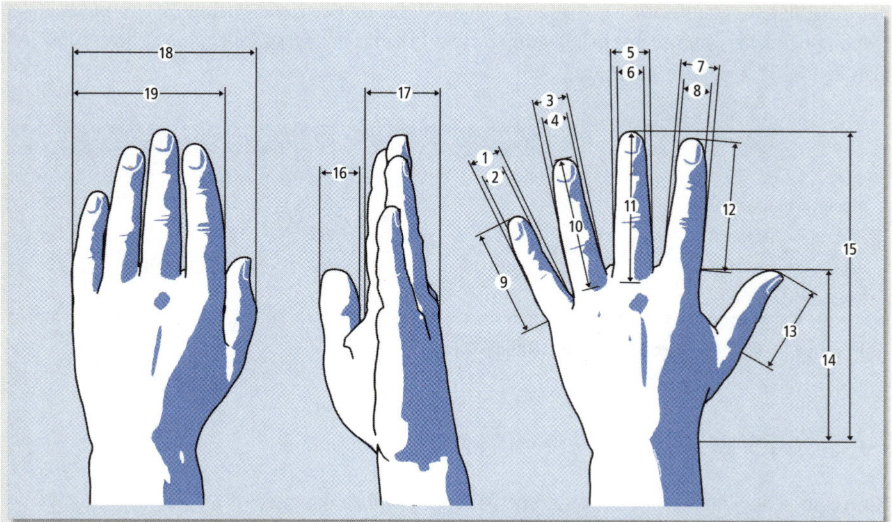

	Perzentile					
	Männer			Frauen		
Abmessungen in mm	5.	50.	95.	5.	50.	95.
1 Kleinfingerbreite körpernah nahe Handteller	15	17	19	12	14	17
2 Kleinfingerbreite körperfern nahe Fingerspitze	14	15	17	11	13	16
3 Ringfingerbreite körpernah	17	20	21	15	17	19
4 Ringfingerbreite körperfern	15	16	18	13	16	18
5 Mittelfingerbreite körpernah	19	21	23	17	19	22
6 Mittelfingerbreite körperfern	16	17	19	14	17	19
7 Zeigefingerbreite körpernah	19	21	23	17	19	21
8 Zeigefingerbreite körperfern	17	18	20	14	16	18
9 Kleinfingerlänge	57	64	72	51	59	66
10 Ringfingerlänge	72	80	87	65	73	81
11 Mittelfingerlänge	76	84	93	71	77	86
12 Zeigefingerlänge	68	75	83	62	69	77
13 Daumenlänge	59	68	75	53	60	69
14 Handflächenlänge	104	111	121	92	100	108
15 Handlänge	175	189	207	162	177	193
16 Daumenbreite	20	22	24	16	20	22
17 Handdicke	24	30	31	21	26	32
18 Handbreite mit Daumen	98	107	117	82	90	99
19 Handbreite	80	87	94	70	77	84

Abbildung III-150 Anthropometrie der Hand – Teil 1[207]

207 DIN 33402 Teil 2, Ergonomie – Körpermaße des Menschen; Werte.
Wiedergegeben mit Erlaubnis des DIN Deutsches Institut für Normung e. V. Maßgebend für das Anwenden der DIN-Norm ist deren Fassung mit dem neuesten Ausgabedatum, die bei der Beuth Verlag GmbH, Burggrafenstraße 6, 10787 Berlin, erhältlich ist.

Bei Instandhaltungsaufgaben ist u. a. auch der Griffumfang der Hand wichtig, wenn in schmalen Öffnungsbereichen von Aggregaten Wartungs- und Instandsetzungsaufgaben zu erledigen sind (Abbildung III-151, vgl. auch Abschnitt 5.4.3).

	Perzentile					
	Männer			Frauen		
Abmessungen in mm	5.	50.	95.	5.	50.	95.
Griffumfang der Hand	120	135	155	110	130	155
Handumfang ohne Daumen	195	210	230	175	195	210
Handgelenkumfang	160	175	190	150	165	180

Abbildung III-151 Anthropometrie der Hand – Teil 2[208]

5.2.3 Körperstellungen und -haltungen

Einflussfaktoren der Körperhaltung

Als wesentliche Einflussfaktoren von Körperhaltungen sind zu beachten:

- Anforderungen der Tätigkeit an die Zugänglichkeit (visuell: z. B. Fixation des Auges an Mikroskopen; manuell: z. B. Handhaltung und Bewegungsabläufe);
- räumliche Anordnung des Arbeitsplatzes (z. B. des Arbeitssitzes und -tisches, der Fuß- und Armstützen);
- biomechanische Parameter (z. B. Kraftrichtung, Bewegungsbahnen);
- Arbeitsgegenstand (z. B. Anordnung, Form, Größe).

Ungünstige Körperhaltungen resultieren vorwiegend

- aus mangelhafter räumlicher Arbeitsgestaltung (die Arbeitsperson passt sich im negativen Sinne an und ordnet bewusst oder unbewusst ihre Körperhaltung den Arbeitsanforderungen unter) oder
- aus mangelhaften Arbeitsweisen (häufig verursacht durch ungenügende Unterweisung sowie geringe Motivation).

Diskomfort

Jede Körperhaltung, die längere Zeit eingenommen werden muss, hat eine statische Gewebebeanspruchung zur Folge, die negativ zu bewerten ist. Der Gleichgewichtszustand in den betroffenen Muskeln wird gestört, da der Blutzufluss zum Muskel und die Abfuhr der bei der Verbrennung im Muskel entstandenen Stoffwechselprodukte behindert werden. Mit langandauernden Körperhaltungen wächst ebenfalls der *Diskomfort* in der Schulter-Nacken-Region, im Lendenbereich und in den Armen. Beschwerden und gegebenenfalls Erkrankungen können die Folge sein. Aber auch psychomentale Beanspruchungen können mit Beschwerden der Schulter-Nacken-Region verbunden sein. Langandauernde Sitztätigkeiten mit Bildschirmarbeit wirken sich daher möglicherweise auf zweierlei Weise negativ aus: statische Haltungsarbeit durch das Sitzen und psychomentale Beanspruchung durch die Arbeitsaufgabe.

Damit sind auch die wesentlichen Ansätze der Gestaltung in Bezug auf Körperhaltungen erkennbar. Auf der Grundlage einer Anforderungsanalyse sind die geeigneten Körperhaltungen mit ihrer Dynamik tätigkeitsbezogen und physiologisch zu definieren und bei der räumlichen Gestaltung zu berücksichtigen, die Mitarbeiter sind gezielt zu unterweisen und zur adäquaten Verwendung des Arbeitsplatzes zu motivieren.

208 DIN 33402 Teil 2, Ergonomie – Körpermaße des Menschen; Werte.
Wiedergegeben mit Erlaubnis des DIN Deutsches Institut für Normung e. V. Maßgebend für das Anwenden der DIN-Norm ist deren Fassung mit dem neuesten Ausgabedatum, die bei der Beuth Verlag GmbH, Burggrafenstraße 6, 10787 Berlin, erhältlich ist.

Auf die Wechselwirkungen von arbeitsplatz- und menschbezogenen Faktoren, welche die Körperhaltung bei beruflichen Tätigkeiten beeinflussen, wurde bereits in Teil II, Abschnitt 2.5.2 eingegangen.

Der *Energieumsatz* beim Stehen ist höher als beim Sitzen. Stehen ist statische Haltungsarbeit, bei der die Beinmuskulatur besonders belastet wird, weil Stehen zu einem erhöhten hydrostatischen Blutdruck in den Beinvenen sowie zu einer im Zeitablauf zunehmenden Stauung der Gewebeflüssigkeit in Beinen und Füßen führt.

Berufsgruppen, die langandauernd im Stehen arbeiten, gelten als erhöht anfällig für Erweiterungen der Beinvenen (Varizen), für Entzündungen der Beinvenen mit Bildung von Blutgerinnseln (Thrombosen) sowie für Gewebequellungen in Füßen und Unterschenkeln (Knöchelödeme).

Diesen Ausführungen ist zu entnehmen, dass dauerndes Stehen zu Beschwerden, evtl. sogar zu gesundheitlichen Schädigungen führen kann, wobei die Frage nach der Prädisposition zu stellen ist. Ein häufigeres Gehen bei der Arbeit schafft hier bereits Entlastung. Die bessere Lösung ist jedoch ein wählbarer Wechsel zwischen Stehen, Gehen und Sitzen. Das Sitzen hat insbesondere die in Abbildung III-152 aufgeführten Nachteile.

Nachteile	Begründung
1. erhöhte Belastung von Wirbelsäule und Rückenmuskulatur	Spitze Winkel und auch ein rechter Winkel zwischen Rückenlehne und Sitzfläche erhöhen den Bandscheibeninnendruck und die Aktivierung eines Teils der Rückenmuskulatur.
2. Aufnahme des Körpergewichts von einer relativ kleinen Fläche	Auf etwa 10 cm^2 lasten ca. 400 bis 900 N, dadurch leidet die Durchblutung der Haut, ständige Körperhaltungswechsel sind nötig.
3. mangelnde Durchblutung der inneren Organe, Erschlaffung der Bauchmuskulatur, Gefahr der Rundrückenbildung	Länger andauerndes Sitzen behindert den Blutfluss im Bauchraum.
4. Reduzierung von Greifraum und Stellungskräften	Durch die feste Positionierung des Körpers in der Horizontalen sind die Bewegungsbahnen der Hände eingeschränkt (s. Abbildung II-150).

Abbildung III-152 Nachteile einer langandauernden Sitzhaltung

Die *Maximalkräfte* sind im Sitzen geringer als im Stehen, weil dort das Körpergewicht in höherem Maße als Zusatzkraft einzusetzen ist.

Diese Ausführungen sollten verdeutlichen, warum es sinnvoll ist, langandauerndes Stehen zu vermeiden, aber auch, warum langandauerndes Sitzen problematisch ist, insbesondere unzweckmäßiges Sitzen.

Die *optimale Körperhaltung* ist ungezwungen und freizügig, weist minimale statische Haltungsarbeit aus; sie kann beliebig oft verändert werden, wobei die optimierten räumlichen Beziehungen der Augen, Hände und Arme in Bezug auf das Arbeitsobjekt unverändert bleiben. Die Körperhaltung muss dynamisch, d. h. während der einzelnen Tätigkeiten variierbar sein.

Besondere Bedeutung hat das bei Arbeitsplätzen, an denen ein Wechsel zwischen Sitzen und Stehen möglich sein soll, sogenannten Sitz-Steh-Arbeitsplätzen. Dabei ist die Abstimmung zwischen Körpergröße, Arbeitsflächenhöhe und Arbeitssitzhöhe zu optimieren. Die Arbeitsflächenhöhe ist für das Stehen auszulegen. Beim Sitzen ist die Arbeitssitzfläche in eine relativ hohe Sitzposition zu bringen (vgl. Abschnitt 6.5 zur Auslegung von Montagestationen).

5.2.4 Innere und äußere Arbeitsplatzmaße

Innen- und Außenmaße

Um den Arbeitsplatz den individuellen anthropometrischen Gegebenheiten anzupassen, müssen die *Stützflächen* des Körpers (Sitz- und Tischfläche, Armlehne, Fußstütze sowie auch die Stellteile, Handgriffe, Pedale) verstellbar vorgesehen werden. Dabei muss man die Innenmaße und die Außenmaße beachten.

Als *Innenmaße* (*Außenmaße*) werden solche Abmessungen bezeichnet, die mindestens notwendig (höchstens zulässig) sind, damit auch der größten (kleinsten) Person ein ungehindertes Arbeiten bzw. Benutzen ermöglicht wird. Innenmaße sind z. B. die minimale lichte Höhe unter der Tischplatte, Außenmaße z. B. die maximale Armreichweite.

Die Innenmaße hängen also von der gewählten maximalen Gestalt, die Außenmaße von der minimalen Gestalt ab. Abbildung III-153 zeigt die falsche Vorgehensweise beim Ableiten der *Arbeitsplatzmaße* von der durchschnittlichen Gestalt; Abbildung III-154 gibt die richtige Lösung wieder.[209]

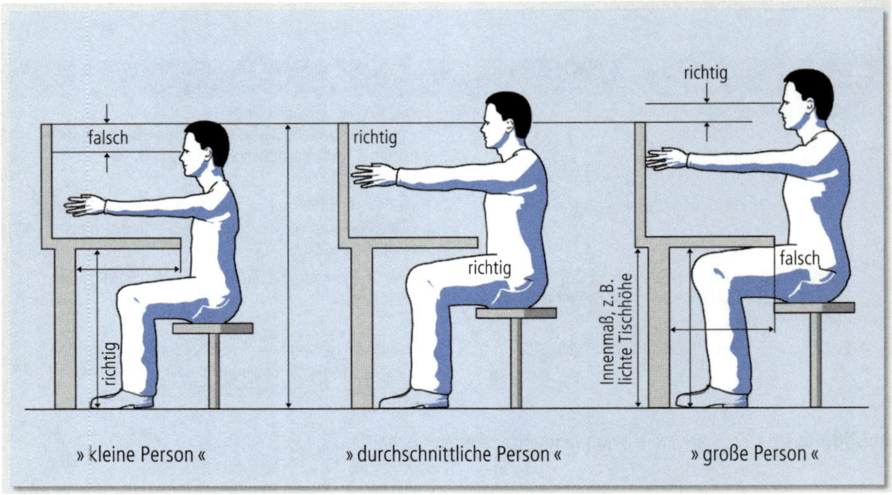

Abbildung III-153 Arbeitsplatz, dessen ergonomische Maße von der durchschnittlichen Gestalt abgeleitet wurden (falsche Vorgehensweise)

209 Vgl. Landau, K.; Schaub, K.: Körpermaße. In: Landau, K. u. Mitarb.: Ergonomie I, TU Darmstadt, Institut für Arbeitswissenschaft, 2003.

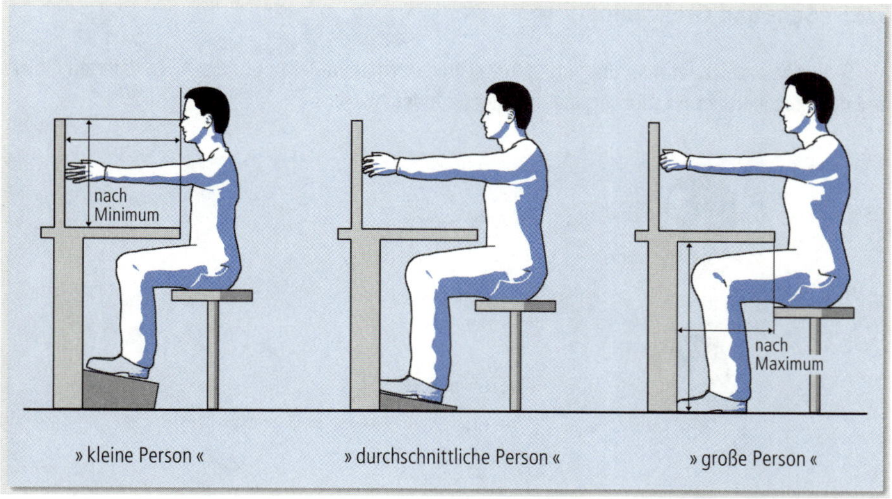

Abbildung III-154 Richtige Lösung – innere Maße sind nach der größten, äußere nach der kleinsten Gestalt abgeleitet. Arbeitssitz und Fußstütze sind in der Höhe einstellbar.

Durch die *Verstellbarkeit* der einzelnen Arbeitsplatzelemente sind die individuellen Abweichungen von der Proportionalität der Körpermaße zu berücksichtigen. Somit ist gewährleistet, dass sich wechselnde Mitarbeiter mit Beginn ihrer Arbeitsschicht ihren Arbeitsplatz optimal einstellen können. Dabei sind folgende Regeln zu beachten:

Verstellbarkeit

1. Der Benutzer soll über Sinn und Vorteil der Verstellbarkeit informiert werden.
2. Die Anwendung der verstellbaren Elemente soll vorgeführt und geübt werden.
3. Die individuell gefundenen Einstellwerte sollen normiert und markiert werden.
4. Die Verstellbarkeit muss konstruktiv einfach, absolut zuverlässig und funktionell sein.
5. Die Verstellung selbst darf keinen größeren Kraftaufwand verlangen.
6. Das Lösen und Anziehen der Stellteile muss einfach durchführbar sein, ohne Schraubenschlüssel, direkt von der Hand mittels Flügelmutter, Sternhandgriff o. Ä.
7. Genügend große Passflächen sind zu wählen (Durchmesser, Gewinde möglichst in Trapezform), um vorzeitigen Verschleiß und Verklemmungen zu vermeiden.
8. Im ganzen Bereich der Verstellungen sind Skalen oder Markierungen anzubringen; der bewegliche Teil ist mit einem einfachen Zeiger zu versehen, der deutlich die eingestellte Lage erkennen lässt.

5.2.5 Seh- und Greifräume

Sehachse

Als *Sehachse* bezeichnet man die Verbindungsgerade zwischen dem mit dem Auge fixierten Objekt und dem zugehörigen Fixationsort auf der Netzhaut des Auges.

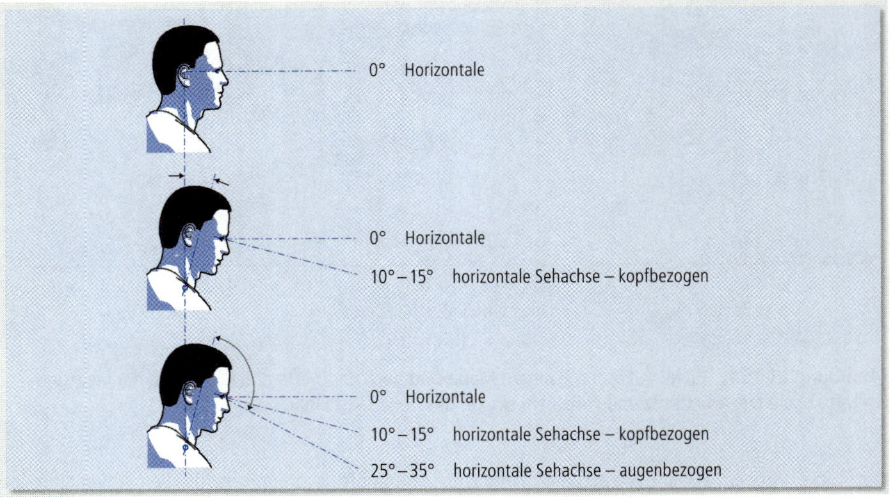

Abbildung III-155 Normale Sehachse bei entspannter Kopf- und Augenposition[210]

In entspannter Ruhestellung ist der Kopf typischerweise um 10–15° gegenüber der Horizontalen nach vorne geneigt. In Ruhestellung sind auch die Augen gegenüber dem Kopf nochmals um 15–20° nach unten geneigt, woraus sich eine Gesamtneigung der Sehachse gegenüber der Horizontalen von ca. 25–35° ergibt. Diese natürliche »Nullstellung« der Sehachse sollte bei der Arbeitsgestaltung berücksichtigt werden, um Zwangshaltungen zu vermeiden (Abbildung III-155).

Gesichtsfeld, Blickgesichtsfeld und Umblickgesichtsfeld

Es gibt verschiedene Sehräume des Menschen. Ihre Größe und Leistungsfähigkeit hängen von einer Reihe von Einflüssen ab, z. B. dem Alter, der Körperhaltung, der Verteilung der Beleuchtungsstärke und Leuchtdichte oder der Bewegungsgeschwindigkeit des Menschen (bei Fahrtätigkeiten).

Das *Gesichtsfeld* umfasst den Bereich der Umgebung, der ohne Bewegung von Kopf und Augen gleichzeitig wahrgenommen werden kann. Es hat eine gewölbte ovale Form. Man unterscheidet das monokulare Gesichtsfeld des jeweils rechten und linken Auges vom binokularen Gesichtsfeld der beiden Augen. Scharf sehen kann man innerhalb des Gesichtsfeldes jedoch nur in einem Bereich, der um 1–2° um die Sehachse liegt (Abbildung III-156). Die Entdeckungswahrscheinlichkeit eines Objektes – z. B. bei Kontroll- oder Überwachungstätigkeiten – wird nach außen hin kleiner. Es können nur noch sich bewegende Objekte wahrgenommen werden, eine Mustererkennung ist nicht mehr möglich. Am äußeren Rand sieht das Auge nur Grautöne.

210 Schmidtke, H. (Hrsg.): a. a. O., 1993, S. 508.

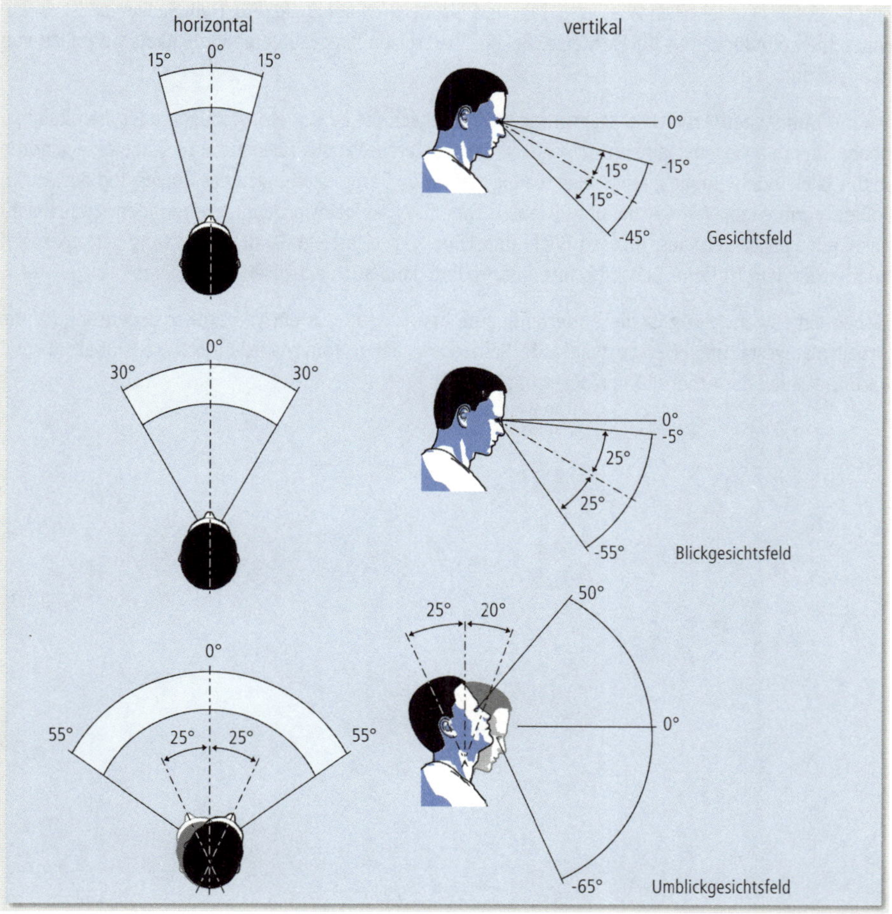

Abbildung III-156 Gesichtsfeld, Blickgesichtsfeld und Umblickgesichtsfeld[211]

Das *Blickgesichtsfeld* beschreibt den Wahrnehmungsbereich bei ruhendem Kopf, aber mit bewegten Augen. Im binokularen Blickgesichtsfeld können bestimmte Bereiche nur monokular fixiert werden. Das binokulare gemeinsame Blickgesichtsfeld ist daher kleiner als die Summe der beiden monokularen Blickgesichtsfelder.

Für MTM-Anwendungen gilt zu beachten, dass für das Prüfen ein *normales Blickfeld* definiert ist, welches mit ca. 15° kleiner als das Gesichtsfeld (30°) ist. Dies entspringt dem Umstand, dass MTM ursprünglich zur Zeitplanung entwickelt wurde. Dabei wurde empirisch ermittelt, dass mit einer Fixation (EF) in einem Bereich von 15° bis zu 3 Kontrollmerkmale erkennbar und mental im Sinne einer ja/nein-Entscheidung zu verarbeiten sind. Dass über dieses normale Blickfeld hinaus ein Bereich von 30° wahrgenommen wird, ist für die Modellbildung beim Prüfen irrelevant.

Das *Umblickgesichtsfeld* schließlich berücksichtigt zusätzlich die Bewegung des Kopfes. Alle Wahrnehmungen, die bei unveränderter Körperhaltung, aber maximalen Kopf- und Augenbewegungen durchgeführt werden, gehören also zum Umblickgesichtsfeld.

211 Schmidtke, H. (Hrsg.): a. a. O., 1993, S. 509.

Die Größe des Gesichtsfeldes ist vom Tag- und Nachtsehen abhängig. Für Helligkeitsreize ist es wesentlich empfindlicher als für Farbreize. Bei den Farbreizen hängt die Empfindlichkeit zusätzlich von der Spektralfarbe ab.

Bei der räumlichen Arbeitsplatzgestaltung sind demnach die besonders wichtigen oder die häufig zu beobachtenden Gegenstände im Gesichtsfeld zu platzieren. Weniger bedeutsame Sehobjekte gehören in das Blick- oder Umblickgesichtsfeld. Langandauernde Extremstellungen des Kopfes und der Augen sollten vermieden werden, da sie mit einer hohen Muskelbeanspruchung verbunden sind. Reicht das Gesichtsfeld nicht aus, müssen Blick- und Umblickgesichtsfeld für die Gestaltung herangezogen werden. Zudem ist sicherheitsrelevante Information dann auch akustisch darzubieten.

Arbeitshöhe

Neben der Blickrichtung ist die Entfernung zum betrachteten Objekt von großer Bedeutung für die Arbeitsplatzgestaltung. Der zu wählende Sehabstand hängt vom visuellen Tätigkeitsinhalt ab und bestimmt auch die Arbeitshöhe (Abbildung III-157).

Sitzhaltungen

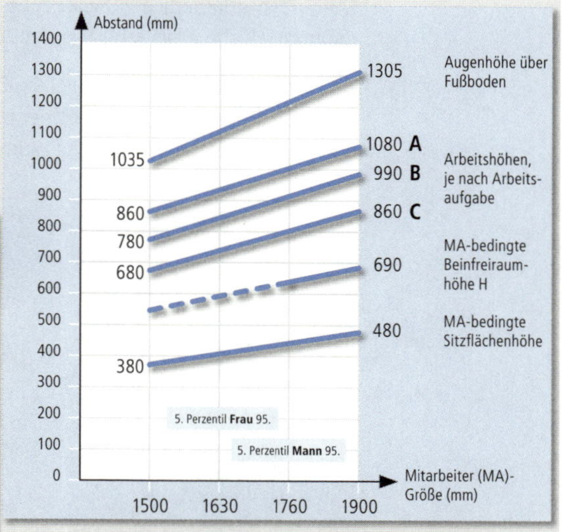

A feinst manuell
B fein manuell
C geschickt manuell
D grob manuell

Arbeits-höhen-bereich	Tätigkeits-beschreibung	Beispiele	
A	**feinst manuell:** höchste Anforderungen an die Bewegungs-steuerung und das Sehvermögen	• Montieren kleinster Teile • Justieren • Bestücken von Leiterplatten • feine Lötarbeiten • Zeichnen, Anreißen, Körnen in waagerechter Ebene	
B	**fein manuell:** hohe Anforderungen an die Bewegungs-steuerung und das Sehvermögen	• Montieren kleiner Teile • normale Lötarbeiten • Verdrahten, Drahtlegen	
C	**geschickt manuell:** leichte Kraftanstren-gungen, normale Bewegungssteuerung und Sehvermögen	• Drehknöpfe in hor./vert. Ebene • Montieren größerer Teile • Sortier- und Verpackungsarbeiten • Betätigen einer Tastatur • Schreiben auf waagerechter Fläche	
D	**grob manuell:** kraft- und bewegungs-aufwendige Arbeit in horizontaler Ebene	• Schieben großer Werkstücke • Greifen mit hängendem Arm ohne Rückenbeugen	nur für Steh-arbeiten
E	**schwer manuell:** kraft- und bewegungs-aufwendige Arbeit mit schwerem Körperein-satz (weitestgehend zu vermeiden)	• Betätigen von Kraftstellteile • Anheben schwerer Lasten in gebückter Haltung • kräftiges Wenden und Drücken	nur für Steh-arbeiten

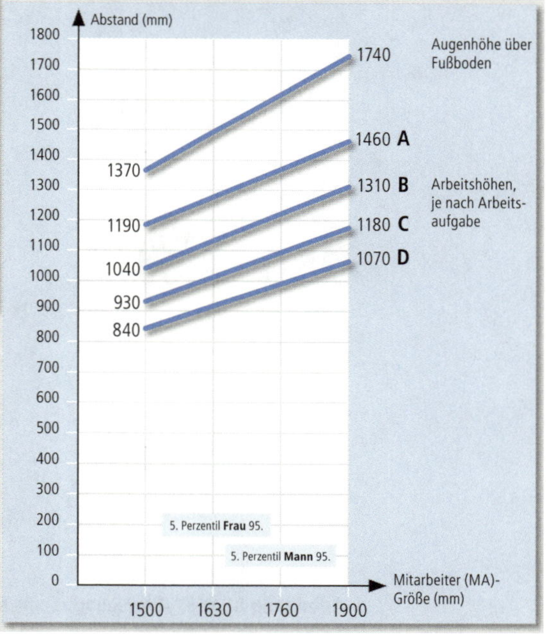

Stehhaltungen

Abbildung III-157 Arbeitshöhen in Abhängigkeit von den Arbeitsaufgaben[212]

212 Kirchner, J. H.; Baum, E.: Ergonomie für Konstrukteure und Arbeitsgestalter. München: Hanser, 1990, S. 235–240.

Durch den erforderlichen Sehabstand und Anforderungen an die Körperstabilität ergeben sich für unterschiedliche Arbeitsaufgaben typische Arbeitshöhen.

Bewegungsräume

Bewegungsräume des menschlichen Körpers ergeben sich aus den Längenmaßen der Körperteilsegmente und der Stellung der Segmentachsen in den an der Bewegung beteiligten Gelenken. Abbildung III-158 zeigt die Bewegungsräume für Kopf, Arme, Hände, Beine und Füße.[213]

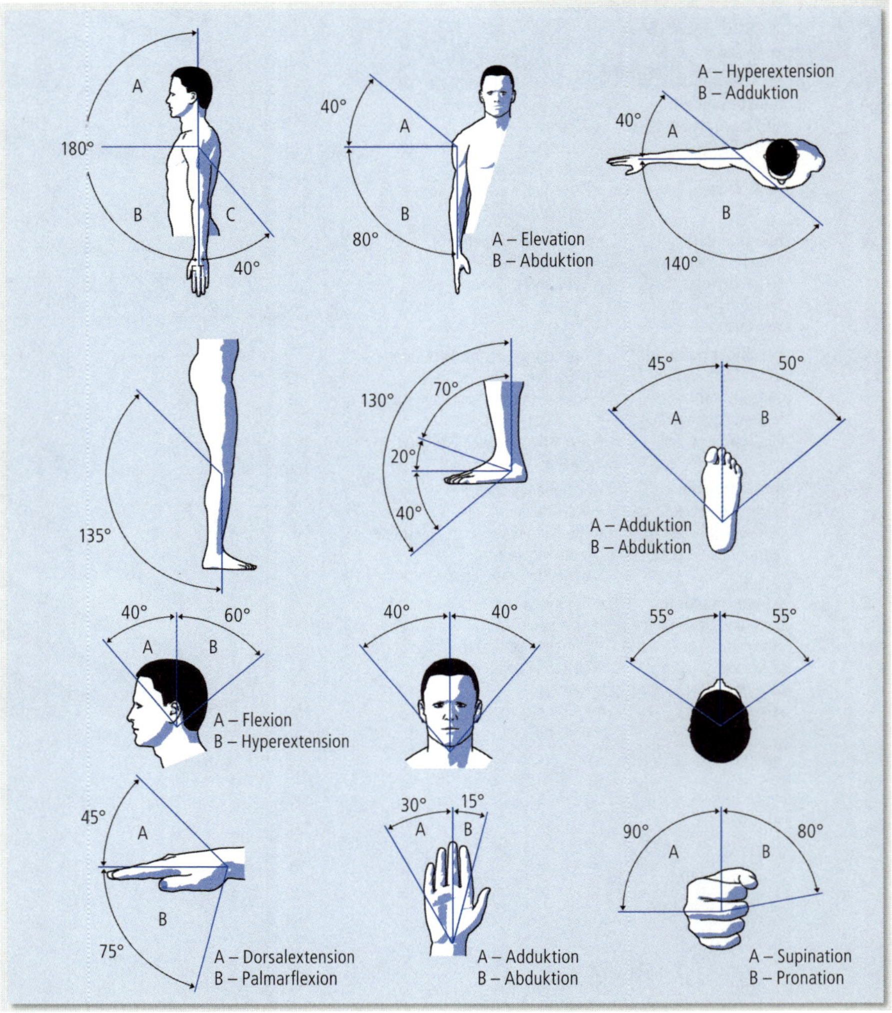

Abbildung III-158 Bewegungsräume für Kopf, Arme, Hände, Beine und Füße[214]

Die hier aufgeführten Werte sind als statistische Werte zu verstehen. Bewegungsumfänge streuen interindividuell und sind u. a. von Alter, Geschlecht und Trainingszustand abhängig.

213 Vgl. a. Flügel, B.; Greil, H.; Sommer, K.: Anthropologischer Atlas. Frankfurt/M.: Wötzel, 1986.

214 Abduktion: Wegführen eines Körperteils von Medianebene; Adduktion: Heranführen eines Körperteils; Dorsalextension: Beugung nach rückwärts; Elevation: Anhebung; Hyperextension: Überstreckung; Pronation: Einwärtsdrehung; Supination: Auswärtsdrehung.

Aus den Bewegungsräumen der Gelenke und den Körpersegmentlängen lassen sich optimale Greif- und Sehräume ableiten (vgl. auch Abbildung III-160). Dabei werden unterschiedlich günstige Zonen unterschieden (Abbildung III-159).

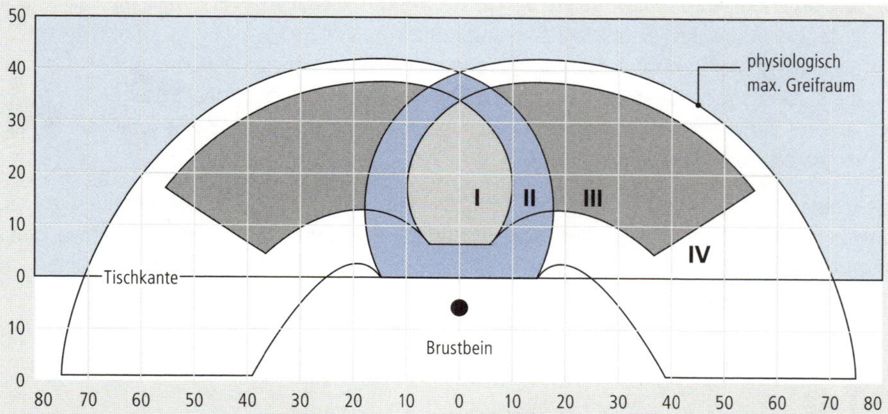

Zone I
Arbeitszentrum: Beide Hände arbeiten nahe beieinander im Blickfeld. Montageort: Ort für Aufnahmevorrichtungen.

Zone II
Erweitertes Arbeitszentrum: Beide Hände arbeiten im Blickfeld und erreichen alle Orte dieser Zone.

Zone III
Einhandzone: Zone zum Lagern von Teilen und Handwerkzeugen, die einhändig oft gegriffen werden, sowie für Handstellteile.

Zone IV
Erweiterte Einhandzone: Äußerste nutzbare Zone für Greifbehälter.

Abbildung III-159 Arbeitszonen für unterschiedliche Tätigkeiten[215]

Der Greifraum sollte sich an dem »kleinen« Benutzer (5. oder 1. Körperhöhenperzentil) orientieren. Bei sitzender Arbeitsausführung mit aufrechter Körperhaltung ergibt sich der Greifraum durch die Bewegungsbahnen der beiden Arme.

Man unterscheidet:

- Geometrisch (anatomisch) maximaler *Greifraum* ist der Raum, der bei unbewegtem Oberkörper mit maximal ausgestrecktem Arm, unter Mitbewegen des Schultergelenkes, umfahren werden kann.
- Physiologisch maximaler Greifraum (für die Arbeitsgestaltung wichtiger Greifraum) ist der Raum, welcher bei unbewegtem Oberkörper mit entspannten Armen, ohne Mitbewegung des Schultergelenks, umfahren werden kann. Der Radius ist um etwa 10 % kleiner als beim geometrisch maximalen Greifraum.
- Kleiner Greifraum (für die Arbeitsgestaltung bei häufig wiederkehrenden Greifbewegungen empfohlener Greifraum) ist derjenige Raum, welcher bei unbewegtem Oberkörper, herabhängenden Oberarmen und annähernd waagerechten Unterarmen umfahren wird.

Der Arbeitsbereich der Hände ist im Sitzen kleiner als bei stehender Körperstellung. Im Allgemeinen wird bei der Auslegung des Greifraums jedoch nicht nach sitzender bzw. stehender Arbeitsausführung unterschieden.

215 VDI (Hrsg.): Handbuch der Arbeitsgestaltung und Arbeitsorganisation. Düsseldorf: VDI, 1980, S. 93.

Bei der Gestaltung der Greifräume sollte Folgendes beachtet werden:

- Unterarmbewegungen (Oberarm herabhängend oder Ellbogen aufgestützt) verlaufen am günstigsten vom Körper weg bzw. auf den Körper zu,
- Oberarmbewegungen (Bewegungen des ganzen Armes) dagegen vor dem Körper von rechts nach links oder umgekehrt (natürliche Bewegungsbahnen),
- die Präzision der Bewegungsführung reduziert sich mit zunehmender Entfernung,
- die Körperkräfte im Greifraum sind von Armstellung und Kraftrichtung abhängig,
- längeres Verweilen der Hand an der Greifraumgrenze sollte wegen der damit verbundenen Haltungsarbeit vermieden werden.

Gesichtsfeld und physiologisch maximaler Greifraum entsprechen sich nicht. Dies bedeutet, dass im Greifraum nicht ohne (häufige) Blickverschiebung und Kopfbewegungen gearbeitet werden kann. Ebenso sind die stark unterschiedlichen Greifräume der kleinen Frau und des großen Mannes zu beachten (Abbildung III-160).

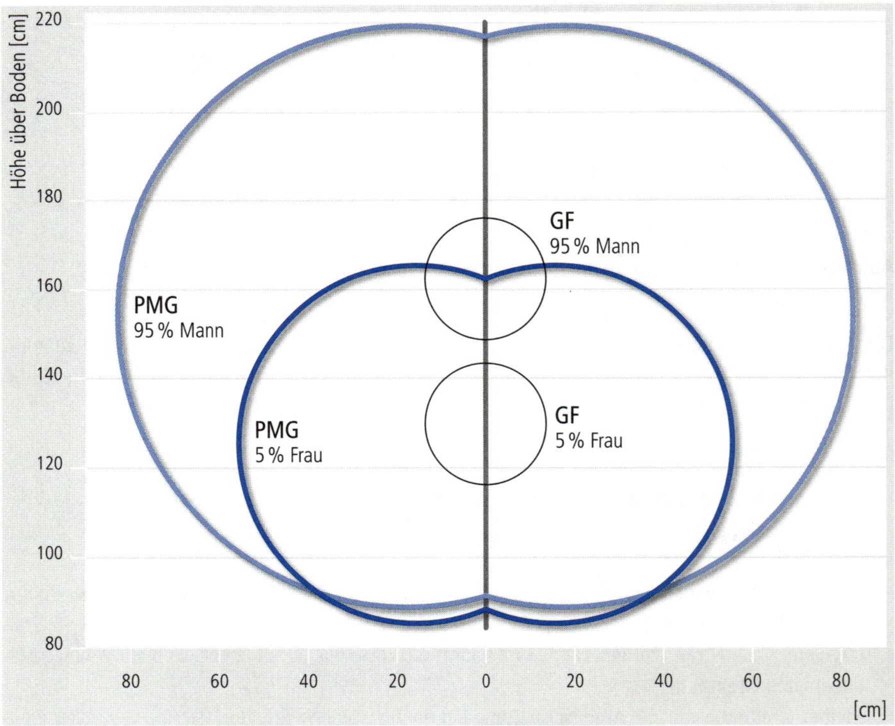

Abbildung III-160 Überdeckung von physiologisch maximalen Greifräumen (PMG) und Gesichtsfeld (GF) für 5 % Frau und 95 % Mann in Stehhaltung

Menschliche Gestalt maßstabsgetreu

5.2.6 Somatografie

Die in den Normen angebotenen Körpermaße sind nicht geeignet, das technische Bild der menschlichen Gestalt maßstabgetreu mit gänzlichem, ununterbrochenem Umriss in den üblichen Ansichten (Seiten-, Vorder- und Draufsicht) in verschiedenen Köperstellungen zu konstruieren.

Als *Somatografie* (aus dem Griechischen: soma: Körper, graphein: zeichnen) wird eine Methode zur maßstabgetreuen Darstellung schematischer Bilder der menschlichen Gestalt in eindeutig definierten und reproduzierten Körperstellungen unter Berücksichtigung der anatomischen und anthropometrischen Gegebenheiten bezeichnet.

Die Somatografie bietet damit einen Kompromiss zwischen den variablen und komplizierten biologischen Gegebenheiten des menschlichen Körpers und der Praktikabilität in der Anwendung. Die Somatografie muss der Denkweise des Anwenders (des Konstrukteurs) entsprechen.

Die Somatografie macht eine Reihe von Vereinfachungen:

1. Das Skelett des menschlichen Körpers wird durch ein schematisches kinematisches Modell ersetzt. Statt der anatomischen Gelenke werden technische Gelenke mit eindeutigen, fixen geometrischen Achsen vorausgesetzt. Dabei werden trotz der Simplifikation die anatomischen Prinzipien weitgehend berücksichtigt. Die Gelenkarten werden auf drei Typen reduziert:
   - Scharniergelenke mit einer Drehachse (z. B. Kniegelenk),
   - Kugelgelenke mit zwei Drehachsen (z. B. Fußgelenk) und
   - Kugelgelenke mit drei Drehachsen (Schwenken in zwei Ebenen und Rotation, z. B. Hüftgelenk).
2. Die Beweglichkeitsbereiche in einzelnen Gelenken des Skelettmodells sind ohne Rücksicht auf Geschlecht und Alter (15–65 Jahre) invariant vorausgesetzt.
3. Zur Ableitung der resultierenden Körpergliedeinstellung gilt das Gesetz der Superposition der elementaren anatomischen Bewegung (Beugung, Streckung, Drehung) in einzelnen Gelenken.
4. Die Körpermaße werden durch zwei Maßsysteme (Skelettmaße und Umrissmaße) bestimmt und gewährleisten eine vollständige und nicht unterbrochene Bildkontur der menschlichen Gestalt. Die Umrisszeichnung besteht lediglich aus Geraden und Kreisbögen und schließt das Freihandzeichnen völlig aus.
5. Die Proportionalität der Körpermaße (d. h. das Verhältnis einzelner Maße zur Körperhöhe) wird im ganzen Körperhöhenbereich ohne Unterschied des Geschlechts und Alters als unveränderlich vorausgesetzt. Die Konturen schließen Bekleidung und Schuhwerk ein.

Als zeichnerisches Hilfsmittel für das Konstruieren der technischen Bilder der menschlichen Gestalt standen früher lediglich somatografische Schablonen zur Verfügung, wobei für jede Körpergröße und für einzelne technische Maßstäbe (z. B. 1:20, 1:10, 1:5, 1:25 u. a.) jeweils drei Schablonen bestimmt waren (Vorderansicht, Seitenansicht und Draufsicht). Eine Weiterentwicklung der Schablonensomatografie war die *Videosomatografie*. Sie beruht auf der Überblendung von zwei Videobildern, von denen eines die Testperson und das andere die Zeichnung des Arbeitsplatzes enthält.

Computer-Somatografie

Sowohl Schablonen- als auch Videosomatografie werden inzwischen in der praktischen Arbeitsplatzgestaltung durch die *Computer-Somatografie* weitgehend ersetzt (Abbildung III-161). Körperbewegungen können mit der Computer-Somatografie unter Berücksichtigung der Gelenkwinkel; Reichweiten, Sehräume etc. realistisch simuliert werden. Werkzeuge zur Computer-Somatografie sind mittlerweile breit verfügbar.

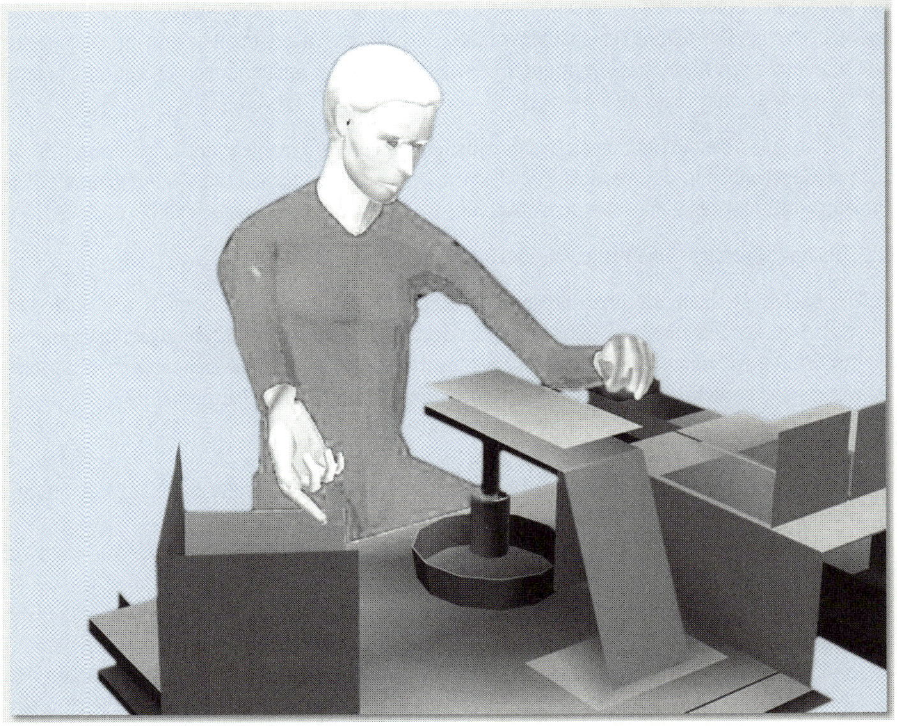

Abbildung III-161 Beispiel eines Werkzeugs der Computer-Somatografie (ANTHROPOS)

5.2.7 Körperunterstützungen beim Sitzen und Stehen

Stützflächen

Das wichtigste Ziel bei langandauernder Sitztätigkeit besteht darin, anatomisch falsche und physiologisch schädliche Körperhaltungen zu vermeiden. Der *Körperunterstützung* (bei sitzender Arbeit) können vier *Stützflächen* dienen:

- Sitzfläche,
- Fußstütze,
- Armstütze,
- Handstütze.

Diese vier Stützflächen sind voneinander abhängig; sie können nicht für sich alleine optimiert werden. Die räumliche Anordnung der Stützflächen wird durch die Art der Arbeitsaufgabe und die Körpermaße des Mitarbeiters bestimmt. Die Vorgehensweise bei der Auslegung von Stützflächen ist hier wie folgt:

1. Körpergrößenbereich der einzusetzenden Mitarbeiter festlegen.
2. Arbeitsplatzmaße für die größte und kleinste Gestalt ermitteln.
3. Für beide Gestalten das Arbeitsplatz- und Stützflächensystem festlegen und vermaßen.
4. Das ermittelte Stützflächensystem mit dem Gesamtarbeitsplatz und dem Hallen-Layout in Übereinstimmung bringen.

Auslegung von Tisch-Stuhl-Einheiten

Von besonderer Bedeutung ist die *Verstellbarkeit* der einzelnen Stützflächen. Werden Arbeitsplätze vom 5. Perzentil Frau bis zum 95. Perzentil Mann ausgelegt, dann ist die Verstellbarkeit von Stuhl,

Tisch, Fußstütze und Armstütze unabdingbar. Weiterhin kann von der Proportionalität von Körperhöhe und Gliedmaßengröße beim einzelnen Mitarbeiter nicht in exakter Weise ausgegangen werden, was ebenfalls die Verstellbarkeit der Ausstattungselemente des Arbeitsplatzes erfordert. Auch bequeme Körperhaltungen sollen variiert werden können, weil selbst eine »optimale« Körperhaltung auf Dauer nicht bequem ist. Dies weist insbesondere auf die freie Wechselbarkeit der Körperhaltung hin. Folgende Anforderungen sind bei der Auslegung von Tisch-Stuhl-Einheiten zu beachten:

- Falsche Arbeitshöhen und *Sichtgeometrien* dürfen nicht zu Zwangshaltungen führen.
- Fehlende Knie-Einrück- und Fußvorstoßräume müssen vermieden werden.
- Körperhaltungen und Bewegungsabläufe müssen sich entsprechen.
- Ungünstige Hebelwirkungen müssen vermieden werden.
- Der Körper muss immer in einer stabilen Lage sein.
- Die Eigengewichte des Mitarbeiters sollen auf die Stützflächen optimal verteilt werden können.
- Ein ungehinderter Wechsel der Körperhaltungen muss jederzeit möglich sein.
- Unzulässige Kompressionen des Muskelgewebes, der Blutgefäße und der Nerven sind zu vermeiden.

Bei sitzender Körperhaltung werden drei Sitzgrundstellungen unterschieden:

- nach vorne gebeugter Oberkörper (Schreibhaltung),
- senkrecht, aufrechter Oberkörper,
- nach hinten angelehnter Oberkörper,
- die je nach Tätigkeitsart variiert auftreten.

Nach den einschlägigen DIN-Normen werden für *Arbeitssitze* die in Abbildung III-162 angegebenen Maße und Eigenschaften gefordert.[216] Arbeitssitze

Eigenschaft	Wertebereich (mm)	Bemerkung
Breite Sitzfläche	400–480	Sitzfläche soll leichtes Sitzprofil aufweisen und Vorneigung −2° Rückneigung +12°
Tiefe Sitzfläche	380–420	Kniekehlen sollen etwa 50 mm von Sitzvorderkante entfernt sein
Höhenverstellung Sitzfläche	120 bei unterster einstellbarer Sitzflächenhöhe ≤ 570, 180 bei unterster einstellbarer Sitzflächenhöhe > 570	
Breite Rückenlehne	360–400	darf größere Manipulationen mit Werkstück und Werkzeug nicht behindern
Höhe Rückenlehne	mind. 220 bei höhenverstellbarer Rückenlehne, 320 bei nicht verstellbarer Rückenlehne	in ihrer Form an die Rückenkontur bei aufrechter Sitzhaltung angepasst
Höhenverstellung Rückenlehne	Befestigungspunkt der Rückenlehne 170–230 über der Sitzfläche	
Neigungsverstellung	80°–115° gegen die waagerechte Sitzfläche geneigt	Vorkippung in der vorderen Sitzhaltung etwa 100, rückwärtige Neigung für die entspannte Sitzlage < 25°
Lendenbauschhöhe	170–30	Möglichst in Höhe einstellbar; konvex nach vorne gekrümmt

Abbildung III-162 Wichtige Eigenschaften von Arbeitssitzen[217]

216 Vgl. DIN 68877: Arbeitsdrehstuhl, 1981 sowie DIN EN 1335-1: Büro-Arbeitsstuhl, 2002.
217 Die Werte beziehen sich auf industrielle Arbeitsstühle.

Die Sitzflächenform soll nicht zu sehr der Körperkontur angepasst werden, weil dies das dynamische Sitzen verhindern würde. Die Sitzvorderkante soll großzügig abgerundet werden, damit Pressungen im Kniegelenkbereich vermieden werden.

Arbeitssitze mit Synchronmechanismus gewährleisten, dass sich das Gesäß bei Einnahme der hinteren Sitzstellung nicht in den vorderen Teil der Sitzfläche verschiebt und dabei die genutzte Sitzfläche verkürzt.

Bei vorderer Sitzhaltung sind Rückenstützen nicht erforderlich. Bei hinterer Sitzhaltung und in Ruhepausen, wenn der Rumpf zur Entspannung nach hinten gelehnt wird, dienen sie dazu, Kyphose und Beckenrückdrehung zu begrenzen und die Muskulatur zu entlasten.

Kippsicherheit

Das *Kippsicherheitsmaß* (Abstand des Abstützpunktes der Rückenseite von der Drehachse des Stuhls) ist zu beachten, um beim Verlagern des Körperschwerpunktes nach hinten die Standsicherheit des Arbeitssitzes nicht zu gefährden. Nach DIN 4551 muss bei einem 5-Fußkreuz-Untergestell der Radius zwischen Abstützung (Säule) und Bodenkontaktteilen (Rollen, Gleiter) mindestens 195 mm betragen.

Die meisten Stuhlhersteller bieten *Synchronmechanismen* an. Das sind gelenkartige Verbindungen zwischen Sitzfläche und Lehne. Wenn der auf die Sitzfläche bezogene Drehpunkt unter den Sitzbeinhöckern liegt, soll verhindert werden, dass die zurückschwingende Lehne schräg aufwärts gegen den Rücken drückt und den Benutzern die Kleidung am Rücken nach oben zieht. Eine vom Körpergewicht abhängig einstellbare Rückstellkraft wirkt auf die Lehne und löst den Synchronmechanismus aus. Beim Synchronmechanismus sollten drei Größen einzustellen sein:

1. Lehnenrückstellkraft (nach dem Körpergewicht des Benutzers),
2. stufenlose Arretierung des Synchronmechanismus,
3. Begrenzung der Synchronmechanik-Wirkung bei horizontaler Sitzfläche.

Armauflagen

Armauflagen an Arbeitsstühlen sollen eine zusätzliche Stützhilfe beim Sitzen sein, indem sie Schulter- und Oberarmmuskulatur von statischer Haltungsarbeit entlasten. Sie sollen die Bewegungsfreiheit der Arme und Hände nicht beeinträchtigen und beim Auflegen der Unterarme keine nennenswerte Flächenpressung bewirken. Armauflagen sind zwar oft eher hinderlich als nützlich, weil zu einem hohen Zeitanteil in vorderer Sitzstellung gearbeitet wird oder sich mancher durch die Armauflagen eingeengt fühlt. Dennoch sollte man den Mitarbeitern Armauflagen anbieten, weil:

- sie bei den meisten Arbeitssitzen schnell anzubringen und im Bedarfsfall leicht zu demontieren sind,
- man bei der Beschaffung von Arbeitssitzen meist nicht den Nutzer und oft nicht die konkrete Verwendung kennt und
- das »Gewähren« von Armauflagen in manchen Betrieben als Statussymbol angesehen wird.

Die wichtigsten ergonomischen Empfehlungen für Armauflagen sind in Abbildung III-163 wiedergegeben.

Zur Polsterung von Armauflagen werden überwiegend Schaumstoffe verwendet. Das Oberflächenmaterial sollte einen hohen Reibungskoeffizienten haben, um ein Abrutschen der aufgestützten Arme zu vermeiden. Zudem sollte es schmutzabweisend, wärme- und feuchteleitend und leicht zu reinigen sein. An den Kanten sollten die Auflagen gerundet sein und eine geschlossene Form haben, um ein Verhaken an der Vorderkante zu vermeiden. Sie sollten bei der Lehnenrückneigung so mitschwingen, dass sie ihre in etwa waagerechte Position zur Sitzfläche beibehalten.

Merkmal	empfohlene Werte (mm)
Länge	200–250
Breite	> 50
Höhe über Sitzfläche	230
Abstand zur Sitzvorderkante	> 150
Distanz zwischen Armauflagen	460–500

Abbildung III-163 Ergonomische Empfehlungen für Armauflagen

Sitz- und Rückenlehnenpolsterung des Arbeitsstuhles sollen bewirken, dass

- interindividuelle Unterschiede in der Körperform ausgeglichen werden und der Körper dennoch uneingeschränkt gestützt wird, der Flächendruck der Sitzfläche auf Gesäß und Beine auf ein Minimum reduziert wird und
- eine Wärme- und Feuchteabführung begünstigt wird.

Als Polsterstärken werden für die Sitzfläche 30–40 mm, für die Lehne 20–30 mm vorgeschlagen.

Für das Bezugsmaterial können drei Anforderungen formuliert werden:

1. rutschfest, gegen statische Aufladung unempfindlich sowie luft- und wasserdampfdurchlässig (deshalb Gewebe z. B. mit hohem Baumwollanteil),
2. hohe Abriebfestigkeit,
3. Unempfindlichkeit gegen Verschmutzung und leicht zu reinigen.

Stellteile bei Arbeitsstühlen

Die *Stellteile bei Arbeitsstühlen* dienen u. a. der individuellen Einstellung von:

- Sitzhöhe,
- Sitzflächenneigung,
- Rückenstützenhöhe und -tiefe,
- Lendenbauschhöhe,
- Synchronmechanismus.

Die Stellteile sollen einfach, leicht, ohne Verletzungsgefahr, sinnfällig und im Sitzen zu handhaben sein. Sie sollen stufenlos verstellbar sein, um den Arbeitssitz genau an die individuellen Bedürfnisse der Benutzer anpassen zu können.

Das *Untergestell* des Stuhles muss zwei Anforderungen erfüllen:

1. Standsicherheit des Arbeitssitzes gewährleisten (kein Kippen oder Wegrollen),
2. Wechsel des Standorts ermöglichen.

Dabei sind vier konstruktive Elemente näher zu betrachten:

1. Rollen und Gleiter,
2. Fußkreuz,
3. Stuhlsäule,
4. Fußstütze.

Die meisten heute angebotenen Arbeitssitze lassen wahlweise die Verwendung von Gleitern (z. B. wenn der Sitz gegen Verschieben zu sichern ist) oder Rollen zu.

Das Fußkreuz soll so weit ausgelegt sein, dass ein Kippen vermieden wird, ohne durch eine zu weite Auslage zu einer erheblichen Stolpergefahr zu führen. In DIN 4551 wurde u. a.

- für die Verwendung von Rollen ein fünfarmiges Fußkreuz (optimale Synthese von Armzahl und Kippsicherheit) vorgeschrieben,
- die Armlänge auf 365 mm begrenzt (Kompromiss aus Kippsicherheit und Stolpergefahr).

Die Stuhlsäule hat zwei wichtige Funktionen zu erfüllen:

- durch vertikal wirkende Federung (Druckfeder) ein Stauchen der Wirbelsäule beim Hinsetzen zu vermeiden,
- einen Höhenausgleich zur Arbeitsflächenhöhe zu ermöglichen.

Richtige Nutzung

Ein aus ergonomischer Sicht geeigneter Arbeitssitz ist noch keine Gewähr für eine optimale Nutzung. Die Benutzer müssen zum richtigen Sitzen motiviert und von den für sie daraus entstehenden Vorteilen überzeugt werden:

- richtige Einstellung der *Sitzhöhe* (waagrechte Oberschenkel, Knie im stumpfen Winkel),
- Nutzen der gesamten Sitzfläche bei mittlerer und hinterer Sitzhaltung,
- Einstellen der Sitzneigung entsprechend der überwiegend eingenommenen Sitzstellung,
- richtige Einstellung der Lehnenhöhe und -tiefe (keine Pressungen in der Kniekehle) sowie des Lendenbauschs (Position zwischen 5. und 3. Lendenwirbel),
- Einstellung des Verstellwiderstands der Rückenlehne nach dem Körpergewicht und Nutzen des »Dynamikbereichs« der Lehnen (Bereich, in dem sie dem nach vorn gehenden Rücken folgt),
- Montage oder Demontage von Armlehnen und ggf. Fußstütze,
- Wechsel in der Sitzstellung und Beinhaltung und Einnahme der Entspannungsposition (extreme Rückenlage und hinter dem Kopf verschränkte Arme).

Stehhilfen

Stehhilfen (Stehsitze) sind Körperunterstützungen zur Entlastung der Bein- und Rückenmuskulatur. Sie können an Arbeitsplätzen eingesetzt werden, wo Sitzen nicht möglich ist.

Kennzeichen der Stehhilfe sind, dass

- das Gesäß auf einer meist nach vorn geneigten Abstützfläche platziert und der Körper dadurch abgestützt wird,
- die Beine schräg nach vorn gestreckt werden, um einem Abrutschen von der Abstützfläche entgegenzuwirken.

Die Abstützfläche kann klappbar oder drehbar mit dem Untergestell verbunden und höhen- und neigungsverstellbar sein. Das Untergestell kann starr auf dem Boden stehen, mit diesem verankert, an einem Betriebsmittel schwenkbar befestigt oder pendelnd gelagert sein. Es gibt zwei Typen von Stehhilfen:

- starre Stehhilfen, bei denen die Gestellstützen während der Benutzung feststehen, und
- pendelnd gelagerte Stehhilfen, bei denen die Stützsäule beweglich gelagert ist, so dass die Abstützfläche kleineren Verlagerungen der Sitzposition folgt.

Die Abstützflächen sollten eine Breite von mindestens 350 mm und eine Tiefe zwischen 150 mm und maximal 250 mm haben. Bei größeren Tiefen besteht die Gefahr, dass der Stehsitz als Arbeitssitz benutzt wird und dabei eine hohe Druckbelastung an der Unterseite der Oberschenkel entsteht. Als Höhenverstellbereiche für die Abstützflächen sind etwa 700–850 mm vorzusehen.

Fußstützen

Fußstützen dienen dem Abgleich von Sitzfläche, Arbeitsfläche und Fußbodenebene. Sie bringen den Fuß gegenüber dem Unterschenkel in die physiologische Null-Lage und erlauben längere Zeit entspannteres Arbeiten. Die Anforderungen an Fußstützen sind wie folgt:

- Die Stellfläche sollte eine Breite von mindestens 450 und eine Tiefe von mindestens 350 mm haben, um die Füße ganzflächig aufsetzen zu können und Stellungsänderungen zu ermöglichen. Aufsetzrohre anstelle einer durchgehenden Fußplatte sind unzweckmäßig, weil die Füße zu balancieren sind und ein zu hoher Flächendruck am Aufsetzpunkt entsteht.
- Der Neigungswinkel der Fußaufstellfläche soll zwischen 5 und 25° verstellbar sein. Als Stellteile sind seitlich an der Fußstütze angebrachte sternförmige Stellteile zu bevorzugen, die mit den Füßen zu betätigen sind.
- Die Fußstützenfläche sollte einen rutschhemmenden Belag mit geringer Wärmeleitfähigkeit haben. Die Ausbildung der Aufstellfläche sollte der Fußform angepasst sein, um ein Abrutschen der Füße zu erschweren.
- Fußstützen sollten horizontal (30–125 mm) und vertikal zu verstellen sein. Der Verstellbereich soll einer kleinen Frau ebenso wie einem großen Mann die Benutzung ermöglichen.

In der Praxis werden Fußstützen häufig nicht genutzt,

- weil sie die vorstehend angeführten Anforderungen nicht erfüllen oder
- es an der notwendigen Information über ihre zweckentsprechende Nutzung mangelt.

5.2.8 Arbeitsflächen

Als *Arbeitsflächen* werden (Schreib-)Tische, Werkbänke, Konsolen, Pulte u. Ä. bezeichnet, an denen in stehender, angelehnter oder sitzender Körperhaltung Arbeitsgegenstände manipuliert werden. Auch Arbeitsgegenstände können Arbeitsflächen sein, z. B. bei Montagen, wenn Werkstücke auf Werkstückträgereinrichtungen gefördert werden. Arbeitsflächen werden auch zum Auflegen von Armen und Händen benutzt und sind von daher Körperunterstützungen.

Maßgebend für die Arbeitsflächenhöhe ist nicht die Tisch- oder Werkstückträgerhöhe, sondern die Einwirkungsstelle des Menschen am Arbeitsgegenstand.

Auslegen von Arbeitsflächen

Beim Auslegen von Arbeitsflächen sind insbesondere folgende Aspekte zu beachten:[218]

1. Körperhaltung der Benutzer,
2. maximaler und funktioneller Greifraum der Benutzer,
3. Höhe der Vorrichtungen und darin fixierten Arbeitsgegenstände über der Arbeitsfläche,
4. erforderlicher Bein- und Fußfreiraum,
5. Oberflächeneigenschaften der Arbeitsfläche in Bezug auf
    - Lage bzw. Standsicherheit der Arbeitsgegenstände,
    - Beschädigungsresistenz,
    - Reflexionseigenschaften,
    - Wärme-/Kälteleiteigenschaften (z. B. Vermeiden von Tischplatten aus Metall oder Stein wegen der Gefahr von Kälteeinleitung in die Handgelenke).

218 Schmidtke, H. (Hrsg.): a. a. O., 1993.

Zusätzliche Probleme beim Festlegen von Arbeitsflächenhöhen ergeben sich, wenn

- im Stehen und Sitzen gearbeitet wird (Lösung: fürs Stehen auslegen),
- verschiedene Personen, evtl. auch beiderlei Geschlechts, tätig sind (Lösung: nach größter Person auslegen),
- die Abmessungen zu bearbeitender Arbeitsgegenstände erheblich differieren (Lösung: nach den Abmessungen der am häufigsten bearbeiteten Teile auslegen).

Höhe der Arbeitsfläche

Die notwendige *Höhe der Arbeitsfläche* hängt ab von:

- den Sehanforderungen (Sichtgeometrie),
- der Art muskulärer Belastung (fein- oder grobmotorische Arbeit),
- der Körperhaltung (Sitzen oder Stehen),
- der Höhe eventueller Vorrichtungen und Arbeitsgegenstände auf der Arbeitsfläche.

Weitere wichtige Eigenschaften von Arbeitsflächen werden in Abbildung III-164 dargestellt.

Eigenschaft	Wertebereich (mm)	Bemerkungen
Arbeitsfläche	je nach Art der Arbeitsaufgabe, z. B. etwa 900 × 750 (B × T) für Montagetische	
Beinraum	bewegungsbetonte Arbeiten 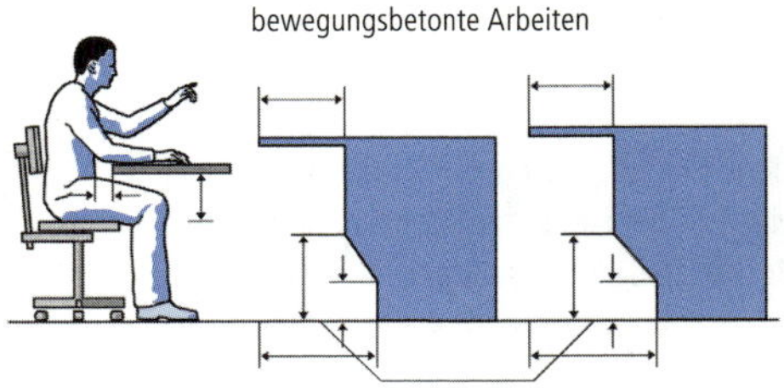 Prüf- und Kontrolltätigkeiten 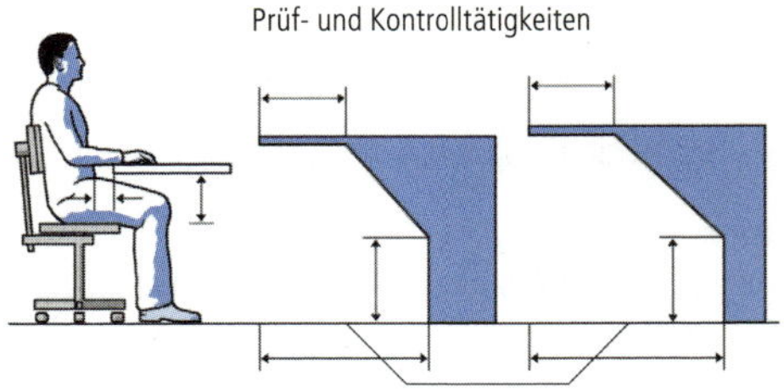	Die Beinraumhöhe setzt sich aus der Sitzhöhe, der Höhe einer eventuell vorhandenen Fußstütze und der Oberschenkelfreiheit > 170 mm zusammen.
Oberflächenstruktur	matt, ohne reflektierende Flächen	
Material	keine unzuträgliche Wärmeableitung	
Ausformung	standsicher, auch beim Herausziehen von Schubladen; keine scharfen Kanten	
Arbeitsplatzbeleuchtung	Beleuchtungsstärke je nach Feinheit der Arbeitsaufgabe etwa 200 lx bis 1500 lx, keine Direkt- oder Reflexblendung, behindernde Schattigkeit vermeiden, Lichtfarbe der Arbeitsplatzbeleuchtung mit Allgemeinbeleuchtung abgestimmt.	oft in Montagetische integriert

Abbildung III-164 Wichtige Eigenschaften von Arbeitstischen im gewerblichen Bereich[219]

219 Zum Beinraum: Schultetus, W.: Montagegestaltung. Köln: TÜV Rheinland, 1980. Zur Arbeitsplatzbeleuchtung vgl. Abschnitte 5.7.2 und 5.8.5.

Abbildung III-165 gibt die Abhängigkeiten von Tisch, Stuhl und Fußstütze für verschiedene Arbeitsplatztypen wieder.

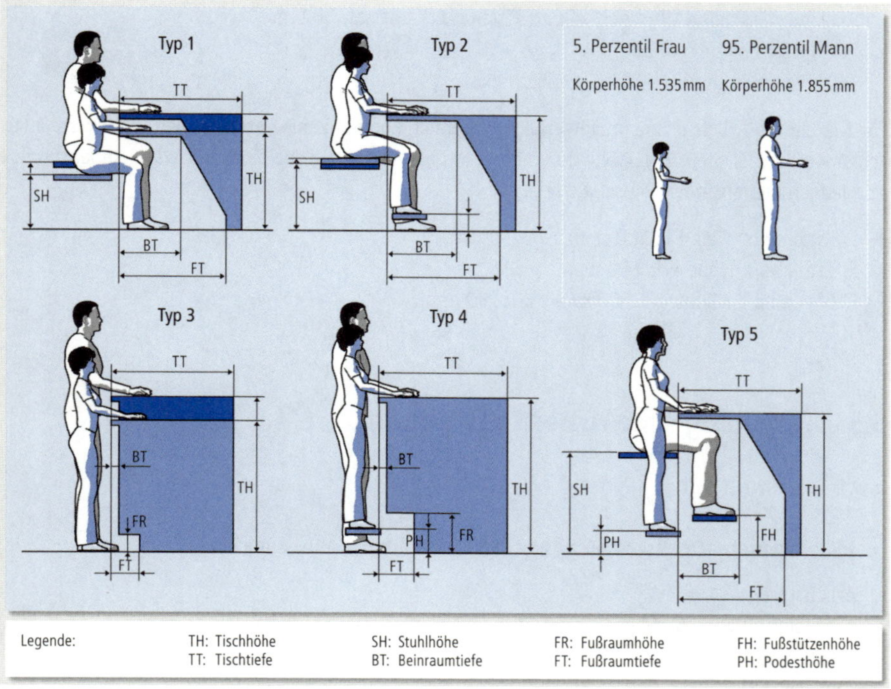

Abbildung III-165 Abhängigkeiten von Arbeitstisch, Stuhl und Fußstütze für verschiedene Arbeitsplatztypen

Arbeitsplatztypen werden hier nach der Körperhaltung unterschieden (Abbildung III-166). Arbeitsplatztypen

	Arbeitsplatztypen				
	Sitzarbeitsplatz		Steharbeitsplatz		Sitz-/Steharbeitsplatz
Bezeichnung Typ	1	2	3	4	5
Tischhöhe	variabel	fest	variabel	fest	fest
Sitzhöhe	variabel	variabel	–	–	variabel
Fußstützenhöhe	–	variabel	–	variabel	variabel

Abbildung III-166 Klassifizierung von Arbeitsplatztypen[220]

Wichtige Maßangaben nach Abbildung III-165 sind:

- Freiraum BT: mindestens 350 mm
- Freiraum FT: mindestens 700 mm
- Stuhlhöhe SH: ca. 450 mm ± 80 mm

220 Bullinger, H.-J.: Ergonomie. Stuttgart: B. G. Teubner, 1994, S. 234.

- Tischhöhe TH
  - sitzend: ca. 700 mm (nach Möglichkeit leicht höhenverstellbar)
  - stehend inkl. Werkstückhöhe: ca. 900 mm P5 Frau, ca. 1.350 mm P 95 Mann
- Abstand zwischen Oberschenkel und Tischunterkante: ca. 30 mm
- Fußstützenneigung: 0–20°
- Tischplattenneigung: 0–10°

Für Maschinen-Arbeitsplätze im gewerblichen Bereich können keine verbindlichen Richtwerte angegeben werden, da die Arbeitshöhe durch die jeweilige Arbeitsaufgabe bestimmt wird. Anhaltspunkte sind jedoch die folgenden Pauschalwerte:

- Fußstoßraum Tiefe FT: 200 mm,
- Fußstoßraum Höhe FH: 150 mm,
- Ellbogenhöhe Männer: 1.020 mm bis 1.180 mm.

5.3 Physiologische Arbeitsgestaltung

5.3.1 Grundlagen

Definition

Die *physiologische Arbeitsgestaltung* beschäftigt sich mit der Anpassung von

- Arbeitsplatz,
- Arbeitsmittel,
- Arbeitsmethode,
- Arbeitsablauf,
- Arbeitsumgebung

an die energetischen und biomechanischen Möglichkeiten des Menschen. Einflussfaktoren sind dabei:

- Arbeitsform,
- Arbeitsschwere,
- Arbeitsdauer,
- Arbeitsgeschwindigkeit,
- eingesetzte Muskelmasse.

Weiterhin sind die individuellen Faktoren zu beachten:

- Leistungsstreuung,
- Alter und
- Geschlecht.

Der Mensch transformiert bei der Arbeit chemische Energie in mechanische und wandelt die Energie, die er über Nahrungsmittel erhalten hat, in bestimmte Dauer- oder Maximalleistungen um, wie sie für die Durchführung der Arbeitsaufgabe erforderlich sind.

Bei jeder körperlichen Arbeit kann jedoch nur ein Teil der vom Körper eingesetzten Energien als wirksame mechanische Arbeit nach außen abgegeben werden. Die Behandlung des Menschen als Kraftmaschine ist daher fragwürdig, da für viele Tätigkeiten die geleistete physikalische Arbeit in Kilojoule (kJ) je Zeiteinheit vernachlässigbar ist. Im Vordergrund stehen dagegen, gerade bei Montage-, Prüf- und Überwachungstätigkeiten, die sensomotorische oder informatorische Arbeitsaufgabe und der erzielte Arbeitserfolg.

Allerdings gibt es – z. B. in der Logistik (vgl. Abschnitt 6.7) oder auch bei vielen menschbezogenen Dienstleistungen, wie z. B. der Pflege – eine Reihe von Fällen, wo Körperkräfte und mechanische Kraftübertragungen immer noch eine große Rolle spielen, die Betrachtung des arbeitenden Menschen als Kraftmaschine daher zulässig zu sein scheint. In diesen Fällen spielt auch der mechanische Wirkungsgrad eine Rolle.

Mechanischer Wirkungsgrad

Der *mechanische Wirkungsgrad* bei körperlicher Arbeit wird definiert durch den Quotienten aus der bei der Arbeit abgegebenen mechanischen Energie und der gleichzeitig insgesamt umgesetzten Energiemenge.[221]

Dabei ist zu beachten, dass die gleiche physikalische Arbeit unterschiedliche Energieumsätze bewirken kann. Der Wirkungsgrad der Muskelarbeit beträgt im günstigsten Fall knapp 30 %. Im Allgemeinen besteht jedoch eine erhebliche Diskrepanz zwischen der durch die Arbeitsform bedingten Muskelarbeit und dem physiologisch optimalen Einsatz der Muskeln, so dass bei bestimmten Arbeitsformen auch die bestmöglichen Wirkungsgrade in der Größenordnung von 5 % und darunter liegen. Dies ist bedingt durch das Mitbewegen eigener Körpermassen, die entsprechend dem individuellen Körperbau (Größe, Gewicht) und der Arbeitsweise verschieden sind. Die Ausführungsweise der Arbeit, der Arbeitsplatz, die Arbeitsbedingungen sind so zu gestalten, dass keine unnötigen energetischen Belastungen für den Menschen auftreten. Häufig wird ein zu geringer Wirkungsgrad bei körperlicher Arbeit verursacht durch:

- Mitbewegen einer zu großen Masse des eigenen Körpers:
  Der Wirkungsgrad einer Arbeit ist schlecht, wenn zu viel von der eigenen Masse des Körpers mitbewegt wird. Soll z. B. bei einer Bück-Hebe-Arbeit 1 kg Last 1 m hochgehoben werden, so beträgt die Nutzleistung für das Heben etwa 10 Nm (physikalisch), die Verlustleistung für Bücken und Heben des Oberkörpers etwa 200 Nm. Für schwere Arbeit sollen die größeren Muskelgruppen herangezogen werden; eine leichte Arbeit soll von schwachen, kleineren Muskelgruppen verrichtet werden.
- Zu langsame oder zu schnelle Arbeitsgeschwindigkeit des Muskels:
  Es gibt ein Geschwindigkeitsoptimum für die einzelnen Muskelgruppen. Die Dauerleistung von Muskeln ist an ein bestimmtes Verhältnis von Kontraktions- zu Ruhezeit gebunden. So beträgt beispielsweise die Kontraktionszeit der Armmuskulatur oder der Beinmuskulatur etwa 0,5 s; dann ist häufig die Erholungspause, die zur langen Aufrechterhaltung gleicher Leistung erforderlich ist, ebenfalls ungefähr 0,5 s. Bei kleineren Muskeln kann die Kontraktionszeit geringer und damit die optimale Bewegungsfrequenz höher sein. Es folgt daraus: Die eingesetzten Muskelgruppen und die gewählte Arbeitsgeschwindigkeit sind aufeinander abzustimmen.
- Statische Arbeit:
  Die *statische Arbeit* gewinnt weiter an Bedeutung, da die Bewegungsarmut heutiger Arbeitsformen eher zu- als abnimmt und zwangsläufige Ausgleichsbewegungen im Arbeitsablauf selten geworden sind (industrielle Kleinmontage, fixierte Bandarbeitsplätze).

Statische Arbeit

Bei der statischen Muskelarbeit werden große und kleine Muskeln nur zur Fixierung von Gelenk- oder Körperstellungen bzw. zur Abgabe von Kräften (z. B. Anpressdruck an Werkzeug oder Werkstück) nach außen angespannt; bei dieser Arbeitsform führt die Muskelanspannung zu keiner Bewegung von Körperteilen (vgl. auch Teil II, Abschnitt 2.3). Die für die Aufrechterhaltung des Körpers oder bestimmter Haltungen des Oberkörpers und einzelner Gliedmaßen benötigte Energie wird im Körper in Wärme umgesetzt und kann nicht als wirksame mechanische Energie nach außen abgegeben werden. Dadurch verschlechtert sich der Wirkungsgrad bei der ausgeführten Arbeit. Bei

221 Vgl. zu diesem Absatz Rohmert, W. et al.: a. a. O., 1993.

statischer Muskelarbeit ermüden die eingesetzten Muskeln darüber hinaus sehr rasch, da durch den Muskelinnendruck die Blutversorgung der Muskeln stark gedrosselt wird. Beispiele für ungünstiges Arbeiten infolge hoher statischer Komponenten: Überkopfschweißen, Sitzen ohne Rückenlehne, Guss-Schleifen ohne Auflage an Schleifscheibe, Halten von Werkzeugen.

5.3.2 Körperkräfte

Biomechanik

Die physiologische Arbeitsgestaltung umfasst neben der Energieerzeugung und umwandlung im menschlichen Körper auch die *Biomechanik*.

Die Biomechanik wendet die Gesetze der Mechanik auf lebende Körper und ihre Bestandteile an. Ziel ist dabei die Optimierung der mechanisch beschreibbaren Komponenten der menschlichen Arbeitstätigkeit.[222]

Man unterscheidet die im Körpersystem wirkenden *Kräfte* (Muskel-, Sehnen-, Ligament-, Knochen- und Gelenkkräfte) und die nach außen wirkenden, sogenannten *Aktionskräfte*. Aktionskräfte können dynamisch (Eigenbewegungs- oder Manipulationskräfte) oder statisch (Halte- oder Stützkräfte) sein. *Massenkraft* ist eine Körperkraft, die auf die Körpermasse als Trägheitskraft wirkt, z. B. dynamisch als Beschleunigungskraft bei mobilen Arbeitsplätzen oder statisch als Eigengewichtskraft.

Weiterhin wird zwischen den effektiven Aktionskräften und den parasitären Kräften differenziert. Parasitäre Kräfte tragen zur Erfüllung der Arbeitsaufgabe nicht bei, sind jedoch ebenfalls beanspruchungswirksam.

Eine Körperkraft wird durch folgende Bestimmungsgrößen festgelegt:

- Betrag (Größe, Zahlenwert) der Kraft (F) in Newton (N)
- Lage des Kraftangriffspunktes relativ zum Körper
- Richtung der Wirkungslinie der Kraft relativ zum Körper-Kraftrichtungssinn.

Maximalkraftvermögen

Das *Maximalkraftvermögen* hängt von einer Reihe von inter- und intraindividuellen Faktoren(Alter, Geschlecht, Körpergröße, Gewicht u. a.), vom Arbeits- und Pausenregime, den Umgebungseinflüssen, den biomechanischen Randbedingungen, der Richtung der Wirkungslinie der Kraft, Kraftrichtungssinn sowie der Art des Kraftaufbaus (ruckartiger Kraftaufbau oder kontinuierlicher Kraftaufbau) ab. Daten zu maximalen Aktionskräften finden sich in Normen und Kräfteatlanten.[223]

Körperkräfte sind vom 20. bis zum 30. Lebensjahr am größten, wobei die Körperkräfte bei Männern dieses Alters ca. 40 % höher als bei den Frauen liegen.

Da für die Darstellung der *Isodynen*[224] die Mittelwerte (50. Kraftperzentil der Probanden) verwendet wurden, sind weiterreichende quantitative Aussagen zur Beurteilung der Belastungshöhe auf Basis dieses Normteils nicht möglich (Abbildung III-167).

222 Vgl. Rohmert, W.: Biomechanische Grundlagen. In: Schmidtke, H. (Hrsg.): Ergonomie, München: Hanser, 1981.
223 DIN 33411 Körperkräfte des Menschen.
224 Isodynen: Linien gleicher Aktionskräfte in Abhängigkeit von Kraftrichtung, Höhenwinkel und Seitenwinkel.

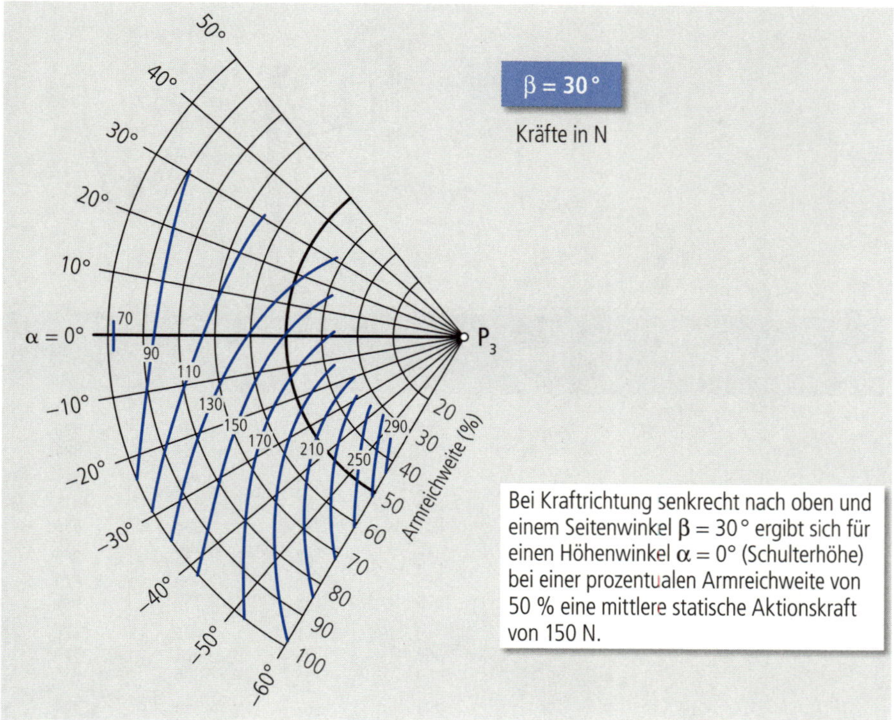

Abbildung III-167 Beispiel für Isodynen

Für die verschiedenen Kraftausübungsfälle müssen deshalb die jeweiligen Maximalkraftwerte in perzentilierter, tabellarischer Form[225] oder DV-gestützt dargeboten werden. Abbildung III-168 enthält als ein Beispiel dafür die im Stehen aufgebrachten Stellungskräfte senkrecht nach oben und unten.

225 DIN 33411-1, Körperkräfte des Menschen; Begriffe, Zusammenhänge, Bestimmungsgrößen, 1982;
DIN 33411-3, Körperkräfte des Menschen; maximal erreichbare statische Aktionsmomente männlicher Arbeitspersonen an Handrändern, 1986;
DIN 33411-4, Körperkräfte des Menschen; Maximale statische Aktionskräfte, Isodynen, 1987;
DIN 33411-5 Körperkräfte des Menschen – Teil 5; Maximale statische Aktionskräfte, Werte, 1999;
DIN-EN 1005-1 Sicherheit von Maschinen – Menschliche körperliche Leistung – Teil 1: Begriffe, 2002;
DIN-EN 1005-2, Teil 2. Manuelle Handhabung von Gegenständen in Verbindung mit Maschinen und Maschinenteilen, 2003;
DIN-EN 1005-3 Teil 3: Empfohlene Kraftgrenzen bei Maschinenbetätigung, 2002;
DIN-EN 1005-4, Teil 4: Bewertung von Körperhaltungen und Bewegungen bei der Arbeit an Maschinen, 2002;
DIN-EN 1005-5, Teil 5: Risikobewertungen für kurzzyklische Tätigkeiten bei hohen Handhabungsfrequenzen, 2003.

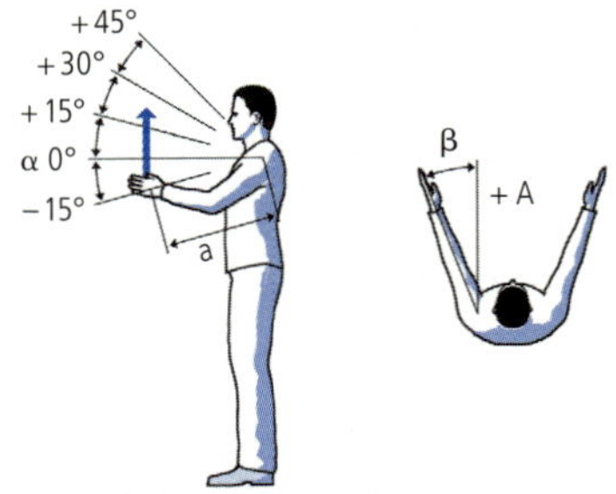

Kraft-richtung	Armreich-weite a in %	Kraft-perzentile	Kraftwerte in N bei Höhenwinkel α -15°	+15°	+30°	+45°
+A	40	5.	394	430	374	341
		50.	572	576	531	490
		95.	755	830	761	684
	60	5.	311	340	274	265
		50.	607	546	476	433
		95.	833	787	696	656
	80	5.	288	307	233	259
		50.	595	515	459	474
		95.	1009	768	757	696
−A	40	5.	369	401	405	378
		50.	566	625	631	634
		95.	753	786	805	835
	60	5.	293	362	334	344
		50.	498	598	607	631
		95.	734	787	796	826
	80	5.	236	288	309	351
		50.	482	582	608	595
		95.	713	769	804	783

Abbildung III-168 Perzentilierte Kraftwerke für die Kraftrichtung ± A (senkrecht nach oben oder nach unten, Seitenwinkel β = 15°, beidhändige Kraftausübung, Körperstellung Stehen aufrecht, Kraftwerte in N)[226]

In der Automobil- und Zulieferindustrie sind für das Setzen von Clipsen und auch für andere Montagevorgänge zum Teil hohe Finger-/Handkräfte erforderlich. Die bisher vorliegenden Maximalkraftwerte gewann man jedoch unter idealisierten (Labor-)Bedingungen. Sie sind daher als Planungswerte nur näherungsweise geeignet. Der neuentwickelte automobilspezifische Kraftatlas vermeidet diese Einschränkungen und enthält daher Kraftwerte, die direkt an den in der Automobilindustrie vorkommenden Körperhaltungen auch gemessen wurden. Abbildung III-169 gibt einen Überblick zu den isometrischen Maximalkräften des Finger-Hand-Systems.[227]

226 Rohmert, W.; Berg, K.; Bruder, R.; Schaub, K.: Kräfteatlas, Teil 1 Datenauswertung statischer Aktionskräfte. Berlin: Bundesanstalt für Arbeitsmedizin, 1994, S. 65.

227 Wakula, J.; Berg, K.; Schaub, K.; Bruder, R.; Glitsch, U.; Ellegast, R.: Statische maximale Ganzkörper und Hand-Fingerkräfte für realtypische Kraftausübungen für den montagespezifischen Kraftatlas, Frühjahrskongress der Gesellschaft für Arbeitswissenschaft, Dortmund, 2009.

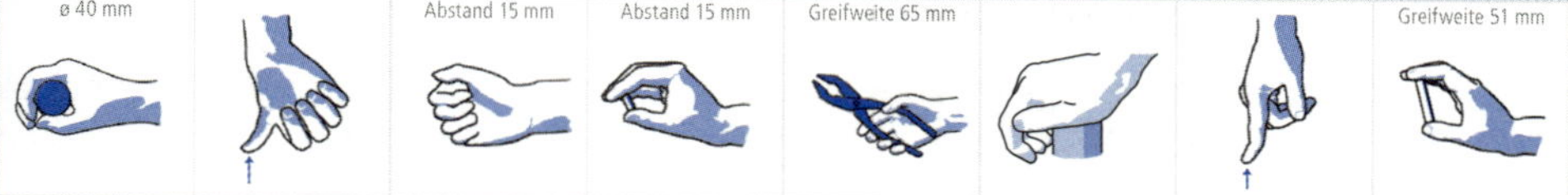

Kraftanfall	Faustschluss ø 40 mm		Daumen		Daumen-Zeigefingerseite Abstand 15 mm		Daumen gegen 2 Finger Abstand 15 mm		Zange Greifweite 65 mm		Handballen		Zeigefinger		Daumen gegen 4 Finger Greifweite 51 mm	
Körperhaltung	Sitzen	Stehen	Sitzen	Stehen	Sitzen	Stehen	Sitzen	Stehen	Sitzen	Stehen	Sitzen	Stehen	Sitzen	Stehen	Sitzen	Stehen
15. Perzentil	255	230	100	125	80		70		245		175	335	65		85	
50. Perzentil	*365*	*340*	*145*	*170*	*105*		*90*		*340*		*260*	*450*	*85*		*115*	

Abbildung III-169 Isometrische Maximalkräfte des Finger-Hand-Systems für ausgewählte Körper- und Armhaltungen[228]

Bei grobmotorischen Verrichtungen kommt es zu keinen nennenswerten Unterschieden in den Maximalkräften der linken und der rechten Hand. Kann der Werker Handkräfte in stehender Haltung erzeugen, dann wird häufig das Körpergewicht mit eingesetzt, es handelt sich also in diesem Falle nicht um Hand- sondern um Ganzkörperkräfte.

Folgende Regeln sollten bei der Gestaltung der Aktionskräfte beachtet werden:[229]

- Große Kräfte im Stehen durch Drücken nach unten erzeugen.
- Große Kräfte mit den Beinen (z. B. Pedalbetätigung) lassen sich am besten im Sitzen durch Drücken nach schräg vorne (bei Abstützung durch Rückenlehne) aufbringen.
- Drücken zwischen Fingern und Daumen ist vorteilhafter als nur Druckausübung mit Daumen oder Zeigefinger.
- Zugbewegungen auf die Körpermittelachse hin, Druckbewegungen von ihr weg. Zusätzliche Drehmomente werden damit vermieden.

5.3.3 Handhabung von Lasten

Manuelle Handhabung

Unter *manueller Handhabung* versteht man jedes Befördern oder Abstützen einer Last durch menschliche Kraft, unter anderem das Heben, Absetzen, Schieben, Ziehen, Tragen oder Bewegen einer Last (vgl. Teil II, Abschnitte 2.5.2 und 2.7.5).

Die Handhabung von Lasten ist die wohl am häufigsten als Ursache für *Wirbelsäulenerkrankungen* vermutete Belastung. Ein Vergleich von ausgewählten Berufen bezüglich der Auftretenshäufigkeit der Lastenhandhabung über die letzten Jahrzehnte zeigt, dass die Belastung nicht gesunken ist – wie oft vermutet wird, sondern bei den Männern von 21 % auf 30 % und bei den Frauen von 6 % auf 8 % der Arbeitsplätze gestiegen ist.[230] Als Begründung wird die starke Belastung der Bandscheiben im Bereich der Lendenwirbelsäule, und zwar insbesondere am Übergang L5/S1 genannt (das ist der besonders für Schäden anfällige Übergang von der Lendenwirbelsäule zum Kreuzbein).

Bei der *Lastenhandhabung* gibt es bestimmte Einflussfaktoren, die das Risiko von Beschwerden und Erkrankungen erhöhen:

228 Berg, K.; Wakula, J.; Schaub, K.: Isometrische Maximalkräfte des Hand-Fingersystems für einen montagespezifischen Kraftatlas. Frühjahrskongress der Gesellschaft für Arbeitswissenschaft, Dortmund, 2009.
229 Kirchner, J. H. et al.: a. a. O., 1990.
230 Osterholz, U.: Gegenstand, Formen und Wirkungen arbeitsweltbezogener Interventionen zur Prävention muskuloskeletaler Beschwerden und Erkrankungen. Berlin: Wissenschaftszentrum für Sozialforschung, 1991.

Lastgewicht

Eine allgemeingültige, zulässige bzw. zumutbare Obergrenze für Lastgewichte lässt sich sinnvoll kaum festlegen, da die Reihe von Einflussfaktoren aus der Sphäre des Stelleninhabers sowie des Arbeitsregimes zu beachten ist. Dabei unterscheidet man:[231]

- eine allgemeine, funktionelle Befähigung des mechanischen Systems des menschlichen Körpers; besonders sind hier die kinematischen Gegebenheiten des Skeletts und der Muskulatur angesprochen;
- den charakteristischen Verlauf der Körperkräfte in Abhängigkeit von der jeweiligen Lage der Körperteile zueinander;
- Eigenschaften der Arbeitsperson (Geschlecht, Alter, Körpergewicht und Körperhöhe und daraus resultierender physischer Körperbautyp; weiterhin anthropometrische Abmessungen der Hand);
- allgemeine Leistungsfähigkeit der jeweiligen Arbeitsperson (Gesundheitszustand und körperliche Leistungsfähigkeit);
- individuelle Geübtheit (Training und Erfahrungen).

Als Anhaltspunkte für den Begriff »schwere Lasten« im Sinne der Berufskrankheitenverordnung[232] werden im Bundesarbeitsblatt die folgenden Lastgewichte angeführt (vgl. Abbildung III-170). Die Werte sollen für Lastgewichte gelten, die eng am Körper getragen werden. Bei weit vom Körper entfernt getragenen Gewichten, z. B. beim einhändigen Mauern von Steinen, können auch geringere Lastgewichte mit einem Risiko für die Entwicklung von bandscheibenbedingten Erkrankungen der Wirbelsäule verbunden sein.

Alter	Last in kg (Frauen)	Last in kg (Männer)
15–17 Jahre	10	15
18–39 Jahre	15	25
ab 40 Jahre	10	20

Abbildung III-170 Lastgewichte, deren regelmäßiges Heben oder Tragen mit einem erhöhten Risiko für die Entwicklung bandscheibenbedingter Erkrankungen der Wirbelsäule verbunden ist[233]

Hubhöhe

Unter der Hubhöhe versteht man die Höhendifferenz zwischen Hubbeginn und Hubende. Eine Minimierung der Hubhöhe bedeutet eine Verringerung der zu leistenden mechanischen Arbeit und wirkt sich damit positiv auf die muskuloskelettale Beanspruchung aus.

Hubhäufigkeit, -frequenz, -dauer, -geschwindigkeit

Ein signifikanter Zusammenhang zwischen der Häufigkeit von Hebevorgängen und dem relativen Risiko für Erkrankungen der Lendenwirbelsäule ist festgestellt worden. Einige Wissenschaftler bezeichnen sechs Höchstbelastungen über den Tag verteilt als unkritisch. Eine zeitliche Raffung könnte aber bereits Schäden verursachen. Andere Quellen gehen von maximal vier Stunden pro Tag für schwere körperliche Tragearbeit aus. Besonders kritisch ist das zu schnelle Anheben (Reißen) von Lastgewichten, das das Schädigungsrisiko erheblich erhöht. Nach dem Merkblatt zur BK 2108 (Bandscheibenbedingte Erkrankungen der Lendenwirbelsäule) muss es sich um eine häufige und regelmäßige Belastung handeln, die in der überwiegenden Zahl der Schichten vorkommt. Außerdem muss die Dauer einer Belastung mindestens 10 Jahre betragen, wobei aber auch Unterbrechungen vorliegen können.

231 Landau, K.; Rohmert, W.; Imhof-Gildein, B.; Mücke, S.; Brauchler, R.: Risikoindikatoren für Wirbelsäulenerkrankungen. Berlin: Schriftreihe der Bundesanstalt für Arbeitsmedizin, FB 09.010, 1996.

232 Bundesministerium für Arbeit und Sozialordnung: Merkblatt für die ärztliche Untersuchung zu Nr. 2108. Anlage 1, Berufskrankheitenverordnung. a. a. O., 1992.

233 Bundesministerium für Arbeit und Sozialordnung: a. a. O., 1992.

Was ist also die »richtige« Hubgeschwindigkeit?

Sie ergibt sich bei minimierten physiologischen Kosten dann, wenn statische und dynamische Komponenten in der richtigen Beziehung zueinander sind. Es kann davon ausgegangen werden, dass der Mitarbeiter die Hubgeschwindigkeit wählt, bei der seine physiologischen Kosten minimal sind. Übungsversuche zeigen außerdem, dass hochgeübte Mitarbeiter niedrigere Hubgeschwindigkeiten wählen als Mitarbeiter, die noch am Anfang der Übungskurven stehen (Abbildung III-171).

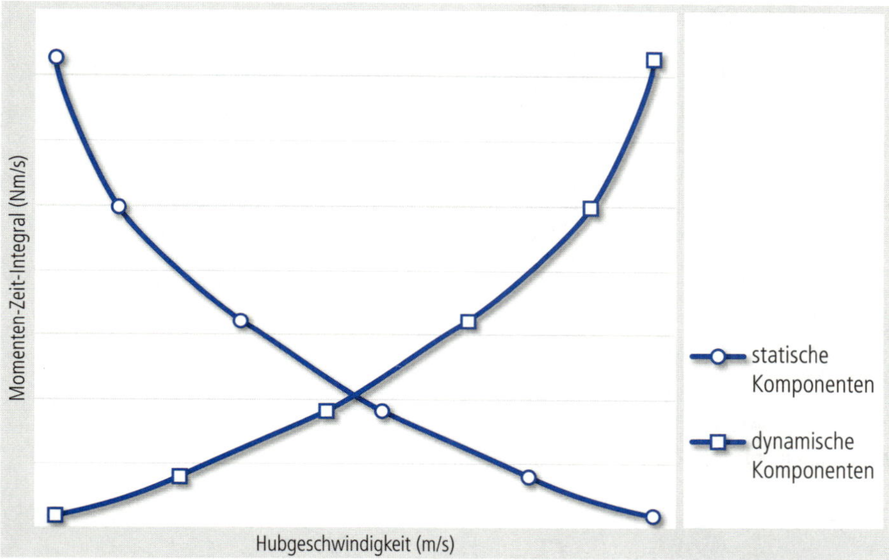

Abbildung III-171 Optimum aus statischen und dynamischen Komponenten bestimmt die »richtige« Hubgeschwindgkeit (= Schnittpunkt der beiden Kurven)

Horizontale und vertikale Einflussfaktoren

Schwere Lasten sollen nicht unter Knie- oder über Schulterhöhe gehoben werden. Dagegen kommt einer angepassten Absetzhöhe druckmindernde Bedeutung zu, d. h. dass die Belastungen der Wirbelsäule und insbesondere der Bandscheiben dadurch vermindert werden.

Abbildung III-172 weist auf fehlerhafte und auch auf asymmetrische Lastenhandhabung hin. Abbildung III-173 zeigt die korrekten Vorgehensweisen.

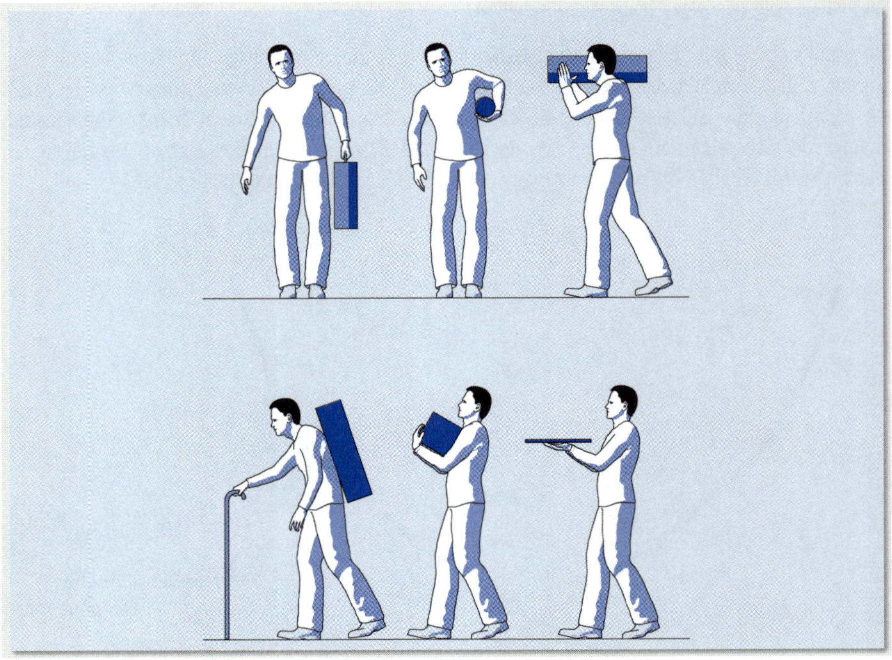

Abbildung III-172 Beispiele für fehlerhafte Lastenhandhabung

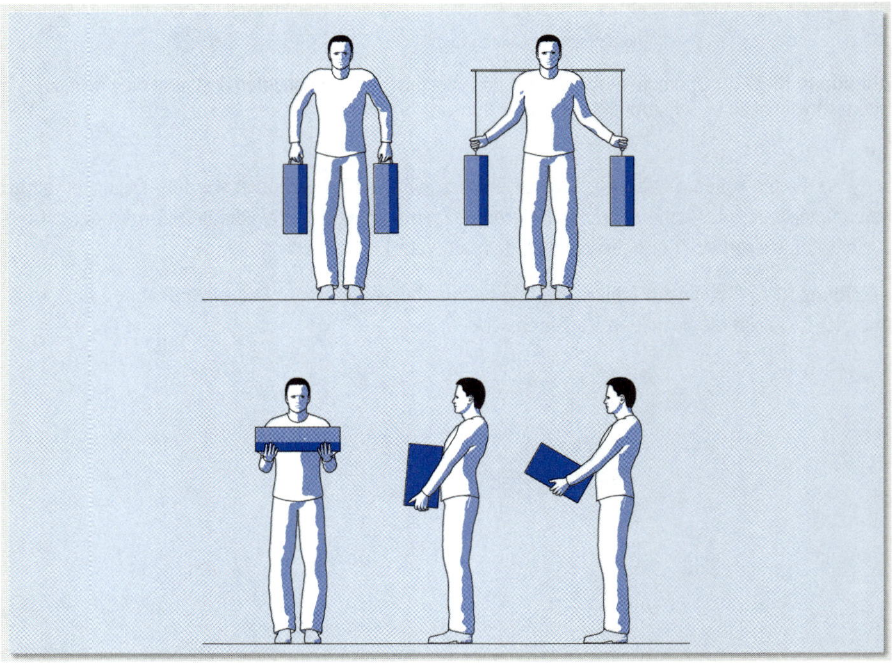

Abbildung III-173 Vorschläge zur Verbesserung der Lastenhandhabung

Asymmetrisches Handhaben von Lasten, wie einarmiges Heben, verursacht analog den Rumpfbeugehaltungen ungleichmäßige Belastungen, d. h. erhöhte Schub- und Kompressionskräfte auf Gelenkfacetten und die zugehörigen Bandscheiben.

Asymmetrisches Handhaben

Lasten mit geeigneten Griffen erleichtern das Heben und Verhindern das Fallenlassen. Viele der Bewertungsverfahren für die Lastenhandhabung berücksichtigen die Greifbedingungen (*Händigkeit* der Last). Bei schlechten Greifbedingungen kann es zu einem Abschlag in der Lastobergrenze von bis zu 10 % kommen.

Drehbewegungen beim Heben von Lasten sind zusätzlich risikoerhöhend, sie führen zu *verdrehter Körperhaltung*.

Ebenso wie die Beugehaltung des Rumpfes hat auch die *Armhaltung* Einfluss auf die Entfernung der Last zur Körperlängsachse (Hebelarm) und somit auf die Belastungshöhe im Bereich der Lendenwirbelsäule.

Zwangshaltungen stellen Positionen mit Haltungskonstanz außerhalb der natürlichen Balance des Körpers oder einzelner Wirbelsäulenabschnitte dar.[234] Dieser Belastungsfaktor tritt oft additiv zum Heben und Tragen von Lasten auf. Eine Zwangshaltung ist mit erheblicher Muskelanspannung verbunden, die sogenannte physiologische Null-Lage, also das Gleichgewicht zwischen Agonisten[235] und Antagonisten ist verloren. Zwangshaltungen haben damit – wegen der asymmetrischen Bandscheibenbelastung – vermutlich ein hohes Schädigungspotenzial.

Zwangshaltung

Diese Körperhaltungen sind meist verbunden mit einer einseitigen Beweglichkeitsausnutzung (Bücken: vorwiegend kyphotische Einstellung, Überkopfarbeit: vorwiegend lordotische Einstellung[236]). Als typische Berufe mit Belastungen durch Zwangshaltungen sind Bauarbeiter, Bergleute, Fliesenleger, Land- und Forstarbeiter, aber auch Transport- und Ladearbeiter zu nennen. Tätigkeiten in der mechanischen Fertigung und der Montage können ebenfalls mit Zwangshaltungen verbunden sein.

Die folgende Abbildung III-174 weist auf die Belastung der Bandscheibe L3 der Lendenwirbelsäule im Stehen bei unterschiedlichen Körperhaltungen hin.

Haltung	Druckkraft [N]
Gerades Stehen	1.000
Drehen des Körpers	1.200
seitliches Beugen	1.250
Vorwärtsbeugen um 20°	1.500
Vorwärtsbeugen um 20° mit 10 kg in jeder Hand	2.150
Heben von 20 kg mit geradem Rücken	2.500
Heben von 20 kg mit gebeugtem Rücken	3.800

Abbildung III-174 Belastung der Zwischenwirbelscheibe L3 der Lendenwirbelsäule im Stehen[237]

234 Hedtmann, A.; Krämer, J.: Prophylaxe von Wirbelsäulenschäden am Arbeitsplatz. Orthopäde 19, 1990, S. 150–157.
235 Agonist: Muskel, der eine bestimmte, dem Antagonisten entgegengesetzte Bewegung hervorruft.
236 Kyphose: Konvexe Krümmung der Wirbelsäule zum Rücken hin. Lordose: Konvexe Krümmung der Wirbelsäule zum Bauch hin.
237 Osterholz, U.: a. a. O., 1991.

Individuelle Einflussfaktoren

Die Schädigungswirksamkeit der Lastenhandhabung ist auch sehr stark von individuellen Einflussfaktoren abhängig. Dazu zählen (vgl. auch Teil II, Abschnitt 2.7.5):

- Alter
  Die Reduzierung des Wassergehalts des Bandscheibengewebes ist ein charakteristisches Zeichen der Bandscheibenalterung und hat entsprechende Auswirkungen auf die Biomechanik des Bewegungsapparates. Bis zu einem Alter von 50 bis 60 Jahren nimmt die Häufigkeit von Wirbelsäulenbeschwerden zu, danach ist eine Abnahme festzustellen.

- Geschlecht
  Hinsichtlich der Belastungsfähigkeit je Volumeneinheit insbesondere der Bandscheiben konnten bisher keine biologischen Unterschiede zwischen Mann und Frau festgestellt werden. Jedoch liefert der im Durchschnitt geringere Bandscheibendurchmesser der Frau eine Begründung für eine geringere Belastungsfähigkeit. Die Auswertung verschiedener Untersuchungen zur Druckfestigkeit der Lendenwirbelsäule bestätigen den Einfluss von Geschlecht und Alter. Daneben ist das besondere Schädigungsrisiko unter gynäkologischen Gesichtspunkten zu beachten.

- Körpergröße
  Zur Beziehung zwischen anthropometrischen Maßen und Wirbelsäulenerkrankungen gibt es unterschiedliche Ergebnisse: In manchen Untersuchungen hatten größere Menschen ein höheres Risiko an Wirbelsäulenerkrankungen, in anderen dagegen nicht. Da mit der Körpergröße regelmäßig auch die Hebelarme bzw. die Momente um L5/S1 zunehmen, stellt die überdurchschnittliche Körpergröße ein erhöhtes Risiko für einen Bandscheibenprolaps[238] dar.

- Körpergewicht
  Zum Einfluss eines erhöhten Körpergewichts auf die Schädigungswirksamkeit der Lastenhandhabung liegen widersprüchliche Befunde vor. In der Mehrzahl der Fälle kann jedoch von einem erhöhten Risiko bei einem Übergewicht von mehr als 20 % ausgegangen werden.

- Körperliche Fitness
  Auch hier liegen unterschiedliche Ergebnisse vor. Untersuchungen zeigen, dass Personen mit einer hohen Leistungsfähigkeit des Herz-Kreislauf-Systems und körperlichen Anforderungen im Beruf, wie Feuerwehrleute, weniger Rückenbeschwerden haben. Andere Studien konnten diesen Nachweis nicht führen.

Nicht zuletzt soll darauf hingewiesen werden, dass viele der aufgeführten Einzelbelastungsfaktoren superponiert (überlagert) auftreten, was zu synergistischen (additiven oder potenzierten) Belastungswirkungen führen kann. So sind häufiges Heben und Tragen von Lasten oft mit Haltungskonstanz und Zwangshaltungen kombiniert; ebenso sind Kopplungen von Vibrationsbelastungen mit Haltungskonstanz oder Schwerarbeit, aber auch mit einer sitzenden Zwangshaltung anzutreffen.

238 Bandscheibenprolaps: Bandscheibenvorfall.

5.4 Bewegungstechnische Optimierung

5.4.1 Grundlagen

Arbeitsbewegung

Mit Hilfe von Arbeitsbewegungen wirkt der Mensch unmittelbar oder mittelbar (d.h. durch Betätigung von Stellteilen oder durch Einsatz von Werkzeugen) auf das Arbeitsobjekt ein. Arbeitsgestaltung unter *bewegungstechnischen Gesichtspunkten* befasst sich damit, die Einwirkungen auf Arbeitsgegenstand und Arbeitsmittel optimal zu gestalten. Ergonomisch gestaltete Bewegungen verursachen möglichst geringe physiologische Kosten, sie sind schnell und sicher auszuführen. Die Bewegungsanalyse dient dabei der qualitativen Beschreibung der Bewegungsabläufe und der Ermittlung der dazu erforderlichen Zeiten.

Die *bewegungstechnische Arbeitsgestaltung* fußt auf der Wissenschaftsdisziplin Kinesik und hat im Einzelnen mechanische, physiologische und psychologische Aspekte.

Die Arbeitsbewegung ist eine zeitliche Kette von momentanen Körperhaltungen und stellungen. Zur Bewegungsforschung, die in der Arbeitswissenschaft vorwiegend ökonomisch orientiert ist, wurde in Teil II, Kapitel 6 Stellung genommen. Hier wird dagegen auf die ergonomischen Gestaltungsaspekte eingegangen. Bewegungen können nicht als rein effektorische Phänomene analysiert werden. Sensorische und kognitive Prozesse müssen mit bedacht werden.[239] Bei Fertigungs-und Montageprozessen sind die Rückmeldungen über die Lage der Gliedmaßen, über äußere Widerstände, über reaktive Kräfte etc. ein wesentlicher Bestandteil.

Bewegungen, die kontinuierlich erscheinen, sind in Wirklichkeit eine Folge von Beschleunigungs- und Bremsvorgängen. Sie beinhalten Energieansammlungen und Relaxationserscheinungen.[240] Mitarbeiter, die in den Arbeitsvorgang hochgradig eingeübt sind, zeichnen sich durch eine besondere Rhythmik der Bewegung und durch das Annähern an das energetische Optimum aus. Arbeitsbewegungen streuen demnach erheblich sowohl inter- als auch intraindividuell. Arbeitsbewegungen können danach klassifiziert werden, wie viele Körpersegmente betroffen sind, ob sie symmetrisch ablaufen und ob die Körperhaltung dabei stabil bleibt. Man kann einfache und komplexe Bewegungen unterscheiden, ebenso grobmotorische und feinmotorische, bewusste und automatisierte Bewegungen.

Grobmotorische Bewegungen

Von *grobmotorischen Bewegungen* spricht man dann, wenn größere Muskelmassen eingesetzt werden, im Regelfall schwerere Arbeitsgegenstände oder Werkzeuge bewegt werden müssen und dabei die Zielgenauigkeiten der Bewegungen gering sind. Beispiele hierfür sind Schmieden, Sandschaufeln und Stapelarbeiten.

Feinmotorische Bewegungen

Feinmotorische Bewegungen zeichnen sich dadurch aus, dass kleine Muskelmassen eingesetzt werden, Werkstücke oder Werkzeuge nur geringes Gewicht haben und geringe Kräfte bei jedoch hohen Bewegungsgenauigkeiten aufzubringen sind. Hierfür stehen z.B. Löt- oder Bestückungsarbeiten.

Automatisierte Bewegungen

Bei *automatisierten Bewegungen* laufen im Sinne der EDV-Terminologie »Unterprogramme« ab, die nicht mehr bewusstseinspflichtig sind. Eine Vielzahl der industriellen Arbeitsbewegungen sind dieser Kategorie zuzurechnen. Bewusste Bewegungen müssen dagegen einer anspruchsvollen sensorischen und kognitiven Regulation unterworfen werden.

Arbeitsbewegungen sollen die maximal möglichen *Gelenkwinkelbereiche* nicht ausnutzen; bequeme Einstellungen im mittleren Bereich der Gelenkwinkel sind anzustreben. Hier ist auch die Bewegungs-

---

239 Hacker, W.: Sensumotorik aus psychologischer Sicht. In: Landau, K.; Luczak, H.; Laurig, W.: Ergonomie der Sensumotorik. München: Hanser, 1996, S. 21–33.

240 Stier, F.: Über die Geschwindigkeiten von Armbewegungen unter besonderer Berücksichtigung der Einlegearbeiten an Pressen. Dissertation TH Hannover, 1959.

genauigkeit der Gelenke am höchsten. Eine Belastung der Gelenke ist jedoch notwendig, um die Leistungsfähigkeit des Bewegungsapparates zu erhalten.

Eine Arbeitsbewegung wird durch folgende Belastungsdeterminanten gekennzeichnet:[241]

- Bewegungskategorie (Finger, Hand, Arm etc.),
- Leistungsabgabe,
- Bewegungsfrequenz,
- Bewegungsbahn (frei, geführt),
- Bewegungsrichtung,
- Bewegungsablauf (unterbrochen, ununterbrochen),
- Bewegungsform (Kreis, Teilkreis, geradlinig),
- Bewegungskontrollaufwand,
- Bewegungsraum (Kniehöhe, Hüfthöhe, Brusthöhe etc.),
- Kraftgröße/-verlauf,
- Bewegungslänge,
- Kraftangriffspunkt,
- Bewegungsgeschwindigkeit/-beschleunigung,
- Winkel zwischen Kraftrichtung und Bewegungsrichtung.

5.4.2 Bewegungsstudium

Hand-Arm-Bewegungen

Bei *Hand-Arm-Bewegungen* wird zwischen ballistischen Zielbewegungen, wie Hinlangen und Bringen, und verhaltenen Führungsbewegungen, wie Greifen und Fügen, unterschieden. *Ballistische Zielbewegungen* werden erst am Ende der Bewegung aufgrund optischer und taktiler Signale kontrolliert und korrigiert. Demgegenüber werden *verhaltene Führungsbewegungen* ständig kontrolliert und korrigiert, dabei sind ständige Kraft- und Geschwindigkeitswechsel erforderlich.

Ballistische Zielbewegungen

Bei ballistischen Zielbewegungen sollten das Bewegungsziel und die Hand immer visuell wahrnehmbar sein, damit die maximale Bewegungsgeschwindigkeit und eine hohe Genauigkeit erreicht werden können. Auch bei hoher Übung haben Zielbewegungen mit visueller Kontrolle eine bis zum 100-fachen höhere Zielgenauigkeit gegenüber nicht visuell kontrollierten Bewegungen. Ist keine ständige visuelle Kontrolle möglich, sollte die Bewegung immer am gleichen Ort beginnen und konstante Bewegungslänge und -richtung haben. Ist während der gesamten Bewegung keine visuelle Kontrolle möglich, sollen die Hand-Orientierung durch taktile Markierungen unterstützt und ein Bezugspunkt für den Bewegungsraum durch einen »Nullpunkt« angeboten werden.

Bei der *Bewegungsablaufanalyse* werden Bewegungen des Menschen, seiner Extremitäten und ggf. handgeführter Werkzeuge analysiert.[242] Erfasst werden – je nach Anwendungsfall – Bewegungswege (Entfernungen und Bahnen), Geschwindigkeiten und Beschleunigungen sowie die Bedingungen und Einflussgrößen, unter denen die Bewegungen auszuführen sind. Auch die zeitliche Veränderung von Bewegungen als Folge von Übung oder von Ermüdung kann Objekt der Untersuchung sein.

Klassische Methode der Bewegungsanalyse ist die Beobachtung, die durch Videoaufzeichnungen unterstützt werden kann. Die Ausprägung der Einflussgrößen wird gemessen oder mit Hilfe von

241 Vgl. Paul, G.: Ein Beitrag zur Methode der ergonomischen Beurteilung des Einstiegs ausgewählter Nutzfahrzeuge. Dissertation TU Darmstadt, 2002.
242 Peters, H.; Landau, K.: Methoden und Hilfsmittel der Bewegungsablaufanalyse. In: Landau, K. u. Mitarb.: Ergonomie I. TU Darmstadt, 2003.

Beschreibungsmerkmalen und anhand von Fallbeispielen eingestuft. Für die Analyse und Gestaltung von Bewegungsabläufen und hier insbesondere von Bewegungsbahnen eignen sich besonders die Spuraufzeichnungsmethoden wie *Zyklografie* und *Motografie*.

Zyklografie

Mit Hilfe der Zyklografie werden die Bewegungen des Menschen bzw. seiner Körperteile als Lichtspuren fotografisch aufgezeichnet. Um diese Lichtspuren zu erzeugen, werden die entsprechenden Körperteile (z. B. Finger, Handgelenk, Oberarm) mit kleinen Glühlampen bestückt. Die Tätigkeit wird in Dunkelheit (bzw. unter Beleuchtung mit Rotlicht, für das der fotografische Film nicht empfindlich ist) ausgeführt und von einer Kamera mit geöffnetem Verschluss aufgezeichnet; dabei erzeugen die Bewegungen Lichtspuren auf dem Film. Am Ende oder während der Aufzeichnung wird der Mensch am Arbeitsplatz durch Auslösen eines Blitzes mit aufgenommen.

Die Zyklografie erlaubt es, ganze Bewegungsbahnen aufzunehmen. Die Verschlusszeit wird dafür so gewählt, dass etwa fünf bis zehn Bewegungszyklen mit einer Aufnahme aufgezeichnet werden. Abbildung III-175 zeigt die Grundanordnung der Zyklografie, wie sie schon von Gilbreth in seinen Bewegungsanalysen verwendet wurde.[243]

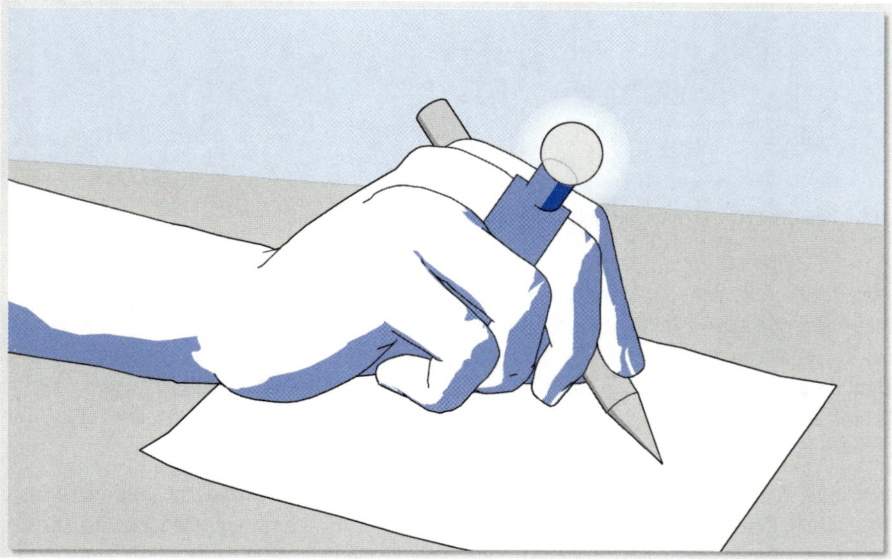

Abbildung III-175 Grundanordnung der Zyklografie

Mit Hilfe der Zyklografie können der räumliche Ablauf der Bewegungen einzelner Körperteile beobachtet und z. B. Aussagen zur Harmonie aufeinanderfolgender Bewegungszyklen abgeleitet werden. Grundlegender Nachteil der Zyklografie ist, dass die Aufnahmen nur in Dunkelheit bzw. unter für viele Arbeitstätigkeiten, wie z. B. Montageaufgaben, unzureichenden Beleuchtungsverhältnissen erfolgen müssen. Die mangelnde Orientierung in Dunkelheit kann untypische Bewegungsabläufe und Koordinationsfehler zur Folge haben.

Motografie

Die *Motografie* ermöglicht Bewegungsanalysen und -aufzeichnungen im Tageslicht, da bei dieser Methode nicht der Arbeitsplatz verdunkelt, sondern das Tageslicht durch geeignete Filter auch bei geöffnetem Verschluss der Kamera vom Film ferngehalten wird. Dabei werden auch ein vor allem für

243 Gilbreth, F. B.: Bewegungsstudien. Berlin: Springer, 1921.

infrarotes Licht sensibler Film und Infrarot-Strahler an den für die Bewegungsanalyse wesentlichen Körperteilen eingesetzt (Abbildung III-176).

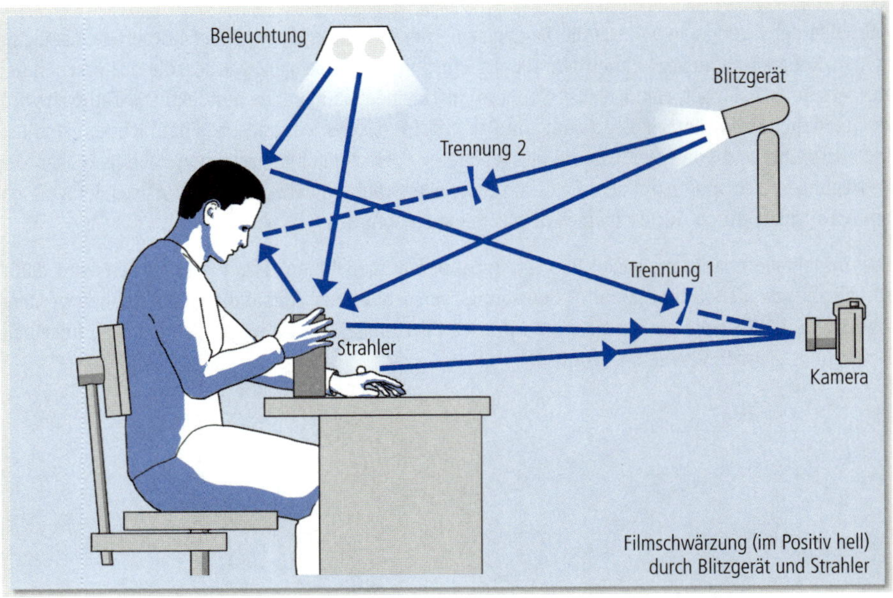

Abbildung III-176 Technischer Aufbau für motografische Aufnahmen[244]

Die Arbeit erfolgt unter der normalen Arbeitsplatzbeleuchtung, die (durch einen Filter am Kameraobjektiv, der nur für infrarotes Licht durchlässig ist) den Film nicht erreicht. Die Bewegungen der Körperteile werden mit Hilfe von Infrarot-Strahlern als Lichtspuren auf dem Film aufgezeichnet. Durch ggf. mehrfaches Auslösen eines Infrarot-Blitzgerätes werden der Arbeitsplatz und die Person bei bestimmten Arbeitsbewegungen mit aufgenommen; ein Filter an der Blitzlampe, der nur Infrarot-Strahlen durchlässt, sorgt dafür, dass der Blitz die Arbeitsperson nicht stört.

Beispiel

Abbildung III-177 zeigt ein Anwendungsbeispiel aus einer Gebrauchstauglichkeits-Untersuchung eines neuen Telefonmodells. Hierbei war zu prüfen, inwieweit die späteren Benutzer die Displaytasten des Telefons und deren mögliche Funktionen erkennen können. Die Art und Weise, wie die Probanden die Displaytasten benutzen, sollte mit Hilfe einer motografischen Untersuchung ermittelt werden. Die Bewegungsspuren von der Haupttastatur zur Displaytastatur waren zu ermitteln und zu bewerten. Ebenso sollten Bewegungsspuren für Rechtshänder und Linkshänder erfasst und kritisch beurteilt werden.

Die Auswertung der motografischen Untersuchung erbrachte folgende Ergebnisse:

- Je länger die Bewegungsspur zwischen Haupt- und Displaytastatur ist, umso ungünstiger ist die Gestaltungslösung für die jeweilige Probandengruppe.
- Je mehr Beschleunigungs- und Bremsvorgänge aus der Bewegungsspur zu erkennen sind, umso ungünstiger ist die Gestaltungslösung für die jeweilige Probandengruppe.
- Je geringer die Zielgenauigkeit auf der angesteuerten Displaytaste, umso ungünstiger ist die Gestaltungslösung für die jeweilige Probandengruppe.

244 Baum, E.: Motografie. Band I und II. Bremerhaven: Wirtschaftsverlag NW, 1980 und 1983.

- Je mehr sich Bewegungsspuren im intraindividuellen Retestversuch unterscheiden umso ungünstiger ist die Gestaltungslösung für die jeweilige Probandengruppe.
- Je mehr Körperteile mit bewegt werden müssen, umso ungünstiger ist die Gestaltungslösung für die jeweilige Probandengruppe.

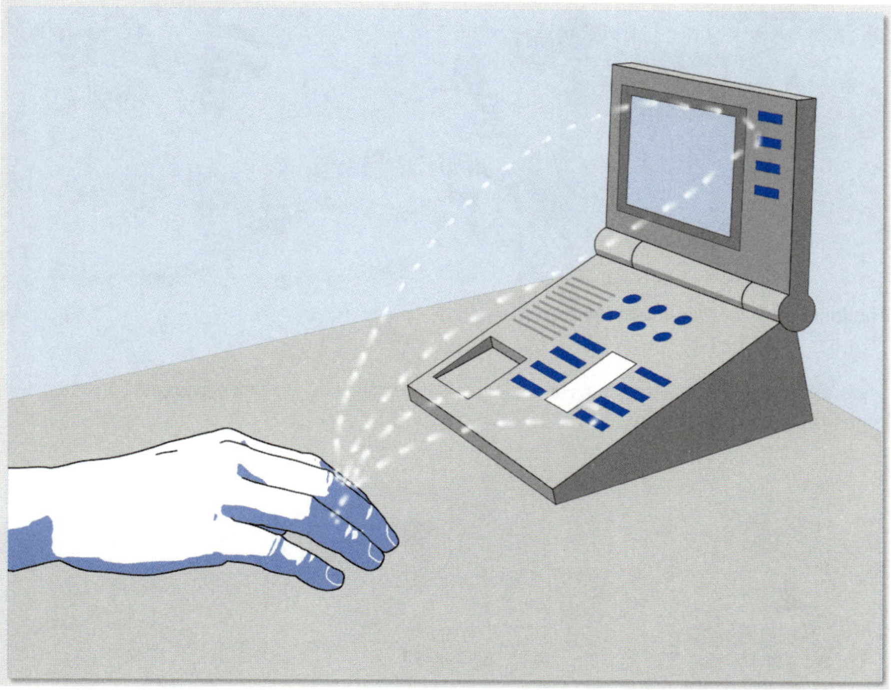

Abbildung III-177 Motografie-Aufnahme der Bewegungsspuren an einem Telefon-Prototyp

Bei der Motografie ermöglicht die Verwendung einer Videokamera, einzelne Bewegungsabfolgen gegenüberzustellen und Detailanalysen mit Hilfe von Standbildern, Einzelbild-Folgen und Zoom durchzuführen. Bei der Online-Motografie werden die Videobilder sofort analysiert und nur die Bewegungsinformationen im Rechner gespeichert bzw. für weitere Analysen verwendet; dadurch werden längere Aufzeichnungen und schnellere Analysen möglich.

5.4.3 Greifarten und Bewegungswinkel

Ausgangspunkt für die Gestaltung der Schnittstelle Hand/Objekt sind die anthropometrischen Abmessungen der Hand (Abbildung III-150 und Abbildung III-151). Die Interaktion von Hand und Objekt kann prinzipiell auf zwei Arten erfolgen: über den kraftbetonten und über den präzisionsbetonten Griff.[245] Abbildung III-178 zeigt außerdem noch die Ruhelage der Hand.

245 Pheasant, St.: Bodyspace. London: Taylor & Francis, 1988.

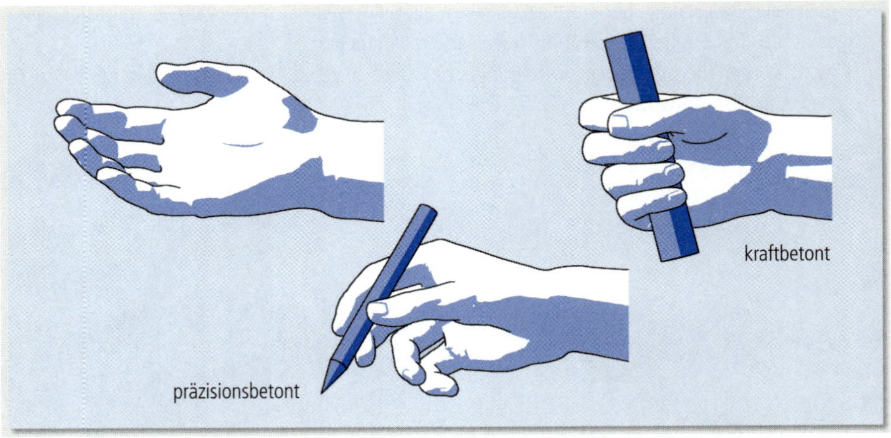

Abbildung III-178 Prinzipielle Greifarten der Hand

Greifarten

Diese prinzipiellen Greifarten der Hand sind mit unterschiedlichen Bewegungsgenauigkeiten verknüpft (Abbildung III-179).[246]

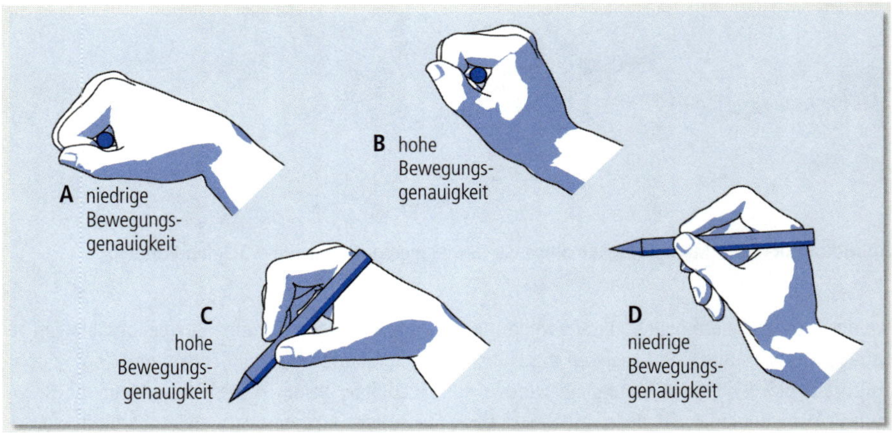

Abbildung III-179 Bewegungsgenauigkeiten bei unterschiedlichen Handbeugewinkeln

Der Kraftgriff gibt die besten Resultate beim Fluchten von Hand- und Unterarmachse (B). Die abgewinkelte Faust (A) vermag keine hohen Kräfte zu übertragen. Beim »*Präzisionsgriff*« ist es umgekehrt: Das gebeugte Handgelenk erlaubt höhere Präzision (C) als das ausgestreckte Handgelenk (D). Erfordert eine Arbeitsbewegung gleichzeitig eine Handgelenkbewegung nach außen und eine Innen- oder Außendrehung, so reduziert sich der zur Verfügung stehende Drehwinkel auf etwa die Hälfte (Abbildung III-180). Vorzeitige Ermüdung und eventuell auch Schädigungen können die Folge sein.

246 Pheasant, S.: a. a. O., 1988.

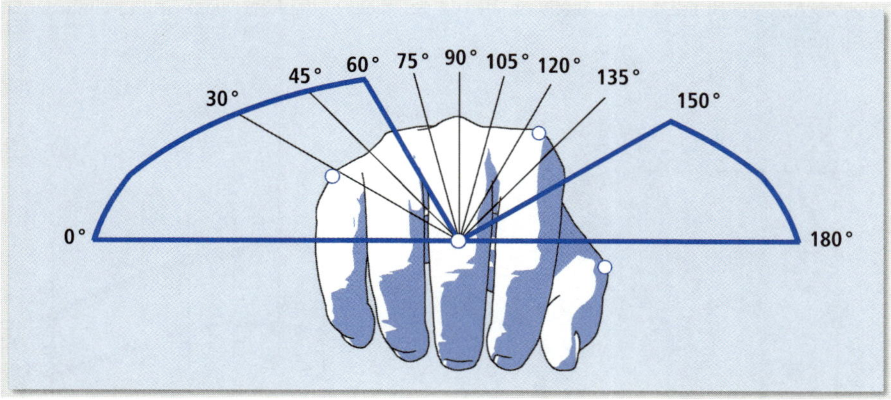

Abbildung III-180 Reduzierte Drehwinkel bei gleichzeitig abgewinkeltem Handgelenk[247]

Hochrepetitive Arbeitsbewegungen unter solchen Konditionen sind auch mit einem beträchtlichen Schädigungsrisiko verbunden. Die arbeitsgestalterische Konsequenz lautet daher: Lieber mit angepassten Handwerkzeugen arbeiten als mit abgewinkelten und gleichzeitig gedrehtem Handgelenk.

Die Grundgreifarten der Hand werden in Abbildung III-181 weiter aufgeschlüsselt.

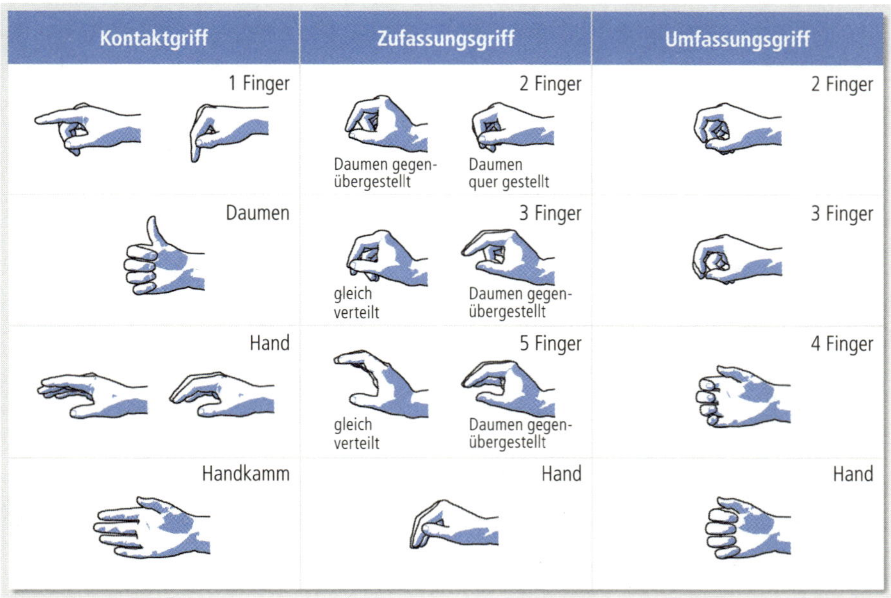

Abbildung III-181 Detaillierte Darstellung der Hand/Objekt-Interaktion[248]

Bei vielen Montagehandlungen ebenso wie in der mechanischen Fertigung und auch in der Instandhaltung sind (z. T. erhebliche) Greifkräfte erforderlich. Werden diese wie bei einer Zangenbetätigung

247 Tichauer, E. R.: Occupational Biomechanics. New York: Manuskriptdruck, 1975, S. 28.
248 Bullinger, H. J.; Solf, J. J.: Ergonomische Arbeitsmittelgestaltung I–III. Bremerhaven: Wirtschaftsverlag NW, 1979.

aufgebracht, dann ist mit dem in Abbildung III-182 gezeigten Verlauf über dem Griffdurchmesser zu rechnen.

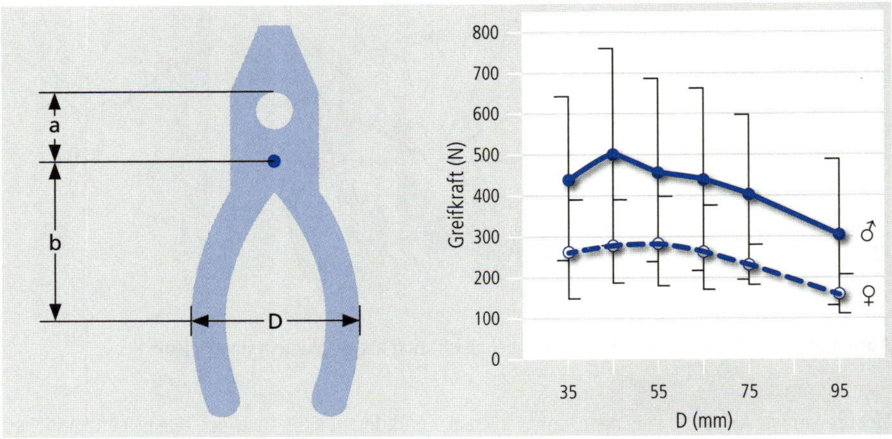

Abbildung III-182 Greifkraftverlauf über dem Griffdurchmesser[249]

Drehmoment

Greift man einen Handgriff und bringt danach ein *Drehmoment* um die Längsachse des Handgriffs auf, ergeben sich die in Abbildung III-183 dargestellten Drehmomente für Männer und Frauen über dem Griffdurchmesser. Die Drehmomente hängen u. a. von Form, Material und der Oberfläche des Handgriffs ab.

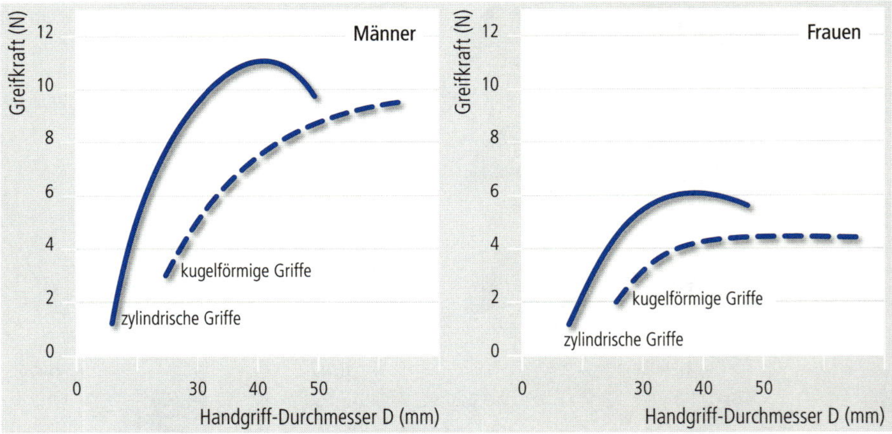

Abbildung III-183 Drehmomentverlauf über dem Griffdurchmesser[250]

Die Abbildung III-184 gibt die minimalen Abmessungen für die Handöffnungen wieder, die zur Betätigung unterschiedlicher Werkzeuge erforderlich sind. Die in der Abbildung genannten Abmessungen gelten für den Fall ohne Sichtkontakt zum Arbeitsobjekt. Können Objekte nur bei Sichtkontakt bearbeitet werden oder wird zur Unterstützung die zweite Hand benötigt, vergrößern sich die Maße bis auf Schulterbreite.

249 Werte in Anlehnung an Pheasant, S.: a. a. O., 1988.
250 Werte in Anlehnung an Pheasant, S.: a. a. O., 1988.

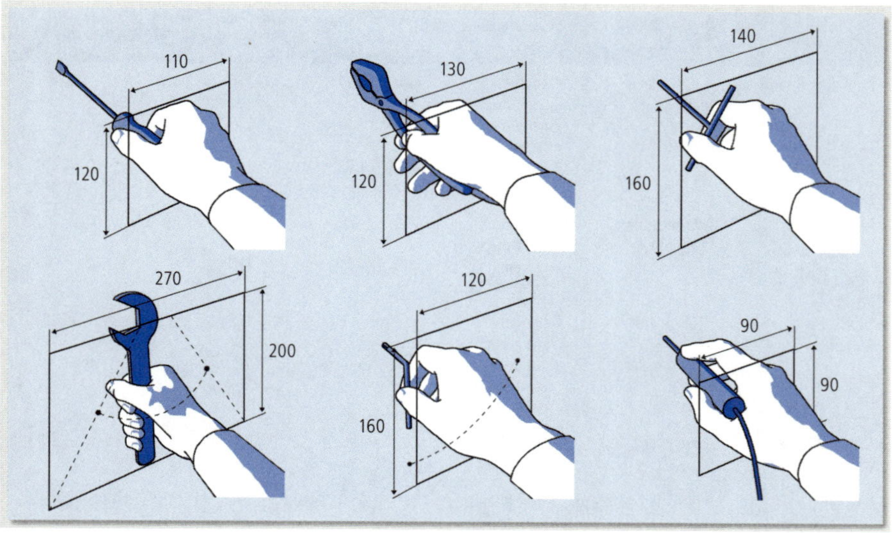

Abbildung III-184 Notwendige Abmessungen für das Durchgreifen der Hand[251]

Über die Bewegungsbreite der Hand hinaus enthält Abbildung III-185 die maximalen Bewegungswinkel anderer Körperglieder und gibt Anhaltspunkte für eine bequeme Einstellbreite. Es ist zu bedenken, dass die Bewegungswinkel bei älteren Arbeitspersonen und auch bei dickerer Kleidung eingeschränkt sind.

Durch Überlagerung der Winkelstellungen in einer mehrgliedrigen Kette ergeben sich größere Gesamtbewegungsbereiche (z. B. Rumpfbeugung + Kopfbeugung). Die maximalen Bewegungsbereiche werden durch die Kleidung verringert. In Abbildung III-185 sind diese Sachverhalte durch Indizes gekennzeichnet:

- 1) aus der Überlagerung der angegebenen Gelenkbewegungen,
- 2) Klammerwerte für Sitzen,
- 3) Klammerwerte für Manipulieren,
- 4) Für Stellung der flachen Hand parallel zur Rumpfseite als Ausgangsstellung,
- 5) Greifwinkel der ganzen Hand gegen Querachse der Hand: 12° nach unten zum Daumen.

251 Kroemer, K. et al.: a. a. O., 2001, S. 361.

Körperglieder-stellung	Gelenke	Bewegung	maximale Winkel (°)	maximaler Bereich (°)	bequemer Einstellbereich (°)
Kopf zum Rumpf	Kopf-, Hals-gelenk	1 beugen vor/zurück 2 neigen rechts/links 3 drehen rechts/links	+80 … −80[1] +60 … −60[1] +120 −120[1]	160 120 240	+12 … +25 0 0
Rumpf in sich	Wirbelsäule, Becken	4 beugen vor/zurück 5 drehen rechts/links	+50 … −25[1] +60 … −60[1]	75 120	0 0
Oberschenkel zum Rumpf	Hüftgelenk	6 beugen vor/zurück 7 zur Seite auswärts/einwärts	+120 … −15 +30 … −15	135 45	0 (+85 … +100)[2] 0
Unterschenkel zum Oberschenkel	Kniegelenk	8 schwenken vor/zurück	0 … −135	135	0 (−85 … −120)[2]
Fuß zum Unterschenkel	Fußgelenk	9 schwenken nach oben/unten	+110 … +60	50	+85 … +95
Fuß zum Rumpf	Hüftgelenk, Unterschenkel, Fußgelenk	10 schwenken auswärts/einwärts	+110 … −70[1]	180	0 … +15
Oberarm zum Rumpf	Schultergelenk, Schlüsselbein	11 schwenken auswärts/einwärts 12 schwenken auf/ab 13 schwenken	+180 … −35[1] +180 … −50[1] +140 … −40[1]	215 230 180	0 0 (+15 … +35)[3] +40 … +90
Unterarm zum Oberarm	Ellenbogenge-lenk	14 beugen/strecken	+145 … −5	150	+85 … +110
Hand zum Unterarm	Handgelenk	15 schwenken auswärts/einwärts 16 beugen/strecken	+15 … −45 +90 … −60	60 150	0[5] 0
Hand zum Rumpf	Schultergelenk, Unterarm	17 drehen rechts/links	+130 … −120[1, 4]	250	−30 … −50

Abbildung III-185 Bewegungswinkel für verschiedene Körperglieder zueinander[252]

Arbeitsenergieumsatz

Vor allem bei sitzend ausgeführten Montagehandlungen ist es wichtig, dass die Abduktion[253] des Oberarms möglichst gering ist. Je größer der Abduktionswinkel ist, umso mehr steigen *Arbeitsenergieumsatz* und die empfundene *Beanspruchung* (Abbildung III-186).

252 Lange, W.; Kirchner, J. H.; Lazarus, H.; Schnauber, H.: Kleine Ergonomische Datensammlung. Köln: TÜV Rheinland, 1991.
253 Abduktion: Wegführen von der Medianebene des Körpers.

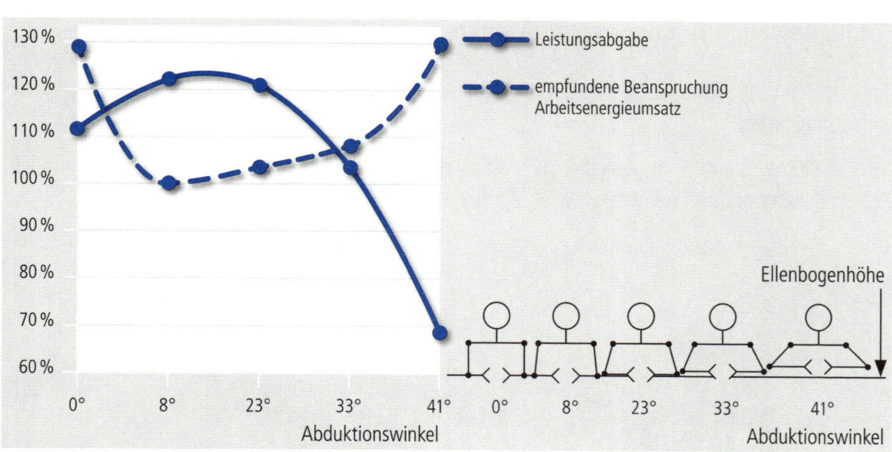

Abbildung III-186 Arbeitsenergieumsatz und empfundene Beanspruchung in Abhängigkeit von der Armabduktion

Abduktionswinkel, die in die Nähe von 90° führen, haben den Einsatz großer und schwerer Muskelgruppen zur Folge, sie führen zu asymmetrischen *Körperhaltungen*, die als sehr anstrengend empfunden werden (Abbildung III-187).

Körperhaltungen

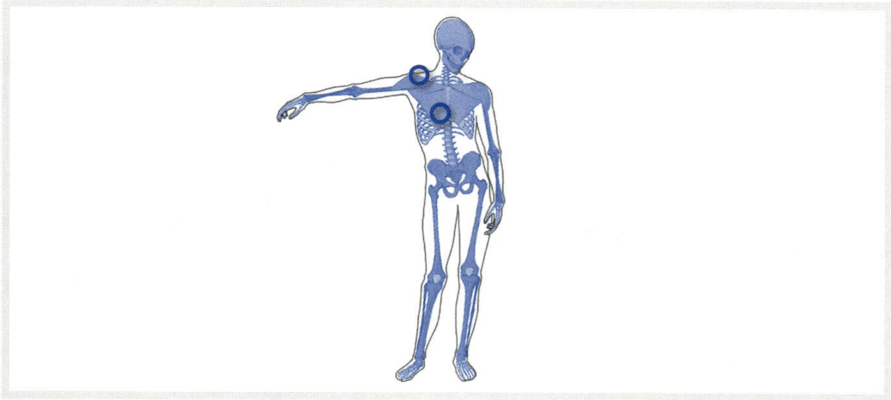

Abbildung III-187 Asymmetrische Oberkörperhaltung und potenzielle Schmerzregionen[254]

Insbesondere bei älteren Mitarbeitern und solchen mit Übergewicht können Schmerzen in der Schulter und im Brustkorb die Folge sein, falls diese Position über längere Zeit eingenommen werden muss. Allerdings ist auch von eng am Körper anliegenden Oberarmen abzuraten.

Sowohl die Bedienung von Werkzeugmaschinen als auch stehend ausgeführte Montagehandlungen oder Verpackungstätigkeiten sind oft mit seitlicher Rumpfbeugung und Körper-Asymmetrie verbunden. Diese Körperhaltung kommt durch einen Seitwärtsschritt zustande. Sie ist mit seitlichen Biegemomenten verbunden und – vor allem, wenn eine Lastenhandhabung damit verknüpft ist (vgl. Abschnitt 5.3.3 und Teil II, Abschnitt 2.7) – gestalterisch zu vermeiden oder aber durch Verhaltensergonomie zu verbessern.

254 Tichauer, E. R.: a. a. O., 1975, S. 20.

5.4.4 Bewegungsökonomische Aspekte

Die folgenden Abbildungen III-189 bis III-205 zeigen die Zeitersparnisse, die in der Bewegungsvereinfachung liegen.

Arbeitserleichterung

Mit der Zeitreduktion ist im Regelfall auch eine Arbeitserleichterung für den Mitarbeiter verbunden. Z. B. entfallen unnötige Suchprozesse für Werkzeuge (Abbildung III-188).

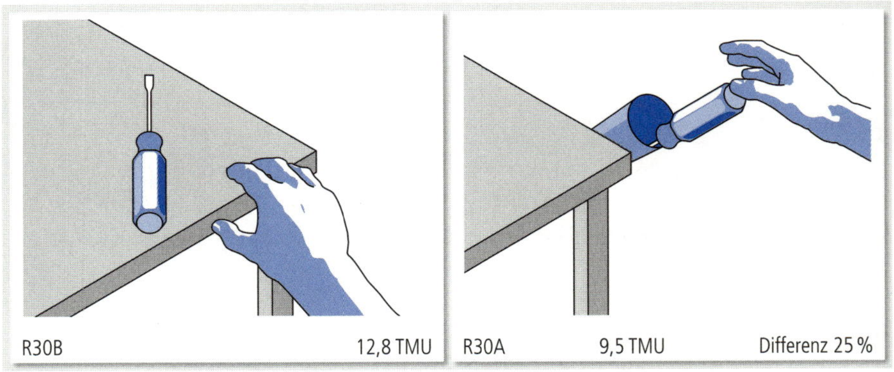

Abbildung III-188 Bewegungsvereinfachung beim Hinlangen (Beispiel 1)

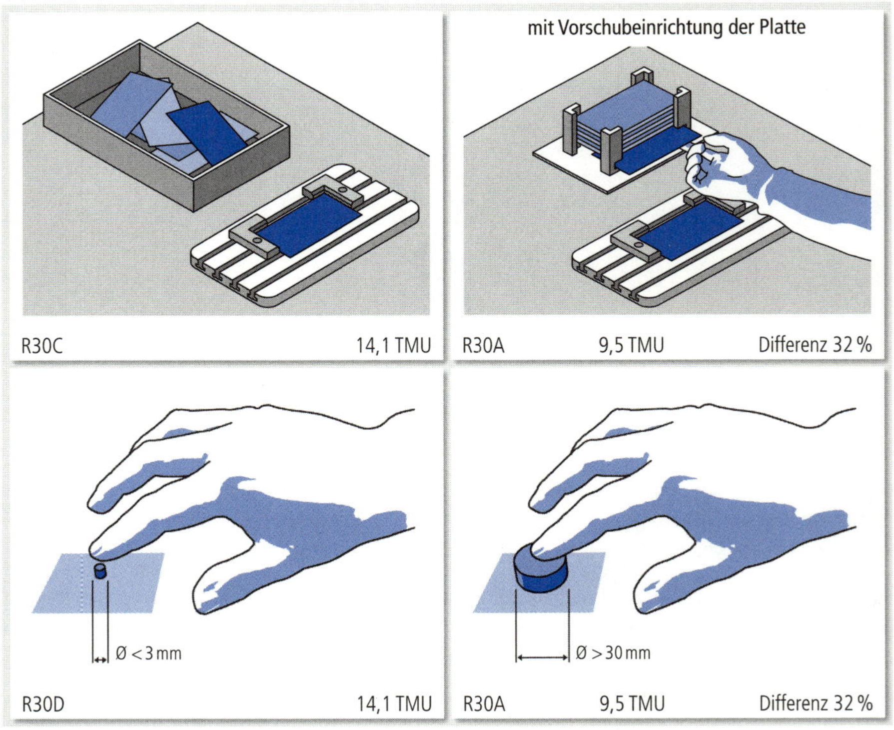

Abbildung III-189 Bewegungsvereinfachung beim Hinlangen (Beispiele 2 und 3)

Verbesserte Werkstückbereitstellung führt zu bedeutender Zeitreduktion, präzisiert die Mikro-Logistik am Arbeitspatz (Füllungsgrad des Behälters sofort ersichtlich) und schont gleichzeitig die Fingerkuppen des Mitarbeiters (Abbildung III-189 oben rechts).

Vergrößerung des Bewegungsziels

Allein die Vergrößerung des Bewegungsziels reduziert den Zeitbedarf um 1/3 (Abbildung III-189 unten rechts).

Die Umstellung von Handauslösung auf Fingerauslösung, z. B. bei einer Presse, verkürzt wegen des Übergangs von einem Zufassungsgriff G1A auf einen Berührungsgriff G5 den Zeitbedarf (Abbildung III-190 oben rechts).

Vereinzelung

Die Vereinzelung von Arbeitsobjekten erlaubt statt eines Auswahlgriffs G4B (mit Suchanteil) einen einfachen Aufnahmegriff G1A und ist mit einer Zeitersparnis von fast 80 % verbunden (Abbildung III-190 unten). Auf die veränderte Arbeitshöhe (rechts) wird hingewiesen.

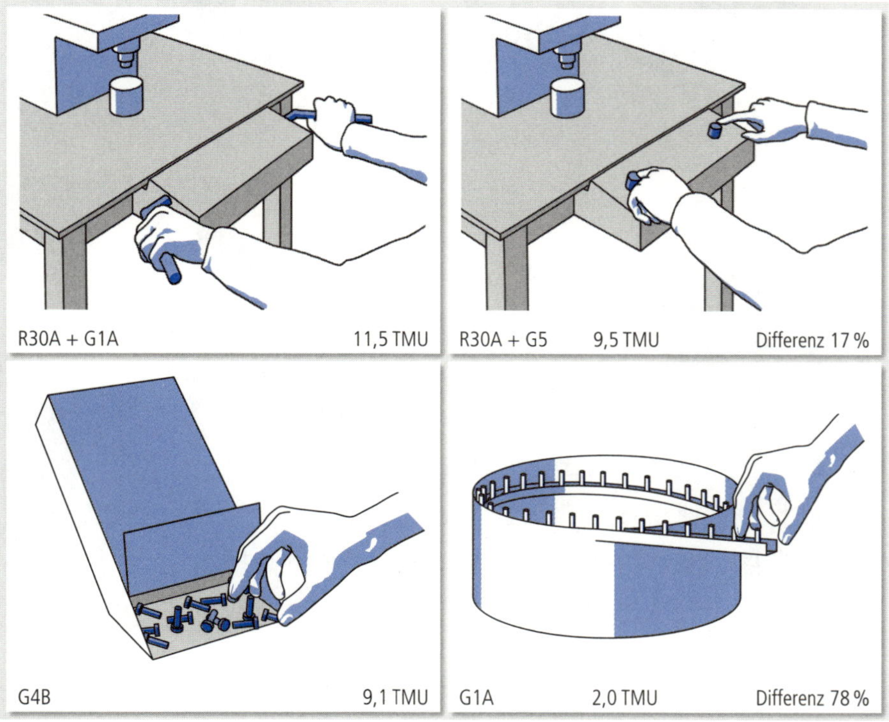

Abbildung III-190 Bewegungsvereinfachung beim Hinlangen (Beispiele 4 und 5)

Die Aufnahme von zylindrischen Arbeitsobjekten, die direkt auf dem Tisch liegen, bedeutet ein Greifen unter Abrollen des Arbeitsobjektes mit G1C1, das Greifen aus einem ergonomischen Greifbehälter heraus macht dagegen nur einen einfachen Aufnahmegriff G1A notwendig. Die Zeitdifferenz beträgt hier über 70 % (Abbildung III-191 oben).

Vermischte Lagerung

Die vermischte Lagerung von Arbeitsobjekten bedingt ein zielgenaues Hinlangen, z. B. R30C und ein G4A (Abbildung III-191 unten links). Die Vereinzelung der Arbeitsobjekte (z. B. schon durch den Zulieferer) führt in Abbildung III-191 unten rechts zu geringerer Zielgenauigkeit beim Hinlangen (R30B), verbunden mit einem einfacheren Griff G1A. Die Zeitdifferenz beträgt 30 %.

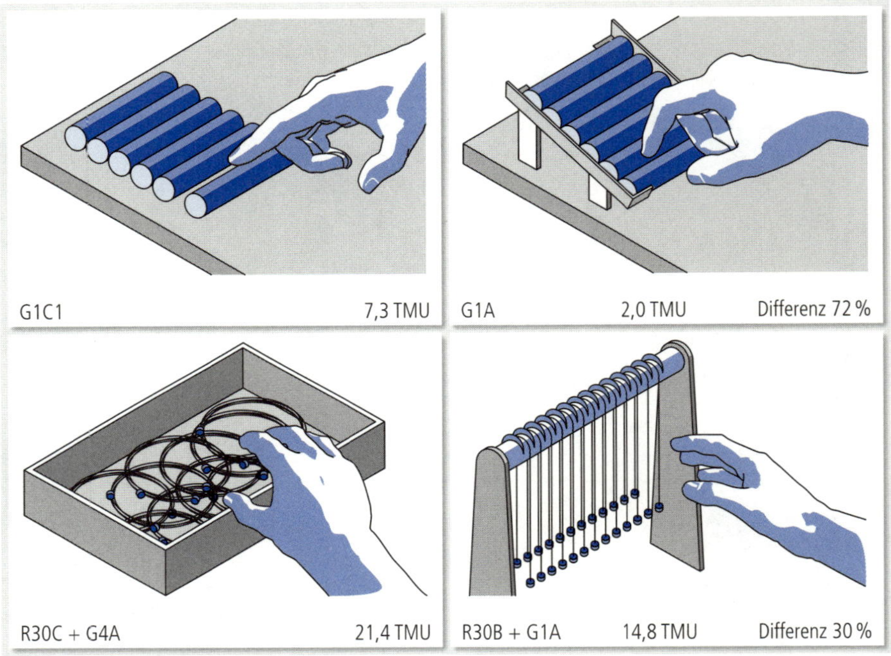

Abbildung III-191 Bewegungsvereinfachung beim Greifen (Beispiele 1 und 2)

Die ortskonstante Bereitstellung von Werkzeugen, z. B. auf einem Werkzeugträger, führt zu routiniertem Ablegen der Werkzeuge und im Regelfall auch zu einer Verkürzung des Greifens und der Bringbewegung mit Zeitgewinnen von etwa 5 % bis 30 % (Abbildung III-192).

Bereitstellung von Werkzeugen

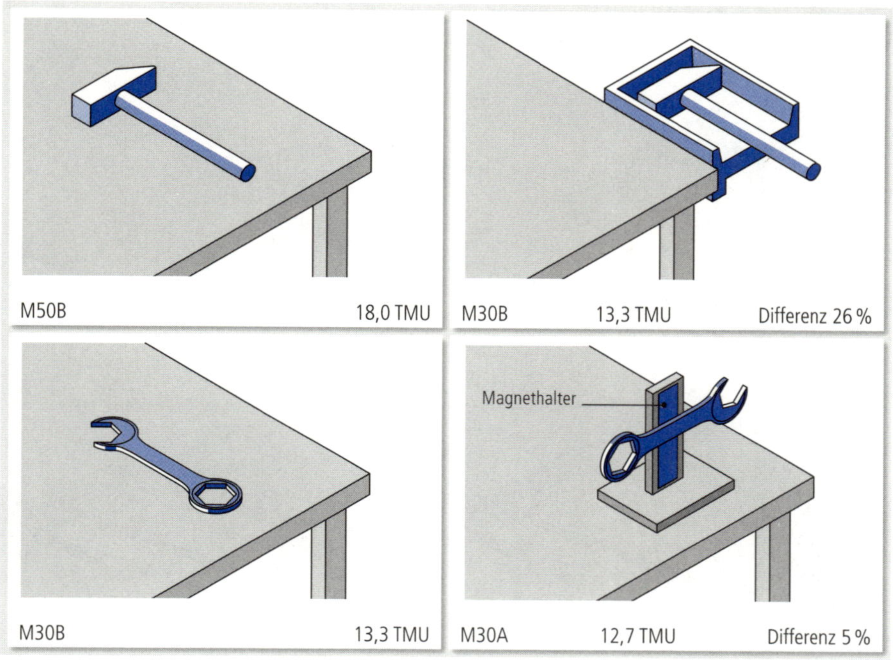

Abbildung III-192 Bewegungsvereinfachung beim Greifen (Beispiele 3 und 4)

Verkürzung der Bewegungswege

Sehr einleuchtend ist die Verkürzung der Bewegungswege beim Bringen (Abbildung III-193). Die Lösung in Abbildung III-193 rechts oben setzt einen ergonomischen Greifbehälter voraus.

Abbildung III-193 unten illustriert, wie durch einen speziellen Abwurfschacht nicht nur der Zeitbedarf gesenkt, sondern auch die Investitionskosten vermindert werden, da im Gegensatz zur Lösung in Abbildung III-193 links kein Hubtisch mehr erforderlich ist.

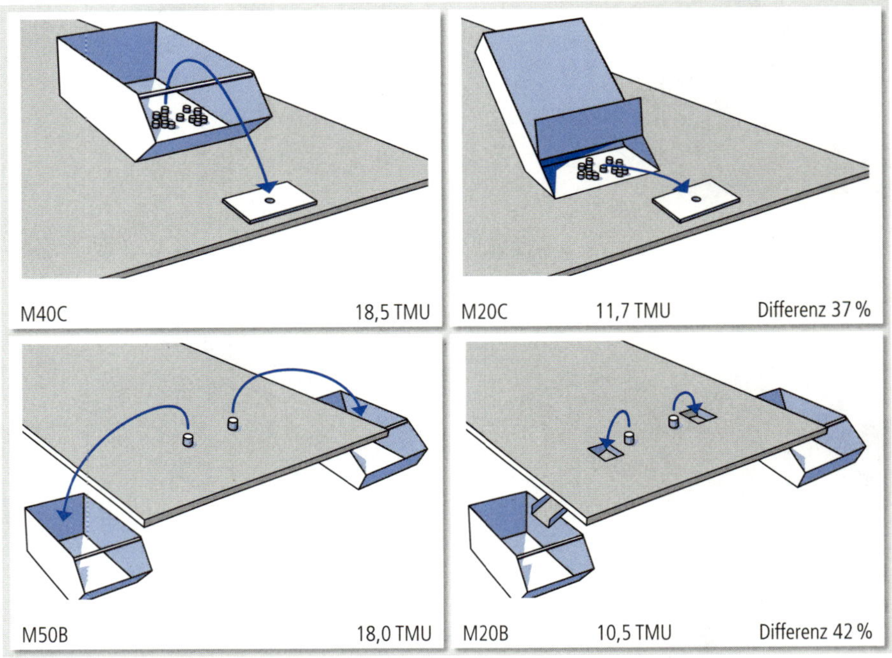

Abbildung III-193 Bewegungsvereinfachung beim Bringen

Auf den zeitsparenden Einfluss einer Fase (Abbildung III-194 oben) wurde bereits in Abschnitt 2.4.4 hingewiesen. Das Verwenden eines Anschlags (Abbildung III-194 unten) macht ein M30C zu einem Bringen mit geringerer Zielgenauigkeit (M30B) und vermeidet aufwändiges Positionieren (P2SE). Fase

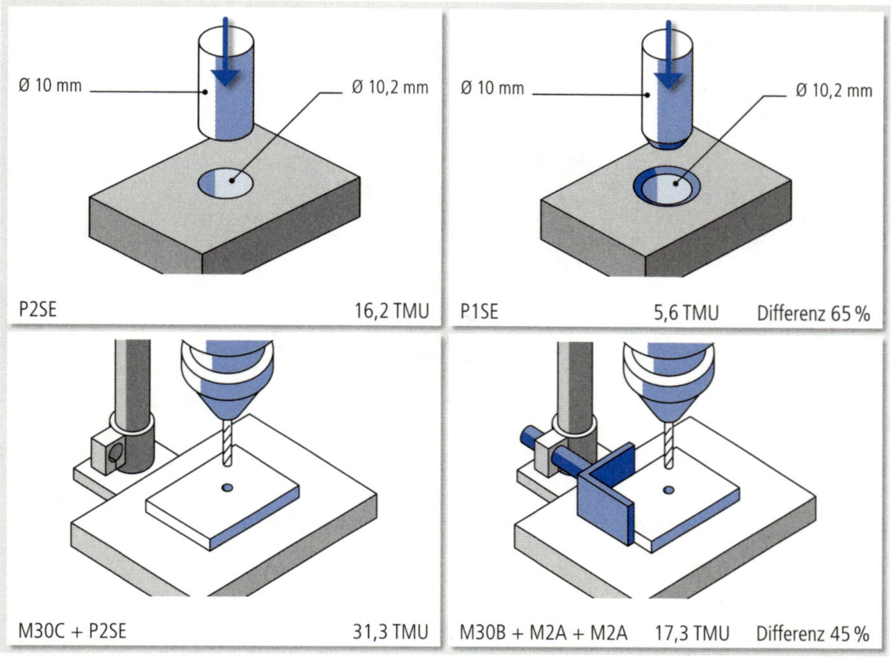

Abbildung III-194 Bewegungsvereinfachung beim Fügen

Über die Bewegungsvereinfachung hinaus gibt es auch wichtige Hinweise zur ergonomischen Bewegungsgestaltung, hier gezeigt anhand von Fallbeispielen für Sitz-Arbeitsplätze in der Montage. Im Vordergrund stehen dabei ebenfalls bewegungsökonomische Aspekte.[255]

255 Britzke, B.; Klüglich, U.; Storm, P.: Rationalisierung manueller Arbeitsprozesse. Dresden: Grafischer Großbetrieb »Völkerfreundschaft«, 1989.

Arbeitszonen

Greifbehälter, Bauteile, Werkzeuge und Vorrichtungen sollen so platziert werden, dass häufig benutzte Teile zentral, selten benötigte dezentral angeordnet sind (Abbildung III-195). Die unterschiedlich günstigen Arbeitszonen sind zu berücksichtigen.[256]

Abbildung III-195 Anordnung von Greifbehältern und Wirkstellen nach Benutzungshäufigkeit (»1« sehr häufig; »5« sehr selten)

Ziel einer Handlung

Das Ziel einer Handlung muss endgültig sein, mehrmaliges Aufnehmen, Bewegen und Ablegen eines Bauelementes ist zu vermeiden. Möglichst ist keine Zwischenlagerung vorzusehen (Abbildung III-196).

Abbildung III-196 Bauteilbewegung am Arbeitsplatz ohne Zwischenlagerung

Fehlerhafte Bauelemente

Fehlerhafte Bauelemente sind vor ihrer Handhabung auszusortieren, da sonst der Arbeitsrhythmus unterbrochen wird und unproduktive Handlungen (z.B. Demontagen und Kontrollen) erforderlich sind (Abbildung III-197). Der Mitarbeiter erhält Bauelemente, die bereits am liefernden Arbeitsplatz mängelbehaftet waren. Hier werden sie nun trotzdem weiterbearbeitet, bis der Mitarbeiter den Fehler erkennt. Um diese nicht wertschöpfenden Arbeiten von Anfang an zu vermeiden, gilt für jeden Mitarbeiter die Regel »Der nächste Prozess ist dein Kunde«.

256 Vgl. Abschnitt 5.2.5, Abbildung III-153.

Damit ist gemeint, dass niemals qualitativ schlechte Ware weitergegeben wird und jeder Mitarbeiter seinen Kollegen als seinen Kunden betrachtet.

Abbildung III-197 Aussonderung fehlerhafter Bauelemente vor ihrer Handhabung

Endpunkt einer Handlung

Der Endpunkt einer Handlung soll so angeordnet sein, dass er in unmittelbarer Nähe des Anfangpunktes für die folgende Bewegung liegt. Unnötige Kreuz- und Querwege sind zu vermeiden (Abbildung III-198). Die Punkte E und A sollen möglichst nahe beieinander sein.

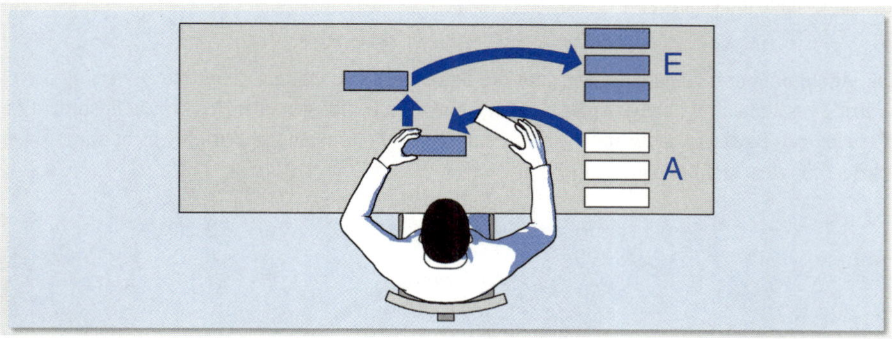

Abbildung III-198 Endpunkte vorangegangener Bewegungen und Anfangspunkte neuer Bewegungen liegen nahe beieinander

Unterarmbetonte Bewegungen

Unterarmbetonte Bewegungen benötigen bis zu 30 % weniger Zeit als Oberarmbewegungen. Die durchgezogenen Bewegungsbahnen in Abbildung III-199 sind oberarmbetont, die unterbrochenen Bewegungsbahnen sind unterarmbetont; sie liegen näher am Körper und sind daher schneller auszuführen.

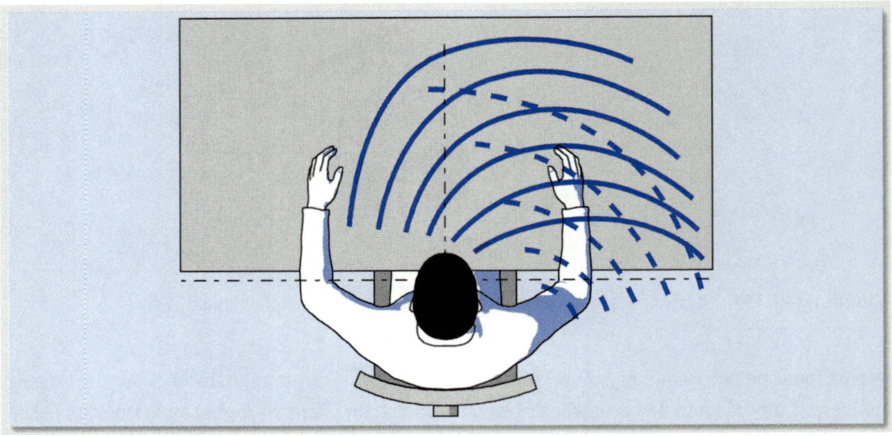

Abbildung III-199 Unterarmbetonte Bewegungen (unterbrochene Linien) sind schneller als oberarmbetonte (durchgezogene Linien)

Anordnung des Zielpunktes

Die Anordnung des Zielpunktes bestimmt die Bewegungsrichtung und damit die Bewegungslänge. Günstig gestaltete und richtig angeordnete Zielpunkte (z. B. Ablagen oder Werkzeugaufnahmen) reduzieren den Bewegungsaufwand. Dabei ist auf visuelle Kontrollmöglichkeit (Ziel nicht durch Hand verdecken) zu achten (Abbildung III-200).

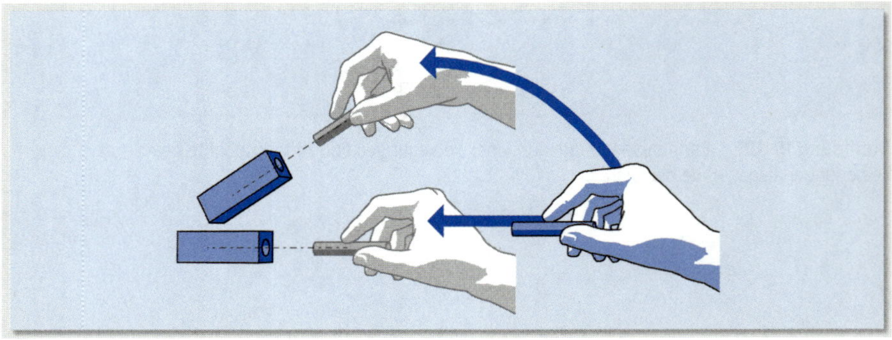

Abbildung III-200 Hand bewegt sich auf ballistischen Bahnkurven

Häufige Bewegungen

Häufige Bewegungen senkrecht oder parallel zur Medianebene[257] sind zu vermeiden. Sie führen zu zusätzlichen Biegemomenten und statischer Haltungsarbeit (Abbildung III-201). Andererseits verursachen Bewegungen in der Medianebene vom Körper weg (z. B. bei der Ablage eines Werkstücks) bei hochfrequenter Wiederholung vorzeitige Ermüdung, da bei dieser Bewegung ein Teil des großen Rückenmuskels (Musculus latissimus dorsi) hoch beansprucht wird.

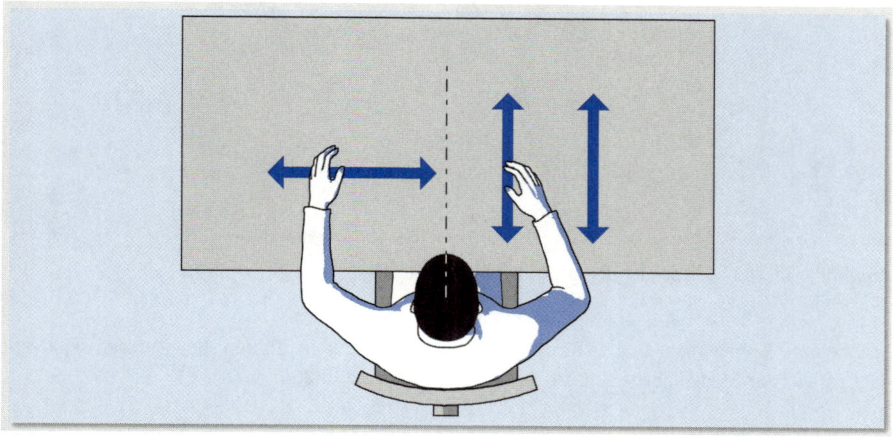

Abbildung III-201 Bewegungen senkrecht oder parallel zur Medianebene vermeiden

Hebelbewegungen

Hebelbewegungen sollen durch Anschläge begrenzt werden. Unnötige Bewegungen werden dadurch vermieden (Abbildung III-202).

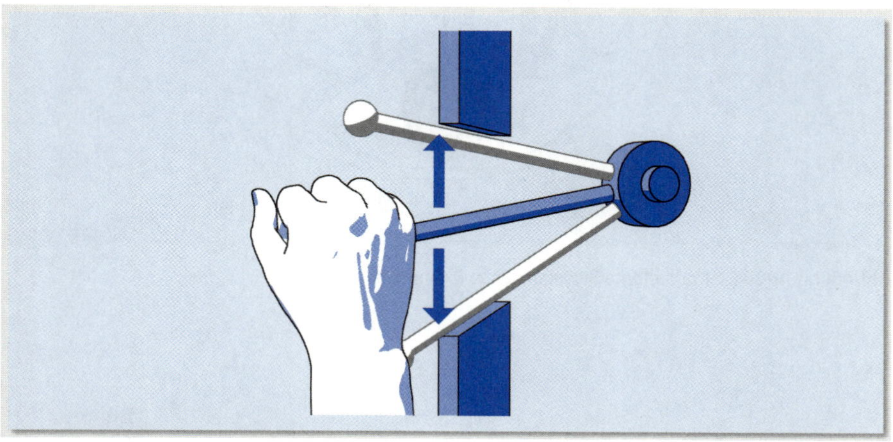

Abbildung III-202 Hebelbewegungen durch Anschläge begrenzen

257 Mittelebene, die den Körper in zwei gleiche Teile teilt.

Fließender Übergang

Der Übergang von einer Bewegung in die andere soll möglichst fließend geschehen. Abbrems- und Beschleunigungsphasen werden dadurch eingespart (Abbildung III-203).

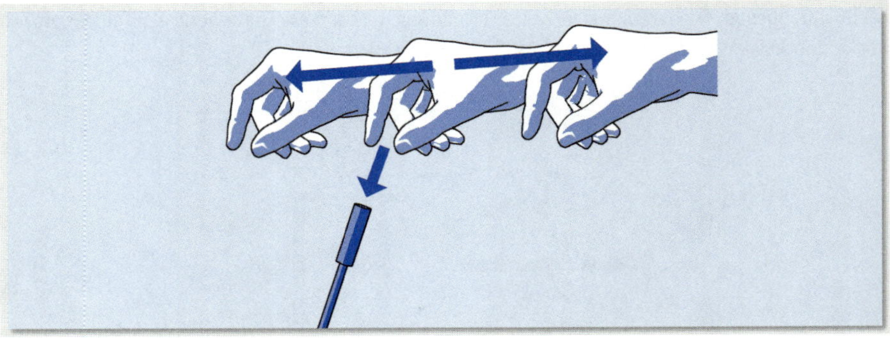

Abbildung III-203 Fließender Übergang zwischen Bewegungen

Kraftbetonte Bewegungen

Kraftbetonte Bewegungen sind in Richtung auf ein Gelenk durchzuführen. Bewegungen senkrecht oder parallel zur Medianebene sind zu vermeiden (Abbildung III-204).

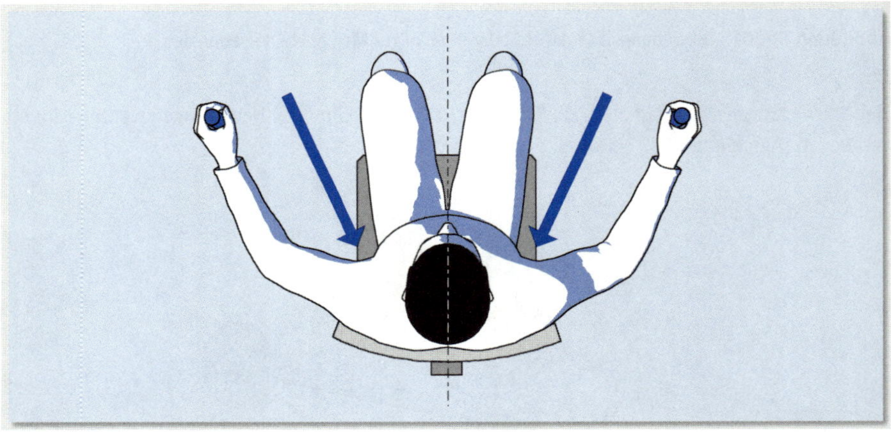

Abbildung III-204 Kraftbetonte Bewegungen in Richtung der Gelenke

Die Höhenkonstanz zwischen den Handlungsstellen am Arbeitsplatz und weiteren Vorrichtungen oder Paletten ist zu beachten. Zusätzliche Körperbewegungen können dadurch vermieden werden (Abbildung III-205).

Höhenkonstanz

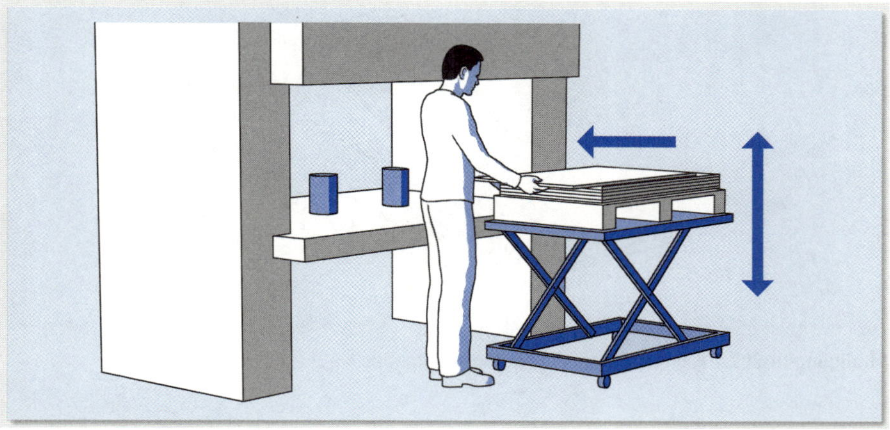

Abbildung III-205 Auf Höhenkonstanz zwischen den Handlungsstellen am Arbeitsplatz achten

Die Greifräume sind bei der Anordnung von Arbeitsstellen auf dem Arbeitstisch zu beachten. Häufiges Vorbeugen an Greifbehälter außerhalb des maximalen Greifraums sind zu vermeiden (Abbildung III-206).

Vorbeugen

Abbildung III-206 Häufige Arbeitsbewegungen außerhalb des maximalen Greifraums vermeiden

Führungsschienen

Führungsschienen für Bauelemente ermöglichen günstige Greifpositionen. Die Greifstelle ist ungehindert zugänglich (Abbildung III-207). Die Bauelemente können mit einem einfachen Zufassungsgriff sicher gegriffen werden.

Abbildung III-207 Führungsschiene für günstige Greifpositionen

Führungsschienen und Gleitkanäle sind so zu gestalten, dass am Ende, d. h. an der Greifstelle, ein ungehindertes Greifen möglich ist (Abbildung III-208).

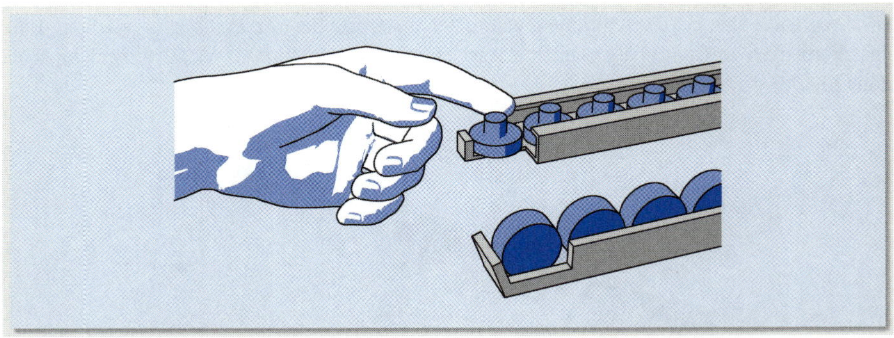

Abbildung III-208 Unbehindertes Greifen bei Führungsschienen

Flache Bauelemente sind zu magazinieren. Die Magazine sind durch geeignete Führungen so zu gestalten, dass die Entnahme eines Bauelementes das nächste in eine günstige Griffposition befördert (Abbildung III-209).

Flache Bauelemente

Abbildung III-209 Flache Bauelemente magazinieren

Greifzungen vereinfachen das Greifen von kleinen und flachen Bauelementen (Abbildung III-210).

Greifzungen

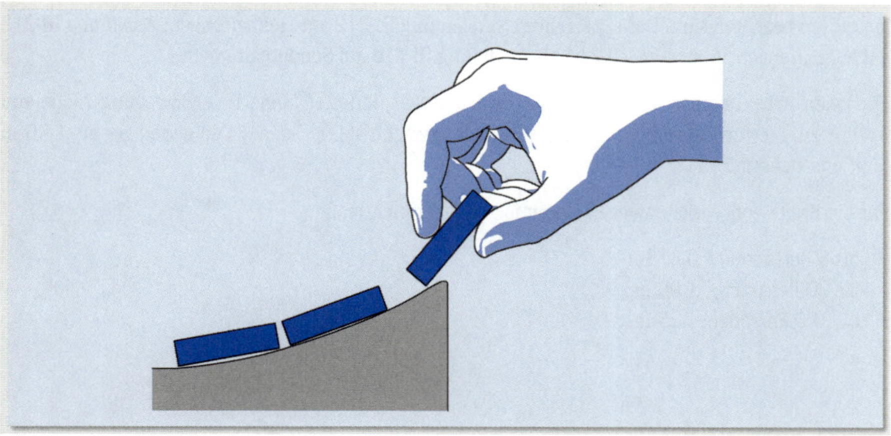

Abbildung III-210 Greifzungen für flache Bauelemente

Weiche Unterlagen

Kleine Teile lassen sich von glatten Flächen sehr schlecht aufnehmen. Schaumstoffunterlagen verbessern die Greifbedingungen erheblich (Abbildung III-211).

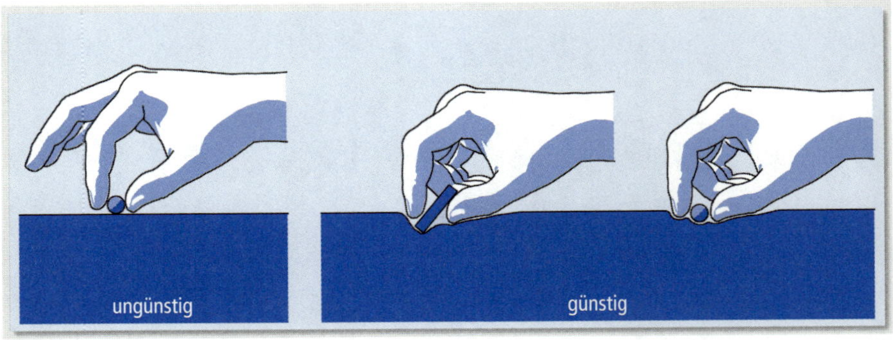

Abbildung III-211 Weiche Unterlagen verbessern das Greifen kleiner Teile

5.4.5 Bewegungen im Arbeitsraum

Abmessungen des Arbeitsraums

Im Anschluss an die Gestaltungsregeln der Anthropometrie (vgl. Abschnitt 5.2) stellt sich die Frage nach den Abmessungen des Arbeitsraums, in dem ein oder mehrere Mitarbeiter arbeiten. Die folgenden Abbildungen geben minimale Abmessungen wieder, die am Arbeitsplatz, auf Fluren, in Werkhallen etc. zu beachten sind. Dabei bezieht sich Abbildung III-212 auf Stehhaltungen, Abbildung III-213 auf Sitzhaltungen, Abbildung III-214 bis Abbildung III-216 auf Sonderhaltungen.

Für jeden Arbeitnehmer sollte an seinem Arbeitsplatz mindestens eine freie Bewegungsfläche von 1,5 m^2 zur Verfügung stehen. Die freie Bewegungsfläche soll an keiner Stelle weniger als 1,00 m breit und tief sein.[258]

Für die Breite von Verkehrswegen gelten folgende Baurichtmaße:

- bis 5 Personen: 0,875 m,
- bis 20 Personen: 1,00 m,
- bis 100 Personen: 1,25 m.

258 Zwischenzeitlich wurden diese Regelungen aufgeweicht (vgl. ArbStättV vom 12. August 2004, Anhang Anforderungen an Arbeitsstätten nach § 3 Abs. 1 ArbStättV, Punkt 3.1). Hält man sich dennoch an diese ehemaligen gesetzlichen Maßvorgaben, wird man keinen Gestaltungsfehler begehen. Im Übrigen sei in diesem Zusammenhang auf die Unfallverhütungsvorschriften (UVV) der jeweilig zuständigen Berufsgenossenschaften verwiesen, die im Zweifel für die Praxis relevant sind.

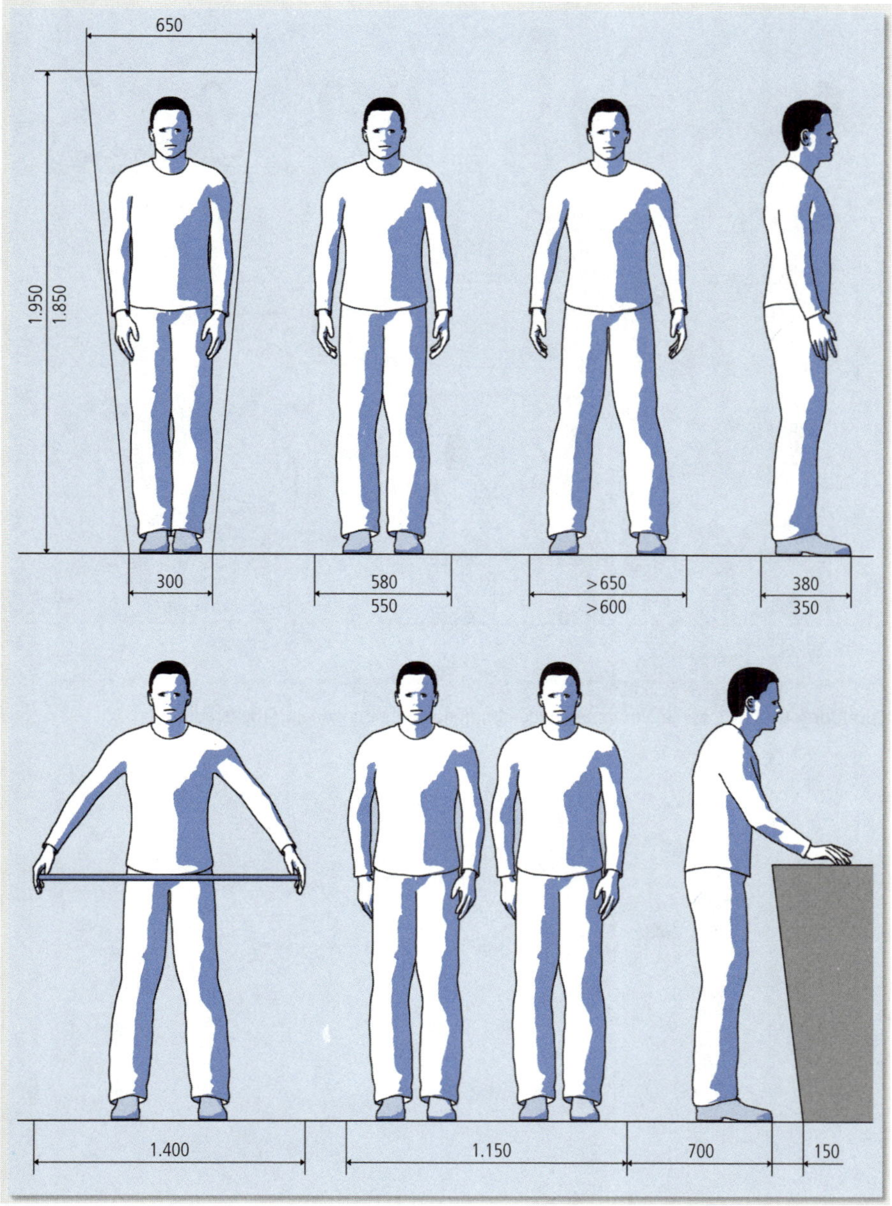

Abbildung III-212 Minimale Abmessungen [mm] für Stehhaltungen im Arbeitsraum[259]

259 Vgl. a. Kirchner, J. H.; Baum, E.: a. a. O., 1990, S. 256. Werden zwei Zahlenwerte angegeben, dann ist der untere Wert das Minimum, der obere Wert das Optimum.

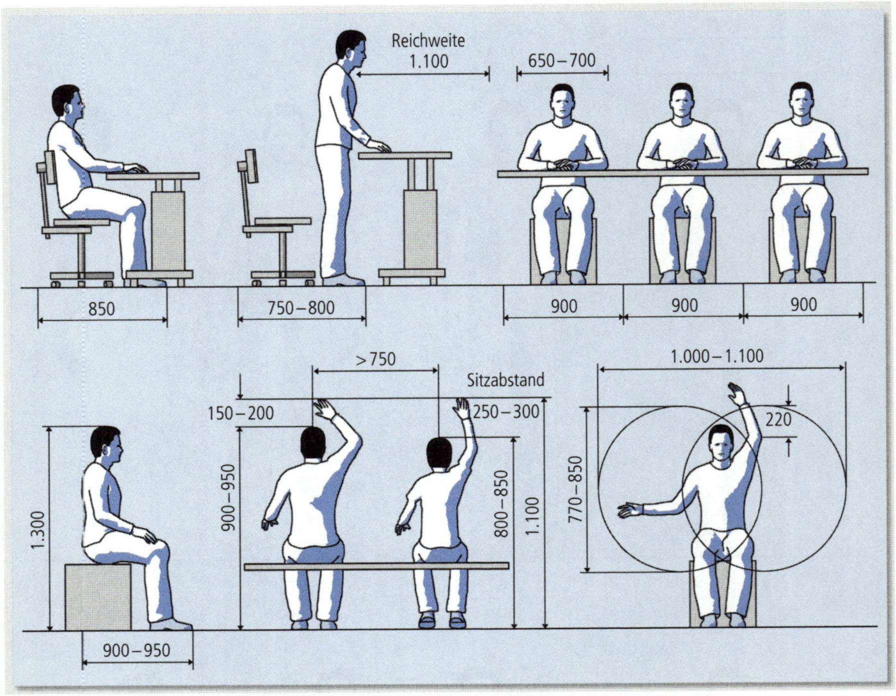

Abbildung III-213 Minimale Abmessungen [mm] für Sitzhaltungen im Arbeitsraum

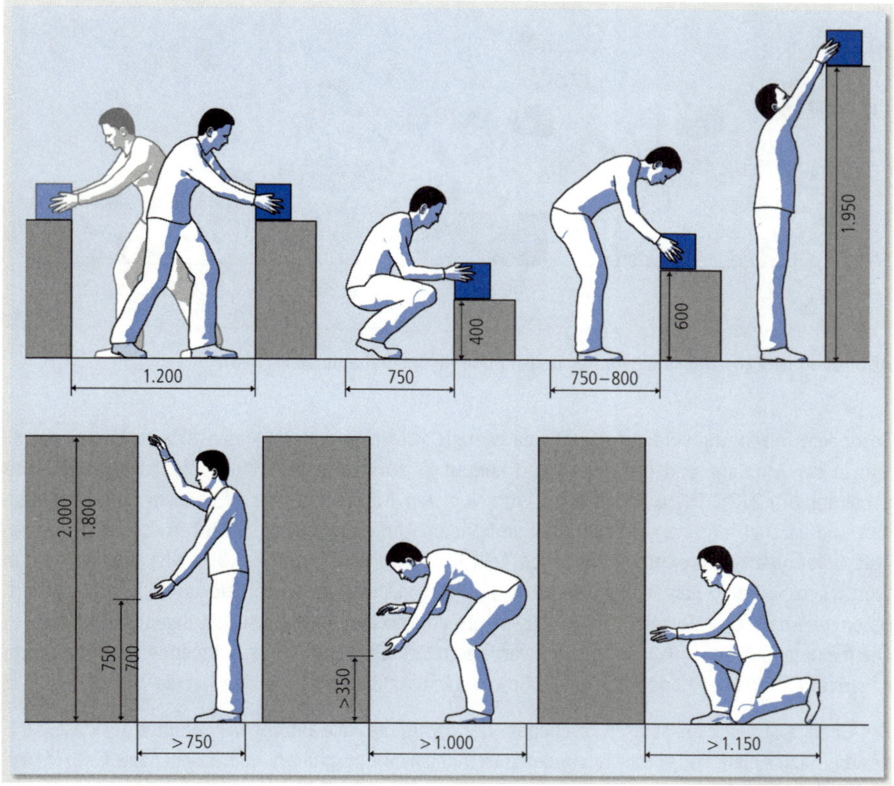

Abbildung III-214 Minimale Abmessungen [mm] für Sonderhaltungen (Teil 1)

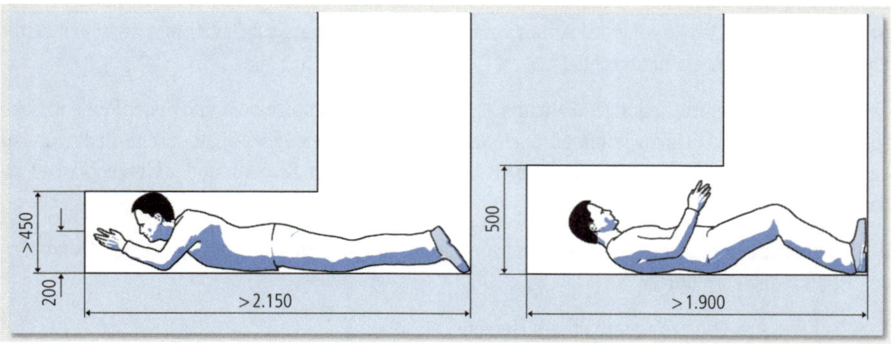

Abbildung III-215 Minimale Abmessungen [mm] für Sonderhaltungen (Teil 2)[260]

260 Vgl. a. Kirchner, J. H.; Baum, E.: a.a.O., 1990, S. 256.

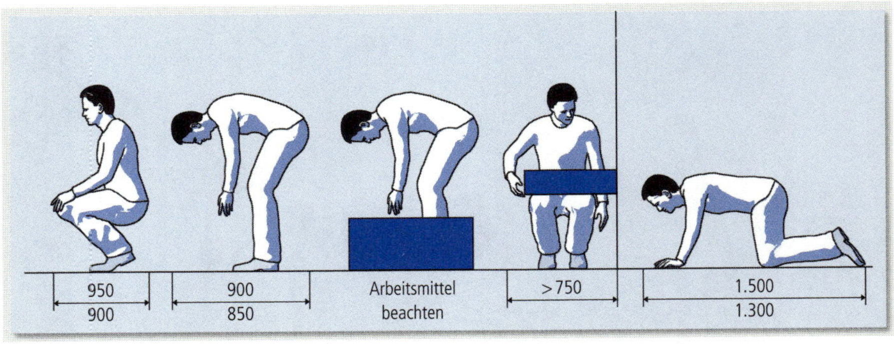

Abbildung III-216 Minimale Abmessungen [mm] für Sonderhaltungen (Teil 3)

Beengte Arbeitsräume

Besondere Beachtung verdient das Thema beengte Arbeitsräume. Bei vielen Arbeitsplätzen, vor allem in der Montage und Instandhaltung, kommt es zur Arbeit der Hände oberhalb des Herzens (Abbildung III-217). Diese Arbeitsform wird von den Mitarbeitern als sehr anstrengend empfunden und ist auch mit starker Ermüdung verbunden. Umgangssprachlich wird in der Regel der Begriff *Überkopfarbeit* verwendet (vgl. auch Teil II, Abschnitte 2.5 und 2.7.2). Er ist jedoch nicht im wörtlichen Sinne zu gebrauchen, da nicht die Position der Hände oberhalb des Schädels, sondern schon oberhalb des Herzens mit negativen physiologischen Begleiterscheinungen verbunden ist. Die maximal möglichen Ausdauerzeiten verringern sich allerdings mit zunehmender Handhöhe; ein negativer Einfluss der Handhöhe auf die Bewegungsgenauigkeit ist ebenfalls nachgewiesen.[261]

Überkopfarbeit

Die Überkopfarbeit kann statisch geschehen. Dann wird die Anspannung der Schultermuskulatur frühestens nach Ablauf von etwa 4 Sekunden durch Entspannungsphasen unterbrochen; sie kann jedoch auch dynamisch ablaufen. Ausschlaggebend für die besondere Ermüdung bei *Überkopfarbeit* ist das Nachlassen der arteriellen Durchblutung des Armes. Allerdings fällt die Durchblutung keineswegs gleichmäßig mit wachsender Arbeitshöhe oberhalb des Herzens ab. Verantwortlich dafür ist eine Arterie, die für die Versorgung des Armes verantwortlich ist (arteria subclavia) und zwischen erster Rippe und Schlüsselbein hindurchläuft.

In ungünstigen Oberarmstellungen kann die Arterie zwischen Schlüsselbein und erster Rippe nahezu abgeklemmt werden. Hinzu kommen noch weitere (auch individuelle) anatomische Bedingungen des Muskel-Skelett-Apparates im oberen Brustbereich, die bei der Bewertung der Überkopfarbeit zu beachten sind.

Bei Überkopfarbeit ergeben sich Konsequenzen für die Arbeitsgestaltung. Belastung bei Überkopfarbeit ist zu reduzieren durch:

- Wahl von Arbeitsorten unterhalb des Herzens,
- Verringerung der gesamten Belastungsdauer,
- Verringerung der Dauer von Haltephasen,
- Verkleinern der aufzubringenden Kräfte,
- Verringerung von Zusatzbelastungen.

261 Bier, M.: Ergonomie der Überkopfarbeit. Fortschritt-Berichte VDI, Reihe 17, Nr. 70. Düsseldorf: VDI, 1991.

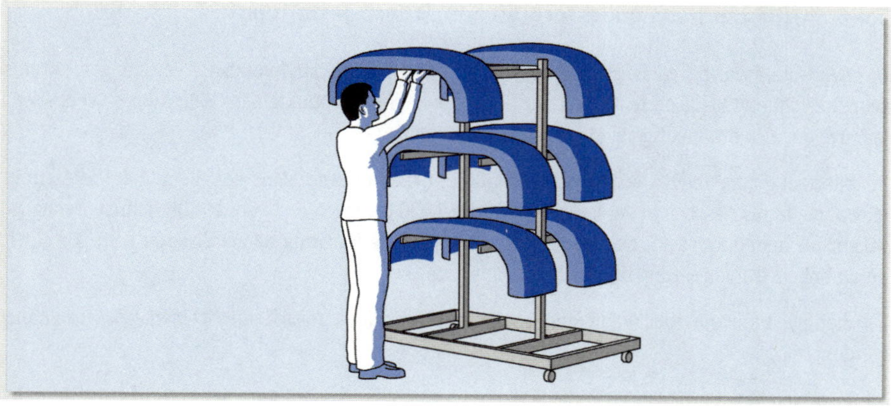

Abbildung III-217 Beispiel für Überkopfarbeit in der Automobilmontage

Auch bei der Handhabung von Arbeitsobjekten unterhalb des Herzens kann es zu ungünstigen Arbeitsgestaltungsbedingungen kommen. Abbildung III-218 weist darauf hin, dass es in Bereichen, die nicht eingesehen werden können und die gleichzeitig zu unsicheren Körperhaltungen führen, hohe Belastungen des Menschen bei gleichzeitig problematischer Arbeitsqualität geben kann.

Abbildung III-218 Manipulation in nicht einsehbaren Bereichen und bei unsicheren Körperhaltungen vermeiden

5.4.6 Kritik der bewegungstechnischen Arbeitsgestaltung

Industriearbeit

Industriearbeit war bis zu Beginn des 20. Jahrhunderts durch handwerkliche Fertigungsstrukturen gekennzeichnet: Qualifizierte Mitarbeiter fertigen komplette Produkte oder Baugruppen weitgehend manuell an, also mit niedrigem *Mechanisierungsgrad*.[262]

In Umsetzung der Arbeiten von Taylor und Gilbreth, die in Deutschland vor allem über REFA erfolgte, war die Industriearbeit in der Periode von etwa 1920 bis gegen Ende der 1980er-Jahre vorwiegend gekennzeichnet durch zyklisch repetitive Arbeit zur Massenfertigung standardisierter Produkte sowie durch hohe Mechanisierung und Teilautomatisierung.

Die heutige Industriearbeit kann durch zwei gegensätzliche Ausprägungsformen gekennzeichnet werden:

1. die weitgehend automatisierte (hochautomatisierte oder flexibel automatisierte) Fertigung unter intensivem Einsatz von Betriebsmitteln der Fertigungs- und Informationstechnik, bei der die Aufgaben der Mitarbeiter im Wesentlichen auf Überwachung, Materialversorgung und Störungsbeseitigung beschränkt sind;
2. teamorientierte Arbeitsstrukturen, in denen die Mitarbeiter ganzheitliche Arbeitsaufgaben mit Anteilen der Planung, Ausführung und Kontrolle erfüllen und größere Dispositionsspielräume auch hinsichtlich organisatorischer Aspekte der Arbeit haben.

Wissenschaftliche Betriebsführung

Jede dieser Entwicklungsstufen stellt unterschiedliche Anforderungen an den arbeitenden Menschen und hat auch unterschiedliche Auswirkungen auf ihn. Die bewegungstechnische Arbeitsgestaltung ebenso wie das ihr zu Grunde liegende Konzept der *Wissenschaftlichen Betriebsführung* Taylors hatten im vergangenen Jahrhundert erheblichen Anteil an der Leistungsentwicklung der industriellen Fertigung ebenso wie für Beschäftigung und (relativen) Wohlstand sowie soziale wie wirtschaftliche Absicherung der Arbeitnehmer. Schon von Beginn ihrer betrieblichen Umsetzung an trafen diese Ansätze jedoch auch auf Kritik: Überlastung durch dauernd wiederholte Tätigkeiten, Unterforderung durch Beschränkung auf einfache und vorwiegend ausführende Tätigkeiten sowie das Fehlen von Erfolgserlebnissen und Möglichkeiten zur Identifikation mit der Arbeit. Der eigene Beitrag am Produkt war oft nicht mehr erkennbar.

Die Zergliederung von ursprünglich ganzheitlichen Arbeitsvollzügen in kurzzyklisch-repetitive Teilaufgaben, wie sie im Gefolge der Arbeiten Taylors und Gilbreths zu Beginn des 20. Jahrhunderts festzustellen war, ist innerhalb des wirtschaftlichen und sozialen Umfeldes der Zeit zu verstehen.

- In der Phase des Übergangs von der handwerklichen Fertigung zur industriellen Massenproduktion waren auf dem Arbeitsmarkt Industriearbeiter mit technischer Qualifikation nicht verfügbar, wohl aber Ungelernte, meist ehemalige Landarbeiter oder Bauern, die in der in den Städten entstehenden Industrie ihr Auskommen suchten.
- Die Verbilligung der Produktion von Standardgütern mit Hilfe arbeitsteilig zergliederter Aufgaben und optimierter Bewegungsabläufe machte die so produzierten Waren für viele erschwinglich und schaffte Kaufkraft in den Händen der neu gewonnenen Industriearbeiter.

Die dabei verfolgten Ziele, wie die Nutzung von Übungseffekten zur besten – ökonomischsten – Ausführung der Tätigkeit und die Erschließung der in der Phase zunehmender Industrialisierung verfügbaren Arbeitskräfte durch eine an den vorhandenen Fähigkeiten orientierte Aufgabengestaltung trugen dazu bei, dass dieser Gestaltungsansatz zur Zeit der Einführung und auch noch für lange Zeit

262 Peters, H.; Landau, K.: Kritik der bewegungstechnischen Arbeitsgestaltung. In: Landau, K.: Ergonomie I. TU Darmstadt, 2003.

als sozial erträglich angesehen wurde. Gleichwohl wurden die Tendenzen der Arbeitszergliederung und die zyklisch repetitive Arbeit in der Folge auch sehr kritisch diskutiert.

Arbeitsteilung ist weitverbreitet und in der Industriegesellschaft letztlich unverzichtbar. Dies gilt für die Aufteilung der Arbeit auf die dafür qualifizierten und spezialisierten Berufe, aber auch für einzelne Aufgabenbereiche innerhalb einzelner Berufe. Vollständige Arbeitsaufgaben (als sicherlich extremes Beispiel sei die Komplettmontage eines Kfz genannt), würden beispielsweise eine umfassende Qualifikation des Mitarbeiters sowie die Bereitstellung aller Teile und erforderlichen Betriebsmittel am Arbeitsplatz bedingen und so die Herstellkosten wesentlich erhöhen, wenn denn diese Montageaufgabe überhaupt in hinreichender Qualität ausgeführt werden könnte.

Repetitive Arbeitsvorgänge

Repetitive Arbeitsvorgänge mit kurzer Zykluszeit und hoher Frequenz sind kennzeichnend für eine weitgehende Arbeitsteilung (Artteilung). Arbeitsaufgaben stellen dann meist nur geringe Anforderungen an die Fähigkeiten, binden aber die Aufmerksamkeit. Planung, Ausführung und Kontrolle sind voneinander getrennt und unterschiedlichen Personen bzw. Arbeitsgruppen übertragen (vgl. dazu auch Abschnitt 6.3).

Wirtschaftliche und organisatorische Vorteile dieser Einschränkung auf ständig wiederholte Teilaufgaben liegen in dem hohen Grad an Übung und Spezialisierung, der eine hohe Arbeitsleistung begünstigt (hohe Arbeitsgeschwindigkeit und niedrige Fehlerrate), in der nur kurzen Einarbeitungszeit und der Möglichkeit zur Beschäftigung angelernter Mitarbeiter. Die Mechanisierung einfacher Teilaufgaben ist leichter und mit geringerem Investitionsaufwand möglich als die komplexer oder wechselnder Aufgaben; die Nutzung der damit verbundenen Betriebsmittel ist hoch. Als Einschränkung ist der Aufwand des Materialtransports bzw. der materialflusstechnischen Verkettung der Arbeitsstationen zu nennen, der mit der Zahl der Arbeitsstationen stark zunimmt.

Nachteile weitergehender Artteilung und kurzzyklisch repetitiver Arbeit ergeben sich vor allem aus Sicht der Mitarbeiter. Einseitige körperliche Belastungen als Folge ständig wiederholter Bewegungsabläufe können körperliche Überforderung bewirken und Erkrankungen des Bewegungsapparates nach sich ziehen. Bei der Beschränkung auf eng begrenzte Teilaufgaben ausführender Art erhält der Mitarbeiter weder zur Qualität und zum Erfolg seiner Arbeit noch zur Bedeutung seines Arbeitsbeitrags zum fertigen Produkt eine angemessene Rückmeldung. Dies verhindert eine Identifikation des Mitarbeiters mit seiner Tätigkeit und mit deren Ergebnissen und die Ausprägung des Gefühls eigener Verantwortung für das Produkt und dessen Qualität. Die ständige Wiederholung weitgehend festgelegter Tätigkeiten kann die Mitarbeiter unterfordern: Der Erwerb neuer Qualifikationen wird nicht gefordert, und auch vorhandene Fähigkeiten werden nicht genutzt.

5.4.7 Regeln zur bewegungstechnischen Arbeitsgestaltung

Die hier vorgestellten Prinzipien lassen sich in Verbindung mit den physikalischen Gesetzen über Schwerkraft und Trägheitskräfte und den Erkenntnissen aus der Biomechanik zu knapp gefassten Leitsätzen zusammenfassen; es sei betont, dass es sich lediglich um Faustregeln handelt, die bei isolierter Anwendung zu Fehlern führen können:

Prüfpunkte zur bewegungstechnischen Optimierung

1. Beide Hände sind zeitlich und räumlich unter gleicher Belastung simultan einzusetzen.
2. Kinetische Energie sollte nicht vernichtet, sondern auf weitere Bewegungen übertragen werden.
3. Massenkräfte sind bei den Bewegungen auszunutzen (z. B. Werfen von Mauersteinen).
4. Der Übergang von einer Bewegung in eine andere darf nur ein Minimum an Kraft und Aufmerksamkeit erfordern.

5. Bewegungen mit Kraftaufwendungen gegen die Schwerkraft sind zu vermeiden (z. B. Überkopfarbeiten).
6. Bewegungswege sind in der Amplitude klein zu halten; z. B. können schwere Lasten mit einer Winde ökonomischer angehoben werden als mit einem Hebebaum.
7. Bei Dauerleistungen sind Systeme mit großem Trägheitsmoment solchen mit kleinem Trägheitsmoment vorzuziehen; z. B. sollte ein von Hand zu drehender Schleifstein einen großen Durchmesser haben.
8. Hebel, Handräder etc. sollen ohne Veränderung der Körperstellung und bei optimalem Kräfteeinsatz zu betätigen sein.
9. Der Brutto-Energieumsatz für Körperhaltungen ist klein zu halten; z. B. ist Arbeit im Sitzen stehender Arbeitsweise vorzuziehen.
10. Lasten sind möglichst in der senkrechten Körperachse zu tragen; z. B. trägt sich ein schmaler Koffer leichter als ein breiter.
11. Statische Haltearbeit ist auszuschalten (Haltevorrichtungen und Hilfswerkzeuge einsetzen).
12. Am Arbeitsplatz ist ein ausreichender Bewegungsraum für den Mitarbeiter vorzusehen.
13. Die Umgebungseinflüsse am Arbeitsplatz sind so zu gestalten, dass Belastungen durch Vibrationen, Beleuchtung, Lärm und Klima sowie durch Staub und Gase vermieden werden.

5.4.8 MTMmotion

Klassische Schulungsmaßnahmen zur ergonomischen Arbeitsgestaltung leiden – selbst wenn sie durch Videos unterstützt werden – unter mangelndem Realitätsbezug. Insbesondere ersetzt die visuell dargebotene Information auf keinen Fall das eigene taktil-kinästhetische Erleben.

Bewegungstechnische Optimierung

Hinzu kommt insbesondere bei der bewegungstechnischen Optimierung die »Was-wäre-wenn-Situation«: Wie verändern sich die Bewegungsspuren der Hände, wenn z. B.

- andere Greifbehälter verwendet werden?
- der Greifraum neu aufgeteilt wird?
- Werkzeuge in Köchern bereitgestellt werden?

Mit *MTMmotion* steht eine hybride Trainingsumgebung aus Montagearbeitsplatz, PC, Kameras für die Bewegungsanalyse und Software speziell für die Ausbildung in MTM-1 und der ergonomischen Arbeitsgestaltung zur Verfügung.

In einer E-Learning-Umgebung werden markergestützt mit entsprechender Kameratechnik Bewegungsspuren am Arbeitsplatz in Realzeit ausgewertet und in einen Dialog mit dem Probanden überführt (Abbildung III-219 und Abbildung III-220).

Die Zielgruppen sind hierbei:

- Arbeitsgestalter, Fertigungsplaner, Betriebsräte, Sicherheitsfachkräfte u. a.,
- MTM-Anwender in Betrieben,
- MTM-Instruktoren in Seminaren als Multiplikatoren,
- Dozenten an Universitäten, Fachhochschulen und Technikerschulen ebenfalls als Multiplikatoren.

Soweit MTMmotion in Seminaren eingesetzt wird, soll es das zunächst vom Dozenten passiv Gehörte in aktives, selbst erlebtes Wissen bzw. Erfahrung umsetzen. Der Behaltegrad ist damit um ein Vielfaches höher, die Seminareffizienz steigt.

Im Einzelnen geht es darum:

- Regeln zur Arbeitsplatz- und Bewegungsgestaltung praktisch demonstrieren,
- Zeigen, dass Zeiteinflussgrößen und Ergonomie in Win-Win-Situation gebracht werden können,

- Anwendungsregeln im MTM-Grundverfahren verdeutlichen,
- durch interaktives Üben Theoriewissen verfestigen.

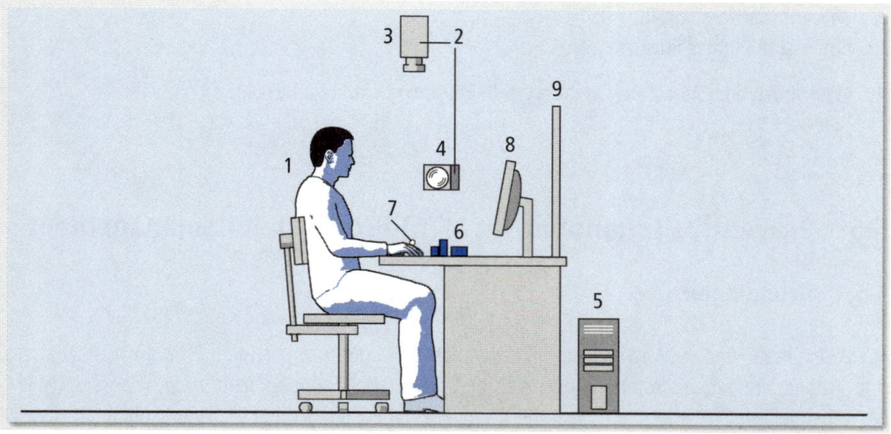

Abbildung III-219 Bestandteile von MTMmotion (1: Proband, 2: Aufnahmevorrichtung; 3: erste Kamera; 4: zweite Kamera; 5: PC; 6: Montageobjekte; 7: Marker; 8: Monitor; 9: Kalibrierwand)

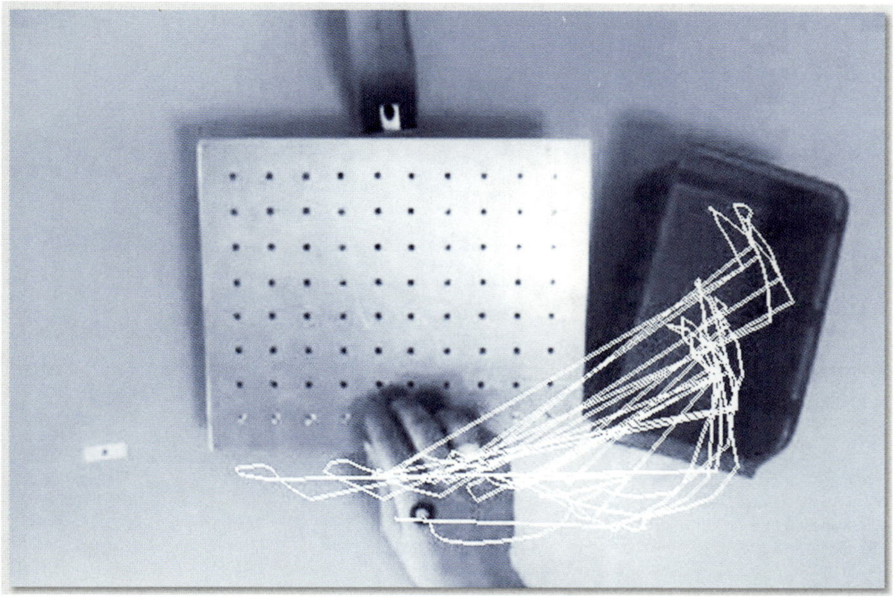

Abbildung III-220 Bewegungsspur der Hand beim Bestücken wird live durch Probanden erlebt

MTMmotion umfasst derzeit zehn Lektionen:

1. Hinlangen,
2. Greifen,
3. Vorrichten,
4. Blindes Fügen,
5. Beidhandarbeit,

6. Layout Arbeitstisch,
7. Verkürzung Bewegungslänge,
8. Belastungsbewertung I,
9. Belastungsbewertung II,
10. Einflussgrößen des Fügens.

Hinzu kommen ein Glossar der wichtigsten Begriffe sowie Hilfefunktionen.

5.5 Präventive Ergonomie im MTM-Produktivitätsmanagement

5.5.1 Grundlagen

Produktentstehungsprozess

MTM-Analysen finden Anwendung bei der Überprüfung bestehender Prozesse (Ist-Analyse), sind jedoch am effizientesten in den frühen Phasen des *Produktentstehungsprozesses* (MTM-Planungsanalysen).[263] Hier bietet sich die Chance, Produkte und Prozesse »von Anfang an richtig« zu gestalten, zumal die Gestaltungsrestriktionen und damit auch entstehende Zusatzkosten für die Realisierung von Veränderungen noch gering sind (vgl. Abbildung III-221).

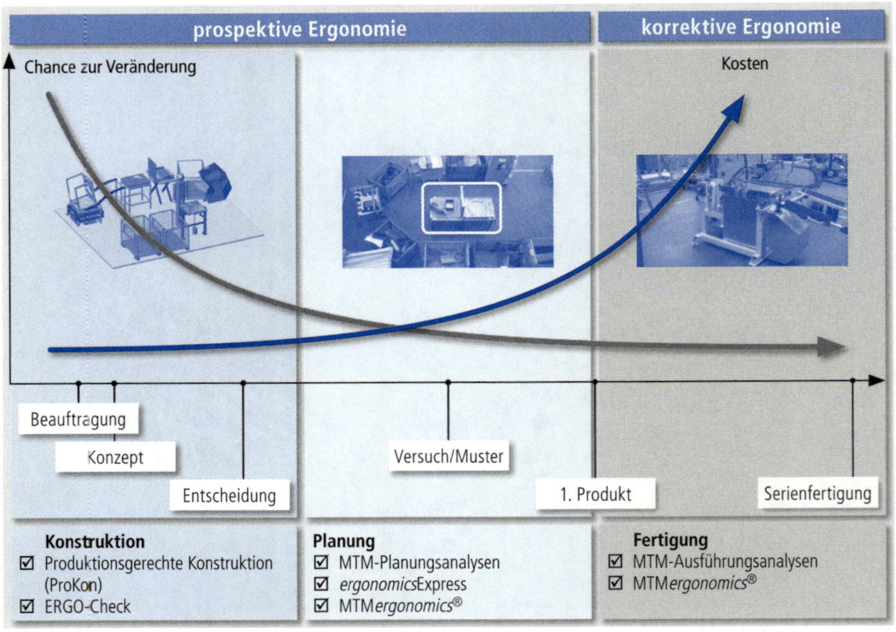

Abbildung III-221 Anwendung ergonomisch wirksamer Instrumente des MTM-Verfahrens im Produktentstehungsprozess

Nach Jahrzehnten der Optimierung von technischen Prozessen, Arbeitsplätzen, Arbeitsmitteln und IT steht heute mehr denn je der arbeitende Mensch im Mittelpunkt des Gestaltungsinteresses. Mensch-

263 Das Kapitel 5.5 wurde von S. Rast und T. Finsterbusch erarbeitet und in Teilen veröffentlicht, vgl. Finsterbusch, T.; Rast, S.: Ergonomie im Industrial Engineering. In: Angewandte Arbeitswissenschaft (ifaa) 47/2010, 204, S. 145.

liche Arbeit »erträglicher und ertragreicher« zu machen, wie Rohmert es einmal formulierte, ist die unabdingbare Voraussetzung, um in der härter werdenden Konkurrenz der sich globalisierenden Märkte erfolgreich bestehen zu können.

Hier setzt MTM*ergonomics*® an. Ziel ist es, in der Konzeptphase der Fertigungsplanung – auf Basis von MTM-Analysen[264] – körperliche Belastungen, die bei geplanten Tätigkeiten zu simulieren, gegebenenfalls ungünstige Belastungen zu erkennen und Hinweise zu einer Verbesserung der prognostizierten ergonomischen Gestaltungsgüte zu geben (vgl. Abbildung III-222).[265]

Gesetzliche Voraussetzungen

Diese Bemühungen werden unterstützt durch die Forderungen des *Betriebsverfassungsgesetzes* (§ 90). Mit den Worten »Arbeitgeber und Betriebsrat sollen dabei auch die gesicherten arbeitswissenschaftlichen Erkenntnisse über die menschengerechte Gestaltung der Arbeit berücksichtigen«, werden die Sozialpartner in die Pflicht genommen.

Auch das duale europäische System zu Sicherheit und Gesundheitsschutz am Arbeitsplatz stellt Anforderungen bezüglich der ergonomischen Gestaltungsgüte. So verpflichtet das *Arbeitsschutzgesetz* (ArbSchG) als nationale Implementierung der EU-Rahmenrichtlinie 89/391/EWG (nebst zugehöriger Einzelrichtlinien; z. B. 90/269/EWG) und gegründet auf den Artikel 95 des Vertrages von Nizza u. a. den Arbeitgeber dazu, eine Verbesserung von Sicherheit und Gesundheitsschutz der Beschäftigten anzustreben und hierbei den »Stand von Technik, Arbeitsmedizin und Hygiene sowie sonstige gesicherte arbeitswissenschaftliche Erkenntnisse zu berücksichtigen«.

Die *Maschinenrichtlinie* (2006/42/EG), in Deutschland national umgesetzt in der 9. Verordnung des *Geräte- und Produktsicherheitsgesetzes* (GPSG), fordert vom Konstrukteur, Hersteller und In-Verkehr-Bringer von Maschinen: »Bei bestimmungsgemäßer Verwendung müssen Belästigung, Ermüdung sowie körperliche und psychische Fehlbeanspruchung des Bedienungspersonals auf das mögliche Mindestmaß reduziert sein unter Berücksichtigung ergonomischer Prinzipien ...«. Diese Anforderungen zu bündeln und somit zusätzliche Synergieeffekte zu schaffen ist ein weiteres Ziel von MTM*ergonomics*®.

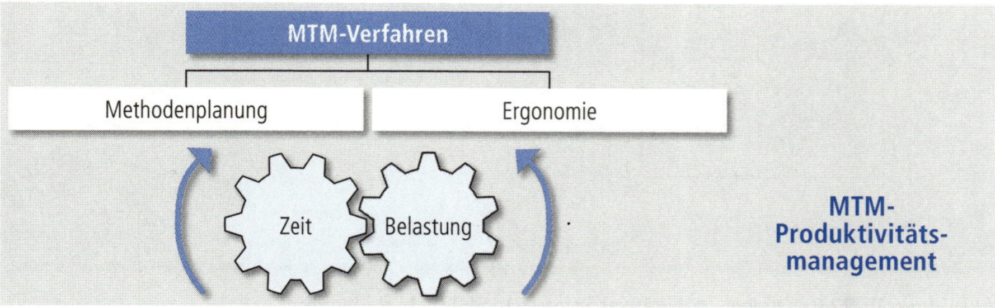

Abbildung III-222 Die Verbindung von Methodenplanung und Ergonomie in MTM*ergonomics*®

MTM als Planungsinstrument

MTM-Prozessbausteine und darin enthaltene Einflussgrößen liefern bereits wertvolle Informationen zur ergonomischen Gestaltung von Arbeitsplätzen und -abläufen. Sie reichen jedoch alleine nicht aus, um daraus eine entsprechende *Gefährdungs-/Risikoanalyse* abzuleiten. Aus diesem Grund wur-

264 Durch die mit MTM*ergonomics*® mögliche Integration von Analyseerstellung und ergonomischer Bewertung werden Synergiepotenziale bei der Planung von Arbeitssystemen erschlossen.

265 Zur Entwicklung von MTM*ergonomics*® und zu diesem Teilabschnitt vgl. Schaub, K.; Britzke, B.; Sanzenbacher, G.; Jasker, K. Landau, K.: Ergonomische Risikoanalysen mit MTM-Ergo. In: Landau, K. (Hrsg.): Montageprozesse gestalten. Stuttgart: Ergonomia, 2004, S. 175–199 und Schaub, K.; Britzke, B; Landau, K.: Ergonomische Risikoanalysen mit Hilfe von MTM-Ergo. In: Arbeit und Gesundheit in effizienten Arbeitssystemen. Dortmund: GfA-Press, 2004.

de in Kooperation zwischen der Deutschen MTM-Vereinigung e.V. und dem Institut für Arbeitswissenschaft der TU Darmstadt (IAD) MTM*ergonomics*® als offenes, integratives Softwaremodul geschaffen, das folgende praktische Erfordernisse von Prozessplanern und Arbeitsgestaltern erfüllt:

- standardisierte proaktive Arbeitsplatz-/Prozessgestaltung und -bewertung mit Normleistungsbezug,
- kumulierte, aber auch engpassorientierte Betrachtung und Bewertung physischer Belastungen eines Arbeitstages (ggf. mit Job-Rotation),
- ganzheitlicher Betrachtungs- und Bewertungsspielraum (Perzentil: 5–50–95 und weitere, Geschlecht, weiblich, männlich, »unisex«, anthropometrische Gruppe, Mitteleuropäer oder andere Populationen),
- Personalunion bei Planung und ergonomischer Prozessbewertung gemäß »Verursacherprinzip«,
- erkannten Gestaltungsbedarf den betrieblichen Prozessen/Problemverfolgungssystemen zuführen,
- standardisierte Kommunikation zwischen Produktion (KVP, Ist-Analysen) und Entwicklung/Planung sowie der Arbeitssicherheit und dem Gesundheitsschutz.

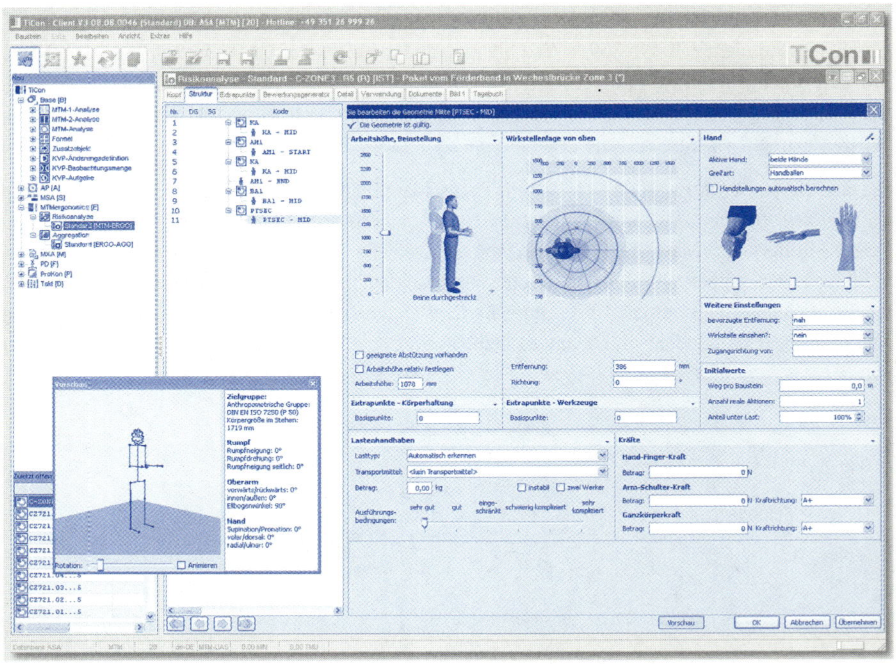

Abbildung III-223 Offenes, integratives Softwaremodul MTM*ergonomics*®

Systemarchitektur

MTM*ergonomics*® besitzt eine modulare *Systemarchitektur* und steht in der MTM-Software TiCon® oder als Plug-In für firmenspezifische Softwarelösungen zur Verfügung. Das Modul ist universell einsetzbar und erweiterbar. Dies bezieht sich sowohl auf die Softwareumgebung als auch auf die arbeitswissenschaftlichen Verfahren, mit denen die erstellten Ablaufbeschreibungen bewertet werden können. Abbildung III-223 ist die Bedienoberfläche von MTM*ergonomics*® für die Erfassung ergonomischer Einflussgrößen (Ergonomiekodegenerator) unter TiCon® zu entnehmen, Abbildung III-224 zeigt die Modularität bezüglich der Verfahrensintegration.

EAWS

Als Standard-Bewertungsverfahren für ergonomische Risikoanalysen und Aggregationen mit dem Softwaremodul MTM*ergonomics*® dient das EAWS (*Ergonomic Assessment Worksheet*). Weitere Bewertungsverfahren können bei Bedarf integriert werden (vgl. Abbildung III-224).

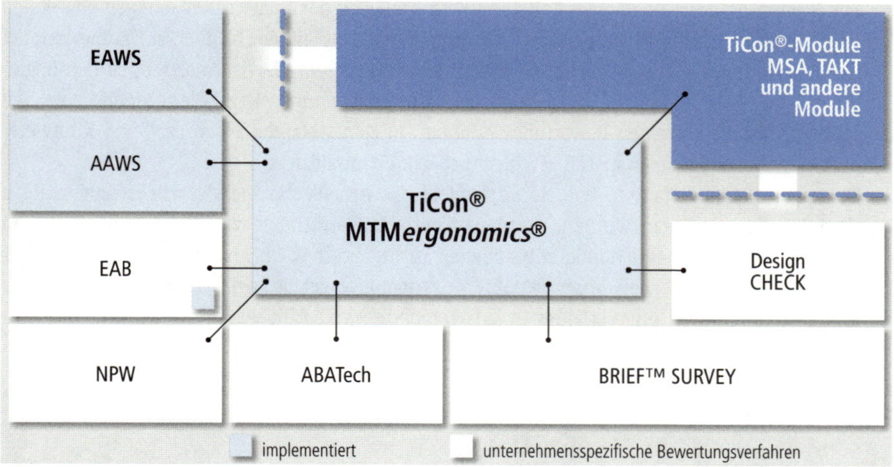

Abbildung III-224 Modulare Architektur von MTM*ergonomics*®

Das EAWS wurde als Standardwerkzeug gewählt, weil es – im Gegensatz zu traditionellen Verfahren – nicht nur einzelne Belastungsarten (z. B. NIOSH/LMM für Lastenhandhabungen; Schultetus/Burandt/REFA für Aktionskräfte; OWAS für Körperhaltungen; RULA/OCRA für repetitive Belastungen der oberen Extremitäten, vgl. Teil II, Abschnitt 2.7) berücksichtigt, sondern auch deren kumulierte Wirkung. Dabei werden körperliche Belastungen, welche aus der Arbeitsaufgabe stammen, bezogen auf den »ganzen Körper« und die »oberen Extremitäten« analysiert und bewertet. Dies entspricht dem Stand der Wissenschaft und orientiert sich an der europäischen Normenreihe EN 1005[266] sowie der internationalen Normenreihe ISO 11228[267] und ISO 11226[268]. Die Anwendung des EAWS hat sich für alle kurzgetakteten Tätigkeiten bewährt. Längere (z. B. > 10 min) Taktzeiten bedürfen ergänzender Betrachtungen.

Das Softwaremodul ermöglicht, bereits in der Arbeitssystem-Planung ungünstige körperliche Belastungen zu prognostizieren. Grundlage dafür sind die mit Prozessbausteinen modellierten Prozesse in Verbindung mit dem Bewertungsverfahren EAWS.

Gemäß der RSI-Problematik[269] im verarbeitenden Gewerbe ist die Analyse und Bewertung der Belastung der oberen Extremitäten bei sich stark wiederholenden Tätigkeiten (repetitive Arbeit) zwingend notwendig.

Für die Anwendung von MTM*ergonomics*® gelten derzeit folgende Modellannahmen:

- Als Nutzerpopulation wird die europäische Arbeitsbevölkerung angesehen – beliebig erweiterbar auf weitere Populationen (z. B. Weltbevölkerung).
- Alle MTM*ergonomics*®-Analysen können momentan für das 5., 50. und 95. Körperhöhenperzentil der europäischen Bevölkerung (geschlechtsneutral) durchgeführt und ausgewertet werden. Unter TiCon® kann mit MTM*ergonomics*® prinzipiell jedes Perzentil bewertet werden.

266 EN 1005: Sicherheit von Maschinen – Menschliche körperliche Leistung – Teil 1: Begriffe; 2009 sowie weitere Normteile.
267 ISO 11228-1: Ergonomics -- Manual handling – Part 1: Lifting and carrying, 2003. ISO 11228-2: Ergonomics – Manual handling – Part 2: Pushing and pulling, 2007. ISO 11228-3: Ergonomics – Manual handling – Part 3: Handling of low loads at high frequency, 2007.
268 ISO 11226: Ergonomics -- Evaluation of static working postures, 2000.
269 RSI: Repetitive Strain Injuries.

- Zur Bewertung der körperlichen Belastung wird bezüglich der Lastenhandhabungen von einem max. Lastgewicht von 25 kg, bezüglich der Körperkräfte von unterschiedlichen Kraftperzentilen (z. B. 15. Kraftperzentil für Planungsanalysen; 40. Kraftperzentil für Ist-Analysen; zu den Begriffen vgl. Teil II, Abschnitt 2.7.4) ausgegangen. Die Verwendung dieser Werte erfolgt zum Teil spezifisch für die einzelnen Bewertungsverfahren. In Deutschland werden Last- und Kraftwerte verfahrensabhängig und zum Teil geschlechtsspezifisch modifiziert.
- Grenzwerte und Verfahren, wie sie im Umfeld des Arbeitsschutzgesetzes nebst zugehörigen Verordnungen realisiert wurden, werden ebenso berücksichtigt wie die einschlägigen, im Rahmen der Maschinenrichtlinie entstandenen harmonisierten CEN-Normen. (Nach Abschluss der Praxistests für die Bewertungsverfahren des montagespezifischen Kräfteatlas sollen dessen Kraftdaten und Bewertungsverfahren in MTM*ergonomics*® berücksichtigt werden.)

5.5.2 Verfahrensablauf

Ergonomiekodegenerator

Die Funktionsstruktur setzt sich aus der Datenbasis (Prozessbausteine), dem sogenannten Ergonomiekodegenerator und einem Aggregator zusammen. Der Ablauf von ergonomischen Risikoanalysen mit Hilfe von MTM*ergonomics*® erfolgt in einem dreistufigen Verfahren (Abbildung III-225). Zunächst erzeugt ein *Ergonomiekodegenerator* aus dem vorliegenden Prozessbausteininformationen (z. B. SD-BW, UAS, MEK oder anderer Zeitwerte wie Zeitstudien, Vergleichen und Schätzen) und interaktiver Benutzereingaben zur Wirkstellenlage, -höhe, Handstellung, Kräften, Lasten u. a. relevanter Informationen einen »vollständigen« Datensatz zur anthropo-kinetischen Beschreibung der betrachteten Verrichtung. Dabei sind die ergonomischen Einflussgrößen vordefiniert und nur bei Bedarf an die betriebliche Situation anzupassen. Mittels ergonomischer Datenkarten (z. B. für Werkzeuge, Arbeitsbereiche) kann eine wesentlich effizientere und zugleich standardisierte Datenerfassung erfolgen. Der erzeugte anthropo-kinetische Datensatz wird im Prozessbaustein selbst hinterlegt, so dass der beschriebene Ablauf in einer höheren Qualität der Prozessbeschreibung und -visualisierung als beim früheren »Zeitbaustein« zur Verfügung steht. Diese Vorgehensweise und der somit erzeugte Datensatz ist »allgemeingültig«, d. h. auf dieser Basis können nicht nur Bewertungen gemäß EAWS durchgeführt werden, sondern es sind auch andere Verfahren »bedienbar«, wie sie z. B. in Abbildung III-224 dargestellt sind.

Bewertungsgenerator

Daraus erzeugt ein *Bewertungsgenerator* für den zu untersuchenden Prozessbaustein (z. B. UAS-Analyse mit zugehörigem Ergonomiekode) eine ergonomische Risikoanalyse, bezogen auf eine einstellbare Dauer (z. B. Schichtdauer von 8 Stunden, 480 Minuten).

Bewertungsaggregator

Mit dem *Bewertungsaggregator* lassen sich Belastungen simulieren, die bei regelmäßigem Wechsel zwischen mehreren Arbeitsstellen bzw. -systemen (Job-Rotation) hervorgerufen werden. Dies erfolgt durch die summarische Bewertung mehrerer Risikoanalysen (z. B. lange und kurze Belastungsabschnitte). So können die durch eine Arbeitsbereicherung und/oder -erweiterung entstehenden körperlichen Belastungen ermittelt werden (vgl. Abbildung III-226).

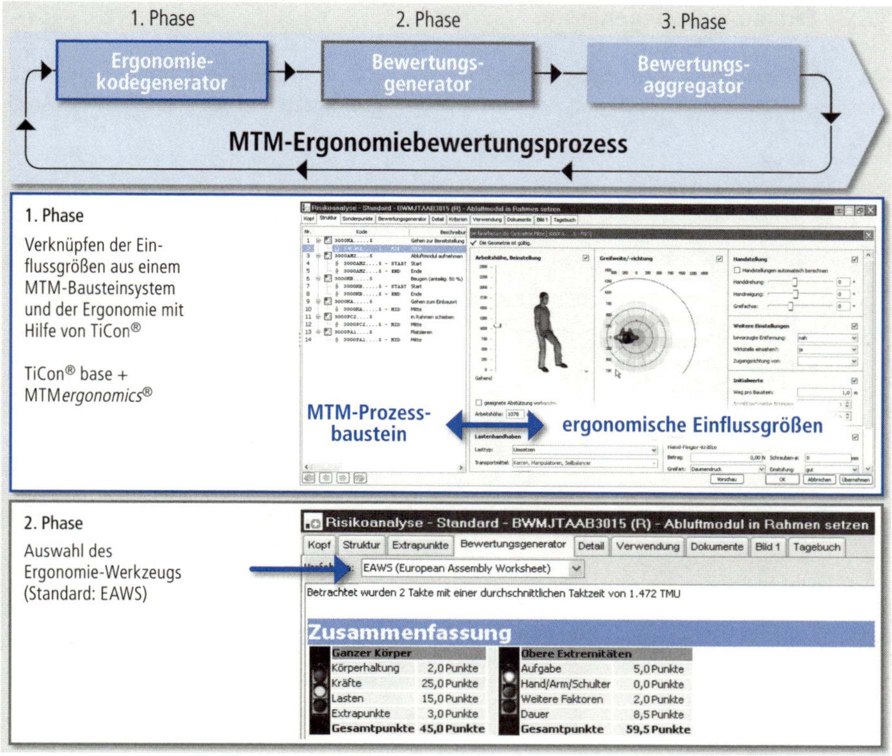

Abbildung III-225 Verfahrensablauf MTM*ergonomics*® (Phasen 1 und 2) mit EAWS

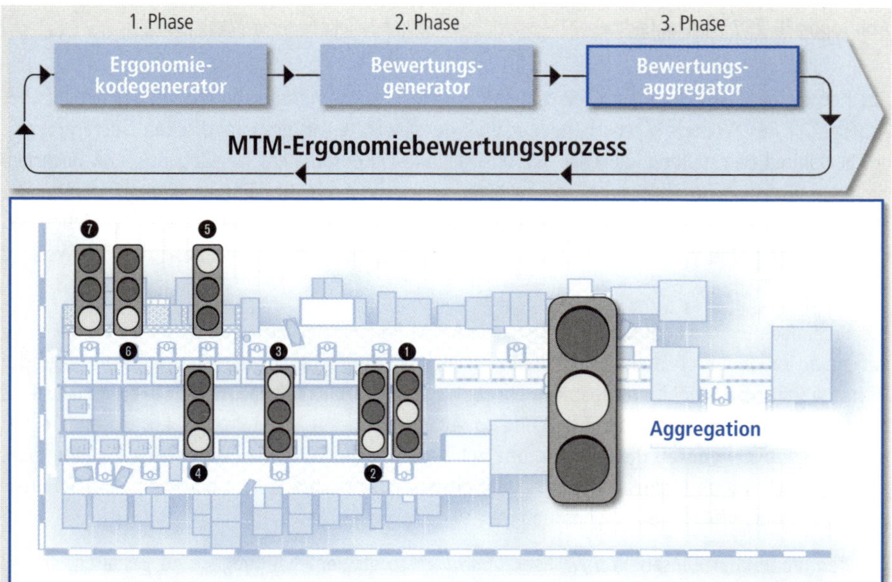

Abbildung III-226 Verfahrensablauf MTM*ergonomics*® (Phase 3) mit EAWS

5.5.3 Ergonomiekodegenerator

Mit dem *Ergonomiekodegenerator* werden benötigte, aber in dem Prozessbaustein nicht direkt vorhandene Daten »intelligent« vorbelegt und lassen sich bei Bedarf im Dialog modifizieren (Abbildung III-227).

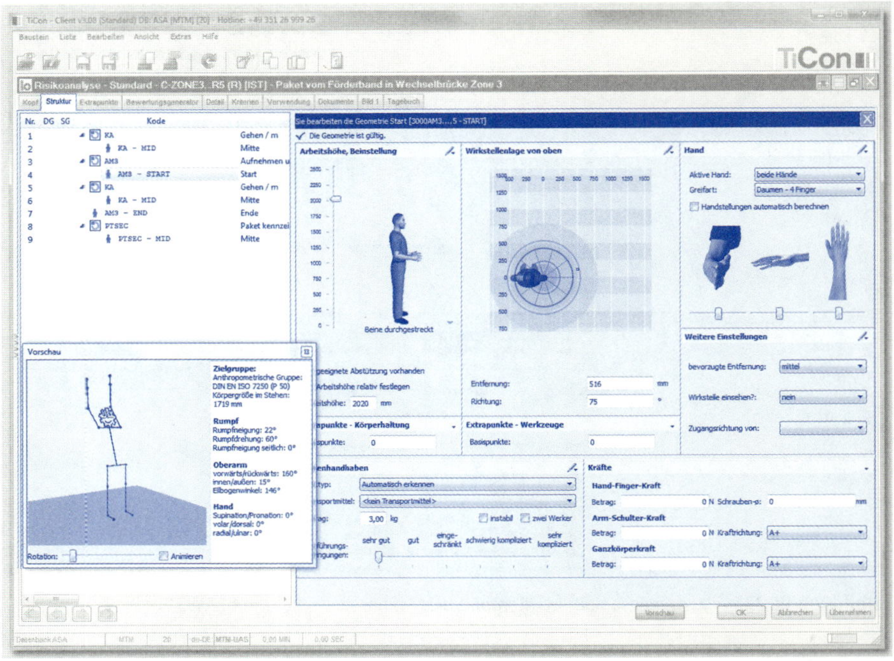

Abbildung III-227 Dialogfeld des MTM*ergonomics*® Ergonomiekodegenerators

Körperhaltungsprediktor

Ein Kernelement des Ergonomiekodegenerators ist der *Körperhaltungsprediktor*, welcher aus der Arbeitshöhe des Werkers (Körperhöhenperzentil der gewählten anthropometrischen Nutzergruppe), der gewählten Beinstellung, der Lage der Wirkstelle (3-D-Koordinaten), der Zugangs- und Blickrichtung zur Wirkstelle sowie der Stellung der Greifachse eine eindeutige Körperhaltung ermittelt. Die Körperhaltung – in Verbindung mit weiteren ergonomischen Einflussgrößen (z. B. Gewichte und Kräfte) – ergibt eine verfahrensunabhängige Beschreibung der körperlichen Belastung des Werkers – den Ergonomiekode.

Wirkstelle

Zur Vereinfachung des Benutzerdialogs ist jeder MTM-Prozessbaustein im Sinne seiner Verwendung mit einem ergonomisch optimalen Standard (z. B. UAS, Aufnehmen und Platzieren die Lage der Wirkstelle auf Bauchhöhe) vordefiniert. Die Bewegung des nachfolgenden MTM-Prozessbausteins beginnt an der Stelle, an der die Bewegung im vorangegangenen MTM-Prozessbaustein endete. Als Bewegungslänge wird stets die Bereichsmitte des zugehörigen MTM-Prozessbausteins angenommen. Je nach Größe des physischen Aufwands wird er dem Finger-Hand-System oder dem Arm-Schulter- bzw. dem Ganzkörpersystem zugeordnet.

Einstufungshilfen

Um den praktischen Einsatz von MTM*ergonomics*® so effizient wie möglich zu gestalten, gibt es zusätzliche Einstufungshilfen. So ist es derzeit möglich, mehrere MTM-Prozessbausteine gleichzeitig auszuwählen und für sie identische Ergonomiekodes oder Teile des Ergonomiekodes zu erzeugen. Zusätzlich können ergonomische Datenkarten, die einen Teil oder auch den gesamten Ergonomiekode beinhalten, erzeugt und genutzt werden. Ideal ist dies für die ergonomische Beschreibung der Werkzeughandhabung. So können z. B. bei einem Schraubendreher die Anzahl der Bedienhände, die Greifart und die drei Handstellungen vordefiniert werden, da diese durch das Werkzeug selbst bestimmt sind. Nicht vorgegeben wird jedoch die Arbeitshöhe, die durch die Verwendung am Bestimmungsort festgelegt ist. Zudem führt die Verwendung vorgegebener Ergonomiekodes zu einer standardisierten Beschreibung bei unterschiedlichen Nutzern.

Ergonomiedatenkarten

Durch die ergonomische Grundbewertung mit verdichteten ergonomischen Einflussgrößen entstehen Ergonomiedatenkarten im Softwaremodul MTM*ergonomics*®. Abbildung III-228 zeigt, wie per Mausklick mehrere ergonomische Einflussgrößen bezogen auf den im unteren Bildschirmbereich dargestellten Prozessbaustein eingestuft werden (z. B. Verbauort, Produkt, Körperhaltung, Gewichtsklasse, Entfernungsbereich, Greifweite). Die ergonomische Bewertung und Gestaltung kann so sehr schnell und wissenschaftlich abgesichert erfolgen. Ziel ist die zweckmäßige Entwicklung und Verwendung von MTM*ergonomics*®-Datenkarten, um einerseits mit wenigen Standard-Ergonomie-Bausteinen auszukommen, und andererseits die Arbeitsprozesse so genau wie nötig bei minimalem Aufwand ergonomisch bewerten zu können. Zudem führen die Datenkarten zu einer homogeneren Dateneingabe bei unterschiedlichen Anwendern. Datenkarten bilden die Grundlage für eine effiziente Anwendung von MTM*ergonomics*® im jeweiligen Untersuchungsbereich.[270]

Nr.	Kode	Beschreibung	Zeit [SEC]	Anzahl	Häufigkeit	Zeitfaktor
1	3000KA.....5	Gehen zur Bereitstellung	0,90	1	5,0	1,0
3	3000KB.....5	Bücken (anteilig 50%)	1,08	1	0,5	1,0
5	3000AM1....5	Modul aufnehmen / Platzieren	3,25	1	1,0	1,0
8	3000KA.....5	Gehen zum Einbauort	0,90	1	5,0	1,0
10	3000AM1....5 - END	Ende	1,71	1	1,0	1,27
11	3000PC2....5	in Rahmen schieben	1,44	1	1,0	1,0
12	3000PC2....5 - ...	Mitte	1,44	1	1,0	1
13	3000PA1....5	Platzieren	0,36	1	1,0	1,0

Abbildung III-228 Ergonomiedatenkarte am Beispiel »weiße Ware«

270 Finsterbusch, T.; Rast, S.: Ergonomie im Industrial Engineering. In: Angewandte Arbeitswissenschaft (ifaa) 47/2010, 204, S. 145.

Durch die Validierung von MTM*ergonomics*® mit Datenkarten (z. B. in der Zulieferindustrie, der Branche weiße und braune Ware etc.) ergab sich, dass die Verdichtung von ergonomischen Einflussgrößen den Anforderungen in der Praxis (branchenübergreifend) und in der Wissenschaft (EAWS) gerecht wird.

Ergodeklaration und Risikoanalyse

Der anthropo-kinetische Datensatz kann per Ergodeklaration oder in einer Risikoanalyse erzeugt werden. Bei der Ergodeklaration wird der Datensatz im Baustein selbst erzeugt. Bei dessen Verwendung (z. B. Bausteinaggregation oder Taktung) stehen die Informationen dem übergeordneten Prozessbausteinen oder anderen Modulen in TiCon® zur Verfügung. Dies lässt eine Flexibilität bei der Zuordnung der Arbeitsinhalte auf einzelne Arbeitsstellen zu, ohne dass die Informationen verloren gehen. Das Erzeugen des Datensatzes in einer Risikoanalyse dient der Bewertung einer Arbeitsstelle bzw. eines Arbeitsplatzes.

5.5.4 Bewertungsgenerator

Bewertungsgenerator

Nach erfolgter Analyse der ergonomischen Einflussgrößen scannt MTM*ergonomics*® den für einen Prozessbaustein erzeugten *Ergonomiekode* und selektiert verfahrensspezifisch die zu bewertende Belastungsart (z. B. Körperhaltung, Aktionskraft, Lastenhandhabung, obere Extremitäten im EAWS). MTM*ergonomics*® ordnet jeder ergonomischen Geometrie basierend auf Körperhaltung und äußerer Belastung (z. B. Lastgewicht, Finger-/Ganzkörperkraft oder -moment) eine physische Belastungsart zu und beschreibt diese nach Belastungsdauer und -höhe. Anschließend werden entsprechend dem gewählten Bewertungsverfahren (z. B. EAWS) die Eingabeparameter für die Ergonomiebewertung vorbereitet.

Der Bewertungsgenerator bewertet die identifizierten Belastungen und ordnet sie den relevanten Stellen im gewählten Bewertungsverfahren zu (Abbildung III-229).

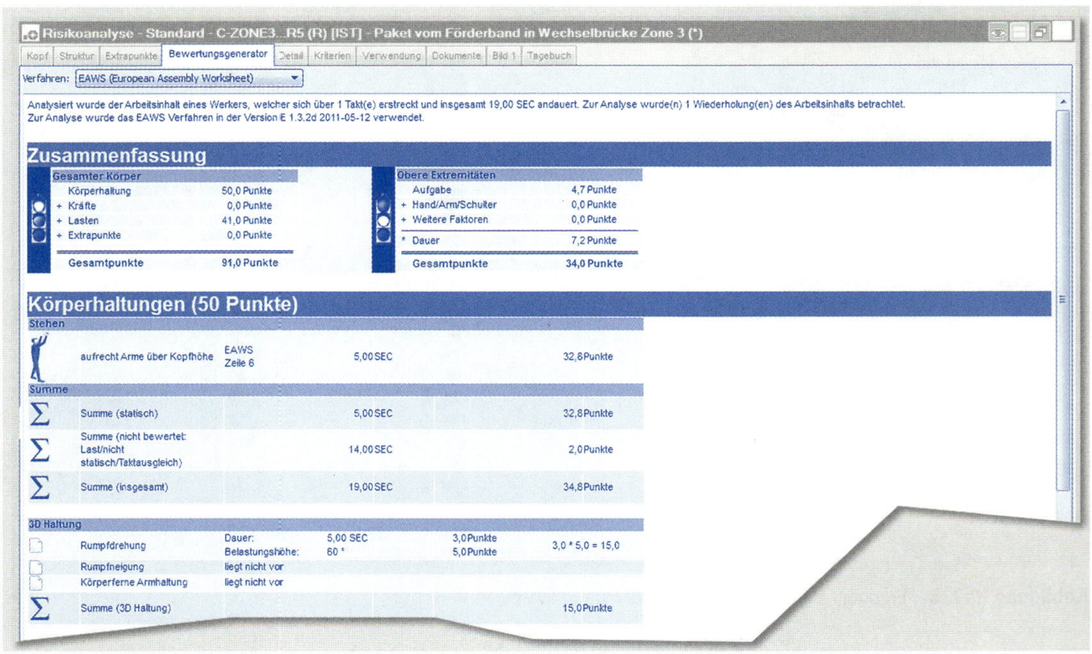

Abbildung III-229 Funktion des Bewertungsgenerators

Daraus erzeugt der Bewertungsgenerator je nach gewähltem Ergonomieverfahren eine ergonomische Risikoanalyse. Auf Basis der Risikoanalyse wird eine Risikobewertung nach dem Ampelschema gemäß EN 614 ermöglicht (3-Zonen-Bewertungssystem, Abbildung III-230).

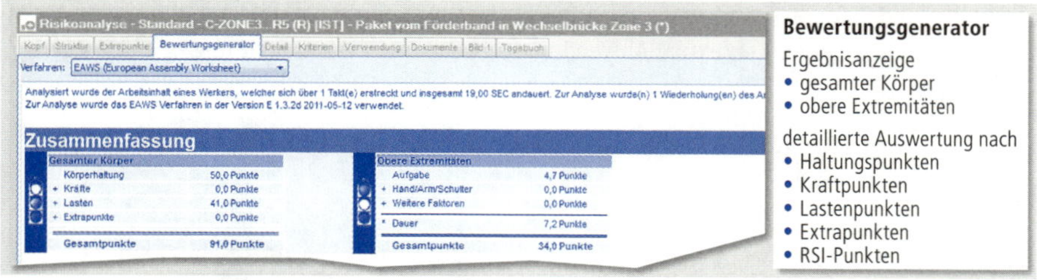

Abbildung III-230 Bewertungsgenerator in MTM*ergonomics*®

Risikobewertung

Die *Risikobewertung* in MTM*ergonomics*® mit EAWS erfolgt für den gesamten Körper (linke Ampel) und die oberen Extremitäten (rechte Ampel). In Abhängigkeit von der Punktsumme (0 bis ≤ 25 grün, > 25 bis < 50 gelb, ≥ 50 rot) erfolgt gemäß ISO Guide 51 zur Risikoanalyse die Bildung der Maßnahmenklasse. Die Zuordnung der Risikopunkte zu den Maßnahmenklassen orientiert sich an den Leitmerkmalmethoden der BAuA.

Der Bewertungsgenerator arbeitet stets spezifisch gemäß gewähltem Bewertungsverfahren.

5.5.5 Bewertungsaggregator

Summarische Bewertung

Der Bewertungsaggregator dient dem Zusammenführen von mehreren Risikoanalysen zu einer summarischen Bewertung (Abbildung III-231) und ermöglicht somit z. B. die Bewertung von Arbeitsaufgaben in Job-Rotation (d. h. eine Summation der Punkte der Teilbelastungen aus Körperhaltungen, Aktionskräften, Lastenhandhabungen und oberen Extremitäten). Entscheidend für die Bewertung ist die Häufigkeit/Verteilung der Arbeitsplätze pro Rotation oder Arbeitstag. Bei der Aggregation werden die Belastungspunkte aus den beteiligten Risikoanalysen zu einer Gesamtsumme zusammengefasst.

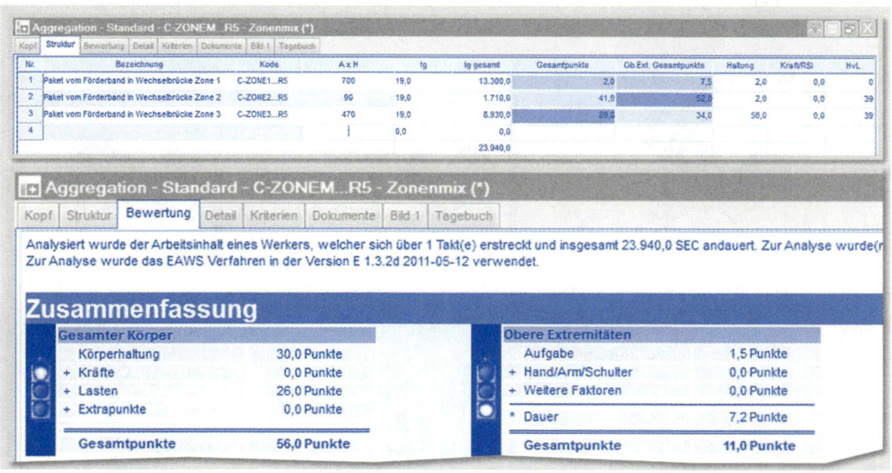

Abbildung III-231 Bewertungsaggregator in MTM*ergonomics*®

5.5.6 Anwendung im Unternehmen

Ergonomiewerkzeuge

Die erfolgreiche Einführung von Ergonomiebewertung und -gestaltung in einem Unternehmen setzt das Vorhandensein eines *Ergonomieprozesses* voraus, welcher seinerseits geeignete betriebliche Strukturen und Ergonomiewerkzeuge zur Arbeitsbewertung erfordert. Abbildung III-232 sind MTM-Ergonomiewerkzeuge im Kontext zu Anwendungsaufwand und Prozessauflösung zu entnehmen.

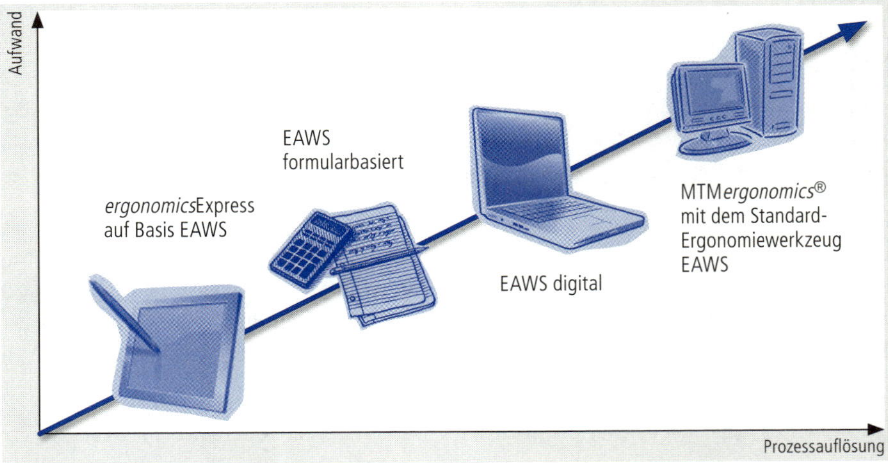

Abbildung III-232 MTM-Ergonomiewerkzeuge

*ergonomics*Express

Als praktisches Problem in der betrieblichen Anwendung ergonomischer Bewertungsverfahren wird häufig der personelle Aufwand geltend gemacht. Sinnvoll ist es daher, für eine flächendeckende Bewertung zunächst Vorscreening-Verfahren wie *ergonomics*Express einzusetzen (vgl. Abbildung III-233). Die Anwendung führt zu einer Selektion relevanter/kritischer Arbeitsplätze von ergonomisch unbedenklichen. Zudem liefert *ergonomics*Express eine Aussage über den ergonomischen Engpass (Belastungsart).

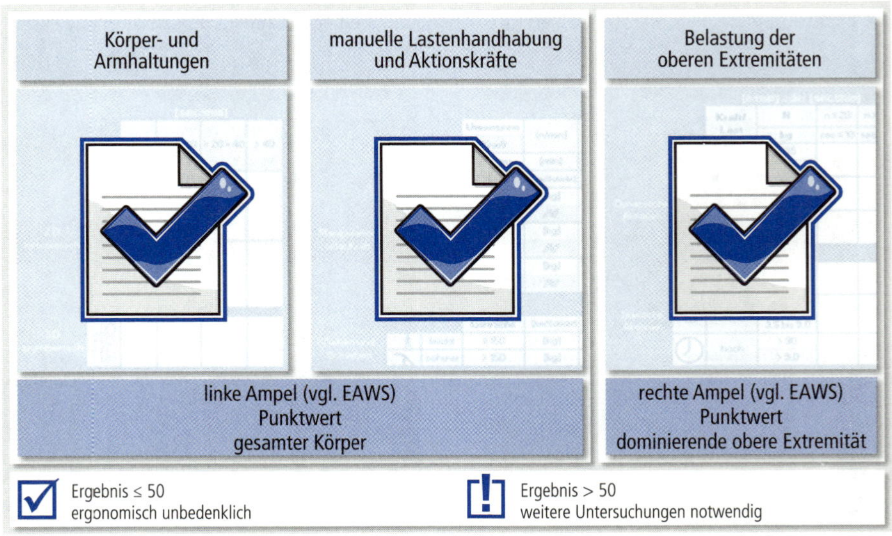

Abbildung III-233 *ergonomics*Express

EAWS digital

EAWS digital (vgl. Abbildung III-234) ermöglicht durch

- ein implizites Regelwerk und
- die Vermeidung von Nebenrechnungen

eine schnellere Bewertung gegenüber der EAWS-Anwendung mit Papierformularen, wie in Teil II, Abschnitt 2.7.7 dargestellt. Die Basis bilden einzelne Ablaufabschnitte, die mit einem Ergonomiekode beschrieben werden. Die Bewertung erfolgt analog zu EAWS und betrachtet eine Arbeitsstelle.

Durch eine MTM-basierte Prozessbeschreibung können zukünftige Arbeitsplätze simuliert und eine ergonomische Bewertung prognostiziert werden.

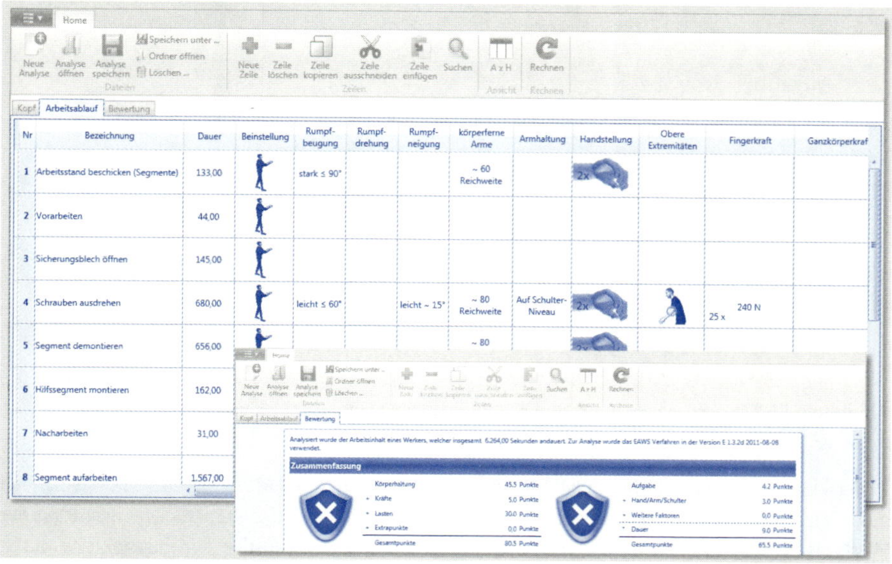

Abbildung III-234 EAWS digital

Ergonomieprozess

Grundlage für den korrekten Umgang mit solchen Werkzeugen ist ein Ergonomietraining, das ergonomisches Grundlagenwissen vermittelt und auch das korrekte Anwenden der Werkzeuge selbst schult. Darüber hinaus muss auf allen betrieblichen Ebenen der Nutzen eines Ergonomieprozesses bekannt sein und gelebt werden. Die Abbildung III-235 zeigt die erforderlichen Iterationen von ergonomischen Risikoanalysen bis zur Umsetzung der notwendigen Gestaltungsmaßnahmen. Daraus wird das Leistungsspektrum von MTM*ergonomics*® erkennbar.

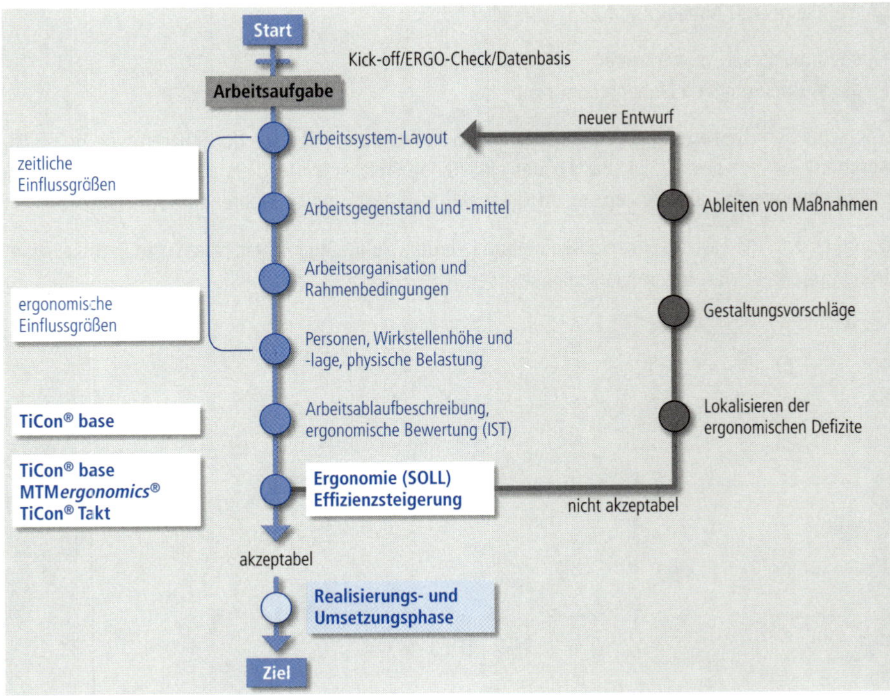

Abbildung III-235 Erstellung ergonomischer Risikoanalysen und anschließende Gestaltung

In der Planungs- wie auch in der Optimierungsphase kann durch MTM*ergonomics*®-Risikoanalysen die Wirksamkeit arbeitsorganisatorischer Maßnahmen hinsichtlich der körperlichen Belastung der Werker überprüft werden, z. B. erreicht man eine ergonomisch günstige Linienaustaktung durch Zuordnung von geeigneten Prozessbausteinen zu Stationen (Abbildung III-236).

Werden einzelne Arbeitszyklen analysiert, so ist ein Rückschluss auf die körperliche Belastung während einer ganzen Schicht nur dann statthaft, wenn die analysierten Belastungen tatsächlich auch annähernd gleichmäßig über die gesamte Schicht verteilt sind.

Prospektive Gestaltung

Ziel von MTM*ergonomics*® ist es, erträgliche und ertragreiche Arbeitsbedingungen sicherzustellen. Dies erfordert quantifizierbare Risikoanalysen vor Ort. Durch die *prospektive Gestaltung* der Produkte besteht die Möglichkeit, Defizite, z. B. hinsichtlich belastender Körperhaltungen, ungünstiger Lastenhandhabungen, extreme Gelenkstellungen, Belastungen der oberen Extremitäten u. a., nachhaltig zu verringern oder zu beseitigen sowie zu einer Verbesserung der prognostizierten und erreichten ergonomischen Gestaltungsgüte beizutragen.

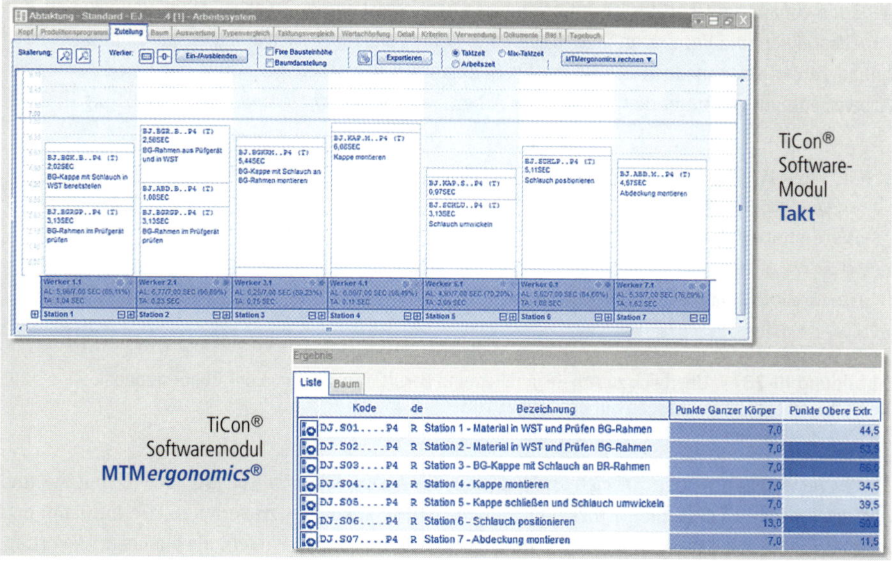

Abbildung III-236 Simultane Optimierung durch MTM*ergonomics*® und TiCon® Takt

5.5.7 Ausbildungsvoraussetzungen

MTM*ergonomics*® ist ein komplexes Analyseverfahren, welches nur mit einer ausreichenden Schulung korrekt angewendet werden kann. Der MTM*ergonomics*® Anwender sollte über folgende Kenntnisse verfügen:

- Grundkenntnisse zu den MTM-Prozessbausteinsystemen. Diese sollten sinnvollerweise über eine zertifizierte Ausbildung im MTM-Grundverfahren (MTM-1) und in UAS nachgewiesen werden.
- Ausreichende Kenntnisse zur Ergonomie und der ergonomischen Arbeitsgestaltung. Grundwissen hierzu vermittelt auch die MTM-1-Ausbildung. In den Bereichen anthropometrischer und physiologischer Arbeitsgestaltung ist jedoch zusätzliches Wissen zur Arbeitsgestaltung erforderlich. Kenntnisse in diesen Bereichen bieten der Lehrgang zum EAWS bzw. einschlägige Seminare in Zusammenarbeit mit der Deutschen MTM-Vereinigung e. V.

5.6 Sicherheitsgerechte Arbeitsgestaltung

5.6.1 Grundlagen

Arbeitssicherheit kennzeichnet einen Zustand, bei dem der Mensch im Arbeitsprozess vor Unfällen und Berufskrankheiten geschützt ist. *Arbeitsschutz* schließt alle Maßnahmen ein, die dazu beitragen, Leben und Gesundheit des arbeitenden Menschen zu schützen, ihre Arbeitskraft zu erhalten und die Arbeit menschengerecht zu gestalten. Arbeitssicherheit

Dieses umfassende Verständnis von Arbeitsschutz, das dem *Arbeitsschutzgesetz* (ArbSchG) von 1996 zu Grunde liegt, greift über die Verhütung von Unfällen und arbeitsbedingten Gesundheitsgefahren hinaus und berührt alle Bereiche der Arbeitsgestaltung. Zwar sind die Häufigkeiten von Arbeitsunfällen und Berufskrankheiten seit einer Reihe von Jahren rückläufig, die absolut immer noch hohen Zahlen zeigen jedoch den Bedarf für Maßnahmen der Arbeitsgestaltung zur Verbesserung der Arbeitsbedingungen unter dem Aspekt von Arbeits- und *Gesundheitsschutz* auf (Abbildung III-237).

meldepflichtige Arbeitsunfälle	1.045.816
meldepflichtige Wegeunfälle	226.554
tödliche Arbeitsunfälle	674
tödliche Wegeunfälle	373
Anzeigen auf Verdacht einer Berufskrankheit	73.425
neue Renten wegen Berufskrankheit	6.202

Abbildung III-237 Überblick zu Arbeitsunfällen und Berufskrankheiten in der Bundesrepublik Deutschland (Angaben bezogen auf das Jahr 2010)[271]

Die *sicherheitstechnische Arbeitsgestaltung* hat die Aufgabe, durch konstruktive technische und organisatorische Maßnahmen Arbeitsunfälle und Berufskrankheiten zu verhüten. Sie muss mit den anderen Bereichen der ergonomischen Arbeitsgestaltung zusammenwirken, die auf langfristig erträgliche, zumutbare und Zufriedenheit schaffende Arbeitsbedingungen abheben.

Arbeitsschutz

Im Gegensatz zur früher üblichen Delegation von Arbeitssicherheitsmaßnahmen an Experten ist heute der *Arbeitsschutz* ein untrennbarer Bestandteil betrieblicher Aufgaben und das Anliegen aller Funktionsträger.[272] Arbeitgeber haben mittlerweile auch erkannt, dass der betriebliche Arbeitsschutz im eigenen Unternehmensinteresse liegt. Der Arbeitsschutz ist deshalb bereits in Planungs- und Konzeptphasen, z. B. bei Baumaßnahmen oder Betriebsmittelanschaffungen eingebunden. Die korrektive sicherheitstechnische Gestaltung tritt zu Gunsten der präventiven Gestaltung zurück. Der Arbeitsschutz ist ein ganzheitliches Aufgabengebiet der Geschäftsleitung und umfasst

- Schutz vor Arbeitsunfällen und arbeitsbedingten Erkrankungen,
- Berücksichtigung von Lernvorgängen und des Verhaltens der Mitarbeiter,
- aktive Gesundheitsförderung,
- menschengerechte Arbeitsgestaltung.

Arbeitsschutz ist in die betriebliche Organisation integriert, betroffene Mitarbeiter werden zu Beteiligten.[273] Abbildung III-238 fasst die wichtigsten Anforderungen an Arbeitgeber und an Fachkräfte für Arbeitssicherheit zusammen.

271 Vgl. a. www.baua.de und dip.bundestag.de.
272 Bundesverband der Unfallkassen (Hrsg.): Zeitgemäßer Arbeitsschutz, München, 2001.
273 Bundesverband der Unfallkassen (Hrsg.): a. a. O., 2001.

Anforderungen an den Arbeitgeber	Anforderungen an die Fachkraft für Arbeitssicherheit
Basis: Arbeitsschutzgesetz	Basis: Arbeitssicherheitsgesetz
umfassende, vorausschauende Handlungspflicht hinsichtlich Sicherheit und Gesundheit	Arbeitgeber unterstützen
risikoorientiertes Vorgehen	beim Arbeitsschutz und bei der Unfallverhütung
kontinuierliche Verbesserung der Arbeitsbedingungen	in allen Fragen der Arbeitssicherheit
geeignete Organisation	einschließlich der menschengerechten Gestaltung der Arbeit
Integration des Arbeitsschutzes in alle Führungsebenen und Tätigkeiten	
Voraussetzungen schaffen zur Mitwirkung der Beschäftigten	

Abbildung III-238 Anforderungen an Arbeitgeber und Fachkräfte für Arbeitssicherheit[274]

Wichtige Aspekte betreffen die rechtlichen Regelungen, die Organisation des Arbeitsschutzes, die Gliederung von Sicherheitsmaßnahmen (Abbildung III-239).

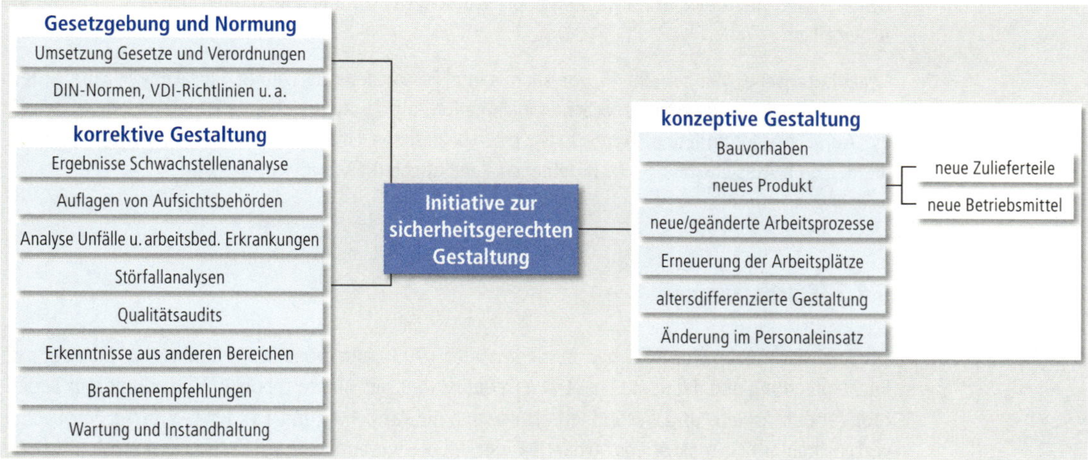

Abbildung III-239 Initiativen zur sicherheitsgerechten Gestaltung

Verantwortung für die Arbeitssicherheit

Die betriebliche Verantwortung für die Arbeitssicherheit obliegt dem Unternehmer. Er muss eine geeignete Organisation schaffen und die erforderlichen Mittel bereitstellen. Für Einzelbereiche überträgt der Unternehmer die Verantwortung auf die entsprechenden Linieninstanzen. Die jeweils vorgesetzte Instanz ist verantwortlich für die Auswahl der Mitarbeiter sowie für Aufsicht und Kontrolle.

Die Stabsstellen (*Betriebsarzt* und *Sicherheitsfachkraft*) tragen die fachliche Verantwortung für die ihnen übertragenen Aufgaben. Sie unterstützen den Arbeitgeber beim Arbeitsschutz und bei der Unfallverhütung in allen Fragen des Gesundheitsschutzes und der Arbeitssicherheit einschließlich der menschengerechten Gestaltung der Arbeit (*Arbeitssicherheitsgesetz* ASiG).

274 Bundesverband der Unfallkassen (Hrsg.): a. a. O., 2001.

Ursachen von Arbeitsunfällen und Berufskrankheiten

Wirksame Maßnahmen zur Verhütung von Arbeitsunfällen und Berufskrankheiten können nur getroffen werden, wenn deren Ursache bekannt ist. Grundsätzlich lassen sich drei Ursachen unterscheiden:[275]

- Sicherheitswidrige Zustände
  - technische Mängel, Schutzvorrichtungen und Sicherheitseinrichtungen, Betriebsmittel, Betriebsanlagen und -einrichtungen,
  - organisatorische Mängel, Personaleinsatz, Aufsichts- und Informationsmängel;
- Sicherheitswidriges Verhalten
  - sicherheitswidrige Handlungen,
  - sicherheitswidrige Unterlassungen;
- Höhere Gewalt.

Sicherheitswidrige Zustände können auf technischen und organisatorischen Mängeln beruhen.

Technische Mängel betreffen beispielsweise *Schutzvorrichtungen*, die fehlen oder schadhaft sein können, fehlende oder ungeeignete *persönliche Schutzausrüstungen*, mangelhaft konstruierte, ungeeignete oder schadhafte Betriebsmittel und Mängel an Betriebsanlagen und -einrichtungen, wie eine behindernde Anordnung (Unübersichtlichkeit, Bewegungseinschränkung), sicherheitswidrige Beleuchtung, unzureichendes Raumklima, schädlicher Lärm und Vibrationen sowie Schadstoffe am Arbeitsplatz.

Organisatorische Mängel gibt es vor allem beim Personaleinsatz (durch Einsatz von Mitarbeitern ohne die für die Aufgabe erforderliche Qualifikation, durch unzureichende Unterweisung in den für die Aufgabe erforderlichen Kenntnissen, den spezifischen Unfallgefahren und den Schutzmaßnahmen), durch Aufsichtsmängel (z. B. fehlende Regelungen für Verantwortlichkeit).

5.6.2 Rechtsrahmen

Arbeitsschutzsystem

Die Realisierung des Europäischen Binnenmarktes 1993 hatte erheblichen Einfluss auf die nationale Rechtsprechung und damit auf das *Arbeitsschutzsystem* der Bundesrepublik. Von besonderer Bedeutung für den Arbeits- und Gesundheitsschutz sind die Artikel 95 und 137 EWG-Vertrag. Mit Rechtsvorschriften auf Grundlage von Artikel 95 werden die wesentlichen Anforderungen hinsichtlich des Arbeits- und Gesundheitsschutzes an Erzeugnisse festgelegt, die bei deren Konzeption, Herstellung und Vermarktung in der EU zu erfüllen sind.

Auf Artikel 95 gestützte *EU-Richtlinien* zielen auf die Beseitigung von Handelshemmnissen innerhalb der Union ab; die Mitgliedstaaten sind verpflichtet, ihr nationales Recht ohne Abweichung nach diesen Richtlinien auszurichten (Abbildung III-240).[276]

EWG-Vertrag

In Artikel 137 (EWG-Vertrag) werden die wichtigsten Aufgaben der Union und der Mitgliedstaaten hinsichtlich des Arbeits- und Gesundheitsschutzes am Arbeitsplatz festgelegt. Ziel ist die Schaffung von Mindestnormen für alle Beschäftigten in der EU, die einen ausreichenden Schutz von Arbeitsunfällen und Berufskrankheiten gewährleisten. Die Mitgliedstaaten sind verpflichtet, bei der Umsetzung in nationales Recht diese Mindeststandards zu gewährleisten, können aber weitergehende Schutzziele verfolgen.

275 REFA (Hrsg.): Arbeitsgestaltung in der Produktion. München: Hanser, 1991.
276 Spelten, C.; Schaub, K.; Landau, K.: IAD-Toolbox körperliche Arbeit. In: Landau, K. (Hrsg.): Montageprozesse gestalten. Stuttgart: Ergonomia, 2004, S. 113–149.

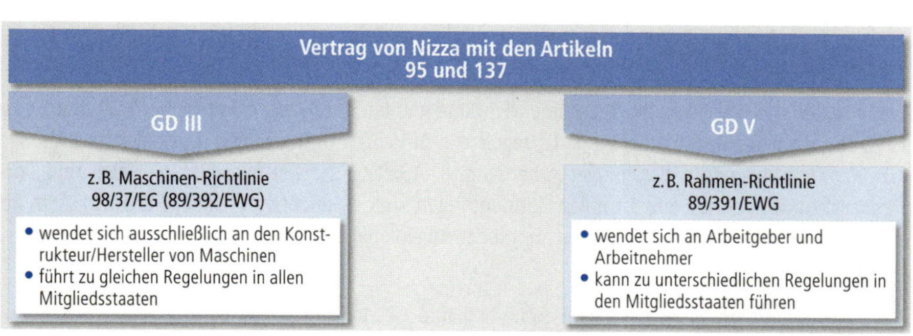

Abbildung III-240 Rechtsgrundlagen des europäischen Arbeitsschutzes und Adressaten[277]

Richtlinien nach Artikel 95 legen grundlegende Sicherheitsanforderungen fest, die dann in europäischen Normen spezifiziert werden. Der Inhalt dieser Normen ist nicht obligatorisch, die nationalen Institutionen sind jedoch verpflichtet anzunehmen, dass Erzeugnisse, die nach harmonisierten Normen hergestellt sind, den Anforderungen der entsprechenden europäischen Richtlinien entsprechen.

Maschinenrichtlinie

Die für den Bereich des Arbeits- und Gesundheitsschutzes wesentliche EU-Richtlinie gemäß Artikel 95 ist die *Maschinenrichtlinie.* In deren Geltungsbereich fallen – mit Ausnahme fast aller Fahrzeuge zum Personenverkehr – praktisch alle Arten von kraftbetriebenen Maschinen. Für die sicherheitsgerechte Konzeption der Maschine verantwortlich sind die Hersteller und bei Maschinen von außerhalb der EU deren Beauftragte oder deren Importeure. Maßstab für die Erfüllung der Maschinenrichtlinie sind die in deren Anhang 1 aufgeführten Sicherheitsanforderungen zum Schutz gegen mechanische Gefahren, vor Strahlung, Gasen, Dämpfen, Stäuben, Explosionen sowie den Anforderungen an Software.

Bei der Gestaltung der Maschinen muss auch dafür Sorge getragen werden, dass bei bestimmungsgemäßer Verwendung Belästigung, Ermüdung und psychische Belastung des Bedienungspersonals unter Berücksichtigung der ergonomischen Prinzipien auf das mögliche Mindestmaß reduziert werden. Neben dem technischen Maschinenschutz müssen also auch Fragen der Arbeitsgestaltung und Arbeitsorganisation berücksichtigt werden.

Durch die Konformitätserklärung muss der Hersteller einer Maschine (ggf. sein Beauftragter oder der Importeur) die Übereinstimmung mit allen grundlegenden Sicherheitsanforderungen erklären; anschließend kann ein CE-Kennzeichen angebracht und die Maschine in der EU in Verkehr gebracht werden.

Richtlinien nach Artikel 137 legen Mindestvorschriften für Schutz und Verbesserung von Sicherheit und Gesundheit der Arbeitnehmer am Arbeitsplatz fest. Die Mitgliedstaaten müssen diese Mindeststandards in nationalen Regelungen sicherstellen, können aber auch Maßnahmen zu einem verstärkten Schutz der Arbeitnehmer ergreifen oder beibehalten, solange dadurch keine Handelshemmnisse oder Ähnliches entstehen.

Arbeitsschutz-Rahmenrichtlinie

Für den Arbeits- und Gesundheitsschutz von zentraler Bedeutung sind die nach Artikel 137 erlassene *Arbeitsschutz-Rahmenrichtlinie* über die »Durchführung von Maßnahmen zur Verbesserung der Sicherheit und des Gesundheitsschutzes der Arbeitnehmer bei der Arbeit« (89/391/EWG) sowie die Einzelrichtlinien hierzu (für Arbeitsstätten, zur Benutzung persönlicher Schutzausrüstungen, zur manuellen Lastenhandhabung und zur Bildschirmarbeit). Weitere Einzelrichtlinien behandeln bei-

277 Spelten, C. et al.: a. a. O., 2004.

spielsweise den Schutz gegen Gefährdungen durch physikalische Einwirkungen, durch biologische Arbeitsstoffe und durch Karzinogene bei der Arbeit sowie Aspekte der Arbeitszeitgestaltung.

Gerätesicherheitsgesetz

Die europäischen Vorgaben der Maschinenrichtlinie werden durch das *Gerätesicherheitsgesetz* von 1992 in deutsches Recht umgesetzt. Es regelt das In-Verkehr-Bringen und Aufstellen technischer Arbeitsmittel, zu denen Werkzeuge, Arbeitsgeräte, Arbeits- und Kraftmaschinen, Hebe- und Fördereinrichtungen, Schutzausrüstungen, Einrichtungen zum Beleuchten, Heizen, Kühlen, Lüften zu rechnen sind; darüber hinaus überwachungsbedürftige Anlagen (z. B. Dampfkessel, Druckbehälter, Aufzugsanlagen).

Arbeitsschutzgesetz

Das *Arbeitsschutzgesetz* (Gesetz über Sicherheit und Gesundheitsschutz bei der Arbeit, ArbSchG) setzt die europäische Arbeitsschutz-Rahmenrichtlinie um. Es gilt in allen Tätigkeitsbereichen mit nur ganz wenigen Ausnahmen.

Das Arbeitsschutzgesetz[278] richtet sich vorrangig an den Arbeitgeber, der verpflichtet ist, die erforderlichen Maßnahmen des Arbeitsschutzes zu treffen, deren Wirksamkeit zu überprüfen und sie erforderlichenfalls an sich ändernde Gegebenheiten anzupassen. Hierzu muss er eine Beurteilung der für die Beschäftigten mit der Arbeit verbundenen Gefährdung durchführen, die die Gestaltung von Arbeitsplatz und Betriebsmitteln, von Arbeitsverfahren, -ablauf und -zeit, Auswahl und Einsatz von Arbeitsstoffen, die Umgebungseinflüsse und die Qualifikation und Unterweisung der Beschäftigten umfasst.

Zur Planung und Durchführung der Arbeitsschutzmaßnahmen sind eine geeignete Organisation zu schaffen und die erforderlichen Mittel bereitzustellen. Der Unternehmer darf Arbeitsaufgaben nur an dazu befähigte Mitarbeiter übertragen, muss diese bei besonderen Gefahren unterrichten und unterweisen. Bei Arbeitsschutzmaßnahmen muss er als allgemeine Grundsätze insbesondere die Vermeidung möglicher Gefährdungen nach dem Stand der Technik und die Gefahrenbekämpfung an der Quelle beachten.

Gefährdungs-/Belastungskataloge können über die Vereinigung der Metall-Berufsgenossenschaften und über die Berufsgenossenschaft Energie Textil Elektro Medienerzeugnisse bezogen werden.[279]

Arbeitsstättenverordnung

Die novellierte *Arbeitsstättenverordnung* von 2004 enthält lediglich 8 Paragrafen, die keine präzise, direkt umsetzbare Regeln enthalten (Abbildung III-241).

§ 1: Ziel, Anwendungsbereich
§ 2: Begriffsbestimmungen
§ 3: Einrichten und Betreiben von Arbeitsstätten
§ 4: Besondere Anforderungen an das Betreiben von Arbeitsstätten
§ 5: Nichtraucherschutz
§ 6: Arbeitsräume, Sanitärräume, Pausen- und Bereitschaftsräume, Erste-Hilfe-Räume, Unterkünfte
§ 7: Ausschuss für Arbeitsstätten
§ 8: Übergangsvorschriften
Anhang: besondere Anforderungen nach § 3, Abs. 1, Arbeitsstättenverordung

Abbildung III-241 Inhalt der Arbeitsstättenverordnung

278 Arbeitsschutzgesetz (ArbSchG, 1996), § 3(1) »Der Arbeitgeber ist verpflichtet, die erforderlichen Maßnahmen des Arbeitsschutzes zu treffen, die Maßnahmen auf ihre Wirksamkeit zu überprüfen und erforderlichenfalls anzupassen.«

279 Maschinenbau- und Metallberufsgenossenschaft, Düsseldorf. BG ETEM, Köln.

Besonders wichtig ist jedoch § 3:

- Der Arbeitgeber hat dafür zu sorgen, dass die Arbeitsstätte entsprechend der Verordnung und dem Anhang so eingerichtet und betrieben wird, dass keine Gefährdung für Sicherheit und Gesundheit entsteht.
- Der Arbeitgeber hat Regeln des Ausschusses für Arbeitsstätten zu berücksichtigen.
- Wendet der Arbeitgeber die Regeln nicht an, muss er durch andere Maßnahmen die gleiche Sicherheit und den gleichen Gesundheitsschutz der Beschäftigten erreichen.

Der Anhang der Arbeitsstättenverordnung enthält 27 (allgemein gehaltene) Anforderungen, die durch technische Regeln für Arbeitsstätten konkretisiert werden. Gegenüber der umfangreichen und auch bürokratietypischen alten Arbeitsstättenverordnung bedeutet die kurz gefasste neue Arbeitsstättenverordnung erhöhte fachliche Anforderungen an den Arbeitgeber und die Aufsichtsbehörden.

Arbeitsstättenregel

Die Arbeitsstättenverordnung wird durch verschiedene *Arbeitsstättenregeln* (ASR) spezifiziert. Wendet der Arbeitgeber die Gestaltungsmaßnahmen laut ASR an, dann wird davon ausgegangen, dass die Vorschriften der Arbeitsstättenverordnung auch eingehalten werden. Weicht der Arbeitgeber von der Arbeitsstättenregel ab, so muss ein gleichwertiger Arbeits- und Gesundheitsschutz der Mitarbeiter gewährleistet sein. Der *Ausschuss für Arbeitsstätten (ASTA)* ermittelt den Stand der Technik, Arbeitsmedizin und Hygiene sowie die sonstigen gesicherten arbeitswissenschaftlichen Erkenntnisse. Der ASTA setzt Arbeitsgruppen zur Erstellung neuer Arbeitsstättenregeln ein. Der ASTA hat derzeit 15 sachverständige Mitglieder aus den gesellschaftlichen Gruppen der öffentlichen und privaten Arbeitgeber, der Gewerkschaften, der Länderbehörden, der Träger der gesetzlichen Unfallversicherungen und der Wissenschaft.

5.6.3 Vorgehen

Grundsätze sicherheitsgerechter Gestaltung

Übergeordnete Grundsätze sicherheitsgerechter Gestaltung von Maschinen, Anlagen und Systemen sind Funktions-, Gestaltungs- und Umweltsicherheit. *Funktionssicherheit* betrifft zum einen die verwendeten Werk- und Betriebsstoffe und zum anderen die Konstruktion. *Umweltsicherheit* umfasst den gesamten Lebenszyklus der Maschine oder Anlage bzw. des Arbeitssystems, d. h. die Herstellung, die Nutzungsphase und die Entsorgung.

Lösungsansätze der *sicherheitstechnischen Gestaltung* und Konstruktion müssen der folgenden Hierarchie folgen:

- Gefahren sind, soweit möglich, zunächst mit konstruktiven Mitteln von vornherein zu vermeiden, z. B. durch Wahl weniger gefährdender Arbeitsmethoden oder durch Einsatz weniger oder nicht schädigender Arbeits- und Betriebsstoffe. Hier kommt die unmittelbare Sicherheitstechnik zum Einsatz.
- Gelingt dies nicht, sind die Mitarbeiter gegen Gefahren zu sichern, z. B. durch den möglichst integrierten Einsatz von Schutzeinrichtungen und ggf. durch arbeits-organisatorische Maßnahmen (mittelbare sicherheitstechnische Maßnahmen).
- Auf verbleibende Gefahrenquellen müssen die Benutzer und alle anderen möglicherweise Betroffenen hingewiesen werden; dies erfordert die Kennzeichnung von verbleibenden Gefahrstellen und Warnanlagen, Schilder und Farbgebung sowie die Unterrichtung über Gefahrenquellen und Unterweisung zum Umgang damit (hinweisende Sicherheitstechnik).
- Darüber hinaus müssen immer dann persönliche Schutzausrüstungen bereitgestellt sein und von den Mitarbeitern verwendet werden, wenn die Maßnahmen der unmittelbaren und mittelbaren

Sicherheitstechnik nicht ausreichend sind. Der persönliche Arbeitsschutz wird in einer Reihe von BG-Regeln behandelt.[280]

Nach § 5 des Arbeitsschutzgesetzes hat der Arbeitgeber durch eine Gefährdungsbeurteilung zu ermitteln, welche Maßnahmen des Arbeitsschutzes erforderlich sind. Die möglichen Gefährdungen im Arbeitssystem sind in Abbildung III-242 aufgeführt.

Gefährdungen – Unfälle können entstehen durch:

(1) Bewegungen/Relativbewegungen:
1 Zerbersten (z. B. Schleifscheibe)
2 Abschleudern (z. B. Drehspäne)
3 Mitnehmen (z. B. Aufwicklung loser Kleidung oder Haare durch überstehende Welle)
4 Einziehen (z. B. Finger zwischen Zahnräder)
5 Einhaken
6 Quetschen (z. B. Finger in Tür)
7 Scheren (z. B. Hände in Blechschere)
8 Schneiden (z. B. Hineingreifen in Gussteil mit scharfem Grat)
9 Stechen (z. B. mit Schraubendreherklinge)
10 Stoßen (z. B. an hervorstehender Ecke)
11 Schlagen (z. B. mit Hammer)
12 Kippen (z. B. mit Stuhl oder Umkippen mit Fahrzeug)
13 Schleudern
14 Werfen
15 Fallen (z. B. Teile aus Regal auf Kopf)
16 Rutschen
17 Ausgleiten (z. B. auf Ölfleck)
18 Stolpern (z. B. über Kante oder Stufe)
19 Anfahren oder Überfahren durch Fahrzeug (z. B. mit Gabelstapler)
20 Reibung (z. B. Hautabschürfung)

(2) Temperaturunterschiede:
21 Verbrühen (z. B. durch heißes Wasser oder Dampfstrahl)
22 Unterkühlung (z. B. durch Berühren eines Behälters mit flüssiger Luft)

(3) chemische/biologische Wirkung:
23 Verbrennen (z. B. durch Funkenflug oder nicht abgedeckte, leicht entflammbare Flüssigkeit)
24 Vergiftung (z. B. durch Abgase eines Verbrennungsmotors)
25 Ätzung (z. B. durch Säure)
26 Luftentzug oder Luftmangel (z. B. in Großbehälter)
27 Ertrinken
28 Infektion durch Krankheitserreger (Bakterien, Viren)

(4) Druck:
29 Explosionen (z. B. eines vorschriftswidrig mit Benzin gereinigten Getriebekastens, entzündet mit einer Zigarette)
30 Implosion (z. B. einer Fernsehröhre)
31 Druckunterschied (z. B. beim zu schnellen Auftauchen aus großer Tiefe)

(5) Überbelastung des Menschen:
32 Verrenken (z. B. durch Anheben zu schwerer Lasten)
33 Verstauchen
34 Umknicken

(6) Strom:
35 elektrischer Strom (z. B. Überschlag von nicht isoliertem Leiter)
36 Blitzschlag
37 elektrostatische Aufladung

(7) Strahlung:
38 schädliche Strahlung – Röntgen-/Laser-/Mikrowellen-/Infrarot-/Ultraviolett-/radioaktive Strahlung (z. B. Überdosis aus defekter Anlage)

(8) Licht, Schall:
39 Blendung (z. B. durch Lichtblitz)
40 unerträglicher Schall (z. B. sehr lauter Knall)

Abbildung III-242 Übersicht zu den möglichen Gefährdungen im Arbeitssystem[281]

Zur Gefährdungsbeurteilung gibt es eine Fülle von Hilfestellungen[282], die auf die Branche oder die Art der Betriebsmittel bezogen sind. So empfiehlt z. B. die Berufsgenossenschaft Metall die in Abbildung III-243 beschriebene Vorgehensweise bei der Gefährdungsbeurteilung.[283]

280 BGR 189, Benutzung von Schutzkleidung, 2007; BGR 190, Benutzung von Atemschutzgeräten, 2004; BGR 191, Benutzung von Fuß- und Knieschutz, 2007; BGR 192, Benutzung von Augen- und Gesichtsschutz, 2006; BGR 193, Benutzung von Kopfschutz, 2006; BGR 194, Benutzung von Gehörschutz (in Vorbereitung); BGR 195, Benutzung von Schutzhandschuhen, 2007; BGR 197, Benutzung von Hautschutz, 2008; BGR 198, Einsatz von persönlicher Schutzausrüstung gegen Absturz, 2004.
281 Kirchner, J. et al.: a. a. O., 1990.
282 Vgl. GUV (Hrsg.): Beurteilung von Gefährdungen und Belastungen am Arbeitsplatz, GUV-I 8700, 1997.
283 www.bg-metall.de; dort auch weitere Literaturangaben und Praxishilfen.

Wer?	Was?	Erfüllt?
Arbeitsschutzausschuss (ASA)	Werden die Arbeitsbedingungen bei stationären Arbeitsplätzen arbeitsplatzbezogen und bei wechselnden Arbeitsplätzen personenbezogen beurteilt? Werden die Ergebnisse der Beurteilung schriftlich so dokumentiert, so dass die Ergebnisse weiter verwendet werden können? Werden die erforderlichen Maßnahmen zur Beseitigung der Gefährdungen festgelegt und später kontrolliert, ob die festgelegten und umgesetzten Arbeitsschutzmaßnahmen wirksam sind?	
Unternehmer/ Führungskraft	Gliedert den Betrieb in einzelne Einheiten, so dass anschließend die beauftragte Führungskraft, wie z.B. Meister, die Gefährdungsbeurteilung tätigkeitsbezogen durchführen kann. Veranlasst, dass eine Gefährdungsbeurteilung bei folgenden Anlässen durchgeführt wird: • als Erstbeurteilung an bestehenden Arbeitsplätzen, • bei Änderungen im Betrieb (Arbeitsmittel, Verfahren, Gefahrstoffe, Abläufe oder Organisation), • in regelmäßigen Abständen, spätestens bei Veränderung des Stands der Technik, • nach Störfällen sowie nach dem Auftreten von Arbeitsunfällen, Beinaheunfällen, Berufskrankheiten oder anderen arbeitsbedingten Gesundheitsbeeinträchtigungen.	
Betriebsrat	Nimmt Anregungen von Mitarbeitern auf, schlägt Verbesserungen vor und fördert die Umsetzung von Arbeitsschutzmaßnahmen und die Akzeptanz von sicherheitstechnischem Verhalten.	
Fachkraft für Arbeitssicherheit (Sifa)	Wird als Berater zur Unterstützung der Vorgesetzten tätig, fasst die Ergebnisse von Beurteilungen verschiedener Arbeitsbereiche in Gruppen zusammen und bewertet sie gemeinsam. Bezieht Experten bei der Beurteilung der Arbeitsbedingungen ein.	
Betriebsarzt	Wird als Berater zur Unterstützung der Vorgesetzten und Mitarbeiter tätig. Gibt Informationen u. a. zu den Themen Gefahrstoffe, Lärm und Gesundheitsförderung.	
Sicherheitsbeauftragter	Achtet darauf, dass alle Tätigkeiten in seinem Bereich beurteilt werden. Spricht Mitarbeiter an, die weitergehende Informationen zur Gefährdungsbeurteilung geben können und achtet darauf, dass die festgelegten Maßnahmen durchführbar sind und eingehalten werden.	

Abbildung III-243 Aufgaben der verschiedenen betrieblichen Stellen bei der Gefährdungsbeurteilung (Berufsgenossenschaft Metall)

Merkmal	Dokumentiert?
gefährliche Eigenschaften der Stoffe oder Zubereitungen	
Arbeitsplatz Grenzwerte und biologische Grenzwerte	
Informationen des Herstellers/In-Verkehr-Bringers zum Gesundheitsschutz und zur Sicherheit	
Ausmaß, Art und Dauer der Exposition	
physikalische, chemische Wirkungen	
Arbeitsbedingungen und Verfahren	
Möglichkeiten einer Substitution	
Wirksamkeit der getroffenen und zu treffenden Schutzmaßnahmen	
Schlussfolgerungen aus den arbeitsmedizinischen Vorsorgeuntersuchungen	

Abbildung III-244 Wichtige Angaben in der Gefährdungsbeurteilung beim Umgang mit Gefahrstoffen

Bei Tätigkeiten mit Gefahrstoffen muss der Arbeitgeber die Gefährdungsbeurteilung unabhängig von der Anzahl der Beschäftigten dokumentieren.[284] Die wichtigsten Angaben der Gefährdungsbeurteilung zeigt Abbildung III-244.

Maschinen und deren Sicherheitsbauteile dürfen in Europa nur in Verkehr gebracht werden, wenn sie den grundlegenden Sicherheits- und Gesundheitsanforderungen der EU-Maschinenrichtlinie (98/37/EG) entsprechen. In der Regel kann der Hersteller die Konformitäten der Richtlinie in Eigenverantwortung erklären.[285]

Sicherheitsbezogene Maschinensteuerungen sind in der Sicherheitsnormen DIN EN ISO 13849 festgeschrieben. Bei Bearbeitungsmaschinen sind die Normen DIN EN 12100-1 sowie DIN EN 12417 zu beachten.[286]

Beispiel

Das folgende Beispiel erläutert die systematische Ermittlung von Sicherheitsmaßnahmen (Abbildung III-245).[287]

- Art der Anlage: Dispersionsproduktion
- Funktionseinheit: Produktionshalle
- Funktionselement: Rührwerksbehälter zur Dispersionsherstellung

284 TRGS 400: Gefährdungsbeurteilung für Tätigkeiten mit Gefahrstoffen, 2008.

285 BGIA, Institut für Arbeitsschutz der deutschen Gesetzlichen Unfallversicherungen, o. Jg.

286 DIN EN ISO 13849-1, Sicherheit von Maschinen – Sicherheitsbezogene Teile von Steuerungen, 2008; DIN EN ISO 12100-1/A1, Sicherheit von Maschinen – Grundbegriffe; DIN EN 12417/A2, Werkzeugmaschinen – Sicherheit.

287 Ausschuss für Gefahrstoffe – Bundesanstalt für Arbeitsmedizin und Arbeitsschutz, Dortmund, S. 16–17.

Lfd. Nr.	Sicherheitsgrundsatz	Sicherheitsanforderungen	Sicherheitsmaßnahmen
1	Vermeiden von Explosionsgefahr bei Anwendung brennbarer Lösemittel Unterdrücken der Explosionsgefahr beim Einlassen von brennbarem Lösemittel	• Vermeiden von explosionsfähiger Atmosphäre • Vermeiden von Zündquellen	• Inertisierung • Verhindern elektrostatischer Aufladungen durch Erdung • Verhindern elektrostatischer Aufladungen durch Begrenzung der Strömungsgeschwindigkeit • Einfüllen unter Spiegel • Anströmen der geerdeten Behälterwand • Elektroinstallation nach ElexV • Explosionsschutzeinstufung und Maßnahmen nach Ex-RL (13)
2	Vermeiden von Explosionsgefahr beim Umgang mit brennbaren Stäuben Verhindern der Explosionsgefahr beim Einfüllen brennbarer Stäube in den Behälter	• Vermeiden von explosionsfähigem Staub-Luft-Gemisch • Verhindern von Aufladungen • Verhindern von Staubablagerungen • Verhindern von Aufwirbelungen des Staubes • Vermeiden von Zündquellen	• Änderung der Staubkonsistenz (größerer Meridiandurchmesser, Anteilung, Pellets) • regelmäßige Reinigung der Umgebung • Einsaugen des Staubes • Einbringen von Sackgebinden über Sackaufreißanlage mit Absaugung • Einbringen des Staubes über Zellradschleusen, Doppelschiebersysteme, Schneckenförderung etc. • Vermeiden von heißen Oberflächen • Vermeiden von hohen Schüttgeschwindigkeiten (Elektrostatik)
3	Vermeiden der Exposition des Betriebspersonals	• Vermeiden des Gefahrstoffaustritts	• geschlossenes System • Behälterabsaugung • Objektabsaugung • Leckageminimierte Wellendurchführung (Gleitringdichtung, Magnetkupplung) • Schleusensysteme zum Feststoffeintrag • Überfüllsicherung • Leckagefrüherkennung im Produktionsraum • persönliche Schutzausrüstung bereithalten • optimiertes Probenahmesystem • Bindemittel für Verschüttungen bereithalten • Raumluftüberwachung
4	Verhindern von Betriebsstörungen	• Schulung des Personals • Verhindern von unzulässigen Betriebsparametern	• Unterweisungen, Schulungen • Betriebsanweisungen • Kontrollgänge • Wartung • Schutz- und Überwachungseinrichtungen • druckfeste Bauweise • Überdruckventil, Berstscheibe

Abbildung III-245 Beispiel für die systematische Ermittlung von Sicherheitsmaßnahmen

Mit steigendem Automatisierungsgrad verlagern sich die Tätigkeiten des Menschen vom Bearbeiten hin zum Beschicken, Überwachen und Instandhalten. Hierbei entstehen besondere Gefahrbereiche, die der Mitarbeiter nur betreten soll, wenn die Anlage komplett ausgeschaltet ist. Es gibt eine ganze Reihe von Zugangssicherungen (vgl. Abbildung III-246).

technische Lösung	Eigenschaften	Bild
Gummischaltleisten an Quetschkanten	• wird der im Gummiprofil geführte IR-Strahl verändert, erfolgt Maschinenstopp • Gummischaltleisten sind nach Kategorie 4 der EN 954-1 zugelassen • Ansprechzeit < 35 ms • einfache und wirtschaftliche Lösung, jedoch kein umfassender Schutz	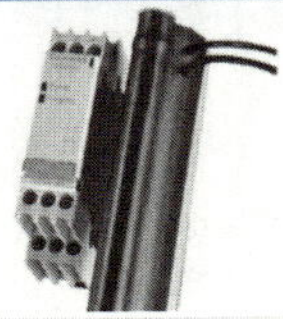
Lichtschranken zur Zugangssicherung von Gefahrstellen/ -bereichen	• Lichtschranken werden zur Zugangsabsicherung von Gefahrenstellen und -bereichen eingesetzt • sind nach Kategorien 2 und 4 der EN 954-1 bzw. IEC/EN 61496 zuzulassen • Kategorie 2: Reichweiten etwa bis 150 m; Kategorie 4: Reichweiten etwa bis 60 m • Ansprechzeit < 20 ms	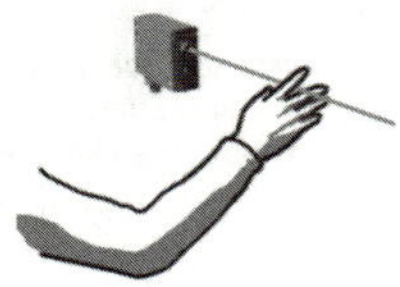
Lichtvorhänge zur Gefahrenbereichssicherung	• Anzahl von (IR-) Sende- und Empfangsdioden übereinander angeordnet • sind nach Kategorie 4 IEC/EN 61496 bzw. EN 954-1 zuzulassen • kann horizontal und vertikal wirken • Auflösung > 15 mm	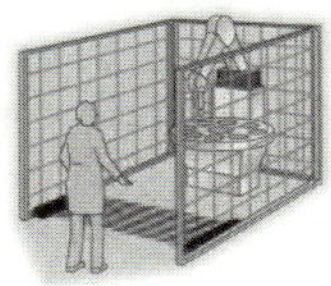
Lichtgitter zur Zugangssicherung	• max. Reichweite etwa 20 m • übliche Auflösung > 300 mm • bestimmte – zulässige – Objekte im Lichtgitter können ausgeblendet werden	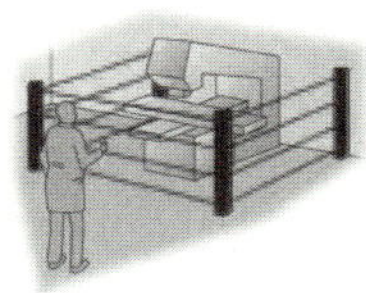
Laserscanner zur Gefahrenbereichssicherung	• wird das definierte Personenschutzfeld verletzt, veranlasst er einen sofortigen Maschinenstopp • Auflösung > 30 mm • Reichweite bis etwa 4 m, darüber erfolgen nur Warnmeldungen • Laserschutzklasse 1 (augensicher) nach DIN EN 60825-1 • Auflösung > 30 mm • übliche Ansprechzeit > 40 ms	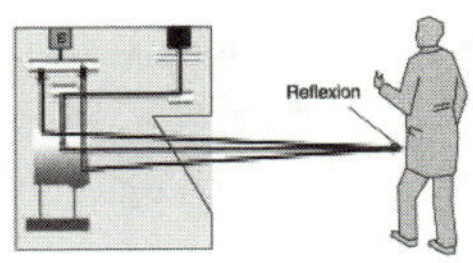

Abbildung III-246 Technische Lösungen für die Gefahrenbereichssicherung[288]
(Bilder: Siemens Automation)

288 Vgl. a. Normen für Sicherheitssensoren:
IEC/EN 61496-1, -2, Anforderungen für berührungslos wirkende Schutzsysteme.
EN 61508, Funktionale Sicherheit sicherheitsbezogener elektrischer/elektronischer/programmierbarer elektronischer Systeme.
EN 999 u. a. Berechnung der Sicherheitsabstände.
EN 954-1, Sicherheit von Maschinen, sicherheitsbezogene Teile von Steuerungen. Hier werden die Sicherheitskategorien festgelegt.

Die verschiedenen Einsatzgebiete der Zugangs- und Gefahrenbereichsabsicherung in der Metall- und Elektroindustrie illustriert Abbildung III-247.

Ziel	Vorgehensweise	Einsatzgebiete	Beispiel
Schutz vor Eingreifen in Gefahrenstellen, z. B. Finger/Hand schützen	Einsatz berührungsloser Lichtvorhänge oder Lichtgitter	Pressen, Einlegestationen, Montageroboter, Transferstraßen, Palettieranlagen u. a.	
	Einsatz Sicherheits-Laserscanner: Überwachungsbereich kann frei programmiert werden.	Einlegestationen z. B. an Drehtischen, an hybriden Montageanalagen (Bild rechts: an einer Wafer-Polieranlage)	
Zugangsabsicherung	Einsatz berührungsloser Lichtvorhänge oder Lichtgitter	Montageroboter, Transferstraßen, Palettieranlagen, Prüfstände u. a.	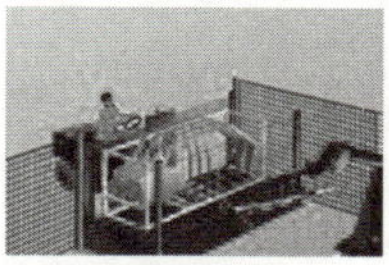
	Einsatz Sicherheits-Laserscanner: Überwachungsbereich kann frei programmiert werden.	Montageroboter, Transferstraßen, Palettieranlagen u. a.	
	elektromechanische Sicherheitsschalter: Die Verriegelung des Rückhaltemagneten wird erst dann gelöst, wenn Roboter laufende Operation beendet hat.	Montageroboter, Transferstraßen, Palettieranlagen u. a.	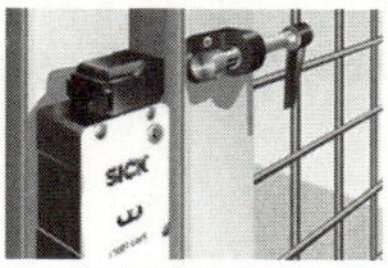
	Mit berührungslosen Sicherheitsschaltern und -Lichtschranken oder -Lichtvorhängen wird die Zufahrt fahrerloser Transportsysteme erlaubt, der Zugang durch Mitarbeiter jedoch blockiert.	Montageroboter u. a.	
Gefahrbereichs-absicherung	Sicherheits-Lichtschranken, Sicherheits-Laserscanner	Fahrweg des fahrerlosen Transportsystems (FTS) und Seiten des FTS-Fahrzeugs werden gesichert	

Abbildung III-247 Beispiele für Zugangs- und Gefahrbereichsabsicherung mit Sicherheits-Lichtschranken, -vorhängen und Laserscannern[289]

289 Bilder: Sick AG, Waldkirch.

Sicherheitsabstände

Abbildung III-248 und Abbildung III-249 führen die wichtigsten Sicherheitsabstände auf, die bei der *Auslegung von Arbeitsstationen* berücksichtigt werden müssen.

Sicherheitsabstände gegen Hineinreichen oder Hindurchreichen – nach DIN 31 001

zu schützendes Körperteil		Fingerspitze			Finger bis Fingerwurzel				Hand bis Daumenansatz			Arm bis Schulteransatz	
		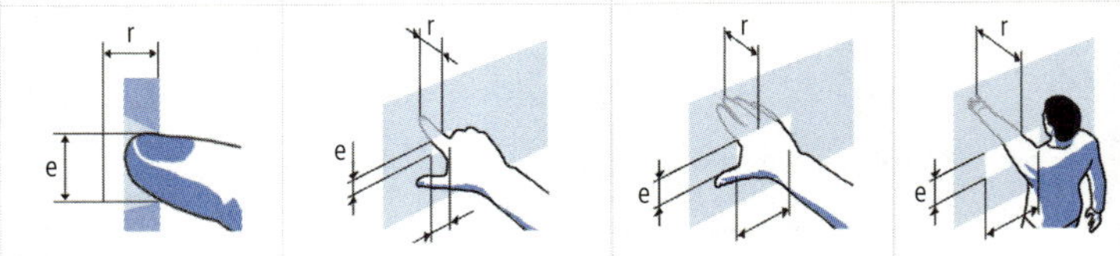											
längliche Öffnungen mit parallelen Seiten	e (mm)	< 4 (< 4)	< 6	< 8	< 10 (< 6)	< 12 (< 8)	< 20		< 30 (< 10)	(< 12)	(< 20)	< 120 (< 120)	
	r (mm)	> 2 (> 2)	> 10	> 20	> 80 (> 20)	> 100 (> 8)	> 120		> 180 (> 80)	(> 100)	(> 120)	> 850 (> 900)	
quadratische oder kreisförmige Öffnungen	e (mm)	< 4 (< 4)	< 6	< 8	< 10 (< 6)	< 12 (< 8)	< 30 (< 10)	(< 12)	< 40 (< 20)			< 120 (< 30)	(< 120)
	r (mm)	> 2 (> 2)	> 6	> 10	> 20 (> 10)	> 80 (> 30)	> 130 (> 60)	(> 80)	> 200 (> 120)			> 850 (> 550)	(> 900)

e = Spaltbreite bzw. Seitenlänge bzw. Durchmesser
r = Sicherheitsabstand
Werte für Erwachsene und Kinder ab 14 Jahre, in Klammern für Kinder ab 3 Jahre.
Für e > 120 mm Hineinbeugen des Körpers möglich.

Abbildung III-248 Sicherheitsabstände gegen Hineinreichen nach DIN 31001[290]

290 DIN 31001 Teil 1: Sicherheitsgerechtes Gestalten technischer Erzeugnisse – Schutzeinrichtungen. DIN 31000 Allgemeine Leitsätze für das sicherheitsgerechte Gestalten technischer Erzeugnisse. Wiedergegeben mit Erlaubnis des DIN Deutsches Institut für Normung e. V. Maßgebend für das Anwenden der DIN-Norm ist deren Fassung mit dem neuesten Ausgabedatum, die bei der Beuth Verlag GmbH, Burggrafenstraße 6, 10787 Berlin, erhältlich ist.

Sicherheitsabstände gegen Herumreichen um eine feste Kante für Erwachsene und Kinder – nach DIN EN ISO 13857

Körperteil	Sicherheitsabstand	Bild
Finger bis Fingerwurzel Schulteransatz bis Fingerwurzel	≥ 130 ≥ 720	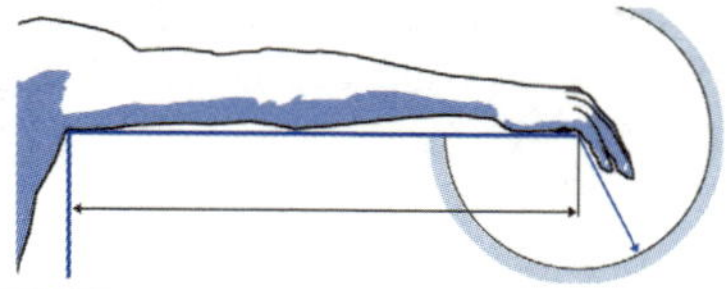
Hand bis Handwurzel Schulteransatz bis Handwurzel	≥ 230 ≥ 620	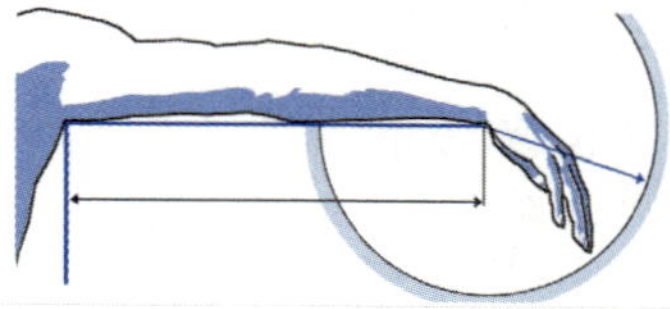
Arm bis Ellenbogen Schulteransatz bis Ellenbogen	≥ 550 ≥ 300	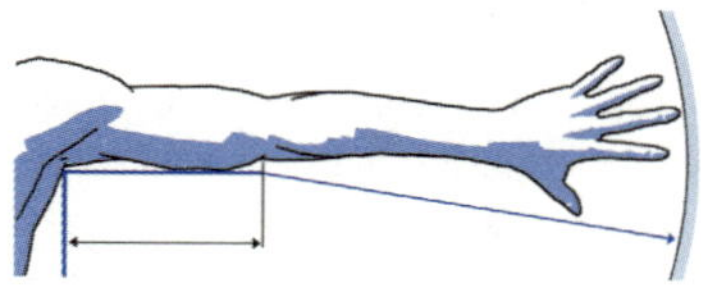
Arm bis Schulteransatz	≥ 850	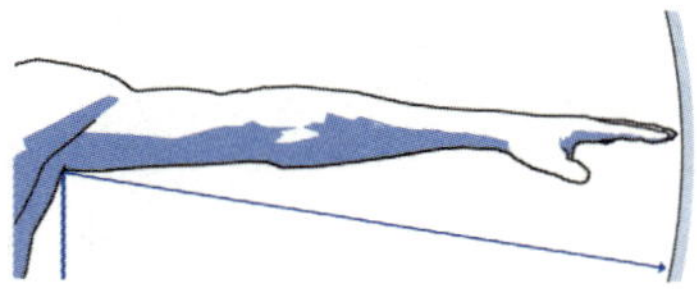

Abbildung III-249 Sicherheitsabstände gegen Herumreichen

Checkliste personenbezogener Arbeitsschutz

Prüfpunkte des personenbezogenen Arbeitsschutzes bei der Maschinenarbeit:

1. Einzugsgefährdung für Kleidung bei der Maschinenbedienung wird durch enganliegende Kleidungsstücke vermieden.
2. Durch Tragen eines Kopfschutzes (Haarnetz, Mütze, Haarhaube) wird Einzugsgefährdung für Haare bei der Maschinenbedienung vermieden.
3. Sicherheitsschuhe werden zum Schutz gegen herabfallende Teile und gegen das Einklemmen der Fußzehen getragen.
4. Der Betrieb von maschinellen Anlagen bei demontierten Schutzeinrichtungen ist strikt untersagt.
5. Bei Reinigungs-, Wartungs- oder Instandsetzungsaufgaben sind die Anlagen vorher stromlos geschaltet.
6. Das Entfernen von Verlierteilen darf nicht bei laufender Anlage vorgenommen werden.
7. Bereits am ersten Tag neu eingetretener Mitarbeiter erfolgt eine Unterweisung im Unfallschutz in Abhängigkeit der Anlagen, an denen diese Mitarbeiter beschäftigt werden. Die Unterweisung wird in angemessenen Zeitabständen, mindestens jedoch einmal jährlich wiederholt.

Checkliste sicherheitsgerechte Layout-Gestaltung

Prüfpunkte zur sicherheitsgerechten Layout-Gestaltung:

1. Auf Fluchtwegen und an Notausgängen sind manuelle Karussell- und Schiebetüren untersagt.
2. Türen in Notausgängen schlagen in Fluchtrichtung auf.
3. Bei erhöhter Brandgefahr oder einer größeren Anzahl gleichzeitig anwesender Personen ist ein zweiter Fluchtweg eingerichtet.

4. Fluchtwege sind kurz, ständig frei gehalten, können selbstständig begangen werden und führen in einen sicheren Bereich.
5. Fluchtwege sind dauerhaft gekennzeichnet und mit einer Sicherheitsbeleuchtung versehen.
6. Es existieren Flucht- und Rettungspläne (Lageplan, Verhalten im Brandfall, Verhalten bei Unfällen), die an markanten Stellen allen Mitarbeitern zur Einsicht gelangen.
7. Die Sicherheits- und Gesundheitsschutzkennzeichnung nach ASR A1.3 wurde vorgenommen.

5.7 Gestaltung der Arbeitsumgebung

5.7.1 Grundlagen

Belastungen der Arbeitsumgebung

Belastungen der Arbeitsumgebung können physikalisch-chemischer wie sozial-emotionaler Natur sein. Die Kenntnis der physikalisch-chemischen Umgebungseinflüsse ist wichtig, weil z. B.

- Beleuchtungsgestaltung die Ermüdung der Augen bei sensorisch hoch belastenden Tätigkeiten vermindert (z. B. Kontrolltätigkeiten),
- Beleuchtungsgestaltung die Arbeitsqualität erhöhen kann,
- lärmbedingte Schwerhörigkeit immer noch die bedeutsamste der entschädigungspflichtigen Berufskrankheiten darstellt,
- Lärmeinwirkung am Arbeitsplatz die Leistung und Arbeitsmotivation negativ beeinflussen kann,
- gezielte Klimagestaltung die Erträglichkeit vor allem körperlich schwerer Arbeit sicherstellt.

Um Beeinträchtigungen, Leistungsminderungen und ggf. gesundheitliche Schädigungen zu vermeiden, müssen die Umgebungsbelastungen analysiert, die durch sie im Menschen verursachten Veränderungen betrachtet und Belastungs- sowie Beanspruchungsgrenzwerte festgelegt werden, deren Einhaltung am Arbeitsplatz sicherzustellen ist.

Maßnahmen zur Gestaltung der Arbeitsumgebung müssen sich an der folgenden Gestaltungshierarchie orientieren:

- Vermeidung der Entstehung von Belastungen aus dem Bereich der Arbeitsumgebung,
- Vermeidung der Ausbreitung,
- Vermeidung der Einwirkung auf den Menschen,
- Verwendung persönlicher Schutzausrüstungen.
- Ausgangspunkt der Umgebungsgestaltung ist die Arbeitsstättenrichtlinie der europäischen Union.[291]

5.7.2 Beleuchtung

Sehaufgaben am Arbeitsplatz

Die Gestaltung der Beleuchtung am Arbeitsplatz ist von entscheidender Bedeutung, da ein Großteil der Wahrnehmung und der Informationsaufnahme über das Auge stattfindet. Schlechte Beleuchtung führt zu einer zusätzlichen Belastung am Arbeitsplatz. Sie hat unmittelbare Auswirkungen auf die Leistung, vor allem bei sensumotorischer Arbeit. Mittel- und langfristig können gesundheitliche Schäden sowohl an Muskulatur und Skelett durch ungünstige Körperhaltungen – eine Folge schlechter Sehbedingungen – als auch an den Augen und deren Bewegungsmechanismen entstehen. Konzen-

291 Richtlinie 89/654/EWG, umgesetzt durch die deutsche Arbeitsstättenverordnung.

trationsschwäche und Ermüdung der Augen können weitere Auswirkungen ungünstiger Beleuchtung sein. Häufig sind schlechte Beleuchtungsverhältnisse eine der Unfallursachen.

Die Beleuchtung am Arbeitsplatz muss so beschaffen sein, dass als Folge der Beleuchtungsbedingungen

- keine Unfall- und Gesundheitsgefahren entstehen und
- leistungsoptimiertes Arbeiten möglich ist.

Sehaufgaben werden gekennzeichnet durch:

- Leuchtdichte,
- Größe der wahrzunehmenden Details,
- erforderliche Geschwindigkeit der Wahrnehmung,
- erforderliche Sicherheit des Erkennens,
- Dauer der Seharbeit.

Je schwieriger die Sehaufgaben sind, desto höher sind die Anforderungen an die Beleuchtungsgestaltung. In jedem Einzelfall ist zu entscheiden, ob diesen Anforderungen durch eine Allgemeinbeleuchtung im Arbeitsbereich, durch eine Einzelplatzbeleuchtung oder durch eine Kombinationslösung entsprochen wird.

Die Beleuchtungsverhältnisse können u. a. also auf folgende Punkte einen Einfluss haben:

- Arbeitssicherheit,
- Leistungsentfaltung,
- Beanspruchung und Ermüdung,
- Wohlbefinden.

Beleuchtungstechnische Grundbegriffe

Das Licht ist physikalisch betrachtet elektromagnetische Strahlung im Wellenlängenbereich zwischen 380 und 700 Nanometer (Abbildung III-250).

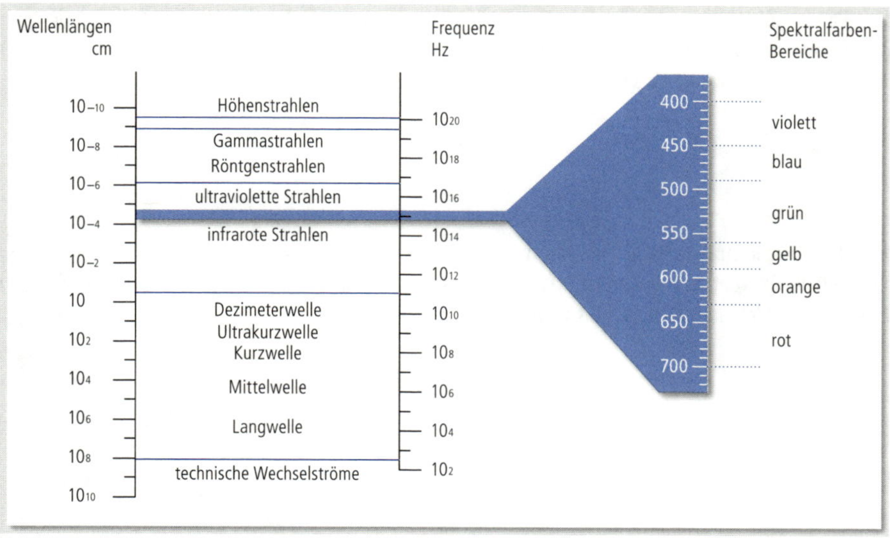

Abbildung III-250 Der Bereich der elektromagnetischen Strahlung: Wellenlängen und Frequenzen

Lichtstrom

Die von einer Lichtquelle abgegebene und vom Auge aufgenommene Strahlungsmenge wird als *Lichtstrom* bezeichnet (Abbildung III-251). Der Lichtstrom Phi (f) wird in Lumen (lm) gemessen. Die Lichtströme einzelner Lichtquellen werden in der Regel nicht direkt gemessen, sondern sind entsprechenden Tabellen der Hersteller bzw. der Literatur zu entnehmen. Beispielsweise gibt eine Glühlampe mit einer elektrischen Leistung von 100 Watt einen Lichtstrom von 1.380 lm ab. Hingegen hat eine handelsübliche Leuchtstofflampe mit einer elektrischen Leistung von 76 Watt einen Lichtstrom von 4.000 lm.

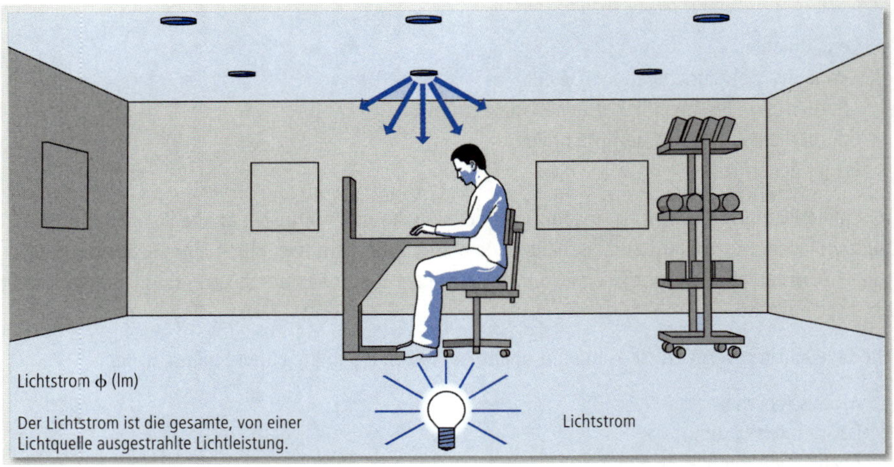

Abbildung III-251 Bedeutung des Lichtstroms[292]

Lichtstärke

Die *Lichtstärke* I bezeichnet den Lichtstrom, der in einem bestimmten Raumwinkel Ω abgegeben wird (Abbildung III-252). Der Raumwinkel Ω ist über die Einheitskugel (Radius r = 1 m) festgelegt. Der Raumwinkel Ω = 1 str (Steradiant) schneidet auf einer Kugel von 1 m Radius ein Oberflächenstück von 1 m^2 aus. Die Einheit der Lichtstärke I ist Candela (cd); sie wurde aus dem lateinischen Wort »candela« = Kerze abgeleitet.

$$I = \frac{\Phi}{\Omega}$$

Eine Lichtquelle strahlt den Lichtstrom nicht in alle Richtungen gleich stark ab. Stellt man sich diese Lichtquelle als Nullpunkt in einem Polardiagramm vor und trägt die Lichtstärken als Vektoren ein, so ergeben sich Lichtstärkenverteilungskurven.

292 Gall, D.; Vandahl, C.; Greiner Mai, U.; Wolf, S.; Helm, H.-P.: Einzelplatzbeleuchtung und Allgemeinbeleuchtung am Arbeitsplatz. Dortmund: Bundesanstalt für Arbeitsschutz und Arbeitsmedizin, Fb. 753, 1998.

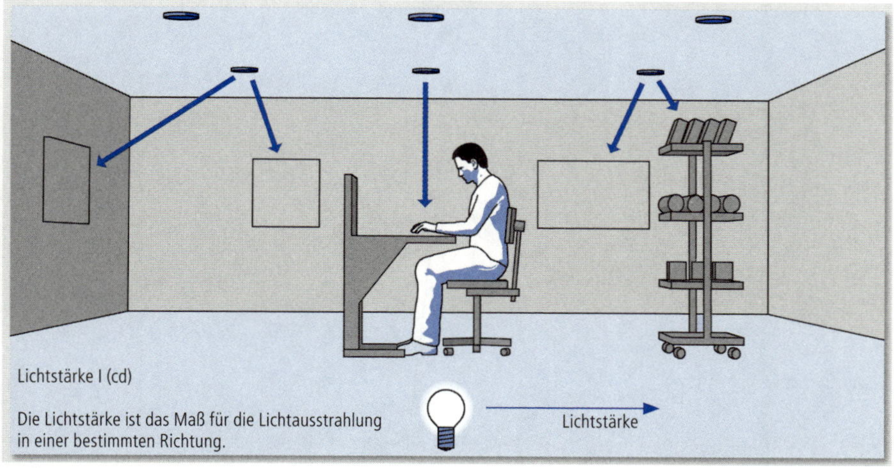

Abbildung III-252 Bedeutung der Lichtstärke[293]

Beleuchtungsstärke

Die Maßeinheit für die *Beleuchtungsstärke* ist das Lux (lx). Sie wird in Lichtstrom pro Fläche gemessen, wobei die Beleuchtungsstärke von 1 Lux dann gegeben ist, wenn ein Lichtstrom von 1 Lumen auf eine Fläche von 1 m^2 trifft. Die Beleuchtungsstärke errechnet sich aus Lichtstrom und Fläche zu:

$$\text{Beleuchtungsstärke } E = \frac{\text{Lichtstrom}}{\text{Fläche}} = \frac{\Phi}{A}$$

Die nach dieser Formel errechneten Beleuchtungsstärken sind als Flächenmittelwerte aufzufassen. Die Beleuchtungsstärke E kann aus der Lichtstärke I der Lichtquelle und dem Abstand r zwischen Lichtquelle und beleuchtetem Punkt berechnet werden, sofern die sogenannte photometrische Grenzentfernung (Abmessung der Lichtquelle klein gegenüber dem Abstand des Betrachters) überschritten wird.

Für den senkrechten Lichteinfall gilt:

$$E = \frac{I}{r^2}$$

Für schrägen Lichteinfall gilt:

$$E = \frac{I}{r^2} \cdot \cos \alpha$$

Nach dem *photometrischen Entfernungsgesetz* (Abbildung III-253) nimmt die Beleuchtungsstärke mit dem Quadrat der Entfernung ab. Dieses Gesetz gilt jedoch nicht für flächige Lichtquellen wie Leuchtbänder und Leuchtflächen. Auch durch Begrenzungsflächen zusätzlich reflektiertes Licht wird durch die Punktbeleuchtungsformel nicht erfasst.

293 Gall, D. et al.: a. a. O., 1998.

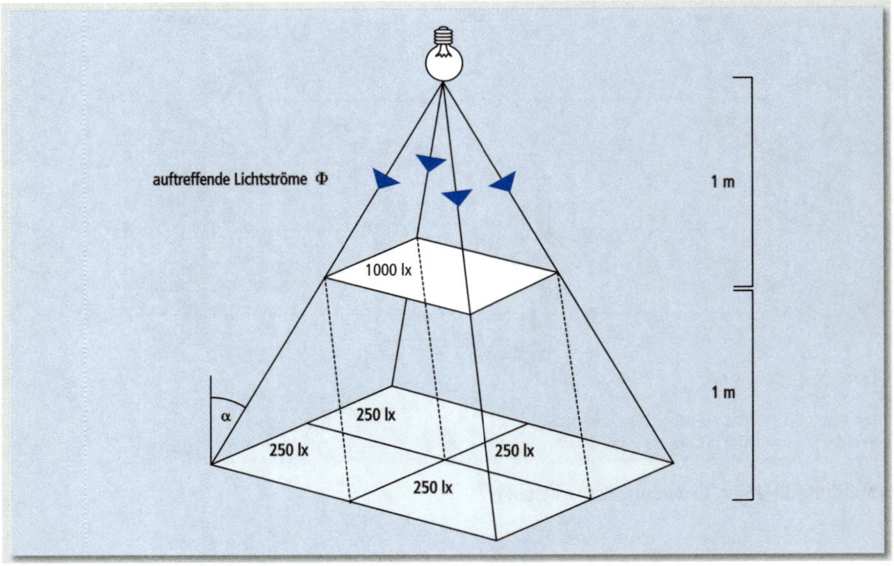

Abbildung III-253 Photometrisches Entfernungsgesetz[294]

Die Beleuchtungsstärke ist eine der wichtigsten Größen zur Beurteilung von Arbeitsplätzen. Die Beleuchtungsstärke wird mit einem Luxmeter gemessen. Beispiele für Beleuchtungsstärken aus dem Alltagsbereich gibt Abbildung III-254.

Beleuchtung	Beleuchtungsstärke (Lux)	Bemerkung
klare Neumondnacht	0,01	Orientierung möglich
Licht vom Vollmond	0,24	Lesen möglich
nächtliche Straßenbeleuchtung	1 bis 50	Beginn der Farbunterscheidung
gute Arbeitsbeleuchtung	200 bis 2.000	
trüber Wintertag	2.000 bis 4.000	
Sommertag bei bedecktem Himmel	10.000 bis 30.000	
Sonnenschein am Sommernachmittag	bis 100.000	Absolutblendung

Abbildung III-254 Beispiele für Beleuchtungsstärken

Die Beleuchtungsstärke wird auf horizontalen (z.B. auf einer Werkbank) und vertikalen Flächen (z.B. an Maschine oder Lagerregal) gemessen. Für gutes Erkennen vertikaler Flächen und Gegenstände im Raum wird die zylindrische Beleuchtungsstärke verwendet. Sie ist der Mittelwert der vertikalen Beleuchtungsstärke auf der Oberfläche eines Zylinders.

Leuchtdichte

Die *Leuchtdichte* kennzeichnet den Helligkeitseindruck, den ein Beobachter von einer Fläche hat. Hierbei ist es für das Auge gleichgültig, ob eine Fläche selbst leuchtet oder ob von einer Fläche Licht reflektiert wird. Die Leuchtdichte L wird in Lichtstärke pro Fläche angegeben (cd/m^2). Nimmt man für eine Kerzenflamme eine wahrgenommene Fläche von etwa 0,5 cm^2 an, so hat diese eine Leucht-

294 In Anlehnung an Böcker, W.: Künstliche Beleuchtung. Ergonomisch und energiesparend. Frankfurt: Campus, 1981.

dichte von etwa 20.000 cd/m². Die Leuchtdichte kann mit Hilfe der Lichtstärke I, der Fläche F und der Einstrahlrichtung ε berechnet werden (Abbildung III-255).

$$L = \frac{I}{F \cdot \cos \varepsilon}$$

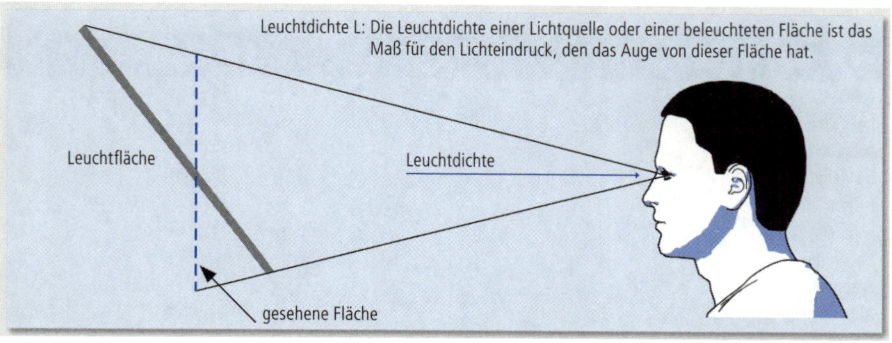

Abbildung III-255 Erläuterung zur Leuchtdichte[295]

Die Leuchtdichte stellt somit eine Quellen- oder Sendereigenschaft dar. Sie ist eine von der Beobachtungsrichtung abhängige und von der Beobachtungsentfernung unabhängige Größe. Die Leuchtdichte ist damit die wichtigste lichttechnische Größe. Die Leuchtdichte und ihre Verteilung im Raum beeinflussen das Wohlbefinden des Menschen, es ist deshalb auf eine harmonische und ausgewogene Verteilung zu achten. Beispiele für Leuchtdichten aus dem Alltag gibt Abbildung III-256.

Lichtquelle	Leuchtdichte in cd/m2
Sonne je nach Sonnenstand	6.000.000 bis 1,6 Mrd.
Glühlampe matt	20.000 bis 500.000
Leuchtstofflampe 40 W	4.000 bis 8.000
Leuchtstofflampe 100 W	12.000 bis 15.000
blauer Himmel	5.000
Vollmond	3.000 bis 5.000
Kerzenflamme	6.000
gleichmäßig bedeckter Himmel, mittags im Zenit:	
im Dezember	3.000
im März/September	6.000
im Juni	8.000

Abbildung III-256 Beispiele für Leuchtdichten

In der Praxis wird die Leuchtdichte nur selten gemessen; da Reflexions- und Glanzgrad in die Messungen eingehen, ist die Leuchtdichtemessung anspruchsvoll.

Die Leuchtdichte einer reflektierenden Fläche ist von deren *Reflexionsgrad* ρ abhängig. Da der entstehende Helligkeitseindruck bei diffus reflektierenden Flächen insbesondere vom Reflexionsgrad der Fläche abhängt, gilt in diesen Fällen auch folgende Beziehung für die Leuchtdichte (in cd/m²): Reflexionsgrad

295 Gall, D. et al.: a. a. O., 1998.

$$\text{Leuchtdichte } L = \frac{E \cdot \rho}{\pi}$$

Man unterscheidet zwischen gemischter, gerichteter und gestreuter Reflexion. Je größer der Reflexionsgrad, umso größer wird die Leuchtdichte. Prinzipiell gilt: Je heller und glatter eine Oberfläche, umso größer ist der Reflexionsgrad (Abbildung III-257).

Oberfläche	Reflexionsgrad
weiß	70–90 %
hellgelb	50–60 %
hellgrün	35–65 %
dunkelgrün	10–20 %
hellrot	30–50 %
himmelblau	35–45 %
Beton, neu	50 %
Beton, alt	15 %
Alu-Folie	80–85 %
blanko Stahl	60 %
ölverschmutzter Stahl	30 %
weißer Innenputz	70–85%
helle Tapete	65–75 %
Eiche hell	40–50 %
Teak-Furnier	30–45 %
Holzfaserplatten	40–60 %

Abbildung III-257 Reflexionsgrade für verschiedene Oberflächen[296]

Kontraste

Den Unterschied der Leuchtdichte zwischen einem Detail und dessen Untergrund bezeichnet man als *Kontrast*. Den Kontrast kann man als Zahl ausdrücken, indem man die Differenz der Leuchtdichte des Details und der Leuchtdichte des Untergrundes bildet und diese Differenz auf die Leuchtdichte des Untergrundes bezieht.

$$C = \frac{\left(L_{\text{Detail}} - L_{\text{Untergrund}}\right)}{L_{\text{Untergrund}}}$$

Bei starken Unterschieden in der Leuchtdichte, d. h. wenn besonders helle oder besonders dunkle Flächen oder Gegenstände im Gesichtsfeld liegen, muss sich das Auge bei Blickwechseln auf die neue Leuchtdichte einstellen, was zu einer zusätzlichen Belastung und zur kurzzeitigen Minderung der Sehleistung führt.

Lichtfarbe

Die *Lichtfarbe* einer Lichtquelle wird durch die »ähnlichste Farbtemperatur« definiert. Die ähnlichste Farbtemperatur ist die fiktive Temperatur eines Temperaturstrahlers, bei der dieser die beste Annäherung an die Farbe des betrachteten Objektes erreicht (Abbildung III-258).

296 Werte z. T. nach Hecker, R.: Physikalische Arbeitswissenschaft. Berlin: Dr. Köster, 1998.

Lichtfarbe	ähnlichste Farbtemperatur [K]	Farbanteile	Beispiel
warmweiß (ww)	< 3.300	überwiegend rot	Glühlampe
neutralweiß (nw)	3.300 bis 5.300	ausgewogen rot, blau, grün	Leuchtstofflampe
tageslichtweiß (tw)	> 5.300	überwiegend blau	Quecksilberdampfhochdrucklampe

Abbildung III-258 Zuordnung der Farbtemperaturen[297]

Tageslichtweiße Lichtfarben kommen wegen ihrer unangenehm kühlen Wirkung für viele Arbeitsräume nicht in Betracht. Neutralweiße Lichtfarben führen zu einem angenehm hellen Licht ohne Zwielichterscheinungen in den Morgen- und Abendstunden mit einer für Leuchtstofflampen sehr guten Farbwiedergabe. Aufgrund ihres hohen Anteils an relativ warmen Spektralfarben (gelb und rot) eignen sich Lampen mit warmweißer Lichtfarbe insbesondere für Aufenthaltsräume sowie Sitzungszimmer.

Normung

Zur *Beleuchtungsplanung*, -gestaltung und -messung liegen zahlreiche europäische und deutsche Gesetzesvorschriften und Normen vor. Auf staatliche Regelungen wurde bereits in Abschnitt 5.6.2 eingegangen. Die Arbeitsstättenrichtlinien

- ASR 7/1: Sichtverbindung nach außen
- ASR 7/3: Künstliche Beleuchtung
- ASR 7/4: Sicherheitsbeleuchtung

wurden als Folge der Arbeitsstättenverordnung von 1975 geschaffen und sind teilweise veraltet. Insbesondere ASR 7/1 wird nur noch als eine Planungshilfe herangezogen. Derzeit entsteht die Arbeitsstättenregel[298] (ASR) A3.4 Beleuchtung, die die alten Arbeitsstättenrichtlinien ersetzen soll. Der Entwurf der ASR A3.4 beinhaltet wesentlich mehr Gestaltungsparameter und macht eine differenzierte Lichtplanung erforderlich.

Die Berufsgenossenschaftliche Regel »Natürliche und künstliche Beleuchtung von Arbeitsstätten«[299] geht auf die Beleuchtungserfordernisse ein, die aus Arbeitssicherheit und Gesundheitsschutz resultieren. Die Handlungsanleitung zur Beleuchtung von Arbeitsstätten[300] stellt die gesicherten Erkenntnisse zur Analyse, Bewertung und Gestaltung von Beleuchtungsanlagen dar.

Große Bedeutung hatte in der Vergangenheit DIN 5035 (Innenraumbeleuchtung mit künstlichem Licht) erlangt. Daneben sind die DIN 5034 (Tageslicht in Innenräumen) sowie die VDI 6011 (Optimierung von Tageslichtnutzung und künstlicher Beleuchtung) zu erwähnen.

Die DIN 5035[301] gab für die verschiedenen Raumtypen bzw. Tätigkeitsarten Hinweise zur Nennbeleuchtungsstärke, zur Lichtfarbe, zu den Farbwiedergabeeigenschaften sowie der Güteklasse der Begrenzung der Direktblendung. DIN 5035, Teil 1, wurde mittlerweile ersetzt durch DIN EN 12665, Teil 2 durch DIN EN 12464, Teile 1 und 2.[302]

297 In Anlehnung an Görner, B.: Beleuchtung von Arbeitsstätten – Stand der Regelsetzung. Forschung Projekt F 1988. Dortmund: Bundesanstalt für Arbeitsschutz und Arbeitsmedizin, 2008, S. 21.

298 Auf dieselbe Abkürzung ASR bei unterschiedlicher Bedeutung und Aktualität (Arbeitsstättenrichtlinie versus Arbeitsstättenregel) sei hingewiesen.

299 BGR 131, Teil 1: Handlungshilfen für Unternehmer; Teil 2: Leitfaden zur Planung und zum Betrieb der Beleuchtung, 2006.

300 Länderausschuss für Arbeitsschutz und Sicherheitstechnik (LASI): Handlungsanleitung zur Beleuchtung von Arbeitsstätten, Potsdam, 2005.

301 DIN 5035, Beleuchtung mit künstlichem Licht; Teil 6: Messung und Bewertung (2006); Teil 7: Beleuchtung von Räumen mit Bildschirmarbeitsplätzen (2004); Teil 8: Arbeitsplatzleuchten, 2007.

302 DIN EN 12464 Beleuchtung von Arbeitsstätten, Teil 1: Arbeitsstätten in Innenräumen, 2003; Teil 2: Arbeitsplätze im Freien, 2007.

Die DIN 5035 wurde kritisiert, weil durch Zahlenwerte für Beleuchtungsstärke, Lichtfarbe und Farbwiedergabeeigenschaft die komplexe Wirkung einer Beleuchtungssituation nicht hinreichend wiedergegeben wird. Insbesondere die emotional wirkenden Faktoren, die die Abhängigkeiten zwischen Licht, Material und Raum berücksichtigen, sind durch die Beleuchtungsstärken allein nicht auszudrücken. Mit der neuen DIN EN 12464 hat man versucht, einige der Kritikpunkte an der DIN 5035 zu beseitigen.

DIN EN 12464 bezieht sich auf den *Arbeitsbereich*, das ist der Bereich der Arbeitsstätte, in dem die Sehaufgabe ausgeführt wird. Die den Arbeitsbereich umgebende, sich im Gesichtsfeld befindende Fläche von mindestens 0,5 m Breite wird als *unmittelbare Umgebung* bezeichnet.

Wartungswert der Beleuchtungsstärke

Mit der neuen DIN zur Beleuchtung von Arbeitsstätten stellt man auf den *Wartungswert der Beleuchtungsstärke* E_n ab. Dieser Wert darf zu keinem Zeitpunkt unterschritten werden. Damit wird die natürliche Alterung oder Verschmutzung der Beleuchtungsanlage berücksichtigt. Die Beleuchtungsstärkewerte werden unmittelbar auf der Arbeitsfläche oder im Bereich der Sehaufgabe ermittelt. Die normierte Messhöhe von 0,85 m über dem Boden wurde aufgegeben.

Der Wartungswert der Beleuchtungsstärke kann in die früher verwendete Nennbeleuchtungsstärke E_m folgendermaßen umgerechnet werden:

$$E_m = 0{,}8 \times E_n$$

Die Blendung am Arbeitsplatz wird mit dem *UGR-Wert* beurteilt[303]. Diese Blendungszahl wird auf der Basis von Herstellertabellen in Abhängigkeit von Blickrichtung, Raumreflexionsgraden und Raumflächenmaßen ermittelt. Die UGR-Zahlen sind durch den Laien nicht sicher festzulegen.

Farbwiedergabeindex

Der *Farbwiedergabeindex (R_a)* ist von häufig vorkommenden Testfarben abgeleitet und gibt an, wie natürlich Farben wiedergegeben werden. Generell gilt: Je niedriger der Index, desto mangelhafter werden die Körperfarben beleuchteter Gegenstände wiedergegeben. Der Farbwiedergabeindex von R_a = 100 ist optimal; in Innenräumen sollte R_a nicht unter 80 liegen.

Der Farbwiedergabeindex R_a wurde von der alten DIN 5035 unverändert übernommen. Eine Empfehlung für die richtige *Lichtfarbe* fehlt. Sie muss durch den erfahrenen Beleuchtungsplaner festgelegt werden. Abbildung III-259 gibt einen Überblick zu wichtigen Beleuchtungsstärken und Farbwiedergabe-Indizes für ausgewählte Arbeitsräume und Tätigkeiten.

Große Unterschiede der Leuchtdichten im Sehfeld haben laufende Adaptationsvorgänge zur Folge. Große Leuchtdichtedifferenzen, z. B. durch Fenster im Sehfeld, müssen daher durch Blendungsbegrenzungen, wie z. B. Jalousien, und durch helle Decken und Wände gemildert werden, damit der Kontrast im unmittelbaren Sehfeld und dann im erweiterten Arbeitsbereich nicht übermäßig hoch wird.

Für die Zeichendarstellung auf Bildschirmen im Vergleich zum Hintergrund wird demgegenüber ein Kontrast von 6:1 und 10:1 empfohlen (DIN 66234, Teil 2); auch bei noch höheren Kontrasten werden noch keine Leistungsminderungen verzeichnet. Für die reine Arbeit am Bildschirm wäre also ein abgedunkelter Arbeitsraum sinnvoll.

Sowohl Arbeitsunterlagen als auch Informationen auf dem Bildschirm müssen gut lesbar sein. Dies erfordert also eine höhere Beleuchtungsstärke. Als Kompromiss für die gegenläufigen Forderungen wird eine Beleuchtungsstärke von mindestens 500 lx empfohlen, die allein durch künstliche Allgemeinbeleuchtung erreicht werden muss; Arbeitsplatzleuchten können dies ergänzen.

DIN EN 12665: Licht und Beleuchtung – Grundlegende Begriffe und Kriterien für die Festlegung von Anforderungen an die Beleuchtung, 2002.

303 UGR: Unified-Glare-Rating.

Arbeitsräume, Arbeitsplätze Tätigkeit	Mindestwert der Beleuchtungsstärke in lx	Mindestwert der Farbwiedergabe Index R_a
Verkehrswege, Aufenthaltsräume		
• Empfangstheken, Theken im Pförtnerhaus	300	80
• Verkehrsflächen und Flure ohne Fahrzeugverkehr	50	40
• Verkehrsflächen und Flure mit Fahrzeugverkehr	150	40
• Treppen, Fahrtreppen, Fahrsteige, Aufzüge	100	40
• Laderampen, Ladebereiche	150	40
• Halleneinfahrten (Tagesbetrieb)	400	40
• Kantinen, Pausenräume, Waschräume	200	80
• Küchen	500	80
Lager		
• Versand- und Verpackungsbereiche	300	60
• Lagerräume für gleichartiges oder großteiliges Lagergut	50	60
• Lagerräume mit Suchaufgabe bei nicht gleichartigem Lagergut	100	60
• Lagerräume mit Leseaufgaben	200	60
Chemie und Verfahrenstechnik		
• Arbeitsplätze in verfahrenstechnischen Anlagen	300	80
• Reifenproduktion	500	80
• Zuschneiden, Nachbearbeiten, Kontrollarbeiten	750	80
• Steuerwarten, Kontrollräume, Schaltwarten	500	80
Büros		
• DV-Arbeit, Lesen, Schreiben	500	80
• Nebenarbeiten (Ablage, kopieren)	300	80
Elektroindustrie		
• Grobe Montagearbeiten (z. B. an großen Transformatoren)	300	80
• Mittelfeine Montagearbeiten (z. B. an Schalttafeln)	500	80
• Feine bis sehr feine Montagearbeiten (z. B. an Messinstrumenten)	750 – 1.000	80
• Elektronikwerkstätten, Prüfen, Justieren	1.500	80
Metallerzeugung, -be- und -verarbeitung		
• Walz-, Hütten- u. Stahlwerke: Produktionsanlagen mit manuellen Eingriffen	200	40
• Gieß- und Schmelzhallen, Maschinenformerei, Gussputzerei, Schmiede	200	60
• Schweißen, Drahtziehen, Kaltverformung, Galvanisieren	300	60
• Anreißen, Kontrolle	750	60
• Grobe und mittlere Maschinenarbeiten: Toleranzen ≥ 0,1 mm	300	60
• Feine Maschinenarbeiten, Schleifen: Toleranzen < 0,1 mm	500	60
• Blechverarbeitung	200 – 300	60
• Werkzeugbau, Mikromechanik	1.000	80
• Montagearbeiten	je nach Detailgröße 200 – 750	80
• Oberflächenbearbeitung und Lackierung	750	80
Automobilbau		
• Karosseriebau und Montage	500	80
• Lackieren, Schleifen	750	80
• Endkontrolle, Oberflächenkontrolle	1.000	80
Textilherstellung und -verarbeitung		
• Krempeln, Waschen, Bügeln, Strecken, Kämmen	300	80
• Nähen, Feinstricken	750	80
• Stoffdrucken, Spinnen, Weben	500	80

Abbildung III-259 Ausgewählte Beleuchtungsstärken und Farbwiedergabe-Indizes für Arbeitsräume und Tätigkeiten[304]

Deckenleuchten müssen möglichst blendfrei ausgeführt sein, d. h. direkt strahlend mit einer weitestgehenden Abschirmung für größere Ausstrahlwinkel (Abbildung III-260). Hierdurch werden sowohl die Reflexblendung an der Bildschirmoberfläche als auch die Direktblendung vermieden. Geeignet sind beispielsweise Deckenleuchten mit Entladungslampen mit Reflektor und Rasterabdeckung.

304 Werte z. T. nach Technische Regeln für Arbeitsstätten (ASR A3.4): Beleuchtung, Ausschuss für Arbeitsstätten – ASTA, Bundesanstalt für Arbeitsschutz und Arbeitsmedizin, Dortmund, Ausgabe April 2011. Beleuchtungsstärken auf der Bezugsfläche der Sehaufgabe; nur für künstliche Beleuchtung in Innenräumen anwenden.

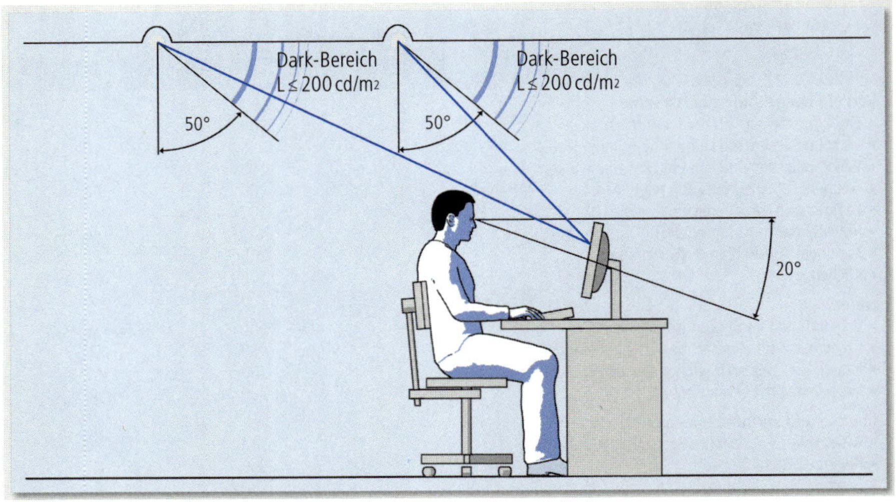

Abbildung III-260 Blendungsbegrenzung bei der Bildschirmarbeit

Bildschirmarbeitsplatzleuchten sind sehr gut entblendet, so dass auf der Bildschirmoberfläche keine Reflexe entstehen können. Es handelt sich in der Regel um Spiegelrasterleuchten für Dreibandenleuchtstofflampen oder Kompaktleuchtstofflampen.

Checkliste zur Beleuchtungsgestaltung

Die folgende Checkliste fasst die wichtigsten Merkmale der Beleuchtungsgestaltung zusammen:

1. Je dunkler das Arbeitsgut ist, desto höher muss die Beleuchtungsstärke sein.
2. Je kleiner die notwendig zu erkennenden Sehdetails sind, desto höher muss die Beleuchtungsstärke sein.
3. Je niedriger die Kontraste sind, desto höher muss die Beleuchtungsstärke sein.
4. Großflächiges helles oder gar weißes Material führt bei zu hohen Beleuchtungsstärken zu Blendung. Das schließt auch Umgebungsflächen und gegenüberliegende Gebäudeflächen mit ein.
5. Große Räume, in denen an jeder Stelle gleich gut gesehen werden muss, werden mit einer Allgemeinbeleuchtung hoher Gleichmäßigkeit ausgestattet.
6. Der Richtwert für die zu erreichende Allgemeinbeleuchtung beträgt 15 Lux, für die Sicherheitsbeleuchtung 1 Lux bzw. 1 % der Allgemeinbeleuchtung.
7. Einrichtungs-, Anordnungs- und Beschaffenheitsvorgaben z. B. gemäß LV 41 sind einzuhalten oder gleichwertige Maßnahmen zu treffen.
8. Während der Tageslichtzeit ist für ausreichenden Tageslichteinfall durch Fenster und Glaswände zu sorgen.
9. Fenster und Oberlichter sind sicher zu öffnen, schließen, verstellen und arretieren. Im geöffneten Zustand dürfen Fensterelemente nicht in die freie Bewegungsfläche der Beschäftigten hineinragen.
10. Der Kontrast von Arbeitsplatz zum näheren Umfeld sollte nicht stärker als 3:1 und zur weiteren Umgebung nicht stärker als 10:1 sein.
11. Direktblendung wird durch die richtige Auswahl der Leuchtenart und die richtige Anordnung der Leuchten und der Arbeitsplätze vermieden. Reflexblendung kann durch mattes Arbeitsgut und matte Arbeitsflächen verhindert werden.
12. Als Lichtfarbe sollte warmweiß bevorzugt werden. Es wird als angenehmer empfunden.
13. Die Beleuchtung von Arbeitsplätzen mit Bildschirm soll mit BAP-Arbeitsplatzleuchten erfolgen, die rechtwinklig zu den Arbeitsplätzen angeordnet sind.

5.7.3 Klima und Lüftung

Bedeutung am Arbeitsplatz

Dem Umgebungsklima – ob natürlich oder künstlich erzeugt – ist jeder Mensch am Arbeitsplatz ausgesetzt. Das *Klima* kann so beschaffen sein, dass es in der jeweiligen Situation und Tätigkeit als angenehm angesehen wird. Abweichungen von diesem Optimalpunkt in Richtung zu warm oder kalt können bei der Tätigkeit störend oder beeinträchtigend wirken, den Menschen physisch belasten und ihn ggf. auch gefährden. Die Art der Wirkung hängt ab von der Ausprägung der Klimagrößen – dies sind Lufttemperatur, Luftfeuchte, Luftgeschwindigkeit und Wärmestrahlung – und darüber hinaus von der jeweiligen körperlichen Aktivität und von der getragenen Bekleidung.

Abweichungen von als komfortabel oder behaglich empfundenen Klimabedingungen, die bei der Arbeit ggf. störend oder beeinträchtigend wirken, können an fast allen Arbeitsplätzen auftreten: beispielsweise als Folge von Zugluft, kalten Wand- oder Fensterflächen oder von individuell nicht als behaglich empfundenen Temperaturen im Großraumbüro oder in Verkaufsräumen.

Belastende Klimaeinflüsse bei der Arbeit kommen an einer Vielzahl von Arbeitsplätzen und mit sehr unterschiedlichen Ausprägungen und Auswirkungen vor: warme oder heiße Bedingungen z. B. bei der Metallerzeugung und -verarbeitung, bei der Herstellung von Glas- und Keramikprodukten, in Küchen und Wäschereien und im Hoch- und Tiefbau bei der Arbeit im Freien; Arbeit in Kälte beispielsweise in Kühlhäusern und bei der Lebensmittel- und Genussmittelherstellung sowie wieder bei der Arbeit im Freien.

Nach dem Unfallverhütungsbericht der Bundesregierung arbeiten ca. 20 % der Beschäftigten unter Klimabelastungen, wobei besonders Berufe in Land- und Forstwirtschaft und im Gartenbau, in der Fertigung und im Bergbau betroffen sind. Hitzearbeit leisten in Deutschland Schätzungen zufolge ca. 200.000 Menschen. Die Anzahl von Arbeitsplätzen in technisch gekühlten Räumen wird auf ca. 300.000 geschätzt. Hinzu kommen in mehrfacher Anzahl Arbeitsplätze im Freien, bei denen in Abhängigkeit von Jahreszeit und Witterung sowohl Hitze- wie Kältearbeit auftreten kann.

Thermoregulation und Wärmeaustausch

Für eine optimale Funktion des menschlichen Körpers ist eine konstante Temperatur des Körperkerns erforderlich, die bei etwa 37 °C liegen soll. Der Körperkern umfasst die Schädel- sowie die Brust- und Bauchhöhle mit dem zentralen Nervensystem und den inneren Organen. Nur geringe Abweichungen bis zu etwa 1,0–1,5 °C von diesem Optimum sind tolerierbar, stärkere Abweichungen führen zu Funktionseinschränkungen, gesundheitlichen Beeinträchtigungen und ggf. auch Schädigungen.

Mit Hilfe der *Thermoregulation* wird die Temperatur des Körperkerns auf möglichst gleichmäßigem Niveau gehalten. Ziel ist eine ausgeglichene *Wärmebilanz* zwischen dem menschlichen Körper und der Umgebung (Abbildung III-261).

Q_{sp} =	Q_{prod} ±	Q_{leit} ±	Q_{konv} ±	Q_{str} ±	Q_{verd} ±	Q_{atem}
Wärmespeicherung bzw. Wärmeverlust	Wärmeproduktion im Körper	Wärmeleitung	konvektiver Wärmeübergang	Wärmestrahlung	Wärmetransport durch Wasserverdunstung (oder Kondensation)	Wärmetransport über die Atemluft
	• immer positiv • Stoffwechselrate M – in Ruhe ca. 300–400 kJ/h – bei körperlicher Arbeit bis zu 5–10-mal höher	• positiv oder negativ • abhängig von Temperaturdifferenz, Kontaktfläche, Bekleidung (in der Regel sehr gering)	• positiv oder negativ • abhängig von Temperaturdifferenz, Oberfläche, Bekleidung, Luftbewegung	• positiv oder negativ • abhängig von Temperaturen und Größe der strahlenden Flächen, Bekleidung	• fast immer negativ • abhängig von Temperatur, Luftfeuchte, Luftbewegung, Bekleidung	• positiv oder negativ • abhängig von Lufttemperatur, Wärmeproduktion im Körper (in der Regel sehr gering)

Abbildung III-261 Wärmebilanzgleichung

Durch Stoffwechselprozesse im Körper entsteht in Muskeln und inneren Organen Wärme. Diese innere Wärmeproduktion steigt mit zunehmender Intensität der Muskelarbeit stark an. Die Stoffwechselwärme wird mit Hilfe des Blutkreislaufs von den wärmebildenden Organen weg transportiert und dann vom Körper an die Umgebung abgegeben. In kalter Umgebung drosselt der Körper die Durchblutung der Peripherie (Extremitäten und Haut) und verringert so die Wärmeabgabe an die Umgebung, bei Wärme wird demgegenüber die periphere Durchblutung gesteigert.

Zum Wärmeaustausch mit der Umgebung stehen mehrere Mechanismen zur Verfügung; die wichtigsten sind Konvektion, Wärmestrahlung und Schweißverdunstung.

Konvektion erfolgt durch Wärmeübergang zwischen der Körperoberfläche bzw. der Bekleidung und der an ihr vorbeiströmenden Luft. Maßgeblich für den Beitrag der Konvektion sind die Temperaturdifferenz zwischen Körperoberfläche und Umgebungsluft, die Geschwindigkeit der Luftbewegung und die Eigenschaften der Bekleidung.

Benachbarte Körper tauschen Energie auch in Form von *Wärmestrahlung* aus. Der Wärmetransport erfolgt vom wärmeren zum kälteren Körper. Der Strahlungswärmeaustausch zwischen dem Menschen und der Umgebung wird von der Temperatur der den Menschen umgebenden Oberflächen, z. B. von glühendem oder geschmolzenem Material, von Öfen oder Fensterflächen, von deren Ausrichtung und Abstand zum Menschen sowie von den Eigenschaften der Bekleidung – v. a. dem Reflexions- und Absorptionsvermögen – beeinflusst.

Schweißverdunstung auf der Haut entzieht dem Körper die zur Verdunstung erforderliche Wärme. Die Intensität der Wärmeabgabe hängt ab von der Feuchtigkeit der Umgebungsluft und von der Luftbewegung, von der beteiligten Körperoberfläche sowie bei der Bekleidung insbesondere von deren Durchlässigkeit für Wasserdampf.

Vor allem im Kältebereich muss auch die Wärmeabgabe durch *Wärmeleitung* – bei Kontakt vor allem über Hände und Füße und ggf. die Sitzfläche – in Betracht gezogen werden. Auch bewusste, verhaltensregulatorische Maßnahmen tragen zum Ausgleich der Wärmebilanz bei, z. B. die Anpassung der Bekleidung, das Einlegen einer Pause bei Muskelarbeit oder der Wechsel des Aufenthaltsortes weg von einer Wärmequelle.

Beanspruchung

Zur Beurteilung der *Beanspruchung* des Menschen bei Belastungen durch die Klimasituation sind diese Regulationsvorgänge und hierauf bezogene Messgrößen geeignet: die *Herzschlagfrequenz* als Indikator für den inneren Wärmetransport zwischen Körperkern und -schale, die *Schweißrate*, die vor allem bei trocken-heißen Bedingungen den äußeren Wärmetransport (zwischen Körperoberfläche und Umgebung) übernimmt und der Anstieg oder Abfall der *Körperkerntemperatur*, der im Falle einer nicht ausgleichbaren Wärmebilanz ein Maß der Überforderung der Regulationsprozesse liefert. Darüber hinaus werden subjektive Urteile der Betroffenen z. B. in Form von Skalen der *thermischen Befindlichkeit* eingesetzt.

Akklimatisierung

Hitzeakklimatisation ist ein langfristiger – ca. 14 Tage beanspruchender – Prozess, in dem sich der Körper an eine regelmäßig vorliegende Klimasituation anpasst. Unter gleicher Wärmebelastung steigert sich während der Akklimatisierung die Schweißabgabe, wobei parallel dazu der Salzgehalt im Schweiß stark abnimmt, wodurch sich der Körper vor einem übermäßigen Verlust an Elektrolyten schützt. Gleichzeitig reduzieren sich in Folge der so verbesserten Wärmeabgabe die Herzschlagfrequenz und der ggf. zu beobachtende Anstieg der Körperkerntemperatur. Zu beachten ist, dass Hitzeakklimatisation reversibel ist: 2–4 Wochen in anderen Klimabedingungen, z. B. während eines Urlaubs, führen zu vollständigem Akklimatisierungsverlust, aber auch schon ein arbeitsfreies Wochenende verringert den Grad der Akklimatisation.[305]

305 Vgl. Peters, H.: Hitzearbeit. In: Landau, K. (Hrsg.): Lexikon Arbeitsgestaltung. Best Practice im Arbeitsprozess. Stuttgart: Gentner, 2007, S. 660–664.

Anpassungsreaktionen an Kältebedingungen sind demgegenüber weniger stark ausgeprägt. Hier wurden Anstiege von *Energieumsatz* bzw. innerer Wärmeproduktion und ein Absinken der diese auslösenden Körperkerntemperatur berichtet, die auch dazu beitragen, dass ein Temperaturabfall erst bei niedrigeren Temperaturen als unbehaglich empfunden wird.

Gesundheitliche Beeinträchtigungen als Folge von Klimabelastungen

Starke lokale Wärmezufuhr – durch Kontakt mit Flammen, heißen Flächen, Flüssigkeiten oder Dämpfen, durch Wärmestrahlung von glühenden oder geschmolzenen Materialien oder durch Sonneneinstrahlung – kann zu lokaler Gewebeschädigung führen. Mögliche Folgen sind mit zunehmender Schwere Hautrötung, Hautschwellung mit Blasenbildung, Verschorfung und Defekte des unter der Haut liegenden Gewebes (Muskeln und Knochen) bis hin zur Verkohlung. Globale, den gesamten Organismus betreffende Erkrankungen als Folge von Hitzeeinwirkung können in Form von Hitzekollaps, Hitzeerschöpfung und Hitzschlag eintreten.

Beim *Hitzekollaps* weiten sich die peripheren Blutgefäße übermäßig aus und die Organe des Körperkerns werden nur noch unzureichend durchblutet. Nach Kopfschmerzen, Schwächegefühl, Schwindel und Übelkeit wird der Erkrankte ohnmächtig, die Haut ist mit kaltem Schweiß bedeckt. Körperruhe an einem kühlen Ort führt in der Regel schnell zur Erholung.[306]

Hitzeerschöpfung kann durch Wasserverarmung des Körpers eintreten, wenn das durch Schwitzen abgegebene Wasser nur ungenügend wieder zugeführt wird. Anzeichen sind Durst, Müdigkeit und Atemnot. Ab einem Flüssigkeitsverlust von mehr als ca. 10 % des Körpergewichts treten Krämpfe auf, die betroffene Person kann das Bewusstsein verlieren, der Verlauf kann tödlich sein. Nach dem Klimasummenmaß Vorhergesagte Wärmebeanspruchung (Predicted Heat Strain PHS[307]) wird der maximal zulässige Wasserverlust während einer Hitzeexposition auf 7,5 % des Körpergewichts begrenzt, wovon (während einer 8-Stunden-Arbeitsschicht) maximal 60 % dem Körper wieder durch Trinken zugeführt werden können.

Beim *Hitzschlag* infolge Wärmestaus steigt die Kerntemperatur so weit an, dass Schädigungen des zentralen Nervensystems eintreten können. Nach Anzeichen wie Übelkeit und Erbrechen folgt ein Schockstadium mit tiefer Bewusstlosigkeit, ohne Schweißbildung und evtl. verbunden mit Krämpfen. Auch bei frühzeitiger Behandlung verläuft der Hitzschlag in etwa 20 % der Fälle tödlich. Auch beim Sonnenstich infolge lokaler Überwärmung des zentralen Nervensystems durch ungeschützte Sonneneinstrahlung auf Kopf und Nacken werden Gehirnfunktionen gestört.

Längerfristige Einwirkung von *Kälte* kann zu chronischen Erkrankungen des Muskel-Skelett-Systems (Rheuma), der Atemwege, der Harnorgane und des peripheren Gefäßsystems führen. Extreme Kälteexposition kann lokale Erfrierungen der Extremitäten (Finger, Zehen, Nase, Ohren, Haut) und im Extremfall zur Unterkühlung des Organismus mit der Abnahme von Handlungsfähigkeit und Erinnerungsvermögen führen; bei weiterer Auskühlung kann Bewusstseinsverlust einsetzen und ein lebensbedrohlicher Zustand erreicht werden. Im Einzelnen sind bei Kälteeinwirkung zu bedenken:

- Erkrankungen der Atemwege,
- Erkrankungen des Herz-Kreislauf-Systems,
- Durchblutungsstörungen an Händen und Füßen,
- Rheumatische Erkrankungen,
- Erkrankungen der Harnorgane,
- Minderung der Abwehrkräfte des Organismus,
- Migräne,

306 Wenzel, H. G.; C. Piekarski: Klima und Arbeit, 2. Auflage. München: Bayerisches Staatsministerium für Arbeit und Sozialordnung, 1982.

307 DIN EN ISO 7933: Ergonomie der thermischen Umgebung – Analytische Bestimmung und Interpretation der Wärmebelastung durch Berechnung der vorhergesagten Wärmebeanspruchung, 2004.

- Einbuße der Beweglichkeit,
- Herabsetzung der Sensibilität,
- Reduzierung der Geschicklichkeit,
- Herabsetzung der Beobachtungs- und Reaktionsfähigkeit,
- Verminderung der Arbeitssicherheit.

Klimabeurteilung

Zur Beurteilung der Klimabelastung des Menschen hinsichtlich der Kriterien der Erträglichkeit und Ausführbarkeit müssen die vier Klimagrößen sowie zusätzlich die körperliche Aktivität und die thermischen Eigenschaften der Bekleidung berücksichtigt werden.[308] Mit Hilfe von *Klimasummenmaßen* werden die Auswirkungen aller oder einiger Einflussgrößen auf den Menschen zu einer einzigen Zahl zusammengefasst (Abbildung III-262).

Effektivtemperatur

Aus dem subjektiv gleichen Klimaempfinden unterschiedlicher Kombinationen von Lufttemperatur, -feuchte und -geschwindigkeit wurde schon 1927 das Summenmaß *Effektivtemperatur* (nach Yaglou) entwickelt.[309] Eine Effektivtemperatur von 26 °C wird beispielsweise erreicht bei einer Lufttemperatur von ca. 28–29 °C und gleichzeitig hoher Luftfeuchte (70–85 %) und geringer Luftbewegung, Bedingungen, die z. B. an schwülwarmen Sommertagen auftreten können und die auch bei ungünstiger Gestaltung – beispielsweise in Großküchen und Wäschereien – an der Tagesordnung sind. 26 °C Effektivtemperatur entsprechen auch einer Lufttemperatur von ca. 31–32 °C bei normaler Luftfeuchte (um 50 %). Die für eine Leistungsminderung von 50 % genannte Effektivtemperatur (32–33 °C) wird erreicht bei z. B. einer Lufttemperatur von 35 °C bei 80 % Luftfeuchte oder bei 40 °C und 50 % Feuchte, jeweils bei geringer Luftbewegung. Derartige Klimawerte treten am Arbeitsplatz eher selten und unter ungünstigen Bedingungen auf.

Analytische Klimasummenmaße

Analytische Klimasummenmaße modellieren die Wärmebilanz des Menschen: Die im Körper umgesetzte Energie muss durch Konvektion, Strahlung und Schweißverdunstung wieder abgegeben werden, wenn ein thermisches Gleichgewicht aufrechterhalten werden soll; andernfalls wird Wärme gespeichert. Das analytische Summenmaß »Vorhergesagte Wärmebeanspruchung«[310] erlaubt in Abhängigkeit des Akklimatisierungszustands Aussagen zur Zulässigkeit einer Hitzearbeit sowie die Angabe der maximal zulässigen Arbeitsdauer, wenn die Dauerexposition über eine 8-Stunden-Schicht nicht erträglich ist.

Auf der arithmetischen Zusammenfassung von Einflussgrößen beruht das zur Beurteilung von Arbeit unter Wärme oder Hitze geeignete Summenmaß *WBGT* nach Yaglou und Minard (Wet Bulb Globe Temperature WBGT). Grenzwerte für WBGT werden für unterschiedliche Intensitäten der Muskelarbeit und unterschiedliche Bekleidungsisolationen sowie für akklimatisierte und nicht akklimatisierte Personen festgelegt.

Für die Beurteilung der Kältebelastung wurde auf Grundlage der Wärmebilanzgleichung das Klimasummenmaß Erforderliche *Bekleidungsisolation* (Required Isolation I_{req}) entwickelt. I_{req} ist definiert als die resultierende Isolation der Bekleidung, die unter den herrschenden Umgebungsbedingungen erforderlich ist, um den menschlichen Körper bei zulässigen Werten für die Körper- und Hauttemperatur im thermischen Gleichgewicht zu halten.[311] Ist die Isolation der getragenen Schutzkleidung geringer als der erforderliche Wert, wird mit Hilfe des Verfahrens die maximal zulässige Expositionsdauer berechnet, nach der eine Erwärmungspause in thermisch neutraler Umgebung vorzusehen ist.

308 Vgl. Peters, H.: Klima. In: Landau, K. (Hrsg.): Lexikon Arbeitsgestaltung. Best Practice im Arbeitsprozess. Stuttgart: Gentner, 2007, S. 715–719.

309 DIN 33403 – Klima am Arbeitsplatz und in der Arbeitsumgebung, Teil 2: Einfluss des Klimas auf den Wärmehaushalt des Menschen, 2000; Teil 3: Beurteilung des Klimas im Warm- und Hitzebereich auf der Grundlage ausgewählter Klimasummenmaße, 2001; Teil 5: Ergonomische Gestaltung von Kältearbeitsplätzen, 1997.

310 DIN EN ISO 7933: Ergonomie der thermischen Umgebung, a. a. O., 2004.

311 DIN EN ISO 11079: Ergonomie der thermischen Umgebung – Bestimmung und Interpretation der Kältebelastung bei Verwendung der erforderlichen Isolation der Bekleidung (IREQ) und lokaler Kühlwirkungen, 2006.

Beurteilung der Klimabelastung – Methoden und Normen		
warme und heiße Bedingungen	vorhergesagte Wärmebeanspruchung • analytisches Summenmaß auf Basis der für eine ausgeglichene Wärmebilanz erforderlichen Schweißrate	DIN EN ISO 7933 (2004)
	WBGT-Index (wet bulb globe temperatur) • arithmetische Zusammenfassung der Einflussgrößen Lufttemperatur, -feuchte und -geschwindigkeit; Grenzwerte abhängig von Bekleidung und Arbeitsschwere	DIN EN 27243 (1993)
	Effektivtemperatur NET • subjektiv gleiches Empfinden unterschiedlicher Kombinationen aus Lufttemperatur, -feuchte und -geschwindigkeit; Grenzwerte abhängig von der Arbeitsschwere	DIN 33403 - Teil 3 (2001)
Komfortbereich	PMV- und PPD-Indizes • analytisches Summenmaß zur Vorhersage der subjektiven Beurteilung des Klimas – PMV: vorhergesagte mittlere Bewertung – PPD: vorhergesagter Anteil Unzufriedener	DIN EN ISO 7730 (2006)
Arbeit im Freien und im Kältebereich	Wind-Chill-Temperatur • Gefährdung durch den durch Wind gesteigerten konvektiven Wärmeverlust bei Temperaturen unterhalb von +10 °C	
	erforderliche Bekleidungsisolation • analytisches Summenmaß auf Basis der für eine ausgeglichene Wärmebilanz erforderlichen Isolation der Bekleidung	DIN EN ISO 11079 (2006)
personenbezogene Einflussgrößen der Klimabeurteilung, gültig für alle Klimabereiche	Ermittlung des (Arbeits-)Energieumsatzes (metabolische Wärmeproduktion)	DIN EN ISO 8996 (2005)
	Wärmeisolation und Verdunstungswiderstand der Bekleidung	DIN EN ISO 9920 (2004)

Abbildung III-262 Beurteilung der Klimabelastung – Methoden und Normen[312]

Für den *Behaglichkeitsbereich* wurde das Klimasummenmaß »Vorhergesagte mittlere Beurteilung« (Predicted Mean Vote PMV[313]) entwickelt. PMV sagt den Durchschnittswert der Klimabeurteilung durch eine große Personengruppe auf einer siebenstufigen Skala der thermischen Empfindung voraus. Die Skalenstufen sind mit »kalt« – »kühl« – »etwas kühl« – »neutral« – »etwas warm« – »warm« – »heiß« verbalisiert. In die Bestimmung von PMV gehen alle sechs Einflussgrößen der Klimabeurteilung ein. Mit Hilfe von PMV kann vorhergesagt werden, wie groß der Anteil mit den jeweiligen Klimabedingungen unzufriedener Personen (Predicted Percentage of Dissatisfied PPD) ist, wobei »unzufrieden« einer der Einstufungen »warm«, »heiß«, »kühl« und »kalt« entspricht. Es wird empfohlen, die Klimabedingungen so einzurichten, dass PPD unter 10 % liegt.

Behaglichkeitsbereich

312 DIN EN ISO 8996: Ergonomie der thermischen Umgebung – Bestimmung des körpereigenen Energieumsatzes (2005);
DIN EN ISO 9886: Ergonomie – Ermittlung der thermischen Beanspruchung durch physiologische Messungen (2004);
DIN EN ISO 9920: Ergonomie des Umgebungsklimas – Abschätzung der Wärmeisolation und des Verdunstungswiderstandes einer Bekleidungskombination (2004);
DIN EN ISO 11079: Ergonomie der thermischen Umgebung, a. a. O., 2004.;
DIN EN ISO 12894: Ergonomie des Umgebungsklimas – Medizinische Überwachung von Personen, die einer extrem heißen oder kalten Umgebung ausgesetzt sind (2002);
DIN EN 13779: Lüftung von Nichtwohnräumen – Allgemeine Grundlagen und Anforderungen an Lüftungs- und Klimaanlagen (2005);
DIN EN ISO 15265: Ergonomie der thermischen Umgebung – Strategie zur Risikobeurteilung zur Abwendung von Stress oder Unbehagen unter thermischen Arbeitsbedingungen (2004);
DIN EN 27243: Ermittlung der Wärmebelastung des arbeitenden Menschen mit dem WBGT-Index (Wet Bulb Globe Temperature) (1993);
DIN 33403, a. a. O., 2000.

313 DIN EN ISO 7730: Ergonomie der thermischen Umgebung – Analytische Bestimmung und Interpretation der thermischen Behaglichkeit durch Berechnung des PMV- und des PPD-Indexes und Kriterien zur lokalen thermischen Behaglichkeit, 2006.

Vorgehensweise bei der Gestaltung

Die Arbeitsgestaltung sollte nach folgender Maßnahmen-Hierarchie vorgehen (vgl. Abbildung III-263): In der ersten Stufe muss versucht werden, die Entstehung belastender Klimabedingungen zu verhindern, z. B. durch Einsatz entsprechender Fertigungsverfahren oder durch bauliche Maßnahmen zur Verhinderung von Sonneneinstrahlung am Arbeitsplatz. Die zweite Stufe betrifft Maßnahmen, mit deren Hilfe die Wärmeübertragung zwischen Quelle und Arbeitsplatz unterbunden wird, beispielsweise durch Umkleidung von Strahlungsquellen oder Schutzschirme oder durch Belüftungsmaßnahmen. Auf der dritten Stufe wird versucht, die Hitzeeinwirkung auf den arbeitenden Menschen zu verhindern bzw. zu reduzieren. Dies geschieht z. B. durch die räumliche Trennung von Wärmequelle und Arbeitsbereich (z. B. in Form abgeschirmter Steuerstände) oder durch ein Arbeitszeit-Pausen-Regime, bei dem durch Pausen in neutralem Klima einer thermischen Überbeanspruchung vorgebeugt wird. Gelingt es durch derartige Gestaltungsmaßnahmen nicht, die Wärmebelastung in ausreichendem Maße zu reduzieren, ist die Benutzung *persönlicher Schutzausrüstungen* vorzusehen, z. B. Hitzeschutzkleidung aus aluminiumbeschichtetem Gewebe bei Arbeiten an glühendem oder schmelzflüssigem Material.

Verhalten bei Hitzearbeit

Neben diesen technischen und organisatorischen Maßnahmen muss Arbeits- und Gesundheitsschutz auch direkt am arbeitenden Menschen ansetzen: Physiologische Schutzmaßnahmen bestehen insbesondere in Eignungsuntersuchungen. Auch dabei als tauglich eingestufte Beschäftigte sollten an die Bedingungen akklimatisiert sein. Erträglichkeitsgrenzen für Hitzearbeit gehen von einem ausreichenden Trinkregime aus: Der Schweißverlust, der unter extremen Bedingungen bis zu 10 Liter in der 8-Stunden-Schicht betragen kann, muss durch ausreichende Flüssigkeitszufuhr während der Arbeitszeit zumindest teilweise kompensiert werden. Als Hitzegetränk eignet sich besonders lauwarmer, möglichst ungesüßter Kräutermischtee. Nicht geeignet sind – wegen der oft großen aufzunehmenden Flüssigkeitsmenge – Kaffee, schwarzer Tee, alkoholhaltige und kohlensäurehaltige Getränke. Zusätze von Kochsalz oder anderen Elektrolyten zur Kompensation des schweißbedingten Verlusts sind nicht erforderlich; diese Stoffe werden mit normaler Ernährung in ausreichendem Maße aufgenommen.

konzeptionelle Maßnahmen	• Auswahl von unter dem Aspekt der Klimabelastung geeigneten Fertigungsverfahren
bauliche Maßnahmen	• zur Regulierung der Sonneeinstrahlung • zur Steigerung des Luftaustausches
technische Maßnahmen	• zur Regelung von Temperatur, Feuchte, Luftaustausch • zur Reduzierung der Wärmestrahlung • zum Schutz vor der Entwicklung von Wärmestrahlung auf den Menschen
organisatorische Maßnahmen	• Begrenzung der Expositionszeit ... durch Arbeitswechsel ... durch Klimapausen (Abkühlen, Aufwärmen) • persönliche Schutzausrüstung (Hitze-, Kälte-, Regenschutzkleidung)
personen-(verhaltens-) bezogene Maßnahmen	• Eignungsuntersuchung • Akklimatisierung • Anpassen der Bekleidung (persönliche Schutzausrüstung) • Anpassung der Körperaktivität an die Klimabedingungen • Trinkregime bei Hitzebelastung
Aufgabengestaltung körperlicher Arbeit	• Vorsehen bei Arbeit in Kälte • Vermindern bei Arbeit in Hitze

Abbildung III-263 Maßnahmen zur Minderung von Belastung und Gefährdung durch das Klima am Arbeitsplatz

Gestaltungsmaßnahmen bei Hitzearbeit

Erfolgt die Erwärmung von Innenräumen vor allem durch Sonneneinstrahlung, können bauliche Maßnahmen Abhilfe schaffen: Dachüberstände und auskragende Lamellen schirmen im Sommer die hochstehende Sonne ab, während im Winter die Wärmezufuhr durch Sonnenstrahlung erhalten bleibt. Jalousien können der Intensität der Sonnenstrahlung entsprechend eingestellt werden. Zu bevorzugen sind Außenjalousien, die die absorbierte Strahlungswärme an die Außenluft abgeben, während Innenjalousien die Innenluft erwärmen und als Sekundärstrahler wirken. Auch Strahlung absorbierende Fensterscheiben erwärmen sich und heizen den Innenraum auf; günstiger sind daher Reflexionsschichten auf den Scheiben.

Bei Wärmestrahlungsquellen im Arbeitsbereich sollten die strahlenden Flächen möglichst klein sein, ihre Temperatur durch Isolation so gering wie möglich gehalten und die Abstrahlung durch Umkleidungen mit geringem Emissionsvermögen (z. B. blanke Bleche) oder durch Anstriche wärmestrahlender Flächen mit Aluminiumfarben verringert werden. Die Einwirkung unvermeidlicher Wärmestrahlung auf die Beschäftigten kann durch Abschirmungen aus reflektierenden Blechen und bei der Notwendigkeit von Sichtkontakt aus Drahtgewebe oder Schutzglas oder durch Wasserschleier vermindert werden.

Hohe Lufttemperaturen und Luftfeuchten können durch erhöhte Luftwechselraten vermieden werden, durch natürlichen Luftwechsel über geöffnete Fenster, Türen und Dachaustrittsöffnungen. Bei künstlicher Belüftung dürfen die Frischlufttemperatur nicht so niedrig und die Luftgeschwindigkeit so hoch sein, dass an einzelnen Arbeitsplätzen Diskomfortempfindung oder gar gesundheitliche Beeinträchtigung infolge Zugluft oder kühle Temperaturen entstehen

Die Steigerung der Luftwechselrate trägt auch dazu bei, die Wärmebelastung durch Sonneneinstrahlung und durch Wärmequellen im Arbeitsbereich zu reduzieren.

Raumlufttechnische Anlagen (RLT)

Klimaanlagen erzeugen ein für Menschen zuträgliches Klima und stellen Frischluft in der für die Arbeit erforderlichen Menge und Qualität/Gefahrstofffreiheit bereit.[314] Für die störungsfreie Funktion von Maschinen und Anlagen sichern sie die notwendigen Umgebungsbedingungen, beispielsweise durch die Abfuhr der Prozesswärme einer DV-Anlage oder durch eine staubfreie Atmosphäre bei der Chipfertigung.

Vorteile der maschinellen Lüftung[315] sind ihre Unabhängigkeit von den Außenbedingungen und die Möglichkeit einer gezielten Luftführung im Raum. Durch diffuse Luftführung über sehr viele kleine Zulufteinlässe in der Decke und durch Beimischung von Raumluft oder Temperierung der Zuluft kann Diskomfortempfinden weitgehend vermieden werden. Durch Luftführung von unten nach oben – bei der von unten zugeführte Zuluft die verbrauchte Raumluft nach oben in die Abluftdüsen verdrängt und die Vermischung von Zu- und Raumluft gering gehalten wird – können vor allem Räume mit hohem Wärmeanfall und gleichzeitig geringen Anforderungen an die Behaglichkeit belüftet/klimatisiert werden, beispielsweise thermisch hochbelastete DV-Anlagen.

Teil-Klimaanlagen regeln Raumtemperaturen oder Raumluftfeuchten auf vorgegebene Werte. Zusätzlich zur Lüftungsanlage müssen sie mit Einrichtungen zur Kühlung oder Erwärmung der Zuluft oder zu ihrer Be- und Entfeuchtung versehen werden. Voll-Klimaanlagen müssen Raumtemperaturen und Raumluftfeuchten auf vorgegebenen Werten halten.

Extreme Prozesswärme ist für viele technische Prozesse erforderlich. Für dabei erforderliche Arbeitsvorgänge im unmittelbaren Einflussbereich von Hitze muss das Tragen persönlicher Schutzausrüstung vorgeschrieben werden. Die zusätzliche Belastungswirkung von Schutzbekleidung gegen Hitze ist dabei zu beachten.

Gestaltungsmaßnahmen bei Kältearbeit

Ergonomische Gestaltungsmaßnahmen bei Kältearbeit zielen insbesondere darauf ab, eine Unterkühlung des Körperinneren und der Körperperipherie – hier vor allem von Händen und Fingern sowie von Füßen und Zehen – zu vermeiden.[316] Grenzkriterien bezüglich der Hauttemperatur sind

314 Peters, H.: Klimaanlagen und Lüftung. In: Landau, K.; G. Pressel (Hrsg.): Medizinisches Lexikon der beruflichen Belastungen und Gefährdungen, 2. Auflage. Stuttgart: Gentner, 2009, S. 525–529.
315 Vgl. BGR 121, Arbeitsplatzlüftung – Lufttechnische Maßnahmen, 2004.
316 Gebhardt, Hj.; Müller, B. H.: Ergonomische Gestaltung von Kältearbeitsplätzen. Dortmund: Bundesanstalt für Arbeitsschutz und Arbeitsmedizin (Hrsg.), 2003.

dabei eine minimale mittlere Hauttemperatur von 30 °C und eine minimale lokale Hauttemperatur (insbesondere an Fingern und Zehen) von 12 °C.[317] An ortsgebundenen Kältearbeitsplätzen können Strahlungsheizungen den Körper gezielt lokal beheizen; Wärmeleitung durch Körperkontakt kann durch Einsatz wärmeisolierender Materialien bei Arbeitssitzen und Fußbodenbelägen sowie durch beheizte Bedienelemente vermindert werden. Gabelstapler in Kühlhäusern können mit beheizten Fahrerkabinen und wärmeisolierten Fahrersitzen ausgestattet werden.

Organisatorische Maßnahmen

Organisatorische Maßnahmen betreffen besonders das Vorsehen von Aufwärmzeiten in neutraler Klimaumgebung. Da die kältebedingten Anpassungsvorgänge (Durchblutungsverminderung der Extremitäten, Verringerung der Hauttemperatur) nur sehr langsam zurückgebildet werden, sind lange Aufwärmpausen physiologisch günstiger als mehrere kurze. Empfehlungen für maximale Expositionsdauern und empfohlene Aufwärmzeiten in Abhängigkeit von der Temperatur des Kältebereichs gibt DIN 33405-5. Für Arbeiten bei der Lebensmittelherstellung mit Lufttemperaturen bis −18 °C wird die maximale Arbeitsdauer auf 90 min begrenzt, bei einer Mindest-Aufwärmdauer von 15 min. Zusätzlich sollten in den Aufwärmräumen Warmluftgeräte und Wärmeplatten zur Beschleunigung der Wiedererwärmung bereitgestellt werden.

Durch spezielle Kälteschutzkleidung kann die erforderliche *Bekleidungsisolation* für den Körper in der Regel erreicht werden. Auch hier ist zu beachten, dass Kälteschutzkleidung durch Gewicht und Bewegungseinschränkung einen zusätzlichen Belastungsfaktor darstellt. Bei körperlicher Arbeit und bei häufigeren Wechseln zwischen Kältebereich und z. B. normalem Hallen- oder Außenklima kann es zu vermehrter Schweißbildung kommen; durch von der Kleidung aufgesogenen Schweiß wird so die Isolationswirkung der Bekleidung für nachfolgende Arbeitsphasen in Kälte stark vermindert.

Gerade im Bereich der Kältearbeit sind die Gestaltungsanforderungen teilweise widersprüchlich: Kältearbeit ohne größere körperliche Aktivität und damit innerer Wärmeproduktion, wie z. B. Gabelstaplerfahren beim Kommissionieren im Kühlhaus, sollte möglichst vermieden werden, ebenso wie Arbeit mit wechselnder körperlicher Aktivität, wo die zeitweilige Schweißentwicklung die Wirksamkeit der Schutzkleidung reduziert. Ebenso wenig sollte der Ablauf häufige Wechsel zwischen dem Kältebereich und normal temperierten Bereichen vorsehen, ohne dass dann die Schutzkleidung abgelegt wird.

Gestaltungsmaßnahmen im Komfortbereich

Die Klimabedingungen für behagliche Bedingungen können mit Hilfe des Summenmaßes PMV abhängig von der Arbeitsschwere und der Bekleidung ermittelt werden. Nach der Arbeitsstättenrichtlinie werden für überwiegend sitzende Tätigkeit mindestens 19 °C Raumtemperatur vorgeschrieben, die Höchsttemperatur soll 26 °C nicht überschreiten.[318] Da das im Sommer auch im Büro oder in Werkshallen nicht immer einzuhalten ist, wird empfohlen, die Unterschiede zwischen Innen- und Außentemperatur zu begrenzen und für behagliche Bedingungen die Raumtemperatur oberhalb einer Außentemperatur von 26 °C ansteigen zu lassen.

Temperaturunterschiede zwischen Raumluft und Wand- oder Fensterflächen sollten möglichst gering sein, empfohlen werden Abweichungen von maximal 2 °C; vor allem im Winter führt die Wärmeabstrahlung des Körpers sonst zu Diskomfort. Übermäßige Sonneneinstrahlung im Sommer kann durch bauliche Maßnahmen (z. B. Dachüberstände, Auskragungen) oder durch Lamellen abgeschirmt werden, während im Winter die Wärmezufuhr durch die Sonne erhalten bleibt.

Zugluft ist für behagliche Bedingungen besonders bei Tätigkeiten ohne nennenswerte körperliche Aktivitäten möglichst zu vermeiden. Die Luftfeuchte sollte in geheizten Räumen im Bereich zwischen

317 DIN 33403, a. a. O., 2000.

318 Arbeitsstättenrichtlinien ASR 5: Lüftung, ASR 6/1.3: Raumtemperaturen. Hinweis: Zum Zeitpunkt der Drucklegung dieses Buches lagen die neuen Arbeitsstättenregeln ASR A3.6 Lüftung und ASR A3.5 Raumtemperaturen noch nicht vor.

ca. 40 % und 65 % liegen; bei höheren Werten wird die Schweißverdunstung behindert, niedrigere Feuchtigkeit lässt die Schleimhäute der Augen und der Atemwege austrocknen.

Behaglichkeitsbereich

Im *Behaglichkeitsbereich* werden auch nach dem Summenmaß PMV für eine Tätigkeit optimale Klimabedingungen von einer Reihe von Personen jeweils als zu warm oder zu kühl beurteilt (vgl. Abbildung III-264). In einem Großraumbüro oder einer Werkshalle ist es daher nicht möglich, durch Klimatisierung für alle dort Tätigen behagliche Bedingungen zu schaffen; bei unterschiedlichen körperliche Aktivitäten und Bekleidungsniveaus an verschiedenen Arbeitsplätzen wird der Anteil von mit dem Raumklima Unzufriedener noch erheblich größer. Individuelle Einflussmöglichkeiten der Betroffenen auf das Klima am Arbeitsplatz, die auch dem Gefühl entgegenwirken, den gegebenen Bedingungen ausgeliefert zu sein, sind in klimatisierten Bereichen oft nicht gegeben oder sie beeinflussen auch die Mitarbeiter an benachbarten Arbeitsplätzen.

Die neue *Arbeitsstättenverordnung* enthält bezüglich der Raumlüftung keine konkreten Zahlenangaben für Mindestgrundfläche, lichte Höhe und Mindestluftraum.

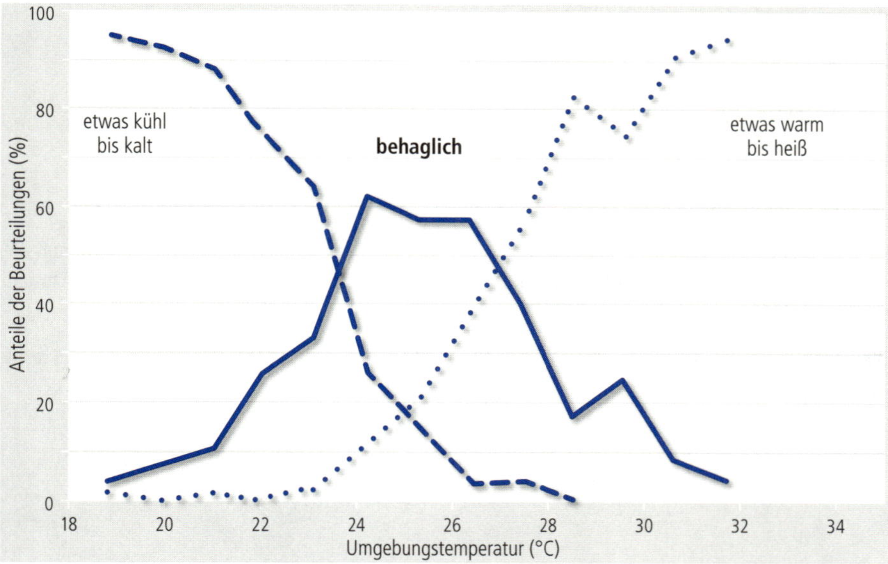

Abbildung III-264 Thermische Empfindung in Abhängigkeit von der Umgebungstemperatur[319]

5.7.4 Schall

Definition

Mit *Schall* bezeichnet man Schwingungen der Luft oder anderer elastischer Medien, die im Hörbereich des Menschen liegen. Schallschwingungen können sich in Gasen, in Flüssigkeiten und in festen Körpern (Körperschall) ausbreiten. Bei Luftschall handelt es sich um Schwankungen des Luftdrucks um den atmosphärischen Druck. Am häufigsten wird der Schall beim Betrieb von technischen Geräten beweglichen Teilen sowie bei Bearbeitung, Transport und Handhabung von Material und Werkstücken erzeugt. Töne sind Schallschwingungen mit einer einzigen Frequenz; Klänge sind Überlagerungen von Schallschwingungen mit mehreren harmonischen Frequenzen. Geräusche sind

319 Vgl. Fanger, P. O.: Thermal Comfort. Malabar: Robert E. Krieger Publishing Company, 1982.

aperiodische Luftdruckschwankungen, an denen viele unterschiedliche Frequenzen beteiligt sind. Ein impulsartiges Schallereignis wird als Knall bezeichnet.

Jeglicher Schall, der subjektiv als belästigend empfunden wird, der störend wirkt und/oder der gesundheitsschädlich ist, wird als *Lärm* bezeichnet. Der Grad von Belästigung und Störung hängt neben der Intensität des Schalls auch vom Informationsgehalt (z. B. Musik, Sprache) und von der Einstellung des Hörers gegenüber der Art des Schalls und dem Verursacher ab.[320]

Physikalische Grundlagen

Schall wird gekennzeichnet durch seine Frequenz bzw. Frequenzzusammensetzung und durch die Schallstärke, die durch die *Schallintensität* oder den *Schalldruck* ausgedrückt wird.

Die von einer Schallquelle pro Zeiteinheit abgegebene Energie heißt *Schallleistung*. Unter Schallintensität wird die Schallleistung je Flächeneinheit (in W/m^2) verstanden. Der Mensch kann Schallintensitäten von der *Hörschwelle* bei 10^{-12} W/m^2 bis zur *Schmerzgrenze* bei 1 W/m^2 (und darüber hinaus) wahrnehmen.[321] Für diesen äußerst großen Wahrnehmungsbereich empfiehlt sich die Verwendung eines logarithmischen Intensitätsmaßes.

Der *Schallintensitätspegel* L_I ist definiert als

$$L_I = 10 \lg\left(\frac{I}{I_0}\right) \qquad \text{(in dB)}$$

(I_0: Schallintensität an der Hörschwelle bei 1.000 Hz: $I_0 = 10^{-12}$ W/m^2)

Entsprechend dem logarithmischen Aufbau der Dezibel-Skala entspricht eine Verdopplung der Schallintensität einer Pegelzunahme um 3 dB, eine Verzehnfachung der Intensität einer Pegelzunahme um 10 dB.

Die Schallintensität ist dem Quadrat des Schalldrucks proportional. Für den *Schalldruckpegel* resultiert daraus:

$$L_p = 20 \lg\left(\frac{p}{p_0}\right)$$

(p_0: Schalldruck an der Hörschwelle bei 1.000 Hz: $p_0 = 2 \cdot 10^{-5}$ Pa)

Rechnen mit Schallpegeln

Die beim Empfänger ankommende Schallintensität hängt neben der Schallleistung vom Abstand zur Schallquelle ab. Die Schallleistung einer punktförmigen Schallquelle, die in den freien Raum abstrahlt, breitet sich gleichförmig auf einer Kugelfläche im Raum aus: eine Verdopplung des Abstandes von der Schallquelle (entsprechend einer Vervierfachung der Kugeloberfläche) führt zur Verminderung des Schallpegels um 6 dB. Wirken am gleichen Ort zwei (oder mehrere) Schallpegel, kann der Gesamtpegel mit Hilfe eines Nomogramms ermittelt werden[322] (Abbildung III-265), das den zum höheren Schallpegel zu addierenden dB-Wert in Abhängigkeit von der Pegeldifferenz angibt: Eine gleich laute Schallquelle erhöht den Gesamtpegel um 3 dB, eine um 6 dB weniger laute Schallquelle steigert den Gesamtpegel nur um 1 dB und bei einer Pegeldifferenz von 20 dB trägt die leisere Schallquelle praktisch nichts mehr zum Gesamtpegel bei.

320 Vgl. DIN 1320/A1 Akustik-Begriffe; Änderung 1, Norm-Entwurf, 2007.
321 Auf die Eigenschaften des menschlichen Gehörs wurde bereits im Teil II, Abschnitt 2.5.5 eingegangen.
322 Vgl. DIN 45641, Mittelung von Schallpegeln, 1990; DIN 45645, Ermittlung von Beurteilungspegeln aus Messungen, 1995/1997.

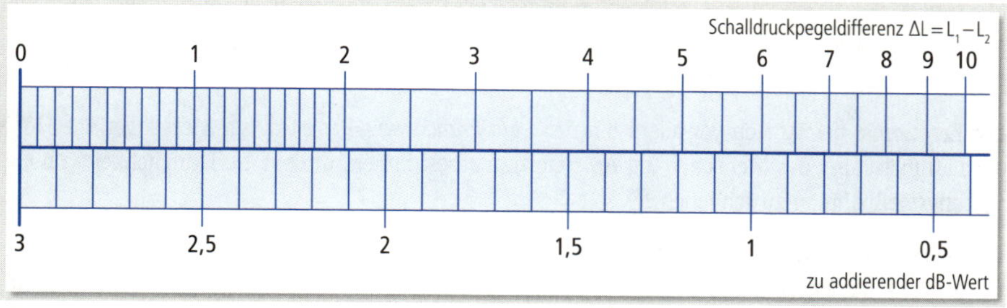

Abbildung III-265 Ermittlung des Gesamtpegels bei zwei Schallquellen

Beispiel

Abbildung III-266 und Abbildung III-267 enthalten ein Beispiel zur Berechnung des Gesamtpegels aus den Einzelpegeln an mehreren Maschinen.

Problemstellung:

Bei der Neugestaltung eines Fertigungsablaufs sollen in der Nähe eines lärmgeminderten Montageplatzes mehrere Maschinen aufgestellt werden (siehe Skizze).

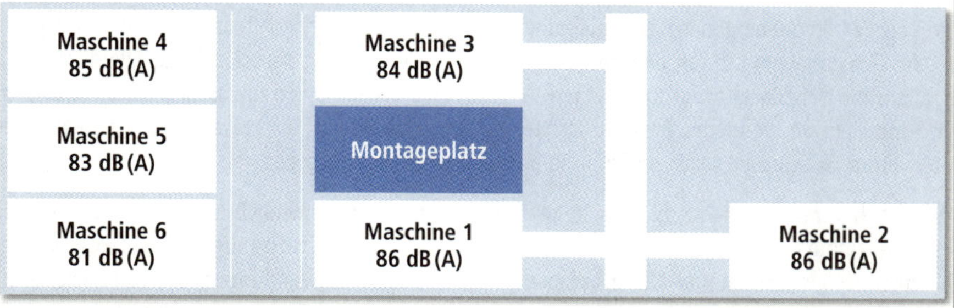

Wie hoch ist die zu erwartende Lärmbelastung des Mitarbeiters am Montageplatz?

Maschine	1	2	3	4	5	6
Einzelpegel L [dB (A)]	86	86	84	85	83	81

Abbildung III-266 Beispiel Gesamtpegel bei mehreren Schallqellen – Teil 1

Maschine	1	2	3	4	5	6
Einzelpegel L [dB (A)]	86	86	84	85	83	81

Addition der Einzelpegel der Maschinen 1 und 2:	$L_1 = L_2 = 86$ dB (A) $L_{1+2} = 86$ dBA + 3 dB (A) = 89 dB (A)	
Addition der Einzelpegel der Maschinen 3, 4 und 5, 6:	$L_3 = 84$ dB (A) $L_5 = 83$ dB (A)	$L_4 = 85$ dB (A) ⇒ $\Delta L_{3,4} = 1$ dB (A) $L_6 = 81$ dB (A) ⇒ $\Delta L_{5,6} = 2$ dB (A)
Maschine Schallpegel	1 + 2 89 dB (A)	3 + 4 + 5 + 6 89,5 dB (A)
Addition der errechneten Schallpegel	$L_{1,2} + L_{3,4+5,6}$ $\Delta L = 0{,}5$ dB (A) **$L_{ges} = 92{,}3$ dB (A)**	

Abbildung III-267 Beispiel Gesamtpegel bei mehreren Schallquellen – Teil 2[323]

323 Landau, K.: Arbeitsunterlage, a. a. O., S. 32

Schallmessung und -beurteilung

Messungen der *Schallemission* erfolgen unter der Zielsetzung, die von einer Schallquelle, z. B. einer Maschine, ausgehende Schallleistung zu ermitteln, um sie mit Emissionsgrenzwerten (z. B. des Maschinenschutzgesetzes) zu vergleichen.[324]

Die Ergonomie befasst sich vor allem mit der *Lärmimmission.* Hier ist durch Messungen die Höhe der Lärmbelastung des Menschen am Arbeitsplatz zu bestimmen, um auf die Dringlichkeit von Gestaltungsmaßnahmen zu schließen.[325]

Die Belastung durch Schall wird bestimmt durch Belastungshöhe und Belastungsdauer. Die Belastungshöhe wird vor allem durch die Schallstärke (z. B. den Schalldruck) und die Frequenz gekennzeichnet; für die Belastungsdauer ist neben der Einwirkungsdauer der zeitliche Verlauf der Schalleinwirkung von Bedeutung. Für den zeitlich veränderlichen Schalldruck wird als Intensitätsmaß der Effektivwert, d. h. der mittlere Betrag, mit Hilfe eines Mikrophons gemessen. Eine für die Schallimmission repräsentative Messung muss in ihrer Dauer an der Art des Schallereignisses bzw. am zeitlichen Verlauf des Pegels orientiert werden: Je gleichförmiger der Pegel verläuft, desto kürzer kann die Messdauer sein; für unvorhersehbar schwankende Schallpegel muss über den gesamten *Beurteilungszeitraum,* z. B. die 8-Stunden-Schicht, gemessen werden. Da die Empfindlichkeit des Menschen gegenüber Schalleinwirkung stark frequenzabhängig ist, muss die Frequenzzusammensetzung des Schalls berücksichtigt werden.[326]

Die von der Frequenz abhängige Empfindlichkeit des Menschen gegenüber Schalleinwirkung wird bei der Schallmessung durch eine frequenzabhängige Gewichtung berücksichtigt. Hierdurch ist es möglich, die Schallbelastung durch einen Wert auszudrücken. Der frequenzbewertete Schallpegel wird mit dem verwendeten Bewertungsfilter gekennzeichnet. In der Praxis wird vorwiegend der A-bewertete Schallpegel verwendet und in der Einheit dB(A) angegeben.

Bei zeitlich veränderlichen Schallpegeln kann die Anzeige unterschiedlich träge eingestellt werden. Im Arbeitsschutz wird überwiegend die Zeitbewertung F (»fast«) verwendet (die auf Pegelsprünge mit einer Zeitkonstanten von 125 ms reagiert). In besonderen Anwendungsfällen wird auch die Impulsbewertung I eingesetzt, die durch eine schnelle Reaktion bei Pegelanstieg und eine sehr große Zeitkonstante beim Abfall eine starke Gewichtung von impulshaltigen Schallereignissen bewirkt; dies berücksichtigt deren besondere Wirkung auf das Gehör. Die Einstellung S (slow) wird bei Schallleistungsmessungen an Maschinen (Emissionsmessung) verwendet.

Bei zeitlich veränderlichen Schallpegeln muss ein *Mittelungspegel* bestimmt werden, indem mit einem festen Takt (z. B. 1/s) der Schallpegel abgetastet und über das Messintervall ein entsprechend der logarithmischen Pegelskala gewichteter Mittelwert gebildet wird. Dieser Mittelungspegel wird als äquivalenter Dauerschallpegel L_{eq} bezeichnet. Die genaue Kennzeichnung des Mittelungspegels für einen Messzeitraum erfolgt durch die zusätzliche Angabe von Bewertungsfilter und Zeitbewertung. Der Mittelungspegel $L_{A\,F\,eq}$ wurde beispielsweise mit A-Bewertung in der Einstellung »fast« gemessen.

324 Vgl. DIN 45630, Grundlagen der Schallmessung, 2003; DIN 45635, Geräuschmessung an Maschinen, 1984/1987; DIN EN 61672, Schallpegelmesser, 2003; ISO 9612 Akustik – Messung und Berechnung der Lärmexposition im Arbeitsbereich – Verfahren der Genauigkeitsklasse 2, DIN 45631/A1, Berechnung des Lautstärkepegels und der Lautheit aus dem Geräuschspektrum – Verfahren nach E. Zwicker – Änderung 1: Berechnung der Lautheit zeitvarianter Geräusche, Norm-Entwurf, 2008.

325 Die Technische Anleitung zum Schutz gegen Lärm (TA Lärm) ist eine Allgemeine Verwaltungsvorschrift der Bundesrepublik Deutschland, die dem Schutz der Allgemeinheit und der Nachbarschaft vor schädlichen Umwelteinwirkungen durch Lärmeinwirkung dient. Wichtig ist die TA Lärm für Genehmigungsverfahren von Gewerbe- und Industrieanlagen sowie zur nachträglichen Anordnung bei bereits bestehenden genehmigungsbedürftigen Anlagen. Sie gilt nicht für Straßenverkehrslärm, Schienenverkehrslärm, Fluglärm oder Sportlärm.

326 Vgl. Institut für angewandte Arbeitswissenschaft IfaA (Hrsg.): Lärm und Vibrationen am Arbeitsplatz. Messtechnisches Taschenbuch für den Betriebspraktiker. Köln: Wirtschaftsverlag Bachem, 1994.

Schallpegel – Grenzwerte		
überwiegend geistige Tätigkeiten (hohe Konzentration, gute Sprachverständlichkeit), z. B. techn.-wissenschaftl. Arbeiten; Entwerfen, Korrigieren schwieriger Texte	nicht überschreiten: L_T = 55 dB(A) anstreben: L_T = 40 dB(A)	ArbStV VDI 2058/3 EG-Richtl. 90/270
Büros Sitzungsräume Gaststätten Unterrichtsräume Bibliotheken Wohnräume	anzustrebende Hintergrundgeräusche: L_{Aeq} = 30–45 dB(A) L_{Aeq} = 30–35 dB(A) L_{Aeq} = 40 dB(A) L_{Aeq} = 30–45 dB(A) L_{Aeq} = 30–45 dB(A) L_{Aeq} = 30–45 dB(A)	VDI 2569 VDI 2719 VDI 2081 VDI 4109
alle technischen Geräuschquellen (Maschinen)	**L_{pAc} > 70 dB(A)** Geräuschangabe: L_{WAc} = … dB(A) L_{pAc} = … dB(A) **L_{pAc} > 70 dB(A)** Geräuschangabe: L_{pAc} < 70 dB(A)	EG-Richtl. 86/188 89/392 Geräusch-sicherheitsgesetz
Beeinträchtigung Tätigkeit/Raumart Maschine	**Arbeitsplatz:** Beurteilungspegel (L_T) Schalldruckpegel (L_{Aeq}) **Maschine:** arbeitsplatzbezogener Emissionswert (L_{pA})	
Allgemeiner Grundsatz: Der Schallpegel soll so niedrig wie technisch möglich sein. Gesundheit, insbes. Gehörgefährdung, Unfallgefährdung, alle Tätigkeiten	**L_T ≥ 90 dB(A):** Lärmminderungsprogramm durchführen, Lärmbereiche kennzeichnen, Gehörschutz tragen **L_T ≥ 85 dB(A):** Geräuschangabe von Maschinen verlangen, Lärmbereiche ermitteln, Gehörschutz zur Verfügung stellen, an der Gehörvorsorge teilnehmen	ArbStV VDI 2058/2 EG-Richtl. 86/188
einfache und überwiegend mechanisierte Bürotätigkeiten, z. B. Disponieren, Verkaufen	nicht überschreiten: L_T = 70 dB(A) anstreben: L_T = 60 dB(A)	ArbStV VDI 2058/3 EG-Richtl. 90/270

Abbildung III-268 Schallpegel – Grenzwerte[327]

Beurteilungspegel

Der *Beurteilungspegel* kennzeichnet die Wirkung eines Geräuschs auf das Gehör. Er ist der Pegel eines achtstündigen konstanten Geräusches oder bei zeitlich schwankendem Pegel der diesem gleichgesetzte Pegel. Er wird in dB(A) angegeben.[328] Bei der Beurteilung hinsichtlich Lästigkeit und Störung (siehe unten) sind Impuls- und Tonzuschlag zu berücksichtigen; bei der Beurteilung der Schädigungsmöglichkeit in Lärmbereichen wird zunächst der äquivalente Dauerschallpegel ohne Zuschläge bestimmt und danach entschieden, ob ein *Lärmbereich* vorliegt ($L_{A\,r} \geq 85$ dB (A), vgl. auch Abbildung III-268).

Der Beurteilungspegel wird aus dem äquivalenten Dauerschallpegel $L_{A\,eq}$ für die langfristig typische Arbeitsschicht und den Zuschlägen für Impulshaltigkeit und Tonhaltigkeit bestimmt.

Bei zeitlich wechselnden Lärmbedingungen am gleichen Ort oder bei Arbeit an verschiedenen Orten wird der Beurteilungspegel durch zeitgewichtete Mittelung bestimmt.

$$L_r = 10\,\lg\left\{\left(\frac{1}{T}\right)\sum\left(t_i \cdot 10\frac{L_i}{10}\right)\right\}$$

327 Eine kritische Übersicht zu den verschiedenen Methoden zur Messung und Bewertung der Schallbelastung findet man bei Strasser, H.: Dosis-Maxime und Energie-Äquivalenz bei der Beurteilung von Lärm sowie physiologische Kosten von Schallbelastungen. In: Lärmbekämpfung, 2, 2011, S. 51–57.

328 Unfallverhütungsvorschrift Lärm, BGV B3 (bisher VBG 121), 1990/2005.

mit

L_r, L_i in dB(A);

i indiziert zeitliche Abschnitte mit unterschiedlichen Lärmbedingungen;

T: Beurteilungszeitraum.

Dem logarithmischen Maßstab entsprechend spielt es beispielsweise fast keine Rolle, wie hoch der Schallpegel während 90 % der Beurteilungszeit genau ist, wenn er nur mindestens um 20 dB geringer ist als in den restlichen 10 % des Beurteilungszeitraums. Auch die Halbierung der Dauer der Schalleinwirkung führt im logarithmischen Maßstab nur zu einer Reduzierung des Beurteilungspegels um 3 dB. Dies bedeutet auch, dass Lärmpausen nur eine begrenzte Wirkung auf die gesamte Lärmbelastung haben bzw. dass Lärmpausen nach starker Lärmexposition sehr lange dauern müssen: Bei 95 dB(A) darf eine Lärmexposition nur maximal 10 % der Schichtzeit andauern, damit der Beurteilungspegel für die 8-Stunden-Schicht den Grenzwert der schädigungsfrei zulässigen Exposition von 85 dB(A) erreicht, wenn in den restlichen 90 % der Pegel 75 dB(A) nicht überschreitet.

Lärmwirkungen

Eine ausreichend lange und intensive Lärmeinwirkung führt zunächst zu einer reversiblen Vertäubung, die sich in der Regel innerhalb von 12 bis 14 Stunden völlig zurückbildet.[329] Bei chronischer Lärmwirkung können die Haarzellen des Innenohrs dauerhaft geschädigt werden. Diese *Lärmschwerhörigkeit* kann ab einem Beurteilungspegel von ca. 85 dB(A) eintreten. Als Durchschnittswert kann davon ausgegangen werden, dass bei einer Exposition von 90 dB(A) über täglich 8 Stunden bei 5 % der Betroffenen nach 10 Jahren eine beginnende Lärmschwerhörigkeit zu beobachten ist (Hörverlust 30 dB bei einer Frequenz von 3 kHz). Die Entwicklung der Lärmschwerhörigkeit folgt einer Dosis-Wirkungs-Beziehung: Bei Verdopplung der Schallintensität wird bereits nach der Hälfte der Expositionszeit der gleiche Schädigungseffekt erreicht. Bei einer täglichen Exposition mit 93 dB(A) muss somit bereits nach 5 Jahren bei ca. 5 % der exponierten Personen mit beginnender Lärmschwerhörigkeit gerechnet werden. Umgekehrt kann die Verringerung der Lärmbelastung zu einer entsprechenden Verschiebung führen, wodurch die Bedeutsamkeit von Lärmschutzmaßnahmen begründet wird.

Physische Reaktionen auf Lärmeinwirkung, die ohne bewusste Empfindung bei Beurteilungspegeln unter 85 dB(A) erfolgen, sind als Einstellungen des Organismus anzusehen. Hier sind vor allem zu nennen:

- Anstieg von Blutdruck, Herz- und Atemfrequenz,
- Verengung der peripheren Blutgefäße,
- Muskelanspannung,
- Nervosität und Schlafstörungen.

Das Ausmaß der Lästigkeit bzw. die Störung, die von Lärm ausgeht, wird wesentlich von subjektiven Merkmalen beeinflusst, so z. B. von der Gewöhnung an das und von der Einstellung zu dem Geräusch. Selbst erzeugter Lärm wird beispielsweise als weniger störend oder belastend empfunden als fremd erzeugter (z. B. beim Gebrauch einer Bohrmaschine im Mehrfamilienhaus), in positivem Zusammenhang bewertete Geräusche werden subjektiv als weniger oder nicht belastend beurteilt, auch wenn ihre Intensität objektiv schon gesundheitlich schädigend sein kann (z. B. laute Musik in der Disco).

329 Vgl. Landau, K. (Hrsg.): Lexikon Arbeitsgestaltung. Best Practice im Arbeitsprozess. Stichworte Lärm, Definitionen und Vorkommen; Lärmminderung; Lärmwirkungen. Stuttgart: Gentner, 2007 sowie Bundesanstalt für Arbeitsschutz und Arbeitsmedizin (Hrsg.): Gesundheitsschutz 4: Lärmwirkungen. Dortmund 2004; DIN EN ISO 9921, Ergonomie – Beurteilung der Sprachkommunikation, 2004; VDI 2058/3, Beurteilung von Arbeitslärm am Arbeitsplatz unter Berücksichtigung unterschiedlicher Tätigkeiten, 1999; VDI 2058/2, Beurteilung von Arbeitslärm am Arbeitsplatz hinsichtlich Gehörgefährdung, 1988.

Lärm und Produktivität

Störgeräusche z. B. von Maschinen oder Gesprächen im Hintergrund können die arbeitswichtige Kommunikation zwischen Menschen und mit Maschinen beeinträchtigen; dies geschieht durch

- Maskierung, wobei der Informationsgehalt durch Störungen überlagert und nicht mehr vollständig oder fehlerfrei wahrgenommen wird, oder
- Ablenkung, wobei die Zuwendung zur Arbeitsaufgabe nachlässt.

Das Verstehen gelesener oder gehörter Sätze und das Behalten von Informationen werden beeinträchtigt. Die willentliche Unterdrückung von Reaktionen auf störende Geräusche beansprucht mentale Kapazitäten, die zur Informationsverarbeitung dann nicht mehr bereitstehen. Hierdurch resultieren eine Beeinträchtigung von Funktionen des Arbeitsgedächtnisses, das Überhören und Übersehen arbeitswichtiger Informationen und eine schnellere Ermüdung. Nachfragen und Wiederholen nicht erfasster Informationen verbraucht Arbeitszeit, falsch verstandene Informationen beeinflussen das Arbeitsergebnis negativ, bei Einwegkommunikation können arbeitswichtige Informationen auch ganz verloren gehen. Gefährdungen entstehen für die Beschäftigten, wenn Warnsignale oder Warnrufe nicht wahrgenommen werden.

Auch Einschränkungen im Bereich von *Handgeschicklichkeit* und Bewegungsabläufen unter der Einwirkung von Lärm haben negative Auswirkungen auf die Leistung. Die Senkung des Schallpegels bei hoher, aber auch bei moderater Lärmbelastung kann erhebliche Leistungssteigerungen bewirken (Abbildung III-269).

Betriebsart/ Tätigkeit	Ausgangsschallpegel dB (A)	Lärmminderung dB (A)	Leistungssteigerung %
Baggertätigkeit	96	10	12
Maschinenfabrik	93	7	5
Konfektionsbetrieb	82	10	13
Büromaschinenmontage	78	12	13
Fernmeldeamt	65	9	17
Büro	–	10	12
Versicherungsanstalt	–	4	9
Maschinenschreiben	–	10	24

Abbildung III-269 Leistungssteigerung durch Schallpegelsenkungen[330]

Regelungen und Grenzwerte

Nach der Arbeitsstättenverordnung ist der Beurteilungspegel so niedrig zu halten, wie es nach Art des Betriebes möglich ist. Am Arbeitsplatz darf der Beurteilungspegel 85 dB(A) nicht überschreiten; sofern dieser Wert nach der betrieblich möglichen Lärmminderung zumutbarerweise nicht einzuhalten ist, darf er um 5 dB(A) überschritten werden. Die Lärm- und Vibrations-Arbeitsschutzverordnung[331] legt Auslösewerte für den Lärmpegel fest, bei deren Überschreitung der Arbeitgeber Schutzmaßnahmen nach dem Stand der Technik durchführen muss (Abbildung III-270).

330 Bundesanstalt für Arbeitsschutz und Arbeitsmedizin (BAuA, Hrsg.): Lärmwirkungen: Gehör, Gesundheit, Leistungen, 11. Auflage. Dortmund: 2004.
331 Verordnung zum Schutz der Beschäftigten vor Gefährdungen durch Lärm und Vibrationen, 2007/2008.

	Tages-Lärmexpositionspegel $L_{EX, 8h}$	Spitzen-Schalldruckpegel $L_{pC, peak}$
obere Auslösewerte	85 dB(A)	137 dB(C)
untere Auslösewerte	80 dB(A)	135 dB(C)

Abbildung III-270 Auslösewerte für den Lärmpegel

Bei Überschreiten eines der oberen Auslösewerte müssen der Arbeitsbereich als Lärmbereich gekennzeichnet und ein Programm zur Verringerung der Lärmexposition durchgeführt werden. Können auch danach die unteren Auslösewerte nicht eingehalten werden, muss der Arbeitgeber geeigneten persönlichen Gehörschutz zur Verfügung stellen, der die Gehörgefährdung beseitigt oder zumindest so verringert, dass der auf das Gehör einwirkende Lärm die oberen Auslösewerte nicht überschreitet. Der Gehörschutz muss verwendet werden, wenn auch nach Umsetzung der betrieblichen Maßnahmen zur Verringerung der Lärmexposition einer der oberen Auslösewerte überschritten wird. Einige Richtwerte von für unterschiedliche Arten von Tätigkeiten zulässige Lärmpegel wurden in Abbildung III-268 zusammengestellt. Sie haben den Charakter von Empfehlungen.

Schallschutz

Maßnahmen der Arbeitsgestaltung zum Schallschutz[332] müssen der in der Ergonomie grundlegenden Hierarchie folgen: Durch Auswahl geeigneter Technologie und Arbeitsverfahren sowie durch konstruktive Maßnahmen ist die Lärmentstehung zu verhindern oder zu vermindern, geeignete Konstruktionsmaßnahmen sollen dann die Lärmausbreitung verhindern oder begrenzen oder die Einwirkung auf den Menschen vermeiden. Reichen derartige technische Maßnahmen nicht aus, muss die Gesundheit der Beschäftigten durch Tragen persönlicher Schutzausrüstung geschützt werden.

Lärmentstehung an der Quelle verringern

Geräusche entstehen mechanisch vor allem durch Schlag oder Stoß, durch Reibung und durch wechselnde Kräfte (Unwucht) sowie durch Strömungen von Flüssigkeiten und Gasen, z. B. beim Transport in Rohrleitungen und bei Verbrennungsprozessen (Industrieöfen, offene Gasbrenner, Verbrennungsmotoren). Lärmminderung muss zuerst bei diesen Ursachen ansetzen.[333]

Zur Vermeidung von Schallentstehung tragen insbesondere der Einsatz lärmarmer Antriebe (Elektro- statt Verbrennungsmotor, Riemen- statt Kettenantrieb) und lärmarmer Arbeitsverfahren bei, die insbesondere Schlag- und Stoßvorgänge vermeiden (z. B. Schmiedepresse).

Der Schnittschlag in Stanzwerkzeugen wird durch geeigneten Schliff (Dachschliff, Schrägschliff, Wellenschliff) über einen längeren Weg verteilt und so die Lärmintensität erheblich vermindert; gleichzeitig sinkt die Beanspruchung der Maschine und die Standzeit der Werkzeuge steigt (Abbildung III-271).

Stoßvorgänge werden durch Dämpfung an der Krafteinleitungsstelle zeitlich gedehnt und so die Lärmintensität verringert.

332 DIN EN 457, Sicherheit von Maschinen; Akustische Gefahrensignale, Allg. Anforderungen, Gestaltung, Prüfung, 1992; DIN EN 11200–11204, Akustik – Geräuschabstrahlung von Maschinen und Geräten, 1996; DIN EN ISO 11688Akustik; Richtlinien für die Gestaltung lärmarmer Maschinen und Geräte, 2001; DIN EN ISO 14163Akustik; Leitlinien für den Schallschutz durch Schalldämpfer, 1999. DIN EN 15667 Akustik – Richtlinien für den Schallschutz durch Kapseln und Kabinen, 2001; DIN EN ISO 11690 Akustik – Richtlinien für die Gestaltung lärmarmer maschinenbestückter Arbeitsstätten, 1997/1999; VDI 2569, Schallschutz und akustische Gestaltung im Büro, 1990. (Dies ist nur eine Auswahl der derzeit gültigen Normen bzw. der Norm-Entwürfe. Umfassende Informationen erhält man über NA Akustik, Lärmminderung und Schwingungstechnik (NALS) im DIN und VDI.)

333 Vgl. Bundesanstalt für Arbeitsschutz (Hrsg.): Lärmarm konstruieren. Dortmund, 1990.

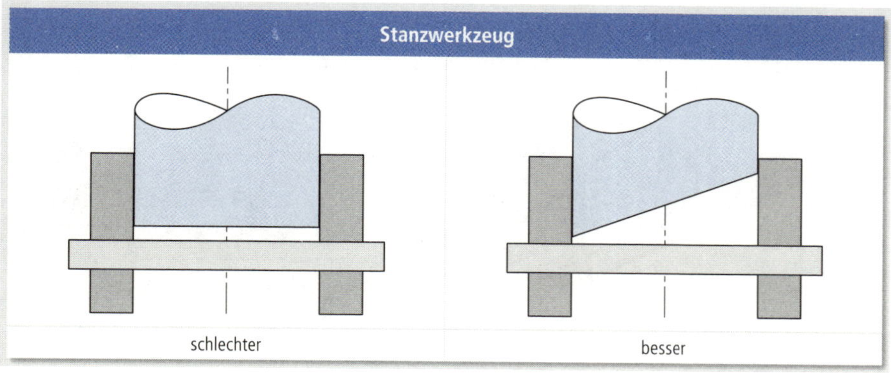

Abbildung III-271 Lärmminderung an der Quelle durch geeignete Werkzeuggestaltung

Durch einfache Gestaltungsmaßnahmen – wie z. B. die Reduktion der Fallhöhe von Gegenständen – lassen sich bereits beachtliche Lärmreduktionen erzielen.

Die Geräuschentwicklung durch Strömungsvorgänge in Flüssigkeiten und Gasen wird insbesondere durch die Verringerung von Druck und Strömungsgeschwindigkeit gemindert, beispielsweise durch langsam laufende Lüfter und Pumpen mit entsprechend größeren Durchmessern.

Bei Brennern oder Blasdüsen wird durch Mantelstromdüsen, bei denen um den schnell strömenden Luft- oder Brenngasstrahl ein ringförmiger Mantel von Luftstrahlen mit geringer Geschwindigkeit geführt wird, die Bildung von Wirbeln zwischen strömendem Gas und ruhender Luft und dadurch die Geräuschentwicklung verringert. Durch die Aufteilung einer Strömung in Teilströme z. B. mittels einer Vielröhrchendüse heben sich beim Austritt entstehende Wirbel teilweise auf, erhebliche Pegelverringerungen sind möglich (bis 10 dB(A)). Geräusche durch austretende Druckluft, die keine Arbeit mehr leisten soll (z. B. in pneumatischen Steuerungen), können durch Drosselschalldämpfer reduziert werden, in denen die Bewegungsenergie durch Reibungsvorgänge in Wärmeenergie umgewandelt wird.

Bei der *Luftschalldämpfung* werden Decken und Wände mit Schallschluckelementen (poröse Materialien) ausgekleidet; Reflexionen werden so verhindert und störender Nachhall vermieden, der direkte Schall am Arbeitsplatz wird jedoch nicht beeinflusst (Abbildung III-272). Die Schallabstrahlung in den Ansaug- oder Ausblasöffnungen von Verdichtern oder Klimaanlagen wird durch mit Schallschluckmaterial ausgekleidete Absorptionsschalldämpfer reduziert.

Lärmausbreitung verhindern oder vermindern

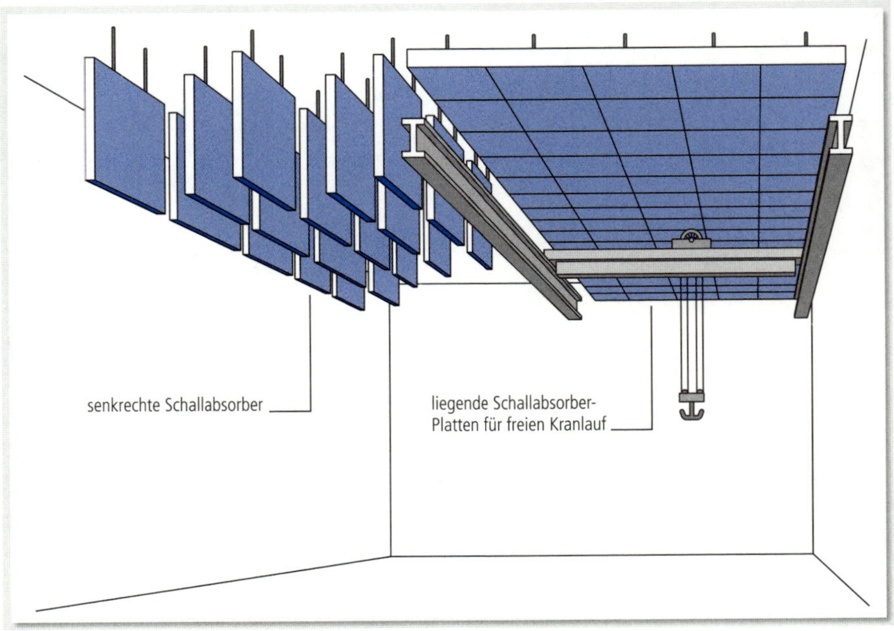

Abbildung III-272 Deckenelemente zur Luftschalldämpfung (Brüel&Kjaer)

Bei der *Luftschalldämmung* verhindern den Schall reflektierende Hindernisse aus schweren Baustoffen (z. B. Mauerwerk, Pressspan- oder Kunststoffplatten) die Schallausbreitung, die Schallenergie kann durch zusätzliche Auskleidung mit Schallschluckmaterial absorbiert werden (Abbildung III-273).

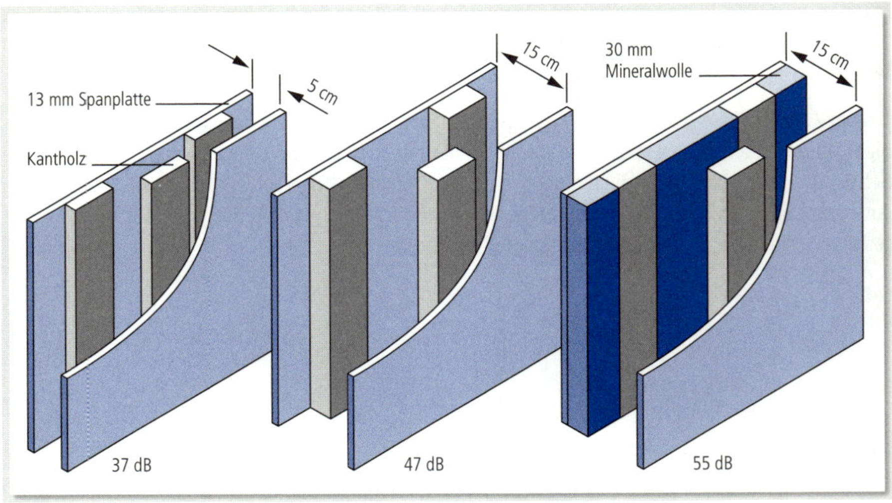

Abbildung III-273 Sandwichkonstruktionen senken die Schallübertragung

Bei *Körperschalldämpfung* wird Schallenergie durch innere Reibung in Wärme umgewandelt. Soweit technisch möglich, sollten Werkstoffe mit hoher innerer Reibung, wie z. B. Kunststoffe, Mineralfasern und Gusseisen anstelle von Stahl, Aluminium oder Glas eingesetzt werden. Wo dies nicht möglich ist, können Flächen mit geringer innerer Reibung mit Entdröhnungsmittel (z. B. Kunststoffe, Bitumen) beschichtet werden oder bewegliche, magnetische Antidröhnfolien, z. B. bei der Bearbeitung von Blechen, aufgelegt werden. Bei hohen Anforderungen an Festigkeit und Schalldämpfung, wie z. B. bei Materialrutschen, Maschinengebäuden und Verkleidungen, werden Sandwich-Strukturen (Blech – Entdröhnungsschicht – Blech) eingesetzt.

Körperschalldämmung (oder -isolierung) erfolgt z. B. durch elastische Lagerung von Maschinen auf Schwingfüßen, elastische Zwischenglieder in und Befestigungen von Rohrleitungen oder elastische Wellenkupplungen. Die Abstrahlung von Körperschall in die Luft wird vermindert, wenn schwingende Flächen aus Lochblech hergestellt werden: Das schwingende Lochblech kann keine große Druckdifferenz aufbauen, so dass Luftschall nur in geringerer Intensität entstehen kann, beispielsweise bei Schutzverkleidungen.

Persönliche Schutzausrüstungen (PSA)

Wenn trotz aller technischen und organisatorischen Maßnahmen der Beurteilungspegel am Arbeitsplatz nicht unter die gesetzlichen Toleranzwerte abgesenkt werden kann, muss persönlicher *Gehörschutz* eingesetzt werden. Die Arbeitnehmer sind bei Pegelwerten von 85 dB(A) und darüber verpflichtet, persönliche Schallschutzmittel zu tragen. Als Schallschutzmittel dienen: Gehörschutzstöpsel, Kapselgehörschützer, Gehörschutzhelme und Schallanzüge, wobei die Helme und Anzüge nur unter extremen Lärmverhältnissen eingesetzt werden. Die entscheidenden Kriterien für Eignung, Auswahl und Anwendung eines bestimmten Schallschutzmittels sind Schalldämmung (Abbildung III-274), Unfallsicherheit und Tragekomfort.

Gehörschutzmittel	mittlere Schalldämmung	Anwendungsbereich
Gehörschutzwatte oder -stöpsel	etwa 20 dB	bis 105 dB (A)
Kunststoffstöpsel	etwa 25 dB	bis 110 dB (A)
Gehörschutzkapseln	etwa 30 dB	bis 115 dB (A)
Gehörschutzhelme, Schallschutzanzüge	etwa 30 dB	über 115 dB (A)

Abbildung III-274 Mittlere Schalldämmung verschiedener Gehörschutzmittel

Die Einführung persönlichen Gehörschutzes trifft oft auf den Widerstand der Betroffenen, die einerseits auf den Diskomfort durch das Tragen von Gehörschutz, andererseits auf die erfolgte Gewöhnung an den Lärm verweisen. Praxiserfahrungen belegen, wie schnell auf der einen Seite die Empfindung der Lästigkeit von Gehörschutz mit der Benutzung abnimmt und auf der anderen Seite der Lärm als zunehmend lästig und beeinträchtigend empfunden wird.

5.7.5 Mechanische Schwingungen

Begriffe, Grundlagen

Mechanische Schwingungen (*Vibrationen* und Erschütterungen) wirken auf den Menschen z. B. in Fahrzeugen aller Art (Land-, Luft- und Seefahrzeugen, Erdbaumaschinen u. a.) sowie bei der Benutzung von handgeführten Werkzeugen ein.

Zu unterscheiden sind periodische und nichtperiodische Schwingungen: Periodische Schwingungen sind aus verschiedenen harmonischen sinusförmigen Schwingungen zusammengesetzt, die in technischen Prozessen von großer Bedeutung sind. Bei nichtperiodischen Schwingungen, die z. B. von stoßartig arbeitenden Werkzeugen ausgehen, ändert sich die Schwingungsbewegung unregelmäßig mit der Zeit.

Die Höhe der *Belastung durch Schwingungen* wird beschrieben durch

- die Parameter Schwingungsamplitude (das ist die maximale Auslenkung der Materieteilchen aus der Ruhelage) oder Schwingbeschleunigung, die Frequenzen und deren Zusammensetzung,
- die Schwingungsrichtung in Bezug auf die Körperachsen des Menschen,
- den Ort der Einleitung auf den Menschen und damit die Art der im Menschen angeregten Schwingungen (Ganz- oder Teilkörperschwingungen).

Mitwirkende Belastungsfaktoren sind bei Ganzkörperschwingungen die *Körperhaltung* sowie die Fixierung des Körpers oder einzelner Körperpartien, bei Hand-Arm-Schwingungen auch die Ankopplungskraft und Kälte.

Die Messung der Schwingungsparameter erfolgt mit Beschleunigungsaufnehmern, danach folgen, wie bei Schallsignalen, Frequenzbewertung und zeitliche Gewichtung. Die Messungen erfolgen an den Orten und Objekten der Schwingungseinleitung in den Körper, d. h. an der Sitzfläche des Fahrzeugs oder am Handgriff des Werkzeugs. Sollen z. B. auch die schwingungsdämpfenden Eigenschaften eines Fahrzeugsitzes beurteilt werden, werden mit einem zusätzlichen Messaufnehmer die Schwingungen am Ort der Befestigung des Sitzes erfasst.

Wirkungen mechanischer Schwingungen auf den Menschen

Als Folge von *Schwingungseinwirkungen* können sich einstellen:

- Befindensstörung,
- Leistungsminderung,
- biomechanische Reaktionen,
- physiologische Reaktionen,
- Schmerzwahrnehmungen,
- Gesundheitsschädigungen.

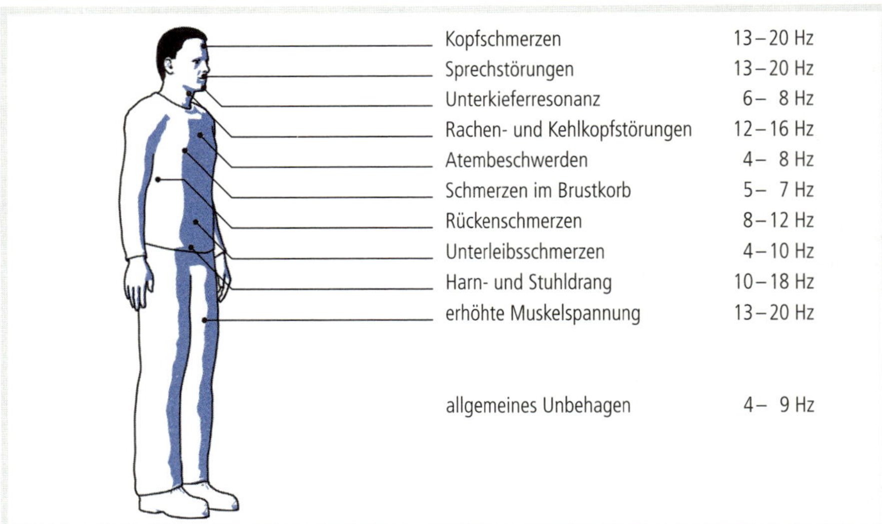

Abbildung III-275 Beschwerdesymptome in verschiedenen Organbereichen in Abhängigkeit von der erregenden Schwingungsfrequenz[334]

334 Magid, E. B.; Coermann, R.: The reaction oft he human body to extreme vibrations. Proc. Inst. Envir. Sc., 1960, S. 135.

Mit ausschlaggebend für die Beschwerdewirkung bei Schwingungseinwirkung ist die Frage, ob es zu Resonanzerscheinungen kommt. Im Allgemeinen werden niedrige Frequenzen größere Organe des Menschen beanspruchen als höhere. Horizontale Schwingungen beanspruchen den Menschen aufgrund der Dämpfung weniger stark als vertikale. Abbildung III-275 zeigt auf, welche Beschwerden vertikale Schwingungen am sitzenden Menschen bewirken können.

Unter niederfrequenten mechanischen Schwingungen mit großer Amplitude können sich auch Kinetosen (Luft-, See-, Fahrstuhl-, Auto- etc. Krankheiten) einstellen, die einerseits auf die Beeinflussung des Gleichgewichtssinns, andererseits auf die Einwirkungen auf die Mechanorezeptoren der Haut, des Bindegewebes und der Muskulatur des Skelettsystems zurückzuführen sind.

Bekannt sind insbesondere die anerkennungspflichtigen *Berufskrankheiten*, die aus Abnutzungserkrankungen in Folge mechanischer Gefäßabdrosselungen an Hand-, Ellbogen- und Schultergelenk entstehen. Diese Erkrankungen sind dem Krankheitsbild »Arthrose« ähnlich. Die »Weißfinger-Krankheit« kann sich insbesondere bei hohen Schwingungsfrequenzen einstellen.

Starke Bewegungen der Wirbelkörper im Bereich der Lendenwirbelsäule vor allem bei Einwirkung vertikaler Schwingungen, vor allem in der Nähe der Resonanzfrequenz um ca. 4 Hz, können als Ursache für degenerative Veränderungen im Bereich der Bandscheiben infrage kommen. Hier sind beispielsweise Alterungen und Schrumpfungen des Bandscheibengewebes, Verschiebungen der Wirbelkörper sowie Schädigungen des Faserringes mit der möglichen Folge eines Bandscheibenvorfalls zu nennen.

Auch Erkrankungen des Magens können als Folge von Schwingungsbelastungen beobachtet werden. Unter dem Einfluss sinusförmiger oder auch stochastischer Schwingungen kann der Magen zu starken Resonanzbewegungen kommen, die das Gewebe in diesem Organbereich besonders beanspruchen. Betroffen sind auch hier vor allem Fahrzeugführer.

Schwingungen und Leistung

Die Leistungsfähigkeit kann durch Ganzkörperschwingungen vorwiegend auf zwei Wegen beeinträchtigt werden:

- durch eine direkte und üblicherweise momentan auftretende mechanische Störung des Menschen bei der Aufgabenerfüllung, d. h. im Bereich der sensorischen Informationsaufnahme und der sensumotorischen Tätigkeit,
- durch indirekte Wirkungen, die über eine Beeinträchtigung des physischen und psychischen Zustands vermittelt werden.

Hinsichtlich der direkten Einwirkungen ist bekannt, dass Schwingungen das *Sprachvermögen* beeinträchtigen können (Resonanzschwingungen der Luftröhre und der Bronchien). Stark beeinflusst wird die *Sehleistung* durch höherfrequente Schwingungen zwischen ca. 12 und 80 Hz bei horizontaler und vertikaler Einleitung. Das visuelle Auflösungsvermögen nimmt ebenso ab wie die Sehschärfe. Dieser Sachverhalt hat besonders für Fahr- und Steuertätigkeiten Bedeutung. Die Schwingungseinwirkung kann auch die *sensomotorische Leistungsabgabe* beeinflussen. Hierfür sind direkte mechanische Wirkungen auf das Hand-Arm-System und indirekte, psycho-physische Wirkungen verantwortlich. Gerade die psycho-physischen Einflüsse können zu starken Streuungen der Leistung führen; sie wirken auch nach Abbruch der Schwingungsbelastung noch nach.

Bei Leistungsanforderungen, die mit dem Führen von Kfz im Straßenverkehr oder von Erdbaumaschinen vergleichbar sind, wird es als wenig wahrscheinlich angesehen, dass für eine *Schwingbeschleunigung* $a_{w\,(8)} < 0{,}3\ m/s^2$ eine Beeinträchtigung von Leistungsfähigkeit oder Aufmerksamkeit erfolgt. Ungünstige Wirkungen im Sinne einer Belästigung oder Störungen der Feinkoordination bei andersartigen Leistungsanforderungen können jedoch auch bei Unterschreiten dieses Wertes nicht ausgeschlossen werden.[335]

335 VDI 2057 Blatt 1: Einwirkungen mechanischer Schwingungen auf den Menschen – Ganzkörperschwingungen, 2002.

Im Gegensatz zu mechanischen Systemen ist der Mensch in der Lage, Schwingungseinwirkungen bewusst oder unbewusst entgegenzuarbeiten, indem er Muskelarbeit leistet. Bei der Einleitung von sinusförmigen oder *periodischen Schwingungen*, die der Mensch durch ihre häufige Wiederkehr kennengelernt hat, kann er mit aktiver, vor allem dynamischer Muskelarbeit antworten. Damit will er sein Bewegungsverhalten so einstellen, dass er die Schwingungen als möglichst wenig lästig empfindet.

Im Falle von *stochastischen Schwingungen*, also Schwingungen mit regellosem Ablauf, muss sich der Mensch mit weitgehend statischer Muskelarbeit anspannen, um die Eigenfrequenzen und Dämpfung des Körpers so zu verändern, dass Resonanzwirkungen vermieden oder abgeschwächt werden.

Schwingungsbewertung und -beurteilung

Neben dem zeitlichen Verlauf sind bei der Analyse von Schwingungen die Richtung der Schwingungen und die Art ihrer Einwirkung zu beachten.[336] Schwingungen können vertikal, horizontal, als Drehschwingungen oder in kombinierter Form einwirken. Je nach Einleitungsart können im Menschen *Ganzkörperschwingungen* (Einleitung im Stehen über die Füße oder im Sitzen über das Gesäß) und *Teilkörperschwingungen* (Einleitung vor allem über das Hand-Arm-System) unterschieden werden. Von besonderer Bedeutung ist bei Ganzkörperschwingungen die Schwingungseinleitung über das Gesäß (z. B. Fahrzeugsitz), bei der die Dämpfung durch Fuß-, Knie- und Hüftgelenke entfällt.

Die *Schwingungsrichtungen* werden für Ganzkörperschwingungen ebenso wie für Teilkörperschwingungen an einem personenbezogenen Koordinatensystem orientiert. X- und y-Achse werden im Stehen, sitzend und im Liegen durch die Horizontale bestimmt. Die z-Achse entspricht der Körperlängsachse. Beim Hand-Arm-System ist die Längsachse Arm-Hand die z-Achse.

Mechanische Schwingungen unterschiedlicher *Frequenz* werden unterschiedlich stark wahrgenommen. Der Schwellenwert der Schwingungswahrnehmung liegt für den Bereich der maximalen Empfindlichkeit zwischen 4 und 8 Hz bei $a_w = 0{,}005\ m/s^2$, die Erträglichkeitsgrenze bei $a_w = 5\ m/s^2$. Getrennt für Ganzkörper- und für Teilkörperschwingungen sowie nach den unterschiedlichen Schwingungsrichtungen wurden diejenigen Kombinationen aus Schwingbeschleunigung und Frequenz ermittelt, die subjektiv als gleich belastend empfunden werden.

Mit Hilfe dieser *Frequenzbewertung* werden die auf den Menschen einwirkenden mechanischen Schwingungen in ihrer Bandbreite begrenzt und entsprechend der von der Frequenz abhängigen Beanspruchung gewichtet.

Die frequenzbewertete Beschleunigung aw(t) wird aus dem Zeitsignal der Schwingbeschleunigung a(t) durch Anwendung der entsprechenden Frequenzbewertungskurve ermittelt. Die tägliche Schwingungsbelastung wird nach dem Dosisprinzip aus den Teilbelastungen (a_{wi}) und den zugehörigen Einwirkungsdauern (T_i) bestimmt. Die frequenzbewertete Beschleunigung während der Einwirkungszeit T wird berechnet nach:

$$a_{w(T)} = \left\{ \left(\frac{1}{T} \right) \sum \left(a_{wi}{}^2\ T_i \right) \right\}^{0,5}$$

Dabei werden längere schwingungsfreie Zeiten wie z. B. während einer Erholungspause nicht einbezogen.

336 DIN EN 14253, Mechanische Schwingungen – Messung und rechnerische Ermittlung der Einwirkung von Ganzkörperschwingungen auf den Menschen am Arbeitsplatz im Hinblick auf seine Gesundheit – Praxisgerechte Anleitung.

Die *Beurteilungsbeschleunigung* $a_{w(8)}$ kennzeichnet die gesamte Schwingungsbelastung eines Tages (»Tagesdosis«). Sie wird aus der für die Einwirkungszeit T bestimmten Beschleunigung a_w für die Beurteilungsdauer $T_0 = 8$ h berechnet:

$$a_{w(8)} = a_w \left(\frac{T}{T_0} \right)^{0,5}$$

Die *Tagesdosis* $a_{w(8)}$ entspricht dem Tages-Vibrationsexpositionswert A(8), der nach der Lärm- und Vibrations-Arbeitsschutzverordnung zur Beurteilung der Gesundheitsgefährdung heranzuziehen ist.[337]

Bei Hand-Arm-Schwingungen gibt es für die drei Raumrichtungen nur eine Frequenzbewertungskurve. Die frequenzbewertete Beschleunigung $a_{h\,w}$ ergibt sich als quadratisches Mittel der Beschleunigungen in den drei Schwingungsrichtungen (vgl. auch Abbildung III-276).[338] Die auf einen 8-Stunden-Arbeitstag bezogene Schwingungsbelastung $a_{h\,w\,(8)}$ wird wie bei Ganzkörperschwingungen berechnet.

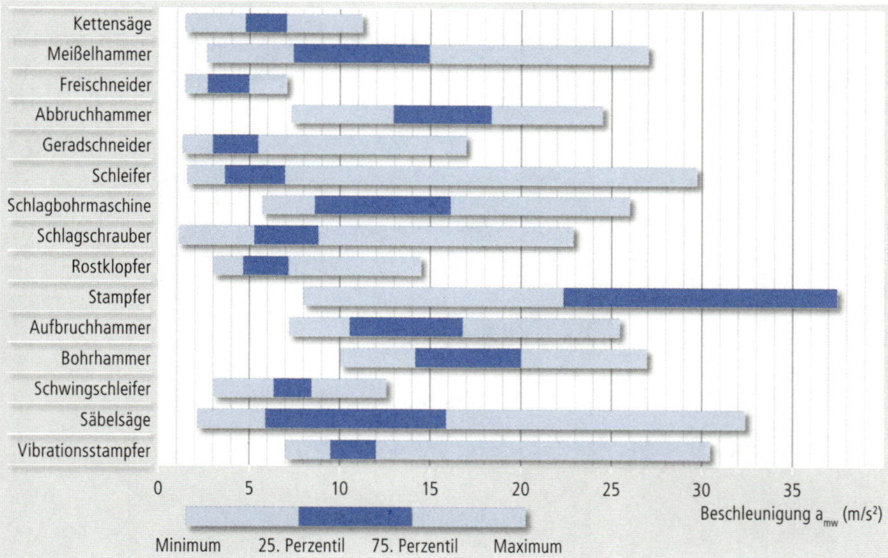

Abbildung III-276 **Messwerte der bewerteten Schwingbeschleunigung beim Arbeiten mit vibrierenden handgehaltenen oder handgeführten Geräten[339]**

Mindestvorschriften zum Schutz der Gesundheit bei Schwingungsbelastung gibt die Richtlinie 2002/44/EG, in Deutschland umgesetzt durch die Lärm- und Vibrations-Arbeitsschutzverordnung in der Expositionsgrenzwerte und Auslösewerte festgelegt werden.[340]

337 ISO 2631-1, Mechanische Schwingungen und Stöße – Bewertung der Einwirkung von Ganzkörperschwingungen auf den Menschen – Teil 1: Allgemeine Anforderungen, 1997.

338 VDI 2057 Blatt 1: Einwirkungen mechanischer Schwingungen auf den Menschen – Ganzkörperschwingungen, 2002.

339 Bundesanstalt für Arbeitsschutz und Arbeitsmedizin (Hrsg.): Handbuch zum Thema Hand-Arm-Vibration, Potsdam, 2007.

340 Verordnung zum Schutz der Beschäftigten vor Gefährdungen durch Lärm und Vibrationen, 2007/2008.

Expositionsgrenzwerte dürfen am Arbeitsplatz – auch unter Berücksichtigung von Schutzmaßnahmen oder persönlicher Schutzausrüstung – nicht überschritten werden. Schon das Überschreiten der niedrigeren Auslösewerte gibt Anlass zu technischen und organisatorischen Schutzmaßnahmen durch den Arbeitgeber, mit denen die Schwingungsexposition und die damit verbundenen Risiken für den Arbeitnehmer minimiert werden sollen, z. B. durch andere Arbeitsverfahren oder schwingungsdämpfende Ausrüstung von Sitzen und handgeführten Werkzeugen.

Management der Schwingungsexposition mit dem System der Expositionspunkte

Für jede *Schwingungsexposition* (Fahrzeug, Maschine) wird z. B. für Ganzkörperschwingungen aus der Schwingungsintensität $a_{w(T)}$ und dem Faktor k (k = 1,4 für Schwingungen in der x- und y-Achse und k = 1,0 für die z-Achse) sowie der Einwirkungsdauer eine Zahl von Expositionspunkten pro Zeiteinheit (z. B. ½ h, 1 h, 2 h ...) bestimmt. Zur Auswertung werden die Expositionspunkte während der Abschnitte mit unterschiedlicher Schwingungsbelastung über den Arbeitstag addiert; die Tagessumme wird anhand einer Tabelle (vgl. Abbildung III-277) hinsichtlich der Einhaltung von Auslösewert und Expositionsgrenzwert beurteilt.

Als Auslösewert (bei Ganzkörperschwingungen 0,5 m/s^2) gelten 100 Expositionspunkte, der Expositionsgrenzwert entspricht für Schwingungsbelastung in z-Richtung (0,8 m/s2) 256 Punkten, für Schwingungen in x- und y-Richtung (1,15 m/s^2) 529 Punkten. Auch für Hand-Arm-Schwingungen liegt eine entsprechende Tabelle von Expositionspunkten vor.

Zur Berechnung der Anzahl Expositionspunkte PE für Ganzkörperschwingungen werden die folgenden Formeln verwendet (Schwingungsintensität $a_{w(T)}$ in m/s^2, Expositionsdauer T in Stunden, Multiplikator k: 1,4 für Schwingungseinleitung in x- bzw. y-Richtung, 1,0 bei Einleitung in z-Richtung):

$$P_E = \left\{ \frac{k a_w}{0{,}5 \frac{m}{s^2}} \right\} \cdot \frac{T}{8\ \text{Stunden}} \cdot 100$$

Berechnung der Tagesexposition A(8) aus Expositionspunkten:

$$A(8) = 0{,}5 \frac{m}{s^2} \sqrt{\frac{P_E}{100}}$$

	x- und y-Richtung		z-Richtung	
Auslösewert eingehalten	Punktwert ≤ 100		Punktwert ≤ 100	
Expositionsgrenzwert eingehalten	Punktwert ≤ 529		Punktwert ≤ 256	
Exponentionsgrenzwert überschritten	Punktwert > 529		Punktwert > 256	

$k\,a_w$ in m/s²	tägliche Einwirkungsdauer in Minuten										
	30	60	120	180	240	300	360	420	480	600	720
2,5	156	313	625	938	1.250	1.563	1.875	2.188	2.500	3.125	3.750
2,4	144	288	576	864	1.152	1.440	1.728	2.016	2.304	2.880	3.456
2,3	132	265	529	794	1.058	1.323	1.587	1.852	2.116	2.645	3.174
2,2	121	242	484	726	968	1.210	1.4521	1.694	1.936	2.420	2.904
2,1	110	221	441	662	882	1.103	1.323	1.544	1.764	2.205	2.646
2,0	100	200	400	600	800	1.000	1.200	1.400	1.600	2.000	2.400
1,9	90	181	361	542	722	903	1.083	1.264	1.444	1.805	2.166
1,8	81	162	324	486	648	810	972	1.134	1.296	1.620	1.944
1,7	72	145	289	434	578	723	867	1.012	1.156	1.445	1.734
1,6	64	128	256	384	512	640	768	896	1.024	1.280	1.536
1,5	56	113	225	338	450	563	675	788	900	1.125	1.350
1,4	49	98	196	294	392	490	588	686	784	980	1.176
1,3	42	85	169	254	338	423	507	592	676	845	1.014
1,2	36	72	144	216	288	360	432	504	576	720	864
1,15	33	66	132	198	265	331	397	463	529	661	794
1,1	30	61	121	182	242	303	363	424	484	605	726
1,0	25	50	100	150	200	250	300	350	400	500	600
0,9	20	41	81	122	162	203	243	284	324	405	486
0,8	16	32	64	96	128	160	192	224	256	320	384
0,7	12	25	49	74	98	123	147	172	196	245	294
0,6	9	18	36	54	72	90	108	126	144	180	216
0,5	6	13	25	38	50	63	75	88	100	125	150
0,4	4	8	16	24	32	40	48	56	64	80	96
0,3	2	5	9	14	18	23	27	32	36	45	54
0,2	1	2	4	6	8	10	12	14	16	20	24
für x, y: k = 1,4 für z: k = 1	0,5 h	1 h	2 h	3 h	4 h	5 h	6 h	7 h	8 h	10 h	12 h
	tägliche Einwirkungsdauer in Stunden										

Abbildung III-277 Expositionspunkte für Ganzkörperschwingungen[341]

Beispiel

Im folgenden Beispiel zu Hand-Arm-Schwingungen arbeitet ein Stahlarbeiter mit zwei Werkzeugen, einem Schleifer mit einer Vibrationsemission von 7 m/s² und einem Meißelhammer mit 16 m/s². Der Schleifer wird insgesamt 2,5 Stunden/Tag, der Hammer 15 Minuten/Tag benutzt. Es ergeben sich:[342]

- Schleifer: A1(8) = 3,9 m/s²
- Meißelhammer: A2(8) = 2,8 m/s²
- Gesamtbelastung: A(8) = 4,8 m/s²

Gestaltungsmaßnahmen

Organisatorische Maßnahmen des Schwingungsschutzes sind:

- Einflüsse beseitigen, die negative Auswirkungen von Schwingungen auf den Menschen verstärken, wie niedrige Temperaturen/Kälte, ungünstige Körperhaltungen, statische Belastungen oder gleichzeitige Lärmeinwirkung.
- Arbeitsabläufe so gestalten, die den Wechsel von schwingungsbelastenden Tätigkeiten mit solchen ohne Schwingungseinwirkung oder mit Pausen vorsehen, da sich der Mensch in Schwingungspausen zu regenerieren vermag.

341 http://bb.osha.de/docs/gkv

342 Bundesanstalt für Arbeitsschutz und Arbeitsmedizin (Hrsg.): Handbuch zum Thema Hand-Arm-Vibration, Potsdam, 2007.

- Intensität und Dauer der Schwingungsbelastung müssen überwacht werden, beispielsweise mit dem System der Expositionspunkte.

Arbeitsgestaltung zur Reduzierung der Schwingungsbelastung sollte der Hierarchie ergonomischer Maßnahmen folgen: Vorrang hat der technische Schwingungsschutz der darauf abzielt, die Entstehung von Schwingungen an der Quelle zu verhindern oder zu reduzieren, und im zweiten Schritt die Ausbreitung von Schwingungen von der Quelle zum Menschen zu mindern.[343]

Gestaltungsmaßnahmen können auch auf die Kopplung zwischen dem Menschen und dem Schwingungserzeuger abheben: die ergonomisch günstigere Griffgestaltung z.B. eines Druckluftwerkzeugs ermöglicht eine normale Handhaltung mit fluchtender Achse Unterarm – Hand und damit geringerer Beanspruchung der Handwurzeln. So wird für die gleiche aufzubringende Kraft eine weniger enge Kopplung erforderlich oder bei gleicher Kopplung eine größere Anpresskraft mit verringerter Arbeitszeit für die gleiche Leistung möglich

Persönlicher Schwingungsschutz betrifft die Verhinderung oder Verringerung der Schwingungseinwirkung auf den Menschen, z.B. die Dämpfung durch gepolsterte Sitze oder durch Vibrationshandschuhe.

Prüfliste zur Schwingungsexposition und zum Schwingungsschutz

Folgende Checkliste fasst die wichtigsten Prüfpunkte zum Schwingungsschutz der Beschäftigten zusammen:

1. Angaben über Vibrationen lt. Maschinenrichtlinie liegen in Bedienungsanleitung vor.
2. Hersteller liefert Empfehlungen zu Schulungsmaßnahmen über den sicheren Einsatz eines schwingungsemittierenden Gerätes.
3. Hersteller liefert Empfehlungen zur Überwachung der Vibrationsexposition.
4. In der Gefährdungsbeurteilung laut Arbeitsschutzgesetz ist die Schwingungseinwirkung berücksichtigt.
5. Schwingungsexposition wird durch andere Arbeitsmethoden und/oder zeitverkürzende Maßnahmen verhindert oder verringert.
6. Einspannvorrichtungen haben vibrationsdämpfende Befestigungen.
7. Die vom Hersteller empfohlenen vibrationsdämpfenden Griffe werden auch verwendet.
8. Die Greif- und Andruckkräfte beim Einsatz eines schwingungsemittierenden Gerätes sind möglichst niedrig.
9. Zugentlastungen werden zur Stützung vibrierender Werkzeuge benutzt.
10. Antivibrations-Schutzhandschuhe tragen das CE-Kennzeichen.
11. Antivibrations-Schutzhandschuhe werden auch benutzt.
12. Da Kälte ein mitwirkender Belastungsfaktor ist, sind die Handgriffe (z.B. von Kettensägen) bei Bedarf beheizbar.
13. Die Geometrie der Handgriffe begünstigt ein Fluchten von Hand- und Unterarmachse.
14. Durch regelmäßige Wartung der Betriebsmittel wird Vibrationsemission minimiert.
15. Bei Tätigkeiten mit Ganzkörperschwingungen kann der Mitarbeiter eine bequeme, aufrechte Position einnehmen.
16. Die Einleitung von Ganzkörperschwingungen über den Fahrersitz wird durch pneumatische Sitzfederungen minimiert.

343 Zahlreiche Gestaltungsvorschläge sind enthalten in: Popov, K.: KAMIN – Katalog technischer Schwingungsschutzmaßnahmen. Katalog praktisch erprobter Lösungen des technischen Schwingungsschutzes und für Elemente zur Schwingungsminderung, 1. Auflage. Bremerhaven: Wirtschaftsverlag NW Verlag für neue Wissenschaft GmbH 2003. (Schriftenreihe der Bundesanstalt für Arbeitsschutz und Arbeitsmedizin: Forschungsbericht, Fb 981). Weiterhin: CEN/TR 15172-1, Ganzkörper-Schwingungen – Leitfaden zur Verringerung der Gefährdung durch Schwingungen – Teil 1: Technische Maßnahmen durch die Gestaltung von Maschinen. CEN/TR 15172-2, Ganzkörper-Schwingungen – Leitfaden zur Verringerung der Gefährdung durch Schwingungen – Teil 2: Organisatorische Maßnahmen am Arbeitsplatz.

5.7.6 Sonstige physikalische-chemische Umgebungseinflüsse

Gefahrstoffe sind reine Stoffe, Stoffgemische oder Erzeugnisse, die schädigende Einflüsse haben können, z. B. Gefahrstoffe

- physikalisch-chemische Eigenschaften,
  - explosionsgefährlich,
  - brandfördernd,
  - entzündlich,
- akut toxische Eigenschaften,
  - giftig,
  - ätzend,
  - reizend,
- in sonstiger Weise gesundheitsschädlich,
- spezielle toxische Eigenschaften,
  - sensibilisierend,
  - krebserzeugend,
  - fortpflanzungsgefährdend,
  - erbgutverändernd,
- öko-toxische Eigenschaften,
  - umweltgefährlich.

Werden Gefahrstoffe transportiert, dann handelt es sich um *Gefahrgut.*

Aerosole sind disperse Verteilungen fester Stoffe bzw. chemischer Substanzen in Gasen. Für die Metall- und Elektroindustrie sind Schwebstoffe, wie Stäube, Rauche, Nebel, Gase und Dämpfe, besonders bedeutsam. Aerosole

Stäube sind Dispersionen fester Stoffe in der Luft. Stäube können metallischen, mineralischen oder pflanzlichen Ursprungs sein. Sie gelangen durch mechanische Prozesse oder durch Aufwirbelung in die Luft. Die Gefahrstoffwirkung des Staubes hängt – neben dem Material – wesentlich von der Partikelgröße ab. Die Einteilung der Stäube erfolgt nach dem aerodynamischen Durchmesser (das ist der Durchmesser einer Kugel der Dichte 1g/cm3, die in ruhender Luft mit der gleichen Geschwindigkeit sinkt wie die betrachteten Teilchen beliebiger Form und Dichte). Stäube

Feine und feinste Stäube gelangen bis in die Lunge, während gröbere Stäube schon im Bereich der Bronchien oder im Nasen-Rachen-Raum abgeschieden werden. In Abhängigkeit vom aerodynamischen Durchmesser der Partikel unterscheidet man

- einatembare Fraktion,
- thoraxgängige Fraktion,
- alveolengängige[344] Fraktion.

Der aerodynamische Durchmesser Partikel aus der thorax- und der alveolengängigen Fraktion liegt größtenteils zwischen 0 und 15 µm.[345]

Bei der Bearbeitung keramischer Werkstoffe kann es zu lungengängigen Staubemissionen kommen. Dies erfordert die Einhausung der Anwendung, lokale Absaugungen an der Entstehungsstelle und Absaugung in der Bearbeitungskabine. Beim Schweißen, Schneiden und anderen Bearbeitungsverfahren können ultrafeine Partikel entstehen. Wegen der Partikelgröße < 1 µm sind die Emissionen lungen-

344 Alveolen: Lungenbläschen.
345 Zu den Grenzwerten vgl. TRGS 900: Technische Regeln für Gefahrstoffe, 2001 und 2007.

gängig. Ultrafeine Partikel entstehen auch beim thermischen Schneiden, thermischen Spritzen und Löten. Wegen der toxischen Wirkungen sind Maßnahmen zum Schutz des Schweißers erforderlich.

Unter *Nanopartikeln* versteht man Materialien < 100 nm. Produkte mit Nanostrukturen (z. B. nanostrukturierte Oberflächen) müssen nicht gleichzeitig auch Nanopartikel emittieren. Bis heute ist es unklar, in welchem Maße durch Nanopartikel Auswirkungen auf die Gesundheit des Menschen zu erwarten sind. Es kann davon ausgegangen werden, dass die

- Partikelzahl,
- Partikelgeometrie,
- Partikelchemie

gesundheitlich relevante Größen sein können.

Faserstäube sind disperse Verteilungen von anorganischen oder organischen Fasern bestimmte Abmessungen in der Luft. Sie können bei der mechanischen Bearbeitung oder bei Erosionsprozessen entstehen.

Rauche, Dämpfe und Gase

Rauche sind Dispersionen (feine Verteilungen) fester Teilchen aus Verbrennungsvorgängen; Beispiele sind Löt- und Schweißrauch, Zinkoxidrauch. *Nebel* sind in Luft verteilte flüssige Schwebeteilchen; wichtig sind vor allem Ölnebel, die bei Zerspanungsvorgängen entstehen. *Gase* sind molekulare Beimengungen zur Luft, z. B. Kohlenmonoxid, Chlor, Chlorwasserstoff, Schwefelwasserstoff. *Dämpfe* sind gasförmige Beimengungen, die im Gleichgewicht mit ihren flüssigen oder festen Aggregatzuständen stehen; am Arbeitsplatz treten besonders Dämpfe von Löse- und Reinigungsmitteln auf, z. B. Benzol-Tri- oder -Tetrachloräthylen.

Sowohl beim Pressen und Härten als auch beim Schweißen und der mechanischen Bearbeitung können krebserregende Stoffe, die zum Teil oberhalb der zulässigen Grenzwerte liegen, entstehen:

- Benzo(a)pyren,
- Benzol,
- Beryllium und seine Verbindungen,
- Cadmium und seine Verbindungen,
- Chrom (VI)-Verbindungen,
- Kobalt und seine Verbindungen,
- Nickel und seine Verbindungen,
- N-Nitrosamine.

Kühlschmierstoffe

Kühlschmierstoffe (KSS) werden zum Kühlen, Schmieren und Spülen bei den verschiedensten Bearbeitungsverfahren eingesetzt. Dabei handelt es sich um komplexe Stoffgemische aus natürlichen und synthetischen Ölen und einer Reihe von Additiven. Kühlschmierstoffe enthalten entweder direkt oder aber im Verlauf der Verarbeitungsvorgänge polezyklische, aromatische Kohlenwasserstoffe, die zu hohen Konzentrationen von Nitrosaminen führen können. So können neben den schmierstoffbedingten Hauterkrankungen durch Inhalation bei der Vernebelung von Kühlschmierstoffen Atemwegserkrankungen entstehen. Kühlschmierstoffe haben kanzerogene Inhalte, die überzufällige Entstehung von Lungen- oder anderen Krebsarten konnte jedoch nicht zweifelsfrei nachgewiesen werden.

Luftgrenzwert bei Kühlschmierstoffen

Bei Kühlschmierstoffen besteht ein Luftgrenzwert von 10 mg/m^3.[346] Bei wassergemischtem KSS ist die Bildung krebserzeugender EN-Nitrosamine zu vermeiden.[347] Nicht wassergemischte KSS sind dagegen in der Regel nicht mit gesundheitsschädlichen Konzentrationen in der Luft am Arbeitsplatz verbunden. Aerosole werden durch Verspritzen oder Vernebeln von Kühlschmierstoffen, durch

346 TRGS 900, Arbeitsplatzgrenzwerte.
347 TRGS 611, Verwendungsbeschränkungen für wassermischbare bzw. wassergemischte Kühlschmierstoffe.

Abschleudern an rotierenden Werkstücken und Werkzeugen oder durch Kondensation von Kühlschmierstoffdämpfen gebildet. Eine freie, (natürliche) Lüftung bei dem Einsatz von KSS ist nur in kleinen Räumen mit sporadischem Kühlschmierstoffeinsatz zulässig.

Primärmaßnahmen

Es gibt folgende Primärmaßnahmen, um die Belastung durch Kühlschmierstoffe zu reduzieren:

- Einsatz möglichst verdampfungsarmer Kühlschmierstoffe,
- Abstimmung des KSS-Behältervolumens auf den Bedarf der Zerspanungsprozesse[348],
- Einsatz aufeinander abgestimmter, KSS-Schmieröle, Hydrauliköle etc.,
- Regelmäßige Pflege des KSS durch Abtrennung von Fremdölen und Verunreinigungen[349],
- Vermeidung des Abblasens mit Druckluft,
- Abdichten von Leckagen im KSS-Umlaufsystem,
- Schließen offener KSS-Ablauf und -Sammelstellen,
- Regelmäßige Reinigung der Bodenwannen, Maschinenoberflächen und Fußböden[350],
- Geschlossene Einhausung zur Erfassen der KSS-Emissionen bei der Bearbeitungsmaschine,
- Einsatz von Prallblechen oder Tropfenabscheidern,
- Fortluftbetrieb (keine Umluft- oder Reinluftrückführung)[351],
- Geschweißte Rohre mit öldichten Verbindungen einsetzen,
- Die Rohrleitungen und Lüftungskanäle sind leicht erreichbar und reinigbar auszuführen,
- Einwirkung auf die Haut wird durch persönliche Schutzmaßnahmen (Handschuhe, Schürzen, Augenschutz) unterbunden.[352] Das betroffene Personal ist entsprechend zu qualifizieren, Betriebsanweisungen zum Umgang mit KSS sind zu erstellen.[353]

---

348 VDI 3035.
349 VDI 3397, Blatt 2.
350 Berufsgenossenschaft der Feinmechanik und Elektrotechnik (Hrsg.): Lufttechnische Maßnahmen bei Tätigkeiten mit Kühlschmierstoffen, o. Jg.
351 Vgl. TA Luft, 24.7.2002; MAK-Wert < 25 mg/cm^3 ist einzuhalten.
352 Berufsgenossenschaft der Feinmechanik und Elektrotechnik (Hrsg.): Lufttechnische Maßnahmen bei Tätigkeiten mit Kühlschmierstoffen. Köln, 2005.
BGR 143: Umgang mit Kühlschmierstoffen.
DIN 51385, Schmierstoffe; Kühlschmierstoffe; Begriffe.
VDI 3035, Anforderungen an Werkzeugmaschinen, Fertigungsanlagen und periphere Einrichtungen beim Einsatz von Kühlschmierstoffen.
353 Vgl. TRGS 611, DIN EN 12599; BGR 143.

Gefahrstoffemission bei Handhabungseinrichtungen

Die Gefahrstoffemission bei Handhabungseinrichtungen fasst Abbildung III-278 zusammen.

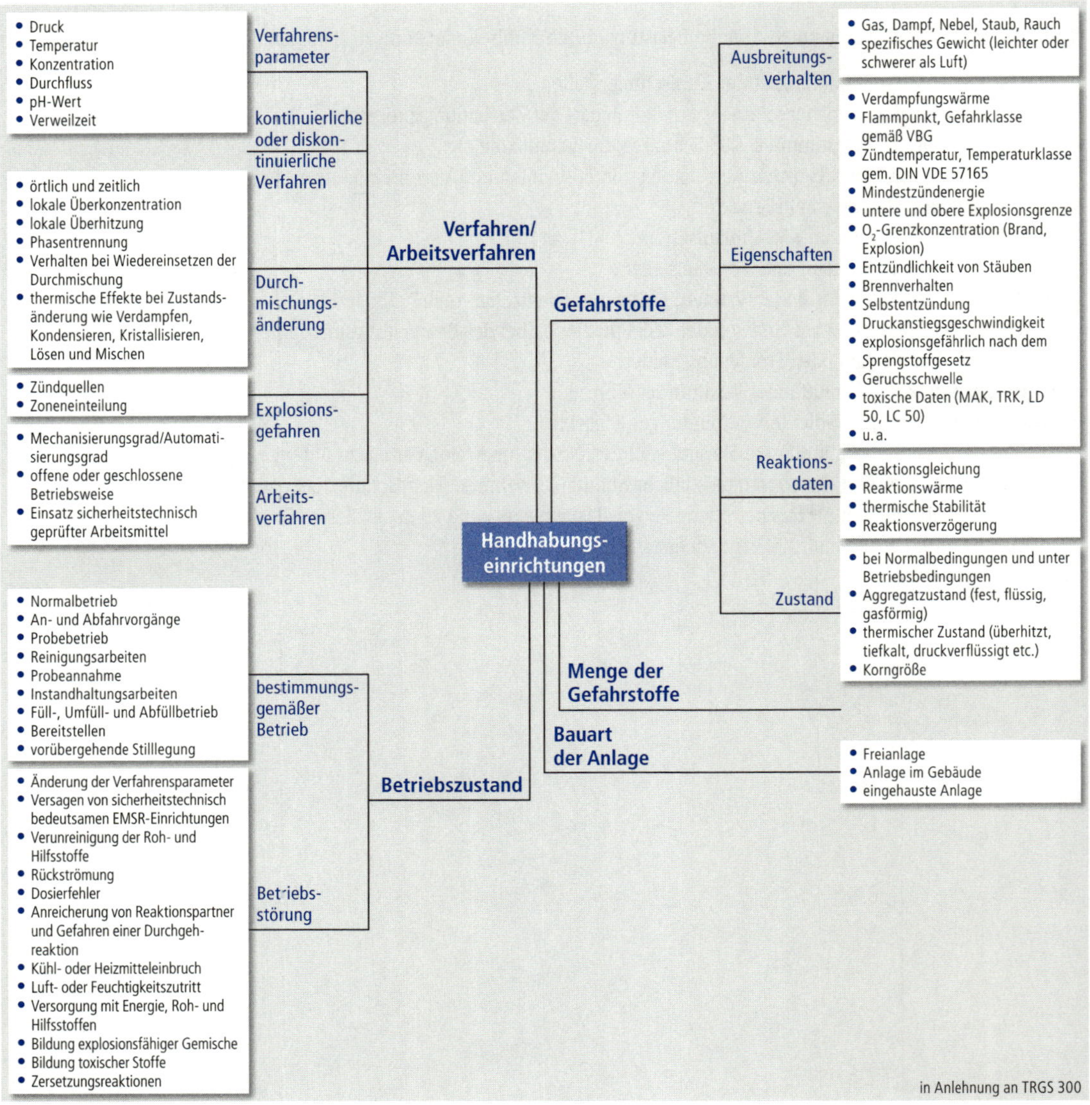

Abbildung III-278 Gefahrstoffemission bei Handhabungseinrichtungen[354]

Biologische Arbeitsstoffe

Biologische Arbeitsstoffe können Infektionen verursachen, toxische und sensibilisierende Wirkungen haben. Man rechnet, dass in der Bundesrepublik etwa 5 Millionen Beschäftigte bei ihren Tätigkeiten der Exposition mit biologischen Arbeitsstoffen ausgesetzt sind.[355]

354 In Anlehnung and TRGS 300.
355 Informationen und Rechtstexte zu biologischen Arbeitsstoffen der Bundesanstalt für Arbeitsschutz und Arbeitsmedizin: http://www.baua.de.

Die *Wirkung von Gefahrstoffen* auf den Menschen wird durch eine Reihe von Merkmalen gekennzeichnet:

Wirkung von Gefahrstoffen

- Gefahrstoffart und spezifische Gefahrstoffwirkung,
- Konzentration,
- Partikelgröße,
- Expositionszeit.

Es gibt eine Reihe von *Gefahrstoff-Datenbanken*, die wichtige Informationen über das In-Verkehr-Bringen und den Umgang mit Gefahrstoffen beinhalten. Ein Beispiel ist die GESTIS-Stoffdatenbank, die Informationen für den sicheren Umgang mit ca. 7.000 chemischen Stoffen enthält.[356]

Weiterhin sind toxikologische Bewertungen von Gefahrstoffen und Gefahrstofflisten am Arbeitsplatz von Bedeutung.[357] Hinweise für die *Gefahrstoffkennzeichnung* gibt eine weitere Broschüre.[358]

Sicherheitsdatenblätter enthalten alle wichtigen Informationen über chemische Erzeugnisse und sich daraus ergebende Schutzmaßnahmen.[359]

Sicherheitsdatenblätter

Sicherheitsdatenblätter wurden mit den EU-Richtlinien 91/155/EWG und 2001/58/EWG einheitlich für alle EU-Mitgliedstaaten eingeführt. Sicherheitsdatenblätter unterstützen den Arbeitgeber bei seinen gesetzlichen Pflichten zum Schutz der Beschäftigten.[360] Sicherheitsdatenblätter müssen aus folgenden Inhalten bestehen:

- Stoff-/Zubereitungs- und Firmenbezeichnung,
- Zusammensetzung/Angaben zu Bestandteilen,
- Mögliche Gefahren,
- Erste-Hilfe-Maßnahmen,
- Maßnahmen zur Brandbekämpfung,
- Maßnahmen bei unbeabsichtigter Freisetzung,
- Handhabung und Lagerung,
- Expositionsbegrenzung und persönliche Schutzausrüstungen,
- Physikalische und chemische Eigenschaften,
- Stabilität und Reaktivität,
- Angaben zur Toxikologie,
- Angaben zur Ökologie,
- Hinweise zur Entsorgung,
- Angaben zum Transport,
- Vorschriften,
- sonstige Angaben.

Dem Anwender stehen Datenbanken mit mehreren Hunderttausend Sicherheitsdatenblättern zur Verfügung.[361] Weiterhin gibt es zahlreiche Leitfäden für die Sicherheitsdatenblatterstellung.[362] Die europäische REACH-Verordnung beinhaltet einen Forderungskatalog für Hersteller, Importeure und

356 http://www.dguv.de/bgia/de/gestis/stoffdb/index.jsp
357 z. B. http://www.bgchemie.de/toxikologischebewertungen oder http://www.dguv.de/bgia/de/pub/rep/rep05/bgia0106/index.jsp#
358 http://www.baua.de/de/Themen-von-A-Z/Gefahrstoffe/Einstufung-und-Kennzeichnung/Kennzeichnung/Kennzeichnung.html?__nnn=true
359 http://www.dguv.de/bgia/de/gestis/isi-db/index.jsp
360 Zur Gefährdungsbeurteilung bei Schadstoffen vgl. Abschnitt 5.6.
361 z. B.: http://www.eusdb.de/index.php
http://home.fcio.at/Admin/Docs/LeitfadenSDB2002.pdf
362 http://www.gefahrstoff-info.de/

Anwender.[363] Unterliegen Arbeitssysteme der Gefahrstoffeinwirkung, dann ist eine Reihe von Vorschriften und technischen Regeln zu beachten.[364]

Technische Regeln für Gefahrstoffe

Die *technischen Regeln für Gefahrstoffe* (TRGS) reflektieren den Stand der sicherheitstechnischen, arbeitsmedizinischen, hygienischen und arbeitswissenschaftlichen Anforderungen an Gefahrstoffe. Handlungsanleitungen und Leitlinien zum Gefahrstoffbereich helfen auch Klein- und Mittelbetrieben bei der Umsetzung der Gefahrstoffverordnung.[365]

Zahlreiche Unterstützungen für die Erstellung von Betriebsanweisungen und die Durchführung von Mitarbeiterunterweisungen sind vorhanden.[366]

Ein sicherer Umgang mit Gefahrstoffen ist für Beschäftigte nur dann möglich, wenn alle Einflussgrößen, die zu einer Gefährdung führen können, ermittelt und angemessene Schutzmaßnahmen durchgeführt worden sind. Die technische Regel TRGS 300 enthält eine Methode zur systematischen Sicherheitsbetrachtung von Betriebsmitteln und Anlagen.[367] Die mögliche Einwirkung von Gefahrstoffen auf Beschäftigte oder auch auf die Bevölkerung ist durch folgende Maßnahmen zu verhindern bzw. zu reduzieren:

- Der Exposition der Beschäftigten,
- Reduzierung der Exposition, soweit eine Verhinderung nicht möglich ist,
- Verhinderung von Betriebsstörungen, die mit Gefährdungen durch Gefahrstoffe verbunden sein können,
- Begrenzung ihrer Auswirkungen.

Das Gefahrenpotenzial beim Umgang mit Gefahrstoffen hängt von folgenden Faktoren ab:

- Art des Gefahrstoffes,
- Menge des Gefahrstoffes,
- Verfahren und technische Arbeitsmittel,
- Art und Ausrüstung der Anlage,
- Betriebszustand der Anlage,
- Verwendungszweck der technischen Arbeitsmittel.

Prüfpunkte zu Gefahrstoffen

Die folgende Liste enthält wichtige *Prüfpunkte zu den Gefahrstoffen*:

1. Informationsermittlung und innerbetriebliche Kennzeichnung
   - Gefahrstoffe im Betrieb sind bekannt
   - Gefahrstoffe sind eindeutig beschriftet
   - Sammlung der Sicherheitsdatenblätter vollständig, aktuell und zugänglich
   - Gefahrstoffverzeichnis aktuell
   - wird geführt und aktuell gehalten
   - verweist auf das Sicherheitsdatenblatt
2. Gestaltung der Arbeitsstätte und des Arbeitsplatzes
   - leicht zu reinigende Oberflächen (z. B. Wände, Decken in Arbeitsräumen)
   - Fußböden sind rutschhemmend und leicht zu reinigen
   - ausreichende technische oder natürliche Lüftung
   - Funktionsfähigkeit von raumlufttechnischen Anlagen gewährleistet

363 Portal für die stoffbezogene Gesetzgebung der EU: http://europa.eu/scadplus/leg/de/s06070.htm; Gesetze zur Durchführung der Verordnung (EG 1907/2006 REACH-Anpassungsgesetz).
364 Verordnung zum Schutz von Gefahrstoffen – GEFStffV vom 23.12.2004, BGBl. I, 2004, S. 3758–3759.
365 http://www.gefahrstoff-info.de/
366 TRGS 555: Betriebsanweisung und Information der Beschäftigten (TRGS 555).
367 Ausschuss für Gefahrstoffe – Bundesanstalt für Arbeitsmedizin und Arbeitsschutz; TRGS 300: Technische Regeln für Gefahrstoffe, mit Änderungen und Ergänzungen. BarbBl, 1995.

- selbsttätige Warneinrichtung bei Störung an raumlufttechnischen Anlagen funktionsbereit
- Luftführung führt nicht zur Belastung Dritter mit Gefahrstoffen
- Pausenraum oder -bereich hygienisch

3. Gestaltung des Arbeitsverfahrens und der Arbeitsorganisation
   - Gefahrstoffe im Betrieb sind bekannt
   - Gefahrstoffe sind eindeutig beschriftet
   - Sammlung der Sicherheitsdatenblätter vollständig, aktuell und zugänglich
   - Gefahrstoffverzeichnis wird geführt und aktuell gehalten
   - Gefahrstoffverzeichnis verweist auf das Sicherheitsdatenblatt
4. Gestaltung der Arbeitsstätte und des Arbeitsplatzes
   - leicht zu reinigende Oberflächen (z. B. Wände, Decken in Arbeitsräumen)
   - Fußböden sind rutschhemmend und leicht zu reinigen
   - ausreichende technische oder natürliche Lüftung
   - Funktionsfähigkeit von raumlufttechnischen Anlagen gewährleistet
   - selbsttätige Warneinrichtung bei Störung an raumlufttechnischen Anlage funktionsbereit
   - Luftführung führt nicht zur Belastung Dritter mit Gefahrstoffen
   - Pausenraum oder -bereich hygienisch
   - staubarme Abwurf-, Füll- und Schüttstellen
   - Feuchtreinigung oder Einsatz von Industriestaubsaugern
   - Tauch-, Streich- oder Rollverfahren (statt Spritzverfahren)
   - Funktion und Wirksamkeit technischer Schutzmaßnahmen wird regelmäßig, mindestens jedoch jedes dritte Jahr überprüft und dokumentiert
   - nur die bekannten und vorgesehenen Gefahrstoffe werden gehandhabt
   - Gefahrstoffmengen am Arbeitsplatz werden auf Tagesbedarf begrenzt
   - Behälter werden geschlossen gehalten und nur zur Entnahme geöffnet
   - Zahl der mit Gefahrstoffen belasteten Beschäftigten wird begrenzt
   - Dauer und Ausmaß der Gefahrstoffbelastung und Kontamination des Arbeitsplatzes wird so gering wie möglich gehalten
   - nicht mehr benötigte Gefahrstoffe, restentleerte Gebinde und Reinigungstücher werden vom Arbeitsplatz entfernt und sachgerecht entsorgt
5. Aufbewahrung und Lagerung von Gefahrstoffen (Mindestanforderungen)
   - an festgelegten und übersichtlich geordneten Lagerbereichen
   - bei Lagerung staubender Gefahrstoffe kommen geeignete Lagertechnik sowie Lagermittel und -hilfsmittel zum Einsatz
6. Grundsätze der Arbeitshygiene
   - notwendige Arbeitskleidung wird getragen; verschmutzte Arbeitskleidung wird gewechselt
   - die erforderliche persönliche Schutzausrüstung wird gemäß erfolgter Unterweisung bestimmungsgemäß benutzt
   - Arbeitsplätze werden regelmäßig aufgeräumt und gereinigt

Elektromagnetische Felder

In immer stärkerem Maße werden Beschäftigte durch *elektromagnetische Felder*, nicht ionisierende und ionisierende Strahlung beeinträchtigt. Die Frequenzbereiche der hier interessanten elektromagnetischen Felder liegen zwischen 0 Hz und 300 GHz.

Hochfrequente elektromagnetische Felder können sich über große Entfernungen ausbreiten (z. B. Rundfunk, Fernsehen, Mobilfunk). Elektromagnetische Felder wirken sich auf Menschen in Abhängigkeit von Frequenz, Intensität und Einwirkungsdauer aus. Es kann zu Nerven- und Muskelreizungen bei niederfrequenten Feldern, zu thermischen Wirkungen bei hochfrequenten Feldern kommen. Mit zunehmendem Abstand von der Quelle nimmt jedoch die Stärke ab. Zu beachten ist auch die Wirkung magnetischer Felder auf aktive Körperhilfen, z. B. Herzschrittmacher.

Die BG-Vorschrift BGV B 11 »Elektromagnetische Felder« unterscheidet folgende Expositionsbereiche:

- Expositionsbereich 2 (allgemein zugänglich ohne Einschränkungen),
- Expositionsbereich 1 (kontrollierter Bereich mit Zugangsregelung),
- Bereich erhöhter Exposition,
- Gefahrbereich.

Grenzwerte für die Körperstromdichte sind bei beruflicher Exposition 10 mA/m^{2}.

Mit der spezifischen Absorptionsrate (W/kg) wird die Umwandlung hochfrequenter Strahlungsenergie in Körperwärme festgelegt. Für berufliche Exposition sind hier folgende Grenzwerte zu beachten:

- Ganzkörperexposition 0,4 W/kg (f > 100 kHz),
- Teilkörperexposition 10 W/kg (f > 1 MHz).

Nicht nur in der Strahlenmedizin oder in kerntechnischen Anlagen kann es zur beruflichen Strahlenexposition kommen, sondern auch im verarbeitenden Gewerbe bestehen vereinzelt Risiken, z. B. bei der Qualitätsprüfung von Schweißteilen.[368]

Laserstrahlung

Laserstrahlung ist nicht ionisierende künstliche, optische Strahlung mit Wellenlängen zwischen 100 nm und 1 mm. Durch Bündelung der Laserstrahlung können große Bestrahlungsstärken, z. B. für die Werkstoffbearbeitung, erzielt werden. Hierbei sind Expositionsgrenzwerte für Haut und Augen einzuhalten.[369]

Laser sind nach ihrer Strahlung und der dazugehörigen Schutzmaßnahme in 4 Klassen eingeteilt.[370] Mit wachsender Klassenzahl nimmt die Gefährdung zu. Neben der Gefährdung des Auges und der Haut können durch Laserstrahlung auch Sekundärwirkungen durch halogenierte Gase oder andere freigesetzte Luftschadstoffe hervorgerufen werden.[371]

368 Bundesamt für Strahlenschutz (BfS): Strahlung und Strahlenschutz, 3. Auflage, 2004.

369 DIN EN 60825-4:2007-07: Sicherheit von Lasereinrichtungen – Teil 4: Laserschutzwände (IEC 60825-4:2006) Deutsche Fassung EN 60825 4:2006
DIN EN 60825 Beiblatt 14 2006-07: Sicherheit von Lasereinrichtungen – Teil 14: Ein Leitfaden für Benutzer (IEC/TR 60825-14-2004).
DIN EN 60825 Beiblatt 14-2006-07: Sicherheit von Lasereinrichtungen – Teil 14: Ein Leitfaden für Benutzer (IEC/TR 60825-14:2004);
prDIN EN 207-2008-02: Persönlicher Augenschutz – Filter und Augenschutzgeräte gegen Lasterstrahlung (Laserschutzbrillen); Deutsche Fassung prEN 207:2008;
DIN EN ISO: 2005-05: Sicherheit von Maschinen-Laserbearbeitungsmaschinen – Teil I: Allgemeine Sicherheitsanforderungen (ISO 11553-1:2005).
BGVB2 und Durchführungsanweisungen, Berufsgenossenschaftliche Vorschrift »Laserstrahlung«, 2007.

370 Seibel, D.; Landau, K.; Brose, M.: Laser. In: Landau, K. (Hrsg.): Lexikon Arbeitsgestaltung. Stuttgart: Ergonomia, 2007, S. 768–773.

371 Weitere physikalisch-chemische Umgebungseinflüsse und angemessene Gestaltungsmaßnahmen werden besprochen bei: Landau, K. (Hrsg.): a. a. O., 2007 und Landau, K.; Pressel, G.: Medizinisches Lexikon der beruflichen Belastungen und Gefährdungen, 2. Auflage. Stuttgart: Gentner, 2009.

5.8 Informationstechnische Arbeitsgestaltung

5.8.1 Grundlagen

Information im MMS

Damit der Mensch mit der Umwelt interagieren kann und um eine Basis für seine Entscheidungen und Handlungen zu haben, muss er sich von dieser ein mentales Abbild schaffen. Ohne die anderen Sinneskanäle zu vernachlässigen, auch diese tragen einen wesentlichen Teil zur Bildung eines mentalen Modells bei, erscheint die visuelle Informationsaufnahme als dominant im Prozess der Situationserfassung bzw. bei der Vorbereitung von Entscheidungsgrundlagen.

Zweckgerichtetes Zusammenwirken von Mensch, Betriebsmittel und Material erfordert den Austausch von Informationen. Durch Informationen (Wahrnehmung und Entscheidung) wird der Energiefluss gesteuert.

Information ist eine Nachricht, die beim Empfänger eine Ungewissheit über ein Ereignis beseitigt. Im Sinne der Nachrichtentechnik (syntaktische Dimension der Information) gemessen als negativer, binärer Logarithmus der Wahrscheinlichkeit eines Ereignisses p:

$$H = -\log_2 p$$

Information im Mensch-Maschine-System wird in Form von Signalen übertragen. Als Signal können z. B. gelten:

- Stellung eines Zeigers auf einer Skala
- Signallampe
- Maschinengeräusch
- taktile Merkmale von Werkstücken oder Bedienteilen
- Widerstände (Rückstellkräfte) von Bedienteilen
- räumliche Lage der Hand oder eines Maschinenteils.

Die *informationstechnische Arbeitsgestaltung* dient der Optimierung des Informationsflusses im Hinblick auf menschliche Leistungsfähigkeit.

5.8.2 Anzeigen

Definitionen

Unter *Anzeigen* versteht man technische Einrichtungen, die dem Menschen veränderliche Informationen übermitteln.

Anzeigen unterscheiden sich damit von Kennzeichen, die zur Darbietung gleichbleibender Informationen herangezogen werden. Anzeigen sind erforderlich, da

- veränderliche Informationen mit den Sinnesorganen nicht immer unmittelbar wahrgenommen werden können;
- natürliche Informationsaufnahme z. B. durch äußere Bedingungen beeinträchtigt ist;
- für manche der aufzunehmenden Informationen keine Sinnesorgane vorhanden sind;
- hohe Genauigkeitsanforderungen gestellt werden, die das menschliche Leistungsvermögen übersteigen.

Im Modell des Arbeitssystems stellen Anzeigen die Schnittstelle zwischen Arbeitsmittel bzw. Umwelt und Informationsaufnahme durch den Menschen dar. Üblicherweise ergibt sich ein Regelkreis zwischen Anzeigen, Sinnesorganen, Handlungsorganen und Stellteilen.

Unterscheidung der Anzeigen

Anzeigen lassen sich unterscheiden nach

- der Art der dargestellten Signale,
- dem Informationsinhalt,
- der Art der Veränderungsdarstellung,
- der Anzeigenform.

Bei der Unterscheidung nach Art der dargestellten Signale kennt man analoge, digitale und hybride Anzeigen. Bei analogen Anzeigen (bildliche Darstellungsform) werden der Istwert und der zulässige Wertebereich gleichartig dargestellt. Dies hat beim Ablesen einen Dekodierungsprozess des Menschen zur Folge. Im Gegensatz dazu stellen digitale Anzeigen[372] die Informationen bereits in kodierter Form dar. Allerdings ist damit die Ähnlichkeit zur natürlichen Situation geringer. Anzeigen sind hybrid, wenn sie Informationen sowohl in analoger als auch in diskreter Form darstellen; dies trifft z. B. bei Bildschirmen zu.

Bei analogen Anzeigen unterscheidet man noch einparametrige und mehrparametrige Darstellung. Eine einparametrige, analoge Anzeige hat ein aktives Element (z. B. einen Zeiger) und ein passives Element (z. B. eine Skala). Mehrparametrige Anzeigen haben dagegen mehrere aktive und passive Elemente.

Digitale Anzeigen können nach der Anzahl ihrer aktiven Elemente und der zur Informationsdarstellung zur Verfügung stehenden Werte unterschieden werden. Binäre Anzeigen sind solche digitale Anzeigen mit einem Informationsparameter, der jeweils nur einen von zwei möglichen Werten einnehmen kann.

Die Anzeigen lassen sich ebenfalls nach dem angesprochenen Sinnesorgan unterteilen. Dabei ist die visuelle Ansprache die am häufigsten gewählte Form. Über den Gesichtssinn ist eine umfassende und zugleich detaillierte Informationsaufnahme möglich. Ein Nachteil der visuellen Anzeige besteht jedoch darin, dass die Zuwendung in Richtung der zu übermittelnden Information erforderlich ist. Dieser Nachteil wird bei akustischen Anzeigen vermieden. Deshalb haben solche Anzeigen, die den Gehörsinn ansprechen, häufig Warncharakter – der Mensch kann sich ihnen im Normalfall nicht verschließen. Die Kodierung akustischer Anzeigen kann über Sprache, Schallintensität, Frequenz und zeitliche Verteilung vorgenommen werden.

Auch über den Tastsinn können Warnsignale weitergegeben werden. Die Rezeptoren in der Haut, den Muskeln, Sehnen und Gelenken sprechen auf Druck, Berührung und Erschütterung an. Häufig werden diese Eigenschaften genutzt, haptische Anzeigen über Bedienelemente wirken zu lassen. Die anderen Sinnesorgane, z. B. die Thermorezeptoren, Geruchs- und Geschmacksnerven, werden über Anzeigen normalerweise nicht angesprochen. Bei der Verteilung der Anzeigen-Informationsaufnahme auf die verschiedenen Sinnesorgane ist zu bedenken, dass die Kapazität einzelner Sinnesorgane nicht überbelastet werden darf. Dabei ist heute vor allem die Gefahr groß, dass die dem Auge dargebotene Information (z. B. über Displays) Kapazitätsgrenzen überschreitet. Weiterhin muss die Differenz zwischen Anzeigeninformation und Störsignalen aus der Umgebung hinreichend groß sein, damit Warnsignale mit hoher Sicherheit wahrgenommen werden können.

Unterscheidung nach der Art der Veränderungsdarstellung

Nach der Art der Veränderungsdarstellung unterscheidet man bei den Anzeigen

- aktive Elemente (das Anzeigenbild ändert sich, sobald sich die dazustellende Information verändert) und
- passive Elemente (verändern sich nicht, wodurch die Veränderung der aktiven Elemente wahrnehmbar ist).

372 Der Begriff digitale Anzeigen wird hier umgangssprachlich verwendet; der korrekte Begriff wäre »diskrete Anzeigen«. Solche Anzeigen können endlich viele und wohl unterscheidbare (also diskrete) Werte eines abzählbaren Wertebereichs annehmen.

Werden Sollwert und Istwert zusammen dargestellt, so spricht man von einer Soll-/Istwert-Anzeige. Damit ist eine vollständige Informationsübermittlung möglich. Allerdings muss der Mitarbeiter selbst die Differenz zwischen Soll- und Istwert ermitteln. Dies kann zu verzögerten Reaktionen führen.

Die Differenzanzeige nimmt dem Mitarbeiter die Errechnung der Abweichung zwischen Sollwert und Istwert ab. Allerdings kommt es dabei zu einem Informationsverlust, denn die tatsächlichen Zustandsgrößen sind nun dem Mitarbeiter nicht mehr bekannt.

Bei der synthetischen Anzeige werden Zustandsgrößen noch stärker als bei der Differenzanzeige aggregiert. Der Mitarbeiter wird damit von Rechenarbeit entlastet. Der durch einen Bordcomputer errechnete Kraftstoffverbrauch eines Pkw ist ein Beispiel für die synthetische Anzeige.

Will man den Mitarbeiter bereits über die in Zukunft zu erwartenden Zustandsgrößen informieren, so benutzt man eine Voranzeige. Auch hier wird dem Menschen eine Entlastung zuteil, da ihm unter Umständen komplexe Rechenoperationen abgenommen werden. Die Ermittlung der Reichweite mit dem derzeit noch vorhandenen Kraftstoff durch einen Bordcomputer ist ein Beispiel für eine solche Voranzeige. Diese Voranzeige unterstellt, dass die künftige Fahrweise der bisherigen annähernd entspricht.

Bei der imperativen Anzeige werden dem Mitarbeiter fast alle mentalen Funktionen abgenommen. Der Mensch muss lediglich noch über ein Stellteil der Kommando-Anzeige nachkommen.

Anzeigengestaltung

Bei der *Gestaltung und Anordnung von Anzeigen* ist so zu verfahren, dass die Anzeigeeinrichtungen möglichst gut an die menschliche Wahrnehmung angepasst sind. Dabei soll die Beanspruchung der Sinnesorgane unterhalb von Dauerleistungsgrenzen liegen; dies bedeutet, dass mit entsprechender Gestaltung der Anzeigen der Ermüdung der Sinnesorgane vorgebeugt werden muss. Daneben sollen Ablesefehler möglichst ausgeschlossen werden. Durch Anzeigen darf es nicht zu einer einseitigen Beanspruchung des Menschen bei der Arbeit kommen. Anzeigen sollen eine weitere Steigerung der Arbeitsqualität zulassen.

Anzeigen können für verschiedene Wahrnehmungsaufgaben herangezogen werden, unter anderem für

- das Ablesen eines Messwertes,
- das orientierte Wahrnehmen,
- das Verfolgen von Messwertänderungen.[373]

Beim Ablesen eines Messwertes geht es darum, einen angezeigten Wert irrtumsfrei festzustellen. Hierfür muss eine angemessene Zeit zur Verfügung stehen. Beim orientierten Wahrnehmen werden kurzzeitig angezeigter Wert und Vorgabewert verglichen, daraus wird auf die Einhaltung eines Toleranzbereiches geschlossen. Bei vielen Überwachungstätigkeiten fällt orientiertes Wahrnehmen an. Beim Verfolgen von Messwertänderungen geht es darum, während des Zeitablaufs die Richtung, Größenordnung oder Geschwindigkeit von Änderungen der Zustandsgröße zu erfassen. Vor allem Steuer- und Regeltätigkeiten zeichnen sich durch solche Wahrnehmungsaufgaben aus.

Zur Unterstützung der genannten Wahrnehmungsaufgaben kann die Arbeitsgestaltung auf folgende Merkmale einwirken:

- die *Kodierung*,
- die Anzeigengestaltung (im engeren Sinne) und
- die Anzeigenanordnung.

373 Vgl. DIN EN 894-2, Sicherheit von Maschinen – Ergonomische Anforderungen an die Gestaltung von Anzeigen und Stellteilen – Teil 2: Anzeigen; 2008; DIN EN ISO 9241-303, Ergonomie der Mensch-System-Interaktion – Teil 303: Anforderungen an elektronische optische Anzeigen, 2008, sowie Abbildung III-279.

Zu den visuellen Anzeigen haben sich für die verschiedenen Kodes maximal- und empfohlene Kodierungsstufen ergeben. Abbildung III-279 fasst diese Empfehlungen zusammen.

	Stufenanzahl		Bewertung		
Kodierung	Maximum	Empfehlung	Wahrnehmungszeit	Platzbedarf	sonstiges
Farbe					
Leuchten	10	3	kurz	gering	gut zur qualitativen Kodierung
Oberflächen	50	9	kurz	gering	gut zur qualitativen Kodierung
Form					
Ziffern/Buchstaben	unbegrenzt	Kolonnenbildung	variabel	gering	gut zur Identifizierung
geometrische Symbole	15	5	variabel	gering	manche Symbole schwer zu identifizieren
Piktogramme	30	10	kurz	gering	erlaubt direkte Assoziierung
Größe und Art					
Fläche	6	3	variabel	hoch	leichte Ortung
Länge	6	3	variabel	hoch	leichte Ortung
Leuchtdichte	4	2	variabel	gering	wird nicht empfohlen, da Interaktion mit Umgebung
räumliche Darstellung	4	2	variabel	mittel	wird nicht empfohlen, da räuml. Vorstellungsvermögen unterschiedlich
Neigungswinkel	24	12	kurz	gering	begrenzt auf kreisförmige Anzeigen
Blitzfolge (Stroboskop)	5	2	kurz	gering	nur zur Erregung der Aufmerksamkeit sinnvoll

Abbildung III-279 Empfehlungen zur Kodierung visueller Anzeigen[374]

Die Gestaltung visueller Anzeigen bezieht sich auf Skalen, Zeiger und die gegenseitige Zuordnung von Skalen und Zeigern. Generell kann empfohlen werden, eine lineare Skaleneinteilung vorzusehen. Dies ermöglicht ein rasches Ablesen und ggf. eine leichte Interpolation. Fehlerfreies, rasches Ablesen wird dann unterstützt, wenn die Skaleneinheit nicht kleiner als zwei Bogenminuten ist.

Bei 76 cm Ableseentfernung entspricht dies einer Distanz von 0,44 mm. Unter Zugrundelegung dieses minimalen Beobachtungswinkels von zwei Bogenminuten lassen sich die Skalenlänge und Skaleneinteilung folgendermaßen berechnen:[375]

$$L = \frac{D}{14{,}4} \cdot \frac{i \cdot m}{100}$$

Dabei ist

L = Länge der Skala zwischen den Endmarken in cm

D = Ableseentfernung

m = Anzahl der Skalenabschnitte auf der Gesamtskala

i = Anzahl von Skaleneinheiten zwischen zwei Marken, die bei der Interpolation mental zu bilden sind.

374 Helander, M. G.: Design of visual displays. In: Salvendy, G. (Hrsg.): Handbook of Human Factors, New York: Wiley, 1987, S. 507–548.

375 Bernotat, R.: Anzeigengestaltung. In: Schmidtke, H. (Hrsg.): Ergonomie. München: Hanser, 1981, S. 461–471.

Die Skalenteilung und -bezifferung kann nach folgenden Regeln vorgenommen werden: Es sollten

- nicht mehr als fünf Intervalle oder vier Unterteilstriche zwischen Haupt- und Zwischenteilstrichen vorkommen,
- zwischen bezifferten Teilstrichen nie mehr als 4 unbezifferte Teilstriche vorkommen,
- nicht mehr als dreistellige Ziffern vorkommen,
- unnötige Bezifferung vermieden werden.

Abbildung III-280 bewertet die Eignung verschiedener analoger und digitaler Anzeigen für verschiedene Wahrnehmungsaufgaben.

		Art der Anzeigeneinrichtung	Wahrnehmungsaufgabe		
			Ablesen eines Meßwertes	orientierendes Wahrnehmen	Verfolgen von Messwertänderungen
analoge Anzeigen	Skala fest, Zeiger beweglich	Vollkreis-Skala / Dreiviertelkreis-Skala	geeignet	gut geeignet	gut geeignet (besonders gut geeignet bei großem Meßbereich)
analoge Anzeigen	Skala fest, Zeiger beweglich	Halbkreis-Skala	gut geeignet	gut geeignet	gut geeignet
			Skala ist vorzugsweise im 2. und 1. Quadranten zu verwenden. Andere Anordnungen erschweren die Wahrnehmung und vergrößen die Fehlerzahl.		
analoge Anzeigen	Skala fest, Zeiger beweglich	Quadrant-Skala	geeignet	geeignet	geeignet
			Skala ist vorzugsweise nach oben gerichtet zu verwenden.		
analoge Anzeigen	Skala fest, Zeiger beweglich	Sektor-Skala	bedingt geeignet (bei großen Radien)	bedingt geeignet (bei großen Radien)	nicht geeignet (Anzeigenbereich zu gering)
			Skala ist vorzugsweise nach oben gerichtet zu verwenden.		
analoge Anzeigen	Skala fest, Zeiger beweglich	Querskala	geeignet	geeignet	geeignet
analoge Anzeigen	Skala fest, Zeiger beweglich	Hochskala	bedingt geeignet	geeignet	geeignet
analoge Anzeigen	Skala beweglich, Zeiger frei	Anzeigeeinrichtung, bei der der Anzeigenbereich größtenteils bzw. vollständig sichtbar ist	geeignet	bedingt geeignet	bedingt geeignet
analoge Anzeigen	Skala beweglich, Zeiger frei	Anzeigeneinrichtung, bei der nur ein kleiner Teil des Anzeigenbereichs sichtbar ist	bedingt geeignet, sofern nicht mindestens 2 Referenzziffern sichtbar sind	bedingt geeignet	nicht geeignet
digitale Anzeigen		Ziffern-Skala	gut geeignet (auch für sehr großen Meßbereich geeignet)	bedingt geeignet	nicht geeignet (Ausnahme: langsame und stetige Messwertänderung)

Abbildung III-280 Eignung von Anzeigeneinrichtungen

Schriftgrößen berechnen sich nach DIN 1451[376] anhand der Gleichung:

$$H = \frac{D + 250}{F}$$

mit:

H = Schriftgröße in mm

D = Ableseentfernung in mm

F = Faktor für Schriftart

Für eine minimale Schriftgröße und »Mittelschrift« ergibt sich F = 550 für günstige Lichtverhältnisse.

H/8 bis H/12 bei weißer Schrift auf schwarzem Hintergrund

Die Verhältnisse von Schriftbreite, Schriftgröße, Strichdicke und Schriftabstand werden folgendermaßen empfohlen:

- Schriftbreite: 2/3 der Höhe H
- Schrifthöhe: H/6 bis H/8 bei schwarzer Schrift auf weißem Hintergrund
  H/8 bis H/12 bei weißer Schrift auf schwarzem Hintergrund
- Abstand zwischen Buchstaben und Ziffern: H/6
- Abstand zwischen Worten: 2/6 der Höhe H

Bei der Anordnung der Beschriftung ist darauf zu achten, dass es zu keiner Verdeckung durch den Zeiger kommt. Wird der Abstand zwischen Skala und Zeigerspitze jedoch zu groß, so nimmt die Ablesegenauigkeit ab und die Wahrscheinlichkeit von Ablesefehlern zu. Die Zeigerspitze sollte möglichst V-Form haben; der Höhenabstand zwischen Zeiger und Skala sollte minimiert werden, um Ablesefehler durch Parallaxen zu vermeiden. Darüber hinaus sollte die Unterteilung der Skala nicht feiner sein, als es für die Durchführung der Arbeitsaufgabe erforderlich ist. Die Skalenunterteilung der Anzeige und die Genauigkeit des Messinstrumentes sollten aufeinander abgestimmt sein. Es kann günstig sein, auf der Skala den Sollwert zu markieren; damit können Abweichungen des Istwertes besser erkannt werden.

Die sinnfälligen Bewegungsrichtungen des Zeigers über der Skala können Abbildung III-281 entnommen werden.

Die Lage und Anordnung von Anzeigen, auch ihre Zuordnung zu Stellteilen, beeinflussen sehr stark die schnelle, korrekte und genaue Informationsaufnahme. Ordnet man Anzeigen nach den logischen Schritten der Verwendung (Flussdiagramm) an, so unterstützt das die optische Orientierung und begünstigt die Einarbeitung. Dieser Sachverhalt trifft vor allem für die Verwendung von Anzeigen in der Verfahrenstechnik zu. Hat man dagegen eine Anzahl gleicher Betriebsmittel, die über eine zentrale Einrichtung gesteuert werden, dann bietet sich die Platzierung der Anzeigen nach bestimmten geometrischen Mustern an. Dabei sind die Erkenntnisse der Gestalttheorie zu berücksichtigen. So empfiehlt es sich bei Kreisskalen, die Anzeigen in der »9-Uhr-Stellung« der Zeiger auszurichten. Die Zeiger linearer Skalen sollten dagegen in der Vertikalen ausgerichtet sein.

Anordnung von Anzeigen

Bei der Gruppierung ist weiterhin zu beachten, dass Anzeigen nach ihrer Wichtigkeit und Beobachtungshäufigkeit im Gesichtsfeld, Blickgesichtsfeld oder im Umblickgesichtsfeld (vgl. Abschnitt 5.2.5) einzuordnen sind. Dauernd zu beobachtende oder besonders wichtige Anzeigen sind im zentralen Gesichtsfeld zu platzieren. Ist das nicht zu realisieren (z. B. infolge begrenzter Raumverhältnisse), können die an der Gesichtsfeldperipherie untergebrachten Anzeigen mit zentralen Warneinrichtun-

376 DIN 1451, Teile 1 bis 3, 1986, 1987 und 1998: Schriften – Serifenlose Linear-Antiqua.

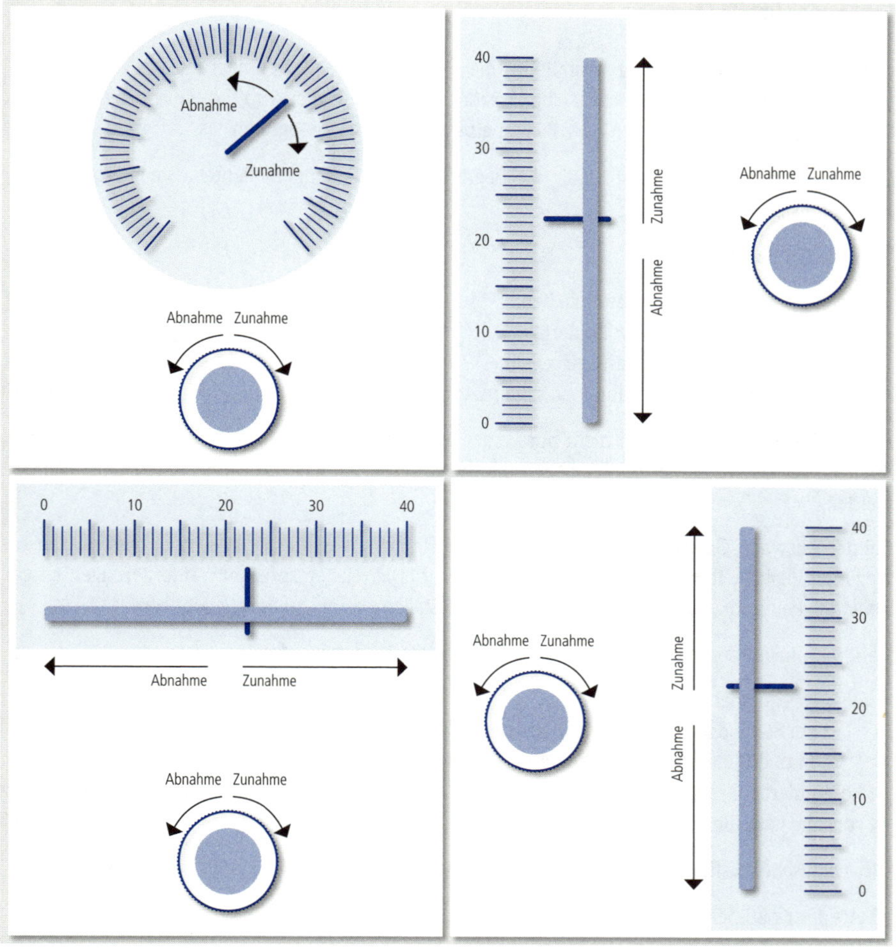

Abbildung III-281 Sinnfällige Bewegungsrichtungen von Zeiger und Stellteil

gen gekoppelt werden. Ablesefehler und Ablesezeit steigen an, wenn Anzeigen nicht nur im Gesichtsfeld, sondern auch im Blickgesichtsfeld oder sogar im Umblickgesichtsfeld abzulesen sind.

Anzeigen, die von der Funktion her miteinander verwandt oder sequenziell zu beobachten sind, sind horizontal nebeneinander anzuordnen, da dies der natürlichen Augenbewegungsrichtung entspricht. Funktionell unterschiedliche Anzeigen sind dagegen verschieden hoch zu platzieren oder zumindest in verschiedenen Farben zu gestalten. Die Wahrnehmungsaufgaben werden erleichtert, wenn gemeinsame Bezeichnungen für mehrere Anzeigen über den jeweiligen Anzeigengruppen, die Bezeichnungen dagegen einzelner Anzeigen unter den jeweiligen Anzeigen angebracht werden. Zusammengehörige Anzeigen können auch durch farbige Flächen hervorgehoben werden.

Um unnötige Akkomodationen des Auges zu vermeiden, empfiehlt es sich, auf gleiche Ableseentfernungen von Anzeigen zu achten. Weiterhin sollte sich die Haupt-Sehachse senkrecht zur Anzeigenebene orientieren.

5.8.3 Stellteile

Definitionen

Stellteile sind Elemente an Arbeitsmitteln, die beim Stellen eine Veränderung des Informations-, Energie- und/oder Stoffflusses bzw. einer Position bewirken. Dabei wird das Stellen durch Drehen, Schwenken, Drücken, Schieben oder Ziehen eines Stellteils vorgenommen.[377]

Synonym werden für Stellteile häufig die Begriffe Bedienelement, Bedienteil, Steuerarmatur oder Betätigungsteil verwendet.

Stellteile können dazu dienen,

- einen Vorgang ein- oder auszuschalten,
- die Lage eines Bauteils zu verändern,
- einen Prozess zu steuern bzw. zu regeln,
- Arbeitsmittel oder Arbeitsräume zu sichern.

Für die Stellaufgaben kommen nicht nur Finger und Hand des Bedieners, sondern auch Fuß, Knie, Bein, Rumpf oder Schulter infrage. Auch die menschliche Sprache kann für Stellvorgänge genutzt werden.

Bei der Auswahl, Gestaltung und Anordnung der Stellteile ist daher zu beachten, dass sie den Bewegungsmöglichkeiten des jeweils einzusetzenden Körperteils entsprechen; Anforderungen an Geschwindigkeit und auszuübende Kraft sind bei der Stellbewegung zu berücksichtigen.

Unterscheidung nach Betätigungsarten

Darüber hinaus kann nach den Betätigungsarten unterschieden werden in

- diskrete Stufeneinstellung,
  - zwei Stellmöglichkeiten (z. B. Betriebsschalter),
  - drei und mehr Stellmöglichkeiten (z. B. Gangschaltung),
- kontinuierliche/stufenlose Einstellung (z. B. Lautstärkeregelung),
- sonstige (z. B. Beibehaltung der jeweiligen Einstellung).

Technische Ausführung

Die technische Ausführung der Stellteile kann anhand der folgenden Kriterien beurteilt werden:[378]

- Art der Kraftübertragung,
- Informationsart,
- Art der Stellfunktion,
- Stellgenauigkeit,
- Sicherheit,
- Platzbedarf.

Stellwege und -widerstände

Stellwege und -widerstände sind in Abhängigkeit der physiologischen Gegebenheiten des Bedieners und der Stellaufgabe zu wählen. Folgende Gestaltungsmerkmale sind dabei zu berücksichtigen:

- Form des Stellteils bzw. Griffteils,
- Material, Oberfläche, Struktur des Stellteils bzw. Griffteils,
- Größe, Abmessungen des Stellteils/Griffteils,
- Abstand zu anderen Stellteilen,
- Abstand zu anderen Betriebsmitteln (Umgebung des Stellteils).

Von großer Bedeutung sind auch die Sinnfälligkeit der Stellbewegungen und die damit verbundene Anzeigenveränderung.

---

377 DIN EN 894-3, Sicherheit von Maschinen- Ergonomische Anforderungen an die Gestaltung von Anzeigen und Stellteilen – Teil 3: Stellteile, 2009.

378 VDI-Handbuch der Arbeitsgestaltung und Arbeitsorganisation. Düsseldorf: VDI, 1980.

Beim Vorhandensein mehrerer Stellteile muss die räumliche Anordnung dergestalt erfolgen, dass sicheres, eindeutiges und aufgabengerechtes Stellen ermöglicht wird.

Dabei ist besonders zu beachten:

- der technische Ablauf des Stellvorgangs sowie der gesamten Arbeitsaufgabe (z. B. auch Möglichkeit schnellen Ortswechsels),
- die Wichtigkeit des Stellens,
- die Häufigkeit des Stellens,
- die Zugänglichkeit der Stellteile,
- die Arbeitssicherheit,
- die Kontrollmöglichkeit der Stellung,
- die Reihenfolge des Stellens.

Die Betätigung von Stellteilen muss in jedem Fall innerhalb von Ausführbarkeitsgrenzen (z. B. innerhalb der Armreichweite) und innerhalb von Erträglichkeitsgrenzen (z. B. Vermeidung statischer Halte- und Haltungsarbeit) liegen.

Auch die Hygienevorschriften (Sauberkeit, Reinigungsmöglichkeit) sollen bei der Stellteilgestaltung berücksichtigt werden.

Koppelung

Stellteile können über eine formschlüssige oder eine reibschlüssige Koppelung zur Hand oder zum Fuß bedient werden. Ein Formschluss ergibt sich dann, wenn Stellteile und Finger, Hand oder Fuß unmittelbar anliegen und damit die Kraftübertragung ermöglichen. Reib- oder kraftschlüssige Kopplung verlangt dagegen einen hohen Anpressdruck auf das Stellteil, um den Stellvorgang sicher auszulösen. Reibschlüssige Kopplungen ermöglichen zwar schnelleres Zugreifen und Umgreifen, aus Gründen der Arbeitssicherheit ist jedoch – vor allem dann, wenn Stellteile verschmutzen, ölig, fettig oder nass werden können – häufig der Formschluss vorzuziehen. Kann man jedoch auf reibschlüssige Kraftübertragung nicht verzichten, dann spielen die Werkstoffe des Stellteils bezüglich ihrer Reibungskoeffizienten, Wärmeleitfähigkeit und dermatologischen Aspekte eine besondere Rolle. Grobprofilierte Stellteil-Oberflächen ergeben ungünstige Kopplungsbedingungen. Die kraftübertragende Fläche wird dadurch klein, und die Verletzungsgefahr steigt.

Unter *Stellkraft* (Dimension: N) versteht man die Aktionskraft, die zur Betätigung eines Stellteils erforderlich ist.

Unter *Stellweg* werden Gradzahl oder Weglänge zwischen zwei Stellpositionen eines Stellteils verstanden.

Unter *Stellwiderstand* (Dimension: Nm) versteht man das im Stellteil vorhandene, konstruktionsbedingte Moment, das beim Betätigen überwunden werden muss.

Erfordert die Steuerungs- oder Regelungsaufgabe die Aufbringung höherer Kräfte, so sind in diesen Fällen Arm- oder Beinbewegungen vorzusehen. Wird der Arm oder der Rumpf mitbewegt, so können auch größere Stellwege zurückgelegt werden. Dabei sind wiederum ungünstige Körperhaltungen bzw. Gelenkwinkel zu vermeiden.

Abbildung III-282 und Abbildung III-283 geben Bereiche für Stellwege, Stellkräfte und *Stellwinkel* an. Optimalbedingungen innerhalb dieser Bandbreite können dann realisiert werden, wenn

- Stellwege im ersten Drittel des Stellbereichs bevorzugt werden;
- Stellkräfte ebenfalls im ersten Drittel des Stellkräftebereichs gestaltet werden; dabei müssen jedoch Mindeststellkräfte eingehalten werden, um Fehlbedienungen auszuschließen.

Greifart und Stellbeispiel	Stellweg	Stellkraft
Kontaktgriff/Finger (Druckknopf)	2–10 mm	1–8 N
Kontaktgriff/Hand (Drucktaster)	10–40 mm	4–16 N, bei Notschaltern bis 60 N
Zufassungsgriff/3 Finger (Drehknopf)	> 360°, Nachgreifen erforderlich	0,02–0,3 Nm bei 15–25 mm Ø
Zufassungsgriff/Hand (Schalthebel)	20–300 mm	5–100 N
Umfassungsgriff/Hand (Stellhebel)	100–400 mm	10–200 N
Auflage/Fuß (Pedal)	20–150 mm	30–100 N

Abbildung III-282 Empfohlene Stellwege und Stellkräfte für ausgewählte Stellteile[379]

Stellteil	Stellwinkel	Drehmoment		
		Radius	Stellen einhändig	Stellen beidhändig
Kurbel	unbegrenzt	≤ 100 mm > 100 mm – 200 mm > 200 mm – 400 mm	0,5 Nm – 3 Nm 5 Nm – 14 Nm 4 Nm – 30 Nm	— 10 Nm – 23 Nm 8 Nm – 160 Nm
Handrad	unbegrenzt ohne Nachgreifen 60°	25 mm – 50 mm > 50 mm – 200 mm > 200 mm – 250 mm	0,5 Nm – 6,5 Nm — —	— 2 Nm – 4 Nm 4 Nm – 60 Nm
Drehknebel	15–90° zwischen zwei Schaltstellungen	Knebellänge ≤ 25 mm: 0,1 Nm – 0,3 Nm > 25 mm: 0,3 Nm – 0,7 Nm		
Drehknopf	unbegrenzt	für Drehknopfdurchmesser > 15 mm – 25 mm: 0,02 Nm – 0,005 Nm > 25 mm – 70 mm: 0,035 Nm – 0,7 Nm		
Schlüssel	15–90° zwischen zwei Schaltstellungen	0,1 Nm – 0,5 Nm		

Abbildung III-283 Empfohlene Stellwinkel und Drehmomentbereiche[380]

Bei der Auswahl der Stellwege und Stellkräfte ist für eine Rückkopplung bei den Stellvorgängen zu sorgen, damit die augenblickliche Lage des Stellteils wahrgenommen werden kann.

Dimensionalität

Die Anzahl der Freiheitsgrade in den Stellmöglichkeiten eines Stellteils bezeichnet man als Dimensionalität. Sind mehrere Stellfunktionen in einem Stellteil zusammengefasst, so spricht man von hochintegrierten Stellfunktionen. Beispiele hierfür sind im Kraftfahrzeug kombinierte Stellteile für Änderung der Fahrtrichtung, Beleuchtung, Lichthupe und Parklicht oder für Scheibenwischer und Waschanlage. Bei der Flugzeugsteuerung ist das Stellteil für Querruder, Höhen- und Seitenruder ein Stellteil mit hoher Dimensionalität. Bei hoher Dimensionalität eines Stellteils bzw. hochintegrierten Stellfunktionen können sich leicht Fehlbedienungen ergeben, wenn die Anordnung, Funktionsrichtung und der Funktionszuwachs des Stellteils nichtstandardisiert sind. Die Dimensionalität der Arbeitsaufgabe und die des Stellteils müssen in der Regel übereinstimmen, um Fehlhandlungen des Bedieners zu vermeiden.

379 Schmidtke, H.: Ergonomische Prüfung von Technischen Komponenten, Umweltfaktoren und Arbeitsaufgaben. München: Hanser, 1989.
380 Schmidtke, H.: a. a. O., 1989.

Beispiele für Stellteile

Man gliedert die Stellteile danach, ob sie mit

- einem oder mehreren Fingern (Abbildung III-284),
- der Hand (Abbildung III-285, links) oder
- dem Fuß (Abbildung III-285, rechts)

betätigt werden.

So stehen bei den fingerbetätigten Stellteilen an erster Stelle die Druckschalter bzw. -taster. Während der Druckschalter in der jeweiligen Schaltstellung einrastet, geht der Drucktaster nach Loslassen in seine Ausgangsstellung zurück. Beide Stellteile erlauben zwei Einstellungen. Sie benötigen nur wenig Platz und können sehr schnell betätigt werden. Bei Kombinationen mit einer Leuchte kann die Schaltstellung optisch gut erkannt werden. Darüber hinaus sollte beim Betätigen eine spürbare oder hörbare Rückmeldung erfolgen.

	Druckschalter, -taster (Finger/Hand)	Kippschalter	Drehknebel	Drehknopf
	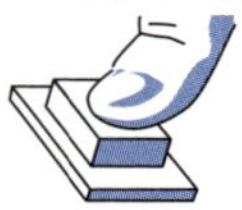		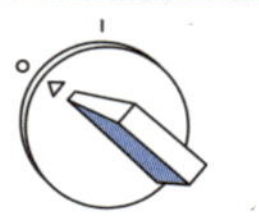	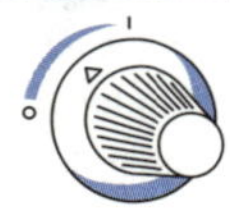
Kräfte bzw. Momente, die ausgeübt werden können	sehr klein	sehr klein	sehr klein	klein
benötigte Zeit zur Einstellung	sehr kurz	sehr kurz	mittel bis kurz	mittel bis kurz
Zahl der möglichen Einstellungen bzw. Größe des Betätigungsbereichs	2	2 oder 3	3 bis 24 (evtl. mehr)	unbegrenzt
Raumbedarf für Anordnung und Betätigung	klein	klein	mittel	klein bis mittel
Kodierung durch Formung möglich	schlecht bis befriedigend	gut	gut	gut
Stellung kann optisch erkannt werden	schlecht*	gut	gut	befriedigend**
Stellung kann taktil erkannt werden	schlecht	sehr gut	befriedigend bis gut	schlecht
Einstellung eines in einer Gruppe von gleichen Betätigungsteilen erkennbar	schlecht*	sehr gut	schlecht	befriedigend bis gut**
gleichzeitige Betätigung mehrerer benachbarter Teile mit einer Hand möglich	sehr gut	sehr gut	schlecht	schlecht
als Teil eines kombinierten Betätigungselements brauchbar	sehr gut	schlecht	gut	gut

*Besser, wenn als Leuchttaster ausgebildet.
**Nur, wenn insgesamt mögliche Drehung < 360° und wenn Marke (Zeiger) vorhanden.

Abbildung III-284 Eigenschaften von fingerbetätigten Stellteilen[381]

381 Kroemer, K.; Kroemer, H.; Kroemer-Elbert, K.: Ergonomics. Upper Saddle River: Prentice Hall, 2001.

Kippschalter sind ebenfalls mit einem oder zwei Fingern zu betätigen. Sie erlauben zwei oder drei Stellungen; auch hier ist schnelles Stellen möglich. Bei Platzmangel können Kippschalter mit Vorteil eingesetzt werden. Die Schaltstellungen selbst sind sowohl optisch als auch taktil zu erkennen.

Eine Kombination von Kippschaltern und Drucktastern sind die Wippschalter. Diese Stellteile sind für zwei Stellungen vorgesehen. Auch sie benötigen wenig Platz, die Schaltstellungen sind schnell zu wechseln. Sie können auch optisch und taktil befriedigend erkannt werden.

Der Drehknebel ist geeignet sowohl für stufenloses Stellen als auch für Stellvorgänge in mehreren Stufen. Bei den Stellvorgängen in Stufen können zwischen zwei bzw. drei und vierundzwanzig Stellungen realisiert werden. Bei der Benutzung als Stufenschalter können exakte Stellungen erreicht werden. Diese Stellung ist optisch und taktil gut erkennbar. Schnelles Stellen ist möglich. Der Platzbedarf ist bei einer geringen Zahl von Stellmöglichkeiten im Verhältnis zu Drucktaster oder Kippschaltern groß, bei einer hohen Zahl von Einstellungen dagegen klein. Drehknebel müssen in die jeweiligen Schaltstellungen einrasten und dürfen nicht in Zwischenstellungen stehen bleiben. Nach einem Drehwinkel von ca. 150° muss bei der Betätigung eines Drehknebels umgegriffen werden.

Der Drehknopf ist für Drehbewegungen ohne Kraftaufwand günstig. Sowohl Grob- als auch Feineinstellungen sind möglich. Dabei kann die Einstellung stufenlos oder -stufig geschehen. Der Platzbedarf ist gegenüber Druck- und Kippschaltern etwas größer, schnelles Einstellen ist jedoch möglich. Die Rückmeldung der Einstellungen hat optisch über eine Zeigermarke zu erfolgen.

Mit einem Schlüssel (z. B. Zündschlüssel) ist Stellen in zwei oder mehr Stufen möglich. Der Schlüssel begünstigt schnelles Einstellen oder das Halten einer Stellung. Die Sicherheit gegen unbeabsichtigtes Verstellen muss jedoch gegeben sein.

Der Schalthebel ist für zwei oder mehr Einstellungen vorgesehen. Auch stufenloses Stellen in mehreren Bewegungsrichtungen ist möglich. Der Einsatz des Schalthebels begünstigt das schnelle Stellen, das Halten des Stellteils und auch die Stellgenauigkeit. Große Energien und Kräfte können eingeleitet werden. Nachteilig ist jedoch der hohe Platzbedarf des Schalthebels. Die jeweiligen Schaltstellungen sind leicht optisch und taktil erkennbar. Sollen große Kräfte mit Schalthebeln übertragen werden, so sind gerade Griffbahnen vorzusehen. Bei gekrümmten Griffbahnen ist dagegen eher eine Kurbel einzusetzen. Eine Variante des Schalthebels ist der Stellhebel, der auch für die Betätigung mit zwei bis drei Fingern vorgesehen werden kann. Der Stellhebel wird insbesondere bei genauen Steueraufgaben eingesetzt.

Die Vorteile der Kurbel liegen insbesondere im unbegrenzten Drehbereich. Kurbeln können mit Vorteil zur Einleitung großer Energien eingesetzt werden. Bei geringem Stellwiderstand ist genaues und schnelles Nachfahren möglich. Kurbeln benötigen jedoch viel Platz. Die Griffbahn der Kurbel sollte nach Möglichkeit in Hüft- oder Ellenbogenhöhe angeordnet sein. Bei der Übertragung großer Energien muss die Kurbel mit beiden Händen angefasst werden können. In diesem Falle ist die Drehachse waagerecht und parallel zur Körperfront des Bedieners angeordnet.

Handräder sind für Einstell- und Steuerbewegungen bei mittlerem Widerstand geeignet. Sie können gut in einer Position gehalten werden, ein genaues Stellen ist möglich. Handräder werden im Regelfall für stufenloses Stellen eingesetzt. Jedoch ist auch ein Handrad als Stufenschalter denkbar. Die Nachteile des Handrades liegen in dem großen Platzbedarf und der verhältnismäßig schlechten optischen Rückmeldung der Einstellung.[382]

382 Umfangreiche Untersuchungen zum Einsatz von Handrädern wurden von Mainzer vorgelegt: Mainzer, J.: Ermittlung und Normung von Körperkräften. Fortschritts-Berichte der VDI-Zeitschrift, Reihe 17, Nr. 12, Düsseldorf: VDI, 1982.

Fußschalter sind in erster Linie für zwei Stellungen – analog Drucktaster bei Handbedienung – vorgesehen. Pedale lassen dagegen zwei oder mehr Stellungen zu; auch stufenloses Betätigen ist möglich. Bei Pedalen können große Kräfte (z. B. Bremspedal im Pkw) übertragen werden. Ebenso ist schnelles Stellen möglich (z. B. Gaspedal im Pkw). Der Einsatz von Pedalen ist ebenfalls möglich, wenn über einen längeren Zeitraum der Fuß auf dem Pedal ruhen soll. Das häufigere Betätigen von Pedalen setzt eine sitzende Körperhaltung voraus. Fußschalter und Pedale haben den Nachteil eine großen Platzbedarfes, ihre jeweilige Stellung ist oft nur schlecht erkennbar.

	Kurbel	Handrad	Schalthebel	Druckschalter, -taster, fußbetätigt	Pedal
	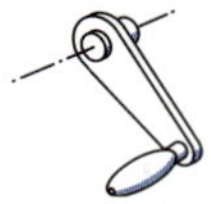	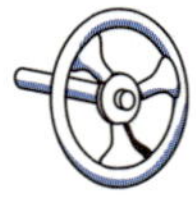			
Kräfte bzw. Momente, die ausgeübt werden können	groß	groß	groß	klein bis mittel	groß
benötigte Zeit zur Einstellung	—	—	mittel	kurz	—
Zahl der möglichen Einstellungen bzw. Größe des Betätigungsbereichs	unbegrenzt	etwa ±60 ohne Umgreifen	etwa ±90 ohne Umgreifen	2	klein; für Pedalkurbel unbegrenzt
Raumbedarf für Anordnung und Betätigung	mittel bis groß	mittel bis groß	mittel bis groß	groß	groß
Kodierung durch Formung möglich	schlecht	schlecht	befriedigend	schlecht	schlecht
Stellung kann optisch erkannt werden	schlecht***	schlecht	befriedigend bis gut	schlecht	—
Stellung kann taktil erkannt werden	schlecht***	schlecht	schlecht bis befriedigend	schlecht	—
Einstellung eines in einer Gruppe von gleichen Betätigungsteilen erkennbar	schlecht	schlecht	gut	schlecht	—
gleichzeitige Betätigung mehrerer benachbarter Teile mit einer Hand möglich	schlecht	schlecht	gut	—	—
als Teil eines kombinierten Betätigungselements brauchbar	gut	gut	gut	schlecht	—

***Besser, wenn an der Kurbel weniger als eine volle Umdrehung durchgeführt wird.

Abbildung III-285 Eigenschaften von hand- und fußbetätigten Stellteilen[383]

Räumliche Anordnung

Die Stellteile müssen in ihrer Geometrie und räumlichen Lage so gestaltet sein, dass sie ohne übermäßige statische Halte- und Haltungsarbeit auf Dauer praktisch ermüdungsfrei bedient werden können. Stellbewegungen sollen dabei mit einem möglichst kleinen Bewegungsaufwand unter Einbeziehung möglichst weniger Gelenke realisiert werden. Die bevorzugten Arbeitsbereiche der Hände und der Füße sind dabei zu beachten.

Sind mehrere Stellteile zu betätigen, so reichen oft die bevorzugten Arbeitsbereiche nicht aus. Nach der Benutzungsfrequenz des Stellteils ist dann auch eine Platzierung des Stellteils außerhalb des bevorzugten Bereichs im zulässigen Betätigungsbereich vorzusehen. Weiterhin sollten die Extremitäten

383 Kroemer, K.: a. a. O., 2001.

möglichst gleichmäßig belastet werden. Die Grundstellung des Körpers entscheidet ebenfalls über die Verteilung der Stellteile: Da im Stehen Fußstellteile nur in Ausnahmefällen eingesetzt werden sollen, führen Stehhaltungen oft zu einer Anhäufung von Handstellteilen (z. B. bei der Bedienung einer Drehmaschine).

Die empfohlene Körperhaltung bei der häufigen Betätigung von Stellteilen richtet sich vor allem nach der Arbeitsaufgabe: Ist eine hohe Genauigkeit bei der Betätigung erforderlich und sind zudem noch anspruchsvolle Sehaufgaben abzuwickeln, so müssen die Stellteile im Hinblick auf eine sitzende Körperhaltung optimiert werden. Auch die Betätigung von Fußpedalen setzt im Regelfall Sitzen voraus.

Sind dagegen bei der Betätigung von Stellteilen große Handkräfte aufzubringen oder sind die Stellteile sehr groß, dann kommt nur eine Stehhaltung infrage. Dies trifft vor allem auf die Benutzung von Handrädern oder Kurbeln zu. Die Möglichkeit eines kombinierten Sitz-/Steh-Arbeitsplatzes ist zu prüfen.

Bei der Anordnung sehr vieler Stellteile – u. U. kombiniert mit Anzeigen (vgl. Abschnitt 5.8.2) – sind konkurrierende Prinzipien zu beachten:[384]

- Anordnung nach der Funktion (Stellteile mit ähnlicher Funktion werden gruppiert);
- Anordnung nach Wichtigkeit (handlungskritische Stellteile werden an Positionen im bevorzugten Greifraum/Sehraum angeordnet);
- Anordnung nach Einzeloptima (Stellteile werden an den jeweils »optimalen« Stellen in Bezug auf Reichweite, Genauigkeit, Krafteinsatz etc. angeordnet. Das Ergebnis muss kein Gesamtoptimum sein.);
- Anordnung nach der Benutzungsreihenfolge (Stellteile werden nach der Reihenfolge der Benutzung angeordnet);
- Anordnung nach der Benutzungsfrequenz (häufig benutzte Stellteile werden im bevorzugten Greifraum/Sehraum platziert).

Da in der Praxis der Arbeitsgestaltung üblicherweise Zielkonflikte zwischen diesen Anordnungsprinzipien auftreten, kann als Gestaltungsempfehlung angegeben werden, zunächst eventuell sicherheitskritische Stellteile an geeigneter Stelle zu platzieren und danach jedoch den Prinzipien Benutzungshäufigkeit und -reihenfolge höhere Priorität als den anderen aufgeführten Prinzipien zu geben. Bei vorwiegend sequenzieller Betätigung ist eine Platzierung der Stellteile in ihrer Benutzungsreihenfolge von links nach rechts oder von oben nach unten vorzusehen. Hochintegrierte Stellteile, die diese Benutzungsreihenfolge infrage stellen würden, sind nicht zweckmäßig. In jedem Fall sollten häufige Ortswechsel von Körper, Hand, Fuß oder Auge bei der Stellteilbedienung vermieden werden.

Kodierung von Stellteilen

Um Betätigungsfehler zu vermeiden, kann auch die Kodierung von Stellteilen vorgenommen werden. Bereits die räumliche Anordnung stellt eine Kodierung dar. Hinzu kommt die Kodierung durch Gestaltgebung – also Form und Größe – sowie Farbe und Beschriftung.

Bei der Formgebung erweist es sich als sinnvoll, auf die Funktion oder die Stellung des Stellteils hinzuweisen, also z. B. das Stellteil in Zeigerform auszubilden. Es werden hier visuelle und taktile Sinnesdimensionen angesprochen.

Eine Größenkodierung der Stellteile kann ebenfalls sinnvoll sein – beispielsweise große Drehknöpfe für die Grob-Einstellung, kleine Drehknöpfe für die Fein-Einstellung.

Die Beschriftung und die Farbgestaltung sprechen nur die visuelle Sinnesdimension an. Entsprechende Beleuchtungsqualität am Arbeitsplatz ist daher eine Voraussetzung. Kodierung durch Beschriftung

384 McCormick, E. J.: Human Factors Engineering. New York: Wiley, 1964.

sollte sparsam verwendet werden. Nur bekannte Symbole sollten benutzt werden, um z. B. auf Auswirkungen der Betätigungen hinzuweisen.[385]

Bestimmte Funktionsgruppen von Stellteilen oder besonders wichtige Stellteile können farblich markiert werden. Hierbei weist

- Rot auf unmittelbare Gefahr,
- Gelb auf eine Warnung,
- Grün auf Gefahrlosigkeit oder den normalen Betriebszustand hin.

Die genannten Kodierungsarten können zur Verstärkung auch miteinander kombiniert werden.

Prüfliste für die informationstechnische Gestaltung

Die folgenden Prüfpunkte fassen die wichtigsten Gestaltungsmerkmale der informationstechnischen Arbeitsgestaltung zusammen:

1. Keine Differenz zwischen dem erforderlichen und dem tatsächlich gelieferten Informationsumfang? Es fehlt keine Information.
2. Signalumfang für einzelne Informationen übersteigt nicht das normalerweise erforderliche Maß.
3. Die Signale sind hinsichtlich ihrer Aussage eindeutig.
4. Die Signale werden entsprechend ihrer Beziehung zur Tätigkeit und ihres Inhaltes in der geeigneten Modalität dargeboten.
5. Die allgemeinen Voraussetzungen der Wahrnehmung sind erfüllt?
6. Die Signale können jederzeit mit Sicherheit wahrgenommen werden.
7. Der Gesichtssinn wird durch erhöhten Einsatz des Tastsinns entlastet.
8. Es besteht keine Verwechslungsgefahr von Signalquellen unterschiedlicher Funktion.
9. Mehrere Signale werden nicht gleichzeitig gesendet.
10. Aus den Signalmerkmalen lässt sich die erforderliche Reihenfolge der Beantwortung entnehmen.
11. Die Dauer der sensorischen Anforderungen, die das einzelne Signal stellt, ist im Hinblick auf die Gesamtheit der vorgesehenen Signalquellen ausreichend.
12. Die im Maschinentakt oder in der Signalfolge vorgesehene Darbietungsdauer ist für das Treffen der Entscheidung ausreichend.
13. Die sprachliche Verständigung am Arbeitsplatz ist nicht behindert.
14. Der Mitarbeiter kann sofort die Auswirkung seiner Antwortreaktion überprüfen.
15. Der Mitarbeiter hat die Möglichkeit, bereits eingeleitete oder vollzogene Antworten sofort wirksam zu korrigieren.
16. Die Latenzzeit lässt sich durch eine Voranmeldung beschleunigen.
17. Die für die Entscheidung benötigten Daten werden zeitlich in der logischen Reihenfolge dargeboten.
18. Die Bedienteile sind den entsprechenden Signalquellen in eindeutiger und praktischer Weise zugeordnet.
19. Die Bewegung von Zeigern oder Stellteilen entspricht den eingeprägten Vorstellungen.
20. Die Farbsignale haben die übliche Bedeutung.

385 Hierbei sind die DIN 32830 (Gestaltungsregeln für grafische Symbole) und DIN 30602 (Empfehlungen für Bildzeichenanwendung) zu beachten.

5.8.4 Bildschirmarbeitsplätze in der Produktion

Bereits seit längerer Zeit ist auch die Arbeit in Produktion und Logistik ohne DV-Unterstützung nicht mehr denkbar. PC- oder Terminalsysteme gehören zur Grundausstattung vieler Arbeitssysteme in Fertigung, Montage und Vertrieb.

Bildschirmarbeitsverordnung

Die *Bildschirmarbeitsverordnung* definiert: »Ein Bildschirmgerät dient der Darstellung alphanumerischer Zeichen oder von Grafiken. Ein *Bildschirmarbeitsplatz* ist ein Arbeitsplatz mit einem Bildschirmgerät, der ausgestattet sein kann mit Einrichtungen zur Erfassung von Daten, Software, die den Beschäftigten bei der Ausführung ihrer Aufgaben zur Verfügung steht, Zusatzgeräten und Elementen, die zum Betreiben oder Benutzen des Bildschirmgerätes gehören, oder sonstigen Arbeitsmitteln, sowie der unmittelbaren Arbeitsumgebung.«[386]

Beschäftigte im Sinne der Bildschirmarbeitsverordnung sind Menschen, »die gewöhnlich bei einem nicht unwesentlichen Teil ihrer normalen Arbeit ein Bildschirmgerät benutzen«.

Ausnahmen sind jedoch zu beachten: Bildschirmarbeitsplätze im Sinne dieser Verordnung sind nicht

- Bedienerplätze an Maschinen,
- Messwertanzeigen, die nur zur unmittelbaren Benutzung des Arbeitsmittels erforderlich sind (Abbildung III-286),
- Bildschirme zur Videoüberwachung.

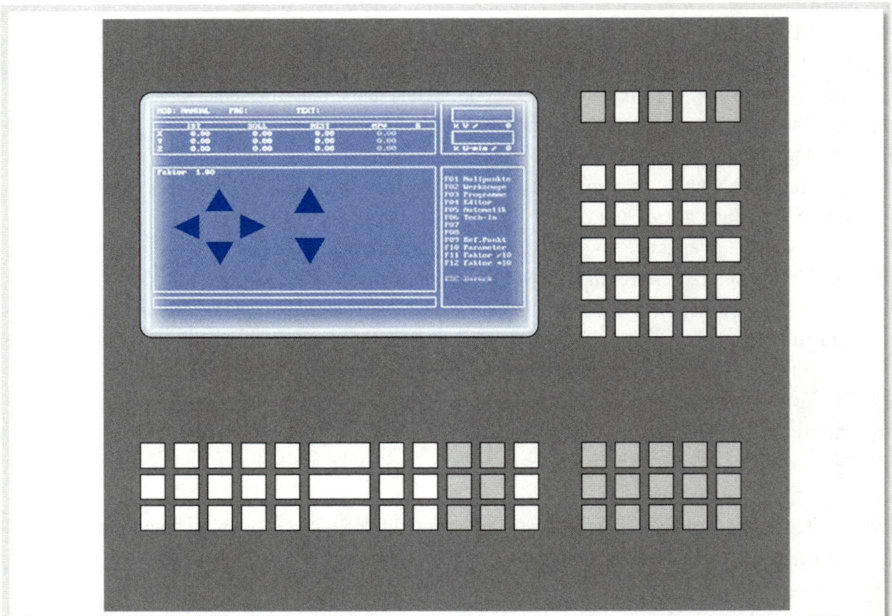

Abbildung III-286 Messwertanzeige, die nicht unter die Bildschirmarbeitsverordnung fällt

Oft ist der Bildschirm jedoch nicht in der klassischen, aus der Büroarbeit bekannten Form vorhanden, sondern als Display an Werkzeugmaschinen, Handhelds (PDAs) oder als Oszilloskop an Prüfarbeits-

386 Bildschirmarbeitsverordnung (BildscharbV), BGBl. I 1996, S. 1843. Zuletzt geändert durch Art. 7 der Verordnung vom 18. Dezember 2008 (BGBl. I. 2768).

plätzen. Ebenso sind Tastaturen im Einsatz, die in ihren Funktionen und Abmessungen gegenüber den Tastaturen an Büroarbeitsplätzen abweichen können.[387] Insbesondere an hochtechnisierten CNC-Bedienerarbeitsplätzen besteht allerdings Rechtsunsicherheit zwischen europäischer und nationaler Auslegung der EU-Richtlinien bzw. Bildschirmarbeitsverordnung: Fallen Programmierarbeitsplätze, die entfernt von einer CNC-Maschine aufgestellt sind, unter die Bildschirmarbeitsverordnung oder nicht?

Im Gegensatz zu Bildschirmarbeitsplätzen im Büro ist bei der Bildschirmarbeit in der Produktion nicht nur die Tisch/Stuhl-Einheit zu optimieren, sondern eine Gesamtoptimierung aller Betriebsmittel durchzuführen. Die Mensch-Maschine-Schnittstelle interessiert hier vor allem aus anthropometrischer, insbesondere aus sichtgeometrischer und bewegungstechnischer Sicht.

In Montage- oder Prüfarbeitssystemen gibt es oft Platzprobleme, den Bildschirm neben Greifbehältern und Handwerkzeugen und Vorrichtungen noch unterzubringen. Die Folge sind häufig anthropometrisch und sichtgeometrisch suboptimale Positionen des Monitors, z. B. auf der obersten Regalebene.

Hier spielen also folgende Faktoren eine Rolle:

- Zwangshaltungen,
- Belastung des Hand-Arm-Systems,
- Belastung der Augen,
- psychische Belastung.

Soweit in der Produktion Sitz-Arbeitsplätze vorliegen, die der Bildschirmarbeitsverordnung unterliegen (z. B. Arbeitsplätze von Arbeitsplanern, Kalkulatoren, Meistern etc.), sollten sie den geometrischen Bedingungen genügen, die in Abbildung III-287 aufgeführt sind.

Im Folgenden wird auf Gestaltungshinweise der wichtigsten Elemente eines Bildschirmarbeitsplatzes eingegangen. Die Ergonomie von Arbeitstisch und Stuhl wurde in Abschnitt 5.2 behandelt.[388]

Bildschirm

In der Produktion kommen zunehmend Flachbildschirme (TFT- bzw. LCD-Displays) zum Einsatz. Verbreitet sind aber auch noch herkömmliche Bildschirme (Kathodenstrahlröhren, kurz: CRT). Zur Abprüfung der Bildschirmeigenschaften bezüglich Ergonomie, Energieverbrauch, Emissionen und Ökologie haben sich die Zertifizierungen nach TCO durchgesetzt[389]. Die Norm ISO 13406-2 stellt Ergonomie-Prüfkriterien für Flachbildschirme zur Verfügung[390].

In rauen Umgebungen sind Monitore mit Stahlblech- oder Aluminium-Frontplatte von Vorteil. Weiterhin können sich Anforderungen auf Staubdichtigkeit und Strahlwasserschutz stellen.

387 Auf Bildschirmarbeitsplätze im Bürobereich wird hier nicht eingegangen. Stattdessen sei verwiesen auf: Helbig, R.; Ferreira, Y.: Bildschirmarbeit und Büroarbeit. In: Landau, K.; Pressel, G.: Medizinisches Lexikon der beruflichen Belastungen und Gefährdungen. Stuttgart: Gentner, 2008, S. 169–181.

388 Vgl. Helbig, R.; Ferreira, Y.: Bildschirmarbeit und Büroarbeit. In: Landau, K.; Pressel, G. (Hrsg.): Medizinisches Lexikon der beruflichen Belastungen und Gefährdungen. Stuttgart: Gentner, 2008, S. 169–181.

389 TCO'03 CRT Displays Ver 2.0 und Flat Panel Displays Ver 2.0. Stockholm: TCO Development 2004. TCO'05 umfasst Desktop- und Notebook-PC und ist somit Nachfolger der PC-Version von TCO'99. Stockholm: TCO Development.
TCO'06 ist ein Gütesiegel für Multimediabildschirme. Stockholm: TCO Development.

390 ISO 13406-2 Ergonomic Requirement for Flat Panel Displays. Qualitätskriterien dieser ISO-Norm: Anzeigenleuchtdichte, Kontraste, Reflexionen, Gleichmäßigkeit von Leuchtdichte und Farben, Pixelfehler, Flimmern. Vergleiche weiterhin auch ISO 9241 Teil 10.

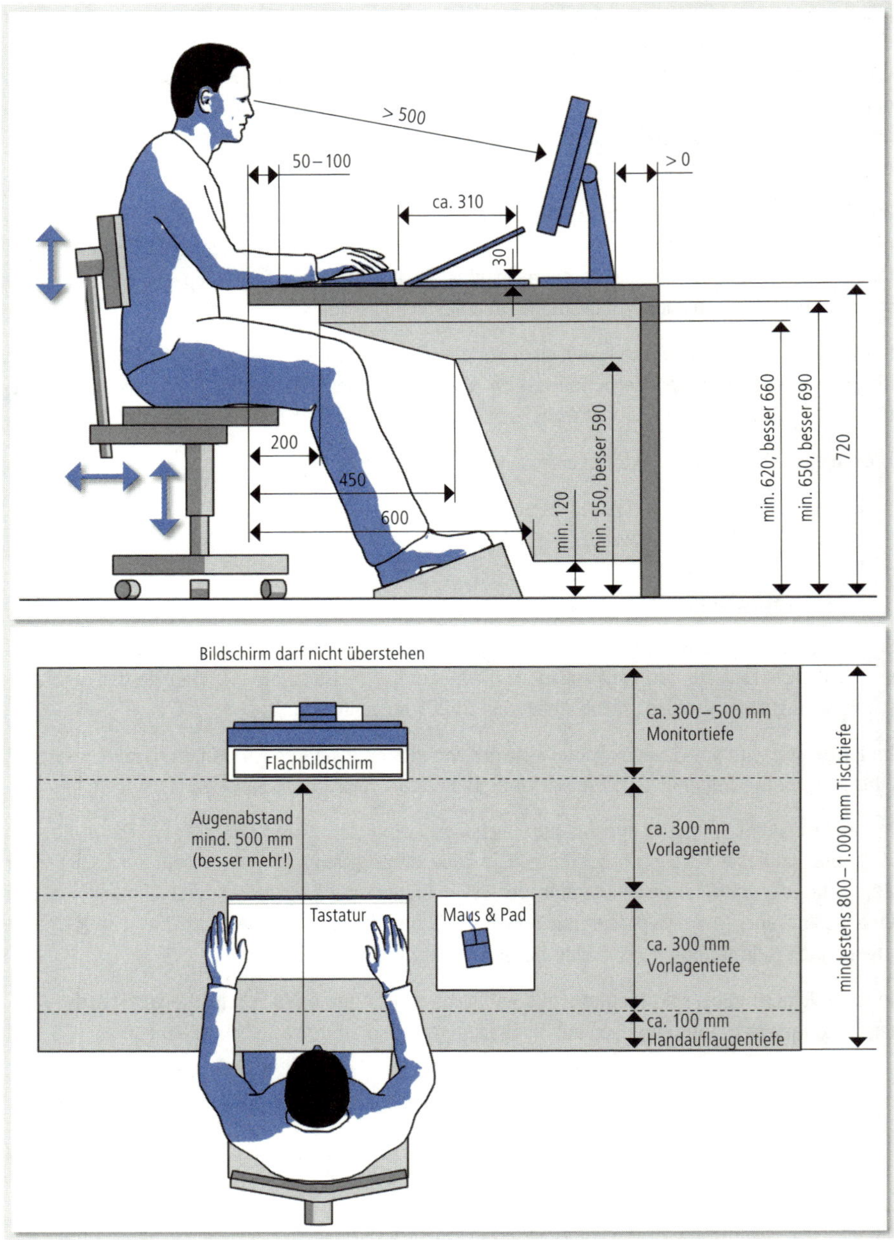

Abbildung III-287 Wichtige Maße zur Einrichtung eines Bildschirmarbeitsplatzes

Einzelanforderungen

Ein Computer-Bildschirm ist auf folgende Einzelanforderungen zu prüfen:

- Drehung und Neigung: Er muss dreh- und neigbar sowie frei aufstellbar sein (die Dreh- und Neigbarkeit soll bei der Arbeit ohne übermäßigen Kraftaufwand möglich sein), sich nicht unbeabsichtigt verändern und immer die Standsicherheit gewährleisten. Die Neigbarkeit soll mindestens den Bereich 5° nach vorn und 20° nach hinten ermöglichen.

- Flimmern: Ein Bildschirm muss flimmerfrei sein (d.h. die Bildwiederholfrequenz beträgt z.B. bei einer mittleren Leuchtdichte und mittlerer Nachleuchtdauer mindestens 85 Hz bei der für die Bildschirmgröße typischen Auflösung). Die Bildwiederholfrequenz muss leicht einstellbar sein.
- Leuchtdichte: Die Darstellung muss scharf und deutlich sein (das Verhältnis zwischen höherer und niedriger Leuchtdichte ist größer als 3:1 – außer bei Bildern. Bei Textverarbeitung ist eine Darstellung schwarz auf weiß, bei Zeichen und Flächen mit gleicher Leuchtdichte sind die Leuchtdichteunterschiede kleiner als 1,5:1 für CRT-Bildschirme und 1,7:1 für Flachbildschirme, die mittlere Leuchtdichte beträgt 100 candela [cd] pro m^2). Leuchtdichte (Helligkeit) und Kontrast müssen durch im Blickfeld angeordnete und in sitzender Körperhaltung ohne weites Vorbeugen zu bedienende Elemente leicht einstellbar sein.
- Flackern: Das Bild muss stabil sein: Zeitabhängige Schwankungen dürfen nicht wahrnehmbar sein. Zeichengröße, -gestalt und -abstände müssen eine gute Lesbarkeit gewährleisten. Die Bildverschiebungen durch Flackern bei CRT-Bildschirmen dürfen maximal 0,1 mm betragen.
- Reflexion des Bildschirmgehäuses: Der Reflexionsgrad der Bildumrahmung muss mindestens 20 % betragen. Der Monitorrahmen sollte nicht zu hell oder zu dunkel im Vergleich zur Wand hinter dem Monitor sein.
- Energieverbrauch: Für den Stand-by-Modus: maximal 15 Watt, abgeschaltet: maximal 5 Watt.[391]

Die angegebenen Größen können anhand der Bedienungsanleitung des Arbeitsmittels oder von Herstellerangaben überprüft werden. EDV-Arbeitsgeräte mit dem GS- oder TÜV-Prüfzeichen erfüllen üblicherweise die genannten Bedingungen.

Aus ergonomischer Sicht gibt es eine klare Empfehlung für den Einsatz von Flachbildschirmen. Sie sind in allen Einzelanforderungen den CRT-Monitoren überlegen.

Oszilloskope

Oszilloskope sind elektronische Messgeräte zur Darstellung des zeitlichen Verlaufs einer Spannung. Es gibt analoge, digitale und hybride Oszilloskope. Monochrome Oszilloskope sind stärker verbreitet als farbige. Die ergonomischen Anforderungen für Bildschirme können in den meisten Fällen nicht auf Oszilloskope übertragen werden.

Tastatur

Die Tastatur an Bildschirmarbeitsplätzen orientiert sich an der Schreibmaschinentastatur und ist damit bezüglich Tastenauslegung und Handhaltung aus ergonomischer Sicht suboptimal. Im Einzelnen sind die folgenden Forderungen zu berücksichtigen:[392]

- Neigung: Die Tastatur muss neigbar sein von 0–15°. Eine geringe Neigung des Tastenfeldes ist anzustreben (5–12 Grad), damit es nicht zur Einengung von Blutbahnen, Sehnen und Nerven am Übergang von Handrücken und Handgelenk kommt.
- Standfestigkeit: Die Unterseite der Tastatur muss rutschhemmend sein.
- Oberfläche und Tastengestaltung: Die Oberfläche muss frei von Reflexionen und Spiegelungen sein. Die Tastaturbeschriftung muss deutlich und gut lesbar sein (Kontrast bei dunklen Zeichen auf hellem Grund über 3:1, Schrifthöhe mindestens 2,9 mm, Beschriftung ausreichend abriebfest). Tasten sollen 12–15 mm Kantenlänge haben. Der Abstand von Tastenmittelpunkt bis Tastenmittelpunkt sollte 17–20 mm betragen. Tastenwege etwa müssen auf 2–4 mm bei deutlich wahrnehmbarem Druckpunkt ausgelegt werden.
  Häufig zu benutzende Tasten müssen etwas größer sein. Alphabetische, numerische und Sonderfunktionsbereiche sind zu trennen (beispielsweise durch Farbe, Form, Abstand und Lage). Sog. Ergonomie-Tastaturen (geteilte Tastaturen) ist der Vorzug zu geben, wenn sie ausreichend stabil ausgeführt wurden und wenn der Mitarbeiter das 10-Finger-Blind-System beherrscht. Damit können Unterarm- und Handachse fluchten und es kommt weniger zu verdrehten bzw. verspannten

391 Bezüglich der weiteren Umweltanforderungen sei auf die o.g. Normen verwiesen.
392 Vgl. DIN 2137-1, Büro- und Datentechnik, 1995.

Hand-Arm-Haltungen. Damit sind auch weniger gesundheitliche Beschwerden im Hand-Arm- und Schulter-Nacken-System zu erwarten.
- Handballenauflage: Durch eine Handballenauflage werden Handgelenke sowie Schultern und Nacken entlastet.

Maus

Für die Maus gelten die folgenden ergonomischen Anforderungen:

- Gehäuse und Tasten müssen der Anatomie der menschlichen Hand entsprechen.
- Die Benutzung muss für Links- und Rechtshänder möglich sein.
- Das Kabel zwischen Maus und Rechner muss flexibel sein oder es muss eine kabellose Übertragung möglich sein.
- Das Verhältnis zwischen Mausbewegung und Cursorgeschwindigkeit auf dem Bildschirm muss frei einstellbar sein.
- Die Maustasten müssen frei programmierbar sein.
- Die Unterseite der Maus muss gut gleiten und verschleißfest sein. Die Mausbewegung muss exakt ohne Aussetzer am Bildschirm übertragen werden. Optische und kabellose Mäuse sind gegenüber mechanischen Mäusen zu bevorzugen.
- Die Tastenauslösung muss taktil und akustisch (abstellbar) rückgemeldet werden.
- Die Doppelklickgeschwindigkeit muss über die Software einstellbar sein.
- Durch die Oberfläche dürfen keine störenden Reflexe und Spiegelungen entstehen.
- Die Anordnung der Maus auf dem Arbeitstisch soll möglichst körpernah sein, damit Verspannungen durch statische Haltungsarbeit vermieden oder wenigstens begrenzt werden.

Gerade eine über viele Stunden gehende Arbeit mit der Computermaus kann zu Zwangshaltungen führen, die der Mitarbeiter selbst gar nicht bemerkt. Anstelle der Mauseingabe sollten daher auch Shortcuts benutzt werden. Bildschirmpausen mit Entspannungs- bzw. Dehnungsübungen sind zu empfehlen.

Zentraleinheit

Die Bedienelemente (Hauptschalter, Laufwerke, USB-Schnittstellen etc.) müssen an der Frontseite der Zentraleinheit, idealerweise in Arbeitshöhe, angebracht sein. Festplatte und Lüfter müssen lärmarm arbeiten. Bezüglich der Lärmentwicklung an Bildschirmarbeitsplätzen in der Produktion sei auf die VDI-Richtlinie 2058 verwiesen.[393]

Sonderbedingungen

Bildschirmgeräte müssen für Dauerbetrieb in allen Umgebungen eventuell bis zu explosionsgefährdeten Zonen nach Class I/Div. 2 ausgelegt sein.[394] Industriemonitore müssen u. U. erheblichen mechanischen Belastungen (Vibrationen oder Stöße) standhalten, die von laufenden Motoren und Maschinenteilen auf das Display übertragen werden. Gelenkhalterungen sind bei Platzproblemen vorteilhaft. Sie sollten folgende Eigenschaften haben:

- leichtgängig,
- arretierbar,
- um bis zu 90° nach links und rechts drehbar,
- Positionsentfernungen bis zu 100 cm sinnvoll,
- Monitorgewichte bis ca. 90 kg möglich.

393 VDI 2058 Blatt 3: Beurteilung von Lärm am Arbeitsplatz unter Berücksichtigung unterschiedlicher Tätigkeiten, 1999.
394 Vgl. Normen IEC 60079 ff. der IEC (International Electrotechnical Commission).

5.8.5 Prüfarbeitssysteme

Bei der informationstechnischen Arbeitsgestaltung haben Prüfvorgänge eine sehr hohe Bedeutung. Gleichzeitig spielen Sehen, Beleuchtung und Farbe (vgl. Abschnitte 5.7.2 und 5.8) eine große Rolle.

Beim *Prüfen* wird festgestellt, ob der Prüfgegenstand eine oder mehrere vorgegebene oder erwartete Bedingungen erfüllt, insbesondere auch, ob Grenzwerte oder Toleranzen eingehalten werden.

Zum Unterschied versteht man unter *Messen* einen Vorgang, bei dem der Wert einer physikalischen Größe ermittelt wird.

Prüfungen werden überwiegend dann von Menschen (und nicht automatisiert) ausgeführt, wenn hohe Flexibilität, Intelligenz und geringere Kosten bei kleinen Losgrößen erforderlich sind.

In der Praxis treten folgende Prüfaufgaben häufig auf:

- Wareneingangsprüfung,
- Prüfung von Bauteilen,
- Prüfung von Erzeugnissen,
- Werkzeugprüfung,
- Sonderprüfungen.

Insbesondere bei den Bauteilprüfungen gibt es Zwischen- und Endprüfungen. Man unterscheidet weiterhin Selbstprüfung und Fremdprüfung. Im Zuge der Arbeitsstrukturierung mit Arbeitsbereicherungen hat die Selbstprüfung viele Vorteile: Sie senkt die Qualitätskosten, verkürzt die Durchlaufzeit und kann die Motivation des Mitarbeiters fördern.

Ein Prüfarbeitssystem[395] kann mit Hilfe von fünf Elementen beschrieben werden, wobei auch die Arbeitsumgebung und die Arbeitsorganisation Einfluss auf die Prüfergebnisse haben:

- *Prüfaufgabe*
  Die Prüfaufgabe beschreibt den Zweck des Arbeitssystems. In der Prüfaufgabe werden die zu prüfenden Qualitätsmerkmale festgelegt (z. B. Kratzer auf der Oberfläche, Vorhandensein eines Bauteils etc.).

- *Prüfperson*
  Prüfpersonen führen die Prüfaufgabe durch. Die Personen müssen geeignet sein (hierfür müssen Testbatterien entwickelt und eingesetzt werden). Um die Prüfaufgabe einwandfrei ausführen zu können, müssen Prüfpersonen weiterhin geübt und eingearbeitet sein.

- *Prüfobjekt*
  Das Prüfobjekt ist der Gegenstand, an dem die Prüfaufgabe durchgeführt wird, also beispielsweise angelieferte Halbzeuge, Bauteile oder Fertigerzeugnisse.

- *Prüfhilfsmittel/Vorrichtungen*
  Prüfhilfsmittel bzw. Prüfhilfsvorrichtungen wie beispielsweise Lupen, Mikroskope oder Vergleichsmuster unterstützen bzw. ermöglichen erst eine Prüfaufgabe.

- *Prüfablauf*
  Im Prüfablauf werden die Teilschritte und die Durchführung der Prüftätigkeit festgelegt.

---

395 Vgl. Tschich, H.: Gestaltung von Prüfarbeitssystemen in der Montage. In: Landau, K.; Luczak, H. (Hrsg.): Ergonomie und Organisation in der Montage. München, Wien: Hanser, 2001, S. 196–217.

Gestaltung von Prüfarbeitssystemen

Bei der Gestaltung von Prüfarbeitssystemen sind insbesondere die Sehbedingungen zu optimieren. Die *Sehbedingungen* werden beschrieben durch:

- Sehraum (Sehwinkel),
- Sehabstand,
- Sehabstandsänderungen,
- Sehobjektgröße,
- Beleuchtung und Kontrast.

Der Sehraum beschreibt den Blickbereich, in dem ein in entspannter Haltung sitzender oder stehender Mensch Sehobjekte durch normale Augen- und Kopfbewegungen wahrnehmen kann (vgl. Abschnitt 5.2.5).

Unter Sehabstand wird die Entfernung verstanden, auf welche die Augen akkommodieren (scharf stellen; vgl. Abbildung III-288). Der für Prüftätigkeiten empfohlene Sehabstand hängt vom Alter und von eventuell nicht erkannten Sehfehlern der Prüfpersonen ab. Für langandauernde *Sichtprüfungen* sollte ein Sehabstand von etwa 400 mm gewählt werden.

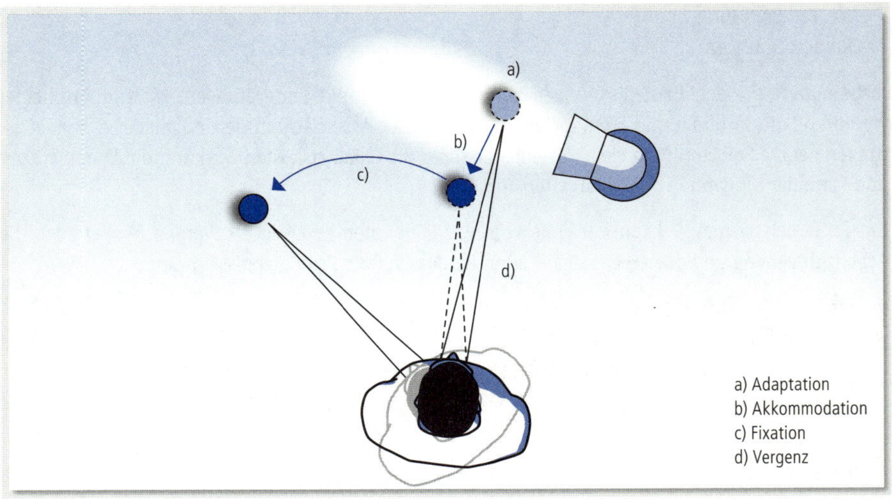

Abbildung III-288 Einstellfunktionen des Auges

Sehabstandsänderungen sollen bei Prüfvorgängen minimiert werden, da sie das Umakkommodieren der Augen hervorrufen. Häufiges Akkommodieren kann zu Ermüdung der Augenmuskulatur führen. Kann die Häufigkeit der Abstandsänderung nicht verringert werden, so sollte wenigstens versucht werden, die Entfernungsunterschiede zu minimieren. Ein Beispiel für notwendige Sehabstandsänderungen ist die Orientierung zwischen Prüfobjekt und Anweisung oder Anzeigegeräten.

Unter Sehobjektgröße versteht man das kleinste vom Auge zu erkennende Detail. Bei Prüfaufgaben handelt es sich hierbei i. d. R. um zu erkennende Fehler. Die minimale Sehobjektgröße ist abhängig vom Sehwinkel und der Sehschärfe der Person, von der Adaptationsleuchtdichte und dem Kontrast zwischen Sehobjekt und Hintergrund. Bei einem Sehabstand von 400 mm entspricht dies einer Sehobjektgröße von etwa 0,1 mm. Von Normalsichtigkeit spricht man bei einem Auflösungsvermögen von einer Bogenminute. Bei länger andauernden Prüftätigkeiten sollte von einem Sehwinkel von 1,6 bis 2,5 Bogenminuten ausgegangen werden. Bei einem Sehabstand von 400 mm wäre dann eine minimale Sehobjektgröße von 0,29 mm zu beachten (Abbildung III-289).

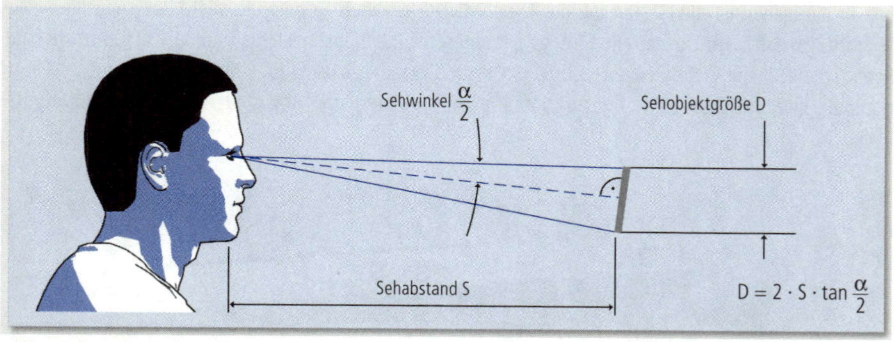

Abbildung III-289 Zusammenhang zwischen Sehwinkel, Sehabstand und Sehobjektgröße

Prüfhilfsmittel

Zu den Prüfhilfsmitteln gehören:

- optische Hilfsmittel (Lupen, Mikroskope, Monitore) und
- Vergleichsobjekte (Muster, Schablonen, Zeichnungen).

Optische Hilfsmittel ermöglichen teilweise erst oder aber erleichtern die Wahrnehmbarkeit. Lupen und Mikroskope beeinflussen die Sehbedingungen wie folgt:

- virtueller Sehabstand (= Entfernung, auf die die Augen tatsächlich akkommodieren);
- Sehobjektgröße (Vergrößerungsfaktor abhängig vom virtuellen Sehabstand);
- Wahrnehmungsbereich (Tiefenschärfe eingeschränkt; Zunahme der Vergrößerung führt zu verringerter Tiefenschärfe; Blickfeld wird durch Lupendurchmesser und Abstand zwischen Auge und Lupe begrenzt).

Vergleichsmuster werden verwendet, um eine Entscheidungsfindung zu erleichtern. Der Zeitbedarf für eine Prüfung steigt bei Verwendung von Vergleichsmustern. Das Prüfobjekt und das/die Vergleichsmuster sollen direkt nebeneinander angeordnet werden, um Sehabstandsänderungen zu vermeiden (siehe oben).

Die Gestaltung der Beleuchtungsbedingungen wird in Abschnitt 5.7.2 beschrieben.

Checkliste für die Beleuchtung an Prüfarbeitssystemen

Darüber hinaus sollten folgende Empfehlungen für die Beleuchtungsbedingungen an Prüfarbeitssystemen berücksichtigt werden:[396]

1. Bei Lupen- und Mikroskoparbeitsplätzen soll das Licht von Fenstern und Deckenleuchten von links oder rechts (bezogen zur Arbeitsblickrichtung) auf die Arbeitsfläche fallen.
2. Alle in der unmittelbaren Umgebung befindlichen Fenster sollen mit Blendschutz versehen sein.
3. Eine Mischung aus direkter und indirekter Beleuchtung ist anzustreben.
4. Alle Blendungsarten sollen vermieden werden.
5. Es sollten keine großen Helligkeitsunterschiede zwischen direktem Sehfeld und unmittelbarer Arbeitsplatzumgebung vorhanden sein.
6. Die Oberflächen der Arbeitstische sollten nicht zu dunkel oder zu hell gewählt sein und nicht glänzen.
7. Objektbeleuchtung sollte stufenlos einstellbar sein.
8. Deckenleuchten mit Leuchtstoffröhren sollen parallel zur Hauptblickrichtung angeordnet sein.

396 Tschich, H.: a. a. O., 2001.

Gestaltung der Leuchtdichte bei Prüfaufgaben

Für Prüfaufgaben ist die Gestaltung der Leuchtdichte oft wichtiger als die Wahl der »richtigen« Beleuchtungsstärke. Mit gezieltem Einsatz gerichteten und diffusen Lichts gelingt es, Kontraste und Schattigkeit für die Qualitätsbeurteilung von Prüfobjekten einzusetzen. Gleichermaßen müssen suboptimale Leuchtdichte- bzw. Kontrastverhältnisse detektiert und abgestellt werden (Abbildung III-290).

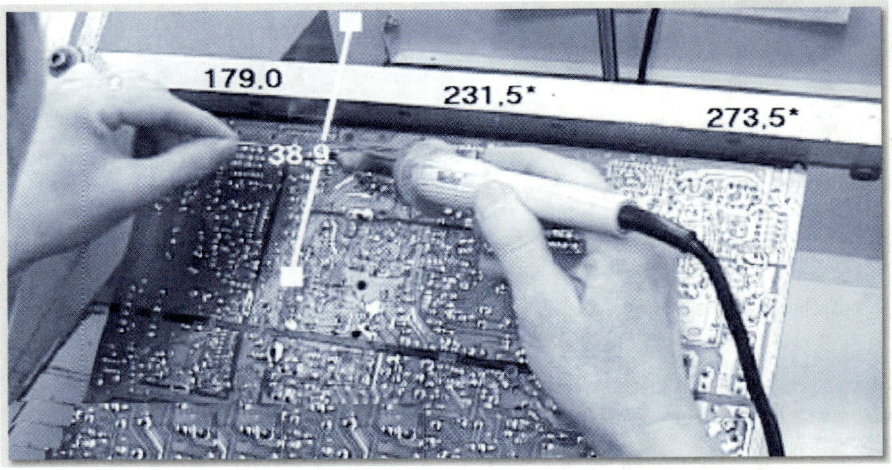

Abbildung III-290 Leuchtdichteverhältnisse auf einer Leiterplatine; Schattenwirkung von Hand und Werkzeug[397]

Bei der Prüfung von Metalloberflächen kann es leicht zu Reflexblendung kommen. Hier ist durch die Abstimmung von Direktstrahlern, diffusen Lichtquellen und Unter-Tisch-Beleuchtung jedoch Abhilfe möglich.[398]

Musterarbeitsplatz

Der von Brombach entwickelte Musterarbeitsplatz für Prüfaufgaben ist auf eine dreiteilige Beleuchtung ausgelegt (Abbildung III-291).

Die Spotbeleuchtung strahlt gerichtetes Licht von hinten ab und sorgt so dafür, dass die Teile in einer auf die entspannte Sehachse abgestimmten Weise gehalten werden können. Die Grundbeleuchtung durch Dreibandenlampen erzeugt demgegenüber ein diffuses Licht und ermöglicht eine gleichmäßige Ausleuchtung der Arbeitsfläche. Um zusätzlich die Leuchtdichte des eigentlichen Arbeitsbereiches einstellen zu können, wird eine von unten beleuchtete Platte aus getöntem Sicherheitsglas verwendet. Die Dimmbarkeit der Lampen ermöglicht eine definierte Helligkeitseinstellung, so dass keine zu großen Kontraste auftreten und der Untergrund immer etwas dunkler als die angestrahlten Prüfobjekte ist.

Mit dieser Prüfplatz-Auslegung können folgende Ziele verwirklicht werden:

- Für eine ausreichend hohe Unterscheidungsempfindlichkeit des Auges ist eine Gesichtsfeldleuchtdichte von mindestens 100 cd/m^2, höchstens jedoch 5.000 cd/m^2 herzustellen (wird mit der Grundbeleuchtung über Dreibandenlampen erreicht),

397 Kurtz, P.; Sievers, G.: Investigation and design of luminance situations at assembly workplaces. In: Proceedings of the XIX Annual International Occupational Ergonomics and Safety Conference, Las Vegas, Nevada, USA 27–29 June 2005, S. 195–197.

398 Brombach, J.: Analyse, Beurteilung und ergonomische Gestaltung der Arbeitsbedingungen in Arbeitssystemen der industriellen Qualitätskontrolle. Stuttgart: Ergonomia, 2005.

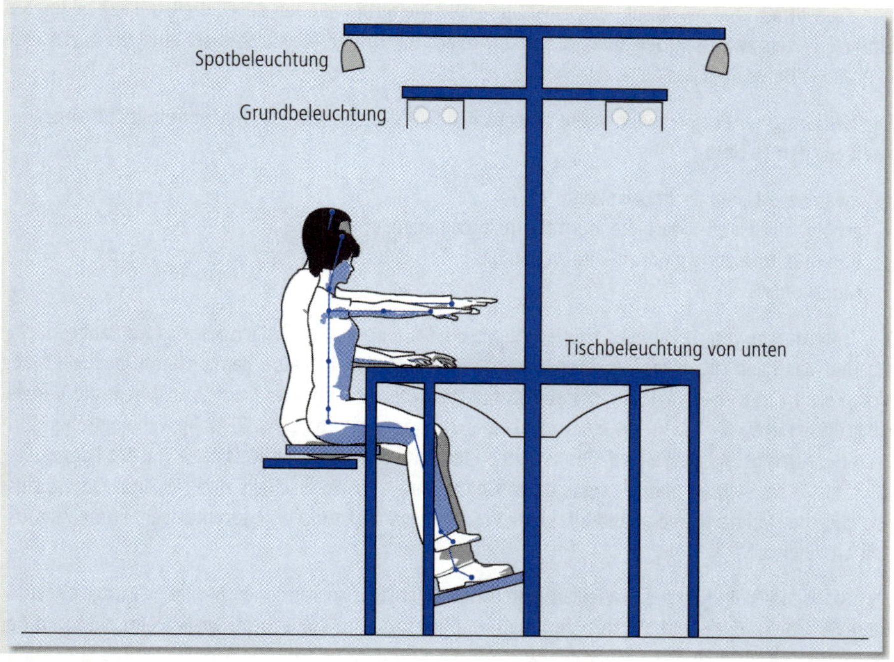

Abbildung III-291 Musterarbeitsplatz mit dreiteiliger Beleuchtung[399]

- der Kontrast zum Untergrund wird erhöht und damit die Fehlererkennbarkeit verbessert (wird durch Beleuchtung »von unten« ermöglicht),
- zu große Leuchtdichteunterschiede werden jedoch vermieden, Blendung und Glanzerscheinungen würden die Sehleistung einschränken,
- gerichtetes, streifendes Licht führt zu andersartigen Reflexionen der Fehler, vor allem dann, wenn die Prüfobjekte bewegt werden. Dazu dient die Spotbeleuchtung.

Informationsverarbeitung

Die Informationsverarbeitung wird vereinfacht, wenn eine geordnete Lage von Prüfgegenständen vorliegt. Das wird durch eine entsprechend geplante Prüfmethode erreicht. Bei allen Prüfzyklen sollen die Prüfgegenstände nach der gleichen Methode geprüft werden, um die Orientierung zu vereinfachen, um Übungseffekte zu nutzen und zu sichern, dass stets nach gleichen Kriterien geprüft wird.

Die Dauer des Prüfvorgangs hängt unter anderem ab von der Größe des zu erkennenden Sehobjektes, von der Beleuchtung, dem Kontrast, der Form des Sehobjektes, bei bewegten Objekten von der Geschwindigkeit, vom Sehabstand, von der Anzahl und der Anordnung der Sehobjekte, vom Einsatz optischer Hilfsmittel wie z. B. der Lupe oder Mikroskop. Die zeitliche Bewertung von Sichtprüfaufgaben mit hoher Wiederholhäufigkeit kann mit dem *MTM-Sichtprüfen* erfolgen (vgl. Teil II, Abschnitt 6.6).

Zur Interpretation der *räumlichen Tiefe* werden unterschiedliche Informationsquellen herangezogen:[400] Die Wahrnehmung von Tiefe mit dem Auge erfolgt durch die Änderung der Linsenbrechkraft (Akkomodation) und durch den Winkel zwischen den beiden Sehachsen (Vergenz). Als Indikator für die richtige Fokussierung dienen dem Gehirn Kanten des Prüfobjektes, deren Position auf der Netzhaut durch den Reiz in den Photorezeptoren ermittelt werden kann. Die Wahrnehmung

399 Brombach, J.: a. a. O., 2005.
400 Kaiser, J.: Verwendung stereoskopischer Informationsdarstellung in durchsichtfähigen Anzeigen am Beispiel eines Head-Up-Displays. Stuttgart: Ergonomia, 2004.

von Tiefe durch stereoskopische Information beruht weiterhin auf den durch die Parallaxe bedingten Unterschieden zwischen den Bildern beider Augen. Ein dritter Tiefenschlüssel entsteht durch eine eventuelle Bewegung des Objektes.

Belastung der Prüfpersonen

Die Belastung der Prüfpersonen ergibt sich aus den Sehbedingungen, der Beleuchtungssituation, aber auch aus den Faktoren

- Zwang zur Daueraufmerksamkeit,
- pro Zeiteinheit zu verarbeitender Informationsmenge,
- Entscheidungszwang unter Zeitdruck und
- Monotonie.

Zur Informationsverarbeitung nutzt die Prüfperson das sensorische Gedächtnis, das Kurzzeitgedächtnis und das Langzeitgedächtnis. Das sensorische Gedächtnis hat eine Zeitkonstante bezüglich des Vergessens von nur etwa 150 ms. Beim Kurzzeitgedächtnis (primäres Gedächtnis) liegt die Vergessenszeit bei etwa 3–4 s. Es hat eine sehr begrenzte Kapazität von etwa 7± 2 »psychologischen Einheiten«. Auch beim Langzeitgedächtnis gehen Elemente wieder verloren. Diesen Teil des Langzeitgedächtnisses bezeichnet man als sekundäres Gedächtnis – im Unterschied zum tertiären Gedächtnis, das tägliche Handfertigkeiten enthält, keine Vergessensrate hat und sich durch extrem kurze Zugriffszeit auszeichnet.[401]

Der Mensch verfügt über eine Vielzahl von durch Erfahrung gewonnenen Modellpaarungen »Handlung-Wahrnehmung« und »Wahrnehmung-Handlung«, die im Gedächtnis gespeichert sind und bei bestimmten Konstellationen abgerufen werden. Es wird dann jeweils die Modellpaarung abgerufen, die in der jeweiligen Situation den größten Nutzen verspricht. Auftretenswahrscheinlichkeiten von Ereignissen werden dabei recht zuverlässig geschätzt. Basis der Entscheidungen ist ein *inneres Modell* (das auch falsch sein kann und dessen Komplexität durch das geringe Fassungsvermögen des Kurzzeitgedächtnisses begrenzt ist).

Dieser (hier nur sehr verkürzt dargestellte) stark schematisierte Ablauf macht die Arbeitsweise des Menschen auch bei Prüftätigkeiten deutlich. Abbildung III-292 erläutert die verschiedenen Situationen, die beim Sichtprüfen entstehen können:

- Fall (a) zeigt die Verhältnisse ohne jede gegenständliche Vor-Information auf.
- Fall (b) zeigt die Prozesse des visuellen Suchens beim Lesen. (b) ist stärker beanspruchend als (a), da bei (b) die Schrift- und Druckkonventionen betrachtet werden müssen.
- Die beiden anderen Fälle (c) und (d) charakterisieren die Blickbewegungen bei räumlicher Vorinformation.

Bekannte Arbeitsprozesse und Prüfaufgaben erleichtern demnach das Sichtprüfen und senken die Augenbeanspruchung und -ermüdung.

Bei reinen Prüfaufgaben wird der Arbeitsinhalt naturgemäß durch eine Artteilung definiert. Hierdurch wird ein hoher Übungsgrad erreicht, aber diese Artteilung kann zu einseitiger Belastung, zu Monotonie oder dem Gefühl der Unterforderung führen. Diese negativen Nebenwirkungen können durch Arbeitsstrukturierungsmaßnahmen minimiert oder vermieden werden (z. B. durch Job-Rotation).

Feedback

Es ist notwendig, der Prüfperson ein Feedback über die Prüfungen zu geben, beispielsweise wenn bei Prüfungen mangelhafte Teile übersehen oder aber zu viele Teile aussortiert werden, die noch verwendbar gewesen wären. Feedback hilft den Prüfpersonen, ihre Prüfstrategien zu optimieren.

---

401 Bubb, H.; Schmidtke, H.: Physiologische und psychologische Grenzen menschlichen Leistungsvermögens. In: Masing, W.: (Hrsg.): Handbuch der Qualitätssicherung. München: Hanser, 1980, S. 69–90.

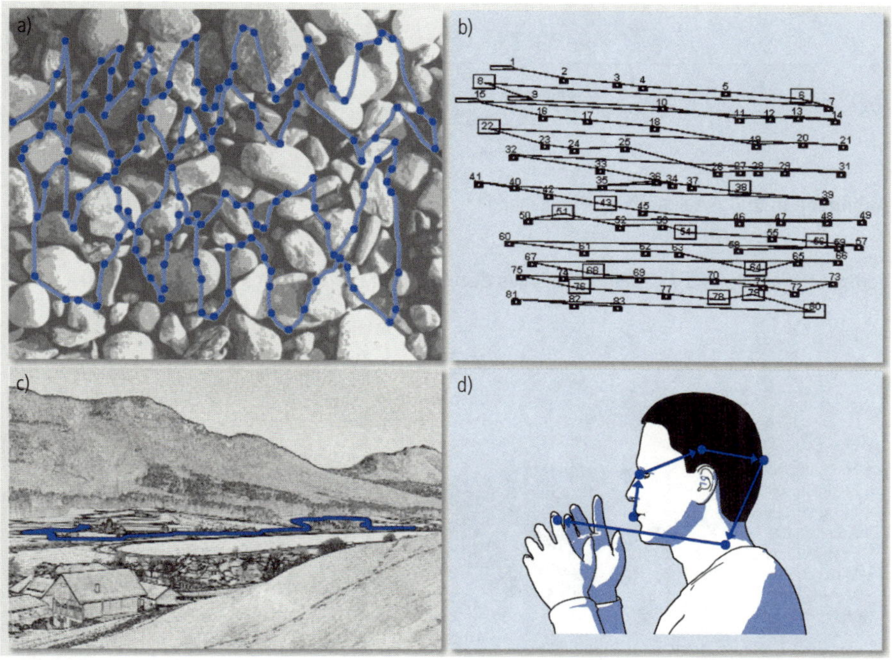

Abbildung III-292 Blickbewegungen bei unterschiedlichen Sehaufgaben[402]

Es ist darauf zu achten, dass der Prüfperson die Kommunikation mit Kolleginnen und Kollegen ermöglicht wird, um die negativen Auswirkungen der Arbeitsteilung nicht zu verstärken.

Der Aspekt der Arbeitszeit umfasst die Dauer und die Lage der Arbeitszeit sowie die Gestaltung der Pausen. Aufgrund der verschiedenen Ermüdungsphasen des menschlichen Körpers ergeben Sichtprüfungen in der Frühschicht bessere Resultate. Nach etwa 35–45 Minuten sollten die Prüfvorgänge durch Kurzpausen unterbrochen oder aber die Prüfperson durch eine andere ersetzt werden.

Hinsichtlich der Arbeitsumgebung ist besonders auf das Klima sowie die Umgebungsgeräusche zu achten. Um ein möglichst unbeeinträchtigendes Klima zu schaffen, sollte die Lufttemperatur bei ca. 20 °C, die Luftfeuchtigkeit bei ca. 50 % und die Luftgeschwindigkeit bei ca. 0,1 m/s liegen.

Bei anspruchsvollen visuellen Prüftätigkeiten sollten die Umgebungsgeräusche 55 dB (A) nicht überschreiten.

Das Prüfen ist ein substanzieller Teil der Fertigung und erfordert eine detaillierte Prüfplanung (Abbildung III-293).

402 Vgl. Stark, L.; Yamashita, I.; Tharp, G.; Ngo, H. X.: Search patterns and search paths in human visual search. In: Brogan, D.; Gale, A.; Carr, K.: Visual search. London: Taylor & Francis, 1993, S. 37–58.

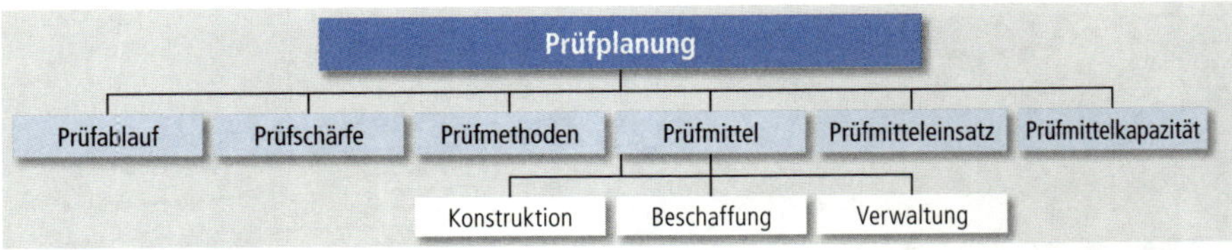

Abbildung III-293 Aufgaben der Prüfplanung[403]

Fertigungsplanung und *Prüfplanung* müssen dazu Hand in Hand gehen (Abbildung III-294).

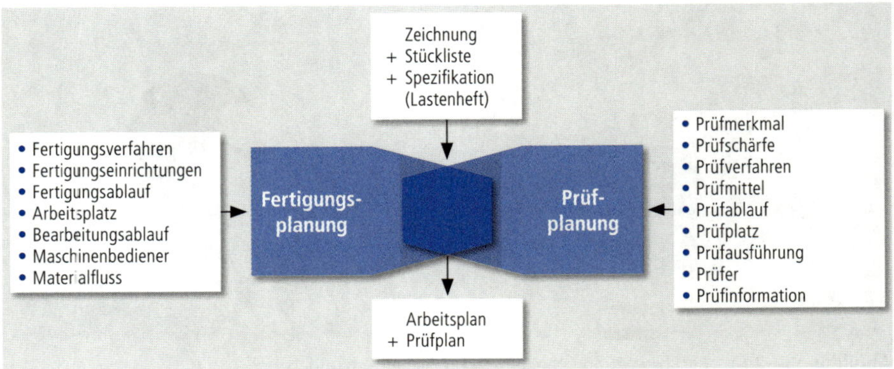

Abbildung III-294 Inhalte der Fertigungs- und Prüfplanung[404]

Folgende Unterlagen sind für die Durchführung der Prüfplanung erforderlich:

- Konstruktionszeichnungen,
- Stücklisten,
- Funktionswerte mit Toleranzen,
- Normen (innerbetrieblich, kundenbezogen, öffentlich),
- Arbeitspläne.

MTM-Sichtprüfen

Für die Planung der Prüfmethoden bietet das *MTM-Sichtprüfen* die Abbildung III-295 zu entnehmenden Grundbausteine.

Abbildung III-295 Grundbausteine beim MTM-Sichtprüfen

403 Bulgrin, H.; Müller, K. G.: Prüfplanung. In: Masing. W. (Hrsg.): Handbuch der Qualitätssicherung. München: Hanser, 1980, S. 167–185.
404 Bulgrin, H. et al.: a. a. O., 1980.

6 Gestaltung komplexer Arbeitssysteme

6.1 Überblick

Die Arbeitssystem-Gestaltung beinhaltet eine Fülle von Entscheidungen zum Layout, zur Anordnung der Arbeitsplätze, zu den Mensch-Maschine-Relationen, zur Materialbewirtschaftung und zu den Sicherungs- und Notfallkonzepten. Abschnitt 6.2 gibt dazu einen Überblick unter dem Aspekt Wertstrom. Das beinhaltet die Gestaltung von Arbeitsprozessen sowohl zwischen Arbeitsplätzen als auch am Arbeitsplatz selbst (Abschnitte 6.2.3 und 6.2.4).

Die Strukturierungsprinzipien Einzelarbeit, Gruppenarbeit, Job-Rotation, Mehrstellenarbeit werden, ebenso wie Job-Enlargement und Job-Enrichment, besprochen. Einflussgrößen auf die Produktivität in der Teilefertigung werden behandelt (Abschnitt 6.4). Die Planung von Montagesystemen – als das für das MTM-Produktivitätsmanagement wichtigste Thema – wird unterteilt in Grobplanung (Abschnitt 6.5.2), Kapazitätsplanung (Abschnitt 6.5.3), Feinplanung (Abschnitt 6.5.4), Layoutplanung (Abschnitt 6.5.5). Die Gestaltung von Werkstückträgern und die Bereitstellung von Teilen und Hilfsmitteln im Arbeitssystem werden behandelt (Abschnitte 6.5.7 und 6.5.8). Mit hybriden Montagestationen kombiniert man die Vorteile manueller Montagesysteme mit Montageautomaten bezüglich Stückzahl- und Variantenflexibilität (Abschnitt 6.5.9).

Im Abschnitt 6.6 (Sicherungs- und Notfallkonzepte) werden Rüsten, Wartung, Inspektion und Instandhaltung besprochen. Der Text zur Logistik im Arbeitsprozess (Abschnitt 6.7) umfasst den innerbetrieblichen Materialfluss am und im Arbeitssystem. Produktivitätsaspekte bei der Entscheidung für einen bestimmten Lagertyp, bei der Gestaltung der Kommissionierarbeit und bei der Realisierung von Kanban-Strukturen runden dieses Kapitel ab.

Arbeitsprozesse sind gekoppelt an Personen, Betriebsmittel und Flächen. Dieses Kapitel konzentriert sich auf die Aufgaben des Industrial Engineering bei der Gestaltung komplexer Arbeitssysteme. Menschbezogene Gestaltungsmerkmale stehen im Vordergrund, Fragen der Fabrikplanung, insbesondere aus der Sicht der Bauplanung und -leitung werden vernachlässigt.

In den einzelnen Abschnitten gibt es Checklisten, die die Umsetzung des Stoffes in die betriebliche Realität erleichtern.

6.2 Anordnungskonzepte

6.2.1 Vom Wertstrom zum Prozess-Layout

Wertstromgestaltung

In Teil II, Abschnitt 3.8 wurde die Methodik der Wertstromanalyse und -gestaltung dargestellt. Die *Wertstromgestaltung*[405] basiert dabei auf folgenden Prinzipien:[406]

- Der Nutzwert ist aus der Perspektive des Endverbrauchers festzulegen – in Bezug auf ein spezifisches Produkt mit spezifischen Eignungen, angeboten zu einem bestimmten Preis und Zeitpunkt.
- Für jedes Produkt (oder für jede Produktfamilie) ist der Wertstrom festzustellen und jegliche Verschwendung[407] abzustellen.

405 Die Begriffe Wertstromgestaltung und Wertstromdesign werden synonym verwendet.

406 Womack, J. P.; Jones, D. T.: Beyond Toyota: How to root out waste and pursue perfection. Harvard Business Review, 1996, Heft 9/10, S. 141.

407 Das Thema »Verschwendung« wird detailliert im Teil IV, Abschnitt 3.5 angesprochen.

- Die Produkte sollen ohne Unterbrechung entlang des Wertstroms fließen.
- Es ist nur das zu fertigen, was der Kunde will, aber auch erst, wenn er es tatsächlich will.

In einer idealen Fertigung existieren demnach:[408]

- keine Bestandspuffer zwischen den Arbeitsstationen,
- keine nicht wertschöpfenden Prozesse,
- kein Ausschuss, keine Nacharbeit,
- keine Überproduktion.

Es käme dann zu einem optimalen Fluss mit minimalen Beständen und Durchlaufzeiten und dabei jedoch hoher Varianten- und Abrufflexibilität.

In diesem Handbuch soll nicht umfänglich auf Methoden und Ergebnisse der *Fabrikplanung* eingegangen werden.[409] Im Folgenden wird vielmehr der Weg von der Wertstromanalyse zum Prozess-Layout beschrieben, insbesondere die Bestimmung von Arbeitsplatz- und Bereichsstrukturen anhand des Produktionsprozesses. Die Material-, Personal- und Informationsflüsse, vor allem die Logistikfunktionen, bestimmen die *Anordnungstrukturen*. Die räumlichen Strukturen werden als Ideal-Layout umgesetzt.[410] Das Ideal-Layout zeigt die Verkettung von

- Bearbeitungsprozessen (Fertigung, Montage und Qualitätssicherung),
- Bewegungsprozessen (Fördern und Handhaben),
- Lagerungsprozessen (Lagerung, Pufferung und Kommissionierung).

Die folgenden Punkte fassen den Weg vom Wertstrom zum Prozess-Layout zusammen.[411]

Ausgangspunkt: Wertstrom

1. Nachdem die aus technischer Sicht erforderliche Produktionsabfolge, die Produktfamilienbildung und die (möglichen) Kundenbedarfe festgelegt bzw. bekannt sind, werden die Technologie und die dafür erforderlichen Betriebsmittel im Grundsatz festgelegt. Alternative Lösungen werden vorgesehen. Grundlage hierfür sind entweder Wertstromanalysen für Vorgängerprodukte oder Analysen für bestehende Produktionen, z. B. im Falle des Outsourcings, die dann als Wertstromdesign optimiert werden. Die Wertstromanalyse erfasst sowohl Material- als auch Informationsflüsse.

Fertigungsstruktur

2. Der Kundentakt bestimmt das Kapazitätsangebot des Prozess-Layouts.[412]
3. Soweit von der Seriengröße und den technischen Prozessen möglich, ist eine kontinuierliche Fließfertigung als erste Lösung zu prüfen. Falls keine Fließfertigung möglich ist, gilt die Reihenfertigung mit Bestandsobergrenze als Alternative. Für Produktionsprozesse mit Maschinen-Rüstzeiten ist eine Losfertigung mit Supermarkt-Lagern vorzusehen.
4. Die Arbeitsinhalte sind von den *Verschwendungsanteilen* zu bereinigen.

Flächenbedarf

5. Für die Betriebsmittel wird eine Flächenbedarfsrechnung durchgeführt. Dabei wird auf enge Platzierung der Betriebsmittel entsprechend ihrer Stellung im Wertstrom geachtet.
6. Je nach Art der gewählten logistischen Verknüpfungen bestimmt man den Verkehrswegebedarf und die erforderlichen Lager- und Bereitstellungsflächen.
7. Es ist sinnvoll, Produktionsprozess, Materialfluss und Instandhaltung (direkt versus indirekt wertschöpfend) strikt zu trennen. Fließmontagen, in denen die Beschickung separiert wurde, kommen

408 Schumacher, G.: Untersuchung und Anwendung der Wertstrommethode zur Optimierung der Material- und Informationsflüsse am Beispiel eines Zulieferers der Robert Bosch GmbH. Lehrstuhl für Industriebetriebslehre und Arbeitswissenschaft, TU Kaiserslautern, 2007.

409 Zur Fabrikplanung existiert eine Fülle auch neuerer Literatur, z. B. Grundig, C.-G.: Fabrikplanung. München, Hanser, 2009; Wiendahl, H.-P.; Nofen, D.; Klußmann, J. H.; Breitenbach, F.: Planung modularer Fabriken. München: Hanser, 2005 oder das schon ältere Standardwerk Aggteleky, Bela: Fabrikplanung, Bände 1–3, München: Hanser, 1987 und 1990.

410 Bezüglich Feinplanung und Ausführungsplanung sei auf die einschlägige Literatur verwiesen.

411 Diese Richtlinien und Empfehlungen werden in den Abschnitten 6.3 bis 6.7 im Einzelnen besprochen.

412 Zu den folgenden Punkten vgl. Erlach, K.: Wertstromdesign. Heidelberg: Springer, 2007.

in der Summe auf einen wesentlich geringeren Flächenbedarf als Montagesysteme mit integrierter Logistik. Weiterhin sinken Durchlaufzeit und Materialbestände. Ebenso ist beim Personal zwischen Produktionsmitarbeitern, logistischen Mitarbeitern und Instandhaltern zu unterscheiden.

8. Jeder Wertstrom wird mit einem Schrittmacherprozess im Kundentakt gesteuert. Die Freigabe von Produktionsaufträgen erfolgt in kleinen Schritten, beachtet Engpass-Arbeitssysteme und sorgt somit für möglichst gleichmäßiges Produktionsvolumen. Bei der Produktionsreihenfolge wird auch auf Variantenwechsel geachtet.

Produktionssteuerung

9. Anschließend wird das *Ideal-Layout* entworfen.[413] Es sieht möglichst kreuzungsfreie Materialströme vor. Weitere Empfehlungen sind:
   - Bei verzweigten Wertströmen Parallelstruktur vorsehen,
   - Bei starker Kaufteileanlieferung parallel zur Produktionslinie Logistikbereich einplanen,
   - Bei Zusammenführung von Wertströmen Spine-Struktur[414] installieren,
   - Sollen Wareneingang und -ausgang aus technischen oder organisatorischen Gründen (weit) auseinanderliegen, empfehlen sich U-Form, Eck- oder Schleifenstrukturen.

Ideal-Layout

Es sei darauf hingewiesen, dass Wertstromanalyse und -gestaltung durchaus auch Schwächen aufweisen: Die mit der Wertstromanalyse dargestellte Prozesskette ist eine Ist-Aufnahme, die eigentlich nur zum Zeitpunkt der Begehung gültig ist. Würde man z. B. an anderen Wochentagen oder in einer anderen Saison eine Aufnahme machen, ergäbe sich möglicherweise ein anderes Bild.

Die Wertströme beziehen sich immer nur auf eine *Produktfamilie*. Verzweigte oder parallele Wertströme werden nicht automatisch optimiert. Es kann durchaus auch zu Widersprüchen oder Sub-Optima im Materialfluss oder den Durchlaufzeiten kommen.

6.2.2 Grundsachverhalte zur Gestaltung von Arbeitsprozessen

Arbeitsprozesse sind an Personen, Betriebsmittel und Flächen gekoppelt. Die Gestaltung des Arbeitsprozesses bezieht sich auf die Ordnung des Arbeitsinhalts, von Input, Output und Ressourcen bezüglich Reihenfolge, Arbeitszeit und Arbeitsort.

Gestaltung des Arbeitsprozesses

In der Sprache des Operations Research[415] geht es darum, die Zielfunktion

$$Z = \sum_{i=1}^{n} \sum_{j=1}^{n} d_{ij} x_{ij} \quad \text{für } i, j = 1, 2, \ldots n$$

zu minimieren. Mit d_{ij} bezeichnet man Kosten[416], die beim Übergang von einem Systemelement i zu einem anderen Systemelement j entstehen. Mit der Variablen x_{ij} wird festgehalten, ob es zwischen den beiden Elementen i und j überhaupt eine Verbindung gibt. Diese Optimierung ist sowohl

413 Das Ideal-Layout ist das Ergebnis der Idealplanung. Die Idealplanung ist die »kompromissfreie« Fabrikplanung – zum Unterschied zu der darauf folgenden Realplanung. Ideal- und Realplanung bilden zusammen die Fabrikstrukturplanung. Diese ist vom Wesen her eine Grobplanung. Die spätere Ausführungsprojektierung ist dagegen eine Feinplanung.

414 Spine-Struktur: Ein Begriff, der in der Biologie verwendet wird. Hier: Hauptflussrichtung, in die kurze Nebenflüsse einlaufen.

415 Operations Research: Anwendung mathematischer Methoden zur Vorbereitung optimaler Entscheidungen. Häufig geht es bei der Optimierung von Anordnungskonzepten und der daraus resultierenden Arbeitsprozesse um Reihenfolgeprobleme, z. B. um das Traveling-Salesman-Problem als Modell der ganzzahligen linearen Planungsrechnung, siehe z. B. Müller-Merbach, H.: Operations Research. München: Vahlen 1973.

416 Kosten sind im wörtlichen und im übertragenen Sinne gemeint. Es können z. B. Transportkosten in Euro sein, aber auch »physiologische Kosten« in einer nichtmonetären Einheit sind denkbar.

zwischen den Arbeitsplätzen als auch innerhalb eines Arbeitsplatzes möglich (Abbildung III-296). Im ersten Fall geht es um die Optimierung eines komplexen Arbeitssystems, im zweiten Fall ist die Ausgestaltung eines Arbeitssystems niedriger Hierarchiestufe[417] angesprochen.

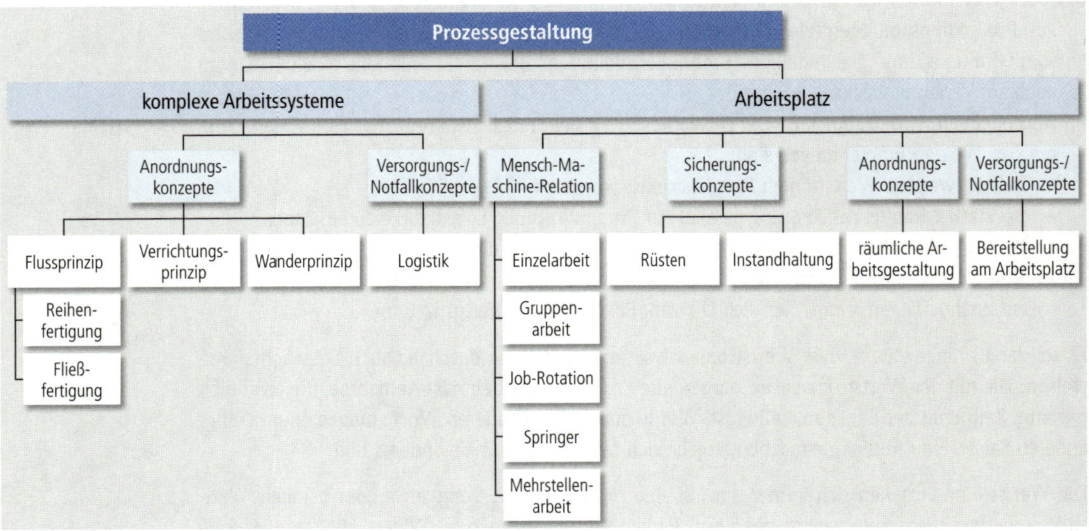

Abbildung III-296 Aspekte und Konzept der Prozessgestaltung

Beispiel

Ein Beispiel möge dies verdeutlichen: Bei der Herstellung eines Drehteils (Abbildung III-297 gibt einen Überblick zu den einzelnen Verrichtungen) werden in verschiedenen Arbeitssystemen Leistungen erbracht; mehrere Mitarbeiter sind daran beteiligt. Wenn nach dem Verrichtungsprinzip (s. u.) an unterschiedlichen Stellen in der Betriebsstätte gefertigt wird, dann sind Transportvorgänge beispielsweise zwischen Versäubern, Anreißen und Sägen erforderlich. Es gibt Fälle, wo nach dem Versäubern (Arbeitsgang i) und vor dem Sägen (Arbeitsgang j) nicht in allen Fällen ein Anreißen erfolgt. Bei großen zulässigen Toleranzen wird darauf verzichtet. Dieser Sachverhalt kann in der oben genannten Zielfunktion Z über die Variable x_{ij} berücksichtigt werden. Mit dij können in diesem Beispiel folgende Kosten ausgedrückt werden:

- Transportkosten von Arbeitsort i zu Arbeitsort j,
- Lohn- und Lohnzusatzkosten für den Staplerfahrer, der die Werkstücke vom Versäubern zum Sägen bringt oder
- Energieumsatz (vgl. Teil II, Abschnitt 2.5.2) des Staplerfahrers beim Verladen der Werkstücke.[418]

Bezieht sich die Betrachtungsweise auf den Arbeitsplatz, dann kann man eine ebensolche Optimierung für das Handhaben der Arbeitsgegenstände von Gitterbox zum Maschinentisch und danach wieder in eine weitere Gitterbox durchführen.

417 In Teil I, Abschnitt 2.4.1 und 2.4.2 wurde gezeigt, wie durch Prozessauflösung Arbeitssysteme hierarchisch strukturiert werden.

418 Das wären dann die »physiologischen Kosten«.

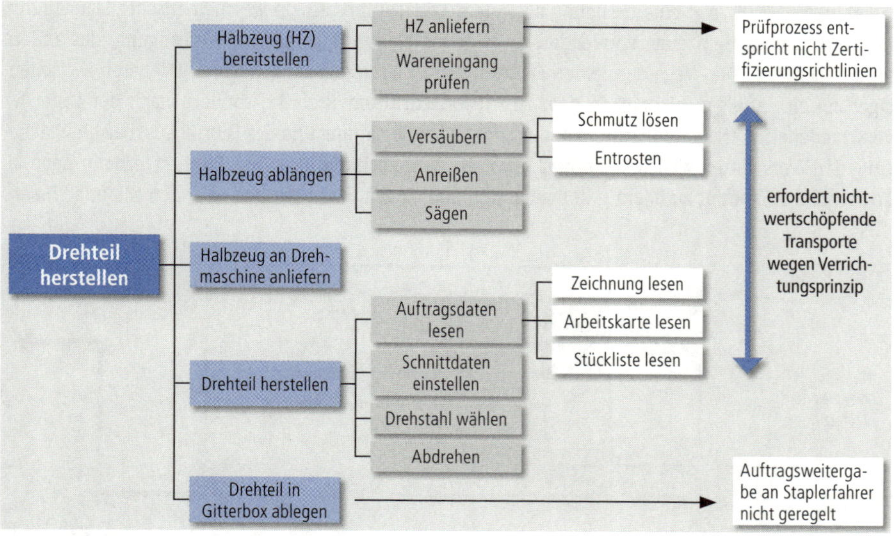

Abbildung III-297 Drehteil herstellen – Verrichtungen und Schwachstellen

6.2.3 Arbeitsprozesse zwischen Arbeitsplätzen

Arbeitsplätze können ortsgebunden oder ortsveränderlich in den Betriebsablauf eingebunden sein (vgl. linker Teil von Abbildung III-296). Der bekannteste Fall der ortsveränderlichen Einbindung ist die *Baustellenfertigung*. Sie gehört zum *Wanderprinzip*. Bei Ortsgebundenheit können zwei Prinzipien unterschieden werden: das Verrichtungs- und das Flussprinzip.

Beim *Verrichtungsprinzip* (*Werkstättenprinzip*) werden vergleichbare Arbeitssysteme räumlich zusammenhängend angeordnet, z. B. Fräserei, Dreherei, Stanzerei. Das Verrichtungsprinzip hat eine lange Tradition, man kennt es in ähnlicher Weise aus dem Handwerk und den Manufakturen. Es ist relativ unabhängig von den gerade produzierten Baugruppen und Produkten und kann sich daher wesentlich besser an organisatorische Veränderungen im Unternehmen anpassen. Ein gravierender Nachteil des Verrichtungsprinzips besteht darin, dass zusätzlicher Transportaufwand dadurch entsteht, dass Einzelteile und vormontierte Baugruppen einen wesentlich höheren Transportaufwand erforderlich machen als beim Flussprinzip. Die Teile werden zwischen den einzelnen Werkstätten zum Teil mehrfach hin und her transportiert. Diese Transporttätigkeiten erhöhen jedoch nicht die Wertschöpfung. Das Rationalisierungspotenzial ist daher gering. Verrichtungsprinzip

Die wesentlichen Vorteile des Verrichtungsprinzips gegenüber dem Flussprinzip bestehen also darin, dass

- eine hohe Anpassungsfähigkeit an veränderte Produktionsanforderungen und Personalbestand besteht
- Störungen an einem Arbeitsplatz sich nicht auf alle anderen Stellen auswirken.

Die wesentlichen Nachteile gegenüber dem Flussprinzip sind demnach

- lange Durchlaufzeiten und höhere Kapitalbindung sowie
- hoher Aufwand bei der Produktionsplanung und -steuerung,
- schwieriges Qualitätsmanagement.

Abbildung III-298 zeigt eine Fertigung nach dem Verrichtungsprinzip in schematischer Darstellung. Es werden zwei Halbzeuge verwendet, eines davon stammt aus eigener Vorfertigung, das andere wird zugeliefert. Die Wege der beiden Halbzeuge über Wareneingang, Sägerei, Dreherei, Zwischenlagerung etc. erfolgen nicht nach dem Arbeitsfortschritt am Produkt, sondern nach der Lage der verschiedenen Werkstätten. Zum Zeitpunkt der Gebäudeplanung und des Fabrikbaus mag die Platzierung der Werkstätten vielleicht sinnvoll gewesen sein, nach den heutigen Produktverrichtungen jedoch nicht. Es kommt zu überaus komplizierten und langen, nicht wertschöpfenden Materialflüssen.

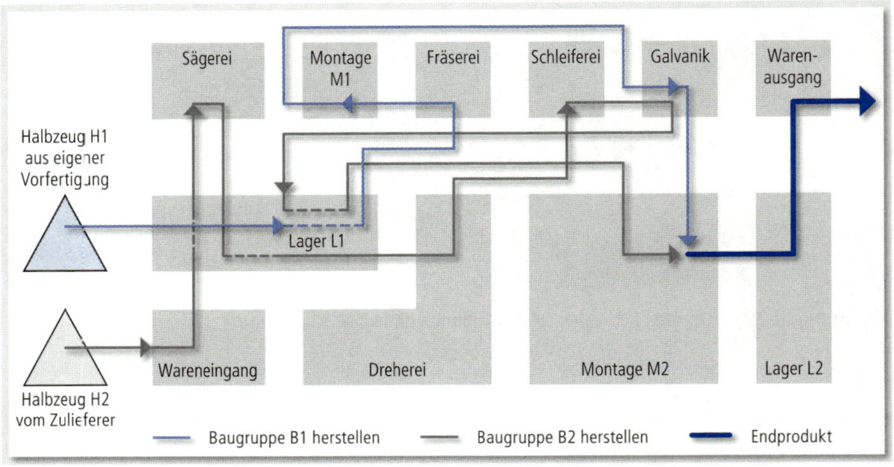

Abbildung III-298 Suboptimale Materialflüsse bei Anordnung nach dem Verrichtungsprinzip

Flussprinzip

Beim *Flussprinzip* werden die Arbeitssysteme in der Reihenfolge ihrer Mitwirkung bei der Erzeugnisherstellung angeordnet, so dass die Arbeitsplätze erzeugnisgebunden angeordnet sind. Häufig wird das Flussprinzip nach dem Ausmaß zeitlicher Bindung des Menschen unterschieden in:

1. *Reihenfertigung* (keine direkte zeitliche Bindung des Menschen am Arbeitsplatz) und
2. *Fließfertigung* (zeitliche Bindung des Menschen am Arbeitsplatz)[419]

Kennzeichnend für die Reihenfertigung ist das Fehlen eines Arbeitstaktes, d. h. des Zwangs, Arbeitsaufgaben in einer bestimmten konstanten Zeitdauer (Taktzeit) erfüllen zu müssen. Um eine strikte Taktbindung zu verhindern, werden Vorratspuffer (Teilepuffer, Arbeitspuffer, Zwischenpuffer) gebildet. Puffer sollen insbesondere

1. Störungswirkungen lokal begrenzen und damit zu einer besseren Arbeitsmittelnutzung führen und
2. den Menschen von technisch bedingten Zwängen befreien.[420]

Reihenfertigung

Abbildung III-299 verdeutlicht die *Reihenfertigung* am Beispiel eines Automobilzulieferers. Die Arbeitsplätze sind entsprechend der Folge der einzelnen Arbeitsaufgaben angeordnet. Der Materialfluss findet daher nur in einer Richtung statt. Förderprozesse werden dadurch erleichtert. Es wird mit Transportwagen gearbeitet, die gleichzeitig eine Pufferfunktion haben. Damit sind die einzelnen Arbeitsplätze in ihrer Arbeitsgeschwindigkeit nur bedingt voneinander abhängig.

419 Umgangssprachlich oft: Fließbandfertigung.
420 Warnecke, H. J.; Lederer, K. G.: Neue Arbeitsformen in der Produktion. Düsseldorf: VDI, 1982.

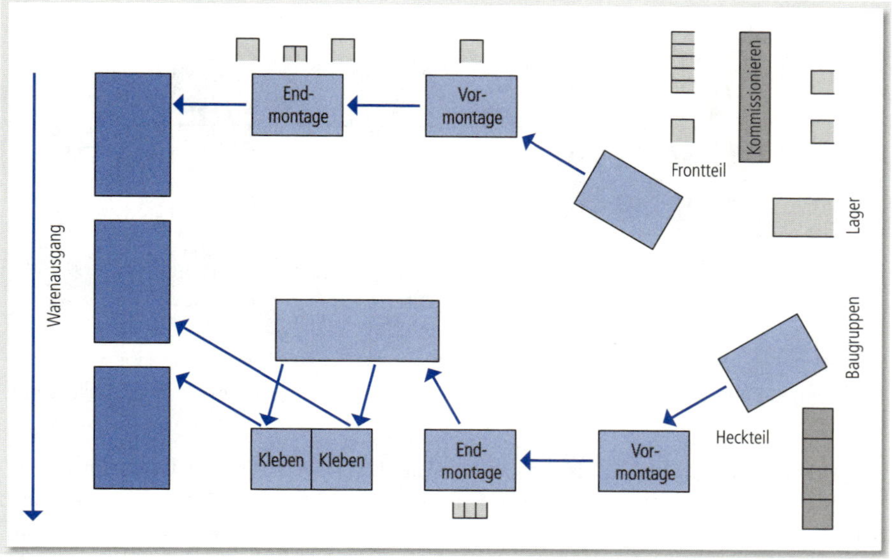

Abbildung III-299 Reihenfertigung eines Automobilzulieferers

Fließfertigung

Bei der *Fließfertigung* wandern die Arbeitsgegenstände selbsttätig von Arbeitsplatz zu Arbeitsplatz. Die einzelnen Arbeitssysteme sind also durch Transportmittel miteinander verkettet. Dem Mitarbeiter steht lediglich der Arbeitstakt für seine Arbeitsaufgaben zur Verfügung. Hält er den Takt nicht ein, muss er entweder noch ein Stück mit dem Transportmittel mitlaufen, um den Arbeitsgegenstand fertigzustellen, oder aber muss das Transportmittel zum Stillstand gebracht werden. Insoweit unterliegt der Werker also einer strengen Zeitbindung.

Kennzeichnend für die Fließfertigung ist damit, dass

1. die Arbeitsprozesse zeitlich determiniert sind,
2. Arbeitsgegenstände an Arbeitsstationen gelangen, die mit Transportmitteln verkettet sind,
3. die am Arbeitsgegenstand vorzunehmenden Veränderungen in einer begrenzten Zeit durchzuführen sind,
4. die Arbeitsgegenstände die Arbeitsstationen auch zeitlich determiniert wieder verlassen.

Die strenge zeitliche Bindung des Menschen am Arbeitsplatz macht Abbildung III-300 deutlich. Auf zwei parallel laufenden Linien werden die beiden Halbzeuge H1 und H2 zu den Baugruppen B1 und B2 weiterverarbeitet. Es besteht keine Möglichkeit zur Pufferung. Lediglich zwischen den Arbeitssystemen b1 und b2 sowie f1 und f2 gibt es eine Mengenteilung. Die Arbeitsverrichtungen an diesen Arbeitssystemen erfordern mehr Zeit, so dass die Werker nicht in jedem Takt ein Werkstück bewältigen können. Die Arbeitsorganisation und der *Materialfluss* der beiden Fertigungslinien sind wegen der zahlreichen und zum Teil überflüssigen Transportvorgänge nicht optimal. Weiterhin arbeiten die meisten Mitarbeiter mit dem Rücken zur Transportlinie; das birgt sicherheitstechnische Risiken, verschlechtert das Qualitätsmanagement und erfordert zudem ungünstige Drehbewegungen der Werker bzw. Oberkörpertorsionen (siehe dazu Kapitel 5 sowie Teil II, Abschnitte 2.6 und 2.7).

Auf Fließarbeit wird im Einzelnen in den Abschnitten 6.5 und 6.7 sowie in Teil II, Abschnitt 4.4.4 eingegangen.

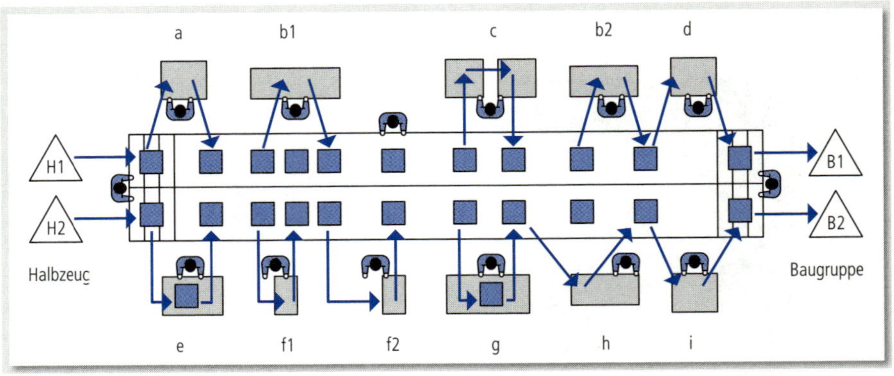

Abbildung III-300 Suboptimales Fließprinzip bei der Baugruppenfertigung eines Automobilzulieferers

Fließtransport

Die Fließfertigung wird auch als das Prinzip der »Einheit von Werkbank und Transportmittel« bezeichnet. Der Fließtransport ist das entscheidende Element bei der Fließfertigung und kann durch eine Vielzahl von Fördermitteln erfolgen. Das vielzitierte Fließband ist also nicht die einzige Lösung. So weist Abbildung III-301 auf die verschiedenen Formen der *logistischen Verkettung* hin (vgl. auch Abschnitt 6.4): An einem Arbeitstisch sind mehrere Arbeitsplätze angeordnet. Teile oder Baugruppen können sich auf dem Tisch von Mitarbeiter zu Mitarbeiter bewegen. Dieser Transport wird in der Regel manuell vorgenommen und ist nur bei Kleinteilen sinnvoll. Größere Teile und hoher Materialdurchsatz erfordern den Transport um den oder die Tische, z. B. mit Hand(-hub)wagen oder Körben. Der untere Teil von Abbildung III-301 kennzeichnet dagegen den gezielten Einsatz eines Fördermittels für Transport, Pufferung und Montage.

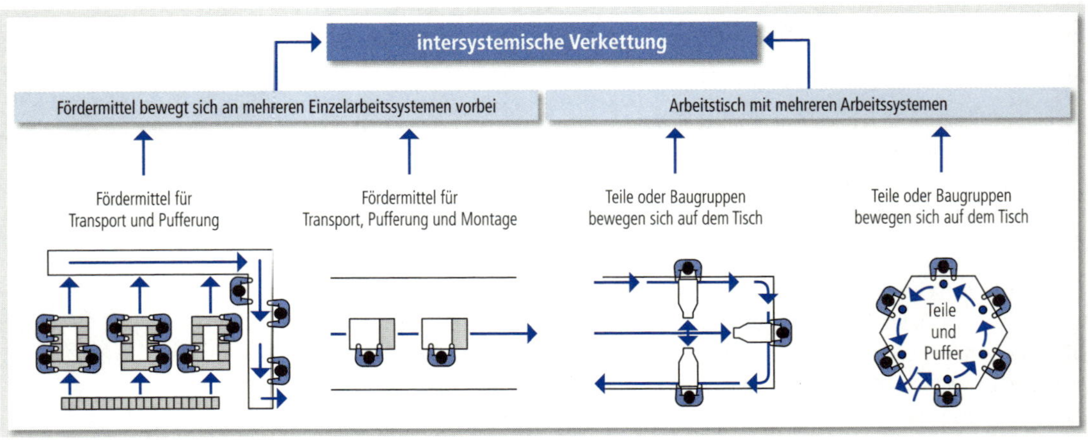

Abbildung III-301 Möglichkeiten der Verkettung von Arbeitssystemen

Taktbindung

Beim Flussprinzip ist es also von Bedeutung, zu einer Entkopplung einzelner Arbeitssysteme zu kommen. Damit werden die gegenseitige Abhängigkeit und die *Taktbindung* der betroffenen Werker gemildert.[421] Das *Hauptflussprinzip* ist mit einer starren Vorgabe des Arbeitstempos und einem hohen Zeitzwang verbunden (Abbildung III-302 oben). Obwohl es einige Vorteile hat (kurze Durch-

421 Zum Thema Taktausgleich vgl. auch Teil II, Abschnitt 4.4.4.

laufzeiten, im Verhältnis zu den anderen Flussprinzipien kleiner Flächenbedarf, kurze Einarbeitung und hoher Übungsgrad bei den Mitarbeitern) sprechen die durch Monotonie und hohe Repetitivität bedingten Risiken bezüglich der psycho-physischen Gesundheit der Werker und mögliche Abstriche in der Arbeitsqualität gegen diese Lösung. Das Hauptflussprinzip erlaubt nur geringe Flexibilität bezüglich Varianten und schwankender Nachfrage.

Durch mehrere Schleifen werden beim *Nebenflussprinzip* und beim *Umlaufprinzip* Materialfluss und Montagevorgang weitgehend entkoppelt (Abbildung III-302 Mitte und unten). Es kommt zur individuellen Leistungsentfaltung und oft auch zu größeren Arbeitsinhalten. Arbeitserweiterungs- und Arbeitsbereicherungseffekte sind möglich. Beim Nebenflussprinzip sind die Arbeitsbereiche voneinander unabhängig, beim Umlaufprinzip bleiben die Werkstücke so lange in der Schleife, bis sie bearbeitet sind und weiterbefördert werden können. Der Flächenbedarf und die Durchlaufzeiten sind höher als beim Hauptflussprinzip.

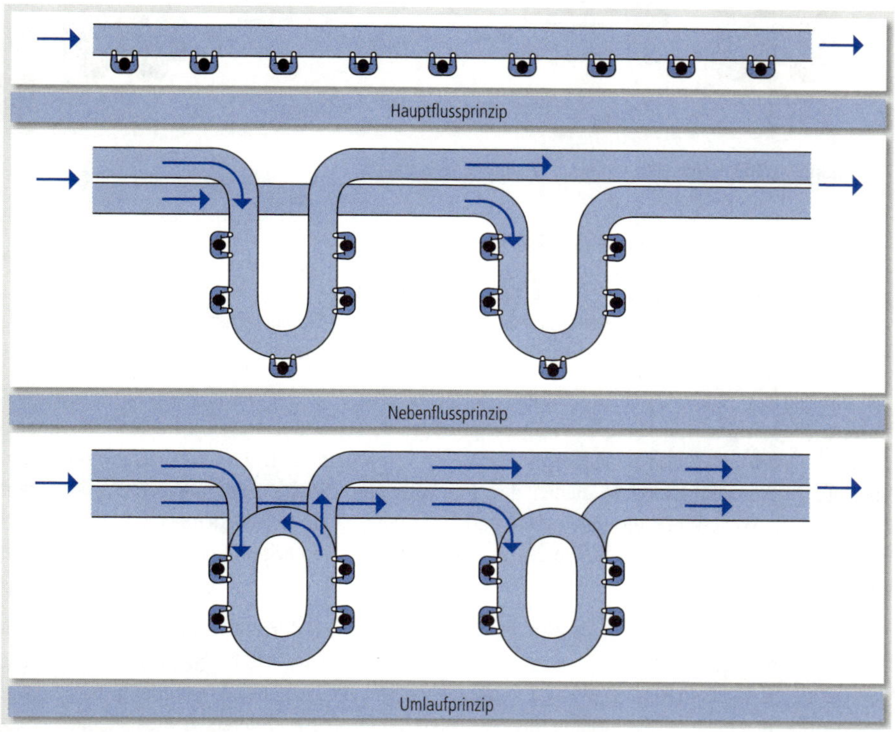

Abbildung III-302 Hauptflussprinzip, Nebenflussprinzip und Umlaufprinzip[422]

Verkettungs- und Puffersysteme

Abbildung III-303 zeigt eine weitere Möglichkeit, die Zeitzwänge in der Fließfertigung durch flexible *Verkettungs- und Puffersysteme* zu senken. Werkstücke werden vor und hinter einer automatischen Bearbeitung bzw. Montage gepuffert, die beiden manuellen Abschnitte sind entkoppelt. Puffer sind technische Einrichtungen zur Zwischenlagerung von Bauteilen und Baugruppen, die das eine Arbeitssystem verlassen und entsprechend dem Bedarf nach einem bestimmten Rhythmus an nachgelagerte Arbeitssysteme weitergegeben werden. In diesem Zusammenhang unterscheidet man auch zwischen fester und loser Verkettung: Bei *fester Verkettung* gibt es zwischen den Montagestationen

422 Vgl. Zink, K.: Arbeitsstrukturierung. In: Landau, K.; Luczak, H.: Ergonomie und Organisation in der Montage. München: Hanser, 2001, S. 363–364.

keine Zwischenspeicher (auch keine Werkstückträger), bei *loser Verkettung* befinden sich zwischen Montagestationen Zwischenspeicher, der Stillstand einer Montagestation führt also nicht oder erst zeitverzögert zum Stillstand der ganzen Linie. Führt das Verkettungsmittel durch die Montagestation, dann spricht man von *Innenverkettung*, führt dagegen das Fördersystem an der Montagestation vorbei, dann liegt *Außenverkettung* vor.

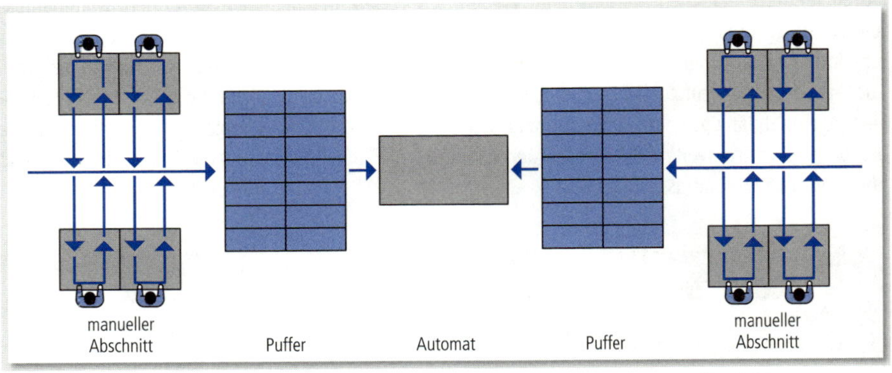

Abbildung III-303 Flexibles Verkettungs- und Puffersystem[423]

Pufferformen

Man unterscheidet die folgenden *Pufferformen*:

- Bereichspuffer (z. B. zwischen Teilefertigung und Montage),
- Abschnittspuffer (z. B. zwischen aufeinanderfolgenden Subsystemen einer Fertigungslinie) und
- Arbeitsplatzpuffer, unmittelbar vor oder hinter dem Arbeitsplatz.

Mit der Einrichtung eines Puffers wird eine möglicherweise enge *Zeitbindung* von Mitarbeitern gemildert.[424] Maschinenstillstände und weitere Störungen wirken sich nicht sofort auf den Produktionsfluss aus. Pausenzeiten und persönliche Verteilzeiten von Mitarbeitern können aufgefangen werden. Spezielle Entkoppelungsmodule dienen der automatischen Zwischenlagerung von Werkstücken. Dazu werden Werkstücke mit einem Linienportal[425] oder einem Regalbediengerät automatisch in definierte Regalfächer eingelagert. Die Ein- und Auslagerung wird nach unterschiedlichen Prioritäten gesteuert.

Blockbildung

Neben der Einrichtung von Puffern kann eine Entkopplung auch durch *Blockbildung* herbeigeführt werden. Hierbei kann sich ein komplexes Arbeitssystem beispielsweise in der Elektrotechnik oder Feinwerktechnik aus folgenden Blöcken zusammensetzen: Bauelemente-Vorbereitung, maschinelle Bestückung, manuelle Fertigungslinie mit Bestücken, Löten und Montieren. Die Bauelemente-Vorbereitung und die manuelle Bestückung sind als Gruppenarbeit organisiert (Abbildung III-304; vgl. auch Abschnitt 6.3.3).

423 Vgl. Zink, K.: a. a. O., 2001, S. 365.
424 Die Einrichtung von Puffern kann dem Prinzip der Wertstromgestaltung widersprechen, einen Fertigungsfluss möglichst ohne Zwischenlagerung in einer engen Aufeinanderfolge zu realisieren.
425 Linienportale sind Handhabungsgeräte, z. B. für Pack- oder Palettierarbeiten an der Fertigungslinie.

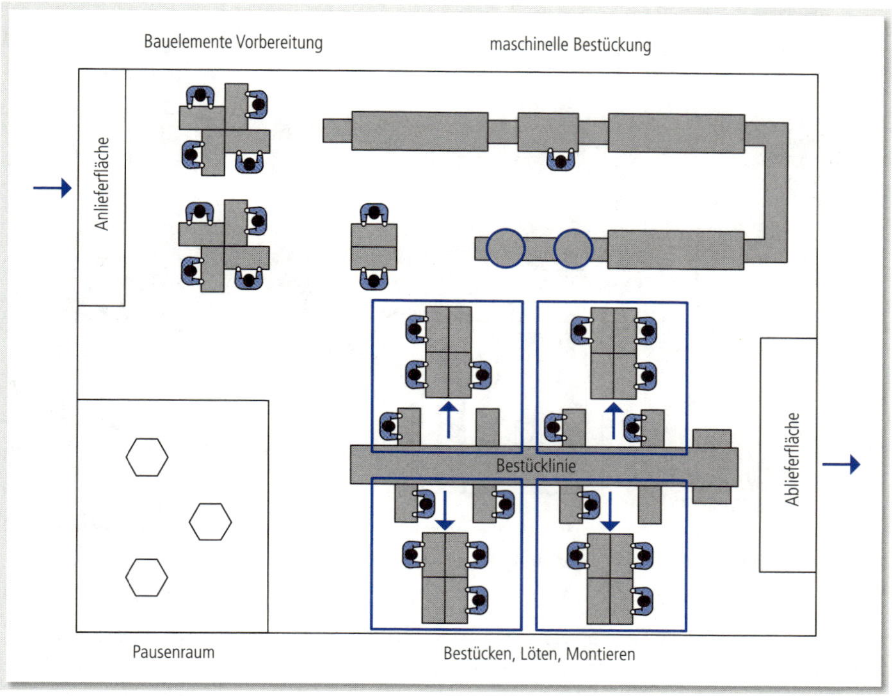

Abbildung III-304 Entkoppelung der Arbeitsprozesse und Pufferung durch Blockbildung[426]

Fertigungssegmentierung

Über die klassischen Fertigungsprinzipien (Verrichtungsprinzip, Flussprinzip) hinaus kennt man noch innovative Fertigungsprinzipien, so das Prinzip der *Fertigungssegmentierung*. Hierzu bildet man produktorientierte, weitgehend autonome Fertigungseinheiten. Die gesamte Fertigungskette wird dazu nach den Kriterien Markt und Produkt (oder Produktfamilie) aufgespalten. Es kommt damit zu Dezentralisierung und Komplexitätsabbau sowie zu einer produktbezogenen, durchgängigen Verantwortlichkeit. Indirekte Funktionen, z. B. Instandhaltung oder Qualitätsmanagement, werden in das Fertigungssegment integriert. Fertigungssegmente sind im Regelfall räumlich konzentriert und nach dem Wertstrom flussorientiert gestaltet.

Modulstrategie

Mit einer *Modulstrategie* werden (komplexe) Endprodukte in sinnvoll abgrenzbare Module aufgespalten. Damit folgt man dem Kunden-Lieferanten-Prinzip, versucht weitgehend Lager zu vermeiden und die Durchlaufzeiten zu verkürzen. Fertigungsmodule können leichter outgesourct werden (vgl. Abschnitt 6.6.2). Diese Strategie kann so weit gehen, dass abgegrenzte Bereiche einer Fabrik als *Fabrikmodule* ausgewiesen werden, die unternehmensintern oder -extern verkaufbare Leistungen herstellen (vgl. Abbildung III-305).[427]

426 Vgl. Zülch, G.; Starringer, M.: Differentielle Arbeitsgestaltung in Fertigungen für elektronische Flachbaugruppen. In: Zeitschrift für Arbeitswissenschaft, 1994, 4, S. 211–216.

427 Die Planung modularer Fabriken wird detailliert dargestellt bei: Wiendahl, H.-P.; Nofen, D.; Klußmann, J. H.; Breitenbach, F.: Planung modularer Fabriken. München: Hanser, 2005.

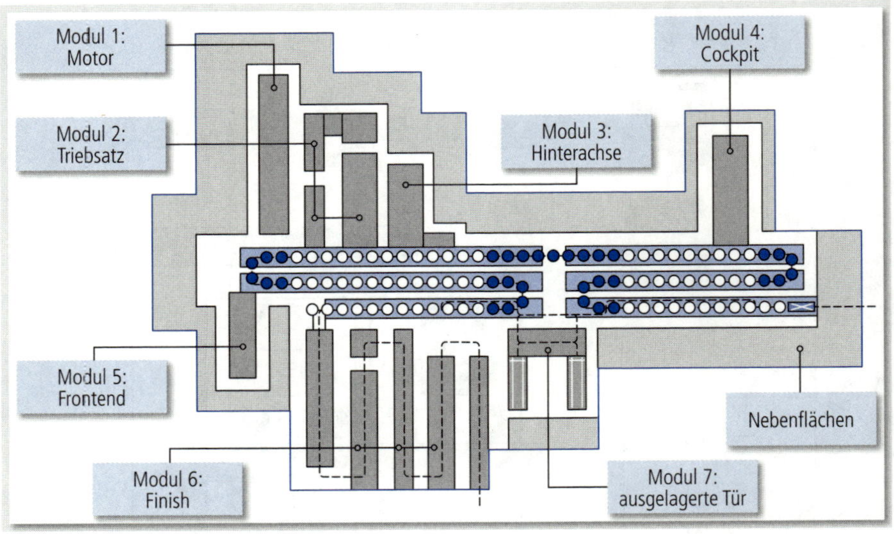

Abbildung III-305 Modulare Strukturierung einer Fahrzeugmontage[428]

Abbildung III-306 fasst die Eignung der verschiedenen Fertigungsprinzipien für die Einzel-, Kleinserien-, Großserien- und Massenfertigung zusammen.

		Fertigungsart				
	Fertigungsprinzip	EF	KSF	MSF	GSF	MF
konventionelle Fertigungsprinzipien	Punktfertigung	++	+	–	–	–
	Werkstattfertigung	++	++	+	–	–
	Nestfertigung	+	++	+	–	–
	Reihenfertigung	–	+	++	+	–
	Fließfertigung	–	–	–	++	++
innovative Fertigungsprinzipien	flexible Fertigungszelle	+	++	++	–	–
	flexible Fertigungsstraße	–	–	++	+	–
	Fertigungsinsel	+	++	++	–	–

EF: Einzelfertigung KSF/MSF/GSF: Klein-, Mittel-, Großserienfertigung MF: Massenfertigung
++ gut geeignet + bedingt geeignet – nicht geeignet

Abbildung III-306 Wechselbeziehungen zwischen Fertigungsprinzip und Fertigungsart[429]

6.2.4 Arbeitsprozesse am Arbeitsplatz

Mensch-Mensch-Relationen und Mensch-Maschine-Relationen

Für die Prozessgestaltung am Arbeitsplatz (vgl. Abbildung III-296, rechts) müssen die Zuordnungen zwischen den einzelnen Arbeitspersonen sowie zwischen Arbeitspersonen und Arbeitsmitteln geklärt werden – also die Mensch-Mensch-Relationen und die Mensch-Maschine-Relationen. Bei den Mensch-Mensch-Relationen wird zwischen Einzelarbeit, Gruppenarbeit und Job-Rotation unterschieden.

428 Wiendahl, H.-P.; Nofen, D.; Klußmann, J. H.; Breitenbach, F.: Planung modularer Fabriken. München: Hanser, 2005, S. 249.
429 in Anlehnung an Grundig, C.-G.: Fabrikplanung, 3. Auflage. München: Hanser, 2009.

Bei der *Einzelarbeit* erfüllt eine einzige Arbeitsperson die Arbeitsaufgabe eines Arbeitssystems.[430]

Die *Gruppenarbeit* steht für Arbeitssysteme, in denen kleine, eng zusammenarbeitende Teams bis etwa 12 Mitglieder weitgehend selbstständig die Arbeitsprozesse organisieren, durchführen und kontrollieren. Zielsetzungen sind hier eine möglichst menschengerechte Arbeitsgestaltung bei hoher Wirksamkeit und Wirtschaftlichkeit.

Bei *Job-Rotation* kommt es zu einem regelmäßigen Wechsel zwischen unterschiedlichen Arbeitsplätzen in einer Abteilung oder einem Werk.

Ein *Springer* ist eine Arbeitsperson, die für die Ablösung und/oder zur Unterstützung an mehreren Arbeitsplätzen eingesetzt wird.[431]

Bei *Mehrstellenarbeit* wird dementsprechend »die Arbeitsaufgabe eines Arbeitssystems mit Hilfe mehrerer gleichzeitig eingesetzter Betriebsmittel oder mehrerer Stellen eines Betriebsmittels erfüllt, wobei dieses durch eine Arbeitsperson oder bei mehrstelliger Gruppenarbeit durch mehrere Arbeitspersonen geschieht.«[432] Handelt es sich bei den einzelnen Arbeitsstellen um voneinander unabhängige Maschinen, wird auch häufig der Begriff *Mehrmaschinenbedienung* benutzt.

Abbildung III-307 weist auf die unterschiedlich großen Arbeitsinhalte der verschiedenen Mensch-Maschine-Relationen hin.

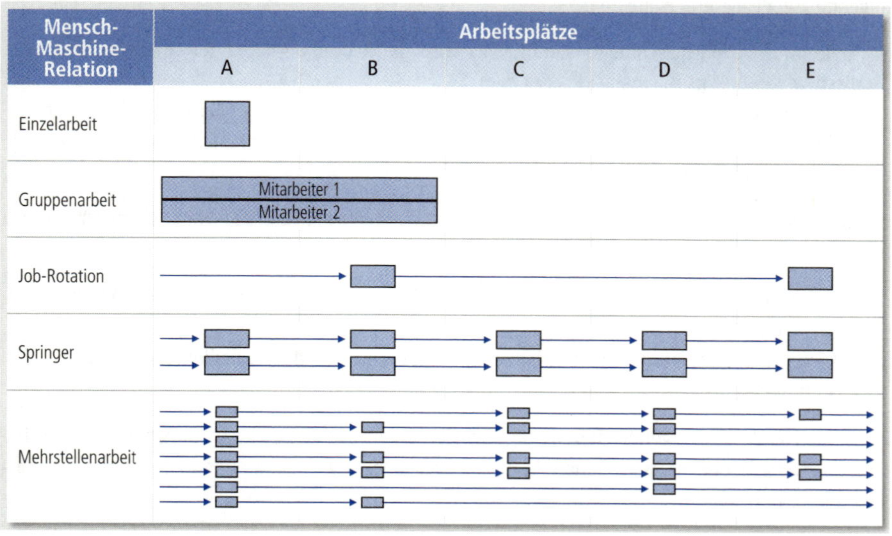

Abbildung III-307 Mensch-Maschine-Relationen mit unterschiedlich großen Arbeitsinhalten (Schemabeispiel)

Bei der Einzelarbeit ist der Werker allein am Arbeitssystem A über die gesamte Schichtzeit tätig.[433] Die sozialen Beziehungen am Einzelarbeitsplatz können (müssen aber nicht) eingeschränkt sein. Bei der Gruppenarbeit teilen sich hier die beiden Arbeitspersonen 1 und 2 die Arbeit an den Arbeitsplätzen A und B. Es kann sich hierbei um eine Gruppenarbeit mit gemeinsamem Ablauf handeln (z. B. die Endmontage eines schweren Maschinenteils, die nur zu zweit durchzuführen ist), es können

430 Vgl. dazu auch die Sonderfälle bei der Zeitartensynthese im Teil II, Abschnitt 4.4
431 Vgl. z. B. DIN 33415, Fließarbeit, 1984.
432 REFA (Hrsg.): Methodenlehre des Arbeitsstudiums, München, Hanser 1984.
433 Die Fläche stellt das Arbeitsvolumen eines 8-Stunden-Tages dar.

jedoch auch nur einzelne Ablaufabschnitte für die beiden Gruppenmitglieder am gleichen Arbeitsobjekt zu leisten sein (z. B. wird ein Vorratsbehälter gemeinsam aufgefüllt, anschließende Arbeitsgänge geschehen getrennt).

Bei der Gruppenarbeit können sehr umfangreiche Arbeitsinhalte entstehen, die Möglichkeit zum gegenseitigen Lernen und zur Weiterqualifikation ist in vielen Fällen gegeben.

Im Falle von Job-Rotation wechselt die Arbeitsperson planmäßig zwischen den beiden Arbeitsplätzen B und E. Dabei kommt es in der Regel auch zu einem Belastungsartenwechsel (vgl. Teil II, Abschnitt 2.6). Der Springer vertritt beispielsweise die planmäßigen Arbeitspersonen an den Arbeitsplätzen A bis E während ihrer Frühstücks- und Mittagspausen. Dabei kann es zu einem Belastungsartenwechsel kommen. Es muss jedoch nicht der Fall sein.

Bei der Mehrstellenarbeit bedient und überwacht die Arbeitsperson gleichzeitig die Arbeitsplätze A bis E. Die Arbeit an einem einzigen Arbeitsplatz würde ihn nicht ausfüllen. Oft kommt es dabei aber nicht zu einem Belastungsartenwechsel. Die Arbeitsperson verbleibt einige Minuten an jedem Arbeitsplatz.

Typisch für Mehrstellenarbeit sind beispielsweise Teilebearbeitungszentren und sogenannte Chaku-Chaku-Linien. Die Arbeitsperson legt an der gerade stillstehenden Maschine Teile ein, setzt die Maschine wieder in Betrieb und geht zur nächsten Maschine. Bei der Mehrstellenarbeit kann man folgende zwei Fälle unterscheiden:

- rhythmische Mehrmaschinenbedienung: Es wird die Bedienungsfolge der Arbeitsperson periodisch wiederholt (z. B. Chaku-Chaku-Linie).
- unrhythmische Mehrmaschinenbedienung: Die Bedienungsfolge des Menschen hängt von stochastisch verteilten Ereignissen (z. B. Unterbrechung des Maschinenlaufs infolge einer Störung) ab (vgl. Teil II, Abschnitt 4.4).

Bei der Mehrstellenarbeit ist die Auslegung des Arbeitssystems eine zentrale Herausforderung. Dabei bieten sich zwei alternative Sichtweisen an:[434]

1. Für eine gegebene Anzahl von Arbeitsstellen ist die optimale Zahl der Arbeitspersonen zu ermitteln.
2. Für eine Arbeitsperson oder eine Arbeitsgruppe ist die Anzahl der zu bedienenden Arbeitsstellen zu optimieren.

Abhängig von der jeweiligen Sichtweise ergeben sich unterschiedliche Zielsetzungen. Bei der Bestimmung der Anzahl der Arbeitspersonen für eine vorgegebene Maschinenkonfiguration können hierbei im Vordergrund stehen:[435]

- Minimierung der Wartezeiten der Arbeitsperson,
- Minimierung der Unterbrechungszeiten,
- Minimierung der Fertigungskosten,
- Maximierung des Fertigungsgewinns.

Bei der Mehrstellenarbeit ist besonders auf die zurückgelegten Wegstrecken des Mitarbeiters zu achten. Abbildung III-308 macht den Zusammenhang zwischen Mehrstellen-Layout und den zurückgelegten Wegstrecken des Mitarbeiters deutlich. Die lineare Ausrichtung bei der Mehrstellenarbeit führt im Regelfall zu beträchtlichen Wegstrecken bzw. Wegzeiten. Insbesondere, wenn die

434 Weinrich, H.-W.: Untersuchung der Mehrmaschinenbedienung von Einspindel-Drehautomaten mit Hilfe der Simulationstechnik. Dissertation, TU Braunschweig, 1978.
435 Fuchs, W.: Methodik zur Erstellung von Zeitmodellen zur Ablaufplanung in Arbeitssystemen. Berlin: Beuth, 1972.

Bedienungssequenz vorgegeben bzw. einzuhalten ist, kann es zu langen, unproduktiven Rückwegen kommen. Bereits eine L-Anordnung der Arbeitssysteme vermindert die unproduktiven Wege, oft ist jedoch ein U-förmiges Layout das Optimum.

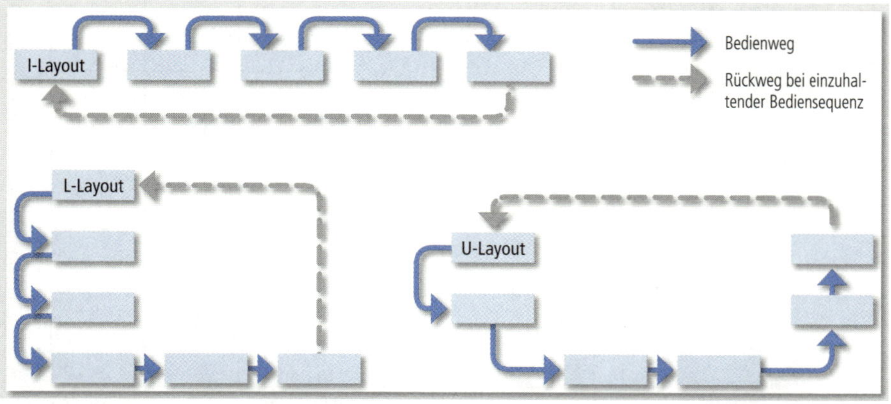

Abbildung III-308 Optimierung der Arbeitswege bei Mehrstellenarbeit

Betriebsmittel-anordnung

Die Aufstellung der Betriebsmittel direkt am Arbeitsplatz ist ebenfalls ein Optimierungsproblem zwischen zu weitläufiger Verteilung der Betriebsmittel und zu enger Anordnung, die u. U. auch sicherheitstechnische Probleme mit sich bringt (vgl. Abschnitt 5.6).

Das *Layout* der Betriebsmittel wird u. a. bestimmt durch:

- das gesamte Gebäude-Layout,
- die Geometrie der Produkte,
- die gewählten Fördermittel,
- die Struktur des Arbeitsprozesses.

Insbesondere der Arbeitsprozess mit den durch die Betriebsmittel und Produkte determinierten Körperhaltungen und -bewegungen der Mitarbeiter muss im Vordergrund stehen. Weiterhin müssen die Lebenszeit der Produkte und eventuelle neue Betriebsmittel-Anschaffungen bedacht werden:[436]

- Ist größtmögliche Flexibilität des Betriebsmittel-Layouts gewährleistet?
- Wie können Betriebsmittel ausgelagert oder ausgetauscht werden?
- Ist Platz für zusätzliche Betriebsmittel vorhanden?
- Können ähnliche Produkte ohne große Veränderungen auf den geplanten Betriebsmitteln hergestellt werden?
- Ist das Betriebsmittel-Layout geeignet für Losgrößenschwankungen?

Die Betriebsmittelmobilität soll möglichst hoch sein, d. h. die Betriebsmittel sind einfach und schnell von der Bodenplatte zu lösen und die frei werdende Fläche kann sofort für andere Betriebszwecke genutzt werden. Nestler drückt diesen Sachverhalt durch den *Mobilitätsgrad* M aus, der nach dem Nomogramm von Abbildung III-309 berechnet werden kann.

436 Frey, S.: Plant Layout. München: Hanser, 1975.

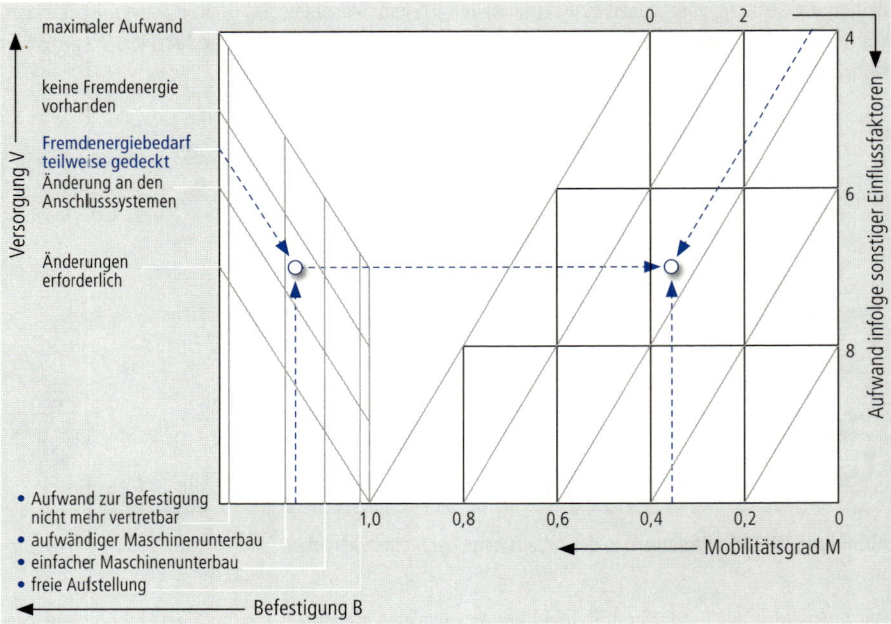

Abbildung III-309 Nomogramm zur Ermittlung des Mobilitätsgrades[437]

6.3 Arbeitsstrukturierung

6.3.1 Entwicklungsstränge

Interesse an Arbeitsstrukturierung

Seit den 1970er-Jahren ist ein sprunghaft gestiegenes Interesse an Fragen zur Arbeitsstrukturierung zu verzeichnen. Folgende Gründe können dafür angeführt werden:

1. Die Diskussion skandinavischer Experimente (z. B. von Volvo und Saab) erfolgte in den Medien.
2. Der humane Anspruch der Mitarbeiter nach »*Qualität des Arbeitslebens*« und die Anstrengungen der Unternehmen zur Verbesserung der Wettbewerbsfähigkeit wurden als sehr gegensätzlich und kaum miteinander vereinbar empfunden.
3. Motivationstheoretische Erkenntnisse wurden von Ingenieuren und Betriebswirten verstärkt zur Begründung organisatorischer Konzepte herangezogen.
4. In arbeitsrechtlichen Bestimmungen, wie z. B. dem Betriebsverfassungsgesetz, war der Begriff der *gesicherten arbeitswissenschaftlichen Erkenntnisse* mit Leben zu füllen.

In diesem Zusammenhang wurde der Begriff der *Arbeitsstrukturierung* geprägt.

Definition

Unter Arbeitsstrukturierung versteht man die arbeitsorganisatorischen Maßnahmen zur Veränderung der Arbeitsinhalte und der Arbeitsbereiche, um die Erträglichkeit der Arbeit zu garantieren und die Arbeitszufriedenheit der Mitarbeiter zu fördern.

Es ging dabei also um die Gestaltung neuer oder die Veränderung bestehender Arbeitsabläufe und Organisation mit dem Ziel, den Tätigkeits- und Entscheidungsspielraum der Mitarbeiter zu erweitern.

437 Nestler, H.: Wirtschaftliche Maschinenaufstellung. Berlin: Beuth, 1972.

Arbeitsstrukturierung war »eine Form der Organisationsentwicklung, die zum guten Funktionieren des Unternehmens beiträgt«[438].

Fast parallel dazu führte über den Umweg USA eine »Japan-Begeisterung« dazu, traditionelle Fabrik- und Prozessorganisationen infrage zu stellen. Was waren die Gründe für die Überlegenheit der japanischen Industrie? Waren es mehr als die Hinweise auf niedrigere Arbeitskosten und bessere Arbeitsmoral der Mitarbeiter?[439] Die Erfolge der japanischen Unternehmen auf den Weltmärkten, die zum ersten Mal in den 1980er-Jahren in Mitteleuropa registriert wurden, lagen zum einen in einer anderen Führungskultur, aber zum anderen auch im Streben nach immerwährender Verbesserung (KAIZEN) und einer ungewöhnlich einfachen Produktionssteuerung und Materialbewirtschaftung.

Der damit verbundene Wandel in der Arbeitswelt lässt sich durch folgende Schlagworte charakterisieren:[440]

- Organisatorische Einheit: Prozess- und Projektteams statt Fachabteilungen.
- Rolle der Mitarbeiter: Mitarbeiter mit Kompetenzen statt kontrollierte Mitarbeiter.
- Vergütungsgrundlagen: ergebnisorientiert statt tätigkeitsorientiert.
- Wertvorstellungen: Unternehmenssicherung statt Positionsabsicherung.
- Organisationsstruktur: flache Organisation statt Hierarchie.
- Führungskräfte: Führungspersönlichkeiten statt »Punktezähler«.

Man mag diese Darstellung verkürzt und holzschnittartig nennen, sie enthält jedoch einige bedenkenswerte Punkte.

6.3.2 Handlungsspielraum

Erweiterung von Handlungsspielräumen

Mit zunehmender Spezialisierung besteht die Gefahr, dass Aufgabenträger unterfordert oder einseitig belastet sind. Dem versucht man durch Maßnahmen zur Erweiterung von Handlungsspielräumen zu begegnen.

Der *Handlungsspielraum* ist die »Summe der Freiheitsgrade«, d. h. der Möglichkeiten zum unterschiedlichen Handeln in Bezug auf Verfahrenswahl, Mitteleinsatz und zeitliche Organisation von Aufgabenbestandteilen.[441]

Der Handlungsspielraum bei einer Aufgabe oder einem Aufgabenbündel setzt sich aus einer quantitativen Komponente (Tätigkeitsspielraum) und einer qualitativen Komponente (Dispositionsspielraum oder Verantwortungs- und Kompetenzspielraum) zusammen. Es wird auch von einer horizontalen (ausführenden) und einer vertikalen (dispositiven) Dimension gesprochen. Beide Dimensionen stehen in der Regel in einer Wechselbeziehung. Je umfangreicher und vielseitiger eine Aufgabe ist (horizontale Dimension), desto höher ist die Wahrscheinlichkeit, dass damit auch maßgebliche Kompetenzen und Verantwortungen (vertikale Dimension) verbunden sind.

Der objektive Handlungsspielraum umfasst die vorhandenen, der subjektive Handlungsspielraum die als solche erkannten diesbezüglichen Wahlmöglichkeiten.[442] Abbildung III-310 macht den Hand-

438 Hertog, F.: Arbeitsstrukturierung. Bern: Huber, 1978.
439 Imai, M.: KAIZEN. Berlin: Ullstein, 1998.
440 Herkommer, O.: Einführung in die Layout-Planung mit Prozess-Analyse. In: Ishiwata, J.: Die flexible Fabrik. Landsberg/Lech: Moderne Industrie, 2001, S. 11–34.
441 Vgl. Ulich, E.: Arbeitspsychologie. Zürich: Verlag der Fachvereine und Stuttgart: Poeschel, 1991. Hacker, W.: Allgemeine Arbeits- und Ingenieurpsychologie. Bern: Huber, 1978.
442 Ulich, E.: a. a. O., 1991.

lungsspielraum nach dem Konzept von Ulich deutlich, wie es in der Mehrzahl deutschsprachiger Veröffentlichungen verwendet wird.

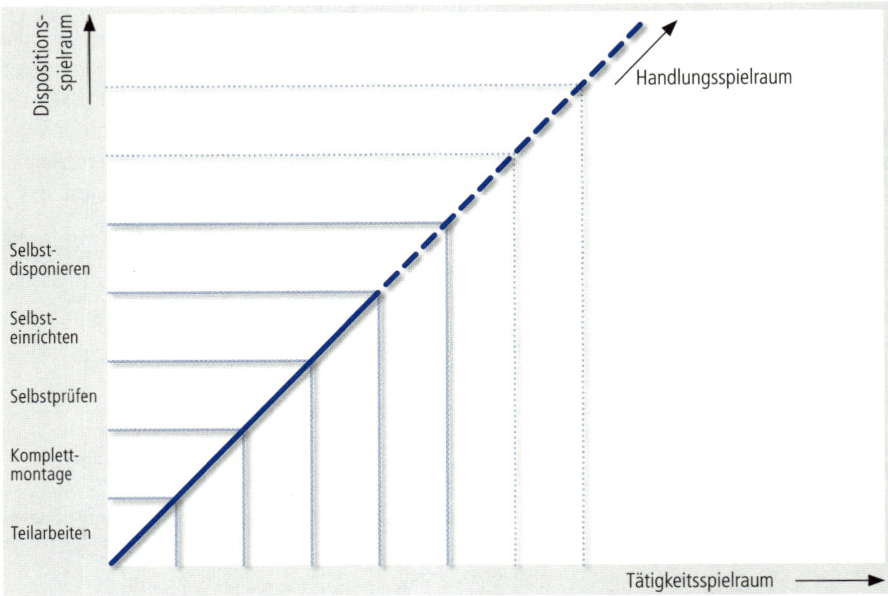

Abbildung III-310 Konzept des Handlungsspielraums mit den Dimensionen Aufgabenbreite (Tätigkeitsspielraum) und Entscheidungsspielraum (Dispositionsspielraum)

Aufgabenerweiterung (Job-Enlargement)

Bei der *Aufgabenerweiterung* (*Job-Enlargement*) geht es darum, die Anzahl verschiedenartiger Aufgaben je Aufgabenträger zu erhöhen und damit den Tätigkeitsspielraum auszudehnen. Dabei werden keine qualitativ »höherwertigen« Aufgaben einbezogen. Durch Aufgabenerweiterung sollen einseitige Belastungen vermieden und durch Belastungsartenwechsel soll der Gefahr der Ermüdung, begrenzt auch der Monotonie begegnet werden.

Aufgabenbereicherung (Job-Enrichment)

Bei der *Aufgabenbereicherung* (*Job-Enrichment*) geht es darum, zu den vorliegenden Aufgaben solche Aufgaben hinzuzufügen, die weitergehende Verantwortungen und Kompetenzen mit sich bringen. Dadurch will man den Freiheits- und Dispositionsspielraum vergrößern und den Aufgabenträgern mehr Möglichkeiten zur Entfaltung ihrer Potenziale geben. Ein Problem bei der Aufgabenbereicherung ist, den Aufgabenträgern jene Qualifikation zu vermitteln, die für das Ausführen komplexer Aufgaben erforderlich ist. Oft ist ihre Erfolgserwartung (der Glaube, die übertragenen Aufgaben auch erfüllen zu können) durch Information zu verstärken, insbesondere dann, wenn sie wenig Selbstvertrauen haben. Es besteht also eine Beziehung zwischen Aufgabenbereicherung und Qualifikationsentwicklung.

Beim geplanten oder ungeplanten *Aufgaben-* oder *Arbeitsplatzwechsel* (Job-Rotation) kann der Effekt einer Aufgabenerweiterung (beim Wechsel zwischen rang- und ebenengleichen Aufgaben) oder einer Aufgabenbereicherung (beim Wechsel zwischen rang- und ebenenverschiedenen Aufgaben) entstehen.

Abbildung III-311 zeigt für Aufgabenerweiterung und Aufgabenbereicherung schematisch eine Situation vor Gestaltungsmaßnahme und nach einer Gestaltungsmaßnahme.

Belastungsoptimierung

Der Wert von Ulichs Modell liegt darin, die beiden Sachverhalte der Aufgabenerweiterung und Aufgabenbereicherung zu veranschaulichen. Eine exakte Abgrenzung wurde weder zwischen den beiden

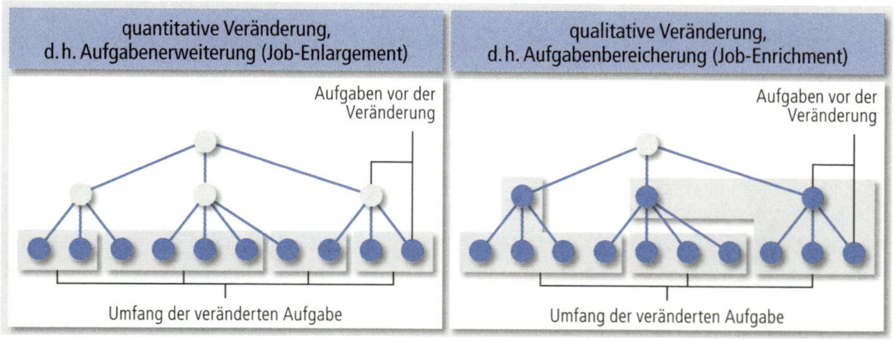

Abbildung III-311 Qualitative Veränderungen durch Aufgabenerweiterung und -bereicherung

Komponenten des *Handlungsspielraums* noch zwischen den Maßnahmen zu ihrer Vergrößerung vorgenommen. Mit der Erweiterung des Handlungsspielraums verbindet man Aspekte der Belastungssenkung bzw. der Belastungsoptimierung:

- Durch Aufgabenbereicherung und -erweiterung kann es zu einem Belastungswechsel kommen.
- Vor allem in der *Gruppenarbeit* besteht die Möglichkeit zur individuellen Entfaltung und Entwicklung der Mitarbeiter, da sie die Wahl zwischen verschieden komplexen Arbeitsinhalten haben.

Erweiterte und bereicherte Arbeitsinhalte enthalten weniger ablauftechnische Zwänge, da Aufgaben im Team möglicherweise besser gepuffert werden können. Das Unternehmen verbindet mit Aufgabenbereicherung und -erweiterung die folgenden Aspekte (vgl. auch Abbildung III-312):

- Durch qualifikationsadäquate *Arbeitsinhalte* entstehen weniger Fluktuation und Fehlzeiten;
- dadurch kann auch sichergestellt werden, dass der »richtige« Mitarbeiter die jeweilige Aufgabe durchführt;
- Mitarbeiter im Team qualifizieren sich gegenseitig, insgesamt steigt dadurch das fertigungs- und abwicklungstechnische Know-how;
- da dergestalt höher qualifizierte Mitarbeiter sich besser gegenseitig vertreten können, steigen die Maschinennutzungsgrade.

wünschenswerte Eigenschaften von Arbeitsinhalten				
Mitarbeiter sollte sich für einen wesentlichen Teil seiner Arbeit verantwortlich fühlen können	Mitarbeiter sollte seine Arbeitsergebnisse als bedeutsam werten können	Mitarbeiter sollte einen wesentlichen Teil seiner Fähigkeiten einsetzen können	Mitarbeiter sollte einen Arbeitsfortschritt am Endprodukt erkennen können	Taktbindung nur bei ausreichender Pufferung

Abbildung III-312 Wünschenswerte Eigenschaften von Arbeitsinhalten

Eigenschaften von Arbeitsinhalten

Arbeitsinhalte mit großem Handlungsspielraum sollten also folgende Eigenschaften haben:[443]

1. Eine Aufgabe sollte so gestaltet sein, dass sich der Mitarbeiter für einen wesentlichen Teil seiner Arbeit verantwortlich fühlen kann. Er soll seine Arbeitsergebnisse auf seinen Arbeitseinsatz und auf seine Tüchtigkeit zurückführen können. Ganz wichtig ist, dass er Erfolg und Misserfolg seiner Tätigkeit möglichst unmittelbar erkennen kann.

443 Porter, L. W.; Lawler, E. E.; Hackman, J. R.: Behavior in Organizations. New York: McGraw Hill, 1975.

2. Der Mitarbeiter sollte seine Arbeitsergebnisse als bedeutsam, z. B. als sichtbar wertschöpfend, bewerten können. Dazu sollte er möglichst unmittelbare Rückmeldungen über seine Arbeitsergebnisse erhalten.
3. Der Mitarbeiter sollte einen wesentlichen Teil seiner Fähigkeiten einsetzen können.

Die aus erweiterten und bereicherten *Arbeitsinhalten* herrührenden Arbeitsprozesse sollen *vollständig* sein. Ein Beispiel aus der Kunststoffverarbeitung möge die Forderung nach Vollständigkeit der Arbeitsprozesse verdeutlichen: Lebensmittelverpackungen werden z. B. aus Polypropylen gespritzt und dann bedruckt. Dies geschieht durch den Kunststofffertigungsbetrieb. Die Befüllung mit Lebensmitteln kann bis zu einem Jahr später z. B. durch eine Molkerei erfolgen. In der Zwischenzeit erfolgt eine Lagerung der Lebensmittelverpackungen in Kartons.

Der Mitarbeiter an der Spritzgießmaschine kennt nicht den Kunden und dessen Anforderungen, z. B. bezüglich Farbdruck oder Grat, der bei der Fertigung entsteht. Die Anforderungen des Kunden werden durch Verkauf, Konstruktion und Werkzeugbau, Produktionsleitung und Schichtmeister »gefiltert«. Der Mitarbeiter, der an der Maschine direkt auch für die Fertigungsqualität verantwortlich ist, kann die verschiedenen Kundenanforderungen nicht werten (z. B. nach dem ABC-Prinzip) und sich entsprechend kundengerecht verhalten. Ein solcher Arbeitsprozess ist unvollständig, der Werker kann sich in diesen Arbeitsprozessen nur schwer weiterqualifizieren.

Arbeitsinhalte müssen also so beschaffen sein, dass ein für die Mitarbeiter erkennbarer Arbeitsfortschritt am Endprodukt entsteht. Lange Arbeitszyklen sind nicht unbedingt Indikatoren für den *Dispositionsspielraum* und nur begrenzt Indikatoren für den Tätigkeitsspielraum. Dabei ist es oft nicht ganz einfach, dem Mitarbeiter ein Mehr an Disposition zu verschaffen, also seine Tätigkeit zu bereichern. Es hat sich oft als schwierig erwiesen, bei den Mitarbeitern Teilnahmebereitschaft zu wecken und die Vorgesetzten von den Vorzügen der Aufgabenbereicherung zu überzeugen.

Maßnahmen

Bei Projekten zur Aufgabenbereicherung wurden bevorzugt folgende Maßnahmen durchgeführt:[444]

1. Veränderte Aufgabenverteilung
   - Übernahme von Einrichteraufgaben,
   - Übernahme der Einsatzbeurteilung und des Wechsels von Vorrichtungen und Werkzeugen,
   - Qualitätsprüfung bei der eigenen Arbeit,
   - Beseitigung kleinerer Störungen und Durchführung kleinerer Reparaturen,
   - Unterscheidung zugewiesener Arbeitsinhalte nach fixen, jedem zuzuteilenden Aufgaben, sowie variablen, in Abhängigkeit von den Möglichkeiten des Einzelnen zu übernehmenden Aufgaben, was auch als »Fix-Vario-System« bezeichnet wird.
2. Planung, Einteilung und Kontrolle der eigenen Arbeit
   - Zeitlicher *Dispositionsspielraum*, auch zum Lehren und Lernen,
   - Kümmern um Material und Weiterleitung fertiger Teile,
   - Beteiligung bei der Gestaltung des eigenen Arbeitsplatzes,
   - Ermöglichen valider, zuverlässiger und unmittelbarer Rückmeldungen über Arbeitsergebnisse.

444 Warnecke, H.-J.; Lederer, K. G.: Neue Arbeitsformen in der Produktion. Düsseldorf: VDI, 1979. Hertog, F. J., den: a. a. O., 1978.
Pfeiffer, W.; Dörrie, U.; Soll, E.: Menschliche Arbeit in der industriellen Produktion. Vandenhoeck und Ruprecht. Göttingen, 1977.

6.3.3 Gruppenarbeit

Aufgabenerweiterung und -bereicherung haben besondere Bedeutung bei Arbeitsprozessen, die nach dem Flussprinzip organisiert sind (vgl. Abschnitt 6.2.3).

Um das Flussprinzip – gewöhnlich also eine hoch repetitive stark arbeitsteilige Fertigung mit den dabei oft verbundenen negativen Begleiterscheinungen für den Mitarbeiter, den Betrieb und die Gesellschaft – aus humaner und ökonomischer Sicht zu optimieren, entwickelte sich Anfang der 1970er-Jahre, zunächst in Skandinavien, die autonome und später die *teilautonome Gruppenarbeit*[445]. Man erhoffte sich mit der Gruppenarbeit umfangreichere und anspruchsvollere Arbeitsinhalte und damit vor allem auch ein Zurückgehen von *Absentismus* und *Fluktuation*. Die skandinavischen Schulsysteme produzierten immer mehr Menschen mit anspruchsvollen Ausbildungsqualifikationen. Wie sollten sich derart vorgebildete Mitarbeiter mit Arbeitstakten im Sekundenbereich zufriedengeben?

Im Vordergrund stand also die Verringerung der damals exorbitanten *Fehlzeiten*, nicht das Vermeiden von arbeitsbedingten Erkrankungen, die ebenfalls durch hoch repetitive Arbeitsinhalte begünstigt werden können. Gruppenarbeitsprojekte wurden nach den Erfolgen bei Saab und Volvo Mitte der 1970er-Jahre auch bei der Volkswagen AG, bei der Bosch-Siemens Hausgerätefertigung und bei AEG aufgenommen. Eine Reihe anderer, auch mittelständischer Unternehmen folgte. Viele dieser Gruppenarbeitsexperimente scheiterten jedoch. Die erhoffte ökonomische Verbesserung trat nicht ein. Organisatorische Abläufe waren schlechter beherrschbar, etablierte Interessen der Betriebsparteien wurden tangiert.

Misserfolge bei der Einführung der Gruppenarbeit in die Betriebe sind auch damit zu erklären, dass Vorgesetzte Entscheidungsbefugnisse abgeben und eine neue Identität als Coach oder Personalmanager erst finden mussten. Vor allem in den 1970er-Jahren, aber auch später kam es zwischen den Gruppen und den Betriebsräten gelegentlich zu Meinungsverschiedenheiten. Betriebsräte fürchteten, dass ihre Beteiligungsrechte aus §§ 87, 90 ff. des Betriebsverfassungsgesetzes verwässert würden. Wurde in der Gruppe ein leistungsbezogener Entlohnungsgrundsatz (vgl. § 87 des Betriebsverfassungsgesetzes) praktiziert, z. B. eine Gruppenprämie, so kann es zwischen den Hochleistern und den Schwachleistern zu solch starken Konflikten kommen, dass nachhaltig der Betriebsfrieden gestört ist.

In den 1980er-Jahren und Anfang der 1990er-Jahre geriet daher die Gruppenarbeit in Vergessenheit und erst seit Mitte der 1990er-Jahre erlebt sie eine Renaissance.

Definitionen:

Definitionen

- Bei Gruppenarbeit sind in einem Arbeitssystem mehrere Menschen an der Erfüllung einer gemeinsamen Aufgabe beteiligt und verantworten gemeinsam die Ergebnisse.
- Wird die Aufgabe völlig selbstständig organisiert, bearbeitet und kontrolliert, so liegt *autonome Gruppenarbeit* vor.
- Von *teilautonomer Gruppenarbeit* spricht man dann, wenn neben den eigentlichen Produktionstätigkeiten auch Funktionen der Disposition und des Qualitätsmanagements von der Gruppe übernommen werden, andere Entscheidungsaufgaben jedoch beim Management verbleiben.

Qualitätsmanagement

Die Arbeitsgruppe regelt selbst ihre Versorgung mit Bauteilen, die Bereitstellung der richtigen Betriebsmittel und Hilfsstoffe. Die Gruppe prüft selbst die von ihr produzierten Baugruppen oder Endprodukte. Die Philosophie der hoch arbeitsteiligen Produktion (»am Ende des Bandes ist jemand, der

445 Vgl. Landau, K., Peters, H.: Organisatorische Arbeitsgestaltung. In: Landau, K. (Hrsg.): Ergonomie I, Umdruck, Darmstadt: Institut für Arbeitswissenschaft, 2003. Vgl. Teil II, Abschnitt 4.4 zur Zeitartensynthese bei Gruppenarbeit.

die Qualität feststellt«) wird als nicht mehr zeitgemäß erkannt und beseitigt. Das Motto des ganzheitlichen *Qualitätsmanagements* heißt: Der nächste Prozess ist dein Kunde.

Dies bedeutet, jeder Mitarbeiter und jede Arbeitsgruppe gibt nur einwandfreie Teile bzw. Dienstleistungen an den nächsten Mitarbeiter oder die nächste Gruppe weiter. Der Kundengedanke kam nun mit einem hohen Stellenwert auf die Werkerebene. Man sprach hier auch vom *Internen Kunden.*

In teilautonomer Gruppenarbeit werden also Teile, Baugruppen, Endprodukte oder auch Dienstleistungen möglichst ganzheitlich hergestellt. Naturgemäß bleibt ein Teil der Managementaktivitäten der Arbeitsgruppe vorenthalten, z. B. die Entscheidung, wann etwas zu produzieren ist. Die Gruppe ist also nicht vollautonom, sondern, wie der Name schon sagt, teilautonom.

Eine Gruppe besteht im Regelfall aus drei bis zwölf Mitarbeitern, wobei Gruppengrößen unter acht Personen vorzuziehen sind. Die Gruppe muss für jedes Gruppenmitglied transparent bleiben, so dass jedem Mitarbeiter klar ist, wie sein eigener Beitrag zum gesamten Arbeitsergebnis der Gruppe ist.

Lern- und Überwachungs-elemente

Es sei nicht verschwiegen, dass ein starkes Motiv für die Einführung der Gruppenarbeit natürlich auch Lern- und Überwachungselemente untereinander sind. Die Gruppe wird punktuell Schwachleistungen eines Mitglieds dulden (z. B. wenn ein Gruppenmitglied gesundheitlich angeschlagen ist), dauerhaftes »Schmarotzertum« führt jedoch regelmäßig zum Ausschluss dieses Gruppenmitglieds; insoweit setzen Bereinigungsprozesse auf Mitarbeiterebene ein. Diese können durchaus eine Eigendynamik entwickeln, die dem Betriebsfrieden nicht zuträglich ist. Davon abgesehen entsteht jedoch in vielen Fällen ein »Wir«-Gefühl der Gruppe,

- das sowohl den Mitarbeitern in dieser Gruppe Befriedigung über die geleistete Arbeit verschafft (*intrinsische Arbeitsmotivation*[446]),
- das möglicherweise zu einem Wettbewerb zwischen den Gruppen führt,
- das qualitätsfördernd und auch ergebnisverbessernd für den Betrieb sein kann.

Die Gruppe wird einen Sprecher wählen, der sie nach außen vertritt. In den meisten Fällen wird damit eine Hierarchiestufe des Betriebes unnötig. Die früheren Vorarbeiter, Kolonnenführer etc. verschwinden, der Gruppensprecher übernimmt deren Funktion. Die Industriemeister alter Art wandeln ihre Aufgaben vom vorwiegend Technischen hin zum Gruppenmanagement. Die Zahl der Mitarbeiter einer Meisterei steigt an.[447] Auch dies bedeutet für den Betrieb eine zusätzliche Rationalisierungsmaßnahme.

Prämissen für erfolgreiche Gruppenarbeit

Abbildung III-313 zeigt die Prämissen für eine erfolgreiche Gruppenarbeit.

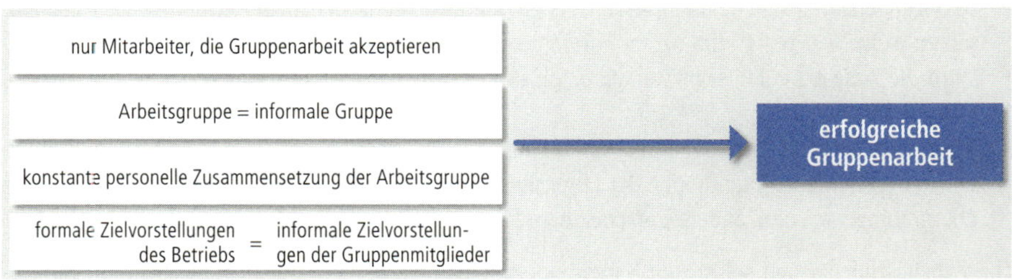

Abbildung III-313 Prämissen für erfolgreiche Gruppenarbeit

446 Arbeitsmotivation durch die Attraktivität der Arbeitsaufgabe von »innen heraus«.
447 Die einem Vorgesetzten zugeordnete Mitarbeiterzahl wird durch die Span-of-Control gekennzeichnet.

Die Vorteile der Gruppenarbeit werden in Abbildung III-314 dargestellt.

Abbildung III-314 Vorteile der Gruppenarbeit

Es sei nicht verschwiegen, dass es immer Mitarbeiter geben wird, die für die Gruppenarbeit wenig oder gar nicht geeignet sind. Für sie müssen Ersatzarbeitsplätze gefunden werden.

Effekte der Aufgabenerweiterung

Abbildung III-315 stellt die *Effekte der Aufgabenerweiterung* und -bereicherung bei Gruppenarbeit und bei Einzelarbeit gegenüber. Insbesondere wird deutlich, wie mit dem erhöhten Handlungsspielraum auch vermehrt Wissen und Können des Werkers abgerufen werden.

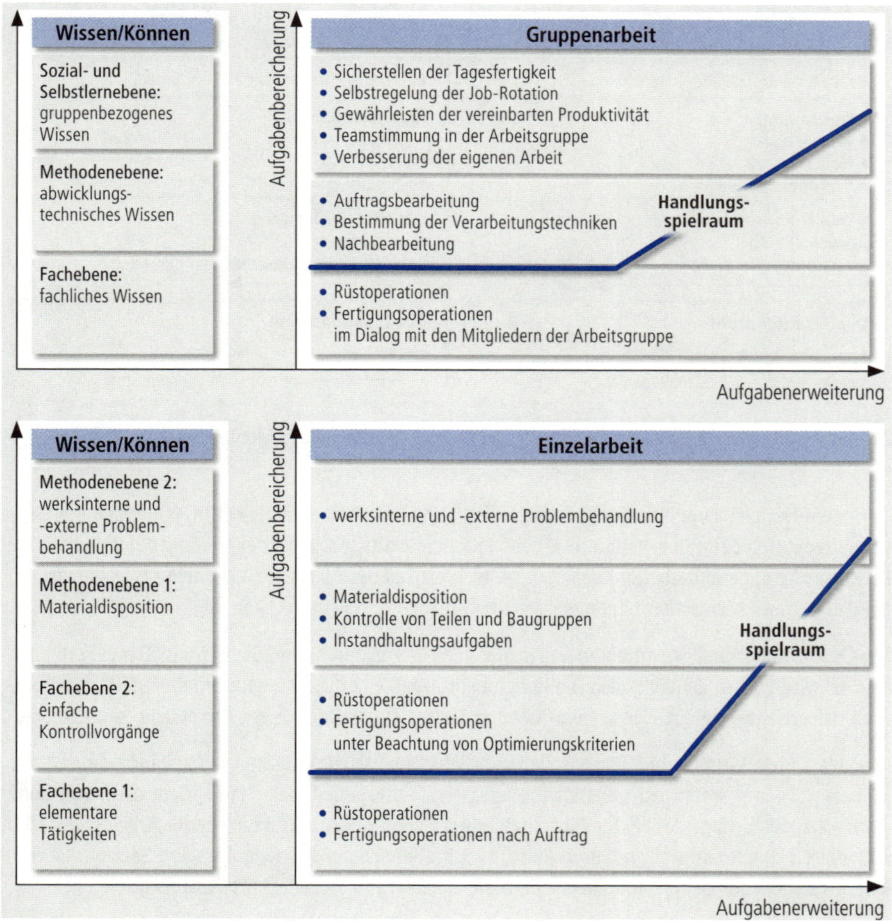

Abbildung III-315 Aufgabenerweiterung und -bereicherung bei Gruppen- und Einzelarbeit im Vergleich

Die wichtigsten Merkmale teilautonomer Arbeitsgruppen können folgendermaßen zusammengefasst werden:

- Die Gruppen stellen im Idealfall vollständige Baugruppen bzw. Endprodukte her.
- Die Tätigkeiten genügen dabei den Forderungen von Job-Enrichment und Job-Enlargement.
- Die Gruppe steht unter Erfolgsverantwortung und erhält ständig Rückmeldungen zu Quantität und Qualität ihres Zusammenwirkens.
- Die Gruppe hat erweiterte Entscheidungsspielräume.
- Sie versucht, gruppeninterne Konflikte möglichst kooperativ zu lösen.

Die folgende Abbildung III-316 zeigt verschiedene Möglichkeiten, *Gruppenarbeit in der Automobilmontage* zu realisieren.[448]

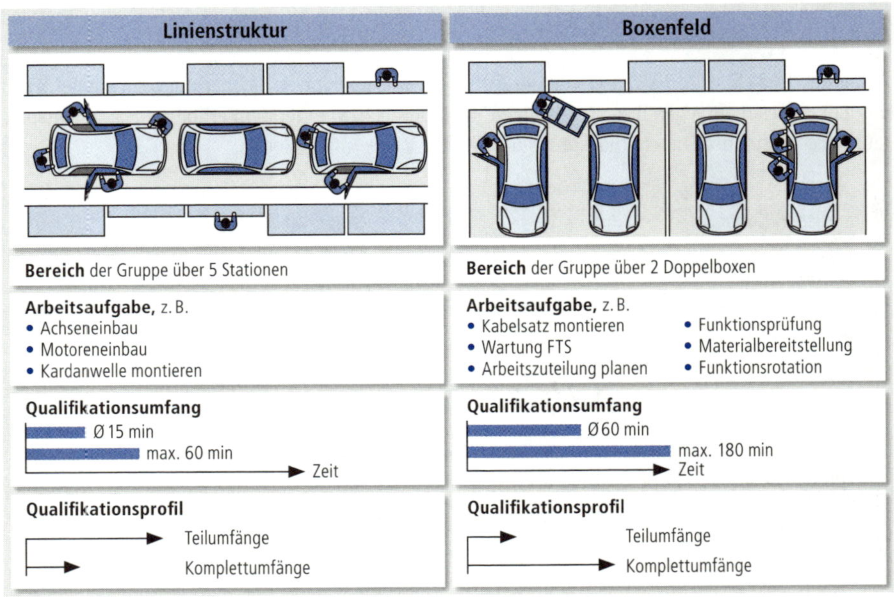

Abbildung III-316 Beispiel zur Einführung von Gruppenarbeit in einem Montagewerk

In diesem Beispiel kann eine herkömmliche Fertigungslinie bestehen bleiben. Der Bereich der Gruppe erstreckt sich dann über mehrere Arbeitsstationen. Naturgemäß ist der Umfang der Arbeitsqualifikation der Gruppenmitarbeiter kleiner als im rechten Teil des Bildes, wo eine echte Gruppenstruktur bei Aufgabe der klassischen Linien realisiert wurde.

Die Qualifikationsumfänge erhöhten sich in diesem Falle von durchschnittlich 15 auf 60 min Fertigungszeit. Es wird zudem deutlich, dass Job-Enrichment-Aspekte berücksichtigt wurden. Funktionsprüfung, Materialbereitstellung, die Planung der Arbeitszuteilung etc. wurden in der Arbeitsgruppe umgesetzt.

Polyvalenz

Möglichst viele Gruppenmitglieder sollen möglichst alle Arbeitsaufgaben der teilautonomen Gruppe beherrschen – wenn nicht alle, dann wenigstens Aufgabenbündel. Man spricht dann von hoher *Polyvalenz* der Gruppenarbeit. Sie führt im hierarchischen Bewertungskonzept der Arbeit (vgl. Teil II, Abschnitt 2.4) eher zu einer höheren Einstufung im Bereich der Zufriedenheit und Sozialverträglichkeit, als hätte jedes Gruppenmitglied immer die gleiche (und einfache) Arbeitsaufgabe.

448 Haller, E.: Einführung von Gruppenarbeit. Unveröffentlichtes Redemanuskript, 2002.

Die Polyvalenz spricht die Qualifikationserfordernisse an, hinzu kommen aber noch die Forderungen nach *Ganzheitlichkeit* der Arbeitsaufgabe. Es ist wünschenswert, dass Polyvalenz und Ganzheitlichkeit zusammenfallen, dies ist aber nicht zwangsläufig so.

Ein Mitarbeiter in der Kunststoffverarbeitung (Beispiel siehe weiter oben), beherrscht die Materialdisposition, Fertigung, Überwachung, Qualitätskontrolle und Abfallentsorgung (er ist damit polyvalent), aber in der betrieblichen Realität werden die Aufgaben nicht in ihrer Gesamtheit abgefordert, da die Teammitglieder eine Aufteilung vornehmen (die Arbeit ist damit nicht ganzheitlich).

Fix-Vario-System

Gruppenstrukturen müssen sich allerdings auch den unterschiedlichen Qualifikationen der beteiligten Mitarbeiter anpassen. Nach dem *Fix-Vario-System* werden die Aufgaben einer Gruppe in »fixe« und »variable« Inhalte aufgespalten. In den verkaufsfähigen Produkten ist ein gewisser Anteil fixer Einzelteile und Baugruppen immer enthalten. Darüber hinaus gibt es variantenbedingt variable Arbeitsinhalte mit unterschiedlichem Komplexitätsgrad. Der einzelne Mitarbeiter kann dann zwischen fixen und variablen Arbeitsinhalten wählen.

Je mehr Produktionsflexibilität mit wechselnden Arbeitsaufträgen und Losgrößen im Betrieb gefordert wird, umso stärker sind auch die Mitarbeiter im Arbeitsprozess bezüglich Zeitbedarf, Arbeitsmenge, Arbeitsqualität etc. voneinander abhängig. Isoliert arbeitende Mitarbeiter in Fertigungslinien können diese Herausforderung nicht meistern, Gruppenstrukturen mit starker Arbeitskooperation/-kommunikation sind eine Notwendigkeit.

Einführung von Gruppenarbeit

Mit der Einführung von Gruppenarbeit kommt es im Regelfall auch zu Aufgabenverschiebungen in anderen Unternehmensbereichen, vor allem im sogenannten *indirekten Bereich*. Es können insbesondere Aufgaben der Instandhaltung, der Disposition und des Qualitätswesens entfallen, da jetzt in der Gruppe entsprechende *Qualifikationen*, z. B. von Maschinenschlossern, vorhanden sind. In der Summe ergeben sich damit häufig Produktivitätsverbesserungen sowohl in der Gruppe als auch im indirekten Bereich. Mit der Ausdünnung der indirekten Bereiche verschlechtern sich allerdings auch

- Kenntnis und Pflege der Methoden (z. B. der Methoden des Arbeitsstudiums),
- Qualifikationen, die außerhalb des »Tagesgeschäfts« zu erwerben sind,
- Überblick zu ähnlich gelagerten Problemen in unterschiedlichen Bereichen des Unternehmens,
- Standardisierung immer wiederkehrender Abläufe.

Gruppenarbeit ist auch in anderen technischen Bereichen von Bedeutung, z. B. in der Konstruktion.[449]

Checkliste für die Gruppenarbeit

Die folgende Liste fasst wichtige Prüfpunkte zur Gruppenarbeit zusammen.

1. Verantwortlichkeiten und Zuständigkeiten in der Gruppe sind eindeutig geregelt.
2. Gruppensprecher sind in Moderations- und Führungstechniken geschult.
3. Kompetenz in Gruppenorganisationen wird durch Job-Rotation und auch entsprechende Trainingsmaßnahmen gefördert.
4. Die Gruppenzusammensetzung bestimmt sich auch nach der »Teamfähigkeit« und der sozialen Kompetenz der Gruppenmitglieder.
5. Zielanalysen und Zielentscheidungen werden durch den Gruppensprecher bzw. durch die operative Führung (z. B. Meister) moderiert und gemeinsam in der Gruppe erarbeitet.
6. Gruppenarbeit ist durch ein geeignetes Anreizsystem unterstützt.
7. Der Qualitätsanspruch in einer Gruppe wird als »Gesamtqualität« der erzielten Lösung und nicht als Maximierung der Qualitäten von Teillösungen realisiert.

449 Vgl. Frankenberger, E.: Arbeitsteilige Produktentwicklung. Fortschrittsberichte VDI, Reihe 1, Nr. 291, Düsseldorf: VDI-Verlag, 1997.

8. Die Gruppe führt regelmäßige Gruppengespräche durch.
9. Die positiven und negativen Aspekte der Arbeitsteilung in der Gruppe sind abgewogen.
10. Kommunikationsschwierigkeiten zwischen den Gruppenmitgliedern werden durch Schulungen und gegebenenfalls durch externe Berater behoben.
11. Anforderungsanalysen, Lösungssuchen und Checklisten werden – soweit sinnvoll – gemeinsam in der Gruppe erarbeitet.

6.4 Teilefertigung

6.4.1 Eigenschaften von Fertigungssystemen

Produktivitäts-relevante Aspekte

Unter dem Begriff *Teilefertigung* fasst man die Herstellung von Werkstücken geometrisch bestimmter Gestalt zusammen. Naturgemäß kann in einem Handbuch des Industrial Engineering nicht auf technische Grundlagen der Umformung und der mechanischen Bearbeitung und der damit verbundenen Werkzeugmaschinen eingegangen werden. Hier werden *produktivitätsrelevante* Aspekte der Teilefertigung angesprochen.[450]

Die *mechanische Bearbeitung* kann mit *Werkzeugmaschinen* unterschiedlicher Komplexität und Automatisierung vorgenommen werden. Das Spektrum reicht von konventionellen Dreh-, Fräs-, Bohr- und Schleifmaschinen über Halb- und Vollautomaten hin zu CNC-Werkzeugmaschinen, Bearbeitungszentren, flexiblen Fertigungssystemen und starren *Transferstraßen* (Abbildung III-317).

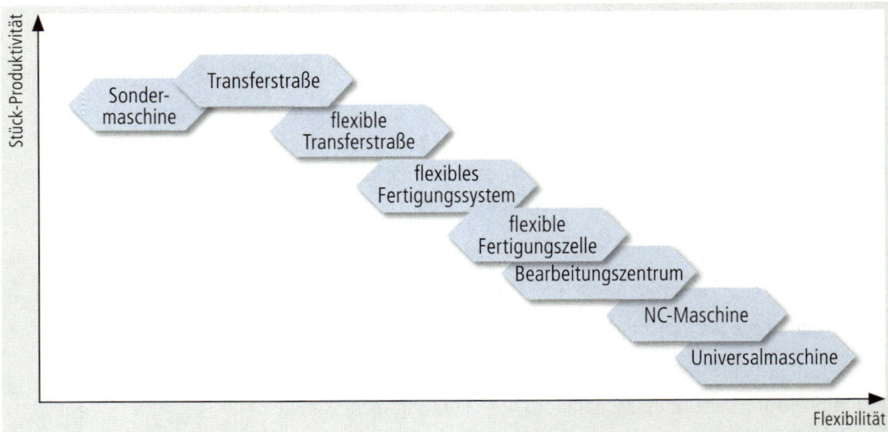

Abbildung III-317 Mechanische Bearbeitung mit Fertigungssystemen unterschiedlicher Flexibilität und Produktivität

Universalmaschinen werden häufig für die Einzelfertigung, NC-Maschinen, Fertigungszellen und Bearbeitungszentren für die Serienfertigung, Automaten, Sondermaschinen und Transferstraßen für die Massenfertigung eingesetzt.

450 Einen Überblick zu den Fertigungsmitteln aus rein technischer Sicht erhält man z. B. bei Grote, K.-H.; Feldhusen, J.(Hrsg.): Dubbel. Taschenbuch für den Maschinenbau, 22. Auflage. Berlin: Springer, 2007.

Gegenüber der früher üblichen manuellen oder maschinellen Programmierung von CNC-Werkzeugmaschinen[451] hat die werkstattorientierte Programmierung (WOP) für den Maschinenbediener neue Möglichkeiten erbracht, auch im Hinblick auf arbeitsbereichernde Maßnahmen. Hierbei wird das NC-Programm mit grafisch-interaktiver Eingabe ohne Kenntnis einer speziellen Programmiersprache erstellt. Durch eine grafische Abbildung des Maschinenraums, von Werkzeugen und Aufspannfolgen sind Simulationen und Optimierungen des Programmlaufs mit Fehlererkennung möglich. Die Geometriedaten des Werkstücks werden aus CAD-Dateien übernommen oder direkt eingegeben. Die Bedienerdialoge sind (weitgehend) einheitlich für alle Fertigungstechnologien (Drehen, Fräsen etc.). Nach Ende der Bearbeitung wird das erzeugte Programm in die Arbeitsvorbereitung übertragen, geprüft und dort für spätere Anwendungen gespeichert.

CNC-gesteuerte Werkzeugmaschinen verfügen sehr häufig über Werkzeugspeicher, die über eine Beladeeinrichtung die Arbeitsspindel mit dem jeweils benötigten Werkzeug versorgen. Die Werkzeugspeicher sind je nach Typ der Werkzeugmaschine als Ketten-, Regal-, Paletten- oder Korbspeicher (u. a.) angelegt. Der Werkzeugwechsel wird mit Greifern vorgenommen.

Ebenso gehören zu modernen Werkzeugmaschinen zwei oder mehrere Paletten, auf denen die Werkstücke unabhängig von der gerade stattfindenden Bearbeitung aufgespannt werden. Es bleibt dann nur noch die *Werkstückwechselzeit*, bei der keine überlappende Arbeitsweise möglich ist.

Automatisierte Messeinrichtungen tragen ebenfalls dazu bei, Stillstandszeiten für die Qualitätsprüfung und gegebenenfalls notwendige Korrekturschritte zu verringern.

Kühlschmier- und Späne-Entsorgungseinrichtungen helfen *Störzeiten* zu vermeiden und schützen vor allem die Werker vor Schnittverletzungen und arbeitsbedingten Erkrankungen durch Kühlschmierstoffe.

Die gewünschte *Bauteilgeometrie* mit den zugehörigen *Fertigungstoleranzen* kann nicht mit jedem Fertigungsverfahren hergestellt werden. Zu beachten sind neben der Bauteilgeometrie

- Werkstoff,
- Passungen und Toleranzen,
- Oberflächengüte,
- Härte,
- spätere Fügeprozesse.

Weiterhin berücksichtigt man die zur Verfügung stehenden Maschinen z. B. mit dem zulässigen Durchmesser und der Einspannlänge sowie die minimale Losgröße. Zudem spielen übergeordnete Kriterien – z. B. vorhandenes Personal, Arbeitssicherheit, Umweltschutz – eine Rolle.

Auch *Rohling* und Fertigungsverfahren sind nicht unabhängig voneinander (Abbildung III-319). Die erreichbaren Genauigkeiten einzelner Fertigungsverfahren und die Oberflächenqualitäten können Abbildung III-318 entnommen werden.

Damit ist es möglich, bei vorgegebenem Durchmesser und definierter Toleranz[452] die technologisch zulässigen Verfahren für die Endbearbeitung zu bestimmen. Mit höher werdenden Genauigkeitsanforderungen und steigendem Durchmesser (bei gleichbleibender IT-Qualität) nehmen auch die Fertigungskosten zu.

451 Vgl. DIN 66025 Industrielle Automation; Programmaufbau für numerisch gesteuerte Arbeitsmaschinen; Wegbedingungen und Zusatzfunktionen, 1988.

452 Die ISO-Grundtoleranzen geben für Nennmaßbereiche [in mm] und IT-Qualitäten (IT = Internationale Toleranz, IT1 bis IT 18) die Toleranzbereiche [µm] vor (vgl. ISO 286).

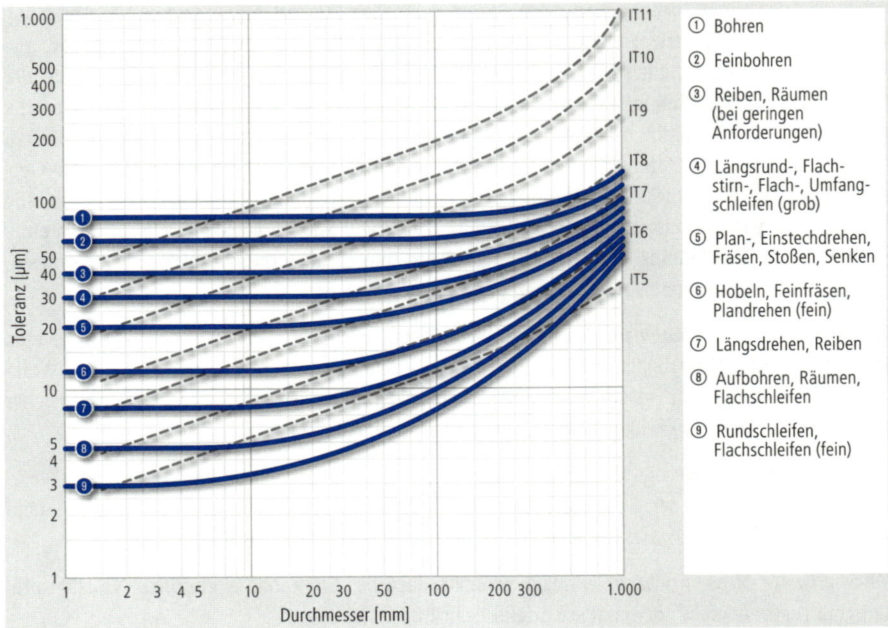

Abbildung III-318 Erreichbare Genauigkeiten unterschiedlicher Fertigungsverfahren in Abhängigkeit des Teile-Durchmessers (siehe auch DIN 4766)

Werkstück-klassifizierungssystem

Mit einem *Werkstückklassifizierungssystem* werden Werkstückgruppen mit ähnlichen Eigenschaften abgeleitet und den für sie geeigneten Werkzeugmaschinen(-typen) zugewiesen. Mit *Relativkostenkatalogen* können alternative Fertigungsverfahren bewertet werden.[453]

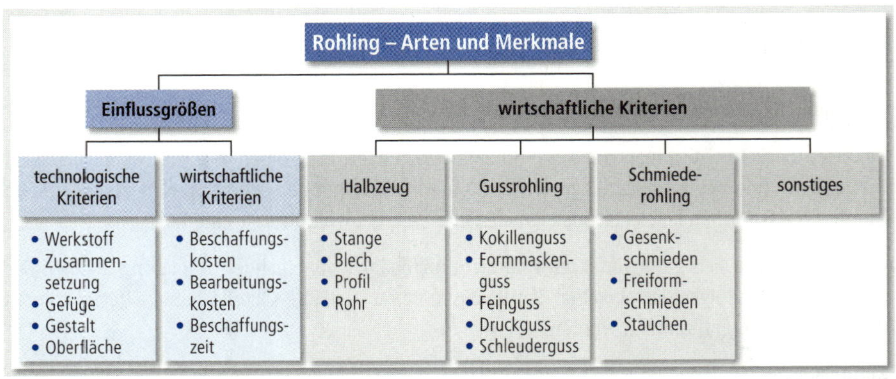

Abbildung III-319 Technologische und wirtschaftliche Kriterien bestimmen die Auswahl des Rohlings[454]

Aus den Auftragsdaten leitet man die Arbeitsvorgänge ab und bestimmt deren Reihenfolge. Je Arbeitsvorgang wird dann anhand der Einsatzkriterien der zur Verfügung stehenden Maschinen die *Maschinenauswahl* getroffen.

453 Relativkostenkataloge stellen für unterschiedliche Fertigungsverfahren in Abhängigkeit von Oberflächenqualität, Auftragsstückzahl etc. die (betriebsüblichen) Fertigungskosten dar.
454 In Anlehnung an Eversheim, W.: Organisation in der Produktionstechnik. Band 3. Düsseldorf: VDI-Verlag, 1989.

6.4.2 Zeitberechnungen in der Teilefertigung

Das folgende Beispiel zeigt die Berechnung der *Grundzeit* t_g für eine spanende Bearbeitung für eine Ständerbohrmaschine.[455] Beispiel

1. Fertigungsaufgabe:
   Loch 9 mm Durchmesser, 32 mm tief in Grauguss GG18
2. Aus Zerspanungstabellen:
   Drehzahl $n = 300\ min^{-1}$
   Vorschub $s = 0{,}3$ mm
3. Zeit für Zerspanen t_Z:

$$t_z = \frac{L}{s \cdot n} = \frac{32\ mm}{0{,}3\ mm \cdot 300\ min^{-1}} = 0{,}35\ min$$

4. Grundzeit t_g:

Zeit für das reine Zerspanen (Prozesszeit)	t_z = 0,35 min
Bohrspindel ein- und ausschalten	0,06 min
Bohrspindel heben und senken	0,10 min
Loch nach Riss anfahren und nachkörnen	0,16 min
Vorschub einrücken	0,03 min
	t_g = 0,70 min

Bei automatisierten Bearbeitungsmaschinen ist die Programmlaufzeit entscheidend. Die *Programmlaufzeit* t ist die Summe aller Nebenzeiten einschließlich der Vorschubzeiten (vgl. Abbildung III-320 zur Verknüpfung von Programmlaufzeit und weiteren Teilzeiten).

Die *Positionierzeit* t_P ist die Zeit zwischen dem Ende einer Vorschubbewegung und dem Beginn der nächsten Vorschubbewegung.[456] Sie enthält neben der eigentlichen Positionierzeit auch die anfallenden Wartezeiten aufgrund von Schaltzeiten und steuerungsinternen Verarbeitungszeiten. Für Vorgabezeitermittlungen bei beliebigen Zwischenwerten empfiehlt sich eine Darstellung der Positionier- oder Spindelbeschleunigungszeit im doppelt-logarithmischen Maßstab.

Die *Werkzeugwechselzeit* wirkt sich auf die Span-zu-Span-Zeit aus. Darunter versteht man die Zeit zwischen dem Beginn des Wegführens eines auszuwechselnden Werkzeugs aus einer repräsentativen Bearbeitungsposition und dem Ende des Heranführens eines folgenden, gleich langen Werkzeugs in die gleiche Bearbeitungsposition.[457]

Die *Spindelbeschleunigungszeit* t_{BSp} ist die Zeit zwischen dem Ende einer Vorschubbewegung ohne Spindeldrehzahl und dem Beginn der nächsten Vorschubbewegung, die dann startet, wenn die programmierte Drehzahl der Arbeitsspindel erreicht ist. Sie enthält analog zur Positionierzeit anfallende Wartezeiten aufgrund von Schaltvorgängen und steuerungsinternen Verarbeitungszeiten. Analog kann eine Spindelbremszeit ermittelt werden. Beide bestimmen maßgeblich die Programmlaufzeit (Abbildung III-320).

455 Wiendahl, H.-P.: Betriebsorganisation für Ingenieure, München: Hanser, 2005. Auf allgemeine Aspekte solcher Zeitberechnungen wird im Kapitel 4 (Betriebliche Prozessbausteine) eingegangen.
456 VDI 2852 Blatt 3: Kenngrößen numerisch gesteuerter Fertigungseinrichtungen – Positionierzeit, Spindelbeschleunigungszeit, Wartezeit, Berlin: Beuth, 2001-12.
457 VDI 2852 Blatt 1: Kenngrößen numerisch gesteuerter Fertigungseinrichtungen. Berlin: Beuth, 1984-10.

Als *Wartezeit* ist die Summe der Zeiten definiert, die über die Werkzeugwechsel-, die Positionier- und die Spindelbeschleunigungszeit hinaus zu einer Verlängerung der Programmlaufzeit (ohne Vorschubzeitanteil) führt. Dies können z. B. Lünetten- und Reitstockbewegungen, Spanndruckveränderungen und sonstige konzeptionell bedingte Zusatzbewegungen sein.

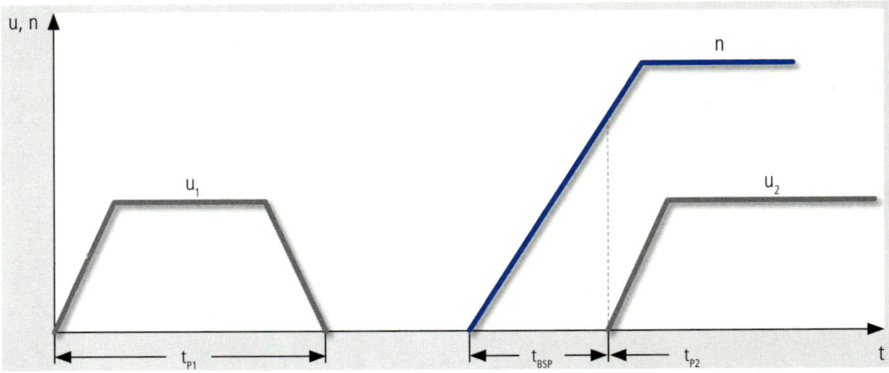

Abbildung III-320 Abhängigkeit von Positioniergeschwindigkeit und Programmlaufzeit (VDI 2852, Blatt 3)

Legende: Randbedingungen zur Ermittlung von t_P, t_{BSp} und t_W:

t_P	Positionierzeit
t_{BSp}	Spindelbeschleunigungszeit
t_W	Wartezeit im Programmablauf
t	Programmlaufzeit
n	Spindeldrehzahl
u	Positioniergeschwindigkeit

6.4.3 Fertigungskosten bei mechanischer Bearbeitung

Abbildung III-321 zeigt am Beispiel die Abhängigkeit der *Herstellkosten* je Stück von der Auswahl eines bestimmten Ausgangsmaterials in Abhängigkeit der zu produzierenden Stückzahlen.

Alternativen beim Fertigungsverfahren

Wenn zwischen alternativen Fertigungsverfahren zu wählen ist, dann bestimmt man nach Wirtschaftlichkeitserwägungen die Höhe der

- Vorbereitungskosten,
- Auftragswiederholungskosten,
- Einzelkosten,
- Folgekosten sowie die
- je Zeiteinheit zu fertigenden Stückzahlen.

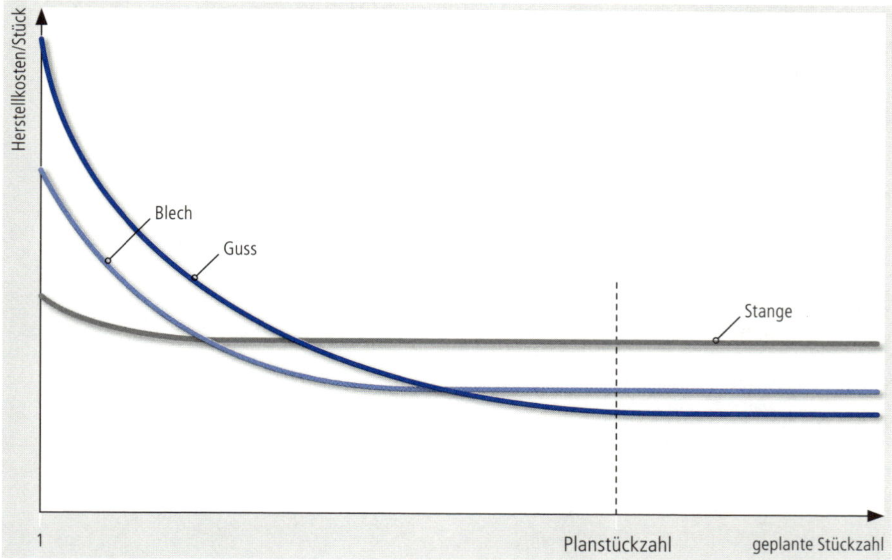

Abbildung III-321 Verlauf der Herstellkosten je Stück in Abhängigkeit des Ausgangsmaterials[458]

Schnittgeschwindigkeit

Bei der *spanenden Bearbeitung* hat die *Schnittgeschwindigkeit* einen maßgeblichen Einfluss auf die Fertigungskosten. Zwar steigen mit zunehmender Schnittgeschwindigkeit die Werkzeugkosten an – da die Standzeit des Werkzeugs abnimmt –, die maschinengebundenen Kosten vermindern sich jedoch. Die U-förmige Funktion weist für die Fertigungskosten bei der kostenoptimalen Schnittgeschwindigkeit ein Minimum aus (Abbildung III-322 links).

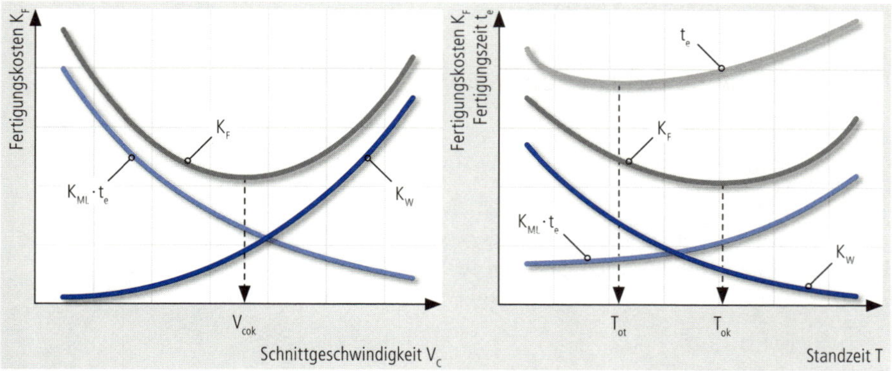

Abbildung III-322 Fertigungskosten je Werkstück in Abhängigkeit von der Schnittgeschwindigkeit und der Standzeit (VDI 3321, Bl. 1)

458 Vgl. Wiendahl, H.-P.: Betriebsorganisation für Ingenieure. München: Hanser, 2008, S. 207.

Fertigungskosten

Vernachlässigt man die Kosten für Rüst- und Nebenzeiten, dann ergeben sich die Fertigungskosten K_F zu[459]

$$K_F = K_{ML} \cdot t_h + \frac{t_h}{T}\left(K_{ML} \cdot t_w + K_{WT}\right)$$

mit:

K_{ML}	Maschinen- und Lohnkostensatz
K_{WT}	Werkzeugkosten je Standzeit
T	Standzeit
t_w	Werkzeugwechselzeit
t_h	Hauptzeit

Die *Hauptzeit* t_h errechnet sich unterschiedlich für die einzelnen spanabhebenden Fertigungsverfahren, z. B. für das Drehen zu

$$t_h = \frac{d_w \times \pi \cdot l_f}{f \cdot v_c}$$

mit:

d_W	Werkstückdurchmesser
l_f	Vorschubweg
f	Vorschub
v_c	Schnittgeschwindigkeit

Die *kostenoptimale Standzeit* T_{ok} erhält man durch Ableitung der *Kostenfunktion* K_F

$$T_{ok} = -(k+1) \cdot \left(t_w + \frac{K_{WT}}{K_{ML}}\right)$$

Die *zeitoptimale Standzeit* T_{ot} berechnet sich zu

$$T_{ot} = -(k+1) \cdot t_w$$

mit:

k	Stoffkonstante, gibt die Steigung der Standzeitgeraden an.

459 Fritz, H.; Schulze, G. (Hrsg.): Fertigungstechnik. Düsseldorf: VDI-Verlag, 1990.

Ein Beispiel verdeutlicht die Berechnung der beiden Standzeit-Alternativen: Beispiel

- Maschinen- und Lohnkostensatz $K_{ML} = 100$ Geldeinheiten/h
- Werkzeugkosten je Standzeit $K_{WT} = 500$ Geldeinheiten/h
- Werkzeugwechselzeit $t_w = 0{,}1$ h
- Werkzeug 1 ($k = -8$): $T_{ok} = 35{,}7$ h, $T_{ot} = 0{,}7$ h
- Werkzeug 2 ($k = -1{,}5$): $T_{ok} = 2{,}55$ h, $T_{ot} = 0{,}05$ h

Bei der kostenoptimalen Standzeit macht sich – außer der Werkstoffpaarung, der Schnittgeschwindigkeit und der Robustheit des Werkzeugs – das Verhältnis von Maschine-, Lohn- und Werkzeugkosten stark bemerkbar. Bei der zeitoptimalen Standzeit spielt nur die Stoffkonstante k und die Werkzeugwechselzeit eine Rolle.

Aus Abbildung III-322 (rechtes Bild) ist ersichtlich, dass zeitoptimale Standzeit T_{ot} und kostenoptimale Standzeit T_{ok} auseinanderklaffen. Strebt man möglichst niedrige Zeiten je Einheit t_e an, dann ist nach der zeitoptimalen Standzeit zu berechnen, möchte man dagegen die Fertigungskosten minimieren, dann ist ein Bearbeitungsvorgang nach der kostenoptimalen Standzeit auszulegen.[460]

Eine vereinfachte Darstellung und Berechnung der *Grenzstückzahl* im Vergleich zweier alternativer Bearbeitungsverfahren zeigt Abbildung III-323. Grenzstückzahl

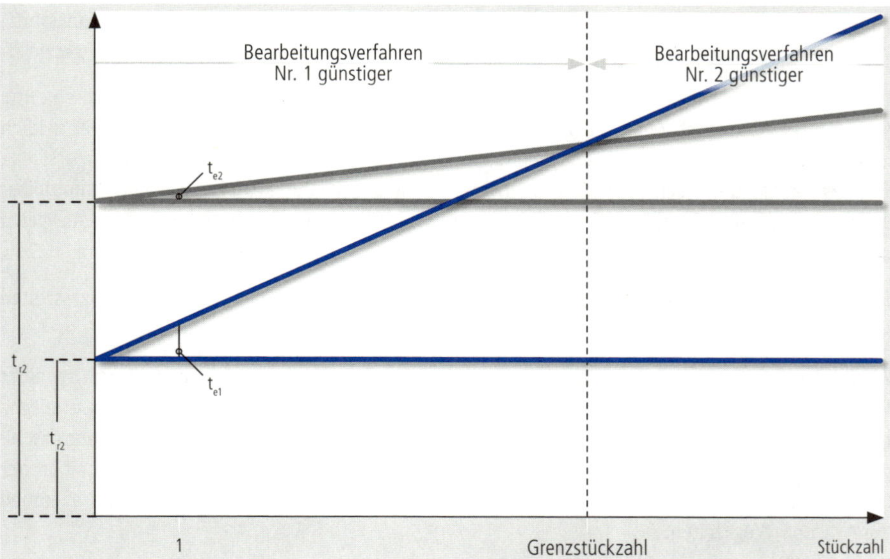

Abbildung III-323 Ermittlung der Grenzstückzahl beim Vergleich zweier Bearbeitungsverfahren[461]

Dabei ermittelt man bei einer Zeitbetrachtung die

$$\text{Grenzstückzahl} = \frac{\text{Differenz der Rüstzeiten}}{\text{Differenz der Stückzeiten}}$$

460 Die Standzeitgleichungen gelten nur für ein Werkzeug; ferner ist der Gültigkeitsbereich zwischen v_{cmin} und v_{cmax} zu beachten.

461 Wiendahl, H.-P.: Betriebsorganisation für Ingenieure. München: Hanser, 2008.

oder bei einer Kostenbetrachtung

$$\text{Grenzstückzahl} = \frac{\text{Differenz der Fixkosten}}{\text{Differenz der variablen Kosten}}$$

Auf allgemeine Aspekte bei der Berechnung der Grenzstückzahl wurde in Abschnitt 3.2 (Kalkulation) und Teil II, Abschnitt 9.7 (Entscheidungskalküle) eingegangen.

6.4.4 Mehrstellenarbeit in der Teilefertigung

Übergang auf Mehrmaschinenbedienung

Ergänzt man die allgemeine Besprechung der *Mehrstellenarbeit* in Abschnitt 6.2.4 um die Besonderheiten der Teilefertigung, dann ist bei einem niedrigen Quotienten ψ

$$\psi = \frac{\text{Summe aller Bedien- und Wegezeiten}}{\text{automatische Maschinenlaufzeit}}$$

der Übergang zu einer höheren Stellenzahl sinnvoll. Beim *Übergang auf Mehrmaschinenbedienung* können – aber nicht müssen – Arbeitserweiterungs- und Arbeitsbereicherungseffekte entstehen. Arbeitserweiterungseffekte werden bei Werkzeugmaschinen der gleichen Technisierungsstufe, Arbeitsbereicherungseffekte bei Werkzeugmaschinen unterschiedlicher Technisierungsstufe erzielt.

Die Mehrmaschinenbedienung in der Teilefertigung erfolgt überwiegend stochastisch und weniger deterministisch (vgl. Teil II, Abschnitt 4.4.3), da im Regelfall der Bedieneingriff zeitlich zufällig auftritt. Eine Maximierung der »aktiven« Bedienzeit und Minimierung der »passiven« Beobachtungszeit ist nicht unbedingt sinnvoll, da dann zeitliche Reserven für den unmittelbar notwendigen Bedieneingriff gegebenenfalls fehlen und zudem auch Erholungszeiten zum Ausgleich der psychischen Beanspruchung entfallen würden.

Mehrstellenarbeit kann also dazu dienen, einen Bediener an Maschinen mit hohen Prozesszeiten (und damit einem hohen Anteil an ablaufbedingten Wartezeiten) besser auszulasten.

Beispiel

Abbildung III-324 zeigt als Beispiel die Interaktion zwischen Haupt- und Nebentätigkeit an einer CNC-Fräse und einer Ständerbohrmaschine. Während der Hauptnutzungszeit der CNC-Fräse entgratet der Mitarbeiter Messfedern an der unmittelbar neben der Fräse stehenden Ständerbohrmaschine. Dabei gilt es jedoch sorgfältig abzuwägen zwischen zusätzlicher wertschöpfender Arbeit an der Ständerbohrmaschine und der damit verbundenen Aufmerksamkeitsablenkung und den eventuell zusätzlichen Wegezeiten.

Planungsfaktoren

Wichtige Planungsfaktoren sind:[462]

1. Allgemeine Bearbeitungsreihenfolge: erst grob, dann fein bearbeiten,
2. Lage und Form der zu bearbeitenden Oberflächen,
3. geforderte Maß- und Formgenauigkeit,
4. geforderte Oberflächenqualität,
5. eventuell vorausgegangene Wärmebehandlung ist zu berücksichtigen,
6. ggf. Vorbedingungen für die Feinbearbeitung (z. B. erst Honen nach Schlichtbearbeitung),
7. Spannflächen müssen vorhanden sein oder zuerst geschaffen werden,
8. Bezugsflächen möglichst in einer Aufspannung fertigen.

462 Matt, D.: Fertigungstechnik, Teil II. Universität Bozen, 2001.

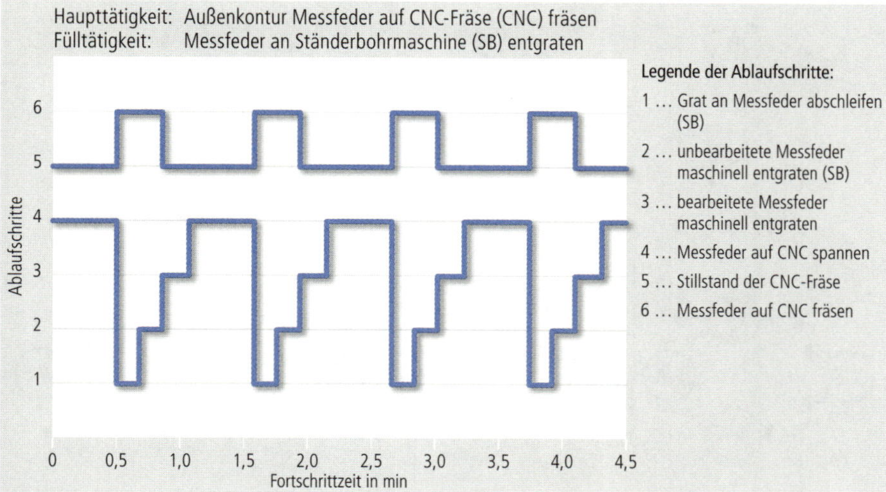

Abbildung III-324 Interaktion zwischen Haupt- und Nebentätigkeit an einer CNC-Fräse und einer Ständerbohrmaschine

6.4.5 Flexible Fertigungssysteme

Nicht nur bei Fertigungssystemen, sondern auch bei Montage- und Prüfprozessen unterscheidet man nach dem jeweils zutreffenden Materialfluss folgende Strukturtypen (Abbildung III-325): Strukturtypen

- *Punktstruktur*:
  Ein Rohling wird über den Wareneingang an eine Produktionsstelle Pi angeliefert, dort bearbeitet/montiert und/oder geprüft und verlässt danach über den Warenausgang den Betrieb.
- *Linienstruktur*:
  Ein Rohling wird über den Wareneingang an eine Produktionsstelle Pi angeliefert, dort bearbeitet/montiert und/oder geprüft und danach an die Produktionsstelle Pi+1 weitergeleitet.
- *Netzstruktur*:
  Verschiedene Produktionsstellen führen Bearbeitungs-, Montage- und Prüfprozesse durch. Je nach Produkttyp bzw. Produktfamilie sind unterschiedliche Produktionsstellen beteiligt.

Die Verkettung mehrerer Bearbeitungsmaschinen zur Optimierung von Bearbeitungszeiten, Material- und Informationsfluss bezeichnet man als *flexibles Fertigungssystem.* Solche Fertigungssysteme zielen darauf hin, auch kleine und mittlere Losgrößen bei steigender Variantenvielfalt wirtschaftlich zu bearbeiten. Flexible Fertigungssysteme zielen auf eine höhere Produktivität (als z. B. bei Universalmaschinen) bei gleichzeitig gewährter Flexibilität. Unter Flexibilität versteht man die Fähigkeit eines Produktionssystems, innerhalb einer bestimmten Zeitspanne für verschiedenartige Fertigungsaufgaben einsetzbar zu sein. Die Flexibilität kann dabei sowohl das Produkt als auch die zu fertigenden Mengen oder den Material- und Informationsfluss betreffen. Flexibilität

Man unterscheidet flexible *Fertigungszellen* (einstufige Produktionsanlage mit nur einem Bearbeitungssystem), flexible Fertigungssysteme (mehrstufige Anlage mit mehreren *Bearbeitungssystemen* und automatisiertem Materialfluss) und flexible Fertigungsstraße (mehrstufige Anlage nach dem Linienprinzip). Werden mehrere Bearbeitungsstationen fest miteinander verkettet, dann spricht man auch von flexiblen Transferstraßen.

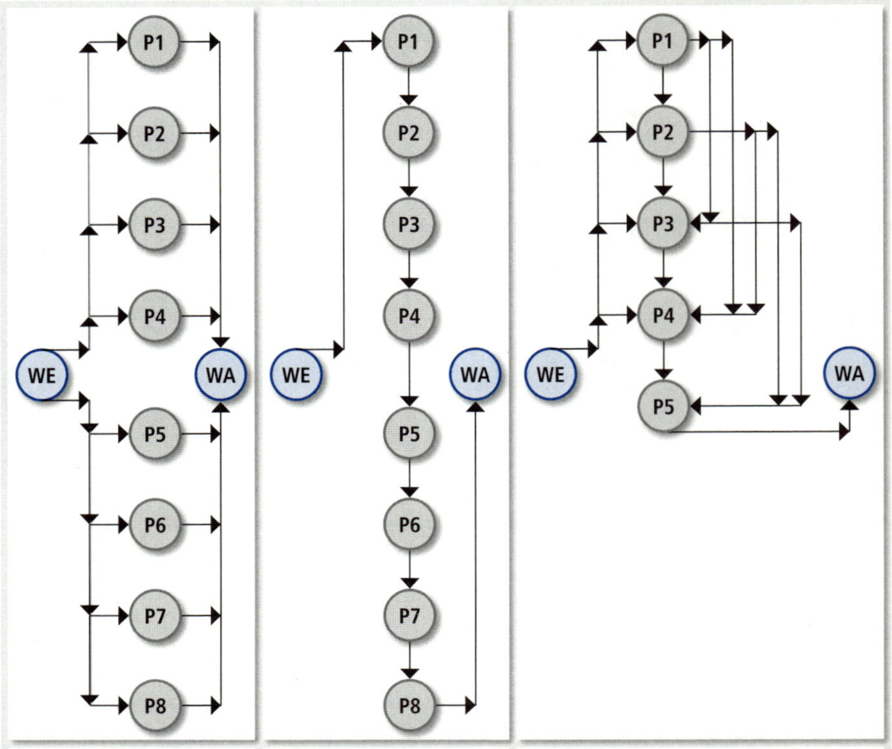

Punktstruktur	Linienstruktur	Netzstruktur
Beispiel: flexible Fertigungszelle	Reihenfertigung Fließfertigung Beispiel: flexible Fertigungsstraße	Reihenfertigung, Fließfertigung Beispiele: Fertigungsinsel oder flexibles Fertigungssystem

Abbildung III-325 Materialfluss und Fertigungsstruktur

In *Fertigungsinseln* wird eine Komplettbearbeitung von Teilen oder Baugruppen vorgenommen. Fertigungsinseln sind räumlich und organisatorisch konzentriert. Oft bietet es sich an, in Fertigungsinseln teilautonome Gruppenarbeit zu realisieren.

Artteilung oder Mengenteilung

Die einzelnen Bearbeitungsmaschinen können auf Artteilung oder Mengenteilung ausgelegt sein (siehe dazu Abschnitt 6.5.3), durch eine verstärkte Funktionsintegration[463] besteht jedoch eine Tendenz zur Mengenteilung.

Zu einem flexiblen Fertigungssystem gehören in der Regel (vgl. Abbildung III-326)

- *Be- und Entladestationen,*
- *Palettentransportfahrzeuge,*
- *Palettenübergabestationen,*
- *Werkzeugspeicher,*
- *Werkzeugwechselsysteme,*
- eigentliche (CNC-)Bearbeitungszentren,

463 Unter Funktionsintegration versteht man hier das Zusammenlegen vormals getrennter Bearbeitungsaufgaben mit dem Ziel, Artteilungen in Mengenteilungen umzuwandeln (vgl. Kapitel 2).

- ggf. Umlaufbänder,
- Hilfsstoffver- und Entsorgung,
- DV-Kapazitäten

sowie weitere Einheiten, je nach Anwendungszweck.

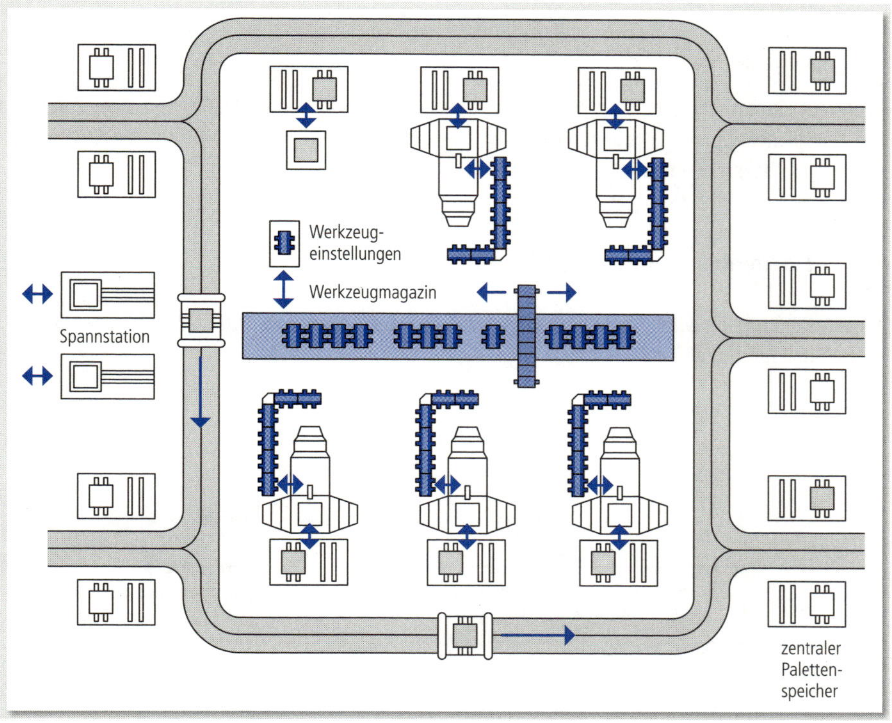

Abbildung III-326 Beispiel eines flexiblen Fertigungssystems mit Werkzeugwechselsystem[464]

Prozessfunktionen

Die wesentlichen *Prozessfunktionen*: Bearbeiten, Transportieren, Zwischenlagern, Speichern und Übergeben, Kontrollieren und Prüfen sind prozessbezogen integriert. Über die Bearbeitungsreihenfolge kann weitgehend frei entschieden werden. Je nach den eingesetzten Werkzeugen kann das flexible Fertigungssystem ganz unterschiedliche Bearbeitungsaufgaben übernehmen. Oft stellen die Werkzeugwechselsysteme den Kapazitätsengpass des flexiblen Fertigungssystems dar. Deshalb spielen zentrale *Palettenspeicher* und *Spannstationen* eine große Rolle.

Wenn flexible Fertigungssysteme in traditionelle Fertigungsorganisationen, z.B. in eine Werkstattfertigung, eingeführt werden, können sie nur einen Teil ihres Produktivitätsvorteils umsetzen: Es kommt zwar zur direkten Übertragung von Konstruktionsdaten in das Bearbeitungszentrum und zu einer verstärkten Automatisierung, die oben erwähnten Nachteile der Werkstattfertigung bleiben jedoch erhalten.

Die ökonomische Vorteilhaftigkeit von flexiblen Fertigungssystemen ist vor allem für kleine, einfach strukturierte Einheiten und für sehr große Fertigungssysteme mit 15 bis 30 Einheiten nachgewiesen.[465]

Die *Werkstückspeichereinrichtungen* und ein automatisiertes Werkstücktransportsystem erlauben längere Produktionszeiten ohne unmittelbare Überwachung.

464 Vgl. Tempelmeier, H.; Kuhn, H.: Flexible Fertigungssysteme. Berlin: Springer, 1993, S. 4.
465 Tempelmeier, H.; Kuhn, H.: Flexible Fertigungssysteme. Berlin: Springer, 1993.

Die Arbeitsaufgaben und die sich daraus ergebenden Anforderungen haben sich aus dem Spektrum der CNC-Fräser (Zerspanungsmechaniker) entwickelt. Eine arbeitsteilige Organisation würde z. B. zu den Tätigkeiten

- Werkstückspanner/Palettierer,
- Vorrichtungsumrüster,
- Einrichter,
- Qualitätsprüfer

führen. Oft kommt es jedoch zur Integration verschiedenartiger Teiltätigkeiten und einer zeitlichen und räumlichen Entkoppelung der Bediener von den einzelnen Aggregaten, die Arbeitsbereicherungseffekte haben können.

6.4.6 Flächenberechnung für Maschinenarbeitsplätze

In der Teilefertigung berechnet man die notwendige Fläche eines *Maschinenarbeitsplatzes* entsprechend Abbildung III-327 zu

$$F_{MA} = B_{MA} \cdot T_{MA} = (B_M + 0{,}8) \cdot (T_M + 1{,}4) \left[m^2 \right]$$

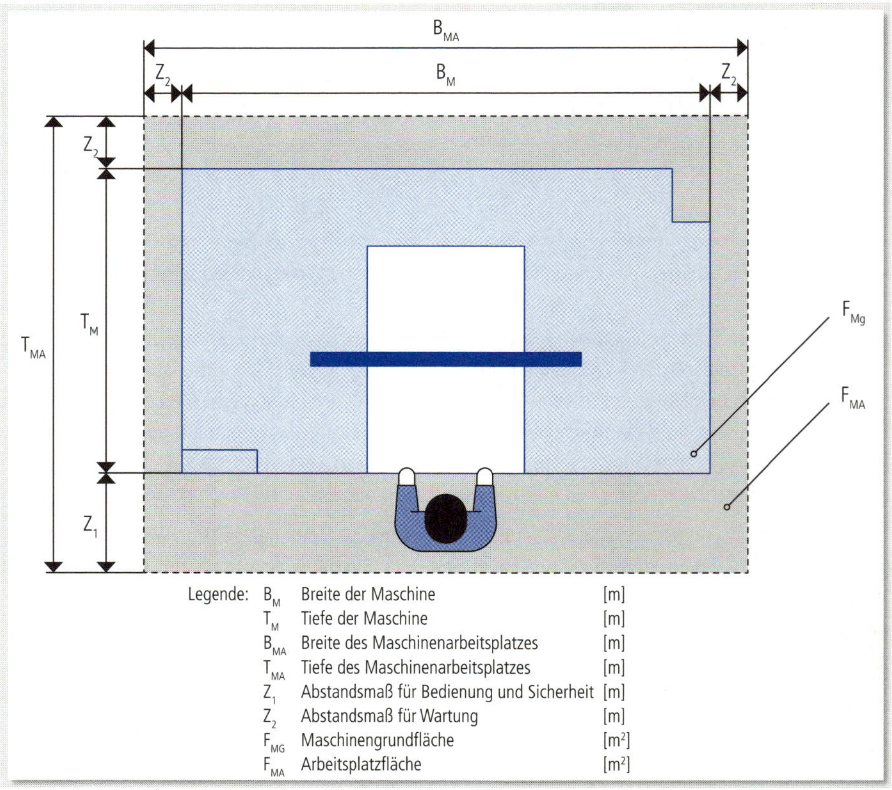

Abbildung III-327 Flächenberechnung Maschinenarbeitsplatz[466]

466 Grundig, C.-G.: Fabrikplanung. München: Hanser, 2009.

Dabei sind berücksichtigt:

Z_1 = Zuschläge für Bedienung und Sicherheit = 0,7 m + 0,3 m = 1 m,

Z_2 = Zuschlag für Wartung = 0,4 m.

Die *Fertigungsfläche* für alle Maschinenarbeitsplätze ermittelt man zu

$$F_F = \sum_1^n F_{MA} \left[m^2 \right]$$

Die *Werkstattfläche* F ergibt sich zu

$$F = \sum F_{MA} + F_{ZL} + F_T + F_Z$$

mit den Erfahrungswerten:

F_{ZL} = Zwischenlagerfläche = 40 % von F_F

F_T = Transportfläche = 40 % von F_F

F_Z = Zusatzfläche = 20 % von F_F

Die Werkstattfläche entspricht also etwa der doppelten Fertigungsfläche. Den Flächennutzungsgrad ermittelt man folgendermaßen:

$$\text{Flächennutzungsgrad} = \frac{\text{Werkstattfläche}}{\text{Gesamtfläche}}$$

6.5 Montagesysteme

6.5.1 Begriffe

Montage

Unter *Montage* versteht man den Zusammenbau von Einzelteilen und/oder Baugruppen zu Erzeugnissen oder zu Baugruppen höherer Erzeugnisebene.[467] Einzelteile sind Gegenstände, die nicht zerlegbar sind, Baugruppen sind in sich geschlossene, aus zwei oder mehr Teilen oder Baugruppen niedrigerer Ordnung bestehende Gegenstände. Der Zusammenbau von Erzeugnissen wird in *Montage(arbeits)systemen* durchgeführt. Diese sind mit den übrigen Bestandteilen einer Produktion, z. B. der Teilefertigung oder der Materialbereitstellung, vernetzt.

Die *Montageplanung* schafft die Voraussetzungen für die möglichst rationelle Durchführung der Montageprozesse, die *Montagesteuerung* stellt die kurzfristige Umsetzung der Planungsergebnisse mit den Mitteln der Disposition und Koordination sicher. Die Montageablaufstruktur (oder Montageprozessstruktur) veranschaulicht die logische und zeitliche Reihenfolge von Teilverrichtungen.

Zur Montage gehören die Teilfunktionen Fügen[468], Handhaben, Kontrollieren, Justieren und Sonderoperationen (Abbildung III-328).

467 VDI-Richtlinie 2815: Begriffe für die Produktionsplanung und -steuerung; Betriebsmittel, VDI-Verlag: Düsseldorf, 1978.

468 Auf das Fügen wurde in Bezug auf eine fügegerechte Konstruktion bereits im Abschnitt 2.4 eingegangen.

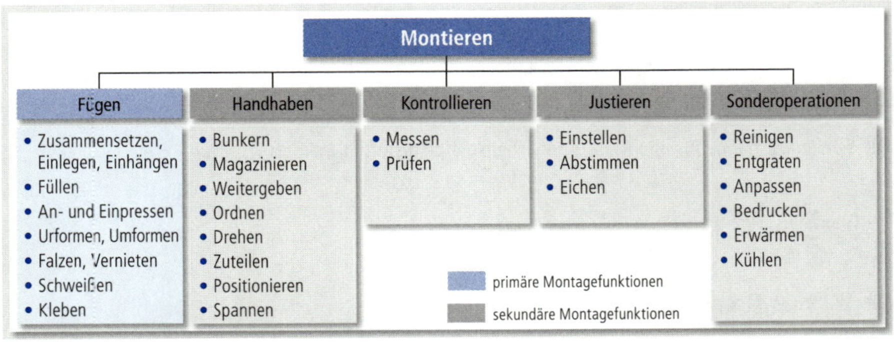

Abbildung III-328 Primäre und sekundäre Teilfunktionen des Montierens[469]

Stückweise Montage, verrichtungsweise Montage

Grundsätzlich unterscheidet man zwischen der *stückweisen Montage* und der *verrichtungsweisen Montage.*

In der Einzel- und Kleinserienfertigung wird oft in einem Arbeitssystem eine *Baugruppe* oder auch das Fertigprodukt komplett montiert, ehe mit der Montage des nächsten Produkts begonnen wird, es wird also Stück für Stück fertiggestellt (deshalb *stückweise Montage*). Der Arbeitsplatz ist stationär, die Arbeitsperson bewegt sich nur am Arbeitsplatz. Diese Universalarbeitsplätze sind sehr flexibel und gut anpassbar an veränderte Arbeitsabläufe und/oder -produkte.

Bei der *verrichtungsweisen Montage* beziehen sich alle Arbeitsvorgänge auf eine bestimmte Auflage, die kleiner oder gleich der Losgröße ist. Ein Montagedurchgang beinhaltet an allen Teilen der Auflage die gleichen Verrichtungen. Wenn diese durchgeführt wurden, schließt sich der nächste Montagevorgang wiederum an allen aufgelegten Teilen an. Diese Vorgehensweise ist typisch für Produkte mit 10 bis 100 Einzelteilen und Abmessungen bis maximal 15 cm × 15 cm × 15 cm.

Vormontage und Endmontage

Weiterhin kann man nach der *Vormontage* und der *Endmontage* gliedern. Bei der Vormontage werden Baugruppen hergestellt, oft an spezialisierten Arbeitsstationen. Die Endmontage stellt das komplette Produkt her, das entweder direkt an den Endkunden geliefert wird oder aber – im Falle eines Zulieferers – der Weiterverarbeitung in einem anderen Unternehmen zugeführt wird.

Manuelle Montage, automatisierte Montage, hybride Montage

Nach dem Technisierungsgrad trennt man auf in *manuelle Montage, automatisierte Montage* und *hybride Montage.* Bei der *manuellen Montage* kann man häufig von technisch und logistisch einfachen Arbeitsstationen ausgehen. Oft wird an Einzelarbeitsplätzen ohne stationäre *Verkettungseinrichtungen* mit einfachen Montagehilfsmitteln gearbeitet. Bei der automatisierten Montage werden die Teile maschinell gefügt. Das kann in Form von *Montagemaschinen* oder aber mit frei *programmierbaren Robotern* geschehen. Montageautomaten stellen im Regelfall leicht montierbare Baugruppen her, haben aber eine hohe und weitgehend konstante Ausbringung. In jedem Falle bedarf es anspruchsvoller Verkettungseinrichtungen, um einen geordneten Materialfluss sicherzustellen. Bei der *hybriden oder teilautomatisierten Montage* werden manuelle Arbeitsstationen mit Montageautomaten oder Robotern kombiniert. Auch hier muss der Materialfluss durch Verkettungseinrichtungen in definierter Form abgewickelt werden. Hybride Montagesysteme haben eine höhere Flexibilität bezüglich Ausbringung und Variantenvielfalt als automatisierte Systeme. Automatisierte und hybride Systeme sind mit höheren Investitionskosten verbunden als manuelle Montagesysteme.

469 Lotter, B.; Wiendahl, H.-P.: Montage in der industriellen Produktion. Berlin: Springer, 2006.

Die Montagestruktur kann als Punktmontage, Werkstattmontage, Gruppenmontage oder Linienmontage umgesetzt werden. Bei der *Punktmontage* steht der Einzelarbeitsplatz im Mittelpunkt. Sie wird für *Einzelfertigung* und *Kleinserien* eingesetzt. Der *Materialfluss* ist ungerichtet und wird mit manuellen Fördermitteln oder Staplern durchgeführt. Die verrichtungsweise Montage wird häufig als Einzelplatz-Montage durchgeführt.

Punktmontage, Werkstattmontage, Gruppenmontage oder Linienmontage

Die *Werkstattmontage* ist die älteste Organisationsstruktur und heute fast nur noch im Handwerk zu finden.

Die *Gruppenmontage* weist oft einen hohen Technisierungsgrad auf und beinhaltet Handarbeitsplätze und u. U. Montageautomaten, die meistens mit stationären Fördermitteln verkettet sind. Sie unterstützt Arbeitsbereicherungs- und Arbeitserweiterungseffekte. Oft verwendet man hierfür auch den Begriff *Montageinsel*. Die Gruppenmontage ist typisch für die *Mittelserie*.

Die *Linienmontage* wird bei der *Großserie* und der *Massenfertigung* eingesetzt. Der Materialfluss ist gerichtet und wird hauptsächlich mit stationären Fördermitteln, auch in Form von Transferstraßen, hergestellt. Es kommen Montageautomaten, Handarbeitsplätze und gegebenenfalls Roboter zum Einsatz. Die Begriffe Linienmontage und *Fließmontage* werden häufig synonym verwendet. Charakteristisch ist, dass in der Regel das Arbeitsobjekt bewegt wird (meistens über Werkstückträger, vgl. Abschnitt 6.5.7) und der Mitarbeiter stationär innerhalb eines Bandabschnittes bleibt. Das Arbeitsobjekt kann manuell, mechanisch ungeordnet und mechanisch geordnet gefördert werden. Im ersten Fall kann mit *Puffern* auf die Schwankungen der Leistungsbereitschaft der Mitarbeiter im Sinne einer »atmenden« Montage stärker Rücksicht genommen werden als bei einer mechanischen Förderung. Die Fördermittel können Verzweigungen, Parallelplätze und Zusammenführungen enthalten. Eine *Austaktung* nach der Arbeitsstation mit der längsten Ausführungszeit ist unabdingbar (vgl. Teil II, Abschnitt 4.4.4). Um die Auslastungsverluste zu minimieren wird ein Taktausgleich vorgenommen. Die Arbeitsinhalte der Mitarbeiter sind bei der Fließmontage oft nur gering.

Eine Besonderheit der Fließmontage nimmt das *One-Piece-Flow-Prinzip* ein. Hierbei sind Organisationsformen möglich, bei denen die Mitarbeiter mit dem Werkstück im Montagefluss mitgehen. Arbeitspersonen verbleiben also nicht an einem örtlich bestimmten Arbeitsplatz, sondern bewegen sich innerhalb einer Montageinsel (Abbildung III-335). Im Idealfall sind damit Arbeitserweiterungs- oder Arbeitsbereicherungseffekte gekoppelt (siehe auch Abschnitt 6.3).

One-Piece-Flow-Prinzip

Sonderfälle sind die Baustellenmontage und die Demontage, auf die hier jedoch nicht eingegangen wird.

Die Darstellung in diesem Kapitel konzentriert sich auf die Grobplanung, Feinplanung und Ausführungsplanung des Montagesystems (Abbildung III-329).[470]

Mit Hilfe der *Primär-Sekundär-Analyse* kann der »wirtschaftliche Wirkungsgrad« der Montage berechnet und so Optimierungsmöglichkeiten deutlich gemacht werden.[471] Zu den Primärvorgängen gehören alle Verrichtungen, die unmittelbar der Wertschöpfung (vgl. Teil I, Abschnitt 2.5.2) dienen, z. B. das Fügen. Sekundärvorgänge sind zwar ebenso für die Herstellung des Teils, der Baugruppe oder Erzeugnisses notwendig, sie sind jedoch nicht mit einer Wertschöpfung verbunden, z. B. Körper-

Primär-Sekundär-Analyse

470 Die Fabrikplanung läuft in den Phasen Zielplanung – Vorplanung – Grobplanung – Feinplanung – Ausführungsplanung – Ausführung ab. Im IE stehen naturgemäß nur die erstgenannten Phasen im Vordergrund.
471 Lotter, B.: Wirtschaftliche Montage, 2. Auflage. Düsseldorf: VDI-Verlag, 1992.

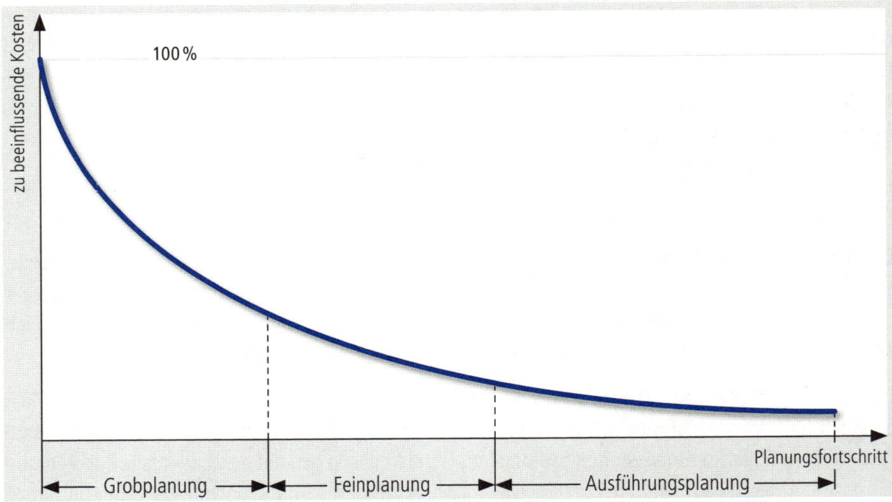

Abbildung III-329 Planungsfortschritt und zu beeinflussende Kosten

bewegungen ohne Werkstück-Handhabung. Der »wirtschaftliche Wirkungsgrad« W_M ist die Summe der Zeitdauern aller Primärvorgänge im Verhältnis zur Summe der Zeitdauern aller Primär- und Sekundärvorgänge.

$$W_M = \frac{\sum PV}{\sum PV + \sum SV} \cdot 100\ \%$$

Zwar gestattet dieser Wirkungsgrad eine nachvollziehbare Aussage zur Effizienz eines Montagesystems, die Klassifikation von Primär- und Sekundärvorgängen ist jedoch keineswegs unumstritten. Sie ist menschbezogen und bewegungszentriert, Prozesszeiten (die durchaus wertschöpfend sind), bei denen der Mensch aber ablaufbedingte Wartezeiten hat, gelten nicht als Primärvorgänge. Weiter ordnet Lotter[472] bei kleinteiliger Montage alle Füge- und fügevorbereitenden Verrichtungen unterhalb einer bestimmten Bewegungslänge den Primärvorgängen zu. Fügevorbereitende Verrichtungen oberhalb dieser Bewegungslänge sind dagegen Sekundärvorgänge. Bei der Großgerätemontage gehören alle fügevorbereitenden Verrichtungen zu den Primärvorgängen. Andere Autoren weichen von dieser Vorgehensweise ab. In TiCon® ist deshalb eine betriebsabhängige Lösung vorgesehen, die Konflikte bei der Primär-/Sekundär-Einstufung vermeiden hilft (vgl. Teil II, Abschnitt 7.6.2 und Teil IV, Kapitel 5).

Die folgende Abbildung III-330 hilft, wesentliche nicht wertschöpfende Tätigkeiten zu identifizieren.

472 Lotter, B. et al.: a. a. O., 2006.

nicht wertschöpfende Tätigkeit	mögliche Einflussgrößen			
Handhaben von Schutzmitteln/Einsätzen	Art des Schutzmittels	Hauptabmessungen (Schutzmittel)	Entfernung beim Handhaben von Arbeitsmitteln	
Öffnen von Transportverpackungen	Bauform	Hauptabmessungen (Transportverpackung)	Entfernung beim Handhaben von Arbeitsmitteln	
Transport am Arbeitsplatz	Transportentfernung	Hauptabmessungen (Produkt)	Produktgewicht	Bereitstellhöhe
Montageobjekttransport zwischen Arbeitssystemen	Transportentfernung	Fördermittel	Förderhilfsmittel	
Kontrollieren mit Prüfmitteln	Prüfart	Prüfmittel	Prüfumfang	Entfernung beim Handhaben von Arbeitsmitteln
Prüfen der Identität	Infomationsaufnahme Bauteilseite	Form der Identitätsprüfung	Entfernung beim Handhaben von Arbeitsmitteln	
Reinigen	Reinigungsverfahren	zu reinigende Fläche	Grad der Verschmutzung	Entfernung beim Handhaben von Arbeitsmitteln
Justieren	Art der Justage	Entfernung beim Handhaben von Arbeitsmitteln		
Verwenden von Montagehilfen	Ausführung Schnittstelle Montagehilfe-Montageobjekt	Entfernung beim Handhaben von Arbeitsmitteln		
Rüsten von Betriebsmitteln	Anzahl Betriebsmittel	Umfang der Manipulation	Entfernung beim Handhaben von Arbeitsmitteln	
Anordnen von Material (beim Rüsten)	Anzahl Behälter	Art und Umfang des Anordnens		
Aufnehmen von Informationen (beim Rüsten)	Produktkomplexität	Detaillierungsgrad der Beschreibung	Entfernung beim Handhaben von Arbeitsmitteln	
Dokumentieren	Ort der Dokumentation	Informationsumfang	Art der Dokumentation	Entfernung beim Handhaben von Arbeitsmitteln

Abbildung III-330 Wesentliche nicht wertschöpfende Tätigkeiten und ihre möglichen Einflussgrößen[473]

6.5.2 Grobplanung

Mit der Grobplanung versucht man, sich Klarheit über die z. T. widersprüchlichen Ziele zu verschaffen, z. B.

- maximaler Ausstoß auf den Montagelinien,
- minimale Zahl an Arbeitsstationen,
- minimale Leerzeit an den Arbeitsstationen,
- möglichst hoher Bandwirkungsgrad,
- minimale Installationskosten,
- minimale betriebskostenmaximale Bandauslastung etc.

473 Picker, C.: Prospektive Zeitbestimmung für nichtwertschöpfende Montagetätigkeiten. Dissertation, Universität Dortmund, 2006, S. 90.

Einzelschritte

Die Grobplanung eines Montagesystems kann in acht Einzelschritte unterteilt werden:[474]

1. Zunächst wird die Soll-Menge pro Zeiteinheit aus den Stückzahlvorgaben und weiteren Auftragsdaten entwickelt. Sofern an einer Fertigungslinie montiert wird, muss hier die theoretische Taktzeit bestimmt werden (vgl. Teil II, Abschnitt 4.4.4).

$$\text{Taktzeit}_{\text{theoretisch}} = \frac{\text{Arbeitszeit} - \text{Arbeitszeit} \times \text{Belegungsgrad}}{\text{Stückzahl} \times \text{Verteilzeitfaktor}} \left[\frac{\text{min}}{\text{Stck}}\right]$$

2. Aus den Arbeitsplänen (vgl. Kapitel 3 und die Stücklisten) wird eine Montagestruktur entwickelt. Die Montagestruktur ist bis auf die Ebene der Teilverrichtungen und deren zeitliche Reihenfolge aufgelöst. Ergebnis ist ein Montageprozessgraph.
3. Aus den einzelnen Teilverrichtungen werden Montageabschnitte gebildet. Grundlage hierfür ist die Entscheidung für Artteilung, Mengenteilung, Baugruppen- und Variantenteilung.
   - *Artteilung*: kurze Anlernzeiten, hoher Übungsgrad, aber Monotonie und mögliche arbeitsbedingte Erkrankungen durch hoch repetitive Bewegungen beachten. Geringe Flexibilität bei Produktänderungen und Varianten.
   - *Mengenteilung*: größere Handlungsspielräume für die Mitarbeiter, geringere Umrüstkosten, aber höherer Aufwand für die Fertigungssteuerung.
   - *Baugruppen- und Variantenteilung*: werden in unterschiedlichen Montagesystemen gefertigt, geringere Umrüstkosten, größere Handlungsspielräume der Mitarbeiter möglich, aber höhere Investition.
4. Anhand der folgenden Kriterien werden Alternativ-Planungen für das Montagesystem entwickelt:[475]
   - Stückzahlen pro Zeiteinheit
   - Planungszeitraum bis SOP
   - Laufzeit des Erzeugnisses
   - Typen- und Variantenvielfalt
   - Arbeitsinhalt
   - Schwierigkeitsgrad
   - Erzeugnistransport

   Die Anbindung an den innerbetrieblichen Materialfluss kann entscheidend sein (vgl. Abschnitt 6.7). Anhaltspunkte für die Vorauswahl gibt Abschnitt 6.5.3.
5. Anhand der Bauteilabmessungen und der räumlichen Daten in der Montagehalle wird die für dieses Produkt notwendige Fläche ermittelt. Dabei unterscheidet man:[476]
   - Produktive Nutzfläche (z. B. Vormontage, Endmontage, Qualitätsprüfung)
   - Hilfsflächen (z. B. Teile An- und Ablieferung)
   - Verkehrsflächen
   - Sicherheitsflächen (z. B. geschützte Bereiche für Mitarbeiter)
   - Installationsflächen
   - Informationsflächen

   Vorausschauende Planung ist zwingend erforderlich, um eine spätere Unter- oder Überdimensionierung zu vermeiden.
6. Nach Arbeitsstrukturierungsaspekten (vgl. Abschnitt 6.3) bestimmt man den Personalbedarf (vgl. Teil IV, Kapitel 6).

474 Konold, P.; Reger, H.: Praxis der Montagetechnik. Wiesbaden: Vieweg, 2003, S. 39 ff.
475 Konold, P. et al.: a. a. O., 2003, S. 42 ff.
476 Konold, P. et al.: a. a. O., 2003, S. 58 ff.

$$\text{Anzahl Arbeitsstationen} = \frac{\sum n_i \cdot t_{e,i}}{\text{Netto-Arbeitszeit}}$$

7. Bewertung der Lösungsalternativen (vgl. Teil II, Abschnitt 9.7)
   - *Quantifizierbare Kriterien*: Investition für Anlagen, Vorrichtungen, Werkzeuge, Personalkosten, Service- und Reparaturkosten, Flächenbedarf, Umrüstverluste u. a.
   - *Nichtquantifizierbare Kriterien*: Flexibilität bezüglich Ausbringung und Varianten, Arbeitsstruktur (Humankriterien)
8. Projektkalkulation, Wirtschaftlichkeitsberechnung durchführen nach Montagekosten, Kapitalrückflussdauer u. a. (vgl. Teil I, Abschnitt 2.3 sowie Teil II, Abschnitt 9.7).

Variantentauglichkeit

Die Grobplanung des Montagesystems muss bereits variantentauglich gemacht werden. Unterscheidet man z. B. in »Rennersysteme« und »Exotensysteme«, dann organisiert man die Montageprozesse des Rennersystems meist artteilig mit den Eigenschaften[477]

- keine Stückzahlschwankungen,
- kein Umtakten,
- »beruhigtes«, gleichmäßiges Fahren der Linie,
- eher kleine Arbeitsumfänge mit schneller Einarbeitung, allerdings Gefahr der Monotonie und einseitiger Belastungen,
- Möglichkeiten zur Mechanisierung und Automatisierung werden genutzt,
- hohe Auslastung der technischen Einrichtungen, aber geringe Flexibilität.

Exotensysteme werden häufig in Mengenteilung organisiert mit

- hoher Flexibilität bei Stückzahlschwankungen,
- einfacher Abwicklung von Eilaufträgen,
- große Arbeitsumfänge,
- kaum Monotoniegefahr,
- niedriger Einarbeitungsgrad.

6.5.3 Kapazitätsplanung

Bei der *Kapazitätsplanung* geht es grundsätzlich um die qualitative und quantitative Kapazität der Betriebsmittel. Sie bezieht sich auf[478]

- den Ausstoß jeder Arbeitsstation und des gesamten Montagesystems,
- die richtige Anordnung und Wirkung von Puffern (für einzelne Arbeitsstationen und das gesamte Montagesystem),
- Verteilstrategien in Umlaufsystemen mit taktunabhängigen Stationen,
- Anzahl und Art von Parallelplätzen,
- notwendige Transportgeschwindigkeit von Werkstückträgern.

477 Schmauder, M.: Planung und Gestaltung von flexiblen Montagesystemen. Vorlesungsskript, TU Dresden, 2008.
478 Vgl. Konold, P.; Reger, H.: Praxis der Montagetechnik, 2. Auflage. Wiesbaden: Vieweg, 2003, S. 130.

Dabei wirken sich aus:

- Leistungsschwankungen und Qualifikationsunterschiede der Mitarbeiter,
- Störverhalten von Montagestationen und der Verkettungsmechanismen,
- Taktzeitschwankungen,
- Rüstzeitstreuungen,
- Losgrößen.

Kapazitätsfeld

Der Prozessgraph gibt die logische Reihenfolge der Montageoperationen wieder, enthält aber keine Mengenangaben. Deshalb ist die Bestimmung des *Kapazitätsfeldes* wichtig (Abbildung III-331).

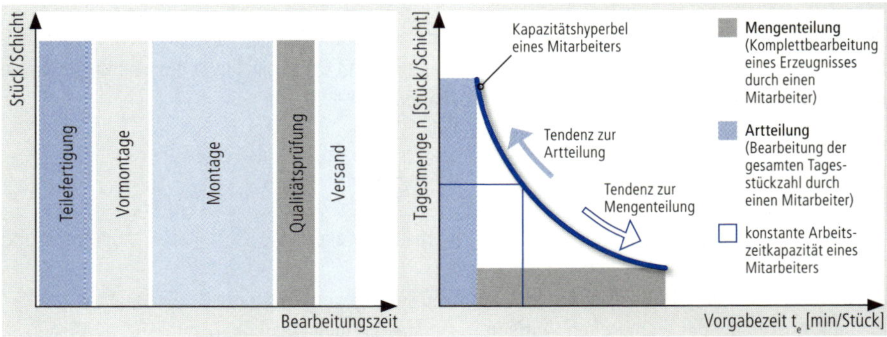

Abbildung III-331 Kapazitätsfeld und Kapazitätshyperbel

Die jeweilige Fläche im Kapazitätsfeld links in der Abbildung stellt die zeitliche Kapazität dar, die zur Herstellung eines Erzeugnisses in der benötigten Stückzahl gebraucht wird. Die Kapazitätshyperbel rechts weist im Rechteck ohne Füllung auf das Kapazitätsangebot eines Mitarbeiters hin. Er kann dieses Angebot dazu verwenden, um in Artteilung mit einem kleinen Arbeitsinhalt die gesamte Stückzahl zu bearbeiten (blaue Füllung) oder in Mengenteilung – also mit einem großen Arbeitsinhalt – das gesamte Produkt herzustellen (gelb markiert). Die Realität wird sich meistens zwischen diesen beiden Extremen bewegen. Dann kombiniert man einen »Dauerläufer«, der ohne große Stückzahlschwankungen in Artteilung läuft, mit einem »Exoten«, der in kleinen Stückzahlen in Mengenteilung produziert wird. Hierdurch kommt es zu einem wünschenswerten Belastungswechsel.

Kapazitätsabgleich

Der Kapazitätsabgleich zwischen Kapazitätsbedarf und Kapazitätsangebot führt man folgendermaßen durch:

$$C = n \cdot t_e / \eta$$

mit:

C = Kapazitätsbedarf pro Arbeitstag

n = Gesamte Stückzahl pro Arbeitstag

t_e = Zeit je Einheit

η = Systemnutzungsgrad

Der Systemnutzungsgrad η liegt üblicherweise zwischen 0,75 und 0,9 – abhängig u.a. vom Automatisierungsgrad.

Das *Kapazitätsangebot* C' bestimmt man zu:

$$C' = t_{MA} \cdot n_{MA} \cdot n_s$$

mit:

C' = Kapazitätsangebot pro Arbeitstag

t_{MA} = Verfügbare Arbeitszeit je Mitarbeiter und Arbeitstag

n_{MA} = Anzahl Arbeitsstationen bzw. Mitarbeiter

n_S = Anzahl Schichten je Tag

Die verfügbare Zeit ermittelt man aus den durch Tarifvertrag und Betriebsvereinbarung festgelegten Rahmenbedingungen und berücksichtigt darüber hinaus Schichtübergabezeiten o. a.

Kapazitätsangebot und Kapazitätsbedarf

Kapazitätsangebot und Kapazitätsbedarf sollten auf Dauer übereinstimmen. Dazu kann man auf der Angebotsseite die Zahl der Schichten und der Mitarbeiter variieren oder mit den Methoden der Arbeitszeitflexibilisierung (vgl. Teil IV, Kapitel 4) den Abgleich herbeiführen. Darüber hinaus steht das gesamte Repertoire der Produktivitätsverbesserung zur Verfügung.

Um saisonale Schwankungen abzufangen, kann bereits bei der Montageplanung eine Überdimensionierung vorgenommen werden, beispielsweise mit einer Reservekapazität in Reihe, also mit Arbeitsstationen, die nur zeitweise besetzt werden, oder mit einer parallel geschalteten Reservekapazität.

Puffer

Die Art und Größe der *Puffer* hat Einfluss auf den kurzfristigen Kapazitätsabgleich. Vor allem in verketteten Montagesystemen dienen Puffer dazu, Störauswirkungen durch benachbarte Arbeitsstationen zu minimieren. Die »kritischen« Montagestationen können durch Einzelplatz- und Abschnittpuffer entschärft werden, allerdings bringt eine Puffervergrößerung – nicht nur wegen der damit verbundenen höheren Kapitalbindung – über den ein- bis zweifachen Arbeitsinhalt einer durchschnittlichen Stördauer keine wesentliche Verbesserung mehr. Die Ermittlung der erforderlichen Pufferkapazität C_P zur Kompensation von Störeinflüssen wird anhand der mittleren Stördauer MTTR[479] vorgenommen[480]:

$$C_P = MTTR \cdot n_{tT} \cdot \eta$$

mit

n_{tT} = theoretischer Ausstoß je Arbeitstakt

η = Systemnutzungsgrad

Beispiel

Für das Beispiel Bohren von Leiterplatten errechnet man als minimale Puffergröße bei einer mittleren Stördauer MTTR = 8 min, einem theoretischen Ausstoß n_{tT} von 10 Bohrungen je Arbeitstakt und einem Systemnutzungsgrad $\eta = 0{,}95$

$$C_P = 8 \cdot 10 \cdot 0{,}95 = 76 \text{ Einheiten}$$

Die technische Verfügbarkeit V_{TS} des gesamten Montagesystems bestimmt man als Quotient aus Systemnutzungszeit T_{NS} und Systembetriebszeit $T_{Betr\,S}$ zu

$$V_{TS} = \frac{T_{NS}}{T_{Betr\,S}} \cdot 100\,\% = \left\{1 - \frac{T_{TS}}{T_{NS}}\right\} \cdot 100\,\%$$

479 Die Mean Time To Repair (MTTR) gibt die mittlere Zeit an, die zur Reparatur eines Systems benötigt wird.
480 VDI-Richtlinie 3649, Anwendung der Verfügbarkeitsrechnung für Förder- und Lagersysteme. üsseldorf: VDI, 2003.

mit

T_{TS} = technische Ausfallzeit des Montagesystems = technische Ausfallzeiten + technische Folgeausfallzeiten

T_{NS} = Systemnutzungszeit = Summe der Nutzungszeiten aller beteiligten Arbeitsstationen

$T_{Betr\,S}$ = Systembetriebszeit = Summe der Betriebszeiten aller beteiligten Arbeitsstationen.

Im Planungsstadium müssen diese Ausfallzeiten aus den Daten der bisher installierten (ähnlichen) Montagesysteme geschätzt werden. Auf allgemeine Aspekte der Kapazitätsplanung wird auch in Teil II, Abschnitt 3.8 (Wertstromanalyse) eingegangen. Das Thema Verfügbarkeit in Bezug auf OEE wird dort ebenfalls behandelt.

6.5.4 Feinplanung

Details der Montageprozesse

Mit der Feinplanung werden nach Freigabe des Montageprojekts die Details der Montageprozesse ausgearbeitet.[481]

1. Pflichtenheft ausarbeiten bzw. ergänzen. Dazu gehören:
   - Erzeugnis-Beschreibung
   - Varianten
   - Stückzahlen/Schicht
   - Detaillierung Montageablauf
   - Qualitätsprüfung
   - Anlagenkonzeption und -ausführung
   - Energieversorgung
   - Steuerung
   - Arbeitssicherheit
   - Konstruktionsrichtlinien und -dokumentation
   - Transport- und Aufstellbedingungen
   - Einkaufs-, Liefer- und Abnahmebedingungen
2. Gesamtmontagesystem und Montageabschnitte konstruktiv ausarbeiten. Dazu gehören:
   - Arbeitsinhalte prüfen und gestalten
   - Montagelagen prüfen
   - Werkstückträger gestalten
   - Manuelle Arbeitsstationen gestalten
   - Montageautomaten planen
   - Verkettungssystem festlegen
3. Terminplan erstellen. Hierzu steht z. B. die Netzplantechnik zur Verfügung (vgl. Teil II, Abschnitt 9.4.3).
4. Ausschreibung durchführen. Dazu gehören:
   - Pflichtenheft
   - Erzeugnis-Zeichnungen (incl. der Einzelteile und Baugruppen)
   - Gesamt-Layout
   - Musterteile
   - Hallenplan
5. Kritische Prozesse absichern. Hier steht die Einbindung der Lieferanten sowie die Prüfung erstmalig eingesetzter Fügeverfahren im Vordergrund.

481 Vgl. Konold, P.; Reger, H.: Praxis der Montagetechnik, 2. Auflage. Wiesbaden: Vieweg 2003.

6. Personalbedarf ermitteln. Das bezieht sich auf den quantitativen und qualitativen Personalbedarf, also die erforderlichen Qualifikationen in der erforderlichen Menge zum »richtigen« Zeitpunkt.
7. Wirtschaftlichkeitsnachweis führen. Die monetäre und/oder nichtmonetäre Bewertung des Montage-Arbeitssystems, die bereits in der Grobplanung durchgeführt wurde, wird überprüft und gegebenenfalls korrigiert.

Reißleinenprinzip

Kritische, stark verkettete Montageprozesse können durch das Prinzip *Reißleine* besser abgesichert werden. Kann die Fehlfunktion an einer Montagestation den Stillstand der ganzen Produktionslinie zur Folge haben, dann wird z. B. durch Signalleuchten das Problem kommuniziert. Bei Betätigung der roten Reißleine wird die gesamte Linie gestoppt, das Band wird erst nach Problembeseitigung oder nach Entscheidung durch eine berechtigte Person wieder freigegeben. Die gelbe Reißleine macht alle Mitarbeiter an der Linie darauf aufmerksam, dass an einer Station z. B. Qualitätsprobleme auftreten und erhöhte Aufmerksamkeit erforderlich ist. Beim Ziehen der gelben Reißleine sollten Teamsprecher oder Springer das Problem beheben können. Prozessschwachstellen werden somit nach dem Reißleinenprinzip dokumentiert, analysiert und beseitigt.

6.5.5 Layout manueller Arbeitsstationen

Die Grundlagen der räumlichen Arbeitsplatzgestaltung wurden bereits in Abschnitt 5.2 gelegt. Hier erfolgt nun die Detaillierung für *Montagearbeitsstationen.* Die dafür notwendigen Fördersysteme werden in Abschnitt 6.7.7 besprochen.

Arbeitsplatzelemente

Abbildung III-332 führt die wichtigsten Arbeitsplatzelemente für den manuelle Montagestationen mit den zugehörigen ergonomischen Entscheidungskriterien auf.

Werden elektrische Bauelemente montiert, die durch statische Entladungen zerstört werden können, dann sind die Arbeitsplatzkomponenten elektrostatisch leitfähig oder ableitend auszulegen.[482]

482 Anforderungen für den ESD (Electro Static Discharge) werden in DIN EN 61340-5-1 festgehalten.

Element	Bild	Kriterien
Grundgerüst	 	• Material und Querschnitt der Profile geben dem Arbeitsplatz gute Stabilität • bei Ausführung mit Rollen ist bei Feststellung der Rollen gute Stabilität gewährleistet • höhenverstellbare Gelenkfüße erlauben Anpassung an Bodenunebenheiten (daraus wird aber kein höhenverstellbarer Arbeitsplatz!) • trotz Verstrebung im Fußbereich muss unbehinderte Fußauflage möglich sein
Grundgerüst elektrisch höhenverstellbar	 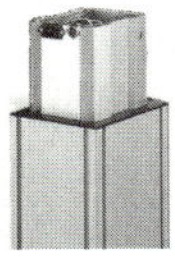	• höhenverstellbar etwa von 720 mm $\leq H \leq$ 1.070 • belastbar $F_{Punkt} \geq$ 1.500 N • bei Arbeit im Stehen Fußvorstoßraum ≥ 200 mm tief, ≥ 150 mm hoch • keine Behinderung der Knie • Verstellgeschwindigkeit $v \geq$ 10 mm/s
Tischplatte		• reflexionsfrei • Farbgebung vermeidet hohe Kontraste zu Werkstück und anderen Vorrichtungen auf dem Tisch • Stärke etwa 40 mm • Beschichtung robust gegen mechanische Beanspruchung • keine Schubladen, die den Oberschenkel-Freiraum beeinträchtigen
Materialebenen		• reflexionsfrei • Farbgebung vermeidet hohe Kontraste zu Greifbehältern • Stärke ≥ 5 mm • Beschichtung robust gegen mechanische Beanspruchung • schwenkbar • aber trotzdem stabil
Fußauflage	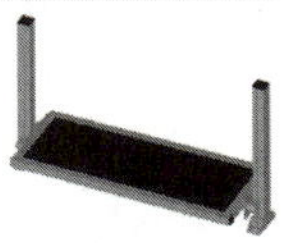	• schwenkbar • höhenverstellbar • rutschhemmend • ggf. ölbeständig
Greifbehälter		• in Trägerrahmen zum Einhängen • bei häufigem Greifen nicht oberhalb Herzhöhe
Greifzungen	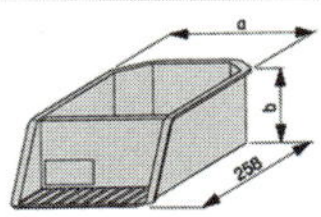	• für flache Bauteile • griffgerecht geneigt
Leuchte		• Beleuchtungsstärke auf Tischebene 500 lx $\leq E \leq$ 100 lx • blendfrei • flimmerfrei ≥ 25 kHz • vgl. DIN 5035, DIN EN 12464
Werkzeughalter		• für Handwerkzeuge bei gelegentlicher Benutzung
Werkzeugablage	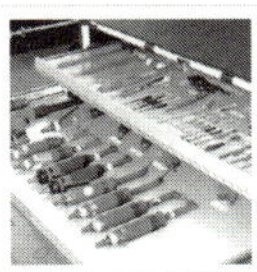	• für Handwerkzeuge bei regelmäßiger Benutzung
Schrauberaufhängung		• mit Laufwagen • bei Bedarf schwenkbar • mit Federzug

Abbildung III-332
Auswahl wichtiger Elemente für den (Hand-)Montagearbeitsplatz (Bilder: Bosch Rexroth AG; Item Industrietechnik, Sovella)

Der einfache *Montagetisch* in Abbildung III-332 (oben) kann mit einer dynamischen Teilebereitstellung erweitert werden (Abbildung III-333). Diese Montagestation besteht aus einer Kugelrollbahn, einer Bereitstellungsfläche für Werkzeuge und Teile (ganz außen) und einer mobilen Arbeitsstation. Der Mitarbeiter dreht sich mit der mobilen Arbeitsstation in die für den jeweiligen Prozessabschnitt günstigste Position. Damit können Hinlang- und Bringbewegungen optimiert werden.

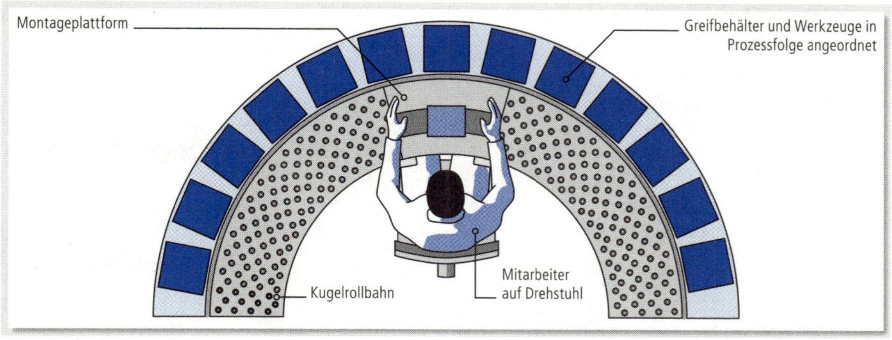

Abbildung III-333 Halbkreisförmiger Montagetisch mit dynamischer Teilebereitstellung (Bild: LP Montagetechnik)

Platzbedarf

Je größer die Teilezahl und/oder die Abmessungen der Werkstücke sind, umso problematischer wird der Platzbedarf auf dem Montagetisch. Die Tischfläche und der Greifraum der Arbeitsperson sind die limitierenden Faktoren. Oft müssen Greifbehälter auch in der Vertikalen gestaffelt werden. Dadurch verlängern sich die Zeiten für Hinlangen und Bringen. Hinzu kommt die höhere Belastung der Arbeitsperson durch das Arbeiten über Herzhöhe. Diese Problematik kann auch bei der verrichtungsweisen Montage durch Drehteller oder Paternoster gelöst werden (vgl. Abbildung III-334).

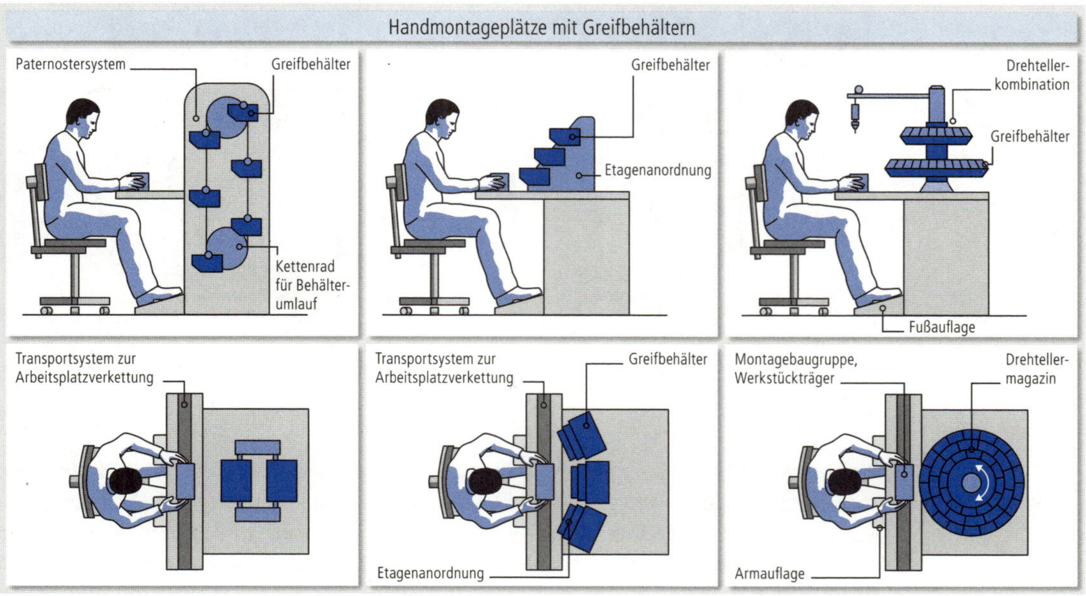

Abbildung III-334 Möglichkeiten zur Materialbereitstellung an einer einzelnen Arbeitsstation

One-Piece-Flow

Geht der Mitarbeiter mit dem Montageobjekt mit (*One-Piece-Flow*[483]), dann werden die Montageinseln im Regelfall als U- oder Ω-Linien realisiert (Abbildung III-335). Man verwendet hierfür auch den Begriff *Chaku-Chaku* und verbindet damit folgende Vorteile:

- Flexibilität bei Produktänderungen und Varianten,
- dynamischer Variantenmix,
- Flexibilität bei Nachfrageschwankungen bis hin zur Losgröße 1,
- geringere Bestände,
- Flächenreduzierung,
- Verkürzung der Durchlaufzeit u. a.

Voraussetzung hierfür ist die Qualifizierung der Mitarbeiter für alle Arbeitsgänge innerhalb der Montageinsel.

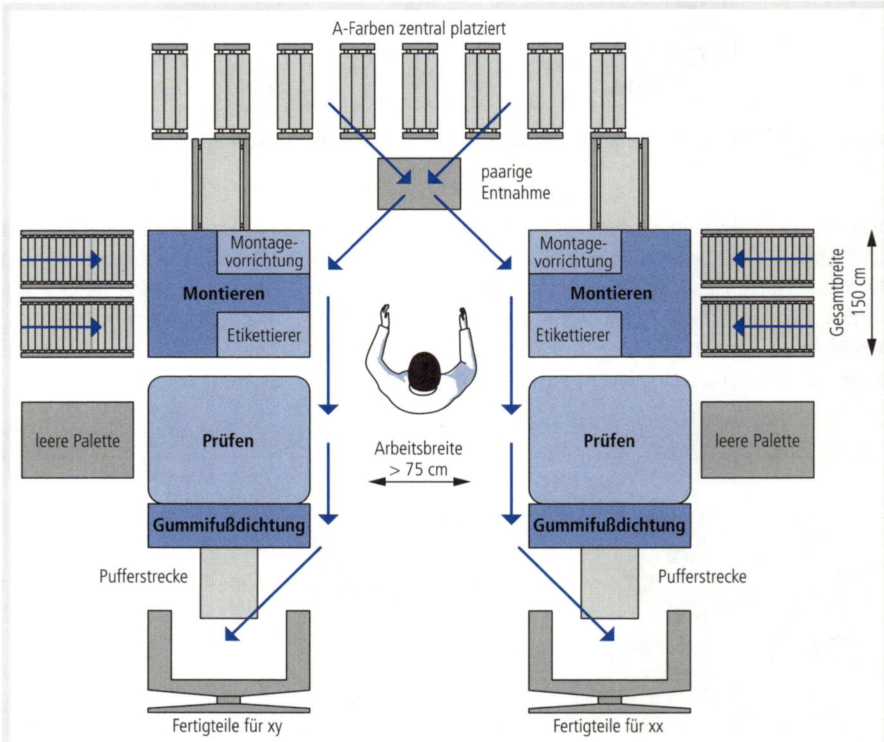

Abbildung III-335 One-Piece-Flow-Auslegung für einen Mitarbeiter, zwei technische und sieben Farbvarianten

Wird bei geringerem Auftragseingang lediglich eine Arbeitsperson eingesetzt, so stellt diese alle acht Varianten allein her, er geht also alle Arbeitsstationen in diesem U-Layout ab. Er realisiert den Bearbeitungsfortschritt nach dem One-Piece-Flow-Prinzip. Es kommt zu Arbeitserweiterungs- und Bereicherungseffekten und zu einem häufigen (wünschenswerten) Belastungswechsel. Bei hohem

483 Mitarbeitergebundener Arbeitsfluss, Mitarbeiter begleiten das Werkstück, damit hohe Flexibilität bei Varianten.

Auftragseingang werden zwei Mitarbeiter eingesetzt, die sich die Herstellung der Varianten aufteilen. In diesem Fall sind die Arbeitserweiterungs- und -bereicherungseffekte geringer.

6.5.6 Bereitstellung von Handwerkzeugen

Nicht nur an den bisher besprochenen Arbeitsstationen in der Mittel- und Großserienmontage gibt es zahlreiche Möglichkeiten der Optimierung, auch in der Einzel- und Kleinserienfertigung können z. B. durch die Werkzeugbereitstellung erhebliche Produktivitätszuwächse erzielt werden.

Beispiel

Das folgende Beispiel aus dem Flugzeugbau erläutert die Vorgehensweise: Durch die Größe der Bauteile und die zum Teil ergonomisch ungünstigen Montageorte können sich große Laufwege und hoch beanspruchende Körperhaltungen ergeben.[484] Diese Defizite können durch elektrisch höhenverstellbare Arbeitsplattformen sowie Fügestationen weitgehend behoben werden. So führt z. B. ein Rondell mit Ausschüben und Halterungen für sämtliche Stationswerkzeuge zu einer erheblichen Reduktion der Laufwege (Abbildung III-336).

Abbildung III-336 Fügestation im Flugzeugbau

Aufgrund des drehbaren Rondells können mehrere Mitarbeiter leicht darauf zugreifen. Durch klare und eindeutige Beschriftung hat jedes Teil seinen festgelegten Platz, daher wesentlich weniger Suchaufwände. Es besteht permanente visuelle Übersicht, ob das Stations-Equipment vollständig ist. Die Ablage- und Zugriffshöhe der Werkzeuge kann auf den Körpergrößenbereich vom 5. bis zum 95. Perzentil eingestellt werden.

484 Das trifft auch auf viele andere Montageobjekte (z. B. im Schiffsbau) sowie auf die Baustellenmontage zu.

Bohrerwechsel

Fallen sehr viele Bohrarbeiten mit wechselnden Bohrdurchmessern an, so sollte es keinesfalls zum ständigen Bohrerwechsel bei Verwendung nur einer Handbohrmaschine kommen. Bohrer-Wechselköpfe ermöglichen schnelles Wechseln, wobei die benötigten Bohrer immer eingespannt bleiben (Abbildung III-337).

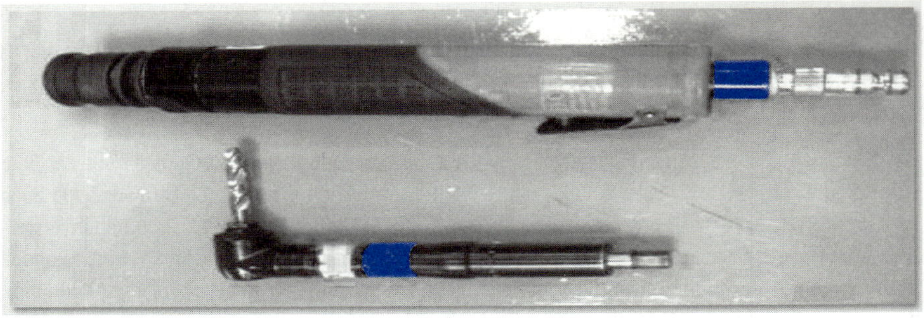

Abbildung III-337 Bohrer-Wechselköpfe mit Farbkonzept

Durch farbliche Markierungen und Beschriftungen an allen Handmaschinen und Normteil-Kästen wird ein Suchen reduziert, aber auch die Qualitäts-und Prozesssicherheit erhöht.

Werkzeugverwaltung

Das Kanban-Konzept sollte auch in der Werkzeugverwaltung umgesetzt werden. Abbildung III-338 zeigt farblich gekennzeichnete Kästen für Verbrauchswerkzeug. Der Montagemitarbeiter entnimmt geschärfte Bohrer aus der grün markierten Ablage (rechts) und legt stumpfe Bohrer in der roten Ablage (links) ab. Instandhalter besorgen den regelmäßigen Austausch und das Schärfen der Bohrer.

Abbildung III-338 Eindeutige Kennzeichnung von Verbrauchswerkzeug

Nicht nur an wechselnden Montageorten (Wanderprinzip, vgl. Abschnitt 6.2.3), sondern generell sollten personalisierte Werkzeugkoffer zum Einsatz kommen. Die Inhalte der Werkzeugkoffer sind streng geordnet, farblich und namentlich gekennzeichnet. Inhalte und Anordnung dürfen nicht eigenständig durch den Mitarbeiter verändert werden (Abbildung III-339).

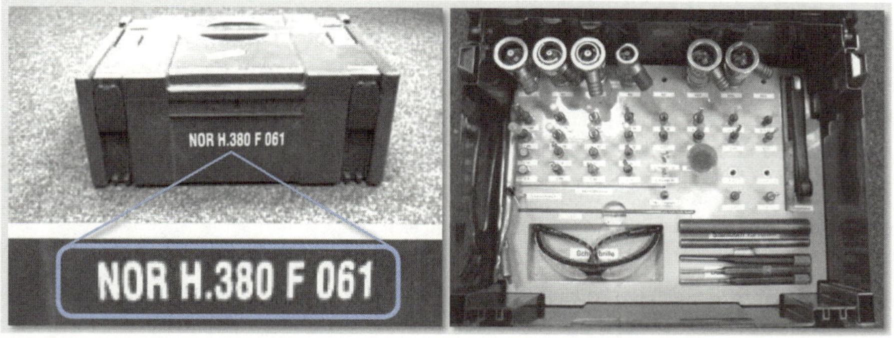

Abbildung III-339 Personalisierte Werkzeugkoffer

6.5.7 Werkstückträger

Montagevorrichtung

Alle für die Montage notwendigen Bauteile können auf einem *Werkstückträger* (WT) bereitgestellt werden, oft zusammen mit einer Montagevorrichtung. Naturgemäß kommen hierfür nur kleinere bis mittlere Werkstücke mit einem Volumen bis zu etwa 1/8 m^3 in Betracht.[485] Werkstückförderer[486] transportieren die Werkstückträger von Arbeitssystem zu Arbeitssystem. Werkstückträger sind damit das Bindeglied zwischen einer variablen Werkstückform und einem geometrisch unveränderlichen Transportsystem. Sie werden oft in Fließsystemen eingesetzt.

Werkstückträger können aus den verschiedensten Metallen bestehen, sie können jedoch auch aus Glasfaser- oder kohlenstoffverstärkten Kunststoffen hergestellt werden. Besonders hohe Umgebungstemperaturen fordern Hochleistungskunststoffe wie z. B. PEEK[487]. Es können auch elektrisch leitende Kunststoffe gegen statische Aufladung eingesetzt werden.

Werkstückträger weisen verschiedene Aufnahmen, z. B. Buchsen, Zentrierstifte und -leisten auf (Abbildung III-340).

Zentrierbuchsen oder -stifte sind für die eindeutige Lagesicherung erforderlich. Über Lauf- und Führungselemente wird – meistens im Reibschluss – die Verbindung zum Transportsystem hergestellt.

Der Werkstückträger muss über Eckenrollen geführt und mit Puffern bzw. Auffahrdämpfer geschützt werden und auch noch nach langen Einsatzzeiten über Positioniergenauigkeiten von $\pm 0{,}02$ mm in allen Achsen verfügen.[488] Hohe Positioniergenauigkeiten sind vor allem auch für Werkstückträger erforderlich, die als Spannpaletten in der mechanischen Bearbeitung eingesetzt werden.

Werkstückträger können auch kreisförmig als Mehrfach-WT zur Verringerung unproduktiver Nebenzeiten ausgelegt werden. Werkstückträger verfügen häufig über eine eigene Logik, z. B. Schreib-Lese-Datenträger bzw. RFID-Technologie (vgl. Abschnitt 6.7.8).

485 Die Kommissionierung erfolgt entsprechend Abschnitt 6.7.5.
486 Z. B. Doppelgurttransfersysteme, vgl. Abschnitt 6.7.7.
487 PEEK = PolyEtherEtherKeton
488 Hesse, S.: a. a. O., 2006.

Werkstückträger haben auch Nachteile:[489]

- Bindung an ein bestimmtes Transportsystem,
- Bindung an bestimmte Produkt(-familien),
- Zusätzlicher Platzbedarf,
- Zusätzliche Kosten durch Mindestvorrat an WT.

Die Anzahl N der notwendigen Werkstückträger ist von den Förderstrecken, den Puffergrößen und der Zahl der Arbeitsstationen abhängig. Sie bestimmt sich zu:[490]

$$N = (K_1 \cdot z_1) + (K_2 \cdot z_2) + (K_3 \cdot z_3) + \frac{L \cdot 60}{v_B \cdot t}$$

mit

K_1 Anzahl Arbeitsstationen

K_2 Anzahl taktunabhängiger Arbeitsplätze

K_3 Anzahl Transfereinheiten

z_1 Anzahl Werkstückträger/Arbeitsstationen

z_2 Anzahl Werkstückträger bei Anordnung im Nebenschluss

z_3 Anzahl Werkstückträger/Einheit

L Länge der Zwischenstrecken oder Rückführstrecken [m]

v_B Fördergeschwindigkeit [m / s]

t Taktzeit [s]

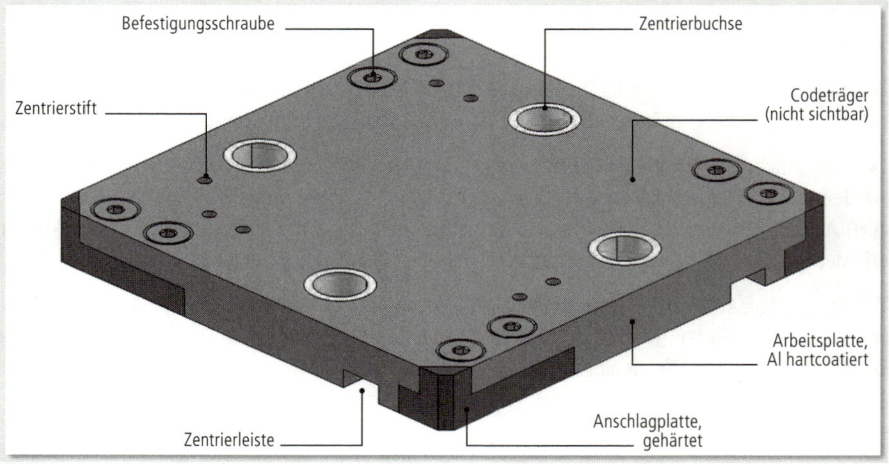

Abbildung III-340 Beispiel eines Werkstückträgers[491]

489 Vgl. Lotter, B. et al.: a. a. O., 2006.
490 Konold, P. et al.: a. a. O., 2003, S. 53–54.
491 Hesse, S.: Grundlagen der Handhabungstechnik. München: Hanser, 2006, S. 298.

Die folgende Auflistung enthält wichtige Prüfpunkte für Werkstückträger:[492]

Prüfpunkte für Werkstückträger

1. WT erlaubt Zugänglichkeit von allen Seiten.
2. Die Positionierelemente sind verschleißfest.
3. Für sehr schnelles Umsetzen der WT ist Formschluss statt Reibschluss vorgesehen.
4. WT-Förderer mit Kurvenführung haben seitliche Rollen oder Eck-Führungsrollen.
5. Die eigentliche Werkstückaufnahme im WT ist schnell austauschbar.
6. WT ist massearm, kann aber trotzdem hohe Vertikalkräfte aufnehmen.
7. Es werden etwa dreimal so viele WT wie Arbeitsstationen bereitgestellt.

6.5.8 Bereitstellung im Arbeitssystem

Zur Versorgung des *einzelnen* Arbeitsplatzes gehören die Material-, die Energie- und die Informationsbereitstellung. Einen Überblick zu Bereitstellungsart, -menge und -form gibt Abbildung III-341.

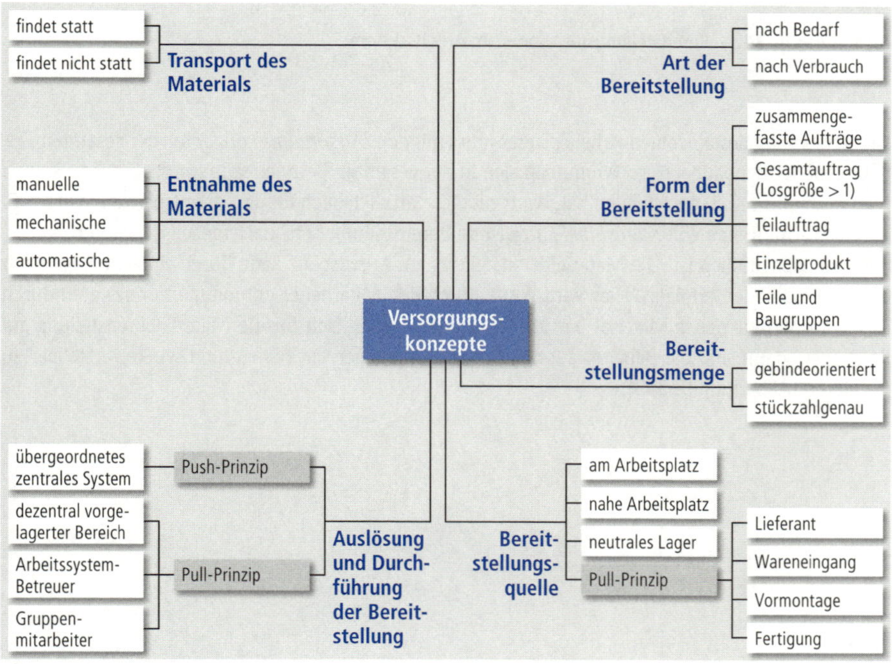

Abbildung III-341 Ordnung der Materialbereitstellungsprinzipien im Arbeitssystem[493]

Bezogen auf die einzelne Arbeitsstation unterscheidet man die in Abbildung III-342 dargestellten *Bereitstellungsfunktionen.*

492 Vgl. Hesse, S.: a. a. O., 2006, S. 310.
493 Vgl. Bullinger, H. J.; Lung, M.: Planung der Materialbereitstellung in der Montage. Stuttgart: Teubner, 1994, S. 17.

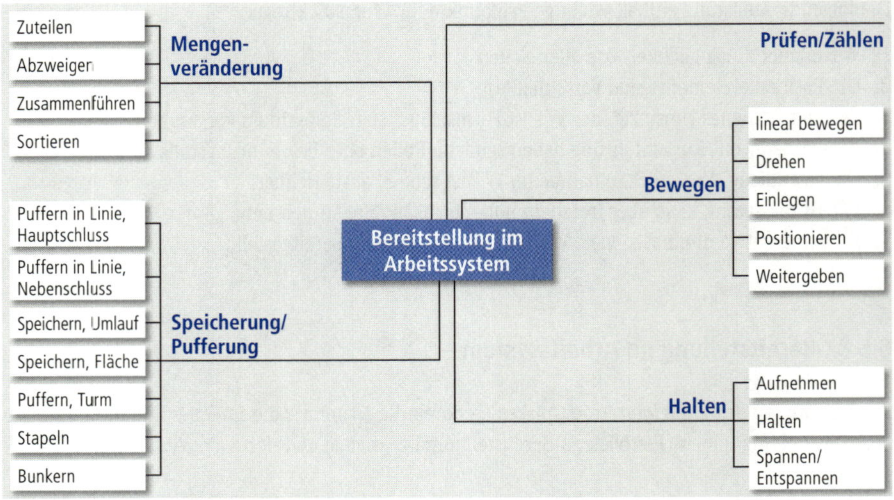

Abbildung III-342 Bereitstellungsfunktionen im Arbeitssystem

Versorgung des einzelnen Arbeitsplatzes

Die Versorgung des einzelnen Arbeitsplatzes muss mit den *Versorgungskonzepten* der gesamten Fertigungsstätte kompatibel sein. Wenn man sich in der gesamten Betriebsstätte für das *Kanban*-System (vgl. Abschnitt 6.7.3) entschieden hat, dann gilt dies natürlich auch für den Arbeitsplatz. So wird z. B. durch das Umdrehen von *Kamishibai-Karten* dem Bereitstellungspersonal angezeigt, dass Verbrauchsmaterial nachzufüllen ist. Die Materialbereitstellung am Arbeitsplatz kann durch einfache Regale mit Gefälle-Regalböden erfolgen. Hier wird vorne durch den Mitarbeiter entnommen und hinten durch den Transporteur neues Material bestückt. Entscheidet man sich für die Materialbereitstellung auf Rollwagen, dann sind die Behälter auf den Rollwagen greifgerecht höhen- und winkelverstellbar zu platzieren (Abbildung III-343).

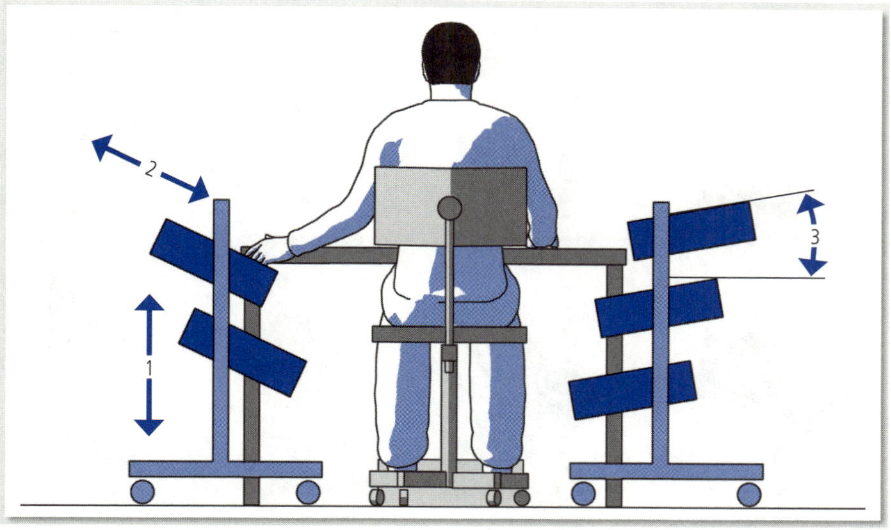

Abbildung III-343 Materialzuführung am Arbeitsplatz über Rollwagen, greifgerecht höhen- und winkelverstellbar

In verketteten Montagesystemen kann die Zuführung mit der Pufferung der Teile oder Werkstückträger kombiniert werden. Man bezeichnet dies als *Linienspeicher.* Dieser kann im Hauptschluss oder im Nebenschluss angeordnet werden. Reicht die damit verbundene Pufferkapazität nicht aus, dann kann ein *Flächenspeicher* mit einem schleifenförmig verlegten Band eingerichtet werden. Ein *Pufferturm* verlegt die schleifenförmige Teile- oder Werkstückträgerspeicherung in die Vertikale. Auch *Stapeleinheiten* nutzen den Platz in der Vertikalen aus, indem Teile auf Paletten übereinandergestapelt werden. Eine große Pufferkapazität ist auch durch *Umlaufspeicher* möglich. Die Bedienung wird häufig durch ein Beschickungs- und Entnahmegerät vorgenommen. Ungeordnetes Stückgut kann in Bunkern gespeichert werden. Häufig ist damit eine Ordnungsfunktion gekoppelt, so dass die Teile manuell oder mit Handhabungseinrichtung greifgerecht entnommen werden können.

Magazinierung

Nach der Materialzuführung *zur* Arbeitsstation folgt die *Magazinierung,* also die geordnete Bereitstellung von Bauteilen und Baugruppen an der Arbeitsstation. Magazine haben neben der Bereitstellungsaufgabe für den manuellen oder maschinellen Zugriff vor allem Speicherfunktionen (Abbildung III-344).

Man unterscheidet Magazine mit

- ruhenden Teilen,
- bewegten Teilen.

und nach der Bauform Magazine mit

- freier oder geführter Teilebewegung (durch Fallen, Rollen, Gleiten infolge Schwerkraftwirkung),
- zwangsweiser Teilebewegung (durch Antriebe, Feder- oder Gewichtskräfte).[494]

494 Hesse, S.: a. a. O., 2006.

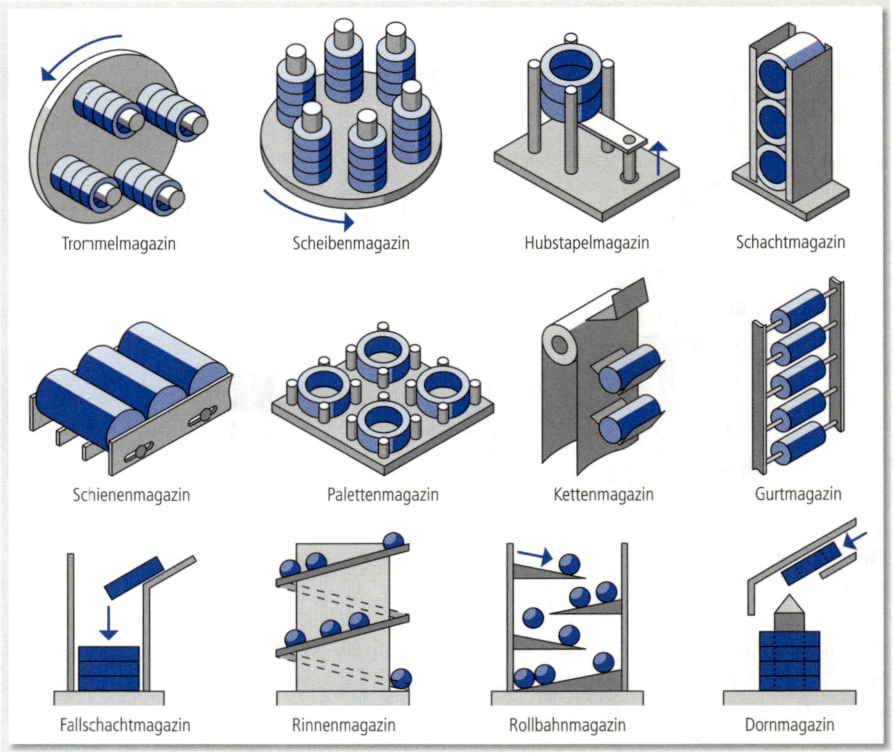

Abbildung III-344 Technische Möglichkeiten zur Magazinierung[495]

Prüfpunkte zum Magazinieren

Die folgende Checkliste fasst die wichtigsten Prüfpunkte zum Magazinieren noch einmal zusammen:

1. Die Teilelage im Magazin hat ergonomisch günstiges Greifen zur Folge.
2. Die Teilelage im Magazin vermeidet nach der Entnahme das Vorrichten vor dem Fügen.
3. Magazine können für Teile mit ihren Varianten universell verwendet werden.
4. Magazine erlauben die rasche visuelle Kontrolle des Speicherinhalts (z. B. durch Sehschlitze).
5. Magazine, die Teile spiralförmig anordnen, haben in der Regel einen niedrigeren Flächenbedarf als rechteckige Flachpaletten. Sie werden deshalb nach Möglichkeit bevorzugt.
6. Magazine können problemlos befüllt werden. Insbesondere ist die vertikale Auffüllposition auf die kleine Arbeitsperson abgestimmt (vgl. Abschnitt 5.2).
7. Reicht die Kapazität eines Schachtmagazins nicht aus, dann ordnet man mehrere Schachtmagazine karussellartig an.

Nach dem Magazinieren folgen im Regelfall weitere Bauteilbewegungen, z. B. Zuteilen, Abzweigen, Zusammenführen, Sortieren, Drehen u. a.[496] Wird von einem Strang bereits geordneter Teile eine definierte Menge bereitgestellt, dann spricht man von *Zuteilen*. Ist die Menge = 1, dann handelt es sich um *Vereinzeln*. Das Bewegen an und in der Montagestation kann über Lineareinheiten, Dreh-, Schwenk- und Positioniertische vorgenommen werden. In der automatisierten Montage sind darüber hinaus Einlegegeräte mit Greifern zur Werkstückmanipulation erforderlich, z. B. *Pick-and-place-Geräte*.

495 Hesse, S.: a. a. O., 2006, S. 81.
496 Konstruktive Lösungen hierfür findet man z. B. bei Hesse, S.: a. a. O., 2006.

Während durch *Ordnen* nur die Bestimmung eines Teils nach den drei rotatorischen Freiheitsgraden vorgenommen wird, geht das *Sortieren* darüber hinaus: Zum Beispiel erfolgt die Einteilung eines Haufwerks[497] bzw. Schüttgutes nach Art, Abmessungen, Farbe etc. Ordnen bezieht sich also auf gleichartige Teile, Sortieren auf verschiedenartige. Das Ordnen kann nur bei Kleinteilen selbsttätig, z. B. durch Ausnutzung der Schwerkraft, vorgenommen werden (Abbildung III-345). Größere Werkstücke erfordern dagegen Handhabungseinrichtungen. Dieser Aufwand kann entweder an Zulieferer delegiert werden (indem diese schon geordnet anliefern) oder man behilft sich dadurch, dass die betreffenden Teile direkt im Montagesystem gefertigt und geordnet bereitgestellt werden.[498]

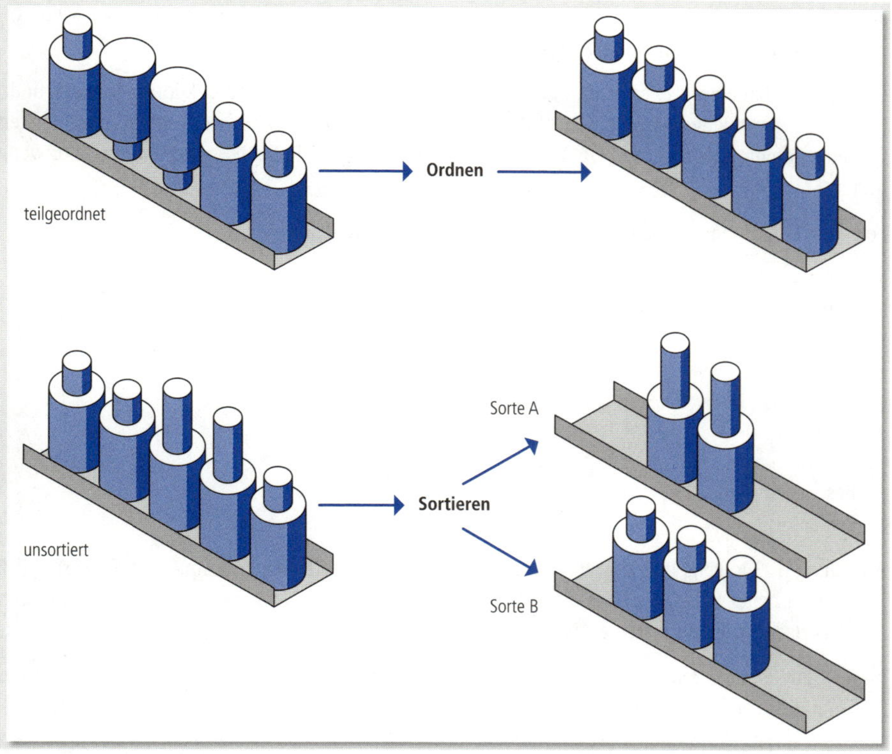

Abbildung III-345 Schematische Darstellung der Funktionen des Ordnens und Sortierens[499]

Prüfpunkte zum Ordnen

Die folgende Liste enthält wichtige Prüfpunkte zum Ordnen:

1. Ordnen vermeiden: Montageprozess kommt mit ungeordneten Teilen zurecht.
2. Ordnen vermeiden: An Lieferanten delegieren.
3. Ordnen vermeiden: Teile erst während des Montageprozesses schon geordnet erstellen.
4. Teilgeordnetes Bereitstellen akzeptieren, Bediener führt den noch verbleibenden Ordnungsschritt während der Prozesszeit (z. B. eines Einpressvorgangs) durch.
5. Teile sind durch eindeutige Ordnungsmerkmale gekennzeichnet.
6. Nach dem Ordnen ist eine Pufferstrecke eingebaut, um Störungen beim Ordnen auffangen zu können.

497 Ungeordnete, gebunkerte Teile in unbestimmter Menge.
498 Integration der Teilefertigung in die Montage; vgl. Lotter, B. et al.: a. a. O., 2006, S. 354 ff.
499 In Anlehnung an Hesse, S.: a. a. O., 2006, S. 113.

7. Die Teile werden beim Ordnen geschont. Auch mehrmaliger Durchlauf eines Teils führt nicht zu Abriebspuren.
8. Der Ordnungsprozess ist wenig störanfällig. Im Störfall führen selbsthelfende Lösungen zur schnellen Fortführung des Arbeitsprozesses.

6.5.9 Hybride Montagesysteme

Stückzahl- und Variantenflexibilität

Bei höheren Stückzahlen und gleichzeitig großer Variantenvielfalt stoßen manuelle Montagesysteme an ihre Grenzen. Mit *hybriden Montagestationen* kombiniert man die Vorteile manueller Montagesysteme mit Montageautomaten bezüglich Stückzahl- und Variantenflexibilität.

Die Arbeitsinhalte zur Teilezufuhr, zur Montage und zur Qualitätssicherung können Mensch und/ oder Maschine zugewiesen werden.[500] Da die Zeiten je Einheit bei Mensch und Automat selten übereinstimmen, spielt Art und Umfang der Pufferung eine große Rolle, besonders wenn Taktzwang besteht.

Folgende Funktionen sind auf Mensch und Maschine aufzuteilen:

- Zuführen, Sortieren, Vereinzeln,
- Trays bestücken,
- Fügen,
- Schrauben,
- Dosieren,
- Kleben,
- Fetten,
- Beschriften und
- Prüfen.

Abbildung III-346 zeigt drei hybride Montagestationen unterschiedlicher Komplexität. Im ersten Fall ist ein Mitarbeiter tätig. Er arbeitet parallel mit dem Montageautomaten, bestimmt jedoch selbst den Arbeitsfortschritt. Diese Systeme sind für Baugruppen mit kleinen Abmessungen geeignet.

Montageinsel

In der Mitte ist eine *Montageinsel* in U-Form mit fünf Arbeitsstationen dargestellt. Auch hier ist der Zusammenbau von Baugruppen mit kleineren Abmessungen und niedrigeren Teilegewichten typisch. Eine Austaktung der Stationen ist erforderlich.

Im unteren Abbildungsteil wird eine hybride Längstransfer-Montageanlage gezeigt. Sie ist nach dem Baukastenprinzip konzipiert und damit sehr gut an Produkt- und Stückzahländerungen anpassbar. Die Anlage erlaubt größere Teile-Abmessungen und Gewichte.

500 Montagezellen mit automatischer Teilezufuhr und automatischer Montage werden hier nicht behandelt.

Bezeichnung	Bild	Eigenschaften
Hybridsystem mit drei Stationen (LP Montagetechnik GmbH, Erlangen)		• für Baugruppen mit vielen Einzelteilen • Teilebereitstellung Drehteller • Drehteller wird über Fußschalter angesteuert • paralleles Arbeiten von Mensch und Maschine • für kleinere Baugruppen ≤ 200 mm × 200 mm
U-Montageinsel mit fünf Stationen (LP Montagetechnik GmbH, Erlangen)	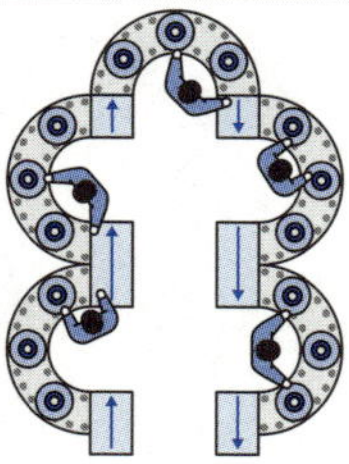	• komplette Werkstückträger werden stationsweise weitergegeben • Austaktung der Stationen erforderlich • für kleinere Baugruppen ≤ 200 mm × 200 mm
Längstransfer-Montageanlage (Teamtechnik GmbH, Freiberg)		• Handarbeitsplätze und Montageautomaten in Linie kombiniert • Baukastensystem • Reihen- oder Nebenschluss möglich • Werkstückträger ≤ 320 × 400 mm • bis ca. 20 kg • Transportgeschwindigkeit 15 m/min • Taktzeit > 7 s

Abbildung III-346 Beispiele für hybride Montagestationen unterschiedlicher Komplexität[501]

Abbildung III-347 zeigt die Umhüllung einer Montagezelle. Sie muss für Montagemitarbeiter, Einrichter und Instandhalter Zugänglichkeit von allen Seiten gewährleisten. Zugleich muss die Teilezufuhr und -abfuhr, z. B. über ein Palettiersystem, sowie die Prüftechnik gegeben sein. Standard-Schnittstellen für die mechanischen, elektrischen und IT-Prozesse erleichtern die Einbindung in größere verkettete Montagestraßen. Der Arbeitsinhalt des Montagemitarbeiters beschränkt sich auf Einlegetätigkeiten und Überwachung des Maschinenlaufs.

Prüfpunkte für die Auslegung von Montagestationen

Die folgende Checkliste fasst die wichtigsten Prüfpunkte für die Auslegung von Montagestationen zusammen:[502]

1. Montagestationen aus standardisierten Serienelementen von Systemlieferanten zusammenstellen.
2. Modular aufgebaute Montagestationen planen.
3. Manuelle und automatisierte Stationen im gleichen Abmessungsraster.
4. Standardisierte Schnittstellen zu Transfersystemen für den Werkstücktransport planen.
5. Zur Taktzeitoptimierung der automatischen Stationen in der Entwurfsphase bereits Weg-Zeit-Diagramme erstellen.
6. Zur Programmierung der Steuerungstechnik muss vom Konstrukteur ein Funktionsplan erstellt werden.
7. Automatisierte Zuführung und automatisierte Fügeeinrichtungen durch ausreichende Pufferstrecken entkoppeln.
8. Gute Zugänglichkeit der Stationen auch für Einstell-, Service- und Instandsetzung sicherstellen.

501 Vgl. a. Lotter, B. et al.: a. a. O., 2006.
502 Zur Abprüfung der Ergonomie vgl. Abschnitte 5.2 bis 5.6; vgl. auch Konold, P. et al.: a. a. O., 2003.

Abbildung III-347 Beispiel einer Montagezelle (Xenon Automatisierungstechnik GmbH)

9. Um kurze Umrüstzeiten realisieren zu können, sollten manuell verstellbare Anschläge maschinell verstellbar sein.
10. Montagestationen so auslegen, dass durch Mitarbeiter selbst umrüstbar.
11. Falls zwischen den Stationen keine gleichmäßige Abtaktung möglich, indirekte Tätigkeiten (z. B. Teilebeschaffung) für die geringer ausgelasteten Stationen vorsehen.
12. Ggf. Freistrecken für zusätzliche Reserveplätze einplanen.
13. Werkstückträger bezüglich Fixierung der Teile, Hilfsaufnahmen, Kodierung der Werkstückträger, Herstellkosten, Wertgestaltung optimieren.
14. Mechanische Belastung der Förderstrecken und des Hallenbodens überprüfen, gegebenenfalls reduzieren.

6.6 Sicherungs- und Notfallkonzepte

6.6.1 Technische Störungen

Nutzungsausfall

Durch *technische Störungen* sowohl in der Teilefertigung als auch in Montage und Logistik kann es zu einem beträchtlichen Nutzungsausfall mit weitreichenden Konsequenzen in den Kunden- und Mitarbeiterbeziehungen kommen. Während die traditionelle Werkstattfertigung relativ robust gegenüber technischen Störungen ist, sind komplexe, verkettete Fertigungs- und Montagesysteme anfällig gegenüber Ausfällen einzelner Komponenten.

Unter einer Störung versteht man den nicht ordnungsgemäßen Betrieb einer technischen Anlage oder eines Aggregats. Störungen können während des Bearbeitungsvorgangs oder aber auch in den Brachzeiten des Aggregats auftreten[503]. Kann das Werkstück bei einer Störung des Betriebsmittels nicht auf einem anderen Aggregat bearbeitet werden, so wirkt sich die Störung unmittelbar auf die *Durchlaufzeit* und den Ausstoß aus.

Sofern die Störung erkannt wird, kann diese zum Stillstand der Anlage führen. Das steuerungsbasierte Diagnosesystem liefert daraufhin eine Fehlermeldung. Die Störungsursache wird als Fehler oder Primärausfall bezeichnet.[504]

Die *Fehlererkennung* kann nur erfolgreich sein, wenn Ist-Zustand und Soll-Zustand eindeutig definiert sind. Schwachstellenanalysen beinhalten oft keine Angaben zu Fehlerursachen, deren Häufigkeiten und Auswirkungen. Die Störungsbehandlung wird deshalb häufig als Trial-and-Error-Ablauf durchgeführt.

Störungsmanagement

Sinnvoll wäre dagegen ein DV-gestütztes *Störungsmanagement* mit den Funktionen:[505]

1. Störungen erkennen (Symptombildung),
2. Störungsursachen bestimmen (Störungsidentifikation),
3. Maßnahmen zuordnen (Folgenabschätzung, Therapiefindung),
4. Maßnahmen erläutern.

Ein Störungsmanagementsystem kann folgende Vorteile haben:

- Wissenskonservierung und Verbesserung der Entscheidungsfähigkeit,
- Verbesserung der Mitarbeitermotivation,
- Reduzierung der Schulungskosten für Maschinenbediener und Instandhalter,
- Verkürzung der Anlagenstillstände,
- Bessere Planbarkeit der vorbeugenden Instandhaltung.

Abbildung III-348 weist darauf hin, dass ein Störungsmanagementsystem vor allem bei der Ursachenermittlung, Fehlereinkreisung, Ursachenbeseitigung und der Instandsetzung sehr hilfreich ist. Der gesamte Zeitbedarf zur Störungsbeseitigung kann nach Analyse von Störungsfällen aus der automatisierten Fertigung um mehr als ein Viertel reduziert werden.

Mean Time to Failure

Man bezeichnet den Zeitmittelwert, in der eine Fertigungsanlage störungsfrei arbeitet, also die Zeitspanne zwischen dem Abschluss einer Reparatur und dem nächsten störungsbedingten Ausfall, als *Mean Time to Failure* (MTTF). Die MTTFs folgen einer Exponentialverteilung. Die Reparaturzeiten (einschließlich der Wartezeiten) unterliegen ebenfalls einer Exponentialverteilung. Man bezeichnet den Mittelwert der Reparaturzeiten auch als *Mean Time to Repair* (MTTR).

Technische Verfügbarkeit

Die *technische Verfügbarkeit* V einer Fertigungsanlage[506] bestimmt sich aus den beiden genannten Zeitmittelwerten zu

$$V = \frac{MTTF}{MTTF + MTTR}$$

503 Zur Zeitgliederung der Betriebsmittel vgl. Teil II, Kapitel 4.
504 Hesselbach, J.: Störungsvermeidung und -behandlung in der automatisierten Fertigung. In: VDI-Gesellschaft Fördertechnik (Hrsg.): Produktionslogistik; VDI-Bericht Nr. 1047. Düsseldorf: VDI Verlag, 1993, S. 53–66.
505 Hesselbach, J.: a. a. O., 1993.
506 Auf allgemeine Aspekte der Verfügbarkeitsberechnung wird im Teil II, Abschnitt 3.8 bei der Behandlung der Wertstromanalyse eingegangen.

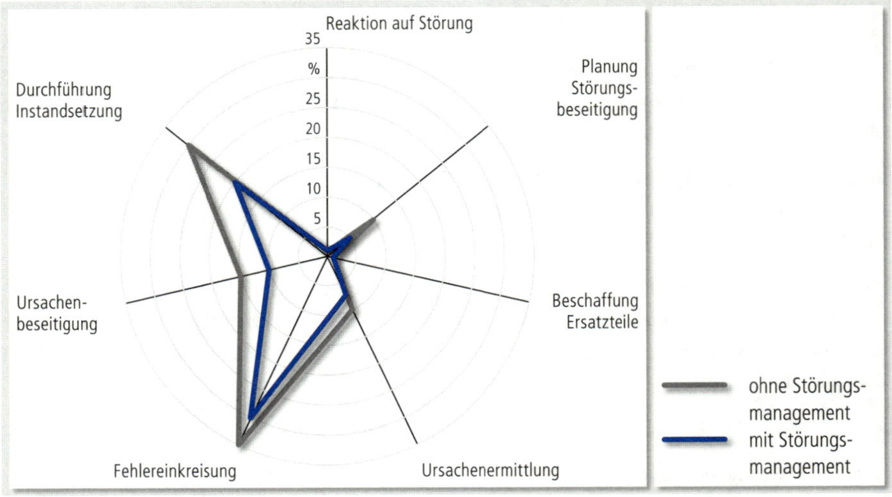

Abbildung III-348 Zeitbedarf für verschiedene Maßnahmen bei einer repräsentativen Störung[507]

6.6.2 Risiken durch Outsourcing

Durch eine immer stärker vernetzte Weltwirtschaft sind in der Vergangenheit viele Zulieferaufträge in den osteuropäischen und asiatischen Wirtschaftsraum verlagert worden. Das betrifft nicht nur die unmittelbare Fertigung, sondern oft auch die dazugehörige technische Entwicklungsarbeit. Neben dem unmittelbaren Know-how-Verlust können dadurch weitere Risiken, wie die technisch-logistische Abhängigkeit vom Lieferanten und Kontrollverlust, entstehen. Beim einheimischen Personal können sich in Teilbereichen Qualifikationsdefizite ergeben. Mittlerweile haben sich viele Unternehmen bereits zu Rückverlagerungen entschlossen, um ein Ausbluten vor allem bei den technischen Kernkompetenzen zu vermeiden.

Auch bei inländischen Zulieferfirmen können starke Abhängigkeiten zwischen Auftraggeber und Lieferant entstehen. Bei wirtschaftlichen Krisen des Lieferanten können die Unternehmen der nachgelagerten Wertschöpfungskette ebenfalls in Schwierigkeiten kommen. Diese Risiken müssen durch ein professionelles Lieferantenmanagement kontrolliert bzw. eingegrenzt werden.

Unter *Outsourcing*[508] versteht man die mittel- und langfristige Auslagerung einzelner oder aller bisher innerbetrieblich erfüllten Aufgaben der Güter- oder Dienstleistungsproduktion. Es können auch ganze Geschäftsprozesse ausgelagert werden (Business-Process-Outsourcing). Zwischen dem auslagernden Unternehmen und dem Lieferanten wird eine umfassend angelegte, partnerschaftliche Beziehung mit einer zweckgerichteten Zielsetzung angelegt. Outsourcing ist somit eine komplexe Managementaufgabe, die über das bisher bekannte »*Make or buy*« deutlich hinausgeht. Outsourcing ist keineswegs ein neues Phänomen, lediglich das Ausmaß hat durch die Öffnung der Weltmärkte bedeutend zugenommen.

507 Hesselbach, J.: a. a. O., 1993.
508 Outsourcing: Zusammensetzung der Wörter »Outside« und »Resourcing«.

Outsourcing kann nach drei Dimensionen der *Arbeitsteilung* unterschieden werden (Abbildung III-349):[509]

Arbeitsteilung

1. Arbeitsteilung nach Anbieterrollen: In Abhängigkeit des von den Herstellern verantworteten Wertschöpfungsumfangs lassen sich verschiedene Anbieterrollen in der Branche unterscheiden (Systemanbieter, Subsystem-/Modulzulieferer und Komponenten-/Teilelieferant);
2. Arbeitsteilung nach Verrichtungen: Innerhalb des verantworteten Wertschöpfungspakts kann sich der Hersteller auf einzelne Wertschöpfungsaktivitäten konzentrieren und andere, bspw. Fertigungs- oder Entwicklungsleistungen, an externe Zulieferer fremdvergeben;
3. Arbeitsteilung nach Branchensegmenten (Differenzierungsgrad des Produktprogramms): Unabhängig von der Anbieterrolle können Hersteller entweder breit diversifiziert im Markt auftreten oder aber sich auf Anwendungen für einzelne Marktsegmente spezialisieren.

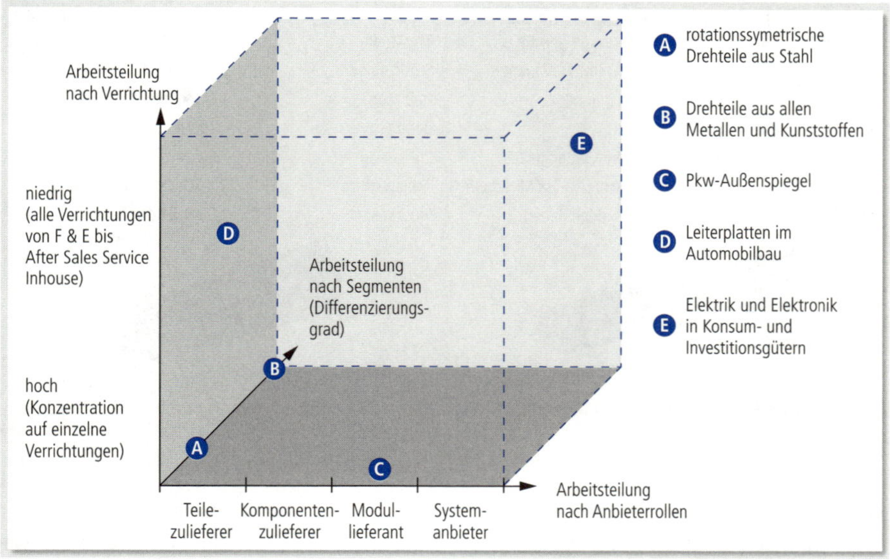

Abbildung III-349 Arbeitsteilung und Anbieterrollen[510]

Das vorherrschende Outsourcing-Motiv ist das der Kostensenkung und der Konzentration des Unternehmens auf den eigentlichen Unternehmenszweck. Niedrigere Arbeitskosten, geringere Sicherheitsstandards aber auch größere Produktionsvolumina beim Lieferanten[511] können zu z. T. bedeutend niedrigeren Stückkosten als beim auslagernden Unternehmen führen. Hinzu kommt oft ein Kostenflexibilisierungsmotiv: Die Vorhaltung von Reservekapazitäten – mit den damit verbundenen hohen Fixkosten – beim inländischen Unternehmen entfällt, Nachfrageschwankungen werden durch den Lieferanten aufgefangen. Knapp 70 % der Unternehmen geben an, Unternehmensteile ins Ausland

Outsourcing-Motiv

509 Stephan, M.: Risiken infolge von Technologie-Outsourcing? SFB 649 Discussion Paper 2007-047 Philipps-Universität Marburg.
510 Achsenbenennung nach Stephan, M.: Risiken infolge von Technologie-Outsourcing? SFB 649 Discussion Paper 2007-047 Philipps-Universität Marburg.
511 Das trifft natürlich nur dann zu, wenn der Lieferant neben dem outsourcenden Unternehmen auch noch andere, fremde Unternehmen beliefert (dadurch können allerdings besondere Know-how- bzw. Patentprobleme entstehen).

verlagert zu haben oder es zu wollen.[512] 44 % der Industrieunternehmen nutzen Osteuropa als verlängerte Werkbank.

Beispiel

Das folgende Beispiel zeigt die Unterschiede in Investition, Arbeitskräftebedarf und Stückkosten auf (Abbildung III-350).

Im Heimatunternehmen wird mit einer sehr hohen Investition die Zahnstange aus Stangenmaterial in einer aufwändigen Technik gerollt. Es werden nur drei Mitarbeiter benötigt. Beim Lieferanten hat man auf die hohe Investition verzichtet und stellt die Zahnstangen mit einer älteren Bearbeitungstechnologie (Hochgeschwindigkeitsdrehen und Bohren) her. Es werden 12 Mitarbeiter eingesetzt. Zwar sind die Stückkosten noch höher als beim Auftraggeber, es können jedoch mit dieser Bearbeitungsform auch kleinere Stückzahlen in vielen Varianten kostendeckend gefertigt werden.

Heimatunternehmen

Merkmale	Zahnstange gerollt
Stückzahlen	4 Mio/Jahr; 10 Varianten
Halbzeug	Stangenmaterial
Bearbeitung	gerollt
Investition	2,8 Mio Geldeinheiten
Arbeitskräfte	2 Schichten à 1,5 Mitarbeiter
Stückkosten	0,30 Geldeinheiten

Outsourcing

Merkmale	Zahnstange HSC-gedreht
Stückzahlen	0,8 Mio/Jahr; 14 Varianten
Halbzeug	Stangenmaterial
Bearbeitung	gedreht und gebohrt
Investition	0,6 Mio Geldeinheiten
Arbeitskräfte	3 Schichten à 4 Mitarbeiter
Stückkosten	0,42 Geldeinheiten

Abbildung III-350 Zwei verschiedene Herstellungsarten: Realisation im Heimatunternehmen und beim Lieferanten[513]

Mit einem outgesourcten Bauteil oder einem Produkt ist in der Regel auch eine Verbesserung der *Kostentransparenz* verbunden. Bezahlt wird per Stück, schwierige Zurechnungsaufgaben von Gemeinkosten entfallen. Die Reaktionsgeschwindigkeit auf Veränderungen des eigenen Marktes steigt gewöhnlich an, da keine schwerfälligen Unternehmensstrukturen aktiviert oder umgebaut werden müssen. Unangenehme oder nicht beherrschbare Produktions- und Garantierisiken werden auf den Outsourcing-Anbieter abgewälzt.

In der letzten Dekade verstärkte sich die Tendenz, dass Zulieferfirmen nicht nur komplette Module an die Endmontage-Arbeitsplätze des Auftraggebers liefern, sondern auch Verantwortung für die Second-Tier-Supplier übernehmen (Abbildung III-349).[514]

Allerdings sind auch die *Risiken des Outsourcings* beachtlich: Insbesondere die Anbahnungs-, Transaktions- und Abstimmungskosten können beträchtlich werden[515]. Weiterhin erfolgt eine starre Bin-

512 Roland Berger Offshoring-Information, 2004.

513 Abele, E.; Meyer, T.; Näher, U.; Strube, G.; Sykes, R.: Global Production. Berlin: Springer, 2008, S. 211.

514 Der First-Tier-Supplier beliefert direkt den OEM (Original Equipment Manufacturer = Originalausrüstungshersteller) und übernimmt Verantwortung für Produktentwicklungsaufgaben und für (das Netzwerk) der Second- und Third-Tier-Supplier.

515 Zur Transaktionskostenanalyse beim Outsourcing vgl. z. B. Picot, A.; Maier, M.: Analyse und Gestaltungskonzepte für das Outsourcing. In: Information Management, 7, 1992, 4; sowie Arnold, B.: Strategische Lieferantenintegration: Ein Modell zur Entscheidungsunterstützung für die Automobilindustrie und den Maschinenbau. Berlin: DUV, 2004.

dung an den technologischen Stand des Anbieters. Zudem können Kosten für Sozialpläne u. a. für die durch das Outsourcing nun nicht mehr benötigten Mitarbeiter des inländischen Unternehmens entstehen. Die eigene strategische Weiterentwicklung des inländischen Unternehmens kann nicht auf den Outsourcing-Anbieter verlagert werden, im Gegenteil, hierfür sind die jetzt freiwerdenden Managementkapazitäten zu nutzen. Bei nachträglichen Preisverhandlungen mit dem Lieferanten kann die nunmehr reduzierte Marktmacht und Informationsversorgung das outsourcende Unternehmen in die Defensive bringen.

Es sind weiterhin die mit dem Outsourcing gekoppelten, z. T. auch volkswirtschaftlichen Merkmale zu beachten: politische Instabilität im Partnerland, Wechselkursrisiken, Rohstoff- und Energieprobleme, Patentstreitigkeiten, erhöhter Export-/Import-Aufwand, natürlich auch beträchtliche soziokulturelle Friktionen u. v. m.

Compliance-Nachweis

In vielen Fällen kann das einheimische Unternehmen, das das Outsourcing vornimmt, nicht garantieren, dass soziale Standards bei den Arbeitsbedingungen eingehalten und Raubbau an der Umwelt vermieden werden. In diesem Zusammenhang ist ein *Compliance-Nachweis* des Lieferanten einzufordern.[516]

Trotzdem kann ein globaler Verdrängungswettbewerb manche Unternehmen zum »Zwangs-Outsourcing« nötigen: Zunächst durch Reduzierung der Fertigungstiefe, danach durch Einkauf von Baugruppen oder der gesamten Produkte.

Parallel dazu läuft ebenfalls seit mehreren Jahren die Verlagerung der IT-Dienstleistungen in Länder mit einem niedrigeren Lohnniveau, aber gleichzeitig gut ausgebildeten Mitarbeitern.[517]

Erfahrungen aus einer Reihe ganz verschiedener Projekte zur Produktivitätsverbesserung bei Lieferanten fasst Abbildung III-351 zusammen.

Ansatz	Maßnahme	Auswirkung	Potenzial		
			Qualität	Kosten	Liefertreue
Supply Chain	• Einführung Kanban und Pull-Prinzip • Entfall von Lagerstufen • Beseitigung von Prozessschritten	• Flexibilität ↑ • Handlingaufwand ↓ • Kapitalbindung ↓	+	€€€	+++
Fertigungssteuerung	• Produktionsnivellierung • Einführung Fließprinzip	• Planungsaufwand ↓ • Umlaufbestände ↓	+	€€€	++
Qualität	• Prozessbeherrschung • kurze Qualitätsregelkreise • Organisationsänderungen	• Ausschuss, Nacharbeit ↓ • Kundenbeanstandungen ↓	+++	€€€	+++
Produktivität	• Anpassung/Volumen/Kapazität • Vorbeugende Instandhaltung	• Nutzungsgrad ↑ • Anlageneffektivität ↑ • Anzahl MA ↓	++	€€	++
Technik	• Spezifikationsänderungen • Redesigns • Änderungen im Fertigungsprozess	• Prozessdurchlaufzeit ↓ • Ausschuss, Nacharbeit ↓	++	€€	+
sonstige	• Werkzeugqualität u. Rüstvorgang • Vorlieferantenmanagement • Controlling	• Werkzeugverbrauch ↓ • Materialkosten ↓ • Transparenz ↑	++	€€	++

Abbildung III-351 Typische Erfahrungen bei gemeinsamen Projekten zur Produktivitätsverbesserungen bei Lieferanten[518]

516 Compliance: Gesetzliche und behördliche Vorschriften, Richtlinien und interne Vorgaben müssen erfüllt werden.

517 Vgl. Knolmayer, G. F.: Compliance-Nachweise bei Outsourcing von IT-Aufgaben. In: Wirtschaftsinformatik 49, 2007, S. 98–106.

518 Schumacher, G.: Untersuchung und Anwendung der Wertstrommethode zur Optimierung der Material- und Informationsflüsse am Beispiel eines Zulieferers der Robert Bosch GmbH, Lehrstuhl für Industriebetriebslehre und Arbeitswissenschaft, TU Kaiserslautern, 2007.

Checkliste zu Risiken des Outsourcings

Die folgenden Empfehlungen helfen, die Risiken des Outsourcings zu mildern.[519] Die Prüfpunkte 1–4 betreffen Forschung und Entwicklung, 5–13 betreffen strategische Überlegungen, Punkt 14 betrifft taktische Überlegungen und 15 das Marketing.

1. Bei Fremdvergabe von Wertschöpfungsleistungen verbleiben die korrespondierenden technologischen Kompetenzen beim Auftraggeber.
2. Bei der Diversifikation in neue Produktbereiche wird simultan auch eine Diversifikation der technologischen Ressourcenbasis vorgenommen.
3. Unabhängig von der Breite des derzeitigen Leistungsspektrums wird in jedem Fall in neue technologischen Kompetenzen investiert.
4. Eine Fremdvergabe kann sinnvoll sein, wenn das Unternehmen nicht über die notwendigen Mittel für Forschung und Entwicklung verfügt (z. B. werden im Durchschnitt bei Automobilherstellern und Zulieferunternehmen etwa 4 % vom Umsatz jährlich in Forschung und Entwicklung investiert).
5. Es wird ein Geschäftsprozess-Portfolio aus Kundennutzen und Unternehmenserfolg erstellt. Nur Produkte oder Dienstleistungen mit niedrigem Beitrag für Kundennutzen und Unternehmenserfolg sind Kandidaten für das Outsourcing.
6. Aktivitäten, die aktuelle oder potenzielle Wettbewerbsvorteile liefern, werden nicht oder nur sehr vorsichtig ausgelagert.
7. Aktivitäten, die zukünftiges Wachstum oder Innovation liefern, werden nicht oder nur sehr vorsichtig ausgelagert.
8. Produktentwicklung und -herstellung werden dann ausgelagert, wenn Auftraggeber nicht über die entsprechende Anlagentechnologie verfügt.
9. Produktentwicklung und -herstellung werden dann ausgelagert, wenn große Know-how-Defizite in der Belegschaft des Auftraggebers vorhanden sind und diese auch kurzfristig nicht behoben werden können.
10. Produkte gehen mit den Fertigungsanlagen, Betriebsstätten und evtl. mit dem betroffenen Personal nur dann an einen Partner, wenn sie außerhalb der Kernkompetenzen liegen und für die eigenen Kunden damit kein »einzigartiger Wert« erzeugt werden kann.
11. Kernkompetenzen ermöglichen Zugang zu Vielzahl von Märkten, können vom Wettbewerb nur schwierig imitiert werden und tragen erheblich zur Wertigkeit der Produkte bei. Sie werden nicht ausgelagert.
12. Vor dem Outsourcing werden die Transaktionskosten (vor allem diejenigen, die sich aus der Logistik ergeben) bewertet und akzeptiert.
13. Vor dem Outsourcing wird die Lieferantenqualität (Entwicklungs- und Innovationsfähigkeit, Fertigungsqualität, Termintreue, Investitionspotenziale, Image, Know-how etc.) beurteilt und für gut befunden.
14. Aktivitäten, die kurzfristige Kostensenkungen, Verbesserung der Liquidität oder Senkung der Kapitalkosten versprechen, sind Kandidaten für das Outsourcing.
15. Aktivitäten, die hohen Einfluss auf die von den Kunden empfundene Wertigkeit der Produkteigenschaften haben, werden nur dann ausgelagert, wenn der Lieferant gegenüber dem Auftraggeber einen deutlichen Entwicklungsvorsprung hat.

519 Stephan, M.: a. a. O., 2007.
Nitschke, C.: Outsourcing in der Automobilindustrie. Fachhochschule Wedel, 2007.

6.6.3 Rüstarbeit

Ein stark diversifiziertes Angebot gegenüber dem Kunden hat nicht nur dazu geführt, dass zu fertigende Losgrößen immer kleiner werden, sondern dass damit auch die Rüstvorgänge in ihrer Zahl und in ihrem Zeitbedarf zunehmen. Da *Rüstzeiten* nicht direkt wertschöpfend sind, sind sie nach Möglichkeit zu minimieren. Verkürzte Rüstzeiten machen sich in verringerter Kapitalbildung und einer geringeren Durchlaufzeit positiv für das Betriebsergebnis bemerkbar.

Interne und externe Rüstzeiten

Man unterscheidet interne und externe Rüstzeiten. Interne Rüstzeiten fallen während des Produktionsstillstands an, externe Rüstzeiten dagegen bei laufender Produktion. Externe Rüstzeiten sind damit hauptzeitparallel. Weiterhin unterscheidet man beim Rüsten die Ablaufabschnitte Rüstvorbereitung, Abrüsten, Aufrüsten, Probelauf und Nachbereitung.

Die Rüstvor- und -nachbereitung können hauptzeitparallel abgewickelt werden. Zur *Rüstvorbereitungszeit* gehören Planungs- und vor allem Bereitstellungsarbeiten. Zur Rüstnachbereitung können BDE-Eingaben sowie das Aufräumen des Arbeitsplatzes gehören.

Abrüsten, Aufrüsten und Probelauf sind dann interne Rüstzeiten, wenn nicht mit Werkzeugwechselsystemen gearbeitet wird.

Analog zur Unterscheidung von internen und externen Rüstzeiten definiert man auch interne und externe Rüstkosten: Interne Rüstkosten beinhalten vor allem die Kosten für den Produktionsstillstand. Man unterscheidet drei Konzepte zur Reduzierung vor allem der internen Rüstkosten:[520]

1. Rüstzeitverkürzung,
2. Rüstzeitverlagerung,
3. Rüstzeitvermeidung.

Wechselpalettensystem

Die Rüstzeitverkürzung wird z. B. durch Schnellspannsysteme ermöglicht. Bei der Rüstzeitverlagerung geht es um die Umwandlung von internen in externe Rüstzeiten, z. B. durch *Wechselpalettensysteme*. Rüstzeitvermeidung kann durch Verlagerung von Teilaufgaben des Rüstens an (billigere) Anbieter außerhalb des Unternehmens (Outsourcing) oder durch Komplettbearbeitung betrieben werden.

Der Verkürzung der Rüstzeit dienen damit folgende Maßnahmen:[521]

- Arbeiten, die unbedingt bei stillstehender Maschine zu erledigen sind, sind von denjenigen Arbeiten zu trennen, die auch während des Maschinenbetriebes durchgeführt werden können.
- Rüstarbeiten bei stillstehender Maschine sind durch bessere Arbeitsvorbereitung zu reduzieren.
- Justiervorgänge sind überflüssig zu machen, Befestigungen und Lösevorrichtungen sind zu vereinfachen.
- Auch die Rüstarbeiten während laufender Maschine sind zu reduzieren, da hier ebenfalls zusätzliches Maschinenpersonal gebunden wird.

Da *Stillstandszeiten* von sehr kapitalintensiven Fertigungsanlagen im Regelfall teurer zu Buche schlagen als eine für die Rüstarbeiten zusätzlich bereitgestellte Arbeitskraft, macht es oft Sinn, die Rüstarbeit bei stillstehendem Aggregat durch Einsatz eines zweiten Mitarbeiters zu verkürzen. Im Beispiel in Abbildung III-352 wurde mit dem Einsatz einer zusätzlichen Arbeitskraft eine Umgestaltung verbunden, die Wege des Personals wurden durch eine zweite Werkzeugvorrichtung deutlich verkürzt.

520 Frühwald, C.: Analyse und Planung produktionstechnischer Rüstabläufe, Düsseldorf: VDI-Verlag, 1990.
521 Suzaki, K.: Modernes Management im Produktionsbetrieb. München: Hanser 1989.

vorher (gesamte Rüstzeit bei stehender Maschine: 57 min)

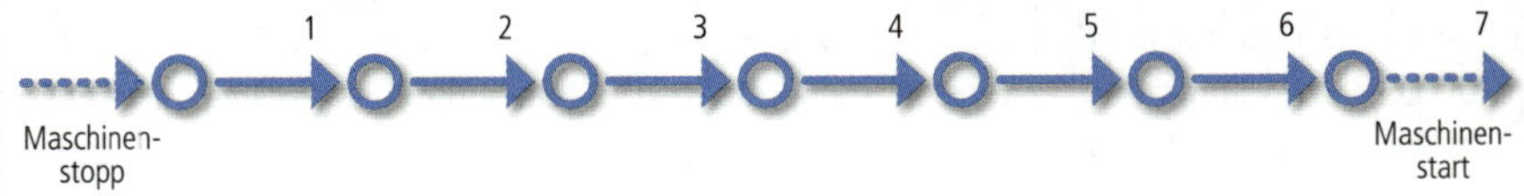

Schritt-Nr.	Arbeitsgang	intern/extern	benötigte Zeit (min)	durchgeführt von
1	Suche des neuen Gesenkes	I	3	Einrichter
2	Transport des neuen Gesenkes	I	10	Einrichter
3	Ausbau des alten Gesenkes	I	2	Einrichter
4	Einbau des neuen Gesenkes	I	2	Einrichter
5	Transport des neuen Materials	I	10	Einrichter
6	Justierung	I	20	Einrichter
7	Transport des alten Gesenkes	I	10	Einrichter

nachher (gesamte Rüstzeit bei stehender Maschine: 10 min)

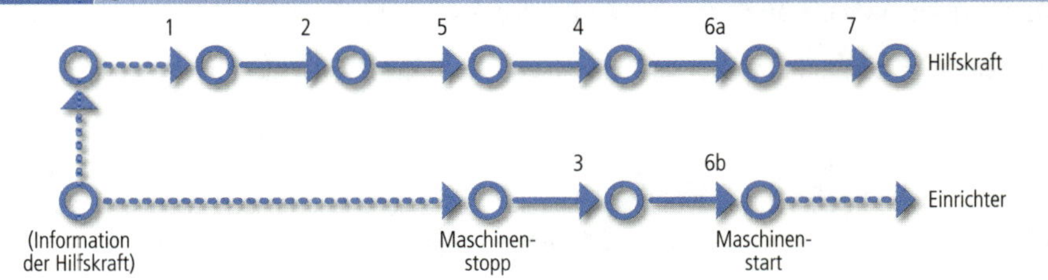

Schritt-Nr.	Arbeitsgang	intern/extern	benötigte Zeit (min)	durchgeführt von
1	Suche des neuen Gesenkes	E	3	Hilfskraft
2	Transport des neuen Gesenkes	E	10	Hilfskraft
5	Transport des neuen Materials	E	10	Hilfskraft
4	Einbau des neuen Gesenkes*	I	2	Hilfskraft
6a	Justierung**	I	7	Hilfskraft
3	Ausbau des alten Gesenkes*	I	2	Einrichter
6b	Justierung**	I	8	Einrichter
7	Transport des alten Gesenkes	E	10	Hilfskraft

*/**Diese Schritte können jeweils gleichzeitig ausgeführt werden.

Abbildung III-352 Verkürzung der Rüstarbeit an einer Presse durch Einsatz eines zweiten Mitarbeiters[522]

Rationalisierungspotenzial

Rüstarbeiten haben oft ein beträchtliches *Rationalisierungspotenzial*. Es handelt sich bei Rüstarbeiten um abwechslungsreiche Tätigkeiten ganz unterschiedlicher Arbeitsformen. Handwerklich hochqualifizierte Mitarbeiter (Elektriker, Mechaniker) strukturieren den Rüstablauf allerdings oft nach althergebrachten Mustern ohne die Sinnhaftigkeit der einzelnen Arbeitsabläufe zu hinterfragen. Abbildung III-353 entstammt einer Multimomentstudie (vgl. Teil II, Abschnitt 8.6) in einem Unternehmen, das Nahrungsmittelverpackungen durch Tiefziehen und Spritzgießen herstellt und bedruckt. Knapp 15 % der Tätigkeiten der Rüstmitarbeiter entfallen auf Wegezeiten (das entspricht 1 Stunde, 12 Minuten pro Tag), etwa 14 % für Dienstgespräche mit Vorgesetzten oder Mitarbeitern. Es ist zu erwarten, dass durch eine bessere Einsatzplanung und eine optimierte Arbeitsplatzorganisation diese nur bedingt wertschöpfenden Tätigkeiten vermindert werden können.

522 Suzaki, K.: a. a. O., 1998, S. 35.

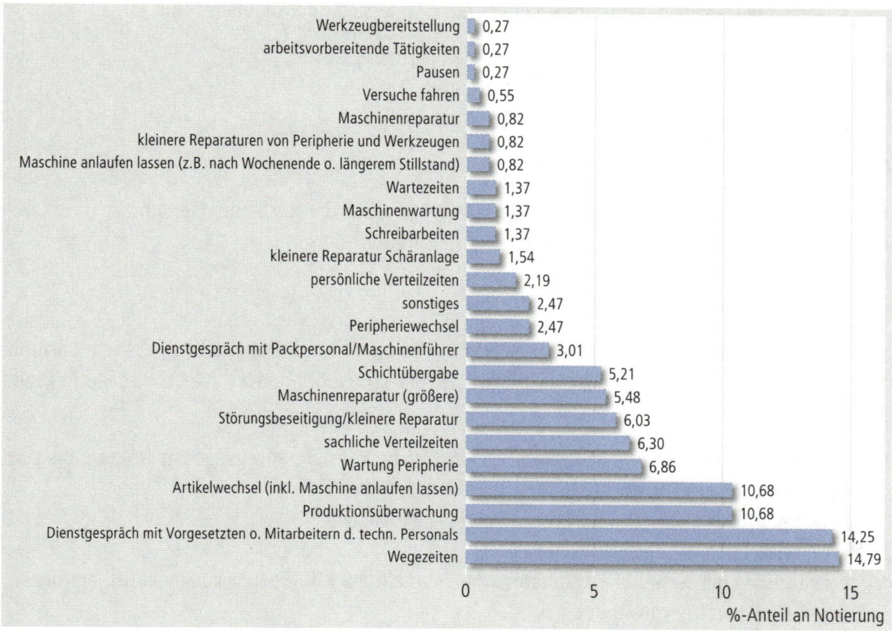

Abbildung III-353 Tätigkeitsprofil von 14 Einrichtern, erhoben über zwei Wochen im Rahmen einer Multimomentstudie (1.188 Beobachtungen)

Videoanalysen zur Dokumentation des gesamten Rüstablaufs eignen sich hervorragend dazu, ablauforganisatorische Schwachstellen aufzudecken. Abbildung III-354 zeigt den Arbeitseinsatz von insgesamt 8 Mitarbeitern eines Kunststoffherstellers bei Störungssuche und Reparatur eines Tiefzieh- und Druckaggregates. Es kann davon ausgegangen werden, dass ein Zuviel an Personal das Umrüsten bzw. die dabei vorzunehmende Reparatur eher behindert hat. Von einem geordnet ablaufenden Umrüstvorgang kann hier nicht gesprochen werden. Videoanalysen

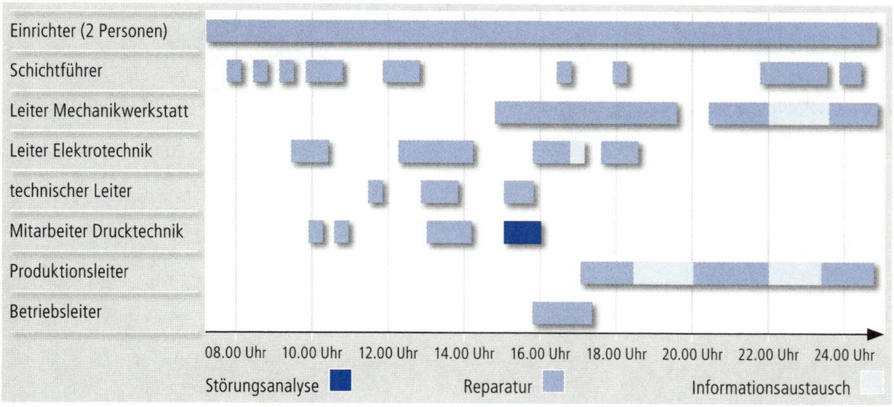

Abbildung III-354 Auswertung einer Videoanalyse über 16 Stunden bei der Umrüstung und Reparatur eines Tiefzieh- und Druckaggregates für Kunststoffverpackungen

Organisatorische Defizite des Rüstens sind nach einer Untersuchung von etwa 1.000 Rüstabläufen:[523]

- Mangelhafte Einbindung des Rüstablaufs in den Fertigungsablauf,
- Unvollständig bereitgestellte Fertigungshilfsmittel,
- Teilweise schlechter Ausbildungsstand des Rüstpersonals.

Als Abhilfemaßnahmen werden vorgeschlagen:

- Einführung von Checklisten zur Prüfung der Verfügbarkeit der Rüstkomponenten,
- rüstgerechte Unterlagen und Dokumentationshilfsmittel,
- Rüstpläne,
- Mitarbeiterschulungen.

MTM, SMED

Die Gestaltung von Rüstvorgängen mit MTM beugt den genannten Defiziten vor (Präventionsfunktion von MTM). Darüber hinaus bietet die von Toyota *entwickelte SMED-Methode* dazu folgende Schritte an:[524]

1. Dokumentation des Rüstvorgangs vom letzten Gutstück des vorangegangenen Auftrags bis zum ersten Gutstück des Folgeauftrags,
2. Analyse der Rüsttätigkeiten und Abschätzung des Potenzials,
3. Vereinheitlichung der Fertigungshilfsmittel,
4. Vereinfachung der technisch-organisatorischen Gestaltung, z. B. Reduzierung von Justierarbeiten,
5. Reduzierung von Verschwendung,
6. Standardisierung der Rüstabläufe, Sicherung der Reproduzierbarkeit, Feedback-Schleifen,
7. Delegation der Verantwortung an die (möglichst aus Facharbeitern bestehenden) Rüstteams.

Neben dem Rüsten gibt es noch weitere sekundäre Arbeitsprozesse (Abschnitt 6.5.1) wie Reinigen, Justieren und Prüfen. Auf das Prüfen wird in Abschnitt 5.8.5 näher eingegangen. Für das Reinigen stehen spezielle MTM-Prozessbausteine zur Verfügung (vgl. Teil II, Abschnitt 7.5). Beim Justieren sind für das Rüsten besonders relevant:[525]

- Justieren durch Fügen von Ausgleichsteilen,
- Justieren durch Einstellen.

6.6.4 Instandhaltung

Sicherstellung der Fertigung

Die Sicherstellung der Fertigung erfordert eine sorgfältig geplante *Instandhaltung*. Zur Instandhaltung sind zu rechnen:

- *Wartung*,
- *Inspektion*,
- *Instandsetzung*.

523 Frühwald, C.: a. a. O., 1990.

524 Vgl. Blom Product Development Team: Schnellrüsten: Auf dem Weg zur verlustfreien Produktion mit Single Minute Exchange of Die (SMED): Ansbach: CETPM Publishing, 2007.

525 DIN 8580, Fertigungsverfahren – Begriffe, Einteilung.

Dabei gehören zur Wartung im Einzelnen (Abbildung III-355):[526]

- Schmieren,
- Ergänzen,
- Auswechseln,
- Nachstellen,
- Reinigen,
- Konservieren.

Bei der Durchführung der *Wartung* ist festzulegen, ob sie im Betriebszustand oder im Stillstand vorzunehmen ist. Die Wartung kann in regelmäßigen Intervallen vorgenommen werden, sie kann jedoch auch vom augenblicklichen Maschinenzustand abhängig gemacht werden.

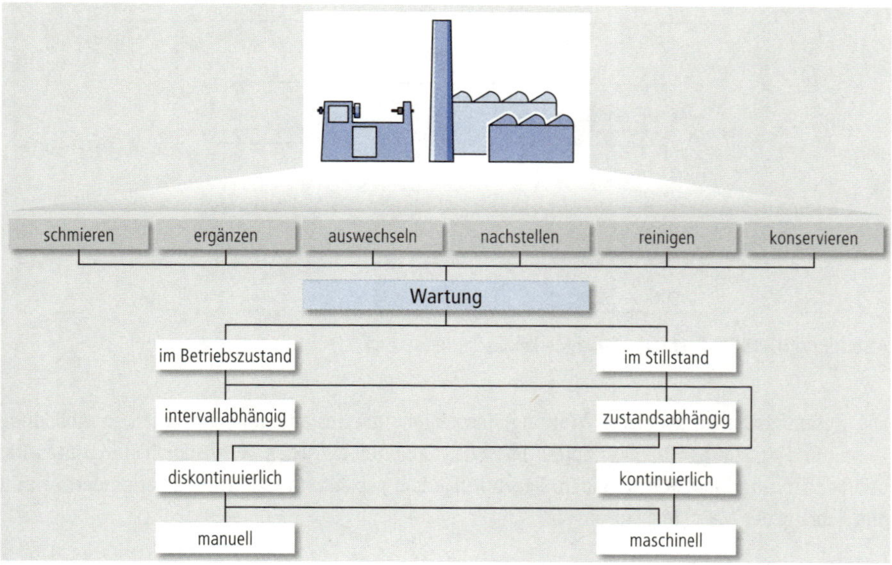

Abbildung III-355 Bestandteile und Merkmale der Wartung[527]

Primärer Nutzen einer regelmäßigen, geplanten Wartung ist:[528]

- die Verringerung der Verschleiß- und Korrosionsgeschwindigkeit und dadurch
- die Sicherstellung der Funktionsfähigkeit,
- die Reduzierung der technischen Störungs- und Ausfallzeit und damit
- nicht nur die Einhaltung der geplanten Fertigungsdurchlaufzeit, sondern auch die Reduzierung dieser Zeit.

Mit ordnungsgemäßer Wartung soll sich also die ausfallbedingte Instandsetzungszeit vermindern.

Während die Wartungsmaßnahmen manuell oder maschinell durchgeführt werden, handelt es sich bei der *Inspektion* um eine Informationsverarbeitungsaufgabe mit Entscheidungsfindung (Abbildung III-356). Die technischen Zustände (Soll und Ist) eines Aggregates oder einer größeren Fertigungsein-

526 Jakobi, H. F.: Nutzen-Wirkungen bei der Wartung und Inspektion. In: Biedermann, H. (Hrsg.): Inspektion und Wartung, Techniken, Organisation und Wirtschaftlichkeit, 5. Instandhaltungsforum. Köln: TÜV Rheinland, 1989.

527 Vgl. Jakobi, H. F.: a.a.O., 1989.

528 Jakobi, H. F.: a.a.O., 1989.

richtung sind zu beobachten und eventuell erforderliche Maßnahmen sind abzuleiten. Auch dabei muss unterschieden werden, ob die Inspektion im normalen Betriebszustand oder im Stillstand durchzuführen ist. Ebenso unterscheidet man auch hier diskontinuierliche und kontinuierliche Inspektionsmaßnahmen.

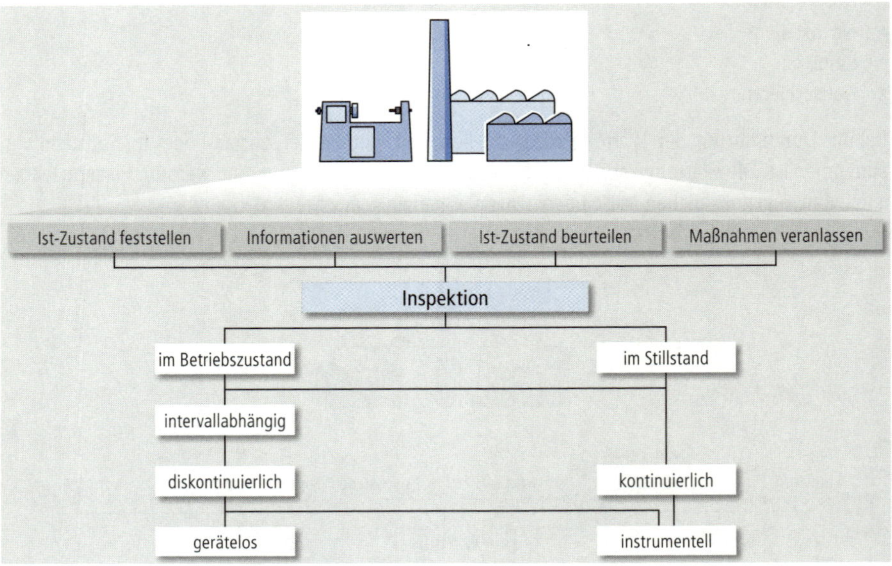

Abbildung III-356 Bestandteil und Merkmale der Inspektion

Zusammenhänge zwischen Wartung, Inspektion und Instandsetzung

Die Zusammenhänge zwischen Wartung, Inspektion und Instandsetzung werden in Abbildung III-357 und Abbildung III-358 erläutert. Es ist das Optimum zwischen der Instandhaltungsintensität und der *Störungsintensität* zu finden: Regelmäßige und geplante Instandhaltung vermindert Anzahl und Umfang der Maschinenstörungen.

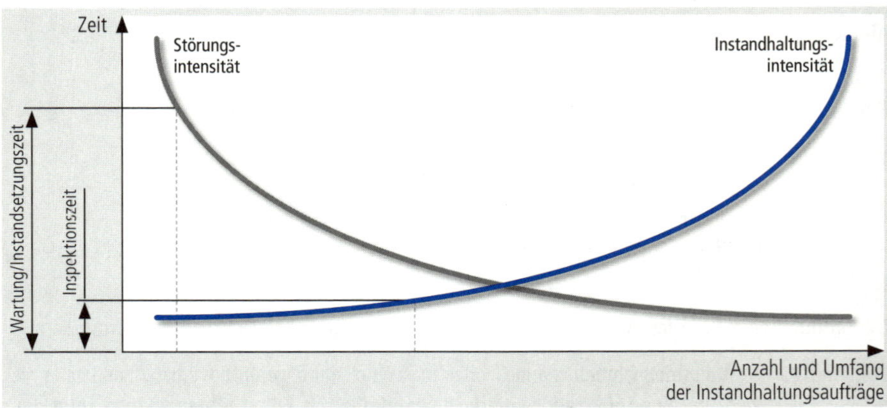

Abbildung III-357 Optimierung von Wartung, Inspektion und Instandsetzung

Abweichungen vom Soll-Zustand

Mit der Inspektion sollen frühzeitig Abweichungen vom Soll-Zustand erkannt werden. Der Störungs- bzw. Ausfalleintritt soll in der Betriebsarbeitszeit verhindert werden. Die geplante Verfügbarkeit, die Fertigungsdurchlaufzeit sowie die Produktivität sollen beibehalten werden können. Der Übergang vom betriebsfähigen in den betriebsunfähigen Zustand eines Aggregates oder einer Fertigungsanlage wird in Abbildung III-359 verdeutlicht.

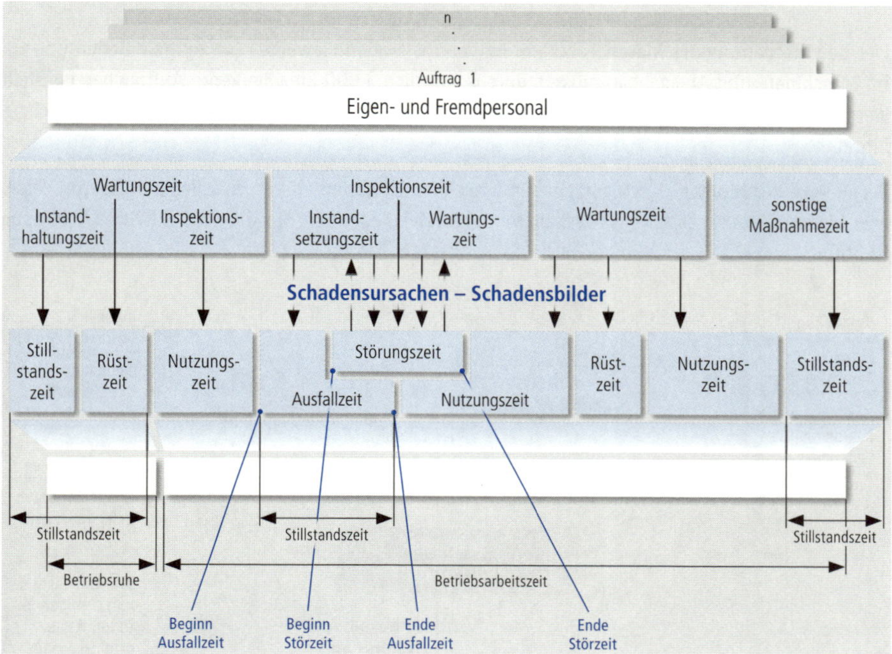

Abbildung III-358 Zeitanteile für Wartung und Inspektion[529]

In Abschnitt 6.4.5 wurde auf *Fertigungsinseln* eingegangen. Für die Instandhaltung gilt in diesem Falle, dass für das Inselpersonal nur einfache Wartungs- und Instandsetzungsaufgaben sinnvoll sind. Es ist empfehlenswert, einen Mitarbeiter der zentralen Instandhaltung als Instandhaltungsberater der Fertigungsinsel zuzuordnen.

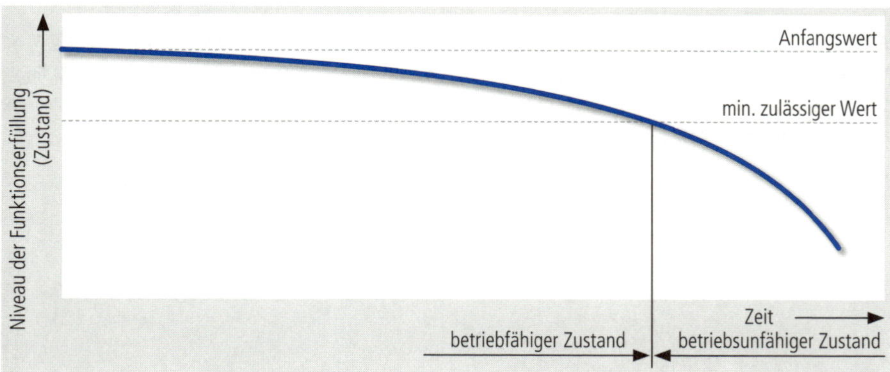

Abbildung III-359 Definition des Störungsbegriffes[530]

529 Jacobi, H. F.: a. a. O., 1989.
530 Smit, K.: Voraussetzungen und Möglichkeiten für die Anwendung der zustandsabhängigen Instandhaltung. In: Biedermann, H. (Hrsg.): Inspektion und Wartung, Techniken, Organisation und Wirtschaftlichkeit, 5. Instandhaltungsforum. Köln: TÜV Rheinland GmbH, 1989.

6.7 Logistik in Arbeitsprozessen

6.7.1 Logistik

Bewirtschaftung des Materials

Der Bewirtschaftung des Materials kommt im verarbeitenden Gewerbe eine zentrale Bedeutung zu. Im Maschinen- und Anlagenbau müssen durchschnittlich 3.000 Einzelteile pro Auftrag bereitgestellt werden; mehr als 60 % der Störungen des Montageablaufs sind auf den Faktor Material zurückzuführen.[531]

Bis zu 90 % der Montagedurchlaufzeiten in Maschinenbauunternehmen entfallen auf Lagerprozesse. Die *Materialbewirtschaftung* ist deshalb von zentraler Bedeutung für die Produktivität (Abbildung III-360).

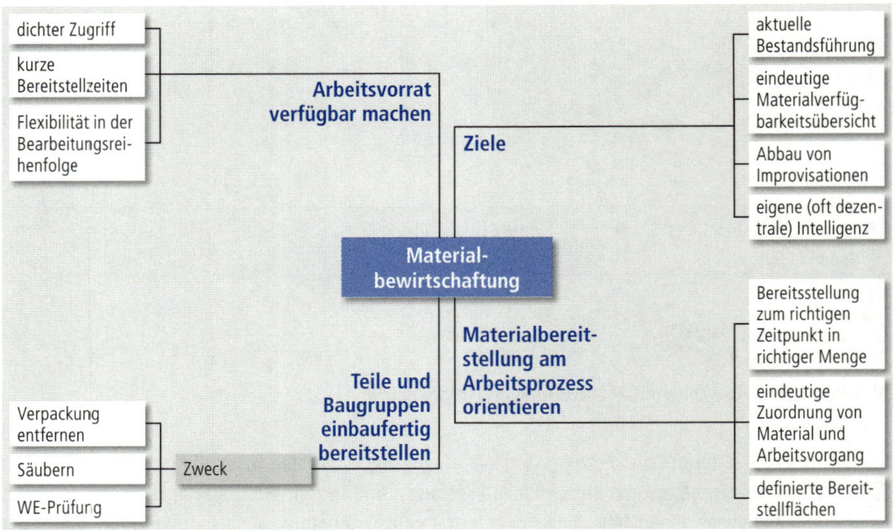

Abbildung III-360 Aufgaben der Materialbewirtschaftung[532]

Abbildung III-361 zeigt die Vielfalt der verschiedenen Lager, wie sie bis in die 1990er-Jahre für viele Unternehmen typisch war. Die Folge der vielen Zwischenlager waren: hohe Kapitalbindung, lange Durchlaufzeiten und hohe Blindleistung. Systematisches Verbesserungsmanagement, insbesondere anhand einer Wertstromanalyse, hilft jedoch, diese Gestaltungsdefizite abzubauen.

531 Eversheim, W.; von Pathow, C.: Montagestruktur- und Arbeitsplatzgestaltung in der Einzel- und Kleinserienproduktion. In: Landau, K.; Luczak, H.: Ergonomie und Organisation in der Montage. München: Hanser, 2001, S. 581–609.

532 In Anlehnung an Eversheim, W.; von Pathow, C.: Montagestruktur- und Arbeitsplatzgestaltung in der Einzel- und Kleinserienproduktion. In: Landau, K. et al.: a. a. O., 2001, S. 600.

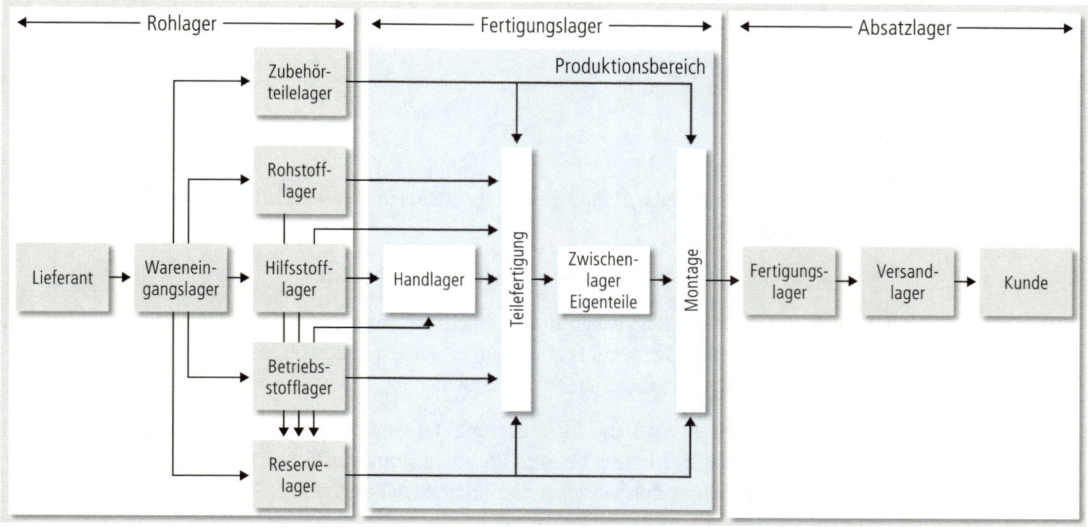

Abbildung III-361 Große Lagerzahl im Fertigungsprozess mit den Risiken hohe Kapitalbindung, lange Durchlaufzeiten, hohe Blindleistung[533]

Supply Chain Management

Aus Abbildung III-361 wird auch deutlich, dass eine allein unternehmensinterne Optimierung der Materialbewirtschaftung nicht zielführend ist. Alle Beteiligten an der Wertschöpfungskette – Zulieferer, Hersteller, Großhändler, Speditionen, Lagerhäuser etc. – sind involviert. Seit zwei Jahrzehnten hat sich deshalb das Denken in Lieferketten etabliert. Man versteht in diesem Zusammenhang unter *Supply Chain Management* die unternehmensübergreifende Koordination und Optimierung der Material-, Informations- und Wertflüsse über den gesamten Wertschöpfungsprozess von der Rohstoffgewinnung über die einzelnen Veredelungsstufen bis hin zum Endkunden mit dem Ziel, den Gesamtprozess sowohl zeit- als auch kostenoptimal zu gestalten.[534]

Materialfluss

Der *Materialfluss* ist die Verkettung aller Vorgänge beim Gewinnen, Be- und Verarbeiten sowie beim Verteilen von Gütern innerhalb festgelegter Bereiche.[535] Der Bereich, in dem der Materialfluss gestaltet wird, kann beliebig groß sein. Man bildet daher eine stufenartige Ordnung des Materialflusses:

- Der Materialfluss erster Ordnung umfasst die Transporte zwischen dem Werk und seinen Lieferanten oder Abnehmern oder zwischen Werken allgemein (Gesamtsystem).
- Der Materialfluss zweiter Ordnung umfasst die Transporte innerhalb eines Werksgeländes zwischen verschiedenen Betriebsbereichen (Betriebs- bzw. Werkstätten).
- Der Materialfluss dritter Ordnung umfasst die Transporte zwischen einzelnen Abteilungen eines Betriebsbereiches oder zwischen einzelnen Betriebsmitteln innerhalb einer Abteilung (Arbeitsplätze, Maschinen).
- Der Materialfluss vierter Ordnung umfasst den Transport an einem Arbeitsplatz (Handhabung am Arbeitsplatz).

Die Vernetzung von Arbeitssystemen über den Materialfluss wird anhand des Kooperationsgrades deutlich. Man berechnet z. B. für den Materialfluss dritter Ordnung, also innerhalb eines Betriebsbereiches,

533 Hartmann, H.: Materialwirtschaft, 8. Auflage. Gernsbach: Deutscher Betriebswirte Verlag, 2002.
534 Arndt, H.: Supply Chain Management – Strategien und Entwicklungstendenzen in Spitzenunternehmen. Berlin: Springer, 2004.
535 VDI 2411: Begriffe und Erläuterungen im Förderwesen, 1970.

$$\text{Kooperationsgrad}\ K = \frac{\sum_{i=1}^{m} k_i}{m}$$

mit

k_i = Anzahl der Arbeitssysteme, die Arbeitssystem i mit Material beliefern oder von ihm Material erhalten,

m = Anzahl Arbeitssysteme im betrachteten Betriebsbereich.

Da häufig unter Materialfluss lediglich die körperlichen Bewegungen von Einzelteilen, Baugruppen und Fertigwaren verstanden wird, fasst man in den letzten Jahren oft Materialfluss und Informationsfluss unter dem Stichwort »Logistik«[536] zusammen.

Logistik, Intralogistik

Unter *Logistik* versteht man also die Steuerung des Güterstroms von der Rohstoffquelle bis zum Verbraucher und darüber hinaus bis zum Recycling. *Intralogistik* beschreibt dagegen den innerbetrieblichen Materialfluss, der zwischen den unterschiedlichsten »Logistikknoten« stattfindet sowie den dazugehörigen Informationsfluss.

Zur betrieblichen Logistik gehören Informations- und Materialflussprozesse zum

- Transportieren,
- Handhaben,
- Lagern.

Die Logistikstrukturen benötigen[537]

- Transport- und Fördersysteme,
- Handhabungssysteme,
- Lagersysteme.

Die Logistik ist eine wichtige Querschnittsfunktion im Unternehmen. Sie hat die Aufgabe,

- die richtigen Mengen,
- der richtigen Objekte,
- mit den richtigen Informationen,
- am richtigen Ort,
- zum richtigen Zeitpunkt,
- in der richtigen Qualität,
- zu den richtigen Kosten

verfügbar zu halten. Es erfolgt eine Optimierung nach den Kriterien Logistikleistung, -kosten und -ökologie.

Logistikbereiche

Man unterscheidet auch oft nach den Bereichen

- Beschaffungslogistik,
- Lagerlogistik,
- Produktionslogistik,
- Transportlogistik,
- Ersatzteillogistik,

536 Der Begriff Logistik stammt aus dem Französischen »loger« = unterbringen.
537 Vgl. Abschnitte 6.7.4 und 6.7.5.

- Instandhaltungslogistik,
- Entsorgungslogistik und
- Informationslogistik.

Beschaffungs-, Produktions- und Distributionslogistik sind miteinander vernetzt. Es ist nicht sinnvoll, sie unabhängig voneinander zu optimieren.

6.7.2 Materialbewirtschaftung und Materialbereitstellung

Materialbereitstellung

Die *Materialbereitstellung* hat das Ziel, termingerecht das zur Aufgabendurchführung benötigte Material (Werkstücke, Betriebsmittel, Werkzeuge, Vorrichtungen, Montagehilfsstoffe etc.) an dem dafür vorgesehenen Ort zur Verfügung zu stellen. Die Materialbereitstellung ist die zentrale logistische Aufgabe in Arbeitssystemen.

Sie kann in mehrere Teilaufgaben gegliedert werden (Abbildung III-362):

- Planen der Materialbereitstellung,
- Festlegen von organisatorischen Bereitstellungsprinzipien,
- Festlegung organisatorischer Abläufe.

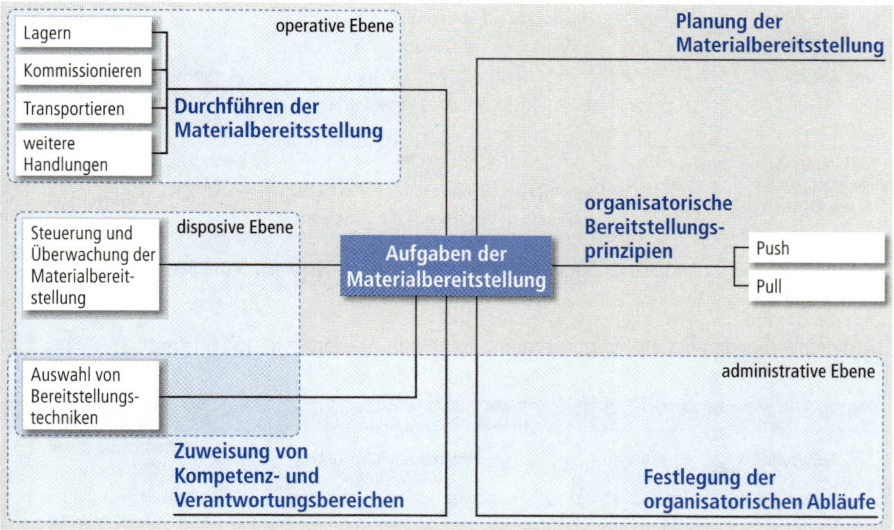

Abbildung III-362 Aufgaben der Materialbereitstellung[538]

Die Materialbereitstellung und der Materialfluss sollten anhand folgender Ziele gestaltet werden:

1. Vermeide oder reduziere die manuelle oder maschinelle Handhabung wo immer möglich.
2. Verkürze den Materialdurchlauf im Betrieb.
3. Vermeide oder reduziere den Aufwand für Inventuren.
4. Verbessere die Flächennutzung.
5. Vereinfache den Materialfluss.
6. Vermeide Materialbeschädigung und Abfall.

538 Vgl. Bullinger, H.-J. et al.: a. a. O., 1994.

7. Reduziere Energieverbräuche.
8. Verbessere die Arbeitssicherheit.

Materialflusssysteme

Man unterscheidet folgende *Materialflusssysteme* nach Vorgängen, Realisierungsmöglichkeiten und Materialflusseinheiten[539] (Abbildung III-363).

Materialflusssystem						
Vorgang	**Realisierungsmöglichkeiten**				**Materialfluss-einheit**	**Beispiele**
Transport der Güter zur Bereitsstellung	findet nicht statt	findet statt			Beschickungs-einheit	Palette, Behälter, Tray/Tablar
		1-dimensional	2-dimensional	3-dimensional		
		manuell	mechanisch	automatisch		
Bereitstellung	statisch		dynamisch		Beschickungs-einheit	Palette, Behälter, Schachtel, Tray/Tablar
	zentral		dezentral			
	geordnet		ungeordnet			
Bewegung des Kommissionierers zur Bereitstellung	findet nicht statt	findet statt			Sammeleinheit	Palette, Behälter, Schachtel, Tray/Tablar
		1-dimensional	2-dimensional	3-dimensional		
		manuell	mechanisch	automatisch		
Entnahme der Güter durch den Kommissionierer	manuell	mechanisch		automatisch	Entnahme-einheit	Schachtel, Bündel, Packung, Einzelteil
	ein Teil pro Zugriff		mehrere Teile pro Zugriff			
Transport der Güter zum Abgabeort	findet nicht statt	findet statt			Sammeleinheit	Palette, Behälter, Schachtel, Tray/Tablar
		1-dimensional	2-dimensional	3-dimensional		
		manuell	mechanisch	automatisch		
Abgabe	statisch		dynamisch		Sammeleinheit, Versand-einheit	Palette, Behälter, Schachtel, Tray/Tablar
	zentral		dezentral			
	geordnet		ungeordnet			
Rücktransport der angebrochenen Ladeeinheiten	findet nicht statt	findet statt			Beschickungs-einheit	Palette, Behälter, Tray/Tablar
		1-dimensional	2-dimensional	3-dimensional		
		manuell	mechanisch	automatisch		

Abbildung III-363 Überblick zu den verschiedenen Materialflusssystemen (VDI 3590)

Die damit verbundenen Organisationssysteme werden in Abbildung III-364 erläutert.

Organisationssystem				
Teilsystem	**Kriterien**	**Realisierungsmöglichkeiten**		**Bestimmungsfaktoren (Beispiele)**
Aufbauorganisation	Zonenaufteilung	einzonig	mehrzonig	Artikeleigenschaft, bauliche Gegebenheiten
Ablauforganisation	Sammeln	nacheinander	gleichzeitig	Durchlaufzeit, Mengendurchsatz
	Entnahme	artikelorientiert	auftragsorientiert	Zugriffshäufigkeit
	Abgabe	artikelorientiert	auftragsorientiert	Auftragsgröße, Auftragsvolumen
Betriebsorganisation	Auftragssteuerung	ohne Optimierung	mit Optimierung	Personalbedarf, Versandart, Systemleistung

Abbildung III-364 Organisationssysteme des Materialflusses (VDI 3590)

539 Der Materialfluss ist eines der betrieblichen Flusssysteme. Daneben gibt es Personalfluss, Energiefluss und Informationsfluss.

Materialströme zwischen den Lager- und Fertigungsbereichen können als *Sankey-Diagramme*[540] dargestellt werden. Mit Sankey-Diagrammen visualisiert man quantitative Transportbeziehungen nach der Anzahl der Transporte, den Transportstrecken, den Transportmengen und -kosten.[541] Man unterscheidet gerichtete und ungerichtete Sankey-Diagramme. In den gerichteten Diagrammen werden die Transportbeziehungen in beiden Richtungen dargestellt (Abbildung III-365). Ungerichtete Diagramme fassen das Transportvolumen »von-nach« in einem Wert zusammen. Aus dem Sankey-Diagramm, das sowohl für das Planungsstadium als auch für das reale Layout erstellt werden kann, lässt sich die Hauptflussrichtung ermitteln.

Sankey-Diagramm

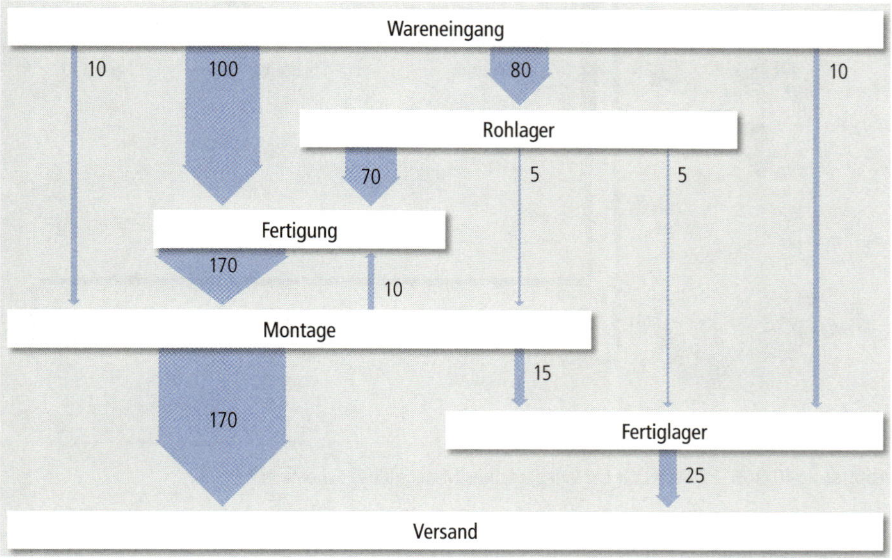

Abbildung III-365 Beispiel für ein Sankey-Diagramm

Im Gegensatz zu Sankey-Diagrammen wird bei den *lagegerechten Materialfluss-Schemata* die tatsächliche Transportintensität mengen- und richtungsbezogen in die Hallengrundrisse eingetragen (Abbildung III-366). Aus solchen Materialflussdaten lassen sich unter Einsatz von layoutmodellierender Planungssoftware die Transportentfernungen automatisch bestimmen. Das ist Grundlage für die Berechnung der Transportleistung (z. B. in Palettenmetern), welche die Transportkosten im Wesentlichen bestimmt.

Materialfluss-Schema

540 Henry P. R. Sankey, irischer Ingenieur (1853–1921).
541 Die Ermittlung von Zustands- und Bewegungsdaten des Materialflusses kann mit den besprochenen IE-Methoden vorgenommen werden – von der Wertstromanalyse bis hin zu MTM-Prozessbausteinsystemen.

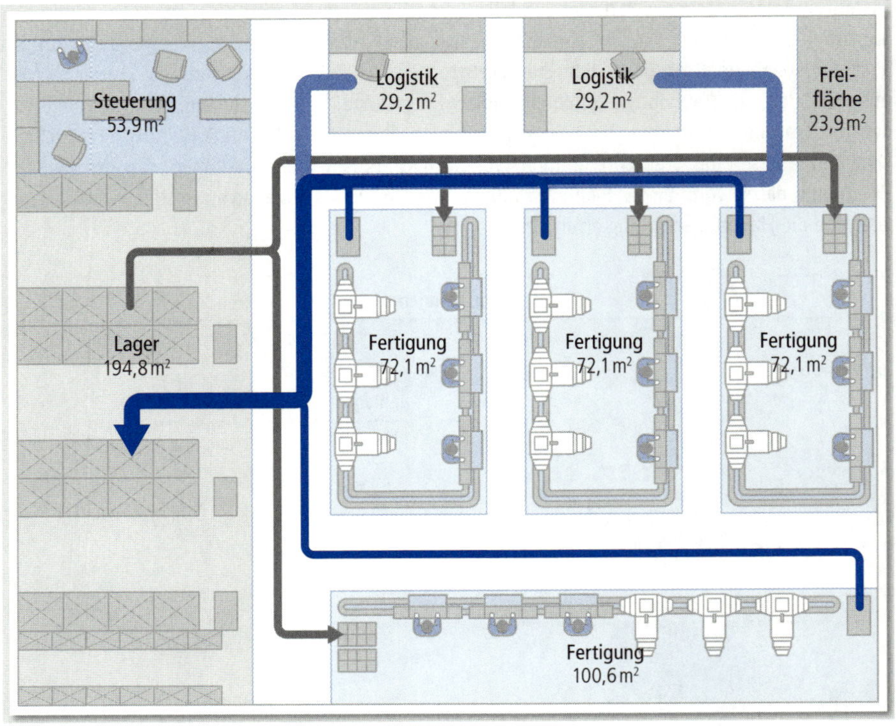

Abbildung III-366 Beispiel für ein lagegerechtes Materialfluss-Schema[542]

Grundstrukturen im Materialfluss

Setzt man den Wertstrom einer Produktfamilie in ein Layout um, so ergäbe sich aus der Logik der Wertstromanalyse eine Linien-Struktur (Abbildung III-367). Sobald mehrere Produkte oder Produktfamilien betrachtet werden, kommen Parallel- oder Spine-Strukturen infrage. Wenn Wegeoptimierungen der Mitarbeiter eine Rolle spielen, sind U- oder Eck-Formen zu prüfen. Bei örtlichen Restriktionen, z. B. Materialversorgung und Abholung der Erzeugnisse an derselben Stelle, besteht die Möglichkeit für Ring-Strukturen.

542 Bildexport aus der Layoutplanungssoftware visTABLE®touch; vgl. Weber, T.: Intuition, Methodik & Werkzeuge – Erfolgsfaktoren effizienter Layoutplanung. In: Institut für Produktionstechnik (IfP) der Westsächsischen Hochschule Zwickau (Hrsg.): 3. Symposium Produktionstechnik innovativ und interdisziplinär. Tagungsband. Zwickau: IfP, 2011. S. 127–135.

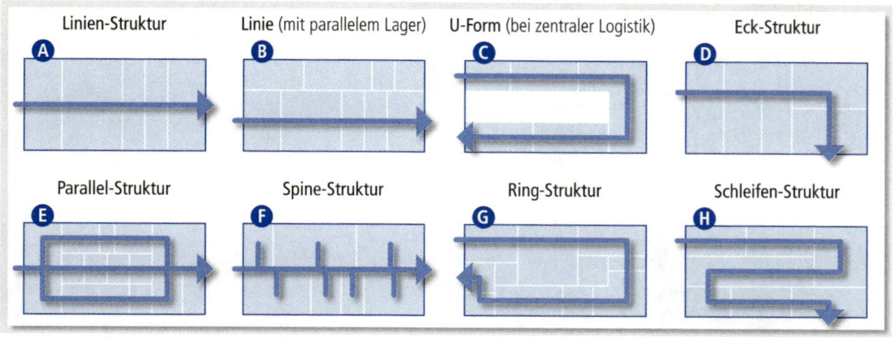

Abbildung III-367 Grundstrukturen des Materialflusses[543]

Push-System

Über mehrere Jahrzehnte beherrschten sogenannte *Push-Systeme*[544] die Materialflusssteuerung und die Versorgung der Arbeitssysteme. Unter dem Stichwort Manufacturing Ressource Planning (MRP) wurde versucht, an jedem Ort im Betrieb Bauteile und Baugruppen in der erforderlichen Menge und zur richtigen Zeit festzulegen. Durch eine zentrale Steuerungseinheit wurde also der Materialverbrauch über die betroffenen Abteilungen

- Verkauf,
- Konstruktion und Entwicklung,
- Einkauf,
- Fertigungsplanung und -steuerung,
- Teilefertigung, Vor- und Endmontage,
- Lager und Transport,
- Qualitätssicherung und Instandhaltung und
- Versand

möglichst punktgenau zeitlich und örtlich gesteuert. Die betriebliche Realität zeigte jedoch, dass dieses Versorgungskonzept zwischen den Arbeitssystemen eines Betriebes zu anspruchsvoll war.

Beispiel

Das folgende Beispiel, das aus einem mittelständischen Betrieb stammt, der Leiterplatten herstellt, verdeutlicht die Problematik eines suboptimalen MRP-Systems und der damit verbundenen, oft hohen Liegezeiten und zahlreichen Zwischenlager: In einem Betriebsgebäude aus den 1970er-Jahren ist die Fertigung historisch gewachsen (Abbildung III-368). Die Transportwege folgen keineswegs Wertstromgesichtspunkten, wobei man allerdings bedenken muss, dass wegen der z. T. notwendigen klimatisierten bzw. temperaturstabilisierten Räume ein wertstromgerechte Veränderung des Layouts nicht ohne Weiteres möglich ist. Die Mitarbeiter der einzelnen Fertigungsbereiche geben die Ware an die nachfolgenden Arbeitssysteme weiter, da diese jedoch gegenüber dem liefernden Bereich unterschiedliche Fertigungskapazitäten haben, bilden sich Zwischenlager (ZL 1–6 sowie ZL 8). Die Zwischenlager müssen mit Überstunden, Sonderschichten oder Umdisposition der Aufträge abgearbeitet werden.

543 Erlach, K.: Wertstromdesign. Heidelberg: Springer, 2007, S. 240.
544 Bringprinzip: Ohne Rücksicht auf den tatsächlichen Bedarf des nachgeordneten Prozesses wird produziert bzw. Material beschafft. Das Wertstrom-Symbol für eine Push-Bewegung ist ein gestreifter Pfeil (vgl. Teil II, Abschnitt 3.8.3).

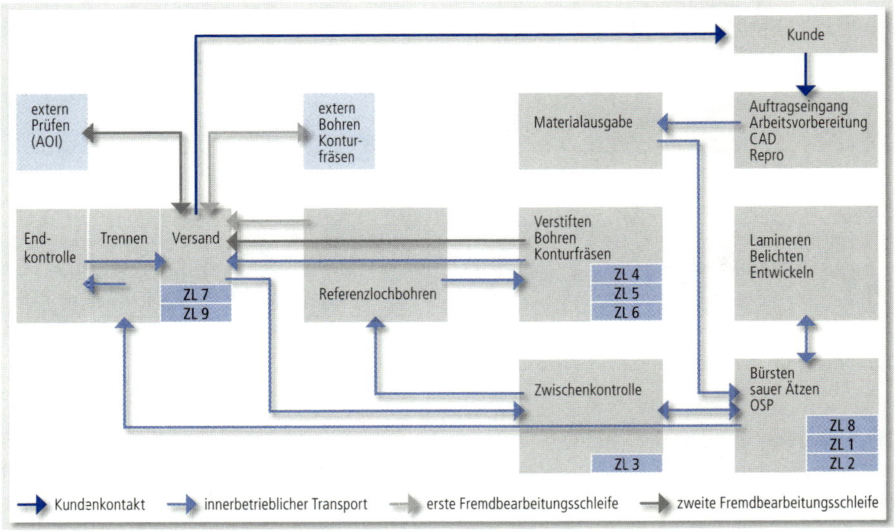

Abbildung III-368 Transportwege bei einem Leiterplatten-Hersteller

Von besonderer Bedeutung ist der Transport zu verschiedenen Subunternehmen zum Prüfen (extern AOI), Bohren und Konturfräsen (vgl. Abschnitt 6.4). Transportzeit und Bearbeitungszeit beim Subunternehmen summieren sich auf zwei bis fünf Tage – je nach Jahreszeit und Witterung. Hinzu kommen zusätzliche Eingangsprüfungen, wenn die geprüfte bzw. gebohrte Ware vom Subunternehmen zurückkommt. Das Resultat dieser suboptimalen Produktionssteuerung sind weitere Zwischenlager (ZL 7 und ZL 9). Die durchschnittliche Durchlaufzeit der Leiterplatten beträgt etwa fünf bis sechs Wochen.

Pull-System

Verzichtet man auf ein MRP-System und richtet *ein Pull-System*[545] ein, dann müssen sich dagegen die Werker in Fertigung und Montage das benötigte Material selbst (verbrauchsgesteuert) aus den entsprechenden Lager- bzw. Bereitstellbereichen holen. Das japanische *Kanban*-System hat sich im letzten Jahrzehnt als Pull-System und Alternative zu der früheren komplexen Auftragsabwicklung in der Produktion durchgesetzt (vgl. Abschnitt 6.7.3).

Im Leiterplatten-Beispiel (Abbildung III-368) führte die Anschaffung eines eigenen Prüfautomaten, die Ausweitung der Fräs- und Bohrkapazität und die Umstellung auf ein Pull-System zu einer Reduktion der Kapitalbindung in den Zwischenlagern von vorher 42 % auf 12 % des Monatsumsatzes.

Logistikinseln

Steht in einem Unternehmen die dezentrale, an Produktgruppen bzw. Teilefamilien orientierte Fertigung im Vordergrund, dann können *Logistikinseln* für die Auftragsabwicklung sinnvoll sein. Hier werden die Logistikaufgaben Vertriebsverwaltung, Einkauf, Auftragsklärung und Materialdisposition nach Produktgruppen zusammengefasst. Die übliche funktionale unternehmens- oder werksweite Logistik mit dem damit verbundenen Bereichsdenken tritt dann in ihrer Bedeutung zurück. Die Steuerung nach Produkten und Fristigkeiten in einer ganzheitlichen, teamorientierten Arbeitsweise mit umfassenden Arbeitsinhalten für die betroffenen Mitarbeiter macht Produktivitätszuwächse möglich. Allerdings kann das bedeuten, dass jede Logistikinsel für sich optimale Losgrößen bestimmt, ohne dabei den Gesamtwertstrom zu bedenken.

545 Holprinzip: An den vorgelagerten Prozess wird Produktionsanweisung abgegeben. Es werden nur Verbräuche ersetzt, die aus Kundenauftrag resultieren. Das Wertstrom-Symbol für eine Pull-Bewegung ist ein gebogener Pfeil.

Das *Milkrun-Konzept* ist durch eine sequenzielle Abholung bei mehreren Quellen und direkte Lieferung an das Empfängerwerk (oder innerbetrieblich: an die entsprechende Verarbeitungsstelle) ohne dazwischenliegende Konsolidierungspunkte gekennzeichnet.[546] Es hat gegenüber traditionellen Versorgungskonzepten Kostenvorteile, nicht nur für die Fließfertigung. Es setzt voraus:[547]

Milkrun-Konzept

- Transparenz über Termine, Mengen und Bedarfsorte,
- Einsatz leicht verfahrbarer Behälter,
- IT-gestützte Routenplanung,
- i.d.R. auch Kanban (vgl. Abschnitt 6.7.3).

Das folgende Beispiel zeigt das Layout für einen mittelständischen Betrieb, der Kunststoff-Lebensmittelverpackungen herstellt (Abbildung III-369). Die Verpackungen werden gespritzt oder tiefgezogen. Ein Teil der Ware wird bis zum endgültigen Abruf durch den Kunden unbedruckt zwischengelagert. Ein anderer Teil geht als unbedruckte Ware direkt an den Kunden. Ein Hängefördersystem bringt die unbedruckte Ware zum Hochregallager. Die Anlieferung des Rohmaterials (in Big Bags) und die Belieferung des Kunden (Kartons auf Palette) geschehen mit eigenen Lkws nach dem Milkrun-Konzept.

Beispiel

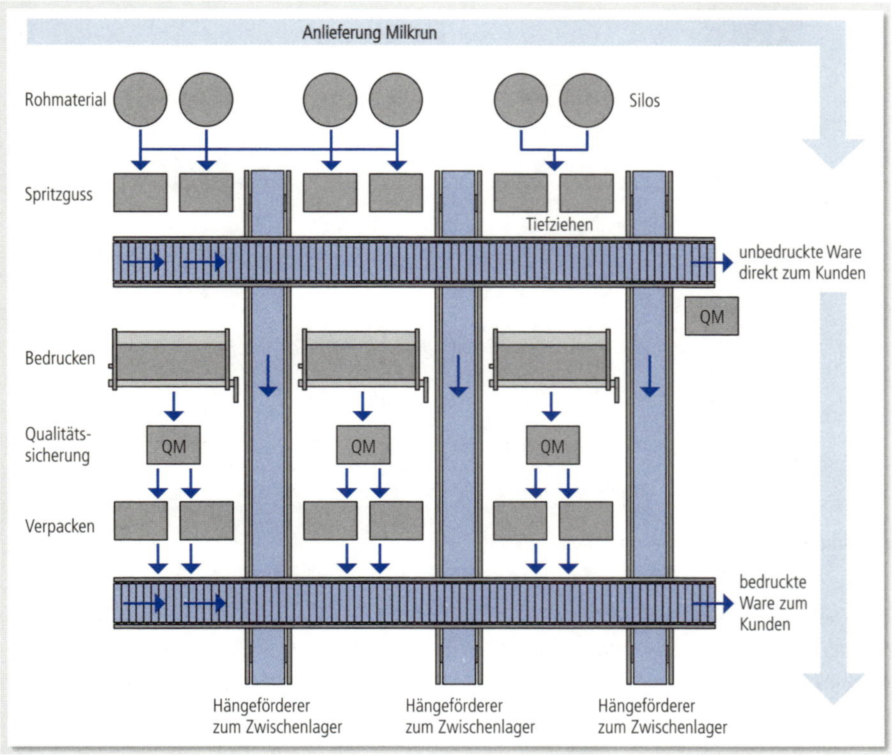

Abbildung II-369 Schematische Darstellung des Materialflusses nach dem Milkrun-Prinzip für einen Kunststofffertiger

546 Wildemann, H.; Niemeyer, A.: Das Milkrun – Konzept: Logistikkostensenkung durch auslastungsorientierte Konsolidierungsplanung, elektronisch veröffentlicht: URL: www.tcw.de/tcw_V1/uploads/html/publikationen/aufsatz/files/Logistikkostensenkung_Milkrun_Niemeyer.pdf, 2007.

547 Balzer, H.: Den Lieferstrom gestalten. Stuttgart: Log_X, 2005.

6.7.3 Kanban

Hohe Bestände an Rohwaren, Halbfabrikaten und Fertigzeugnissen haben eine Reihe negativer Auswirkungen auf

- die Prozessplanung im Allgemeinen,
- das Ausbalancieren der Fertigungslinien,
- die Transportwege und vor allem auch auf die
- Lieferbereitschaft und Termineinhaltung.

Materialbestände

Hohe Materialbestände stehen häufig für instabile Fertigungs- und Lagerungsprozesse.

Kanban heißt wörtlich übersetzt Pendelkarte und steht für ein Informationsmedium, auf dem alle spezifischen Daten eines Bauteils oder einer Baugruppe verzeichnet sind. Dazu gehören Name des Bauteils, Menge, Lieferzeit in Tagen, Behälterart, Behältergröße etc. (Abbildung III-370).

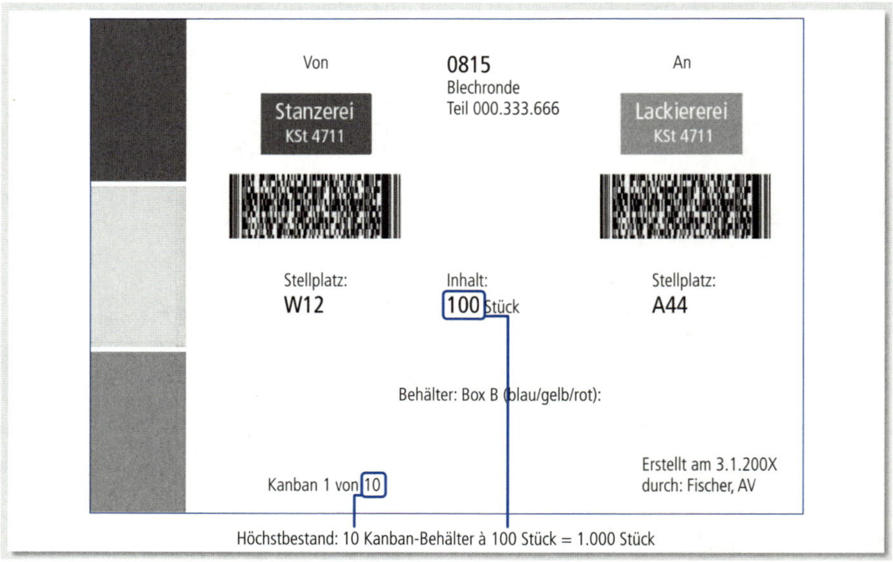

Abbildung III-370 Beispiel einer Kanban-Karte

Mit Kanban wird beabsichtigt, ein ganzheitliches, kundenorientiertes *Logistiknetzwerk* für die Produktion einzuführen. Dabei werden durch eine Reduzierung der *Materialbestände* und durch Vermeidung von Blindleistungen die Herstellkosten gesenkt und die Lieferbereitschaft erhöht.[548] Das hervorstechende Merkmal von Kanban ist das sogenannte *Pull-System*, bei dem die künftige Materialversorgung durch den gerade stattgefundenen Materialverbrauch ausgelöst wird (Abbildung III-371).

548 Weber, R.: KANBAN. Renningen: Expert, 2001.

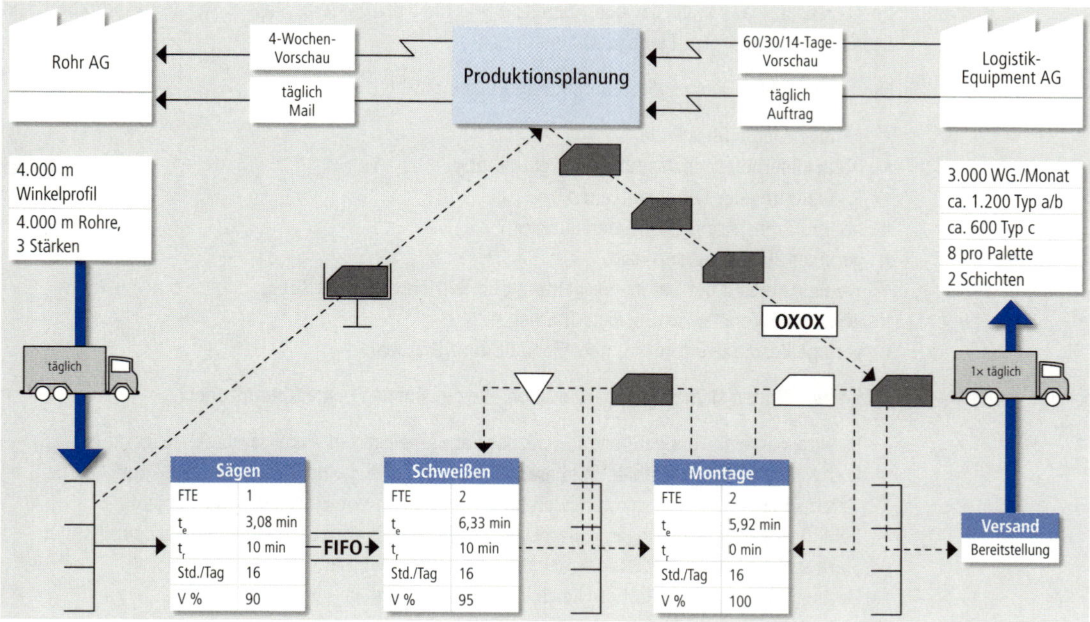

Abbildung III-371 Wertstromanalyse für einen Produktionsbereich mit Pull-Steuerung

Wird also in einem Arbeitssystem ein Meldebestand unterschritten, so werden bei den vorgelagerten Arbeitssystemen mit einem Kanban-Informationsträger Teile nachbestellt. Somit wird immer nur eine bestimmte Menge von Teilen und Baugruppen innerhalb der Fertigung bevorratet.

Den praktischen Ablauf eines Pull-Systems mit drei *Kanban-Regelkreisen* zeigt Abbildung III-372.

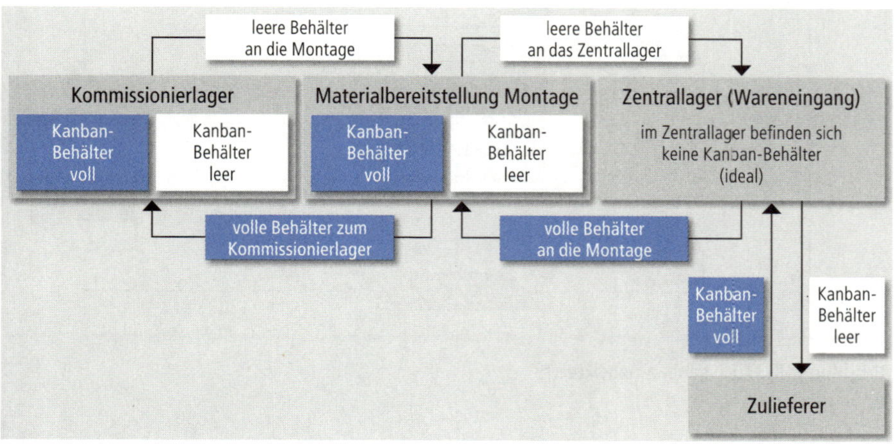

Abbildung III-372 Vernetzung von drei Kanban-Regelkreisen[549]

549 Deutsche MTM-Vereinigung e. V. (Hrsg.): MTM-Logistik Lehrgangsunterlage, Hamburg, 2010.

Im Gegensatz dazu steht das oben bereits erwähnte *Push-System*. Hierbei werden Produktion und Bestellungen durch den Planbedarf angestoßen.

Kanban, Vorteile

Die Vorteile eines Kanban-Systems sind im Einzelnen:[550]

- geringe Materialbestände,
- hohe Lieferbereitschaft und Termineinhaltung,
- Reduzierung der Durchlaufzeiten,
- höhere Transparenz des Materialflusses,
- geringer Steuerungsaufwand,
- wenig Aufwand bei Datenverarbeitung und Betriebsdatenerfassung,
- gestiegene Verantwortung der Mitarbeiter,
- geringe Bestände erfordern mehr Sorgfalt der Mitarbeiter.

Kanban, Nachteile

Allerdings können sich auch folgende Nachteile des Kanban bemerkbar machen:

- Es wird von einer unbegrenzten Kapazität der vorgelagerten Arbeitssysteme ausgegangen.
- Das Kanban-System enthält in dieser einfachen Form keine Prioritätenregel zur Abarbeitung gleichzeitig eintreffender, konkurrierender Aufträge im vorgelagerten Arbeitssystem.[551]
- Bei Störungen führt geringer Pufferbestand zum Ausfall aller nachfolgenden Fertigungsstufen.
- Stark schwankende Produktionsmengen sind nicht steuerbar.
- Geringe Variantenzahl/hoher Gleichanteil erforderlich.

Kanban-Regelkreis

Abbildung III-373 zeigt die sieben Mitarbeiter-Aktivitäten, die mit dem Kanban-Regelkreis verbunden sind.

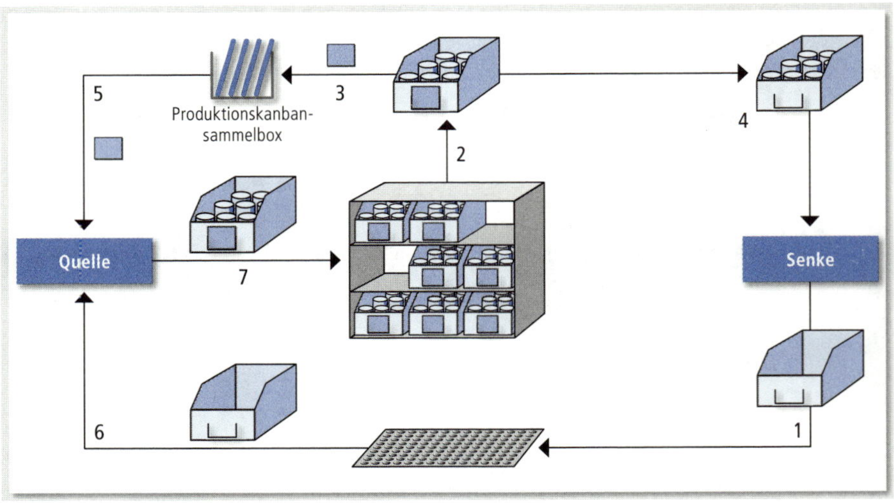

Abbildung III-373 Kanban-Regelkreis[552]

550 Schuh, G.; Stich, V.; Schmidt, C.: Produktionsplanung und -steuerung in Logistiknetzwerken. Berlin: Springer, 2008.

551 Zur Festlegung von Prioritätsregeln benötigt man z. B. Kanban-Tafeln.

552 WZL/Fraunhofer Institut für Produktionstechnologie, RWTH Aachen, o. Jg.

1. Um die zur Herstellung des Produkts benötigten Teile zu beschaffen, begibt sich der Mitarbeiter der Senke mit den an seinem Arbeitsplatz befindlichen leeren Behältern zu einem Pufferlager des betrachteten Regelkreises. Die leeren Behälter stellt er in der dafür vorgesehenen Fläche ab.
2. Aus dem Pufferlager entnimmt der Mitarbeiter eine dem Bedarf entsprechende Anzahl an vollen Behältern mit benötigten Teilen.
3. Er entfernt die an den Behältern befestigten Kanbans und legt diese in der sogenannten Kanban-Sammelbox ab.
4. Mit den vollen Behältern begibt er sich an seinen Arbeitsplatz und beginnt mit der Herstellung des benötigten Teils.
5. Ein Mitarbeiter der Quelle entnimmt einen Kanban aus der Kanban-Sammelbox. Der betreffende Kanban stellt für die Quelle einen Fertigungsauftrag dar.
6. Der Mitarbeiter der Quelle beschafft sich den auf dem Kanban vermerkten Standardbehälter aus dem Pufferlager, begibt sich zu seinem Arbeitsplatz und stellt das vorgegebene Teil her.
7. Die gefertigten Teile legt er in den leeren Behälter, versieht den vollen Behälter mit dem dazugehörigen Kanban und bringt ihn in das Pufferlager, wo er ihn auf den auf dem Kanban vorgeschriebenen Platz stellt.

Folgende *Kanban-Regeln* lassen sich aufstellen:[553]

Kanban-Regeln

- Das Personal des nachgeschalteten Prozesses sollte Teile vom vorgeschalteten Prozess entsprechend den Informationen auf den Kanban-Karten erhalten.
- Das Fertigungspersonal sollte nur Teile entsprechend den Informationen auf den Kanban-Karten fertigen.
- Wenn keine Kanban-Karten vorhanden sind, werden weder Produktion noch Transport durchgeführt.
- Die Kanban-Karten sollten immer an den Teilebehältern angebracht sein, außer beim Rücklauf (Anforderung von Produktion oder Transport).
- Das Fertigungspersonal sollte gewährleisten, dass nur Teile mit 100 % Qualität in den Behälter kommen. Tritt ein Defekt auf, sollte die Linie gestoppt werden, damit Gegenmaßnahmen ergriffen werden können.
- Die Anzahl der Kanban-Karten sollte allmählich reduziert werden, um Prozesse stärker miteinander zu verbinden, Verschwendung herauszustellen und Verbesserungen durchzuführen.

Kanban-Arten

Ein *Produktions-Kanban* wird dem Teilebehälter in der Senke entnommen, an die Quelle weitergeleitet und löst dort einen Produktionsauftrag aus (Abbildung III-374).

Ein *Transport-Kanban* ist ein innerbetrieblicher Transportauftrag, der von der Senke an ein vorgelagertes Arbeitssystem geleitet wird. Im Transportbehälter wird das dort vorhandene Produktions-Kanban durch das Transport-Kanban ersetzt und danach der Behälter an die Senke transportiert. Das Produktions-Kanban löst nun seinerseits einen neuen Produktionsauftrag aus.

Von einem Zukaufteile-Kanban aus werden die Arbeitsprozesse über Teilefertigungs- und bestückungs-Kanbans bis hin zum Auslieferungs-Kanban organisiert. Es entsteht ein gerichteter Materialfluss, der eine bedarfsgerechte Bereitstellung und eine Minimierung der Umlaufbestände zur Folge hat.

Anstelle mit Pendelkarten und Behälter zu arbeiten, kann die Kanban-Steuerung auch mit Informationen vorgenommen werden, die direkt an den Behältern angebracht sind. Mit Kanban-Tafeln (*Kanban-by-view*) wird der Überblick zu dem im System vorhandenen Kanban-Informationsträger und den Prioritätsregeln bei der Abarbeitung von Aufträgen sichergestellt. Kanban-gesteuerte Zulieferketten sind auch über PPS-Systeme oder über das Internet möglich (*E-Kanban*).

553 Suzaki, K.: Modernes Management im Betrieb. München: Hanser, 1989.

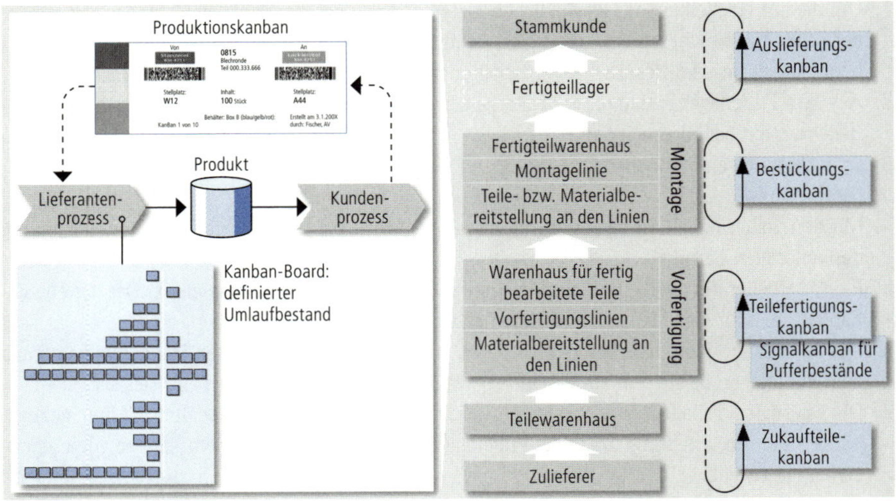

Abbildung III-374 Kanban-Arten[554]

Just in Time

Beim Pull-System wird auf allen Fertigungsstufen eine Produktion auf Abruf (*Just in Time*, JIT, vgl. Beispiel in Abbildung III-375) angestrebt, damit Materialbestände reduziert und hohe Termintreue erreicht werden können. Dabei werden die Lagerkosten auf den Zulieferer abgewälzt, der durch das Kanban-System gezwungen wird, die Teile kurzfristig bereitzustellen.

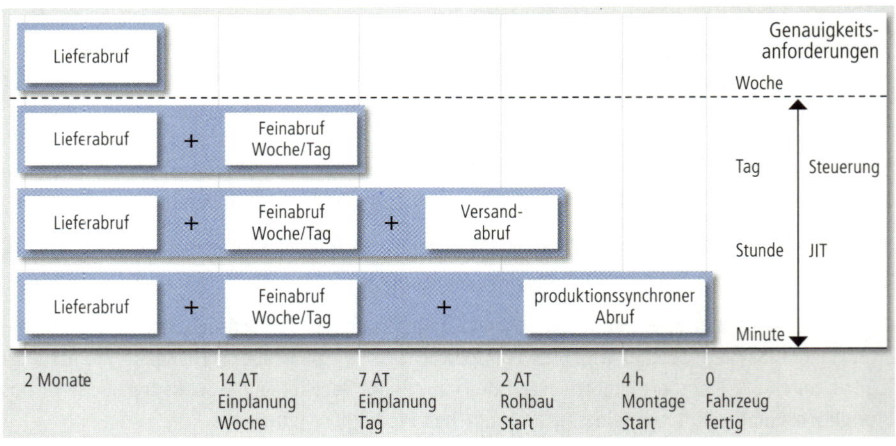

Abbildung III-375 Beispiel für JIT-Steuerung im Automobilbau[555]

554 Takeda, H.: Das synchrone Produktionssystem. Just-in-time für das ganze Unternehmen, 5. Auflage. Landsberg/Lech: Moderne Industrie, 2006.
555 Deutsche MTM-Vereinigung e. V. (Hrsg.): MTM-Logistik Lehrgangsunterlage, Hamburg, 2010.

JIT-Prinzipien gliedert man folgendermaßen:[556]

- JIT-Anlieferung – Entfall Eingangslager,
- JIT-Produktion – Entfall Zwischenlager (montagesynchrone Vorfertigung zu Folgebereich),
- JIS-Endmontage – Entfall Eingangslager (montagesynchrone Direktanlieferung),
- JIT-Distribution – Entfall Ausgangslager (Synchronisation zur Kundenbestellung).

JIT kann innerbetrieblich und überbetrieblich angewendet werden. In beiden Fällen muss eine saubere, möglichst aktuelle Lagerbestandsführung vorliegen. JIT ist in der Regel auf die Fließfertigung[557] und auf Standardmaterial mit möglichst gleichmäßigem Bedarf begrenzt. JIT hat erhebliche Vorteile:

- Geringere Lager-, Transport- und Verwaltungskosten,
- niedrigere Durchlaufzeiten,
- Risikominderung durch Verlagerung auf Lieferanten,
- Verbesserung der Liquidität,

aber auch Nachteile:

- Verschlechterung der Ökobilanz des Unternehmens,
- hohe Abhängigkeit von Zulieferern,
- Produktionsausfall bei Versagen der Lieferkette.

Just in Sequence

In Erweiterung zu JIT werden bei *Just in Sequence* (JIS) durch den externen Zulieferer oder das innerbetrieblich in der Prozesskette vorgelagerte Arbeitssystem Teile oder Baugruppen einbaugerecht in der richtigen Reihenfolge geliefert. JIS ist insbesondere dann interessant, wenn eine hohe Teilevielfalt durch kundenorientierte Auftragsfertigung zu einer exorbitanten Lagerhaltung führen würde. JIS bedingt die weitgehende Integration der Produktionsplanungs- und Materialbewirtschaftungssoftware von Abnehmer und Zulieferer.

Der nächste Schritt ist dann die Entwicklung eines unternehmens- und standortübergreifenden Supply-Chain-Management-Systems (SCM) zur Optimierung der gesamten Lieferkette vom Lieferanten bis zum Kunden.

556 Grundig, C.-G.: Fabrikplanung, 3. Auflage. München: Hanser, 2009, S. 233.
557 Ist eine kontinuierliche Produktion nicht möglich, dann bietet sich die Alternative eines Supermarkt-Pull-Systems an.

6.7.4 Fördern und Lagern

Fördern und Lagern gehört zu den Kernfunktionen eines Materialflusssystems. Die dafür notwendigen Betriebsmittel sind in Abbildung III-376 dargestellt.

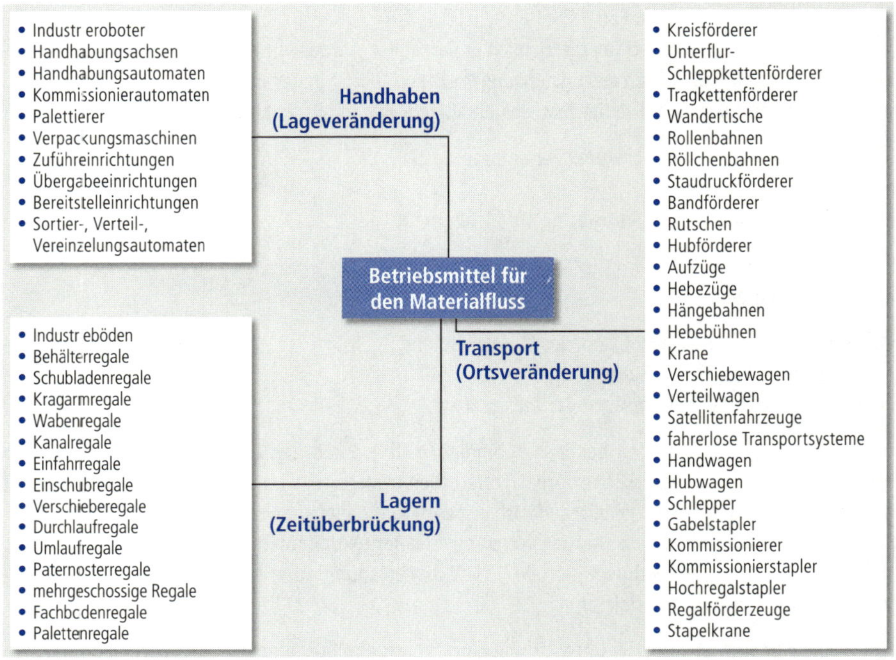

Abbildung III-376 Betriebsmittel für den Materialfluss

Wichtige Betriebsmittel für den Materialfluss in Hallen sind:

- Rollenbahn – normal oder als Skidförderer[558] für schwere Güter,
- Staukettenförderer – für die Längs- oder Querförderung, insbesondere von Paletten für schwere Güter,
- Gurtförderer – erlauben (im Gegensatz zu Rollenbahnen) schräge Anordnung und genauere Positionierung der Werkstücke,
- Palettenumlaufförderer – transportieren Werkstücke mit Werkstückaufnahmen,
- Drehtisch – Richtungsänderung der Förderstrecke oder des Förderguts,
- Stopper – Werkstücke oder Werkstückträger werden vor Bearbeitungsplätzen unter Zuhilfenahme von Kodiernocken gestoppt,
- Rhönrad – erlaubt Drehung um 360° für ergonomisch korrekten Zugang des Werkers,
- Hebe-Element – Werkstücke oder Werkstückträger werden auf ein anderes Höhenniveau gebracht,
- Vereinzelung – Werkstück-Pulks werden aufgelöst, Werkstücke werden dann einzeln weitergeleitet.

558 Der Skidförderer ist ein modulares Fördersystem mit Rollen-, Ketten- oder Plattenband-Technik.

Zeitüberbrückung durch Lagern

Zu den Versorgungskonzepten zwischen den einzelnen Arbeitssystemen gehört auch die Zeitüberbrückung durch *Lagern.* Unterstellt man eine normalverteilte Grundgesamtheit[559], dann wird der *Lagerbestand* entsprechend ab- und wieder aufgebaut (Abbildung III-377). Da die Spitzenbestände nur selten erreicht werden, erfolgt die *Lagerdimensionierung* nicht nach dem Maximalbedarf. An einigen Tagen je Planungsperiode darf die Nachfrage auch oberhalb der oberen Bestandsgrenze liegen.

Die Bestände verändern sich kurzfristig durch unterschiedlichen, nach Artikelart und Losgröße wechselnden Produktionsausstoß, langfristig durch Vermarktungskampagnen und saisonale Einflüsse.

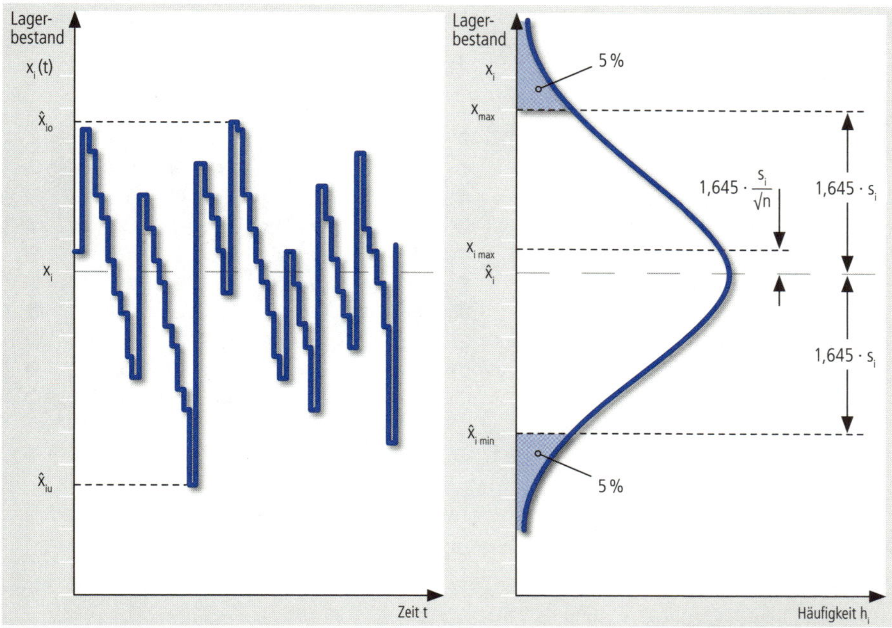

Abbildung III-377 Zeitlicher Verlauf und Häufigkeitsverteilung der Lagerbestände bei normalverteilter Grundgesamtheit[560]

559 Trifft für stark schwankende Nachfrage nicht zu.
560 Schulte-Zurhausen, M.: Planung von Blocklagersystemen. Berlin: Beuth, 1982, S. 19.

Lagersysteme, Eigenschaften

Die einzelnen *Lagersysteme* sind unterschiedlich gut für Teile, Baugruppen und Fertigprodukte geeignet. Abbildung III-378 stellt die Eigenschaften verschiedener Lagersysteme gegenüber. Nach der Auswahl des geeigneten Lagertyps wird das Lager dimensioniert. Hierfür werden *Lagerkenngrößen* (z. B. Flächen-, Raum- und Lagernutzungsgrade) herangezogen.

		Beurteilungsparameter									
		Eignung bezüglich des Lagergutes			Eigenschaft bezüglich der Lagerstelle				Eignung bez. der Lagerorganisation		
Lagersysteme		Abmessungen	Gewicht	Stapelfähigkeit	Lagerfläche	Automatisierungsgrad	Zugänglichkeit	Tragfähigkeit	Stückzahl Lagergut	Flexibilität	Frequenz
Bodenlager ohne Einrichtung	Lagerung in Blöcken	●	●	◍	●	○	●	●	◍	●	○
	Lagerung in Zeilen	●	◍	◍	●	○	◍	◍	◍	○	○
ortsfestes Lagergut	Palettenregallager	◍	◍	○	◍	◍	○	◍	◍	◍	◍
	Fachregallager	◍	◍	◍	◍	○	◍	◍	◍	◍	◍
	Hochregallager	◍	◍	●	○	◍	◍	◍	●	◍	●
	Sondergestelle	◍	◍	●	○	◍	◍	◍	●	○	●
ortsverändertes Lagergut	Paternosterregal	○	○	○	○	●	○	○	◍	○	◍
	Power & Free Förderer	○	◍	○	◍	●	○	○	●	○	●
	Wandertische	○	◍	○	◍	○	◍	◍	○	◍	◍
	Verschieberegallager	○	○	○	○	○	○	◍	◍	◍	○
	Kreisförderer	○	○	●	●	○	○	○	◍	○	●

Legende: ● groß ◍ mittel ○ gering

Abbildung III-378 Eigenschaften verschiedener Lagersysteme[561]

Statische und dynamische Lager

Weiterhin unterscheidet man auch die Begriffe *statische und dynamische Lager*. Statische Lager sind Boden- oder Regallager, die universell einsetzbar sind und geringe Investitions- und Unterhaltkosten verursachen. Sie haben jedoch im Regelfall einen geringen Flächen- oder Raumnutzungsgrad und erfordern hohen Personalaufwand. Dynamische Lager bieten dagegen höhere Flächen-/Raumnutzungsgrade und hohe Umschlagraten. Allerdings sind Anschaffung und Unterhalt mit höheren Kosten verbunden (Abbildung III-379).[562]

561 Eversheim, W. et al.: a. a. O., 2001, S. 596.
562 Für dynamische Lagerung ist eine Gütesicherung gemäß RAL-GZ 608 vorgesehen.

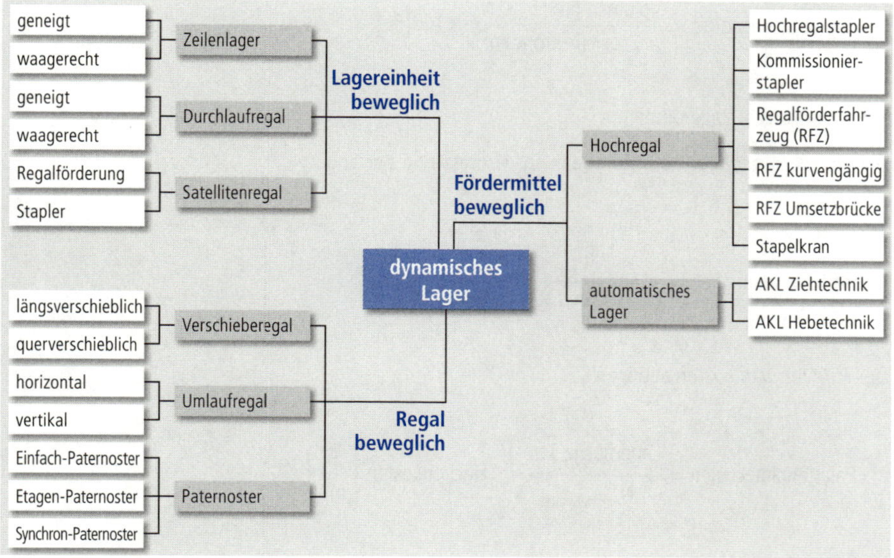

Abbildung III-379 Dynamische Lagersysteme

Die verschiedenen *Lagertypen* lassen sich anhand folgender, wichtiger Kennzahlen vergleichen: Kennzahlen

$$\text{Flächennutzungsgrad} = \frac{\text{Lager-Nettofläche}}{\text{Lager-Bruttofläche}} \times 100[\%]$$

Für ausgewählte Lagertypen zeigt Abbildung III-380 typische Flächennutzungsgrade.

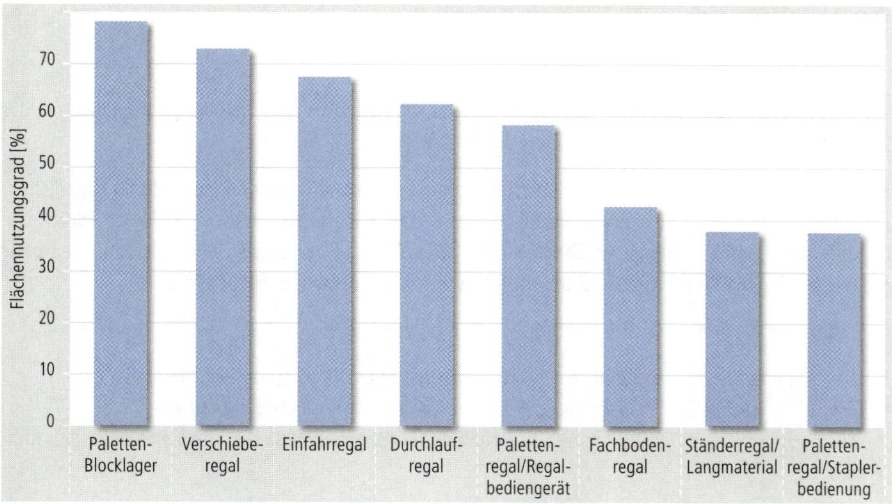

Abbildung III-380 Typische Flächennutzungsgrade für ausgewählte Lagertypen[563]

563 Daten nach Martin, H.: Transport- und Lagerlogistik, 7. Auflage. Wiesbaden: Vieweg+Teubner, 2009.

$$\text{Raumnutzungsgrad} = \frac{\text{Volumen pro LE} \times N_{LE}}{\text{Lager-Bruttoraum}} \times 100[\%]$$

mit N_{LE} = Anzahl Lagereinheiten

Die *Umschlaghäufigkeit* ermittelt man aus Umsatz und Bestand zu

$$\text{Umschlaghäufigkeit} = \frac{\text{Lagerumsatz}\left[\frac{€}{a}\right]}{\text{durchschn. Lagerbestand}\,[€]}$$

Die *Palettenplatzkosten* betragen

$$\text{Palettenplatzkosten} = \frac{\text{Lagerfläche}\left[m^2\right]}{N_{\text{Palettenplätze}}} \times \text{Flächenkosten}\left[\frac{€}{m^2}\right]$$

Zentrale Lager

Bei der Fabrikplanung kann man sich nach Zentralisations- oder Dezentralisationskriterien entscheiden: die *zentrale Lagerung* bietet folgende Vorteile:

- keine Mehrfachlagerung,
- geringere Kapitalbindung,
- höherer Automatisierungsgrad,
- geringerer Personaleinsatz pro Lagervorgang.

Allerdings sind auch die Nachteile

- geringere Flexibilität,
- höhere Anfangsinvestition,
- hohe Anforderungen an die Lagerorganisation

zu bedenken.

Dezentrale Lager

Dezentrale Lager sind nahe am Verbraucher und haben niedrigere Materialflusskosten, jedoch in der Regel durch die Mehrfachlagerung höhere Kapitalkosten.

Eine feste *Lagerplatzzuordnung* ist leichter zu organisieren, benötigt jedoch ein Mehr an Lagerfläche. Die Flächenausnutzung ist schlecht. Sie eignet sich nur für ein großes Sortiment bei kleinen Stückzahlen, z. B. bei einem Ersatzteillager. Die freie oder chaotische Lagerplatzzuordnung setzt dagegen zwar erhebliche IT-Leistungen voraus, führt jedoch zu sehr hohen Flächennutzungsgraden.

In Ergänzung zu Abbildung III-378 unterteilt man noch in

- *Beschaffungslager* (Wareneingang) für die Versorgung der Produktion mit Material,
- *Produktionslager* (für Halbfabrikate): Pufferung zwischen den Fertigungsstufen,
- *Distributionslager* (Warenausgang): Lagerung der Fertigerzeugnisse bis zum Versand an den Kunden.

Blocklager

Man unterscheidet Lager, die ausschließlich der Zeitüberbrückung (z. B. *Blocklager*) dienen von denen, die für die Kommissionierung eingesetzt werden. Die Einlagerung erfolgt im ersten Fall als *Ladeeinheit* (LE) oder logistische Einheit (z. B. Palette), die unverändert später wieder zur Verfügung gestellt wird. Die Ladeeinheiten werden lückenlos übereinander als Stapelsäule aufgesetzt, Stapelsäulen werden zu *Stapelzeilen* und diese wiederum zu *Stapelblöcken* zusammengefasst (Abbildung III-381). Die Ladeeinheiten

- müssen stapelbar sein,
- eines Artikels unterscheiden sich nicht,
- dürfen nicht angebrochen werden.

Unterschiedliche Ladeeinheitentypen (z. B. Standardpaletten und Paletten mit Aufsteckrahmen) sind zulässig. Die Ein- und Auslagerungsstrategien sollten über eine Software zur Materialbewirtschaftung realisiert werden.

Umschlagsleistung

Die *Umschlagsleistung* des gesamten Lagers ergibt sich zu[564]

$$U_{ea} = 0{,}5(U_e + U_a) = \frac{1}{2n}\sum_{t=1}^{n}\sum_{i=1}^{N_A}\left(e_i(t) + a_i(t)\right)$$

mit

U_{ea} durchschnittliche Umschlagleistung [LE/Tag]

U_e durchschnittliche Einlagerungsleistung [LE/Tag]

U_a durchschnittliche Auslagerungsleistung [LE/Tag]

n Anzahl Lagerungsvorgänge/Tag

N_A Anzahl Artikel

$e_i(t)$ Anzahl eingelagerter Ladeeinheiten des Artikels i zum Zeitpunkt t

$a_i(t)$ Anzahl ausgelagerter Ladeeinheiten des Artikels i zum Zeitpunkt t

Die Umschlaghäufigkeit eines Artikels wirkt sich auf die *Anfahrtdichte* der Stellplätze aus. Nach dem Paretoprinzip haben relativ wenige Artikel den größten Anteil am gesamten Umschlag des Sortiments.

Volumennutzungsgrad

Die Qualität einer räumlichen Lagerplanung wird aus dem Volumennutzungsgrad ersichtlich. Das ist der Quotient aus dem Volumen aller zu lagernden Ladeeinheiten zum gesamten Volumen des Lagergebäudes.

Bei fester *Lagerplatzzuweisung* bestimmt man die Anzahl der Stapelsäulen je Artikel zu

$$N_{Si} = \left\{\frac{x_{imax}}{k_s}\right\}$$

mit

N_{Si} Anzahl Stapelsäulen des Artikels i

k_s Kapazität einer Stapelsäule

x_{imax} obere Bestandsgrenze

564 Schulte-Zurhausen, M.: a. a. O., 1982.

Bei freier Lagerplatzzuweisung – also Ladeeinheiten unterschiedlicher Artikel stehen über- und nebeneinander – wird anstelle des maximalen Bestands der mittlere Bestand verwendet.

$$N_{Si} = \left\{ \frac{x_{imit}}{k_s} \right\}$$

Die Abmessungen eines *Blocklagers* lassen sich folgendermaßen berechnen (Abbildung III-381).[565]

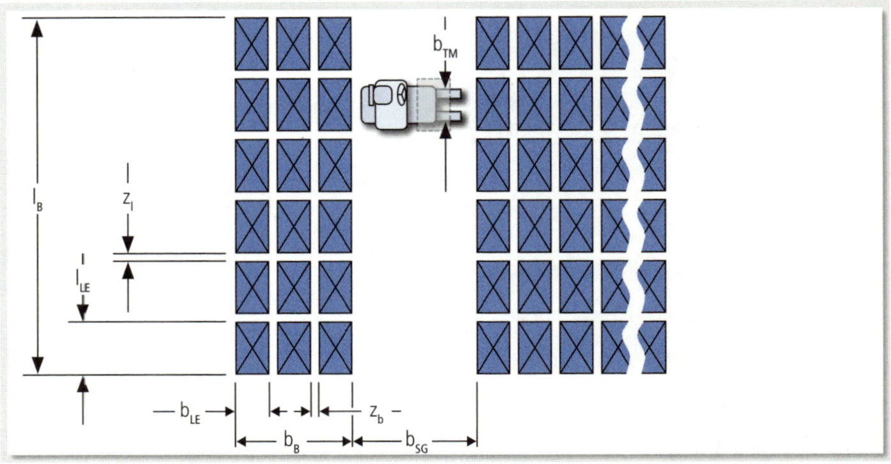

Abbildung III-381 Maße in der Lagerzone[566]

Die Tiefe des Stapelblocks ergibt sich aus der Breite der Ladeeinheiten und einem Zuschlag zu

$$b_B = (l_{LE} + z_l) \cdot z - z_l$$

und entsprechend die Blocklänge zu

$$l_B = (b_{LE} + z_b) \cdot n_s - z_b$$

Die Blockhöhe durch Übereinanderstapeln der Ladeeinheiten berechnet man zu

$$h_B = h_{LE} \cdot k_s$$

mit

b_B Blockbreite

l_B Blocklänge

565 Schulte-Zurhausen, M.: a. a. O., 1982.
566 Schulte-Zurhausen, M.: a. a. O., 1982, S. 41, S. 41.

h_B Blockhöhe

b_{LE} Breite Ladeeinheit

l_{LE} Länge Ladeeinheit

h_{LE} Höhe Ladeeinheit

z_l Längenzuschlag (üblich 0,2 m zur nächsten LE)

z_b Breitenzuschlag (üblich 0,02 m)

b_{SG} Breite Stapelgang (von Typ und Bauart des Transportmittels, der Art des innerbetrieblichen Verkehrs sowie Abmessungen und Lage der Ladeeinheit abhängig)

b_{TM} Breite Transportmittel

Transportmittelbedarf und Personalbedarf

Zur Ableitung des *Transportmittel- und Personalbedarfs* in einem Blocklager benötigt man die Spielzeit. Darunter versteht man die Summe aus den wegeabhängigen Fahr- und Hubzeiten einschließlich der Brems- und Beschleunigungszeiten sowie den wegeunabhängigen Verweilzeiten an den Ein- und Auslagerungsplätzen. Man unterscheidet *Einzelspiel* (eine Ein-/Auslagerung an einem Stapelplatz) und *Doppelspiel* (eine Ein-/Auslagerung an zwei verschiedenen Stapelplätzen)

$$t_{EFmit} = 0{,}5 \cdot \sum_{i_B=1}^{n_B} \sum_{i_z=1}^{n_z} h(i_B, i_z) \cdot \sum \left(t_{sEFwein} + t_{sEFwaus} \right)$$

mit

i_B Laufindex für die Stapelblöcke (insgesamt n_B)

i_Z Laufindex für die Stapelzeilen n_Z (insgesamt n_Z)

h Anfahrdichte der jeweiligen Stapelzeile

t_{sEF} Wegezeit für ein Einzelspiel = Funktion der Wege, Fahrgeschwindigkeiten)

Um die gesamte *Spielzeit* zu berechnen, sind noch Hub-, Senk- und Wartezeiten zu ermitteln:[567]

$$t_{Emit} = t_{EFmit} + 2 \cdot t_{HSmit} + t_{EV} + 0{,}5 \cdot t_{Umit} + t_{EWmit}$$

t_{HSmit} mittlere Hub- und Senkzeit

t_{EV} Verweilzeit bei Einzelspiel

t_{Umit} mittlere Umlagerungszeit bei Einzelspiel

t_{EWmit} mittlere Wartezeit bei Einzelspiel

Die Summe der je Arbeitstag anfallenden Spielzeit ist:

$$t_{Dges} = 2 \cdot (1 - f_D) \cdot U_{ea} \cdot t_{Emit} + f_D \cdot U_{ea} \cdot t_{Dmit}$$

567 Die Wartezeiten bestimmen sich nach Warteschlangenmodellen, vgl. Teil II, Abschnitt 4.4.5.

mit

f_D $(0 \le f_D \le 1)$ Anteil der Doppelspiele an allen Spielen

t_{Dmit} mittlere Spielzeit für Doppelspiel

Die Anzahl der *erforderlichen Transportmittel* berechnet sich daraus zu

$$N_{TM} = \frac{t_{Dges}}{\text{potenzielle Nutzungszeit } T}$$

und der Bedarf an Fahrpersonal N_{FP} zu

$$N_{FP} = \left\{ \frac{t_{EDges}}{T} \cdot (1 + g_A) \right\} \cdot n_{Schicht}$$

mit

g_A durchschnittlicher Abwesenheitsfaktor,

$n_{Schicht}$ Zahl der Arbeitsschichten pro Tag.

Kommissionierlager

Kommissionierlager werden nach anderen Gesichtspunkten gestaltet als Blocklager (vgl. Abschnitt 6.7.5).

6.7.5 Kommissionieren

Auch das *Kommissionieren* zählt als wertschöpfender Prozess, es stellt die Versorgung des Produktionsprozesses sicher. Es handelt sich allerdings gewöhnlich um eine kostenintensive Tätigkeit, bei der Arbeitsablauf und räumlicher Arbeitsgestaltung optimiert werden müssen.

Kommissionieren hat das Ziel, aus einer Gesamtmenge von Gütern (Sortiment) Teilmengen (Artikel) aufgrund von Anforderungen (Aufträge) zusammenzustellen.[568] Die Kommissionierung stellt in Abhängigkeit von Produktionsprogramm und Losgrößen die Versorgung des Produktionsprozesses sicher.[569] Einen Ausschnitt aus einem *Kommissionier- und Transportarbeitsprozess* zeigt Abbildung III-382.

568 VDI 3590a, Kommissioniersysteme, Grundlagen, 1994.

569 Die Kommissionierung in Warenverteilsystemen außerhalb der Produktion wird hier nicht behandelt.

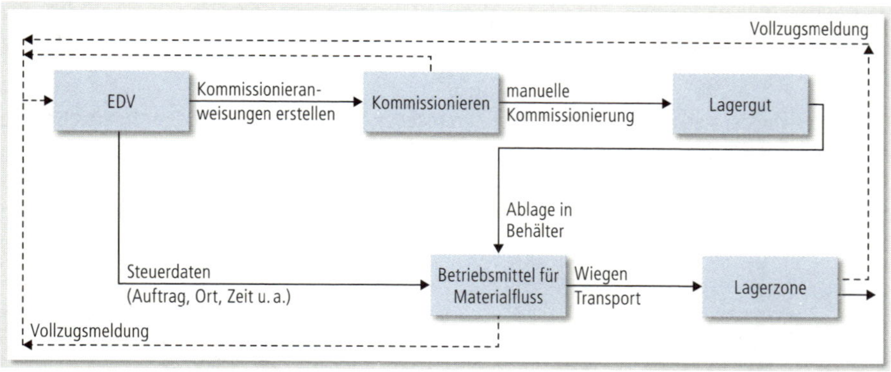

Abbildung III-382 Auszug aus einem Kommissionierungs- und Transportarbeitsprozess

Aus der EDV werden *Kommissionieranweisungen* für die Kommissionierer erstellt, ebenso werden Steuerungsdaten an die verschiedenen Betriebsmittel für den Materialfluss übertragen. Insbesondere gehören dazu Auftragsdetails, Ortsinformationen (von/nach), frühest- und spätestmögliche Abfahrtzeiten etc. (Abbildung III-383).

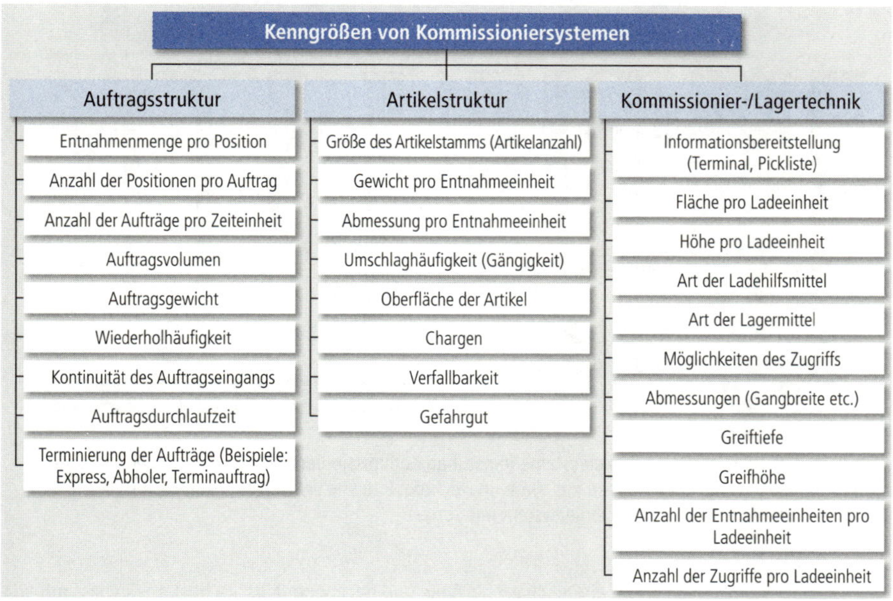

Abbildung III-383 Kenngrößen für die Analyse und Gestaltung von Kommissioniersystemen[570]

Soweit *manuelles Kommissionieren* vorgesehen ist, erfolgt durch den Kommissionierer die auftragsabhängige Ablage des Lagerguts in die Transportbehälter. Die parallele auftragsweise Kommissionierung verlangt vom Kommissionierer, Artikel, die in mehreren Aufträgen vorkommen, nacheinander zu greifen. Deshalb versucht man, Aufträge zu bündeln, artikelweise zu sortieren und daraus die Kommissionieraufträge abzuleiten. Danach werden die Artikel wieder den Kundenaufträgen zuge-

570 Angelehnt an VDI 3590: Technische Regel Kommissioniersysteme, Grundlagen, 1994.

wiesen (zweistufiger Vorgang). Bei der manuellen Kommissionierung handelt es sich in jedem Fall um eine sensomotorische Arbeit mit hohen Transportleistungen, die der ergonomischen Gestaltung bedarf.

Man unterscheidet statische und dynamische *Bereitstellung.* Im ersten Fall ist keine fördertechnische Maßnahme erforderlich, im zweiten Fall bewegt das Kommissioniersystem entweder die Ware zum Kommissionierer (*Ware-zur-Person, WzP*) oder umgekehrt geht der Kommissionierer die Lagerplätze ab und nimmt die Teile in einen Behälter oder Wagen auf (*Person-zur-Ware, PzW*; Abbildung III-384).

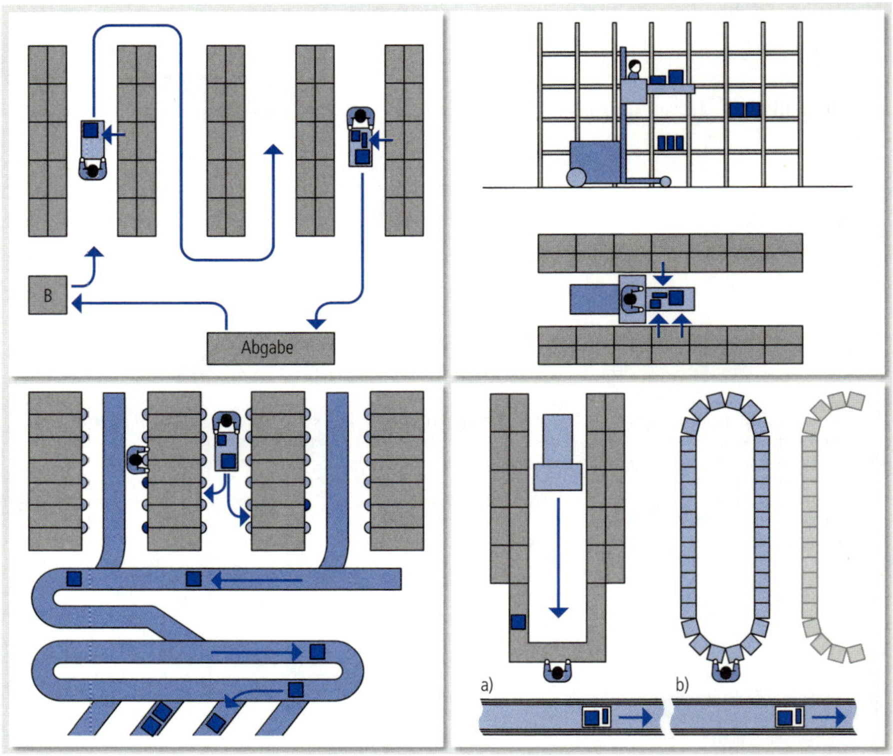

Abbildung III-384 Kommissioniersysteme (einstufige Kommissioniersysteme – links oben: Person-zur-Ware (PzW); rechts oben: Person-zur-Ware im Hochregal; rechts unten: Ware-zur-Person (WzP); links unten: zweistufiges Kommissioniersystem mit Sorter)[571]

Kommissionierstrategie

Naturgemäß ergeben sich im zweiten Fall große Weg- und gegebenenfalls Suchzeiten, so dass mit verschiedenen *Kommissionierstrategien* eine Optimierung versucht wird (z. B. »Renner« werden greifgerecht in guter Einsehbarkeit zu Beginn des Laufweges eingelagert). Daneben unterscheidet man die zentrale und dezentrale Bereitstellung. Es ergeben sich somit vier Alternativen (Abbildung III-385).

Bei PzW kann sich der Kommissionierer eindimensional (z. B. seitliche Bewegung vor einer Regaleinheit), zweidimensional (z. B. mit Regalbediengerät) oder dreidimensional (mit Kran) erfolgen. Die Entnahme der Artikel kann manuell oder mit Manipulatoren erfolgen.

571 Hompel, M. ten; Schmidt, T.; Nagel, L.: Materialflusssysteme. Berlin: Springer, 2007, S. 270–273.

	Kommissionierprinzipien			
	statisch		dynamisch	
	Bereitstellung	Abgabe	Bereitstellung	Abgabe
dezentral	PzW/Fachbodenregal-anlagen	Pick-to-Box	Regalfront an automatischem Kleinteilelager	Pick-to-Belt
	K. bewegt sich entlang Regalfront; entnimmt Einheiten lt. Liste.	K. legt Einheiten in mitgeführten Behälter ab.	Kommissionierung erfolgt an der bodenebenen Regalebene, seitlich des AKL. K. muss sich vor Regalzeile bewegen.	K. legt Artikel nach Entnahme auf parallel zur Regalfront laufendes Förderband.
zentral	Komissioniernest	WzP/Kommissionier-U	WzP/Zone vor Hochregallager	WzP/Paternosterregal mit Rollenbahn
	Regale U-förmig angeordnet, K. hat alle Artikel in Reichweite; sehr hohe Kommissionierleistungen möglich (bis 1.000 Teile/h).	Die entnommenen Artikel werden auf Palette oder in Behälter gestapelt.	Artikel werden aus automatischem (Hoch-)regal an zentralen Übergabepunkt befördert.	Artikel werden aus Paternosterregal entnommen und auf Bandförderer abgelegt.

Abbildung III-385 Übersicht zu den verschiedenen Kommissionierprinzipien[572]

Kommissionierführung

Eine Schlüsselrolle nimmt die *Kommissionierführung* ein, also die Übermittlung der Entnahme-Information an den Kommissionierer und die möglichst fehlerfreie Umsetzung. Am weitesten verbreitet ist die papiergestützte Pickliste. Sie ist zwar vorteilhaft wegen einer geringen Fehlerrate (vgl. Abbildung III-386), stellt jedoch bei einem voll DV-gestützten *Materialbewirtschaftungssystem* eine Insellösung dar, die zudem mit hohen Nebenzeiten für das Lesen, Identifizieren und Kontrollieren verbunden ist. Es gibt stattdessen zahlreiche papierlose Systeme zur Kommissionierführung, die den Bearbeitungsfortschritt und die Materialbestände in Realzeit erfassen.

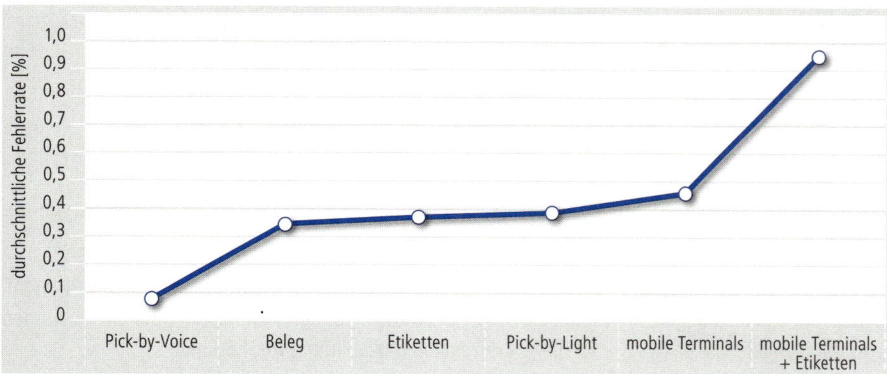

Abbildung III-386 Durchschnittliche Fehlerraten durch verschiedenartige Kommissionierführungen (Entnahme-Information bei pick-by-voice: über Funk, bei pick-by-light über optische Anzeigen an Regalflächen)[573]

Durch Wiegen der Transportbehälter oder des gesamten Betriebsmittels für den Materialfluss wird der Vollzug der Kommissionieraufträge festgestellt, anschließend erfolgt der Transport zur vorgesehenen Lagerzone. Sowohl von der Lagerzone als auch von den Betriebsmitteln und vom Kommis-

572 Hompel, M. ten; Schmidt, T.; Nagel, L.: Materialflusssysteme. Berlin: Springer, 2007, S. 269.
573 Vgl. Hompel, M. ten et al.: a. a. O., 2007.

sionierer können Vollzugsmeldungen an die EDV erfolgen, so dass damit der Kommissionier- und Transportauftrag abgeschlossen ist.

Kommissionierleistung

Die *Kommissionierleistung* P_K ergibt sich als Kehrwert der *Kommissionierzeit* für eine Position t_K[574]

$$P_K = \frac{1}{t_K}\,[\text{Positionen}/\text{h}]$$

Auf die Kommissionierzeit wirken die in Abbildung III-387 dargestellten Einflussgrößen.

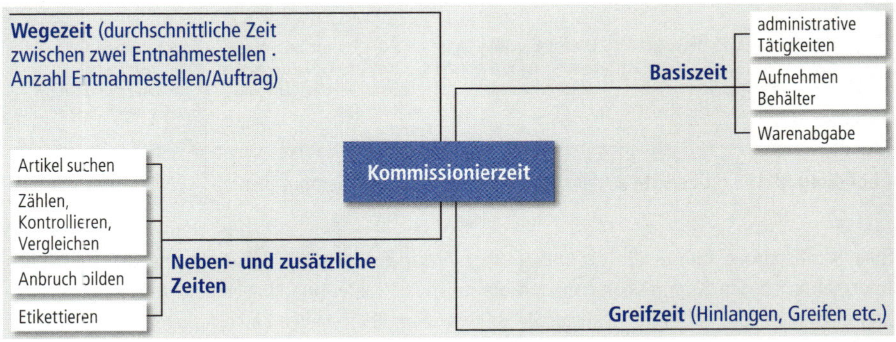

Abbildung III-387 Einflussgrößen der Kommissionierzeit[575]

Die Kommissionierzeit t_K setzt sich demnach aus Zusammenführungszeit t_Z (also Person-zur-Ware (PzW) oder Ware-zur-Person (WzP)) und Bearbeitungszeit t_{Bz} zusammen. Wenn die beiden Prozesse parallel ablaufen, wird der Maximalwert genommen:

$$t_K = t_Z + t_{Bz} \text{ für PzW}$$
$$t_K = \max(t_Z; t_{Bz}) \text{ für WzP}$$

Die Kommissionierzeit hat den Charakter einer Grundzeit (vgl. Teil II, Kapitel 4) und ist von der gewählten Kommissionierlösung abhängig.[576]

Bei einer dezentralen, statischen PzW-Lösung, die in der Einzel- und Kleinserienfertigung im Maschinenbau häufig vertreten ist, bietet sich die *Schleifenstrategie* für den Kommissionierer an: Es werden grundsätzlich alle Gänge des Materiallagers durchlaufen (Abbildung III-388 links).

574 Hompel, M. ten et al.: a. a. O., 2007.
575 Martin, H.: Transport- und Lagerlogistik, 7. Auflage. Wiesbaden: Vieweg+Teubner, 2009, S. 430.
576 Berechnungsbeispiele enthält Hompel, M. ten et al.: a. a. O., 2007.

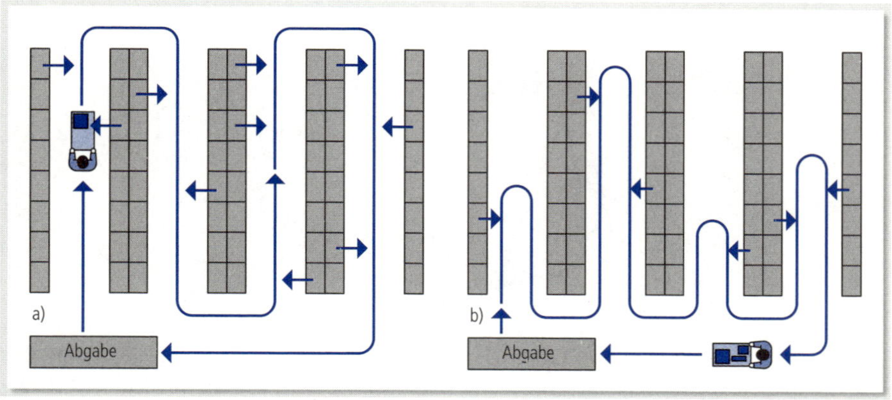

Abbildung III-388 Kommissionieren mit Schleifenstrategie (links) oder Stichgangstrategie (rechts)

Um lange Wegezeiten des einzelnen Kommissionierers zu vermeiden, können *Bucket Brigades* eingerichtet werden. Ein Kommissionierer bearbeitet nur einen Teilauftrag und übergibt diesen, wenn er fertiggestellt ist, an den (in Reihe) arbeitenden Kollegen weiter, übernimmt danach selbst den Teilauftrag seines Vorgängers.

In der Großserien- und Massenfertigung, bei der nur wenige Artikel, aber große Mengen pro Auftrag entnommen werden müssen, kann die *Stichgangstrategie* sinnvoll sein. Der Kommissionierer läuft nicht alle Gänge ab sondern kehrt an die Abgabestelle zurück (Abbildung III-388 rechts). Sinnvoll ist in diesen Fällen u. U. auch ein *Sortier- und Verteilsystem*[577].

Beliefert ein Zulieferer ein OEM mit hoher Artikelvielfalt, aber kleinen Mengen, dann sollte nicht in Sammelwanne o. Ä., sondern gleich in den Versandkarton kommissioniert werden (*Pick-and-pack*).

Typische Kommissionierleistungen fasst Abbildung III-389 zusammen. Ein Kommissionierautomat erlaubt zum Vergleich etwa 4.500 bis 9.000 Zugriffe pro Stunde. Kommissionierleistung

577 VDI 3619: Sortiersysteme für Stückgut, 1999.

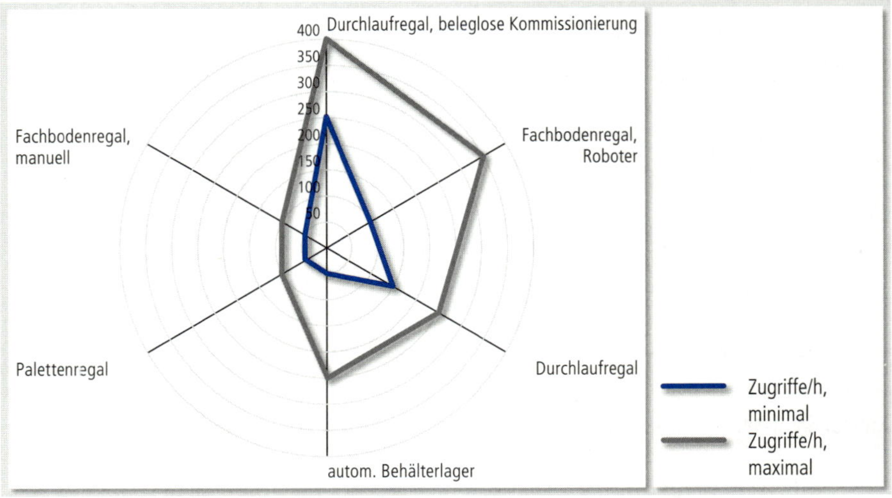

Abbildung III-389 Min/Max-Bereiche der Kommissionierleistung in Zugriffen pro Stunde und Kommissionierer (Bito-Lagertechnik)

Fließmontage

Insbesondere bei der *Fließmontage* größerer Werkstücke wird auf die Bevorratung entlang der Linie zugunsten einer Kommissionierlösung verzichtet. Die Teile und Baugruppen werden dann entweder auf dem *Werkstückträger* oder auf einem Materialwagen bereitgestellt. A- und B-Teile werden im Kommissionierlager auf dem Montagewagen platziert, C-Teile können nach dem Kanban-Prinzip vor Ort aufgefüllt werden. Die bevorratungsfreie Fließmontage reduziert die Hol-Wege der Werker deutlich und ist zudem bei Nachfrageänderungen durch Erhöhung oder Verminderung der Zahl der Montage- und Materialwagen flexibler als es durch Bereitstellung entlang der Linie möglich wäre.

Lagertypen

Die folgende Übersicht zeigt die in der Kommissionierung häufig anzutreffenden Lagertypen. Mechanisierung und Automatisierung im Hochregallager können helfen, einen Teil der Lastenhandhabung und ungünstige Körperstellungen zu vermeiden (Abbildung III-390, rechte Spalte).

Lagertyp	Lagergut	Höhe	Belastung	Bedienung mit	Kriterien
Fachbodenregal	Kleinteile, Behälter, Kartonagen	2 m bis 12 m	< 300 kg	manuell	• Aushebevorrichtungen vorsehen, damit Bauelemente sich nicht unbeabsichtigt lösen können. • An Eckbereichen und Durchfahrten > 0,3 m Anfahrschutz anbringen.
Palettenregal	Paletten, Gitterboxen	< 16 m	< 4.000 kg/Fach	Kommissionierstapler	• Bei Doppelregalen (werden von 2 Seiten beladen) Durchschiebesicherung vorsehen. • An Eckbereichen und Durchfahrten > 0,3 m Anfahrschutz anbringen. • Palettierte Kleingüter gegen Auseinanderfallen schützen (z. B. mit Schrumpffolien, Gurten oder Bändern). • Schadhafte Paletten nicht verwenden. • Nutzlast von Paletten beachten.
Hochregallager	Paletten, Gitterboxen	< 55 m	< 4.000 kg/Fach	Regalbediengerät	• An Eckbereichen und Durchfahrten > 0,3 m Anfahrschutz anbringen.
Behälterregal	Behälter, Kartonagen	7 m bis 18 m	Lagergut < 50 kg	Regalbediengerät	• An Eckbereichen und Durchfahrten > 0,3 m Anfahrschutz anbringen.
alle	• Verhältnis Stapelhöhe zur Schmalseite der Grundfläche ≤ 6 : 1. • Stapelvertikale ≤ 2 % geneigt. • Eigengewicht der Ladungseinheiten darf darunterliegende Güter nicht beschädigen. • Bei Nutzung der Decken von Lagerflächen zulässige Deckenlasten berücksichtigen. • Bei Nutzung der Decken von Lagerflächen Absturzsicherungen einbauen.				
Rampen	• Wenn Rampen quer mit Unstetigförderer befahren werden: Sicherheitsabstand ≥ 0,5 m auf beiden Seiten. • Rampen nur für Fußgänger: ≥ 0,8 m breit. • Rampen regelmäßig von verschütteten Gütern und ggf. Schnee reinigen. • Rampen mit rutschhemmendem Belag versehen. • Rampen mit Abgängen für Fußgänger auslegen, damit diese nicht herabspringen. • Rampenabgänge mit Geländer ausstatten.				

Abbildung III-390 Lagertypen mit Eigenschaften und Gestaltungshinweisen[578]

Neben den fahrerlosen Transportsystemen haben in den letzten Jahrzehnten Hochregallager eine besonders wichtige Rolle in der innerbetrieblichen Logistik gespielt. Die Forderungen hierbei waren:[579] Hochregallager

- Konzentration der zu lagernden Güter auf engstem Raum,
- gute Übersicht über den Lagerbestand,
- direkter Zugriff auf die einzelnen Lagereinheiten,
- Vermeidung von Transportschäden,
- Reduzierung des Lagerpersonals.

Hochregallager können u. a. als zentrale, dynamische Kommissionierlager eingesetzt werden. Sie haben einen hohen Flächennutzungsgrad (viel Lagergut platzsparend pro Quadratmeter). Ab einer Höhe von etwa 12 Meter muss ein Hochregallager mit einem Regalbediengerät realisiert werden, da auch ein Hochregalstapler keinen Zugriff mehr hat.

Fachboden- und Palettenregale

Ein *Fachbodenregal* besteht aus Stützen, Fachböden und weiterem Zubehör (vgl. Abbildung III-391, linker Teil). Es ist für kleine bis mittelgroße Teile geeignet, auch mit Schub- oder Sichtkästen. Die Lagerplatzzuordnung ist fest vorgegeben. Es finden sich viele Einsatzgebiete, z. B. vom Werkzeug- bis zum Ersatzteillager. Die Bedienung erfolgt manuell oder mit einem Regalbediengerät.

578 Vgl. Arbeitsstättenverordnung, Anhang, Anforderungen an Arbeitsstätten.
579 Kühn, F. M.; Littmann, R.; Preuß, W.; Steinert, W.: Neue Technologien im innerbetrieblichen Materialfluss. Arbeitssicherheit und Arbeitsgestaltung. Köln 1990, S. 61.

Ein *Paletten- oder Behälterregal* ist ebenfalls aus Stützen und Regalböden zusammengesetzt, die Lagereinheiten und die zulässige Bodenbelastung sind jedoch deutlich höher als im Fachbodenregal (Abbildung III-390). Es wird mit Stapler oder Regalbediengeräten bestückt. Für die Aufnahme von Langgut, z. B. Rohre oder Profile, kommen *Ständerregale* oder *Kragarmregale* in Betracht (vgl. Abbildung III-391, rechter Teil). Verschieberegale haben auf Rollen oder Schienen verfahrbare Unterwagen, auf denen Fachboden-, Paletten- oder Kragarmregale stehen. Die Verschiebung kann manuell oder mit Motor erfolgen. Wegen des höheren Bedienaufwands wird es eher für B- und C-Teile eingesetzt.

Paternoster- und Durchlaufregale

Einen schnelleren Zugriff erlauben *Paternosterregale*. Man findet sie häufig auch im Kommissionierlager. Hier kann in ergonomisch günstiger Arbeitshaltung ein- und ausgelagert werden. Ebenso sind *Durchlaufregale* häufig beim Kommissionieren anzutreffen. Ein- und Auslagerung sind dann getrennt auf verschiedenen Seiten, die Regalböden sind als schiefe Ebene ausgelegt, so dass Behälter oder Paletten nachrutschen. Durchlaufregale führen im Regalfall zu niedrigeren Wegestrecken der Kommissionierer als z. B. Fachbodenregale.

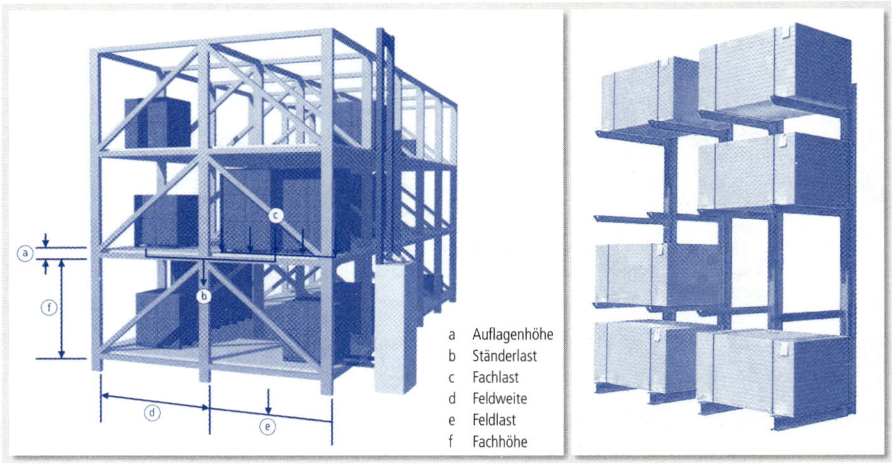

Abbildung III-391 Prinzipskizzen: Fachbodenregal für Palettenlagerung und Kragarmregal

Aus der Sicht nicht wertschöpfender Materialbewegungen kann ein Lagertyp dann nachteilig werden, wenn die Lagerplätze hintereinander liegen. Dann müssen vor der Entnahme der gesuchten Palette in der Regel andere Paletten ausgelagert werden. Wenn das Regal von einer Seite aus zugänglich ist, spricht man von einem *Einfahrregal*, bei zweiseitigem Zugang vom *Durchfahrregal*. Auch dieser Lagertyp eignet sich wegen des Umlagerungsaufwands nur für B- und C-Artikel. Die Bedienstrategie ist notwendigerweise LIFO. Die Bedienung wird mit dem Stapler vorgenommen.

Rampen sind ein wichtiges Detail des Güterumschlags, auch aus Sicherheitserwägungen. Rampen können ganz unterschiedlich gestaltet werden (Abbildung III-392).

Rampen

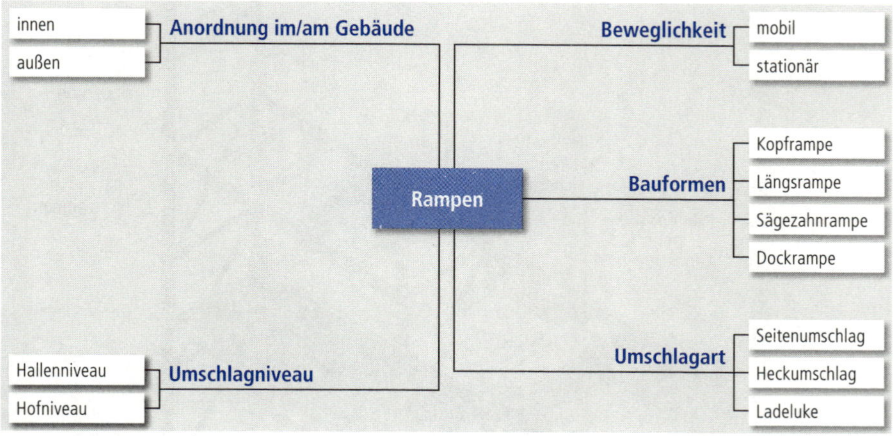

Abbildung III-392 Übersicht zu den verschiedenartigen Rampen

Mobile Rampen setzt man dort ein, wo Hallenboden und Hoffläche gleiches Niveau haben. Sie erlauben eine flexible Anpassung bei unterschiedlichen Transportaufgaben, häufig in der Einzel- und Kleinserienfertigung. Stationäre Rampen werden bereits bei der Hallenplanung berücksichtigt. Sofern sie im Innenbereich angeordnet sind, erlauben sie den Mitarbeitern wetterunabhängigen, zugluftarmen Einsatz bei gleichzeitig niedrigem Energieverlust. Bei Außenrampen sind dagegen die Witterungseinflüsse auf Mitarbeiter und Ladung zu bedenken.

Beim Kommissionieren spielen Sicherheitserwägungen eine große Rolle. Kommt es in den Regalgängen zum »Mischbetrieb« zwischen Staplern, Kommissionierwagen und Fußgängern, dann spielt die freie Sicht der Staplerfahrer eine große Rolle, um Unfälle zu vermeiden. In vielen Fällen ist der Einbau einer Personenschutzeinrichtung, von Gangendsicherungen u.a. sinnvoll.[580] Weiterhin helfen Kameras in den Gabelzinken sowie Rückfahrkameras, Unfälle zu vermeiden. Wird aus Palettenregalen kommissioniert, dann sind weitere Sicherheitsaspekte zu bedenken, z.B. der Schutz des Kommisionierers vor herabfallenden Gütern (Abbildung III-393).

Sicherheitserwägungen

580 Vgl. DIN 15185-2, Lagersysteme mit leitliniengeführten Flurförderzeugen; Personenschutz beim Einsatz von Flurförderzeugen in Schmalgängen; Sicherhitstechnische Anforderungen, Prüfung.

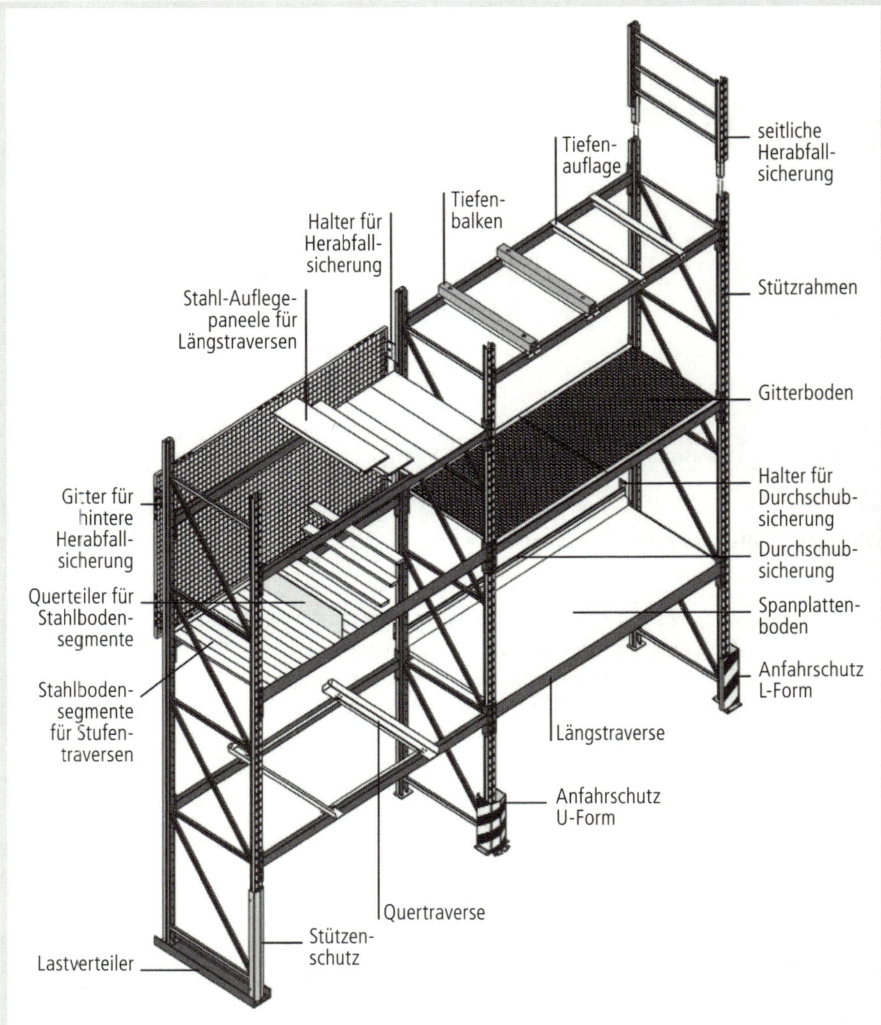

Abbildung III-393 Gestaltungselemente eines Palettenregals[581]

Insbesondere dann, wenn eine große Vielfalt von Kleinteilen im Hochregallager gelagert wird, spielt die Kommissionierung nach der Teileentnahme eine große Rolle. Üblicherweise ist dann der Entnahme-Arbeitsplatz zugleich Kommissionierplatz. Der Einsatz einer leistungsfähigen Software zur Zusammenstellung der Kommissionierungsaufträge ist zwingend.

Vollautomatisierte Hochregallager sind für komplexe Kommissionierungs- und Warenverteilungsaufgaben von großer Bedeutung. Aufgaben des Qualitätsmanagements können ebenfalls mit den Einlagerungsvorgängen im Hochregallager verbunden werden.

581 Unternehmer-Handbuch Gabelstapler. Großhandels- und Lagerei-Berufsgenossenschaft Mannheim, o.Jg., S. 68.

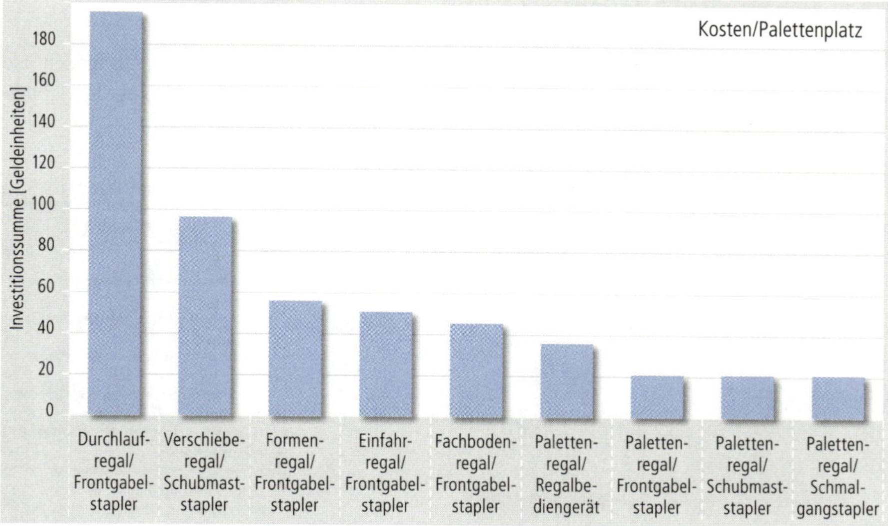

Abbildung III-394 Regaltypen und Unstetigförderer im Kostenvergleich[582]

Systemsteuerung

Bei der Auswahl der »richtigen« Systemsteuerung spricht vieles für eine dezentralisierte Lösung (»verteilte Intelligenz«). Hohe Störanfälligkeit und lange Reaktionszeiten stellen zentral gesteuerte Systeme infrage. Dies bedeutet, dass in den fahrerlosen Transportsystemen und den Lagersystemen eigene Intelligenz vorhanden sein muss, die in ein Gesamtkonzept eingebunden wird. Häufige Fehler beim Transportieren, Handhaben und Lagern können sein:

- fehlerhafte Ladehilfsmittel (z. B. Paletten),
- mangelhafte Ladungssicherung,
- ungenaues Positionieren,
- zu häufige Leerfahrten,
- Fehleinlagerungen,
- Personenunfälle verschiedenster Art.

Für den Sonderfall eines *Fertigungsinselkonzepts* in der Betriebsstätte ist zu beachten:[583]

- Das Bestellwesen selbst verbleibt in der zentralen Materialbewirtschaftung. Es wird nicht an die Fertigungszelle delegiert, da dort die Spezialkenntnisse fehlen.
- Der Wareneingang erfolgt ebenfalls zentral und nicht in der Fertigungszelle. Die Wareneingangsprüfungen und das Belegwesen im Zusammenhang mit dem Wareneingang würde die Fertigungszelle überfordern.
- Die Organisation der Materialflüsse in die Fertigungsinsel erfolgt zweckmäßigerweise nach dem Pull-Prinzip.
- Ein Fertigungsinsel-Lager kann für die Zwischenlagerung sinnvoll sein, allerdings resultiert daraus eine entsprechende Kapitalbindung.

582 In Anlehnung an Martin, H.: Transport- und Lagerlogistik, 7. Auflage. Wiesbaden: Vieweg+Teubner, 2009, S. 430.
583 Ruffing, T.: Fertigungssteuerung bei Fertigungsinseln. Köln: TÜV Rheinland, 1991.

6.7.6 Behälter und Paletten

Großbehälter

Anzahl und Bauart logistischer Betriebsmittel sind außerordentlich vielseitig und umfangreich. Sie hier auch nur annähernd darstellen zu wollen, wäre vermessen. Abbildung III-395 fasst die wichtigsten Eigenschaften von Großbehältern für Transport und Lagerung zusammen.

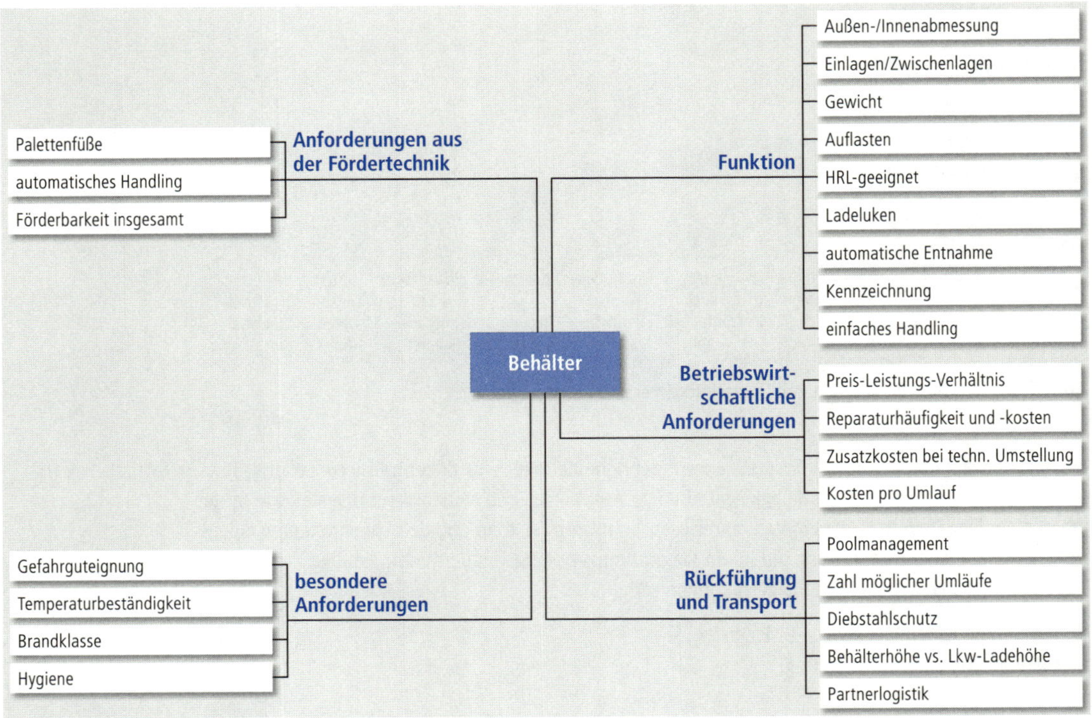

Abbildung III-395 Übersicht zu den wichtigsten Eigenschaften von Transport- und Lagerungsbehälter[584]

Behältertabelle

Exemplarisch zeigt Abbildung III-396 die Behältertabelle eines Automobilzulieferers. Die dort verwendeten Behälter müssen robust und für schwere Gussstücke geeignet sein. Einige Behältertypen sind in Hochregallagern (HRL) zu stapeln, andere müssen wetterfest für das Außenlager sein. Bei den Behältertypen für Transport von/zu den Arbeitsplätzen kommt es besonders auf einfache und sichere Handhabung an.

Bei Behältern, die für den Lkw-Transport verwendet werden, spielt zwar der sichere Transport ohne Qualitätsbeeinträchtigung der Produkte eine große Rolle – so bietet die Stahlgitterbox hier große Vorteile – allerdings werden wegen ihres hohen Gewichtes mit jedem Lkw mindestens sechs Tonnen Behältergewicht transportiert. Großladungsträger aus Kunststoff helfen, das nutzlos transportierte Behältergewicht zu reduzieren. Etwa 70 % des Leergutvolumens beim Rücktransport kann durch Klappen von Seitenwänden oder das Falten von Zwischenringen reduziert werden.

Hygieneanforderungen berücksichtigt man traditionell durch Auskleidung der Gitterboxen mit Folien oder Papier. Das hat mehrere nicht wertschöpfende Arbeitsgänge bei der Vorbereitung und der Entsorgung zur Folge. Kunststoffbehälter mit Deckel vermeiden den Folieneinsatz in vielen Fällen und bieten darüber hinaus noch den Deckel als Stapelhilfe.

584 In Anlehnung an Walther, T.: Passend zum logistischen Ablauf. In: PackReport, 7/8 2002.

Behältertyp	Ident-Nr.	Außenmaß Innenmaß Stapelmaß	Bild	Stückvolumen Stapelfaktor Behältergewicht	Einsatzzweck
B-Behälter	850 090	1200 x 800 x 750 1110 x 710 x 550 1200 x 800 x 750		400 4 124 kg	Zwischenlagerung von Wandlerteilen; kleine Pressteile – geeignet für schwere Lasten und kurzzeitige Lagerungen
F-Behälter	850 005	1240 x 840 x 670 1150 x 750 x 480 1240 x 840 x 600		211 6 75 kg	HRL-Behälter, kompatibel zu HRL-Plätzen, primär für Pressteile
P-Behälter	850 004	1500 x 800 x 1100 1400 x 710 x 900 1500 x 800 x 1100		250 4 150 kg	wie B-Behälter
R-Behälter (mit und ohne Längsklappe)	850 296 850 297	1632 x 1012 x 800 1550 x 920 x 620 1620 x 1012 x 775		1200 4 190 kg	hauptsächlich Pressteile, HRL-Behälter, kompatibel zu HRL-Plätzen, übewiegend auf Freiflächen, auch für externe Transporte verwendet (aber: nicht klappbar, Transportvolumen leerer Behälter!)
S-Behälter (leicht und verstärkt)	850 734 850 483	1200/1000 x 800 x 600		800 6 60 kg	kleinere Pressteile, z. B. von Stanzautomaten im Presswerk, geeignet an Arbeitsplätzen, dort auch stapelbar, häufig auf Rollenwagen gesetzt, um von Staplern unabhängig zu sein; nicht für HRL geeignet
U-Behälter	850 003	1920 x 1320 x 1000 1760 x 1240 x 790 1800 x 1200 x 975		320 4 260 kg	hauptsächlich Pressteile – für »große« Teile – B-Säulen, Querträger, Längsträger etc., HRL-Behälter, kompatibel zu HRL-Plätzen
Gitterbox	850 364	1240 x 835 x 970 1200 x 800 x 800 1240 x 835 x 970		500 4 95 kg	hauptsächlich verwendet für Kaufteile, z. T. mit Pappen-Zwischenlagen
Gitterbehälter	850 170	1200 x 1000 x 1000 1100 x 880 x 800 1200 x 1000 x 1000		1500 4 135 kg	klappbar, baugleich mit Kundenbehälter für gewaschene Wandlerteile; werden für Auslagerung von Wandlerteilen vor der Wäsche verwendet; Lagerung auf Freiflächen in Fertigung oder externen Lagern; nicht für HRL geeignet
Platinen-Palette (Zubehör: Trennbolzen und Stapelrungen)	850 181	2000 x 1000 x 229		20 — 265 kg	für große Platinen, Trennbolzen für Fixierung der Platinenstapel auf der Palette, Stapelrungen zur Stapelung mehrer Paletten aufeinander, auch für externe Lieferanten Rundlauf); geeignet für Platinenlager (spezielles HRL)
Platinen-Palette (Zubehör: Trennbolzen und Stapelungen)	850 182	1200 x 800 x 800		170 — 185 kg	für Platinen; Trennbolzen für Fixierung der Platinenstapel auf der Palette, Stapelrungen zur Stapelung mehrer Paletten aufeinander, auch für externe Lieferanten (Rundlauf); geeignet für Platinenlager (spezielles HRL)

Abbildung III-396 Beispiel für das Behälter-Repertoire eines Automobilzulieferers

Kleinladungsträger

Die Zulieferer der Automobilindustrie haben Kleinladungsträger (KLT) im Einsatz[585], die Roboter-Schnittstellen für die automatische Handhabung besitzen. Durch eine stark verippte Bodenkonstruktion haben diese Behälter eine hohe Belastbarkeit und gute Stapelbarkeit. Die Kleinladungsträger haben in der Regel Abmessungen zwischen 300 × 200 mm bis 600 × 400 mm.

Behälterabmessungen

Bei der Festlegung von *Behälterabmessungen* sollten Rastermaße beachtet werden. Zum Beispiel können zwei Behälter mit je 600 mm Breite und ein Behälter mit 1.200 mm Breite auf einen Großbehälter mit 2.400 mm gestapelt werden – wenn dieses Rastersystem von 600 mm eingehalten wird.

Konische Behälter sind eine weitere Möglichkeit, Leervolumen beim Rücktransport zu vermeiden. Bis zu vier Einheiten können ineinander gestapelt werden.

Checkliste Behälter

Die folgenden Prüfpunkte sind für die Behälterauswahl von Bedeutung:

1. Bei manueller Handhabung: Gewichts(-bereichs)angabe gut sichtbar angebracht.
2. Bei manueller Handhabung und G ≤ 100 N: 1 Handgriff vorhanden, bei G ≥ 100 N: 2 Handgriffe.
3. Behälterdeckel bzw. -verschlüsse mit Handschuhen manipulierbar.
4. Öffnung und Verschluss ohne Spezialwerkzeuge möglich.
5. Keine scharfkantigen Behälterteile.
6. Keine Quetschstellen, z. B. an Griffen oder auskragenden Teilen.
7. Teile in Behälter transportgesichert.
8. Bei manueller Teile-Entnahme aus Behälter am Arbeitsplatz: Behälter auf neigbarem Scherenhubtisch platziert.

Neben den Behältern sind andere unterfahrbare *Ladehilfsmittel* besonders wichtige Betriebsmittel für Transport und Lagerung (Abbildung III-397).

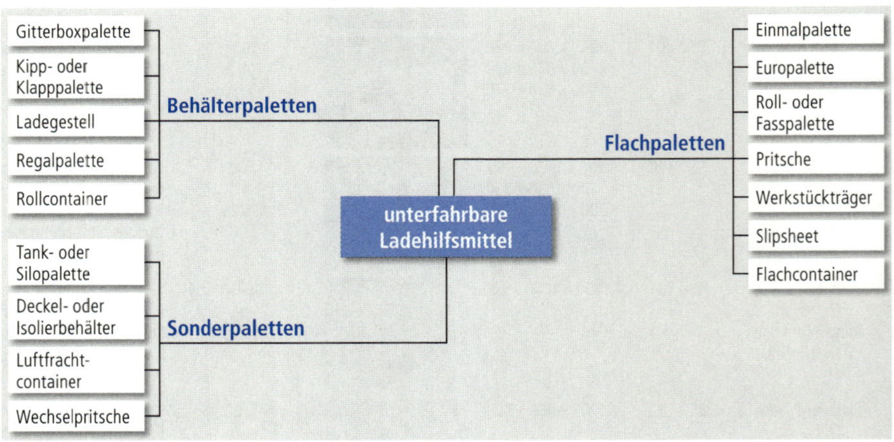

Abbildung III-397 Übersicht zu den unterfahrbaren Ladehilfsmitteln

Logistikkette

Zur *Logistikkette* gehören Lieferanten, Kunden und Transportunternehmen. Der administrative Aufwand für das Behältermanagement ist deshalb beachtlich. Hinzu kommt das Verlustrisiko von Behältern. Ein Tauschkonto für Ladungsträger hilft, am jeweiligen Einsatzort die benötigten Behälter zur Verfügung zu haben und hohe Investitionen in gekaufte Behälter zu vermeiden.

585 Kleinladungsträger nach VDA 4500 und DIN 30820.

Erhebliche Produktivitätsverbesserungen werden mit der Standardisierung der Behälter erreicht. So konnte in einem Beispiel die Behältervielfalt von 60 Typen auf vier Standardtypen reduziert werden.[586] Aus zwei Behälterkreisläufen Lieferant/betrachteter Betrieb und betrachteter Betrieb/Kunde kann ein einziger Behälterkreislauf werden.

In der Zulieferindustrie kann der Verpackungsanteil bis zu 20 % der Logistikkosten ausmachen. Wichtige Kostentreiber sind:

- Anzahl Lager-/Transporteinheiten,
- Anzahl Vorgänge,
- Wegstrecke.

Ziel ist deshalb, die Anzahl der vom Lieferanten pro Tag kommenden Behälter mit den an die Kunden gelieferten Erzeugnissen abzugleichen, um Rücklagerungen zu vermeiden. Der Lieferant hat kein Fertigwarenlager mehr. Er erhält eine elektronische Kanban-Karte und liefert direkt an den eigenen Verarbeitungsort, um Zwischentransporte zu vermeiden. Voraussetzung hierfür ist eine tages- und stundengenaue Planung der Stückzahlen, z. B. als Heijunka-Tafel.[587]

6.7.7 Fördersysteme

Fördern ist das Fortbewegen von Arbeitsgegenständen in einem Arbeitssystem. Dazu werden Fördermittel für den innerbetrieblichen Materialfluss eingesetzt (Abbildung III-398). Fördern

586 Balzer, H.; Hettig, I.; Kullen, M.: Den Lieferstrom gestalten. Stuttgart: LOG_X, 2005.
587 Heijunka: Begriff aus dem japanischen Produktionsmanagement. Harmonisierung des Produktionsflusses durch mengenmäßigen Produktionsausgleich, der Warteschlangen vermeidet.

Typ	Bild	Motorleistung	Fördergut	Förderlast	Geschwindigkeit	Eigenschaften
Unterflur-Schleppkettenförderer		0,3 – 0,5 kW/ 100 m Strecke	Gabelhubwagen, Werkstückträger	< 1.500 kg	0,2 – 0,8 m/s	für gerade, lange Wege; Verbindung Eingangs- mit Ausgangstor, robust, aber unflexibel bei Produktionsänderungen
Rollenbahn, angetrieben		0,12 – 0,75 kW	Paletten, Behälter, Kartonagen	25 – 2.000 kg/m	0,1 – 2 m/s	einfach, robust, Aufbau nach Baukastensystem; viele Sonderformen: Schwerkraftrollenbahn, Röllchenbahn, Kugelbahn
Tragkettenförderer		0,4 – 1,5 kW	Paletten, Skids	< 3.000 kg	0,2 – 1 m/s	robust, für Güter derselben Auflagebreite, z. B. Querförderung von Paletten in Kombination mit Drehtisch; Maschinenverkettung in der Produktion
Kettenförderer		0,09 – 0,75 kW	Stückgüter begrenzter Breite	< 200 kg	1 – 100 m/min	flexible Streckenführung, auch reinraumfähige Ausführungen
Handhängebahn, Kreisförderer, Elektrohängebahn		große Bandbreite	Stückgut im Gehänge	< 2.000 kg	von Hand < 0,2 m/s; angetrieben 0,3 – 1 m/s	Verkettung von Fertigungslinien; Elektrohängebahnen auch gut geeignet für Pufferstrecken
Handhubwagen		manuell		ca. 100 – 2.000 kg		sehr flexibel im Einsatz, jedoch für repetitive Transportvorgänge in der Großserien- und Massenfertigung nicht geeignet
Hochhubwagen		2 – 6 kW	Paletten	< 3.200 kg	6 km/h; Hubhöhe bis 5,5 m	Transport von 2 Paletten gleichzeitig; Einsatz auch bei Kommissioniertätigkeiten
Gabelstapler		4 – 120 kW (Diesel, Gas oder Elektro)	Güter auf Ladehilfsmitteln	1.000 – 16.000 kg	Fahrgeschwindigkeit 9 – 35 km/h; Hubgeschwindigkeit 0,23 – 0,65 m/s	mit zahlreichen alternativen Lastaufnahmemitteln, flexibel für viele Anwendungsaufgaben
Regalbediengerät	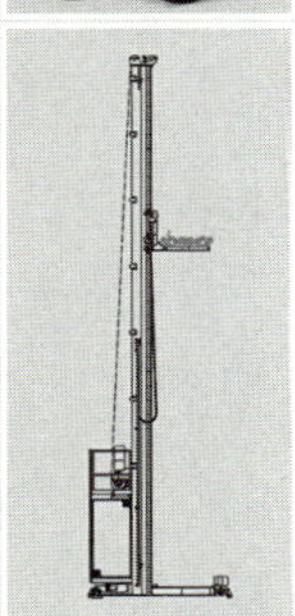	große Unterschiede je nach Bauart, z. B. horizontal 4 kW, vertikal 11 kW	Paletten, Behälter	< 1.500 kg	Fahrgeschwindigkeit < 6 m/s; Hubgeschwindigkeit < 3 m/s	Ein- und Auslagerung von Gütern auf genormten Ladehilfsmitteln (Europaletten, Gitterboxen etc.)

Abbildung III-398 Auswahl wichtiger Fördermittel[590] (Bildquellen: AML; Schierholz, FAB; Hald&Grünewald; TLS; Wagner)

Man unterscheidet stetige Fördertechnik (z. B. Rollenbahn) und unstetige Fördertechnik (z. B. Stapler). Stetigförderer können einen motorischen Antrieb, Schwerkraftantrieb oder Muskelkraftantrieb haben. Sie können aktiv sein, nehmen also einen Lastwechsel selbstständig vor, oder passiv, brauchen also Greifvorrichtungen oder Ausschleuser zusätzlich.

Von den dargestellten Betriebsmitteln für den Materialfluss sollen hier Stetigförderer, Gabelstapler und fahrerlose Transportsysteme hervorgehoben werden. Mit ihnen sind viele Vorteile, aber auch technische und sicherheitstechnische Problemstellungen verknüpft, die in Teilaspekten auch auf andere technische Entwicklungen, insbesondere hinsichtlich der Steuerung, übertragen werden können.

Stetigförderer

Stetigförderer sind wegen ihres einfachen Aufbaus, der hohen Betriebssicherheit, dem geringen Bedienungsaufwand und der großen Transportkapazität weitverbreitet. Zwischen Eigengewicht und der geförderten Nutzlast besteht ein günstiges Verhältnis mit geringem Energiebedarf und niedrigen Energiekosten.[589] Stetigförderer werden nach dem erforderlichen Durchsatz ausgelegt (Abbildung III-399).

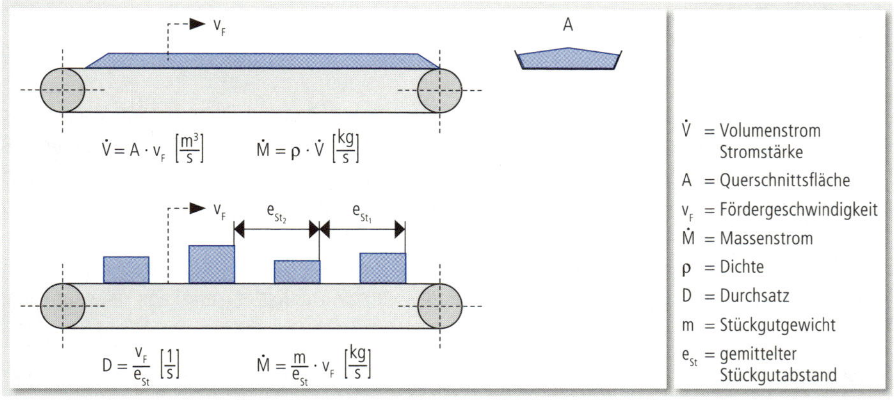

Abbildung III-399 Volumenstrom und Durchsatz von Stetigförderern[590]

Bei den *Stetigförderern* (Abbildung III-400) ist die Handhängebahn eine technisch einfache Lösung. Man findet sie häufig in Lackieranlagen, wenn nicht automatisiert und getaktet gearbeitet wird. In einem an der Decke aufgehängten Tragprofil laufen von Hand verschiebbare Wagen, die Lasten in unterschiedlichen Geometrien und Gewichten tragen können. Steigungen und Gefälle sowie Höhensprünge von einer Etage in eine andere können nur mit angetriebenen Hilfsmitteln bewältigt werden.[591] Bei automatisierten Prozessen, vor allem mit hohem Verkettungsgrad, kommen dagegen nur angetriebene Kreisförderer in Betracht. Sollen die Laufwerke individuell gefahren werden können, ist die Elektro-Hängebahn die Fortentwicklung des Kreisförderers. Muss man Ausschleusung und Pufferstrecken realisieren, kommt das sogenannte Power&Free-System zum Einsatz. Alle genannten Fördersysteme sind flurfrei, belegen damit keine wertvollen Bodenflächen.[592] Sie sind im Regelfall geräuscharm und bergen auch geringere Sicherheitsrisiken als z. B. Unstetigförderer. Sicherheitstechnische Aspekte der Fördermittel werden in Abschnitt 5.6 behandelt.

588 Vgl. EN 1459, EN 1525, 1526, 1551, 1726, 1755, 1757, Sicherheit von Flurförderzeugen.
589 Hompel, M. ten et al.: a. a. O., 2007.
590 Hompel, M. ten et al.: a. a. O., 2007, S. 128.
591 Meyer, G.: Förderanlagen für die Oberflächenbehandlung. Louis Schierholz GmbH, Bremen, 2009.
592 Vgl. DIN 15201, 15207, 22101, 22107; VDI 2326, VDI 3643 und VBG 10 Stetigförderer.

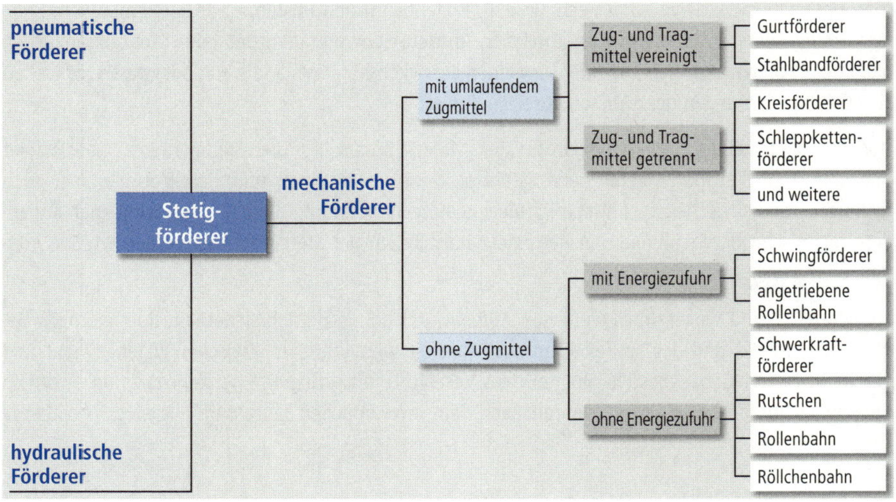

Abbildung III-400 Übersicht Stetigförderer

Bei den *Kettenförderern* übernimmt eine endlose Kette als Zugmittel den Transport von Wagen oder Gehängen. Bei Tragkettenförderern müssen die zu transportierenden Teile die gleiche Auflagenbreite haben. Sie können schwere Lasten übernehmen, diese jedoch nicht auf kurvenförmigen Bahnen transportieren. Beim Richtungswechsel müssen Drehtische eingesetzt werden. Schleppketten- und Tragkettenförderer werden häufig auch in Unterflurtechnik realisiert. Die Wagen oder Gehänge können an beliebigen Stellen ausgesteuert werden. Die *Unterflurtechnik* vermeidet Flächenbedarf auf dem Hallenboden, birgt aber Unfallgefahren durch die Bodenschlitze. Der Kettenkanal kann verschmutzen. Große Umlenkradien lassen die Einplanung von *Tragkettenförderern* nicht in allen Fällen zu.

Bei den *Rollenförderern* unterscheidet man angetriebene und nichtangetriebene Formen. Sie enthalten Ausschleuse- und Übergabestationen, die auch die Warensortierung erlauben. Für den Schwerlasttransport (z. B. von Paletten) werden Schwerlastförderer eingesetzt.

Die Vorteile von nichtangetriebenen Rollenbahnen sind:[593]

- einfache Montage,
- Flexibilität bei Umbau und Erweiterung,
- keine Energiekosten,
- Kombinationsmöglichkeit mit anderen Fördermitteln.

Rollenbahnen sind nur für Güter mit ebenen und festen Auflageflächen geeignet.

Bei *Bandförderern* oder *Gurtförderern* sind die Bänder (aus Stahl, Draht, Riemen u. a.) für die Aufnahme des Lastgewichts und für die Zugfunktion verantwortlich. Dieser Fördermitteltyp ist universell einsetzbar und in der Logistik auch weitverbreitet. Ähnlich wie die Hängeförderer verursachen auch Bandförderer nur geringen Lärm. Mit ihnen sind auch enge Kurvenradien zu realisieren. Sie sind für leichte bis mittelschwere Güter geeignet.

Besonders in der Automobilindustrie sind *Skid-Fördersysteme* anzutreffen, vor allem beim Schwerlasttransport. Skids sind Werkstückträger (vgl. Abschnitt 6.5.7), die mit unterschiedlichen Fördermitteln (z. B. Rollenbahnen, Reibradantriebe) bewegt werden können.

593 Martin, H.: a. a. O., 2009.

Schaukelförderer, Paternosterförderer und Wandertische sind weitere Alternativen, wenn Umlaufförderer eingesetzt werden sollen.

Unstetigförderer

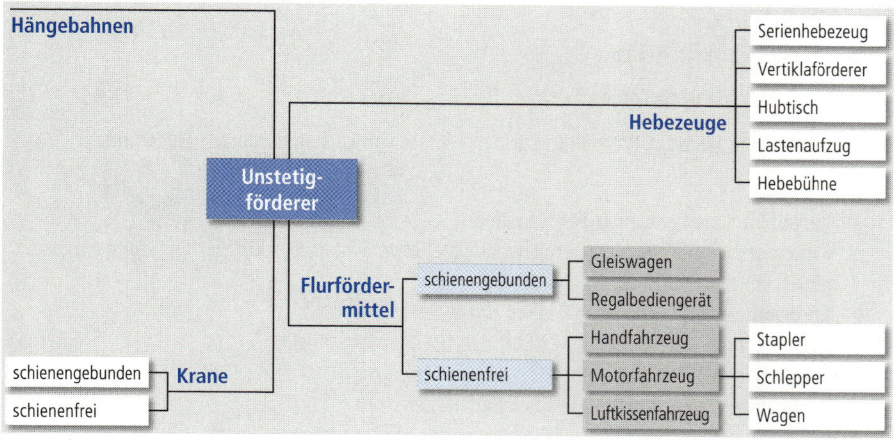

Abbildung III-401 Übersicht zu den Unstetigförderern (s. a. DIN ISO 5053)

Gabelstapler, Regalbediengeräte, Krane u. a. gehören zu den *Unstetigförderern*. Sie transportieren intermittierend in Arbeitsspielen. Die Spielzeiten sind gewöhnlich bei Lastfahrten und Leerfahrten unterschiedlich. Unstetigförderer zeichnen sich durch große Flexibilität aus.

Man unterscheidet Mitgänger-Flurförderzeuge, Fahrerstandgeräte und Fahrersitzgeräte. Mitgänger-Flurförderzeuge werden von einer Person bedient, die vor, neben oder hinter dem Gerät läuft.[594] Bei Fahrerstandgeräten steht der Mitarbeiter auf einer Plattform. Zu den Fahrersitzgeräten gehört beispielsweise der Gabelstapler, der in den letzten Jahrzehnten sehr stark die gesamte Logistik beeinflusst hat.

Die Auswahl des für die Fertigungsprozesse geeigneten Staplertyps hängt neben Kostenbetrachtungen von folgenden Bedingungen ab:[595]

- Fahrbahnverhältnisse, Weglängen, Steigungen ($\leq 8\,\%$)
- Tragfähigkeit der Fußböden
- Tragfähigkeit und Abmessungen der Aufzüge
- Hubhöhe, Stapelhöhe, Türmaße
- Eigenschaften des Transportguts
- Verhältnis Transportarbeit zu Hubarbeit, Vorwärts- zu Rückwärtsfahrt

Vor allem für Gabelstapler stellt sich das Problem der *Kippsicherheit*. Sie definiert sich zu[596]

$$V = \frac{G_{Stapler} \cdot b}{G_{Last} \cdot a} \geq 1{,}4$$

594 Unternehmer-Handbuch Gabelstapler. Großhandels- und Lagerei-Berufsgenossenschaft, Mannheim, o. Jg.
595 Martin, H.: Transport- und Lagerlogistik, 7. Auflage. Wiesbaden: Vieweg+Teubner, 2009, S. 237.
596 Hompel, M. ten et al.: a. a. O., 2007.

mit

v	Kippsicherheit des Staplers
$G_{Stapler}$	Eigengewicht des Staplers
G_{Last}	Gewichtskraft der Last
a, b	Schwerpunktabstände

Im Folgenden sind wichtige Prüfpunkte für den Einsatz von Unstetigförderern aufgeführt:

1. Stapler[597]
   - große Hubhöhe bei kleiner Fahrzeughöhe
   - Kippsicherheit für alle Lastarten gewährleistet bzw. System zur Kippverhinderung eingebaut
   - gute Sicht nach vorne
   - Energierückgewinnung beim Senken unter Last
   - Sonderformen (Fässer, Ballen, Kisten) durch Klammern möglich
   - Wenderadien möglichst klein
   - Drehkabine für ergonomisches Rückwärtsfahren
   - bei Transport von Kleinteilen: Lastschutzgitter an Gabelträger montiert.
   - Fahrerschutzdach vorhanden, wenn Ladegut über 1,80 m angehoben wird.
   - Fahrerrückhalteeinrichtung (Gurte, Bügeltüren, geschlossene Fahrerkabine) vorhanden
   - bei Flüssiggasstapler: geregelter Katalysator vorhanden
   - bei Flüsiggasstapler: Sicht nach hinten durch Gasflaschen nicht eingeschränkt
   - bei großen Lasten: Stapler mit hochgesetztem oder hebbarem Fahrersitz
   - bei häufigem Rückwärtsfahren: Kamera-Monitor-System eingebaut
   - Fahrersitz mit guten Federungs- und Dämpfungseigenschaften
   - günstige Trittgestaltung für Auf-/Absteigen
   - bei Einsatz im Freien: Fahrerkabine als Wetterschutz
   - Hubhöhenvorwahl zur Erleichterung der Arbeit in hochgelegenen Regalfächern
   - automatische Feststellbremse vorhanden
   - bei Schubmaststaplern: Neigbare Kabine
2. Hubwagen[598]
   - Gabelhubwagen: Einsatz nur für den horizontalen Stückguttransport und kurze Transportwege
   - jährliche UVV-Prüfung (Nach Richtlinien der Berufsgenossenschaften) bei einem Elektrohubwagen vorgeschrieben.
   - gleichzeitiges Rückwärtsgehen und Ziehen einer Last vermeiden
   - Gummihandgriffe vorhanden
   - Handschutz vorhanden
   - alle Bedienelemente leicht zu betätigen und in Reichweite
   - Deichsel mit hoher Festigkeit mit niedrigem Gewicht.
   - Vollgummi-Deichselrollen
3. Regalbediengeräte[599]
   - möglichst hoher Doppelspielanteil (jeder Einlagerung folgt unmittelbar Auslagerung)
   - Gangendsicherung eingebaut
   - Personenschutzanlage eingebaut
   - Ausfallsicherheit bei Störungen

597 DIN EN 1459, DIN 1551, DIN 1757, DIN 3691, Sicherheit von Flurförderzeugen; DIN EN 15000, Sicherheit von Flurförderzeugen, Nachweis, Leistung und Prüfbedingungen für Lastmomentbegrenzer in Längsrichtung und weitere DIN-Normen.

598 DIN EN 1757-1, Sicherheit von Flurförderzeugen – Handbetriebene Flurförderzeuge.

599 DIN EN 528 (Regalbediengeräte, Sicherheit).

4. alle Unstetigförderer
   - regelmäßige Unterweisung nach BGV A1
   - Instandhaltung und Störungsbeseitigung nur im Stillstand und Netzabschaltung.

Arbeitsschutz

Etwa 1 % aller *Arbeitsunfälle* und 2 % der durch Rentenzahlung entschädigten Arbeitsunfälle sind auf Gabelstapler zurückzuführen.[600] Neben fehlerhafter Lastaufnahme und sonstigen Fahr- und Bedienfehlern sind nicht korrekte Flächen- und Einrichtungsplanungen mit Sicherheitsrisiken verbunden. So muss das Fabrik-Layout bei den Türen und Toren auf die Staplerhöhe (+ Sicherheitszuschlag von 0,2 m) ausgerichtet sein. Zur Breite des Unstetigförderers bzw. der Last ist (für Fahrgeschwindigkeiten ≤ 20 km/h)[601]

- ein Randzuschlag von 1 m,
- bei Gegenverkehr ein Randzuschlag plus ein Begegnungszuschlag von insgesamt 1,40 m

zu berücksichtigen.

Getrennte Verkehrswege für Stapler und Fußgänger sind ein großes Sicherheitsplus. Panoramaspiegel sind in Kreuzungsbereichen vorzusehen. Falls sich Abdeckungen auf den Verkehrswegen befinden, muss deren Tragfähigkeit überprüft werden.

Um den Stellplatz muss eine Gangbreite von 0,6 m vorhanden sein.

Als *Fahrantrieb* werden Elektromotoren oder Verbrennungsmotoren (meist mit Flüssiggas) eingesetzt. E-Stapler haben keine Schadstoffemissionen und geringe Lärmbelästigung. Beim Laden der Batterie sind Mindestabstände zum Lagergut einzuhalten. Für ausreichende Lüftung ist zu sorgen.

Die Planung der Staplereinsätze sollte nicht über Auftragslisten, sondern über ein automatisches Staplerleitsystem erfolgen.

Umschlagleistung

Am Beispiel Be- und Entladen von Lkws zeigen sich folgende Erfahrungswerte der Umschlagleistung:[602]

• Handhubwagen (2 Mitarbeiter)	24 Paletten/h
• Elektro-Deichselhubwagen	35 Paletten/h
• Elektro-Deichselhubwagen mit Plattform	48 Paletten/h
• Elektro-Fahrerstand-Hubwagen	51 Paletten/h
• Elektro-Dreiradstapler	54 Paletten/h

Kostenbetrachtung

Wägt man zwischen dem Einsatz von Stetigförderern, Flurförderern oder dem Handtransport ab, dann kann zu Planungsbeginn eine einfache Kostenbetrachtung helfen. Abbildung III-402 ist dazu eine Kosten-Leistungs-Betrachtung für Fördermittelalternativen zu entnehmen. Die Schnittpunkte Handtransport/Flurförderer und Flurförderer/Stetigförderer sind besonders hervorgehoben. Die einfache Kostenbetrachtung muss dann allerdings im Laufe des Planungsprozesses durch eine fundierte Wirtschaftlichkeitsanalyse ersetzt werden.[603]

600 Bei Staplerfahrten im öffentlichen Verkehr ist u. a. auch § 30 StVZO (Sicherung von Kippeinrichtungen sowie von Hub- und sonstigen Arbeitsgeräten) zu beachten.
601 Höhere Fahrgeschwindigkeiten erfordern größere Randzuschläge.
602 Martin, H.: Transport- und Lagerlogistik. Wiesbaden: Vieweg+Teubner, 2009, S. 121.
603 Vgl. VDI 2695, Ermittlung der Kosten für Flurförderzeuge; Gabelstapler.

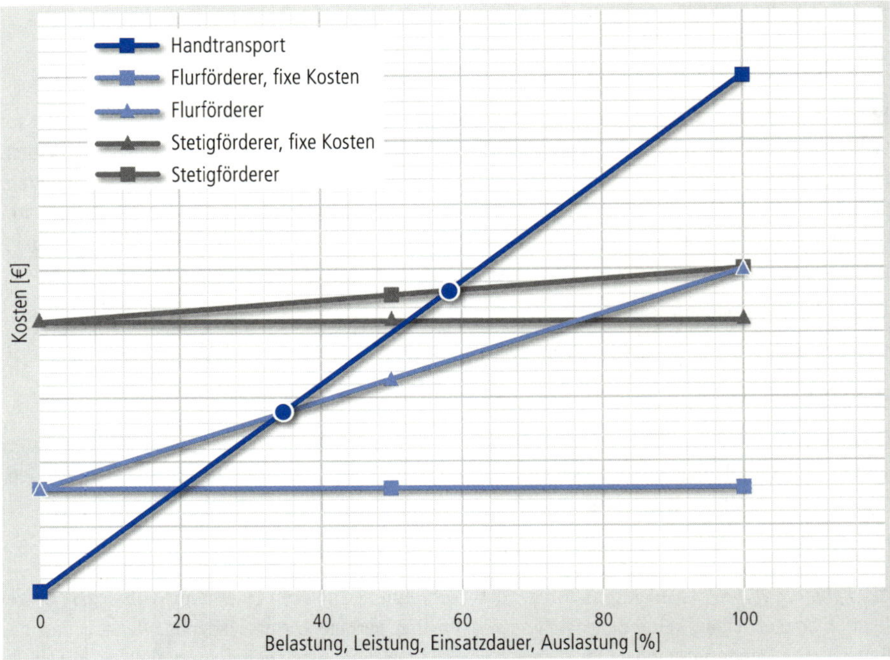

Abbildung III-402 Einsatzgebiete von Handtransport, Flurförderer und Stetigförderer für Vorplanungszwecke[604]

Fahrerlose Transportsysteme

Fahrerlose Transportsysteme (FTS) sind selbstfahrend, transportieren Lasten, Fahrweg und Fahrziel werden selbstständig angesteuert. Im Regelfall handelt es sich dabei um elektrisch angetriebene Fahrzeuge.

FTS bewegen sich mit

- Leitvorrichtungen, die in den Fußboden eingelassen oder auf den Fußboden aufgebracht sind (induktive Leitdrähte, Magnetstreifen, reflektierende Leitlinien, Raster-Positionsmarken),
- GPS-Satelliten-Navigationssystemen,
- Navigationssystemen auf Ultraschall- oder optischer Basis,
- mechanischen Bodenführungsschienen.

Fahrerlose Transportsysteme weisen eine zunehmende Verbreitung vor allem in der Automobilindustrie, im Maschinenbau, in der Werkzeugmaschinenindustrie sowie in der Herstellung von Gebrauchs- und Verbrauchsgütern auf. Sie bieten die Möglichkeit, bestimmte Orte und Funktionsbereiche individuell und automatisch zu verknüpfen. Im Fahrzeug-, Maschinen- und Anlagenbau werden sie zusätzlich häufig als Montageplattform verwendet. Weiterhin können sie auch zur Materialpufferung herangezogen werden. Funktionen der Orts- und Lageveränderung sowie der Zeitüberbrückung können mit fahrerlosen Transportsystemen gleichermaßen erreicht werden. Insbesondere wird auch deutlich, dass hier die Inputgrößen in Arbeitssysteme, nämlich Material, Energie und Information, in integrierter Weise gesehen werden müssen.

604 In Anlehnung an Martin, H.: Transport- und Lagerlogistik, 7. Auflage. Wiesbaden: Vieweg+Teubner, 2009, S. 121.

Die Auslegung solcher fahrerlosen Transportsysteme beinhaltet die folgenden Funktionsblöcke:[605]

- Personen- und Kollisionsschutz,
- Parcourssteuerung mit Navigationssensorik,
- Lastübergabesteuerung mit Andocksensorik,
- Steuerung angrenzender Systemelemente,
- Sensordateninterpretation,
- Datenübertragung und Zielsteuerung,
- Antriebsüberwachung,
- Fehlerdiagnosesystem.

Abbildung III-404 zeigt in Form einer Schemazeichnung ein fahrerloses Transportsystem, das auch als Montageplattform benutzt wird. Wird es auch als Arbeitsplatz verwendet, dann lässt sich durch Hub-/Senk-, Dreh- und Schwenkeinheiten ein Zugang von allen Seiten erreichen.

Beispiel

Dass fahrerlose Transportsysteme durchaus auch im Kostenvergleich dem Staplereinsatz überlegen sein können, zeigt folgendes Beispiel:

- Bei einem Automobilzulieferer werden B-Säulen in Gitterboxen zwischen 10 Arbeitsstationen transportiert.
- Auf dem Rundkurs von 500 m sind 10 Lastwechsel vorgesehen. Der Stapler bewegt sich mit 6 km/h und benötigt für einen Lastwechsel 10 Sekunden.
- Das fahrerlose Transportsystem arbeitet mit angetriebenen Rollenbahnen bei einer Geschwindigkeit von 3 km/h und einer Lastwechselzeit von 20 Sekunden.

Zeiten je Rundkurs

- Gabelstapler (einschließlich Verteil- und Erholzeiten des Fahrers):
  300 s Fahrzeit + 100 s Lastwechselzeit = 400 s
- Fahrerloses Transportfahrzeug:
  500 s Fahrzeit + 200 s Lastwechselzeit = 700 s

Dies bedeutet, dass in diesem Beispiel ein Stapler durch 1,75 fahrerlose Transportfahrzeuge ersetzt werden können. Im folgenden Vergleich wird mit einem Äquivalent von 1 Stapler : 2 fahrerlosen Transportfahrzeugen gerechnet (Abbildung III-403). Es wird deutlich, dass den Personalkosten des Staplerfahrers hohe Abschreibungen, Zinsen und Reparaturkosten des FTS entgegenstehen, so dass sich der Umstieg von Staplerverkehr auf FTS erst bei höheren Fahrzeugzahlen rechnen wird.[606]

605 Kühn, F. M.; Littmann, R.; Preuß, W.; Steinert, W.: Neue Technologien im innerbetrieblichen Materialfluss. Köln, TÜV Rheinland, 1990, 42; VDI 2510, Fahrerlose Transportsysteme, 10.05.
606 Projektierungskosten bleiben hier unberücksichtigt.

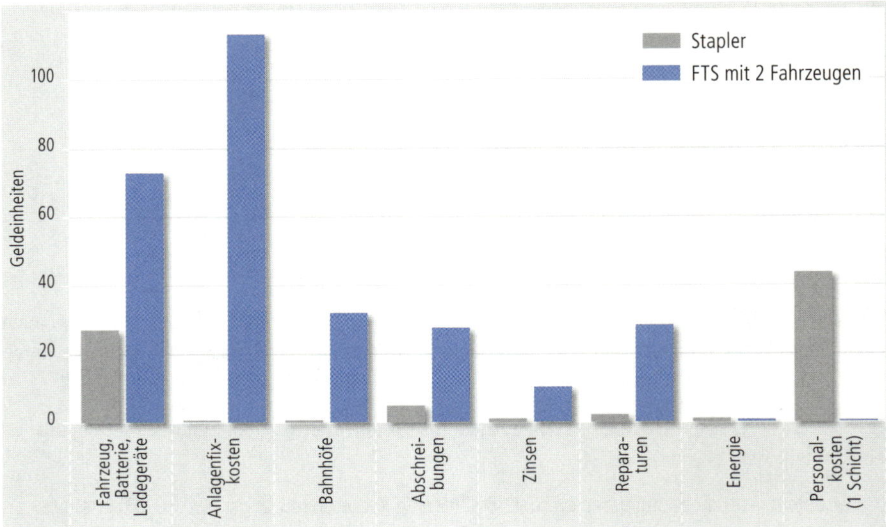

Abbildung III-403 Kostenvergleich Stapler/fahrerloses Transportsystem[607]

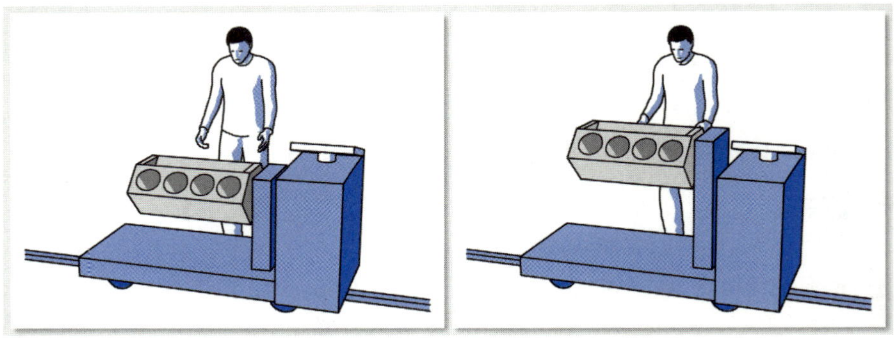

Abbildung III-404 Fahrerloses Transportsystem und Montageplattform (drehbar und höhenverstellbar)

Montageplattform

Für die Versorgung in der Halle und im einzelnen Arbeitssystem kommen auch selbstfahrende *Montageplattformen* infrage. Damit können wechselnde Produktionsanforderungen und -kapazitäten bewältigt werden. Auf einer Montageplattform können zusätzlich Teile und Baugruppen sowie das notwendige Montagezubehör untergebracht werden. Mit selbstfahrenden Montagestationen wird die Lagerhaltung reduziert und es kommt zu einem möglichst geringen Materialumlauf und damit auch gesenkten Kapitalkosten.

607 Kosten nach Martin, H.: Transport- und Lagerlogistik, 7. Auflage. Wiesbaden: Vieweg+Teubner, 2009.

6.7.8 Barcodes und RFID

Barcode

Das Zusammenspiel von Transport und Lagerungsprozessen kann ohne eine effiziente Identifikation der Teile und/oder Behälter nicht erfolgreich sein. Hierfür kommen vor allem opto-elektronische und elektromagnetische Techniken, u. a. Strichcode (*Barcode*), mobile Datenspeicher (MDE) oder RFID-Etiketten infrage.

Seit den 1970er-Jahren sind Barcodes zusammen mit der Europäischen Artikelnummer (EAN) weitverbreitet. Die Barcode-Identifikation hat folgende Vorteile:

- hohe, weltweite Standardisierung,
- benutzerfreundlich, keine Tastatureingabe,
- niedrige Kosten,
- mit der automatischen Identifikation von Teilen über den Barcode lässt sich auch der Materialfluss weitgehend automatisch steuern.

Als Nachteile der Barcode-Technik sind zu bedenken:

- mit Barcode etikettierte Teile sind nicht umprogrammierbar, Barcodes sind also ein passives Medium,
- sie haben nur geringe Speicherkapazität,
- in rauer Umgebung ist die Barcode-Technik nur unzuverlässig einsetzbar,
- zwischen Barcode und Lesegerät muss Sichtkontakt bestehen.

RFID

RFID steht für Radio Frequency Identification, also die Identifizierung per Funk. Es können Teile, Baugruppen, Fertigerzeugnisse, aber auch Behälter oder Werkstückträger mit RFID-Etiketten (oder RFID-Tags) gekennzeichnet werden. Das RFID-Etikett besteht wiederum aus einem Transponder (analoger Schaltkreis zum Empfangen und Senden, einem digitalen Schaltkreis und einer Antenne. Der Datenaustausch geschieht zwischen dem RFID-Codeträger und einer Lese-/Schreibstelle berührungslos über eine Entfernung zwischen etwa 15 mm und 10 m und benötigt weniger als eine Sekunde. Mit der RFID-Technologie können nicht nur Waren identifiziert werden. Es bieten sich eine Reihe weiterer Möglichkeiten zur Produktverfolgung, Prozesssteuerung und -kontrolle. Nichtlieferbarkeit (Out-of-stock-Situationen) und aufwändige Suchprozesse können entfallen. Spezielle RFID-Etiketten liefern Informationen über den Zustand des Teils im Rahmen des Qualitätsmanagements.

Zwar ist ein RFID-Etikett gegenüber der Anbringung eines Strichcodes teurer, bietet allerdings dann Vorteile, wenn es über die gesamte Wertschöpfungskette eingesetzt wird. Mit einem international genormten Nummerierungsstandard (Electronic Product Code EPC) kann die gesamte Lieferkette lückenlos verfolgt werden. Geschäftsprozesse zwischen Lieferant und Kunde können restrukturiert und besser abgestimmt werden. Dazu dienen *Shared Information Hubs* zwischen allen Beteiligten des Lieferkettenmanagements (*Supply Chain Management* (SCM)). Insbesondere in der Automobil- und Zulieferindustrie wird RFID vor allem zum Behältermanagement eingesetzt. Darüber hinaus ist mit RFID ein Schutz gegenüber Produktfälschungen, z. B. bei der Ersatzteilversorgung, herstellbar.

RFID hat aber auch Nachteile:

- Lesbarkeit wird durch Metallgegenstände und Flüssigkeiten beeinträchtigt.
- Nur bei Beibehaltung der Position auf Teilen oder Behälter ist das volle Potenzial von RFID nutzbar.
- RFID-Informationen sind durch Unbefugte dekodierbar.
- RFID ist nicht immun gegen Computerviren.
- Shared Information Hubs machen Kunden- oder Lieferantenverhalten transparent.

6.7.9 MTM-Prozessbausteine für die Logistik

Standardvorgänge Logistik

Viele der Logistikabläufe lassen sich standardisieren – durchaus sind auch in unterschiedlichen Branchen einheitliche Standardisierungen möglich. Solche typischen Abläufe, die in ihrer Komplexität unterschiedlich sein können, werden als *Standardvorgänge im Bereich Logistik (SVL)* angesehen. MTM entwickelt und bietet hierfür beispielhaft für betriebliche Anwendungen zusammengestellte, aggregierte Prozessbausteine.

Für die Entwicklung des Systems der MTM-Standardvorgänge Logistik wurden folgende Ziele zu Grunde gelegt:

- modularer Aufbau der Standardvorgänge,
- leichte Handhabung,
- hohe Datentransparenz,
- hohe Anwendungsgeschwindigkeit,
- leichte Anpassung und Ergänzung der Bausteine.

Weiter wurde bei der Entwicklung der Bausteine von folgenden allgemeinen Prozessbedingungen für logistische Abläufe ausgegangen:

- die Standardvorgänge laufen auftragsbezogen, mit zum Teil hoher Wiederholhäufigkeit ab, so dass der Mitarbeiter die Möglichkeit zur Routinebildung hat,
- dem Mitarbeiter stehen für die Arbeitsaufgaben geeignete Arbeits- und Transportmittel zur Verfügung,
- die Arbeitsplätze sind entsprechend dem Spektrum der Arbeitsaufgaben gestaltet.

Diese Bedingungen charakterisieren den Prozesstyp 2 (Serienfertigung). Aus diesem Grund sind die Standardvorgänge Logistik (SVL) mit *UAS*-Grundvorgängen beschrieben.

Für die Anlage der Bausteine im System der Standardvorgänge Logistik auf zwei Hierarchieebenen gelten folgende orientierende Festlegungen:

- Bausteine auf der Ebene der *Vorgangsschritte* stellen eine Folge von UAS-Grundvorgängen als einen abgeschlossenen Arbeitsschritt dar. Sie sind aufgrund ihrer Größe und Komplexität wieder zu verwenden, sowohl auf der darüber liegenden Ebene der Vorgangsfolgen als auch vom Anwender zur Entwicklung unternehmensspezifischer Bausteine.
- Bausteine auf der Ebene der *Vorgangsfolgen* stellen eine Folge von Vorgangsschritten dar, die bereits zu Teilresultaten führen und bei einem hohen Arbeitsteilungsgrad bereits geschlossene Arbeitsinhalte ausmachen. Diese Bausteine sind vom Anwender zur Entwicklung unternehmensspezifischer Bausteine nutzbar.

Dieser modulare Aufbau der Standardvorgänge Logistik erlaubt für den Anwender eine flexible Nutzung der Bausteine entsprechend seiner Gegebenheiten.

Transport – Allgemeine Bausteine

Die Standardvorgänge *Transport – Allgemeine Bausteine* beinhalten Abläufe, die unabhängig vom Fahrzeugtyp pro Prozessbaustein stets die gleiche Methode widerspiegeln. Die Kodierung ist wie in Abbildung III-405 gezeigt.[608]

Abbildung III-405 Kodierung von Standardvorgängen »Transport – Allgemeine Bausteine«

Vorgangsschritte Stapler

Die *Vorgangsschritte Stapler* beziehen sich auf Fahrgast-, Schubmast- und Gehgabelstapler mit der in Abbildung III-406 gezeigten Kodierung.

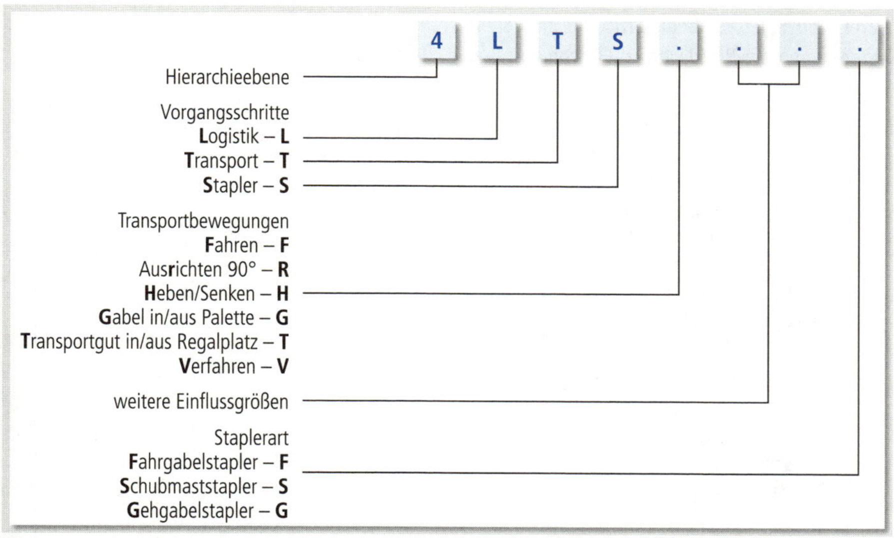

Abbildung III-406 Kodierung mit Vorgangsschritten »Stapler«

608 Bezugs- und Einflussgrößen werden im MTM-Lehrgang »Logistik« erläutert.

Beispiel

Das Beispiel in Abbildung III-407 zeigt eine Berechnung auf der Basis »Vorgangsschritte«.

Beispiel: Fahrgabelstapler abbremsen, 90° auf Regal ausrichten und Gabel 2,5 m anheben. Das Anheben der Gabel einschließlich der Schalterbetätigung erfolgt zum Teil zeitgleich mit Verzögern und Ausrichten.

Hinweis: Start und Stopp wurden bereits beim Losfahren berücksichtigt.

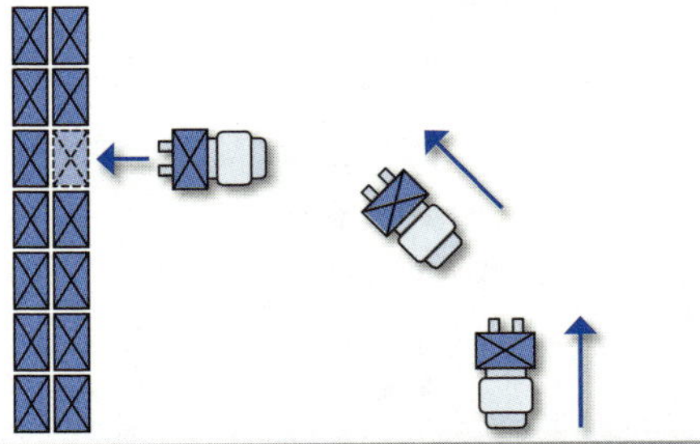

Nr.	Bezeichnung	Kode	TMU	A · H	Gesamt TMU
1	Stapler auf Lagerplatz ausrichten	**4LTSRLSF**	80		80
2	Joystick Gabel heben (gleichzeitig mit 1)	**4LTABJ**	10	0	0
3	Gabel 2,5 m anheben (z. T. gleichzeitig mit 1)	**4LTSHHUF**	56	2,0	112
					192

Abbildung III-407 Berechnungsbeispiel für eine Stapleraktion mit MTM-Logistik-Bausteinen

Vorgangsfolge »Stapler«

Die *Vorgangsfolge »Stapler«* enthält alle typischen Fahroperationen für das Aufnehmen und Platzieren von Paletten, Behältern oder ähnlichen Transporthilfsmitteln mit definierten Staplern. Das Aufnehmen oder Platzieren erfolgt von/auf Boden, Behälterstapel oder Regal (Abbildung III-408).

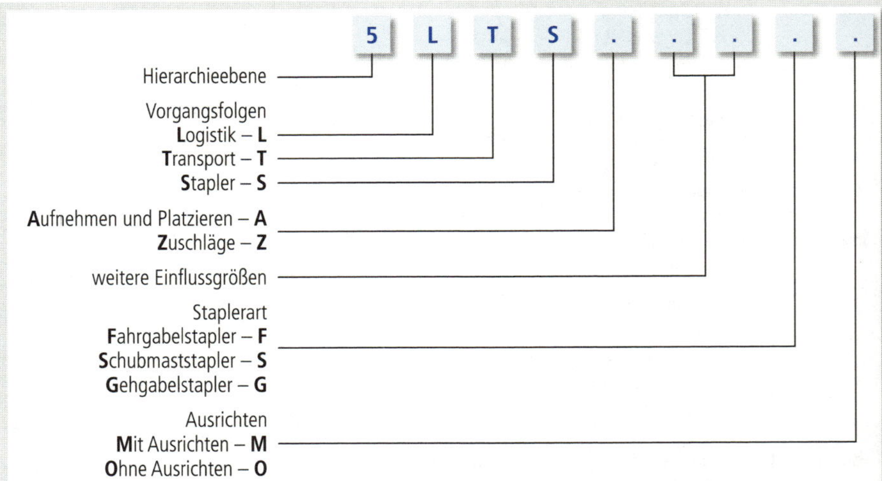

Abbildung III-408 Vorgangsfolge »Stapler«

Abbildung III-409 zeigt als Beispiel die Datenkarte »Stapler Vorgangsfolgen«.[609]

Stapler Vorgangsfolgen								
			Fahrgabelstapler		Schubmaststapler		Gehgabelstapler	
	Perzentil							
Aufnehmen	Platzieren	Kode	mit	ohne	mit	ohne	mit	ohne
		5LT	FM	FO	SM	SO	GM	GO
Boden	Boden	SAAA	833	603	983	718	971	646
	1,2 m	SAAB	981	751	1168	903	1327	1002
	2,5 m	SAAC	1142	912	1370	1105	1767	1442
	4,0 m	SAAD	1328	1098	1602	1337	2274	1949
1,2 m	Boden	SABA	934	854	1084	1014	1210	1105
	1,2 m	SABB	1082		1269		1556	
	2,5 m	SABC	1243		1471		1995	
	4,0 m	SABD	1429		1703		2502	
2,5 m	Boden	SACA	1080	1000	1230	1160	1512	1407
	1,2 m	SACB	1228		1415		1858	
	2,5 m	SACC	1389		1617		2297	
	4,0 m	SACD	1575		1849		2804	
4,0 m	Boden	SADA	1248	1168	1398	1328	1860	1755
	1,2 m	SADB	1396		1583		2206	
	2,5 m	SADC	1557		1785		2645	
	4,0 m	SADD	1743		2017		3152	

Abbildung III-409 Datenkarte »Stapler Vorgangsfolgen«

609 Anwendungsregeln dazu sind dem MTM-Lehrgang »Logistik« zu entnehmen.

Beispiel

Das Beispiel »Schubmaststapler« erläutert die Verwendung von Bausteinen auf der Basis Vorgangsschritte und Vorgangsfolgen (Abbildung III-410).

Zum Schubmaststapler gehen (10 m), aufsteigen, anschnallen, Motor starten und Feststellbremse lösen. Mit Schubmaststapler über 20 m zum Lager fahren (eine 180°-Kurve). Dort aus dem Regal in 6 m Höhe eine Palette aufnehmen. Mit Palette 20 m zum Montageplatz fahren und dort am Boden abstellen (2 Kurven).

Beginn: mit dem Gehen zum Schubmaststapler
Ende: nach dem Abstellen der Palette

Bezeichnung	Kode	TMU	A · H	Gesamt TMU
10 m zum Stapler gehen	KA	25	10	250
erstes Losfahren und Abstellen	5LTSZEMS	693		693
zum Regal fahren	4LTSFISS	13	20	260
180°-Kurve	4LTSFKSS	16	2	32
Palette aufnehmen und platzieren	5LTSADASM	1398		1.398
Zuschlag auf 6 m Hubhöhe	5LTSZAWS	164	2	328
Fahrt zum Montageplatz	4LTSFISS	13	20	260
2 Kurven	4LTSFKSS	16	2	32
				3.253

Abbildung III-410 Vorgänge mit einem Schubmaststapler

Die Standardvorgänge Logistik enthalten weiterhin die Vorgangsschritte für

- Elektroschlepper,
- Handgabelhubwagen,
- Transportwagen,
- Kräne,

sowie Ergänzungswerte für die Handhabung. Prozessbausteine zur Berücksichtigung von Körperbewegungen, Holen und Ablegen von Hilfsmitteln sind UAS-Grundvorgänge und werden auch so kodiert (vgl. Teil II, Abschnitt 7.3).

6.8 Zusammenfassung

Wenn man die emotionale Umhüllung des Rationalisierungsbegriffs außer Acht lässt, dann geht es in diesem Kapitel um die rational einzusetzenden Produktionsfaktoren menschliche Arbeit und Betriebsmittel. Arbeitsprozesse sollen einen hohen Wertschöpfungsbeitrag leisten, sie sollen möglichst frei von Blindleistung sein.

Rationalisierung in der Teilefertigung und der Montage hat keineswegs die Absicht, möglichst viele Arbeitsplätze einzusparen. Es geht dagegen darum, bereits in der Entstehungsphase von Arbeitssystemen (im Sinne der Wertstromanalyse) »Sehen zu lernen«. Mit den richtigen Anordnungskonzepten im und um das Arbeitssystem lassen sich Investitionsmaßnahmen in Betriebsmittel optimieren und Wegezeiten der Mitarbeiter reduzieren. Das Denken in den späteren Fertigungskosten fängt hier an und lässt sich über die Teilefertigung, die Montage und die Logistik fortsetzen. Ablaufbedingtes Warten auf das Ende eines Bearbeitungsprozesses oder eines automatisierten Montagevorgangs verschlechtert die Produktivität und ist gleichermaßen auch für den Arbeitenden »nervig«. Wiederholtes Ein- und Auslagern von Paletten ist eine typische Blindleistung und erhöht zudem das Gefährdungspotenzial für den Mitarbeiter. Die ergonomische Auslegung von Arbeitsstationen zieht sich durch das gesamte Kapitel, auch nach dem Motto »Ergonomie rechnet sich«. Arbeitsstrukturierungsmaßnahmen und die Optimierung der Gruppenarbeit sind für die betroffenen Mitarbeiter und den Betrieb sinnvoll.

Natürlich kann man nur in seltenen Fällen von der vollständigen Harmonie zwischen Humanität und Ökonomie ausgehen. Aber die unterschiedliche Interessenausrichtung an Kostensenkung und Wohlfahrtsmehrung ist kein Widerspruch, sondern das entscheidende dialektische Element unserer Gesellschaftsordnung.[610]

---

610 Henschel, R.: Rationalisierung bei Unterbeschäftigung. In: RKW (Hrsg.): Rationalisierung heute. München: Hanser, 1978.

Literaturverzeichnis Teil III

Abele, E.; Meyer, T.; Näher, U.; Strube, G.; Sykes, R.: Global Production. Berlin: Springer, 2008.

Aggteleky, B.: Fabrikplanung, Band 1–3. München: Hanser, 1987/1990.

Andreasen, M. M.; Kähler, S.; Lund, T.: Montagegerechtes Konstruieren. Berlin: Springer 1985.

Arbeitsstättenrichtlinien ASR 5: Lüftung.

Arbeitsstättenrichtlinien ASR 6/1.3: Raumtemperaturen.

Arndt, H.: Supply Chain Management – Strategien und Entwicklungstendenzen in Spitzenunternehmen. Berlin: Springer, 2004.

Arnold, B.: Strategische Lieferantenintegration: Ein Modell zur Entscheidungsunterstützung für die Automobilindustrie und den Maschinenbau. Berlin: DUV, 2004.

Balzer, H., Hettig, I.; Kullen, M.: Den Lieferstrom gestalten. Stuttgart: LOG_X, 2005.

Baum, E.: Motografie. Band I. Bremerhaven: Wirtschaftsverlag NW, 1980.

Baum, E.: Motografie. Band II. Bremerhaven: Wirtschaftsverlag NW, 1983.

Beitz, W.; K.-H. Küttner (Hrsg.): Dubbel. Taschenbuch für den Maschinenbau, 16. Auflage. Berlin: Springer, 1987.

Berg, K.; Wakula, J.; Schaub, K.: Isometrische Maximalkräfte des Hand-Fingersystems für einen montagespezifischen Kraftatlas. Frühjahrskongress der Gesellschaft für Arbeitswissenschaft, Dortmund, 2009.

Bernotat, R.: Anzeigengestaltung. In: Schmidtke, H. (Hrsg.): Ergonomie. München: Hanser, 1981, S. 461–471.

Berufsgenossenschaft der Feinmechanik und Elektrotechnik (Hrsg.): Lufttechnische Maßnahmen bei Tätigkeiten mit Kühlschmierstoffen. Köln, 2005.

BGIA, Institut für Arbeitsschutz der deutschen Gesetzlichen Unfallversicherungen, o. Jg.

BGR 121: Arbeitsplatzlüftung – Lufttechnische Maßnahmen, 2004.

BGR 131-1: Handlungshilfen für Unternehmer, 2006.

BGR 131-2: Leitfaden zur Planung und zum Betrieb der Beleuchtung, 2006.

BGR 143: Umgang mit Kühlschmierstoffen.

BGR 189: Benutzung von Schutzkleidung, 2007.

BGR 190: Benutzung von Atemschutzgeräten, 2004.

BGR 191: Benutzung von Fuß- und Knieschutz, 2007.

BGR 192: Benutzung von Augen- und Gesichtsschutz, 2006.

BGR 193: Benutzung von Kopfschutz, 2006.

BGR 194: Benutzung von Gehörschutz, in Vorbereitung.

BGR 195: Benutzung von Schutzhandschuhen, 2007.

BGR 197: Benutzung von Hautschutz, 2008.

BGR 198: Einsatz von persönlicher Schutzausrüstung gegen Absturz, 2004.

BGV B2 (bisher VBG 93): Unfallverhütungsvorschrift – Laserstrahlung, 2007.

BGV B3 (bisher VBG 121): Unfallverhütungsvorschrift – Lärm, 1990/2005.

Bier, M.: Ergonomie der Überkopfarbeit. Fortschritt-Berichte VDI, Reihe 17, Nr. 70. Düsseldorf: VDI, 1991.

Bildschirmarbeitsverordnung (BildscharbV), BGB1. I 1996.

Blom Product Development Team: Schnellrüsten: Auf dem Weg zur verlustfreien Produktion mit Single Minute Exchange of Die (SMED). Ansbach: CETPM Publishing, 2007.

Böcker, W.: Künstliche Beleuchtung. Ergonomisch und energiesparend. Frankfurt: Campus, 1981.

Bode, K. H.: Konstruktions-Atlas. Darmstadt: Hoppenstedt, 1984.

Bonenberger, P. R.: The first snap-fit handbook. München: Hanser, 2005.

Boothroyd, G.: Assembly Automation and Product Design. New York, Basel: Marcel Dekker, Inc., 1992.

Boothroyd, G.; Dewhurst, P.; Knight, W.: Product design for manufacture and assembly. New York: Marcel Dekker, 1994.

Boothroyd, G.; Dewhurst, P.; Knight, W.: Product design for manufacture and assembly. New York, Basel: Marcel Dekker, Inc., 2002.

Britzke, B.; Klüglich, U.; Storm, P.: Rationalisierung manueller Arbeitsprozesse. Dresden: Grafischer Großbetrieb »Völkerfreundschaft«, 1989.

Brombach, J.: Analyse, Beurteilung und ergonomische Gestaltung der Arbeitsbedingungen in Arbeitssystemen der industriellen Qualitätskontrolle. Stuttgart: Ergonomia, 2005.

Bronner, A.: Einsatz der Wertanalyse in Fertigungsbetrieben. Köln: TÜV Rheinland, 1989.

Bronner, A.; Herr, S.: Vereinfachte Wertanalyse. Berlin: Springer, 2006.

Bubb, H.; Schmidtke, H.: Physiologische und psychologische Grenzen menschlichen Leistungsvermögens. In: Masing, W. (Hrsg.): Handbuch der Qualitätssicherung. München: Hanser, 1980, S. 69–90.

Bulgrin, H.; Müller, K. G.: Prüfplanung. In: Masing, W. (Hrsg.): Handbuch der Qualitätssicherung. München: Hanser, 1980, S. 167–185.

Bullinger, H. J.: Ergonomie. Stuttgart: B. G. Teubner, 1994.

Bullinger, H. J.; Lung, M.: Planung der Materialbereitstellung in der Montage. Stuttgart: Teubner, 1994.

Bullinger, H. J.; Solf, J. J.: Ergonomische Arbeitsmittelgestaltung I–III. Bremerhaven: Wirtschaftsverlag NW, 1979.

Bundesamt für Strahlenschutz (Hrsg.): Strahlung und Strahlenschutz, 3. Auflage. 2004.

Bundesanstalt für Arbeitsschutz und Arbeitsmedizin (Hrsg.): Gesundheitsschutz 4: Lärmwirkungen. Dortmund, 2004.

Bundesanstalt für Arbeitsschutz und Arbeitsmedizin (Hrsg.): Handbuch zum Thema Hand-Arm-Vibration, Potsdam, 2007.

Bundesanstalt für Arbeitsschutz und Arbeitsmedizin (Hrsg.): Lärmarm konstruieren. Dortmund, 1990.

Bundesanstalt für Arbeitsschutz und Arbeitsmedizin (Hrsg.): Lärmwirkungen: Gehör, Gesundheit, Leistungen. 11. Auflage. Dortmund, 2004.

Bundesanstalt für Arbeitsschutz und Arbeitsmedizin (Hrsg.): Technische Regeln für Arbeitsstätten (ASR A3.4): Beleuchtung. Ausschuss für Arbeitsstätten – ASTA, Bundesanstalt für Arbeitsschutz und Arbeitsmedizin, Dortmund, Ausgabe April 2011.

Bundesministerium für Arbeit und Sozialordnung (Hrsg.): Merkblatt für die ärztliche Untersuchung zu Nr. 2108. Anlage 1, Berufskrankheitenverordnung, 1992.

Bundesverband der Unfallkassen (Hrsg.): Zeitgemäßer Arbeitsschutz, München, 2001.

Bürger, E.: Robotergerechte Gerätekonstruktion. TU Chemnitz, 1986.

Buttazzo, G. C.: Hard Real-time Computing Systems: Predictable Scheduling Algorithms and Applications. Berlin: Springer, 2005.

CEN/TR 15172-1: Ganzkörper-Schwingungen – Leitfaden zur Verringerung der Gefährdung durch Schwingungen, Teil 1: Technische Maßnahmen durch die Gestaltung von Maschinen.

CEN/TR 15172-2: Ganzkörper-Schwingungen – Leitfaden zur Verringerung der Gefährdung durch Schwingungen, Teil 2: Organisatorische Maßnahmen am Arbeitsplatz.

Cooper, R. G.: Doing it right – winning with new products. Ivey Business Journal, July–August 2000, S. 54–60.

Cooper, R. G.: Managing Technology Development Projects. IEEE Engineering Management Review, 35, 2007, 1, S. 67–76.

Cooper, R. G.; Kleinschmidt, E. J.: Stage-gate process for new product success. Product Development Institute Inc., 2010.

Day, S.: Analysis for Strategic Marketing Decisions. St. Paul, Minn.: West Publishing, 1986.

Deutsche MTM-Vereinigung e. V. (Hrsg.): MTM-Logistik Lehrgangsunterlage. Hamburg, 2010.

Dickersbach, J.; Keller, G.; Weihrauch, K.: Produktionsplanung und -steuerung mit SAP, 2. Auflage. Bonn: Galileo Press, 2006.

Diebschlag, W.: Stoffwechsel und Energieumsatz. In: Landau, K.; Stübler, E.: Die Arbeit im Dienstleistungsbetrieb. Stuttgart: Ulmer, 1992, S. 55–64.

DIN 1319-1 Grundlagen der Meßtechnik, Teil 1: Grundbegriffe.

DIN 1320/A1 Akustik-Begriffe; Änderung 1, Norm-Entwurf, 2007.

DIN 1451-1 Schriften – Serifenlose Linear-Antiqua, Teil 1: Allgemeines, 1986.

DIN 1451-2 Schriften – Serifenlose Linear-Antiqua, Teil 2: Verkehrsschriften, 1987.

DIN 1451-3 Schriften – Serifenlose Linear-Antiqua, Teil 3: Druckschriften für Beschriftungen, 1998.

DIN 15136 Anbaugeräte für Stapler und Lader, 1957.

DIN 15141 Paletten, 1986.

DIN 15155 Gitterboxpaletten, 1986.

DIN 15185-2 Flurförderzeuge – Sicherheitsanforderungen, Teil 2: Einsatz in Schmalgängen.

DIN 15201 Stetigförderer, 1994.

DIN 15207 Tanks für die Beförderung gefährlicher Güter – Steckvorrichtung und elektrische Kennwerte der Versorgung von Bedienungsausrüstungen in explosionsgefährdeten Bereichen mit 24 V Nennspannung.

DIN 2137-1 Tastaturen für die Daten- und Texteingabe, Teil 1: Deutsche Tastaturbelegung.

DIN 22101 Gurtförderer, 1982.

DIN 22107 Stetigförderer, 1984.

DIN 30602 Empfehlungen für Bildzeichenanwendung.

DIN 30790 Rollbehälter, 1991.

DIN 30820 Transportkette mit Behältern für Kleinteile – Klein-Ladungs-Träger-System (KLT-System) – Klein-Ladungs-Träger und Tablare; Anforderungen und Prüfungen.

DIN 31000 Allgemeine Leitsätze für das sicherheitsgerechte Gestalten technischer Erzeugnisse.

DIN 31001-1 Sicherheitsgerechtes Gestalten technischer Erzeugnisse, Teil 1: Schutzeinrichtungen.

DIN 32830 Gestaltungsregeln für grafische Symbole.

DIN 33402-1 Ergonomie – Körpermaße des Menschen, Teil 1: Begriffe, Messverfahren.

DIN 33402-2 Ergonomie – Körpermaße des Menschen, Teil 2: Werte.

DIN 33403-2 Klima am Arbeitsplatz und in der Arbeitsumgebung, Teil 2: Einfluss des Klimas auf den Wärmehaushalt des Menschen, 2000.

DIN 33403-3 Klima am Arbeitsplatz und in der Arbeitsumgebung, Teil 3: Beurteilung des Klimas im Warm- und Hitzebereich auf der Grundlage ausgewählter Klimasummenmaße, 2001.

DIN 33403-5 Klima am Arbeitsplatz und in der Arbeitsumgebung, Teil 5: Ergonomische Gestaltung von Kältearbeitsplätzen, 1997.

DIN 33411-1 Körperkräfte des Menschen, Teil 1: Begriffe, Zusammenhänge, Bestimmungsgrößen, 1982.

DIN 33411-3 Körperkräfte des Menschen, Teil 3: maximal erreichbare statische Aktionsmomente männlicher Arbeitspersonen an Handrändern, 1986.

DIN 33411-4 Körperkräfte des Menschen, Teil 4: maximale statische Aktionskräfte, Isodynen, 1987.

DIN 33411-5 Körperkräfte des Menschen, Teil 5: maximale statische Aktionskräfte, Werte, 1999.

DIN 33415 Fließarbeit, 1984.

DIN 33416 Zeichnerische Darstellung der menschlichen Gestalt in typischen Arbeitshaltungen, 1985 (zurückgezogen).

DIN 3691 Sicherheit von Flurförderzeugen.

DIN 45630 Grundlagen der Schallmessung, 2003.

DIN 45631/A1 Berechnung des Lautstärkepegels und der Lautheit aus dem Geräuschspektrum – Verfahren nach E. Zwicker – Änderung 1: Berechnung der Lautheit zeitvarianter Geräusche, Norm-Entwurf, 2008.

DIN 45635 Geräuschmessung an Maschinen, 1984/1987.

DIN 45641 Mittelung von Schallpegeln, 1990.

DIN 45645 Ermittlung von Beurteilungspegeln aus Messungen, 1995/1997.

DIN 5035-6 Beleuchtung mit künstlichem Licht, teil 6: Messung und Bewertung, 2006.

DIN 5035-7 Beleuchtung mit künstlichem Licht, Teil 7: Beleuchtung von Räumen mit Bildschirmarbeitsplätzen, 2004.

DIN 5035-8 Beleuchtung mit künstlichem Licht, Teil 8: Arbeitsplatzleuchten, 2007.

DIN 51385 Schmierstoffe; Kühlschmierstoffe; Begriffe.

DIN 66025 Industrielle Automation; Programmaufbau für numerisch gesteuerte Arbeitsmaschinen; Wegbedingungen und Zusatzfunktionen, 1988.

DIN 68877 Arbeitsdrehstuhl, 1981.

DIN 69901-5 Projektmanagement – Projektmanagementsysteme, Teil 5: Begriffe.

DIN 8580 Fertigungsverfahren – Begriffe, Einteilung, 2003.

DIN 8593-7 Fertigungsverfahren Fügen – Fügen durch Löten, Teil 7: Einordnung, Unterteilung, Begriffe, 2003.

DIN EN 1005-1 Sicherheit von Maschinen – Menschliche körperliche Leistung, Teil 1: Begriffe, 2002.

DIN EN 1005-2 Sicherheit von Maschinen – Menschliche körperliche Leistung, Teil 2: Manuelle Handhabung von Gegenständen in Verbindung mit Maschinen und Maschinenteilen, 2003.

DIN EN 1005-3 Sicherheit von Maschinen – Menschliche körperliche Leistung, Teil 3: Empfohlene Kraftgrenzen bei Maschinenbetätigung, 2002.

DIN EN 1005-4 Sicherheit von Maschinen – Menschliche körperliche Leistung, Teil 4: Bewertung von Körperhaltungen und Bewegungen bei der Arbeit an Maschinen, 2002.

DIN EN 1005-5 Sicherheit von Maschinen – Menschliche körperliche Leistung, Teil 5: Risikobeurteilung für kurzzyklische Tätigkeiten bei hohen Handhabungsfrequenzen, 2003.

DIN EN 1090 Ausführung von Stahltragwerken und Aluminiumtragwerken, Teil 1, 2010; Teil 2, 2008.

DIN EN 11200-11204 Akustik – Geräuschabstrahlung von Maschinen und Geräten, 1996.

DIN EN 12417/A2 Werkzeugmaschinen – Sicherheit – Bearbeitungszentren.

DIN EN 12599 Lüftung von Gebäuden – Prüf- und Messverfahren für die Übergabe raumlufttechnischer Anlagen.

DIN EN 12665-1 Beleuchtung von Arbeitsstätten, Teil 1: Arbeitsstätten in Innenräumen, 2003.

DIN EN 12665-2 Beleuchtung von Arbeitsstätten, Teil 2: Arbeitsplätze im Freien, 2007.

DIN EN 12973 Value Management, 2002.

DIN EN 1325 Value Management, Wertanalyse, Funktionenanalyse, 1996.

DIN EN 1335-1 Büromöbel – Büro-Arbeitsstuhl, Teil 1: Maße; Bestimmung der Maße.

DIN EN 13779 Lüftung von Nichtwohnräumen – Allgemeine Grundlagen und Anforderungen an Lüftungs- und Klimaanlagen, 2005.

DIN EN 14253 Mechanische Schwingungen – Messung und rechnerische Ermittlung der Einwirkung von Ganzkörperschwingungen auf den Menschen am Arbeitsplatz im Hinblick auf seine Gesundheit – Praxisgerechte Anleitung.

DIN EN 1459 Geländegängige Stapler – Sicherheitsanforderungen und Verifizierung.

DIN EN 1459 Sicherheit von Flurförderzeugen – Kraftbetriebene Stapler mit veränderlicher Reichweite, 2007.

DIN EN 15000 Sicherheit von Flurförderzeugen, Nachweis, Leistung und Prüfbedingungen für Lastmomentbegrenzer in Längsrichtung (Entwurf), 2006.

DIN EN 1525 Sicherheit von Flurförderzeugen – Fahrerlose Flurförderzeuge und ihre Systeme.

DIN EN 1526 Sicherheit von Flurförderzeugen – Zusätzliche Anforderungen für automatische Funktionen von Flurförderzeugen.

DIN EN 1551 Sicherheit von Flurförderzeugen – Kraftbetriebene Flurförderzeuge über 10000 kg Tragfähigkeit.

DIN EN 15667 Akustik – Richtlinien für den Schallschutz durch Kapseln und Kabinen, 2001.

DIN EN 1726 Sicherheit von Flurförderzeugen – Motorkraftbetriebene Flurförderzeuge bis einschließlich 10000 kg Tragfähigkeit und Schlepper bis einschließlich 20000 N Zugkraft.

DIN EN 1755 Sicherheit von Flurförderzeugen – Einsatz in explosionsgefährdeten Bereichen – Verwendung in Bereichen mit brennbaren Gasen, Dämpfen, Nebeln oder Stäuben.

DIN EN 1757 Sicherheit von Flurförderzeugen – Handbetriebene und teilweise handbetriebene Flurförderzeuge.

DIN EN 1757-1 Sicherheit von Flurförderzeugen – Handbetriebene Flurförderzeuge, Teil 1: Stapler.

DIN EN 207-2008-02 Persönlicher Augenschutz – Filter und Augenschutzgeräte gegen Laserstrahlung (Laserschutzbrillen); Deutsche Fassung prEN 207:2008.

DIN EN 27243 Warmes Umgebungsklima; Ermittlung der Wärmebelastung des arbeitenden Menschen mit dem WBGT-Index (wet bulb globe temperature).

DIN EN 457 Sicherheit von Maschinen; Akustische Gefahrensignale, Allg. Anforderungen, Gestaltung, Prüfung, 1992.

DIN EN 528 Regalbediengeräte, Sicherheitsanforderungen, 2009.

DIN EN 60825-14 Sicherheit von Lasereinrichtungen, Teil 14: Ein Leitfaden für Benutzer.

DIN EN 60825-4 Sicherheit von Lasereinrichtungen, Teil 4: Laserschutzwände.

DIN EN 61340 Elektrostatik.

DIN EN 614-1 Sicherheit von Maschinen – Ergonomische Gestaltungsgrundsätze, Teil 1: Begriffe und allgemeine Leitsätze; Deutsche Fassung EN614-1:2006+A1:2009.

DIN EN 61508 Funktionale Sicherheit sicherheitsbezogener elektrischer/elektronischer/programmierbarer elektronischer Systeme.

DIN EN 61672 Schallpegelmesser, 2003.

DIN EN 894-2 Sicherheit von Maschinen – Ergonomische Anforderungen an die Gestaltung von Anzeigen und Stellteilen, Teil 2: Anzeigen; 2008.

DIN EN 894-3 Sicherheit von Maschinen – Ergonomische Anforderungen an die Gestaltung von Anzeigen und Stellteilen, Teil 3: Stellteile, 2009.

DIN EN 954-1 Sicherheit von Maschinen – Sicherheitsbezogene Teile von Steuerungen, Teil 1: Allgemeine Gestaltungsleitsätze.

DIN EN 999 Sicherheit von Maschinen – Anordnung von Schutzeinrichtungen im Hinblick auf Annäherungsgeschwindigkeiten von Körperteilen.

DIN EN ISO 11079 Ergonomie der thermischen Umgebung – Bestimmung und Interpretation der Kältebelastung bei Verwendung der erforderlichen Isolation der Bekleidung (IREQ) und lokaler Kühlwirkungen, 2006.

DIN EN ISO 11688 Akustik – Richtlinien für die Gestaltung lärmarmer Maschinen und Geräte, 2001.

DIN EN ISO 11690 Akustik – Richtlinien für die Gestaltung lärmarmer maschinenbestückter Arbeitsstätten, 1997/1999.

DIN EN ISO 12100-1/A1 Sicherheit von Maschinen – Grundbegriffe.

DIN EN ISO 12894 Ergonomie des Umgebungsklimas – Medizinische Überwachung von Personen, die einer extrem heißen oder kalten Umgebung ausgesetzt sind, 2002.

DIN EN ISO 13849-1 Sicherheit von Maschinen, Teil 1: Sicherheitsbezogene Teile von Steuerungen, 2008.

DIN EN ISO 14163 Akustik; Leitlinien für den Schallschutz durch Schalldämpfer, 1999.

DIN EN ISO 15265 Ergonomie der thermischen Umgebung – Strategie zur Risikobeurteilung zur Abwendung von Stress oder Unbehagen unter thermischen Arbeitsbedingungen, 2004.

DIN EN ISO 5053 Kraftbetriebene Flurförderzeuge, 1994.

DIN EN ISO 7730 Ergonomie der thermischen Umgebung – Analytische Bestimmung und Interpretation der thermischen Behaglichkeit durch Berechnung des PMV- und des PPD-Indexes und Kriterien zur lokalen thermischen Behaglichkeit, 2006.

DIN EN ISO 7933 Ergonomie der thermischen Umgebung – Analytische Bestimmung und Interpretation der Wärmebelastung durch Berechnung der vorhergesagten Wärmebeanspruchung, 2004.

DIN EN ISO 8996 Ergonomie der thermischen Umgebung – Bestimmung des körpereigenen Energieumsatzes, 2005.

DIN EN ISO 9241-303 Ergonomie der Mensch-System-Interaktion, Teil 303: Anforderungen an elektronische optische Anzeigen, 2008.

DIN EN ISO 9241-5 Ergonomische Anforderungen für Bürotätigkeiten mit Bildschirmgeräten, Teil 5: Anforderungen an Arbeitsplatzgestaltung und Körperhaltung, 1999.

DIN EN ISO 9886 Ergonomie – Ermittlung der thermischen Beanspruchung durch physiologische Messungen, 2004.

DIN EN ISO 9920 Ergonomie des Umgebungsklimas – Abschätzung der Wärmeisolation und des Verdunstungswiderstandes einer Bekleidungskombination, 2004.

DIN EN ISO 9921 Ergonomie – Beurteilung der Sprachkommunikation, 2004.

Dittrich, J.; Braun, M.: Business Process Outsourcing. Stuttgart: Schäffer-Poeschel, 2004.

Domschke, W.; Scholl, A; Voß, S.: Produktionsplanung. Berlin: Springer, 2005.

Ehrenspiel, K.; Kiewert, A.; Lindemann, U.: Kostengünstig entwickeln und konstruieren, 6. Auflage. Berlin, Heidelberg, New York: Springer, 2007.

Ehrlenspiel, K.: Integrierte Produktentwicklung, 2., überarbeitete Auflage. München Wien: Hanser Verlag, 2003.

Erlach, K.: Wertstromdesign. Heidelberg: Springer, 2007.

Eversheim, W.: Organisation in der Produktionstechnik, Band 3. Düsseldorf: VDI-Verlag, 1989.

Eversheim, W.; Pathow, C. v.: Montagestruktur- und Arbeitsplatzgestaltung in der Einzel- und Kleinserienproduktion. In: Landau, K.; Luczak, H.: Ergonomie und Organisation in der Montage. München: Hanser, 2001, S. 581–609.

Fahrenwaldt, H. J.; Schuler, V.: Praxiswissen Schweißtechnik. Wiesbaden: Vieweg, 2006.

Fanger, P. O.: Thermal Comfort. Malabar: Robert E. Krieger Publishing Company, 1982.

Finsterbusch, T.; Rast, S.: Ergonomie im Industrial Engineering. In: Angewandte Arbeitswissenschaft (ifaa), 47/210, 204, S. 145.

Flügel, B.; Greil, H.; Sommer, K.: Anthropologischer Atlas. Frankfurt/M.: Wötzel, 1986.

Frankenberger, E.: Arbeitsteilige Produktentwicklung. Fortschritt-Berichte VDI, Reihe 1, Nr. 291. Düsseldorf: VDI-Verlag, 1997.

Frey, S.: Plant Layout. München: Hanser, 1975.

Friedl, G.; Hilz, C.; Pedell, B.: Controlling mit SAP, 4. Auflage. Wiesbaden: Vieweg, 2005.

Fritz, H.; Schulze, G. (Hrsg.): Fertigungstechnik. Düsseldorf: VDI-Verlag, 1990.

Frühwald, C.: Analyse und Planung produktionstechnischer Rüstabläufe. Düsseldorf: VDI-Verlag, 1990.

Fuchs, W.: Methodik zur Erstellung von Zeitmodellen zur Ablaufplanung in Arbeitssystemen. Berlin: Beuth, 1972.

Gadatsch, A.: IT-Controlling – operative und strategische Werte umsetzen. In: Tiemeyer, E.: Handbuch IT-Management: Konzepte, Methoden, Lösungen und Arbeitshilfen, 2. Auflage. München: Hanser, 2007, S. 385–428.

Gall, D.; Vandahl, C.; Greiner Mai, U.; Wolf, S.; Helm, H.-P.: Einzelplatzbeleuchtung und Allgemeinbeleuchtung am Arbeitsplatz. Dortmund: Bundesanstalt für Arbeitsschutz und Arbeitsmedizin, Fb. 753, 1998.

Gebhardt, A.: Rapid Prototyping – Werkzeuge für die schnelle Produktentstehung, 2. Auflage. München: Hanser, 2000.

Gebhardt, H.; Müller, B. H.: Ergonomische Gestaltung von Kältearbeitsplätzen. Dortmund: Bundesanstalt für Arbeitsschutz und Arbeitsmedizin (Hrsg.), 2003.

Gilbreth, F. B.: Bewegungsstudien. Berlin: Springer, 1921.

Görner, B.: Beleuchtung von Arbeitsstätten – Stand der Regelsetzung. Forschung Projekt F 1988. Dortmund: Bundesanstalt für Arbeitsschutz und Arbeitsmedizin, 2008.

Grote, K.-H.; Feldhusen, J. (Hrsg.): Dubbel. Taschenbuch für den Maschinenbau, 22. Auflage. Berlin: Springer, 2007.

Grundig, C.-G.: Fabrikplanung, 3. Auflage. München: Hanser, 2009.

Gudehus, T.: Logistikkosten und Leistungsrechnung, 3. Auflage. Berlin, Heidelberg, New York: Springer, 2005.

GUV (Hrsg.): Beurteilung von Gefährdungen und Belastungen am Arbeitsplatz, GUV-I 8700, 1997.

Hacker, W.: Allgemeine Arbeits- und Ingenieurpsychologie. Bern: Huber, 1978.

Hacker, W.: Sensumotorik aus psychologischer Sicht. In: Landau, K.; Luczak, H.; Laurig, W.: Ergonomie der Sensumotorik. München: Hanser, 1996, S. 21–33.

Hacker, W.; Wetzstein, A.; Römer, A.: Gibt es Vorgehensmerkmale erfolgreichen Entwickelns von Produkten? Zeitschrift für Arbeitswissenschaft, 56, 2002, 5, S. 305–317.

Haller, E.: Einführung von Gruppenarbeit. Unveröffentlichtes Redemanuskript, 2002.

Hartmann, H.: Materialwirtschaft, 8. Auflage. Gernsbach: Deutscher Betriebswirte Verlag, 2002.

Hecker, R.: Physikalische Arbeitswissenschaft. Berlin: Dr. Köster, 1998.

Hedtmann, A.; Krämer, J.: Prophylaxe von Wirbelsäulenschäden am Arbeitsplatz. Orthopäde 19, 1990, S. 150–157.

Helander, M. G.: Design of visual displays. In: Salvendy, G. (Hrsg.): Handbook of Human Factors, New York: Wiley, 1987, S. 507–548.

Helber, C.: Supplier Development: Erhöhung der Wettbewerbsfähigkeit wichtiger Lieferanten. VDA-Logistikkongress, 2007.

Helbig, R.; Ferreira, Y.: Bildschirmarbeit und Büroarbeit. In: Landau, K.; Pressel, G.: Medizinisches Lexikon der beruflichen Belastungen und Gefährdungen. Stuttgart: Gentner, 2008, S. 169–181.

Henschel, R.: Rationalisierung bei Unterbeschäftigung. In: RKW (Hrsg.): Rationalisierung heute. München: Hanser, 1978.

Herkommer, O.: Einführung in die Layout-Planung mit Prozess-Analyse. In: Ishiwata, J.: Die flexible Fabrik. Landsberg/Lech: Moderne Industrie, 2001, S. 11–34.

Hertog, F. J., den: Arbeitsstrukturierung. Bern: Huber, 1978.

Hesse, S.: Automatisieren mit Know-how. Darmstadt: Hoppenstedt, 2002.

Hesse, S.: Grundlagen der Handhabungstechnik. München: Hanser, 2006.

Hesselbach, J.: Störungsvermeidung und -behandlung in der automatisierten Fertigung. In: VDI-Gesellschaft Fördertechnik (Hrsg.): Produktionslogistik, VDI-Bericht Nr. 1047. Düsseldorf: VDI-Verlag, 1993.

Hirano, H.: Poka-yoke. 240 Tips für Null-Fehler-Programme. Landsberg: Moderne Industrie, 1992.

Hompel, M. t.; Schmidt, T.; Nagel, L.: Materialflusssysteme. Berlin: Springer, 2007.

Hübner, A.; Irmer, W.; Martinek, M.; Pieschel, J.; Zwickert, H.; Zinke, M.: Studienmaterial Fertigungslehre. Universität Magdeburg: Institut für Werkstoff- und Fügetechnik, 2006.

IEC/EN 60079 Explosionsgefährdete Bereiche.

IEC/EN 61496-1 Sicherheit von Maschinen – Berührungslos wirkende Schutzeinrichtungen, Teil 1: Allgemeine Anforderungen und Prüfungen.

IEC/EN 61496-2 Sicherheit von Maschinen – Berührungslos wirkende Schutzeinrichtungen, Teil 2: Besondere Anforderungen an Einrichtungen, welche nach dem aktiven opto-elektronischen Prinzip arbeiten.

Imai, M.: Kaizen. Berlin: Ullstein, 1998.

Institut für angewandte Arbeitswissenschaft IfaA (Hrsg.): Lärm und Vibrationen am Arbeitsplatz. Messtechnisches Taschenbuch für den Betriebspraktiker. Köln: Wirtschaftsverlag Bachem, 1994.

ISO 11226 Ergonomics – Evaluation of static working postures, 2000.

ISO 11228-1 Ergonomics – Manual handling; Lifting and carrying, 2003.

ISO 11228-2 Ergonomics – Manual handling; Pushing and pulling, 2007.

ISO 11228-3 Ergonomics – Manual handling; Handling of low loads at high frequency, 2007.

ISO 13406-2 Ergonomic Requirement for Flat Panel Displays.

ISO 2631-1 Mechanische Schwingungen und Stöße – Bewertung der Einwirkung von Ganzkörperschwingungen auf den Menschen – Allgemeine Anforderungen, 1997.

ISO 6385 Prinzipien der Ergonomie in der Auslegung von Arbeitssystemen, 1990.

ISO 9241-10 Ergonomie der Mensch-System-Interaktion – Grundsätze der Dialoggestaltung.

ISO 9612 Akustik – Messung und Berechnung der Lärmexposition im Arbeitsbereich – Verfahren der Genauigkeitsklasse 2.

ISO/IEC Guide 51: Leitfaden für die Aufnahme von Sicherheitsaspekten in Normen, 1999.

ISO/TS 16949:2002 Qualitätsmanagementsysteme.

Jakobi, H. F.: Nutzen-Wirkungen bei der Wartung und Inspektion. In: Biedermann, H. (Hrsg.): Inspektion und Wartung, Techniken, Organisation und Wirtschaftlichkeit, 5. Instandhaltungsforum. Köln: TÜV Rheinland, 1989.

Jenik, P.: Maschinen menschlich konstruiert. MM-Industriejournal, 78, 5, 1972, S. 87–90.

Jenner, R.-D.; Kaufmann, H.; Schäfer, D.; Bauer, O.: Bosch-Arbeitshilfen für die ergonomische Arbeitsplatzgestaltung, Zeichenschablonen für die menschliche Gestalt. Stuttgart: o. V., 1985.

Jones, L. A.; Lederman, S. J.: Human Hand Function. Oxford: University Press, 2006.

Jordan, P. W.: An Introduction to Usability. London: Taylor&Francis, 1998.

Kaiser, J.: Verwendung stereoskopischer Informationsdarstellung in durchsichtfähigen Anzeigen am Beispiel eines Head-Up-Displays. Stuttgart: Ergonomia, 2004.

Kamiske, G. F.; Tomys, A. K.: Die Rationalisierungspotentiale des TQM. Qualität und Zuverlässigkeit, 1993.

Kano, N.; Seraku, N.; Takahashi, F.; Tsuji, S.: Attractive quality and must be Quality. In: Quality Journal, 14, 1984, 2, S. 39–48.

Kilger, W.; Pampel, J; Vikas, K.: Flexible Plankostenrechnung und Deckungsbeitragsrechnung, 12. Auflage. Wiesbaden: Gabler, 2007.

Kirchner, J. H.; Baum, E.: Ergonomie für Konstrukteure und Arbeitsgestalter. München: Hanser, 1990.

Klein, B.: Kostenoptimiertes Produkt- und Prozessdesign. München, Wien: Hanser, 2010.

Klein, B.; Sanzenbacher, G.: Kostenreserven ausschöpfen durch produktionsgerechte Konstruktion (ProKon). In: Konstruktion, 2008, 4, S. 83–93.

Knolmayer, G. F.: Compliance-Nachweise bei Outsourcing von IT-Aufgaben. In: Wirtschaftsinformatik 49, 2007, S. 98–106.

Kohlhase, N.; Schnorr, R.; Schlücker, E.: Reduzierung der Variantenvielfalt in der Einzel- und Kleinserienfertigung. Konstruktion, 50, 1998, 6, S. 15–21.

Konold, P.; Reger, H.: Praxis der Montagetechnik, 2. Auflage. Wiesbaden: Vieweg, 2003.

Koppenhöfer, C.; Johannsen, A.; Krcmar, H.; Bumiller, J.: Bedarf und Nutzung von Telekooperationssystemen im verteilten Produktentwicklungsprozess. http://www.w-infobase.de/lehrstuhl\publikat.nsf, 2010.

Kramer, F.: Erfolgreiche Unternehmensplanung. Berlin: Beuth, 1998.

Kroemer, K.; Kroemer, H.; Kroemer-Elbert, K.: Ergonomics. Upper Saddle River: Prentice Hall, 2001.

KrW-/AbfG – Gesetz zur Förderung der Kreislaufwirtschaft und Sicherung der umweltverträglichen Beseitigung von Abfällen. Stand 27. September 1994.

Kühn, F. M.; Littmann, R.; Preuß, W.; Steinert, W.: Neue Technologien im innerbetrieblichen Materialfluss. Arbeitssicherheit und Arbeitsgestaltung. Köln, 1990.

Kulka, H.: Arbeitswissenschaften für Ingenieure. Leipzig: VEB Fachbuchverlag, 1980.

Kurbel, K.: Produktionsplanung und -steuerung im Enterprise Resource Planning und Supply Chain Management, 6. Auflage. München: Oldenbourg, 2005.

Kurtz, P.; Sievers, G.: Investigation and design of luminance situations at assembly workplaces. In: Proceedings of the XIX Annual International Occupational Ergonomics and Safety Conference. Las Vegas, Nevada, USA, 27–29 June 2005, S. 195–197.

Landau, K. (Hrsg.): Lexikon Arbeitsgestaltung. Best Practice im Arbeitsprozess. Stichworte Lärm, Definitionen und Vorkommen; Lärmminderung; Lärmwirkungen. Stuttgart: Gentner, 2007.

Landau, K. (Hrsg.): Montageprozesse gestalten. Stuttgart: Ergonomia, 2004.

Landau, K., Peters, H.: Organisatorische Arbeitsgestaltung. In: Landau, K. (Hrsg.): Ergonomie I, Umdruck, Darmstadt: Institut für Arbeitswissenschaft, 2003.

Landau, K.: Urformen, Umformen und Trennen im Product Engineering. Darmstadt: Institut für Arbeitswissenschaft, 2009.

Landau, K.; Hellwig, R.: Projektmanagement – Grundlagen und Anwendungen. Stuttgart: Ergonomia, 2004.

Landau, K.; Luczak, H.: Ergonomie und Organisation in der Montage. München: Hanser, 2001.

Landau, K.; Pressel, G. (Hrsg.): Medizinisches Lexikon der beruflichen Belastungen und Gefährdungen, 2. Auflage. Stuttgart: Gentner, 2008.

Landau, K.; Rohmert, W.; Imhof-Gildein, B.; Mücke, S.; Brauchler, R.: Risikoindikatoren für Wirbelsäulenerkrankungen. Berlin: Schriftreihe der Bundesanstalt für Arbeitsmedizin, FB 09.010, 1996.

Landau, K.; Schaub, K.: Körpermaße. In: Landau, K. et al.: Ergonomie I. TU Darmstadt: Institut für Arbeitswissenschaft, 2003.

Länderausschuss für Arbeitsschutz und Sicherheitstechnik (Hrsg): Handlungsanleitung zur Beleuchtung von Arbeitsstätten, Potsdam, 2005.

Lange, W.; Kirchner, J. H.; Lazarus, H.; Schnauber, H.: Kleine Ergonomische Datensammlung. Köln: TÜV Rheinland, 1991.

Lindemann, U.: Methodische Entwicklung technischer Produkte, 3. Aufl. Berlin: Springer, 2009.

Lindemann, U.; Kiewert A.: Kostenmanagement im Entwicklungsprozess – marktgerechte Kosten durch Target Costing. In: Schäppi B. et al. (Hrsg.): Handbuch Produktentwicklung. München, Wien: Hanser, 2005.

Little, A. D.: ADL Product Innovation Survey. Cambridge, Mass., 1992.

Lotter, B.: Wirtschaftliche Montage, 2. Auflage. Düsseldorf: VDI-Verlag, 1992.

Lotter, B.; Wiendahl, H.-P.: Montage in der industriellen Produktion. Berlin: Springer, 2006.

Louis, R. S.: Effiziente Materialflusssteuerung mit KANBAN und MRP II. Landsberg/Lech: Moderne Industrie, 2000.

Macha, R.: Deckungsbeitragsrechnung, 3. Auflage. Planegg: Haufe, 2006.

Magid, E. B.; Coermann, R.: The reaction of the human body to extreme vibrations. Proc. Inst. Envir. Sc., 1960.

Mainzer, J.: Ermittlung und Normung von Körperkräften. Fortschritts-Berichte der VDI-Zeitschrift, Reihe 17, Nr. 12, Düsseldorf: VDI, 1982.

Martin, H.: Transport- und Lagerlogistik, 7. Auflage. Wiesbaden: Vieweg+Teubner, 2009.

Martyrer, E.: Der Ingenieur und das Konstruieren, 12, 1960, S. 1–4.

Matousek, R.: Konstruktionslehre des allgemeinen Maschinenbaus. Berlin: Springer, 1974.

Matt, D.: Fertigungstechnik, Teil II. Universität Bozen, 2001.

McCormick, E. J.: Human Factors Engineering. New York: Wiley, 1964.

Menges, G.; Michaeli, W.; Mohren, P.: Spritzgießwerkzeuge. Auslegung, Bau, Anwendung, 6. Auflage. München: Hanser, 2007.

Meyer, G.: Förderanlagen für die Oberflächenbehandlung. Bremen: Louis Schierholz GmbH, 2009.

Meyer, M. H.; Lehnerd, A. P.: The power of product platforms. New York: Free Press, 1997.

Miles, L. D.: Technique of Value Analysis and Engineering. New York: Wiley, 1961.

Müller-Merbach, H.: Operations Research. München: Vahlen, 1973.

Müller-Stewens, G.; Lechner, C.: Strategisches Management, 2. Auflage. Stuttgart: Schäffer-Poeschel, 2003.

Nestler, H.: Wirtschaftliche Maschinenaufstellung. Berlin: Beuth, 1972.

Neudörfer, A.: Metallbearbeitung. In: Landau, K.; Pressel, G. (Hrsg.): Medizinisches Lexikon der beruflichen Belastungen und Gefährdungen, 2. Auflage. Stuttgart: Gentner, 2008.

Neumann, A.: Schweißtechnisches Handbuch für Konstrukteure, Teil I. Düsseldorf: Deutscher Verlag für Schweißtechnik, 1984.

Nitschke, C.: Outsourcing in der Automobilindustrie. Fachhochschule Wedel, 2007.

Osterholz, U.: Gegenstand, Formen und Wirkungen arbeitsweltbezogener Interventionen zur Prävention muskuloskeletaler Beschwerden und Erkrankungen. Berlin: Wissenschaftszentrum für Sozialforschung, 1991.

Pahl, G.; Beitz, W.; Feldhusen, J.; Grote, K. H.: Konstruktionslehre. Berlin: Springer, 2003.

Paul, G.: Ein Beitrag zur Methode der ergonomischen Beurteilung des Einstiegs ausgewählter Nutzfahrzeuge. Dissertation TU Darmstadt, 2002.

Peters, H.: Hitzearbeit. In: Landau, K. (Hrsg.): Lexikon Arbeitsgestaltung. Best Practice im Arbeitsprozess. Stuttgart: Gentner, 2007, S. 660–664.

Peters, H.: Klima. In: Landau, K. (Hrsg.): Lexikon Arbeitsgestaltung. Best Practice im Arbeitsprozess. Stuttgart: Gentner, 2007, S. 715–719.

Peters, H.: Klimaanlagen und Lüftung. In: Landau, K.; Pressel, G. (Hrsg.): Medizinisches Lexikon der beruflichen Belastungen und Gefährdungen, 2. Auflage. Stuttgart: Gentner, 2009, S. 525–529.

Peters, H.; Landau, K.: Kritik der bewegungstechnischen Arbeitsgestaltung. In: Landau, K.: Ergonomie I. TU Darmstadt, 2003.

Peters, H.; Landau, K.: Methoden und Hilfsmittel der Bewegungsablaufanalyse. In: Landau, K. et al.: Ergonomie I. TU Darmstadt, 2003.

Pfeiffer, W.; Dörrie, U.; Soll, E.: Menschliche Arbeit in der industriellen Produktion. Göttingen: Vandenhoeck und Ruprecht, 1977.

Pheasant, St.: Bodyspace. London: Taylor & Francis, 1988.

Picker, C.: Prospektive Zeitbestimmung für nicht wertschöpfende Montagetätigkeiten. Dissertation, Universität Dortmund, 2006.

Picot, A.; Maier, M.: Analyse und Gestaltungskonzepte für das Outsourcing. In: Information Management, 7, 1992, 4.

Pine, B. J.: Maßgeschneiderte Massenfertigung: Neue Dimensionen im Wettbewerb. Wien: Überreuter, 1994.

Popov, K.: KAMIN – Katalog technischer Schwingungsschutzmaßnahmen. Katalog praktisch erprobter Lösungen des technischen Schwingungsschutzes und für Elemente zur Schwingungsminderung, 1. Auflage. Bremerhaven: Wirtschaftsverlag NW Verlag für neue Wissenschaft GmbH, 2003. (Schriftenreihe der Bundesanstalt für Arbeitsschutz und Arbeitsmedizin: Forschungsbericht, Fb. 981).

Porter, L. W.; Lawler, E. E.; Hackman, J. R.: Behavior in Organizations. New York: McGraw Hill, 1975.

Rapp, T.: Produktstrukturierung. Norderstedt: Books on Demand, 2010.

REFA (Hrsg.): Arbeitsgestaltung in der Produktion. München: Hanser, 1991.

REFA (Hrsg.): Methodenlehre der Planung und Steuerung. Band 1. München: Hanser, 1985.

REFA (Hrsg.): Methodenlehre des Arbeitsstudiums. München: Hanser 1984.

Reinertsen, D. G.: Die neuen Werkzeuge der Produktentwicklung. München: Hanser, 1998.

Richtlinie 89/654/EWG, umgesetzt durch die deutsche Arbeitsstättenverordnung.

Riebel, P.: Einzelkosten- und Deckungsbeitragsrechnung, 7. Auflage. Wiesbaden: Gabler, 1994.

Robert Bosch GmbH (Hrsg.): Arbeitshilfen für die ergonomische Arbeitsgestaltung.

Roesgen, R.; Schmidt, C.: Auswahl und Einführung von ERP-/PPS-Systemen. In: Schuh, G. (Hrsg.): Produktionsplanung und -steuerung. Grundlagen, Gestaltung und Konzepte. Berlin, Heidelberg, New York: Springer, 2006, S. 330–375.

Rögnitz, H.; Köhler, G.: Fertigungsgerechtes Gestalten im Maschinen- und Gerätebau. Stuttgart: Teubner, 1959.

Rohmert, W. et al.: Umdruck zur Vorlesung Arbeitswissenschaft I. TU Darmstadt, 1993.

Rohmert, W.: Biomechanische Grundlagen. In: Schmidtke, H. (Hrsg.): Ergonomie. München: Hanser, 1981.

Rohmert, W.; Berg, K.; Bruder, R.; Schaub, K.: Kräfteatlas, Teil 1, Datenauswertung statischer Aktionskräfte. Berlin: Bundesanstalt für Arbeitsmedizin, 1994.

Roland Berger Offshoring-Information, 2004.

Rother, M.; Shook, J.: Learning to see: Value stream mapping to create value and eliminate muda. Brookline, Massachusetts, 2003.

Ruckes, J.: Betriebs- und Angebotskalkulation im Stahl- und Apparatebau. Berlin: Springer, 1973.

Ruffing, T.: Fertigungssteuerung bei Fertigungsinseln. Köln: TÜV Rheinland, 1991.

Sanzenbacher, G.: ProKon – Produktionsgerechte Konstruktion – Bewertung der Montagetauglichkeit von Erzeugnissen. In: Personal – MTM-Report 1993, S. 418–421.

Schaub, K.; Britzke, B.; Sanzenbacher, G.; Jasker, K. Landau, K.: Ergonomische Risikoanalysen mit MTM-Ergo. In: Landau, K. (Hrsg.): Montageprozesse gestalten. Stuttgart: Ergonomia, 2004, S. 175–199.

Schaub, K.; Britzke, B; Landau, K.: Ergonomische Risikoanalysen mit Hilfe von MTM-Ergo. In: Arbeit und Gesundheit in effizienten Arbeitssystemen. Dortmund: GfA-Press, 2004.

Schlick, C.; Bruder, R.; Luczak, H.: Arbeitswissenschaft. Berlin: Springer, 2010.

Schmauder, M.: Planung und Gestaltung von flexiblen Montagesystemen. Vorlesungsskript, TU Dresden, 2008.

Schmidtke, H. (Hrsg.): Ergonomie. München: Hanser, 1993.

Schmidtke, H.: Ergonomische Prüfung von Technischen Komponenten, Umweltfaktoren und Arbeitsaufgaben. München: Hanser, 1989.

Schoder, H.: Einführung in die Wertanalyse. Manuskript, Eggenstein, o. J.

Schuh, G.: Gestaltung und Bewertung von Produktvarianten. Fortschritt-Berichte VDI, Reihe 2. Düsseldorf: VDI, 1989.

Schuh, G.; Stich, V.; Schmidt, C.: Produktionsplanung und -steuerung in Logistiknetzwerken. Berlin: Springer, 2008.

Schultetus, W.: Montagegestaltung. Köln: TÜV Rheinland, 1980.

Schulte-Zurhausen, M.: Planung von Blocklagersystemen. Berlin: Beuth, 1982.

Schumacher, G.: Untersuchung und Anwendung der Wertstrommethode zur Optimierung der Material- und Informationsflüsse am Beispiel eines Zulieferers der Robert Bosch GmbH. Lehrstuhl für Industriebetriebslehre und Arbeitswissenschaft, TU Kaiserslautern, 2007.

Seibel, D.; Landau, K.; Brose, M.: Laser. In: Landau, K. (Hrsg.): Lexikon Arbeitsgestaltung. Stuttgart: Ergonomia, 2007, S. 768–773.

Smit, K.: Voraussetzungen und Möglichkeiten für die Anwendung der zustandsabhängigen Instandhaltung. In: Biedermann, H. (Hrsg.): Inspektion und Wartung, Techniken, Organisation und Wirtschaftlichkeit, 5. Instandhaltungsforum. Köln: TÜV Rheinland GmbH, 1989.

Sommerlatte, T.: Management erfolgreicher Produkte. Düsseldorf: Symposion, 2008.

Spelten, C.; Schaub, K.; Landau, K.: IAD-Toolbox körperliche Arbeit. In: Landau, K. (Hrsg.): Montageprozesse gestalten. Stuttgart: Ergonomia, 2004, S. 113–149.

Stark, L.; Yamashita, I.; Tharp, G.; Ngo, H. X.: Search patterns and search paths in human visual search. In: Brogan, D.; Gale, A.; Carr, K.: Visual search. London: Taylor & Francis, 1993, S. 37–58.

Stephan, M.: Risiken infolge von Technologie-Outsourcing? SFB 649, Discussion Paper 2007-047, Philipps-Universität Marburg, 2007.

Stier, F.: Über die Geschwindigkeiten von Armbewegungen unter besonderer Berücksichtigung der Einlegearbeiten an Pressen. Dissertation TH Hannover, 1959.

Strasser, H.: Dosis-Maxime und Energie-Äquivalenz bei der Beurteilung von Lärm sowie physiologische Kosten von Schallbelastungen. In: Lärmbekämpfung, 2, 2011, S. 51–57.

Suzaki, K.: Modernes Management im Produktionsbetrieb. München: Hanser 1989.

Takeda, H.: Das synchrone Produktionssystem. Just-in-time für das ganze Unternehmen, 5. Auflage. Landsberg/Lech: Moderne Industrie, 2006.

Tempelmeier, H.; Kuhn, H.: Flexible Fertigungssysteme. Berlin: Springer 1993.

Tichauer, E. R.: Occupational Biomechanics. New York: Manuskriptdruck, 1975.

TRGS 300: Technische Regeln für Gefahrstoffe, mit Änderungen und Ergänzungen. BarbBl, 1995.

TRGS 400: Gefährdungsbeurteilung für Tätigkeiten mit Gefahrstoffen, 2008.

TRGS 555: Betriebsanweisung und Information der Beschäftigten.

TRGS 611: Verwendungsbeschränkungen für wassermischbare bzw. wassergemischte Kühlschmierstoffe.

TRGS 900: Technische Regeln für Gefahrstoffe, 2001 und 2007.

Tschich, H.: Gestaltung von Prüfarbeitssystemen in der Montage. In: Landau, K.; Luczak, H. (Hrsg.): Ergonomie und Organisation in der Montage. München, Wien: Hanser, 2001, S. 196–217.

Uhlmann, E.: Gestaltung von Fertigungsprozessketten. TU Berlin, Institut für Werkzeugmaschinen und Fabrikbetrieb, o. Jg.

Uhlmann, E.: Produktionstechnik II. TU Berlin, Institut für Werkzeugmaschinen und Fabrikbetrieb, 2008.

Ulich, E.: Arbeitspsychologie. Zürich: Verlag der Fachvereine, Stuttgart: Poeschel, 1991.

Ulmer, H.-V.: Umstellung auf Arbeit. In: Rohmert, W.; Rutenfranz, J. (Hrsg.): Praktische Arbeitsphysiologie. Stuttgart: Thieme, 1983.

Unternehmer-Handbuch Gabelstapler. Großhandels- und Lagerei-Berufsgenossenschaft, Mannheim, o. Jg.

VBG 10 Stetigförderer.

VDA 4500 Kleinladungsträger (KLT)-System.

VDI (Hrsg.): VDI-Handbuch der Arbeitsgestaltung und Arbeitsorganisation. Düsseldorf: VDI-Verlag, 1980.

VDI 2057 Blatt 1: Einwirkungen mechanischer Schwingungen auf den Menschen – Ganzkörperschwingungen, 2002.

VDI 2057 Blatt 2: Einwirkungen mechanischer Schwingungen auf den Menschen – Hand-Arm-Schwingungen, 2002.

VDI 2058 Blatt 2: Beurteilung von Arbeitslärm am Arbeitsplatz hinsichtlich Gehörgefährdung, 1988.

VDI 2058 Blatt 3: Beurteilung von Lärm am Arbeitsplatz unter Berücksichtigung unterschiedlicher Tätigkeiten, 1999.

VDI 2220 Produktplanung; Ablauf, Begriffe und Organisation, 1980.

VDI 2221 Methodik zum Entwickeln und Konstruieren technischer Systeme und Produkte, 1993.

VDI 2222 Blatt 1: Methodisches Entwickeln von Lösungsprinzipien, 1997.

VDI 2225 Blatt 2: Technisch-wirtschaftliches Konstruieren, 1998.

VDI 2234 Wirtschaftliche Grundlagen für den Konstrukteur.

VDI 2319 Angetriebene Rollenbahnen, 1971.

VDI 2326 Gurtförderer für Stückgut, 1979.

VDI 2328 Kreisförderer, 1981.

VDI 2332 Schleppkettenförderer, 1976.

VDI 2345 Hängebahnen, 1987.

VDI 2361 Regalförderzeug, 1993.

VDI 2411 Begriffe und Erläuterungen im Förderwesen, 1970.

VDI 2510 Fahrerlose Transportsysteme, 2005.

VDI 2519 Blatt 1: Vorgehensweise bei der Erstellung von Lasten-/Pflichtenheft.

VDI 2569 Schallschutz und akustische Gestaltung im Büro, 1990.

VDI 2695 Ermittlung der Kosten für Flurförderzeuge; Gabelstapler.

VDI 2697 Hochregalanlagen, 1972VDI 3643, Elektro-Hängebahn, 1994.

VDI 2800 Blatt 2: Technische Regel, Entwurf, Wertanalyse-Arbeitsplan nach DIN EN12973 – Formularsatz-Wertanalyse-Arbeitsplan, 2006.

VDI 2803 Blatt 1: Funktionenanalyse – Grundlagen und Methode, 1996.

VDI 2815 Begriffe für die Produktionsplanung und -steuerung, Betriebsmittel. Düsseldorf: VDI-Verlag, 1978.

VDI 2852 Blatt 1: Kenngrößen numerisch gesteuerter Fertigungseinrichtungen. Berlin: Beuth, 1984.

VDI 2852 Blatt 3: Kenngrößen numerisch gesteuerter Fertigungseinrichtungen – Positionierzeit, Spindelbeschleunigungszeit, Wartezeit. Berlin: Beuth, 2001.

VDI 3035 Anforderungen an Werkzeugmaschinen, Fertigungsanlagen und periphere Einrichtungen beim Einsatz von Kühlschmierstoffen.

VDI 3312 Sortieren im Logistischen Prozess, 2003.

VDI 3321 Schnittwertoptimierung; Grundlagen und Anwendung, 1994.

VDI 3397 Blatt 2.

VDI 3581 Verfügbarkeit von Transport- und Lageranlagen, 2004.

VDI 3586 Flurförderzeuge, 1996.

VDI 3590 Kommissioniersysteme, Grundlagen, 1994.

VDI 3598 Tragkettenförderer, 1974.

VDI 3611 Staurollenförderer, 1981.

VDI 3619 Sortiersysteme für Stückgut, 1999.

VDI 3627 Regalförderzeuge, 1985.

VDI 3643 Elektro-Hängebahn, 1994.

VDI 3649 Anwendung der Verfügbarkeitsrechnung für Förder- und Lagersysteme, 2003.

VDI 3690 Kommissioniersysteme, 1994.

VDI 3968 Sicherung von Ladeeinheiten.

VDI-Bericht 849: Wertanalyse – Wertgestaltung – Value Management. Düsseldorf: VDI-Verlag, 1990.

Verordnung zum Schutz der Beschäftigten vor Gefährdungen durch Lärm und Vibrationen, 2007/2008.

Verordnung zum Schutz von Gefahrstoffen – GEFStffV vom 23.12.2004, BGB1. I, 2004, S. 3758–3759.

Wakula, J.; Berg, K.; Schaub, K.; Bruder, R.; Glitsch, U.; Ellegast, R.: Statische maximale Ganzkörper und Hand-Fingerkräfte für realtypische Kraftausübungen für den montagespezifischen Kraftatlas, Frühjahrskongress der Gesellschaft für Arbeitswissenschaft, Dortmund, 2009.

Walther, T.: Passend zum logistischen Ablauf. In: PackReport, 7/8, 2002.

Warnecke, H. J.; Lederer, K. G.: Neue Arbeitsformen in der Produktion. Düsseldorf: VDI-Verlag, 1982. (1979)

Wasmuth, K.: Kostenmanagement im Service Engineering industrieller Dienstleistungen. Hamburg: Dr. Kovac, 2009.

Weber, R.: Kanban. Renningen: Expert, 2001.

Weber, T.: Intuition, Methodik & Werkzeuge – Erfolgsfaktoren effizienter Layoutplanung. In: Institut für Produktionstechnik (IfP) der Westsächsischen Hochschule Zwickau (Hrsg.): 3. Symposium Produktionstechnik innovativ und interdisziplinär. Tagungsband. Zwickau: IfP, 2011. S. 127–135.

Weinrich, H.-W.: Untersuchung der Mehrmaschinenbedienung von Einspindel-Drehautomaten mit Hilfe der Simulationstechnik. Dissertation, TU Braunschweig, 1978.

Wenzel, H. G.; Piekarski, C.: Klima und Arbeit, 2. Auflage. München: Bayerisches Staatsministerium für Arbeit und Sozialordnung, 1982.

Wiendahl, H.-P.: Betriebsorganisation für Ingenieure, 7. Auflage. München: Hanser, 2008.

Wiendahl, H.-P.: Betriebsorganisation für Ingenieure. München: Hanser, 2005.

Wiendahl, H.-P.; Nofen, D.; Klußmann, J. H.; Breitenbach, F.: Planung modularer Fabriken. München: Hanser, 2005.

Wildemann, H.; Niemeyer, A.: Das Milkrun-Konzept: Logistikkostensenkung durch auslastungsorientierte Konsolidierungsplanung. Elektronisch veröffentlicht, URL: www.tcw.de/tcw_V1/uploads/html/publikationen/aufsatz/files/Logistikkostensenkung_Milkrun_Niememeyer.pdf, 2007.

Womack, J. P.; Jones, D. T.: Beyond Toyota: How to root out waste and pursue perfection. Harvard Business Review, 1996, Heft 9/10, S. 141.

WZL/Fraunhofer Institut für Produktionstechnologie, RWTH Aachen, o. Jg.

Zink, K.: Arbeitsstrukturierung. In: Landau, K.; Luczak, H.: Ergonomie und Organisation in der Montage. München: Hanser, 2001, S. 363–364.

Zink, K.; Eberhard, D.: Integration arbeitswissenschaftlicher Aspekte in ein lebenszyklusorientiertes Produktmanagement, Zeitschrift für Arbeitswissenschaft, 2, 2008, S. 69–78.

Zülch, G.; Starringer, M.: Differentielle Arbeitsgestaltung in Fertigungen für elektronische Flachbaugruppen. Zeitschrift für Arbeitswissenschaft, 4, 1994, S. 211–216.

Teil IV

Betrieb und Verbesserung von Arbeitssystemen

1 Einleitung

In diesem Teil geht es um den in der dritten Phase des PEP anfallenden Betrieb von Arbeitssystemen und Prozessen und um deren ständige Verbesserung.

Im Kapitel 2 wird dargelegt, welche Funktionen im Rahmen des »Werkstattmanagements« (Shopfloor-Management) zu erfüllen sind und welche Instrumente im Regelkreis des Werkstattmanagements einzusetzen sind. Die große Bedeutung des Werkstattmanagements für das Industrial Engineering liegt darin, dass es für die erfolgreiche Nutzung der in der zweiten PEP-Phase entwickelten Planungen und für deren weitere Optimierung zuständig ist.

Im Kapitel 3 werden zwei Themen behandelt. Zuerst geht es um das »Anlaufmanagement«. Das ist eine spezielle Form des Verbesserungsmanagements, bei der nach SOP in möglichst kurzer Zeit mindestens jenes Leistungsniveau zu realisieren ist, das der Angebotskalkulation zu Grunde lag. Beim Insourcing und Outsourcing von Produktionsaufgaben werden die dafür maßgebenden Beweggründe der Unternehmen geschildert und beispielhaft gezeigt, welche Vor- und Nachteile damit verbunden und welche Gesichtspunkte dabei zu beachten sind. Beim »Verbesserungsmanagement« ist zu klären, warum Unternehmen dem Zwang zu ständigen Verbesserungen unterliegen und welche Konzepte dafür zur Verfügung stehen. Der Schwerpunkt liegt hier beim Kontinuierlichen Verbesserungsprozess und dort wiederum bei dessen praktischem Teil, das ist die Arbeit von KVP-Teams.

Im Kapitel 4 werden mit dem »Arbeitszeitmanagement« gestalterische Optionen zum effektiven Personaleinsatz und zur Unterstützung des Werkstattmanagements behandelt. Zuerst werden die Möglichkeiten der Arbeitszeitgestaltung sowie die Vorteile und Nachteile von Arbeitszeitmodellen erläutert. Dann wird gezeigt, wie diese einzuführen und in Schichtpläne umzusetzen sind.

Im Kapitel 5 wird zunächst erläutert, was im Industrial Engineering unter »Zeitwirtschaft« verstanden wird, und es werden die systemischen und organisatorischen Grundlagen dargelegt. Da die organisatorische Ausrichtung der Zeitwirtschaft entscheidend davon abhängt, inwieweit man sie durch eine leistungsfähige IT-Lösung unterstützt, wird hier die MTM-Software TiCon® behandelt. Der Anwendungsschwerpunkt von TiCon® liegt in der Entwicklung und Verwendung betrieblicher Prozessbausteine, die ihrerseits einen Schwerpunkt bei der Zeitwirtschaft bilden. Da eine funktionierende Zeitwirtschaft die Voraussetzung für das Funktionieren wichtiger Instrumente ist, z. B. der Vorkalkulation oder der Kapazitätsplanung, wird abschließend erläutert, wie man die Zeitwirtschaft durch Revisionen permanent auf ihre Leistungsfähigkeit prüft.

Im Kapitel 6 wird ein weiteres Kernthema des Industrial Engineering behandelt, die »Personalbedarfsermittlung«. Bei der Ermittlung des quantitativen Personalbedarfs mit Hilfe der Personalbemessung wird im Schwerpunkt die analytische Personalbemessung dargestellt. Bei der Ermittlung des qualitativen Personalbedarfs wird die Stellen- und die Qualifikationsplanung erläutert und gezeigt, wie die ermittelten Bedarfskennzahlen bei der Personaleinsatzplanung umzusetzen sind. Abschließend wird beim Personalbedarfscontrolling erläutert, wie die Angemessenheit des Personalbestands permanent zu kontrollieren und zu steuern ist.

Im Kapitel 7 geht es beim Thema »Entgeltdifferenzierung« um die Differenzierung der Grund- und Leistungsentgelte. Auch wenn bei der Grundentgeltdifferenzierung weder Prozessbausteine noch Zeitstandards benötigt werden, wird dieses Thema hier mit behandelt, weil die Arbeitsbewertung in den vergangenen Jahren durch die ERA-Einführungen für das Industrial Engineering in den Unternehmen eine Renaissance erlebte. Wir können so das Thema der Entgeltdifferenzierung geschlossen darstellen. Es ist noch immer eines der Kernthemen des Produktivitätsmanagements.

2 Werkstattmanagement

2.1 Überblick

Im Teil I, Abschnitt 3.5.3 hatten drei der zwölf mit dem *MTM-Produktivitätsmanagement* verfolgten Absichten direkte Bezüge zum Werkstattmanagement (Shopfloor-Management):

- Plangerechte Mitarbeiterqualifizierung und -einsatz,
- Zielmanagement, Ergebnis-Controlling und Regelkommunikation sowie
- funktionell begründete Leitungsspannen.

Zu Art und Umfang standardisierten Werkstattmanagements gibt es kein einheitliches Verständnis. Abbildung IV-1 ist zu entnehmen, welche Aspekte häufig als standardisierungswürdig angesehen werden.

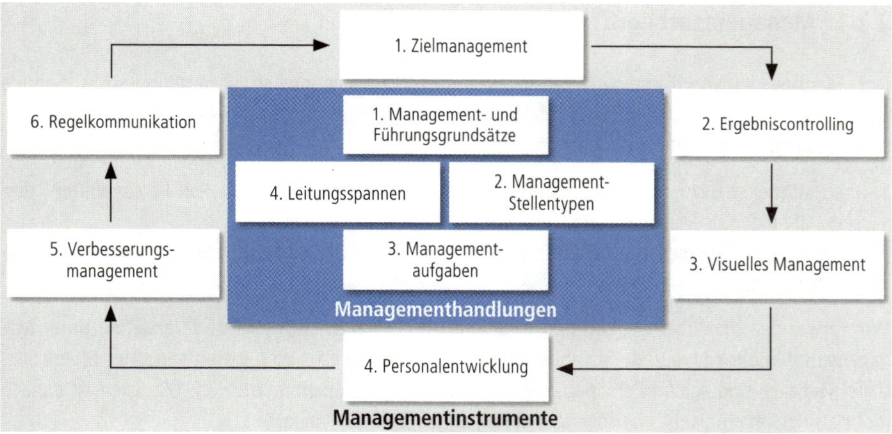

Abbildung IV-1 Produktionssystemrelevante Aspekte des Werkstattmanagements

Im folgenden Abschnitt 2.2 werden begriffliche Klärungen vorgenommen und ein Überblick zur Entwicklung der Managementlehre gegeben.

Im Abschnitt 2.3 wird erläutert, was Management- und Führungsgrundsätze sind und wie man sie formulieren kann. Führungsgrundsätze sind es wert, in ein Produktionssystem aufgenommen zu werden, wenn sie nicht schon verbindlich geregelt sind, z. B. im Organisationshandbuch. Anschließend wird gezeigt, welche Managementfunktionen zu unterscheiden sind und was Managen heißt. Ihre praktische Bedeutung liegt darin, dass die Funktionen der Formulierung von Managementaufgaben dienen.

Im Abschnitt 2.4 werden unter der Überschrift »Managementhandlungen« drei produktionssystemrelevante Aspekte des Werkstattmanagements erläutert, (Werkstatt-)Managementstellentypen, Aufgaben des Werkstattmanagements und das Ermitteln von Leitungsspannen.

Das im Abschnitt 2.5 behandelte Thema »Ziele und Zielsysteme« führt zu den im Abschnitt 2.6 erläuterten Managementinstrumenten. Die Geschäftsstrategie wird als Basis aller Zielbildungen unterstellt und gezeigt, was hierarchische Zielsysteme sind und wie aus den Unternehmenszielen konsistente Betriebsziele und Verbesserungsmaßnahmen abzuleiten sind.

Im Abschnitt 2.6 wird ein Regelkreis des Werkstattmanagements eingeführt, der sechs Managementinstrumente einschließt:

- Zielmanagement,
- Ergebnis-Controlling,
- Visuelles Management,
- Regelkommunikation,
- Personalentwicklung,
- Verbesserungsmanagement.

In diesem Kapitel werden nur die ersten vier Instrumente erläutert, weil das Verbesserungsmanagement im Kapitel 3 und die Personalentwicklung im Kapitel 6 behandelt werden.

2.2 Grundlagen

2.2.1 Managementbegriff

Der *Managementbegriff* wird wie kaum ein anderer Fachterminus strapaziert und steht, wie die Begriffe System oder Organisation, für alles Mögliche. Er wird mit institutionellem und mit funktionellem Bezug verwendet.

1. Institutioneller Bezug: In Unternehmen ist ein Management vorhanden, ein Personenkreis, dessen Mitglieder als Manager bezeichnet werden.
2. Funktioneller Bezug: Unternehmen werden »gemanagt«, womit die meisten meinen, dass sie geführt werden.

Wir verwenden hier überwiegend den funktionellen Managementbegriff und verstehen unter Management den effektiven und effizienten Einsatz von Ressourcen zum Erzielen geplanter Ergebnisse. Gute Manager sind solche Personen, die dabei hohe Wirksamkeiten erzielen. Managen ist danach mehr als Personalführung, aber diese ist ein wichtiger Teil des Managens.

2.2.2 Entwicklung der Managementlehre

Scientific Management

Die wesentlichen Inhalte der heutigen *Managementlehre* entwickelten sich in den letzten hundert Jahren, getrieben durch sich im Zeitverlauf ändernde Problemstellungen in den Unternehmen. Das erste weltweit bekannte Konzept einer Managementlehre wurde von dem Amerikaner Frederick Winslow Taylor (1856–1915) mit seinem Scientific Management (wissenschaftliche Betriebsführung)[1] vorgelegt. Taylor war Ingenieur und wollte methodische Hilfen[2] für Fragen zur Arbeitsorganisation und technischen Rationalisierung geben. Die wichtigsten Probleme waren zu dieser Zeit die organisatorische Beherrschung immer größerer Fabriken, die Gestaltung des Zusammenwirkens von Menschen und Betriebsmitteln oder die Rationalisierung von Fertigungsprozessen. Eine heute oft vergessene Rahmenbedingung war, dass auf der operativen Ebene nach heutigen Maßstäben überwiegend gering qualifizierte Personen zur Verfügung standen. Heute dominante Themen wie z. B. Marketing, Qualitätsmanagement, Wertschöpfungssteigerung oder Informationsverarbeitung spielten in Taylors Arbeitswelt keine Rolle.

1 Taylor, F. W.: Principles of Scientific Management, 1911. Ins Deutsche übersetzt von Roeseler, R.: Die Grundsätze wissenschaftlicher Betriebsführung. München: Oldenbourg, 1913. Neu herausgegeben und eingeleitet von Bungard, W.; Volpert, W.: Die Grundsätze wissenschaftlicher Betriebsführung. Weinheim, Basel: Beltz, 1977.

2 Der Begriff »scientific« wurde von Taylor nicht im Sinne von »wissenschaftlich«, sondern von »systematisch, methodisch« verwendet.

Management by … -Prinzipien

Ab Mitte des vergangenen Jahrhunderts gewannen der Dienstleistungssektor, der Warenabsatz und das Informationsmanagement an Bedeutung, und es waren zunehmend akquirierte Unternehmen zu integrieren. Damit entstand ein starkes Interesse am Management indirekter und administrativer Bereiche, wie Instandhaltung, Service, Personalwesen, Beschaffung und Controlling. In dieser Zeit wurden die vielen populären »Management by … -Prinzipien«[3] kreiert, aus heutiger Sicht mehr oder weniger nützliche »Tipps und Tricks«, ähnlich dem »Best-Practice-Prinzip«. Das Management interessierte sich in dieser Phase primär für aufbauorganisatorische und kaum für prozessuale Sachverhalte.[4]

In den letzten 20 Jahren mussten immer mehr Unternehmen Problemlösungen zu ihren internationalen Engagements finden. Dabei ging es z. B. um das Eingehen strategischer Allianzen, die Erhöhung von Markteintrittsgeschwindigkeiten (Time to Market), das Zusammenwirken mit anderen Unternehmen im Rahmen organisationaler Netzwerke, den Rückzug aus unattraktiven Geschäftsfeldern oder die Verlagerung von Produktionen über Ländergrenzen hinweg. Einem grassierenden »Auditierungstrend« folgend wurde auch vorgeschlagen, die Unternehmensführung auf den Prüfstand zu stellen, also Managementaudits durchzuführen.[5] Praktische Bedeutung hat das bisher nicht erlangt. Seit den 1990er-Jahren fokussiert sich das Management bei organisatorischen Fragestellungen stark auf prozessuale Sachverhalte.

Best-Practice-Prinzip

In den 1980er-Jahren kam das Best-Practice-Prinzip in Mode, ohne seinen Anwendern allzu nachhaltige Erfolge zu bescheren. Vermutlich deshalb, weil Best-Practice-Fälle als Kopiervorlagen missverstanden wurden, wozu die Versuchung zugegebenermaßen auch groß ist. Davor ist zu warnen und man sollte sich vergegenwärtigen, dass von den über 40 Unternehmen, die Peters und Waterman in ihrem Bestseller aus dem Jahre 1982[6] als »Best-Run Companies« herausstellten, heute die meisten nicht mehr existieren. Von den Besten zu lernen ist dennoch richtig, wenn man Best Practices als prüfenswerte Handlungsgrundsätze erfolgreicher Unternehmen in bestimmten Situationen, also als Ideenstimulatoren interpretiert.[7]

2.3 Managementgrundsätze, Führungsgrundsätze und Managementfunktionen

2.3.1 Managementgrundsätze

Managementgrundsätze

Es besteht keine Einigkeit darüber, welche Prinzipien am ehesten zu hohen Wirksamkeiten führen und inwieweit Managementgrundsätze, -funktionen und -instrumente transferierbar und interkulturell gültig seien. Malik[8] empfiehlt z. B. fünf *Managementgrundsätze* (Handlungsprinzipien)[9]:

3 Beispielsweise Management by Delegation (Abgrenzen von Aufgaben, Kompetenzen, Verantwortungen), Management by Exceptions (Eingreifen nur im definierten Ausnahmefall), Management by Objectives (Führen durch Zielvereinbarung), Management by Participation (Mitarbeiterbeteiligung an sie betreffende Zielentscheidungen).

4 Ein Kennzeichen dafür war die zu dieser Zeit populäre Gemeinkosten-Wertanalyse, die mehr zu Diskussionen als zu nachhaltigen Wirkungen führte.

5 Vgl. z. B. Wübbelmann, K.: Management Audit. Unternehmenskontext, Teams und Managerleistung systematisch analysieren. Wiesbaden: Gabler, 2001.

6 Peters, T. J.; Waterman, R. H.: In Search of Excellence. Lessons from America's best-Run Companies. New York: Harpers & Row, 1982.

7 Vgl. Jahns, C.: 12 Grundsätze erfolgreichen Managements – Orientierung an Best Practices. In: Jahns, C.; Hein, G. (Hrsg.): Handbuch Management. Mit Best Practice zum Managementerfolg. Stuttgart: Schäffer-Poeschel, 2003, S. 23–45.

8 Malik, F.: Führen, Leisten, Leben. Wirksames Management für eine neue Zeit. Frankfurt, New York: Campus, 2006.

9 Jahns empfiehlt z. B. zwölf Managementgrundsätze, die teilweise bereits Managementaufgaben enthalten: vgl. Jahns, C.: a. a. O., 2003, S. 33 f.

1. Wichtige Handlungen am Handlungserfolg messen, um ergebnisorientiert zu handeln.
2. Prüfen, ob wichtige Handlungen einen erkennbaren Beitrag zu einem übergelagerten Ganzen leisten.
3. Sich eher auf wenige wirksame Dinge konzentrieren, als sich mit Vielem zu befassen.
4. Eher die eigenen Stärken nutzen, als sich mit den eigenen Schwächen herumzuplagen.
5. Die Stärkung gegenseitigen Vertrauens zur Leitlinie jeden Handelns machen.

Diese Grundsätze wird nicht jeder uneingeschränkt, aber die meisten weitgehend akzeptieren und sie für vernünftig und praktikabel halten.

2.3.2 Führungsgrundsätze

Management ist nicht mit Führung gleichzusetzen, aber Führung ist ein wichtiger Bestandteil des Managens. Im Teil I, Abschnitt 3.3.2 wurde beim Wertesystem des Unternehmens zwischen den Wertekategorien der Unternehmensgrundsätze[10] und der Führungsgrundsätze[11] unterschieden. *Führungsgrundsätze* sollten primär durch das vertretene Menschenbild und die internen Strategien begründet sein. Ein Beispiel für Führungsgrundsätze ist Abbildung IV-2 zu entnehmen. Dort werden drei Kategorien von Grundsätzen unterschieden:

1. Authentizität und soziale Kompetenz

1.1 Vorbild sein und Grundwerte vorleben, in Verhalten und fachlicher Leistung Vorbild sein.
1.2 Persönlichkeit achten und Motivation verstehen, die Persönlichkeit und die Motivationen der Mitarbeiter verstehen und berücksichtigen.
1.3 Für Neues aufgeschlossen sein und Chancen erkennen, bei Verbesserungsprozessen die dazu erforderlichen Schritte und Maßnahmen aktiv unterstützen.
1.4 Interessenausgleich, Konsense und Kompromisse finden, Unternehmens- und Mitarbeiterinteressen in Einklang zu bringen.
1.5 Entscheidungen treffen und Verantwortung übernehmen, Mut zu vertretbarem Risiko haben und Entscheidungen begründen, so weit es dienlich ist.

2. Kommunikation und Personalentwicklung

2.1 Selbstentfaltung fördern und Eigenverantwortung stärken, Mitarbeiter gezielt selbständig handeln und entscheiden lassen.
2.2 Richtig informieren und mit Klarheit überzeugen, rechtzeitig und der Situation entsprechend informieren.
2.3 Informationsaustausch fördern und Partnerschaft aufbauen, im eigenen Mitarbeiterkreis zielorientiert Informationen austauschen, zwischen und auf die Berichtsebenen reflektieren.
2.4 Personalentwicklung fördern, Mitarbeiterpotenziale erkennen, Entwicklungsprofile erarbeiten, Qualifizierung fördern und begleiten.
2.5 Fürsorgepflicht wahrnehmen und persönlich unterstützen, persönliche Unterstützung und Hilfe zuteil werden lassen.

3. Zielmanagement

3.1 Den Mitarbeitern die Ziele und Werte des Unternehmens vermitteln und darauf aufbauend eigene klare und angemessene Ziele vereinbaren.
3.2 Aufgabenerfüllung kontrollieren und Zielerreichung unterstützen.
3.3 Faire Leistungs-/Verhaltensbeurteilung geben und sich mit Stärken/Schwächen auseinandersetzen, Gesamtleistung der Mitarbeiter in kürzeren Zeitabständen und bei Sondersituationen beurteilen.
3.4 Gute Leistungen anerkennen, Unzulänglichkeiten konstruktiv kritisieren, gegen Missstände vorgehen.

Abbildung IV-2 Beispiel für Führungsgrundsätze

10 Unternehmensgrundsätze richten sich an alle Adressatengruppen und drücken das Selbstverständnis eines Unternehmens aus.
11 Führungsgrundsätze richten sich an die Adressatengruppe der Mitarbeiter. Darin wird dargelegt, wie man miteinander umgehen und zielgerichtet zusammenarbeiten will.

1. Authentizität und soziale Kompetenz: Das steht insbesondere für Vorbild sein, Glaubhaftigkeit und Aufgeschlossenheit leben und ausgleichend wirken.
2. Kommunikation und Personalentwicklung: Hierunter fallen die horizontale und vertikale Informationsversorgung und die fachliche und menschliche Betreuung der Unterstellten.
3. Zielmanagement: Das umfasst alle Aspekte der Förderung anvertrauter Personen hin zu notwendigen Ergebnissen.

Falls das nicht bereits an anderer Stelle erfolgt ist, sollten die Führungsgrundsätze als Unterstützungswerkzeug zum Element »Werkstattmanagement« im Produktionssystem enthalten sein.

2.3.3 Managementfunktionen

Managementfunktionen

Darüber, worin Managen besteht, gehen die Auffassungen auseinander, so dass es verschiedene Vorschläge zu den Kernfunktionen des Managements gibt. Wübbelmann schlägt z. B. vor, die Abbildung IV-3 zu entnehmenden acht *Managementfunktionen* in Management-Context-Audits, also bei Wirksamkeitsprüfungen zum Management zu betrachten. Malik unterscheidet zwischen fünf Managementfunktionen und zudem noch zwischen sieben Managementinstrumenten[12], die teilweise Aspekte der vorstehend angeführten Managementfunktionen enthalten.

	acht Managementfunktionen nach Wübbelmann	fünf Managementfunktionen nach Malik
sachorientierte Aspekte	1. Zielsetzungen und Zielverpflichtungen entwickeln	1. Ziele schaffen
	2. Feedback zu Leistungen und Verhalten geben	2. Organisieren
	3. Leistungen und Verhalten beurteilen und belohnen	3. Entscheiden
	4. Entscheiden	4. Kontrollieren
personenorientierte Aspekte	5. Mitarbeiter informieren und kommunizieren	5. Menschen fördern
	6. Konflikte lösen	
	7. Führungsleitbilder und -grundsätze entwickeln und anwenden	
	8. für eine strategisch begründete Unternehmenskultur sorgen	

Abbildung IV-3 Konzepte von Managementfunktionen[13]

Beide Vorschläge unterscheiden sich mehr formal als inhaltlich. Die Managementfunktionen nach Wübbelmann stehen für: »All das hat das Management zu tun.«, die nach Malik für: »Das hat das Management im eigenen Beritt zu tun.« Welche Managementfunktionen man auch für relevant hält: Sie sind, anders als die konkreten Managementaufgaben, in jedem Unternehmen gleich, und sie stehen in keinem kulturellen Kontext.

1. Jedes Unternehmen benötigt z. B. ein Zielmanagement oder eine Personalentwicklung. Verschieden sind von Unternehmen zu Unternehmen aber nicht nur die dazu geltenden Ziele oder das verfügbare Personal. Verschieden sind auch die Anforderungen, die man an das Zielmanagement oder die Personalentwicklung stellt.

12 Das sind: Sitzungen, Berichte, Job Design Assignment Control, Persönliche Arbeitsmethodik, Budget und Budgetierung, Leistungsbeurteilung, Systematische Müllabfuhr.
13 Wübbelmann, K.: a. a. O., 2001; Malik, F.: a. a. O., 2006.

2. Bei den Managementfunktionen gibt es keine interkulturellen Unterschiede. Interkulturell verschieden sind aber z. B. Umgangsformen, Leidensbereitschaft gegenüber Dilettantismus, religiös begründete Gepflogenheiten, Toleranzbereitschaft oder soziale Normen.

Managementaufgaben

Wir haben Management interpretiert als zielgerichtetes Handeln, um Ressourcen zum Erzielen beabsichtigter Ergebnisse wirksam einzusetzen. Management wird nach diesem Verständnis auf allen Unternehmensebenen betrieben, in komplexen Systemen (z. B. durch einen Betriebsleiter) und weniger komplexen Systeme (z. B. durch einen Anlagenführer mit zwei Helfern). Wir setzen uns hier mit dem Management von Arbeitssystemen in Produktionsbetrieben auseinander und haben deshalb als Überschrift für dieses Kapitel »Werkstattmanagement« gewählt. In den folgenden Abschnitten wird stark beispielorientiert gezeigt, welche *Managementaufgaben* beim Produktivitätsmanagement von Arbeitssystemen zu erfüllen sind und welcher Unterstützungsinstrumente man sich dabei bedient.

2.4 Managementhandlungen

2.4.1 Vorgehen

Aus den vorstehend angeführten Managementgrundsätzen und -funktionen sowie den Führungsgrundsätzen sind Managementaufgaben zu begründen. Unternehmen, in denen dazu ähnliche Auffassungen vertreten werden, gelangen auch zu ähnlichen Managementaufgaben.

Produktionssystem

Managementaufgaben und Regelungen von Leitungsspannen könnte man, dem in Abbildung IV-1 angeführten Konzept folgend, als Standards in das Produktionssystem aufnehmen. Dazu sind vier Entwicklungsschritte notwendig:

1. Stellentypen[14] formulieren: Werkstattmanagement findet auf verschiedenen hierarchischen Ebenen statt, z. B. auf der Meisterebene. Diese Ebenen sind zuerst zu formulieren, indem dazu Stellentypen festgelegt werden.
2. Aufgaben inventarisieren: Begründet durch die internen Strategien und die Führungsgrundsätze werden die (Werkstatt-)Managementaufgaben erfasst.
3. Aufgaben auf die Stellentypen verteilen: Die inventarisierten Werkstattmanagement-Aufgaben werden auf die Stellentypen verteilt, wie es im Teil II, Abschnitt 3.3.6 bei der Aufgabenverteilung erläutert wurde.
4. Leitungsspannen-Standards entwickeln: Die Managementaufgaben werden durch Zeitbedarfs- und Häufigkeitsfestlegungen ergänzt, um Leitungsspannen zu berechnen.

2.4.2 Stellentypen beim Werkstattmanagement

Fünf Managementstellentypen

Bei unserem Beispiel werden fünf Ebenen[15] des Werkstattmanagements (Shopfloor Management) und damit fünf *Managementstellentypen* unterschieden:

1. Bereichsleitung (BL): Leitet einen geschlossenen technischen Bereich (Werkstatt), z. B. die mechanische Bearbeitung, die Montage, die Betriebstechnik.

---

14 Stellentypen sind Kategorien von Planstellen, deren Gemeinsamkeit darin liegt, dass sie die gleichen Aufgaben zu erfüllen haben.
15 Zwischen der BL-, ME-, SL- und AF-Ebene bestehen hierarchische Beziehungen, zwischen der AF- und der ER-Ebene dagegen nicht.

2. Meister (ME): Leitet eine Abteilung (z. B. Betriebsmittelinstandhaltung) in einem Bereich (z. B. Betriebstechnik) und ist dem Bereichsleiter direkt unterstellt.
3. Schichtleiter (SL): Vertritt den Meister bei Abwesenheit und ist für das operative Management in einem Abteilungsteil zuständig, z. B. einer Gruppe.
4. Anlagenführer (AF): Führt ein Betriebsmittel, bei dem er andere Personen zielgerichtet einzusetzen hat.
5. Einrichter (ER): Rüstet Betriebsmittel ein und unterstützt beim Beseitigen von Störungen, hat jedoch keine Weisungsbefugnisse.[16]

Im Beispiel gibt es nur diese fünf Stellentypen. Nicht jeder Stellentyp kommt in jedem Bereich vor, z. B. im Werkzeugbau keine Anlagenführer und Einrichter. Die einem Stellentyp zugeordneten Planstellen (z. B. die Schichtleiterstellen) unterscheiden sich nicht in den Managementaufgaben, haben im Allgemeinen jedoch unterschiedliche Fachaufgaben zu erfüllen.

2.4.3 Aufgaben des Werkstattmanagements

Standardisierung der Werkstattmanagement-Aufgaben

Die *Aufgaben des Werkstattmanagements* werden aus der internen Strategie und den Führungsgrundsätzen generiert und aus drei Gründen standardisiert:

1. Begründet man Managementaufgaben mit Hilfe von Führungsgrundsätzen, steigt die Chance, dass sich die Führungsgrundsätze in praktischem Handeln niederschlagen.
2. Wenn man standardisierte Instrumente anwendet (z. B. Zielmanagement, Regelkommunikation), müssen alle einem Stellentyp zugehörigen Werkstattmanager vergleichbar handeln, also gleiche Aufgaben erfüllen.
3. Die Werkstattmanager müssen sich auf verbindliche Sachanforderungen (= Aufgaben) stützen, also wissen, was man von ihnen erwartet und nicht darüber rätseln, was sich hinter »engagierter Führung« oder anderen Worthülsen verbergen könnte.

Hauptaufgaben

Im vorliegenden Beispiel werden folgende Hauptaufgaben unterschieden (vgl. Abbildung IV-4):

1. Führungsaufgaben: Menschen zielgerichtet leiten und fördern
   - Vereinbarungen vornehmen
   - Mitarbeiter anweisen und kontrollieren
   - Mitarbeiter fördern
2. Administrationsaufgaben: Menschen und Sachen planen, gestalten, einsetzen, verwalten
   - 2.1 Personale Administrationsaufgaben
     - mehrere, keine bestimmte Person betreffend
     - eine bestimmte Person betreffend
   - 2.2 Sachbezogene Administrationsaufgaben
     - Administration im engeren Sinne
     - Administration im weiteren Sinne, insbesondere Koordination und Kommunikation
   - 2.3 Verbesserungen
3. Engineering-Aufgaben: über tagesgeschäftliche Aspekte hinausgehende technische Fragen bearbeiten
   - allgemeine Engineering-Aufgaben
   - Engineering-Aufgaben beim Serienanlauf

16 Deshalb ist strittig, ob das ein Managementstellentyp ist.

Abbildung IV-4 sind die Managementaufgaben für die zuvor definierten Stellentypen zu entnehmen. Sie gelten für alle einem Stellentyp zugehörigen Planstellen.

		Management-Stellentypen				
		BL	ME	SL	AF	ER
1	**Führungsaufgaben**					
11	**Vereinbarungen vornehmen**					
111	periodische Kennzahlen besprechen, daraufhin Maßnahmen vereinbaren	X	X			
112	Qualifikationsstände der Mitarbeiter analysieren und Maßnahmen vereinbaren		X	(T)		
113	Zielvereinbarungen aus der Unternehmensstrategie oder aktuellen Problemlagen ableiten und vornehmen	X				
114	im Zusammenhang mit der Leistungsbeurteilung Fördergespräche führen, Fortschritte und Ergebnisse begleiten	X	X	X	(T)	
115	Arbeitsergebnisse besprechen inkl. Zeitverbräuche und Gutstückzahlen, Maßnahmen vereinbaren		(T)	X		
12	**Mitarbeiter anweisen und kontrollieren**					
121	laufende Arbeitsverteilung an Mitarbeiter durchführen, Arbeiten zuweisen unter Beachtung des Job-Rotationsprinzips		(T)	X		(V)
122	Einhalten von Terminen und Lieferstückzahl/Auftrag überwachen			X		
123	Eskalationen um Terminprobleme lösen		X			
124	untertägig Personaleinsatzsteuerung aufgrund der aktuellen Auftragssituation durchführen			X		
125	Rückkehrgespräche (Gesundheitsgespräche) führen		X	(T)		
126	Einhalten von Vorschriften (z. B. Arbeitsanweisungen, Prüfanweisungen, Arbeitsschutzbestimmungen) überwachen	X	X	X	X	X
127	Einhalten der betrieblichen Arbeitszeiten und Pausen überwachen			X		
128	zu Ordnung und Sauberkeit am Arbeitsplatz und pfleglichem Umgang mit den Betriebsmitteln anleiten und kontrollieren		(T)	X	X	X
129	Leasingkräfte und neue Mitarbeiter einarbeiten			X	X	
13	**Mitarbeiter fördern**					
131	permanent das Entstehen von Konflikten erkennen und lösen	X	X	X	X	
132	Erwartungen und aktuelle Probleme der Mitarbeiter besprechen	X	X	X	X	
133	neue Mitarbeiter, insbesondere bei Serienanläufen, in ihre Aufgaben einweisen, trainieren und Wirksamkeit kontrollieren		(T)	X	X	X
134	Unterweisungsunterlagen dokumentieren		X			
135	Mitarbeiter zur Einhaltung von Vorschriften unterweisen und das dokumentieren			X		
136	Mitarbeiter zu zweckmäßiger Nutzung der Prozesse und Einrichtungen anregen			X		(T)
137	Einarbeitungs- und Ausbildungspläne erstellen, aktualisieren		X			
138	Azubis und Praktikanten betreuen		X	X		
2	**Administrationsaufgaben**					
21	**personale Administrationsaufgaben**					
223.04	Verbesserungsvorschläge bearbeiten, weiterleiten (Bewertungskommission) und später die Umsetzung unterstützen	(T)	X			
223.05	Fehler, Beschwerden, Reklamationen unter Einbeziehung der QS bearbeiten, in Abstellmaßnahmen umsetzen	(T)	X			
223.06	Ermittlung von Mehr-/Nacharbeit sowie dazu vorzusehende Abstellmaßnahmen initiieren und verfolgen	X	X			
3	**Engineeringaufgaben**					
31	**allgemeine Engineeringaufgaben**					
311	Arbeitspapiere (insb. Stücklisten und Arbeitspläne) auf Vollständigkeit und Aktualität prüfen		(T)	X	X	
312	Fertigungs-Betriebsmittel, je nach Art, bei PM, EK, WB oder TD anfordern, Einsatzeignung prüfen und Einsatz begleiten		X			
313	Reparaturen, je nach Art, bei WB oder TD anfordern, deren Durchführung ggf. koordinieren und Ergebnis kontrollieren			X	X	
314	mit TD Wartungspläne für Betriebsmittel erstellen, implementieren und deren Durchführung überwachen		X			
315	mit WB Wartungspläne für Werkzeuge erstellen, implementieren und deren Ausführung kontrollieren		X			
316	mit LG deren Produktionspläne abstimmen und den Vorlauf verabschieden		X			
32	**Engineeringaufgaben beim Serienanlauf**					
321	vor SOP neue Prozesse mit den übergebenden Bereichen erproben, Ineffizienzen und Prozessunfähigkeiten ermitteln		X			
322	Personalbedarf berechnen, bei PE anfordern und bereitstellen	X	(T)			
323	übergebende Bereiche beim Abstellen der Mängel unterstützen, danach die Prozessverantwortung übernehmen	X	(T)			
324	übergebene Unterlagen auf Vollständigkeit und Richtigkeit prüfen und ggf. Korrekturen aufgeben		X			
325	nach SOP Planabweichungen erfassen und an Controlling zur Kostenstellenentlastung und Projektbelastung leiten	X				

x aktiv, d. h. ausführen, dafür zuständig sein
(T), (V) passiv, d. h. (T) = daran teilnehmen; (V) in Vertretung erfüllen

Abbildung IV-4 Beispiel für standardisierte Werkstattmanagement-Aufgaben und deren Verteilung auf Stellentypen (Ausschnitt)

2.4.4 Verteilung der Managementaufgaben auf die Stellentypen

Nun werden den Stellentypen die zu erfüllenden Managementaufgaben zugeordnet, um sicherzustellen, dass es keine Überschneidungen gibt. Dazu wird geprüft, ob Widersprüche bestehen zu den

- Führungsgrundsätzen oder den
- internen Strategien, z. B. zur Produktions-, Organisations-, Logistikstrategie.

Schichtleiter: Standardisierte Führungs-, Administrations- und Engineeringaufgaben und Kalkulation der Leitungsspanne		Personenzahl-unabhängig	Personenzahl-abhängig
1	**Führungsaufgaben**		
11	**Vereinbarungen vornehmen**		
112	Qualifikationsstände der Mitarbeiter analysieren und Maßnahmen vereinbaren		h
114	im Zusammenhang mit der Leistungsbeurteilung Fördergespräche führen, Fortschritte und Ergebnisse begleiten		h
115	Arbeitsergebnisse besprechen inkl. Zeitverbräuche und Gutstückzahlen, Maßnahmen vereinbaren		t
12	**Mitarbeiter anweisen und kontrollieren**		
121	laufende Arbeitsverteilung an Mitarbeiter durchführen, Arbeiten zuweisen unter Beachtung des Job-Rotationsprinzips	t	
122	Einhalten von Terminen und Lieferstückzahl/Auftrag überwachen	t	
124	untertägig Personaleinsatzsteuerung aufgrund der aktuellen Auftragssituation durchführen		t
125	Rückkehrgespräche (Gesundheitsgespräche) führen		f
126	Einhalten von Vorschriften (z. B. Arbeitsanweisungen, Prüfanweisungen, Arbeitsschutzbestimmungen) überwachen	f	
127	Einhalten der betrieblichen Arbeitszeiten und Pausen überwachen [bei Nr. 115 mit erfüllen]		w
128	zu Ordnung und Sauberkeit am Arbeitsplatz und pfleglichem Umgang mit den Betriebsmitteln anleiten und kontrollieren		w
129	Leasingkräfte und neue Mitarbeiter einarbeiten	f	
13	**Mitarbeiter fördern**		
131	permanent das Entstehen von Konflikten erkennen und lösen	f	
132	Erwartungen und aktuelle Probleme der Mitarbeiter besprechen		w
133	neue Mitarbeiter, insbesondere bei Serienanläufen, in ihre Aufgaben einweisen, trainieren, Wirksamkeit kontrollieren		f
135	Mitarbeiter zur Einhaltung von Vorschriften unterweisen und das dokumentieren		q
136	Mitarbeiter zu zweckmäßiger Nutzung der Prozesse und Einrichtungen anregen [bei Nr. 115 mit erfüllen]		q
138	Azubis und Praktikanten betreuen	f	
2	**Administrationsaufgaben**		
21	**personale Administrationsaufgaben**		
211.03	aus dem Produktionsplan die Schichtpläne ableiten	w	
211.06	Anwesenheitserfassung durchführen	t	
211.07	Überstundenplanung erstellen, Zeitkonten kontrollieren, Abbauszenarien erstellen und umsetzen		t
211.09	neue Anweisungen/Vorschriften/Top-down-Vorgaben der nächsten hierarchischen Ebene erläutern	f	
211.10	Vorgesetzte periodisch über aktuelle Anliegen, Probleme und Erwartungen der operativen Mitarbeiter informieren	m	
211.11	Arbeitsunfälle aufnehmen, Bericht erstellen und an UA weiterleiten	f	
212.01	bei Einstellungs- und Entlassungsgesprächen unter fachlichen Aspekten bei der Auswahl mitwirken	f	
22	**sachbezogene Administrationsaufgaben**		
221	Administration im engeren Sinne		
221.02	Controlling zu CIS-Sachverhalten durchführen	m	
221.03	Störungsarten und Störungszeitanfall sowie Rüstzeiten erfassen	t	
221.04	Störungs- und Rüstzeiten monatlich aufbereiten und auswerten	m	
221.05	Maßnahmen zur Störungs- und Rüstzeitreduzierung einleiten	m	
221.06	Schichtbericht erstellen, verteilen und archivieren lassen	t	
222	Administration im weiteren Sinne (insb. Koordination und Kommunikation)		
222.02	arbeitsorganisatorische Regelungen (z. B. Ablösungen, Springer, Job-Rotation) umsetzen, praktizieren		h
222.04	die Erfüllung von Umweltschutz-Vorschriften überwachen, Verstöße identifizieren und Abstellung anweisen	m	
223	Verbesserungen		
223.01	Prozesse im Zuständigkeitsbereich verbessern, stabilisieren, Ergebnisse visualisieren	m	
223.02	Werkerselbstprüfung fördern		m
3	**Engineeringaufgaben**		
31	**allgemeine Engineeringaufgaben**		
311	Arbeitspapiere (insb. Stücklisten und Arbeitspläne) auf Vollständigkeit und Aktualität prüfen	w	
313	Reparaturen, je nach Art, bei WB oder TD anfordern, deren Durchführung koordinieren und Ergebnis kontrollieren	w	

h = halbjährlich; **q** = quartalsweise; **m** = monatlich; **w** = wöchentlich; **t** = täglich; **f** = fallweise

Abbildung IV-5 Beispiel (Schichtleiter) zur Standardisierung der Managementaufgaben für einen Stellentyp

Verteilung von Werkstattmanagement-Aufgaben auf Managementstellentypen

Die *Verteilung von Werkstattmanagement-Aufgaben* auf die Managementstellentypen ist Abbildung IV-4 (fünf Spalten rechts) zu entnehmen. Nicht alle Aufgaben werden nur einem Stellentyp, z. B. Meister oder Schichtleiter, zugewiesen. Es gibt Aufgaben, z. B. »132 Erwartungen und aktuelle Probleme der Mitarbeiter besprechen«, die in mehreren Stellentypen zu erfüllen sind. Teilweise haben Schichtleiter und Meister gleiche Aufgaben zu erfüllen, weil einige Meister-Aufgaben in der Spät- und Nachtschicht durch die Schichtleiter zu erfüllen sind. Der Aufgabenverteilung ist zu entnehmen, dass in solchen Fällen unterschiedliche Intensitäten gefordert sind. Die Managementaufgaben sind für alle einem Stellentyp zugehörigen Planstellen gleich. Die fachlichen Aufgaben unterscheiden sich dagegen zwischen den einem Stellentyp zugeordneten Planstellen, z. B. zwischen einem Meister im Prototypenbau und in der Spritzgießerei.

Abbildung IV-5 sind die dem Stellentyp »Schichtleiter« zugeordneten Aufgaben zu entnehmen. Dort wird angegeben, wie häufig diese Aufgaben zu erfüllen sind (z. B. monatlich oder täglich) und ob der Zeitaufwand von der zu führenden Personenzahl abhängig ist oder nicht. Diese Informationen werden im folgenden Schritt benötigt, wenn die Leitungsspannen berechnet werden. Von einer Stellenbeschreibung unterscheidet sich der in Abbildung IV-5 ausgewiesene Standard dadurch, dass hier keine Fachaufgaben angeführt werden.

2.4.5 Ermittlung von Leitungsspannen

Leitungsspanne

Als *Leitungsspanne* wird die Anzahl der einer Instanz (= Vorgesetztenstelle) direkt unterstellten Personen bezeichnet. Wenn die Leitungsspannen festgelegt sind, hat man auch die Anzahl benötigter Planstellen je Stellentyp (z. B. Schichtleiterstellen) bestimmt. Es handelt sich bei der Berechnung von Leitungsspannen also um eine Methode der Personalbemessung. Dabei wird auf die in der vorhergehenden Abbildung angeführten Managementaufgaben zurückgegriffen. Für das Leitungsspannenkalkül werden dieser Darstellung drei Rechenspalten am rechten Tabellenrand und vier Rechenzeilen am Fuß der Tabelle hinzugefügt.

Leitungsspannenkalkulation

In Abbildung IV-6 wird die *Leitungsspannenkalkulation* anhand eines Beispiels gezeigt.

1. In Spalte [1] ist eingetragen, ob der Zeitaufwand primär von der Anzahl unterstellter Personen abhängt und wann die betreffende Aufgabe zu erfüllen ist. Z. B. fällt Aufgabe »114« alle halbe Jahre, Aufgabe »128« wöchentlich an.
2. Bei Spalte [2], links, ist der vorgesehene Zeitaufwand bei den personenzahlabhängigen Aufgaben pro Person eingetragen. So ist z. B. für Aufgabe »114« pro Person halbjährlich ein einstündiges Fördergespräch vorgesehen. Dem Bezugszeitraum »Halbjahr« entspricht die rechts eingetragene Häufigkeit 0,17 (-mal pro Monat). Die personenzahlunabhängige Aufgabe »126« tritt fallweise auf. Die Häufigkeit 4,2-mal pro Monat (rechte Spalte) bedeutet, dass sie im Mittel einmal wöchentlich, in etwa ½ Stunde (linke Spalte) zu erfüllen ist.
3. In Spalte [3], links, werden alle von der Personenzahl unabhängigen Zeitaufwendungen pro Monat als Produkt aus den beiden Werten in Spalte [2] ermittelt, z. B. bei Aufgabe »126« aus $0{,}5 \cdot 4{,}2 = 2{,}1$ Std./Monat. Unter »Stunden pro Mitarbeiter« wird ebenfalls das Produkt aus den beiden Werten der Spalte [2] gebildet, z. B. bei Aufgabe »114« aus $1 \cdot 0{,}17 = 0{,}17$ Std./Mitarbeiter.
4. Abschließend werden die Zahlen in Spalte [3] summiert. 44,49 Stunden ist der monatliche Zeitbedarf für Managementaufgaben, unabhängig von der Anzahl unterstellter Personen. Zudem fallen pro unterstellte Person monatlich 2,55 Stunden an. Bei 10 unterstellten Personen wird dann ein Zeitaufwand von 44,5 Std. + $10 \cdot 2{,}55$ Std. = 70 Stunden für das Erfüllen von Managementaufgaben geplant.

Schichtleiter: Managementaufgaben und Kalkulation der Leitungsspanne		[1] Personenzahl- unab- hängig	[1] Personenzahl- ab- hängig	[2] Aufgaben- zeit in Stunden	[2] Aufgaben- häufigk./ Monat	[3] Std. pro Monat fix	[3] Std. pro Monat je Mit- arbeiter
1	Führungsaufgaben						
11	Vereinbarungen vornehmen						
112	Qualifikationsstände der Mitarbeiter analysieren und Maßnahmen vereinbaren		h	0,25	0,17		0,04
114	im Zusammenhang mit der Leistungsbeurteilung Fördergespräche führen, Fortschritte und Ergebnisse begleiten		h	1,00	0,17		0,17
115	Arbeitsergebnisse besprechen inkl. Zeitverbräuche und Gutstückzahlen, Maßnahmen vereinbaren		t	0,03	21,00		0,70
12	Mitarbeiter anweisen und kontrollieren						
121	laufende Arbeitsverteilung an Mitarbeiter durchführen, Arbeiten zuweisen unter Beachtung des Job-Rotationsprinzips	t		0,50	21,00	10,50	
122	Einhalten von Terminen und Lieferstückzahl/Auftrag überwachen	t		0,17	21,00	3,50	
124	untertägig Personaleinsatzsteuerung aufgrund der aktuellen Auftragssituation durchführen		t	0,02	21,00		0,42
125	Rückkehrgespräche (Gesundheitsgespräche) führen		f	0,13	0,20		0,03
126	Einhalten von Vorschriften (z. B. Arbeitsanweisungen, Prüfanweisungen, Arbeitsschutzbestimmungen) überwachen	f		0,50	4,20	2,10	
127	Einhalten der betrieblichen Arbeitszeiten und Pausen überwachen [bei Nr. 115 mit erfüllen]		w	0,03	4,20		0,13
128	zu Ordnung und Sauberkeit am Arbeitsplatz und pfleglichem Umgang mit Betriebsmitteln anleiten und kontrollieren		w	0,03	4,20		0,13
129	Leasingkräfte und neue Mitarbeiter einarbeiten	f		2,00	4,20	8,40	
13	Mitarbeiter fördern						
131	permanent das Entstehen von Konflikten erkennen und Konflikte lösen	f		1,00	1,00	1,00	
132	Erwartungen und aktuelle Probleme der Mitarbeiter besprechen		w	0,08	0,24		0,02
133	neue Mitarbeiter, insbesondere bei Serienanläufen, in ihre Aufgaben einweisen, trainieren, Wirksamkeit kontrollieren		f	0,50	0,20		0,10
135	Mitarbeiter zur Einhaltung von Vorschriften unterweisen und das dokumentieren		q	0,25	0,33		0,08
136	Mitarbeiter zu zweckmäßiger Nutzung der Prozesse und Einrichtungen anregen [bei Nr. 115 mit erfüllen]		q	0,25	0,33		0,08
138	Azubis und Praktikanten betreuen	f		2,00	1,00	2,00	
2	Administrationsaufgaben						
21	personale Administrationsaufgaben						
211.03	aus dem Produktionsplan die Schichtpläne ableiten	w		1,00	4,20	4,20	
211.06	Anwesenheitserfassung durchführen	t		0,03	21,00	0,63	
211.07	Überstundenplanung erstellen, Zeitkonten kontrollieren, Abbauszenarien erstellen und umsetzen		t	0,03	21,00		0,63
211.09	neue Anweisungen/Vorschriften/Top-down-Vorgaben der nächsten hierarchischen Ebene erläutern	f		1,00	1,00	1,00	
211.10	Vorgesetzte periodisch über aktuelle Anliegen, Probleme und Erwartungen der operativen Mitarbeiter informieren	m		1,00	1,00	1,00	
211.11	Arbeitsunfälle aufnehmen, Bericht erstellen und an UA weiterleiten	f		0,50	0,50	0,25	
212.01	bei Einstellungs- und Entlassungsgesprächen unter fachlichen Aspekten bei der Auswahl mitwirken	f		0,25	1,00	0,25	
22	sachbezogene Administrationsaufgaben						
221	Administration im engeren Sinne						
221.02	Controlling zu CIS-Sachverhalten durchführen	m		1,00	1,00	1,00	
221.03	Störungsarten und Störungszeitanfall sowie Rüstzeiten erfassen	t		0,16	21,00	3,36	
221.04	Störungs- und Rüstzeiten monatlich aufbereiten und auswerten	m		0,15	1,00	0,15	
221.05	Maßnahmen zur Störungs- und Rüstzeitreduzierung einleiten	m		0,08	1,00	0,50	
221.06	Schichtbericht erstellen, verteilen und archivieren lassen	t		0,05	21,00	1,05	
222	Administration im weiteren Sinne (insb. Koordination und Kommunikation)						
222.02	arbeitsorganisatorische Regelungen (z. B. Ablösungen, Springer, Job-Rotation) umsetzen, praktizieren		h	0,03	0,17		0,01
222.04	Erfüllung von Umweltschutz-Vorschriften überwachen, Verstöße identifizieren und Abstellung anweisen	m		0,50	1,00	0,50	
223	Verbesserungen						
223.01	Prozesse im Zuständigkeitsbereichs verbessern, stabilisieren, Ergebnisse visualisieren	m		1,00	1,00	1,00	
223.02	Werkerselbstprüfung fördern		m	0,02	1,00		0,02
3	Engineeringaufgaben						
31	allgemeine Engineeringaufgaben						
311	Arbeitspapiere (insb. Stücklisten und Arbeitspläne) auf Vollständigkeit und Aktualität prüfen	w		0,25	4,20	1,05	
313	Reparaturen, je nach Art, bei WB oder TD anfordern, deren Durchführung koordinieren und Ergebnis kontrollieren	w		0,25	4,20	1,05	
Summen						44,49	2,55
AZ/Monat - ohne Reservebedarf (z. B. wenn der TB krank, im Urlaub ist)						168	
Zeitbedarf für Fachaufgaben						75	
Leitungsspanne in Anzahl Personen						**19,0**	

h = halbjährlich; **q** = quartalsweise; **m** = monatlich; **w** = wöchentlich; **t** = täglich; **f** = fallweise

Abbildung IV-6 Beispiel (Schichtleiter) zur Kalkulation der Leitungsspanne für einen Stellentyp

Leitungsspannenformel

In den drei Fußzeilen der Tabelle wird die Leitungsspanne berechnet. Dazu werden die mittlere Brutto-Arbeitszeit pro Monat (hier: 168 Stunden) und der zum Erfüllen von Fachaufgaben budgetierte Zeitbedarf (»Nicht-Managementaufgaben«) eingetragen (hier: 75 Stunden). Die *Leitungsspannenformel* zur Ermittlung der Anzahl zu unterstellender Planstellen lautet:

$$LS = \frac{AZ - FZ - FIX}{VAR}$$

Darin sind:

LS Leitungsspanne in Personen (FTE)

AZ Regelarbeitszeit für den Planstelleninhaber in Stunden pro Monat

FZ Zeitbedarf für Fachaufgaben in Stunden pro Monat

FIX personenzahlunabhängiger, fixer Zeitbedarf in Stunden pro Monat

VAR Zeitbedarf pro unterstellte Person in Stunden pro Monat

Für das in Abbildung IV-6 angeführte Beispiel ergibt sich eine Leitungsspanne von (168 Std. – 75 Std. – 44,49 Std.) / 2,55 Std./Person = 19 Personen.

Um daraus einen Standard zum Produktionssystemelement »Werkstattmanagement« zu bilden, muss man diese Berechnung verallgemeinern. Dazu wurde für den Stellentyp »Schichtleiter« aus den vorstehend angeführten Daten eine Regressionsgleichung[17] abgeleitet (vgl. Abbildung IV-7). Die Variable beträgt 0,392 Stellen pro Fachaufgabenstunde, so dass sich z.B. bei FZ = 90 Stunden für Fachaufgaben 0,392 · 90 = 35,3 Stellen ergeben. Subtrahiert man diese von der Konstanten, ergibt

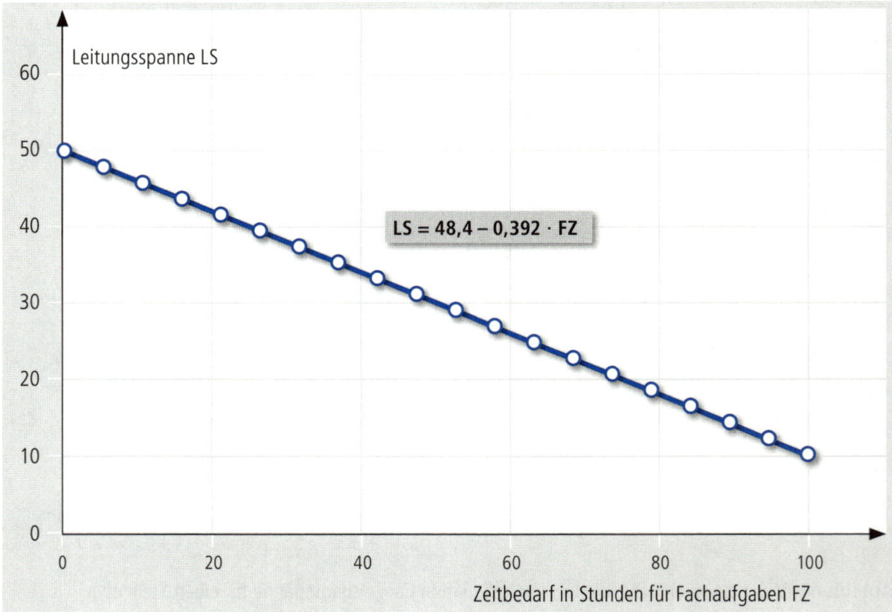

Abbildung IV-7 Beispiel (Schichtleiter) für einen Leitungsspannen-Standard

17 Zur Technik der Regressionsanalyse vgl. z.B. Bokranz, R.; Kasten, L.: Organisations-Management in Dienstleistung und Verwaltung, 4. Auflage. Wiesbaden: Gabler, 2003, S. 450f.

sich die Leitungsspanne LS = 48,4 – 35,3 = 13 Stellen (vgl. Abbildung IV-7). Mit diesem Regressionsgleichungs-Standard wären im vorliegenden Betrieb für alle Schichtleiter die Leitungsspannen zu bestimmen.

Leistungsspannenstandards werden z. B. benötigt, wenn die vorhandenen Leitungsspannen auf Zweckmäßigkeit zu überprüfen sind, weil man »eine flachere Hierarchie« und damit größere Leitungsspannen fordert. Bestünde z. B. der Wunsch, die Leitungsspanne bei den Schichtleitern auf 30 Personen zu erhöhen, könnte das auf zweierlei Weise erfolgen:

1. Die zu erfüllenden Fachaufgaben werden so weit reduziert, dass dafür statt derzeit 75 Stunden nur noch ca. 47 Stunden pro Monat aufzuwenden sind (vgl. Abbildung IV-7), oder

Aufgaben der Schichtleiter und die aufzuwendende Zeit in Stunden		
täglich		**Std./Tag**
115, 121, 126, 127, 128, 136	Arbeitsergebnisse besprechen inkl. Zeitverbräuche und Gutstückzahlen, Maßnahmen vereinbaren	2,5
	Einhalten von Vorschriften (z. B. Arbeitsanweisungen, Prüfanweisungen, Arbeitsschutzbestimmungen) überwachen	
	Einhalten der betrieblichen Arbeitszeiten und Pausen überwachen	
	zu Ordnung und Sauberkeit am Arbeitsplatz und pfleglichem Umgang mit den Betriebsmitteln anleiten und kontrollieren	
	Mitarbeiter zu zweckmäßiger Nutzung der Prozesse und Einrichtungen anregen	
	laufende Arbeitsverteilung an Mitarbeiter durchführen, Arbeiten zuweisen unter Beachtung des Job-Rotationsprinzips	
211.06	Anwesenheitserfassung durchführen	
124	untertägig Personaleinsatzsteuerung aufgrund der aktuellen Auftragssituation durchführen	
122	Einhalten von Terminen und Lieferstückzahl/Auftrag überwachen	
211.07	Überstundenplanung erstellen, Zeitkonten kontrollieren, Abbauszenarien erstellen und umsetzen	
221.03	Störungsarten und Störungszeitanfall sowie Rüstzeiten erfassen	
221.076	Schichtbericht erstellen, verteilen und archivieren lassen	
wöchentlich		**Std./Tag**
211.03	aus dem Produktionsplan die Schichtpläne ableiten	0,5
311	Arbeitspapiere (insb. Stücklisten und Arbeitspläne) auf Vollständigkeit und Aktualität prüfen	
313	Reparaturen, je nach Art, bei WB oder TD anfordern, deren Durchführung ggf. koordinieren und Ergebnis kontrollieren	
132	Erwartungen und aktuelle Probleme der Mitarbeiter besprechen	
monatlich		**Std./Tag**
211.10	Vorgesetzte periodisch über aktuelle Anliegen, Probleme und Erwartungen der operativen Mitarbeiter informieren (von Ebene zu Ebene)	0,2
221.02	Controlling zu CIS-Sachverhalten durchführen, die nach den vier hierarchischen Ansprechebenen unterschieden sind	
221.04	Störungs- und Rüstzeiten monatlich aufbereiten und auswerten	
221.05	Maßnahmen zur Störungs- und Rüstzeitreduzierung einleiten (Teilnahme)	
222.04	die Erfüllung von Umweltschutz-Vorschriften nach Arbeitsanweisungen überwachen, Verstöße identifizieren und Abstellung anweisen	
223.01	Prozesse im Zuständigkeitsbereichs verbessern, stabilisieren, Ergebnisse visualisieren	
223.02	Werkerselbstprüfung fördern	
quartalsweise		**Std./Tag**
135	Mitarbeiter zur Einhaltung von Vorschriften unterweisen und das dokumentieren	0,2
halbjährlich		**Std./Tag**
112	Qualifikationsstände der Mitarbeiter analysieren und Maßnahmen vereinbaren (Teilnahme)	0,0
114	im Zusammenhang mit der Leistungsbeurteilung Fördergespräche führen, Fortschritte und Ergebnisse begleiten	
222.02	arbeitsorganisatorische Regelungen (z. B. Ablösungen, Springer, Job-Rotation) im Zuständigkeitsbereich umsetzen, praktizieren	
fallweise		**Std./Tag**
125	Rückkehrgespräche (Gesundheitsgespräche) führen (Teilnahme)	0,7
129	Leasingkräfte und neue Mitarbeiter einarbeiten	
131	permanent das Entstehen von Konflikten erkennen und lösen	
133	neue Mitarbeiter, insbesondere bei Serienanläufen, in ihre Aufgaben einweisen, trainieren und Wirksamkeit kontrollieren	
138	Azubis und Praktikanten betreuen	
211.09	neue Anweisungen/Vorschriften/Top-down-Vorgaben der nächsten hierarchischen Ebene erläutern	
211.11	Arbeitsunfälle aufnehmen, Bericht erstellen und an UA weiterleiten (Teilnahme)	
212.01	bei Einstellungs- und Entlassungsgesprächen mitwirken, unter fachlichen Aspekten Auswahl treffen, bzw. neue Bewerber einfordern (Teilnahme)	
Summe pro Tag bei einer Leitungsspanne von 19 Personen		**4,1**

Abbildung IV-8 Beispiel für die Standardisierung periodenbezogener Managementaufgaben für einen Stellentyp (Schichtleiter)

2. die zu erfüllenden Managementaufgaben werden z.B. im personenzahlunabhängigen Teil auf 25 Std./Monat und im abhängigen Teil auf 2,2 Std./Person reduziert.

Dazu wären jene Aufgaben zu identifizieren, auf deren Erfüllung man künftig verzichten möchte. Dann wird schnell klar, dass eine

- Leitungsspanne umso größer sein kann, je geringer die Führungsintensität bzw. die Anzahl zu erfüllender Managementaufgaben ist und
- Führungsintensität umso geringer sein kann, je höher die Mitarbeiterautonomie ist, was oft ein Grund ist, die Einführung von Gruppenarbeit zu erwägen.

Standardisierung der Managementaufgaben

Die in Abbildung IV-5 angeführte Standardisierung der Managementaufgaben kann abschließend in eine übersichtlichere Dokumentation umgesetzt werden, was Abbildung IV-8 zu entnehmen ist. Dazu wurden die Aufgaben nach Erfüllungszeiträumen sortiert und der tägliche Zeitbedarf budgetiert.

2.5 Zielsysteme

2.5.1 Geschäftsstrategie und Zielbildung

Bedeutung von Geschäftsstrategien

Im Teil I, Abschnitt 3.3 wurde die Bedeutung von Geschäftsstrategien für das Produktivitätsmanagement erläutert. Jetzt wird gezeigt, welche Bedeutung sie für die methodische Entwicklung von Zielsystemen und zum Begründen von Projekten und Maßnahmen haben. Bei den *Positionierungsstrategien* (vgl. Teil I, Abschnitt 3.3.4) orientiert man sich an den Kunden, bei den *Wertschöpfungsstrategien* (vgl. Teil I, Abschnitt 3.3.5) an den internen Prozessen und Ressourcen. Wenn Zielsysteme entwickelt werden, sollte sich das also auf ihren strategischen Positionierungen gründen.

Ziele

Ziele sind nach vier Dimensionen zu kennzeichnende angestrebte Zustände:

1. Zielinhalt – was (z. B. »Nacharbeit«),
2. Zielrichtung – wohin (z. B. »Reduzierung«),
3. Zeitbezug – bis wann (z. B. »im Geschäftsjahr 2010, gegenüber dem Vorjahr«),
4. Erfüllungsgrad – wie viel (z. B. »3 %«).

Das Ziel lautet dann: »Reduzierung der Nacharbeit im Geschäftsjahr 2010 gegenüber dem Vorjahr um 3 %.«

Die wichtigsten Anforderungen an Zielsysteme sind:

1. Transparenz: Die Ziele und ihre Zusammenhänge sind erkennbar und verständlich.
2. Strategiebezug: Es wird begründet, welcher Strategiebezug bei welchem Ziel vorliegt.

2.5.2 Hierarchische Zielsysteme

Du-Pont-Schema

Zieltransparenz schafft man am besten mit hierarchisch strukturierten Zielsystemen. Bereits im Jahre 1919 wurde von Du Pont de Nemours (USA) ein finanzwirtschaftliches, hierarchisch strukturiertes Kennzahlensystem entwickelt, das später als *Du-Pont-Schema* bezeichnet wurde. Darin ist der *ROI (Return on Investment)*, die Rendite des Gesamtkapitals, oberstes Ziel, das schrittweise in seine Entstehungskomponenten aufgespalten wird (vgl. Abbildung IV-9). In der ersten Gliederungsebene sind das die Umsatzrentabilität und der Kapitalumschlag. Diese werden wiederum mehrfach weiter unterteilt, so dass eine Kennzahlenpyramide entsteht, die berechenbar ist und mit der ein Vergleich

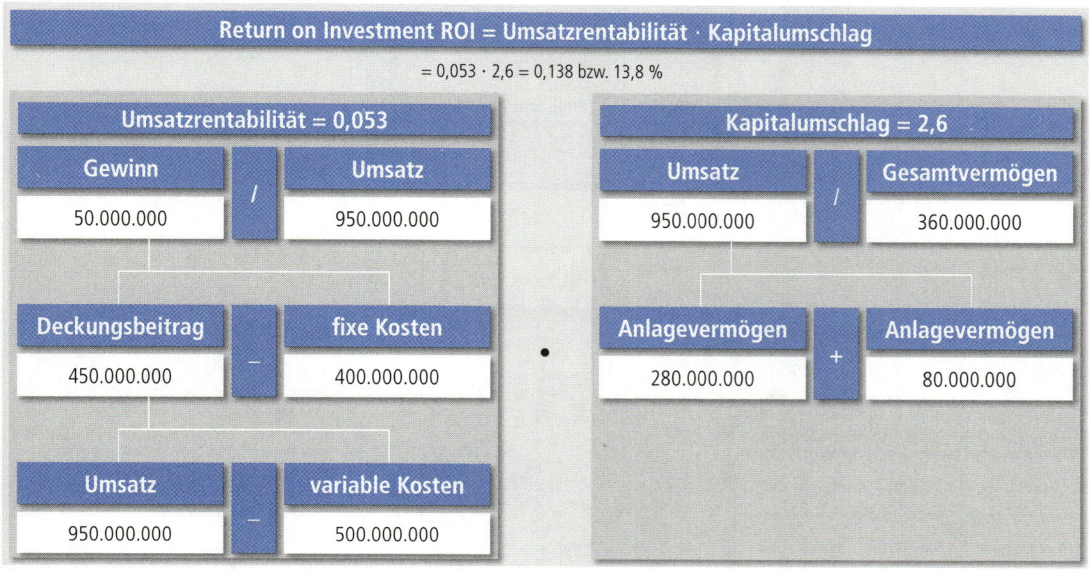

Abbildung IV-9 Rechenschema und Beispiel zum Du-Pont-Schema

mit anderen Unternehmen möglich ist. Trotz methodischer Einschränkungen[18] fand mit dem Du-Pont-Schema erstmals eine Abkehr vom Prinzip isolierter, teilweise zusammenhangsloser Kennzahlen statt. Das in Deutschland bekannteste Kennzahlensystem ist das des *ZVEI*[19]. Dort wird die Eigenkapitalrentabilität mit einem hierarchischen System von über 80 Kennzahlen ermittelt, gegliedert nach den Kategorien

- Rentabilität, Liquidität,
- Ergebnis, Vermögen, Kapital, Beschäftigung,
- Aufwand, Umsatz, Kosten, Beschäftigung, Produktivität.

Balanced-Scorecard-Konzept

Abbildung IV-10 ist ein Beispiel zum Balanced-Scorecard-Konzept zu entnehmen, bei dem vier Perspektiven[20] unterschieden werden.

18 Als wichtigste sind zu nennen: die Ex-post-Betrachtung von ausschließlich monetären Größen (anders bei der Balanced Scorecard), die Ausrichtung an der (kurzfristigen) Rentabilität und nicht an der (langfristigen) Steigerung des Unternehmenswertes sowie nur begrenzt objektive Aussagekraft durch die verwendeten bilanzpolitischen Ansätze.

19 Vgl. Zentralverband Elektrotechnik und Elektronikindustrie, www.zvei.org.

20 Die hier angeführten vier Perspektiven sind verbreitet, aber nicht zwingend. So gibt es z. B. auch Unternehmen, die zudem eine Lieferantenperspektive verwenden.

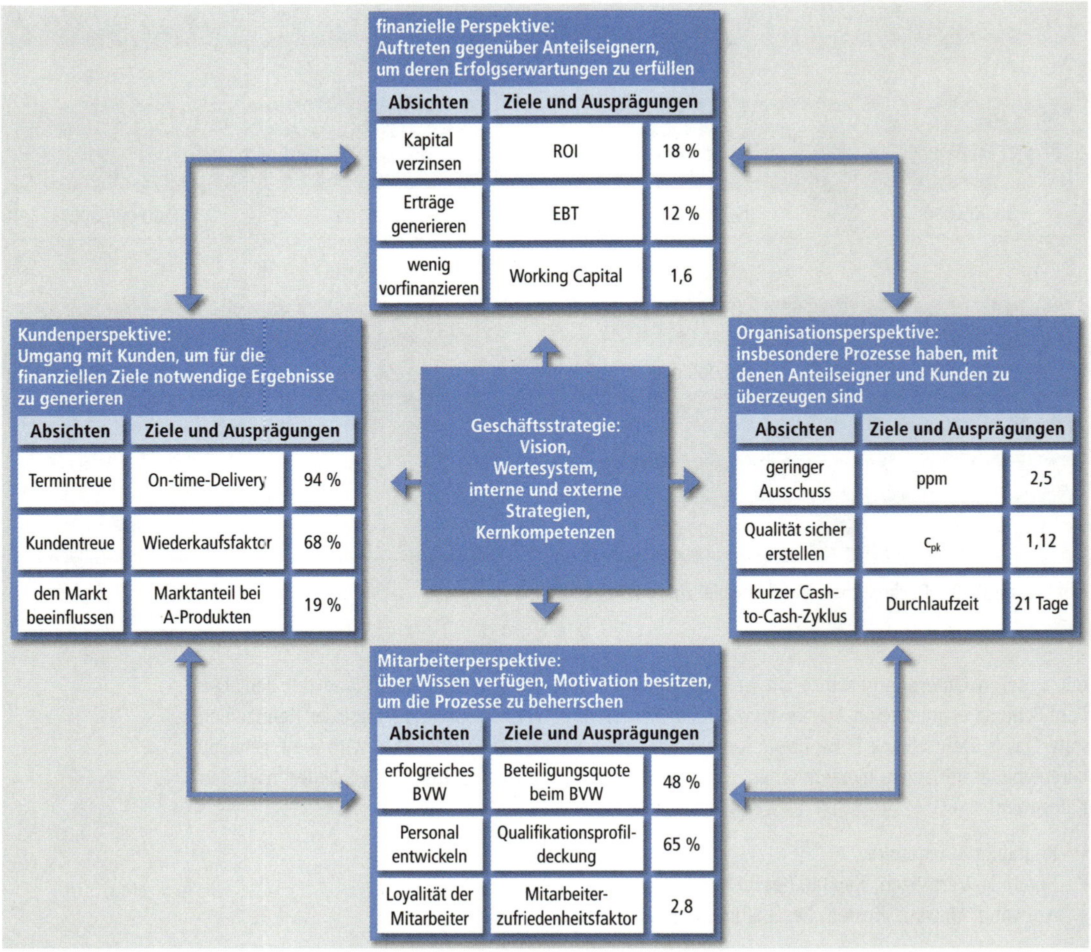

Abbildung IV-10 Beispiel für ein Balanced-Scorecard-Konzept

1. Finanzperspektive: Der Geschäftsstrategie sind die zur finanziellen Perspektive vorliegenden Absichten zu entnehmen, denen Ziele zugeordnet werden, die aus den Unternehmensgrundsätzen (vgl. Teil I, Abschnitt 3.3.2) abgeleitet sind.
2. Kundenperspektive: Um die finanziellen Ziele zu erreichen, bedarf es entsprechender Markterfolge. Dazu ist den Positionierungsstrategien zu entnehmen, wie das geschehen soll. Auch dazu sind Absichten und Ziele definiert.
3. Organisationsperspektive: Die finanziellen und kundenbezogenen Ziele sind nur zu erreichen, wenn man über eine leistungsfähige Organisation verfügt, insbesondere über effektive und effiziente Prozesse. Dazu sollte man auf die Wertschöpfungsstrategien (funktionale Strategien) zurückgreifen.
4. Mitarbeiterperspektive: Damit notwendige Leistungen generiert werden, bedarf es fähiger und einsatzbereiter Mitarbeiter auf allen Unternehmensebenen. Auch hierbei sollte man auf die Wertschöpfungsstrategien zurückgreifen.

Key Performance Indicators (KPI)

Im Zusammenhang mit dem Balanced-Scorecard-Konzept (BSC) wird von *Key Performance Indicators (KPI)* gesprochen. Darunter werden Kennzahlen verstanden, die keine Ziele, sondern wichtige (zielführende) Sachverhalte abbilden, wie z.B. Stati, Trends, Fortschritte oder Abstände zu Zielgrößen. Die vorstehend angeführten vier Dimensionen der Zielbeschreibung gelten auch für KPI. Sie kommen überwiegend zur Kunden-, Organisations- und Mitarbeiterperspektive vor. Für das Produktivitätsmanagement maßgebende Ziele und KPI sind die zur Organisations- und Mitarbeiterperspektive. Da der Zielbegriff in der Praxis verbreitet ist und es auch zu keinen nützlichen Ergebnissen führen würde, unterscheiden wir hier nicht zwischen Ziel und KPI.

Bei großen Unternehmen werden auch BSC für Betriebe, Werke oder Funktionsbereiche aus der Unternehmens-BSC abgeleitet, z.B. eine Werks-BSC, eine Einkaufs-BSC oder eine Personalwirtschafts-BSC.[21] Die Ziele von Funktionsbereichen oder Werken werden dabei aus den Unternehmenszielen abgeleitet.[22] Abbildung IV-11 ist ein Beispiel einer Werks-BSC zu entnehmen. Dort sind die Finanz- und Kundenperspektive ausgeklammert, weil sie auf Unternehmensebene vorgegeben sind.

Werks-BSC fördern das Entstehen zielbegründeter Projekte und Maßnahmen. Dort nicht angeführte Ziele sind irrelevant, doch müssen nicht alle dort angeführten Ziele verwendet werden. Man sollte nicht alle möglichen Abhängigkeiten und Beziehungen anführen, weil das zu endlosen Diskussionen führt und vom Wesentlichen ablenkt. Vielmehr geht es darum, sich auf die strategisch beabsichtigten Beziehungen zu konzentrieren.[23]

21 Vgl. z.B. Ackermann, K.-F. (Hrsg.): Balanced Scorecard für Personalmanagement und Personalführung. Wiesbaden: Gabler, 2000.
22 Vgl. z.B. Weber, J.; Schäffer, U.: Balanced Scorecaed & Controlling, 2. Auflage. Wiesbaden: Gabler, 2000.
23 Vgl. Horvath & Partner (Hrsg.): Balanced Scorecard umsetzen. Stuttgart: Schäffer-Poeschel, 2000, S. 169f.

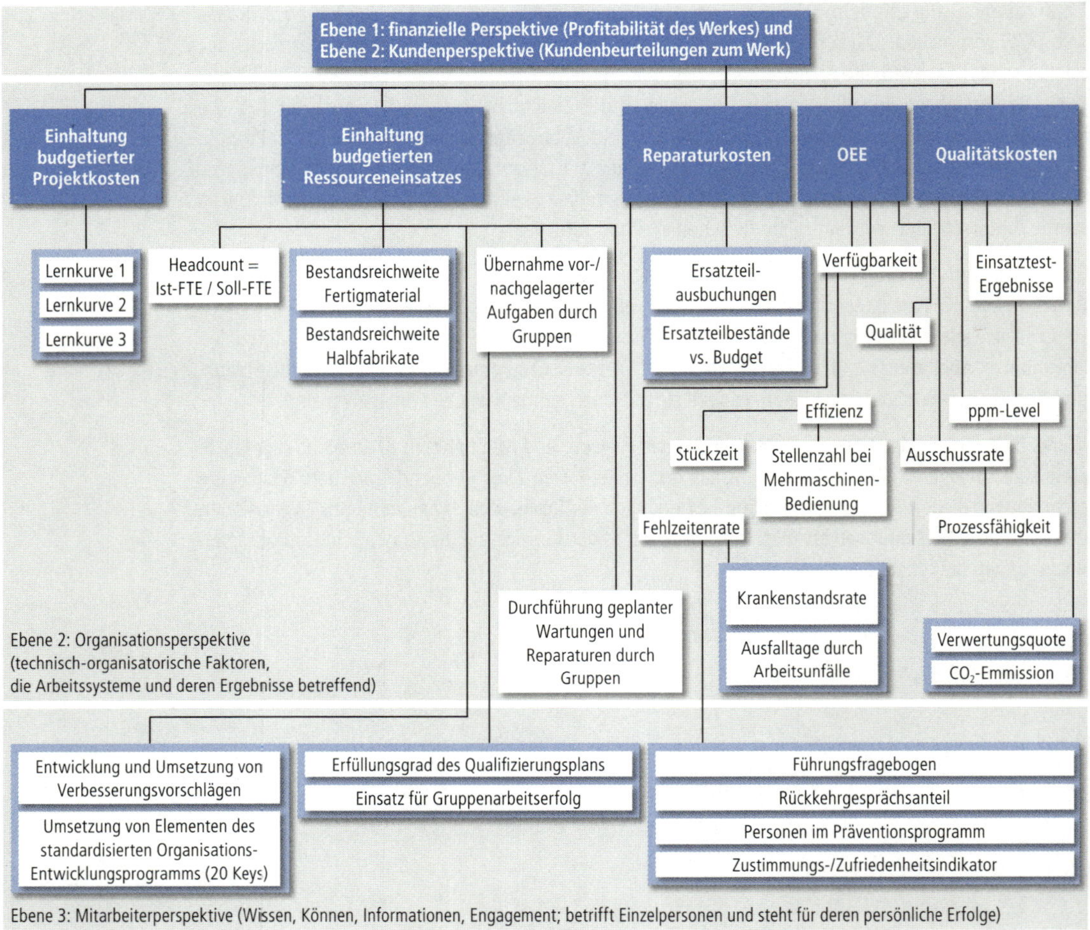

Abbildung IV-11 Beispiel für eine Balanced Scorecard auf Werksebene zur Organisations- und Mitarbeiterperspektive

2.5.3 Deduktion von Zielen

Das Entwickeln von Strategien und Zielsystemen ist kein einfaches Unterfangen, aber viel einfacher als ihre konsequente Umsetzung und das Erreichen tagesgeschäftlicher Wirksamkeiten.[24] Inzwischen findet man in vielen Unternehmen gut begründete Geschäftsstrategien und darauf basierende Zielsysteme. Aber es ist nicht selbstverständlich, dass sich diese Handlungsvorgaben im tagesgeschäftlichen Handeln, in den Werkstattprozessen, erkennbar ausprägen.

Unternehmensziele deduzieren

Um diese Stringenz zu erreichen, versuchen Unternehmen ihre strategisch begründeten Unternehmensziele mit Hilfe verbindlicher methodischer Regelungen auf die operativen Ebenen zu deduzieren, »herunterzubrechen«. In allen Betriebsteilen sollen so möglichst enge Beziehungen zu den »hehren« Unternehmenszielen entstehen und alle dort durchgeführten Maßnahmen und Projekte durch die Unternehmensziele begründet sein. Mit der Beziehungstabelle (Abbildung IV-12) ist zu prüfen, ob die

24 Vgl. zu den vielfältigen Umsetzungsproblemen bei Horvath & Partner (Hrsg.): a. a. O., 2000.

- Werksziele durch Unternehmensziele zu rechtfertigen sind,
- die im Werk durchgeführten Projekte und Maßnahmen klare Bezüge zu den Werkszielen und damit zu den Unternehmenszielen haben.

1. Unternehmensziele zu 2. Werksziele

10	9 Zunahme der Kundenzufriedenheit gg. Vorjahr	8 Produktivitätssteigerung > 4,5 %	7 Zero-Defects-Faktor < 10^{-3}	6 Mitarbeiterzufriedenheit (EOS) > 85 %	5 25 % der Produkte nicht älter als drei Jahre	4 Marktführer bei den A-Produkten sein	3 Working Capital-Faktor > 1,60	2 ROCE > 30 %	1 EBIT > 12 %	2. Werksziele	
										10	
				×						9	aktueller Stand Qualifizierungs-Matritzen
									×	8	Steuerung des Leihkräfteanteils auf 12 % FTE-Bestand
		×						×		7	OEE im Mittel > 82 %
				×					×	6	Beteiligungsrate BVW > 1
							×	×		5	Durchlaufzeiten Logistik + Produktion um 15 % reduziert
		×							×	4	Absenzrate < 4,5 %
		×					×		×	3	Zeitgrade in der Montage > 120 %
	×	×	×				×		×	2	Ausschussrate in der Oberflächentechnik < 1,5 %
	×		×				×			1	C_{pk} in mechanischer Fertigung > 1,15

2. Werksziele zu 3. Projekte, Maßnahmen

2. Werksziele		1 Arbeitspläne aktualisieren	2 Kommissionierungen im Lager	3 UAS in der Montage einführen	4 Toyotablättereinsatz an Betriebsmitteln	5 Schulung der KVP-Teams	6 Aktivierung des BVW	7 Versorgung der Montage mit kleinen Zügen	8	9	10
10											
9	aktueller Stand Qualifizierungs-Matritzen				×	×	×				
8	Steuerung des Leihkräfteanteils auf 12 % FTE-Bestand		×	×							
7	OEE im Mittel > 82 %	×			×						
6	Beteiligungsrate BVW > 1			×	×	×	×				
5	Durchlaufzeiten Logistik + Produktion um 15 % reduziert	×	×	×				×			
4	Absenzrate < 4,5 %					×					
3	Zeitgrade in der Montage > 120 %	×	×	×				×			
2	Ausschussrate in der Oberflächentechnik < 1,5 %			×			×				
1	C_{pk} in mechanischer Fertigung > 1,15				×						

1. Unternehmensziele — 3. betriebliche Projekte und Maßnahmen

Abbildung IV-12 Beispiel für eine Ableitung von Maßnahmen auf Werksebene aus den Unternehmens- und Werkszielen

In Abbildung IV-12 sind im linken unteren Teil die wichtigsten, für das Geschäftsjahr geltenden Unternehmensziele, im mittleren oberen Teil die wichtigsten Werksziele aufgeführt. Werksziele sind umso konsistenter zu Unternehmenszielen, je mehr Kreuzmarkierungen im linken oberen Tabellenteil entstehen. Zu zwei Unternehmenszielen wurden keine Kreuze eingetragen, weil diese nicht auf die Werke, sondern auf Entwicklung und Marketing gerichtet sind.

Sind die Werksziele durch die Unternehmensziele hinreichend begründet, prüft man die geplanten Projekte und Maßnahmen daraufhin, ob sie geeignet sind, das Erfüllen der Werksziele zu unterstützen. Ist das bei einem geplanten Projekt der Fall, wird das im rechten oberen Tabellenteil durch ein Kreuz markiert. Dadurch wird visualisiert, welche Projekte und Maßnahmen die Erfüllung der Werksziele und damit letztlich der Unternehmensziele unterstützen.

2.6 Managementinstrumente

2.6.1 Regelkreis des Werkstattmanagements

Managementinstrumente zur Unterstützung des Werkstattmanagements

Arbeitssysteme sind so zu führen, dass sie nachhaltig hohe Wirksamkeiten entfalten. In Abbildung IV-1 wurden die sechs wichtigsten Managementinstrumente zur Unterstützung des Werkstattmanagements angeführt. Die in Abbildung IV-4 angeführten Managementaufgaben werden umso erfolgreicher erfüllt, je systematischer diese Managementinstrumente eingesetzt werden.

Bei dem in Abbildung IV-13 dargestellten *Regelkreis des Werkstattmanagements* sind diese integriert. Damit kann die Wirksamkeit der Arbeitssysteme über eine Regelstrecke dem MTM-Produktivitätsmanagement entsprechend gemanagt werden. Durch Regelkommunikation in Form kleiner Regelkreise wird bei aktuellen Anlässen sofort eingegriffen, man lässt nichts »anbrennen«.

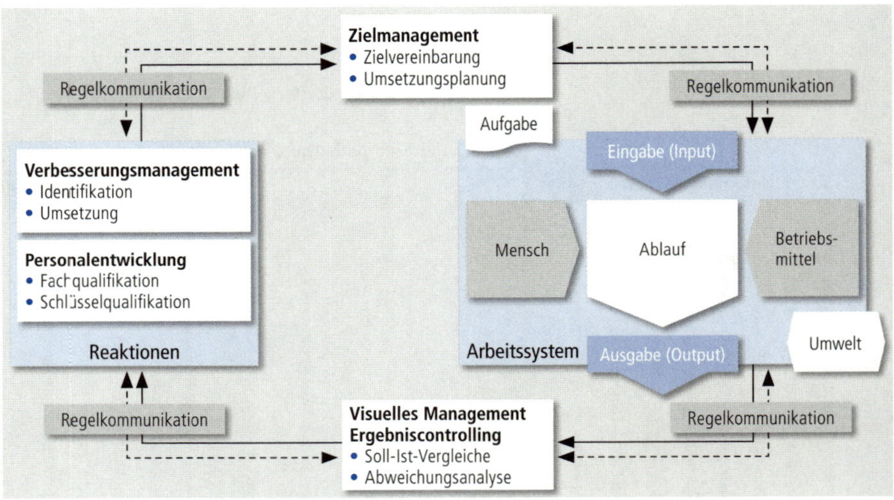

Abbildung IV-13 Regelkreis des Werkstattmanagements

Beim Zielmanagement geht es um das Vereinbaren arbeitssystembezogener Ziele. Ohne Zielvorgaben wüsste man nicht, was man erreicht hat, wie wirksam man war. Ob die vereinbarten Ziele erreicht wurden und welche Ursachen für Zielverfehlungen maßgebend waren, wird durch ein Ergebnis-Controlling geprüft. Dabei sind auch Verbesserungsoptionen zu gewinnen, insbesondere Ansätze zur Mitarbeiterqualifikation, Arbeitsgestaltung und -organisation. Das wird durch vielfältige Visualisierungen unterstützt.

Klassisch gelten in der Ergonomie zwei Forderungen: »Anpassung der Arbeit an den Menschen und Anpassung des Menschen an die Arbeit.« Bei der Personalentwicklung ist der zweiten Forderung nachzukommen, indem Mitarbeiter qualifiziert, trainiert und zielgerichtet gefördert werden. Beim Verbesserungsmanagement geht es um gezieltes Abstellen jener Unzulänglichkeiten, die vor SOP nicht auszuschließen waren oder sich danach »eingeschlichen« haben. Die Effekte aus der Personalentwicklung und dem Verbesserungsmanagement können zu veränderten Zielsetzungen führen.

Um sicherzustellen, dass die notwendige Kommunikation zwischen dem Werkstattmanagement und den Mitarbeitern sowie zwischen diesen stattfindet, sind Regelkommunikationen vorgesehen, also formalisierte mündliche oder schriftliche Kommunikationen.

2.6.2 Zielmanagement

Kontrakte im werkstattbezogenen Zielmanagement

Beim *Zielmanagement* sind die im vorhergehenden Abschnitt erläuterten Werksziele umzusetzen oder – falls erforderlich – noch weiter zu operationalisieren. Beim werkstattbezogenen Zielmanagement sind zwischen Vorgesetzten und Unterstellten Kontrakte über das Erreichen von Zielausprägungen abzuschließen. Das Prozedere des Zielmanagements ist in den meisten Unternehmen standardisiert und oft auch Bestandteil des Produktionssystems.

Arbeitssystem-Produktivität

Ein besonders wichtiges Ziel ist die *Arbeitssystem-Produktivität* (vgl. Teil I, Abschnitt 2.4.5), weil

1. es sich um ein relevantes Ziel handelt,
2. eine hohe Datenvalidität vorliegt,
3. es sich um eine hierarchische Kennzahl handelt, der die internen Wirkeffekte zu entnehmen sind (vgl. Abbildung IV-14).

Manche Ziele werden nur über einen begrenzten Zeitraum verwendet. Man gibt sie auf und ersetzt sie ggf. durch andere, wenn sich ein Zweck erledigt hat, z. B. nach abgeschlossenen Produktanläufen oder Änderungsvorhaben. Die Arbeitssystem-Produktivität ist ein dauerhaft verwendetes Ziel. Die dazu vereinbarte Zielausprägung, z. B. 82 %, wird man nur dann ändern, wenn sich die Rahmenbedingungen geändert haben.

Bei *Zielformulierungen* sollten, wie im Abschnitt 2.5.1 dargelegt, vier Zieldimensionen festgelegt werden. Beim Formulieren von Zielen sind folgende Grundsätze zu beachten:

- Ziele müssen überschaubar und relevant sein. Zu viele Ziele verwirren und lenken von den relevanten Zielen ab.
- Ziele müssen eindeutig und so konkret sein, dass zu erkennen ist, ob sie erreicht sind oder nicht. Sie sind stets schriftlich zu vereinbaren.
- Erfüllungsgrade können zwar auch auf Ordinal-Skalenniveau (qualitativ) definiert sein. Wenn möglich, sollte man jedoch metrisch skalierte Skalen (quantitativ) verwenden.
- Zielerfüllungen sollten kurzfristig rückgemeldet (schnelles Feedback), jedoch längerfristig vereinbart werden.
- Ob Ziele relevant und der vereinbarte Erfüllungsgrad realistisch sind, sollte in Zwischengesprächen erörtert werden.
- Zielinhalte müssen vom Individuum oder der Gruppe zu beeinflussen und die vereinbarten Erfüllungsgrade nicht nur unter denkbar günstigsten Rahmenbedingungen erreichbar sein. Den eigenen Zuständigkeitsbereich überschreitende Zielinhalte sind auszuschließen.
- Ziele können kontradiktorisch, müssen aber widerspruchsfrei sein[25].

Zielvereinbarungen

Im Abschnitt 7.4.5 werden Zielvereinbarungen im Rahmen der Leistungsentgeltdifferenzierung behandelt. Beim Vereinbaren von Zielen sollte man auch Belohnungen festlegen, um das Engagement der Mitarbeiter beim Erfüllen der Ziele zu unterstützen. Unter Belohnungen wird ein weites Feld möglicher Bestätigungsreaktionen verstanden, von verbaler Anerkennung über die Gewähr von Auszeichnungen bis hin zu monetären Belohnungen. Produktivitätsmanagement ohne Belohnungsinstrumente ist nur schwer vorstellbar.

Zielerfüllungskontrollen zu Kontrakten sind notwendig, um den Mitarbeitern ein Feedback zu geben. Das sollte systematisch im Rahmen des Ergebnis-Controllings erfolgen, wie im folgenden Abschnitt beschrieben.

25 So sind die Ziele »hohe Zuverlässigkeit« und »geringe Kosten« zwar kontradiktorisch, stellen aber keinen Widerspruch dar, wohl aber »geringstmögliche Durchlaufzeiten« und »ausreichend lange Kundenberatungszeiten«.

2.6.3 Ergebnis-Controlling mit Hilfe von Production Scorecards

Ergebnis-Controlling

In Abbildung IV-13 ist ein *Ergebnis-Controlling* vorgesehen. Damit wird permanent geprüft, ob vereinbarte Ziele erreicht, vorgegebene Freiräume richtig genutzt und die vorgesehenen Rahmenbedingungen eingehalten werden. Den Betroffenen ist zu vermitteln, dass

- es um ein Ergebnis- und um kein Personal-Controlling geht und
- Risikoerkennung vor persönlichen Befindlichkeiten rangiert.

Das Verfahren des Ergebnis-Controllings kann im Produktionssystem festgelegt werden. Auch bei wirksamem Ergebnis-Controlling sollte das Werkstattmanagement nicht auf persönliche Inaugenscheinnahmen verzichten. Sich nur auf berichtete Zahlen zu verlassen, gilt als Kardinalsünde. Festzulegen ist,

Soll-Ist-Vergleich

- an welchen Stellen man durch Soll-Ist-Vergleich mögliche Zielabweichungen entdecken will,
- wie das Werkstattmanagement und die operativen Mitarbeiter darüber zu informieren und
- welche Reaktionen vorgesehen sind.

Production Scorecard

Im Teil I, Abschnitt 2.4.6 wurde das *Produktivitätscontrolling* als standardisierungswürdig für die Betriebs- und Verbesserungsphase angeführt. Die meisten Unternehmen verfügen über ein an den Produktionsprozessen ausgerichtetes Berichtssystem, in dem meist monatlich produktionsrelevante Kennzahlen ausgewiesen werden. Für solche Datensammlungen gibt es verschiedene Bezeichnungen, z. B. Manufacturing Card oder *Production Scorecard*[26]. Abbildung IV-14 ist zu entnehmen, wie man die mit Scorecards zu erfüllenden Funktionen[27] begründen kann. Es soll eine Botschaft übermittelt werden,

- die zur Auseinandersetzung zwischen Beteiligten und Betroffenen anregt,
- als Zielgröße und als Anreiz zu nutzen, auch strategisch zu begründen und

Funktionen der Scorecard	
1. Botschaft	einen wichtigen Sachverhalt vermitteln
2. Kommunikation	zur Auseinandersetzung anregen
3. Anreiz	als Ziel und Ansporn dienen
4. Kontrolle	Zielerreichungen prüfen
5. Werbung	Interesse auslösen, Neugier wecken

Anforderungen an die Daten	
1. Relevanz	messen, was als messenswert erachtet wird
2. Validität	messen, was man zu messen vorgibt
3. Reliabilität	frei von Einflussnahmen durch die Messenden
4. Verständlichkeit	durch die Betroffenen zu interpretieren
5. Zeitnähe	schon verfügbar, wenn noch korrigierende Prozesseingriffe möglich sind

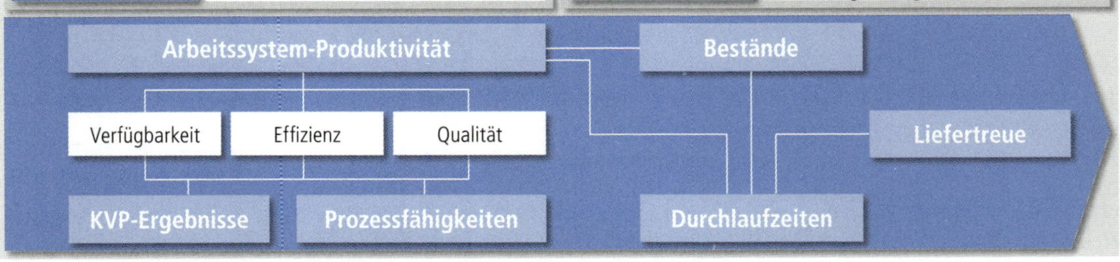

Abbildung IV-14 Begründung von Scorecard-Inhalten und Beispiel für die Datenstruktur einer Production Scorecard

26 Vgl. z. B. Kletti, J.; Brauckmann, O.: Manufacturing Scorecard. Wiesbaden: Gabler, 2006.
27 In Anlehnung an Osborne, D.; Gaebler, T.: Reinventing Government. Harmondworth: Penguin Books, 1992.

- deren Erreichen sicher und wirtschaftlich zu kontrollieren ist und
- an der möglichst viele interessiert sind.

Die in dem Kennzahlenkonstrukt verwendeten Daten sollten fünf Anforderungen erfüllen:

1. Jedes gemessene Datum muss relevant sein.
2. Die Messergebnisse müssen das messen, was man zu messen vorgibt.
3. Sie müssen vor individuellen Einflussnahmen sicher sein,
4. dürfen für die Empfänger nicht erläuterungsbedürftig und
5. so schnell verfügbar sein, dass man daraufhin noch korrigierend eingreifen kann. Das ist schließlich der Zweck des Ergebnis-Controllings.

Abweichungsanalyse

Ergebnis-Controlling darf sich nicht auf Soll-Ist-Vergleiche beschränken, sondern muss auch eine Abweichungsanalyse einschließen. Es sollten nicht nur die Primär-Kennzahlen (z. B. Durchlaufzeiten), sondern auch jene Sekundär-Kennzahlen ausgewiesen werden (z. B. die Nacharbeit innerhalb der Verfügbarkeit), die bei Zielverfehlungen Aktivitäten auslösen sollen. Bei signifikanten Abweichungen müssen die Abweichungsgründe genannt werden. Die können sich im Zeitverlauf ändern. So können anfangs Qualifikationsdefizite und später Wartungsdefizite bei Werkzeugen maßgebend sein. Das Werkstattmanagement kann dann entscheiden, ob Reaktionen notwendig sind und welcher Art diese sein sollen. Eingriffe in Arbeitssysteme sollte man nur dann zulassen, wenn sie zu begründen sind.

Auch wenn man die operativ tätigen Personen und das Industrial Engineering in Abstell- und Verbesserungsmaßnahmen involviert: Die Verantwortung für die Produktivität verbleibt beim Werkstattmanagement und ist nicht zu delegieren.

In Abbildung IV-13 sind zwei häufige Reaktionen auf signifikante Zielabweichungen vorgesehen,

- »Personalentwicklung« – die Personen in den Arbeitssystemen betreffend und
- »Verbesserungsmanagement« – die Arbeitssysteme allgemein betreffend.

Das sind die wichtigsten Reaktionsparameter des Produktivitätsmanagements. Das Prozedere der *Personalentwicklung* ist in vielen Unternehmen standardisiert und eigenständiges Element des Produktionssystems.[28] Bevor man sich der Personalentwicklung zuwendet, sollte geprüft werden, ob

- den betreffenden Personen klare Aufgabenstellungen vorliegen,
- ihnen vermittelt ist, welche Bedeutung ihre Arbeit für die Kundenzufriedenheit und den Unternehmenserfolg hat,
- sie im Zweifelsfall eher ihre Stärken nutzen können, als gegen ihre Schwächen angehen zu müssen.

Wenn hier gravierende konzeptionelle Mängel vorliegen, werden Qualifizierungsmaßnahmen nicht helfen.

Ableitung aus dem Produktionssystem

Aus dem Produktionssystem sollte abzuleiten sein, welches Arbeitsstrukturierungs- oder Job-Design-Konzept zu verfolgen ist. Sind z. B. Gruppenarbeitskonzepte umzusetzen, stellt das andere personelle Anforderungen (z. B. in Bezug auf Schlüsselqualifikationen) als bei Einzelarbeitsplätzen. Ferner sind dann komplexere und miteinander verknüpfte Aufgaben zu schaffen. In der Geschäftsstrategie können Kernkompetenzen ausgewiesen sein, z. B. in Bezug auf logistische Fähigkeiten des Unternehmens. Dann sind die Mitarbeiter in ihrem Bemühen zu unterstützen, Beiträge zum Erringen dieser Kernkompetenzen zu leisten.

28 Vgl. dazu auch Teil V, Abschnitt 6.3. Dort wird die Personalentwicklung im Rahmen der Personalbedarfsermittlung behandelt.

In der industriellen Arbeitswelt ist es eher wenigen Menschen möglich, aus ihren Arbeitshandlungen Zufriedenheit zu gewinnen. Sie sollten sich jedoch mit den erstellten Arbeitsergebnissen identifizieren können. Unter diesem Aspekt wird man solche Personen bevorzugen, bei denen man von einer Identifikation mit den Ergebnissen ihres Handelns ausgeht.

In Abbildung IV-13 ist neben der Personalentwicklung das Element »Verbesserungsmanagement« vorgesehen. Die Personalentwicklung (Anpassung des Menschen an die Arbeit) bezieht sich auf den Menschen, das Verbesserungsmanagement (Anpassung der Arbeit an den Menschen) auf die anderen Bestimmungsgrößen des Arbeitssystems.

Verbesserungs-management

Das Verbesserungsmanagement kann nach zwei Sphären unterschieden werden:

1. Anlaufphase: Die Ergebnisse sind nach SOP so zu verbessern, dass die Kammlinie schnellstmöglich erreicht wird.
2. Betriebsphase: Über den Lebenszyklus der Arbeitssysteme und Produkte hinweg sind Verbesserungen durchzuführen, um Planungsdefizite auszumerzen und die vom Markt erzwungenen permanenten Produktivitätsverbesserungen zu realisieren.

Diese Aspekte werden im Kapitel 3 beim Veränderungsmanagement ausführlich behandelt.

2.6.4 Visuelles Management

Visualisierung

Im Teil II, Abschnitt 2.5 wurde darauf hingewiesen, dass an industriellen Arbeitsplätzen mehr als 80 % der Informationen visuell aufgenommen werden. Deshalb wird der optischen Wahrnehmung von Informationen und Darstellung von Wissen große Bedeutung beigemessen. In den 1990er-Jahren wurde dem Interesse der Wirtschaft am Thema »Visualisierung« durch einen Reihe von Publikationen Rechnung getragen.[29] Unter *Visualisierung* verstehen wir das optische Veranschaulichen von Daten, insbesondere von Texten und Zusammenhängen, die komplex und sprachlich schwer zu fassen sind. Jene Sachverhalte und Zusammenhänge, auf die es einem besonders ankommt, will man dem Adressatenkreis verdeutlichen. Dazu werden die Ausgangsdaten interpretiert und durch grafische Elemente ergänzt oder zusammengefasst.

Grundanliegen des Visuellen Managements

Das Grundanliegen des *Visuellen Managements* ist, durch ausgewählte optische Informationen bei den Adressatengruppen drei Dinge zu erreichen:

1. Ziele, Prozesse und Ergebnisse transparent machen und die Beteiligten dadurch in die Lage versetzen
   - ihr Denken, Handeln und Verhalten an den Zielen zu orientieren,
   - Situationen sachgerecht beurteilen zu können,
   - Planabweichungen und Probleme von sich aus zu erkennen.
2. Informationen zur Verfügung zu stellen, mit denen
   - sie sich für sie geltende arbeitssystembezogene Standards verdeutlichen und
   - Kenngrößen und deren Bedeutung für das Ganze veranschaulichen.
3. Die vertikale und horizontale Kommunikation zu fördern, indem
   - man auf Informationsprivilegien verzichtet und
   - das Prinzip der Informations-Bringschuld durch die Informations-Holschuld ersetzt.

29 Vgl. z. B. Bredemeier, K.; Schlegl, H.: Die Kunst der Visualisierung. Zürich: Orell Füssli, 1991. Meyer, J.-A.: Visualisierung im Management. Wiesbaden: Gabler, 1996. Greif, M.: Teamerfolge in der Produktion durch Visualisierung, 2. Auflage. Landsberg: Moderne Industrie, 1998. Dittrich, H.: Erfolgsgeheimnis Visualisierung. Planegg: WRS Verlag, 2000.

In Abbildung IV-15 wird ein Überblick zum Visuellen Management gegeben. Die angeführten Beispiele lassen sich teilweise mehreren Aspekten zuordnen, d.h. die Instrumente des Visuellen Managements dienen verschiedenen Zielsetzungen.

Aspekte des Visuellen Managements

verhaltens- und ergebnisbezogene Visualisierung (eigener Arbeitsbereich)	steuerungs- und wertstrombezogene Visualisierung	arbeitssystembezogene Visualisierung	themenbezogene Visualisierung von Projekten und Maßnahmen
Informationssysteme in Tafelform auf verschiedenen betrieblichen Ebenen	Kanban-Karten, Signal-Kanban	Informationsampeln, Bandstopp (Andon)	Qualitätsprojekte, Anlaufprojekte, Umstellungen, Einführungsprojekte
Problemlösungsaktivitäten, Verbesserungsvorschläge	Flächenmarkierungen, Behältervisualisierungen, Warn- und Hinweisschilder	Bodenmarkierungen, Platzbeschriftung, Schattenbretter, Werkzeugaufnahmen	Plakatieren erkannter Probleme und Störungen sowie initiierter Maßnahmen
Schichtpläne/-einteilungen, Urlaubspläne, Freischichten, Qualifikationsmatrizen	Zeitplantafeln (»Toyotablätter«)		Soll-Ist-Vergleiche, sowie Wirkungen von Veränderungen
Identifikation mit der eigenen Arbeit, Basis für Selbststeuerungsaktivitäten	Probleme aufdecken, die richtigen Aktivitäten auslösen, die falschen verhindern		berichten, worauf Engagierte gespannt sind, zeigen, was bewegt wird

Abbildung IV-15 Aspekte, Beispiele und Zielsetzungen Visuellen Managements

Verhaltens- und ergebnisbezogene Visualisierung

Bei der verhaltens- und ergebnisbezogenen Visualisierung stehen Informationssysteme in Tafelform im Mittelpunkt. Je mehr diese auf die operative Ebene zielen (z.B. Werkstattbereich, Abteilung, Arbeitsgruppe), desto mehr werden sie

- durch kommunikative Elemente ergänzt, wie erarbeitete und geplante Problemlösungen und Verbesserungen oder
- den Leistungsstand widerspiegelnde Informationen, das sind insbesondere personelle Verfügbarkeiten und Qualifikationsstände.

Abbildung IV-16 ist ein Beispiel für ein hierarchisches System von Informationstafeln zu entnehmen, dessen Elemente im Produktionssystem für alle Werke festgelegt sind. Wechseln Mitarbeiter in andere Werke oder Werksbereiche, finden sie sich dort sofort zurecht. Nach den Adressatengruppen werden vier Informationsebenen unterschieden.

Die Adressatengruppe der ersten Ebene sind Besucher. Ihnen wird im Empfangsbereich mit einem Unternehmensdisplay die Unternehmensgruppe vorgestellt und in einem Werksdisplay Geschichte, Produkte und Schlüsselinformationen zum Standort vermittelt.

Die Adressatengruppe der zweiten Ebene sind sowohl Besucher als auch Interne. Die hier eingesetzte Hauptinformationstafel enthält einen Lageplan des Standortes und Jahreskumulationen zu den Themen

- Sicherheit (z.B. Fluchtwege, Haustechnik, Arbeitssicherheit),
- Qualität und Terminverhalten (z.B. Kunden-ppm, Lieferanten-ppm[30], Nacharbeit),

30 ppm (Engl.: parts per million) bezeichnet hier die Menge an Fehlteilen, die pro 1 Million Teile auftritt. In diesem Fall sind die fehlerhaft vom Lieferanten gelieferten bzw. an Kunden ausgelieferten Teile gemeint.

- Produktivität und Kosten (z. B. OEE, Ausschusskosten, Absenzraten),
- Engagement (z. B. Auditergebnisse, Pressespiegel).

Die Adressatengruppe der dritten und vierten Ebene sind die Produktionsmitarbeiter. Nach der gleichen Informationsstruktur wie in der zweiten Ebene wird je Produktionsbereich (z. B. Presswerk, Montage, Spitzgießerei) in Kommunikationstreffpunkten über monatsaktuelle Produktionsdaten informiert. Diese beziehen sich auf die beeinflussbaren Aspekte Qualität, Produktivität und Kosten. Dazu gibt es Problemdiskussionen unterstützende technologische, arbeitsorganisatorische und personelle Informationen (z. B. Schichtpläne, Urlaubspläne, Qualifikationsmatrizen). Hier bedeutet Visuelles Management also bereits Unterstützung von Engagements.

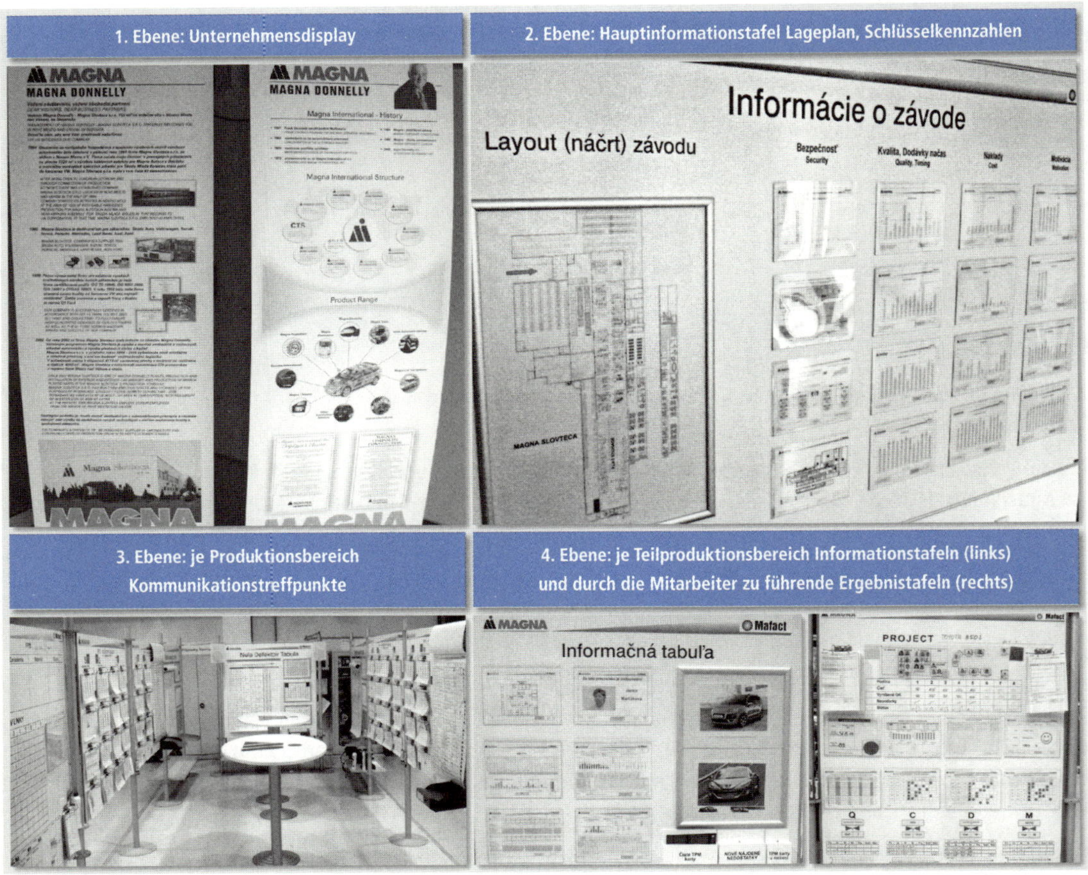

Abbildung IV-16 Beispiel für ein über mehrere Ebenen des Unternehmens angelegtes System von Informationstafeln (Magna, Visuelles Management im Produktionssystem MAFACT)

In der vierten Ebene werden für Teilbereiche, z. B. Abteilungen, Gruppen, Produktionslinien, relevante und aktuelle Sachverhalte – wiederum in standardisierter Form – wochenaktuell visualisiert. Hier geht es um die Aspekte Qualität, Produktivität und Kosten, und dabei werden spezifische technische Aspekte angesprochen. Diese Informationen sind bereits an einen namentlich festliegenden Personenkreis gerichtet (Fotos der Teammitglieder werden gezeigt). In der vierten Ebene werden zudem Ergebnistafeln geführt, in denen durch die Mitarbeiter pro Stunde, Schicht und Tag sowie wochen- und monatskumuliert Arbeitsergebnisdaten erfasst und visualisiert werden.

Zur steuerungs- und wertstrombezogenen sowie zur arbeitssystembezogenen Visualisierung werden in Abbildung IV-15 fünf Instrumente angeführt:

Steuerungs- und wertstrombezogene sowie arbeitssystembezogene Visualisierung

1. Beständesteuerung mit Kanban-Elementen (vgl. Teil III, Abschnitt 6.7.3),
2. Flächen- und Behältnisvisualisierungen mittels Farbkodierungen (vgl. Teil III, Abschnitt 6.7) sowie die Verwendung von Warn- und Hinweisschildern (vgl. Teil III, Abschnitt 5.6),
3. Informationsampeln und Bandstopp-Systeme (vgl. Abschnitt 3.6.4),
4. Bodenmarkierungen, Platzbeschriftung, Schattenbretter, Werkzeugaufnahmen (vgl. Abschnitt 3.6.1 sowie Teil III, Abschnitt 6.5) und
5. Zeitplantafeln (vgl. Teil II, Abschnitt 9.5.2).

Zeitplantafel

Abbildung IV-15 ist zu entnehmen, was man mit dem Einsatz dieser Instrumente beabsichtigt: Probleme aufdecken, die richtigen Aktivitäten auslösen und die falschen verhindern. Die vier erstgenannten Instrumente wurden in den zitierten Abschnitten erläutert, weshalb wir uns hier auf die Zeitplantafeln beschränken. Im Teil II wurde beim Thema Selbstaufschreibung bereits eine für den Einsatz in der Serienfertigung typische *Zeitplantafel* erläutert. Dort wurden zyklische Ablauffolgen unterstellt und eine schichtweise Betrachtung angestellt. In der Einzelfertigung gibt es keine zyklischen Ablauffolgen, dagegen aber Parallelarbeiten und mehrtägige, meist wochenweise, Betrachtungszeiträume.

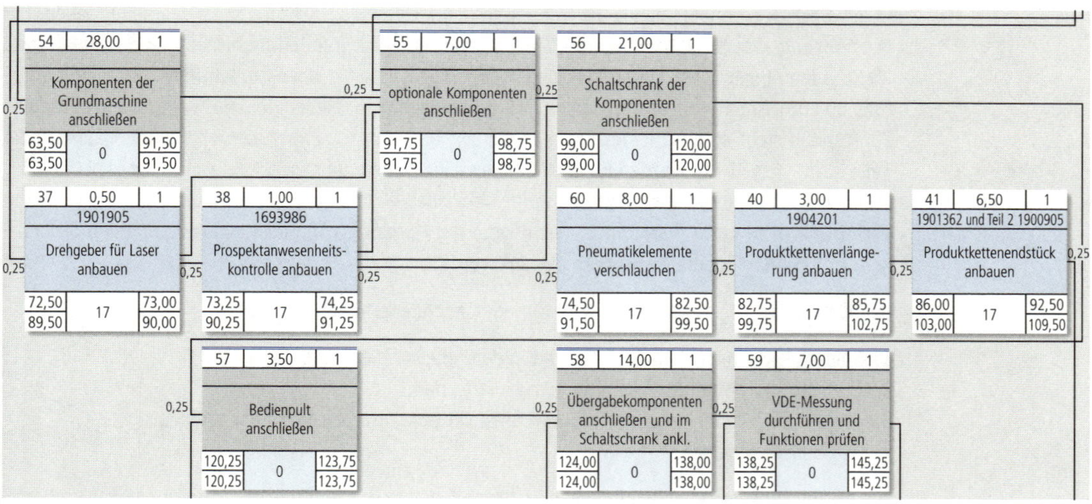

Abbildung IV-17 Beispiel für einen Montageablaufplan (Ausschnitt) in der Einzelfertigung

Abbildung IV-17 zeigt einen Ausschnitt aus einem typischen Montageablaufplan (vgl. zu Netzplänen Teil II, Abschnitt 9.4.3) im Sondermaschinenbau[31], bei dem

- es kritische Vorgänge (doppelt ausgezogene Kopflinie und Pufferzeit null) und
- nichtkritische Vorgänge gibt.

Mit Hilfe von Zeitplantafeln im Flipchartformat soll das Werkstattmanagement die Ablaufplanung (vgl. Abbildung IV-17) in eine Personaleinsatzplanung umsetzen und die Mitarbeiter mit Leistungserwartungen (Sollzeiten) konfrontieren. Diese sollen wiederum zeitnah Istzeiten und Gründe für Soll-Ist-Abweichungen eintragen. Nach dem Prinzip der kleinen Regelkreise werden Abweichungen

31 Die häufigsten Durchlaufzeiten liegen dort im Bereich zwischen ca. 100 und über 1.000 Stunden.

für jedermann frühzeitig sichtbar, so dass innerhalb des Betrachtungszeitraums (hier eine Woche) gegenzusteuern ist.

Die Zeitplantafeln werden durch das Werkstattmanagement am Ende einer Kalenderwoche für die jeweils folgende Kalenderwoche angelegt. Abbildung IV-18 zeigt ein Beispiel aus der Einzelfertigung, wie es am Ende der Kalenderwoche vorliegt, mit den eingetragen Ist-Daten. Im Kopfteil werden die geplanten Werktage eingetragen. Ferner sind dort die Planabweichungsgründe beschrieben.

Dem Montageablaufplan entnommene Arbeitsvorgänge und Sollzeiten werden in die Spalten »geplant« eingetragen. Der Ablaufplan wird unterschieden nach kritischen Vorgängen (ohne Pufferzeit) und nichtkritischen Vorgängen (mit Pufferzeit). Im Beispiel ist die maximale tägliche Arbeitszeit auf 10 Stunden begrenzt, bei einer Regelarbeitszeit von 7 Stunden. Der erste Vorgang (»56. Schaltschrank anschließen«) ist mit einer Durchlaufzeit von 21 Stunden geplant, der zweite Vorgang (»57. Bedienpult anschließen«) mit einer Durchlaufzeit von 3,5 Stunden. Der folgende Vorgang (»58. Übergabekomponenten anschließen«) müsste sich nach dem Montageablaufplan direkt anschließen. Darauf hat man verzichtet, wie nachfolgend begründet wird, und den Beginn auf den folgenden Morgen gelegt. Die nichtkritischen Vorgänge wurden nach dem gleichen Prinzip geplant, und zwar nach spätesterlaubten Anfangszeitpunkten (SAZ).

In den Spalten »erreicht« haben die Mitarbeiter markiert, wie viele Stunden sie gearbeitet haben. Für den Vorgang »56. Schaltschrank anschließen« wurden zwei Stunden mehr benötigt als geplant und 23 Stunden eingetragen. Durch zwei am dritten Tag geleistete Überstunden (der Zeitskalenmarkierung zu entnehmen) wurde der geplante Termin eingehalten. Neben dem Zeitverbrauchseintrag von 23 Stunden steht eine Schlüsselziffer »2« für den Planabweichungsgrund »es fehlten Material oder Teile«. Am vierten Tag wurden für den Vorgang »57. Bedienpult anschließen« statt der geplanten 3,5 Stunden 7 Stunden benötigt. Der Grund für die Planabweichung: eine Betriebsratssitzung. Da deren Termin zuvor bekannt war, konnte der Beginn des Vorgangs »58. Übergabekomponenten anschließen« erst für den folgenden Morgen geplant werden.

Bei diesem Typ von Zeitplantafel wird für jeden leicht erkennbar:

1. Planabweichungen zeitlicher Art und in der Arbeitsreihenfolge,
2. Einhaltung des und Abweichung vom Liefertermin,
3. inwieweit Termineinhaltungen durch ungeplante Mehrarbeit »erkauft« werden,
4. Abweichungsgründe.

Die Auswertung der Abweichungsgründe führt wiederum zur Identifikation zweckmäßiger Verbesserungsmaßnahmen (vgl. Kapitel 3).

Themenbezogene Visualisierung ausgewählter Projekte und Maßnahmen

In Abbildung IV-15 wird als vierter Aspekt Visuellen Managements die themenbezogene Visualisierung ausgewählter Projekte und Maßnahmen angeführt. Dabei will man zeigen, dass sich im Unternehmen »etwas bewegt« und darüber berichten, was Engagierte interessiert. Typische Projektthemen sind Anläufe, als kritisch eingeschätzte Umstellungen und Einführungen sowie komplexere Qualitätsprojekte. Wichtige Darstellungsprinzipien sind

- plakative Darlegung erkannter Probleme und Störungen, um Betroffenheit und Engagement auszulösen;
- griffige Beschreibung initiierter Maßnahmen;
- Soll-Ist-Vergleiche, aus denen zu erkennen ist, inwieweit man das schafft, was man sich vornahm;
- Auswirkungen von Veränderungen, wer davon in welcher Weise berührt ist.

Um den Beteiligten und Betroffenen den Verlauf vom bestehenden Problem bis zur Problemlösung visuell zu vermitteln, werden sogenannte *Point Photographies* erstellt, in denen die Verbesserungs-

Kunde		Mitchel					
Auftragsnummer/Maschine		0-I-2008-32A					
1	11.5.	2	12.5.	3	13.5.	4	14.5.
5	15.5.	KW 20 (11.–15.5.2009)					
1	Die Vorgabezeit war nicht angemessen.						
2	Es fehlten Material oder Teile.						
3	Es fehlten Arbeitsunterlagen, diese mussten zusätzlich beschafft werden.						
4	Es lag, durch Vorgesetzte bestätigt, ein Konstruktionsfehler vor.						
5	Es lagen, durch Vorgesetzte bestätigt, fehlerhafte Teile vor.						
6	Es traten störungsbedingte Arbeitsunterbrechungen auf – bitte mit Stichwort kennzeichnen.						
7	Sonstiges – bitte mit Stichwort kennzeichnen.						

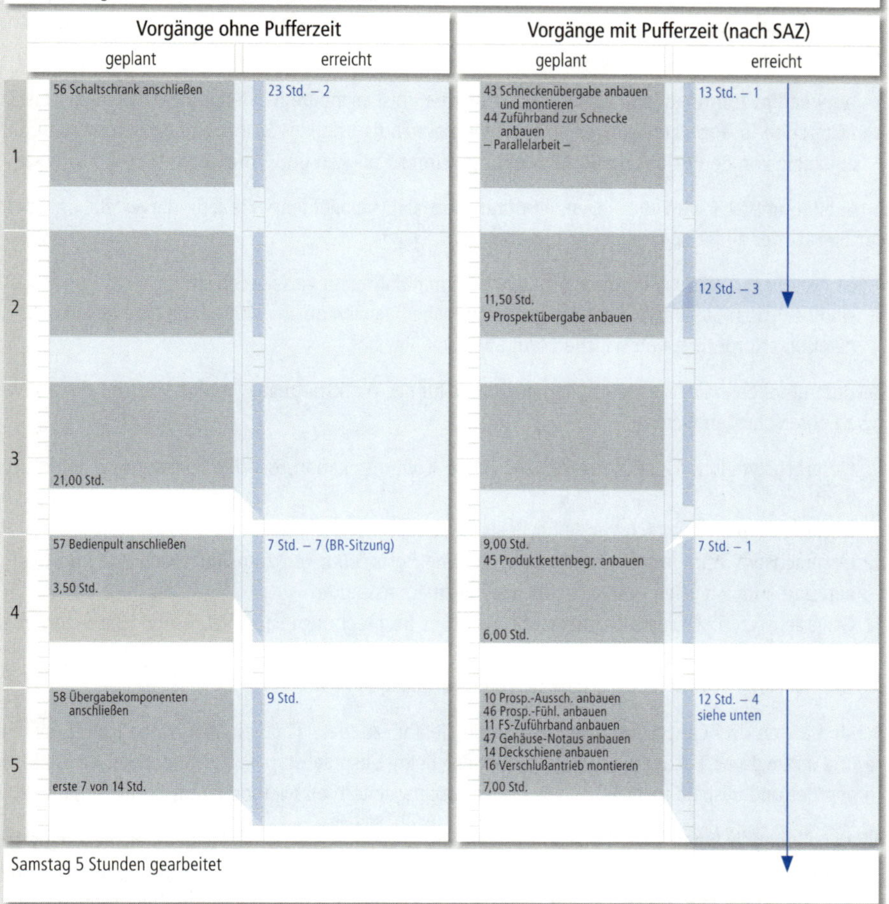

Abbildung IV-18 Beispiel für eine Zeitplantafel in der Einzelfertigung (Zustand: eingetragene Ist-Daten)

schritte dokumentiert werden, meist beginnend mit dem ersten Aufräumen und Organisieren des Arbeitsplatzes (z. B. nach dem 5-S-Konzept) über z. B. eine Einführung adressierter Regale und Behälter bis hin zum Neuzustand. Dabei wird vor und nach jedem Verbesserungsschritt von derselben Position aus ein Foto angefertigt. Alle Verbesserungsaktivitäten werden so chronologisch dargestellt. Die Fotos werden – kommentiert und bewertet – so nebeneinander auf einer Schautafel präsentiert, dass der Verbesserungsprozess visuell nachzuvollziehen ist. Damit will man den Mitarbeitern auf anschauliche Weise die Gewissheit vermitteln, dass man eine Managementkultur pflegt, bei der über Probleme nicht nur geredet, sondern diese auch angepackt und gemeinsam mit den Betroffenen und Beteiligten professionell gelöst werden.

2.6.5 Regelkommunikation

Regelkommunikation hat verpflichtenden Charakter

Als *Regelkommunikation* wird ein geplanter schriftlicher oder mündlicher Informationsaustausch bezeichnet, der inhaltlich und zeitlich geregelt ist. Regelkommunikation findet primär zwischen den Hierarchieebenen sowie zwischen diesen und der operativen Ebene statt.[32] Im Gegensatz zur freien Kommunikation hat die Regelkommunikation verpflichtenden Charakter – sie ist zwingend durchzuführen. Dadurch sollen

- notwendige Informationen sicher verteilt werden (insbesondere bei den Gesprächstypen 1 bis 3),
- Mitarbeiter in Problemlösungen so weit wie notwendig und gewünscht einbezogen werden, unabhängig von den Fähigkeiten und Neigungen ihrer Kollegen und Vorgesetzten.

In Abbildung IV-13 wird die Regelkommunikation als Managementwerkzeug dargestellt, mit dem der Einsatz der anderen Werkzeuge begleitet wird. Dazu

- ist festzulegen, welche Formen der Regelkommunikation zu verwenden sind,
- sind bei jedem Stellentyp die Managementaufgaben danach zu analysieren, ob eine Regelkommunikation erforderlich und welche Form zweckmäßig ist.

Gesprächstypen bei der Regelkommunikation

Bei der mündlichen Regelkommunikation können für das Werkstattmanagement z. B. fünf *Gesprächstypen* unterschieden werden.

1. Gesprächstyp 1: Informationsgespräch, aktive Kommunikation, bei der überwiegend informiert wird.
2. Gesprächstyp 2: Gesprächsrunde für Bestandsaufnahmen zu Problemen.
3. Gesprächstyp 3: Informationsaustausch, das sind Besprechungen zum Austausch von Informationen und zum Abgleich unterschiedlicher Informationsstände.
4. Gesprächstyp 4: Problemlösungsrunde, das sind Besprechungen mit Workshop-Charakter, aber keine Moderationsveranstaltungen.
5. Gesprächstyp 5: Absprachen, z. B. Zielvereinbarungsgespräche.

Bei den ersten drei Gesprächstypen besteht die Gefahr, zu viele Themen abzuhandeln und operative und strategische Sachverhalte zu vermischen. Beim Gesprächstyp 4 sind Sitzungen oft schlecht vorbereitet und deshalb ineffizient, weil es den Sitzungsleitern an Methodik und Routine mangelt.

Bei den Gesprächstypen 2 bis 4 geht es z. B. um die richtige Auswahl der Teilnehmer, Rededauerbegrenzungen, den effektiven Ablauf oder darum, dass die Ergebnisse auch Nichteilnehmern zugänglich werden. Bei diesen drei Gesprächstypen sollten folgende Prinzipien beachtet und festgelegt sein:

1. Turnus (Datum, Dauer, wiederkehrend, einmalig),
2. Einladung (Teilnehmerkreis, Vorlaufzeit),
3. Vertretungsplan,

32 Regelkommunikation prägt sich aus in schriftlicher Kommunikation, das betrifft das Berichtswesen (Reporting), und mündlicher Kommunikation, wobei diese nur in Form von Gesprächen, Besprechungen, Meetings oder Workshops geregelt wird. Auf die schriftliche Regelkommunikation gehen wir hier nicht ein, weil diese nicht speziell für das Werkstattmanagement, sondern unternehmensweit geregelt wird.

4. Agenda (Themen, Ablauf, geplante Dauer). Die eigentliche Arbeit liegt in der Vor- und Nachbereitung von Sitzungen. Die Agendapunkte sollte der Sitzungsleiter mit den Teilnehmern abstimmen. Ein Agendapunkt »Verschiedenes« darf nicht dazu führen, dass am Schluss der Sitzung jeder Unsinn aufgetischt wird. Verschiedenes heißt: es ist als Thema angemeldet, aber keinem der präzisierten Agendapunkte zuzuordnen.
5. Vorbereitung der Teilnehmer. Vorab sollten Unterlagen bereitgestellt und um Vorbereitung zu bestimmten Sachverhalten gebeten werden. Vor jeder Besprechung muss geklärt sein, wer das Protokoll führt.

Aufgaben der Schichtleiter		keine		Gesprächstypen				
		ohne	Ansprache	1. Info	2. G-Runde	3. Austausch	4. P-Runde	5. Absprachen
täglich								
115, 121, 126, 127, 128, 136	Arbeitsergebnisse besprechen inkl. Zeitverbräuche und Gutstückzahlen, Maßnahmen vereinbaren					X		
	Einhalten von Vorschriften (z. B. Arbeitsanweisungen, Prüfanweisungen, Arbeitsschutzbestimmungen) überwachen		X					
	Einhalten der betrieblichen Arbeitszeiten und Pausen überwachen	X						
	zu Ordnung und Sauberkeit am Arbeitsplatz und pfleglichem Umgang mit den Betriebsmitteln anleiten und kontrollieren		X					
	Mitarbeiter zu zweckmäßiger Nutzung der Prozesse und Einrichtungen anregen		X					
	laufende Arbeitsverteilung an Mitarbeiter durchführen, Arbeiten zuweisen unter Beachtung des Job-Rotationsprinzips		X					
211.06	Anwesenheitserfassung durchführen	X						
124	untertägig Personaleinsatzsteuerung aufgrund der aktuellen Auftragssituation durchführen		X					
122	Einhalten von Terminen und Lieferstückzahl/Auftrag überwachen	X						
211.07	Überstundenplanung erstellen, Zeitkonten kontrollieren, Abbauszenarien erstellen und umsetzen	X						
221.03	Störungsarten und Störungszeitanfall sowie Rüstzeiten erfassen	X						
221.076	Schichtbericht erstellen, verteilen und archivieren lassen	X						
wöchentlich								
211.03	aus dem Produktionsplan die Schichtpläne ableiten	X						
311	Arbeitspapiere (insb. Stücklisten und Arbeitspläne) auf Vollständigkeit und Aktualität prüfen	X						
313	Reparaturen, je nach Art, bei WB oder TD anfordern, deren Durchführung ggf. koordinieren und Ergebnis kontrollieren	X						
132	Erwartungen und aktuelle Probleme der Mitarbeiter besprechen				X			
monatlich								
halbjährlich								
112	Qualifikationsstände der Mitarbeiter analysieren und Maßnahmen vereinbaren (Teilnahme)		X			X		X
114	im Zusammenhang mit der Leistungsbeurteilung Fördergespräche führen, Fortschritte und Ergebnisse begleiten		X					X
222.02	arbeitsorganisatorische Regelungen (z. B. Ablösungen, Springer, Job-Rotation) im Zuständigkeitsbereich umsetzen, praktizieren		X					
fallweise								
125	Rückkehrgespräche (Gesundheitsgespräche) führen (Teilnahme)		X					
129	Leasingkräfte und neue Mitarbeiter einarbeiten	X						
131	permanent das Entstehen von Konflikten erkennen und lösen						X	
133	neue Mitarbeiter, insbesondere bei Serienanläufen, in ihre Aufgaben einweisen, trainieren und Wirksamkeit kontrollieren		X					
138	Azubis und Praktikanten betreuen		X					
211.09	neue Anweisungen/Vorschriften/Top-down-Vorgaben der nächsten hierarchischen Ebene erläutern			X				
211.11	Arbeitsunfälle aufnehmen, Bericht erstellen und an UA weiterleiten (Teilnahme)	X						
212.01	bei Einstellungs- und Entlassungsgesprächen mitwirken, unter fachlichen Aspekten Auswahl treffen, bzw. neue Bewerber einfordern (Teilnahme)			X				

Abbildung IV-19 Beispiel (Ausschnitt) für die Begründung von Regelkommunikationen für einen Stellentyp (Schichtleiter)

Je nach Gesprächstyp und Thema hat man sich in den Unternehmen »Agendenstandards« geschaffen, z. B.: Agendenstandards

1. Unklarheiten zum letzten Protokoll,
2. offene Punkte aus der letzter Sitzung,
3. Maßnahmen aufgrund der letzten Sitzung und deren Erledigungsstand sowie die Auswirkungen auf definierte Ergebnisparameter, z. B. auf die Entwicklung von

- Durchlaufzeit-, Stückzeit-, Rüstzeit- und Störzeitensenkung,
- Prozessfähigkeiten,
- Ausschuss und Nacharbeit,
- Beständen.
4. Korrigierende Maßnahmen aufgrund mangelhaftem Erledigungsstand.
5. Feste Agendapunkte (z. B. Auftragseingang, Finanzen, Stand bei wichtigen Vorhaben) kehren immer wieder. Im Werkstattbereich sind das z. B.:
   - Verfügbarkeiten, Effizienzen, Qualitätslagen,
   - Personalbestand, Absenzen und Leihkräftesituation,
   - verfügbare Rohstoffe und Teile,
   - Lieferstatus bei den Kunden inkl. Rückstände.

   Davon zu unterscheiden sind sogenannte »Dauerbrenner«, die immer wiederkehren, weil sie nie erledigt werden. Deshalb: strenge Fristsetzung und dann streichen.
6. Durchführungsfestlegungen (Wer macht was, ggf. mit wem, bis wann, mit welchem geplanten Ergebnis?). Kein Agendapunkt darf ohne Beschluss und kein Beschluss ohne präzisierte Maßnahme sein. Ansonsten würde viel besprochen und wenig erreicht.

Bei jedem der fünf Gesprächstypen sind Ergebnisprotokolle unerlässlich, die umgehend zu verteilen sind. Der Sinn von Ergebnisprotokollen ist, dass man sich keine Details merken muss und alle das gleiche Verständnis über wichtige Sachverhalte haben. Protokolle sind umso wörtlicher zu führen, je formeller eine Sitzung ist, im Werkstattmanagement also nur im Ausnahmefall. Zu jedem Agendapunkt muss protokolliert sein:

- beschlossene Maßnahme,
- Zuständigkeit und Verantwortlichkeit,
- geplante Ziele und Ergebnisse,
- verabredete Termine (Wiedervorlage der Termine führen, denn das Nachfassen ist so wichtig wie die Sitzung selbst).

Um festzulegen, welcher Gesprächstyp bei welcher Gelegenheit vorzusehen ist, greift man auf die Managementaufgaben (vgl. Abbildung IV-8) zurück und prüft je Aufgabe, ob dazu eine Regelkommunikation erforderlich ist. Dem in Abbildung IV-19 angeführten Beispiel ist zu entnehmen, dass das bei ca. ¾ der Aufgaben nicht der Fall ist. Bei den verbleibenden Aufgaben wird der zweckmäßige Gesprächstyp festgelegt.

Anhand der Aufgaben mit Periodenbezug ist die Bedeutung der Gesprächstypen für jeden Stellentyp leicht zu erkennen. Der »Informationsaustausch« kommt am häufigsten vor, ist also trainingsrelevant. »Informationsgespräche« haben für Schichtleiter geringe Bedeutung, weil sie nur jährlich vorkommen.

Die Regelkommunikation ist nicht nur zu organisieren, sondern auch zu trainieren. Bei transparenten Aufgabenstrukturen ist für die damit beauftragten Personen klar, wen sie wohin zu qualifizieren haben. Ferner können sie so gegen ausgemachte Kommunikationsmängel gezielt vorgehen.

2.7 Zusammenfassung

Das Werkstattmanagement ist zwar auch in die 2. PEP-Phase (Prozessplanung) eingebunden, sein Wirkungsschwerpunkt liegt jedoch in der Betriebs- und Verbesserungsphase. Die Bedeutung für den Unternehmenserfolg liegt darin, dass es täglich an vielen Stellen des Betriebes zu praktizieren ist. Daraus begründet sich die Notwendigkeit zur Standardisierung, so dass es häufig in Produktionssysteme einfließt.

In den vorhergehenden Abschnitten wurden unter der Überschrift »Managementhandlungen« vier Sachverhalte[33] als standardisierungswürdig postuliert:

1. Führungsgrundsätze: auf einem bestimmten Menschenbild und den menschbezogenen internen Strategien des Unternehmens basierende Standards für den Umgang der Menschen miteinander.
2. Managementstellentypen: Kategorien von Planstellen, deren Gemeinsamkeit darin liegt, dass sie die gleichen Managementaufgaben zu erfüllen haben.
3. Werkstattmanagement-Aufgaben: auf den Führungsgrundsätzen und internen Strategien basierende Vorgabe nichtfachlicher Aufgaben.
4. Leitungsspannenformel: Berechnungsvorschrift zum Bestimmen der Anzahl direkt unterstellter Planstellen.

Beim »Regelkreis des Werkstattmanagements« wurden vier standardisierungswürdige Lösungsmethoden und mit der »Personalentwicklung« und dem »Verbesserungsmanagement« zwei weitere zu standardisierende Aufgaben im Werkstattmanagement angeführt. Standards sollten vorliegen für:

1. Zielmanagement[34]: Prinzipien und Vorgehen zum Vereinbaren von Erfolgskenngrößen. Im Werkstattbereich ist das bevorzugt die Produktivitätskenngröße OEE.
2. Ergebnis-Controlling: Ablauf des Soll-Ist-Vergleichs, basierend auf einer Production Scorecard, dazu vereinbarte Erfolgskenngrößen und eine Abweichungsanalyse.
3. Visualisierungsmanagement: Optisches Veranschaulichen von Daten, insbesondere von Texten und Zusammenhängen, die komplex und sprachlich schwer zu fassen sind.
4. Regelkommunikation: Standardisierter schriftlicher oder mündlicher Informationsaustausch, der den Stellentypen strukturell, inhaltlich und zeitlich geregelt vorzugeben ist.

Die Standardisierung des Werkstattmanagements ist eine notwendige Bedingung für eine hohe Effektivität und Effizienz in der Betriebs- und Verbesserungsphase. Die hinreichende Bedingung ist, dass das Management über die notwendige Begabung verfügt und ein hohes Maß an Engagement mitbringt.

33 Anhand der dazu angeführten Beispiele wurden die den Lösungsmethoden zugehörigen Unterstützungswerkzeuge gezeigt.

34 Das Zielmanagement wird in vielen Unternehmen außerhalb des Produktionssystems standardisiert, worauf dann im Rahmen des Werkstattmanagements zurückgegriffen wird.

3 Veränderungsmanagement

3.1 Überblick

Um veränderten rechtlichen Bestimmungen und Marktanforderungen zu entsprechen, müssen sich Unternehmen ständig Veränderungen unterziehen. Ein hoher Anteil der Beschäftigten steht Ungewohntem und Neuem eher zurückhaltend gegenüber. Deshalb und auch weil häufig die Einbindung des Betriebsrates erforderlich ist, versucht man Veränderungen im Unternehmen möglichst methodisch anzugehen. Als Sammelbegriff für methodisch fundierte Konzepte und Vorhaben hat sich der Begriff *Veränderungsmanagement* (Change Management) eingebürgert. Anders als bei temporär attraktiven, gut vermarkteten, plakativen Konzepten wie Gemeinkostenwertanalyse, Lean Management, Business Process Reengineering oder TQM handelt es sich beim Veränderungsmanagement aufgrund seiner Inhalte um keine Modeerscheinung. Abbildung IV-20 zeigt die in der Literatur am häufigsten angeführten Aspekte des Veränderungsmanagements: das sind Strategien, die Leistungswirtschaft und die Organisation im weitesten Sinne.[35] Wir interessieren uns beim Produktivitätsmanagement und Industrial Engineering nur für die Leistungswirtschaft.

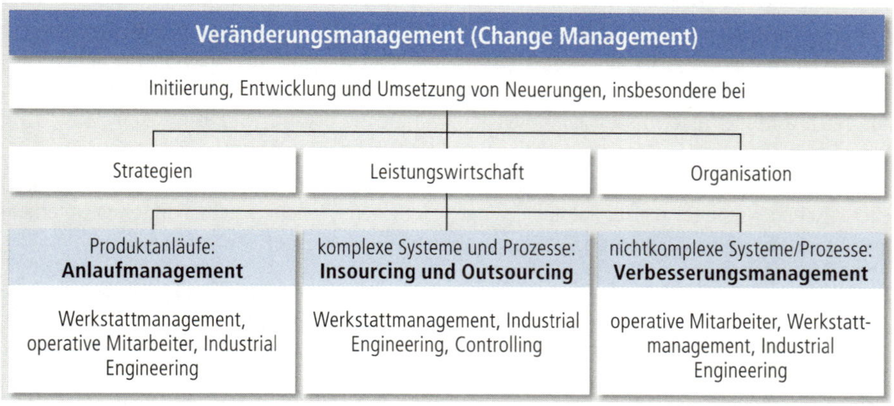

Abbildung IV-20 Überblick zu produktivitätsrelevanten Aspekten des Veränderungsmanagements

Im Teil I, Abschnitt 3.5 wurde zu den Absichten beim *MTM-Produktivitätsmanagement* auch die »Maximale Arbeitssystem-Produktivität« ausgewiesen. Im Abschnitt 3.2 wird erläutert, wie man mittels *Anlaufmanagement* die geplanten Arbeitssystem-Produktivitäten schnellstmöglich zu erreichen versucht. Beim Anlaufmanagement handelt es sich um ein Einführungsprojekt (vgl. Teil II, Abschnitt 9.2.1).[36] Da das Projektmanagement im Teil II, Kapitel 9 ausführlich behandelt wurde, können wir uns auf spezifische Aspekte von Anlaufprojekten beschränken, primär auf die organisatorische Regelung von Anläufen. Wir begrenzen das Anlaufmanagement auf die zwischen dem

Anlaufmanagement

35 Vgl. z. B. Kraus, G.; Becker-Kolle, C.; Fischer, T.: Handbuch Change Management. Berlin: Cornelsen Verlag, 2006.
Osterhold, G.: Veränderungsmanagement. Wege zum längerfristigen Unternehmenserfolg. Wiesbaden: Gabler Verlag, 2002.
Stolzenberg, K.; Heberle, K.: Veränderungsprozesse erfolgreich gestalten – Mitarbeiter mobilisieren, 2. Auflage. Springer: Heidelberg, 2009.

36 Ein Projekt ist ein auf Entwicklung, Einführung oder Verbesserung (allesamt Neuartigkeiten hervorbringend, im Gegensatz zum Tagesgeschäft) ausgerichtetes, einmaliges und komplexes Vorhaben (eine große Anzahl von Einzelaktivitäten umfassend) mit begrenzter Dauer und definiertem Beginn und Ende (also zeitlicher Befristung, im Gegensatz zum Tagesgeschäft), mit dem vorgegebene (Projekt-)Ziele zu erreichen sind.

SOP und dem Erreichen der Kammlinie liegenden Aktivitäten. Im Abschnitt 3.2.2 wird beispielhaft gezeigt, wie das Anlaufmanagement ablauforganisatorisch zu regeln ist. Dann wird seine aufbauorganisatorische Gestaltung diskutiert. Das folgt dem Prinzip des »structure follows process«. Aus dem Prozess wird eine Aufgabenverteilung begründet und aus dieser aufbauorganisatorische Regelungen. Wir plädieren für einen »starken« Anlaufmanager mit klar geregelten Weisungsbefugnissen, der durch Anwendung kleiner Regelkreise die Anlaufergebnisse im Plan hält oder sogar noch übertrifft.

Insourcing und Outsourcing

Im Abschnitt 3.3 werden unter der Überschrift *Insourcing* und *Outsourcing* komplexe Veränderungsvorhaben behandelt, bei denen zuvor von Externen erbrachte Leistungen integriert bzw. zuvor integrierte Leistungen extern verlagert werden. Das erfolgt meist in enger Zusammenarbeit von Industrial Engineering und Werkstattmanagement mit anderen Bereichen, insbesondere Controlling, Qualitätsmanagement, Werksplanung, Logistik und Personalwesen. Die dabei zu lösenden Probleme sind fallspezifisch, so dass diese Thematik beispielhaft zu behandeln ist, wenn man nicht zu sehr abstrakten Darstellungen gelangen will. Wir behandeln dieses Thema deshalb am Fall eines Produktionsprozesses, weil das im Rahmen des Produktivitätsmanagements am häufigsten vorkommt.

Verbesserungsmanagement

Insourcing- und Outsourcing-Vorhaben werden weitestgehend durch Fachbereiche bearbeitet. Das *Verbesserungsmanagement* wird dagegen in hohem Maße durch operative Mitarbeiter getragen. Grundlage aller Verbesserungen ist das Generieren von Ideen. Deshalb werden im Abschnitt 3.4 mit dem Ideenmanagement die Grundlagen allen Verbesserungsmanagements dargelegt. Dann werden mit dem Betrieblichen Vorschlagswesen (BVW) und dem Kontinuierlichen Verbesserungsprozess (KVP) zwei Konzepte des Verbesserungsmanagements behandelt. Das BVW basiert unausgesprochen auf der Erwartung, durch relativ hohe Belohnungen kreativ begabte Mitarbeiter zum Entwickeln innovativer Verbesserungen, also zu relativ großen Verbesserungssprüngen zu stimulieren. Das KVP basiert auf dem Gedanken des KAIZEN, jener japanischen Leitidee, die das Streben nach ständigen, eher kleineren Verbesserung zur Rahmenbedingung jeglichen Handelns macht.[37] In vielen Unternehmen genießt heute nicht mehr das BVW, sondern der KVP die vorrangige Wertschätzung.

Im Mittelpunkt des KVP steht die Identifikation und Eliminierung von Verschwendung. Im Abschnitt 3.5 wird erläutert, woran Verschwendung auszumachen ist und wie sie zu typisieren ist. Damit wird jener Aspekt behandelt, der von KVP-Teams oft als »Verschwendung sehen lernen« bezeichnet wird.

Im Abschnitt 3.6 werden Konzepte zur arbeitssystembezogenen Elimination von Verschwendungen vorgestellt. Dabei geht es zuerst um grundlegende Sachverhalte zum Erscheinungsbild und zur rationellen Nutzung von Arbeitsplätzen. Dann werden Betrachtungen zum Einsatz von Betriebsmitteln, zu Montagen, zur Arbeitssteuerung und zur Beseitigung von Engpässen angestellt.

Im Abschnitt 3.7 wird erläutert, wie KVP-Workshops durchzuführen sind. Hier sollen ergebniswirksame Verbesserungen generiert werden, sobald man die »5-S-Aufwärmphase« hinter sich gebracht hat. Abschließend wird erläutert, mit Hilfe welcher Methoden das erfolgen kann, nämlich zur Workshop-Arbeit hilfreichen MTM-Instrumenten. Im Abschnitt 3.7.4 wird mit dem Methodenraum-Konzept eine besonders bei Betrieben mit umfangreichen Serienmontagen geschätzte Lösung beschrieben.

37 Ausführlich dargelegt wird das KAIZEN in Imai, M.: Kaizen. Der Schlüssel zum Erfolg der Japaner im Wettbewerb, 8. Auflage. Berlin: Ullstein, 1998.

3.2 Anlaufmanagement

3.2.1 Anlaufprobleme und Handlungsfelder beim Anlaufmanagement

Anlaufmanagement

Durch sinkende Produktlebenszyklen und kürzere Produkteinführungszeiten (Time to Market) stiegen die Anforderungen an die Leistungsfähigkeit des *Anlaufmanagements*. Es gibt unterschiedliche Auffassungen darüber, was zum Anlaufmanagement gehört. Die weitestreichenden Interpretationen schließen alle Aktivitäten zwischen der Konzeptionsphase eines Produkts und dem Erreichen der Kammlinie ein, stehen also für den gesamten PEP.[38] Dem folgen wir nicht, sondern einer engen Begriffsauslegung, die alle Aktivitäten zwischen dem SOP und dem Erreichen der Kammlinie einschließt. Im Teil I, Abschnitt 3.2.3 wurden deshalb unter dem Anlaufmanagement alle Aufgaben subsumiert, die zwischen der Produktionsfreigabe und dem Erreichen der Kammlinie zu erfüllen sind.

Ursachen für Anlaufprobleme

In den letzten Jahren in der europäischen Automobilindustrie durchgeführte Untersuchungen ergaben, dass bei ca. 1/3 der Produktionsanläufe die wirtschaftlichen Ziele und bei ca. der Hälfte die technischen Ziele nicht erreicht wurden.[39] Die Ursachen für Anlaufprobleme sind vielschichtig, auch wenn sich Unternehmen auf wenige Hauptursachen konzentrieren können:[40]

1.	Betriebsmittel	31 %
2.	Produktentwicklung	26 %
3.	Lieferanten	16 %
4.	Personal	11 %
5.	Organisation	7 %
6.	Produktplanung	5 %
7.	Sonstige	4 %

Handlungsfelder

Die drei ersten Ursachen sind den beiden ersten PEP-Phasen, also nicht dem Anlaufmanagement anzulasten, »Personal« und »Organisation« dagegen dem Anlaufmanagement. Wir unterscheiden drei Handlungsfelder:

1. Ablauf- und Aufbauorganisation von Anläufen,
2. Änderungsmanagement im Anlauf,
3. Wissens- und Risikomanagement.

3.2.2 Ablauforganisation von Anläufen

Person des Projektleiters

Die Organisation von Anläufen wurde im vorhergehenden Abschnitt zwar nicht als häufige Ursache von Anlaufproblemen ausgewiesen. Bei guter Organisation bekommt man die drei Hauptprobleme jedoch besser in den Griff, weshalb sie mindestens »Mittel zum Zweck« ist. Anlaufmanagement ist Projektmanagement. Bei erfolglosen Projekten stellt sich immer wieder die Person des Projektleiters als Schlüsselfaktor heraus, gefolgt von der Projektorganisation. Auch unter diesem Gesichtspunkt ist es zweckmäßig, sich mit der Organisation von Abläufen auseinander zu setzen. Serienhersteller

38 Vgl. z. B. Fitzek, D.: Anlaufmanagement in Netzwerken. Bern: Haupt, 2006, S. 53. Wildemann, H.: Anlaufmanagement. Leitfaden zur Verkürzung der Hochlaufzeit und Optimierung der An- und Auslaufphase von Produkten, 4. Auflage. München: TCW, 2006, S. 22. Abele, E.; Eichhorn, N.: Richtig planen oder kontinuierlich verbessern? In: Britzke, B. (Hrsg.): MTM in einer globalisierten Wirtschaft. München: mi-Wirtschaftsbuch, 2010, S. 226 f.

39 Vgl. Bischoff, R.: Anlaufmanagement. Schnittstelle zwischen Projekt und Serie. Konstanz: Konstanzer Managementschriften, 2007, S. 7 f.

40 Vgl. Bischoff, R.: a. a. O., 2007, S. 10.

müssen für die dritte PEP-Phase die Ablauforganisation beim Anlaufmanagement festlegen. Der Abbildung IV-21 ist dazu ein Beispiel zu entnehmen.

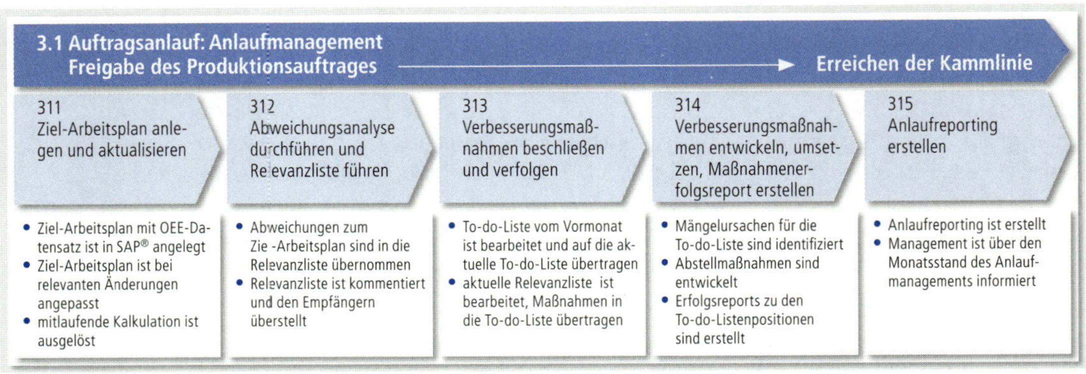

Abbildung IV-21 Beispiel für einen Anlaufprozess mit unterlegten Quality Gates

Quality Gates

Im Mittelpunkt dieses Prozesses stehen die Identifikation und Durchführung von Verbesserungsmaßnahmen sowie das Verwenden von *Quality Gates*. Die wichtigsten Merkmale dieses Prozesses sind:

1. Es wird ein Zielarbeitsplan verwendet, der auch die Soll-Arbeitsproduktivitäten (vgl. Abbildung IV-23) für die eingeschlossenen Arbeitssysteme enthält. Mit Beginn des Serien- oder Vorserienanlaufs wird vom Controlling eine mitlaufende Kalkulation ausgelöst.
2. Durch das Controlling werden in einem (zuerst wöchentlichen, später monatlichen) Abgleich des Zielarbeitsplans mit den Ergebnissen der mitlaufenden Kalkulation relevante Abweichungen zur Verfügbarkeit, Effektivität und Qualität erhoben. Diese werden in eine Relevanzliste übernommen, die an die Betroffenen sowie die Teilnehmer periodischer Ratiorunden (vgl. Abbildung IV-22) geht.
3. In den Ratiorunden wird die Relevanzliste abgearbeitet, indem Maßnahmen abgesprochen werden und aus der so präzisierten Relevanzliste eine To-do-Liste entsteht. Diese enthält alle offenen Maßnahmen und dient dem Projektmanager als Steuerungsgrundlage.
4. Durch die betroffenen Bereiche werden die Mängelursachen identifiziert, Abstellmaßnahmen mit Terminen versehen und in die To-do-Liste aufgenommen. Bei Misserfolgen werden in der nächsten Ratiorunde die Ursachen erörtert.
5. Die To-do-Liste ist die Grundlage für das monatlich durch den Anlaufmanager zu erstellende Anlaufreporting für die Geschäftsleitung und die betroffenen Bereiche.

Der in Abbildung IV-21 angeführte Prozess wird im folgenden Abschnitt weiter präzisiert. Nach diesem Verständnis ist Anlaufmanagement so wenig die alleinige Aufgabe eines Anlaufmanagers, wie Qualitätsmanagement die alleinige Aufgabe eines Bereichs »Qualitätsmanagement« sein kann. Deshalb sind alle dem Anlauferfolg verpflichteten Stellen in den Prozess einzubinden und daraus erst dann zu entlassen, wenn die Kammlinie erreicht ist. Erst danach gehen das Produkt, die Arbeitssysteme und der Prozess in die Verbesserungsphase über. Im folgenden Abschnitt geht es darum, wie man die in der Anlaufphase zu erfüllenden Aufgaben auf Aufgabenträger verteilt.

3.2.3 Aufbauorganisation des Anlaufmanagements

Anlaufmanager

Zur *aufbauorganisatorischen Einbindung* des *Anlaufmanagements* gibt es Vorschläge, die Anlaufmanager in Stabs- oder Matrixstellen zu positionieren[41] und diese der Geschäftsführung zu unterstellen. Beiden Vorschlägen folgen wir nicht.

1. Die Verantwortung für die Prozesse sollte mit dem SOP vom Industrial Engineering auf die Prozessbetreiber übergehen. Folglich steht Anlaufmanagement unter der Ägide des Produktionsmanagements, auch wenn andere Bereiche involviert sind.
2. Einer Matrixlösung werden die meisten Praktiker schon deshalb skeptisch gegenüberstehen, weil diese relativ selten zu überzeugenden Lösungen führt, auch dann nicht, wenn man die Matrixleitungen »sicherheitshalber« der Geschäftsführung unterstellt.

Eine aufbauorganisatorische Lösung für das Anlaufmanagement ist – wie bei jeder Organisationsaufgabe – über eine Aufgabenverteilung zu finden. Dazu wurde für das in Abbildung IV-21 angeführte Beispiel der Prozess detailliert und die dabei definierten Aufgaben auf die involvierten Aufgabenträger verteilt (vgl. Abbildung IV-22).

Die wichtigsten Ergebnisse dieses Schrittes sind:

1. Die Funktionen des Anlaufmanagers weisen ihn nicht als »schwache« Stabsstelle, sondern als »starken« weisungsbefugten Projektleiter aus, der hauptberuflich alle Produktanläufe zu betreuen hat.
2. Der Anlaufmanager ist der Produktionsleitung unterstellt, weil diese vom SOP bis zum EOP die Erfolgsverantwortung hat.
3. Alle involvierten Stellen sind Teilnehmer des Entscheiderkreises.
4. Das Werkstattmanagement, mit Bereichsleitung, Meistern und Schichtleitern, trägt die Hauptlast bei den Verbesserungsmaßnahmen.
5. Andere Verbesserungsansätze, die durch den Entscheiderkreis beschlossen werden, können Eingriffe in das Lieferantenmanagement, Einwirkungen auf die Kunden oder Maßnahmen zur Produktverbesserung sein. Da sie im vorliegenden Fall nicht häufig auftreten, hat man sie nicht angeführt, um noch umfänglichere Dokumentationen zu vermeiden.

41 Vgl. z. B. Bischoff, R.: a. a. O., 2007, S. 76.

				Engineering		Produktion					Zentralbereiche		
				IE	PE	AM	PL	BL	ME/SL	IE-P	CO	QM	LG
Prozessschritte		**Aufgaben**		**Quelle: Auftragskalkulation**									
311	**Ziel-Arbeitsplan in SAP anlegen und aktualisieren**												
311.1	Ziel-Arbeitsplan in SAP® anlegen	311.11	auf Auftragskalkulation und Arbeitsplan zurückgreifen	x									
		311.12	Rüstzeiten und Stückzeiten dem Arbeitsplan entnehmen	x									
		311.13	Unterbrechungszeitanteil von IE erfragen und übernehmen	x									
		311.14	Nacharbeits- und Ausschussanteile der Auftragskalkulation entnehmen	x									
		311.15	Zielarbeitsplan in SAP® einstellen	x									
		311.1	*Ziel-Arbeitsplan steht für die Abweichungsanalyse zur Verfügung*										
311.2	Ziel-Arbeitsplan aktualisieren	311.21	Änderungen aus dem Arbeitsplan in den Ziel-Arbeitsplan übernehmen	x									
		311.22	Änderungen aufgrund von Produktionsinformationen übernehmen	x									
		311.2	*Ziel-Arbeitsplan ist bezüglich des relevanten Sachverhaltes aktualisiert*										
312	**Abweichungsanalyse durchführen und Relevanzliste führen**												
312.1	monatlich mit Hilfe der mitlaufenden Kalkulation Abweichungen je Anlaufauftrag erfassen	312.11	Rüstzeitdifferenzen ermitteln und eintragen								x		
		312.12	Differenzen im Unterbrechungszeitanteil ermitteln und eintragen								x		
		312.13	Stückzeitdifferenzen ermitteln und eintragen								x		
		312.14	Differenzen bei den Nacharbeitsanteilen ermitteln und eintragen								x		
		312.15	Differenzen bei den Ausschussanteilen ermitteln und eintragen								x		
		312.16	relevante Abweichungen kennzeichnen und +/– -Veränderung ermitteln								x		
		312.17	Abweichungsanalyse dem Empfänger zuleiten								x		
		312.1	*Abweichungsanalyse zu allen Anlaufaufträgen ist nach Verteilerschlüssel an die Empfänger (neben Ratio-Runde: VE, EK, PE) gegangen*										
312.2	Relevanzliste erstellen (je Anlaufauftrag)	312.21	Abweichungsanalyse auf relevante Differenzen prüfen			x							
		312.22	Abweichungsschwerpunkte ermitteln und Prioritäten bestimmen			x							
		312.23	Relevanzpositionen nach Anlaufaufträgen, darin nach Prioritäten erstellen			x							
		312.2	*aus der Abweichungsanalyse ist die Relevanzliste extrahiert*										
314	**Verbesserungsmaßnahmen entwickeln, umsetzen und Maßnahmenerfolgsreport erstellen**												
314.1	Mängelursachen für die To-do-Listenpositionen identifizieren	314.11	Workshop vorbereiten, einladen (bei komplexeren Themen auch IE-P)					x	x	(x)			
		314.12	Workshop durchführen und Mängelursachen identifizieren					x	x	(x)			
		314.13	Mängelursachen so beschreiben, dass Maßnahmen zu definieren sind					x	x	(x)			
		314.1	*Mängelursachen für die To-do-Listen-Positionen sind identifiziert*										
314.2	Abstellmaßnahmen entwickeln und umsetzen	314.21	Workshop vorbereiten, einladen (bei komplexeren Themen auch IE-P)					x	x	(x)			
		314.22	Abstellmaßnahmen entwickeln und Realisierung festlegen					x	x	(x)			
		314.23	Abstellmaßnahmen durchführen, ggf. unter Unterstützung von IE-P					x	x	(x)			
		314.24	Verbesserung absichern und Lösungsstabilität testen					x	x	(x)			
		314.2	*mit den Beteiligten sind die Abstellmaßnahmen umgesetzt*										
314.3	für die nächste Ratio-Runde Erfolgsreport erstellen	314.31	Verbesserungseffekt der Maßnahme quantifizieren/qualifizieren					x					
		314.32	Abstand zu den Werten im Ziel-Arbeitsplan bestimmen					x					
		314.33	Verbesserungseffekt für die To-do-Listenposition ermitteln					x					
		314.34	Ergebnis in die To-do-Liste einstellen					x					
		314.3	*über den Erfolg/Misserfolg je To-do-Position ist berichtet*										
315	**Anlaufreporting erstellen**												
315.1	Anlaufreporting für die Ratio-Runde erstellen	315.11	aus Vormonats-To-do-Liste Ergebnisse extrahieren			x							
		315.12	aus Relevanzliste geplante Verbesserungen entnehmen			x							
		315.13	Anlaufreporting erstellen und an die Adressaten verteilen			x							
		315.1	*Anlaufreporting ist erstellt und an die Ratio-Runde verteilt*										
315.2	Anlaufreporting der GF berichten	315.21	Anlaufreporting der GF vortragen			x							
		315.22	Anregungen und Auflagen der GF erfassen und mit GF abstimmen			x							
		315.23	Auflagen der GF für die kommende To-do-Liste dokumentieren			x							
		315.2	*Geschäftsführung ist über den Stand des Anlaufmanagements informiert und Auflagen der GF sind für die kommende To-do-Liste dokumentiert*										
				Senke: Kammlinie erreicht oder Kammlinienkorrektur vorgenommen.									

IE = Zentrales Industrial Engineering; **PE** = Product Engineering; **AM** = Anlaufmanager; **PL** = Produktionsleitung; **BL** = Bereichsleitung; **ME/SL** = Meister, Schichtleiter; **IE-P** = MTM-Gruppe; **CO** = Controlling; **QM** = Qualitätsmanagement; **LG** = Logistik

Abbildung IV-22 Beispiel für die Aufgabenverteilung bei einem Anlaufprozess

3.2.4 Änderungsmanagement im Anlauf

Wirksamkeit des Produktionssystems

Beim Serienanlauf zeigt sich, ob das Produktionssystem wirksam ist. Das ist es z. B. dann, wenn angewandte Standards erkennbar zur geplanten Produktivität führen. Stellt man beim Serienanlauf fest, dass auf nur wenige Standards zurückgegriffen wird, sollte man das Produktionssystem daraufhin prüfen, ob es das nicht leisten konnte, oder ob man sich in den beiden ersten PEP-Phasen um Standardisierungen gedrückt hat.

Im Teil I, Abschnitt 2.4.5 wurde das *Konzept der Arbeitssystem-Produktivität* eingeführt. Sie ist der Ergebnisparameter für das

1. Werkstattmanagement, hier beim Ergebnis-Controlling (vgl. Kapitel 2),
2. Anlaufmanagement, hier beim Änderungsmanagement,
3. Verbesserungsmanagement, hier bei der Identifikation erfolgversprechender Verbesserungsmaßnahmen (vgl. Abschnitte 3.4 f.).

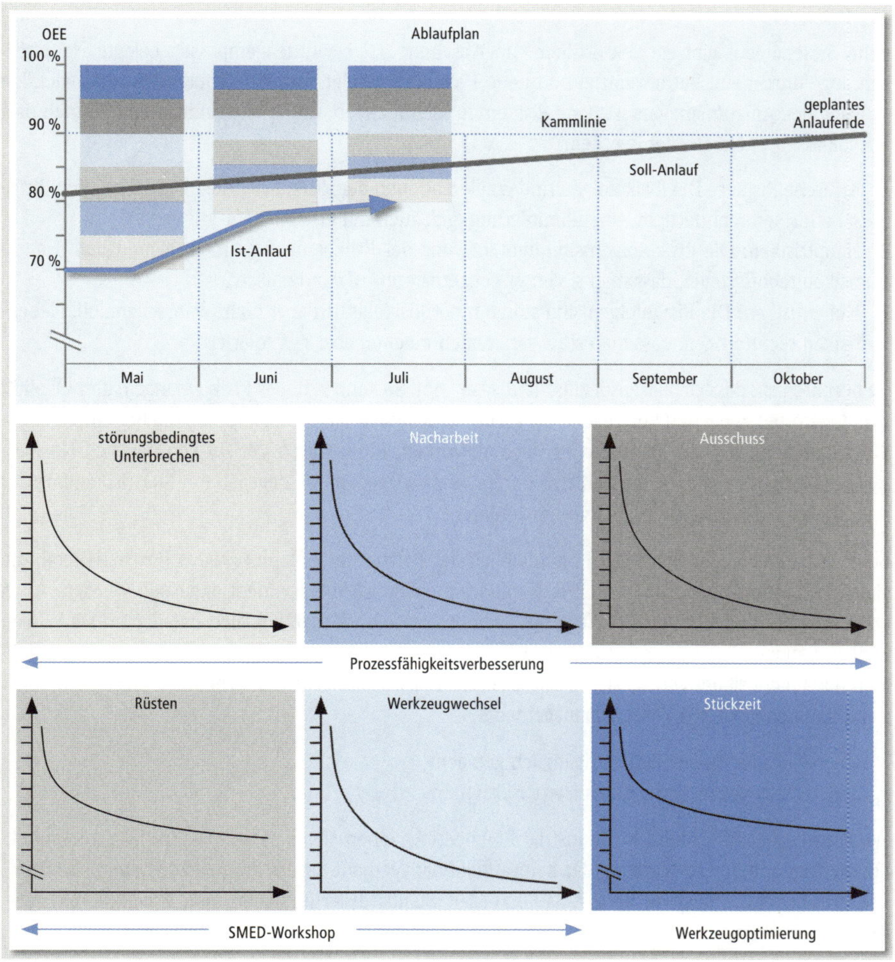

Abbildung IV-23 Prinzip des Änderungsmanagements im Anlauf auf der Grundlage des Reportings der Arbeitssystem-Produktivität

Konzept der Arbeitssystem-Produktivität

Dem Abbildung IV-22 zu entnehmenden Anlaufprozess liegt das Konzept der Arbeitssystem-Produktivität zu Grunde, was in Abbildung IV-23 verdeutlicht wird. Es ist zwar grundsätzlich auch auf Montageprozesse anzuwenden, wird jedoch vorwiegend auf betriebsmitteldominierte Prozesse angewandt.

Für das Erfassen der OEE-Daten sind *Zeitplantafeln* geeignet, wie sie im Abschnitt 2.6.4 sowie im Teil II, Abschnitt 9.5.2 erläutert wurden. Über einen festgelegten Zeitraum wird dabei der Verlauf der OEE-Daten erfasst und geprüft, ob man sich plangerecht der Kammlinie nähert. Diese liegt im Beispiel bei 90 % OEE. Vom SOP zur Kammlinie führt ein Soll-Anlauf, nach dem die Arbeitssystem-Produktivität binnen sechs Monaten von 80 % auf 90 % zu erhöhen ist. Dazu wurden drei Verbesserungsansätze festgelegt. Zu deren sechs Parametern sind sukzessiv Verbesserungen zu erzielen. Die Ist-Hochlaufkurve soll spätestens zum Ende der Anlaufzeit die Soll-Hochlaufkurve erreicht haben. Je früher das der Fall ist, desto höher sind die über die Produktlebensdauer zu generierenden Deckungsbeiträge. In Teil I, Abschnitt 2.5.5 wurde begründet, welche Vorteile dabei aus der Anwendung des MTM-Verfahrens resultieren.

3.2.5 Risiko- und Wissensmanagement

Risiken

Beim Serienanlauf gibt es viele Risiken. Im Abschnitt 3.2.1 wurden empirisch belegte Hauptrisiken angeführt: neue Betriebsmittel und neue Produkte, gefolgt von den Lieferanten. Eine wichtige Aufgabe des Anlaufmanagers ist, jene Risiken zu identifizieren, die kritisch sind. Dazu können drei Risikoklassen unterschieden werden:

Risikoklassen

1. Kritische Risiken: Die Risikofolgen sind gravierend, und der Risikoeintritt ist wahrscheinlich. Kritische Risiken rechtfertigen eine Eliminierung, ggf. auch mit erheblichem Aufwand.
2. Hauptrisiken: Die Risikofolgen sind deutlich, und der Risikoeintritt ist mehr als möglich. Hauptrisiken rechtfertigen, dass man sie unter vertretbarem Aufwand entschärft.
3. Nebenrisiken: Die Risikofolgen sind störend, der Risikoeintritt aber nicht wahrscheinlich. Nebenrisiken rechtfertigen, dass man sie zwar kennen möchte, aber ggf. toleriert.

Zu beachten ist, dass es phasenspezifische Risiken gibt. So kann z. B. das Risiko mangelhafter Qualität von Zulieferteilen bei und kurz nach SOP gering sein, weil sich beim Lieferanten die Bemühungen im Zusammenhang mit der Bemusterung noch auswirken. Im weiteren Verlauf könnten sich Nachlässigkeiten einschleichen, die zu Fehlern führen. Werkzeuge können dagegen mit Startrisiken belastet sein, die nach einiger Zeit an Bedeutung verlieren.

Wissen

Beim Anlaufmanagement gelten, einschließlich der Person des Anlaufmanagers (Projektleiters), die gleichen Überlegungen, die im Teil II, Kapitel 9 zum Projektmanagement angestellt wurden. Auch beim Anlauf- und beim Verbesserungsmanagement entsteht Wissen bei allen Beteiligten. Da Wissen zunächst an jene Personen gebunden ist, die es erworben haben, ist es flüchtig und für das Unternehmen noch nicht sicher verfügbar. Um dieses Individualwissen für das Unternehmen zu sichern, muss es im Rahmen gezielten Wissensmanagements

- einerseits allen Berechtigten zugänglich gemacht,
- andererseits gegen Verluste gesichert werden.

Wissensmanagement findet im Industrial Engineering seinen sichtbarsten Niederschlag im Produktionssystem und dessen Nutzung. Da beim Anlaufmanagement für das Produktionssystem relevantes Wissen entsteht, obliegt es dem Anlaufmanager, Standardisierungsideen dem Produktionssystem-Management zuzuleiten.

Eine andere Betrachtung richtet sich auf das im Verlauf von Anlaufprozessen entstehende Erfahrungswissen der Beteiligten. Das eignet sich weniger für die Standardisierung als für die Qualifizierung dieser Personen. Dabei entsteht einerseits neues Fachwissen, andererseits sind Schlüsselqualifikationen einzusetzen. Eine Herausforderung für das Management aller beteiligten Unternehmensbereiche liegt deshalb darin, längere Zeit in Anlaufprozesse involvierte Personen in ihrer weiteren Entwicklung zu begleiten und dabei deren entwickelte Potenziale für das Unternehmen zu nutzen.

3.3 Outsourcing und Insourcing

3.3.1 Prinzipien

Outsourcing

Der Begriff *Outsourcing* steht für das Übertragen bisher selbst erstellter Leistungen auf einen internen oder externen Lieferanten. So haben Unternehmen z. B. ihren Werkzeugneubau an Werkzeugbauspezialisten vergeben. Sie sahen darin keinen Verlust an Kernkompetenzen und haben sich auf die Werkzeuginstandhaltung beschränkt. In den letzten 20 Jahren gab es in der deutschen Wirtschaft deutlich mehr Outsourcing- als Insourcing-Projekte.

Insourcing

Als *Insourcing* wird der Übergang zur Eigenerstellung bisher extern bezogener Leistungen bezeichnet. Im Sondermaschinenbau wurden z. B. von einer Druckerei hergestellte Betriebsanleitungen durch selbst gedruckte kundenindividuelle Anleitungen nach dem Print-on-Demand-Prinzip[42] ersetzt. Dadurch waren ohne Mehraufwand kunden-/auftragsspezifische Anleitungen zu erstellen. Als *Backsourcing* wird ein Insourcing zuvor fremdvergebener Leistungen bezeichnet.

Bei Insourcing- und Outsourcing-Vorhaben handelt es sich aus Sicht des Projektmanagements um Verbesserungsprojekte (vgl. Teil II, Abschnitt 9.2.1). Das Projektmanagement ist ein wichtiger Bestandteil solcher Vorhaben. Da es im Teil II, Kapitel 9 ausführlich behandelt wurde, gehen wir hier darauf nicht ein. Dort wurde im Abschnitt 9.7.2 auch gezeigt, wie Entscheidungen zwischen *Eigenerstellung und Fremdbezug* aufgrund von Wirtschaftlichkeitsvergleichen zu treffen sind. Diese Kalküle fallen auch bei Insourcing- und Outsourcing-Vorhaben an, ebenso die in den Abschnitten 3.6.5 ff. erläuterte Betrachtung von Engpass-Arbeitssystemen.

Outsourcing- und Insourcing-Projekte basieren meist auf komplexen Entscheidungsszenarien, die über einen reinen Wirtschaftlichkeitsvergleich hinausgehen. Allein die arbeitsrechtlichen Konsequenzen können stärkeren Einfluss auf die Entscheidung als die Höhe der Fertigungskosten haben.

Der Unterschied zwischen Fremdbezug und Outsourcing liegt darin, dass

- Fremdbezüge einfacher Teile meist durch den Einkauf betreut werden, wenn der Lieferant einen »stabilen Zustand« erreicht hat;
- Outsourcing für einen Änderungsprozess steht, bei dem technisch-organisatorisch und personell integrierte Leistungserstellungen ausgelagert werden.

Haben Outsourcing-Vorhaben einen eingeschwungenen und stabilen Zustand erreicht, sind die betreffenden Leistungen wie ein normaler Fremdbezug zu behandeln, sofern es sich um einfache Teile handelt. Bei diffizilen Dienstleistungen oder wichtigen Baugruppen wird man es dagegen bei einem Outsourcing-Management belassen, wo immer man dieses organisatorisch eingliedert.

Insourcing- und Outsourcing-Vorhaben sollten durch eine *funktionale Wertschöpfungs-Strategie* (vgl. Teil I, Abschnitt 3.3.5, Abbildung I-38) zu begründen sein, also durch eine interne Verfahrens-Leitlinie und nicht durch das Verhalten von Wettbewerbern. Dieser sollte z. B. zu entnehmen sein, ob

42 Print-on-Demand basiert auf der Digitaldrucktechnik, d. h. die Druckvorlage liegt auf einem Datenträger vor, und gedruckt wird (im Gegensatz zu den klassischen Druckverfahren) jeweils ein Exemplar nach Bestellung.

man tendenziell eine Erhöhung oder eine Reduzierung der Wertschöpfungstiefe anstrebt. Letzteres verwirklicht man insbesondere durch Outsourcing.

In Abbildung IV-24 werden häufig genannte Gründe, Vorteile und Nachteile von Insourcing- und Outsourcing-Vorhaben im Produktionsbereich angeführt. Inwieweit diese im Einzelfall zum Tragen kommen, hängt neben den strategischen Vorgaben von der planerischen Sorgfalt und von der Form des Outsourcings ab, wie im folgenden Abschnitt erläutert. Die in Abbildung IV-24 angeführten Gründe sind auch der Literatur[43] zu entnehmen.

Insourcing		Outsourcing	
Gründe/Vorteile	Risiken	Gründe/Vorteile	Risiken
• **Kostennachteile, weil** die Bezugskosten unerwartet gestiegen sind, die Einsparpotenziale nicht erreicht wurden. • **Leistungs-/Nutzennachteile, weil** sich Qualitätsprobleme einstellten, die Schnittstellen und Logistik nicht beherrscht wurden, die eigene Flexibilität sank. • **Strategische Nachteile, weil** die eigene Kernkompetenz zurückgeht, es zu Lasten eigener Arbeitsplätze und Auslastungs-glättung geht.	• **Kostenrisiken, indem** die eigenen Qualitätskosten unterschätzt werden. • **Umsetzungsrisiken, indem** bei einem Backsourcing die Anlaufkosten unterschätzt werden, eigenes Personal nicht zu dem Wissen und Können, wie beim externen Spezialisten gelangt. • **Folgerisiken, indem** Kompetenzen aufgebaut werden, die man teilweise doch nicht wünschte.	• **Kostenvorteile, wenn** Spezialisten Skaleneffekte nutzen können und eigene Auslastungsprobleme beseitigt werden. • **Ausrichtung am Kerngeschäft, wenn** keine Kernkompetenzen und erfolgskritische Prozesse abgegeben werden. • **Leistungsverbesserung, wenn** die externe Kompetenz höher als die eigene ist und daraus Innovationen entstehen können.	• **Kostenrisiken, indem** Outsourcing-spezifische Kosten, insbesondere Transaktionskosten, unterschätzt und eigene Fixkosten ungenügend abgebaut werden. • **Nachhaltigkeitsrisiken, indem** es im Laufe der Zeit zu Abhängigkeiten und überzogenen Forderungen sowie zu Qualitätseinbußen kommt. • **Folgerisiken, indem** relevante Informationen an Dritte gehen, im Insolvenzfall schwer kompensierbare Lieferausfälle entstehen, sich Widerstände des Betriebsrats und der Belegschaft aufbauen.

Abbildung IV-24 Häufig genannte Gründe, Vorteile und Risiken beim Insourcing und Outsourcing von Produktionsleistungen

Offshoring

In der Vergangenheit wurde eine Form des Outsourcings besonders publik, das *Offshoring*. Darunter versteht man eine Verlagerung von Leistungserstellungen und damit von Arbeitsplätzen aus Industrieländern in entfernte Niedriglohnländer (LCC = Low Cost Countries), bevorzugt nach Asien und dort insbesondere nach Indien und China. Offshoring-Lösungen bergen besondere Risiken, nicht nur aufgrund kultureller Unterschiede und Abstimmprozeduren über weite Entfernungen hinweg. In bestimmten Regionen von Niedriglohnländern, z. B. in den Küstenregionen asiatischer Länder, steigen die Personalkosten und Fluktuationsraten. Die Folge ist, dass Standorte weiter ins Landesinnere verlagert werden, bei schlechterer Infrastruktur und geringer qualifiziertem Personal. Insbesondere LCC-Outsourcing unterliegt dem Risiko, dass sich die Rahmenbedingungen schneller ändern, als den Planungen und Verträgen zu Grunde gelegt wurde.

Nearshoring

Als *Nearshoring* werden Verlagerungen in die Nähe des Stammlandes bezeichnet, was für deutsche Unternehmen in der Vergangenheit bevorzugt Osteuropa war. In beiden Fällen waren niedrige Perso-

43 Vgl. z. B. Köhler-Frost, W. (Hrsg.): Outsourcing – Schlüsselfaktoren zur Kundenzufriedenheit, 5. Auflage. Berlin: Erich Schmidt Verlage, 2005. Specht, D. (Hrsg.): Insourcing, Outsourcing, Offshoring. Wiesbaden: Gabler Verlag, 2007.

nalkosten und Sozialstandards sowie Steuervorteile vermutlich die häufigsten Beweggründe. Die am häufigsten genannten Risiken sind die Fähigkeit der Lieferanten, mit Notfallsituationen umzugehen, sowie die Entwicklung der Logistikkosten.

Shared Services

Als Alternative zum Outsourcing werden in indirekten Bereichen und in Verwaltungen auch *Shared Service Center* gebildet. Von Shared Services spricht man, wenn durch internes Outsourcing gleichartige Funktionen oder Prozesse in einer zentralen Organisationseinheit gebündelt werden, auf die alle Bereiche zugreifen können.[44]

3.3.2 Formen des Outsourcings

Outsourcing kann unternehmensintern und unternehmensextern erfolgen. In beiden Fällen können *Assets*[45] und/oder Personal übertragen werden[46]. Daraus entstehen arbeitsrechtliche Konsequenzen sowie ggf. die Notwendigkeit, nicht mehr benötigte Assets und Flächen auszugliedern.

Outsourcingformen:
wie bisher selbsterstellte Leistungen einem internen oder externen Lieferanten übertragen werden

unternehmensinterne Vergabe (ohne Inhaberwechsel)		unternehmensexterne Vergabe (mit Inhaberwechsel)	
ohne Betriebsänderung	mit Betriebsänderung	Asset Deal	Betriebsübergang
Übertragung an einen Schwesterbetrieb mit oder ohne Übernahme von Assets und/oder Personal		Übertragung an einen Fremden, der diese auf dem oder angrenzend an das Betriebsgelände erstellt, mit oder ohne Übernahme von Assets und/oder Personal	
Ausgründung eines Tochterbetriebes mit oder ohne Übernahme von Assets und/oder Personal		Übertragung an einen Fremden, der diese außerhalb des Betriebsgeländes erstellt, mit oder ohne Übernahme von Assets, selten auch von Personal	
Übertragung an einen Tochterbetrieb im Betrieb mit Übernahme von Assets, ohne Übernahme von Personal			

Abbildung IV-25 Outsourcing-Formen

Die verbreitetsten Formen des Outsourcings[47] sind (vgl. Abbildung IV-25):

1. Unternehmensinternes Outsourcing – ohne Inhaberwechsel
   - Schwesterbetrieb: Eine Leistung wird an einen anderen Betrieb des Unternehmens vergeben, der diese mit vorhandenen Mitarbeitern und Betriebsmitteln erstellt.
   - Tochterbetrieb: Es wird ein Betrieb ausgegründet, in dem die zu vergebende Leistung erstellt wird. Auf diesen können Assets übertragen und Mitarbeiter übernommen werden oder nicht.[48]

44 Beispiele mehr oder weniger gelungener Shared-Service-Versuche sind die Funktionen Archiv und Dokumentation, Büromaterial, Fuhrpark, Reisemanagement, Dolmetschen.

45 Als Assets werden materielle (z. B. Maschinen, Werkzeuge, Vorrichtungen, Prüfmittel, Transportmittel) und immaterielle Wirtschaftsgüter (z. B. Rechte, Organisationselemente, Teile des Produktionssystems) bezeichnet.

46 Vgl. Crone, A.; Werner, H. (Hrsg.): Handbuch modernes Sanierungsmanagement. München: Franz Vahlen, 2007, S. 214ff.

47 Auf Spezifika, wie z. B. Outtasking (die Prozesskontrolle und Vermögenswerte werden nicht übertragen) oder End-of-Life-Produktion (kurz vor EOP werden Auslaufproduktionen übertragen), gehen wir hier nicht ein. Ebenso nicht auf Outsourcing über Joint Ventures, also Gemeinschaftsunternehmen.

48 Vgl. Balze, W.; Rebel, W.; Schuck, P.: Outsourcing und arbeitsrechtliche Restrukturierung des Unternehmens, 2. Auflage. Heidelberg u. a.: C. F. Müller, 2007, S. 11 ff.

- Betrieb im Betrieb: Es wird ein »Betrieb im Betrieb« gegründet, der im Allgemeinen keinen oder anderen tarifvertraglichen Regelungen unterliegt. Auf diesen können Assets übertragen und Mitarbeiter übernommen werden oder nicht.

2. Unternehmensexternes Outsourcing – mit Inhaberwechsel
   - Räumliche Nähe: Eine Leistung wird durch den Auftraggeber an einen fremden Lieferanten vergeben, was über einen bloßen *Asset Deal*[49] oder über einen Betriebsübergang erfolgen kann. Dieser erstellt sie auf dem Gelände des Auftraggeber-Unternehmens oder direkt an dieses angrenzend. In der Automobilindustrie werden diese als Modul-Center bezeichnet.[50]
   - Räumliche Ferne: Eine Leistung wird durch einen Auftraggeber an einen fremden Lieferanten vergeben, der sie räumlich entfernt vom vergebenden Unternehmen erstellt und anliefern muss.

Betriebsänderung

Beim unternehmensinternen Outsourcing, dem Inhouse-Outsourcing ohne Wechsel des/der Gesellschafter(s), liegt kein Betriebsübergang vor. Aber es kann sich um eine *Betriebsänderung* im Sinne von § 111 BetrVG handeln.[51] Deren Merkmale sind:

1. Der Betrieb oder wesentliche Betriebsteile werden eingeschränkt, stillgelegt oder verlegt.
2. Der Betrieb oder wesentliche Betriebsteile werden mit anderen Betrieben zusammengeschlossen oder Betriebe werden aufgespalten.
3. Die Betriebsorganisation, die Arbeitsmethoden, die Fertigungsverfahren, der Betriebszweck oder die Betriebsanlagen werden grundlegend geändert.

Bei unternehmensinternem Outsourcing ist der Betriebsrat so frühzeitig zu unterrichten, dass er noch die Möglichkeit hat, auf die Planung Einfluss zu nehmen. In Unternehmen mit mehr als 100 Arbeitnehmern ist nach § 106 BetrVG der Wirtschaftsausschuss zu unterrichten bzw. mit diesem zu beraten. Wird für das Outsourcing-Vorhaben entschieden, müssen Arbeitgeber und Betriebsrat, sofern es dabei möglicherweise zu wesentlichen Nachteilen für einen erheblichen Teil der Belegschaft kommt, zu einer Einigung über einen Interessenausgleich zur bevorstehenden Betriebsänderung kommen. Gelingt das nicht, kann eine Einigungsstelle angerufen werden, in welcher der Interessenausgleich allerdings nicht erzwingbar ist.[52]

Betriebsübergang, Voraussetzungen

Beim unternehmensexternen Outsourcing kann es sich um einen *Betriebsübergang* im Sinne von § 613a BGB, genauer um einen Teilbetriebsübergang, handeln. Die Voraussetzungen für einen Teilbetriebsübergang sind, dass

1. als Folge eines Inhaberwechsels ein neuer Betriebsteil in Form einer »auf Dauer angelegten wirtschaftlichen Einheit« entsteht,
2. die materiellen Vermögenswerte (Assets) übernommen werden,
3. die Hauptbelegschaft übernommen wird,
4. die Kundschaft (für das Endprodukt) übernommen wird.

---

49 Bei einem Asset Deal handelt es sich um einen Unternehmenskauf, bei dem nur als vorteilhaft erachtete Wirtschaftsgüter (z. B. durch den Outsourcing-Nehmer verwendbare Betriebsmittel) erworben werden. Der Verkäufer haftet für Mängel, so dass er sich gut überlegen muss, ob er nicht mehr neuwertige Betriebsmittel in ein solches Geschäft einbringen sollte. Das Gegenstück zum Asset Deal ist der sogenannte Share Deal, ein Kauf von Anteilen.

50 OEM = Original Equipment Manufacturer (Erstausrüster) ist eine gebräuchliche Bezeichnung für Automobilhersteller.

51 Wie den angeführten Merkmalen zu entnehmen, kann der Passus der Betriebsänderung auch dann wirken, wenn den betroffenen Beschäftigten nach dem Outsourcing gleichwertige Arbeitsplätze zugewiesen werden.

52 Von Betriebsänderung betroffene Arbeitnehmer haben allerdings nach § 113 BetrVG Anspruch auf Zahlung von Abfindungen durch den Arbeitgeber, den sogenannten Nachteilsausgleich.

Trifft das nicht zu, handelt es sich um keinen Teilbetriebsübergang, sondern um eine Funktionsnachfolge. Bei einem Asset Deal werden also die Voraussetzungen für einen Betriebsübergang nach § 613 BGB nicht erfüllt, weil die Hauptbelegschaft nicht übernommen wird. Nur bei einem Betriebsübergang gehen auch die Arbeitsverhältnisse auf den neuen Arbeitgeber über, d. h. dieser tritt zunächst in die Rechte und Pflichten des vorherigen Arbeitgebers ein. Betriebsvereinbarungen gehen in ihrer kollektiven Wirkung nicht auf den Erwerber über, werden aber nach § 613a Absatz 1 Satz 1 BGB Bestandteil der Einzel-Arbeitsverträge. Nach Satz 2 dieser Rechtsvorschrift sind sie nach einem Jahr durch Änderungskündigungen im Sinne von § 2 KSchG aufzuheben.

Diese Ausführungen sollen zeigen, dass in einer frühen Phase von Outsourcing-Planungen die Outsourcing-Form zu bestimmen und die daraus folgenden arbeitsrechtlichen Konsequenzen zu analysieren sind. Werden diese erst im weiteren Verlauf thematisiert, können eigentlich vermeidbare Kosten und Konflikte mit den Mitarbeitern und dem Betriebsrat entstehen.

Verlängerte Werkbank vs. Betreiberprinzip

Die beiden Formen unternehmensexternen Outsourcings lassen sich nach dem Leistungsumfang einem bipolaren Kontinuum zuordnen. Die beiden für die Pole stehenden Prinzipien werden als *verlängerte Werkbank* und als *Betreiberprinzip*[53] bezeichnet.

1. Als verlängerte Werkbank fungieren im idealtypischen Fall Lieferanten, die nur Fertigungsaufgaben (Lohnfertigung) im Rahmen eng gesteckter Vorgaben und keine darüber hinausgehenden Unterstützungsleistungen übernehmen.
2. Dem idealtypischen Betreiberprinzip liegt die Vorstellung einer langfristigen, engen Kooperation zwischen Auftraggeber und Lieferant sowie eine Lieferantenrolle als Problemlöser seines Kunden zu Grunde. Der Lieferant wird in den Wertschöpfungsprozess des Auftraggebers integriert und übernimmt auch die (Weiter-)Entwicklung des von ihm gefertigten Produkts, in Kooperation mit dem Auftraggeber. Für die Produktion übernimmt er ggf. alle Risiken (z. B. auch Investitionen), so dass der Auftraggeber die vergebene Leistung wirklich »los ist«. Je weitgehender man dem Betreiberprinzip folgt, desto langfristiger muss die Kooperation angelegt sein und desto sorgfältiger sind die rechtlichen Rahmenbedingungen festzulegen[54].

In der Realität findet man neben diesen beiden Prinzipien Zwischenformen, die sich mehr oder weniger an einem der beiden Idealtypen orientieren. In den beiden folgenden Abschnitten werden das Outsourcing und Insourcing von Produktionsaufgaben behandelt. Dabei wird den jeweiligen Spezifika Rechnung getragen:

- Bei Outsourcing-Vorhaben sind deren vertragliche Gestaltung und nicht die technisch-organisatorische Komponente das Hauptproblem des Auftraggebers.
- Bei Insourcing-Vorhaben sind nicht die vertraglichen, sondern die technisch-organisatorischen Aspekte – das Eingliederungs-Projekt – das Hauptproblem.

Deshalb wird beim Outsourcing der Vertragsrahmen und beim Insourcing die technisch-organisatorische Seite dieser Vorhaben erläutert.

53 Diese Unterscheidung hat nichts mit der Frage zu tun, ob es sich dabei um einen Tier-One-Lieferanten (Systemlieferanten) oder einen Second- oder Third-Tier-Lieferanten handelt

54 Darin sind neben der Laufzeit z. B. das Prozedere der Laufzeitverlängerung (z. B. mit oder ohne Neuausschreibung), ein Service Level Agreement (Qualitäts- und Quantitätsvereinbarung) sowie datenschutzrechtliche Aspekte zu regeln. Es wird zwar üblicherweise die abgenommene Produktionsmenge bezahlt. Da der Lieferant jedoch Auslastungsrisiken zu tragen hat und seine Preisbildung auf Annahmen zu Abrufmengen basiert, ist auch das Prozedere bei Absatzeinbrüchen zu regeln.

3.3.3 Outsourcing von Produktionsaufgaben

Schritte zur Fremdvergabe

Beim Outsourcing sollte dem technisch-organisatorischen Impuls schnell die Beschreibung des rechtlichen Rahmens und die Beurteilung der potenziellen Lieferanten folgen, um die Risiken zu präzisieren und keinen technischen Lösungsideen nachzugehen, für die man keinen auch aus juristischer Sicht akzeptablen Partner findet. Nachfolgend werden die fünf Schritte zur Fremdvergabe von Produktionsaufgaben beschrieben:

1. Outsourcing-Form festlegen,
2. Arbeitsrechtliche Konsequenzen darlegen,
3. Outsourcing-Vertrag entwerfen,
4. Lieferantenfähigkeit auditieren,
5. Outsourcing-Projekt genehmigungsfähig planen.

Präferiert man bei der Outsourcing-Form eine unternehmensexterne Lösung, ist zuerst zu klären, was man mit der Auftragsvergabe noch übertragen will. In vielen Fällen wird man um die Übertragung von Assets nicht umhinkommen. Diese sind festzulegen, und dabei ist mit potenziellen Lieferanten abzuklären, inwieweit das zweckmäßig oder erforderlich ist. Hier sind bereits erste Einschätzungen zu deren *Lieferfähigkeit* (Supply Capability) zu gewinnen, d.h., ob man ihnen zutraut, die zu übertragenden Aufgaben und Verantwortungen qualitativ und quantitativ zu erfüllen. Sollte das nicht der Fall sein, kann man sie frühzeitig aus dem weiteren Prozess ausschließen.

Ist festgelegt, inwieweit es zu einem Asset Deal kommen wird, sind die im vorhergehenden Abschnitt erläuterten arbeitsrechtlichen Konsequenzen darzulegen. Spätestens jetzt ist der Betriebsrat zu involvieren. Nun lassen sich die wichtigen Sachverhalte so weit zu einem Entwurf des Outsourcing-Vertrages zusammenfassen, dass eine Verhandlungsbasis mit potenziellen Lieferanten entsteht. Liegt dieser Entwurf vor, kann man die Lieferfähigkeit des/der potenziellen Lieferanten auditieren. In der Wahl des »richtigen«, nicht zwingend des preisgünstigsten Lieferanten liegt das größte Risiko des Outsourcings. Erst nach der Vorauswahl des/der Lieferanten ist ein genehmigungsfähiges, diesen Risiken gerecht werdendes Projekt[55] zu planen.

Outsourcing-Verträge

Das Entwickeln von Outsourcing-Verträgen[56] ist zwar nicht Sache des Industrial Engineering, doch muss dort bekannt sein, welche Sachverhalte vertraglich zu regeln sind. Dazu hat das IE der Rechtsabteilung oder dem juristischen Berater die in den Vertrag aufzunehmenden technisch-organisatorischen Fakten zu liefern. Andere Bereiche, z.B. Personalwesen, Qualitätsmanagement, Product Engineering oder IT-Management sind ebenfalls einzubeziehen. Outsourcing-Vorhaben können relativ komplexe Vorhaben sein, deren Management häufig dem Industrial Engineering übertragen wird.

Erst nach Vorliegen eines Vertragsentwurfs können die Auditierung der Lieferantenfähigkeit und die methodische Projektplanung beginnen. Dabei geht es weniger um den Entwurf als um die Umsetzung einer Lösung. Bei Outsourcing-Vorhaben dominiert also, anders als bei Insourcing-Projekten, der Rechtsrahmen der Leistungsvergabe. Der Umfang technisch-organisatorischer Aspekte macht meist nur einen Teil dessen aus, was bei Insourcing-Vorhaben anfällt. Gegenüber Insourcing-Vorhaben

- entfallen z.B. die Themen Layout, Energieversorgung, Arbeitsgestaltung, Werkstattmanagement, IT-Einbindung oder Qualifizierungen;
- fallen als wichtige Arbeitspakete die Prüfung auf Betriebsübergänge oder Betriebsänderungen an sowie das Ausgliedern ggf. nicht mehr benötigter Betriebsmittel und Flächen. Letztere sind fallspe-

55 Vgl. Teil II, Abschnitt 9.3. Dort wird beschrieben, wie ein Projektantrag zu formulieren ist.
56 Vgl. z.B. Kotthoff, J.; Gabel, D.: Outsourcing (mit Betriebsübergang). München: Beck Verlag, 2009.

zifisch und fallen nicht in die Zuständigkeit des Industrial Engineering. Deshalb gehen wir darauf nicht näher ein.

Aspekte

Bei vielen Outsourcing-Verträgen sind folgende Aspekte[57] zu regeln:

1. Technisch-organisatorische Sphäre
   - Zu übernehmende Aufgaben, inklusive Notfallkonzepte und Anlieferung
   - Zu übernehmende Assets
   - Änderungen an Prozessen und dem Produkt
   - Wartungs- und Instandhaltungsverpflichtungen
   - Anzuwendendes Qualitätsmanagement, Qualitätsstandards und -level
   - Standard-Kommunikationsmittel und Berichtswesen
   - Arbeitssprache (z. B. Englisch)
2. Personale Sphäre
   - Übernahme der gesamten oder von Teilen der vorhandenen Prozessorganisation
   - Übernahme der Mitarbeiter (Fall des Betriebsübergangs)
   - Besetzung mit operativem Personal und Managementpersonal, wenn kein Betriebsübergang erfolgt
   - Einsatz von Freelancern und Beratern
3. Haftungen, Gebote und Verbote, Vertragsbeendigung
   - Produktionshaftungen (Produkthaftung und Lieferabrisse)
   - Haftungen zu Frachten und Lagerungen
   - Zugänglichkeit des beauftragten Prozesses für Dritte
   - Unterlassungen, Geheimhaltung und Konkurrenzverbote
   - Nutzung von übertragenem Know-how bei anderen Gelegenheiten und Umgang mit gemeinsam erworbenem Know-how
   - Ordentliche und außerordentliche Vertragsbeendigung
   - Abwicklung der Vertragsbeendigung
   - Vertragsverlängerung.

Auditierung der Lieferfähigkeit

Die Vertragsinhalte sind die Grundlage für eine Auditierung der Lieferfähigkeit potenzieller Lieferanten, d. h. es ist zu prüfen, ob der potenzielle Lieferant die im Vertrag festgelegten Verpflichtungen erfüllen kann. Welche Kriterien darüber hinaus noch relevant sein können, hängt davon ab, inwieweit man einen potenziellen Lieferanten kennt und aufgrund von Erfahrungen einschätzen kann. Verfügt man über keine Kenntnisse, sollte man sich mindestens zu drei Bereichen durch Inaugenscheinnahme und Interviews Sicherheit verschaffen:

1. Managementfähigkeit,
2. Wirksamkeit des Produktivitätsmanagement-Systems,
3. Wirksamkeit des Personalmanagements.

Managementfähigkeit

Zur Managementfähigkeit sollte man sich dafür interessieren, wie das Werkstattmanagement und das Anlaufmanagement geregelt sind. Beim Werkstattmanagement (vgl. Kapitel 2) muss erkennbar sein, dass die Werkstattmanager ihre Aufgaben (vgl. Abschnitt 2.4.3) überzeugend erfüllen, angemessene Leitungsspannen haben und Managementinstrumente (vgl. Abschnitt 2.6) systematisch einsetzen. Beim Anlaufmanagement (vgl. Abschnitt 3.2) kommt es darauf an, dass es methodisch betrieben wird. Ansonsten ist zu befürchten, dass der Outsourcing-Vertrag später bereits im Anlauf nicht erfüllt wird.

---

57 Diese Aspekte sollen nur verdeutlichen, wie komplex solche vertraglichen Regelungen sind. Es kann also kein Anspruch auf Vollständigkeit erhoben werden. Beim Outsourcing von Dienstleistungen sind zudem hier nicht angeführte Aspekte relevant und einige der hier angeführten sind dort irrelevant.

Produktivitätsmanagement

Beim Produktivitätsmanagement sollte man prüfen, ob dazu Regelungen existieren und ein Regelkreis (vgl. Teil I, Abschnitt 2.4.6) praktiziert wird. Ferner sind auf aktuellem Stand befindliche Arbeitspläne, umgesetzte FMEA-Erkenntnisse, ein Prüfmanagement, das die operativen Mitarbeiter einbezieht und ein wirksames Verbesserungsmanagement Indizien für System-Wirksamkeiten.

Personalmanagement

Die Wirksamkeit des Personalmanagements prägt sich z. B. darin aus, dass nicht nur Qualifizierungsmatrizen aushängen, sondern angewandt werden, kein zu hoher Anteil an Leihkräften vorhanden ist, Stellvertretungen funktionieren und man in der Lage ist, Arbeitsspitzen zu begegnen.

Insbesondere bei Offshoring-Vorhaben stellen Unternehmen häufig fest, dass diese auch in entwickelten Regionen, z. B. den Südstaaten der USA, ohne Abstellen eigener Ressourcen nicht zu realisieren sind. Derartige Erkenntnisse mögen manchem ungelegen sein. Stellen sie sich aber später unerwartet ein, führt ein dann eventuell notwendiges Backsourcing zu wirklichem Verdruss.

3.3.4 Insourcing von Produktionsaufgaben

Insourcing ist in Bezug auf vertragliche Regelungen weniger aufwändig, in Bezug auf technisch-organisatorische Aspekte aber viel aufwändiger als das Outsourcing. Dort ist dafür Sorge zu tragen, dass es »mit dem Lieferanten läuft«, beim Insourcing dafür, dass »man es selbst zum Laufen bekommt«. Abbildung IV-24 ist zu entnehmen, was die häufigsten Gründe für das Entstehen von Insourcing-Vorhaben sind bzw. was man sich davon verspricht.

Voraussetzungen für Insourcing-Projekte

Bevor *Insourcing-Projekte* detailliert geplant werden, sollte man klären, ob die wichtigsten Voraussetzungen zu erfüllen sind:

1. Produktionsfläche: Ist die vermutlich benötigte Fläche vorhanden und erscheint eine Integration in die vorhandenen Wertströme unter vertretbarem Aufwand möglich?
2. Personal: Ist die benötigte Anzahl Personen mit der notwendigen Qualifikation vorhanden oder wäre sie leicht zu gewinnen?
3. Betriebsmittel: Sind freie Kapazitäten vorhanden oder maximal mit geringen Investitionen zu gewinnen? Entstehen als Folge des Insourcing Engpässe oder generell andere Schichtregime?
4. Management: Ist das Werkstattmanagement in der Lage, die mit dem Insourcing verbundenen fachlichen Anforderungen zu erfüllen?
5. Synergetische Effekte: Ist offensichtlich, dass Synergieeffekte aus dem Insourcing wirklich entstehen werden, falls das ein wesentlicher Beweggrund war?

Diese Fragen zeigen, dass man bei Insourcing-Vorhaben in einer frühen Phase mit Vertretern z. B. der Fachbereiche Industrial Engineering, Fabrikplanung, IT, Qualitätsmanagement, Personalwesen, Instandhaltung und Werkstattmanagement Workshops durchführen muss, um dazu und zu einer Reihe fallspezifischer Fragen qualifizierte Antworten zu finden. Erst wenn sich hier zeigt, dass die wichtigsten Voraussetzungen zu erfüllen sind, wird man sich mit der detaillierten Planung befassen. Dazu gelten zum organisatorischen Aspekt die Grundsätze des Projektmanagements, die in Teil II, Kapitel 9 erläutert sind. Zu den fachlichen Aspekten gelten die im Teil III in den Kapiteln 5 und 6 erläuterten Planungsmethoden.

Insourcing-Vorhaben können z. B.

- die Fertigung von Teilen oder Baugruppen umfassen und darin bestehen, »nur« in sich geschlossene Produktionen in ein Werkstatt-Layout und den Materialfluss zu integrieren.
- ganze Produkte umfassen und dann darin bestehen, diese »flächendeckend« in verschiedene Produktionsbereiche zu integrieren, wovon ein erheblicher Teil der Produktion betroffen ist.

Insourcing von Produktionsaufgaben

Prozess und Layout planen

Grundstruktur festlegen
- Produktion- und Leistungsprogramm definieren
- technische Prozesse definieren
- Betriebsmitteltypen festlegen

Prozess dimensionieren
- Verfahren planen
- Arbeitssysteme mit Betriebsmitteln planen
- Personal quantitativ und qualitativ planen
- Arbeitsplatzflächen und Wege planen
- Transportsystem planen
- Fertigungsfläche planen und grob integrieren (Erstlayout)
- Energieversorgung für alle Energiearten planen

Aufwand abschätzen
- Investment für Betriebsmittel, inkl. Transportmittel
- Werkzeuge und Vorrichtungen
- Entgeltgruppen

Arbeitssysteme planen

Arbeitssysteme detaillieren
- somatografische und Bewegungsablauf-Planung
- Notfallkonzept erstellen
- Werkzeuge dokumentieren
- Lehren/Prüfmittel mit den Kunden abstimmen
- Planungsqualität durch die Produktion (Prozessbetreiber) bestätigen lassen

Produkt/Prozess integrieren
- Kaufteilebeschaffung regeln
- Serientauglichkeit von Produkt und Prozess absichern
- Produkt- und Prozesssicherheit dokumentieren
- Logistik und Infrastruktur regeln
- Feinlayout erstellen und Energieversorgung detaillieren

ergänzende Details planen
- Ersatzteillieferung planen
- BDE/MDE planen
- Prozesse und Prozessparameter dokumentieren, inkl. Arbeitspläne

Prüfungen und Freigaben
- Betriebsmittel freigeben
- Werkzeuge freigeben

Arbeitssysteme/Prozesse implementieren

Arbeitssysteme implementieren
- Anlagen und Vorrichtungen installieren
- selbsterstellte und fremdbezogene Werkzeuge installieren
- Prüfmittel installieren
- bauliche Maßnahmen durchführen

Arbeitssysteme in Betrieb nehmen
- Fertigungsprozesse probelaufen lassen
- Kaufteilezulieferungen regeln
- Logistik testen
- Erstbemusterung durchführen und Teile freigeben
- Mitarbeiter qualifizieren

Implementierungen dokumentieren
- Serienstati bestätigen und dokumentieren
- Mitarbeiterqualifizierungen dokumentieren

Abbildung IV-26 Beispiel für die Planung des technisch-organisatorischen Teils eines Insourcing-Vorhabens

Deshalb gibt es keinen allgemein verbindlichen Ansatz zum Durchführen von Insourcing-Vorhaben. Das Abbildung IV-26 zu entnehmende Beispiel steht für ein nicht sehr komplexes Vorhaben und soll zeigen, welche technisch-organisatorischen Aspekte bei Insourcing-Projekten relevant sind. Es zeigt ferner, dass mindestens die vorstehend angeführten Fachbereiche in derartige Projekte einzubeziehen sind.

3.4 Konzepte des Verbesserungsmanagements

3.4.1 Ideenmanagement

In den Unternehmen werden folgende Überlegungen angestellt:

1. Arbeitssysteme und Prozesse wurden in der Entstehungsphase über einen längeren Zeitraum hinweg mit professionellen Methoden und Werkzeugen geplant und sorgfältig implementiert.
2. Über die Anlaufphase hinweg verbliebene Mängel sind typischerweise solche, die am besten durch die Betreiber der Arbeitssysteme zu erkennen und abzustellen sind.
3. Für die nach SOP notwendigen Verbesserungen sind die Betreiber zuständig.

Ergebniskennzahlen

Der Grundgedanke, Verbesserungsvorschläge durch Geldanreize zu generieren, besteht belegbar seit gut hundert Jahren. Ab den 1980er-Jahren wurde unter dem Einfluss von Erfolgsberichten japanischer Unternehmen das Interesse europäischer und amerikanischer Unternehmen am *Ideenmanagement* belebt. Beispielsweise sah man sich mit folgenden *Ergebniskennzahlen* konfrontiert.[58]

1. Anzahl Vorschläge p. a. und Mitarbeiter:
   - Japan: 25
   - Deutschland: 0,16.
2. Anteil realisierter Vorschläge:
   - Japan: 87 %
   - Deutschland: 39 %.
3. Dotierung je Vorschlag:
   - Japan: 5,60 DM
   - Deutschland: 932 DM.

Unter diesem Eindruck und weil sich andere Unternehmen mit diesem Thema beschäftigten, entstand ein starkes Engagement für das Ideenmanagement. Unter Ideenmanagement werden Aktionen und Programme bezeichnet, die das Ziel haben, das Ideenpotenzial der Mitarbeiter auf allen hierarchischen Ebenen in Erfindungen und Verbesserungen zu transferieren und es dadurch dem Unternehmen zunutze zu machen. Das kann sich auf den eigenen Arbeits- oder Zuständigkeitsbereich, auf andere Bereiche oder auf größere, komplexere Sachverhalte beziehen. Ein wichtiges Anliegen der Unternehmen ist, ihre Mitarbeiter zu bewegen, möglichst viele umsetzbare Ideen hervorzubringen. Es werden zwei Konzepte des Ideenmanagements angewandt:[59]

1. *Betriebliches Vorschlagswesen* (BVW): Beim Betrieblichen Vorschlagswesen können Mitarbeiter nach einem formalisierten Prozess ohne thematische Einschränkungen Verbesserungsvorschläge

58 Institut für Sozialforschung und Gesellschaftspolitik: Studie »Probleme des betrieblichen Vorschlagswesens unter besonderer Berücksichtigung kleiner und mittlerer Unternehmen«, 1993.

59 Ideenmanagement wird also als »Oberbegriff« für alle Arten von Erfindungen, Neuerungen oder Verbesserungen verwendet.

einreichen. Sie erhalten einen Teil der dadurch erzielten Einsparungen als Prämie ausgeschüttet. Produktivitätsverbesserungen haben beim BVW nur eine nachrangige Bedeutung.[60]

2. *Kontinuierlicher Verbesserungsprozess* (KVP): Beim Kontinuierlichen Verbesserungsprozess werden Mitarbeiter in Workshops (Werkstattzirkel) durch gelenkte Ideenfindung angeregt, im eigenen Zuständigkeitsbereich immer wieder überschaubare und durch sie selbst umsetzbare Verbesserungsvorschläge zu entwickeln. Auch dafür werden in manchen Unternehmen Erfolgsprämien ausgeschüttet.

Unternehmen, die ein systematisches Verbesserungsmanagement haben, folgen fünf Leitgedanken, die auch Bestandteil ihrer Unternehmenskultur sind.[61] In diesem »Klima« soll auch Veränderungsbereitschaft gedeihen.

1. Proaktivität: sich auf künftig notwendiges Handeln vorausschauend vorbereiten, agieren statt reagieren, sich zuerst mit dem Prozess, dann mit dem Ergebnis auseinandersetzen. Wenn das nicht überzeugt: wieder in die Prozessgestaltung »einsteigen«.
2. Sensitivität: offene interne und externe Informationsflüsse fördern, Wissensmanagement zu einer Kernkompetenz machen, konstruktive Kritik dankbar aufnehmen und Misserfolge tolerieren.
3. Ganzheitlichkeit: Prozesse und nicht isoliert die darin eingebundenen Arbeitssysteme optimieren. Erfolge im Rechenwerk des Unternehmens und nicht in Detailerfolgen ausmachen, in Ursache-Wirkungs-Beziehungen argumentieren, Beziehungsnetze nutzen.
4. Potenzialerschließung: die verfügbaren Mitarbeiter-, Lieferanten- und Kundenpotenziale nutzen und Fehlleistungen verhindern, gleichgerichtete Interessen schaffen und gemeinsam erzielten Nutzen fair teilen.
5. Profitabilität: Verschwendung vermeiden, um sich starke Marktpräsenz leisten zu können und hohen Kundennutzen zu schaffen. Unternehmen müssen das in eine angemessene Verzinsung des eingesetzten Kapitals und sicheres Wachstum umsetzen.

Die Verbesserungsphase hat eine so große Bedeutung, dass dazu bei den Absichten *des MTM-Produktivitätsmanagements* (vgl. Teil I, Abschnitt 3.5) die Absicht »Bestmögliche Ergebnisquoten beim KVP« ausgewiesen wird. Beim Regelkreis des Werkstattmanagements (vgl. Abbildung IV-13) sind zwei Reaktionen auf Soll-Ist-Abweichungen vorgesehen:

- problemadäquate Personalentwicklung und
- gezieltes Verbesserungsmanagement.

Die Bedeutung dieser beiden Stellschrauben des Produktivitätsmanagements zeigt sich auch darin, dass sie im Produktionssystem standardisiert sind und als Absichten des MTM-Produktivitätsmanagements ausgewiesen werden.

Notwendigkeit permanenter Verbesserungen

Das Initiieren von Verbesserungen aufgrund von Soll-Ist-Abweichungen gehört zu den elementaren Managementaufgaben. Darüber hinaus besteht für diesen Personenkreis aber auch die Verpflichtung Verbesserungen anzuregen, um Arbeitssysteme und Prozesse in ihrem Zuständigkeitsbereich permanent zu verbessern. Die Notwendigkeit permanenter Verbesserungen ergibt sich aus vier Sachverhalten.

1. Trotz präventiven Vorgehens in den beiden ersten PEP-Phasen und gekonntem Anlaufmanagement verbleiben Mängel oder stellen sich im Zeitverlauf ein.

60 Vgl. Jentgens, B.; Kamp, L.: Betriebliches Vorschlagswesen. Analyse und Handlungsempfehlungen. Frankfurt: Bund-Verlag, 2004, S. 22.
61 Vgl. z. B. auch Bösenberg, D.; Metzen, H.: Lean Management. Vorsprung durch schlanke Konzepte, 2. Auflage. Landsberg: Moderne Industrie, 1993, S. 40 f.

2. Produktlebenszyklen werden kürzer und Markteintrittsgeschwindigkeiten (Time to Market) höher. Deshalb sind auch bei perfekter Planung nach SOP noch Verbesserungen notwendig.
3. Kunden, die selbst unter Verbesserungsdruck stehen, üben diesen auch auf ihre Lieferanten aus, woraus ein dauerhaftes »Saving-Begehren« entsteht.
4. Die Umwelt von Unternehmen ändert sich in den meisten Branchen nicht in großen Schüben, sondern permanent und scheibchenweise, primär aufgrund von Wettbewerberaktivitäten und Änderungen in den Absatzmärkten. Deshalb müssen sich Unternehmen diesem Veränderungsdruck stellen und ihn als gegeben akzeptieren.

3.4.2 Voraussetzungen für erfolgreiches Ideenmanagement

Notwendige Voraussetzungen

Die notwendigen Voraussetzungen für ein erfolgreiches Ideenmanagement sind sowohl für das BVW als auch für den KVP:

1. der deutlich erkennbare Wille des mittleren und oberen Managements, alle potenziellen Ideenproduzenten zum Entwickeln von Ideen zu ermächtigen und
2. dazu die notwendigen Ressourcen und Freiräume zu gewähren sowie umsetzbare Ergebnisse schnellstmöglich zu realisieren.[62]
3. Mit anderen Worten: Es muss für jeden erkennbar sein, dass Ideen erwünscht sind und belohnt[63] werden.

Notwendig ist auch eine, nicht von heute auf morgen entstehende, Unternehmenskultur, in der Vorschläge von Mitarbeitern ausdrücklich erwünscht sind, Wissensmanagement thematisiert wird, Ideenproduzenten wirksam unterstützt werden und öffentlich Anerkennung erhalten.

Hinreichende Erfolgsvoraussetzungen

Die erste hinreichende Erfolgsvoraussetzung ist eine konstruktive Mitwirkung des Betriebsrates, auch dann, wenn keine mitbestimmungspflichtigen Sachverhalte berührt sind. Veränderungen rufen bei den meisten Beteiligten und Betroffenen Ängste hervor. Diese sind oft schwer zu rationalisieren, umso mehr, je weniger der Betriebsrat unterstützende Voten beisteuert. Daneben helfen Informationen durch das obere Management und die Vorgesetzten über das, was man vom Einzelnen erwartet, um Vorurteile und Ängste abzubauen.

Die zweite hinreichende Erfolgsvoraussetzung ist, dass klare Ziele gesetzt, Aufgaben und Schwerpunkte genannt werden (z. B. Ausschuss reduzieren, kürzere Lieferfristen erreichen, klare Zuständigkeiten bei Notfall-Eskalationen), aber auch Nichterstrebtes verdeutlicht wird (z . B. Senkung der Entgeltgruppen).

Die dritte hinreichende Erfolgsvoraussetzung ist die prompte Reaktion des Managements. Auf eingegangene Vorschläge ist schnellstmöglich zu reagieren. Ausbleibende oder schleppende Reaktionen oder Umsetzungen lassen die Teilnahmebereitschaft der Mitarbeiter rasch erlahmen. Auf Ideen ist zudem stets positiv zu reagieren, vor allem durch Vorgesetzte. Wenn Umsetzungen nicht möglich sind, ist das den Mitarbeitern nachvollziehbar zu begründen.

Visualisierung von Ergebniskennzahlen

Erfolgreiches Ideenmanagement, gleichgültig ob im Rahmen des BVW oder des KVP, bedingt den ständigen Einsatz des Managements und dauernde Regelkommunikation. Ansonsten kommt es zu keinen oder nur zu wenigen umsetzbaren Ergebnissen, und das Verbesserungsmanagement wird

62 Vgl. z. B. Schat, H.-D.: Ideenmanagement in einem kleinen Produktionsbetrieb – Erfolgreiche Umsetzung eines unbürokratischen Ansatzes. In: angewandte Arbeitswissenschaft, Nr. 196 (2008), S. 20–31.

63 Beim Begriff »Belohnung« denken wir zwar zuerst an monetäre Belohnungen. Fast gleich wichtig sind aber auch andere Belohnungsformen wie Anerkennung, Möglichkeit der Weiterqualifizierung oder Übertragung verantwortungsvollerer Aufgaben.

irgendwann aufgegeben. Deshalb hat die Publikation oder Visualisierung von *Ergebniskennzahlen* große Bedeutung. Das kann, je nach Größe des Unternehmens, an zentraler Stelle oder dezentral erfolgen. Die gebräuchlichsten Ergebniskennzahlen sind:

- Beteiligungsquote: Anzahl Vorschläge pro Mitarbeiter und Jahr.
- Annahmequote: Anteil der angenommenen Vorschläge an den vorgelegten Vorschlägen.
- Umsetzungsquote: Anteil der umgesetzten Vorschläge an den angenommenen Vorschlägen.
- Mittlere Umsetzungsdauer: mittlerer Zeitraum »Einreichung bis Umsetzung«.
- Einsparungsquoten: Einsparung pro Mitarbeiter und Einsparung pro Vorschlag.

Unternehmen müssen die für sie wichtigen Kennzahlen festlegen, sie ggf. in das *Produktionssystem* zum Element »Verbesserungsmanagement« einstellen. Ferner ist die sichere permanente Erfassung und das Reporting zu regeln.

3.4.3 Betriebliches Vorschlagswesen

Betriebliches Vorschlagswesen

In den meisten Unternehmen gibt es beim Betrieblichen Vorschlagswesen (BVW) keine thematischen Restriktionen. Ein Verbesserungsvorschlag wird, im Gegensatz zum KVP, auch dann aufgenommen, wenn er über den Rahmen des eigenen Aufgaben- und Verantwortungsbereichs hinausgeht (nicht »zur eigenen Arbeit gehört«. Nach § 87 Abs. I Nr. 12 BetrVG ist das Prozedere des BVW durch Betriebsvereinbarung zu regeln. Im Gegensatz zum KVP ist das BVW auch außerhalb der Produktion verbreitet.

Ziele (Summe ausgewerteter Betriebsvereinbarungen: 269)		Vereinbarungen
1	Gesundheits-/Arbeitsschutz, Unfallverhütung, Anlagensicherheit	104
2	Steigerung der Wirtschaftlichkeit	103
3	Förderung der Zusammenarbeit	74
4	Umweltschutz, Energie	71
5	organisatorische Abläufe, Arbeitsmethoden, Verfahren	66
6	Arbeitszufriedenheit	65
7	Qualität, Fehlerreduzierung	59
8	Verbesserungen von Arbeitsbedingungen, Humanisierung	37
9	Kostensenkung	30
10	Produktionssteigerung, Produktivität	30
11	Kundenservice, Imagesteigerung	26

Abbildung IV-27 Ziele des Betrieblichen Vorschlagswesens[64]

Abbildung IV-27 ist zu entnehmen, dass Produktivitätsaspekte beim BVW kein primäres Ziel sind. Ferner ist verbreitet, auch Verbesserungen ohne Kosten- oder Ertragswirkung zu prämieren, denn nicht alle Vorschlagsziele sind monetär zu quantifizieren[65]. Während in der Literatur auch die Vergabe von Sachprämien nach dem sogenannten Cafeteria-Prinzip diskutiert wird, kommen in der Praxis fast ausschließlich Bargelddotierungen vor.

64 Jentgens, B.; Kamp, L.: a. a. O., 2004, S. 22.
65 Dazu gehören so wichtige Aspekte wie Schadens-, Unfall- und Risikoeliminierung oder Funktions- und Personensicherheitserhöhung.

Nach einer Umfrage des Deutschen Instituts für Betriebswirtschaft[66] wurden im Jahre 2005 bei 306 Organisationen mit ca. 2 Millionen Beschäftigten

- ca. 1,3 Millionen Verbesserungsvorschläge (ca. 0,64 Vorschläge pro Beschäftigtem[67]) eingereicht,
- dadurch ca. 1,6 Milliarden € an Einsparungen generiert und
- den Einreichern ca. 160 Millionen € an Prämien ausgeschüttet.

In den meisten Unternehmen ist das BVW in einer BVW-Richtlinie niedergelegt, auf die sich auch die Betriebsvereinbarung bezieht. Darin hat der meist nicht hauptamtlich fungierende BVW-Beauftragte, der Ideen-Manager, eine Schlüsselfunktion. An ihn werden hohe Anforderungen gestellt, denn ihm obliegt es z. B.,

- bei den Mitarbeitern für das Verbesserungswesen zu werben, es dauerhaft im Gespräch zu halten,
- Mitarbeiter beim Abfassen von Verbesserungsvorschlägen zu beraten und diese entgegen zu nehmen,
- die BVW-Kommission zu leiten und in dieser Eigenschaft auch Einsprüche zu vertreten sowie Stellungsnahmen und Gutachten einzuholen.[68]

Die BVW-Kommission behandelt die eingereichten Vorschläge und entscheidet nach der BVW-Richtlinie, ob diese anzunehmen und wie sie zu honorieren sind.

3.4.4 Kontinuierlicher Verbesserungsprozess

Kontinuierlicher Verbesserungsprozess

Der *Kontinuierliche Verbesserungsprozess* (KVP) wurde erstmals in den fünfziger Jahren des vergangenen Jahrhunderts durch Deming[69] publiziert. Heute haben viele Unternehmen Werkstattzirkel oder *KVP-Teams* etabliert, in denen die Mitarbeiter beim Aufspüren von Verbesserungspotenzialen moderiert werden. Sie müssen zudem Umsetzungspläne entwickeln und die Umsetzung vornehmen, mindestens aber dabei mitwirken. Die meisten Unternehmen, bei denen das »Verbesserungsmanagement« ein Element des Produktionssystems ist, verwenden diesen Begriff synonym für KVP.

Um den KVP zu einem erfolgreichen Instrument zu machen, müssen die im Abschnitt 3.4.2 beschriebenen Voraussetzungen erfüllt sein. Der alleinige Wille des Managements, etwas zu bewegen, reicht nicht aus. Der KVP ist kein Selbstläufer, weil Menschen und Unternehmen tendenziell veränderungsresistent (strukturkonservativ) sind. Unternehmen wandeln sich nicht »von Natur aus«, sondern nur aufgrund äußerer Zwänge, also erst dann, wenn es oft schon zu spät ist. Der KVP wird deshalb auch als Mittel zur »permanenten Kulturrevolution« gesehen, weshalb er eng mit dem KAIZEN-Gedanken verbunden ist:[70]

KAIZEN

- Nicht die Verbesserung durch Innovationssprünge, sondern die in überschaubaren Schritten erfolgende Perfektionierung von Produkten und Prozessen führt zu schnellen, erlebbaren und nachhaltigen Erfolgen.
- Verbesserungen müssen prozessbezogen durch ihre Betreiber (alle Hierarchiestufen einbezogen) erfolgen, Erfolgskontrollen dagegen ergebnisbezogen.

Als Ergebnisse von KVP werden in der ersten Phase zwar »nur« Ressourcen- und Kostenersparnisse erwartet. In einer zweiten (Reife-)Phase wird aber auch die Entwicklung von Eigeninitiative und

66 Deutsches Institut für Betriebswirtschaft (Hrsg.): Jahresbericht. Frankfurt: dib, 2005.
67 Die Anzahl Vorschläge pro Beschäftigtem ist die verbreitetste Erfolgskennzahl beim Verbesserungsmanagement.
68 Vgl. Jentgens, B.; Kamp, L.: a. a. O., 2004, S. 40 f.
69 Vgl. Deming, W. E.: Out of the crisis. Massachusetts (USA): Massachusetts Institute of Technology, 1986.
70 Vgl. Imai, M.: a. a. O., 1998, S. 41 f.

Teamfähigkeit als Kernkompetenzen sowie die Entwicklung der Fähigkeit angestrebt, Leistungsdruck standzuhalten.

	KAIZEN-Konzept	Innovations-Konzept
Eignungsschwerpunkt	sich permanent, aber nicht abrupt ändernde Märkte, erwartete Kontinuität	sich schnell ändernde Märkte, erwartete gravierende Änderungen
zeitliche Komponente	kontinuierlich, in kleinen Schritten detaillierte Verbesserungen anstrebend	zeitlich befristet, große Fortschritte in kurzer Zeit anstrebend
Risiken	gering, auch bei Nichterfolg kaum Schaden	höher, bei Nichterfolg höherer Schaden
Effekte	dauernd, aber wenig sichtbar – auf Erhaltung und Verbesserung gerichtet	kurzfristig, aber ggf. dramatisch – auf Neubeginn gerichtet
personaler Rahmen	jeder Mitarbeiter, sich in Gruppenarbeit einfügend, nach festen Regeln arbeitend	wenige kreative Spezialisten, nach individuellen Lösungswegen arbeitend
finanzieller Rahmen	geringe Sachinvestitionen, aber erheblicher Organisationsaufwand	hohe Sachinvestitionen, aber geringer Organisationsaufwand
Erfolgserwartungen	prozessbezogener Abbau von Verschwendungen	sichtbare Auswirkungen auf Kennzahlen, z. B. EBIT, ROI, Working Capital

Abbildung IV-28 Das KAIZEN-Konzept im Kontext zum Innovationskonzept

KVP-Kaskade

In manchen Unternehmen werden KVP kaskadisch organisiert, wie Abbildung IV-29 zu entnehmen ist.[71] Dort wird in der ersten Ebene unterschieden zwischen den Verbesserungsbezügen »Prozess« und »Produkt«. In der zweiten Ebene wird weiter spezifiziert nach direktem Bereich, dem klassischen Anwendungsfeld von KVP, und indirektem Bereich bzw. Produkt und Lieferanten/Logistik. Dabei werden jeweils andere Personenkreise angesprochen. In der dritten Ebene wird, für den direkten Bereich dargestellt, mit Aufgabenstellungen geringerer Komplexität begonnen und schrittweise zu komplexeren Aufgabenstellungen übergegangen. Die Erfahrungen aus KVP praktizierenden Unternehmen gehen dahin, Geduld aufzubringen, die Anlaufphase nicht zu kurz zu bemessen und nicht zu früh ungeduldig auf monetär attraktive Verbesserungen zu drängen.

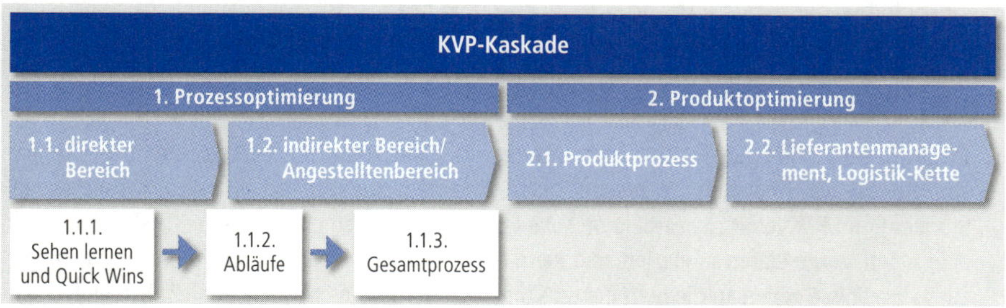

Abbildung IV-29 Beispiel für eine Kaskadierung des Verbesserungsmanagements[72]

KVP-Teams

Die Verbesserungsarbeit erfolgt in *KVP-Teams*. Diese werden nach Organisationseinheiten (Abteilungsteams) oder nach Prozessschritten (Prozessteams) gebildet. Sie werden durch Gruppensprecher oder Vorgesetzte moderiert (in der Einführungsphase der Regelfall). Als Vorzüge des Arbeitens mit KVP-Teams werden am häufigsten genannt:

71 Volkswagen Slovakia, unveröffentlichtes Handout, 2008. Die Kaskadierung des Verbesserungsmanagements ist ein im VW-Konzern verbindliches Organisationsprinzip für den KVP.
72 Volkswagen Slovakia a. s., 2008.

- Es können hierarchie- und abteilungsübergreifende Teams gebildet und dadurch heterogenes Wissen und unterschiedliche Erfahrungen genutzt werden.
- Mitarbeiter können sich in der kommunikativen Arbeitsatmosphäre entfalten.
- Es kommt zu schnellen Umsetzungen, weil die KVP-Teams Umsetzungskompetenz und -verantwortung haben.
- Es müssen keine Prämien wie beim Verbesserungsvorschlagswesen gezahlt werden, weil Verbesserung zu einer normalen Aufgabe wird.[73]

Die mit KVP erzielten Erfolge werden in den Unternehmen unterschiedlich eingeschätzt. Skeptische Einschätzungen sind weniger darin begründet, dass das Instrument KVP nicht taugt, als dass Erfolgsvoraussetzungen nicht erfüllt wurden. Insbesondere darf das obere Management keine Zweifel aufkommen lassen, dass

- es für eine Unternehmenskultur steht, in der Mitarbeiterideen und Teamarbeit erwartet, gefördert, anerkannt und belohnt werden,
- die notwendigen Unterstützungsressourcen bereitgestellt und den Teilnehmern auch Fehler zugestanden werden,
- man die KVP-Teams qualifiziert und ihnen die Kompetenz zu schneller und autonomer Umsetzung einräumt. Schleppende Umsetzungsprozeduren lassen Engagements rasch erlahmen. Ferner würde man es dem Betriebsrat schwer machen, den Prozess positiv zu begleiten.

KVP-Arbeit sollte nicht begonnen werden, wenn Ist-Zustände mangelhaft dokumentiert sind, weil dann strittig wird, ob und in welchem Ausmaß Verbesserungen erzielt wurden, also das ganze Vorhaben zu dem führte, was man sich vorgenommen hatte. Wichtiger als das Aufzählen von Zielen und Beweggründen ist, vorab das System der Erfolgsfaktoren festzulegen. In allen Phasen des Verbesserungsmanagements wird in den Unternehmen immer wieder die Frage gestellt, ob »sich der ganze Aufwand eigentlich lohnt« oder woran die Unternehmensleitung den Erfolg des Verbesserungsmanagements ausmacht. Das gilt insbesondere für Unternehmen, bei denen es ein Element des Produktionssystems ist.

Vorgehensschema für KVP-Teams

Als Vorgehensschema für KVP-Teams wird der auf Vorschläge von Deming zurückgehende PDCA-Regelkreis propagiert.[74] Durch Vorgehen nach dem in Abbildung IV-30 dargestellten Schema soll ein revolvierender Vier-Phasen-Prozess entstehen.

Jeder der vier Buchstaben bezeichnet eine Vorgehensphase:

1. **P**lanen (Plan): Während oder nach der Arbeitszeit (dann zusätzlich bezahlt) kommen Gruppen von meist 3 bis 5 Personen in regelmäßigen Abständen zusammen (z. B. alle 14 Tage für 1½ Stunden), um Probleme zu bearbeiten.[75] Die Gruppe wird durch einen Betreuer (KVP-Moderator) oder einen Vorgesetzten moderiert und kann Spezialisten hinzuziehen. Die dokumentierten Sitzungsergebnisse gehen an die betroffenen Vorgesetzten und sind auch allen nicht beteiligten Mitarbeitern zugänglich. Folgende Aktivitäten sind zu leisten:

73 Diese Auffassung ist strittig. Es gibt Unternehmen, die so verfahren und andere, die erfolgreiche Verbesserungsarbeit honorieren.

74 Beim PDCA-Regelkreis wird auch darauf Rücksicht genommen, dass die Mitglieder des KVP-Teams bestenfalls über fragmentarische Kenntnisse des Industrial Engineering und des Qualitätsmanagements verfügen, sie also eine Reihe professioneller Analyse- und Gestaltungsmethoden nicht anwenden können. Eine vergleichende Übersicht zu Phasenschemata bei Verbesserungsprozessen geben Neuhaus, R.; Lennings, F.: Regelkreise für Produktionssysteme. In: IfaA (Hrsg): Produktionssysteme. Aufbau, Umsetzung, betriebliche Lösungen. Köln: Bachem, 2008, S. 37–47.

75 Es gibt auch Beispiele dafür, dass Unternehmen KVP-Teams für einen begrenzten Zweitraum vollzeitlich abstellen (sog. Task-Force-Prinzip).

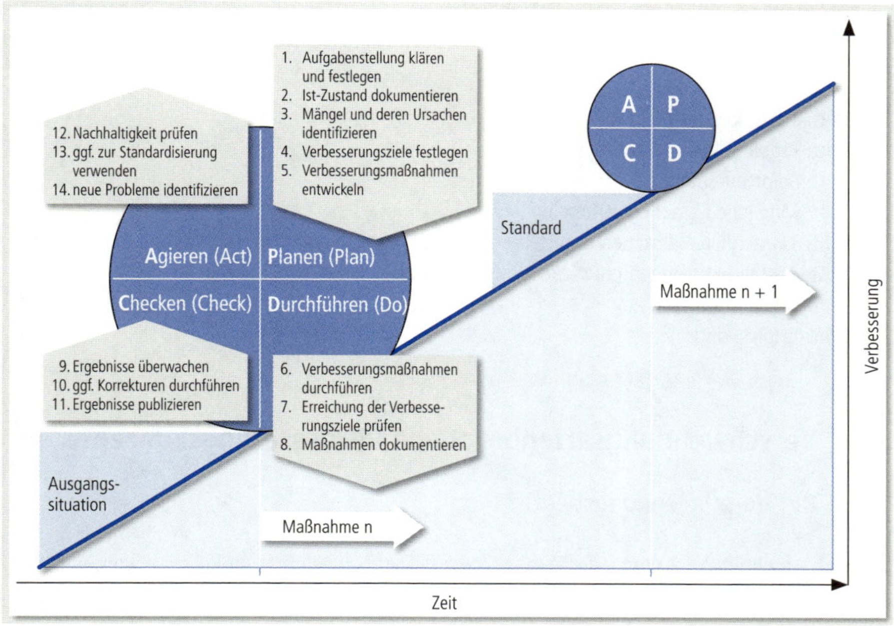

Abbildung IV-30 PDCA-Verbesserungskreislauf als Phasenschema zum Vorgehen von KVP-Teams

- Aufgabenstellung klären und festlegen,
- Ist-Zustand dokumentieren,
- Mängel und deren Ursachen identifizieren,
- Verbesserungsziele festlegen,
- Verbesserungsmaßnahmen entwickeln.

2. **D**urchführen (Do): Die Maßnahmen werden durch die Vorgesetzten initiiert und durch die Teammitglieder nach einem eigenen Zeitplan umgesetzt und dokumentiert. Aktivitäten sind:
   - Verbesserungsmaßnahmen durchführen,
   - Erreichen der Verbesserungsziele prüfen,
   - Maßnahmen dokumentieren.
3. **C**hecken (Check): Die Verbesserungsmaßnahmen werden auf ihre Zielerfüllung hin kontrolliert und bewertet. Dazu sind
   - Ergebnisse zu überwachen,
   - ggf. Nachjustagen durchzuführen und
   - Ergebnisse zu publizieren.
4. **A**gieren (Act): Aufgrund unbefriedigender Check-Ergebnisse werden ggf. Korrekturen eingeleitet. Bei befriedigenden Check-Ergebnissen wird geprüft, ob der erreichte Zustand als Standard zu verwenden ist (Nachhaltigkeitssicherung).[76] Für den Moderator des KVP-Teams stellt sich die Frage, welche Folgeverbesserungen man aufgrund der erzielten Ergebnisse erwägen sollte.

76 In diesem Fall würde man den gesamten Verbesserungsvorschlag dem für das Produktionssystem Verantwortlichen übergeben, der über die Aufnahme zu entscheiden hätte.

8-D-Report

In der Automobil- und Automobilzulieferindustrie ist der *8-D-Report* verbreitet, insbesondere bei Qualitätsfragen, z. B. bei Kundenreklamationen. Dabei handelt es sich um ein formalisiertes Vorgehenskonzept in acht Schritten:[77]

1. Schritt: Team formieren
2. Schritt: Problem beschreiben
3. Schritt: Sofortmaßnahmen, Messsystem prüfen
4. Schritt: Mögliche Ursachen sammeln
5. Schritt: Tatsächliche Ursachen ermitteln
6. Schritt: Abstellmaßnahmen entwickeln und umsetzen
7. Schritt: Erfolg würdigen
8. Schritt: Erfolgskontrolle

3.5 Verschwendungsartenbezogene Verbesserungskonzepte

3.5.1 Der Verschwendungsbegriff

Wertschöpfungsbegriff

Im Teil I, Abschnitt 2.5.2 wurde der Wertschöpfungsbegriff eingeführt und Prozesse wurden danach unterschieden, ob sie

- wertschöpfend in dem Sinne sind, dass ein vom Kunden bewusst honoriertes Arbeitsergebnis entsteht, ein Arbeitsfortschritt im Sinne der Arbeitsaufgabe erzielt wird oder
- Verschwendung repräsentieren in dem Sinne, dass kein vom Kunden bewusst honoriertes Arbeitsergebnis entsteht.

In den japanischen Quellen wird Verschwendung unterschieden nach

1. Muda, das ist Verschwendung im engeren Sinne (z. B. Wartezeiten, überflüssige Transporte),
2. Mura, was für Unausgeglichenheit steht (unabgestimmte Kapazitäten) und
3. Muri, was für Überlastung steht (Überbeanspruchung von Menschen oder Betriebsmitteln).

Verschwendungsbegriff

In der Folge werden alle drei Aspekte unter dem Verschwendungsbegriff subsumiert. In Teil I, Abschnitt 2.5.2 wurden unter dem Begriff der Wertschöpfung vier Arten von Handlungen oder Operationen unterschieden:

1. Sofort eliminierbare *Verschwendung*: Es entsteht keine Wertschöpfung, was stets als Verschwendung angesehen wird.
2. Betriebsmittelbedingter *Wertschöpfungsausfall*: Es entsteht zwar keine Wertschöpfung, diese Handlungen oder Operationen sind derzeit aber technisch unumgänglich.
3. Sonstiger unabwendbarer Wertschöpfungsausfall: Es entsteht zwar keine Wertschöpfung, diese Handlungen oder Operationen sind derzeit aber prozessual unumgänglich.
4. Wertschöpfung im engeren Sinne: Es entsteht ohne Wenn und Aber Wertschöpfung.

Verbesserungsprogramme sollte man nur dann durchführen, wenn auf dokumentierte und standardisierte Prozesse zurückzugreifen und zu erkennen ist, ob man überhaupt etwas zum Besseren bewegt oder lediglich etwas verändert hat.

Verbesserungsmaßnahmen im Rahmen der Prozessoptimierung (vgl. Abbildung IV-29) zielen auf die sofort eliminierbare Verschwendung. Diese Verschwendungen können im Unternehmen akzeptiert

77 Das standardisierte Vorgehen einschließlich Formularen und Erläuterungen kann von der Homepage des Verbandes der deutschen Automobilindustrie (www.vdaqmc.de) heruntergeladen werden.

oder unerkannt sein. So können überhöhte Materialbestände akzeptiert sein, weil man Fehlteile vermeiden oder Ausschuss kompensieren kann. Verschwendung ist nur dann durch Wertschöpfung zu ersetzen, wenn sie sichtbar ist. In den folgenden Abschnitten geht es um methodische Ansätze zum Ersatz sofort zu eliminierender Verschwendung durch Wertschöpfung.

3.5.2 Verschwendungsarten in direkten Bereichen

Seit der Verbreitung der japanischen Lean-Management-Literatur in den 1980er-Jahren werden standardisierte Verschwendungsarten, das sind Kategorien sofort zu eliminierender Verschwendung, unterschieden.[78] Überwiegend wird für den direkten Bereich zwischen sieben oder – so bei uns – acht *Verschwendungsarten* (»8 S«) unterschieden.[79]

Überproduktion

Als *Überproduktion* wird ein Zustand bezeichnet, bei dem mehr Teile produziert, als von internen oder externen Kunden benötigt werden. Sie gilt als »schlimmste Verschwendungsart«, weil sie einige der anderen Verschwendungsarten nach sich zieht. Nur wenn Lieferanten im Betrachtungszeitraum jene Mengen und Varianten produzieren, die die Kunden benötigen, entstehen weder unnötige Fertigwarenbestände noch Lieferabrisse. Die Produktion an den Kundenverbrauchstakt anzupassen bedeutet nicht, sich dessen täglichen Abrufschwankungen zu unterwerfen. Vielmehr sind Produktionsglättungen vorzunehmen, indem z. B. für die Folgewoche das Produktionsprogramm mit konstanten Tagesmengen festgelegt und damit die Abrufschwankungen der Kunden über diesen Zeitraum nivelliert werden. Häufige Ursachen von Überproduktion sind:

- Ausschuss und Nacharbeit als Folge unfähiger Prozesse.
- Defizite in der Logistik – Teile werden zur falschen Zeit oder an den falschen Ort geliefert.
- Mangelhaftes Prozess-Layout, das zu vielen Fertigungsinseln führt.
- Lange Rüstzeiten, die wiederum große Losgrößen nötig machen.
- Vorübergehender oder dauerhafter Personalüberhang.
- Die Maschinenauslastungen werden gegenüber dem Wertstrom priorisiert.
- Aufgrund technischer und organisatorischer Mängel oder fehlender Notfallkonzepte akzeptierte Sicherheitsreserven.

Wartezeiten

Wartezeiten können für den Menschen oder das Betriebsmittel auftreten. Klassische Verschwendung liegt vor, wenn Menschen Betriebsmittel »überwachen«, obwohl diese selbstüberwachend ablaufen und mit einem automatischen Störungsstopp ausgerüstet sind. Als Möglichkeiten zum Wartezeitabbau werden das logistische Prinzip des »One-Piece-Flow« und die arbeitsorganisatorische Lösung der Mehrstellenarbeit empfohlen.

78 Vgl. z. B. Suzaki, K.: Modernes Management im Produktionsbetrieb. Strategien, Techniken, Fallbeispiele. München: Hanser, 1994, S. 11 f. Shingo, S.: Das Erfolgsgeheimnis der Toyota Produktion. Landsberg: Moderne Industrie, 1992, S. 46 f. Takeda, H.: Das synchrone Produktionssystem. Just-in-Time für das ganze Unternehmen, 5. Auflage. Landsberg: Redline, 2006, S. 153 f.

79 Es gibt auch Unternehmen, die nur die ersten sieben in Abbildung IV-31 angeführten Verschwendungsarten, aber auch andere, die noch weitere verwenden. So verwendet die Volkswagen AG als neunte Verschwendungsart die »unzureichende Kommunikation«.

Verschwendungsart	mögliche Verschwendungsursache, weil z. B. …	empfohlene Methoden und Werkzeuge
1. Überproduktion	• mehr Teile als benötigt hergestellt werden • zu selten umgerüstet wird und man deshalb zu große Lose fertigt • man in Bezug auf Varianten zu inflexibel ist	• Nivellierung/Glättung • One-Piece-Flow • Mixed-Model-Produktion
2. Wartezeiten	• keine Teile verfügbar sind • ein Betriebsmittel gerüstet wird • auf eine Entscheidung gewartet wird • eine Betriebsmittelstörung vorliegt	• verbesserte Abtaktung • Rüstzeitminimierung (SMED) • U-Layout • Mehrmaschinenarbeit
3. überflüssige Transporte	• ein langer Weg vom bzw. zum Lagerplatz vorliegt • unnötige Zwischenlagerungen vorkommen • Werkzeuge, Dokumente etc. zu holen sind	• Kanban-Pull • Wertstromanalyse/-design
4. Überbearbeitung	• durch unzureichende Prozessfähigkeit Nacharbeit anfällt • falsche oder keine Standards vorliegen • Werkzeuge, Vorrichtungen oder Transportsystem mangelhaft sind • zu aufwendig gerüstet wird	• MTM-Analysen • KVP • Industrial-Engineering-Untersuchung
5. überhöhte Materialbestände	• Platzmangel an den Arbeitsplätzen herrscht • Material/Teile umgelagert werden, zu viele Transporte stattfinden • die Prozesse schlecht aufeinander abgestimmt sind • langsam drehende Lagergüter vorliegen	• JIT-Bereitstellung • Kanban-Pull • verbesserte Abtaktung • Wertstromanalyse/-design
6. unnötige Bewegungen	• weite Wege zu Lagerorten anfallen • Aufschreibungen nicht am Arbeitsplatz erfolgen • benötigte Unterlagen/Hilfsmittel nicht am Arbeitsplatz liegen • zu kleine Teile auf zu großen Maschinen bearbeitet werden	• MTM-Analysen • 6-W-Prinzipien • Adressenoptimierung • Stellflächen-Visualisierung
7. Ausschuss, Nacharbeit	• Ordnung und Sauberkeit am Arbeitsplatz mangelhaft sind • die Spezifikationen nicht vorhandene Prozessfähigkeiten bedingen • der Prozess Fehlhandlungen zu leicht zulässt • die Mitarbeiter Qualifizierungsdefizite haben	• Poka-Yoke • FMEA • Reißleine-Kompetenz • Selbst-/Folgeprüfung
8. eingeschränktes Sicherheits- und Ergonomiebewusstsein	• die Betreiber ein mangelhaftes Sicherheitsbewusstsein haben • bei den Prozessentwicklern Wissensdefizite vorliegen • die Sicherheitsfachkräfte ineffektiv agieren • ergonomische Defizite vorliegen	• Sicherheitsanalysen • ergonomische Bewertung • KVP

Abbildung IV-31 Die acht Verschwendungsarten im direkten Bereich

Überflüssige Transporte

Überflüssige Transporte von Teilen sind solche, die weder technologisch oder qualitätssichernd notwendig sind. Transporte fallen an, weil

- Produktionsschritte nicht verkettet sind oder
- Überproduktion vorliegt.

Die Folgen überflüssiger Transporte sind Beschädigungsrisiken für das Transportgut, ein gestörter Fertigungsfluss und damit verlängerte Durchlaufzeiten sowie Logistikkosten. Als Lösungsansätze werden produktorientierte Fließ-Layouts und Zwangstransporte zwischen den Arbeitssystemen empfohlen.

Überbearbeitung, Verschwendung im Prozess

Überbearbeitung oder Verschwendung im Prozess liegen vor, wenn zusätzliche Handlungen oder Operationen notwendig sind, um die gewünschten Ergebnisse zu erreichen, weil das mit dem ursprünglichen Prozess nicht möglich oder dieser nicht fähig ist. Dazu zählen z. B. Bohrungen, die tiefer als erforderlich sind, oder Prüfungen, die zu keinen brauchbaren Befunden führen. Weiterhin liegt Überbearbeitung vor, wenn zu lange Prozesszeiten (Nutzungshauptzeiten) verwendet werden, also geringere Laufgeschwindigkeiten als möglich gewählt werden.

Überhöhte Materialbestände sind zu unterscheiden nach

Überhöhte Materialbestände

1. Rohstoff- und Anlieferteilebeständen: Überbestände können durch Mengenrabattanreize entstanden sein, z. B. wenn Bestellmengen nicht optimiert werden (vgl. Teil II, Abschnitt 9.7.2). Abhilfen können z. B. mit den Lieferanten verknüpfte IT-Systeme (z. B. elektronischer Datenaustausch) oder Konsignationslager[80] bieten.
2. In-Prozess-Beständen: Deren Problem liegt aufgrund der relativ kurzen Lagerdauer, nicht in der Kapitalbindung, sondern in überhöhter Produktionsfläche und Durchlaufzeit. Abhilfe kann ein Einsatz von Supermärkten und Kanban bieten.
3. Fertigwarenbeständen: Ebenso wie Rohstoff- und Anlieferteilebestände führen sie zu einem überhöhten Bedarf an Working Capital[81]. Häufige Gründe für überhöhte Fertigwarenbestände sind mangelndes Vertrauen in die Zuverlässigkeit der Fertigung, saisonale Nachfrageschwankungen oder falsch verstandene Zwänge zu Kapazitätsauslastungen.

Neben dem vorstehend angeführten Liquiditätseffekt beim Working Capital sind auch die Beständekosten zu beachten, die meist unterschätzt werden.[82] Je nach Branche sind für Lagerhaltungskosten als Richtwerte anzusetzen:

- Zehnfache Lagerumschlagshäufigkeit p. a.: ≈ 20 bis 30 % des Lagerwertes.
- Fünffache Lagerumschlagshäufigkeit p. a.: ≈ 30 bis 50 % des Lagerwertes.

Unnötige Bewegungen

Unnötige Bewegungen von Menschen und Betriebsmitteln liegen vor, wenn diese zum Erzeugen von Blindleistungen führen. Sie entstehen hauptsächlich durch schlechte Arbeitsplatzgestaltung (Arbeitsmethode), unwirtschaftlichen Betriebsmitteleinsatz (z. B. zu lange Fahrstrecken bei der Bearbeitung auf zu großen Maschinen) in der Logistik oder Qualifizierung. Diese Verschwendungsursache ist ein besonders häufiger Ansatzpunkt für KVP-Maßnahmen.

Ausschuss und Nacharbeit

Bei *Ausschuss und Nacharbeit* sind die Ursachen stets zuerst in unfähigen, risikobehafteten Prozessen, dann in nicht fertigungsgerechten Produkten und zuletzt in der Mitarbeiterqualifikation zu suchen.

Arbeitssicherheit

Die eingeschränkte *Arbeitssicherheit* wird in der japanischen Primärliteratur nicht als eigene Verschwendungsart angeführt. Wir sehen in der Arbeitssicherheit und in der Beseitigung ergonomischer Defizite jedoch nicht nur eine elementare Verpflichtung der Unternehmen – über rechtliche Vorschriften hinaus –, sondern auch eine Absicherung von Ressourcen.

3.5.3 Verschwendungsarten in indirekten Bereichen

Verschwendungsarten in indirekten Bereichen

In indirekten Bereichen, wie z. B. Logistik, Qualitätsmanagement, Instandhaltung, Engineering oder Administration, sind die im vorhergehenden Abschnitt angeführten Verschwendungsarten weitgehend irrelevant. Abbildung IV-32 sind Beispiele für Verschwendungsarten zu entnehmen, wie sie in indirekten Bereichen vorkommen. Dort treten Verschwendungen häufig in Form vermeidbarer Arbeit auf. Die häufigste Ursache für diese Verschwendungen liegt in organisatorischen Defiziten, z. B. aufgrund unklarer Schnittstellenregelungen[83]. Ferner führen Bereichsegoismen und IT-Insellösungen zu Verschwendung.

80 Ein Konsignationslager ist ein Lieferantenlager, in dem nicht unmittelbar benötigte Mengen gehalten und erst bei Abruf bezahlt werden.

81 Das ist eine gebräuchliche Liquiditätskennzahl: Working Capital = Umlaufvermögen – kurzfristige Verbindlichkeiten. Vgl. dazu Teil I, Abschnitt 2.3.1.

82 Anders bei den Kosten für In-Prozess-Bestände. Diese werden häufig überschätzt.

83 Zur Auswirkung von Schnittstellen auf verschiedene organisatorische Aspekte vgl. Fischer, F.: Versteckte Potenziale im Unternehmen. In: IfaA (Hrsg.): Produktionssysteme. Aufbau, Umsetzung, betriebliche Lösungen. Köln: Bachem 2008, S. 79 ff.

Verschwendungsart	Beispiele
1. Medienbrüche	• Es kann nur auf einen Ausdruck und auf keine Datei zurückgegriffen werden. • Telefonate werden notiert und die Notizen in den Rechner eingegeben.
2. Doppelbesetzung	• Auftragsklärungen werden im Vertrieb und in der Arbeitsvorbereitung vorgenommen. • Rechnungsprüfungen werden im Einkauf, im Vertrieb und in der Logistik durchgeführt.
3. Abstimmungs-/Kontrollvorgänge	• Dienstreisen sind vom Vorgesetzten und von der Personalabteilung zu genehmigen. • Schulungsmaßnahmen werden durch den Produktionsbereich, durch das Personalwesen und durch die Geschäftsführung freigegeben.
4. Doppelarbeiten	• Anwesenheitserfassungen werden von Werkstattschreibern und von den Schichtleitern durchgeführt. • Bei der Prozessentwicklung werden Rückfragen beim Kunden durch die Qualitätsplanung und die Projektleiter beantwortet.
5. Suchprozesse	• Es gibt in der Kalkulation keinen verbindlichen Dateinamen-Syntax, so dass kein Kalkulator weiß, wo er fremde Kalkulationen findet. • Bei dem Lager entnommenen Ersatzteilen ist nicht festgelegt, wo diese vor Reparaturbeginn liegen.
6. Kommunikationsdefizite	• Der Vertrieb teilt der Kalkulation Änderungswünsche des Kunden mündlich (in Stichworten) mit. • Die Fertigung lästert über die Sparwut des Einkaufs, teilt aber nie mit, in welchen Fällen welche Materialprobleme entstehen.

Abbildung IV-32 Beispiele für Verschwendungsarten im indirekten Bereich

In den meisten Unternehmen wird durch Verbesserungsmanagement in den indirekten Bereichen nicht allzu viel versucht und auch nicht viel erreicht. Der Grund dafür ist, dass man hier mit »sehen« nicht allzu weit kommt, sondern

- in die Prozesse »einsteigen« und
- dabei die zu den Prozessen vorliegenden IT-Lösungen einbeziehen muss.

Mit solchen Erhebungen wären die meisten KVP-Teams überfordert. Ferner liegen die »gespürten« Probleme, z. B. für eine Konstruktionsabteilung, fast stets in Methodendefiziten und mangelhaftem Projektmanagement, so dass man dort mit Verschwendungsarten-bezogenen Ansätzen wenig Teilnahmebereitschaft akquiriert.

3.5.4 Checklisten beim Verbesserungsmanagement

Beim Arbeiten mit KVP-Teams ist das Verwenden von Checklisten üblich. Zwei Checklisten sind besonders verbreitet[84],

1. 6-W-Methode: Durch sechs »W-Fragen« (wer, was, wo, wann, wie, warum) wird versucht, Probleme systematisch zu erfassen.
2. 4-M-Methode: Zu Mensch, Maschine, Material und Methode wird versucht, durch standardisierte Fragen Schwachstellen zu identifizieren.

6-W-Methode

Mit der *6-W-Methode* sollen Informationen besser, d. h. möglichst alle wichtigen Aspekte einschließend, erfasst werden. Dazu werden durch die Fragenfolge des »wer – was – wo – wann – warum – wie« Informationen

84 Vgl. Imai, M.: a. a. O., 1998, S. 277 f.

W	Fragen	W	Fragen
1. Wer (Person)	• macht es derzeit? • macht es gerade? • sollte es machen? • kann es noch machen? • sollte es sonst noch machen? • Warum soll ich/sie/er es machen?	4. Wann (Zeitpunkt, Reihenfolge)	• wird es gemacht? • wird es wirklich gemacht? • soll es gemacht werden? • kann es sonst gemacht werden? • soll es noch gemacht werden? • ist es notwendig, es dann zu machen?
2. Was (Gegenstand)	• ist zu machen? • wird gerade gemacht? • sollte gemacht werden? • kann noch gemacht werden? • soll noch gemacht werden? • bräuchte nicht mehr gemacht werden?	5. Wie (Methode)	• wird es gemacht? • wird es wirklich gemacht? • sollte es gemacht werden? • kann es noch gemacht werden? • Ist das wirklich die beste Möglichkeit?
3. Wo (Ort)	• soll es gemacht werden? • wird es gemacht? • sollte es gemacht werden? • kann es noch gemacht werden? • sollte es noch gemacht werden? • Warum sollte es da gemacht werden?	6. Warum (Zweck)	• macht er/sie es? • soll es gemacht werden? • soll es hier gemacht werden? • wird es dann gemacht? • wird es so gemacht?

Abbildung IV-33 6-W-Checkliste[85]

- strukturiert und transparent gemacht,
- auf Vollständigkeit geprüft und systematisch fortentwickelt.

Dazu ein Beispiel: Nicht die Qualitätssicherung (wer), sondern die Mitarbeiter an der Transferpresse (wer) müssen bei Achsträgern (was) direkt am Auslageband (wo) jedes 25ste Teil (wann) röntgenprüfen (wie), weil sie so eine intensivere Beziehung zu dem von ihnen verantworteten Prozess erhalten und es zu keinen Pressenstillständen führt (warum).

4-M-Methode

Die *4-M-Methode* soll helfen, gravierende Mängel in Arbeitssystemen zu identifizieren, indem zu den vier Bestimmungsgrößen Mensch, Betriebsmittel, Eingabe und Ablauf Fragen formuliert werden, bei denen man aus Verneinungen erfahrungsgemäß auf Schwachstellen schließen kann. Die 4-M-Methode ist eine Hilfe für Personen, die über kein professionelles Wissen im Industrial Engineering verfügen, wie z. B. Mitglieder von KVP-Teams.

85 Vgl. Imai, M.: a. a. O., 1998.

M	Fragen	M	Fragen
1. Mensch	1. Befolgt er die Standards? 2. Ist seine Arbeitseffizienz akzeptabel? 3. Denkt er problembewusst? 4. Hat er Verantwortungsbewusstsein? 5. Ist er ausreichend qualifiziert? 6. Hat er genügend Erfahrung? 7. Ist der Arbeitsplatz für ihn geeignet? 8. Ist er verbesserungswillig? 9. Bemüht er sich um gute zwischenmenschliche Beziehungen? 10. Ist er gesund?	2. Material	1. Gibt es Abweichungen im Volumen? 2. Gibt es Abweichungen in der Qualität? 3. Ist es die richtige Marke? 4. Weist es Verunreinigungen auf? 5. Ist die Höhe des Umlaufs richtig? 6. Wird Material verschwendet? 7. Ist der Materialtransport der richtige? 8. Wird ausreichend auf den Umlauf geachtet? 9. Ist das Materiallayout geeignet? 10. Ist der Qualitätsstandard ausreichend?
3. Maschine	1. Erfüllt sie die Produktionsanforderungen? 2. Erfüllt sie die Prozessanforderungen? 3. Ist sie richtig geölt (geschmiert)? 4. Reicht die Inspektion aus? 5. Führen mechanische Probleme häufig zum Maschinenstillstand? 6. Arbeitet sie ausreichend genau? 7. Verursacht sie ungewöhnliche Geräusche? 8. Ist das Maschinenlayout richtig? 9. Reicht die Zahl der Maschinen (Anlagen) aus? 10. Ist alles in der richtigen Ordnung?	4. (Arbeits-) Methode	1. Gibt es geeignete Arbeitsstandards? 2. Wurde der Arbeitsstandard angehoben? 3. Ist die Methode sicher? 4. Gewährleistet die Methode ein gutes Produkt? 5. Ist die Methode effizient? 6. Ist die Arbeitsschritte-Reihenfolge sinnvoll? 7. Ist die Aufstellung richtig? 8. Passen Temperatur und Feuchtigkeit? 9. Sind Beleuchtung und Ventilation ausreichend? 10. Gibt es genügend Kontakte zum vor- und nachgelagerten Prozess?

Abbildung IV-34 4-M-Checkliste[86]

20 Keys

Die Vertreter des *20-Keys-Konzepts* nehmen für sich in Anspruch, ein alle relevanten Aspekte einschließendes Unternehmensentwicklungskonzept anzubieten.[87] Der Abbildung IV-35 sind die Keys (= Verschwendungseffekte repräsentierende Merkmale) zu entnehmen. Die 20 Keys stellen ein Angebot dar, aus denen sich Unternehmen jene heraussuchen, die sie für zweckmäßig halten.[88] Als Vorteile dieser Methode werden angeführt:[89]

- Es werden Mitarbeiter auf allen Ebenen eingebunden, als Key-Promotoren, Key-Verantwortliche oder Key-Anwender.
- Durch die Einführung von 20 Keys wissen die Beteiligten, was zu welchem Zeitpunkt auf sie zukommt.

86 Vgl. Imai, M.: a. a. O., 1998.
87 Kobayashi, I.: 20 Keys. Die 20 Schlüssel zum Erfolg im internationalen Wettbewerb. Bochum: Adept-Media, 2000.
88 Einige der in Abbildung IV-35 angeführten Keys repräsentieren Aspekte, die man mit professionellen Industrial-Engineering-Methoden wesentlich effektiver bearbeitet.
89 Das 20-Keys-Konzept wird in Deutschland durch Unternehmensberatungen vermarktet.

Die Erfolgsspur ist – so die Vertreter dieses Ansatzes – auch unternehmensübergreifend messbar. Maßstab sind nicht die Wettbewerber, sondern die Weltspitze. Zu jedem Key sind fünf Benchmarking-Stufen (BM-Stufen) beschrieben, mit charakteristischen Zuständen und Merkmalen. Stufe 5 soll der »Weltklasse« entsprechen.

Kategorien	Keys
allgemeine Forderungen	1. Ordnung und Sauberkeit 2. Zielvereinbarungen 3. Verbesserungsgruppen einsetzen 20. Know-how-Management betreiben
Durchlaufzeit reduzieren	4. Bestände reduzieren 5. Rüsten beschleunigen 6. Prozesse analysieren und verbessern 8. Prozesse verknüpfen 10. Selbstdisziplin und Zeitmanagement leben 13. Verschwendung beseitigen 15. Mitarbeiter vielseitig qualifizieren
Kosten senken	14. Verbesserungen selbst umsetzen 17. Effizienz selbst steigern und regeln 18. IT zielgerecht einsetzen 19. Energie und Material einsparen
Qualität verbessern	7. Prozesse überwachungsfrei gestalten 9. Instandhaltung produktiv machen 11. Qualität erzeugen und entwickeln 12. Lieferanten einbinden und entwickeln 16. Produktion planen und steuern

Beispiel

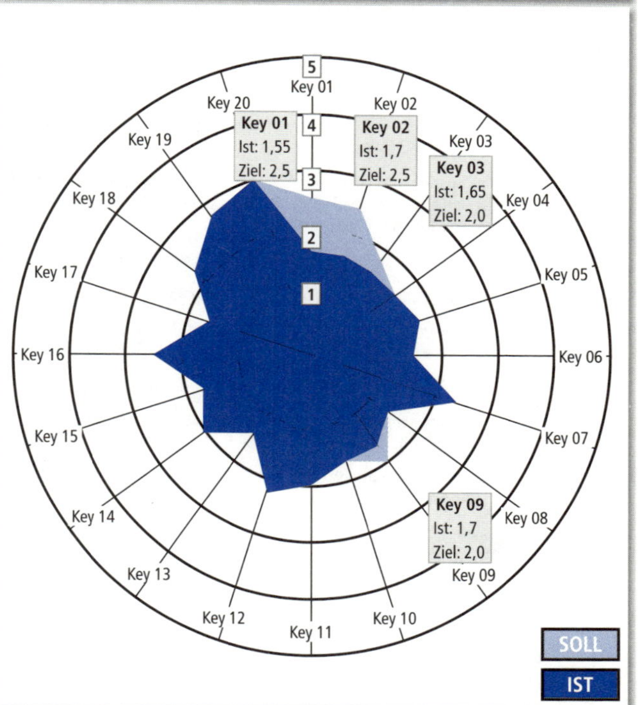

Abbildung IV-35 20 Keys und Beispiel zum Reporting[90]

In Abbildung IV-36 wird die Anwendung von Key 1 (Ordnung und Sauberkeit am Arbeitsplatz) in einem Betriebsbereich dargestellt. Die Beurteilungskriterien sind nach BM-Stufen gestuft. Die Vertreter des Verfahrens erheben den Anspruch, dass die BM-Stufen absolute Maßstäbe sind. Bei dem eingetragenen Anwendungsfall werden alle 18 Beurteilungskriterien als relevant erachtet.[91] Die BM-Stufen 2 und 3 werden noch nicht beherrscht, und die ermittelten 30 Gesamtpunkte stehen für die BM-Referenz »2«. In gleicher Weise wurde dieser Key auch bei den anderen Betriebsbereichen angewandt und dabei, so Abbildung IV-35 zu entnehmen, eine mittlere BM-Stufe von 1,55 erreicht. Angestrebt wurden jedoch 45 Punkte und damit eine BM-Stufe von 2,5. Um das zu erreichen, müssten im Durchschnitt die ersten neun Kriterien in Abbildung IV-36 als zutreffend eingestuft sein. Dazu könnte für das Folgequartal z. B. folgendes Verbesserungsprogramm beschlossen werden:

90 nach Kobayashi, I.: a. a. O., 2000.

91 Das wird bei diesem Key stets das Fall sein. Bei anderen Keys werden dagegen Kriterien auch als irrelevant markiert, z. B. branchenbedingt.

Key 1		Ordnung und Sauberkeit am Arbeitsplatz			
Nr.	BM-Stufe	Beurteilungskriterien *) 0 Punkte, wenn es nicht zutrifft; 5 Punkte, wenn es zutrifft	relevant √ / -	Punkte*) 0	5
1.01		Es liegen keine unnötigen Gegenstände herum, z. B. Kleidung, Nahrungsmittel bzw. für die vorliegende Arbeit nicht benötigte Dokumente, Werkzeuge, Vorrichtungen, Teile. Die Flächen sollen zum Arbeiten genutzt werden.	√		×
1.02		Reinigungsgeräte bzw -hilfsmittel werden ordentlich aufbewahrt, z. B. in Schränken. Teile, Werkzeuge und Hilfsmittel werden nicht auf dem Boden, sondern in Behältern, Regalen, Wagen oder auf Paletten gelagert.	√	×	
1.03	2	Die Fußböden sind sauber (kein Müll, Schmutz, Öl, Wasser, Papierfetzen, Zigarettenkippen etc.). Rutschgefahren sind beseitigt. Es gibt Entsorgungsbehälter. Darin befinden sich nur Gegenstände, die dort hinein gehören (getrennte Entsorgung).	√		×
1.04		An den Informationstafeln hängen keine veralteten, verschmutzten oder zerissenen Mitteilungen. Die Blätter sind übersichtlich angeordnet.	√	×	
1.05		Die Zugänge zu Feuerlöschern, Notausgängen, Fahrwegen usw. sind frei zugänglich. Gefahrenbereiche sind klar und einheitlich markiert (z. B. an Maschinen und Anlagen), Licht- und Notausschalter optisch gekennzeichnet und gut sichtbar.	√		×
1.06		Alle Wege sind einfach erkenn- und begehbar. Sie sind mit gut sichtbaren Linien markiert.	√		×
1.07		Die Linienkennzeichnung gilt unternehmensweit und wird eingehalten. Sperrflächen werden nicht verstellt.	√	×	
1.08	3	Gebäude und Inventar sind gestrichen und sauber. Alle Wände sind bis zu einer Höhe von mindestens 2 m sauber und gestrichen.	√	×	
1.09		An den Wänden, Fenstern, Pfeilern sowie an den Maschinen lehnen keine Gegenstände.	√	×	
1.10		Die Mitarbeiter bzw. Gruppen erhalten und kontrollieren selbstständig die Ordnung und Sauberkeit ihrer Arbeitsbereiche.	√	×	
1.11		Transport- und Transporthilfsmittel sind in den gekennzeichneten Bereichen ordentlich aufgestellt und angeordnet.	√		×
1.12		Lagerorte und -bereiche sind mit eindeutigen Hinweisschildern oder Markierungen gekennzeichnet. Für die Markierung der Lagerflächen sind Verantwortliche benannt. Bei festen Zuordnungen von Material zu Lagerflächen ist mindestens die Materialbezeichnung am zugeordneten Lagerplatz angebracht.	√		×
1.13		Werkzeuge, Vorrichtungen und Zubehör werden nur in Bereichen gelagert, die klar und eindeutig gekennzeichnet sind.	√	×	
1.14	4	Ständig benötigte Werkzeuge, Vorrichtungen und Zubehör sind an jedem Arbeitsplatz vorhanden und werden dort anforderungsgerecht aufbewahrt.	√	×	
1.15		Alle Regale und Arbeitstische sind so unterteilt und gekennzeichnet, dass alle Dinge auf einen Blick gefunden und genauso schnell wieder zurückgelegt werden können.	√	×	
1.16		Auf den Tischen oder anderen Flächen befinden sich nur Gegenstände, die gerade verwendet werden.	√	×	
1.17		Die Ursachen von Schmutz und Unordnung sind beseitigt. Für definierte Umlaufbestände werden spezielle Transport- und Lagereinrichtungen verwendet. Jeder Mitarbeiter kann eigenständig das 5-S-Programm durchführen.	√	×	
1.18	5	Mengen und Inhalte, z. B. in Regalen und Schränken, sind wie in einem Supermarkt klar und eindeutig angeordnet und gekennzeichnet.	√	×	
		Gesamtpunktzahl		30	

Punktzahl	< 18	> 18-27	> 27-36	> 36-45	> 45-54	> 54-63	> 63-72	> 72-81	> 81-91
BM-Referenz	1	1,5	2	2,5	3	3,5	4	4,5	5

Abbildung IV-36 Beispiel für die Anwendung einer Key-Checkliste auf einen Betriebsbereich[92]

- Überflüssiges ist entsorgt,
- Arbeitsplätze sind besser übersichtlich und aufgeräumt,
- Böden sind sauber und frei, nichts wird auf dem Boden gelagert,

92 Nach Kobayashi, I.: a. a. O., 2000.

- Reinigungsgeräte sind am Arbeitsplatz,
- Visualisierungstafeln sind aktuell und ordentlich,
- Schreibtische sind ordentlich und sauber, nicht genutzte Unterlagen liegen nicht auf den Schreibtischen herum,
- Wege sind frei, Gefahrenbereiche und Lichtschalter sind gekennzeichnet.

Im rechten Bildteil von Abbildung IV-35 wird das Reporting zu den vier verwendeten Keys ausgewiesen. Danach hapert es mit dem Thema »Zielvereinbarungen« am meisten, erkennbar aus der Soll-Ist-Differenz.

3.6 Arbeitssystembezogene Verbesserungskonzepte

3.6.1 Ordnung und Sauberkeit

Als Einstiegsprogramm beim Verbesserungsmanagement werden meist die *5 S* (die fünf Standardisierungsbegriffe beginnen alle mit »S«) gewählt. Bevor man anspruchsvollere Verbesserungsthemen aufgreift, möchte man mit einem 5-S-Programm zwei Dinge erreichen: 5 S

1. Bei den Mitgliedern von KVP-Teams den Sinn für geordnetes Arbeiten etablieren.
2. Als Vorstufe und Voraussetzung für komplexere, aus ergonomischer Sicht anspruchsvollere Verbesserungsvorhaben Ordnung und Sauberkeit als grundlegende Arbeitshygiene gewährleisten.

Abbildung IV-37 ist zu entnehmen, dass mit den drei ersten »S« Grundlagen geschaffen werden, ein Basisniveau erreicht wird. Ferner dient diese Grundlagenarbeit dazu, Mitarbeiter und Vorgesetzte an das Prinzip der permanenten Verbesserung zu gewöhnen.

Sortieren

Im ersten Schritt wird das getan, was man im Privatleben zum Jahresende oder bei Umzügen tut, nämlich sich von nicht benötigten Dingen zu trennen. Sortieren bedeutet, zwischen erforderlichen und überflüssigen Dingen am Arbeitsplatz zu trennen und daraufhin letztere zu entfernen.[93] Sortieren soll verhindern, dass

- Flächen, Regale und Schränke mit nicht benötigten Gegenständen belegt sind,
- durch überflüssige Lagerung unnötiger Logistikaufwand entsteht,
- falsche, defekte und veraltete Gegenstände verwendet werden.

Unnötige Gegenstände sind z. B. defekte Teile oder Werkzeuge, Abfall und Müll. Unbrauchbare Gegenstände sind z. B. unnötige Behälter, persönliche Dinge, die sich nicht an dem dafür vorgesehenen Ort befinden, überflüssige Materialien, Werkzeuge und Betriebsstoffe.

Sichtbare Ordnung schaffen

Im zweiten Schritt wird auf dieser Grundlage ein Ordnungskonzept entwickelt, sichtbare Ordnung geschaffen und angewandt. Sichtbare Ordnung bedeutet:

- Alle erforderlichen Gegenstände (Materialien, Werkzeuge, Material, Halbfertig- und Fertigteile, Ausschuss, Nacharbeit, Abfall) werden an einem zugewiesenen Platz so gelagert, dass sie im Bedarfsfall sofort zu finden sind.
- Jeder Gegenstand hat seinen festen Platz, ist dort unverwechselbar positioniert (Markierung, Kennzeichnung, Beschriftung, standardisierte Plätze, z. B. bei Werkzeugablagen) und wird nach Gebrauch dorthin zurückgelegt.

93 Vgl. Suzaki, K.: a. a. O., 1994, S. 26 f.

Grundlagen schaffen (1.–3.)

Die 5 S	Bedeutung	Beispiele
1. Sortieren (Seiri)	Die erforderlichen von den überflüssigen Dingen am Arbeitsplatz trennen. Unwichtige und ungenutzte Gegenstände entfernen.	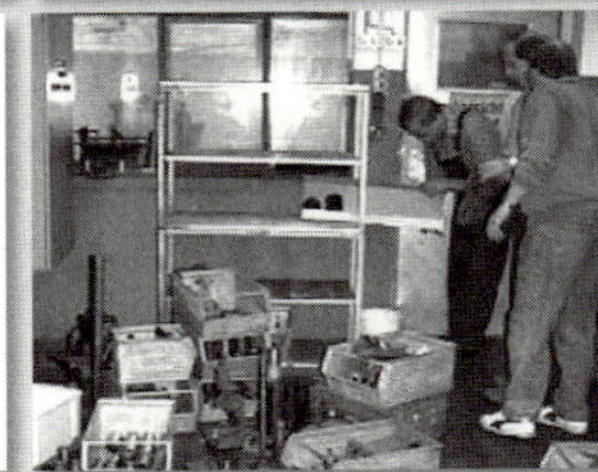
2. sichtbare Ordnung (Seiton)	Alle erforderlichen Gegenstände an einem festgelegten Platz lagern. Dadurch sind sie schnell im Griff, wenn sie gebraucht werden. Alles hat seinen festen Platz und wird nach Gebrauch dorthin zurückgelegt.	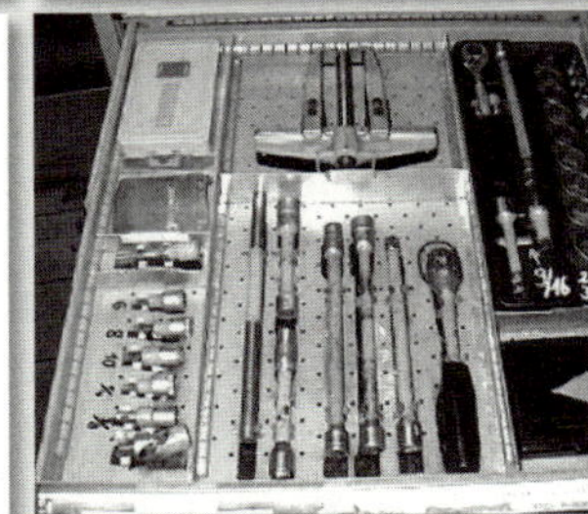
3. Sauberkeit (Seiso)	Arbeitsplätze einmalig gründlich saubermachen und die Sauberkeit anschließend beibehalten, um so die Arbeit einfacher und sicherer zu machen. Dabei können auch Renovierungen notwendig sein.	
4. Standardisieren (Seiketsu)	Ordnung und Sauberkeit zur Gewohnheit machen, also aus den Ergebnissen aus den drei ersten S-Standards machen (Regeln verwenden, visualisieren) und im Tagesgeschäft nutzen.	
5. Standards einhalten und verbessern (Shitsuke)	Die Standards beibehalten und kontinuierlich verbessern. Den Erfolg auditieren.	

Abbildung IV-37 Die 5 S zur Standardisierung von Ordnung und Sauberkeit am Arbeitsplatz

Die im dritten Schritt zu erreichende Sauberkeit – sauber halten von Arbeitsplatz, Maschinen und Werkzeugen – bedeutet, dass die Arbeitsplätze ggf. einer Grundreinigung (bis hin zu Fußbodensanierung und Malerarbeit) unterzogen werden und die Sauberkeit anschließend beibehalten wird. Qualität, Wohlbefinden am Arbeitsplatz und Arbeitssicherheit verlangen eine saubere Arbeitsumgebung. Dazu werden Reinigungspläne entwickelt, in denen nach der 6-W-Methode festgelegt wird, wer – was – wo – wann – wie – warum reinigt. Den Arbeitsplatz zu reinigen und sauber zu halten, ist Teil der regulären Arbeit, was allen zu vermitteln ist. Sauberkeit

Im vierten Schritt baut man auf dem bis dahin geschaffenen Verbesserungsstand auf, indem man ihn zum Standard erhebt und aufrechterhält. Dazu bedarf es griffiger Regeln und Unterstützung durch Visualisierung. Standards müssen für jeden sichtbar werden, denn nur wenn man auf einen Blick erkennen kann, ob sie eingehalten werden, machen sie Sinn. Der Nutzen einer verbindlichen *Visualisierung* liegt darin, dass Standardisieren

- man schnell darüber informiert ist, was gelten soll und
- schnell erkennt, wenn man Standards nicht folgt.

Gebräuchliche Visualisierungshilfen in Arbeitssystemen und Prozessen sind z. B.

- farbliche Kennzeichnung von Arbeits-, Fahr- und Lagerflächen,
- farbliche Kennzeichnung von Maschinen und Maschinenelementen (insbesondere Gefahren- und Risikobereiche),
- Standortkennzeichnung von Handhabungsgeräten/Rüstwagen, um Suchzeit zu vermeiden,
- farbliche und örtliche Kennzeichnung von Behältern (Material, Abfall),
- Gänge, Fahrwege, Sperrbereiche, Notausgänge,
- definierte Standorte für alle Teile und Werkzeuge,
- Schattierungen (Matrizenprinzip) für Werkzeuge und Hilfsmittel und Visualisierung von fehlendem Werkzeug und fehlenden Teilen.

Solche Visualisierungen werden im Produktionssystem als Unterstützungswerkzeuge (vgl. Teil I, Abschnitt 3.4.5) zum Produktionssystemelement »Visuelles Management« dokumentiert.

Im fünften Schritt geht es darum, die etablierten Standards beizubehalten, sie nachhaltig werden zu lassen. Erst wenn sie den meisten in »Fleisch und Blut« übergegangen sind, versucht man sie kontinuierlich zu verbessern. Hier gilt die Binsenweisheit: Ohne Standards keine Verbesserung. Erst wenn z. B. geregelt ist, welches Material in welcher Menge auf welcher Fläche steht und wie und womit an den Arbeitsplätzen gearbeitet wird, kann ein Verbesserungsvorschlag danach beurteilt werden, in welchem Ausmaß er diese Situation verbessern würde. Um den Verbesserungsgedanken in Schwung zu halten, auditiert das Management die erzielten Erfolge nach einem abgestimmten Plan, aus dem hervorgeht, wer wann welches Audit durchführt. Standards einhalten

Dem Management sollte klar sein, dass auch eine mustergültige Umsetzung der »5 S« zu keiner direkten betriebswirtschaftlichen Ergebnisverbesserung führt, indem z. B. das Working Capital oder der Break-even-Punkt sinken oder sich das EBIT verbessert. Vielmehr ist »5 S« eine strategische Investition, um zu einem geordneten, übersichtlichen, disziplinierten und hygienischen Betrieb zu gelangen. Das ist die Voraussetzung dafür, dass die dort arbeitenden Menschen reif sind für den nächsten Verbesserungsschritt, das Erarbeiten von produktivitätsverbessernden und ergebniswirksamen Maßnahmen. Solche Aktivitäten werden in den folgenden Abschnitten geschildert.

3.6.2 Verbesserungen bei betriebsmitteldominierten Arbeitssystemen

Verbesserungsnotwendigkeiten in Arbeitssystemen sollten nicht intuitiv-spontan – Hauptsache, es bewegt sich etwas – sondern systematisch-methodisch identifiziert und gezielt umgesetzt werden.[94] Im Teil I (vgl. Abbildung I-13) wurde die *Arbeitssystem-Produktivität* als Kenngröße zur Identifikation von Produktivitätsverlusten, also Verschwendungen, eingeführt. Diese Kenngröße wird primär bei betriebsmitteldominierten Arbeitssystemen angewandt.

Der Abbildung IV-38 ist ein Beispiel zum Vorgehen unter Verwendung der Arbeitssystem-Produktivität zu entnehmen. Die Produktivitätsanalyse wird nach den drei Bestimmungsgrößen Verfügbarkeit, Effizienz und Qualität gegliedert. Im Beispiel hat man die Verfügbarkeit als primäres Problem angesehen und dabei die Entwicklung der Rüstzeitanteile priorisiert. Dem KVP-Team wurde deshalb die Reduzierung des Rüstzeitanteils übertragen.

Mit Hilfe vorgelagerter Erhebungen, z. B. dem Einsatz von Zeitplantafeln (vgl. Abschnitt 2.6.4 und Teil II, Abschnitt 9.5) oder dem Durchführen einer Multimomentaufnahme (vgl. Teil II, Abschnitt 8.6), werden Lösungsansätze gefunden. Mit Hilfe von MEK-Analysen werden diese quantifiziert, daraufhin gezielt organisatorische und technische Verbesserungen eingeleitet und mit Hilfe von Maßnahmenblättern beschrieben (vgl. Abschnitt 3.6.3).

Verbesserungsansätze

Beim Verbessern betriebsmitteldominierter Arbeitssysteme geht es oft um folgende Ansätze:

1. Anlageneffizienz maximieren, z. B. durch
   - Eliminierung von Leerwegen, Handling und Transporten
   - Optimierung mechanischer Bewegungen (z. B. Vorschübe)
   - absichern von Bearbeitungsschritten durch Fehlerstopp-Meldungen
   - Anlagenstopp bei Störungen mit Störungsmeldung
   - abstellen von Überbeanspruchungen beim Menschen und Betriebsmittel
2. Rüstdauer reduzieren, z. B. durch
   - Vorbereitung des Rüsten noch während des vorhergehenden Auftrags
   - interne in externe Rüstoperationen überführen
   - Klemmen statt Schrauben, Schiebtische statt Kränen oder Gabelstaplern, Werkzeugtransportmittel, außerhalb der Maschine handhabbare Schnellspannvorrichtungen verwenden
   - separates Vorheizen, eliminieren von Justagen
   - detaillierte Standardisierung des Rüstprozesses und Mitarbeitertraining
   - Optimierung von Losgrößen und Losreihenfolgen
3. Anlagendimensionierung verbessern, z. B. durch
   - Verhältnismäßigkeit von Maschinen- und Produktgröße
   - Zusammenfassung von Bearbeitungsschritten und -stationen
   - Anlagengeschwindigkeit auf Taktzeit reduzieren
   - Kapazitäten gekoppelter Anlagen abgleichen.

3.6.3 Verbesserungen bei Montage-Arbeitssystemen

Vorgehenskonzept ist erfolgsentscheidend

Wir verwenden den Sammelbegriff »Montage« für alle nicht betriebsmitteldominierten Arbeitssysteme. Auch hier ist ein klares Vorgehenskonzept erfolgsentscheidend. Abbildung IV-39 ist zu entnehmen, dass es darum geht, entweder

94 Vgl. z. B. Harmon, R. L.; Peterson, L. D.: Die neue Fabrik. Einfacher, flexibler, produktiver – hundert Fälle erfolgreicher Veränderung. Frankfurt: Campus, 1990, S. 151 f.

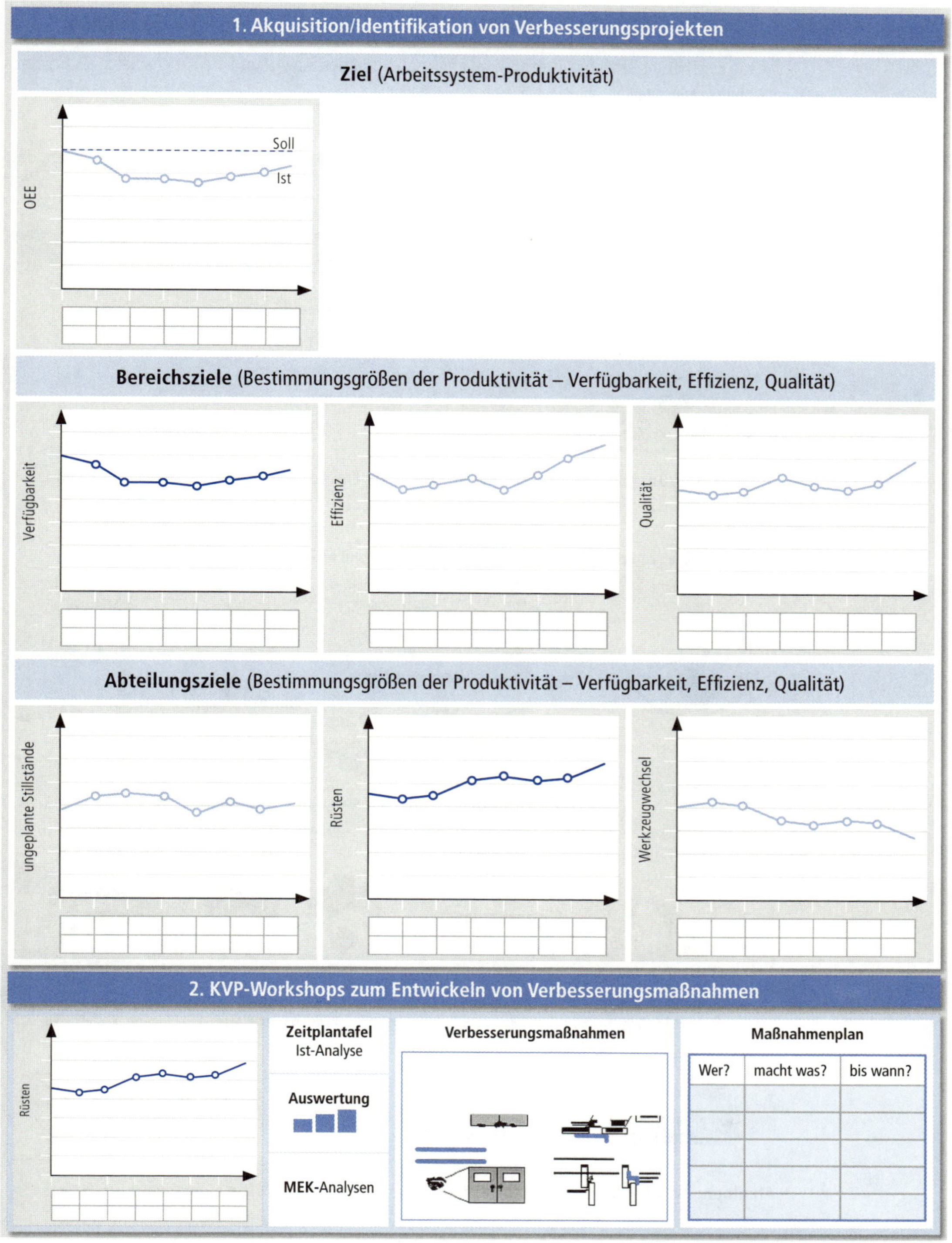

Abbildung IV-38 Beispiel zum Vorgehen beim Verbesserungsmanagement bei betriebsmitteldominierten Arbeitssystemen

- zuerst den Ablauf und die Arbeitsplätze zu entwerfen und alle weiteren Bestandteile der Montage daraus ableiten oder
- die gegebenen Betriebsmittel als Ausgangspunkt und den Ablauf und die Arbeitsplätze als Ergebnis anzusehen oder
- einen Mittelweg einzuschlagen.[95]

Das betrieblich gültige Vorgehenskonzept ist den KVP-Teams zu vermitteln, um sicherzustellen, dass alle Teams dem gleichen Konzept folgen.

die Technik als Ausgangspunkt	
1	Betriebsmittel
2	Vorrichtungen und Logistik
3	Layout
4	Werkzeuge
5	Prüfkonzept
6	Ablauf und Arbeitsplätze

die Technik als Ergebnis	
1	Ablauf und Arbeitsplätze
2	Prüfkonzept
3	Vorrichtungen
4	Werkzeuge
5	Betriebsmittel
6	Layout

Abbildung IV-39 Beispiele für Vorgehenskonzepte zur Entwicklung von Montageverbesserungen

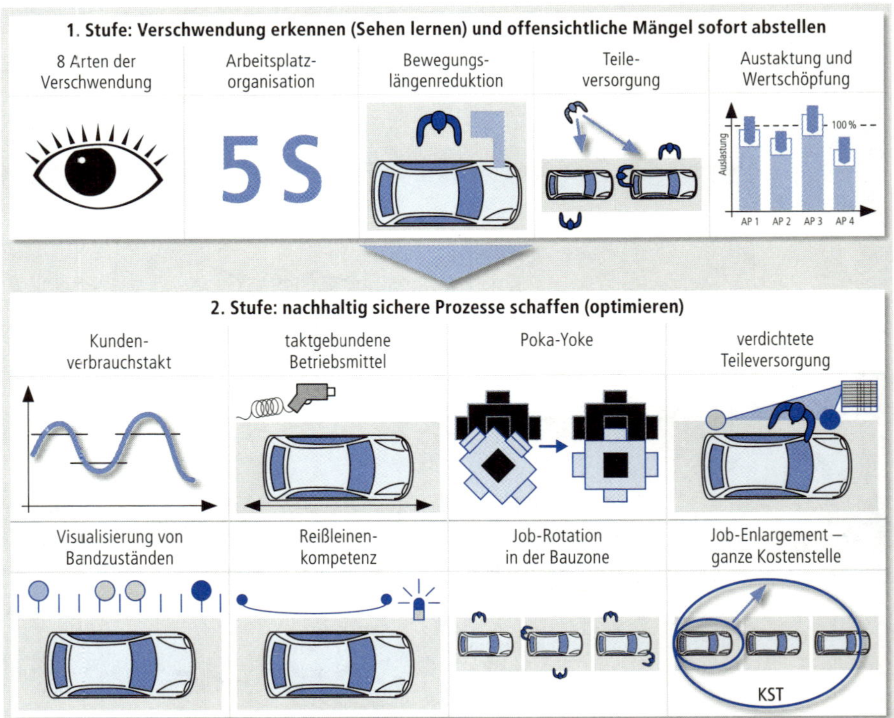

Abbildung IV-40 Beispiel zum stufendifferenzierten Vorgehen bei KVP in Montage-Arbeitssystemen[96]

95 Vgl. z. B. Harmon, R. L.; Peterson, L. D.: a. a. O., 1990, S. 89 f.
96 Nach Volkswagen Slovakia a. s., 2008.

Abbildung IV-40 ist beispielhaft ein stufendifferenziertes Konzept zur Themenauswahl für KVP-Teams zu entnehmen (vgl. dazu auch Abbildung IV-29).[97] Um die Teams nicht »ins kalte Wasser zu werfen«, überträgt man ihnen zunächst einfache Verbesserungsaufgaben der Stufe 1 und erwartet zumindest eine konsequente Anwendung der 5-S-Methode und insbesondere das Abstellen der in Abbildung IV-40 beispielhaft skizzierten Mängel. Typische Verschwendungen, die dabei entdeckt werden, sind z. B.

Typische Verschwendungen

- Werkzeugkästen und Materialkästen bewegen,
- Beugen, Bücken, Schritte beim Materialholen,
- reinigen von Resten vorhergehender Vorgänge,
- Werkzeuge und Hilfsmittel zum Arbeitsort holen,
- kommissionieren am Arbeitsplatz,
- nachstellen nach erstem Einstellen,
- störende Teile (z. B. Leitungen) zur Seite legen.

Abbildung IV-40 ist weiterhin zu entnehmen, dass in die zweite Stufe neue anspruchsvollere Verbesserungsthemen einfließen. Der Schwerpunkt liegt hier bei der Arbeitsorganisation, und mit dem Poka-Yoke werden erste Produktbezüge hergestellt. So geht es schon um Fragen wie z. B. das Sicherstellen des Drehmoments beim Verschrauben oder den Ersatz von Schraubverbindungen durch Clipsen oder Kleben.

Systematisches Verbessern mit MTM

Dabei, spätestens aber in der zweiten Verbesserungsstufe sind die in Abbildung IV-41 und IV-42 angeführten Grundprinzipien zur Ablaufoptimierung (EVOVEP) anzuwenden. Hier werden Verbesserungen mit Hilfe der MTM-Bausteinsysteme systematisch und nachvollziehbar erarbeitet und ihrem Effekt nach bewertet. Das erfolgt nicht durch die KVP-Teams, sondern durch sie betreuende Industrial Engineers.

Ist-Kodierung	A · H		EVOVEP-Gestaltungsregel	Soll-Kodierung	A · H
R30C	4	E	Entfall (von Bewegungen)	R30C	1
R30C	1	V	Verkürzen (Reduzieren der Bewegungslänge)	R10C	1
R10C	1	O	Ordnen (der Teilebereitstellung)	R10A	1
G4B	1			G1A	1
P2NSE	1	V	Vereinheitlichen (der Teilegeometrie)	P2SE	2
P2SSE	1				
P2SE	1	E	Erleichtern (des Fügens)	P1SE	1
M20C	1	P	Parallelisieren/Kombinieren (von Bewegungen)	M20A	1
P1SE	1				

Abbildung IV-41 Begründung der EVOVEP-Gestaltungsregeln durch MTM-1-Analysen

Neben den kodierten Informationen gilt der Gewichtung (Faktor A · H) besonderes Augenmerk, weil dabei Mengenhinweise entstehen, z. B. auf

- Mehrfachhandling (Layout-Verbesserung, Mehrfachvorrichtungen) und
- Engpassindikation (Häufigkeiten von Bücken, Beugen, Knien).

97 Vgl. Volkswagen Slovakia (Hrsg.): Wettlauf mit der Zeit. Die KVP-Kaskade sichert unsere Zukunft. Volkswagen Slovakia a. s.: Bratislava, 2008.

Entfall	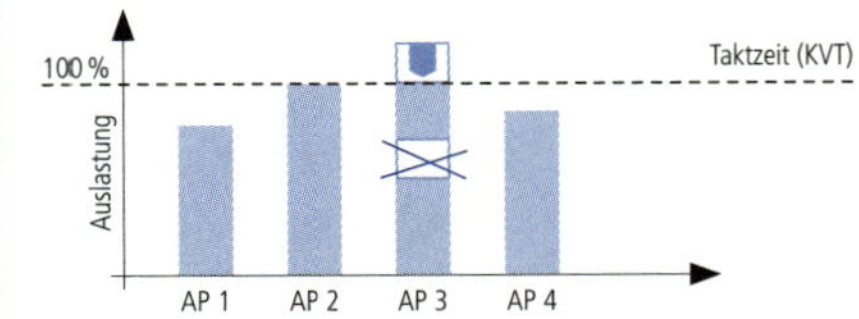	**Ablaufoptimierung** durch Eliminieren von Prozessbausteinen, die entbehrlich sind. Hilfreich dazu ist Klassifizierung von Prozessbausteinen nach Verschwendungsarten bzw. Wertschöpfungskategorien. **Beispiel:** Entfall von Prüfschritten. Prüfen gilt für die meisten als nicht wertschöpfend bzw. Verschwendung.
Verkürzen	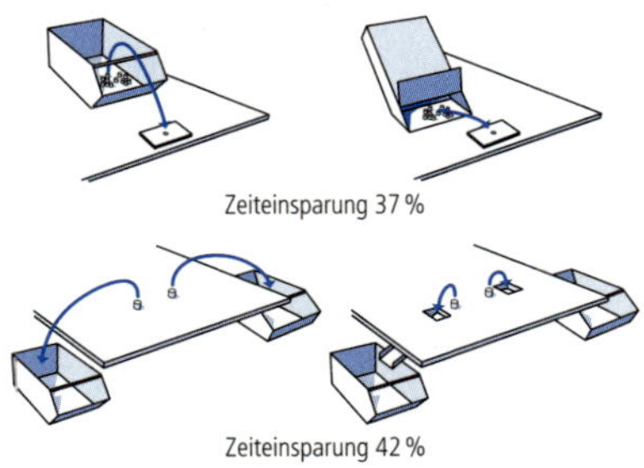	**Ablaufoptimierung** durch Verkürzen von Bewegungslängen. **Beispiel:** Reduzieren der Bewegungslänge durch entsprechende Anordnung von Behältern, Material oder Werkzeug.
Ordnen	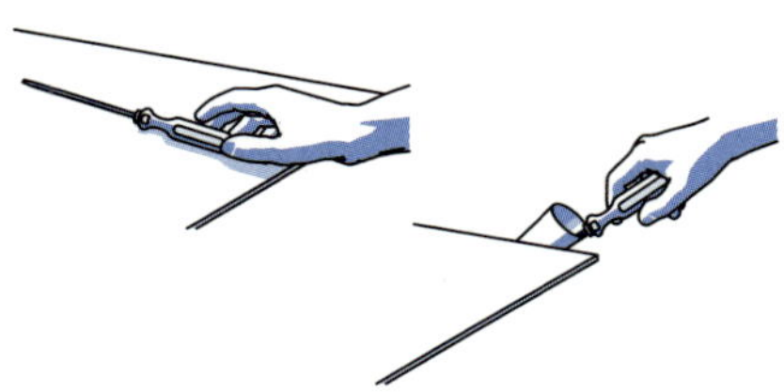	**Ablaufoptimierung** durch geordnete Bereitstellung (Teile, Werkzeug). Idealfall: Gegenstand ist immer an exakt selber Position angeordnet. Das führt auf den effektivsten Fall des Hinlangens. **Beispiel:** Ordnen der Werkzeugbereitstellung durch einen Köcher. Das Ergreifen wird einfacher, da sich das Werkzeug immer am selben Ort befindet (ermöglicht „blindes" Hinlangen), das Ablegen wird darüber hinaus durch die Trichterform soweit vereinfacht, dass beim Ablegen nicht mehr gezielt werden muss.
Vereinheitlichen	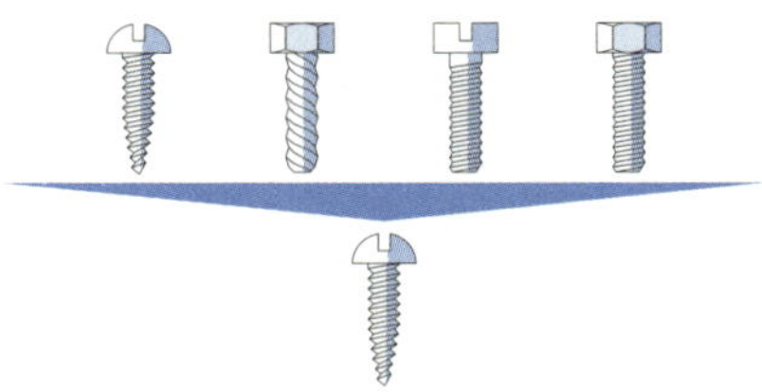	**Ablaufoptimierung** durch Reduzierung der Vielfalt an Teilen, Werkzeugen, Behältern etc. **Beispiel:** Vereinheitlichung der Schraubengrößen bei einer Baugruppe: • Es sind weniger Schraubentypen bereitzustellen (bessere Platzausnutzung, nur ein Werkzeug erforderlich). • Es muss nicht zwischen verschiedenen Schrauben beim Verbau unterschieden werden (kein Suchen, keine Verwechslung).
Erleichtern		**Ablaufoptimierung** durch Reduzierung von Bewegungslängen, Kräften, Gewichten, Nutzung der Schwerkraft. Aufnahme schwerer Baugruppen in drehbare Gehänge, um manuelles Handling zu erleichtern. Leichtere Gegenstände lassen sich auch schneller und genauer handhaben. **Beispiel:** Material kann über geneigte Ebenen automatisiert bereit gestellt werden (Nutzung der Schwerkraft).
Parallelisieren	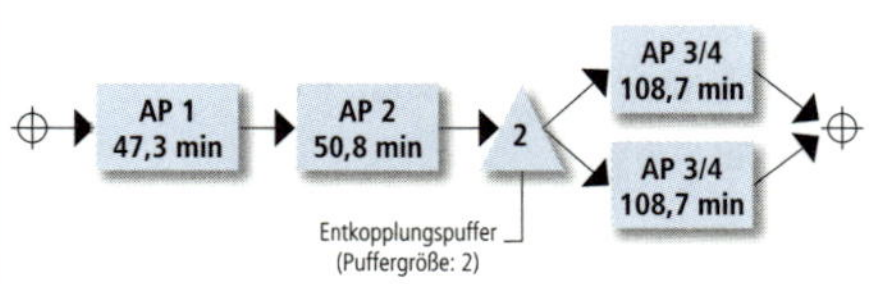	Optimierung der **Arbeitsmengenteilung,** z. B. zwischen • Arbeitsplätzen • Arbeitsmitteln oder auch • beiden Händen bei manueller Arbeit. **Beispiel:** Zusammenfassen von umfangreicheren Teilaufgaben zu einem Arbeitsplatz, der zweimal (parallel) installiert wird. Damit Verdoppelung der lokalen Taktzeit und Auslastungsausgleich.

Abbildung IV-42
Aus den EVOVEP-Gestaltungsregeln abzuleitende Verbesserungsstrategien

Das Wissen über Zeittreiber im Prozess entsteht über Wissen zu MTM-Prozessbausteinen. In Abbildung IV-43 ist beispielhaft für eine Hinlangbewegung dargestellt, welche Verbesserungsschritte ein Industrial Engineer beim Coaching von KVP-Teams aus der Kenntnis des MTM-Verfahrens heraus generiert. Hierbei hat die MTM-Normzeit eine besondere Bedeutung. Sie ermöglicht die quantitative Bewertung von Gestaltungsalternativen.[98]

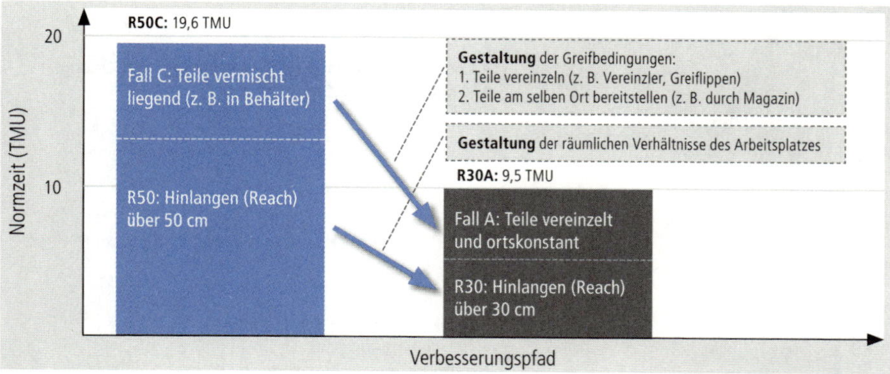

Abbildung IV-43 Verbesserungspfad beim Hinlangen

In Abbildung IV-43 stellt R30A den Soll-Ablauf (Ziel) dar. R50C steht für die Ausgangssituation im KVP. Ein Ablauf R30A ist erreichbar, wenn die Teile vereinzelt und ortskonstant bereitgestellt werden und das Arbeitsplatz-Layout entsprechend der geplanten Bewegungslänge gestaltet ist.

Eine systematische Parametervariation (Simulation) kann mit Hilfe von MTM-Datenkarten erfolgen, z. B. nach den Abbildung IV-44 zu entnehmenden Gestaltungsansätzen bezüglich der MTM-Grundbewegungen. Dies führt auf zeitoptimale Bewegungsabläufe, die sich in entsprechend gestalteten Arbeitssystemen begründen. Das MTM-Verfahren wirkt somit als Ideengeber für eine wertschöpfungszentrierte Prozessgestaltung.

98 Dies ist in den funktionellen Eigenschaften Modellbildungsimmanenz und Simulationsfähigkeit der MTM-Prozessbausteinsysteme begründet, vgl. Teil I, Abschnitt 4.3.4.

Grundbewegung	Gestaltungsansätze

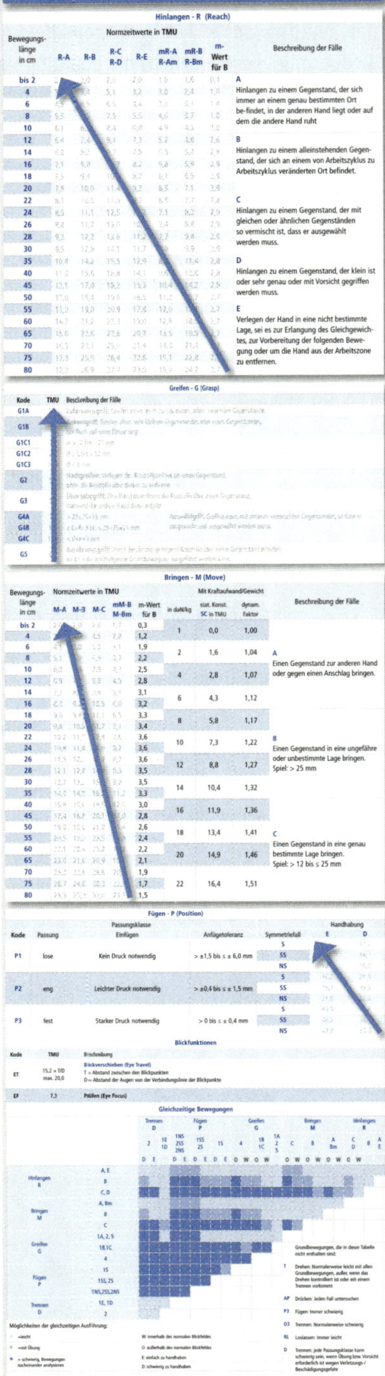

Hinlangen (R)
- Wege reduzieren
- Anordnungsstandards Teile, Werkzeuge, Vorrichtungen
- Vereinfachung und Routinebildung

Greifen (G)
- Teilekontrolle ohne Form- und/oder Kraftschluss
- Teilevereinzelung
- griffgünstiges Anbieten von Teilen bzw. Stellteilen

Bringen (M)
- Wege reduzieren
- Handhabegewicht minimieren (Rollenbahnen, Balancer, Nutzung der Schwerkraft)
- Anschläge nutzen
- beim Ablegen Selbstzentrierung vorsehen
- Bewegungsenergie nutzen, z. B. Teile abwerfen, »Chaku-Chaku«-Stellteile
- Bewegungsende ins Sichtfeld legen

Fügen (P)
- Selbstzentrierung
- großes Fügespiel
- feste Fügepunkte
- sichtbare und zugängliche Fügestellen
- Nachgreifen beim Fügen vermeiden

Blickfunktionen (ET/EF)
- Anzahl Prüfmerkmale reduzieren
- einfache Ja/Nein-Entscheidungen ermöglichen
- Entfernungen zwischen den Prüfmerkmalen reduzieren

Gleichzeitige Bewegungen
- phasengleiche und symmetrische Bewegungen
- Routine- und Übungseffekte nutzen

Abbildung IV-44 Ableitung von Verbesserungspfaden aus der MTM-1-Datenkarte

3.6.4 Verbesserungen der Steuerung

Steuerungsbezogene Verbesserungsansätze

Im vorhergehenden Abschnitt wurden in Abbildung IV-40 neben arbeitsplatzbezogenen auch steuerungsbezogene Verbesserungsansätze angeführt. Besondere Bedeutung bei fortgeschrittener KVP-Arbeit haben Ansätze, bei denen

- Prozesse durch teilautonome Mitarbeiter stabilisiert und
- Arbeitssystem-Zustände oder -ergebnisse visualisiert werden.

Das Hauptthema bei der Prozesssteuerung ist das Erkennen von und die Reaktion auf Fehler. Von Teilautonomie wird gesprochen, wenn Qualitätsprüfungen nicht durch Qualitätsprüfer, sondern durch die Mitarbeiter selbst durchgeführt werden. Dazu

- kennzeichnet man die betreffenden Arbeitsplätze für alle sichtbar,
- rüstet sie mit den erforderlichen Mess- und Prüfgeräten aus,
- kennzeichnet die betreffenden Arbeitsvorgänge in den Arbeitspapieren und
- lässt die Mitarbeiter Prüfbestätigungen abgeben.

Selbst- und Folgekontrollprinzip

Bei dieser sogenannten *Werkerselbstkontrolle* will man den Regelkreis verkürzen, wie Abbildung IV-45 zu entnehmen ist. Zusätzlich will man den Mitarbeitern ein größtmögliches Maß an Kompetenz zugestehen, ohne sie zu überfordern. Deshalb ist unter sonst gleichen Bedingungen das Selbstkontrollprinzip dem Folgekontrollprinzip vorzuziehen.

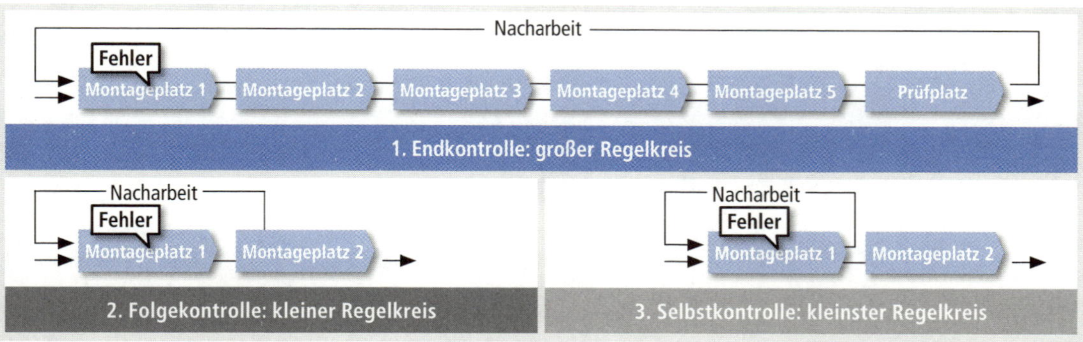

Abbildung IV-45 Prinzip des Ersetzens großer durch kleine Regelkreise

Abbildung IV-46 zeigt eine im KVP-Team erarbeitete Problemlösung zur Selbstkontrolle. Das Problem bestand darin, dass Fehler auftraten, die bei dem großen Regelkreis erst am Ende des Arbeitsprozesses entdeckt wurden. Bei nachzuarbeitenden Teilen erfolgte das so spät, dass Lieferrückstände zu Kundenabrufen entstanden. Bei irreparablen Fehlern waren zudem Demontagen erforderlich.[99]

99 Vgl. Hirano, H.: Poka-yoke. 240 Tipps für Null-Fehler-Programme. Landsberg: Moderne Industrie, 1992, S. 107 f.

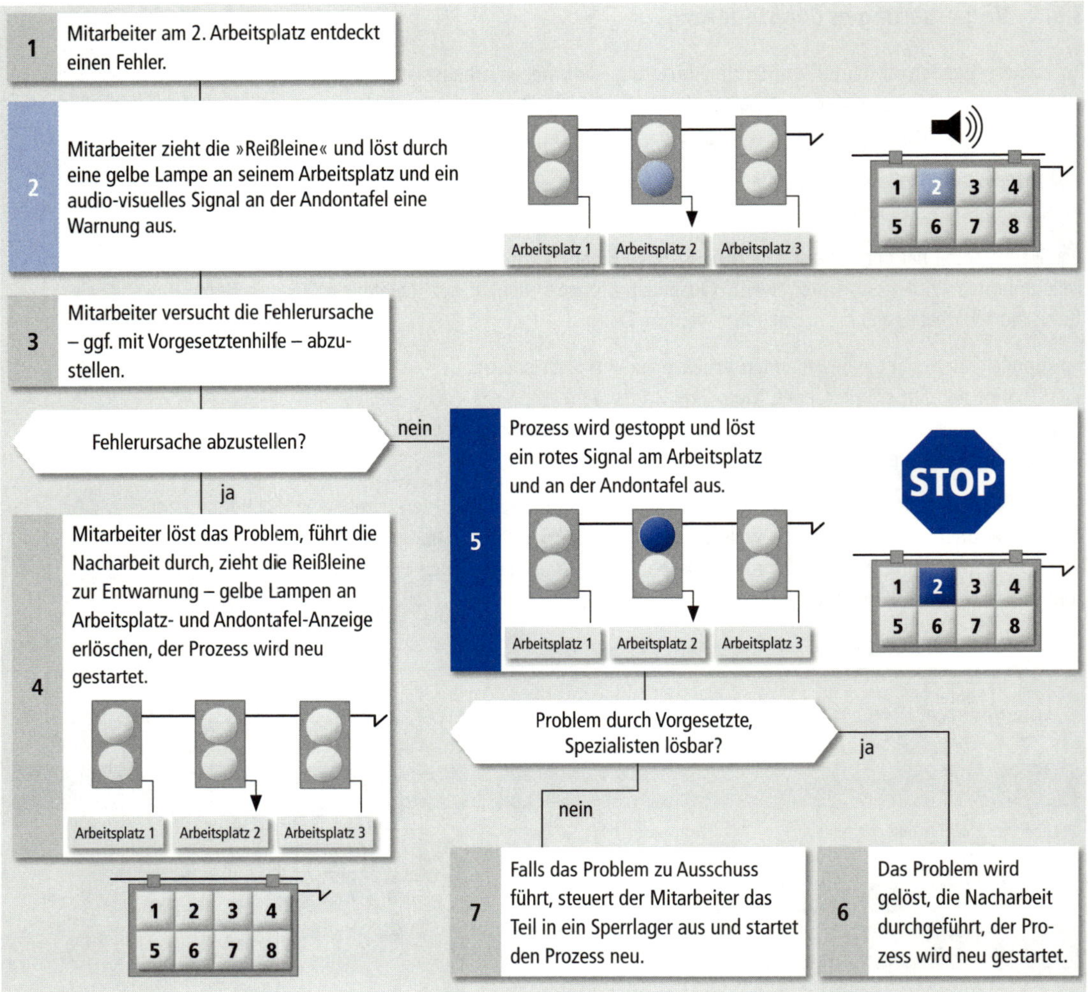

Abbildung IV-46 Prinzip der Übertragung von »Reißleine-Kompetenzen« und Visualisierung der Arbeitssystem-Zustände

Bandstopp-System

Durch das KVP-Team wurde eine Ablaufbeschreibung entwickelt, dem ein sogenanntes Bandstopp-System zu Grunde liegt, mit Reißleinen-Kompetenz für die dort tätigen Mitarbeiter.[100] Darunter versteht man ein Eskalationsszenario, bei dem Mitarbeiter den Prozess unterbrechen dürfen, wenn sie Fehler entdecken. Für den Ablauf wurde ein technischer Lösungsweg (Arbeitsplatz- und Prozessvisualisierungen) festgelegt, zu dem es verschiedene Musterlösungen gibt. Im vorliegenden Fall löst die Reißleinenbetätigung in der ersten Eskalationsstufe am Arbeitsplatz das Aufleuchten einer gelben Lampe aus. Auf der Prozessanzeige (Andontafel) wird der betreffende Arbeitsplatz angezeigt, inklusive akustischem Signal. Wenn es nicht gelingt, den Fehler am Arbeitsplatz zu beheben, wird durch nochmalige Reißleinenbetätigung die zweite Eskalationsstufe ausgelöst. Dabei geht die Arbeitsplatzanzeige auf Rot, der Prozess wird gestoppt und das fehlerhafte Teil ausgesteuert. Die Lösung wurde durch ein KVP-Team zusammen mit der Werksinstandhaltung umgesetzt.

100 Vgl. Suzaki, K.: a. a. O., 1994, S. 89 f.

3.6.5 Identifikation von Engpass-Arbeitssystemen

Engpass-Arbeitssystem

Arbeitssysteme werden als *Engpass-Arbeitssysteme* bezeichnet, wenn ihr Kapazitätsbestand dauerhaft unter dem an sie gerichteten Kapazitätsbedarf liegt und es zu keinem Gleichgewicht zwischen Kapazitätsnachfrage und -angebot kommt. Entstehen bei Arbeitssystemen nur gelegentlich Nachfrageüberhänge, ist dem durch partielle Mehrarbeit zu begegnen, sofern man sich nicht bereits im Kontischicht-Modus befindet. In dem Fall werden sie nicht als Engpass-Arbeitssysteme behandelt. Das Beseitigen von Engpässen bedingt meistens zusätzliche Aufwendungen, weshalb zu prüfen ist, ob sie wirklich dauerhaft sind.

Rückstandsanalyse

Eine einfache Möglichkeit der Identifikation von Engpass-Arbeitssystemen ist die *Rückstandsanalyse*, wie in Abbildung IV-47 angeführt. Über sieben Monate wurden dort bei einem Zweischicht-Betrieb der Plan- und der Ist-Kapazitätsbestand erfasst. Diese weichen z. B. in Folge außergewöhnlicher Betriebsmittelstillstände oder Überstundenarbeit voneinander ab. Der Plan-Kapazitätsbestand ist fast jeden Monat höher als der Ist-Kapazitätsbestand.

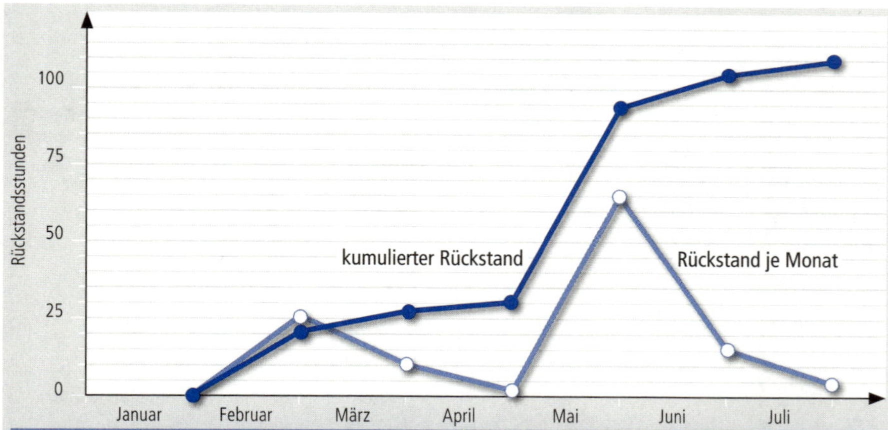

	Monate in 2009 und Regel-Arbeitstage	Januar	Februar	März	April	Mai	Juni	Juli
		21	20	22	20	19	22	23
1	Plankapazitätsbestand in Stunden bei 85 % Verfügbarkeit und 2-Schicht-Betrieb	268	255	281	255	242	281	293
2	dgl. kumuliert	268	523	803	1.058	1.301	1.581	1.874
3	Ist-Kapazitätsbestand (inkl. Überstunden und Ausfällen) in h	268	240	276	265	217	281	289
4	dgl. kumuliert	268	507	784	1.049	1.266	1.546	1.835
5	Kapazitätsbedarf in Stunden	264	264	285	268	281	293	293
6	dgl. kumuliert	264	527	812	1.080	1.360	1.653	1.947
7	Rückstand in Stunden	–4	24	9	3	64	13	4
8	dgl. kumuliert	–4	20	28	31	94	107	111

Abbildung IV-47 Beispiel für das Durchführen einer Rückstandsanalyse

Der Kapazitätsbedarf ist überwiegend höher als der Plan- und noch höher als der Ist-Kapazitätsbestand. Die Differenz zwischen dem Ist-Kapazitätsbestand und dem Kapazitätsbedarf wird als Rückstand (Ist-Stunden gegenüber Soll-Stunden) bezeichnet. Im Februar und Mai entstanden mit 24 und 64 Stunden besonders hohe Rückstände. Betrachtet man in Abbildung IV-47 die Kurve der kumulierten Rückstände, wird klar, dass es hier zu keinem Gleichgewichtszustand zwischen Kapazitätsnachfrage und -angebot kommt. Wachsende Rückstände sind ein Kennzeichen für das Vorliegen eines Nachfrageüberhangs, also einer Engpass-Situation.

Engpassprobleme wurden bereits in den 1970er-Jahren in der Literatur zur Teilkostenrechnung behandelt.[101] Ungleich mehr Interesse löste in der Praxis jedoch die populärwissenschaftliche Veröffentlichung von Goldratt in den 1990er-Jahren aus.[102] Ihm gebührt der Verdienst, publizistisch geschickt den Blick vom einzelnen Arbeitssystem auf den Gesamtprozess und dessen Optimierung gelenkt zu haben. Mit dem Verwenden spezifischer Deckungsbeiträge als Entscheidungsgröße zur Engpassbeurteilung folgt er einem tradierten betriebswirtschaftlichen Ansatz. Die von ihm verwendeten Termini sind gewöhnungsbedürftig, für viele aber offenbar plastisch.

3.6.6 Auswirkung von Engpässen

Prozessanalyse zur Identifikation und Quantifizierung eines Engpasses

Das wirtschaftliche Problem von Engpässen zeigt sich weniger im Engpass-Arbeitssystem als im Prozess: Der *Durchsatz* aller im Prozess eingeschlossenen Arbeitssysteme wird durch das Engpass-Arbeitssystem limitiert. Als Folge entstehen *Deckungsbeitragsverluste*. Abbildung IV-48 ist ein Beispiel für eine *Prozessanalyse* zur Identifikation und Quantifizierung eines Engpasses zu entnehmen.

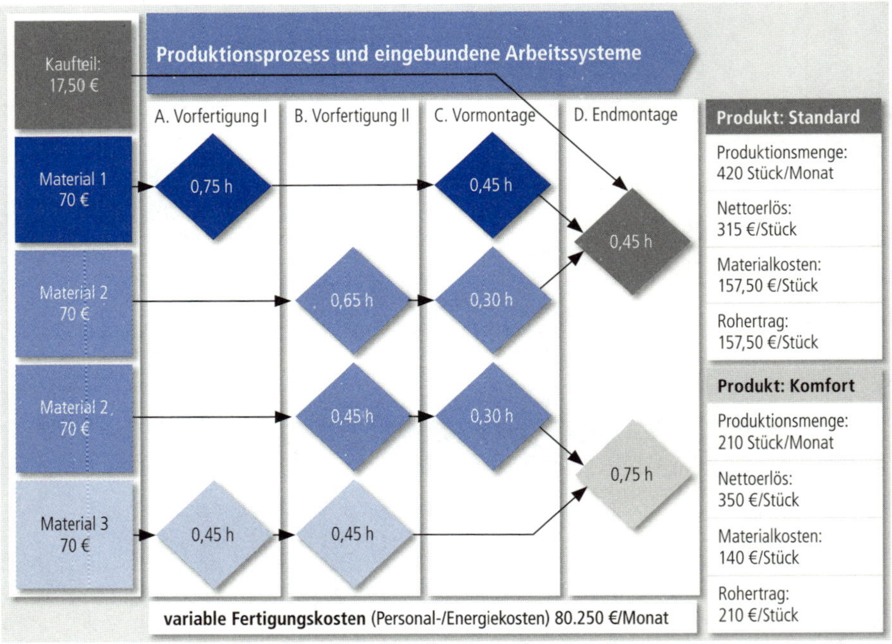

Abbildung IV-48 Prozessanalyse zur Quantifizierung von Engpässen

101 Vgl. z.B. Riebel, P.: Einzelkosten- und Deckungsbeitragsrechnung. Opladen: Westdeutscher Verlag, 1972, S. 56. Böhm, H.-H.; Wille, F.: Deckungsbeitragsrechnung, Grenzpreisrechnung und Optimierung, 5. Auflage. München: Verlag Moderne Industrie, 1977, S. 20f. Kilger, W.; Pampel, J.; Vikas, K.: Flexible Plankostenrechnung und Deckungsbeitragsrechnung, 12. Auflage (1. Auflage 1961). Wiesbaden: Gabler Verlag, 2007, S. 272f.

102 Vgl. Goldratt, E. M.: Theory of Constraints. Croton-on Hudson: North River Press, 1990.

1. Es wird gezeigt, welche Produkte zu fertigen sind, welche Nettostückerlöse dafür zu erzielen und welche monatlichen Produktionsmengen zu erreichen sind.
2. Dann werden der Materialeinsatz und die sich daraus ergebenden Materialstückkosten ausgewiesen. Beim ersten Produkt ergeben sich Materialkosten von 70 € (Material 1) + 70 € (Material 2) + 17,50 € (Kaufteil) = 157,50 €.
3. Als Differenz aus Nettoerlös und Materialkosten wird der Rohertrag bestimmt.
4. In den Prozess sind vier Arbeitssysteme eingebunden. Beide Produkte bestehen aus zwei Baugruppen. Beim Produkt »Standard« wird zudem ein Kaufteil verbaut. Die erste Baugruppe durchläuft die Vorfertigung I und die Vormontage, die zweite die Vorfertigung II und die Vormontage. In der Endmontage werden die Baugruppen zusammengebaut. Die je Arbeitssystem anfallenden Stückzeiten t_e sind Abbildung IV-48 zu entnehmen. Ferner werden die variablen Fertigungskosten pro Monat für den betrachteten Prozess in Höhe von 80.250 € ausgewiesen.

Abbildung IV-49 ist zu entnehmen, dass bei diesem Prozess im Dreischichtbetrieb gearbeitet wird, der Engpass also nicht mit Hilfe von Überstunden zu beseitigen ist. Ferner ist die Prozessverfügbarkeit mit 88 % relativ hoch.

Im oberen Bildteil werden vier Dinge ermittelt:

1. Aus dem Produkt von Stückzahl und geplanter monatlicher Produktionsmenge wird der Kapazitätsbedarf je Arbeitssystem bestimmt. In der Vorfertigung II beträgt er z. B. 462 Stunden.
2. Der Kapazitätsbestand ergibt sich aus dem Produkt von durchschnittlichen Monatsarbeitstagen, täglicher Schichtzeit und Verfügbarkeit. Er beträgt 415,80 Stunden in allen vier Arbeitssystemen.
3. Die Auslastung ergibt sich als Differenz aus Kapazitätsbestand und -bedarf. Die Vorfertigung II ist ein so gravierender Engpass, dass bereits im ersten Monat inakzeptable Rückstände entstehen.
4. Um das monatliche Produktionsprogramm von insgesamt 630 Stück zu erreichen, wäre in der Vorfertigung II ein Kapazitätsgewinn von 47 Stunden erforderlich.

Diesem Rechengang ist zu entnehmen, dass permanent Rückstände entstehen und der Produktionsplan von 630 Stück pro Monat nicht zu erfüllen ist. Im unteren Bildteil von Abbildung IV-49 werden deshalb zwei Dinge ermittelt:

- Erfolgsoptimale Splittung der Engpasskapazität auf die beiden Produkte: Zu präferieren ist das Produkt mit dem höchsten Rohertrag pro Engpassstunde. Das ist hier das Produkt »Standard«. Ist dessen geplante Produktionsmenge erreicht, verbleiben noch 142,80 Stunden, bei denen 159 Stück des Produkts »Komfort« zu fertigen sind.
- Ermittlung des Deckungsbeitrages: Aus der Splittung von 420 Stück und 159 Stück ergibt sich ein Rohertrag von 99.470 €/Monat. Werden davon die variablen Fertigungskosten in Höhe von 80.250 € subtrahiert, erhält man den Deckungsbeitrag, hier 19.220 €. Das sind ca. 10 % der Nettoerlöse.

Engpassanalyse – Ausgangssituation

Arbeitssystem		Produkt	Stückzeit in Std. (h)	Stückzahl	Kapazitätsbedarf in Std./Monat		Kapazitätsbestand*)	Auslastung absolut	Auslastung relativ
A	Vorfertigung I	Standard (S)	0,75	420	315,00	409,50	415,80	-6,30	98 %
		Komfort (K)	0,45	210	94,50				
B	Vorfertigung II	Standard (S)	0,65	420	273,00	462,00	415,80	46,20	111 %
		Komfort (K)	0,45	210	94,50				
		Komfort (K)	0,45	210	94,50				
C	Vormontage	Standard (S)	0,45	420	189,00	378,00	415,80	-37,80	91 %
		Standard (S)	0,30	420	126,00				
		Komfort (K)	0,30	210	63,00				
D	Endmontage	Standard (S)	0,45	420	189,00	346,50	415,80	-69,30	83 %
		Komfort (K)	0,75	210	157,50				

*) 21 Arbeitstage/Monat, 3-Schicht-Betrieb mit 3 · 7,5 Std./Tag, Verfügbarkeit 88 %

Deckungsbeitrag-maximierendes Produktmix – Ausgangssituation

	Produkt	Standard (S)	Komfort (K)
1	Nettoerlös in €/Stück	315,00	350,00
2	Materialkosten in €/Stück	157,50	140,00
3	Rohertrag in €/Stück (= 1 – 2)	157,50	210,00
4	Zeitbedarf Engpass in Std./Stück	0,65	0,90
5	Rohertrag in €/Engpassstunde (= 3 / 4)	**242,31**	**233,33**
6	Engpasskapazitätsbestand in Std.	415,80	
7	erfolgsmaximale Produktionsmenge	**420**	Stück/Monat
	dazu erforderlicher Kapitalbedarf in Std.	273,00	
8	verbleibender Kapitalbestand in Std.		142,80
	verbleibende Produktionsmenge	in Stück/Monat	**159**
9	Erlös in €/Monat	132.300	55.333
		187.833	
10	Rohertrag in €/Monat	66.150	33.320
		99.470	
11	variable Fertigungskosten in €/Monat	80.250	
12	Deckungsbeitrag in €/Monat (= 10 – 11)	19.220	
13	relativer Deckungsbeitrag (= 12 / 9)	10,2 %	

Abbildung IV-49 Ermittlung der wirtschaftlichen Auswirkung von Engpässen

Deckungsbeitrags-optimale Engpass-belegung

Die *deckungsbeitragsoptimale Engpassbelegung* verhindert unter den gegebenen Bedingungen zwar das Entstehen noch geringerer Deckungsbeiträge. Solange der Engpass aber besteht, gehen Deckungsbeiträge für 51 Stück des Produkts »Komfort« durch »kapazitatives Unvermögen« verloren.

3.6.7 Auflösung von Engpässen

Mit dem vorstehend ausgewiesenen Ergebnis wurde die Ausgangssituation für das Verbesserungsmanagement beschrieben und die Aufgabenstellung grundsätzlich vorgegeben. KVP-Teams könnten im Arbeitssystem »Vorfertigung II« folgende Lösungswege verfolgen (vgl. Abbildung IV-48):

Engpassanalyse nach Verbesserung (Investitionsausgaben: 225.000 €)

Arbeitssystem		Produkt	Stückzeit in Std. (h)	Stückzahl	Kapazitätsbedarf in Std./Monat		Kapazitätsbestand*)	Auslastung	
								absolut	relativ
A	Vorfertigung I	Standard (S)	0,75	420	315,00	409,50	415,80	-6,30	98 %
		Komfort (K)	0,45	210	94,50				
B	Vorfertigung II	Standard (S)	**0,50**	420	273,00	**399,00**	415,80	**-16,80**	**96 %**
		Komfort (K)	**0,45**	210	94,50				
		Komfort (K)	**0,45**	210	94,50				
C	Vormontage	Standard (S)	0,45	420	189,00	378,00	415,80	-37,80	91 %
		Standard (S)	0,30	420	126,00				
		Komfort (K)	0,30	210	63,00				
D	Endmontage	Standard (S)	0,45	420	189,00	346,50	415,80	-69,30	83 %
		Komfort (K)	0,75	210	157,50				

*) 21 Arbeitstage/Monat, 3-Schicht-Betrieb mit 3 · 7,5 Std./Tag, Verfügbarkeit 88 %

Deckungsbeitrag-maximierendes Produktmix – Ausgangssituation

	Produkt	Standard (S)	Komfort (K)	
				Amortisationsrechnung:
1	Nettoerlös in €/Stück	315,00	350,00	Investitionsausgaben = **35.000**
2	Materialkosten in €/Stück	157,50	140,00	Deckungsbeitrags-Plus = **10.780**
3	Rohertrag in €/Stück (= 1 – 2)	157,50	210,00	Amortisationsdauer = **3,2**
4	Zeitbedarf Engpass in Std./Stück	0,50	0,90	
5	Rohertrag in €/Engpassstunde (= 3 / 4)	**315,00**	**233,33**	
6	Engpasskapazitätsbestand in Std.	415,80		
7	erfolgsmaximale Produktionsmenge	**420**	Stück/Monat	
	dazu erforderlicher Kapitalbedarf in Std.	210,00		
8	verbleibender Kapitalbestand in Std.		205,80	zu produzieren
	verbleibende Produktionsmenge	in Stück/Monat	**229**	**210**
9	Erlös in €/Monat	132.300	73.500	
		205.800		
10	Rohertrag in €/Monat	66.150	44.100	
		110.250		
11	variable Fertigungskosten in €/Monat	80.250		
12	Deckungsbeitrag in €/Monat (= 10 – 11)	30.000		
13	relativer Deckungsbeitrag (= 12 / 9)	14,6 %		

Abbildung IV-50 Ermittlung der wirtschaftlichen Auswirkung der Auflösung von Engpässen

1. Stückzeit beim Produkt »Standard« reduzieren und/oder
2. beim Produkt »Komfort«, hier bei der ersten und/oder zweiten Baugruppe.

Das Ergebnis der Verbesserungsarbeit ist dem in Abbildung IV-50 weitergeführten Beispiel zu entnehmen. Die Stückzeit für das Produkt »Standard« in der Vorfertigung II wurde von 0,65 Std. auf 0,50 Std. reduziert. Die bei der Verbesserungsmaßnahme anfallenden Investitionsausgaben betragen 35.000 €.

Engpassmanagement

Im Engpass-Arbeitssystem wurde damit die relative Auslastung um 15 % auf 96 % gesenkt, so dass nun das gesamte Produktionsprogramm von 630 Stück pro Monat zu fertigen ist. Dadurch wird der Erlös um ca. 18.000 €/Monat und der Deckungsbeitrag um 10.780 €/Monat auf dann 30.000 €/ Monat erhöht. Der Quotient aus Investitionsausgaben und Deckungsbeitrags-Plus weist die *Amortisationsdauer* aus (vgl. Teil II, Abschnitt 9.7.3), hier ca. 3 Monate. Die meisten Unternehmen betreiben Engpassmanagement, um Erweiterungsinvestitionen zu vermeiden und den *Break-even-Punkt* möglichst niedrig zu halten (vgl. Teil II, Abschnitt 9.7.2)

Abbildung IV-50 ist zu entnehmen, dass beseitigte Engpässe zum Entstehen neuer Engpässe führen können. Beim Arbeitssystem »Vorfertigung I« liegen gerade noch ca. 6 Stunden freie Kapazität vor. Bei dem attraktiven Rohertrag beim Produkt »Komfort« könnte man versuchen, den Absatz dieses Produkts zu erhöhen. Würde man ihn um 6 Std./0,45 Std. ≈ 14 Stück erhöhen, wäre bereits die Vollauslastung erreicht. Absatzmengen von mehr als 225 Stück/Monat führen also zum Entstehen eines neuen Engpasses und zu einer neuen Anforderung an das Verbesserungsmanagement.

3.7 Arbeiten mit KVP-Teams

3.7.1 Organisation und Rahmenbedingungen von KVP-Workshops

KVP-Workshops

Im Abschnitt 3.4.4 wurde ausgeführt, dass KVP-Teams in Workshops Verbesserungen erarbeiten. Viele Unternehmen haben das Planen und Durchführen von KVP-Workshops detailliert geregelt[103] und in ihr *Produktionssystem* eingestellt, z. B. zu folgenden Aspekten:

1. Die Untersuchungsbereiche oder Problemlösungsfelder werden für jedes KVP-Team festgelegt, abgegrenzt und beschrieben. Es gibt Vorschläge, wonach Mitarbeiter bis zu einem bestimmten Zeitanteil an selbst gewählten Verbesserungsprojekten zu vorgegebenen Themen arbeiten sollten. Diejenigen, die diesem Gedanken etwas abgewinnen, sollten sich darüber klar sein, für welchen Personenkreis dieses Prinzip gelten soll.
2. Die zu erfüllenden Aufgaben sowie die damit verbundene Kompetenz und Verantwortung sind den Teilnehmern zugewiesen. So wichtig herausfordernde Standards und Ziele sind, so wichtig ist eine Toleranz gegenüber Fehlschlägen. Sie sind unumgängliche Begleiterscheinungen von Lernprozessen.
3. Es ist für alle klar, bei welchen Aufgaben die Zustimmung des Vorgesetzten erforderlich ist. Gilt für Geschäftsbereiche z. B. die Vorgabe, 75 % des Umsatzes mit Produkten zu erwirtschaften, die nicht länger als fünf Jahre auf dem Markt sind, ergeben sich für deren Management besondere strategische Verpflichtungen. Diese sind bei der Wahl der Verbesserungsschwerpunkte zu beachten.
4. Ferner ist transparent, welche Funktionen Dritte (z. B. Vorgesetzte, Industrial Engineering, Betriebsmittelbau) in diesem Prozess haben und zu welchen Unterstützungsleistungen sie verpflich-

103 Vgl. z. B. Kostka, C.; Kostka, S.: Der kontinuierliche Verbesserungsprozess. Methoden des KVP, 3. Auflage. München: Hanser, 2006. Witt, J.; Witt, T.: Der kontinuierliche Verbesserungsprozess (KVP). Konzept, System, Maßnahmen. München: Sauer, 2006.

tet sind. In den Unternehmen liegen strukturierte und unstrukturierte Probleme vor. Je mehr letzteres der Fall ist, desto wichtiger ist eine Unterstützung und kein dozierendes Schulmeistern der KVP-Teams durch fachkompetente Dritte.

5. Die Regelkommunikation (wer, in welcher Form, wann, warum, an wen?) ist festgelegt[104], so dass eine angemessene Informationsversorgung für alle Involvierten und Betroffenen gewährleistet wird.
6. Es gibt Regeltermine, zu denen KVP-Teams ihre Ergebnisse dem Management präsentieren, so dass klar ist, wer, wann, wem, was darzulegen hat.

Moderation

Die Mitglieder von KVP-Teams (meist drei bis fünf Personen) werden aus den Bereichen rekrutiert, für die Verbesserungen zu erarbeiten sind. Die Moderation wird meist durch einen *KVP-Moderator* durchgeführt.[105] Das kann im Ausnahmefall ein Gruppensprecher sein, wenn dieser entsprechend geschult ist. Im Regelfall übernimmt diese Funktion aber ein Vorgesetzter oder ein Industrial Engineer. An die Qualifikation eines KVP-Moderators sollte man mindestens folgende Anforderungen stellen:

1. Fachliche Qualifikationen: Das Unternehmen und insbesondere die Aufgaben und Prozesse im betreffenden Bereich kennen, im Industrial Engineering inkl. des Qualitätsmanagements über gute Kenntnisse verfügen, die herzustellenden Produkte kennen.
2. Schlüsselqualifikationen: Hier ist primär eine hohe Sozial- und Methodenkompetenz erforderlich (vgl. dazu Abschnitt 6.3.5).

Hohe Anforderungen an die Sozialkompetenz stellt man, weil Moderationen konsensorientiert erfolgen müssen. Die Entscheidungen und Ergebnisse sind von allen Teammitgliedern zu tragen. Im direkten Bereich werden Workshop-Veranstaltungen meist auf wenige Stunden begrenzt. Manche Unternehmen führen KVP-Workshops auch im Rahmen bezahlter Überstunden und in indirekten Bereichen auch als Ganztages-Workshops durch. KVP-Workshops werden oft in drei Phasen durchgeführt (vgl. Abbildung IV-30, Planungsphase und Abbildung IV-51):

KVP-Workshop	Planen-Schritt im PDCA-Regelkreis	Instrument/Arbeitstechniken (Beispiele)
1. Ausgangssituation erklären	1.1 Aufgabenstellung klären und festlegen	• Brainstorming • Mindmapping
	1.2 Ist-Zustand dokumentieren	• diverse Instrumente
2. Verbesserungsmaßnahmen entwickeln	2.1 Problemanalyse i. e. S. (Mängel und deren Ursachen identifizieren)	• 4-M-, 6-W-Checkliste, 8 Arten der Verschwendung • Ishikawa-Diagramm • Morphologischer Kasten
	2.2 Verbesserungsziele festlegen	• interne Strategien, Produktionssystem • Entscheidungskalküle bestimmen und ggf. Nutzwertanalyse anlegen
	2.3 Verbesserungsmaßnahmen entwickeln (inkl. Bewertung)	• Brainstorming, Osborn-Checkliste, Morphologischer Kasten • MTM-Industrial-Engineering-Instrumente für KVP-Teams • KVP-Maßnahmenplan anlegen
3. Ergebnis präsentieren		

Abbildung IV-51 Vorgehensschritte beim Durchführen von KVP-Workshops

104 Vgl. Abschnitt 2.6.5.
105 In den Unternehmen gibt es für diese Funktion auch andere Bezeichnungen, z. B. bei ZF Friedrichshafen »Prozessbegleiter«.

1. Ausgangssituation klären,
2. Verbesserungsmaßnahmen erarbeiten (und später umsetzen),
3. Ergebnis präsentieren.

Diese Phasen werden in den folgenden Abschnitten erläutert.

3.7.2 Klärung von Ausgangssituationen

Zwei Ansätze bei der Klärung der Ausgangssituation

Inwieweit Ausgangssituationen zu klären sind, hängt vom KVP-Konzept des Unternehmens ab. Wir unterscheiden zwei Ansätze:

1. Lösung definierter Probleme: Es gibt Unternehmen, die aufgrund vorgelagerter Problemerhebungen, z. B. mit Hilfe einer Multimomentaufnahme (vgl. Teil II, Abschnitt 8.6) oder den Einsatz von Zeitplantafeln (vgl. Abschnitt 2.6.4 und Teil II, Abschnitt 9.5), die Aufgabenstellung geklärt und den Ist-Zustand hinreichend beschrieben haben. KVP-Teams müssen sich damit nur vertraut machen und keine eigenen Erhebungen durchführen.
2. Lösung undefinierter Probleme: Andere Unternehmen sehen es als Aufgabe ihrer KVP-Teams an, die Probleme und Verbesserungsnotwendigkeiten zu identifizieren.

Über die Aufgabenstellung ist Einvernehmen zu erzielen, innerhalb des KVP-Teams und mit dem zuständigen Management. Wird beim Anlaufmanagement (vgl. Abschnitt 3.2) mit der *Arbeitssystem-Produktivität* gearbeitet, wird man diese auch beim Verbesserungsmanagement verwenden. Dann werden jene Sachverhalte als verbesserungsbedürftig ausgewiesen, die eine unbefriedigende Produktivität verursachen (vgl. Teil I, Abschnitt 3.4.3). Das könnten z. B. ein zu hoher Ausschuss, ein zu hoher Anteil von Nacharbeit, zu lange Rüstzeiten oder zu häufige Störungen sein. Wenn Aufgabenstellungen bereits so weit formuliert sind, ist durch das KVP-Team zu klären, worin die Ursachen liegen könnten und wie weit man den Lösungsrahmen abstecken muss. Dazu werden oft zwei sich ergänzende Arbeitstechniken eingesetzt, *Brainstorming* und *Mindmapping*. Letzteres wurde im Teil II, Abschnitt 3.3.4 erläutert.

Brainstorming

Brainstorming ist eine Arbeitstechnik, bei der in Workshops ein Moderator Ideenfindungsgruppen zur assoziativen Ideengenerierung bringt. Die Rolle des Moderators im Rahmen von ca. 30-minütigen Sitzungen ist, die Teilnehmer durch »Reizfragen« anzuregen (z. B. »Warum leisten wir uns den Luxus einer Nacharbeitszone?«), spontan Ideen zu äußern, die er auf Pinnwänden notiert. Durch die visualisierten Beiträge sollen die Teilnehmer angeregt werden, eigene Ideen beizusteuern. Aufgabe des Moderators ist es, diese zu strukturieren, z. B. mit Hilfe der Mindmapping-Technik. Bei Brainstorming-Sitzungen hat der Moderator dafür zu sorgen, dass drei Arbeitsprinzipien gefolgt wird:

1. Keine Kritik: Jegliche Wertungen von Ideen sind einer späteren Phase vorbehalten, weil sie die Ideengenerierung stören. Dazu gehören insbesondere die sogenannten Killerphrasen (z. B. »Haben wir schon probiert, ging nur nicht.«, »Hört sich aber sehr theoretisch an.«, »Dafür haben wir weder Ressourcen, noch kann sich das rechnen.«).
2. Quantität vor Qualität: Es kommt darauf an, möglichst viele spontane Ideen zu sammeln, weil damit die Wahrscheinlichkeit steigt, an alles Wichtige gedacht zu haben.
3. Freier Assoziationslauf: Ideenflüsse sind vom Moderator nur dann vorsichtig zu kanalisieren, wenn deutliche Abschweifungen vom Thema entstehen. Ferner hat er die Teilnehmer zu bewegen, die Ideen der anderen aufzugreifen und fortzuentwickeln.

Das Ergebnis einer Brainstorming-Sitzung ist vom Moderator aufzubereiten und den Teilnehmern in übersichtlicher Form auszuhändigen. Auf dieser Basis werden dann Folge-Brainstormings durchgeführt, die mit einer Ideenverdichtung und -bewertung enden sollen.

Ist-Zustände müssen so weit dokumentiert werden, dass KVP-Teams am Ende ihren Erfolg anhand einer Ist-Zustand-Verbesserung messen können. Dazu sollten Kennzahlen (z. B. Zeitbezüge, Bestandsbezüge, Anteilsbezüge) beschafft werden, weil eine Regel lautet: »Konzentration auf messbare Ergebnisse, die man versteht und selbst beschaffen kann«.[106] Wie Ist-Zustände zu dokumentieren sind, hängt vom Problem ab und ist nicht zu verallgemeinern. Werden z. B. Engpässe aufgelöst, wie im Abschnitt 3.6.5 beschrieben, ist der Erfolg leicht zu erkennen. Werden dagegen Steuerungsprobleme bearbeitet (vgl. Abschnitt 3.6.4), sind Erfolge ohne klare Beschreibung des Ist-Zustands schwer nachzuweisen. Mitunter helfen auch *Point Photographies* (vgl. Abschnitt 2.6.4).

Ist-Zustände dokumentieren

3.7.3 Entwicklung und Bewertung von Verbesserungsmaßnahmen

Auch die Entwicklung von Verbesserungen sollte durch einen KVP-Moderator betreut werden. Er muss dazu methodisches Wissen und Erfahrung einsetzen und Authentizität erkennen lassen. In Abbildung IV-51 wird ausgewiesen, dass am Anfang die Problem- oder Schwachstellenanalyse steht. Dabei sind Mängel und Problemursachen offenzulegen, zu priorisieren sowie Wechselbeziehungen und Abhängigkeiten herauszuarbeiten. Die Problembeschreibung ist präzise und nachvollziehbar zu dokumentieren. Mit Hilfe der 4-M- und 6-W-Checkliste sowie des Gedankenguts aus den acht Arten der Verschwendung ist z. B. zu erheben, was das Problem ist, worin es besteht, wo man es beobachten kann, welche Teile, Produkte, Betriebsmittel davon betroffen sind und wann und wie häufig es auftritt.

Checkliste

Bei der Ursachenanalyse sind alle relevanten Gründe für das Auftreten des identifizierten Problems herauszuarbeiten. Auch hierbei ist die 6-W-Methode nützlich. Die dabei gewonnenen Erkenntnisse lassen sich übersichtlich in Form von *Ishikawa-Diagrammen* (Fischgrät-Diagrammen) abbilden.

Ishikawa-Diagramm

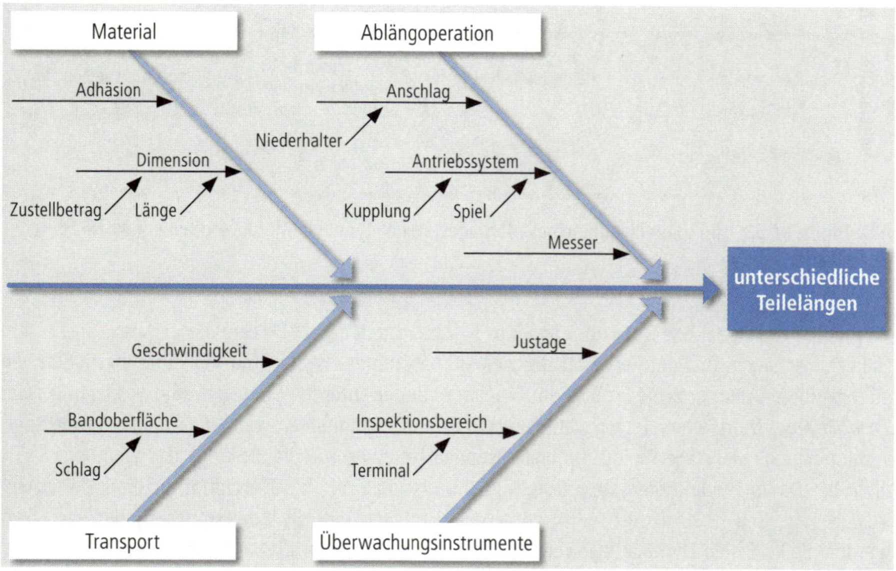

Abbildung IV-52 Beispiel für ein Ishikawa-Diagramm

106 Nicht empfehlenswert ist das Verwenden von Kenngrößen aus anderen Unternehmenssphären, z. B. Bandstopp-Point, Opportunitätskosten, Interner Zinsfuß, die von den KVP-Teams weder zu beschaffen noch wirklich zu verstehen sind.

Abbildung IV-52 ist zu entnehmen, wie damit schrittweise die auf eine Zielgröße (dort: unterschiedliche Teilelängen) wirkenden Einflussgrößen (Ursachen) herausgearbeitet wurden. Ishikawa-Diagrammen sind mögliche Ursachen bemängelter Ergebnisse oder Effekte und deren funktionelle Zusammenhänge zu entnehmen.

Morphologischer Kasten

Eine weitere Möglichkeit der Bestandsaufnahme von Ursachen und Möglichkeiten bietet der *Morphologische Kasten*[107]. Abbildung IV-53 ist dazu ein Beispiel zu entnehmen. Als erstes werden jene Elemente, Parameter oder Aspekte zusammengestellt, die es zu berücksichtigen gilt, sortiert nach Kategorien (dort z. B. Logistik, Montage-Layout). Zu diesen Elementen werden die möglichen Ausprägungen (Lösungsalternativen) angeführt. Da der Morphologische Kasten für alle sichtbar ist, führt das meist zu einer vollständigen Problemanalyse. In Abbildung IV-53 ist mit den Punkten und der Verbindungslinie bereits das Ergebnis des übernächsten Schrittes eingetragen: Durch Auswahl der Elemente-Ausprägungen wird ein Lösungsvorschlag formuliert.

Elemente/Parameter/Aspekte		Ausprägungen		
Logistik	Materialbereitstellung	vor der Montagelinie in markierten Bereitstellzonen	an den Arbeitsplätzen in Transportbehältern (ohne Befüllung)	an den Arbeitsplätzen in Entnahme-/Greifbehältern (mit Befüllung)
	Teilebereitstellung	im Auslaufpuffer, ungeordnet	auf Paletten abgesetzt	
Montagelayout	Anordnung	Skelettbandlinie	U-Karee	Einzelplätze (Inselprinzip)
	Verkettung	antrieblose Röllchenbahn	permanent laufendes Gurtband	Schiebetische
Arbeitsinhalte	Aufgabenumfang	ohne Prüfaufgaben	prüfen der eigenen Ergebnisse	prüfen der eigenen Ergebnisse und der des Vorgängers
	Aufgabenabgrenzung	feste Abgrenzung (starrer Takt)	variable Abgrenzung (Plus-Minus-Aufgaben)	

Abbildung IV-53 Beispiel (Planung eines Montagesystems) für einen Morphologischen Kasten (Ausschnitt)

Bewertungsverfahren und -maßstäbe festlegen

Wenn die Problemanalyse i. e. S. durchgeführt ist, sind durch das KVP-Team die Verbesserungspotenziale abzuschätzen und die Verbesserungsziele zu bestimmen. Ferner sind Verbesserungsrichtungen zu formulieren und zu prüfen, ob sie im Einklang mit den internen Strategien und Festlegungen im *Produktionssystem* stehen. Jetzt und nicht erst bei der Maßnahmenentwicklung sind die Bewertungsverfahren und -maßstäbe für die Problemlösungen festzulegen, falls diese für das Element »KVP« nicht bereits im Produktionssystem festgelegt sind. Ist dort z. B. die Durchführung einer *Nutzwertanalyse* (vgl. Teil II, Abschnitt 9.7.4) vorgesehen, müssen hier die Bewertungskriterien festgelegt werden. Soll z. B. die Durchlaufzeit reduziert werden, ist dazu der Zielwert festzulegen.[108]

107 Der Begriff »Morphologischer Kasten« ist zwar etabliert, aber nicht sehr sinnfällig, weil es sich um keinen Kasten, sondern um eine zweidimensionale Tabelle handelt.

108 Dieser Zwang zu einer frühzeitigen Zielfestlegung ist unter zwei Aspekten zu begründen. Die KVP-Teams sollen sich ein anspruchsvolles Ziel setzen und sich nicht mit dem zufriedengeben, was dann »eben herauskam«. Ferner soll vermieden werden, dass »Lieblingslösungen« entstehen, die vom KVP-Team aus nichtrationalen Gründen präferiert werden.

Entwickeln der Verbesserungsmaßnahmen

Beim Entwickeln der Verbesserungsmaßnahmen werden in Abbildung IV-51 drei Arten methodischer Hilfen angeführt:

1. Brainstorming, Osborn-Checkliste, Morphologischer Kasten;
2. Industrial-Engineering-Instrumente für KVP-Teams;
3. KVP-Maßnahmenplan.

Die Prinzipien des Brainstorming wurden bereits im vorhergehenden Abschnitt erläutert. Sie lassen sich nicht nur bei der Problemanalyse, sondern auch beim Erzeugen von Verbesserungsideen nutzen. Während die *6-W-* und die *4-M-Checkliste* die produkt- und prozessbezogene Analyse unterstützen, zielt die Osborn-Checkliste auf eine produkt- und prozessbezogene Veränderung (vgl. Abbildung IV-54).[109]

	Veränderungsaspekte	kreative Fragen
1	Zweckänderung	Wie ist es alternativ zu gebrauchen? Wie könnte man es nach welchen Modifikationen gebrauchen?
2	Adaptierung	Worin liegen Ähnlichkeiten? Welche Parallelen kann man ziehen? Was kann man kopieren, übernehmen?
3	Modifikation	Was müsste man hinzufügen in Bezug auf Zweckbedeutung, Form, Abmessungen, Bewegung, höhere/geringe Präzision etc.?
4	Verkettung	Was könnte vergrößert werden, im Sinne von höher/länger/dicker? Was wäre zu multiplizieren/zusammenzufügen/zu verdoppeln?
5	Verkleinerung	Was könnte man weglassen, verkleinern, verkürzen, vertiefen, aufteilen?
6	Substitution	Wodurch wäre es ersetzbar? Ist das Material, der Prozess, der Standort zu verändern?
7	Umgruppierung	Was wäre zu vertauschen? Welche anderen Reihenfolgen wären möglich?
8	Umkehrung	Lässt sich positiv in negativ kehren? Lassen sich Teile/Dinge in das Gegenteil verkehren? Sind Rollen zu vertauschen? Lassen sich Ursachen und Folgen tauschen?
9	Kombination	Was ließe sich kombinieren? Sind Ideen oder Absichten kombinierbar?

Abbildung IV-54 Osborn-Checkliste

In Abbildung IV-51 ist die Osborn-Checkliste in Verbindung mit dem Brainstorming angeführt, weil man zu jedem Veränderungsaspekt und den zugehörigen kreativen Fragen ein kurzes Brainstorming durchführt und aus den Ergebnissen eine Mind Map entwickelt.

Aus den Ergebnissen dieses Prozesses ergeben sich ggf. Begründungen für die Weiterverarbeitung im zuvor angelegten *Morphologischen Kasten*. In Abbildung IV-53 sind jene Elemente-Ausprägungen mit einem Punkt markiert, die beim Verbesserungsvorschlag verwendet werden. Durch verknüpfen dieser Punkte entsteht eine Kette von Lösungselementen, wird die Verbesserungsmaßnahme skizziert. Ob diese Lösungsidee eingehenden Prüfungen standhält, ist nun zu klären. Das erfolgt mit Hilfe von Industrial-Engineering-Methoden, die auf die Anwendung durch KVP-Teams abgestimmt sind und im folgenden Abschnitt erläutert werden.

109 Die Osborn-Checkliste sollte man nicht verwenden, wenn wirkliche Innovationen zu erarbeiten sind, weil sie dem Prinzip der »Analogien-Nutzung« folgt (»Hatten wir das nicht schon mal?«).

Verbesserungs-maßnahmen

Von KVP-Teams entwickelte Verbesserungsmaßnahmen werden oft unterschieden nach

1. Sofortmaßnahmen (z. B. um weitere Schäden oder Fehler zu vermeiden), oft nur mit Umsetzungsverantwortung und Termin versehen;
2. Konzeptmaßnahmen. Das sind an Umsetzungsfristen gebundene, meist komplexe und Abstimmungen bedingende Vorhaben, die mit Umsetzungen, Unterstützungen, Sponsoring sowie Terminen versehen sind.

Die Maßnahmen sollten durch die KVP-Teams in Maßnahmenplänen dokumentiert werden. Ein Muster aus einem mittelständischen Betrieb ist Abbildung IV-55 zu entnehmen.

KVP-Maßnahmenplan **KVP-Team:**

Datum: Verfasser: Telefon:

Produkt/Arbeitssystem:

Das Problem wurde zuvor beschrieben ◯ nein ◯ ja, durch

1. Problembeschreibung

2. Grundursachen des Problems

Nr.	mögliche Ursachen

3. Lösung

Nr.	Sofortlösung	Zuständige	Frist

Nr.	Langfristlösung	Zuständige	Frist

4. Umsetzungsplan

Nr.	Sofortlösung	Zuständige	Termin

Nr.	Langfristlösung	Zuständige	Datum

5. Erfolgsüberprüfung

Nr.	wer	wann	Ergebnis

Anmerkung:

6. Erfolgsbestätigung

Datum: .... Unterschrift: ....

Abbildung IV-55 Beispiel für einen KVP-Maßnahmenplan

Das Ergebnis ist den Betroffenen und den tangierten Bereichen zu präsentieren. Falls das im Produktionssystem nicht grundsätzlich geregelt ist, muss das KVP-Team das Umsetzungscontrolling festlegen.

3.7.4 Methodenraum – Begriff und Funktionen

Vor den Einsatz von Stammpersonal und Leihkräften werden zwei Institutionen geschaltet:

1. *Assessment-Center*[110], wenn es darum geht, die Eignung von Personen zu beurteilen und für oder gegen ihren Einsatz zu entscheiden.
2. Übungs- und Trainings-Center[111], wenn es darum geht, Personen Grundqualifikationen zu vermitteln, dabei auch auf ihre Eignung zu prüfen und ihnen eine Einführung in ihre künftige Arbeit zu geben.

Assessment-Center, Methodenraum

Die Institutionalisierung von Assessment-Centern ist durch die Vorschriften des § 95 BetrVG (Auswahlrichtlinien) reglementiert. In den meisten Unternehmen sind sie dem Personalwesen zugeordnet, und das Industrial Engineering ist davon nur mittelbar berührt.[112] Für Trainings- und Übungs-Center hat sich in vielen Unternehmen mit Serien- oder Massenfertigung der Begriff *Methodenraum* eingebürgert.[113] Stammpersonal und Leihkräfte werden außerhalb der laufenden Produktion qualifiziert, um den Produktionsablauf nicht unbillig zu behindern und/oder weil es dazu besonderer Übungs-Arbeitsplätze und -Techniken bedarf. Ferner ist das Betreuungspersonal, die Methodenraumtrainer, für die dabei auftretenden Aufgabenstellungen besonders qualifiziert. Es ist oft dem Industrial Engineering, seltener der Produktionsleitung zugeordnet. Neben der Qualifizierungsfunktion erfüllen Methodenräume bei manchen Unternehmen aber noch eine weitere Funktion, nämlich die der Erprobung von Entwürfen in der zweiten Phase und von Verbesserungen in der dritten Phase des PEP (vgl. Abbildung IV-56).

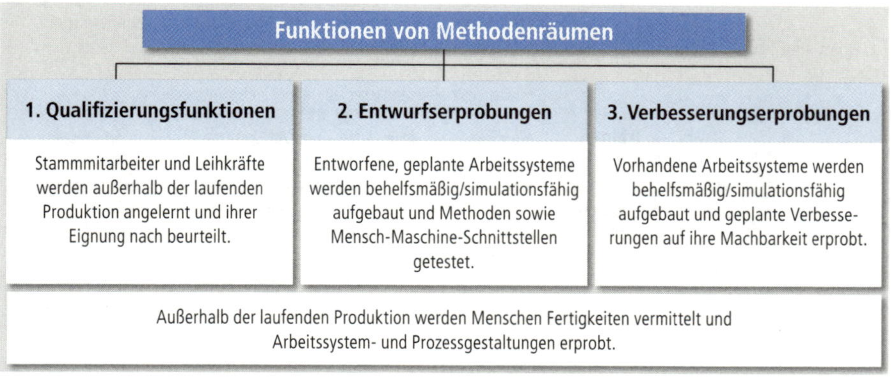

Abbildung IV-56 Funktionen von Methodenräumen

110 Vom Englischen to assess (= beurteilen) abgeleiteter Begriff für betriebliche Organisationseinheiten, in denen interne und externe Bewerber, auch angeforderte und angebotene Leihkräfte, daraufhin geprüft werden, inwieweit sie den Anforderungen des Unternehmens entsprechen. Hierzu werden diesen Personen standardisierte Aufgaben gestellt. Der Umgang mit den damit verbundenen Problemen und die Lösungsergebnisse werden bewertet. Das Bewertungsergebnis ist dann Maßstab für die Eignung dieser Personen.

111 Solche Institutionen werden im gewerblichen Bereich manchmal auch als Assessment-Center, überwiegend aber als Methodenraum bezeichnet. Es gibt aber auch andere Begriffe. So bezeichnet man sie z. B. bei der Volkswagen AG als »Profiraum«.

112 Vgl. z. B. bei Obermann, C.: Assessment Center. 3. Auflage. Wiesbaden: Gabler, 2006.

113 Ein anderer, heute nicht mehr gebräuchlicher Begriff ist die Lernstatt (für: Lernen in der Werkstatt). Er entstand vor dem Hintergrund der massenhaften Beschäftigung und damit der fachlichen und sozialen Integration ausländischer Arbeitnehmer in den 1970er-Jahren. Dabei standen die Bildung von Qualitätsbewusstsein, die Identifikation mit dem Betrieb, das Entwickeln von Verbesserungsideen oder die Bereitschaft für Veränderungen im Vordergrund. Das Lernstattkonzept wurde in der Folge auch auf die deutschen Mitarbeiter ausgedehnt. Publik wurden insbesondere Anwendungen bei BMW, Bosch, Continental und Hoechst. Anders als bei Trainings- und Übungs-Centern stand beim Konzept der Lernstatt das Vermitteln von Schlüsselqualifikationen im Vordergrund.

3.7.5 Qualifizierungsfunktion von Methodenräumen

Zwei Qualifizierungsfunktionen

Verbreitet sind zwei *Qualifizierungsfunktionen*:

1. Einführungsqualifizierung für Stammpersonal und Leihkräfte mit dem Ziel, diesen Personen Selbstsicherheit und ein Grundverständnis für die wichtigsten betrieblichen Prozesse zu vermitteln. Sie sollen für Qualität und Leistung sensibilisiert sein, einen Überblick über die Prozesse und die organisatorischen Rahmenbedingungen sowie erste praktische Erfahrungen mit den gängigen Teilen und Werkzeugen haben.
2. Aufbauqualifizierung für Stammpersonal und Leihkräfte mit dem Ziel, sie für einzelne Arbeitsvorgänge oder eine Gruppe von Arbeitsvorgängen bis zu definierten Beherrschungsstufen zu qualifizieren.

Programmstufen			Lernschritte
1. Tag 2. Tag	**1. Q.-Baustein:** Organisatorisches	Personalwesen	• Einführung Personalwesen, Belehrungen • Arbeitsschutz, Arbeitssicherheit, Gesundheitsschutz, Brandschutz • Arbeitsordnung, Arbeitskleidung
3. Tag 4. Tag	**2. Q.-Baustein:** organisatorische und technische Grundlagen, Grundlagen Qualität, allgemeine Montage-Operationen, Elektronik-Schulung	Trainer Methodenraum	• Führung durch die Produktion, Elemente des Produktionssystems, Dokumente, Bauteile, Kleinteile, Behälter, Werkzeuge, erste Arbeitsproben, Qualität • Steckverbindungen, Schrauben, Drehmoment, EC-Schraubertechnik, Knickschlüssel, Clipsen, Elektronik-Schulung, Kratzer und Beschädigungen
5. Tag 6. Tag	**3. Q.-Baustein:** Erlernen spezifischer Operationen und deren Training		• Beobachtung der Tätigkeiten in der Produktion, ausführen spezifischer Operationen im Methodenraum, trainieren der Operationen bezogen auf den späteren Einsatzort • längeres trainieren dieser Operationen im Methodenlabor
7. Tag 8. Tag 9. Tag 10. Tag	**4. Q.-Baustein:** Einweisung in die Produktionsarbeitsplätze, betreute Onlinequalifizierung, inkl. Team-Einbindung, Prüfung auf Qualitäts- und Mengenleistung, Übergabe der Mitarbeiter an die Produktionsbereiche	Trainer Methodenraum und Gruppenleiter Produktion	• Einweisung im Team, erlernen spezifischer Operationen in der Produktion unter fachlicher Betreuung durch den Methodenraum-Trainer • Trainieren spezifischer Operationen in der Produktion unter fachlicher Betreuung durch den Methodenraum-Trainer • Testen der erlernten Operationen auf Qualität und Menge durch den Methodenraum-Trainer, Nachweis durch Eintrag in den Qualifizierungspass, Ausfüllen des Feedback-Bogens, Übergabe der Person an einen Produktionsbereich

Abbildung IV-57 Beispiel für den Ablauf von Einführungsprogrammen[114]

Einführungsqualifizierung

Ein Beispiel eines Programms zur Einführungsqualifizierung in der Serienfertigung für gering vorqualifizierte Personen ist Abbildung IV-57 zu entnehmen. Danach werden diese im ersten Schritt zu allgemeinen organisatorischen und ordnungsrechtlichen Aspekten eingewiesen, unter der Zuständigkeit des Personalwesens. Anschließend geht die Zuständigkeit an das Methodenraum-Management über, weil nun technische Grundlagen vermittelt werden. Erst wenn man beim dritten Schritt dazu übergeht, auch in der Produktion zu trainieren, wird diese mit zuständig. Nach Abschluss des vierten Schrittes endet die Zuständigkeit der Methodenraumtrainer. Diesem Beispiel ist auch zu entnehmen, dass solche Einführungsprogramme darauf abzielen,

- die Produktion einerseits so weit wie möglich vor Risiken zu bewahren, die von ungenügend qualifizierten neuen Mitarbeitern ausgehen und
- diesen Personen die Identifikation mit ihrer Arbeit zu erleichtern und Frustrationen zu ersparen.

---

114 Nach Volkswagen Slovakia a. s., 2007.

Aufbauqualifizierung

Bei der Aufbauqualifizierung sind die Fertigkeiten für das Erfüllen neuer Aufgaben zu vermitteln oder die Einsetzbarkeit auszuweiten. Die Methodik der Arbeitsunterweisung folgt der in der Arbeitspädagogik etablierten *Vier-Stufen-Methode der Arbeitsunterweisung*:[115]

1. Stufe. Vorbereiten und erklären (Thema): Lernziel bekanntgeben, Vorkenntnisse ermitteln, Nutzen aufzeigen, Vorgehen beschreiben und Arbeitsplatz vorbereiten.
2. Stufe. Ausführung der Arbeit vormachen und erklären: Der Ausbilder führt den gesamten Arbeitsgang vor und erklärt, was, wie und warum er es tut.
3. Stufe. Nachmachen und erklären lassen durch den Auszubildenden: Der Auszubildende führt die Arbeitsschritte erstmals aus und erklärt und begründet sie.
4. Stufe. Selbstständig üben lassen: Der Ausbilder stellt vertiefende Übungsaufgaben, bewertet und führt eine Lernzielkontrolle[116] durch, im kognitiven, affektiven und psychomotorischen Bereich.

Die dabei eingesetzten *Arbeitsanweisungen* reichen von schriftlichen Hinweisen, z. B. Methodenbeschreibungen durch MTM-Analysen, bis hin zu sprachunterstützten 3-D-Bewegungsablauf-Animationen am Produkt.

Beim Visualisieren der erreichten Qualifizierung verfahren die Unternehmen unterschiedlich. Um den Qualifizierungsstand für jeden einsehbar zu dokumentieren, werden *Qualifikationsmatrizen* (vgl. Abbildung IV-106) ausgehängt. Manche Unternehmen versehen ihre Mitarbeiter mit äußeren Kennzeichen, denen ihr Qualifizierungsstand zu entnehmen ist und begründen das aus dem Element »Visualisierungsmanagement« ihres Produktionssystems. So tragen z. B. bei Volkswagen Slovakia Personen, die für drei Arbeitsplätze qualifiziert sind, ein bronzenes, die für fünf Arbeitsplätze qualifiziert sind, ein silbernes, und ein goldenes »Q-Abzeichen«, wenn sie sich für mindestens sieben Arbeitsplätze qualifiziert haben.[117]

3.7.6 Erprobungsfunktion von Methodenräumen

Erprobungsfunktionen, zwei Argumente

In Abbildung IV-56 sind zwei Erprobungsfunktionen bei Methodenräumen angeführt. Auch diese im Methodenraum zu erfüllen, wird mit zwei Argumenten begründet:

1. Know-how-Nutzung: Die Methodenraumtrainer wissen, ob geplante Arbeitsmethoden lerngünstig, risikoarm und der Personalentwicklung förderlich sind. Deshalb ist es zweckmäßig, sie phasenweise in die Arbeitssystem-Planung einzubeziehen.
2. Equipment-Nutzung: In Methodenräumen sind oft Trainingsarbeitsplätze mit einer großen Anzahl von Werkzeugen und Vorrichtungen vorhanden, an denen das Entwickeln simulationsfähiger Planungen leicht zu bewerkstelligen ist. Deshalb ist es auch aus technischer Sicht zweckmäßig, hier Erprobungen durchzuführen.

Als problematisch wird erachtet, dass die Methodenraumtrainer bei termingebundenen Entwurfserprobungen in Konfliktsituationen geraten können. Für die Qualifizierungsarbeit ist ihnen ein Terminrahmen vorgegeben und auf diesen und die geplante Anzahl zu qualifizierender Personen ist ihr eigener Personalbestand abgestimmt. Hat man keinen Kapazitätsanteil für Erprobungsarbeit reserviert, wird diese auch nur eingeschränkt stattfinden.

115 Vgl. z. B. Schelten, A.: Grundlagen der Arbeitspädagogik, 4. Auflage. Stuttgart: Steiner Verlag, 2005.
116 Derartige Lernzielkontrollen werden meist standardisiert, z. B. in der Weise, dass die an einem Arbeitsplatz vorkommenden Arbeitsvorgänge 15-mal fehlerfrei und unter Erreichen der betrieblichen Bezugsleistung durchgeführt werden und die zu qualifizierende Person die Qualitätsmerkmale und deren Prüfung erläutern kann.
117 Vgl. Volkswagen Slovakia a. s. (Hrsg.): Profiraumkonzept Montagen. Bratislava: Volkswagen Slovakia a. s., 2007, S. 7.

Bei Verbesserungserprobungen sind zum Betreuen der KVP-Teams eher Werkstattmanager und KVP-Moderatoren als die Methodenraumtrainer gefordert. Dann liegt das Hauptproblem darin, den KVP-Teams geeignete Versuchsarbeitsplätze zur Verfügung zu stellen und zu vermeiden, dass sie bei ihren Verbesserungserprobungen den Qualifizierungsbetrieb stören. Hinzu kommt, dass bei Verbesserungserprobungen oft weitere Personen hinzugezogen werden, insbesondere aus dem Werkzeug- und Betriebsmittelbau.

In Methodenräumen auch Erprobungsfunktionen zu erfüllen, kann sinnvoll sein, wenn die dazu notwendigen Voraussetzungen erfüllt sind. Das sind in erster Linie darauf abgestellte organisatorische Regelungen und die entsprechende personelle Ausstattung.

3.7.7 Qualifizierung von KVP-Teammitgliedern

MTM für KVP-Teams

KVP-Moderatoren müssen über profunde Kenntnisse des Industrial Engineering verfügen (vgl. Abschnitt 3.7.1) sowie das MTM-Verfahren und damit das »Denken in Prozesseinflussgrößen« beherrschen. Die potenziellen Mitglieder von KVP-Teams sind dagegen primär fachlich-technisch qualifiziert. Damit sind sie nicht darauf vorbereitet, was von ihnen bei der KVP-Arbeit erwartet wird:

1. Ressourcenverschwendung erkennen, durch gezielte Verbesserungen eliminieren und Kosten sparen.
2. Verbesserungspotenziale zu Qualität und Zeitaufwand sowie Synergiechancen bei Prozessen erkennen und durch gezielte Verbesserungen eliminieren.
3. Mit Daten argumentieren und erhöhtem Leistungs- und Erfolgsdruck standhalten.

Damit KVP-Teammitglieder diese Ziele erreichen können, sind sie zu qualifizieren. Sie sollten produktivitätswirksame Verbesserungslösungen erzielen und sich nicht über Gebühr lange dem Aspekt »Sauberkeit und Ordnung« widmen. In Abbildung IV-58 sind jene Themen angeführt, zu denen die Teammitglieder Grundkenntnisse besitzen müssen, um Ausgangssituationen klären (vgl. Abschnitt 3.7.2) und Verbesserungen entwickeln und bewerten zu können (vgl. Abschnitt 3.7.3). Dazu müssen sie

1. zielgerichtet Informationen und Daten beschaffen und aufbereiten,
2. im eigenen Arbeitsbereich und im logistischen Umfeld Verschwendungen erkennen und Verbesserungsideen/-ansätze entwickeln,
3. Verbesserungenansätze bewerten, schwierige Bewertungsprobleme an andere delegieren und Verbesserungsvorschläge verständlich darlegen können.

Grundsachverhalte zur KVP-Arbeit

KVP-Teams sollten einige Grundsachverhalte kennen, in deren Kontext ihre Arbeit steht. So müssen sie wissen, was Produktivität ist und wie man sie beeinflussen kann. Da sie mit Kostenargumenten konfrontiert werden, müssen sie das Wesen von Kosten kennen, wissen wie Kosten entstehen und was Wirtschaftlichkeit bedeutet. Sie müssen verstehen, welche Rolle die Belange der Beschäftigten spielen, also auch ihre eigenen Belange. Dabei geht es nicht um subjektive Vorstellungen von Interessenvertretern, sondern darum, welche gesundheitlichen Forderungen und soziale Normen in unserer Rechts- und Gesellschaftsordnung zu erfüllen sind. Diese hat der Gesetzgeber z. B. im Betriebsverfassungsrecht unter dem Begriff der »menschengerechten Gestaltung« der Arbeit postuliert. Ferner sollten sie mit dem Wertschöpfungsbegriff umgehen und Verschwendung erkennen können, weil sich die durch KVP-Arbeit zu erarbeitenden Verbesserungen primär darauf richten. Zu den Letztzielen der KVP-Arbeit gehört es, mit »Daten zu argumentieren«. Deshalb sollen aus Verbesserungen erwartete Wirkungen auf die Produktivität mit Hilfe der *Arbeitssystem-Produktivität* begründet werden. Damit wird den KVP-Teams auch der Zweck und die Organisation ihres Tuns deutlich: im eigenen Zustän-

zweckmäßige Kenntnisse für KVP-Teammitglieder

1. Grundsachverhalte zur KVP-Arbeit	2. Informations- und Datenbeschaffung	3. Verbesserung von Arbeitsplatz und Umfeldlogistik	4. Bewertung und Umsetzung von Verbesserungsvorschlägen
1.1 Produktivität, Wirtschaftlichkeit und die Belange der Mitarbeiter	2.1 Strukturierung von Sachverhalten durch Mindmapping und Ishikawa-Diagramm	3.1 5 S und Verwendung allgemeiner Checklisten	4.1 Messen und Schätzen des Zeitbedarfs
1.2 Wertschöpfung und Verschwendung	2.2 Anlage und Auswertung von Aufschreibungen	3.2 MTM-Checkliste für Bewegungsabläufe und Mensch-Maschine-Schnittstellen	4.2 Arbeiten mit dem Morphologischen Kasten
1.3 Messung von Verbesserungen mit Hilfe des OEE-Datensatzes	2.3 Beschaffung und Verwendung von Zeitinformationen	3.3 Analyse der räumlichen Verhältnisse am Arbeitsplatz und im Umfeld	4.3 Zusammenstellen der Elemente eines Verbesserungsvorschlages
1.4 Zweck und Organisation der KVP-Arbeit	2.4 Beschaffung und Verwendung von Qualitätsinformationen	3.4 Körperhaltung und Kräfte	4.4 Bewertung von Verbesserungsvorschlägen durch Nutzwertanalyse

Abbildung IV-58 Zweckmäßige Kenntnisse für KVP-Teammitglieder

digkeitsbereich und in dessen unmittelbarer Nähe Verbesserungsnotwendigkeiten quantifizierend begründen und quantitativ abgesicherte Verbesserungen entwickeln.

Informations- und Datenbeschaffung

Probleme liegen nur selten wohlstrukturiert und formuliert vor, sondern sind herauszuarbeiten. Der Einstieg in die meisten KVP-Vorhaben erfolgt deshalb, indem man Sachverhalte strukturiert und sich so einen ersten Überblick über das vermutete Problem verschafft. Typische Strukturierungstechniken sind das *Mindmapping* (vgl. Teil II, Abschnitt 3.3.4) und die Anlage von *Ishikawa-Diagrammen* (vgl. Abschnitt 3.7.3).

Zu diesem Themenkreis gehört auch die elementare Fähigkeit, Aufschreibungen durchzuführen, die erfassten Daten auszuwerten und zu interpretieren. Ferner sind Tabellen und Regelkarten anzulegen, auszuwerten und zu interpretieren und drei statistische Sachverhalte zu verstehen: Streuungen, Trends und Verteilungsschwerpunkte (z. B. in Form der ABC-Analyse).

Weitere Themen sind der Umgang mit Zeitinformationen und Auftragszeitalgorithmen sowie Sinn und Bedeutung von Bezugsleistungen. Es muss bekannt sein, wie die wichtigsten Qualitätsdaten entstehen, Ausschuss, Nacharbeit und Prozessfähigkeit und über welche qualitätsbezogenen Kundenäußerungen man verfügen kann. Die Teammitglieder müssen auch wissen, von welchen betrieblichen Bereichen sie diese Daten erhalten können.

Verbesserung von Arbeitsplatz und Umfeldlogistik

Das Fehlen ergonomischer Grundkenntnisse macht das Arbeiten mit Checklisten erforderlich. Das sind hier zunächst die auf das Erkennen allgemeiner Schwachstellen ausgerichteten 5-S-, 4-M-, 6-W- und Osborn-Checkliste (vgl. Abschnitte 3.5.4 und 3.7.3). KVP-Teams sind in deren Gebrauch zu trainieren. Speziell auf die Identifikation von Verschwendung bei Bewegungsabläufen und bei Mensch-Maschine-Schnittstellen sind die EVOVEP-Gestaltungsregeln ausgerichtet. Damit können die Teammitglieder visuell erkennbare Mängel identifizieren und werden für Zeittreiber sensibilisiert. Weiter- und tiefergehende Sachverhalte bleiben der professionellen Unterstützung vorbehalten.

Zur Analyse der räumlichen Verhältnisse am Arbeitsplatz dient die Methode der Schablonen-Somatografie (vgl. Teil III, Abschnitt 5.2.6). Die KVP-Teams haben damit die Möglichkeit, Verbesserungen bis hin zum Entwurf vermaßter räumlicher Auslegungen von Arbeitsplätzen zu präzisieren. Zu

Körperhaltungen und Kräften werden einfache biomechanische Analysen (vgl. Teil II, Abschnitt 2.7) durchgeführt. Bei der Identifikation der räumlichen Verhältnisse des Arbeitsumfeldes und dabei erkannten Verschwendungen sind Wegediagramme anzufertigen, um Flächenverbräuche, Teilefluss, Bereitstellung und Lagerung sowie Transporte im Nahbereich zu erfassen.

Bewertung und Umsetzung von Verbesserungsvorschlägen

Der vierte Themenkomplex, zu dem KVP-Teams gefordert sind, ist das Aufbereiten und Bewerten der entwickelten Verbesserungsvorschläge sowie deren Umsetzung. Dazu genügt es, einfachste Zeitmessungen durchzuführen, z. B. mit dem Handy oder der Armbanduhr mit Stoppuhrfunktion. Ferner muss man den Zeitbedarf methodisch schätzen können (vgl. Teil II, Abschnitt 8.2).

Um Verbesserungsvorschläge zu entwickeln und darzustellen, sollen sie das Prinzip des *Morphologischen Kastens* (vgl. Abschnitt 3.7.3) verwenden. Damit ist eine gewisse Gewähr gegeben, dass Verbesserungen nicht ad hoc, sondern analytisch basiert entstehen. Ferner müssen die Teammitglieder ihren Verbesserungsvorschlag unter Anleitung ihres KVP-Moderators für Dritte verständlich dokumentieren, ggf. nach einem unternehmenseinheitlichen Schema.

KVP-Teams müssen ihren Verbesserungsvorschlag seiner Vorzugswürdigkeit nach bewerten. Das kann darin bestehen, dass der Ist-Zustand mit der vorgeschlagenen Verbesserung verglichen wird oder dass Verbesserungsalternativen gegeneinander abzuwägen sind. Monetäre Verfahren, z. B. die Ermittlung eines Break-even-Punktes oder eines Kapitalwertes, fallen nicht in den Zuständigkeitsbereich von KVP-Teams. Dagegen sollten sie einfache *Nutzwertanalysen* selbst durchführen, allein schon deshalb, weil sie so dem »heilsamen Zwang« ausgesetzt sind, ihren Vorschlag noch einmal gründlich zu prüfen.

3.8 Zusammenfassung

Mehr als die Hälfte der Probleme bei Produktanläufen in der Serienfertigung resultieren aus neuen Betriebsmitteln und dem neuen Produkt. Da Letzteres auch auf die Lieferanten wirkt, sind diese der dritte Risikofaktor. Um ein erfolgreiches *Anlaufmanagement* zu betreiben, sollte man sich dreier Handlungsfelder annehmen:

1. Organisation aller mit Anläufen zusammenhängenden Aufgaben,
2. Regelung des Änderungs-/Verbesserungsmanagements im Rahmen des Anlaufs und
3. Risikomanagement (ein Muss) sowie Wissensmanagement (ein Soll).

Bei der Organisation geht es um aufbau- und ablauforganisatorische Fragen. Bei der Aufbauorganisation sind Lösungen mit einem »starken« Anlaufmanager zu bevorzugen. Die Person des Anlaufmanagers ist ein hochsignifikanter Erfolgsfaktor. Im Mittelpunkt der Ablauforganisation sollte der permanente Abgleich von Zielarbeitsplan- und Ist-Produktivitäten stehen. Durch daraus abgeleitete Verbesserungen soll die Kammlinie so früh wie möglich erreicht werden, um den über die Produktlebensdauer zu erzielenden Deckungsbeitrag zu maximieren. Verspätetes Erreichen von Kammlinien ist Verschwendung.

Risikomanagement

Beim Risikomanagement sind die kritischen Risiken herauszuarbeiten, weil diese nicht nur zu Anlaufverzögerungen führen. Sie können die Produkteinführung gefährden und im schlimmsten Fall zu einem Marktrückzug führen. Beim Wissensmanagement ist das Produktionssystem auf den Prüfstand zu stellen: Wenn man bei Serienanläufen nicht auf dessen Standards zurückgreift, sind Defizite zu vermuten. Beim Anlaufmanagement entstehen bei allen Beteiligten attraktive Fach- und Schlüsselqualifikationen, die es künftig für das Unternehmen zu nutzen gilt.

Outsourcing und Insourcing

Outsourcing- und Insourcing-Vorhaben gehören unter dem Gesichtspunkt des Projektmanagements zur Kategorie der Verbesserungsprojekte (vgl. Teil II, Abschnitt 9.2.1). Beim *Outsourcing* ist zu unterscheiden, ob man es als unternehmensinterne Lösung (ohne Inhaberwechsel) oder als unternehmensexterne Lösung (mit Inhaberwechsel) vollzieht. Der Schwerpunkt bei der internen Lösung liegt im Regeln arbeitsrechtlicher Sachverhalte, insbesondere wenn es zu Betriebsänderungen kommt. Bei der externen Lösung ist das Entwickeln von Outsourcing-Verträgen das Hauptproblem. Das Augenmerk von Outsourcing-Vorhaben ist darauf gerichtet, »dass es beim Lieferanten läuft«. Beim *Insourcing* geht es primär darum, dass »man es selbst zum Laufen bekommt«. Dazu ist in einer Vorphase abzuklären, ob man dazu überhaupt in der Lage ist, z. B. personell oder von der Betriebsfläche her. Bei Insourcing-Projekten dominieren die technisch-organisatorischen Aspekte. Dabei sind jene Methoden anzuwenden, die im Teil III zur Entwicklung von Arbeitssystemen und Prozessen behandelt werden.

Verbesserungsmanagement

Beim Verbesserungsmanagement ist nicht nur das auszubügeln, was bis zum SOP nicht gelang. Unternehmen müssen sich fortlaufend Veränderungen anpassen, die aus den Märkten, aus der Gesetzgebung, dem technischen und sozialen Fortschritt resultieren. Deshalb sind permanente Verbesserungen eine unabwendbare Gegebenheit. Nachhaltig erfolgreiches Verbesserungsmanagement entsteht nur dann, wenn mindestens die obere und mittlere Führungsebene Wissensmanagement als Bestandteil der Unternehmenskultur lebt und die Ideen von Mitarbeitern auch dann nicht vorschnell verworfen werden, wenn sie nicht den eigenen Vorstellungen entsprechen.

Das BVW zielt auf alle hierarchischen Ebenen, das KVP auf die operative Ebene. Anders als das BVW geht es ausschließlich um die eigene Arbeit. Man setzt weniger auf den »großen Wurf« als auf schrittweise, durch die Ideenentwickler umzusetzende Verbesserungen. Dieses mit KAIZEN bezeichnete Prinzip hat sich in den letzten Jahren in der Wirtschaft ausgebreitet.

Beim KVP besteht die Gefahr, dass keine attraktiven Verbesserungen entstehen, wenn die KVP-Teams nicht durch professionelles Industrial Engineering unterstützt werden. Gut gemeint ist nicht zwingend auch gut gemacht, und Zeichen für nicht gut gemacht sind z. B.:

- Die KVP-Teams halten sich zu lange mit den »5 S« auf oder sie halten diese für den Kern des Ideenmanagements.
- Sie suchen sich ihre Themen selbst aus, ohne Orientierung an bestehenden Problemen.
- Das Unternehmen beharrt auch dann noch auf entgeltfreien Verbesserungsvorschlägen, wenn kaum noch welche entstehen.
- Es wird nicht mit Ergebniskennzahlen argumentiert oder sie spiegeln relative Erfolglosigkeit wider.
- Nach mehr als einem Jahr ist noch keine erfolgswirksame Maßnahme umgesetzt.

MTM-Wissen für KVP

MTM-Wissen ist für gut gemachten KVP nicht nur hilfreich, sondern in vielen Fällen erforderlich. Das MTM-Verfahren eröffnet eine Expertensicht auf den Prozess, die verbesserungsrelevante Gestaltungsansätze sichtbar macht (konstruktive, logistische und arbeitsplatzgestalterische Gegebenheiten) und diese anhand belastbarer Ergebnisgrößen quantifiziert. Das ermöglicht eine objektive Einschätzung der Erfolgswirksamkeit von Verbesserungsideen (Nachhaltigkeitseffekt). MTM-qualifizierte Prozessgestalter haben die Fähigkeit, Abläufe aufzulösen und dadurch Gestaltungsdefizite zu erkennen. Insofern ist die Mitwirkung von MTM-Experten in KVP-Teams immer sinnvoll.

Methodenraum

Eine Institution zur systematischen Qualifizierung von Stamm-Mitarbeitern und Leihkräften wird in vielen Unternehmen als Methodenraum bezeichnet. Er dient ggf. auch der Entwicklung von Methoden in der zweiten und der Prozessverbesserung in der dritten PEP-Phase. Er bietet KVP-Teams die Möglichkeit, ihre Ideen zu testen und damit ein besseres Gefühl für Schwierigkeiten und Machbarkeiten zu gewinnen.

KVP-Workshops

Das effektive Durchführen von KVP-Workshops ist ein Erfolgshebel für das Entstehen von Verbesserungen. Die durch KVP-Teams zu leistende Arbeit wird dann wirksam unterstützt, wenn man sie professionell moderiert und coacht. Ferner müssen professionelle, aber durch Nichtprofis zu handhabende Instrumente zur Verfügung stehen.

4 Arbeitszeitmanagement

4.1 Überblick

In diesem Kapitel wird erläutert, welchen Beitrag das Arbeitszeitmanagement zur Produktivitätsverbesserung leisten kann. Wichtig sind am Anfang einige Definitionen und die Kenntnis der europäischen und deutschen Rechtsgrundlagen zum Thema Arbeitszeit und Schichtarbeit (Abschnitt 4.2). Bemessungszeiträume des Arbeitszeitmanagements können die tägliche Arbeitszeit, die Wochenarbeitszeit, die Jahres- und die Lebensarbeitszeit sein (Abschnitt 4.3). Insbesondere bei der Flexibilisierung der Arbeitszeit ergeben sich hier – auch in Abhängigkeit der tariflichen und betrieblichen Regelungen – Gestaltungsmöglichkeiten, die sich direkt auf Arbeitsproduktivität und Lohnkosten auswirken. Nach den Kriterien der Zeitautonomie der Mitarbeiter lassen sich verschiedene Flexibilisierungsansätze unterscheiden und bezüglich ihrer betriebswirtschaftlichen und menschbezogenen Wirkungen bewerten (Abschnitt 4.4).

Anschließend werden die besonderen Arbeitsbedingungen und die sich daraus möglicherweise ergebenden Konsequenzen der Schicht- und Nachtarbeit besprochen (Abschnitte 4.5 und 4.6). Arbeitszeitmodelle werden beschrieben und einer betriebswirtschaftlichen und menschbezogenen Bewertung zugeführt (Abschnitt 4.7). Hier werden auch Empfehlungen zur Einführung eines neuen Arbeitszeitmodells dargestellt. Die Steuerungsmechanismen der Personalführung werden erläutert (Abschnitt 4.7.4).

4.2 Grundlagen

4.2.1 Definitionen

Arbeitszeit-management

Unter *Arbeitszeitmanagement* versteht man die ökonomische und gleichzeitig human-zentrierte Optimierung von Arbeitszeiten, Schichtsystemen und Pausen.

Ein *Arbeitszeitmodell* regelt die Lage und Verteilung der laut Arbeitsvertrag, Tarifvertrag oder Betriebsvereinbarung zu leistenden Arbeitszeit auf Wochentag, Monat und Jahr oder einen anderen definierten Zeitraum.

Schichtarbeit

Mit *Schichtarbeit* bezeichnet man alle Arbeitszeitmodelle, in denen Arbeit zu einer regelmäßig wechselnden Tageszeit (Wechselschichtsysteme) oder zu einer festen, aber ungewöhnlichen Tageszeit (permanente Schichtsysteme) ausgeführt wird.[118] Bei Schichtarbeit wird das Arbeitszeitmodell in einem *Schichtsystem* konkretisiert. Das Schichtsystem legt Anzahl, Dauer, Lage und Wechsel der Schichten am Tag und in einer bestimmten Zeitspanne fest. Die Festlegung der Reihenfolge einzelner Schichten für jede Schichtbelegschaft oder auch für einen einzelnen Schichtarbeiter wird als *Schichtplan* bezeichnet

Arbeitszeit

Die *Arbeitszeit* umfasst den Zeitraum, in dem der Mitarbeiter arbeitet oder zu arbeiten verpflichtet ist, es ist also die Zeit vom Beginn bis zum Ende der Arbeit ohne Ruhepause. Man unterscheidet:

1. die gesetzliche Arbeitszeit, als die vom Gesetzgeber zugelassene Arbeitszeit;
2. die tarifliche Arbeitszeit, als die zwischen den Tarifvertragspartnern vereinbarte regelmäßige wöchentliche Arbeitszeit;
3. die betriebliche Arbeitszeit, als die tatsächlich regelmäßige tägliche und wöchentliche Arbeitszeit

118 Rutenfranz, J.: Arbeitsphysiologische Grundlagen der Nacht- und Schichtarbeit, Vorträge N 275. Opladen: Westdeutscher Verlag, 1978.

4. die Anwesenheitszeit und die Schichtzeit, als die Arbeitszeit zuzüglich der Betriebs- und Ruhepausen sowie der Zeit für Waschen, Umkleiden etc.
5. Werden zur Anwesenheitszeit am Arbeitsort noch die *Wegezeiten* addiert, dann ergibt sich daraus die sozial wirksame Arbeitszeit bzw. arbeitsgebundene Zeit.

4.2.2 Rechtliche Rahmenbedingungen

Arbeitszeitrichtlinie

Einheitlich für die Europäische Union werden durch die Arbeitszeitrichtlinie 93/104/EG Mindestvorschriften festgelegt:[119]

- eine tägliche Mindestruhezeit von elf zusammenhängenden Stunden in einem Zeitraum von 24 Stunden,
- pro Siebentageszeitraum durchschnittlich ein Mindestzeitraum von einem Ruhetag, der sich unmittelbar an die tägliche Ruhezeit anschließt,
- bei einer täglichen Arbeitszeit von mehr als sechs Stunden eine Ruhepause; die Modalitäten werden in Tarifverträgen, sonstigen Vereinbarungen der Sozialpartner oder einzelstaatlichen Rechtsvorschriften festgelegt,
- ein bezahlter Jahresurlaub von mindestens vier Wochen Dauer gemäß den in den einzelstaatlichen Rechtsvorschriften bzw. nach der einzelstaatlichen Praxis vorgesehenen Bedingungen,
- die Begrenzung der wöchentlichen Arbeitszeit auf durchschnittlich 48 Stunden; darin eingeschlossen ist die im jeweiligen Siebentageszeitraum geleistete Mehrarbeit,
- bei regelmäßiger Nachtarbeit darf die normale Arbeitsdauer im Durchschnitt acht Stunden pro 24-Stunden-Zeitraum nicht überschreiten.

Arbeitszeitgesetz

In dieser Richtlinie sind noch weitere Vorschriften für die Nacht- und Schichtarbeit enthalten, auf die noch eingegangen wird. Über diese Mindestbestimmung hinaus regelt das *Arbeitszeitgesetz* (ArbZG) Arbeitszeit und Pausen im Detail. Das Arbeitszeitgesetz löste die Arbeitszeitordnung (AZO) aus dem Jahr 1938 sowie die Sonn- und Feiertagsruhebestimmungen der Gewerbeordnung aus dem Jahr 1891 ab. Gegenüber der AZO eröffnet es zusätzliche Flexibilisierungspotenziale für die Gestaltung der Arbeitszeit. Außerdem wurde die unterschiedliche Behandlung von Männern und Frauen in Bezug auf Pausen und Nachtarbeit aufgehoben.[120]

Das Arbeitszeitgesetz enthält folgende wichtige Regelungen:

1. Arbeitszeitgrundnormen
   - Bei entsprechendem Ausgleich darf die Arbeitszeit auf 10 Stunden verlängert werden.
   - Arbeit ist durch feststehende Ruhepausen zu unterbrechen.
   - Es besteht Anspruch auf eine ununterbrochene Ruhezeit von 11 Stunden.
2. Nachtarbeit
   - Das Nachtarbeitsverbot für Frauen ist aufgehoben.
   - Arbeitswissenschaftliche Erkenntnisse zur Nachtarbeit sind zu berücksichtigen.
   - Nachtarbeitnehmer mit Familienpflichten/gesundheitlichen Beeinträchtigungen haben das Recht auf einen geeigneten Tagesarbeitsplatz.
   - Nachtarbeitnehmer haben Anspruch auf Zuschläge/freie Tage.
3. Sonn- und Feiertagsarbeit
   - Arbeitnehmer dürfen an Sonn- und Feiertagen nicht beschäftigt werden.
   - Ausnahme: Daseinsvorsorge, Dienstleistungsbereich, technische Erfordernisse etc.

119 Richtlinie 93/104/EG des Rates vom 23. November 1993 über bestimmte Aspekte der Arbeitszeitgestaltung. Geändert durch die Richtlinie 2000/34/EG des Europäischen Parlaments und des Rates vom 22. Juni 2000.

120 Vgl. auch Beermann, B.: Bilanzierung arbeitswissenschaftlicher Erkenntnisse zur Nacht- und Schichtarbeit. Amtliche Mitteilungen der Bundesanstalt für Arbeitsschutz 1/96. Dortmund, 1996.

4. Frauenarbeitsschutz
   - Die Arbeitszeitgrundnormen finden einheitlich für Frauen und Männer Anwendung. Ausnahme: Arbeitsverbot für Frauen im Bergbau unter Tage bleibt bestehen.

Gegenüber früheren gesetzlichen Regelungen erlaubt das Arbeitszeitgesetz eine bessere Angleichung von Arbeitsanfall und Betriebszeit. So dürfen die Arbeitszeiten auf bis zu zehn Stunden verlängert werden, wenn innerhalb eines Ausgleichszeitraums von sechs Kalendermonaten oder 24 Wochen im Durchschnitt acht Stunden werktäglich nicht überschritten werden. Der Ausgleichszeitraum kann durch Tarifverträge oder durch in einem Tarifvertrag zugelassene Betriebsvereinbarung verlängert werden.[121] Das Arbeitszeitgesetz intendiert Tariföffnungsklauseln, es räumt Tarifvertragsparteien und Betriebsparteien wegen ihrer größeren Nähe zum Markt mehr Gestaltungsfreiheit ein.

Personalplaner und Betriebsräte müssen neben Arbeitszeitgesetz und den tarifrechtlichen Vorschriften weiterhin beachten:

- Gesetz über Teilzeitarbeit und befristete Arbeitsverträge (Teilzeit- und Befristungsgesetz – TzBfG),
- Ladenschlussgesetz (LSchlG),
- Jugendarbeitsschutzgesetz (JarbSchG),
- Mutterschutzgesetz (MuSchuG),
- Gesetz über Arbeitsrechtliche Vorschriften zur Beschäftigungsförderung (BeschFG),
- Sozialvorschriften im Straßenverkehr,
- Richtlinie 93/104/EG.

4.3 Bemessungszeiträume

4.3.1 Tägliche Arbeitszeit

Dauerbeanspruchungsgrenze

Bei einer achtstündigen *Tagesarbeitszeit* werden im Regelfall *Dauerbeanspruchungsgrenzen* des Mitarbeiters nicht überschritten. Ausnahmen sind jedoch möglich.[122] Verlängert man die Arbeitszeit über acht Stunden hinaus, dann ist mit folgenden Risiken zu rechnen:[123]

- progressiver Anstieg der Ermüdung,
- geringere Leistung pro Zeiteinheit,
- höheres Unfallrisiko,
- Probleme in Bezug auf die Aufnahme und den Abbau von Gefahrstoffen im Körper,
- auf längere Sicht und auf den gesamten Betrieb bezogen – höherer Krankenstand.

Abbildung IV-59 zeigt als Schemazeichnung den Verlauf der Leistung über 12 Arbeitsstunden. Die fett gezeichnete Kurve P1 bezieht sich auf leichte und mittelschwere körperliche Arbeit, Kurve P2 auf schwere und schwerste körperliche Arbeit.

Die Kurvenzüge weisen auf die drei Leistungsphasen (Aufwärmen, Hochleistung, abnehmende Leistung) hin. Bei der Leistungserbringung nach acht Stunden ist bei körperlich schwerer Arbeit nur noch mit relativ geringen Leistungen pro Zeiteinheit zu rechnen.

Auch das relative *Unfallrisiko* nimmt bei Arbeitszeiten über acht Stunden deutlich zu. Naturgemäß hängt allerdings das Unfallgeschehen im Betrieb auch von einer Reihe anderer Einflussfaktoren[124] ab.

121 Ferreira, Y.: Auswahl flexibler Arbeitszeitmodelle und ihre Auswirkungen auf die Arbeitszufriedenheit. Stuttgart: Ergonomia, 2001.
122 Z. B. bei gefahrengeneigter Arbeit, bei Tätigkeiten mit hohem Verantwortungsdruck (z. B. Fluglotsen) etc.
123 Knauth, P.: Arbeitszeit und Arbeitsdauer: In: Landau, K.; Pressel, G. (Hrsg.): Medizinisches Lexikon der beruflichen Belastungen und Gefährdungen, 2. Auflage. Stuttgart: Gentner, 2009, S. 101–105.
124 Dazu zählen z. B. die Tätigkeitsart, die verwendeten Transportmittel oder die Branche.

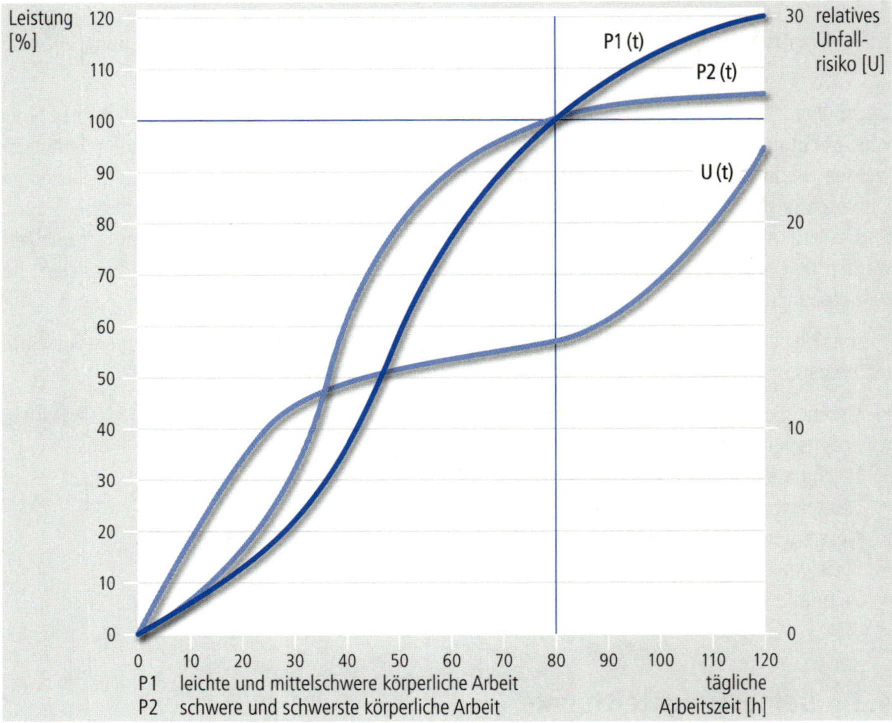

Abbildung IV-59 Leistung und relatives Unfallrisiko in Abhängigkeit von der Arbeitszeit

Für einige Berufe haben sich verlängerte Arbeitsschichten pro Tag für bestimmte Tätigkeiten durchgesetzt.[125] Soweit diese verlängerten Tagesschichten *Bereitschaftszeiten* enthalten, in denen der Mitarbeiter nicht voll gefordert wird, können sie aus ergonomischer Sicht akzeptiert werden. Insbesondere verbindet der Mitarbeiter mit verlängerten Tagesschichten eine erhöhte Zahl von freien Tagen, die für Freizeitaktivitäten benutzt werden können.

4.3.2 Wöchentliche Arbeitszeit

Wochenarbeitszeit

In den westlichen Industrieländern liegt in vielen Unternehmen die *Wochenarbeitszeit* zwischen 35 und 42 Stunden. Nach Jahrzehnten mit einem ständigen Rückgang der Wochenarbeitszeit ist seit einigen Jahren eine gegenläufige Entwicklung festzustellen. Stand bisher die 5-Tage-Woche im Vordergrund – die Samstags- und Sonntagsarbeit wurde zum Teil mit erheblichen Lohnzuschlägen honoriert – so ist, durch den stärkeren internationalen Wettbewerb bestimmt, die 6-Tage-Woche im Vormarsch. Der sechste Arbeitstag ist in diesem Fall Regelarbeitstag, der nicht mit Lohnzuschlägen versehen ist.

In einigen Branchen bzw. Unternehmen ist auch die *verdichtete Arbeitswoche* eingeführt, bei der die gesamte wöchentliche Arbeitszeit nur auf drei oder vier Arbeitstage verteilt ist. Naturgemäß erhöhen sich dadurch die Arbeitsstunden pro Tag. Auf die sich dadurch ergebenden Risiken für Leistungsabfall, Unfallhäufigkeiten etc. sei hingewiesen. Auf der anderen Seite hat eine verdichtete Arbeitswoche eine Reihe ökologischer Vorteile, da das Verkehrsaufkommen dadurch zurückgeht.

125 Z. B. in der Chemieindustrie, in der Berufsfeuerwehr und einigen weiteren Dienstleistungsberufen.

Abweichungen von der gewöhnlichen wöchentlichen Arbeitszeit sind bedingt durch

- Teilzeitarbeit,
- Saisonarbeit,
- Kurzarbeit,
- Mehrarbeit,
- Schichtarbeit (vgl. dazu Abschnitt 4.5),
- Flexible Arbeitszeitregelungen (vgl. dazu Abschnitt 4.4).

Teilzeitarbeit

Nach dem Gesetz über *Teilzeitarbeit* und befristete Arbeitsverträge liegt eine Teilzeitbeschäftigung vor, wenn die regelmäßige Wochenarbeitszeit kürzer ist als die eines vergleichbaren, vollzeitbeschäftigten Arbeitnehmers. Ist eine regelmäßige Wochenarbeitszeit nicht vereinbart, so ist ein Arbeitnehmer teilzeitbeschäftigt, wenn seine regelmäßige Arbeitszeit im Durchschnitt eines bis zu einem Jahr reichenden Beschäftigungszeitraums unter der eines vergleichbaren vollzeitbeschäftigten Arbeitnehmers liegt. Als teilzeitbeschäftigt gilt auch der Arbeitnehmer, der eine geringfügige Beschäftigung ausübt.

Mit dem Gesetz sollen Teilzeitbeschäftigte und befristet beschäftigte Arbeitnehmer nicht diskriminiert werden. Jeder Mitarbeiter hat einRecht auf Reduzierung der Arbeitszeit (bei Unternehmen mit mehr als 15 Mitarbeitern), sofern dadurch keine unverhältnismäßigen Kosten entstehen, die Sicherheit nicht wesentlich beeinträchtigt wird oder der Arbeitsablauf dies zulässt.

Abrufarbeit

Zwischen Arbeitgeber und Arbeitnehmer kann eine Vereinbarung getroffen werden, dass der Arbeitnehmer seine Arbeitsleistung entsprechend dem Arbeitsanfall zu erbringen hat (*Arbeit auf Abruf*). Die Vereinbarung muss eine bestimmte Dauer der wöchentlichen und täglichen Arbeitszeit festlegen. Wenn die Dauer der wöchentlichen Arbeitszeit nicht festgelegt ist, gilt eine Arbeitszeit von zehn Stunden und der Arbeitgeber muss die Arbeitsleistung des Arbeitnehmers für mindestens drei aufeinanderfolgende Stunden in Anspruch nehmen. Der Arbeitgeber muss die Lage der Arbeitszeit mindestens vier Tage im Voraus mitteilen.

4.3.3 Jahres- und Lebensarbeitszeit

Mit einer flexiblen Regelung der *Jahres-* oder *Lebensarbeitszeit* versucht man, ökonomische und humane Ziele gleichermaßen zu erreichen. Zum einen lassen sich saisonale Arbeitsspitzen besser abfangen. Zum anderen erhöht sich der Grad der *Zeitsouveränität* der Arbeitnehmer, indem sie die Dauer und Lage der Arbeitszeit selbst beeinflussen und bestimmen können, woraus sich für sie folgende Vorteile ergeben:

- längere Erholungsurlaube (z. B. für ältere oder leistungsgewandelte Mitarbeiter) sind möglich,
- längere Weiterbildungszeiten können eingeplant werden,
- Ausgleichs-Freizeitregelungen können bei Mehrarbeit, bei besonderen Belastungen und Gefährdung, bei Sonn- und Feiertagsarbeit sowie bei Nacht- und Schichtarbeit in Anspruch genommen werden.

Jahres-, Lebensarbeitszeit

Mit der Vereinbarung einer *Jahresarbeitszeit* verbindet das Unternehmen im Regelfall die Absicht, saisonale Spitzen besser ausgleichen zu können. Für die Arbeitnehmer hat die Vereinbarung von Jahresarbeitszeiten Vorteile in Richtung der eigenen Weiterbildung oder ausgedehnter Erholungs- oder Familienphasen. Die Variation der *Lebensarbeitszeit* bietet ebenfalls die Möglichkeit, auf familiäre Situationen und Ausbildungsphasen besser Rücksicht nehmen zu können. Im Vordergrund steht jedoch der vorgezogene Ruhestand. Er kann für den Arbeitgeber interessant sein, da er auf diesem Wege Personalüberkapazitäten besser abbauen kann, für den Arbeitnehmer ist ein früherer Eintritt in die Ruhestandsphase ebenfalls oft attraktiv. Über die Variation der Lebensarbeitszeit sind

- Unterbrechungen für Familienphasen,
- vorgezogene Ruhestandsregelungen,
- individuelle Lebensplanungen (z. B. für Studien- und Weiterbildungsaktivitäten)

verträglich für Unternehmen und Mitarbeiter zu steuern.

4.4 Flexibilisierung der Arbeitszeit

Zur Verbesserung der Wettbewerbssituation bemühen sich Unternehmen und Belegschaften, die Arbeitszeit zu flexibilisieren und besser an den jeweiligen Arbeitsanfall anzupassen. In diesem Zusammenhang spielen *Jahres-* und *Lebensarbeitszeitkonten* eine Rolle (vgl. Abschnitt 4.3.3). Ein entscheidendes Kriterium für die Sozialverträglichkeit solcher Modelle liegt in der *Zeitsouveränität* der Arbeitnehmer. Die Einflussgrößen der Zeitsouveränität sind folgende:[126]

Zeitsouveränität

- Variabilität der Lage (Tag, Woche, Monat, Jahr, Arbeitsleben),
- Verfügbarkeit der Variabilität (für Arbeitnehmer, Arbeitgeber, beide),
- Variabilität der Dauer (Stundenzahl innerhalb eines Tages, Woche, Monats, Jahres, Arbeitslebens),
- Ausgleichszeitraum,
- Arbeitszeitkorridor.

In Abbildung IV-60 werden einige *Flexibilisierungsansätze* aufgeführt.[127]

Nach § 87 Abs. 1 Nr. 2 BetrVG hat der Betriebsrat bei Beginn und Ende der täglichen Arbeitszeit einschließlich der Pausen sowie der Verteilung der Arbeitszeit auf die einzelnen Wochentage mitzubestimmen. Dies trifft auch für die Regelung der flexiblen Arbeitszeit zu. Das Arbeitszeitgesetz hat die Möglichkeiten zur Einführung flexibler Arbeitszeitmodelle erheblich verbessert (vgl. Abschnitt 4.2.2). Aus betriebswirtschaftlicher Sicht möchte man mit Flexibilisierungsmodellen die Betriebszeit erhöhen und Leerzeit oder Stillstandzeit verringern oder ganz vermeiden.[128]

Wettbewerbsdruck

Häufig verbinden Unternehmen, die sich unter starkem Wettbewerbsdruck befinden, die Flexibilisierung der Arbeitszeit mit folgenden Zielsetzungen:

- verbesserte saisonale Anpassung,
- Reduktion der Überstundenzahl und -vergütung,
- Reduktion von Spät-, Nacht- und Feiertagszuschlägen,
- Reduktion Unterbesetzung und Maschinenstillstände,
- Verbesserung der Planungsqualität.

Zur Umsetzung sind flankierende Maßnahmen erforderlich:[129]

- Abschluss einer Betriebsvereinbarung (soweit tarifvertraglich vorgesehen),
- Schulung der Führungskräfte und der betroffenen Mitarbeiter,
- systematische Personaleinsatzplanung,
- Zeiterfassung.

---

126 Ferreira, Y.: a. a. O., 2001, S. 26.
127 Ferreira, Y.: a. a. O., 2001, S. 29–51.
128 In der Betriebszeit werden Umsatz und Ertrag erwirtschaftet, in Leer- und Stillstandzeiten werden die Betriebsmittel nicht genutzt und daher kein Umsatz und Ertrag erzielt.
129 Bittelmeyer, G.; Hegner, F.; Kramer, U.: Bewegliche Zeitgestaltung im Betrieb. Köln: Gesamtverband der metallindustriellen Arbeitgeberverbände e. V., 1987.

Gleitzeit	Betrieblich vereinbarte Regelungen zur Variation von Beginn und Ende der täglichen Arbeitszeit.
gleitende Arbeitswoche/ Arbeitsmonat	Anstelle von Kern- und Gleitstunden (wie bei der täglichen Gleitzeit, s. o.) gibt es hier Kern- und Gleittage einer Woche bzw. eines Monats. Der Arbeitnehmer verfügt an den Gleittagen über die Zeitsouveränität.
Vertrauensarbeitszeit	Hier verzichtet man auf die Zeiterfassung, da durch das Führungsverhalten im Unternehmen auf die Eigenverantwortlichkeit der Mitarbeiter abgestellt wird.
Arbeitszeitkorridor	Wie Gleitzeit, es gibt jedoch weder Kernzeiten noch eine Mindestarbeitszeit pro Tag.
Kapazitätsorientierte Variable Arbeitszeit (KAPOVAZ)	Das Unternehmen nimmt die Anpassung der Arbeitszeit in Abhängigkeit des jeweiligen Arbeitsanfalls vor. Es handelt sich also um eine bedarfsorientierte variable Arbeitszeit. Das Leistungsbestimmungsrecht ist einseitig beim Arbeitgeber.
Staffelarbeitszeit	Festliegende Arbeitszeiten werden hinsichtlich ihres Arbeitsbeginns gestaffelt. Die Mitarbeiter sprechen sich untereinander über die jeweilige Staffelbesetzung ab.
Altersteilzeit	Das Altersteilzeitgesetz (ATZG) regelt die zeitliche und finanzielle Abwicklung eines vorgezogenen Ruhestands. Ab einer bestimmten Altersgrenze besteht für Arbeitnehmer die Möglichkeit der Altersteilzeit. Hier wird das Ausscheiden aus dem Erwerbsleben nicht abrupt, sondern gleitend vollzogen. Der Mitarbeiter hat dabei die Möglichkeit, seine Arbeitszeit bis zum Ausscheiden aus dem Erwerbsleben über einen längeren Zeitraum ständig zu verkürzen. Die Bundesagentur für Arbeit fördert durch Leistungen nach diesem Gesetz die Teilzeitarbeit älterer Arbeitnehmer, die ihre Arbeitszeit ab Vollendung des 55. Lebensjahres vermindern, und damit die Einstellung eines sonst arbeitslosen Arbeitnehmers ermöglichen. Es stehen zwei Altersteilzeitmodelle zur Auswahl: Das erste Modell sieht eine gleichmäßige Reduzierung der Arbeitszeit um 50 % vor. Dieses Modell ist für Arbeitnehmer interessant, die vor ihrer Rente die Arbeitsbelastung reduzieren wollen. Das zweite Modell wird Blockmodell genannt. Nach einer ersten Phase mit nicht reduzierter Arbeitszeit folgt eine Freistellungsphase.
Sabbatical*	Darunter versteht man eine geplante Phase der Nichtarbeit, die üblicherweise zwischen drei Monaten und einem Jahr dauert und die Rückkehr in das Berufsleben (meist in dasselbe Unternehmen) vorsieht. Das Sabbatical kann im Rahmen einer Jahresarbeitszeitregelung vereinbart werden.
Arbeitszeitkonten	Die Arbeitszeit wird stundenweise einem Mitarbeiterkonto gutgeschrieben. Entweder werden die Stunden genutzt, um ein Guthaben aufzubauen oder aber um ein Defizit abzubauen. Die Rahmenbedingungen für Arbeitszeitkonten werden in Betriebsvereinbarungen festgelegt.
Überstunden bzw. Mehrarbeit	Durch Überstunden werden Arbeitsspitzen durch Arbeitnehmer abgefangen. Dabei sind die Bestimmungen des Arbeitszeitgesetzes und weiterer Gesetze zu beachten.
Job-Sharing	Hierbei wird ein Arbeitsplatz auf zwei Personen aufgeteilt. Die beiden Mitarbeiter regeln ihren Arbeitseinsatz in gegenseitiger Absprache. Sie sind für die Erfüllung der Aufgabe gemeinsam verantwortlich.
Telearbeit	Durch Telearbeit kann der Mitarbeiter seine Arbeitszeit autonom gestalten. Neue Medien unterstützen die Abkoppelung von Arbeitsabläufen am Sitz des Unternehmens. Telearbeit ist häufig auch eine Form der Vertrauensarbeitszeit.

* Klober, A.: Sabbatical – Aussteigen auf Zeit. Personalführung PLUS 2, 1999, S. 44-47

Abbildung IV-60 Flexibilisierungsansätze

Zur *Ausdehnung der Betriebszeiten* gibt es folgende Ansätze:

- Tägliche Betriebszeit wird auf Teilzeitschichten aufgeteilt.
- Wöchentliche Betriebszeit wird auf Voll- und Teilzeitschichten aufgeteilt. Teilzeitarbeit wird also als Ergänzung zur Vollzeitarbeit eingeführt.
- Job-Sharing wird eingeführt.

Gleitzeit wird auch im Schichtbetrieb eingeführt, wozu Abbildung IV-61 ein Beispiel zu entnehmen ist. Absprachen zwischen jeweils zwei Mitarbeitern oder innerhalb der Arbeitsgruppe sind dabei wichtige Hilfsmittel.

Bereitschaftsdienst

Der *Bereitschaftsdienst* ist eine Sonderform der Flexibilisierung. Der Bereitschaftsdienst

- liegt außerhalb der regelmäßigen Arbeitszeit,
- wird durch den Aufenthalt an einer vom Arbeitgeber bestimmten Stelle gekennzeichnet,
- sieht die Arbeitsaufnahme nur im Bedarfsfall vor.

		Woche 1							Woche 2							Woche 3							Woche 4							Woche 5							Woche 6						
Mitarbeiter		Mo	Di	Mi	Do	Fr	Sa	So	Mo	Di	Mi	Do	Fr	Sa	So	Mo	Di	Mi	Do	Fr	Sa	So	Mo	Di	Mi	Do	Fr	Sa	So	Mo	Di	Mi	Do	Fr	Sa	So	Mo	Di	Mi	Do	Fr	Sa	So
Frühschicht	A	9	9	9	9											9	9						9	9								9	9	9	9								
Spätschicht	A								9	9	9	9								9	9						9	9									9	9	9	9			
Frühschicht	B					9	9		9	9								9	9	9	9																		9	9	9	9	
Spätschicht	B	9	9										9	9									9	9	9	9				9	9	9	9										
Frühschicht	C										9	9	9	9											9	9	9	9		9	9						9	9					
Spätschicht	C			9	9	9	9									9	9	9	9															9	9						9	9	

Anmerkung: Falls bis dahin im Einschichtbetrieb gearbeitet wurde, werden zum Erreichen der Betriebszeit von 108 Wochenstunden zwei zusätzliche Mitarbeiter benötigt (Neueinstellung oder Umsetzung). Falls bereits im Zweischichtbetrieb gearbeitet worden ist, wird ein zusätzlicher Mitarbeiter benötigt.

Abbildung IV-61 Erhöhung der Betriebszeit durch Einsatz von drei Mitarbeitern je Schicht im Wechsel[130]

4.5 Schichtarbeit

Schichtarbeit ist Arbeit zu wechselnder Tageszeit (z. B. Wechselschicht) oder zu konstanter, aber ungewöhnlicher Zeit (z. B. Dauer-Nachtschicht). Aus der Sicht des Betriebes dient Schichtarbeit dazu, die gesamte betriebliche Arbeitszeit auf mehrere Zeitabschnitte mit versetzten Anfangszeiten aufzuteilen. Diese Zeitabschnitte können auch unterschiedlicher Dauer sein. In Abbildung IV-62 werden die verschiedenen Schichtsysteme klassifiziert.

Wechselschichtsystem

In *permanenten Systemen* wird für lange Zeit eine bestimmte Schicht übernommen. *Wechselschichtsysteme* werden nach Vorkommen von Nacharbeit/Wochenendarbeit, Anzahl beteiligter Schichtbelegschaften und Regelmäßigkeit der Systeme unterschieden nach:

- *Voll-kontinuierlichen Schichtsystemen* mit Nacht- sowie Sonn-/Feiertagsarbeitszeit. Sie erfordern bei einer tariflichen Wochenarbeitszeit von 40 Stunden und einer Besetzung der Arbeitsplätze von 0 bis 24 Uhr mindestens vier Schichtbelegschaften.
- Diskontinuierlichen Schichtsystemen, bei denen an Werktagen über 24 Stunden gearbeitet wird, im Allgemeinen der ganze Sonntag, oft auch der Samstag (zumindest teilweise) arbeitsfrei ist.
- Unregelmäßigen Schichtsystemen, die vor allem im Dienstleistungssektor vorkommen, weil dort oft tageszeitlich variierender Arbeitsanfall vorliegt.

130 Bittelmeyer, G. et al.: a. a. O., 1987, S. 47.

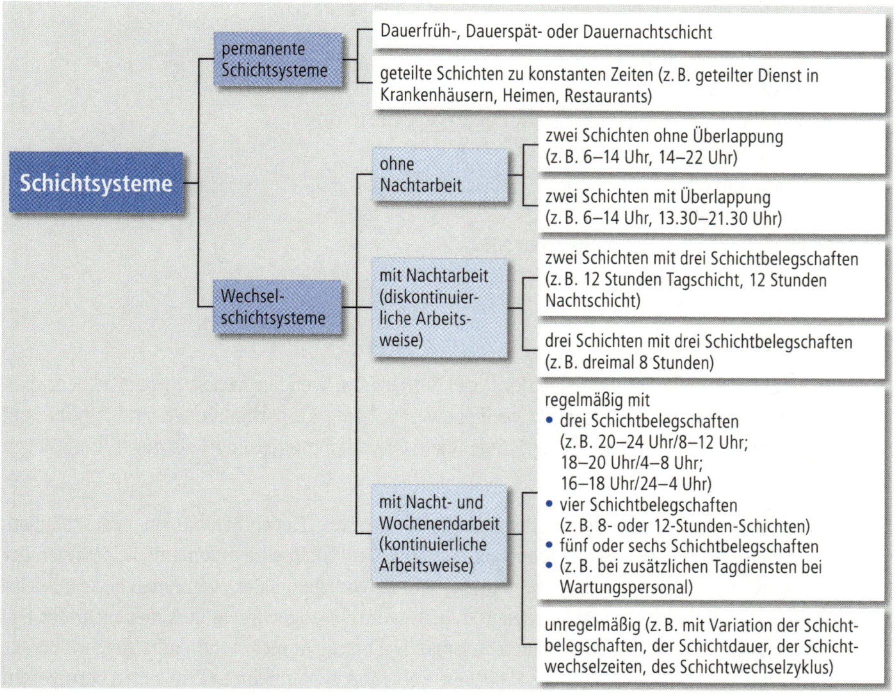

Abbildung IV-62 Klassifizierung von Schichtsystemen

Schichtpläne

Über diese Schichtsystem-Kategorisierung hinaus können *Schichtpläne* nach drei Merkmalen unterschieden werden:

- Schichtwechselzyklusdauer
  - kurz (z. B. vier Wochen),
  - lang (z. B. 20 Wochen),
- Zahl aufeinanderfolgender Nachtschichten
  - kurz (z. B. zwei Nachtschichten),
  - lang (z. B. sieben Nachtschichten),
- Rotationsrichtung
  - vorwärtslaufend, bei der auf Frühschichten erst Spät- und dann Nachtschichten folgen,
  - rückwärtslaufend, bei der die Reihenfolge Nacht-, Spät- und Frühschicht vorliegt,
  - gemischt.

Vorwärtswechsel entspricht dem aus Zeitzonenflügen bekannten Erlebnis des Fluges in westlicher Richtung, bei dem es zu einer schnelleren Anpassung der biologischen Tagesrhythmik als bei Flügen in östlicher Richtung (entspricht dem Rückwärtswechsel) kommt.

Darüber hinaus können Schichtpläne auch nach ihren Anfangs- und Endzeiten, nach der Schichtdauer, der Wochenarbeitszeit, der Organisation von Bereitschaftszeiten und der Verteilung der Freizeiten unterschieden werden.

Folgewirkungen

Aus Schichtarbeit können möglicherweise Folgewirkungen entstehen:

- Gesundheitliche Beschwerden
  - Schlafstörungen,
  - Beschwerden des Magen- und Darmtraktes, Appetitstörungen,
- Einschränkungen im sozialen Bereich
  - Veranstaltungen,
  - Fortbildungskurse,
  - kulturelle, religiöse, politische Aktivitäten,
- Einschränkungen im familiären Bereich
  - Wohnbedingungen,
  - Familienkontakte.

Gesundheitliche Beschwerden treten in der Regel deshalb auf, weil der Mensch gegen seine *Tagesrhythmik* lebt. Der Mensch ist ein tagaktives Lebewesen. Seine Körperfunktionen sind tagsüber auf Leistung und nachts auf Erholung ausgerichtet. Viele Organfunktionen und Leistungen unterliegen diesem Rhythmus.

Deutlich wird dabei, dass gerade die Nachtschicht das ausgeprägte Tief enthält mit einem anschließenden Anstieg zum Zeitpunkt der Schichtübergabe Nacht/Früh. Häufig wird argumentiert, dass sich der Körper an die wechselnden Schichten »gewöhnen« würde, vor allem dann, wenn man beispielsweise ausschließlich Nachtschicht arbeitet. In vielen Studien wurde nachgewiesen, dass dies nicht der Fall ist; die Leistungskurve wird sich auch nach jahrelanger Nachtschicht nicht umdrehen, sondern bereits nach drei bis vier Nachtschichten in Folge abflachen. Dies führt zu vermehrten Problemen bei diversen Körperfunktionen (beispielsweise Schlafrhythmus, Verdauung etc.). Zudem ist der Tagschlaf nicht so erholsam wie der Nachtschlaf, was unter anderem an der erhöhten Geräuschkulisse am Tag liegt.

Die Auswirkungen dieser schlechten Schlafbedingungen (äußeres Umfeld, Tagesperiodik ...) äußern sich in den Änderungen der sogenannten Rapid-Eye-Movement-Phasen (REM-Phasen). Als REM-Phase oder REM-Schlaf bezeichnet man diejenige Phase im Schlafzyklus, in der schnelle Augenbewegungen auftreten. In den REM-Phasen treten Veränderungen im EEG (Elektro-Enzephalogramm) auf, die auf ein erhöhtes Aktivationsniveau hindeuten. Es wird angenommen, dass nur in diesen Phasen geträumt wird. Die Anzahl der REM-Traumphasen ist ein wichtiger Indikator für die Erholung während des Schlafes.

Seit einiger Zeit wird mit einem gezielten Lichtmanagement die Synchronisation der circadianen Rhythmen und damit auch die Anpassung an Nachtarbeit verbessert. Wegen der noch nicht geklärten Neben- und Folgewirkungen wird die flächendeckende Umsetzung jedoch noch nicht empfohlen.

Unregelmäßige und unvorhersehbare Arbeitszeiten führen zu Einschränkungen im sozialen Bereich. Nach wie vor liegen Veranstaltungen in der Regel in den Abendstunden, in denen der Großteil der Bevölkerung Freizeit hat; anders ist das bei in Schicht arbeitenden Menschen. Viele Veranstaltungen können von ihnen nicht besucht werden. Das gleiche gilt für Fortbildungskurse, die in der Regel am gleichen Tag zur gleichen Uhrzeit liegen. Hier ist es oftmals so, dass Schichtarbeiter solche Kurse nur alle zwei oder drei Wochen besuchen könnten. Auch kulturelle, religiöse und politische Aktivitäten können nur eingeschränkt wahrgenommen werden.

Wohnung und Familienstand

Je nach Größe der Wohnung und Familienstand des in Schicht arbeitenden Menschen gibt es Einschränkungen bei der Wohnqualität. Muss ein Familienmitglied tagsüber schlafen, so haben die anderen Familienmitglieder Ruhe zu halten. Besonders bei kleinen Kindern ist das nicht umsetzbar. Viele Tätigkeiten, die tagsüber als normal anzusehen sind (z. B. Musik hören, handwerkliche Tätigkeiten etc.), müssen auf einen anderen Zeitpunkt verschoben werden.

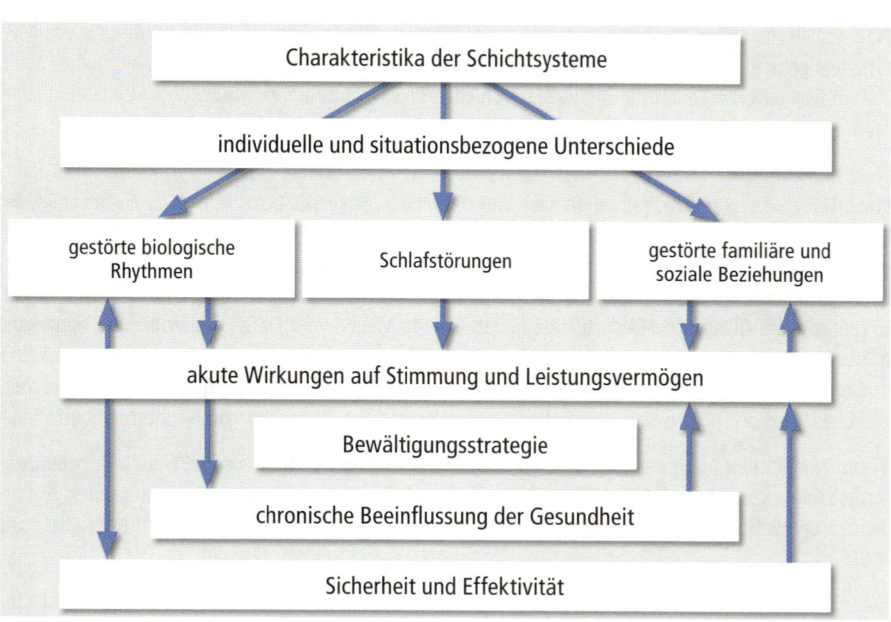

Abbildung IV-63 Modellvorstellung zur Belastungswirkung durch Schichtarbeit[131]

Auswirkungen der Schichtarbeit

Die Familienkontakte können stark eingeschränkt werden, wenn der Schichtplan entsprechend ungünstig angelegt ist. Je nachdem, ob und zu welchen Uhrzeiten der Partner arbeitet, können tagelange Phasen bestehen, in denen sich die Partner nicht oder nur schlafend sehen.

Mögliche Auswirkungen der Schichtarbeit auf die Beschäftigten fasst Abbildung IV-63 zusammen.

Healthy-Worker-Effekt

Der Aussagewert der zahlreichen Untersuchungen zum Einfluss der Schichtarbeit auf Krankheitsentstehung ist allerdings limitiert, weil es sich in aller Regel um Querschnittstudien handelt, die keine Ableitung von Ursache-Wirkungs-Beziehungen zulassen. So ist zum einen mit einem *Healthy-Worker-Effekt* zu rechnen und zum anderen davon auszugehen, dass gesundheitlich relevante Symptome und Beschwerden nicht durch die Schichtarbeit an sich, sondern durch sich gleichzeitig damit ändernde Bedingungen verursacht werden (größere Verantwortung, klimatische Bedingungen etc.).[132]

4.6 Nachtarbeit

Nachtarbeit im Sinne des deutschen Arbeitszeitgesetzes ist jede Arbeit, die mehr als zwei Stunden der Nachtzeit (23 Uhr bis 6 Uhr) umfasst (ArbZG, §2, Abs. 3 und 4). Etwa 18 % der deutschen Arbeitnehmer arbeiten in Wechselschichtarbeit mit Nachtschichten, etwa 8 % regelmäßig in Nachtarbeit.[133]

Umstellungsarbeit

Noch wesentlich stärker als der Mitarbeiter in *Wechselschicht* arbeitet der Nachtschichtarbeiter gegen die biologische Tagesrhythmik des Körpers. Diese Tagesrhythmik kann sich nicht vollständig an

131 Nach Deutsche Gesellschaft für Arbeitsmedizin und Umweltmedizin e.V., Leitlinien Nacht- und Schichtarbeit, o.Jg.
132 Deutsche Gesellschaft für Arbeitsmedizin und Umweltmedizin e.V., a.a.O., o.Jg.
133 Knauth, P.: Nachtarbeit. In: Landau, K.; Pressel, G. (Hrsg.): Medizinisches Lexikon der beruflichen Belastungen und Gefährdungen, 2. Auflage. Stuttgart: Gentner, 2009, S. 715–718.

Nachtarbeit anpassen. Nachtschichttage sind durch eine Störung der inneren Zeitordnung des Mitarbeiters gekennzeichnet. Insbesondere macht auch ein freies Wochenende nach einer Nachtschicht die vorangegangene Teilanpassung wieder zunichte. Der Nachtschichtarbeiter muss also ständig *Umstellungsarbeit* leisten.

Nachtschichtarbeiter klagen oft über Schlafprobleme, insbesondere während des Tagschlafs nach Nachtschichten. Die Schlafenszeiten sind hier deutlich geringer als beim normalen Nachtschlaf, sie sind auch von schlechterer Qualität. Haben Nachtarbeiter Kinder oder sonstige Familienangehörige zu versorgen, kommt es zu einer Kombination ungünstiger Belastungen aus der Berufsarbeit und der Haushaltsarbeit. Nachtarbeit hat auch Konsequenzen vor allem im Hinblick auf Magen-Darm-Erkrankungen: Chronische Gastritis und rezidivierende Magen- und Darmgeschwüre sind signifikant höher bei Nachtarbeitern als bei Mitarbeitern in der Tagschicht. Daneben können eine ganze Reihe von Stoffwechselerkrankungen von der Nachtschichtarbeit beeinflusst werden. Ebenso sind Personen mit Herz-Kreislauf-Leiden und ernsthaften psycho-vegetativen Störungen von Nachtarbeit betroffen.

Wenn Nachtarbeit unumgänglich ist, sind nach Möglichkeit nicht mehr als drei Nachtschichten hintereinander einzuplanen. Das Unfallrisiko nimmt nach der dritten hintereinander liegenden Nachtschicht deutlich zu. Weiterhin gelten die Gestaltungsregeln zur Wechselschichtarbeit (vgl. Abschnitt 4.5).[134]

Das Ziel besteht hierbei darin, physiologische Anpassungsprozesse im Zusammenhang mit Nachtarbeit zu minimieren, dem Nachtarbeiter die Chance auf soziale Kontakte an Werktagen und Wochenenden zu geben und eine Anhäufung von Erholungsdefiziten zu vermeiden. Sogenannte *kurzrotierende Schichtsysteme* geben dem Nachtschichtarbeiter die Möglichkeit zu sozialen Kontakten und vermindern die Wahrscheinlichkeiten der genannten Erkrankungen. Auf Nachtschichten sollten wenigstens 24 Stunden Freizeit folgen. Jeder Schichtplan sollte mindestens zwei aufeinanderfolgende arbeitsfreie Tage enthalten. Dafür wären Wochenenden zu bevorzugen.

Einige dieser Anforderungen widersprechen sich, so dass im Regelfall ein Kompromiss gesucht werden muss, der neben den ökonomischen Forderungen des Betriebes auch die gesundheitlichen und sozialen Anforderungen des Mitarbeiters beachtet.

Dauernachtschichten

Dauernachtschichten sind in vielen Ländern stärker verbreitet, als dies in Deutschland der Fall ist. Viele Beschäftigte in Dauernachtschichten meinen, sich besser an dieses Schichtregime gewöhnen zu können als an Wechselschicht mit Nachtschicht. Arbeitsmedizinische und epidemiologische Studien sprechen jedoch gegen Dauernachtschichten.

134 Zur Durchführung arbeitsmedizinischer Untersuchungen bei Nachtarbeitern: Ausschuss Arbeitsmedizin beim Hauptverband der gewerblichen Berufsgenossenschaften – Arbeitsgruppe ‚Nachtarbeit' – in Zusammenarbeit mit dem Länderausschuss für Arbeitsschutz und Sicherheitstechnik erarbeitet. Bundesarbeitsblatt 10/1995, S. 79–80 (Bek. des BMA vom 22.08.1995–IIIb 8-36607-4/7) enthalten Hinweise zu Eignungskriterien, Untersuchungsmethoden, möglichen Beschwerdebildern und Beschäftigungsverboten.

4.7 Einführung eines Arbeitszeitmodells

4.7.1 Menschbezogene Kriterien

Empfehlungen für die Schichtplangestaltung

Aus arbeitswissenschaftlicher Sicht ergeben sich folgende Empfehlungen für die Schichtplangestaltung:[135]

- Geringe Anzahl hintereinander liegender Nachtschichten,
- Abhängigkeit der Schichtdauer von der Arbeitsschwere,
- nicht zu früher Beginn der Frühschicht,
- keine zu kurzen arbeitsfreie Zeiten zwischen den Schichten,
- Wochenenden mit zwei zusammenhängenden arbeitsfreien Tagen (0.00–24 Uhr) bei kontinuierlichem Schichtsystem,
- Vorwärtsrotation bei kontinuierlichem Schichtsystem,
- keine zu lange Schichtwechselzyklusdauer und möglichst Regelmäßigkeit der Schichtsysteme.

Nachtschichten

Da kognitive Zeitgeber (z. B. Kenntnisse der Uhrzeit, Wissen um das soziale Verhalten der Umwelt) unveränderbar sind und eine vollständige Rückanpassung aller physiologischen Funktionen innerhalb von sieben Nachtschichten nicht erfolgt, sollte die Anzahl hintereinander liegender Nachtschichten gering sein. Je länger die Nachtschichtperiode ist, desto ausgeprägter wird die Teilanpassung und desto länger der Rückanpassungsprozess sein. Bereits einwöchige Nachtschichtperioden führen zu akkumuliertem Schlafmangel. Je mehr Nachtschichten in Folge geleistet werden, desto stärker sind auch Kontakte eingeschränkt. Wechselschichtsysteme sind deshalb günstiger als Dauernachtschichtsysteme und kurzrotierte empfehlenswerter als langrotierte Schichtsysteme. Dieser Einschätzung scheinen sich auch Betroffene tendenziell anzuschließen.[136]

Schichtdauer und Arbeitsschwere

Eine Festlegung der Schichtdauer auf genau 8 Stunden ist ergonomisch nicht zu begründen. Je nach Belastung sind sowohl kürzere als auch eine längere Schichtdauer vertretbar. Es überwiegen zwar 7- bis 8-Stunden-Schichten, jedoch wird regelmäßig auch kürzer (z. B. 4 Stunden auf Schiffen) oder länger (z. B. 12 Stunden in manchen Bereichen der chemischen Industrie) gearbeitet.

Auch zwölfstündige Schichtsysteme haben sich bei geringer Belastung, fehlender Einwirkung gesundheitsgefährdender Arbeitsstoffe und ausreichendem Schlaf der Wegzeiteinsparung und der günstigeren Freizeitverteilung wegen bewährt.[137] Dagegen sollten Nachtschichten bei hoher Belastung auf deutlich unter acht Stunden verkürzt werden.

Beginn der Frühschicht

Beim Festlegen von Schichtwechselzeiten sind Kompromisse zwischen teilweise konkurrierenden Zielen zu schließen:

- ausreichender Schlaf,
- geringes Unfallrisiko,
- ausreichende abendliche Freizeit,
- gemeinsame Mahlzeiten mit der Familie,
- günstige Verkehrsverhältnisse.

135 Knauth, P.: Arbeitswissenschaftliche Kriterien der Schichtplangestaltung. In: Kutscher, J.; Eyer, E.; Antoni, H. (Hrsg.). Das flexible Unternehmen. Wiesbaden, 1996.

136 Hedden, I.D. Bonitz, H.; Grzech-Sukalo, H.; Nachreiner F.: Zur Klassifikation und Analyse unterschiedlicher Schichtsysteme und ihre psychosozialen Effekte. Teil 2: Differentielle Effekte bei Gruppierung nach periodischen Merkmalen. Überprüfung eines alternativen Klassifikationsansatzes. In: Zeitschrift für Arbeitswissenschaft 43 (15 NF) 1989, S. 73–78.

137 Zu bedenken ist allerdings die Erniedrigung der Dauerleistungsgrenzwerte bei 12-Stunden-Schichten (vgl. Teil II, Abschnitt 2.5.2).

Die Probleme bei den verbreiteten Schichtwechselzeiten von 6, 14 und 22 Uhr sind vor allem die Schlafreduktion, häufige Fehlzeiten sowie ein erhöhtes Unfallrisiko in der Frühschicht und eingeschränkte Freizeitmöglichkeiten für die Spät- und Nachtschichten.

In den USA wird die 8, 16, 24-Uhr-Regelung praktiziert, möglicherweise deshalb, weil dort Geschäfte und Freizeitstätten bis in die Nacht durchgehend geöffnet sind. Dagegen findet man in Frankreich die 4, 12, 20 Uhr Regelung, die die Vorteile bietet, dass der Schlaf nach der Nachtschicht vielleicht länger ist, mittags und abends familiäre Gemeinsamkeiten und Hobbies gepflegt werden können.

Eine Verschiebung der üblichen Schichtwechselzeiten von 6, 14 und 22 Uhr auf 7, 15 und 23 Uhr würde die eingangs angeführten Ziele besser erfüllen. Ob dabei die primären Wünsche der Betroffenen, wie zeitgünstige Anfahrt und geringstmögliche Einschränkung der Freizeitaktivitäten, zu erreichen sind, lässt sich nur im Einzelfall beantworten.

Arbeitsfreie Zeiten zwischen den Schichten

Folgt auf eine Frühschicht am gleichen Tag eine Nachtschicht oder auf eine Nachtschicht am folgenden Tag eine Spätschicht, spricht man von kurzen Wechseln. Das Arbeitszeitgesetz schreibt als arbeitsfreie Zeit zwischen Schichtende und dem Anfang der folgenden Schicht mindestens 11 Stunden vor. Bei kurzen Wechseln könnte die arbeitsfreie Zeit nur zu einem kurzen Schlaf genutzt werden, so dass Ermüdung und erhöhtes Sicherheitsrisiko zu nennen wären.

Wochenenden

Bei Wochenenden mit zwei zusammenhängenden arbeitsfreien Tagen bei kontinuierlichen Schichtsystemen ist zwar die Anzahl freier Samstage und Sonntage konstant, nicht aber die am Wochenende anfallenden Freizeitstunden. Ein Wochenende, das nach einer freitäglichen Nachtschicht beginnt, ist »freizeitreduziert«. Beginnt es dagegen nach einer freitäglichen Frühschicht und endet mit dem Beginn der montäglichen Spätschicht, ist es »freizeiterweitert«. Deshalb sollte beachtet werden, dass bei kontinuierlicher Schichtarbeit möglichst viele »volle« Wochenenden entstehen.

Schichtpläne, bei denen dieser Sachverhalt berücksichtigt wird, können nach folgenden Prinzipien ausgelegt werden:

- Minimierung der Anzahl »reduzierter« Wochenenden,
- Maximierung der Anzahl »voller« Wochenenden,
- Kompromiss aus beiden Möglichkeiten, wenn mehr als vier Personen einzubeziehen sind,
- Vorwärtsrotation bei kontinuierlichen Schichtsystemen.

Schichtzyklen

Schichtpläne müssen für die Betroffenen übersichtlich sein. Erst dann akzeptieren sie Mitarbeiter und ihre Familien. Die Übersichtlichkeit des Schichtplans ist umso besser, je kürzer der Wechselzyklus und je regelmäßiger die Schichtfolgen sind. Kurze Zyklen (z. b. vier Wochen) sind langen Zyklen (z. B. ein Vierteljahr) vorzuziehen. Als regelmäßig gelten z. B.

- diskontinuierliche Systeme mit jeweils fünf gleichen Schichten und zwei freien Tagen oder
- kontinuierliche Systeme mit identischen Unterzyklen (z. B. 12 Std. Tagschicht, 12 Std. Nachtschicht, Freischicht, Freischicht), die sich wiederholen.

4.7.2 Wirtschaftliche Kriterien

Voll-kontinuierliches Schichtmodell

Mit einem *voll-kontinuierlichen Schichtmodell* werden die maximal zur Verfügung stehenden 168 Stunden pro Woche durch die Mitarbeiter abgedeckt. Die bestmögliche technische Ausnutzung teurer Aggregate ist damit möglich. Die Arbeit am Sonntag muss vom zuständigen Amt für Arbeitsschutz genehmigt werden. Voll-Konti-Modelle sind oft auch aus verfahrenstechnischen Gründen erforderlich, da bestimmte Anlagen am Wochenende nicht einfach abgestellt werden können. Voll-Konti-Modelle können insoweit noch Varianten aufweisen, dass nachts oder sonntags mit ausgedünnten Belegschaften gearbeitet wird. Weitere Optionen zur Verbesserung der Betriebsmittelauslastung sind:

- Erhöhung der Überlappungszeiten der Schichten,
- Abweichung von der 8-Stunden-Schicht.

Ein Voll-Konti-System bringt gegenüber teil-kontinuierlichen Systemen Personalkostenersparnisse durch den Wegfall von Mehrarbeits- und Samstagszuschlägen und eine wesentlich höhere Funktionszeit des Betriebes. Insbesondere bei kapitalintensiven Anlagen wird sich das durch niedrigere Maschinenstundensätze stark bemerkbar machen. In auslastungsschwachen Monaten sollte der Betrieb die Möglichkeit haben, auf andere Schichtmodelle eines »Schicht-Baukastens« mit niedrigeren Personalkapazitäten überzugehen.

Mit wie vielen *Schichtgruppen* die Abdeckung der wöchentlichen Betriebsnutzungszeiten realisiert wird, orientiert sich zunächst an der vertraglichen Arbeitszeit der Beschäftigten. Schichtgruppen

Entspricht die Zahl der Gruppenmitglieder derjenigen der zu besetzenden Arbeitsplätze, handelt es sich um ein »gekoppeltes« System, in dem die Betriebszeit also unmittelbar von der Vertragsarbeitszeit (mal Anzahl der Schichtbelegschaften) vorgegeben wird.[138]

Liegt die Zahl der Gruppenmitglieder darüber, dann haben immer ein oder mehrere Gruppenmitglieder frei, können also *Zeitguthaben* abbauen oder auch Urlaub machen, ohne dass die Anlagenbesetzung hiervon beeinträchtigt wird. Dann liegt ein »entkoppeltes« System vor – oder, genauer gesagt, ein sogenanntes Mehrfachbesetzungssystem mit Arbeitsplatzkopplung. »Arbeitsplatzkopplung« beschreibt also die Zusammenfassung der einzelnen Arbeitsplätze zu einer Arbeitsplatzgruppe.

Schichtsysteme mit vier Schichtgruppen basieren auf einer wöchentlichen Arbeitszeit von 42 Stunden (168 : 4 = 42) und sind deshalb in der Mehrzahl der tarifvertraglichen Gegebenheiten nicht realistisch.

Systeme mit fünf Schichtgruppen (vgl. Abbildung IV-64) basieren zwar auf der 35-h-Woche (168 : 5 = 33,6), haben jedoch den Nachteil, dass die Differenz zwischen rechnerischer und tarifvertraglich vorgesehener Arbeitszeit – hier also 1,4 Stunden – über Zusatzschichten im Verlaufe eines Jahres nachgearbeitet werden muss.

Sie bieten größere Freiräume für eine flexible Schichtplangestaltung und erlauben eine bessere Berücksichtigung der gesicherten arbeitswissenschaftlichen Erkenntnisse über die menschengerechte Gestaltung der Arbeit (§ 6 Abs. 1 ArbZG):

- möglichst kurze Nachtschichtfolgen (zwei bis vier hintereinander),
- zwei arbeitsfreie Tage nach den Nachtschichten,
- freie Wochenenden einplanbar,
- keine Arbeitsperioden von acht oder mehr Arbeitstagen in Folge.

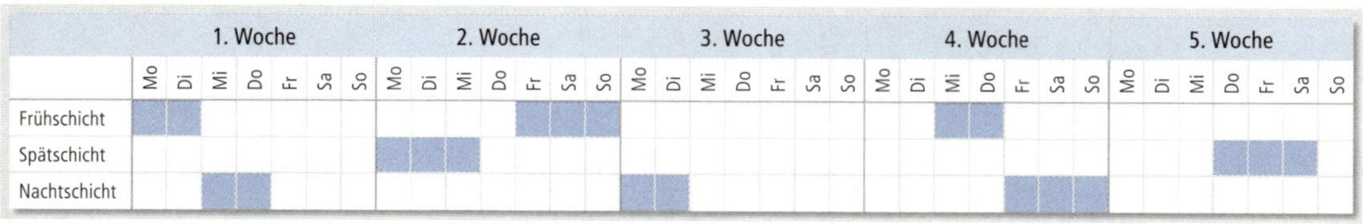

Abbildung IV-64 Auszug aus dem Schichtkalender eines 5-Schichtgruppen-Systems

138 Kipp, J.: Betriebszeitstufen und »Hausfrauenpool« zur Bewältigung saisonal schwankender Auftragslage, Manuskript, Mars Masterfoods GmbH, Viersen, o. Jg.

Für Mitarbeiter sind auch lange Freizeitphasen – hier z.B. in der dritten und vierten Woche – interessant. Allerdings werden solche Schichtpläne sehr unübersichtlich. Für Familienangehörige ist nicht transparent, in welchem Rhythmus das schichtarbeitende Familienmitglied zu Hause sein wird.

Möglich sind auch 9:2-Schichtsysteme, bei denen jeweils neun Mitarbeiter zwei Arbeitsplätze besetzen. Es kommt dadurch u. a. zu halben Schichtbelegschaften und zu durchschnittlichen Wochenarbeitszeiten > 35 h.

In manchen Fällen ist die Installation von zu vielen Schichtgruppen unerwünscht – sowohl bei der Belegschaft als auch bei der Betriebsleitung.

Betriebszeiten

Geht es in diskontinuierlichen 2-Schicht-Systemen darum, die Betriebszeiten auszudehnen, beispielsweise auf den Samstag, hilft ebenfalls die Einrichtung einer höheren Zahl von Schichtgruppen mit dem Samstag als Regelarbeitstag. Die zusätzlich gearbeiteten Stunden werden dann durch einen rollierenden freien Tag in der Woche ausgeglichen.

Freizeiten am Wochenende

Durch einen »Kunstgriff« lassen sich trotz Samstagsarbeit die Freizeiten am Wochenende vergrößern: In der Spätschichtwoche schließt sich nach der Spätschicht am Freitag am Samstag eine Frühschicht an. Um die gesetzliche Ruhezeit von mindestens 11 Stunden zu gewährleisten, muss allerdings die Spätschicht am Freitag früher enden und die Frühschicht am Samstag später beginnen. Aus arbeitswissenschaftlicher Sicht ist diese Lösung jedoch wegen des Rückwärtswechsels von Freitag auf Samstag negativ zu beurteilen.

Arbeitszeitkonten

Arbeitszeitkonten haben folgende ökonomische Potenziale:

- Samstag als normaler Werktag,
- Anlagen-Betriebszeit nach Auftragslage flexibilisieren,
- Anlagen-Betriebszeit höher als mittlere Anwesenheitszeit der Mitarbeiter durch versetzte Arbeitszeiten,
- Auftragsreichweite erhöhen (z. B. vor Ende der Werksferien der Kunden),
- Erleichterung des »Verleihs« von Mitarbeitern an andere Meistereien,
- Flexible Zeitgestaltung nach Gruppenabsprache,
- Pausendurchlauf an »teuren« Arbeitsplätzen.

Die Einführung von Arbeitszeitkonten ist jedoch nicht unproblematisch: Auf der einen Seite finden sich viele Beschäftigte, die ihr Zeitkonto uneingeschränkt in Freizeit ausgleichen. Auf der anderen Seite gibt es Beschäftigte, die auf einen finanziellen Ausgleich Wert legen und derart motiviert regelrecht Überstunden »sammeln«.

Flexible Arbeitszeiten bieten jedoch durchaus Chancen für das Unternehmen und seine Mitarbeiter – wenn der Rahmen (Unternehmensorganisation, Unternehmenskultur, Ziele etc.) und die Vereinbarungen zur Umsetzung stimmen.

Optimierung

Die *Optimierung* solcher Kontenmodelle ist nicht einfach, da zahlreiche Restriktionen beachtet werden müssen, u. a.

- am Jahresende sollte nur ein bescheidener (aber positiver) Saldo mit in das nächste Jahr genommen werden,
- die durchschnittliche Wochenarbeitszeit von 35 Std. ist über den vereinbarten Zeitraum einzuhalten,
- die 40 Std.-Grenze darf nicht überschritten werden,
- die Schichtgruppen sollen zusammenbleiben.

So zeigt Abbildung IV-65 für einen Automobilzulieferbetrieb, der starken saisonalen Schwankungen unterworfen ist, den Verlauf des Schichtguthabens für eine Abteilung über dem Jahresverlauf. Die

Guthaben werden nach dem Ende der Werksferien der Kunden im Herbst und Winter durch Anziehen der Produktnachfrage abgebaut. Ein Saldo zwischen Arbeitskräftebedarf und -bestand muss über Leiharbeiter ausgeglichen werden.

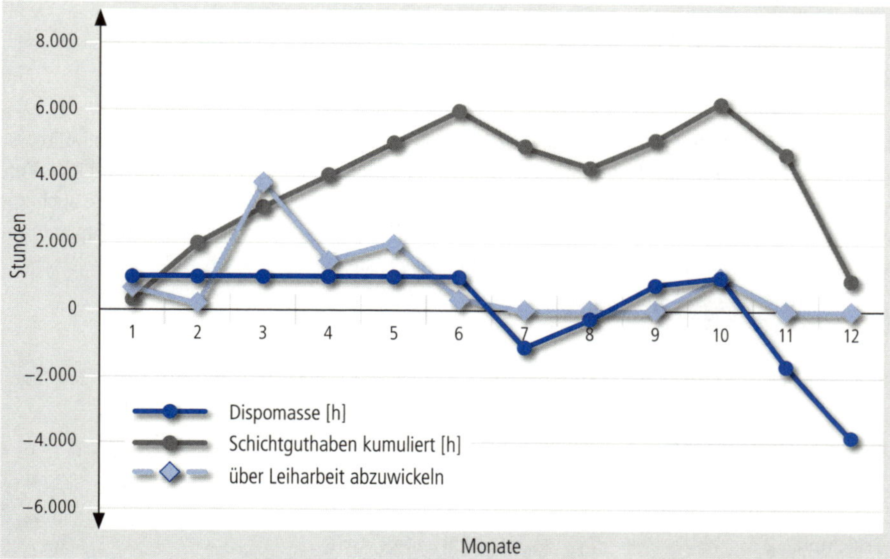

Abbildung IV-65 Jahresverlauf eines Zeitkontomodells bei einem Automobilzulieferer

Versetzte Arbeitszeiten

Versetzte Arbeitszeiten können für die Verfügbarkeit des technischen Personals – vor allem für Rüstarbeiten und die Störungsbeseitigung – interessant sein. So lassen sich Verfügbarkeiten über die 8-Stunden-Schicht hinaus erreichen, ohne dass das technische Personal tatsächlich in ein 2-Schicht-System wechselt (vgl. Abbildung IV-66).

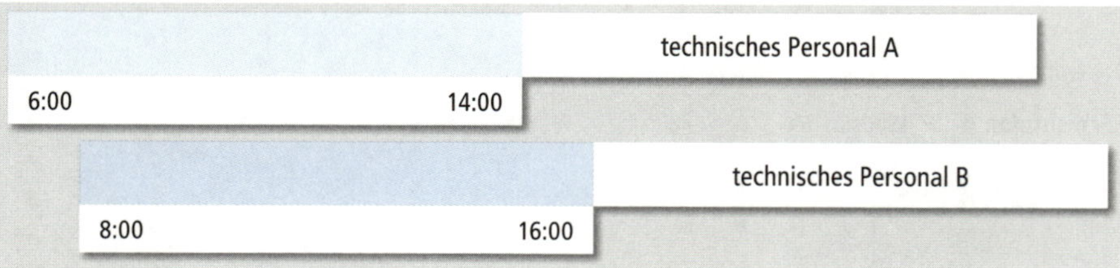

Verfügbarkeit	10 h/Tag
Arbeitszeit je Mitarbeiter	40 h/Woche, Freizeitausgleich bei geringer Auftragslage
Pausendurchlauf	ja, versetzt
Kostenvorteile für das Unternehmen	bessere technische Verfügbarkeit und Wegfall von Mehrarbeitszuschlägen

Abbildung IV-66 Versetzte Arbeitszeiten für technisches Personal

Nachtschichtzulagen

Nachtschichtzulagen sind zwar nicht gesetzlich vorgeschrieben, sie werden über Tarifverträge, Betriebsvereinbarungen oder die Arbeitsverträge geregelt. Das Arbeitszeitgesetz legt in § 6 (5) fest, dass in der Nachtschicht Beschäftigte eine angemessene Zahl bezahlter freier Tage oder einen angemessenen Zuschlag auf das Entgelt erhalten müssen.

4.7.3 Umsetzung von Arbeitszeitmodellen in Schichtpläne

Die unterschiedlichen – und oft gegensätzlichen – arbeitswissenschaftlichen und ökonomischen Anforderungen lassen eine Fülle unterschiedlicher Schichtpläne zu. Gesetzliche und tarifliche Vorschriften müssen erfüllt werden, möglichst lange Betriebs- und Maschinenlaufzeiten sowie auch zusammenhängende Freizeiten der Mitarbeiter sollen erfüllt werden. Oft kann eine Schichtplanungssoftware bei z. T. widersprüchlichen Forderungen Hilfe leisten.[139]

Abbildung IV-67 sind vier Schichtpläne zu entnehmen.

Schichtplan 1

Woche	Mo	Di	Mi	Do	Fr	Sa	So	Mo	Di	Mi	Do	Fr	Sa	So
1	F	F	S	S	N	N					F	F	S	S
2	N	N					F	F	S	S	N	N		
3			F	F	S	S							F	F
4	S	S	N	N					S	F	S	S	N	N
5					F	F	S	S	N	N				

Schichtplan 2

Woche	Mo	Di	Mi	Do	Fr	Sa	So
1				S	S	S	
2	F	F	F	F	F	F	
3	N	N	N				
4	S	S	S	N	N	N	

Schichtplan 3

Woche	Mo	Di	Mi	Do	Fr	Sa	So
1	F	F	F	F	F		
2	N	N		S	S		
3	N	N	N			F	
4	S	S	N	N	N		
5	S	S	S	N	N	F	
6		F	F	F	F		
7	F		S	S	S		

Schichtplan 4

Woche	Mo	Di	Mi	Do	Fr	Sa	So
1	F	F	F	F	F	F	
2	S	S	S	S	S		
3	N	N	N				
4	F	F	F	F	F	F	
5	S	S	S	S	S		
6			F	N	N		

F = Frühschicht
S = Spätschicht
N = Nachtschicht

Abbildung IV-67 Beispiele für Schichtpläne mit kontinuierlicher und diskontinuierlicher Arbeitsweise[140]

139 Z.B. BASS 4; Nachreiner, F.; Grzech-Sukalo, H.; Hänecke, K.; Qin, L.; Dieckmann, P.; Eden, J.; Lochmann, R.: Arbeitszeit ergonomisch gestalten, 2. Auflage. Dortmund/Berlin, Bundesanstalt für Arbeitsschutz und Arbeitsmedizin, Fb 837, 2000.

140 Vgl. dazu Knauth, P.: Ergonomische Beiträge zur Sicherheitsaspekten der Arbeitszeitorganisation. Düsseldorf, 1983; sowie Rutenfranz, J. und Knauth, P.: Schichtarbeit und Nachtarbeit. Hrsg. vom Bayerischen Staatsministerium für Arbeit und Sozialordnung, 3. Auflage. München, 1989.
Knauth, P.; Schwarzenau, P.; Schmidt, K.-H. und Rutenfranz, J.: Computergestützte Schichtplangestaltung für flexible Arbeitszeitregelungen bei diskontinuierlicher Schichtarbeit. In: Verh. Dr. Ges. Arbeitsmed. 26, 1986, S. 439–443.

1. Kontinuierliche Arbeitsweise mit 5 Schichtbelegschaften mit mittleren Wochenarbeitszeiten von
   - 33,6 Stunden ohne Zusatzschicht,
   - 35,2 Stunden mit 1 Zusatzschicht pro 5 Wochen,
   - 36,8 Stunden mit 2 Zusatzschichten pro 5 Wochen,
   - 38,4 Stunden mit 3 Zusatzschichten pro 5 Wochen,

   bei einer Betriebszeit von 168 Stunden pro Woche und einem Personalbedarf über 24 Stunden von Montag bis Sonntag.
2. Diskontinuierliche Arbeitsweise mit 4 Schichtbelegschaften und mittleren Wochenarbeitszeiten von
   - 36 Stunden ohne Zusatzschicht,
   - 38 Stunden mit 1 Zusatzschicht pro 4 Wochen,
   - 40 Stunden mit 2 Zusatzschichten pro 4 Wochen,

   bei einer Betriebszeit von 144 Stunden pro Woche und einem Personalbedarf über 24 Stunden von Montag bis Samstag.
3. Diskontinuierliche Arbeitsweise mit 7 Schichtbelegschaften und mittleren Wochenarbeitszeiten von
   - 35,4 Stunden pro Woche mit 1 Frühschicht am Samstag,
   - 36,6 Stunden pro Woche mit 2 Frühschichten am Samstag,

   bei einer Betriebszeit von 128 Stunden pro Woche und einem Personalbedarf über 24 Stunden von Montag bis Freitag.
4. Diskontinuierliche Arbeitsweise mit ausgedünnten Nachtschichten, 6 Schichtbelegschaften und mittleren Wochenarbeitszeiten von
   - 36,0 Stunden pro Woche ohne Zusatzschicht,
   - 37,3 Stunden pro Woche mit 1 Zusatzschicht pro 6 Wochen,
   - 38,7 Stunden pro Woche mit 2 Zusatzschichten pro 6 Wochen,

   bei einer Betriebszeit von 128 Stunden pro Woche und keinem konstanten Personalbedarf über 24 Stunden.

Schichtplan

Der erste Schichtplan ist übersichtlich und hat die Vorteile kurzer Nachtschichtperioden, mindestens eines freien Abends zwischen Montag und Freitag sowie langer Wochenendfreizeiten. Der zweite Schichtplan enthält zwei kürzere Nachtschichtperioden, aber drei aufeinanderfolgende Nachtschichten. Diese kommen im dritten Schichtplan nur zum Teil vor, der unübersichtlicher als die beiden vorhergehenden ist. Hier liegt allerdings eine wöchentliche Betriebszeit von nur 128 Stunden vor. Dem vierten Schichtplan liegt eine reduzierte Nachtschichtbesetzung zu Grunde, d.h. hier arbeiten zwei Belegschaften in der Frühschicht, zwei in der Spätschicht und eine in der Nachtschicht.

Arbeitszeitkonten

Werden Arbeitszeitkonten geführt, müssen in einer Betriebsvereinbarung festgelegt werden:

- Höchstmögliche Zeitschuld und Zeitguthaben, die innerhalb eines bestimmten Zeitraums anfallen dürfen.
- Nach dem Umfang des beantragten Freizeitausgleichs gestaffelte Fristen für das Abbuchen von Zeitguthaben oder Abbau von Zeitschuld.
- Berechtigung, das Abbuchen von Zeitguthaben zu bestimmten Zeiten (z.B. Brückentagen) vorzusehen.
- Folgen eines kurzfristigen Widerrufs bereits genehmigten Freizeitausgleichs durch den Arbeitgeber.

Der Mitarbeiter entscheidet im Einvernehmen mit seinem Vorgesetzten über

- Zeiten, die nicht innerhalb des Jahreszeitraums ausgeglichen werden,
- nicht ausgeglichene Zeiten aus Überstunden und Mehrarbeit,
- im Verhältnis 1:1 umgewandelte Zeitzuschläge.

Arbeitszeitkorridor

Arbeitszeitkonten müssen bei der Vereinbarung eines *Arbeitszeitkorridors* zwingend geführt werden. In allen anderen Fällen ist die Führung fakultativ. Arbeitszeitkonten können durch Arbeitsvertrag oder durch Betriebsvereinbarung vorgesehen werden. Es kann der gesamte Betrieb oder aber nur Teile davon betroffen sein. Langzeitkonten sind in der Regel einzelvertraglich unter Beteiligung des Betriebsrates abzuschließen. Auf Insolvenzsicherung ist zu achten.

Ältere Mitarbeiter

Mitarbeiter, die über Jahre Schicht- und Nachtarbeit leisten, besitzen ein höheres Risiko der Frühverrentung. Werden besonders bei älteren Mitarbeitern die Massierung von Arbeitszeit vermieden, ausreichende Ruhezeiten zwischen den Schichten gegeben und kurz- und vorwärts rotierend geschichtet, dann sinkt die Gefahr arbeitsbedingter Erkrankungen und auch das Risiko der Frühverrentung.

Altersdifferenzierende Arbeitszeitmodelle

Altersdifferenzierende Arbeitszeitmodelle können demnach einen positiven Einfluss auf die Gesundheit, die Arbeitsfähigkeit und die Zufriedenheit wie auch auf betriebliche Leistungskenndaten haben.[141] Dieser Einfluss wird umso positiver sein,

- je größer die Einflussmöglichkeiten der Mitarbeiter auf die Gestaltung ihrer Arbeitszeit in den verschiedenen Lebensphasen sind,
- je eher arbeitswissenschaftliche Empfehlungen zur Gestaltung der Arbeitszeit berücksichtigt werden,
- je günstiger die Rahmenbedingungen (z. B. Einstellung der Führungskräfte zu älteren Mitarbeitern, ergonomische Arbeitsplatzgestaltung, Unternehmenskultur, Gesundheitsfördermaßnahmen, adäquate Einführungsstrategie für neue Arbeitszeitmodelle) sind.

Flexibles Arbeitszeitmodell

Ein entscheidendes Kriterium für den Erfolg eines *flexiblen Arbeitszeitmodells* für den älteren Arbeitnehmer liegt darin, dass die Arbeitnehmer die Dauer und Lage der Arbeitszeit selbst beeinflussen und bestimmen können (*Zeitsouveränität*). Damit erhöhen sie ihren Handlungsspielraum und können berufliche Interessen besser mit ihren familiären und freizeitbezogenen Interessen, aber auch ihrem gesundheitlichen Befinden abstimmen. Dies trifft in unterschiedlichem Umfang für alle hier dargestellten flexiblen Arbeitszeitmodelle zu. Es gibt auch flexible Arbeitszeitmodelle, die grundsätzlich für das Altersmanagement keine Bedeutung haben, weil die Zeitautonomie für den älteren Mitarbeiter gering ist bzw. vollständig fehlt. Dazu gehören z. B. die kapazitätsorientierte Arbeitszeit, differenzierte Einsatzpläne, Abrufarbeit, Abrufbereitschaft, Überstunden und Mehrarbeit sowie Dispositionsschichten. Der Umsetzung flexibler Arbeitszeitmodelle, die die Interessen der älteren Mitarbeiter in den Vordergrund stellen, sind Grenzen gesetzt, wenn das Unternehmen relativ klein ist und/oder aufgrund der Kundenorientierung oder vorhandener Arbeitsaufträge bestimmte Anwesenheitszeiten oder -dauern erforderlich sind.

Weibliche Schichtarbeiter

Ebenso wie bei älteren Schichtarbeitern sind auch die Besonderheiten weiblicher Schichtarbeiter bei der Schichtplanung zu berücksichtigen. Zwar unterscheiden sich circadiane Periodik und Leistungsabgabe zwischen den Geschlechtern kaum, Schicht- und Nachtarbeit haben jedoch einen Einfluss auf Menstruationszyklen und -beschwerden der Frau. Die Mehrfachbelastung der Schichtarbeiterin, Hausfrau und Mutter kann zudem mit psycho-physischen Fehlbeanspruchungen, Ermüdung und Erkrankung verbunden sein. Dies bedeutet, dass die oben erwähnten arbeitswissenschaftlichen Kriterien der Schichtplangestaltung bei weiblichen Schichtarbeitern noch viel gewissenhafter berücksichtigt werden müssen.

Akzeptanz

Vor der erfolgreichen Einführung neuer Arbeitszeitsysteme müssen vielfältige Hindernisse überwunden werden, da arbeitsorganisatorische Veränderungen Widerstände bei vielen Beteiligten hervorrufen, die auf Ängste der Betroffenen zurückzuführen sind. Der praktische Erfolg und die Akzeptanz

141 Karl, D.; Knauth, P.; Elmerich, K; Rott, M.; Watrinet, C.: Teilprojekt KRONOS – Lebensarbeitszeitmodelle: Chancen für Unternehmen und Mitarbeiter. Zeitschrift für Arbeitswissenschaft 60, 2006, 4, S. 256–264.

sind wesentlich durch die Vorgehensweise bei der Einführung, das Verhalten der Vorgesetzten und organisatorische Rahmenbedingungen bestimmt.[142]

Außerdem beeinflusst das Arbeitszeitsystem ganz wesentlich die Zeitverwendungsmöglichkeiten der Mitarbeiter. Die erfolgreiche Einführung eines Arbeitszeitmodells setzt daher einerseits ein systematisches Vorgehen bei der Umsetzung und andererseits die Akzeptanz durch die Mitarbeiter voraus (vgl. Abbildung IV-68). Dabei lassen sich fünf *Phasen* unterscheiden, die nachfolgend beschrieben werden.[143]

Vorgehensphasen	Vorgehensschritte – die wichtigsten Handlungen
Phase 1: Einführung planen	1.1 Projektteam bilden
	1.2 Ziele festlegen und Rahmenbedingungen formulieren
	1.3 Bedarfsanalyse durchführen
Phase 2: Analyse durchführen	2.1 Pilotgruppe für neues Arbeitszeitsystem auswählen
	2.2 Information Mitarbeiter und Vorgesetzte der Pilotgruppe
	2.3 Ist-Analyse (Stärken/Schwächen des gegenwärtigen Systems)
Phase 3: Regelung entwickeln	3.1 Pilotmodell ausarbeiten
	3.2 Alternativlösungen konzipieren
Phase 4: Pilotierung durchführen	4.1 Erprobung des Modells
	4.2 Abstimmung und Anpassung
	4.3 Diskussion mit Beteiligung
	4.4 Optimierung
Phase 5: Regelung einführen	5.1 Betriebsvereinbarung
	5.2 Einführung (ggf. auch über Pilotgruppe hinaus)

Abbildung IV-68 Systematisches Vorgehen bei der Einführung arbeitsorganisatorischer Veränderungen

Phasen

1. Planungsphase
   In der Planungsphase wird ein Projektteam eingesetzt, das die Einführung des neuen Arbeitszeitsystems vorzubereiten hat. Dem Team sollen sowohl Vertreter der Arbeitnehmer als auch der Arbeitgeber angehören. Primäres Ziel in der Planungsphase ist die Bedarfsanalyse sowie die Festlegung der Rahmenbedingungen des neuen Arbeitszeitmodells.

2. Analysephase
   Die wichtigsten in der Analysephase durchzuführenden Projekte sind die Ist-Analyse und die Information der betroffenen Mitarbeiter sowie aller indirekt Betroffener. Das Vorgehen sollte zuerst auf eine Pilotgruppe beschränkt bleiben. Die Ist-Analyse kann mit Hilfe einer Fragebogenaktion durchgeführt werden, um Auswirkungen, Vor- und Nachteile des bestehenden Arbeitszeitmodells auf die Mitarbeiter zu erfassen.

142 Vgl. Weißert-Horn, M.: Flexible Arbeitszeit und Teilzeitarbeit. Bericht für das Bundesministerium für Wirtschaft und Arbeit, Prävention und Rehabilitation zur Verhinderung von Erwerbsminderung. Darmstadt: Institut für Arbeitswissenschaft, 2003.

143 Knauth, P.; Hornberger, S.: Betriebs- und mitarbeiterbezogene Flexibilisierung der Arbeitszeit. Tutorial, 45. Arbeitswissenschaftlicher Kongress. Karlsruhe, 1999.

3. Ausarbeitungsphase und Arbeitszeitmodellalternativen
   In dieser Phase werden mögliche Modelle entwickelt, die in Anbetracht der formulierten Ziele, Aufgabentypen und Mitarbeiterinteressen umgesetzt werden sollen. Dabei sollte der Grundgedanke Beachtung finden, nicht jede Kleinigkeit in feste Regelungen einzubetten, sondern Gestaltungsraum für Autonomie und Freiheitsgrade zu lassen. In dieser Phase ist es ratsam, auch Gestaltungsvorschläge der Mitarbeiter und des Betriebsrates einzubeziehen. Um die Präferenzen der Mitarbeiter ermitteln zu können, sollte die Einstellung zu potenziellen Arbeitszeitmodellen in einer Mitarbeiterbefragung erfasst werden. Durch eine frühe Einbindung der Arbeitnehmer können Arbeitszeitkonzepte ausgewählt werden, die später die höchste Akzeptanz aufweisen. Die infrage kommenden Arbeitszeitregelungen sind anhand organisatorischer, personeller und wirtschaftlicher Kriterien zu bewerten.

4. Pilotphase
   Die Pilotphase sieht eine Erprobung des Modells für einen vereinbarten Zeitraum vor, der etwa 6 bis 12 Monate dauern sollte. Diese Probezeit sollte unter ständigem Erfahrungsaustausch zwischen dem Projektteam und der Pilotgruppe erfolgen. So können unerwartet auftretende Schwierigkeiten beseitigt werden. Eine Fragebogenaktion in dieser Phase ist sinnvoll, um ein Stimmungsbild zu erhalten und evtl. Modifikationen am Modell vornehmen zu können. Da die Pilotphase für einen bestimmten Zeitraum festgelegt wurde, muss an deren Ende über die Fortführung des neuen Arbeitszeitmodells abgestimmt werden.

5. Realisierungsphase
   Die Realisierungsphase beginnt mit vier möglichen Alternativen:
   - Das Pilotmodell wird abgelehnt und das alte Modell wieder aufgenommen.
   - Das Pilotmodell wird abgelehnt und ein neues Modell muss erprobt werden.
   - Das Pilotmodell wird mit kleineren Modifikationen akzeptiert.
   - Das Pilotmodell wird ohne Modifikationen akzeptiert.

   Nach Akzeptanz des Pilotmodells wird dieses in der Regel auch in anderen Abteilungen eingeführt. Bei der Übertragung des Modells auf andere Abteilungen ist jedoch Vorsicht geboten, da die Gegebenheiten gleich oder zumindest vergleichbar sein müssen.

Betriebsvereinbarung

Da die Einführung eines Arbeitszeitmodells der Mitbestimmung gemäß Betriebsverfassungsgesetz unterliegt, ist eine Betriebsvereinbarung abzuschließen. Dabei kommt es darauf an, anstelle bürokratischer Detailregelungen Grundsätze festzulegen, die den Rahmen des Arbeitszeitmodells definieren.

4.7.4 Arbeitszeitmanagement und Personalführung

Akzeptanz

Identische Arbeitszeitsysteme werden in verschiedenen Betrieben, manchmal sogar innerhalb verschiedener Abteilungen eines Betriebes unterschiedlich beurteilt.[144] Die Akzeptanz eines Arbeitszeitsystems hängt vom Verhalten der Vorgesetzten und den organisatorischen Rahmenbedingungen bei der Einführung einer neuen Arbeitszeitregelung ab. Dabei gilt es, den Mitarbeitern die betrieblichen Erfordernisse zu verdeutlichen. Die Information der Mitarbeiter und die Gewährung von Einflussmöglichkeiten bei der Planung und Einführung von Arbeitszeitsystemen sind eine wesentliche Voraussetzung für deren Akzeptanz. Erfolgreich ist ein neues Arbeitszeitsystem besonders dann, wenn es möglichst mit den privaten Aktivitäten der Mitarbeiter in Einklang zu bringen ist, wenn also auch für die Mitarbeiter Wahlmöglichkeiten bestehen.

144 Vgl. Miska, H.: Arbeitszeitmodelle im Urteil der Mitarbeiter. In: Institut für angewandte Arbeitswissenschaft (Hrsg.): Arbeit: Gestaltung – Organisation – Entgelt. Schriftenreihe des IfaA, Band 25. Köln: Bachem, 1991, S. 142–176.

Weiterhin sind den Mitarbeitern die vereinbarten Dispositionsspielräume auch tatsächlich zu gewähren und Tauschmöglichkeiten zwischen den Schichten zu gestatten. Wenn z. B. während einer Nachtschicht oder am Wochenende die Führungsmannschaft ausgedünnt ist, entstehen höhere Anforderungen an die Selbstständigkeit und Eigenverantwortung der Mitarbeiter. Dieser Sachverhalt wird positiv interpretiert.

Arbeitszeitsysteme, die hohe Anforderungen an die Flexibilität und Leistungsbereitschaft der Mitarbeiter richten, sind weiterhin dann erfolgreich einzuführen, wenn gleichzeitig den betroffenen Mitarbeitern besondere Infrastrukturleistungen gewährt werden. Hierzu zählen z. B. die Bereitstellung reservierter Parkplätze, Verpflegungsmöglichkeiten während der Nachtschicht und am Wochenende sowie die Ansprechbarkeit von Betriebsleitung, Personalabteilung und Betriebsrat, ggf. auch außerhalb der Tagschicht.

Sind diese Voraussetzungen erfüllt, dann lassen sich die mit der Einführung eines neuen Arbeitszeitsystems verbundenen Produktivitätsziele wie

- Verringerung oder Konstanthaltung der Arbeitskosten,
- bessere Nutzung kapitalintensiver Betriebsmittel,
- Reduzierung von Überstunden,
- Anpassungsfähigkeit an sich verändernde Bedingungen,

leichter im Einvernehmen mit der Belegschaft erreichen.

Die Abkehr von starren Arbeitszeitmustern kommt den Selbstbestimmungsmöglichkeiten der Mitarbeiter durchaus entgegen. Neue Arbeitszeitregelungen müssen den Kriterien der Steuerbarkeit durch den Betrieb (z. B. Einzelfallregelungen) und der Reversibilität (Wiederherstellung der ursprünglichen Situation) genügen. Bei der Umstellung eines neuen Arbeitszeitsystems müssen anreizpolitische Handlungsparameter genutzt werden. Hierzu zählen

- Neubewertung von Zeiteinheiten, die in den Augen der Mitarbeiter wenig attraktiv sind (z. B. durch Zuschlagssystem oder durch relative Verkürzungen des Arbeitszeitblocks),
- ggf. Lohnausgleich,
- ggf. Beschäftigungsgarantie.

Akzeptanzerhöhend können wirken

- Wahrnehmung einer fähigkeits- und neigungsentsprechenden Tätigkeit,
- Vermeidung psycho-physischer Über- und Unterforderungen,
- Möglichkeit zur Kommunikation und Interaktion,
- soziale Unterstützung durch Kollegen und Vorgesetzte,
- Möglichkeit der individuellen fachlichen und persönlichen Weiterentwicklung,
- Vereinbarkeit von berufsbezogenen und familienbezogenen Interessen.[145]

Flexible Arbeitszeiten schaffen für die Beschäftigten neue Freiräume in der individuellen Arbeitszeitgestaltung. Damit diese Vorteile auch zum Tragen kommen, müssen die Betroffenen diese Freiräume sinnvoll nutzen können. Dazu sind spezifische Qualifikationen erforderlich, die durch Aus- und Weiterbildungsmaßnahmen aufgebaut werden können.[146]

145 Marr, R.: Betriebliche Arbeitszeitmodelle. In: Handelsblatt (Hrsg.): Wirtschaftslexikon. Stuttgart: Schäffer-Poeschel, 2006, S. 476.

146 Thom, N.; Bloom, A.; Zaugg, R.: Arbeitszeitmanagement. Bern: Institut für Organisation und Personal der Universität Bern, o. J.

Zur Höherqualifizierung der Mitarbeiter, die in einem neuen Arbeitszeitsystem arbeiten sollten, gehören

- Breitenqualifikation (Hintergrundwissen über Arbeitsabläufe, Kenntnisse benachbarter Tätigkeiten; d. h. es geht um eine polyvalent einsetzbare Mitarbeiterschaft),
- Metaqualifikationen (z. B. soziale Kompetenz, Kooperations-, Kommunikations- und Konfliktaustragungsfähigkeit; weiterhin Problemlösungskompetenz und Fähigkeit zur Strukturierung komplexer Zusammenhänge).

Die Arbeitszeitbedürfnisse der Belegschaft sind auch von soziodemografischen Merkmalen wie Alter, Geschlecht und Einkommen abhängig. Jüngere Mitarbeiter fordern Arbeitszeitsysteme mit hohem Dispositionsspielraum und Zeitautonomie, weibliche Arbeitnehmer bevorzugen oft Teilzeit-Arbeitsverhältnisse. Traditionelle Führungskonzepte auf der Basis von Zeitkontrollen sind für die Akzeptanz eines neuen Arbeitssystems wenig dienlich. Abbildung IV-69 fasst die wichtigsten Einflussgrößen bei der Einführung eines neuen Arbeitszeitsystems aus der Sicht der Personalführung zusammen.

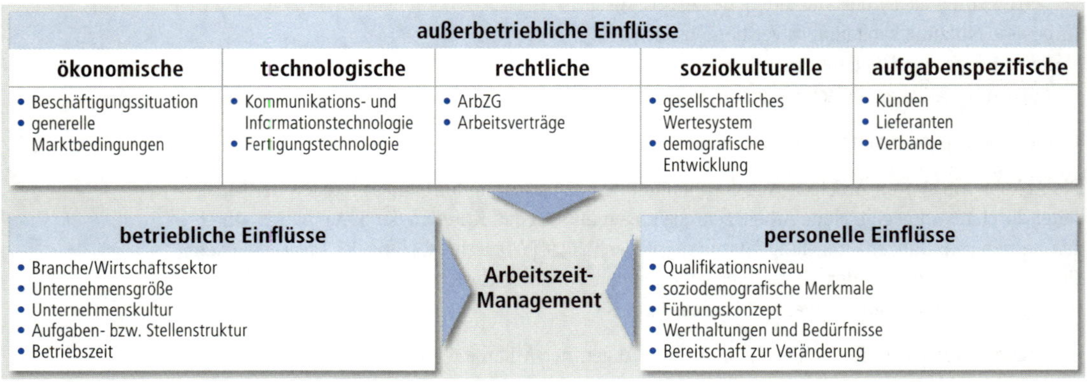

Abbildung IV-69 Einflussgrößen des Arbeitszeitmanagements[147]

4.8 Zusammenfassung

Das Arbeitszeitmanagement zielt darauf hin, Arbeitszeitmodelle zu entwickeln und zu implementieren. Arbeitszeitmodelle sollen möglichst gut die betrieblichen Einflüsse, insbesondere die Forderungen nach einer höheren Arbeitsproduktivität, und die Einflüsse der Mitarbeiterseite, insbesondere die Kriterien der Zeitsouveränität, in Einklang bringen. Dabei ist eine Reihe von betrieblichen und außerbetrieblichen Gegebenheiten zu beachten. Dazu gehören rechtliche Bedingungen aus dem Arbeitszeitgesetz und den gültigen Tarifverträgen, Betriebsvereinbarungen und Arbeitsverträgen, technische Gegebenheiten, insbesondere solche aus der verwendeten Fertigungstechnologie, ökonomische Bedingungen, insbesondere aus dem Blickwinkel der Kunden und Lieferanten, sowie sozio-kulturelle Gegebenheiten, die z. B. im Hinblick auf die demografische Entwicklung der Betriebsbelegschaft zu beachten sind.

Das Arbeitszeitgesetz regelt insbesondere Umfang und Lage der täglichen, wöchentlichen und auch der Jahresarbeitszeit. Neben dem Arbeitszeitgesetz und weiteren tarifrechtlichen Vorschriften sind

147 Thom, N.; Bloom, A.; Zaugg, R., Arbeitszeitmanagement. Bern: Institut für Organisation und Personal der Universität Bern, o. Jg.

die Gesetze über Teilzeitarbeit und befristete Arbeitsverträge, Jugendarbeitsschutzgesetz und Mutterschutzgesetz sowie weitere Gesetze und Richtlinien zu beachten.

Hohe Investitionen in Maschinen und Anlagen führen zwangsläufig zur Forderung nach Entkoppelung von individueller Arbeitszeit und Betriebszeit, z. B. der Maschinenlaufzeit. Mit zunehmender Kapitalbindung je Arbeitsplatz wächst auch das Interesse an längeren Maschinenlaufzeiten.

Dem Arbeitszeitmanagement liegen daher zwangsläufig unterschiedliche Interessenlagen von Arbeitgeberseite und Arbeitnehmerseite zu Grunde. Mit einer auf Mitarbeiterbeteiligung orientierten Entwicklung und Einführung von Arbeitszeitmodellen kann ein Interessensausgleich zwischen den Betriebsparteien unterstützt werden.

Zur Verbesserung der Wettbewerbssituation bemühen sich Unternehmen und Belegschaften, die Arbeitszeit zu flexibilisieren und besser an den jeweiligen Arbeitsanfall anzupassen. In diesem Zusammenhang spielen Jahresarbeitszeit- und Lebensarbeitszeitkonten eine Rolle. Hier kann über die Variabilität der Lage (vom Tag bis zum gesamten Arbeitsleben), über die Verfügbarkeit der Variabilität, über den Ausgleichszeitraum und über den Arbeitszeitkorridor befunden werden. Arbeitszeitmodelle sind dann sozialverträglich, wenn der Arbeitnehmer zumindest teilweise über Zeitsouveränität verfügen darf. Es gibt eine ganze Reihe von Flexibilisierungsansätzen, die von der Gleitzeit über die Vertrauensarbeitszeit, Arbeitszeitkonten bis hin zur Altersteilzeit führen.

Schichtarbeit ist Arbeit zu wechselnder Tageszeit (z. B. Wechselschicht) oder zu konstanter, aber ungewöhnlicher Zeit (z. B. Dauernachtschicht). Aus der Sicht des Betriebes dient Schichtarbeit dazu, die gesamte betriebliche Arbeitszeit auf mehrere Abschnitte mit versetzten Anfangszeiten aufzuteilen. Vollkontinuierliche Schichtsysteme beziehen das Wochenende als Arbeitstag mit ein und führen deshalb zwangsläufig zu Ausgleichstagen während der Woche, um die tarifliche Wochenarbeitszeit einhalten zu können. Diskontinuierliche Schichtsysteme halten z. B. Samstag und/oder Sonntag arbeitsfrei.

Voll-Konti-Schichtsysteme bringen gegenüber teilkontinuierlichen Systemen Personalkostenersparnisse durch den Wegfall von Mehrarbeits- und Samstagszuschlägen und eine wesentlich höhere Funktionszeit des Betriebes. Insbesondere bei kapitalintensiven Anlagen wird sich das durch niedrigere Maschinenstundensätze bemerkbar machen. In auslastungsschwachen Monaten sollte der Betrieb die Möglichkeit haben, auf andere Schichtmodelle eines »Schicht-Baukastens« mit niedrigeren Personalkapazitäten überzugehen.

Schichtpläne können nach der Schichtwechselzyklusdauer, nach der Zahl aufeinanderfolgender Nachtschichten und nach der Rotationsrichtung unterschieden werden. Durch Schichtarbeit können möglicherweise gesundheitliche Beschwerden und Einschränkungen im sozialen und familiären Bereich hervorgerufen oder verstärkt werden. Gesundheitliche Beschwerden können bei Schicht- und Nachtarbeit deshalb auftreten, weil der Mensch gegen seine Tagesrhythmik lebt. Nachtarbeit ist jede Arbeit, die mehr als zwei Stunden der Nachtzeit umfasst. Der Nachtschichtarbeiter muss ständig Umstellungsarbeit leisten und gegen seine innere Uhr arbeiten.

Aus ergonomischer Sicht empfiehlt es sich, nur wenige Nachtschichten hintereinander zu arbeiten, die Schichtdauer an die Arbeitsschwere zu knüpfen, die Frühschicht nicht zu früh zu beginnen und zwischen zwei Schichten nicht zu kurze arbeitsfreie Zeiten zu gewähren. Schichtsysteme sollten vorwärts rotieren. Versetzte Arbeitszeiten können für die Verfügbarkeit z. B. des Technischen Personals (für Rüstarbeiten und Störungsbeseitigung) interessant sein.

Werden Arbeitszeitkonten geführt, dann müssen in einer Betriebsvereinbarung die höchstmöglichen Werte für Zeitschuld und Zeitguthaben, der Freizeitausgleich, die Handhabung nicht ausgeglichener Zeiten aus Überstunden und Mehrarbeit geregelt werden. Bei Vereinbarung eines Arbeitszeitkorridors müssen Arbeitszeitkonten zwingend geführt werden.

Die Einführung eines neuen Arbeitszeitsystems geschieht zweckmäßiger Weise in den fünf Phasen

- Planung,
- Analyse des Ist-Zustands,
- Ausarbeitung eines Pilotmodells,
- Erprobung des Pilotmodells,
- Betriebsvereinbarung und Einführung.

Information und Einflussmöglichkeiten der Mitarbeiter bei der Planung und Einführung neuer Arbeitszeitsysteme sind wesentliche Voraussetzungen für die Akzeptanz. Ebenso ist der Vorgesetzte mit entscheidend für eine möglichst positive Bewertung eines neuen Arbeitssystems durch die Mitarbeiter. Dispositionsspielräume, die per Betriebsvereinbarung festgelegt wurden, sind durch die Vorgesetzten tatsächlich auch zu gewähren. Dem Mitarbeiter sind möglichst große Freiräume einzuräumen, d. h. eine hohe Zeitsouveränität. Die organisatorischen Rahmenbedingungen (Infrastruktur) sollen das neue Arbeitszeitsystem unterstützen.

5 Zeitwirtschaft

5.1 Überblick

Im Abschnitt 5.2 wird dargelegt, was unter Zeitwirtschaft verstanden wird und durch welche grundlegenden funktionalen Zusammenhänge sie gekennzeichnet ist (vgl. auch Teil I, Abbildung I-20). Zeitwirtschaft ohne IT-Unterstützung zu betreiben ist zwar grundsätzlich möglich, aber nur eingeschränkt wirksam. In den Abschnitten 5.3 und 5.4 wird deshalb mit *TiCon®* eine IT-Basierung der Zeitwirtschaft[148] vorgestellt, nachdem in den vorhergehenden Teilen und Kapiteln bereits mehrfach TiCon®-Anwendungen gezeigt wurden. Es werden das Fachkonzept und das IT-Konzept von TiCon® erläutert und das der Software immanente Konzept der »Zeitwirtschaft aus einem Guss« begründet. Die Deutsche MTM-Vereinigung e. V. erfüllt damit unter anderem die ihr vom *Internationalen MTM-Direktorat* auferlegte Garanten- und Verbreiterfunktion (vgl. Teil I, Abschnitt 4.4), denn:

1. TiCon® ist kompatibel zu den Begrifflichkeiten und dem methodischen Ansatz des MTM-Produktivitätsmanagements und des MTM-Verfahrens.
2. Mit TiCon® werden nur jene Funktionen unterstützt, die eines komplexen, datenbankgestützten IT-Instruments bedürfen.[149]
3. TiCon® folgt dem Windows-Standard, so dass es schnell zu beherrschen ist, wenn profunde Kenntnisse im Industrial Engineering und damit zu den Fachinhalten vorhanden sind.

Im Abschnitt 5.5 wird gezeigt, wie man in einem Unternehmen die Zeitwirtschaft einer Revision unterziehen kann, um zu gewährleisten, dass deren Hauptaufgabe nachhaltig erfüllt wird. Dazu sind in allen Phasen des PEP die dort benötigten zeitwirtschaftlichen Daten, primär Zeitinformationen und Hinweise auf Schwachstellen, in der erforderlichen Qualität bereitzustellen.

5.2 Grundzüge der Zeitwirtschaft

5.2.1 Begriff der Zeitwirtschaft

Personalwirtschaftliche Interpretation

In diesem Abschnitt geht es um das Thema *Zeitwirtschaft*, nicht zu verwechseln mit Zeitmanagement[150]. Abbildung IV-70 ist zu entnehmen, dass es eine personalwirtschaftliche und eine arbeitswirtschaftliche Interpretation des Zeitwirtschaftsbegriffs gibt. Die personalwirtschaftliche Interpretation[151] orientiert sich an der dort vorliegenden Aufgabenstellung, nämlich das Management von Arbeitszeiten und Mitarbeitereinsätzen im weitesten Sinne. Dem personalwirtschaftlichen Zeitwirtschaftsbegriff liegen, anders als beim Industrial Engineering, Istzeiten-Betrachtungen zu Grunde.

148 TiCon® ist in seinen Funktionen nicht auf die Zeitwirtschaft beschränkt, doch resultieren daraus die wichtigsten Anforderungen an die Programm-Module.

149 Damit wird vermieden, die Bedienung von Funktionen anzubieten, die schneller, einfacher und in gleicher Ergebnisgüte mit Office-Standardsoftware, z. B. Tabellenkalkulationen, zu bedienen sind.

150 Unter Zeitmanagement wird eine systematische, auf diszipliniertes Verhalten zielende Planung der Verwendung der eigenen Arbeitszeit verstanden, mit dem Ziel, mehr Zeit für das zu gewinnen, was man für wichtig hält. Vgl. z. B. Mackenzie, R. A.: Die Zeitfalle, 11. Auflage. Heidelberg: Sauer Verlag 1995. Seiwert, L.: Das neue 1 x 1 des Zeitmanagements, 8. Auflage. München: Gräfe und Unzer, 2009.

151 Diese ist auch im IT-Bereich üblich, z. B. im HR-Umfeld von SAP.

Abbildung IV-70 In der Praxis verbreitete Zeitwirtschaftsbegriffe

Arbeitswirtschaftliche Interpretation im Industrial Engineering

Die im Industrial Engineering übliche arbeitswirtschaftliche Interpretation wird in der Literatur zwar benutzt, aber nicht definiert[152] oder für alle möglichen Aktivitäten verwendet, die zur Bereitstellung von Sollzeiten führen[153].

Im Teil I wurde bei der Produktivitätsmessung bereits die Bedeutung der Planungs- und Rechengröße *Sollzeit* herausgestellt, und zwar bei allen drei Phasen des Produktentstehungsprozesses. Allerdings nimmt die praktische Bedeutung von Phase zu Phase zu. Im Teil I, Abschnitt 3.5 wurde auch erläutert, dass dem MTM-Produktivitätsmanagement das Erzielen von Nachhaltigkeit immanent ist. Diese wird durch ein durchgängiges, sich über den gesamten PEP erstreckendes Datenmanagement erreicht, und dabei steht die Zeitwirtschaft im Mittelpunkt. Zeitwirtschaft (Sollzeiten-Management) ist deshalb ein wichtiges Teilgebiet des Industrial Engineering (vgl. Teil I, Abbildung I-20) und des MTM-Produktivitätsmanagements.

Im Teil II, Kapitel 4 sind unter dem Thema »Algorithmen zur Berechnung von Sollzeiten« die methodischen Grundlagen der Sollzeit-Bestimmung zu finden. In den Kapiteln 5 bis 8 wird gezeigt, wie Sollzeiten mit Hilfe der MTM-Prozessbausteinsysteme und Ergänzungstechniken zu bestimmen sind.

Im Teil III, bei der Produktentwicklung und Vorkalkulation sowie beim Planen und Implementieren von Arbeitssystemen, werden Sollzeiten insbesondere als Verbrauchsmaßstäbe beim Ressourceneinsatz benötigt.

Im Teil IV werden beim Anlauf- und Verbesserungsmanagement (Kapitel 3), bei der Personalbedarfsermittlung (Kapitel 6) und bei der Entgeltdifferenzierung (Kapitel 7) Sollzeiten benötigt. Verlässliche Sollzeiten zu schaffen, ist also kein Ziel des Industrial Engineering, sondern eine wichtige Voraussetzung für das Funktionieren einer Reihe wichtiger Instrumente.

In den vorhergehenden Teilen und Kapiteln wurde begründet, warum es nicht nur um die Bereitstellung der Sollzeiten geht, sondern entscheidend um die Beschreibung jener Prozesse, für deren Vollzug die Sollzeiten gelten.[154] In Abbildung IV-71 wird der Begriff »zeitwirtschaftliche Daten« verwendet, auch wenn sich das Hauptinteresse der Praktiker auf die Sollzeiten richtet und allein diese in die Arbeitspläne eingehen.

152 Vgl. z. B. REFA (Hrsg.): Methodenlehre der Betriebsorganisation, Datenermittlung. München: Hanser Verlag, 1997.

153 Vgl. z. B. Olbrich, R.: Aufbau einer Zeitwirtschaft. Köln: Wirtschaftsverlag Bachem, 1998. Westkämper, E.; Zahn, E. (Hrsg.): Wandlungsfähige Produktionsunternehmen. Berlin, Heidelberg: Springer Verlag, 2009.

154 Aus diesem Grund sind beim MTM-Konzept und -Verfahren auch klar definierte Qualitätsstandards zu erfüllen (vgl. Abbildung I-83), die natürlich auch für die Zeitwirtschaft gelten.

5.2.2 Aufgaben und Funktionen der Zeitwirtschaft

Der Abbildung IV-71 sind Aufgaben und Funktionen der Zeitwirtschaft zu entnehmen. Danach ist die *Zeitwirtschaft* ein Teilgebiet des Industrial Engineering sowie ein Kerninstrument des MTM-Produktivitätsmanagements und schließt alle Aufgaben zur methodischen Entwicklung und Verwendung von Sollzeiten ein, ist also Sollzeiten-Management. Das erfolgt in zwei Ebenen, einer Entwicklungs-/ Bereitstellungsebene und einer Verwendungsebene.

Verwendungsebene

In der Verwendungsebene bedient die Zeitwirtschaft die drei Phasen des PEP. In jeder Phase gibt es andere Verwendungszwecke für Sollzeiten, ohne dass sich dabei die Anforderungen an diese Daten nennenswert ändern. Neben den dort angeführten gibt es noch weitere spezifische Verwendungszwecke. Einige dieser Verwendungszwecke sind obligatorisch, z. B. die Vorkalkulation oder die Kapazitätsplanung. Andere, wie das Personalbedarfscontrolling oder die Leistungsentgeltdifferenzierung, sind dagegen fakultativ – nicht jedes Unternehmen praktiziert sie. Eine leistungsfähige Zeitwirtschaft wird also über den gesamten PEP hinweg benötigt, eben nur für phasenspezifisch verschiedene Zwecke.

Entwicklungs- und Bereitstellungsebene

In der Entwicklungs- und Bereitstellungsebene sind verwendungsfähige Sollzeiten, meistens als Vorgabezeiten, bereitzustellen, und die Arbeitspläne sind mit Sollzeiten zu versorgen.

1. *Vorgabezeiten* (Zeiten je Einheit, Rüstzeiten, Auftragszeiten, Belegungszeiten, Durchlaufzeiten) werden aus betrieblichen Prozessbausteinen und Zuschlagssätzen (z. B. für Verteilzeit) gebildet.

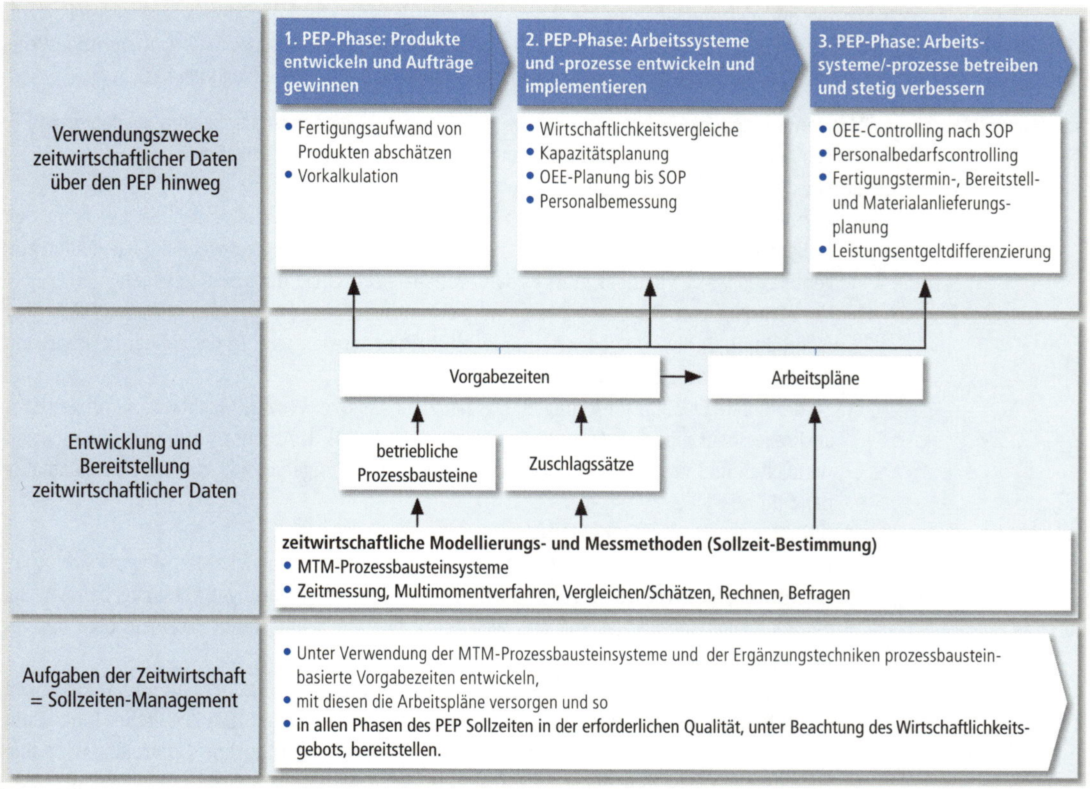

Abbildung IV-71 Funktionen der Zeitwirtschaft

Diese wiederum werden mit Hilfe zeitwirtschaftlicher Modellierungsmethoden (MTM-Prozessbausteinsysteme) und Messmethoden (Ergänzungstechniken, wie Zeitmessung, Multimomentaufnahme) gebildet.

2. Mit den Vorgabezeiten (Zeiten je Einheit und Rüstzeiten) werden die *Arbeitspläne* versorgt oder diesen werden – das sollte nur der Ausnahmefall sein – Sollzeiten direkt zugewiesen, durch Anwendung zeitwirtschaftlicher Modellierungs- und Messmethoden.

Aufgaben der Zeitwirtschaft

Daraus sind die (wichtigsten) Aufgaben der Zeitwirtschaft zu begründen:

1. Prozessbausteine entwickeln (und im Rahmen des Änderungsdienstes aktualisieren). Daraus (auftragsbezogene) Vorgabezeiten ermitteln. Dazu dienen die MTM-Bausteinsysteme und die Ergänzungstechniken als Entwicklungsinstrumente.
2. Mit den Vorgabezeiten die Arbeitspläne versorgen und den phasenspezifischen Verwendungszwecken zuführen.

5.2.3 Organisation der Zeitwirtschaft

Die wichtigste Voraussetzung für eine sichere und wirtschaftliche Sollzeiten-Versorgung ist ein leistungsfähiges betriebliches Prozessbausteinsystem, wie es in Teil III, Kapitel 4 beschrieben wurde. In den beiden folgenden Abschnitten wird gezeigt, wie durch IT-Einbindung, hier TiCon®, das Organisationsniveau der Zeitwirtschaft zu professionalisieren ist. So ist erst bei IT-Einsatz ein zuverlässiger Änderungsdienst bei den Prozessbausteinen zu gewährleisten (vgl. dazu auch Teil III, Abschnitt 3.1.5). Manche Unternehmen haben die organisatorischen Aspekte ihrer Zeitwirtschaft in ihrem Produktionssystem geregelt, denn Sollzeiten stehen für Prozessvollzüge und Gestaltungsstandards von Prozessen. *Organisatorische Regelungen* zur Zeitwirtschaft in Produktionssystemen können z. B. folgende Kategorien betreffen:

Organisatorische Regelungen

1. Verwendungsebene: Dazu ist festzulegen, wie Prozessbausteinen und Sollzeiten bei den drei PEP-Phasen bereitzustellen und durch die potenziellen Nutzer zu verwenden sind.
2. Entwicklungs-/Bereitstellungsebene: Dabei geht es um die
   a) anzuwendenden zeitwirtschaftlichen Modellierungs- und Messmethoden. Es darf nicht den Neigungen Einzelner überlassen sein, welcher methodische Weg bei welcher Gelegenheit eingeschlagen wird. Vielmehr muss es dafür rationale Entscheidungskriterien geben.
   b) Verwendung von Zuschlagssätzen und Leistungsbezügen. Dieser Aspekt kann, muss aber nicht, durch Tarifvertrag oder Betriebsvereinbarung geregelt sein. Er hat bei der Leistungsentgeltdifferenzierung besondere Bedeutung.
   c) Zu erfüllende Qualitätsforderungen. Das hat zwei Aspekte: Welche Qualitätsforderungen man an Prozessbausteine und Sollzeiten stellen will (vgl. Teil II, Abschnitt 5.4) und wie man mit wirklichen und vermeintlich »falschen Vorgabezeiten« umgehen will, die zu »Zeitreklamationen« führen.
3. Organisation im engeren Sinne: Dabei geht es um
   a) Die funktionelle Zuständigkeiten und Qualifikationen der Zeitwirtschaftler. Wichtig sind Autorisierungen, also wer Daten zu erheben und – auch nach Änderungen – freizugeben hat. Bei den Qualifikationen ist festzulegen, welche Ausbildungen und Kenntnisse man dem mit der Zeitwirtschaft befassten Personenkreis abverlangen will.
   b) Das Ergebnis-Controlling. Wie jedes System ist auch die Zeitwirtschaft auf ihre Wirksamkeit zu prüfen, um zu vermeiden, dass es früher oder später kollabiert. Ein klassisches Indiz dafür sind konstant hohe Zeitgrade bei nahezu allen Personen. Beim Ergebnis-Controlling wird aber auch deutlich, dass eine wichtige Aufgabe der Zeitwirtschaft darin liegt, mit Hilfe von Zeitreihenkennzahlen systematisch Verbesserungsansätze zu identifizieren und zu begleiten.

c) Arbeitsrechtliche Aspekte. Diese betreffen in erster Linie formale Verpflichtungen aus Tarifverträgen und Betriebsvereinbarungen sowie informale Informationsverpflichtungen gegenüber dem Betriebsrat aus dem Grundsatz der vertrauensvollen Zusammenarbeit heraus.

5.3 Fachkonzept von TiCon®

5.3.1 Die fachlichen Funktionen von TiCon®

Fachliche Funktionen von TiCon®

Im Abschnitt 5.3 geht es um die Fachsicht zu TiCon®. Dessen Implementierung und Einführung ist im Abschnitt 5.4 erläutert, wo es um die IT-Sicht geht. Die fachlichen Funktionen von TiCon® auf dem Gebiet der Zeitwirtschaft berühren sowohl die Kategorie »Entwicklungs- und Bereitstellungsebene« als auch die der »Zeitwirtschaftsorganisation im engeren Sinne«. Zu beiden Kategorien sind mit Hilfe von TiCon® höhere Qualitätsanforderungen zu erfüllen, bei geringerem Ressourceneinsatz.

fachliche Funktionen von TiCon®		
Dienstleistungsfunktionen (Zeitwirtschaft)	Gestaltungsfunktionen und Unterstützung des betrieblichen Wissensmanagements: 1. PEP-Phase → 2. PEP-Phase → 3. PEP-Phase	
Bereitstellung von Prozessbausteinen in der TiCon®-Datenbank unter ERP-Systemen, z. B. SAP®	Module	
	MTM Prozess Designer (Visualisierung zeitlich-logischer Ereignisfolgen in Swimlane-Darstellung)	
Verwendung von Prozessbausteinen zur Versorgung von Arbeitsplänen	ProKon (MTM-basierte Quantifzierung konstruktiv bedingter Montage-erschwernisse)	MTM-Analyse (Ablaufmodellierung mit MTM-1, SD, UAS, MEK, MTM-2, MTM-Sichtprüfen)
Verwendung von Prozessbausteinen zur Personalbedarfsplanung		MTM*ergonomics*® (Verknüpfung von MTM-Analyse und ergonomischen Bewertungssystemen)
Verwendung generierter Datenkarten/ Kalkulationsblätter zur Vorkalkulation		Taktung (Leistungsabstimmung)
		Mehrstellenarbeit (Auslastungsoptimierung mehrstelliger Mensch-Maschine-Systeme)
	Objektstrukturierung (nach Mind-Mapping-Methodik)	
		MTM-Wertstromanalyse
		MTM-Prozessnetze (Montageplanung)

Abbildung IV-72 Übersicht zu den fachlichen Funktionen von TiCon®

Der vorstehenden Abbildung IV-72 sind die fachlichen Funktionen von TiCon® zu entnehmen, unterschieden nach zwei Grundfunktionen:[155]

1. *Dienstleistungsfunktionen*: Diese bestehen darin, Prozessbausteine im Rahmen betrieblicher ERP-Anwendungen[156] (z. B. SAP) an die dortigen Anwendungsprogramme zu übergeben. TiCon®-Daten werden dort als Stamm- oder Bewegungsdaten verwendet.
2. *Gestaltungsfunktionen* und Unterstützung des betrieblichen Wissensmanagements: Diese werden, dem MTM-Produktivitätsmanagement folgend, nach den drei PEP-Phasen unterschieden.

155 Dem ist zu entnehmen, dass TiCon® in seinen Dienstleistungsfunktionen auf die Zeitwirtschaft ausgerichtet ist, in seinen Gestaltungsfunktionen aber darüber hinausgeht.

156 ERP = Enterprise Resource Planning.

5.3.2 Nutzungsmanagement

Neben den fachlichen Funktionen, die in der Folge beschrieben werden, verfügt TiCon® über ein umfassendes Nutzungsmanagement, um

1. seine Anwendung zu organisieren und
2. die Software betriebs- oder unternehmensspezifischen Anforderungen anzupassen.

		Nutzungsumfänge		
		Prozessbausteine	Kalkulationen	Arbeitspläne
Nutzergruppen	TiCon®-Administrator	Vollzugriff	Vollzugriff	Vollzugriff
	Product Engineering	Leseberechtigung	Leseberechtigung	Leseberechtigung
	Kalkulation	Leseberechtigung	Vollzugriff	Leseberechtigung
	Industrial Engineering	Vollzugriff	Leseberechtigung	Vollzugriff
	Produktion	Leseberechtigung	Leseberechtigung	Leseberechtigung
	Betriebsrat	Leseberechtigung	Sperrung	Leseberechtigung

Abbildung IV-73 Beispiel für ein unternehmensspezifisches Berechtigungskonzept für TiCon®

Berechtigungskonzept

Die Organisation der Software-Anwendung beginnt damit, dass man das unternehmensspezifische *Berechtigungskonzept* umsetzt. Dieses besteht aus Regeln zum Passwortmanagement und zu den Zugriffsrechten. Dazu gibt es drei Kompetenzstufen:

1. Vollzugriff: Der Nutzer hat Leserechte (passive Aktionen) und Schreibrechte (aktive Aktionen).
2. Leseberechtigung: Der Nutzer hat Leserechte, jedoch keine Schreibrechte.
3. Sperrung: Teile der Software oder bestimmte Daten sind gegen Einsicht gesperrt.

Passwortmanagement und Zugriffsrechte (sog. Berechtigungsattribute) werden durch den für TiCon® zuständigen Administrator verwaltet. Er vergibt Passwörter und Nutzungsrechte an zu definierende Nutzergruppen, in Abhängigkeit von Nutzungsumfängen. Abbildung IV-73 ist ein Beispiel einer einfachen Organisation des Berechtigungskonzepts für TiCon® zu entnehmen. Daran ist zu erkennen, dass der Einsatz von TiCon® für die Zeitwirtschaft eine Reihe organisatorischer Regelungen mit sich bringt, auf die man sonst verzichtet hätte.

Journalisierung bei TiCon®

Ein zweiter Aspekt beim Nutzungsmanagement ist die *Journalisierung*. Damit wird die Nutzer-History bzw. das Software-Logbuch über alle aktiven Operationen erstellt. Jeder Nutzer muss sich mit seinem Namen und Passwort anmelden, um Zugang zu TiCon® zu erhalten. Damit ist er zum einen im Rahmen seiner Kompetenzstufe »freigeschaltet«. Jede Schreibaktion wird erfasst und in einem Journal gelistet. Dadurch entsteht eine transparente History (vgl. Abbildung IV-74).

Grundeinstellungen

Neben dem Einrichten des Berechtigungskonzepts sind eine Reihe weiterer allgemeiner Grundeinstellungen erforderlich, wie z. B. zur Sprachenwahl[157] und Anlage von Druckformularen, zu Reports oder Sicherungsprozeduren. Neben den allgemeinen Grundeinstellungen gibt es noch einige fachliche Grundeinstellungen. Dabei stehen wiederum zeitwirtschaftliche Aspekte im Mittelpunkt, z. B.

157 Standardmäßig wird TiCon® mit der Wahl zwischen deutsch, englisch ausgeliefert. Auf Wunsch sind auch andere Sprachausstattungen möglich, z. B. italienisch, spanisch, portugiesisch, polnisch, tschechisch.

Analyse Form B - Briefkasten-Beispiel - DSMV.BKLO..5 - Montage Briefkasten, klein leicht, mit 4 Bohrungen

Kopf | Struktur | Baum | Zeitgliederung | ZG-Baum | Detail | Wertschöpfung | Arbeitssicherheit | Variablen | Kriterien | Zusatzobjekte | Zusatzobjekt-Struktur | Zusatzobjekt-Auswertung | Verwendung | Dokumente | Bild 1 | Text 1 | Tagebuch

Nr.	Zeitpunkt	Benutzer	ıgskennze	Änderungsgrund	Art	Status	Änderungsart
1	2005-04-12 10:13:44	MTM		Neuanlage durch Import	Ausführung [E]	Freigegeben für Prüfer [3]	Neuanlage
2	2005-04-13 13:01:35	MTM			Ausführung [E]	Freigegeben für Prüfer [3]	Zeitänderung
3	2005-04-13 13:04:08	MTM			Ausführung [E]	Freigegeben für Prüfer [3]	Zeitänderung
4	2005-04-13 13:05:12	MTM			Ausführung [E]	Freigegeben für Prüfer [3]	Kodeänderung / Zeitänderı
5	2005-04-13 15:27:07	MTM			Ausführung [E]	Freigegeben für Prüfer [3]	Zeitänderung
6	2005-04-13 16:55:49	TICON	UPD	UPD: CFMV.BKL4..5	Ausführung [E]	Freigegeben für Prüfer [3]	Zeitänderung / indirekte
7	2005-04-13 16:58:02	TICON			Ausführung [E]	Freigegeben für Prüfer [3]	Kodeänderung / Zeitänderı
8	2006-01-09 11:00:39	MTM			Ausführung [E]	Freigegeben für Prüfer [3]	Textänderung
9	2006-07-17 17:19:57	MTM	CHC		Ausführung [E]	Freigegeben für Prüfer [3]	Kodeänderung
10	2006-07-25 12:07:05	MTM			Ausführung [E]	Freigegeben für Prüfer [3]	Textänderung
11	2006-07-25 12:09:34	MTM			Ausführung [E]	Freigegeben für Prüfer [3]	Textänderung
12	2006-12-19 15:09:21	MTM			Ausführung [E]	Freigegeben für Prüfer [3]	Zeitänderung
13	2007-03-07 19:06:26	MTM	UPD	UPD: CSMV.BKL4..5	Ausführung [E]	Freigegeben für Prüfer [3]	indirekte Zeitänderung
14	2007-03-08 18:22:03	MTM			Ausführung [E]	Freigegeben für Prüfer [3]	Zeitänderung
15	2007-08-07 10:59:54	MTM			Ausführung [E]	Freigegeben für Prüfer [3]	Textänderung
16	2007-08-24 14:52:23	MTM	UPD	UPD: CSLP.BKL...5	Ausführung [E]	Freigegeben für Prüfer [3]	indirekte Zeitänderung
17	2007-08-24 14:52:59	MTM	UPD	UPD: CSLP.BKL...5	Ausführung [E]	Freigegeben für Prüfer [3]	indirekte Zeitänderung

Abbildung IV-74 Beispiel für die Journalschreibung bei TiCon®

die Anlage von Verteilzeitzuschlagssätzen oder Kodierungsvoreinstellungen. TiCon® ermöglicht es, Verteilzeiten nach Kostenstellen oder nach Organisationseinheiten zu differenzieren. Damit kann man notwendige Differenzierungen zwischen direkten und indirekten Bereichen und beliebige Anforderungen aus Betriebsvereinbarungen erfüllen. Kodierungsschemata bergen wie alle abstrakten Sprachen die Gefahr, dass man unbeabsichtigt gegen darin festgelegte Prinzipien verstößt. Deshalb ist TiCon® eine Prozedur zur Fehlerabsicherung bei betriebsspezifischen Kodierungsschemata integriert. Eingaben sind nur an den vorgesehenen Stellen möglich, und in Form einer Hilfefunktion wird eine »Langtext-Erläuterung« der Kodeschlüssel angeboten.

5.3.3 Die Module von TiCon®

Objektstrukturierung

Bei der *Objektstrukturierung* geht es darum, Objekte (z. B. Produkte, Aufgaben) durch Deduzieren schrittweise hierarchisch zu gliedern. Die Methodik wurde im Teil II, Abschnitt 3.3 erläutert. Objektstrukturierungen fallen häufig als »Einstieg in das eigentliche Thema« an, z. B. wenn es darum geht, Produkt- oder Aufgabenstrukturen zu dokumentieren. Dadurch erhält man einen Überblick und kann prüfen, ob die wichtigsten praktischen Aspekte berücksichtigt werden. Bei der Objektstrukturierung werden Mind Maps verwendet, wie im Teil II, Abschnitt 3.3.4 erläutert. Die damit erhobenen Objektstrukturen können in TiCon® übernommen werden.

MTM-Wertstromanalyse

Die »MTM-Wertstromanalyse« basiert auf den Algorithmen zur Berechnung von Sollzeiten (vgl. Teil II, Kapitel 4) und den Funktionalitäten der Arbeitssystem-Produktivität (vgl. Teil I, Abschnitt 2.4.5). Die »rechenrelevanten« Daten werden in Arbeitssystem- und Materialboxen zusammengefasst. Sie sind die zentralen Elemente der Wertstromanalyse. Abbildung IV-75 sind die bei den Boxen notwendigen Dateneingaben und die zur Durchlaufzeit-Ermittlung verwendeten Formeln zu entnehmen. Die wichtigsten Leistungsmerkmale des Programm-Moduls »MTM-Wertstromanalyse« sind:

1. Für die Berechnung der Durchlaufzeit kann zwischen der Betrachtung »pro Stück« oder »pro Los« gewählt werden.

2. Bei der Auftragsmengen-Berechnung werden die je Arbeitssystem anfallenden Ausschuss- und Nacharbeitsmengen berücksichtigt. Darauf basierend werden der »Zuschuss-Verlauf« über den Wertstrom hinweg und damit partielle Qualitätsmängel ausgewiesen.
3. Für jedes in den Wertstrom eingebundene Arbeitssystem sind individuelle Kapazitätsbestandsdaten (z. B. Teilzeitarbeit, verschiedene Arbeitszeitregime) zu verwenden.
4. Für alle in den Wertstrom eingebundenen Arbeitssysteme wird ein OEE-basierter Netto-Kapazitätsbestand ausgewiesen. Daraus ist gezielt auf Produktivitätsmängel zu schließen
5. Rüst- und Stückzeiten können direkt aus dem in TiCon® gehaltenen Prozessbaustein-Bestand übernommen oder eingegeben werden.
6. Engpass-Arbeitssysteme und Überkapazitäten werden in der Balancing-Übersicht ausgewiesen, unter Berücksichtigung des »Zuschuss-Verlaufs«.
7. Die Bestandsreichweiten werden zusätzlich in einer tabellarischen Übersicht ausgewiesen, um Mängel im Bestandsmanagement übersichtlich darzulegen.

Der Informationsstrom wird, wie bei manuellen Wertstromanalysen gewohnt, dargestellt, so dass dazu qualitativ basierte Schwachstellenanalysen durchzuführen sind.

Arbeitssystem, Arbeitsvorgang		Kosten-Verrechnungssatz in €/Std.	115
Regelarbeitszeit/Schicht AZ in min	450	Rüstzeit t_r in min	180
Anzahl Schichten SCH	2	Zeit je Einheit t_e in min	2,5
FTE	2	Auftragsmenge m in Stück	250
Bruttokapazitätsbestand K_B in min	1.800	Auftragszeit T in Std.	13,4
Rüstanteil R %	7,5	Zeitgrad Z %	110
Störungsanteil ST in %	15	Ausschuss A in %	1,4
Nacharbeit N in %	4	Produktivität OEE in %	73,5
Verfügbarkeit V in %	73,5	Netto-Kapazitätsbestand K_N in min	1.435

$$K_B = FTE \cdot AZ \cdot SCH$$

$$T = t_r + t_e \cdot m$$

$$V = 100 - R - ST - N$$

$$OEE = \left(\frac{V}{100}\right) \cdot \left(\frac{Z}{100}\right) \cdot \left(1 - \frac{A}{100}\right)$$

$$K_N = K_B \cdot OEE$$

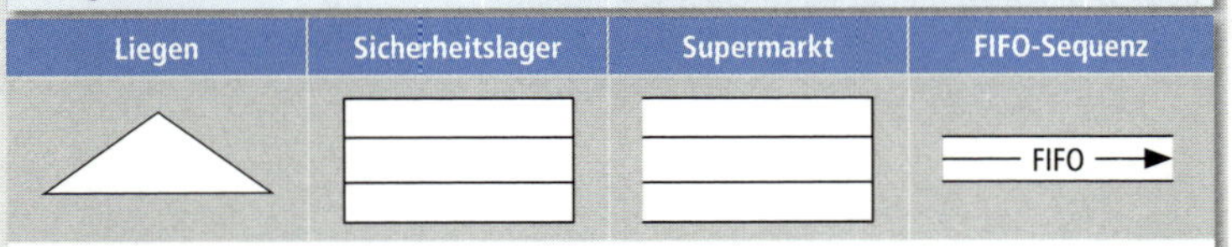

Bestandsmenge m_B

Bestandsreichweite t_{mB}

$$t_{mB} = \left(\frac{m_B}{t_{e\ Folge\text{-}Arbeitssystem}}\right)$$

Legende:
- Dateneingaben
- aus Prozessbaustein-Bestand oder Dateneingaben
- berechnet

Abbildung IV-75 Algorithmen zur Durchlaufzeitberechnung bei der Wertstromanalyse in TiCon®

MTM-Prozessnetze

»MTM-Prozessnetze« werden vorwiegend zur Analyse und Gestaltung von Montageprozessen verwendet. Prozessnetze sind informativer als Vorranggraphen beim Abtakten von Serienmontagen. Sie sind Grundlage der Ablauf- und Zeitplanung bei Montagen in der Einzelfertigung, z. B. im Sondermaschinenbau. Die wichtigsten Leistungsmerkmale sind:

1. Arbeitssysteme (Vorgänge) können nach Kostenstellenbereichen (z. B. Vormontage, Mechanische Montage, Elektromontage, Endabnahme) strukturiert und für die Kalkulation mit Kostensätzen (€/Std.) versorgt werden (vgl. Teil III, Abschnitt 3.3).

2. Rüst- und Stückzeiten können direkt aus dem in TiCon® gehaltenen Prozessbaustein-Bestand übernommen oder eingegeben werden.
3. Es werden die Durchlaufzeit, die Pufferzeiten und die kritischen Arbeitssysteme (Vorgänge) ausgewiesen. Das ist die Basis für die Prozessgestaltung, zu der Verbesserungen in den kritischen Arbeitssystemen zu simulieren sind.
4. Es werden die Bearbeitungszeiten und die Bearbeitungskosten je Kostenstellenbereich ausgewiesen.

MTM-Prozess-Designer

Das TiCon®-Modul »MTM-Prozess-Designer« wird vorwiegend zur Analyse, Dokumentation und Visualisierung von Flowcharts bei Abläufen mit ODER- sowie UND-Teilungen und -Zusammenführungen eingesetzt. Im Vordergrund steht dabei die Visualisierung, z. B. bei der KVP-Arbeit, wenn man im Team Schwachpunkte identifizieren oder die Auswirkung von Verbesserungsmaßnahmen auf den Prozess prüfen will. Daneben sind mit dem »MTM-Prozess-Designer« alle mit der »MTM-Analyse« anzustellenden Zeitberechnungen möglich. Die wichtigsten Leistungsmerkmale des Programm-Moduls »MTM-Prozess-Designer« sind:

1. Aufgabenträger werden als »Spuren« angelegt und lassen insbesondere häufige Aufgabenträgerwechsel leicht erkennen.
2. Die Sollzeiten (Grundzeit) je Aufgabe (Ablaufabschnitt) können direkt aus dem in TiCon® gehaltenen Prozessbaustein-Bestand übernommen oder eingegeben werden.
3. ODER- sowie UND-Teilungen sowie alle Formen der Zusammenführung werden dargestellt und zur Berechnung der Bearbeitungszeit verwendet.

MTM-Analyse

Beim Programm-Modul *MTM-Analyse* (TiCon® Base) wird die MTM-Prozesssprache angewandt. Das Analysieren mit TiCon® wurde im Teil II, Kapitel 6 und 7 bei der Behandlung der MTM-Prozessbausteinsysteme erläutert. Die wichtigsten Leistungsmerkmale des Programm-Moduls »MTM-Analyse« sind:

1. Den Prozessbausteinen ist frei wählbar ihre Wertschöpfungscharakteristik (vgl. Teil I, Abschnitt 2.5.2) zuzuweisen.[158] Mit dem Analyseergebnis werden zu einem erstellten Prozessbaustein aufgrund der Zuweisung die »Verschwendungen« ausgewiesen. Das kann für KVP-Team eine nützliche Arbeitshilfe sein.
2. Wie bei Stücklisten in Form von Teile-Verwendungsnachweisen können die Verwendungen eines Prozessbausteins in anderen Prozessbausteinen gezeigt werden. Auch das kann für KVP-Teams eine nützliche Arbeitshilfe sein, denn hohe Verwendungshäufigkeiten sind ein Indiz für starke Wirkungen von Verbesserungsmaßnahmen.
3. Zu jedem Prozessbaustein kann man dessen Änderungs-History ausweisen. Das kann zu verschiedenen Rückschlüssen führen, z. B. dass ein mangelhaft geplanter oder technisch nicht beherrschter oder ein unter häufigen Kundeneingriffen leidender Prozess vorliegt. Dadurch ergeben sich auch zusätzliche Aspekte zur Revision der Zeitwirtschaft (vgl. Abschnitt 5.5).
4. Es können arbeitssystembezogen differenzierte Verteilzeitzuschläge verwendet werden, z. B. wenn in verschiedenen Arbeitssystemen signifikant abweichende störungsbedingte Unterbrechungen und zusätzliche Aufgaben anfallen (vgl. Teil II, Abschnitt 4.3.5).
5. Ein wichtiges Leistungsmerkmal ist die Suchfunktion. Je umfangreicher die Prozessbaustein-Sammlungen sind, desto schwieriger ist es festzustellen, ob bereits ein passender Prozessbaustein vorhanden bzw. nach einigen Modifizierungen zu verwenden ist. Dabei kann mit Hilfe von Kode- oder Texteingaben gesucht werden. Bei der Modifikation ist ein neuer Prozessbaustein aus dem ähnlichsten Baustein durch Löschungen und Einkopieren von Teilen aus anderen Bausteinen zu erstellen.

158 Dadurch kann der Anwender z. B. festlegen, ob ein Prüfen als Wertschöpfung im engeren Sinne, als unabwendbarer Wertschöpfungsausfall oder als eliminierbare Verschwendung anzusehen ist.

ProKon

Mit Hilfe des Programm-Moduls *ProKon* (vgl. Teil III, Abschnitt 2.6) sind wichtige Erkenntnisse für den Produktentwicklungsprozess zu gewinnen.

1. Fügeoperationen – die zeitaufwändigsten Operationen des Hand-Arm-Systems –, ungünstige Teilelagen, Bewegungsbehinderungen und Mehrfach-Handhabungen werden identifiziert, in der Dimension »ProKon-Einheiten« quantifiziert und so auf den Prüfstand gestellt.
2. Die erforderlichen Werkzeugeinsätze werden herausgestellt.
3. Desgleichen werden bewegungsungünstige Positionierungen und »verdächtige« Häufigkeiten ausgewiesen.

Vergleichbare Produktlösungen können nach den vorstehend angeführten ProKon-Kriterien in eine Rangreihe gebracht und damit einem Benchmarking unterzogen werden.

MTM*ergonomics*®

Das Programm-Modul MTM*ergonomics*® wurde im Teil III, Abschnitt 5.5 beschrieben. Es basiert auf MTM-Analysen und ist eine Ergänzung des Programm-Moduls »MTM-Analyse« um den Aspekt der »Haltungs- und Lastentoleranz«.[159] Die wichtigsten Leistungsmerkmale dieses Programm-Moduls sind:

1. Zu den MTM-Prozessbausteinen des analysierten Prozesses wird ein *Ergonomiekode* eingegeben, der Schlüsse auf die Bedeutung auftretender physiologischer Belastungen zulässt. Die Nutzerpopulationen sind frei wählbar.
2. Aus der Folge/Sequenz der Ergonomiekodes wird für den analysierten Prozess eine ergonomische Risikoanalyse nach dem Ampelprinzip ausgewiesen.
3. Aus der Aggregation der Risikoanalysen für die wichtigsten in einem Arbeitssystem vorkommenden Prozesse wird, ebenfalls nach dem Ampelprinzip, dessen ergonomische Bedenklichkeit oder Unbedenklichkeit ausgewiesen.

Taktung

Das Programm-Modul *Taktung* (TiCon® Takt) wird nicht ausschließlich, aber hauptsächlich zum Abtakten von Montageprozessen eingesetzt. Seine wichtigsten Leistungsmerkmale sind:

1. Den Montagestationen werden manuell Prozessbausteine zugewiesen und visualisiert. Dabei sind Produktvarianten (sog. Mixtaktung) zu berücksichtigen.
2. Die erreichten Effizienzen werden grafisch und als Kenngrößen (Taktausgleich, Bandwirkungsgrad) ausgewiesen.
3. Abtaktungs-Alternativen werden im Benchmark verglichen.

5.3.4 Die Dienstleistungsfunktionen von TiCon®

Arbeitsprinzipien

Die Dienstleistungsfunktionen von TiCon® sind der Nukleus seines zeitwirtschaftlichen Teils. Anwendungen, die mit Prozessbausteinen zu versorgen sind, insbesondere Arbeitspläne, können nach *drei Arbeitsprinzipien* mit TiCon® verknüpft werden:[160]

1. Manuelle Eingabe unter TiCon® gehaltener Prozessbausteine.
2. Automatisierter Datenaustausch über eine TiCon®-Schnittstelle[161].
3. Integration von TiCon® in die Anwendungssoftware[162].

159 Vgl. Rast, S.; Finsterbusch, T.: Ergonomie im Industrial Engineering. In: IfaA (Hrsg.). Methodisches Produktivitätsmanagement, Umsetzung und Perspektiven. Köln: Bachem, 2010, S. 133–152.
160 Vgl. dazu Ebert, K.: Über die Schnittstelle zur Integration. In: MTMaktuell, 13. Jg., Ausgabe 39, Heft 3/2008, S. 26–27.
161 Diese Lösung ist z. B. bei der Volkswagen AG, der Daimler AG oder bei der König und Bauer AG im Einsatz.
162 Diese Lösung ist z. B. bei der Heidelberger Druckmaschinen AG und der Egston GmbH im Einsatz. Vgl. Teil III, Abschnitt 3.1.5.

In Abbildung IV-72 sind die *Dienstleistungsfunktionen* von TiCon® angeführt. Diese basieren darauf, dass die TiCon®-Prozessbaustein-Datenbank zum automatisierten Datenaustausch verwendet oder in die Anwendungssoftware integriert wird. Damit sind z. B. Arbeitspläne nach den beiden letztgenannten Prinzipien mit Prozessbausteinen bzw. Sollzeiten zu versorgen.

Die direkte Versorgung von Arbeitsplänen durch Integration der TiCon®-Prozessbaustein-Datenbank in SAP® wurde in Teil III, Abschnitt 3.1.5 erläutert. Die Arbeitspläne werden nicht nur für die Produktionsplanung, sondern – im Falle der direkten Mengenversorgung (vgl. Abschnitt 6.2.4) – auch für die analytische Personalbemessung und die Personalkostenbudgetierung verwendet. Der Vorteil des integrativen Arbeitsprinzips liegt darin, dass die Arbeitsplaner die vertraute Anwendungsoberfläche (z. B. SAP®/R3®) nicht mehr verlassen müssen und keine Schnittstelle wahrnehmen.

Im Teil III, Kapitel 4 wurde die Entwicklung von Datenkarten und Kalkulationsblättern, also von »verwendungszweckspezifischen Prozessbaustein-Sammlungen« erläutert. Auch diese werden unter dem ERP bereitgestellt, und darauf wird insbesondere bei Vorkalkulationen – ggf. per Drag-and-Drop – zurückgegriffen.

5.4 IT-Konzept, Einbindung und Einführung von TiCon®

5.4.1 IT-Konzept von TiCon®

IT-Konzept von TiCon®

Abbildung IV-76 ist das *IT-Konzept von TiCon®* zu entnehmen. Es ist horizontal in zwei funktionell verschiedene Segmente gegliedert, das Fachkonzept und das Datenbanksystem.

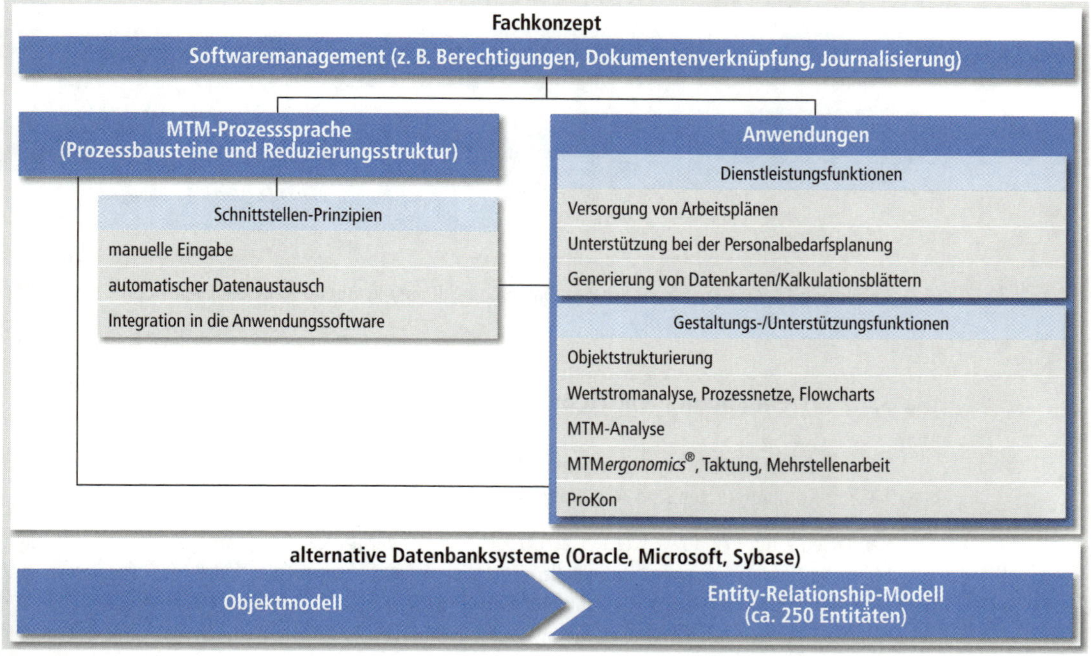

Abbildung IV-76 Das IT-Konzept von TiCon®

Beim Fachkonzept werden drei Funktionsbereiche unterschieden. Zuerst wird das übergreifende Softwaremanagement angeführt – eines der wichtigsten Elemente IT-organisatorischer Regelungen. Darin wird zum Beispiel festgelegt, wer was tun darf. Der zweite Funktionsbereich umfasst alles, was mit der *MTM-Prozesssprache* zusammenhängt, insbesondere die Prozessbausteine und deren algorithmische Beziehungen. Der dritte Funktionsbereich umfasst die Anwendungen (vgl. Abbildung IV-76).

Datenbanksystem

Das Datenbanksystem ist insofern optional, als die Anwender zwischen den Datenbanken von Oracle und Microsoft wählen können, bei geringerer Komplexität auch Sybase. Das jeweilige Datenbanksystem basiert auf einem Entity-Relationship-Modell (ERM) oder Objekt-Beziehungs-Modell, das die semantische Datenmodellierung beschreibt. In dem Abbildung IV-77 zu entnehmenden Ausschnitt aus dem TiCon®-ERM werden fünf Entitäten mit ihren Beziehungen dargestellt. Derzeit werden bei TiCon® über 250 Entitäten verwendet, so dass man das vollständige Datenmodell von TiCon® hier nicht lesbar darlegen kann.

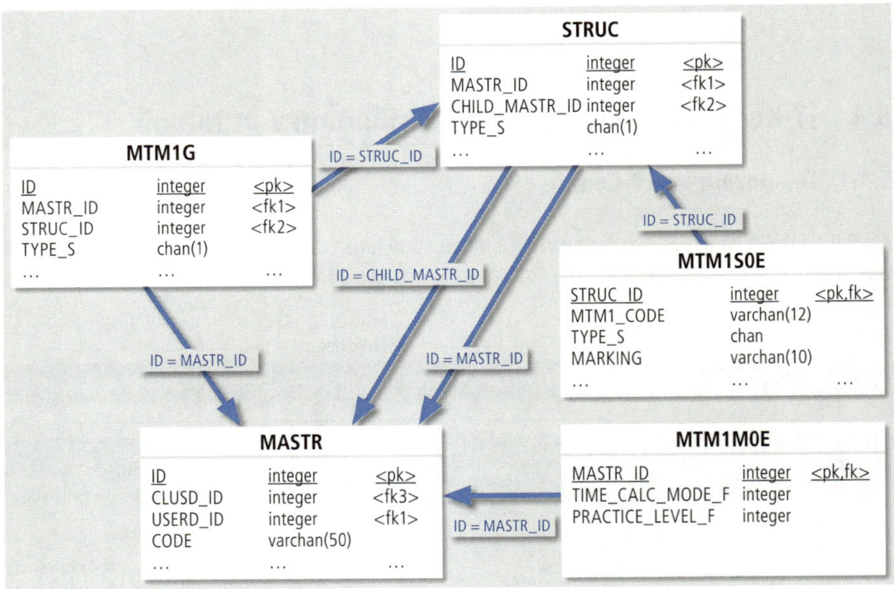

Abbildung IV-77 Ausschnitt aus dem Datenmodell (Entity-Relationship-Modell) von TiCon®

5.4.2 IT-Einbindung von TiCon®

TiCon® ist in die heute verbreiteten IT-Umgebungen einzubinden. Die beiden grundlegenden TiCon®-Konfigurationen sind Abbildung IV-78 zu entnehmen.

Bei TiCon® für Windows werden als Arbeitsplatzstandards PCs oder Laptops mit den aktuellen Microsoft-Betriebssystemen unterstellt. Bei den Datenbanksystemen wird am häufigsten auf Oracle-Datenbanken oder Microsoft-SQL-Server aufgesetzt. Für kleinere Unternehmen oder für Notebook-Anwendungen wird mit dem »Adaptive Server Anywhere« von Sybase eine Datenbank mitgeliefert, die diesen Anforderungen gerecht wird. Damit werden die marktrelevanten Datenbank-Managementsysteme unterstützt, zu denen in den Unternehmen in der Regel ein gutes Know-how und ausreichende IT-Infrastrukturen (Betreuung, Backup, Installation) vorhanden sind.

TiCon® ist in unternehmensspezifische Datennetze einzubinden. Auch Konzernstrukturen sind zu bedienen, in denen weltweit z. B. über Terminalserverprodukte von Microsoft oder Citrix auf zentrale Datenbanken zugegriffen wird. Die dabei entstehende einheitliche Datenbasis ist bei den Unternehmen deshalb beliebt, weil sie Benchmarkings und damit auch Produktivitätsvergleiche zwischen allen eingebundenen Standorten zulässt.

TiCon® für SAP läuft innerhalb der SAP-Umgebung der Unternehmen. Dadurch müssen die Anwender bei der Verwaltung von Prozessbausteinen und bei der Kalkulation der Arbeitsvorgänge ihre gewohnte SAP-Umgebung nicht verlassen. TiCon® für SAP wird auf dem SAP-Server installiert, und die Nutzer verwenden auf ihren Arbeitsplatz-PCs die SAP-Standard-oberfläche (SAP GUI).

Die IT-Abteilungen der anwendenden Unternehmen sehen die Vorteile von TiCon® für SAP darin, dass dadurch

- für TiCon® keine spezifischen Softwarekomponenten (z. B. Programme, Datenbank) an den Arbeitsplätzen sowie
- häufig aufwändig zu wartende Schnittstellen und redundante Datenhaltungen notwendig sind,
- Release-Wechsel einfach realisierbar werden, weil neue Software nur zentral am SAP/R3-Server zu installieren ist,
- die TiCon®-Prozessbausteindaten in der SAP-Datenbank vorhanden und über die SAP-Standard-werkzeuge flexibel und komfortabel auszuwerten sind.

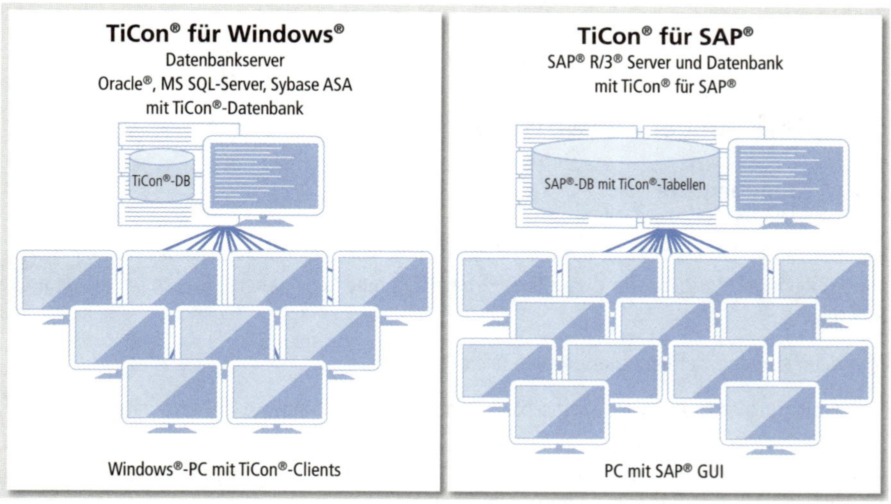

Abbildung IV-78 Die beiden grundlegenden TiCon®-Konfigurationen

5.4.3 Einführung von TiCon®

Die *Einführung von TiCon®* sollte in enger Kooperation zwischen dem IT-Bereich und dem Industrial Engineering erfolgen[163]. Durch das Industrial Engineering ist in Form einer Pflichtenheftformulierung festzulegen, was man mit TiCon® fachlich abdecken (vgl. Abbildung IV-72) und welchen Grad an Arbeitskomfort man erreichen will (vgl. dazu die drei unter Abschnitt 5.3.4 angeführten

163 Eine erfolgreiche Einführung von TiCon® setzt stets voraus, dass ein fachlich gut aufgestelltes Industrial Engineering existiert.

Arbeitsprinzipien). Ferner ist festzulegen, welche zeitwirtschaftlichen Verwendungszwecke zu bedienen sind (vgl. Abschnitt 5.2.2).

1. Im ersten Schritt ist zu klären, in welchem Umfang vorhandene Prozessbausteine und Regelungen zu verwenden oder zu modifizieren sind.
2. Sind Daten aus anderen IT-Anwendungen vorhanden, ist festzulegen, ob man diese nach TiCon® konvertieren möchte. In den meisten Fällen kann das mit Hilfe vorhandener Konvertierungsprogramme erfolgen oder es kann dazu ein spezielles Programm erstellt werden.
3. Ferner ist festzulegen, in welchem Umfang, in welcher zeitlichen Folge, durch wen und bis wann vorhandene Prozessbausteine anzupassen sind.
4. Dem folgt, welche Anwendungen in welcher zeitlichen Folge in Betrieb zu nehmen sind und wer dafür zuständig ist.
5. Nun können die technischen Installationen erfolgen: die Einrichtung der Datenbank und des Applikationsservers, und es können die administrativen Fragen geklärt werden, insbesondere die Berechtigungen. In TiCon®-Anwendungen unter SAP wird die Installation durch das SAP-Transportsystem vorgenommen sowie durch die Customizing-Einstellungen des Kunden-SAP-Systems.
6. Abschließend sind Schulungen (Administratoren, aktive und passive Anwender) vorzunehmen und nach dem Probelauf in den Dauerbetrieb zu übergeben.

Diese Hinweise zeigen auch, dass die im folgenden Abschnitt erläuterte Revision der Zeitwirtschaft beim Einsatz von TiCon® darauf abzustimmen, also um eine Reihe von Revisionskriterien zu ergänzen ist

5.5 Revision der Zeitwirtschaft

5.5.1 Grundbegriffe

Seit den 1950er-Jahren fand der aus der US-amerikanischen Literatur stammende Gedanke der (internen) Revision[164] neben dem Controlling[165] begrifflich und konzeptionell Eingang in die deutsche Fachsprache.

Interne Revision

Interne Revisionen werden unterschieden nach:

1. Revisionsgebiet (z. B. Materialwirtschaft, Finanz- und Rechnungswesen, Qualitätsmanagement, Zeitwirtschaft),
2. Revisionszweck (Ordnungsmäßigkeits-, Zweckmäßigkeits-, Wirtschaftlichkeitsprüfung),
3. Revisionsverfahren (Einzelfall- und Systemprüfung).

Das Revisionsgebiet ist hier die Zeitwirtschaft, das Sollzeiten-Management. Dabei ist die sachgerechte Entwicklung/Bereitstellung und Anwendung zeitwirtschaftlicher Daten zu prüfen und es sind ggf. Verbesserungsansätze darzulegen.

164 Externe Revisionen werden aufgrund von Rechtsvorschriften vorgenommen und unterliegen dem Gedanken der Ordnungsmäßigkeitsprüfung mit dem Ziel des Anteilseigner-, Gläubiger- und Kundenschutzes. Interne Revisionen werden über die Ordnungsmäßigkeitsprüfung hinaus auch als Zweckmäßigkeits- und Wirtschaftlichkeitsprüfungen durchgeführt. Vgl. dazu z. B. Heidl, A.: Interne Revision. In: Chmielewicz, K.; Schweitzer, M.(Hrsg.): Handwörterbücher des Rechnungswesens, 3. Auflage. Stuttgart: Schäffer Poeschel, 1993, Sp. 947–955.

165 Beim Controlling geht es wie bei der internen Revision darum, die Unternehmensleitung durch Bereitstellung relevanter Informationen zu unterstützen. Die Revision ist ein zu einem bestimmten Zeitpunkt eingesetztes Prüfungsinstrument. Das wird auch bei der in diesem Abschnitt vorgestellten Revision der Zeitwirtschaft deutlich. Das Controlling ist dagegen ein permanent eingesetztes Steuerungsinstrument.

Der Revisionszweck liegt darin zu prüfen, ob

- gesetzliche, tarifliche und betriebliche Regelungen eingehalten (Ordnungsmäßigkeit) und
- Prozessbausteine und Sollzeiten regelkonform entwickelt und verwendet werden (Zweckmäßigkeit und Wirtschaftlichkeit).

Revisionen werden in den betrieblichen Bereichen durchgeführt, in denen Prozessbausteine und Sollzeiten erstellt, gepflegt und verwendet werden. Verwendet werden sie insbesondere bei der Vorkalkulation, bei der Produktionsplanung und -steuerung sowie beim Leistungsentgelt. Wird der »Gesamtkomplex Zeitwirtschaft« geprüft, liegt eine Systemprüfung vor.

Revisionsergebnisse, wie beim folgenden Beispiel, sollen nicht Ausdruck »erhobenen Zeigefingers« sein, sondern helfen, die Zeitwirtschaft optimal zu gestalten und zu nutzen.

5.5.2 Systemprüfung der Zeitwirtschaft

Revisionen der Zeitwirtschaft verschaffen dann Erkenntnisse über Verbesserungsmöglichkeiten, wenn man eine Zeitwirtschaft längere Zeit nach allgemein verbindlichen Regelungen betreibt. Man erhält dann Erkenntnisse über ihre Nützlichkeit und Hinweise zu Verbesserungsoptionen. Auch wenn von vornherein klar ist, dass man bei der Zeitwirtschaft eine »Baustelle« vor sich hat, sind Revisionen nützlich. Aus der Anwendung einer Revisions-Checkliste gewinnt man Hinweise zu regelungsnotwendigen Sachverhalten und einen Eindruck darüber, was man sich vornehmen sollte.

Revisionskriterien

Beim folgenden Beispiel wird eine *Revisions-Checkliste zur zeitwirtschaftlichen Systemprüfung* angewandt. Darin sind die *Revisionskriterien* nach drei Revisionsbereichen bzw. sieben Revisionskategorien gegliedert:

1. Verwendungsebene (41 Revisionskriterien)
2. Entwicklungs-/Bereitstellungsebene (80 Revisionskriterien)
   a) Zeitwirtschaftliche Modellierungs- und Messmethoden
   b) Zuschlagssätze und Leistungsbezüge
   c) Qualitätsforderungen
3. Organisation im engeren Sinne (65 Revisionskriterien)
   a) Funktionelle Zuständigkeiten und Qualifikationen der Zeitwirtschaftler
   b) Ergebnis-Controlling
   c) Arbeitsrechtliche Aspekte

Zu jeder Revisionskategorie sollte man eine Checkliste verwenden, die im Revisionsverlauf schrittweise abgearbeitet wird. In den meisten Fällen ist bei jedem Revisionsbereich ein anderer Informant zuständig.

Es werden sowohl Systemprüfungen, wie im folgenden Beispiel gezeigt, als auch Einzelfallprüfungen (z. B. ausschließlich zu den Prozessbausteinen oder zu den Qualitätsforderungen) durchgeführt. Je häufiger man Zeitwirtschaftsrevisionen durchführt, desto eher wird man anstelle von Systemprüfungen Einzelfallprüfungen vornehmen. Die im Beispiel verwendeten Revisionskriterien sind unternehmensspezifisch zu modifizieren. Sie können also nur den Lösungsweg und die Lösungsrichtung aufzeigen. So ist hier auch der Einsatz von TiCon® ausgeklammert, weil das in hohem Maße unternehmensspezifisch erfolgt und im Kontext zur bestehenden IT-Landschaft steht.

Verwendungsebene

Abbildung IV-79 ist zur Verwendungsebene zu entnehmen, dass Produktentwicklung, Arbeitssystem-Gestaltung, Management der Arbeitssystem-Produktivität, Personalbemessung und Personalbedarfscontrolling nicht zeitwirtschaftlich unterstützt werden. Die vielen »n-Einstufungen« zeigen zudem, dass für die Verwendungsebene kein Konzept erkennbar ist.

1 Verwendungsebene			
11 Sollzeiten werden in der ersten PEP-Phase verwendet für (j = ja; n = nein – Kommentierungen im Anhang)			
111	Produktentwicklung/Product Engineering		n
	1111	aus Prozessbausteinen oder ProKon	
	1112	die Verwender besitzen die dazu notwendigen Sachkenntnisse	↓
	1113	die Übereinstimmung mit der späteren Realität ist als akzeptabel einzustufen	
112	Vorkalkulation		j
	1121	hoher Anteil verwendeter Prozessbausteine	n
	1122	die Verwender besitzen die dazu notwendigen Sachkenntnisse	j
	1123	die Abweichungen gg. Nachkalkulationen sind gering	j
12 Sollzeiten werden in der zweiten PEP-Phase verwendet für (j = ja; n = nein – Kommentierungen im Anhang)			
121	Arbeitspläne		j
	1211	Rüstzeiten werden aus dem Prozessbausteinsystem (Planzeiten, Zeitstandards) entnommen	n
	1212	Stückzeiten werden aus dem Prozessbausteinsystem (Planzeiten, Zeitstandards) entnommen	j
	1213	die Verwender besitzen die dazu notwendigen Sachkenntnisse	j
	1214	der Änderungsdienst ist unter Einbindung der Fertigung geregelt und funktioniert	n
122	Wirtschaftlichkeitsvergleiche bei Arbeitssystementwicklungen		n
	1221	Arbeitssystemplanungen werden mit Sollzeiten bewertet	
	1222	Prozesszeiten werden unter Einbeziehung der Maschinenlieferanten validiert	
	1223	beeinflussbare Zeiten werden mit betrieblichen Prozessbausteinen oder mit MTM kalkuliert	↓
	1224	die Arbeitssystemplaner verfügen über eine umfassende Ausbildung im Industrial Engineering	
	1225	die Zeitplanungen zum SOP werden durch die Fertigung geprüft/bestätigt und sind realitätsnah	
123	Kapazitätsplanung		j
	1231	es wird eine Kapa pro Kostenstelle/Arbeitsplatz/relevantem Arbeitssystem betrieben	n
	1232	die Kapa basiert auf Arbeitsplanzeiten	j
	1233	Inplausibilitäten werden an die Arbeitsplanersteller und das Industrial Engineering zurückgemeldet	n
	1234	die Kapa vor und nach SOP werden abgeglichen	n
124	OEE-Planung		n
	1241	das Anlaufmanagement basiert auf dem OEE und Sollzeiten basieren auf Arbeitsplänen	
	1242	die Anlaufmanager verstehen die algorithmischen Zusammenhänge im OEE-Datensatz	↓
	1243	die Anlaufkurve der OEE wird vorgegeben und begründet	
125	Personalbemessung		n
	1251	es wird für die Produktion eine Personalbemessung (Personalbedarfsplanung) durchgeführt	
	1252	die personelle Besetzung erfolgt aufgrund der rechnerischen Personalbemessung	
	1253	im direkten Bereich basieren die Personalbemessungen auf Arbeitsplänen	↓
	1254	im indirekten Bereich basieren sie auf Zeitstandards/Richtwerten und sind auch arbeitsmengenbezogen	
13 Sollzeiten werden in der dritten PEP-Phase verwendet für (j = ja; n = nein – Kommentierungen im Anhang)			
131	OEE-Controlling nach SOP		n
	1311	die Anlaufkurve der OEE wird mindestens monatlich reportet	
	1312	bei Abweichungen werden Maßnahmen unter Involvierung der Fertigung initialisiert	
	1313	die Maßnahmenerfolge werden bis zur Leitungsebene hin begleitet	↓
	1314	durch Kunden zu vertretende Abweichungen werden diesen belastet	
	1315	es erfolgen Rückmeldungen an das Industrial Engineering über die Qualität der Sollzeiten	
132	Personalbedarfscontrolling		n
	1321	es wird ein Personalbedarfscontrolling auf der Grundlage aktueller Arbeitspläne/Sollzeiten durchgeführt	
	1322	auf die Controllingergebnisse wird durch das Produktionsmanagement angemessen reagiert	↓
	1323	die Controllingergebnisse werden an die Personalwirtschaft und die Leitungsebene berichtet	
133	Fertigungstermin-, Bereitstell- und Anlieferungsplanung		j
	1331	alle drei Terminplanungen basieren auf den Arbeitsplan-Sollzeiten	j
	1332	das führt zu einer hohen Terminsicherheit (falsche Terminplanungen kommen nur selten vor)	n
	1333	Soll-Ist-Abweichungen werden dem Industrial Engineering und der Fertigungsplanung rückgemeldet	n
134	Leistungsentgeltdifferenzierung		j
	1341	es werden die gleichen Sollzeiten für das Leistungsentgelt und den Arbeitsplan verwendet	j
	1342	es wird monatlich eine Leistungsentgeltstatistik der Produktion/dem Industrial Engineering rückgemeldet	j
	1343	Anormalitäten wird ebenso wie Reklamationen nachgegangen	n
	1344	eventuelle Sollzeit-Änderungen werden gg. Mitarbeitern, Werkstattmanagement, Betriebsrat argumentiert	j

Abbildung IV-79
Revisions-Checkliste zum Revisionsbereich »1. Verwendungsebene.«

2 Entwicklungs-/Bereitstellungsebene			
Zeitwirtschaftliche Modellierungs- und Messmethoden			
21 Entwicklung von Prozessbausteinen (j = ja; n = nein - Kommentierungen im Anhang)			
211	bei beeinflussbaren Grundzeit-Prozessbausteinen wird angewandt		
	2111	MTM-1	n
	2112	UAS oder MEK	j
	2113	SD oder MTM-2	n
	2114	Zeitmessung mit Stoppuhr	j
	2115	Vergleichen und Schätzen, inkl. Befragen	j
	2116	Multimomentverfahren	n
	2117	Vereinbarungen mit Vorgesetzten/Betriebsrat	n
212	bei unbeeinflussbaren Grundzeit-Prozess- bzw. Hauptzeitbausteinen wird angewandt		
	2121	Zeitmessung mit Stoppuhr	j
	2122	Vergleichen und Schätzen, inkl. Befragen	n
	2123	Multimomentverfahren	j
	2124	Berechnen, verwenden von technologischen Tabellenwerten	j
	2125	Vereinbarungen mit Vorgesetzten/Betriebsrat	n
213	bei Rüstzeit-Prozessbausteinen wird angewandt		
	2131	MTM-1	n
	2132	UAS oder MEK	j
	2133	SD oder MTM-2	n
	2134	Zeitmessung mit Stoppuhr	j
	2135	Vergleichen und Schätzen, inkl. Befragen	n
	2136	Multimomentverfahren	j
	2137	Vereinbarungen mit Vorgesetzten/Betriebsrat	n
214	die Information von Mitarbeitern, Werkstattmanagement und Betriebsrat zu Datenerhebungen ist wie folgt geregelt		
	2141	das Informationsprozedere bei anstehenden Datenerhebungen ist im Detail geregelt	n
	2142	die Involvierung des Personenkreises in die laufende Erhebung ist im Detail geregelt	n
	2143	die Information über die Ergebnisse ist im Detail geregelt	n
Zuschlagssätze und Leistungsbezüge			
22 Handhabung von Zuschlagssätzen (j = ja; n = nein - Kommentierungen im Anhang)			
221	folgende Zuschlagssätze werden verwendet		
	2211	sachlicher Verteilzeitzuschlagssatz in % auf t_g	j
	2212	persönlicher Verteilzeitzuschlagssatz in % auf t_g	j
	2213	Erholungszeitzuschlagssatz in % auf t_g	n
	2214	Erholungszeitzuschlagssatz wird nicht in t_g, sondern als Pause ausgewiesen	n
222	folgende Zuschlagssatzhöhen werden verwendet (Angaben in %)		
	2221	sachlicher Verteilzeitzuschlagssatz z_{vs}	7 %
	2222	persönlicher Verteilzeitzuschlagssatz z_{vp}	5 %
	2223	Erholungszuschlagssatz z_{er}	-
223	Verteilzeitzuschlagssätze werden/wurden ermittelt durch		
	2231	Zeitmessung mit Stoppuhr	n
	2232	Vergleichen und Schätzen, inkl. Befragen	n
	2233	Multimomentverfahren	n
	2234	Vereinbarungen mit Vorgesetzten/Betriebsrat	j
23 Verwendung von Leistungsbezügen (j = ja; n = nein - Kommentierungen im Anhang)			
231	folgende Bezugsleistungen werden verwendet		
	2311	tarifliche Normalleistung	n
	2312	MTM-Normleistung	j
	2313	REFA-Normalleistung	j
	2314	betriebliche Durchschnittsleistung	j
	2315	erfasste Ist-Leistung	n
	2316	vereinbarte Leistung	n
232	neben der Bezugsleistung orientiert man sich an folgenden organisationstechnischen Rahmenbedingungen		
	2321	bei Fließarbeit am Bandwirkungsgrad	n
	2322	ggf. an einem Kundenverbrauchstakt und dieser sich wiederum an den Kundenabrufen	n
	2323	bei Mehrstellenarbeit an der Gesamtauslastung der Betriebsmittel	n
	2324	bei Gruppenarbeit an der Arbeitsverteilung in der Gruppe	n
	2325	bei Wartesystemen am Auslastungsfaktor	n

Abbildung IV-80 Revisions-Checkliste zum Revisionsbereich »2. Entwicklungs-/Bereitstellungsebene« – Teil 1

Qualitätsforderungen			
24 Richtlinien (Arbeitsanweisungen) zur Prozessbausteinentwicklung (j = ja; n = nein – Kommentierungen im Anhang)			
241	zur Vorgehensmethodik und zu den Rahmenbedingungen		
	2411	Nachvollziehbarkeit der Identifikation der benötigten Bausteine	n
	2412	Berücksichtigung von Arbeitssystem übergreifenden Prozessbausteinen	j
	2413	Ausmaß der Arbeitssystembeschreibung	n
	2414	zentrale Administration (z. B. unter TiCon®) der Prozessbausteine	n
	2415	dezentrale Nutzung der Prozessbausteine	j
242	zu den Prozessbausteinen selbst		
	2421	eindeutige Regelung des Kodierungsschema (z. B. Bezugsmengen, Zeiteinflussgrößen)	j
	2422	Verwendungs- und Nichtverwendungsempfehlungen für erstellte Prozessbausteine	n
	2423	ist festgelegt, wie das Einhalten der methodischen Richtlinien geprüft wird, und das wird angewandt	n
	2424	die Reproduzierbarkeit wird überwiegend erreicht	n
	2425	die MTM-Prozessbausteinsysteme werden methodenniveaugerecht und adäquat zur Zykluszeit angewandt	j
	2426	mit Ergänzungstechniken entwickelten Prozessbausteinen wird ihre Bezugsleistung zugeschrieben	n
	2427	Stufung von Sollzeit-Abständen (»Feinheit der Zeitstufung«)	j
	2428	Darstellungsregeln (z. B. Formeln, Tabellen, grafische Formen)	j
	2429	ist festgelegt, wie das Know-how des Werkstattmanagements bei der Prozessmodellierung genutzt wird	n
25 Richtlinien zur Administration der Prozessbausteine (j = ja; n = nein oder Werte – Kommentierungen im Anhang)			
251	Freigabe von Prozessbausteinen		
	2511	erfolgt, wenn sie nach bestehenden Vorschriften (wer, wie?) getestet/geprüft sind	n
	2512	ist als Ablauf (mit Kompetenzen, Verantwortungen und Informationspflichten) festgelegt	n
	2513	erfolgt pro rata temporis und damit permanent	n
	2514	erfolgt zu feststehenden Freigabeterminen (z. B. Monatsanfang)	n
	2515	ist bezüglich der Übernahme in Arbeitspläne geregelt (auch bei Änderungen)	n
	2516	das Freigabedatum/der Änderungsstand von Prozessbausteinen ist ihnen zu entnehmen	j
	2517	schließt auch ein, dass – insbesondere nach Änderungen – die Werkstattführung darüber informiert wird	j
	2518	Änderungsfreigaben, die zu veränderten Arbeitssystem-Outputs führen, werden wirksamkeitskontrolliert	n
252	Änderungen von Prozessbausteinen erfolgen auf Grund		
	2521	mündlicher Information über Prozessänderungen, sog. »Reklamationen« durch das Werkstattmanagement	j
	2522	von Reklamationen durch die operativen Mitarbeiter oder den Betriebsrat	j
	2523	geplanter Revisionen	n
	2524	gelegentlicher Überprüfungen	n
253	Reklamationsstatistik		
	2531	es wird eine Reklamationsstatistik geführt und daraus werden Schlüsse gezogen und umgesetzt	n
	2532	Anzahl Reklamationen von Vorgabezeiten p. a.	ca. 20
	2533	Anteil reklamierter Vorgabezeiten an der Anzahl verwendeter Vorgabezeiten	< 1 %
	2534	Anzahl Reklamationen, die zur Reduzierung von Sollzeiten führen p. a.	ca. 5
	2535	Anteil der »Reduzierungs-Reklamationen« an der Gesamtzahl an Reklamationen p. a.	ca. 25 %
	2536	Anzahl Reklamationen, die zur Erhöhung von Sollzeiten führen p. a.	ca. 5
	2537	Anteil der »Erhöhungs-Reklamationen« an der Gesamtzahl an Reklamationen p. a.	ca. 25 %
254	Wirksamkeit von Prozessbaustein- und Vorgabezeitänderungen		
	2541	wird in einer Ergebnisstatistik durch die Zeitwirtschaft nachgewiesen	n
	2542	wird durch den mit dem Änderungsvolumen korrelierten Personalbestand geprüft	n
	2543	wird durch die Leitungsebene verfolgt	n

Abbildung IV-81 Revisions-Checkliste zum Revisionsbereich »2. Entwicklungs-/Bereitstellungsebene« – Teil 2

Bei den zeitwirtschaftlichen Modellierungs- und Messmethoden fällt auf, dass die Informationspflichten ungeregelt sind. Hier muss man in die Kommentierungen einsteigen, um zu beurteilen, ob Modellierungen professionell erfolgen und man das misst, was zu messen notwendig ist. Bei den Zuschlagssätzen fällt z. B. auf, dass auch die Höhe der sachlichen Verteilzeit vereinbart ist und bei durchgängig 7 % sich die Frage zum Stand von Arbeitsgestaltung und -organisation stellt. Bei den Leistungsbezügen ergeben sich methodische Fragen, wenn man drei verschiedene Bezugsleistungen verwendet, dabei als tarifgebundener Betrieb trotz Leistungslohn (vgl. Nr. 134 in Abbildung IV-79) nicht die »tarifliche Normalleistung« verwendet.

Modellierungs- und Messmethoden, Zuschlagssätze, Leistungsbezug

Bei den Qualitätsforderungen liegen Einschränkungen bei den »24 Richtlinien zur Prozessbausteinentwicklung« und damit ein klares Verbesserungspotenzial vor. Bei den »25 Richtlinien zur Administration von Prozessbausteinen« wird deutlich, dass es kein funktionierendes Freigabe- und Änderungswesen gibt. Die geringe Zahl von Reklamationen passt nicht zu dem schwachen Qualitätsniveau. Diese Skepsis wird dadurch bestätigt, dass man sich für die Wirksamkeit des Änderungsdienstes gar nicht interessiert.

Qualitätsforderungen

Wer angesichts der schlechten Ergebnisse bei den Qualitätsforderungen bei der Organisation im engeren Sinne nicht viel erwartet, wird nicht enttäuscht: Aufbau- und Ablauforganisation der Zeitwirtschaft sind nicht nennenswert geregelt. Bei der geplanten Qualifizierung der Zeitwirtschaftler ist wenig Kritik anzubringen, wohl aber dazu, wie deren Arbeitseinsatz gesteuert wird.

Organisation im engeren Sinne

Das Ergebnis-Controlling beschränkt sich darauf, die Zeitgradentwicklung, den Mehrzeitverbrauch und die Arbeitsplanversorgung zu prüfen. Dabei scheint aber nicht viel herauszukommen, wie dem »34 Maßnahmenmanagement« zu entnehmen ist. Auch hier müssen die Kommentierungen herangezogen werden. Diese sind für das Erstellen eines Revisionsberichts mindestens so informativ wie die ausgefüllte Checkliste selbst.

Ergebnis-Controlling

Bei den arbeitsrechtlichen Aspekten ist das, was man praktiziert, weitgehend geregelt, vermutlich schon deshalb, weil der Leistungslohn einen Mindest-Regelungsumfang bedingt. Die Kommunikation und Information beschränkt sich auf das, was gerade passiert und nicht auch darauf, was man vorhat.

Arbeitsrechtliche Aspekte

Dieses Beispiel zeigt, dass der Nutzen von Zeitwirtschaftsrevisionen darin liegt, Verbesserungspotenziale aufzuzeigen und kritische Diskussionen anzustoßen, was zu tun ist, um das zu erreichen, was man eigentlich erreichen wollte. Im vorliegenden Fall kommt allerdings hinzu, dass man relativ konzeptlos ist. Umso besser ist es, das nüchtern und in einer nachvollziehbaren Form vorgetragen zu bekommen.

3 Organisation im engeren Sinne			
funktionelle Zuständigkeiten und Qualifikationen der Zeitwirtschaftler			
31 organisatorische Einbindung der Zeitwirtschaft (j = ja; n = nein – Kommentierungen im Anhang)			
311	aufbau-, aufgabenorganisatorische Regelungen – Zeitwirtschaft …		
	3111	basiert auf einer strategischen Begründung durch das Produktionssystem oder die Geschäftsstrategie	n
	3112	basiert auf dokumentierten Aufgaben, Kompetenzen und Verantwortungen der Zeitwirtschaftler	n
	3113	basiert auf dokumentierten Zielen für die Zeitwirtschaft, und die Zielerreichungen werden kontrolliert	n
	3114	ist fachlich und disziplinarisch begründet klar in die Aufbauorganisation eingebunden	j
	3115	findet sich in den Stellenbeschreibungen der Zeitwirtschaftler wieder	n
	3116	ist bezüglich ihrer personellen Besetzung (MA-Zahl) anhand zu erfüllender Aufgaben begründet	n
312	ablauforganisatorische Regelungen – Zeitwirtschaft …		
	3121	ist zu den Kernpunkten Freigabe, Reklamation und Änderung von Sollzeiten formal geregelt/dokumentiert	n
	3122	basiert auf geregelten Schnittstellen der Zeitwirtschaftler zu den Verwendern	n
32 als notwendig erachtete Qualifikationen (j = ja; n = nein – Kommentierungen im Anhang)			
321	Personen, die mit konzeptionellen Aufgaben betraut sind (im Kommentar anführen)		
	3211	REFA-Techniker	n
	3212	REFA-Ingenieur	j
	3213	MTM-Instruktor	j
	3214	MTM-Engineer	n
322	Personen, die mit elementaren, analysierenden Aufgaben betraut sind (im Kommentar anführen)		
	3221	REFA-Grundausbildung	j
	3222	MTM-Praktiker	j
323	Bei der Personalentwicklung/dem Qualifikationsmanagement (im Kommentar begründen)		
	3231	werden die Soll-Qualifikationen und die Ist-Qualifikationen jedes Mitarbeiters dokumentiert	j
	3232	werden die Soll-Ist-Qualifikationsdifferenzen der Mitarbeiter bis zur Behebung begleitet	n
	3233	orientieren sich der Personaleinsatz und die Weiterbildung an diesen Differenzen	n
Ergebniscontrolling			
33 Organisation des Ergebniscontrollings und verwendete Kennzahlen (j = ja; n = nein – Kommentierungen im Anhang)			
331	Organisation des Ergebniscontrollings		
	3311	die Organisation ist aufbau- und ablauforganisatorisch eingeführt und dokumentiert	n
	3312	das Controllingkonzept ist mit dem betriebswirtschaftlichen Controlling abgestimmt, ergänzt dieses	n
	3313	basiert auf dem controllingtypen Regelkreiskonzept	n
	3314	wird jährlich auf ihre Wirksamkeit durch einen anderen Bereich (z. B. Logistik, Personalwesen) geprüft	n
332	verwendete Kennzahlen und Controllingaspekte		
	3321	es wird ein Controlling auf Basis des OEE-Konzepts (Arbeitssystemproduktivität) durchgeführt	n
	3322	die Zeitgradentwicklungen werden permanent geprüft	j
	3323	es werden Mehrzeitverbräuche (ungeplante Zeiten) geprüft	j
	3324	es wird permanent die Sollzeit-Versorgung der Arbeitspläne geprüft	j
	3325	es wird die Reklamationsstatistik als Controllingaspekt (vgl. 523) herangezogen	n
	3326	die in der Zeitwirtschaft geleisteten Arbeitsstunden werden zu diesen Kenngrößen/Aspekten korreliert	n
34 Maßnahmenmanagement (j = ja; n = nein – Kommentierungen im Anhang)			
341	Ergebnisreflektionen auf die eigene Arbeit		
	3411	eigene Arbeitsschwerpunkte werden durch Kennzahlenentwicklungen begründet	j
	3412	eingesetzte Methoden werden anhand der Kennzahlenentwicklungen kritisch hinterfragt	n
	3413	Qualifikationen der Zeitwirtschaftler werden anhand der Kennzahlenentwicklung gesteuert	n
	3414	die Zeitwirtschaftler werden primär anhand von Kennzahlen leistungsbewertet	n
342	Ergebnisreflektionen auf die Produktionsprozesse und Arbeitssysteme		
	3421	es ist festgelegt, bei welchem Ausmaß an Soll-Ist-Abweichungen Eingriffe und Maßnahmen anstehen	n
	3422	dem Werkstattmanagement werden monatlich die Kennzahlen moderiert	n
	3423	das Werkstattmanagement wird bei Initiierung von Verbesserungsmaßnahmen erkennbar unterstützt	n
	3424	der Leitungsebene wird über den Stand der Ergebnisreflektionen monatlich berichtet	n
	3425	die erzielten Verbesserungen werden allgemein zugänglich gemacht und als Motivationsmittel genutzt	n

Abbildung IV-82 Revisions-Checkliste zum Revisionsbereich »3. Organisation im engeren Sinne« – Teil 1

arbeitsrechtliche Aspekte			
35 einschlägige Betriebsvereinbarungen (j = ja; n = nein – Kommentierungen im Anhang)			
351	Verfahren zur Sollzeitbestimmung betreffend/einschließend oder ausschließend		
	3511	MTM-Prozessbausteinsysteme (welche)	j
	3512	Berechnungen, Arbeiten mit Prozess-/Hauptzeitformeln	j
	3513	Multimomentverfahren	j
	3514	Zeitmessungen, inkl. Videoaufnahmen	j
	3515	Befragen	n
	3516	Vergleichen und Schätzen	j
	3517	Verwenden von Prozessbausteinen (Planzeiten, Zeitstandards)	n
	3518	Speicherung und Dokumentation von Prozessbausteinen	n
	3519	weitere: …	
352	zeitwirtschaftliche Sachverhalte betreffend/einschließend		
	3521	Ermittlung sachlicher Verteilzeiten	n
	3522	vereinbarte Höhe sachlicher Verteilzeitzuschlagssätze	j
	3523	Höhe persönlicher Verteilzeitzuschlagssätze	j
	3524	Höhe der Erholungszeitzuschlagssätze	n
	3525	Zuschlagssatzverwendung, falls das nicht innerhalb der Vorgabezeit erfolgt	n
	3526	Einarbeitungszuschläge	n
	3527	Mindermengenzuschläge	j
	3528	Springereinsätze	n
	3529	weitere: …	
36 Kommunikation und Information regelnde Vorschriften oder Prinzipien (j = ja; n = nein – Kommentierungen im Anhang)			
361	den Betriebsrat betreffend		
	3611	Information über anstehende Zeitmessungen, Multimomentaufnahmen, MTM-Analysen	j
	3612	Information über beim Ergebniscontrolling festgestellte Anormalitäten (vgl. 612)	n
	3613	Information über anstehende Prozessbaustein-/Zuschlags-/Vorgabezeitänderungen	j
	3614	Information über alle erfolgten Änderungen zu zeitwirtschaftlichen Sachverhalten	j
	3615	Teilnahme des Betriebsrats an Zeitmessungen oder MTM-Analysen	n
	3616	Information im Rahmen regelmäßiger Besprechungen	n
	3617	weitere: …	
362	die operativen Mitarbeiter betreffend		
	3621	Information über anstehende Zeitmessungen, Multimomentaufnahmen, MTM-Analysen	j
	3622	Information über anstehende Prozessbaustein-/Zuschlags-/Vorgabezeitänderungen	n
	3623	Information über erfolgte Änderungen zu zeitwirtschaftlichen Sachverhalten	j
	3624	weitere: …	

Abbildung IV-83 Revisions-Checkliste zum Revisionsbereich »3. Organisation im engeren Sinne« – Teil 2

5.5.3 Vorgehen bei der Zeitwirtschaftsrevision

Phasen der Systemprüfung

Wenn es technisch, organisatorisch und finanziell möglich ist, sollte man Zeitwirtschaftsrevisionen etwa einmal jährlich durchführen. Systemprüfungen, wie im Beispiel gezeigt, werden in drei Phasen durchgeführt:

1. Revision vorbereiten,
2. Daten mit den Informanten erheben,
3. Erhebungsergebnisse auswerten und Revisionsbericht erstellen.

Erste Phase

In der ersten Phase, der Revisionsvorbereitung, geht es um folgende Aufgaben:

1. Festlegen, wer für die Revision verantwortlich ist. Das sollte keine Person sein, der im betreffenden Unternehmen zeitwirtschaftliche Aufgaben obliegen. Die Schwierigkeit ist dann jedoch, innerbetrieblich einen kompetenten Revisor zu finden. Deshalb werden häufiger externe Sachkundige eingesetzt.
2. Festlegen des Revisionsumfangs, d. h. ob man eine Revisions-Checkliste, wie im Beispiel, verwenden oder diese ausweiten oder verkürzen will. Werden bereits seit längerem Revisionen durchgeführt, sollte man sich auf Schwerpunkte beschränken, also keine Systemprüfungen, sondern nur noch Einzelfallprüfungen durchzuführen. Das können Revisionskategorien sein (z. B. »342 Ergebnisreflektionen auf die Produktionsprozesse und Arbeitssysteme«) oder Einzelkriterien (z. B. »112 Zeitwirtschaft und Vorkalkulation«).
3. Festlegen des Revisionsbereichs, d. h. ob das gesamte Unternehmen, einzelne Geschäftsbereiche, Standorte oder ausgewählte Abteilungen einzubeziehen sind.
4. Sind Revisionsumfang und -bereich festgelegt, können mit den fachverantwortlichen Industrial Engineers die Informanten sowie der Revisionszeitpunkt festgelegt werden. Informanten können z. B. aus der Produktentwicklung, der Kalkulation, der Produktionsplanung, der Fertigung kommen. Revisionen sollten umso eher außerhalb der Urlaubszeit durchgeführt werden, je mehr Informanten einzubeziehen sind.
5. Abschließend wird der Revisionsplan erstellt, an die Betroffenen und Beteiligten verteilt und mit den Informanten die sie betreffenden Teile besprochen. Sie müssen vorab Recherchen anstellen und Informationen beschaffen.

Zweite Phase

In der zweiten Phase, der Datenerhebung, wird der Revisionsplan abgearbeitet. Im Revisionsverlauf ist zu prüfen, ob aufgrund der angefallenen Ergebnisse weitergehende Recherchen anzustellen sind. Im Revisionsbericht können so ggf. besser abgesicherte Empfehlungen gegeben werden. Die Informanten sollten zwar nicht überzeugt werden, dass bestimmte Gegebenheiten positiv oder negativ zu sehen seien. Sie sollten jedoch angeregt werden, ihre Erfahrungen zu schildern und darzulegen, wofür es sachliche Begründungen gibt und was lediglich im Zeitverlauf entstanden ist.

Dritte Phase

In der dritten Phase werden die Erhebungsergebnisse ausgewertet und ein *Revisionsbericht* erstellt. Dieser darf sich nicht auf das Referieren der Befunde und isolierte Verbesserungsideen beschränken, sondern muss in einem Verbesserungskonzept münden, das einem Entscheidungsgremium vorzutragen ist. Aus der Empirie muss man einen sichtbaren Nutzen ziehen, indem das Konzept quellengetreu mit den in der zweiten Phase herausgearbeiteten Befunden begründet wird. Dagegen sollte darauf verzichtet werden, bereits detaillierte Maßnahmen- oder Projektpläne vorzulegen, wenn Rahmenentscheidungen noch ausstehen, z. B. ob man weitere Verwendungszwecke für Sollzeiten sieht, ob das Sollzeiten-Management im Produktionssystem aufzunehmen ist oder ob die Zeitwirtschaft das Verbesserungsmanagement stärker unterstützen soll.

5.5.4 Audit zum MTM-Verfahren

In diesem Abschnitt soll mit dem Audit zum MTM-Verfahren (*Zeitwirtschaftliches Audit*) das Revisionskonzept der Deutschen MTM-Vereinigung e. V. skizziert werden.[166] Dieses umfasst die folgenden Revisionsfelder:

Revisionsfelder

1. Verantwortungen der Leitung
   Sicherstellen, dass die Leitung den Nutzen der Anwendung von Prozessbausteinen und des Controlling-Systems erkennt und Ziele quantifiziert.
2. Organisation
   Sicherstellen, dass die Aufgaben, Kompetenzen und Verantwortlichkeiten zur Anwendung von Prozessbausteinen und des Controlling-Systems dokumentiert sind, verstanden und gelebt werden.
3. Produktentstehungsprozess
   Sicherstellen, dass Prozessbausteine bereits im Produktentstehungsprozess angewendet werden und ein Controlling-System bereits zu diesem Zeitpunkt greift.
4. Lenkung von Dokumenten und Daten
   Sicherstellen, dass aktuelle Prozessbausteine angewendet werden, dass Verfahren zur Freigabe von Prozessbausteinen sowie eine wirksame Historienverwaltung und Archivierung eingeführt sind.
5. Controlling-System
   Sicherstellen, dass ein Controlling-System zur Erfassung von Abweichungen und zur Initialisierung von Verbesserungsmaßnahmen dokumentiert, installiert und aufrechterhalten wird.
6. Qualifikation
   Sicherstellen, dass die Entwicklung und Anwendung von Prozessbausteinen von Personen mit entsprechender Qualifikation durchgeführt werden.
7. Systematischer Verbesserungsprozess
   Sicherstellen, dass ein systematischer Verbesserungsprozess auf Basis von Prozessbausteinen etabliert ist.
8. Wirksamkeit von Maßnahmen
   Sicherstellen, das Maßnahmen aus dem Controlling-System oder aus dem Verbesserungsprozess wirksam umgesetzt werden.
9. Kennzahlen
   Sicherstellen, dass betriebliche Kennzahlen zur Wirksamkeit der Anwendung von Prozessbausteinen definiert sind und angewendet werden.
10. Anwendung von Prozessbausteinen
    Sicherstellen, dass Prozessbausteine regelkonform entwickelt und angewendet werden, um eine ausreichende Treffsicherheit zu gewährleisten
11. Gestaltung
    Sicherstellen, dass Gestaltungselemente systematisch erarbeitet und dokumentiert und gesetzliche, tarifliche und betriebliche Regelungen eingehalten werden.

Für die Revisionsfelder existieren Fragenkataloge, die den Revisor bei der Durchführung des Audits unterstützen. Abbildung IV-84 ist ein Beispiel zum *Revisionsbericht* des Zeitwirtschaftlichen Audits zu entnehmen.

166 Das Zeitwirtschaftliche Audit wurde im Jahr 2001 von einer Entwicklungsgruppe der Deutschen MTM-Vereinigung e. V. gemeinsam mit Mitgliedsunternehmen erstellt. Beteilig waren Experten von Airbus, Bosch, Daimler, der Deutschen MTM-Gesellschaft und Edscha.

Zeitwirtschaftliches Audit

Revisionsbericht

MTM

Montage	Bericht.-Nr. 02/06/012 Blatt 6/12
Kapitel 6	Qualifikation Schwerpunkte Notwendige Qualifikation des Personals und der Dienstleister. Qualifikationsanforderungen. Schulungsmaßnahmen.
Ergebnis:	Die Beteiligten an den UAS-Analysen haben alle eine nachgewiesene Ausbildung im Analyseverfahren. Der Ausbildungs- und Kenntnisstand in der Anwendung von TiCon® ist mangelhaft. Die Anwendungsroutine ist nicht sehr hoch. Ein Plan zur weiteren Qualifizierung der Anwender von UAS und TiCon® existiert zur Zeit nicht.
Prozess ohne Beanstandung	
Prozess verbesserungswürdig	Weitere Schulungsmaßnahmen in praktischer UAS-Anwendung und TiCon®-Anwendung sind unbedingt erforderlich.
Abweichung vom definierten Prozess bzw. es ist kein Prozess definiert	

Zeitwirtschaftliches Audit

Revisionsbericht

MTM

Montage	Bericht.-Nr. 02/06/012 Blatt 4/12
Kapitel 6	Lenkung von Dokumenten und Daten Schwerpunkte Verfügbarkeit aktueller zeitwirtschaftlicher Daten. Anwendung. Genehmigung. Freigabe. Historisierung. Archivierung.
Ergebnis:	Die Datengrundlagen werden in TiCon® als Bausteine der Datenebenen A–D angelegt, ergänzt und aktualisiert. Die Datenstruktur ist wenig übersichtlich und teilweise nur mit viel Mühe zu interpretieren. Es existiert kein Regelwerk zum Aufbau und zur Anwendung der Daten. Wegen der zum Teil unzureichenden Logik und Transparenz ist die notwendige Abstimmung und Vermittlung der Daten erschwert.
Prozess ohne Beanstandung	
Prozess verbesserungswürdig	
Abweichung vom definierten Prozess bzw. es ist kein Prozess definiert	Es gibt kein Regelwerk zum Aufbau, für die Struktur und die Anwendung der Prozessbausteine.

Abbildung IV-84 Ausschnitt aus einem Revisionsbericht für das Zeitwirtschaftliche Audit

5.6 Zusammenfassung

Zeitwirtschaft

Unter dem Dach der Zeitwirtschaft wird eine Reihe von Aktivitäten des Industrial Engineering zusammengefasst, die sich treffend mit Sollzeiten-Management charakterisieren lassen. Dabei geht es einmal um jene Aktivitäten, mit denen zeitwirtschaftliche Daten entwickelt und für potenzielle Verwender bereitgestellt werden. Das mündet zum einen in Vorgabezeiten und zeitversorgten Arbeitsplänen. Zum anderen geht es um die Verwendung zeitwirtschaftlicher Daten in den drei PEP-Phasen. Eine leistungsfähige *Zeitwirtschaft* prägt sich einerseits darin aus, dass die Bereitstellung auf aktuellem Stand gehalten und den Verwendern nutzerfreundlich zur Verfügung gestellt wird. Andererseits prägt sie sich darin aus, dass die Verwender mit den Daten professionell umgehen können. Um das zu erreichen, bedarf es eines Minimums an organisatorischen Regelungen.

TiCon®

Professionalität lässt sich bei den heutigen komplexeren Geschäftsprozessen ohne IT-Unterstützung nicht erreichen, zumal zeitwirtschaftliche Daten teilweise direkt in andere IT-Anwendungen zu übergeben sind. Dazu eignet sich die MTM-Software TiCon®, weil sie eine Zeitwirtschaft »aus einem Guss« unterstützt und kompatibel zum MTM-Produktivitätsmanagement und zum MTM-Verfahren ist. TiCon® bietet zwei Grundfunktionen, eine Gestaltungsfunktion und eine Dienstleistungsfunktion. Die *Gestaltungsfunktion* repräsentiert derzeit neun fachliche Funktionen, für die fünf Programm-Module stehen (Objektstrukturierung, MTM-Analyse, Wertstromanalyse, Prozessnetze, Flowcharts). Für spezifische Aufgabenstellungen gibt es vier Zusatzmodule (ProKon, MTM*ergonomics*®, Taktung, Mehrstellenarbeit). Damit wird ein weites Feld des Industrial Engineering abgedeckt. Die *Dienstleistungsfunktion* bezieht sich primär auf das Prozessbaustein-Management, insbesondere auf das Generieren verwendungsfähiger Daten (Datenkarten, Kalkulationsblätter) sowie das Versorgen von Arbeitsplänen. Die Anwender können zwischen mehreren Schnittstellenprinzipien wählen (vgl. Abbildung IV-76). Die verbreitetsten Datenbank-Managementsysteme, Oracle und MS SQL-Server, werden unterstützt, für kleine Unternehmen auch Sybase ASA.

Revision der Zeitwirtschaft

Wie jedes System ist die Zeitwirtschaft insgesamt (Systemprüfung) oder in relevanten Teilen (Einzelfallprüfung) von Zeit zu Zeit auf Ordnungsmäßigkeit, Zweckmäßigkeit und Wirtschaftlichkeit zu prüfen. Das erfolgt durch eine *Revision der Zeitwirtschaft.* Dabei wird die Wirksamkeit des Sollzeiten-Managements auf den Prüfstand gestellt. Die Erfahrung zeigt, dass man ansonsten auch bei besten Absichten nach einigen Jahren auf diesem Gebiet nicht mehr das leistet, was man sich vorgenommen hatte.

6 Personalbedarfsermittlung

6.1 Überblick

Begriff der Personalbedarfsermittlung

Produktivitätsmanagement zielt auf den effektiven und effizienten Einsatz menschlicher Ressourcen, denn eine angemessene personelle Ausstattung ist eine Voraussetzung für eine angemessene Produktivität. So wird diesem Sachverhalt auch bei den Absichten zum *MTM-Produktivitätsmanagement* (vgl. Teil I, Abschnitt 3.5) mit »funktionell begründete Leitungsspannen« (vgl. Abschnitt 6.2.6) Rechnung getragen. Im Teil I, Abbildung I-20 ist die Personalbedarfsermittlung als IE-Methode ausgewiesen. Abbildung IV-85 ist zu entnehmen, welche Aspekte wir unter dem Begriff der *Personalbedarfsermittlung* subsumieren.

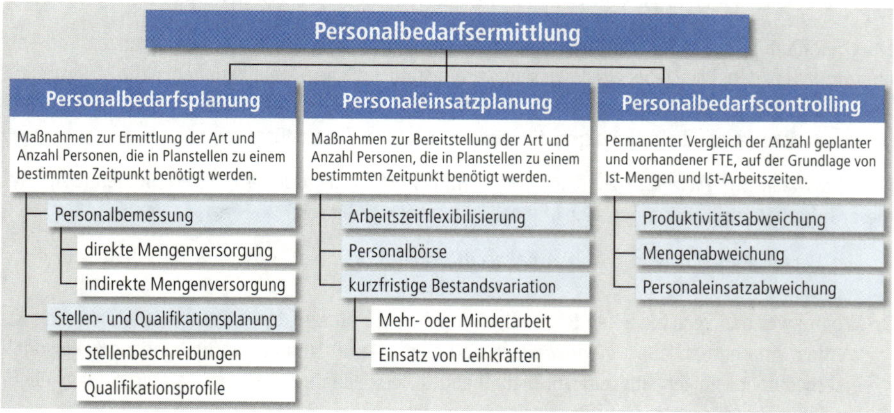

Abbildung IV-85 Themenübersicht zur Personalbedarfsermittlung

Absichten bei der Personalbedarfsermittlung

Oft werden bei der Personalbedarfsermittlung folgende Absichten verfolgt:[167]

- Eine angemessene Personalausstattung sicherstellen.
- Argumente gewinnen, wie der Personalbestand neuen Rahmenbedingungen, z. B. veränderten Mengenvolumina, modernisierter Technologie oder ausgelagerten Geschäftsprozessen, anzupassen ist.
- Einen kostenoptimalen Personaleinsatz planen und Hinweise für Verbesserungsansätze gewinnen.
- Den längerfristigen Personalbedarf abschätzen können, um kurzfristige Anpassungen zu vermeiden.
- Arbeitsspitzen ausgleichen, eine gleichmäßige Arbeitsverteilung erreichen und sowohl Überlastungen als auch mangelhafte Auslastungen des Personals vermeiden.
- Die Personalkosten budgetieren und kontrollieren.

167 Vgl. Drumm, H; Scholz, C.: Personalplanung – Planungsmethoden und Methodenakzeptanz, 2. Auflage. Bern, Stuttgart: Haupt, 1988, S. 104. Kador, F.-J.; Kempe, H.-J.; Pornschlegel, H.: Handlungsanleitung zur betrieblichen Personalplanung, 3. Auflage. Köln: RKW-Verlag, Verlag TÜV Rheinland, 1989, S. 11 f. RKW (Hrsg.): RKW-Handbuch Personalplanung, 2. Auflage. Neuwied: Luchterhand, 1990, S. 57 f. Bokranz, R.: Personalbedarfsplanung. In: Gaugler, E.; Oechsler, A.; Weber, W. (Hrsg.) Handwörterbuch des Personalwesens, 3. Auflage. Stuttgart: Schäffer-Poeschel, 2004, Sp. 1380 bis 1394, Sp. 1382.

Personalbedarfsplanung

Ein thematischer Schwerpunkt bei der Personalbedarfsermittlung ist die *Personalbedarfsplanung*. Dabei geht es um die

1. Personalbemessung: Das ist der quantitative Aspekt des Personalbedarfs. Mit Hilfe von Personalbemessungsverfahren wird die erforderliche Anzahl FTE je Planstelle und Planstellenbereich bestimmt.
2. Stellen- und Qualifikationsplanung: Das ist der qualitative Aspekt. In Form von Stellenbeschreibungen und Qualifikationsprofilen wird die Planungsgrundlage für die Personalbemessung geschaffen, nämlich Festlegungen zur Qualifikation der Stelleninhaber.

Personalbemessung

Als *Personalbemessung(-sverfahren)* werden Analysemethoden bezeichnet, mit denen für Planstellen, bei definierter Qualifikation, für einen bestimmten Zeitpunkt der quantitative Personalbedarf ermittelt wird. In den meisten Unternehmen gehört das zu den Kernaufgaben des Industrial Engineering. Deshalb ist die Personalbemessung für uns auch ein thematischer Schwerpunkt.

Stellen- und Qualifikationsplanung

Durch *Stellen- und Qualifikationsplanung* wird festgelegt, welche Aufgaben, Kompetenzen und Verantwortungen den Planstellen zugewiesen werden und welche Qualifikationen dafür erforderlich sind. Das ist in manchen Unternehmen dem Industrial Engineering zugeordnet, in anderen den Fachbereichen übertragen, die dabei durch die Personalwirtschaft unterstützt werden.

Personaleinsatzplanung

Die *Personaleinsatzplanung* basiert auf der Kenntnis erforderlicher Mehr- oder Minderarbeit. Auf dieser Informationsbasis können vier Maßnahmen zweckmäßig sein:

1. Der Personalbestand wird durch *Arbeitszeitflexibilisierung* (vgl. Abschnitt 4.4) dem Bedarf angepasst.
2. Wenn zwischen verschiedenen Planstellenbereichen ein kurzfristiger Personaltausch möglich ist, werden innerbetriebliche *Personalbörsen* betrieben. Damit sind ein vorübergehender Personalmehrbedarf in einigen und ein vorübergehender Personalminderbedarf in anderen Planstellenbereichen durch organisierten Personaltausch auszugleichen.
3. Der Stamm-Personalbestand wird dem Personalbedarf durch Mehr- bzw. Minderarbeit angepasst.
4. Schließlich verbleibt noch der Einsatz von *Leihkräften*, um Absenzen bei den eigenen Mitarbeitern auszugleichen oder kurzfristigen Auftragsspitzen zu begegnen.

Die durch Personalbemessung bestimmte Anzahl FTE je Planstelle ist eine Soll-Größe, bezogen auf einen bestimmten Zeitpunkt, unter Annahme eines bestimmten Arbeitsvolumens in der Planungsperiode (z.B. Monat). Im Betriebsalltag kommt es zu Ist-Personenzahlen, die von den geplanten Soll-Personenzahlen abweichen.[168] Deshalb ist durch einen Soll-Ist-Vergleich ein *Personalbedarfscontrolling* durchzuführen, um

Personalbedarfscontrolling

1. die Realitätsnähe der Personalbemessungsergebnisse und
2. das erreichte Produktivitätsniveau in den Planstellenbereichen.

zu beurteilen. Ohne sie einem Controlling zu unterziehen, könnte man die Brauchbarkeit der Personalbedarfsplanung und Personaleinsatzplanung weder beurteilen noch permanent verbessern.

168 In diesem Zusammenhang wird der Begriff des »atmenden Unternehmens« verwendet, womit man ausdrücken will, dass ein Unternehmen in der Lage ist, sich personell kurzfristig an veränderte Auftragslagen anzupassen.

6.2 Personalbemessung

6.2.1 Planungshorizonte und Einflussgrößen auf den Personalbedarf

Planungshorizont

Nach dem *Planungshorizont* werden kurz-, mittel- und langfristige Personalbemessungen unterschieden. Nach überwiegender Meinung sind drei Planungshorizonte zu unterscheiden:

1. Kurzfristplanung: eine Woche bis drei Monate (Annahme: Konstanz der internen Einflussgrößen im Planungszeitraum).
2. Mittelfristplanung: ein bis drei Jahre (Annahme: Konstanz der externen Einflussgrößen, Variabilität der internen Einflussgrößen).
3. Langfristplanung: zwei bis fünf Jahre (Verwendungszweck: grobes Schätzen von Entwicklungstendenzen, z. B. für die Planung von Spezialistenstellen oder von Ausbildungsplätzen).

Personalbedarfsplanungen werden umso mehr zu groben und vagen Pauschalplanungen, je weiter der Planungshorizont ist. Deshalb begrenzen die meisten Unternehmen den Planungshorizont ihrer methodisch begründeten Personalbemessungen auf ein Jahr.

Einflussgrößen auf den Personalbedarf

Man sollte sich der wesentlichsten *Einflussgrößen auf den Personalbedarf* bewusst sein, auch wenn meist nur vier der in Abbildung IV-86 angeführten internen Einflussgrößen berücksichtigt werden. Dort werden interne und externe Einflussgrößen (Faktoren, Determinanten, Bestimmungsgrößen) unterschieden.[169]

externe Einflussgrößen (Entwicklungstendenzen in …)	**wirken auf**	**sind zu bestimmen durch**
1. der Gesamtwirtschaft	Geschäftsvolumen-Entwicklung und damit auf das Leistungsprogramm und dessen Mengenvolumina	Analyse der Wirtschaftsstatistik, Marktanalysen, eigene Trendanalysen und Schätzungen
2. der Absatzmärkte		
3. der Einflussnahme des Staates		
4. der Arbeits- und Sozialrechtssphäre	Arbeitszeit und Einsatzbedingungen der Arbeitskräfte	Analyse arbeitssozialrechtlicher, tariflicher Entwicklungen
5. der Tarifverträge		
6. der Technologie	Kapazitätsbedarf und Prozesse	Auswertung von Publikationen, Kontakt zu Anbietern
interne Einflussgrößen (resultieren aus …)	**wirken auf**	**sind zu bestimmen durch**
1. den Absatzzielen	qualitativen und quantitativen Personal-Einsatzbedarf	unternehmenspolitische Entscheidungen
2. dem Produktionsprogramm und dessen Mengenvolumina		
3. der Hierarchie- und Prozessstruktur, dem Technologieniveau		
4. unternehmens- und geschäftspolitischen Grundsätzen resultierenden Aufgabenschwerpunkten		
5. der Qualikation, Leistungsfähigkeit und Leistungsbereitschaft der Mitarbeiter		eigene Gestaltungsansätze
6. Arbeitszeitregelungen		
7. Urlaubsansprüche	Personal-Reservebedarf	Personal-Stammdaten, Fehlzeitenanalysen
8. Fehlzeiten		
9. Freistellung, Einarbeitungszeiten		
10. Fluktuation, Pensionierung	Personal-Ersatzbedarf	Fluktuatonsanalysen, Mitarbeitergespräche

Abbildung IV-86 Einflussgrößen auf den Personalbedarf

169 Vgl. Drumm, H.; Scholz, C.: a. a. O., 1988, S. 109 f. Kador, F.-J.; Kempe, H.-J.; Pornschlegel, H.: a. a. O., 1989, S. 50 f. RKW (Hrsg.): a. a. O., 1990, S. 57 f. Bokranz, R.: a. a. O., 2004, Sp. 1383.

1. Externe Einflussgrößen zeigen die Rahmenbedingungen der Personalbedarfsplanung auf und dienen ggf. dem Abschätzen des langfristigen Personalbedarfs.
2. Bei den internen Einflussgrößen bestimmen die ersten sechs den Personal-Einsatzbedarf, die unter 7 bis 9 angeführten Größen den Personal-Reservebedarf und die letztgenannte Einflussgröße die Veränderung des Personalbedarfs.

Der Personalbedarf wird nicht allein durch diese Einflussgrößen bestimmt. Um zu einer praktikablen Personalbemessung zu kommen, muss man aber bereits diese auf wenige operationale Einflussgrößen reduzieren. Die bei der kurz- und mittelfristigen Personalbedarfsplanung verwendeten Einflussgrößen sind:

- Das Produktionsprogramm und dessen Mengenvolumina. Damit wird der Einsatzbedarf begründet.
- Urlaubsansprüche, Fehlzeiten sowie Freistellungen und Einarbeitungszeiten. Damit wird der Reservebedarf begründet.

Planungsansätze bei der Personalbemessung

Bei der Personalbemessung gibt es zwei Planungsansätze (vgl. Abbildung IV-85):

1. Direkte Mengenversorgung im direkten Produktionsbereich: Das Zeiten-Mengen-Gerüst wird durch Rückgriff auf Aufträge, Losgrößen und Arbeitspläne mit Daten versorgt.
2. Indirekte Mengenversorgung im indirekten und administrativen Bereich: Das Zeiten-Mengen-Gerüst wird mit Hilfe statistisch begründeter Mengensetzungen versorgt.

In größeren Unternehmen werden in den indirekten Bereichen die im folgenden Abschnitt erläuterten summarischen Personalbemessungsverfahren angewandt. Kleine Unternehmen verwenden ausschließlich summarische Verfahren.

6.2.2 Summarische Personalbemessungsverfahren

Eigenschaften

In der Literatur und im betrieblichen Sprachgebrauch wird zwischen summarischen und analytischen Personalbemessungsverfahren unterschieden. Die *summarischen Personalbemessungsverfahren* sind durch zwei Eigenschaften gekennzeichnet:

1. Die zu erfüllenden Aufgaben werden nicht betrachtet. Deshalb wird auch nicht zwischen Grund- und Verteilzeiten unterschieden.
2. Absenzen werden nicht durch Verwenden eines Reservebedarfsfaktors berücksichtigt.

Summarisch steht also für pauschalisierend und nicht nach vorliegenden Arbeitsvolumina und erwartenden Absenzen differenzierend. In Abbildung IV-87 werden die wichtigsten Personalbemessungsverfahren angeführt, zu denen es eine Reihe von Modifikationen gibt.

Schätzverfahren

Das *Schätzverfahren* ist das übliche Bemessungsverfahren[170] in kleinen Unternehmen. Dabei werden Experten befragt, z. B. Vorgesetzte oder Betroffene, die sich beim Schätzen des Personalbedarfs für ihren Zuständigkeitsbereich an Vergangenheitswerten, eigenen Erfahrungen, am erwarteten Arbeitsanfall sowie an den üblichen Fehlzeitenraten orientieren. Um der Dominanz von Meinungsführern entgegenzuwirken, werden Expertenschätzungen nach der *Delphi-Methode* oder dem *PERT-Verfahren*[171] empfohlen:

170 Vgl. RKW (Hrsg.): a. a. O., 1990, S. 96.
171 Vgl. Teil II, Abschnitt 8.2.3.

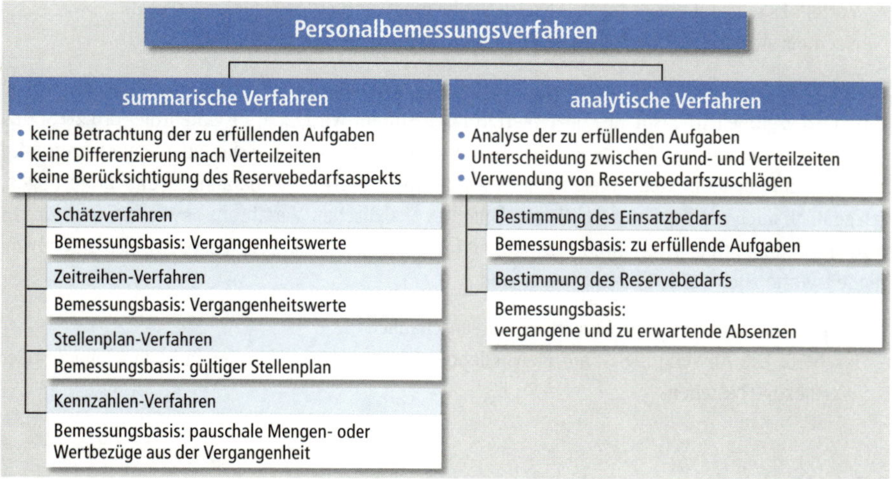

Abbildung IV-87 Die wichtigsten Personalbemessungsverfahren[172]

Delphi-Methode

- Vorteile: Der Erhebungsaufwand ist gering. Im Allgemeinen wird eine gute Akzeptanz der Ergebnisse bei Schätzenden und Betroffenen erreicht.
- Nachteile: Spezifische Interessen können das Ergebnis beeinflussen. Über- und Unterbewertungen gleichen sich statistisch nicht aus, weil sie nicht stochastischer Art sind.

Zeitreihenverfahren

Bei den *Zeitreihenverfahren* wird der Personalbedarf aus Vergangenheitswerten mit Hilfe von *Regressionsanalysen* prognostiziert.[173] Dabei wird unterstellt, dass stabile Verhältnisse bei den Einflussgrößen bestehen, so dass diese auf den künftigen Personalbedarf den gleichen Einfluss wie in der Vergangenheit haben. Erkennt man Veränderungen in den internen oder externen Einflussgrößen, sind die Ergebnisse der Prognoserechnung entsprechend zu korrigieren.

- Vorteil: Es entstehen begründbare Ergebnisse bei geringem Erhebungsaufwand.
- Nachteile: Der Rechengang bei der Regressionsanalyse ist den Betroffenen unverständlich. Es kommt meist zu einer unreflektierten Fortschreibung der Vergangenheitsverhältnisse in die Zukunft, weil methodische Korrekturen nicht möglich sind.

Stellenplanverfahren

Beim *Stellenplanverfahren* wird der Personalbedarf aufgrund eines vorliegenden Stellenplans bestimmt.[174] Dabei wird unterstellt, dass er von der Arbeitsmenge weitgehend unabhängig ist. Die Anwender des Stellenplanverfahrens gehen davon aus, dass Überlegungen zur Auslastung der Mitarbeiter nicht mehr erforderlich sind, wenn Planstellen aufgrund rechtlicher Vorschriften oder personalpolitischer Setzungen festgelegt sind. Dieser Auffassung liegt die Annahme zu Grunde, dass man auf die Planstellen keine Füllarbeiten übertragen kann, z. B. administrative Speicherarbeiten in Telefonzentralen, bei Werkstattschreibern oder die Durchführung von Grundlagenarbeiten im Engineering-Bereich. Das Stellenplanverfahren ist im öffentlichen Dienst verbreitet, auch wenn vom Bundesrechnungshof seit Langem eindeutige Empfehlungen zur Anwendung einer analytischen Personalbemessung vorliegen.[175]

172 In Anlehnung an Bokranz, R.; Kasten, L.: a. a. O., 2003, S. 449.
173 Vgl. z. B. Bokranz, R.; Kasten, L.: a. a. O., 2003, S. 450 f.
174 Vgl. z. B. RKW (Hrsg.): a. a. O., 1990, S. 108.
175 Vgl. Bundesrechnungshof (Hrsg.): Typische Mängel bei der Ermittlung des Personalbedarfs in der Bundesverwaltung. Stuttgart, Berlin, Köln: Kohlhammer, 1992.

- Vorteil: Es entsteht ein geringer Erhebungsaufwand, wenn ein Stellenplan festliegt.
- Nachteil: Auslastungsüberlegungen sind methodisch ausgeschlossen.

Kennzahlenverfahren

Zu den *Kennzahlenverfahren* zählen alle Ansätze, bei denen der Personalbedarf in Abhängigkeit von einer Bezugsgröße (Arbeitsmenge oder Wertgröße) bestimmt wird, z. B. »1 Güteprüfer pro 20 Spritzgussmaschinen« oder »1 Werkzeug-Instandhalter pro 10 Pressen«. Das Kennzahlenverfahren wird in erster Linie in indirekten Bereichen angewandt und basiert auf Schätzungen und Erfahrungen, gelegentlich auch auf Ergebnissen, die mit Hilfe des analytischen Verfahrens gewonnen wurden. Es wird wie beim Zeitreihenverfahren angenommen, dass stabile Verhältnisse bestehen, also die Vergangenheitswerte auch valide Planungswerte sind.

- Vorteil: Die ausgewiesenen Ergebnisse sind anschaulich.
- Nachteil: Die Anwendung ist auf Planstellenbereiche beschränkt, in denen klare Mengen- oder Wertbezüge bestehen.

6.2.3 Modell der analytischen Personalbemessung

Modell der analytischen Personalbemessung

In diesem Abschnitt wird das Modell der *analytischen Personalbemessung* erläutert. In den folgenden Abschnitten werden Beispiele gezeigt, für deren Verständnis man die grundlegenden Modellzusammenhänge und Begriffe kennen muss. Das Modell ist Abbildung IV-88 zu entnehmen.

1. Planstellenbereich mit Planstellen	PST_1		PST_y		PST_n	
2. Aufgaben	**3. Zeiten-Mengen-Gerüst**					
Aufgabe A_1	t_{g11}	m_{11}	t_{g1y}	m_{1y}	t_{g1n}	m_{1n}
Aufgabe A_i	t_{gi1}	m_{i1}	t_{giy}	m_{iy}	t_{gin}	m_{in}
Aufgabe A_P	t_{gp1}	m_{p1}	t_{gpy}	m_{py}	t_{gpn}	m_{pn}
Grundlast	GL_1		GL_y		GL_n	
4. Personalbedarf						
Einsatzbedarf in Stunden	$EB_1 = GL_1 + VL_1$		$EB_y = GL_y + VL_y$		$EB_n = GL_n + VL_n$	
Netto-Personalbedarf in Anzahl FTE	$N\text{-}PBD_1 = EB_1 / AZ_1$		$N\text{-}PBD_y = EB_y / AZ_y$		$N\text{-}PBD_n = EB_n / AZ_n$	
Brutto-Personalbedarf in Anzahl FTE	$B\text{-}PBD_1 = N\text{-}PBD_1 \cdot f_{RBZ1}$		$B\text{-}PBD_y = N\text{-}PBD_n \cdot f_{RBZy}$		$B\text{-}PBD_n = N\text{-}PBD_n \cdot f_{RBZn}$	
5. Personalbestand						
Brutto-Personalbestand in Stunden	$B\text{-}PBS_1 = AZ_1 \cdot FTE_1$		$B\text{-}PBS_y = AZ_y \cdot FTE_y$		$B\text{-}PBS_n = AZ_n \cdot FTE_n$	
Netto-Personalbestand in Stunden	$N\text{-}PBS_1 = B\text{-}PBS_1 \cdot f_{RBA1}$		$N\text{-}PBS_y = B\text{-}PBS_y \cdot f_{RBAy}$		$N\text{-}PBS_n = B\text{-}PBS_n \cdot f_{RBAn}$	
Netto-Personalbestand in Anzahl FTE	$N\text{-}PBS_1 = (B\text{-}PBS_1 \cdot f_{RBA1}) / AZ_1$		$N\text{-}PBS_y = (B\text{-}PBS_y \cdot f_{RBAy}) / AZ_y$		$N\text{-}PBS_n = (B\text{-}PBS_n \cdot f_{RBAn}) / AZ_n$	
6. Personalmehr-/minderbedarf						
Personalmehrbedarf, wenn	$N\text{-}PBD_1 > N\text{-}PBS_1$		$N\text{-}PBD_y > N\text{-}PBS_y$		$N\text{-}PBD_n > N\text{-}PBS_n$	
Personalminderbedarf, wenn	$N\text{-}PBD_1 < N\text{-}PBS_1$		$N\text{-}PBD_y < N\text{-}PBS_y$		$N\text{-}PBD_n < N\text{-}PBS_n$	

Abbildung IV-88 Modell der analytischen Personalbemessung

Stellentyp

1. Schritt: Im Planstellenbereich Planstellen festlegen und abgrenzen.
   Es werden *Stellentypen* gebildet. Als Stellentyp wird eine Kategorie von Stellen bezeichnet, in denen vergleichbare Aufgaben zu erfüllen sind, z. B. Schichtleiter, Gabelstaplerfahrer, Projektin-

genieure. Den gleichen Stellentyp findet man in verschiedenen Organisationseinheiten, z. B. den des Schichtleiters in jeder mehrschichtig arbeitenden Produktionsabteilung.

Wird ein Stellentyp einer Organisationseinheit zugeordnet, z. B. die des Schichtleiters der Abteilung Mechanische Fertigung, entsteht eine *Planstelle*, hier die des dortigen Schichtleiters. Planstellen können durch eine oder mehrere Personen besetzt sein. Bei einem Dreischichtbetrieb in der Mechanischen Fertigung würde man drei Schichtleiter-Planstellen vorsehen. Planstelle

Bei der Personalbemessung werden Planstellen zu Planstellenbereichen zusammengefasst, die meist den Organisationseinheiten entsprechen, z. B. zu den Planstellen-Bereichen Teilefertigung und Montage. Für jeden Planstellenbereich, bestehend aus n Planstellen PST_y (1 ..... y ..... n), ist der Personalbedarf zu ermitteln. Planstellenbereiche können, müssen aber nicht wie Organisationseinheiten oder Kostenstellen abgegrenzt sein. Die drei wichtigsten Abgrenzungskriterien für Planstellenbereiche sind:[176]

- Ort/Raum: Man grenzt z. B. Abteilungen, Werkstätten oder Standorte als Planstellenbereiche ab. Dieses Kriterium ist für die Personalbemessung nicht zwingend.
- Leitungszusammenhang: Planstellenbereiche werden nach der Einflussnahme von Entscheidungsträgern abgegrenzt, um eindeutige Zuständigkeiten für Personalüberhänge oder -defizite oder den Einsatz von Leihkräften zu schaffen.
- Zeiten-Mengen-Gerüst: Planstellenbereiche werden so abgegrenzt, dass ihnen Zeiten und Mengen, z. B. mit Hilfe von Arbeitsplänen, eindeutig zuzuordnen sind. Das ist eine notwendige Bedingung.

2. Schritt: Aufgaben erfassen und den Planstellen zuordnen. Aufgabenstruktur
Den Planstellen PST_y werden die dort planmäßig zu erfüllenden Aufgaben A_i (1 ..... i ..... p) zugeordnet. Im direkten Produktionsbereich sind die Aufgaben den Arbeitsplänen zu entnehmen. In indirekten Bereichen, in denen es meist keine Arbeitspläne gibt, sind die Aufgabenstrukturen zu erheben.

3. Schritt: Zeiten-Mengen-Gerüst erstellen. Grundlast
In jeder Planstelle PST_y werden den Aufgaben A_i die Grundzeiten t_{gi} und Mengen m_i zugeordnet und aus deren Produkten das Zeiten-Mengen-Gerüst gebildet. Liegen Arbeitspläne vor, sind diesen die Zeiten und den Auftragsdaten die Mengen zu entnehmen. Die *Grundlast* GL_y je Planstelle PST_y für die Bemessungsperiode wird berechnet aus der Produktsumme von Grundzeit t_{gi} und Arbeitsmenge m_i, bei der Aufgabe A_i.

$$GL_y = \sum_{i=1}^{p} t_{gi} \cdot m_i$$

4. Schritt: Personalbedarf ermitteln. Personalbedarf
Auf der Grundlage des Zeiten-Mengen-Gerüsts wird der *Einsatzbedarf* EB_y je Planstelle PST_y durch Addition der Grundlast GL_y und der *Verteillast* VL_y[177] ermittelt (vgl. Teil II, Abschnitt 4.3.3).

$$EB_y = GL_y + VL_y = GL_y\left(1 + \frac{z_v}{100}\right)$$

176 Die Erfüllung der beiden ersten Kriterien ist eine notwendige, die des letzten Kriteriums eine hinreichende Bedingung.

177 Die Verteillast steht für das Erfüllen ungeplanter, deshalb zu periodisierender Aufgaben und wird durch Verwenden von Verteilzeit-Zuschlagssätzen zv ermittelt.

Beispiel: Für eine Planstelle wurden ermittelt (Monatswerte):

Grundlast GL (für planmäßige Aufgaben)	1.164 Stunden
+ Verteillast VL (für ungeplante Aufgaben, bei $z_v = 11\,\%$)	128 Stunden
= Einsatzbedarf EB	1.292 Stunden

Personal-Reservebedarf

Der Einsatzbedarf EB_y = 1.292 Stunden steht für das Erfüllen des Arbeitsprogramms (Aufgaben A_i und die dazu anfallenden Arbeitsmengen m_i) der Planstelle. Der Einsatzbedarf ist eine Nettogröße, weil dabei noch nicht berücksichtigt ist, dass die den Planstellen zugeordneten Mitarbeiter nicht ständig anwesend sind. Das erfolgt durch Berücksichtigung des *Personal-Reservebedarfs*. Im Jahresmittel ist täglich etwa jeder zehnte Mitarbeiter allein wegen Urlaub abwesend. Wie man mit Absenzen, z. B. wegen Urlaub, Krankheit und Fortbildung umgeht, wird nachfolgend beschrieben.

Tagearten und Reservebedarfsfaktoren (Beispiel)		Absenz wird berücksichtigt durch	
		Abschlag	Zuschlag
Anzahl Kalendertage	365		
Anzahl Regelarbeitstage	251	100 %	126,8 %
Anzahl Absenztage bzw. Reservebedarfstage	53	21,1 %	26,8 %
Anwesenheitstage	198	78,9 %	100 %
Reservebedarfsabschlagsfaktor t_{RBA} zur Bestimmung des Brutto- aus dem Netto-Personalbestand		0,789	
Reservebedarfszuschlagsfaktor t_{RBZ} zur Bestimmung des Brutto- aus dem Netto-Personalbedarf			1,268

Abbildung IV-89 Beispiel zur Ermittlung der Personal-Reservebedarfsfaktoren

Bei den folgenden Rechnungen geht es darum, methodisch eine Brücke zu schlagen zwischen dem

- *Netto-Personalbestand* N-PBS_y, das ist die Anzahl im Periodenmittel einsetzbarer, anwesender FTE und
- *Brutto-Personalbedarf* B-PBD_y, das ist die notwendige Anzahl FTE, um diese Netto-Anwesenheit zu gewährleisten.[178]

Der *Netto-Personalbedarf* N-PBD_y wird ermittelt nach:

$$\text{N-PBD}_y = \frac{EB_y}{AZ_y}$$

Beispiel: Die Regelarbeitszeit pro Monat beträgt 152 Stunden:

$$\text{N-PBD}_y = 1.292 \text{ Std.} / 152 \text{ Std./FTE} = 8{,}5 \text{ FTE}$$

Der *Brutto-Personalbedarf B-PBD_y* wird ermittelt nach:

$$\text{B-PBD}_y = \text{N-PBD}_y \cdot f_{RBZ}$$

Beispiel: In Abbildung IV-89 wurde ein *Reservebedarfs-Zuschlagsfaktor* f_{RBZ} = 1,268 ermittelt.

$$\text{B-PBD}_y = 8{,}5 \text{ FTE} \cdot 1{,}268 = 10{,}8 \text{ FTE}$$

178 Wir haben es hier mit einer Mittelwertbetrachtung zu tun. Das bedeutet, dass diese Zahlen aus Jahresstatistiken gewonnen werden und an manchen Tagen zu knapp, an anderen Tagen eigentlich zu reichlich bemessen sind.

Das bedeutet, dass man einen Brutto-Personalbestand von 11 FTE haben müsste, um den Netto-Personalbedarf von 8,5 FTE zu decken.

Personalbestand

5. Schritt: Personalbestand ermitteln.
Der *Brutto-Personalbestand* B-PBS_y in Stunden wird ermittelt nach:

$$\text{B-PBS}_y = AZ_y \cdot FTE_y$$

Beispiel: Der betrachteten Planstelle sind 12 FTE zugewiesen, und die Regelarbeitszeit beträgt 152 Stunden/Monat/Planstelle.

$$\text{B-PBSy} = 152 \text{ Std./FTE/Planstelle} \cdot 12 \text{ FTE} = 1.824 \text{ Std.}$$

Der *Netto-Personalbestand* N-PBS_y in Stunden wird ermittelt nach:

$$\text{N-PBS}_y = \text{B-PBS}_y \cdot f_{RBAy}$$

Beispiel: In Abbildung IV-89 wurde ein *Reservebedarfs-Abschlagsfaktor* f_{RBA} = 0,789 ermittelt.

$$\text{N-PBSy} = 1.824 \text{ Std.} \cdot 0{,}789 = 1.440 \text{ Std.}$$

Der Netto-Personalbestand N-PBSy in FTE wird daraus ermittelt nach:

$$\text{N-PBS}_y = \frac{\left(\text{B-PBS}_y \cdot f_{RBAy}\right)}{AZ_y}$$

Beispiel: Die 1.440 Stunden stehen für 1.440 Std./152 Std/FTE = 9,5 FTE

Personalmehr- oder -minderbedarf

6. Schritt: Personalmehrbedarf/Personalminderbedarf ermitteln.
Die *Personalbestands-Überdeckung* oder *-Unterdeckung* wird ermittelt durch Subtraktion des Netto-Personalbedarfs N-PBDy (die erforderlich verfügbaren FTE) und des Netto-Personalbestands N-PBSy (die wirklich verfügbaren FTE).

Wenn N-PBDy > N-PBSy, liegt ein Mehrbedarf bzw. eine Unterdeckung vor.

Bei (N-PBDy = 8,5 FTE) < (N-PBSy = 9,5 FTE) → 1 FTE Überdeckung im aktuellen Monat.

Dieser Effekt ergibt sich auch beim Verwenden der Bruttogrößen, (B-PBDy = 10,8 FTE) < (B-PBSy = 12 FTE) → 1,2 FTE Überdeckung.

6.2.4 Analytische Personalbemessung bei direkter Mengenversorgung

Beispiel

Nachfolgend wird ein Beispiel zur kurzfristigen Personalbemessung (Planungshorizont: 1 Kalenderwoche) für einen Fertigungsbetrieb gezeigt. Dabei handelt es sich um eine Kombination von Personalbemessung und Personaleinsatzplanung, weil bei den Absenzen mit differenzierten Werten gerechnet wird. Aufgrund der ausgewiesenen Unterdeckungen wird Mehrarbeit geplant, und es werden Leihkräfte disponiert. Abbildung IV-91 ist zu entnehmen, dass die Personalbemessung für sechs Planstellenbereiche in vier Werken für die direkten Mitarbeiter durchgeführt wird. Das Zeiten-Mengen-Gerüst wird also über Arbeitspläne versorgt. In Abbildung IV-90 wird für den ersten Planstellenbereich (= Werk 1 – Spritzgießerei) die Personalbemessung dargelegt.

Stand 19.02.2010 · Werk 1 Spritzgießerei		Std./Woche	Std./Tag	FTE	Anteile vom B-PBD
1.	Netto-Personalbedarf KW10 2010 nach SAP-APL	988,0	198,0	28,2	48,1 %
2.	Zuschläge auf den Netto-Personalbedarf lt. SAP-APL				33,9 %
2.1	+ Rüsten und Störungen (in SAP-APL nicht enthalten)	172,9	34,7	4,9	8,4 %
2.2	+ Ausschuss im Mittel über alle Artikel in Werk 1	29,6	5,9	0,8	1,4 %
2.3	– Kleinmengenzuschlag auf die APL-Zeiten	148,2	29,7	4,2	7,2 %
2.4	– ungeplante Personalineffizienzen für Serienartikel	247,0	49,5	7,1	12,0 %
2.5	– Personalmehraufwand bei Neuanläufen	98,8	19,8	2,8	4,8 %
3.	Netto Personalbedarf nach Zuschlägen auf SAP-APL	1.684,5	337,6	48,1	
4.	Absenzen (Ist-Werte)				18,0 %
4.1	Abwesenheiten geplant (z. B. Urlaub)	28,0	5,6	**0,8**	1,4 %
4.2	Abwesenheiten ungeplant (z. B. krank)	343,0	68,3	**9,8**	16,7 %
5.	Brutto-Personalbedarf	2.055,5	411,5	**58,7**	100,0 %
6.	Stammpersonal lt. Personalplan (Brutto)			**45,0**	76,6 %
7.	Personal-Unterdeckung (Mehrarbeits- oder Leihkräftebedarf)			**13,7**	23,4 %
8.	Anzahl Leihkräfte bestellt oder vorhanden			**10,4**	17,7 %
9.	Personalunter-/-überdeckung nach Bestellung Leihkräfte – Mehrarbeitsvolumen			**-3,3**	-5,7 %

Abbildung IV-90 Beispiel zur Personalbemessung für einen Planstellenbereich

1. Im ersten Schritt wird aus den Aufträgen pro Kalenderwoche und den zugehörigen Arbeitsplänen der Netto-Personalbedarf mit 28,2 FTE ermittelt.
2. Dann wird im zweiten Schritt berücksichtigt, dass die Arbeitspläne hier keine Rüstzeiten enthalten, Ausschuss erwartet wird oder Mehrzeiten wegen Kleinstlosen und Neuanläufen entstehen. Dafür werden die planmäßigen Ausführungszeiten beaufschlagt.
3. Es wird der Netto-Personalbedarf mit 48,1 FTE ermittelt.
4. Da es sich um einen sehr kurzen Planungszeitraum handelt, wird kein statistisch ermittelter Reservebedarfszuschlag verwendet, sondern zwischen langfristig vorhersehbaren (4.1) und kurzfristig erkannten Abwesenheiten für die Planungswoche (4.2) unterschieden.
5. Der Brutto-Personalbedarf beträgt dann 58,7 FTE, und als Brutto-Personalbestand (Stammpersonal) werden 45 FTE ausgewiesen.
6. Kurz- bis mittelfristige Personalunterdeckungen, hier von 13,7 FTE, begegnet man durch den Einsatz von Leihkräften und Mehrarbeit der Stammbelegschaft.
7. Durch Subtraktion der verfügbaren Leihkräfte (10,4 FTE) von der Personalunterdeckung wird die verbleibende Personalunterdeckung ermittelt.
8. Die verbleibende Personalunterdeckung von 3,3 FTE könnte man über Mehrarbeit abfangen. Dann würden in der Planungswoche pro Stamm-Mitarbeiter weniger als eine Überstunde anfallen.

Bei den beiden letzten Schritten liegt bereits eine *Personaleinsatzplanung* vor, weil es hier schon um die Personalbereitstellung geht. In der Praxis werden Personalbemessung und Personaleinsatzplanung oft zusammengefasst.

In Abbildung IV-91 sind die Planungen für alle sechs Planstellenbereiche zusammengestellt. Die Daten für die anderen Planstellenbereiche wurden in gleicher Weise ermittelt, wie vorstehend zum Planstellenbereich »Werk 1 – Spritzgießerei« erläutert. Auffällig ist der hohe Anteil an Leihkräften[179],

179 Eine andere Situation liegt vor, wenn sich Unternehmen oder Unternehmensteile in der Krise befinden. Um die Kosten für einen dann ggf. anstehenden Personalabbau möglichst gering zu halten, streben diese einen möglichst hohen Leihkräfteanteil an.

insbesondere dann, wenn sich dieser über einen längeren Zeitraum stabilisieren würde. Die nominalen Personalkosten von Leihkräften sind meistens höher als die von Stamm-Mitarbeitern. Andererseits ist für Leihkräfte kein Reservebedarfszuschlag vorzusehen.

Betriebsbereich	Position		Planstellenbereiche		
			Werk 1	Werk 2	Werk 3
Spritzgießerei – KW 8/2010, Angaben in FTE	1	Brutto-Personalbedarf	58,7	103,6	114,0
	2	Stammpersonal lt. Personalplan (Brutto)	45,0	72,0	103,0
	3	Leihkräftebedarf	13,7	31,6	11,0
	4	bestellte Leihkräfte	10,4	35,0	11,0
	5	Differenz Bedarf/Bestellung Leihkräfte	-3,3	3,4	-

Betriebsbereich	Position		Planstellenbereiche		
			Werk 1	Werk 2	Werk 4
Montage und andere Bearbeitungen – KW 8/2010, Angaben in FTE	1	Brutto-Personalbedarf	33,2	156,5	57,8
	2	Stammpersonal lt. Personalplan (Brutto)	19,0	120,0	51,4
	3	Leihkräftebedarf	14,2	56,5	6,5
	4	bestellte Leihkräfte	13,0	49,0	1,0
	5	Differenz Bedarf/Bestellung Leihkräfte	-1,2	-7,5	-5,5

Gesamtbetrieb	Nr.	KW 8/2010	FTE	Anteil
	1	Brutto-Personalbedarf	523,9	
	2	Stammpersonal lt. Personalplan (Brutto)	410,4	78 %
	3	Leihkräftebedarf	133,6	25 %
	4	bestellte Leihkräfte	119,4	
	5	Differenz Bedarf/Bestellung Leihkräfte	-14,2	-3 %

Abbildung IV-91 Beispiel zur Personalbemessung für den Gesamtbetrieb (direkte Mitarbeiter in der Produktion)

Beim folgenden Beispiel diente die Personalbemessung der Personalkostenbudgetierung. Ferner war zu beurteilen, ob der Personalbestand der Planstellen angemessen ist. Abbildung IV-92 ist zu entnehmen, dass Qualitätsprüfungen sowohl durch die Produktion als auch durch das Qualitätsmanagement durchgeführt werden. Für jede Funktionsgruppe wurde stichprobenmäßig der Prüfaufwand erhoben, über die geplanten Jahresmengen auf das Geschäftsjahr hochgerechnet und daraus die Anzahl erforderlicher FTE ermittelt. Beispiel

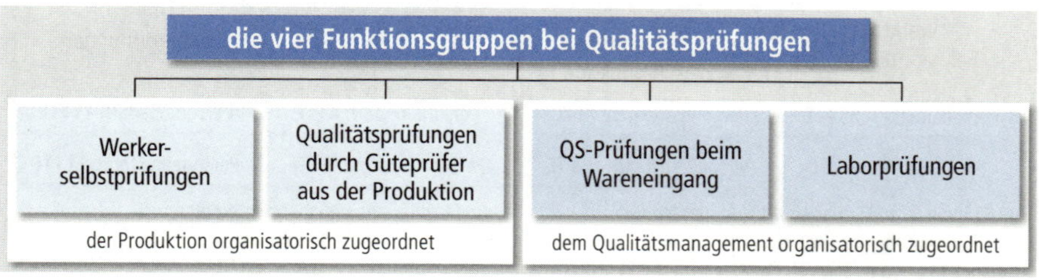

Abbildung IV-92 Beispiel zur Abgrenzung der Funktionsgruppen für den Funktionsbereich »Qualitätsprüfungen«

Das Vorgehen ist Abbildung IV-93 zu entnehmen. In den Spalten [1] und [2] sind die Produktionsbereiche und deren Produktgruppen angeführt. Da es zu jeder Produktgruppe zwischen 10 und 50 Produkte gibt, wäre der Erhebungsaufwand bei einer Analyse aller Produkte nicht zu rechtfertigen.[180] Deshalb werden in den Spalten [1] und [2] jene Bereiche und Produktgruppen angeführt, bei denen eine Werkerselbstprüfung vorkommt. Für die Produktgruppen wurden repräsentative Produkte ausgewählt, sogenannte Referenzprodukte.

[1] Bereich	[2] Funktionsgruppe Werkerselbstprüfung - Produktgruppen und Referenzprodukte	[3] Menge in Stück p. a. der Referenzprodukte	[4] Prüfzeit lt. APL in Std./Stück	[5] Prüfzeit bei den Referenzprodukten in Std. p. a. (= [3] · [4])	[6] Jahresmenge der Produktgruppe	[7] Prüfzeit zur Produktgruppe (= [4] · [6])	[8] Brutto-Personalbedarf in FTE bei 1.450 Std. Netto-AZ p. a. (= [7] / 1.450])
KM	zu PG 1: Integralträger	76.538	0,02931	2.243	329.206	9.648	6,7
	zu PG 2: ZB B-Säule	257.020	0,00154	395	4.540.705	6.978	4,8
	zu PG 3: ZB Aufnahme	10.690	0,00558	60	9.276.630	51.720	35,7
ÜB	PG 4: ÜRB	125.603	0,01389	1.745	834.656	11.596	8,0
PW	zu PG 5: Querträger	242.885	0,00014	35	2.923.118	421	0,3
	zu PG 6: Haltergewindeplatte	178.309	0,00007	12	3.768.500	254	0,2
	zu PG 7: Anschlussträger	213.325	0	0	5.642.483	0	0
	Summe aller Bereiche					**80.617**	**55,6**

Abbildung IV-93 Beispiel zur Ermittlung des Brutto-Personalbedarf für eine Funktionsgruppe

In Spalte [3] werden die Jahresmengen der Referenzprodukte und in Spalte [4] die Prüfzeiten laut Arbeitsplan angeführt. Deren Produkt ergibt in Spalte [5] den Prüfzeitaufwand p. a. für die Referenzprodukte. In Spalte [6] werden die Jahresmengen der Produktgruppen angeführt. Da die Referenzprodukte für eine Produktgruppe repräsentativ sind, gilt das auch für die in Spalte [4] angeführten Prüfzeiten. Deshalb wird in Spalte [7] durch Multiplikation der Prüfzeit aus Spalte [4] mit den in Spalte [6] angeführten Produktgruppen-Jahresmengen der Prüfzeitaufwand p. a. je Produktgruppe bestimmt. Absenzen werden berücksichtigt, indem die Netto-Jahresarbeitszeit pro FTE bestimmt wird. Sie beträgt 1.450 Stunden. Dann wird der Brutto-Personalbedarf (B-PBD) in Spalte [8] durch Division des Prüfzeitbedarfs mit 1.450 bestimmt.

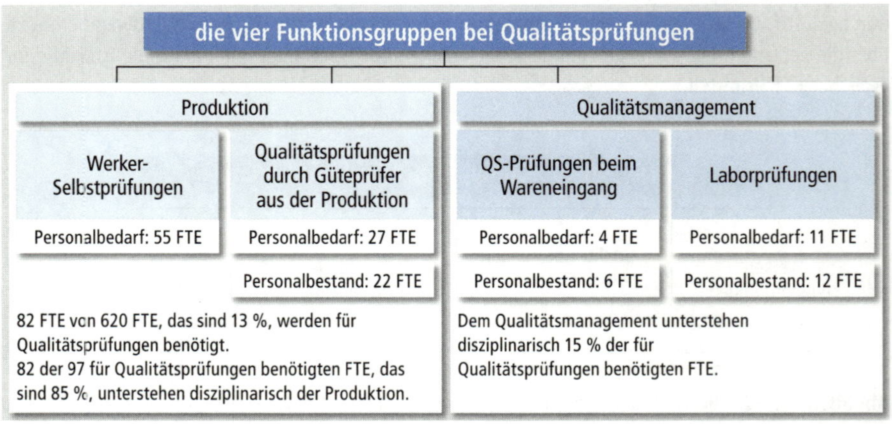

Abbildung IV-94 Beispiel zur Personalbemessung für den Funktionsbereich »Qualitätsprüfungen«

180 Das gilt für den hier vorliegenden Entwicklungsstand der IT. Bei höheren Entwicklungsständen kann das ggf. kein Problem darstellen.

Die Ergebnisse zu den vier Funktionsgruppen sind Abbildung IV-94 zu entnehmen. Bei der Werkerselbstprüfung ist kein Personalbestand eingetragen, weil diese in verschiedenen Planstellen vorkommt und dort nur einen relativ geringen Teil der Kapazität bindet. Bei den anderen Funktionsgruppen liegen einmal ein Personalminderbedarf und zweimal ein Personalmehrbedarf vor. Auf der Grundlage der ausgewiesenen FTE sind die Personalkosten für Qualitätsprüfungen im Rahmen der Qualitätskosten zu planen. Der in der Produktion in Qualitätsprüfungen gebundene Ressourcenanteil von 13 % führt zu einer hohen Qualitätskosten-Belastung, so dass sich hier eine tiefergehende Analyse anbietet. Eventuell funktioniert die Werkerselbstprüfung noch nicht oder man meint, sich nicht darauf verlassen zu können. Positiv ist, dass 85 % der FTE der Produktion und nur 15 % dem Qualitätsmanagement zugeordnet sind.

6.2.5 Analytische Personalbemessung bei indirekter Mengenversorgung

Analytische Personalbemessungen mit indirekter Mengenversorgung werden z. B. in der Entwicklung, im Engineering, Werkzeug-, Vorrichtungs-, Prototypen- und Musterbau oder in der Wartung und Instandhaltung durchgeführt. Sind dort nur wenige Personen beschäftigt, wird man ein summarisches Verfahren verwenden. Nur bei größeren Personenzahlen und Budgetierungen[181] bietet sich ein analytisches Verfahren an. In Abbildung IV-95 wird der Personalbedarf für eine Entwicklungsabteilung für das laufende Geschäftsjahr 2009 und das Planungsgeschäftsjahr 2010 ermittelt. Es werden 9 Planstellen unterschieden und drei Auftragsarten:

1. Vorentwicklungsprojekte. Diese sind »fest gebucht« und teilweise erlöswirksam.
2. Serienprojekte inkl. dazu anfallender Änderungen und Betreuungsleistungen für das Engineering und die Produktion.
3. Des langen Planungszeitraums wegen auch erwartete Entwicklungsaufträge (sog. Opportunities).

Planstellen		FTE 1.7.2009	FTE Vorentwicklungsprojekte		FTE Serie inkl. Änderung/Betreuung		FTE Opportunities		FTE Personalbedarf		FTE Mehr-/Minderbedarf	
			2009	2010	2009	2010	2009	2010	2009	2010	2009	2010
Anzahl Projekte			10	10	13	13	23	37	46	60		
1	Projektleiter	20	6,0	6,0	6,8	6,1	5,0	10,0	17,8	22,1	-2,2	2,1
2	Konstrukteur	22	0,0	0,0	14,5	14,5	7,0	11,5	21,5	26,0	-0,5	4,0
3	Technischer Zeichner	5	0,0	0,0	0,5	0,2	1,3	2,0	1,8	2,2	-3,3	-2,8
4	Versuchskoordinator	6	2,8	2,8	2,0	2,0	2,5	5,0	7,2	9,7	1,2	3,7
5	Versuchsmechaniker	4	0,0	0,0	3,3	3,3	1,5	3,3	4,8	6,6	0,8	2,6
6	FMEA-Moderator	3	0,7	0,7	0,8	0,6	1,0	2,0	2,4	3,3	-0,6	0,3
7	Entwicklungs-Controller	2	0,2	0,2	0,2	0,2	0,4	0,8	0,8	1,2	-1,2	-0,8
8	FEM-Berechner	4	1,5	1,5	1,3	1,3	5,0	4,0	7,8	6,8	3,8	2,8
9	FEM-Vernetzer	1	0,0	0,0	0,2	0,2	1,3	2,0	1,4	2,2	0,4	1,2
Summe FTE		**67**	**11,1**	**11,1**	**29,6**	**28,4**	**24,9**	**40,6**	**65,6**	**80,0**	**-1,4**	**13,0**

Abbildung IV-95 Beispiel zur Personalbemessung bei indirekter Mengenversorgung (Entwicklungsaufträge)

Für das laufende Geschäftsjahr wird ein Personalüberhang von 1,4 FTE ausgewiesen. Bei den Technischen Zeichnern liegt ein Personalabbau, bei den FEM-Berechnern ein Personalaufbau nahe. Nur ca. 40 FTE des für 2010 geplanten Personalbedarfs resultieren aus erwarteten und nicht aus erteilten

181 Bei der Budgetierung wird oft ein Zeiten-Mengen-Gerüst erstellt, das man auch für die Ermittlung des Personalbedarfs verwenden kann.

Entwicklungsaufträgen. Diese Relation ist für die Entwicklungsbereiche vieler Unternehmen typisch und weist auf ein Risiko hin.

Abbildung IV-96 ist der Rechengang zur Personalbedarfsbestimmung für die Opportunities zu entnehmen.

1. Die Wahrscheinlichkeit, mit der man von einer Auftragserteilung ausgeht, ist der vierten Spalte zu entnehmen. Beim Auftrag Nr. 10 rechnet man sich z. B. für die Auftragsgewinnung eine Chance von 50 % aus.
2. In die Tabellenfelder ist in der Einheit »1/10 FTE« der Brutto-Personalbedarf je Auftrag (Nr., Kunde, Bauteil) und Planstelle eingetragen. Dieser wurde durch Division von geschätzten Zeitaufwand in der Planstelle und Netto-Jahressarbeitszeit (= 1.450 Stunden) ermittelt. Darin ist der Reservebedarf berücksichtigt. Da es sich um Schätzwerte handelt, wurden die Ergebnisse auf 1/10 gerundet.
3. Je Planstelle werden die FTE-Summen gebildet. Bei den Konstrukteuren wird z. B. ein Brutto-Personalbedarf von 11,5 FTE für die Bearbeitung der vorliegenden Opportunities errechnet.
4. Die Summation über alle Planstellen weist aus, dass die Opportunities 40,6 FTE binden. Davon entfallen über 50 % auf zwei Planstellen: Projektleiter und Konstrukteure.
5. Die in der Fußzeile von Abbildung IV-96 ausgewiesenen FTE wurden in die Spalte »FTE Opportunities 2010« von Abbildung IV-95 übernommen.

Opportunities für 2009			Wahrscheinlichkeit per 1.7.08	[1]	[2]	[3]	[4]	[5]	[6]	[7]	[8]	[9]
Nr.	Kunde	Bauteil		Projektleiter	Konstrukteur	Technischer Zeichner	Versuchskoordinator	Versuchsmechaniker	FMEA-Moderator	Entwicklungs-Controller	FEM-Berechner	FEM-Vernetzer
1	Arden	Front-Crashbox 4	30 %	0,2			0,2	0,1			0,1	
2	Arden	Heck-Crashbox 4	30 %	0,2			0,1	0,1			0,1	
3	Arden	Haubenscharnier 4	30 %	0,1							0,1	
4	Arden	Vorderachsträger 4	50 %	0,8	1,5	0,3	0,3	0,1	0,1	0,1	1,0	0,3
5	Arden	Front-Crashbox 6	50 %	0,5		0,1	0,5	0,3	0,1	0,1	0,3	0,1
6	Arden	Heck-Crashbox 6	30 %									
7	Arden	Reserveradmulde 4	30 %	0,2			0,1	0,1			0,1	
8	Arden	Haubenscharnier 6	30 %	0,2	0,2		0,1	0,1			0,1	
9	Arden	Vorderachsträger 4	30 %									
10	Arden	Modulträger 4	50 %	0,8	1,5	0,3	0,3	0,1	0,1	0,1	1,0	0,3
11	Bemer	B-Säule 2	30 %									
12	Bemer	div. Fahrwerksteile	30 %									
13	Bemer	Querträger 2	50 %	0,5		1,0	0,5	0,3	0,1	0,1	0,3	0,1
14	Bemer	Aktorik 2	30 %									
15	Bemer	A-Säule 4	100 %	1,0		0,3	1,0	0,5	0,3	0,1	0,5	0,3
Summe FTE (wahrscheinlichkeitsgewichtet)				10,0	11,5	2,0	5,0	3,3	2,0	0,8	4,0	2,0
								40,6				

Abbildung IV-96 Ermittlung des Personalbedarfs bei indirekter Mengenversorgung aus erwarteten Entwicklungsaufträgen (Ausschnitt)

6.2.6 Personalbemessung mit Hilfe von Leitungsspannenkalkülen

Leitungsspanne

Für Planstellen, bei denen Managementaufgaben dominieren, kann man eine Personalbemessung mit Hilfe von Leitungsspannenkalkülen durchführen. Das trifft z. B. in der Produktion für die Hierarchieebenen Bereichsleitung, Meister und Schichtleiter/Vorarbeiter zu. Als *Leitungsspanne* wird die Anzahl direkt unterstellter Personen bezeichnet. Die Personalbemessung für die drei vorstehend genannten Hierarchieebenen kann in drei Schritten durchgeführt werden:

Bereichsleiter: standardisierte Führungs-, Administrations- und Engineeringaufgaben		Personenzahl- unabhängig	Personenzahl- abhängig (variabel)	Ausführungs- zeit in Std.	Ausführungs- häufigkeit/Monat	Std. pro Monat fix	Std. pro Monat variabel	Aufwandsanteil in % fix	Aufwandsanteil in % variabel
1	**Führungsaufgaben**								
111	periodische Kennzahlen besprechen, daraufhin Maßnahmen vereinbaren	Woche		3,00	4,20	12,60		26,9 %	52,5 %
113	Zielvereinbarungen aus der Unternehmensstrategie oder aktuellen Problemlagen ableiten und vornehmen	Halbjahr		8,00	0,17	1,33			
114	im Zusammenhang mit der Leistungsbeurteilung Fördergespräche führen, Fortschritte und Ergebnisse begleiten		Quartal	1,00	0,33		0,33		
126	Einhalten von Vorschriften (z. B. Arbeitsanweisungen, Prüfanweisungen, Arbeitsschutzbestimmungen) überwachen	Woche		1,00	4,20	4,20			
131	permanent das Entstehen von Konflikten erkennen und lösen	fallweise		1,50	4,20	6,30			
132	Erwartungen und aktuelle Probleme der Mitarbeiter besprechen		Woche	0,25	4,20		1,05		
2	**Administrationsaufgaben**								
21	**personale Administrationsaufgaben**								
211	**personale Aufgaben im Zusammenhang mit mehreren Personen**								
211.01	Stellenpläne entwickeln und Stellenausschreibungen bei PE initiieren	Halbjahr		8,00	0,17	1,33		18,7 %	-
211.02	theoretischen Personalbedarf lt. PE mit aktuellen Gegebenheiten abgleichen und mit PE ggf. Korrekturen absprechen	Woche		1,50	4,20	6,30			
211.04	Leasingkräfte über Fertigungsleitung bei PE anfordern	Monat		1,00	1,00	1,00			
211.09	neue Anweisungen/Vorschriften/Top-down-Vorgaben der nächsten hierarchischen Ebene erläutern	fallweise		1,00	4,20	4,20			
211.10	Vorgesetzte periodisch über aktuelle Anliegen, Probleme und Erwartungen der operativen Mitarbeiter informieren (von Ebene zu Ebene)	Woche		1,00	4,20	4,20			
212	**personale Aufgaben im Zusammenhang mit einer Person**								
212.01	bei Einstellungs- und Entlassungsgesprächen mitwirken, unter fachlichen Aspekten Auswahl treffen, bzw. neue Bewerber einfordern	fallweise		6,00	0,17	1,00		3,7 %	3,1 %
212.02	Abmahnungen bei der PE initiieren und aktiv mittragen	fallweise		1,00	0,33	0,33			
212.03	Reisen entscheiden, einschließlich der damit verbundenen Zwecke und Kosten	fallweise		2,00	1,00	2,00			
212.04	bei Stellenwechseln von Mitarbeitern die PE informieren und damit ggf. eine Änderung der Entgeltgruppe sicherstellen		Quartal	0,25	0,33		0,08		
22	**sachbezogene Administrationsaufgaben**								
221	**Administration im engeren Sinne**								
221.01	Fraktal-Budget (Indirektes Personal, Gemeinkosten-Personal, Arbeitsschutzausgaben, GwG, Ausschuss/Nacharbeit) erstellen u. Budgeteinhaltung kontrollieren	Monat		4,00	1,00	4,00		13,6 %	-
221.02	Controlling zu CIS-Sachverhalten durchführen, die nach den vier hierarchischen Ansprechebenen unterschieden sind	Woche		2,00	4,20	8,40			
222	**Administration im weiteren Sinne (insb. Koordination und Kommunikation)**								
222.01	proaktiv Kundenkontake (Direktverbraucher, QS) gemeinsam mit der QS, VE herstellen und pflegen	Quartal		8,00	0,33	2,64		3,6 %	44,3 %
222.02	arbeitsorganisatorische Regelungen (z. B. Ablösungen, Springer, Job-Rotation) im Zuständigkeitsbereich umsetzen, praktizieren		Halb-jahr	1,00	0,17		0,17		
222.03	Meetingstrukturen im Zuständigkeitsbereich bestimmen und Zweckmäßigkeit von Meetings sicherstellen	Halbjahr		4,00	0,17	0,67			
222.04	Erfüllung von Umweltschutz-Vorschriften nach Arbeitsanweisungen überwachen, Verstöße identifizieren und Abstellung anweisen		Monat	1,00	1,00		1,00		
223	**Verbesserungen**								
223.04	Verbesserungsvorschläge bearbeiten, weiterleiten (Bewertungskommission) und später im Verantwortungsbereich die Umsetzung unterstützen	Monat		2,50	1,00	2,50		31,6 %	-
223.05	Fehler, Beschwerden, Reklamationen unter Einbeziehung der QS technisch bearbeiten, in Verbesserungen und Abstellmaßnahmen umsetzen	Tag		1,00	21,00	21,00			
223.06	Ermittlung von Mehr-/Nacharbeit sowie dazu vorzusehende Abstellmaßnahmen initiieren und verfolgen	Woche		1,25	4,20	5,25			
3	**Engineeringaufgaben**								
322	Personalbedarf berechnen, bei PE anfordern und bereitstellen	fallweise		4,00	0,08	0,33		1,8 %	-
323	übergebende Bereiche beim Abstellen der identifizierten Mängel unterstützen und danach die Prozessverantwortung übernehmen	fallweise		8,00	0,08	0,67			
325	nach SOP kostenträchtige Planabweichungen erfassen und an Controlling zur Kostenstellenentlastung und Projektbelastung leiten	fallweise		8,00	0,08	0,67			
Summen						90,92	2,63		
AZ/Monat - ohne Reservebedarf z. B. Krankheit, Urlaub						168			
Zeitbedarf für Fachaufgaben						60			
Leitungsspanne in Anzahl Meister						**6,5**			

Abbildung IV-97 Beispiel zur Ermittlung der Leitungsspanne aus der Aufgabenstruktur und dem Zeiten-Mengen-Gerüst

1. Auf der Basis »operative Mitarbeiter« wird die Leitungsspanne bei den Schichtleitern/Vorarbeitern errechnet. Der (Netto-)Personalbedarf für diesen Stellentyp ergibt sich dann aus dem Quotienten »operative Mitarbeiter/Leitungsspanne«.
2. Der Personalbedarf an Schichtleitern/Vorarbeitern bildet wiederum die Basis für die Ermittlung des Personalbedarfs bei den Meistern und
3. dieser die Basis für die Ermittlung des Personalbedarfs bei den Bereichsleitern.

Leitungsspannenkalkulation

Die Methode der *Leitungsspannenkalkulation* wurde im Abschnitt 2.4.5 erläutert. Anhand des in Abbildung IV-97 angeführten Beispiels wird sie nachfolgend für den Stellentyp des Bereichsleiters zum Zwecke der Personalbemessung angewandt.

In Abbildung IV-97 ergibt sich folgendes Ergebnis:

$$LS_{SOLL} = (168 \text{ Std.} - 60 \text{ Std.} - 90{,}92 \text{ Std.}) / 2{,}63 \text{ Std./Person} = 6{,}5 \text{ Personen}$$

Die Soll-Leitungsspanne eines Bereichsleiters liegt zwischen 6 und 7 Meistern. Wurde z. B. im vorhergehenden Schritt ein Bedarf von 20 Meistern ermittelt, würde man, technische und andere Aspekte

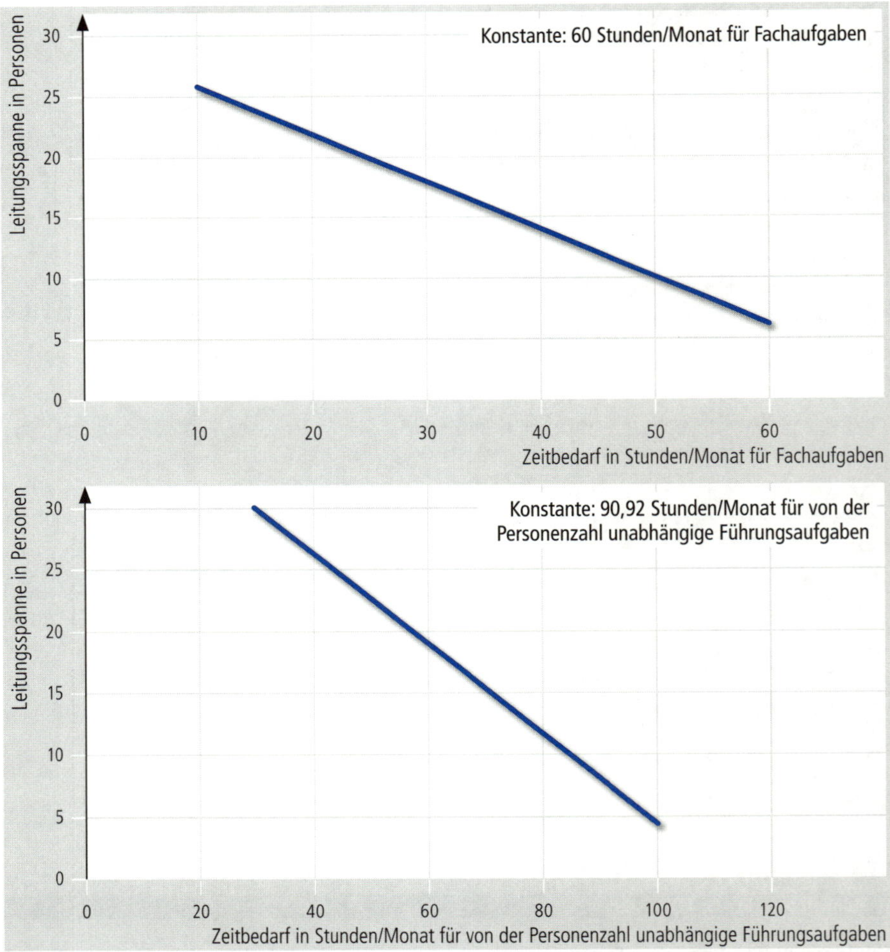

Abbildung IV-98 Beispiel für die Abhängigkeit der Leitungsspanne von Leitungsstellen und vom Ausmaß an Fachaufgaben (oben) und vom Ausmaß personenzahlunabhängiger Führungsaufgaben (unten)

außer Acht gelassen, 3 Bereichsleiter einsetzen. Dabei handelt es sich um einen Netto-Personalbedarf. Dieser wird bei Managementstellen jedoch auch als Bruttobedarf behandelt, weil man Stellvertretungen im Allgemeinen durch die nächstniedere Hierarchieebene vornehmen lässt.

Abbildung IV-98 ist zu entnehmen, wie die Leitungsspanne zunimmt und der Personalbedarf sinkt, wenn der Zeitbedarf für das Erfüllen von Fachaufgaben sinkt (hier 35 %). Dem unteren Bildteil ist zu entnehmen, wie man die Leitungsspanne erhöhen könnte, wenn man den großen Block der personenzahlunabhängigen Managementaufgaben reduzieren würde.

6.3 Personalentwicklung

6.3.1 Überblick

Personalentwicklung

Der Begriff der *Personalentwicklung* wird unterschiedlich interpretiert. Als engste Interpretation steht Personalentwicklung als Synonym für Qualifizierung. In einem weit gefassten Verständnis steht sie für das Bemühen, Menschen und Organisationen zu befähigen, ihre Arbeit effektiv und effizient zu leisten und sich offen neuen Herausforderungen zu stellen. Unternehmen, die sich als Akteur in einer Wissensgesellschaft sehen, werden eher zu einem weit gefassten Verständnis neigen: Personalentwicklung ist ein Schlüssel zur Förderung der Unternehmensentwicklung durch gezielte Lern-, Entwicklungs- und Veränderungsprozesse. Die Personalentwicklung ist auch im Produktionssystem zu berücksichtigen (vgl. Teil I, Abschnitt 3.4).

Wir setzen uns hier mit zwei Aspekten der Personalentwicklung auseinander:

1. *Stellen- und Qualifikationsplanung*: Festlegungen,
   - welche **A**ufgaben, **K**ompetenzen und **V**erantwortungen (= AKV) den Planstellen zu übertragen und
   - welche Qualifikationen dafür erforderlich sind.
2. *Qualifizierungssteuerung*: Maßnahmen, mit denen sichergestellt wird, dass die Planstellen mit Mitarbeitern besetzt sind, die über die erforderlichen Qualifikationen verfügen.

6.3.2 Grundbegriffe

Aufgabe, Kompetenz, Verantwortung, Qualifikation

Die Stellen- und Qualifikationsplanung ist die Grundlage der Personalbemessung, denn ein Personalbedarf von z. B. vier Prüfern im Wareneingang oder von drei Bereichsleitern basiert auf den zugewiesenen

1. *Aufgaben*: Beschreibungen vorgesehener, zielgeleiteter Handlungen, die Stelleninhabern (Aufgabenträger) abverlangt werden;
2. *Kompetenzen*[182]: Befugnisse, die Stelleninhabern übertragen und deren Ausübung notwendig ist, um die Aufgaben erfüllen zu können;
3. *Verantwortungen*: Verpflichtungen, die Stelleninhabern im Zusammenhang mit der Aufgabenerfüllung und Kompetenzausübung auferlegt werden;

182 Dabei handelt es sich um die sogenannte formale Kompetenz. Daneben spricht man von informaler Kompetenz und von Sozialkompetenz. Die informale Kompetenz ist die durch Bildung und Persönlichkeit erworbene und von anderen anerkannte Geltung eines Menschen. Im Gegensatz zur formalen Kompetenz kann die informale Kompetenz nicht delegiert, sondern nur erworben werden. Die soziale Kompetenz ist insofern ein schwammiger Begriff, als sie nicht methodisch zu bestimmen ist. In der Arbeitswelt verstehen die meisten darunter die Fähigkeit, durch eigenes Verhalten das Verhalten anderer im Sinne der Unternehmensziele zu beeinflussen.

4. *Qualifikationen*: Fähigkeiten von Stelleninhabern, ihre Aufgaben auf einem »gewissen Niveau« zu erfüllen bzw. Anforderungen gerecht zu werden, denen sie allein aufgrund ihrer Berufsausbildung nicht gerecht werden könnten. Qualifikationen im hier verstandenen Sinne werden durch Fort- und Weiterbildung erworben.

Stellenplanungsergebnisse werden meistens in Form von Stellentypen- und Planstellenbeschreibungen dokumentiert. Bei der Qualifikationsplanung gibt es keine einheitlichen Lösungsschemata.

Das Entwickeln von *Stellenbeschreibungen* unter dem primären Aspekt der Entgeltdifferenzierung wird im Abschnitt 7.3.4 beschrieben. Um sie für die Personalbedarfsplanung verwenden zu können, müssen die zu erfüllenden Aufgaben vollständig sein. Die Kompetenzen und Verantwortungen müssen nicht explizit angeführt werden, jedoch den Aufgaben zu entnehmen sein. Die wichtigsten *Kompetenzarten* sind:

Kompetenzarten

- Ausführungskompetenz: im Rahmen einer übertragenen Aufgabe tätig werden,
- Anordnungskompetenz: andere Stellen veranlassen, Entscheidungen umzusetzen,
- Vertretungskompetenz: einen Stelleninhaber bei dessen Abwesenheit vertreten,
- Verfügungskompetenz: über Ressourcen auch dann verfügen, wenn sie nicht zum eigenen Zuständigkeitsbereich gehören,
- Entscheidungskompetenz: zwischen Alternativen wählen können.

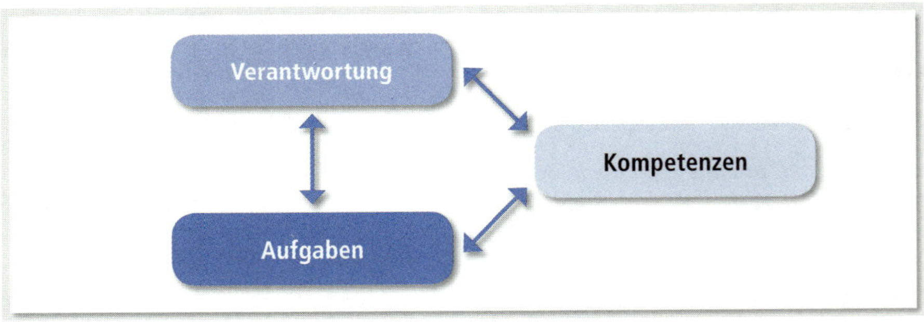

Abbildung IV-99 Die wechselseitige Abhängigkeit von Aufgaben, Kompetenzen und Verantwortungen

Ergebnisverantwortung

Werden Ausführungs- und Entscheidungskompetenzen delegiert, entsteht entsprechend des Delegationsumfangs eine bestimmte *Ergebnisverantwortung*. Werden Vertretungs- und Verfügungskompetenzen delegiert, entstehen auch hierzu Verantwortungen. In der Praxis wird, meist Bezug nehmend auf die Vertreter des *Harzburger Modells*[183], die Kongruenz von Aufgabe, Kompetenz und Verantwortung (= AKV-Kongruenz) postuliert (vgl. Abbildung IV-99). Danach bedingt jede Aufgabe notwendige Kompetenzen, und die vergebenen Kompetenzen gebieten die Übernahme eines bestimmten Ausmaßes an Verantwortung. Das trifft für Ausführungs- und Entscheidungskompetenzen zu, denn diese beziehen sich auf Aufgaben und die aus der Aufgabenerfüllung entstehenden Arbeitsergebnisse. Werden andere Befugnisse delegiert, z. B. Vertretungs- und Verfügungskompetenzen, entstehen andere Arten von Verantwortungen, letztendlich aber stets für irgendwelche Resultate. Zu allen nicht delegierten Kompetenzen verbleibt die Verantwortung bei der entsprechenden Instanz.

Die wichtigste Verantwortungsart ist die Ergebnisverantwortung. Zum Zusammenhang zwischen Entscheidungskompetenz und Ergebnisverantwortung gibt es unter dem Aspekt des dadurch ausgelösten Personalbedarfs zwei Betrachtungen:

183 Vgl. z. B. Höhn, R.: Führungsmodelle – Harzburger Modell. In: Kieser, A.; Reber, G.; Wunderer, R. (Hrsg.): Handwörterbuch der Führung. Stuttgart: Poeschel, 1987, Sp. 614–621.

1. Festlegung der Verantwortung: Das Ausmaß zu delegierender Entscheidungskompetenz hängt vom gewünschten Ausmaß an Ergebnisverantwortung bei der betrachteten Aufgabe ab. Der funktionelle Zusammenhang lautet dann:

   Ergebnisverantwortung = f (Aufgaben, übertragene Entscheidungskompetenzen).

2. Festlegung der Kompetenz: Das Ausmaß an Ergebnisverantwortung hängt vom Ausmaß übertragener Entscheidungskompetenzen bei der betrachteten Aufgabe ab. Es wird ein höheres Maß an Entscheidungskompetenz delegiert, wenn Aufgabenträger komplexere Aufgaben erfüllen sollen. Der funktionelle Zusammenhang lautet dann:

   Entscheidungskompetenzen = f (Aufgaben, gewünschten Ergebnisverantwortungen).

6.3.3 Stellenplanung

Gestaltungsräume bei der Stellenplanung

Bei der Stellenplanung bestehen folgende Gestaltungsräume (vgl. Teil III, Abschnitt 6.3):

1. Quantitative Aufgabenreduzierung (Aufgabenniveaukonstanz bei Reduzierung der Aufgabenmenge): Aufgaben werden auf andere gleichrangige Planstellen verlagert, weil man die Aufgabenmenge reduzieren will, z. B. um durch Spezialisierung die Produktivität zu erhöhen. Dabei reduziert man weder Kompetenzen noch Verantwortungen. Da sich die qualitativen Anforderungen nicht verändern, verändert sich für die Planstelle im Allgemeinen auch die Entgeltgruppe nicht.
2. Qualitative Aufgabenreduzierung (Aufgabenniveausenkung bei Reduzierung der Aufgabenmenge): Es werden schwierigere und komplexere Aufgaben und damit weitergehende Kompetenzen und Verantwortungen verlagert, auf andere gleichrangige Planstellen oder ins Management. Da die Anforderungen sinken, kann sich für die Planstelle auch eine niedrigere Entgeltgruppe ergeben.
3. Tendenz zur Hierarchieausweitung: Die Verlagerung von Aufgaben auf gleichrangige Planstellen kann zwei Konsequenzen haben. Die Kompetenzen und Verantwortungen der »aufnehmenden« Planstelle erhöhen sich und damit evtl. deren Entgeltgruppe. Oder deren Kompetenzen und Verantwortungen waren ohnehin schon hoch genug. Dann besteht eine Chance für einen Einspareffekt bei der Entgeltgruppe. Die Verlagerung ins Management führt dort zu mehr Aufgaben, im Allgemeinen aber zu keiner Anhebung des Kompetenz- und Verantwortungsniveaus.
4. Quantitative Aufgabenmehrung (Job-Enlargement, d. h. Aufgabenniveaukonstanz bei Erhöhung der Aufgabenmenge): Es werden mehr artgleiche, aber keine schwierigeren Aufgaben übertragen. Die notwendige Kompetenz erhöht sich dabei im Allgemeinen nicht und dann auch nicht die Verantwortung. Da sich die Anforderungen nicht verändern, verändert sich für die Planstelle im Allgemeinen auch nicht die Entgeltgruppe.
5. Qualitative Aufgabenmehrung (Job-Enrichment, d. h. Aufgabenniveauerhöhung durch weitere anspruchsvolle Aufgaben): Es werden mehr, und zwar schwierigere und komplexere Aufgaben übertragen. Für deren Erfüllung sind im Allgemeinen weitergehende Kompetenzen und Verantwortungen erforderlich. Aufgabenbereicherung führt also zwingend zu Kompetenz- und Verantwortungsausweitungen. Daraus kann sich eine höhere Entgeltgruppe ergeben.
6. Tendenz zur Hierarchiereduzierung: Die vorstehend angeführte Kompetenz- und Verantwortungsverlagerung führt dazu, dass diese zu einer Entlastung des Managements führt. Je höher die Qualifikation und damit das Potenzial der »aufnehmenden« Hierarchieebene sind, desto größer ist die Chance, eine hierarchische Ebene abzubauen.

Bei der Stellenplanung geht es also nicht nur darum, Planstellenbeschreibungen zu erstellen, sondern auch die hierarchische Struktur zu gestalten.

Planstellenbeschreibung Vorarbeiter in der Landeklappen-Fertigung	Version-Nr.	04	Bearbeiter: Datum:	Krämer 12.01.2009

I. Einbindung der Stelle in die Organisation		
Planstellenbezeichnung		Vorarbeiter in der Landeklappen-Fertigung
Bereich		OP-MT 2
Kostenstelle		13T-0a8
Stellentyp		Vorarbeiter
Unterstellung	disziplinarisch	Meister
	fachlich	dto.
Überstellung	disziplinarisch	keine
	fachlich	operative Mitarbeiter
vertritt		andere Vorarbeiter, Meister in Fachaufgaben
wird vertreten durch		andere Vorarbeiter, Meister

II. typische Charakteristika der Stelleninhaber		
verfügt über folgende	allg. Sachkenntnisse	einsatzdienliche Facharbeiterausbildung, PC Office-Grundkenntnisse, MTM-Grundkenntnisse
	spezielle Sachkentnisse	Arbeitssicherheitsschulung
	Erfahrungen	in Fertigung und Logistik des Einsatzbereichs
zeichnet sich durch folgende Begabungen aus		Führungsfähigkeit, Mitarbeiterentwicklung, Organisationsgeschick, Kooperationsfähigkeit, Veränderungskompetenz, »Coacher«-Mentalität
ist typischerweise insbesondere zuständig für		verantwortlich für die Einhaltung von Tagesfertigkeitsterminen, sachliche Richtigkeit der Anerkennung der MZ- und GK-Anteile, Einhaltung des Qualitätsniveaus

III. zu erfüllende stellentypspezifische Fachaufgaben (ohne Managementaufgaben)	
1	**Gemeinkosten- u. Mehrzeiten überwachen:** 11 mögliche MZ- und GK-Zeiten vermeiden und Abstellmaßnahmen, in Abstimmung mit dem Meister, durchführen 12 Bedarf an MZ- und GK-Zeiten mit Werkern klären, diesen bestätigen oder ablehnen
2	**Arbeits-/Fertigungsprozesse unterstützen und sicherstellen:** 21 Arbeiten einteilen 22 den Abtransport fertiger Produkte veranlassen 23 bedarfs- und termingerechte Materialbereitstellung (»Versorger«) kontrollieren 24 besonders schwierige und verantwortungsvolle Arbeiten ggf. selbst erledigen 25 Maschinen einrichten und Betriebsstörungen beheben 26 Mitarbeiter bei schwierigen oder neuen Arbeiten fachlich unterstützen und einweisen 27 Fertigungstermine überwachen 28 Fehlteile, Reklamationen, Bauabweichungen, fehlerhafte Arbeitsunterlagen, Ausschuss etc. handhaben (Sachverhalt klären, Abstellmaßnahmen dem Meister vorschlagen, deren Umsetzung begleiten)
3	**Einhaltung der Arbeitsqualität und der Vorschriften zur Arbeitsicherheit**
4	**Teilnahme an Besprechungen nach Anweisung des Bereichsleiters**
5	**Erfüllen von fallweise durch Bereichsleiter übertragenen Sonderaufgaben, inkl. Delegation in Projekte**

IV. zu erfüllende stellentypspezifische Managementaufgaben	
11	**Vereinbarungen vornehmen:** 112 Qualifikationsstände der Mitarbeiter analysieren und Maßnahmen vereinbaren (Mitwirkung) 114 Arbeitsergebnisse besprechen (Mitwirkung)
12	**Mitarbeiter anweisen und kontrollieren:** 121 laufende Arbeitsverteilung an Mitarbeiter durchführen, Arbeiten zuweisen 122 Einhalten von Terminen überwachen 123 Personaleinsatzsteuerung aufgrund der Auftragssituation durchführen (Mitwirkung) 126 Einhalten der Arbeitsanweisungen, Arbeitsschutzbestimmungen überwachen (Mitwirkung) 128 zu Ordnung und Sauberkeit am Arbeitsplatz und pfleglichem Umgang mit den Betriebsmitteln anleiten
13	**Mitarbeiter fördern:** 131 permanent das Entstehen von Konflikten erkennen und lösen (Mitwirkung) 132 Erwartungen und aktuelle Probleme der Mitarbeiter besprechen 133 neue Mitarbeiter in ihre Aufgaben einweisen, trainieren 136 Arbeitsplatzwechsel (Job-Rotation) initiieren (Mitwirkung) 137 Einarbeitungs- und Ausbildungspläne erstellen, aktualisieren (Mitwirkung) 138 Azubis und Praktikanten betreuen (Mitwirkung)
14	**Administrationsaufgaben:** 211.4 Urlaubsplanung initiieren und koordinieren (Mitwirkung) 212.2 Mitarbeiter zu zweckmäßiger Nutzung der Prozesse und Einrichtungen anregen 223.1 Geschäftsprozesse im Zuständigkeitsbereich verbessern, stabilisieren; KVP-Engagements initiieren (Mitwirkung) 223.3 Fehler, Beschwerden, Reklamationen in Verbesserungen und Abstellmaßnahmen umsetzen (Mitwirkung)

Abbildung IV-100
Beispiel einer Planstellenbeschreibung zur Festlegung der Aufgaben, Kompetenzen und Verantwortungen

6.3.4 Planung der fachlichen Qualifikation

Personalentwicklung

Die Qualifikationsplanung wird auch als Planung der *Personalentwicklung* bezeichnet. Dabei geht es in erster Linie um zwei Aspekte:

1. Fachliche Qualifikationen, die sich direkt aus den zu erfüllenden Aufgaben begründen lassen,
2. Schlüsselqualifikationen (überfachliche Qualifikationen), die zu zielorientiertem Handeln befähigen und helfen, bei sich wandelnden Anforderungen neues Fachwissen zu erschließen.

Fachliche Qualifikationen

Die notwendigen *fachlichen Qualifikationen* werden durch Analyse der Stellenbeschreibungen oder der Prozesse ermittelt. Daraus entstehen stellen- oder prozessbegründete Qualifikationsprofile. Der zweite Ansatz hat den Vorteil, dass man die Qualifikationsprofile aller in den Prozess involvierten Planstellen erheben, abgleichen und in ein abgestimmtes Qualifizierungsprogramm umsetzen kann. Fachliche Qualifikationen können geplant werden als:

1. Endqualifikationen: Am Ende eines Qualifizierungsprozesses sollen Aufgabenträger darüber verfügen.
2. Eingangsqualifikationen: Aufgabenträger müssen von Anfang an darüber verfügen, um die ihnen gestellten Aufgaben erfüllen zu können.

In der Folge wird anhand von Beispielen gezeigt, wie man *prozessbezogene Qualifikationsprofile* für End- und Eingangsqualifikationen entwickeln kann.

Ausgangspunkt sind Prozessdokumentationen, denen die zu erfüllenden Aufgaben und die involvierten Planstellen zu entnehmen sind. Bei dem in Abbildung IV-101 angeführten Beispiel sind zeilenweise die zu erfüllenden Aufgaben, spaltenweise die involvierten Planstellen angeführt und in den Tabellenfeldern deren Zuständigkeiten markiert. So ist die Planstelle »Qualitätsplanung (QP)« zuständig für die Aufgabe »B17 QS-Vereinbarungen und Technische Lieferbedingungen des Kunden«.

Bei jeder Aufgabe ist zu prüfen, ob die Planstelleninhaber dafür ausreichend qualifiziert sind. Für die Aufgabengruppen »A1 Projektteam bilden« und »A2 Projektablauforganisation festlegen« wurde z. B. entschieden, dass aufgrund eines Studiums vorhandene Kenntnisse und angelesenes Wissen nicht ausreichen, um ein professionelles Projektmanagement zu betreiben und die betrieblichen Besonderheiten zu berücksichtigen. Deshalb wurde in der letzten Spalte die erforderliche Qualifikation in Form einer zu absolvierenden Qualifizierungsmaßnahme festgelegt, hier z. B. das Seminar »Projektmanagement«.

1. PEP-Phase (Produktentwicklung)					Engineering							Werk					Zentral-bereich			Qualifikationen in Form von Seminaren
Prozessschritte		Aufgaben/Arbeitsinhalte		PL	E-L	TE	Z IE	QP	ES	PTB	TP-P	TL	W-IE	LG-P	UA	WP	EK	VE	IS	
				F01-Freigabe: genehmigter Entwicklungsantrag																
B	Projektorganisation																			
A1	Projektteam bilden	A11	Projektleitung berufen		■															»Projektmanagement«
		A12	Projektteam personell besetzen	■	■															
		A13	Task Force -Delegation in das Projektteam bestätigen					■			■	■			■			■		
		A1	Aufbauorganisation des Projektteams ist dokumentiert	PL																
A2	Projektablauf-organisation festlegen	A21	Rahmenbedingungen (Termine, Budget etc.) festlegen		■															»Projektmanagement«
		A22	Reviews festlegen u. Teammitglieder über ihre Reportingpflichten informieren	■																
		A23	Projektanlage - Kick off - Meeting durchführen	■																
		A24	Projektantrag erstellen	■																
		A25	Dokumentenablage und -zugriff regeln	■																
		A26	technischer Änderungen bis SOP erfassen und berichten	■																
			Projektablauf-/Terminplan erstellen	■																
		A2	Projektablauforganisation ist dokumentiert	PL																
B	Produktentwicklung/Verifizierung und Validierung Produkt																			
B1	produkt-relevante Vorschriften zusammen-stellen	B11	gesetzliche Vorschriften			■														»PhG im Engineering«
		B12	Patente, Lizenzen			■														»Recherche-Systeme«
		B13	kundenspezifische Vorschriften			■														Kundenschulungen
		B14	allgemeine Normen			■														
		B15	Werks-Normen			■														
		B16	IMDS, REACH			■														»IMDS«
		B17	QS-Vereinbarungen und technische Lieferbedingungen des Kunden					■												kundenseitige Schulung
		B1	produktrelevante Vorschriften sind zusammengestellt	PL																
D	Verfahrens- und Prozessplanung/Prozessverifizierung und -validierung																			
D1	Verfahren planen (Basis: Vorkalku-lation)	.1	Umformprozesse festlegen (Methodenplanung, Methodengespräch)				■													»Umformtechnologien«, »Trenntechnologien«, »Fügetechnologien«
		.2	Trennprozesse ggf. der Vorkalkulation detaillieren und festlegen				■													
		.3	Fügeprozesse ggf. der Vorkalkulation detaillieren und festlegen				■													
		.4	Beschichtungsprozesse ggf. der Vorkalkulation detaillieren und festlegen				■													Lieferanten-WS »Beschichtungen«
		.5	spanende Prozesse ggf. der Vorkalkulation detaillieren und festlegen				■													
		.6	Montageprozesse ggf. der Vorkalkulation detaillieren und festlegen				■													Lieferanten-WS »Montagetechnologie«
		.7	ggf. weitere Prozesssimulationen durchführen						■											
		.8	Prüfprozesse detaillieren und festlegen				■	■												»MTM-Sichtprüfen«
		D1	Verfahrensplanung ist durchgeführt und dokumentiert	PL																
D2	Arbeits-systeme planen	.1	erforderliche Taktzeit und Durchlaufzeit technisch absichern				■													»Zeitwirtschaft im IE«, »MTM-Prozessbausteine«, »Arbeitsgestaltung«
		.2	Automatisierungsgrad und damit Handlingsumfang detaillieren				■													
		.3	Arbeitssystemlayouts und Arbeitsmethodenplanung erstellen				■													
		.4	Arbeitssystemlogistik festlegen				■													»Arbeitsgestaltung«
		.5	Arbeitssicherheitsanalyse durchführen												■					
		.6	Arbeitsplätze verknüpfen und austakten, Mitarbeiterbedarf planen				■													»Zeitwirtschaft im IE«, »MTM-Prozessbausteine«, »Arbeitsgestaltung«
		.7	Rüstzeiten und Losgrößen planen				■													
		D2	Arbeitssysteme sind geplant, dokumentiert, gegen Vorkalkulation abgeglichen	PL																

PL = Projektleitung; E-L = Engineering Leitung; TE = Technische Entwicklung inkl. Konstruktion; Z IE = Zentrales Industrial Engineering; QP = Qualitäts-Planung; ES = Engineering Services; PTB = Prototypenbau; TP-P = Transport-Planung; TL = Technische Leitung; W-IE = Werks-Industrial Engineering; LG-P = Logistik-Planung; UA = Unfallschutz und Arbeitssicherheit; WP = Werkplanung; EK = Einkauf ; VE = Vertrieb; IS = Information Systems

Abbildung IV-101 Beispiel (Ausschnitt) für eine Ableitung des Qualifikationsbedarfs aus einer Prozessdokumentation für PEP-Involvierte

Als erster Auswertungsschritt wird für den gesamten Prozess und alle darin eingebundenen Stellen der Qualifikationsbedarf bestimmt. In Abbildung IV-102 sind die entsprechenden Qualifikationsprofile angeführt.

Seminare und Workshops		Qualifikationsprofile der Planstellen														
		Engineering							Werk						ZB	
Themenbereich	Qualifizierungsmaßnahmen	Projektleitung	Engineering-Leitung	Technische Entwicklung inkl. Konstruktion	zentrales Industrial Engineering	Qualitätsplanung	Werkzeugbau, Werkzeugkonstruktuion, Arbeitsvorbereitung, NC-Programmierung	Transportplanung	Technische Leitung	Produktions-Industrial Engineering	Logistikplanung	Unfallschutz und Arbeitssicherheit	Technische Dienste	Werkplanung	Einkauf	Vertrieb
1. Management, Kunden und Lieferanten	11. Projektmanagement	X	X	X	X	X	X	X	X	X	X	X		X		X
	12. Kundenschulungen			X		X										
	13. Verträge im Einkauf					X									X	
	14. Lieferanten-Workshop »Beschichtungen«			X	X											
	15. Lieferanten-Workshop »Montagetechnologie«			X	X											
2. IT	21. PhG im Engineering			X												
	22. Recherche-Systeme			X												
	23. IMDS-Seminar			X												
3. Technik	31. Umformtechnologien				X											
	32. Fügetechnologien				X											
	33. Trenntechnologien				X											
	34. Toleranzanalyse			X	X	X				X						
	35. 3F-Synchronisation			X	X	X										
4. Industrial Engineering	41. MTM-Sichtprüfen				X	X										
	42. Zeitwirtschaft im Industrial Engineering				X					X						
	43. MTM-Prozessbausteinsysteme				X					X						
	44. MTM-1 und Arbeitsgestaltung				X					X						
	45. Wertstromanalyse				X			X		X	X			X		
	46. MTM-ProKon			X	X	X				X						
5. Qualitätsmanagement	51. Design- und Prozess-FMEA mit SW-Einsatz			X		X										
	52. Qualität im Engineering				X	X				X			X		X	

Abbildung IV-102 Beispiel für eine prozessbegründete Planung von Qualifikationsprofilen

Die Qualifizierungsprofile beziehen sich auf Planstellen. Sie sind in Abbildung IV-102 spaltenweise zu lesen und stehen für Endqualifikationen. Der Tabelle ist

Qualifizierungsprofile

- spaltenweise zu entnehmen, welche Qualifikationsmaßnahmen je Planstelle zu absolvieren sind und
- zeilenweise, welchen Adressatenkreis es für jede Qualifizierungsmaßnahme gibt.

Damit ist zu klären, ob auf die eigenen Bedürfnisse zugeschnittene In-House-Veranstaltungen oder externe Veranstaltungen vorzuziehen sind. Einige Maßnahmen sind erfahrungsgemäß so unternehmensspezifisch, dass ihre Inhalte nur über In-House-Veranstaltungen anforderungsgerecht zu vermitteln sind.

Abbildung IV-103 ist für vier der in Abbildung IV-102 angeführten Qualifizierungsmaßnahmen zu entnehmen, welche Planstellen betroffen sind, also welche Adressatengruppen angesprochen werden, welche Ziele zu erfüllen und welche Inhalte zu vermitteln sind.

11	Projektmanagement	Teilnehmer: alle Personen, die in Projekten arbeiten
Stufe 2	Teamarbeit in und Führung von Projekten	Dauer: 2 Tage
Ziele	Dynamik von Gruppen und Teams verstehen die Leistungsfähigkeit eines Teams einschätzen und damit in projektphasentypischen Situationen umgehen können die Rollen und deren Verteilung in Projekten kennen und berücksichtigen können	
a) allgemein	Abgleich von erforderlichen Fähigkeiten und vorhandenem Potenzial, Qualifikationsmatrix Leistungsunterschiede zwischen Gruppe, Team und Hochleistungsteam (Leistungsniveaus in Organisationen) Motivation und Einstellungen	
b) Teams	Phasen der Teamentwicklung Gemeinsamkeiten versus Verschiedenartigkeiten und Teampflege Einflussfaktoren auf den Teamerfolg (Klarheit, Offenheit, Einflussnahme, Position beziehen) Rollen und Normen in Teams (Führer und Führungsstile)	
c) Kommunikation	Regeln für Gruppenarbeit (installieren und praktizieren) inhaltliche Gestaltung von Projektbesprechungen Widerstände, Barrieren, Hindernisse und mögliche Interventionen Konfliktstrategien	

35	3-F-Synchronisation	Teilnehmer: Technische Entwicklung, Industrial Engineering, Qualitätsplanung
		Dauer: 2 Tage
Ziele	Zusammenhänge zwischen »Fertigen«, »Fügen« und »Fixieren« in Bezug auf Produktqualität und Robustheit des Produktionsprozesses kennen Bedeutung eines durchgängigen Spann- und Fixierprozesses verstehen	
Inhalte	Abgrenzung Fügeplan und Spann- und Fixier-Konzept Zusammenhang zwischen Maßbezügen in der Produktbeschreibung und Fixierungen in der Fertigung Bedeutung der Fixierung in der Umformtechnik Abhängigkeit des Fertigungsverfahrens und der Art der Fixierung Top-down-Strategie in der Fehleranalyse Richtlinien für die Unterscheidung möglicher und tatsächlicher Fehlerursachen zeitliche und organisatorische Einordnung im PEP bei der ISE Bedeutung des Werkzeuges der Toleranzanalyse bei der 3-F-Synchronisation	

44	MTM-1 und Arbeitsgestaltung	Teilnehmer: Industrial Engineering
		Dauer: 12 Tage (inkl. praktischen Übungen und MTM-1-Prüfung)
Ziele	Methoden für manuelle Handhabungen in der Serienfertigung entwickeln können Arbeitssysteme (inkl. Vorrichtungen) nach ergonomischen und methodisch-technischen Anforderungen gestalten können Arbeitsabläufe nach dem MTM-1-Verfahren bewerten/kalkulieren können	
a) allgemein	Grundlagen der Arbeitssystemgestaltung Auswirkung der Gestaltung auf Belastung und Beanspruchung, Produktivität und Qualität Berücksichtigung menschlicher Fähigkeiten, Fertigkeiten und deren Wandel auf die Arbeitssystemgestaltung	
b) MTM-1	Durchführung von MTM-Analysen unter Berücksichtigung der Anwendungsregeln Bewertung von Arbeitsmethoden und von partiellen Methodenverbesserungen Einsatz von Hilfsmitteln zur Rationalisierung von Arbeitsmethoden Bestimmung von Vorgabezeiten mit MTM	
c) Arbeitsgestaltung	Aspekte der Arbeitssystemgestaltung Arbeitsorganisation (Job-Rotation, Gruppenarbeit, Springer) und Arbeitszeitgestaltung räumliche Arbeitsplatzgestaltung, inkl. Somatografie sowie Sichtgeometrie und Beleuchtung Arbeitssystemlogistik, inkl. Lasten handhaben, Anordnungs-, Versorgungs- und Sicherungskonzepte Anzeigen, Signale, Stellteile	

51	Design- und Prozess-FMEA mit SW-Einsatz	Teilnehmer: Technische Entwicklung, Industrial Engineering, Qualitätsplanung
		Dauer: 3 Tage
Ziele	Die Arbeitsprinzipien der FMEA kennen Aus FMEA-Ergebnissen Konsequenzen ableiten können mit Hilfe der Software das Management von FMEAs durchführen können	
a) FMEA-Technik	Arten von FMEA Fehler, Folgen, Ursachen und Abstellmaßnahmen in Moderationssitzungen generieren können im Team Risikobewertungen in verschiedenen Präzisierungsstufen durchführen können Verbesserungs-/Abstellmaßnahmen entwickeln und in Maßnahmenpläne umsetzen können Maßnahmen-Umsetzungsprojekte entwickeln können	
b) IQ-FMEA	Einsatz des Struktur-Editors Nutzung des Fehler- und Funktionsanalyse-Editors Einsatz des Formblatt-Editors und Verfolgung von Maßnahmen-Umsetzungsprojekten allgemeine Funktionen des Tools (Drucken, Suchen, Datenaustausch, Schnittstellen, Terminologiekontrolle)	

Abbildung IV-103 Beispiel für eine Umsetzung von Qualifikationsprofilen in Qualifikationsmaßnahmen

In den Unternehmen werden Qualifikationsprofile nicht nur als Ergebnis einer Personalentwicklung, sondern auch zur Formulierung von Eingangsqualifikationen verwendet. Dabei müssen die fachlichen Qualifikationen nicht immer so methodisch begründet werden, wie im vorhergehenden Beispiel. Mitunter entwickelt man sie auch in Workshops mit den operativen Mitarbeitern und deren Vorgesetzten. Das wurde bei dem folgenden Beispiel für den Einsatz von Leihkräften getan.

Eingangsqualifikationen

1. Präambel: Leihkräfte werden nur dann eingesetzt, wenn der Personalbedarf kurz- bis mittelfristig über dem verfügbaren Stammpersonalbestand liegt.	
2. Anforderungen werden an folgende Leistungs- und Verhaltensaspekte gestellt:	
2.1	**Detektionsleistung:** Fähigkeit, Fehler zu entdecken.
2.2	**Intensität und Wirksamkeit:** Schnelligkeit der Motorik sowie Treffsicherheit und Präzision.
2.3	**Fleiß und Beständigkeit:** Kontinuierliches Arbeiten.
2.4	**Soziales Verhalten:** Kollegialität, erkennbares Interesse am Job.
3. Basis-Qualifikationsprofil aufgrund der Präambel und den Erfahrungen des Managements:	
3.1	**Sprachfähigkeit:** Die deutsche Sprache so weit beherrschen, dass man sich in betrieblichen Belangen artikulieren kann und Anweisungen uneingeschränkt versteht.
3.2	**Lesefähigkeit:** Alle verwendeten Anweisungen lesen und anfallende Aufschreibungen durchführen können.
3.3	**Rechenfähigkeit:** Die vier Grundrechenarten beherrschen.
3.4	**Sehfähigkeit:** Über eine uneingeschränkte Farbsehfähigkeit und volle Sehschärfe verfügen.
3.5	**motorische Fähigkeit:** Durch keine motorischen Einschränkungen in ihrer Leistungsfähigkeit gemindert sein.

Abbildung IV-104 Beispiel für ein Eingangs-Qualifikationsprofil für Leihkräfte im gewerblichen Bereich

6.3.5 Planung der Schlüsselqualifikationen

Neben den fachlichen Qualifikationen werden auch *Schlüsselqualifikationen* benötigt. Diese stehen für das Vermögen, mit Fachwissen kompetent umzugehen. Schlüsselqualifikationen setzen sich aus übergreifenden kognitiven und affektiven Fähigkeiten zusammen und sind in verschiedenen Situationen und Funktionen flexibel und innovativ einzusetzen. Die Schlüsselqualifikations-Konzepte der Unternehmen unterscheiden sich im Detail, folgen aber weitgehend der Kategorisierung von Schlüsselqualifikationen nach fünf Kompetenzbereichen:

Schlüsselqualifikationen

1. Sozialkompetenz,
2. Methodenkompetenz,
3. Selbstkompetenz,
4. Handlungskompetenz,
5. Medienkompetenz[184].

Sozialkompetenz ist zu interpretieren als die Summe von Kenntnissen, Fähigkeiten und Fertigkeiten, die eine Person befähigen, zusammen mit anderen situationsadäquat zu handeln. Dazu gehören z. B.

Sozialkompetenz

- Kommunikationsfähigkeit,
- Kooperationsfähigkeit,
- Konfliktfähigkeit,

184 Die Medienkompetenz wurde erst in den letzten Jahren thematisiert. Sie ist auch eine Forderung der ständigen Kultusministerkonferenz und der Bund-Länder-Kommission für Bildungsplanung und Forschungsförderung aufgrund des immer größeren Einzugs der digitalen Medien in die Gesellschaft und damit auch in die Unternehmen.

- Einfühlungsvermögen,
- Emotionale Intelligenz.

Die Schlüsselqualifikation »Zusammenarbeitsfähigkeit« könnte z. B. bedeuten:

1. Merkmale: ausgleichend wirksam und sozial gut eingebunden sein; Arbeitseinteilung und -verteilung durch inhaltliche Abstimmung optimieren; für Atmosphärisches sensibel sein und mit Spannungen konstruktiv umgehen, um Konfliktenergie produktiv zu nutzen.
2. Erfolgstypische Verhaltensweisen: achtet auf Zusammenarbeit; schätzt die Meinungen anderer; stimmt eigene Aktivitäten mit anderen ab und vermeidet Alleingänge; ist als Moderator akzeptiert; bietet Hilfe und Lösungen an; legt Gemeinsamkeiten dar; verhält sich kompromissbereit und stellt zielorientierte Konsense her; pflegt zielorientiert Kontakte zu Personen in anderen Organisationseinheiten.
3. Beurteilungsskala: Der Sachverhalt »Zusammenarbeitsfähigkeit« ist in Abbildung IV-105 am treffendsten in der Stufe 4 beschrieben.

[1]	[2]	[3]	[4]	[5]
ist überzeugt, selbst am besten zu wissen, was richtig ist	Selbstdarstellung hat hohe Priorität, hebt sich gern von anderen ab	ist integriert, ohne Impulse zu setzen; erkennt Konflikte und ist fähig, diese zu mindern	ist in die Gemeinschaft integriert, fördert den Zusammenhalt durch Herausstellen der Einzelbeiträge, erkennt und thematisiert Konflikte, entwickelt gute Lösungen	delegiert jede Entscheidung in Teams, vermeidet Festlegungen

Abbildung IV-105 Beurteilungsskala für Zusammenarbeitsfähigkeit

Methodenkompetenz

Methodenkompetenz entsteht aus Kenntnissen, Fähigkeiten und Fertigkeiten, die eine Planung und Umsetzung zielführender Problemlösungen ermöglicht. Dazu gehören z. B.

- Analysefähigkeit,
- Kreativität,
- Lernbereitschaft,
- Abstraktes und vernetztes Denken und Denken in Zusammenhängen,
- Rhetorik.

Selbstkompetenz

Selbstkompetenz ist ein Ausdruck für Persönlichkeitseigenschaften und entsteht aus Fähigkeiten und Einstellungen, in denen die individuelle Haltung zur Mitwelt zum Ausdruck kommt, insbesondere zu arbeitsrelevanten Aspekten. Dazu gehören z. B.

- Leistungsbereitschaft, Engagement, Motivation,
- Flexibilität und Mobilität,
- Zuverlässigkeit,
- Selbstständigkeit,
- Ausdauer, Belastbarkeit und Anpassungsfähigkeit.

Handlungskompetenz

Als *Handlungskompetenz* wird die aus Lernprozessen entstandene Fähigkeit bezeichnet, sich in beruflichen und privaten Situationen sachgerecht, durchdacht, sowie individuell und sozial verantwortlich zu verhalten. Dazu verfügt man – unter Rückgriff auf die drei vorstehend angeführten Kompetenzarten – über Handlungsmuster, die zu professionellem Handeln befähigen und sozial anerkannt werden. Handlungskompetenz steht für Verhaltenssicherheit, indem man sich z. B.

- situativ angemessen verhält,
- selbstverantwortlich Probleme löst,
- bestimmte Leistungen unzweifelhaft erbringt,
- mit anderen Menschen angemessen umzugehen weiß.

Medienkompetenz

Bei der *Medienkompetenz* geht es darum, dass sich Personen als mündige und reflektierende Bürger einbringen können. In der industriellen Arbeitswelt hat diese Schlüsselqualifikation, im Verhältnis zu den vier vorstehend angeführten, vorzugsweise im oberen Management Bedeutung.

6.3.6 Qualifizierungssteuerung

Qualifikationsmatrix

Bei der *Qualifizierungssteuerung* wird die Qualifizierungsplanung umgesetzt. Dazu werden die Mitarbeiter plangerecht qualifiziert, der Qualifizierungsprozess kontrolliert und korrigiert. Die Qualifizierungssteuerung wird auch als Lösungsmethode zum Produktionssystemelement »Personalentwicklung« geführt. Ein verbreitetes Unterstützungswerkzeug sind sogenannte Qualifikationsmatrizen. Als *Qualifikationsmatrix* werden tabellarische Darstellungen bezeichnet, denen der Qualifizierungsstand der Mitarbeiter einer Organisationseinheit zu entnehmen ist (vgl. Abbildung IV-106).

Qualifikationsmatrizen werden durch die Vorgesetzten geführt, wenn ihnen die Personalentwicklung in ihrem Zuständigkeitsbereich obliegt. Meistens werden zeilenweise die zugeordneten Mitarbeiter und spaltenweise die Qualifikationsmaßnahmen eingetragen. Die Tabellen werden dann in zwei Schritten bearbeitet:

1. In der Ausgangstabelle wird je Planstelle eingetragen, welche Qualifizierungsmaßnahmen geplant sind. In Abbildung IV-106 sind dafür die Felder für die ausgeschlossenen Qualifizierungsmaßnahmen geschwärzt.

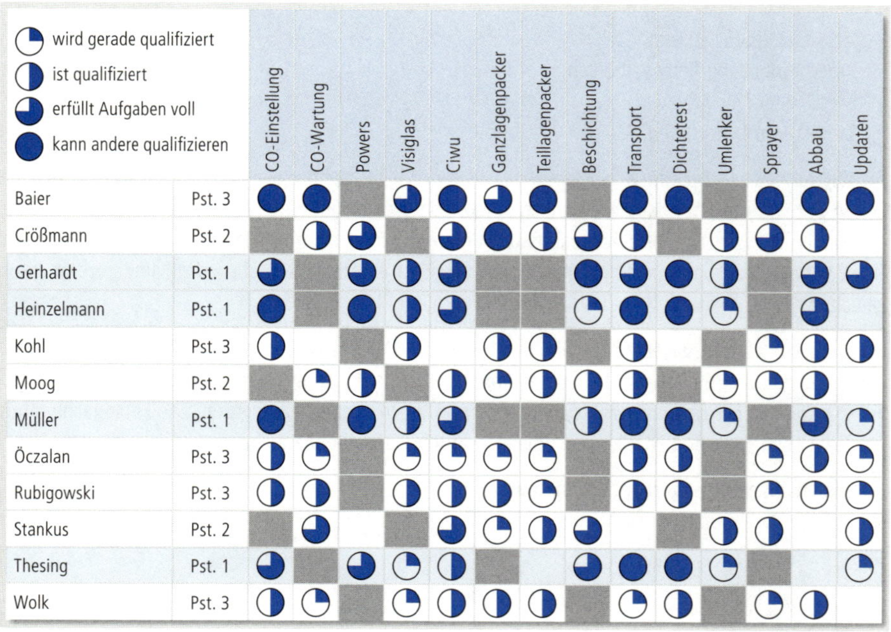

Abbildung IV-106 Beispiel für eine Qualifikationsmatrix

2. In die nicht ausgeschlossenen Felder wird der Qualifizierungsstand eingetragen. Dabei werden fünf Stände unterschieden:
   - Bei einem Mitarbeiter, Planstelleninhaber, wurde noch keine Qualifizierung durchgeführt: durch leeres Feld zu erkennen.
   - Laufende Qualifizierung: viertel Kreisfüllung.
   - Durchgeführte Qualifizierung: halbe Kreisfüllung.
   - Besitzt darüber hinaus so viel Routine, dass die Aufgabe vollständig und eigenständig erfüllt wird: dreiviertel Kreisfüllung.
   - Ist so qualifiziert, dass sie/er andere Personen qualifizieren kann: volle Kreisfüllung.

Aufgabe der Vorgesetzten ist es, alle Mitarbeiter so zu qualifizieren, dass Aufgaben auch im Vertretungsfall zu erfüllen sind. Andererseits sind die Potenziale der Mitarbeiter zu beachten, weil nicht jeder unbegrenzt qualifizierbar ist und keine unbegrenzten Qualifizierungen benötigt werden.

6.4 Personaleinsatzplanung

Bei der Personalbedarfsplanung wurde ausgeklammert, dass Fähigkeiten und Fertigkeiten von Menschen interindividuell verschieden sind. Bei der *Personaleinsatzplanung*[185] geht es, wie in Abbildung IV-85 angeführt, darum, dass nicht irgendwelche Personen, sondern solche mit den notwendigen Qualifikationen zu einem bestimmten Zeitpunkt in bestimmten Planstellen verfügbar sind. Die Personaleinsatzplanung ist ein wichtiges Instrument beim Produktivitätsmanagement, weil sie sicherstellen soll, dass kein Leerlauf entsteht, sondern alle Mitarbeiter jederzeit möglichst wertschöpfend eingesetzt sind.

Die wichtigsten Instrumente zur Personaleinsatzplanung, bis hin zum operativen Personaleinsatz, sind

- Arbeitszeitmanagement,
- innerbetriebliche Personalbörsen,
- Mehr- oder Minderarbeit,
- Einsatz von Leihkräften.

Im Kapitel 4 wurden beim *Arbeitszeitmanagement* Möglichkeiten zur Flexibilisierung von Arbeitszeiten gezeigt, um kurzfristig schwankenden Personalbedarf ohne Mehr- oder Minderarbeit decken zu können. Kurzfristige Personalbedarfsschwankungen führen in der Regel zu Überstundenbedarf. Beim Verwenden von *Arbeitszeitkonten* wird versucht, kurzfristige Mehr- oder Minderarbeit zu organisieren.

Wenn es kurzfristige, gegenläufige Schwankungen des Personalbedarfs in verschiedenen Planstellenbereichen gibt und die Möglichkeiten der Arbeitszeitflexibilisierung ausgeschöpft sind, können durch *Personalbörsen* geregelte innerbetriebliche Versetzungen unterstützt werden. Die Personalabteilung »makelt«, wie hoch und wie lange für die relevanten Planstellenbereiche

- Personalüberhänge vorhanden sind und ob
- andernorts ein ungedeckter Personalbedarf besteht.

185 Davon zu unterscheiden ist die Personaldisposition, mit der man den täglichen oder stündlichen Ausgleich zwischen Personalbedarf und Personalbestand herstellt.

Zwischen diesen beiden Situationen soll vermittelt werden. Ein Anreiz für das Management, sich hierbei aktiv zu beteiligen, entsteht dann, wenn ein Personaleinsatz-Controlling durchgeführt und dabei die Produktivität permanent auf den Prüfstand gestellt wird.

Sind diese beiden Instrumente ausgeschöpft oder stehen sie nicht zur Verfügung, liegt die nächste Möglichkeit, den Personalbedarf und -bestand abzugleichen, in Überstundenarbeit[186]. Das wurde bereits in dem im Abschnitt 6.2.4 angeführten Beispiel (vgl. Abbildung IV-90 und Abbildung IV-91) gezeigt. Bei einem Personalbestandsüberhang wird es schwieriger, kurzfristig sinnvolle Anpassungen vorzunehmen.

Die letzte Möglichkeit ist der Einsatz von Leihkräften. Der Umgang mit der Frage der Leiharbeit sollte durch eine entsprechende *Ressourcenstrategie*[187] begründet sein, insbesondere welche Stellen man als leiharbeitsrelevant einstuft, welche Anforderungen man an Leiharbeitsfirmen und Leihkräfte stellt. Das ist auch deshalb zweckmäßig, weil die Leiharbeit von zahlreichen Beteiligungsrechten des Betriebsrats berührt wird.[188]

6.5 Personalbedarfscontrolling

6.5.1 Modell des Personalbedarfscontrollings

Bei der Personalbemessung wird der Netto- und Brutto-Personalbedarf für Planstellen oder Planstellenbereiche ermittelt, basierend auf

- einem Zeiten-Mengen-Gerüst und dem daraus resultierenden Einsatzbedarf sowie
- einer jahresdurchschnittlichen Absenz der Mitarbeiter.

Modell des Personalbedarfscontrollings

Dieser Personalbedarf ist eine Forecast- oder Prognosegröße. Neben diesen beiden Annahmen wird eine Mittelwertbetrachtung angestellt, weil alle jahreszeitlichen Effekte (z. B. Ultimo, Urlaubszeit) unberücksichtigt bleiben. Deshalb sollten die Ergebnisse der Personalbemessung und damit die geplante Ressourcenproduktivität einem *Personalbedarfscontrolling* unterzogen werden. Das nachfolgend angeführte Modell des Personalbedarfscontrollings basiert auf dem Modell der analytischen Personalbemessung (vgl. Abbildung IV-88). Im Teil I, Abschnitt 2.4.6 wurde das Produktivitätscontrolling als relevantes Element des Produktivitätsmanagements ausgewiesen. Das hier angeführte Modell könnte man dabei als Muster verwenden.

Im Controlling-Prozess[189] wird eine dreistufige Abweichungsanalyse durchgeführt:

1. Forecast-Bedarf: Das ist der berechnete, vorhergesagte Personalbedarf.
2. Ist-Bedarf: Das ist der aufgrund ungeplant anfallender Aufgaben eigentlich zutreffende, vom Forecast-Bedarf abweichende Ist-Einsatzbedarf.
3. Abweichung: Neben der Forecast-Ist-Differenz können Abweichungen auch noch durch mehr oder weniger geleistete Arbeitsstunden entstehen. In der Abweichungsanalyse werden deshalb drei Abweichungsgründe unterschieden.

186 Die Genehmigungspflicht durch den Betriebsrat wird hier nicht weitergehend ausgeführt.
187 Vgl. Teil I, Abschnitt 3.3.5. In Abbildung I-37 ist ein Beispiel für eine Personalstrategie angeführt.
188 Anders als gelegentlich vermutet, vertritt der Betriebsrat auch die Leiharbeitnehmer, so auch in den wichtigen, im § 87 BetrVG geregelten Mitbestimmungssachverhalten.
189 Zum konzeptionellen Inhalt von Controlling-Prozessen vgl. z. B. bei Horvath, P.: Controlling, 6. Auflage. München: Vahlen, 1996, S. 138 f.

Die *Produktivitätsabweichung* $\Delta\text{-}P_y$ wird ermittelt nach:

$$\Delta\text{-}P_y = 1 - (EB_{y\text{-Ist}} / AZ_{y\text{-Ist}})$$

Die *Mengenabweichung* $\Delta\text{-}m_y$ wird ermittelt nach:

$$\Delta\text{-}m_y = EB_{y\text{-Ist}} - EB_y$$

Die *Personaleinsatzabweichung* $\Delta\text{-}PE_y$, wird ermittelt nach:

$$\Delta\text{-}PE_y = AZ_{y\text{-Ist}} - \Delta\text{-}m_y - EB_{y\text{-Ist}}$$

Darin sind:

EB_y	Forecast-Einsatzbedarf lt. Personalbemessung
$EB_{y\text{-Ist}}$	Ist-Einsatzbedarf aufgrund des tatsächlichen Arbeitsanfalls
$Az_{y\text{-Ist}}$	angefallene und erfasste Ist-Arbeitsstunden

Forecast	**1. Planstellenbereiche, Planstellen**	PST_y	
	2. Aufgaben im Forecast	**3. Zeiten-Mengen-Gerüst im Forecast**	
	Aufgabe A_1	t_{g1y}	m_{1y}
	Aufgabe A_i	t_{giy}	m_{iy}
	Aufgabe A_p	t_{gpy}	m_{py}
	Forecast-Grundlast	GL_y	
	4. Personalbedarf im Forecast Forecast-Einsatzbedarf in Stunden	$EB_y = GL_y + VL_y$	
Ist	**5. Aufgaben im Ist**	**6. Zeiten-Mengen-Gerüst im Ist**	
	Aufgabe $A_{1\text{-Ist}}$	t_{g1y}	$m_{1y\text{-Ist}}$
	Aufgabe $A_{i\text{-Ist}}$	t_{giy}	$m_{iy\text{-Ist}}$
	Aufgabe $A_{p\text{-Ist}}$	t_{gpy}	$m_{py\text{-Ist}}$
	Ist-Grundlast	$GL_{y\text{-Ist}}$	
	7. Personalbedarf im Ist Ist-Einsatzbedarf in Stunden	$EB_{y\text{-Ist}} = GL_{y\text{-Ist}} + VL_{y\text{-Ist}}$	
Abweichung	**8. Produktivitätsabweichung** ohne Berücksichtigung der Gründe	$\Delta P_y = 1 - (EB_{y\text{-Ist}} / AZ_{y\text{-Ist}})$	
	9. Mengenabweichung aus ungeplanten Mehr-/Mindermengen	$\Delta m_y = EB_{y\text{-Ist}} - EB_y$	
	10. Personaleinsatzabweichung aus ungerechtfertigtem Personaleinsatz	$\Delta PE_y = AZ_{y\text{-Ist}} - \Delta m_y - EB_{y\text{-Ist}}$	

Abbildung IV-107 Modell des Personalbedarfscontrollings

6.5.2 Durchführung des Personalbedarfscontrollings

Im folgenden Beispiel wird das im Abschnitt 6.2.4 angeführte Beispiel (vgl. Abbildung IV-90) weitergeführt. Dort wurde als Forecast eine Einsatzlast EB_y = 1.685 Std. ausgewiesen. In der Planungswoche wurden eine Ist-Einsatzlast $EB_{y\text{-Ist}}$ = 1.770 Std. sowie 1.925 geleistete Arbeitsstunden ($Az_{y\text{-Ist}}$) erfasst. Daraus ergeben sich folgende Abweichungen:

1. Bei der *Produktivitätsabweichung* wird ausgewiesen, ob zum geplanten Zeiten-Mengen-Gerüst ein angemessener Personaleinsatz vorlag. Angemessen wäre er bei $\Delta\text{-}P_y = 0$. Bei unserem Beispiel ergibt sich folgende Produktivitätsabweichung:

   Produktivitätsabweichung

   $$\Delta\text{-}P_y = 1 - (1.770 \text{ Std.} / 1.925 \text{ Std.}) \approx 0{,}08$$

   Es fielen 155 Arbeitsstunden mehr an, als zum vorliegenden Arbeitsvolumen hätten anfallen sollen. Es waren zu viele Personen eingesetzt, was zu einem Produktivitätsverlust von 8 % führte. In welchem Ausmaß dieser durch das Management zu vertreten ist und abzuwenden war, wird nach dem Splitten der Produktivitätsabweichung in eine Mengen- und Personaleinsatzabweichung geklärt.[190]

2. Bei der *Mengenabweichung* wird konzediert, dass das Management zu Beginn der Controlling-Periode die angefallenen Arbeitsmengen nicht kennen konnte. Bei unserem Beispiel ergibt sich folgende Mengenabweichung:

   Mengenabweichung

   $$\Delta\text{-}m_y = 1.770 \text{ Std.} - 1.685 \text{ Std.} = 85 \text{ Std.}$$

   Dem Management wurde ein um 85 Stunden pro Woche oder 2,4 FTE zu geringes Arbeitsvolumen prognostiziert, d. h. es war mehr zu tun als vorhergesagt. Ein Mehreinsatz von 2,4 FTE bzw. ein Produktivitätsverlust von 4,4 % ist ihm nicht anzulasten bzw. bei der Produktivitätsabweichung »gutzuschreiben«.

3. Mit der *Personaleinsatzabweichung* wird ausgewiesen, in welchem Ausmaß das Management zu Beginn der Controlling-Periode eine personelle Anpassung hätte vornehmen können (sofern solche Möglichkeiten betrieblich bestehen). Bei unserem Beispiel ergibt sich folgende Personaleinsatzabweichung:

   Personaleinsatzabweichung

   $$\Delta\text{-}PE_y = 1.925 \text{ Std.} - 85 \text{ Std.} - 1.770 \text{ Std.} = 70 \text{ Std.}$$

   Es lag ein um 70 Stunden bzw. 2 FTE zu hoher, vom Management zu vertretender weil vorherzusehender Personaleinsatz vor. Sollte es über einen längeren Zeitraum dabei verbleiben, wird das Management um eine Anpassung des Personalbestands nicht umhinkommen.

Beim Personalbedarfscontrolling sollte man die Ergebnisse nicht unreflektiert verwenden, sondern sich mit drei Fragen kritisch auseinandersetzen:

1. Sind in der Controlling-Periode atypisch viele, in den Sollzeiten nicht berücksichtigte Schwierigkeiten, Störungen oder Besonderheiten aufgetreten? Beispielsweise könnten Mitarbeiter in Projekte eingebunden sein, und es wurden dafür keine entlastenden Zeitgutschriften eingestellt. Es könnten auch gravierende Störungen aufgetreten sein, mit denen man sich künftig auseinandersetzen muss.
2. Fielen in der Controlling-Periode atypisch viele oder wenige Absenzen an? Beispielsweise könnten viele oder wenige Mitarbeiter im Urlaub sein. Dann stellt sich die Frage, ob eine vorausschauende Planung von Urlaubszeiten und Fortbildungsmaßnahmen Abhilfe schaffen kann.
3. War die Effizienz der Mitarbeiter atypisch hoch oder niedrig? Ein in der Praxis oft zu beobachtender Effekt ist, dass man die Effizienz steigert, wenn man es angesichts starken Arbeitsanfalls für geboten hält, und sie dann reduziert, wenn man einen geringen Arbeitsanfall zu erkennen glaubt. Ferner könnten Abweichungen durch Wahl effektiverer oder weniger effektiver Arbeitsweisen entstehen.

Dauerhafte, gravierende Personaleinsatzabweichungen müssen Anlass sein, den Ursachen nachzugehen und Abstellmaßnahmen einzuleiten.

190 Dieses Schema entspricht dem in der Plankostenrechnung verwendeten Soll-Ist-Kostenvergleichsprinzip. Vgl. z. B. Kilger, W.; Pampel, J.; Vikas, K.: a. a. O., 2007, S. 360 f.

6.6 Zusammenfassung

Personalbemessung

Die Personalbedarfsermittlung ist ein gebräuchliches Instrument zum Sichern der Arbeitsproduktivität. Mit Hilfe der Personalbemessung sollen Personalbedarf und -bestand in einem angemessenen Verhältnis gehalten werden. Dafür gibt es zwei Konzepte:

1. Summarische Verfahren, bei denen der Personalbedarf anhand von Analogieschlüssen oder pauschalen Setzungen bestimmt wird.
2. Analytische Verfahren, bei denen der Personalbedarf durch die zu erfüllenden Aufgaben und dazu anfallenden Arbeitsvolumina begründet wird.

Analytische Verfahren werden bevorzugt in den direkten Bereichen angewandt, in denen die Zeiten-Mengen-Gerüste mit Hilfe von Auftragsmengen und den dazu gehörenden Arbeitsplänen »automatisch« zu versorgen sind. In den indirekten Bereichen werden sie seltener angewandt. Im Managementbereich, wenn die Erfüllung von Fachaufgaben im Hintergrund steht, kann der Personalbedarf auch mit Hilfe von Leitungsspannenkalkülen bestimmt werden.

Stellenplanung

Die Personalbemessung basiert auf der Stellen- und Qualifikationsplanung, weil sich der ausgewiesene Personalbedarf auf den definierten »qualitativen Personalbestand« bezieht. Das Ergebnis der Stellenplanung wird in Form von Planstellenbeschreibungen ausgewiesen. Der planerische und gestalterische Spielraum bei der Stellenplanung liegt in der Wahl zwischen

- Kompetenz- und Verantwortungsreduzierung oder
- Kompetenz- und Verantwortungsmehrung.

Welche dieser Strategien zweckmäßig ist, hängt z. B. von den Prozessen, den Standorten und vom verfügbaren Personal ab. Bei der Stellenplanung geht es in erster Linie darum, die hierarchische Struktur zu gestalten, und erst dann geht es um die dafür geltenden Stellenbeschreibungen.

Fachliche Qualifikationen, Schlüsselqualifikationen

Die fachlichen Qualifikationen sind am besten analytisch über eine Prozessbetrachtung zu begründen, insbesondere dann, wenn es um Planstellen für hochqualifizierte Personen und um deren Endqualifikationen geht. Dagegen sind summarische Begründungen zu vertreten, wenn elementare Eingangsqualifikationen festzulegen sind. Bei der Überlegung, wie fachliche Qualifikationen anzuwenden, an den »Mann zu bringen« sind, geht es um Schlüsselqualifikationen. Diese sind nicht von geringerer Bedeutung als die fachlichen Qualifikationen, insbesondere bei Managementplanstellen. Die Schlüsselqualifikationen sind die für den Einsatz der fachlichen Qualifikationen notwendigen, flankierenden Befähigungen.

Personaleinsatzplanung

Bei der Personaleinsatzplanung ist der Personalbestand an den mit Hilfe der Personalbemessung erhobenen Personalbedarf anzupassen, möglichst einer klaren Ressourcenstrategie folgend. Die vier meistverwendeten Mittel sind dabei die Arbeitszeitflexibilisierung, die innerbetriebliche Personalbörse, Mehr- oder Minderarbeit sowie der Einsatz von Leihkräften.

Personalbedarfscontrolling

Mit Hilfe des Personalbedarfscontrollings soll sichergestellt werden, dass

- die Personalbemessung ein taugliches Instrument zur Ressourcensteuerung ist,
- das Management durch effektiven und effizienten Personaleinsatz seinen Beitrag zum Produktivitätsmanagement leistet.

Letzteres wird durch Splittung ungeplant angefallener Arbeitszeiten in einen vom Management nicht zu vertretenden Anteil (Mengenabweichung) und einen von ihm zu vertretenden Anteil, die Personaleinsatzabweichung, erreicht.

7 Entgeltdifferenzierung

7.1 Überblick

Arbeitsentgelt

Für die meisten Arbeitnehmer sind Arbeitsentgelte die wichtigste, für viele die einzige Einkommensquelle. Für Arbeitgeber sind sie dagegen Ausgaben. Deshalb sind Arbeitnehmer an gesichert hohem Arbeitseinkommen und Arbeitgeber an tragbaren Personalkosten interessiert. Die Mehrzahl der Arbeitnehmer möchte sein Einkommen weitestgehend unabhängig von erbrachten Leistungen gesichert sehen. Die meisten Arbeitgeber möchten dagegen Arbeitsentgelte zumindest teilweise an Arbeitsergebnisse koppeln. Insofern sind beide risikoavers. Zwischen diesen beiden Positionen wird zu vermitteln versucht, indem man Entgelte anforderungs- und leistungsbezogen differenziert.[191] Die sozialpolitische und tarifliche Entwicklung der letzten 50 Jahre führte allerdings dazu, dass tarifvertraglich abgesicherte Arbeitnehmer heute nur begrenzt mit Erfolgsrisiken belastet sind.[192]

In der betriebswirtschaftlichen und volkswirtschaftlichen Literatur der 1960er-Jahre wurde die Frage nach dem *gerechten Arbeitsentgelt*[193] ausgiebig diskutiert.[194] Das Resümee dieser Betrachtungen war, dass die »Gerechtigkeitsfrage« nur zu beantworten ist, wenn man die Marktmechanismen ausschließt. In marktwirtschaftlich organisierten Gesellschaften werden die Verteilungsmechanismen primär durch die »Gesetze des Marktes« und weniger durch ethische oder philosophisch begründete Normen bestimmt. Deshalb hat sich in der Folgezeit

- die Diskussion von der »Gerechtigkeitsfrage« auf die Frage der Mindesthöhe von Arbeitsentgelten verlagert,
- das betriebswirtschaftliche Interesse auf die arbeitsrechtlich korrekte und aus arbeitspsychologischer Sicht ergebnisförderliche Entgelthöhe und Entgeltdifferenzierung konzentriert. Auf diese Aspekte beschränken wir uns hier.

Motivationspsychologie, Betrachtungsansätze

Aus der Motivationspsychologie zielen drei Betrachtungsansätze auf Entgeltfragen:

1. Partizipationsansätze: Arbeitsentgelt als Mittel zum Gewinnen und Erhalten von Mitarbeitern.
2. Beitragsansätze: Arbeitsentgelt als Mittel zum Stimulieren gewünschten Arbeitsverhaltens, meist zur Erhöhung der Produktivität.
3. Zufriedenheitsansätze: Arbeitsentgelt als Mittel zur Vermittlung von Arbeitszufriedenheit und damit zum Engagement der Mitarbeiter.

Theorie des sozialen Vergleichs

In der Praxis hat man sich bei motivationspsychologischen Ansätzen bevorzugt mit den Erwartungs-Valenz-Theorien beschäftigt, die dem zweiten Betrachtungsansatz zuzuordnen sind.[195] Mit Hilfe motivationspsychologischer Ansätze lassen sich Risiken erklären und begrenzt prognostizieren, z. B. die Risiken beim Gewähren von Leistungsentgelten für Arbeitsgruppen. Wir verzichten hier auf die Behandlung dieser interessanten Ansätze und stellen nur einen als *Theorie des sozialen Vergleichs*

191 Das ist nicht der einzige Grund, so entspricht man damit z. B. auch den Erwartungen besonders leistungsstarker Personen.
192 Vgl. Diepold, M.: Die leistungsbezogene Vergütung. Berlin: Duncker Humblot, 2005, S. 199.
193 Als (Arbeits-)Entgelt bezeichnet man Vergütungen, die Arbeitnehmer vom Arbeitgeber für ihre Arbeitsleistung erhalten. Vgl. zu rechtlichen Aspekten der leistungsbezogenen Vergütung Diepold, M.: a. a. O., 2005.
194 Vgl. z. B. Heckel, T.: Der gerechte Lohn. München: Oldenbourg, 1963. Kosiol, E.: Leistungsgerechte Entlohnung, 2. Auflage. Wiesbaden: Gabler, 1962. Nell-Breuning, O. v.: Kapitalismus und gerechter Lohn. Freiburg: Herder, 1960.
195 Vgl. Vroom, V. H.: Work and motivation. New York: Wiley, 1964. Porter, L. W.; Lawler, E. E.: Managerial attitudes and performance. Homewood: Irwin-Dorsay, 1968.

bezeichneten Erklärungsansatz aus der Equity Theory[196] dar. Dieser verdeutlicht uns in Abbildung IV-108 grundlegende Ablaufmechanismen auf einfache Weise.

1. Personen bilden Wertkriterien (Inputs), wie z. B. Betriebszugehörigkeit, Ausbildung, Einsatzbereitschaft. Das sind Gesichtspunkte, die sie als entgeltwürdig und durch sich selbst als gut erfüllt erachten. Diese Wertkriterien sind subjektiv, weil man z. B. eine lange Betriebszugehörigkeit nur dann verwendet, wenn man schon viele Jahre im Betrieb arbeitet, oder eine solide Ausbildung, wenn man darüber zu verfügen meint.
2. Sie suchen sich Vergleichspersonen. Das sind entweder solche, für die ihrer Auffassung nach die gleichen Wertkriterien (Input) gelten oder von denen sie meinen, dass sie das gleiche Arbeitsentgelt (Outcome) erhalten. Dann vergleichen sie ihr eigenes Input-Outcome-Verhältnis (was sie einbringen und was sie dafür erhalten) mit dem der Vergleichspersonen.
3. Es entsteht kurzfristig Zufriedenheit, wenn das Input-Outcome-Verhältnis zu eigenen Gunsten, und Unzufriedenheit, wenn es zu eigenen Ungunsten ausfällt. Die Zufriedenheitswirkung ist, wie bei allen extrinsischen Motiven, zeitlich begrenzt. Nach einiger Zeit wird sich die Einsicht einstellen, dass dieses gute Abschneiden nicht mehr als recht und billig ist, weil sich dafür immer eine Begründung finden lässt. Unzufriedenheitswirkungen werden dagegen als längerfristig wirksam unterstellt.
4. Dieser Prozess wiederholt sich, je nach aktuellem Anlass. Dabei sind die eigenen Wertkriterien eher stabil, die Vergleichspersonen wechseln jedoch, dem Anlass entsprechend.

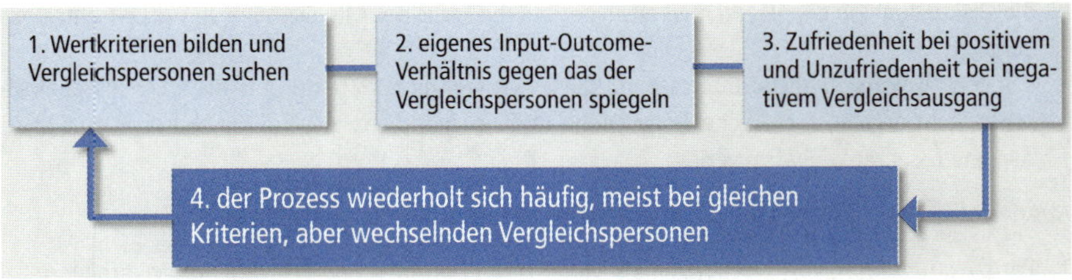

Abbildung IV-108 Das Prinzip des sozialen Vergleichs (Equity Theory)

Das Prinzip des sozialen Vergleichs zeigt, dass

1. mit Hilfe von Entgeltgestaltungen und Entgeltdifferenzierungen keine länger währenden Zufriedenheitswirkungen zu erzielen sind,
2. jedoch dauerhafter Unzufriedenheit entgegenzuwirken ist, wenn man durch methodische Entgeltdifferenzierung Wertkriterien objektiviert und für alle transparent macht,
3. Vorsicht geboten ist vor undifferenzierter Gleichmacherei, indem z. B. gleiche Prämienlohnhöhen auf große, inhomogene Gruppen angewandt werden, deren Mitglieder ganz unterschiedliche Leistungen erbringen.

Mit diesen Thesen lässt sich auch das Prinzip der kausalen Entgeltfindung (vgl. Abbildung IV-110) begründen, nach dem eine höchstmögliche Äquivalenz von individueller Leistung und individuellem Entgelt anzustreben ist. Dieses Prinzip wird als *Äquivalenzprinzip* bezeichnet.

196 Vgl. Heckhausen, H.; Heckhausen, J.: Motivation und Handeln, 3. Auflage. Berlin, Heidelberg, New York: Springer, 2006, S. 324 f.

Das MTM-Institut hat im Jahre 2007 eine Untersuchung bei ausgewählten Mitgliedsunternehmen der Deutschen MTM-Vereinigung e. V. aus der Metall- und Elektroindustrie über die Anwendung leistungsbezogener Entgeltanreize durchgeführt.[197]

	Was man mit Entgeltanreiz positiv zu beeinflussen hofft:	Anteil der Unternehmen
1	Erhöhung der Produktivität	92 %
2	Sicherung von Termintreue	79 %
3	Senkung der Durchlaufzeiten	79 %
4	Förderung von Engagement und Umsicht	66 %
5	Verbesserung der Qualität	58 %
6	Erhöhung der Arbeitszufriedenheit	8 %

Abbildung IV-109 Die häufigsten Erwartungen an die Wirkung leistungsbezogener Entgeltanreize[198]

Fast alle befragten Unternehmen erwarteten aus Entgeltanreizen eine Erhöhung der Produktivität, aber nur etwa die Hälfte eine positive Beeinflussung der Qualität. Das überrascht insofern, als die meisten Unternehmen nur »Gutstückzahlen« honorieren, sich also Nacharbeit und Ausschuss produktivitäts- und entgeltmindernd auswirken müssten. Etwa drei Viertel der befragten Unternehmen erwarteten aus gesteigerter Effizienz zwei positive Folgen: kürzere Durchlaufzeiten und verbesserte Termintreue. Etwa zwei Drittel glaubten, dass es eine positive Wirkung auf das Arbeitsverhalten (Engagement und Umsicht) gibt. Dagegen geht nur etwa jedes zehnte Unternehmen von einem Zusammenhang zwischen positiv erlebtem Entgeltanreiz und Arbeitszufriedenheit aus. Diese Untersuchung hat die Vermutung bestätigt, dass die Mehrzahl der Unternehmen leistungsbezogene Entgelte in erster Linie als Mittel zur Produktivitäts- und Prozessstabilisierung ansehen.

7.2 Prinzipien und Konzepte der Entgeltdifferenzierung

Entgeltfindungsprinzipien

Der Abbildung IV-109 ist eine verbreitete Kategorisierung von *Entgeltfindungsprinzipien* zu entnehmen. Am bekanntesten und am meisten diskutiert ist das Prinzip der *kausalen Entgeltfindung*. Darunter fallen alle Konzepte, bei denen versucht wird, eine möglichst enge Koppelung von individuellem Leistungsbeitrag und individuellem Entgelt herzustellen. Dem Prinzip der *finalen Entgeltfindung* sind alle Konzepte zuzurechnen, bei denen die Mitarbeiter ungeachtet ihrer individuellen Leistungsbeiträge am Unternehmenserfolg partizipieren. Dazu gehören auch alle Gainsharing-Konzepte.[199] Konzepte der finalen Entgeltfindung werden überwiegend im außertariflichen Bereich angewandt, wenn kausale Beitrags-Entgelt-Beziehungen nicht herzustellen sind oder für unzweckmäßig erachtet werden. Bei den beiden anderen Prinzipien werden weder Beitrags- noch Erfolgsaspekte berücksich-

197 Bokranz, R.; Britzke, B.: Anwendung und Rahmenbedingungen von Leistungsentgeltgrundsätzen in der Metall- und Elektroindustrie. Eine Befragung von MTM-Mitgliedsunternehmen durch das MTM-Institut. In: MTMaktuell, 14. Jg. (2009), Ausgabe 42, S. 17–18, Ausgabe 43, S. 23–24. Diese Untersuchung basiert zwar auf einer relativ kleinen Stichprobe, die aber nicht als Zufallsstichprobe, sondern als Repräsentativstichprobe (gezielt ausgewählte Unternehmen) angelegt war.

198 Bokranz, R.; Britzke, B.: a. a. O., 2009.

199 Vgl. dazu z. B. Lang, J. M.: Gainsharing, Zielvereinbarung, Balanced Scorecard. In: Eyer, E. (Hrsg.): Entgeltsysteme für produzierende Unternehmen, 4. Auflage. Düsseldorf: Symposion Publishing, 2004, S. 275–295. Siegel, K.: Gainsharing – die Verstetigung des Verbesserungsprozesses. In: Eyer, E. (Hrsg.): a. a. O., 2004, S. 297–334.

tigt. Sie sind tarifvertraglich oder betrieblich, auf freiwilliger Basis begründet.[200] Wir beschäftigen uns hier nur mit dem Prinzip der kausalen Entgeltfindung.

Abbildung IV-110 Die Entgeltfindungsprinzipien

Entgeltfindungskonzepte

Bei der kausalen Entgeltfindung werden die interindividuellen Leistungsbeiträge nach zwei *Entgeltfindungskonzepten* honoriert (vgl. Abbildung IV-110):

- *Grundentgeltdifferenzierung*: Die bei der Arbeit zu bewältigenden Schwierigkeiten (Anforderungen) werden anhand der Anforderungsmerkmale von Arbeitsbewertungsverfahren bewertet. Als Resultat wird ein Anforderungsentgelt in Form der Entgeltgruppe oder in Form eines Arbeitswertes und mit diesen das Grundentgelt ausgewiesen.
- *Leistungsentgeltdifferenzierung*: Der erarbeitete Leistungserfolg wird anhand von Ergebniskomponenten beurteilt (vgl. Abbildung IV-111). Als Resultat wird ein Leistungsentgelt in Form einer Leistungszulage, eines Leistungsbonus oder eines Mehr-/Zusatzentgelts ausgewiesen.
- Das Arbeitsentgelt setzt sich danach aus den beiden Grundbestandteilen Anforderungs- und Leistungsentgelt zusammen. Auf weitere, tarifliche und übertarifliche Bestandteile (vgl. Abbildung IV-110) gehen wir hier nicht ein. In den beiden folgenden Abschnitten wird erläutert, wie Grundentgelte und Leistungsentgelte interindividuell zu differenzieren sind.

200 Vgl. Ehlscheid, C.; Meine, H.; Ohl, K.: Handbuch Arbeit – Entgelt – Leistung, 4. Auflage. Frankfurt/Main: Bund-Verlag, 2006, S. 102f.

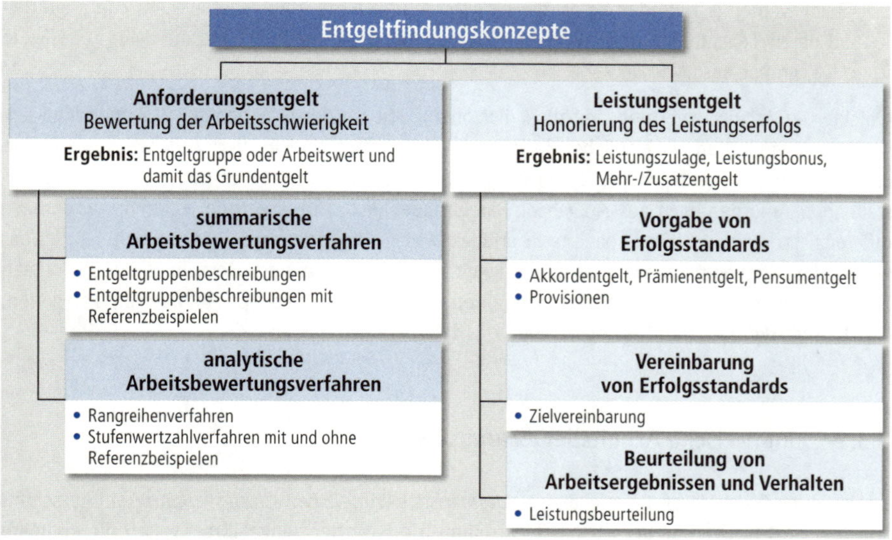

Abbildung IV-111 Die gebräuchlichen Entgeltfindungskonzepte bei der kausalen Entgeltfindung

7.3 Grundentgeltdifferenzierung

7.3.1 Überblick

Arbeitsbewertungsverfahren

Abbildung IV-111 ist zu entnehmen, dass es zwei Arten von *Arbeitsbewertungsverfahren* gibt[201], die summarische und die analytische Arbeitsbewertung. Tarifgebundene Unternehmen haben keine Wahlfreiheit zwischen diesen beiden Konzepten, sondern müssen jenes Verfahren anwenden, das ihnen im Tarifvertrag vorgeschrieben ist[202], sofern dieser keine Öffnungsklausel enthält. Deshalb sind Vorteils-Nachteils-Diskussionen müßig, und die Erfahrung lehrt, dass diese auch nicht objektiv zu führen sind.

1. Bei der summarischen Arbeitsbewertung werden die aus den Arbeitsaufgaben resultierenden Anforderungen aufgrund von Arbeitsbeschreibungen (z. B. in Form von Stellenbeschreibungen)[203] als Ganzes bewertet und daraus die zutreffende Entgeltgruppe bestimmt.
2. Bei der analytischen Arbeitsbewertung werden die aus den Arbeitsaufgaben resultierenden Anforderungen nach Anforderungsarten unterschieden. Anhand von Arbeitsbeschreibungen (z. B. in Form von Stellenbeschreibungen oder auch nur durch Beschreibung der sog. prägenden Auf-

201 Vgl. z. B. Breisig, T.: Entgelt nach Leistung und Erfolg. Frankfurt/M.: Bund-Verlag, 2003, S. 81 f. Ehlscheid, C.; Meine, H.; Ohl, K.: a. a. O., 2006, S. 11 f.

202 Es gibt auch Tarifverträge, nach denen Betriebe zwischen einem analytischen und einem summarischen Arbeitsbewertungsverfahren wählen können.

203 Nicht immer werden Entgeltgruppen auf der Basis von Arbeitsbeschreibungen und methodischer Arbeitsbewertung bestimmt. Insbesondere bei kleineren Betrieben werden sie auch vereinbart. Neuere Tarifverträge (z. B. ERA ME NRW, 2006) schreiben das Vorliegen von Arbeitsbeschreibungen auch nicht zwingend vor. Sie ermöglichen den Betriebsparteien im Verfahren der sogenannten Regelüberleitung sogar, Entgeltgruppen aus einem Vorgänger-Tarifvertrag in jene nach einem neuen Tarifvertrag zu überführen, die bei den Stelleninhabern zur gleichen Grundentgelthöhe führen – alles ohne Arbeitsbewertung. Je größer aber die Beschäftigtenzahl ist, desto empfehlenswerter ist der hier beschriebene methodische Weg.

gaben) werden je Anforderungsart die Teilanforderungen ermittelt. Über alle Anforderungsarten und deren Teilanforderungen wird die Gesamtanforderung bestimmt und die dafür zutreffende Entgeltgruppe ausgewiesen.

Objekte der Arbeitsbewertung sind nicht Personen, weil bei der Grundentgeltdifferenzierung keine interindividuell unterschiedlichen Leistungen zu bewerten sind. Bewertet werden die zu *Planstellen*[204] oder Stellentypen (= Kategorien von Stellen, z. B. Gabelstaplerfahrer, Schichtleiter) bestehenden Anforderungen aus Aufgaben. Das Grundentgelt wird also nach jenen *Anforderungen* differenziert, die von Stelleninhabern zu erfüllen sind.[205] Anforderungen können sich z. B. an das notwendige Können richten oder an die Fähigkeit, Konflikte auszutragen. Deshalb unterscheidet man bei den analytischen Arbeitsbewertungsverfahren zwischen verschiedenen Anforderungskategorien, die als *Anforderungsarten* (vgl. Abbildung IV-114) bezeichnet werden.

7.3.2 Summarische Arbeitsbewertungsverfahren

ERA-Bayern

In Abbildung IV-112 ist als Beispiel für ein *summarisches Arbeitsbewertungsverfahren* ein Ausschnitt aus dem *ERA*-Tarifvertrag der Metall-/Elektroindustrie Bayern [206] angeführt. Typisch für summarische Verfahren ist, so auch diesem Beispiel zu entnehmen, dass die »Qualifikation« (Anforderungsart, Kenntnisse, Fertigkeiten) im Vordergrund steht. Betriebe, die ein summarisches Verfahren anwenden, bemühen sich deshalb weniger um fundierte Stellenbeschreibungen als jene, die ein analytisches Verfahren anzuwenden und mehrere Anforderungsarten zu bewerten haben.

Referenzbeispiele

Abbildung IV-112 sind, als Ausschnitt aus der Beschreibung von 12 Entgeltgruppen, jene Texte zu entnehmen, anhand derer den zu bewertenden Planstellen oder Stellentypen Entgeltgruppen zuzuweisen sind. Dabei haben Anwender das Problem, Begriffe wie z. B. »einfach«, »erweitert« oder »umfangreich« auszulegen und abzugrenzen. Um ihnen hierbei zu helfen, enthalten manche summarische Verfahren durch die Tarifvertragsparteien erstellte Orientierungs-, Niveau- oder *Referenzbeispiele*. An denen wird beispielhaft gezeigt, welche typischen Tätigkeiten den jeweiligen Entgeltgruppen zuzuweisen sind. In den meisten Tarifverträgen sollen diese Beispiele das Verfahren plausibilisieren, nicht aber einzelne Einstufungen begründen.

---

204 Im SAP HR wird als Stelle das bezeichnet, was hier als Stellentyp bezeichnet wird. Der Planstellenbegriff wird dort wie hier definiert verwendet.

205 Die Arbeitsbewertung erfolgt nachfrage- und nicht angebotsbezogen. Bewertungsrelevant ist nicht das, worüber Stelleninhaber individuell verfügen (auch wenn das sehr attraktiv ist), sondern nur das, was zur Aufgabenerfüllung objektiv erforderlich ist. Bewertet wird also nicht das Qualifizierungsangebot einer Person, sondern die zu einer Planstelle bestehenden Anforderungen. Dieser Sachverhalt ist vielen Betroffenen nur schwer zu vermitteln.

206 Als ERA (= Entgeltrahmen-Tarifvertrag) werden die in den letzten Jahren abgeschlossenen Tarifverträge für die Metall- und Elektroindustrie bezeichnet, in denen bei der Entgeltgruppenbestimmung nicht mehr zwischen Lohn- und Gehaltsempfängern oder Arbeitern/Gewerblichen und Angestellten unterschieden wird. Bereits im Jahre 1987 wurde mit dem BETV Bergbau, Energie, Chemie der erste Manteltarifvertrag mit einer einheitlichen Entgeltstruktur (nicht mehr zwischen Gewerblichen und Angestellten unterscheidend) abgeschlossen. Im Jahre 2004 wurde mit dem ERA ME Nordwürttemberg/Nordbaden der erste gemeinsame Manteltarifvertrag mit einem analytischen Arbeitsbewertungsverfahrens abgeschlossen.

Entgeltgruppe 7

Die Arbeitsaufgabe erfordert Kenntnisse und Fertigkeiten, wie sie in der Regel durch eine einschlägige dreijährige abgeschlossene Berufsausbildung und **erweiterte** fachspezifische Zusatzqualifikation erworben werden.

Die erforderliche Zusatzqualifikation kann auch durch eine mehrjährige, d. h. mindestens dreijährige fachspezifische Erfahrung erreicht werden.

Gleichgestellt werden Kenntnisse und Fertigkeiten, wie sie in der Regel durch eine qualifizierte Weiterbildung zum Meister oder Fachwirt erworben werden.

Die insgesamt erforderlichen Kenntnisse und Fertigkeiten können auch auf andere Weise erworben werden.

Entgeltgruppe 8

Die Arbeitsaufgabe erfordert Kenntnisse und Fertigkeiten, wie sie in der Regel durch eine einschlägige dreijährige abgeschlossene Berufsausbildung und **umfangreiche** fachspezifische Zusatzqualifikation erworben werden.

Gleichgestellt werden Kenntnisse und Fertigkeiten, wie sie in der Regel durch eine qualifizierte Weiterbildung (z. B. Techniker, Betriebswirt) erworben werden. Dazu gehören auch Meister oder Fachwirte mit zusätzlichen Aufgaben, wie z. B. Führungsaufgaben und fachlicher Verantwortung für unterstellte Mitarbeiter.

Die insgesamt erforderlichen Kenntnisse und Fertigkeiten können auch auf andere Weise erworben werden.

Abbildung IV-112 Beispiel für ein summarisches Arbeitsbewertungsverfahren (ERA ME Bayern, 2005, Ausschnitt)

Begriffliche Konkretisierungen

Auch mit Hilfe von Referenzbeispielen sind nicht alle Auslegungsfragen zu klären. Deshalb werden in den Unternehmen zwischen Arbeitgeber und Betriebsrat begriffliche Konkretisierungen vereinbart und in tabellarischen Übersichten zusammengestellt. Damit sollen die Ermessensspielräume und Möglichkeiten zur Fehlinterpretation verringert werden.

In Abbildung IV-113 wird dazu ein Beispiel angeführt, dem drei Sachverhalte zu entnehmen sind:

1. Hinter der Summarik »verbergen« sich drei Anforderungsarten, die im Beispiel bezeichnet werden als »Fachliche Basisqualifikation«, »Erfahrung, Zusatzqualifikation, Weiterbildung« und »Handlungsspielraum«.
2. Die in der tarifvertraglichen Fließtextversion nicht zu erkennende Verfahrenslogik wird verdeutlicht.
3. Zwischen den Anforderungsarten gibt es Korrelationen[207], die in der Fließtextversion auch nicht zu erkennen sind.

207 Die analytische Aufschlüsselung weist Plausibilitäten aus, die sich aus der ursprünglichen Fließtextfassung nicht erschließen. Beispielsweise bedingen Anlerntätigkeiten keine Erfahrung, keine Zusatzqualifikation und sind typischerweise mit Arbeitsanweisungen dokumentiert. Auch wenn man Übersichten, wie in Abbildung IV-113 angeführt, nicht zur Bewertung verwendet, haben sie den Vorteil, die Zusammenhänge zwischen den verwendeten Anforderungsarten zu verdeutlichen.

2. Erfahrung, Zusatzqualifikation, Weiterbildung:
a) Erfahrung: methodisches Üben mit dem Ziel, jene Fertigkeiten zu erlangen, die zur selbständigen Aufgabenerfüllung notwendig sind. Es handelt sich nicht um den Erwerb von Routinen, mit deren Hilfe bessere Leistungen zu erzielen sind oder das Gewinnen von Lebenserfahrungen.
b) Zusatzqualifikation: punktuelle Vertiefungs- oder Ergänzungsqualifikation, um aufgabenbedingte fachspezifische Kenntnisse zu erwerben, die in Berufsausbildungen und Studiengängen nicht vermittelt werden.
c) Weiterbildung: ausgehend von einer qualifizierten Berufsausbildung werden durch einjährige (z. B. Meister, Fachwirt) oder zweijährige (z. B. Techniker, Betriebswirt) Aufbauausbildungen höherrangige Berufsabschlüsse erworben.
d) Keine Zusatzqualifikation oder Weiterbildung liegt bei Übungs-, Trainings- oder Auffrischungsmaßnahmen vor, weil dabei lediglich eine Anpassung der Fertigkeiten erfolgt (sog. Anpassungsausbildung).

1. Fachliche Basisqualifikationen: Eine Basisqualifikation liegt vor, wenn Fähigkeiten/Fertigkeiten vermittelt werden, die mindestnotwendig sind, um die gestellten Aufgaben erfüllen zu können. Z. B. ist der Gabelstaplerschein für einen Gabelstaplerfahrer eine Basisqualifikation. Dagegen ist er für einen Maschinenführer eine Zusatzqualifikation. Weiterhin liegt dann eine Basisqualifikation vor, wenn Fähigkeiten/Fertigkeiten in der Berufsausbildung/dem Studium nicht vermittelt werden, weil zuvor eine praktische Tätigkeiten erforderlich ist, ansonsten aber vermittelt würden und mindestnotwendig sind, um die gestellten Aufgaben überhaupt erfüllen zu können.
Für jede Basisausbildung gilt: die zur Aufgabenerfüllung notwendigen Kenntnisse können auch auf andere Weise als hier angeführt erworben werden.

		11. Anlernen über eine Zeitdauer			12. einschlägige qualifizierte Berufsausbildung		13. einschlägige qualifizierte Weiterbildung		14. einschlägiges fachspezifisches Studium	
					Was als einschlägig zu verstehen ist, entnimmt man der formulierten Stellenanforderung (z. B. Metallfacharbeiter oder Maschinenbauingenieur - Fachrichtung Produktionstechnik).					
		111. ≤ 3 Tage	**112.** ≤ 2 Wochen	**113.** ≤ 6 Wochen	**121.** ≥ 2 Jahre	**122.** ≥ 3 Jahre	**131.** ≥ 1 Jahr (Meister oder Fachwirt)	**132.** ≥ 2 Jahre (Techniker oder Betriebswirt)	**141.** ≤ 4 Jahre	**142.** > 4 Jahre
21. ohne zusätzliche Qualifikation und Erfahrung: die übertragenen Aufgaben können allein auf Grund der fachlichen Basisqualifikation erfüllt werden.		EG1	EG2	EG3	EG4c	EG5	EG7	EG8	EG9	EG10
22. zusätzliche aufgabenbezogene Qualifikation: über die Anlerndauer hinaus sind zu einer oder mehreren zu erfüllenden Aufgaben zusätzliche Kenntnisse oder Fertigkeiten zu erwerben, wobei die die dazu erforderliche Qualifikationsdauer die Anlerndauer nicht überschreitet.				EG4						
23. Fachspezifische Erfahrung: zur Erfüllung der Arbeitsaufgaben (nicht zur effizienteren Erfülung - das wäre Leistung) notwendiges, systematisch betriebenes gewinnen von Routine, was in der Berufsausbildung nicht zu vermitteln ist.	**231.** ≤ 6 Monate				EG5					
	232. ≤ 15 Monate					EG6				
	233. ≤ 36 Monate					EG7				
24. Fachspezifische Zusatzqualifikation: wenn es für die Aufgabenerfüllung unumgänglich ist, durch eine Qualifizierungsmaßnahme die Fachkenntnisse gezielt zu vertiefen, oder wenn das durch Rechtsvorschriften geboten ist. Sie muss über eine erfolgreich absolvierte Prüfung (deshalb ist sie mit einem Lernaufwand verbunden) zu einem Zeugnis/ Zertifikat führen.	**241. einfach:** eine Maßnahme, mit der das Wissen zu einem Teil eines Fachgebietes vermittelt wird, z. B. die MTM-Grundausbildung, das ist der Erwerb eines Grundwissens zur Arbeitswirtschaft					EG6			EG10	EG11
	242. erweitert: mehrere Maßnahmen, mit denen darüber hinaus das Wissen zu einen erweiterten Teil eines Fachgebietes erworben wird, z. B. die Ausbildung zum Prozess-organisator, das ist die Qualifizierung zum Arbeitsgestalter					EG7			EG11	EG12
	243. umfangreich: wenn über mehrere Maßnahmen hinaus ein erheblicher Teil des Wissens zu einem Fachgebietes erworben wird, z. B. mit dem Seminar Industrial Engineering für das Fachgebiet Arbeitswirtschaft oder mit der gesamten DGQ-Ausbildung für das Fachgebiet Qualitätsmanagement					EG8			EG12	
	244. umfangreicherer Art: wenn diese einen erheblichen Teil benachbarter Fachgebiete (z. B. das gesamte Seminar Industrial Engineering und die gesamte DGQ-Ausbildung) umfasst.					EG9				
	245. besonders umfangreich: wenn diese nicht nur einen erheblichen Teil benachbarter Fachgebiete umfasst, sondern auch besondere theoretische Vertiefungen oder Lehrberech-tigungen einschließt					EG10				
25. Qualifizierte Weiterbildung und darauf bezogene fach-spezifische Zusatzqualifikation: neben der ein- oder zweijährigen fachspezifischen Weiterbildung werden daruf abgestimmte Zusatz-qualifikationen erworben.	**251. einfach** (wie 241)						EG8	EG9		
	252. erweitert (wie 242)						EG9	EG10		
	253. umfangreich (wie 243)						EG10	EG11		
	254. bes. umfangreich (wie 245)						EG11	EG12		

3. Handlungsspielraum: Typisch, aber nicht einstufungsverbindlich, sind die den Entgeltgruppen zugeordneten Handlungsspielräume aufgrund der Vorbestimmtheit der Arbeitsausführung. Der Handlungsspielraum wird beschrieben durch das Ausmaß an Entscheidungsnotwendigkeiten bei der Arbeitsausführung. Dabei werden vier Determiniertheitsgrade unterschieden, beginnend damit, dass das motorische Handeln durch Anweisungen detailliert vorgeschrieben ist, bis dahin, dass nur vorgegeben ist, was zu erreichen ist.

31. Die Abläufe sind durch Anweisungen festgelegt,		32. Es sind nur die Arbeitsaufgaben festgelegt,	33. Es liegen nur allgemeine Rahmenanweisungen vor,
1.a) bei EG1 - EG3 so, dass keine nennenswerten Entscheidungsspielräume bestehen.		weshalb Entscheidungsspielräume bezüglich der Art der Aufgabenerfüllung gegeben sind, was für die EG 5 - EG 8 unterstellt wird.	so dass für die Aufgabenerfüllung Prioritäten zu setzen sind, was für die EG9 und EG10 unterstellt wird.
	1.b) bei EG4/EG4c nicht für alle Ablaufphasen festgelegt: dazu bestehen Entscheidungsspielräume.		

34. Es sind nur Handlungsziele vorgegeben,
was dazu führt, dass häufig zwischen Lösungsalternativen zu wählen ist und Entscheidungsfreiräume bezüglich der Interpretation der eigenen Aufgabenstellung gegeben sind. Dieses Ausmaß an Handlungsspielraum ist als für die EG11 und EG12 typisch unterstellt.

Abbildung IV-113 Beispiel für eine unternehmensintern vereinbarte Interpretation eines summarischen Arbeitsbewertungsverfahrens (Basis: ERA ME Bayern, 2005)

7.3.3 Analytische Arbeitsbewertungsverfahren

Genfer Schema

Ausgangspunkt der klassischen *analytischen Arbeitsbewertungsverfahren* ist das Anforderungsarten-Konzept nach dem *Genfer Schema*[208]. In Abbildung IV-114 ist dieses klassische Konzept denen moderner analytischer Verfahren, hier beispielhaft den ERA ME Baden-Württemberg und ME Nordrhein-Westfalen, gegenübergestellt. Daraus wird deutlich, dass die Arbeitsbewertung zur damaligen Zeit »belastungsdominiert« war. Insbesondere muskuläre Belastungen standen im Vordergrund, zumal Anwendungen auf den gewerblichen Bereich beschränkt waren.

Bei den beiden ERA-Verfahren handelt es sich um sogenannte »Stufenwertzahlverfahren mit verdeutlichenden Referenzbeispielen«[209]. Mit dem ERA Baden-Württemberg wurde erstmals ein gemeinsames, auf gewerbliche Mitarbeiter und Angestellte anzuwendendes analytisches Verfahren[210] verbindlich. Bei den ca. 50 Jahre später entstandenen ERA-Verfahren war drei Gegebenheiten Rechnung zu tragen:

1. Neben dem gewerblichen Bereich war auch der kaufmännisch-administrative Bereich zu berücksichtigen, also Arbeitssysteme mit ganz anderen Arten von Tätigkeiten.
2. Es war zu berücksichtigen, dass auch in der Produktion ein Schritt hin zu einer »Wissensgesellschaft« vollzogen wurde.
3. Deshalb sollten nicht mehr »zu ertragende« Belastungen, sondern »zu erfüllende« Aufgaben sowie mitzubringende Kompetenzen und für das eigenen Handeln zu tragende Verantwortung verfahrensprägend sein.

Im Mittelpunkt der ERA-Verfahren steht das im Abschnitt 6.3 erläuterte AKV-Prinzip[211], wonach die Anforderungs- und damit die Entgelthöhe in erster Linie bestimmt wird von

1. der Art zu erfüllender Aufgaben,
2. den dabei notwendigen Kompetenzen und
3. den zu übernehmenden Verantwortungen.

---

208 So benannt nach einer internationalen Konferenz zu Fragen der Arbeitsbewertung im Jahre 1950 in Genf, bei der ein Anforderungsarten-Konzept entwickelt wurde, das in der Folge die methodische Basis für die Entwicklung von Arbeitsbewertungsverfahren war. Neuere Tarifverträge haben sich allerdings von dem stark belastungsbezogenen Genfer Schema entfernt.

209 Neben den Stufenwertzahlverfahren gibt es noch Rangreihenverfahren (vgl. Abbildung IV-111). Da diese heute jedoch nicht mehr gebräuchlich sind, werden sie hier nicht behandelt.

210 Bei den ERA-Verfahren werden deshalb, anders als bei den »frühen«, ausschließlich auf den gewerblichen Bereich angewandten analytischen Verfahren, Belastungen und Umgebungseinflüsse außerhalb der Anforderungsanalyse behandelt. Diese Anforderungen werden deshalb nicht in der Entgeltgruppe, sondern in Form von Zuschlägen entgolten.

211 Aufgaben-Kompetenzen-Verantwortung.

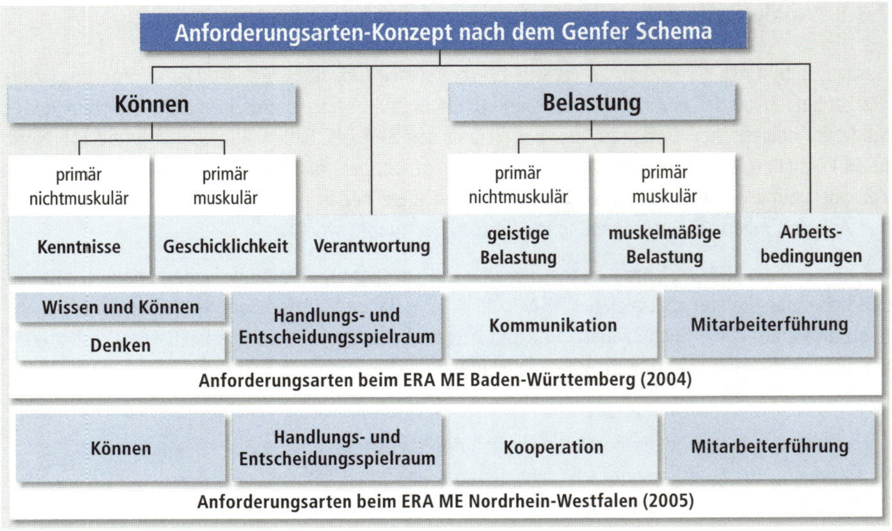

Abbildung IV-114 Das Anforderungsarten-Konzept nach dem Genfer Schema und bei aktuellen analytischen Arbeitsbewertungsverfahren (Beispiele)

7.3.4 Stellenbeschreibungen

Stellenbeschreibung

Vor Anwendung eines analytischen Arbeitsbewertungsverfahrens sollten Stellenbeschreibungen vorliegen, denen die zu erfüllenden Anforderungen zu entnehmen sind.[212] Als *Stellenbeschreibung* wird eine dokumentierte aufbauorganisatorische Regelung bezeichnet, der mindestens zu entnehmen sind, die

1. hierarchische Einbindung einer *Planstelle* oder eines *Stellentyps*[213] in die Organisationsstruktur,
2. an die Stelleninhaber gerichteten Kernanforderungen (Charakteristika) und
3. vom Stelleninhaber zu erfüllenden Aufgaben.

Über den zweckmäßigen Umfang inhaltlicher und formaler Aspekte von Stellenbeschreibungen gehen die Auffassungen auseinander.[214] Unstrittig ist jedoch, dass die Aufgabenbeschreibung der für die Arbeitsbewertung wichtigste Dokumentationsteil ist. Werden Stellenbeschreibungen für die analytische Arbeitsbewertung verwendet, müssen daraus für alle Anforderungsarten die Anforderungshöhen (bei ERA: Stufenwertzahl) abzuleiten sein. Es kann deshalb erforderlich sein, vorhandene Stellenbe-

212 Das Vorliegen von Stellenbeschreibungen ist nicht zwingend und nur dann zielführend, wenn ihnen jene Informationen zu entnehmen sind, die man zur Einstufung nach den tarifvertraglichen Anforderungsarten benötigt. Ist den Stellenbeschreibungen z. B. nicht zu entnehmen, auf welcher Anforderungsstufe zu »kooperieren« ist, sind sie für die Arbeitsbewertung nicht zu gebrauchen, wenn dort nach einem Anforderungsmerkmal »Kooperation« zu bewerten ist.

213 Als Stelle (SAP HR: Planstelle) bezeichnen wir die kleinste betrachtete Organisationseinheit, der mindestens eine Person zugeordnet ist. Als Stellentyp (SAP HR: Stelle) bezeichnen wir eine Kategorie von Stellen, die zum Großteil gleiche Aufgaben (= stellentypspezifische Aufgaben) erfüllen, sich bei einigen Aufgaben (= stellenspezifische Aufgaben) aber von anderen Stellen des gleichen Stellentyps unterscheiden können. Z. B. gibt es beim Stellentyp des »Schichtleiters« Aufgaben, ohne deren Erfüllung der Stelleninhaber kein Schichtleiter wäre. Dann gibt es aber auch stellenspezifische Aufgaben, in denen sich z. B. der Schichtleiter in der Galvanik von dem in der Montage unterscheidet. Die Bildung von Stellentypen dient der Standardisierung und ist bei manchen Unternehmen Bestandteil des Produktionssystems.

214 Vgl. z. B. Bokranz, R.; Kasten, L.: a. a. O., 2003, S. 202 f.

schreibungen um ERA-relevante Sachverhalte zu ergänzen, z. B. zur Anforderungsart »Erfahrung« um die notwendigen Zusatzqualifikationen.

Beispiel

Abbildung IV-115 und Abbildung IV-116 ist ein Beispiel einer Stellentypenbeschreibung zu entnehmen. Diese gilt für alle Meister, deren stellentypspezifische Fachaufgaben sich nicht unterscheiden. Wäre das der Fall, würde man diese zwischen verschiedenen Meisterstellen differenzieren, die stellentypspezifischen Managementaufgaben aber unverändert lassen. Das Arbeiten mit Stellentypen führt zu einer Aufwandsminimierung und unterstützt durch das darin enthaltene Standardisierungsprinzip die Umsetzung von Produktionssystemen. Dieses Beispiel zeigt eine Möglichkeit des strukturellen Aufbaus. Die Zweckmäßigkeit solcher Schemata ist nicht zu verallgemeinern, sondern zu jedem Tarifvertrag zu prüfen und ggf. zu modifizieren.

Stellentypen-Beschreibung:	Planstelle: unspezifiziert	Stellentyp: Meister	Version-Nr. 3	Bearbeiter:	Hü
	vertritt: Schichtleiter	wird vertreten: fachl. Schichtleiter		Datum:	12.01.2012

I. Einbindung des Stellentyps in die Organisation		
Unterstellung	disziplinarisch	Bereichsleiter
	fachlich	dto.
Überstellung	disziplinarisch	Schichtleiter und Mitarbeiter
	fachlich	dto.

II. Charakteristika der Stelleninhaber: sollte verfügen über, sich auszeichnen durch, typischerweise zuständig sein für ...	
allgemeine Sachkenntnisse	Meisterausbildung, Ausbildereignungsprüfung, PC-Office Anwendungen, VPPS-Kenntnisse, IE-Grundkenntnisse
spezielle Sachkenntnisse	Arbeitssicherheitsschulung, Arbeits- und Betriebsverfassungsrecht, Besuch von Best-practice-Unternehmen
Erfahrungen	Erfahrung als Teamleader, Erfahrung in der Prozessunterstützung/-ablauf
Begabungen	Führungsfähigkeit, Mitarbeiterentwicklung, Organisationsgeschick, Kooperationsfähigkeit, Veränderungskompetenz
zuständig für	Kosten, Termine, Qualitätsniveau, Angemessenheit der MZ- und GK-Anteile und Leistung in der Kostenstelle

III. stellentypspezifische Fachaufgaben (können sich zwischen den Meistereien geringfügig unterscheiden)	
1	**Gemeinkosten- u. Mehrzeiten(-budgets) überwachen:** 11 genehmigte GK-Zeiten überwachen und ggf. Abstellmaßnahmen intensivieren 12 genehmigte MZ überwachen und ggf. Abstellmaßnahmen intensivieren 13 Einhaltung der Budgets der Betriebs- und Geschäftsausstattung überwachen
2	**Arbeits-/Fertigungsprozesse umsetzen, überwachen und optimieren:** 21 freigegebene Arbeits-/Fertigungsprozesse in der Werkstatt umsetzen und deren Einhaltung überwachen 22 Vorschläge zur weiteren Fertigungsoptimierung bzw. Ablaufverbesserung einbringen
3	**Personalbedarf planen und nach Freigabe in Einsatzplanung umsetzen:** 31 Jahres-/Halbjahresplanung erstellen (zur Genehmigung dem Bereichsleiter vorlegen) 32 Mehrarbeit planen, abstimmen und beantragen 33 Einsatz der Sicherheitsbeauftragten planen und kontrollieren
4	**Arbeitsqualität und -sicherheit , Termine überwachen:** 41 Mitarbeiter bez. der Arbeitsqualität und in Fragen der Arbeitssicherheit unterweisen 42 Einhaltung der Arbeitsqualität und -sicherheitsvorschriften überwachen (Qualitäts-, Arbeits-, Sicherheits- und Fertigungsvorschriften) 43 Anweisungserstellung initiieren 44 Terminverzögerungen rechtzeitig durch geeignete Maßnahmen abwenden (z. B. pers. Umbesetzung, ...)
5	**Ansprechpartner in allen Fragen der Fertigung gegenüber anderen Stellen im Hause:** 51 Abstellen z. B. zu hoher MZ, fehlerhafte Arbeitsunterlagen, Reklamationen, Bauabweichungen mit den zuständigen Stellen erarbeiten 52 Mitwirkung bei der fertigungstechnischen Umsetzung von Neuanläufen
6	**Teilnahme an Besprechungen:** 61 fixe Besprechungen (z. B. Qualitätsbesprechung, Bereichsleiterrunde, ...) 62 auf Einladung des Bereichsleiters (z. B. Workshop)

Abbildung IV-115 Beispiel einer Stellentypenbeschreibung, Teil 1

Die ERA bedingen nicht zwingend Stellenbeschreibungen. Es ist auch zulässig, lediglich die sogenannten »prägenden Aufgaben« zu beschreiben. Das sind die für die Einstufung maßgebenden »anspruchsvollsten« Aufgaben, weil diese einstufungsrelevant sind. Ob das ein empfehlenswerter Weg ist, muss jedes Unternehmen für sich entscheiden. Zu bedenken ist, dass den Mitarbeitern erfahrungsgemäß schwer zu vermitteln ist, dass man die meisten ihrer Aufgaben nicht vergessen hat, sondern dass es auf diese nicht ankommt, sondern nur um die prägenden Aufgaben geht.

IV. stellentypspezifische Managementaufgaben	
11	**Vereinbarungen vornehmen:** 111 periodische Kennzahlen besprechen, daraufhin Maßnahmen vereinbaren 112 Qualifikationsstände der Mitarbeiter analysieren und Maßnahmen vereinbaren 113 Fördergespräche führen, Fortschritte und Ergebnisse begleiten 114 Arbeitsergebnisse besprechen
12	**Mitarbeiter anweisen und kontrollieren:** 121 laufende Arbeitsverteilung an Mitarbeiter durchführen, Arbeiten zuweisen 122 Einhalten von Terminen überwachen 123 Personaleinsatzsteuerung aufgrund der Auftragssituation durchführen 124 Befolgen von Vorschriften überwachen 125 Rückkehrgespräche (Gesundheitsgespräche) führen 126 Einhalten der Arbeitsanweisungen, Arbeitsschutzbestimmungen überwachen 127 Einhalten der betrieblichen Arbeitszeiten und Pausen überwachen 128 zu Ordnung und Sauberkeit am Arbeitsplatz und pfleglichem Umgang mit den Betriebsmitteln anleiten
13	**Mitarbeiter fördern:** 131 permanent das Entstehen von Konflikten erkennen und lösen 132 Erwartungen und aktuelle Probleme der Mitarbeiter besprechen 133 neue Mitarbeiter in ihre Aufgaben einweisen, trainieren (Mitwirkung) 134 Unterweisungsunterlagen dokumentieren 135 Mitarbeiter zur Einhaltung von Vorschriften unterweisen und das dokumentieren 136 Arbeitsplatzwechsel (Job-Rotation) initiieren 137 Einarbeitungs- und Ausbildungspläne erstellen, aktualisieren 138 Azubis und Praktikanten betreuen
211	**personale Administration im Zusammenhang mit mehreren Personen:** 211.1 Personalbedarf ermitteln und daraus Einsatzplanung ableiten (Mitwirkung) 211.2 Stellenpläne entwickeln und Stellenausschreibungen initiieren (Mitwirkung) 211.3 Vertretungen bei ungeplanten Absenzen sicherstellen 211.4 Urlaubsplanung initiieren und koordinieren 211.5 Überstundenplanung (Mitwirkung) 211.6 neue Anweisungen/Vorschriften/Top-down-Vorgaben erläutern 211.7 Bereichsleitung über Anliegen, Probleme und Erwartungen der Mitarbeiter informieren
212	**personale Administration im Zusammenhang mit einer Person:** 212.1 Personaltausch zwischen den Kostenstellen zum Vermeiden von Leerlauf initiieren (Mitwirkung) 212.2 Mitarbeiter zu zweckmäßiger Nutzung der Prozesse und Einrichtungen anregen 212.3 Einstellungs- und Entlassungsgespräche führen (Mitwirkung) 212.4 Abmahnungen erteilen (Mitwirkung)
22	**sachbezogene Administration:** 221.1 Budget erstellen und Budgeteinhaltung kontrollieren (Mitwirkung) 221.2 Berichte bearbeiten (Mitwirkung) 221.3 Überwachung der Kern- und Hebezeuge sicherstellen 221.4 Akten und Dateien führen 223.1 Geschäftsprozesse im Zuständigkeitsbereich verbessern, stabilisieren; KVP-Engagements initiieren 223.2 Fehler, Beschwerden, Reklamationen in Verbesserungen und Abstellmaßnahmen umsetzen 223.3 Verbesserungsvorschläge bearbeiten und im Verantwortungsbereich umsetzen

Abbildung IV-116 Beispiel einer Stellentypenbeschreibung, Teil 2

7.3.5 Durchführung der Arbeitsbewertung

Bewertungstabelle

Abbildung IV-114 ist zu entnehmen, dass beim ERA ME Nordrhein-Westfalen vier Anforderungsarten unterschieden werden. Zu diesen wird in Abbildung IV-117 eine Bewertungstabelle angeführt. Dabei ist zu beachten, dass in der Arbeitsbewertung einige Begriffe anders interpretiert werden als in der Umgangssprache üblich.[215] In Abbildung IV-117 wird der in Abbildung IV-115 angeführte Stellentyp bewertet.

Anforderungsarten, Anforderungsstufen

In Abbildung IV-117 sind die *Anforderungsarten* nach *Anforderungsstufen* unterteilt. Die unterste Stufe 1 steht bei der Anforderungsart »Kooperation« z. B. dafür, dass »die Erfüllung der Arbeitsaufgabe kaum Kooperation und Zusammenarbeit erfordert«, also für geringste Anforderungen. Bei der obersten Stufe 5 sind die Anforderungen hoch, denn diese Stufe steht für »die Erfüllung der Arbeitsaufgabe erfordert in hohem Maße Kommunikation, Zusammenarbeit und Abstimmung«. Wie man sich das konkret vorstellen kann, ist Abbildung IV-118 zu entnehmen. Dort wird interpretiert, was unter Kommunikation und Zusammenarbeit und was unter Abstimmung (nämlich nicht wie umgangssprachlich gewohnt: votieren) zu verstehen und wann das, gegenüber der Stufe 4, in hohem Maße gegeben ist.

Den Stufenbeschreibungen sind Punktwerte (Teilarbeitswerte) zugeordnet, z. B. 2 Punkte zur Stufe 1 beim Anforderungsmerkmal »Kooperation«. Je höher die beschriebenen Anforderungen sind, desto höher sind die Punktwerte, z. B. 20 Punkte bei der Stufe 5. Abbildung IV-117 ist ferner zu entnehmen, dass beim Anforderungsmerkmal »Handlungs- und Entscheidungsspielraum« die doppelte Maximalpunktzahl gegenüber dem Anforderungsmerkmal »Kooperation« zu erreichen ist, nämlich 40 Punkte.

Abbildung IV-117 ist zu entnehmen, wie die auf der Stellentypenbeschreibung basierende Planstelle eingestuft wurde. Die Punktezahlen je Anforderungsart, das sind die Teilarbeitswerte, sind dort eingekreist. Die erforderlichen »Fachkenntnisse« entsprechen der Beschreibung zur Stufe 9. Ihnen wird ein Teilarbeitswert von 69 Punkten zugewiesen. Bei den »Berufserfahrungen« wird zur Stufe 2 ein Teilarbeitswert von 12 Punkten ausgewiesen. Beim »Handlungs- und Entscheidungsspielraum« werden mit der Stufe 3 18 Punkte, bei der »Kooperation« mit der Stufe 4 15 Punkte und bei der »Mitarbeiterführung« mit der Stufe 4 20 Punkte vergeben.

Arbeitswert

Die Summe der Teilarbeitswerte über alle Anforderungsarten beträgt 134 Punkte, wird als Gesamtsumme bezeichnet und stellt den *Arbeitswert* dar. Für Punktespannen zwischen 129 und 142 Punkten wird die Entgeltgruppe 13 ausgewiesen. Analysiert man, welchen Beitrag die Anforderungsarten zur Entgeltgruppenhöhe beisteuern, so ergibt sich bei diesem Beispiel, dass die Entgelthöhe

1. zu 60 % aus den Anforderungen an das Können[216] bestimmt. Die erforderliche Qualifikation hat also eine herausragende Bedeutung.
2. zu 25 % aus Anforderungen an das notwendige Lösen von Fachproblemen (Handlung/Entscheidung, Kooperation) bestimmt wird.
3. zu 15 % durch Anforderungen an das Führungsvermögen begründet ist.

Tarifliches Grundentgelt

Die Entgeltgruppe 13 war beim ERA ME Nordrhein-Westfalen im Jahre 2009/2010 bei mehr als 36 Beschäftigungsmonaten mit einem tariflichen Grundentgelt[217] von 4.064,50 €/Monat zu vergüten.

215 Berufserfahrung wird hier nicht als »Arbeitslebenserfahrung«, sondern als notwendige Weiterqualifikation interpretiert, aufbauend auf den Fachkenntnissen. Abstimmung wird nicht als »votieren« interpretiert, sondern als wohlüberlegtes Eingehen von Konsensen mit dem Risiko von Fehlentscheidungen.

216 Dieses entsteht zwar im Regelfall durch Ausbildung, doch lässt der ERA ausdrücklich zu, dass es auch auf anderen Wegen zu erwerben ist.

217 Diesem ist ein Leistungsentgelt zuzuschlagen, das im Betriebsdurchschnitt mindestens 10 % betragen muss.

1. Können

1.1 Arbeitskenntnisse

Arbeitskenntnisse	Punkte
1 Arbeitsaufgaben, die ein Können erfordern, das durch ein Anlernen von bis zu 1 Woche erworben wird.	6
2 Arbeitsaufgaben, die ein Können erfordern, das durch ein Anlernen von weniger als 4 Wochen erworben wird.	12
3 Arbeitsaufgaben, die ein Können erfordern, das durch ein Anlernen ab 4 Wochen erworben wird.	18
4 Arbeitsaufgaben, die ein Können erfordern, das durch ein Anlernen ab 3 Monaten erworben wird.	25
5 Arbeitsaufgaben, die ein Können erfordern, das durch ein Anlernen ab 6 Monaten erworben wird.	32
6 Arbeitsaufgaben, die ein Können erfordern, das durch ein Anlernen ab einem Jahr erworben wird.	40

1.2 Fachkenntnisse

Fachkenntnisse	Punkte
7 Arbeitsaufgaben, die ein Können erfordern, das i. d. R. durch eine abgeschlossene Ausbildung in einem anerkannten Ausbildungsberuf von mind. zweijähriger Regelausbildungsdauer erworben wird.	48
8 Arbeitsaufgaben, die ein Können erfordern, das i. d. R. durch eine abgeschlossene Ausbildung in einem anerkannten Ausbildungsberuf von mind. dreijähriger Regelausbildungsdauer erworben wird.	58
9 Arbeitsaufgaben, die ein Können erfordern, das i. d. R. • durch eine abgeschlossene Ausbildung in einem anerkannten Ausbildungsberuf und • durch eine zusätzliche anerkannte einjährige Fachausbildung erworben wird.	69
10 Arbeitsaufgaben, die ein Können erfordern, das i. d. R. • durch eine abgeschlossene Ausbildung in einem anerkannten Ausbildungsberuf und • durch eine zusätzliche anerkannte zweijährige Fachausbildung erworben wird.	81
11 Arbeitsaufgaben, die ein Können erfordern, das i. d. R. durch eine abgeschlossene Fachhochschulausbildung erworben wird.	94
12 Arbeitsaufgaben, die ein Können erfordern, das i. d. R. durch eine abgeschlossene Hochschulausbildung erworben wird.	108

1.3 Berufserfahrungen

Berufserfahrungen	Punkte
0 Arbeitsaufgaben, bei denen zusätzlich zu den Fachkenntnissen • keine Berufserfahrungen erforderlich bzw. • Berufserfahrungen von bis zu einem jahr ausreichend sind.	–
1 Arbeitsaufgaben, die zusätzlich zu den Fachkenntnissen Berufserfahrungen von mindestens einem Jahr bis zu drei Jahren erfordern.	6
2 Arbeitsaufgaben, die zusätzlich zu den Fachkenntnissen Berufserfahrungen von mehr als drei Jahren erfordern.	12

2. Handlungs- und Entscheidungsspielraum

Handlungs- und Entscheidungsspielraum	Punkte
1 Die Erfüllung der Arbeitsaufgabe ist im Einzelnen vorgegeben.	2
2 Die Erfüllung der Arbeitsaufgabe ist weitgehend vorgegeben.	10
3 Die Erfüllung der Arbeitsaufgabe ist teilweise vorgegeben.	18
4 Die Erfüllung der Arbeitsaufgabe erfolgt überwiegend ohne Vorgaben weitgehend selbständig.	30
5 Die Erfüllung der Arbeitsaufgabe erfolgt weitgehend ohne Vorgaben selbständig.	40

3. Kooperation

Kooperation	Punkte
1 Die Erfüllung der Arbeitsaufgaben erfordert kaum Kommunikation und Zusammenarbeit.	2
2 Die Erfüllung der Arbeitsaufgaben erfordert regelmäßige Kommunikation und Zusammenarbeit.	4
3 Die Erfüllung der Arbeitsaufgaben erfordert regelmäßige Kommunikation und Zusammenarbeit sowie gelegentliche Abstimmung.	10
4 Die Erfüllung der Arbeitsaufgaben erfordert regelmäßige Kommunikation, Zusammenarbeit und Abstimmung.	15
5 Die Erfüllung der Arbeitsaufgaben erfordert in hohem Maße Kommunikation, Zusammenarbeit und Abstimmung.	20

4. Mitarbeiterführung

Mitarbeiterführung	Punkte
1 Die Erfüllung der Arbeitsaufgaben erfordert kein Führen.	0
2 Die Erfüllung der Arbeitsaufgaben erfordert, Beschäftigte fachlich anzuweisen, anzuleiten und zu unterstützen.	5
3 Die Erfüllung der Arbeitsaufgaben erfordert, Beschäftigte zur Zielerreichung zweckmäßig einzusetzen, zu unterstützen, zu fördern und zu motivieren.	10
4 Die Erfüllung der Arbeitsaufgaben erfordert, Ziele zu entwickeln und die Beschäftigten zweckmäßig zur Zielerreichung einzusetzen, zu unterstützen, zu fördern und zu motivieren.	20

Punkte	10–15	16–21	22–28	29–35	36–43	44–54	55–68	69–77	78–88	89–101	102–112	113–128	129–142	143–170
EG	1	2	3	4	5	6	7	8	9	10	11	12	13	14

Abbildung IV-117
Bewertungstabelle des ERA ME Nordrhein-Westfalen (2005)

Die in Abbildung IV-117 angeführten Stufenbeschreibungen lassen Interpretationsspielräume zu, was zu einer eingeschränkten Objektivität und Reliabilität führen kann. Um das einzuschränken, kann man innerbetriebliche Präzisierungen in Form von Anwendungsrichtlinien vornehmen, die zwischen Arbeitgeber und Betriebsrat zu vereinbaren sind. Abbildung IV-118 ist ein Beispiel einer Anwendungsrichtlinie zu entnehmen, mit deren Hilfe die in Abbildung IV-117 angeführte Beschreibung zur Anforderungsart »Kooperation« interpretiert wird.

Anwendungsrichtlinien

Merkmal K: Kooperation – es ist mit anderen zusammenzuwirken und es sind Absprachen/Abstimmungen zu treffen. Kommunikation und Zusammenarbeit sind		
K1 = 02	kaum erforderlich (Betrachtung des Auftrags)	a) **Kommunikation/Zusammenarbeit:** Informationen einholen/weitergeben, nicht um die Aufgaben erfüllen zu können, sondern weil sich im Vorfeld zur, bzw. als Folge der Arbeitsausführung Kooperationsnotwendigkeiten ergeben, z. B. Auftrag entgegennehmen, auftretende Abweichungen/Fehler oder Störungen melden. b) **Abstimmung:** Es sind keine Abstimmungen vorzunehmen.
K2 = 04	regelmäßig erforderlich (Betrachtung des Auftrags)	a) **Kommunikation/Zusammenarbeit:** Bei einem Arbeitsauftrag sind routinemäßig Einzelfragen zu besprechen, die einen unmittelbaren Auftragsbezug haben, z. B. zu berücksichtigende Besonderheiten, in vorhergehenden Arbeitsschritten aufgetretene Schwierigkeiten, Erläuterungen zu Unterlagen oder Arbeitspapieren. Die auftragsbezogene Kooperation ist die Voraussetzung für eine sachgerechte Aufgabenerfüllung. b) **Abstimmung:** Es sind keine Abstimmungen vorzunehmen.
K3 = 10	regelmäßig erforderlich, mit gelegentlichen Abstimmungen (Betrachtung der Stelle)	a) **Kommunikation/Zusammenarbeit:** Es sind, unabhängig von den übertragenen Arbeitsaufträgen, regelmäßig Einzelfragen aus dem eigenen Zuständigkeitsbereich innerhalb dieses Zuständigkeitsbereichs zu besprechen. Es handelt sich, im Gegensatz zur Stufe K2, also bereits um eine stellenbedingte und nur in zweiter Linie um eine auftragsbedingte Kooperation. b) **Abstimmung:** Da es sich um eine stellenbedingte Kooperation handelt, müssen dabei gelegentlich (in seltenen Fällen) auch unterschiedliche Sichten und Interessenslagen gegenüber der Kooperationsstellen im eigenen Bereich (z. B. innerhalb der Abteilung) abgestimmt werden. Es findet also noch keine bereichsübergreifende Abstimmung statt, bzw. die Kooperation und die notwendige Abstimmung hat noch keine nennenswerte Bedeutung für den eigenen Erfolg. Abstimmung bedeutet, dass die Notwendigkeit der Konsenserzielung besteht. Dabei können leichtfertige Zugeständnisse ebenso wie Rechthaberei zu unerwünschten Rückwirkungen auf die eigene Arbeitssituation führen. Abstimmung kann für manche zu Stress führen.
K4 = 15	regelmäßig erforderlich, mit regelmäßigen Abstimmungen (Betrachtung der Stelle)	a) **Kommunikation/Zusammenarbeit:** Auftragsbedingte Kooperationen sind von ihrer Bedeutung her zu vernachlässigen. Abstimmungen sind regelmäßig (periodisch vorhersehbar, in größerer Häufigkeit) mit Stellen aus anderen Zuständigkeitsbereichen (auch Externen) vorzunehmen. Das stellt eine wichtige Aufgabe, aber nicht die Kernaufgabe dar. Es finden also kennzeichnender Weise bereichsübergreifende Kooperationen statt, dabei sind regelmäßig auch Abstimmungen zu erzielen. b) **Abstimmung:** Bei den Abstimmungen sind nicht nur unterschiedliche Problemsichten und Interessenslagen (wie in der vorhergehenden Anforderungsstufe), sondern auch bereichsunterschiedliche Zielsetzungen und Funktionsnotwendigkeiten zu berücksichtigen. Es besteht regelmäßig, grundsätzlich und nicht, wie in der Stufe K3, nur gelegentlich die Notwendigkeit zur Konsensfindung (z. B. Arbeitsvorbereitung gg. Vertrieb, Einkäufer gg. Lieferanten).
K5 = 20	in hohem Maße (extensiv) erforderlich, ebenso die Abstimmungen (Betrachtung der Stelle)	a) **Kommunikation/Zusammenarbeit:** Es sind permanent Interessen aus dem eigenen Zuständigkeitsbereich gegenüber Personen aus anderen Zuständigkeitsbereichen (auch Externen) zu vertreten. Die bereichsübergreifende Kooperation ist, anders als bei der vorhergehenden Stufe, eine Kernaufgabe. b) **Abstimmung:** Dabei sind systematisch Verhandlungen zu führen, bei denen es um über den eigenen Aufgabenbereich hinausgehende Themen geht. Typisch dabei ist, dass die Verhandlungspartner anderen Fachrichtungen oder Berufen angehören. Solchen Verhandlungen liegen oft konträre Zielsetzungen zu Grunde, und als Erfolgsmaßstab gilt die Wahrung gesamtbetrieblicher Interessen und nicht nur der Interessen des eigenen Zuständigkeitsbereichs.

Abbildung IV-118 Beispiel einer innerbetrieblichen Anwendungsrichtlinie zu einer ERA-Bewertungstabelle (ERA ME Nordrhein-Westfalen)

7.4 Leistungsentgeltdifferenzierung

7.4.1 Konzepte

Ob monetäre Leistungsanreize zweckmäßig sind oder nicht, war stets umstritten. Es gibt allerdings nur wenige entwickelte Industriestaaten, in denen man auf monetäre Leistungsanreize völlig verzichtet. Die verwendeten Konzepte sind allerdings unterschiedlich. Eine in der Praxis verbreitete Auffassung ist, dass es ohne monetäre Leistungsanreize nicht möglich sei, zu einem wettbewerbsfähigen Produktivitätsniveau zu gelangen. Bis heute liegen dazu zwar keine belastbaren Untersuchungsergebnisse vor, doch scheint man in den meisten Unternehmen diese Auffassung zu teilen. Zu diesem Thema muss es aber keinen Meinungsstreit geben, weil tarifgebundene Unternehmen in den letzten Jahren zunehmend durch tarifvertragliche Vorschriften zur leistungsbezogenen Entgeltdifferenzierung verpflichtet wurden.

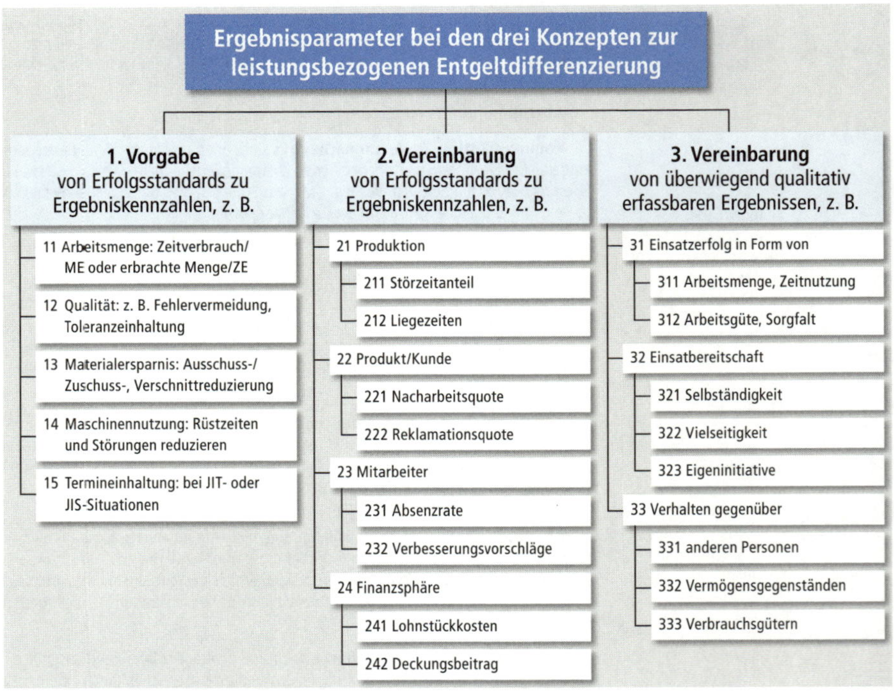

Abbildung IV-119 Ergebniskennzahlen bei den drei Konzepten zur leistungsbezogenen Entgeltdifferenzierung

Konzepte zur leistungsbezogenen Entgeltdifferenzierung

In Abbildung IV-111 wurden drei Konzepte zur leistungsbezogenen Entgeltdifferenzierung angeführt:[218]

1. Vorgabe von Erfolgsstandards: Ergebniskennzahlen werden mit Hilfe arbeitswirtschaftlicher Methoden geplant und z. B. als Zeitstandards oder Soll-Nutzungsgrade vorgegeben, wie Abbildung IV-119 zu entnehmen ist. Der Leistungserfolg wird durch Zählen oder Messen ermittelt. Mit

218 Die von uns verwendeten Begriffe decken sich nur teilweise mit den in den Tarifverträgen verwendeten Termini. Einerseits sind dort teilweise eigenwillige Begriffsauslegungen zu finden. Zum anderen weichen die verwendeten Begriffe zwischen den Tarifverträgen ab.

dem Akkord-, Prämien- und Pensumentgelt werden in der Folge drei Entgeltgrundsätze erläutert, bei denen das Vorgabekonzept angewandt wird. Alle Ergebniskennzahlen basieren auf *Bezugsleistungen*, häufig allerdings auf der Betrieblichen Durchschnittsleistung.
2. Vereinbarung von Erfolgsstandards: Wenn man analytisch ermittelte Standards nicht bereitstellen kann oder will, jedoch in der Lage ist, Leistungsergebnisse durch Zählen oder Messen zu ermitteln, kann man zu den betreffenden Ergebniskennzahlen Ziele vereinbaren und deren Erreichung kontrollieren. Das Vereinbarungskonzept ist in den ERA unter dem Begriff »Zielvereinbarungen« optional zum Vorgabekonzept vorgesehen.
3. Beurteilung von Ergebnissen: Wenn Leistungserfolge nicht durch Zählen oder Messen zu quantifizieren sind, verbleibt noch die Möglichkeit, sie anhand nicht messbarer, »nur« qualifizierbarer Ergebnisse zu beurteilen, mit Hilfe der Leistungsbeurteilung. Leistungsbeurteilung ist in den ERA optional zum Vorgabe- und Vereinbarungskonzept vorgesehen.

Unternehmen, die an einen ERA gebunden sind, können sich für eines der drei Konzepte, aber auch für Kombinationen entscheiden, z. B. kollektiv für eine größere Personengruppe Zielvereinbarungen und individuell Leistungsbeurteilungen. Alle drei Konzepte werden in den folgenden Abschnitten erläutert, ohne besonderen Bezug zum ERA. In anderen Tarifverträgen sind alle oder einige der hier angeführten Konzepte vorgesehen, so dass für tarifgebundene Unternehmen stets der Tarifvertragsvorbehalt gilt. Es sollte nicht darauf verzichtet werden, *Schattenrechnungen* durchzuführen[219]. Damit werden die monetären Auswirkungen von Änderungen im Entgeltsystem simuliert und »Vorher-nachher-Betrachtungen« angestellt. Als Ergebnis erwartet man eine Entscheidungshilfe zur Beurteilung der arbeitsrechtlichen Zulässigkeit, der Sozialverträglichkeit und der Vertretbarkeit aus betriebswirtschaftlicher Sicht. Schattenrechnungen haben sich zudem als nützliches Instrument zur Vertrauensbildung zwischen den Betriebsparteien bei Fragen der Entgeltsystemgestaltung und -änderung erwiesen.

Abbildung IV-120 ist eine Übersicht zu den drei Entgeltgrundsätzen beim Vorgabekonzept zu entnehmen, gegliedert nach ihren vier wichtigsten Eigenschaften, den

1. Ergebniskennzahlen,
2. Anreizfunktionen,
3. Entgeltstückkostenfunktionen,
4. Anwendungsprämissen.

In den folgenden Abschnitten betrachten wir diese drei Entgeltgrundsätze nach den in Abbildung IV-120 angeführten Eigenschaften, um zu zeigen, unter welchen Rahmenbedingungen sie produktivitätsförderlich sein können. Im Gegensatz zum Vereinbarungs- und Beurteilungskonzept sind bei diesen drei Entgeltgrundsätzen folgende Voraussetzungen zu erfüllen:

1. Ausgereifte Zeitwirtschaft: Die Ergebniskennzahlen (z. B. Rüstzeiten, Stückzeiten, Maschinennutzungsgrade) sind analytisch-methodisch zu ermitteln. Die verwendeten Prozessbausteine sollten eine hohe Qualität (vgl. Teil II, Abschnitt 5.4) haben, weil sie die Verdienstchancen maßgeblich beeinflussen. Das bedeutet, dass man aus wirtschaftlichen Erwägungen die Vereinbarung von Akkord- und Prämienentgelten nur dann in Erwägung ziehen sollte, wenn es Arbeitspläne gibt, die zuverlässig mit aktuellen Prozessbausteinen versorgt werden. Voraussetzungen

219 Vgl. dazu z. B. Neisen, M.: ERA-Entgeltlösungen bei Bosch – Praxisbericht eines großen Industriebetriebes aus dem norddeutschen Raum. In: angewandte Arbeitswissenschaft Nr. 198 (Juni 2008), S. 15 f.

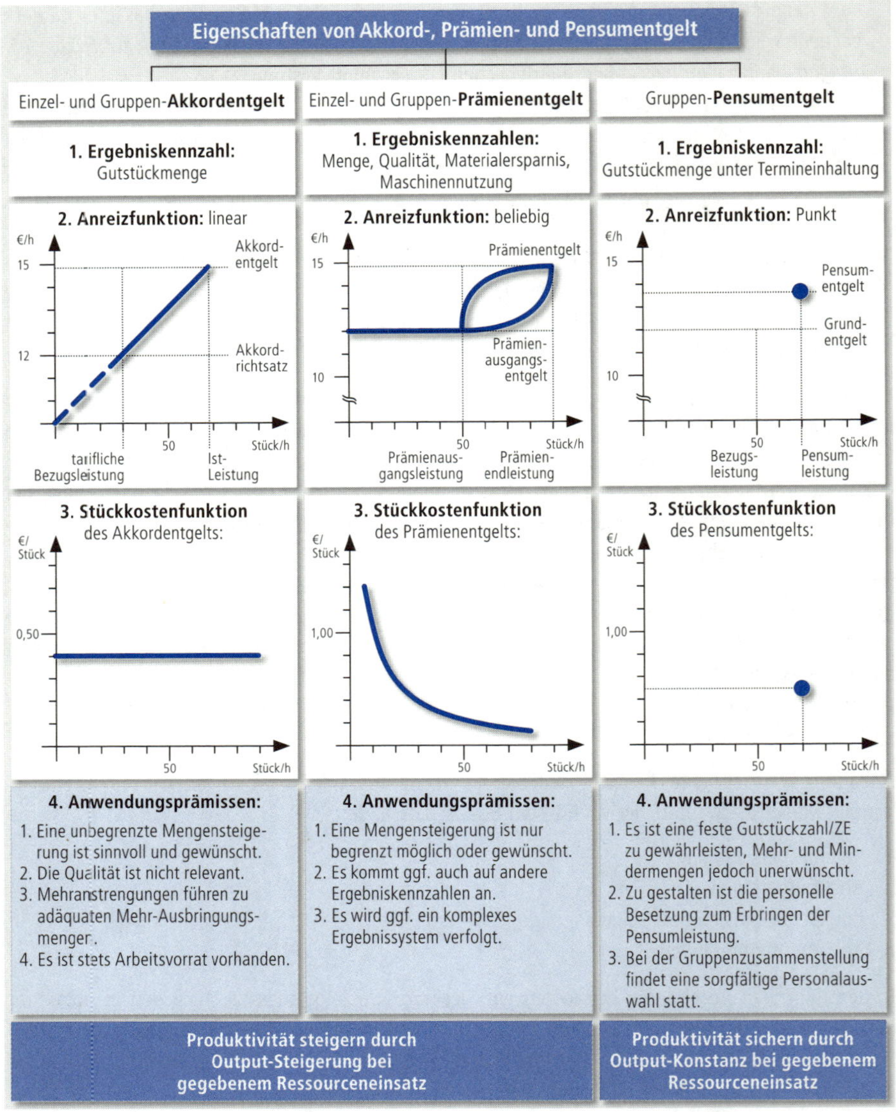

Abbildung IV-120 Die wichtigsten Eigenschaften von Akkord-, Prämien- und Pensumentgelt

2. Ausgereifte Arbeitsgestaltung und -organisation: Die Arbeitssysteme müssen ein ausgereiftes Gestaltungsniveau aufweisen und Störungen sollten nicht über das hinausgehen, was mit den sachlichen Verteilzeiten abgedeckt ist. Die Vereinbarung von Akkord-, Prämien- oder Pensumentgelten sollte man nicht in Erwägung ziehen, wenn eine solche organisatorische Stabilität nicht gewährleistet ist.
3. Sichere Rückmeldesysteme: Den Planstellen sind nicht nur Soll-Daten vorzugeben. Sie müssen auch Ist-Daten rückmelden. Die Vereinbarung von Akkord-, Prämien- und Pensumentgelten sollte man nicht in Erwägung ziehen, wenn man sich auf kein sicheres Rückmeldesystem verlassen kann.

Als Fazit ist festzuhalten, dass die Arbeitssystem-Gestaltung und die Produktionsorganisation ein relativ hohes Niveau haben sollten, bevor man eine Anwendung dieser drei Entgeltgrundsätze erwägt.

7.4.2 Akkordentgelt

Ergebniskennzahl

Beim *Akkordentgelt* gibt es nur eine *Ergebniskennzahl*, die Arbeitsmenge (Zeit pro Mengeneinheit oder Zeit/Auftrag). Daraus wird durch Sollzeit-Istzeit-Vergleich der Zeitgrad abgeleitet. Es gibt nur eine mögliche Anreizfunktion, auch Lohnlinie genannt, nämlich einen linear-proportionalen Verlauf. Abbildung IV-120 ist zu entnehmen, dass das Ausgangsentgelt durch den Akkordrichtsatz bestimmt wird, der für eine der Tariflichen Normalleistung entsprechende Ergebniskennzahl gilt. Das ist, anders als beim Prämienentgelt, stets eine Vorgabezeit. Wird das Akkordentgelt für einzelne Mitarbeiter bestimmt, bezeichnet man das als *Einzelakkord.* Wird für eine Gruppe von Mitarbeitern ein gemeinsames Akkordentgelt bestimmt, nennt man das *Gruppenakkord*.[220]

Ein Grund, warum Akkordentgelte über lange Zeit von vielen Unternehmen präferiert wurden, war vermutlich ihre Stückkostenfunktion. Anders als beim Prämienentgelt bestand eine feste, lineare Beziehung zwischen Mehrergebnis und Mehrverdienst. Das wurde als vorteilhaft erachtet, weil dadurch kein Kalkulationsrisiko bezüglich der Lohnstückkosten bestand. Dieser »Vorzug aus betriebswirtschaftlicher Sicht« besteht bei den heutigen Regelungen von Akkordentgelten nur noch eingeschränkt.

Der Verdienst beim Akkordentgelt ist nach zwei Ermittlungsphasen zu unterscheiden, dem Verdienst pro Auftrag und dem Monatsverdienst[221]. Der Abbildung IV-119 ist dazu ein Beispiel zu entnehmen. Als *Akkordrichtsatz* wird das für Akkordlöhner geltende Grundentgelt einer Entgeltgruppe bezeichnet[222]. Es ist dem jeweiligen Tarifvertrag zu entnehmen.

Akkordverdienst pro Auftrag

In Abbildung IV-121 wird der *Akkordverdienst pro Auftrag* ermittelt[223]. Diesen erhalten nach dem Akkordentgelt Beschäftigte, gleichgültig wie viel Zeit sie für den Auftrag benötigen. Im Beispiel wurden bei diesem Auftrag 6 Stunden »hereingearbeitet« bzw. über den Mindestverdienst[224] hinaus ein Mehrverdienst von 78 € erzielt.

220 Auf mögliche Probleme bei Gruppenentgelten wird beim Pensumentgelt eingegangen.
221 Andere Abrechnungszeiträume sind unüblich.
222 Das bedeutet, dass ein Mitarbeiter in der Entgeltgruppe 3 bei gleichem Zeitgrad ein geringeres Akkordentgelt als z. B. ein Mitarbeiter in der Entgeltgruppe 5 erhält.
223 Bei den Berechnungsvorschriften gibt es Unterschiede zwischen den Tarifverträgen.
224 Dieser liegt in Höhe des Akkordrichtsatzes bzw. – in den Tarifverträgen unterschiedlich geregelt – in Höhe eines bestimmten Prozentsatzes des darüber liegenden »Garantielohns«.

Auftrag	Stückzahl	Rüstzeit t_r in Std.	Stückzeit t_e in Std.	Auftragszeit T in Std.	benötigte Zeit in Std.
1	250	0,50	0,11	28,00	22,00
2	300	0,30	0,09	27,30	23,00
3	80	0,50	0,14	11,70	9,00
4	180	0,25	0,15	27,25	20,50
5	450	0,60	0,10	45,60	38,25
6	260	0,50	0,16	42,10	34,00
7	190	0,30	0,13	25,00	16,75
Akkordrichtsatz: 13 €/Std.				206,95	163,50

Akkordverdienst pro Auftrag:

1. Geldfaktor = 13 €/Std. / 60 min/Std. = 0,21667 €/min
2. Auftragszeit = 0,5 Std. · 60 min/Std. + 250 Stück · 0,11 Std./Stück · 60 min/Std. = 1.680 min
3. Auftrags-Akkordverdienst = 1680 min · 0,217 €/min = 364 €
4. Akkordmehrverdienst/Auftrag = (28 Std. – 22 Std.) · 13 €/Std. = 78 €

Monats-Akkordverdienst:

5. Monats-Akkordverdienst = 206,95 Std. · 13 €/Std. = 2.690,35 €
6. Akkordmehrverdienst = (206,95 Std. – 163,50 Std.) · 13 €/Std. = 564,85 €
7. Verdienstgrad = (206,95 Std. / 163,50 Std.) · 100 = 126,6 %

Abbildung IV-121 Beispiel für die Berechnung von Akkordentgelten

Monats-Akkord-verdienst

Der *Monats-Akkordverdienst ergibt sich aus der Summe der Auftragszeiten. Im Beispiel wurden der betrachteten Person 206,*95 Stunden vorgegeben (budgetiert), für die sie je Stunde 13 € erhält, was zu einem Verdienst von 2.690,35 € führt. Sie hat in diesem Monat für die sieben Aufträge nur 163,50 Stunden benötigt, also 43,45 Stunden »hereingearbeitet«, was zu einem Akkordmehrverdienst von 564,85 € führt. Der Zeitgrad entspricht beim Akkordlohn numerisch dem Verdienstgrad und beträgt hier 126,6 %.

Diesem Beispiel ist zu entnehmen, was unter einer linear-proportionalen Anreizfunktion verstanden wird.[225] Ferner wird deutlich, dass korrekte Zeitstandards eine maßgebende Bedeutung für das Funktionieren des Akkordentgelts haben. Sie bestimmen

- einerseits, ob Akkordlöhner eine faire, den tariflichen Bestimmungen entsprechende Verdienstchance haben und
- andererseits, ob das Produktivitätsmanagement dabei wirksam unterstützt wird, also nur gute Leistungen auch zu »gutem Geld« führen.

Anwendungsprämissen

Dem Akkordentgelt werden zwei Vorteile zugebilligt. Es ist arbeitsrechtlich leicht zu handhaben, weil es – anders als Prämien- und Pensumentgelte – in den Tarifverträgen vollumfänglich geregelt und seine Wirkungsweise einfach zu verstehen ist. In Abbildung IV-120 werden *Anwendungsprämissen* angeführt, die zum Akkordentgelt zu beachten sind.

1. Unlimitierte Anreizfunktion: Die Anreizfunktion ist nicht limitiert, d. h. die sogenannte Lohnlinie ist nicht begrenzt.[226] Damit wird unterstellt, dass es betriebswirtschaftlich sinnvoll ist, zu einer

225 Mathematisch gesehen ist der Zeitgrad ein Vektor, der Akkordrichtsatz ein Skalar, und aus diesen wird das Produkt gebildet. Somit wächst das Ergebnis, der Zeit- oder Verdienstgrad, proportional über den Vektor hinweg.

226 Dessen ungeachtet haben Unternehmen als Reaktion auf extrem hohe, sachlich nicht zu erklärende Zeitgrade Begrenzungen vorgenommen. Das ist fast immer ein Zeichen dafür, dass man die Handhabung von Prozessbausteinen nicht beherrscht oder das Akkordentgelt ein ungeeigneter Entgeltgrundsatz ist.

unbegrenzten Mengensteigerung anzureizen und keine Gefahr besteht, dass sich Personen unter diesem Anreiz überfordern.
2. Beschränkung auf die Ausführungsmenge: Es kommt nur auf das Ausführen an. Hohe Anteile von Rüstzeiten an den Auftragszeiten und von Störungsbeseitigungszeiten werden ausgeschlossen und nur die beim Ausführen anfallende Arbeitsmenge berücksichtigt.
3. Qualitätsignoranz: Die Qualität ist entweder nicht gefährdet oder irrelevant. Lediglich Ausschuss wird berücksichtigt, weil Stückzahl »Gutteile-Stückzahl« bedeutet.
4. Losgrößenkonstanz: Auftragsmengen (Losgrößen) schwanken nur innerhalb enger Grenzen, so dass Einarbeitungs- und Übungseffekte ohne Bedeutung sind.
5. Unbeeinflusstes manuelles Handeln: Jede Mehranstrengung kann in eine adäquate Arbeitsmengen- bzw. Zeitgraderhöhung umgesetzt werden. Das bedeutet, dass keine durch den Menschen unbeeinflussbaren Ablaufabschnitte vorkommen sollten. Das wäre jedoch z. B. der Fall, wenn Personen während der Hauptnutzungszeit (Prozesszeit) einer Maschine überwachend tätig sind.
6. Unbegrenzter Arbeitspuffer: Es ist stets genügend Arbeitsvorrat vorhanden, d. h. die Akkordlöhner werden nicht durch logistische, technische und dispositive Einschränkungen in ihrer Leistungsentfaltung begrenzt.

Diese Aufzählung macht deutlich, dass es in der heutigen Arbeitswelt in entwickelten Industrieländern nicht mehr viele Arbeitssysteme gibt, bei denen die Anwendungsprämissen des Akkordentgelts uneingeschränkt zu erfüllen sind.

7.4.3 Prämienentgelt

Prämienentgelt

Das *Prämienentgelt* unterscheidet sich vom Akkordentgelt durch folgende Eigenschaften:

1. Problemorientierte Ergebniskennzahlen: Es können verschiedene *Ergebniskennzahlen*, auch sachbezogene Bezugsmerkmale genannt, verwendet werden. Wie beim Akkordentgelt wird häufig die Arbeitsmenge (Zeit pro Mengeneinheit oder Zeit/Auftrag) oder daraus abgeleitet, der Zeitgrad, als Ergebnis des Soll-Ist-Vergleichs verwendet. Daneben werden aber auch, als alleinige Bezugsgrößen oder als Kombinationen mehrerer Bezugsgrößen, Qualitäts-, Maschinennutzungs- oder Materialersparniskennzahlen verwendet.
2. Beliebige, aber limitierte Anreizfunktionen: Es gibt nicht nur lineare Anreizfunktionen, sondern, wie Abbildung IV-120 zu entnehmen ist, auch progressive und degressive Verläufe. Es kann jede beliebige Funktion verwendet werden, also z. B. auch diskrete (Treppenfunktionen) oder S-förmige Funktionsverläufe. Die Anreizfunktionen werden fast immer limitiert, d. h. das zu honorierende Arbeitsergebnis wird begrenzt, anders als beim Akkordentgelt.
3. Tarifentgelt als Basis: Vergütungsbasis ist nicht ein Akkordrichtsatz, sondern üblicherweise das tarifliche Grundentgelt zur betreffenden Entgeltgruppe.

Das individuelle leistungsbezogene Entgelt kann als *Einzelprämie* auf Einzelpersonen oder als *Gruppenprämie* auf Arbeitsgruppen bezogen werden.[227] Wie beim Akkordentgelt erfolgt die Verdienstberechnung in zwei Schritten, pro Auftrag und pro Monat.

Gründe für Prämienentgelt

Die am häufigsten genannten Gründe, warum Unternehmen in der Vergangenheit Akkord- durch Prämienentgelte ersetzt haben, sind:

1. Es soll das Erbringen solcher Arbeitsergebnisse unter Entgeltanreiz gestellt werden, die beim Akkordentgelt ausgeschlossen waren und in der Vergangenheit zunehmend an Bedeutung ge-

227 Auf mögliche Probleme bei Gruppenentgelten wird beim Pensumentgelt eingegangen.

wannen.[228] Dazu zählen z. B. einrichten, programmieren, Störungen beseitigen, andere Personen führen. Wie Abbildung IV-120 zu entnehmen ist, muss man sich beim Prämienentgelt nicht auf das Mengenergebnis beschränken, sondern kann auch andere Ergebniskenngrößen oder Kombinationen von Ergebniskenngrößen in Form sogenannter Verbundprämien[229] verwenden.

2. Es bestehen mehrere Möglichkeiten, die *Funktionsverläufe bei der Anreizfunktion* (Lohnlinie) zu wählen:
   - Stetig-linear: Der Anstieg muss nicht, wie beim Akkordentgelt, linear-proportional sein, sondern kann auch über- und unterproportional verlaufen.
   - Diskret-linear oder diskret-nichtlinear: Anreizfunktionen sind auch als »Treppenfunktion« zu gestalten, z. B. wenn Ergebnisse stärker schwanken.
   - Degressiv: Ist zu erwägen, wenn man bis zu einem bestimmten Ergebnisniveau stark und nach dessen Überschreiten weniger stark anreizen möchte, z. B. aus Sorge darum, dass sich Einzelpersonen überfordern oder die Qualität vernachlässigt wird.
   - Progressiv: Ist zu erwägen, wenn man glaubt, dass viele Personen leicht ein bestimmtes Ergebnisniveau erreichen, es darüber hinaus aber nur wirklich leistungsstarken Personen zutraut. Diese möchte man zu besonders hohen Leistungen stimulieren, also besonders leistungsstarke Personen ansprechen.
   - Progressiv-degressiv: Bei der Wahl eines S-förmigen Funktionsverlaufs wird unterstellt, dass es sinnvoll ist, zu einem mittelhohen Ergebnis anzureizen.
3. Es besteht die Möglichkeit, auch längere Abrechnungszeiträume zu wählen. Je länger diese sind, desto besser sind Zufallseinflüsse auszugleichen, z. B. die Wirkungen schlecht zu verarbeitenden Materials, den Einfluss vieler kleine Lose. Desto wichtiger ist es aber auch, die Mitarbeiter über Zwischenergebnisse zu informieren.
4. Es besteht die Möglichkeit, größere Personengruppen, mit unterschiedlichen Aufgaben, zu Prämiengruppen zusammenzufassen, z. B. Monteure, Logistiker, Instandhalter und Qualitätsprüfer. Die Vertreter solcher Konzepte setzen darauf, dass sich durch Lohnanreize teilautonom agierende Gruppen bilden, in denen sich Mitarbeiter gegenseitig unterstützen, was produktivitätsförderlich wäre.[230]

Beispiele zum Prämienentgelt

Abbildung IV-122 sind drei Beispiele zum Prämienentgelt zu entnehmen: für eine Maschinennutzungsprämie[231], eine Qualitätsprämie und eine Verbundprämie.

1. Bei der *Nutzungsprämie* wird als Ergebnisspanne der Bereich von 73 % bis 85 % verwendet.[232] Die Anreizfunktion hat einen linearen Verlauf, und die Prämienspanne beträgt 24 %. Nutzungsgrade bis zu 73 % führen zu keinem Prämienentgelt. Nutzungsgrade über 85 % hält man für ausgeschlossen, weshalb die Ergebnisspanne darauf begrenzt wurde. Im Abrechnungsmonat wurde ein

228 Vgl. z. B. IfaA (Hrsg.): Handbuch des Prämienlohns. Köln: Bachem, 1989, S. 42 f. Breisig, T.: a. a. O., 2003, S. 170 f.

229 Verbundprämien werden z. B. für die Arbeit an Druckmaschinen eingesetzt. Dabei werden Einrichten und Drucken unter Prämie gestellt und meistens die Gutstückmenge, die Qualität und die Materialersparnis (Papierverbrauch beim Einrichten und über den Auftragsverlauf) als Ergebniskenngrößen verwendet. In der Literatur wird empfohlen, sich auf maximal drei Bezugsgrößen zu beschränken (vgl. z. B. IfaA (Hrsg): a. a. O., 1989, S. 81). Praktische Erfahrungen gehen aber dahin, dass für die Betroffenen meistens die Wirkung von zwei Bezugsgrößen gerade noch zu durchschauen ist.

230 Dieser Ansatz steht im Widerspruch zum Prinzip des sozialen Vergleichs sowie zur Grundidee der kausalen Entgeltfindung. Bei der Einschätzung solcher Konzepte auf ihre Eignung zur nachhaltigen Produktivitätsförderung sollte man sich deshalb eine gewisse Skepsis bewahren. Der wesentliche Vorzug solcher »Großgruppenkonzepte« liegt nicht darin, dass sie sonderlich wirksam wären, sondern dass sie einfach zu handhaben sind, insbesondere in Bezug auf die Ergebnisrückmeldung und Prämienabrechnung.

231 Eine technische Voraussetzung für die Anwendung von Nutzungsprämien ist ein Betriebsdaten-Erfassungssystem (BDE). Ohnehin müssten die Unterbrechungen und Unterbrechungsdauern dauerhaft manuell erfasst werden.

232 Statt Nutzungsgraden werden auch Verfügbarkeiten verwendet, bei denen neben den störungsbedingten Unterbrechungen auch die Rüstzeiten einbezogen werden.

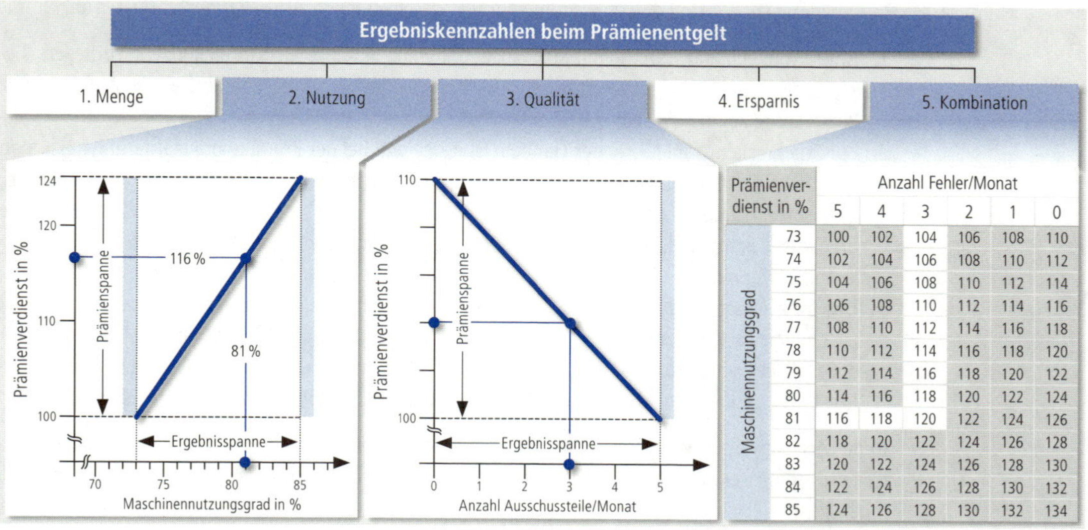

Prämienverdienst in %		Anzahl Fehler/Monat					
		5	4	3	2	1	0
Maschinennutzungsgrad	73	100	102	104	106	108	110
	74	102	104	106	108	110	112
	75	104	106	108	110	112	114
	76	106	108	110	112	114	116
	77	108	110	112	114	116	118
	78	110	112	114	116	118	120
	79	112	114	116	118	120	122
	80	114	116	118	120	122	124
	81	116	118	120	122	124	126
	82	118	120	122	124	126	128
	83	120	122	124	126	128	130
	84	122	124	126	128	130	132
	85	124	126	128	130	132	134

Abbildung IV-122 Beispiel für eine Maschinennutzungsprämie, Qualitätsprämie und Verbundprämie

Nutzungsgrad von 81 % erreicht (100 % = keine Störungsstillstände und kein Rüsten), was zu einem Prämienverdienst von 116 % führt. Hat der Mitarbeiter z. B. die Entgeltgruppe 6 nach dem ERA ME Nordrhein-Westfalen, erhielt er in den Jahren 2009/2010 ein tarifliches Grundentgelt von 2.076,50 € pro Monat. Diesem Grundentgelt wird ein Prämienentgelt in Höhe von 16 % zugeschlagen, das sind ca. 332 €. Damit ergibt sich für den betreffenden Abrechnungsmonat ein Entgelt von ca. 2.409 €.

2. Bei der *Qualitätsprämie* wird als Ergebnisspanne der Bereich von 0 bis 5 Ausschussteilen pro Monat verwendet. Die Anreizfunktion hat auch hier einen linearen Verlauf, und die Prämienspanne beträgt 10 %. Erst bei 4 oder weniger Ausschussteilen pro Monat entsteht für den betreffenden Mitarbeiter ein Prämienverdienst. Im Abrechnungsmonat fielen 3 Ausschussteile an, was zu einem Prämienverdienst von 104 % führt. Bei der unterstellten Entgeltgruppe 6 führt das zu einem Prämienentgelt von ca. 83 €. Damit ergibt sich für den Abrechnungsmonat ein Entgelt von ca. 2.160 €.
3. Bei der *Verbundprämie* wurde die Nutzungs- mit der Qualitätsprämie additiv verknüpft.[233] Bei 3 Ausschussteilen im Monat und einem Maschinennutzungsgrad von 81 % ergibt sich ein Prämienverdienst von 120 % und bei der unterstellten Entgeltgruppe 6 ein Prämienverdienst von 415 € bzw. ein Entgelt von 2.492 €.

Auch beim Prämienentgelt sind korrekte Zeitstandards bei den Ergebniskennzahlen Menge und Maschinennutzung eine Voraussetzung für dessen Funktionieren. Die Entwicklung von Prozessbausteinen ist jedoch weniger schwierig als die Ermittlung relevanter Häufigkeiten, z. B. für

- das Auftreten von Störungen,
- den Anteil durch die Mitarbeiter verursachter und damit zu vertretender Fehler. Erfahrungsgemäß versuchen die betreffenden Personen sich auch dann zu exkulpieren, wenn sie Fehler zu vertreten haben, und Vorgesetzte sind im Regelfall in einer schwierigen »Beweislage«.

233 Statt diesem Verbundansatz aus Nutzung und Qualität werden auch OEE-Prämien angewandt, bei denen zusätzlich noch die Effektivität einbezogen wird (vgl. dazu Teil I, Abschnitt 2.4).

Anwendungsprämissen

In Abbildung IV-120 sind drei zum Prämienentgelt zu beachtende *Anwendungsprämissen* angeführt.

1. Anreizkonzept und -funktionen sind zu begründen: Es muss ein Anreizkonzept vorliegen (Bezugsgrößen und Ergebniskennzahlen) und daraus eine geeignete Lohnlinie einschließlich ihrer Begrenzung abzuleiten sein.
2. Zur Ergebniskennzahl führendes Handeln ist festgelegt: Bei der Produktivitätsförderung muss man sich nicht auf das Ausführen und die dazu geltende Arbeitsmenge beschränken. Auch Rüsten, dispositives Handeln oder Störungsbeseitigungen sind unter Entgeltanreiz zu stellen, wenn sie Ergebnisrelevant sind. Man kann also auch die *Arbeitssystem-Produktivität* (OEE) als Ergebniskennzahl verwenden
3. Das Informationssystem existiert: Mengenergebnisse sind meist einfach zu erfassen und zurück zu melden. Bei den anderen Ergebniskennzahlen, z. B. Maschinennutzungen, ist das oft nicht der Fall. Bei jeder verwendeten Ergebniskennzahl ist sicherzustellen, dass die dazu anfallenden Ergebnisse fehlerfrei sind und sie nicht ausschließlich für das Prämienentgelt zu erfassen sind.

In der Arbeitswelt entwickelter Industrieländer wird das Prämienentgelt häufiger zur Produktivitätsförderung eingesetzt als das Akkordentgelt, allein deshalb, weil es über dessen Anwendungsrahmen hinausgeht.

7.4.4 Pensumentgelt

Pensumentgelt

Das *Pensumentgelt* unterscheidet sich vom Prämienentgelt durch folgende Eigenschaften:

1. Ergebniskennzahl: Als *Ergebniskennzahl* wird nur die Gutstückzahl verwendet unter der Prämisse einer Termineinhaltung. Die Anforderungen an die Qualität der bereitzustellenden Prozessbausteine sind hoch und entsprechen denen beim Akkord- und Prämienentgelt.
2. Pensumleistung und -entgelt: In der Ergebniskennzahl prägt sich die Pensumleistung aus. Diese liegt in einem bestimmten Ausmaß (z. B. 15 %) über der Bezugsleistung. Dieses Ausmaß bestimmt, um wie viel das Pensumentgelt über dem tariflichen Grundentgelt liegt.
3. Vorteil für das Unternehmen: Wie Abbildung IV-120 zu entnehmen ist, wird keine Anreizfunktion verwendet, weil es eine feste Zielmenge gibt, das Pensum. Überschreitungen des Pensums sind nicht verwertbare Ergebnisse. Unterschreitungen würden dazu führen, Lieferverpflichtungen nicht zu erfüllen. Das Unternehmen erhält genau jenes Arbeitsergebnis, das es benötigt.
4. Vorteil für die Mitarbeiter: Vergütungsbasis ist üblicherweise das tarifliche Grundentgelt zur betreffenden Entgeltgruppe. Für die Mitarbeiter entsteht eine Einkommenskonstanz, was für die meisten attraktiver ist als schwankende Akkord- oder Prämienverdienste.

Wir verwenden den Pensumentgelt-Begriff, weil er sich in der Praxis in einigen Branchen eingebürgert hat und anschaulich ist. Man kann das Pensumentgelt auch als eine Sonderform einer Mengenprämie interpretieren, bei der eine genaue, mehr als das Erbringen der tariflichen Bezugsleistung bedingende »Zielmenge« abgefordert wird. Das Pensumentgelt wird wegen der Entgeltkonstanz auch interpretiert als »Entgelt nach dem Zeitentgeltprinzip, aber auf Leistungsentgeltniveau für eine dem entsprechende Leistung«.

Bei Arbeitssystemen, die an einen *Kundenverbrauchstakt* gebunden und zur Lieferung festgelegter Mengen pro Zeiteinheit (z. B. alle 4 Stunden oder zu Schichtende 300 Teile) verpflichtet sind, kann das Pensumentgelt ein adäquates Unterstützungsinstrument sein. Es soll das exakte Erreichen benötigter Arbeitsergebnisse unterstützen. Höhere Ergebnisse führen zwar zu höherer partieller Produktivität, sind aber Blindleistungen, weil sie zu keinen Ressourceneinsparungen führen. Dazu ein Beispiel:

Beispiel

Bei einem Zulieferer in der Luftfahrtindustrie werden durch den hohen Zeitgrad einer 12-köpfigen Arbeitsgruppe im Einschichtbetrieb täglich sieben Landeklappen hergestellt. Der Spediteur holt, dem Kundenverbrauchstakt entsprechend, täglich sechs Landeklappen ab. Um wieder in den Verbrauchstakt zu kommen, kann die Gruppe am folgenden Tag nur noch fünf Stück herstellen und hat ihre Arbeit mittags beendet. Ihr für den Rest des Tages andere Arbeiten zuzuweisen, ist zwar eine oft empfohlene Lösung, die nur den Nachteil hat, dass es fast nie gelingt, sie akzeptabel zu realisieren. Wir haben es mit einer zweifachen Verschwendung zu tun:

1. Das Prämienentgelt mit seiner Anreizfunktion stimuliert die Gruppe zum Erbringen eines nicht benötigten Ergebnisses. Eine Landeklappe liegt einen Tag im Versand.
2. Die Mitarbeiter werden für die Überproduktion honoriert und sind für 7,5 Stunden, einschließlich Prämienverdienst, zu bezahlen, obwohl sie das, was benötigt wird, in ca. 6,5 Stunden erstellen. Der Personalbestand der Gruppe ist also zu hoch.

Bei einem Pensumentgelt würde eine 10-Personen-Pensumgruppe genau sechs Landeklappen pro Tag herstellen. Daran wird nochmals deutlich, worin die Grundidee des Pensumentgelts besteht: Arbeitssysteme durch Personalbemessung personell so auszustatten, dass sie mit der Pensumleistung genau den Kundenverbrauchstakt erreichen. Das ist tarifvertragsgerecht zu honorieren.

Pensumentgelt wird fast ausschließlich bei Gruppenarbeit als *Gruppenpensum* angewandt. Sind die Gruppenmitglieder nicht sorgfältig ausgewählt, können daraus schwer lösbare Probleme entstehen.

Probleme

1. Fehlender Regulationsmechanismus beim Pensumentgelt: Anders als beim Akkord- und Prämienentgelt gibt es beim Pensumentgelt keinen Regulationsmechanismus für unterhalb des Pensums liegende Arbeitsergebnisse. Diese führen beim Akkord- und Prämienentgelt zu entsprechend geringeren Entgelten. Weil es diesen Mechanismus beim Pensumentgelt nicht gibt, ist hier durch sorgfältige personelle Auswahl sicherzustellen, dass die Mitarbeiter die Pensen schaffen können und wollen.[234]
2. Notwendiges Mindestmaß an Gruppenkohäsion[235]: Eine sorgfältige personelle Auswahl ist bei jedem Gruppenentgelt zu empfehlen. Nur bei einem Mindestmaß an Gruppenkohäsion toleriert die Gruppe Personen, die gelegentlich unterdurchschnittliche Leistungen erbringen. Mindestens vorübergehend gibt es in jeder Gruppe solche »Minderleister«.

Eine weitere Möglichkeit darauf zu reagieren, liegt darin,

- in ersten Schritt die Gruppenleistung als Pensum abzubilden und
- im zweiten Schritt die Individualleistung durch Leistungsbeurteilung zu bewerten.[236]

Anwendungsprämissen

In Abbildung IV-120 sind drei *Anwendungsprämissen* angeführt, die zum Pensumentgelt zu beachten sind.

1. Der Anreizpunkt ist sachlich zu begründen: Aufgrund eines Kundenverbrauchstaktes sind die Ergebnismengen und Termine gegeben.

---

234 In manchen Unternehmen schließt man deshalb zwischen den Gruppen (rechtlich vertreten durch den Betriebsrat) und dem Unternehmen förmliche Kontrakte ab und spricht von einem Kontraktlohn. Gegenstand solcher Kontrakte sind aufgrund des Kundenverbrauchstakts erforderliche Liefermengen sowie Tagesfertigkeiten. Das bedeutet, dass man sich beim Auftreten von Produktionsproblemen ggf. zur Mehrarbeit verpflichtet, um die Lieferverpflichtung zu erfüllen.

235 Gruppenkohäsion steht für zwischenmenschliche Stabilität in Gruppen, für die soziale Bindung der Gruppenmitglieder an ihre Gruppe. Sie ist dann nicht nur eine formale Gruppe, eine vom Unternehmen geformte Organisationseinheit, sondern auch eine informale Gruppe, eine über ein Mindestmaß von »Wir-Gefühl« verfügende Gemeinschaft.

236 Vgl. Eyer, E.; Webers, T.: Leistungsbeurteilung bei Gruppenarbeit. In: Eyer, E. (Hrsg.): Entgeltsysteme für produzierende Unternehmen, 4. Auflage. Düsseldorf: Symposium Publishing, 2004.

2. Die Personalbemessung steht im Mittelpunkt: Die personelle Besetzung der Gruppe ist genau so, dass dadurch eine vereinbarte Pensumleistung zu erbringen ist.
3. Die personelle Auswahl wird getroffen: Da es keinen Regulationsmechanismus für Minderleistungen gibt, wird durch personelle Auswahl sichergestellt, dass die Mitglieder der Gruppe die Pensumleistung erbringen werden.

Das Pensumentgelt ist besonders für Zulieferbetriebe ein erwägenswertes Instrument zur zielgenauen Produktivitätsförderung.

7.4.5 Zielvereinbarung

Anwendung von Zielvereinbarungen

Abbildung IV-119 ist zu entnehmen, dass Erfolgsstandards nicht nur analytisch zu ermitteln und vorzugeben sind, z. B. in Form von bezugsleistungsbasierten Zeitstandards. Man kann Erfolgsstandards auch über Kontrakte zwischen Vorgesetzten und Mitarbeitern vereinbaren. Diese Möglichkeit ist, anders als in den älteren Tarifverträgen, in den neuen ERA ausdrücklich vorgesehen.[237] Die Anwendung von Zielvereinbarungen ist gegenüber den Leistungsbeurteilungen und dem Akkord-, Prämien- und Pensumentgelt abzugrenzen.

1. Eine notwendige Bedingung für die Anwendung von *Zielvereinbarungen*[238] ist, dass Leistungserfolge mit Hilfe von Istwerten abzubilden, also durch Zählen oder Messen zu bestimmen sind. Wenn das nicht möglich ist und die vorstehend geschilderten Vorgabekonzepte nicht infrage kommen, verbleibt die Möglichkeit, Leistungsbeurteilungen durchzuführen.[239]
2. Grundsätzlich könnte man zu den beim Akkord-, Prämien- und Pensumentgelt vorgegebenen Erfolgsstandards auch Kontrakte schließen. Zielvereinbarungen wird man jedoch nur dann treffen, wenn es um andere Erfolgsstandards als bei diesen drei Entgeltdifferenzierungs-Konzepten geht. Das wäre z. B. bei der »Anzahl Verbesserungsvorschläge pro Mitarbeiter«, der »Einhaltung vereinbarter Budgets« oder bei »Reaktionen auf Kundenreklamationen« der Fall.

Anwendungsaspekte

Folgende Aspekte sind bei der Anwendung von Zielvereinbarungen zur Entgeltdifferenzierung zu beachten:[240]

1. *Geltungsbereich*: Es ist zu regeln, auf welche Bereiche und Stellentypen sie anzuwenden sind. Insbesondere wird man die indirekten Bereiche (z. B. Logistik, Werkzeugbau) sowie das untere Werkstattmanagement (z. B. Einrichter, Schichtleiter, Vorarbeiter) berücksichtigen. Ferner ist festzulegen, ob man Zielvereinbarungen mit Einzelpersonen und/oder mit Personengruppen treffen will.
2. *Zielformulierungen*: Durch Betriebsvereinbarung ist zu regeln, welche Ziele (Zielinhalte) in welchem Anwendungsbereich zu verwenden sind. Im Gegensatz zum Akkord-, Prämien- und Pen-

237 Tatsache ist allerding, dass man das Konzept der Zielvereinbarung, wie es in den ERA optional vorgesehen ist, bisher in nur wenigen Unternehmen anwendet, also kaum Anwendungserfahrungen vorhanden sind. Vgl. auch Busch, E.: Motivation und Verbesserungsorientierung durch Leistungsentgeltsysteme. In: Industrial Engineering, Heft 3, 2008; S. 24–29.

238 Die Durchführung von Zielvereinbarungen ist stets mitbestimmungspflichtig. Werden Zielvereinbarungen nicht zum Zwecke der Entgeltdifferenzierung durchgeführt, handelt es sich um einen allgemeinen Beurteilungsgrundsatz nach § 94 Abs. 2 BetrVG. Werden zum Zwecke der Entgeltdifferenzierung Zielvereinbarungen vorgenommen, ohne dass das tarifvertraglich geregelt ist, ergibt sich das Mitbestimmungsrecht aus § 87 Abs. 1, Nr. 10, 11 BetrVG. Sind sie dagegen tarifvertraglich geregelt, ergibt sich ebenfalls ein Mitbestimmungsrecht beim Festlegen jener Leistungsmerkmale, zu denen man Ziele vereinbaren will.

239 Damit wird eine klare Anwendungsabgrenzung vorgenommen, wie wir sie in den ERA so nicht finden.

240 Vgl. dazu Eyer, E.; Haussmann, T.: Zielvereinbarung und variable Vergütung, 3. Auflage. Wiesbaden; Gabler, 2007.

sumentgelt kann man über die Vereinbarungsperioden hinweg wechselnde Erfolgsgrößen (Ziele) vereinbaren. Beim Formulieren von Zielen sind folgende Grundsätze zu beachten:[241]

- Ziele sollen eindeutig und so konkret sein, dass zu erkennen ist, ob sie erreicht sind oder nicht. Erfüllungsgrade können zwar auch auf Ordinal-Skalenniveau definiert sein. Wenn es möglich ist, sollten jedoch metrisch skalierte Skalen verwendet werden.[242]
- Ziele sollen überschaubar und relevant sein, weil zu umfängliche Zielkataloge verwirren und von den relevanten Zielen ablenken.
- Zielinhalte müssen vom Individuum oder der Gruppe zu beeinflussen und die vereinbarten Erfüllungsgrade nicht nur unter denkbar günstigsten Rahmenbedingungen erreichbar sein.
- Daraus folgt, dass den eigenen Zuständigkeitsbereich überschreitende oder sogar das Gesamtunternehmen, z. B. die Steigerung des Unternehmenswertes[243], betreffende Zielinhalte auszuschließen sind.
- Ziele können kontradiktorisch, müssen aber widerspruchsfrei sein. So sind die Ziele »hohe Zuverlässigkeit« und »geringe Kosten« zwar kontradiktorisch, stellen aber keinen Widerspruch dar, wohl aber »geringstmögliche Durchlaufzeiten« und »ausreichend lange Kundenberatungszeiten«.

Abbildung IV-123 ist ein Beispiel für einen Zielkatalog aus dem Produktionsbereich eines Konsumgüterherstellers zu entnehmen.

3. *Zieldefinition*: Ziele sollen nach vier Dimensionen beschrieben werden:
   - Zielinhalt – was (z. B. »Ausschuss«)
   - Zielrichtung – wohin (z. B. »Reduzierung«)
   - Zeitbezug – bis wann (z. B. »im Geschäftsjahr 2010, gegenüber dem Vorjahr«)
   - Erfüllungsgrad – wie viel (z. B. »5 %«)

   Das Ziel lautet dann: »Reduzierung des Ausschusses im Geschäftsjahr 2010 gegenüber dem Vorjahr um 5 %.«
4. *Zielvereinbarungsperiode*: Verbreitet ist ein Zeitraum von einem Jahr. Spätestens nach einem halben Jahr sollte man bei einem Zielmeilensteingespräch prüfen, ob das Ziel wirklich relevant und der vereinbarte Erfüllungsgrad realistisch ist.
5. *Zielerreichungs-Entgelt-Verhältnis*: Es ist festzulegen, welche Zielerfüllungen zu welchen Zielentgelten führen.[244] Dazu gibt es verschiedene technische Lösungen. Diese sind durch Betriebsvereinbarung festzulegen und bilden die methodische Basis für die Zielvereinbarungsgespräche.[245]
6. *Zielvereinbarungsprozess*: Es ist zu regeln, wie die Zielauswahl, das Kontraktgespräch, die verwendeten Hilfsmittel (z. B. Vordrucke, Software), mögliche Einspruchsfristen, das Zîelgespräch (nach z. B. einem halben Jahr) und das Zielkontrollgespräch (zum Ende der Vereinbarungsperiode) erfolgen sollen.

241 Vgl. Bokranz, R.; Kasten, L.: a. a. O., 2003, S. 126.

242 Die Ausprägungen ordinal skalierter (rangskalierter) Ziele sind in eine Rangfolge zu bringen, lassen sich in »Größer-als-Relationen« bringen, sind bezüglich ihrer Abstände aber nicht definiert, nicht quantifizierbar (Beispiel: Bewertungsnoten 1 = sehr gut; ... ; 5 = ungenügend. Man weiß nicht, ob 1 gegenüber 2 um so viel besser als 3 gegenüber 4 ist). Die Ausprägungen metrisch skalierter (kardinal skalierter) Ziele (z. B. Zeitwerte, Prozentwerte, Geldwerte) sind dagegen auch abstandsdefiniert.

243 Pellens, B. (Hrsg.): Unternehmenswertorientierte Entlohnungssysteme. Stuttgart: Schäffer-Poeschel, 1998.

244 Vgl. dazu Ehlscheid, C.; Meine, H.; Ohl, K. (Hrsg.): a. a. O., 2006, S. 308 f.

245 Vgl. dazu Eyer, E.; Haussmann, T.: a. a. O., 2007, S. 43 f.

Produktion		
Ziel	**wird ermittelt nach**	**sagt aus**
1. Produktivität/MA/Schicht	Arbeitsmenge/Mitarbeiter/Schicht.	wie produktiv die Mitarbeiter sind (Speed, Run-time, Man-machine-ratios sind darin berücksichtigt), kann für jede Produktionsstufe bestimmt werden.
2. Effizienz/Mengeneinheit	z. B. Zeitaufwand in min pro 1.000 Cartridges (Gutstückzahl).	wie produktiv die Mitarbeiter sind (Speed, Run-time, Man-machine-ratios sind darin berücksichtigt), kann für jede Produktionsstufe bestimmt werden.
3. Net Efficiency	$\frac{\text{Gross Output – Production Losses}}{\text{Theoretischem Gross Output}}$	in welchem Ausmaß es gelang, die Anlagen zu nutzen und Nutzungsunterbrechungen zu vermeiden.
4. Net Utilization	Run Time/Available Time.	in welchem Ausmaß es gelang, die maschinellen Kapazitäten auszulasten.
5. Qualitätslage	Fehleranzahl/Stück.	Ausmaß an Fehlern (nicht an Ausschuss!).
6. Ausschussrate	kumulierter Ausschuss/produzierte Mengeneinheit.	Qualitätsergebnis eines Prozesses.
7. Rohmaterial-Bestand	Lagerumschlagshäufigkeit Rohmaterial.	wie weit es gelingt, im Rohmaterial gebundenes Netto-Umlaufvermögen zu minimieren.
8. Halbfabrikate-Bestand	Lagerumschlagshäufigkeit Halbfabrikate.	wie weit es gelingt, in Halbfabrikaten gebundenes Netto-Umlaufvermögen zu minimieren.
9. ET-Bestand	Bestandswert Ersatzteile/ Organisationseinheit.	wie weit es gelingt, in Ersatzteilen gebundenes Anlagevermögen zu minimieren.
10. ET-Verbrauch	Ersatzteilverbrauchswert/ Maschinenstunde.	wie effektiv Ersatzteilmanagement betrieben wird, indem man sich an der Maschinennutzung orientiert.
11. Internal Quality Quote	gefundene Beanstandungen in Stück/Gutstück-Produktionsmenge.	in welchem Ausmaß die Produktion zuverlässig prüft.
12. Outgoing Quality Quote	gefundene Beanstandungen in Stück/zur Auslieferung bereitgestellter Produktionsmenge.	in welchem Ausmaß Quality Audit zuverlässig prüft.
13. Liefertreue	Anzahl Terminreklamationen	in welchem Ausmaß zugesagte Termine, Liefermengen und Beschädigungsfreiheit eingehalten werden.
14. Beschwerdebearbeitung	mittlere Durchlaufzeit über alle Beschwerdefälle eines Jahres.	wie effizient die Bearbeitung vorgenommen wird – Zeitdauer, bis der Beschwerdeführer zufrieden gestellt ist, relativiert an der Zeitdauer, die man für das unmittelbare Handling benötigte.

Abbildung IV-123 Beispiel für einen Zielkatalog

Vorzüge

Als Vorzüge von Zielvereinbarungen gelten[246], dass

1. man im indirekten Bereich und beim Werkstattmanagement zweckmäßigere Erfolgsstandards als bei den Vorgabekonzepten verwenden kann,
2. nicht zwingend analytisch zu ermittelnde Erfolgsstandards bereitzustellen sind,
3. manche Mitarbeiter durch ihr Mitwirken bei der Zielvereinbarung motivierbar sind,
4. auf viele Vorgesetzte ein »heilsamer Zwang« zu aktivem Führen ausgeübt wird.

246 Vgl. dazu, sowie zu Einführungsrisiken z. B. Münch, M.: Konsequente Verknüpfung von strategischer Ausrichtung und Vergütungssystemen. In: Industrial Engineering, 61. Jg. (2008), Heft 5, S. 14–20.

Zielvereinbarung für Arbeitsgruppen
Zeitraum vom: 1.1.2010 bis: 31.12.2010
Bereich: Produktion · Abteilung: Cartridges-Montage · Gruppe: DRW-T 22

Ziel Nr. 4: Erhöhung der Net Utilization				vereinbart	Erfolgsskala
1: sehr gut	2: noch gut	3: ausreichend	4: ungenügend	Erhöhung der Net Utilization um 2 %	1: 2,0 % 2: 1,5 bis < 2,0 % 3: 1,0 bis < 1,5 %
6 Punkte	4 Punkte	2 Punkte	0 Punkte		

Ziel Nr. 6: Reduzierung der Ausschussrate				vereinbart	Erfolgsskala
1: sehr gut	2: noch gut	3: ausreichend	4: ungenügend	Reduzierung der Ausschussrate um 1,6 %	1: 1,6 % 2: 1,3 bis < 1,6 % 3: 1,0 bis < 1,3 %
9 Punkte	6 Punkte	3 Punkte	0 Punkte		

Ziel Nr. 16: Übernahme definierter Wartunsgarbeiten				vereinbart	Erfolgsskala
1: sehr gut	2: noch gut	3: ausreichend	4: ungenügend	Übernahme von 85 % der Wartungsaufgaben	1: 90 bis 100 % 2: 70 bis < 90 % 3: 50 bis < 70 %
6 Punkte	4 Punkte	2 Punkte	0 Punkte		

Σ Punkte	0 bis 3	4 bis 6	7 bis 9	10 bis 12	13 bis 15	16 bis 18	19 bis 21
% auf TG	2,5	5	10	13	17	22	28

Kontraktergebnis: Zielentgelt von 13 % auf das tarifliche Grundentgelt		
Datum: 20.11.2009	Gruppe: Jünda	Abteilung: Ehrstein

Abbildung IV-124 Beispiel für eine Zielvereinbarung

7.4.6 Leistungsbeurteilung

In den beiden vorhergehenden Abschnitten wurden Instrumente zur Leistungsentgeltdifferenzierung erläutert, bei denen Erfolgsstandards verwendet werden. Kann man auf solche Standards nicht zurückgreifen, verbleibt noch die Möglichkeit, eine Leistungszulage zu verwenden. Diese kann, stets unter Tarifvorbehalt, nach drei Ansätzen bestimmt werden.[247]

1. Keine Leistungsbeurteilung: Es wird eine einheitliche, nicht leistungsdifferenzierte Leistungszulage gezahlt.
2. Summarische Leistungsbeurteilung: Durch die Vorgesetzten wird eine pauschale Leistungsdifferenzierung aufgrund mehr oder weniger subjektiver Einschätzungen vorgenommen.
3. Analytische Leistungsbeurteilung: Durch die Vorgesetzten wird eine methodische Leistungszulagen-Differenzierung nach einem Leistungsbeurteilungsverfahren vorgenommen. Nur dieser Ansatz wird hier behandelt.

Leistungsbeurteilung

In Abbildung IV-119 wird als dritter Ansatz zur leistungsbezogenen Entgeltdifferenzierung die *Leistungsbeurteilung* (Leistungsbewertung) angeführt. Dabei bewerten Vorgesetzte anhand ordinal skalierter Beurteilungsmerkmale den Leistungserfolg und die Leistungsbereitschaft von Personen über einen längeren Zeitraum. Als Beurteilungsergebnis wird ein Punktwert bestimmt und aus diesem ein prozentualer Zuschlag zum Grundentgelt abgeleitet, die *Leistungszulage*. Verbreitete Auffassung ist, dass die Leistungsbeurteilung dann anzuwenden ist, wenn Vorgaben oder Vereinbarungen von Erfolgsstandards ausscheiden. Das ist z. B. im administrativen oder im indirekten Bereich häufig der

247 Vgl. Ehlscheid, C.; Meine, H.; Ohl, K.: a. a. O., 2006, S. 226.

Fall, weil es dafür nur selten methodisch ermittelte Erfolgsstandards gibt. In den ERA sind, wie bereits bei ihren Vorläufern, Leistungsbeurteilungsverfahren eingeschlossen. Diese sind, sofern das tarifvertraglich nicht ausgeschlossen ist, über den Weg einer Betriebsvereinbarung durch betriebliche Leistungsbeurteilungsverfahren zu ersetzen.

ERA ME Bayern maximale Punktzahl: 100 Punktwert: 0,28 % des Tarifgrundentgelts durchschnittlicher betrieblicher Mindestpunktwert: 13 % Beispiel: EG 8 = 2.400 €/Monat Beurteilungsergebnis = 60 Punkte Leistungszulage = (60 · 0,28) % · 2.400 € = 403,20 €	A: Leistung entspricht dem Ausgangsniveau der Arbeitsaufgabe	B: Leistung entspricht im Allgemeinen den Erwartungen	C: Leistung entspricht im vollen Umfang den Erwartungen	D: Leistung liegt über den Erwartungen	E: Leistung liegt weit über den Erwartungen
1. Effizienz: Quantität, termingerechte Arbeitsergebnisse, Umgang mit Zeit, rationelle Durchführung, Setzen von richtigen Prioritäten	0	5	10	15	20
2. Qualität: sorgfältige Durchführung von Aufgaben, Häufigkeit von Fehlern und Mängeln, Einhaltung von Zusagen und Absprachen	0	5	10	15	20
3. persönlicher Einsatz: Arbeiten in unterschiedlichen Arbeits- u. Organisationsstrukturen; Initiative; Übernahme von Verantwortung; Einbringen bzw. Umsetzung von Ideen u. Anregungen, Umgang mit Arbeits- und Gesundheitsschutz	0	5	10	15	20
4. methodisches Arbeiten: Fähigkeit zur Analyse und Entscheidungsfindung, Kostenbewusstsein, übergreifendes Denken/Handeln, Kundenorientierung	0	5	10	15	20
5. Zusammenarbeit: Teamverhalten, Kommunikationsverhalten, Konfliktlösungsfähigkeit, Informationsaustausch, Führungsverhalten, Hilfsbereitschaft	0	5	10	15	20

ERA ME Nordrhein-Westfalen maximale Punktzahl: 32 Punktwert: 0,625 % des Tarifgrundentgelts durchschnittlicher betrieblicher Mindestpunktwert 10 % Beispiel: EG 9 = 2.337 €/Monat Beurteilungsergebnis = 18 Punkte Leistungszulage = (18 · 0,625) % · 2.337 € = 262,91 €	A: genügt den Leistungsanforderungen nicht immer	B: genügt den Leistungsanforderungen fast immer	C: genügt den Leistungsanforderungen in vollem Umfang	D: übertrifft die Leistungsanforderungen	E: übertrifft die Leistungsanforderungen in besonderem Umfang
1. Anwendung von Kenntnissen und Fertigkeiten: Sorgfalt, Genauigkeit, Zuverlässigkeit	0	2	4	6	8
2. Arbeitseinsatz: Intensität, Wirksamkeit, Selbständigkeit, Kostenbewusstsein, sachgerechte Behandlung der Betriebsmittel	0	2	4	6	8
3. Beweglichkeit: Überblick, Setzen von Prioritäten, Arbeitsverhalten bei verschiedenen Arbeitssituationen	0	2	4	6	8
4. Zusammenarbeit/Führungsverhalten: Informationsaustausch, Überzeugungsfähigkeit, aufgabenorientierte Zusammenarbeit	0	2	4	6	8

Abbildung IV-125 Bewertungsmerkmale und Bewertungsstufen der Leistungsbeurteilungsverfahren in den ERA ME Bayern und Nordrhein-Westfalen (keine Gewichtung der Beurteilungsmerkmale)

Beurteilungsmerkmal, Beurteilungsstufe

In den Tarifverträgen werden vier bis sechs *Beurteilungsmerkmale* verwendet. Jedem Beurteilungsmerkmal sind nach dem Schulnotenprinzip (ordinal skaliert) meistens fünf *Beurteilungsstufen* zugewiesen. Es gibt Leistungsbeurteilungsverfahren, bei denen die Merkmale gewichtet (vgl. Abbildung IV-126) und andere, bei denen sie nicht gewichtet sind. In der Abbildung IV-125 sind die in den ERA ME Bayern und ME Nordrhein-Westfalen vorgesehenen Verfahren mit je einem Anwendungsbeispiel gegenübergestellt.

Die Leistungsbeurteilung wird meist einmal jährlich durchgeführt. Die Ergebnisse aus den dazu durchgeführten Beurteilungsgesprächen werden in Beurteilungsbögen protokolliert. Das Prozedere bei Konfliktregelungen aufgrund von Mitarbeitereinsprüchen ist in den Tarifverträgen geregelt oder in Betriebsvereinbarungen zu regeln.

Betriebliche Anwendungsrichtlinien

Abbildung IV-125 ist zu entnehmen, dass beim Beurteilungsprozess Spielräume bestehen. Zum einen sind die Stufenbeschreibungen interpretationsfähig, z. B. wann Leistungsanforderungen »übertroffen« und ab wann sie »in besonderem Umfang übertroffen« werden. Um die Ermessensspielräume einzugrenzen, werden in den Unternehmen betriebliche Anwendungsrichtlinien verwendet, wie der Abbildung IV-124 beispielhaft zu entnehmen ist.

Beurteilungsstufen		A	B	C	D	E
Beurteilungsmerkmale		für eine Leistungszulage nicht ausreichend (ist seinen Aufgaben nicht gewachsen)	entspricht im allgemeinen den Anforderungen (Aufgabengebiet überwiegend beherrscht)	entspricht in vollem Umfang den Anforderungen (Aufgabengebiet beherrscht)	übertrifft die Anforderungen erheblich (Aufgabengebiet überragt)	übertrifft die Anforderungen in hohem Maße (über das Aufgabengebiet hinausgewachsen)
1. Einsatzerfolg	**1.1 Arbeitsquantität**	**0**	**7**	**14**	**21**	**28**
	Arbeitsergebnisse, Arbeitsintensität, Zeitnutzung	wird mit seiner Arbeit nie richtig fertig	braucht gelegentlich mehr Zeit als andere	erledigt seine Arbeiten mit normalem Zeitaufwand	wird auch mit verstärktem Arbeitsanfall gut fertig	bewältigt auch starken Arbeitsanfall in kurzer Zeit
	1.2 Arbeitsqualität	**0**	**7**	**14**	**21**	**28**
	Fehlerquote, Güte, Perfektion	arbeitet fehlerhaft, unselbständig, hält Termine nicht ein	arbeitet manchmal flüchtig, dadurch fehlerhaft; ist gelegentlich nicht selbständig genug; ist gelegentlich an Termine zu erinnern	arbeitet meist sorgfältig, selbständig und terminbewusst	arbeitet selbständig, sorgfältig und termingerecht	arbeitet in jeder Hinsicht fehlerfrei
2. Einsatzbereitschaft	**2.1 Arbeitseinsatz**	**0**	**4**	**8**	**12**	**16**
	Initiative, Belastbarkeit, Vielseitigkeit	zeigt keine Einsatzbereitschaft und Arbeitsfreude; gibt bei Schwierigkeiten und äußeren Störungen leicht auf; hat keine Ideen; braucht Anregungen und Ermunterung; ahmt nach	Einsatzbereitschaft und Arbeitsfreude sind nicht stetig; Schwierigkeiten beeinflussen gelegentlich die Beständigkeit; ist manchmal anfällig gegen äußere Störungen; ist Termindruck nicht immer gewachsen; bringt noch zu wenig eigene Ideen und Anregungen; braucht hin und wieder Ermunterung	zeigt beständige Einsatzbereitschaft und Arbeitsfreude; gibt bei Schwierigkeiten nicht auf; schafft seine Arbeit auch unter Termindruck; hat eigene Ideen und gibt Anregungen	ist immer bereit, über sein Arbeitsgebiet hinaus zusätzliche Aufgaben zu übernehmen; Beständigkeit wird auch durch äußere Störungen nicht beeinträchtigt; schafft seine Arbeit auch unter Termindruck; gibt aufgrund seiner Ideen gute Anregungen und setzt sich für deren Verwirklichung ein	sucht stets Aufgaben, die ihn fordern; geht in der Arbeit und im Beruf auf; steigert sich selbst bei erheblichen Schwierigkeiten; sehr schöpferischer Mensch, der sich bei der Verwirklichung seiner Ideen durch besondere Aktivität auszeichnet
3. Verhalten	**3.1 Arbeitssorgfalt**	**0**	**4**	**8**	**12**	**16**
	Verbrauch und Behandlung von Arbeitsmitteln aller Art, zuverlässiges, rationelles und kostenbewusstes Verhalten	plant, organisiert wenig sachgerecht und nicht genügend rationell; hat Schwierigkeiten, Störungen, Abweichungen und Leistungsabfall zu erkennen und unterlässt korrigierende Maßnahmen	plant in gewohntem Rahmen, übersieht gelegentlich Störungen, Abweichungen und Leistungsabfall und trifft nicht immer korrigierende Maßnahmen	plant sachgerecht im Rahmen gestellter Aufgaben; setzt Mitarbeiter und Sachmittel meist wirtschaftlich ein; erkennt Störungen, Abweichungen und Leistungsabfall fast immer und ergreift entsprechende Maßnahmen	plant umsichtig; gute Arbeitsorganisation; Störungen, Abweichungen und Leistungsabfall werden erkannt und wirksam korrigiert	plant stets vorausschauend und umfassend; setzt Mitarbeiter und Sachmittel stets wirtschaftlich ein; Störungen, Abweichungen und Leistungsabfall werden sofort erkannt und unverzüglich wirksam korrigiert
	3.2 betriebliches Zusammenwirken	**0**	**3**	**6**	**9**	**12**
	gemeinsame Bewältigung von Arbeitsaufgaben	verschlossen und kontaktarm; Einzelgänger; stört Teamarbeit; kann sich nicht in eine Gruppe einordnen; nutzt Möglichkeiten zur Information und fachlichen Hilfe zu selten oder gar nicht	ist nicht immer/noch nicht genügend kontaktfreudig; ist etwas schüchtern; arbeitet im Team mit und ordnet sich ein, liefert aber noch zu wenig eigene Beiträge; harmoniert nicht immer mit der Gruppe; nutzt i. a. Möglichkeiten zur Information und fachlichen Hilfe	kontaktfreudig; nutzt regelmäßig Möglichkeiten, um Informationen und fachliche Hilfen zu geben; bereitwilliger Teammitarbeiter mit eigenen Beiträgen; nutzt regelmäßig Möglichkeiten, um Infomationen auszutauschen und fachliche Hilfen zu geben	stellt stets gute persönliche Kontakte her; gewinnt Vertrauen; sucht Möglichkeiten, um Informationen auszutauschen und fachliche Hilfe zu geben; zielorientierter Teamarbeiter, der sich aktiv in die Gruppe einfügt	stellt in kürzester Zeit gute persönliche Kontakte her, die er dauerhaft pflegt; findet in kürzester Zeit das Vertrauen anderer; gibt gezielt jede erforderliche Information und fachliche Hilfe; vorbildlicher Teamarbeiter, der stets das Gruppeninteresse voranstellt

Abbildung IV-126 Beispiel für eine betriebliche Anwendungsrichtlinie zur Leistungsbeurteilung (mit gewichteten Beurteilungsmerkmerkmalen)

Der Konfliktprozess ist in den meisten Tarifverträgen und Betriebsvereinbarungen in etwa wie folgt geregelt:

- Mindestens einmal jährlich wird eine Beurteilung durch Vorgesetzte durchgeführt.
- Dem Arbeitnehmer wird sein Beurteilungsergebnis mitgeteilt.
- Er kann dem Beurteilungsergebnis zustimmen oder dagegen Einspruch einlegen.
- Nach den tariflichen oder betrieblichen Vorschriften werden Einsprüche in einer paritätischen (betrieblichen) Kommission behandelt.
- Wird dort keine Einigung erzielt, entscheidet eine Einigungsstelle über den strittigen Sachverhalt.
- Wird auch dort noch keine Einigung erzielt, steht der Rechtsweg offen.

Praktische Probleme

Als praktische Probleme bei der Leistungsbeurteilung gelten:

1. Die Objektivität und Reliabilität eines Leistungsbeurteilungsverfahrens[248] wird signifikant beeinflusst von den Managementfähigkeiten der Vorgesetzten.
2. Um zu verhindern, dass zwischen verschiedenen Organisationseinheiten unterschiedliche Beurteilungsniveaus entstehen, müssen diese koordiniert und abgeglichen werden. Selbst wenn die Mitarbeiter in einer Organisationseinheit überdurchschnittlich gut oder schwach sind, werden sie dadurch mehr oder weniger stark »zwangsnivelliert«.
3. Betrieblich werden für die erbrachten Leistungen in einer Organisationseinheit meist Normalverteilungen unterstellt. Diese können sich, wenn überhaupt, nur bei großen Personenkollektiven einstellen. Bei Organisationseinheiten von weniger als etwa 30 Personen ist diese Modellannahme problematisch.
4. Erfahrungsgemäß schaffen es die wenigsten Vorgesetzten, eine deutliche Differenzierung zwischen guten und schwachen Mitarbeitern herzustellen. Deshalb ist die Leistungsbeurteilung zur Realisierung des Kausalitätsprinzips nur begrenzt tauglich.

Vorzüge

Der Leistungsbewertung sind aber auch Vorzüge beizumessen, in erster Linie, dass sie

1. bei allen Einschränkungen zu besseren Ergebnissen führt als methodisch nicht abgesicherte Verfahren, bei denen Vorgesetzte aus eigenem Ermessen bestimmte Leistungszulagen bestimmen,
2. auf viele Vorgesetzte einen »heilsamen Zwang« zu aktivem Führen ausübt.

248 Um zu verhindern, dass Vorgesetzte, die Konflikte mit ihren Mitarbeitern scheuen, diese – im Widerspruch zum angewandten Verfahren – zu hoch bewerten, sollten dauerhaft Anwendungs-Auditierungen durchgeführt werden. Praktische Erfahrungen gehen dahin, dass in den Unternehmen die Beurteilungsergebnisse meist eine über die Jahre steigende Tendenz haben. Das liegt jedoch nicht ausschließlich an Anwendungsfehlern, sondern auch daran, dass Mitarbeiter über die Jahre zu steigenden Leistungen kommen und man sich schwacher Mitarbeiter bei passender Gelegenheit entledigt. Diesem Sachverhalt müssen sich die Leistungsbeurteilungsverfahren jedoch, methodisch notwendig, verschließen.

7.5 Zusammenfassung

Nachfolgend werden zu den in den vorhergehenden Abschnitten erläuterten Konzepten einige empirische Erkenntnisse angeführt und daraus Schlussfolgerungen gezogen. Die empirische Basis war zwar mit 20 ausgesuchten, weil MTM intensiv nutzenden Unternehmen der Metall- und Elektroindustrie (überwiegend tarifgebunden) eher schmal. Andererseits repräsentierten diese 20 Mitgliedsunternehmen ca. 70.000 im Produktionsbereich beschäftigte Mitarbeiter. Dabei beziehen wir uns auf Abbildung IV-127, um folgende vier Sachverhalte zu diskutieren:[249]

1. Die Verbreitung von Leistungsentgeltgrundsätzen: Fast die Hälfte der befragten Unternehmen wendet ein Zeitentgelt mit Leistungsbewertung an. Dieses Konzept hat in der Wirtschaft große Bedeutung, auch wenn es bezüglich seiner Wirksamkeit von Arbeitnehmern und Unternehmen eher zurückhaltend beurteilt wird. Deshalb hätte die Zielvereinbarung gute Chancen, die Leistungsbewertung teilweise zu ersetzen. Bisher ist das aber nicht zu erkennen. Das Akkordentgelt wurde bei den befragten Unternehmen auf jeden fünften unter Leistungsentgelt gestellten Arbeitsplatz angewandt. Wir sind skeptisch, ob es dort so viele Arbeitsplätze gab, für die das Akkordentgelt ein angemessenes Konzept ist.
2. Die produktionslogistischen Bedingungen: Bei den befragten Unternehmen unterlag etwa ein Drittel der Arbeitsplätze einem Kundenverbrauchstakt. Pensumentgelt wurde aber auf weniger als 10 % der Arbeitsplätze angewandt, obwohl es hier ein adäquater Entgeltgrundsatz wäre. Etwa 80 % der Unternehmen hatten keine Fertigwarenlager, woraus man schließen kann, dass sie besonderen Anforderungen an ihre logistischen Fähigkeiten unterlagen. Auch darin sehen wir einen Grund, sich mit dem Konzept des Pensumentgelts auseinanderzusetzen.

Leistungsentgeltgrundsätze			Anteil der Arbeitsplätze
1	Zeitentgelt mit Leistungsbewertung		45 %
2	Akkordentgelt		21 %
3	Mengenprämienentgelt		20 %
4	Nutzungsprämienentgelt		-
5	Verbundprämienentgelt		7 %
6	Pensum-/Kontraktentgelt		6 %
logistische Rahmenbedingungen			Anteil der Arbeitsplätze
1	Produktion auf Lager		21 %
2	lagerfreie Produktion, aber nicht im Kundenverbrauchstakt		44 %
3	Just-in-time-Produktion		19 %
4	Just-in-sequence-Produktion		17 %
unter Entgeltanreiz gesetzte Funktionen			Anteil der Arbeitsplätze
1	Rüsten	durch die Mitarbeiter im Arbeitssystem	88 %
		durch Einrichter	41 %
2	Ausführen	ohne Beseitigen von Störungen	50 %
		mit Beseitigen von Störungen	53 %
3	Übernahme weiterer Funktionen, z. B. Transporte		91 %
Verdienstgrade im Jahresmittel			
1	mittlerer Verdienstgrad		130 %
2	Spannweite der Verdienstgrade		17 %
3	Monatsschwankung des mittleren Verdienstgrades		5 %

Abbildung IV-127 Leistungsentgeltgrundsätze, Anwendungsrahmen und Verdienstgrade

249 Vgl. Bokranz, R.; Britzke, B.: a. a. O., 2009.

3. Die unter Entgeltanreiz gesetzten Funktionen: Die meisten Unternehmen waren daran interessiert, weitere Funktionen per Job-Enlargement in die Arbeitssysteme zu integrieren, komplexere Aufgaben zu schaffen und Schnittstellen zu reduzieren. Interessant ist, inwieweit auf Produktivitätsverbesserung zielende Entgeltfindungskonzepte angewandt wurden. Das Rüsten zogen die meisten in den Entgeltanreiz ein, Störungsbeseitigungen aber nur etwa die Hälfte. Inwieweit Ausschussvermeidung einbezogen wurde, ist schwer zu beurteilen, weil ein erheblicher Teil der Unternehmen nur »Gutstückzahlen« honorierte und damit zur Ausschussvermeidung anzureizen glaubte.
4. Bei Leistungsentgelten erzielte Verdienstgrade: Bei einem mittleren Verdienstgrad von 130 %[250] hatte das Leistungsentgelt einen relevanten Anteil am Gesamtentgelt. Mit einer mittleren Spannweite von 17 % lag keine starke interpersonelle Streuung vor, so dass eine Tendenz zu einer eher moderaten interpersonellen Entgeltspreizung bestand. Es bestand also eine Tendenz zur Verdienstverstetigung.

Die Entgeltdifferenzierung ist kein zur Vermittlung von Arbeitszufriedenheit taugliches Instrument. Bestenfalls dient es der Vermeidung dauerhafter Unzufriedenheit. Dabei geht es weniger um die absolute Entgelthöhe. Diese ist, zumindest das Grundentgelt betreffend, durch tarifvertragliche Regelungen festgelegt. Es geht um die relative Entgelthöhe, denn diese ist für die Mitarbeiter Anlass, über den »sozialen Vergleich« die relative Angemessenheit oder Unangemessenheit ihrer Vergütung zu beurteilen. Unternehmen haben bei der Entgeltgestaltung nur geringe, durch tarifvertragliche Regelungen und wettbewerbsbedingten Kostendruck begrenzte Spielräume. In den vorhergehenden Abschnitten wurde gezeigt, dass dennoch Gestaltungsmöglichkeiten verbleiben. Dabei kommt es auf folgende Überlegungen an:

1. In welchem Ausmaß will man dem Prinzip der kausalen und in welchem Ausmaß dem Prinzip der finalen Entgeltfindung folgen und auf welche Personengruppen will man diese anwenden? Da man finale Entgeltfindungsprinzipien in der Praxis nur im oberen Segment des außertariflichen Bereichs antrifft, haben wir diese hier ausgeklammert.
2. Bei der Grundentgeltdifferenzierung ist die Methode für tarifvertragsgebundene Unternehmen vorgegeben, weil der Tarifvertrag das Arbeitsbewertungsverfahren vorschreibt. Auch wenn es Öffnungsklauseln gibt, überlegen sich Unternehmen, wie weit sie sich von dem entfernen, was ihre Wettbewerber praktizieren. Gestaltungsspielräume verbleiben jedoch bei der Anforderungsermittlung, einschließlich der Stellenbeschreibungen. Transparente analytische Stellenbeschreibungen (vgl. Abbildung IV-115) bedingen gegenüber summarischen, pauschalen Beschreibungen zwar einen Mehraufwand. Dieser ist aber dadurch zu rechtfertigten, dass der »soziale Vergleich« so stärker zu objektivieren ist und Einsprüche qualifizierter zu behandeln sind.
3. Bei der Leistungsentgeltdifferenzierung sind, neben größtmöglicher Transparenz, aus den Geschäftsprozessen wirkende Rahmenbedingungen zu beachten. Unterliegt man einem Kundenverbrauchstakt oder hat man überwiegend hochmechanisierte Arbeitsplätze, sollte man z. B. keinen Akkordlohn anwenden.
4. Akkord-, Prämien- und Pensumentgelte sollten dann durch Zielvereinbarungen ersetzt werden, wenn dabei relevantere Erfolgsstandards zu verwenden sind. Das ist häufiger in den indirekten Bereichen und beim Werkstattmanagement, seltener in den direkten Bereichen möglich.
5. Sind keine Erfolgsstandards zu bestimmen, sondern Arbeitsergebnisse nur qualitativ zu beurteilen, verbleibt die Möglichkeit der Leistungsbeurteilung.

250 Bei den meisten ERA ist beim Zeitentgelt ohne Leistungsbeurteilung eine Leistungszulage von 10 % vorgesehen. Bei den hier erfassten Unternehmen wurden mittlere Verdienstgrade zwischen 116 % und 145 % erhoben. Das heißt, bei der Verdienstgradhöhe bestehen erhebliche Unterschiede zwischen den Unternehmen.

Literaturverzeichnis Teil IV

Abele, E.; Eichhorn, N.: Richtig planen oder kontinuierlich verbessern? In: Britzke, B. (Hrsg.): MTM in einer globalisierten Wirtschaft. München: mi-Wirtschaftsbuch, 2010, S. 226 f.

Ackermann, K.-F. (Hrsg.): Balanced Scorecard für Personalmanagement und Personalführung. Wiesbaden: Gabler, 2000.

Balze, W.; Rebel, W.; Schuck, P.: Outsourcing und arbeitsrechtliche Restrukturierung des Unternehmens, 2. Auflage. Heidelberg u. a.: C. F. Müller, 2007.

Bass K.; Nachreiner, F.; Grzech-Sukalo, H.; Hänecke, K.; Qin, L.; Dieckmann, P.; Eden, J.; Lochmann, R.: Arbeitszeit ergonomisch gestalten, 2. Auflage. Dortmund/Berlin, Bundesanstalt für Arbeitsschutz und Arbeitsmedizin, Fb. 837, 2000.

Beermann, B.: Bilanzierung arbeitswissenschaftlicher Erkenntnisse zur Nacht- und Schichtarbeit. Amtliche Mitteilungen der Bundesanstalt für Arbeitsschutz 1/96. Dortmund: o. V., 1996.

Bischoff, R.: Anlaufmanagement. Schnittstelle zwischen Projekt und Serie. Konstanz: Konstanzer Managementschriften, 2007.

Bittelmeyer, G.; Hegner, F.; Kramer, U.: Bewegliche Zeitgestaltung im Betrieb. Köln: Gesamtverband der metallindustriellen Arbeitgeberverbände e. V., 1987.

Böhm, H.-H.; Wille, F.: Deckungsbeitragsrechnung, Grenzpreisrechnung und Optimierung, 5. Auflage. München: Verlag Moderne Industrie, 1977.

Bösenberg, D.; Metzen, H.: Lean Management. Vorsprung durch schlanke Konzepte, 2. Auflage. Landsberg: Moderne Industrie, 1993.

Bokranz, R.: Personalbedarfsermittlung. In: Gaugler, E.; Oechsler, W. A.; Weber, W. (Hrsg.): Handwörterbuch des Personalwesens, 3. Auflage. Stuttgart: Schäffer-Poeschel, 2004, Sp. 1380–1394.

Bokranz, R.; Britzke, B.: Anwendung und Rahmenbedingungen von Leistungsentgeltgrundsätzen in der Metall- und Elektroindustrie. Eine Befragung von MTM-Mitgliedsunternehmen durch das MTM-Institut. In: MTMaktuell, 14. Jg. (2009), Ausgabe 42, S. 17–18, Ausgabe 43, S. 23–24.

Bokranz, R.; John, B.: Arbeitsdatenermittlung, 3. Auflage. Gräfelfing: Resch, 1986.

Bokranz, R.; Kasten, L.: Organisations-Management in Dienstleistung und Verwaltung, 4. Auflage. Wiesbaden: Gabler, 2003.

Bredemeier, K.; Schlegl, H.: Die Kunst der Visualisierung. Zürich: Orell Füssli, 1991.

Breisig, T.: Entgelt nach Leistung und Erfolg: Köln: Bund, 2003.

Bundesrechnungshof (Hrsg.): Typische Mängel bei der Ermittlung des Personalbedarfs in der Bundesverwaltung. Stuttgart, Berlin, Köln: Kohlhammer, 1992.

Busch, E.: Motivation und Verbesserungsorientierung durch Leistungsentgeltsysteme. In: Industrial Engineering, Heft 3, 2008, S. 24–29.

Crone, A.; Werner, H. (Hrsg.): Handbuch modernes Sanierungsmanagement. München: Franz Vahlen, 2007.

Deming, W. E.: Out of the crisis. Massachusetts (USA): Massachusetts Institute of Technology, 1986.

Deutsche Gesellschaft für Arbeitsmedizin und Umweltmedizin e.V. (Hrsg.): Leitlinien Nacht- und Schichtarbeit, o. Jg.

Deutsches Instituts für Betriebswirtschaft (Hrsg.): Jahresbericht. Frankfurt: dib, 2005.

Diepold, M.: Die leistungsbezogene Vergütung. Berlin: Duncker & Humblot, 2005.

Dittrich, H.: Erfolgsgeheimnis Visualisierung. Planegg: WRS Verlag, 2000.

Drumm, H.; Scholz, C.: Personalplanung – Planungsmethoden und Methodenakzeptanz, 2. Auflage. Bern, Stuttgart: Haupt, 1988.

Ebert, K.: Über die Schnittstelle zur Integration. In: MTMaktuell, 13. Jg., Ausgabe 39, Heft 3/2008, S. 26–27.

Ehlscheid, C.; Meine, H.; Ohl, K. (Hrsg.): Handbuch Arbeit – Entgelt – Leistung, 4. Auflage. Köln: Bund, 2006.

Eyer, E.; Haussmann, T.: Zielvereinbarung und variable Vergütung, 3. Auflage. Wiesbaden: Gabler, 2007.

Eyer, E.; Webers, T.: Leistungsbeurteilung bei Gruppenarbeit, In: Eyer, E. (Hrsg.): Entgeltsysteme für produzierende Unternehmen, 4. Auflage. Düsseldorf: Symposium Publishing, 2004.

Ferreira, Y.: Auswahl flexibler Arbeitszeitmodelle und ihre Auswirkungen auf die Arbeitszufriedenheit. Stuttgart: Ergonomia, 2001.

Fischer, F.: Versteckte Potenziale im Unternehmen. In: IfaA (Hrsg.): Produktionssysteme. Aufbau, Umsetzung, betriebliche Lösungen. Köln: Bachem 2008, S. 79 ff.

Fitzek, D.: Anlaufmanagement in Netzwerken. Bern: Haupt, 2006.

Goldratt, E. M.: Theory of Constraints. Croton-on Hudson: North River Press, 1990.

Greif, M.: Teamerfolge in der Produktion durch Visualisierung, 2. Auflage. Landsberg: Moderne Industrie, 1998.

Harmon, R. L.; Peterson, L. D.: Die neue Fabrik. Einfacher, flexibler, produktiver – hundert Fälle erfolgreicher Veränderung. Frankfurt: Campus, 1990.

Heckel, T.: Der gerechte Lohn. München: Oldenbourg, 1963.

Heckhausen, H.; Heckhausen, J.: Motivation und Handeln, 3. Auflage. Berlin, Heidelberg, New York: Springer, 2006.

Hedden, I. D.; Bonitz, H.; Grzech-Sukalo, H.; Nachreiner, F.: Zur Klassifikation und Analyse unterschiedlicher Schichtsysteme und ihre psychosozialen Effekte. Teil 2: Differentielle Effekte bei Gruppierung nach periodischen Merkmalen. Überprüfung eines alternativen Klassifikationsansatzes. In: Zeitschrift für Arbeitswissenschaft 43 (15 NF) 1989, S. 73–78.

Heidl, A.: Interne Revision. In: Chmielewicz, K.; Schweitzer, M.(Hrsg.): Handwörterbücher des Rechnungswesens, 3. Auflage. Stuttgart: Schäffer-Poeschel, 1993, Sp. 947–955.

Held, S.: Entgeltformen. München, Mering: Hampp, 2005.

Hirano, H.: Poka-yoke. 240 Tips für Null-Fehler-Programme. Landsberg: Moderne Industrie, 1992.

Horvath, P.: Controlling, 6. Auflage. München: Vahlen, 1996.

Horvath & Partner (Hrsg.): Balanced Scorecard umsetzen. Stuttgart: Schäffer-Poeschel, 2000.

Höhn, R.: Führungsmodelle – Harzburger Modell. In: Kieser, A.; Reber, G.; Wunderer, R. (Hrsg.): Handwörterbuch der Führung. Stuttgart: Schäffer-Poeschel, 1987, Sp. 614–621.

IfaA (Hrsg.): Handbuch des Prämienlohns. Köln: Bachem, 1989.

Imai, M.: Kaizen. Der Schlüssel zum Erfolg der Japaner im Wettbewerb, 8. Auflage. Berlin: Ullstein, 1998.

Institut für angewandte Arbeitswissenschaft (Hrsg.): Handbuch des Prämienlohns. Köln: Wirtschaftsverlag Bachem, 1989.

Institut für angewandte Arbeitswissenschaft (Hrsg.): Abläufe verbessern – Betriebserfolge garantieren. Köln: Wirtschaftsverlag Bachem, 2008.

Institut für angewandte Arbeitswissenschaft (Hrsg.): Erfolgreich mit Personalmanagement. Köln: Wirtschaftsverlag Bachem, 2010.

Jahns, C.: 12 Grundsätze erfolgreichen Managements – Orientierung an Best Practices. In: Jahns, C.; Hein, G. (Hrsg.): Handbuch Management. Mit Best Practice zum Managementerfolg, Stuttgart: Schäffer-Poeschel, 2003, S. 23–45.

Jentgens, B.; Kamp, L.: Betriebliches Vorschlagswesen. Analyse und Handlungsempfehlungen. Frankfurt: Bund-Verlag, 2004.

Kador, F. J.; Kempe, H. J.; Pornschlegel, H.: Handlungsanleitung zur betrieblichen Personalplanung, 3. Auflage. Köln: TÜV Rheinland, 1989.

Karl, D.; Knauth, P.; Elmerich, K.; Rott, M.; Watrinet, C.: Teilprojekt KRONOS – Lebensarbeitszeitmodelle: Chancen für Unternehmen und Mitarbeiter. Zeitschrift für Arbeitswissenschaft 60, 2006, 4, S. 256–264.

Kilger, W.; Pampel, J.; Vikas, K.: Flexible Plankostenrechnung und Deckungsbeitragsrechnung, 12. Auflage (1. Auflage 1961). Wiesbaden: Gabler Verlag, 2007.

Kipp, J.: Betriebszeitstufen und »Hausfrauenpool« zur Bewältigung saisonal schwankender Auftragslage, Manuskript. Viersen: Mars Masterfoods GmbH, o. Jg.

Kletti, J.; Brauckmann, O.: Manufacturing Scorecard. Wiesbaden: Gabler, 2006.

Knauth, P.: Arbeitswissenschaftliche Kriterien der Schichtplangestaltung. In: Kutscher, J.; Eyer, E.; Antoni, H. (Hrsg.): Das flexible Unternehmen. Wiesbaden, 1996.

Knauth, P.: Arbeitszeit und Arbeitsdauer. In: Landau, K.; Pressel, G. (Hrsg.): Medizinisches Lexikon der beruflichen Belastungen und Gefährdungen, 2. Auflage. Stuttgart: Gentner, 2009, S. S. 101–105.

Knauth, P.: Ergonomische Beiträge zu Sicherheitsaspekten der Arbeitszeitorganisation. Fortschritt-Berichte VDI, Reihe 17, Nr. 18. Düsseldorf: VDI-Verlag, 1983.

Knauth, P.: Nachtarbeit. In: Landau, K.; Pressel, G. (Hrsg.): Medizinisches Lexikon der beruflichen Belastungen und Gefährdungen, 2. Auflage. Stuttgart: Gentner, 2009, S. 715–718.

Knauth, P.; Hornberger, S.: Betriebs- und mitarbeiterbezogene Flexibilisierung der Arbeitszeit. Tutorial, 45. Arbeitswissenschaftlicher Kongress. Karlsruhe, 1999.

Knauth, P.; Schwarzenau, P.; Schmidt, K.-H.; Rutenfranz, J.: Computergestützte Schichtplangestaltung für flexible Arbeitszeitregelungen bei diskontinuierlicher Schichtarbeit. In: Verh. Dr. Ges. Arbeitsmed. 26, 1986, S. 439–443.

Kobayashi, I.: 20 Keys. Die 20 Schlüssel zum Erfolg im internationalen Wettbewerb. Bochum: Adept-Media, 2000.

Köhler-Frost, W. (Hrsg.): Outsourcing – Schlüsselfaktoren zur Kundenzufriedenheit, 5. Auflage. Berlin: Erich Schmidt Verlag, 2005.

Kosiol, E.: Leistungsgerechte Entlohnung, 2. Auflage. Wiesbaden: Gabler, 1962.

Kostka, C.; Kostka, S.: Der kontinuierliche Verbesserungsprozess. Methoden des KVP, 3. Auflage. München: Hanser, 2006.

Kotthoff, J.; Gabel, D.: Outsourcing (mit Betriebsübergang). München: Beck Verlag, 2009.

Kraus, G.; Becker-Kolle, C.; Fischer, T.: Handbuch Change Management. Berlin: Cornelsen Verlag, 2006.

Lang, J. M.: Gainsharing, Zielvereinbarung, Balanced Scorecard. In: Eyer, E. (Hrsg.): Entgeltsysteme für produzierende Unternehmen, 4. Auflage. Düsseldorf: Symposion Publishing, 2004, S. 275–295.

Mackenzie, R. A.: Die Zeitfalle, 11. Auflage. Heidelberg: Sauer Verlag, 1995.

Magnusson, K.; Kroslid, K.; Bergman, B.: Six Sigma umsetzen. München: Hanser, 2003.

Malik, F.: Führen, Leisten, Leben. Wirksames Management für eine neue Zeit. Stuttgart, München: DVA, 2006. (Frankfurt, New York: Campus, 2006.)

Marr, R.: Betriebliche Arbeitszeitmodelle. In: Handelsblatt (Hrsg.): Wirtschaftslexikon. Stuttgart: Schäffer-Poeschel, 2006, S. 476.

Meyer, J.-A.: Visualisierung im Management. Wiesbaden: Gabler, 1996.

Miska, H.: Arbeitszeitmodelle im Urteil der Mitarbeiter. In: Institut für angewandte Arbeitswissenschaft (Hrsg.): Arbeit: Gestaltung – Organisation – Entgelt. Schriftenreihe des IfaA, Band 25. Köln: Bachem, 1991, S. 142–176.

Münch, M.: Konsequente Verknüpfung von strategischer Ausrichtung und Vergütungssystemen. In: Industrial Engineering, 61. Jg., 2008, Heft 5, S. 14–20.

Nachreiner, F.; Grzech-Sukalo, H.; Hänecke, K.; Qin, L.; Dieckmann, P.; Eden, J.; Lochmann, R.: Arbeitszeit ergonomisch gestalten, Fb 837, 2. Auflage. Dortmund/Berlin: Bundesanstalt für Arbeitsschutz und Arbeitsmedizin, 2000.

Neisen, M.: ERA-Entgeltlösungen bei Bosch – Praxisbericht eines großen Industriebetriebes aus dem norddeutschen Raum. In: angewandte Arbeitswissenschaft, Nr. 198, 2008, S. 15 f.

Nell-Breuning, O. v.: Kapitalismus und gerechter Lohn. Freiburg: Herder, 1960.

Neuhaus, R.; Lennings, F.: Regelkreise für Produktionssysteme. In: IfaA (Hrsg.): Produktionssysteme. Aufbau, Umsetzung, betriebliche Lösungen. Köln: Bachem, 2008, S. 37–47.

Obermann, C.: Assessment Center, 3. Auflage. Wiesbaden: Gabler, 2006.

Olbrich, R.: Aufbau einer Zeitwirtschaft. Köln: Wirtschaftsverlag Bachem, 1998.

Osborne, D.; Gaebler, T.: Reinventing Government. Harmondworth: Penguin Books, 1992.

Osterhold, G.: Veränderungsmanagement. Wege zum längerfristigen Unternehmenserfolg. Wiesbaden: Gabler Verlag, 2002.

Pellens, B. (Hrsg.): Unternehmenswertorientierte Entlohnungssysteme. Stuttgart: Schäffer-Poeschel, 1998.

Peters, T. J.; Waterman, R. H.: In Search of Excellence. Lessons from America's best-Run Companies. New York: Harpers & Row, 1982.

Porter, L. W.; Lawler, E. E.: Managerial attitudes and performance. Homewood: Irwin-Dorsay, 1968.

Probst, G.; Raub, S.; Romhardt, K.: Wissen managen. Wie Unternehmen ihre wertvollste Ressource optimal nutzen, 5. Auflage. Wiesbaden: Gabler, 2006.

Riebel, P.: Einzelkosten- und Deckungsbeitragsrechnung. Opladen: Westdeutscher Verlag, 1972.

Rast, S.; Finsterbusch, T.: Ergonomie im Industrial Engineering. In: IfaA (Hrsg.). Methodisches Produktivitätsmanagement, Umsetzung und Perspektiven. Köln: Bachem, 2010, S. 133–152.

REFA (Hrsg.): Methodenlehre der Betriebsorganisation, Datenermittlung. München: Hanser Verlag, 1997.

RKW (Hrsg.): RKW-Handbuch Personalplanung, 2. Auflage. Neuwied: Luchterhand, 1990.

Rutenfranz, J.: Arbeitsphysiologische Grundlagen der Nacht- und Schichtarbeit, Vorträge N 275. Opladen: Westdeutscher Verlag, 1978.

Rutenfranz, J.; Knauth, P.: Schichtarbeit und Nachtarbeit, 3. Auflage. München: Bayerisches Staatsministerium für Arbeit und Sozialordnung, 1989.

Schat, H.-D.: Ideenmanagement in einem kleinen Produktionsbetrieb – Erfolgreiche Umsetzung eines unbürokratischen Ansatzes. In: angewandte Arbeitswissenschaft, Nr. 196 (2008), S. 20–31.

Schelten, A.: Grundlagen der Arbeitspädagogik, 4. Auflage. Stuttgart: Steiner Verlag, 2005.

Seiwert, L.: Das neue 1 x 1 des Zeitmanagements, 8. Auflage. München: Gräfe und Unzer, 2009.

Shingo, S.: Das Erfolgsgeheimnis der Toyota Produktion. Landsberg: Moderne Industrie, 1992.

Siegel, K.: Gainsharing – die Verstetigung des Verbesserungsprozesses. In: Eyer, E. (Hrsg.): Entgeltsysteme für produzierende Unternehmen, 4. Auflage. Düsseldorf: Symposion Publishing, 2004, S. 297–334.

Specht, D. (Hrsg.): Insourcing, Outsourcing, Offshoring. Wiesbaden: Gabler Verlag, 2007.

Stolzenberg, K.; Heberle, K.: Veränderungsprozesse erfolgreich gestalten – Mitarbeiter mobilisieren, 2. Auflage. Heidelberg: Springer Verlag, 2009.

Suzaki, K.: Modernes Management im Produktionsbetrieb. Strategien, Techniken, Fallbeispiele. München: Hanser, 1994.

Takeda, H.: Das synchrone Produktionssystem. Just-in-Time für das ganze Unternehmen, 5. Auflage. Landsberg: Redline, 2006.

Taylor, F. W.: Principles of Scientific Management, 1911. Ins Deutsche übersetzt von Roeseler, R.: Die Grundsätze wissenschaftlicher Betriebsführung. München: Oldenbourg, 1913. Neu herausgegeben und eingeleitet von Bungard, W.; Volpert, W.: Die Grundsätze wissenschaftlicher Betriebsführung. Weinheim, Basel: Beltz, 1977.

Thom, N.; Bloom, A.; Zaugg, R.: Arbeitszeitmanagement. Bern: Institut für Organisation und Personal der Universität Bern, o. Jg.

Volkswagen Slovakia (Hrsg.): Profiraumkonzept Montagen. Bratislava: Volkswagen Slovakia a. s., 2007.

Volkswagen Slovakia (Hrsg.): Wettlauf mit der Zeit. Die KVP-Kaskade sichert unsere Zukunft. Bratislava: Volkswagen Slovakia a. s., 2008.

Vroom, V. H.: Work and motivation. New York: Wiley, 1964.

Weber, J.; Schäffer, U.: Balanced Scorecard & Controlling, 2. Auflage. Wiesbaden: Gabler, 2000.

Weißert-Horn, M.: Flexible Arbeitszeit und Teilzeitarbeit. Bericht für das Bundesministerium für Wirtschaft und Arbeit, Prävention und Rehabilitation zur Verhinderung von Erwerbsminderung. Darmstadt: Institut für Arbeitswissenschaft, 2003.

Westkämper, E.; Zahn, E. (Hrsg.): Wandlungsfähige Produktionsunternehmen. Berlin, Heidelberg: Springer Verlag, 2009.

Wildemann, H.: Anlaufmanagement. Leitfaden zur Verkürzung der Hochlaufzeit und Optimierung der An- und Auslaufphase von Produkten, 4. Auflage. München: TCW, 2006.

Witt, J.; Witt, T.: Der kontinuierliche Verbesserungsprozess (KVP). Konzept, System, Maßnahmen. München: Sauer, 2006.

Wübbelmann, K.: Management Audit. Unternehmenskontext, Teams und Managerleistung systematisch analysieren. Wiesbaden: Gabler, 2001.

Stichwortverzeichnis

4-M-Checkliste (4-M checklist) **Bd. 2:** 581
4-M-Methode (4-M method) **Bd. 2:** 555
5 S (5 S) **Bd. 2:** 559
6-W-Checkliste (6-W checklist) **Bd. 2:** 581
6-W-Methode (6-W method) **Bd. 2:** 554
8-D-Report (8-D report) **Bd. 2:** 550
20-Keys-Konzept (20 Keys) **Bd. 2:** 556
100 %-OEE (100 %-OEE) **Bd. 1:** 27, 28

A

ABC-Analyse (ABC classification, ABC analysis) **Bd. 1:** 290; **Bd. 2:** 121
Abfertigungsrate (server rate, dispatch rate, handling rate) **Bd. 1:** 381
-zeit (service time, dispatch time, handling time, processing time) **Bd. 1:** 381
Ablauf (work process, workflow) **Bd. 1:** 21, 296; **Bd. 2:** 119, 133, 336, 351, 510, 563, 567
–, als Bestimmungsgröße des Arbeitssystems (as determinant of the work system) **Bd. 1:** 19
Ablaufabschnitt (process step, workflow step, phase) **Bd. 1:** 312, 346, 556; **Bd. 2:** 118, 127
-art (operation category, category of workflow activities) **Bd. 1:** 348
-beschreibung (process description, workflow description) **Bd. 1:** 445; **Bd. 2:** 240
-indikator (workflow indicator) **Bd. 1:** 413
-organisation (process organization) **Bd. 1:** 75, 124; **Bd. 2:** 420, 527
-weg (flow path, flow branch) **Bd. 1:** 320, 366, 367
Abkanten (bevel) **Bd. 2:** 90
Ableseentfernung (distance from display, read-off distance) **Bd. 2:** 314, 317
-fehler (read-off error, reading error) **Bd. 1:** 244
-zeit (read-off time, read cycle time) **Bd. 2:** 317
Abschreibung (depreciation) **Bd. 1:** 13, 15, 17, 605; **Bd. 2:** 102, 463, 464
Absentismus (absenteeism) **Bd. 2:** 359
Abzinsungsfaktor (discount(ing) factor, discount(ing) rate) **Bd. 1:** 617
Abteilung (department) **Bd. 1:** 39
Adaptation, visuelle (adaptation, visual) **Bd. 1:** 159, 163
Adressaten (addressees) **Bd. 1:** 58
Änderungsaufwand (modification cost, change expenditure) **Bd. 1:** 182, 394, 402
Aerosol (aerosol) **Bd. 2:** 303
Aggregation von Prozessbausteinen (aggregation of process building blocks) **Bd. 1:** 102
Akklimatisation (acclimatization) **Bd. 2:** 278
Akkomodation (accomodation) **Bd. 1:** 162
-sbreite (amplitude of accommodation) **Bd. 1:** 251
Akkordentgelt (piece rate, piece wage) **Bd. 2:** 693
Aktendurchlaufanalyse (analysis of files, file scan analysis) **Bd. 1:** 565
Aktion (action) **Bd. 1:** 127, 224, 461
-skraft (applied force) **Bd. 1:** 181, 186, 202, 219; **Bd. 2:** 194
-skraft, dynamisch (applied force, dynamic) **Bd. 1:** 187
-skraft, statisch (applied force, static) **Bd. 1:** 187
Aktivität (activity) **Bd. 1:** 137; **Bd. 2:** 517
-sniveau (level of activity) **Bd. 1:** 137

Alter (age) **Bd. 1:** 188; **Bd. 2:** 202
-smanagement (age management) **Bd. 1:** 251
Amortisationsrechnung (depreciation schedule, calculation of payback period, discounted cash flow) **Bd. 1:** 615
Ampelprinzip (green, yellow, red color classification of workplace) **Bd. 1:** 212
Amplitude (amplitude) **Bd. 1:** 158, 166
Analyseblatt (analysis sheet/form) **Bd. 1:** 467, 468, 470, 471; **Bd. 2:** 77, 79
Analysieraufwand (analysis costs) **Bd. 1:** 402
Anforderung (job requirement, job demand) **Bd. 1:** 132, 140; **Bd. 2:** 680
–, physisch (physical) **Bd. 1:** 134, 149, 176, 179, 181, 254
–, psychomental (psychomental) **Bd. 1:** 173
Anforderungsart (job characteristic, type of job requirement) **Bd. 1:** 254; **Bd. 2:** 680, 687
-beschreibung (description or definition of job requirements/job demands) **Bd. 1:** 133, 149, 254; **Bd. 2:** 172
-liste (component requisition form) **Bd. 2:** 22
-merkmal (job demand characteristic) **Bd. 2:** 132
Angebotskalkulation (cost estimate, bid calculation, price quotation) **Bd. 1:** 272
Ankunftsintervall (arrival interval) **Bd. 1:** 380
-rate (arrival rate) **Bd. 1:** 381
Anlagevermögen (fixed assets, capital assets) **Bd. 1:** 15
Anlaufkurve (ramp-up curve, startup curve) **Bd. 1:** 54
-management (management of production ramp-up, production startup management) **Bd. 1:** 29, 54; **Bd. 2:** 99, 129, 525, 527, 588
Anordnungsbeziehung (interdependency) **Bd. 1:** 593, 594
Anordnungskonzept (machine layout plan) **Bd. 2:** 339, 342
Anpassung an Arbeit (adjustment to working/job demands, readiness to adjust to job demands) **Bd. 1:** 268
Anspruchsniveau (level of aspiration, expected standard) **Bd. 1:** 263
Anthropometrie (anthropometrics) **Bd. 2:** 163, 240
Anwendungsebene (application level) **Bd. 2:** 135
-regel (application rule) **Bd. 1:** 96, 386, 387, 411
Anzeige (display) **Bd. 1:** 123; **Bd. 2:** 311
, analog (analogue display) **Bd. 2:** 312, 315
, digital (digital display) **Bd. 2:** 312, 315
Anzeigenanordnung (display layout) **Bd. 2:** 316, 317
-gestaltung (display design) **Bd. 2:** 313
Arbeit (work) **Bd. 1:** 8
–, dynamische (dynamic work) **Bd. 1:** 134; **Bd. 2:** 298
–, energetisch-effektorische (energetic and effectual work) **Bd. 1:** 175
–, informatorisch-mentale (mental work) **Bd. 1:** 175; **Bd. 2:** 311
–, menschliche (work, labor) **Bd. 1:** 8, 42; **Bd. 2:** 163, 238
–, repetitive (repetitive work) **Bd. 1:** 208, 224, 267; **Bd. 2:** 59, 209, 235, 241, 359
–, sensumotorische (sensomotoric work) **Bd. 1:** 137, 270, 272; **Bd. 2:** 266, 297
–, statische (static work) **Bd. 1:** 134, 152; **Bd. 2:** 193
–, taktgebundene (fixed-cycle work) **Bd. 1:** 174; **Bd. 2:** 344
Arbeitsablauf (work process, working method/sequence, sequence of operations) **Bd. 1:** 126, 176; **Bd. 2:** 66
-anweisung (job specification, job assignment, instruction) **Bd. 2:** 585
-aufgabe (work task) **Bd. 1:** 174; **Bd. 2:** 179, 250

-bedingungen (work conditions) **Bd. 2:** 12, 136, 193, 250, 252, 407
-beschreibung (job description) **Bd. 2:** 679
-bewertung (job evaluation, job rating) **Bd. 2:** 679
-bewertung, analytische (analytic job evaluation) **Bd. 2:** 683
-bewertung, summarische (factor comparison system) **Bd. 2:** 680
-dauer (work duration, working hours) **Bd. 1:** 154
-energieumsatz (work metabolism) **Bd. 2:** 212
-ergebnis (work result, work issue, outcome of work) **Bd. 1:** 9, 19, 33, 122, 134, 233, 240, 269, 312, 551; **Bd. 2:** 357, 550, 660, 675, 679
-fläche (work surface) **Bd. 2:** 189
-form (work form) **Bd. 1:** 133; **Bd. 2:** 192, 232, 410
-fortschritt (work progress) **Bd. 1:** 33; **Bd. 2:** 99, 344, 357, 400, 550
-gang (operation) **Bd. 1:** 102, 415; **Bd. 2:** 145, 342, 410, 585
-gegenstand (work object) **Bd. 1:** 19; **Bd. 2:** 134, 159, 172, 189, 250, 345
-geschwindigkeit (operating speed, working speed) **Bd. 1:** 153, 261; **Bd. 2:** 193
-gesetz (labor law(s)) **Bd. 1:** 626
-gestaltung (work design, job design) **Bd. 2:** 163
-gestaltung, anthropometrische (anthropometric work/job design) **Bd. 2:** 163
-gestaltung, bewegungstechnische (kinesthetic work/job design) **Bd. 2:** 203
-gestaltung, konzeptive oder prospektive (conceptual or prospective work/job design) **Bd. 1:** 323, 511; **Bd. 2:** 238, 250, 253
-gestaltung, korrektive (corrective work/job design) **Bd. 1:** 323; **Bd. 2:** 238, 252, 253
-gestaltung, organisatorische (organizational work/job design) **Bd. 2:** 250, 354, 499, 525
-gestaltung, physiologische (physiological work/job design) **Bd. 2:** 192
-gestaltung, sicherheitstechnische (safety-oriented work/job design) **Bd. 2:** 251
-gruppe (team, working group) **Bd. 2:** 359, 546
-haltung (posture) **Bd. 1:** 184; **Bd. 2:** 448
-höhe (work(ing) height) **Bd. 2:** 179
-inhalt (work content) **Bd. 1:** 133; **Bd. 2:** 357
-leistung (work performance, (job) performance, (work) output) **Bd. 1:** 233
-menge ((quantitative) work load) **Bd. 1:** 236, 373, 563; **Bd. 2:** 363, 566
-menge, direkte (work quantity in units, work load in (physical) units) **Bd. 1:** 365; **Bd. 2:** 643, 646, 651
-menge, indirekte (work quantity in frequency terms) **Bd. 2:** 643, 646, 655
-methode (work method, method of working) **Bd. 1:** 272, 390, 464, 473, 474, 475
-mittel/Sachmittel (working equipment, work materials, tools) **Bd. 1:** 140, 263, 488, 506; **Bd. 2:** 163, 192, 203, 256, 308, 311, 318, 350, 381
-motivation ((work) motivation) **Bd. 1:** 11; **Bd. 2:** 163, 266, 360
-objekt (work object) **Bd. 1:** 19; **Bd. 2:** 96, 163, 203, 215, 352, 379
-organisation (work organization) **Bd. 1:** 174; **Bd. 2:** 250, 309, 331, 345
-physiologie (occupational physiology) **Bd. 1:** 135
-plan (production schedule, flow sheet/chart, bill of activities) **Bd. 2:** 96, 620
-platz (work station, workplace) **Bd. 2:** 163
-platzgrenzwert (maximum/minimum (official/internal) permissible limits at workplace) **Bd. 2:** 304
-platzmaße (work station layout, workplace layout, working space, workplace dimensions) **Bd. 2:** 174
-platztyp (type of job, type of workplace) **Bd. 2:** 191
-platzwechsel (job rotation, change of job) **Bd. 2:** 356

-produktivität ((work) productivity, labor productivity) **Bd. 1:** 6, 129, 261
-raum (work space) **Bd. 2:** 228
-schutz (safety at work, work safety (regulations)) **Bd. 2:** 251, 252
-schwere (work-related physical demand) **Bd. 1:** 154, 175, 244, 261
-schwierigkeit (task load, task complexity) **Bd. 1:** 142, 175, 244
-sicherheit (occupational safety, job/work safety) **Bd. 2:** 251
-sitz (working seat, seat at workplace) **Bd. 2:** 185
-stättenregel (official/internal) work safety regulations) **Bd. 2:** 257
-stättenverordnung (Factories Act) **Bd. 2:** 256, 285
-strukturierung (work structure, job structure) **Bd. 1:** 253; **Bd. 2:** 354
-system (work system) **Bd. 1:** 19, 122, 127, 133, 296
-system-Analyse (work system analysis) **Bd. 1:** 124
-system-Beschreibung (work system description) **Bd. 1:** 468
-system-Produktivität (work system productivity) **Bd. 1:** 18, 24, 28; **Bd. 2:** 511, 561, 578, 586, 698
-teilung (work sharing, division of labor) **Bd. 1:** 91, 174, 278, 289; **Bd. 2:** 235, 405
-umgebung (work(ing) environment, workplace environment) **Bd. 1:** 77; **Bd. 2:** 266
-unfall (industrial accident) **Bd. 1:** 164; **Bd. 2:** 461, 252
-unterweisung (job instruction) **Bd. 2:** 585
-vereinfachung (work simplification) **Bd. 2:** 412, 566
-verteilung (task distribution, work distribution) **Bd. 1:** 278
-vertrag (employment contract, labor contract) **Bd. 1:** 626; **Bd. 2:** 591, 593, 595
-vorbereitung (production scheduling, production planning) **Bd. 2:** 18, 71
-vorgang (work operation) **Bd. 1:** 101, 102
-weise (manner of working, method of operation) **Bd. 1:** 390, 464; **Bd. 2:** 172, 193
-wissenschaft (ergonomics, human factors, labor science) **Bd. 1:** 233, 242
-wert (labor value) **Bd. 2:** 687
-zeit (working time, labor time, auch: working hours) **Bd. 1:** 174; **Bd. 2:** 591, 608, 611
-zeitkonto ((labor) time account) **Bd. 2:** 610, 670
-zeitmanagement ((labor) time management) **Bd. 2:** 591, 670
-zone (z. B auf dem Tisch) (work zone) **Bd. 2:** 181
-zufriedenheit (job satisfaction) **Bd. 1:** 139
-zyklus (work cycle) **Bd. 1:** 411
Armstütze (arm support) **Bd. 2:** 172, 184
Artteilung (variety splitting, qualitative division of labor, task sub-division) **Bd. 1:** 278
Asset **Bd. 2:** 535
-Deal **Bd. 2:** 536
Aufbauorganisation (organizational structure) **Bd. 1:** 75, 585; **Bd. 2:** 529
Aufbaustufe (level II data) **Bd. 1:** 93, 101
Aufgabe (task) **Bd. 1:** 276; **Bd. 2:** 659
–, relevante (relevant tasks) **Bd. 1:** 293, 320
–, stellenspezifische (position-specific task, job-specific task) **Bd. 2:** 684
–, stellentypspezifische (task specific to this type of job/position, position-type specific task, job-type specific task) **Bd. 2:** 662, 684, 685
Aufgaben, Klassifizierung von (task classification) **Bd. 1:** 293
-analyse (task analysis) **Bd. 1:** 277
-bereicherung (job enrichment) **Bd. 2:** 356, 358, 359, 361
-beschreibung (job description) **Bd. 2:** 684
-erweiterung (job enlargement) **Bd. 2:** 356, 359, 361

-gliederung (task structuring, task classification) **Bd. 1:** 277
-nachweis (task inventory, task record, task evidence) **Bd. 1:** 287
-plan (task plan, operating plan) **Bd. 1:** 592
-schwerpunkte (task focus, main/principal tasks/duties/responsibilities) **Bd. 1:** 560; **Bd. 2:** 645
-string (task string, series of tasks) **Bd. 1:** 280
-struktur (task structure) **Bd. 1:** 285
-synthese (task synthesis) **Bd. 1:** 278
-träger (person/worker responsible) **Bd. 1:** 19, 278
-verteilung (task distribution) **Bd. 1:** 278, 287
-wechsel (job rotation, task rotation) **Bd. 2:** 356
Aufrichten (arise)
–, vom Beugen bei MTM-1 (Arise from Bend) **Bd. 1:** 442
–, vom Bücken bei MTM-1 (Arise from Stoop) **Bd. 1:** 443
–, vom Knien bei MTM-1 (Arise from Kneel) **Bd. 1:** 443
Aufstehen vom Sitzen bei MTM-1 (Stand) **Bd. 1:** 444
Auftragsfertigung (order production) **Bd. 1:** 54
-menge (order quantity) **Bd. 1:** 353, 356, 358; **Bd. 2:** 102, 109
-zeit (order processing time) **Bd. 1:** 352; **Bd. 2:** 137
Ausführbarkeit (practicability, feasibility) **Bd. 1:** 138; **Bd. 2:** 280
Ausführungsanalyse (actual activity analysis, execution analysis, performance analysis) **Bd. 1:** 390, 464
-zeit (execution time, order time, production time) **Bd. 1:** 353; **Bd. 2:** 98
Ausgabe (output) **Bd. 1:** 19
Ausgleichszeit (balance time, equalizing/compensating time) **Bd. 1:** 398
Auslastung, zeitliche (capacity utilization (in hours)) **Bd. 1:** 288, 370, 613; **Bd. 2:** 115, 383, 566, 573, 643
-sfaktor (capacity utilization factor) **Bd. 1:** 383
-sgrad (degree of utilization, utilization level) **Bd. 1:** 370
Ausrichten (align, adjust) **Bd. 2:** 48, 50
Austaktung (line balancing) **Bd. 1:** 374
Ausschuss als Verschwendungsart (rejects, scrap, waste) **Bd. 1:** 164; **Bd. 2:** 553
Außenmaße (external dimensions) **Bd. 2:** 174
Automatisierung (automation) **Bd. 2:** 234
-sgrad (degree of automation) **Bd. 2:** 262, 384, 434
Automobilmontage (automobile/car assembly) **Bd. 2:** 362

B

Bandförderer (band conveyor) **Bd. 2:** 485
Bandwirkungsgrad (line effectiveness/efficiency) **Bd. 1:** 370
Barwert (cash value) **Bd. 1:** 617
Basiswert (basic value) **Bd. 2:** 70, 80
Bauelement (component) **Bd. 2:** 68, 220
-gruppe (subassembly) **Bd. 2:** 39, 57, 62, 77, 378
-kasten (construction kit) **Bd. 2:** 91
-reihe (series) **Bd. 2:** 10, 24, 29, 89, 91
-teil (part, component, prefabricated part) **Bd. 2:** 31, 50, 51
-teilgeometrie (component geometry) **Bd. 2:** 365
Baustellenfertigung (external site work) **Bd. 2:** 343

Beanspruchung (strain) **Bd. 1:** 128, 133, 135, 138, 147, 149, 175, 259, 264; **Bd. 2:** 212
–, emotional (emotional) **Bd. 1:** 264
–, vorwiegend körperlich (predominantly physical) **Bd. 1:** 134
–, vorwiegend nicht körperlich (predominantly non-physical) **Bd. 1:** 134
–, psychisch (mental) **Bd. 1:** 262
Bearbeitung, mechanisch (mechanical processing) **Bd. 2:** 152, 364, 368, 393
-skosten (processing costs) **Bd. 2:** 119, 366
-ssystem (processing system) **Bd. 2:** 373
-szeit (operating time, processing time) **Bd. 2:** 120, 384, 424, 444
Bediensystem (control system) **Bd. 1:** 127
Bedienteil (control) **Bd. 2:** 311, 318
Behälter (container, bin) **Bd. 2:** 452
Behaglichkeit (comfort) **Bd. 2:** 283
-thermische (thermal comfort) **Bd. 2:** 285
-sbereich (comfort range) **Bd. 2:** 281, 285
Beidhandanalyse (two-handed process chart) **Bd. 1:** 503, 504
Beinbewegung (leg motion, leg movement) **Bd. 2:** 319
– bei MTM-1 (Leg Motion) **Bd. 1:** 438
-freiraum (legroom) **Bd. 2:** 179, 189, 191, 388
Bekleidungsisolation (jacketing, cladding) **Bd. 2:** 280, 284
Belastung (stress, workload) **Bd. 1:** 174, 175, 176, 179, 264; **Bd. 2:** 58
–, obere Extremitäten (upper limb load) **Bd. 2:** 246
Belastungsabschnitt (constant load period) **Bd. 1:** 175; **Bd. 2:** 242
-sbewertung (stress evaluation) **Bd. 1:** 182
-sdauer (load duration) **Bd. 1:** 175, 261
-sdosis (stress level) **Bd. 1:** 197
-sfaktor (load/stress factor) **Bd. 1:** 175
-sgröße (load rate, load metric, load level) **Bd. 1:** 175, 212
-shöhe (stress level) **Bd. 1:** 174, 175, 261
-smodell (stress model) **Bd. 1:** 179
-superposition (stress superimposition) **Bd. 1:** 179
Belastungs-Beanspruchungskonzept (stress-strain-model) **Bd. 1:** 179
Belegungszeit je Einheit (holding time per unit) **Bd. 1:** 353
Beleuchtung (illumination, lighting or lighting system) **Bd. 2:** 266
-smessung (measurement of illumination, photometric measurement) **Bd. 2:** 268
-splanung (illumination planning) **Bd. 2:** 276, 333
-sstärke (brightness, luminance (intensity)) **Bd. 1:** 164, 165, 251; **Bd. 2:** 269
Benchmarking (benchmarking) **Bd. 2:** 13, 557
Benutzerschnittstelle (user interface) **Bd. 1:** 123
-freundlichkeit (user friendliness) **Bd. 1:** 127
-oberfläche (user surface/interface) **Bd. 1:** 123
Bereitschaftsdienst (on-call duty, standby service)) **Bd. 2:** 598
Bereitstellung (provisioning, preparation) **Bd. 2:** 442
Berufskrankheit (occupational disease) **Bd. 2:** 252, 297
Beschaffungslager (supply warehouse) **Bd. 2:** 436
Beschichten (coat) **Bd. 2:** 66
Beschwerde (complaint) **Bd. 2:** 600
-Management (complaint management, trouble-shooting) **Bd. 2:** 702
Best-Practice-Prinzip (best practice principle) **Bd. 2:** 493

Bestandsdaten (inventory data) **Bd. 2:** 94
Bestimmtheitsmaß (coefficient of determination) **Bd. 2:** 161
Bestückung (Montage) (component placement, pick and place) **Bd. 2:** 203, 348
Betrieb (workshop, plant, operational unit, facility) **Bd. 1:** 10, 22, 31; **Bd. 2:** 93, 96, 133
Betriebliches Vorschlagswesen (employee suggestions scheme, idea-box system) **Bd. 2:** 526, 542, 545
Betriebsmittel (work materials, equipment, production facilities, accounting: consumables and supplies) **Bd. 1:** 8, 19, 26
Betriebsvereinbarung (employer/works council agreement) **Bd. 1:** 628
Beugen, bei MTM-1 (Bend) **Bd. 1:** 442
Beugung, seitlich (lateral bending) **Bd. 2:** 201
Beurteilungskonzept, hierarchisches (hierarchic appraisal concept) **Bd. 1:** 138
-pegel (noise rating level) **Bd. 2:** 289
-zeitraum ((noise) exposure period) **Bd. 2:** 288
Bewegung, automatisierte (automated movement) **Bd. 2:** 203
–, feinmotorisch (pertaining to fine motor function, fine motor(ial)) **Bd. 2:** 203
–, grobmotorisch (pertaining to gross motor function, gross motor(ial)) **Bd. 2:** 203
–, kraftbetont (more powerful) **Bd. 2:** 208, 224
–, unterarmbetont (using predominantly lower arm force) **Bd. 2:** 222
–, zeitbestimmende (time-determining motion) **Bd. 1:** 445
Bewegungen, gleichzeitige (simultaneous motions/movements) **Bd. 1:** 446
–, kombinierte (combined motions/movements) **Bd. 1:** 448
Bewegungsablauf (motion pattern, process of motion sequence) **Bd. 2:** 172, 185, 203, 204, 205, 234, 235, 291, 567, 587
-sanalyse (motion analysis) **Bd. 1:** 469; **Bd. 2:** 204
-sbeschleunigung (motion acceleration) **Bd. 2:** 203
-selement (motion element) **Bd. 1:** 91, 272
-sdaten (transaction data) **Bd. 2:** 94
-sfolge (motion sequence) **Bd. 1:** 101, 102, 238, 408, 417, 522, 540, **Bd. 2:** 40, 133, 143
-sform (form of motion) **Bd. 2:** 204
-sfrequenz (motion frequency, frequency of motion) **Bd. 1:** 154
-sgenauigkeit (motion accuracy) **Bd. 2:** 203, 208, 232
-sgeschwindigkeit (speed of motion) **Bd. 1:** 420, 497, 556; **Bd. 2:** 176, 204
-slänge (motion distance) **Bd. 1:** 405; **Bd. 2:** 204, 565, 566
-sgestaltung (motion designing) **Bd. 1:** 91; **Bd. 2:** 203
-skontrollaufwand (effort required to control motion) **Bd. 1:** 405; **Bd. 2:** 40, 204
-sökonomie (motion economy) **Bd. 2:** 214
-sraum (motion space) **Bd. 2:** 180
-srichtung (direction of motion) **Bd. 2:** 48, 204, 222, 317, 322
-sspur (path of motion) **Bd. 2:** 237
-sstudium (motion study) **Bd. 2:** 204
-svereinfachung (motion simplification) **Bd. 2:** 214
-swinkel (angle of motion) **Bd. 2:** 207
-sziel (target of motion) **Bd. 1:** 471; **Bd. 2:** 40, 204, 215
Bewertungsebenen der Arbeit (work/job ratings) **Bd. 1:** 138
Bezugsgröße (reference parameter, reference value, reference magnitude/quantity, reference factor) **Bd. 1:** 365; **Bd. 2:** 139, 154
-leistung (reference performance) **Bd. 1:** 101, 236, 558; **Bd. 2:** 691

-leistungstreue von MTM (trusty of reference performance of MTM) **Bd. 1:** 239, 390, 396, 397, 558, 559; **Bd. 2:** 99
-menge (reference quantity) **Bd. 1:** 365; **Bd. 2:** 139
Bilanz (result, outcome, accounting: balance sheet) **Bd. 1:** 15
Bildschirmarbeit (computer screen work) **Bd. 2:** 276, 326
-sverordnung (regulations for computer screen work) **Bd. 2:** 326
Biomechanik (biomechanics) **Bd. 2:** 194
Black-Box-Methode (black-box method) **Bd. 1:** 124
Blendung (dazzle, glare) **Bd. 1:** 163, 164; **Bd. 2:** 258, 274, 335
Blick verschieben, bei MTM-Sichtprüfen (Eye Travel, MTM visual inspection) **Bd. 1:** 459
-funktion bei MTM-2 (Eye Action) **Bd. 1:** 546
-gesichtsfeld (field of vision) **Bd. 2:** 177
-verschieben, bei MTM-1 (Eye Travel) **Bd. 1:** 436
Blindleistung (blind performance in terms of non-benefit contribution, apparent power, reactive idle power) **Bd. 2:** 38, 91
Blockbildung (segmentation, block formation) **Bd. 2:** 348
-lager (thrust block, pad thrust) **Bd. 2:** 436
Bodenbeschaffenheit (floor conditions) **Bd. 1:** 441
Bohren (drill) **Bd. 2:** 54, 90
Break-even-Analyse (break-even analysis) **Bd. 1:** 613
Break-even-Point (break-even point, Out-of-Pocket-Point) **Bd. 1:** 613; **Bd. 2:** 576
Bringen (move) **Bd. 1:** 272; **Bd. 2:** 40, 204, 218
–, bei MTM-1 (Move) **Bd. 1:** 424; **Bd. 2:** 45, 49
Bücken, bei MTM-1 (Stoop) **Bd. 1:** 443

C

Chunk (chunk) **Bd. 1:** 143
Circadiane Rhythmik (circadian rhythm) **Bd. 1:** 77, 273; **Bd. 2:** 600, 610
Clipsverbindung (snap-fit connection) **Bd. 2:** 56, 57, 58
Cost Center (cost-center) **Bd. 1:** 64

D

Dämpfe (vapor(s)) **Bd. 2:** 304
Dämpfung (damping, akustisch: muffling) **Bd. 2:** 23, 126, 292
Datenkarte (data card, data sheet) **Bd. 2:** 98, 115, 116, 142, 149, 161, 162, 242
Dauerleistungsfähigkeit (consistent performance ability, sustainable performance (level)) **Bd. 1:** 235, 251
-grenze (endurance limit, consistent/sustainable performance limit) **Bd. 1:** 139, 153, 265
Dauerschallpegel (permanent noise level) **Bd. 2:** 288, 289
Deckungsbeitrag (cross margin, variable gross margin) **Bd. 1:** 236; **Bd. 2:** 4, 12, 103, 106, 115, 532, 572, 574, 690
-srechnung (direct costing, break-even analysis) **Bd. 2:** 572
Delegation (delegation (of authority)) **Bd. 1:** 585, 586; **Bd. 2:** 252
Delphi-Methode (Delphi method) **Bd. 1:** 555; **Bd. 2:** 646
Dezentralisation (decentralization) **Bd. 1:** 289, 343
Dezibel (decibel) **Bd. 2:** 286
Dialoggestaltung (dialog design/form) **Bd. 1:** 130
Dienstleistung (service) **Bd. 1:** 9, 31, 32, 67; **Bd. 2:** 70, 193, 360, 407, 533
Dienstvertrag (employment contract, service agreement) **Bd. 1:** 599

Digitale Fabrik (digital factory) **Bd. 1:** 37, 41, 52
Direktbeleuchtung (direct lighting) **Bd. 2:** 266, 333
Direktblendung (direct glare endurance limit) **Bd. 2:** 273, 275, 276
Diskomfort (discomfort) **Bd. 1:** 147; **Bd. 2:** 172
Disposition (materials and resource planning, order placing) **Bd. 1:** 123, 234; **Bd. 2:** 358, 359, 363, 377
–, persönliche (individual disposition) **Bd. 1:** 234, 245
-spielraum (freedom of action) **Bd. 1:** 74; **Bd. 2:** 234, 355, 356, 358, 613, 614, 616
Distributionslager (distribution warehouse) **Bd. 2:** 436
Drehen (turn) **Bd. 2:** 90
–, bei MTM-1 (Turn) **Bd. 1:** 434
–, bei den SD-BW (turn) **Bd. 1:** 529
Drehmoment (torque) **Bd. 2:** 210
Drücken (MTM: apply pressure, aber z. B. Hubwagen: pushing) **Bd. 2:** 49
–, bei MTM-1 (Apply Pressure) **Bd. 1:** 432
–, bei MTM-2 (Apply Pressure) **Bd. 1:** 545
Durchfahrregal (drive-through (pallet) rack(ing)) **Bd. 2:** 448
Durchführungszeit (performance time, operation time) **Bd. 1:** 333, 357
Durchlaufanalyse (throughput analysis) **Bd. 1:** 357
-zeit (transit time, throughput time) **Bd. 1:** 26, 335, 357
-regal (roll-through rack(ing)) **Bd. 2:** 435, 446, 448
Durchschnittsproduktivität (average productivity) **Bd. 1:** 23

E

Effektivtemperatur (effective temperature) **Bd. 2:** 280
Eigenerhebung (personal investigation, self-appraisal) **Bd. 1:** 631
-erstellung versus Fremdbezug (make-or-buy (decision)) **Bd. 1:** 613; **Bd. 2:** 114, 533
-kapitalrentabilität (return on equity) **Bd. 1:** 14; **Bd. 2:** 505
Eignungsdiagnostik (aptitude diagnosis) **Bd. 1:** 254
-prognose (aptitude prognosis) **Bd. 1:** 254
Einarbeitung ((initial) training, familiarization) **Bd. 1:** 272
Einarbeitungsdauer (break-in time, familiarization period) **Bd. 1:** 392, 473, 474, 475
Einbaulage, falsche (fitting position) **Bd. 2:** 81, 91
Einfahrregal (drive-in rack(ing)) **Bd. 2:** 448
Einflussgröße (influencing factor, variable) **Bd. 2:** 240, 645
Einführungsprojekt (initial project, introductory project) **Bd. 1:** 581
Eingabe (input) **Bd. 1:** 124, 125, 128, 203, 204, 296, 506; **Bd. 2:** 510, 555, 623, 626, 627
Einsatzbedarf (input requirement) **Bd. 2:** 649
-faktor (input factor) **Bd. 1:** 25, 383, **Bd. 2:** 131
-last (assignment load, input load) **Bd. 1:** 355, 356; **Bd. 2:** 672
Einstellenarbeit (single station work) **Bd. 1:** 368; **Bd. 2:** 339
Einstufungshilfe (classification aid) **Bd. 1:** 215, **Bd. 2:** 244
Einzel- und Kleinserienfertigung (one-off and small batch production) **Bd. 1:** 93, 98, 99, 480; **Bd. 2:** 25, 378, 391, 444, 449
Einzelarbeit (individual work) **Bd. 1:** 368; **Bd. 2:** 351
Einzelfertigung (single-part production, one-off item, custom manufacture) **Bd. 2:** 379
Einzelkosten (direct costs, direct expenses, itemized expenses, individual cost items) **Bd. 2:** 368
Elektro-Hängebahn (motor-driven overhead trolley conveyor) **Bd. 2:** 457
Ellbogenhöhe (elbow height endurance limit) **Bd. 2:** 192

Emission (emission) **Bd. 2:** 70, 306, 327
Empfindungsschwelle (threshold sensitivity) **Bd. 1:** 171
Endmontage (final assembly) **Bd. 1:** 278, 590, 600; **Bd. 2:** 27, 41, 351, 378, 406, 423, 572
Endübung (end-of-training performance) **Bd. 1:** 270
Energieumsatz (metabolism) **Bd. 1:** 134, 135, 154, 155, 185; **Bd. 2:** 173, 279
Energieverbrauch (energy consumption) **Bd. 1:** 136, 242; **Bd. 2:** 327, 329, 420
Engpass-Arbeitssystem (bottleneck work system) **Bd. 2:** 571
Entgelt (fee, remuneration, consideration) **Bd. 1:** 175, 180, 505, 631; **Bd. 2:** 94, 99, 608, 675
-findung (wage/price negotiations, negotiations on compensation/remuneration) **Bd. 1:** 181
-gruppe (pay grade, wage category) **Bd. 2:** 96, 97, 544, 657, 661
-grundsatz (remuneration principle) **Bd. 2:** 691, 692, 694, 707
Entscheidungskompetenz (powers of decision, authority) **Bd. 2:** 660, 661
-regel (decision rule) **Bd. 1:** 487, 608, 609, 612, 613, 622, 623, 624, 625; **Bd. 2:** 114,
-situation (decision situation) **Bd. 2:** 604
-tabelle (decision table) **Bd. 1:** 304
Entwicklungsprojekt (development project) **Bd. 1:** 581
Erfahrungskurve (experience curve, learning curve) **Bd. 1:** 268, 269, 270
Erfolgsfaktor (success factor) **Bd. 1:** 297; **Bd. 2:** 12, 76, 422, 548, 588
–, kritischer (critical success factor) **Bd. 1:** 298
–, strategischer (strategic success factor) **Bd. 1:** 58, 59, 60, 61
Ergänzungstechnik (supplementary technique) **Bd. 1:** 38, 100, 551
Ergänzungswert (supplementary value) **Bd. 1:** 138; **Bd. 2:** 224, 452, 462, 470, 499
Ergebniscontrolling (controlling of results) **Bd. 2:** 512
-pfad (path of results) **Bd. 1:** 592
-standard (standard of results) **Bd. 1:** 100, 389, 398, 633
-verantwortung (responsibilty for results) **Bd. 2:** 660
Ergodeklaration (Ergo declaration) **Bd. 2:** 246
Ergonomie (ergonomics) **Bd. 1:** 75, 124, 212, 252, 269; **Bd. 2:** 164, 236, 250, 288, 327, 471
-bewertung (ergonomic evaluation) **Bd. 1:** 106, 108; **Bd. 2:** 246, 248
-kode (ergonomics code) **Bd. 2:** 242, 244, 246, 249
-kodegenerator (ergonomics code generator) **Bd. 2:** 240, 242, 243, 244
-prozess (ergonomic process) **Bd. 2:** 248, 249
Erholung (recovery) **Bd. 1:** 243, 259, 260, 266
-sbedarf (need for a rest/break) **Bd. 1:** 265
-szeit (recovery time, rest allowance) **Bd. 1:** 237, 352, 354, 363, 364; **Bd. 2:** 372
Erkenntnis, gesicherte arbeitswissenschaftliche (fully substantiated ergonomic knowledge) **Bd. 1:** 138, 181, 242, 629, 630; **Bd. 2:** 239, 257, 354
Erkrankung, arbeitsbedingte (job-related disease) **Bd. 1:** 72, 253; **Bd. 2:** 163, 252
Ermüdung (fatigue) **Bd. 1:** 128, 259
–, peripher (fatigue of peripheral functions, peripheral fatigue symptoms) **Bd. 1:** 260
–, psychisch (emontinal/mental fatigue) **Bd. 1:** 265
–, zentral (cardiovascular fatigue, extrem: heart failure, cardiac insufficiency) **Bd. 1:** 260
ermüdungsähnliche Zustände (fatigue-like conditions/states) **Bd. 1:** 266
Ersatzteil (spare part) **Bd. 1:** 56, 57, 276, **Bd. 2:** 29, 33, 91, 404, 702
-produktion (spare part production) **Bd. 1:** 56, 275
Erschwerniszulage (hardship allowance, allowance for extreme working conditions) **Bd. 2:** 679
Erstellungsaufwand (construction/production cost) **Bd. 1:** 395, 401, 402

Ertrag (earnings, profit, revenue, gain, yield) **Bd. 1:** 10, 13, 17, 33
-srentabilität (gain profitability) **Bd. 1:** 12, 14, 16, 17
Erträglichkeit (tolerability) **Bd. 1:** 139; **Bd. 2:** 280
Erzeugnisgliederung (product classification, product order) **Bd. 2:** 26
Expositionsdauer (exposure time) **Bd. 1:** 169
extrinsisches Motiv (extrinsic motive) **Bd. 2:** 676

F

Fabrikmodul (factory module) **Bd. 2:** 349
-planung (factory planning) **Bd. 2:** 340
Fachbodenregal ((supermarket) shelving) **Bd. 2:** 447
Fähigkeit (ability) **Bd. 1:** 127, 133, 252, 269
Fahrantrieb (drive) **Bd. 2:** 461
Fallart (case type) **Bd. 1:** 556, 568
Farbwiedergabe (color rendition (TV), color reproduction) **Bd. 1:** 166
-index (color reproduction index) **Bd. 2:** 274
Fase (bezel, basil) **Bd. 2:** 42, 49, 51, 62, 77, 91, 120, 219
Feedback, taktil (tactile feedback) **Bd. 1:** 252
Felder, elektromagnetisch (electromagnetic fields) **Bd. 2:** 309
Fehler (defect, failure, error, flaw) **Bd. 1:** 307
-erkennung (error detection) **Bd. 2:** 403
-risiko (failure risk, error risk) **Bd. 1:** 303, 308
Fehlleistung (lapse, substandard performance, malfunction) **Bd. 2:** 38
Fehlzeit (absence) **Bd. 2:** 359
Feinplanung (detailed planning, fine tuning) **Bd. 2:** 386
Fertigkeit (skill) **Bd. 1:** 133, 209, 233, 270
Fertigungsfläche (production/manufacturing area) **Bd. 2:** 377
-insel (manufacturing cell) **Bd. 2:** 374, 415, 451
-kosten (production costs) **Bd. 2:** 117
-linie (assembly line) **Bd. 2:** 345, 348, 362, 363, 382, 426, 456
-planung (production planning) **Bd. 2:** 18, 75, 87, 94, 95, 239, 338, 423
-qualität (manufacturing quality) **Bd. 2:** 45, 92
-segmentierung (production segmentation) **Bd. 2:** 349
-steuerung (production control) **Bd. 2:** 18, 382, 407
-system (production system) **Bd. 2:** 364
-toleranz (manufacturing tolerance) **Bd. 2:** 365
-verfahren (manufacturing process) **Bd. 2:** 38
-zeit (production time) **Bd. 2:** 117
-zelle (manufacturing cell) **Bd. 2:** 373
Festigkeit (strength) **Bd. 1:** 187; **Bd. 2:** 58, 66, 68, 69, 295, 460
Finanzbudget (financial budget) **Bd. 1:** 584, 596, 597
Fingergeschicklichkeit (dexteritiy) **Bd. 1:** 235, 248; **Bd. 2:** 42
-kraft (finger force(s)) **Bd. 1:** 182, 219, 220, 221
Fixation (beim Auge) (fixation) **Bd. 1:** 164
Flächennutzungsgrad (percentage space utilization) **Bd. 2:** 435
Fließarbeit (continuous production) **Bd. 1:** 373
-fertigung (assembly-line manufacture, line-production system) **Bd. 2:** 340, 345
-montage (line assembly) **Bd. 2:** 379, 446
-prinzip (flow principle) **Bd. 2:** 346, 343

Flimmerfreiheit (freedom from flicker) **Bd. 2:** 329
Flimmern (flicker) **Bd. 2:** 329
Fluktuation (labour turnover, fluctuation) **Bd. 2:** 359
Flussmittel (flux, fluxing agent) **Bd. 2:** 67
-prinzip (line-production principle) **Bd. 2:** 344
FMEA (failure mode and effects analysis) **Bd. 1:** 301
–, Auftretens-Wahrscheinlichkeit bei der (occurrence probability in FMEA) **Bd. 1:** 308
–, Entdeckungs-Wahrscheinlichkeit bei der (detection probability in FMEA) **Bd. 1:** 308
–, Fehler bei der (fault in FMEA) **Bd. 1:** 307
–, Folgen bei der (effects/consequences in FMEA) **Bd. 1:** 307
–, Folgenbedeutung bei der (significance of consequences in FMEA) **Bd. 1:** 307
–, Risiko-Prioritätszahl bei der (risk priority number in FMEA) **Bd. 1:** 307
–, Ursachen bei der (cause in FMEA) **Bd. 1:** 309
Folgebewegung (follow-up motion/movement) **Bd. 1:** 471
Fräsen (mill, cut) **Bd. 2:** 90
Freiformschmieden (hammer forge, hand forge) **Bd. 2:** 90
Frequenzbewertung (frequency test/determination/analysis) **Bd. 2:** 296, 298
Fügen (position, join) **Bd. 1:** 272; **Bd. 2:** 9, 39
–, bei MTM-1 (Position, MTM-1) **Bd. 1:** 428
Fügeachse (tie beam) **Bd. 2:** 48, 77
-hilfe (assembly aid) **Bd. 2:** 52, 75, 91
-stelle (joint, seam) **Bd. 2:** 77, 80, 81
-zeit (assembly time) **Bd. 2:** 45
Führungsbewegung (guiding motion/movement) **Bd. 2:** 204
-grundsätze (management principles) **Bd. 1:** 59
-schiene (guide rail/bar, track) **Bd. 1:** 73; **Bd. 2:** 226
Füllen (pack, packing) **Bd. 2:** 40, 42, 378
Funktionalität (functionality) **Bd. 1:** 413; **Bd. 2:** 72, 623
-sanalyse (function analysis, analysis of functions) **Bd. 1:** 124, 293; **Bd. 2:** 72
-sintegration (function integration) **Bd. 2:** 50
-smaße (reach distance) **Bd. 2:** 164
-ssicherheit (operating safety, safety in use) **Bd. 2:** 257
-sträger (person responsible for function) **Bd. 2:** 36, 252
Funktionenstruktur (function structure) **Bd. 1:** 49; **Bd. 2:** 3
Fußbewegung (foot motion, foot movement) **Bd. 1:** 92, 95, 96, 474
–, bei MTM-1 (Foot Motion) **Bd. 1:** 410, 438, 439, 449, 490
–, bei MTM-2 (Foot Motion) **Bd. 1:** 538, 539, 546
Fußstütze (footrest) **Bd. 2:** 188
-nneigung (footrest inclination, angle of footrest inclination) **Bd. 2:** 192
Fußvorstoßraum (workspace for feet) **Bd. 2:** 185, 388

G

Ganzkörperschwingung (whole-body vibration) **Bd. 2:** 298
Gase (gases) **Bd. 2:** 304
Gebrauchstauglichkeit (serviceability, fitness for use) **Bd. 1:** 127, 129, 130; **Bd. 2:** 89
Gefährdungsbeurteilung ((health) risk assessment) **Bd. 1:** 231; **Bd. 2:** 163, 258, 259, 260, 302
Gefährdungskatalog (hazard classification list) **Bd. 2:** 256
Gefahrstoff (dangerous substance, hazardous substance) **Bd. 1:** 77; **Bd. 2:** 259, 303
–, technische Regeln (technical regulations on hazardous substances) **Bd. 2:** 308

Gehen (walk) **Bd. 1:** 96, 137, 151, 156, 183, 186, 211, 214, 216, 217, 226, 241, 410, 438, 441, 442, 483, 484, 492, 493, 511, 533, 570, 573; **Bd. 2:** 173, 470
Gehör (hearing, (sense of), audition) **Bd. 1:** 166; **Bd. 2:** 288
-schutzmittel (ear muffs, ear plugs) **Bd. 2:** 295
Gelenkwinkel (joint angle) **Bd. 2:** 163, 183, 319; **Bd. 2:** 73
Gemeinkosten (overhead costs, indirect costs) **Bd. 2:** 662, 685
Gemeinkostenwertanalyse (overhead costs value, analysis of overheads (level)) **Bd. 2:** 493, 525
Generalisierung (generalization) **Bd. 1:** 279, 289
Genfer Schema (Geneva job classification system) **Bd. 2:** 683
Geräte- und Produktsicherheitsgesetz ((Cosumer) Product Safety Act) **Bd. 2:** 239
Gesamtkapitalrentabilität (return on overall investment, return on invested capital (ROIC)) **Bd. 2:** 504
Geschäftsfeld, strategisches (strategic business segment) **Bd. 1:** 61
-sprozess (business process) **Bd. 1:** 20, 64, 83; **Bd. 2:** 641, 643, 662, 686, 708
-sstrategie (business strategy) **Bd. 1:** 45, 47, 57
Geschicklichkeit (aptitude) **Bd. 1:** 208, 241, 257; **Bd. 2:** 280, 684
Geschlecht (gender) **Bd. 1:** 188
Gesichtsfeld (field of vision, visual field) **Bd. 1:** 163, 164; **Bd. 2:** 176
Gestaltung, korrektiv (design, corrective) **Bd. 1:** 323; **Bd. 2:** 253
–, prospektiv (conceptual, prospective) **Bd. 2:** 250
–, schweißgerecht (weldable) **Bd. 2:** 64
Gestaltungsparameter (design parameter) **Bd. 1:** 123
-prinzip (design principle) **Bd. 1:** 81
-standard (design standard) **Bd. 2:** 620
Gesundheitsschutz (health precautions, health risk avoidance) **Bd. 2:** 252
Gewicht (weight) **Bd. 1:** 74, 159, 171, 247, 248, 340, 410, 411, 424, 426, 427, 431, 435, 443, 487, 490, 506, 525, 541, 543, 610; **Bd. 2:** 568
Gewinn- und Verlustrechnung (income statement, profit and loss account) **Bd. 1:** 15, 17, 18
Gleitzeit (flextime) **Bd. 2:** 597, 615
Greifachse (grip axis) **Bd. 2:** 244
-art (type of grip) **Bd. 2:** 208
-form (form of grip) **Bd. 2:** 58
-kraft (grip strength) **Bd. 2:** 209
-raum (work area, reach radius) **Bd. 1:** 147; **Bd. 2:** 181
-raum, geometrisch maximal (maximal geometric work area, maximal geometric reach radius) **Bd. 2:** 181
-raum, kleiner (normal work area, small work area, proximal reach radius, stretch-free reach radius) **Bd. 2:** 181
-raum, physiologisch maximal (maximal physiological work area) **Bd. 2:** 181, 182
-zunge (gripping aid) **Bd. 1:** 73; **Bd. 2:** 227, 388
Greifen (grasp) **Bd. 1:** 205, 272; **Bd. 2:** 42, 43, 44
–, bei MTM-1 (Grasp, MTM-1) **Bd. 1:** 408, 411, 420, 421
Greifer (grab bucket, claw) **Bd. 2:** 365, 398
Grenzkosten (marginal costs, incremental costs) **Bd. 1:** 597
Grenzlastverfahren (maximum (permissible) load test) **Bd. 1:** 199, 202
Grenzproduktivität (marginal productivity) **Bd. 1:** 24
Grobplanung (rough/preliminary planning) **Bd. 2:** 381
Großserie (mass production) **Bd. 2:** 379

Grundbewegung (basic motion) **Bd. 1:** 95, 96, 101, 102, 405, 406, 409, 412, 413, 417, 420, 421, 423, 424, 428, 431, 433, 434, 436, 438, 440; **Bd. 2:** 133, 143, 568
-entgeltdifferenzierung (basic payment differentiation) **Bd. 2:** 678
-last (basic load) **Bd. 1:** 355; **Bd. 2:** 649
-umsatz (basal metabolism) **Bd. 1:** 156
-vorgang (basic operation) **Bd. 1:** 101, 400, 480, 485, 496, 505; **Bd. 2:** 133, 143, 155
-zeit (basic time) **Bd. 2:** 367
-zyklus (basic cycle) **Bd. 1:** 408
Gruppe (team, group) **Bd. 1:** 74, 93, 137, 210, 368, 369, 457, 459, 570; **Bd. 2:** 240, 321, 323, 359, 360, 362, 363, 364, 497, 511, 548, 584, 633, 666, 693, 699, 700, 701, 705
Gruppenarbeit (team work/group work) **Bd. 1:** 253, 368, 630; **Bd. 2:** 351, 357, 359
-montage (group assembly) **Bd. 2:** 379
Gurtförderer (belt conveyor) **Bd. 2:** 458

H

Händigkeit (right- or left-handedness, hand preference (right or left)) **Bd. 2:** 201
Haltearbeit, statische (static work) **Bd. 1:** 135, 136, 153, 248, 393, 559; **Bd. 2:** 65, 236
Haltekraft (cohesion) **Bd. 1:** 153
Haltungsarbeit, statische (work in a static posture) **Bd. 1:** 135
Handabmessung (hand measurement(s)) **Bd. 2:** 170
Hand-Arm-Bewegung (hand-arm movement) **Bd. 2:** 204
Hand-Arm-Schwingung (vibration affecting hand-arm system) **Bd. 2:** 298
Hand-Arm-System (hand-arm system) **Bd. 1:** 188, 191; **Bd. 2:** 59
Handgelenkauflage (wrist rest) **Bd. 2:** 329
Handhaben/Handhabung (handling) **Bd. 2:** 39, 149, 340, 378, 381, 418, 432
Handhabung von Lasten (load handling) **Bd. 1:** 196; **Bd. 2:** 197
Handhängebahn (hand-operated overhead trolley conveyer, hand-operated trolley system) **Bd. 2:** 457
Handlungsfähigkeit (capability, capacity to act, competence) **Bd. 2:** 279
-spielraum (freedom of action, handling range) **Bd. 2:** 355, 357
Handwerkzeug (hand tool) **Bd. 1:** 210, 267; **Bd. 2:** 83
Haptik, haptisch (haptics, the science of touch) **Bd. 1:** 171
Häufigkeit (frequency) **Bd. 1:** 228, 365, 382, 383, 515
Haupttätigkeit (main activity, key activity) **Bd. 1:** 349, 354; **Bd. 2:** 373
-abmessung (length, leading dimensions) **Bd. 2:** 80
-flussprinzip (key flow principle) **Bd. 2:** 346
-szeit (effective time, productive time) **Bd. 2:** 370
Hebelbewegung (leverage, levering movement) **Bd. 1:** 73
Hebetechnik (lifting technique) **Bd. 1:** 149
Helligkeit (brightness) **Bd. 1:** 163, 178, 251; **Bd. 2:** 329
Herstellkosten (manufactoring costs) **Bd. 2:** 36, 37, 45, 50, 73
Herzschlagfrequenz (heart rate, pulse rate) **Bd. 1:** 154, 261, 262; **Bd. 2:** 278
Hinlangen (reach) **Bd. 1:** 272; **Bd. 2:** 566
–, bei MTM-1 (Reach, MTM-1) **Bd. 1:** 408, 411, 417
Hitzearbeit (exposure to heat, work at elevated temperatures) **Bd. 2:** 282
Hochregallager (high-rise racking, high-rise warehouse) **Bd. 2:** 447
Hocken (crouching) **Bd. 1:** 144, 145, 150, 186, 208, 214, 223, 229
Höhenkonstanz (equal height) **Bd. 1:** 73; **Bd. 2:** 225
Höhenverstellung (height adjustment, elevation adjustment, adjustable height) **Bd. 1:** 185

Hörschwelle (hearing threshold) **Bd. 2:** 286
-verlust (loss of hearing) **Bd. 1:** 169, 251
Hubfrequenz (lift frequency) **Bd. 1:** 197, 199, 205
-geschwindigkeit (lifting speed) **Bd. 2:** 199
-häufigkeit (lift frequency) **Bd. 2:** 198
-höhe (height of lift) **Bd. 2:** 198

I

Ideallayout (ideal layout) **Bd. 2:** 341
Ideenmanagement (ideas management) **Bd. 2:** 542, 544
Immission (immision) **Bd. 2:** 288
Improvisation (improvisation) **Bd. 2:** 416
Impuls (impulse) **Bd. 1:** 94, 161, 167, 228, 461; **Bd. 2:** 538, 668
Indikator (indicator) **Bd. 1:** 12, 16; **Bd. 2:** 7, 278, 335, 600
Industrial Engineering (industrial engineering) **Bd. 1:** 37, 46
Informationsaufnahme (perception) **Bd. 1:** 141
-ausgabe (information output) **Bd. 1:** 143, 144, 174
-system (information system) **Bd. 2:** 515, 698
-verarbeitung (cognition, information/data processing) **Bd. 1:** 142
informatorisch-mentale Arbeit (mental work) **Bd. 1:** 103
Input (input) **Bd. 1:** 10, 17, 19, 20, 30; **Bd. 2:** 510, 676
Inspektion (inspection) **Bd. 2:** 412, 413
Instandhaltung (maintenance) **Bd. 2:** 144, 209, 232, 253, 339, 363, 403, 493, 540, 557, 655
-sintensität (maintenance interval, servicing frequency) **Bd. 2:** 414
-skosten (maintenance costs) **Bd. 2:** 34
Instandsetzung (repair) **Bd. 2:** 30, 401, 402, 403, 404, 412, 414
Instanz (authority, instance) **Bd. 2:** 253, 500, 660
Intelligenz (intelligence) **Bd. 2:** 668
Interaktionsweg (interaction channel) **Bd. 1:** 448, 523
Interview (interview) **Bd. 1:** 131, 256, 279, 281, 283, 327, 631; **Bd. 2:** 539
Intralogistik (Materialbewegungen in der Fabrik) (internal logistics, in-house logistics) **Bd. 2:** 418
Investitionsrechnung (pre-investment analysis, capital expenditure account) **Bd. 1:** 604
Ist-Ablauf (actual process) **Bd. 1:** 390
-zeit (real time, actual time) **Bd. 1:** 556, 558

J

Jahresarbeitszeit (annual working time, annual working hours) **Bd. 2:** 595
Job-Rotation (job rotation) **Bd. 2:** 351, 352, 356
-Enlargement (job enlargement) **Bd. 2:** 356
-Enrichment (job enrichment) **Bd. 2:** 356
Justage (adjustment) **Bd. 2:** 82

K

Kältearbeit (cold work, work under cold conditions) **Bd. 1:** 226; **Bd. 2:** 283
KAIZEN-Prinzip (Kaizen principle) **Bd. 2:** 526
Kalkulation (calculation) **Bd. 2:** 100
–, mitlaufende (ongoing calculation) **Bd. 2:** 100, 129
-sblatt (calculation sheet, cost sheet) **Bd. 2:** 150
-formel (calculation formula) **Bd. 2:** 109

Kapazitätsanalyse (capacity analysis) **Bd. 1:** 333
-angebot (available capacity) **Bd. 2:** 385
-auslastung (capacity utilization) **Bd. 1:** 23, 383; **Bd. 2:** 553
-bedarf (capacity requirements) **Bd. 2:** 385
-bestand (capacity stock, capacity resources, available capacity) **Bd. 1:** 291, 328, 333, 610
-bestand, Netto- (net capacity stock, net available capacity) **Bd. 1:** 326, 336, 339, 342
-engpass (capacity bottleneck, capacity constraint) **Bd. 2:** 375
-feld (capacity range) **Bd. 2:** 384
-planung (capacity planning) **Bd. 2:** 383
Kapitalrentabilität (return on investment, return on invested capital (ROIC)) **Bd. 1:** 14
-wert (capital value, capitalized value) **Bd. 1:** 617
-wertkalkül (calculation of capital value) **Bd. 1:** 621
Kapselung (encapsulation), auch: casing, shielding) **Bd. 2:** 292
Kehlnaht (throat seam, fillet weld/joint, flat-lap weld) **Bd. 2:** 92
Kerneigenschaft (core attribute, core property) **Bd. 1:** 385
-geschäft (core business) **Bd. 2:** 534
-kompetenz (core competence) **Bd. 1:** 22, 66, 297
-prozess, siehe auch Schlüsselprozess (core process) **Bd. 1:** 22, 297
-wert (core value) **Bd. 1:** 499
-zeit (core time) **Bd. 2:** 597
Kettenförderer (chain conveyor) **Bd. 2:** 458
Kinästhetik (kinesthetics) **Bd. 2:** 62, 236
Kippsicherheit (stability) **Bd. 2:** 186, 258, 459
Kleben (stick, glue, paste) **Bd. 2:** 40, 68, 92, 378
Klebstoff (adhesive, glue, gum, paste) **Bd. 2:** 68, 69
-verbindung (glued joint) **Bd. 2:** 69
Kleinserie (small-scale series, short run) **Bd. 2:** 379
Klemmverbindung (clumping joint) **Bd. 2:** 92
Klima (climate) **Bd. 2:** 277
-belastung (climatic stress) **Bd. 1:** 157; **Bd. 2:** 280, 281, 282
-beurteilung (climate assessment) **Bd. 2:** 280
-komfort (climatic comfort) **Bd. 2:** 284
-summenmaß (cumulative climate indicator) **Bd. 2:** 280
Knien (kneeling) **Bd. 1:** 144, 183, 214; **Bd. 2:** 565
–, bei MTM-1 (Kneel, MTM-1) **Bd. 1:** 96, 410, 443
–, bei UAS (MTM-UAS) (Kneel, MTM-UAS) **Bd. 1:** 483
–, bei MEK (MTM-MEK) (Kneel, MTM-MEK) **Bd. 1:** 443, 484
–, bei SD-BW (Kneel, SD-BW) **Bd. 1:** 519, 521, 533
Kodierung (coding) **Bd. 1:** 386, 417; **Bd. 2:** 133, 141, 162
Können (skill, ability) **Bd. 1:** 62, 87, 105, 297, 307, 317, 582; **Bd. 2:** 194, 210, 361, 508, 680, 684, 688
Körperbautyp (type of physique/build/anatomic structure) **Bd. 2:** 166, 198
-bewegung (body movement) **Bd. 1:** 77, 100, 185, 224, 483, 484, 492, 532
-drehung (turn body) **Bd. 1:** 76, 96, 493, 519, 532, 410, 438, 440
-gewicht (body weight) **Bd. 2:** 202
-größe (body size/height) **Bd. 1:** 156; **Bd. 2:** 167, 202
-größensystem (body size system) **Bd. 2:** 167
-haltung (posture) **Bd. 1:** 144, 181, 183, 207, 209; **Bd. 2:** 296
-haltungsprediktor (posture predictor) **Bd. 2:** 244

-höhe (body height, stature) **Bd. 2:** 166, 168
-kerntemperatur (core temperature) **Bd. 2:** 278
-kraft (physical strength) **Bd. 1:** 186
-maß (body dimensions) **Bd. 1:** 149; **Bd. 2:** 164
-schall (structure-borne sound/noise) **Bd. 2:** 285
-schalldämpfung (internal soundproofing) **Bd. 2:** 294
-stellung ((body) position) **Bd. 1:** 144
-unterstützung (body support) **Bd. 2:** 184
Kommissionieren (order picking, prepare orders for dispatch) **Bd. 2:** 440
Kommissionierlager ((order) picking warehouse) **Bd. 2:** 440
-leistung ((order) picking rate) **Bd. 2:** 444
-prozess ((order) picking process) **Bd. 2:** 444
-strategie ((order) picking strategy) **Bd. 2:** 442
-zeit ((order) picking time/rate) **Bd. 2:** 444
Kommunikation (communication) **Bd. 1:** 11, 25, 77, 170, 560, 263; **Bd. 2:** 240, 291, 337, 494, 635, 657
-sanalyse (communication analysis) **Bd. 1:** 563
-sbeziehung (relation of communications) **Bd. 1:** 174, 175, 560, 563
Kompatibilität (compatibility) **Bd. 2:** 59
Kompetenz (authority, competence) **Bd. 1:** 37, 62, 252, 289, 318, 584; **Bd. 2:** 12, 355, 408, 659
-art (type of authority) **Bd. 2:** 660
Komplexitätsvariation (variation of complexity) **Bd. 1:** 101
Konfiguration (configuration) **Bd. 1:** 585; **Bd. 2:** 628
Konstruktionsmethodik (design method(ology)) **Bd. 2:** 19
Kontinuierlicher Verbesserungsprozess (continuous/ongoing improvement process) **Bd. 2:** 543, 546
Kontraktionsarbeit (contraction work) **Bd. 1:** 136
Kontrast (contrast, Farbkontrast: color contrast) **Bd. 1:** 452; **Bd. 2:** 272
Kontrollaufwand (degree of control) **Bd. 1:** 406
-aktivität (control activity, monitoring) **Bd. 1:** 406
-grad (degree of control) **Bd. 1:** 406, 418
-tätigkeit (inspection work) **Bd. 1:** 134; **Bd. 2:** 190, 266
Konvektion (convection) **Bd. 2:** 278
Konvergenz (convergence) **Bd. 1:** 164
Koordination (coordination) **Bd. 1:** 133, 144, 258, 270, 406, 586; **Bd. 2:** 377, 417
Kosten, auftragsfixe (costs stipulated in customer's order, fixed-cost order) **Bd. 2:** 102, 104
–, fixe (fixed costs) **Bd. 1:** 608; **Bd. 2:** 102, 372, 505
–, variable (variable costs, running costs) **Bd. 1:** 608; **Bd. 2:** 102, 505
Kostenfunktion (cost function) **Bd. 2:** 109, 370
-vergleich (cost comparison) **Bd. 2:** 451, 463
-verrechnungssatz (cost rate, charge rate) Bd 2: 624
Kraft, isometrische (isometric strength) **Bd. 2:** 196, 197
–, parasitär (non-productive force) **Bd. 1:** 73; **Bd. 2:** 194
Kraftangriffspunkt (point of application of force) **Bd. 1:** 187
-aufwand (effort) **Bd. 1:** 181, 212, 410, 411, 424, 482, 497, 519, 541; **Bd. 2:** 45, 175, 322, 328
-einsatz (use of force) **Bd. 1:** 171, 186, 188, 208, 209, 219; **Bd. 2:** 324
-griff (power grip) **Bd. 2:** 208
-richtung (direction of force) **Bd. 1:** 149, 191; **Bd. 2:** 172, 182, 194, 195, 196, 204

Kragarmregal (shelf supported by brackets) **Bd. 2:** 448
Kreisförderer (circular conveyor) **Bd. 2:** 457
kritische Produktionsmenge (marginal quantity, break-even quantity) **Bd. 1:** 609
kritischer Beschäftigungsgrad (marginal degree of employment) **Bd. 1:** 613
– Erfolgsfaktor (critical success factor) **Bd. 1:** 298
– Erlös (marginal return) **Bd. 1:** 613
– Pfad (critical path) **Bd. 1:** 596
– Vorgang (critical operation) **Bd. 1:** 596
Kühlschmierstoff (cooling lubricant, coolant, cutting fluid) **Bd. 2:** 304
Kundenbindung (customer binding, customer loyalty) **Bd. 1:** 40, 62
-nutzen (customer benefit) **Bd. 2:** 10, 408
-wünsche (customer needs) **Bd. 1:** 71, 601; **Bd. 2:** 25, 33, 89
-takt (customer (ordering) cycle) **Bd. 2:** 341
-verbrauchstakt (customer demand cycle) **Bd. 1:** 68, 379; **Bd. 2:** 698
-zufriedenheit (customer satisfaction) **Bd. 1:** 40, 62, 297; **Bd. 2:** 9, 77, 509, 513

L

Ladeeinheit (load unit) **Bd. 2:** 436
Lager (warehouse, store) **Bd. 2:** 433
–, dezentral (decentralized warehouse/storage facility, satellite warehouse) **Bd. 2:** 436
–, dynamisch (dynamic warehouse/warehousing) **Bd. 2:** 434
–, statisch (static warehouse/warehousing) **Bd. 2:** 434
–, zentral (central warehouse/warehousing) **Bd. 2:** 436
Lagerbestand (inventory (level)) **Bd. 1:** 76, 340; **Bd. 2:** 433, 436, 447
-dimensionierung (inventory levels) **Bd. 2:** 433
-kenngrößen ((target) inventory levels) **Bd. 2:** 434
-platzzuordnung (allocation of warehouse space) **Bd. 2:** 436
-system (inventory (management) system) **Bd. 2:** 434
-type (types of inventory) **Bd. 2:** 435
Lagern (store) **Bd. 1:** 323, 326, 327, 357; **Bd. 2:** 41, 181, 418, 419, 432, 433, 434, 451, 453
Lagerung, vermischt (mixed storage) **Bd. 2:** 61, 216
Lampe (lamp) **Bd. 1:** 77; **Bd. 2:** 84, 273, 334
Laser (laser) **Bd. 2:** 25, 258, 310
-strahlung (laser radiation) **Bd. 2:** 310
Last (load) **Bd. 1:** 92, 137, 151, 186, 198, 199, 204, 205, 207, 208, 222, 223, 427, 441, 542, 553; **Bd. 2:** 119, 158, 193, 197, 198, 201, 242, 460, 461
-halten (holding) **Bd. 2:** 201
-umsetzen (repositioning) **Bd. 1:** 199
-tragen (carrying) **Bd. 1:** 541
Lastenhandhabung ((manual) material handling, load handling) **Bd. 1:** 181, 194, 195, 222, 252; **Bd. 2:** 197
Lastenheft (specification) **Bd. 2:** 23
Lastgewicht (load(ing) weight) **Bd. 2:** 198
Layoutgestaltung (layout work, layout design) **Bd. 2:** 265, 339, 387, 422
Längsachse (longitudinal axis, roll axis) **Bd. 1:** 144, 187, 434, 440, 519, 539; **Bd. 2:** 210, 298
Lärm (noise) **Bd. 2:** 286
-ausbreitung (noise diffusion) **Bd. 2:** 292
-entstehung (noise generation) **Bd. 2:** 292
-immission (noise emission/pollution) **Bd. 2:** 288

-minderung (noise abatement/reduction) **Bd. 2:** 291, 292, 293
-schutz (noise protection) **Bd. 2:** 290
-schwerhörigkeit (noise-induced hearing loss) **Bd. 2:** 290
-wirkungen (noise-induced effects) **Bd. 2:** 290
Lebensarbeitszeit (working lifetime, working life) **Bd. 2:** 595
Leistung (output, performance, payment) **Bd. 1:** 233
Leistung, menschliche ((human) performance) **Bd. 1:** 164, 236
-sbereitschaft (willingness to perform, readiness to work) **Bd. 1:** 125, 128, 174, 233
-sbeurteilung (assessment of performance, appraisal) **Bd. 2:** 703
-sentgelt (payment by results, performance-linked pay, piece rate) **Bd. 1:** 239, 607; **Bd. 2:** 145, 192, 221
-serwartung (expected standard(s)) **Bd. 1:** 233, 235
-sfähigkeit (capability, efficiency) **Bd. 1:** 128, 233, 249
-sfähigkeit und Alter (age-related capabilities) **Bd. 1:** 204, 233
-sfähigkeit und Geschlecht (gender-related capabilities) **Bd. 1:** 204, 233
-sfaktor (performance factor) **Bd. 1:** 558
-sformen (kinds of performance) **Bd. 1:** 31
-grad (performance rate, perfomance index, performance level) **Bd. 1:** 257
-sgradbeurteilung (levelling, estimating the performance rate, evaluation of performance rate) **Bd. 1:** 558
-smerkmal (output characteristic, perfomance feature) **Bd. 2:** 137, 138, 139, 140
-motivation (achievement motivation, motivation to perform) **Bd. 1:** 233, 246
-sstandard (performance standard) **Bd. 1:** 240
-szulage (performance bonus) **Bd. 2:** 703
Leitmerkmalmethode (summary job evaluation) **Bd. 1:** 198, 201, 207, 208
Leitungsspanne (span of control, span of management) **Bd. 2:** 500, 656
-stelle (management position) **Bd. 2:** 172
Lendenbausch (lumbar support, lumbar support curvature) **Bd. 2:** 188
Lenkungsausschuss (steering committee) **Bd. 1:** 588, 598, 602
Lernkurve (learning curve) **Bd. 1:** 268
Leuchtdichte (luminance, luminous density) **Bd. 1:** 157, 163, 164, 164, 455; **Bd. 2:** 267, 270, 271, 272, 274, 329, 334
Leuchtdichteverteilung (light diffusion) **Bd. 1:** 163
Leuchte (light fitting) **Bd. 1:** 77; **Bd. 2:** 321, 388
Lichtbedarf (light requirements) **Bd. 1:** 164
-farbe (light coloration) **Bd. 1:** 166; **Bd. 2:** 272, 274
-stärke (luminous intensity) **Bd. 2:** 268
-strom (luminous flux) **Bd. 2:** 268
Lieferant (supplier, vendor) **Bd. 2:** 47, 51, 53, 395, 404, 417, 455, 465
Lieferabruf (call-off) **Bd. 1:** 312, 313, 314, 315, 316; **Bd. 2:** 430
Lieferfähigkeit (ability to deliver) **Bd. 2:** 52, 53, 538
Liegezeit (idle time, downtime) **Bd. 1:** 357
Linienmontage (line assembly) **Bd. 2:** 379
-speicher (working storage) **Bd. 2:** 397
-struktur (line structure) **Bd. 2:** 373
Liquidität (liquidity, solvency) **Bd. 1:** 12
LMS-Verfahren (LMS technique) **Bd. 1:** 96, 241
Logistik (logistics) **Bd. 2:** 418
-insel (logistics cell) **Bd. 2:** 424

-kette (logistic chain) **Bd. 2:** 454
-kosten (logistics costs) **Bd. 2:** 125
-netzwerk (logistic network) **Bd. 2:** 426
Lohnstückkosten (unit labor costs) **Bd. 1:** 7
Lorenzkurve (Lorenz curve, ABC classification curve) **Bd. 1:** 291
Los (lot, batch) **Bd. 1:** 611; **Bd. 2:** 137
Loslassen (release) **Bd. 1:** 92, 96, 100, 259, 387, 408, 423, 448, 485, 488, 490, 522, 529, 534, 540, 556; **Bd. 2:** 321
Löten (solding) **Bd. 2:** 66, 92
Lötverbindung (soldered joint) **Bd. 2:** 66, 67
Lüftung (ventilation) **Bd. 2:** 277, 305, 308, 309, 461
Luftschall (air-borne sound) **Bd. 2:** 285, 295
Lux (lux) **Bd. 1:** 165; **Bd. 2:** 269, 270, 276

M

Magazinieren (store) **Bd. 2:** 398
MAK-Wert (maximum acceptable concentration) **Bd. 2:** 305
Managementaufgabe (management task, management responsibility) **Bd. 2:** 496
-funktion (management function) **Bd. 2:** 495
-grundsätze (management principles) **Bd. 2:** 493
Markteintrittsgeschwindigkeit (time to market) **Bd. 1:** 269; **Bd. 2:** 7, 58
Marktsegmentierung (market segmentation) **Bd. 1:** 61, **Bd. 2:** 349
Massenfertigung (mass production, bulk production) **Bd. 2:** 379
Materialkosten (material costs) **Bd. 1:** 50, 609; **Bd. 2:** 87, 103, 104, 105, 109, 111, 113, 123, 131
-bereitstellung (provision of materials) **Bd. 2:** 419
-bestand (raw materials inventories) **Bd. 2:** 426
-bewirtschaftung (materials management) **Bd. 2:** 416
-einzelkosten (material prime costs, material prime expenses, itemized material costs) **Bd. 2:** 113
-fluss (materials flow) **Bd. 2:** 345, 379, 417
-gemeinkosten (indirect material costs, material burden costs, material burden expenses) **Bd. 2:** 37, 102, 113
Matrix-Organisation (matrix organization) **Bd. 1:** 585; **Bd. 2:** 529
Maus (mouse) **Bd. 2:** 330
Maximalkraft (maximum force) **Bd. 1:** 135, 153, 187, 188, 191, 203, 220, 237, 250; **Bd. 2:** 173
-vermögen (maximum physical powers) **Bd. 1:** 73
Mean Time to Failure **Bd. 2:** 403
Mean Time to Repair **Bd. 2:** 403
Mechanisierung (mechanization) **Bd. 2:** 234
Mechanorezeptor (mechanoreceptor) **Bd. 1:** 171, 172
Mehrmaschinenbedienung (multiple machine operation) **Bd. 2:** 351, 352, 372
Mehrstellenarbeit (multiple station work) **Bd. 1:** 369; **Bd. 2:** 351, 352
Meilenstein (milestone) **Bd. 1:** 589
-plan (milestone plan) **Bd. 1:** 589
Mengenbezugsbasis (quantity-related base) **Bd. 1:** 236, 365
-einheit (unit of quantity) **Bd. 1:** 353; **Bd. 2:** 95, 109, 139
-fertigung (mass production, bulk production) **Bd. 1:** 405
-teilung (task division by quantity) **Bd. 1:** 279

Mensch (man, human being, person, operator, operative) **Bd. 1:** 11; **Bd. 2:** 163, 192, 203, 339
Mensch-Maschine-Schnittstelle (man-machine interface) **Bd. 1:** 122, 132, 140; **Bd. 2:** 327
Mentale Prozesse (mental processes) **Bd. 1:** 452, 453, 461
Merkmalsausprägung (characteristic value) **Bd. 1:** 321, 393, 394, 530
Messwertanzeige (measurement data display/indicator) **Bd. 2:** 326
Methodeninventar (methods inventory) **Bd. 1:** 84
-management (methods management) **Bd. 1:** 39, 40, 43
-niveau (level of method) **Bd. 1:** 392, 504
-raum (methods laboratory) **Bd. 2:** 583
Mikroskoparbeit (microscope work) **Bd. 2:** 333
Mission (mission) **Bd. 1:** 92
Mobilitätsgrad ((degree of) mobility) **Bd. 2:** 353
Modellbildungsimmanenz von MTM (immanence of modeling) **Bd. 1:** 389
Modulbauweise (modular design) **Bd. 2:** 28
-strategie (modular (design) strategy) **Bd. 2:** 349
Monotonie (monotony) **Bd. 1:** 142, 164, 259, 266
Montageinsel (assembly cell) **Bd. 2:** 379, 400
-maschine (assembly machine) **Bd. 2:** 378
-nest (team assembly) **Bd. 2:** 350
-planung (assembly planning) **Bd. 2:** 377
-plattform (assembly platform) **Bd. 2:** 464
-prozess (assembly process) **Bd. 1:** 313; **Bd. 2:** 399
-station (assembly station) **Bd. 2:** 401, 402
-system (assembly system) **Bd. 2:** 377
-tisch (assembly surface) **Bd. 2:** 389
Montieren (assemble) **Bd. 2:** 39
Motivation (motivation) **Bd. 1:** 135
Motorik (motoricity, motor system, motor function) **Bd. 1:** 144
MTM (Methods-time Measurement, MTM) **Bd. 1:** 89, 104
-1 (MTM-1) **Bd. 1:** 94, 405; **Bd. 2:** 47
-2 (MTM-2) **Bd. 1:** 99, 538
-Analyse (MTM analysis) **Bd. 1:** 412
-*ergonomics*® (MTM*ergonomics*®) **Bd. 1:** 89; **Bd. 2:** 239
-Grundbewegung (basic motion) **Bd. 1:** 405
-Hierarchieebenen (hierarchical levels of MTM process building blocks) **Bd. 1:** 102, 299
-Instruktor (MTM Instructor) **Bd. 1:** 107
-MEK (MTM-MEK) **Bd. 1:** 99, 479, 484, 494
-Normleistung (MTM standard performance) **Bd. 1:** 96, 239, 392, 473
-Normzeitwert (MTM standard time) **Bd. 1:** 95
-Produktivitätsmanagement (productivity management) **Bd. 1:** 17, 27, 51, 87, 97, 98; **Bd. 2:** 101, 491, 543, 643
-Prozessbaustein (MTM process building block) **Bd. 1:** 170
-Praktiker (MTM Practitioner) **Bd. 1:** 107
-Prozessbausteinsysteme (MTM system of process building blocks) **Bd. 1:** 100, 101
-Prozesssprache (MTM process language) **Bd. 1:** 42, 80, 89, 386, 390, 396, 477, 479, 550; **Bd. 2:** 628
-UAS (MTM-UAS) **Bd. 1:** 99, 483, 485
-SD (MTM-Standard Data) **Bd. 1:** 99, 518, 521

-Sichtprüfen (MTM visual check/inspection) **Bd. 1:** 89, 163, 451, 453; **Bd. 2:** 335, 338
-Verfahren (MTM method) **Bd. 1:** 42, 89, 94, 385; **Bd. 2:** 101
Müdigkeitsempfinden (fatigue/exhaustion state) **Bd. 1:** 265
Multimomentverfahren (activity sampling, ratio delay study) **Bd. 1:** 565
–, Anzahl Beobachtungen beim (number of observations in ratio delay studies) **Bd. 1:** 567, 570
–, Anzahl Rundgänge beim (number of turns/tour in ratio delay studies, number of inspection rounds in ratio delay studies) **Bd. 1:** 571
–, Beobachtungszeitpunkte beim (observation times in ratio delay studies) **Bd. 1:** 571
–, Erkennungsmerkmal beim (identification characteristic in ratio delay studies) **Bd. 1:** 570
–, Rundgangsplan beim (inspection round schedule in ratio delay studies) **Bd. 1:** 572
–, Vorkommnis-Katalog beim (catalog of occurrences in ratio delay studies) **Bd. 1:** 569
Muskelanspannung (muscular tension, muscular tone) **Bd. 2:** 193, 201, 290
Muskelarbeit (muscular work) **Bd. 1:** 135, 152
–, dynamische (dynamic muscular work) **Bd. 1:** 137, 153
–, einseitig dynamische (one-sided dynamic muscular work) **Bd. 1:** 137
–, schwere dynamische (heavy dynamic muscular work) **Bd. 1:** 137
–, statisch (static muscular work) **Bd. 1:** 186
Muskelermüdung (muscular fatigue) **Bd. 1:** 153
-kraft (muscular strength) **Bd. 1:** 186; **Bd. 2:** 194
Muskel-Skelett-System (musculoskeletal system) **Bd. 1:** 77

N

Nacharbeit (reworking) **Bd. 1:** 7, 27, 30, 31, 69, 72, 76; **Bd. 2:** 498, 503, 513, 515, 522, 531, 551, 552, 553, 559, 569, 570, 578, 587, 598, 624, 657, 677
Nachhaltigkeit (sustainability) **Bd. 1:** 3, 5, 41, 43, 46, 55, 84, 86, 88, 90, 108, 112, 385, 389, 390; **Bd. 2:** 5, 6, 549, 618
Nachkalkulation (recalculation/re-assessment) **Bd. 2:** 100, 129
Nachrichten (readjust, reset) **Bd. 2:** 79, 81, 82, 85, 86
Nachtarbeit (night work) **Bd. 1:** 254; **Bd. 2:** 592, 601, 602, 608
Nahtdicke (seam/joint thickness) **Bd. 2:** 65
-nvorbereitung (preparation of joint/seam (for welding/soldering)) **Bd. 2:** 66
Nanopartikel (nanoparticle) **Bd. 2:** 304
Nebel (aerosol) **Bd. 2:** 304
Nebenflussprinzip (tributary line assembly) **Bd. 2:** 347
Neigungsverstellung (adjustment of inclination, chair with adjustable seat and backrest) **Bd. 2:** 185
Netzplantechnik (network analysis, critical path analysis) **Bd. 1:** 593; **Bd. 2:** 122
Normalverteilung (normal distribution) **Bd. 1:** 566, 706; **Bd. 2:** 167
Normleistung (standard performance) **Bd. 1:** 236
Normung (standardization) **Bd. 1:** 19; **Bd. 2:** 6, 23, 42, 253, 273
Normzeitwert (standard time (factor)) **Bd. 1:** 399, 400, 416, 422, 427, 432, 437, 445, 448, 533; **Bd. 2:** 45, 568
Nutzerpopulation (user population) **Bd. 2:** 241, 626
Nutzertyp (user type) **Bd. 1:** 128
Nutzungsgrad (degree of utilization) **Bd. 1:** 127; **Bd. 2:** 90
Nutzungsprämie (utilization bonus, efficiency bonus) **Bd. 2:** 696
Nutzwertanalyse (value benefit analysis, utility analysis) **Bd. 1:** 619; **Bd. 2:** 580, 588

O

Objektivität (objectivity) **Bd. 1:** 302, 308, 386, 388, 395, 396, 397, 401, 403, 404
Objektivität von Prozessbausteinen (objectivity of process building blocks) **Bd. 1:** 396; **Bd. 2:** 689, 706
Objektorientierung (object focus) **Bd. 1:** 289
ODER-Rückkopplung (or-else feedback) Bd 1: 296
-Teilung (or-else splitting) **Bd. 1:** 296; **Bd. 2:** 625
-Zusammenführung (or-else collection/combination) **Bd. 1:** 296
OEE (Overall Equipment Effectiveness) **Bd. 1:** 26, 30; **Bd. 2:** 508, 531, 562, 624
– Datensatz (OEE data record) **Bd. 1:** 322; **Bd. 2:** 99
Opportunitätskosten (lost profits, foregone profits, (lost) opportunity costs) **Bd. 2:** 106, 108
optimale Bestellmenge (optimal order quantity) **Bd. 1:** 611
optimale Losgröße (optimal batch/lot size) **Bd. 1:** 604, 610, 611; **Bd. 2:** 424
Optimierung, bewegungstechnisch (motion optimization) **Bd. 2:** 203
Ordnen (arrange, order) **Bd. 2:** 399
Organigramm (organizational chart/diagram) **Bd. 1:** 47
Organisationseinheit (organizational unit) **Bd. 1:** 31, 64, 270, 287, 314, 355, 467, 575, 586, 588, 603; **Bd. 2:** 94, 124, 535, 547, 623, 649, 668, 702, 706
-entwicklung (organization development) **Bd. 2:** 508
-maßnahme (organizational measure) **Bd. 1:** 231
-methoden (organizational method) **Bd. 1:** 275
-projekt (organizational project) **Bd. 1:** 579
-struktur (organizational structure) **Bd. 2:** 355, 379, 684, 704

P

Palette (pallet) **Bd. 1:** 229, 340, 342, 443, 570; **Bd. 2:** 116, 138, 140, 390, 420, 425, 427, 436, 443, 448, 453, 467, 470
-nplatzkosten (pallet space cost) **Bd. 2:** 436
-nspeicher (pallet store/storage, pallet stacker) **Bd. 2:** 375
Passungsklasse (fit/clearance category, table of clearances and fits) **Bd. 2:** 49
Paternosterregal (endless-chain shelving/racking) **Bd. 2:** 448
Pause (break) **Bd. 1:** 266, 268, 271, 570, 572, 576, 577; **Bd. 2:** 278, 633
Pedal (pedal) **Bd. 2:** 320, 323
Pensumentgelt (payment by set task, stint pay, workload pay) **Bd. 2:** 698
Personalaufwand (personnel expenses/expenditure, labor costs) **Bd. 1:** 15, 17, 18; **Bd. 2:** 434
-bedarf (manpower requirements, personnel requirements) **Bd. 2:** 439
-bedarfsplanung (manpower planning, personell requirements planning, staff planning) **Bd. 2:** 644
-bemessung, Kennzahlen-Verfahren zur (personnel planning by index method) **Bd. 2:** 648
-bemessung, Schätzverfahren zur (personnel planning by estimation) **Bd. 2:** 645
-bemessung, Stellenplan-Verfahren zur (personnel planning by organizational plan/staffing schedule method) **Bd. 2:** 647
-bemessung, Zeitreihen-Verfahren zur (time line method of personnel dimensioning, personnel planning by time-series method) **Bd. 2:** 647
-bemessungs-Verfahren, analytische (personnel planning by analytical method) **Bd. 2:** 648
-bemessungs-Verfahren, summarische (personnel planning by summary method) **Bd. 2:** 646
-budget (personnel budget) **Bd. 1:** 596, 597
-einsatz (personnel/staff deployment) **Bd. 1:** 24, 238; **Bd. 2:** 3, 118, 187, 254, 436
-einsatzplanung (staff deployment planning) **Bd. 2:** 644, 652, 670

-entwicklung (personnel development) **Bd. 2:** 513, 633, 659
-kosten (personnel costs, manpower costs, personnel expenses, labor costs) **Bd. 1:** 337, 383, 463, 596, 597, 611, 615; **Bd. 2:** 48, 103, 111, 117, 157, 167, 169, 189
-planung (personnel planning, human resources planning) **Bd. 1:** 630, 632
-Reservebedarf (labor reserve requirements) **Bd. 2:** 650
Persönlichkeit (personality) **Bd. 1:** 11, 60, 254; **Bd. 2:** 8
Perzentil (percentile) **Bd. 1:** 187; **Bd. 2:** 167, 168, 169, 170, 179, 184, 191, 197, 240, 241, 299, 391, 469
Pflichtenheft (performance, specification, specs) **Bd. 2:** 23
Planstelle (established post, permanent post) **Bd. 2:** 649, 680. 684
Planung (planning) **Bd. 1:** 8, 52
-sanalyse (planning analysis) **Bd. 1:** 224, 391, 464
-saufwand (planning effort, planning expenditure) **Bd. 1:** 563; **Bd. 2:** 99, 407
-speriode (planning period) **Bd. 1:** 355, 356, 365; **Bd. 2:** 158, 443
Planzeit (standard time) **Bd. 1:** 38; **Bd. 2:** 146, 151, 160
Plattformkonzept (platform concept) **Bd. 1:** 34
Platzieren (Place) **Bd. 1:** 408, 424
–, bei MEK (Place, MEK) **Bd. 1:** 481, 484, 496
–, bei UAS (Place, UAS) **Bd. 1:** 481, 483, 487
–, bei SD-BW (Place, SD-BW) **Bd. 1:** 519, 521, 524
Platzkostenrechnung (workplace cost accounting) **Bd. 1:** 606
Portfolio-Analyse (portfolio analysis) **Bd. 2:** 5
Positionierhilfe (positioning aid) **Bd. 2:** 77, 82
-zeit (positioning time) **Bd. 2:** 367
Positionierungsstrategie (positioning strategy) **Bd. 2:** 503
Prämienentgelt (bonus pay) **Bd. 2:** 695
Präventionsfähigkeit (preventive capability) **Bd. 1:** 42, 43, 55, 85, 86, 88, 90, 112; **Bd. 2:** 131
Präzisionsgriff (precision operation) **Bd. 2:** 208
Preisfindung (price discovery, price-fixing, pricing) **Bd. 2:** 101
-untergrenze (price floor, bottom price, lowest price limit) **Bd. 2:** 108
Presspassung (press-fit) **Bd. 2:** 49
Produkteigenschaften (product properties) **Bd. 2:** 2, 17, 21, 41, 408
-entstehungsprozess PEP (product engineering process) **Bd. 2:** 238
-entwicklung (product development) **Bd. 2:** 25, 89
-familie (product family) **Bd. 2:** 9, 341
-haftung (product liability) **Bd. 2:** 53
-lebenszyklus (product life-cycle) **Bd. 2:** 23
-struktur (product structure) **Bd. 2:** 26
-typologie (product typology) **Bd. 2:** 5
Produktionsfaktoren, betriebswirtschaftliche (production factors) **Bd. 1:** 8
-ablaufschema ((production) flow diagram) **Bd. 2:** 10
-system (production system) **Bd. 1:** 45, 67, 79; **Bd. 2:** 532, 545, 548, 576, 580, 638
-system, ganzheitliches (comprehensive production system) **Bd. 1:** 68
Produkt-Markt-Matrix (product-market matrix) **Bd. 2:** 6, 8
Produkt-Portfolio-Analyse (analysis of product portfolio) **Bd. 2:** 5, 6, 15
Produktionslager (production warehouse) **Bd. 2:** 436
Produktivitätscontrolling (productivity controlling) **Bd. 1:** 29; **Bd. 2:** 512
-erhöhung (productivity increase) **Bd. 1:** 10
-management (productivity management) **Bd. 1:** 70, 91

-verbesserung (productivity improvement) **Bd. 1:** 5, 16, 17, 18, 24, 30, 343; **Bd. 2:** 3, 28, 57, 29, 105, 222, 363, 385, 407, 455
-verlust (productivity loss) **Bd. 1:** 70
-wachstum (productivity growth) **Bd. 1:** 7
Projekt (project) **Bd. 1:** 579
-abschlussbericht (final project report) **Bd. 1:** 603, 634
-antrag (project proposal, application) **Bd. 1:** 597
-budget (project budget) **Bd. 1:** 584, 596
-controlling (project controlling) **Bd. 1:** 582, 598, 603
-erfolgskontrolle (project success inspection, project evaluation, (retrospective) project appraisal) **Bd. 1:** 603
-gruppe (project team/group) **Bd. 1:** 451, 584; **Bd. 2:** 75
-kalkulation (project calculation) **Bd. 1:** 597
-leiter (project manager) **Bd. 1:** 584
-management (project management) **Bd. 1:** 579
-mitarbeiter (project assistant, team member) **Bd. 1:** 582, 585, 586, 592
-planung (project planning) **Bd. 1:** 582
-strukturplan (structural project plan, work breakdown structure) **Bd. 1:** 589
Promotor (promoter) **Bd. 1:** 108, 583, 585, 634
Propriozeption (proprioception) **Bd. 1:** 171
Prototyp (prototype) **Bd. 2:** 25, 89
Prozess (process) **Bd. 1:** 20, 296
-baustein (process building block) **Bd. 1:** 371, 384, 386, 387, 388, 390, 391, 392, 393, 405; **Bd. 2:** 3, 79, 134, 153, 205, 211, 212, 412, 466
-baustein, betriebsspezifischer (company-specific process building block) **Bd. 1:** 413
-baustein-Aggregation (aggregation of process building blocks) **Bd. 2:** 137
-bausteinsystem (system of process building blocks, building block system) **Bd. 1:** 305, 385, 389, 390, 391, 394; **Bd. 2:** 132
-dokumentation, rocess documentation) **Bd. 1:** 275, 300, 301, 303, 313, 405; **Bd. 2:** 177
-ebene (hierarchical process level) **Bd. 1:** 299
-effektivität (process effectivity) **Bd. 1:** 318
-effizienz (process efficiency) **Bd. 1:** 319
-entwicklung (process development) **Bd. 1:** 35, 38, 46, 51, 54, 55, 77, 83, 288; **Bd. 2:** 3, 4, 11
-ergebnis (process output, process result) **Bd. 1:** 318
-fähigkeit (process capability) **Bd. 1:** 310
-funktion (process function) **Bd. 2:** 375
-gestaltung (process design) **Bd. 1:** 22, 180, 223, 275, 300, 301, 317, 318, 561; **Bd. 2:** 57, 81, 139, 240, 350
-kosten (process costs) **Bd. 2:** 111, 124, 131
-management (process management) **Bd. 1:** 300, 318
-manager (process manager) **Bd. 1:** 300
-planung (process planning) **Bd. 1:** 389
-Stückkosten (process costs per unit, unit cost) **Bd. 1:** 41, 321
-typ (process type) **Bd. 1:** 23, 101, 392, 504
-typologie (process typology) **Bd. 1:** 23, 102
-zeit (process time, processing time) **Bd. 1:** 450
Prüfablauf (test-/inspection procedure) **Bd. 2:** 331
-arbeitssystem (inspection work system) **Bd. 2:** 327, 331, 332, 333
-aufgabe (duty(ies) as an inspector/tester) **Bd. 2:** 331

-feld (inspection area, test field) **Bd. 1:** 454
-feldgröße (size of inspection area) **Bd. 1:** 454
-hilfsmittel (testing aid) **Bd. 2:** 331
-intervall (interval between inspections, test schedule) **Bd. 1:** 456
-liste (checklist) **Bd. 1:** 231
-objekt (test object) **Bd. 2:** 331
-person (test person, tester) **Bd. 2:** 331
-planung (inspection planning, test planning) **Bd. 2:** 338
-verfahren, ergonomisch (ergonomic testing method/procedure) **Bd. 1:** 140
Prüfen (check, inspect, test) **Bd. 1:** 437; **Bd. 2:** 39, 331
Puffer (buffer) **Bd. 2:** 385
-größe (buffer factor, dimension of buffer) **Bd. 1:** 338
-form (form of buffer) **Bd. 2:** 348
-system (buffer system) **Bd. 2:** 347, 379

Q

Qualifikation (skill, qualification) **Bd. 2:** 363, 660
-smatrix (qualification matrix) **Bd. 2:** 585, 669
-sprofil (qualification profile) **Bd. 2:** 643, 665
Qualifizierung (qualification) **Bd. 1:** 601; **Bd. 2:** 494, 682
Qualität (quality) **Bd. 1:** 27, 29, 34, 39, 50, 53, 393
-s-Managementsystem (quality management system) **Bd. 1:** 389; **Bd. 2:** 360
-sforderung (quality requirements, quality specification) **Bd. 1:** 322, 344, 394, 395, 396, 401, 404
-skosten (quality costs) **Bd. 1:** 72; **Bd. 2:** 122, 508, 655
-smanagement (quality management) **Bd. 1:** 38, 61, 64, 65, 72, 253, 328; **Bd. 2:** 360, 492, 526, 528, 538, 539, 540, 553, 577, 630, 653, 655, 665
-smerkmal (quality characteristic/feature) **Bd. 1:** 301, 310, 311, 385, 388, 394, 395, 396, 403, 404, 451
-splanung (quality planning) **Bd. 1:** 35, 52, 589; **Bd. 2:** 663, 665, 666
-sprüfung (quality testing) **Bd. 1:** 252, 360, 361; **Bd. 2:** 466, 569, 653, 654, 655
-ssicherung (quality assurance) **Bd. 1:** 298, 347; **Bd. 2:** 555
-sstandard (quality standard) **Bd. 2:** 539, 556
-sverbesserung (quality improvement) **Bd. 2:** 36

R

Rasterblatt zur Erhebung der Aufgabenstruktur (Survey sheet for analysis of task structure) **Bd. 1:** 281
Rationalisierung (rationalization) **Bd. 1:** 91; **Bd. 2:** 6, 180, 471
REFA-Normalleistung (REFA standard performance) **Bd. 1:** 238, 558
Referenz-Aufgabe (reference task) **Bd. 1:** 552
Referenz-Prozess (reference process) **Bd. 1:** 298
Reflexionsgrad (reflection factor, reflectance) **Bd. 2:** 271
Regelkommunikation (core communication) **Bd. 2:** 520
Regelkreis (control circuit/loop, closed-loop control circuit) **Bd. 2:** 3, 5, 31, 37, 54, 57, 83
– des Werkstattmanagements (control circuit of shop-floor management) **Bd. 2:** 24
Regressionsanalyse (regression analysis) **Bd. 2:** 160, 647
Reichweite (span of reach, auch: range, radius of action, operating span, far reach) **Bd. 1:** 138, 203; **Bd. 2:** 164, 183, 313, 324, 460

Reihenfertigung (serial/mass production) **Bd. 2:** 344
Reliabilität (reliability) **Bd. 1:** 25, 79, 396, 397; **Bd. 2:** 512, 689
Rentabilität (return on investment, profitability, earning power) **Bd. 1:** 14, 605, 615, 616, 618; **Bd. 2:** 7, 19
-skalkül (calculation of return on investment, ROIC caculation, auch: discounted cash flow (DCF)) **Bd. 2:** 504
Reproduzierbarkeit (reproducibility) **Bd. 1:** 388, 396
Rezeptor (receptor) **Bd. 1:** 157, 406, 158, 159, 161, 172; **Bd. 2:** 312
Rhythmik, circadian (circadian rhythm) **Bd. 1:** 77, 243, 245, 246, 273
Risikobewertung (risk assessment) **Bd. 2:** 247
-stufe (risk level) **Bd. 1:** 207
Rohertrag (gross yield, gross profit, gross proceeds, gross earnings) **Bd. 2:** 87, 90
Rohling (blank, unworked/unfinished part) **Bd. 2:** 365
Rollenbahn (gravity-roll(er) conveyor) **Bd. 2:** 458
Rückenlehne (backrest) **Bd. 1:** 187; **Bd. 2:** 188, 194, 197
Rückmeldung (feed-back) **Bd. 1:** 12, 135, 174, 234, 339, 582, 600; **Bd. 2:** 203, 235, 321, 358, 362
Rückschlagkraft (counter shock) **Bd. 1:** 226, 411, 434, 528, 544
Rückstandsanalyse (backlog analysis, chem.: residue analysis) **Bd. 2:** 571
Rüsten (set-up) **Bd. 1:** 27, 281, 340, 353, 357, 358, 362, 368, 401, 561, 564; **Bd. 2:** 4, 77, 117, 211, 222, 339, 409, 412
Rüstzeit (set-up time, installation time) **Bd. 2:** 37, 409
Rumpfdrehung (trunk rotation) **Bd. 1:** 217

S

Sägen (saw) **Bd. 2:** 90
Sättigung, psychische (burn-out) **Bd. 1:** 175, 259, 266
Schätzen (estimate) **Bd. 1:** 552
Schall (sound) **Bd. 1:** 166, **Bd. 2:** 285
-beurteilung (sound assessment) **Bd. 2:** 288
-dämmung (sound insulation) **Bd. 2:** 294, 295
-dämpfung (sound absorption) **Bd. 2:** 293, 295
-druck (sound pressure) **Bd. 2:** 286
-einwirkung (influence of sound) **Bd. 1:** 77, 168; **Bd. 2:** 288, 290
-emmission (sound emission) **Bd. 2:** 288
-frequenz (audio-frequency, acoustic frequency) **Bd. 2:** 288
-immission (sound immission) **Bd. 2:** 288
-intensität (sound intensity) **Bd. 2:** 286
-leistung (sound power) **Bd. 2:** 286
-messung (sound measurement, sound ranging) **Bd. 2:** 288
-pegel (sound pressure level) **Bd. 2:** 286
-quelle (acoustic source, sound source) **Bd. 1:** 168
-schutz (soundproofing, sound insulation) **Bd. 2:** 292
Schattigkeit (shade, shadiness) **Bd. 1:** 166; **Bd. 2:** 334
Schichtarbeit (shift work) **Bd. 1:** 175; **Bd. 2:** 591, 598
-arbeit, voll-kontinuierliche (continuous shift work) **Bd. 2:** 112, 118
-länge (shift duration) **Bd. 2:** 573, 591
-plan (shift schedule) **Bd. 2:** 591, 599
-system (shift system) **Bd. 2:** 591

Schieben, Last (pushing load) **Bd. 2:** 197
Schleifen (grind) **Bd. 1:** 51; **Bd. 2:** 16, 91, 160, 347
Schlüsselreiz-Information (cue information, information on key stimuli) **Bd. 1:** 473, 474
Schlüsselqualifikation (key qualification) **Bd. 2:** 533, 667
Schnittstelle (point of interaction, interface) **Bd. 1:** 279
Schnittgeschwindigkeit (cutting speed) **Bd. 2:** 369
Schrauben (screw, bolt) **Bd. 1:** 55, 499, 501
Schritt (step), bei MTM-1 (Step) **Bd. 1:** 410, 440, 519
–, bei MTM-2 (Step) **Bd. 2:** 539, 546
–, bei MTM-Standard-Daten (Step) **Bd. 1:** 521, 532
Schrittmacher-Arbeitssystem (pacesetter work system) **Bd. 1:** 333, 338
Schutzausrüstung, persönliche (protective clothing/equipment) **Bd. 2:** 254, 282, 295
Schutzvorrichtung (safety device, guard, shield) **Bd. 2:** 254
Schwachstellenanalyse (analysis of weak points, weak-point analysis, critical point analysis, vulnerability analysis) **Bd. 2:** 93, 138
Schweißen (weld) **Bd. 2:** 63, 91
Schweißarbeitsplatz (welder's job) **Bd. 2:** 65
-folgeplan (welding sequence) **Bd. 2:** 91
-gut (objects to be welded) **Bd. 2:** 92
-naht (welded joint/seam, line of weld) **Bd. 2:** 64, 65
-prüfung (weld inspection/testing) **Bd. 2:** 92
-verfahren (welding process) **Bd. 2:** 63, 64
Schwingung, mechanisch ((mechanical) vibrations) **Bd. 1:** 77; **Bd. 2:** 295
Schwingungsamplitude (vibrational amplitude, amplitude of oscillation) **Bd. 2:** 296
-belastung (stress caused by vibrations) **Bd. 2:** 296
-beschleunigung (acceleration of oscillatory motion) **Bd. 2:** 297
-bewertung (assessment of vibrations) **Bd. 2:** 298
-einwirkung (effect/influence of vibrations) **Bd. 2:** 296
-exposition (exposure to vibration(s)) **Bd. 2:** 300
-frequenz (frequency of vibration(s), vibration frequency, oscillation frequency) **Bd. 2:** 298
-richtung (direction of vibrations) **Bd. 2:** 298
-schutz (protection against vibration) **Bd. 2:** 302
Sehabstand (distance from eye, viewing distance) **Bd. 2:** 332
-achse (optic axis, visual axis, line of vision) **Bd. 2:** 176
-aufgabe (visual task) **Bd. 2:** 267
-bedingung (visibility (conditions)) **Bd. 2:** 332
-leistung (vision, eyesight) **Bd. 2:** 297
-objekt (visible object) **Bd. 1:** 163, 452
-objekt, gruppieren (to group visible objects) **Bd. 1:** 457
-schärfe (visual actuity) **Bd. 1:** 163
-winkel (angle of view) **Bd. 1:** 163
Seitenschritt bei MTM-1 (Side Step) **Bd. 1:** 440
Selbstaufschreibung (self recording) **Bd. 1:** 560
Selbstkosten (actual/direct/original/own/prime cost, cost price) **Bd. 2:** 100, 101, 102, 103, 104, 105, 131
Selbstprüfung (self-inspection, internal audit, automatic checking, psych.: introspection) **Bd. 1:** 76; **Bd. 2:** 331
sensorisch (sensory) **Bd. 1:** 128, 137, 158; **Bd. 2:** 163, 203, 266, 336
Sensomotorik (sensorimotor function) **Bd. 1:** 144; **Bd. 2:** 297, 325

Serienfertigung (serial/quantity production) **Bd. 1:** 112, 357, 562; **Bd. 2:** 3, 11, 15, 31, 96, 98, 99, 101, 102, 104, 119, 121, 144, 364, 466
Setzen, bei MTM-1 (Sit) **Bd. 1:** 444
Sicherheitsabstand (safe distance) **Bd. 1:** 53; **Bd. 2:** 165, 264, 265, 447
-sanforderung (safety requirement) **Bd. 2:** 255, 259
-smaßnahme (safety precaution) **Bd. 2:** 261
-stechnik (safety engineering) **Bd. 1:** 207, 305; **Bd. 2:** 257
Sichtprüfung (visual inspection) **Bd. 2:** 332
Sichtverbindung (visual contact) **Bd. 2:** 273
Sinnesphysiologie (sensory physiology) **Bd. 1:** 157
Simulationsfähigkeit von MTM (simulation capability of MTM) **Bd. 1:** 389
Simulationswerkzeug (simulation tool) **Bd. 2:** 26
Sitzen, aufrecht (sitting upright) **Bd. 1:** 214, 220
–, gebeugt (sitting bent) **Bd. 1:** 136, 214, 220
Sitzfläche (seat, seating) **Bd. 2:** 145, 187, 444, 493, 534
Soll-Ablauf (projected process, standard procedure/process/sequence) **Bd. 1:** 390
-zeit (allowed time, allocated time, standard time, target time, rated time) **Bd. 1:** 352, 552, 556, 558; **Bd. 2:** 618
-zeit-Formel (standard time formula) **Bd. 2:** 157
Somatografie (a method of portraying the human body in technical drawings using a set scale) **Bd. 2:** 182
Somatosensorik (somatosensory technology) **Bd. 1:** 170
sonstige betriebliche Aufwendungen – sbA (other operating expenses) **Bd. 1:** 17
Sortieren (separate, sort) **Bd. 2:** 399
Sozialverträglichkeit (social acceptability) **Bd. 1:** 139
Spannstation (tension station) **Bd. 2:** 375
Speicherarbeit (storage work, warehouse work) **Bd. 2:** 161
Spezialisierung (spezialization) **Bd. 1:** 38, 174, 278, 279, 289; **Bd. 2:** 175, 235, 355
Springer (swing man) **Bd. 2:** 351
Stammdaten (master data, reference data) **Bd. 2:** 94
Standard-Daten (standard data) **Bd. 1:** 98
-vorgang (standard operation) **Bd. 1:** 102, 500; **Bd. 2:** 133, 136, 155, 466, 470
-vorgangs-Ebene (level of standard operations) **Bd. 2:** 135, 143
Standzeit (useful life, service life) **Bd. 1:** 74; **Bd. 2:** 292, 369, 370, 371
Stapeleinheit (stacker unit)) **Bd. 2:** 397
Statistische Genauigkeit von Prozessbausteinen (statistical accuracy of process building blocks) **Bd. 1:** 396, 398
Staub (dust) **Bd. 2:** 303
Stehen (stand) **Bd. 1:** 144, 150, 214, 534; **Bd. 2:** 173, 184, 298, 324
Stehhilfe (support, standing aid) **Bd. 2:** 188
Stellenart (kind/type of job, job type, type of position) **Bd. 1:** 356, 632; **Bd. 2:** 662
-beschreibung (job description) **Bd. 1:** 39, 632; **Bd. 2:** 660, 684
-bezeichnung (job title) **Bd. 2:** 662
-bildung, Prinzipien der (principles of job design) **Bd. 1:** 290
-inhaber (job holder, incumbent, occupant) **Bd. 2:** 158, 174, 198
-typ (kind/type of job, job type, type of position) **Bd. 2:** 648, 680, 684
Stellkraft (controlling force, displacement force) **Bd. 2:** 319
-weg (regulating distance, correcting displacement) **Bd. 2:** 318, 319
-widerstand (variable resistance, rheostat) **Bd. 2:** 318, 319

Stellteil (control, control element, control actuator) **Bd. 2:** 318
-anordnung (control layout, control arrangement) **Bd. 2:** 323
-gestaltung (control design) **Bd. 2:** 318
Stellteil-Kodierung (control coding) **Bd. 2:** 324
Stellvertretung (representation, substitution, proxy, substitute, deputy) **Bd. 1:** 279; **Bd. 2:** 540, 659
Stereolithographie (stereolithography) **Bd. 2:** 25, 89
Stillstandszeit (downtime, period of disuse) **Bd. 2:** 409
Störung (disturbance, interference, disruption, breakdown) **Bd. 1:** 139, 163, 330, 346; **Bd. 2:** 59, 116, 286, 289, 290, 291, 297, 309, 343, 348, 352, 358, 399, 402, 403, 416, 428, 460
-smanagement (trouble-shooting, disturbance management) **Bd. 2:** 403
Strategie (strategy) **Bd. 1:** 10, 42, 57, 80; **Bd. 2:** 12, 72, 94
–, funktionale (functional strategy) **Bd. 1:** 61, 64, 81; **Bd. 2:** 20
Stückliste (parts list) **Bd. 2:** 95
Stückzeit (piece time (rate)) **Bd. 1:** 25
Stützfläche (supporting surface) **Bd. 2:** 174, 184
Stuhlhöhe (seat height) **Bd. 2:** 191
Stunden-Verrechnungssatz (cost rate per hour, hourly rate/charge) **Bd. 1:** 606, 608; **Bd. 2:** 117, 120
Styleguide (style guide) **Bd. 1:** 129
Supportprozess (supporting process) **Bd. 1:** 297
Symmetrie (symmetry) **Bd. 2:** 46
-winkel (symmetrical angle) **Bd. 2:** 46, 91
Synchronmechanismus (automatic synchronizer) **Bd. 2:** 186
Systeme vorbestimmter Zeiten (times/rates predetermined (imposed) by systems) **Bd. 1:** 90, 91, 92, 93

T

Tagesdosis (daily dose/dosage) **Bd. 2:** 299
Tageslichtbeleuchtung (daylight illumination, daylight source) **Bd. 1:** 164
-quotient (daylight factor) **Bd. 1:** 164
Tagesrhythmik, circardiane (circadian rhythm) **Bd. 1:** 243, 273
Tätigkeit, repetitiv (repetitive activity/task) **Bd. 2:** 241
-szeit (working time) **Bd. 1:** 354
Taktabstimmung (line balancing, takting) **Bd. 1:** 74, 337, 374
Taktausgleich (line balancing loss, takt loss) **Bd. 1:** 376, 377, 378, 379; **Bd. 2:** 140, 379
-bindung (fixed-cycle operation) **Bd. 2:** 346
-zeit (cycle time) **Bd. 1:** 151, 216, 338, 373, 374, 375, 376, 378, 379; **Bd. 2:** 77, 80, 178, 241, 344, 382, 394
Taktung (line balancing) **Bd. 1:** 376; **Bd. 2:** 135, 140, 155, 246
Tastatur (keyboard) **Bd. 1:** 415; **Bd. 2:** 50, 327, 329
Tätigkeitsspielraum (freedom of action) **Bd. 1:** 134, 135; **Bd. 2:** 355, 356, 358
-szeit (working time) **Bd. 1:** 354, **Bd. 2:** 12
Tarifvertrag (collective agreement, union agreement) **Bd. 1:** 79, 240, 626; **Bd. 2:** 105, 107, 134, 193, 194, 199, 207, 222
Teilaufgabe (partial task) **Bd. 1:** 277
-kostenrechnung (direct costing) **Bd. 2:** 102, 130
Teiledimension (component dimensions) **Bd. 2:** 80
-fertigung (component manufacture) **Bd. 2:** 364
-vereinfachung (component simplification) **Bd. 2:** 77
-vereinheitlichung (component standardization) **Bd. 2:** 77

Teilzeitarbeit (part-time employment) **Bd. 1:** 253, **Bd. 2:** 107, 109, 129, 138
Temperatursinn (temperature sense, temperature sensitivity) **Bd. 1:** 170
Thermoregulation (thermoregulation, heat regulation) **Bd. 2:** 277
Tischhöhe (table/work surface height) **Bd. 2:** 174, 191, 192
TMU (time measurement unit) **Bd. 1:** 95
Tragkettenförderer (suspension chain conveyor) **Bd. 2:** 458
Trainiertheit (level of qualification, training status) **Bd. 1:** 194
Transferübung (transfer of training, transfer of exercise) **Bd. 1:** 270
Transportmittel (means of transport(ation)) **Bd. 1:** 222, 223, 326; **Bd. 2:** 49, 109, 345, 346, 439, 440, 446
-zeit (transport time) **Bd. 1:** 326; **Bd. 2:** 125, 129, 424
Trennen (disengage), bei MTM-1 (Disengage) **Bd. 1:** 410, 411, 433, 466
–, bei MTM-Standard-Daten (Disengage) **Bd. 1:** 521, 528, 544

U

Überkopfarbeit (overhead work) **Bd. 1:** 147; **Bd. 2:** 232
-produktion (overproduction, surplus production) **Bd. 1:** 337, **Bd. 2:** 551
Übung (practice, practical training) **Bd. 1:** 126, 144, 233, 269
-sdauer (training period, learning period, practice period) **Bd. 1:** 271, 273, 475
-sgewinn (training effect, training bonus) **Bd. 1:** 270
-sgrad (level of experience) **Bd. 1:** 74; **Bd. 2:** 42, 336, 347, 382
-skurve (learning curve) **Bd. 1:** 473
Umblickgesichtsfeld (maximum field of vision when head and eyes are rotated) **Bd. 2:** 177
Umfassungsgriff (power grip) **Bd. 1:** 220, 221; **Bd. 2:** 209, 320
Umformen (conversion) **Bd. 2:** 38, 39, 40, 144, 378
Umlaufprinzip (revolving principle) **Bd. 2:** 347
Umlaufvermögen (current assets) **Bd. 1:** 13, 14, 15, 321; **Bd. 2:** 216
Umschlaghäufigkeit (turnover rate, fast-moving, slow-moving items) **Bd. 2:** 436
-leistung (throughput (rate)) **Bd. 2:** 437
UND-Teilung (as-well-as splitting) **Bd. 1:** 296, 312, 367
Ungewissheit, Entscheidung bei (non-fact-based decision, unsubstantiated decision, doubtful decision) **Bd. 1:** 622
Unstetigförderer (non-continuous conveyor) **Bd. 2:** 459
Unteraufgabe (subtask, meaning the lowest task at the end of a task branch) **Bd. 1:** 277
Unternehmenskultur (corporate culture) **Bd. 2:** 12, 57, 58, 62, 103, 120, 124
Unternehmung (enterprise, undertaking) **Bd. 1:** 276
Unterstellung (subordination, presumption, suggestion, insinuation) **Bd. 2:** 176, 199
Unterstützungsprozess (supporting process) **Bd. 1:** 22, 35
-system (support(ing) system) **Bd. 1:** 123
Usability (usability, serviceability) **Bd. 1:** 129

V

Validität (validity) **Bd. 1:** 9, 25, 255, 302, 394, 397, 402, 404, 511; **Bd. 2:** 26, 141
Variantenvielfalt (wide range of variants) **Bd. 2:** 27, 89
Veränderungsmanagement (change management) **Bd. 1:** 33; **Bd. 2:** 525
Verantwortung (responsibility) **Bd. 2:** 659
Verarbeitung, spanend (metal-cutting) **Bd. 2:** 90
Verbesserungsmanagement (improvement management) **Bd. 1:** 29, 54; **Bd. 2:** 130, 514, 526, 589
-projekt (improvement project) **Bd. 1:** 581

-vorschlag (improvement suggestion) **Bd. 1:** 59, 69, 213; **Bd. 2:** 12, 56, 57, 59, 60, 75, 95, 100, 102, 103, 214
Vereinzelung (singling up, single feeding, separate processing) **Bd. 2:** 398
Vergleichen (n. comparison, v. compare) **Bd. 1:** 552
Verkettung (interlinking, linking) **Bd. 2:** 346
vernetztes Denken, Methodik des (method of complex thinking) **Bd. 2:** 182
Verrichtung (activity, performance) **Bd. 1:** 276
-sprinzip (work shop structure) **Bd. 1:** 22; **Bd. 2:** 343
Verschwendung (waste, profusion, extravagance) **Bd. 1:** 33; **Bd. 2:** 340, 550
Verstellbarkeit (adjustability) **Bd. 2:** 175, 184
Verteillast (distributed load) **Bd. 1:** 355; **Bd. 2:** 649
Verteilzeit (additional time, delay allowance, allowance time) **Bd. 1:** 126, 354, 379, 384; **Bd. 2:** 99, 120, 137, 149, 160, 206, 348
Verteilzeitzuschlag (delay allowance) **Bd. 1:** 362, 364; **Bd. 2:** 117, 139
Vertrauensarbeit (unsupervised work, independent record of working hours) **Bd. 2:** 111, 129
Vertrauensbereich, absoluter (absolute confidence interval) **Bd. 1:** 566, 567, 576
–, erwünschter (desired confidence interval) **Bd. 1:** 568, 571
–, relativer (relative confidence interval) **Bd. 1:** 567
Verwaltungsleistung (administrative performance) **Bd. 1:** 32
Vibration (vibration) **Bd. 1:** 266; **Bd. 2:** 295
Videoanalyse (video analysis) **Bd. 1:** 559
Vigilanz (vigilance) **Bd. 1:** 142, 259, 266
Vision (vision) **Bd. 1:** 57, 58, 59, 60, 61, 66
visuelles Management (visual management) **Bd. 2:** 514
Vorentwicklung (pre-development, research, preliminary development) **Bd. 1:** 47
Vorgabezeit (standard time/rate, allowed time)) **Bd. 1:** 351, 353, 354; **Bd. 2:** 619
Vorgang (operation) **Bd. 1:** 102, 153, 163, 515, 594, 596
Vorgangsfolge (operation sequence) **Bd. 2:** 466
Vorgangsschritt (operation step) **Bd. 2:** 466
Vorkalkulation (pre-calculation, preliminary calculation, cost estimate) **Bd. 2:** 100, 102
Vollkosten (absorbed cost, full cost) **Bd. 2:** 103, 105
-rechnung (absorption costing, full-cost pricing) **Bd. 2:** 130
Vorkommnis (occurrence) **Bd. 1:** 346
-art (type of occurrence) **Bd. 1:** 346
-kategorie (type of occurrence, occurrence category) **Bd. 1:** 346
Vormontage (preliminary assembly) **Bd. 2:** 41, 57
Vorranggraph (assembly priority chart) **Bd. 1:** 374
Vorrichten (prepare) **Bd. 2:** 42, 43, 44, 47

W

Wärmeleitung (heat conduction) **Bd. 2:** 278
Wärmestrahlung (heat radiation) **Bd. 2:** 278
Wahrnehmung (perception) **Bd. 1:** 124, 141, 157, 158, 160, 164, 171, 172, 265; **Bd. 2:** 28, 51, 59, 88, 127, 177, 226, 267, 286, 311, 313, 325, 335, 336
warenwirtschaftliche Leistung (commodity supply, without services, goods without services) **Bd. 1:** 22, 31, 32
Wartesystem (queuing system) **Bd. 1:** 345, 368, 379, 380, 383, 384; **Bd. 2:** 147
-zeit (waiting time, queue time) **Bd. 1:** 69, 74, 330, 349, 354, 369, 370, 450, **Bd. 2:** 65, 352, 367, 368, 372, 380, 403, 439

Wechselplattensystem (exchangeable tabletop system) **Bd. 2:** 409
Wechselschichtsystem (alternate shift system) **Bd. 2:** 105, 112, 117
Werkbank, verlängerte (extended work bench) **Bd. 2:** 51, 406
Werkerselbstkontrolle (worker self-control) **Bd. 2:** 569
Werkstattmanagement (shop-floor management) **Bd. 1:** 56, 70, 75, 87, 90, 627; **Bd. 2:** 3, 24, 31, 40, 52, 216, 222
-montage (workshop assembly) **Bd. 2:** 379
-prinzip (workshop principle) **Bd. 2:** 343
Werkstoff, schweißgeeignet (weldable material) **Bd. 2:** 66
Werkstückspeicher (work tray) **Bd. 2:** 376
-träger (component/workpiece holder, auf Drehbank: chuck) **Bd. 2:** 4, 339, 348, 379, 383, 393, 394, 395, 397, 402, 432, 446, 454, 458, 465
-wechsel (workpiece change) **Bd. 2:** 392, 409
Werkvertrag (work contract) **Bd. 1:** 599
Werkzeugbau (tool making, tool shop) **Bd. 1:** 22, 98, 288, 297; **Bd. 2:** 11, 114, 131, 151, 153, 154, 179, 214, 358
-kosten (tool costs, tooling costs) **Bd. 2:** 115
Wertanalyse (value analysis) **Bd. 2:** 70, 71
-gestaltung (value structure) **Bd. 2:** 70
-kette (value chain) **Bd. 1:** 65
Wertesystem (system of values) **Bd. 1:** 57, 59, 60, 61, 66; **Bd. 1:** 8, 13, 128
Wertschöpfung (value added) **Bd. 1:** 33
-sbeitrag (value chain contribution) **Bd. 1:** 33
-skette (value chain, value-added chain, supply chain) **Bd. 1:** 33
-strategie (value-creation strategy) **Bd. 1:** 63, 81; **Bd. 2:** 503
Wertstrom (value stream) **Bd. 2:** 340, 422
-analyse (value stream analysis) **Bd. 1:** 321; **Bd. 2:** 9, 339
-gestaltung (value stream design) **Bd. 1:** 321; **Bd. 2:** 339
Wettbewerbsvorteile (competitive advantages) **Bd. 1:** 5, 57, 61, 62, 87, 297; **Bd. 2:** 10, 12, 408
Wirbelsäulenerkrankung (spinal disease/disorder) **Bd. 2:** 197
Wirkraum (effective range) **Bd. 1:** 149
Wirksamkeit (effectiveness, efficacy) **Bd. 1:** 11, 70, 241, 558, 627; **Bd. 2:** 250, 256, 284, 309, 351
Wirkstelle (point/site of action) **Bd. 1:** 73, 506; **Bd. 2:** 220, 244
Wirkungsgrad, mechanischer (mechanical efficiency) **Bd. 2:** 193
Wirkungsnetz (cause-effect network) **Bd. 1:** 395
Wirtschaftlichkeit (economic efficiency, profitability) **Bd. 1:** 395, 401, 402, 404, 605
-srechnung (profitability calculation, profit calculation, economic appraisal) **Bd. 1:** 593, 597
Wissenschaftliche Betriebsführung (scientific management) **Bd. 2:** 234
Wissensmanagement (knowledge management) **Bd. 1:** 142, 259, 266; **Bd. 2:** 532, 544
Wochenarbeitszeit (weekly working time, weekly working hours, working hours per week) **Bd. 2:** 594

Z

Zeiger (indicator, pointer) **Bd. 2:** 311, 317, 321, 325
Zeit je Einheit (time per unit, unit time) **Bd. 1:** 353, 354
Zeitart (time category) **Bd. 1:** 351
-engliederung (classification by time categories) **Bd. 1:** 352, 354
-ensynthese (synthesis of time categories) **Bd. 1:** 345, 351

Zeitbindung (deadline, maximum time limit) **Bd. 2:** 348
Zeiteinflussgröße (influencing factor) **Bd. 2:** 140, 154
-einheit (time unit) **Bd. 1:** 95, 155, 233, 236, 378; **Bd. 2:** 107, 127, 192, 212, 286, 300, 336, 368, 382
-grad (actual/target-time ratio per period) **Bd. 1:** 127; **Bd. 2:** 99, 134, 207, 208, 213
-guthaben (time credit) **Bd. 2:** 605
-klassenreihe (time rating scale) **Bd. 1:** 554
-klassenschätzen (estimation of time rating scales) **Bd. 1:** 553
-messung (time study, time measurement) **Bd. 1:** 556
-plantafeln (daily routine wall chart) **Bd. 1:** 561; **Bd. 2:** 517, 532
-schätzung (time estimation) **Bd. 1:** 553, 555, 582, 592
-standard (time standard) **Bd. 1:** 351, 353, 354
-wirtschaft (time management) **Bd. 2:** 97, 617, 619, 641
-wirtschaftsrevision (time mangement review) **Bd. 1:** 89
Zeiten-Synthese (time synthesis, meaning collecting of time data for all time categories to determine a standard time) **Bd. 1:** 38, 345
Zeiten-Mengen-Gerüst (time-quantity-frame) **Bd. 1:** 356; **Bd. 2:** 160, 163, 185, 187, 188
zentraler Grenzwertsatz (central limiting value theorem in statistics) **Bd. 1:** 399, 552
Zentralisation (centralization) **Bd. 1:** 289, 290, 343; **Bd. 2:** 436
Ziehen (pulling) **Bd. 1:** 197, 201, 208, 222; **Bd. 2:** 62, 197, 318
Ziel, operationales (operational goal) **Bd. 1:** 511, 586
–, strategisches (strategic goal) **Bd. 1:** 59, 61
Zielbewegung (aiming movement/motion) **Bd. 2:** 204
-management (target management, management by objectives) **Bd. 2:** 511
-punkt (aiming point) **Bd. 2:** 222
-system, hierarchisches (hierarchical target system) **Bd. 1:** 144; **Bd. 2:** 5, 17, 18, 22
-vereinbarung (agreement of objectives/targets) **Bd. 2:** 511, 700
Zufassungsgriff (pinch actuation) **Bd. 1:** 220, 221, 411, 422, 522, 540; **Bd. 2:** 82, 215, 320
Zufriedenheit ((job) satisfaction) **Bd. 1:** 139
Zugänglichkeit (accessibility) **Bd. 1:** 229; **Bd. 2:** 57, 65
Zugluft (drafts) **Bd. 2:** 284
Zulage (bonus) **Bd. 2:** 679
Zumutbarkeit (reasonability) **Bd. 1:** 139
Zwangshaltung (forced posture) **Bd. 2:** 65, 201
Zwischenzeit (interim period, transition time, time for temporary transport, storage or delay) **Bd. 1:** 333, 357
Zyklografie (film-assisted motion study) **Bd. 2:** 205
Zykluszeit (cycle time) **Bd. 1:** 77, 174, 224, 252, 271, 399, 400, 402; **Bd. 2:** 148, 235

Die Autoren

Prof. Dr. rer. pol. Rainer Bokranz

Rainer Bokranz war von 1987 bis 2007 Professor für Arbeitswissenschaft und Organisation an der Hochschule RheinMain. Er hat mehrere Jahre als Industrial Engineer in der Industrie gearbeitet. Anschließend war er als wissenschaftlicher Mitarbeiter am REFA-Institut Darmstadt und als Mitglied der Geschäftsführung der Deutschen MTM-Vereinigung e. V. tätig.
Professor Rainer Bokranz hat als wissenschaftlicher Beirat der GPM-Sycon GmbH & Co. KG langjährige Erfahrungen in der Sanierung leistungswirtschaftlicher Bereiche von Industrieunternehmen im Inland und Ausland. Seit Gründung des MTM-Instituts ist er Mitglied des Institutsbeirats.

Univ.-Prof. Dr.-Ing. Dipl.-Wirtsch.-Ing. Kurt Landau

Professor Landau war von 1995 bis 2005 Leiter des Instituts für Arbeitswissenschaft der TU Darmstadt (IAD). Er hat als Systemanalytiker in Frankreich und in der Schweiz gearbeitet, anschließend war er Leiter der Arbeitswissenschaft und der Auslandsabteilung beim REFA-Verband. Darauf folgten zwölf Jahre als Universitätsprofessor in Stuttgart. Professor Landau war Präsident und mehrmals Vizepräsident der Gesellschaft für Arbeitswissenschaft, ist seit 15 Jahren Hauptschriftleiter der Zeitschrift für Arbeitswissenschaft, Herausgeber der Zeitschrift ASUprotect sowie Mitglied mehrerer Editorial Boards internationaler Ergonomie-Zeitschriften.
Von ihm stammen mehr als 400 Buch- und Zeitschriftenpublikationen in den Fachgebieten Ergonomie und Industrial Engineering.

Beide Autoren haben über ihr Arbeitsleben hinweg in Lehre, Forschung und praktischer Anwendung Arbeitswissenschaft, Industrial Engineering und MTM zu einem ganzheitlichen Produktivitätsmanagement zusammengeführt.